大矿物学丛书

硅酸盐矿物学

GUISUANYAN KUANGWUXUE

主　编　陈敬中　陈　瀛
副主编　吴　瑛　靳洪允　杨志红

中国地质大学出版社
ZHONGGUO DIZHI DAXUE CHUBANSHE

图书在版编目(CIP)数据

硅酸盐矿物学 / 陈敬中,陈瀛主编;吴瑛,靳洪允,杨志红副主编. -- 武汉 :中国地质大学出版社,2024.10. -- (大矿物学丛书).
ISBN 978-7-5625-5871-2
Ⅰ.P578.94
中国国家版本馆CIP数据核字第2024GB9595号

硅酸盐矿物学			主　编	陈敬中　陈　瀛
			副主编	吴　瑛　靳洪允　杨志红
责任编辑:何　煦　杨　念	选题策划:张　琰		责任校对:	何澍语　张咏梅　徐蕾蕾
出版发行:中国地质大学出版社(武汉市洪山区鲁磨路388号)				邮政编码:430074
电　　话:(027)67883511	传　　真:67883580			E-mail:cbb@cug.edu.cn
经　　销:全国新华书店				https://cugp.cug.edu.cn
开本:880 mm×1230 mm　1/16			字数:2068千字	印张:65.25
版次:2024年10月第1版			印次:2024年10月第1次印刷	
印刷:湖北金港彩印有限公司				
ISBN 978-7-5625-5871-2				定价:899.00元

如有印装质量问题请与印刷厂联系调换

编委会

主　编：陈敬中　陈　瀛

副主编：吴　瑛　靳洪允　杨志红

编　委：王贤文　刘　平　宫斯宁　陈　洪　匡敬忠

芦露华　陈　亮　吴　也　涂兵田　王　铎

王　平　王君霞　张　勇　何光辉　韩　炜

胡　波　程清蓉　李之峰　田　健　陈全莉

陈　钢　呙敏超　米宏伟　许　涛　杨献忠

龙光芝　杜尚超　彭　珏　童银洪　王鲜花

陈福平　任英涛　段萌语　付泽武　叶花艳

"大矿物学丛书"序

科技工作者应站在数学、物理学、化学、地质学、生物学、天文学的现代科学高度,开创性地对矿物进行研究和开发!

矿物学不仅是地质学研究的基础,也是天文学、物理学、化学、生物学、材料科学、环境科学、宝石学重要研究对象。

140亿年前,宇宙大爆炸后形成无数大火球,其中一个后来发展成为了地球。从炽热的火球到丰富多彩的地球,大自然经历了漫长的演化过程,形成了大量的结晶矿物。在一些矿物的催化作用下,矿物质经过各种热液作用,形成了许多无机分子、有机小分子、复杂大分子,从单细胞生物,逐渐发展到复杂的多细胞生物……形成多种生命,成就了生物种群的大爆炸!

大自然给人类最珍贵的礼物就是100多种化学元素和它们组成的近5650(2020年12月统计)多种矿物。按照国际矿物学协会的新矿物命名原则,估计每年仍会有几十种新矿物被发现。

最早的微生物出现在距今大约30多亿年前,最早的古人类化石出现在大约320万年前。中国是世界文明古国之一,拥有约5000年的历史,从石器时代、青铜时代、铁器时代,发展到了现代社会。在地质年代中,地球上的矿物、微生物、植物、动物都共同生活在一个大自然环境中,地球是它们幸福的家园!

矿物是极为重要的一类资源,广泛应用于工农业及科学技术的各个部门。"大矿物学丛书"也将成为地质学、物理学、化学、材料科学、环境科学、晶体学、矿物学、宝石学等学科的重要参考书籍。

"大矿物学丛书"之《硅酸盐矿物学》由陈敬中、陈瀛、吴瑛、靳洪允、杨志红等从事矿物学教学、研究、开发运用工作20~50年的教授和专家编写。他们积累了几十年的矿物学、晶体学、材料科学、晶体化学等学科,以及现代研究测试方法的教学和研究历炼,对矿物学今后的发展有深刻的认识。"大矿物学丛书"是现代矿物学一类科技书。其中,《硅酸盐矿物学》是最重要的组成部分。

作者以20世纪80年代的《系统矿物学》为基础,全面、科学地对矿物进行晶体化学分类,论述矿物的化学性质、结晶形态、物理特征、晶体结构、产状产地、主要用途等。

这套丛书将成为二十一世纪矿物学的重要成果,丛书的完成是一项巨大的工程!

叶大年
2023年10月

前　言

硅酸盐类矿物作为地壳物质构成最主体的单元,其占比超过地壳总质量的85.6%,是记录地球演化史的重要载体与物质迁移转化的关键介质。这类矿物不仅构建了岩石圈的基本框架,更在人类文明发展历程中扮演着核心角色。纵观技术发展史,从原始石器到硅基芯片,从古陶器制备到纳米级光纤器件制造,人类技术体系的迭代升级与文明形态的嬗变都与硅酸盐矿物密切相关。本书采用多维度研究框架,系统整合硅酸盐矿物的分类体系、空间分布规律及晶体结构特征,旨在为矿物材料科学、地质工程及材料工程等领域的研究者提供理论支撑与实践参考。

本书对硅酸盐矿物种进行了详细的描述,涵盖了元素组成、晶体结构、形貌特征、物性参数、鉴定特征和成因产状等矿物学的一般基础知识。受限于研究深度与数据完备性差异,各硅酸盐矿物种的描述详略存在梯度差异:第一类按上列项目全面描述;第二类将上列项目适当归并,进行综合简要描述;第三类不分项,只进行概述介绍。在上列各项中,我们较着重考虑了晶体化学资料的选取,除列出矿物种的空间群和晶胞参数以外,对较重要的或具有代表性的矿物种进行了化学成分和晶体结构的描述,并附有3D晶体结构彩图和成分分析资料。

本书由陈敬中、陈瀛、吴瑛、靳洪允、杨志红等共同编写。全书共7章,其中第1章由陈敬中、吴瑛、陈瀛共同执笔;第2、第3章由陈敬中、陈瀛、吴瑛共同执笔;第4、第5章由陈瀛、吴瑛、王君霞、韩炜共同执笔;第6章由靳洪允、陈敬中、涂兵田共同执笔;第7章由杨志红、陈瀛、芦露华、程清蓉共同执笔。刘平、宫斯宁、匡敬忠、王平等人负责图件整理、文献编辑、书稿校对和其他日常工作。本书由陈敬中统稿,陈瀛负责全书的整理工作。

本书出版得到了中国地质大学(武汉)研究生课程与精品教材建设项目、广东优巨先进新材料股份有限公司、杭州纳巍前沿科学技术研究院有限公司、矿材网的联合资助。书中引用了前人的文献和观点,并列出了相应的参考文献,对前人的贡献致以最诚挚的感谢;如有遗漏,在此表示最诚恳的歉意。由于编者水平有限,书中难免有疏漏和不足之处,敬请读者批评指正。

编者
2024年1月

目 录

第一章 硅酸盐矿物的晶体化学特征 ... 1

第一节 硅酸盐矿物的化学组成 ... 1
一、形成硅酸盐矿物的造岩元素 ... 1
二、硅酸盐矿物中的阳离子配位 ... 1
三、硅酸盐矿物中的阴离子特征 ... 2

第二节 硅酸盐矿物的晶体结构 ... 2
一、硅氧四面体骨干的基本特征 ... 2
二、阳离子配位的基本特征 ... 3

第三节 硅酸盐矿物的分类 ... 3
一、岛状基型硅酸盐矿物 ... 3
二、环状基型硅酸盐矿物 ... 4
三、链状基型硅酸盐矿物 ... 6
四、层状基型硅酸盐矿物 ... 9
五、架状基型硅酸盐矿物 ... 13

第二章 岛状基型硅酸盐矿物学 ... 16

第一节 具[SiO_4] ... 16
一、无水、无附加阴离子 ... 16
    锆石族 ... 16
    石榴石族 ... 25
    硅铍石族 ... 49
    橄榄石族 ... 54
    莱河矿族 ... 63
    钙镁橄榄石族 ... 65
    斜硅钙石族 ... 69
    硅镁铝石族 ... 73
二、具[SiO_4]和附加阴离子 ... 74
    红柱石族 ... 74
    黄玉族 ... 79
    十字石族 ... 83
    羟硅铝钙石族 ... 86
    榍石族 ... 88

    氧硅钛钠石族 ·· 93
    硅铈石族 ·· 94
    羟硅铈钙石-羟硅钇钙石族 ··· 97
    黑硅砷锰矿族 ·· 101
    褐锌锰矿族 ·· 110
    粒硅锰矿-粒硅镁石族 ·· 111
  三、具[SiO₄]和附加络阴离子 ·· 126
    蓝线石族 ·· 126
    粒砷硅锰矿族 ·· 134
    磷硅铈钠石族 ·· 136
    铅蓝方石族 ·· 137
    灰硅钙石族 ·· 138
  四、含水 ··· 140
    磷硅铝钇钙石族 ·· 140
    斜晶石族 ·· 141
    二水硅钙铜石族 ·· 143
    硫硅钙石族 ·· 144

第二节　具[Si₂O₇]　149

  一、无水、无附加阴离子 ·· 149
    钪钇石族 ·· 149
    硅钙石族 ·· 156
    希宾石族 ·· 159
  二、具附加阴离子或络阴离子 ·· 160
    钛硅铈矿族 ·· 160
    氟钠钛锆石族 ·· 165
    锆针钠钙石族 ·· 173
    硅铅锰矿-硅铅铁矿族 ·· 181
    黑柱石族 ·· 184
    羟硅铍石族 ·· 186
    氯硅钙铅矿族 ·· 189
    枪晶石族 ·· 195
  三、含水 ··· 199
    斜水硅钙石族 ·· 199
    硬柱石族 ·· 200
    异极矿族 ·· 202
    索伦石族 ·· 205
    硅钡铁石族 ·· 207

第三节　具[SiO₄]和[Si₂O₇]　208

    符山石族 ·· 208

绿帘石族 ········· 210

第四节　具[Si$_3$O$_{10}$] ········· 236

锰硅铝矿族 ········· 236

锰钙柱石族 ········· 238

第五节　具[AlSi$_4$O$_{16}$] ········· 244

氯黄晶族 ········· 244

第三章　环状基型硅酸盐矿物学 ········· 247

第一节　具[Si$_3$O$_9$]三元环 ········· 247

异性石族 ········· 247

菱黑稀土矿族 ········· 251

环硅灰石族 ········· 253

蓝锥矿族 ········· 258

第二节　具[Si$_4$O$_{12}$]环 ········· 259

斧石族 ········· 259

碳硅钇钙石族 ········· 267

羟铝铜钙石族 ········· 271

纤硅钡铁矿族 ········· 272

第三节　具[Si$_8$O$_{20}$]环 ········· 274

硅钙铀钍矿族 ········· 274

第四节　具[Si$_6$O$_{18}$]环 ········· 278

一、无水、无附加阴离子 ········· 278

绿柱石族 ········· 278

董青石族 ········· 283

二、具附加阴离子、络阴离子或水 ········· 290

电气石族 ········· 290

菱矿钙钠石族 ········· 304

透视石族 ········· 308

硅钛钙钠石族 ········· 310

第五节　具[Si$_{12}$O$_{30}$]环 ········· 311

大隅石族 ········· 311

整柱石族 ········· 328

第四章　链状基型硅酸盐矿物学 ········· 333

第一节　链状硅酸盐 ········· 333

一、无水、无附加阴离子 ········· 333

辉石族 ········· 333

　　　　似辉石族 359
　　　　硅铁钙钡石族 377
　　二、具附加阴离子或络阳离子 378
　　　　纤锰柱石-纤铁柱石族 378
　　　　斜硅铜矿族 384
　　　　硅镁钡石族 387
　　　　闪石族 388
　　　　迪尔石族 453
　　　　硼硅钡铅矿族 456
　　　　硬硅钙石族 457
　　　　针钠钙石-针钠锰石族 462
　　三、含水 465
　　　　硅钙锡矿族 465
　　　　红硅钙锰矿族 466
　　　　水硬硅钙石族 468
　　　　硅铁钠石族 471
　　　　硅铁钠钾石族 472
　　　　硅灰石膏族 478
　　　　水硅钡石族 482
　第二节　硼硅酸盐 486
　　　　菱硼硅铈矿族 486
　第三节　链状铝硅酸盐 490
　　　　矽线石族 490
　第四节　链状铍硅酸盐 494
　　　　铅铍闪石族 494
　第五节　钛硅酸盐 496
　　　　钛硅钠石族 496
　　　　水硅钠锰石族 501

第五章　层状基型硅酸盐矿物学 505

第一节　单一硅酸盐 506

　　　　硅铁钡矿族 506
　　　　硅钡石族 511
　　　　硅钠石族 513
　　　　硬绿泥石族 516
　　　　热臭石族 518
　　　　叶羟硅钙石族 523
　　　　镁珍珠云母族 526

	高岭石-蛇纹石族	528
	滑石-叶蜡石族	545
	鱼眼石族	551
	莫水硅钙钡石族	560
	水硅钙石族	567
	雪硅钙石族	576
	柱硅钙石族	580
	黑硬绿泥石族	581
	埃洛石（多水高岭石）族	585
	瑙云母族	587
	水硅钒钙石族	591
	坡缕石-凹凸棒石族	595

第二节　硼硅酸盐 …… 605

	硅硼钙石族	605
	水硅硼钠石族	609
	锂硼绿泥石族	610

第三节　铝硅酸盐、铁硅酸盐、镁硅酸盐、锌硅酸盐 …… 612

	葡萄石族	612
	黄长石族	614
	硅钠锶镧石族	619
	铈硅石族	622
	黄绿脆云母族	624
	云母族	632
	镁铝蛇纹石-绿锥石族	655
	绿泥石族	662
	硫硅石族	676
	水钙铝黄长石族	677
	水云母族	679
	蒙脱石-蛭石族	683

第四节　铍硅酸盐 …… 702

	硅铍钇矿族	702
	顾家石族	705
	锂白榍石族	712
	板晶石族	713

第五节　钛硅酸盐、锆硅酸盐 …… 717

	硅钛钡石族	717
	钡铁钛石族	720
	闪叶石族	721
	星叶石族	724

　　　　硅钛钠钡石族 ··· 733
　　　　硅钛锂钙石族 ··· 735
　　　　水硅钛钠石族 ··· 736
　　　　硅钛铌铈矿族 ··· 743
　　　　彭硅钛钠石族 ··· 745
　第六节　　铀硅酸盐 ··· 748
　　　　硅镁铀矿族 ··· 748
　　　　硅铅铀矿族 ··· 753
　　　　水硅钾铀矿族 ··· 759
　　　　间层矿物（混层矿物） ··· 761

第六章　架状基型硅酸盐矿物学 ·· 764

　第一节　　单一硅酸盐 ··· 764
　　　　硅铋石族 ··· 764
　　　　柱星叶石族 ··· 766
　第二节　　硼硅酸盐 ··· 769
　　　　赛黄晶族 ··· 769
　　　　硅硼钠石族 ··· 771
　第三节　　铝硅酸盐 ··· 772
　　　　长石族 ··· 772
　　　　霞石族 ··· 801
　　　　白榴石族 ··· 806
　　　　透锂长石族 ··· 811
　　　　方柱石族 ··· 812
　　　　钙霞石族 ··· 815
　　　　方钠石族 ··· 820
　　　　紫脆石族 ··· 827
　　　　白针柱石族 ··· 831
　　　　方沸石族 ··· 834
　　　　菱沸石族 ··· 840
　　　　钙十字沸石族 ··· 856
　　　　八面沸石族 ··· 864
　　　　方碱沸石族 ··· 870
　　　　硅铝钙石族 ··· 875
　　　　柱沸石族 ··· 876
　　　　片沸石族 ··· 880
　　　　镁碱沸石族 ··· 898
　　　　水钙沸石族 ··· 904

	钠沸石族	911
	浊沸石族	920
	毛沸石族	923

第四节　铍硅酸盐、锌硅酸盐 … 945

　　硅铍钠锰石族 … 945
　　硅钡铍矿族 … 950
　　硅铍钠石族 … 951
　　日光榴石族 … 953
　　香花石族 … 957
　　硬羟钙铍石族 … 959
　　铍方钠石族 … 960
　　双晶石族 … 962
　　硅铍锡钠石族 … 963
　　铍硅钠石族 … 965

第五节　钛硅酸盐、锆硅酸盐 … 966

　　蓝锥矿族 … 966
　　淡钡钛石族 … 972
　　硅锆钠石族 … 973
　　硅锆钾石族 … 975

第六节　具附加阴离子和络阴离子 … 977

　　包头矿族 … 977
　　硅钡钛石族 … 980
　　硅钠钡钛石族 … 985
　　短柱石族 … 991
　　基性异性石族 … 992

第七节　含水 … 994

　　硅钛铌钠矿族 … 994
　　钠锆石-钙锆石族 … 997
　　斜方钠锆石族 … 1001
　　斜钠锆石族 … 1003

第七章　过渡基型硅酸盐矿物学 … 1008

第一节　硅酸盐矿物中过渡性晶体结构 … 1008
第二节　黑云辉闪石 … 1009

　一、黑云辉闪石矿物间的结构关系 … 1009
　二、非周期结构 … 1011
　三、非周期结构的形成机理 … 1015

第三节　矿物中的调幅结构 ... 1016
　　一、调幅结构的概念 ... 1016
　　二、与结构畸变有关的调幅结构 ... 1017
　　三、与成分变化有关的调幅结构 ... 1017
第四节　反相畴结构 ... 1018
　　一、辉石中的反相畴结构 ... 1018
　　二、斜长石中的反相畴结构 ... 1020
第五节　层状硅酸盐矿物中的间层矿物 ... 1021
　　一、规则混层与不规则混层 ... 1021
　　二、规则混层矿物种 ... 1021

主要参考文献 ... 1028

第一章 硅酸盐矿物的晶体化学特征

硅酸盐矿物共千余种,约占已知矿物种的1/4,广泛分布在各种类型的岩石、矿石之中,主要形成造岩矿物、矿床矿物、非金属矿物资源等。硅酸盐也是人工合成晶体的重要成员,在科学研究中占有重要地位。

长期以来,硅酸盐都是矿物学、晶体结构、晶体化学、固体物理、材料科学、宝石学等学科的重点研究对象。

硅(Si)是一种在自然界分布极广的元素,它在自然界中有3种同位素:^{28}Si、^{29}Si、^{30}Si。构成硅酸盐矿物的主要是^{28}Si,^{30}Si只在低温条件下产出。^{28}Si在自然界以四价阳离子形式存在(离子半径为0.039 nm)。Si除了与O形成分布极广的SiO_2以外,主要是与O结合构成各种形式的络阴离子,并同其他阳离子结合形成硅酸盐矿物。

第一节 硅酸盐矿物的化学组成

一、形成硅酸盐矿物的造种元素

形成硅酸盐矿物的造种元素如表1-1-1所示。

表1-1-1 形成硅酸盐矿物的造种元素(据王璞等,1984,有修改)

	ⅠA	ⅡA	ⅢB	ⅣB	ⅤB	ⅥB	ⅦB		Ⅷ		ⅠB	ⅡB	ⅢA	ⅣA	ⅤA	ⅥA	ⅦA	ⅧA
2	Li	Be											B	C	N	O	F	
3	Na	Mg											Al	Si	P	S	Cl	
4	K	Ca	Sc	Ti	V	Cr	Mn	Fe			Ni	Cu	Zn		As			
5	Rb	Sr	Y	Zr	Nb									Sn	Sb			
6	Cs	Ba	Ln	Hf									Pb	Bi				
7				Th	U													

二、硅酸盐矿物中的阳离子配位

形成硅酸盐的造种元素有41种,除了构成阴离子的元素以外,常见硅酸盐矿物的阳离子及配位形式如下。

配位数为4的:B^{3+}、Be^{2+}、Al^{3+}、Ti^{4+}、Fe^{2+}、Zn^{2+}、Fe^{3+}、Mg^{2+}。

配位数为 5 的：Al^{3+}。

配位数为 6 的：Al^{3+}、Ti^{4+}、Mg^{2+}、Li^+、Zr^{4+}、Mn^{2+}、Ca^{2+}、Fe^{2+}、Se^{3+}。

配位数为 7 的：Ca^{2+}。

配位数为 8 的：Zr^{4+}、Na^+、Ca^{2+}、Fe^{2+}、Mn^{2+}。

配位数为 12 的：K^+、Ba^{2+}。

配位数相同或相近的离子间存在着广泛的类质同象替代，所以使硅酸盐矿物晶体的化学成分及晶体结构非常复杂。

三、硅酸盐矿物中的阴离子特征

常见的附加阴离子有 OH^-、O^{2-}、F^-、Cl^-、S^{2-}、$[PO_4]^{3-}$、$[SO_4]^{2-}$、$[CO_3]^{2-}$。阴离子之间也存在着复杂和普遍的类质同象替代。

除了 OH^- 外，硅酸盐中还常有 H_2O 分子分布于骨架空隙中成为吸附水，如沸石架状空洞中存在的 H_2O 分子。此外，H_2O 分子还可以 H_3O^+ 的形式作为阳离子分布于骨架中，如角闪石中的 H_3O^+。

Al^{3+}、Ge^{4+} 的离子半径分别为 0.046 nm、0.044 nm，与 Si^{4+} 的离子半径极为相近，络阴离子中的 Si^{4+} 常可被 Al^{3+}、Ge^{4+} 所替代。Al^{3+} 替代 Si^{4+} 的现象极为普遍，在硅酸盐中具有重要意义。Al^{3+} 配位数介于 4~6 之间，所以 Al^{3+} 常以两种配位数分布于硅酸盐中：当 Al^{3+} 配位数为 4 时，代替 Si^{4+} 形成铝氧四面体，参与硅氧骨干的构成，这对硅酸盐晶体结构起着重要作用；当 Al^{3+} 配位数为 6 时，Al 则一般形成铝氧八面体连接硅氧骨干。在岩浆活动晚期，Ge^{4+} 的含量增加，为 Ge^{4+} 代替 Si^{4+} 提供了机会。

第二节 硅酸盐矿物的晶体结构

一、硅氧四面体骨干的基本特征

学者对硅酸盐矿物的晶体结构已有比较系统的研究，但近年来仍有新的硅酸盐矿物晶体结构、新的过渡性的硅酸盐矿物晶体结构被发现。

硅酸盐矿物的晶体结构以硅氧四面体为基本结构单位。Si 在 4 个 O 的中心，形成硅氧四面体，Si—O 平均键长为 0.162 nm，O—O 平均键长为 0.264 nm，O—Si—O 键角的理论值为 109.5°。从岛状硅酸盐、链状硅酸盐、层状硅酸盐到架状硅酸盐，Si—O 键长约从 0.163 0 nm 减小至 0.160 3 nm。当 Si^{4+} 被 B^{3+}、Be^{2+} 代替时，T—O（T 为四面体中心阳离子）键长减小；当 Si^{4+} 被 Al^{3+}、Ge^{4+}、Fe^{2+}、Ti^{4+} 代替时，T—O 键长增大；当 Si—O 键长为 0.160 3 nm 时，Al—O 键长为 0.171 6 nm。此外，T—O 键长的变化与 O—T—O 键角成反比。随着 Si^{4+} 被其他离子替代，四面体的形状也会发生变化，对晶体结构将会产生一定的影响。

在硅酸盐矿物的晶体结构中，硅氧四面体除了以单四面体形式存在外，许多情况下还以共角顶方式连接成双四面体状、环状、链状、层状和架状等硅氧骨干。这些形式的硅氧骨干再同其他阳离子结合，从而构成各种结构基型的硅酸盐矿物，如四面体岛状基型、双四面体岛状基型、环状基型、链状基型、层状基型和架状基型的硅酸盐矿物。单纯由一种硅氧四面体组成的硅酸盐，称为单一硅酸盐。实际上，在硅酸盐中更常见的是硅氧四面体与铝氧四面体、硼氧四面体、铍氧四面体、钛氧八面体（或 $[TiO_5]$ 单锥）等以共角顶方式连接成各种骨干，它们再与其他阳离子结合构成各种基型的硅酸盐矿物，分别称为铝硅酸盐矿物、硼硅酸盐矿物、铍硅酸盐矿物、钛硅酸盐矿物等。它们与通常所说的铝的硅酸盐等在概念上有所不同。

以铝硅酸盐为例,如叶蜡石 $Al_2[Si_4O_{10}](OH)_2$ 和白云母 $KAl_2[AlSi_3O_{10}](OH)_2$。叶蜡石是铝的硅酸盐,其层状骨干完全由单一的硅氧四面体组成,硅氧四面体再与硅氧骨干以外的 Al^{3+} 相结合,这种 Al^{3+} 并未参与骨干的构成,而是以六次配位形式构成铝氧八面体,并与层状骨干以共棱方式连接。而白云母的层状骨干是由硅氧四面体和铝氧四面体联合组成的,这种铝硅层状骨干再与铝氧八面体六次配位的 Al^{3+} 和十二次配位的 K^+ 所构成的铝氧配位八面体及钾氧配位多面体以共棱方式相结合,白云母实际上是一种钾、铝的铝硅酸盐。

又如,在蓝晶石 $Al_2[SiO_4]O$ 和矽线石 $Al[AlSiO_5]$ 中,蓝晶石的晶体结构是由硅氧四面体与铝氧八面体共棱结合而构成的,称为铝的硅酸盐;矽线石是由硅氧四面体和铝氧四面体共角顶连接构成链,再与铝氧八面体共棱结合而构成的,称为铝的铝硅酸盐。

二、阳离子配位的基本特征

在硅酸盐矿物的晶体结构中,硅氧四面体的连接方式同与之结合的其他阳离子的种类之间存在一定的内在联系。硅氧四面体的连接方式必然要同与之结合的其他阳离子相适应,致使硅氧骨干的形式在很大程度上取决于阳离子的大小及配位多面体的形式。

硅氧骨干以外的阳离子可分为中等阳离子和大阳离子两类。

中等阳离子主要是六次配位的 Al^{3+}、Mg^{2+}、Fe^{2+} 及 Mn^{2+}、Ti^{4+} 等,配位多面体的棱长为 0.26～0.28 nm,与硅氧四面体棱长大致吻合,故与此相适应结合的硅氧骨干以孤立的硅氧四面体为主。

大阳离子主要是 Ca^{2+}、K^+、Na^+、Ba^{2+} 等,其配位多面体棱长远超过硅氧四面体的棱长,所以与这类阳离子配合形成的硅氧骨干就不完全是孤立的硅氧四面体,而是与由硅氧四面体连接成的双四面体、环、链等相适应。大阳离子或存在于层状硅氧骨干之间,或充填于架状骨干的大空隙中,起着连接层或平衡电价的作用。

第三节 硅酸盐矿物的分类

硅酸盐的矿物种类多、结构类型复杂,可按岛状、环状、链状、层状及架状基型的晶体结构进行分类。

一、岛状基型硅酸盐矿物

岛状基型硅酸盐分为简单岛状基型、复杂岛状基型。根据岛类型的不同,可分为四面体岛状基型、双四面体岛状基型和两种岛型共存的岛状基型。图 1-3-1 为不同类型的岛状基型硅氧骨干。

           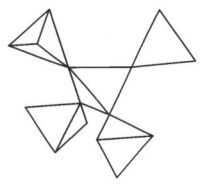

(a) 孤立的硅氧四面体   (b) 双硅氧四面体   (c) 三硅氧四面体   (d) 中心为铝氧四面体,其他为硅氧四面体

图 1-3-1 不同类型的岛状基型硅氧骨干

1. 岛状基型硅酸盐矿物的晶体结构

1) 四面体岛状基型

硅氧四面体 $[SiO_4]$ 在晶体结构中孤立呈岛状。硅氧四面体的 4 个角顶完全为活性氧,通过这些

活性氧与其他阳离子(主要有 Ca、Al、Mg、Fe、Mn、Zn、Ce、Y 等的阳离子)相结合。大多数矿物各自具有独特的结构型,如橄榄石族、石榴石族矿物。

2) 双四面体岛状基型

双四面体$[Si_2O_7]$,它在晶体结构中孤立地呈岛状。双四面体是由 2 个四面体共 1 个角顶组成的,具有 6 个活性氧,分别同其他阳离子(主要是 Ca、Na、Fe、Mn、Ti、Zr、Pb 等的阳离子)结合。几乎每个族种都具有各自独特的结构类型。

3) 两种岛型共存的岛状基型

有$[SiO_4]$和$[Si_2O_7]$共存、$[SiO_4]$和$[Si_3O_{10}]$共存、$[SiO_4]$和$[AlSi_4O_{16}]$共存几种形式,与之结合的主要有 Ca、Al、Mg、Fe、Mn 等的阳离子。$[SiO_4]$和$[Si_3O_{10}]$共存的岛状基型,如绿帘石族的锰硅铝矿是$[SiO_4]$和$[Si_3O_{10}]$共存的例子,其结构中的$[Si_3O_{10}]$为三硅氧四面体[图 1-3-1(c)]。$[SiO_4]$和$[AlSi_4O_{16}]$共存的岛状基型,如氯黄晶中$[AlSi_4O_{16}]$的中心四面体为$[AlO_4]$,其他为$[SiO_4]$,如图 1-3-1(d)所示。

2. 岛状基型硅酸盐矿物的物理性质

岛状基型硅酸盐在形态和物理性质上因岛型的不同而存在差异。在四面体岛状基型中,硅氧四面体本身的等轴性使晶体具有近似等轴状的外形,双折射率小,多色性和吸收性较弱,常有中等至不完全的多方向解理。四面体岛状基型硅酸盐的原子堆积密度较大,一般具有硬度大、密度大和折射率高的特点。双四面体岛状基型晶体则不完全相同,在晶体外形上往往具有等轴状到一向延长的特征,晶体的硬度、折射率稍偏低,表现出稍大的异向性,双折射率、多色性和吸收性都有所增大或增强,这显然与晶体结构中存在的非等轴性的双四面体有关。此外,对于少量含水或附加阴离子(OH^-、F^-)的岛状基型矿物来说,其硬度、密度、折射率皆有所降低。

二、环状基型硅酸盐矿物

环状基型硅酸盐分为简单环状基型、复杂环状基型。环状基型的硅氧骨干由$[SiO_4]$共角顶相连,并封闭成环。在硅酸盐中,有 7 种不同类型的环,这 7 种环又分为两类,即单层环和双层环。单层环有三环$[Si_3O_9]$、四环$[Si_4O_{12}]$、六环$[Si_6O_{18}]$、九环$[Si_9O_{27}]$和斧石环(图 1-3-2)。双层环有双四环$[Si_8O_{20}]$和双六环$[Si_{12}O_{30}]$(图 1-3-3)。环状基型硅酸盐中按拥有矿物种的多少排序,依次为六环和双六环、三环和四环、双四环、斧石环和九环。

在环状硅酸盐中,环间主要由 Ca、Na、K、Al、Fe、Mn、Mg、Li、Zr 等元素的阳离子连接。一般环的大空隙常被 H_2O、OH^- 或较大阳离子所占据。

1. 环状基型硅酸盐矿物的晶体结构

1) 三环

图 1-3-2(a)所示三环由 3 个硅氧四面体,各共 2 个角顶组成。环硅灰石族具有三环。

2) 四环

图 1-3-2(b)所示四环由 4 个硅氧四面体,各共 2 个角顶组成。钙钇铒矿、羟铝铜钙石、纤硅钡铁矿和包头矿具有四环。

3) 六环

图 1-3-2(c)所示六环由 6 个硅氧四面体,各共 2 个角顶组成。属于六环基型硅酸盐的有绿柱石、堇青石、电气石和透视石等族的矿物。但是六环在各族矿物中存在着差异。绿柱石族和堇青石族矿

物的六环基本相似。绿柱石六环中硅氧四面体的活性氧连线（即棱）与环平面垂直，平行于 c 轴。环本身具有六方对称性。而堇青石六环中有 1 个硅氧四面体为铝氧四面体所代替，使晶体结构对称降低为斜方。电气石族矿物的六环环内硅氧四面体的 2 个活性氧的指向与绿柱石、堇青石不同，其中一个指向在环平面内，另一个指向与环平面大致垂直，六环中的硅氧四面体两两相同，使环本身具有 L^3 对称。透视石的六环虽与绿柱石相似，但环内每个硅氧四面体的活性氧棱不与环平面垂直，而与环平面斜交，并且环内 6 个硅氧四面体是相间重复的，环具有三方对称性。

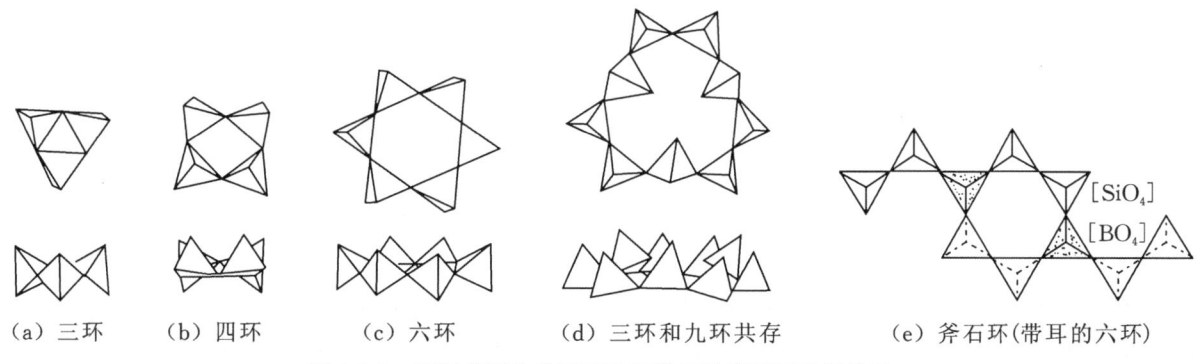

(a) 三环　　(b) 四环　　(c) 六环　　(d) 三环和九环共存　　(e) 斧石环（带耳的六环）

图 1-3-2　不同类型的单层环硅氧骨干及斧石环硅氧骨干

4）三环和九环共存

图 1-3-2(d)是三环和九环两种环共存。异性石族矿物具有这种环。

5）斧石环

图 1-3-2(e)是带耳的六环，它由 2 个硅氧双四面体同 2 个硼氧四面体相间连接成六环，其中 2 个硼氧四面体又各与另一硅氧双四面体相连如耳状，以 $[B_2O_2(Si_2O_7)_4]$ 或 $[Si_8B_2O_{10}]$ 表示。斧石环是斧石族矿物所特有的。

6）双三环

图 1-3-3(a)是由 3 个三环共 3 个角顶所组成的双三环，目前还未发现代表性矿物。

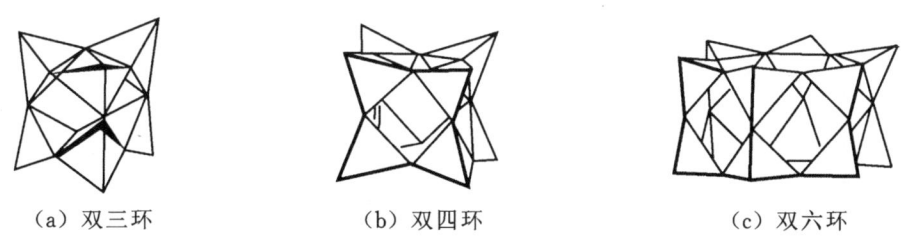

(a) 双三环　　　　(b) 双四环　　　　(c) 双六环

图 1-3-3　3 种类型的双层环硅氧骨干

7）双四环

图 1-3-3(b)是由 2 个四环共 4 个角顶所组成的双四环，代表性矿物有硅钙铀钛矿族矿物。

8）双六环

图 1-3-3(c)是由 2 个六环共 6 个角顶对接而成的双六环。双六环内的 Si 可部分被 Al 所代替。双六环为大隅石族和整柱石族所特有。

2. 环状基型硅酸盐矿物的物理性质

在环状基型硅酸盐的晶体结构中，因为具有二向展平的单层环和短柱双层环，并且环在晶体结构中经常平行分布，所以晶体在形态上常呈三方、六方和四方的板状、板柱状、柱状，这显然与环本身的对称性有关。环本身虽然具有三方、六方及四方的对称性，但它们与阳离子连接方式的不同，常降低了对称性而呈斜方、单斜或三斜对称。

尽管如此，它们总摆脱不了环本身对称性的影响，而常具有假三方、假六方及假四方对称的特征。环状基型硅酸盐从原子堆积密度上看，比岛状基型稍小，表现为密度、硬度和折射率一般也要比岛状基型硅酸盐稍小。

值得注意的是，环状基型硅酸盐中环本身非等轴性的存在，导致环状硅酸盐无论在形态还是物理性质上都表现出异向性，其异向性程度比岛状基型硅酸盐稍大，比链状和层状基型硅酸盐要小得多。一般与环平面一致的方向折射率较大，与之垂直的方向折射率较小，双折射率较大，通常呈一轴晶或二轴晶负光性。多色性和吸收性与环方位相应的过渡元素离子的分布密切相关，异向性表现明显，电气石是最为突出的例子。

三、链状基型硅酸盐矿物

链状基型硅酸盐分为简单链状基型、复杂链状基型。链状基型的硅氧骨干是由硅氧四面体共 2 个（或 3 个）角顶连接成一向无限延伸的链，链可以分为单链（图 1-3-4）、双链（图 1-3-5）和似管状链（图 1-3-6）。在链状基型硅酸盐中约有 15 种不同类型的链，其中以辉石单链、闪石双链最为重要，硬硅钙石链、硅灰石链、蔷薇辉石链次之，其他类型的链为个别硅酸盐矿物种所特有。

在链状基型硅酸盐中，连接链的主要阳离子有 Ca^{2+}、Na^+、Fe^{2+}、Fe^{3+}、Mg^{2+}、Al^{3+}、Mn^{2+}、Ti^{4+}、K^+、Ba^{2+}、Li^+ 等。

1. 链状基型硅酸盐矿物的晶体结构

1）辉石链

图 1-3-4(a)是由硅（包括部分的铝）氧四面体共 2 个角顶构成的直线型单链，以 $[Si_2O_6]$ 表示。链的重复单位长 0.52 nm。每个重复单位中有 4 个活性氧，活性氧有 2 个大致相互成直角的指向。链与链间通过活性氧与阳离子相连接，其中包括辉石族、纤锰柱石-纤铁柱石族和斜硅铜矿、钛硅钠石等。

2）硅灰石链

图 1-3-4(c)是由 1 个双四面体与 1 个单四面体以角顶相连而成的直线形单链，以 $[Si_3O_9]$ 表示。链的重复单位长 0.73 nm，每个重复单位有 6 个活性氧。具有硅灰石链的晶体除了硅灰石族以外，还有针钠钙石-针钠锰石。

3）蔷薇辉石链

与硅灰石链相似，图 1-3-4(f)是由 2 个双四面体和 1 个四面体连接而成的直线型链，以 $[Si_5O_{15}]$ 表示。蔷薇辉石链的重复单位长 1.25 nm，每个重复单位中具有 10 个活性氧。此种链为蔷薇辉石族所特有。

4）闪石链

图 1-3-5(b)是由 2 个辉石链共角顶连接而成的直线型双链，以 $[Si_4O_{11}]$ 表示。闪石链的重复单位长 0.52 nm，每个重复单位有 6 个活性氧，活性氧有 2 个大致互成直角的指向，与辉石链不同的是还具有附加阴离子 OH^-。链与链间通过活性氧与阳离子相连接。闪石链主要出现在闪石族矿物中，还有个别矿物种结构中亦具有闪石链，如纤硅铜矿和铅铍闪石。

5）硬硅钙石链

图 1-3-5(d)是由活性氧指向相反的 2 个硅灰石链共角顶连接而成的一种双链，以 $[Si_6O_{17}]$ 表示。链的重复单位长 0.73 nm，每个重复单位中有 10 个活性氧。具有硬硅钙石链的有硬硅钙石族矿物和硅铁钙钡石等。

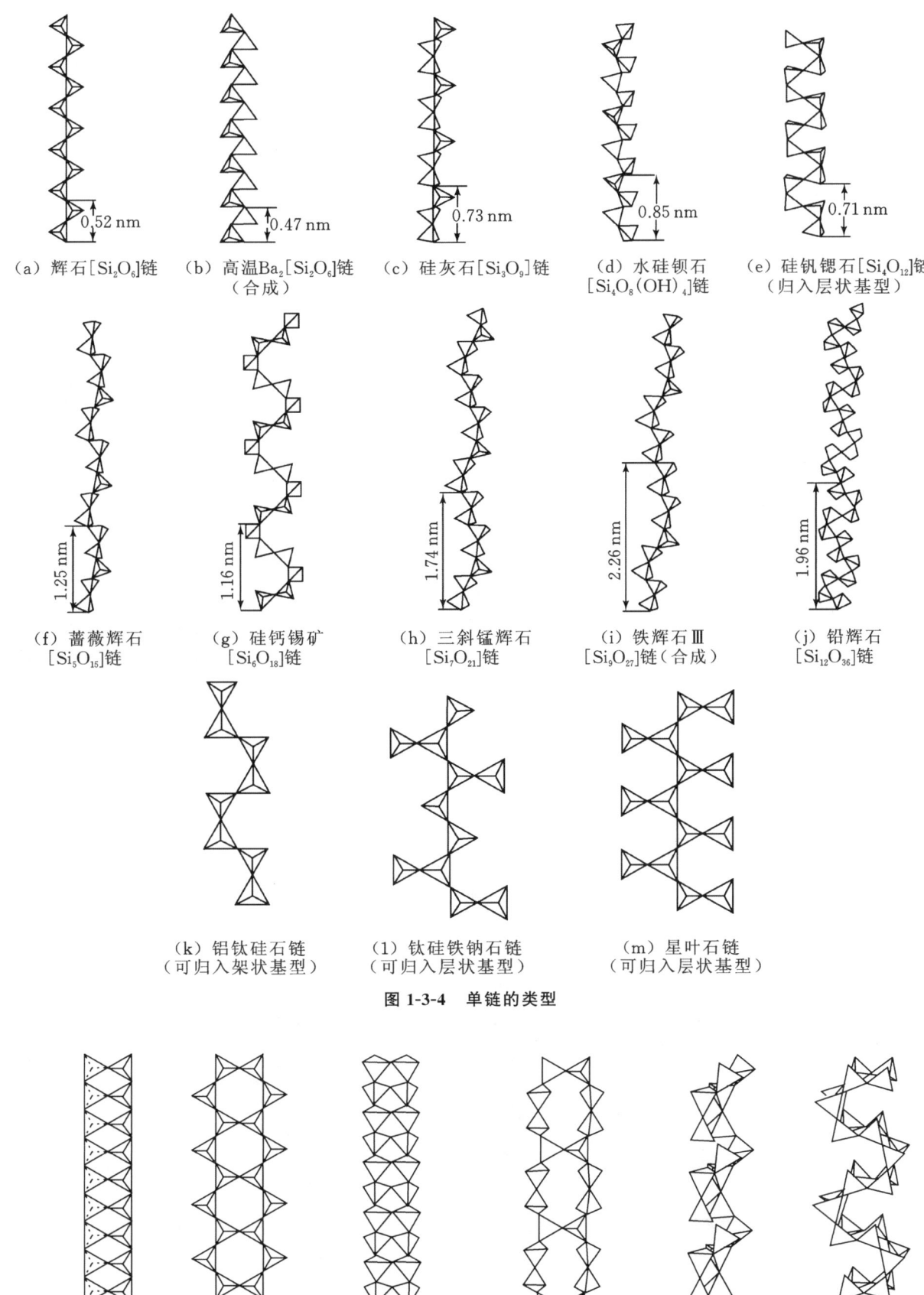

(a) 辉石[Si_2O_6]链　(b) 高温Ba_2[Si_2O_6]链（合成）　(c) 硅灰石[Si_3O_9]链　(d) 水硅钡石[$Si_4O_8(OH)_4$]链　(e) 硅钒锶石[Si_4O_{12}]链（归入层状基型）

(f) 蔷薇辉石[Si_5O_{15}]链　(g) 硅钙锡矿[Si_6O_{18}]链　(h) 三斜锰辉石[Si_7O_{21}]链　(i) 铁辉石Ⅲ[Si_9O_{27}]链（合成）　(j) 铅辉石[$Si_{12}O_{36}$]链

(k) 铝钛硅石链（可归入架状基型）　(l) 钛硅铁钠石链（可归入层状基型）　(m) 星叶石链（可归入层状基型）

图 1-3-4　单链的类型

(a) 矽线石[AlO_4]和[SiO_4]链　(b) 闪石[Si_4O_{11}]链　(c) Li_4[$SiCe_3O_{10}$]链（合成）　(d) 硬硅钙石[Si_6O_{17}]链　(e) 板晶石[Si_6O_{15}]链　(f) 紫钠铝硅石[$Si_{12}O_{30}$]链

图 1-3-5　双链的类型

6）似管状链

具有这类链的矿物很少，已知的有硅铁钠钾石的$[Si_8O_{20}]$链[图 1-3-6(a)]和硅钙钠钾石的$[Si_{12}O_{30}]$链，以及归属架状基型的短柱石$[Si_8O_{20}]$链[图 1-3-6(b)]。

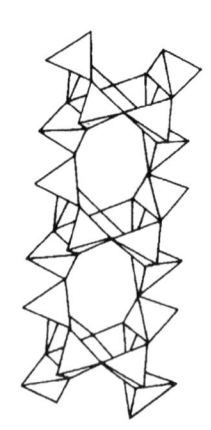 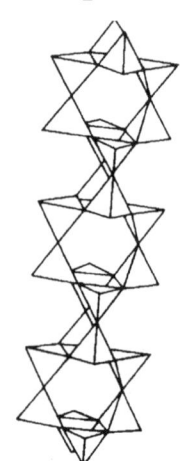

（a）硅铁钠钾石$[Si_8O_{20}]$链　　（b）短柱石$[Si_8O_{20}]$链，可归入架状基型

图 1-3-6　似管状链

在链状基型硅酸盐矿物中，阳离子的配位多面体与链的类型之间的相互制约关系极为明显，尤其是大阳离子的配位多面体，它对硅氧骨干往往起着支配作用。如顽火辉石 $Mg_2[Si_2O_6]$ 中，Mg^{2+} 半径为 0.072 nm，$[MgO_6]$ 八面体共棱所组成的折线形链的重复单位长度与辉石的重复单位长度 0.52 nm 相适应[图 1-3-7(a)]。在硅灰石 $Ca_3[Si_3O_9]$ 中，Ca^{2+} 半径为 0.108 nm，$[CaO_6]$ 八面体共棱所组成的直线型链的 2 个重复单位长度则与硅灰石链的重复单位长度 0.73 nm 相当[图 1-3-7(b)]。

又如，在高温相的 $Ba_2[Si_2O_6]$ 中，Ba^{2+} 半径为 0.137 nm，$[BaO_6]$ 八面体共棱所组成的直线型链的重复单位，与高温 $Ba_2[Si_2O_6]$ 链的重复单位长度 0.47 nm 相适应[图 1-3-7(c)]。

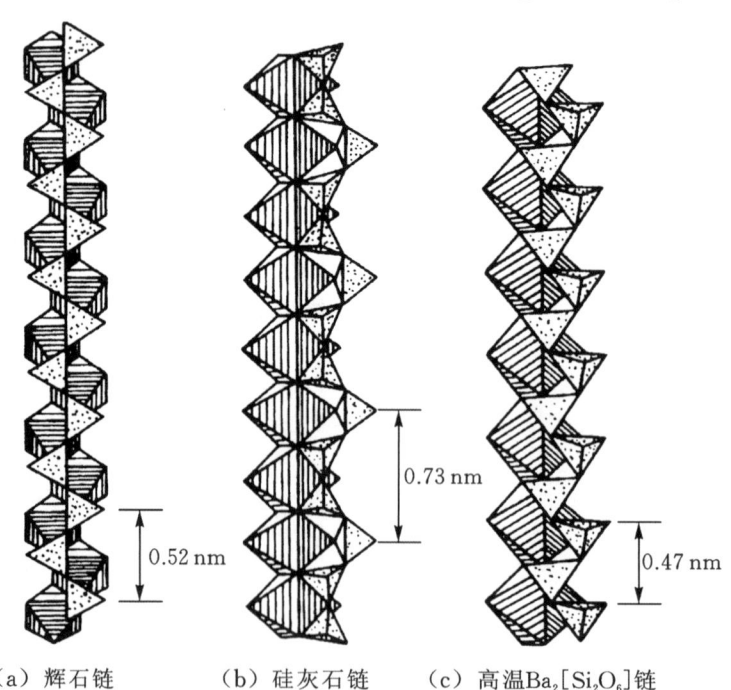

（a）辉石链　　（b）硅灰石链　　（c）高温$Ba_2[Si_2O_6]$链

图 1-3-7　阳离子配位多面体与链的类型之间的制约关系

2. 链状基型硅酸盐矿物的物理性质

在链状基型硅酸盐矿物晶体结构中，绝大多数情况下链都是相互平行的，同时连接链的阳离子或

其配位多面体的分布也与链的延伸方向一致,这种结构上的异向性比岛状、环状基型矿物晶体要明显得多。因此,链状基型硅酸盐矿物晶体在形态上表现为单向伸长,经常呈现柱状、针状和纤维状的外形。

同时,在物理性质上,异向性也十分明显。晶体的解理平行于链的方向较为发育。折射率在平行或近于平行链的方向较大,在垂直于链的方向较小。晶体的双折射率比岛状、环状基型大。对于成分中有过渡元素的硅酸盐来说,它们的多色性和吸收性是非常明显的,如辉石族和闪石族的一些矿物。

四、层状基型硅酸盐矿物

层状基型硅酸盐晶体分为简单层状基型、复杂层状基型。层状基型的硅(包括铝、硼、铍)氧骨干主要是由硅(包括铝、硼、铍)氧四面体共3个角顶连接成两向展平的网层,另外也有由不同类型的硅氧四面体链与[TiO_6]八面体、[TiO_5]单锥或[ZrO_6]八面体相连而成的网层(如层状钛硅酸盐、层状锆硅酸盐),或者由硅氧四面体与[UO_2]连接而成的网层(如层状铀硅酸盐)。层状硅酸盐矿物,以六方网层为主,其次是鱼眼石层、钡铁钛石层、黄长石层及星叶石层、水硅钙石层,其他类型的层只为个别矿物族种所特有。在层状硅酸盐中,连接层的阳离子有两类:一类是离子半径中等的 Fe^{2+}、Fe^{3+}、Mg^{2+}、Al^{3+}、Mn^{2+}、Ti^{4+}、Li^+ 等;另一类是离子半径大的 Ca^{2+}、Na^+、K^+、Ba^{2+} 等。

1. 层状基型硅酸盐矿物的晶体结构

1) 六方网层

六方网层(图 1-3-8)是由硅(铝)氧四面体共3个角顶彼此连接成六方(或三方)状的网层,以 [$(Si,Al)_4O_{10}$] 表示六方网层,活性氧可指向一端或两端,指向一端的可以看作由辉石链连接而成 [图 1-3-8(a)]。

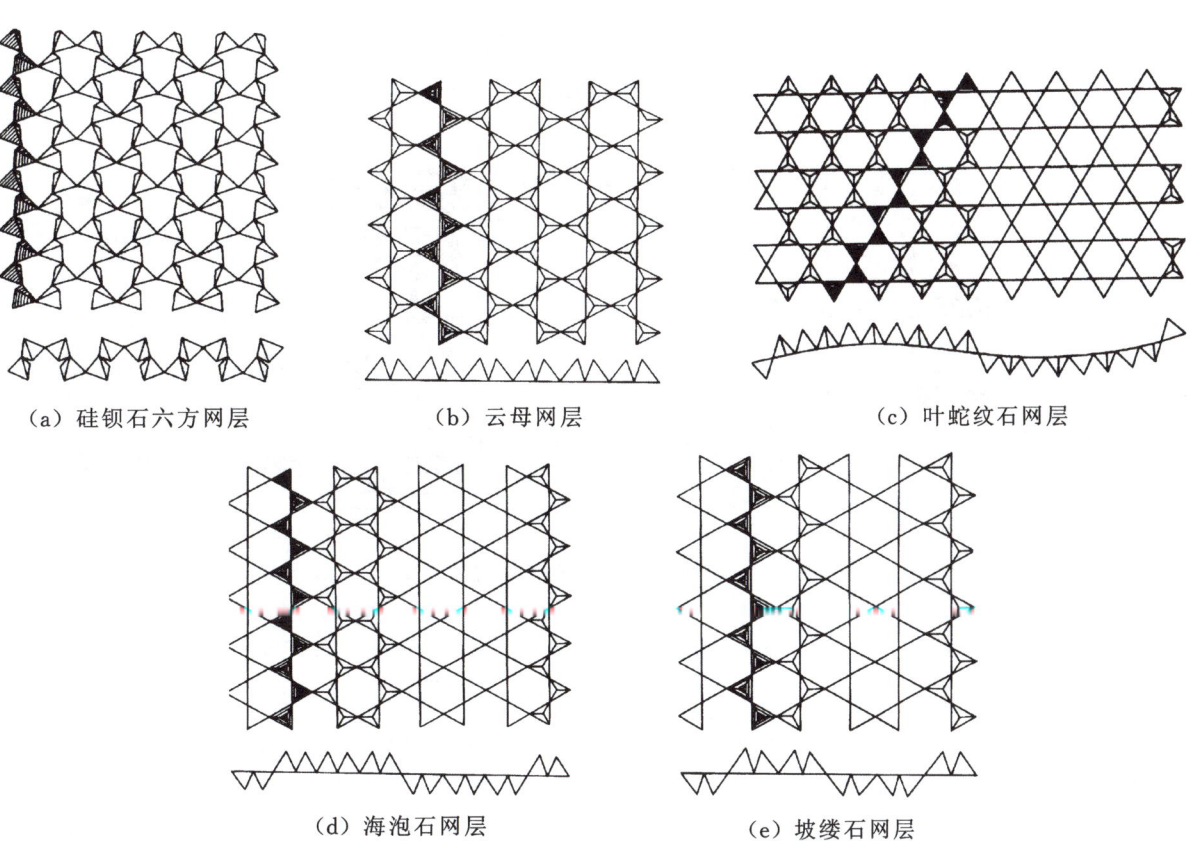

(a) 硅钡石六方网层　　(b) 云母网层　　(c) 叶蛇纹石网层

(d) 海泡石网层　　(e) 坡缕石网层

图 1-3-8 不同类型的六方网层

在层状硅酸盐中,最常见的是云母结构层,它是由活性氧指向相对的 2 个六方网层夹 1 层阳离子(半径中等的阳离子)构成的[图 1-3-9(a)、(b)、(c)]。具有这种结构的有云母族、滑石-叶蜡石族、黄绿脆云母族、绿泥石族、蒙脱石-蛭石族、黑硬绿泥石族、水云母族、镁珍珠云母族、硅硼锂铝石族和锂白榍石族。

另外,由单层六方网层同阳离子结合而成的单层结构[图 1-3-9(d)、(e)、(f)和图 1-3-10(a)、(b)]有蛇纹石族、高岭石族、多水高岭石族和绿锥石族等矿物种。在这种单层网层中,硅氧四面体的活性氧,有的不完全指向一端而是指向两端,如叶蛇纹石[图 1-3-8(c)和图 1-3-10(e)]。

此情况对于坡缕石-海泡石族矿物就更为典型了。坡缕石的网层结构由活性氧指向不同的双辉石链连接[图 1-3-8(e)和图 1-3-10(e)],而海泡石是由活性氧指向不同的三重辉石链连接而成的[图 1-3-8(d)]。

不规则的六方网层很罕见,如硅钡石 $Ba_2[Si_4O_{10}]$,见图 1-3-8(a)。

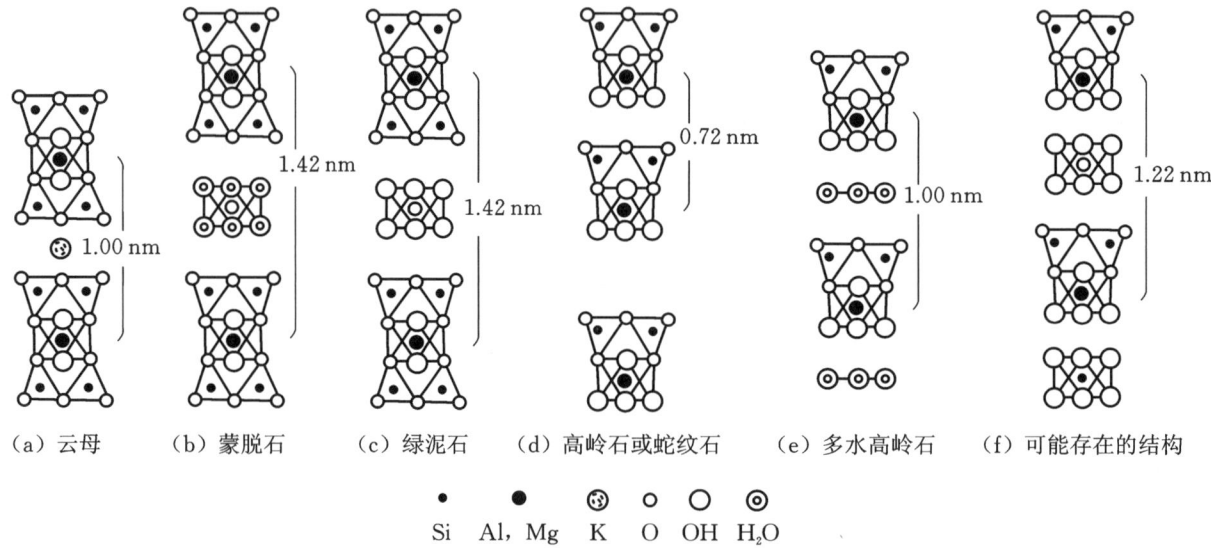

图 1-3-9 具有六方网层的层状基型硅酸盐矿物的晶体结构断面单位示意图

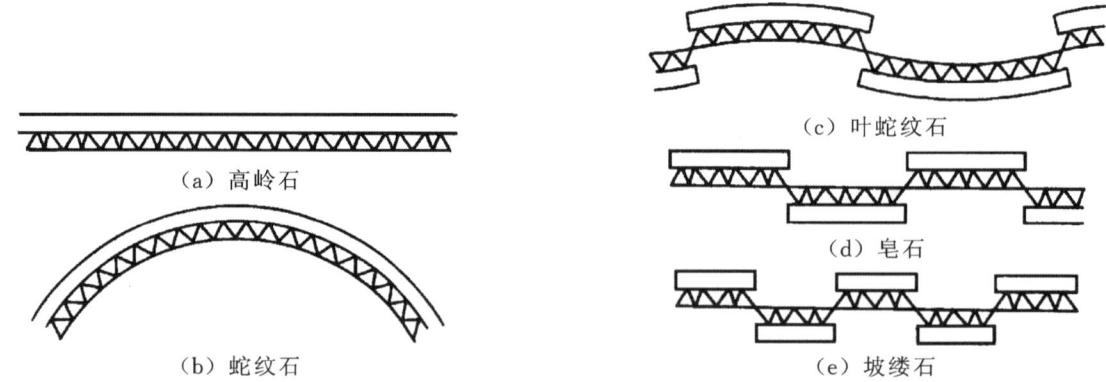

图 1-3-10 具有单层六方网层的层状硅酸盐晶体结构断面示意图(长方空框表示阳离子层)

在层状基型硅酸盐中具有六方网层的矿物几乎占层状基型硅酸盐矿物种总数的一半。

2)八环-四环网层

八环-四环网层以鱼眼石网层最为典型,它是由活性氧指向上方的硅氧四面体四元环与活性氧指向下方的四元环沿对角线方向共角顶连接而成的单层网层,以$[Si_4O_{10}]$表示,如图 1-3-11 所示。也可以看作由活性氧指向相反的双四面体链连接而成。五角水硅钒钙石、硅硼钙石和硅铍钇矿与鱼眼石的结构相似,不过它们的四元环有所不同。在五角水硅钒钙石的四元环中,四面体的活性氧并不全部指向一方,而是有半数指向相反。在硅硼钙石和硅铍钇矿的四元环中,有半数的硅氧四面体分别被硼氧四面体和铍氧四面体所代替。

图 1-3-11　鱼眼石网层

3) 八环-四环双层网层

八环-四环网层除了上述的单层网层以外,还存在着双层网层,它由 2 个单层网层通过四元环之间共角顶构成双层。它们又有共 1 个角顶和共 2 个角顶之分,前者如片硅碱钙石和莫水硅钙钡石,双层网层以[Si_8O_{19}]表示,如图 1-3-12 所示;后者如碱硅钙石,双层网层以[Si_8O_{18}]表示,如图 1-3-13 所示。

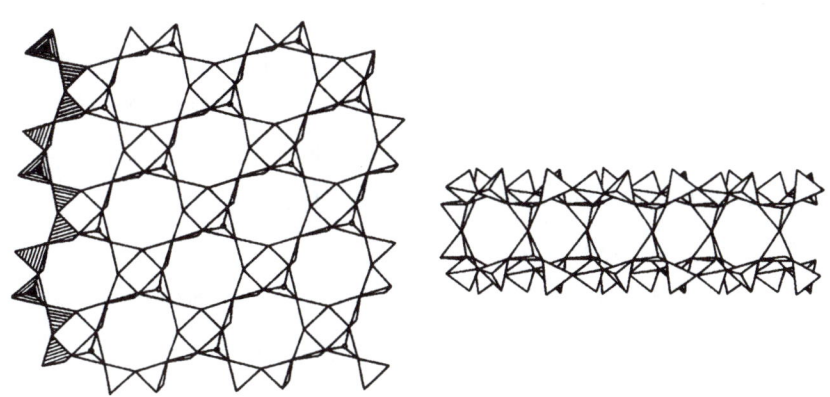

图 1-3-12　片硅碱钙石双层网层

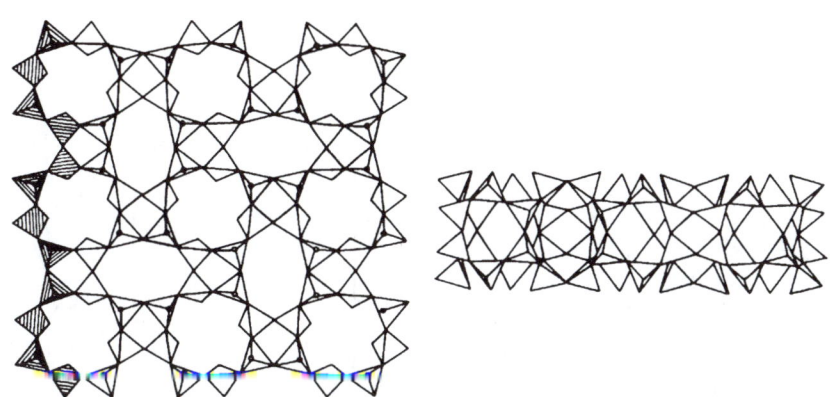

图 1-3-13　碱硅钙石双层网层

4) 八环-五环网层

八环-五环网层为水硅钙石族矿物所特有。这种网层是由硬硅钙石链彼此错开对接而成的单层网层,以[Si_6O_{15}]表示,如图 1-3-14 所示。另外,硬硅钙石链可相互超覆地共角顶构成过渡型的双层网层,以[$Si_{12}O_{31}$]表示。这种网层为雪硅钙石族矿物所特有。

5）双四面体-四面体网层

双四面体-四面体网层以黄长石网层为代表。它以双四面体和四面体共角顶连接而成，具有四方对称性，如图1-3-15所示。也可看作由"黄长石链"连接而成，相邻"黄长石链"中双四面体的活性氧指向相反。在黄长石族中，四面体中心阳离子 T_1 为 Mg^{2+}、Al^{3+} 或 Zn^{2+}，双四面体中心阳离子 T_2 和 T_3 皆为 Si^{4+}；在顾家石族中，顾家石 T_1 为 Be^{2+}，T_2 和 T_3 皆为 Si^{4+}，密黄长石和白闪石 T_1 皆为 Si^{4+}，T_2 和 T_3 前者分别为 Si^{4+} 和 Be^{2+}，后者分别为 Be^{2+} 和 Si^{4+}。

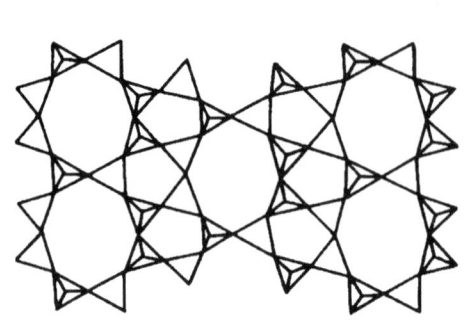
图1-3-14　水硅钙石网层

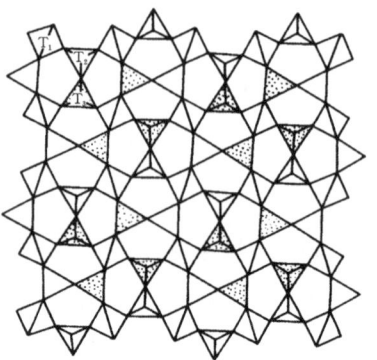
图1-3-15　黄长石网层

6）双四面体-[TiO$_5$]单锥网层

已知的双四面体-[TiO_5]单锥网层有两种不同的类型。一种是硅钛钡石网层，它与黄长石网层极为相似，不同之处在于与双四面体连接的不是四面体而是[TiO_5]单锥，此种网层为硅钛钡石所特有。另一种是闪叶石网层，它也是由双四面体与[TiO_5]单锥共角顶连接而成的，但彼此连接的形式不同，类似于钡铁钛石网层，如图1-3-16所示，闪叶石族具有此种网层。

7）双四面体-[TiO$_6$]八面体网层

双四面体-[TiO_6]八面体网层以钡铁钛石网层为代表，它由双四面体和[TiO_6]八面体共角顶连接而成（图1-3-16）。具有此种网层的除钡铁钛石外，还有水硅钛钠石族，硅钛钠钡石族结构也基本与此相同。

8）双四面体链-[TiO$_6$]八面体网层

双四面体链-[TiO_6]八面体网层为星叶石族所特有，该网层是由双四面体链（亦称星叶石链）与[TiO_6]八面体共角顶连接而成，简称星叶石网层，如图1-3-17所示。

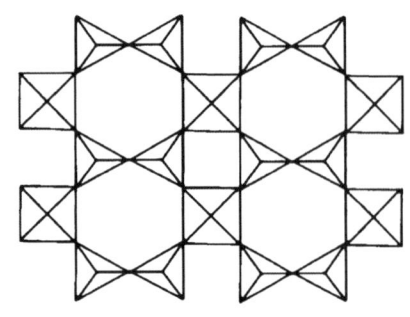
图1-3-16　钡铁钛石网层

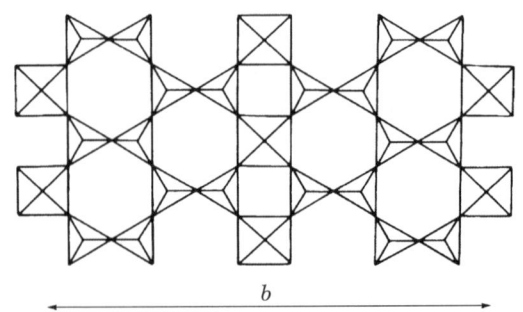
图1-3-17　星叶石网层

上述6）～8）这3种类型的网层，除硅钛钡石网层外，其他网层在晶体结构中都是两层网层中夹一层阳离子（Fe^{3+}、Mn^{2+}、Ti^{4+}、Na^+ 等），从而构成类似于云母的三层结构层。这种类似云母的结构层之间被半径较大的阳离子（Sr^{2+}、Ba^{2+}）及 Na_3PO_4 或 H_2O 分子所占据。

总的来看,在层状基型硅酸盐的晶体结构中最普遍存在的是单层网层。典型的双层网层仅见于片硅碱钙石、莫水硅钙钡石和碱硅钙石等少数族种中。最有意义的是三层网层的发现(图1-3-18),它是一种向架过渡的网层,现仅在葡萄石中发现(彭志忠等,1992)。近年又不断发现单层网层和三层网层之间的过渡型,如硅铁钡矿、雪硅钙石和菱钾铁石(图1-3-19)等。

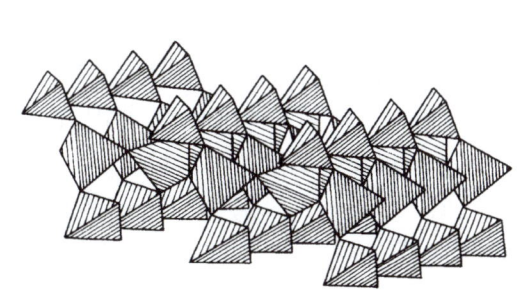

图1-3-18　葡萄石网层(彭志忠等,1992)

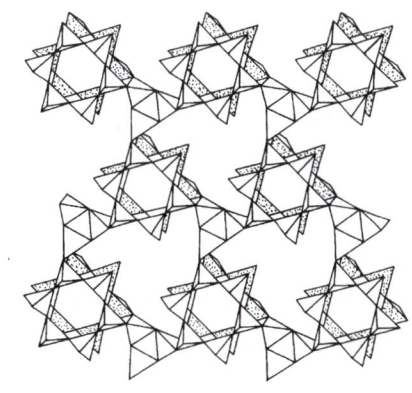

图1-3-19　菱钾铁石网层

2. 层状基型硅酸盐矿物的物理性质

在层状基型硅酸盐中,由于硅氧骨干为两向展平的网层,同时与之结合的阳离子等也具有成层分布的特点,反映到晶体外形上一般呈二向展平的板状、片状的形态,并大都具有一组平行于网层的完全解理。

在晶体光学性质上表现为绝大多数是一轴晶或二轴晶,负光性,Ne或Np垂直或近垂直于网层,且双折射率大。

当硅酸盐晶体的化学组成中具有过渡元素离子时,多色性和吸收性都十分显著。

五、架状基型硅酸盐矿物

架状基型硅酸盐分为简单架状基型、复杂架状基型。架状基型的硅氧骨干由硅(包括硼、铍等)氧四面体彼此共4个角顶连接成三维空间的骨干,或是由硅氧四面体环(或链)同钛(或锆等)氧配位多面体(主要是八面体)共角顶连接而成的。

架状基型硅氧骨干与环状、链状和层状基型的骨干相比要复杂得多,主要原因是架状骨干在三维空间发育,所以在深入认识它之前,必须根据构成骨干的次一级结构单元(如环、链、网层)来剖析。

1. 架状基型硅酸盐矿物的晶体结构

1)硅氧四面体四环(或六环)连接而成的等轴状骨干

硅氧四面体四环(或六环)连接而成的等轴状骨干,以方钠石型结构和方沸石型结构为代表。前者结构中存在四环和六环,而后者除了四环和六环以外,还存在十二环。属于方钠石型结构的有方钠石族、日光榴石族和铍方钠石族,属于方沸石型结构的有方沸石族、白榴石族和香花石。

2)硅氧四面体六环或双层六环为结构单元形成的骨干

以硅氧四面体六环或双层六环为结构单元彼此连成骨干的矿物种,由于六环或双层六环的环面在晶体结构中皆水平分布,因此它们往往具有六方或三方对称的特点。属于此种类型的矿物有霞石族、钙霞石族、菱沸石族及毛沸石和菱钾沸石。

3)四环链彼此相连成架状的结构

具有四环链彼此相连成架状的结构类型最多,约占架状基型硅酸盐矿物总数的1/4。四环链可分

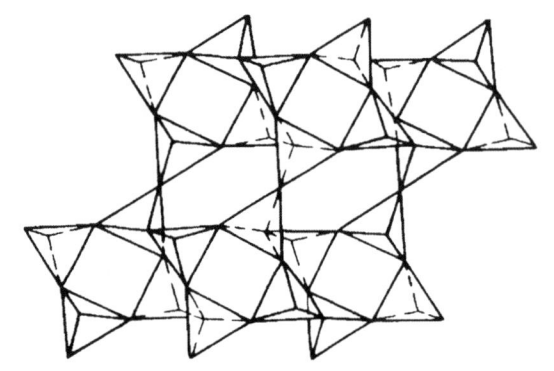

图 1-3-20　以硅氧四面体形式表示的透长石晶体结构

（在 c 轴方向呈四环链）

为长石四环链、方柱石四环链、钠沸石四环链和硅锆钠石四环链。

(1) 长石四环链是由环面近于平行(010)的硅(铝)氧四面体四环，彼此共 2 个相对的角顶构成的沿 c 轴伸长的链（图 1-3-20），这种链再在 a 轴和 b 轴方向通过链内四面体共角顶连接而成长石骨架，它为长石族所具有。

(2) 方柱石四环链矿物有方柱石、短柱石、赛黄晶、副钡长石和锶长石等，其中以方柱石为代表。

方柱石四环链是由硅(铝)氧四面体四环（环平面水平，2 个相对四面体的角顶指向上方，2 个指向下方）与硅(铝)氧四面体四环沿 c 轴方向共角顶连接而成的。方柱石族的骨架为平行于 c 轴分布的方柱石四环链以硅氧四面体四环共角顶连接而成（图 1-3-21）。

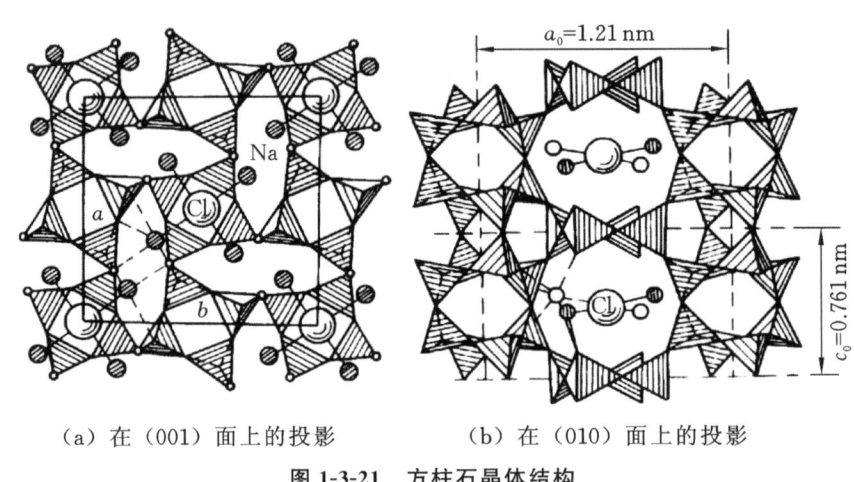

(a) 在 (001) 面上的投影　　(b) 在 (010) 面上的投影

图 1-3-21　方柱石晶体结构

短柱石骨架与方柱石骨架稍有不同，连接短柱石四环链的不是硅氧四面体四环而是 $[TiO_6]$ 八面体。赛黄晶与副钡长石、锶长石有所不同，前者组成四环的硅氧四面体中有 2 个为硼氧四面体，而后两种矿物的四环全部为硅氧四面体。

(3) 钠沸石四环链与方柱石四环链有些类似，不同之处在于四环与四环之间不是直接共角顶的，而是通过另一硅氧四面体共角顶连接而成的（图 1-3-22），此种钠沸石内环链彼此通过环中四面体共角顶连接成骨架，为钠沸石族所具有。

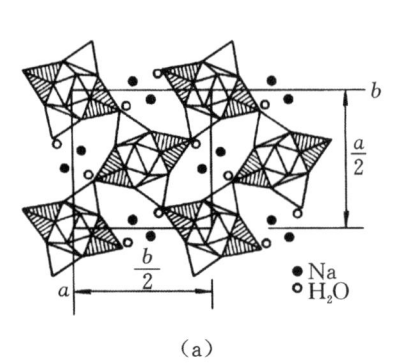
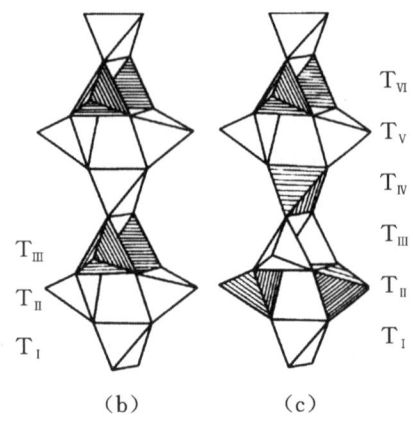

(a)　　　　　　　　　　(b)　　(c)

(a)钠沸石晶体结构一部分在(001)面上的投影；(b)、(c)分别为钠沸石和杆沸石的晶体结构中$[SiO_4]$和$[AlO_4]$（阴影部分）所占据的位置。

图 1-3-22　钠沸石晶体结构

（4）硅锆钠石四环链与长石四环链相似,但在链的延长方向略有压缩,使四环与四环之间共角顶连接的四面体呈超覆状,同时四环链与四环链之间是由[ZrO_6]八面体共角顶连接成架的,此种骨架为硅锆钠石所特有。

4）硅氧四面体三环和[TiO_6]八面体或[ZrO_6]八面体连成架状的结构

具有这种结构的矿物有蓝锥矿族和钠锆石族的矿物。

2. 架状基型硅酸盐矿物的物理性质

架状基型硅酸盐与其他结构基型相比较,由于硅氧骨干为在三维空间发育的骨架,晶体结构较为疏松、异向性小,因此架状基型硅酸盐晶体一般具有密度、折射率、双折射率小及具有多方向解理等特点。但是在架状基型中又因"结构单元"的不同,晶体在形态上和某些物理性质上表现出一定的差异。

对于四环组成的等轴状架状基型的硅酸盐来说,它们的外形主要呈等轴状,并具有等轴对称的特征。而四环链组成的架状基型硅酸盐晶体一般呈板柱状,除个别为四方对称以外,多数呈现低级对称:斜方、单斜或三斜,但时常反映出假四方的对称特征。

六环或三环组成的架状基型晶体主要呈六方或三方板状、柱状或锥状的外形,并具有六方对称或三方对称的特征。

在架状基型硅酸盐中,由于与骨架结合的阳离子主要是碱金属或碱土金属元素这类惰性气体型离子,故多数矿物呈无色或浅色,多色性、吸收性都不明显。只有少数具有过渡元素离子的架状矿物,特别是架状的钛锆硅酸盐矿物,往往具有特殊的颜色和稍明显的多色性、吸收性,其折射率和双折射率、密度都稍有增大。

第二章 岛状基型硅酸盐矿物学

第一节 具[SiO₄]

一、无水、无附加阴离子

锆石族

锆石（zircon）	$Zr[SiO_4]$
铪石（hafnon）	$Hf[SiO_4]$
钍石（thorite）	$Th[SiO_4]$
单斜钍石（huttonite）	$Th[SiO_4]$
铈磷硅钍石（cerphosphorhuttonite）	$(Ce,LREE)Th[SiO_4][PO_4]$
水硅铀矿（coffinite）	$(U^{4+},Th)[SiO_4]_{1-x}(OH)_{4x}$
羟硅稀土矿（tombarthite）	$Y_4[(Si,H_4)_4O_{12-x}](OH)_{4+2x}$

锆石

【化学性质】

锆石是一种含 Zr 的[SiO₄]岛状基型硅酸盐类矿物，化学式为 $Zr[SiO_4]$。主要成分为 Zr、Si、O，类质同象替代成分有 Hf、Th、U、REE(La、Ce、Pr、Nd、Sm)、Mn、Ca、Mg、Fe、Al、Ti、P、Nb、Ta 等。可以形成锆石-铪石类质同象系列矿物。

化学成分中氧化物的质量分数为 REE_2O_3（La、Ce、Pr、Nd、Sm）4.41%、HfO_2 5.53%、ZrO_2 58.38%、SiO_2 31.68%；理论值为 ZrO_2 67.22%、SiO_2 32.78%。

当 HfO_2 等含量较高，而 ZrO、SiO_2 含量相对较低时，其物理性质也发生了变化。锆石在 1550～1750 ℃分解，生成 ZrO_2、SiO_2。

锆石形成的变种及质量分数如下：山口石 REE_2O_3 10.93%、P_2O_5 17.7%，大山石 REE_2O_3 5.3%、P_2O_5 7.6%，苗木石 REE_2O_3 9.12%、$(Nb,Ta)_2O_5$ 7.69%，曲晶石含较多 REE_2O_3、U_3O_8，水锆石含 H_2O 3%～10%，铍锆石 BeO 14.37%、HfO_2 6.0%，铪锆石 HfO_2 可达 24.0%。

锆石极耐高温，并耐酸腐蚀。有些锆石因含有微量的 U、Th 等，具弱放射性。

【结晶形态】

锆石属四方晶系，复四方双锥晶类，对称型为 $4/mmm$。晶体呈双锥状、短柱状、粒状，形态与成分密切相关。主要单形有四方柱{110}、四方双锥{111}、复四方双锥{311}。晶体常为这3种单形及它们之间的聚形(图2-1-1)。可呈膝状双晶,与磷钇矿成规则连生。

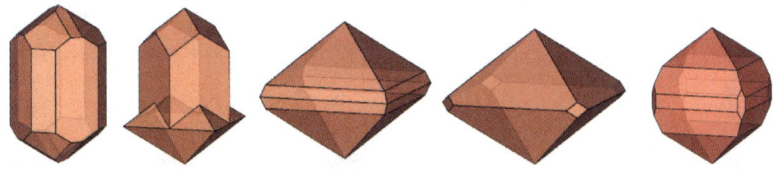

(a) 锆石多种结晶形态

(b) 锆石(挪威)　　　　　(c) 锆石(加拿大)　　　　　(d) 锆石(巴基斯坦)

图 2-1-1　锆石

【物理特征】

锆石的颜色多样,有无色、白色、灰色、橙色、紫红色、紫蓝色、粉红色、金黄色、棕色、红棕色、褐色、黑色等。偏光镜下呈无色至淡黄色。条痕为白色。透明、半透明至不透明。玻璃光泽、金刚光泽、油脂光泽。色散强,多色性弱。荧光呈黄色、绿橙色,黄色、绿橙色。

一轴晶(一)。折射率为 No=1.925～1.961、Ne=1.980～2.015。双折射率为 0.047～0.055。

{110}、{111} 不完全解理。性脆。断口呈不均匀、不平整的贝壳状。摩氏硬度为 7.5,相对密度为 4.6～4.7(测量)、4.714(计算)。由于放射性作用而非晶质化,摩氏硬度降至 6,相对密度降至 3.8。结晶程度分为高型(四方晶系,受辐射少或无)、中型(介于高型和低型之间)、低型(非晶质化高)。

锆石的熔点可达 2750 ℃,经过热处理性质会发生变化,如加热到一定程度时,就会变成无色透明的晶体。

【晶体结构】

锆石属四方晶系,空间群为 $I4_1/amd$。晶胞参数:$a=0.661$ nm、$c=0.599$ nm,$Z=4$。X 射线粉晶衍射数据 d(Å)[①](I/I_{max})为 4.434(45)、3.302(100)、2.518(45)、2.066(20)、1.908(14)、1.712(40)、1.651(14),见图 2-1-2。

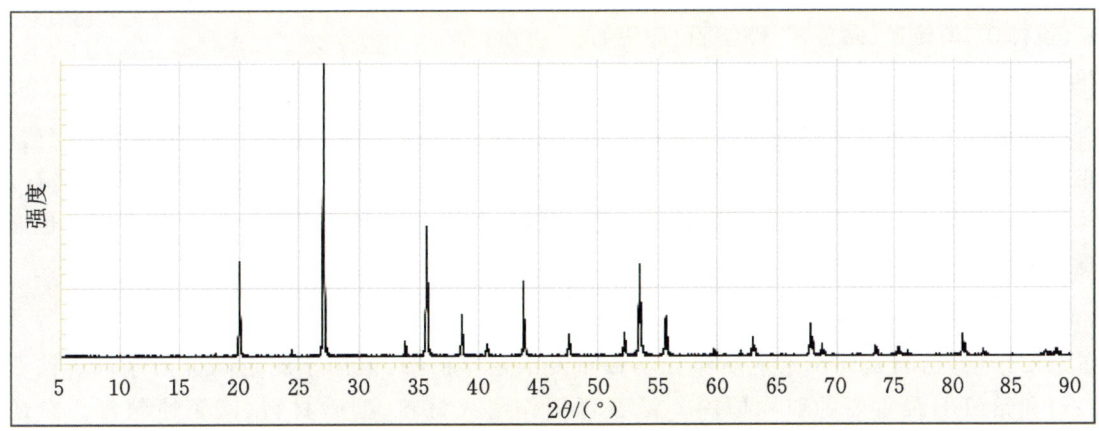

图 2-1-2　锆石的 X 射线粉晶衍射图

---

① 1 Å=0.1 nm。

在晶体结构中，Si 呈四次配位形成[SiO_4]四面体，Zr 呈八次配位构成[ZrO_8]三角十二面体（可视为四方四面体与四方偏三角面体的聚形，或者畸变的八面体）。整个结构可看成是孤立的[SiO_4]四面体与[ZrO_8]多面体连接而成，[SiO_4]四面体只与[ZrO_8]多面体相连，而[ZrO_8]三角十二面体既与[SiO_4]四面体共棱相连，也与相邻的[ZrO_8]多面体共棱相连（图 2-1-3、图 2-1-4）。

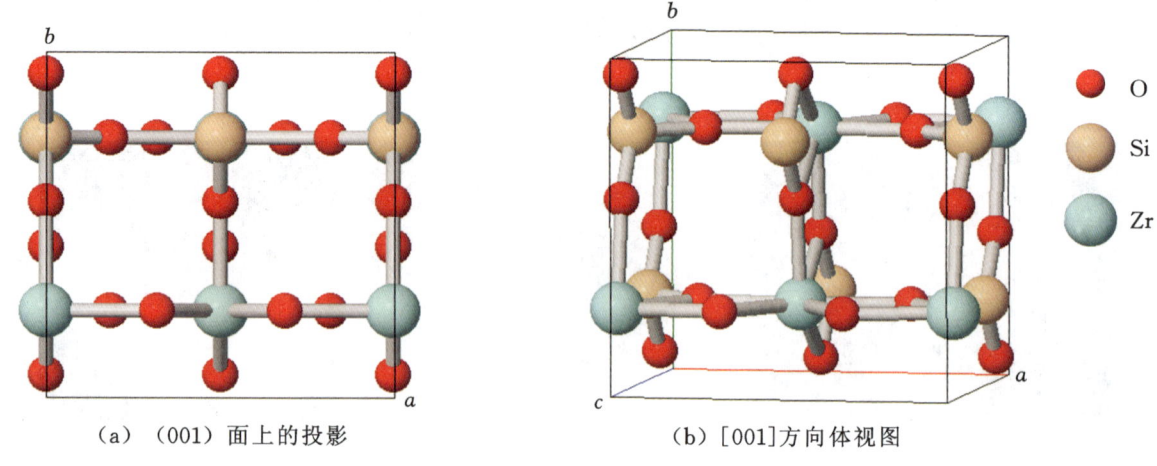

（a）（001）面上的投影　　　　　　（b）[001]方向体视图

图 2-1-3　锆石的晶体结构（原子排布位置）

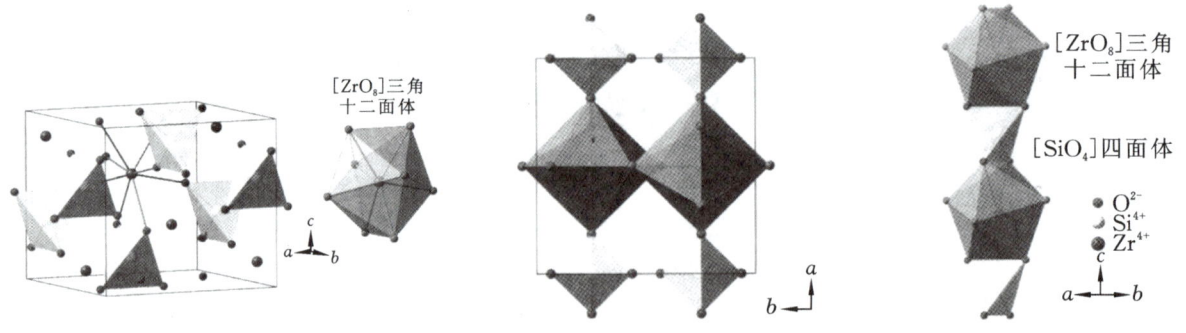

（a）[SiO_4]四面体孤立岛状分　（b）沿 c 轴的投影，在 a 轴方向上[SiO_4]　（c）[SiO_4]四面体与[ZrO_8]三
　　布和[ZrO_8]三角十二面体　　　四面体和[ZrO_8]三角十二面体共角顶连接　　　角十二面体共棱连接并沿 c 轴延伸

图 2-1-4　锆石的晶体结构配位多面体

晶体结构中 Zr 与 Si 沿 c 轴相间排列成四方体心晶胞。晶体结构可视为是由[SiO_4]四面体和[ZrO_8]三角十二面体连接而成的。[ZrO_8]三角十二面体在 b 轴方向以共棱方式紧密连接。

与锆石晶体结构相同的矿物有铪石、钍石、水硅铀矿、单斜钍石、羟钍石、铬钙石、磷钇矿、砷钇石、钒钇矿、钒铈矿、磷钪矿、磷镱矿、硼担石、硼铌石。

【产状产地】

锆石是地球上最古老的矿物之一，最老的锆石形成于 43 亿年前。锆石广泛存在于岩浆岩中，也产于变质岩和沉积岩中。锆石的化学性质很稳定，所以在河流的砂砾中可以见到宝石级的锆石。

世界上重要的宝石级锆石产于老挝、柬埔寨、缅甸、泰国等。中国东部的碱性玄武岩中也有宝石级锆石产出。

【主要用途】

在地质学中，锆石是同位素地质年代学最重要的定年矿物，被用于测定同位素年代。锆石是提取锆（Zr）和铪（Hf）最重要的矿物原料。锆石可用作耐火材料、型砂材料、陶瓷原料等。它还是重要的宝石原料，切割后的宝石级锆石很像钻石，折射率、色散值很高。少量锆石具有猫眼效应、星光效应。

锆石在地质学、物理学、化学、材料学、环境科学、晶体学、矿物学、宝石学方面都有重要应用。锆石的成分中可含有放射性元素铀(U)和钍(Th)，但含量很低。

铪 石

【化学性质】

铪石是一种含 Hf 的[SiO_4]岛状基型硅酸盐类矿物，其化学式为 Hf[SiO_4]。主要成分为 Hf、Si、O，类质同象替代成分有 Zr、Th、U、REE、Mn、Ti、Nb、Ta 等。

化学成分中氧化物的质量分数为 HfO_2 68.93%、ZrO_2 3.03%、SiO_2 28.04%。

Hf 是钍石-锆石矿物系列中的主要成分。在铪与锆石中，Hf 与 Zr 可以形成完全的类质同象替代系列。

【结晶形态】

铪石属四方晶系，复四方双锥晶类，对称型为 $4/mmm$。晶体形态呈粒状、块状等，见图 2-1-5。

【物理特征】

铪石与锆石有相似的物理性质，颜色呈红橙色、褐黄色，少数晶体为无色。条痕为无色、灰白色。透明至半透明。玻璃光泽、金刚光泽。

一轴晶(+)。折射率为 $No=1.930\sim1.970$、$Ne=1.980\sim2.030$，双折射率为 $0.050\sim0.060$。

解理不清楚。性脆。断口呈贝壳状。摩氏硬度较大，为 7.5，相对密度为 6.97(测量)、6.30(计算)。

图 2-1-5　铪石(莫桑比克)

【晶体结构】

铪石属四方晶系，空间群为 $I4_1/amd$。晶体结构见图 2-1-6，晶胞参数：$a=0.657$ nm、$c=0.596$ nm，$Z=4$。X 射线粉晶衍射数据 d(Å)(I/I_{max}) 为 4.430(60)、3.290(100)、2.638(25)、2.512(70)、2.324(18)、2.057(20)、1.705(55)，见图 2-1-7。

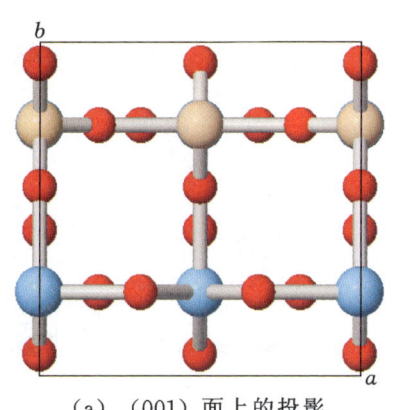

(a) (001)面上的投影　　　(b) [001]方向体视图

图 2-1-6　铪石的晶体结构

铪石与锆石具有相同的晶体结构。

【产状产地】

铪石产于含钽花岗伟晶岩和风化伟晶岩中。主要产地有莫桑比克、赞比亚、加拿大等。

【主要用途】

铪石在地质学、物理学、化学、材料学、环境科学、晶体学、矿物学方面都有重要应用。铪石是提取 Hf 和 Zr 最重要的矿物原料。

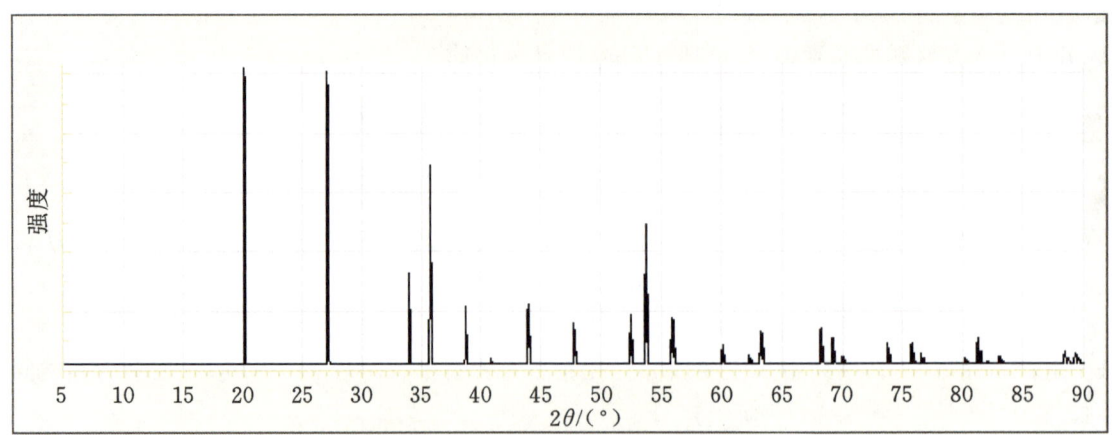

图 2-1-7 铪石的 X 射线粉晶衍射图

钍石

【化学性质】

钍石是一种含 Th 的 [SiO$_4$] 岛状基型硅酸盐类矿物，其化学式为 Th[SiO$_4$]。主要成分为 Th、Si、O，类质同象替代成分有 Fe、REE、Y、Ce、U、Pb、Ca、P、Ti 等。钍石的成分变化很大，UO$_2$ 可达 2.8%。[PO$_4$]、[AsO$_4$]、[VO$_4$]、[CO$_3$] 常类质同象替代 [SiO$_4$]。常见变种有铀钍石、钙钍石、铁钍石、磷钍石、砷钍石等。

化学成分中氧化物的质量分数为 ThO$_2$ 61.55%、U$_3$O$_8$ 2.80%、Fe$_2$O$_3$ 13.10%、SiO$_2$ 12.65%、H$_2$O 9.50%，理想化学成分为 ThO$_2$ 81.46%、SiO$_2$ 18.54%。

Th 和 U 等放射性元素的衰变，破坏了晶体结构稳定性，导致晶体的非晶质化。

【结晶形态】

钍石属四方晶系，复四方双锥晶类，对称型为 4/mmm。晶体形态似锆石，呈四方双锥状、短柱状，集合体呈粒状、致密块状，见图 2-1-8。晶体罕见。

（a）钍石（缅甸）

（b）钍石（加拿大）

（c）钍石（意大利）

图 2-1-8 钍石

【物理特征】

钍石的颜色有黑色、褐色、褐黑色、黄色、棕黄色、深棕色、橘黄色、橙色等。条痕为浅褐色、淡橙色，有时甚至可见洋红色。半透明、不透明。油脂光泽、树脂光泽、土状光泽。

一轴晶（一）。折射率为 No=1.790~1.840、Ne=1.780~1.820，双折射率为 0.010~0.020。

{110} 解理不发育。性脆。断口呈不平整、不均匀的贝壳状，表面平滑弯曲。摩氏硬度为 4.5~5，相对密度为 6.63~7.20，平均为 6.75。非晶质化钍石的硬度、密度、折射率等都会减小。

具有强放射性。

【晶体结构】

钍石属于四方晶系,空间群为 $I4_1/amd$。晶胞参数:$a=0.713$ nm、$c=0.632$ nm,$Z=4$。X 射线粉晶衍射数据 $d(Å)(I/I_{max})$ 为 4.720(85)、3.55(100)、2.842(45)、2.676(75)、2.516(30)、2.222(30)、2.019(20)、1.885(30)、1.834(65)、1.782(20)、1.594(20)、1.484(20)、1.280(20)。

钍石的晶体结构与锆石、铪石的晶体结构相同(图 2-1-9)。多型变体为单斜钍石。

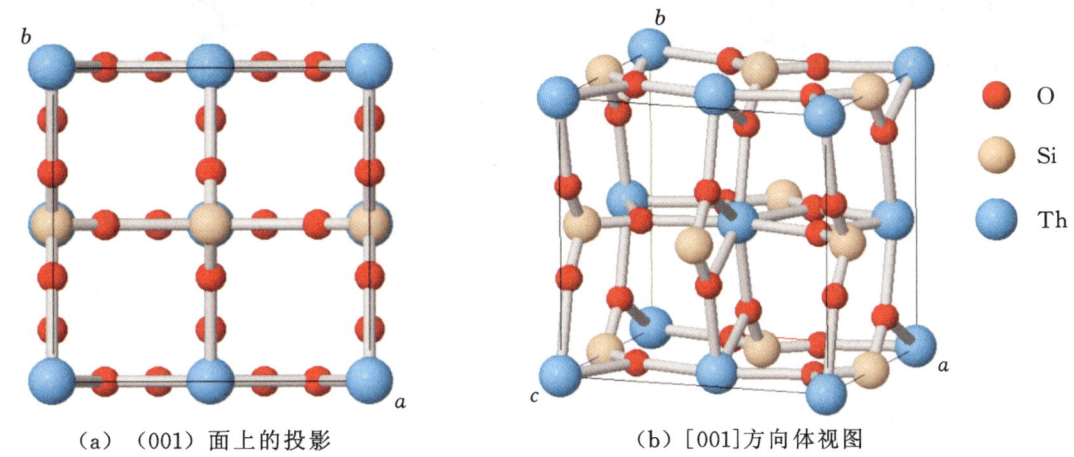

(a) (001)面上的投影　　　　(b) [001]方向体视图

图 2-1-9　钍石的晶体结构

【产状产地】

钍石主要产于伟晶岩和火山喷出岩、花岗岩、正长岩中,或产于中、低温热液脉和接触变质岩中,其次以副矿物产于花岗岩和正长岩中,在与碱性岩有关的碳酸盐岩中也常见钍石。在碎屑砂中,也会发现一些细小钍石颗粒。钍石常与锆石、独居石、石榴石、橄榄石、烧绿石、微斜长石共生。钍石的主要产地有加拿大(安大略)、美国(加利福尼亚等)、挪威、中国(内蒙古)等。

【主要用途】

钍石在地质学、材料学、物理学、化学、环境科学、晶体学、矿物学方面都有重要应用。钍石是最重要的含钍矿物,Th 常被 U、Ce、Ca 等代替,因此钍石可以用来提取 U 和 Ce 等。

单斜钍石

【化学性质】

单斜钍石是一种含 Th 的[SiO_4]岛状基型硅酸盐类矿物,其化学式为 Th[SiO_4]。主要成分为 Th、Si、O,类质同象替代成分有 U、REE、Fe、Mn、Ca、P、F、OH。[PO_4]可以替代[SiO_4]四面体,并可引入氟化物、氢氧化物和金属离子。

化学成分中氧化物的质量分数为 ThO_2 81.46%、SiO_2 18.54%。

钍矿在较低的温度下是稳定的,在 1 个标准大气压下,钍矿-钍石相变温度在 1210~1225 ℃ 之间。

【结晶形态】

单斜钍石属单斜晶系,斜方柱晶类,对称型为 $2/m$。晶体形态呈短棱柱状、扁平板状、颗粒状,见图 2-1-10。单斜钍石与钍矿(四方晶系)形成两种多型。

【物理特征】

单斜钍石颜色呈无色至奶白色、淡黄色、淡绿色。条痕为无色、白色。透明至半透明。金刚光泽。色散异常,多色性无。荧光呈暗白色带粉色,暗白色带粉红色。

二轴晶(+)。折射率为 Np=1.898、Nm=1.900、Ng=1.922,双折射率为 0.024。2V=25°。色散明显。

（a）单斜钍石（葡萄牙）　　　（b）单斜钍石（德国）　　　（c）单斜钍石（德国）

图 2-1-10　单斜钍石

{001}、{001}解理不发育。断口呈不平整、不均匀的次贝壳状。摩氏硬度为 5，相对密度为 7.10（测量）、7.20（计算）。

【晶体结构】

单斜钍石属单斜晶系，空间群为 $P2_1/n$。晶胞参数：$a=0.677$ nm、$b=0.696$ nm、$c=0.649$ nm，$\beta=104.99°$，$Z=4$。X 射线粉晶主要衍射数据 $d(\text{Å})(I/I_{max})$ 为 4.23(75)、3.09(100)、2.89(90)。

与独居石晶体结构相同，稀土元素及 P 与单斜钍石中的 Th 和 Si 发生置换，形成固溶体系列。每个 Th 原子配位数为 6，形成畸变的八面体，并通过 O 原子与硅氧四面体相连接，沿 c 轴[SiO$_4$]－[ThO$_5$]呈链状连接，如图 2-1-11 所示。

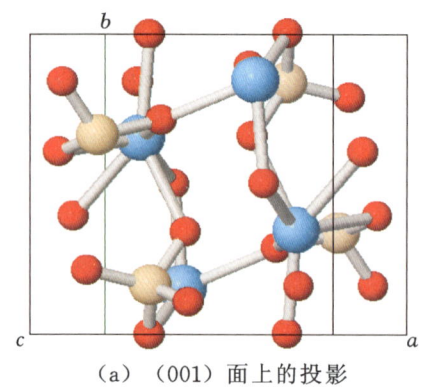 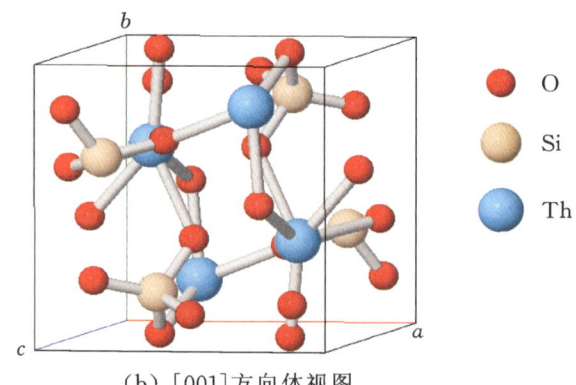

（a）（001）面上的投影　　　　　　　（b）[001]方向体视图

图 2-1-11　单斜钍石晶体结构

【产状产地】

单斜钍石常产于花岗岩、伟晶岩、正长岩中，也发现于碎屑沉积中，与白钨矿、锡石、铀钍石、锆石、钛铁矿、金等伴生。主要产地有美国（加利福尼亚）、新西兰、波兰、挪威等。

【主要用途】

单斜钍石常有 U、Ce 等类质同象替代，因此可以用来提取 U、Ce、Th 等。单斜钍石在地质学、物理学、化学、材料学、环境科学、晶体学、矿物学方面都有重要意义。

铈磷硅钍石

【化学性质】

铈磷硅钍石属硅钍石，是一种含 Ce、LREE（轻稀土元素）、[PO$_4$]的[SiO$_4$]岛状基型硅酸盐类矿物，其化学式为(Ce,LREE)Th[SiO$_4$][PO$_4$]。主要成分为 Ce、Th、Si、P、O，类质同象替代成分主要为 Ca、Pb、U 和一些轻稀土元素。

铈磷硅钍石为独居石-Ce 与硅钍石的固溶体系列矿物的中间组分，Th∶LREE 的值以及 Si∶P 的值近于 1∶1。

【结晶形态】

铈磷硅钍石属于单斜晶系,未确定晶类,对称型未知。晶体呈粒状、块状等(图 2-1-12)。

图 2-1-12　铈磷硅钍石(瑞典)

【物理特征】

铈磷硅钍石的颜色呈浅黄色、黄色、红棕色等。条痕为白色。透明至半透明。蜡状光泽。二轴晶。

未见解理。性脆。断口呈不平整、不规则的贝壳状。摩氏硬度为 5～5.5,相对密度为 5.06(测量)。

【晶体结构】

铈磷硅钍石属于单斜晶系,空间群未确定。晶胞参数:$a=0.675$ nm、$b=0.690$ nm、$c=0.645$ nm,$\beta=104°$,$Z=4$。X 射线粉晶衍射数据 $d(Å)(I/I_{max})$ 为 4.69(50)、3.82(60)、3.52(50)、3.09(100)、2.86(80)、1.75(60)。

与独居石结构相同。

【产状产地】

铈磷硅钍石产于天河石伟晶岩中,与铌铁矿、褐钇铌矿、锆石等共生。主要产地有瑞典等。

【主要用途】

铈磷硅钍石可以用来提取 U、Ce、Th 等。在地质学、材料学、物理学、化学、晶体学、矿物学方面都有一些重要应用。

水硅铀矿

【化学性质】

水硅铀矿是一种含 U、Th、(OH)的[SiO_4]岛状基型硅酸盐类矿物,其化学式为$(U^{4+},Th)[SiO_4]_{1-x}(OH)_{4x}$。主要成分为 U、Th、Si、O、H,类质同象替代成分有 Al、Fe、As、V、Pb 等。

化学成分中氧化物的质量分数为 UO_2 82.40%、SiO_2 16.50%、H_2O 1.10%。

【结晶形态】

水硅铀矿属于四方晶系,复四方双锥晶类,对称型为 $4/mmm$。晶体形态呈细小颗粒状,集合体呈块石状,见图 2-1-13。

【物理特征】

水硅铀矿的颜色呈黑色、浅棕色、深棕色。条痕为灰黑色。半透明至不透明。金刚光泽、半金刚光泽。

一轴晶(+/-)。折射率为 No=1.730～1.750、Ne=1.730～1.750,双折射率为 0.000。

无解理。性脆。断口呈不平整、不规则的次贝壳状。摩氏硬度为 5～6,相对密度为 5.10(测量)、5.44(计算)。

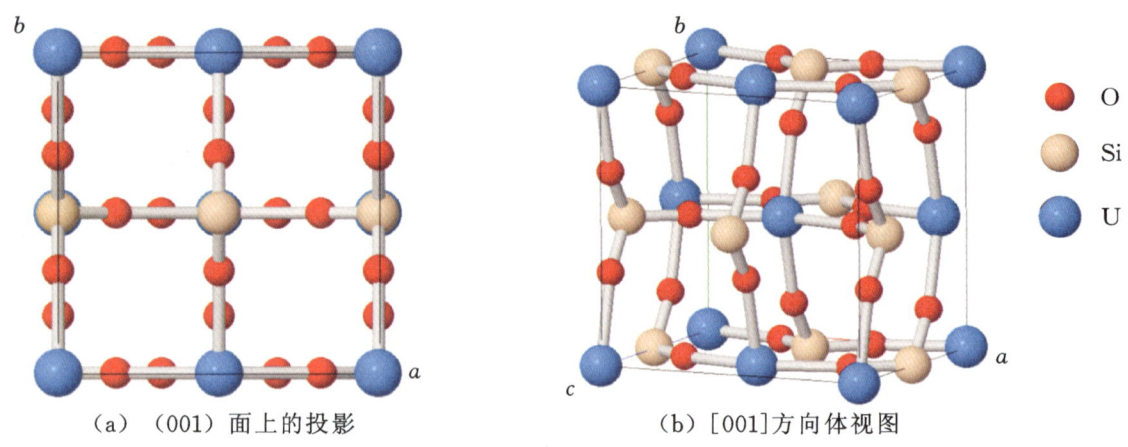

(a) 水硅铀矿（澳大利亚）　　(b) 水硅铀矿（美国犹他）　　(c) 水硅铀矿（美国新墨西哥）

图 2-1-13　水硅铀矿

【晶体结构】

水硅铀矿属于四方晶系，空间群为 $I4_1/amd$，晶体结构如图 2-1-14 所示。晶胞参数：$a=0.697$ nm、$c=0.625$ nm，$Z=3$。X 射线粉晶主要衍射数据 $d(\text{Å})(I/I_{max})$ 为 4.66(100)、3.47(100)、2.64(70)。

(a) (001) 面上的投影　　　　　(b) [001] 方向体视图

图 2-1-14　水硅铀矿的晶体结构

【产状产地】

水硅铀矿产于高原型黑色氧化铀矿床中，交代砂岩中的有机质。主要产地有澳大利亚、捷克、德国、瑞士、美国（科罗拉多、犹他、新墨西哥）。

【主要用途】

水硅铀矿在地质学、物理学、化学、材料学、环境科学、晶体学、矿物学方面都有重要应用。可作为提取 U、Th 的矿物原料。

羟硅稀土矿

【化学性质】

羟硅稀土矿是一种含 Y、(OH) 的岛状基型硅酸盐类矿物，其化学式为 $Y_4[(Si,H_4)_4O_{12-x}](OH)_{4+2x}$ ($x\leqslant 4$)。主要成分为 Y、Si、H、O，类质同象替代成分以稀土元素为主，形成多种含稀土元素的矿物。

化学成分中氧化物的质量分数为 CaO 6.03%、REE_2O_3 21.28%（La、Ce、Pr、Nd、Sm 的氧化物占 19.35%）、Y_2O_3 33.37%、SiO_2 16.15%、H_2O 22.63%。

【结晶形态】

羟硅稀土矿属于单斜晶系，斜方柱晶类，对称型为 $2/m$。晶体形态呈粒状、块状、无定形（图 2-1-15）。

【物理特征】

羟硅稀土矿的颜色呈棕色、棕黑色、黑色。条痕为淡棕色。半透明至不透明。半玻璃光泽至土状光泽。

二轴晶（＋/－）。折射率为 N＝1.639。

无解理。性脆。断口呈贝壳状。摩氏硬度为 5～6，相对密度为 3.51（测量）、3.64（计算）。

【晶体结构】

羟硅稀土矿属于单斜晶系，空间群为 $P2_1/n$。晶胞参数：$a＝0.712$ nm，$b＝0.729$ nm，$c＝0.671$ nm，$\beta＝102.68°$，$Z＝1$。X 射线粉晶衍射数据 $d(\text{Å})(I/I_{max})$ 为 7.32（30）、6.55（100）、3.42（80）、3.23（70）、2.97（60）、2.89（50）、2.40（40）。

图 2-1-15　羟硅稀土矿（挪威）

与独居石结构相同。

【产状产地】

羟硅稀土矿产于伟晶岩脉中，穿切角闪石。主要产地有挪威等。

【主要用途】

羟硅稀土矿在地质学、材料学、物理学、化学、晶体学、矿物学方面都有重要应用。可以用来提取多种重要的稀土元素 Y、La、Ce、Pr、Nd、Sm 等。

石榴石族

镁铝榴石（pyrope）	$Mg_3Al_2[SiO_4]_3$
铁铝榴石（almandine）	$Fe_3Al_2[SiO_4]_3$
锰铝榴石（spssartite）	$Mn_3Al_2[SiO_4]_3$
钙铁榴石（andradite）	$Ca_3(Fe,Al)_2[SiO_4]_3$
钙铝榴石（grossular）	$Ca_3(Al,Fe)_2[SiO_4]_3$
钙铬榴石（uvarovite）	$Ca_3Cr_2[SiO_4]_3$
钙钒榴石（goldmanite）	$Ca_3V_2[SiO_4]_3$
钙锆榴石（kimzeyite）	$Ca_3(Zr,Ti)_2[(Al_2Si)O_{12}]$
钙钛榴石（morimotoite）	$Ca_3(Ti,Fe)_2[SiO_4]_3$
锰铁榴石（calderite）	$Mn_3Fe_2[SiO_4]_3$
镁铬榴石（knorringite）	$Mg_3Cr_2[SiO_4]_3$
镁铁榴石（majorite）	$Mg_3(Fe,Al,Si)_2[SiO_4]_3$
水钙锰榴石（henritermierite）	$Ca_3(Mn^{3+},Al)_2[SiO_4]_2(OH)_4$
水钙铁榴石（hydrougrandite）	$Ca_3Fe_2[SiO_4]_2(OH)_4$
水钙铝榴石（hibschite）	$Ca_3Al_2[SiO_4]_{3-x}(OH)_{4x}$ ($x＝0.2\sim1.5$)
加藤石（katoite）	$Ca_3Al_2[SiO_4]_{3-x}(OH)_{4x}$ ($x＝1.5\sim3$)

【化学性质】

石榴石族是 $[SiO_4]$ 岛状基型结构的硅酸盐矿物，其化学通式可用 $A_3B_2[SiO_4]_3$ 表示。这类矿物中类质同象极为广泛，化学成分复杂（图 2-1-16）。

A 主要为 Ca^{2+}、Mg^{2+}、Fe^{3+}、Mn^{2+}，也可以是 Y^{3+}、K^+、Na^+ 等。A 位阳离子中 Ca^{2+} 与 Mg^{2+}、Fe^{2+}、Mn^{2+} 等的半径相差较大，难以发生置换。

B 主要为 Al^{3+}、Fe^{3+}、Cr^{3+} 等，也可以是 Ti^{4+}、V^{3+}、Zr^{4+} 等离子。B 位阳离子之间因半径接近，容

(a) 铁铝榴石（美国阿拉斯加）　　(b) 锰铝榴石（坦桑尼亚）　　(c) 钙铁榴石（德国）

图 2-1-16　石榴石的形态

易产生类质同象替代。

石榴石中不同元素构成不同的组合，形成两组类质同象的系列石榴石类矿物，通常是类质同象替代的过渡态，很少有端元组分的石榴石存在。

按类质同象替代关系形成两个固溶体系列：铝榴石系列和钙榴石系列。除了这两个系列之外，还有一些稀有种类以及人工合成的石榴石。

（1）铝榴石系列（铝质系列）：以半径较小的 Mg^{2+}、Fe^{2+}、Mn^{2+} 等二价阳离子和以 Al^{3+} 为主要三价阳离子组成的类质同象系列，常见品种有镁铝榴石、铁铝榴石、锰铝榴石。

镁铝榴石（红榴石），含铬和铁元素而呈血红色、紫红色和褐红色等，其中，含铁较多的镁铁榴石呈淡玫瑰色－紫红色，是石榴石类宝石的重要品种之一。铁铝榴石颜色呈褐色、暗红色、紫红色，包体发育的晶体，可琢磨出四射星光。锰铝榴石颜色呈黄橙色、橙红色。

（2）钙榴石系列（钙质系列）是以大半径的二价阳离子 Ca^{2+} 为主的类质同象系列。其中，常见的为钙铬榴石-钙铝榴石-钙铁榴石系列。常见品种有钙铬榴石、钙铝榴石、钙铁榴石、钙钒榴石、钙锆榴石。

钙铁榴石的颜色呈黄绿色、翠绿色、黑色等。钙铝榴石的颜色呈褐黄色、黄色、黄绿色、绿色等。变种有沙弗莱石及桂榴石。沙弗莱石含微量钒和铬离子，是上等的绿色品种。钙铬榴石的颜色呈绿色、黄绿色等。

（3）稀有种类石榴石

① Ca 位于 A 的位置：钙钒榴石、钙钛榴石、钙锆榴石、钛榴石。

② Ca 位于 A 的位置，附有（OH）：水绿榴石、水钙锰榴石、水钙榴石、水钙铝榴石、加藤石等水榴石。

③ Mg 或 Mn 位于 A 的位置：镁铬榴石、镁铁榴石、锰铁榴石。

（4）人造合成石榴石

有一些人工合成的石榴石，如钇铁石榴石、镓石榴石、钇铝石榴石等。

【结晶形态】

石榴石族矿物属于等轴晶系，六八面体晶类，对称型为 $m3m$。晶体形态常呈完好结晶体，常见单晶体有：菱形十二面体{110}、四角三八面体{211}以及二者的聚形（图 2-1-17），有时出现六八面体{321}，晶面上常有与平行四边形长对角线平行的条纹。石榴石常呈现歪晶。晶面上常可见到感应面。集合体常为致密的粒状、块状。

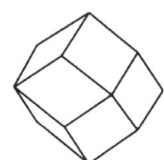 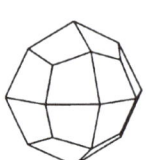  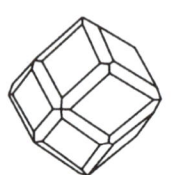 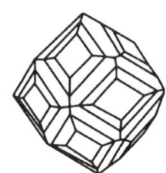

图 2-1-17　石榴石的晶体形态

【物理特征】

石榴石呈现出多种颜色,受成分影响变化很大,其中红色系列包括红色、粉色、紫红色、橙红色,黄色系列包括黄色、橘黄色、蜜黄色、褐黄色,绿色系列包括翠绿色、橄榄绿色、黄绿色。条痕为白色。

钙铬榴石呈鲜艳绿色,同祖母绿一样也是与铬离子含量有关。还有一些特殊光学效应,如星光效应、变色效应、猫眼效应等。含钒量高的石榴石,在白炽灯下会由蓝绿色变为紫色,还有部分其他种类的石榴石都有变色效应。在日光下它们的颜色常为绿色、米黄色、棕色、灰色及蓝色,但在白炽灯下,会出现淡红色、微紫色、粉红色等。透明至半透明。玻璃光泽、金刚光泽、油脂光泽。不具多色性。

均质体,常有光性异常现象。折射率为 1.72~1.94。

无解理,不同种类的石榴石化学成分变化很大,有部分种类的原子化学键的键力强弱也会发生变化。性脆。断口呈不均匀、不平整的贝壳状。化学成分变化很大,硬度和相对密度也会在较大范围内变化,摩氏硬度为 6.5~7.5,相对密度为 3.5~4.3,大小取决于二价和三价阳离子的种类以及它们的含量。

【晶体结构】

石榴石族类矿物属等轴晶系,空间群为 $Ia3d$。晶胞参数:$a=1.146\sim1.248$ nm,$Z=8$。

晶体结构中三次轴方向排列最紧密,也是化学键最强的方向。孤立的 $[SiO_4]$ 四面体之间由三价阳离子的八面体(如 $[AlO_6]$、$[FeO_6]$ 或 $[CrO_6]$ 八面体等)所连接,其间形成一些较大的十二面体空隙(畸变的立方体),每个角顶都由 O^{2-} 所占据,中心位置为二价阳离子 Ca^{2+}、Fe^{2+}、Mg^{2+} 等。每个二价阳离子为 8 个 O^{2-} 所包围。

以镁铝榴石为例,其 Mg^{2+} 呈八次配位,形成畸变的配位立方体;Al^{3+} 呈六次配位,形成 $[AlO_6]$ 八面体,$[SiO_4]$ 四面体则由 $[AlO_6]$ 八面体所连接,一个 $[AlO_6]$ 八面体周围与 6 个 $[SiO_4]$ 四面体以角顶相连接,并与 Mg^{2+} 的畸变立方体以共棱方式连接,如图 2-1-18、图 2-1-19 所示。

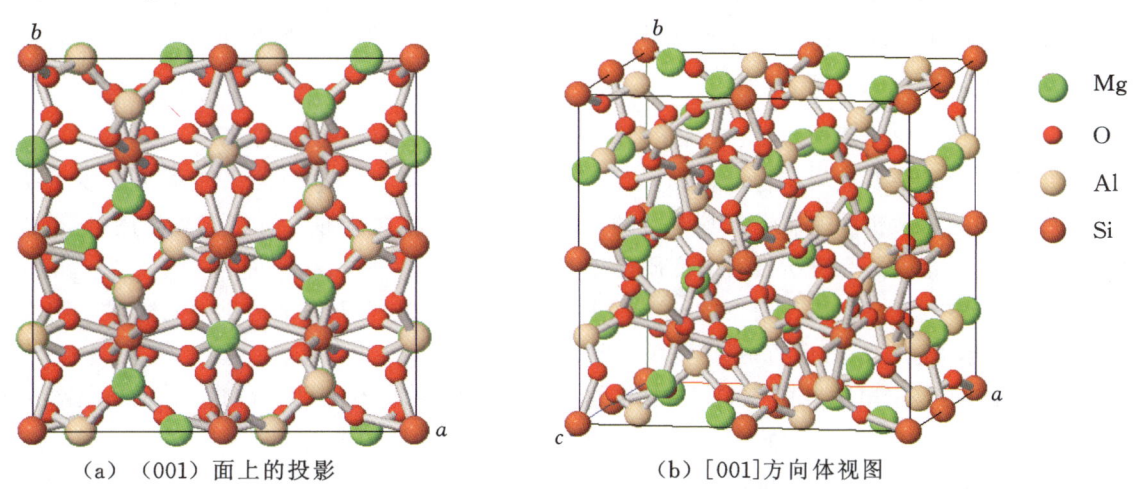

(a)(001)面上的投影　　(b)[001]方向体视图

图 2-1-18　镁铝榴石的晶体结构(原子排布位置)

在钙铝榴石的晶体结构中,1 个 $[AlO_6]$ 八面体与 6 个 $[SiO_4]$ 四面体共角顶连接,并与 1 个 Ca^{2+} 充填畸变立方体(配位数为 8)共棱相连。

石榴石族矿物化学组分较为复杂,不同元素构成不同的组合,不同的结晶位置都会形成类质同象替代系列的石榴石。

这一族矿物具有相似的晶体形态、物理性质和晶体结构,但在化学成分、产状成因方面有所不同。

【产状产地】

石榴石在自然界广泛分布。钙铝榴石-钙铁榴石主要产于矽卡岩、碱性岩和部分角岩中;铝榴石主要产于岩浆岩和区域变质岩、伟晶岩、火山岩中;水榴石主要为泥灰岩与中酸性侵入岩或喷出岩接

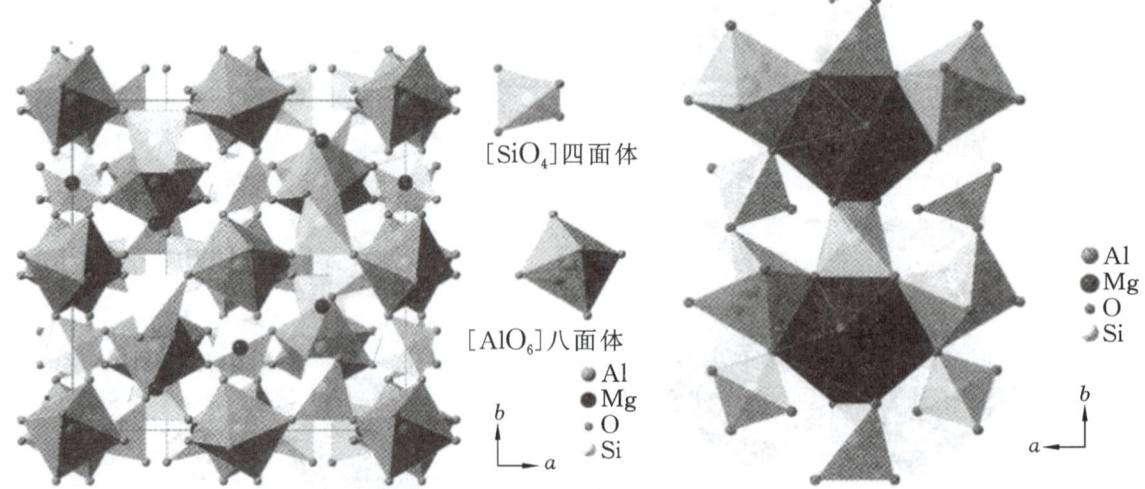

(a) 沿c轴的投影,[SiO₄]四面体和[AlO₆]八面体共角顶　　(b) 在(001)面上3种配位多面体连接方式

图 2-1-19　镁铝榴石的晶体结构

触变质产物或为基性和超基性岩次生蚀变的产物。

高温高压下形成的变质岩——榴辉岩,主要由镁铝榴石及绿辉石构成;橄榄岩主要含有斜长石、角闪石、镁铝榴石,这种共生表明使橄榄石及辉石矿物平衡的压力温度只可能在地壳深处产生。

石榴橄榄岩的捕虏岩(包体)由金伯利岩从 100 km 或更深处被带上来,而捕虏岩碎块中包含镁铝榴石等金伯利岩标志矿物。在 300~400 km 及更深处,辉石成分中因为(Mg,Fe)及 Si 取代了在石榴石的正八面体(B)位置的 2Al 而溶入石榴石中,生成了一个硅含量高的石榴石,成为镁铁榴石的固溶体。石榴石种类很多,成因产状也各有不同。

石榴石主要产地有挪威、捷克、土耳其、德国、斯里兰卡、缅甸、印度、巴基斯坦、肯尼亚、坦桑尼亚、巴西、马达加斯加、俄罗斯、美国、中国等。最罕见的蓝石榴石发现于马达加斯加。

【主要用途】

石榴石族矿物广泛用于地质学、材料学、物理学、化学、晶体学、矿物学、宝石学。

石榴石为上地幔主要造岩矿物之一,是岩石圈热动力学解释多种岩浆岩及变质岩起源的关键性矿物。石榴石中的元素扩散速度慢于其他矿物,而且石榴石亦相对能够"抵抗"交代作用,能够保存岩石温度变化历史。石榴石在分析岩石的变质作用时有重要作用。

石榴石族矿物是一种变质作用下的标志性矿物,对其的矿物学研究十分重要。较硬的种类如铁铝榴石,常被用作研磨料。石榴石中有一些可以作为宝石。

铝榴石是含 Mg、Fe、Mn、Al 的[SiO₄]岛状基型硅酸盐类矿物,其化学式为$(Mg,Fe,Mn)_3Al_2[SiO_4]_3$。主要成分为 Mg、Fe、Mn、Al、Si、O。

三价阳离子以 Al^{3+} 为主,二价阳离子主要为 Mg^{2+}、Fe^{2+} 和 Mn^{2+}。Mg—Fe、Fe—Mn 之间成完全类质同象,而 Mg—Mn 之间成不完全类质同象。

依 Mg、Fe、Mn 含量多少划分为亚种:镁铝榴石、铁铝榴石和锰铝榴石,如图 2-1-20 所示。

镁铝榴石

【化学性质】

镁铝榴石是一种含 Mg、Al 的[SiO₄]岛状基型硅酸盐类矿物,其化学式为$Mg_3Al_2[SiO_4]_3$。主要成分为 Mg、Al、Si、O,类质同象替代成分有 Fe、Mn、Ca 等。

化学成分中氧化物的质量分数为 MgO 29.99%、Al_2O_3 25.29%、SiO_2 44.72%。

成分中可有 Fe 和少量 Mn,但小于 Mg 的原子数,即铁铝榴石和锰铝榴石端元分子数之和小于镁

(a)锰铝榴石(意大利)

(b)铁铝榴石(巴基斯坦)

(c)铁铝榴石(中国福建)

图 2-1-20　铝榴石

铝榴石端元分子数。金伯利岩中的镁铝榴石以含 Cr 高为其主要特征。含 Cr 较高的镁铝榴石称为铬镁铝榴石。

具有化学惰性、稳定性,不溶于水,微溶于氢氟酸。

【结晶形态】

镁铝榴石属于等轴晶系,六八面体晶类,对称型为 $m3m$。结晶颗粒细小,形成良好的细晶体,颗粒常成自形到半自形,多呈浑圆颗粒,有时呈饼状(图 2-1-21)。内部常有细小片状钛铁矿和其他针状内含物。集合体呈粒状、致密块状。常见结晶形态为菱形十二面体{110}、四角三八面体{211}(图 2-1-22)以及它们的聚形。

(a)镁铝榴石(意大利)
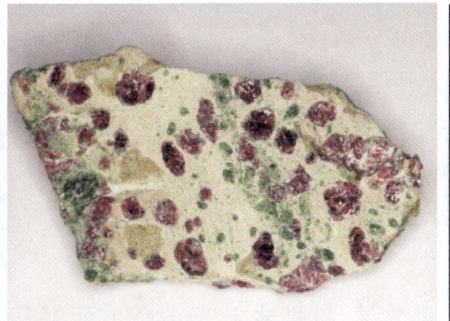
(b)镁铝榴石(挪威)

(c)镁铝榴石(捷克)

图 2-1-21　镁铝榴石

【物理特征】

镁铝榴石的颜色呈紫红色、褐红色、棕褐色、血红色、橙红色、橙黄色、玫瑰色、黑红色、粉红色、无色。显微镜透射光下淡红色、淡褐色。随 Cr_2O_3 含量增高,颜色由浅变深,一般含 Cr 高者紫红色,低者橙色。金伯利岩中紫红色、紫青色的含铬镁铝榴石在日光下呈蓝绿色或绿色,而在灯光下呈紫红色及鲜红色。具有变色效应,灯光下红色,日光下紫色、深红色、蓝中带绿色,钨光下酱红色。

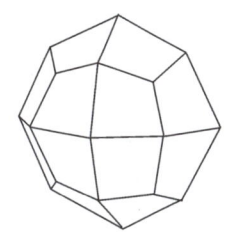

图 2-1-22　镁铝榴石的晶体形态
(四角三八面体{211})

条痕为白色。透明至半透明。玻璃光泽、金刚光泽。

均质体,偏光镜下常出现异常消光。有时产生光性异常。折射率为 $N=1.73\sim1.76$。随 Cr、Fe 含量的增加而升高,一般金伯利岩中的含铬镁铝榴石折射率较高。

无解理。性脆。断口呈不规则、不平整的贝壳状,表面平滑弯曲。摩氏硬度为 7~7.5,相对密度为 3.65~3.84(测量),随 Cr、Fe 含量增加而增大。

【晶体结构】

镁铝榴石属于等轴晶系，空间群为 $Ia3d$。晶胞参数：$a=1.146$ nm，$Z=8$。X 射线粉晶衍射数据 $d(Å)(I/I_{max})$ 为 2.880(60)、2.583(90)、1.598(90)、1.542(100)、0.784(100)，如图 2-1-23 所示。

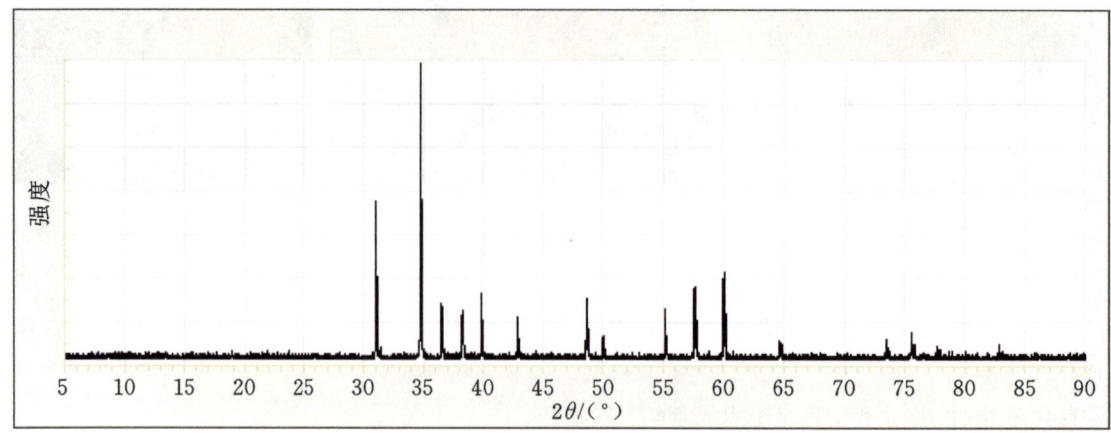

图 2-1-23 镁铝榴石的 X 射线粉晶衍射图

【产状产地】

镁铝榴石常来源于地幔，产于超镁铁质岩浆岩（橄榄岩）中，也产于超高压（超高压）变质岩中，是金伯利岩的标志矿物。主要产于金伯利岩、蛇纹岩、橄榄岩、榴辉岩中，产于这些岩石中的镁铝榴石含铬较高。亦产于煌斑岩以及超基性岩团块内。在一些变质岩中也有镁铝榴石，但含铬量少或不含铬。

常见的共生矿物有橄榄石、金云母、铬透辉石、镁钛铁矿、铬铁矿、铬尖晶石、钙钛矿、磷灰石、金刚石。次生蚀变矿物为绿泥石、蛇纹石、铬云母或碳酸盐和铁锰质矿物。镁铝榴石裂隙中常充填有次生矿物绿泥石、纤维蛇纹石、金云母、赤铁矿等。

主要产地有南非、挪威、捷克、俄罗斯、中国（江苏）等。

【主要用途】

镁铝榴石在地质学、矿物学、晶体学、材料学、宝石学等方面都有广泛应用。可以作为寻找金刚石的标志性矿物，也是一类重要的宝石。

铁铝榴石

【化学性质】

铁铝榴石是一种含 Fe、Al 的 $[SiO_4]$ 岛状基型硅酸盐类矿物，其化学式为 $Fe_3Al_2[SiO_4]_3$。主要成分为 Fe、Al、Si、O，类质同象替代成分有 Mg、Mn。

化学成分中氧化物的质量分数为 Al_2O_3 20.48%、FeO 43.30%、SiO_2 36.22%。

【结晶形态】

铁铝榴石属于等轴晶系，六八面体晶类，对称型为 $m3m$。晶体形态呈颗粒状、块状，集合体呈粒状、致密块状。常呈菱形十二面体{110}、四角三八面体{211}，或是二者的聚形（图 2-1-24）。

【物理特征】

铁铝榴石的颜色呈褐色、暗红色、棕红色、褐红色、黑色等。在显微镜透射光下呈淡红色至褐色。相对密度随其中镁铝榴石或锰铝榴石分子数的增加而降低。铁铝榴石为均质体，但在偏光镜下常有异常消光。条痕为白色。透明至半透明。玻璃光泽、油脂光泽。色散无，多色性无。

等轴晶系，均质体，可见有微弱的非均质性。折射率为 $N=1.83$。

（a）铁铝榴石（意大利）　　（b）铁铝榴石（澳大利亚）　　（c）铁铝榴石（美国阿拉斯加）

图 2-1-24　铁铝榴石

无解理。性脆。断口为不规则、不平整的贝壳状。摩氏硬度为 7~7.5，相对密度为 4.318（测量）、4.313（计算）。

【晶体结构】

铁铝榴石属于等轴晶系，空间群为 $Ia3d$（图 2-1-25）。晶胞参数：$a=1.153$ nm，$Z=8$。X 射线粉晶衍射数据 d(Å)(I/I_{max}) 为 2.589(100)、1.595(90)、1.530(100)、1.259(90)、1.071(100)、1.054(90)，如图 2-1-26 所示。

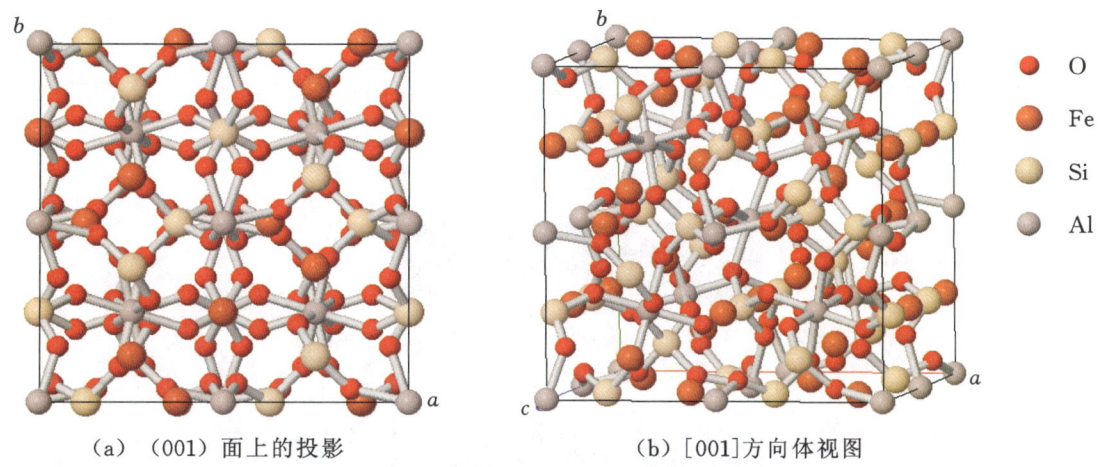

（a）(001) 面上的投影　　　　　　　　　　（b）[001] 方向体视图

图 2-1-25　铁铝榴石的晶体结构

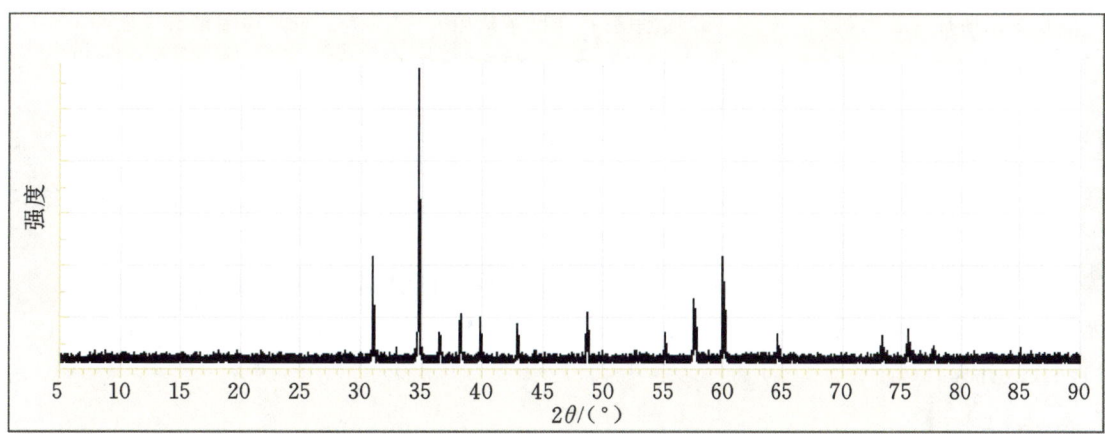

图 2-1-26　铁铝榴石的 X 射线粉晶衍射图

【产状产地】

铁铝榴石作为变质相矿物产于中温和高温区域变质的片岩、角闪岩、片麻岩、榴辉岩以及麻粒岩中，在火山岩中亦有产出，与红柱石、矽线石和蓝晶石共生。

铁铝榴石主要产地有英国、德国、奥地利、意大利、瑞典、挪威、捷克、土耳其、巴基斯坦、津巴布韦、马达加斯加、坦桑尼亚、肯尼亚、斯里兰卡、印度、巴西、澳大利亚、中国、美国、加拿大等。

【主要用途】

铁铝榴石在地质学、物理学、化学、材料学、晶体学、矿物学、宝石学方面都有重要应用，是重要的研磨材料、宝石材料。

宝石级铁铝榴石常见的颜色以红色色调为主，包括褐红色、粉红色、橙红色等。颜色深红且透明者称为贵榴石。含有相当多的针状包体的铁铝榴石，当切割琢磨成弧面型时，会有星光效应出现，称为星光铁铝榴石。

锰铝榴石

【化学性质】

锰铝榴石是一种含 Mn、Al 的 [SiO_4] 岛状基型硅酸盐类矿物，其化学式为 $Mn_3Al_2[SiO_4]_3$。主要成分为 Mn、Al、Si、O，类质同象替代成分有 Ti、Fe、Mg、Ca、Y、H_2O。

化学成分中氧化物的质量分数为 MnO 42.99%、Al_2O_3 20.60%、SiO_2 36.41%。

【结晶形态】

锰铝榴石属于等轴晶系，六八面体晶类，对称型为 $m3m$。晶体形态呈细小晶体、颗粒状，集合体呈粒状或致密块状。单形常呈菱形十二面体 {110} 及四角三八面体 {211} 晶形，或二者的聚形，如图 2-1-27 所示。

（a）锰铝榴石（意大利）　　（b）锰铝榴石（巴基斯坦）　　（c）锰铝榴石（巴西）

图 2-1-27　锰铝榴石

【物理特征】

锰铝榴石的颜色呈黄色、橘黄色、黄棕色、橘红色、橘黄褐色、红色、红橙色、红棕色、红褐色、棕色。条痕为白色。透明至半透明。玻璃光泽、油脂光泽。

等轴晶系，均质体。折射率为 $N=1.79\sim1.81$，折射率和色散都随成分不同而发生变化。

无解理。性脆。断口为不规则、不平整的贝壳状。摩氏硬度为 6.5～7.5，相对密度为 4.12～4.32（测量）、4.19（计算）。

【晶体结构】

锰铝榴石属于等轴晶系，空间群为 $Ia3d$（图 2-1-28）。晶胞参数：$a=1.164$ nm，$Z=8$。X 射线粉晶衍射数据 $d(\text{Å})(I/I_{max})$ 为 2.603(100)、1.610(90)、1.553(100)、1.079(90)、0.866(90)，如图 2-1-29 所示。

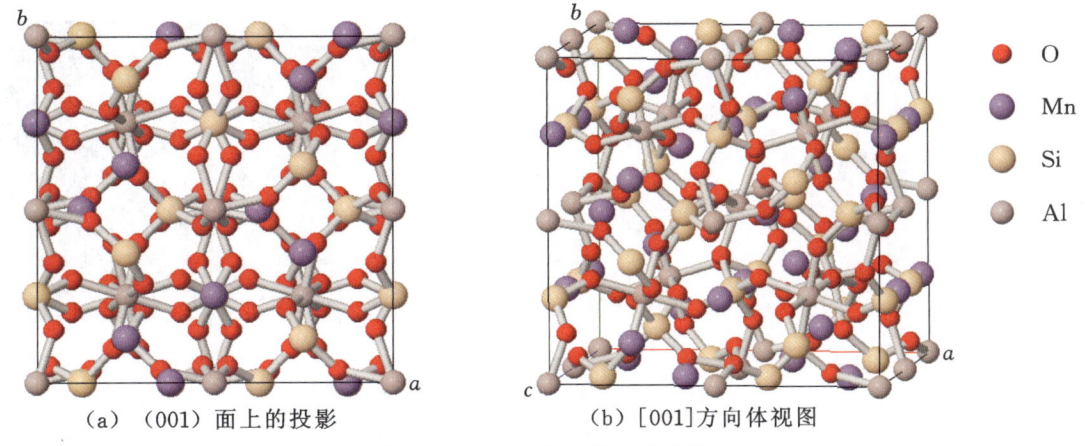

(a) (001) 面上的投影　　　　　　(b) [001]方向体视图

图 2-1-28　锰铝榴石的晶体结构

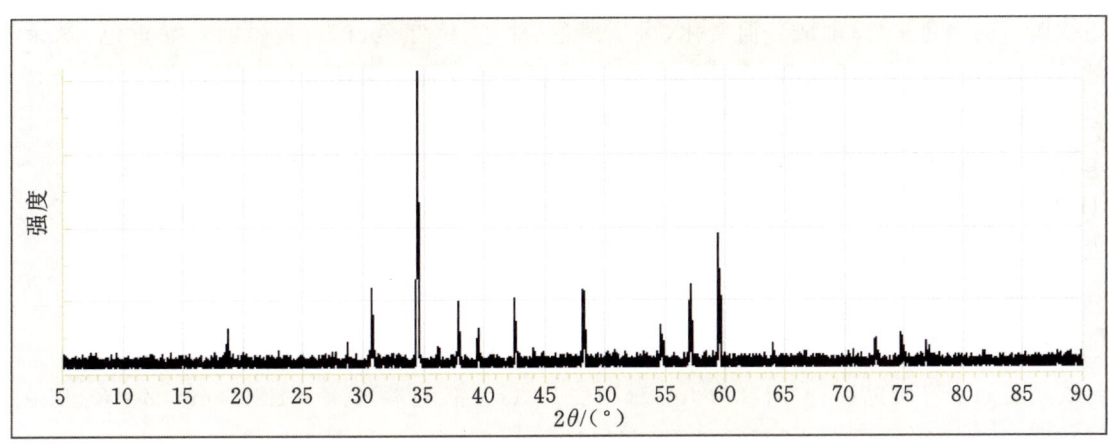

图 2-1-29　锰铝榴石的 X 射线粉晶衍射图

【产状产地】

锰铝榴石产出于花岗质伟晶岩、岩浆岩和低级变质岩中,与烟晶、长石、云母等矿物共生。

主要产地有德国、意大利、缅甸、印度、巴基斯坦、斯里兰卡、阿富汗、巴西、马达加斯加、坦桑尼亚、纳米比亚、澳大利亚、美国(加利福尼亚、科罗拉多、缅因等)、中国(福建)等。

【主要用途】

锰铝榴石在地质学、材料学、晶体学、矿物学、宝石学方面有重要应用。石榴石的硬度高可以作为研磨材料,颜色鲜艳多彩者可作宝石等。

钙铁榴石

【化学性质】

钙铁榴石是一种含 Ca、Fe 的[SiO_4]岛状基型硅酸盐类矿物,其晶体化学式为 $Ca_3(Fe^{3+},Al)_2[SiO_4]_3$。钙铁榴石中 Fe>Al。主要成分为 Ca、Fe、Si、O,类质同象替代成分有较多,如 Mg、Mn、Y、Al、Cr、Ti、V、Zr 等。由于成分中普遍有类质同象替代而产生固溶体系列,因此成分通常很难纯净。

化学成分中氧化物的质量分数为 CaO 33.11%、Fe_2O_3 31.42%、SiO_2 35.47%。

常形成两种类质同象系列:钙铁榴石-钙铝榴石系列,钙铁榴石-钛榴石系列。

【结晶形态】

钙铁榴石属等轴晶系,六八面体晶类,对称型为 $m3m$。晶体大小不一,但结晶良好。集合体常为致密块状以及粒状等。晶面上常有平行于平行四边形长对角线的聚形纹,歪晶较常见。晶体形态呈菱形十二面体{110}、四角三八面体{211},以及它们的聚形(图 2-1-30)。

（a）钙铁榴石（加拿大）　　（b）钙铁榴石（意大利）　　（c）钙铁榴石（希腊）

图 2-1-30　钙铁榴石的晶体形态

【物理特征】

钙铁榴石的颜色多样，随成分而变化，可呈黑色、棕色、棕红色、棕黄色、黄色、绿黄色、翠绿色、深绿色、红色、灰色、灰黑色、黑色等。条痕为白色。透明至半透明。金刚光泽、油脂光泽、土状光泽。

均质体，常有光性异常现象，有弱的各向异性。折射率为 $N=1.887$。

无解理，{110}裂理发育。脆性较大。断口呈不平整、不均匀的贝壳状。摩氏硬度为 6.5～7.5，含(OH)则摩氏硬度可降低至 5。相对密度为 3.8～3.9（测量）、3.86（计算），随着成分的变化相对密度也会变化。

熔化后略带磁性。

【晶体结构】

钙铁榴石属于等轴晶系，空间群为 $Ia3d$（图 2-1-31）。晶胞参数：$a=1.206$ nm，$Z=8$。X 射线粉晶衍射数据 $d(\text{Å})(I/I_{max})$ 为 2.707(100)、1.611(100)、0.819(90)，见图 2-1-32。

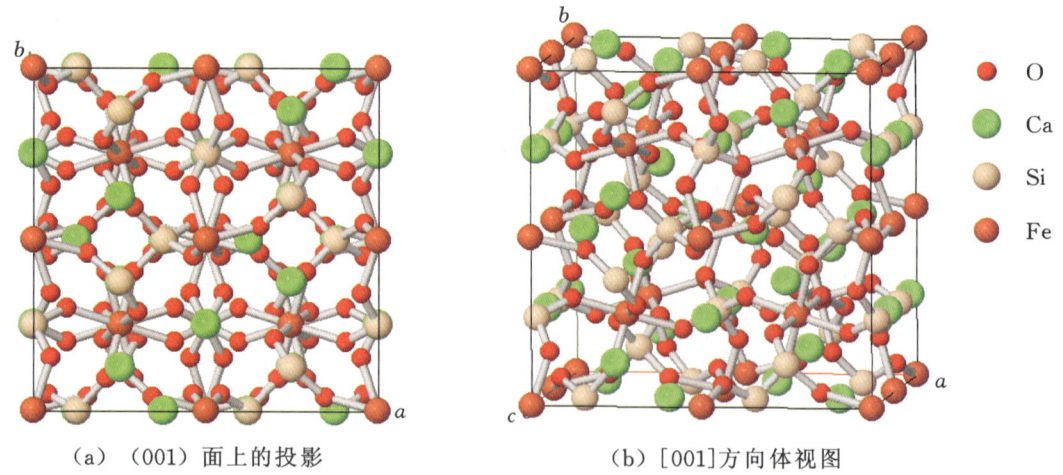

（a）（001）面上的投影　　　　　　　（b）[001]方向体视图

图 2-1-31　钙铁榴石的晶体结构

类质同象替代可引起晶体常数 a 的变化。当 Al、Mg、Fe^{2+} 含量升高时 a 减小，当 Ca、Fe^{3+} 含量升高时 a 明显增大。

【产状产地】

钙铁榴石可形成于各种地质作用，多产于接触变质的灰岩和大理岩中，是典型的矽卡岩型石榴石。也产于正长岩、蛇纹岩和绿泥石片岩中。还可与方解石、白云石、绿泥石、尖晶石、长石、霞石、白榴石、绿帘石和磁铁矿共生。

含 Ti 呈黑色者称为黑榴石，Ti 含量更高者称为钛榴石，有一变种呈黄色者称为黄榴石，含 Cr 呈绿色者称翠榴石。

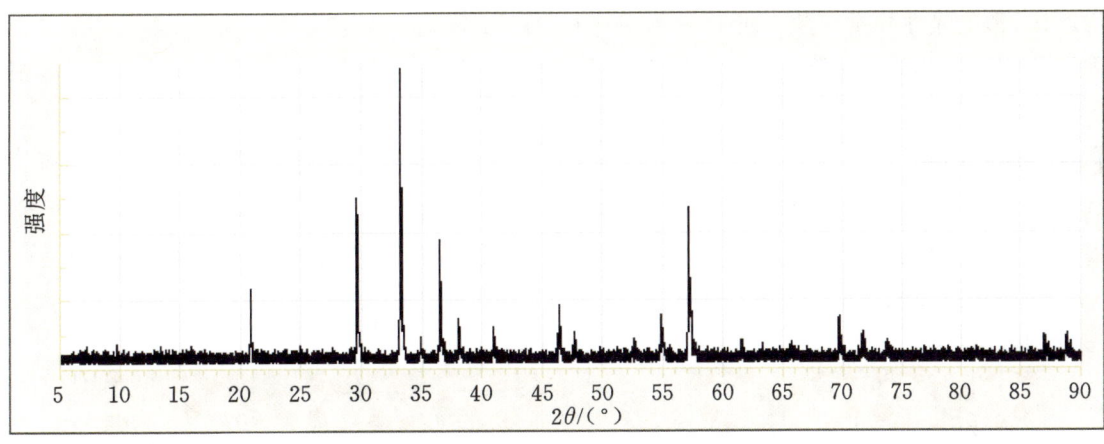

图 2-1-32　钙铁榴石的 X 射线粉晶衍射图

钙铁榴石主要产地有南非、刚果(金)、肯尼亚、法国、挪威、瑞典、奥地利、德国、意大利、斯洛伐克、罗马尼亚、希腊、墨西哥、加拿大、美国、俄罗斯、中国等。

【主要用途】

钙铁榴石在地质学、材料学、晶体学、矿物学、宝石学方面有重要应用。硬度高,可以作为研磨材料,颜色鲜艳多彩者可作装饰材料、宝石原料等,其中翠榴石最具宝石价值。

钙铝榴石

【化学性质】

钙铝榴石是一种含 Ca、Al 的[SiO$_4$]岛状基型硅酸盐类矿物,其晶体化学式为 Ca$_3$(Al,Fe)$_2$[SiO$_4$]$_3$。主要成分为 Ca、Al、Si、O,类质同象替代成分有 Fe、Cr。

化学成分中氧化物的质量分数为 CaO 37.35%、Al$_2$O$_3$ 22.64%、SiO$_2$ 40.01%。

与钙铝榴石矿物形成的类质同象系列有钙铁榴石-钙铝榴石系列、钙铝榴石-水钙铝榴石系列、钙铝榴石-加藤石系列、钙铝榴石-钙铬榴石系列、镁铝榴石-钙铝榴石系列。

【结晶形态】

钙铝榴石属于等轴晶系,六八面体晶类,对称型为 $m3m$。晶体大小不一,但结晶良好。常为浑圆的颗粒状、卵石状。晶体形态呈菱形十二面体{110}、四角三八面体{211},或两者的聚形(图 2-1-33)。

（a）钙铝榴石（美国）　　　（b）钙铝榴石（加拿大）　　　（b）钙铝榴石（加拿大）

图 2-1-33　钙铝榴石

【物理特征】

钙铝榴石是一种常见的石榴石类矿物,颜色的多种多样取决于它的化学成分。颜色呈无色、白色、灰色、黄绿色、褐红色、暗红色、紫红色、玫瑰红色、红橙色等,这些都取决于 Fe、Cr、Ti 和 Mn 在晶体结构中的变化,含 Cr 量高的钙铝榴石可以表现出变色宝石(颜色变化)效应。条痕为白色,有时呈棕色。透明至半透明。玻璃光泽、油脂光泽。弱荧光。

均质体,常见光性异常现象。折射率为 $N=1.731\sim1.754$。

无解理,有$\{110\}$裂开。脆性较大。断口呈不平整、不均匀的贝壳状。摩氏硬度为 $6.5\sim7$,相对密度为 3.594(测量)、3.594(计算)。

【晶体结构】

钙铝榴石属于等轴晶系,空间群为 $Ia3d$(图 2-1-34)。晶胞参数:$a=1.185$ nm,$Z=8$。X 射线粉晶衍射数据 d(Å)(I/I_{max})为 2.662(100)、1.639(90)、1.581(50)、1.518(100)、1.219(90)、1.101(100)、1.082(90),见图 2-1-35。

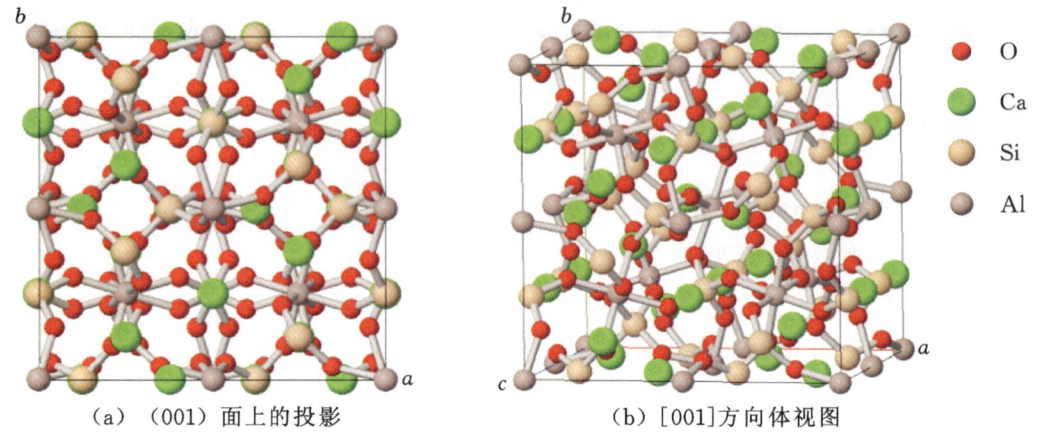

(a)(001)面上的投影　　　(b)[001]方向体视图

图 2-1-34　钙铝榴石的晶体结构

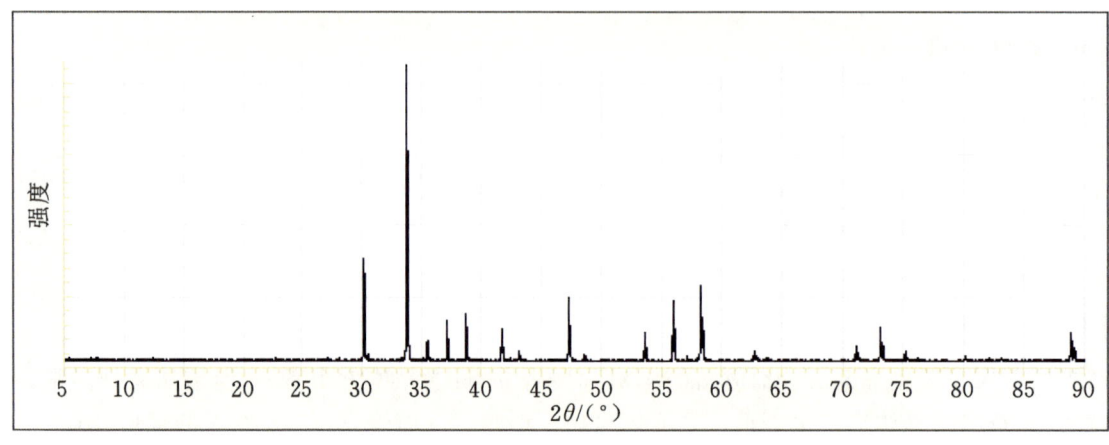

图 2-1-35　钙铝榴石的 X 射线粉晶衍射图

【产状产地】

钙铝榴石是一种高压矿物,出现在变质岩和极高压的岩浆岩中,比如橄榄岩和金伯利岩,它分布广泛,主要共生矿物有透辉石、硅灰石、方钠石、符山石、水钙铝榴石、钙铝榴石等。

钙铝榴石主要产地有斯里兰卡、巴基斯坦、印度、肯尼亚、坦桑尼亚、南非、马达加斯加、意大利、墨西哥、巴西、加拿大(魁北克)、俄罗斯、美国。

【主要用途】

钙铝榴石在地质学、材料学、晶体学、矿物学、宝石学方面都有重要应用。硬度高,可以作为研磨材料,颜色鲜艳多彩者可作装饰材料等。

钙铬榴石

【化学性质】

钙铬榴石是一种含 Ca、Cr 的[SiO_4]岛状基型硅酸盐类矿物,其化学式为 $Ca_3Cr_2[SiO_4]_3$。主要成分为 Ca、Cr、Si、O，类质同象替代成分有 Al、Fe、Mg 等。

化学成分中氧化物的质量分数为 CaO 34.61%、CrO 27.17%、SiO_2 38.22%。

钙铬榴石可形成钙铬榴石—钙铝榴石—钙铁榴石的类质同象系列，其成分中经常含有相当数量的钙铝榴石和钙铁榴石，还可以含有少量的镁铝榴石和锰铝榴石。

【结晶形态】

钙铬榴石属于等轴晶系，六八面体晶类，对称型为 $m3m$。晶体大小不一，但结晶良好。晶体形态呈菱形十二面体{110}、四角三八面体{211}，或两者的聚形（图 2-1-36）。聚片双晶发育，环带构造明显，有异常干涉色。可见细小铬铁矿、石英包体。

（a）钙铬榴石（俄罗斯）

（b）钙铬榴石（芬兰）

（c）钙铬榴石（俄罗斯）

图 2-1-36　钙铬榴石

【物理特征】

钙铬榴石的颜色丰富，因成分不同而有变化，呈绿色、翠绿色、绿黑色、深绿色、鲜绿色等，随铁含量增加颜色变深，光学显微镜下均呈绿色。条痕为白色。透明至半透明。玻璃光泽、树脂光泽。短波紫外光下有红色荧光。

均质体，常呈弱非均质性。折射率为 $N=1.865$。正交偏光下具有光性异常。可能出现弱各向异性，是由变形或对称降低（三斜晶系和斜方晶系）导致的。

无解理，平行{110}具裂开。性脆。断口不平整、不均匀的贝壳状。摩氏硬度为 6.5～7.5，相对密度为 3.77～3.81（测量）、3.848（计算）。摩氏硬度和相对密度都会随成分而变化。

【晶体结构】

钙铬榴石属于等轴晶系，空间群为 $Ia3d$（图 2-1-37）。晶胞参数：$a=1.200$ nm，$Z=8$。X 射线粉晶衍射数据 d(Å)(I/I_{max}) 为 3.020(90)、2.691(90)、1.604(100)、0.972(90)、0.829(90)，见图 2-1-38。

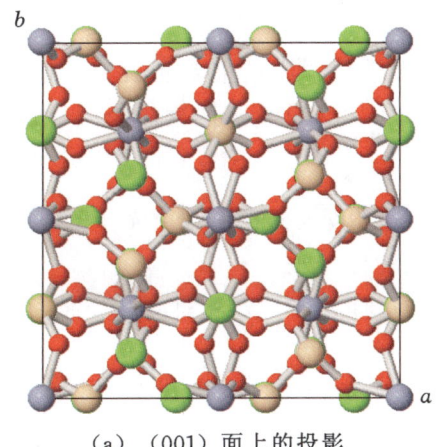

（a）（001）面上的投影　　　（b）[001]方向体视图

图 2-1-37　钙铬榴石的晶体结构

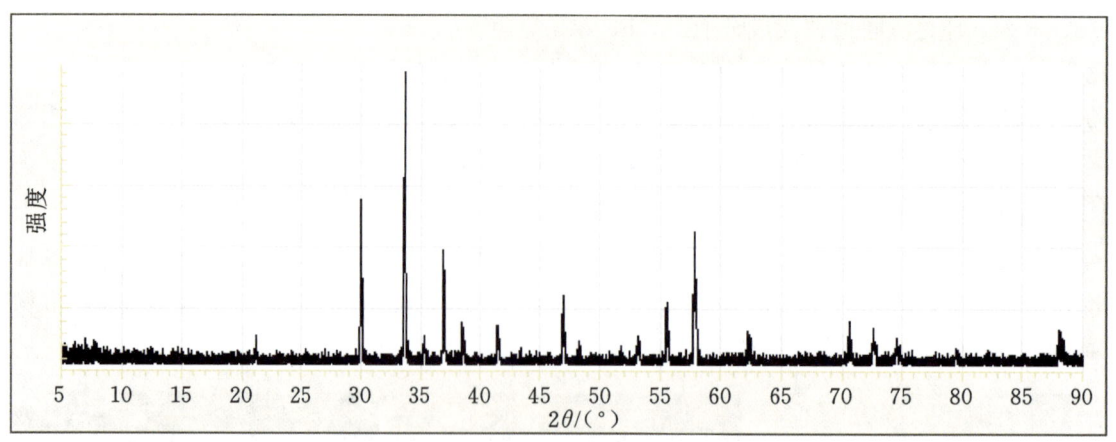

图 2-1-38 钙铬榴石的 X 射线粉晶衍射图

【产状产地】

钙铬榴石产于超基性岩与大理岩接触带的透辉石矽卡岩中,也产于粗晶的石英脉中。在浅层地壳经历低温低压变质作用的超基性岩中可出现化学成分纯的钙铬榴石。常与石英、方解石、透辉石、铬透辉石、磁黄铁矿、铬铁矿等矿物共生。

钙铬榴石主要产地有芬兰、西班牙、法国、挪威、土耳其、伊朗、印度、韩国、南非、加拿大、俄罗斯、美国、中国多地(西藏、台湾、陕西、四川等)。

【主要用途】

钙铬榴石在地质学、材料学、晶体学、矿物学、宝石学方面都有广泛应用。硬度也很高,可作研磨材料。钙铬榴石颜色极为丰富,随成分不同而有较大变化,主要有褐红色、红色、绿色等。对于红色品种要求颜色浓艳,颜色好坏依次为纯红色、浓红色、淡红色、紫红色,最佳者为血红色。绿色品种颜色达到祖母绿者极为珍贵,颜色好坏依次为深绿色、黄绿色、浅绿色。

钙钒榴石

【化学性质】

钙钒榴石是一种含 Ca、V 的[SiO_4]岛状基型硅酸盐类矿物,其晶体化学式为 $Ca_3V_2[SiO_4]_3$。主要成分为 Ca、V、Si、O,类质同象替代成分有 Al、Fe、Cr、Mn、Mg。

化学成分中氧化物的质量分数为 CaO 34.69%、Al_2O_3 6.31%、V_2O_3 18.54%、Fe_2O_3 3.29%、SiO_2 37.17%。

【结晶形态】

钙钒榴石属于等轴晶系,六八面体晶类,对称型为 $m3m$。大小晶体都有,但结晶良好。集合体呈粒状、致密块状。晶体形态呈菱形十二面体{110}、四角三八面体{211},或两者的聚形(图 2-1-39)。

【物理特征】

钙钒榴石的颜色呈绿色、深绿色、棕绿色等。条痕为白色。透明至不透明。玻璃光泽。

均质体,常有光性异常现象,有弱的各向异性。折射率为 1.821~1.855。

无解理。脆性较大。断口呈不平整、不均匀的贝壳状。摩氏硬度为 6~7,相对密度为 3.74~3.77(测量)、3.72(计算)。

【晶体结构】

钙钒榴石属于等轴晶系,空间群为 $Ia3d$(图 2-1-40)。晶胞参数:$a=1.201$ nm,$Z=8$。X 射线粉晶主要衍射数据 d(Å)(I/I_{max})为 2.984(70)、2.683(100)、1.605(90)、1.098(70),见图 2-1-41。

(a) 钙钒榴石（澳大利亚）　　(b) 钙钒榴石（斯洛伐克）　　(c) 钙钒榴石（斯洛伐克）

图 2-1-39　钙钒榴石

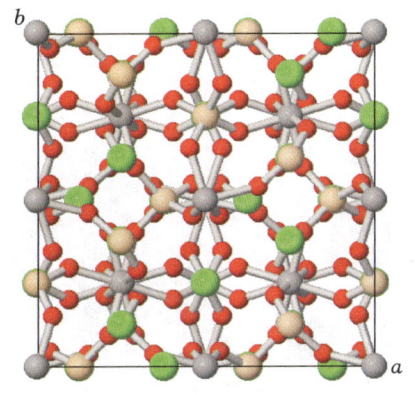

(a) (001) 面上的投影

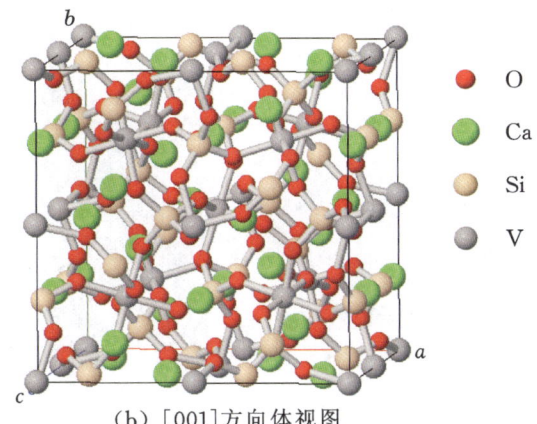

(b) [001]方向体视图

图 2-1-40　钙钒榴石的晶体结构

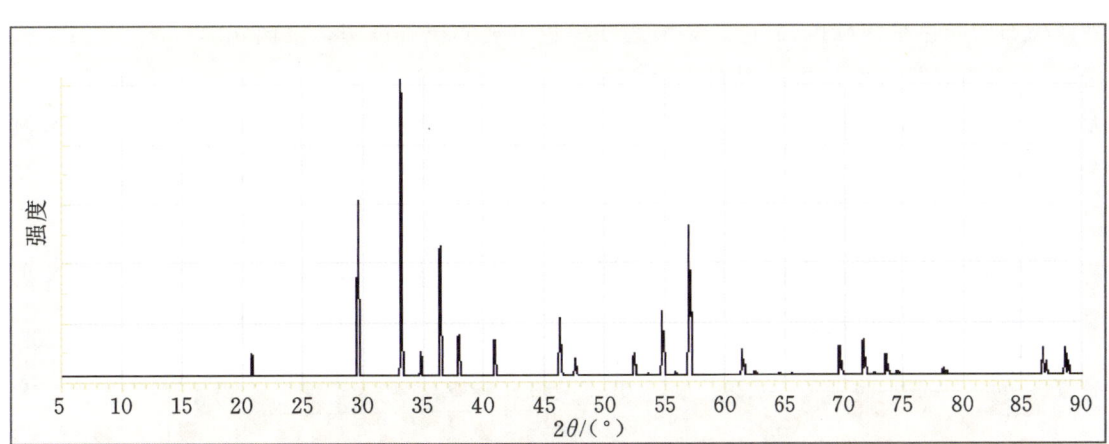

图 2-1-41　钙钒榴石 X 射线粉晶衍射图

【产状产地】

钙钒榴石产于变质的铀钒矿床中，也产于黑色变质岩系片页岩、板岩中。主要产地有意大利、斯洛伐克、中国、美国（新墨西哥）等。

【主要用途】

钙钒榴石在地质学、材料学、晶体学、矿物学、宝石学都有重要应用。硬度高，可作研磨材料。颜色鲜艳透明者，可作为宝石材料。可以提取钒。

钙锆榴石

【化学性质】

钙锆榴石是一种含 Ca、Zr 的 [SiO_4] 岛状基型硅酸盐类矿物,其晶体化学式为 $Ca_3(Zr,Ti)_2$ [$(Al_2Si)O_{12}$]。主要成分为 Ca、Zr、Al、Si、O,类质同象替代成分有 Ti、Fe、Nb、Mg。

化学成分中氧化物的质量分数为 CaO 28.80%、ZrO_2 32.74%、TiO_2 7.07%、Al_2O_3 8.13%、Fe_2O_3 4.24%、SiO_2 19.02%。

【结晶形态】

钙锆榴石属于等轴晶系,六八面体晶类,对称型为 $m3m$。晶体结晶形态(菱形十二面体及四角三八面体)和颗粒大小不一,但结晶良好。集合体呈粒状、致密块状。晶体形态多呈菱形十二面体 {110}、四角三八面体{211},或两者的聚形(图 2-1-42)。针状包体比较发育。

图 2-1-42　钙锆榴石(美国阿肯色)

【物理特征】

钙锆榴石的颜色呈深棕色、黑色。条痕为浅棕色。透明至不透明。玻璃光泽。

均质体,常有光性异常现象。折射率为 $N=1.94$。

无解理。脆性较大。断口呈不平整、不均匀的贝壳状。摩氏硬度为 7,相对密度为 4.19(测量)、3.88(计算)。

【晶体结构】

钙锆榴石属于等轴晶系,空间群为 $Ia3d$(图 2-1-43)。晶胞参数:$a=1.246$ nm,$Z=8$。X 射线粉晶主要衍射数据 d(Å)(I/I_{max})为 2.790(80)、2.539(90)、1.667(100),见图 2-1-44。

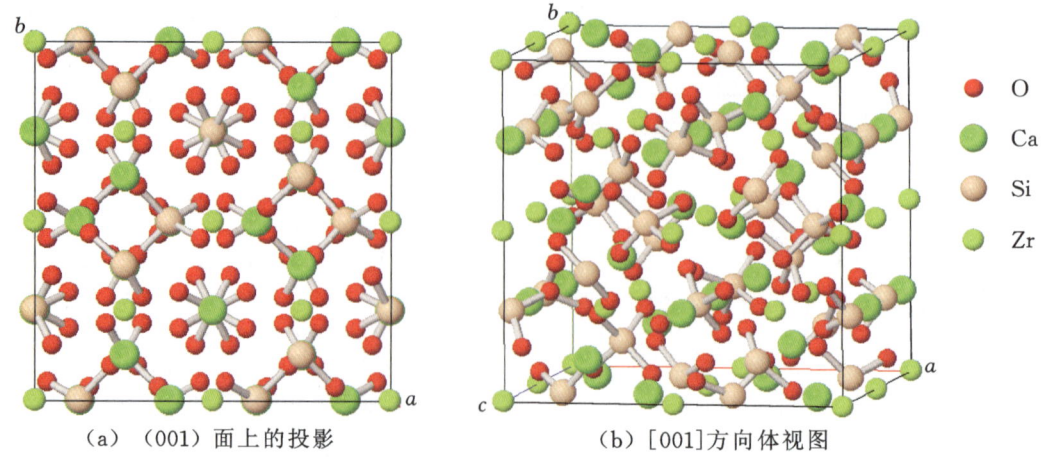

(a) (001)面上的投影　　　　(b) [001]方向体视图

图 2-1-43　钙锆榴石的晶体结构

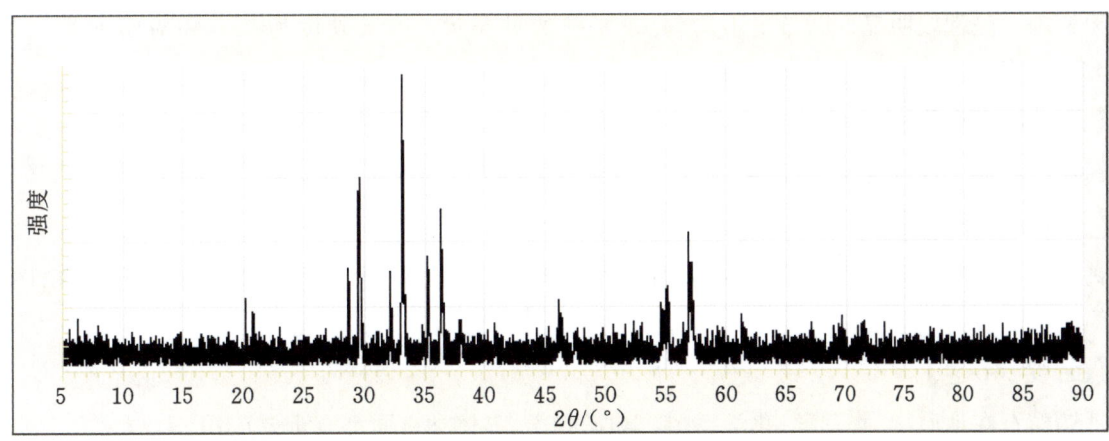

图 2-1-44　钙锆榴石的 X 射线粉晶衍射图

【产状产地】

钙锆榴石产于超镁铁质的煌斑岩脉和碳酸盐岩侵入岩中，是一种少见矿物。主要产地有美国（阿肯色）。

【主要用途】

钙锆榴石在地质学、材料科学、矿物学、晶体学、矿物收藏方面有重要应用。

钙钛榴石

【化学性质】

钙钛榴石是一种含有 Ca、Ti 的 $[SiO_4]$ 岛状基型硅酸盐类矿物，其晶体化学式为 $Ca_3(Ti,Fe)_2[SiO_4]_3$。主要成分为 Ca、Ti、Fe、Si、O，类质同象替代成分有 Zr、Al、Mn、Mg。

化学成分中氧化物的质量分数为 CaO 33.63%、TiO_2 15.97%、FeO 14.36%、SiO_2 36.04%。

属钙铁榴石-钙铝榴石系列一员。

【结晶形态】

钙钛榴石属于等轴晶系，六八面体晶类，对称型为 $m3m$（图 2-1-45）。晶体形态呈细小颗粒状，少见。结晶颗粒有时粗大，形成较好的结晶颗粒。集合体呈粒状、块状等。多为菱形十二面体{110}，四角三八面体{211}以及两者的聚形。

（a）钙钛榴石（日本）　　（b）钙钛榴石（德国）

图 2-1-45　钙钛榴石的晶体形态

【物理特征】

钙钛榴石的颜色呈深棕色、黑色等。条痕为灰白色。半透明至不透明。金刚光泽，土状光泽。均质体，有时有光性异常。折射率为 $N=1.995$。

无解理。脆性较明显。断口呈不均匀、不平整的贝壳状。摩氏硬度为 7.5，相对密度为 3.80（测量）、3.75（计算）。

【晶体结构】

钙钛榴石属于等轴晶系，空间群为 $Ia3d$。晶胞参数：$a=1.216$ nm，$Z=8$。

【产状产地】

钙钛榴石产出在矽卡岩中，沿着穿插石灰石的石英二长岩脉生长，很少见。主要产地有日本、俄罗斯等。

【主要用途】

钙钛榴石在地质学、物理学、化学、材料学、矿物学、晶体学方面都有重要应用。

锰铁榴石

【化学性质】

锰铁榴石是一种含 Mn、Fe 的 $[SiO_4]$ 岛状基型硅酸盐类矿物，其化学式为 $Mn_3Fe_2[SiO_4]_3$。主要成分为 Mn、Fe、Si、O，类质同象替代成分有 Ca、Al、Ti、Mg 等。

化学成分中氧化物的质量分数为 CaO 7.98%、MnO 30.28%、Al_2O_3 4.84%、Fe_2O_3 22.71%、SiO_2 34.19%。

【结晶形态】

锰铁榴石属于等轴晶系，六八面体晶类，对称型为 $m3m$。晶体形态呈颗粒状、块状等（图 2-1-46）。常见单形为 {211}、{110}。

（a）锰铁榴石（瑞士）

（b）锰铁榴石（印度）

（c）锰铁榴石（纳米比亚）

图 2-1-46　锰铁榴石

【物理特征】

锰铁榴石的颜色呈深红色、棕色、暗黄色、红黄色。条痕为白色。透明至半透明。玻璃、半玻璃光泽。均质体。折射率为 $N=1.872$。

无解理。性脆。断口为不规则、不均匀的贝壳状。摩氏硬度为 7～7.5，相对密度为 4.08（测量）、4.24（计算）。

【晶体结构】

锰铁榴石属于等轴晶系，空间群为 $Ia3d$（图 2-1-47）。晶胞参数：$a=1.182$ nm，$Z=8$。X 射线粉晶衍射主要数据 $d(\text{Å})(I/I_{max})$ 为 2.92(90)、2.62(100)、1.57(100)。

【产状产地】

锰铁榴石产于变质的锰矿床中。主要产地有纳米比亚、印度、加拿大。

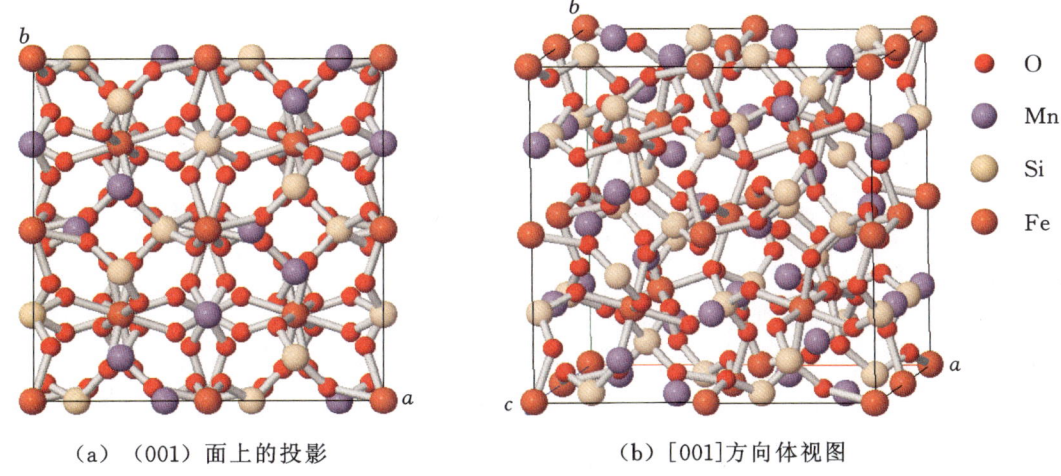

(a)（001）面上的投影　　　　　（b）[001]方向体视图

图 2-1-47　锰铁榴石的晶体结构

【主要用途】

锰铁榴石在地质学、材料学、化学、物理学、晶体学、矿物学、宝石学等方面都有重要应用。

镁铬榴石

【化学性质】

镁铬榴石是一种含 Mg、Cr 的[SiO_4]岛状基型硅酸盐类矿物,其化学式为 $Mg_3Cr_2[SiO_4]_3$。主要成分为 Mg、Cr、Si、O,类质同象替代成分有 Ti、Fe、Mn、Ca、Al 等。

化学成分中氧化物的质量分数为 MgO 26.68%、Cr_2O_3 33.54%、SiO_2 39.78%。

【结晶形态】

镁铬榴石属于等轴晶系,六八面体晶类,对称型为 $m3m$。晶体形态呈颗粒状、块状等。常见单形 $\{211\}$、$\{110\}$。

【物理特征】

镁铬榴石的颜色呈绿色、蓝色、蓝绿色等。条痕为白色。透明至半透明。玻璃光泽。

均质体。折射率为 $N=1.803$。

无解理。性脆。断口不平整、不规则。摩氏硬度为 6~7,相对密度为 3.76(测量)、3.81(计算)。

【晶体结构】

镁铬榴石属于等轴晶系,空间群为 $Ia3d$(图 2-1-48)。晶胞参数:$a=1.166$ nm,$Z=8$。

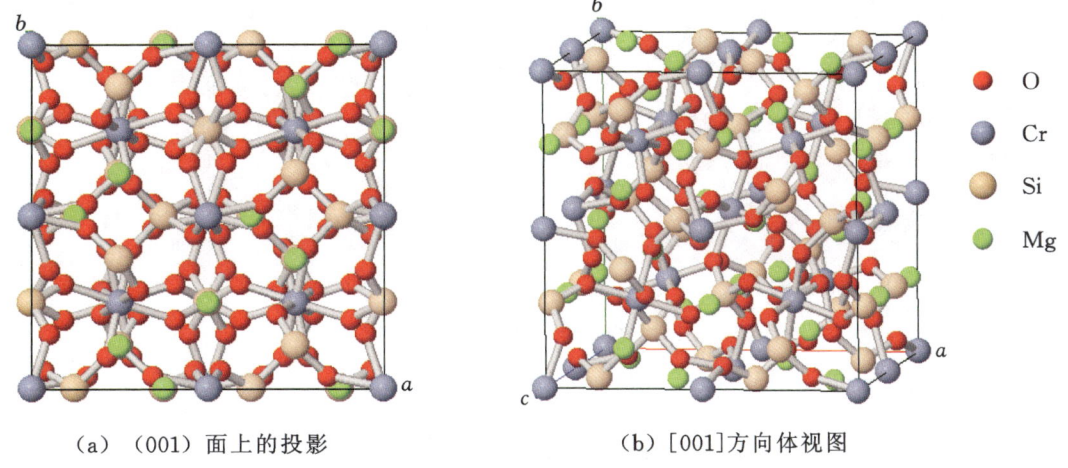

(a)（001）面上的投影　　　　　（b）[001]方向体视图

图 2-1-48　镁铬榴石的晶体结构

【产状产地】

镁铬榴石产于金伯利岩中,是产于超镁、铬、铁质的金伯利岩结核的稀有矿物。主要产地有英国、芬兰等。

【主要用途】

镁铬榴石在地质学、物理学、化学、材料学、晶体学、矿物学、宝石学方面都有重要应用。

镁铁榴石

【化学性质】

镁铁榴石是一种含Mg、Fe的$[SiO_4]$岛状基型硅酸盐类矿物,其化学式为$Mg_3(Fe, Al, Si)_2[SiO_4]_3$。主要成分为Mg、Fe、Si、O,类质同象替代成分有Al、Cr、Ni、Ca、Na等。

化学成分中氧化物的质量分数为MgO 27.61%、Al_2O_3 6.98%、Fe_2O_3 21.88%、SiO_2 43.53%。

【结晶形态】

镁铁榴石属于等轴晶系,六八面体晶类,对称型为$m3m$。晶体形态呈颗粒状、块状(图2-1-49)。单形多呈$\{211\}$、$\{110\}$。

图 2-1-49 镁铁榴石(法国)

【物理特征】

镁铁榴石的颜色呈黄色、棕色、黄棕色、紫红色等。条痕为白色。透明至半透明。玻璃光泽。

等轴晶系,均质体。折射率为$N=1.800$。

无解理。脆性明显。断口呈不均匀、不平整的贝壳状。摩氏硬度为7~7.5,相对密度为3.80(计算)。

【晶体结构】

镁铁榴石属于等轴晶系,空间群为$Ia3d$(图2-1-50)。晶胞参数:$a=1.152$ nm,$Z=8$。X射线粉晶衍射主要数据$d(\text{Å})$(I/I_{max})为2.88(60)、2.58(100)、1.54(100)。

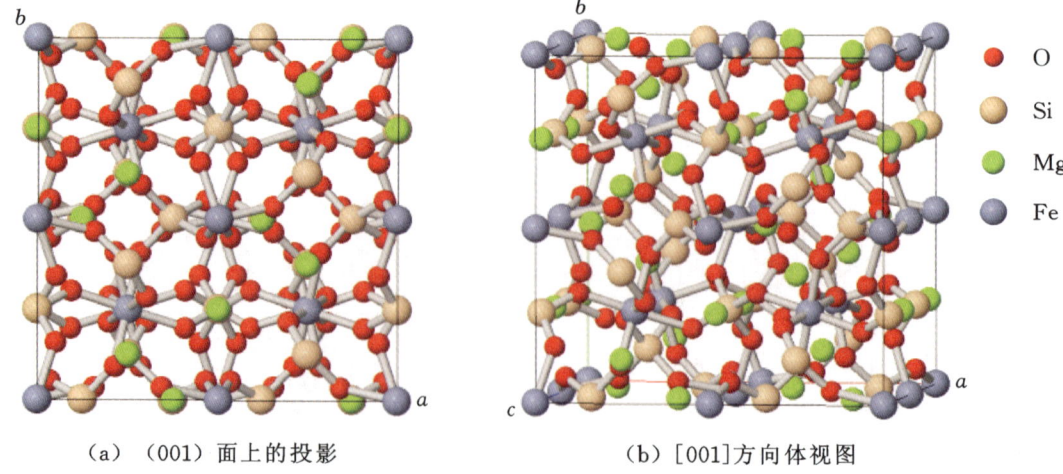

(a) (001)面上的投影　　(b) [001]方向体视图

图 2-1-50 镁铁榴石的晶体结构

【产状产地】

镁铁榴石产于低钙、高铝的辉石、橄榄石组合中,在高温高压的变质条件下形成。镁铁榴石与橄榄石、辉石、钙长石、尖晶石共生。主要产地有澳大利亚等。

【主要用途】

镁铁榴石在地质学、物理学、化学、材料学、晶体学、矿物学、宝石学方面都有重要应用。

水钙锰榴石

【化学性质】

水钙锰榴石是一种含 Ca、Mn、Al、(OH) 的 [SiO_4] 岛状基型硅酸盐类矿物,其化学式为 $Ca_3(Mn^{3+}, Al)_2[SiO_4]_2(OH)_4$。主要成分为 Ca、$Mn^{3+}$、Al、Si、O、H,类质同象替代成分有 Fe、Al 等。

化学成分中氧化物的质量分数为 CaO 35.92%、Mn_2O_3 25.28%、Al_2O_3 5.44%、SiO_2 25.67%、H_2O 7.69%。

【结晶形态】

水钙锰榴石属于四方晶系,复四方双锥晶类,对称型为 $4/mmm$。晶体形态呈短柱状、粒状、块状。主要单形有{110}、{100}、{$\bar{1}02$},依{101}形成双晶(图 2-1-51)。

图 2-1-51　水钙锰榴石(南非)

【物理特征】

水钙锰榴石的颜色呈浅棕色、浅黄棕色。条痕为白色。透明至半透明。玻璃光泽。色散弱。多色性为柠檬黄色、浅黄色。

一轴晶(+),异常二轴晶。折射率为 No=1.765、Ne=1.800,双折射率为 0.035。

无解理。性脆。断口呈不平整的贝壳状。相对密度为 3.34(测量)、3.40(计算)。

【晶体结构】

水钙锰榴石属于四方晶系,空间群为 $I4_1/acd$。晶胞参数:$a=1.249$ nm、$c=1.190$ nm,$Z=8$。X 射线粉晶衍射数据 d(Å)(I/I_{max})为 4.37(60)、2.75(100)、2.52(80),见图 2-1-52。

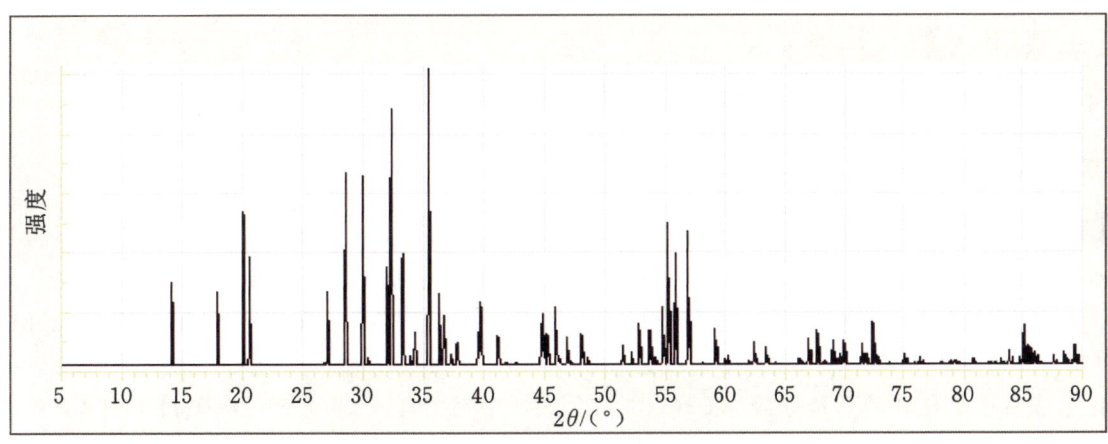

图 2-1-52　水钙锰榴石的 X 射线粉晶衍射图

【产状产地】

水钙锰榴石产于锰矿床中,充填在钙锰石、黑锰矿及硼钙石之间,与方解石共生。

水钙锰榴石主要产地有南非、摩洛哥等。

【主要用途】

水钙锰榴石在地质学、物理学、化学、晶体学、矿物学方面都有重要应用。

水铁钙榴石

【化学性质】

水钙铁榴石是含 Ca、Fe、(OH)的[SiO_4]岛状基型硅酸盐类矿物,其化学式为 $Ca_3Fe_2[SiO_4]_2(OH)_4$。主要成分为 Ca、Fe、Si、O、H,类质同象替代成分有 Mg、Al、Cl 等。

化学成分中氧化物的质量分数为 CaO 21.93%、MgO 7.88%、Al_2O_3 5.54%、FeO 4.68%、Fe_2O_3 26.03%、SiO_2 26.11%、H_2O 7.83%。

【结晶形态】

水钙铁榴石属于等轴晶系,六八面体晶类,对称型为 $m3m$。晶体细小,少见。集合体呈粒状、块状等。多呈他形颗粒,分布在橄榄石间隙,呈浸染状(图 2-1-53)。

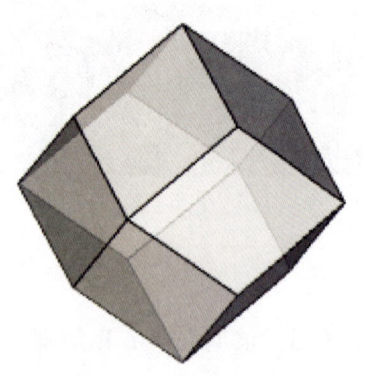

图 2-1-53　水钙榴石

【物理特征】

水钙铁榴石的颜色呈绿色、淡绿色。条痕为白色至浅绿色。透明至半透明。玻璃光泽。在显微镜透射光下无色透明,有时呈淡棕色。同一颗粒边缘部分色深,中间色较浅。

均质体。折射率为 $N=1.825\sim1.830$。

无解理。性脆。断口为不平整、不均匀的贝壳状。摩氏硬度为 6~7,相对密度为 3.45。

【晶体结构】

水钙铁榴石属于等轴晶系,空间群为 $Ia3d$。晶胞参数:$a=1.206$ nm,$Z=8$。X 射线粉晶衍射数据 d(Å)(I/I_{max})为 3.02(80)、2.71(100)、2.48(70)、1.61(100)、1.19(80)。

【产状产地】

水钙铁榴石产于含斜长石的单斜辉石橄榄岩中,为次生蚀变矿物,交代斜长石而成。常与单斜辉石、蛇纹石化橄榄石密切共生。

主要产地有中国(内蒙古)等。

【主要用途】

水钙铁榴石在地质学、物理学、化学、晶体学、矿物学方面都有重要应用。

水钙铝榴石

【化学性质】

水钙铝榴石是一种含 Ca、Al、(OH)的[SiO_4]岛状基型硅酸盐类矿物,其化学式为 $Ca_3Al_2[SiO_4]_{3-x}(OH)_{4x}$($x=0.2\sim1.5$)。主要成分为 Ca、Al、Si、O、H,类质同象替代成分有 Fe、Mn、Mg、S、Cl 等。

化学成分中氧化物的质量分数为 CaO 39.45%、Al_2O_3 23.91%、SiO_2 28.18%、H_2O 8.46%。

类质同象有水钙铝榴石-加藤石系列矿物。

【结晶形态】

水钙铝榴石属于等轴晶系,六八面体晶类,对称型为 $m3m$。晶体细小,少见,可以呈八面体、菱形十二面体。集合体呈粒状、块状等(图 2-1-54)。

图 2-1-54　水钙铝榴石(加拿大)

【物理特征】

水钙铝榴石的颜色呈无色、白色、浅灰色、淡黄色,也有绿色、蓝绿色、烟灰色、棕色、粉红色、黑色。条痕为白色。透明至半透明。玻璃光泽至弱玻璃光泽。荧光呈橙色。

均质体。折射率为 $N=1.675$。

无解理。性脆。断口呈不规则、不均匀,表面光滑弯曲的贝壳状。摩氏硬度为 6.5,相对密度为 3.06～3.25(测量)、3.28(计算)。

【晶体结构】

水钙铝榴石属于等轴晶系,空间群为 $Ia3d$。晶胞参数 $a=1.201$ nm,a 可变化于 1.190～1.229 nm 之间,$Z=8$。X 射线粉晶衍射主要数据 $d(\text{Å})(I/I_{max})$ 为 3.03(80)、2.71(100)、1.62(100)。

【产状产地】

水钙铝榴石产于钙质泥灰岩中。主要产地有捷克、加拿大等。

【主要用途】

水钙铝榴石在地质学、物理学、化学、晶体学、宝石学、矿物学方面都有重要应用。

加藤石

【化学性质】

加藤石是一种含 Ca、Al、(OH) 的 $[SiO_4]$ 岛状基型硅酸盐类矿物,其化学式为 $Ca_3Al_2[SiO_4]_{3-x}(OH)_{4x}(x=1.5～3)$。主要成分为 Ca、Al、Si、O、H,类质同象替代成分有 Mg、Fe、Mn、S 等。

化学成分中氧化物的质量分数为 CaO 40.60%、Al_2O_3 24.61%、SiO_2 21.75%、H_2O 13.04%。

【结晶形态】

加藤石属于等轴晶系,六八面体晶类,对称型为 $m3m$。晶体形态呈粒状、块状等(图 2-1-55)。

【物理特征】

加藤石的颜色呈无色、乳白色、橙黄色。条痕为白色。玻璃光泽。透明至半透明。

均质体。折射率为 $N=1.632$。

无解理。性脆。断口为不规则、不均匀的贝壳状。摩氏硬度为 5～6,相对密度为 2.76(测量)、2.92(计算)。

【晶体结构】

加藤石属于等轴晶系,空间群为 $Ia3d$(图 2-1-56)。晶胞参数:$a=1.256$ nm,$Z=8$。X 射线粉晶

(a) 加藤石（意大利）
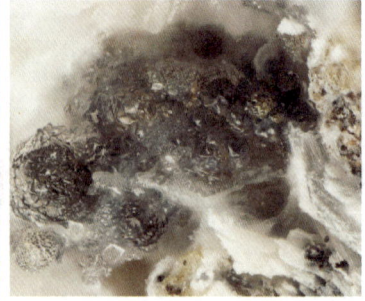
(b) 加藤石（德国）
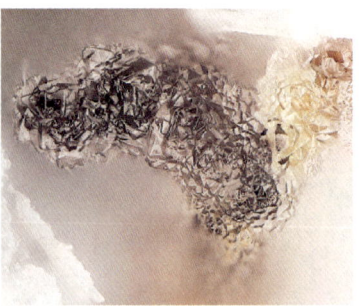
(c) 加藤石（德国）

图 2-1-55　加藤石

衍射数据 $d(\text{Å})(I/I_{max})$ 为 5.046(40)、3.303(30)、3.089(50)、2.763(100)、2.257(60)、2.004(58)、1.713(30)、1.651(40)，见图 2-1-57。

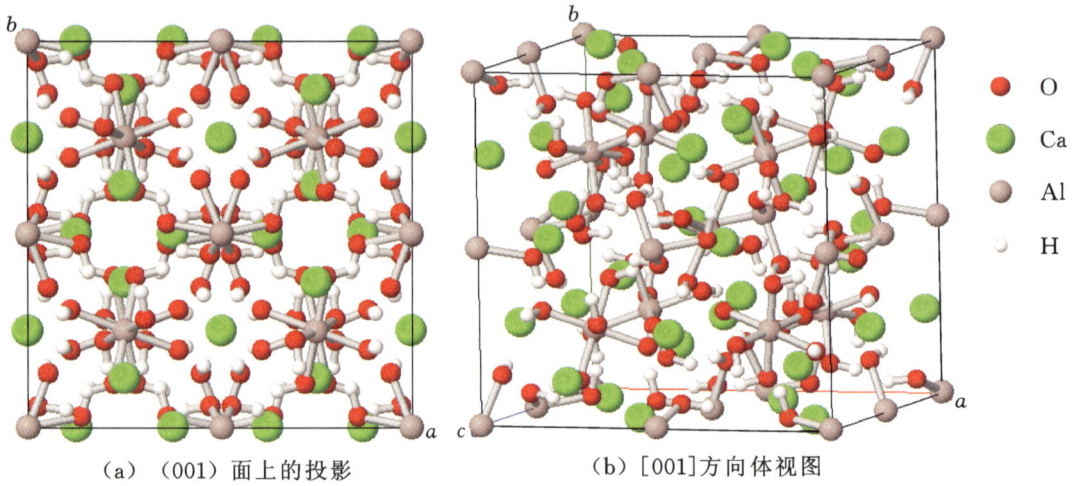

(a) (001)面上的投影　　　(b) [001]方向体视图

图 2-1-56　加藤石的晶体结构

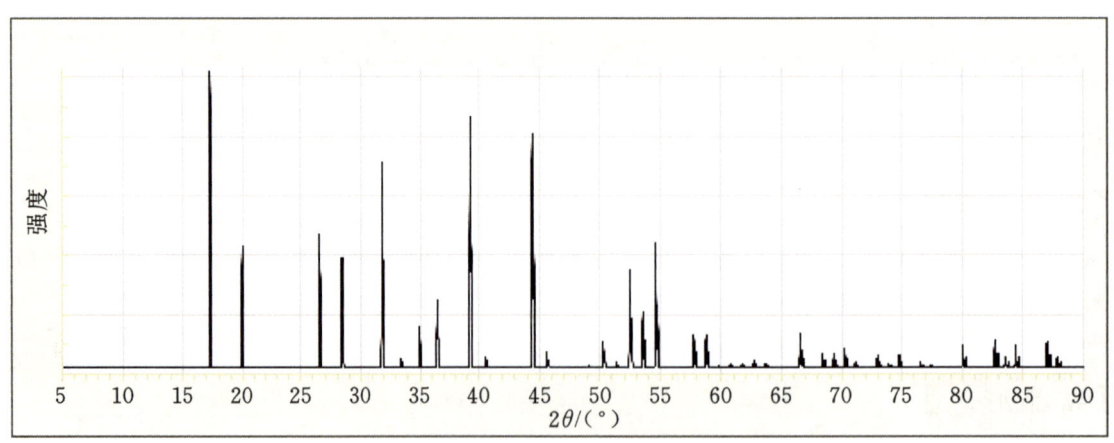

图 2-1-57　加藤石的 X 射线粉晶衍射图

【产状产地】

加藤石是一种热液作用下形成的矿物，产于响岩熔岩流的洞穴中，经过泥质灰岩喷发而形成。主要产地有日本、意大利、德国、俄罗斯等。

【主要用途】

加藤石在地质学、物理学、化学、晶体学、矿物学方面都有重要应用。

硅铍石族

硅铍石（phenakite）　　　　　　Be$_2$[SiO$_4$]
硅锌矿（willemite）　　　　　　 Zn$_2$[SiO$_4$]
锂霞石（eucryptite）　　　　　　LiAl[SiO$_4$]

硅铍石

【化学性质】

硅铍石（似晶石）是一种含 Be 的[SiO$_4$]岛状基型硅酸盐类矿物，其晶体化学式为 Be$_2$[SiO$_4$]。主要成分为 Be、Si、O，类质同象替代成分有 Mg、Ca、Al、Na 等。

化学成分中氧化物的质量百分数为 BeO 45.50%、SiO$_2$ 54.50%。

硅铍石族的矿物有锂霞石、硅锌矿等。硅铍石与人造的含锗的 Be$_2$[GeO$_4$]是结晶形态、晶体结构相类似的晶体。

硅铍石可分为硅铍石和羟硅铍石。

【结晶形态】

硅铍石属于三方晶系，菱面体晶类，对称型为 $\bar{3}$。晶体形态呈扁平的菱面体、菱面体与柱面聚合而成的短六方柱状（图 2-1-58），集合体呈细粒状、球状、针状、放射状、纤维状或晶簇状出现。依{10$\bar{1}$0}呈穿插双晶，双晶轴为[0001]。主要单形有{11$\bar{2}$0}、{10$\bar{1}$0}、{10$\bar{1}$1}、{12$\bar{3}$2}、{11$\bar{2}$3}、{01$\bar{1}$2}等。

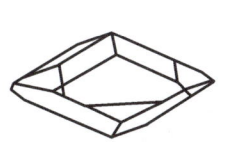  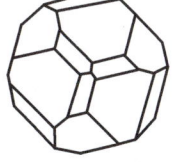

（a）结晶形态

（b）硅铍石（缅甸）　　　（c）硅铍石（缅甸）　　　（d）硅铍石（马达加斯加）

图 2-1-58　硅铍石

【物理特征】

硅铍石的颜色为无色、黄白色、淡红色、玫瑰色、蓝绿色，偶为褐色。条痕为白色。透明至半透明。玻璃光泽。透射光下无色透明。色散弱。多色性：无色、黄色，紫红色、蓝色。在紫外光下有淡绿色或蓝色荧光，X 射线下有蓝色荧光。

一轴晶（+）。折射率为 No=1.650～1.656，Ne=1.667～1.670，双折射率为 0.017。折射率很高，似金刚石。

$\{11\bar{2}0\}$ 的解理中等，$\{10\bar{1}1\}$ 解理不完全。性脆。断口呈不均匀、不平整的贝壳状。摩氏硬度为 7.5～8，相对密度为 2.97～3.00。

【晶体结构】

硅铍石属三方晶系，空间群为 $R\bar{3}$。晶胞参数（六方定向）：$a_h=1.247$ nm，$c_h=0.825$ nm，$Z=18$；$c_{rh}=0.770$，$\alpha=108°01'$，$Z=6$。X 射线粉晶衍射分析数据 d(Å)(I/I_{max}) 为 6.24(40)、3.66(80)、3.60(30)、3.12(100)、2.52(70)、2.36(70)、2.19(60)、2.08(50)，见图 2-1-59。

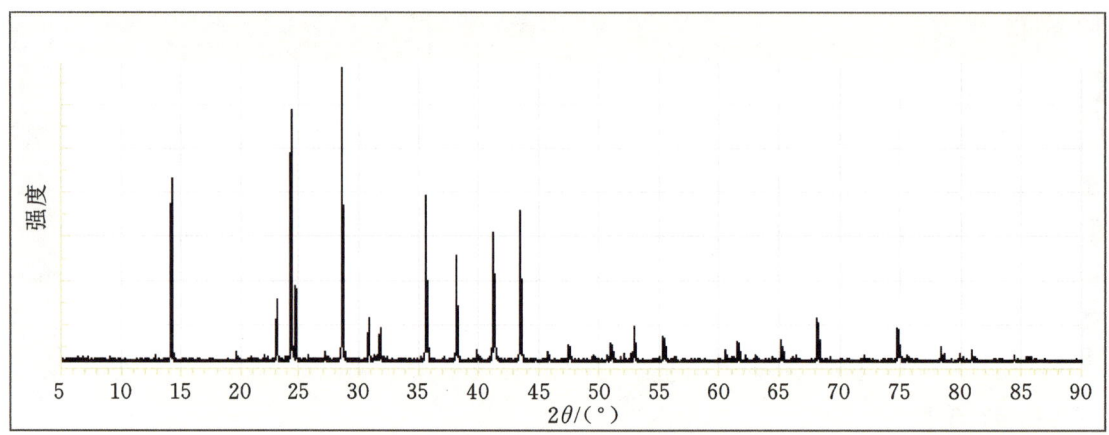

图 2-1-59　硅铍石的 X 射线粉晶衍射图

晶体结构是由 [BeO$_4$] 四面体和 [SiO$_4$] 四面体以角顶互相连接而成。每 2 个 [BeO$_4$] 四面体与 1 个 [SiO$_4$] 四面体共一角顶，沿三次螺旋轴（c 轴）连接成柱状。6 个柱以其四面体共角顶围绕成中空的六方筒状（图 2-1-60）。

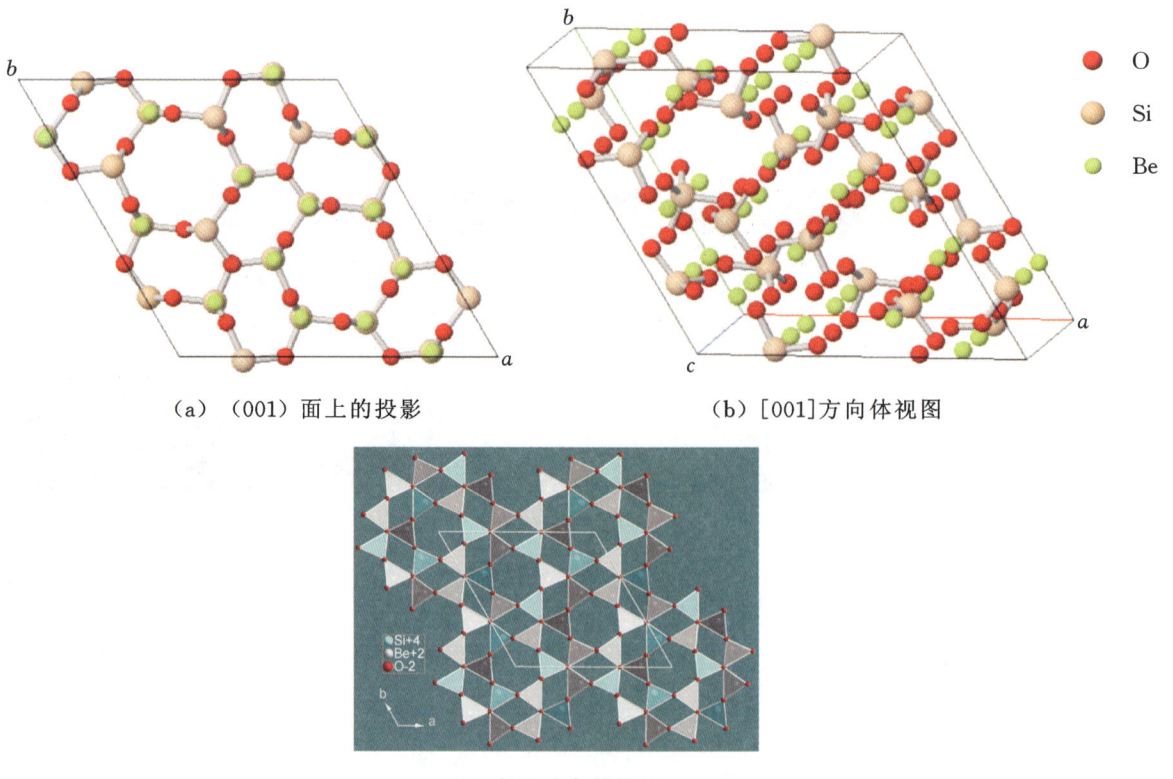

(a) (001) 面上的投影　　(b) [001] 方向体视图

(c) {0001} 上的投影

蓝色四面体表示 [SiO$_4$] 四面体，灰白色四面体表示 [BeO$_4$] 四面体。

图 2-1-60　硅铍石的晶体结构

【产状产地】

硅铍石是典型的气成热液矿物，在缺少 Al 和 Si 的条件下形成，一般见于去硅化作用的花岗伟晶岩的接触带、云英岩、矽卡岩和热液脉中。在含铍花岗岩与石灰岩的接触带，也发现细脉状硅铍石浸染于凝灰岩中。

硅铍石常与绿柱石、金绿宝石、黄玉、钠长石、云母、电气石、锆石、日光榴石、磷灰石、石英、萤石等共生。

硅铍石主要产地有缅甸、马达加斯加、巴西（大块无色晶体）、南非、纳米比亚、斯里兰卡、坦桑尼亚、挪威、法国、俄罗斯乌拉尔（红色晶体）、美国（缅因、科罗拉多）等。

【主要用途】

硅铍石对探索火山岩中稀有元素地球化学特征有重要的意义。硅铍石是提取铍的重要矿物原料，往往与绿柱石一起作为铍矿石开采。透明而色泽美丽者可作宝石，它与绿柱石和金绿宝石常产在一起。硅铍石在地质学、材料学、晶体学、矿物学、宝石学方面都有重要意义。

硅锌矿

【化学性质】

矿物是一种含 Zn 的 $[SiO_4]$ 岛状基型硅酸盐类矿物，其化学式为 $Zn_2[SiO_4]$。主要成分为 Zn、Si、O，类质同象替代成分有 Fe、Mn、Pb、Mg、Ca、Al 等。

化学成分中氧化物的质量分数为 ZnO 73.04%、SiO_2 26.96%。

【结晶形态】

硅锌矿属于三方晶系，菱面体晶类，对称型为 $\bar{3}$。晶体形态为呈尖锥的六方柱状、菱面体，但少见，常见放射状、纤维状、葡萄状、钟乳状的集合体（图 2-1-61）。主要单形有 $\{10\bar{1}0\}$、$\{11\bar{2}0\}$。

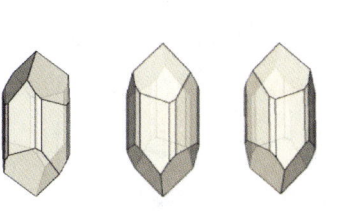

(a) 硅锌矿的晶体形态

(b) 硅锌矿（纳米比亚）

(c) 硅锌矿（美国新泽西）

(d) 硅锌矿（纳米比亚）

图 2-1-61　硅锌矿

【物理特征】

硅锌矿的颜色呈无色、白色、灰色、黑色、粉红色、绿黄色、淡蓝色、黄褐色、深棕色等，含锰时呈浅红色。条痕为白色。玻璃光泽、油脂光泽。透明至半透明。在紫外光和 X 光照射下,常发出明亮的鲜绿色、鲜黄色的荧光,还常显示强烈持久的磷光。弱多色性。

一轴(+)。折射率为 No=1.691~1.694、Ne=1.719~1.725,双折射率为 0.028。

$\{11\bar{2}0\}$ 解理较好,$\{0001\}$ 解理中等。性脆。断口呈不平整、不规则的贝壳状。摩氏硬度为 5~6,相对密度为 3.89~4.19(测量)、4.224(计算)。

【晶体结构】

硅锌矿属三方晶系,空间群为 $R\bar{3}$。晶胞参数:$a_h=1.393$ nm、$c_h=0.931$ nm,$Z=18$;$a_{rh}=0.864$,$\alpha=107°46'$,$Z=6$。X 射线粉晶衍射数据 $d(\text{Å})(I/I_{max})$ 为 4.10(20)、4.02(30)、3.49(70)、2.84(100)、2.63(90)、2.32(50)、1.86(40)、1.55(20)(图 2-1-62)。硅锌矿晶体结构如图 2-1-63 所示。

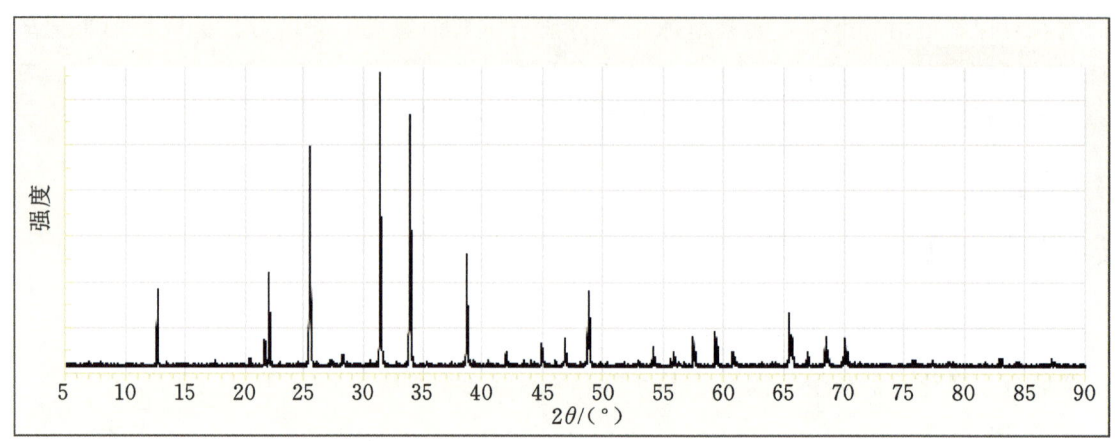

图 2-1-62　硅锌矿 X 射线粉晶衍射主要衍射图

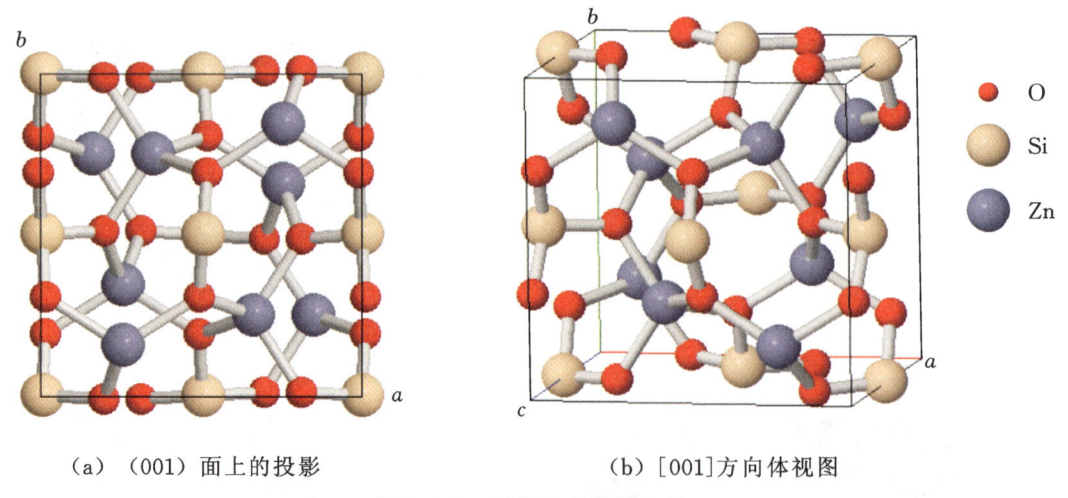

(a) (001) 面上的投影　　　　(b) [001] 方向体视图

图 2-1-63　硅锌矿的晶体结构

【产状产地】

硅锌矿主要产于铅锌矿床的氧化带,系铅锌硫化物氧化后所形成的次生矿物,也见于一些接触交代矿床中。存在着内生含锰的硅锌矿,与红锌矿、锌铁尖晶石、异极矿、白铅矿、锡石等含锌矿物共生。大量聚积时可作为锌矿石利用。

主要产地有美国(新泽西)、加拿大(魁北克)、纳米比亚,另外比利时、津巴布韦等也有少量产出。

【主要用途】

硅锌矿在地质学、材料学、晶体学、矿物学、宝石学方面有重要应用。大量聚集时可作锌矿石利用,制取锌盐。可作晶体收藏。

锂霞石

【化学性质】

锂霞石,又称 β-锂霞石,是一种含 Li、Al 的[SiO_4]岛状基型硅酸盐类矿物,其晶体化学式为 LiAl[SiO_4]。主要成分为 Li、Al、Si、O,类质同象替代成分有 Na、K。

化学成分中氧化物的质量分数为 Li_2O 11.86%、Al_2O_3 40.46%、SiO_2 47.68%。

【结晶形态】

锂霞石属三方晶系,三方单锥晶类,对称型为 3。晶体形态细小,集合体常呈粗粒状和致密块状,晶体极少见(图 2-1-64),并可替代锂辉石呈锂辉石假象。主要单形有{0001}、{10$\bar{1}$0}、{11$\bar{2}$0}。

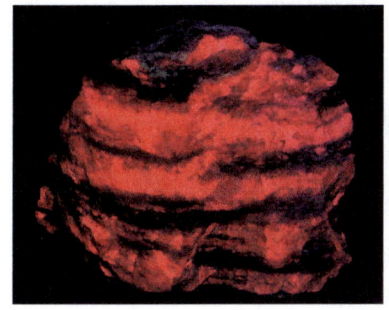
(a) 锂霞石(美国)

(b) 锂霞石(美国北卡罗来纳)

(b) 锂霞石(美国北卡罗来纳)

图 2-1-64 锂霞石

【物理特征】

锂霞石常呈无色、白色、灰白色、浅棕色、浅黄色、浅褐色、浅红色、浅绿色等。条痕为白色。玻璃光泽、半玻璃光泽、丝状光泽,断口呈油脂光泽。透明至半透明。萤光呈浅红色至红色、橙色。

一轴晶(+)。折射率为 No=1.570~1.573,Ne=1.583~1.587,双折射率为 0.013。

{10$\bar{1}$0}解理中等、{0001}解理不发育。断口呈不平整、不均匀的次贝壳状。脆性强。摩氏硬度为 6.5,相对密度为 2.657~2.666(测量)、2.654(计算)。

【晶体结构】

锂霞石属三方晶系,空间群为 $R\bar{3}$。晶胞参数:六方格子 a_h=1.348 nm、c_h=0.901 nm,Z=18;菱面体格子 a_{rh}=1.345 nm、α=107°52′,Z=6。X 射线粉晶衍射数据 d(Å)(I/I_{max})为 6.74(60)、4.20(30)、3.96(100)、3.89(40)、3.37(90)、2.74(80)、2.55(60)、2.38(30)(图 2-1-65)。

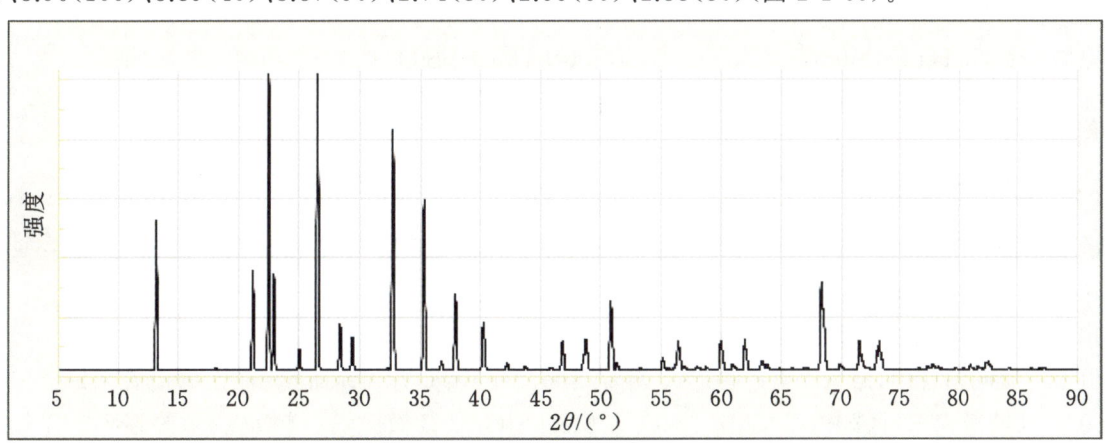

图 2-1-65 β-锂霞石的 X 射线粉晶衍射图

锂霞石晶体化学式为 LiAl[SiO_4]，用 Al^{3+} 取代石英中一半的 Si^{4+}，并加入 Li^+ 进行电荷补偿，可以得到类似石英晶体结构的 β-锂霞石。在垂直于 c 轴的方向上，Al 和 Si 原子交替地作层状有序排列，β-LiAl[SiO_4] 的晶胞长度是石英晶胞在 c 轴方向上的两倍（图 2-1-66）。

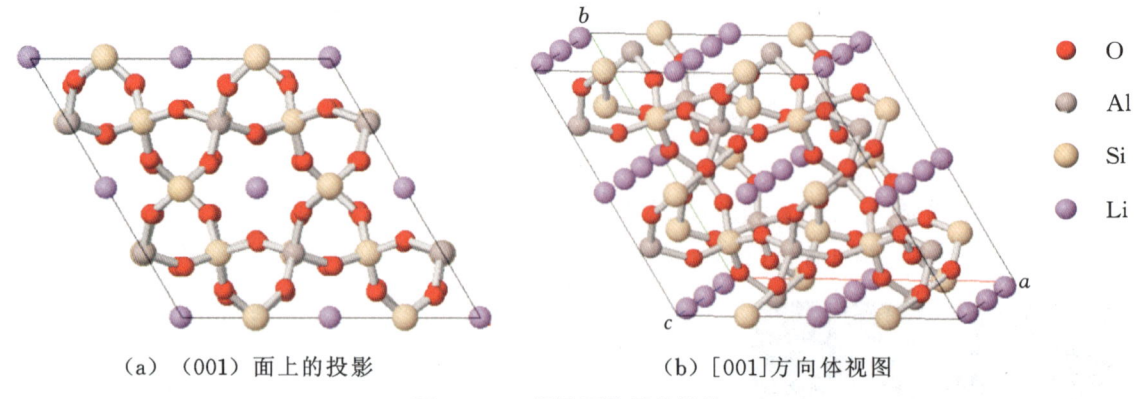

(a) (001) 面上的投影 (b) [001] 方向体视图

图 2-1-66 锂霞石的晶体结构

锂霞石在 (482±3) ℃产生相变，482 ℃以上的高温相是由[SiO_4]和[AlO_4]四面体组成的 $P6_222$ 或 $P6_422$ 空间群结构。

【产状产地】

锂霞石是锂辉石蚀变的产物，产于富锂伟晶岩中，赋存于钠长石中，与钠长石、锂辉石、透锂长石、锂磷铝石、锂辉石和石英伴生。

锂霞石主要产地有芬兰、美国（新罕布什尔、亚利桑那、康涅狄格、北卡罗来纳）等。

【主要用途】

锂霞石在地质学、材料学、晶体学、矿物学、宝石学多方面广泛应用。是含 Li 的重要矿物，可供开采应用。利用 β-锂霞石的负膨胀性可以开发出许多特殊的陶瓷、耐火制品。多用于矿物学研究与晶体收藏。

橄榄石族

橄榄石（olivine）	$(Mg,Fe)_2[SiO_4]$
镁橄榄石（forsterite）	$Mg_2[SiO_4]$
铁橄榄石（fayalite）	$Fe_2[SiO_4]$
锰橄榄石（tephroite）	$Mn_2[SiO_4]$
镍橄榄石（liebenbergite）	$(Ni,Mg)_2[SiO_4]$

橄榄石

【化学性质】

橄榄石是最常见的一类以 Fe、Mg 为主的[SiO_4]岛状基型硅酸盐矿物。其晶体化学通式为 $X_2[SiO_4]$，其中 X 主要为二价阳离子 Mg^{2+}、Fe^{2+}、Mn^{2+}、Ni^{2+}、Co^{2+}、Zn^{2+} 等。

化学成分中氧化物的质量分数为 MgO 42.06%、FeO 18.75%、SiO_2 39.19%。

由于类质同象替代，橄榄石族矿物形成 $Mg_2[SiO_4]$-$Fe_2[SiO_4]$（镁橄榄石-铁橄榄石）、$Fe_2[SiO_4]$-$Mn_2[SiO_4]$（铁橄榄石-锰橄榄石）、$Mn_2[SiO_4]$-$Mg_2[SiO_4]$（锰橄榄石-镁橄榄石）等系列。以镁铁橄榄石系列的成员最为常见。

橄榄石族皆为相同结构矿物，按成分划分为两个系列。

(1) 镁铁橄榄石系列：矿物种有镁橄榄石、铁橄榄石、镍橄榄石、锰橄榄石等。

(2) 钙橄榄石系列：矿物种有钙镁橄榄石、钙铁橄榄石、钙锰橄榄石等。

此外，莱河矿（laihunite，空间群为 $P2_1/b$，$Fe_2^{2+}Fe_2^{3+}[SiO_4]_2$），瓦兹利石（wadsleyite，空间群为 $Imma$）和尖晶橄榄石（ringwoodite，$Fd3m$），化学成分皆为$(Mg,Fe)_2[SiO_4]$，是高压相矿物，也可视为橄榄石族矿物，但它们的对称性与上述的各种矿物不同。

通常所指的橄榄石是指以镁橄榄石和铁橄榄石为两个端元组分的完全类质同象的中间组分，可与 HCl、HF、浓 H_2SO_4 反应。

【结晶形态】

橄榄石属斜方晶系，对称型为 mmm。属于岛状硅酸盐，晶体形态常呈短柱状、厚板状、粒状，呈分散颗粒或粒状集合体（图 2-1-67）。常见单形有平行双面、斜方柱、斜方双锥等。

（a）橄榄石（巴基斯坦）　　（b）橄榄石（美国夏威夷）

图 2-1-67　橄榄石

【物理特征】

橄榄石的颜色呈白色、黄绿色、金黄绿色、浓黄绿色、浓绿色、草绿色，少量为褐绿色甚至绿褐色。条痕为白色。玻璃光泽、松脂光泽。透明至半透明。

二轴晶（＋），光性正负随成分变化而定，若含过量铁将变为负光性。折射率为 $Np=1.630\sim1.650$、$Nm=1.650\sim1.670$、$Ng=1.670\sim1.690$，双折射率为 0.04％。$2V=46°\sim98°$（测量）、$88°$（计算）。色散中等 0.020。多色性较弱。

$\{010\}$ 解理中等，$\{001\}$ 解理较完全，韧性中等。断口呈贝壳状。摩氏硬度为 $6.5\sim7$，相对密度为 $3.27\sim3.37$，平均为 3.32，随含铁量的增加略有增大。

【晶体结构】

橄榄石属斜方晶系，空间群为 $Pbnm$。晶胞参数：$a=0.476$ nm、$b=1.023$ nm、$c=0.600$ nm，$Z=4$。X 射线粉晶衍射数据 $d(Å)(I/I_{max})$ 为 3.916(40)、2.791(100)、2.533(60)、2.475(30)、2.285(30)、1.761(50)。

在橄榄石晶体结构（图 2-1-68）中，$[SiO_4]$ 四面体与其他阳离子结合成岛状硅酸盐。晶体结构表现为孤立的 $[SiO_4]$ 四面体由金属阳离子 Mg^{2+} 和 Fe^{2+} 联系起来。也可视为 O 作近似六方最紧密堆积，Si 充填 1/8 四面体空隙，Mg 和 Fe 充填 1/2 八面体空隙，$[(Mg,Fe)O_6]$ 八面体沿 c 轴共棱连接成锯齿状链。Mg、Fe 占据两种八面体结构位置（M1 和 M2），其中 M1 畸变较大。在其他具有不同六次配位阳离子的橄榄石矿物中，往往是半径大者占据 M1 位置。

除了上述本族的相同结构矿物外，相同结构矿物还有硼铝镁石、金绿宝石。

【产状产地】

橄榄石是地幔最主要的造岩矿物之一，产于各种基性、超基性岩和镁质碳酸盐的变质岩中，是辉长岩、玄武岩和橄榄岩类等基性或超基性岩浆岩中的主要造岩矿物。在接触变质和区域变质的过程

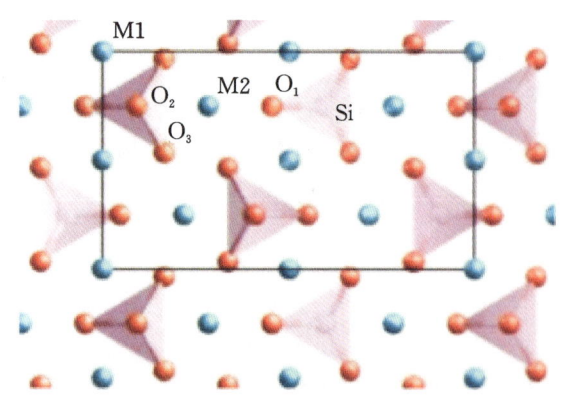

(a) 沿 c 轴的投影，[SiO$_4$]四面体以及M1和M2八面体位置

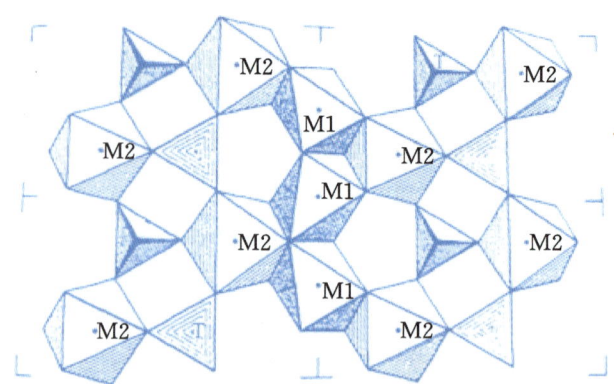

(b) 结构中[(Mg, Fe)O$_6$]八面体和[SiO$_4$]四面体在 a 轴同一高度的连接

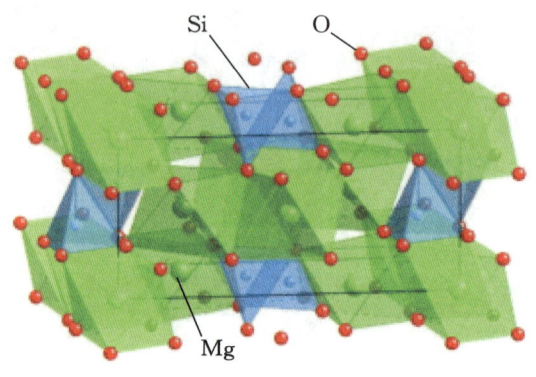

(c) [(Mg, Fe)O$_6$]八面体的连接方式

图 2-1-68　橄榄石的晶体结构（配位多面体）

中，镁质碳酸盐岩层会变质生成橄榄石。变质的含铁沉积物和白云石灰岩中，也会形成橄榄石。橄榄石是地球上常见的矿物，但也出现在部分陨石、月球、火星和彗星上。

橄榄石常与富钙长石、辉石、铬透辉石、铬铁矿、铬尖晶石、黑云母、石墨等共生。

橄榄石主要产地有巴基斯坦、斯里兰卡、缅甸、澳大利亚、埃及、肯尼亚、坦桑尼亚、意大利、挪威、德国、捷克、芬兰、巴西、墨西哥、美国（亚利桑那、新墨西哥、夏威夷等）、中国（河北、吉林等）、俄罗斯等。

【主要用途】

对玄武岩及其所含橄榄石矿物进行研究，是探究岩浆过程、地幔热状态及地幔端元组成等问题的重要途径。宝石级橄榄石主要有浓黄绿色、金黄绿色、黄绿色、浓绿色。橄榄石经变质可形成蛇纹石或菱镁矿，可以作为耐火材料。

在地质学、物理学、化学、材料学、晶体学、矿物学、宝石学方面都有重要应用。

镁橄榄石

【化学性质】

镁橄榄石是一种含 Mg 的[SiO$_4$]岛状基型硅酸盐类矿物，其晶体化学式为 Mg$_2$[SiO$_4$]。主要成分为 Mg、Si、O，类质同象替代成分有 Fe、Mn 等。

化学成分中氧化物的质量分数为 MgO 57.29%、SiO$_2$ 42.71%。

在晶体结构中，Mg 与 Fe 可以任意替换，镁橄榄石与铁橄榄石形成完全类质同象系列，镁橄榄石中可含有 0～10% 的铁橄榄石。镁橄榄石（Mg$_2$[SiO$_4$]）是橄榄石类质同象系列中富镁的端元矿物。另一端元矿物为铁橄榄石（Fe$_2$[SiO$_4$]）。

Fe 可形成 Fe^{2+} 和 Fe^{3+} 两种不同的阳离子，Fe^{2+} 具有与 Mg^{2+} 相同的电荷数，与 Mg^{2+} 半径非常相似，Fe^{2+} 可以代替橄榄石结构中的 Mg^{2+} 形成系列矿物。镁橄榄石与石英反应生成斜方辉石—顽辉石：$Mg_2[SiO_4]+SiO_2 \longrightarrow 2Mg[SiO_3]$。

【结晶形态】

镁橄榄石属斜方晶系，斜方双锥晶类，对称型为 mmm。晶体形态多呈短柱形、粒状（图 2-1-69）。集合体常呈粒状、圆粒状、块状体、厚板状。单形主要有斜方柱{110}、斜方双锥{112}、平行双面{001}以及它们的聚合体。垂直于(100)、(011)、(012)出现双晶。

（a）镁橄榄石（埃及）

（b）镁橄榄石（巴基斯坦）

（c）镁橄榄石（德国）

图 2-1-69 镁橄榄石

【物理特征】

镁橄榄石的颜色呈无色、白色、淡黄色、淡绿色等。条痕为白色。透明至半透明。玻璃光泽。色散弱。

二轴晶(+)。折射率为 $Np=1.636\sim1.730$、$Nm=1.650\sim1.739$、$Ng=1.669\sim1.772$。双折射率为 $0.033\sim0.042$。$2V=56°\sim84°$（计算）、$74°\sim90°$（测量）。

{010}解理完全，{001}解理较差。性脆。断口呈不平整、不均匀的贝壳状，表面光滑弯曲。摩氏硬度为 6.5～7.0，相对密度为 3.275（测量）、3.271（计算）。

熔点为 1890 ℃，从常温到熔点晶型都很稳定。

【晶体结构】

镁橄榄石属斜方晶系，空间群为 $Pbnm$。晶胞参数：$a=0.476$ nm、$b=1.023$ nm、$c=0.599$ nm，$Z=4$。X 射线粉晶衍射数据 $d(Å)(I/I_{max}$ 为 5.150(20)、3.916(40)、3.516(30)、2.791(100)、2.533(60)、2.475(30)、2.370(20)、2.285(30)、2.270(30)、1.761(50)、1.631(20)、1.508(20)、1.494(20)（图 2-1-70）。

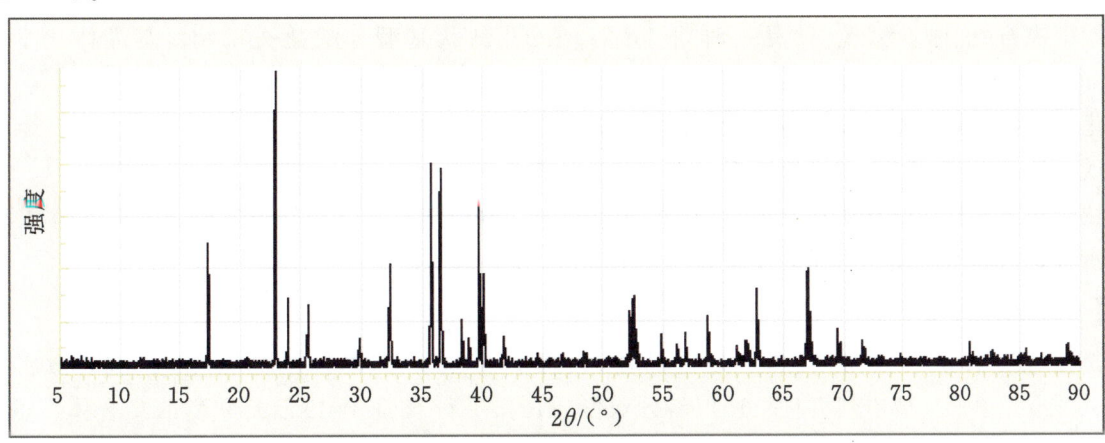

图 2-1-70 镁橄榄石的 X 射线粉晶衍射图

在晶体结构图中有 3 个不同的氧位点（标记为 O1、O2 和 O3），2 个不同的金属位点（M1 和 M2）和 1 个不同的硅位点。O1、O2、M2 和 Si 均位于镜面上，而 M1 存在于反转中心。O3 处于一般位置。

阳离子占据 2 个不同的八面体位置，它们是 M1 和 M2，并与阴离子结合形成离子键。M1 和 M2 略有不同。M2 位置大于 M1，如图 2-1-71 所示。

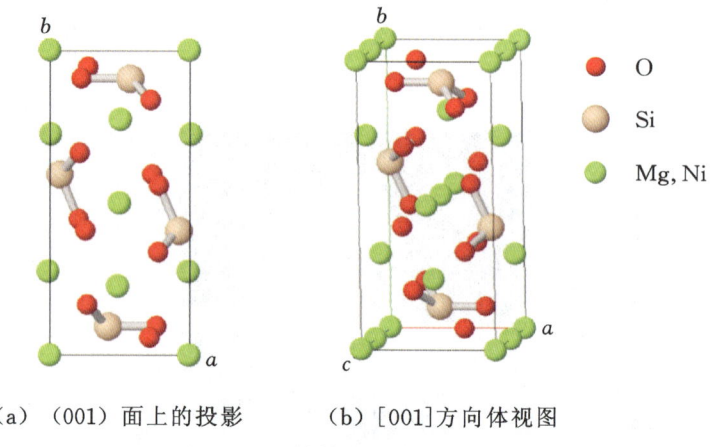

(a) (001)面上的投影　　(b) [001]方向体视图

图 2-1-71　镁橄榄石的晶体结构

【产状产地】

镁橄榄石属超基性深成岩中常见的造岩矿物，也是岩浆结晶时最早形成的矿物之一，多赋存在辉长岩、玄武岩和橄榄岩类的岩浆岩中。也产于接触变质或区域变质的白云质大理岩中，是镁矽卡岩的重要组成矿物，也是陨石的主要组成矿物。

镁橄榄石是一种 SiO_2 不饱和矿物，产于富 Mg 贫 Si 的条件下，不与石英共生。镁橄榄石受热液作用和风化作用容易蚀变，常见镁橄榄石蛇纹石化。

镁橄榄石与辉石、角闪石、钙斜长石、尖晶石、磁铁矿、铬铁矿，以及主要蚀变矿物蛇纹石等共生。

镁橄榄石主要产地有意大利、美国、俄罗斯、中国（内蒙古、新疆、四川、湖北、河南、河北、陕西等）。

【主要用途】

在地质学、材料学、物理学、化学、环境科学、晶体学、矿物学、宝石学方面都有重要应用。镁橄榄石中，MgO 和 SiO_2 为耐火材料的主要成分，其中 MgO 的含量需大于 50%。

铁橄榄石

【化学性质】

铁橄榄石（也称贵橄榄石）是一种含 Fe 的 $[SiO_4]$ 岛状基型硅酸盐类矿物。其晶体化学式为 $Fe_2[SiO_4]$。主要成分为 Fe、Si、O，类质同象替代成分有 Mg、Mn 等。

化学成分中氧化物的质量分数为 FeO 70.51%、SiO_2 29.49%。

铁橄榄石-镁橄榄石-锰橄榄石形成三元类质同象系列。

在铁橄榄石晶体结构中，Fe^{2+} 可以任意置换 Mg^{2+}，铁橄榄石和镁橄榄石形成完全类质同象系列。铁橄榄石是橄榄石类质同象系列中富铁的端元矿物。

【结晶形态】

铁橄榄石属于斜方晶系，斜方双锥晶类，对称型为 mmm。晶体形态常呈颗粒状、致密块状（图 2-1-72）。单形主要有斜方柱{110}、斜方双锥{112}、平行双面{001}以及它们的集合体。垂直于(100)、(011)、(012)出现双晶。

（a）铁橄榄石（德国）　　　　（b）铁橄榄石（德国）　　　（c）铁橄榄石（美国加利福尼亚）

图 2-1-72　镁橄榄石

【物理特征】

铁橄榄石的颜色为黄绿色、黄棕色、棕色、淡黄色至琥珀棕色，在空气中易氧化成黑色。条痕为白色、无色。透明至半透明。玻璃光泽，断口呈树脂光泽。多色性微弱。

二轴晶（－）。折射率为 Np＝1.731～1.824、Nm＝1.760～1.864、Ng＝1.773～1.875，双折射率为 0.042～0.051。$2V$＝47°～74°（测量），54°～66°（计算）。

{010}解理中等，{100}解理不完全。性脆。断口呈不平整、不均匀的贝壳状，表面光滑弯曲。摩氏硬度为 6.5～7.0，相对密度为 3.91～4.34。

【晶体结构】

铁橄榄石属斜方晶系，空间群为 $Pbnm$。晶胞参数：a＝0.479～0.482 nm、b＝1.039～1.048 nm、c＝0.606～0.609 nm，Z＝4。X 射线粉晶衍射数据 d(Å)(I/I_{max}) 为 5.210(20)、3.945(20)、3.535(30)、2.810(100)、2.616(20)、2.549(60)、2.489(70)、2.389(20)、2.297(20)、2.286(30)、1.769(40)、1.665(20)、1.515(20)、1.504(20)（图 2-1-73）。晶体结构见图 2-1-74。

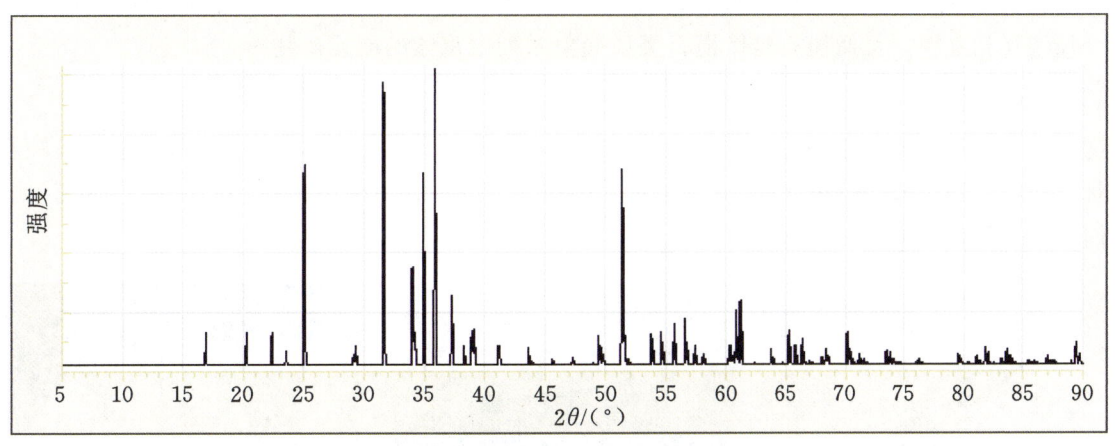

图 2-1-73　铁橄榄石的 X 射线粉晶衍射图

【产状产地】

铁橄榄石是一种常见的变质矿物，也是岩浆结晶时早期形成的矿物，赋存在一些岩浆岩中，多产于接触变质、区域变质的矽卡岩、片岩、片麻岩中。

铁橄榄石也是一种 SiO_2 不饱和矿物，产于富 Mg、Fe 贫 Si 的条件下，不与石英共生，铁橄榄石受热液作用和风化作用容易蚀变。

主要产地有葡萄牙、中国（内蒙古、新疆、四川、河南、陕西等）、美国、俄罗斯。

【主要用途】

在地质学、物理学、化学、材料学、晶体学、矿物学、宝石学方面都有重要应用。是重要的耐火材

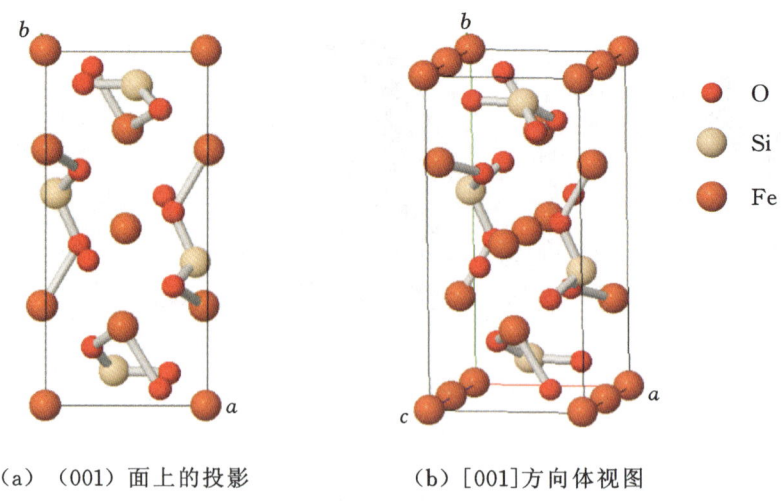

(a) (001)面上的投影　　(b) [001]方向体视图

图 2-1-74　铁橄榄石的晶体结构图

料,MgO 和 SiO$_2$ 为耐火原料主要成分。铁橄榄石中还存在较多 Al$_2$O$_3$ 及 CaO,熔点较低,为 1205 ℃,影响耐火材料的高温性能。

锰橄榄石

【化学性质】

锰橄榄石是一种含 Mn 的[SiO$_4$]岛状基型硅酸盐类矿物,其晶体化学式为 Mn$_2$[SiO$_4$]。主要成分为 Mn、Si、O,类质同象替代成分有 Fe、Zn、Mg、Ca。

化学成分中氧化物的质量分数为 MnO 70.25%、SiO$_2$ 29.75%。

锰橄榄石—镁橄榄石—铁橄榄石形成三元类质同象系列。在锰橄榄石晶体结构中,Mn^{2+} 可以与 Fe^{2+}、Mg^{2+} 互相置换。锰橄榄石是橄榄石类质同象系列中富锰的端元矿物。

【结晶形态】

锰橄榄石属于斜方晶系,斜方双锥晶类,对称型为 mmm。完整晶体少见,晶体形态常呈颗粒状、短柱状,集合体呈致密块状(图 2-1-75)。单形主要有斜方柱{110}、斜方双锥{112}、平行双面{001}以及它们的集合体。双晶罕见。

(a) 锰橄榄石(美国)　　(b) 锰橄榄石(德国)　　(c) 锰橄榄石(斯洛伐克)

图 2-1-75　锰橄榄石

【物理特征】

锰橄榄石的颜色为肉红色、淡红色、红棕色、深褐色、灰色、烟灰色、橄榄绿色等,在白光下则为褐色或黑色。条痕为浅灰色、灰色。透明至半透明。玻璃光泽、油脂光泽。多色性弱:棕红色、红色,绿蓝色。

二轴晶(一)。折射率为 Np=1.759、Nm=1.797、Ng=1.860,双折射率为 0.101。2V=60°～70°(测量)、78°(计算)。

{010}解理完全,{001}解理不完全。性脆。断口呈不规则、不均匀的贝壳状。摩氏硬度为 6～6.5,相对密度为 3.87～4.12(测量)、4.15(计算)。

熔点为 1290～1300 ℃。

【晶体结构】

锰橄榄石属斜方晶系,空间群为 $Pbnm$。晶胞参数:$a=0.488$ nm、$b=1.061$ nm、$c=0.624$ nm,$Z=4$。X 射线粉晶衍射数据 d(Å)(I/I_{max})为 3.99(15)、3.57(80)、3.09(20)、2.84(90)、2.58(100)、2.53(90)、2.41(15)、2.33(15)、2.31(15)、1.79(80)、1.67(15)、1.55(50)、1.53(50)、1.38(15)(图 2-1-76)。晶体结构见图 2-1-77。

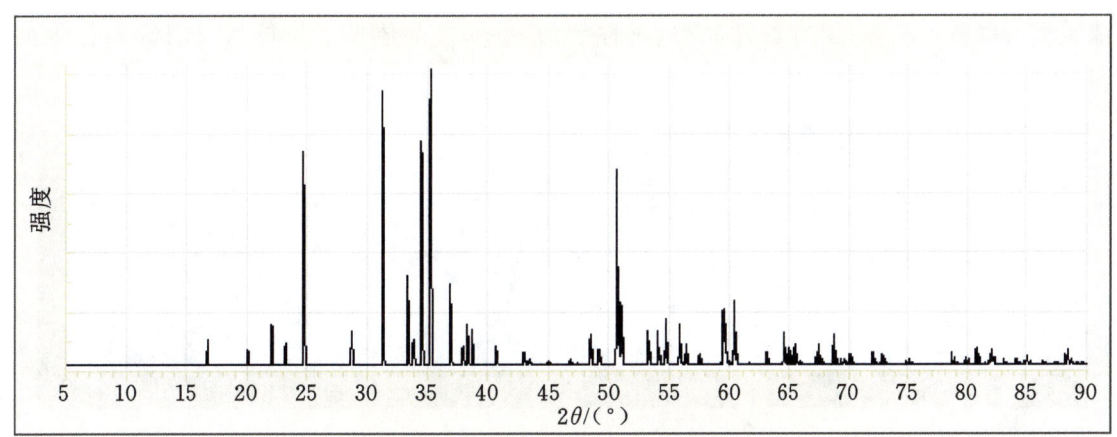

图 2-1-76 锰橄榄石的射线粉晶衍射图

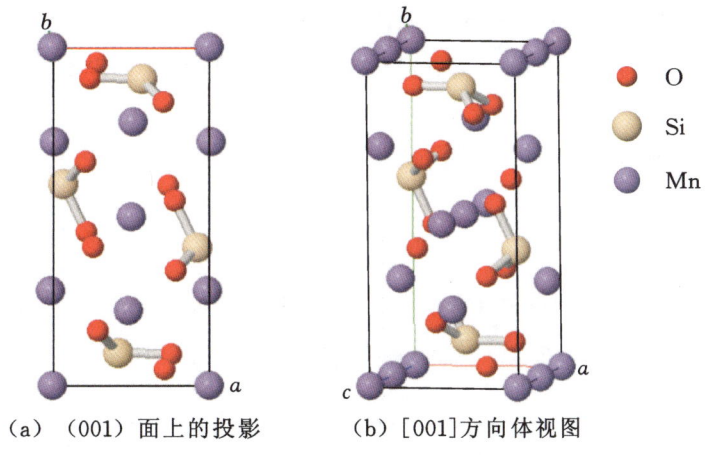

(a) (001)面上的投影　　(b) [001]方向体视图

图 2-1-77 锰橄榄石的晶体结构

【产状产地】

锰橄榄石是一种变质矿物,产于铁锰矿床以及有关的矽卡岩中,也见于富锰沉积矿物中,与锆石、锰方解石、蔷薇辉石、透辉石、方锰矿、白云母、方解石等共生。

锰橄榄石是一种 SiO_2 不饱和矿物,产于富 Mn 贫 Si 的条件下,不与石英共生,受热液作用和风化作用容易蚀变。在一些高锰与低氧化硅的炉渣(如高炉锰铁渣)中可能出现。为自熔性锰烧结矿黏结相中的主要矿物。也是钢夹杂物中的常见矿物。

锰橄榄石主要产地有英国、瑞典、美国(新泽西)、中国(内蒙古、新疆、陕西等)以及俄罗斯。

【主要用途】

锰橄榄石在地质学、材料学、物理学、化学、晶体学、矿物学、宝石学方面都有重要应用。也是耐火材料的原料之一。

镍橄榄石

【化学性质】

镍橄榄石是一种含 Ni 的[SiO_4]岛状基型硅酸盐类矿物,很少见。其晶体化学式为(Ni,Mg)$_2$[SiO_4]。主要成分为 Ni、Si、O,类质同象替代成分有 Fe、Mg、Mn、Co 等。

化学成分中氧化物的质量分数为 SiO_2 31.25%、NiO 58.27%。

【结晶形态】

镍橄榄石属斜方晶系,斜方双锥晶类,对称型为 mmm。晶体形态呈粒状、块状,集合体呈块状(图 2-1-78)。

图 2-1-78　镍橄榄石(希腊)

【物理特征】

镍橄榄石的颜色呈绿色、黄绿色。条痕为无色。透明至半透明。玻璃光泽、油脂光泽。色散较弱。

二轴晶(一)。折射率为 Np=1.820、Nm=1.854、Ng=1.888,双折射率为 0.068。2V=80°(测量)、88°(计算)。

{010}解理中等,{100}解理不完全。贝壳状断口。性脆。摩氏硬度为 5.5~6,相对密度为 4.6(测量)、4.52(计算)。

【晶体结构】

镍橄榄石属于斜方晶系,空间群为 $Pbnm$。晶胞参数:a=0.473 nm、b=1.013 nm、c=0.592 nm,Z=4。X 射线粉晶主要衍射数据 d(Å)(I/I_{max})为 3.469(90)、2.744(85)、2.430(100)(图 2-1-79)。镍橄榄石的晶体结构如图 2-1-80。

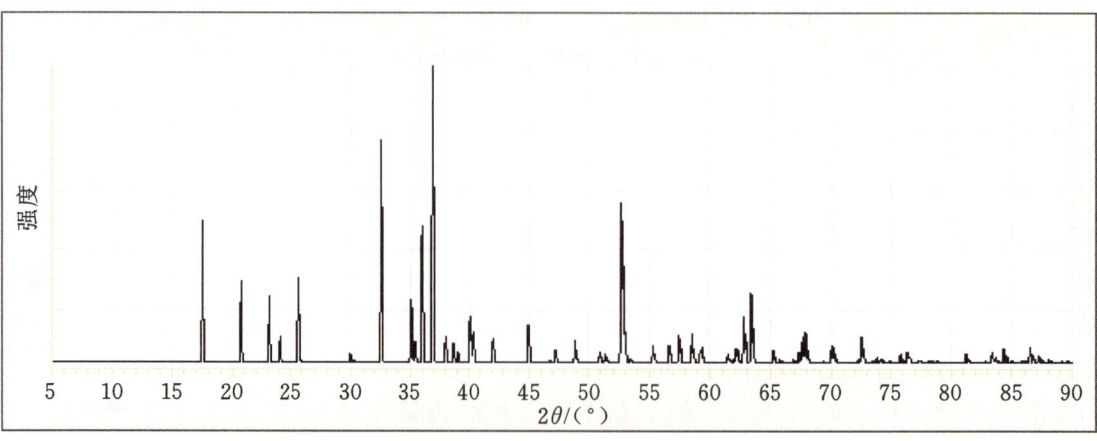

图 2-1-79　镍橄榄石的 X 射线粉晶衍射图

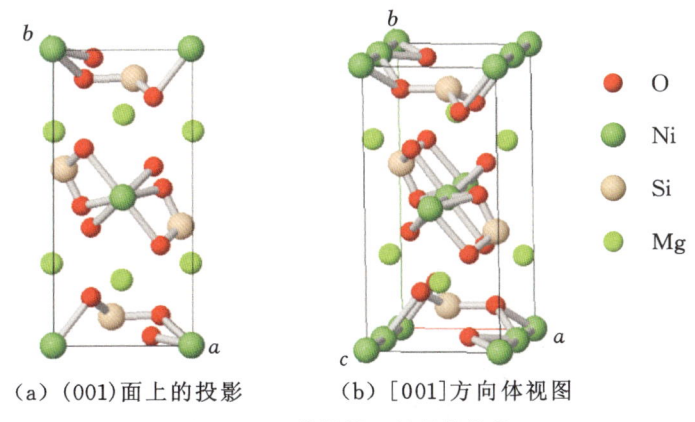

(a)（001）面上的投影　　（b）[001]方向体视图

图 2-1-80　镍橄榄石的晶体结构

【产状产地】

镍橄榄石产于石英岩、蛇纹石化超镁铁质接触处的镍矿床中，也可能产于富含镍的陨石中。主要产地有希腊、南非等。

【主要用途】

镍橄榄石在地质学、材料学、物理学、化学、陨石学、晶体学、矿物学、宝石学方面都有重要应用。

莱河矿族

莱河矿（laihunite）　　　　　　　　$Fe^{2+}Fe_2^{3+}[SiO_4]_2$

莱河矿

【化学性质】

莱河矿是一种含 Fe^{2+}、Fe^{3+} 的 $[SiO_4]$ 岛状基型硅酸盐类矿物，其晶体化学式为 $Fe^{2+}Fe_2^{3+}[SiO_4]_2$。主要成分为 Fe^{2+}、Fe^{3+}、Si、O，类质同象替代成分有 Mg、Ca。

化学成分中氧化物的质量分数为 SiO_2 31.00%、Fe_2O_3 43.57%、FeO 25.43%。

【结晶形态】

莱河矿属于单斜晶系，斜方柱晶类，对称型为 $2/m$。晶体形态呈他形颗粒状、短柱状、厚板状（图 2-1-81）。

（a）莱河矿（美国）　　　　（b）莱河矿（日本）　　　　（c）莱河矿（德国）

图 2-1-81　莱河矿

【物理特征】

莱河矿的颜色呈黑色、深棕色、深绿黑色等。条痕黑褐色。半透明至不透明。金属光泽至半金属光泽。

二轴晶。折射率为 $Ng=2.01\sim2.03$，$Nm=2.03\sim2.04$，$Np=1.99$。

{100}解理中等、{010}解理较差。性脆。断口呈不规则、不平整的贝壳状。摩氏硬度为 $5.5\sim6.5$，相对密度为 3.97（测量）、4.10（计算）。

具弱—中的磁性。

【晶体结构】

莱河矿属于单斜晶系，空间群为 $P2_1/b$（图 2-1-82）。晶胞参数：$a=0.481$ nm、$b=1.017$ nm、$c=0.582$ nm，$\alpha=91.39°$，$Z=2$。X 射线粉晶衍射数据 $d(\text{Å})(I/I_{max})$ 为 3.488(100)、2.774(90)、2.521(100)、2.405(70)、2.246(70)、1.745(80)（图 2-1-82），X 射线衍射谱线有些弥散现象。

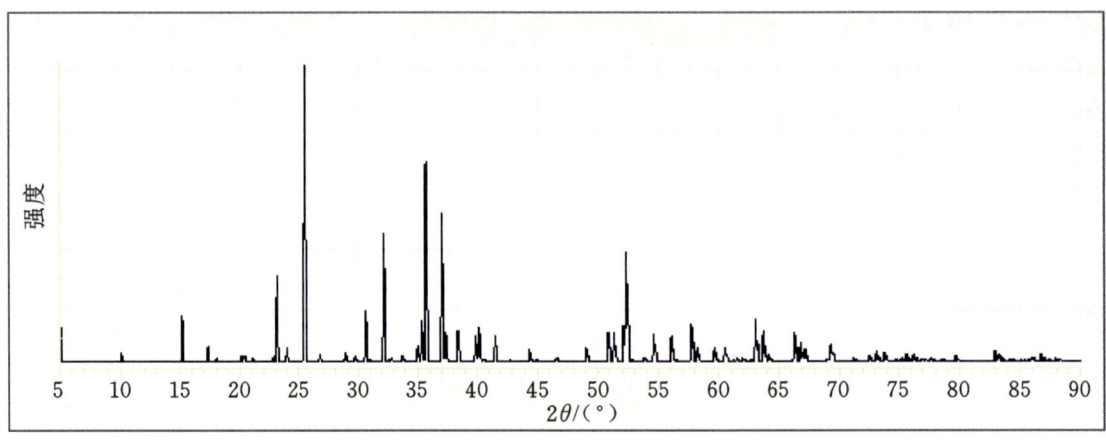

图 2-1-82　莱河矿的 X 射线粉晶衍射图

莱河矿是一有序缺席的橄榄石型晶体结构（图 2-1-83）。氧原子沿(100)作六方最紧密堆积，其中八面体空隙的 3/8 和四面体空隙的 1/8 为阳离子所充填。它具有与橄榄石结构相同的一些特征，包括一个相同的四面体方位，但有所不同的是以其共棱连接的八面体直链代替了锯齿状链。上层链与下层链是以中性氧原子为角顶相连接，通过轴滑移 $b/2$ 和螺旋操作相联系。[SiO$_4$]四面体以两条棱与[Fe^{2+}O$_6$]八面体和[Fe^{3+}O$_6$]八面体各共一棱相连。在结构中 Fe^{2+} 分布在对称中心位置上，但在 (0,0,1/2) 和 (1/2,1/2,1/2) 的对称中心位置上作有序缺陷。

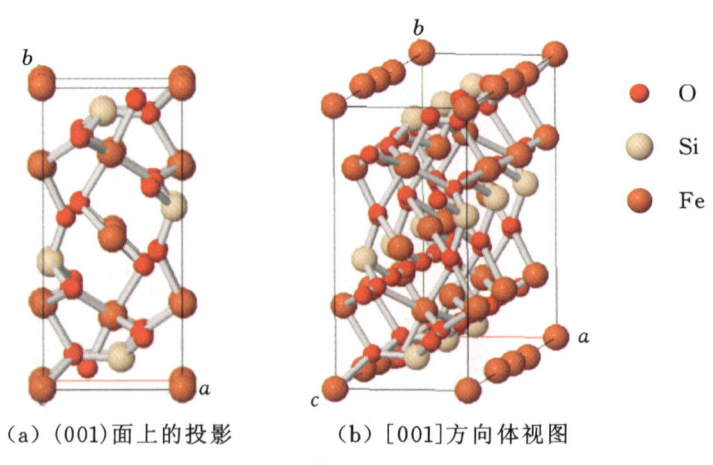

(a) (001)面上的投影　　(b) [001]方向体视图

图 2-1-83　莱河矿的晶体结构

莱河矿属单斜晶系，有 3 种多型：莱河矿-1M、莱河矿-2M、莱河矿-3M。

【产状产地】

莱河矿产于斜长片麻岩、混合岩系的变质铁矿床中,常与紫苏辉石、角闪石、磁铁矿、石英等共生。主要产地有中国(辽宁)、德国、日本、美国等。

【主要用途】

莱河矿在地质学、物理学、化学、晶体学、矿物学方面都有重要应用。

钙镁橄榄石族

钙镁橄榄石(monticellite) $CaMg[SiO_4]$

钙铁橄榄石(kirschsteinite) $CaFe[SiO_4]$

钙锰橄榄石(glaucochroite) $CaMn[SiO_4]$

钙镁橄榄石族为橄榄石型结构,但两种阳离子有序排列。

钙镁橄榄石

【化学性质】

钙镁橄榄石是一种含 Ca、Mg、Fe 的 $[SiO_4]$ 岛状基型硅酸盐类矿物,其晶体化学式为 $CaMg[SiO_4]$。主要成分为 Ca、Mg、Fe、Si、O,类质同象替代成分有 Ti、Al、Fe、Mn、Zn 及 H_2O。

化学成分中氧化物的质量分数为 CaO 35.84%、MgO 25.76%、SiO_2 38.40%。

钙镁橄榄石族矿物中,钙铁橄榄石与钙镁橄榄石形成类质同象系列。

【结晶形态】

钙镁橄榄石属斜方晶系,斜方双锥晶类,对称型为 mmm(图 2-1-84)。晶体形态常呈细小颗粒状、棱柱状、细长棱柱,形态良好。集合体致密块状。单形主要有斜方柱{110}、斜方双锥{112}、平行双面{001}以及它们的集合体。双晶较为罕见。

(a) 钙镁橄榄石(德国)   (b) 钙镁橄榄石(德国)   (c) 钙镁橄榄石(美国加利福尼亚)

图 2-1-84 钙橄榄石晶体

【物理特征】

钙镁橄榄石的颜色为无色、灰白色、绿色等。条痕为无色、白色。玻璃光泽、油脂光泽,断口树脂光泽。透明至半透明。

二轴晶(一)。折射率为 Np=1.639~1.663、Nm=1.645~1.674、Ng=1.653~1.680,双折射率=0.014~0.017。2V=65°~88°(测量)、72°~84°(计算)。色散较弱。

{010}解理中等,{100}解理不完全。性脆。断口呈不规则、不平整的贝壳状。摩氏硬度为 5~5.5,相对密度为 3.20(测量)、3.06(计算)。

熔点为 1503 ℃。

【晶体结构】

钙镁橄榄石属斜方晶系,空间群为 $Pbnm$。其中钙铁橄榄石的晶胞参数:a=0.488 nm、b=1.116 nm、

$c=0.644$ nm,$Z=4$。而钙镁橄榄石的晶胞参数为 $a=0.482$ nm、$b=1.108$ nm、$c=0.637$ nm,$Z=4$。钙镁橄榄石的 X 射线粉晶主要衍射数据 d(Å)(I/I_{max})为 3.637(40)、2.666(100)、2.586(40)(图 2-1-85)。

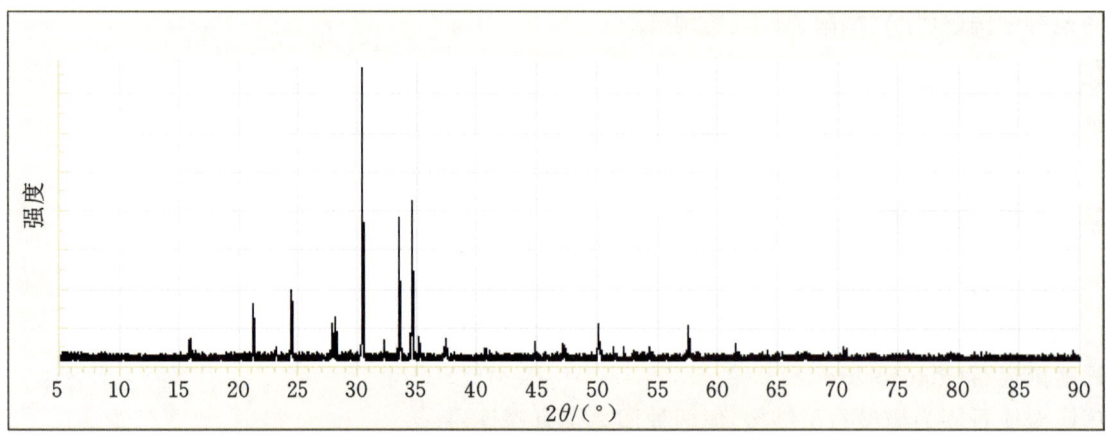

图 2-1-85 钙镁橄榄石的 X 射线粉晶衍射图

钙镁橄榄石的晶体结构如图 2-1-86 所示。

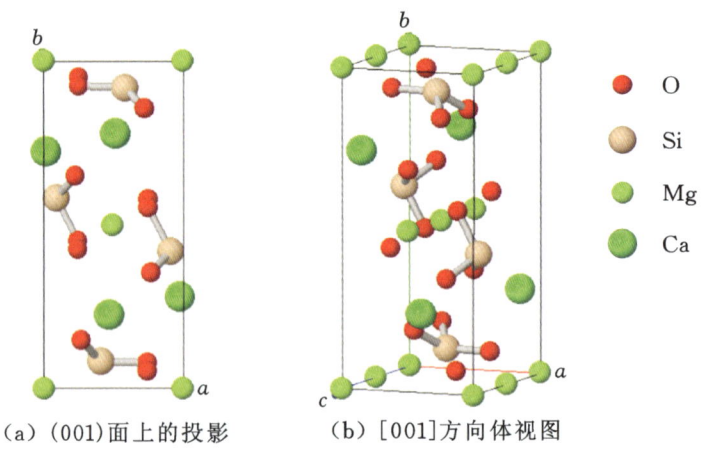

(a) (001)面上的投影　　(b) [001]方向体视图

图 2-1-86 钙镁橄榄石的晶体结构

相同晶体结构的矿物有钙橄榄石、铁橄榄石、镁橄榄石、钙铁橄榄石、莱河矿、钙镁橄榄石、锰橄榄石等。

【产状产地】

钙镁橄榄石是橄榄石类中含 Ca、Mg 的硅酸盐矿物,产于高温接触变质的不纯大理岩中,也见于基性岩浆岩中。它是一种 SiO_2 不饱和的矿物,产于富 Ca、Mg,贫 Si 的条件下,不与石英共生。钙镁橄榄石会由于受热液作用和风化作用发生蚀变,主要产地有意大利、葡萄牙、美国、俄罗斯、中国。

【主要用途】

可作耐火材料。MgO 和 SiO_2 为耐火原料的主要成分,要求 MgO 的质量分数大于 50%。熔点较高为 1503 ℃,耐火材料的高温性能较好。钙镁橄榄石在地质学、材料学、物理学、化学、晶体学、矿物学、宝石学方面都有重要应用。

钙铁橄榄石

【化学性质】

钙铁橄榄石是一种含 Ca、Fe 的[SiO_4]岛状基型硅酸盐类矿物,其晶体化学式为 CaFe[SiO_4]。主要成分为 Ca、Fe、Si、O,类质同象替代成分有 Ti、Al、Mn、Mg、Na、K、P、H_2O。

化学成分中氧化物的质量分数为 CaO 29.83%、FeO 38.21%、SiO$_2$ 31.96%。

类质同象系列矿物有钙铁橄榄石—钙镁橄榄石系列。

【结晶形态】

钙铁橄榄石属于斜方晶系，斜方双锥晶类，对称型为 mmm。晶体形态呈细小颗粒状、块状等（图 2-1-87）。

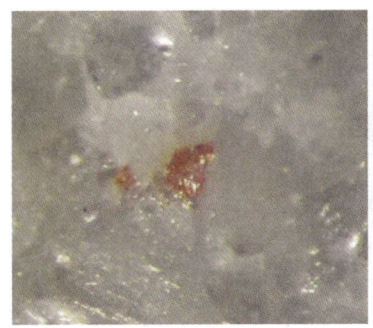  

（a）钙铁橄榄石（俄罗斯）　　（b）钙铁橄榄石（纳米比亚）　　（c）钙铁橄榄石（瑞典）

图 2-1-87　钙铁橄榄石

【物理特征】

钙铁橄榄石的颜色呈无色、粉红色、浅绿色等。条痕为无色。透明至半透明。玻璃光泽、土状光泽。

二轴晶（－）。折射率为 Np＝1.674～1.693、Nm＝1.694～1.734、Ng＝1.706～1.735，双折射率为 0.032～0.042。$2V$＝51°（测量）、16°～74°（计算）。

解理不发育。性脆。断口呈不规则、不平整的贝壳状。摩氏硬度为 5.5，相对密度为 3.434（测量）、3.596（计算）。

【晶体结构】

钙铁橄榄石属于斜方晶系，空间群为 $Pbmn$、$Pnma$。晶胞参数：a＝0.486 nm、b＝1.110 nm、c＝0.640 nm，Z＝4。X射线粉晶衍射数据 d（Å）（I/I_{max}）为 5.569(35)、3.658(70)、2.949(100)、2.680(85)、2.604(80)、2.414(40)、1.830(60)（图 2-1-88）。钙铁橄榄石的晶体结构如图 2-1-89 所示。

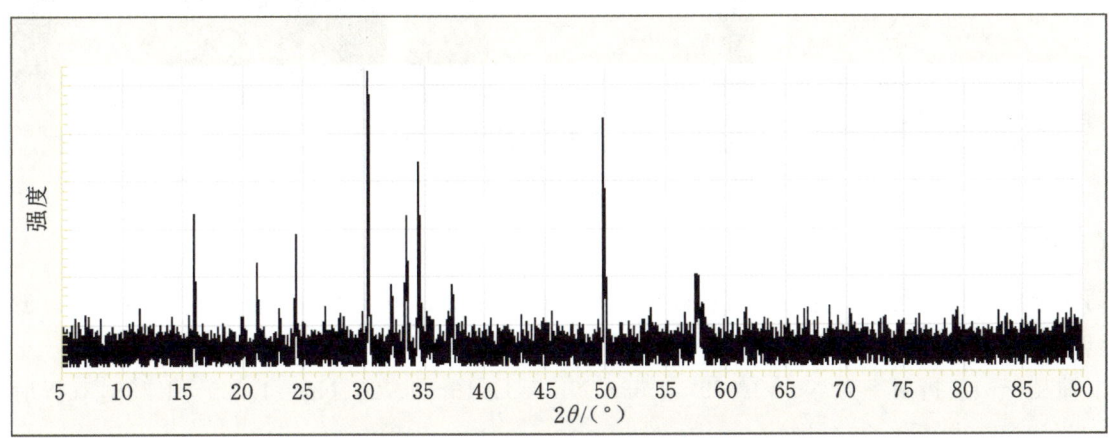

图 2-1-88　钙铁橄榄石的 X 射线粉晶衍射图

【产状产地】

钙铁橄榄石产于黄霞岩熔岩中，共生和伴生矿物有方钠石、钙钛矿、霞石、磁铁矿、钾长石、角闪石、刚玉、单斜辉石、黑云母、磷灰石等。主要产地有俄罗斯、纳米比亚、瑞典、西班牙、刚果（金）、比利时、美国（马萨诸塞）等。

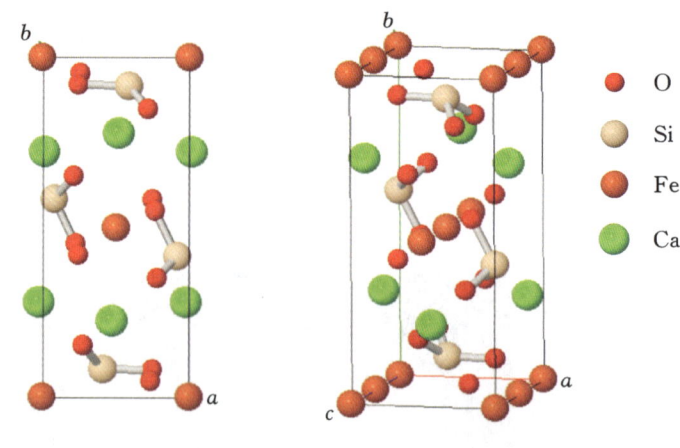

(a) (001) 面上的投影　　(b) [001]方向体视图

图 2-1-89　钙铁橄榄石的晶体结构（原子排布位置）

【主要用途】

钙铁橄榄石在地质学、材料学、化学、晶体学、矿物学方面都有一定应用。

钙锰橄榄石

【化学性质】

钙锰橄榄石是一种含 Ca、Mn 的[SiO_4]岛状基型硅酸盐类矿物，其化学式为 CaMn[SiO_4]。主要成分为 Ca、Mn、Si、O，类质同象替代成分有 Fe、Zn、Pb、Mg。

化学成分中氧化物的质量分数为 CaO 29.97%、MnO 37.91%、SiO_2 32.12%。

【结晶形态】

钙锰橄榄石属于斜方晶系，斜方双锥晶类，对称型为 mmm。晶体形态呈颗粒状，自形、半自形晶体，集合体呈块状（图 2-1-90）。有双晶出现。

图 2-1-90　钙锰橄榄石（美国新泽西）

【物理特征】

钙锰橄榄石的颜色呈白色、蓝灰色、棕色、绿色、粉红色等。条痕为白色。透明至不透明。玻璃光泽、半玻璃光泽、丝绢光泽。色散中等。

二轴晶（一）。折射率为 Np=1.679～1.686、Nm=1.716～1.723、Ng=1.729～1.736，双折射率为 0.050。$2V=61°$（测量）、60°（计算）。

{001}解理不发育。性脆。断口呈不规则、不均匀的贝壳状。摩氏硬度为 5.5～6，相对密度为 3.41（测量）、3.47（计算）。

【晶体结构】

钙锰橄榄石属于斜方晶系，空间群为 $Pbnm$。晶胞参数：$a=0.492$ nm、$b=1.119$ nm、$c=0.651$ nm，$Z=4$。X 射线粉晶衍射数据 d(Å)(I/I_{max}) 为 5.54(30)、4.23(40)、3.69(60)、2.96(60)、2.69

(80)、2.63(80)、2.44(30)、1.85(100)、1.62(40)、1.61(40)、1.52(30)、1.42(30)、1.13(50)、1.11(50)、1.06(40)。晶体结构如图 2-1-91 所示。

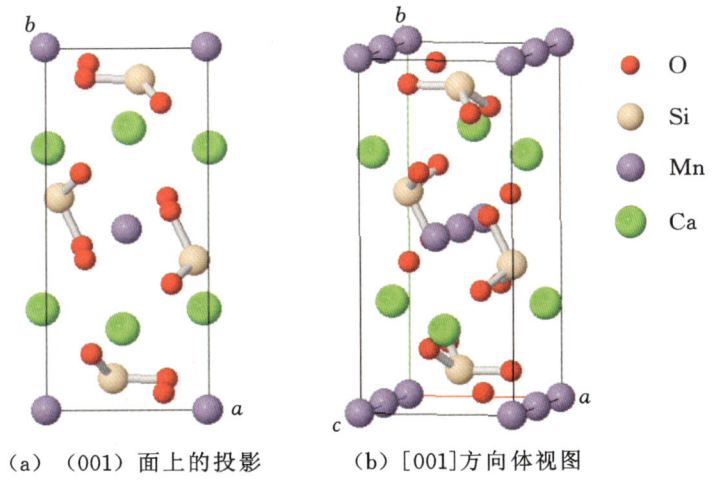

(a) (001)面上的投影　　(b) [001]方向体视图

图 2-1-91　钙锰橄榄石的晶体结构

【产状产地】

钙锰橄榄石产于一些变质成因的岩石中,共生和伴生矿物有氯硅钙铅矿、硅锌矿、石榴石、斧石、锰橄榄石、锌铁尖晶石等。主要产地有美国(新泽西)等。

【主要用途】

钙锰橄榄石在地质学、材料学、化学、晶体学、矿物学方面都有一定应用。

斜硅钙石族

默硅镁钙石(merwinite)	$Ca_3Mg[SiO_4]_2$
斜硅钙石(larnite)	$Ca_2[SiO_4]$
白硅钙石(bredigite)	$Ca_7Mg[SiO_4]_4$

默硅镁钙石

【化学性质】

默硅镁钙石是一种含 Ca、Mg 的[SiO_4]岛状基型硅酸盐类矿物,其晶体化学式为 $Ca_3Mg[SiO_4]_2$。主要成分为 Ca、Mg、Si、O,类质同象替代成分有 Al、Fe、Mn 等。

化学成分中氧化物的质量分数为 CaO 51.18%、MgO 12.26%、SiO_2 36.56%。

【结晶形态】

默硅镁钙石属于单斜晶系,斜方柱晶类,对称型为 $2/m$。晶体形态以自形到半自形出现,呈颗粒状、柱状、薄板状(图 2-1-92),完整的晶体稀少。集合体为致密块状、粒状。常有聚片双晶。

图 2-1-92　默硅镁钙石(美国加利福尼亚)

【物理特征】

默硅镁钙石的颜色呈无色、白色、灰色、浅绿色等。条痕为白色。透明至半透明。玻璃光泽、半玻璃光泽、油脂光泽。色散弱，无多色性。

二轴晶（+）。折射率为 Np=1.706～1.708、Nm=1.711～1.712、Ng=1.718～1.724。双折射率为 0.012～0.016。$2V=65°～74°$（测量）、$62°～82°$（计算）。

{100}解理完全。性脆。断口呈不规则、不平整的贝壳状。摩氏硬度为6，相对密度为3.15～3.32（测量）、3.32（计算）。

【晶体结构】

默硅镁钙石属于单斜晶系，空间群为 $P2_1/b$。晶胞参数为 $a=1.329$ nm、$b=0.531$ nm、$c=0.934$ nm，$\beta=92.13°$，$Z=4$。X射线粉晶衍射数据 $d(Å)(I/I_{max})$ 为 4.700(50)、2.752(40)、2.674(100)、2.652(50)、2.452(80)、2.211(40)、2.031(30)、1.909(30)（图2-1-93）。晶体结构如图2-1-94所示。

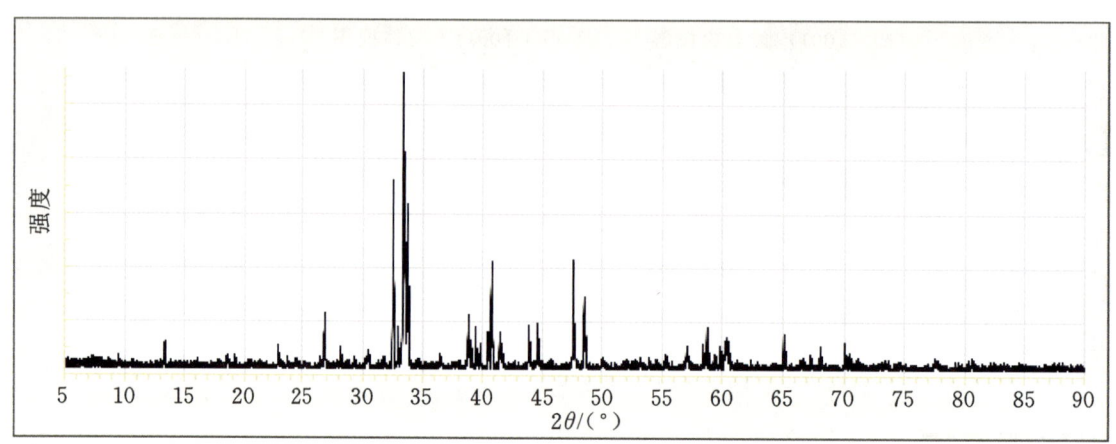

图 2-1-93　默硅镁钙石的 X 射线粉晶衍射图

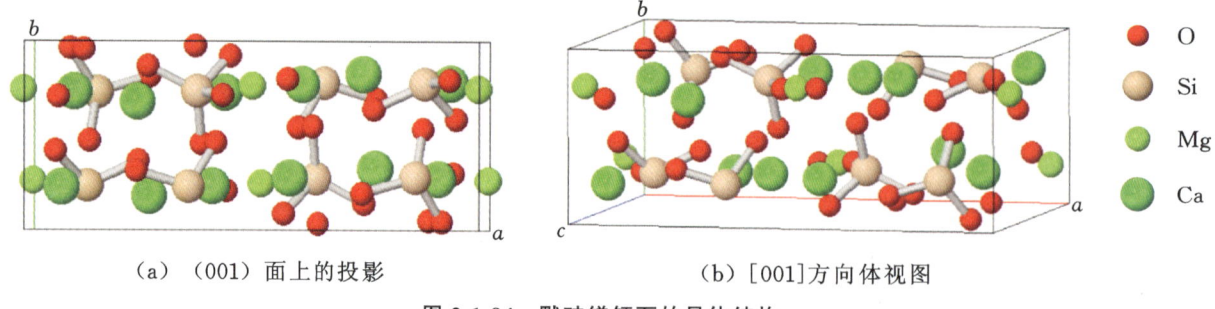

（a）（001）面上的投影　　　　（b）[001]方向体视图

图 2-1-94　默硅镁钙石的晶体结构

【产状产地】

默硅镁钙石产于接触变质带的硅质白云石灰岩中，在相对较高的温度下形成，与灰硅钙石、钙铝黄长石、斜硅钙石、钙镁橄榄石和尖晶石等共生组合。主要产地有美国（加利福尼亚、华盛顿）等。

【主要用途】

默硅镁钙石在地质学、化学、物理学、晶体学、矿物学方面都有一些应用。

斜硅钙石

【化学性质】

斜硅钙石是一种含 Ca 的[SiO₄]岛状基型硅酸盐类矿物，其晶体化学式为 $Ca_2[SiO_4]$。主要成分为 Ca、Si、O,类质同象替代成分有 Mg、Fe、Al、Na、C、P、H_2O。

化学成分中氧化物的质量分数为 CaO 65.12%、SiO_2 34.88%。

【结晶形态】

斜硅钙石属于单斜晶系,斜方柱晶类,对称型为 $2/m$。晶体形态呈粒状、块状、板状等(图 2-1-95)。依(100)形成聚片双晶。

图 2-1-95　斜硅钙石(德国)

【物理特征】

斜硅钙石的颜色呈白色、灰色,薄片中无色。条痕为无色。透明至半透明。玻璃光泽。色散弱,多色性弱。

二轴晶(+)。折射率为 Np=1.707、Nm=1.715、Ng=1.730,双折射率为 0.023。$2V=63°$(测量)、74°(计算)。

{100}解理完全、{010}解理中等。摩氏硬度为 5.5~6。相对密度为 3.28~3.33(实测)、3.33(计算)。

【晶体结构】

斜硅钙石属于单斜晶系,空间群为 $P2_1/n$。晶胞参数:$a=0.552$ nm、$b=0.676$ nm、$c=0.932$ nm,$β=94.52°$,$Z=4$。X 射线粉晶主要衍射数据 d(Å)(I/I_{max})为 2.795(100)、2.780(90)、2.744(95)(图 2-1-96)。晶体结构如图 2-1-97 所示。

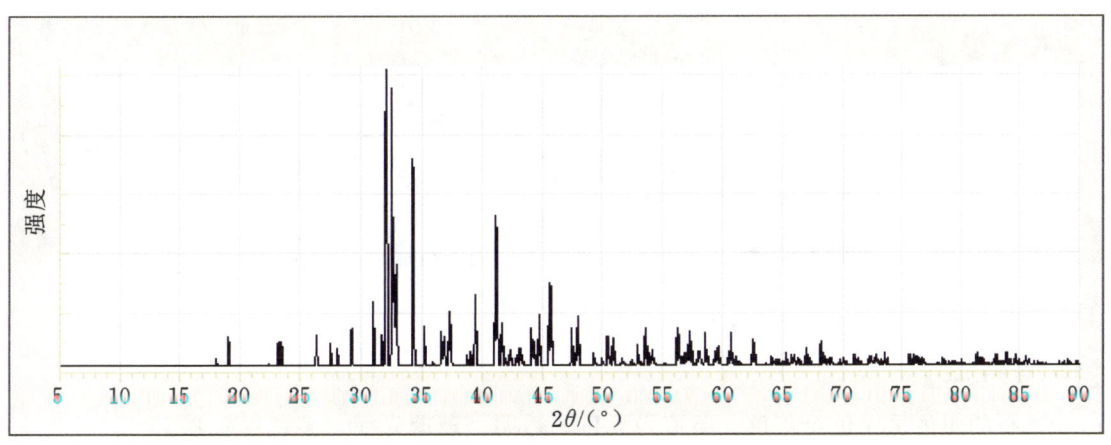

图 2-1-96　斜硅钙石的 X 射线粉晶衍射图

【产状产地】

斜硅钙石产于碱性岩如正长岩、粗玄岩与灰岩的接触带,与白硅钙石、硅灰石、灰硅钙石、钙钛矿、硅镁钙石、方柱石等共生。主要产地有德国、英国等。

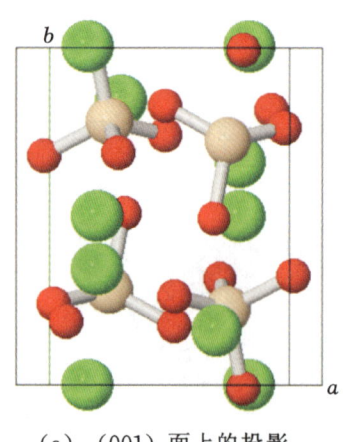
(a)（001）面上的投影

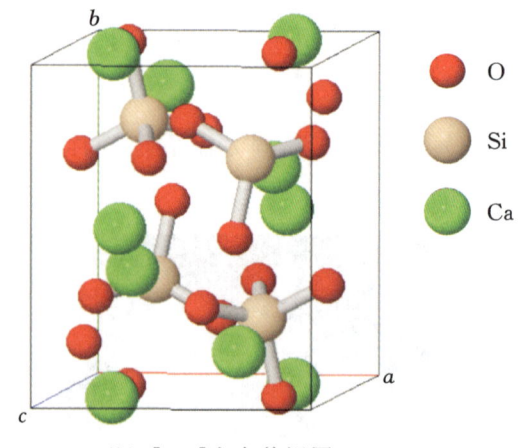
(b)[001]方向体视图

图 2-1-97　斜硅钙石的晶体结构（原子排布位置）

【主要用途】

斜硅钙石在地质学、物理学、化学、晶体学、矿物学等方面都有应用。

白硅钙石

【化学性质】

白硅钙石是一种含 Ca、Mg 以及[SiO_4]岛状基型硅酸盐类矿物，其晶体化学式为 $Ca_7Mg[SiO_4]_4$。主要成分为 Ca、Mg、Si、O，类质同象替代成分有 Ba、Ti、Fe、Mn、F。

化学成分中氧化物的质量分数为 CaO 58.31%、MgO 5.99%、SiO_2 35.70%。

【结晶形态】

白硅钙石属于斜方晶系，斜方双锥晶类，对称型为 mmm。晶体形态呈圆形颗粒（图 2-1-98）。依(110)形成双晶。

图 2-1-98　白硅钙石（德国）

【物理特征】

白硅钙石的颜色呈无色至灰色。条痕为无色。透明。玻璃光泽。多色性较强。

二轴晶（+）。折射率为 Np=1.712、Nm=1.716、Ng=1.725，双折射率为 0.013。$2V=30°$（测量）、68°（计算）。

{130}解理中等。性脆。断口呈不规则、不平整的贝壳状。摩氏硬度 5～5.5，相对密度为 3.42（实测），3.38（计算）。

在 725～1425 ℃之间白硅钙石稳定。

【晶体结构】

白硅钙石属于斜方晶系，空间群为 $Pmnn$。晶胞参数：$a=0.675$ nm，$b=1.841$ nm，$c=1.093$ nm，$Z=16$。X 射线粉晶主要衍射数据 $d(\text{Å})(I/I_{max})$ 为 2.730(100)、2.663(100)、2.259(80)。晶体结构如图 2-1-99 所示。

晶体结构中 Ca 全部为 8 次配位。

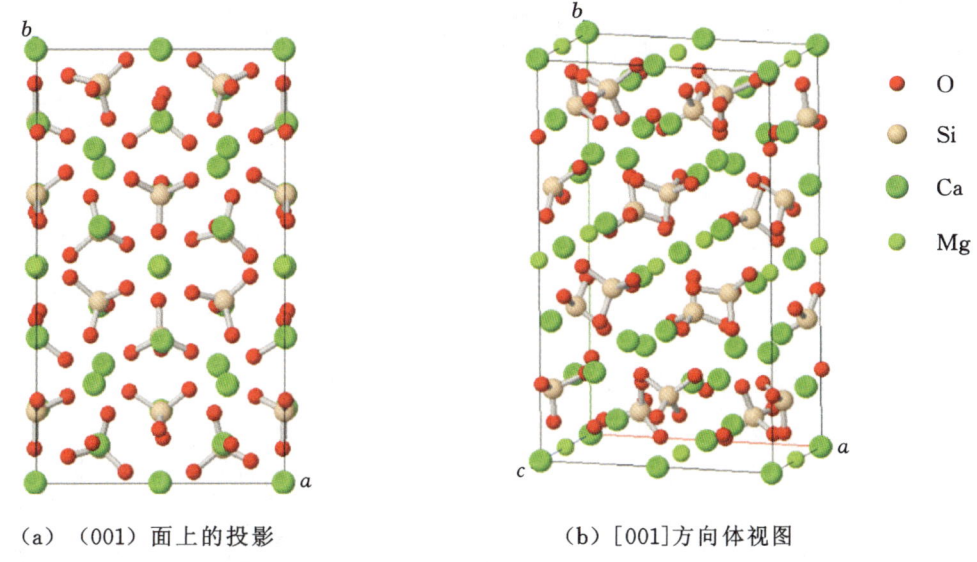

(a) (001)面上的投影　　　　　　(b) [001]方向体视图

图 2-1-99　白硅钙石的晶体结构

【产状产地】

白硅钙石产于正长-二长岩、粗玄岩侵入灰岩的接触带，与斜硅钙石、硅灰石、灰硅钙石、硅镁钙石、方柱石等共生。主要产地有德国、英国等。

【主要用途】

白硅钙石在地质学、物理学、化学、晶体学、矿物学等方面都有重要应用。

硅镁铝石族

硅镁铝石(surinamite)　　　　　　　　　$(Al,Mg,Fe)_3[(BeAlSi_3)O_{16}]$

硅镁铝石

【化学性质】

硅镁铝石是一种含 Al、Mg、Fe，以及岛状基型硅酸盐类矿物，其晶体化学式为 $(Al,Mg,Fe)_3[(BeAlSi_3)O_{16}]$。主要成分为 Al、Mg、Be、Si、O，类质同象替代成分有 Ti、Mn、Fe、Zn、Ca、F、(OH)。

化学成分中氧化物的质量分数为 MgO 16.38%、BeO 4.52%、Al_2O_3 36.83%、FeO 9.73%、SiO_2 32.54%。

【结晶形态】

硅镁铝石属于单斜晶系，斜方柱晶类，对称型为 $2/m$。晶体形态呈颗粒状、短柱状、长柱状(图 2-1-100)。

【物理特征】

硅镁铝石的颜色呈浅蓝色、淡绿色、蓝绿色。条痕为白色。透明。玻璃光泽。色散较弱，多色性弱。

二轴晶(一)。折射率为 $Np=1.738$、$Nm=1.743$、$Ng=1.746$，双折射率为 0.008。$2V=67°\sim68°$

（a）硅镁铝石（英国）　　　　（b）硅镁铝石（南极洲）　　　　（c）硅镁铝石（赞比亚）

图 2-1-100　硅镁铝石

（测量）、74°（计算）。

{010}解理完全。性脆。断口呈不规则、不平整的贝壳状。摩氏硬度为 5～5.5，相对密度为 3.58（测量）、3.59（计算）。

【晶体结构】

硅镁铝石属于单斜晶系，空间群为 $P2_1/n$。晶胞参数：$a=0.991$ nm、$b=1.138$ nm、$c=0.963$ nm，$\beta=109.3°$，$Z=4$。X 射线粉晶主要衍射数据 $d(\text{Å})(I/I_{max})$ 为 7.050(60)、2.910(60)、2.435(100)、1.990(100)、1.432(60)、1.420(80)、1.411(60)、0.816(60)、0.801(60)。晶体结构如图 2-1-101 所示。

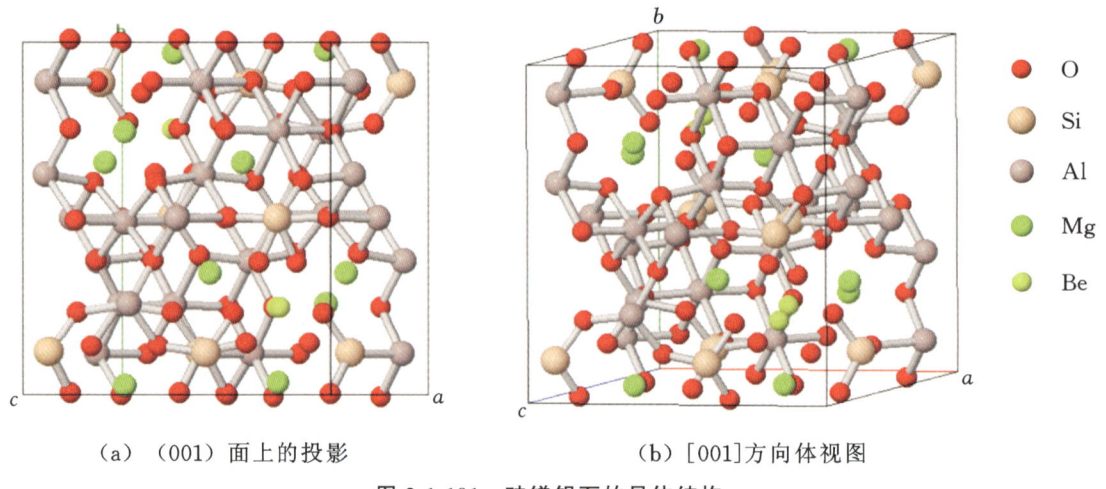

（a）（001）面上的投影　　　　（b）[001]方向体视图

图 2-1-101　硅镁铝石的晶体结构

【产状产地】

硅镁铝石产于糜棱岩、片麻岩中，形成于铝质岩石的麻粒岩相变质过程中，与尖晶石、矽线石、蓝晶石、黑云母等共生组合。主要产地有苏里南、英国、南极洲等。

【主要用途】

硅镁铝石在地质学、物理学、化学、晶体学、矿物学、宝石学等方面都有重要应用。

二、具[SiO_4]和附加阴离子

红柱石族

红柱石（andalusite）　　　　　　　　　　AlAl[SiO_4]O

蓝晶石（kyanite）　　　　　　　　　　　　Al_2[SiO_4]O

红柱石

【化学性质】

红柱石是一种含 Al、O 的[SiO$_4$]岛状基型硅酸盐类矿物,其晶体化学式为 AlAl[SiO$_4$]O。主要成分为 Al、Si、O,类质同象替代成分有 Fe、Mn 等。

化学成分中氧化物的质量分数为 Al$_2$O$_3$ 62.92%、SiO$_2$ 37.08%(理论值);Al$_2$O$_3$ 51.80%、SiO$_2$ 34.48%、MgO 0.06%、Mn$_2$O$_3$ 12.67%、TiO$_2$ 0.02%、Fe$_2$O$_3$ 0.97%(实测值,比利时)。

【结晶形态】

红柱石属于斜方晶系,斜方双锥晶类,对称型为 mmm。晶体呈柱状,横断面多为四方形(图 2-1-102)。集合体呈粒状、放射状。主要单形有斜方柱{110}、{101},平面双面{001}等。

红柱石在生长过程中可俘获部分碳质和黏土矿物,它们在晶体内定向排列,在横断面上呈十字形,这种红柱石称为空晶石。可见穿插双晶。

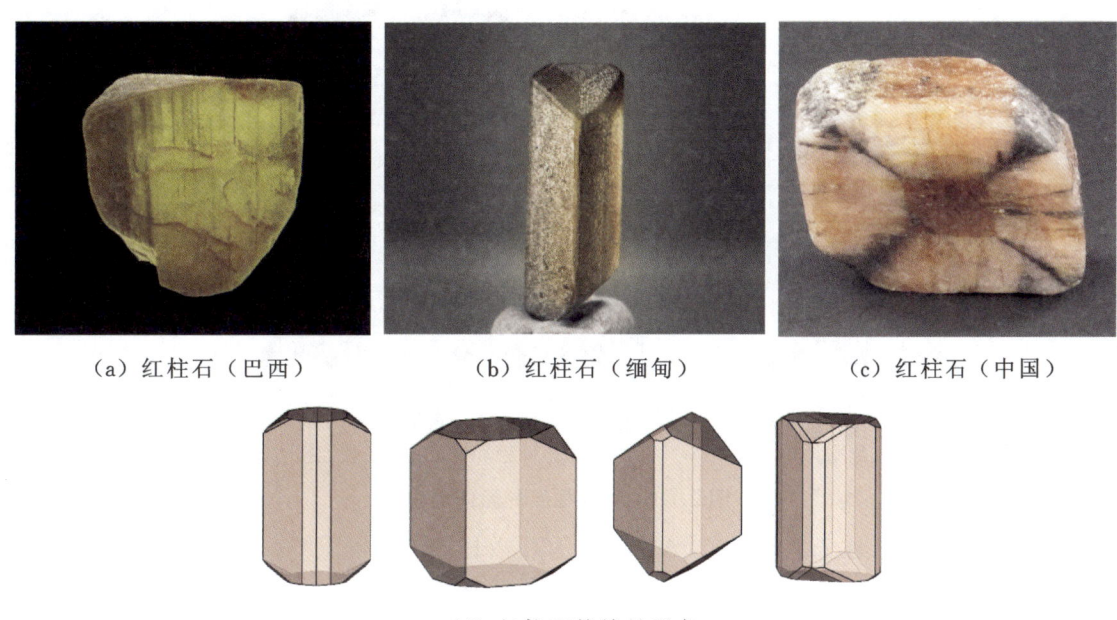

(a)红柱石(巴西)　　(b)红柱石(缅甸)　　(c)红柱石(中国)

(d)红柱石的结晶形态

图 2-1-102　红柱石

【物理特征】

红柱石的颜色为粉红色、玫瑰红色、红褐色、绿色、浅绿色、紫色、灰白色、灰黄色等。条痕为白色。玻璃光泽、半玻璃光泽、油脂光泽。常为透明至半透明,随着夹杂物增多可从透明至几乎不透明。

二轴晶(一)。折射率为 Np=1.629~1.640、Nm=1.633~1.644、Ng=1.638~1.650,双折射率为 0.009~0.010。2V=73°~86°(测量)、80°~84°(计算)。色散强,有较强的三色性。

{110}解理完全,{100}解理中等,{010}解理较差。性脆。断口呈不均匀、不平整的亚贝壳状。摩氏硬度为 6.5~7.5,相对密度为 3.13~3.21(测量)、3.15(计算)。

【晶体结构】

红柱石属斜方晶系,斜方双锥晶类,空间群为 $Pnnm$。晶胞参数:a=0.790 nm、b=0.797 nm、c=0.557 nm,Z=4。X 射线粉晶衍射数据 d(Å)(I/I_{max})为 5.55(100)、4.53(80)、3.93(30)、3.53(30)、2.27(30)、2.18(30)、2.17(40)(图 2-1-103)。

在红柱石的晶体结构中,1/2 的 Al 配位数为 6,组成[AlO$_6$]八面体,它们以共棱方式沿 c 轴连接成链;链与链之间由另外 1/2 的 Al(配位数为 5)组成的[AlO$_5$]三方双锥以及[SiO$_4$]四面体相连接(图 2-1-104)。

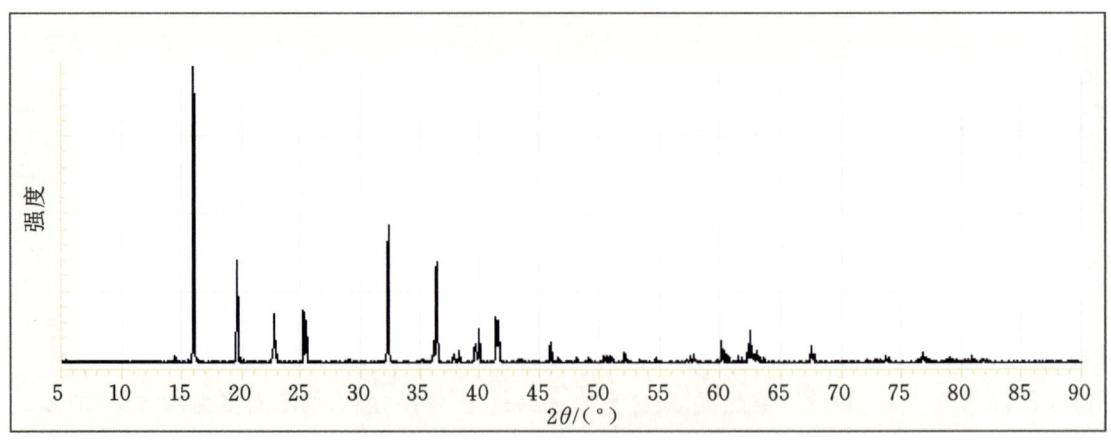

图 2-1-103　红柱石的 X 射线粉晶衍射图

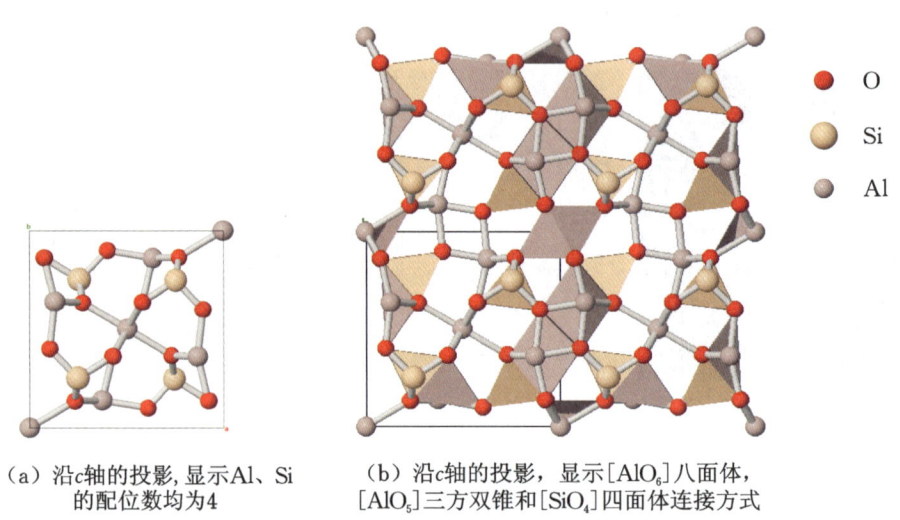

(a) 沿 c 轴的投影,显示 Al、Si 的配位数均为4

(b) 沿 c 轴的投影,显示 [AlO_6] 八面体,[AlO_5] 三方双锥和 [SiO_4] 四面体连接方式

图 2-1-104　红柱石的晶体结构

相同结构矿物：锰红柱石 $(Mn, Al)Al[SiO_4]O$，橄榄铜矿 $Cu_2[AsO_4](OH)$，羟砷锌石 $Zn_2[AsO_4](OH)$，羟砷锰矿 $Mn_2[AsO_4](OH)$，磷铜矿 $Cu_2[PO_4](OH)$。

红柱石与蓝晶石和矽线石属同质多象的 3 种矿物。在较高的温度和压力下,红柱石可转变为矽线石（图 2-1-105）。

【产状产地】

红柱石是一种在低压、低温下形成的常见的变质矿物,与蓝晶石和矽线石是同质多象变体,它们在不同温度压力条件下形成,因此很少在同一岩石中发现。

红柱石常见于泥质岩和侵入体的接触带,是典型的接触热变质矿物,分为片岩型及角岩型两种类型。片岩型红柱石矿石中,红柱石与石榴石、十字石及石英构成斑晶,而基质主要由云母,细砂粒状石英及碳质、泥质、铁质物构成。角岩型红柱石矿石中,红柱石由黑云母石英闪长岩经热液作用变质而成,红柱石与绿泥石、云母、碳质组成斑晶,而基质由石英、白云母、绢云母、黑云母、斜长石组成,呈泥质岩屑集合体。

共生矿物有石英、长石、石榴石、刚玉、云母、褐铁矿、金红石、电气石、锆石、磷灰石、褐铁矿、黄铁矿等。

主要产地有西班牙、葡萄牙、法国、南非、巴西、韩国、俄罗斯、美国、中国等。在中国这类矿物资源十分丰富,辽宁、吉林、青海、甘肃、陕西、山东、河南、新疆、福建、湖北、四川、北京等地都有发现。

【主要用途】

加热至 1300 ℃,红柱石变为莫来石,是高级耐火材料,用途与蓝晶石相同。空晶石常被制成小饰

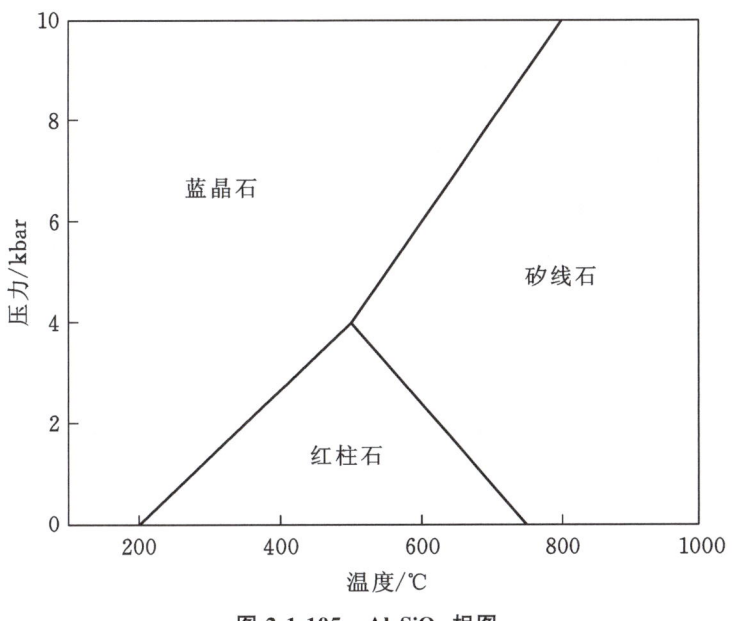

图 2-1-105　Al_2SiO_5 相图

物,质量好的透明红柱石晶体还被当作宝石。红柱石在地质学、物理学、化学、材料学、晶体学、矿物学、宝石学方面都有重要应用。

蓝晶石

【化学性质】

蓝晶石是一种含 Al、O 的[SiO_4]岛状基型硅酸盐类矿物,其晶体化学式为 $Al_2[SiO_4]O$。主要成分为 Al、Si、O,类质同象替代成分有 Cr、Fe、Ca、Mg、Mn、Ti 等。

化学成分中氧化物的质量分数为 Al_2O_3 62.92%、SiO_2 37.08%。

【结晶形态】

蓝晶石属三斜晶系,单面晶类,对称型为 1。单晶体常呈柱状、纤维状、叶片状、扁平板条状晶形(图 2-1-106)。晶面上有平行条纹。集合体呈针状、纤维状、放射状。主要单形有{010}、{110}、{100}、{001}。常见{100}双晶。

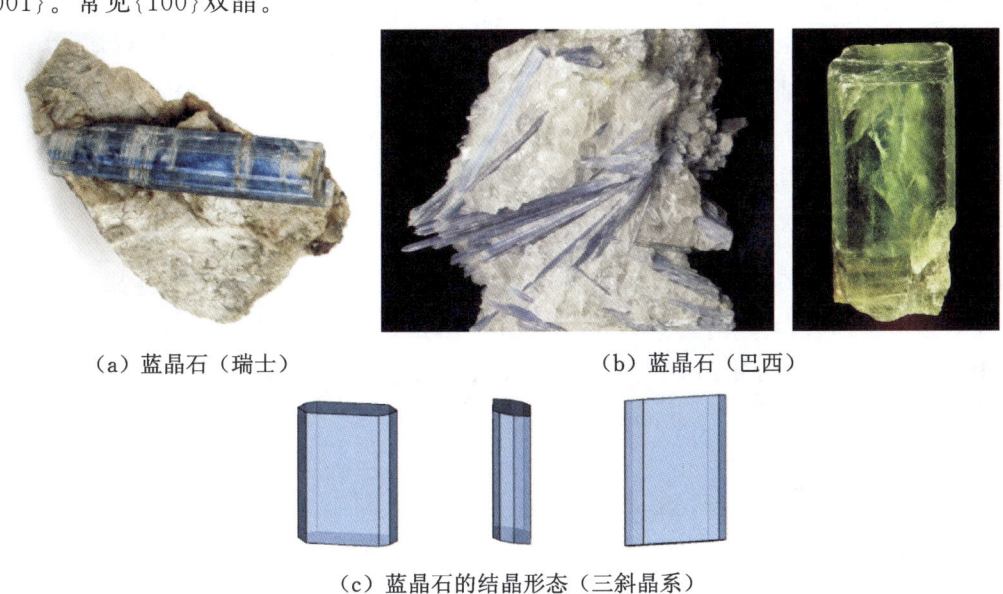

（a）蓝晶石（瑞士）　　　（b）蓝晶石（巴西）

（c）蓝晶石的结晶形态（三斜晶系）

图 2-1-106　蓝晶石

【物理特征】

蓝晶石的颜色呈浅至深蓝色、绿色、黄色、灰色、褐色、粉红色、橙色、黑色、白色、无色等。条痕为白色。玻璃光泽、半玻璃光泽、珍珠光泽。透明至半透明。多色性(三色性)、无色,淡蓝色,蓝色。

二轴(一)。折射率为 Np=1.712~1.718、Nm=1.720~1.725、Ng=1.727~1.734。双折射率为 0.015~0.016。$2V=82$(测量)°、84°(计算)。

{100}解理完全、{010}解理中等,两组解理夹角为 79°。{001}有裂开。性脆。断口呈不均匀、不平整的贝壳状。摩氏硬度随方向不同而有明显的不同,平行 c 轴方向为 4.5~5.5,垂直 c 轴为 6.5~7,相对密度为 3.53~3.65(测量)、3.67(计算)。

【晶体结构】

蓝晶石属三斜晶系,空间群为 $P\bar{1}$。晶胞参数:$a=0.712$ nm、$b=0.785$ nm、$c=0.558$ nm,$\alpha=89.86°$,$\beta=101.13°$,$\gamma=106.03°$,$Z=4$。X 射线粉晶衍射数据 d(Å)(I/I_{max})为 4.300(25)、3.770(20)、3.350(65)、3.180(100)、2.947(20)、2.699(25)、2.694(25)、2.520(30)、2.509(20)、2.355(30)、2.350(30)、2.163(20)、1.962(55)、1.935(50)、1.930(50)、1.593(20)(图 2-1-107)。

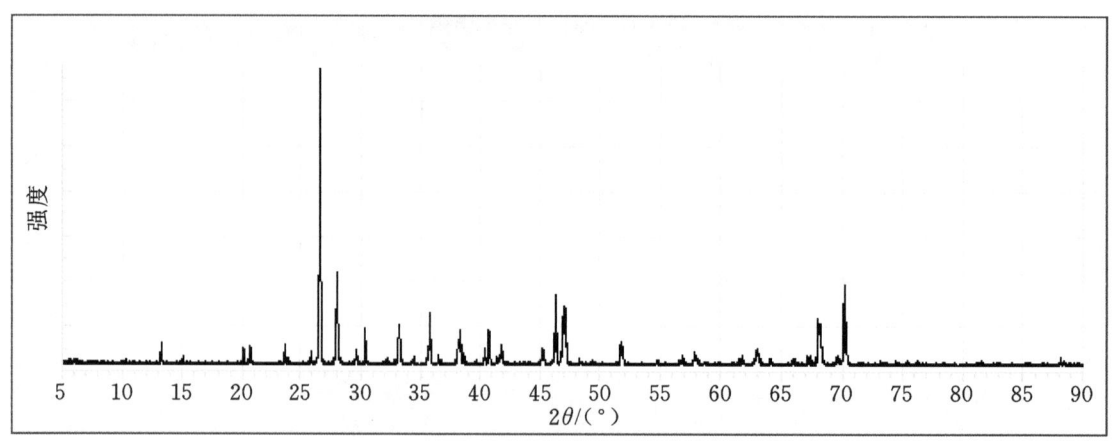

图 2-1-107　蓝晶石的 X 射线粉晶衍射图

蓝晶石的晶体结构(图 2-1-108)可视 O^{2-} 作近似立方最紧密堆积,O 的密堆积面平行于(110)。Al 充填 2/5 的八面体空隙,Si 充填 1/10 的四面体空隙。[AlO_6]八面体以共棱的方式连接成链平行 c 轴,链间共角顶并以与 3 个八面体共棱的方式连接成层平行(100),其层间以[SiO_4]四面体与[AlO_6]八面体相连接。不同于蓝晶石的同质多象变体(红柱石和矽线石),蓝晶石中的 Al 都是六次配位的。

蓝晶石成分为 $Al_2[SiO_4]O$,它与红柱石、矽线石呈同质多象。

【产状产地】

蓝晶石是典型区域变质矿物之一,多由泥质岩变质而成,形成于中级变质作用压力较高的条件下。与蓝晶石密切相关的岩石有:①黑云石榴蓝晶石片麻岩,主要共生矿物有蓝晶石、黑云母、斜长石、石英、绢云母、石榴石、十字石等;②蓝晶石绿泥片岩,主要共生矿物为蓝晶石、绿泥石、斜长石、黑云母、白云母、石英、石墨等;③黄玉蓝晶石石英片岩,主要共生矿物为蓝晶石、黄玉、石英、白云母、金红石、黄铁矿等。

主要产地有瑞士、奥地利、英国、法国、意大利、巴西、澳大利亚、坦桑尼亚、加拿大、美国(加利福尼亚、佐治亚、北卡罗来纳等)、印度、中国(江苏、河北、内蒙古、新疆、安徽、辽宁、四川、吉林、陕西等)等。

【主要用途】

蓝晶石煅烧会转变为莫来石和熔融游离方石英,而莫来石在 1800 ℃高温下仍很稳定,有好的化

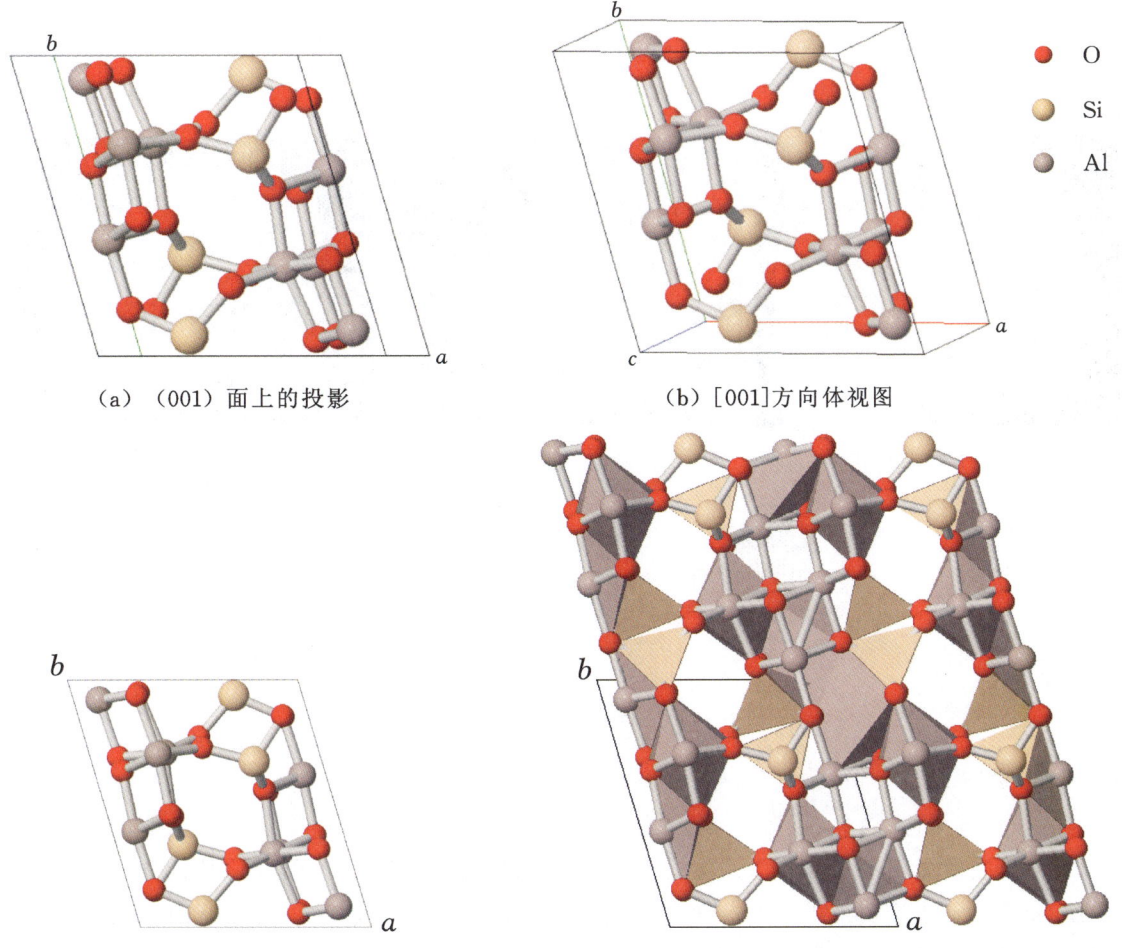

(a) (001)面上的投影
(b) [001]方向体视图
(c) Al为六次配位，Si为四次配位
(d) [AlO$_6$]八面体链沿c轴方向延伸，并由[SiO$_4$]四面体连接

图 2-1-108　蓝晶石的晶体结构

学惰性和良好的机械强度。美丽透明的蓝晶石晶体可作宝石，常用作宝石戒面、手链、项链等。蓝晶石在地质学、材料学、物理学、化学、晶体学、矿物学、宝石学方面都有重要应用。

黄玉族

黄玉（topaz）　　　　　　Al$_2$[SiO$_4$](F,OH)$_2$
蓝柱石（euclase）　　　　BeAl[SiO$_4$](OH)

黄 玉

【化学性质】

黄玉是一种含 Al、F 的[SiO$_4$]岛状基型硅酸盐类矿物，其晶体化学式为 Al$_2$[SiO$_4$](F,OH)$_2$。主要成分为 Al、Si、O、F，类质同象替代成分有 Cl、Fe、Mn、Mg、OH$^-$ 等。

化学成分中元素（氧化物）的质量分数为 SiO$_2$ 33.40%、Al$_2$O$_3$ 56.60%、H$_2$O 10.00%（理论值），SiO$_2$ 32.97%、Al$_2$O$_3$ 51.95%、H$_2$O 3.61%、F 11.47%（实测值）。

OH 可以替代 F，含量可达 20.65%。伟晶岩型的黄玉中 F 含量接近理论值，云英岩型的黄玉中 OH 含量增大至 5%～7%，热液型的黄玉中 F 与 OH 的含量相近，成分中 F 和 OH 的比值变化不定。以 F 为主的被称为 F 型黄玉，OH 含量较多的被称为 OH 型黄玉。

【结晶形态】

黄玉属斜方晶系,斜方双锥晶类,对称型为 mmm。常呈斜方柱状、粒状(图 2-1-109),集合体呈不规则块状。柱面常有纵纹。常见单形有斜方柱、斜方双锥、平行双面等。

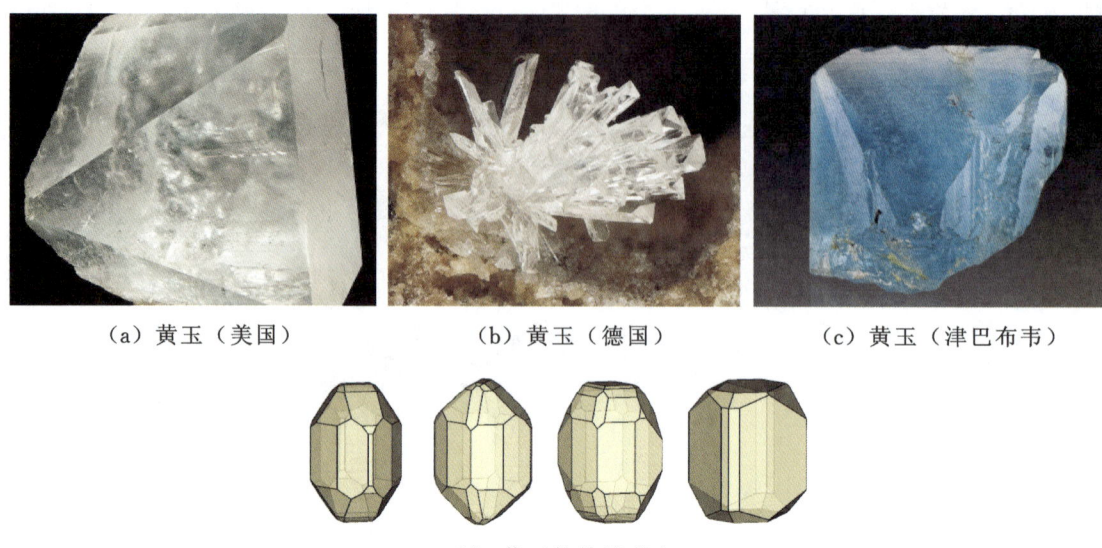

(a) 黄玉(美国)　　(b) 黄玉(德国)　　(c) 黄玉(津巴布韦)

(d) 黄玉的结晶形态

图 2-1-109

【物理特征】

黄玉的颜色呈无色、白色、天蓝色、淡黄色、深黄色、淡绿色、粉红色、褐色等。条痕为白色。晶体结构中 Al^{3+} 可被微量 Fe^{3+}、Cr^{3+}、Ti^{4+}、Fe^{2+}、Mg^{2+} 等色素离子替代,也因异价替代导致结构缺陷而产生色心。玻璃光泽,透明至半透明。色散弱,多色性较弱,为黄色,黄色、紫色、红色、紫色、蓝色、黄色、粉红色。各种颜色的黄玉显示不同的荧光,多呈金黄色、奶油色。

二轴晶(+)。折射率为 $Np=1.606\sim1.629$、$Nm=1.609\sim1.631$、$Ng=1.616\sim1.638$,双折射率为 $0.009\sim0.010$。折射率变化与 F 和 OH 的比值有关,又与替代 Al^{3+} 的色素离子有关。含 F 高者折射率低而密度高。$2V=48°\sim68°$(测量)、$58°\sim68°$(计算)。

{001}完全解理。性脆。断口呈不平整、不规则的阶梯状、贝壳状。摩氏硬度为 8,相对密度为 3.40~3.60。密度会随晶体中含 F 量增加而升高,随晶体中 OH 增加而减小。

【晶体结构】

黄玉空间群为 $Pbnm$。晶体属斜方晶系或三斜晶系取决于矿物中 F 和 OH 的比值。晶胞参数:$a=0.465$ nm、$b=0.880$ nm、$c=0.839$ nm,$Z=4$。X 射线粉晶衍射数据 d(Å)(I/I_{max})为 3.693(60)、3.195(66)、3.037(37)、2.937(100)、2.361(45)、2.105(44)、1.671(27)(图 2-1-110)。

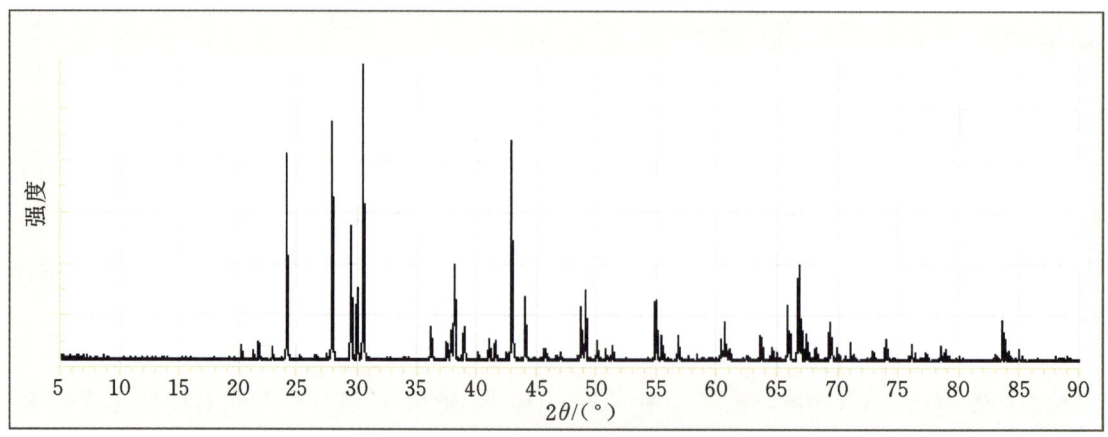

图 2-1-110　黄玉的 X 射线粉晶衍射图

黄玉晶体结构(图 2-1-111、图 2-1-112)中存在着由成对的[AlO_4F_2]八面体连接成的弯曲链,链体沿 c 轴延伸,链与链之间由[SiO_4]四面体连接。与[AlO_4F_2]八面体配位的 2 个 F,只与 2 个 Al 相连接,位于 2 个八面体的平行于(001)的共用棱上。F 常常被部分 OH 所代替。从密堆积的角度,可视为 F 和 O 一起作四层式最紧密堆积,Al 占据八面体空隙,Si 占据四面体空隙。

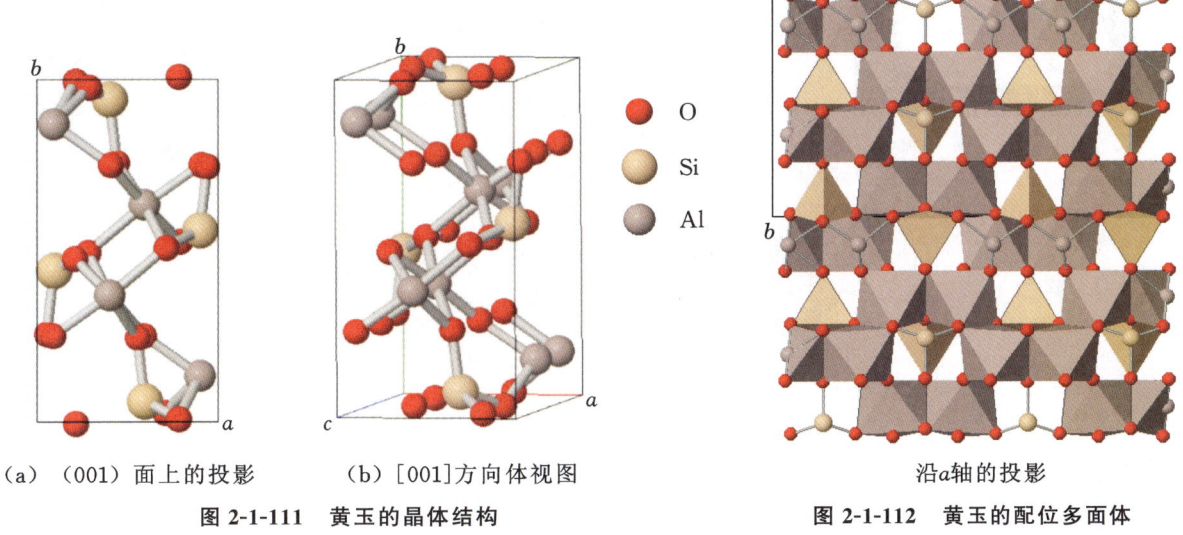

(a) (001)面上的投影　　(b) [001]方向体视图

图 2-1-111　黄玉的晶体结构

沿 a 轴的投影

图 2-1-112　黄玉的配位多面体

晶体结构系中 O、F、OH 共同作 ABCB 的 4 层最紧密堆积,堆积层∥(010)。Al 占据[$AlO_4(F,OH)_2$]八面体空隙,八面体与[SiO_4]四面体相连接。

【产状产地】

黄玉是含氟铝硅酸盐,是一种典型的气成热液矿物,产于花岗伟晶岩、酸性火山岩的晶洞、云英岩和高温热液钨锡石英脉中。与锡矿石伴生在一起,可以作为寻找锡矿床的矿物标志;与绿柱石、独居石、石英、白云母、长石、黑钨矿、绿柱石等矿物共生。

主要产地有巴西、墨西哥、日本、缅甸、巴基斯坦、斯里兰卡、阿富汗、津巴布韦、澳大利亚、英国、捷克、德国、挪威、意大利、瑞典、俄罗斯、美国、中国等。

【主要用途】

黄玉可作为研磨材料,也可作仪表轴承。透明且漂亮的黄玉属于名贵的宝石,雪莉黄玉、粉红黄玉、深黄色黄玉最为珍贵,其次是蓝色、绿色和红色。在地质学、材料学、物理学、化学、晶体学、矿物学、宝石学方面都有重要应用。

蓝柱石

【化学性质】

蓝柱石是一种含 Be、Al、(OH)的[SiO_4]岛状基型硅酸盐类矿物,其晶体化学式为 $BeAl[SiO_4]$(OH)。主要成分为 Be、Al、Si、H、O,类质同象替代成分有 Zn、Ca、Mg、Fe、Na、F 等。

化学成分中氧化物的质量分数为 BeO 17.24%、Al_2O_3 35.14%、SiO_2 41.41%、H_2O 6.21%。

【结晶形态】

蓝柱石属于单斜晶系,斜方柱晶类,对称型为 $2/m$。晶体形态呈柱状,具有多个晶面(图 2-1-113)。集合体呈块状、柱状、纤维状、细粒状。

【物理特征】

蓝柱石的颜色呈无色、白色、浅绿色、浅蓝色、绿蓝色、深蓝色、黄色、黄绿色、深黄绿色等。条痕为白色。透明至半透明。玻璃光泽。色散弱。多色性强:蓝灰色、浅蓝色或灰绿色、绿色。

（a）蓝柱石（澳大利亚）　　（b）蓝柱石（哥伦比亚）　　（c）蓝柱石（德国）

 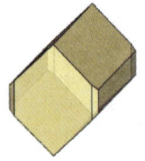 

（d）蓝柱石的晶体形态

图 2-1-113　蓝柱石

二轴晶（+）。折射率为 Np=1.652、Nm=1.655、Ng=1.671，双折射率为 0.019。$2V=50°$（测量）、48°（计算）。

{010}解理完全，{110}、{001}解理不完全。性脆。断口呈不平整、不规则的贝壳状。摩氏硬度为 7.5，相对密度为 2.99～3.10（测量）、3.115（计算）。

【晶体结构】

蓝柱石属于单斜晶系，空间群为 $P2_1/b$。晶胞参数：$a=0.476$ nm、$b=1.429$ nm、$c=0.462$ nm，$\beta=100.25°$，$Z=4$。X 射线粉晶衍射数据 d（Å）（I/I_{max}）为 7.150（100）、3.836（35）、3.219（50）（图 2-1-114）。

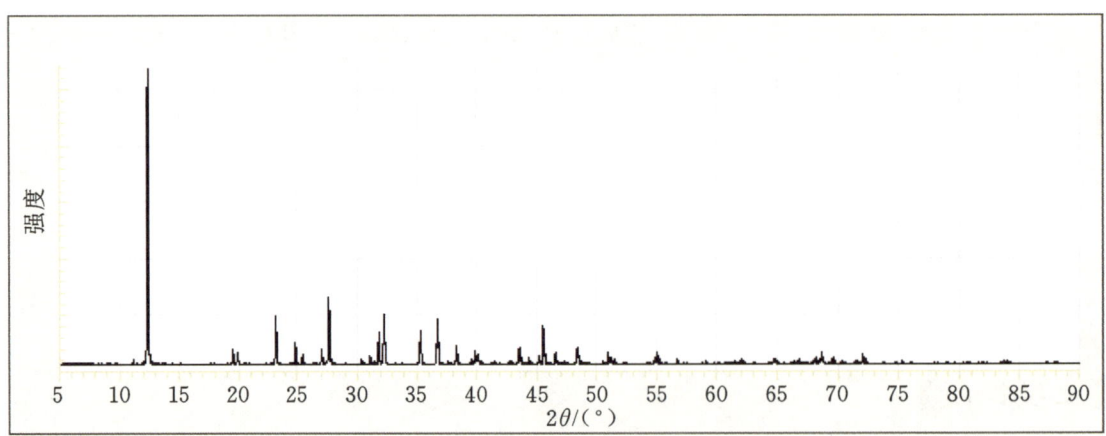

图 2-1-114　蓝柱石的 X 射线粉晶衍射图

蓝柱石的晶体结构（图 2-1-115）中[AlO_6]八面体以共棱方式联结而成的链与[BeO_4]四面体以共角顶联结而成的链平行，而且与 c 轴平行，链间存在独立的[SiO_4]四面体。

【产状产地】

蓝柱石产于岩浆岩、伟晶岩以及冲积形成的沉积岩，共生伴生的矿物有黄玉、绿柱石等。主要产地有坦桑尼亚、哥伦比亚、巴西、德国、中国、俄罗斯等。

【主要用途】

蓝柱石常用于提取金属铍。品质好的蓝柱石可作宝石，可见红色、蓝色板状包体及环带。在地质

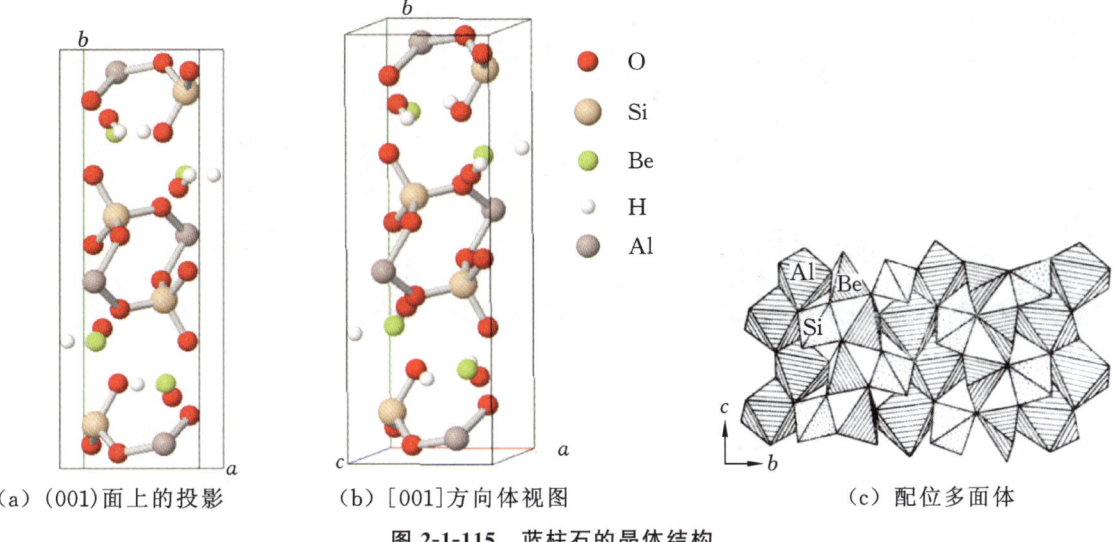

(a) (001)面上的投影　　(b) [001]方向体视图　　(c) 配位多面体

图 2-1-115　蓝柱石的晶体结构

学、材料学、物理学、化学、晶体学、矿物学、宝石学方面都有重要应用。

十字石族

十字石（staurolite）　　　　　　　　　$Fe_2^{2+}Al_9[SiO_4]_4O_7(OH)$

紫硅铝镁石（yoderite）　　　　　　　　$Mg_2Al_6[SiO_4]_4O_2(OH)_2$

十字石

【化学性质】

十字石是一种含 Fe、Al、O、(OH)的[SiO_4]岛状基型硅酸盐类矿物，其晶体化学式为 $Fe_2^{2+}Al_9[SiO_4]_4O_7(OH)$。主要成分为 Fe、Al、Si、O、H，类质同象替代成分有 Ti、Cr、Co、Ni、Mn、Zn、Li、H_2O。

化学成分中氧化物的质量分数为 Li_2O 0.18%、MgO 0.59%、Al_2O_3 55.43%、FeO 12.39%、SiO_2 28.86%、H_2O 2.55%。

【结晶形态】

十字石属单斜晶系，斜方柱晶类，对称型为 $2/m$。是复杂的岛状结构硅酸盐，短柱状，横断面为菱形，常形成奇特的十字外形，有时也呈粒状产出（图 2-1-116）。贯穿双晶常见，常沿{231}生成双晶，有时沿{031}呈十字形双晶。主要单形有{010}、{201}、{110}、{001}。

【物理特征】

十字石的颜色呈暗红色、棕色、黑棕色、黄棕色、淡黄色、浅黄色，蓝色少见。条痕为白色至浅灰色。透明至不透明。半玻璃光泽、油脂光泽。色散弱，多色性较弱，为无色，淡黄色，金黄色。

二轴晶(+)。折射率为 Np=1.736～1.747、Nm=1.740～1.754、Ng=1.745～1.762，双折射率为 0.009～0.015。2V=88°（测量）、84°～88°（计算）。多色性可见，色散弱。紫外线下荧光惰性。

{010}解理中等。性脆。断口呈不均匀、不平整的次贝壳状。摩氏硬度为 7～7.5，相对密度为 3.74～3.83（测量）、3.686（计算）。

【晶体结构】

十字石属单斜晶系（呈假斜方晶系），空间群为 $C2/m$。晶胞参数：$a=0.787$ nm、$b=1.662$ nm、$c=0.566$ nm，$\beta=90.45°$，$Z=2$。X 射线粉晶主要衍射数据 d(Å)(I/I_{max})为 3.012(100)、2.693(100)、2.372(80)等（图 2-1-117）。

（a）十字石（美国北卡罗莱纳）　　（b）十字石（俄罗斯）　　（c）十字石（马达加斯加）

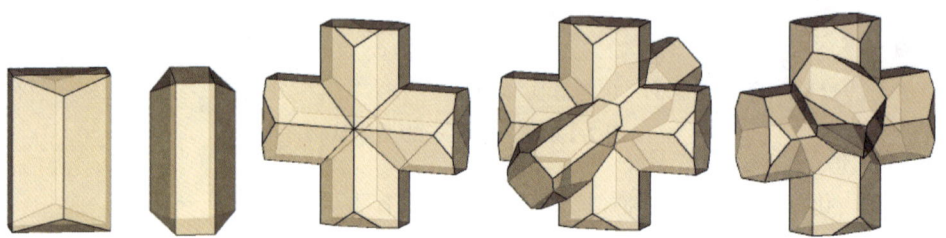

（d）十字石的结晶形态及双晶

图 2-1-116　十字石

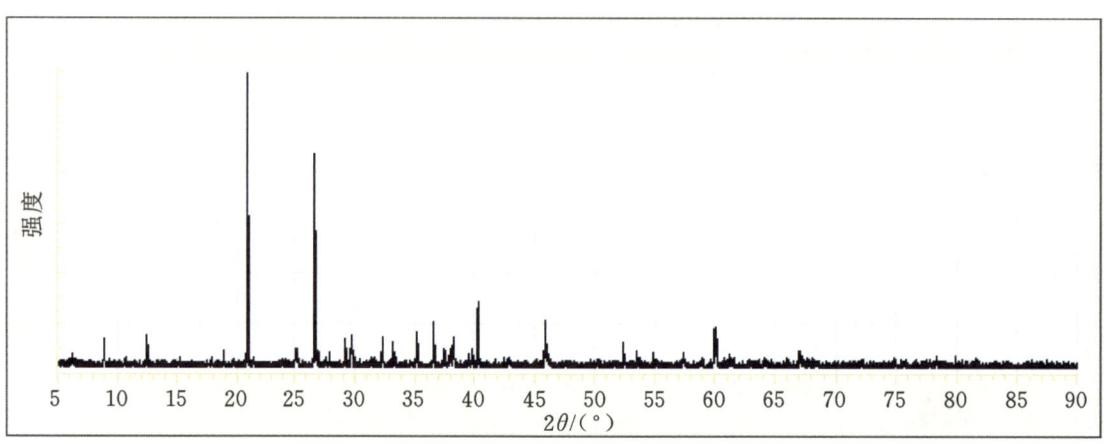

图 2-1-117　十字石的 X 射线粉晶衍射图

十字石的晶体结构（图 2-1-118）可以看作是平行（010）面蓝晶石结构层，与氢氧化铁层交互叠置成。蓝晶石的（100）面与十字石的（010）面，成规则连生。从密堆积的角度，也可看作 O 和 OH 一起作立方最紧密堆积，Al 占据八面体空隙，Fe 和 Si 占据四面体空隙。H 位于单胞中心和 4 条棱的中心。

【产状产地】

十字石是富铁、铝质的泥质岩石在较高温条件下，经区域变质作用以及接触变质作用的产物，常见于云母片岩、千枚岩、片麻岩中，是中等程度区域变质作用的标型矿物。主要产地有巴西、瑞士、挪威、美国（佐治亚）等。

【主要用途】

十字石在地质学、物理学、化学、晶体学、矿物学、宝石学方面都有重要应用，还可用于矿物研究与晶体收藏。罕见的透明十字石可当作宝石。因为它的形状特殊，常用于制作装饰品。

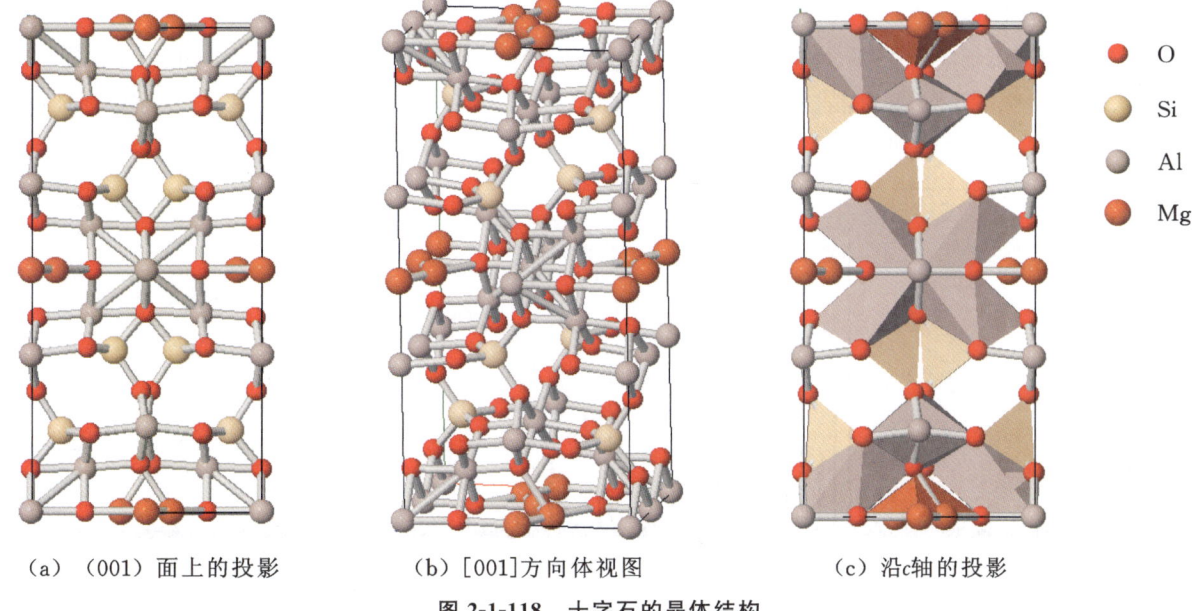

（a）(001)面上的投影　　　（b）[001]方向体视图　　　（c）沿c轴的投影

图 2-1-118　十字石的晶体结构

紫硅铝镁石

【化学性质】

紫硅铝镁石是一种含 Mg、Al、(OH)、O 的 [SiO$_4$] 岛状基型硅酸盐类矿物，其晶体化学式为 Mg$_2$Al$_6$[SiO$_4$]$_4$O$_2$(OH)$_2$。主要成分为 Mg、Al、Si、O、H，类质同象替代成分有 Fe、Ti、Mn、P、H$_2$O。

化学成分中氧化物的质量分数为 MgO 12.28%、Mn$_2$O$_3$ 1.20%、Al$_2$O$_3$ 43.51%、Fe$_2$O$_3$ 3.65%、SiO$_2$ 36.62%、H$_2$O 2.74%。

【结晶形态】

紫硅铝镁石属于单斜晶系，斜方柱晶类，对称型为 $2/m$。晶体形态多为他形粒状，颗粒状、板条状、板状等（图 2-1-119）。

图 2-1-119　紫硅铝镁石（坦桑尼亚）

【物理特征】

紫硅铝镁石的颜色呈黑紫色、紫红色、深蓝色、翠绿色、黄色、绿色（罕见）等。条痕为白色。透明。玻璃光泽、丝绢光泽。色散弱至中等。多色性强，为深普鲁士蓝色或绿色，靛蓝色或浅黄色，浅橄榄绿色或黄色。

二轴晶（+）。折射率为 Np=1.689～1.691，Nm=1.691～1.693，Ng=1.712～1.715，双折射率为 0.023～0.024。2V=25°～30°（测量）、34°～36°（计算）。

{001}解理较好、{100}解理中等。性脆。断口呈不均匀、不平整的贝壳状。摩氏硬度为 6，相对密度为 3.39（测量）、3.33（计算）。

【晶体结构】

紫硅铝镁石属于单斜晶系，空间群为 $P2_1/m$。晶胞参数：$a=0.801$ nm、$b=0.581$ nm、$c=0.724$ nm，$\beta=104.77°$，$Z=2$。X 射线粉晶主要衍射数据 d（Å）（I/I_{max}）为 3.50（100）、3.03（80）、2.61（60）（图 2-1-120）。晶体结构如图 2-1-121 所示。

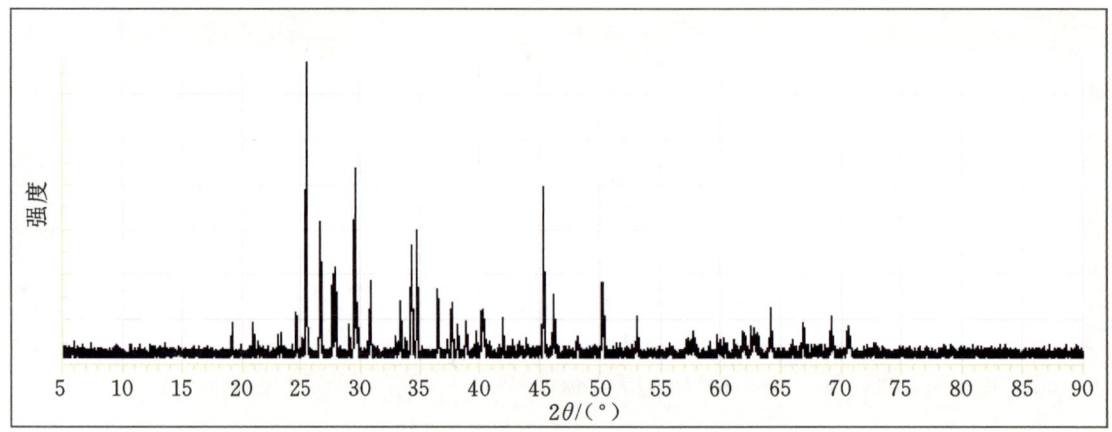

图 2-1-120　紫硅铝镁石的 X 射线粉晶主要衍射图

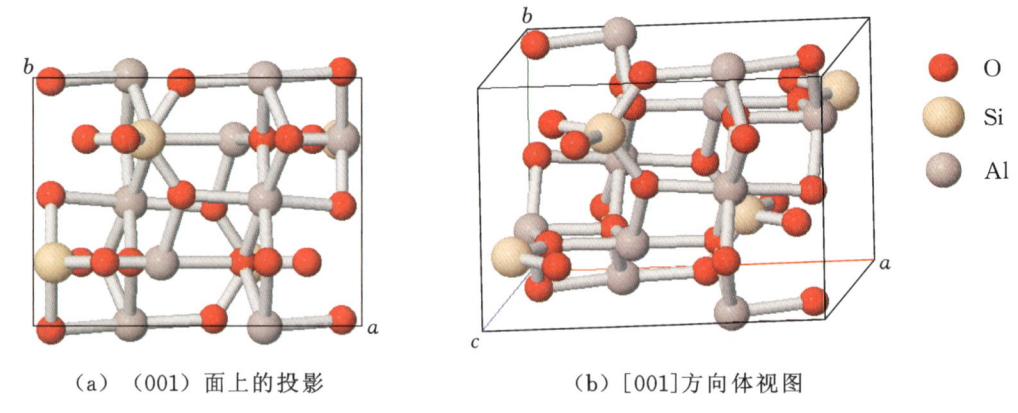

（a）（001）面上的投影　　　　（b）[001]方向体视图

图 2-1-121　紫硅铝镁石的晶体结构

【产状产地】

紫硅铝镁石产于石英蓝晶石滑石片岩中，主要产地有坦桑尼亚等。

【主要用途】

紫硅铝镁石在地质学、化学、晶体学、矿物学方面都有一定应用。

羟硅铝钙石族

羟硅铝钙石（vuagnatite）　　　　　　　　　　$CaAl[SiO_4](OH)$

羟硅铝钙石

【化学性质】

羟硅铝钙石是一种含 Ca、Al、（OH）的[SiO_4]岛状基型硅酸盐类矿物，其晶体化学式为 $CaAl[SiO_4](OH)$。主要成分为 Ca、Al、Si、H、O，类质同象替代成分有 H_2O。

化学成分中氧化物的质量分数为 CaO 31.84%、Al_2O_3 28.94%、SiO_2 34.11%、H_2O 5.11%。

【结晶形态】

羟硅铝钙石属于斜方晶系，斜方四面体晶类，对称型为222。晶体形态呈柱状、粒状，沿 c 轴延伸的柱状晶体（图 2-1-122）。主要单形有{110}、{001}、{100}、{010}。

（a）羟硅铝钙石
（美国加利福尼亚）

（b）羟硅铝钙石
（美国加利福尼亚）

（c）羟硅铝钙石
（美国加利福尼亚）

（d）羟硅铝钙石的结晶形态

图 2-1-122　羟硅铝钙石

【物理特征】

羟硅铝钙石的颜色呈无色、白色、浅蓝色、棕褐色、浅粉红色。条痕为白色。透明至半透明。玻璃光泽。色散弱。多色性弱。

二轴晶（－）。折射率为 Np＝1.700、Nm＝1.725、Ng＝1.730，双折射率为 0.03。2V＝48°（测量）、46°（计算）。

解理不清。性脆。断口呈不平整、不均匀的贝壳状。摩氏硬度为6，相对密度为 3.20～3.25（测量）、3.42（计算）。

【晶体结构】

羟硅铝钙石属于斜方晶系，空间群为 $P2_12_12_1$。晶胞参数：a＝0.706 nm、b＝0.854 nm、c＝0.568 nm，Z＝4。X 射线粉晶衍射数据 $d(\text{Å})(I/I_{max})$ 为 2.993(100)、2.635(70)、2.517(60)、2.391(60)、2.453(50)（图 2-1-123），羟硅铝钙石晶体结构见图 2-1-124。

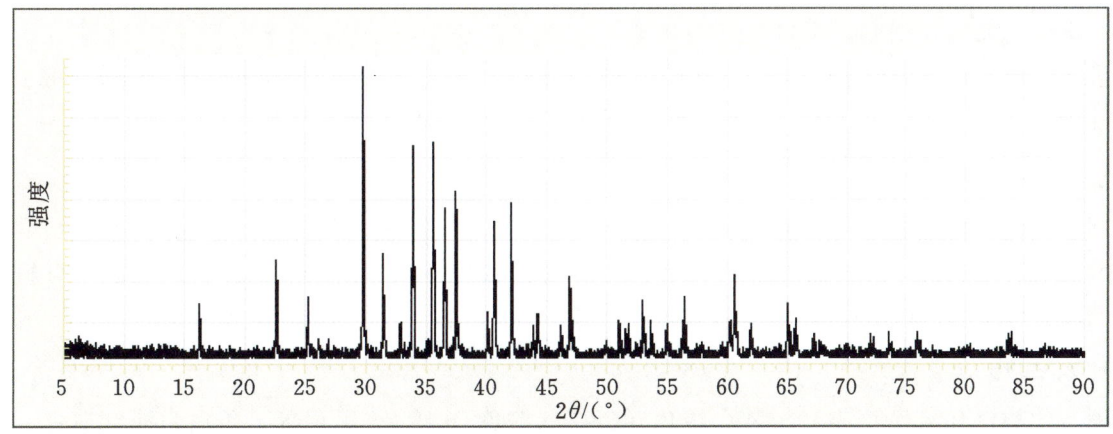

图 2-1-123　羟硅铝钙石的 X 射线粉晶衍射图

$AlO_4(OH)_2$ 八面体共棱成链，平行于 c 轴延伸，链间[SiO_4]四面体共角顶相连，空隙为 Ca 所占据，其配位数为 8。

【产状产地】

羟硅铝钙石产于钙榴岩岩墙中，与葡萄石、水钙铝榴石、符山石和绿泥石组合共生。主要产地有瑞士、土耳其、美国（加利福尼亚）等。

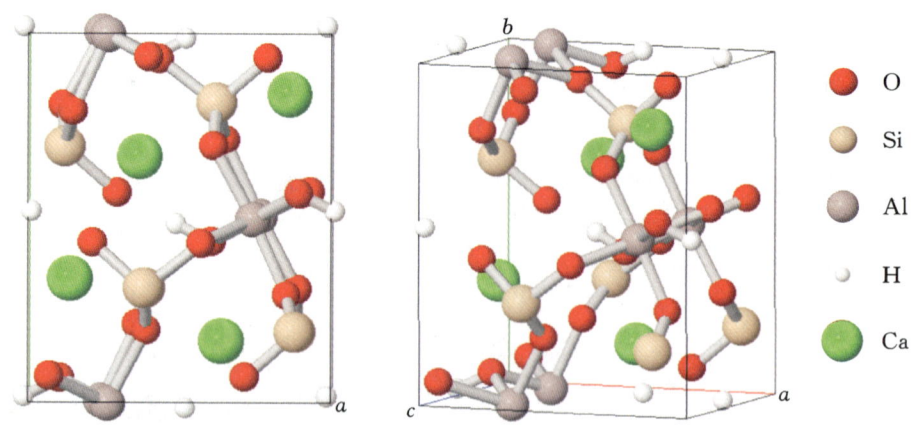

图 2-1-124 羟硅铝钙石的晶体结构

【主要用途】

羟硅铝钙石在地质学、物理学、化学、晶体学、矿物学、宝石学方面都有重要应用。

榍石族

榍石（sphene）	$CaTi[SiO_4]O$
马来亚石（malayaite）	$CaSn[SiO_4]O$
硅钠钛钙石（fersmanite）	$Ca_4(Na,Ca)_4(Ti,Nb)_4[Si_2O_7]_2O_8F_3$

榍石

【化学性质】

榍石是一种含 Ca、Ti、O 的 $[SiO_4]$ 岛状基型硅酸盐类矿物,其晶体化学式为 $CaTi[SiO_4]O$。主要成分为 Ca、Ti、Si、O,类质同象替代成分有 Fe、Al、Y、Mn、Ce、Sr、Na、Nb、Ta、Mg、V、Zr、Sn、F。

化学成分中元素（氧化物）的质量分数为 CaO 26.94%、REE_2O_3 4.25%、TiO_2 30.29%、Al_2O_3 5.16%、Fe_2O_3 2.02%、SiO_2 30.38%、F 0.96%。

类质同象替代成分较多时会形成变种,如 $(Y,Ge)_2O_3$ 含量达 12% 时称钇榍石,MnO 含量达 3% 时称红榍石。

【结晶形态】

榍石属于单斜晶系,斜方柱晶类,对称型为 $2/m$。晶体形态多为单晶体,常呈扁平的楔形,横断面为菱形,底面特别发育时,呈板状（图 2-1-125）。常为楔状晶体,常有 {100} 双晶。主要单形有斜方柱 {110}、斜方双锥 {111}、平行双面 {001} 等。

【物理特征】

榍石的颜色有蜜黄色、灰色、褐色、绿色、红色、红棕色、玫瑰色、黑色等。条痕为淡红白色。透明至不透明。金刚光泽、油脂光泽、玻璃光泽。

色调变化取决于 Fe 含量,Fe 的含量低时榍石为绿色和黄色,Fe 的含量高为棕色或黑色,经热处理可变成橙色或红褐色。多色性明显,具有三色性,颜色取决于体色。超强的色散（0.051）,优于金刚石,可见火彩。

二轴晶（+）。折射率为 Np=1.843～1.950、Nm=1.870～2.034、Ng=1.943～2.110,双折射率为 0.10～0.16。2V 为 17°～40°（测量）、68°～82°（计算）。

{110} 柱面解理完全,{100}、{112} 解理中等。可有双晶引起的裂理,次贝壳状断口。摩氏硬度为

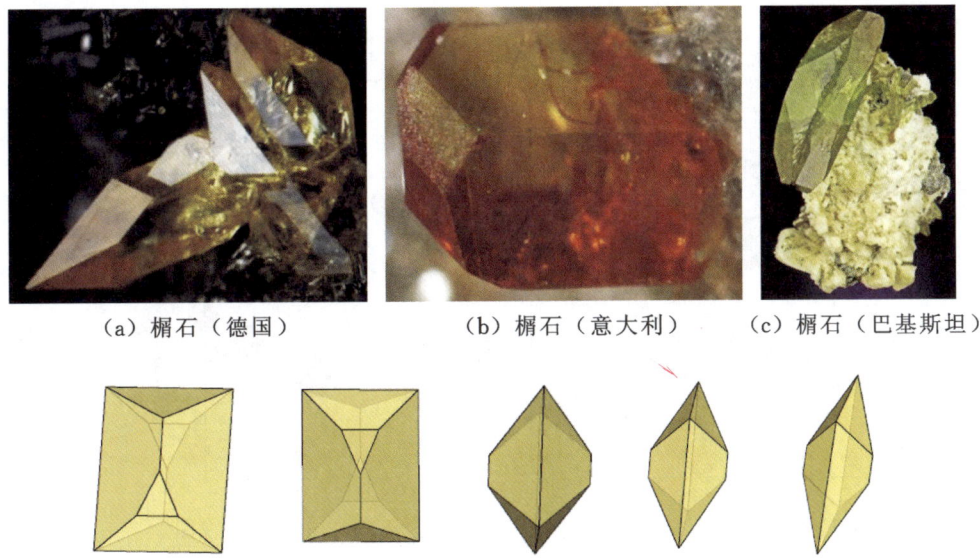

(a) 榍石（德国）　　(b) 榍石（意大利）　　(c) 榍石（巴基斯坦）

(d) 榍石的晶体形态

图 2-1-125　榍石

5～6，相对密度为 3.29～3.6（测量）、3.53（计算）。

弱放射性。

【晶体结构】

榍石属单斜晶系，空间群为 $P2_1/b$、$P2_1/a$。榍石中 Ti 接近端成员组成，空间群为 $P2_1/a$，而具有较多附加成分的榍石空间群为 $A2/a$。晶胞参数：$a=0.661$ nm、$b=0.878$ nm、$c=0.711$ nm、$\beta=113.53°$，$Z=4$ 或 $a=0.707$ nm、$b=0.870$ nm、$c=0.656$ nm、$\beta=113.92°$，$Z=4$。X 射线粉晶衍射数据 $d(\text{Å})(I/I_{max})$ 为 3.233(100)、2.989(90)、2.595(90)（图 2-1-126）。

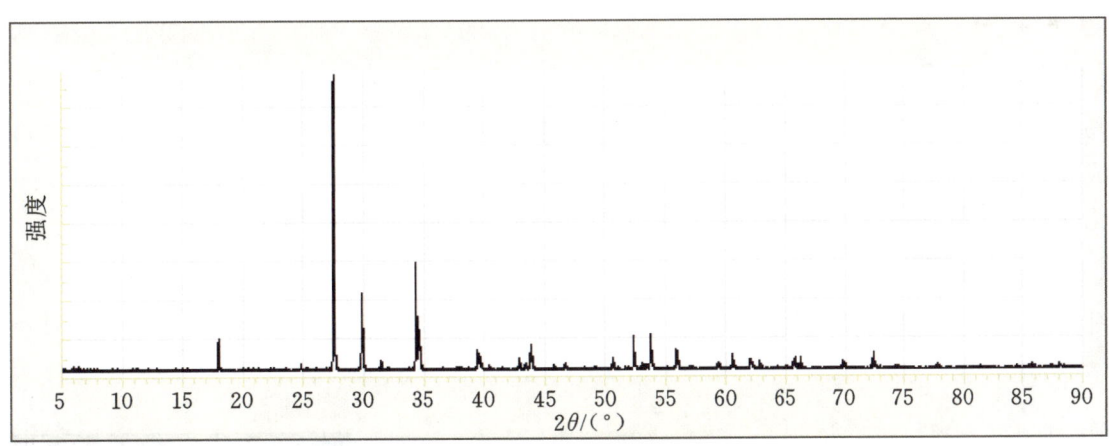

图 2-1-126　榍石的 X 射线粉晶衍射图

榍石晶体结构与董青石晶体结构相似。在晶体结构中，Ti 呈六次配位形成[TiO_6]八面体，它们共角顶连接并沿 c 轴方向成链，链与链间由[SiO_4]四面体以及呈七次配位的[CaO_7]多面体连接成三维架状结构。[SiO_4]四面体呈孤立状分布，每个[SiO_4]四面体与 3 条[TiO_6]八面体链相连接（图 2-1-127）。

相同结构矿物有马来亚石、钒马来亚石、氟砷钙镁石、氟磷钙镁石、羟氟磷钙镁石、锥晶石、橙砷钠石、马克斯韦尔石。

【产状产地】

榍石作为岩浆岩的副矿物分布很广。在碱性伟晶岩中常见粗大的晶体。榍石有时也见于变质岩

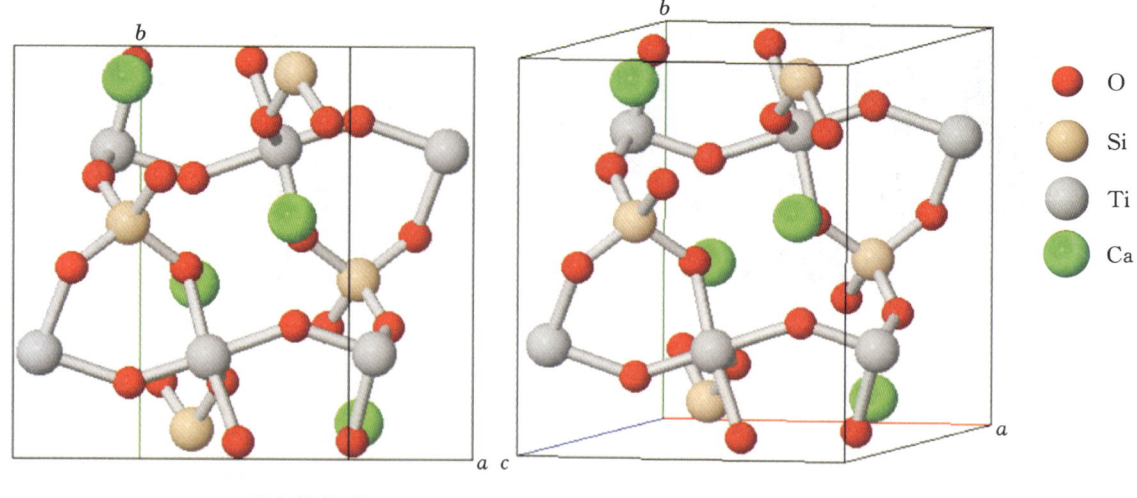

(a)（001）面上的投影　　　　(b)[001]方向体视图

图 2-1-127　榍石的晶体结构

中,如片麻岩、云母片岩和矽卡岩。榍石化学性质稳定,也会形成砂矿。

主要产地有巴基斯坦、意大利、巴西、瑞士、马达加斯加、奥地利、德国、美国、加拿大、俄罗斯、中国等。

【主要用途】

榍石在地质学、材料学、物理学、化学、晶体学、矿物学、宝石学方面都有重要应用。榍石是岩浆岩、变质岩的重要副矿物。从榍石中可以提炼出钛和稀土元素。结晶颗粒大的榍石也可以作为一种优质宝石。

马来亚石

【化学性质】

马来亚石是一种含 Ca、Sn、O 的[SiO$_4$]岛状基型硅酸盐类矿物,其晶体化学式为CaSn[SiO$_4$]O。主要成分为 Ca、Sn、Si、O,类质同象替代成分有 Fe。

化学成分中氧化物的质量分数为 CaO 21.01%、SiO$_2$ 25.51%、SnO 53.48%。

【结晶形态】

马来亚石属于单斜晶系,斜方柱晶类,对称型为 $2/m$。晶体形态呈颗粒状、板状,集合体呈块状等（图 2-1-128）。

(a)马来亚石（俄罗斯）

(b)马来亚石（英国）

(c)马来亚石（英国）

图 2-1-128　马来亚石

【物理特征】

马来亚石的颜色呈无色、白色、灰绿色、浅黄色、黄色、深橙色等。条痕为白色。透明。玻璃光泽。色散弱。多色性：无色、无色、浅黄色。荧光呈黄绿色。

二轴晶(—)。折射率为 Np=1.764~1.767、Nm=1.783~1.785、Ng=1.798~1.802，双折射率为 0.034~0.035。

无解理。性脆。断口呈不规则、不均匀的贝壳状。摩氏硬度为 3.5~4，相对密度为 4.30~4.55（测量）、4.55（计算）。

【晶体结构】

马来亚石属于单斜晶系，空间群为 $A2/a$。晶胞参数：$a=0.716$ nm、$b=0.890$ nm、$c=0.667$ nm，$\beta=113.38°$，$Z=4$。X 射线粉晶主要衍射数据 d(Å)(I/I_{max}) 为 5.03(80)、3.28(100)、2.66(80)（图 2-1-129）。具有楣石型晶体结构（图 2-1-130）。

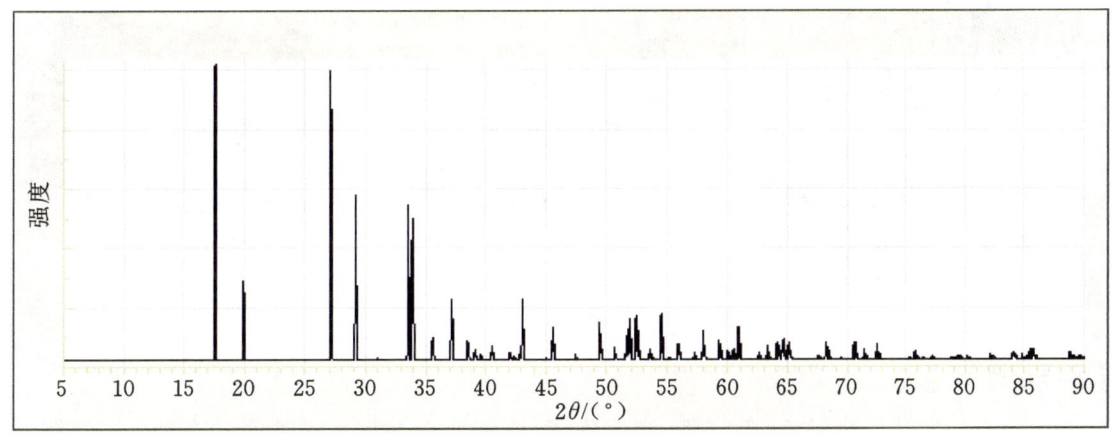

图 2-1-129　马来亚石的 X 射线粉晶衍射图

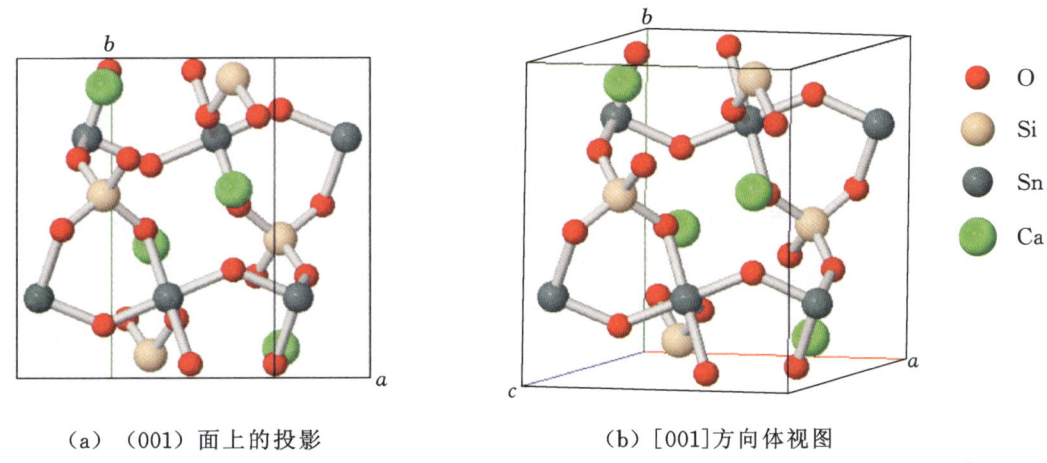

(a) (001) 面上的投影　　　　　(b) [001] 方向体视图

图 2-1-130　马来亚石的晶体结构

【产状产地】

马来亚石产于富含锡的热液蚀变的矽卡岩，与锡石、石英形成组合。主要产地有马来西亚、英国、加拿大、俄罗斯等。

【主要用途】

马来亚石在地质学、材料学、物理学、化学、晶体学、矿物学、宝石学等方面都有一些应用。

硅钠钛钙石

【化学性质】

硅钠钛钙石是一种含 Na、Ca、Ti、O、F 的 $[Si_2O_7]$ 岛状基型硅酸盐类矿物，其晶体化学式为 $Ca_4(Na,Ca)_4(Ti,Nb)_4[Si_2O_7]_2O_8F_3$。主要成分为 Ca、Na、Ti、Si、O、F，类质同象替代成分有 Ca、Sr、Nb 等。

化学成分中元素（氧化物）的质量分数为 Na_2O 7.59%、SrO 0.98%、CaO 28.01%、TiO_2 17.32%、Nb_2O_5 20.04%、SiO_2 22.65%、F 3.41%。

【结晶形态】

硅钠钛钙石属于三斜晶系，平行双面晶类，对称型为 $\bar{1}$。晶体形态呈柱状（假四方柱状）、粒状、板状、块状等（图 2-1-131）。

图 2-1-131　硅钠钛钙石（俄罗斯）

【物理特征】

硅钠钛钙石的颜色有金黄色、黄棕色、浅棕色、深棕色等。条痕为棕白色。透明至半透明。玻璃光泽。色散强，多色性明显。

二轴晶（-）。折射率为 N_p=1.873～1.886、N_m=1.914～1.930、N_g=1.914～1.939，双折射率为 0.041～0.053。2V=0～7°（测量）、0～46°（计算）。

无解理。性脆。断口呈不规则、不均匀的贝壳状。摩氏硬度为 5.5，相对密度为 3.44（测量）、3.36（计算）。

【晶体结构】

硅钠钛钙石属于三斜晶系，空间群为 $C\bar{1}$。晶胞参数：a=0.721 nm、b=0.721 nm、c=2.045 nm，α=95.15°、β=95.6°、γ=89.04°。X 射线粉晶衍射数据 d(Å)(I/I_{max}) 为 3.058(100)、2.815(62)、1.518(55)（图 2-1-132）。晶体结构如图 2-1-133 所示。

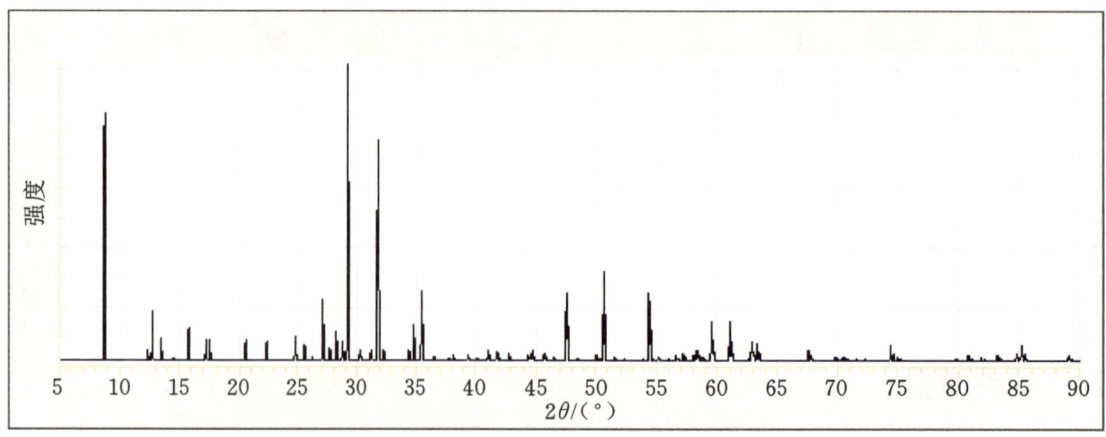

图 2-1-132　硅钠钛钙石的 X 射线粉晶衍射图

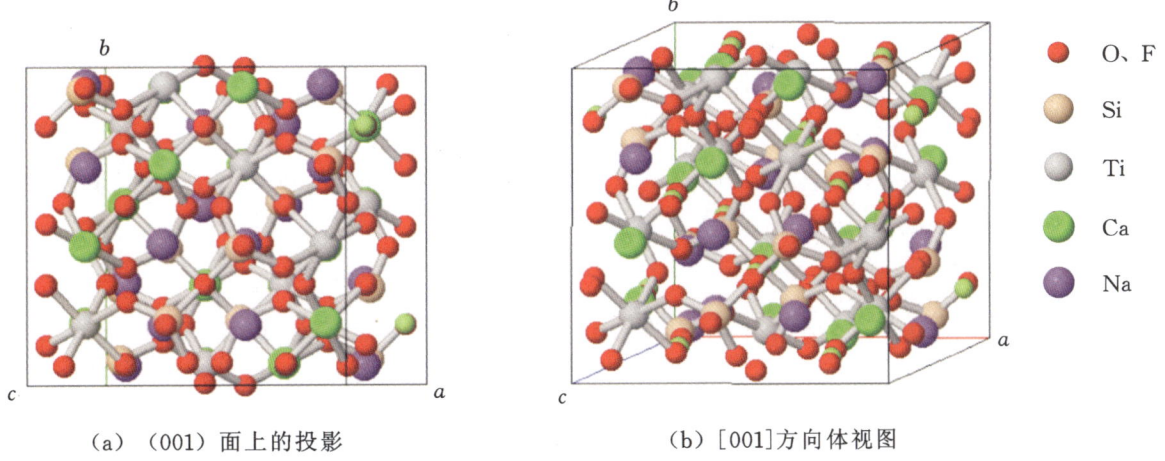

(a)（001）面上的投影　　　　　　　　　(b)[001]方向体视图

图 2-1-133　硅钠钛钙石的晶体结构

【产状产地】

硅钠钛钙石产于霞石正长岩脉中，共生伴生的矿物有长石、方解石、石英等。主要产地有俄罗斯等。

【主要用途】

硅钠钛钙石在地质学、材料学、物理学、化学、晶体学、矿物学、宝石学等方面都有重要应用。

氧硅钛钠石族

氧硅钛钠石（natisite）　　　　　　　　$Na_2Ti[SiO_4]O$

氧硅钛钠石

【化学性质】

氧硅钛钠石是含 Na、Ti、O 的[SiO_4]岛状基型硅酸盐类矿物，其晶体化学式为 $Na_2Ti[SiO_4]O$。主要成分为 Na、Ti、Si、O，类质同象替代成分有 Nb、Ta、Fe、Mn 等。

化学成分中氧化物的质量分数为 Na_2O 30.69%、TiO_2 39.56%、SiO_2 29.75%。

不溶于冷稀酸。吹管易熔成白瓷状珠球。

【结晶形态】

氧硅钛钠石属于四方晶系，复四方双锥晶类，对称型为 $4/nmm$。晶体形态呈四方柱，可成单个颗粒或成玫瑰花状连生（图 2-1-134）。

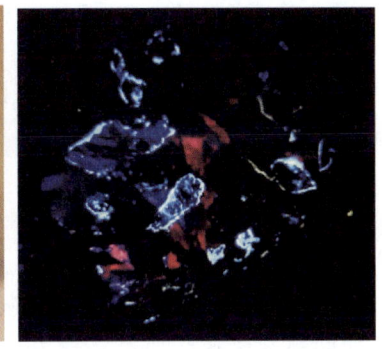

图 2-1-134　氧硅钛钠石（俄罗斯科拉半岛）

【物理特征】

氧硅钛钠石的颜色呈黄绿色、灰绿色等。条痕为白色。透明至半透明。玻璃光泽至金刚光泽。色散弱,多色性弱。

一轴晶(-)。折射率为 No=1.756,Ne=1.689。双折射率为 0.076。

{001}解理完全,{100}解理较好。性脆。断口呈不规则、不平整的贝壳状。摩氏硬度为 3~4。相对密度为 3.15(测量)、3.13(计算)。

【晶体结构】

氧硅钛钠石属四方晶系,空间群为 $P4/nmm$。晶胞参数:$a=0.650$ nm,$c=0.507$ nm,$Z=2$。X 射线粉晶衍射数据 $d(Å)(I/I_{max})$ 为 5.050(80)、2.709(100)、2.349(60)、1.689(70)、1.100(60)。晶体结构如图 2-1-135 所示。

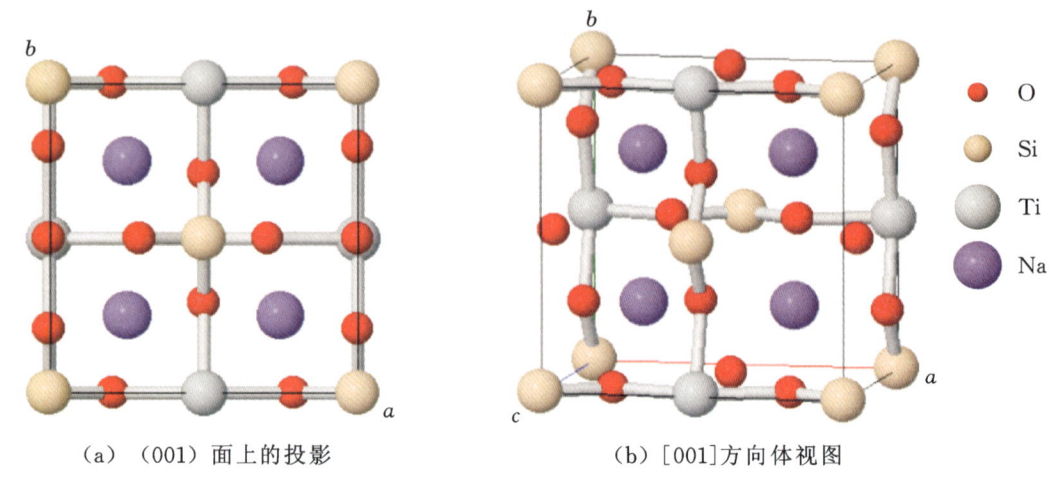

(a) (001)面上的投影　　(b) [001]方向体视图

图 2-1-135　氧硅钛钠石的晶体结构

【产状产地】

氧硅钛钠石常产于切碱性岩体的钠沸石-紫脆云母脉中,与硅铍钠石、霓石等共生。主要产地有俄罗斯科拉半岛。

【主要用途】

氧硅钛钠石在地质学、材料学、物理学、化学、晶体学、矿物学等方面都有一些重要的应用。

硅铈石族

硅铈石(cerite-Ce)　　　　　　　　(Ce,La,Ca)$_9$Fe[SiO$_4$]$_3$[HSiO$_4$]$_4$(OH)$_3$
硅镧石(cerite-La)　　　　　　　　(La,Ce,Ca)$_9$Fe[SiO$_4$]$_3$[HSiO$_4$]$_4$(OH)$_3$

硅铈石

【化学性质】

硅铈石是一种含 Ce、Fe、(OH)的[SiO$_4$]岛状基型硅酸盐类矿物,其晶体化学式为(Ce,La,Ca)$_9$Fe[SiO$_4$]$_3$(HSiO$_4$)$_4$(OH)$_3$。主要成分为 Ce、Fe、Si、H、O,类质同象替代成分有 La(镧)、Nd(钕)、Pr(镨)、Sm(钐)、Y(钇)、Ca、Mg、F 等。

硅铈石的化学成分中氧化物的质量分数为 Ce$_2$O$_3$ 73.36%、Fe$_2$O$_3$ 3.97%、SiO$_2$ 20.89%、H$_2$O 1.78%。

【结晶形态】

硅铈石属于三方晶系,复三方偏三角面体晶类,对称型为 $\bar{3}m$。晶体形态为假八面体,呈块状、粒状等(图 2-1-136)。常见单形为底面$\{0001\}$、六方柱$\{01\bar{1}2\}$。

(a)硅铈石(瑞典)

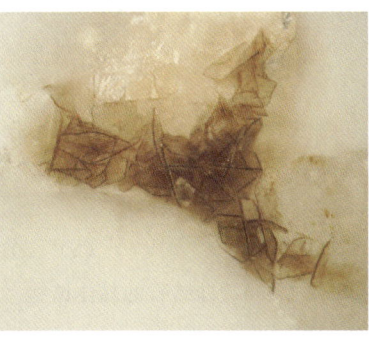
(b)硅铈石(加拿大)

(c)硅铈石(意大利)

图 2-1-136　硅铈石

【物理特征】

硅铈石的颜色呈棕色、红棕色、桃红色、灰色等。条痕为白色。半透明至不透明。玻璃光泽、金刚光泽。

一轴晶(+)。折射率为 No＝1.806～1.810,Ne＝1.810～1.820,双折射率为 0.004。

未见解理。性脆。断口呈不平坦、不平整的贝壳状。摩氏硬度为 5.5,相对密度为 4.86(测量)、5.24(计算)。

【晶体结构】

硅铈石属于三方晶系,空间群为 $R\bar{3}c$。晶胞参数:$a=1.078$ nm、$c=3.806$ nm,$Z=6$。X 射线粉晶衍射数据 d(Å)(I/I_{max})为 2.950(100)、1.954(50)、3.472(42)(图 2-1-137)。

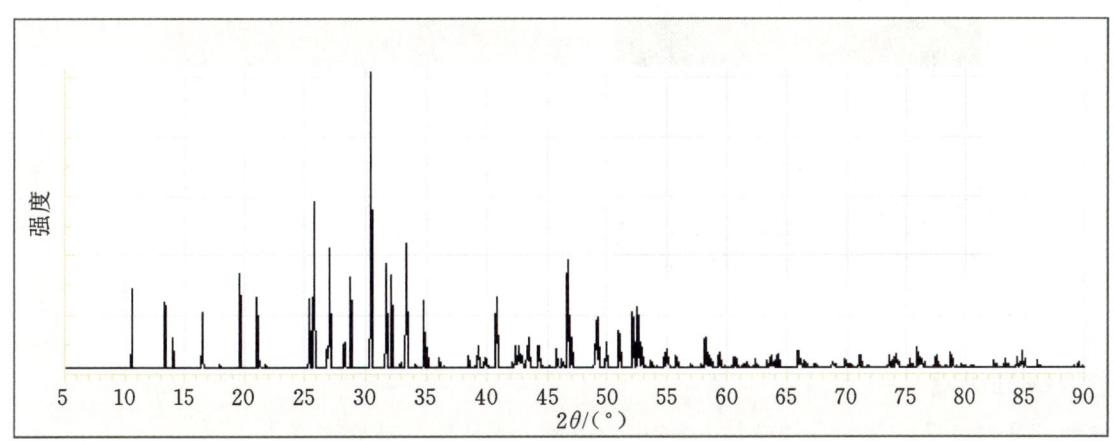

图 2-1-137　硅铈石的 X 射线粉晶衍射图

硅铈石与硅镧石同属于三方晶系,与磷酸盐类矿物白磷钙石有相同的结构。硅铈石的晶体结构如图 2-1-138 所示。

【产状产地】

硅铈石产于花岗岩和其他岩浆岩中,常与氟碳铈矿、褐帘石、绿帘石、硅稀土石、萤石、独居石、沥青铀矿、石英等密切共生。主要产地有意大利、瑞典、加拿大、美国(加利福尼亚、科罗拉多)等。

【主要用途】

硅铈石在地质学、材料学、物理学、化学、晶体学、矿物学等方面都有重要应用。可用于提取 La、

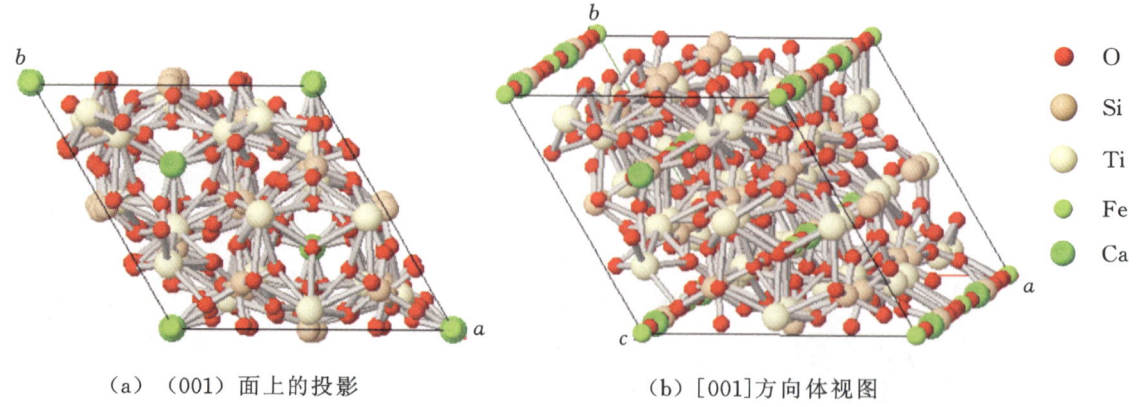

(a)（001）面上的投影　　　　　　(b)[001]方向体视图

图 2-1-138　硅铈石的晶体结构

Ce 等多种稀土元素。

硅镧石

【化学性质】

硅镧石是一种 La、Fe、(OH)的[SiO₄]岛状基型硅酸盐类矿物，其晶体化学式为$(La,Ce,Ca)_9Fe[SiO_4]_3(HSiO_4)_4(OH)_3$。主要成分为 La、Fe、Si、O、H，类质同象替代成分有 Ce、Nd、Pr、Sm、Y、Ca、Mg、F 等。

【结晶形态】

硅镧石属于三方晶系，复三方偏三角面体晶类，对称型为 $\bar{3}m$。晶体形态呈粒状、菱块状（图 2-1-139）。

图 2-1-139　橙色硅镧石（俄罗斯）

【物理特征】

硅镧石的颜色呈浅黄色、粉棕红色。条痕为白色。半透明。玻璃光泽。

一轴晶(+)。折射率为 No=1.810、Ne=1.820，双折射率为 0.010。

未见解理。性脆较大。断口呈不规则、不平整的贝壳状。摩氏硬度为 5，相对密度为 4.70（测量）、4.75（计算）。

【晶体结构】

硅镧石属于三方晶系，空间群为 $R\bar{3}c$。晶胞参数：$a=1.075$ nm、$c=3.832$ nm，$Z=6$。X 射线粉晶衍射数据 $d(\text{Å})(I/I_{max})$ 为 3.530(26)、3.470(40)、3.310(38)、3.100(25)、2.958(100)、2.833(37)、2.790(24)、2.689(34)、1.949(34)。

硅镧石、硅铈石同属三方晶系，与磷酸盐类矿物白磷钙石有相同的结构。

【产状产地】

硅镧石形成于晚期低温热液呈带状的钠长石脉穿切一种霞石正长岩。共生组合矿物有钒铅矿、菱锶矿、闪锌矿、钠沸石、微斜长石、钛铁矿、氟磷灰石、钡沸石、菱沸石-Ca、硅铈石、单斜钠锆石、硅钡铍石、锶铈矿、锐钛矿、霓石等。主要产地有俄罗斯。

【主要用途】

硅镧石在地质学、材料学、物理学、化学、晶体学、矿物学等方面都有重要应用。可以提取 La、Ce 等多种稀土元素。

羟硅铈钙石-羟硅钇钙石族

羟硅铈钙石(britholite-Ce)　　　　　$Ca_2(Ce,Y)_3[SiO_4]_3(OH)$

羟硅钇钙石(britholite-Y)　　　　　$Ca_2(Y,Ce)_3[SiO_4]_3(OH)$

氟硅铈钙石(fluocerite)　　　　　　$(Ce,Ca)_5[SiO_4]_3F$

羟硅铝铈钙石(alumobritholite)　　　$Ca_4Ce_3Al_3[SiO_4]_6(OH)_2$

羟硅铈钙石-羟硅钇钙石族矿物的晶体化学式可写为$(REE,Ca)_5[SiO_4]_3X$,其中 REE 为 Y、Ce 等,$X=F^-$、$(OH)^-$、Cl^-。由于成分中尚可有 P 元素,晶体结构属磷灰石型,化学通式也可以写为$(REE,Ca)_5[(Si,P)O_4]_3X$。络离子外的阳离子,分别为 9 次(Ca)和 7 次(Ce、Y)配位。化学成分变化很大,而且常因非晶质状态进一步复杂化。是重要的含稀土矿物。

羟硅铈钙石$Ca_2(Ce,Y)_3[SiO_4]_3(OH)$与羟硅钇钙石$Ca_2(Y,Ce)_3[SiO_4]_3(OH)$,可形成完全的铈(Ce)-钇(Y)类质同象矿物系列。

羟硅铈钙石

【化学性质】

羟硅铈钙石是一种含 Ca、Ce、Y、(OH)的$[SiO_4]$岛状基型硅酸盐类矿物,其晶体化学式为$Ca_2(Ce,Y)_3[SiO_4]_3(OH)$。主要成分为 Ca、Ce、Y、Si、H、O,类质同象替代成分有 La、Nd、Th、Na、P、F 等。

羟硅铈钙石的化学成分中氧化物的质量分数为 CaO 20.59%、Ce_2O_3 19.37%、La_2O_3 8.54%、ThO_2 20.77%、SiO_2 21.27%、P_2O_5 4.11%、Nd_2O_3 4.41%、H_2O 0.94%。

【结晶形态】

羟硅铈钙石属于六方晶系,六方双锥晶类,对称型为$6/m$。晶体形态呈柱状、棱柱状、粒状、块状、六方柱状等(图 2-1-140)。单形有$\{10\bar{1}0\}$、$\{11\bar{2}0\}$、$\{10\bar{1}1\}$。

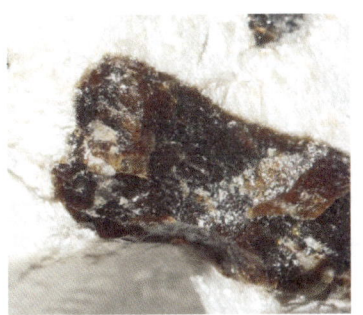

羟硅铈钙石（德国）　　　　　　羟硅铈钙石（挪威）

图 2-1-140　羟硅铈钙石

【物理特征】

羟硅铈钙石的颜色呈棕色、红棕色、绿棕色、黄色、树脂棕色、黑色等。条痕为白色、浅棕色。半透明至不透明。金刚光泽、树脂光泽。色散很弱,多色性呈无色、棕色。

一轴晶(-)。折射率为 $N_o=1.730\sim1.752$、$N_e=1.728\sim1.750$,双折射率为 0.002。

$\{0001\}$、$\{10\bar{1}0\}$ 解理不完全。性脆。断口呈不均匀、不平整的细小贝壳状。羟硅钇钙石的摩氏硬度为 $5\sim5.5$,相对密度为 $4.20\sim4.70$(测量)、$4.07\sim4.25$(计算)。

【晶体结构】

羟硅铈钙石属于六方晶系,空间群为 $P6_3/m$。晶胞参数:$a=0.943\sim0.961$ nm、$c=0.681\sim0.703$ nm,$Z=2$。X 射线粉晶衍射数据 $d(\text{Å})(I/I_{max})$ 为 4.12(40)、3.93(40)、3.48(80)、3.21(40)、2.84(100)、2.81(80)、1.86(50)(图 2-1-141)。晶体结构见图 2-1-142。

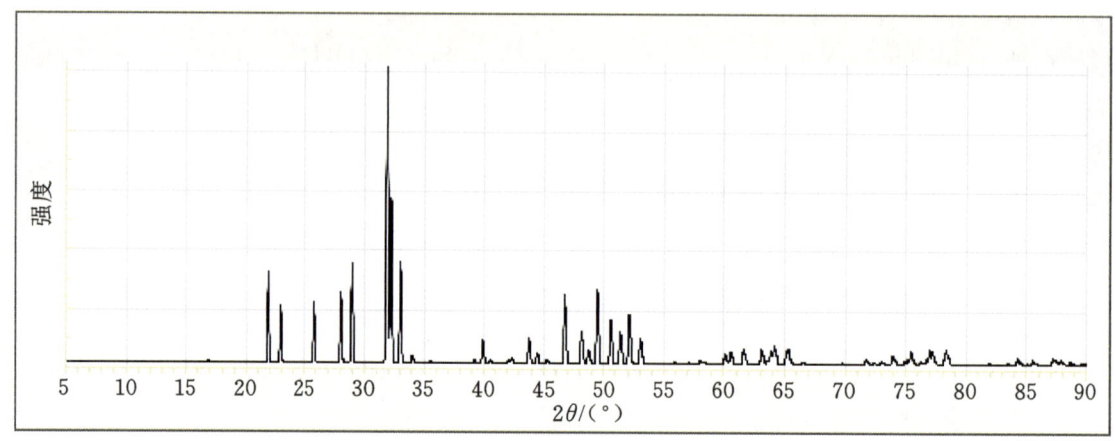

图 2-1-141 羟硅铈钙石的 X 射线粉晶衍射图

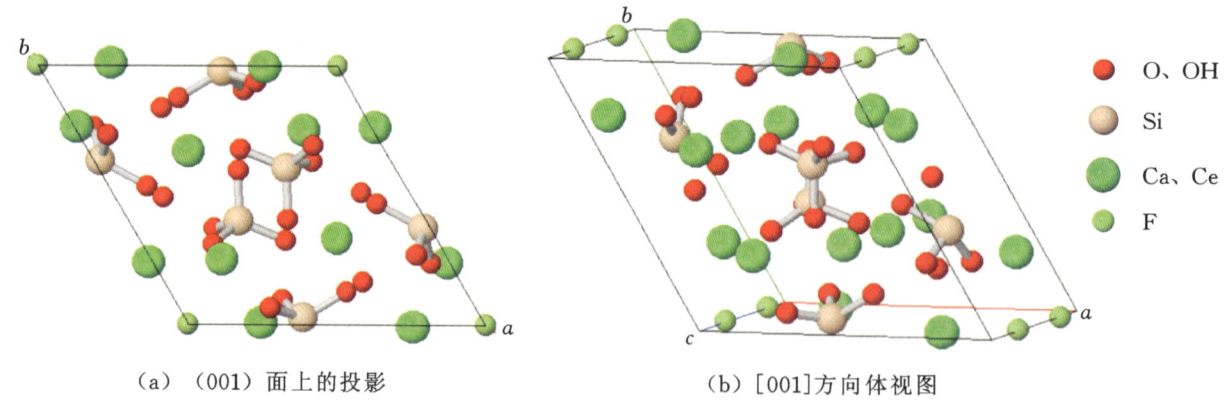

(a) (001) 面上的投影　　　　(b) [001] 方向体视图

图 2-1-142 羟硅铈钙石的晶体结构

【产状产地】

羟硅铈钙石产于霞石正长岩、伟晶岩及其相关的接触变质矿床中,主要产地有德国、丹麦、挪威、俄罗斯、日本、加拿大、美国(科罗拉多)等。

【主要用途】

羟硅铈钙石、羟硅钇钙石组合矿物是最丰富、最重要的稀土矿产类资料。

羟硅铈钙石—羟硅钇钙石在地质学、材料学、物理学、化学、晶体学、矿物学等方面都有重要应用。

羟硅钇钙石

【化学性质】

羟硅钇钙石是一种含 Ca、Y、Ce、(OH) 的 [SiO_4] 岛状基型硅酸盐类矿物,其晶体化学式为 $Ca_2(Y,Ce)_3[SiO_4]_3(OH)$。主要成分为 Ca、Y、Ce、Si、O、H,类质同象替代成分有 Mg、Mn、Fe、Al、P、C、F。

化学成分中元素(氧化物)的质量分数为 CaO 13.53%、MgO 0.22%、MnO 1.13%、Fe_2O_3 2.10%、Al_2O_3 1.05%、Ce_2O_3 6.45%、Y_2O_3 45.98%、SiO_2 22.27%、P_2O_5 5.84%、H_2O 0.90%、CO_2 0.08%、F 0.45%。

【结晶形态】

羟硅钇钙石属于六方晶系,六方双锥晶类,对称型为 $6/m$。晶体形态呈粒状、块状、六方柱状等(图 2-1-143)。

【物理特征】

羟硅钇钙石的颜色呈暗红褐色、黑色。条痕为淡黄色。透明至半透明。玻璃光泽、油脂光泽。

一轴晶(+)。折射率为 No=1.750。

解理不清楚。性脆。断口呈不平整、不规则的贝壳状。摩氏硬度为 6,相对密度为 4.35。

具弱放射性。

【晶体结构】

羟硅钇钙石属于六方晶系,空间群为 $P6_3/m$。晶胞参数:$a=0.943$ nm,$c=0.681$ nm,$Z=2$。X 射线粉晶主要衍射数据 d(Å)(I/I_{max})为 2.81(100)、2.75(90)、2.73(80)。晶体结构见图 2-1-144。

图 2-1-143 羟硅钇钙石(格陵兰岛)

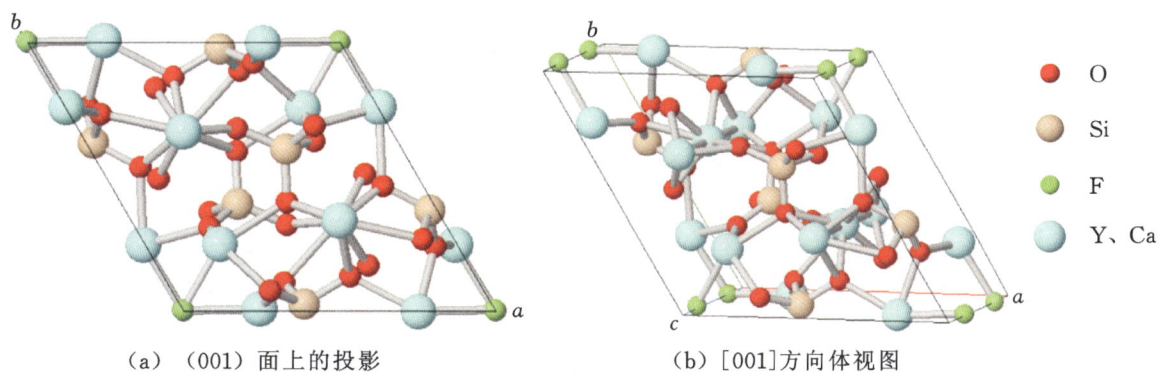

(a) (001)面上的投影   (b) [001]方向体视图

图 2-1-144 羟硅钇钙石的晶体结构

【产状产地】

羟硅钇钙石产于伟晶岩脉的正长岩中,呈块状,与硅钍钇矿、钍脂铅铀矿、水菱钇矿、褐帘石密切共生。主要产地有俄罗斯、中国(辽宁)。

【主要用途】

羟硅钇钙石在地质学、材料学、物理学、化学、晶体学、矿物学方面都有重要应用。可用来提取一些重要的稀土元素矿物原料。

氟硅铈钙石

【化学性质】

氟硅铈钙石是一种含 Ce、Ca、F 的[SiO$_4$]岛状基型硅酸盐类矿物,其晶体化学式为(Ce,Ca)$_5$[SiO$_4$]$_3$F。主要成分为 Ce、Ca、Si、O、F,类质同象替代成分有 Sr、La、Ce、Pr、Sm、Y、Th、P、Nd、OH。

化学成分中元素(氧化物)的质量分数为 SrO 0.40%、CaO 14.25%、La$_2$O$_3$ 16.09%、Ce$_2$O$_3$ 28.92%、Pr$_2$O$_3$ 3.64%、Sm$_2$O$_3$ 0.68%、Y$_2$O$_3$ 1.32%、ThO$_2$ 1.72%、SiO$_2$ 20.92%、P$_2$O$_5$ 2.86%、Nd$_2$O$_3$ 6.78%、F 2.42%。

氟硅铈钙石由于类质同象替代可以形成氟硅铈钙石-Ce、氟硅铈钙石-Y。

【结晶形态】

氟硅铈钙石属于六方晶系,六方双锥晶类,对称型为 $6/m$。晶体形态呈柱状、粒状、块状等(图 2-1-145)。

氟硅铈钙石(瑞典)　　氟硅铈钙石(德国)　　氟硅铈钙石(俄罗斯)

图 2-1-145　氟硅铈钙石

【物理特征】

氟硅铈钙石的颜色呈无色、淡黄色、棕褐色、红棕色。条痕为浅棕色。半透明至不透明。金刚光泽、油脂光泽。

一轴晶(-)。折射率为 No=1.792、Ne=1.786,双折射率为 0.006。

{0001}解理完全。性脆。断口呈不平整、不均匀的贝壳状。摩氏硬度为 5,相对密度为 4.66(测量)、4.67(计算)。

【晶体结构】

氟硅铈钙石属于六方晶系,空间群为 $P6_3/m$。晶胞参数:$a=0.952$ nm、$b=0.698$ nm,$Z=2$。X 射线粉晶主要衍射数据 d(Å)(I/I_{max})为 2.845(100)、2.822(40)、1.870(40)。晶体结构见图 2-1-146。

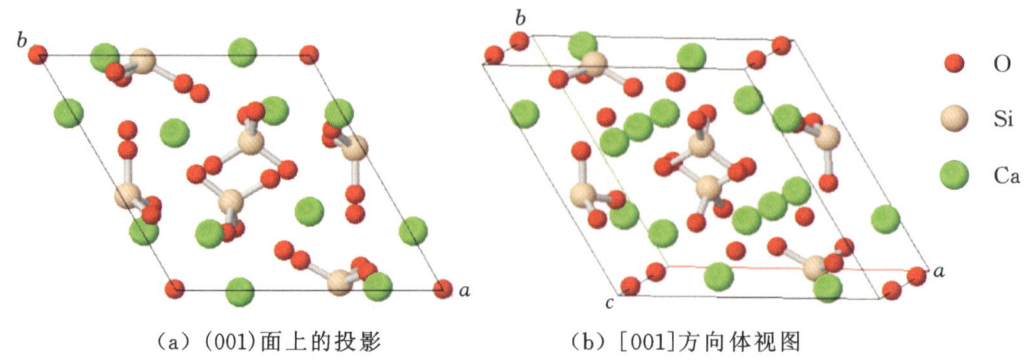

(a) (001)面上的投影　　(b) [001]方向体视图

图 2-1-146　氟硅铈钙石的晶体结构

【产状产地】

氟硅铈钙石产于霞石正长岩、大理岩的捕虏体,及方钠石正长岩捕虏体和伟晶岩脉的岩洞中。共生组合矿物有很多种,如钠长石、微斜长石、锆石、黑稀土矿、十字石、独居石、绿帘石、萤石、方钠石、菱沸石、方沸石、方解石、黑云母、霓石。主要产地有瑞典、加拿大(魁北克)。

【主要用途】

氟硅铈钙石在地质学、材料学、物理学、化学、晶体学、矿物学等方面都有重要应用。可用来提取一些重要的稀土元素矿物原料。

羟硅铝铈钙石

【化学性质】

羟硅铝铈钙石是一种含 Ca、Ce、Al、(OH)的[SiO_4]岛状基型硅酸盐类矿物,其晶体化学式为 $Ca_4Ce_3Al_3[SiO_4]_6(OH)_2$。主要成分为 Ca、Ce、Al、Si、O、H,类质同象替代成分有多种稀土元素、Na、V、Fe、Zr、F 等。稀土元素中镧族占 61%,钇族占 39%。

化学成分中元素(氧化物)的质量分数为 SiO_2 24.93%、CaO 19.34%、Na_2O 0.30%、REE_2O_3 21.78%、ThO_2 4.76%、VO_3 0.63%、Al_2O_3 14.91%、Fe_2O_3 5.42%、FeO 0.32%、ZrO_2 0.98%、P_2O_5 4.27%、H_2O 0.70%、F 1.66%。

【结晶形态】

羟硅铝铈钙石属于六方晶系,六方双锥晶类,对称型为 $6/m$。晶体形态呈粒状、块状、六方柱状(图 2-1-147)。

【物理特征】

羟硅铝铈钙石的颜色呈黄褐色、绿色等。条痕为无色、白色。透明至半透明。玻璃光泽、油脂光泽。色散弱,多色性弱。

一轴晶(+、-)。

无解理。性脆。断口呈不规则、不平整的贝壳状。摩氏硬度为 5.4。

图 2-1-147 羟硅铝铈钙石(加拿大)

【晶体结构】

羟硅铝铈钙石属于六方晶系,空间群为 $P6_3/m$。晶胞参数:$a=0.945$ nm、$c=0.691$ nm,$Z=2$。X 射线粉晶主要衍射数据 d(Å)(I/I_{max})为 3.112(50)、2.872(100)、1.952(60)、1.851(70)。

【产状产地】

羟硅铝铈钙石产于碱性花岗伟晶岩中。

【主要用途】

羟硅铝铈钙石为提取多种稀土元素的矿物原料,在地质学、材料学、物理学、化学、晶体学、矿物学等方面都有重要应用。

黑硅砷锰矿族

黑硅砷锰矿(dixenite)	$CuMn_{14}Fe^{3+}[SiO_4]_2[As^{3+}O_3]_5[As^{5+}O_4](OH)_6$
硅锑铁矿(chapmanite)	$SbFe_2^{3+}[SiO_4]_2(OH)$
硅铁铋矿(bssmutoferrite)	$BiFe_2^{3+}[SiO_4]_2(OH)$
硅铝锑锰矿(katoptrite)	$Mn_{13}Al_4Sb_2^{5+}[SiO_4]_2O_{20}$

硅锑锌锰矿(yeatmanite)　　　　　　　　$Mn_9^{2+}Zn_6Sb_2^{5+}[SiO_4]_4O_{12}$

砷铍硅钙石(asbecasite)　　　　　　　　$Ca_3Be_2Ti[SiO_4]_2[AsO_3]_6$

黑硅砷锰矿

【化学性质】

黑硅砷锰矿是一种含 Cu、Mn、Fe、$[As^{3+}O_3]$、$[As^{5+}O_4]$、(OH)的$[SiO_4]$硅酸盐类矿物,其晶体化学式为 $CuMn_{14}Fe^{3+}[SiO_4]_2(As^{3+}O_3)_5(As^{5+}O_4)(OH)_6$。主要成分为 Cu、Mn、Fe、As、Si、H、O,类质同象替代成分有 Mg、Ca、Na、K、P。

化学成分中氧化物的质量分数为 MnO 51.51%、Fe_2O_3 4.14%、Cu_2O 3.71%、SiO_2 6.23%、As_2O_3 25.65%、As_2O_5 5.96%、H_2O 2.80%。

【结晶形态】

黑硅砷锰矿属于三方晶系,菱面体晶类,对称型为$\bar{3}$。晶体形态呈粒状、叶片状,集合体呈块状(图 2-1-148)。

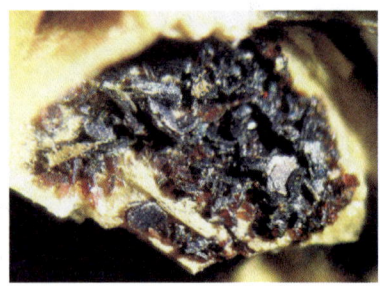

图 2-1-148　黑硅砷锰矿(瑞典)

【物理特征】

黑硅砷锰矿的颜色呈青铜色、黑色,在显微镜透射光下呈橙黄色。条痕为深灰色。透明、半透明、不透明。半玻璃光泽。

一轴晶(-)。折射率为 No=1.970、Ne=1.730。双折射率为 0.240。

{0001}解理完全。性脆。断口呈不规则、不平整的贝壳状。摩氏硬度为 3~4。相对密度为 4.20(测量)、4.36(计算)。

【晶体结构】

黑硅砷锰矿属于三方晶系,空间群为 $R\bar{3}$。晶胞参数:a_h=0.822 nm、c_h=3.754 nm,Z=9;a_{rh}=1.336 nm,α=35°48′,Z=3。X 射线粉晶衍射数据 d(Å)(I/I_{max})为 12.5(30)、4.10(90)、3.44(44)、2.96(80)、2.92(100)(图 2-1-149)。

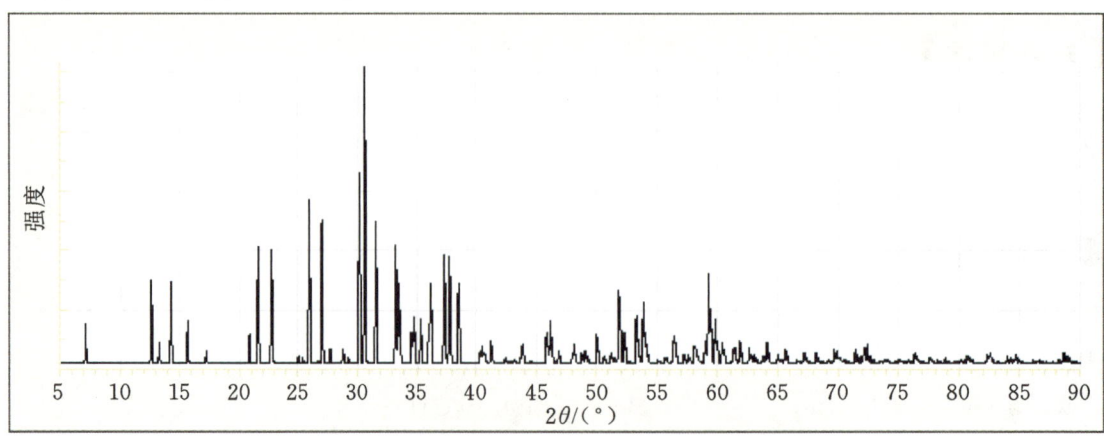

图 2-1-149　黑硅砷锰矿的 X 射线粉晶衍射图

晶体结构(图 2-1-150)中有砷酸[AsO₄]四面体和硅酸[SiO₄]四面体,以及 AsO₃ 三角形,共有 5 层不同的结构层,有 3 层与红砷锰矿层相似,其中有 1 个含 Cu 层,Cu 位于[As^{3+}O₄]形成的四面体空穴中心。

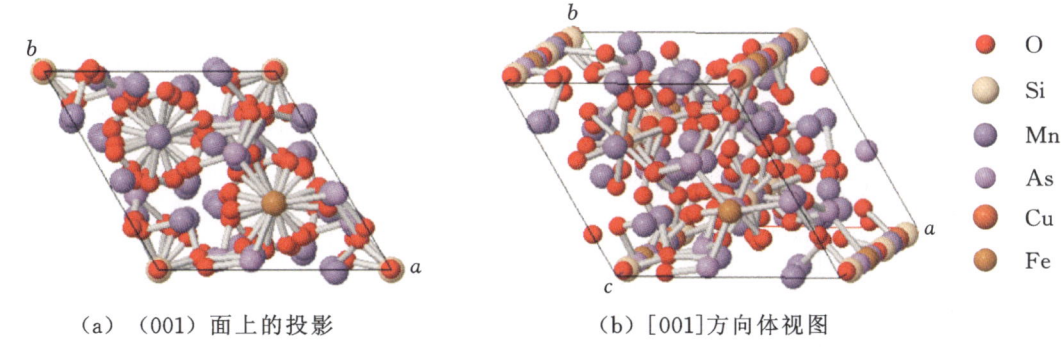

(a) (001)面上的投影　　　　(b) [001]方向体视图

图 2-1-150　黑硅砷锰矿的晶体结构

【产状产地】

黑硅砷锰矿产于蛇纹石化的变质铁锰矿床中,共生伴生矿物有砷钙镁石。主要产地有瑞典。

【主要用途】

黑硅砷锰矿在地质学、物理学、化学、晶体学、矿物学研究等方面都有重要意义。

硅锑铁矿

【化学性质】

硅锑铁矿是一种含 Sb、Fe、(OH)的[SiO₄]岛状基型硅酸盐类矿物,其晶体化学式为 SbFe$_2^{3+}$[SiO₄]₂(OH)。主要成分为 Sb、Fe、Si、H、O,类质同象替代成分有 Al、Mn、Ti。

化学成分中氧化物的质量分数为 Fe₂O₃ 36.74%、SiO₂ 27.65%、Sb₂O₃ 33.54%、H₂O 2.07%。

硅锑铁矿 SbFe$_2^{3+}$[SiO₄]₂(OH)与硅铁铋矿 BiFe$_2^{3+}$[SiO₄]₂OH 中,Sb 与 Bi 类质同象替代。

【结晶形态】

硅锑铁矿属于单斜晶系,反映双面晶类,对称型为 m。晶体形态呈细小粒状、针状(图 2-1-151)。

(a) 硅锑铁矿(意大利)　　　(b) 硅锑铁矿(西班牙)　　　(c) 硅锑铁矿(意大利)

图 2-1-151　硅锑铁矿

【物理性质】

硅锑铁矿的颜色呈黄色、淡绿色、黄绿色、橄榄绿色。条痕为黄绿色至深黄色。透明。半金刚光泽、土质光泽。色散无,多色性弱。荧光无。

二轴晶(-)。折射率为 Np=1.850、Nm=1.950、Ng=1.960,双折射率为 0.110。2V 实际测量时小、很小、32°(计算)。

解理。性脆。断口呈不均匀、不平整的贝壳状、碎粒状。摩氏硬度为 2.5,相对密度为 3.69~3.75(测量)、4.29(计算)。

【晶体结构】

硅锑铁矿属于单斜晶系,空间群为 Cm。晶胞参数:$a=0.519$ nm、$b=0.899$ nm、$c=0.770$ nm,$\beta=100.67°$,$Z=2$。X 射线粉晶衍射数据 $d(Å)(I/I_{max})$ 为 7.63(90)、4.17(30)、3.88(80)、3.58(100)、3.19(90)、2.90(70)、2.59(70)、2.54(30)(图 2-1-152)。

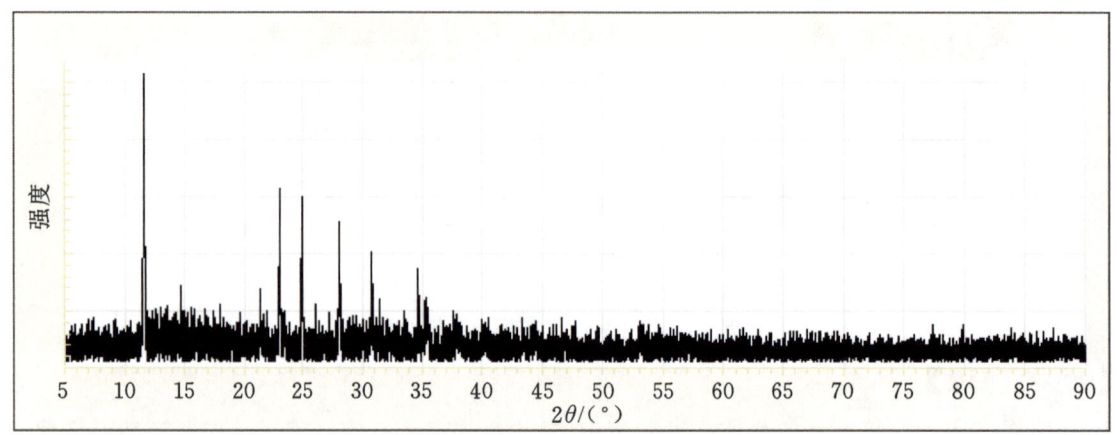

图 2-1-152　硅锑铁矿的 X 射线粉晶衍射图

它的结构(图 2-1-153)与"1∶1"层状硅酸盐相似,如高岭石。化学式中的 $Fe_2^{3+}(Si_2O_5)O_3(OH)$ 部分在结构上类似于 $Al_2(Si_2O_5)(OH)_4$,Sb^{3+} 位于层中"空穴"上方。硅锑铁矿与硅铁铋矿有相同的晶体结构。

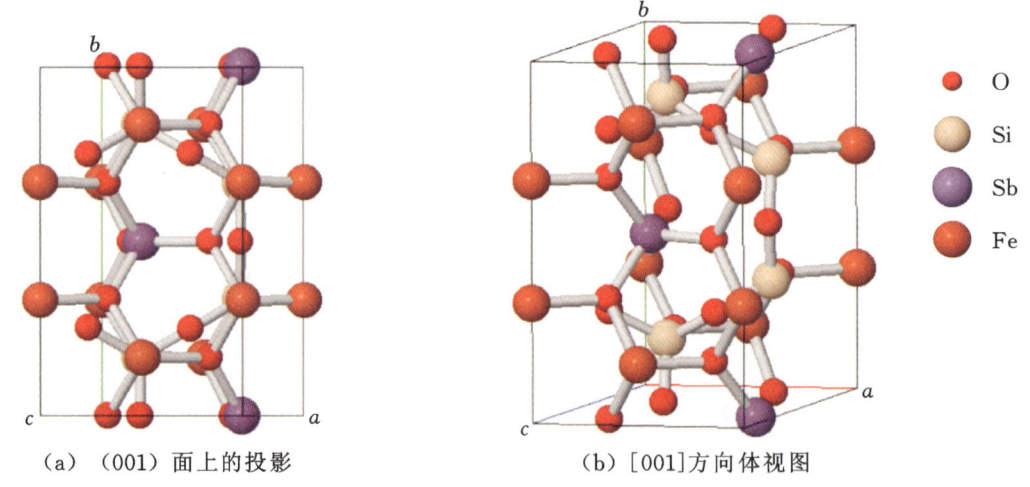

(a)（001)面上的投影　　　(b)[001]方向体视图

图 2-1-153　硅锑铁矿的晶体结构

【产状产地】

硅锑铁矿产于与银矿床密切相关的片麻岩中。共生伴生的矿物有硅铁铋矿、石墨等。主要产地有德国、法国、意大利、西班牙、加拿大。

【主要用途】

硅锑铁矿在地质学、物理学、化学、材料学、环境科学、晶体学、矿物学等方面都有一定意义。

硅铁铋矿

【化学性质】

硅铁铋矿是一种含 Bi、Fe、(OH)的[SiO_4]岛状基型硅酸盐类矿物,其晶体化学式为 $BiFe_2^{3+}[SiO_4]_2(OH)$。主要成分为 Bi、Fe、Si、H、O,类质同象替代成分有 Al、As 等。

化学成分中氧化物的质量分数为 Fe_2O_3 30.60%、SiO_2 23.03%、Bi_2O_3 44.65%、H_2O 1.72%。硅铁铋矿 $BiFe_2^{3+}[SiO_4]_2(OH)$ 与硅锑铁矿 $SbFe_2^{3+}[SiO_4]_2(OH)$ 中，Bi 与 Sb 类质同象替代。

【结晶形态】

硅铁铋矿属于单斜晶系，反映双面晶类，对称型为 m。晶体形态呈细小粒状，集合体呈块状、小球状（图 2-1-154）。

（a）硅铁铋矿（德国）

（b）硅铁铋矿（捷克）

（c）硅铁铋矿（捷克）

图 2-1-154　硅铁铋矿

【物理特征】

硅铁铋矿的颜色呈绿色、浅黄色。条痕为亮绿色。半透明。金刚光泽、油脂光泽。色散较强，多色性弱。

二轴晶（＋/－）。折射率为 Np＝1.930、Nm＝1.970、Ng＝2.01，双折射率为 0.080。

解理。性脆。断口呈贝壳状。摩氏硬度为 6，相对密度为 4.47（测量）、4.85（计算）。

【晶体结构】

硅铁铋矿属于单斜晶系，空间群为 Cm。晶胞参数：a＝0.521 nm、b＝0.902 nm、c＝0.774 nm、β＝100.67°，Z＝2。X 射线粉晶衍射数据 d(Å)(I/I_{max}) 为 7.63(100)、3.87(100)、3.58(60)、3.18(50)、2.90(70)。晶体结构见图 2-1-155。

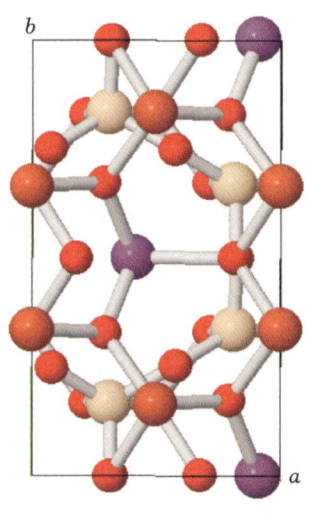
（a）（001）面上的投影

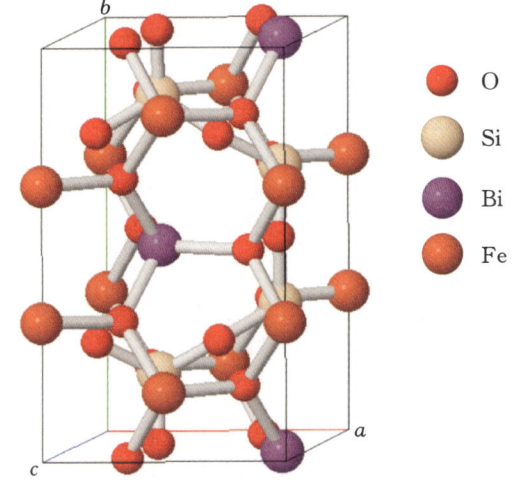
（b）[001]方向体视图

图 2-1-155　硅铁铋矿的晶体结构

【产状产地】

硅铁铋矿在页岩中成脉状。共生伴生的矿物有石英、毒砂、辉砷钴矿、玉髓等，主要产地有德国、捷克。

【主要用途】

硅铁铋矿在地质学、物理学、化学、材料学、环境科学、晶体学、矿物学等方面都有重要意义。

硅铝锑锰矿

【化学性质】

硅铝锑锰矿是一种含 Mn、Al、Sb、O 的[SiO_4]岛状基型硅酸盐类矿物,其晶体化学式为 $Mn_{13}Al_4Sb_2^{5+}[SiO_4]_2O_{20}$,主要成分为 Mn、Sb、Al、Si、O,类质同象替代成分有 Fe、Ca、Mg、H_2O。

化学成分中氧化物的质量分数为 MgO 3.63%、MnO 53.42%、Al_2O_3 10.83%、Fe_2O_3 2.53%、Sb_2O_5 21.86%、SiO_2 7.73%。

【结晶形态】

硅铝锑锰矿属于单斜晶系,斜方柱晶类,对称型为 $2/m$。晶体形态常呈扁平状、板状、粒状、块状(图 2-1-156)。主要单形有{111}、{011}、{131}、{010}、{1̄11}、{100}、{110}、{001}。

图 2-1-156 硅铝锑锰矿(瑞典)

【物理特征】

硅铝锑锰矿的颜色呈黑色、红棕色、橙色,薄片为半透明红色。条痕为红棕色。半透明、不透明。金属光泽、金刚光泽。色散较强,多色性呈强红棕色、深橙色。

二轴晶(一)。折射率为 Np=1.920、Nm=1.950、Ng=1.950,双折射率为 0.030。高的反射率,强的双反射。2V 小,为 0~5°。

{001}解理完全。性脆。断口呈不均匀、不平整的贝壳状。摩氏硬度为 5.5,相对密度为 4.56(测量)、4.65(计算)。

【晶体结构】

硅铝锑锰矿属于单斜晶系,空间群为 $C2/m$。晶胞参数:$a=0.562$ nm、$b=2.302$ nm、$c=0.908$ nm、$\beta=101.38°$,$Z=2$。X 射线粉晶衍射数据 d(Å)(I/I_{max})为 8.88(65)、4.43(45)、2.96(100)(图 2-1-157)。晶体结构(图 2-1-158)可能与羟锰矿有关。

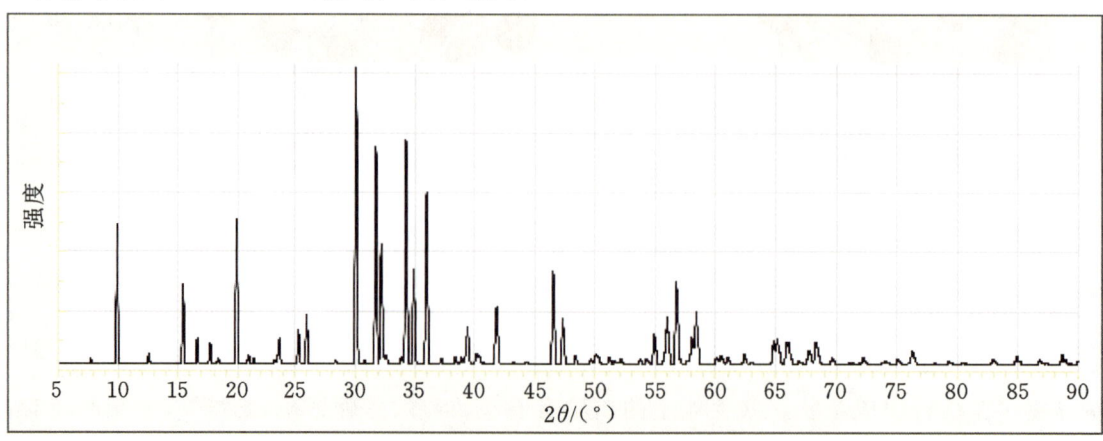

图 2-1-157 硅铝锑锰矿的 X 射线粉晶衍射图

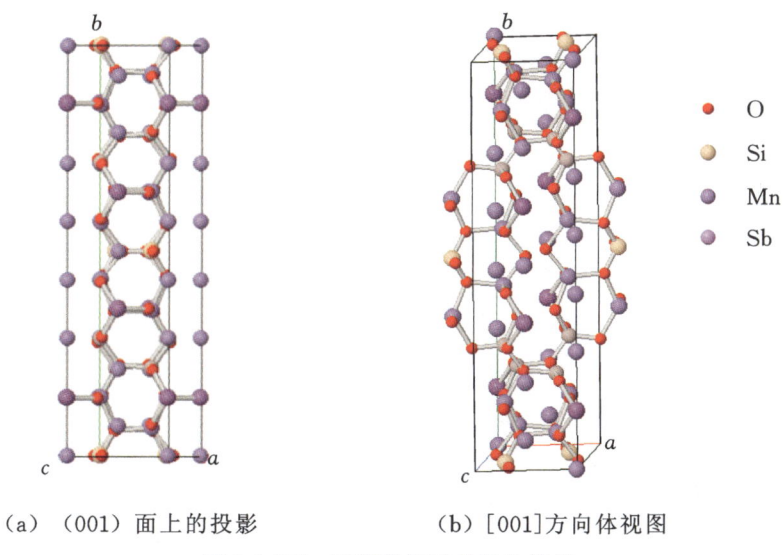

(a)（001）面上的投影　　（b）[001]方向体视图

图 2-1-158　硅铝锑锰矿的晶体结构

【产状产地】

硅铝锑锰矿产于变质灰岩中，共生伴生矿物有菱锰矿、磁铁矿、石榴石、斜硅锰矿等。主要产地有瑞典。

【主要用途】

硅铝锑锰矿在地质学、材料学、物理学、化学、环境科学、晶体学、矿物学、宝石学等方面都有重要应用。

硅锑锌锰矿

【化学性质】

硅锑锌锰矿是一种含 Mn、Zn、Sb、O 的[SiO_4]岛状基型硅酸盐类矿物，其晶体化学式为 $Mn_9^{2+}Zn_6Sb_2^{5+}[SiO_4]_4O_{12}$。主要成分为 Mn、Zn、Sb、Si、O，类质同象替代成分有 Fe。

化学成分中氧化物的质量分数为 MnO 37.76%、ZnO 28.89%、SiO_2 14.22%、Sb_2O_5 19.13%。

【结晶形态】

硅锑锌锰矿属于三斜晶系，单面晶类，对称型为 1。晶体形态呈很小六边形的薄片状（图 2-1-159）。依{023}成双晶、{010}成聚片双晶。

 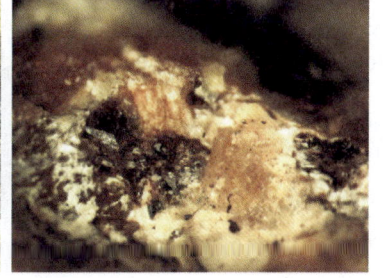

（a）硅锑锌锰矿（美国新泽西）　（b）硅锑锌锰矿（美国新泽西）

图 2-1-159　硅锑锌锰矿

【物理特征】

硅锑锌锰矿的颜色呈棕色、玫瑰红粉色。条痕为亮棕色。半透明。玻璃光泽、丝绢光泽。色散明显。

二轴晶（一）。折射率为 Np＝1.864、Nm＝1.895、Ng＝1.905，双折射率为 0.041。具高反射率和强的双反射率。2V＝52°（测量）、58°（计算）。

{100}解理完全。性脆。断口呈不平整、不均匀的贝壳状。摩氏硬度为 4，相对密度为 4.91～5.02（测量）、5.04（计算）。

【晶体结构】

硅锑锌锰矿属于三斜晶系，空间群为 $P\bar{1}$。晶胞参数：a＝0.560 nm、b＝1.160 nm、c＝0.906 nm，α＝92.17°、β＝100.90°、γ＝77.30°，Z＝1。X 射线粉晶衍射数据 d(Å)(I/I_{max})为 2.969(100)、2.782(60)、2.753(30)、2.587(60)、2.547(60)、2.474(60)、2.146(40)、1.916(40)、1.671(30)、1.621(30)、1.605(60)、1.583(40)、1.569(30)、1.489(30)、1.415(40)。硅锑锌锰矿的晶体结构（图 2-1-160）可能与羟锰矿物有关。

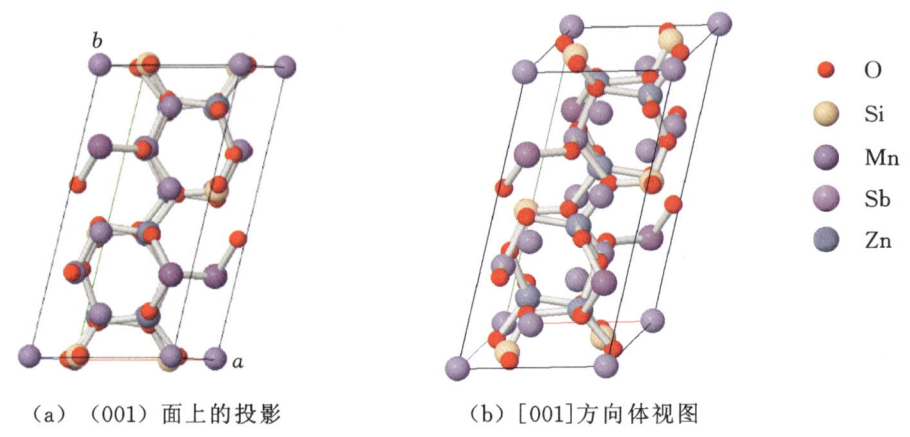

（a）（001）面上的投影　　（b）[001]方向体视图

图 2-1-160　硅锑锌锰矿的晶体结构

【产状产地】

硅锑锌锰矿产于变质风化锌锰矿床中，共生伴生矿物有硅锌矿。主要产地有美国（新泽西、富兰克林）、瑞典等。

【主要用途】

硅锑锌锰矿在地质学、材料学、物理学、化学、晶体学、矿物学等方面都有重要应用。

砷铍硅钙石

【化学性质】

砷铍硅钙石是一种含 Ca、Be、Ti、[AsO$_3$]的[SiO$_4$]岛状基型硅酸盐类矿物，其晶体化学式为 $Ca_3Be_2Ti[SiO_4]_2[AsO_3]_6$。主要成分为 Ca、Be、Ti、As、Si、O，类质同象替代成分有 Sn、Fe、Mn。

化学成分中氧化物的质量分数为 CaO 14.31%、TiO$_2$ 5.29%、BeO 4.73%、Al$_2$O$_3$ 1.45%、SiO$_2$ 11.36%、SnO$_2$ 1.42%、As$_2$O$_3$ 61.44%。

【结晶形态】

砷铍硅钙石属于三方晶系，复三方偏三角面体晶类，对称型为 $\bar{3}m$。晶体形态呈菱面体状、粒状、柱状等，集合体呈块状（图 2-1-161）。

【物理特征】

砷铍硅钙石的颜色为黄色、浅黄色、柠檬黄色。条痕为淡黄色。透明。玻璃光泽、半玻璃光泽。

一轴晶（一），有时为异常二轴晶。折射率为 No＝1.860、Ne＝1.830，双折射率为 0.030。2V＝0～17°。

{10$\bar{1}$1}菱面体解理完全。性脆。断口呈不规则、不平整的贝壳状。摩氏硬度为 6.5～7，相对密度为 3.70（测量），3.71（计算）。

（a）砷铍硅钙石（意大利）　　　（b）砷铍硅钙石（瑞士）　　　（c）砷铍硅钙石（瑞士）

图 2-1-161　砷铍硅钙石

【晶体结构】

砷铍硅钙石属于三方晶系，空间群为 $P\bar{3}c1$。晶胞参数：$a=0.836$ nm、$c=1.530$ nm，$Z=2$。X 射线粉晶衍射数据 d(Å)(I/I_{max}) 为 4.04(50)、3.84(50)、3.23(100)、2.41(60)、1.75(60)、1.57(70)、1.32(60)、1.15(70)（图 2-1-162）。砷铍硅钙石的晶体结构见图 2-1-163。

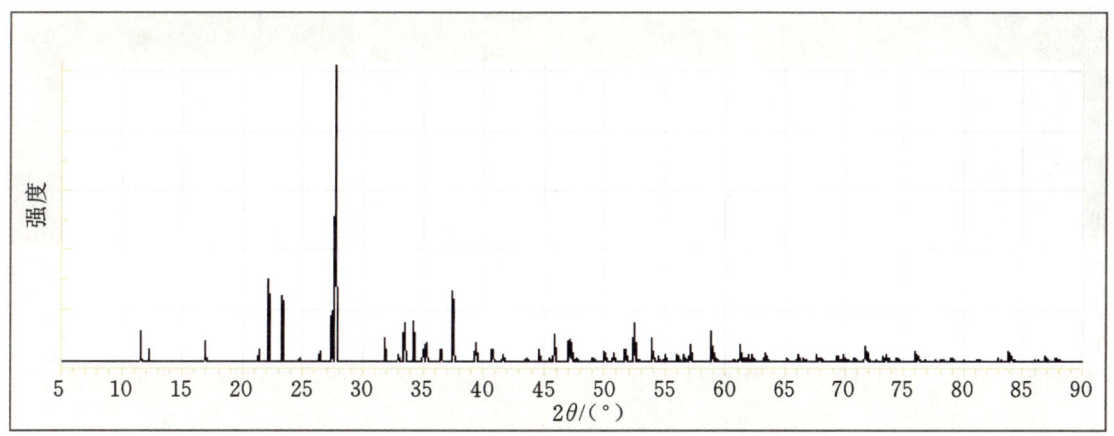

图 2-1-162　砷铍硅钙石的 X 射线粉晶衍射图

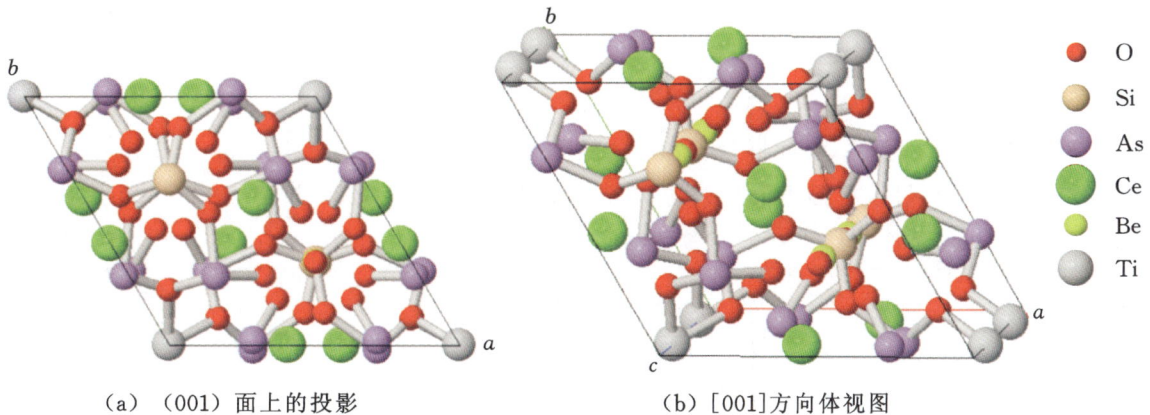

（a）(001) 面上的投影　　　　　　　（b）[001] 方向体视图

图 2-1-163　砷铍硅钙石的晶体结构

【产状产地】

砷铍硅钙石是产于片麻岩裂缝中，共生伴生矿物有石英、磁铁矿、赤铁矿、榍石、磷灰石、锐钛矿、蓝铜矿、黝铜矿、辉钼矿。主要产地有瑞士、意大利、英国、美国（华盛顿）等。

【主要用途】

砷铍硅钙石可以提取 Be，在地质学、材料学、物理学、化学、晶体学、矿物学等方面都有重要应用。

褐锌锰矿族

褐锌锰矿(hodgkinsonite)　　　　　　　　　　　　$MnZn_2[SiO_4](OH)_2$

褐锌锰矿

【化学性质】

褐锌锰矿是一种含 Mn、Zn、(OH)的$[SiO_4]$岛状基型硅酸盐类矿物,其晶体化学式为 $MnZn_2[SiO_4](OH)_2$。主要成分为 Mn、Zn、Si、H、O,类质同象替代成分有 Fe、Mg、Ca。

化学成分中氧化物的质量分数为 MnO 22.75%、ZnO 52.20%、SiO_2 19.27%、H_2O 5.78%。

【结晶形态】

褐锌锰矿属于单斜晶系,斜方柱晶类,对称型为 $2/m$。晶体形态呈尖锥状、短柱状、粒状、块状(图 2-1-164)。

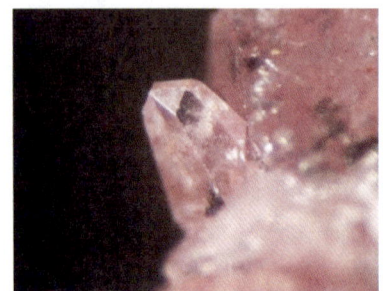

图 2-1-164　褐锌锰矿(美国新泽西)

【物理特征】

褐锌锰矿的颜色呈亮桃红色、浅粉红色、橙色、红棕色。条痕为白色。透明、半透明至不透明。玻璃光泽。色散中等,多色性明显:浅紫色、无色、浅紫色。荧光呈红色、淡粉色、暗紫色。

二轴晶(－)。折射率为 Np＝1.720,Nm＝1.741、Ng＝1.746。双折射率为 0.026。$2V=52°$。

解理清楚。性脆。断口呈不平整、不均匀的贝壳状。摩氏硬度为 4.5～5。相对密度为 3.91(测量)、4.06(计算)。

【晶体结构】

褐锌锰矿属于单斜晶系,空间群为 $P2_1/c$。晶胞参数:$a=1.176$ nm、$b=0.532$ nm、$c=0.818$ nm,$\beta=95.42°$,$Z=4$。X 射线粉晶主要衍射数据 d(Å)(I/I_{max})为 11.820(55)、2.965(80)、2.869(100)(图 2-1-165)。晶体结构(图 2-1-166)与粒硅锰矿-粒硅镁石族矿物相似。

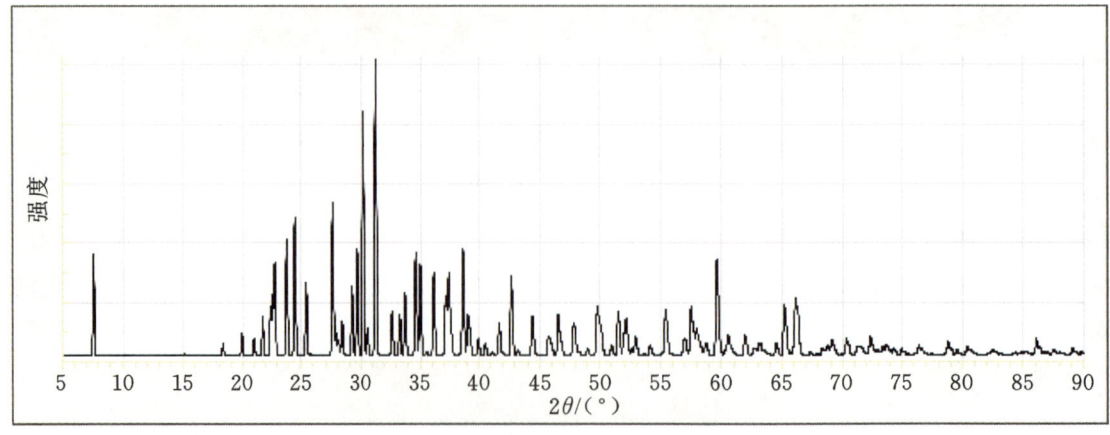

图 2-1-165　褐锌锰矿的 X 射线粉晶衍射图

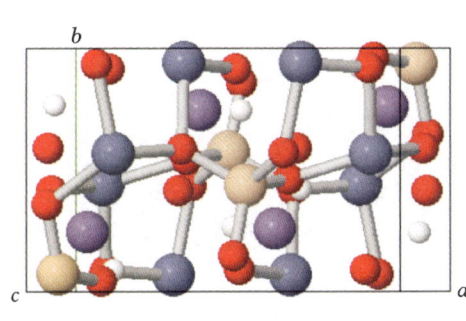 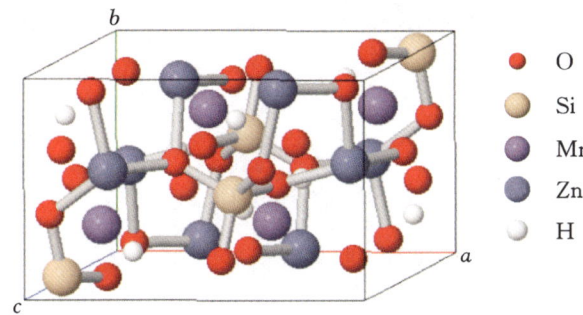

(a) (001)面上的投影　　　　　　(b) 在[001]方向体视图

图 2-1-166　褐锌锰矿的晶体结构

【产状产地】

褐锌锰矿产于含锰较高的变质石灰岩中(含有多种其他含锌和锰的矿物),共生伴生的矿物有锌锰矿、硅锌矿、锌尖晶石、重晶石、方解石、锰橄榄石等。主要产地有美国(新泽西、富兰克林)。

【主要用途】

褐锌锰矿在地质学、材料学、物理学、化学、晶体学、矿物学等方面都有一定意义。

粒硅锰矿-粒硅镁石族

粒硅锰矿(alleghanyite)	$Mn_5[SiO_4]_2(OH)_2$
硅锰矿(manganhumite)	$Mn_7[SiO_4]_3(OH)_2$
斜硅锰矿(sonolite)	$Mn_9[SiO_4]_4(OH)_2$
羟硅锰矿(leucophenicite)	$Mn_7[SiO_4]_2(OH)_2$
块硅镁石(norbergite)	$Mg_3[SiO_4]F_2$
粒硅镁石(chondrodite)	$Mg_5[SiO_4]_2F_2$
硅镁石(humite)	$Mg_7[SiO_4]_3F_2$
斜硅镁石(clinohumite)	$Mg_9[SiO_4]_4F_2$
布劳恩石(reinhardbraunsite)	$Ca_5[SO_4]_2(OH,F)_2$
罗道尔夫石(rondorfite)	$Ca_8Mg[SO_4]_4Cl_2$

粒硅锰矿

【化学性质】

粒硅锰矿是一种含 Mn、(OH)的[SiO_4]岛状基型硅酸盐类矿物,其晶体化学式为 $Mn_5[SiO_4]_2(OH)_2$。主要成分为 Mn、Si、H、O,类质同象替代成分有 Al、Fe、Ti、Mg、Ca、F。

化学成分中氧化物的质量分数为 MnO 71.96%、SiO_2 24.38%、H_2O 3.66%。

【结晶形态】

粒硅锰矿属于单斜晶系,斜方柱晶类,对称型为 $2/m$。晶体呈自形到半自形的粒状、短柱状、块状、层状、叶片细粒等(图 2-1-167)。可见双晶。

【物理特征】

粒硅锰矿的颜色呈白色、棕色、亮粉红色、灰粉红色、深粉红色、红棕色等。条痕为淡粉红色。透明至半透明。半玻璃光泽、树脂光泽、蜡状光泽、土状光泽。色散较弱。多色性也弱:棕色,浅棕色,无色。无荧光。

图 2-1-167 粒硅锰矿(美国新泽西)

二轴晶(一)。折射率为 Np=1.756、Nm=1.780、Ng=1.792，双折射率为 0.036。$2V=72°$（测量）、$68°$（计算）。

解理较差。性脆。断口呈不规则、不平整的贝壳状、半贝壳状。摩氏硬度为 5.5～6，相对密度为 3.93～4.02（测量）、3.96（计算）。

【晶体结构】

粒硅锰矿属于单斜晶系，空间群为 $P2_1/b$。晶胞参数：$a=0.827$ nm、$b=0.485$ nm、$c=1.072$ nm，$\beta=104.64°$，$Z=2$。X 射线粉晶衍射数据 d(Å)(I/I_{max})为 3.10(100)、2.84(70)、2.75(40)、2.70(40)、2.59(40)、2.33(50)、1.79(60)（图 2-1-168），粒硅锰矿晶体结构见图 2-1-169。

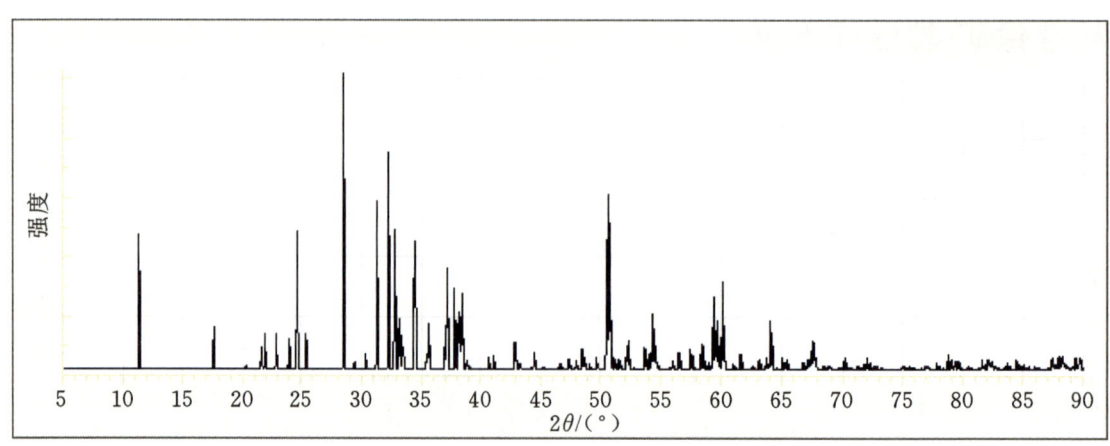

图 2-1-168 粒硅锰矿的 X 射线粉晶衍射图

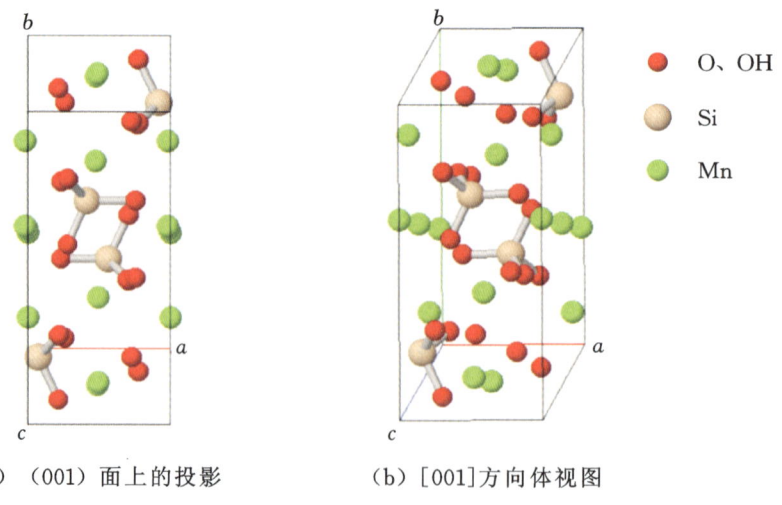

(a) (001)面上的投影　　(b) [001]方向体视图

图 2-1-169 粒硅锰矿的晶体结构

与粒硅锰矿有相同晶体结构的矿物有粒硅镁石、硅镁石、斜硅镁石、块硅镁石、羟粒硅镁石、羟斜硅镁石、羟硅锰石、斜锰硅石、硅锰石、布劳恩石。

【产状产地】

粒硅锰矿产于锰矿床中，常与锰白云石、方解石、锰铝榴石、蔷薇辉石、锰尖晶石共生和伴生。主要产地有美国（新泽西、北卡罗来纳）等。

【主要用途】

粒硅锰矿在地质学、材料学、物理学、化学、晶体学、矿物学等方面都有应用。

硅锰矿

【化学性质】

硅锰矿是一种含 Mn、(OH) 的 [SiO_4] 岛状基型硅酸盐类矿物，其晶体化学式为 $Mn_7[SiO_4]_3(OH)_2$。主要成分为 Mn、Si、H、O，类质同象替代成分有 Mg、Fe、Ti、Al、Ca、F、P、H_2O。

化学成分中氧化物的质量分数为 MgO 11.00%、MnO 58.08%、SiO_2 28.21%、H_2O 2.81%。

【结晶形态】

硅锰矿属于斜方晶系，斜方双锥晶类，对称型为 mmm。晶体形态呈粒状、柱状等（图 2-1-170）。

(a) 硅锰矿（美国）

(b) 硅锰矿（瑞典）

(c) 硅锰矿（瑞典）

图 2-1-170　硅锰矿（瑞典）

【物理特征】

硅锰矿的颜色呈棕色、棕橙色、浅橙色。条痕为白色。透明至半透明。玻璃光泽。色散弱，多色性。

二轴晶（+）。折射率为 Np=1.707、Nm=1.712、Ng=1.723，双折射率为 0.016。2V=37°（测量）、70°（计算）。

{010} 解理完全。性脆。断口呈不均匀、不平整的贝壳状。摩氏硬度为 4，相对密度为 3.83（测量）、3.90（计算）。

【晶体结构】

硅锰矿属于斜方晶系，空间群为 $Pbnm$。晶胞参数：$a=1.054$ nm、$b=2.145$ nm、$c=0.482$ nm，$Z=4$。X 射线粉晶主要衍射数据 d(Å)(I/I_{max}) 为 3.393(89)、2.513(79)、1.782(100)。晶体结构见图 2-1-171。

与硅锰矿有相同晶体结构的矿物有粒硅镁石、硅镁石、斜硅镁石、块硅镁石、羟粒硅镁石、羟斜硅镁石、羟硅锰石、斜锰硅石、布劳恩石。

【产状产地】

硅锰矿是产于矽卡岩晚期的矿物，形成于锰矿石层间的再结晶灰岩带中。主要产地有英国、瑞典。

【主要用途】

硅锰矿在地质学、材料学、物理学、化学、晶体学、矿物学等方面都有重要应用。

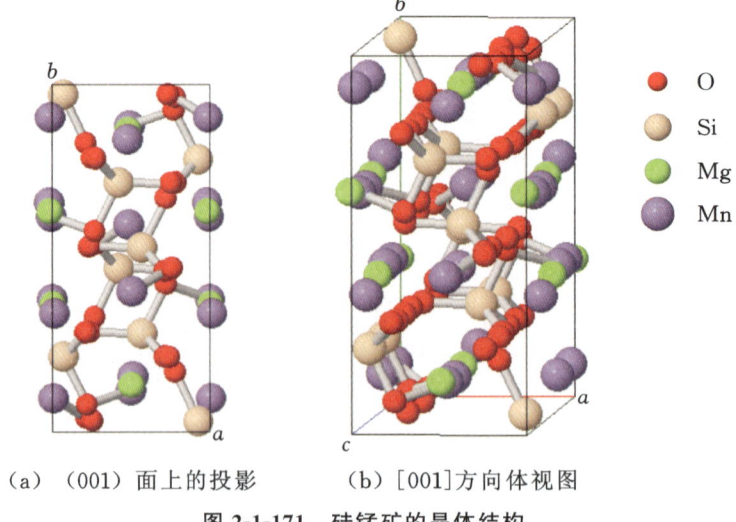

(a) (001)面上的投影　　(b) [001]方向体视图

图 2-1-171　硅锰矿的晶体结构

斜硅锰矿

【化学性质】

斜硅锰矿是一种含 Mn、(OH)的[SiO_4]岛状基型硅酸盐类矿物,其晶体化学式为 $Mn_9[SiO_4]_4(OH)_2$。主要成分为 Mn、Si、H、O,类质同象替代成分有 Fe、Mg、Ca、Ti、Al、F、C、H_2O。

化学成分中氧化物的质量分数为 MnO 57.65%、MgO 12.69%、CaO 1.11%、FeO 0.10%、SiO_2 28.45%。

【结晶形态】

斜硅锰矿属于单斜晶系,斜方柱晶类,对称型为 $2/m$。晶体形态呈粒状、块状、柱状等(图 2-1-172)。集合体呈块状。

(a) 斜硅锰矿(瑞典)　　(b) 斜硅锰矿(奥地利)　　(c) 斜硅锰矿(美国新泽西)

图 2-1-172　斜硅锰矿

【物理特征】

斜硅锰矿的颜色呈深棕色、深红棕色、粉红棕色、红橙色。条痕为淡的微红色。透明至半透明。玻璃光泽、土状光泽。色散弱,多色性弱。

二轴晶(一)。折射率为 Np=1.765、Nm=1.778、Ng=1.787,双折射率为 0.022。2V=75°~82°(测量),78°(计算)。

解理不清楚。性脆。断口呈不规则、不平整的贝壳状。摩氏硬度为 5.5,相对密度为 3.82(测量)、4.07(计算)。

【晶体结构】

斜硅锰矿属于单斜晶系,空间群为 $P2_1/a$。晶胞参数:a=1.067 nm、b=0.487 nm、c=1.431 nm、

$\beta=100.57°$, $Z=2$。X 射线粉晶衍射数据 $d(\text{Å})(I/I_{max})$ 为 2.869(100)、2.651(70)、1.743(100)（图 2-1-173）。斜硅锰矿的晶体结构见图 2-1-174。

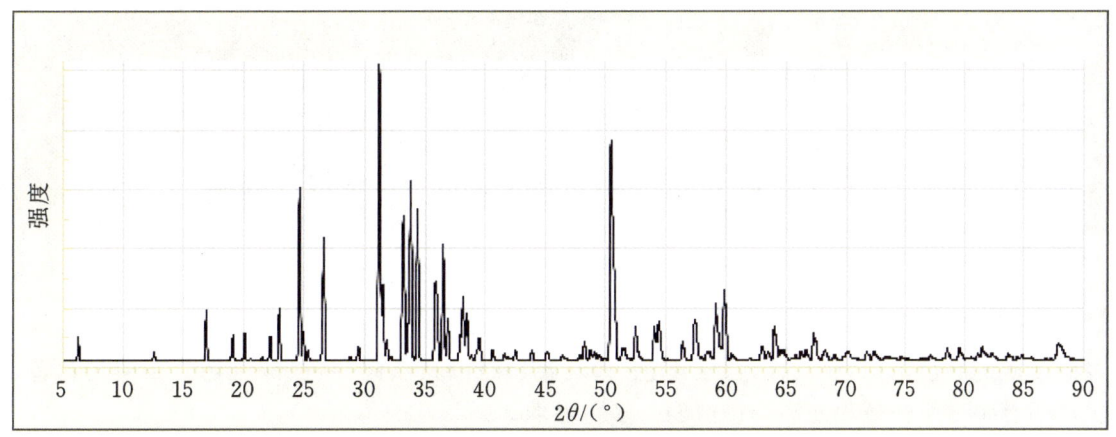

图 2-1-173　斜硅锰矿的 X 射线粉晶衍射图

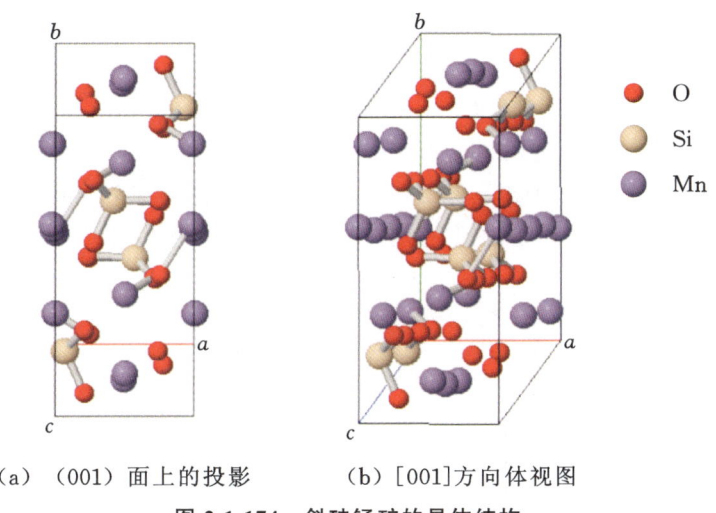

（a）（001）面上的投影　　（b）[001]方向体视图

图 2-1-174　斜硅锰矿的晶体结构

与斜硅锰矿有相同晶体结构的矿物有粒硅镁石、硅镁石、斜硅镁石、块硅镁石、羟粒硅镁石、羟斜硅镁石、羟硅锰石、布劳恩石。

【产状产地】

斜硅锰矿产于变质的富锰矿床中。主要产地有美国（北卡罗来纳、新泽西）、奥地利、瑞典、日本等。

【主要用途】

斜硅锰矿在地质学、材料学、物理学、化学、晶体学、矿物学等方面都有重要应用。

羟硅锰矿

【化学性质】

羟硅锰矿是一种含 Mn、(OH)的[SiO_4]岛状基型硅酸盐类矿物，其晶体化学式为 $Mn_7[SiO_4]_2(OH)$。主要成分为 Mn、Si、O、H，类质同象替代成分有 Fe、Mg。

化学成分中氧化物的质量分数为 MnO 71.47%、SiO_2 25.94%、H_2O 2.59%。

【结晶形态】

羟硅锰矿属于单斜晶系，斜方柱晶类，对称型为 $2/m$。晶体形态呈粒状、柱状、层块状，为大块均匀体（图 2-1-175）。晶体表面、解理面上的条纹成平行线。

图 2-1-175　羟硅锰矿(美国新泽西)

【物理特征】

羟硅锰矿的颜色呈棕色、红棕色、紫红色、浅红色、深红粉色、肉棕色、深红色。条痕为白色、淡粉红色。透明至半透明。玻璃光泽。色散弱。多色性弱。

二轴晶(一)。折射率为 Np=1.751、Nm=1.771、Ng=1.782,双折射率为 0.031。

{001}解理不清楚。性脆。断口呈不规则、不平整的贝壳状。摩氏硬度为 5.5~6,相对密度为 3.8(测量)、4.01(计算)。

【晶体结构】

羟硅锰矿属于单斜晶系,空间群为 $P2_1/a$。晶胞参数:$a=1.084$ nm、$b=0.483$ nm、$c=1.132$ nm,$\beta=103.93°$,$Z=2$。X 射线粉晶衍射数据 $d(\text{Å})(I/I_{max})$ 为 5.230(30)、4.360(50)、3.610(50)、3.270(35)、2.877(90)、2.684(80)、2.620(40)、2.441(40)、2.365(50)、1.806(100)、1.708(40)、1.701(40)、1.571(40)、1.564(40)(图 2-1-176)。晶体结构见图 2-1-177。

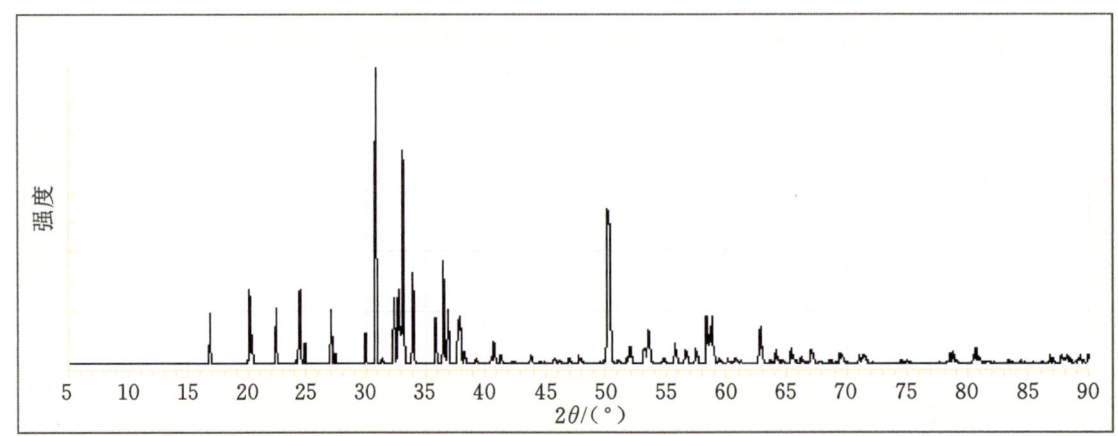

图 2-1-176　羟硅锰矿的 X 射线粉晶衍射图

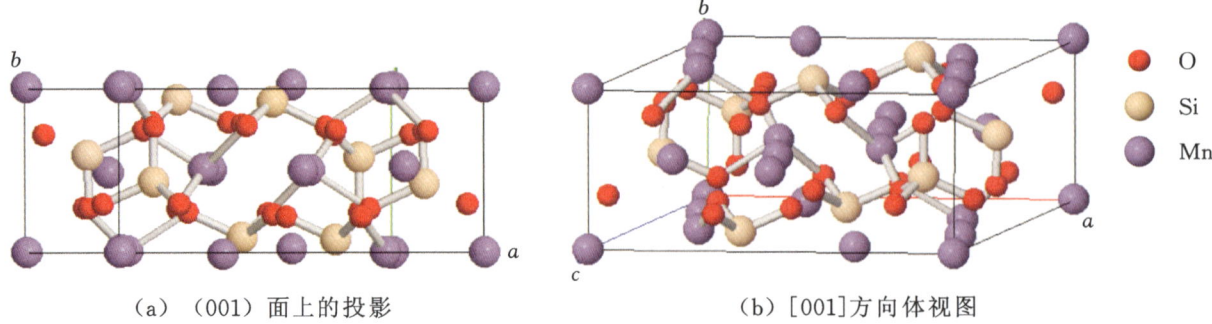

(a) (001)面上的投影　　　　　　(b) [001]方向体视图

图 2-1-177　羟硅锰矿的晶体结构

与羟硅锰矿有相同晶体结构的矿物有粒硅镁石、硅镁石、斜硅镁石、块硅镁石、羟粒硅镁石、羟斜硅镁石、布劳恩石。

【产状产地】

羟硅锰矿产于变质锰矿床中,与深红色、粉红色菱锰矿共生。主要产地有南非、美国(新泽西)等。

【主要用途】

羟硅锰矿在地质学、材料学、物理学、化学、环境科学、晶体学、矿物学、宝石学等方面都有重要应用。

块硅镁石

【化学性质】

块硅镁石是一种含 Mg、F 的[SiO_4]岛状基型硅酸盐类矿物,其晶体化学式为$Mg_3[SiO_4]F_2$。主要成分为 Mg、Si、O、F,类质同象替代成分有 Al、Fe、Mn、Zn、Ti、Ca、H_2O。

化学成分中元素(氧化物)的质量分数为 MgO 56.86%、SiO_2 26.80%、H_2O 2.23%、F 14.11%。

【结晶形态】

块硅镁石属于斜方晶系,斜方双锥晶类,对称型为 mmm。晶体形态呈粒状、柱状、块状等(图 2-1-178)。

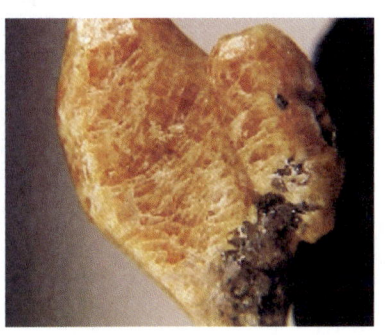

图 2-1-178　块硅镁石(美国新泽西)

【物理特征】

块硅镁石的颜色呈白色、橙色、黄色、棕色、红色。条痕为白色。透明至半透明。半玻璃光泽、蜡状光泽、油脂光泽。色散从弱至强,多色性明显。

二轴晶(+)。折射率为 Np=1.563~1.567、Nm=1.567~1.579、Ng=1.590~1.593,双折射率为 0.027。2V=44°~50°(测量)。

解理不清楚。性脆。断口呈不规则、不均匀的半贝壳状。摩氏硬度为 6~6.5,相对密度为 3.18(测量)、3.186(计算)。

【晶体结构】

块硅镁石属于斜方晶系,空间群为 $Pnma$。晶胞参数:a=0.875 nm、b=0.471 nm、c=1.027 nm,Z=4。X 射线粉晶衍射数据 d(Å)(I/I_{max})为 4.371(30)、3.227(25)、3.058(100)、2.639(75)、2.408(35)、2.337(35)、2.255(70)、2.230(80)、1.736(30)、1.724(50)、1.476(45)(图 2-1-179)。晶体结构见图 2-1-180。

与块硅镁石晶体结构相同的矿物有:粒硅锰矿、粒硅镁石、硅镁石、斜硅镁石、羟粒硅镁石、羟斜硅镁石、羟硅锰矿、硅锰矿、斜硅锰矿、布劳恩石。

【产状产地】

块硅镁石产于酸性侵入岩同白云岩接触带的交代变质岩中。主要产地有芬兰、缅甸、瑞典、美国(新泽西)等。

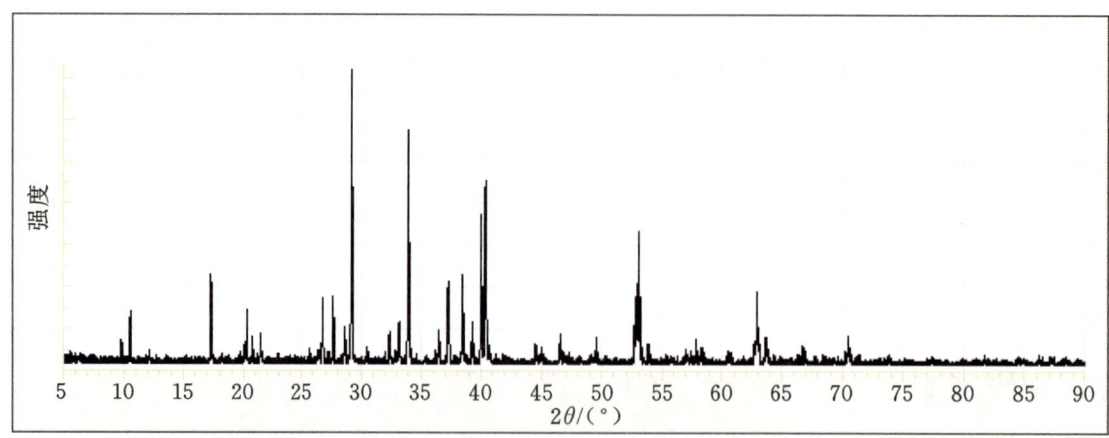

图 2-1-179　块硅镁石的 X 射线粉晶衍射图

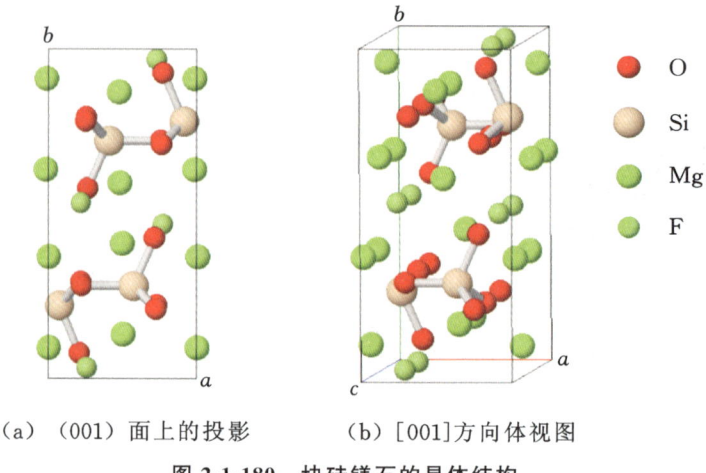

(a) (001) 面上的投影　　(b) [001] 方向体视图

图 2-1-180　块硅镁石的晶体结构

【主要用途】

块硅镁石在地质学、材料学、物理学、化学、环境科学、晶体学、矿物学、宝石学等方面都有重要应用。

粒硅镁石

【化学性质】

粒硅镁石是一种含 Mg、F 的 $[SiO_4]$ 岛状基型硅酸盐类矿物，其晶体化学式为 $Mg_5[SiO_4]_2F_2$。主要成分为 Mg、Si、O、F，类质同象替代成分 Al、Mn、Ti、OH。

化学成分中元素(氧化物)的质量分数为 MgO 36.41%、$(Mg,Fe)_5$ 23.50%、SiO_2 31.45%、H_2O 1.18%、F 7.46%。

【结晶形态】

粒硅镁石属于单斜晶系，斜方柱晶类，对称型为 $2/m$。晶体形态呈结晶颗粒较小，结晶较好，在岩浆岩中成块状、粒状(图 2-1-181)。可见 {001} 双晶。

【物理特征】

粒硅镁石的颜色呈黄色、橙色、棕色、浅红色、绿白色。条痕为灰白色、淡黄色。透明至半透明。玻璃光泽、油脂光泽。色散中等至强。多色性明显：无色、淡黄色、棕黄色，无色、黄绿色，无色、淡绿色。

(a)粒硅镁石(芬兰)

(b)粒硅镁石(意大利)

(c)粒硅镁石(意大利)

(d)粒硅镁石的结晶形态

图 2-1-181 粒硅镁石

二轴晶(+)。折射率为 Np=1.592～1.643、Nm=1.602～1.655、Ng=1.619～1.675,双折射率为 0.027～0.032。$2V=64°$～$90°$(测量)、$76°$～$78°$(计算)。

{100}解理不完全。性脆。断口呈不规则、不均匀的贝壳状。摩氏硬度为 6～6.5,相对密度为 3.16～3.26(测量)、3.18(计算)。

【晶体结构】

粒硅镁石属于单斜晶系,空间群为 $P2_1/c$。晶胞参数:$a=0.785$ nm、$b=0.474$ nm、$c=1.028$ nm,$β=109.09°$,$Z=2$。X 射线粉晶衍射数据 d(Å)(I/I_{max})为 4.841(30)、3.562(35)、3.479(25)、3.384(30)、3.020(45)、2.758(35)、2.667(30)、2.617(30)、2.510(45)、2.320(30)、2.288(35)、2.258(100)、1.740(70)(图 2-1-182)。晶体结构见图 2-1-183。

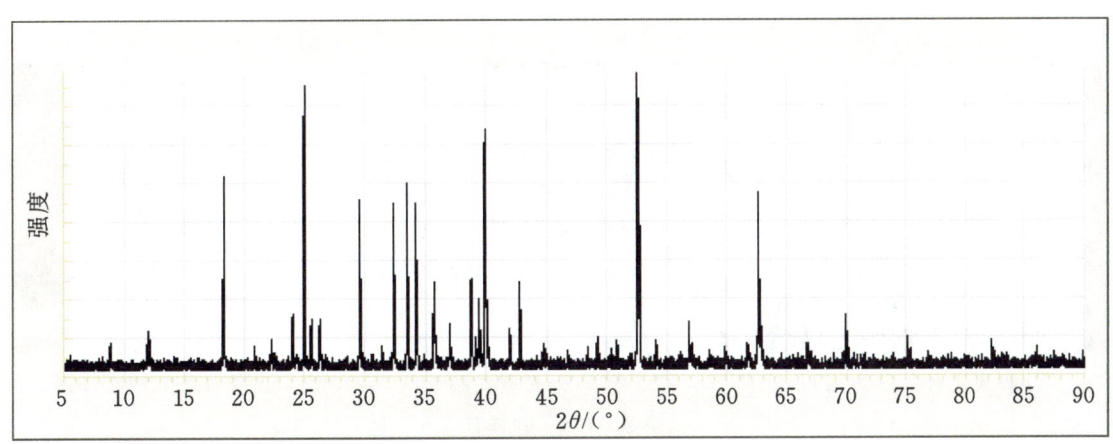

图 2-1-182 粒硅镁石的 X 射线粉晶衍射图

与粒硅镁石有相同晶体结构的矿物有:粒硅锰矿、硅镁石、斜硅镁石、羟粒硅镁石、羟斜硅镁石、羟硅锰石、硅锰矿、斜硅锰矿、布劳恩石。

【产状产地】

粒硅镁石产于接触变质岩,与硼钛镁石共生。主要产地有芬兰、南非、美国(亚利桑那、纽约)。

【主要用途】

粒硅镁石在地质学、材料学、物理学、化学、环境科学、晶体学、矿物学、宝石学等方面都有重要应用。

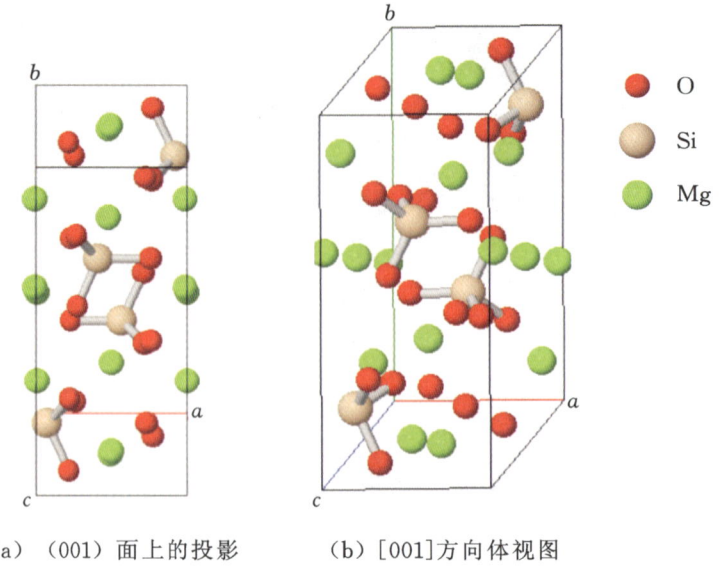

(a)（001）面上的投影　　　（b）[001]方向体视图

图 2-1-183　粒硅镁石的晶体结构

硅镁石

【化学性质】

硅镁石是一种含 Mg、F 的[SiO$_4$]岛状基型硅酸盐类矿物，其晶体化学式为 Mg$_7$[SiO$_4$]$_3$F$_2$。主要成分为 Mg、Si、O、F，类质同象替代成分有 Fe、Ti、Al、Mn、Ca、OH。

化学成分中元素（氧化物）的质量分数为 MgO 39.29%、FeO 23.34%、SiO$_2$ 33.47%、H$_2$O 0.84%、F 5.29%。

【结晶形态】

硅镁石属于斜方晶系，斜方双锥晶类，对称型为 mmm。晶体形态呈粒状、柱状、厚板状、块状等（图 2-1-184）。

（a）硅镁石（意大利）　　　（b）硅镁石（意大利）　　　（c）硅镁石（美国新泽西）

图 2-1-184　硅镁石

【物理特征】

硅镁石的颜色呈白色、黄色、棕色、深橙色。条痕为白色。透明至半透明。玻璃光泽、半玻璃光泽、油脂光泽。色散弱。多色性明显：淡金黄色或深金黄色，淡黄色或无色，金黄色或淡黄色。

二轴晶（+）。折射率为 Np=1.607～1.643、Nm=1.619～1.653、Ng=1.639～1.675，双折射率为 0.032。2V=68°～81°（测量）、70°～78°（计算）。

{001}解理不完全。性脆。断口呈不规则、不平整的贝壳状。摩氏硬度为 6～6.5，相对密度为 3.20～3.32（测量）、3.20（计算）。

【晶体结构】

硅镁石属于斜方晶系，空间群为 $Pnma$。晶胞参数：$a=0.474$ nm、$b=1.027$ nm、$c=2.087$ nm，$Z=4$。X 射线粉晶衍射数据 $d(\text{Å})(I/I_{\max})$ 为 3.640(50)、3.453(30)、3.312(30)、2.744(30)、2.691(50)、2.572(40)、2.443(30)、2.438(70)、2.256(100)、2.251(35)、2.107(40)、1.739(65)（图 2-1-185）。晶体结构见图 2-1-186。

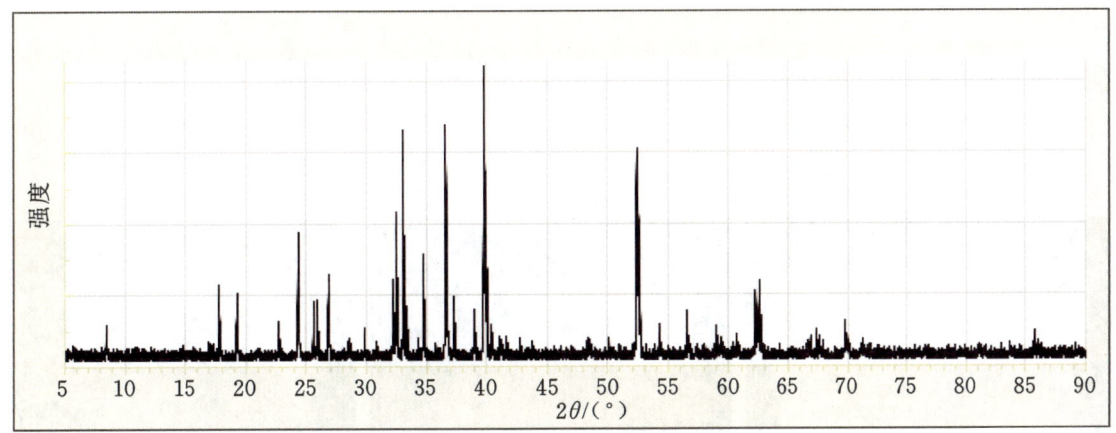

图 2-1-185　硅镁石的 X 射线粉晶衍射图

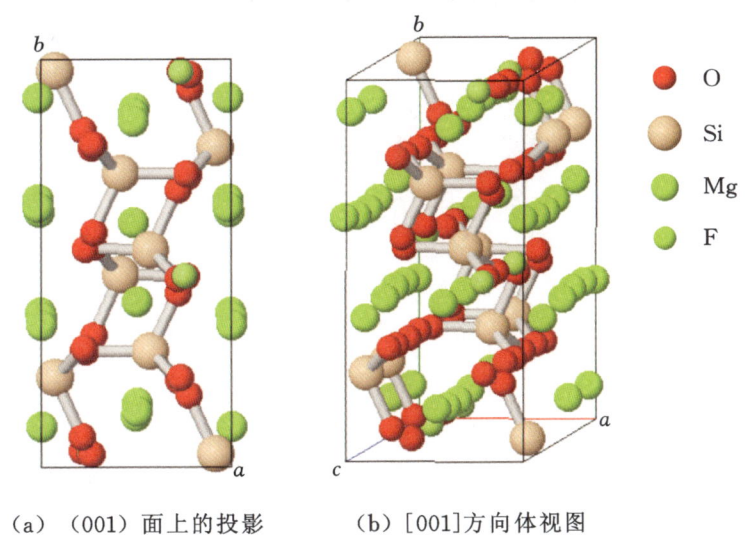

（a）（001）面上的投影　　（b）[001]方向体视图

图 2-1-186　硅镁石的晶体结构

硅镁石系列矿物的化学通式为 $[Mg_2SiO_4]_n \cdot Mg(OH,F)_2$，其中 $n=1,2,3,4$，为氢氧镁石与橄榄石层的层数。

与硅镁石有相同晶体结构的矿物有粒硅锰矿、羟硅锰矿、硅锰矿、斜硅锰矿、粒硅镁石、羟粒硅镁石、羟斜硅镁石、块硅镁石、布劳恩石。

【产状产地】

硅镁石、斜硅镁石和粒硅镁石相互共生，成因产状类似。主要产地有意大利、英国、捷克、阿富汗等。

【主要用途】

硅镁石在地质学、材料学、物理学、化学、晶体学、矿物学等方面都有一定意义。

斜硅镁石

【化学性质】

斜硅镁石是一种含 Mg、F 的[SiO_4]岛状基型硅酸盐类矿物,其晶体化学式为 $Mg_9[SiO_4]_4F_2$。主要成分为 Mg、Si、O、F,类质同象替代成分有 Fe、Ti、Al、Mn、Ca、OH。

化学成分中元素(氧化物)的质量分数为 MgO 37.41%、FeO 23.26%、SiO_2 34.58%、H_2O 0.65%、F 4.10%。

【结晶形态】

斜硅镁石属于单斜晶系,斜方柱晶类,对称型为 $2/m$。晶体形态呈粒状、短柱状、块状等(图 2-1-187)。还可为颗粒状集合体。常见聚片双晶。

(a) 斜硅镁石(马达加斯加)　　(b) 斜硅镁石(塔吉克斯坦)　　(c) 斜硅镁石(意大利)

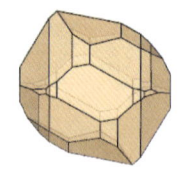
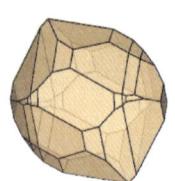

(d) 斜硅镁石的晶体形态

图 2-1-187　斜硅镁石

【物理特征】

斜硅镁石的颜色呈橙色、棕色、褐色、黄色、红色、白色等。条痕为白色。透明至半透明。玻璃光泽。色散弱。多色性明显:棕黄色或淡金黄色,淡黄色、绿黄色或无色,淡黄色或无色。长波紫外光下有的显弱橙色荧光。

二轴(+)。折射率为 Np=1.623~1.702、Nm=1.636~1.709、Ng=1.651~1.728,双折射率为 0.026~0.028。$2V=52°~90°$(测量)、$64°~88°$(计算)。

{001}解理不完全。性脆。断口呈不规则、不均匀的贝壳状。摩氏硬度为 6,相对密度为 3.21~3.35(测量)、3.50(计算)。

【晶体结构】

斜硅镁石属于单斜晶系,空间群为 $P2_1/c$。晶胞参数:$a=1.371$ nm、$b=0.475$ nm、$c=1.029$ nm、$\beta=100.83°$,$Z=2$。X 射线粉晶衍射数据 d(Å)(I/I_{max})为 5.020(70)、3.700(70)、1.740(100)(图 2-1-188)。晶体结构见图 2-1-189。

与斜硅镁石晶体结构相同的矿物有:粒硅锰矿、硅镁石、羟粒硅镁石、羟斜硅镁石、粒硅镁石、羟硅锰石、硅锰矿、斜硅锰矿、布劳恩石。

【产状产地】

斜硅镁石产于接触交代变质带中,与硅镁石形成互层,常与其他硅镁石族矿物共生。主要产地有

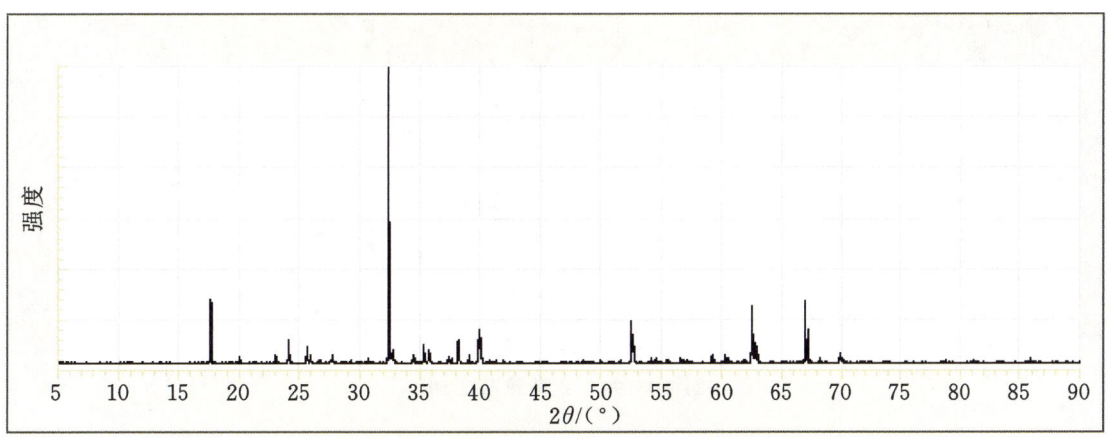

图 2-1-188　斜硅镁石的 X 射线粉晶衍射图

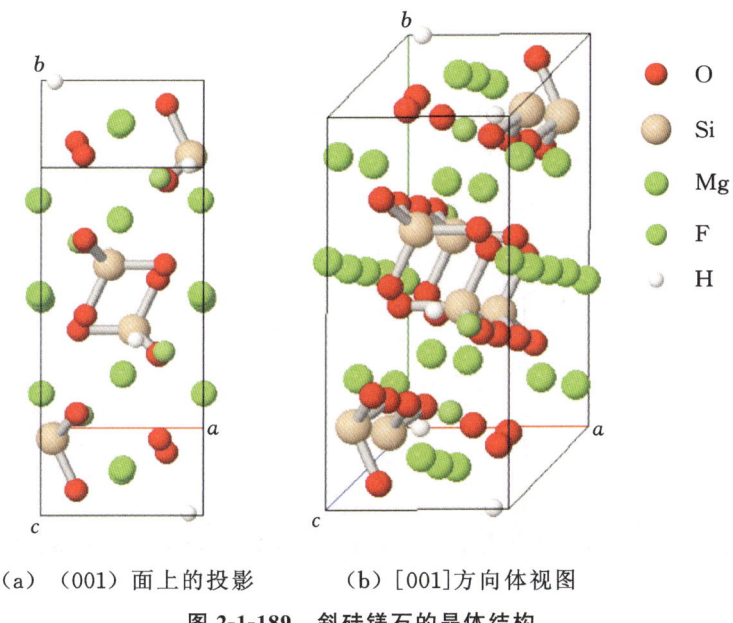

（a）（001）面上的投影　　（b）[001]方向体视图

图 2-1-189　斜硅镁石的晶体结构

意大利、塔吉克斯坦、阿富汗、加拿大、西班牙、美国、俄罗斯(西伯利亚)等。

【主要用途】

斜硅镁石在地质学、物理学、化学、材料学、晶体学、矿物学、宝石学等方面都有重要应用。

布劳恩石

【化学性质】

布劳恩石是含 Ca、(OH)、F 的[SiO_4]岛状基型硅酸盐类矿物,其晶体化学式为 $Ca_5[SiO_4]_2(OH,F)_2$。主要成分为 Ca、Si、O、H、F,类质同象替代成分有 H_2O、F、P 等。

化学成分中元素(氧化物)的质量分数为 CaO 65.88%、SiO_2 28.64%、H_2O 3.22%、F 2.26%。

【结晶形态】

布劳恩石属于单斜晶系,斜方柱晶类,对称型为 $2/m$。晶体形态呈粒状、短柱状、块状(图 2-1-190)。

【物理特征】

布劳恩石的颜色呈淡粉红色。条痕为白色。透明。玻璃光泽。色散弱,多色性弱。

二轴晶(−)。折射率为 Np＝1.606、Nm＝1.617、Ng＝1.620,双折射率为 0.014。2V＝44°～50°

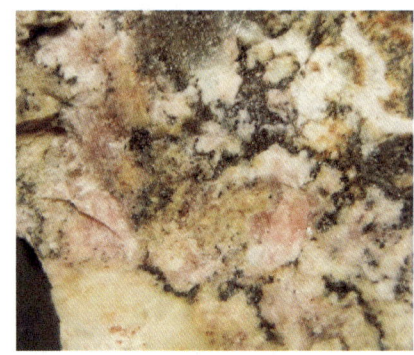
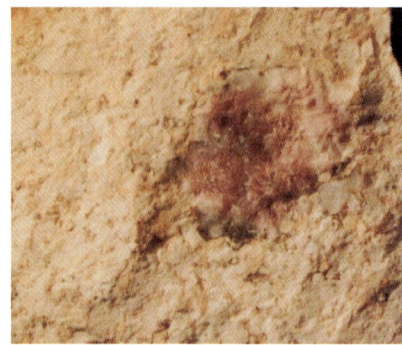
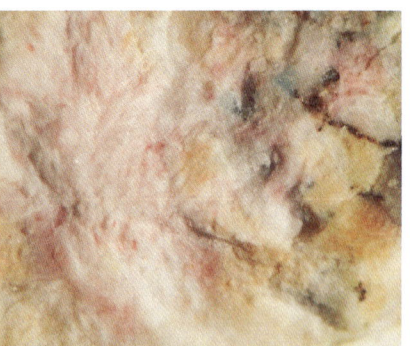

图 2-1-190 布劳恩石（德国）

（测量）、54°（计算）。

{110}解理中等。性脆。断口呈不均匀、不平整的贝壳状。摩氏硬度为 5～6，相对密度为 2.84（测量）、2.88（计算）。

【晶体结构】

布劳恩石属于单斜晶系，空间群为 $P2_1/b$。晶胞参数：$a=1.146$ nm、$b=0.505$ nm、$c=0.884$ nm、$\beta=108.91°$，$Z=2$。X 射线粉晶衍射数据 $d(\text{Å})(I/I_{\max})$ 为 3.335(80)、2.903(75)、1.902(100)（图 2-1-191）。

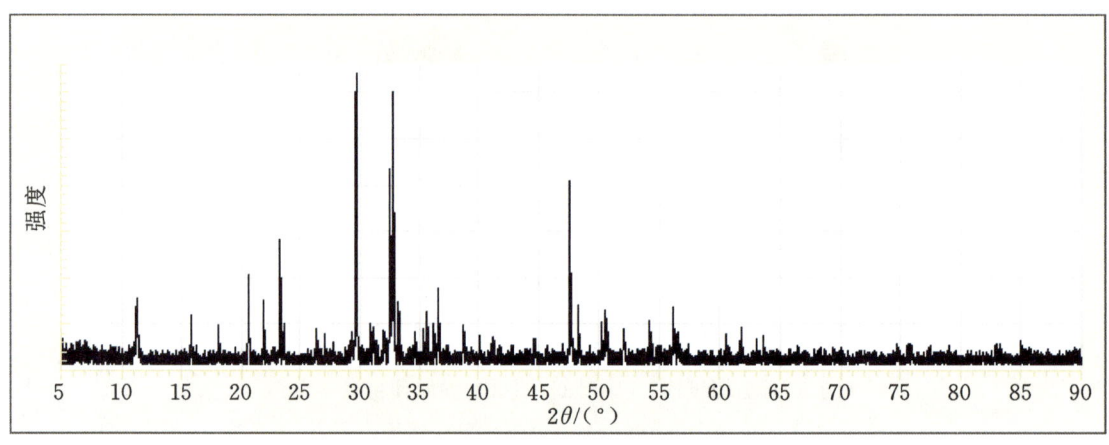

图 2-1-191 布劳恩石的 X 射线粉晶衍射图

与布劳恩石有相同晶体结构的矿物有：粒硅锰矿、粒硅镁石、硅镁石、斜硅镁石、羟粒硅镁石、羟斜硅镁石、羟硅锰石、硅锰矿、斜硅锰矿。

【产状产地】

布劳恩石产于接触交代变质的富钙捕虏体中。主要产地为德国。

【主要用途】

布劳恩石在地质学、物理学、化学、晶体学、矿物学等方面都有一定意义。

罗道尔夫石

【化学性质】

罗道尔夫石是含 Ca、Mg、Cl 的 $[SiO_4]$ 岛状基型硅酸盐类矿物，晶体化学式为 $Ca_8Mg[SiO_4]_4Cl_2$，主要成分为 Ca、Mg、Si、O、Cl，类质同象替代成分有 Fe、Mn 等。

化学成分中元素（氧化物）的质量分数为 Na_2O 0.08%、CaO 56.12%、MgO 4.58%、TiO_2 0.10%、Al_2O_3 0.39%、FeO 0.55%、SiO_2 31.01%、H_2O 0.33%、Cl 6.84%。

【结晶形态】

罗道尔夫石属于等轴晶系,偏方复十二面体晶类,对称型为 $m3$。晶体形态呈颗粒状(图 2-1-192)。

图 2-1-192　罗道尔夫石(德国)

【物理特征】

罗道尔夫石的颜色呈橙色、棕色、橙棕色、棕黄色、绿色等。条痕为浅黄色。透明。玻璃光泽。色散弱,多色性弱。

等轴晶系,均质体。折射率为 $N=1.67$。

解理不清楚。性脆。断口呈不均匀、不平整的贝壳状。摩氏硬度为 5~6,相对密度为 3.03(测量)、3.03(计算)。

【晶体结构】

罗道尔夫石属于等轴晶系,空间群为 $Fd3$。晶胞参数:$a=1.509$ nm,$Z=8$。X 射线粉晶衍射数据 $d(Å)(I/I_{max})$ 为 2.901(40)、2.666(100)、1.964(30)、1.885(30)、1.777(30)、1.540(50)、1.496(30)。晶体结构见图 2-1-193。

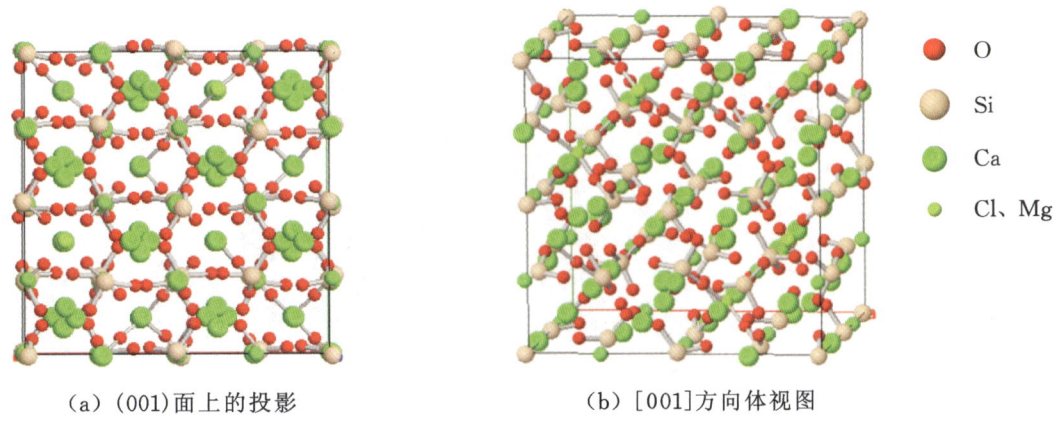

(a) (001)面上的投影　　　　(b) [001]方向体视图

图 2-1-193　罗道尔夫石的晶体结构

【产状产地】

罗道尔夫石产于火山岩及其捕虏体中,共生矿物有托勃莫来石、铁铝榴石、石英、羟钙石、镁橄榄石系列、磁铁矿、硅灰石、水铝钙石、赤铁矿、钙矾石、硅磷灰石、枪晶石、氯镁石、白榴石等。主要产地有德国、俄罗斯等。

【主要用途】

罗道尔夫石在地质学、物理学、化学、晶体学、矿物学方面都有重要意义。

三、具[SiO$_4$]和附加络阴离子

蓝线石族

黑稀土矿(melanocerite)	(Ce,Ca)$_5$[SiO$_4$,BO$_4$]$_3$(OH,F)
蓝线石(dumortierite)	(Al,Fe^{3+})$_7$[SiO$_4$]$_3$[BO$_3$]O$_3$
复合矿(grandidierite)	MgAl$_3$[SiO$_4$][BO$_3$]O$_2$
碱柱晶石(prismatine)	Mg$_3$Al$_7$[SiO$_4$]$_4$[BO$_3$]O$_3$
柱晶石(kornerupine)	Mg$_3$Al$_7$[SiO$_4$]$_4$[BO$_3$](OH,O,F)$_3$
蓝硅硼钙石(serendibite)	Ca$_2$Mg$_3$Al$_5$[SiO$_4$]$_3$[BO$_3$]O$_4$

黑稀土矿

【化学性质】

黑稀土矿是一种含 Ca、Ce、[BO$_3$]、(OH)的[SiO$_4$]岛状基型硅酸盐类矿物,晶体化学式为(Ce,Ca)$_5$[SiO$_4$,BO$_4$]$_3$(OH,F)。主要成分为 Ca、Ce、Al、Si、B、O、H,类质同象替代成分有 Na、Mg、Mn、Fe、Nb、Ta、Th、Y、La、F、P、C 等。

化学成分中元素(氧化物)的质量分数为 B$_2$O$_3$ 3.85%、La$_2$O$_3$ 12.63%、Ce$_2$O$_3$ 54.52%、ThO$_2$ 5.85%、CaO 6.83%、SiO$_2$ 13.31%、F 1.05%、H$_2$O 1.96%。

【结晶形态】

黑稀土矿属于三方晶系,对称型未定。晶体为变质成因的矿物,由于辐射损伤而形成的无定形状,薄板状(图 2-1-194)。

图 2-1-194 黑稀土矿(挪威)

【物理特征】

黑稀土矿的颜色呈棕色、黑色、深棕色、红棕色。条痕为浅棕色。半透明至不透明。玻璃光泽、树脂光泽。色散弱。

一轴晶(-),常非晶质化。折射率为 No=1.730、Ne=1.720,双折射率为 0.010。

未见解理。性脆。断口呈不平整、不均匀的贝壳状。摩氏硬度为 5~6,相对密度为 4.13~4.30(测量)、4.13(计算)。

具有放射性。

【晶体结构】

黑稀土矿属于三方晶系,空间群未确定。晶胞参数:$a=0.935$ nm、$c=0.688$ nm,$Z=2$。X 射线粉晶衍射数据 d(Å)(I/I_{max})为 3.44(40)、2.81(100)、1.84(40)(图 2-1-195)。加热到 600 ℃ 会产生与磷灰石类似的 X 射线粉晶衍射图。

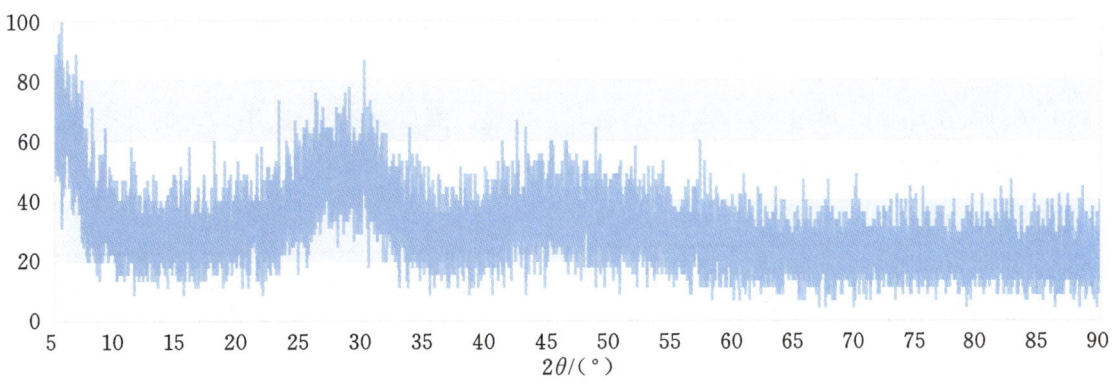

图 2-1-195　黑稀土矿的 X 射线粉晶衍射图(非晶质化)

【产状产地】

黑稀土矿产于碱性岩石及其同源伟晶岩中,也产于变质碱性岩石中。主要产地有挪威、瑞典、加拿大等。

【主要用途】

黑稀土矿在地质学、材料学、物理学、化学、环境科学、晶体学、矿物学方面都有重要应用等。

蓝线石

【化学性质】

蓝线石是一种含 Al、[BO_3]、O 的 [SiO_4] 岛状基型硅酸盐类矿物,其晶体化学式为 (Al, Fe^{3+})$_7$[SiO_4]$_3$[BO_3]O_3。主要成分为 Al、Si、B、O,类质同象替代成分有 Mg、Fe、Ti、Ca 等。

化学成分中氧化物的质量分数为 Al_2O_3 61.51%、SiO_2 30.64%、B_2O_3 6.11%、Fe_2O_3 1.23%、H_2O 0.51%。

【结晶形态】

蓝线石属于斜方晶系,斜方双锥晶类,对称型为 mmm。晶体呈片状、假六方状、沿 c 轴延长的针状、纤维状、柱状,集合体呈束状、枝状、块状(图 2-1-196)。单形有{110}、{120}、{100}、{010}、{001}、{102}。常见聚片双晶。

(a) 蓝线石(巴西)　　　　(b) 蓝线石(巴西)　　　　(c) 蓝线石(捷克)

图 2-1-196　蓝线石

【物理特征】

蓝线石的颜色呈蓝色、绿蓝色、紫蓝色、淡蓝色、粉红色、红色、棕色等,由于 Fe 或其他三价元素替代 Al 会导致颜色发生变化。条痕为白色。透明至半透明。玻璃光泽至无光泽。多色性强:无色、深蓝色,黄色、紫红色,无色、黄色、草绿色。

二轴晶(−)。折射率为 $Np=1.659\sim1.678$、$Nm=1.684\sim1.691$、$Ng=1.686\sim1.692$,双折射率为 0.027。$2V=20°\sim52°$(测量),30°(计算)。色散强。

{100}解理完全,{110}解理较差,具{001}裂开。性脆。断口呈不平整、不均匀的贝壳状。摩氏硬度为 7~8,相对密度为 3.21~3.41(测量),3.45(计算)。

【晶体结构】

蓝线石属于斜方晶系,空间群为 $Pmcn$。晶胞参数:$a=1.182$ nm、$b=2.024$ nm、$c=0.471$ nm,$Z=4$。X 射线粉晶衍射数据 $d(\text{Å})(I/I_{max})$ 为 5.89(90)、5.84(90)、5.09(90)、2.55(100)(图 2-1-197)。

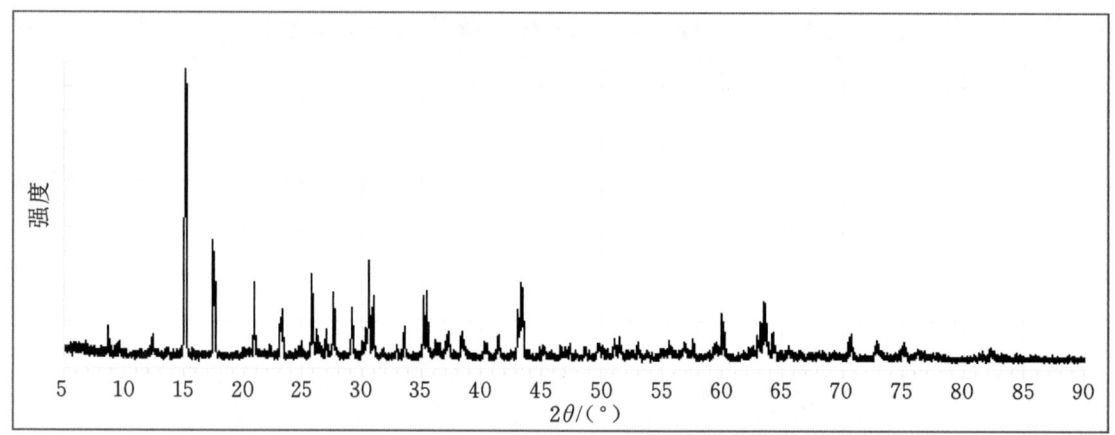

图 2-1-197　蓝线石的 X 射线粉晶衍射图

蓝线石的晶体结构中存在两种[AlO_6]八面体链,一种是共面连接,另一种是共棱连接,两者皆平行 c 轴延伸。[SiO_4]四面体围绕共面连接的八面体链分布,与 4 个[AlO_6]八面体共角顶连接。[BO_3]呈平面三角形,垂直于 c 轴(图 2-1-198)。蓝线石结构中 Al 的位置可被 Mg、Fe 等其他离子替代,或存在空位。

具有相同结构的矿物有镁蓝线石、锑线石。

【产状产地】

蓝线石产于花岗伟晶岩脉及气成的岩脉中,还产于高温富 Al、B 的接触变质、区域变质岩中,及深熔混合岩、片麻岩、结晶片岩中。一些石英中常含有丰富的蓝线石包裹物而呈现蓝色。蓝线石与石英、白云母、矽线石、蓝晶石、天蓝石等共生,与含有 Al、B、Zr、Ce、Y 成分的矿物共生组合。

蓝线石主要产地有奥地利、巴西、加拿大、法国、意大利、莫桑比克、马达加斯加、纳米比亚、捷克、挪威、斯里兰卡、美国(内华达)、俄罗斯等。

【主要用途】

蓝线石在地质学、材料学、物理学、化学、环境科学、晶体学、矿物学方面都有重要应用。蓝线石可以作为高档瓷器原料、宝石原料,颜色与青金石、方钠石等宝石相似。

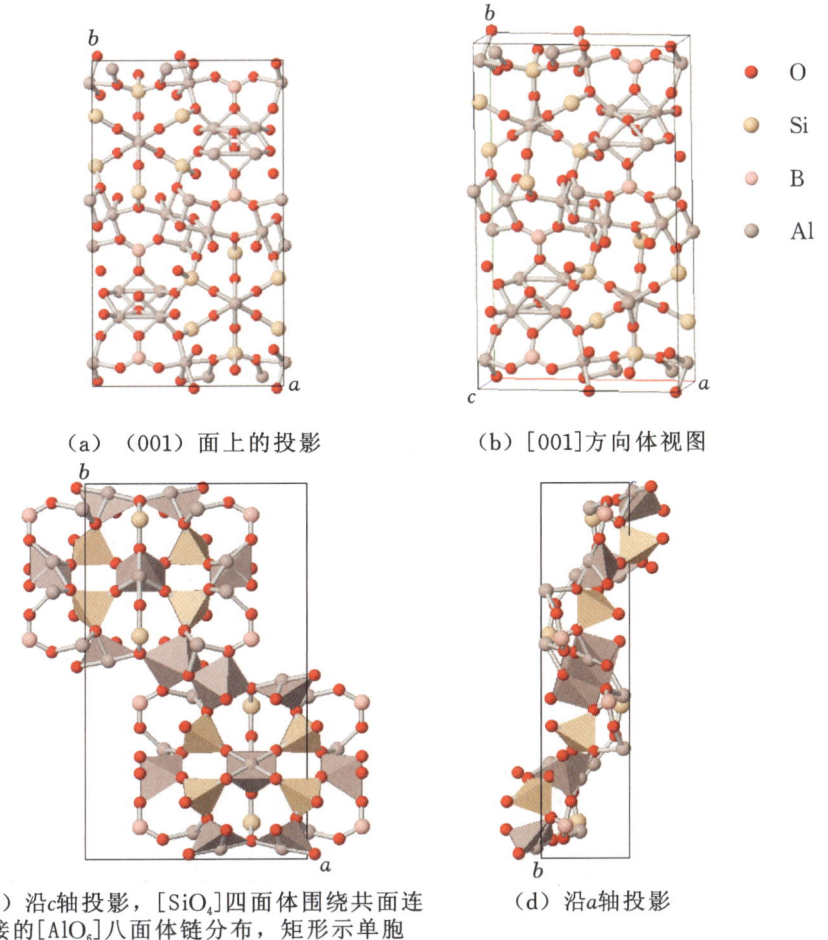

(a) (001) 面上的投影　　(b) [001] 方向体视图

(c) 沿 c 轴投影，[SiO$_4$] 四面体围绕共面连接的 [AlO$_6$] 八面体链分布，矩形示单胞　　(d) 沿 a 轴投影

图 2-1-198　蓝线石的晶体结构

复合矿

【化学性质】

复合矿是含 Mg、Al、[BO$_3$]、O 的 [SiO$_4$] 岛状基型硅酸盐类矿物，化学式为 MgAl$_3$[SiO$_4$][BO$_3$]O$_2$。主要成分为 Mg、Al、Si、B、O，类质同象替代成分有 Fe、Mn、Ti、Na、K。

化学成分中氧化物的质量分数为 MgO 10.21%、Al$_2$O$_3$ 51.67%、FeO 6.07%、SiO$_2$ 20.30%、B$_2$O$_3$ 11.75%。

【结晶形态】

复合矿属于斜方晶系，斜方双锥晶类，对称型为 mmm。晶体呈柱状、粒状、块状（图 2-1-199）。

图 2-1-199　复合矿（马达加斯加）

【物理特征】

复合矿的颜色呈蓝绿色、绿蓝色。条痕为白色。透明至半透明。玻璃光泽、珍珠光泽。色散明显。多色性明显:深蓝绿色,无色,深绿色。

二轴晶(一)。折射率为 Np=1.590~1.602、Nm=1.618~1.636、Ng=1.623~1.639,双折射率为 0.033~0.037。$2V=24°$~$32°$(测量)、$32°$(计算)。

{100}、{010}解理完全。性脆。断口呈不规则、不平整的贝壳状。摩氏硬度为7.5,相对密度为 2.98~2.99(测量)、3.00(计算)。

【晶体结构】

复合矿属于斜方晶系,空间群为 $Pbnm$。晶胞参数:$a=1.034$ nm、$b=1.098$ nm、$c=0.576$ nm,$Z=4$。X射线粉晶衍射数据 d(Å)(I/I_{max})为 5.480(80)、5.170(100)、5.040(100)、2.744(60)、2.166(40)(图 2-1-200)。晶体结构见图 2-1-201。

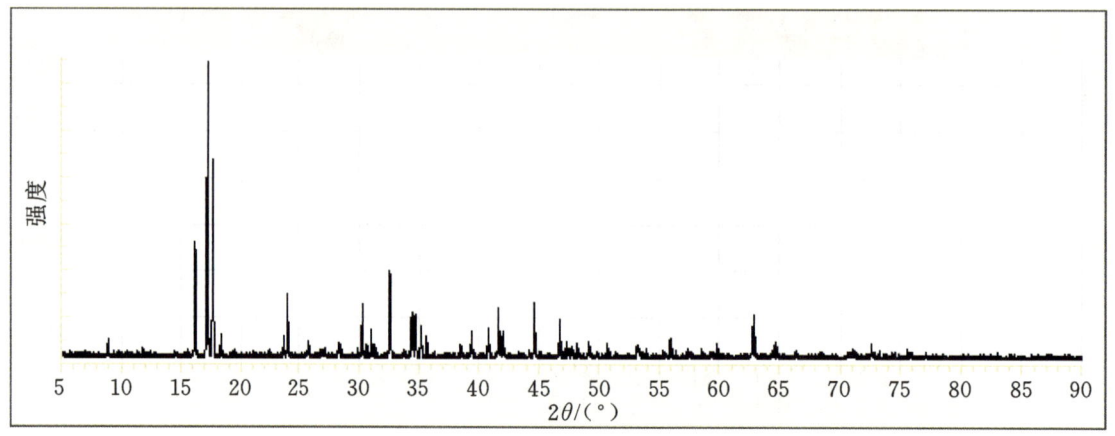

图 2-1-200 复合矿的X射线粉晶衍射图

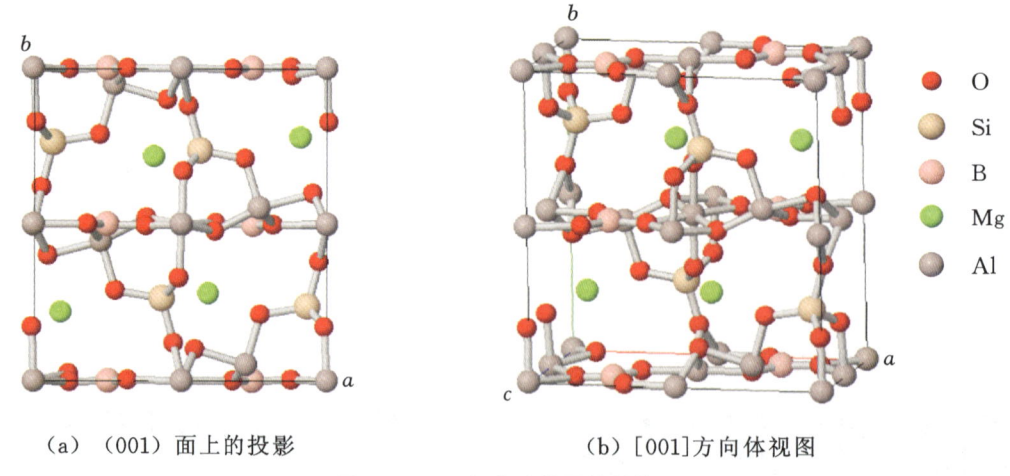

(a) (001)面上的投影　　　(b) [001]方向体视图

图 2-1-201 复合矿的晶体结构

【产状产地】

复合矿是富B、Al的岩石在高温低压下区域变质的作用下,产于伟晶岩、细晶岩、片麻岩中捕虏体中的重要的副矿物。主要产地有马达加斯加、法国等。

【主要用途】

复合矿在地质学、材料学、物理学、化学、环境科学、晶体学、矿物学、宝石学方面都有重要应用。

碱柱晶石

【化学性质】

碱柱晶石是一种含 Mg、Al、[BO$_3$]、O 的[SiO$_4$]岛状基型硅酸盐类矿物,其晶体化学式为 Mg$_3$Al$_7$[SiO$_4$]$_4$[BO$_3$]O$_3$。主要成分为 Mg、Al、Si、B、O,类质同象替代成分有 Fe、OH、F。可形成柱晶石—碱柱晶石系列矿物。

化学成分中元素(氧化物)的质量分数为 MgO 16.53%、Al$_2$O$_3$ 38.14%、FeO 2.85%、Fe$_2$O$_3$ 3.42%、SiO$_2$ 30.21%、B$_2$O$_3$ 2.76%、H$_2$O 3.58%、F 2.51%。

【结晶形态】

碱柱晶石属于斜方晶系,斜方双锥晶类,对称型为 mmm。晶体呈柱状、针状,集合体呈纤维状(图 2-1-202)。单形有{010}、{100}、{110}。

(a)碱柱晶石(德国)

(b)碱柱晶石(德国)

(c)碱柱晶石(瑞士)

图 2-1-202 碱柱晶石(德国)

【物理特征】

碱柱晶石的颜色呈无色、白色、灰绿色、黄棕色、绿棕色、棕绿色、黑色。条痕为白色。透明至半透明。玻璃光泽。色散较强,多色性较明显。

二轴晶(-)。折射率为 Np=1.669~1.671、Nm=1.681~1.830、Ng=1.682~1.684,双折射率为 0.013。

{110}解理中等。性脆。断口呈不规则、不平整的贝壳状。摩氏硬度为 6.5~7,相对密度为 3.34~3.35(测量)、3.44(计算)。$2V=3°~48°$。

【晶体结构】

碱柱晶石属于斜方晶系,空间群为 $Cmcm$。晶胞参数:a=1.594 nm、b=1.367 nm、c=0.669 nm,Z=4。X 射线粉晶主要衍射数据 d(Å)(I/I_{max}) 为 3.03(80)、2.64(100)、2.12(60)。

与柱晶石有相同的晶体结构。

【产状产地】

碱柱晶石产于结晶片岩、伟晶岩及其砂矿中,是富 B 黏土矿沉积相向麻粒岩相转变的产物,与石英、正长石、黑云母、电气石、红柱石、金红石共生。主要产地有德国、加拿大。

【主要用途】

碱柱晶石在地质学、物理学、化学、晶体学、矿物学、宝石学方面都有重要应用。

柱晶石

【化学性质】

柱晶石是一种含 Mg、Al、[BO$_3$]、(OH)、O、F 的[SiO$_4$]岛状基型硅酸盐类矿物,其晶体化学式为

$Mg_3Al_7[SiO_4]_4[BO_3](OH,O,F)_3$。主要成分为 Mg、Al、Si、B、O、H、F，类质同象替代成分有 Na、Li、Ca、Fe、Mn、Ti。

化学成分中元素（氧化物）的质量分数为 MgO 20.99%、Al_2O_3 46.26%、SiO_2 30.04%、B_2O_3 1.47%、H_2O 1.21%、F 0.03%。

可形成柱晶石－碱柱晶石类质同象系列矿物。

【结晶形态】

柱晶石属于斜方晶系，斜方双锥晶类，对称型为 mmm。晶体呈柱状、长柱状、针状，集合体为纤维状（图 2-1-203）。单形常有{110}、{100}、{010}。

（a）柱晶石（澳大利亚）

（b）柱晶石（格陵兰岛）

（c）柱晶石（马达加斯加）

图 2-1-203　柱晶石

【物理特征】

柱晶石的颜色呈无色、白色、桃红色、绿黄色、黄绿色、海绿色、暗绿色、褐绿色、棕色、黑色。条痕为白色。透明、半透明至不透明。玻璃光泽。色散弱。多色性明显，为无色、绿色、绿色，无色、淡棕黄色、淡黄绿色。在长、短波紫外线下可发出淡黄色荧光。

二轴晶（－）。折射率为 Np=1.660～1.671、Nm=1.673～1.683、Ng=1.674～1.684，双折射率为 0.013～0.014。2V=3°～48°（测量）、30°～32°（计算）。

{110}解理较好。性脆。断口呈不规则、不平整的贝壳状。摩氏硬度为 6.5～7，相对密度为 3.29～3.35（测量）、3.29（计算）。

【晶体结构】

柱晶石属于斜方晶系，空间群为 $Cmcm$。晶胞参数：a=1.604 nm、b=1.375 nm、c=0.671 nm，Z=4。X 射线粉晶衍射数据 d(Å)(I/I_{max}) 为 3.370(60)、3.030(80)、2.639(100)、2.118(60)、2.096(30)、1.685(30)、1.503(40)（图 2-1-204）。晶体结构见图 2-1-205。

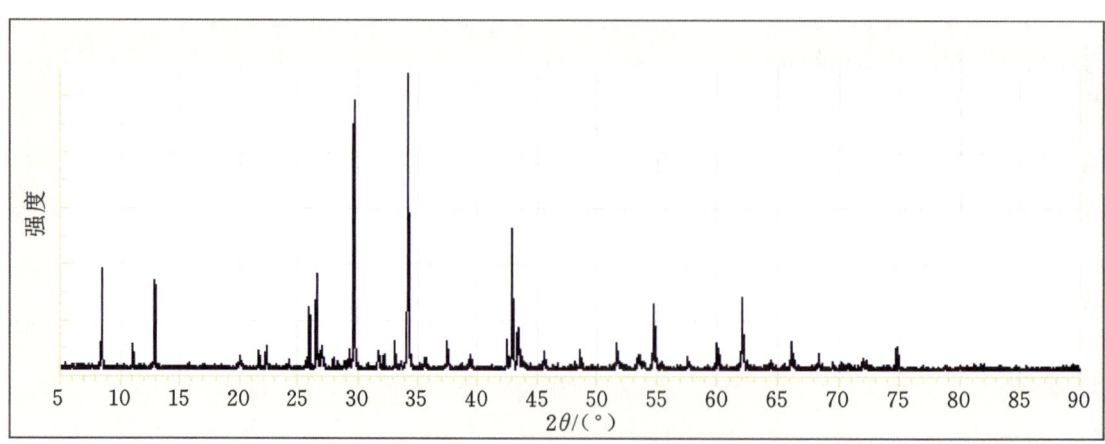

图 2-1-204　柱晶石的 X 射线粉晶衍射图

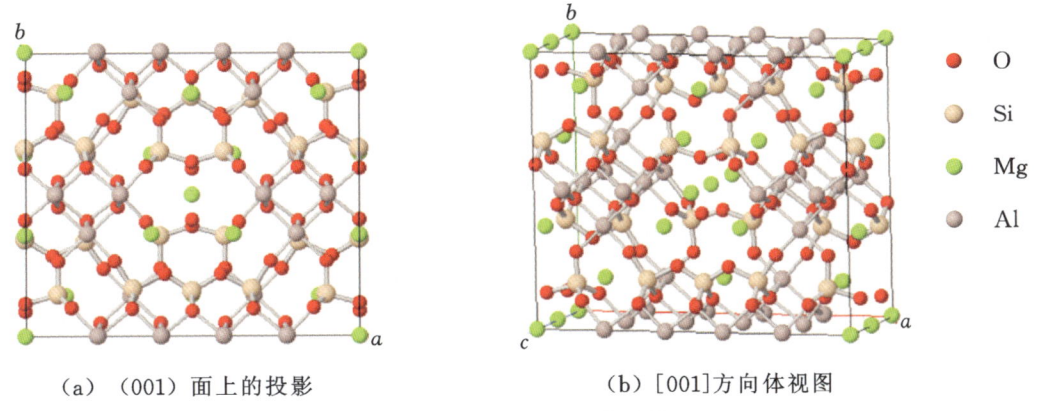

(a) (001)面上的投影　　　　　　(b) [001]方向体视图

图 2-1-205　柱晶石的晶体结构

【产状产地】

柱晶石产于富 B 的火山和沉积岩,角闪岩—麻粒岩相变质岩中,也产于结晶片岩、伟晶岩及其砂矿,变质斜长岩杂岩中。主要产地有芬兰、加拿大、澳大利亚、丹麦、斯里兰卡、缅甸、马达加斯加、肯尼亚、坦桑尼亚等。

【主要用途】

柱晶石在地质学、材料学、物理学、化学、晶体学、矿物学、宝石学方面都有重要应用。具有猫眼和星光效应。

蓝硅硼钙石

【化学性质】

蓝硅硼钙石是一种含 Ca、Mg、Al、[BO_3]、O 的[SiO_4]岛状基型硅酸盐类矿物,其晶体化学式为 $Ca_2Mg_3Al_5[SiO_4]_3[BO_3]O_4$。主要成分为 Ca、Mg、Al、Si、B、O,类质同象替代成分有 Ti、Fe、Mn、Na、K、F、P、H_2O。

化学成分中氧化物的质量分数为 CaO 15.88%、MgO 25.68%、Al_2O_3 23.85%、SiO_2 31.63%、B_2O_3 2.96%。

【结晶形态】

蓝硅硼钙石属于三斜晶系,单面晶类,对称型为 1。晶体呈粒状、短柱状、块状等(图 2-1-206)。{0$\bar{1}$1}双晶常见。

(a) 蓝硅硼钙石(美国纽约)　　(b) 蓝硅硼钙石(缅甸)　　(c) 蓝硅硼钙石(缅甸)

图 2-1-206　蓝硅硼钙石

【物理特征】

蓝硅硼钙石的颜色呈蓝色、蓝绿色、灰蓝色、淡黄色、深蓝色。条痕为白色。透明至半透明。玻璃光泽。色散较强。多色性明显,为黄色、绿色,黄色、绿色,蓝色、蓝色。

二轴晶(+)。折射率为 Np＝1.701，Nm＝1.703，Ng＝1.706，双折射率为 0.005。2V＝80°(测量)、80°(计算)。

未见解理。性脆。断口呈不规则不平整、不均匀的贝壳状。摩氏硬度为 6.5～7，相对密度为 3.42～3.52(测量)、3.47(计算)。

【晶体结构】

蓝硅硼钙石属于三斜晶系，空间群为 $P1$。晶胞参数：a＝1.004 nm、b＝1.423 nm、c＝0.866 nm，α＝106.37°，β＝96.02°，γ＝124.40°，Z＝2。X 射线粉晶衍射数据 d(Å)(I/I_{max})为 2.90(80)、2.56(80)、2.53(100)(图 2-1-207)。晶体结构见图 2-1-208。

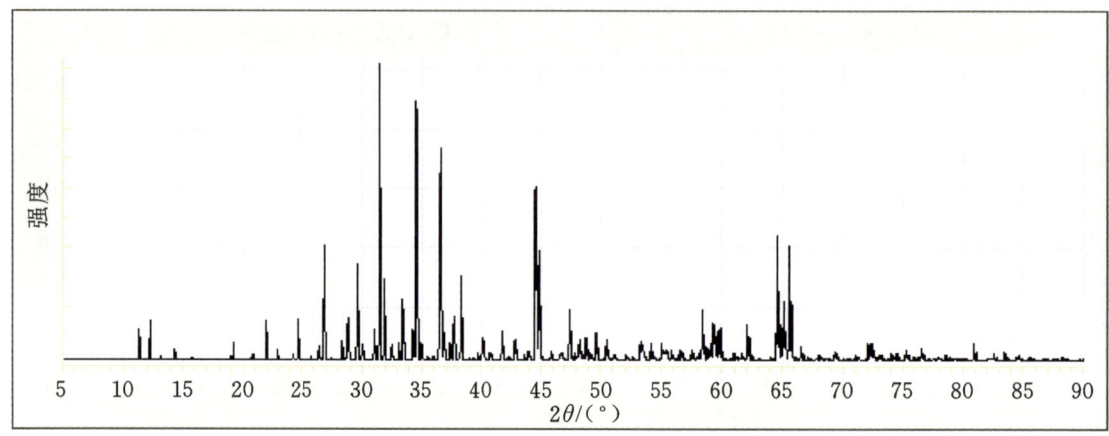

图 2-1-207　蓝硅硼钙石的 X 射线粉晶衍射图

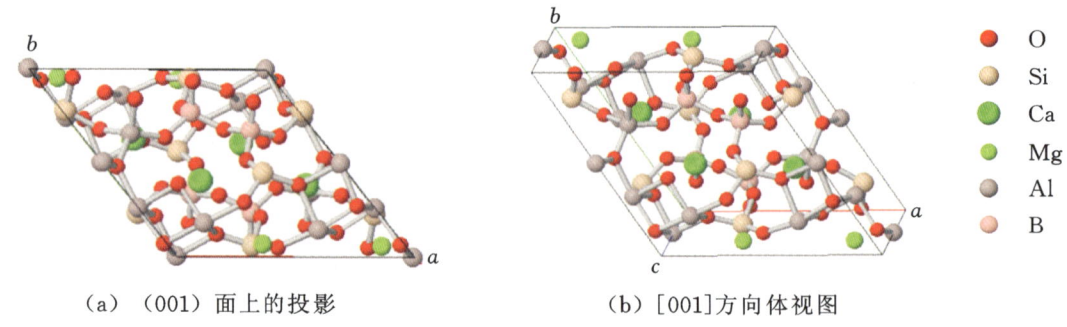

(a) (001)面上的投影　　(b) [001]方向体视图

图 2-1-208　蓝硅硼钙石的晶体结构

【产状产地】

蓝硅硼钙石产于矽卡岩中，受 B 交代作用影响，沿碳酸盐岩与花岗岩、英云闪长岩或麻粒岩的接触面分布。蓝硅硼钙石常与金云母组合共生在一起。主要产地有缅甸、美国(纽约)、斯里兰卡等。

【主要用途】

蓝硅硼钙石在地质学、物理学、化学、晶体学、矿物学、宝石学方面都有重要应用。

粒砷硅锰矿族

粒砷硅锰矿(mcgovernite)　　　　　　　　　　$Mg_4Mn_9Zn_2[SiO_4]_2[AsO_4]_2O(OH)_{14}$

粒砷硅锰矿

【化学性质】

粒砷硅锰矿是一种含 Mg、Mn、Zn、[AsO_4]、O、(OH)的[SiO_4]岛状基型硅酸盐类矿物，其晶体化

学式为 $Mg_4Mn_9Zn_2[SiO_4]_2[AsO_4]_2O(OH)_{14}$。主要成分为 Mg、Mn、Zn、Si、As、O、H，类质同象替代成分有 Fe、H_2O。

化学成分中氧化物的质量分数为 MgO 11.21%、MnO 44.38%、ZnO 11.31%、SiO_2 8.35%、As_2O_5 15.98%、H_2O 8.77%。

【结晶形态】

粒砷硅锰矿属于三方晶系，复三方偏三角面体晶类，对称型为 $\bar{3}m$。晶体呈粒状、板状、块状等（图 2-1-209）。

图 2-1-209　粒砷硅锰矿（美国新泽西）

【物理特征】

粒砷硅锰矿的颜色呈青铜棕色、浅棕色、深红棕色、红棕色。条痕为浅棕色。半透明。玻璃光泽、丝绢光泽。色散弱。多色性弱。

一轴晶（+）。折射率为 No=1.757、Ne=1.760，双折射率为 0.003。

{001}解理不完全。性脆。断口呈不规则、不均匀的贝壳状。摩氏硬度为 3.5，相对密度为 3.72（测量）、3.97（计算）。

【晶体结构】

粒砷硅锰矿属于三方晶系，空间群为 $R\bar{3}c$。单位晶胞中原子数很多，晶胞参数：a=0.822 nm、c=20.320 nm，Z=6。X 射线粉晶衍射数据 d(Å)(I/I_{max}) 为 4.06(30)、3.43(30)、3.24(30)、2.80(50)、2.66(60)、2.37(50)、2.35(60)、1.54(100)（图 2-1-210）。

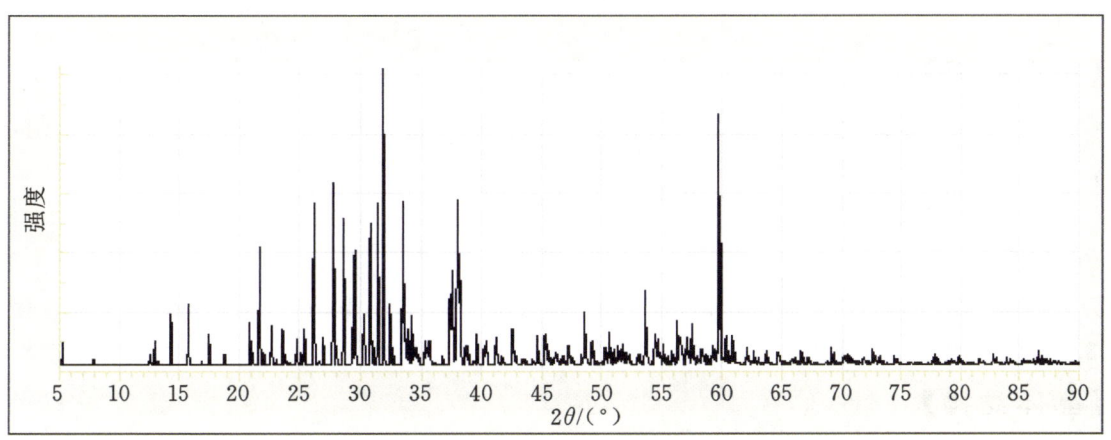

图 2-1-210　粒砷硅锰矿的 X 射线粉晶衍射图

【产状产地】

粒砷硅锰矿产于变质的锌锰矿床中，常与金云母、粒砷硅锰矿、锌尖晶石、硅锌矿、方解石组合共生。主要产地有美国新泽西。

【主要用途】

粒砷硅锰矿在地质学、材料学、物理学、化学、晶体学、矿物学方面都有一定意义。

磷硅铈钠石族

磷硅铈钠石（phosinaite）　　　　　　　　　$Na_{13}Ca_2Ce[Si_4O_{12}][PO_4]_4$

磷硅铈钠石

【化学性质】

磷硅铈钠石是一种含 Na、Ca、Ce、[PO_4] 的 [Si_4O_{12}] 岛状基型硅酸盐类矿物，它的晶体化学式为 $Na_{13}Ca_2Ce[Si_4O_{12}][PO_4]_4$。主要成分为 Na、Ca、Ce、Si、P、O，类质同象替代成分有多种稀土元素 La、Th、Nd、Pr。

化学成分中氧化物的质量分数为 Na_2O 33.48%、CaO 9.32%、Ce_2O_3 13.64%、SiO_2 19.97%、P_2O_5 23.59%。

【结晶形态】

磷硅铈钠石属于斜方晶系，斜方四面体晶类，对称型为 222。晶体呈粒状、柱状。集合体呈块状（图 2-1-211）。

（a）磷硅铈钠石（加拿大）

（b）磷硅铈钠石（加拿大）

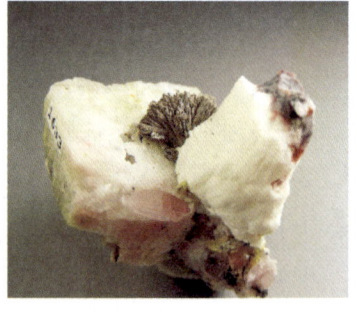
（c）磷硅铈钠石（俄罗斯）

图 2-1-211　磷硅铈钠石

【物理特征】

磷硅铈钠石的颜色呈无色、粉红色、浅棕色。条痕为白色。透明。油脂光泽。色散较强，多色性弱。

二轴晶（−）。折射率为 Np=1.567、Nm=1.569、Ng=1.570，双折射率为 0.003。$2V=68°$（测量）、70°（计算）。

{100}解理完全，{010}、{110}解理模糊不完全。性脆。断口呈不均匀、不平整的贝壳状。摩氏硬度为 3.5，相对密度为 2.97（测量）、3.06（计算）。

【晶体结构】

磷硅铈钠石属于斜方晶系，空间群为 $P22_12_1$。晶胞参数：$a=1.230$ nm、$b=1.466$ nm、$c=0.725$ nm，$Z=2$。X 射线粉晶衍射数据 $d(Å)(I/I_{max})$ 为 7.44(55)、6.92(50)、3.94(20)、3.51(40)、2.74(100)、2.57(53)。晶体结构见图 2-1-212。

【产状产地】

磷硅铈钠石填充在碱性伟晶岩中大晶体之间的空隙内。主要产地有加拿大、俄罗斯等。

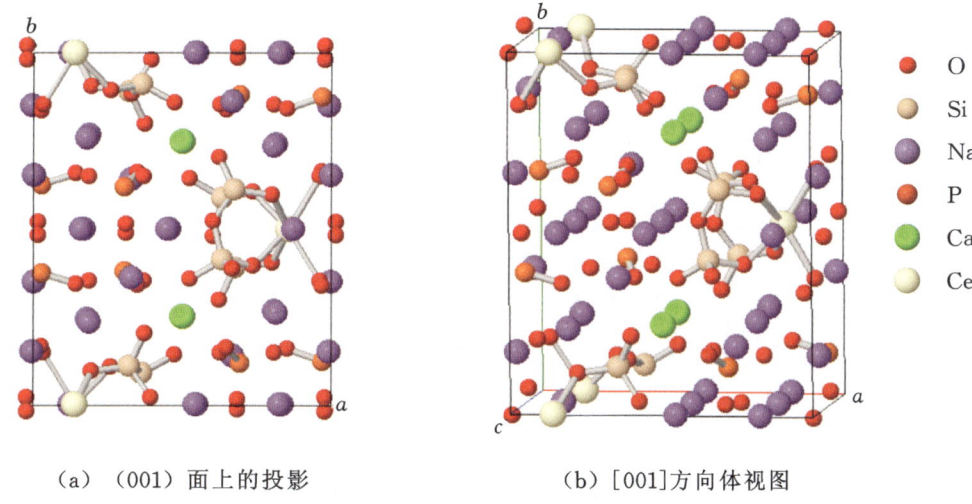

(a) （001）面上的投影　　　　(b) [001]方向体视图

图 2-1-212　磷硅铈钠石的晶体结构

【主要用途】

磷硅铈钠石在地质学、材料学、物理学、化学、晶体学、矿物学方面都有重要应用。可以作为提取稀土金属的重要原料。

铅蓝方石族

铅蓝方石（roeblingite）　　　　$Pb_2Ca_6Mn^{2+}[Si_3O_9]_2[SO_4]_2(OH)_2 \cdot 4H_2O$

铅蓝方石

【化学性质】

铅蓝方石是一种含 Pb、Ca、Mn、[SO_4]、(OH) 和 H_2O 的 [Si_6O_{18}] 岛状基型硅酸盐类矿物，其晶体化学式为 $Pb_2Ca_6Mn^{2+}[Si_3O_9]_2[SO_4]_2(OH)_2 \cdot 4H_2O$。主要成分为 Pb、Ca、Mn、Si、S、H、O，类质同象替代成分有 Sr、Na、K、C。

化学成分中氧化物的质量分数为 CaO 23.87%、SiO_2 26.67%、H_2O 6.39%、PbO 31.67%、SO_3 11.40%。

【结晶形态】

铅蓝方石属于单斜晶系，斜方柱晶类，对称型为 $2/m$。晶体呈粒状等（图 2-1-213）。

图 2-1-213　铅蓝方石（美国新泽西）

【物理特征】

铅蓝方石的颜色呈白色、灰白色、粉红色。条痕为白色。透明、半透明至不透明。玻璃光泽、土状光泽。色散弱,多色性弱。

一轴晶(+)。折射率为 Np=1.640、Nm=1.640、Ng=1.660,双折射率为 0.02。$2V=61°$(测量)、61°(计算)。

{001}解理完全、{100}不完全。性脆。断口呈不规则、不均匀的贝壳状。摩氏硬度为 3,相对密度为 3.43(测量)、3.44(计算)。

【晶体结构】

铅蓝方石属于单斜晶系,空间群为 $C2/m$、$B2/m$。晶胞参数:$a=1.326$ nm、$b=0.831$ nm、$c=1.310$ nm,$\beta=105.39°$,$Z=2$。X 射线粉晶衍射数据 d(Å)(I/I_{max})为 3.10(80)、3.00(90)、2.94(100)(图 2-1-214)。晶体结构见图 2-1-215。

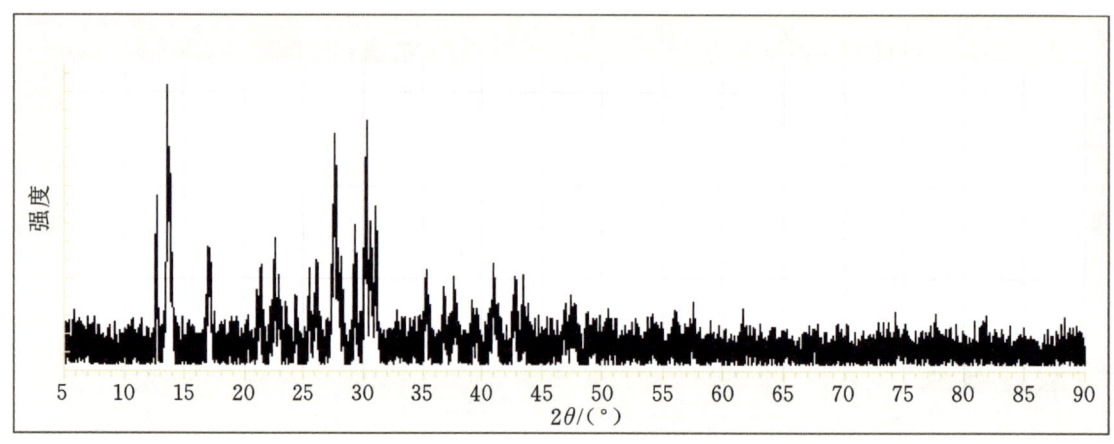

图 2-1-214　铅蓝方石的 X 射线粉晶衍射图

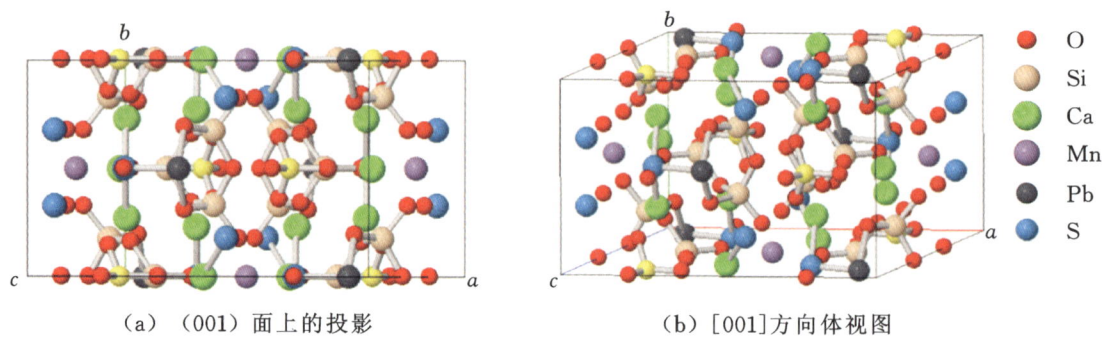

(a)(001)面上的投影　　　　(b)[001]方向体视图

图 2-1-215　铅蓝方石的晶体结构

【产状产地】

铅蓝方石产于含 Pb、Mn、Fe 的硅酸盐蚀变交代的氧化带中,与硅锌矿、铅黝帘石、斜晶石、重晶石、钙铁榴石等组合共生。主要产地有美国新泽西等。

【主要用途】

铅蓝方石在地质学、物理学、化学、晶体学、矿物学方面都有重要意义。

灰硅钙石族

灰硅钙石(spurrite)　　　　　　　　　　$Ca_2Ca_3[SiO_4]_2[CO_3]$

灰硅钙石

【化学性质】

灰硅钙石是含 Ca、$[CO_3]$ 的 $[SiO_4]$ 岛状基型硅酸盐类矿物,晶体化学式为 $Ca_2Ca_3[SiO_4]_2[CO_3]$。主要成分为 Ca、Si、C、O,类质同象替代成分有 Ti、Al、Fe、Mn、Mg、Na、K 等。

化学成分中氧化物的质量分数为 CaO 63.07%、SiO_2 27.03%、CO_2 9.90%。

【结晶形态】

灰硅钙石属于单斜晶系,斜方柱晶类,对称型为 $2/m$。晶体呈粒状、短柱状、块状(图 2-1-216)。

(a)灰硅钙石(美国德克萨斯)

(b)灰硅钙石(日本)

(c)灰硅钙石(德国)

图 2-1-216 灰硅钙石

【物理特征】

灰硅钙石的颜色呈无色、灰色、灰白色、紫灰色等。条痕为白色。透明至半透明。玻璃光泽。色散弱。多色性弱、无。荧光为绿色。

二轴晶(−)。折射率为 Np=1.640~1.641、Nm=1.674~1.676、Ng=1.679~1.681,双折射率为 0.039~0.040。

{100}解理清楚。性脆。断口呈不规则、不均匀的片状。容易劈开成碎片。摩氏硬度为 5,相对密度为 3(计算)、3.03(计算)。

【晶体结构】

灰硅钙石属于单斜晶系,空间群为 $P2_1/a$。晶胞参数:$a=1.049$ nm、$b=0.670$ nm、$c=1.415$ nm,$\beta=101.32°$,$Z=4$。X 射线粉晶衍射数据 $d(\text{Å})(I/I_{max})$ 为 2.701(100)、2.667(60)、2.646(65)(图 2-1-217)。晶体结构见图 2-1-218。

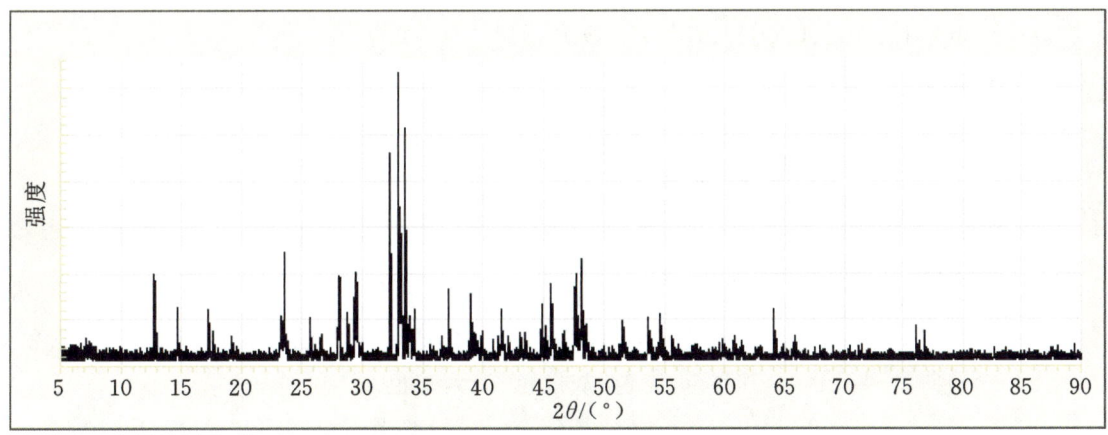

图 2-1-217 灰硅钙石的 X 射线粉晶衍射图

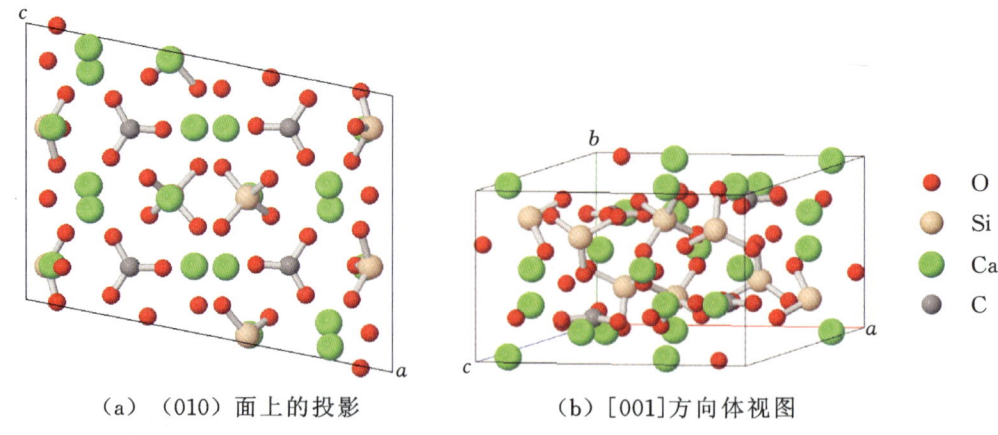

(a) (010)面上的投影　　(b) [001]方向体视图

图 2-1-218　灰硅钙石的晶体结构

【产状产地】

灰硅钙石产于石灰岩和闪长岩之间的接触带中。主要产地有英国、美国（新墨西哥、得克萨斯、加利福尼亚）、墨西哥、日本、德国等。

【主要用途】

灰硅钙石在地质学、材料学、物理学、化学、晶体学、矿物学等方面都有重要应用。

四、含水

磷硅铝钇钙石族

磷硅铝钇钙石（saryarkite）　　$Ca(Y,Th)Al_5[SiO_4]_2[PO_4,SO_4]_2(OH)_7 \cdot 6H_2O$

磷硅铝钇钙石

【化学性质】

磷硅铝钇钙石是一种含 Ca、Y、Th、Al、$[PO_4]$、$[SO_4]$、(OH)和 H_2O 的$[SiO_4]$岛状基型硅酸盐类矿物，其晶体化学式为 $Ca(Y,Th)Al_5[SiO_4]_2[PO_4,SO_4]_2(OH)_7 \cdot 6H_2O$。主要成分为 Ca、Y、Th、Al、Si、P、S、O、H，类质同象替代成分有 La、Ce、Pr、Nd、Sm 等。

化学成分中氧化物的质量分数为 CaO 6.06%、REE_2O_3 7.27%、Y_2O_3 4.88%、ThO_2 8.57%、Al_2O_3 27.56%、SiO_2 14.21%、P_2O_5 11.51%、H_2O 17.34%、SO_3 2.60%。

【结晶形态】

磷硅铝钇钙石属于四方晶系，四方偏方四面体晶类，对称型为 422。晶体呈针状、粒状、块状、纤维状（图 2-1-219）。

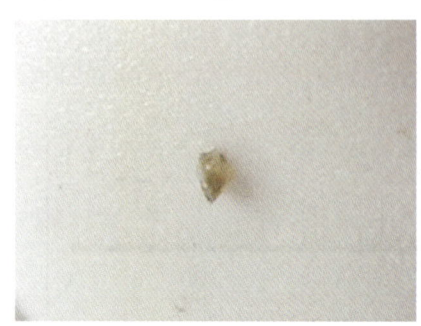

图 2-1-219　磷硅铝钇钙石

【物理特征】

磷硅铝钇钙石的颜色呈白色。条痕为白色。半透明。玻璃光泽、油脂光泽。色散弱。多色性弱，为无色、灰白色、淡紫色，无色、灰白色、淡紫灰色。

一轴晶(＋)。折射率为 No＝1.606、Ne＝1.620，双折射率为 0.014。

无解理。性脆。断口呈不平整、不均匀的贝壳状。摩氏硬度为 3.5~4,相对密度为 3.07~3.15(测量)、3.48(计算)。

弱磁性。

【晶体结构】

磷硅铝钇钙石属于四方晶系,空间群为 $P42_12$ 或 $P4_22_12$。晶胞参数:$a=0.821$ nm、$c=0.655$ nm,$Z=4$。X 射线粉晶主要衍射数据 $d(\text{Å})(I/I_{max})$ 为 3.450(90)、3.014(100)、2.827(100)、2.564(50)、2.143(90)、1.854(100)、1.312(80)。

【产状产地】

磷硅铝钇钙石产于与长石质、石英质有关的蚀变花岗岩中。主要产地有哈萨克斯坦。

【主要用途】

磷硅铝钇钙石在地质学、物理学、化学、晶体学、矿物学方面都有重要意义。常含有较高的 Y。

斜晶石族

斜晶石(clinohedrite)　　　　　　　　　$CaZn[SiO_4]\cdot H_2O$

斜晶石

【化学性质】

斜晶石是一种含 Ca、Zn、H_2O 的$[SiO_4]$岛状基型硅酸盐类矿物,其晶体化学式为 $CaZn[SiO_4]\cdot H_2O$。主要成分为 Ca、Zn、Si、H、O,类质同象替代成分有 Fe、Al、Mn、Mg。

化学成分中氧化物的质量分数为 CaO 26.01%、ZnO 37.76%、SiO_2 27.87%、H_2O 8.36%。

【结晶形态】

斜晶石属于单斜晶系,反映双面晶类,对称型为 m。晶体呈片状、板状、柱状(图 2-1-220)。

(a) 斜晶石（美国新泽西）

(b) 斜晶石（美国新泽西）

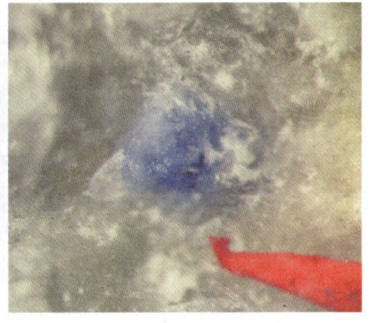
(c) 斜晶石（约旦）

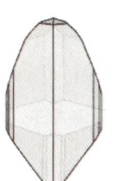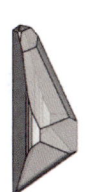

(d) 斜晶石的结晶形态

图 2-1-220　斜晶石

【物理特征】

斜晶石的颜色呈无色、白色、淡紫色、紫红色。偏光显微镜下无色。条痕为白色。透明至半透明。玻璃光泽。色散弱，多色性弱。

二轴晶（−）。折射率为 Np=1.662、Nm=1.667、Ng=1.669，双折射率为 0.007。$2V=64°$。

{010}解理完全。性脆。断口呈不规则、不平整的贝壳状。摩氏硬度为 5.5，相对密度为 3.33（测量）、3.25（计算）。

具强热电性。

【晶体结构】

斜晶石属于单斜晶系，空间群为 Aa、Bb 或 Cc。晶胞参数：$a=0.513$ nm、$b=1.592$ nm、$c=0.542$ nm，$\beta=103.38°$，$Z=4$。X 射线粉晶衍射数据 $d(\text{Å})(I/I_{max})$ 为 7.81(50)、3.97(50)、3.23(70)、2.76(100)、2.50(60)、2.47(40)、2.36(50)、1.99(40)（图 2-1-221）。

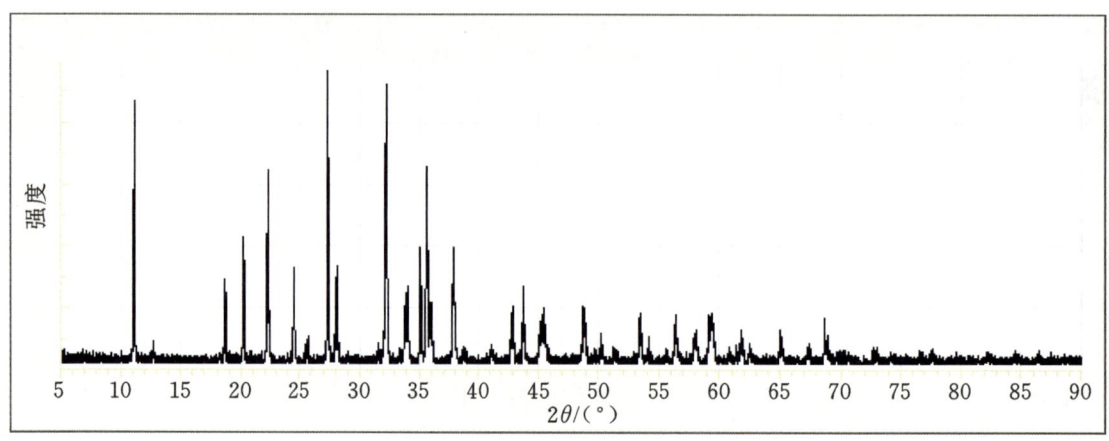

图 2-1-221　斜晶石的 X 射线粉晶衍射图

斜晶石晶体结构见图 2-1-122。[CaO$_4$]八面体以共棱方式联结成平行 c 轴的"之"字形成链，[ZnO$_4$]四面体联结成[ZnO$_3$]$_\infty^1$链，同前者斜交，被[SiO$_4$]四面体所联结。

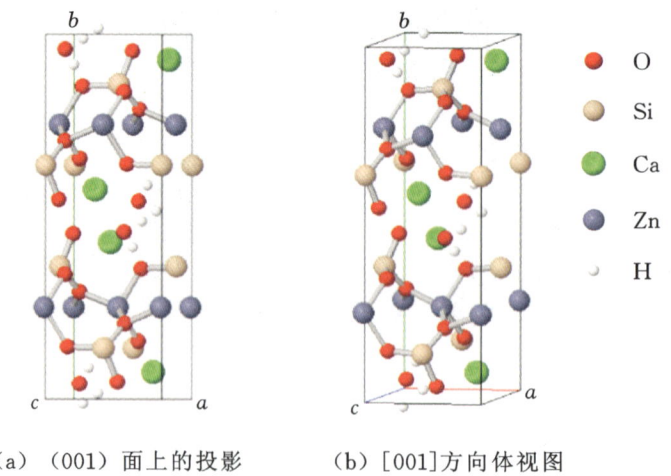

（a）（001）面上的投影　　（b）[001]方向体视图

图 2-1-222　斜晶石的晶体结构

【产状产地】

斜晶石产于热液蚀变的含锌锰铁的硅酸盐及氧化物的矿体中，常与硅锌矿、铅蓝方石、硅钙铅锌矿、硅锌矿、铅蓝方石、硅钙铅锌矿、硅硼钙石、蔷薇辉石、钙铁榴石、硅硼钙石、斧石、金云母组合共生。主要产地有美国新泽西。

【主要用途】

斜晶石在地质学、材料学、物理学、化学、晶体学、矿物学、宝石学方面都有重要应用。

二水硅钙铜石族

二水硅钙铜石（stringhamite） $CaCu[SiO_4]\cdot 2H_2O$

二水硅钙铜石

【化学性质】

二水硅钙铜石是一种含 Ca、Cu、H_2O 的 $[SiO_4]$ 岛状基型硅酸盐类矿物，它的晶体化学式为 $CaCu[SiO_4]\cdot 2H_2O$。主要成分为 Ca、Cu、Si、H、O，类质同象替代成分有 Al、Fe、Mg。

化学成分中氧化物的质量分数为 CuO 34.52%、CaO 24.20%、SiO_2 25.73%、H_2O 15.55%。

【结晶形态】

二水硅钙铜石属于单斜晶系，斜方柱晶类，对称型为 $2/m$。细小晶体，晶体呈菱面体状，自形晶体少见（图 2-1-223）。常见双晶。主要单形为 {011} 和 {101}，其次为 {010} 和 {111}。

（a）二水硅钙铜石（美国亚利桑那）（b）二水硅钙铜石（美国亚利桑那）（c）二水硅钙铜石（美国亚利桑那）

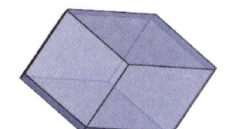

（d）二水硅钙铜石的结晶形态

图 2-1-223 二水硅钙铜石

【物理特征】

二水硅钙铜石的颜色呈蓝色、深蓝色、天青蓝色。条痕为白色。透明至半透明。玻璃光泽。色散弱，多色性可见，为浅灰蓝色、深蓝色、深蓝色。

二轴晶（+）。折射率为 Np=1.709、Nm=1.717、Ng=1.729，双折射率为 0.020。$2V=80°$（测量）、80°（计算）。

有解理。性脆。断口呈不均匀、不平整的贝壳状。摩氏硬度为 5，相对密度为 3.16~3.18（测量）、3.67（计算）。

【晶体结构】

二水硅钙铜石属于单斜晶系，空间群为 $P2_1/c$。晶胞参数：$a=0.503$ nm、$b=1.607$ nm、$c=0.530$ nm、$\beta=102.58°$。X 射线粉晶衍射数据 d（Å）（I/I_{max}）为 8.050(35)、3.928(34)、3.326(39)、2.768

(100)、2.523(40)(图 2-1-224)。加热至 900 ℃时，会出现硅灰石和黑铜矿的混合 X 射线粉晶衍射谱线。晶体结构见图 2-1-225。

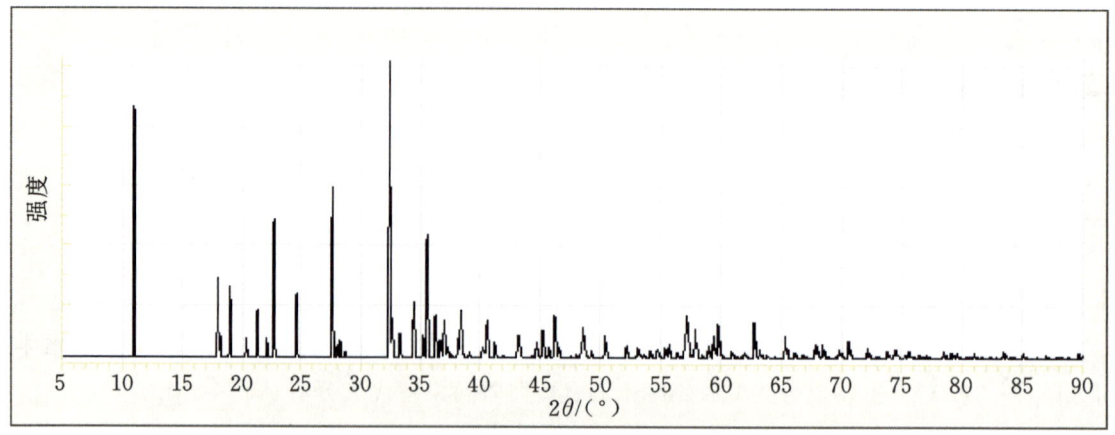

图 2-1-224　二水硅钙铜石的 X 射线粉晶衍射图

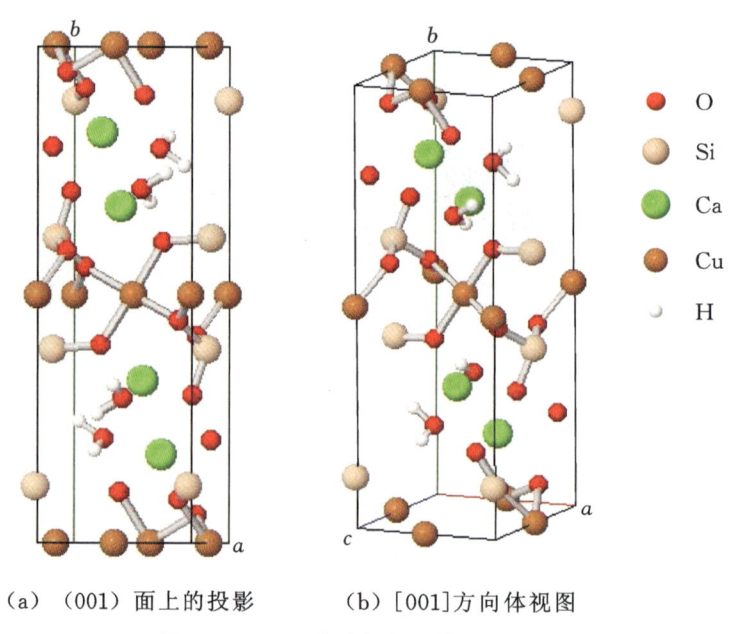

（a）（001）面上的投影　　（b）[001]方向体视图

图 2-1-225　二水硅钙铜石的晶体结构

【产状产地】

二水硅钙铜石产于透辉石-磁铁矿矽卡岩中，与黑铜矿、水硅铜钙石、方解石共生组合。主要产地有美国（犹他、亚利桑那）等。

【主要用途】

二水硅钙铜石在地质学、物理学、化学、晶体学、矿物学方面都有重要意义。

硫硅钙石族

硫硅钙石（ellestadite）　　　　　　　　$Ca_4Ca_6[SiO_4]_3[SO_4]_3(Cl,F,OH)_2$

羟硫硅钙石（hydroxyl ellestadite）　　　$Ca_4Ca_6[SiO_4]_3[SO_4]_3(OH,Cl,F)_2$

氟硫硅钙石（fluor ellestadite）　　　　　$Ca_4Ca_6[SiO_4]_3[SO_4]_3(F,OH,Cl)_2$

氯硫硅钙石（chlor ellestadite）　　　　　$Ca_4Ca_6[SiO_4]_3[SO_4]_3(Cl,OH,F)_2$

硫硅钙石族分为两个亚族种——羟基类和氟类。这类矿物，多呈六边形和假六边形硫酸盐与硅酸盐,理想比例为$[SiO_4]^{4-}:[SO_4]^{2-}=1:1$。

化学通式写成$Ca_4Ca_6[SiO_4]_3[SO_4]_3X_2$,其中X为F、OH、Cl。由于F,OH,Cl成分的变化,形成硫硅钙石$Ca_4Ca_6[SiO_4]_3[SO_4]_3(Cl,F,OH)_2$、羟硫硅钙石$Ca_4Ca_6[SiO_4]_3[SO_4]_3(OH,Cl,F)_2$、氟硫硅钙石$Ca_4Ca_6[SiO_4]_3[SO_4]_3(F,OH,Cl)_2$、氯硫硅钙石$Ca_4Ca_6[SiO_4]_3[SO_4]_3(Cl,OH,F)_2$,它们都同属硫硅钙石族矿物。

除了F,OH,Cl可以相互替代外,$[SO_4]$、$[PO_4]$也可以替代$[SiO_4]$。

可形成多种类型矿物系列如:羟硫硅钙石-氯硫硅钙石矿物系列。其中氯硫硅钙石在自然界尚未发现。

硫硅钙石

【化学性质】

硫硅钙石是一种含Ca、$[SO_4]$、$[PO_4]$、Cl、F、(OH)的$[SiO_4]$岛状基型硅酸盐类矿物,其晶体化学式为$Ca_4Ca_6[SiO_4]_3[SO_4]_3(Cl,F,OH)_2$。主要成分为Ca、Si、S、O、F、Cl、H,类质同象替代成分有Al、Fe、Mn、Mg、Sr、Na、K、P、C。

化学成分中元素(氧化物)的质量分数为CaO 51.95%、SiO_2 20.74%、SO_3 23.76%、Cl 2.10%、F 0.38%、H_2O 1.07%。

【结晶形态】

硫硅钙石属于六方晶系,六方双锥晶类,对称型为$6/m$。晶体呈粒状、柱状、块状、针状(图2-1-226)。

(a) 硫硅钙石(法国)

(b) 硫硅钙石(俄罗斯)

图2-1-226 硫硅钙石

【物理特征】

硫硅钙石的颜色呈无色、黄色、蓝色、浅蓝色、浅橙色、粉红色、紫灰色。条痕为淡蓝色、米黄色、白色。透明至半透明。玻璃光泽、油脂光泽。色散弱,多色性弱。

一轴晶(-)。折射率为No=1.655、Ne=1.650,双折射率为0.005。

{0001}解理不清楚。性脆。断口呈不均匀、不平整的贝壳状。摩氏硬度为4.5,相对密度为3.02~3.07(测量)、3.10~3.11(计算)。

【晶体结构】

硫硅钙石属于六方晶系,空间群为$P6_3/m$。晶胞参数:$a=0.949$ nm、$c=0.692$ nm,$Z=2$。X射线粉晶衍射数据$d(\text{Å})(I/I_{max})$为2.86(100)、2.76(90)、1.97(60)。

硫硅钙石的晶体结构(图2-1-227)与羟硫硅钙石、氟硫硅钙石、氯硫硅钙石晶体结构相同。

【产状产地】

硫硅钙石产于岩浆岩与灰岩的接触变质矽卡岩带中,是一种相对罕见的矿物,在烧过的煤堆中也有发现。与方镁石、镁铁矿、石灰石、硬石膏等伴生。主要产地有法国、德国、俄罗斯、日本、美国(加利

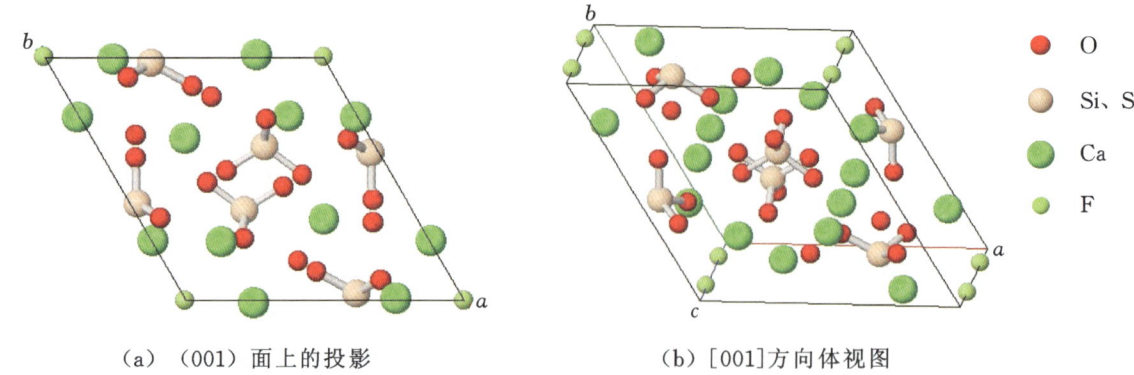

(a)（001）面上的投影　　　　(b)[001]方向体视图

图 2-1-227　硫硅钙石的晶体结构

福尼亚)等。

【主要用途】

硫硅钙石在地质学、物理学、化学、晶体学、矿物学方面都有重要研究意义。

羟硫硅钙石

【化学性质】

羟硫硅钙石是一种含 Ca、[SO$_4$]、(OH) 的[SiO$_4$]岛状基型硅酸盐类矿物,其晶体化学式为 Ca$_4$Ca$_6$[SiO$_4$]$_3$(SO$_4$)$_3$(OH,Cl,F)$_2$。主要成分为 Ca、Si、S、O、H,类质同象替代成分有 Cl、F、P。

化学成分中元素(氧化物)的质量分数为 CaO 54.86%、SiO$_2$ 17.83%、SO$_3$ 23.76%、H$_2$O 1.07%、Cl 2.10%、F 0.38%。

【结晶形态】

羟硫硅钙石属于六方晶系,六方双锥晶类,对称型为 $6/m$。晶体呈粒状、块状等(图 2-1-228)。

(a) 羟硫硅钙石（日本）　　(b) 羟硫硅钙石（德国）　　(c) 羟硫硅钙石（美国加利福尼亚）

图 2-1-228　羟硫硅钙石

【物理特征】

羟硫硅钙石的颜色呈浅粉红色、紫灰色、粉红色。条痕为米黄色。透明。玻璃光泽。色散弱,多色性弱。

一轴晶(-)。折射率为 No=1.654、Ne=1.650,双折射率为 0.004。

解理不清楚。性脆。断口呈不规则、不平整的贝壳状。摩氏硬度为 4.5,相对密度为 3.02(测量)、3.11(计算)。

【晶体结构】

羟硫硅钙石属于六方晶系,空间群为 $P6_3/m$。晶胞参数:$a=0.949$ nm、$c=0.692$ nm,$Z=2$。

X射线粉晶衍射数据$d(\text{Å})(I/I_{max})$为3.46(40)、2.84(100)、2.80(50)、2.74(60)、2.66(50)、1.96(20)、1.85(50)、1.48(20)(图2-1-229)。

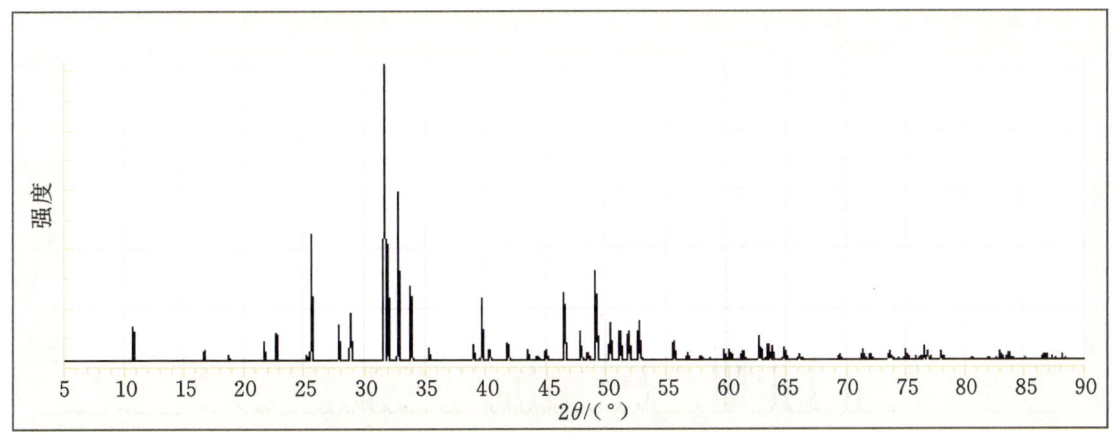

图2-1-229　羟硫硅钙石的X射线粉晶衍射图

羟硫硅钙石的晶体结构与硫硅钙石、氟硫硅钙石、氯硫硅钙石晶体结构相同。

【产状产地】

羟硫硅钙石产于酸性岩浆岩与灰岩的接触带内的矽卡岩中,共生伴生的矿物有石英、斜长石、方解石等。主要产地有德国、美国(加利福尼亚)等。

【主要用途】

羟硫硅钙石在地质学、物理学、化学、材料学、环境科学、晶体学、矿物学方面都有一定意义。

氟硫硅钙石

【化学性质】

氟硫硅钙石是一种含Ca、[SO_4]、F的[SiO_4]岛状基型硅酸盐类矿物,其晶体化学式为Ca_4Ca_6[SiO_4]$_3$(SO_4)$_3$(F,OH,Cl)$_2$。主要成分为Ca、Si、S、F、O,类质同象替代成分有Mg、H、Cl、P等。

化学成分中元素(氧化物)的质量分数为CaO 54.58%、SiO_2 11.93%、P_2O_5 14.09%、SO_3 15.90%、H_2O 0.54%、Cl 0.70%、F 2.26%。

【结晶形态】

氟硫硅钙石属于六方晶系,六方双锥晶类,对称型为$6/m$。晶体呈粒状、块状等(图2-1-230)。

【物理特征】

氟硫硅钙石的颜色呈蓝色、淡蓝绿色、无色。条痕为青白色。透明至半透明。玻璃光泽、油脂光泽。色散弱,多色性弱。荧光呈蓝白色,弱白色。

一轴晶(一)。折射率为No=1.655、Ne=1.650,双折射率为0.005。

解理不清楚。性脆。断口呈不平整、不规则的次贝壳状。摩氏硬度为4.5,相对密度为3.03～3.07(测量)、3.10(计算)。

图2-1-230　氟硫硅钙石(俄罗斯)

【晶体结构】

氟硫硅钙石属于六方晶系，空间群为 $P6_3/m$。晶胞参数：$a=0.951$ nm、$c=0.699$ nm，$Z=2$。X 射线主要粉晶衍射数据 $d(\text{Å})(I/I_{max})$ 为 2.84(100)、2.74(90)、1.85(80)（图 2-1-231）。

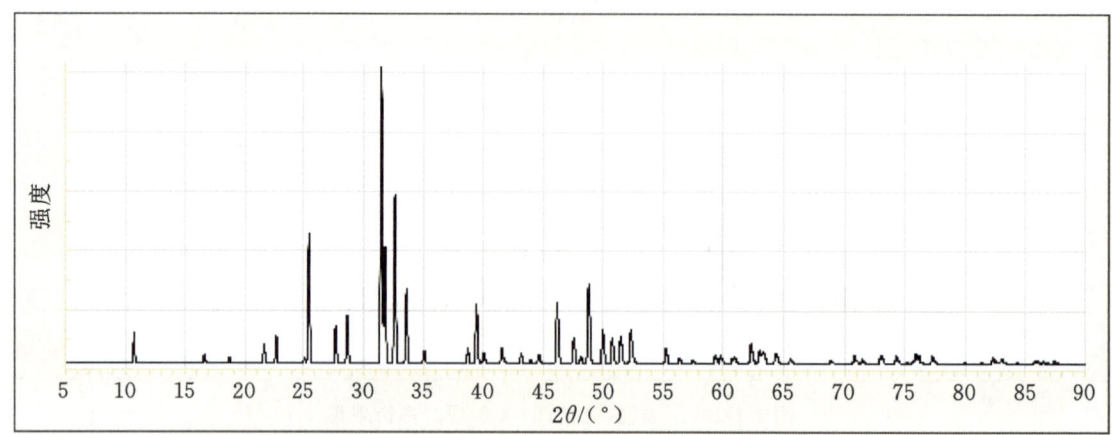

图 2-1-231　氟硫硅钙石的 X 射线粉晶衍射图

氟硫硅钙石的晶体结构与硫硅钙石、羟硫硅钙石、氯硫硅钙石晶体结构相同。

【产状产地】

氟硫硅钙石产于酸性岩浆岩与灰岩的接触变质的矽卡岩中，共生伴生的矿物有石英、斜长石、方解石等。主要产地有俄罗斯、南奥塞梯等。

【主要用途】

氟硫硅钙石在地质学、物理学、化学、材料学、环境科学、晶体学、矿物学方面都有一定意义。

氯硫硅钙石

【化学性质】

氯硫硅钙石是一种含 Ca、[SO_4]、Cl 的 [SiO_4] 岛状基型硅酸盐类矿物，它的晶体化学式为 $Ca_4Ca_6[SiO_4]_3[SO_4]_3(Cl,OH,F)_2$。主要成分为 Ca、Si、S、Cl、O，类质同象替代成分有 Al、Fe、Mn、Mg、C、P、F、OH。

化学成分中元素（氧化物）的质量分数为 CaO 54.79%、SiO_2 11.74%、P_2O_5 13.87%、H_2O 0.53%、SO_3 15.64%、F 0.37%、Cl 3.06%。

【结晶形态】

氯硫硅钙石属于六方晶系，六方双锥晶类，对称型为 $6/m$。晶体呈粒状、柱状、块状等（图 2-1-232）。

 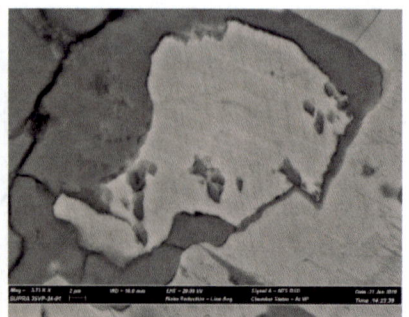

(a) 氯硫硅钙石（美国加利福尼亚）　　(b) 氯硫硅钙石（南奥塞梯）

图 2-1-232　氯硫硅钙石

【物理特征】

氯硫硅钙石的颜色呈无色、白色、浅蓝色、浅绿色、浅粉色、浅玫瑰色、橙色。条痕为白色。透明至半透明。玻璃光泽。色散弱，多色性无。

一轴晶（－）。折射率为 No＝1.664、Ne＝1.659，双折射率为 0.005。

解理不清楚。性脆。断口呈不规则、不均匀的贝壳状。摩氏硬度为 4.5，相对密度为 3.07（测量）、3.09（计算）。

【晶体结构】

氯硫硅钙石属于六方晶系，空间群为 $P6_3/m$。晶胞参数：$a=0.960$ nm、$c=0.687$ nm，$Z=2$。X 射线粉晶衍射数据 $d(Å)(I/I_{max})$ 为 3.45(40)、2.84(95)、2.80(40)、2.75(100)、2.65(30)、2.28(40)、1.96(30)、1.85(30)。

氯硫硅钙石的晶体结构与硫硅钙石、羟硫硅钙石、氟硫硅钙石晶体结构相同。

【产状产地】

氯硫硅钙石产于酸性岩浆岩与灰岩的接触变质带内的矽卡岩中，共生伴生的矿物有灰硅钙石、绿柱石、黑钙铁矿等。主要产地有美国（加利福尼亚）、南奥塞梯等。

【主要用途】

氯硫硅钙石在地质学、物理学、化学、材料学、环境科学、晶体学、矿物学方面都有一定意义。

第二节　具[Si_2O_7]

一、无水、无附加阴离子

钪钇石族

钪钇石（thortveitite）	(Sc,Y)$_2$[Si$_2$O$_7$]
红钇石（thalenite）	(Y,Sc)$_2$[Si$_2$O$_7$]
硅钍钇矿Ⅰ、Ⅱ（yttrialiteⅠ、Ⅱ）	(Y,Th)$_2$[Si$_2$O$_7$]
硅锆钙石（gittinsite）	CaZr[Si$_2$O$_7$]
硅钇石（keiviite-Y）	(Y,Yb)$_2$[Si$_2$O$_7$]
硅镱石（keiviite-Yb）	(Yb,Y)$_2$[Si$_2$O$_7$]

钪钇石

【化学性质】

钪钇石是一种含有 Sc、Y 的[Si$_2$O$_7$]岛状基型硅酸盐类矿物，其晶体化学式为(Sc,Y)$_2$[Si$_2$O$_7$]。主要成分为 Sc、Si、O，类质同象替代成分有 Y、Zr、Hf、Al、Fe、Mn、Mg、Ca、Ce、Tr 等。

化学成分中氧化物的质量分数为 Sc$_2$O$_3$ 36.93%、Y$_2$O$_3$ 20.16%、SiO$_2$ 42.91%。

【结晶形态】

钪钇石属于单斜晶系，斜方柱晶类，对称型为 $2/m$。晶体呈细小粒状、针状、纤维状、放射状（图 2-2-1）。存在双晶。

【物理特征】

钪钇石的颜色呈棕色、灰色、蓝色、黄色、灰黑色、黑色、灰绿色等。条痕为灰色、白色。半透明至

图 2-2-1　钪钇石（挪威）

不透明。玻璃光泽、土状光泽。色散从弱到强。多色性明显，为深绿色、棕黄色、棕黄色。

二轴晶（-）。折射率为 Np=1.756、Nm=1.793、Ng=1.809，双折射率为 0.053。$2V=65°$（测量）、64°（计算）。

{100}解理完全、{110}解理中等，有{001}裂开。性脆。断口呈不均匀、不平坦的贝壳状。摩氏硬度为 6.5~7，相对密度为 3.3~3.8（测量）、3.61（计算）。

【晶体结构】

钪钇石属于单斜晶系，空间群 $C2/m$。晶胞参数：$a=0.660$ nm、$b=0.854$ nm、$c=0.470$ nm、$\beta=102.61°$，$Z=2$。X 射线粉晶主要衍射数据 d(Å)(I/I_{max})为 3.13(100)、3.11(100)、2.93(45)（图 2-2-2）。

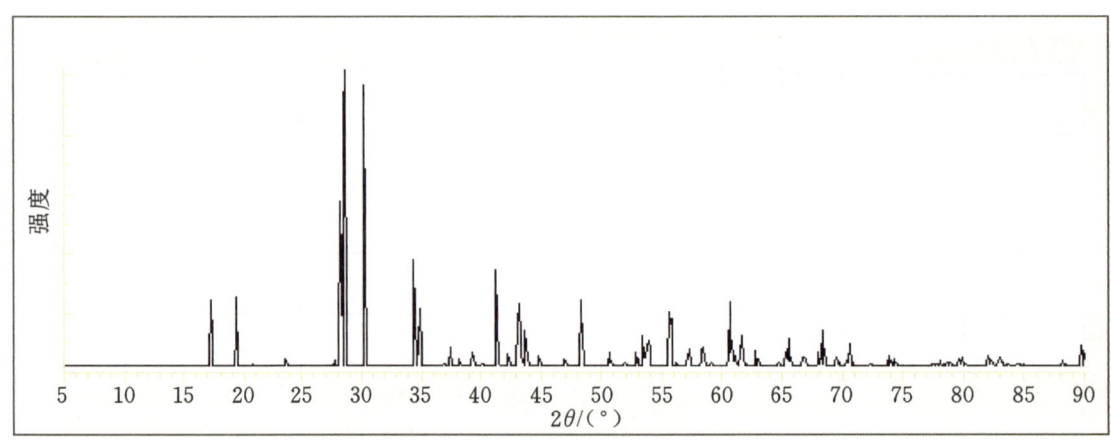

图 2-2-2　钪钇石的 X 射线粉晶衍射图

钪钇石的晶体结构（图 2-2-3、图 2-2-4）与刚玉的结构类似，可视为 O 作近似的六方最紧密堆积，Sc、Y 充填八面体空隙。从配位角度，Sc、Y 作六次配位形成[(Sc,Y)O_6]八面体，它们在垂直 c 轴的平面上彼此共棱形成具有六元环的层，层与层之间由双四面体[Si_2O_7]连接起来。

具有相同结构的矿物有硅锆钙石、硅钇石、硅镱石。

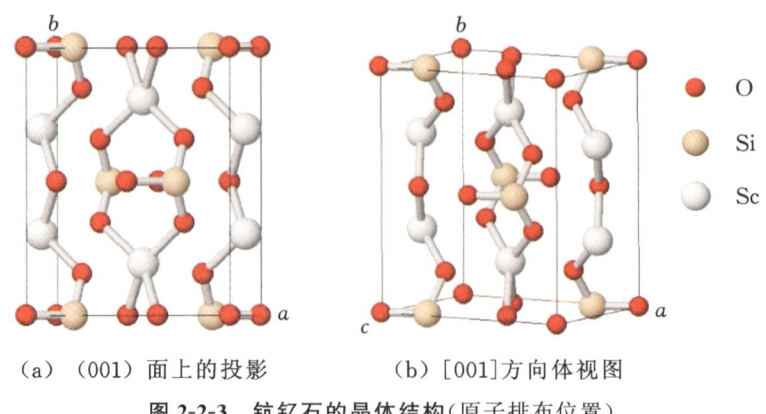

（a）(001)面上的投影　　（b）[001]方向体视图

图 2-2-3　钪钇石的晶体结构（原子排布位置）

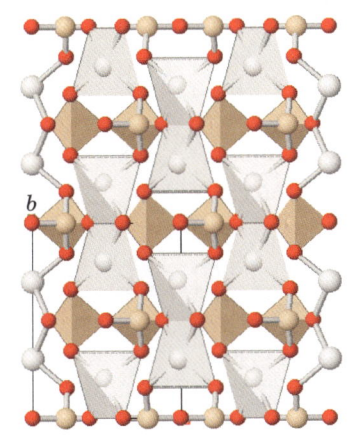
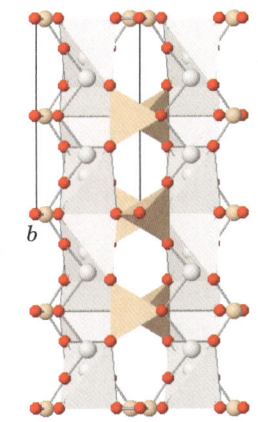

(a) 在(001)面上的投影，[(Sc, Y)O₆]八面体层平行于(001)　　(b) [(Sc, Y)O₆]八面体层由[Si₂O₇]双四面体所连接

图 2-2-4　钪钇石的晶体结构

【产状产地】

钪钇石产于花岗岩伟晶岩中。主要产地有挪威、法国等。

【主要用途】

钪钇石在地质学、材料学、物理学、化学、晶体学、矿物学、宝石学方面都有重要应用，是金属钪的主要矿物资源。透明优质钪钇石可作宝石开发。

红钇石

【化学性质】

红钇石是一种含 Y 的[Si₂O₇]岛状基型硅酸盐类矿物，其晶体化学式可写为(Y,Sc)₂[Si₂O₇]。主要成分为 Y、Si、O，类质同象替代成分有 Sc 等。

化学成分中氧化物的质量分数为 Y_2O_3 64.15%、SiO_2 34.14%、H_2O 1.71%。

【结晶形态】

红钇石属于单斜晶系，斜方柱晶类，对称型为 $2/m$。晶体呈粒状、板状、柱状等（图 2-2-5）。

图 2-2-5　红钇石（挪威）

【物理特征】

红钇石的颜色呈粉红色、棕绿色、棕色等。条痕为无色。透明至半透明。玻璃光泽、油脂光泽。色散弱，多色性弱。

二轴晶（一）。折射率为 Np=1.731、Nm=1.738、Ng=1.744，双折射率为 0.013。$2V=68°$（测量）、$84°$（计算）。

无解理。性脆。断口呈不规则、不均匀的贝壳状。摩氏硬度为 6～6.5,相对密度为 4.20(测量)、4.23(计算)。

【晶体结构】

红钇石属于单斜晶系,空间群为 $P2_1/n$。晶胞参数:$a=1.034$ nm、$b=1.109$ nm、$c=0.729$ nm,$\beta=96.9°$,$Z=4$。X 射线粉晶主要衍射数据 $d(\text{Å})(I/I_{max})$ 为 3.10(100)、2.81(40)、2.75(30)。

【产状产地】

红钇石产于花岗伟晶岩中,共生伴生的矿物有褐钇铌矿、硅铍钇矿、曲晶石、磁铁矿等。主要产地有挪威、美国(得克萨斯)。

【主要用途】

红钇石在地质学、材料学、物理学、化学、晶体学、矿物学方面都有重要意义。可以作为提取钇等稀土元素的矿物材料。

硅钍钇矿Ⅰ、Ⅱ

【化学性质】

硅钍钇矿Ⅰ、Ⅱ是一种含 Y 的 $[Si_2O_7]$ 岛状基型硅酸盐类矿物,其晶体化学式为 $(Y,Th)_2[Si_2O_7]$。主要成分为 Y、Th、Si、O,类质同象替代成分有 Dy、Er、Gd、U、Nd、Sm、Ho、La、Ce、Pr、Eu、Tb、Tm、Lu、Ca、Fe、Mn、Mg 等。

化学成分中氧化物的质量分数的理论值为 Y_2O_3 40.26%、ThO_2 31.02%、SiO_2 28.72%。

【结晶形态】

硅钍钇矿Ⅰ、Ⅱ属于单斜晶系,斜方柱晶类,对称型为 $2/m$。晶体呈块状、柱状、粒状(图 2-2-6)。

(a) 硅钍钇矿(俄罗斯)　　(b) 硅钍钇矿(挪威)　　(c) 硅钍钇矿(瑞典)

图 2-2-6　硅钍钇矿

【物理特征】

硅钍钇矿Ⅰ、Ⅱ的颜色呈黑色、褐色、绿色、棕色、橘黄色等。条痕为白色。透明至半透明。玻璃光泽、油脂光泽。

二轴晶(+/−)各向同性。折射率为 $N=1.758$。

无解理。性脆。断口呈不均匀、不平整的贝壳状。摩氏硬度为 5～7,相对密度为 4.58(测量)、4.92(计算)。

【晶体结构】

硅钍钇矿Ⅰ、Ⅱ中 Y 可被稀土和 Th(≤10.9%)所替代,存在两个多型变种,皆属单斜晶系,但它们的空间群和晶胞参数各不相同。

硅钍钇矿Ⅰ的空间群为 $P2_1/a$,晶胞参数:$a=0.558$ nm、$b=1.080$ nm、$c=0.470$ nm、$\beta=95°58′$,$Z=2$。硅钍钇矿Ⅱ的空间群为 $C2/m$,晶胞参数:$a=0.682$ nm、$b=0.907$ nm、$c=0.472$ nm、$\beta=101°45′$,

$Z=2$。X 射线粉晶衍射数据 $d(\text{Å})(I/I_{max})$ 为 4.67(50)、3.05(100)、2.06(90)、1.74(80)。晶体结构见图 2-2-7。

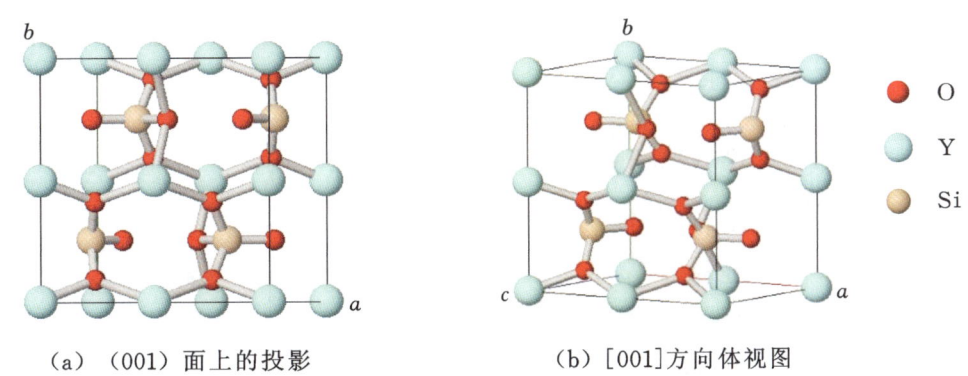

（a）（001）面上的投影　　　　（b）[001]方向体视图

图 2-2-7　硅钍钇矿Ⅰ、Ⅱ的晶体结构

【产状产地】

硅钍钇矿Ⅰ、Ⅱ产于含稀土的伟晶岩的晚期成矿阶段。常见的共生伴生矿物有硅铍钇矿、钍矿、褐钇铌矿、磷钇矿、褐帘石、微斜长石、钠长石、黑云母、锆石、磁铁矿、锰铝榴石、萤石、石英等。主要产地有俄罗斯、挪威、瑞典、美国（得克萨斯）等。

【主要用途】

硅钍钇矿Ⅰ、Ⅱ在地质学、材料学、物理学、化学、晶体学、矿物学方面都有重要应用，可以用作提取稀土金属。

硅锆钙石

【化学性质】

硅锆钙石是一种含 Ca、Zr 的[Si_2O_7]岛状基型硅酸盐类矿物，其晶体化学式为 $CaZr[Si_2O_7]$。主要成分为 Ca、Zr、Si、O，类质同象替代成分有 Mg、Fe、Hf、Th 等。

化学成分中氧化物的质量分数为 CaO 18.73%、ZrO_2 41.15%、SiO_2 40.12%。

【结晶形态】

硅锆钙石属于单斜晶系，斜方柱晶类，对称型为 $2/m$。晶体呈粒状、块状（图 2-2-8）。

图 2-2-8　硅锆钙石（加拿大）

【物理特征】

硅锆钙石的颜色呈柠檬白色、白垩白色，透射薄片下为无色。条痕为白色。透明。玻璃光泽。色散较明显，多色性无。

二轴晶（－）。折射率为 Np=1.720、Nm=1.736、Ng=1.738，双折射率为 0.018。$2V=30°$（测量）、38°（计算）。

解理不清楚。性脆。断口呈不均匀、不平整的贝壳状。摩氏硬度为 3.5~4，相对密度为 3.62（测量）、3.62（计算）。

【晶体结构】

硅锆钙石属于单斜晶系,空间群为 $C2/m$。晶胞参数:$a=0.687$ nm、$b=0.876$ nm、$c=0.469$ nm,$\beta=101.74°$,$Z=2$。X射线粉晶衍射数据 $d(\text{Å})(I/I_{max})$ 为 3.232(80)、3.155(100)、3.026(80)。硅锆钙石的晶体结构与钪钇石相同(图 2-2-9)。

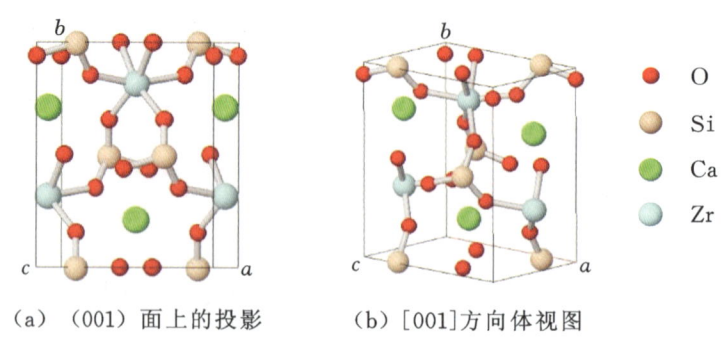

(a) (001) 面上的投影　　(b) [001]方向体视图

图 2-2-9　硅锆钙石的晶体结构

【产状产地】

硅锆钙石产于在区域变质的正长岩杂岩体中富含伟晶岩的透镜体内。共生伴生的矿物有针钠钙石、蛋白石、微斜长石、钍石、石墨、方解石、萤石、鱼眼石、磷灰石等。主要产地为加拿大。

【主要用途】

硅锆钙石在地质学、物理学、化学、材料学、环境科学、晶体学、矿物学方面都有重要意义。

硅 钇 石

【化学性质】

硅钇石是一种含 Y 的[Si_2O_7]岛状基型硅酸盐类矿物,其晶体化学式为 $(Y,Yb)_2[Si_2O_7]$。主要成分为 Y、Si、O,类质同象替代成分有 Yb。可形成硅钇石与硅钇石类质同象系列矿物。

化学成分中氧化物的质量分数为 Y_2O_3 43.64%、Yb_2O_3 25.39%、SiO_2 30.97%。

【结晶形态】

硅钇石属于单斜晶系,斜方柱晶类,对称型为 $2/m$。晶体呈柱状、粒状、块状等(图 2-2-10)。

(a) 硅钇石(挪威)　　(b) 硅钇石(挪威)　　(c) 硅钇石(俄罗斯)

图 2-2-10　硅钇石

【物理特征】

硅钇石的颜色呈无色、白色、浅棕红色等。条痕为白色。透明。玻璃光泽。色散弱,多色性弱。

二轴晶(一)。折射率为 Np=1.713、Nm=1.748、Ng=1.758,双折射率为 0.045。$2V=55°\sim56°$(测量)、54°(计算)。

{110}解理完全、{001}解理中等。性脆。断口呈不均匀、不平整的贝壳状。摩氏硬度为4～5,相对密度为4.45(测量)、4.48(计算)。

【晶体结构】

硅钇石属于单斜晶系,空间群为$C2/m$。晶胞参数:$a=0.685$ nm、$b=0.896$ nm、$c=0.473$ nm, $β=101.65°$,$Z=2$。X射线粉晶衍射数据$d(Å)(I/I_{max})$为4.65(90)、3.23(100)、3.04(80)。

硅钇石与硅镱石具有相同的晶体结构。

【产状产地】

硅钇石产于花岗伟晶岩的石英脉的裂缝中,共生伴生的矿物有萤石、氟碳钇矿、硅镱石等。主要产地有俄罗斯、挪威等。

【主要用途】

硅钇石在地质学、物理学、化学、材料学、晶体学、矿物学方面都有一定意义。

硅镱石

【化学性质】

硅镱石是一种含Yb的[Si_2O_7]岛状基型硅酸盐类矿物,其晶体化学式为$(Yb,Y)_2[Si_2O_7]$。主要成分为Yb、Si、O,类质同象替代成分有Y。硅钇石与硅镱石可形成类质同象系列矿物。

化学成分中氧化物的质量分数为Y_2O_3 11.96%、Yb_2O_3 62.59%、SiO_2 25.45%。

【结晶形态】

硅镱石属于单斜晶系,斜方柱晶类,对称型为$2/m$。晶体呈柱状、粒状、块状等(图2-2-11)。双晶现象常见。

图2-2-11 硅镱石(俄罗斯)

【物理特征】

硅镱石的颜色呈无色、白色。条痕为白色。透明。玻璃光泽。色散较强,多色性弱或无。荧光为浅绿色。

二轴晶(-)。折射率为Np=1.723、Nm=1.758、Ng=1.768,双折射率为0.045。$2V=58°$(测量)。

{110}解理清楚、{001}解理中等。性脆。断口呈不均匀、不规则的贝壳状。摩氏硬度为4～5,相对密度为5.95(测量)、5.99(计算)。

【晶体结构】

硅镱石属于单斜晶系,空间群为$C2/m$。晶胞参数:$a=0.684$ nm、$b=0.892$ nm、$c=0.475$ nm,$β=102.11°$,$Z=2$。X射线粉晶主要衍射数据$d(Å)(I/I_{max})$为3.24(100)、3.20(100)、3.03(9)。硅镱石(图2-2-12)与硅钇石的晶体结构相同。

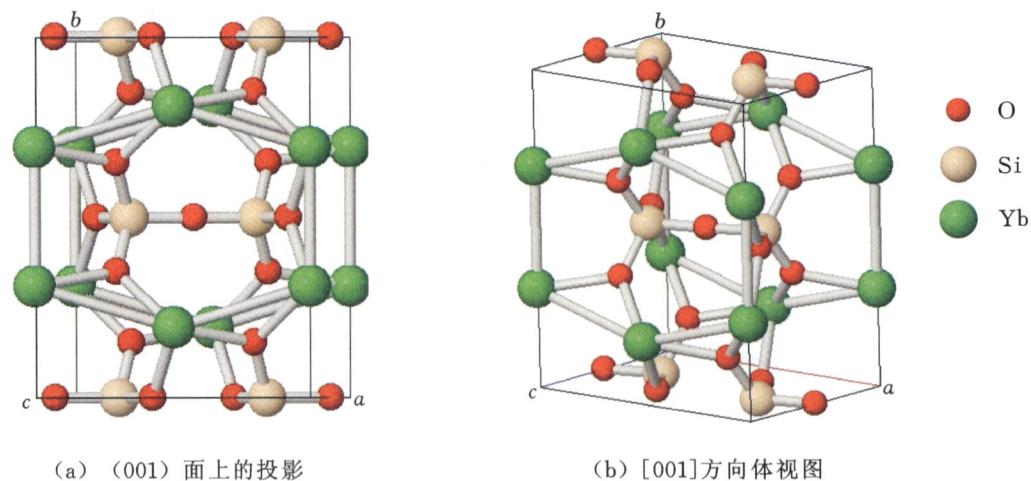

(a) (001) 面上的投影　　　　　(b) [001]方向体视图

图 2-2-12　硅镱石的晶体结构

【产状产地】

硅镱石产于花岗伟晶岩内石英脉的裂缝中,共生伴生的矿物有萤石、氟碳钇矿、硅钇石等。主要产地有俄罗斯、挪威等。

【主要用途】

硅镱石在地质学、物理学、化学、材料学、晶体学、矿物学方面都有一定意义。

硅钙石族

硅钙石(rankinite)　　　　　　$Ca_3[Si_2O_7]$
斜方硅钙石(kilchoanite)　　　$Ca_3[Si_2O_7]$

硅钙石

【化学性质】

硅钙石是一种含 Ca 的$[Si_2O_7]$岛状基型硅酸盐类矿物,其晶体化学式为 $Ca_3[Si_2O_7]$。主要成分为 Ca、Si、O,类质同象替代成分有 Mg、K、Na 等。

化学成分中氧化物的质量分数为 CaO 58.33%、SiO_2 41.67%。

【结晶形态】

硅钙石属于单斜晶系,斜方柱晶类,对称型为 $2/m$。晶体呈块状、圆形、粒状,理想的结晶体少见(图 2-2-13)。

(a) 硅钙石(德国)　　　　(b) 硅钙石(法国)　　　　(c) 硅钙石(英国)

图 2-2-13　硅钙石

【物理特征】

硅钙石的颜色呈无色、白色。条痕为白色。透明至半透明。玻璃光泽。色散弱。多色性弱。

二轴晶(+)。折射率为 Np=1.640～1.641、Nm=1.644、Ng=1.650，双折射率为 0.009～0.010。$2V=64°$(测量)、$72°～80°$(计算)。

{100}解理完全。性脆。断口呈不平整、不均匀的贝壳状。摩氏硬度为 5.5～6，相对密度为 2.96～3.00(测量)、3.01(计算)。

【晶体结构】

硅钙石属于单斜晶系，空间群为 $P2_1/a$。晶胞参数：$a=1.055$ nm、$b=0.888$ nm、$c=0.785$ nm，$\beta=120.10°$，$Z=4$。X 射线粉晶衍射数据 $d(\text{Å})(I/I_{max})$ 为 5.43(20)、4.48(70)、3.18(80)、2.72(100)（图 2-1-14）。晶体结构见图 2-1-15。

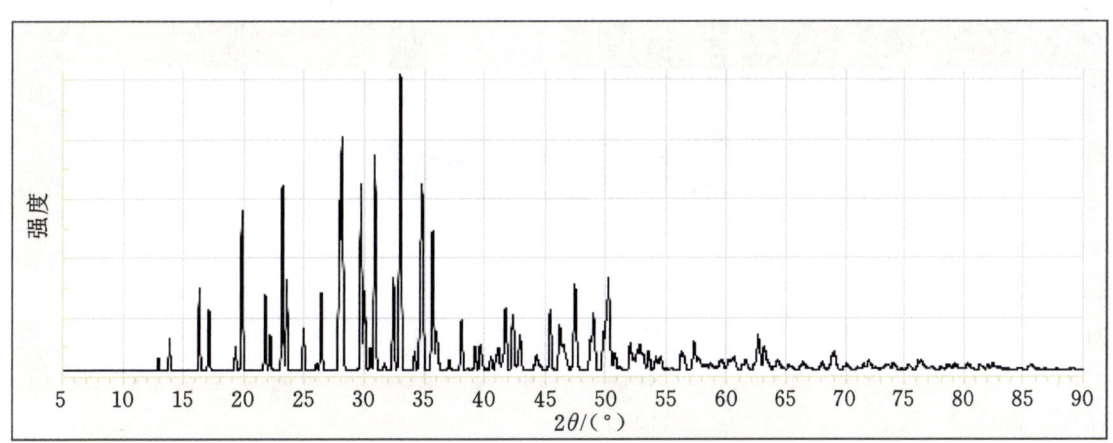

图 2-2-14　硅钙石的 X 射线粉晶衍射图

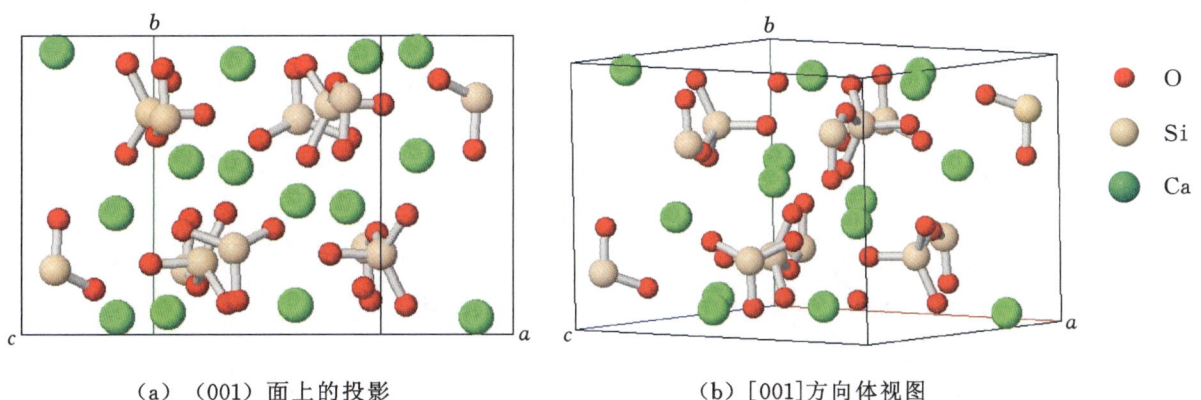

(a) (001)面上的投影　　　(b) [001]方向体视图

图 2-2-15　硅钙石的晶体结构

【产状产地】

硅钙石产于高温钙质矽卡岩中，还见于接触变质石灰岩的燧石结核周围，在高炉熔渣中也发现了这种矿物。常与斜硅钙石、硅灰石以及黄长石组合共生。主要产地有德国、法国、英国、美国、新西兰等。

【主要用途】

硅钙石在地质学、材料学、物理学、化学、晶体学、矿物学、宝石学方面都有重要意义。

斜方硅钙石

【化学性质】

斜方硅钙石是一种含 Ca 的 $[Si_2O_7]$ 岛状基型硅酸盐类矿物，其晶体化学式为 $Ca_3[Si_2O_7]$。主要成分为 Ca、Si、O，类质同象替代成分有 Fe、Al 等。在一定条件下硅钙石与斜方硅钙石可相互转换。

化学成分中氧化物的质量分数为 CaO 58.33%、SiO_2 41.67%。

【结晶形态】

斜方硅钙石属于斜方晶系，斜方单锥晶类，对称型为 $mm2$。晶体呈块状（图 2-1-16）。

图 2-2-16　斜方硅钙石（俄罗斯）

【物理特征】

斜方硅钙石的颜色呈无色。条痕为白色。透明。玻璃光泽。色散弱，多色性异常。

二轴晶（－）。折射率为 Np＝1.647、Nm＝1.649、Ng＝1.650，双折射率为 0.003。$2V=60°$（测量）、70°（计算）。

无解理。性脆。断口呈不平整、不规则的贝壳状。摩氏硬度为 6，相对密度为 2.99（测量）、3.00（计算）。

【晶体结构】

斜方硅钙石属于斜方晶系，空间群为 $I2cm$。晶胞参数：$a=1.142$ nm、$b=0.509$ nm、$c=2.195$ nm，$Z=8$。X 射线粉晶衍射数据 $d(Å)(I/I_{max})$ 为 5.17(60)、3.07(90)、2.89(100)、2.68(95)。晶体结构见图 2-1-17。

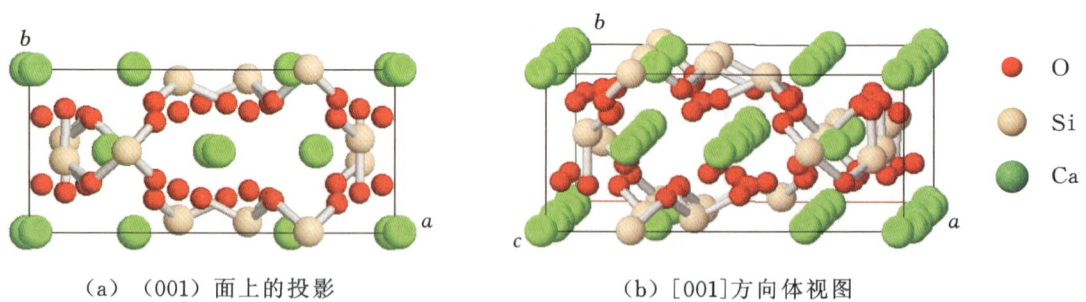

(a)（001）面上的投影　　　　(b) [001] 方向体视图

图 2-2-17　斜方硅钙石的晶体结构

斜方硅钙石与硅钙石为同质多象，在 100 ℃时转变为硅钙石。

【产状产地】

斜方硅钙石产于辉长岩侵入而变质的石灰岩中，与硅钙石、灰硅钙石、黄长石、枪晶石、钙铝榴石、硅灰石以及符山石共生。主要产地有俄罗斯、英国等。

【主要用途】

斜方硅钙石在地质学、材料学、物理学、化学、晶体学、矿物学、宝石学方面都有重要应用。

希宾石族

希宾石(khibinskite)	$K_2Zr[Si_2O_7]$
硅铁钡石(andremeyerite)	$BaFe_2[Si_2O_7]$

希宾石

【化学性质】

希宾石是一种含 K、Zr 的 $[Si_2O_7]$ 岛状基型硅酸盐类矿物,其晶体化学式为 $K_2Zr[Si_2O_7]$。主要成分为 K、Zr、Si、O,类质同象替代成分有 Ti、Ca 等。

化学成分中氧化物的质量分数为 K_2O 27.27%、ZrO_2 36.43%、SiO_2 35.60%、TiO_2 0.6%、CaO 0.1%。

【结晶形态】

希宾石属于单斜晶系,斜方柱晶类,对称型为 $2/m$。晶体呈细小颗粒状,集合体呈块状。

【物理特征】

希宾石的颜色呈无色。条痕为白色,集合体为白色和乳白色。透明至半透明。玻璃光泽。色散强。多色性弱。

二轴晶(一)。折射率为 Np=1.665、Nm=1.715、Ng=1.715,双折射率为 0.05。$2V=6°\sim16°$。

{100}、{001}、{111}解理完全,{311}解理中等。性脆。断口呈不均匀、不平整的贝壳状。摩氏硬度为 4.5~5.5,相对密度为 3.30~3.40(测量)、3.33(计算)。

【晶体结构】

希宾石属于单斜晶系,空间群为 $C2/m$、Cm 或 $C2$。晶胞参数:$a=1.922$ nm、$b=1.110$ nm、$c=1.410$ nm,$\beta=116.50°$,$Z=16$。X 射线粉晶衍射数据 d(Å)(I/I_{max})为 2.956(88)、2.760(100)、2.133(52)、1.630(64)、1.595(40)、1.381(48)、1.252(45)。晶体结构见图 2-2-18。

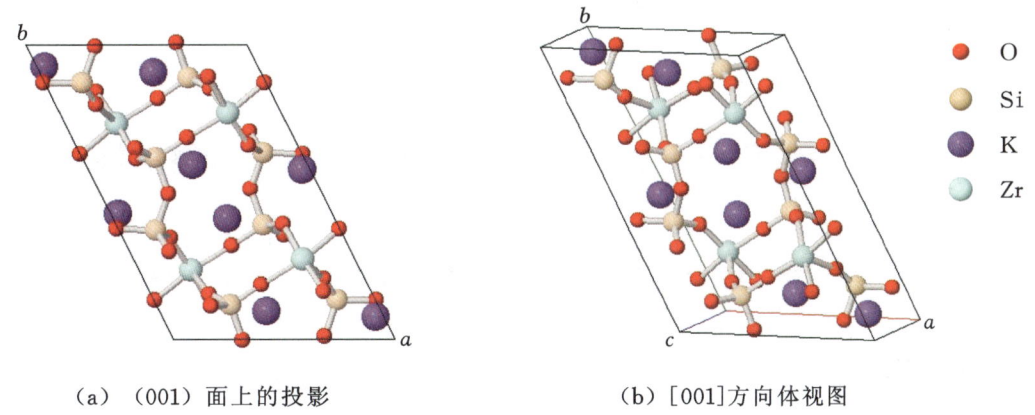

(a) (001)面上的投影　　　　　(b) [001]方向体视图

图 2-2-18　希宾石的晶体结构

【产状产地】

希宾石产于碱性岩体,红钠闪石钠铁闪石霓霞岩中,与异性石、锆石、钠沸石、磁黄铁矿等成组合共生。主要产地有俄罗斯(科拉半岛)。

【主要用途】

希宾石在地质学、材料学、物理学、化学、晶体学、矿物学方面都有一定意义。

硅铁钡石

【化学性质】

硅铁钡石是一种含有 Ba、Fe 的 $[Si_2O_7]$ 岛状基型硅酸盐类矿物,其晶体化学式为 $BaFe_2[Si_2O_7]$。主要成分为 Ba、Fe、Si、O,类质同象替代成分有 Al、Mn、Mg、Ca、Na、K 等。

化学成分中氧化物的质量分数为 BaO 37.06%、MgO 0.97%、MnO 5.14%、FeO 27.79%、SiO_2 29.04%。

【结晶形态】

硅铁钡石属于单斜晶系,斜方柱晶类,对称型为 $2/m$。晶体呈细小柱状、粒状。主要单形有 {100}、{010}、{011}、{120}。有聚片双晶,双晶面为(100)。

【物理特征】

硅铁钡石的颜色呈浅绿色、翡翠绿色。条痕为白色。透明至半透明。玻璃光泽。色散较明显,为多色性明显,为浅绿色,暗褐色,暗褐色。

二轴晶(+)。折射率为 Np=1.740、Nm=1.740、Ng=1.760,双折射率为 0.02。$2V$ 随波长变化而变化。

{100}、{010}解理完全。性脆。断口呈不均匀、不平整的贝壳状。摩氏硬度为 5.5,相对密度为 4.15(测量)、4.14(计算)。

【晶体结构】

硅铁钡石属于单斜晶系,空间群为 $P2_1/a$。晶胞参数:a=0.748 nm、b=1.378 nm、c=0.708 nm,β=118.23°,Z=4。X 射线粉晶衍射数据 $d(\text{Å})(I/I_{max})$ 为 4.630(40)、3.288(60)、3.122(80)、3.055(100)、2.811(40)、2.471(55)。

【产状产地】

硅铁钡石产于白榴石、霞石、黄长石熔岩的孔穴中,共生伴生矿物有霞石、黄长石、磁铁矿、白榴石、钙铁橄榄石、单斜辉石、磷灰石。主要产地有刚果(金)等。

【主要用途】

硅铁钡石在地质学、材料学、物理学、化学、材料科学、晶体学、矿物学方面都有重要意义。

二、具附加阴离子或络阴离子

钛硅铈矿族

钛硅铈矿(perrierite-Ce)	$Ce_4Fe(Fe,Ti)_2Ti_2[Si_2O_7]_2O_8$
钛硅镧矿(perrierite-La)	$(La,Ce)_4(Fe,Mn^{2+})Fe_2^{3+}Ti_2[Si_2O_7]_2O_8$
硅钛铈(镧)矿(chevkinite)	$Fe(La,Ce)_4(Ti,Fe)_2Ti_2[Si_2O_7]_2O_8$

本族主要包括两个同质多象变体:钛硅铈矿和硅钛铈矿,另有碳硅钇石和人工合成晶体斜方硅钛铈矿(在自然界尚未发现)。

钛硅铈矿族矿物的理想晶体化学式为 $A_4^{3+}B^{2+}C_2^{3+}Ti_2^{4+}[Si_2O_7]_2O_8$。A 为 REE^{3+}(La、Ce、Pr、Nd、Sm 等)、Ca、Sr;B 为 Fe^{2+}、Mg^{2+}、Mn^{2+};C 为 Ti^{4+}、Fe^{2+}、Al^{3+}、Fe^{3+}、Mg。

本族矿物的成分变化很大,钛硅铈矿中稀土元素以铈为主,硅钛铈镧含量增多,La∶Ce 近于 1∶1。

钛硅铈矿

【化学性质】

钛硅铈矿是一种含 Fe、Ce、Ti、O 的 $[Si_2O_7]$ 岛状基型硅酸盐类矿物,其晶体化学式为 $Ce_4Fe(Fe,Ti)_2Ti_2[Si_2O_7]_2O_8$。主要成分为 Ce、Fe、Ti、Si、O,类质同象替代成分有 Y、La、Th、Pr、Nd、Sm、Gd、Dy、Ca、Sr、Na、Mg、Mn、Al 等。

化学成分中氧化物的质量分数为 Na_2O 0.52%、SrO 0.86%、CaO 4.20%、La_2O_3 20.33%、Ce_2O_3 17.75%、REE_2O_3 5.59%、ThO_2 1.10%、MgO 0.34%、TiO_2 18.61%、MnO 1.77%、Al_2O_3 0.43%、FeO 7.77%、SiO_2 20.73%。

【结晶形态】

钛硅铈矿属于单斜晶系,斜方柱晶类,对称型为 $2/m$。晶体呈微扁平的柱状、粒状(图 2-2-19)。依{100}形成双晶。

图 2-2-19 钛硅铈矿(德国)

【物理特征】

钛硅铈矿的颜色呈黑色、褐色、深红棕色。条痕为淡棕色。树脂光泽。色散较强。多色性明显,为黄色、深红色、紫罗兰色,或深棕色。

二轴晶(一)。折射率为 Np=1.90~1.95、Nm=2.01、Ng=2.02~2.06,双折射率为 0.11~0.12。$2V=60°$(测量)、32°~82°(计算)。

解理较差。性脆。断口呈不均匀、不平整的贝壳状。摩氏硬度为 5.5~6,相对密度为 4.29~4.45(测量)、4.85(计算)。

【晶体结构】

钛硅铈矿属于单斜晶系,空间群为 $C2_1/a$、$P2_1/a$。晶胞参数:$a=1.361$ nm、$b=0.562$ nm、$c=1.173$ nm,$\beta=113.50°$,$Z=2$。X 射线粉晶衍射数据 $d(Å)(I/I_{max})$ 为 5.34(65)、2.92(100)、2.81(46)、2.15(55)、1.94(78)、1.65(55)、1.34(55)、1.24(47)。晶体结构见图 2-2-20。

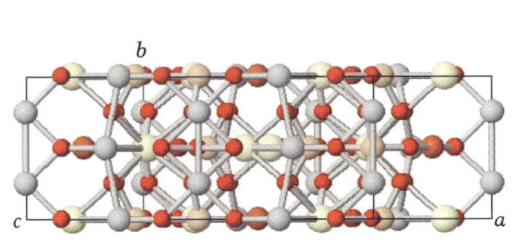
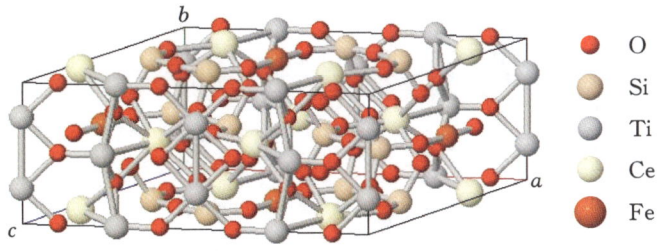

(a) (001)面上的投影　　　　(b) [001]方向体视图

图 2-2-20 钛硅铈矿的晶体结构

【产状产地】

钛硅铈矿产于伟晶岩、凝灰岩中,与锐钛矿、钛铁矿、磁铁矿、水碳铈矿、氟碳铈矿、铈铌钙钛矿、烧绿石、锆石、石榴石共生或伴生。主要产地有德国、挪威、意大利等。

【主要用途】

钛硅铈矿在地质学、材料学、物理学、化学、晶体学、矿物学方面都有重要意义,是提取稀土元素材料的矿物资源。

钛硅镧矿

【化学性质】

钛硅镧矿是一种含 La、Fe、Ti、Ca、Mn、O 的 $[Si_2O_7]$ 岛状基型硅酸盐类矿物,其晶体化学式为 $(La,Ce)_4(Fe,Mn^{2+})Fe_2^{3+}Ti_2[Si_2O_7]_2O_8$。主要成分为 La、Fe、Ti、Si、O,类质同象替代成分有 Ca、Ce、Mn、Al 等。

化学成分中氧化物的质量分数为 CaO 3.26%、La_2O_3 23.71%、Ce_2O_3 19.64%、Pr_2O_3 0.83%、Nd_2O_3 2.09%、MgO 0.25%、MnO 2.25%、FeO 3.16%、Fe_2O_3 5.28%、Al_2O_3 2.59%、TiO_2 16.13%、Nb_2O_5 0.75%、SiO_2 20.06%。

钛硅镧矿与钛硅铈矿可以形成类质同象系列矿物。

【结晶形态】

钛硅镧矿属于单斜晶系,斜方柱晶类,对称型为 $2/m$。晶体呈细小粒状、柱状、块状等(图 2-2-21)。

(a) 钛硅镧矿(德国)

(b) 钛硅镧矿(德国)

(c) 钛硅镧矿(挪威)

图 2-2-21 钛硅镧矿

【物理特征】

钛硅镧矿的颜色呈黑色。条痕为黄褐色。透明至不透明。树脂光泽、油脂光泽。色散较强,多色性明显:浅黄褐色,棕色,深棕色。

二轴晶(-)。折射率为 Np=1.941、Nm=2.020、Ng=2.040,双折射率未测。$2V=50°$(测量)、51°(计算)。

{001}解理较好。性脆。断口呈不均匀、不规则的贝壳状。摩氏硬度为6,相对密度为4.80(测量)、4.791(计算)。

【晶体结构】

钛硅镧矿属于单斜晶系,空间群为 $P2_1/a$。晶胞参数:$a=1.367$ nm、$b=0.566$ nm、$c=1.174$ nm,$\beta=113.64°$,$Z=2$。X 射线粉晶衍射数据 d(Å)(I/I_{max}) 为 5.19(40)、3.53(40)、2.96(100)、2.80(50)、2.14(50)、1.95(50)、1.68(40)。晶体结构见图 2-1-22。

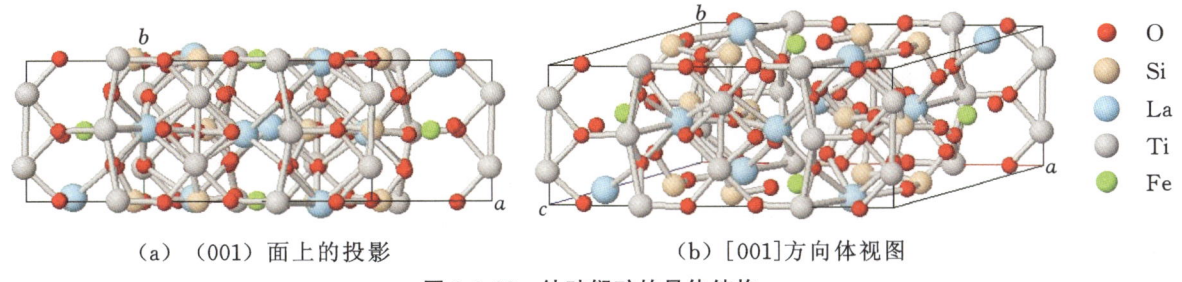

(a) (001)面上的投影　　　　　(b) [001]方向体视图

图 2-2-22　钛硅镧矿的晶体结构

【产状产地】

钛硅镧矿产于伟晶岩、凝灰岩中，与锐钛矿、钛铁矿、磁铁矿、水碳铈矿、氟碳铈矿、铈铌钙钛矿、烧绿石、锆石、石榴石共生或伴生。主要产地有德国、挪威。

【主要用途】

钛硅镧矿在地质学、物理学、化学、材料学、环境科学、晶体学、矿物学方面都有一定意义。

硅钛铈（镧）矿

【化学性质】

硅钛铈（镧）矿是一种含 Fe、La、Ti、O 的 $[Si_2O_7]$ 岛状基型硅酸盐类矿物，其晶体化学式为 $Fe(La, Ce)_4(Ti,Fe)_2Ti_2[Si_2O_7]_2O_8$。主要成分为 Fe、La、Ce、Ti、Si、O，类质同象替代成分有多种稀土元素、Ca、Sr、Ce、Mg、Th、Y、Nb、Zr、U 等。

硅钛铈（镧）矿化学成分变化大，可形成 Th-硅钛铈矿，Nb-硅钛铈矿和 Y-硅钛铈矿等变种。

化学成分中氧化物的质量分数为 CaO 3.72％、La_2O_3 18.92％、Ce_2O_3 23.15％、ThO_2 2.99％、MgO 0.67％、TiO_2 16.57％、FeO 10.73％、Fe_2O_3 3.31％、SiO_2 19.94％。

【结晶形态】

硅钛铈（镧）矿属于单斜晶系，斜方柱晶类，对称型为 $2/m$。晶体呈针状、柱状、板状、块状等（图 2-2-23），因放射作用非晶质化。依{001}成双晶。

  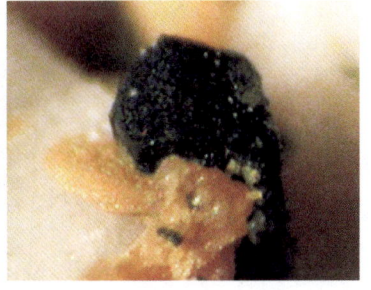

(a) 硅钛铈(镧)矿（巴基斯坦）　　(a) 硅钛铈(镧)矿（德国）　　(a) 硅钛铈(镧)矿（美国华盛顿）

图 2-2-23　硅钛铈（镧）矿

【物理特征】

硅钛铈（镧）矿的颜色呈棕黑色、暗红色。显微镜透射光下呈红褐色。条痕为黑色、褐色。透明至不透明。半金属光泽、树脂光泽到沥青光泽。色散较强，多色性明显，为近无色，红棕色，深红棕色。

二轴晶（－），常非晶质化。折射率为 Np＝1.967～1.973，Nm＝2.020，Ng＝2.050，双折射率为 0.077～0.083。

无解理。性脆。断口呈不均匀、不平整的贝壳状。摩氏硬度为 5～5.5，相对密度为 4.3～4.8（测量）、4.61（计算）。

【晶体结构】

硅钛铈(镧)矿属于单斜晶系,空间群为 $P2_1/b$。晶胞参数:$a=1.337$ nm、$b=0.566$ nm、$c=1.128$ nm,$\beta=100.87°$,$Z=2$。X 射线粉晶主要衍射数据 d(Å)(I/I_{max})为 4.58(40)、3.46(40)、3.17(100)、3.14(100)、2.71(100)、2.16(50)、1.96(50)(图 2-2-24)。

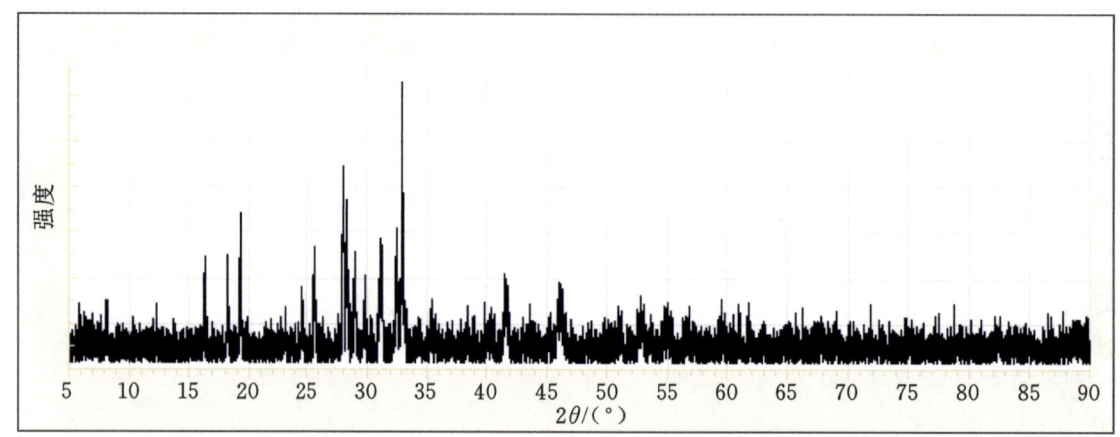

图 2-2-24 硅钛铈(镧)矿的 X 射线粉晶衍射图

硅钛铈(镧)矿(图 2-2-25、图 2-2-26)和钛硅铈矿的晶体结构极为相似,其共同点为硅氧双四面体 $[Si_2O_7]$ 由 $[FeO_6]$ 八面体联结起来形成平行于(001)的"层"。

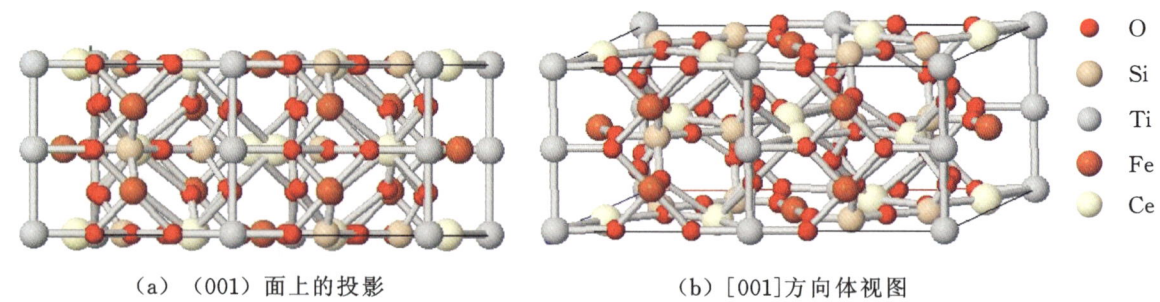

(a) (001)面上的投影   (b) [001]方向体视图

图 2-2-25 硅钛铈(镧)矿的晶体结构

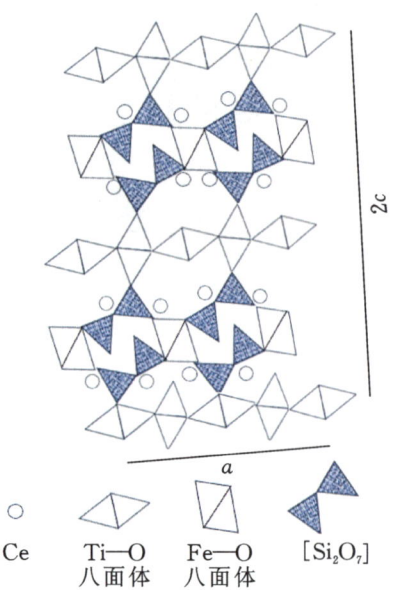

图 2-2-26 硅钛铈(镧)矿晶体结构在(010)面上的投影

相互共棱的 $[TiO_6]$ 八面体组成两种类型的链(//b),链间通过角顶相连而形成 $[TiO_6]$ 八面体"层"。这两种"层"相间排列,在 $[TiO_6]$ 八面体"层"中的一种 $[Ti_{II}O_6]$ 八面体与 $[Si_2O_7]$ 共角顶(另一种 $[Ti_IO_6]$ 八面体则不与它共角顶)将两种"层"连接起来,两种"层"间的较大空隙被 A^{3+} 占据。

硅钛铈(镧)矿和钛硅铈矿结构相异之处在于前者通过 Ti_I 的是二次轴,通过 Ti_{II} 的是二次螺旋轴;而后者恰相反,通过 Ti_I 的是二次螺旋轴,通过 Ti_{II} 的是二次轴。硅钛铈(镧)矿和钛硅铈矿的空间群,天然产出的定为 $C2/m$。而人工合成者原始晶胞空间群为 $P2_1/a$。

【产状产地】

硅钛铈矿主要产于碱性的花岗岩、花岗伟晶岩中,还产于石英钠长石脉、斑状霓辉花岗细晶岩和云英岩化角闪花岗岩中,也可产于碳酸盐岩与黑云母花岗正长岩接触交代带的镁矽卡岩中。与锆石、榍石、褐帘石、磁铁矿、霓石、硅镁石、斜硅镁石、白云母、金云母、角闪石、萤石、磷铈镧矿等组合共生。主要产地有巴基斯坦、德国、法国、乌克兰、俄罗斯、美国（华盛顿）、中国等。

【主要用途】

硅钛铈（镧）矿在地质学、材料学、物理学、化学、晶体学、矿物学方面都有重要意义，是提取稀土元素材料的矿物资源。

氟钠钛锆石族

氟钠钛锆石（seidozerite）	$Na_4MnZr_2Ti[Si_2O_7]_2O_2F_2$
绿层硅铈钛矿（rinkite-Ce）	$Na_2Ca_4CeTi[Si_2O_7]_2(O,F)_2F_2$
褐硅铈矿（mosandrite）	$Na_2Ca_4Ti[Si_2O_7]_2(O,F)_2F_3$
氟硅钙钛矿（gotzenite）	$NaCa_6Ti[Si_2O_7]_2OF_3$
锰钡闪叶石（ericssonite）	$BaMn_2Fe^{3+}[Si_2O_7]O(OH)$
斜方锰钡闪叶石（orthoericssonite）	$BaMn_2Fe^{3+}[Si_2O_7]O(OH)$

氟钠钛锆石

【化学性质】

氟钠钛锆石是一种含 Na、Mn、Zr、Ti、O、F 的 $[Si_2O_7]$ 岛状基型硅酸盐类矿物，其晶体化学式为 $Na_4MnZr_2Ti[Si_2O_7]_2O_2F_2$。主要成分为 Na、Mn、Zr、Ti、Si、O、F，类质同象替代成分有 Mg、Al、Fe、Nb、H_2O 等。成分中存在着等价类质同象代替 Zr→Ti、Mn→Ca、Mn→Fe，和异价类质同象代替 Zr→Mn、Ti→Fe、Na→Ca 等。

化学成分中元素（氧化物）的质量分数为 Na_2O 15.14%、CaO 3.04%、MgO 2.19%、ZrO_2 23.42%、TiO_2 13.01%、MnO 3.85%、Al_2O_3 1.38%、Fe_2O_3 2.17%、SiO_2 32.19%、F 3.61%。

【结晶形态】

氟钠钛锆石属于单斜晶系，斜方柱晶类，对称型为 $2/m$。晶体呈针状、纤维状、放射状。集合体可成细纤维状、球粒状（图 2-2-27）。主要单形有 {100}、{010}、{001}、{011} 和 {111}。

图 2-2-27 氟钠钛锆石-钠铁闪石（俄罗斯）

【物理特征】

氟钠钛锆石的颜色呈棕红色、红黄色。条痕为白色。透明、半透明。玻璃光泽。色散较强。多色性明显，为深红色，红色，浅黄色。

二轴晶（+）。折射率为 Np=1.725、Nm=1.758、Ng=1.830，双折射率为 0.105。$2V=68°$（测

量）、72°（计算）。

{001}解理完全。性脆。断口呈不均匀、不平整的贝壳状。摩氏硬度为 4.5～5.5，相对密度为 3.47（测量）、3.49（计算）。

【晶体结构】

氟钠钛锆石属于单斜晶系，空间群为 $P2/c$。晶胞参数：$a=0.558$ nm、$b=0.710$ nm、$c=1.846$ nm，$\beta=102.70°$，$Z=4$。X 射线粉晶衍射数据 d（Å）（I/I_{max}）为 2.97(100)、2.87(70)、1.83(70)（图 2-2-28）。

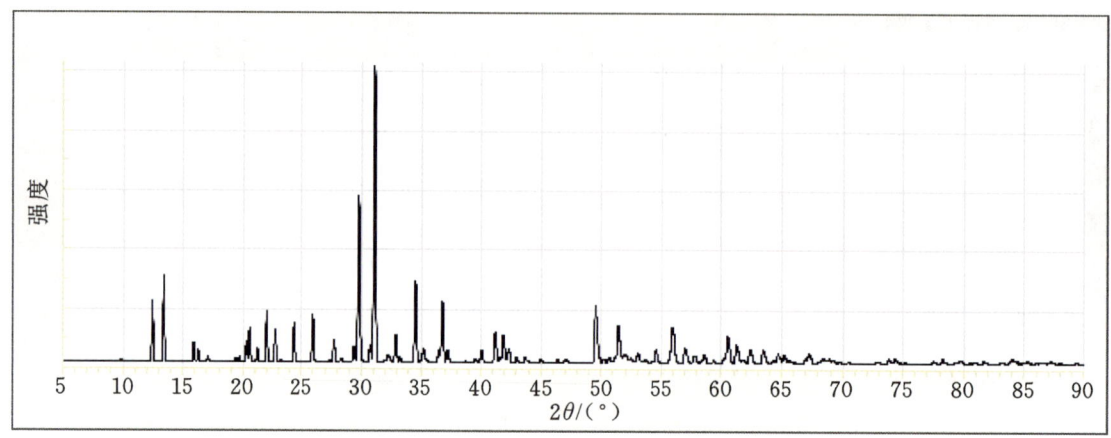

图 2-2-28　氟钠钛锆石的 X 射线粉晶衍射图

晶体结构（图 2-2-29、图 2-2-30）中存在着两种不同类型的"层"：第一层由 Na、Mn、Zr 和 Ti 八面体组成，第二层由 Na（配位数为 8）的配位多面体组成。两者沿（010）面延伸[Si_2O_7]双四面体，并以角顶与 Zr 和 Ti 八面体联结，它们把"层"联结起来形成一种次架状构造。

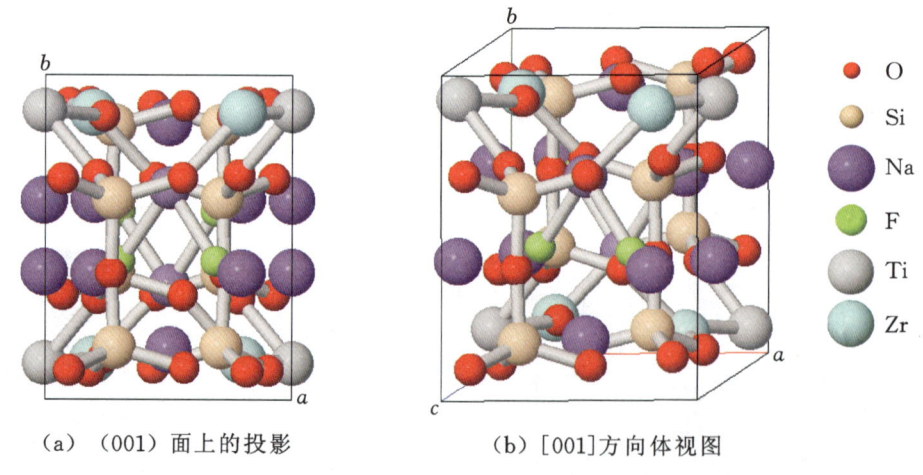

(a)　(001)面上的投影　　　(b)　[001]方向体视图

图 2-2-29　氟钠钛锆石的晶体结构（原子排布位置）

【产状产地】

氟钠钛锆石产于霞石正长伟晶岩的脉中，与微斜长石、霓石、霞石、磷灰石、烧绿石、磁铁矿、钛铁矿、钛锆钽矿、异性石伴生。主要产地有俄罗斯（科拉半岛）、德国、塔吉克斯坦等。

【主要用途】

氟钠钛锆石在地质学、材料学、物理学、化学、晶体学、矿物学方面都有重要意义。

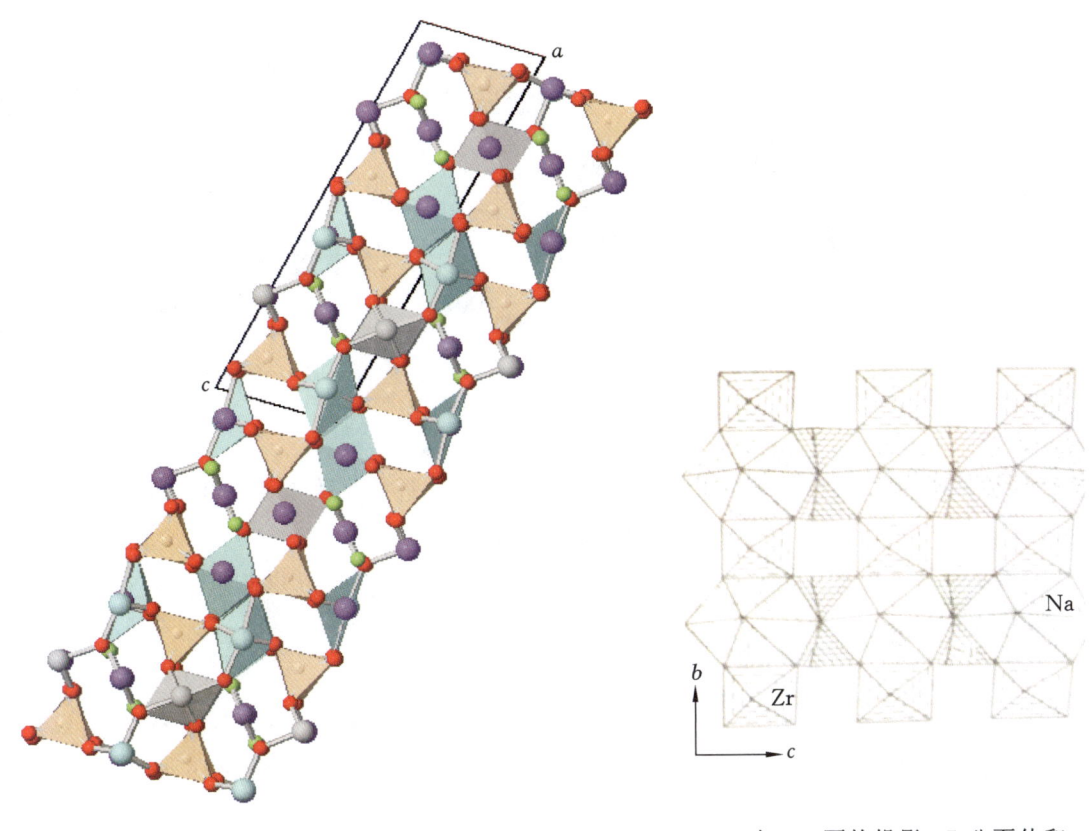

(a) 在(010)面的投影　　　　　　　　(b) 在(100)面的投影，Zr八面体和Na多面体与[Si₂O₇]的联结

图 2-2-30　氟钠钛锆石的晶体结构

绿层硅铈钛矿

【化学性质】

绿层硅铈钛矿是一种含 Na、Ca、RE、Ti、O、F 的$[Si_2O_7]$岛状基型硅酸盐类矿物，其晶体化学式为 $Na_2Ca_4CeTi[Si_2O_7]_2(O,F)_2F_2$。主要成分为 Na、Ca、Ce、Ti、Si、O、F，类质同象替代成分有 Th、Y、La、Zr、Fe、Mn、Mg、K、H_2O。Ca 可以被 Sr(≤36%)和 Ce 以及 Th、U 所代替。

化学成分中元素（氧化物）的质量分数为 Na_2O 9.44%、CaO 27.34%、Ce_2O_3 20.25%、TiO_2 7.30%、Nb_2O_5 4.05%、SiO_2 29.30%、F 2.32%。

绿层硅钇钛矿是一种含 Na、Ca、Y、Ti，以及阴离子 O^{2-}、F^- 的$[Si_2O_7]$岛状基型硅酸盐类矿物，其晶体化学式为 $Na_2Ca_4YTi[Si_2O_7]_2OF_3$。主要成分为 Na、Ca、Y、Ti、Si、O、F，类质同象替代成分有 Th、Ce、La、Zr、Fe、Mn、Mg、K、H_2O。Ca 可以被 Sr(≤36%)和 Ce 以及 Th、U 所代替。

绿层硅铈钛矿中有 Y 和 REE 类质同象替代。

【结晶形态】

绿层硅铈钛矿属于单斜晶系，斜方柱晶类，对称型为 $2/m$。晶体呈板状、柱状、块状等（图 2-2-31）。有时呈胶体形态。依{100}形成聚片双晶。

【物理特征】

绿层硅铈钛矿的颜色呈黄色、黄绿色、红棕色、棕色等。条痕为黄白色。透明至半透明。玻璃光泽、油脂光泽。色散较强，多色性较弱。绿层硅钇钛矿的颜色呈无色、白色。条痕为白色。透明。玻璃光泽。色散弱，多色性无。

（a）绿层硅铈钛矿（俄罗斯）　　（b）绿层硅铈钛矿（加拿大）　　（c）绿层硅铈钛矿（西班牙）

图 2-2-31　绿层硅铈钛矿

绿层硅铈钛矿为二轴晶（＋），常产生非晶质化或水化。折射率为 Np＝1.665、Nm＝1.668、Ng＝1.681，双折射率为 0.016。$2V$＝43°（测量）、52°（计算）。

{100}解理完全。性脆。断口呈不均匀、不平整的贝壳状。摩氏硬度为 5～5.5，相对密度为 3.5（测量）、3.52（计算）。

【晶体结构】

绿层硅铈钛矿属于单斜晶系，空间群为 $P2_1/m$。晶胞参数：a＝0.567 nm、b＝0.741 nm、c＝1.883 nm，β＝101.26°，Z＝2。X 射线粉晶衍射数据 d(Å)(I/I_{max}) 为 3.561(15)、3.053(100)、2.687(20)（图 2-2-32）。

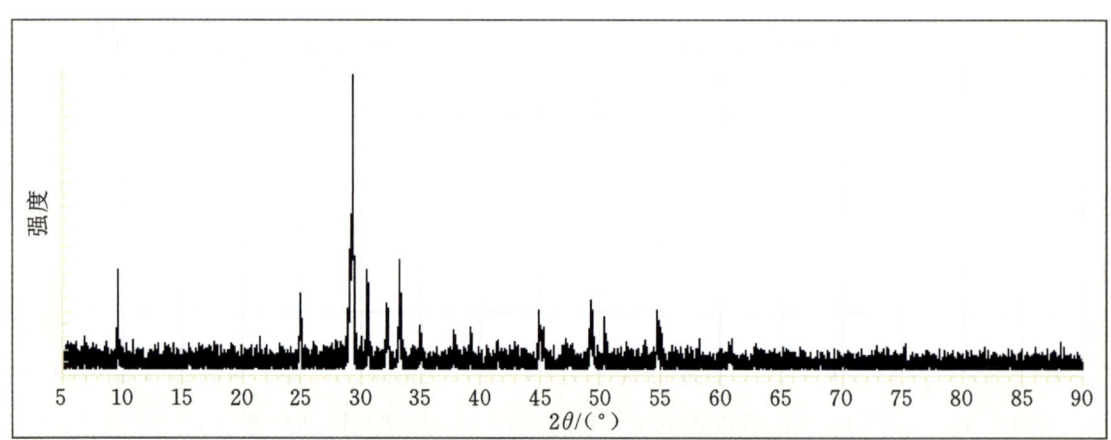

图 2-2-32　绿层硅铈钛矿的 X 射线粉晶衍射图

【产状产地】

绿层硅铈钛矿产于碱性霞石正长岩和霞石正长伟晶岩中，是一种副矿物。主要产地有格陵兰岛、俄罗斯、加拿大（魁北克）、西班牙、巴西、挪威、丹麦等。

【主要用途】

绿层硅铈钛矿和绿层硅钇钛矿在地质学、材料学、物理学、化学、晶体学、矿物学方面都有重要意义，是提取稀土元素的矿物原料。

褐硅铈矿

【化学性质】

褐硅铈矿是一种含 Na、Ce、Ti、O、F 的 [Si_2O_7] 岛状基型硅酸盐类矿物，其晶体化学式为 $Na_2Ca_4Ti[Si_2O_7]_2(O,F)_2F_3$。主要成分为 Na、Ca、Ti、Si、O、F，类质同象替代成分有 Ce、Nb、Zr、Y 等。

化学成分中元素（氧化物）的质量分数为 Na_2O 2.44%、K_2O 0.38%、CaO 22.53%、ZrO_2 7.43%、MnO 0.45%、MgO 0.63%、Fe_2O_3 0.56%、TiO_2 5.33%、ThO_2 0.34%、Y_2O_3 3.52%、CeO_2 6.34%、Ce_2O_3 9.58%、SiO_2 30.71%、F 2.06%、H_2O 7.70%。

【结晶形态】

褐硅铈矿属于单斜晶系，斜方柱晶类，对称型为 $2/m$。晶体呈粒状、柱状（图 2-2-33）。

图 2-2-33　褐硅铈矿（挪威）

【物理特征】

褐硅铈矿的颜色呈淡黄色、黄绿色、红棕色、绿棕色、棕色、深红褐色、黑色。条痕为黄绿色。透明至半透明。玻璃光泽。色散较强，多色性弱。

二轴晶（+）。折射率为 $Np=1.646$、$Nm=1.649$、$Ng=1.658$，双折射率为 0.012。$2V=43°\sim 87°$（测量）、62°（计算）。

{100}解理较好。性脆。断口呈不规则、不平整的贝壳状。摩氏硬度为 4～5，相对密度为 3.20～3.40（测量）、3.94（计算）。

【晶体结构】

褐硅铈矿属于单斜晶系，空间群为 $P2_1/c$。晶胞参数：$a=0.740$ nm、$b=0.560$ nm、$c=1.866$ nm，$\beta=101.37°$，$Z=2$。X 射线粉晶衍射数据 $d(Å)(I/I_{max})$ 为 9.107(25)、3.538(28)、3.083(19)、3.041(100)、2.675(39)、2.920(30)、2.765(29)、2.538(39)、2.005(21)、1.801(18)（图 2-2-34）。

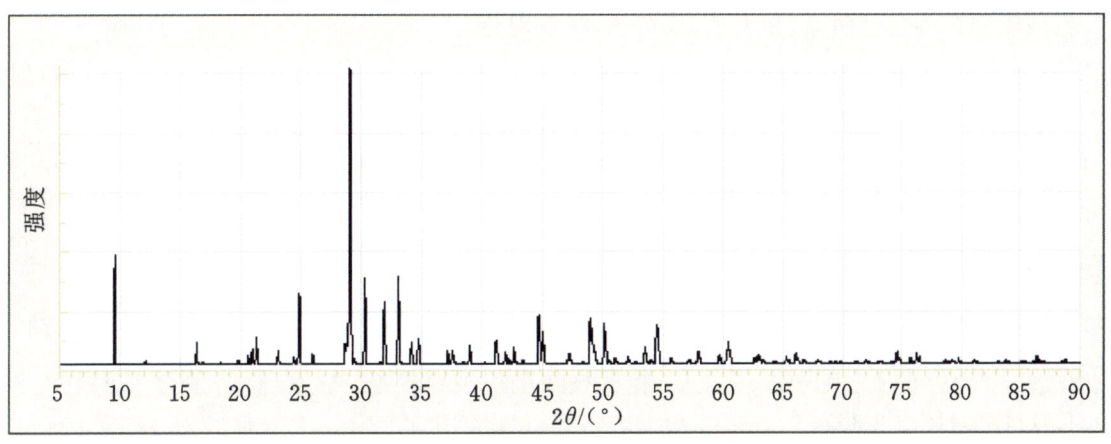

图 2-2-34　褐硅铈矿的 X 射线粉晶衍射图

【产状产地】

褐硅铈矿是绿层硅铈钛矿经蚀变改造后的产物，共生伴生矿物还有萤石、烧绿石、方解石、磁铁矿、蓝晶石是蚀变产物等。主要产地有俄罗斯、挪威。

【主要用途】

褐硅铈矿在地质学、物理学、化学、材料学、环境科学、晶体学、矿物学方面都有一定意义。

氟硅钙钛矿

【化学性质】

氟硅钙钛矿是一种含 Na、Ca、Ti、O、F、(OH) 的 $[Si_2O_7]$ 岛状基型硅酸盐类矿物,其晶体化学式为 $NaCa_6Ti[Si_2O_7]_2OF_3$。主要成分为 Na、Ca、Ti、Si、O、F,类质同象替代成分有 Mg、Al、Fe、Mn、H 等。

化学成分中元素(氧化物)的质量分数为 Na_2O 2.13%、CaO 38.39%、TiO_2 14.47%、Al_2O_3 2.91%、SiO_2 33.03%、H_2O 1.24%、F 7.83%。

【结晶形态】

氟硅钙钛矿属于三斜晶系,单面晶类,对称型为 1。晶体呈针状、柱状、长棱柱状、板状等(图 2-2-35)。依{001}成双晶。

(a) 氟硅钙钛矿(德国)

(b) 氟硅钙钛矿(德国)

(c) 氟硅钙钛矿(意大利)

图 2-2-35 氟硅钙钛矿

【物理特征】

氟硅钙钛矿的颜色呈无色、白色、灰白色、淡黄色、棕褐色。条痕为白色。透明。玻璃光泽、油脂光泽。色散较强。多色性明显,为无色,淡黄色,淡玫瑰色。

二轴晶(+)。折射率为 Np=1.651~1.662、Nm=1.653~1.665、Ng=1.659~1.672,双折射率为 0.008~0.010。$2V=38°\sim74°$(测量)、$62°\sim68°$(计算)。

{100}、{001}解理完全。性脆。断口呈不规则、不平整的贝壳状。摩氏硬度为 5.5~6,相对密度为 3.03~3.14(测量)、2.84(计算)。

【晶体结构】

氟硅钙钛矿属于三斜晶系,空间群为 $P1$。晶胞参数:$a=0.967$ nm、$b=0.573$ nm、$c=0.733$ nm,$\alpha=90.00°$、$\beta=101.05°$、$\gamma=101.31°$,$Z=1$。X 射线粉晶衍射数据 $d(\text{Å})(I/I_{max})$ 为 3.100(100)、2.986(100)、1.911(50)(图 2-2-36)。

【产状产地】

氟硅钙钛矿产于碱性岩浆岩,共生伴生矿物有黄长石、霞石、斜辉石、钙铁橄榄石、方钠石、磁铁矿、钙钛矿、磷灰石、角闪石、黑云母等。主要产地有德国、意大利、挪威、安哥拉。

【主要用途】

氟硅钙钛矿在地质学、材料学、物理学、化学、晶体学、矿物学方面都有重要意义。

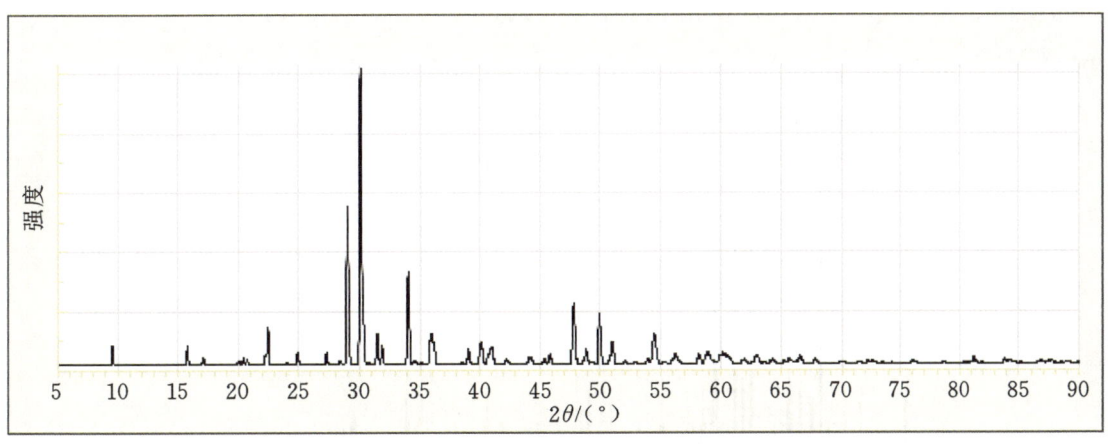

图 2-2-36 氟硅钙钛矿的 X 射线粉晶衍射图

锰钡闪叶石

【化学性质】

锰钡闪叶石是一种含 Ba、Fe、Mn、(OH)和 O 的[Si_2O_7]岛状基型硅酸盐类矿物,其晶体化学式为 $BaMn_2Fe^{3+}[Si_2O_7]O(OH)$。主要成分为 Ba、Fe、Mn、Si、H、O,类质同象替代成分有 As、Pb。

化学成分中氧化物的质量分数为 BaO 30.41%、MnO 28.14%、Fe_2O_3 15.83%、SiO_2 23.83%、H_2O 1.79%。

【结晶形态】

锰钡闪叶石属于单斜晶系,斜方柱晶类,对称型为 $2/m$。晶体呈板状、片状、块状(图 2-2-37)。

(a) 锰钡闪叶石(瑞典)　　(b) 锰钡闪叶石(日本)　　(c) 锰钡闪叶石(美国加利福尼亚)

图 2-2-37 锰钡闪叶石

【物理特征】

锰钡闪叶石的颜色呈红黑色、深红黑色。条痕为棕色、浓棕色。半透明至不透明。半金属光泽。色散较强。多色性明显,为浅绿棕褐色、黄棕色,红棕色、红棕色,深棕色、深棕色。

二轴晶(+)。折射率为 Np=1.802~1.807、Nm=1.833~1.840、Ng=1.888~1.891,双折射率为 0.084~0.086。2V=30°(测量)、76°~80°(计算)。

{100}解理完全、{011}解理中等。性脆。断口呈不平整、不均匀的贝壳状。摩氏硬度为 4.5,相对密度为 4.21(测量)、4.38(计算)。

具有弱磁性。

【晶体结构】

锰钡闪叶石属于单斜晶系,空间群为 $C2/m$。晶胞参数:a=2.046 nm、b=0.703 nm、c=0.534 nm,

$\beta=95.5°$,$Z=4$。X 射线粉晶衍射数据 $d(\text{Å})(I/I_{max})$ 为 3.51(100)、2.69(70)、2.78(60)(图 2-2-38)。晶体结构见图 2-2-39。

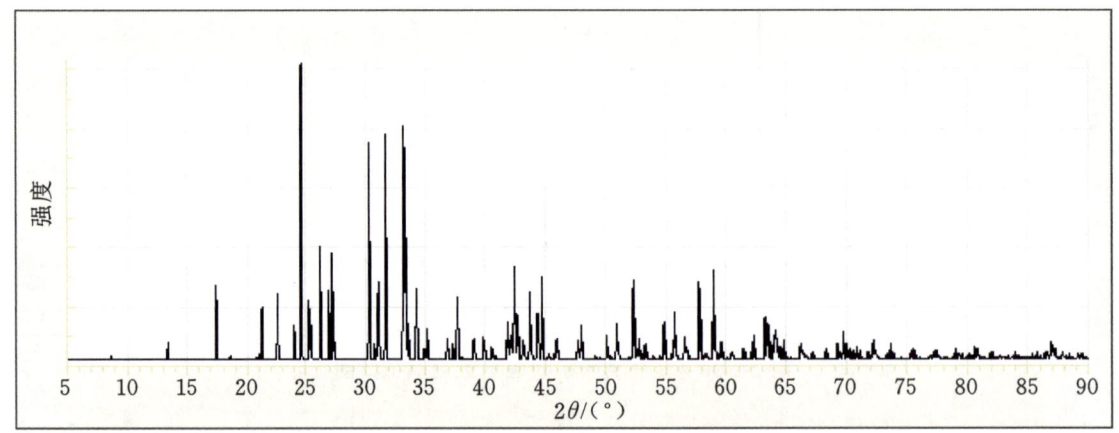

图 2-2-38　锰钡闪叶石的 X 射线粉晶衍射图

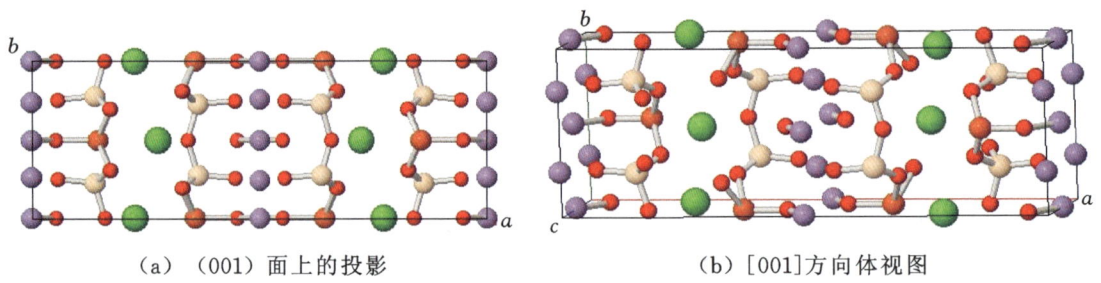

（a）（001）面上的投影　　（b）[001]方向体视图

图 2-2-39　锰钡闪叶石的晶体结构

【产状产地】

锰钡闪叶石产于矽卡岩中变质锰矿体的风化带。共生伴生矿物有锰橄榄石、镁钠闪石、蔷薇辉石、硅锑锰矿、钙砷铅矿、钙铁榴石。主要产地有瑞典、菲律宾、日本、美国(加利福尼亚、纽约)等。

【主要用途】

锰钡闪叶石在地质学、材料学、物理学、化学、晶体学、矿物学方面都有重要意义。

斜方锰钡闪叶石

【化学性质】

斜方锰钡闪叶石是一种含 Ba、Mn、Fe、(OH)、O 的[Si_2O_7]岛状基型硅酸盐类矿物，其晶体化学式为 $BaMn_2Fe^{3+}[Si_2O_7]O(OH)$。主要成分为 Ba、Mn、Fe、Si、O、H，类质同象替代成分有 Ti、Al、As、Pb、Mg、Sr、Li、Na、K、C、H_2O。

化学成分中氧化物的质量分数为 BaO 21.26%、SrO 5.56%、Li_2O 0.01%、Na_2O 0.08%、K_2O 0.23%、MnO 21.49%、Fe_2O_3 14.98%、FeO 7.91%、MgO 0.70%、TiO_2 0.74%、Al_2O_3 0.35%、SiO_2 24.97%、CO_2 0.61%、H_2O 1.11%。

【结晶形态】

斜方锰钡闪叶石属于斜方晶系，斜方双锥晶类，对称型为 *mmm*。晶体呈颗粒状、厚板状、柱状、块状等(图 2-2-40)。薄片中有双晶出现。

图 2-2-40　斜方锰钡闪叶石(瑞典)

【物理特征】

斜方锰钡闪叶石的颜色呈红黑色。条痕为红黑色、红棕色。透明至半透明。半金属光泽至珍珠光泽。色散较强烈。多色性明显，为浅绿褐色、黄褐色，红棕色，深棕色。具弱磁性。

二轴晶(+)。折射率为 $Np=1.802\sim1.807$、$Nm=1.833\sim1.840$、$Ng=1.888\sim1.890$，双折射率为 0.086。$2V=43°\sim50°$(测量)、$86°$(计算)。

{100}解理完全、{001}解理中等。性脆。断口呈不均匀、不平整的贝壳状。摩氏硬度为 $4.5\sim5.5$，相对密度为 $4.21\sim4.22$(测量)、4.27(计算)。

【晶体结构】

斜方锰钡闪叶石属于斜方晶系，空间群为 $Pnmn$。晶胞参数：$a=2.037$ nm、$b=0.703$ nm、$c=0.534$ nm，$Z=4$。X 射线粉晶衍射数据 $d(Å)(I/I_{max})$ 为 3.510(100)、2.780(60)、2.687(70)、2.132(70)、1.752(60)、1.597(60)。

【产状产地】

斜方锰钡闪叶石产于矽卡岩中的锰矿-霓辉石变质带中。斜方锰钡闪叶石常与铁闪石、锰钡闪叶石、锰钙辉石、蔷薇辉石、锰橄榄石共生。主要产地有瑞典、菲律宾、日本、美国(加利福尼亚、纽约)等。

【主要用途】

斜方锰钡闪叶石在地质学、材料学、物理学、化学、晶体学、矿物学方面都有重要意义。

锆针钠钙石族

铌锆钠石(wohlerite) $\quad Na_2Ca_4ZrNb[Si_2O_7]_2(O,OH,F)_4$

钠钙锆石(lavenite) $\quad NaCaMnZr[Si_2O_7](O,OH,F)$

锆针钠钙石(rosenbuschite) $\quad Na_2Ca_4ZrTi[Si_2O_7]_2O_2F_2$

片楣石(hiortdahlite) $\quad (Na,Ca)_2Ca_4Zr(Mn,Ti,Fe)[Si_2O_7]_2(F,O)_4$

黄硅铌钙石(niocalite) $\quad Ca_7Nb[Si_2O_7]_2O_3F$

铌锆钠石

【化学性质】

铌锆钠石是一种含 Na、Ca、Zr、Nb、O、(OH)、F 的 $[Si_2O_7]$ 岛状基型硅酸盐类矿物，其晶体化学式为 $Na_2Ca_4ZrNb[Si_2O_7]_2(O,OH,F)_4$。主要成分为 Na、Ca、Zr、Nb、Si、O、H、F，类质同象替代成分有 Ta、Y、Ce、La、Ti、Hf、Sr、Fe、Mn、Mg、Al 等。

成分中元素(氧化物)的质量分数为 Na_2O 7.84%、CaO 25.96%、MgO 0.12%、ZrO_2 15.25%、Nb_2O_5 13.45%、FeO 1.82%、SiO_2 30.40%、H_2O 2.28%、F 2.88%。

【结晶形态】

铌锆钠石属于单斜晶系,斜方柱晶类,对称型为 $2/m$。晶体呈柱形、板状、丝绢状、不规则粒状等(图 2-2-41)。主要单形有{100}、{110}、{001},其他还有{010}、{111}。依{010}成双晶,有时为复杂双晶。

(a) 铌锆钠石(挪威)

(b) 铌锆钠石(德国)

(c) 铌锆钠石(德国)

(d) 铌锆钠石的晶体形态

图 2-2-41 铌锆钠石

【物理特征】

铌锆钠石的颜色呈灰色、浅黄色、黄色、深黄色、棕色等。条痕为浅黄色、黄白色。透明至半透明。玻璃光泽、油脂光泽。色散弱。多色性弱,为近无色,淡黄色,酒黄色。

二轴晶(−)。折射率为 Np=1.700~1.705、Nm=1.716~1.720、Ng=1.726~1.728。双折射率为 0.026。$2V$=70°~77°(测量)、70°~76°(计算)。

{010}解理完全,{100}、{110}解理不发育。性脆。断口呈不均匀、不平整的贝壳状至粗糙状。摩氏硬度为 5.5~6,相对密度为 3.40~3.44(测量)、3.42(计算)。

【晶体结构】

铌锆钠石属于单斜晶系,空间群为 $P2_1/m$。晶胞参数:a=1.082 nm、b=1.025 nm、c=0.729 nm,β=109.00°,Z=4。X 射线粉晶衍射数据 d(Å)(I/I_{max})为 3.250(60)、2.998(70)、2.839(100)(图 2-2-42)。

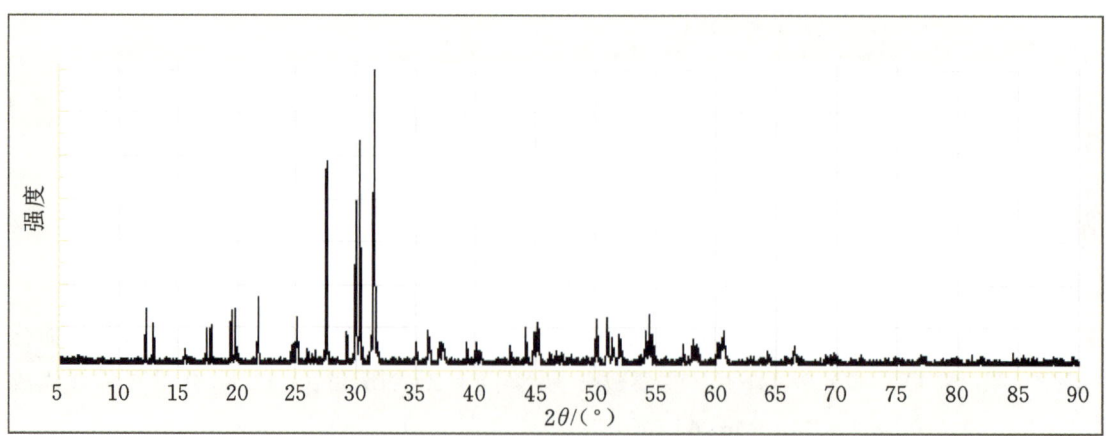

图 2-2-42 铌锆钠石的 X 射线粉晶衍射图

【产状产地】

铌锆钠石产于碱性伟晶岩的晚期,是一种副矿物,与长石、霞石、霓石、黑云母、褐硅铈矿、星叶石、锆针钠钙石等共生,在正长岩中和角闪石、锆石共生。主要产地有英国、挪威、德国等。

【主要用途】

铌锆钠石在地质学、材料学、物理学、化学、晶体学、矿物学方面都有重要意义。含有多种稀土元素,并可提取。

钠钙锆石

【化学性质】

钠钙锆石是一种含 Na、Ca、Mn、Zr、O、F 的 $[Si_2O_7]$ 岛状基型硅酸盐类矿物,其晶体化学式为 $NaCaMnZr[Si_2O_7](O,OH,F)$。主要成分为 Na、Ca、Mn、Zr、Si、O,类质同象替代成分有 Fe、Ti、Nb、OH、F。可含 Ti($\leqslant 11.3\%$)、Fe^{3+}($\leqslant 5\%$)、Nb($\leqslant 5.2\%$)、Fe^{2+}(4.9%)。

化学成分中元素(氧化物)的质量分数为 Na_2O 13.25%、CaO 8.99%、ZrO_2 27.07%、TiO_2 4.27%、MnO 5.69%、Nb_2O_5 3.55%、FeO 3.84%、SiO_2 32.11%、H_2O 0.72%、F 0.51%。

【结晶形态】

钠钙锆石属于单斜晶系,斜方柱晶类,对称型为 $2/m$。晶体呈柱状、针状、颗粒状、放射状。可呈块状或针状放射状集合体(图 2-2-43)。

(a) 钠钙锆石(德国)

(b) 钠钙锆石(加拿大)

(c) 钠钙锆石(葡萄牙)

图 2-2-43 钠钙锆石

【物理特征】

钠钙锆石的颜色呈无色、浅黄色、深黄色、棕色、棕红色。条痕为浅黄白色。半透明。玻璃光泽、油脂光泽、土状光泽。色散弱可见,多色性明显,为无色、淡黄色,无色、浅绿色,浅黄色、橙色到棕黄色。

二轴晶(−)。折射率为 Np=1.670、Nm=1.690、Ng=1.720,双折射率为 0.050。$2V=40°\sim 70°$(测量),80°(计算)。

{100}解理完全。性脆。断口呈不均匀、不平整的贝壳状。摩氏硬度为 6,相对密度为 3.51~3.55、3.51(计算)。

【晶体结构】

钠钙锆石属于单斜晶系,空间群为 $P2_1/a$。晶胞参数:$a=1.078$ nm、$b=0.997$ nm、$c=0.717$ nm,$\beta=107.92°$,$Z=4$。X 射线粉晶衍射数据 d(Å)(I/I_{max})为 3.97(50)、3.21(70)、2.89(100)、2.82(90)、2.00(50)、1.79(50)、1.65(40)(图 2-2-44)。

【产状产地】

钠钙锆石是一种稀少矿物,产于碱性岩及其相关伟晶岩中,与长石、霞石、榍石、褐硅铈矿、异性石

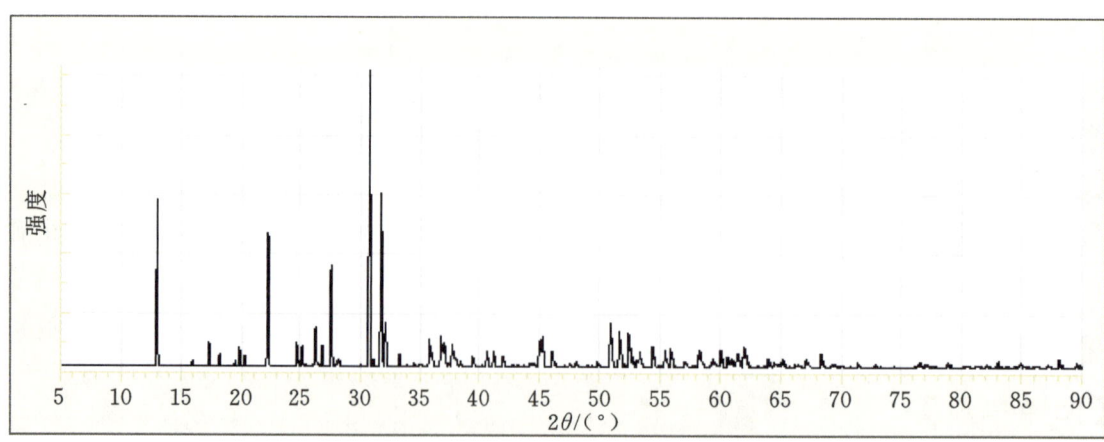

图 2-2-44　钠钙锆石的 X 射线粉晶衍射图

等共生。主要产地有挪威、葡萄牙、德国、格陵兰岛、俄罗斯、几内亚、佛得角、加拿大、美国等。

【主要用途】

钠钙锆石在地质学、材料学、物理学、化学、晶体学、矿物学方面都有重要意义。

锆针钠钙石

【化学性质】

锆针钠钙石是一种含 Na、Ca、Ti、Zr、O、F 的 $[Si_2O_7]$ 岛状基型硅酸盐类矿物，其晶体化学式为 $Na_2Ca_4ZrTi[Si_2O_7]_2O_2F_2$。主要成分为 Na、Ca、Ti、Zr、Si、F、O，类质同象替代成分有 Hf、Nb、Ta、Mn、Fe、Sr、Y、Ce、Yb。可含 La（≤20%）、Mn（≤1.5%）。

化学成分中元素（氧化物）的质量分数为 Na_2O 5.94%、CaO 29.71%、ZrO_2 23.64%、TiO_2 5.11%、SiO_2 30.74%、F 4.86%。

【结晶形态】

锆针钠钙石属于三斜晶系，单面晶类，对称型为 1。晶体呈柱状、针状、棒状、纤维状，集合体呈不规则块状等（图 2-2-45）。

（a）锆针钠钙石（挪威）

（b）锆针钠钙石（挪威）

（c）锆针钠钙石（巴西）

图 2-2-45　锆针钠钙石

【物理特征】

锆针钠钙石的颜色呈棕褐色、橙棕色、灰棕色、灰色等，有时在紫外线照射下具有黄到带绿的白色萤光。条痕为白色。透明至半透明。玻璃光泽、油脂光泽、丝绢光泽。色散强。

多色性弱，为无色，无色，黄色。

二轴晶（+）。折射率为 $Np=1.678$、$Nm=1.687$、$Ng=1.705$，双折射率为 0.027。$2V=78°\sim80°$（测量）。

{010}解理完全，{100}解理不清楚。性脆。断口呈不均匀、不平整状，可产生大小不一的碎片。摩氏硬度为 5.5～6.5，相对密度为 3.30(测量)、3.27(计算)。

【晶体结构】

锆针钠钙石属于三斜晶系，空间群为 $P1$。晶胞参数：$a=1.013$ nm、$b=1.138$ nm、$c=0.736$ nm，$\alpha=91.30°$、$\beta=101.15°$、$\gamma=112.02°$，$Z=4$。X 射线粉晶衍射数据 d(Å)(I/I_{max})为 3.96(40)、3.06(80)、2.94(100)、2.63(40)、2.48(40)、2.20(30)、1.89(60)、1.82(40)。

晶体结构(图 2-2-46、图 2-2-47)中存在有由 Na 和 Ti 八面体组成的层，它被两条 Na、Zr、Ca 双八面体带以及[Si_2O_7]双四面体所连接。

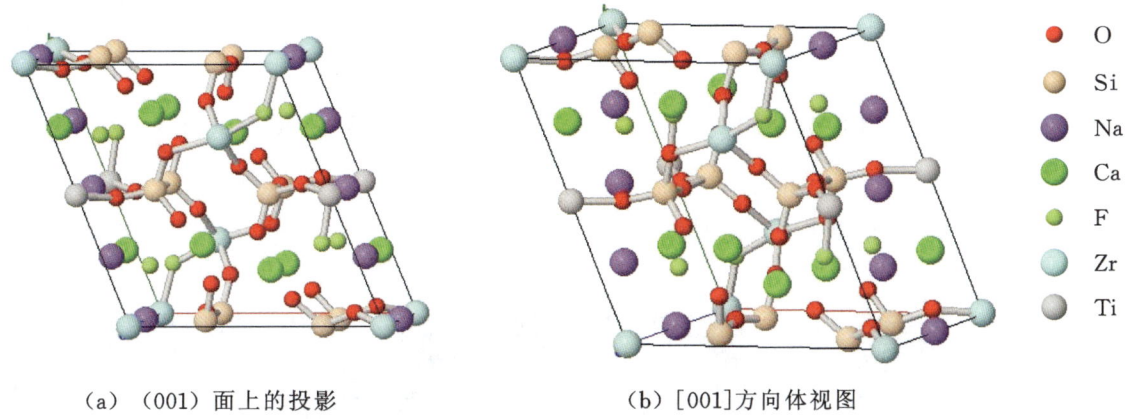

(a) (001) 面上的投影　　　　　(b) [001]方向体视图

图 2-2-46　锆针钠钙石的晶体结构(原子排布位置)

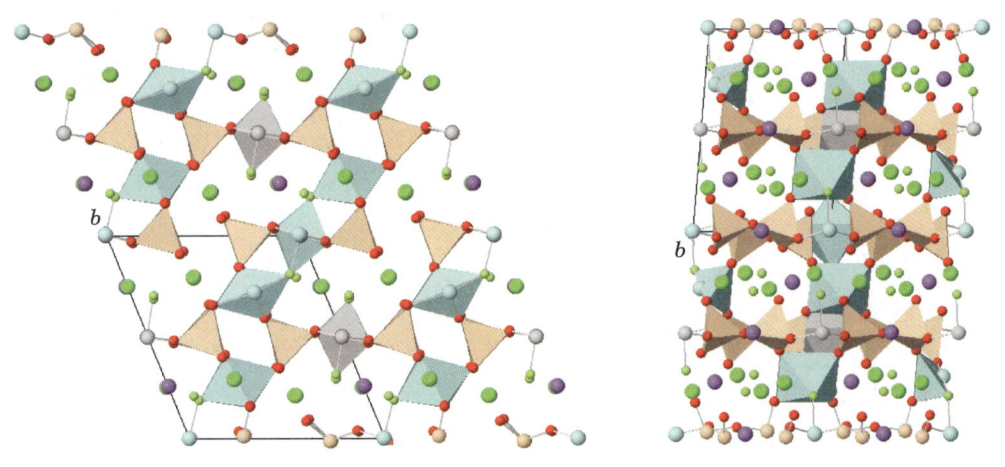

(a) 在(001)面上的投影，表示八面体层为Na、Zr、Ca　　(b) 在(100)面上的投影，平行于
　　双八面体带和[Si_2O_7]双四面体所联系者　　　　　　　　Na、Ca、Ti八面体层

图 2-1-47　锆针钠钙石的晶体结构

【产状产地】

锆针钠钙石产于霞石正长岩和相关伟晶岩中，常与锆石、铌锆钠石、方钠石、褐硅铈矿、异性石、星叶石、霞石、硅铍石、长石类矿物、黑云母、霓石、辉钼矿等组合共生。主要产地有英国、瑞典、挪威、巴西等。

【主要用途】

锆针钠钙石在地质学、材料学、物理学、化学、晶体学、矿物学方面都有重要意义。可作为稀土元素的矿物原料。

片榍石

【化学性质】

片榍石是一种含 Na、Ca、Zr、Mn、Fe、F、O 的 $[Si_2O_7]$ 岛状基型硅酸盐类矿物,其晶体化学式为 $(Na,Ca)_2Ca_4Zr(Mn,Ti,Fe)[Si_2O_7]_2(F,O)_4$。主要成分为 Na、Ca、Zr、Mn、Si、O、F,类质同象替代成分有 Mg、Ti、Fe、Sr、K、Al、Y、REE、Hf、Sn、Nb、U。

化学成分中元素(氧化物)的质量分数为 Na_2O 7.50%、CaO 30.16%、Y_2O_3 3.04%、ZrO_2 17.72%、TiO_2 2.15%、SiO_2 32.31%、H_2O 0.48%、F 6.64%。

片榍石有 3 种矿物种类,它们是①片榍石,$(Na,Ca)_2Ca_4Zr(Mn,Ti,Fe)[Si_2O_7]_2(F,O)_4$;②片榍石-Ⅰ,$Na_4Ca_8Zr_2(Nb,Mn,Ti,Fe,Mg,Al)_2[Si_2O_7]_4O_3F_5$;③片榍石-Ⅱ,$(Na,Ca)_4Ca_8Zr_2(Y,Zr,REE,Na)_2[Si_2O_7]_4O_3F_5$。

片榍石、片榍石-Ⅰ、片榍石-Ⅱ都与铌锆钠石族矿物有相同晶体结构,但类质同象成分不同。

【结晶形态】

片榍石属于三斜晶系,单面晶类,对称型为 1。晶体呈颗粒状、柱状、板状、块状(图 2-2-48)。依{100}形成聚片双晶。

(a) 片榍石(加拿大)　　(b) 片榍石(意大利)　　(c) 片榍石(意大利)

图 2-2-48　片榍石

【物理特征】

片榍石的颜色呈无色、黄色、浅黄色、棕色、黄棕色、黄褐色、绿色等。条痕为白色。透明至半透明。玻璃光泽、油脂光泽。色散较强。多色性明显,为无色、黄色,亮黄色、黄褐色,绿色。

二轴晶(+)。折射率为 Np=1.639~1.658、Nm=1.643~1.664、Ng=1.646~1.671,双折射率为 0.007~0.013。2V=80°(测量)、80°~86°(计算)。

{110}、{1$\bar{1}$0}解理完全。脆性较大。断口呈不均匀、不平整的贝壳状。摩氏硬度为 5.5~6,相对密度为 3.25~3.31(测量)、3.21~3.24(计算)。

【晶体结构】

榍石属于三斜晶系,空间群为 P1。晶胞参数:a=1.095 nm、b=1.031 nm、c=0.729 nm、α=90.32°、β=109.03°、γ=95.08°,Z=4。X 射线粉晶衍射数据 d(Å)(I/I_{max})为 3.28(45)、3.00(90)、2.87(100)、2.03(25)、1.84(30)、1.80(25)、1.70(40)(图 2-2-49)。晶体结构见图 2-2-50。

【产状产地】

片榍石产于碱性岩和伟晶岩中,与长石、霞石、霓石、蜜黄长石、黑云母、星叶石、榍石等组合共生。主要产地有挪威、加拿大、意大利、俄罗斯等。

【主要用途】

片榍石在地质学、材料学、物理学、化学、晶体学、矿物学、宝石学方面都有重要应用。

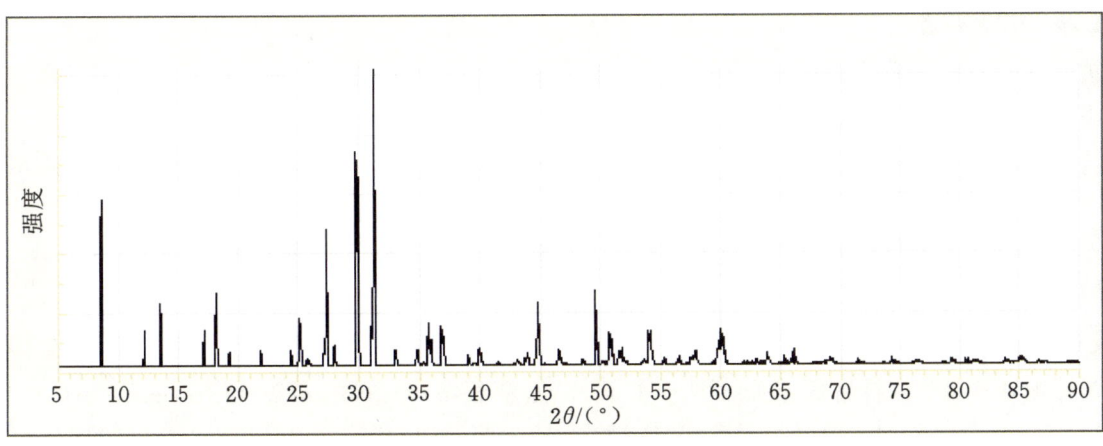

图 2-2-49　片楣石的 X 射线粉晶衍射图

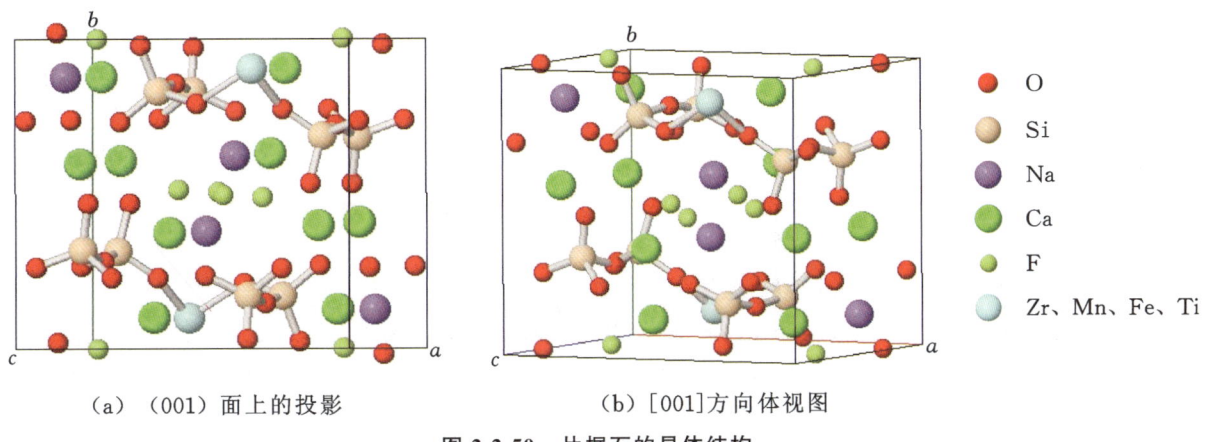

(a)　(001) 面上的投影　　　　(b)　[001] 方向体视图

图 2-2-50　片楣石的晶体结构

黄硅铌钙石

【化学性质】

黄硅铌钙石是一种含 Ca、Nb、O、F 的 $[Si_2O_7]$ 岛状基型硅酸盐类矿物,其晶体化学式为 $Ca_7Nb[Si_2O_7]_2O_3F$。主要成分为 Ca、Nb、Si、O、F,类质同象替代成分有 Ti、Zr、Al、Y、Fe、Ta、Mn、Mg、Na、K、P、H_2O。

化学成分中元素(氧化物)的质量分数为 CaO 50.53%、Nb_2O_5 16.08%、SiO_2 30.94%、F 2.45%。

【结晶形态】

黄硅铌钙石属于单斜晶系,斜方柱晶类,对称型为 $2/m$。晶体呈片状、板状、块状(图 2-2-51)。依 {001} 形成双晶。

图 2-2-51　黄硅铌钙石(加拿大)

【物理特征】

黄硅铌钙石的颜色呈亮黄色、柠檬黄色，透射光下无色。条痕为白色。透明。玻璃光泽。色散强。多色性弱。

二轴晶(－)。折射率为 Np＝1.700～1.701、Nm＝1.714～1.721、Ng＝1.720～1.730，双折射率为 0.020～0.029。$2V＝34°～56°$（测量）、$64°～66°$（计算）。

无解理。性脆。断口呈不均匀、不平整的贝壳状。摩氏硬度为 6，相对密度为 3.32（测量）、3.29（计算）。

【晶体结构】

黄硅铌钙石属于单斜晶系，空间群为 $P2/a$。晶胞参数：$a＝1.086$ nm、$b＝1.043$ nm、$c＝0.737$ nm，$β＝110.11°$，$Z＝4$。X 射线粉晶衍射数据 $d(Å)(I/I_{max})$ 为 3.01(100)、2.89(60)、2.85(60)图(2-2-52)。晶体结构见图 2-2-53。

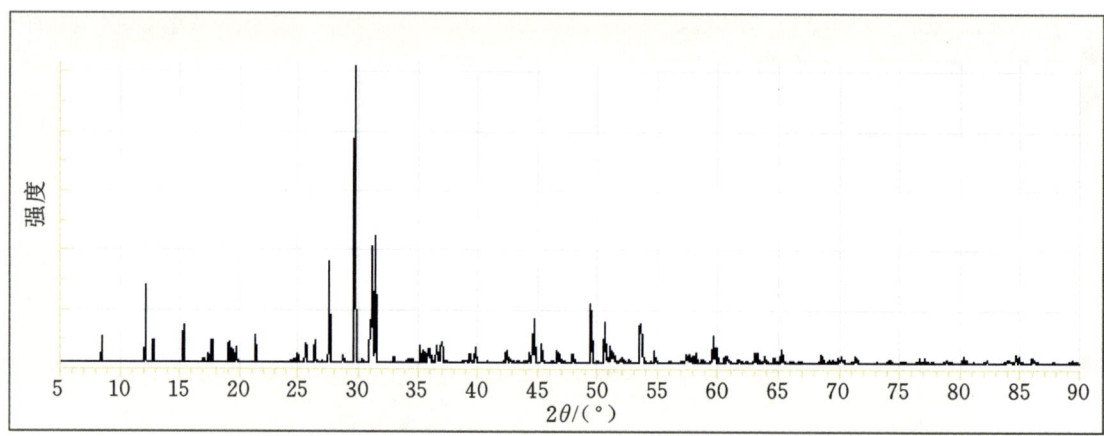

图 2-2-52　黄硅铌钙石的 X 射线粉晶衍射图

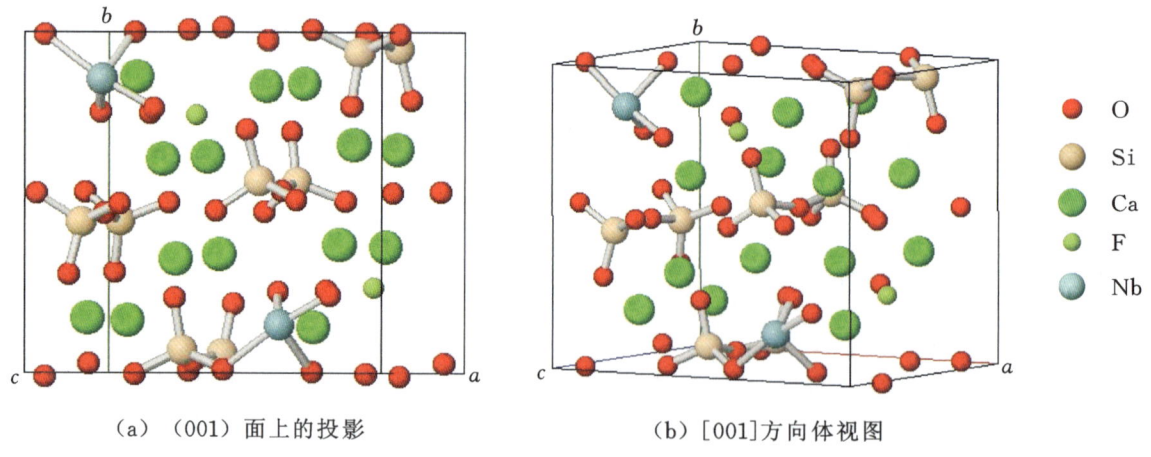

(a)　(001)面上的投影　　　　(b)　[001]方向体视图

图 2-2-53　黄硅铌钙石的晶体结构

【产状产地】

黄硅铌钙石产于碳酸盐岩中，与烧绿石、钛铌铁钙矿、磁铁矿、透辉石、方解石、黑云母、磷灰石组合共生。主要产地有加拿大（魁北克）等。

【主要用途】

黄硅铌钙石在地质学、材料学、物理学、化学、环境科学、晶体学、矿物学、宝石学方面都有重要应用。

硅铅锰矿-硅铅铁矿族

硅铅锰矿(kentrolite)　　　　　　$Pb_2(Mn^{3+},Fe^{3+})_2[Si_2O_7]O_2$

硅铅铁矿(melanotekite)　　　　　$Pb_2(Fe^{3+},Mn^{3+})_2[Si_2O_7]O_2$

硅铅锰矿

【化学性质】

硅铅锰矿是一种含 Pb、Mn、O 的 $[Si_2O_7]$ 岛状基型硅酸盐类矿物,其晶体化学式为 $Pb_2(Mn^{3+},Fe^{3+})_2[Si_2O_7]O_2$。主要成分为 Pb、$Mn^{3+}$、Si、O,类质同象替代成分有 Fe^{3+}、Ti、Zn、Mg、Al 等。

化学成分中氧化物的质量分数为 PbO 61.50%、Mn_2O_3 14.06%、Fe_2O_3 6.78%、MgO 0.06%、TiO_2 0.44%、Al_2O_3 0.27%、SiO_2 16.89%,理论值为 PbO 61.60%、MnO 21.80%、SiO_2 16.60%。

硅铅锰矿与硅铅铁矿系列矿物中 Mn 与 Fe 为完全类质同象。依 Mn>Fe 和 Fe>Mn 分为硅铅锰矿和硅铅铁矿两个亚种。

斜方晶系,对称型为 mmm。晶体结构中存在着 $[Si_2O_7]$ 双四面体和三方柱配位,这两者相互联结在一起形成 Mn—O—Mn 链。

溶于盐酸。

【结晶形态】

硅铅锰矿属于斜方晶系,斜方双锥晶类,对称型为 mmm。晶体呈细小结晶体、棱柱形、束状集合体(图 2-2-54)。

（a）硅铅锰矿（瑞典）　　　　（b）硅铅锰矿（英国）　　　　（c）硅铅锰矿（美国新墨西哥）

图 2-2-54　硅铅锰矿

【物理特征】

硅铅锰矿的颜色呈深红棕色、红黑色、黑色。偏光显微镜下呈红色。条痕为黄褐色、棕色。透明至半透明。半金刚光泽、树脂光泽、油脂光泽。色散较强。多色性明显,为亮黄粉色,红棕色,深棕红色。

二轴晶(+)。折射率为 Np=2.100、Nm=2.200、Ng=2.310,双折射率为 0.210。2V=88°(测量)、88°(计算)。

{110}解理完全。性脆。断口呈不平整、不均匀的贝壳状。摩氏硬度为 5,相对密度为 6.26(测量)、6.29(计算)。

【晶体结构】

硅铅锰矿属于斜方晶系,空间群为 $Pbcm$。晶胞参数:$a=0.696$ nm、$b=1.102$ nm、$c=0.996$ nm,

$Z=4$。X 射线粉晶衍射数据 $d(\text{Å})(I/I_{max})$ 为 5.56(60)、3.71(80)、3.51(80)、3.24(80)、2.96(50)、2.90(100)、2.86(100)、2.74(100)(图 2-2-55)。晶体结构见图 2-2-56。

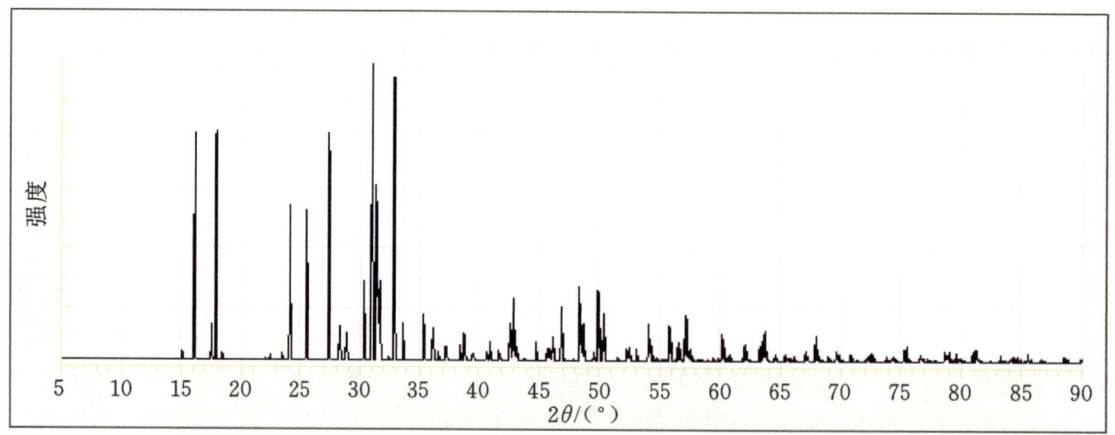

图 2-2-55 硅铅锰矿的 X 射线粉晶衍射图

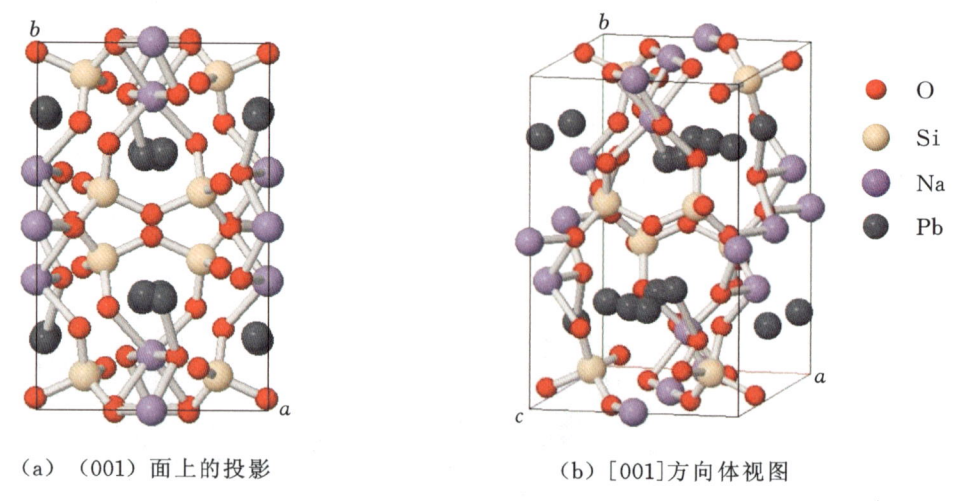

(a) (001) 面上的投影　　　(b) [001] 方向体视图

图 2-2-56 硅铅锰矿的晶体结构

【产状产地】

硅铅锰矿产于变质锰矿床中,与硅铅铁矿形成一矿物系列,常与重晶石、磷灰石等共生。主要产地有瑞典、智利等。

【主要用途】

硅铅锰矿在地质学、材料学、物理学、化学、晶体学、矿物学方面都有重要意义。

硅 铅 铁 矿

【化学性质】

硅铅铁矿是一种含 Pb、Fe、O 的 $[Si_2O_7]$ 岛状基型硅酸盐类矿物,其晶体化学式为 $Pb_2(Fe^{3+},Mn^{3+})_2[Si_2O_7]O_2$。主要成分为 Pb、$Fe^{3+}$、Si、O,类质同象替代成有 Mn^{3+}、Ti、Mg、Al 等。

化学成分中元素(氧化物)的质量分数为 Fe_2O_3 24.07%、PbO 55.26%、MnO 0.69%、CaO 0.02%、MgO 0.59%、K_2O 0.24%、Na_2O 0.54%、CuO 0.20%、FeO 0.75%、BaO 0.11%、SiO_2 17.32%、Cl 0.14%、P_2O_5 0.07%。理论值为 Fe_2O_3 21.99%、SiO_2 16.55%、PbO 61.46%。

可溶于硝酸。

【结晶形态】

硅铅铁矿属于斜方晶系,斜方四面体晶类,对称型为 222。晶体呈细小颗粒状、棱柱形、块状(图 2-2-57)。

(a)硅铅铁矿（意大利）

(b)硅铅铁矿（美国新墨西哥）

(c)硅铅铁矿（纳米比亚）

图 2-2-57　硅铅铁矿

【物理特征】

硅铅铁矿的颜色呈黑色、深灰色、墨绿色。偏光显微镜下呈灰黑色。条痕为灰黑色。半透明至不透明。金属光泽、半金属光泽、油脂光泽。色散较强。多色性强:几乎无色,微红褐色,深红褐色。

二轴晶(+)。折射率为 Np＝2.120、Nm＝2.170、Ng＝2.310,双折射率为 0.05。$2V=88°$(测量)、$88°$(计算)。

{110}解理中等。性脆。断口呈不平整、不均匀的贝壳状。摩氏硬度为 6.5,相对密度为 5.73～6.28(测量)、6.30(计算)。

【晶体结构】

硅铅铁矿属于斜方晶系,空间群为 $C222_1$。晶胞参数:$a=0.693$ nm、$b=1.098$ nm、$c=1.006$ nm,$Z=4$。X 射线粉晶衍射数据 d(Å)(I/I_{max})为 5.523(80)、5.032(60)、3.718(60)、3.489(80)、3.252(80)、2.914(100)、2.862(60)、2.732(100)、2.102(45)、1.940(60)、1.904(60)(图 2-2-58)。晶体结构见图 2-2-59。

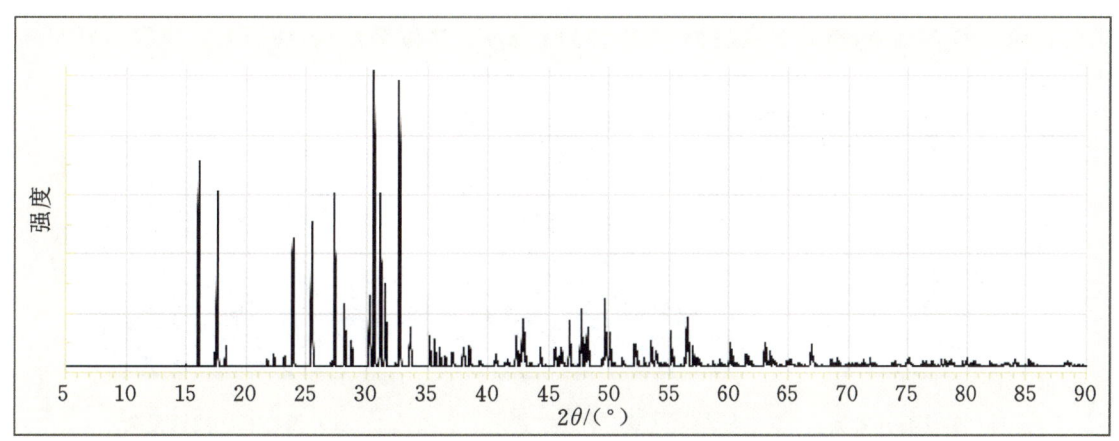

图 2-2-58　硅铅铁矿的 X 射线粉晶衍射图

【产状产地】

硅铅铁矿产于变质铅铁矿床中,与硅铅锰矿形成一矿物系列,共生伴生的矿物常有自然铅、磁铁矿、石榴石。主要产地有意大利、美国(新墨西哥)、纳米比亚、瑞典等。

【主要用途】

硅铅铁矿在地质学、材料学、物理学、化学、晶体学、矿物学方面都有重要意义。

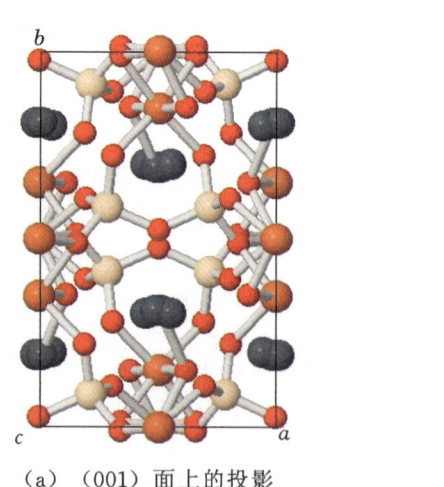 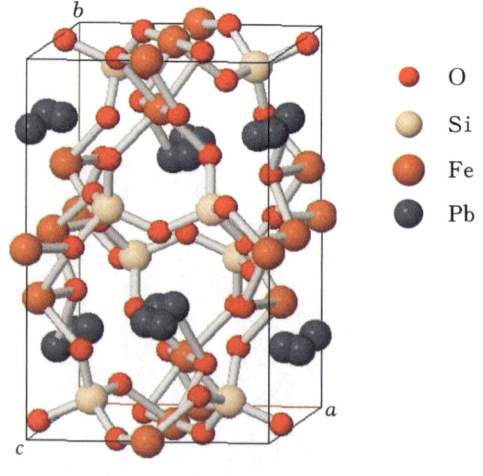

(a) (001)面上的投影　　　　　　(b) [001]方向体视图

图 2-2-59　硅铅铁矿的晶体结构

黑柱石族

黑柱石(ilvaite)　　　　$CaFe_2^{2+}Fe^{3+}[Si_2O_7]O(OH)$

黑柱石

【化学性质】

黑柱石是一种含 Ca、Fe、O、(OH)的[Si_2O_7]岛状基型硅酸盐类矿物,其晶体化学式为 $CaFe_2^{2+}Fe^{3+}[Si_2O_7]O(OH)$。主要成分为 Ca、Fe、Si、O、H,类质同象替代成分有 Mg、Mn。化学成分中 Fe^{2+} 可以被 Mg^{2+}(≤7%)和 Mn^{2+}(≤13%)所代替,因而存在镁黑柱石和锰黑柱石二变种。

化学成分中氧化物的质量分数为 CaO 13.72%、FeO 53.73%、SiO_2 30.35%、H_2O 2.20%。

置于盐酸中,黑柱石会溶解,并有凝胶出现。

【结晶形态】

黑柱石属于斜方晶系,斜方双锥晶类,对称型为 mmm。晶体呈柱状,柱面上具纵纹。常呈粒状或块状集合体(图 2-2-60)。主要单形有{101}、{010}、{110}、{111}、{120}。

(a) 黑柱石(希腊)　　　(b) 黑柱石—石英(俄罗斯)　　　(c) 黑柱石(美国爱荷达)

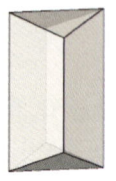 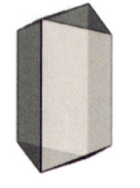 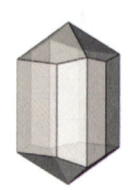 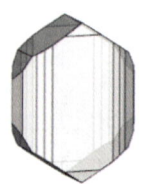

(d) 黑柱石的结晶形态

图 2-2-60　黑柱石

【物理特征】

黑柱石的颜色呈铁黑色、灰黑色、黑色、浅灰色、蓝灰色、粉红色、紫罗兰色。条痕为黑色、棕黑色。不透明。半金属光泽、油脂光泽。色散较强,多色性明显,为深绿色,黄棕色至深棕色,深棕色。

二轴晶(+)。折射率为 Np=1.727、Nm=1.870、Ng=1.883,双折射率为 0.156。$2V=20°\sim30°$(测量)、30°(计算)。

{001}、{010}解理较好。性脆。断口呈凹凸不平、不均匀状。摩氏硬度为 5.5~6.0,相对密度为 3.99~4.05(测量)、4.06(计算)。

【晶体结构】

黑柱石属于斜方晶系,空间群为 $Pbnm$。晶胞参数:$a=0.880$ nm、$b=1.302$ nm、$c=0.585$ nm,$Z=4$。X 射线粉晶衍射数据 $d(\text{Å})(I/I_{max})$ 为 7.305(70)、2.865(70)、2.849(93)、2.840(93)、2.721(70)、2.714(70)、2.676(100)(图 2-2-61)。晶体结构见图 2-2-62、图 2-2-63。

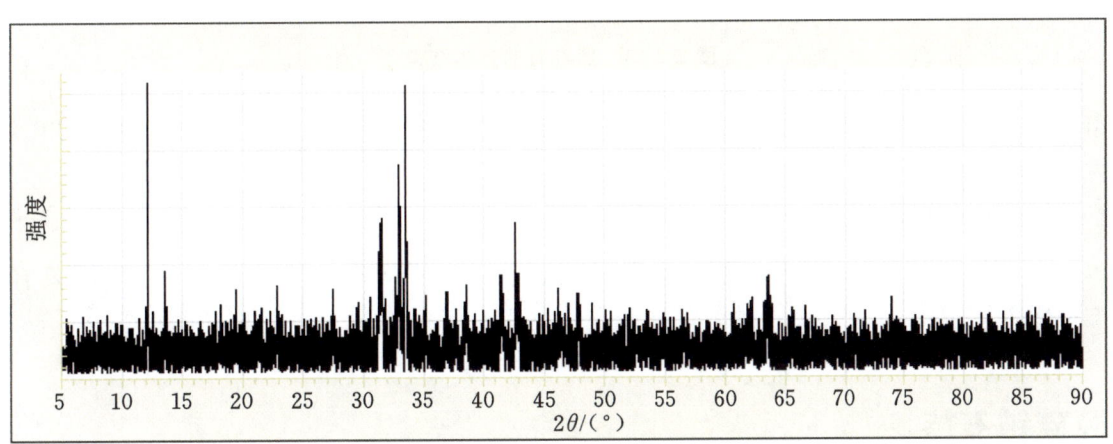

图 2-2-61 黑柱石的 X 射线粉晶衍射图

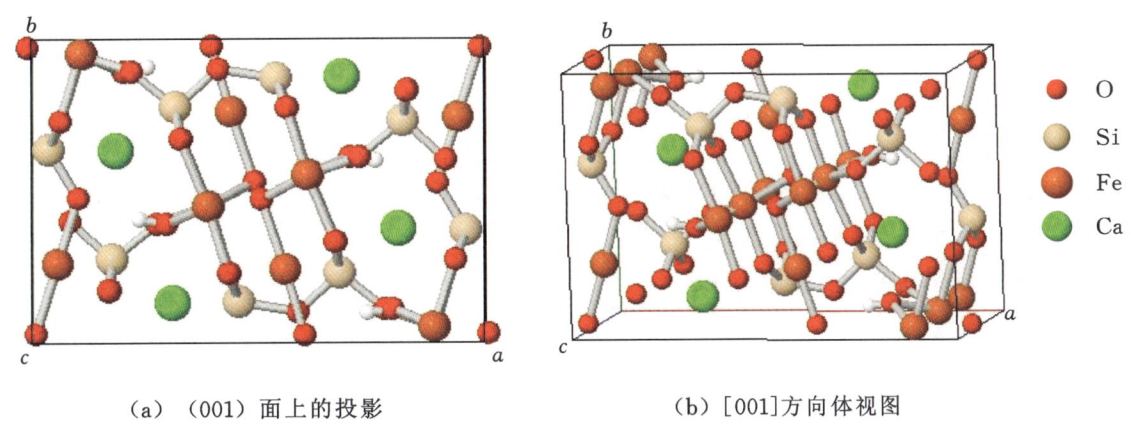

(a) (001)面上的投影　　　　(b) [001]方向体视图

图 2-2-62 黑柱石的晶体结构

黑柱石还存在有一种单斜变体,空间群为 $P2_1/a$。晶胞参数:$a=1.300$ nm、$b=0.879$ nm、$c=0.584$ nm,$\beta=90.41°$。

【产状产地】

黑柱石常见于中基性岩与灰岩接触交代矽卡岩变质铁矿床中,也产于辉绿岩与灰岩地层的接触带中。铅锌和锡锌矿化矽卡岩中的黑柱石一般锰含量较高,含锡高达 0.96% 者,可以锡类质同象代替 Fe^{3+},也可能以黝锡矿显微包体形式存在。

黑柱石常与石英、黑云母、钙铁榴石、钙铁辉石、角闪石、磁铁矿、赤铁矿、黄铁矿、磁黄铁矿、黄铜

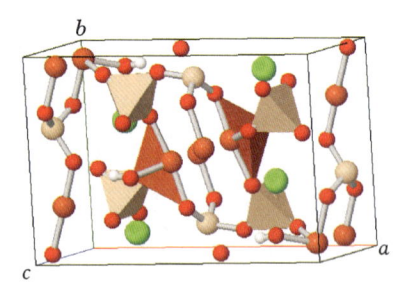
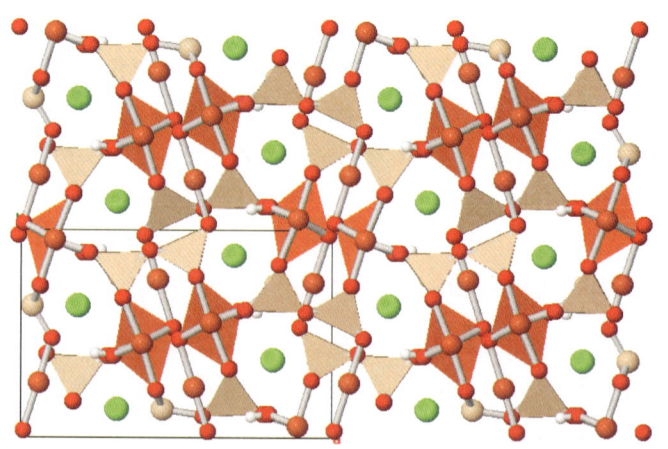

(a) [FeO$_5$(OH)]八面体双链沿c轴延伸　　(b) 沿c轴的投影，[FeO$_5$(OH)]八面体双链由[Si$_2$O$_7$]双四面体、[FeO$_6$]八面体和[CaO$_7$]多面体连接

图 2-2-63　黑柱石的晶体结构

矿等组合共生。主要产地有希腊、意大利、俄罗斯、墨西哥、美国（爱达荷等）、中国（福建、四川、新疆、内蒙古、甘肃、青海）等。

【主要用途】

黑柱石在地质学、物理学、化学、晶体学、矿物学、宝石学方面都有重要意义。较为常见，具有一定的标型矿物意义。

羟硅铍石族

羟硅铍石（bertrandite）　　　　　　Be$_4$[Si$_2$O$_7$](OH)$_2$
球硅铍石（sphaerobertrandite）　　　Be$_3$[SiO$_4$](OH)$_2$

羟硅铍石

【化学性质】

羟硅铍石是一种含 Be、(OH)的[Si$_2$O$_7$]岛状基型硅酸盐类矿物，其晶体化学式为Be$_4$[Si$_2$O$_7$](OH)$_2$。主要成分为 Be、Si、O、H，类质同象替代成分有 Al、Fe、Ca。

化学成分中氧化物的质量分数为 BeO 42.00%、SiO$_2$ 50.44%、H$_2$O 7.56%。

【结晶形态】

羟硅铍石属于斜方晶系，斜方单锥晶类，对称型为 $mm2$。晶体呈板状、柱状、块状。依{011}、{021}可形成"V"字形的双晶（图 2-2-64）。

【物理特征】

羟硅铍石的颜色呈无色、淡黄色。条痕为白色。透明至半透明。玻璃光泽。多色性弱，色散弱。

二轴晶（-）。折射率为 Np=1.583～1.591、Nm=1.598～1.605、Ng=1.608～1.614，折射率为 0.023。2V=73°～81°（测量）、76°（计算）。

{001}解理完全、{110}、{101}解理中等。性脆。断口呈不平整、不规则状。摩氏硬度为 6～7，相对密度为 2.59～2.60（测量）、2.64（计算）。

【晶体结构】

羟硅铍石属于斜方晶系，空间群为 $Ccm2_1$。晶胞参数：$a=1.527$ nm、$b=0.871$ nm、$c=0.457$ nm，

（a）羟硅铍石（美国新罕布什尔）

（b）羟硅铍石（德国）

（c）羟硅铍石（中国湖南）

（d）羟硅铍石的晶体形态

图 2-2-64　羟硅铍石

$Z=4$。X 射线粉晶衍射数据 $d(\text{Å})(I/I_{\max})$ 为 4.38(100)、3.94(40)、3.19(90)、2.54(80)、2.28(60)、2.22(50)、1.31(40)（图 2-2-65）。羟硅铍石的晶体结构见图 2-2-66。

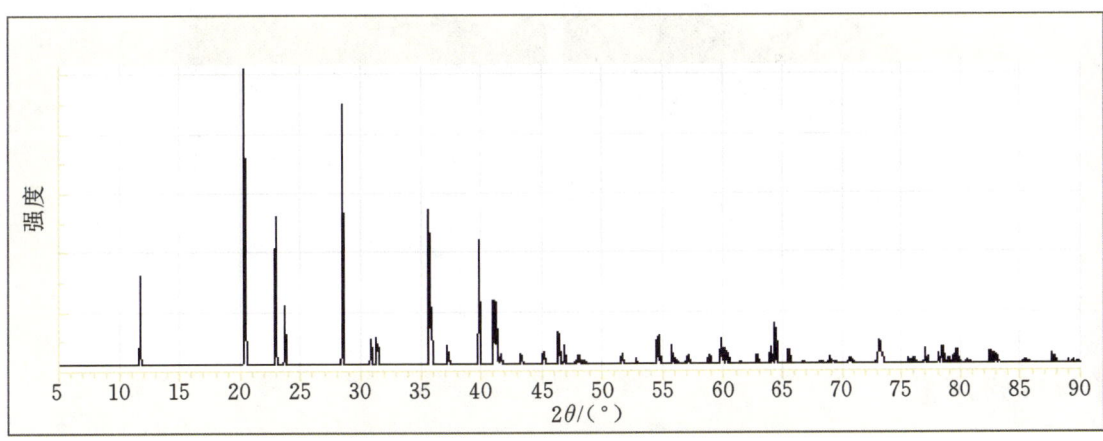

图 2-2-65　羟硅铍石的 X 射线粉晶衍射图

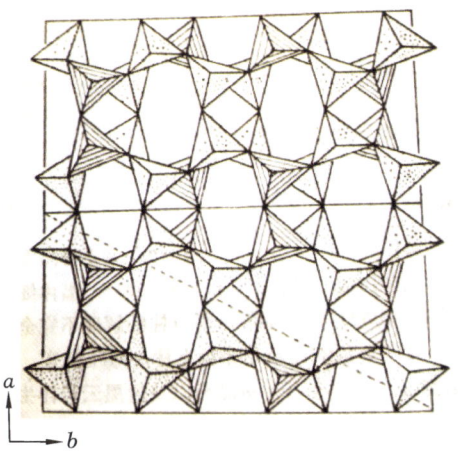

注：----表示(110)解理，只在[BeO₄]四面体间分布。

图 2-2-66　羟硅铍石的晶体结构在(001)上的投影

【产状产地】

羟硅铍石产于含铍伟晶岩中,可由绿柱石蚀变而成。主要产地有澳大利亚、德国、葡萄牙、法国、美国(北卡罗来纳、新罕布什尔)、中国等。

【主要用途】

羟硅铍石在地质学、材料学、物理学、化学、晶体学、矿物学、宝石学方面都有重要的意义。

球硅铍石

【化学性质】

球硅铍石是含 Be、(OH)的[SiO_4]岛状基型硅酸盐类矿物,其晶体化学式为 $Be_3[SiO_4](OH)_2$。主要成分为 Be、Si、O、H,类质同象替代成分有 Al、Fe、Ca。

化学成分中氧化物的质量分数为 BeO 47.36%、SiO_2 39.76%、H_2O 12.88%。

与羟硅铍石的化学成分相似。

【结晶形态】

球硅铍石属单斜晶系,斜方柱晶类,对称型为 $2/m$。晶体呈球状、颗粒状、板状,也可呈球状形态的聚合体(图 2-2-67),主要单形有{001}、{012}、{102}、{10$\bar{2}$}。

图 2-2-67 球硅铍石(挪威)

【物理特征】

球硅铍石的颜色呈无色、白色、灰色、米色、黄色、浅褐色等。条痕为白色。透明至半透明。玻璃光泽。多色性弱。

二轴晶(-)。折射率为 Np=1.597、Nm=1.607、Ng=1.616,双折射率为 0.019。2V=50°~90°(测量)、86°(计算)。

{001}解理完全、{010}解理中等。性脆。断口呈不平整、不规则的贝壳状。摩氏硬度为 5,相对密度为 2.46~2.54(测量)、2.52(计算)。

【晶体结构】

球硅铍石属于单斜晶系,空间群为 $P2_1/b$。晶胞参数:$a=0.508$ nm,$b=0.464$ nm,$c=1.766$ nm,$\beta=106.09°$,$Z=4$。X 射线粉晶衍射数据 $d(\text{Å})(I/I_{max})$ 为 4.885(90)、4.236(62)、3.161(100)、2.836(70)、2.538(55)、2.318(90)、2.174(55)。

【产状产地】

球硅铍石产于含 Be 较高的伟晶岩和灰岩中,常与霓石、硼铍石、方沸石等共生。主要产地有挪威、俄罗斯(科拉半岛)。

【主要用途】

球硅铍石在地质学、物理学、化学、晶体学、矿物学方面都有重要意义。

氯硅钙铅矿族

氯硅钙铅矿（nasonite）	$Ca_4Pb_6[Si_2O_7]_3Cl_2$
氯硅铁铅矿（jagoite）	$Pb_7Fe_2^{3+}[Si_2O_7]_3Cl_2$
硅钙铅矿（ganomalite）	$Pb_9Ca_5Mn(Si_2O_7)_4(SiO_4)O$
硅镁铅矿（molybdophyllite）	$Pb_2Mg_2[Si_2O_7](OH)_2$
硅铅矿（barysilite）	$Pb_8Mn[Si_2O_7]_3$

氯硅钙铅矿

【化学性质】

氯硅钙铅矿是一种含 Ca、Pb、Cl 的 $[Si_2O_7]$ 岛状基型硅酸盐类矿物，其晶体化学式为 $Ca_4Pb_6[Si_2O_7]_3Cl_2$。主要成分为 Ca、Pb、Si、O、Cl，类质同象替代成分有 Fe、Mn、Zn、H_2O。

化学成分中氧化物的质量分数为 CaO 12.44%、SiO_2 16.96%、PbO 67.03%、Cl 3.57%。

【结晶形态】

氯硅钙铅矿属于六方晶系，六方双锥晶类，对称型为 $6/m$。晶体呈片状、粒状、块状（图 2-2-68）。

（a）氯硅钙铅矿（美国新泽西）

（b）氯硅钙铅矿（美国新泽西）

（c）氯硅钙铅矿（瑞典）

图 2-2-68　氯硅钙铅矿

【物理特征】

氯硅钙铅矿的颜色呈无色、白色、蓝色。条痕为白色。透明至半透明。油脂光泽、金刚光泽。色散弱，多色性弱。

一轴晶（+）。折射率为 No=1.913～1.945、Ne=1.923～1.971，双折射率为 0.010～0.026。

{0001}解理完全、{1000}解理较差。性脆。断口呈不平整、不均匀的贝壳状。摩氏硬度为 4，相对密度为 5.42～5.50（测量）、5.64（计算）。

【晶体结构】

氯硅钙铅矿属于六方晶系，空间群为 $P6_3/m$。晶胞参数：$a=1.008$ nm、$c=1.327$ nm，$Z=2$。X 射线粉晶衍射数据 $d(Å)(I/I_{max})$ 为 3.27(100)、3.16(90)、1.81(100)。晶体结构见图 2-2-69。

【产状产地】

氯硅钙铅矿产于变质铅锰矿床中。主要产地有美国（新泽西）、瑞典等。

【主要用途】

氯硅钙铅矿在地质学、材料学、物理学、化学、环境科学、晶体学、矿物学、宝石学方面都有重要应用。

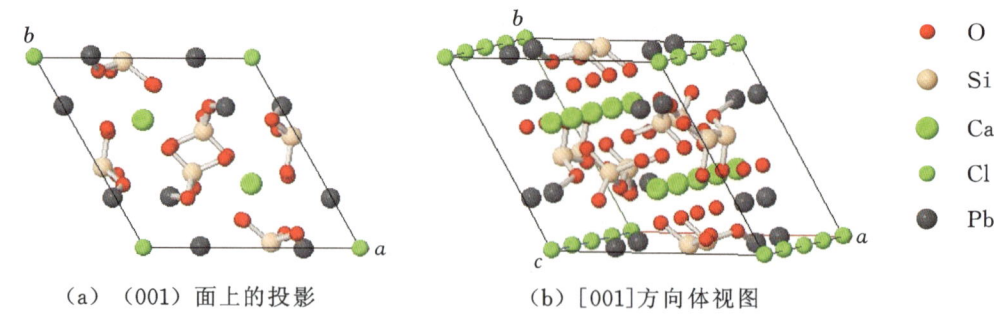

(a) （001）面上的投影　　　　　(b) [001]方向体视图

图 2-2-69　氯硅钙铅矿的晶体结构

氯硅铁铅矿

【化学性质】

氯硅铁铅矿是一种含 Pb、Fe、Cl 的 $[Si_2O_7]$ 岛状基型硅酸盐类矿物，其晶体化学式为 $Pb_7Fe_2^{3+}[Si_2O_7]_3Cl_2$。主要成分为 Pb、Fe、Si、O、Cl，类质同象替代成分有 Ti、Al、Mn、Be、Mg、Ca、Na、K、H_2O。

化学成分中氧化物和单质的质量分数为 CaO 0.67%、Na_2O 0.74%、Pb_2O 64.01%、MgO 0.97%、Fe_2O_3 7.66%、SiO_2 22.33%、H_2O 0.22%、Cl 3.40%。

【结晶形态】

氯硅铁铅矿属于六方晶系，复三方双锥晶类，对称型为 $\bar{6}2m$。晶体呈单片状（图 2-2-70）。

图 2-2-70　氯硅铁铅矿（瑞典）

【物理特征】

氯硅铁铅矿的颜色呈黄绿色。条痕为浅黄色。半透明。玻璃光泽。色散弱，多色性无。

一轴晶（－）。折射率为 No=2.00、Ne=1.97，双折射率为 0.03。

{0001}解理完全。具柔性片状、板状。断口呈多晶片状。摩氏硬度为 3，相对密度为 5.43（测量）、5.28（计算）。

【晶体结构】

氯硅铁铅矿属于六方晶系，空间群为 $P\bar{6}2c$。晶胞参数：$a=0.853$ nm、$c=3.333$ nm，$Z=8$。X 射线粉晶衍射数据 $d(\text{Å})(I/I_{max})$ 为 4.16(50)、3.40(100)、2.80(80)（图 2-2-71）。晶体结构见图 2-2-72。

【产状产地】

氯硅铁铅矿产于变质的赤铁矿矿床中。主要产地有瑞典等。

【主要用途】

氯硅铁铅矿在地质学、材料学、物理学、化学、环境科学、晶体学、矿物学方面都有重要应用。

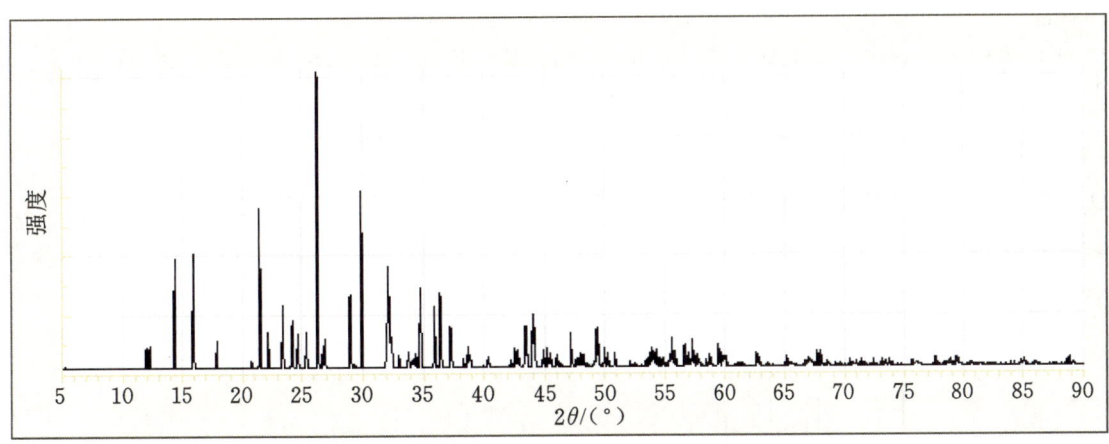

图 2-2-71　氯硅铁铅矿的 X 射线粉晶衍射图

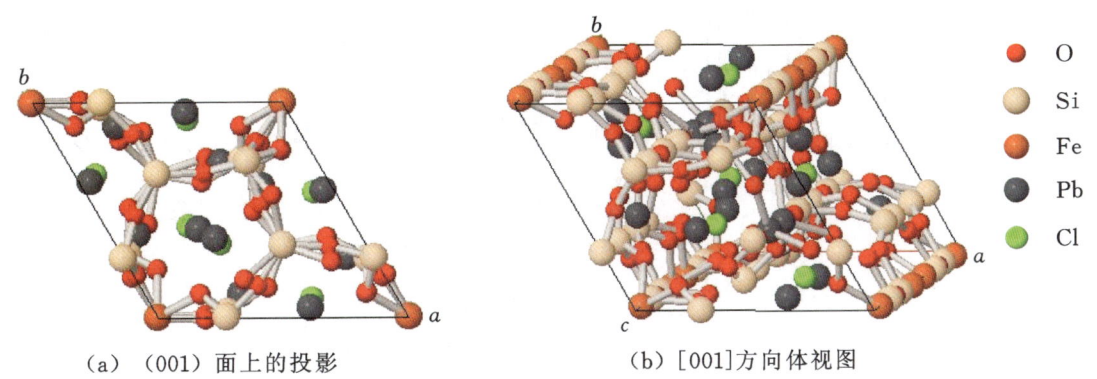

(a) (001)面上的投影　　(b) [001]方向体视图

图 2-2-72　氯硅铁铅矿的晶体结构

硅钙铅矿

【化学性质】

硅钙铅矿是一种含 Pb、Ca、Mn 的[Si_2O_7]岛状基型硅酸盐类矿物,其晶体化学式为 Ca_4Pb_6[Si_2O_7]$_3$(OH)$_2$。主要成分为 Pb、Ca、Si、O,类质同象替代成分有 Fe、Ti 等。

化学成分中氧化物的质量分数为 CaO 9.67%、MnO 2.45%、SiO_2 18.64%、PbO 69.24%。

【结晶形态】

硅钙铅矿属于三方晶系,菱面体晶类,对称型为 $\bar{3}$。晶体呈粒状、柱状、块状(图 2-2-73)。

(a) 硅钙铅矿(瑞典)　　(b) 硅钙铅矿(美国亚利桑那)

图 2-2-73　硅钙铅矿

【物理特征】

硅钙铅矿的颜色呈无色、白色、灰色、灰白色。条痕为白色。透明至半透明。玻璃光泽、金刚光泽。色散弱,多色性弱。

一轴晶(+)。折射率为 No=1.910、Ne=1.945,双折射率为 0.035。

{10$\bar{1}$0}解理完全,{0001}解理中等。性脆。断口呈不规则、不均匀的贝壳状。摩氏硬度为 3,相对密度为 5.74(测量)、5.69(计算)。

【晶体结构】

硅钙铅矿属于三方晶系,空间群为 $P3$。晶胞参数:$a=0.982$ nm、$c=1.013$ nm,$Z=1$。X 射线粉晶主要衍射数据 d(Å)(I/I_{max})为 3.53(90)、3.38(80)、3.06(100)(图 2-2-74)。晶体结构见图 2-2-75。

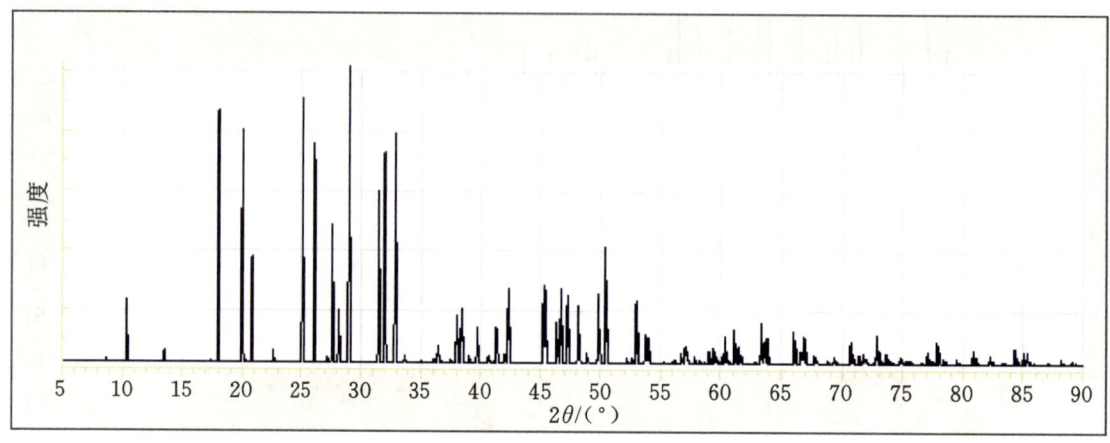

图 2-2-74　硅钙铅矿的 X 射线粉晶衍射图

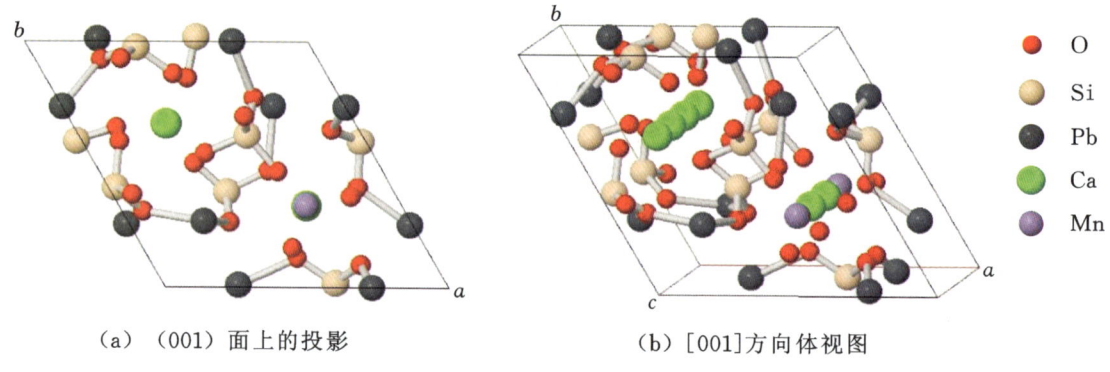

(a) (001)面上的投影　　　(b) [001]方向体视图

图 2-2-75　硅钙铅矿的晶体结构

【产状产地】

硅钙铅矿产于矽卡岩中,变质层状铅锰矿床中,常与锰铁矿、方解石等共生。主要产地有瑞典、美国(新泽西、亚利桑那)等。

【主要用途】

硅钙铅矿在地质学、物理学、化学、晶体学、矿物学方面都有重要意义。

硅镁铅矿

【化学性质】

硅镁铅矿是一种含 Pb、Mg、(OH)的[Si_2O_7]岛状基型硅酸盐类矿物,其晶体化学式为 Pb_2Mg_2[Si_2O_7](OH)$_2$。主要成分为 Pb、Mg、Si、O、H,类质同象替代成分有 Al、Na、K、H_2O。

化学成分中氧化物的质量分数为 MgO 11.59%、PbO 64.21%、SiO_2 17.29%、H_2O 6.91%。

【结晶形态】

硅镁铅矿属于六方晶系,六方偏方面体晶类,对称型为 622。晶体呈粒状、柱状、板状(图 2-2-76)。

图 2-2-76 硅镁铅矿（瑞典）

【物理特征】

硅镁铅矿的颜色呈无色、淡灰色、淡黄色、淡绿色。条痕为白色。透明至半透明。玻璃光泽、油脂光泽。色散弱。多色性弱。

一轴晶（－）。折射率为 No＝1.815、Ne＝1.761，双折射率为 0.054。

{0001}解理完全。性脆。断口呈不规则的贝壳状。摩氏硬度为 3～4，相对密度为 4.65（测量）、4.98（计算）。

【晶体结构】

硅镁铅矿属于六方晶系，空间群为 $P6_322$。晶胞参数：$a＝0.937$ nm、$c＝2.744$ nm，$Z＝2$。X 射线粉晶主要衍射数据 $d(Å)(I/I_{max})$ 为 13.8(100)、4.6(90)、2.67(70)。晶体结构见图 2-2-77。

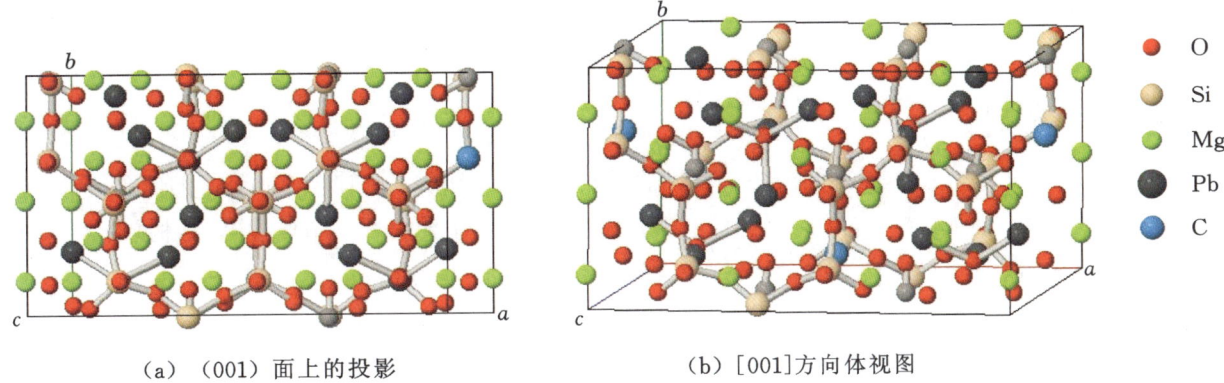

(a) (001) 面上的投影　　　　　　(b) [001] 方向体视图

图 2-2-77　硅镁铅矿的晶体结构

另有报道，硅镁铅矿：单斜晶系，对称型为 2，空间群为 $B2$，晶胞参数：$a＝1.623$ nm、$b＝0.937$ nm、$c＝1.406$ nm，$\beta＝97.36°$，$Z＝2$。

硅镁铅矿：三斜晶系，对称型为 1，空间群为 $P1$，晶胞参数：$a＝0.935$ nm、$b＝0.935$ nm、$c＝1.891$ nm，$\alpha＝75.90(3)°$、$\beta＝85.58(3)°$、$\gamma＝60.15(2)°$。

【产状产地】

硅镁铅矿产于变质富铅的矿床中。主要产地有瑞典。

【主要用途】

硅镁铅矿在地质学、物理学、化学、晶体学、矿物学方面都有重要意义。

硅铅矿

【化学性质】

硅铅矿是一种富含 Pb、Mn 的 $[Si_2O_7]$ 岛状基型硅酸盐类矿物，其晶体化学式为 $Pb_8Mn[Si_2O_7]_3$。

主要成分为 Pb、Mn、Si、O，类质同象替代成分有 Al、Fe、Zn、Mg、Ca 等。

化学成分中氧化物的质量分数为 MnO 3.20%、SiO_2 16.26%、PbO 80.54%。

【结晶形态】

硅铅矿属于三方晶系，复三方偏三角面体晶类，对称型为 $R\bar{3}c$。晶体呈块状、层状、叶片状、细粒状（图 2-2-78）。

（a）硅铅矿（美国新泽西）

（b）硅铅矿（瑞典）

（c）硅铅矿（瑞典）

图 2-2-78　硅铅矿

【物理特征】

硅铅矿的颜色呈白色、灰色。条痕为白色。透明至半透明。金刚光泽。色散弱。多色性弱。一轴晶(−)。折射率为 No＝2.033、Ne＝2.015，双折射率为 0.018。

{0001}解理中等。性脆。断口呈不规则、不平整的贝壳状。摩氏硬度为 3.5，相对密度为 6.11～6.72（测量）、6.91（计算）。

【晶体结构】

硅铅矿属于三方晶系，空间群为 $R\bar{3}c$。晶胞参数：a＝0.982 nm、c＝3.835 nm，Z＝6。X 射线粉晶主要衍射数据 d(Å)(I/I_{max}) 为 3.307(80)、3.198(100)、2.960(80)（图 2-2-79）。晶体结构（图 2-2-80）中，$[Si_2O_7]$ 位于 $(10\bar{1}0)$ 面上。

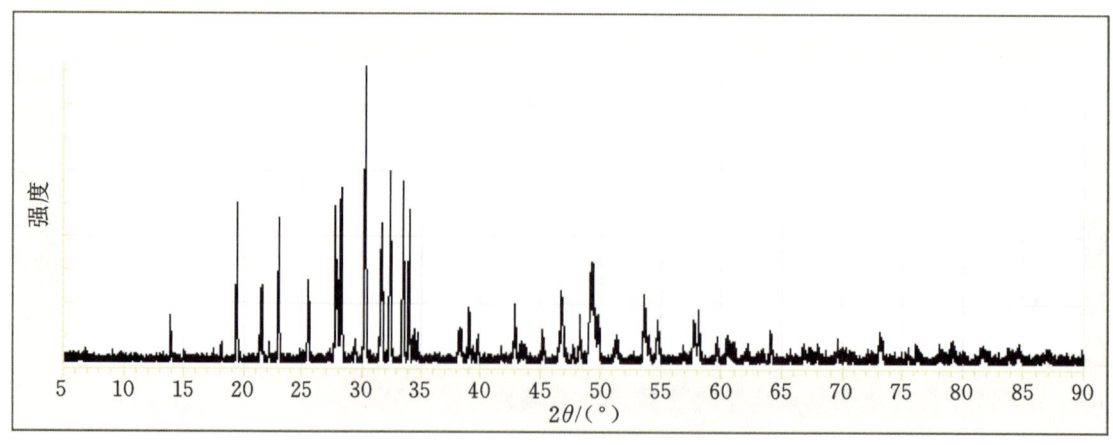

图 2-2-79　硅铅矿的 X 射线粉晶衍射图

【产状产地】

硅铅矿产于变质铅锰矿体中，多呈细脉状分布。常与硅锌矿、石榴石、斧石共生和伴生。主要产地有瑞典、美国（新泽西）等。

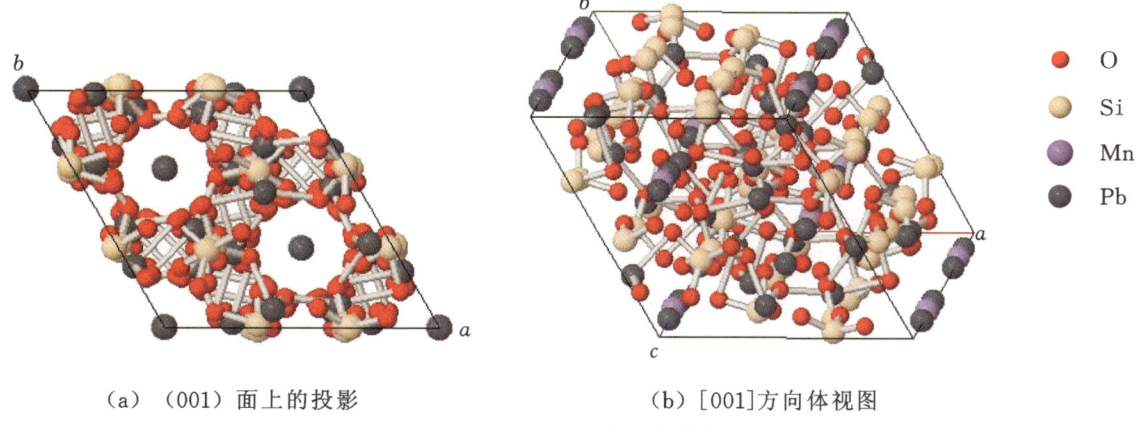

(a)（001）面上的投影　　　　　　　（b）[001]方向体视图

图 2-2-80　硅铅矿的晶体结构

【主要用途】

硅铅矿在地质学、材料学、物理学、化学、晶体学、矿物学、宝石学方面都有一定意义。

枪晶石族

枪晶石（cuspidine）	$Ca_4[Si_2O_7]F_2$
鲁硅钙石（rustumite）	$Ca_{10}[Si_2O_7]_2[SiO_4](OH)_2Cl_2$
粒硅钙石（tilleyite）	$Ca_5[Si_2O_7][CO_3]_2$

枪晶石

【化学性质】

枪晶石是一种含 Ca、F 的[Si_2O_7]岛状基型硅酸盐类矿物，其晶体化学式为 $Ca_4[Si_2O_7]F_2$。主要成分为 Ca、Si、O、F，类质同象替代成分有 Mn、Na、K、Cl、OH。含较多 OH 的变种称为灰枪晶石。

化学成分中元素（氧化物）的质量分数为 CaO 60.09%、SiO_2 30.88%、H_2O 1.23%、F 7.80%。

【结晶形态】

枪晶石属于单斜晶系，斜方柱晶类，对称型为 $2/m$。晶体呈针状、柱状、板状、粒状、块状、假菱面体状、矛状等（图 2-2-81）。依{001}形成聚片双晶。

图 2-2-81　枪晶石（意大利）

【物理特征】

枪晶石的颜色呈无色、白色、灰绿色、浅粉红色、棕褐色、浅棕色。条痕为白色。透明。玻璃光泽、半玻璃光泽、蜡状光泽。色散弱。

二轴晶(+)。折射率为 Np=1.586~1.594、Nm=1.589~1.596、Ng=1.598~1.606,双折射率为 0.012~0.017。2V=59°~71°(测量)、58~66°(计算)。

{001}解理完全、{110}解理中等。性脆。断口呈不规则、不均匀的贝壳状。摩氏硬度为 5~6,相对密度为 2.97~2.99(测量)、2.98(计算)。

【晶体结构】

枪晶石属于单斜晶系,空间群为 $P2_1/a$。晶胞参数:$a=1.092$ nm、$b=1.054$ nm、$c=0.754$ nm,$\beta=109.69°$,$Z=2$。X 射线粉晶主要衍射数据 d(Å)(I/I_{max})为 3.26(20)、3.06(100)、2.95(20)、2.93(20)、2.90(30)、2.87(50)、2.02(10)、1.88(20)(产地意大利,图 2-2-82)。原子排布位置见图 2-2-83。

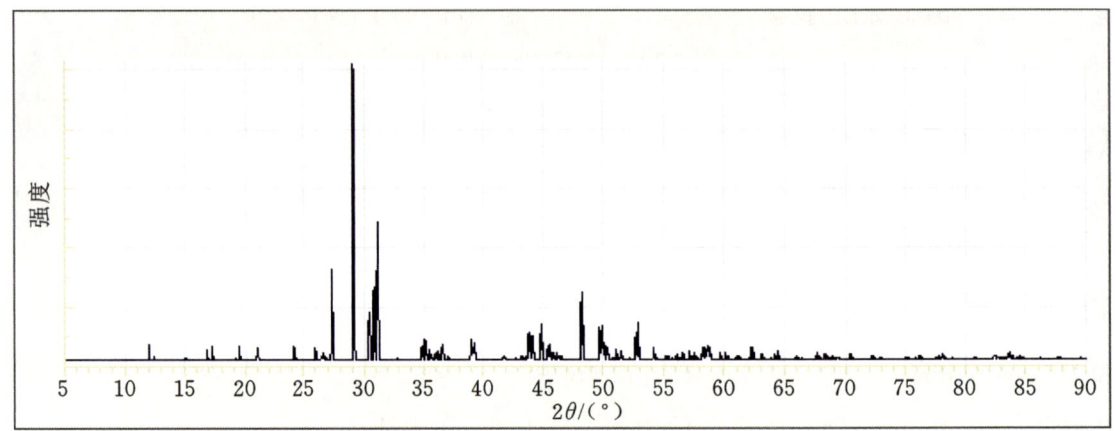

图 2-2-82　枪晶石的 X 射线粉晶衍射图

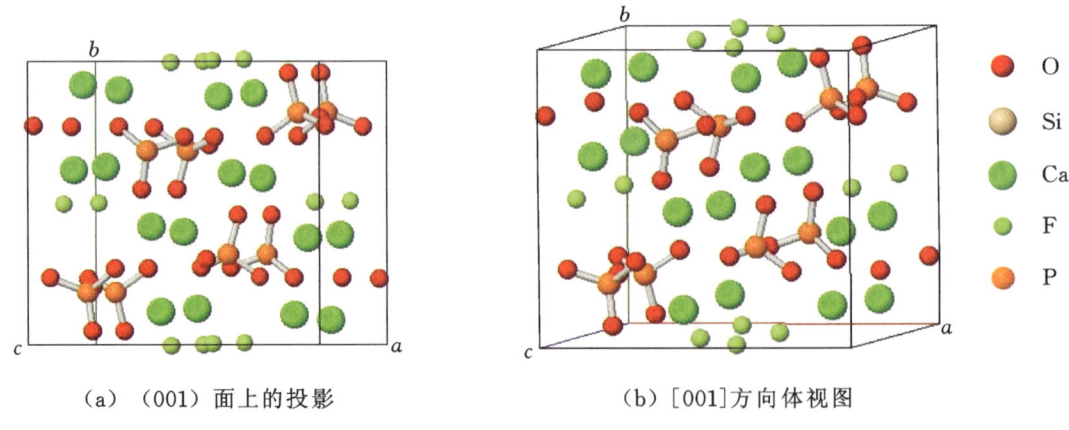

(a) (001)面上的投影　　　　(b) [001]方向体视图

图 2-2-83　枪晶石的晶体结构

本族矿物中枪晶石和粒硅钙石在结构上非常相似。在枪晶石晶体结构中 Ca 八面体柱沿 c 轴延伸并彼此联结成板,这种板在粒硅钙石中沿 b 轴成折线状延伸,由 4 条柱所组成的板以一定的角度相交切。板间由沿 c 轴延伸的[Si_2O_7]双四面体相联结。在粒硅钙石中折线状板之间存在着[CO_3]$^{2-}$ 阴离子团。

【产状产地】

枪晶石产于岩浆岩与其他岩石的接触带,产于火山喷出岩中,与石榴石、透辉石等共生。主要产地有意大利等。

【主要用途】

枪晶石在地质学、物理学、化学、晶体学、矿物学方面都有一定意义。

鲁硅钙石

【化学性质】

鲁硅钙石是一种含 Ca、(OH)、Cl 的 [Si_2O_7]、[SiO_4] 岛状基型硅酸盐类矿物，其晶体化学式为 $Ca_{10}[Si_2O_7]_2[SiO_4](OH)_2Cl_2$。主要成分为 Ca、Si、O、H、Cl，类质同象替代成分有 H_2O。

化学成分中氧化物的质量分数为 CaO 62.92%、SiO_2 33.71%、H_2O 3.37%。另含 Cl 较多时，CaO 58.32%、SiO_2 32.16%、H_2O 1.93%、Cl 7.59%。

【结晶形态】

鲁硅钙石属于单斜晶系，斜方柱晶类，对称型为 $2/m$。晶体呈板状、柱状、粒状(图 2-2-84)。依 {100} 形成聚片双晶，依 {100} 成双晶，[001] 方向为双晶轴。

图 2-2-84　鲁硅钙石(墨西哥)

【物理特征】

鲁硅钙石的颜色呈无色，偏光显微镜下也呈无色。条痕为白色。透明。玻璃光泽。色散弱。多色性弱。

二轴晶(—)。折射率为 Np=1.640、Nm=1.647、Ng=1.651，双折射率为 0.011。2V=80°。

{100} 解理中等，{010}、{001} 解理不完全。性脆。断口不平整、不均匀。摩氏硬度为 5.5，相对密度为 2.84(测量)、2.86(计算)。

【晶体结构】

鲁硅钙石属于单斜晶系，空间群为 $P2_1/a$。晶胞参数：a=0.762 nm、b=1.855 nm、c=1.551 nm，β=104.33°，Z=4。X 射线粉晶主要衍射数据 d(Å)(I/I_{max}) 为 6.900(25)、3.189(58)、3.028(100)、2.881(100)。晶体结构见图 2-2-85。

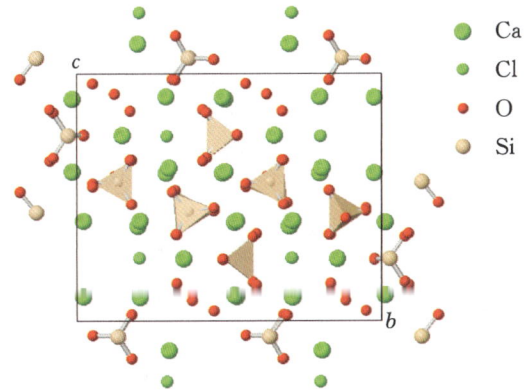

图 2-2-85　鲁硅钙石的晶体结构

【产状产地】

鲁硅钙石产于灰硅钙石大理岩及变质灰岩内的钙石榴石硅辉岩中，常与斜硅钙石、硅钙石、灰硅钙石、镁黄长石、硅镁钙石、斜方硅钙石等共生。主要产地有墨西哥、英国。

【主要用途】

鲁硅钙石在地质学、物理学、化学、晶体学、矿物学方面都有重要意义。

粒硅钙石

【化学性质】

粒硅钙石是含 Ca、$[CO_3]$ 的 $[Si_2O_7]$ 岛状基型硅酸盐类矿物,晶体化学式为 $Ca_5[Si_2O_7][CO_3]_2$。主要成分为 Ca、Si、O、C,类质同象替代成分有 Mg、Fe。

化学成分中氧化物的质量分数为 CaO 57.39%、SiO_2 24.60%、CO_2 18.01%。

【结晶形态】

粒硅钙石属于单斜晶系,斜方柱晶类,对称型为 $2/m$。晶体呈粒状(图 2-2-86)。依{101}形成双晶。

(a)粒硅钙石(美国加利福尼亚) (b)粒硅钙石(美国加利福尼亚) (c)粒硅钙石(美国得克萨斯)

图 2-2-86 粒硅钙石

【物理特征】

粒硅钙石的颜色呈无色、白色,显微镜下无色。条痕为白色。透明至半透明。玻璃光泽。色散弱。多色性弱。

二轴晶(+)。折射率为 Np=1.612~1.617、Nm=1.632~1.635、Ng=1.652~1.654,双折射率为 0.037~0.040。$2V$=85°~90°(测量)、88°~90°(计算)。

{100}解理完全、{101}解理中等。性脆。断口呈不规则、不平整的次贝壳状。摩氏硬度为 4~5,相对密度为 2.84(测量)、2.87(计算)。

【晶体结构】

粒硅钙石属于单斜晶系,空间群为 $P2_1/a$。晶胞参数:a=1.509 nm、b=1.025 nm、c=0.758 nm、β=105.16°,Z=4。X 射线粉晶主要衍射数据 d(Å)(I/I_{max})为 3.095(85)、3.005(100)、2.895(65)(图 2-2-87)。晶体结构见图 2-2-88。

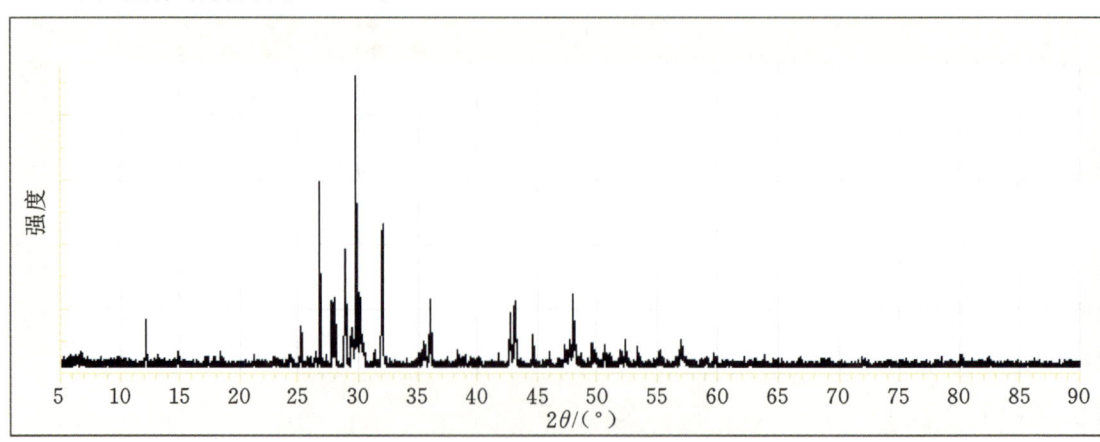

图 2-2-87 粒硅钙石的 X 射线粉晶衍射图

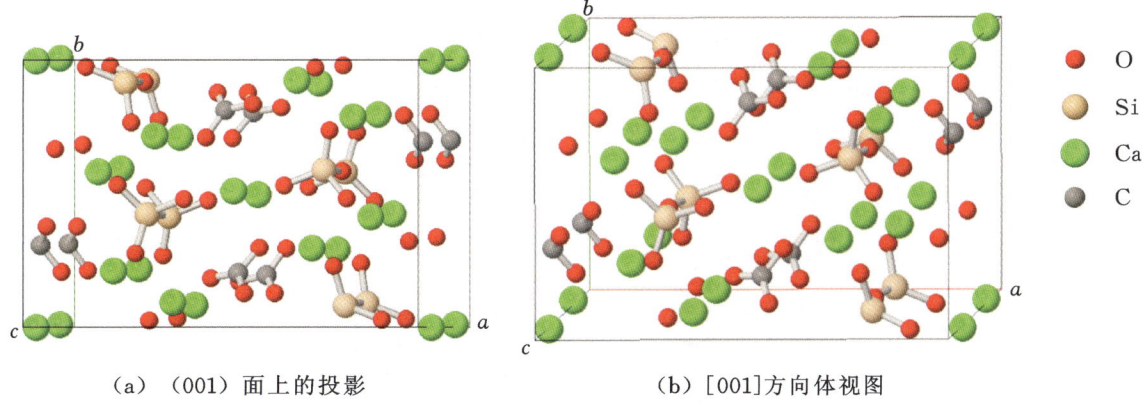

(a) （001）面上的投影　　　　　　(b) [001]方向体视图

图 2-2-88　粒硅钙石的晶体结构

【产状产地】

粒硅钙石产于花岗闪长岩与石灰岩之间接触变质的矽卡岩带中，是一种在低压和高温条件下形成的矿物。与硅镁钙石、钙铝榴石等共生。主要产地有美国（加利福尼亚、得克萨斯）、英国。

【主要用途】

粒硅钙石在地质学、材料学、物理学、化学、环境科学、晶体学、矿物学、宝石学方面都有重要应用。

三、含水

斜水硅钙石族

斜水硅钙石（killalaite）　　　　　　　　$Ca_6[Si_2O_7]_2H_2O$

斜水硅钙石

【化学性质】

斜水硅钙石是一种含 Ca、H_2O 的 $[Si_2O_7]$ 岛状基型硅酸盐类矿物，其晶体化学式为 $Ca_6[Si_2O_7]_2H_2O$。主要成分为 Ca、Si、O、H，类质同象替代成分有 Mg、Fe 等。

化学成分中氧化物的质量分数为 CaO 56.57%、SiO_2 40.41%、H_2O 3.02%。

【结晶形态】

斜水硅钙石属于单斜晶系，斜方柱晶类，对称型为 $2/m$。晶体呈粒状、块状。可见复合双晶。

【物理特征】

斜水硅钙石的颜色呈白色，光学显微镜下薄片为无色。条痕为白色。透明。玻璃光泽。色散弱。多色性弱。

二轴晶（一）。折射率为 Np=1.635、Nm=1.641、Ng=1.642，双折射率为 0.007。2V=26°（测量）。

{100}解理极完全，{010}、{001}解理完全。性脆。断口呈不规则、不平整状。摩氏硬度未知，相对密度为 2.78（测量）、2.94（计算）。

【晶体结构】

斜水硅钙石属于单斜晶系，空间群为 $P2_1/m$。晶胞参数：a=0.680 7 nm、b=1.546 nm、c=0.681 1 nm，β=97.76°，Z=2。X 射线粉晶衍射数据 d(Å)(I/I_{max}) 为 3.030(80)、2.824(100)、2.724(60)、2.275(45)、2.224(45)、1.688(35)、1.413(40)。晶体结构见图 2-2-89。

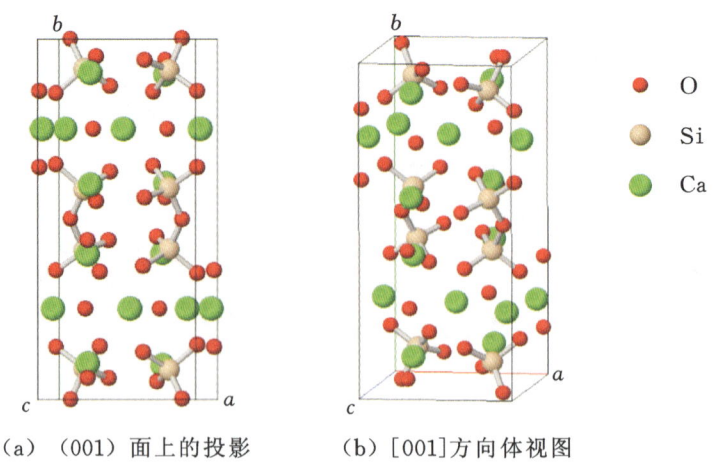

(a) (001) 面上的投影　　(b) [001] 方向体视图

图 2-2-89　斜水硅钙石的晶体结构

【产状产地】

斜水硅钙石产于玄武岩-粗玄岩经水热蚀变而生成的石灰石中,是一种次生矿物,与方解石、柱硅钙石伴生,可见交代片柱钙石、枪晶石和硬柱钙石。主要产地有爱尔兰、美国(华盛顿)等。

【主要用途】

斜水硅钙石在地质学、物理学、化学、环境科学、晶体学、矿物学方面都有一定意义。

硬柱石族

硬柱石(lawsonite)　　　　　　　　$CaAl_2[Si_2O_7](OH)_2·H_2O$

硬柱石

【化学性质】

硬柱石是一种含 Ca、Al、(OH)、H_2O 的 $[Si_2O_7]$ 岛状基型硅酸盐类矿物,其晶体化学式为 $CaAl_2[Si_2O_7](OH)_2·H_2O$。主要成分为 Ca、Al、Si、O、H,类质同象替代成分有 Fe、Mg 等。

化学成分中氧化物的质量分数为 CaO 17.85%、Al_2O_3 32.45%、SiO_2 38.23%、H_2O 11.47%。

【结晶形态】

硬柱石属于斜方晶系,斜方双锥晶类,对称型为 mmm。晶体呈平行 c 轴的柱状,也呈块状、粒状(图 2-2-90)。

图 2-2-90　硬柱石(美国加利福尼亚)

【物理特征】

硬柱石的颜色呈无色、白色、灰色、灰蓝色、浅蓝色、淡粉红色。条痕为白色。透明至半透明。玻璃光泽、油脂光泽。色散强。多色性弱,为无色、蓝色,无色、黄色。

二轴晶(+)。折射率为 Np=1.665、Nm=1.672～1.676、Ng=1.684～1.686,双折射率为 0.019～0.021。2V=84°～85°(测量)、76°～86°(计算)。

{010}、{001}解理完全,{110}解理较差。性脆。断口呈不平整、不规则状。摩氏硬度为 6～7.5,相对密度为 3.09(测量)、3.10(计算)。

【晶体结构】

硬柱石属于斜方晶系,空间群为 $Ccmm$。晶胞参数:$a=0.879$ nm、$b=0.584$ nm、$c=1.313$ nm,$Z=4$。X 射线粉晶衍射数据 $d(\text{Å})(I/I_{max})$ 为 4.840(60)、3.660(60)、2.726(70)、2.680(50)、2.624(100)、2.433(60)、2.129(60)、1.550(80)(图 2-2-91)。

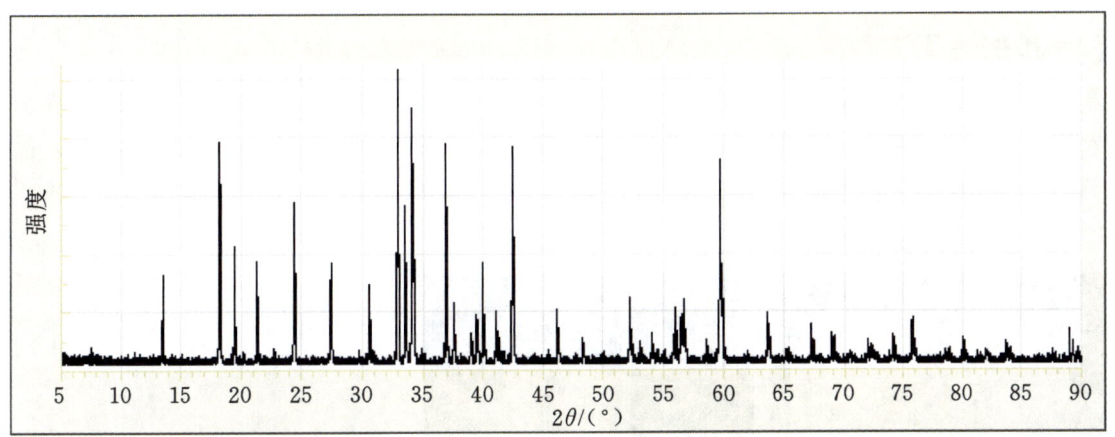

图 2-2-91　硬柱石的 X 射线粉晶衍射图

在晶体结构(图 2-1-92)中,[AlO₆]八面体柱沿 b 轴延伸,并被平行于 c 轴的双四面体所联结。其间的较大空隙为 Ca 原子所占据,配位数为 8。

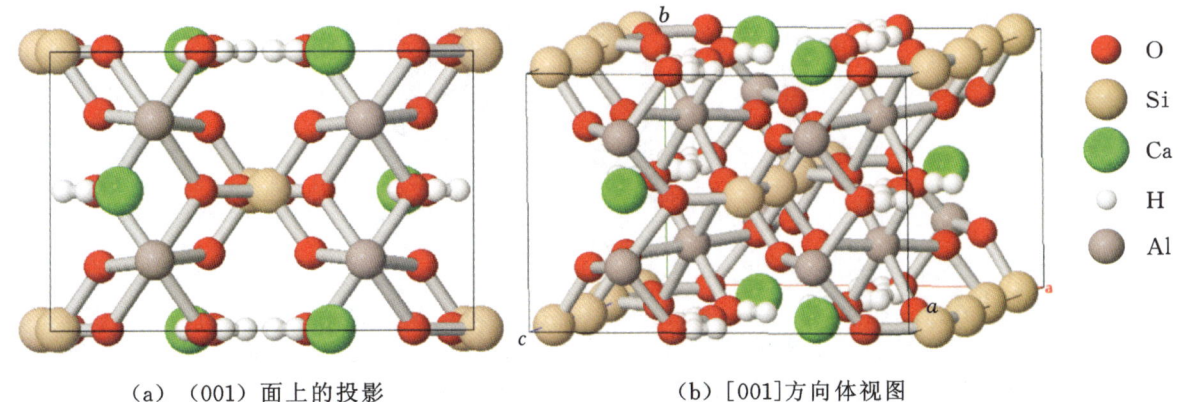

(a) (001)面上的投影　　　　(b) [001]方向体视图

图 2-2-92　硬柱石的晶体结构

【产状产地】

硬柱石产于与蛇纹石有关的结晶片岩中,为低温变质矿物。主要产于蓝闪片岩中,也作为次要矿物发现于蚀变辉长岩和闪长岩中。主要产地有美国(加利福尼亚)、土耳其等。

【主要用途】

硬柱石在地质学、物理学、化学、晶体学、矿物学等方面都有重要意义。

异极矿族

异极矿（hemimorphite）　　　　　　　　$Zn_4[Si_2O_7](OH)_2·H_2O$
水硅铍石（beryllite）　　　　　　　　　$Be_3[SiO_4](OH)_2·H_2O$

异极矿

【化学性质】

异极矿是一种含 Zn、(OH)、H_2O 的$[Si_2O_7]$岛状基型硅酸盐类矿物，其晶体化学式为 $Zn_4[Si_2O_7](OH)_2·H_2O$。主要成分为 Zn、Si、O、H，类质同象替代成分有 Pb、Cu、Fe、Ca 等。化学组成稳定，有时有少量的 Fe_2O_3 混入。

化学成分中氧化物的质量分数为 ZnO 65.39%、Fe_2O_3 0.57%、SiO_2 24.43%、H_2O 9.61%。

异极矿遇酸不起泡。

【结晶形态】

异极矿属于斜方晶系，斜方单锥晶类，对称型为 $mm2$。晶体较小，平行（010）呈板状，在 c 轴方向呈异极象。常呈板粒状集合体，具放射状构造，也可呈皮壳状、肾状、钟乳状以及土状等。晶体呈板状、粒状（图2-1-93）。常见单形有{010}、{110}、{001}、{301}、{011}和{121}等。依（001）呈双晶。

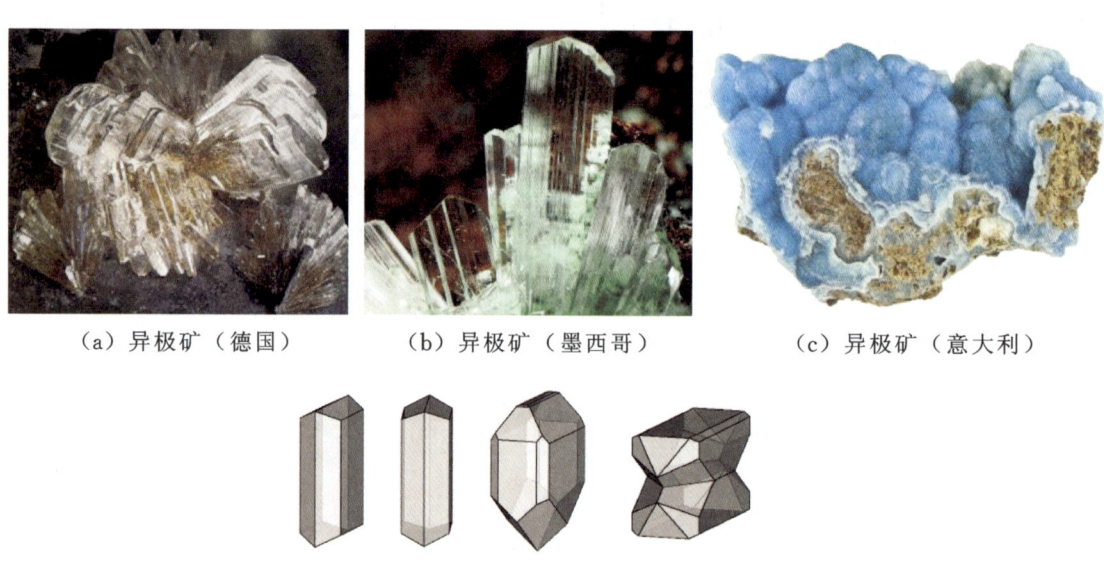

（a）异极矿（德国）　　（b）异极矿（墨西哥）　　（c）异极矿（意大利）

（d）异极矿晶体形态及双晶

图 2-2-93　异极矿

【物理特征】

异极矿的颜色呈无色、白色、灰色、黄白色、褐白色、绿白色、浅蓝色等，透射光下无色。条痕为白色。透明。金刚光泽、玻璃光泽、半玻璃光泽、丝绢光泽，解理面具有珍珠光泽。色散强，多色性弱。

二轴晶（+）。折射率为 Np=1.614、Nm=1.617、Ng=1.636，双折射率为 0.022。$2V=46°$（实测）、44°（计算）。

{110}解理完全，{101}、{001}解理不完全，这与结构中孔道排列的方位有关。性脆。断口呈不规则、不均匀的贝壳状。摩氏硬度为 4.5~5，相对密度为 3.475（实测）、3.484（计算）。

晶体加热时具热电性，晶体直立的两端会出现不同电荷。

【晶体结构】

异极矿属于斜方晶系，空间群为 $Imm2$。晶胞参数：$a=0.873$ nm，$b=1.072$ nm，$c=0.512$ nm，

$Z=2$。X 射线粉晶衍射数据 $d(\text{Å})(I/I_{max})$ 为 6.60(86)、5.36(55)、3.30(73)、3.29(75)、3.10(100)、2.56(51)、2.40(54)(图 2-2-94)。

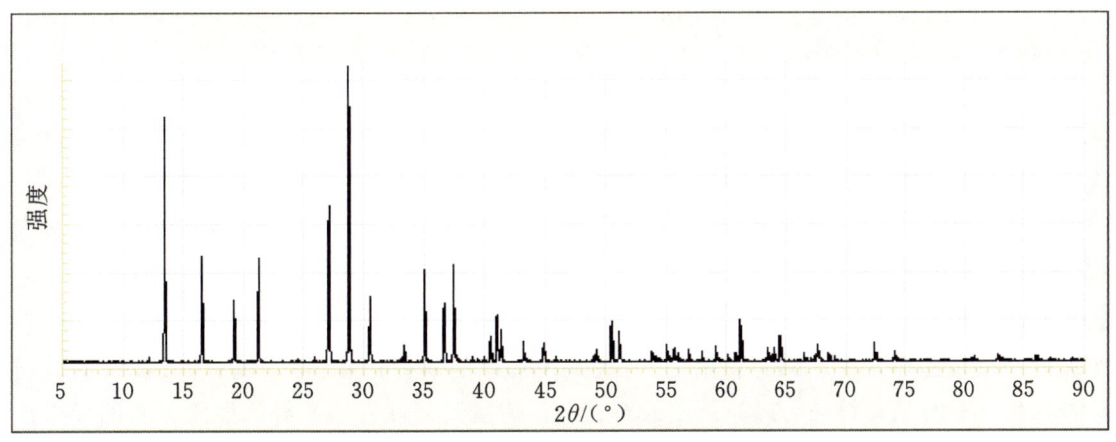

图 2-2-94　异极矿的 X 射线粉晶衍射图

晶体结构(图 2-2-95、图 2-2-96)由[ZnO$_4$]四面体和[Si$_2$O$_7$]双四面体，或[Si$_2$O$_7$]和[Zn$_2$(O,OH)$_7$]双四面体彼此以角顶相连组成三维空间骨架。

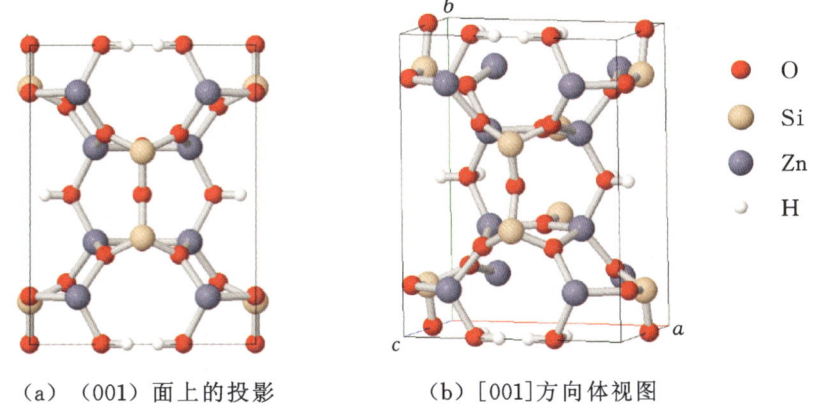

(a) (001)面上的投影　　(b) [001]方向体视图

图 2-2-95　异极矿的晶体结构(原子排布位置)

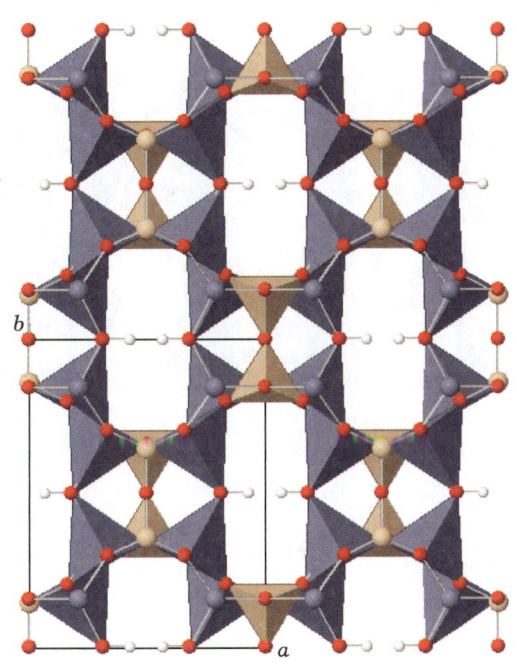

图 2-2-96　异极矿的晶体结构

四面体的 3 个角顶相连成六原子环（2Zn+Si+3O），这种环相互联结在（010）面内，形成无限延伸的网层。网层中的每个 O 同 2 个 Zn 和 1 个 SiO 相连，四面体中的另一个 O，介于两个网层之间搭桥，呈 Zn—O(3)—Zn 和 Si—O(4)—Si，使网层与网层联结起来，这种 O 位于 $b=0$ 和 $b=1/2$ 的对称面上，其配位数为 2，而在网层中的 O 配位数为 3。在（001）面上的投影图上可以看出：四面体以共角顶连接的，网层与网层间形成大孔道。孔道沿 c 轴方向延伸，在 $c=0$ 和 $c=1/2$ 处孔道扩大成更大洞穴。H_2O 分子即位于大洞穴的中心。当加热时，H_2O 分子可从此大洞穴所连成的孔道中逸出，而晶体结构不被破坏。所有[SiO_4]四面体的顶端都朝向一方，决定了其 c 轴两端的异极象。

异极矿在 250 ℃ 以上时转变成硅锌矿。当温度升高到 500 ℃ 时失去结晶水，温度更高时失去化合水，并导致晶体结构受到破坏。

【产状产地】

异极矿产于铅锌硫化物矿床的氧化带，一般是闪锌矿的氧化产物，常与闪锌矿、菱锌矿、白铅矿、褐铁矿等共生。有时呈菱锌矿、方解石、白云石、萤石、磷氯铅矿和方铅矿等的假象。有的异极矿晶体中包有晶形完整的块状黑铅矿。异极矿主要产地有奥地利、德国、意大利、罗马尼亚、墨西哥、美国、日本、中国（云南、广西、贵州）等。

【主要用途】

异极矿在地质学、材料学、物理学、化学、晶体学、矿物学等方面都有重要应用。在铅锌矿床氧化带大量富集时可作为锌矿石开采。

水硅铍石

【化学性质】

水硅铍石是一种含 Be、（OH）、H_2O 的[SiO_4]岛状基型硅酸盐类矿物，其晶体化学式为 $Be_3[SiO_4](OH)_2 \cdot H_2O$。主要成分为 Be、Si、O、H，类质同象替代成分有含少量 Ca、Na、Al、Fe、Ti、Mg。

化学成分中氧化物的质量分数为 BeO 43.84%、SiO_2 35.11%、H_2O 21.05%。

【结晶形态】

水硅铍石属于斜方晶系，对称型未定。晶体呈细小球状、粒状、泉华状、纤维状、皮壳状等（图 2-2-97）。

图 2-2-97　水硅铍石（丹麦）

【物理特征】

水硅铍石的颜色呈白色。条痕为白色。透明。丝绢光泽。色散较强。

二轴晶（−）。折射率为 Np=1.541、Nm=1.553、Ng=1.560，双折射率为 0.019。2V<45°。

解理不清楚。具柔软性。断口呈不规则、不均匀的片状、粒状。摩氏硬度为 1，集合体摩氏硬度低。相对密度为 2.196。

【晶体结构】

水硅铍石属于斜方晶系,空间群、晶胞参数均未确定。X射线粉晶主要衍射数据 $d(\text{Å})(I/I_{max})$ 为 6.37(50)、4.01(100)、3.64(90)、3.39(70)、3.19(70)、2.90(70)、2.34(100)、1.351(80)。

【产状产地】

水硅铍石产于碱性伟晶岩或霞石正长岩钠沸石、钠长石的脉中,与方钠石、钠沸石、板晶石、羟硅铍石、钠长石组合共生。主要产地有丹麦、俄罗斯等。

【主要用途】

水硅铍石在地质学、物理学、化学、晶体学、矿物学方面都有重要应用,是一种提取 Be 的矿物原料。

索伦石族

索伦石(suolunite)　　　　　　　$Ca_2[Si_2O_5(OH)_2] \cdot H_2O$

索伦石

【化学性质】

索伦石是一种含 Ca、(OH) 和 H_2O 的 $[Si_2O_5(OH)_2]$ 岛状基型硅酸盐类矿物,其晶体化学式为 $Ca_2[Si_2O_5(OH)_2] \cdot H_2O$,其中 $CaO:SiO_2:H_2O=1:1:1$。主要成分为 Ca、Si、O、H,类质同象替代成分有 Sr、Na、K、Al、Mg。

化学成分中氧化物的质量分数为 CaO 41.79%、SiO_2 44.78%、H_2O 13.43%。

索伦石在冷盐酸、硝酸、硫酸和氢氟酸中缓慢溶解,加热酸中迅速溶解。

【结晶形态】

索伦石属于斜方晶系,斜方单锥晶类,对称型为 $mm2$。晶体呈细粒状、球状、块状。集合体呈细粒聚合块状(图 2-2-98)。

图 2-2-98　索伦石(加拿大)

【物理特征】

索伦石的颜色呈无色、雪白色、蜜黄色、蓝色、粉红色。条痕为白色。透明。玻璃光泽至油脂光泽。色散较强。多色性弱。

二轴晶(-)。折射率为 Np=1.610、Nm=1.620、Ng=1.623,双折射率为 0.013。$2V=30°\sim50°$(测量)、56(计算)。

解理不发育。性脆。断口呈不规则、不平整的贝壳状。摩氏硬度为 3.5,相对密度为 2.67(计算)。

【晶体结构】

索伦石属于斜方晶系,空间群为 $Fdd2$。晶胞参数:$a=1.983$ nm、$b=0.600$ nm、$c=1.115$ nm,$Z=16$。X 射线粉晶衍射数据 $d(\text{Å})(I/I_{max})$ 为 4.150(100)、3.160(65)、2.843(52)、2.678(46)、2.548(26)(图 2-2-99)。

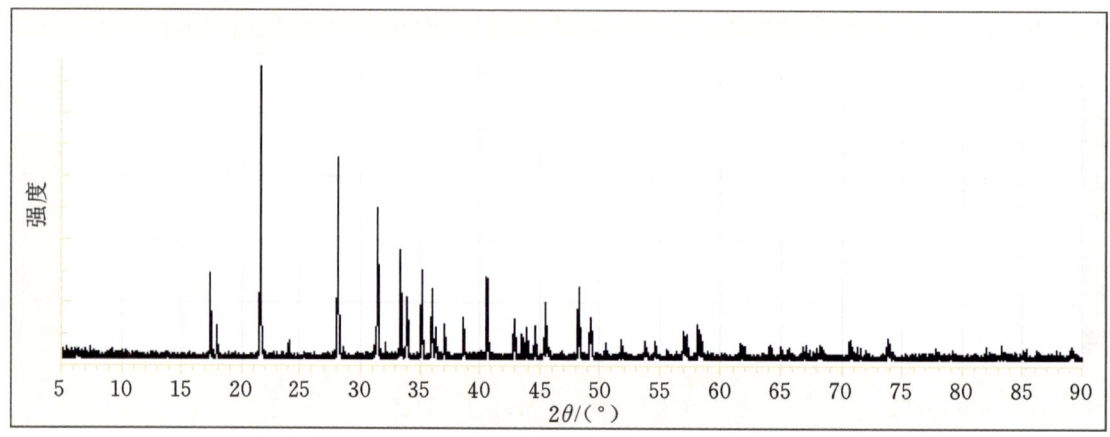

图 2-2-99　索伦石的 X 射线粉晶衍射图

晶体结构(图 2-2-100):含有(OH)的双四面体[$Si_2O_5(OH)_2$],二次轴通过双四面体的惰性氧(O_1)。Si—O—Si 链角为 180°。双四面体的各四面体均有一个角顶(O_2)指向 c 轴正端。结构具有明显的极性,从而使晶体具明显的压电效应,Ca 的配位数为 8。Ca 配位多面体在三维空间以共棱和共角顶相联系。每个 Ca 多面体与周围 4 个 Ca 多面体相连,与其中 3 个共棱,与 1 个共角顶。H_2O 分子位于双四面体惰性氧(O_1)的上或下 $1/2c$ 处。

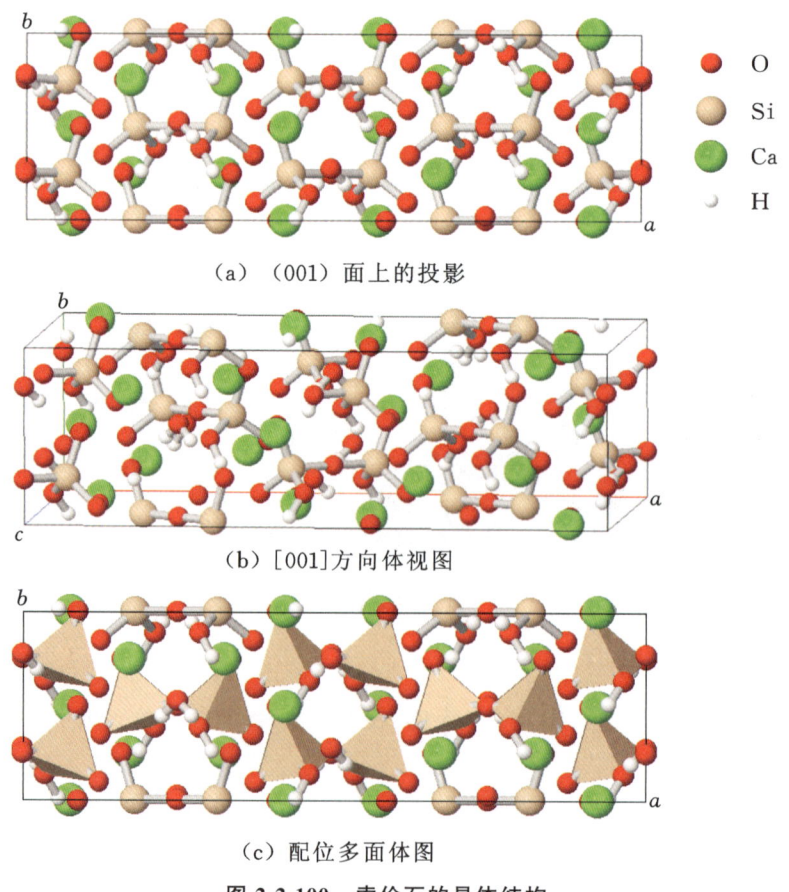

(a) (001)面上的投影

(b) [001]方向体视图

(c) 配位多面体图

图 2-2-100　索伦石的晶体结构

【产状产地】

索伦石产于镁铁质的超基性岩体内的辉绿岩脉中。主要产地有中国（内蒙古、陕西）、加拿大、阿曼等。

【主要用途】

索伦石在地质学、材料学、物理学、化学、晶体学、矿物学、宝石学等方面都有重要意义。

硅钡铁石族

硅钡铁钛石（bafertisite）　　　　　$BaFe_2Ti[Si_2O_7]O(OH)_2$

硅钡铁钛石

【化学性质】

硅钡铁钛石是一种含 Ba、Fe、Ti、O、(OH) 的 $[Si_2O_7]$ 岛状基型硅酸盐类矿物，其晶体化学式为 $BaFe_2Ti[Si_2O_7]O(OH)_2$。主要成分为 Ba、Fe、Ti、Si、H、O，类质同象替代成分有 Mn 等。

化学成分中氧化物的质量分数为 BaO 30.84%、TiO_2 15.27%、MnO 7.13%、FeO 21.68%、SiO_2 24.17%、H_2O 0.91%。

【结晶形态】

硅钡铁钛石属于单斜晶系，反映双面晶类，对称型为 m。晶体呈颗粒状（图 2-2-101），常作为基质中的自形到半自形晶体出现。

【物理特征】

硅钡铁钛石的颜色呈红色、黄红色、浅棕色等。条痕为白色。透明至半透明。玻璃光泽。色散弱。多色性明显，为黄红色或棕红色，黄色或黄色，淡黄色或绿黄色。

二轴晶（-）。折射率为 Np=1.786～1.808、Nm=1.813～1.835、Ng=1.852～1.862，双折射率为 0.054～0.066。2V=54°～86°（测量）、82°～88°（计算）。

图 2-2-101　硅钡铁钛石（中国）

{001}解理完全、{010}解理较差。性脆。断口呈不平整、不均匀的破碎细小颗粒状。摩氏硬度为 5，相对密度为 3.96～4.25（测量）、4.21（计算）。

【晶体结构】

硅钡铁钛石属于单斜晶系，空间群为 Cm。晶胞参数：a=1.061 nm、b=1.364 nm、c=1.246 nm，β=119.49°，Z=8。X 射线粉晶主要衍射数据 d(Å)(I/I_{max}) 为 2.65(100)、2.11(40)、1.72(40)。晶体结构见图 2-2-102。

【产状产地】

硅钡铁钛石产于碱性岩浆岩中。主要产地有美国（卡罗来纳）、塔吉克斯坦、中国（内蒙古、江苏）等。

【主要用途】

硅钡铁钛石在地质学、材料学、物理学、化学、晶体学、矿物学等方面都有重要意义。

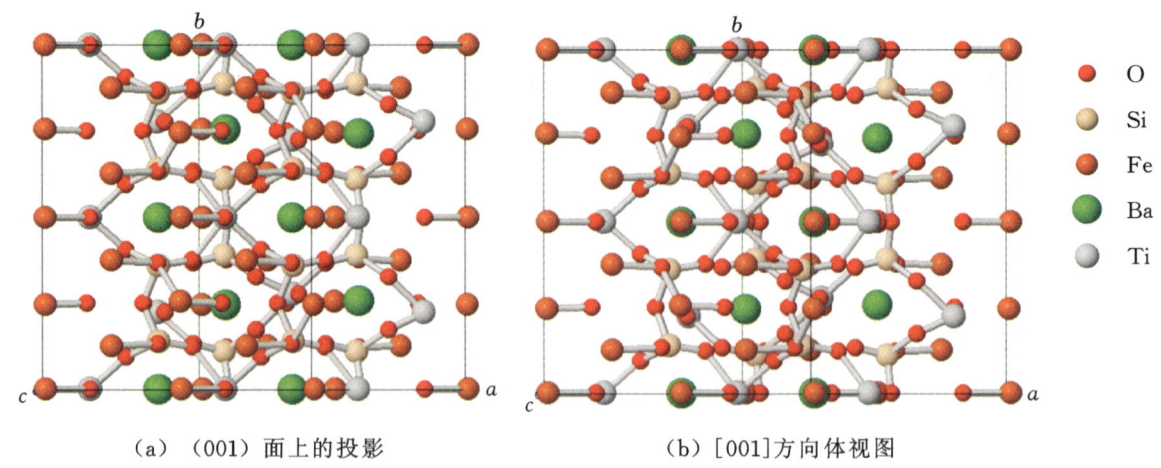

(a) (001) 面上的投影　　(b) [001]方向体视图

图 2-2-102　钡铁钛石的晶体结构

第三节　具[SiO₄]和[Si₂O₇]

符山石族

符山石（vesuvianite）　　　　Ca₁₀(Mg,Fe)₂Al₄[Si₂O₇]₂[SiO₄]₅(OH,F)₄

符山石

【化学性质】

符山石是一种含 Ca、Mg、Al、(OH)、F 的[Si₂O₇]、[SiO₄]岛状基型硅酸盐类矿物，其晶体化学式为 Ca₁₀(Mg,Fe)₂Al₄[Si₂O₇]₂[SiO₄]₅(OH,F)₄，主要成分为 Ca、Mg、Fe、Al、Si、O、H、F，类质同象替代成分有 Be、B、F、Cu、Li、Na、K、Mn、Ti、Cr、Zn、H₂O 等。

化学成分中氧化物的质量分数为 CaO 39.43%、MgO 5.67%、Al₂O₃ 14.34%、SiO₂ 38.03%、H₂O 2.53%。

【结晶形态】

符山石属四方晶系，复四方双锥晶类，对称型为 4/mmm。晶体呈四方柱、四方双锥以及它们的聚形。晶体呈扁四方柱状，也常呈粒状、棒状、致密块状集合体（图 2-3-1）。主要单形有四方柱、四方双锥、平行双面：{110}、{111}、{001}、{100}、{210}、{101}、{132}。

【物理特征】

符山石的颜色呈白色、灰色、黄色、黄绿色、绿色、青绿色、棕色、蓝色、蓝绿色、粉红色、黑色。颜色的变化范围较大，主要与 Fe 的含量和价态有关，当 Fe^{3+} 较 Fe^{2+} 的含量相对增加时，由浅绿色变至褐色；含铬使颜色呈宝石绿色；含 TiO₂ 和 MnO，呈褐色或粉红色；含 Cu 呈绿蓝色。条痕为白色。透明至半透明。玻璃光泽至金刚光泽。

色散强。多色性弱至无，因颜色而异。常有一些气液包体，矿物包体。紫外线下荧光惰性。

一轴晶（－）。折射率为 No=1.702～1.742、Ne=1.698～1.736，双折射率为 0.004～0.006。折射率随 Ti、Fe 含量的增加而增大；随 OH 增多，双折射率减小。偶有光性异常。2V=17°～33°。

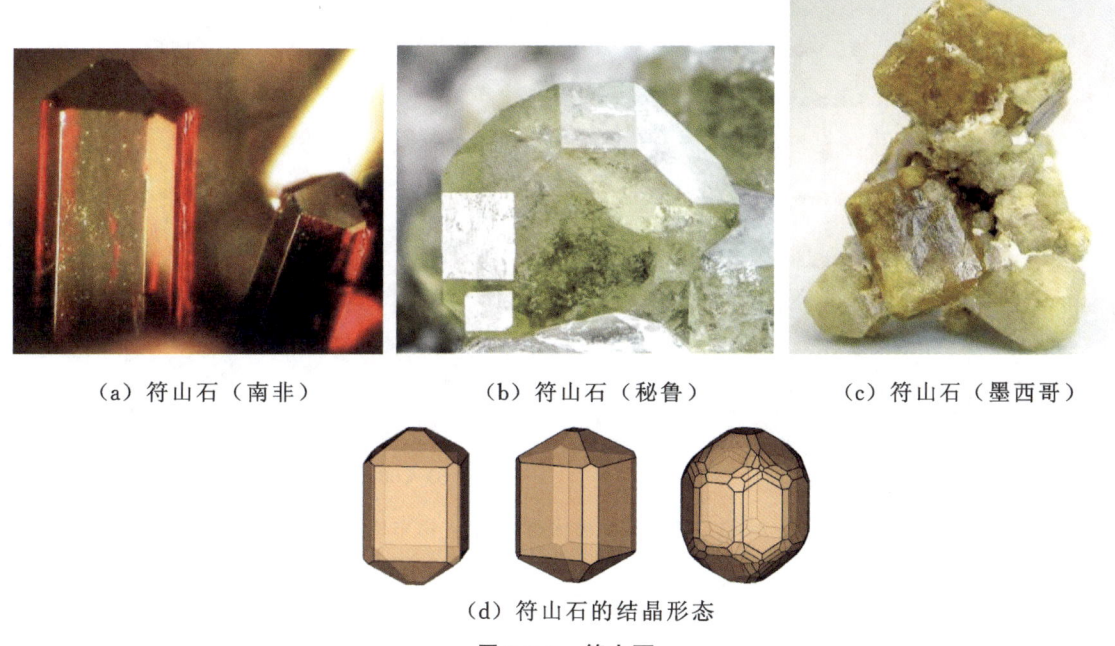

(a) 符山石（南非）　　(b) 符山石（秘鲁）　　(c) 符山石（墨西哥）

(d) 符山石的结晶形态

图 2-3-1　符山石

{110}解理完全，{100}和{001}解理不完全。性脆。断口呈贝壳状到参差状。摩氏硬度为 6.5～7，相对密度为 3.35～3.45。

【晶体结构】

符山石属于四方晶系，空间群为 $P4/nnc$。晶胞参数：$a=1.552$ nm、$c=1.182$ nm，$Z=2$。X 射线粉晶主要衍射数据 $d(\text{Å})(I/I_{max})$ 为 2.752(100)、2.593(80)、2.450(50)、1.621(60)（图 2-3-2）。

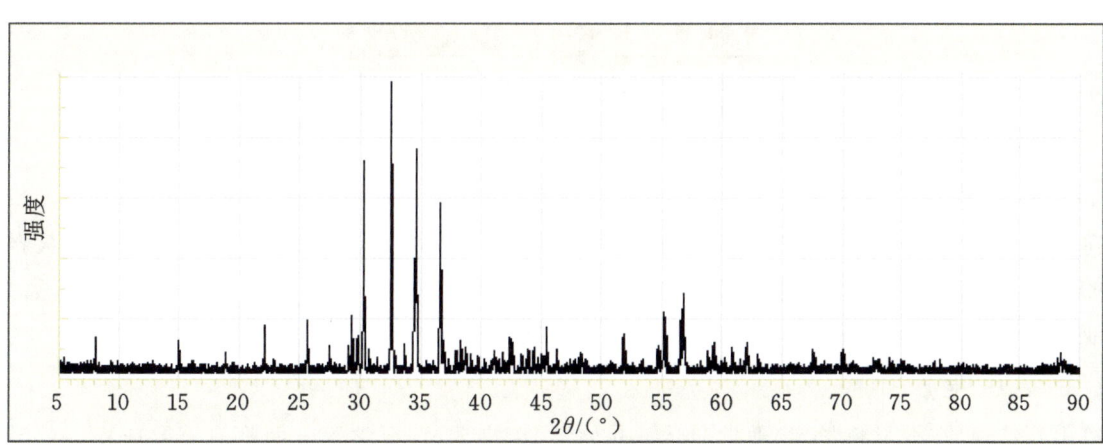

图 2-3-2　符山石的 X 射线粉晶衍射图

符山石的晶体结构（图 2-3-3、图 2-3-4）在(001)上的投影中，8 个[SiO_4]四面体两两相对的位于 4 种不同高度（包括 8 个[CaO_8]多面体和 4 个[AlO_6]八面体）围绕 4 次螺旋轴排列，形成八边形筒状。在筒中心轴线（即 4 次螺旋轴的位置）分布有[SiO_4]四面体和[CaO_8]多面体相间的共棱连接所组成的链。4 个[Si_2O_7]双四面体（包括 8 个[CaO_8]多面体）围绕 4 次轴排列，成为一八边形筒状。在筒轴线（即 4 次轴位置）的上半部位或下半部位分布有 2 个共面的[CaO_8]多面体。在[SiO_4]和[CaO_8]链中的 Ca 位于 Si 原子上方 $1/4a$ 处，其他 Ca 原子皆位于 Si 原子上方 $1/2a$ 处。在单位晶胞中上述 2 种八边形筒各有 2 个，它们相互密接，其中间空隙分布有(Mg,Fe)O_4(OH)$_2$八面体。结构中相互密接平行于 c 轴的八边形筒的存在，使晶体呈柱状。

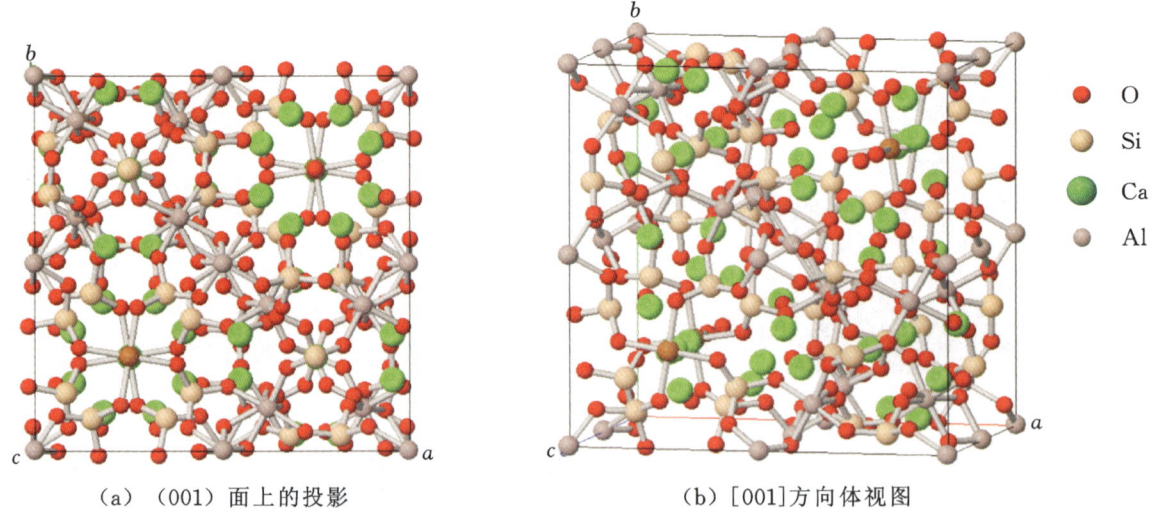

(a) (001)面上的投影　　　　　　　　(b) [001]方向体视图

图 2-3-3　符山石的晶体结构（原子排布位置）

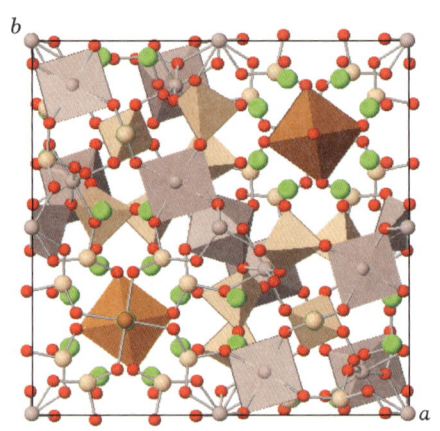

图 2-3-4　符山石的晶体结构（配位多面体）

【产状产地】

符山石产于变质作用、火山作用和热液作用成因的不同接触岩石中，常产于花岗岩与石灰岩接触交代的矽卡岩中，与石榴石、透辉石、硅灰岩、方解石、石英等共生。符山石主要产地为挪威、意大利、肯尼亚、缅甸、巴基斯坦、阿富汗、加拿大、美国、俄罗斯、中国（河北、河南、新疆）等。

【主要用途】

符山石在地质学、材料学、物理学、化学、晶体学、矿物学、宝石学等方面都有重要应用。色泽美丽透明的符山石可作宝石，切磨成刻面宝石供收藏（属稀少宝石）。

绿帘石族

绿帘石（epidote）	$Ca_2Al_2Fe^{3+}[Si_2O_7][SiO_4]O(OH)$
铅绿帘石（epidote-Pb）	$Pb_2Al_3[Si_2O_7][SiO_4]O(OH)$
黝帘石（zoisite）	$Ca_2Al_3[Si_2O_7][SiO_4]O(OH)$
褐帘石（allanite）	$(Ce,Ca,Y,La)_2(Al,Fe^{3+})_3[Si_2O_7][SiO_4]O(OH)$
斜黝帘石（clinozoisite）	$Ca_2AlAl_2[Si_2O_7][SiO_4]O(OH)$
红帘石（piemontite）	$Ca_2(Mn,Fe)Al_2[Si_2O_7][SiO_4]O(OH)$

锶红帘石(strontio piemontite)	$CaSrMn(Al,Fe)_2[Si_2O_7][SiO_4]O(OH)$
铅红帘石(piemontite-Pb)	$CaPbMnAl_2[Si_2O_7][SiO_4]O(OH)$
铈镁帘石(dollaseite-Ce)	$(Ca,Ce)(Mg,Al)F[Si_2O_7][SiO_4](OH)$
镧锰帘石(manganiandrosite-La)	$(Ca,Mn)(La,Ce)(Mn^{3+},Mn^{2+})Al[Si_2O_7][SiO_4]O(OH)$
铅黝帘石(hancockite)	$(Ca,Pb)_2(Al,Fe)_3[Si_2O_7][SiO_4]O(OH)$
锰帘石(sursassite)	$Mn_2^{2+}Al_3[Si_2O_7][SiO_4](OH)_3$
赫里斯托夫石(khristovite-Ce)	$(Ca,Ce)(MgAlMn^{2+})[Si_2O_7][SiO_4]F(OH)$
德萨基铈石(dissakisite-Ce)	$(Ca,Ce)(AlAlMg)[Si_2O_7][SiO_4]O(OH)$
德萨基镧石(dissakisite-La)	$Ca(La,Ce,REE)MgAl_2[Si_2O_7][SiO_4]O(OH)$
绿纤石(pumpellyite)	$Ca_2XAl_2[Si_2O_7][SiO_4](OH)_2·H_2O$
铁绿纤石(pumpellyite-Fe^{2+})	$Ca_2Fe^{2+}Al_2[Si_2O_7][SiO_4](OH)_2·H_2O$
高铁绿纤石(pumpellyite-Fe^{3+})	$Ca_2Fe^{3+}Al_2[Si_2O_7][SiO_4](OH,O)_2·H_2O$
锰绿纤石(pumpellyite-Mn)	$Ca_2Mn^{2+}Al_2[Si_2O_7][SiO_4](OH)_2·H_2O$
镁绿纤石(pumpellyite-Mg)	$Ca_2MgAl_2[Si_2O_7][SiO_4](OH)_2·H_2O$
穆硅钒钙石(mukhinite)	$Ca_2Al_2V^{3+}[Si_2O_7][SiO_4]O(OH)$

绿帘石

【化学性质】

绿帘石是一种含 Ca、Fe、Al、(OH)、O 的[SiO$_4$][Si$_2$O$_7$]岛状基型硅酸盐类矿物,其晶体化学式为 $Ca_2Al_2Fe^{3+}[Si_2O_7][SiO_4]O(OH)$。主要成分为 Ca、$Fe^{3+}$、Al、Si、O、H,类质同象替代成分有 Na、K、Fe^{2+}、Mg、Mn 等。

化学成分中氧化物的质量分数为 CaO 21.60%、Al_2O_3 7.36%、Fe_2O_3 34.60%、SiO_2 34.71%、H_2O 1.73%。

绿帘石-斜黝帘石可形成完全类质同象系列,当斜黝帘石中的 Fe^{3+} 逐步被 Al 所置换时,成为绿帘石。

【结晶形态】

绿帘石属于单斜晶系,斜方柱晶类,对称型为 $2/m$。晶体为柱状,柱面有条纹,集合体一般为粒状、柱状、放射状、晶簇状(图 2-3-5)。

(a) 绿帘石(巴基斯坦)

(b) 绿帘石(美国阿拉斯加)

(c) 绿帘石(奥地利)

图 2-3-5 绿帘石

晶体的柱状延长方向平行于 b 轴,平行 b 轴晶带上的晶面具有明显的条纹(图 2-3-6)。主要单形有{100}、{111}、{(001)}。可依{100}成聚片双晶。

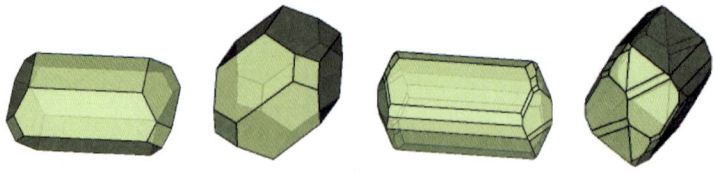

图 2-3-6 绿帘石的晶体形态

【物理特征】

绿帘石的颜色呈无色、灰色、黄色、黄绿色、绿褐色、黑色，不同色调的绿色随 Fe^{3+} 含量增多而加深。条痕为无色至灰白色。当 Fe^{3+} 代替 Al（<0.33%），呈现出绿色的浅色色调称斜黝帘石。含锰量高则被称作红帘石，Mn 的类质同象替代量的变化，至使绿帘石呈现不同程度的粉红色。

玻璃光泽。透明、半透明至不透明。色散强，多色性强：无色、淡黄色、淡绿色，绿黄色，黄绿色。旋转时半透明的绿帘石呈现出强烈的二色性，即在一个方向上颜色为深绿色，而另一个方向上为棕色。

二轴晶（−）。折射率为 Np=1.723～1.751、Nm=1.730～1.784、Ng=1.736～1.797，双折射率为 0.019～0.046，2V=64°～89°（测量）、2V=62°～84°（计算）。

{001} 解理完全，{100} 解理较差。性脆。断口呈不规则、不整齐状。摩氏硬度为 6～7，相对密度为 3.30～3.60（测量）、3.43（计算），随铁含量的增加而增大。

【晶体结构】

绿帘石属于单斜晶系，空间群为 $P2_1/m$。晶胞参数：$a=0.889$ nm、$b=0.563$ nm、$c=1.015$ nm、$\beta=115.38°$，$Z=2$。X 射线粉晶主要衍射数据 $d(\text{Å})(I/I_{max})$ 为 2.90(100)、2.69(70)、2.68(100)（图 2-3-7）。

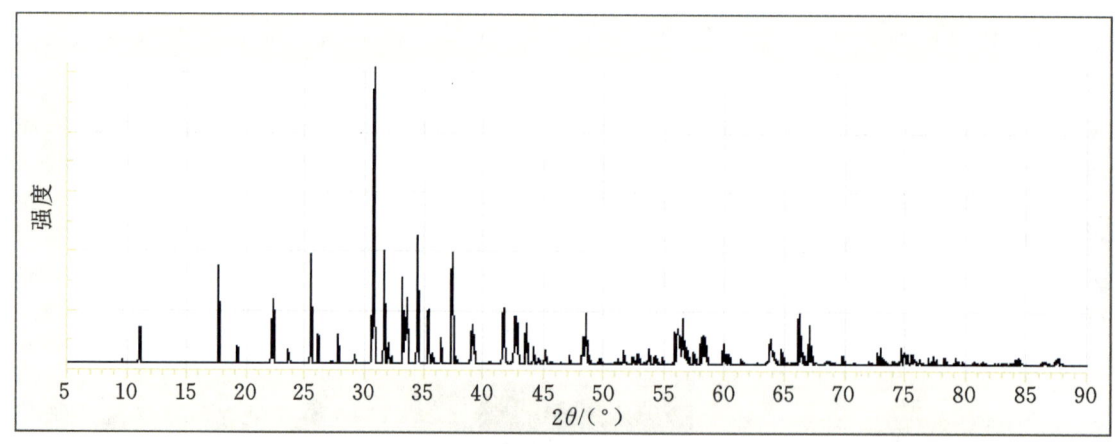

图 2-3-7 绿帘石的 X 射线粉晶衍射图

晶体结构（图 2-3-8、图 2-3-9）中，Al 作六次配位形成 $[AlO_6]$ 八面体，它们彼此共两棱联结形成 $[AlO_6]$ 八面体链平行 b 轴延伸。八面体链由双四面体 $[Si_2O_7]$ 和孤立四面体 $[SiO_4]$ 连接成平行 (100) 的层，链层与链层之间所构成的较大空隙被较大的阳离子 Ca^{2+} 以及六次配位的 Fe^{3+} 所充填。

斜黝帘石与绿帘石晶体结构的区别是所占据的八面体空隙全部由 Fe 取代。

与绿帘石相同结构的矿物还有褐帘石、黝帘石、斜黝帘石、红帘石、锶红帘石、铅红帘石、钒帘石、铈镁帘石、镧锰帘石、铅黝帘石、赫里斯托夫石、德萨基铈石。

【产状产地】

绿帘石是变质成因的矿物，多见于绿片岩中，也存在于接触交代成因的矽卡岩中，由早期矽卡岩中的石榴石、符山石等转变而成，也可以是围岩蚀变后的产物。绿帘石化是岩浆岩、变质岩、沉积岩等

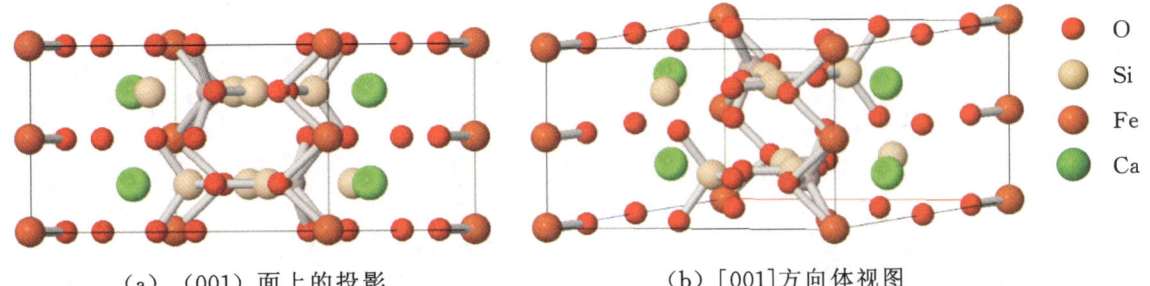

(a) (001)面上的投影　　　　(b) [001]方向体视图

图 2-3-8　绿帘石的晶体结构(原子排布位置)

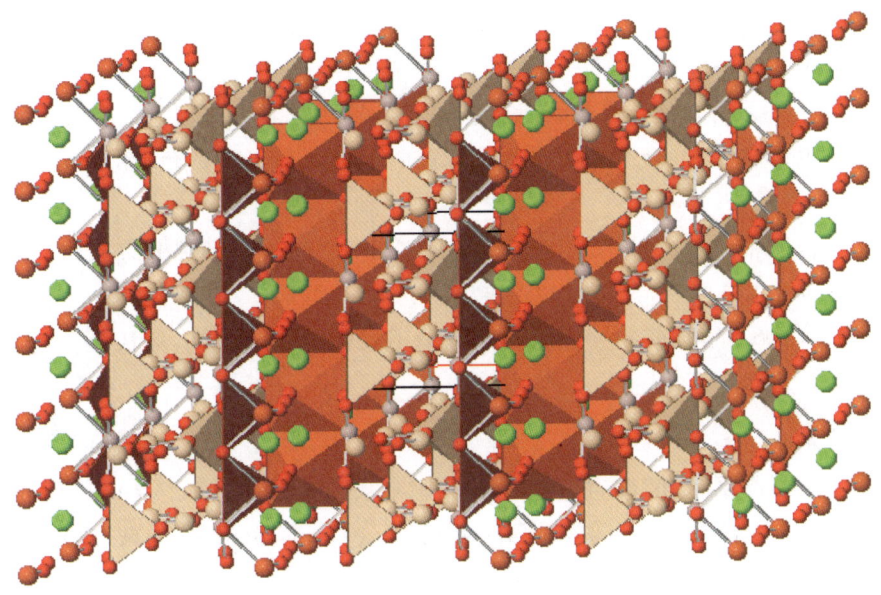

图 2-3-9　绿帘石的晶体结构

受热液交代作用后形成的一种围岩蚀变。绿帘石也可从热液中直接结晶。

绿帘石产出广泛,主要产地有墨西哥、巴西、法国、瑞士、瑞典、奥地利、日本、巴基斯坦、美国(阿拉斯加、科罗拉多)、中国等。

【主要用途】

绿帘石在地质学、材料学、物理学、化学、环境科学、晶体学、矿物学、宝石学等方面都有重要应用。具有重要的矿物学和岩石学研究意义。绿帘石可作为绿色宝石的原生矿石,透明晶体可磨制成珍贵稀有的刻面宝石。

铅绿帘石

【化学性质】

铅绿帘石是一种含 Pb、Al、O 的[Si_2O_7][SiO_4]岛状基型硅酸盐类矿物,它的晶体化学式为 $Pb_2Al_3[Si_2O_7][SiO_4]O(OH)$。主要成分为 Pb、Al、Si、O、H,类质同象替代成分有 Ca、Sr、Mn、Fe。

化学成分中氧化物的质量分数为 PbO 18.88%、SrO 3.55%、CaO 11.54%、MnO 2.43%、Mn_2O_3 1.35%、Al_2O_3 17.48%、Fe_2O_3 12.32%、SiO_2 30.91%、H_2O 1.54%。

【结晶形态】

铅绿帘石属于单斜晶系,斜方柱晶类,对称型为 $2/m$。晶体呈柱状、粒状、放射状。集合体一般为晶簇状(图 2-3-10)。

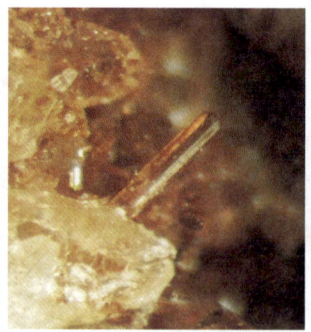

图 2-3-10　铅绿帘石(美国新泽西)

【物理特征】

铅绿帘石的颜色呈无色、灰色、棕色、棕红色、褐红色等。条痕为棕白色。玻璃光泽至无光泽。透明。色散很弱。多色性较明显：无色、淡玫瑰色、绿黄色，淡棕黄色、黄色、黄色，淡玫瑰色、黄绿色、绿色。

二轴晶(一)。折射率为 $Np=1.790$、$Nm=1.810$、$Ng=1.830$，双折射率为 0.040，$2V=50°$(测量)、$2V=62°\sim 84°$(计算)。

{001}解理完全，{100}解理较差。性脆。断口呈不规则、不整齐状。摩氏硬度为 6～7，相对密度为4.00(测量)、4.12(计算)。

【晶体结构】

铅绿帘石属于单斜晶系，空间群为 $P2_1/m$。晶胞参数：$a=0.903$ nm、$b=0.562$ nm、$c=1.029$ nm，$\beta=115.9°$，$Z=2$。X 射线粉晶主要衍射数据 $d(Å)(I/I_{max})$ 为 3.49(50)、2.91(100)、2.60(50)。

【产状产地】

铅绿帘石产于变质的铅锌矿床中。主要产地有美国(新泽西)等。

【主要用途】

铅绿帘石在地质学、物理学、化学、晶体学、矿物学方面都有重要意义。

黝帘石

【化学性质】

黝帘石是一种含 Ca、Al、OH、O 的 $[SiO_4][Si_2O_7]$ 岛状基型硅酸盐类矿物，其晶体化学式为 $Ca_2Al_3[Si_2O_7][SiO_4]O(OH)$，式中的 Al 常被 Fe^{3+} 置换，偶尔还有 Mn、Ba 等元素置换 Ca。主要成分为 Ca、Al、Si、O、H，类质同象替代成分有 Fe、Mn、Mg、Cr、Ti、Na、V、Sr、H_2O。

化学成分中氧化物的质量分数为 CaO 23.30%、SiO_2 40.10%、Al_2O_3 31.90%、Mn_2O_3 0.10%、Fe_2O_3 2.70%、H_2O 1.90%。

黝帘石中的坦桑石，是一种含有微量钒的黝帘石，钒含量为 0.02%～2%。因为微量元素的变化，坦桑石的颜色呈紫色至靛蓝色，具有多色性，从不同方向观察顶级的坦桑石，还可以见到紫红色、黄绿色、深蓝色的三色变化。

黝帘石属帘石族矿物，与斜黝帘石同质异象。

【结晶形态】

黝帘石属斜方晶系，斜方双锥晶类，对称型为 mmm。晶体呈斜方柱状(晶面有纵纹)，常见棒状、粒状集合体(图 2-3-11)。单形有斜方柱、斜方双锥、平行双面。

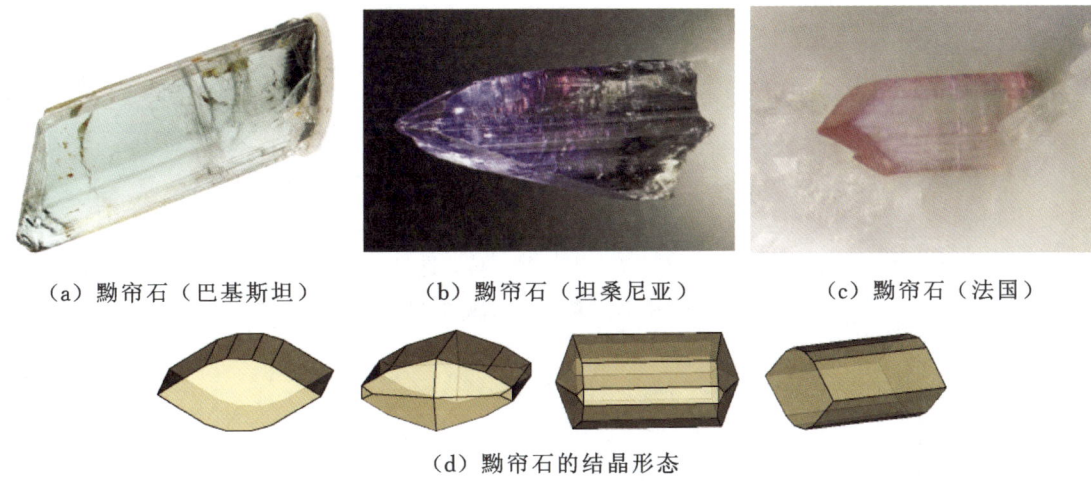

(a) 黝帘石（巴基斯坦）　　(b) 黝帘石（坦桑尼亚）　　(c) 黝帘石（法国）

(d) 黝帘石的结晶形态

图 2-3-11　黝帘石

【物理特征】

黝帘石的颜色呈无色、灰白色、蓝色、绿褐色、绿灰色、褐色、紫色、粉红色、黄色。条痕白色。透明、半透明。玻璃光泽，油脂光泽。色散强。多色性较弱，但深色矿物的多色性较强：淡粉色到红紫色，近无色到亮粉色或深蓝色，淡黄色到黄绿色。

二轴晶（＋）。折射率为 Np＝1.696～1.700、Nm＝1.696～1.702、Ng＝1.702～1.718，双折射率为 0.006～0.018。$2V＝0°～70°$（测量）、$0°～40°$（计算）。

{010}解理完全，{100}解理不发育。断口呈贝壳状到参差状。摩氏硬度为 6～7，相对密度为 3.15～3.36（测量）、3.35（计算）。

【晶体结构】

黝帘石属于斜方晶系，空间群 $Pnma$。晶胞参数：$a＝1.624$ nm、$b＝0.558$ nm、$c＝1.010$ nm，$Z＝4$。X 射线粉晶主要衍射数据 $d(Å)(I/I_{max})$ 为 4.03(50)、2.87(65)、2.69(100)（图 2-3-12）。

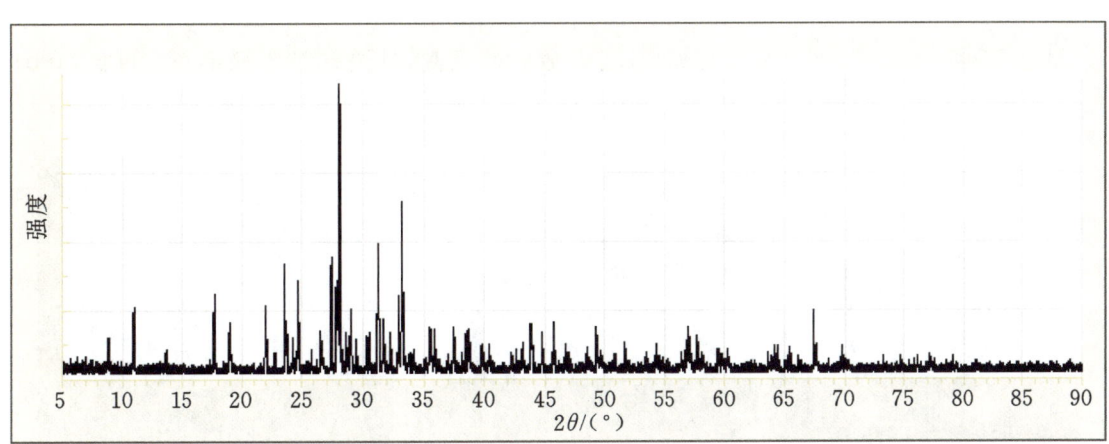

图 2-3-12　黝帘石的 X 射线粉晶衍射图

黝帘石是岛状硅酸盐矿物，晶体结构（图 2-3-13）中 Ca、Al、OH 与[SiO_4]、[Si_2O_7]等相联结，形成基本结构单位和晶胞。

【产状产地】

黝帘石产自多种岩石，包含变质岩（是低级到中级区域变质下的产物）及花岗岩等，也可以是热液蚀变作用下的产物。主要产地有挪威、瑞士、奥地利、意大利、澳大利亚、坦桑尼亚、印度、巴基斯坦、肯

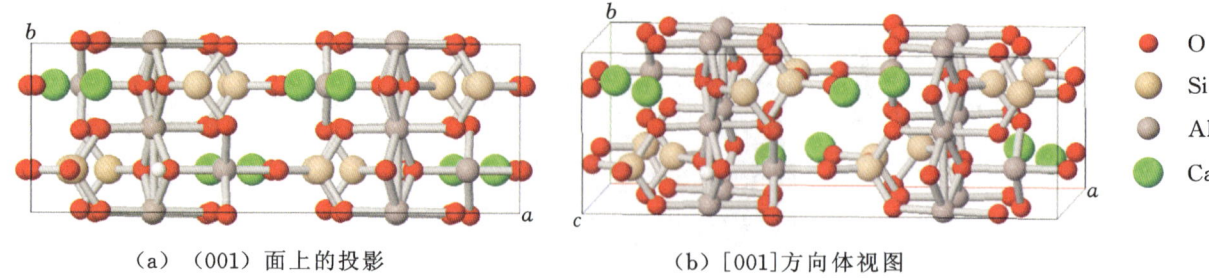

(a)（001）面上的投影　　　　　(b)[001]方向体视图

图 2-3-13　黝帘石的晶体结构

尼亚、美国（卡罗来纳）。

【主要用途】

黝帘石在地质学、材料学、物理学、化学、环境科学、晶体学、矿物学、宝石学方面都有重要应用。黝帘石具有多个变种，绿色的黝帘石、粉红色的锰黝帘石等，而带蓝紫色的黝帘石变种——坦桑石为宝石。黝帘石色泽美丽，坦桑石，粉红色锰黝帘石，黄、绿色的黝帘石，透明的可以作为宝石。

褐帘石

【化学性质】

褐帘石是一种含 Ce、La、Al、(OH)、O 的 $[Si_2O_7][SiO_4]$ 岛状基型硅酸盐类矿物，其晶体化学式为 $(Ce,Ca,Y,La)_2(Al,Fe^{3+})_3[Si_2O_7][SiO_4]O(OH)$。主要成分为 Ce、La、Ca、Al、Fe、Si、O、H。是一种含有较高稀土成分的帘石族矿物，其中 Ce_2O_3 含量可高达 11%，还常含有 REE、Y、Th、La、Be 等，有时还有 Mg、Mn 等混入。

化学成分中氧化物的质量分数为 CaO 5.47%、Ce_2O_3 32.04%、Y_2O_3 5.51%、Al_2O_3 18.66%、Fe_2O_3 9.74%、SiO_2 27.11%、H_2O 1.47%。

【结晶形态】

褐帘石属于单斜晶系，斜方柱晶类，对称型 2/m。晶体形态结晶较差，在花岗岩和其他岩浆岩中呈柱状、针状、颗粒状、块状（图 2-3-14）。具环带及放射性晕圈，外沿环带为绿帘石。可见{100}聚片双晶。主要单形为平行双面{100}、{001}，{101}，斜方柱{110}、{011}等。

(a) 褐帘石（德国）　　　(b) 褐帘石（奥地利）　　　(c) 褐帘石（意大利）

图 2-3-14　褐帘石

【物理特征】

褐帘石的颜色呈棕色、红棕色、黄色、绿色、黄绿色、黑色、褐色至沥青黑色。条痕为灰白色、灰棕色。透明至不透明。玻璃光泽、树脂光泽、半金属光泽。色散较强。多色性明显：无色、淡黄色、黄棕色、粉红色、绿黄色，黄棕色、红棕色、棕绿色、深红棕色、绿棕色，淡黄色、棕黄色、棕绿色、绿色、棕色。

二轴晶(一)。折射率为 Np=1.715~1.791、Nm=1.718~1.815、Ng=1.733~1.822,双折射率为 0.018~0.031。$2V=40°\sim80°$(测量)、$50°\sim56°$(计算)。

{001}、{100}解理中等。断口呈不均匀、不平整的贝壳状。性脆。摩氏硬度为 5.5~6,相对密度为 3.5~4.2(测量)、4.11(计算)。

【晶体结构】

褐帘石属于单斜晶系,空间群为 $P2_1/m$。晶胞参数:$a=0.898$ nm、$b=0.575$ nm、$c=1.023$ nm,$\beta=115°$,$Z=2$。X 射线粉晶主要衍射数据 $d(\text{Å})(I/I_{max})$ 为 3.53(45)、2.92(100)、2.71(65)(图 2-3-15)。晶体结构见图 2-3-16。

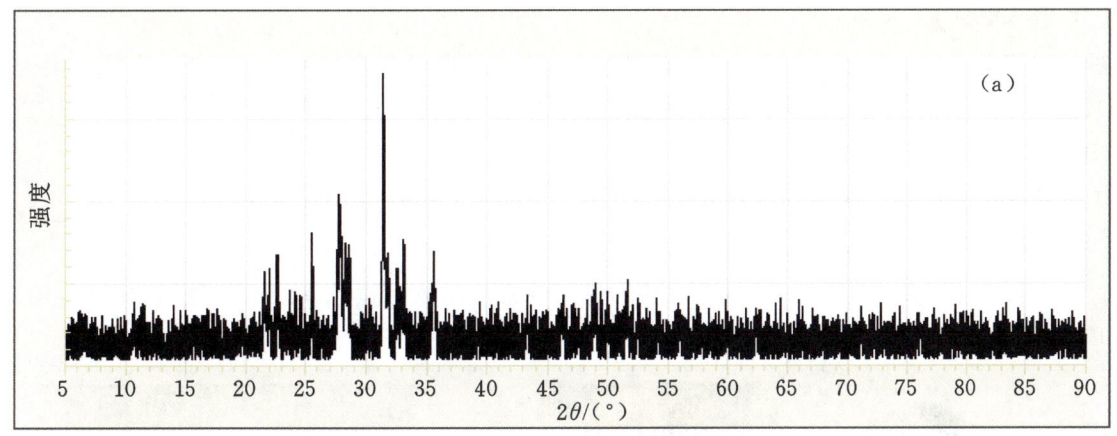
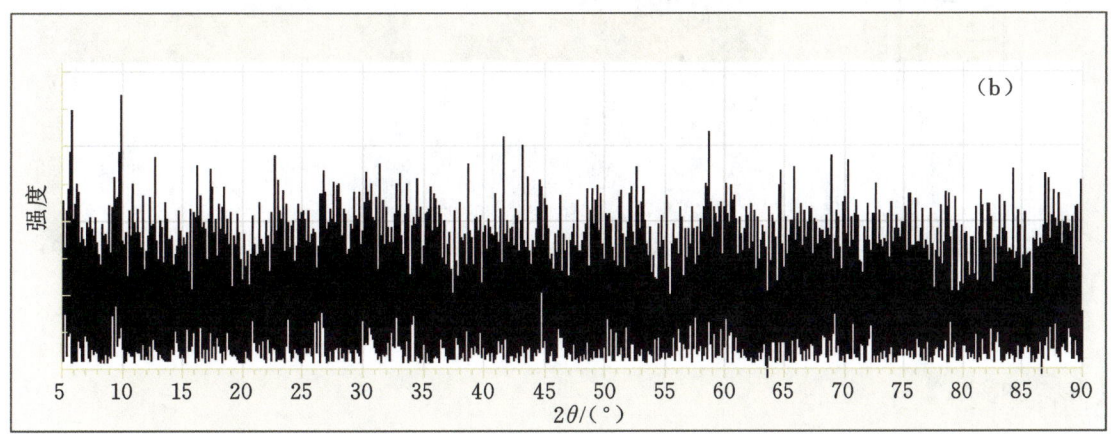

图 2-3-15 褐帘石的粉晶(a)与非晶质化后(b)的 X 射线粉晶衍射图对比

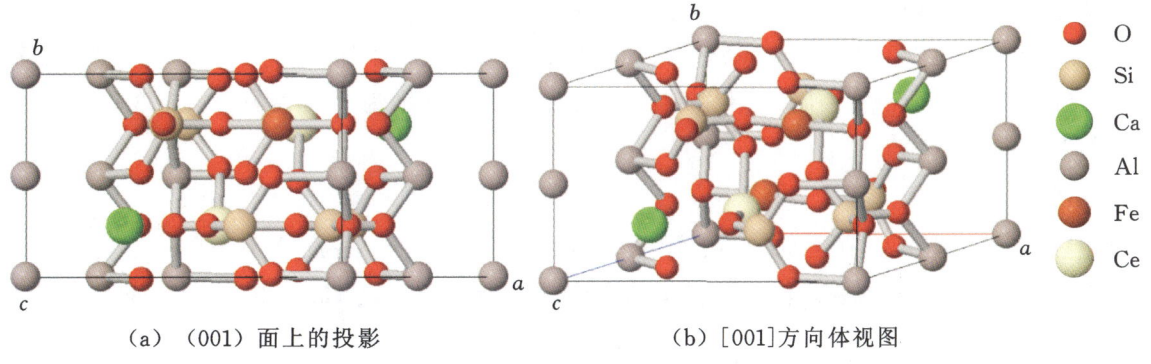

(a) (001)面上的投影 (b) [001]方向体视图

图 2-3-16 褐帘石的晶体结构

【产状产地】

褐帘石是一种含有大量稀土元素,分布较为广泛的绿帘石族矿物,主要产于富黏土质变质岩中和长英质岩浆岩中。在花岗闪长岩中具黑色晕圈的褐帘石含较高的稀土元素和铀,虽然稀土元素含量高,但形成稀土矿床并不容易。黑色晕圈为放射性元素铀衰变而致,称为放射性晕圈。

褐帘石主要共生矿物有微斜长石、更长石、石英、角闪石、黑云母、磁铁矿、黄铁矿、磷灰石、锆石、金红石、绿帘石等。主要产地有丹麦、英国、德国、奥地利、中国、加拿大、美国(新墨西哥)等。

【主要用途】

褐帘石在地质学、材料学、物理学、化学、环境科学、晶体学、矿物学等方面都有重要应用。可以作为提取稀土元素的矿物原料。具有弱放射性,接触时注意安全。

斜黝帘石

【化学性质】

斜黝帘石是一种含 Ca、Al、(OH)、O 的[Si_2O_7][SiO_4]岛状基型硅酸盐类矿物,其晶体化学式为$Ca_2AlAl_2[Si_2O_7][SiO_4]O(OH)$。主要成分为 Ca、Al、Si、O、H,类质同象替代成分有 REE、Ti、Fe、Mn、Mg。

化学成分中氧化物的质量分数为 CaO 24.68%、Al_2O_3 33.66%、SiO_2 39.68%、H_2O 1.98%。

【结晶形态】

斜黝帘石属于单斜晶系,斜方柱晶类,对称型为 $2/m$。晶体呈粒状、柱状、纤维状(图 2-3-17)。主要单形有{100}、{111}、{001}。

(a) 斜黝帘石(巴基斯坦)

(b) 斜黝帘石(挪威)

(c) 斜黝帘石(意大利)

图 2-3-17 斜黝帘石

【物理特征】

斜黝帘石的颜色呈无色、绿色、灰色、黄绿色、浅绿色、粉红色等。条痕为灰白色。透明至半透明。玻璃光泽。色散较强。多色性明显:无色、黄绿色、黄绿色,无色、绿色、粉红色,无色、绿色、红色。

二轴晶(+)。折射率为 Np=1.706~1.724、Nm=1.708~1.729、Ng=1.712~1.735,双折射率为 0.006~0.011。$2V$=14°~90°(测量)、72°~86°(计算)。

{001}解理完全。性脆。断口呈不规则、不平整状。摩氏硬度为 7,相对密度为 3.3~3.4(测量)、3.23(计算)。

【晶体结构】

斜黝帘石属于单斜晶系,空间群为 $P2_1/m$。晶胞参数:a=0.888 nm、b=0.558 nm、c=1.016 nm、β=115.50°,Z=2。X 射线粉晶衍射数据 d(Å)(I/I_{max})为 2.89(100)、2.79(90)、2.68(60)、2.67(60)、2.59(70)、2.40(60)、2.29(60)(图 2-3-18)。晶体结构见图 2-3-19。

【产状产地】

斜黝帘石产于变质岩和接触交代岩中。主要产地有奥地利、巴基斯坦、美国(科罗拉多)、意大利等。

【主要用途】

斜黝帘石在地质学、材料学、物理学、化学、晶体学、矿物学方面都有重要意义。

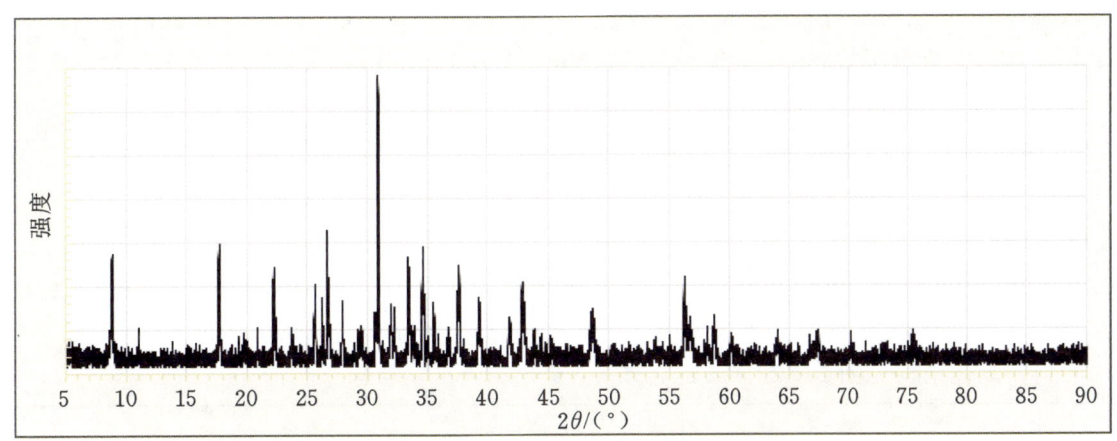

图 2-3-18 斜黝帘石的 X 射线粉晶衍射图

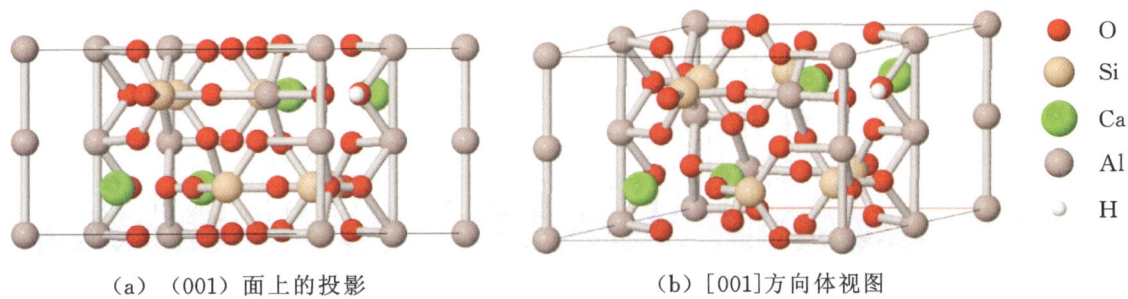

(a) (001)面上的投影　　(b) [001]方向体视图

图 2-3-19 斜黝帘石的晶体结构

红帘石

【化学性质】

红帘石是一种含 Ca、Mn、Al、(OH)、O 的[Si_2O_7][SiO_4]岛状基型硅酸盐类矿物,其晶体化学式为 $Ca_2(Mn,Fe)Al_2[Si_2O_7][SiO_4]O(OH)$。主要成分为 Ca、Mn、Al、Si、O、H,类质同象替代成分有 REE、Fe、Ti、Na、K、H_2O。

化学成分中氧化物的质量分数为 CaO 22.97%、MnO 14.14%、Al_2O_3 18.70%、FeO 4.42%、SiO_2 37.92%、H_2O 1.85%。

【结晶形态】

红帘石属于单斜晶系,斜方柱晶类,对称型为 $2/m$。晶体呈均匀粒状、细棱柱状(图 2-3-20)。依{100}见双晶。

(a) 红帘石(瑞士)　　(b) 红帘石(意大利)　　(c) 红帘石(美国新墨西哥)

图 2-3-20 红帘石

【物理特征】

红帘石的颜色呈黄色、胭脂红色、红色、红棕色、红黑色等。条痕为红色。透明至不透明。玻璃光泽。色散强,多色性较明显:浅黄色、橙色、粉红色、淡紫色、深薰衣草色,粉红色、深红色。

二轴晶(+)。折射率为 Np=1.725～1.756,Nm=1.730～1.789,Ng=1.750～1.832,双折射率为 0.025～0.076。$2V=50°～86°$(测量)、$54°～86°$(计算)。

{001}解理完全,{100}解理较差。性脆。断口呈碎裂、劈理、交叉裂痕状。摩氏硬度为 6～6.5,相对密度为 3.46～3.54(测量)、3.45(计算)。

【晶体结构】

红帘石属于单斜晶系,空间群为 $P2_1/m$。晶胞参数:$a=0.888$ nm、$b=0.569$ nm、$c=1.020$ nm,$\beta=115.25°$,$Z=2$。X 射线粉晶主要衍射数据 $d(\text{Å})(I/I_{max})$ 为 4.000(50)、2.903(100)、2.598(50)(图 2-3-21)。晶体结构见图 2-3-22。

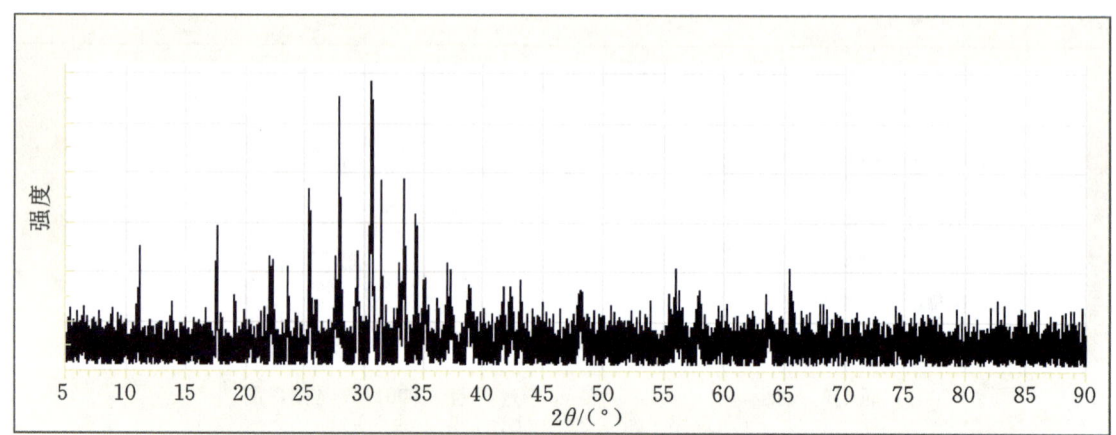

图 2-3-21 红帘石的 X 射线粉晶衍射图

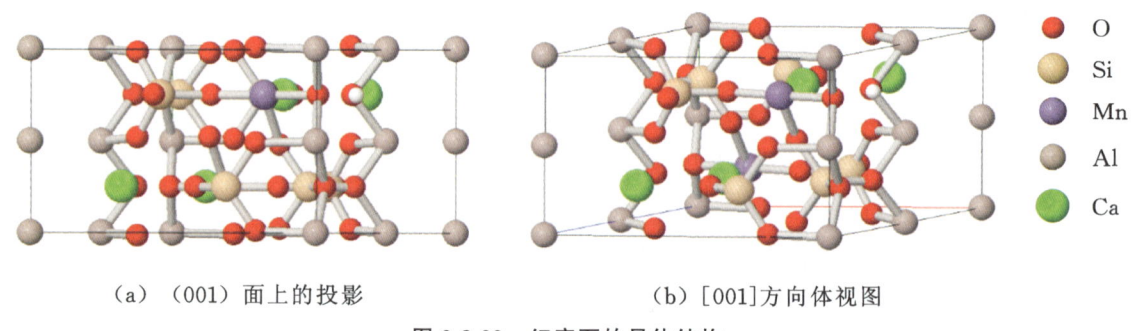

(a) (001)面上的投影　　　　(b) [001]方向体视图

图 2-3-22 红帘石的晶体结构

【产状产地】

红帘石产于一种接触变质岩中。主要产地有南非、意大利、日本、北马其顿、美国(新墨西哥、宾夕法尼亚)等。

【主要用途】

红帘石在地质学、材料学、物理学、化学、晶体学、矿物学方面都有重要意义。

锶红帘石

【化学性质】

锶红帘石是一种含 Ca、Sr、Mn、Al、(OH)、O 的 $[Si_2O_7][SiO_4]$ 岛状基型硅酸盐类矿物,其晶体化学式为 $CaSrMn(Al,Fe)_2[Si_2O_7][SiO_4]O(OH)$。主要成分为 Ca、Sr、Mn、Al、Si、O、H,类质同象替代成分有 REE、Fe、Ti、Mg、H_2O。

化学成分中氧化物的质量分数为 SrO 13.83%、CaO 11.76%、MnO 2.71%、Mn_2O_3 13.55%、Al_2O_3 17.50%、Fe_2O_3 4.57%、SiO_2 34.37%、H_2O 1.71%。

【结晶形态】

锶红帘石属于单斜晶系,斜方柱晶类,对称型为 $2/m$。晶体呈柱状、粒状(图 2-3-23)。

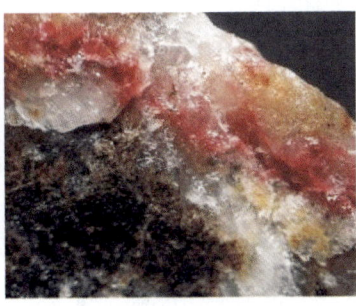

(a)锶红帘石(意大利)　　(b)锶红帘石(意大利)　　(c)锶红帘石(日本)

图 2-3-23　锶红帘石

【物理特征】

锶红帘石的颜色呈黑红色。条痕为紫褐色。透明。玻璃光泽。色散较强,多色性明显:橙黄色,紫罗兰色,红紫色。

二轴晶(+)。近似折射率为 1.763。

{001}解理完全。性脆。断口呈不规则、不平整状。摩氏硬度为 6,相对密度为 3.65~3.71(测量)、3.73(计算)。

【晶体结构】

锶红帘石属于单斜晶系,空间群为 $P2_1/m$。晶胞参数:$a=0.886$ nm、$b=0.568$ nm、$c=1.019$ nm,$\beta=114.70°$,$Z=2$。X 射线粉晶主要衍射数据 d(Å)(I/I_{max})为 3.493(50)、2.936(50)、2.916(100)。

【产状产地】

锶红帘石产于低温变质锰矿床的细脉中。主要产地有意大利、日本等。

【主要用途】

锶红帘石在地质学、物理学、化学、晶体学、矿物学方面都有重要意义。

铅红帘石

【化学性质】

铅红帘石是一种含 Ca、Pb、Mn、Al、(OH)、O 的[Si_2O_7][SiO_4]岛状基型硅酸盐类矿物,其晶体化学式为 CaPbMnAl$_2$[Si$_2$O$_7$][SiO$_4$]O(OH)。主要成分为 Ca、Pb、Mn、Al、Si、O、H,类质同象替代成分有 REE、Mg、Na、Fe、Zn 等。

【结晶形态】

铅红帘石属于单斜晶系,斜方柱晶类,对称型为 $2/m$。晶体呈颗粒状、柱状、块状(图 2-3-24)。

【物理特征】

铅红帘石的颜色呈紫红色。条痕为粉红色。透明。玻璃光泽。色散强。多色性明显:浅紫色,浅红棕色,红棕色。

二轴晶(-)。折射率为 Np=1.835,Nm=1.885,Ng=1.895,双折射率为 0.060。$2V=30°\sim40°$(测量)、47°(计算)。

图 2-3-24　铅红帘石(北马其顿)

{001}解理完全、{010}解理中等。性脆。断口呈不规则、不平整状。摩氏硬度为6,相对密度为4.28(计算)。

【晶体结构】

铅红帘石属于单斜晶系,空间群为 $P2_1/m$。晶胞参数:$a=0.894$ nm、$b=0.568$ nm、$c=1.029$ nm,$\beta=114.17°$,$Z=2$。X 射线粉晶衍射数据 $d(Å)(I/I_{max})$ 为 8.120(68)、4.670(53)、3.518(77)、2.931(100)、2.843(51)、2.736(57)、2.619(66)、2.122(46)。

【产状产地】

铅红帘石产于富 Pb 的变质矿床中,与红锰矿、金云母、赤铁矿、钙砷铅矿、锌尖晶石、白云石、方解石、褐锰矿、重晶石组合共生。主要产地有北马其顿、意大利、俄罗斯等。

【主要用途】

铅红帘石在地质学、物理学、化学、晶体学、矿物学方面都有重要应用。

铈镁帘石

【化学性质】

铈镁帘石是一种含 Ca、Ce、Mg、Al、O、(OH) 的 $[Si_2O_7][SiO_4]$ 岛状基型硅酸盐类矿物,其晶体化学式为 $(Ca,Ce)(Mg,Al)F[Si_2O_7][SiO_4](OH)$。主要成分为 Ca、Ce、Mg、Al、Si、O、H,类质同象替代成分有 Na、K、Mn、Ti 等。

化学成分中氧化物的质量分数为 CaO 10.18%、Ce_2O_3 29.06%、MgO 14.63%、Al_2O_3 9.25%、SiO_2 32.71%、H_2O 2.45%、F 1.72%。

【结晶形态】

铈镁帘石属于单斜晶系,斜方柱晶类,对称型为 $2/m$。晶体呈粒状、块状(图 2-3-25)。

图 2-3-25　铈镁帘石(瑞典)

【物理特征】

铈镁帘石的颜色呈棕色。条痕为浅棕色。透明。玻璃光泽。色散弱。多色性弱。

二轴晶(-)。折射率为 Np=1.715、Nm=1.718、Ng=1.733,双折射率为 0.018。

解理不清楚。性脆。断口呈不规则、不平整状。摩氏硬度为 6.5~7,相对密度为 3.86(计算)。

【晶体结构】

铈镁帘石属于单斜晶系,空间群为 $P2_1/m$。晶胞参数:$a=0.893$ nm、$b=0.572$ nm、$c=1.018$ nm,$\beta=114.31°$,$Z=2$。X 射线粉晶主要衍射数据 $d(Å)(I/I_{max})$ 为 2.915(100)、2.852(30)、2.709(70)。晶体结构见图 2-3-26。

【产状产地】

铈镁帘石是一种变质矿物,共生伴生的矿物有透闪石、块硅镁石、方解石。主要产地有瑞典等。

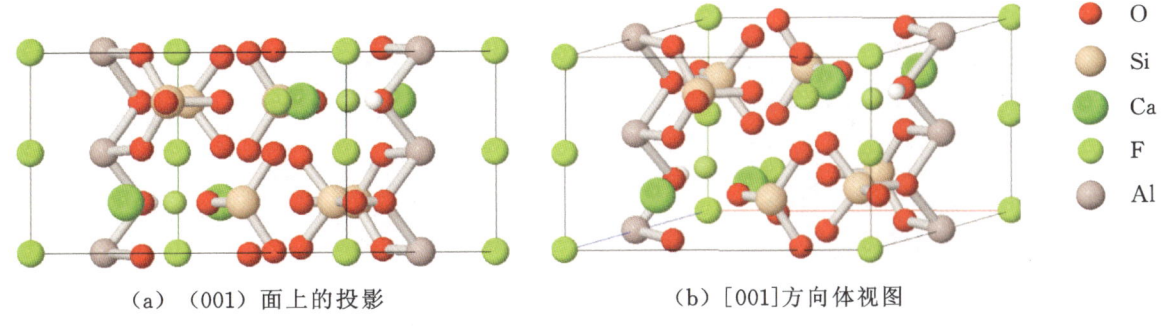

(a) (001) 面上的投影　　　　　　(b) [001]方向体视图

图 2-3-26　铈镁帘石的晶体结构

【主要用途】

铈镁帘石在地质学、材料学、物理学、化学、晶体学、矿物学方面都有重要应用意义。帘石类的矿物多少都会含有稀土元素，可以作为提取稀土金属的矿物原料。

镧锰帘石

【化学性质】

镧锰帘石是一种含 Mn、La、Al、(OH)、O 的[Si_2O_7][SiO_4]岛状基型硅酸盐类矿物，其晶体化学式为(Ca,Mn)(La,Ce)(Mn^{3+},Mn^{2+})Al[Si_2O_7][SiO_4]O(OH)。主要成分为 Ca、La、Al、Si、O、H，类质同象替代成分有 Ca、REE、Ce、La、Fe。

化学成分中氧化物的质量分数为 CaO 2.83%、La_2O_3 14.36%、Ce_2O_3 5.51%、MnO_2 20.86%、Mn_2O_3 13.26%、Al_2O_3 8.56%、SiO_2 30.28%、H_2O 1.51%、Nd_2O_3 2.83%。

镧锰帘石可以与铈锰帘石形成类质同象系列矿物。

【结晶形态】

镧锰帘石属于单斜晶系，斜方柱晶类，对称型为 $2/m$。晶体呈粒状、块状(图 2-3-27)。

(a) 镧锰帘石(希腊)　　　(b) 镧锰帘石(希腊)　　　(c) 镧锰帘石(俄罗斯)

图 2-3-27　镧锰帘石

【物理特征】

镧锰帘石的颜色呈红棕色。条痕为浅棕色。透明。玻璃光泽。色散较强。多色性较明显。

二轴晶(—)。折射率为 1.877。

解理不清楚。性脆。断口呈不规则、不平整状的贝壳状。摩氏硬度为 6，相对密度为 4.21(测量)、4.22(计算)。

【晶体结构】

镧锰帘石属于单斜晶系，空间群为 $P2_1/m$。晶胞参数：$a=0.890$ nm，$b=0.571$ nm，$c=1.008$ nm，$\beta=113.88°$，$Z=2$。X 射线粉晶主要衍射数据 d(Å)(I/I_{max})为 3.506(41)、2.895(100)、2.616(53)。晶体结构见图 2-3-28。

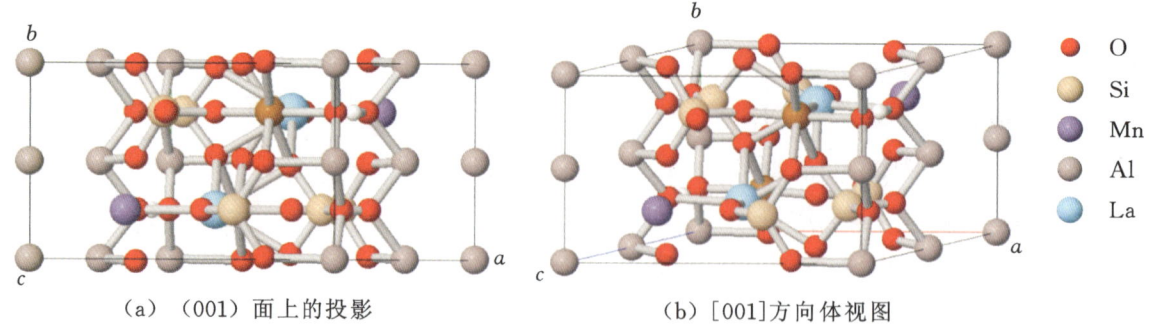

(a)（001）面上的投影　　　　　　（b）[001]方向体视图

图 2-3-28　镧锰帘石的晶体结构

【产状产地】

镧锰帘石产于变质锰矿床中。主要产地有希腊、俄罗斯等。

【主要用途】

镧锰帘石在地质学、物理学、化学、晶体学、矿物学方面都有重要意义。可以作为提取稀土元素的矿物原料。

铅黝帘石

【化学性质】

铅黝帘石是一种含 Ca、Pb、Al、Fe、(OH)、O 的 $[Si_2O_7][SiO_4]$ 岛状基型硅酸盐类矿物,其晶体化学式为 $(Ca,Pb)_2(Al,Fe)_3[Si_2O_7][SiO_4]O(OH)$。主要成分为 Ca、Pb、Al、Fe、Si、O、H,类质同象替代成分有 Sr、Ba、Ti、Mn、Mg 等。

化学成分中氧化物的质量分数为 CaO 8.80%、PbO 24.10%、Mn_2O_3 1.80%、MnO 0.50%、ZnO 0.10%、MgO 0.10%、SrO 4.50%、BaO 0.40%、SiO_2 29.80%、Al_2O_3 14.40%、Fe_2O_3 14.10%、H_2O 1.40%。

【结晶形态】

铅黝帘石属于单斜晶系,斜方柱晶类,对称型为 $P2_1/m$。晶体呈粒状、柱状、长柱状、块状等（图 2-3-29）。

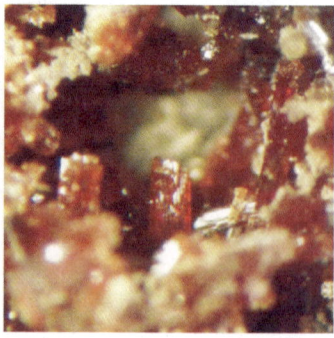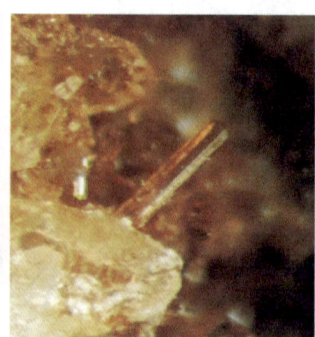

图 2-3-29　铅黝帘石（美国新泽西）

【物理特征】

铅黝帘石的颜色呈深红色、绿棕色、黄棕色。条痕为淡黄色。透明、半透明至不透明。玻璃光泽、土状光泽。色散较弱。多色性弱。

二轴晶（一）。折射率为 Np=1.790、Nm=1.810、Ng=1.830,双折射率为 0.04。2V＝50°（测量）、88°（计算）。

{001}解理不清楚。性脆。断口呈不平整、不规则状。性脆。摩氏硬度为 6～7,相对密度为 4.2。

【晶体结构】

铅黝帘石属于单斜晶系,空间群为 $P2_1/m$。晶胞参数:$a=0.903$ nm、$b=0.562$ nm、$c=1.029$ nm,$\beta=115.93°$。

铅黝帘石(图 2-3-30)与斜黝帘石、绿帘石有相同和相似的结构。

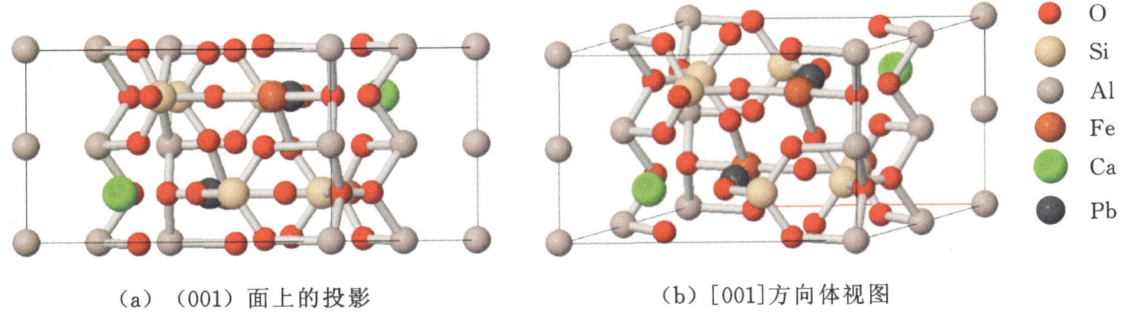

(a) (001)面上的投影　　　　(b) [001]方向体视图

图 2-3-30　铅黝帘石的晶体结构

【产状产地】

铅黝帘石常与硅锌矿、钙铁榴石共生在一起。主要产地有美国(新泽西)。

【主要用途】

铅黝帘石在地质学、物理学、化学、晶体学、矿物学方面很有意义。

锰帘石

【化学性质】

锰帘石是一种含 Mn、Al、(OH)的[Si_2O_7][SiO_4]岛状基型硅酸盐类矿物,其晶体化学式为 $Mn_2^{2+}Al_3[Si_2O_7][SiO_4](OH)_3$。主要成分为 Mn、Al、Si、O、H,类质同象替代成分有 Ti、Fe、Mg、Ca、Na、K、H_2O。

化学成分中氧化物的质量分数为 MnO 28.26%、Al_2O_3 30.46%、SiO_2 35.90%、H_2O 5.38%。

【结晶形态】

锰帘石属于单斜晶系,斜方柱晶类,对称型为 $2/m$。晶体呈葡萄状、放射状、粒状,集合体呈块状、针束状等(图 2-3-31)。

(a) 锰帘石(瑞士)　　　　(b) 锰帘石(加拿大)　　　　(c) 锰帘石(意大利)

图 2-3-31　锰帘石

【物理特征】

锰帘石的颜色呈深红棕色、铜红色等。条痕为黄褐色。透明至半透明。玻璃光泽、丝状光泽、土状光泽。色散弱。多色性明显,为浅黄色,红棕色,浅黄色。

二轴晶(一)。折射率为 Np=1.736、Nm=1.755、Ng=1.766,双折射率为 0.030。2V=72°(计算)。

解理不完全。性脆。断口呈不规则、不平整状。摩氏硬度为 4~4.5,相对密度为 3.26(测量)、3.98(计算)。

【晶体结构】

锰帘石属于单斜晶系,空间群为 $P2_1/m$。晶胞参数:$a=0.868$ nm、$b=0.578$ nm、$c=0.975$ nm、$\beta=109.99°$,$Z=2$。X 射线粉晶主要衍射数据 d(Å)(I/I_{max})为 4.56(50)、3.72(50)、2.88(70)、2.82(100)、2.66(60)、2.57(70)、2.14(60)(图 2-3-32)。

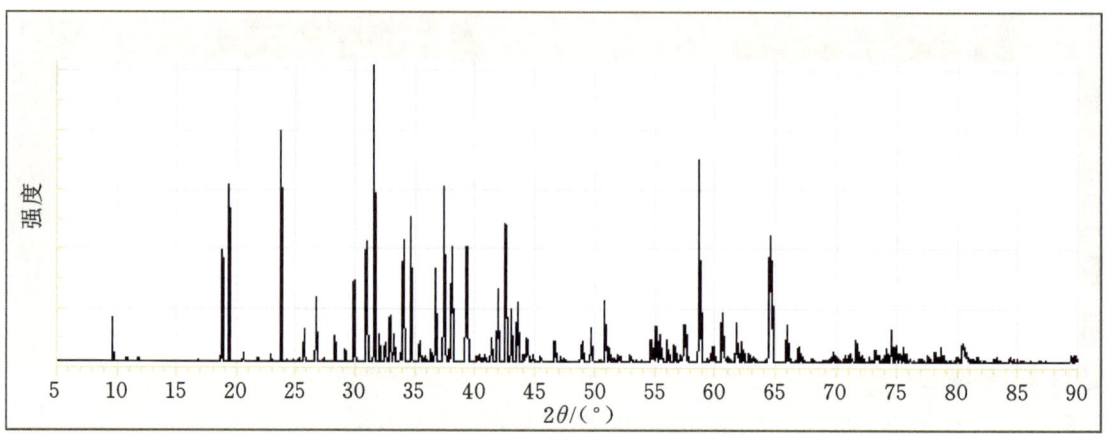

图 2-3-32 锰帘石的 X 射线粉晶衍射图

【产状产地】

锰帘石产于低变质沉积物的锰矿床中,以脉状充填物形式出现。主要产地有瑞士、加拿大、意大利等。

【主要用途】

锰帘石在地质学、物理学、化学、晶体学、矿物学方面都有重要意义。

赫里斯托夫石

【化学性质】

赫里斯托夫石是一种含 Ca、Ce、Mn、Mg、(OH)、F 的[Si_2O_7][SiO_4]岛状基型硅酸盐类矿物,其晶体化学式为(Ca,Ce)(MgAlMn^{2+})[Si_2O_7][SiO_4]F(OH)。主要成分为 Ca、Ce、Mn、Mg、Al、Si、O、F、H,类质同象替代成分有 REE、Fe、Cr、Ti、V 等。

化学成分中氧化物的质量分数为 CaO 7.34%、Ce$_2$O$_3$ 13.43%、REE$_2$O$_3$ 19.25%、MgO 2.64%、TiO$_2$ 1.31%、MnO 11.61%、Al$_2$O$_3$ 9.18%、V$_2$O$_3$ 0.61%、Cr$_2$O$_3$ 1.24%、FeO 1.18%、SiO$_2$ 28.41%、H$_2$O 1.47%、F 2.33%。

【结晶形态】

赫里斯托夫石属于单斜晶系,斜方柱晶类,对称型为 $2/m$。晶体呈柱状、颗粒状(图 2-3-33)。

【物理特征】

赫里斯托夫石的颜色呈棕色、深棕色。条痕为褐色。透明。玻璃光泽。色散弱。多色性可见。

二轴晶(一)。折射率为 Np=1.773、Nm=1.790、Ng=1.803,双折射率为 0.030。2V=83°(测量)、80°(计算)。

{001}解理完全。性脆。断口呈不平整、不规则状。摩氏硬度为 5,相对密度为 4.05~4.11(计

图 2-3-33　赫里斯托夫石（吉尔吉斯斯坦）

算）、4.27（计算）。

【晶体结构】

赫里斯托夫石属于单斜晶系，空间群为 $P2_1/m$。晶胞参数：$a=0.890$ nm、$b=0.575$ nm、$c=1.011$ nm，$\beta=113.41°$，$Z=2$。X 射线粉晶主要衍射数据 $d(\text{Å})(I/I_{\max})$ 为 2.91(100)、2.73(70)、2.63(80)。

【产状产地】

赫里斯托夫石产于石榴石、黑云母、石英等矿物含量较高的碱性花岗岩的外接触带中。主要产地为吉尔吉斯斯坦。

【主要用途】

赫里斯托夫石在地质学、物理学、化学、晶体学、矿物学方面都有重要意义。可以作为提取稀土元素的矿物原料。

德萨基铈石

【化学性质】

德萨基铈石是一种含 Ca、Ce、Mg、Al、(OH)、O 的 $[Si_2O_7][SiO_4]$ 岛状基型硅酸盐类矿物，其晶体化学式为 $(Ca,Ce)(AlAlMg)[Si_2O_7][SiO_4]O(OH)$。主要成分为 Ca、Ce、Mg、Al、Si、O、H，类质同象替代成分有 Pr、Nd、Sm。

化学成分中氧化物的质量分数为 CaO 9.36%、Ce_2O_3 12.32%、REE_2O_3 (La,Ce,Pr,Nd,Sm) 18.22%、MgO 7.40%、Al_2O_3 10.21%、FeO 5.39%、Fe_2O_3 5.99%、SiO_2 30.07%、H_2O 1.04%。

【结晶形态】

德萨基铈石属于单斜晶系，斜方柱晶类，对称型为 $2/m$。晶体呈粒状、柱状、块状（图 2-3-34）。

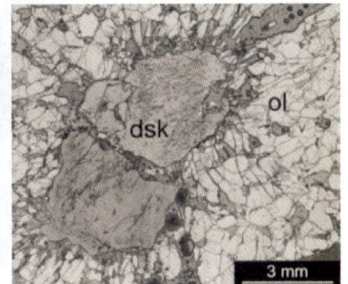

（a）德萨基铈石（法国）　　（b）德萨基铈石（瑞典）　　（c）德萨基铈石（意大利）

图 2-3-34　德萨基铈石

【物理特征】

德萨基铈石的颜色呈黄棕色、红棕色。条痕为白色。透明。玻璃光泽。色散中等。多色性明显：

浅棕色,浅黄棕色,浅黄棕色。

二轴晶(+)。折射率为 Np=1.735、Nm=1.741、Ng=1.758,双折射率为 0.023。$2V=64°$(测量)、62°(计算)。

{001}解理完全。性脆。断口呈不平整、不均匀状。摩氏硬度为 6.5～7,相对密度为 3.75(测量)、4.25(计算)。

【晶体结构】

德萨基铈石属于单斜晶系,空间群为 $P2_1/m$。晶胞参数:$a=0.892$ nm、$b=0.570$ nm、$c=1.014$ nm,$\beta=114.72°$,$Z=2$。X 射线粉晶主要衍射数据 $d(\text{Å})(I/I_{max})$ 为 2.910(90)、2.698(100)、2.622(60)。

【产状产地】

德萨基铈石产于变质的大理岩中。主要产地有法国、瑞典、意大利、俄罗斯等。

【主要用途】

德萨基铈石在地质学、材料学、物理学、化学、环境科学、晶体学、矿物学、宝石学方面都有重要应用。可以作为提取稀土金属的矿物原料。

德萨基镧石

【化学性质】

德萨基镧石是一种含 Ca、La、Ce、REE、Mg、Al、(OH)、O 的 $[Si_2O_7][SiO_4]$ 岛状基型硅酸盐类矿物,其晶体化学式为 $Ca(La,Ce,REE)MgAl_2[Si_2O_7][SiO_4]O(OH)$。主要成分为 Ca、La、Ce、REE、Mg、Al、Si、O、H,类质同象替代成分有 Na、Sr、Pr、Sm、Er、Th、Sc、U、Ti、Mn、V、Zn、Cr、Ga、Fe、Ni、P、Nd、F。

化学成分中氧化物的质量分数为 SrO 0.19%、CaO 11.96%、La_2O_3 9.31%、Ce_2O_3 7.80%、REE_2O_3(Sm、Er、Sc、Ga、Pr、Nb) 2.83%、ThO_2 4.31%、MgO 4.55%、UO_2 0.15%、TiO_2 0.43%、MnO 0.12%、Al_2O_3 17.00%、ZnO 0.22%、CrO 1.83%、FeO 2.13%、Fe_2O_3 2.17%、SiO_2 32.37%、H_2O 1.63%。德萨基镧石与德萨基铈石成类质同象系列矿物。

【结晶形态】

德萨基镧石属于单斜晶系,斜方柱晶类,对称型为 $2/m$。晶体形态呈颗粒状、柱状、块状等(图 2-3-35)。

(a) 德萨基镧石(意大利)

(b) 德萨基镧石(俄罗斯)

图 2-3-35 德萨基镧石

【物理特征】

德萨基镧石的颜色呈黑色、深棕色。条痕为浅灰绿色。透明。玻璃光泽。色散弱,多色性弱。

二轴晶(+)。折射率为 Np=1.740、Nm=1.743、Ng=1.750,双折射率为 0.010。$2V=77°$(测量)、78°(计算)。

{001}解理不完全。性脆。断口呈不规则、不均匀的贝壳状。摩氏硬度为 6.5～7,相对密度为 3.79(测量)、3.84(计算)。

【晶体结构】

德萨基镧石属于单斜晶系,空间群为 $P2_1/m$。晶胞参数:$a=0.896$ nm、$b=0.573$ nm、$c=1.024$ nm,$\beta=115.19°$,$Z=2$。X 射线粉晶衍射数据 d(Å)(I/I_{max})为 3.526(49)、2.926(100)、2.860(53)、2.699(44)、2.553(51)。

【产状产地】

德萨基镧石产于基性、超基性橄榄岩中,与锆石、晶质铀矿、钍石、方钍石、尖晶石、辉石族矿物、金云母、镍黄铁矿、橄榄石、白云石、铜的硫化物、斜绿泥石、方解石、磷灰石、角闪石族矿物组合共生。主要产地有意大利、法国、俄罗斯等。

【主要用途】

德萨基镧石在地质学、物理学、化学、晶体学、矿物学方面都有重要意义。可作为提取稀土金属的矿物原料。

绿 纤 石

【化学性质】

绿纤石是一种含 Ca、Al、Fe^{2+}、Fe^{3+}、Mg、Mn、(OH)和 H_2O 的[Si_2O_7][SiO_4]岛状基型硅酸盐类矿物,晶体化学式为 Ca_2XAl_2[Si_2O_7][SiO_4]$(OH)_2 \cdot H_2O$ (X=Al、Mg、Mn、Fe^{2+}、Fe^{3+})。主要成分为 Ca、Mg、Al、Si、O、H,类质同象替代成分有 Mn、Fe^{2+}、Fe^3、Mg 等。

绿纤石化学成分中氧化物的质量分数为 Na_2O 0.08%、CaO 23.15%、MgO 2.01%、MnO 0.15%、Al_2O_3 25.60%、FeO 4.92%、SiO_2 37.40%、H_2O 6.69%。

【结晶形态】

绿纤石属于单斜晶系,斜方柱晶类,对称型为 $2/m$。晶体多呈纤维状、针状、颗粒状,可呈致密块状集合体(图 2-3-36)。

(a)镁绿纤石(捷克)

(b)绿纤石(比利时)

(c)锰绿纤石(意大利)

图 2-2-36 绿纤石系列矿物

【物理特征】

绿纤石的颜色呈白色、绿褐色、鲜绿色、深绿色、淡蓝绿色、褐色等。条痕为白色。透明至半透明。丝绢光泽、玻璃光泽。色散弱。多色性明显:无色、淡黄绿色、淡绿色、蓝绿色、淡黄色、淡黄褐色。无荧光。

二轴晶(+)。折射率为 Np=1.678,Nm=1.680,Ng=1.691,双折射率为 0.013。$2V=26°\sim85°$。

{100}、{001}解理完全。性脆。断口呈不平整、不均匀的贝壳状。摩氏硬度为 5.5~6.5,相对密度为 3.1~3.5(测量)、3.24(计算)。

【晶体结构】

绿纤石属于单斜晶系,空间群为 $A2/m$。晶胞参数:$a=0.882$ nm、$b=0.590$ nm、$c=1.913$ nm,

$\beta=97.26°$,$Z=4$。X 射线粉晶衍射数据 $d(\text{Å})(I/I_{\max})$ 为 8.735(35)、4.371(65)、3.787(80)、3.040(70)、2.912(95)、2.895(100)、2.731(40)、2.191(45)(图 2-3-37)。晶体结构见图 2-3-38。

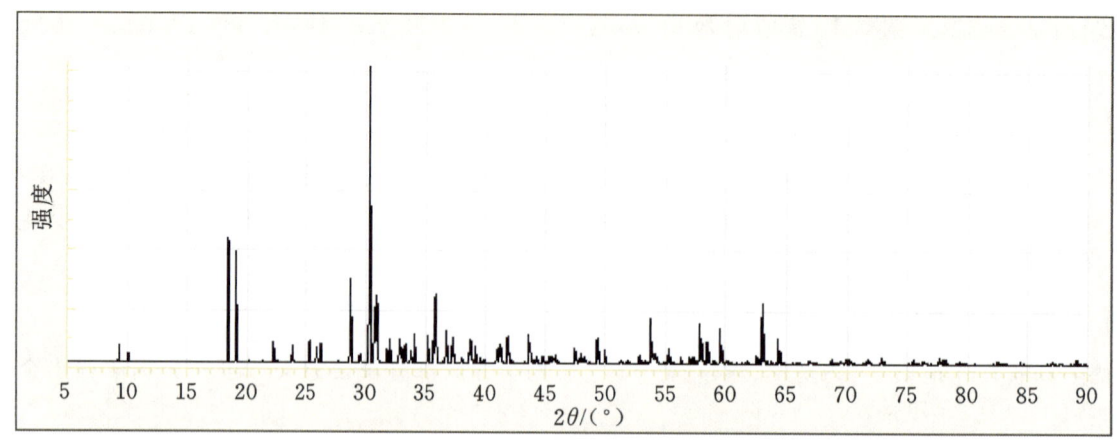

图 2-3-37 绿纤石的 X 射线粉晶衍射图

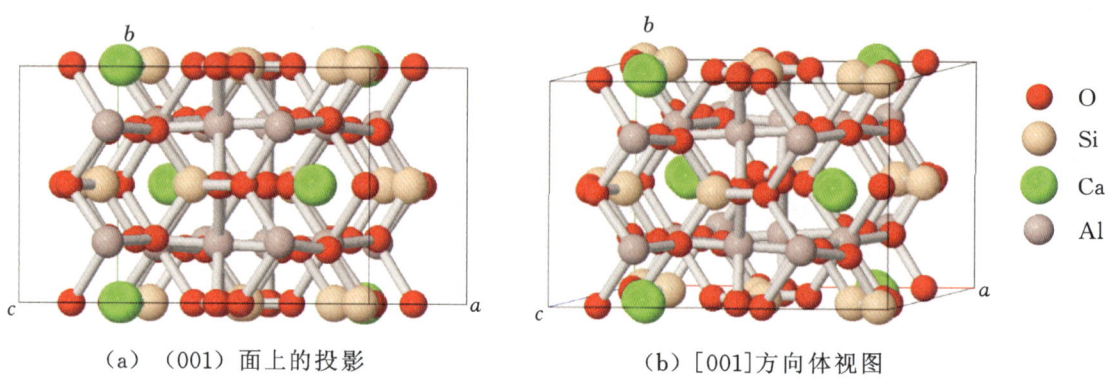

(a) (001) 面上的投影　　(b) [001] 方向体视图

图 2-3-38 绿纤石的晶体结构

【产状产地】

绿纤石族矿物产于方解石脉、钾长石脉和绿泥石脉等晚期形成的矿脉中,也产于碱性或基性岩浆岩的孔洞中,共生伴生矿物常有方解石、钾长石。主要产地有比利时、意大利、捷克、南非、芬兰、美国(新泽西、加利福尼亚)、俄罗斯等。

【主要用途】

绿纤石在地质学、物理学、化学、环境科学、晶体学、矿物学方面都有一定意义。

铁绿纤石

【化学性质】

铁绿纤石是一种含 Ca、Fe^{2+}、Al、(OH) 和 H_2O 的 $[Si_2O_7][SiO_4]$ 岛状基型硅酸盐类矿物,其晶体化学式为 $Ca_2Fe^{2+}Al_2[Si_2O_7][SiO_4](OH)\cdot H_2O$。主要成分为 Ca、$Fe^{2+}$、Al、Si、O、H,类质同象替代成分有 Mg、Mn、Fe^{3+}、Ti 等。

化学成分中氧化物的质量分数为 CaO 23.11%、Al_2O_3 20.01%、FeO 14.81%、SiO_2 36.50%、H_2O 5.57%。

【结晶形态】

铁绿纤石属于单斜晶系,斜方柱晶类,对称型为 $2/m$。晶体呈纤维状、细粒状、叶片状、块状等,集合体可呈球状(图 2-3-39)。

（a）铁绿纤石（西班牙）　　（b）铁绿纤石（西班牙）　　（c）铁绿纤石（德国）

图 2-3-39　铁绿纤石

【物理特征】

铁绿纤石的颜色呈蓝绿色、橄榄绿色、棕色。条痕为白色。透明。玻璃光泽。色散弱，多色性弱。二轴晶（+）。折射率为 Np＝1.682，Nm＝1.685，Ng＝1.694，双折射率为 0.012。

{001}、{100}解理完全。性脆。断口呈不规则、不平整的贝壳状。摩氏硬度为 5.5，相对密度为 3.20（测量）、3.32（计算）。

【晶体结构】

铁绿纤石属于单斜晶系，空间群为 $A2/m$。晶胞参数：a＝0.849 nm、b＝0.599 nm、c＝1.940 nm，β＝100.4°，Z＝4。X 射线粉晶衍射数据 d(Å)(I/I_{max})为 4.76(30)、4.43(30)、3.79(60)、2.91(100)、2.75(60)、2.66(30)、2.47(30)、2.22(40)。晶体结构见图 2-3-40。

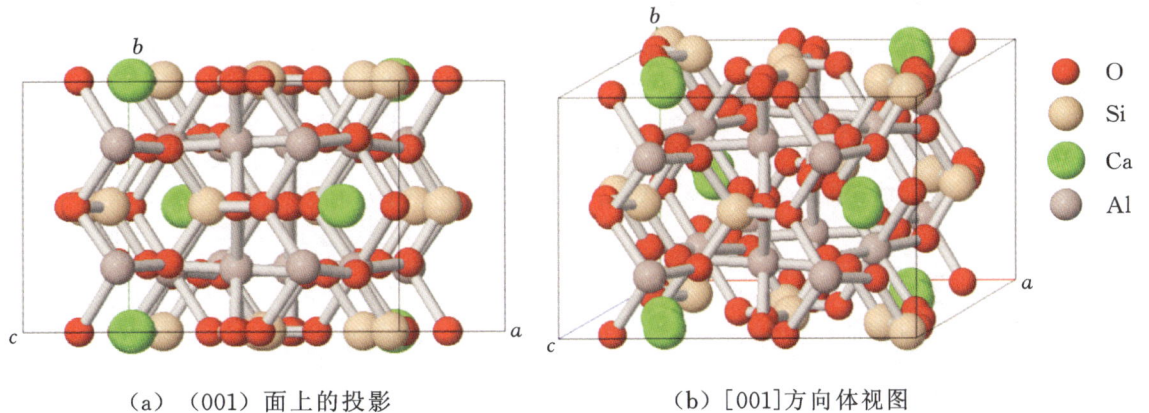

（a）（001）面上的投影　　（b）[001]方向体视图

图 2-3-40　铁绿纤石的晶体结构

【产状产地】

铁绿纤石产于基性变质岩石中，共生伴生矿物有方解石、钾长石。主要产地有比利时、意大利、西班牙、德国、美国（新泽西）等。

【主要用途】

铁绿纤石在地质学、物理学、化学、环境科学、晶体学、矿物学方面都有一些重要意义。

高铁绿纤石

【化学性质】

高铁绿纤石是一种含 Ca、Fe^{3+}、Al、(OH)和 H_2O 的[Si_2O_7][SiO_4]岛状基型硅酸盐类矿物，其晶体化学式为 $Ca_2Fe^{3+}Al_2[Si_2O_7][SiO_4](OH,O)_2·H_2O$。主要成分为 Ca、$Fe^{3+}$、Al、Si、O、H，类质同

象替代成分有 Mg、Mn、Fe^{2+} 等。

化学成分中氧化物的质量分数为 CaO 22.33%、Al_2O_3 18.71%、Fe_2O_3 15.90%、SiO_2 35.89%、H_2O 7.17%。

【结晶形态】

高铁绿纤石属于单斜晶系,斜方柱晶类,对称型为 $2/m$。晶体呈细粒状、针状、板层状、块状。集合体呈针簇状、球形状(图 2-3-41)。

高铁绿纤石(美国新泽西)　　高铁绿纤石(俄罗斯)

图 2-3-41　高铁绿纤石

【物理特征】

高铁绿纤石的颜色呈墨绿色、橄榄绿色、褐色等。条痕为白色。透明。玻璃光泽。色散弱。多色性明显。

二轴晶(+)。折射率为 Np=1.682、Nm=1.685、Ng=1.694,双折射率为 0.012。

{001}、{100}解理完全。性脆。断口呈不规则、不平整的次贝壳状。摩氏硬度为 5.5,相对密度为 3.20(测量)、3.35(计算)。

【晶体结构】

高铁绿纤石属于单斜晶系,空间群为 $A2/m$。晶胞参数:$a=0.883$ nm、$b=0.595$ nm、$c=1.913$ nm,$\beta=97.45°$,$Z=4$。X 射线粉晶衍射数据 $d(Å)(I/I_{max})$ 为 4.68(50)、4.38(70)、3.79(90)、2.91(100)、2.90(100)、2.74(70)、2.52(50)、2.19(70)。

【产状产地】

高铁绿纤石产于基性变质岩石中。主要产地有美国、意大利、俄罗斯等。

【主要用途】

高铁绿纤石在地质学、物理学、化学、晶体学、矿物学方面都有重要意义。

锰绿纤石

【化学性质】

锰绿纤石是一种含 Ca、Mn^{2+}、Al、(OH)和 H_2O 的 $[Si_2O_7][SiO_4]$ 岛状基型硅酸盐类矿物,其晶体化学式为 $Ca_2Mn^{2+}Al_2[Si_2O_7][SiO_4](OH)_2·H_2O$。主要成分为 Ca、$Mn^{2+}$、Al、Si、H、O,类质同象替代成分有 Mg、$Fe^{2+}$、$Mn^{3+}$、$Fe^{3+}$ 等。

化学成分中氧化物的质量分数为 CaO 22.22%、MgO 2.00%、MnO 10.54%、Mn_2O_3 11.73%、Al_2O_3 10.10%、Fe_2O_3 3.95%、SiO_2 34.11%、H_2O 5.35%。

【结晶形态】

锰绿纤石属于单斜晶系,斜方柱晶类,对称型为 $2/m$。晶体呈细粒状、针状、板层状、块状(图 2-3-42)。集合体呈针簇状、球形状。

(a) 锰绿纤石（意大利）

(b) 锰绿纤石（美国密歇根）

(c) 锰绿纤石（美国密歇根）

图 2-3-42 锰绿纤石

【物理特征】

锰绿纤石的颜色呈浅灰色、粉棕色、棕色。条痕为白色。透明至半透明。玻璃光泽。色散弱，多色性弱。

二轴晶（＋）。折射率为 Np＝1.752、Nm＝1.795、Ng＝1.800，双折射率为 0.048。$2V=40°\sim50°$（测量）、36°（计算）。

{001}、{100}解理完全。性脆。断口呈不均匀、不平整的次贝壳状。摩氏硬度为 5.5，相对密度为 3.20（测量）、3.30（计算）。

【晶体结构】

锰绿纤石属于单斜晶系，空间群为 $A2/m$。晶胞参数：$a=0.892$ nm、$b=0.600$ nm、$c=1.916$ nm、$\beta=97.80°$，$Z=4$。X 射线粉晶衍射数据 $d(\text{Å})(I/I_{max})$ 为 4.75(65)、4.43(35)、2.93(100)、2.73(90)、2.65(55)、2.53(50)、2.20(45)。晶体结构见图 2-3-43。

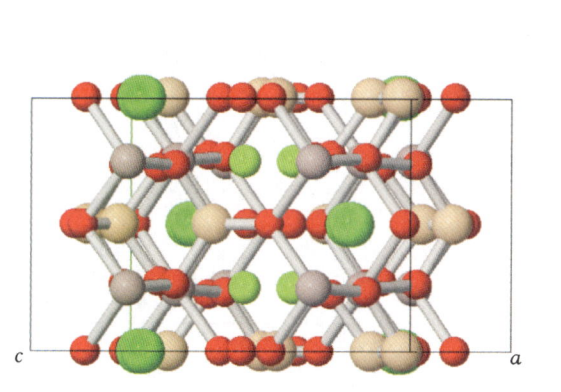
(a) (001)面上的投影

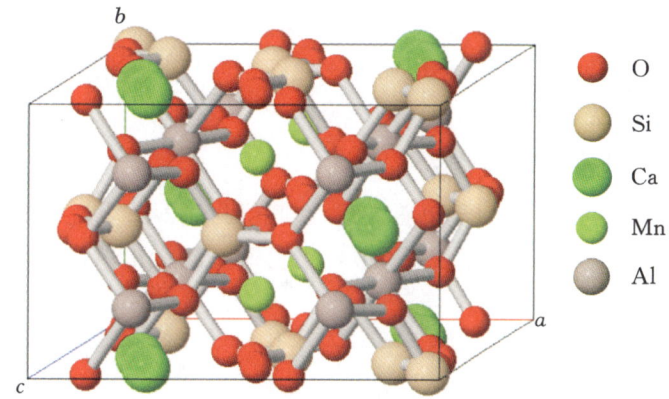
(b) [001]方向体视图

图 2-3-43 锰绿纤石的晶体结构

【产状产地】

锰绿纤石是产于泥质岩和白云质岩中的变质富锰质矿物。主要产地有意大利、美国（密歇根）、印度、日本等。

【主要用途】

锰绿纤石在地质学、物理学、化学、材料学、环境科学、晶体学、矿物学方面都有一定意义。

镁绿纤石

【化学性质】

镁绿纤石是一种含 Ca、Mg、Al、(OH) 和 H_2O 的 $[Si_2O_7][SiO_4]$ 岛状基型硅酸盐类矿物，其晶体

化学式为 $Ca_2MgAl_2[Si_2O_7][SiO_4](OH)_2·H_2O$。主要成分为 Ca、Mg、Al、Si、O、H，类质同象替代成分有 Fe、Mn 等。

化学成分中氧化物的质量分数为 CaO 23.83%、MgO 8.57%、Al_2O_3 21.66%、SiO_2 38.29%、H_2O 7.65%。

镁绿纤石属绿纤石族，可形成铁绿纤石-镁纤石绿矿物系列。

【结晶形态】

镁绿纤石属于单斜晶系，斜方柱晶类，对称型为 $2/m$。晶体呈纤维状、块状、板层状、叶片状、细粒状。集合体呈针状、球形、圆形等（图 2-3-44）。

（a）镁绿纤石（挪威） （b）镁绿纤石（意大利） （c）镁绿纤石（美国新泽西）

图 2-3-44 镁绿纤石

【物理特征】

镁绿纤石的颜色呈绿色、蓝色、蓝绿色、橄榄绿色、墨绿色、棕色等。条痕为白色。透明。玻璃光泽。色散较强，多色性明显。

二轴晶(+)。折射率为 Np=1.674~1.748、Nm=1.675~1.754、Ng=1.688~1.764，双折射率为 0.014~0.016。2V=70°~90°（测量）、32°~76°（计算）。

{001}、{100}解理完全。性脆。断口呈不规则、不均匀的贝壳状。摩氏硬度为 5.5，相对密度为 3.20（测量）、3.17（计算）。

【晶体结构】

镁绿纤石属于单斜晶系，空间群为 $A2/m$。晶胞参数：a=0.883 nm、b=0.591 nm、c=1.913 nm，β=97.44°，Z=4。X射线粉晶主要衍射数据 d(Å)(I/I_{max}) 为 3.79(50)、2.9(100)、2.74(50)（图 2-3-45）。晶体结构见图 2-3-46。

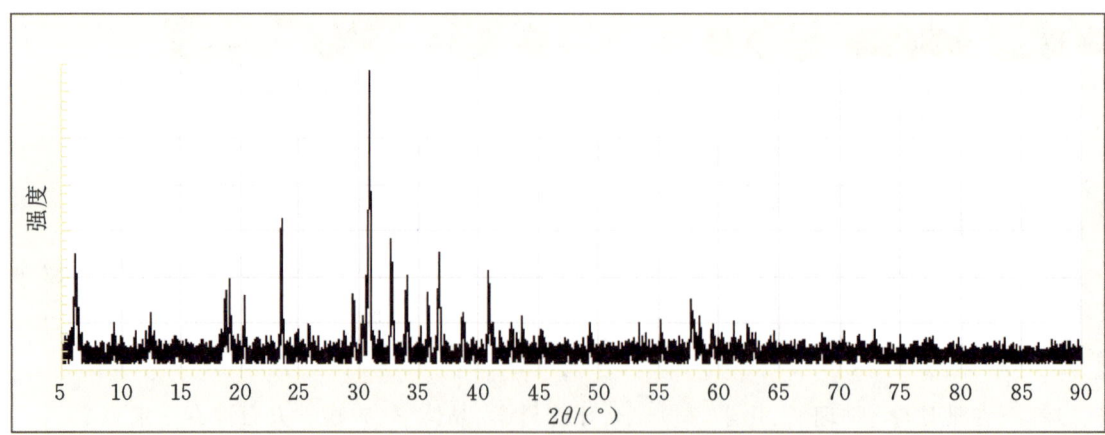

图 2-3-45 镁绿纤石的 X 射线粉晶衍射图

【产状产地】

镁绿纤石产于变质玄武岩或辉长岩中。主要产地有捷克、西班牙、美国（加利福尼亚、新泽西、密歇根）、俄罗斯等。

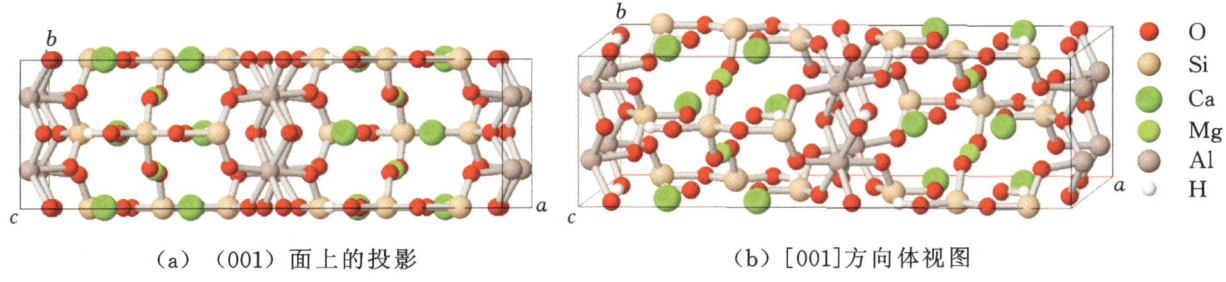

(a) (001)面上的投影　　　　　　　(b) [001]方向体视图

图 2-3-46　镁绿纤石的晶体结构

【主要用途】

镁绿纤石在地质学、物理学、化学、晶体学、矿物学方面都有重要意义。

穆硅钒钙石

【化学性质】

穆硅钒钙石是一种含 Ca、Al、V^{3+}、(OH)、O 的 [Si_2O_7][SiO_4] 岛状基型硅酸盐类矿物,其晶体化学式为 $Ca_2Al_2V^{3+}$[Si_2O_7][SiO_4]O(OH)。主要成分为 Ca、Al、V^{3+}、Si、O、H,类质同象替代成分有 Fe、Cr、Mg、H_2O、S。

化学成分中氧化物的质量分数为 CaO 23.45%、Al_2O_3 21.32%、V_2O_3 15.67%、SiO_2 37.68%、H_2O 1.88%。

【结晶形态】

穆硅钒钙石属于单斜晶系,斜方柱晶类,对称型为 $2/m$。晶体呈细小颗粒状(图 2-3-47)。依 {100} 成双晶。

【物理特征】

穆硅钒钙石的颜色呈黑色、黑褐色。条痕为浅棕灰色。透明。玻璃光泽。色散弱。多色性明显:浅橄榄绿色,浅红棕色,红棕色。

二轴晶(+)。折射率为 Np=1.723、Nm=1.733、Ng=1.755,双折射率为 0.032。$2V=88°$(测量)、$70°$(计算)。

{001}、{100} 解理完全。性脆。断口呈不规则、不平整丝绢状。摩氏硬度为 8,相对密度为 3.47(计算)。

图 2-3-47　穆硅钒钙石(美国蒙大拿)

【晶体结构】

穆硅钒钙石属于单斜晶系,空间群为 $P2_1/m$。晶胞参数:$a=0.890$ nm、$b=0.561$ nm、$c=1.015$ nm,$β=115.50°$,$Z=2$。X 射线粉晶衍射数据 d(Å)(I/I_{max})为 3.20 (40)、2.89(100)、2.68(80)、2.60(80)、2.53(70)、2.40(80)、2.17(40)、2.12(40)、2.06(40)、1.87(40)、1.64(70)、1.58(40)、1.55(40)、1.46(40)、1.41(80)、1.39(80)、1.27(50)。

【产状产地】

穆硅钒钙石产于变质的石灰岩中,也产于铁(钴)矿床中,与白云母、硫化物、含钙钒榴石、含钙斜黝帘石组合共生。主要产地有坦桑尼亚、俄罗斯、美国等。

【主要用途】

穆硅钒钙石在地质学、物理学、化学、晶体学、矿物学方面都有重要意义。

第四节 具[Si₃O₁₀]

锰硅铝矿族

锰硅铝矿-As(ardennite-As) $Mn_4^{2+}Al_4(Al,Mg)[SiO_4]_2[Si_3O_{10}][AsO_4](OH)_6$

锰硅铝矿-V(ardennite-V) $Mn_4^{2+}Al_4(Al,Mg)[SiO_4]_2[Si_3O_{10}][VO_4](OH)_6$

锰硅铝矿-As

【化学性质】

锰硅铝矿-As 是一种含 Mn、Al、Mg、[AsO₄]、(OH)的[SiO₄][Si₃O₁₀]岛状基型硅酸盐类矿物,其晶体化学式为 $Mn_4^{2+}Al_4(Al,Mg)[SiO_4]_2[Si_3O_{10}][AsO_4](OH)_6$。主要成分为 Mn、Al、Si、As、O、H,类质同象替代成分有 Mg、Ca、Fe、Ti、Cu、V 等。

锰硅铝矿-As 的化学成分中氧化物的质量分数为 CaO 4.33%、MgO 5.21%、MnO 19.17%、Al₂O₃ 23.13%、V₂O₅ 0.88%、Fe₂O₃ 3.08%、SiO₂ 29.00%、As₂O₅ 9.98%、H₂O 5.22%。

锰硅铝矿包括有锰硅铝矿-As、锰硅铝矿-V 等。

由于(AsO₄)替代(VO₄),锰硅铝矿-V 与锰硅铝矿-As 可以形成类质同象系列矿物。

【结晶形态】

锰硅铝矿-As 属于斜方晶系,斜方双锥晶类,对称型为 *mmm*。晶形良好,呈棱柱状细长棱柱状(图 2-4-1)。

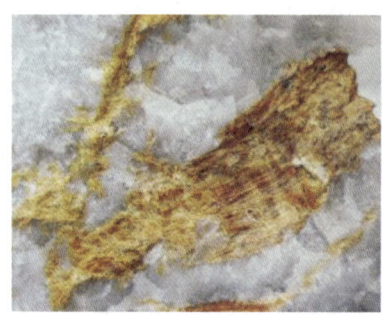  

（a）锰硅铝矿-AS（比利时）   （b）锰硅铝矿-AS（比利时）   （c）锰硅铝矿-AS（意大利）

（c）锰硅铝矿-AS的结晶形态

图 2-4-1 锰硅铝矿-As

【物理特征】

锰硅铝矿-As 的颜色呈黄色、黄棕色、深棕色、橙色、黑色等。条痕为浅棕黄色。半透明、不透明。半金刚光泽。色散强。多色性明显:深棕黄色,金黄色,浅黄色。

二轴晶(+)。折射率为 Ng=1.74,Nm=1.74～1.78,Np=1.759。2V=0°～70°。

{010}解理完全、{110}解理中等。性脆。断口呈不平整、不规则的贝壳状。摩氏硬度为6～7,相对密度为3.69～3.75(测量)、3.74(计算)。

【晶体结构】

锰硅铝矿-As属于斜方晶系,空间群为$Pnmm$。晶胞参数:$a=0.872$ nm、$b=1.856$ nm、$c=0.583$ nm,$Z=2$。X射线粉晶主要衍射数据$d(Å)(I/I_{max})$为4.210(60)、2.911(70)、2.574(100)(图2-4-2)。晶体结构见图2-4-3。

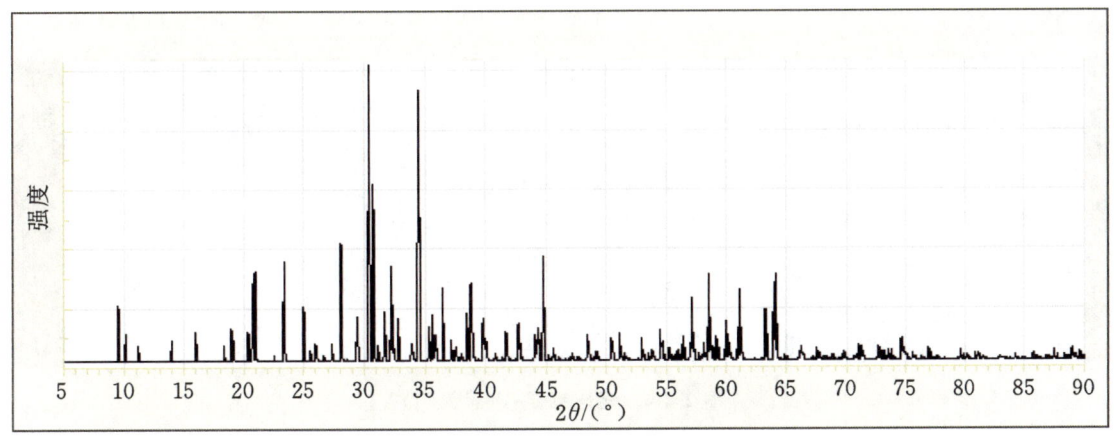

图2-4-2 锰硅铝矿-As的X射线粉晶衍射图

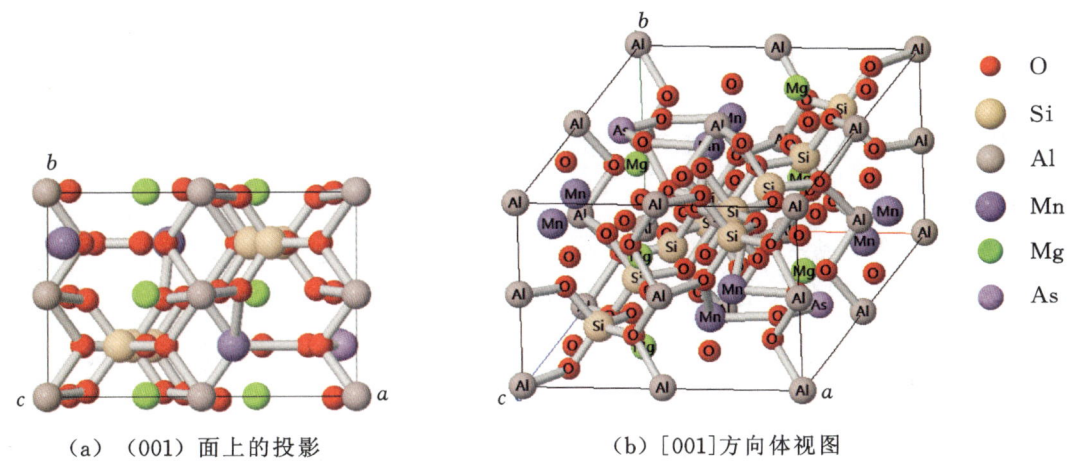

(a) (001)面上的投影　　　　(b) [001]方向体视图

图2-4-3 锰硅铝矿-As的晶体结构

【产状产地】

锰硅铝矿-As产于富As变质片岩,也产于富Mn的伟晶岩和石英脉中。主要产地有比利时、意大利。

【主要用途】

锰硅铝矿-As在地质学、物理学、化学、晶体学、矿物学方面都有重要意义。

锰硅铝矿-V

【化学性质】

锰硅铝矿-V又称钒硅铝锰石,是一种含Mn、Al、Mg、$[VO_4]$、(OH)的$[SiO_4][Si_3O_{10}]$岛状基型硅酸盐类矿物,其晶体化学式为$Mn_4^{2+}Al_4(Al,Mg)[SiO_4]_2[Si_3O_{10}][VO_4](OH)_6$。主要成分为Mn、Al、Si、V、O、H,类质同象替代成分有Mg、Na、Ca、Fe、Cr、As、P、F,其中VO_4多于AsO_4。

化学成分中元素(氧化物)的质量分数为 Na$_2$O 0.02%、CaO 4.27%、MgO 4.47%、TiO$_2$ 0.21%、MnO 22.49%、Mn$_2$O$_3$ 1.01%、Al$_2$O$_3$ 22.77%、V$_2$O$_5$ 4.64%、Cr$_2$O$_3$ 0.34%、Fe$_2$O$_3$ 1.65%、SiO$_2$ 31.47%、As$_2$O$_5$ 0.37%、P$_2$O$_5$ 0.38%、H$_2$O 5.74%、F 0.17%。

由于(VO$_4$)替代(AsO$_4$),锰硅铝矿-As 与锰硅铝矿-V 可以形成类质同象系列矿物。

【结晶形态】

锰硅铝矿-V 属于斜方晶系,斜方双锥晶类,对称型为 mmm。晶体呈针状、片状、薄板状等(图 2-4-4)。

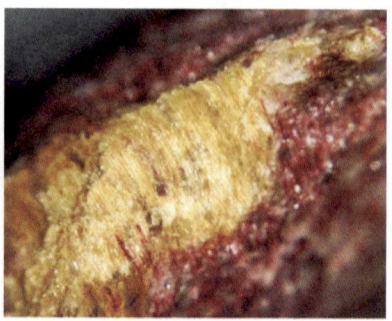

图 2-4-4　锰硅铝矿-V(意大利)

【物理特征】

锰硅铝矿-V 的颜色呈黄色、黄棕色、深棕色等。条痕为白色。透明。玻璃光泽。色散弱。多色性明显:淡黄色、淡黄色、淡黄色。

二轴晶(+)。

解理不清楚。性脆。断口呈不规则、不平整的破碎状。摩氏硬度为 6~7,相对密度为 3.55(计算)。

【晶体结构】

锰硅铝矿-V 属于斜方晶系,空间群为 $Pmmn$。晶胞参数:$a=0.876$ nm、$b=0.584$ nm、$c=1.856$ nm,$Z=2$。X 射线粉晶衍射数据 d(Å)(I/I_{max})为 2.948(90)、2.609(100)、2.329(38)、2.271(37)、2.033(55)、1.585(75)、1.525(39)、1.477(45)。

【产状产地】

锰硅铝矿-V 产于富 V 变质片岩,也产于富 Mn 的伟晶岩和石英脉中。主要产地有意大利等。

【主要用途】

锰硅铝矿-V 在地质学、物理学、化学、晶体学、矿物学方面都有重要意义。

锰钙柱石族

锰钙柱石(harstigite)	Ca$_6$Be$_4$Mn^{2+}[Si$_3$O$_{10}$]O$_2$(OH)$_2$
锰柱石(orientite)	Ca$_8$Mn$^{3+}_{10}$[SiO$_4$]$_3$[Si$_3$O$_{10}$]$_3$(OH)$_{10}$·4H$_2$O
锰硅镁石(gageite)	Mg$_2$Mn$^{2+}_5$[Si$_3$O$_{10}$](OH)$_6$
水硅铜钙石(kinoite)	Ca$_2$Cu$_2$[Si$_3$O$_{10}$]·2H$_2$O

锰钙柱石

【化学性质】

锰钙柱石是一种含 Ca、Be、Mn、(OH)的[Si$_3$O$_{10}$]岛状基型硅酸盐类矿物,其晶体化学式为

$Ca_6Be_4Mn^{2+}[Si_3O_{10}]O_2(OH)_2$。主要成分为 Ca、Be、Mn、Si、O、H，类质同象替代成分有 Mg、F。

化学成分中氧化物的质量分数为 CaO 37.98%、MnO 8.01%、BeO 11.29%、SiO_2 40.69%、H_2O 2.03%。

【结晶形态】

锰钙柱石属于斜方晶系，斜方双锥晶类，对称型为 mmm。晶体呈细晶状、柱状、棱柱状等（图 2-4-5）。依{110}见双晶。

图 2-4-5　锰钙柱石（瑞典）

【物理特征】

锰钙柱石的颜色呈无色、白色。条痕为白色。透明至半透明。玻璃光泽。色散较强。多色性弱。

二轴晶(+)。折射率为 Np=1.678、Nm=1.680、Ng=1.683，双折射率为 0.005。$2V=52°$（测量）、80°（计算）。

无解理。性脆。断口呈不规则、不平整状。摩氏硬度为 5.5，相对密度为 3.16（测量）、3.19（计算）。

【晶体结构】

锰钙柱石属于斜方晶系，空间群为 $Pcmn$。晶胞参数：$a=1.390$ nm、$b=1.362$ nm、$c=0.968$ nm，$Z=4$。X 射线粉晶衍射数据 $d(Å)(I/I_{max})$ 为 4.350(40)、3.545(30)、3.222(40)、2.817(50)、2.788(50)、2.695(100)、2.268(50)。晶体结构见图 2-4-6。

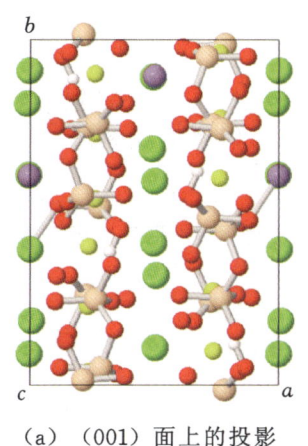
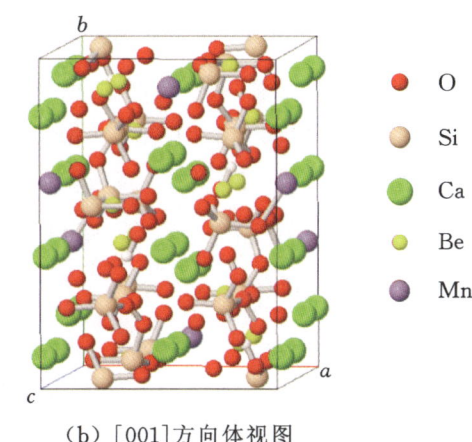

(a) (001)面上的投影　　(b) [001]方向体视图

图 2-4-6　锰钙柱石的晶体结构

【产状产地】

锰钙柱石产于一种泥质变质岩中，常与黑锰矿、石榴石、红柱石、白云石、方解石、蔷薇辉石组合共生。主要产地有瑞典。

【主要用途】

锰钙柱石在地质学、物理学、化学、晶体学、矿物学方面都有重要意义。

锰柱石

【化学性质】

锰柱石是一种含 Ca、Mn、(OH)和 H_2O 的$[SiO_4][Si_3O_{10}]$岛状基型硅酸盐类矿物,其晶体化学式为 $Ca_8Mn_{10}^{3+}[SiO_4]_3[Si_3O_{10}]_3(OH)_{10}\cdot 4H_2O$。主要成分为 Ca、Mn、Si、O、H,类质同象替代成分有 Al、Fe、V、Cu、Mg、K、S、H_2O。

化学成分中氧化物的质量分数为 CaO 20.13%、MnO 12.73%、Mn_2O_3 28.32%、SiO_2 32.35%、H_2O 6.47%。

【结晶形态】

锰柱石属于斜方晶系,斜方双锥晶类,对称型为 mmm。晶体呈棱柱状、细长棱柱状,放射状(图 2-4-7)。

(a) 锰柱石(古巴)　　(b) 锰柱石(意大利)　　(c) 锰柱石(美国密歇根)

图 2-4-7　锰柱石

【物理特征】

锰柱石的颜色呈浅红棕色、深棕色、棕色、黑色等。条痕为浅棕色。透明、半透明至不透明。丝绢光泽、半金属光泽。色散较强,多色性明显:无色、淡黄色,红棕色、黄棕色,黄褐色、深棕色。

二轴晶(+)。折射率为 Np=1.758、Nm=1.776、Ng=1.795,双折射率为 0.037。$2V=68°\sim 83°$(测量)、90°(计算)。

{001}、{120}解理较为模糊。性脆。断口呈不规则、不平整状。摩氏硬度为 4~5,相对密度为 3.05~3.33(测量)、3.48(计算)。

【晶体结构】

锰柱石属于斜方晶系,空间群为 $Cmcm$。晶胞参数:$a=0.608$ nm、$b=0.904$ nm、$c=1.914$ nm,$Z=4$。X 射线粉晶主要衍射数据 $d(\text{Å})(I/I_{max})$ 为 5.060(90)、4.393(0.9)、2.704(100)(图 2-4-8)。晶体结构见图 2-4-9。

【产状产地】

锰柱石是一种在低温条件下形成的矿物。主要产地有古巴、意大利、美国等。

【主要用途】

锰柱石在地质学、物理学、化学、环境科学、晶体学、矿物学方面都有重要意义。

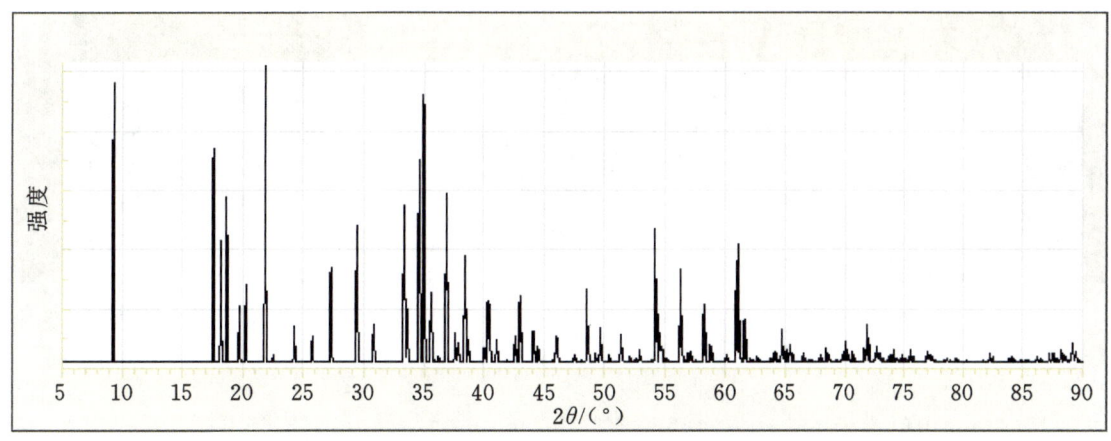

图 2-4-8　锰柱石的 X 射线粉晶衍射图

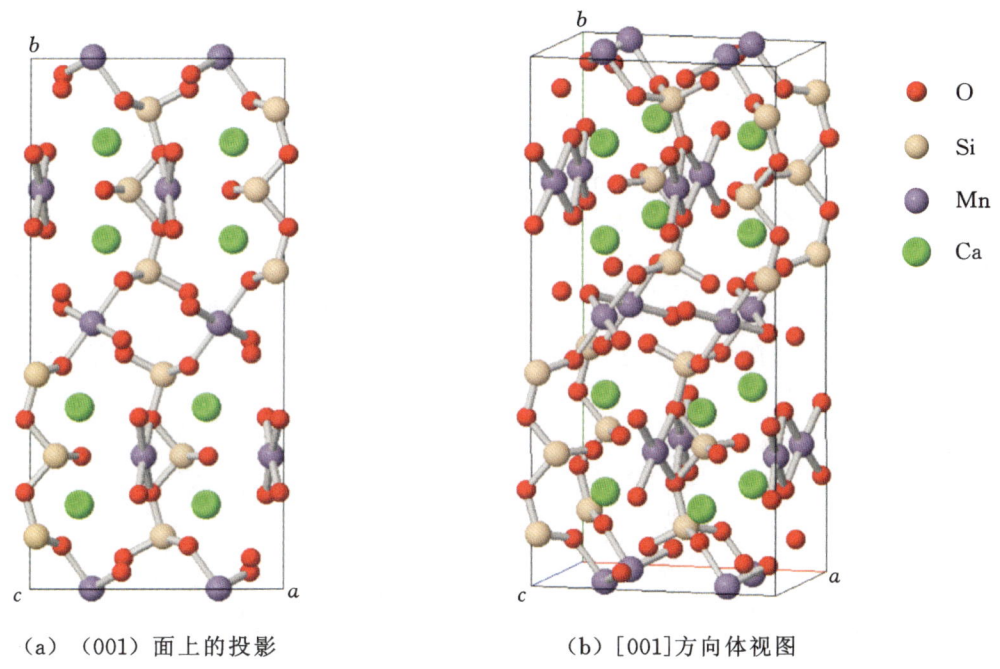

(a) (001)面上的投影　　　(b) [001]方向体视图

图 2-4-9　锰柱石的晶体结构

锰硅镁石

【化学性质】

锰硅镁石是一种含 Mg、Mn、(OH)的[Si_3O_{10}]岛状基型硅酸盐类矿物,其晶体化学式为 $Mg_2Mn_5^{2+}[Si_3O_{10}](OH)_6$。主要成分为 Mg、Mn、Si、O、H,类质同象替代成分有 Zn 等。

化学成分中氧化物的质量分数为 MgO 12.83%、MnO 45.16%、ZnO 8.63%、SiO_2 24.28%、H_2O 9.10%。

【结晶形态】

锰硅镁石属于三斜晶系,单面晶类,对称型为 1。晶体呈针状、长柱状等。常呈放射状集合体(图 2-4-10)。

【物理特征】

锰硅镁石的颜色呈棕紫色、棕色、粉棕色、粉红色、浅棕色、无色等。条痕为白色。透明。玻璃光泽、半玻璃光泽。色散较强。多色性较为明显。

(a) 锰硅镁石（南非）

(b) 锰硅镁石（意大利）

(c) 锰硅镁石（美国新泽西）

图 2-4-10　锰硅镁石

二轴晶(—)。折射率为 Np＝1.723，Nm＝1.734，Ng＝1.736，双折射率为 0.013。

{110}解理完全。性脆。断口呈不规则、不均匀状。摩氏硬度为 3，相对密度为 3.46～3.58（测量）、3.60（计算）。

【晶体结构】

锰硅镁石有两种多型：锰硅镁石-1A，三斜晶系，空间群为 $P1$。晶胞参数：$a=1.417$ nm、$b=1.407$ nm、$c=0.984$ nm，$\alpha=76.5°$，$\beta=76.6°$，$\gamma=86.9°$，$Z=1$。锰硅镁石-2M，单斜晶系，空间群未确定。晶胞参数：$a=1.942$ nm、$b=1.942$ nm、$c=0.984$ nm，$\beta=89.5°$，$Z=2$。

X 射线粉晶主要衍射数据 $d(\text{Å})(I/I_{\max})$ 为 6.870(100)、2.758(80)、2.707(80)。另有报道 X 射线粉晶衍射数据 $d(\text{Å})(I/I_{\max})$ 为 6.895(31)、6.128(39)、3.420(100)、3.237(48)、3.064(36)、2.744(39)、2.717(39)、2.704(52)、2.662(61)、2.614(93)（美国新泽西）。

晶体化学和晶体结构特征（图 2-4-11）有待深入研究。

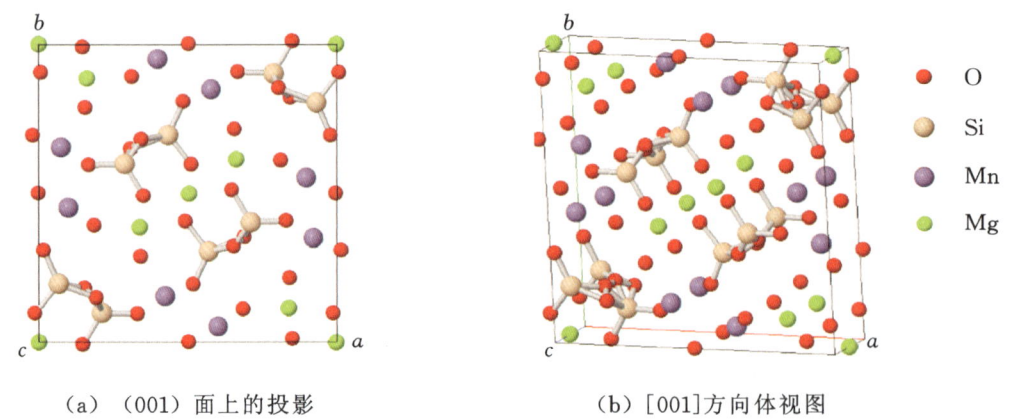

(a) (001)面上的投影　　　　(b) [001]方向体视图

图 2-4-11　锰硅镁石的晶体结构

【产状产地】

锰硅镁石产于变质锌、铁、锰矿床中，与红锌矿、硅锌矿、羟锰矿、水硅锰矿、绿砷锌锰矿、方解石组合共生。主要产地有南非、意大利、美国（新泽西）等。

【主要用途】

锰硅镁石在地质学、物理学、化学、晶体学、矿物学方面都有重要意义。

水硅铜钙石

【化学性质】

水硅铜钙石是一种含 Ca、Cu 及 H_2O 的[Si_3O_{10}]岛状基型硅酸盐类矿物，其晶体化学式为 $Ca_2Cu_2[Si_3O_{10}] \cdot 2H_2O$。主要成分为 Ca、Cu、Si、H、O，类质同象替代成分有 Mg 等。

化学成分中氧化物的质量分数为 CaO 23.00%、CuO 32.63%、SiO₂ 36.98%、H₂O 7.39%。

【结晶形态】

水硅铜钙石属于单斜晶系,斜方柱晶类,对称型为 $2/m$。晶体呈短柱状、粒状、块状等(图2-4-12)。

(a) 水硅铜钙石(美国亚利桑那)　(b) 水硅铜钙石(美国亚利桑那)　(c) 水硅铜钙石(美国加利福尼亚)

图 2-4-12　水硅铜钙石

【物理特征】

水硅铜钙石的颜色呈天青蓝色、蓝色,深蓝色。条痕为蓝白色。透明至半透明。玻璃光泽。色散较弱,多色性明显:淡绿色蓝色,蓝色,深蓝色。

二轴晶(一)。折射率为 Np=1.638、Nm=1.665、Ng=1.676,双折射率为 0.038。$2V=68°$(测量)、64°(计算)。

{010}完全解理,{100}、{001}中等解理。性脆。断口呈不规则、不平整状。摩氏硬度为 2.5,相对密度为 3.13~3.19(测量)、3.193(计算)。

【晶体结构】

水硅铜钙石属于单斜晶系,空间群为 $P2_1/m$。晶胞参数:$a=0.701$ nm、$b=1.292$ nm、$c=0.567$ nm。$β=96.17°$,$Z=2$。X射线粉晶衍射数据 d(Å)(I/I_{max})为 6.441(70)、4.720(100)、3.951(26)、3.138(30)、3.052(80)、2.315(30)、2.116(41)(图2-4-13)。晶体结构见图2-4-14。

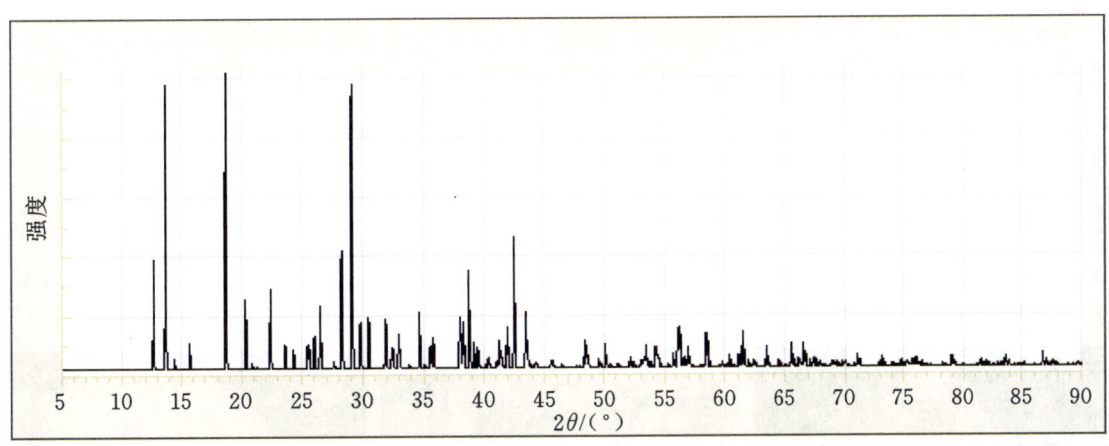

图 2-4-13　水硅铜钙石的X射线粉晶主要衍射图

【产状产地】

水硅铜钙石产于矽卡岩及断层破碎带中。主要产地有美国(亚利桑那、加利福尼亚)等。

【主要用途】

水硅铜钙石在地质学、物理学、化学、晶体学、矿物学方面都有重要意义。

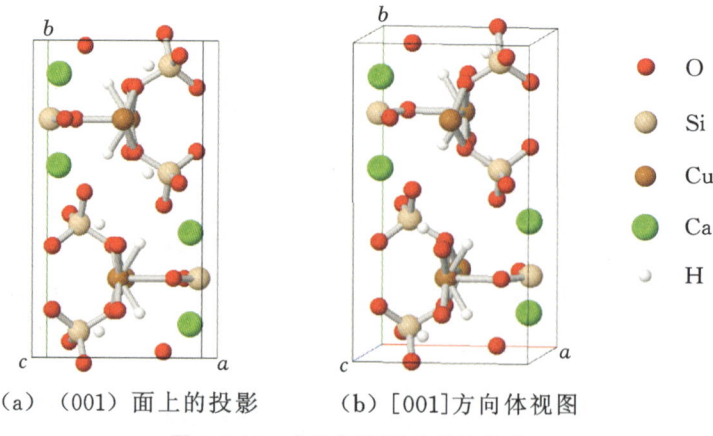

（a）（001）面上的投影　　（b）[001]方向体视图

图 2-4-14　水硅铜钙石的晶体结构

第五节　具[AlSi$_4$O$_{16}$]

氯黄晶族

氯黄晶（zunyite）　　　　　　　　Al$_{12}$[AlSi$_4$O$_{16}$][SiO$_4$](OH,F)$_{18}$Cl

碳硼硅镁钙石（harkerite）　　　　Ca$_{12}$Mg$_4$Al[BO$_3$]$_3$[SiO$_4$]$_4$[CO$_3$]$_5$·H$_2$O

氯黄晶

【化学性质】

氯黄晶是一种含 Al、(OH)、F、Cl 的[AlSi$_4$O$_{16}$][SiO$_4$]岛状基型硅酸盐类矿物，其晶体化学式为 Al$_{12}$[AlSi$_4$O$_{16}$][SiO$_4$](OH,F)$_{18}$Cl。主要成分为 Al、Si、O、H、F、Cl，类质同象替代成分有 Mg、Na、Ca、Ti、Mn、Cr、C。

化学成分中氧化物和单质的质量分数为 Al$_2$O$_3$ 55.23%、SiO$_2$ 25.97%、H$_2$O 12.46%、Cl 3.06%、F 3.28%。

不溶于氢氟酸。

【结晶形态】

氯黄晶属于等轴晶系，六四面体晶类，对称型为 $\bar{4}3m$。晶体呈粒颗状，细小结晶良好（图 2-5-1）。常见单形有四面体{111}、立方体{100}和八面体{111}。

（a）氯黄晶（伊朗）　　（b）氯黄晶（美国科罗拉多）　　（c）氯黄晶（美国亚利桑那）

图 2-5-1　氯黄晶

【物理特征】

氯黄晶的颜色呈无色、灰色、白色、肉红色等。条痕为白色。透明至半透明。玻璃光泽。

等轴晶，均质体。折射率为 $N=1.584$。

{111}完全解理。性脆。断口呈不规则、不平整的贝壳状。摩氏硬度为 7，相对密度为 2.88（测量）、2.85（计算）。

【晶体结构】

氯黄晶属于等轴晶系，空间群为 $F\overline{4}3m$。晶胞参数：$a=1.393$ nm，$Z=4$。X 射线粉晶主要衍射数据 $d(Å)(I/I_{max})$ 为 8.07(100)、4.21(100)、2.68(90)（图 2-5-2）。

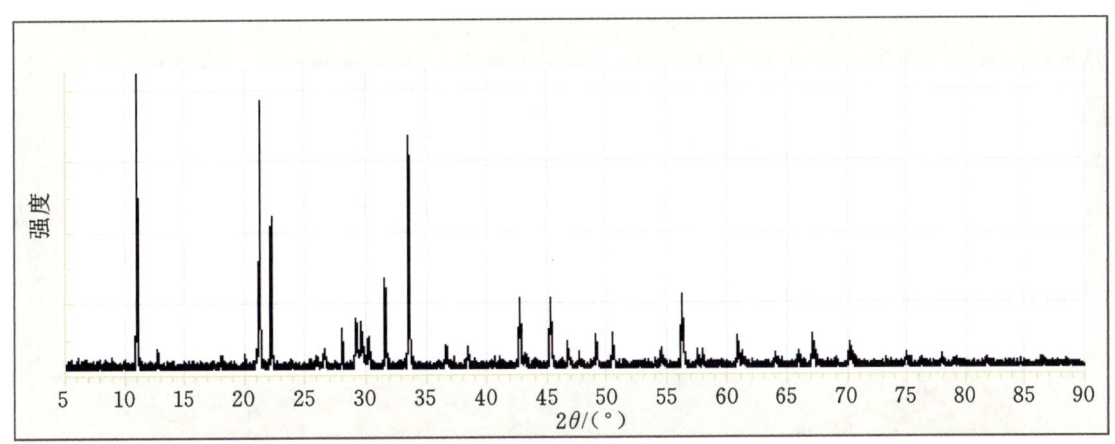

图 2-5-2　氯黄晶的 X 射线粉晶衍射图

【产状产地】

氯黄晶常产于变质高铝页岩及次生石英岩中，共生矿物有石英、叶蜡石、绿帘石、黄铁矿、一水铝石等。主要产地有伊朗、美国（科罗拉多、亚利桑那）、中国等。

【主要用途】

氯黄晶在地质学、物理学、化学、晶体学、矿物学、晶体学、宝石学方面都有一定意义。

碳硼硅镁钙石

【化学性质】

碳硼硅镁钙石是一种含 Ca、Mg、Al、$[BO_3]$、$[CO_3]$ 和 H_2O 的 $[AlSi_4O_{16}]$ 岛状基型硅酸盐类矿物，其晶体化学式为 $Ca_{12}Mg_4Al[BO_3]_3[SiO_4]_4[CO_3]_5 \cdot H_2O$。主要成分为 Ca、Mg、Al、Si、O、B、C、H，类质同象替代成分有 REE、Fe、Mn、Sr、F、Cl 等。

化学成分中氧化物的质量分数为 CaO 45.84%、MgO 10.98%、Al_2O_3 3.47%、SiO_2 16.38%、B_2O_3 7.11%、CO_2 14.99%、H_2O 1.23%。

碳硼硅钙镁石—萨碳硼镁钙石可形成类质同象系列（固溶体）。

【结晶形态】

碳硼硅镁钙石属十二方晶系，复三方单锥晶类，对称型为 $3m$。晶体呈假八面体晶体形状（图 2-5-3）。

【物理特征】

碳硼硅镁钙石的颜色呈无色、白色、棕褐色。条痕为白色。透明。亚玻璃光泽、蜡状光泽、无光泽。色散弱。无多色性。具有荧光。

二轴晶（＋/−）。折射率为 No=1.649～1.653，Ne=1.649～1.653。

（a）碳硼硅镁钙石（俄罗斯）　　（b）碳硼硅镁钙石（意大利）　　（c）碳硼硅镁钙石（纳米比亚）

图 2-5-3　碳硼硅镁钙石

无解理。性脆。断口呈不平整、不规则状。摩氏硬度为5，相对密度为2.96（测量）、3.07（计算）。

【晶体结构】

碳硼硅镁钙石属于三方晶系，空间群为 $R\bar{3}m$。晶胞参数：$a=1.813$ nm，$c=3.346$ nm，$Z=6$。六方晶胞参数：$a=1.044$ nm、$c=5.130$ nm，$Z=3$。假等轴晶系的空间群写为 $Fd3m$。X 射线粉晶衍射数据 $d(\text{Å})(I/I_{max})$ 为 5.22(70)、3.39(60)、3.01(60)、2.84(60)、2.61(100)、2.13(80)、1.84(90)、1.51(70)（英国苏格兰）。晶体结构见图 2-5-4。

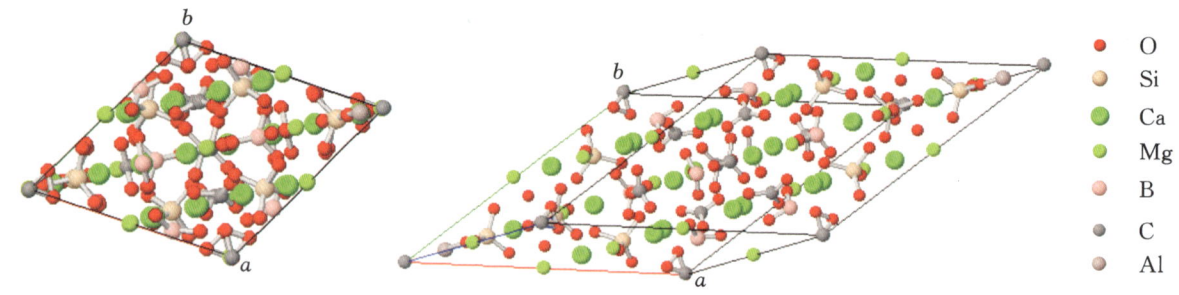

图 2-5-4　碳硼硅镁钙石的晶体结构

【产状产地】

碳硼硅镁钙石产于花岗岩与白云质灰岩接触的矽卡岩带中。常与磁铁矿、透辉石、方解石、斑铜矿等组合共生。主要产地有俄罗斯、纳米比亚、美国（加利福尼亚）、英国（苏格兰）等。

【主要用途】

碳硼硅镁钙石在地质学、物理学、化学、晶体学、矿物学方面都有重要意义。

第三章 环状基型硅酸盐矿物学

环状硅酸盐矿物(cyclosilicate mineral)是硅酸盐类矿物按晶体结构特点划分的亚类之一,其络阴离子是由若干个硅氧四面体通过共用部分角顶(通常为1/2的角顶)而连接成的封闭环。

例如,三元环$[Si_3O_9]$、四元环$[Si_4O_{12}]$、六元环$[Si_6O_{18}]$、双层六元环$[Si_{12}O_{30}]$、$[Si_8O_{24}]$、$[Si_9O_{27}]$、$[Si_{12}O_{36}]$等。各个硅氧四面体环之间由金属阳离子相联系而结合成环状硅酸盐。

第一节 具$[Si_3O_9]$三元环

异性石族

异性石(eudialyte)	$Na_{12}Ca_6Fe_3Zr_3[Si_3O_9]_2[Si_9O_{24}(OH,Cl)_3]_2$
变异性石(barsanovite)	$Na_{12}Ca_6Fe_3Zr_3[Si_3O_9]_2[Si_9O_{24}(OH,Cl)_3]_2$

异性石

【化学性质】

异性石是一种含Na、Ca、Fe、Mn、Zr、(OH)的$[Si_3O_9][Si_9O_{24}(OH)_3]$环状基型硅酸盐类矿物,其晶体化学式为$Na_{12}Ca_6Fe_3Zr_3[Si_3O_9]_2[Si_9O_{24}(OH,Cl)_3]_2$。主要成分为Na、Ca、Fe、Zr、Si、H、Cl、O,类质同象替代成有K、Mn、Mg、Al、Sr、Fe、Y、REE、Ti、Nb、F、P、S。

化学成分中氧化物及元素的质量分数为Na_2O 12.49%、CaO 8.48%、Ce_2O_3 8.27%、Y_2O_3 1.14%、ZrO_2 12.21%、MnO 2.14%、FeO 4.13%、SiO_2 47.99%、H_2O 1.36%、Cl 1.79%。

【结晶形态】

异性石属于三方晶系,复三方偏三角面体晶类,对称型为$\bar{3}m$。晶体呈粒状、板状、柱状,集合体呈块状,有时呈葡萄状,见图3-1-1。常见单形有$\{0001\}$、$\{11\bar{2}0\}$、$\{10\bar{1}0\}$、$\{10\bar{1}1\}$、$\{10\bar{1}4\}$。

【物理特征】

异性石的颜色呈胭脂红色、橙红色、橙色、粉红色、樱桃红色、棕红色、黄棕色、棕色、黄色、紫色、绿色等。条痕为白色至淡粉红色。半透明。半玻璃光泽、土状光泽。色散弱,多色性弱:无色、淡黄色、粉红色,粉红色至无色。

一轴晶(+/−),有时出现均质性,光性异常时可成二轴晶。折射率为No=1.606~1.610、Ne=1.610~1.613,双折射率为0.004。2V=0~30°。

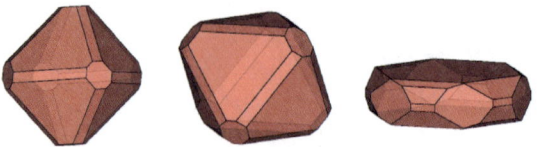

(a) 异性石的结晶形态

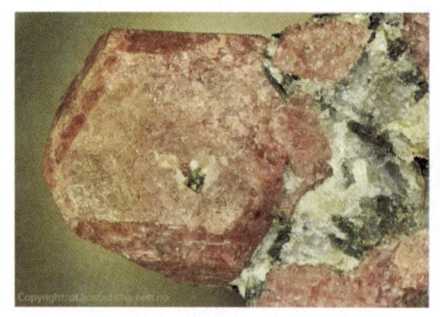

(b) 异性石（丹麦）　　　　(c) 异性石（俄罗斯）　　　　(d) 异性石（加拿大）

图 3-1-1　异性石

{0001}解理中等，有时可见到{0001}裂开。性脆。断口呈不平整、不均匀的贝壳状。摩氏硬度为 5～6，相对密度为 2.74～3.10。

有弱磁性。

【晶体结构】

异性石属于三方晶系，空间群为 $R\bar{3}m$。晶胞参数：$a=1.431$ nm、$c=3.015$ nm，$Z=3$。X 射线粉晶衍射数据 $d(\text{Å})(I/I_{max})$ 为 7.19(100)、5.74(80)、3.16(80)、2.96(90)、2.87(80)、2.82(10)、1.77(70)，见图 3-1-2。

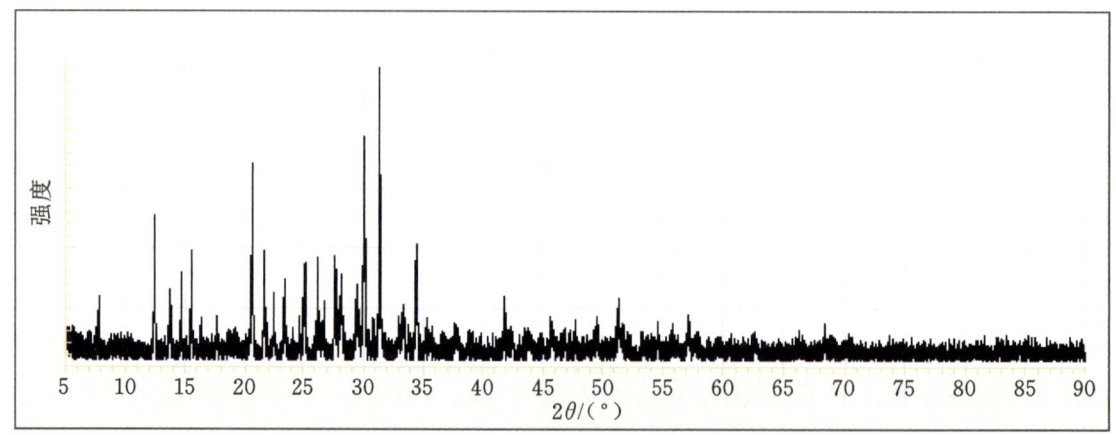

图 3-1-2　异性石的 X 射线粉晶衍射图

异性石结构中存在两种由[SiO_4]构成的环，一种是[Si_3O_9]三元环，另一种是[Si_9O_{27}]九元环，两种环组成的四面体层平行(0001)。单胞内共有 6 个类似的层，层与层之间分别由 Na、六次配位的 Zr，以及四次配位的 Fe 和六次配位的 Ca 所连接，并在[Si_9O_{27}]环中轴处形成较大的结构空隙。Cl 处于四面体层同样高度，并与部分 Na 和(OH)一起位于较大的结构空隙处，见图 3-1-3。

三元环[Si_3O_9]$_6$ 和九元环[Si_9O_{27}]$_{18}$ 为四次配位及六次配位的 Na、Ca、Fe、Zr 阳离子层所连接。在环的大空隙中除 Na 外，还有 K、REE、OH、Cl 及 SiO_4 四面体。两个九元环被一个 Si 连接，得到一个[($Si_9O_{27})_2SiO$]$_{34}$ 结构基团，见图 3-1-4。

与异性石晶体结构相同的矿物有：

肯异性石(kentbrooksite)，化学式为 $(Na,REE)_{15}(Ca,REE)_6Mn_3Zr_3NbSi_{25}O_{74}F_2 \cdot 2H_2O$；

锶异性石(khomyakovite)，化学式为 $Na_{12}Sr_3Ca_6Fe_3Zr_3WSi_{25}O_{73}(O,OH,H_2O)_3(OH,Cl)_2$；

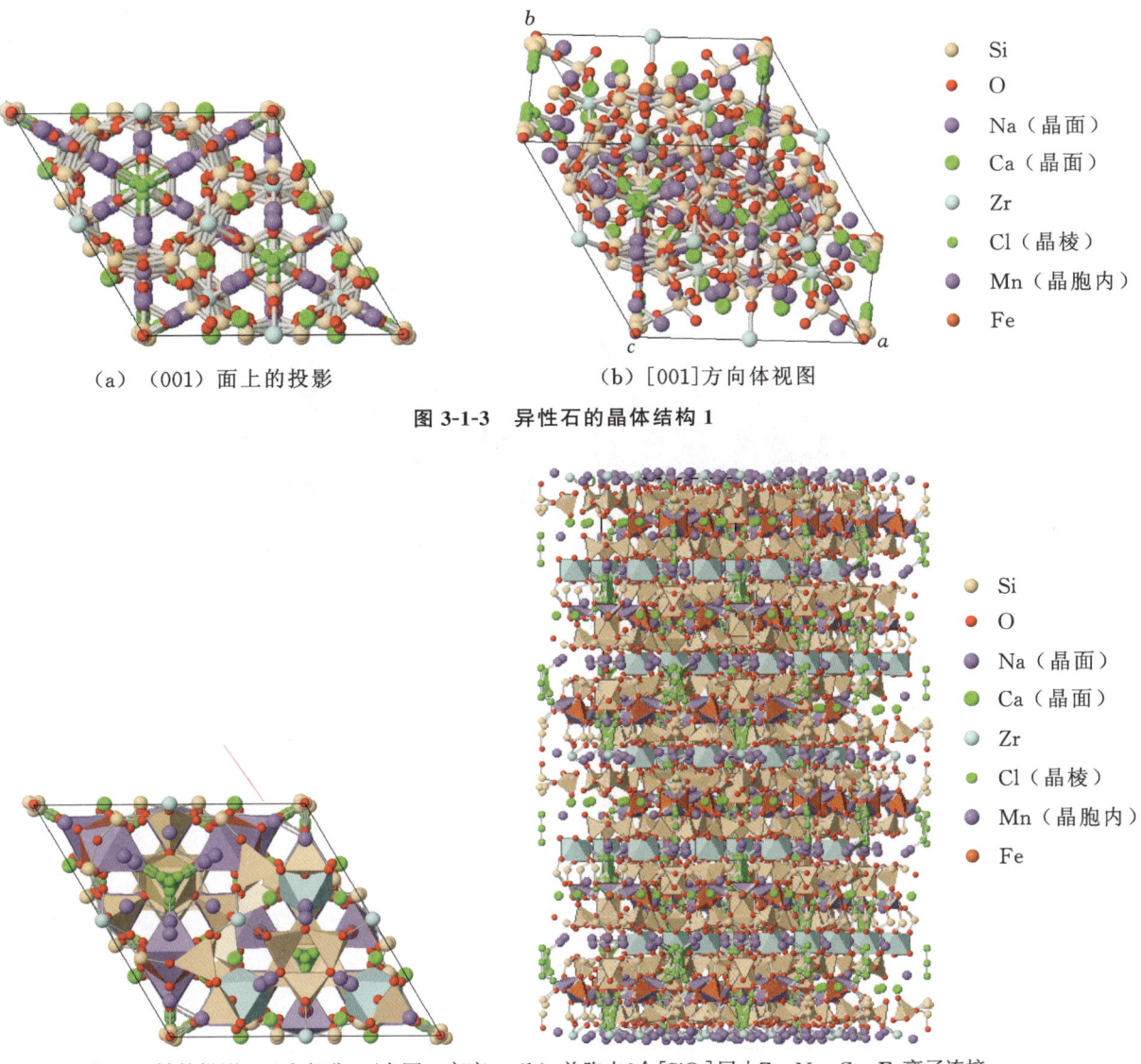

(a)（001）面上的投影　　　　　(b)[001]方向体视图

图 3-1-3　异性石的晶体结构 1

(a)[SiO_4]层沿c轴的投影，Cl⁻和部分Na⁺在同一高度　　(b)单胞内6个[SiO_4]层由Zr、Na、Ca、Fe离子连接

图 3-1-4　异性石的晶体结构 2

锰锶异性石(manganokhomyakovite)，化学式为 $Na_{12}Sr_3Ca_6Mn_3Zr_3WSi_{25}O_{73}(O,OH,H_2O)_3(OH,Cl)_2$；
奥尼尔石(oneillite)，化学式为 $Na_{15}Ca_3Mn_3Fe_3Zr_3NbSi_{25}O_{73}(O,OH,H_2O)_3(OH,Cl)_2$。
单斜晶系的异性石多型称为变异性石。

【产状产地】

异性石产于霞石正长岩及其伟晶岩中，是一种副矿物。与霞石、霓石、闪叶石、铈铌钙钛矿、褐硅钠钛矿、楣石等组合共生，有时与星叶石共生。主要产地有丹麦、俄罗斯、加拿大、丹麦（格陵兰岛）、中国（辽宁）等。

【主要用途】

异性石在地质学、物理学、化学、晶体学、矿物学方面都有重要意义。异性石有时大量产出，是一种有远景的锆矿资源。

变异性石

【化学性质】

变异性石是一种含 Na、Ca、Fe、Zr、(OH)的[Si_3O_9][$Si_9O_{24}(OH)_3$]环状基型硅酸盐类矿物，其晶

体化学式为 $Na_{12}Ca_6Fe_3Zr_3[Si_3O_9]_2[Si_9O_{24}(OH)_3]_2$。主要成分为 Na、Ca、Fe、Zr、Si、H、O，类质同象替代成分有 K、Mn、Sr、REE、Y、Ba、Ti、Hf、Nb、F、Cl。

化学成分中氧化物及元素的质量分数为 K_2O 0.34%、BaO 0.14%、Na_2O 11.02%、SrO 2.23%、CaO 10.71%、REE_2O_3 3.21%、Y_2O_3 0.45%、HfO_2 0.26%、ZrO_2 12.07%、TiO_2 0.12%、MnO 2.15%、Nb_2O_5 3.71%、FeO 5.56%、SiO_2 46.01%、H_2O 0.48%、Cl 1.19%、F 0.35%。

【结晶形态】

变异性石属于三方晶系，复三方偏三角面体晶类，对称型为 $\bar{3}m$。晶体和集合体呈颗粒状、柱状、块状等，见图 3-1-5。

图 3-1-5　变异性石（Fe）（俄罗斯）

【物理特征】

变异性石的颜色呈黄色、绿色、黄绿色。条痕为白色。透明至半透明。玻璃光泽。色散弱。多色性明显。

二轴晶（−）。折射率为 No=1.639、Ne=1.631，双折射率为 0.008。

无解理。性脆。断口呈不平整、不规则状。摩氏硬度为 5，相对密度为 3.05（测量）、3.10（计算）。

【晶体结构】

变异性石属于三方晶系，空间群为 $R\bar{3}m$。晶胞参数：$a=1.427$ nm、$c=3.002$ nm，$Z=3$。X 射线粉晶衍射数据 $d(Å)(I/I_{max})$ 为 6.420(54)、4.300(62)、3.202(100)、3.155(71)、2.975(98)、2.857(44)、2.591(54)，见图 3-1-6。

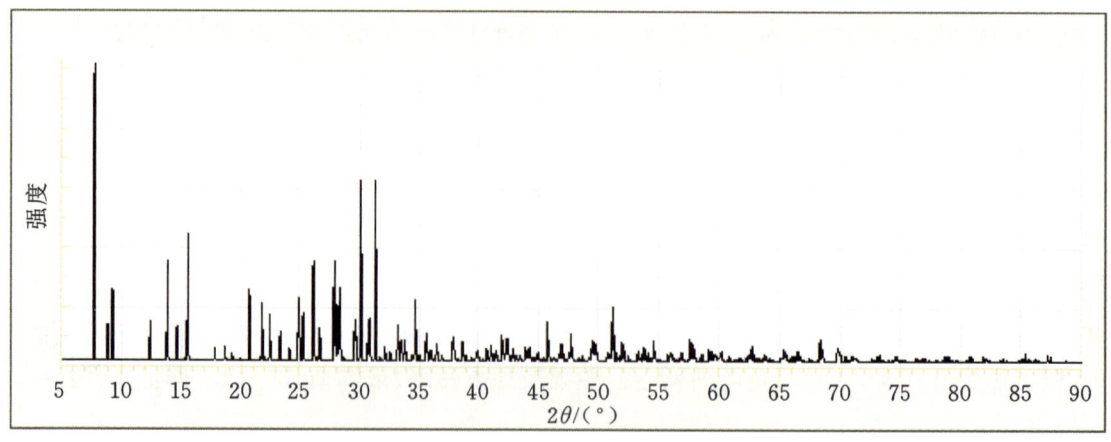

图 3-1-6　变异性石的 X 射线粉晶衍射图

【产状产地】

变异性石产于霓石、辉石、霞石正长伟晶岩中，由岩浆期后热液交代早期的异性石而形成，与异性石很难分离。主要产地有俄罗斯。

【主要用途】

变异性石在地质学、物理学、化学、晶体学、矿物学方面都有重要应用，可作为重要稀土金属材料提取的矿物原料。

菱黑稀土矿族

菱黑稀土矿（steenstrupinc）　　　　$Na_{14}Ce_6Mn^{2+}Mn^{3+}Fe_2^{2+}(Zr,Th)[Si_6O_{18}]_2[PO_4]_7·3(H_2O)$

硅锆钙钠石（zirsinalite）　　　　　$Na_6(Ca,Mn,Fe^{2+})Zr[Si_3O_9]_2$

菱黑稀土矿

【化学性质】

菱黑稀土矿是一种含 Na、Mn、Fe、Zr、Ce、$[PO_4]$、(OH)的$[Si_6O_{18}]$环状基型硅酸盐类矿物，其晶体化学式为 $Na_{14}Ce_6Mn^{2+}Mn^{3+}Fe_2^{2+}(Zr,Th)[Si_6O_{18}]_2[PO_4]_7·3(H_2O)$。主要成分为 Na、Ce、Mn、Fe、Zr、Si、P、H、O，类质同象替代成分有 Th、La、Pr、Nb。

化学成分中氧化物的质量分数为 Na_2O 13.81%、Ce_2O_3 31.34%、ThO_2 2.10%、ZrO_2 2.94%、MnO 2.26%、Mn_2O_3 2.51%、FeO 4.57%、SiO_2 22.94%、P_2O_5 15.81%、H_2O 1.72%。

【结晶形态】

菱黑稀土矿属于三方晶系，复三方偏三角面体晶类，对称型为 $\bar{3}m$。晶体和集合体呈细颗粒状、块状、棱柱状，见图 3-1-7。

图 3-1-7　菱黑稀土矿（格陵兰岛）

【物理特征】

菱黑稀土矿的颜色呈棕红色、深棕色、黑色。条痕为白色、棕褐色。不透明。玻璃光泽、油脂光泽。色散弱。多色性可见：黄棕色、深褐色。

一轴晶(-)。折射率为 No=1.665、Ne=1.663，双折射率为 0.002。

解理无。性脆。断口呈贝壳状光滑弯曲表面。摩氏硬度为 4，相对密度为 3.40（测量）、3.63（计算）。

【晶体结构】

菱黑稀土矿属于三方晶系，空间群为 $R\bar{3}m$（图 3-1-8）。晶胞参数为 a=1.046 nm、c=4.548 nm，Z=3。X 射线粉晶主要衍射数据 d(Å)(I/I_{max})为 4.20(70)、3.09(100)、2.87(100)。

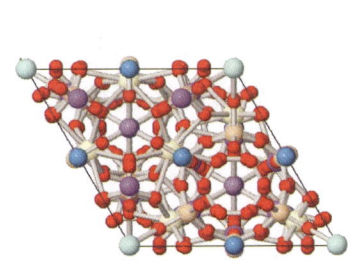
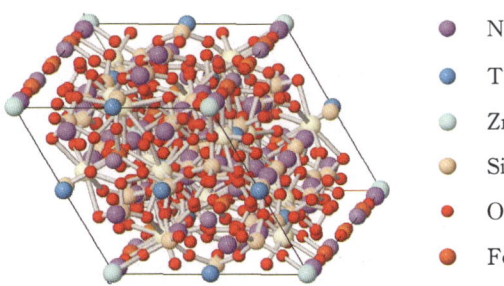

（a）(001)面上的投影　　（b）[001]方向体视图

图 3-1-8　菱黑稀土矿的晶体结构

【产状产地】

菱黑稀土矿产于霞石正长岩和方钠石正长岩的钠质伟晶岩中,与水硅钠钛矿、硅钠锶镧石等共生。在表生条件下非常不稳定而形成磷钇铈矿。主要产地有丹麦(格陵兰岛)、俄罗斯等。

【主要用途】

菱黑稀土矿在地质学、物理学、化学、材料学、晶体学、矿物学方面都有重要意义,可作为重要稀土金属材料提取的矿物原料。

硅锆钙钠石

【化学性质】

硅锆钙钠石是一种含 Na、Ca、Zr 的 $[Si_3O_9]$ 环状基型硅酸盐类矿物,其晶体化学式为 $Na_6(Ca, Mn, Fe^{2+})Zr[Si_3O_9]_2$。主要成分为 Na、Ca、Zr、Si、O,类质同象替代成分有 Mn、Fe、Ti、H_2O。

化学成分中氧化物的质量分数为 Na_2O 25.35%、CaO 3.82%、ZrO_2 16.81%、MnO 2.90%、FeO 1.96%、SiO_2 49.16%。

【结晶形态】

硅锆钙钠石属于三方晶系,复三方偏三角面体晶类,对称型为 $\bar{3}m$。晶体和集合体呈粒状、块状等,见图 3-1-9。

图 3-1-9　硅锆钙钠石(俄罗斯)

【物理特征】

硅锆钙钠石的颜色呈无色、浅灰色、浅黄灰色、淡绿色、橄榄绿色等。条痕为白色。透明至半透明。玻璃光泽。色散弱。多色性弱。

一轴晶(-)。折射率为 No=1.624、Ne=1.59~1.592,双折射率为 0.032~0.034。

解理无。性脆。断口呈不均匀、不平整的贝壳状碎片。摩氏硬度为 5~5.5,相对密度为 2.9(测量)、3.04(计算)。

【晶体结构】

硅锆钙钠石矿物属于三方晶系,空间群为 $R\bar{3}m$(图 3-1-10)。晶胞参数:a=1.029 nm、c=1.311 nm,Z=3。X 射线粉晶主要衍射数据 d(Å)(I/I_{max})为 3.245(50)、2.637(90)、2.569(80)、1.842(100)、1.498(60)。

【产状产地】

硅锆钙钠石产于霞石正长岩外带伟晶岩的细脉中,常与歪长石、霓石、霞石及少量的磷硅钛钠石、闪叶石、基性异性石、钠锆石共生。在伟晶岩洞穴里,呈自形柱状晶体,与氟盐、硬硅钙石和晚期针状霓石一起,但其颗粒的边缘被致密的浅黄色基性异性石所包围。主要产地有俄罗斯。

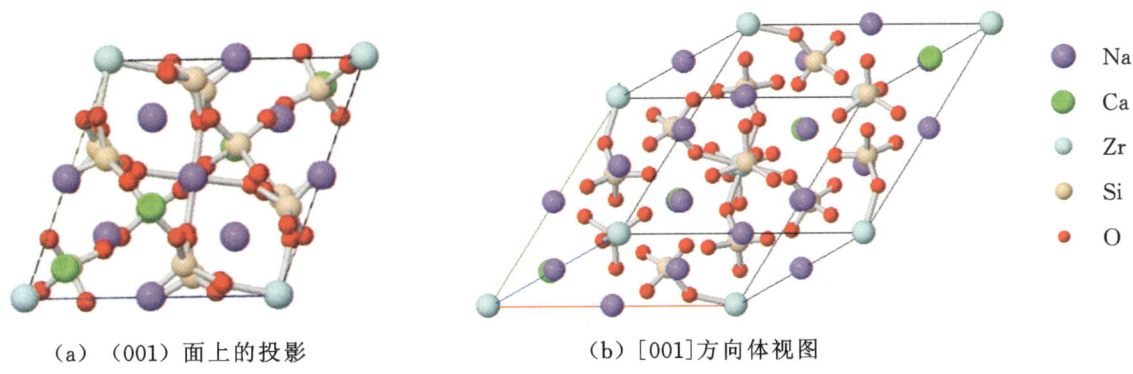

(a)（001）面上的投影　　　　　　　　(b) [001]方向体视图

图 3-1-10　硅锆钙钠石的晶体结构

【主要用途】

硅锆钙钠石在地质学、物理学、化学、材料学、环境科学、晶体学、矿物学方面都有重要意义。

环硅灰石族

针硅钙铅石（margarosanite）	$Ca_2Pb[Si_3O_9]$
瓦硅钙钡石（walstromite）	$BaCa_2[Si_3O_9]$
环硅灰石（cyclowollastonite）	$Ca_3[Si_3O_9]$
罗水硅钙石（rosenhanite）	$Ca_3[Si_3O_9]\cdot H_2O$

针硅钙铅石

【化学性质】

针硅钙铅石是一种含 Ca、Pb 的 $[Si_3O_9]$ 环状基型硅酸盐类矿物，其晶体化学式为 $Ca_2Pb[Si_3O_9]$。主要成分为 Ca、Pb、Si、O，类质同象替代成分有 Mn、Fe、Zn、Mg、Ba、H_2O 等。

化学成分中氧化物的质量分数为 CaO 21.62%、MnO 1.10%、SiO_2 34.08%、PbO 43.24%。

【结晶形态】

针硅钙铅石属于三斜晶系，单面晶类，对称型为 1。晶体和集合体呈片状、柱状、粒状等，见图 3-1-11。集合体呈块状。

（a）针硅钙铅石（美国新泽西）　　　　　　（b）针硅钙铅石（瑞典）

图 3-1-11　针硅钙铅石

【物理特征】

针硅钙铅石的颜色呈无色、灰白色。条痕为无色、白色。透明、半透明。树脂光泽，珍珠光泽，无光泽。色散较强。多色性无。

二轴晶（－）。折射率为 Np=1.727、Nm=1.771、Ng=1.798，双折射率为 0.071。{010}、{100}解理完

全。性脆。断口呈不平整、不均匀的贝壳状。摩氏硬度为2.5~3，相对密度为4.33(测量)、4.34(计算)。

【晶体结构】

针硅钙铅石属于三斜晶系，空间群为 $P\bar{1}$。晶胞参数：$a=0.677$ nm、$b=0.964$ nm、$c=0.675$ nm，$\alpha=110.58°$、$\beta=102°$、$\gamma=88.50°$，$Z=2$。X射线粉晶衍射数据 $d(\text{Å})(I/I_{max})$ 为 8.967(31)、6.588(75)、6.122(49)、5.193(49)、5.097(80)、5.023(37)、4.384(56)、3.499(38)、3.221(54)、3.176(59)、3.088(32)、3.045(78)、3.034(91)、2.989(100)。

双层结构层平行于(101)，[SiO_4]四面体成孤立三元环层。[CaO_6]八面体＋[CaO_8]多面体形成链状，Ca多面体相互连结形成薄片状，见图3-1-12。

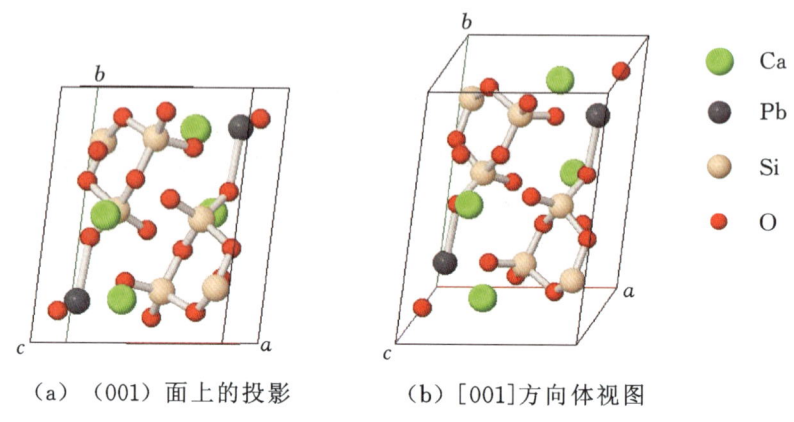

(a) (001)面上的投影　　(b) [001]方向体视图

图 3-1-12　针硅钙铅石的晶体结构

针硅钙铅石是一种含铅的瓦硅钙钡石，类似于硅钙铅矿。与它具有相同结构的矿物有瓦硅钙钡石、Breyite($Ca_3Si_3O_9$)多型。

【产状产地】

针硅钙铅石产于变质Pb、Zn、Mn矿床中，是一种稀有的硅酸铅类矿物。与硅灰石、铁铝榴石、锌尖晶石、氯硅钙铅矿、硅硼钙石、含Mn斧石以及重晶石共生。主要产地有瑞典、巴西、美国(新泽西)。

【主要用途】

针硅钙铅石在地质学、物理学、化学、晶体学、矿物学方面都有重要意义。

瓦硅钙钡石

【化学性质】

瓦硅钙钡石是一种含Ba、Ca的[Si_3O_9]环状硅酸盐类矿物，其晶体化学式为 $BaCa_2[Si_3O_9]$。主要成分为Ba、Ca、Si、O，类质同象替代成分有Ti、Al、Fe、Mn、Mg、Sr、K等。

化学成分中氧化物的质量分数为 BaO 34.40%、CaO 25.16%、SiO_2 40.44%。

【结晶形态】

瓦硅钙钡石属于三斜晶系，单面晶类，对称型为1。晶体和集合体呈颗粒状、细小粒状，见图3-1-13。

【物理特征】

瓦硅钙钡石的颜色呈无色、白色等。条痕为白色。透明。半玻璃光泽、珍珠光泽。色散弱。多色性无。

二轴晶(一)。折射率为 $Np=1.668$、$Nm=1.684$、$Ng=1.685$，双折射率为0.017。$2V=30°$(测量)、26°(计算)。

{100}解理完全，{011}、{010}清楚。性脆。断口呈不规则、不均匀的贝壳状。摩氏硬度为3.5，相对密度为3.67(测量)、3.74(计算)。

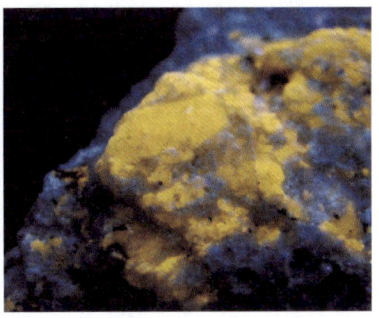

图 3-1-13　瓦硅钙钡石（美国加利福尼亚）

【晶体结构】

瓦硅钙钡石属于三斜晶系，空间群为 $P\overline{1}$（图 3-1-14）。晶胞参数：$a=0.675$ nm、$b=0.963$ nm、$c=0.670$ nm，$\alpha=69.61°$，$\beta=102.23°$，$\gamma=96.92°$，$Z=2$。X 射线粉晶主要衍射数据 d(Å)(I/I_{max})为 6.58(20)、2.99(100)、2.7(20)，见图 3-1-15。

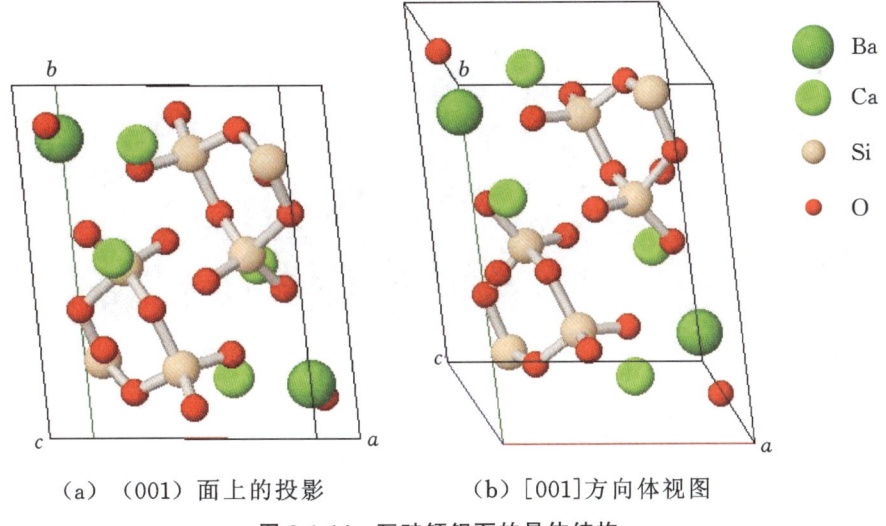

(a)　(001)面上的投影　　(b)　[001]方向体视图

图 3-1-14　瓦硅钙钡石的晶体结构

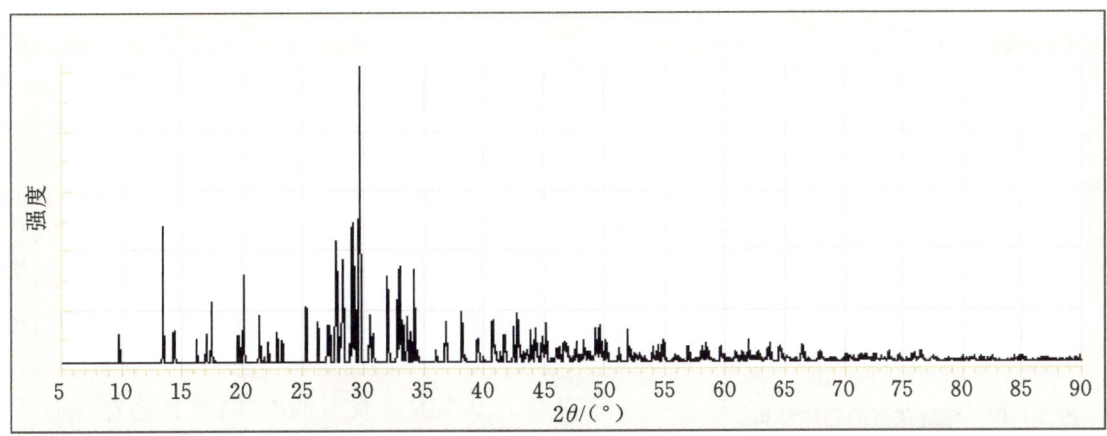

图 3-1-15　瓦硅钙钡石的 X 射线粉晶衍射图

瓦硅钙钡石是一种富含钡的针硅钙铅石，与针硅钙铅石、Breyite 具有相同结构，成分与硅灰石类似。

【产状产地】

瓦硅钙钡石产于经变质作用的沉积物中。在伟晶岩附近的变质层状锌锰矿床中，与锌铁尖晶石、硅锌矿、红锌矿成组合，并与成细脉的羟硅锰矿共生，或在热水沉积矿床的细脉中与锰方解石、蛇纹石、镁砷锌锰矿、锌黑锰矿、锰橄榄石或红锌矿成组合。主要产地有美国、巴西等。

【主要用途】

瓦硅钙钡石在地质学、物理学、化学、晶体学、矿物学方面都有重要意义。

环硅灰石

【化学性质】

环硅灰石曾名假硅灰石，是一种含 Ca 的 $[Si_3O_9]$ 环状基型硅酸盐类矿物，其晶体化学式为 $Ca_3[Si_3O_9]$。主要成分为 Ca、Si、O，类质同象替代成分有 Mg、Fe、Mn 等。

化学成分中氧化物的质量分数与硅灰石类似。

【结晶形态】

环硅灰石属于单斜晶系，斜方柱晶类，对称型为 $2/m$。晶体和集合体呈颗粒状、柱状、块状。双晶依{001}呈页片状，见图 3-1-16。

（a）环硅灰石（德国）

（b）环硅灰石（法国）

图 3-1-16　环硅灰石

【物理特征】

环硅灰石的颜色呈无色、白色。条痕为白色。透明。玻璃光泽。色散弱。多色性弱。

二轴晶（+）。折射率为 Np=1.610、Nm=1.611、Ng=1.654。

{001}解理完全。性脆。断口呈不规则、不平整的贝壳状。摩氏硬度为 5，相对密度为 2.91（测量）、2.90（计算）。

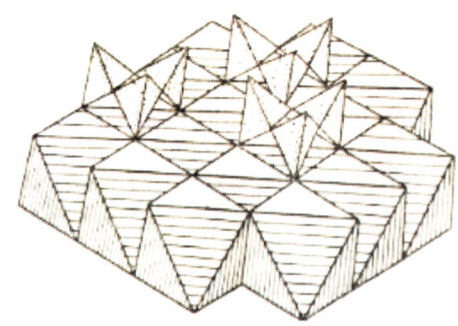

图 3-1-17　环硅灰石的晶体结构

【晶体结构】

环硅灰石属于单斜晶系，空间群为 $C2/c$（图 3-1-17）。晶胞参数 $a=0.684$ nm、$b=1.187$ nm、$c=1.963$ nm，$\beta=90.68°$，$Z=8$。X 射线粉晶主要衍射数据 d(Å)(I/I_{max}) 为 3.20(100)、2.79(80)、1.96(80)。

晶体结构为水镁石型的 Ca 八面体层与 $[Si_3O_9]$ 环沿 c 轴交替，在层中有 1/3 的四面体空隙为环所占据。

环硅灰石是高温硅灰石的变体，另外还存在有几种多型（Breyite、Wollastonite）。

【产状产地】

环硅灰石产于接触高温热液变质作用的岩石中。主要产地有法国、德国等。

【主要用途】

环硅灰石在地质学、物理学、化学、材料学、晶体学、矿物学方面都有重要意义。

罗水硅钙石

【化学性质】

罗水硅钙石是一种含 Ca、H_2O 的 $[Si_3O_9]$ 环状基型硅酸盐类矿物,其晶体化学式为 $Ca_3[Si_3O_9] \cdot H_2O$。主要成分为 Ca、Si、H、O,类质同象替代成分有 B、Al、Fe、Mn、Mg、Sr、Ba、Na、H_2O 等。

化学成分中氧化物的质量分数为 CaO 45.48%、SiO_2 48.71%、H_2O 4.62%、CO_2 1.19%。

【结晶形态】

罗水硅钙石属于三斜晶系,单面晶类,对称型为 1。晶体和集合体呈颗粒状、板状、板条状、块状,见图 3-1-18。主要单形有 $\{001\}$、$\{100\}$、$\{140\}$、$\{110\}$、$\{210\}$、$\{1\bar{1}0\}$、$\{2\bar{1}0\}$、$\{0\bar{2}1\}$、$\{0\bar{3}1\}$、$\{\bar{1}01\}$ 等。

图 3-1-18 罗水硅钙石(美国加利福尼亚)

【物理特征】

罗水硅钙石的颜色呈无色、灰白色、白色、米色、黄棕色。条痕为白色。透明至半透明。玻璃光泽。色散弱,多色性弱。具荧光。

二轴晶(−)。折射率为 Np=1.608~1.625、Nm=1.640~1.650、Ng=1.646~1.650,双折射率为 0.025~0.038。

$\{001\}$ 极解理完全,$\{100\}$、$\{010\}$ 解理完全。性脆。断口呈不规则、不平整状。摩氏硬度为 4.5~5,相对密度为 2.89~2.92(测量)、2.92(计算)。

【晶体结构】

罗水硅钙石属于三斜晶系,空间群为 $P1$(图 3-1-19)。晶胞参数:$a=0.696$ nm、$b=0.948$ nm、$c=0.681$ nm,$\alpha=108.64°$,$\beta=94.84°$,$\gamma=95.89°$,$Z=2$。X 射线粉晶主要衍射数据 d(Å)(I/I_{max})为 3.201(100)、3.043(60)、2.965(90)。

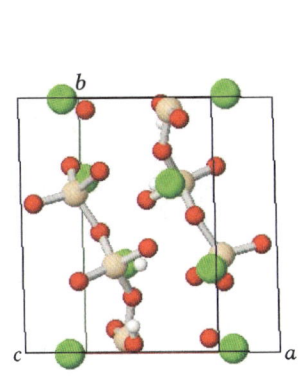 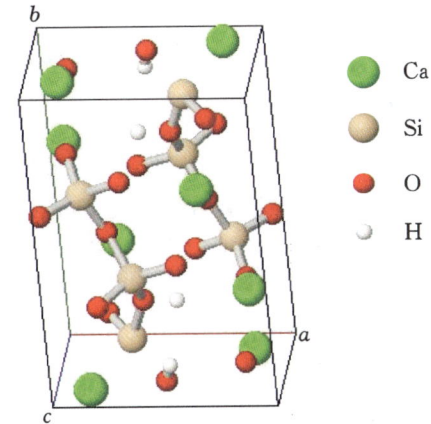

(a) (001)面上的投影　　　(b) [001]方向体视图

图 3-1-19 罗水硅钙石的晶体结构

【产状产地】

罗水硅钙石是发现于灰岩和蛇纹岩中的高压变质矿物,与针铁矿、硬硅钙石、透辉石、石榴石、方解石组合共生。主要产地有美国(加利福尼亚)等。

【主要用途】

罗水硅钙石在地质学、物理学、化学、晶体学、矿物学方面都有重要意义。

蓝锥矿族

蓝锥矿(benitoite) $BaTi[Si_3O_9]$

蓝锥矿

【化学性质】

蓝锥矿是一种含 Ba、Ti 的$[Si_3O_9]$环状基型硅酸盐类矿物,其晶体化学式为 $BaTi[Si_3O_9]$。主要成分为 Ba、Ti、Si、O,类质同象替代成分有 Na、K、Mg、Ca。

化学成分中氧化物的质量分数为 BaO 37.08%、TiO_2 19.32%、SiO_2 43.60%。

不溶于 HCl、H_2SO_4,溶于 HF。

【结晶形态】

蓝锥矿属于六方晶系,复三方双锥晶类,对称型为 $\bar{6}m2$。晶体和集合体多呈柱状和板状,常会出现三角形的锥体,见图 3-1-20。主要单形有{0001}、{11$\bar{2}$1}、{10$\bar{1}$1}、{10$\bar{1}$0}。{0001}双晶罕见。

(a) 蓝锥矿的结晶形态

(b) 蓝锥矿(美国加利福尼亚)

图 3-1-20 蓝锥矿

【物理特征】

蓝锥矿的颜色呈无色、白色、蓝色、蓝紫色、紫色、粉红色等,常见具环形的浅蓝色或白色色带。条痕为白色。透明至半透明。玻璃光泽至亚金刚光泽。色散较高,类似于金刚石的色散。多色性明显:蓝色和无色。在短波紫外线照射下,发出亮蓝色到蓝白色的荧光;在长波紫外线照射下,透明白色的蓝锥矿发出红色荧光。

一轴晶(+)。折射率为 No=1.756~1.757、Ne=1.802~1.804,双折射率为 0.048。

{10$\bar{1}$1}不完全解理。性脆。断口呈不规则、不平整的贝壳状。摩氏硬度为 6~6.5,相对密度为 3.65(测量)、3.68(计算)。

【晶体结构】

蓝锥矿属于六方晶系,空间群为 $P\bar{6}c2$。晶胞参数:$a=0.664$ nm,$c=0.976$ nm,$Z=2$。X 射线粉

晶主要衍射数据 $d(\text{Å})(I/I_{max})$ 为 3.72(100)、3.32(40)、2.74(75)，见图 3-1-21。

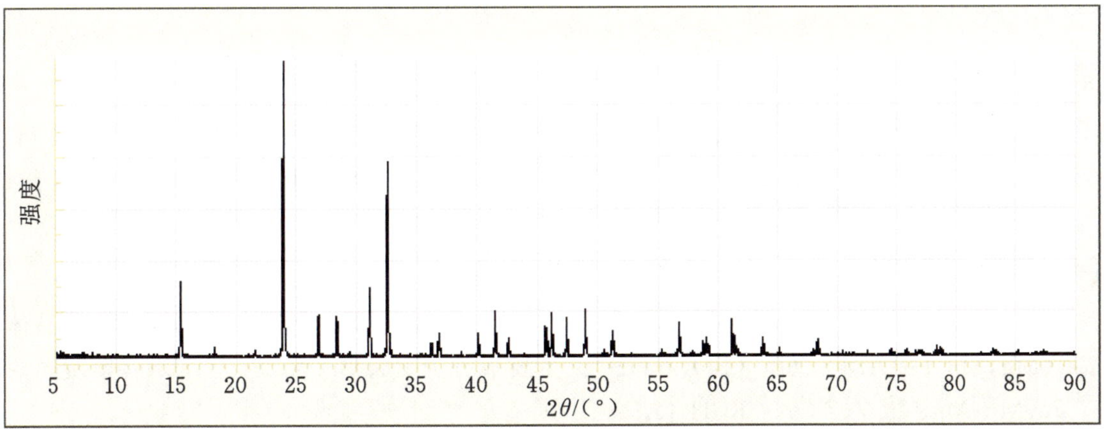

图 3-1-21　蓝锥矿的 X 射线粉晶衍射图

晶体结构中，由 3 个硅氧四面体组成的[Si_3O_9]环，环与环之间连接着钛氧八面体[TiO_6]和钡氧多面体[BaO_6]，见图 3-1-22。

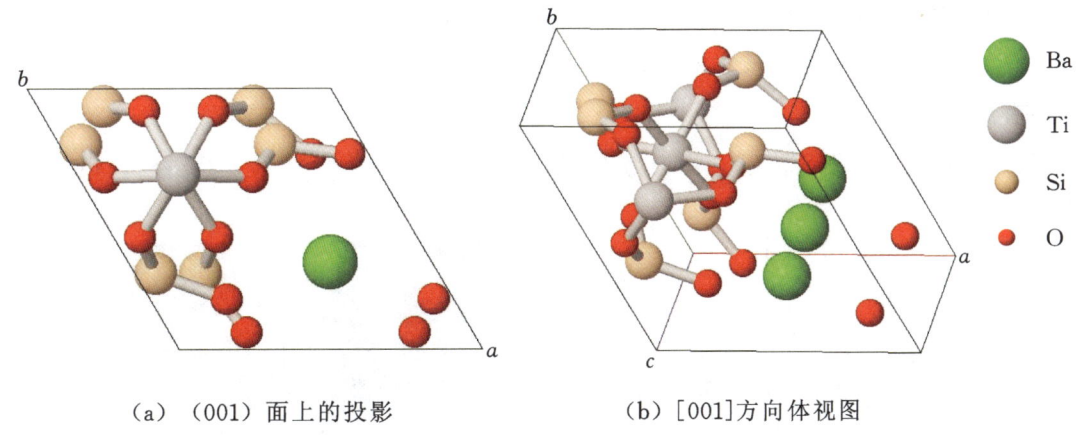

（a）（001）面上的投影　　　　（b）[001]方向体视图

图 3-1-22　蓝锥矿的晶体结构

【产状产地】

蓝锥矿是一种罕见的蓝色钡钛硅酸盐矿物，发现于水热蚀变蛇纹岩中，与柱晶石、钠沸石、蛇纹石、钠长石等组合共生。主要产地有美国（阿肯色、加利福尼亚）、日本等，产量稀少。宝石级蓝锥矿晶体仅产于美国加利福尼亚，产量十分稀少。

【主要用途】

蓝锥矿在地质学、物理学、化学、晶体学、矿物学、宝石学方面都有重要意义。

第二节　具[Si_4O_{12}]环

斧石族

斧石(axinite)　　　　　　　　　$Ca_2(Mg,Mn,Fe)Al_2[Si_4O_{12}][BO_3](OH)$

铁斧石(axinite-Fe)　　　　　　　$Ca_2FeAl_2[Si_4O_{12}][BO_3](OH)$

镁斧石(axinite-Mg)　　　　　　　$Ca_2MgAl_2[Si_4O_{12}][BO_3](OH)$

锰斧石(axinite-Mn)　　　　　　　$Ca_2MnAl_2[Si_4O_{12}][BO_3](OH)$

廷斧石(tinzenite)　　　　　　　$(Ca,Mn)_2MnAl_2[Si_4O_{12}][BO_3](OH)$

斧石

斧石是矿物族名，包含若干种主要阳离子不同的等晶体结构矿物。化学通式可写为 $X_2YZ_2[Si_4O_{12}]BO_3(OH)$，其中 Y 可以是 Mg、Fe、Mn 等。斧石族矿物有镁斧石、铁斧石、锰斧石、廷斧石。

【化学性质】

斧石是一种含 Ca、Mg、Fe、Mn、Al、$[BO_3]$、(OH) 的 $[Si_4O_{12}]$ 环状基型硅酸盐类矿物，其晶体化学式为 $Ca_2(Mg,Mn,Fe)Al_2[Si_4O_{12}][BO_3](OH)$。主要成分为 Ca、Mn、Al、Si、B、H、O，类质同象替代成分有 Fe、Mn、Mg、Ti、V、Zn、Na、K、H_2O。

镁斧石的化学成分中氧化物的质量分数为 CaO 20.82%、MgO 7.48%、Al_2O_3 18.93%、SiO_2 44.64%、B_2O_3 6.46%、H_2O 1.67%。

铁斧石的化学成分中氧化物的质量分数为 CaO 19.67%、FeO 12.60%、Al_2O_3 17.88%、SiO_2 42.16%、B_2O_3 6.11%、H_2O 1.58%。

通常根据 Mn、Fe 和 Mg 含量的不同将斧石分为铁斧石-锰斧石系列矿物、锰斧石-廷斧石系列矿物，廷斧石是铁斧石-镁斧石系列矿物中含有 Mn^{2+} 的变种。

【结晶形态】

斧石属于三斜晶系，单面晶类，对称型为 1。晶体和集合体呈薄片状、薄层状、板状、颗粒状、块状，见图 3-2-1。

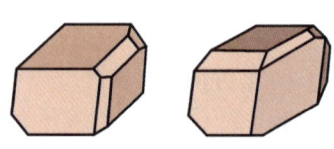

(a) 斧石的结晶形态　　　　　(b) 斧石（美国加利福尼亚）

图 3-2-1　斧石

【物理特征】

斧石的颜色呈灰色、褐色、棕色、紫褐色、紫蓝色、绿黄色、褐黄色、蓝色。条痕为无色、白色。透明至半透明，玻璃光泽、半玻璃光泽。色散较强。多色性较强：无色、黄色、浅棕色、黄棕色、淡绿色，无色、深黄色、深蓝色、浅紫色、紫色，无色、浅绿色、橄榄黄色、棕色、深紫色。有时具红色荧光。

二轴晶(-)。折射率为 Np=1.672~1.693、Nm=1.677~1.701、Ng=1.681~1.704，双折射率为 0.009~0.011。2V=69°~87°(测量)、62°~82°(计算)。

{100} 解理完全，{001}、{110}、{011} 解理较差。性脆。断口呈不规则、不平整的贝壳状。摩氏硬度为 6.5~7，相对密度为 3.25~3.29(测量)、3.18~3.33(计算)。

【晶体结构】

斧石属于三斜晶系，空间群为 $P\bar{1}$。晶胞参数：$a=0.713$ nm、$b=0.916$ nm、$c=0.893$ nm、$\alpha=91.94°$、$\beta=98.11°$、$\gamma=77.46°$、$Z=2$。X 射线粉晶衍射数据 $d(\text{Å})(I/I_{max})$ 为 6.290(25)、3.440(65)、3.270(20)、3.140(65)、2.985(20)、2.877(20)、2.796(100)、2.556(25)、2.176(30)、2.150(30)，见图 3-2-2、图 3-2-3。

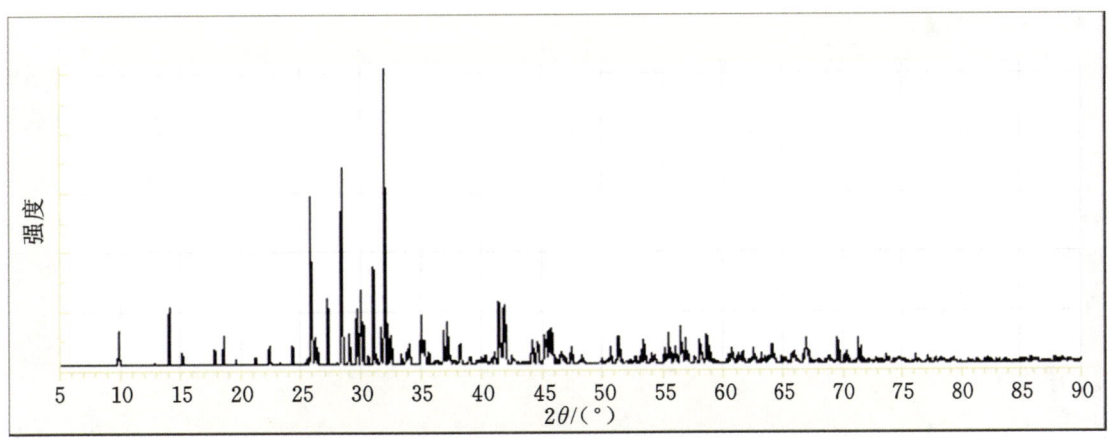

图 3-2-2　斧石(Mg)的 X 射线粉晶衍射图(坦桑尼亚)

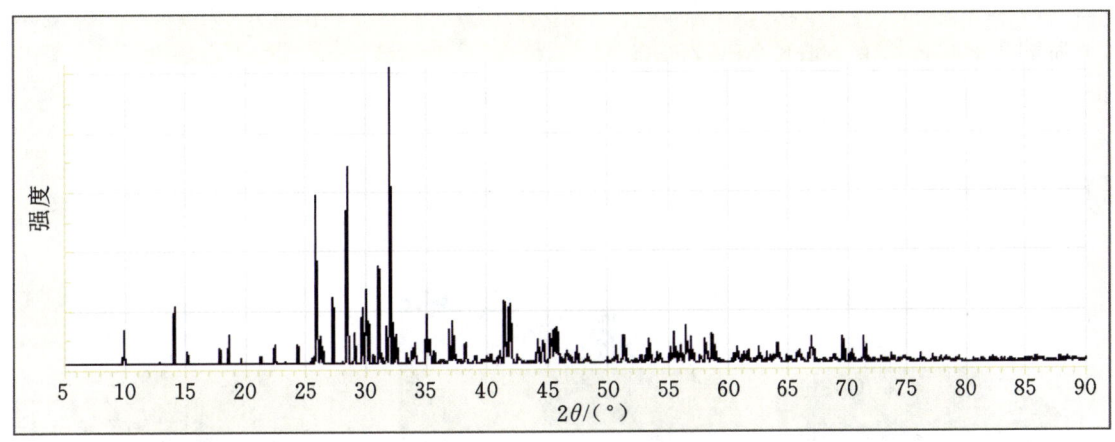

图 3-2-3　斧石(Mn)的 X 射线粉晶衍射图

晶体结构：成层排列的带耳六环与 Al、Fe、Mn、Ca 八面体层相间排列所组成。带耳的六环是由两个[Si_2O_7]同两个[BO_4]以角顶连成六元环，环中又分别与另一个[Si_2O_7]以角顶相连成耳状，组成一个独立单位。阳离子八面体层是由共棱的 4 个[$AlO_5(OH)$]八面体与两端的$(Fe,Mn)O_6$ 八面体共棱组成的链，链间以钙八面体连结。钙八面体分为两种类型：一种是[CaO_6]单个出现，另一种是[CaO_5OH]八面体共棱成对出现。钙八面体彼此不相连，但分别与 Al、Fe、Mn 八面体链联结成层，见图 3-2-4。

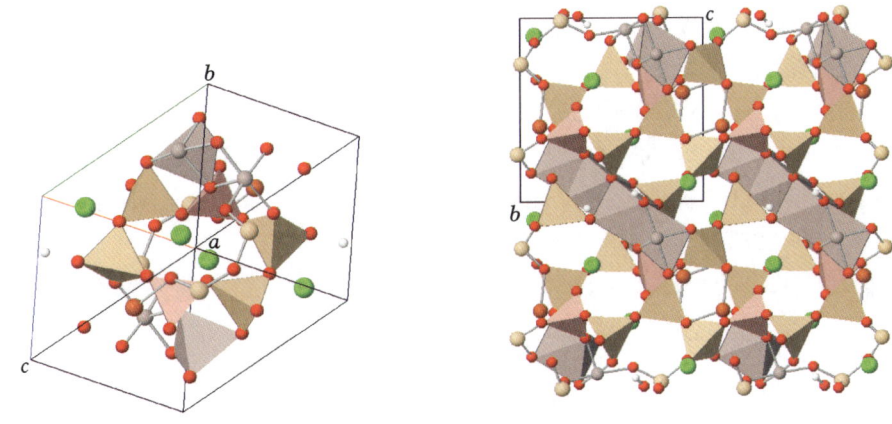

(a) 结构中[BO_4]和[Si_2O_7]组成六元环　　(b) 结构中四面体层

图 3-2-4　斧石的晶体结构

【产状产地】

斧石是接触变质作用、水热交代作用的产物。常与方解石、石英、葡萄石、黝帘石、阳起石、钙铁辉石、钙铁榴石、重晶石等组合共生。斧石矿物中常有气液包体。主要产地有法国、墨西哥、俄罗斯、美国(新泽西、加利福尼亚)等。

【主要用途】

斧石在地质学、物理学、化学、晶体学、矿物学、宝石学方面都有重要意义。斧石可琢磨成很美丽的刻面宝石,但容易破损,因此多用于收藏。

铁斧石

【化学性质】

铁斧石是一种含 Ca、Fe、Al、$[BO_3]$、(OH)的$[Si_4O_{12}]$环状基型硅酸盐类矿物,其晶体化学式为 $Ca_2FeAl_2[Si_4O_{12}][BO_3](OH)$ 或写成 $Ca_4Fe_2Al_4[B_2Si_8O_{30}](OH)_2$。主要成分为 Ca、Fe、Al、Si、O、B、H,类质同象替代成分有 Na、K、Mn、Zn、Ti、V、H_2O。

化学成分中氧化物的质量分数为 CaO 19.67%、Al_2O_3 17.88%、FeO 12.60%、SiO_2 42.16%、B_2O_3 6.11%、H_2O 1.58%。

【结晶形态】

铁斧石属于三斜晶系,单面晶类,对称型为 1。晶体呈粒状、板状、块状等,见图 3-2-5。

(a) 铁斧石(巴基斯坦)　　　　(b) 铁斧石(俄罗斯)　　　　(c) 铁斧石(法国)

图 3-2-5　铁斧石

【物理特征】

铁斧石的颜色呈棕色、紫蓝色、灰色、黄绿色。条痕为白色。透明至半透明。玻璃光泽。色散较强。多色性较明显:无色、黄色、浅棕色、黄棕色或淡绿色,无色、深黄色、深蓝色、浅紫色或紫罗兰色,无色、淡绿色、橄榄黄色、棕色或暗紫色。

二轴晶(-)。折射率为 Np=1.672~1.693、Nm=1.677~1.701、Ng=1.681~1.704,双折射率为 0.009~0.011。2V=69°~87°(测量)、62°~82°(计算)。

{100}解理中等、{001}、{110}解理较差。性脆。断口呈不均匀、不平整的贝壳状。摩氏硬度为 6.5~7,相对密度为 3.25~3.28(测量)、3.33(计算)。

【晶体结构】

铁斧石属于三斜晶系,空间群为 $P\overline{1}$(图 3-2-6)。晶胞参数:$a=0.896$ nm、$b=0.922$ nm、$c=0.716$ nm,$\alpha=102.7°$、$\beta=98.03°$、$\gamma=88.03°$,$Z=2$。X 射线粉晶衍射数据 d(Å)(I/I_{max})为 6.300(70)、3.680(60)、3.460(80)、3.280(60)、3.160(90)、3.020(50)、2.998(60)、2.968(50)、2.812(100)、2.667(40)、2.575(50)、2.564(60)、2.444(50)、2.424(50)、2.363(50)、2.190(60)、2.163(70)、2.060(50)、2.040(50)、1.989(50)、1.926(50)、1.636(50),见图 3-2-7。

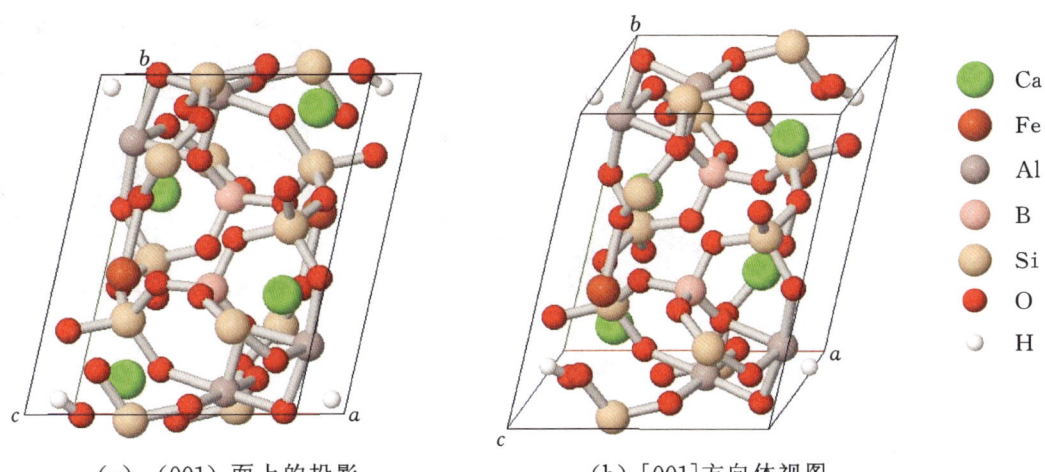

(a)（001）面上的投影　　(b)[001]方向体视图

图 3-2-6　铁斧石的晶体结构

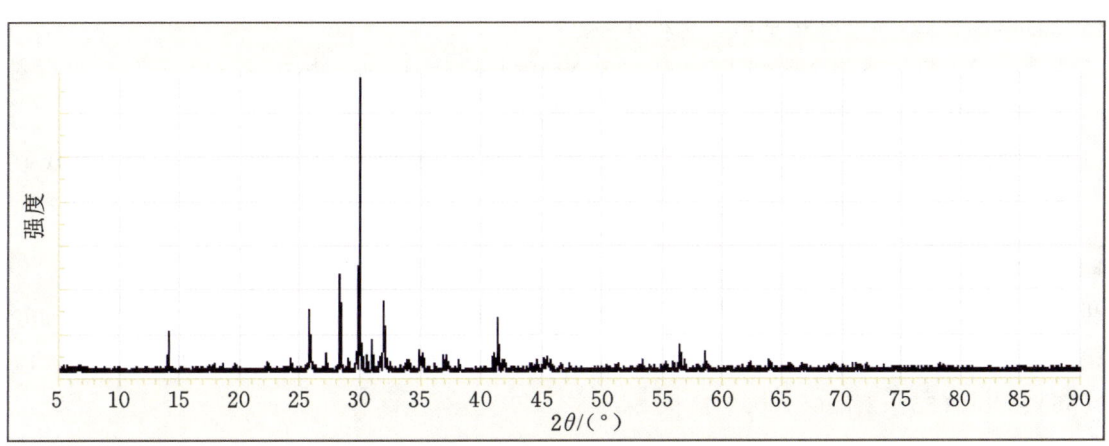

图 3-2-7　铁斧石的 X 射线粉晶衍射图

【产状产地】

铁斧石产于低—高区域变质岩中，或接触变质岩和伟晶岩中。共生伴生的矿物有石英、方解石、角闪石、长石、钙铁辉石、钙铁榴石等。主要产地有法国、美国。

【主要用途】

铁斧石在地质学、物理学、化学、材料学、环境科学、晶体学、矿物学、宝石学方面都有重要意义。

镁斧石

【化学性质】

镁斧石是一种含 Ca、Mg、Al、[BO_3]、(OH)的[Si_4O_{12}]环状基型硅酸盐类矿物，其晶体化学式为 $Ca_2MgAl_2[Si_4O_{12}][BO_3](OH)$。主要成分为 Ca、Mg、Al、Si、B、H、O，类质同象替代成分有 K、Na、Mn、Fe、Zn、Ti、V、H_2O。

化学成分中氧化物的质量分数为 CaO 20.82%、MgO 7.48%、Al_2O_3 18.93%、SiO_2 44.64%、B_2O_3 6.46%、H_2O 1.67%。

与镁斧石相关的矿物还有铁斧石、锰斧石。

【结晶形态】

镁斧石属于三斜晶系，单面晶类，对称型为 1。晶体呈粒状、板状、块状等，见图 3-2-8。

(a) 镁斧石（坦桑尼亚）　　　　　　（b) 镁斧石（美国内华达）

图 3-2-8　镁斧石

【物理特征】

镁斧石的颜色呈棕色、紫蓝色、灰色、黄绿色。条痕为白色。透明至半透明。玻璃光泽。色散较强。多色性明显：无色、黄色、浅棕色、黄棕色或淡绿色，无色、深黄色、深蓝色、浅紫色或紫罗兰色，无色、淡绿色、橄榄黄色、棕色或暗紫色。发荧光。

二轴晶（−）。折射率为 Np=1.672～1.693、Nm=1.677～1.701、Ng=1.681～1.704，双折射率为 0.009～0.011。$2V=69°\sim 87°$（测量）、$62°\sim 82°$（计算）。

{100}解理中等，{001}、{110}解理较差。性脆。断口呈不均匀、不平整的贝壳状。摩氏硬度为 6.5～7，相对密度为 3.27～3.29（测量）、3.18（计算）。

【晶体结构】

镁斧石属于三斜晶系，空间群为 $P\bar{1}$（图 3-2-9）。晶胞参数：$a=0.893$ nm、$b=0.915$ nm、$c=0.712$ nm，$\alpha=102.59°$、$\beta=98.28°$、$\gamma=88.09°$，$Z=2$。X 射线粉晶主要衍射数据 d(Å)(I/I_{max})为 3.440(65)、3.139(65)、2.796(100)。

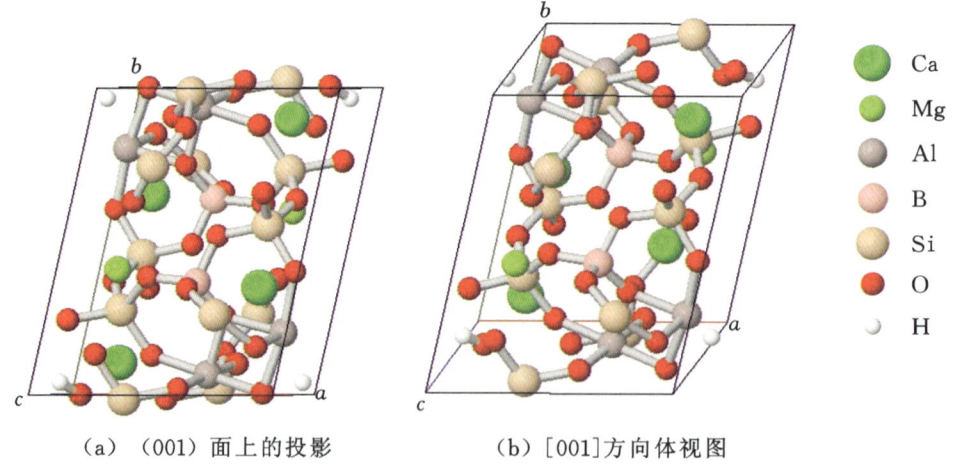

(a) (001)面上的投影　　　　　(b) [001]方向体视图

图 3-2-9　镁斧石的晶体结构

镁斧石的晶体结构与斧石晶体结构相同。

【产状产地】

镁斧石产于接触热液变质岩的脉中。主要产地有坦桑尼亚、美国（内华达、加利福尼亚、新墨西哥）。

【主要用途】

镁斧石在地质学、物理学、化学、材料学、环境科学、晶体学、矿物学、宝石学方面都有重要意义。

锰斧石

【化学性质】

锰斧石是一种含 Ca、Mn、Al、[BO$_3$]、(OH) 的 [Si$_4$O$_{12}$] 环状基型硅酸盐类矿物,其晶体化学式为 Ca$_2$MnAl$_2$[Si$_4$O$_{12}$][BO$_3$](OH)。主要成分为 Ca、Mn、Al、Si、B、H、O,类质同象替代成分有 K、Na、Mg、Fe、Zn、Ti、V、H$_2$O。

化学成分中氧化物的质量分数为 CaO 19.71%、MnO 12.46%、Al$_2$O 17.91%、SiO$_2$ 42.22%、B$_2$O$_3$ 6.12%、H$_2$O 1.58%。

与锰斧石相关的矿物还有铁斧石、镁斧石。

【结晶形态】

锰斧石属于三斜晶系,单面晶类,对称型为1。晶体呈薄板状、板状、粒状、块状等,见图 3-2-10。

(a) 锰斧石(法国)　　　　(b) 锰斧石(美国新泽西)　　　　(c) 锰斧石(挪威)

图 3-2-10　锰斧石

【物理特征】

锰斧石的颜色呈无色、棕色、黑色、金黄色、浅黄色、浅紫色、红色。条痕为白色。透明至半透明。玻璃光泽。色散较强。多色性较明显:无色、黄色、浅棕色、黄棕色或淡绿色,无色、深黄色、深蓝色、浅紫色或紫罗兰色,无色、淡绿色、橄榄黄色、棕色或暗紫色。可发荧光。

二轴晶(-)。折射率为 Np=1.672~1.693、Nm=1.677~1.701、Ng=1.681~1.704,双折射率为 0.009~0.011。2V=69°~87°(测量)、62°~82°(计算)。

{100}解理中等,{001}、{110}解理较差。性脆。断口呈不均匀、不平整的贝壳状。摩氏硬度为 6.5~7,相对密度为 3.31~3.36(测量)、3.31(计算)。

【晶体结构】

锰斧石属于三斜晶系,空间群为 $P\overline{1}$(图 3-2-11)。晶胞参数:a=0.898 nm、b=0.919 nm、c=0.716 nm,α=102.74°、β=98.2°、γ=88.26°,Z=2。X 射线粉晶主要衍射数据 d(Å)(I/I_{max})为 6.310(20)、3.690(14)、3.470(70)、3.440(15)、3.160(100)、2.967(14)、2.891(18)、2.810(50)、2.189(16)。

【产状产地】

锰斧石产于接触热液变质岩的锌铁多金属变质矿床中,与它共生伴生的矿物有红柱石、云母、铅黝帘石、重晶石、方解石、钙铁榴石、闪锌矿等。主要产地有美国(宾夕法尼亚、新泽西、明尼苏达)、法国、挪威。

【主要用途】

锰斧石在地质学、物理学、化学、材料学、环境科学、晶体学、矿物学、宝石学方面都有重要意义。

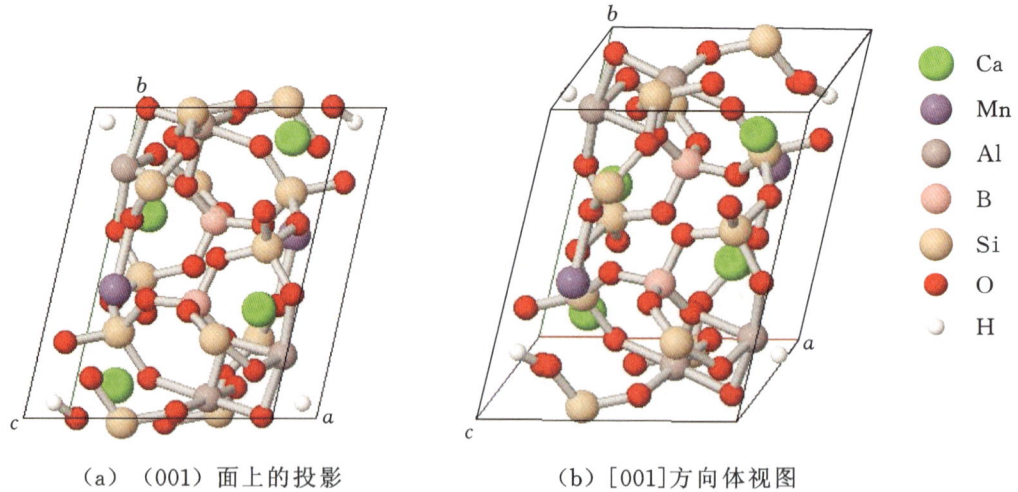

| (a) (001)面上的投影 | (b) [001]方向体视图 |

图 3-2-11 锰斧石的晶体结构

廷斧石

【化学性质】

廷斧石是一种含 Ca、Mn、Al、[BO$_3$]、(OH)的[Si$_4$O$_{12}$]环状基型硅酸盐类矿物,其晶体化学式为(Ca,Mn)$_2$MnAl$_2$[Si$_4$O$_{12}$][BO$_3$](OH)。主要成分为 Ca、Mn、Al、Si、B、H、O,类质同象替代成分有 Na、K、Ba、Mg、Fe、Ti、H$_2$O。锰斧石与廷斧石可以形成类质同象系列矿物。

化学成分中氧化物的质量分数为 CaO 17.63%、MnO 11.15%、Al$_2$O$_3$ 17.82%、FeO 3.77%、SiO$_2$ 41.98%、B$_2$O$_3$ 6.08%、H$_2$O 1.57%。

【结晶形态】

廷斧石属于三斜晶系,单面晶类,对称型为 1。晶体和聚合体呈粒状、板状、层状等,见图 3-2-12。主要单形有{111}、{1̄11}、{100}、{110}、{201}、{1̄10}。

图 3-2-12 廷斧石(橙色,意大利)

【物理特征】

廷斧石的颜色呈黄色、柠檬黄色、橙色、橙红色、红色。条痕为无色、白色。透明至半透明。玻璃光泽。色散弱。多色性较弱:浅棕色,紫罗兰色,浅黄色、无色。

二轴晶(一)。折射率为 Np=1.693、Nm=1.701、Ng=1.704,双折射率为 0.011。2V=62°(测量)、62°(计算)。

解理不清楚。性脆。断口呈不规则、不平整的贝壳状。摩氏硬度为 6.5~7,相对密度为 3.36~3.43(测量)、3.46(计算)。

【晶体结构】

廷斧石属于三斜晶系,空间群为 1(图 3-2-13)。晶胞参数:a=0.898 nm、b=0.917 nm、c=0.714 nm、

$\alpha=102.90°, \beta=98.10°, \gamma=88.00°, Z=2$。X 射线粉晶衍射数据 $d(\text{Å})(I/I_{\max})$ 为 6.300(70)、3.460(80)、3.140(70)、2.975(70)、2.812(100)、2.152(70)、2.008(70)，见图 3-2-14。

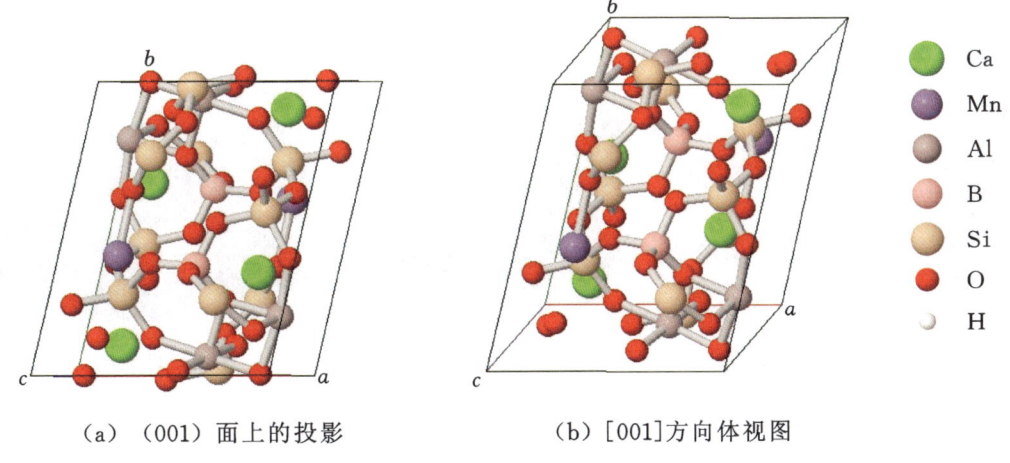

(a)（001）面上的投影　　(b)[001]方向体视图

图 3-2-13　廷斧石的晶体结构

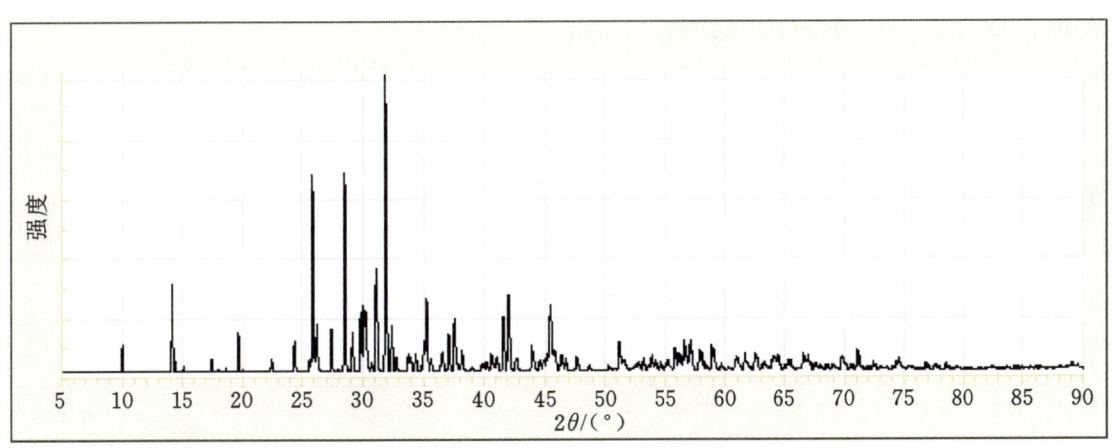

图 3-2-14　廷斧石的 X 射线粉晶衍射图

【产状产地】

廷斧石产于锰矿床中的石英脉中。主要产地有意大利、瑞士等。

【主要用途】

廷斧石在地质学、物理学、化学、材料学、晶体学、矿物学方面都有重要意义。

碳硅钇钙石族

碳硅钇钙石（kainosite-Y）　　　　$Ca_2Y_2[Si_4O_{12}][CO_3]\cdot H_2O$

硅钙钇钙石（caysichite）　　　　　$Ca_2Y_2[Si_4O_{10}(OH)_2][CO_3]_3\cdot 2H_2O$

碳硅钇钙石

【化学性质】

碳硅钇钙石是一种含 Ca、Y、$[CO_3]$、H_2O 的 $[Si_4O_{12}]$ 环状基型硅酸盐类矿物，其晶体化学式为 $Ca_2Y_2[Si_4O_{12}][CO_3]\cdot H_2O$。主要成分为 Ca、Y、Si、C、H、O，类质同象替代成分有多种稀土元素。

化学成分中氧化物的质量分数为 CaO 16.89%、Ce_2O_3 12.36%、Y_2O_3 25.50%、SiO_2 36.19%、H_2O 4.42%、CO_2 4.64%。

【结晶形态】

碳硅钇钙石属于斜方晶系,斜方双锥晶类,对称型为 mmm。晶体和集合体呈柱状、细长柱状、束状,见图 3-2-15。

（a）碳硅钇钙石（意大利）

（b）碳硅钇钙石（德国）

（c）碳硅钇钙石（美国纽约）

图 3-2-15　碳硅钇钙石

【物理特征】

碳硅钇钙石的颜色呈无色、栗棕色、绿黄色、草黄色、浅黄棕色等。条痕为白色。透明至半透明。玻璃光泽、油脂光泽。色散较强,多色性弱。

二轴晶（-）。折射率为 $Np=1.662\sim1.665$、$Nm=1.682\sim1.689$、$Ng=1.687\sim1.692$,双折射率为 $0.025\sim0.027$。$2V=40°$（测量）、$38°\sim52°$（计算）。

{110}解理完全。性脆。断口呈不均匀、不平整的次贝壳碎片状。摩氏硬度为 $5\sim6$,相对密度为 3.52（测量）、3.54（计算）。

【晶体结构】

碳硅钇钙石属于斜方晶系,空间群为 $Pmnb$。晶胞参数：$a=1.305$ nm、$b=1.433$ nm、$c=0.677$ nm,$Z=4$。X 射线粉晶主要衍射数据 $d(Å)(I/I_{max})$ 为 6.52(100)、3.29(80)、2.76(100),见图 3-2-16。

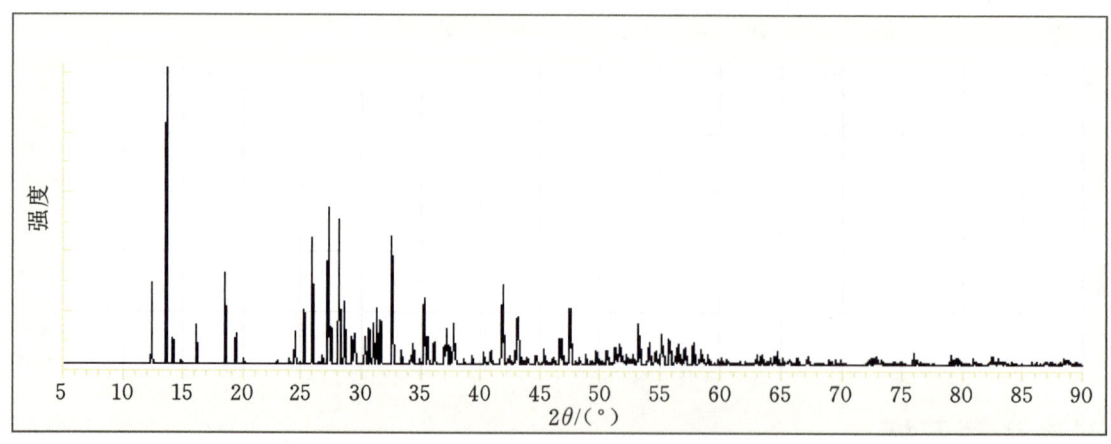

图 3-2-16　碳硅钇钙石的 X 射线粉晶衍射图

晶体结构中,$[Si_4O_{12}]$ 四方形环以 Ca、Y 相连,Ca、Y 的歪曲八面体间以棱相连并沿 c 轴相间排列呈"之"形链。链间以角顶相联结形成双链,双链间分布有 $[Si_4O_{12}]$ 及 $[CO_3]$,见图 3-2-17、图 3-2-18。

【产状产地】

碳硅钇钙石产于斜长花岗伟晶岩以及矽卡岩中,与方解石、磷灰石、黑云母、磁铁矿组合共生。主要产地有意大利、蒙古、奥地利、挪威、德国、美国（纽约）等。

【主要用途】

碳硅钇钙石在地质学、物理学、化学、材料学、晶体学、矿物学方面都有重要意义。可作为重要稀土金属材料提取的矿物原料。

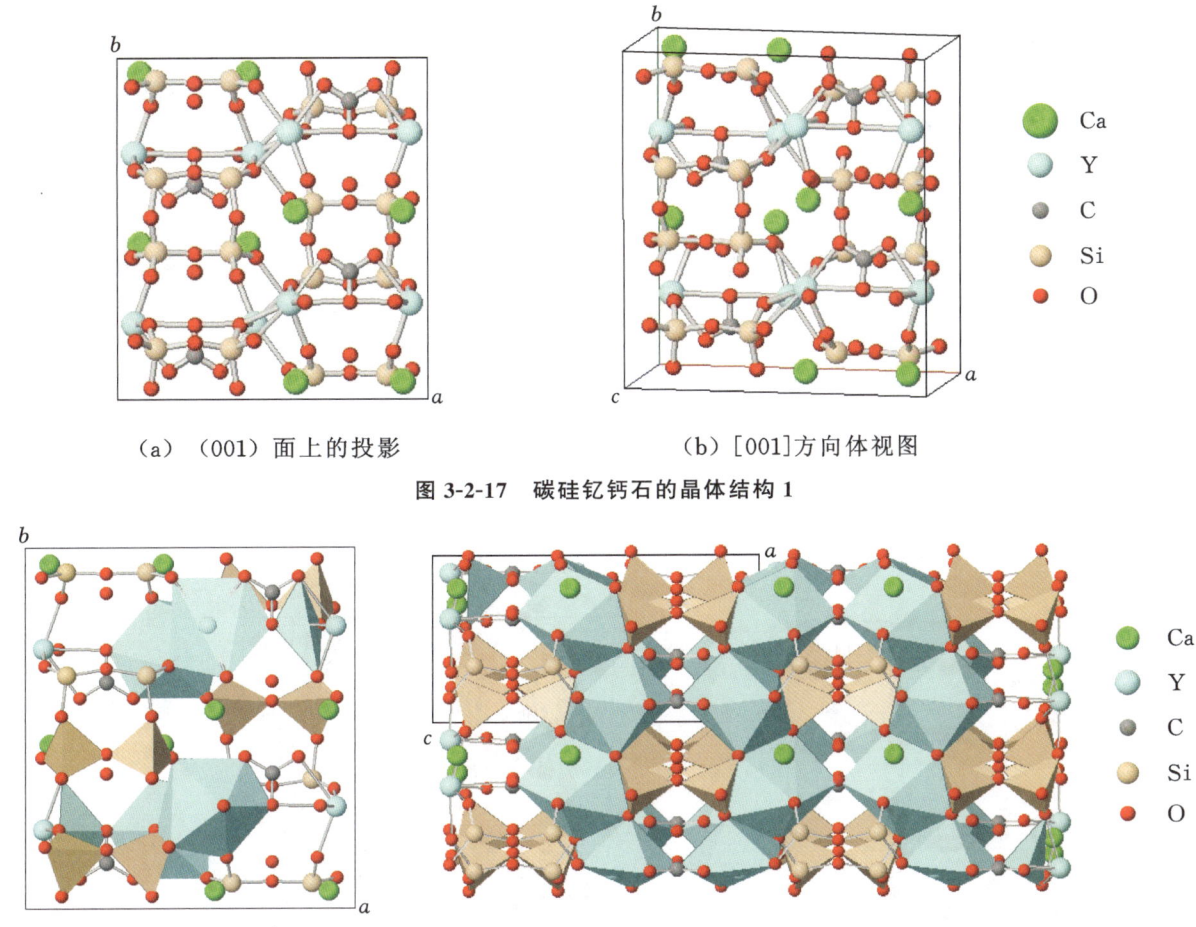

(a) （001）面上的投影　　　　　(b) [001]方向体视图

图 3-2-17　碳硅钇钙石的晶体结构 1

图 3-2-18　碳硅钇钙石的晶体结构 2

硅钙钇石

【化学性质】

硅钙钇石是一种含 Ca、Y、[CO_3]、H_2O 的[$Si_4O_{10}(OH)_2$]环状基型硅酸盐类矿物,其晶体化学式为 $Ca_2Y_2[Si_4O_{10}(OH)_2][CO_3]_3 \cdot 2H_2O$。主要成分为 Ca、Y、Si、H、C、O,类质同象替代成分有 REE、Gd。

化学成分中氧化物的质量分数为 CaO 12.32%、Gd_2O_3 4.43%、Y_2O_3 27.57%、SiO_2 29.34%、CO_2 17.89%、H_2O 8.45%。

【结晶形态】

硅钙钇石属于斜方晶系,斜方单锥晶类,对称型为 $mm2$。晶体和集合体呈松散、肾状、钟乳石状粉末,见图 3-2-19。

(a) 硅钙钇石（褐色，俄罗斯）

(b) 硅钙钇石（加拿大）

(c) 硅钙钇石（意大利）

图 3-2-19　硅钙钇石

【物理特征】

硅钙钇石的颜色呈无色、白色、绿黄色、浅黄色、褐色,很少呈绿色。条痕为白色。透明至半透明。玻璃光泽。色散弱,多色性弱。

二轴晶(—)。折射率为 Np=1.586~1.589、Nm=1.614~1.616、Ng=1.621~1.626,双折射率为 0.035~0.037。2V=61°(测量)、52°~60°(计算)。

{010}解理模糊。性脆。断口呈不规则、不平整的贝壳状。摩氏硬度为 4.5,相对密度为 3.03(测量)、3.01(计算)。

【晶体结构】

硅钙钇石属于斜方晶系,空间群为 $Pcm2_1$(图 3-2-20)。晶胞参数:$a=1.328$ nm、$b=1.399$ nm、$c=0.972$ nm,$Z=4$。X 射线粉晶主要衍射数据 $d(\text{Å})(I/I_{max})$ 为 6.93(100)、4.38(60)、3.32(90),见图 3-2-21。

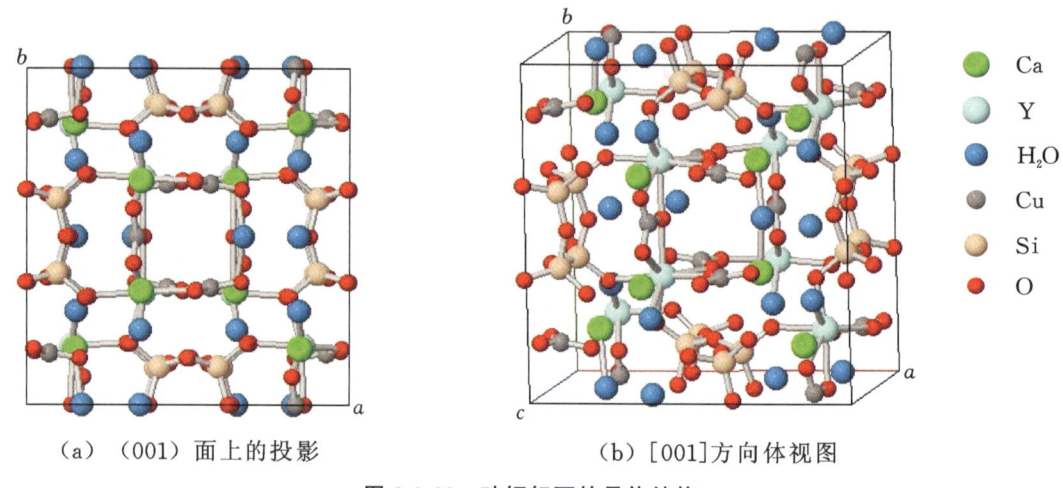

(a) (001)面上的投影　　　(b) [001]方向体视图

图 3-2-20　硅钙钇石的晶体结构

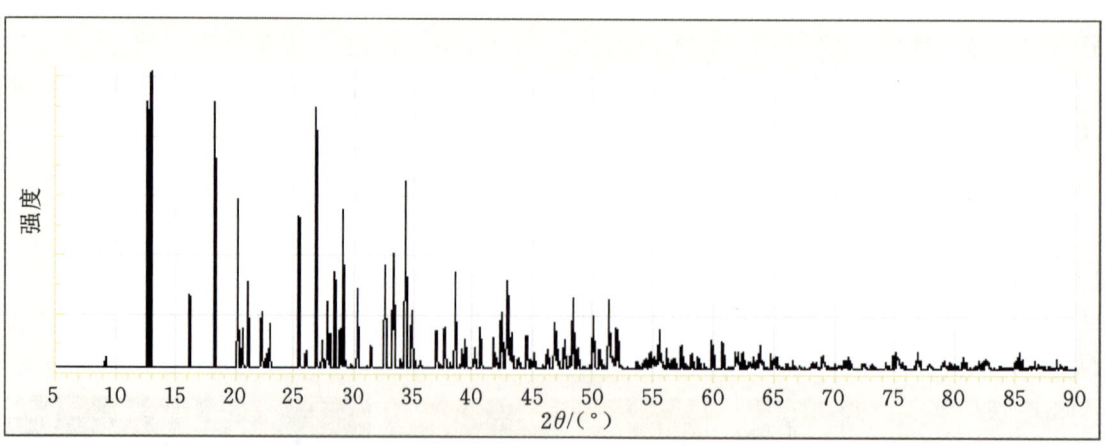

图 3-2-21　硅钙钇石的 X 射线粉晶衍射图

【产状产地】

硅钙钇石产于花岗伟晶岩的空洞中。主要产地有意大利、加拿大、俄罗斯、马拉维等。

【主要用途】

硅钙钇石在地质学、材料学、物理学、化学、环境科学、晶体学、矿物学、宝石学方面都有重要应用。

羟铝铜钙石族

羟铝铜钙石（papagoite）　　　　　　　$Ca_2Cu_2Al_2[Si_4O_{12}](OH)_6$

羟铝铜钙石

【化学性质】

羟铝铜钙石是一种含 Ca、Cu、Al、(OH) 的 $[Si_4O_{12}]$ 环状基型硅酸盐类矿物，其晶体化学式为 $Ca_2Cu_2Al_2[Si_4O_{12}](OH)_6$。主要成分为 Ca、Cu、Al、Si、O、H，类质同象替代成分有 Ti、Fe、Mn、Mg、H_2O。

化学成分中氧化物的质量分数为 CaO 17.02%、Al_2O_3 15.78%、MgO 0.09%、TiO_2 0.26%、FeO 0.27%、MnO 0.10%、CuO 23.56%、SiO_2 33.60%、H_2O 9.32%。

【结晶形态】

羟铝铜钙石属于单斜晶系，斜方柱晶类，对称型为 $2/m$。晶体呈细小粒状、扁平状，有时为石英的包体，常为微晶集合体，见图 3-2-22。常见单形有{001}、{401}、{110}。

图 3-2-22　羟铝铜钙石（美国亚利桑那）

【物理特征】

羟铝铜钙石的颜色呈蓝色、天蓝色。条痕为无色。透明至半透明。玻璃光泽。色散弱。多色性较明显：无色、灰绿色，浅绿蓝色、蓝色，深绿蓝色。

二轴晶（一）。折射率为 Np=1.607、Nm=1.641、Ng=1.672，双折射率为 0.065。$2V=76°$（测量）、$84°$（计算）。

{100}解理中等。性脆。断口呈不规则、不平整的贝壳状。摩氏硬度为 5～5.5，相对密度为 3.25。

【晶体结构】

羟铝铜钙石属于单斜晶系，空间群为 $C2/m$。晶胞参数：$a=1.292$ nm、$b=1.149$ nm、$c=0.469$ nm，$\beta=100.81°$，$Z=2$。X 射线粉晶衍射数据 $d(Å)(I/I_{max})$ 为 4.290(90)、3.440(80)、2.874(100)、2.795(80)、2.204(90)，见图 3-2-23。

晶体结构中 $[Si_4O_{12}]$ 的四元环平行于(001)成层分布，与 c 轴成 80°角。在层内 $[Si_4O_{12}]$ 四元环之间 $[SiO_4]$ 与 $[AlO_4(OH)_2]$ 八面体和 $[CuO_2(OH)_3]$ 四方单锥间共棱联结。$[AlO_6]$ 平行于 c 轴共面成柱。$[CaO_2(OH)_4]$ 八面体位于四元环之间，并沿 c 轴与之交替排列，见图 3-2-24。

【产状产地】

羟铝铜钙石产于蚀变花岗闪长岩、二长岩的硫化矿床中，与石英、绢云母、绿帘石、方解石、金红石、榍石、锐钛矿、磁铁矿等共生，也可作为石英晶体中的包体。主要产地有南非、美国（亚利桑那）等。

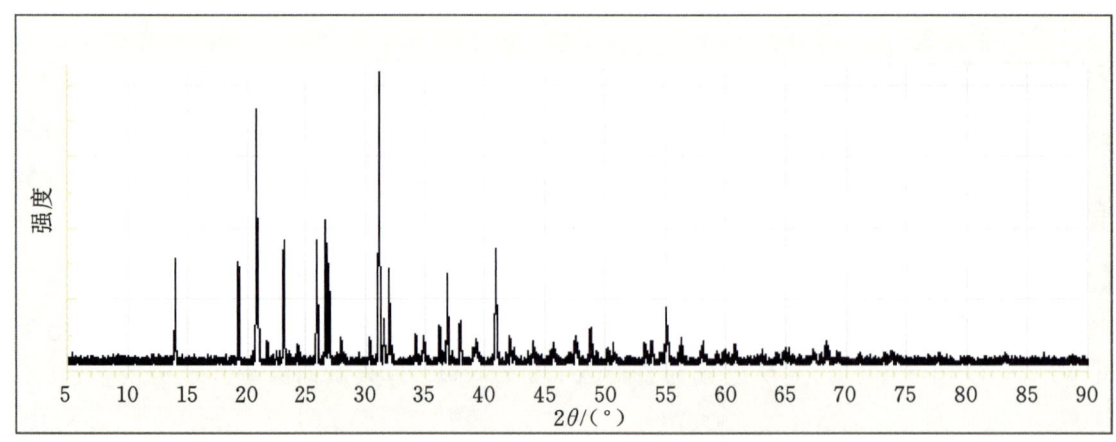

图 3-2-23　羟铝铜钙石的 X 射线粉晶衍射图

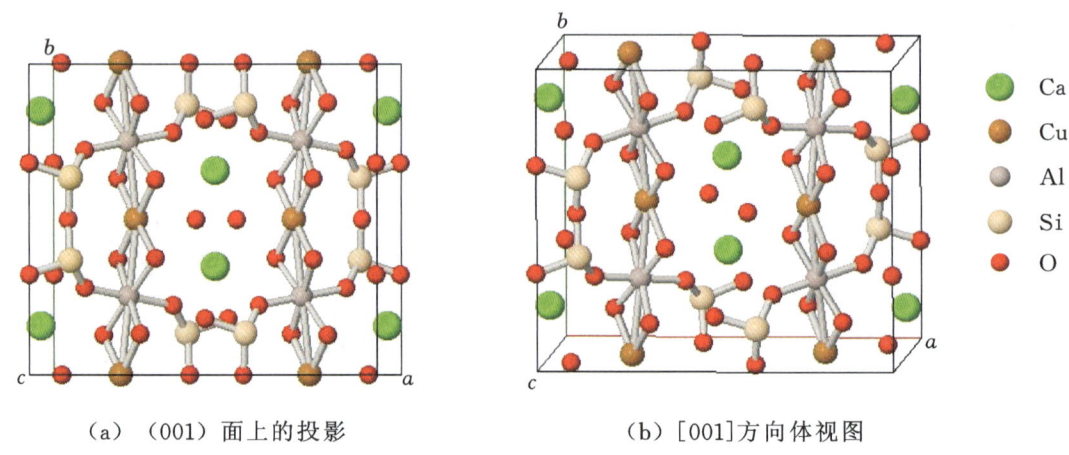

（a）（001）面上的投影　　　　　（b）[001]方向体视图

图 3-2-24　羟铝铜钙石的晶体结构

【主要用途】

羟铝铜钙石在地质学、材料学、物理学、化学、环境科学、晶体学、矿物学、宝石学方面都有重要应用。

纤硅钡铁矿族

纤硅钡铁矿（taramellite）　　　　　$Ba_2Fe_2^{3+}[Si_4O_{12}](OH)_2$

纤硅钡铁矿

【化学性质】

纤硅钡铁矿是一种含 Ba、Fe、(OH)的[Si_4O_{12}]环状基型硅酸盐类矿物，其晶体化学式为 $Ba_2Fe_2^{3+}$[Si_4O_{12}](OH)$_2$。主要成分为 Ba、Fe、Si、O、H，类质同象替代成分有 Ca、Na、K、Ti、Pb、Mn、Mg、B、Cl、H_2O。

化学成分中氧化物及元素的质量分数为 BaO 34.17%、MgO 0.26%、TiO_2 3.14%、FeO 13.66%、Fe_2O_3 1.57%、PbO 8.78%、SiO_2 31.72%、B_2O_3 5.52%、Cl 1.18%。

【结晶形态】

纤硅钡铁矿属于斜方晶系，斜方双锥晶类，对称型为 mmm。晶体呈纤维状、片状，集合体呈块状及纤维状，见图 3-2-25。

图 3-2-25 纤硅钡铁矿（意大利）

【物理特征】

纤硅钡铁矿的颜色呈红棕色、铜紫色、棕紫色等。条痕为浅棕色。透明至半透明,黑色者几乎不透明。玻璃光泽、丝绢光泽。色散异常。多色性明显:肉红色、淡粉红色,肉红色、淡粉红色,深棕色。

二轴晶(+)。折射率为 Np=1.770、Nm=1.774、Ng=1.830,双折射率为 0.06。2V=40°(测量)、32°(计算)。

{100}解理完全,有{001}裂开。性脆。断口呈不规则、不均匀的贝壳状。摩氏硬度为 5.5～6,相对密度为 3.90～3.92(测量)、4.20(计算)。

【晶体结构】

纤硅钡铁矿属于斜方晶系,空间群为 $Pmmn$。晶胞参数:$a=1.393$ nm、$b=1.223$ nm、$c=0.714$ nm,$Z=2$。X 射线粉晶衍射数据 $d(\text{Å})(I/I_{max})$ 为 3.83(50)、3.30(40)、3.16(40)、3.01(100)、2.78(30)、2.58(55)、2.48(45),见图 3-2-26。

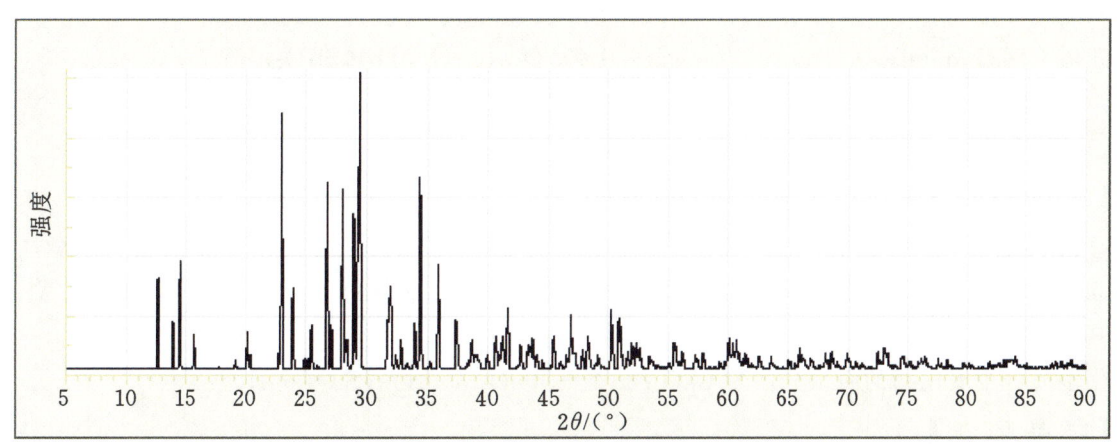

图 3-2-26 纤硅钡铁矿的 X 射线粉晶衍射图

晶体结构中,硅氧四元环[Si_4O_{12}]近于平行(010)分布。(Fe、Ti)O_6 八面体共棱沿 b 轴成柱,并以角顶与[Si_4O_{12}]相连。Ba 原子分布在[Si_4O_{12}]四元环之间,有 3 种不同配位:Ba_I 为六次配位并平行于(001)分布,Ba_{II} 位于 6 个氧原子中并形成三方柱的多面体,Ba_{III} 的配位数为 7,呈不规则多面体,见图 3-2-27。

【产状产地】

纤硅钡铁矿是产于花岗岩与石灰岩接触带上的生成于富含硅酸钡变质岩中的一种变质矿物,与石英、毒重石、黄铁矿、磁铁矿、透辉石、黄铜矿、方解石、阳起石组合共生。主要产地有意大利、斯里兰卡等。

【主要用途】

纤硅钡铁矿在地质学、物理学、化学、材料学、晶体学、矿物学方面都有重要意义。

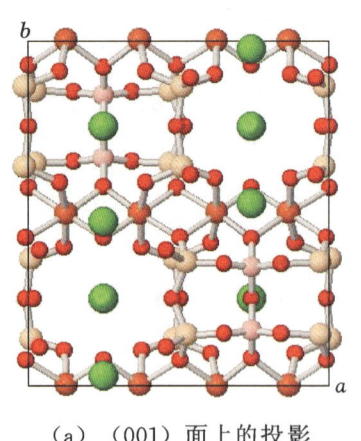 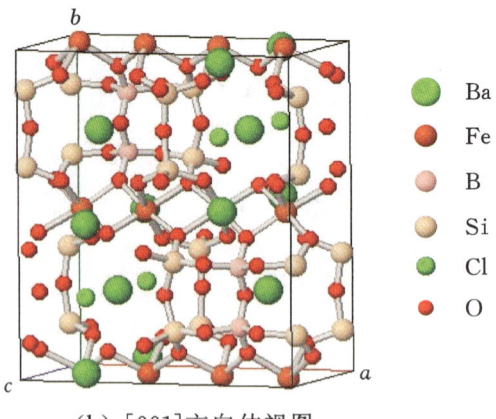

（a）（001）面上的投影　　　　（b）[001]方向体视图

图 3-2-27　纤硅钡铁矿的晶体结构

第三节　具[Si_8O_{20}]环

硅钙铀钍矿族

硅钙铀钍矿（ekanite）	$Ca_2Th[Si_8O_{20}]$
卡硅钙铀钍矿（kanaekanite）	$KNaCaTh[Si_8O_{20}]$
硅稀土钙石（iraqite）	$KCa_2(La,Ce,Y,Th)[Si_8O_{20}]$

硅钙铀钍矿

【化学性质】

硅钙铀钍矿是一种含 Ca、Th 的 [Si_8O_{20}] 环状基型硅酸盐类矿物，其晶体化学式为 $Ca_2Th[Si_8O_{20}]$。主要成分为 Ca、Th、Si、O，类质同象替代成分有稀土元素、Fe、Pb、U、Al、Mn、Mg 等。

化学成分中氧化物的质量分数为 CaO 13.09%、ThO_2 30.81%、SiO_2 56.10%。

【结晶形态】

硅钙铀钍矿属于四方晶系，四方偏方四面体晶类，对称型为 422。晶体和集合体呈柱状、粒状、块状，见图 3-3-1。

图 3-3-1　硅钙铀钍矿（意大利）

【物理特征】

硅钙铀钍矿的颜色呈无色、多种绿色、草黄色、深红色、暗褐色等。条痕为白色。透明至半透明。玻璃光泽。色散弱,多色性弱。

一轴晶(一)。折射率为 No=1.580、Ne=1.568,双折射率为 0.012。

{001}解理不完全。性脆。断口呈不规则、不平整的破碎块状。摩氏硬度为 4.5~5,相对密度为 2.95~3.28(测量)、3.36(计算)。

【晶体结构】

硅钙铀钍矿属于四方晶系,空间群为 $I422$。晶胞参数:$a=0.748$ nm、$c=1.489$ nm,$Z=2$。X 射线粉晶衍射数据 d(Å)(I/I_{max})为 7.45(58)、6.70(61)、4.14(100)、3.34(96)、3.27(65)、2.64(54)、1.80(26)。

在晶体结构中,[SiO_4]四面体共角顶连接形成四元环,并与其他相对的四元环共用两个角顶相连,从而构成[Si_8O_{20}]双四元环,环的平面平行(001)成层,环之间为 Ca、Th 所连接。其中 Th 位于四方晶胞的角顶和体心,呈[ThO_8]反四方柱状配位多面体,见图 3-3-2、图 3-3-3。在晶体轴方向存在 2×2 四面体宽度的连通孔道,可存在非结构的水分子 H_2O。结构中如果有 U,则以替代 Th 的形式存在。

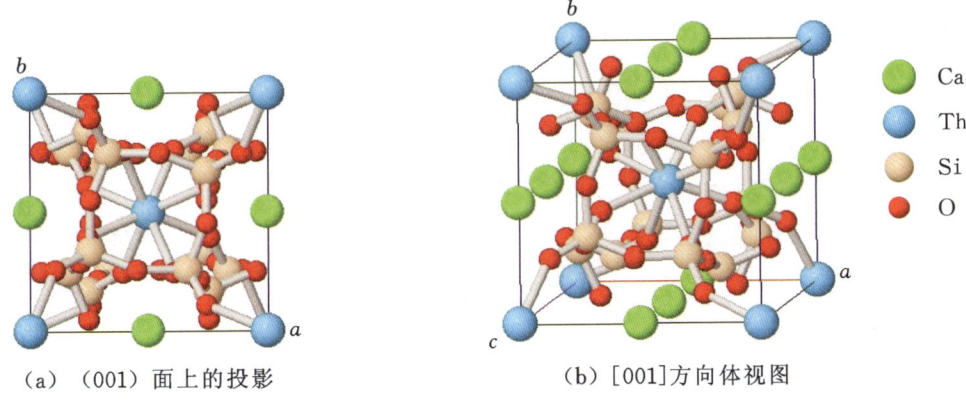

(a) (001)面上的投影　　(b) [001]方向体视图

图 3-3-2　硅钙铀钍矿的晶体结构 1

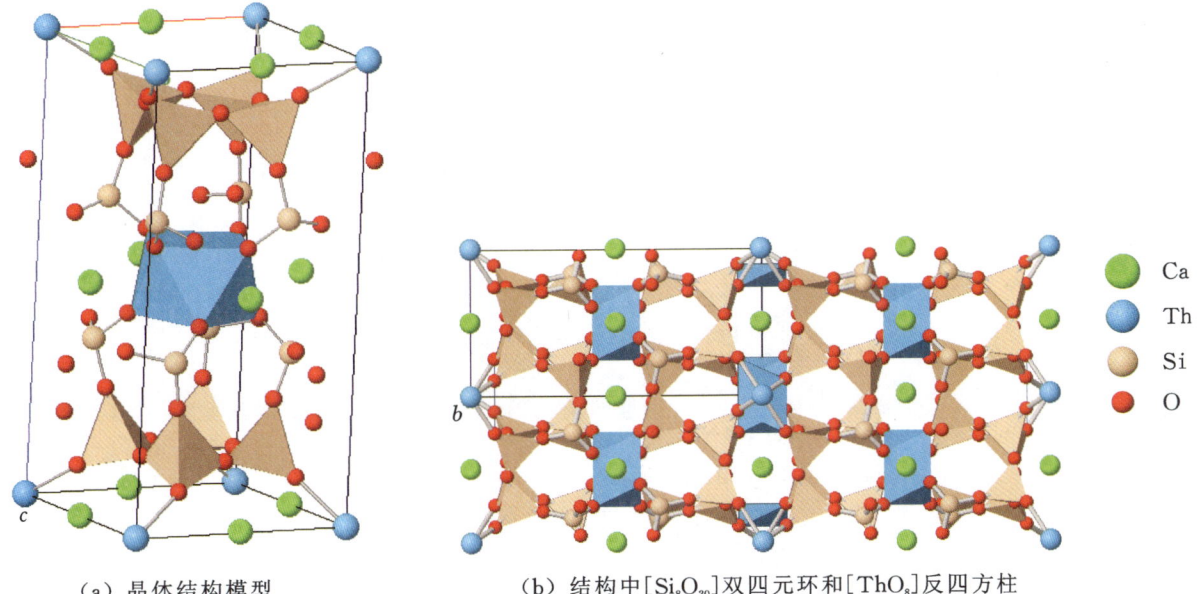

(a) 晶体结构模型　　(b) 结构中[Si_8O_{20}]双四元环和[ThO_8]反四方柱

图 3-3-3　硅钙铀钍矿的晶体结构 2

【产状产地】

硅钙铀钍矿发现于碎屑岩、火山喷出物、正长岩中。主要产地有斯里兰卡、加拿大、意大利等。

【主要用途】

硅钙铀钍矿在地质学、材料学、物理学、化学、环境科学、晶体学、矿物学方面都有重要意义。

卡硅钙铀钍矿

【化学性质】

卡硅钙铀钍矿是一种含 K、Na、Ca、Th 的 $[Si_8O_{20}]$ 环状基型硅酸盐类矿物,其晶体化学式为 $KNaCaTh[Si_8O_{20}]$。主要成分为 K、Na、Ca、Th、Si、O,类质同象替代成分有 Fe、U、REE、H_2O 等。

化学成分中氧化物的质量分数为 SiO_2 54.90%、ThO_2 26.47%、UO_2 1.46%、Fe_2O_3 0.17%、REE_2O_3 0.36%、CaO 7.86%、Na_2O 3.51%、K_2O 4.08%、H_2O 1.09%。

【结晶形态】

卡硅钙铀钍矿属于四方晶系,复四方双锥晶类,对称型为 $4/mmm$。晶体呈短柱状、粒状等。主要单形有{100}、{001}、{111}等。

【物理特征】

卡硅钙铀钍矿的颜色呈绿色、黄绿色,有的具不同的色圈。条痕为白色。透明至不透明。玻璃光泽。色散弱。多色性弱。

一轴晶(-)。折射率为 No=1.608~1.610、Ne=1.603~1.605。

解理不完全。性脆。断口呈不规则、不平整的破碎状。摩氏硬度为 5~5.5,相对密度为 3.34~3.51。具有强放射性。

【晶体结构】

卡硅钙铀钍矿属于四方晶系,空间群为 $P4/mmc$。晶胞参数:$a=0.758$ nm、$b=1.482$ nm,$Z=2$。X 射线粉晶衍射数据 $d(Å)(I/I_{max})$ 为 7.31(90)、5.21(90)、3.35(100)、2.63(90)、2.16(70)、1.82(70)。

晶体结构中硅氧四面体组成双四元环,这种双四元环与双四元环之间围绕四次轴旋转一定角度。环间以 $[ThO_8]$ 多面体共角顶连成架状。K 多面体沿 c 轴与 $[ThO_8]$ 多面体共面。Na 和 Ca 配位八面体与 $[ThO_8]$ 多面体位于同一水平面上,见图 3-3-4。

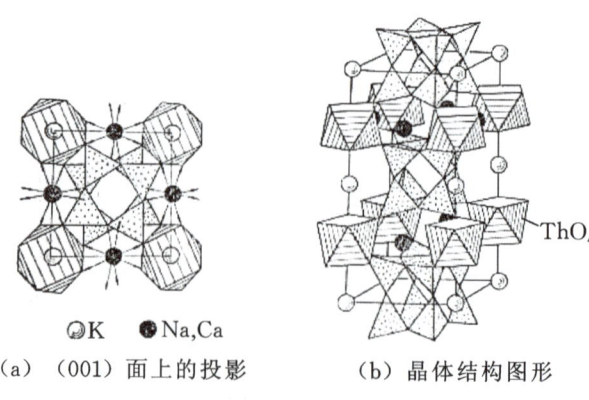

(a) (001)面上的投影　　(b) 晶体结构图形

图 3-3-4　卡硅钙铀钍矿的晶体结构

【产状产地】

卡硅钙铀钍矿产于霞石正长岩和碱性正长岩岩浆后期的交代作用生成的石英-钠长石-微斜长石-

霓石脉和石英-正长岩中。主要产地有俄罗斯等。

【主要用途】

卡硅钙铀钍矿在地质学、物理学、化学、环境科学、晶体学、矿物学方面都有重要意义。可作为提取稀土元素的矿物原料。

硅稀土钙石

【化学性质】

硅稀土钙石是一种含 K、Ca、La 的 $[Si_8O_{20}]$ 环状基型硅酸盐类矿物,其晶体化学式为 $KCa_2(La,Ce,Y,Th)[Si_8O_{20}]$。主要成分为 K、Ca、La、Ce、Y、Th、Si、O,类质同象替代成分有 Na、Al。

化学成分中氧化物的质量分数为 K_2O 3.17%、Na_2O 0.38%、CaO 12.01%、La_2O_3 7.05%、Ce_2O_3 7.03%、ThO_2 11.31%、Al_2O_3 0.94%、SiO_2 58.01%。

【结晶形态】

硅稀土钙石属于四方晶系,复四方双锥晶类,对称型为 $4/mmm$。晶体呈粒状、块状等,见图 3-3-5。

图 3-3-5　硅稀土钙石(俄罗斯)

【物理特征】

硅稀土钙石的颜色呈绿黄色。条痕为白色。透明至半透明。土状光泽。色散弱。多色性明显。一轴晶(−)。折射率为 No=1.590、Ne=1.585,双折射率为 0.005。

解理。性脆。断口呈凹凸不平的断裂。摩氏硬度为 4.5,相对密度为 3.27(测量)、3.17(计算)。

【晶体结构】

硅稀土钙石属于四方晶系,空间群为 $P4/mcc$。晶胞参数:$a=0.761$ nm、$c=1.477$ nm,$Z=1$。X 射线粉晶主要衍射数据 $d(\text{Å})(I/I_{max})$ 为 5.28(100)、3.31(100)、2.64(100)。

【产状产地】

硅稀土钙石产于白云质大理石接触的花岗岩中,与橄榄石、透辉石等共生。主要产地有伊拉克、俄罗斯等。

【主要用途】

硅稀土钙石在地质学、物理学、化学、材料学、晶体学、矿物学方面都有一定意义。

第四节　具[Si$_6$O$_{18}$]环

一、无水、无附加阴离子

绿柱石族

绿柱石（beryl）	Be$_3$Al$_2$[Si$_6$O$_{18}$]
硅钪铍矿（bazzite）	Be$_3$Sc$_2$[Si$_6$O$_{18}$]

绿柱石

【化学性质】

绿柱石是一种含 Be、Al 的[Si$_6$O$_{18}$]环状基型硅酸盐类矿物，其晶体化学式为 Be$_3$Al$_2$[Si$_6$O$_{18}$]。主要成分为 Be、Al、Si、O，类质同象替代成分有 Fe、Mn、Mg、Ca、Cr、Na、Li、Cs、K、Rb、H、H$_2$O。

化学成分中氧化物的质量分数为 BeO 13.96%、Al$_2$O$_3$ 18.97%、SiO$_2$ 67.07%。

【结晶形态】

绿柱石属于六方晶系，复六方双锥晶类，对称型为 6/mmm。晶体呈六方柱状，柱面有纵纹（图 3-4-1）。晶体有时较小，但也可能长到几米大。晶体多呈长柱状，富含碱的晶体则呈短柱状，或沿 {0001} 发育成板状。常见单型有 {10$\bar{1}$0}、{0001}、{11$\bar{2}$1}、{10$\bar{1}$1}、{11$\bar{2}$2}、{11$\bar{2}$0} 等。柱面上常有平行 c 轴的条纹，不含碱的绿柱石柱面上的条纹比含碱的明显。

（a）绿柱石的晶体形态

（b）绿柱石（哥伦比亚）　　（c）绿柱石（美国）　　（d）绿柱石（阿富汗）

图 3-4-1　绿柱石

【物理特征】

绿柱石的颜色呈无色、绿色、蓝色、黄绿色、黄色、粉红色。纯绿柱石是无色的，但经常含杂质而呈各种颜色。颜色多样性与所含的致色元素有关：无色透明的绿柱石（不含致色元素），天蓝色的绿柱石（含 Fe^{2+}，Fe^{3+}）、蓝色的绿柱石（色心致色，不稳定）、粉红色的绿柱石（含 Mn、Cs）、红色的绿柱石（含 Mn）、金色的绿柱石（Fe^{3+} 致色），其中浅蓝绿色的最为常见。

条痕为白色。透明至半透明，少量呈半透明至不透明。玻璃光泽至油脂光泽。色散较弱。多色性弱到明显：黄绿色、无色，蓝绿色、蓝色、粉色。

特殊光学效应：猫眼效应、星光效应（稀少）、较强的二色性。

一轴晶（－）。折射率为 $N_o=1.568\sim1.602$、$N_e=1.564\sim1.595$，双折射率为 $0.004\sim0.007$。

{0001}解理不完全。性脆。断口呈不平整的贝壳状至参差状。摩氏硬度为 $7.5\sim8.0$，相对密度为 $2.63\sim2.92$（测量）、2.64（计算）。

【晶体结构】

绿柱石属于六方晶系，空间群为 $P6/mcc$。晶胞参数：$a=0.921$ nm、$c=0.919$ nm，变化范围为 $a=9.205\sim9.274$ nm、$c=9.187\sim9.249$ nm，$Z=2$。X射线粉晶衍射数据 $d(\text{Å})(I/I_{\max})$ 为 7.98(90)、4.60(50)、3.99(50)、3.25(100)、3.01(40)、2.87(100)、2.52(30)、1.99(20)，见图 3-4-2。

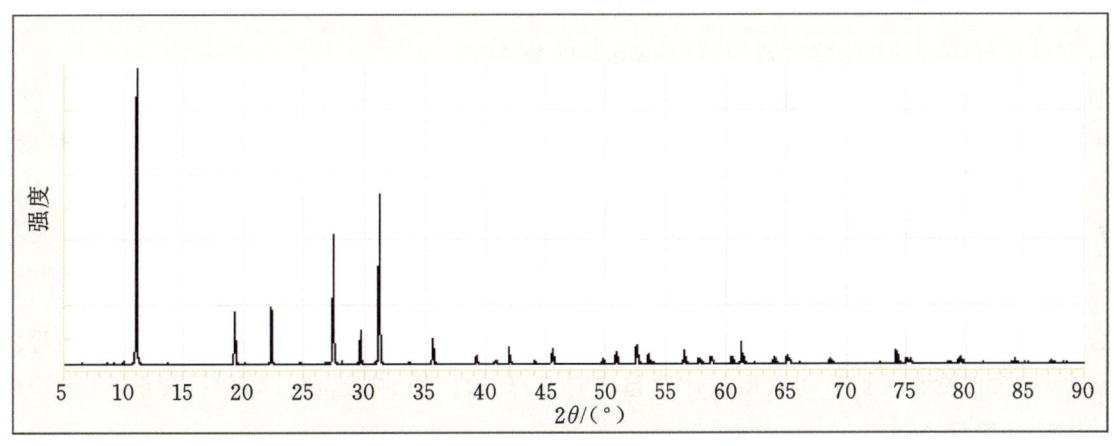

图 3-4-2　绿柱石的 X 射线粉晶衍射线图

晶体结构中由[SiO_4]四面体组成的[Si_6O_{18}]六元环沿 c 轴排列，上下叠置的六元环环绕 c 轴错开 25°，环与环之间由 Al^{3+} 和 Be^{2+} 连接。Al 配位数为 6，形成铝氧八面体[AlO_6]，Be 配位数为 4，形成扭曲的铍氧四面体[BeO_4]，均分布于环的外侧，见图 3-4-3、图 3-4-4。

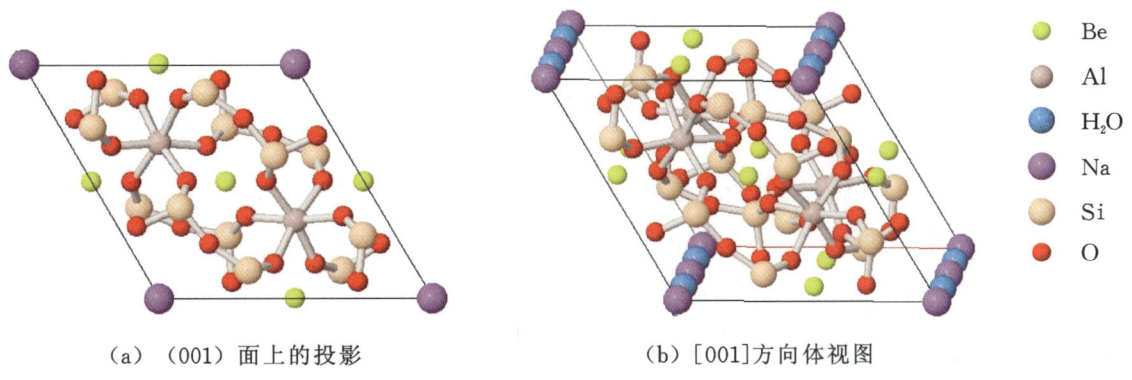

（a）（001）面上的投影　　　（b）[001]方向体视图

图 3-4-3　绿柱石的晶体结构 1

硅氧四面体[SiO_4]连接成的六元环，环层垂直 c 轴排列，环的中部会形成宽阔孔道，并平行于 c 轴，孔道中可以容纳大半径的阳离子、分子团，如 K、Na、Cs、Cr、Rb、Cs 及水分子。

孔道中允许多种离子、中性原子和分子结合到晶体中，破坏晶体的总电荷，从而允许在晶体结构中的铝、硅和铍占位被进一步取代。

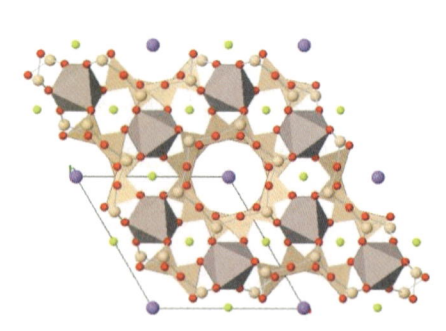 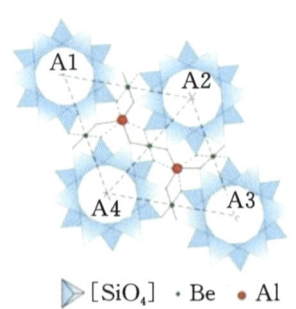 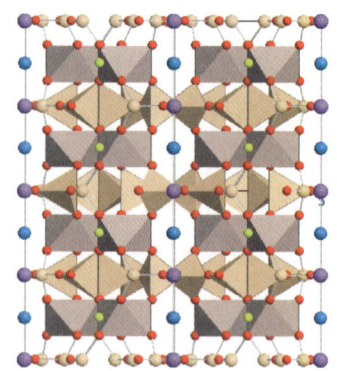

(a) 沿c轴投影六元环上下错开并构成宽阔结构孔道　　(b) 垂直b轴的投影，四面体层和[BeO$_4$]及[AlO$_4$]多面体成层，并沿c轴交替排列

图 3-4-4　绿柱石的晶体结构 2

与绿柱石具相同结构的矿物有：

钪绿柱石（bazzite），化学式为 Be$_3$(Sc,Al)$_2$[Si$_6$O$_{18}$]；

六方堇青石（indialite），化学式为 Al$_2$SiMg$_2$[Al$_2$Si$_6$O$_{18}$]；

斯托潘尼石（stoppaniite），化学式为 (Fe,Al,Mg)$_2$Be$_3$[Si$_6$O$_{18}$]+(Na,□)(H$_2$O)。

由于具有六元环，可将其划归为环状硅酸盐。但其四面体骨架的三元联结方式与环状硅酸盐电气石是有差别的。

【产状产地】

绿柱石主要产于花岗伟晶岩、云英岩、高温热液脉、云母片岩、流纹岩中，还可产于与富铁超基性岩结合的白云石大理岩中，也见于砂岩中。组合共生矿物有方解石、黄铁矿、石英、钠长石、祖母绿等，常与锡、钨有关矿物和其他矿物共生。矿物包体有云母、透闪石、阳起石、方解石、黄铁矿、赤铁矿，还有气、液、固三相包体等。

绿柱石主要产地有挪威、奥地利、德国、瑞典、爱尔兰、乌克兰、马达加斯加、巴西、南非、莫桑比克、赞比亚、纳米比亚、哥伦比亚、阿根廷、阿富汗、印度、斯里兰卡、蒙古、俄罗斯、中国和美国（加利福尼亚、科罗拉多、北卡罗莱纳、犹他）等。

在美国、马达加斯加曾先后发现巨大绿柱石晶体：1.2 m×5.5 m（18 000 kg，美国），3.5 m×18 m（380 000 kg，马达加斯加）。

【主要用途】

绿柱石在地质学、物理学、化学、材料学、环境科学、晶体学、矿物学、宝石学方面都有重要应用和意义。

非宝石级绿柱石是提炼金属铍的主要原料。宝石级绿柱石可用作饰品，具有较高价值，具特殊光学效应的宝石级绿柱石经济价值更高。

1）祖母绿（Emerald）

【化学性质】

祖母绿是绿柱石族的成员，绿色来自其内的铬离子，铬离子的存在使它呈晶莹艳美的翠绿色（图 3-4-5），有时呈暗红色。

化学成分中氧化物的质量分数为 BeO 13.96%、Al$_2$O$_3$ 18.97%、Cr$_2$O$_3$ 0.49%、SiO$_2$ 66.58%。

【物理特征】

祖母绿呈现出各种色彩：淡绿色、绿色、深绿色，可略带蓝色调。微量的氧化铬使它呈现出晶莹艳

(a) 祖母绿（哥伦比亚）　　　　　　　　　(b) 祖母绿（巴西）

图 3-4-5　祖母绿

美的绿色。条痕为白色。玻璃光泽。透明至半透明。多色性中等至强（蓝绿色，黄绿色）。

特殊光学效应：猫眼效应，星光效应（稀少）。

【产状产地】

祖母绿主要产在沉积岩系的方解石-钠长石脉中，呈斑晶状，围岩为碳质页岩和灰岩，含祖母绿的方解石脉、白云石-方解石脉、黄铁矿-方解石脉，呈脉状和网脉状分布。

祖母绿的颜色为纯绿色，少数为黄绿色或蓝绿色，裂纹较多。晶体中可见包体为一氧化碳气泡、液态氯化钠、立方体食盐等，是一种气、液、固三相的包体。还有纤维状黄铁矿包体、黄褐色粒状氟碳钙铈矿包体、石英包体、磁黄铁矿包体和辉钼矿包体等。

祖母绿分布于世界各地：哥伦比亚、巴西、美国、加拿大、奥地利、法国、德国、意大利、挪威、西班牙、瑞士、俄罗斯、澳大利亚、阿富汗、印度、巴基斯坦、哈萨克斯坦、南非、埃塞俄比亚、赞比亚、莫桑比克、纳米比亚、尼日利亚、坦桑尼亚、中国等。

哥伦比亚出产的祖母绿，颜色佳、质地好，是世界上最大的优质祖母绿产地。1969 年在哥伦比亚发现一粒重 7025 ct（1 ct＝0.2 g）的巨大达碧兹粒状的祖母绿。

祖母绿中有较多的裂缝及内含物，内含物种类又多又复杂，研究它可分辨出祖母绿的产地及生长环境。

【主要用途】

祖母绿在地质学、材料学、物理学、化学、晶体学、矿物学、宝石学方面都有重要应用和特别意义。

祖母绿称为绿宝石之王，是相当贵重的宝石，色彩最为引人喜爱。祖母绿有 4 个品种：祖母绿、祖母绿猫眼、星光祖母绿和达碧兹祖母绿。

罕见的祖母绿宝石——达碧兹，六边形的核心，并放射出六道线条，形成一个星状的图案。现存于英国伦敦维多利亚与艾博特博物馆的安第斯之星，重 80.61 ct。

2）海蓝宝石（Aquamarine）

【化学性质】

海蓝宝石是绿柱石化学式中 Be 和 Al 被不同的微量 Fe 元素所替代而产生的，见图 3-4-6。

【物理特征】

海蓝宝石为天蓝色至海蓝色、绿蓝色，呈各种色调的蓝色。颜色多样性与所含的致色元素有关：天蓝色的绿柱石（含 Fe^{2+}，Fe^{3+}）、蓝色的绿柱石（色心致色，不稳定），其中浅蓝绿色的最为常见。

条痕为白色。玻璃光泽到油脂光泽。透明度好，少量呈半透明。海蓝宝石中浅蓝色是由 Fe^{2+} 引起的，深蓝色是由 Fe^{2+} 和 Fe^{3+} 协同作用引起的。多色性明显：蓝色，蓝绿色。色散弱。

【产状产地】

海蓝宝石产于岩浆活动晚期，结晶充分、晶体很大，主要赋存于伟晶岩矿床——糖粒状钠长石化

282　硅酸盐矿物学

（a）海蓝宝石（巴基斯坦）　　（b）海蓝宝石　　　　（c）海蓝宝石饰物
　　　　　　　　　　　　　　（高35.5 cm，重10 363 ct）

图 3-4-6　各种海蓝宝石

伟晶岩中，也见于砂岩中。共生的矿物有方解石、黄铁矿、石英、钠长石、祖母绿等，常与锡、钨有关矿物和其他矿物共生。

矿物包体有云母、透闪石、阳起石、方解石、黄铁矿、赤铁矿，还有气、液、固三相包体等。

优质的海蓝宝石主要产自巴西、哥伦比亚、马达加斯加、缅甸、印度、赞比亚、南非、津巴布韦、马拉维、坦桑尼亚、肯尼亚、俄罗斯、中国、美国。

【主要用途】

海蓝宝石在地质学、物理学、化学、材料学、晶体学、矿物学、宝石学方面都有重要意义。海蓝宝石可用于提炼金属铍或用作饰品。

硅钪铍矿

【化学性质】

硅钪铍矿是一种含 Be、Sc 的 $[Si_6O_{18}]$ 环状基型硅酸盐类矿物，其晶体化学式为 $Be_3Sc_2[Si_6O_{18}]$。主要成分为 Be、Sc、Si、O，类质同象替代成分有 Al、Fe、Mn、Mg、Li、Na、K、Rb、Cs 等。

化学成分中氧化物的质量分数为 Sc_2O_3 18.32%、BeO 13.29%、Al_2O_3 4.52%、SiO_2 63.87%。

【结晶形态】

硅钪铍矿属于六方晶系，复六方双锥晶类，对称型为 $6/mmm$。晶体呈良好的结晶体，常呈柱状，细棱柱状等，见图 3-4-7。

（a）硅钪铍矿（瑞士）　　（b）硅钪铍矿（法国）　　（c）硅钪铍矿（意大利）

图 3-4-7　硅钪铍矿

【物理特征】

硅钪铍矿的颜色呈蔚蓝色、蓝绿色、蓝色、深蓝色等。条痕为浅蓝白色、白色。透明至半透明。玻璃光泽。色散弱。多色性弱：蔚蓝色、浅绿黄色。

一轴晶（-）。折射率为 No=1.626、Ne=1.605，双折射率为 0.021。

{0001}解理不完全。性脆。断口呈不规则的玻璃碎块状。摩氏硬度为 6.5～7，相对密度为 2.77～2.80（测量）、2.82（计算）。

【晶体结构】

硅钪铍矿属于六方晶系，空间群为 $P6/mcc$（图 3-4-8）。晶胞参数：$a=0.952$ nm、$c=0.917$ nm，$Z=2$。X 射线粉晶主要衍射数据 $d(\text{Å})(I/I_{max})$ 为 3.29(100)、2.94(100)、1.65(80)。

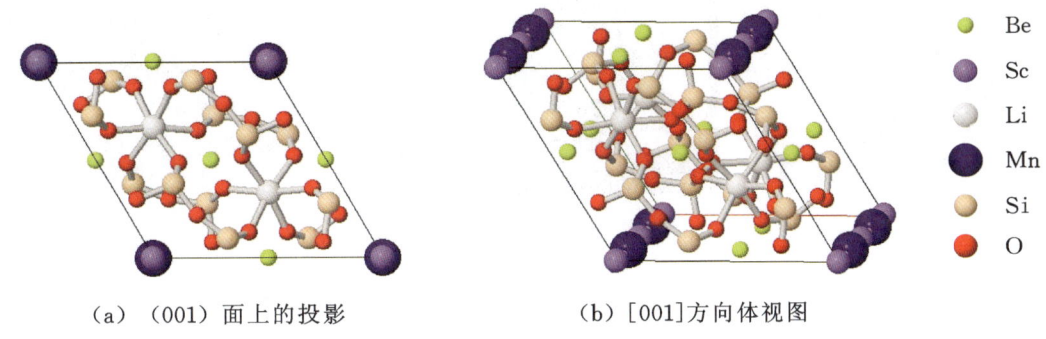

(a) (001) 面上的投影　　(b) [001] 方向体视图

图 3-4-8　硅钪铍矿的晶体结构

【产状产地】

硅钪铍矿产于伟晶岩和脉岩中，主要产地有瑞士、法国、德国、意大利、哈萨克斯坦、挪威等。

【主要用途】

硅钪铍矿在地质学、物理学、化学、材料学、晶体学、矿物学方面都有重要应用，是提取 Be、Sc 元素的原料。

董青石族

董青石（cordierite）	$(Mg,Fe)_2Al_3[AlSi_5O_{18}]$
铁董青石（sekaninaite）	$(Fe,Mg)_2Al_3[AlSi_5O_{18}]$
印度石（indialite）	$Mg_2Al_3[AlSi_5O_{18}]$
铁印度石（ferroindialite）	$Fe_2Al_3[AlSi_5O_{18}]$

董青石

【化学性质】

董青石是一种含 Mg、Fe、Al 的 $[AlSi_5O_{18}]$ 环基型硅酸盐类矿物，其晶体化学式为 $(Mg,Fe)_2Al_3[AlSi_5O_{18}]$，有时可写成 $(Mg,Fe)_2Al_3[AlSi_5O_{18}]\cdot n(H_2O,CO_2)$。主要成分为 Mg、Fe、Al、Si、O，类质同象替代成分有 Na、K、Ca、Fe、Mn、Ti、H_2O 等。

Mg 和 Fe 为完全类质同象替代，但大多数董青石是富镁的，当 Fe 含量大于 Mg 时称为铁董青石。富镁、富铁的董青石呈 $(Mg,Fe)_2Al_3[Si_5AlO_{18}]$-$(Fe,Mg)_2Al_3[Si_5AlO_{18}]$ 类质同象系列。

化学成分中氧化物的质量分数为 MgO 12.77%、Al_2O_3 34.52%、SiO_2 49.67%、Fe_2O_3 0.23%、FeO 1.53%、CaO 0.61%、Na_2O 0.30%、H_2O 0.37%（马达加斯加）。理论值为 MgO 13.78%、Al_2O_3 34.86%、SiO_2 51.36%。

【结晶形态】

堇青石属斜方晶系,斜方双锥晶类,对称型为 mmm。晶体呈粒状、块状、短柱状,有时呈假六边形。集合体呈粒状、块状(图3-4-9)。主要单形有{110}、{130}、{001}等。常见双晶有{110}和{130}。

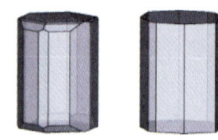

(a)堇青石的结晶形态

(b)堇青石(美国)　　(c)堇青石(挪威)　　(d)堇青石(德国)

图3-4-9　堇青石

【物理特征】

堇青石的颜色呈无色、灰色、浅蓝色、深蓝色、蓝紫色、棕色、黄褐色、黄白色、绿色,很少呈红色至棕红色。在透射光中呈无色至非常淡的蓝色。条痕为无色、白色。透明至半透明。玻璃光泽、油脂光泽。色散弱。多色性明显,三色性强:淡黄色、绿色、紫罗兰色、蓝紫罗兰色,浅蓝色。

二轴晶(-),有时为(+)。折射率为 Np=1.527～1.560、Nm=1.532～1.574、Ng=1.538～1.578,双折射率为0.011～0.018。折射率与其成分中 Mg 和 Fe 的比例有关,当富 Mg 时折射率偏低,富铁时折射率则偏高。$2V=75°～89°$(测量)、$54°～86°$(计算)。

{010}、(100)和(001)解理不完全。性脆。断口呈不规则的贝壳状、次贝壳状。摩氏硬度为7～7.5,相对密度为2.60～2.66(测量)、2.505(计算),随 Fe 含量的增多而逐渐变大。

难溶于水。

【晶体结构】

堇青石属于斜方晶系,空间群为 $Cccm$。晶胞参数:$a=1.708$ nm、$b=0.973$ nm、$c=0.936$ nm,$Z=4$。X 射线粉晶主要衍射数据 d(Å)(I/I_{max})为 8.54(80)、8.45(80)、3.13(100),见图3-4-10。

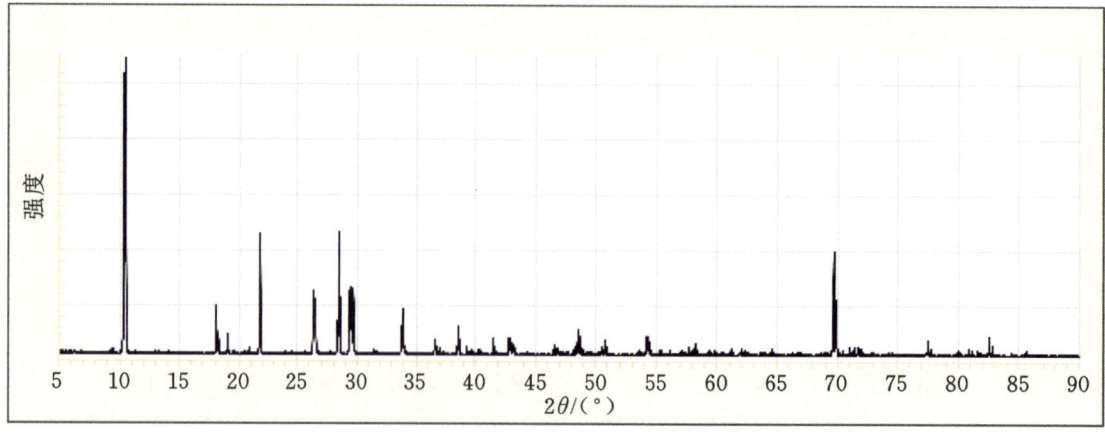

图3-4-10　堇青石的 X 射线粉晶衍射图

董青石的晶体结构与绿柱石基本相同：六元环中的两个[SiO₄]被[AlO₄]有序替代，且上下叠置的六元环绕 c 轴错开的角度更大（约 32°）。畸变四面体位置也分别为[SiO₄]和[AlO₄]有序占据。Si 和 Al 呈有序的占位，使得晶体对称性降低为斜方晶系，见图 3-4-11。董青石与六方董青石呈同质二像，但后者结构中的 Si 和 Al 占位完全无序，故而它与绿柱石等结构不同。

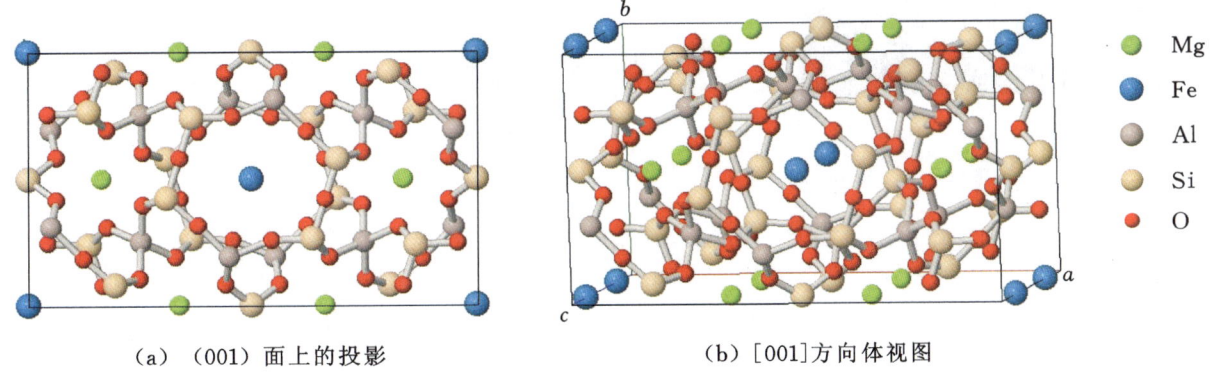

（a）（001）面上的投影　　　　　（b）[001]方向体视图

图 3-4-11　董青石的晶体结构 1

在六元环中存在 Al→Si，因而对称性下降。晶体结构中，Mg、Fe 是四次配位的，Mg^{2+} 比 Fe^{2+} 的半径小，进入四面体中更稳定，见图 3-4-12。骨干外的 Al^{3+} 可被 Fe^{3+} 替代。成分中常含有 H_2O、K、Na 等，位于结构的大孔道中。

与董青石具相同结构的矿物有铁董青石。

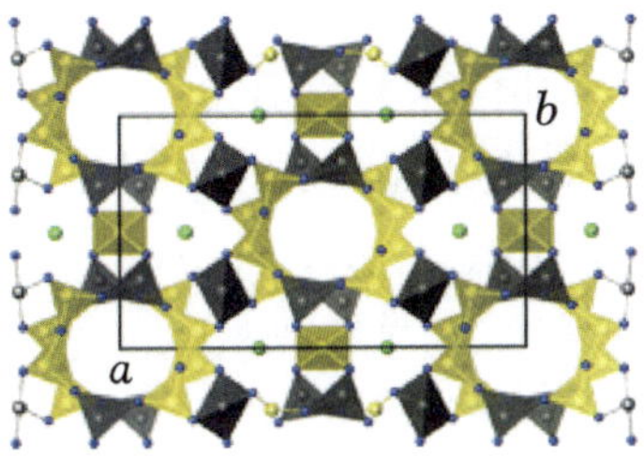

沿 c 轴的投影[AlO₄]有序替代[SiO₄]，矩形表示单胞。绿色：Mg 或 Fe，蓝色：O，黄色：Si 或 Al。

图 3-4-12　董青石的晶体结构 2

【产状产地】

董青石产于岩浆岩、变质岩和伟晶岩中，产于泥质岩的接触变质作用或区域变质作用中，产于片岩、片麻岩及蚀变岩浆岩中。宝石级董青石主要赋存于富镁的蚀变火山岩中。

董青石常与硅线石、尖晶石、斜长石、斜方辉石、石榴石、云母、滑石、红柱石、刚玉、石英等组合共生。常见矿物包体（包括赤铁矿、针铁矿、磷灰石、锆石）及气、液包体等。主要产地有德国、挪威、西班牙、马达加斯加、坦桑尼亚、澳大利亚、印度、斯里兰卡、缅甸、南非、纳米比亚、巴西、阿根廷、墨西哥、中国（台湾等）、加拿大、美国等。

【主要用途】

董青石最大的特性是热膨胀系数小，因此广泛应用于陶瓷、玻璃、耐火材料等，提高其抗急冷急热的能力。颜色美丽透明者，可作为宝石。一般宝石级的董青石多呈蓝色和紫罗兰色，其中蓝色董青石还被誉为"水蓝宝石"。具星光、猫眼、砂金效应的董青石被视为珍宝。

董青石在地质学、物理学、化学、晶体学、矿物学、宝石学方面都有重要意义。

铁董青石

【化学性质】

铁董青石是一种含 Fe、Mg、Al 的[AlSi₅O₁₈]环状基型硅酸盐类矿物，其晶体化学式为$(Fe,Mg)_2Al_3[AlSi_5O_{18}]$。主要成分为 Fe、Mg、Al、Si、O，类质同象替代成分有 Ti、Mn、Ca、Na、K、H_2O。化学成分中氧化物的质量分数为 MgO 3.19%、Al_2O_3 32.25%、FeO 17.04%、SiO_2 47.52%。

董青石-铁董青石形成系列矿物。

【结晶形态】

铁董青石属于斜方晶系，斜方双锥晶类，对称型为 mmm。晶体呈粒状、柱状、块状等，见图 3-4-13。

286 硅酸盐矿物学

图 3-4-13 铁堇青石（捷克）

【物理特征】

铁堇青石的颜色呈蓝色、蓝紫色、紫蓝色、灰蓝色等。条痕为无色、白色。透明至半透明。玻璃光泽。色散弱。多色性明显。

二轴晶（−）。折射率为 Np=1.561、Nm=1.572、Ng=1.576，双折射率为 0.015。$2V=66°$（测量）、60°（计算）。

{010}解理中等、{100}和{001}不完全。性脆。断口呈不规则、不平整的碎块状。摩氏硬度为 7～7.5，相对密度为 2.53～2.78（测量）、2.67（计算）。

【晶体结构】

铁堇青石属于斜方晶系，空间群为 $Cccm$（图 3-4-14、图 3-4-15）。晶胞参数：$a=1.721$ nm、$b=0.983$ nm、$c=0.930$ nm，$Z=4$。X 射线粉晶主要衍射数据 d(Å)(I/I_{max}) 为 8.583(100)、3.386(100)、3.376(100)，见图 3-4-16。

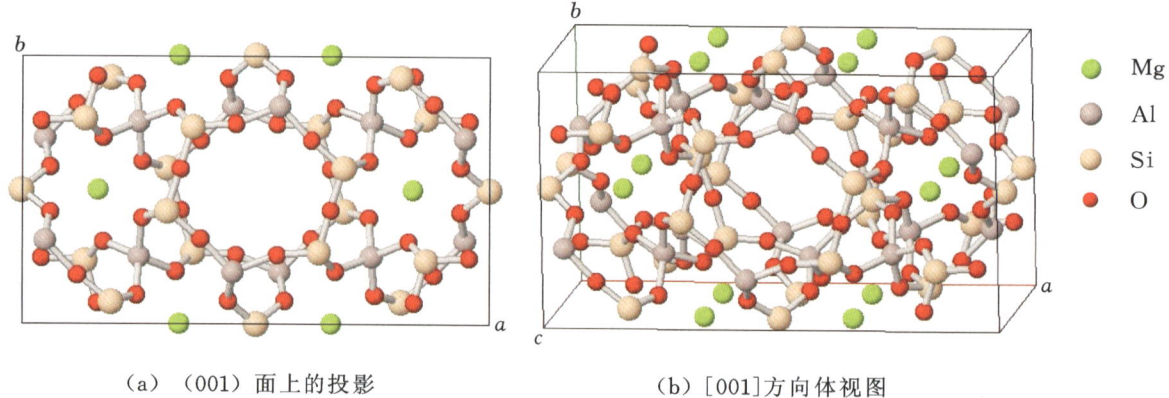

（a）（001）面上的投影　　　　（b）[001]方向体视图

图 3-4-14 铁堇青石的晶体结构 1

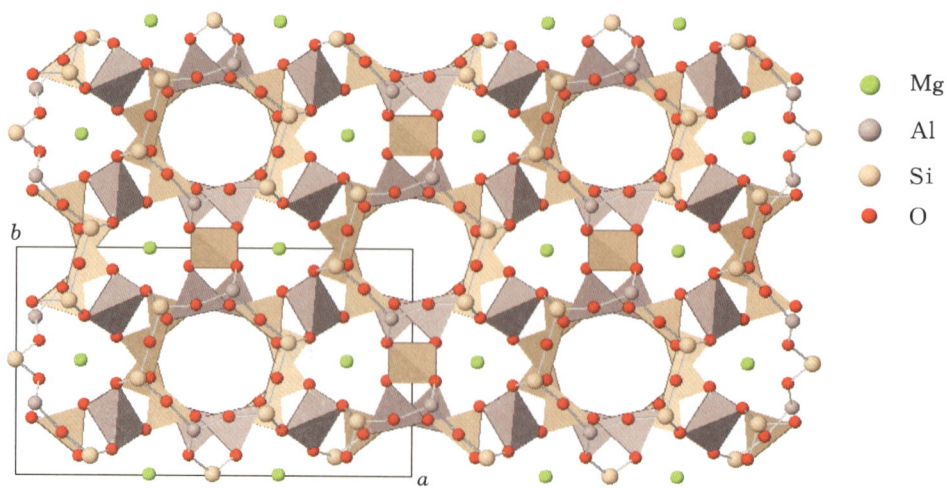

图 3-4-15 铁堇青石的晶体结构 2

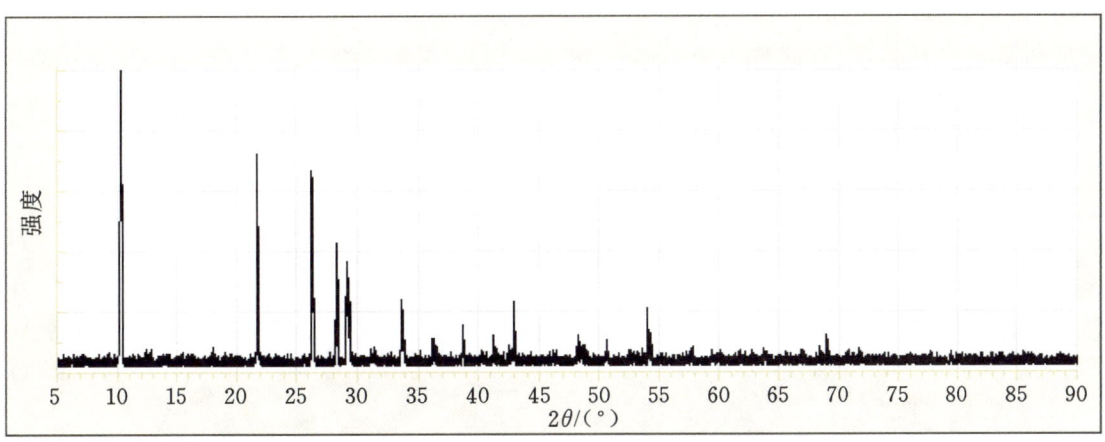

图 3-4-16　铁堇青石的 X 射线粉晶衍射图

【产状产地】

铁堇青石产于伟晶岩中。主要产地有捷克。

【主要用途】

铁堇青石在地质学、物理学、化学、晶体学、矿物学方面都有重要意义。

印度石

【化学性质】

印度石是一种含 Mg、Al 的 $[AlSi_5O_{18}]$ 环状基型硅酸盐类矿物，其晶体化学式为 $Mg_2Al_3[AlSi_5O_{18}]$。主要成分为 Mg、Al、Si、O，类质同象替代成分有 Fe、Mn、Na 等。

化学成分中氧化物的质量分数为 MgO 13.78%、Al_2O_3 34.86%、SiO_2 51.36%。

印度石中 Mg 被 Fe 替代可以形成铁印度石。

【结晶形态】

印度石属于六方晶系，复六方双锥晶类，对称型为 $6/mmm$。晶体呈粒状、柱状、块状等，见图 3-4-17。

图 3-4-17　印度石（德国）

【物理特征】

印度石的颜色呈无色、淡紫色等。条痕为白色。透明。玻璃光泽。色散弱、多色性弱。

一轴晶（−）。折射率为 No=1.539、Ne=1.534，双折射率为 0.005。

解理无。性脆。断口呈不平整、表面光滑弯曲的贝壳状。摩氏硬度为 7～7.5，相对密度为 2.51（测量）、2.59（计算）。

【晶体结构】

印度石属于六方晶系，空间群为 $P6/mcc$（图 3-4-18）。晶胞参数：$a=0.980$ nm、$b=0.935$ nm，$Z=2$。X 射线粉晶衍射数据 d（Å）（I/I_{max}）为 8.480(100)、4.890(30)、4.094(50)、3.379(55)、3.138(65)、3.027(85)、1.688(30)，见图 3-4-19。

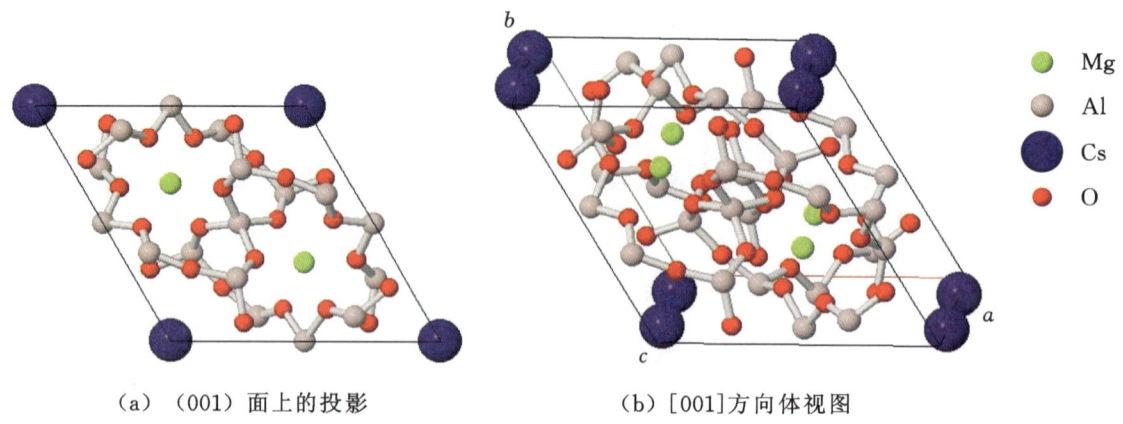

(a)（001）面上的投影 (b) [001] 方向体视图

图 3-4-18 印度石的晶体结构

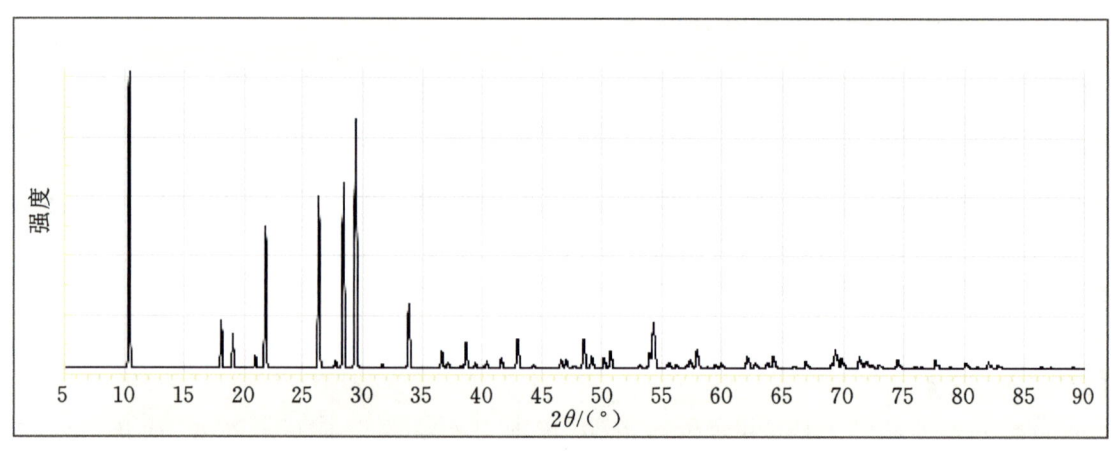

图 3-4-19 印度石的 X 射线粉晶衍射图

印度石是堇青石在高温条件下形成的六方高温相。

【产状产地】

印度石产于深部沉积煤层燃烧而形成的熔融岩和再结晶，是堇青石在高温条件下形成的多型晶。与磁铁矿、拉长石、刚玉、玻璃等组合共生。主要产地有印度、德国等。

【主要用途】

印度石在地质学、物理学、化学、晶体学、矿物学、宝石学方面都有重要意义。

铁印度石

【化学性质】

铁印度石是一种含 Fe、Al 的 $[AlSi_5O_{18}]$ 环状基型硅酸盐类矿物，其晶体化学式为 $Fe_2Al_3[AlSi_5O_{18}]$。主要成分为 Fe、Al、Si、O，类质同象替代成分有 Mg、Mn、Na 等。

化学成分中氧化物的质量分数为 FeO 12.66%、MgO 4.95%、MnO 1.13%、Na_2O 0.14%、K_2O 0.46%、Fe_2O_3 2.64%、Al_2O_3 30.45%、SiO_2 47.57%。

铁印度石中 Fe 被 Mg 替代可以形成印度石。

【结晶形态】

铁印度石属于六方晶系,复六方双锥晶类,对称型为 $6/mmm$。晶体呈柱状、板状、块状等,见图 3-4-20。

图 3-4-20　铁印度石(德国)

【物理特征】

铁印度石的颜色呈灰色、棕紫色、紫蓝色等。条痕为白色。透明。玻璃光泽。色散弱,多色性弱:无色,浅紫色。

一轴晶(－)。折射率为 $N_o=1.539$、$N_e=1.534$,双折射率为 0.015。

解理无。性脆。断口呈不平整、表面光滑弯曲的贝壳状。摩氏硬度为 7,相对密度为 2.66(测量)、2.67(计算)。

【晶体结构】

铁印度石属于六方晶系,空间群为 $P6/mcc$(图 3-4-18)。晶胞参数:$a=0.988$ nm、$b=0.931$ nm,$Z=2$。X 射线粉晶衍射数据 $d(\text{Å})(I/I_{\max})$ 为 8.590(100)、4.094(27)、3.390(35)、3.147(20)、3.055(30)、2.657(12)、1.695(10),见图 3-4-21。

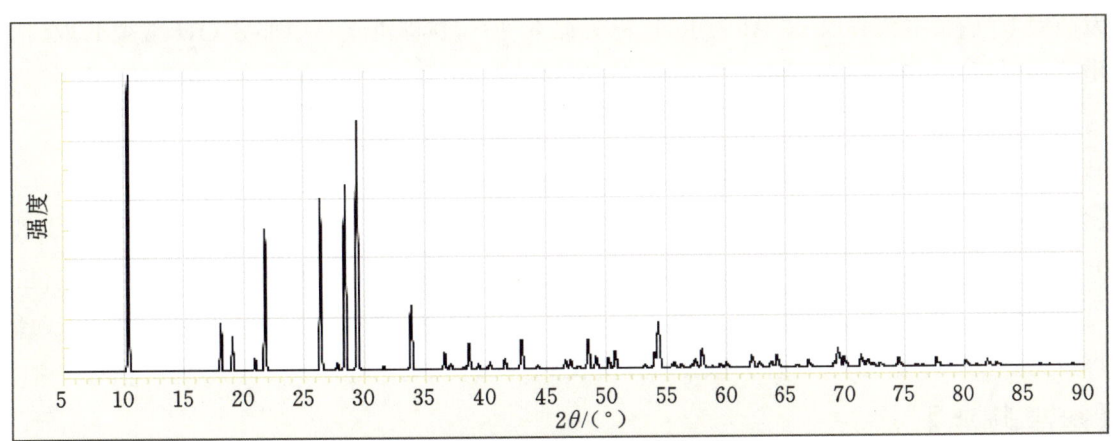

图 3-4-21　铁印度石的 X 射线粉晶衍射图

铁印度石是铁堇青石在高温条件下形成的六方高温相。

【产状产地】

铁印度石是产于碱性玄武岩、泥质岩中的烧焦捕虏体,是铁堇青石在高温条件下形成的多型晶。铁印度石常与锆石、鳞石英、氟磷灰石、硅线石、金云母、顽火辉石、铁辉石、透长石、氟磷镁石、铁铝榴石等组合共生。主要产地有印度、德国、俄罗斯、日本等。

【主要用途】

铁印度石在地质学、物理学、化学、晶体学、矿物学、宝石学方面都有重要意义。

二、具附加阴离子、络阴离子或水

电气石族

镁电气石(dravite)	$NaMg_3Al_6[Si_6O_{18}][BO_3]_3(OH)_4$
铁电气石(schorl)	$NaFe_3Al_6[Si_6O_{18}][BO_3]_3(OH)_4$
锂电气石(elbaite)	$NaLiAl_2Al_6[Si_6O_{18}][BO_3]_3O(OH)_3$
钠锰电气石(olenite)	$(Na,Ca,\square)Mn_3Al_6[Si_3O_{18}][BO_3]_3(O,OH)_4$
钙镁电气石(uvite)	$CaMg_4Al_5[Si_6O_{18}][BO_3]_3(OH)_4$
铁钙镁电气石(feruvite)	$CaFe_3MgAl_5[Si_6O_{18}][BO_3]_3(OH)_4$
布格电气石(buergerite)	$NaFe_3^{3+}Al_6[Si_6O_{18}][BO_3]_3O_3(F,OH)$

电气石族

【化学性质】

电气石又称碧玺,是矿物族名。化学通式为 $XY_3Z_6[Si_6O_{18}][BO_3]_3(OH)_4$,一类以含 B 为主,还含 Al、Na、Fe、Mg、Mn、Li 等元素的硅酸盐矿物。

其中 X 的位置主要被 Ca、K、Na、$\square$ 占据,为九次配位 $[XO_6O_3]$;Y 的位置主要被 Al、Fe、Li、Mg、Mn、Zn 占据,为六次配位 $[YO_4(OH)_2]$;Z 的位置主要被 Al、Cr、Fe、V 占据,为六次配位 $[ZO_5(OH)]$。由于 X、Y、Z 位置的置换以及形成环境的不同,形成了很多种类型的电气石。

当 Y 以 Mg 为主时,称为镁电气石;以 Fe 为主时,称为铁电气石或黑电气石;若 Mn 进入此位置,则称为钠锰电气石;电气石以 Li、Al 为主时,称为锂电气石,在锂电气石中部分 OH 常被 F 取代。

化学通式可以写为 $(Ca,K,Na,\square)(Al,Fe,Li,Mg,Mn,Zn)_3(Al,Cr,Fe,V)_6[BO_3]_3[(Si,Al,B)_6O_{18}](OH,F)_4$。

电气石种类很多,主要有镁电气石、钙镁电气石、钠锰电气石、布络电气石等。

【结晶形态】

电气石属于三方晶系,复三方单锥晶类,对称型为 $3m$。晶体常呈柱状,常见单形 $\{10\bar{1}0\}$、$\{11\bar{2}0\}$、$\{10\bar{1}1\}$、$\{02\bar{2}1\}$、$\{3\bar{2}51\}$等。柱面常发育纵纹,两端晶面不同,横截面呈球面三角形。双晶依 $(10\bar{1}0)$、$(40\bar{4}1)$ 少见。集合体呈柱状、放射状、束针状、块状,见图 3-4-22。

【物理特征】

电气石常见的颜色是黑色,随成分变化颜色可以从无色到棕色、红色、橙色、黄色、绿色、蓝色、紫色、粉红色等,也有双色的甚至是三色的。电气石随成分不同而颜色各异:富含 Fe 的电气石呈黑色,富含 Li、Mn 和 Cs 的电气石呈玫瑰色,亦呈淡蓝色,富含 Mg 的电气石常呈褐色和黄色,富含 Cr 的电气石呈深绿色。含有较多钠和镁成分的电气石,因含镁而呈褐色。条痕为白色。

还有一些特殊的品种,如多色碧玺、双色碧玺、西瓜碧玺、猫眼碧玺、钠镁碧玺、变色碧玺、钙锂碧玺、铬碧玺等。

由于 a、c 方向均为极性,随着成分变化,在 (0001) 切面上会产生色彩多样的环带,沿 c 轴方向也有各种颜色变化,同一晶体内外或不同部位可呈双色或多色。

多色性中等到强:红色电气石为暗红色、浅红色;绿色电气石为深绿色、黄绿色;棕色电气石为深

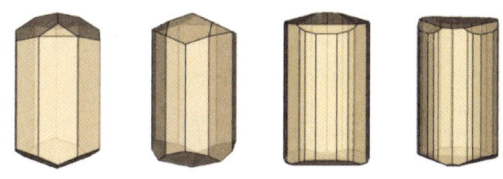

(a) 电气石的晶体形态

(b) 电气石（巴基斯坦）　(c) 电气石（阿富汗）　(d) 电气石（巴西）　(e) 钙镁电气石（阿富汗）

图 3-4-22　电气石

褐色、浅棕色；蓝色电气石为深蓝色、浅蓝色。

玻璃光泽、油脂光泽。透明、半透明至不透明。多色性为二色性，弱至强。可形成猫眼和棕红、黄绿变色。粉红色碧玺有弱紫色荧光。

一轴（－）。折射率为 $N_o=1.635\sim1.675$、$N_e=1.610\sim1.650$，黑色电气石折射率高达 $1.657\sim1.727$。双折射率为 0.020，色散为 0.017。

解理不完全。性脆。断口呈贝壳状。摩氏硬度为 $7\sim7.5$，相对密度为 $3.06\sim3.26$。

受热时会带上电荷，具有热释电效应。还有压电性和热电性。

【晶体结构】

电气石属于三方晶系，空间群为 $R3m$（图 3-4-23）。晶胞参数：$a=1.584\sim1.603$ nm、$c=0.709\sim0.722$ nm，$Z=3$。X 射线粉晶主要衍射数据 $d(\text{Å})(I/I_{max})$ 为 3.990(85)、2.961(85)、2.576(100)，见图 3-4-24。

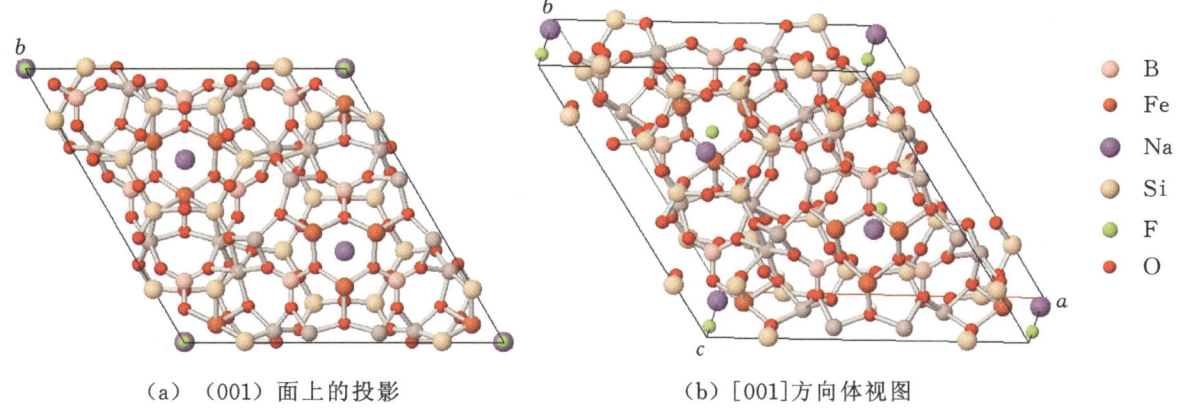

(a)（001）面上的投影　　　　(b) [001] 方向体视图

图 3-4-23　电气石族的晶体结构

电气石具有 $[Si_6O_{18}]$ 六元环状硅氧骨干，并带有附加阴离子、络阴离子或 OH^-、H^+、H_2O、F^- 等，是一类以含硼元素为典型特征，具有环状结构的硅酸盐矿物。

电气石的电子衍射图像及高分辨透射电子显微镜的结构图像见图 3-4-25。

与电气石具相同晶体结构的矿物有（空间群为 $R\bar{3}m$）钙锂电气石、镁电气石、锂电气石、钙锂电气

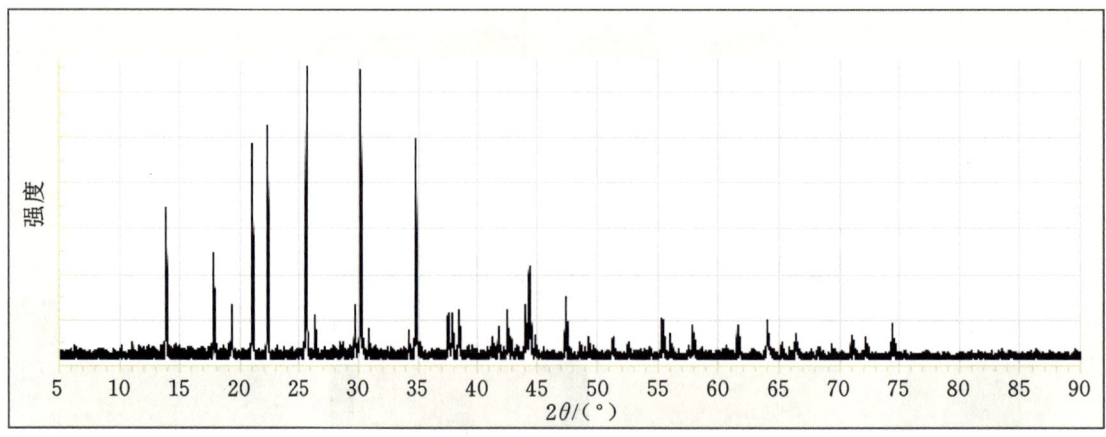

图 3-4-24 电气石的 X 射线粉晶衍射图

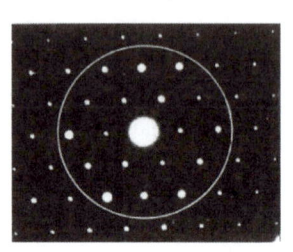
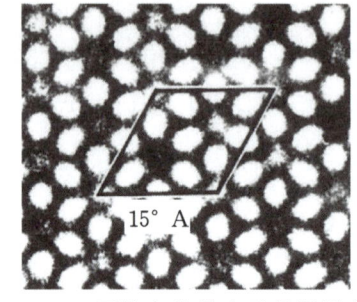
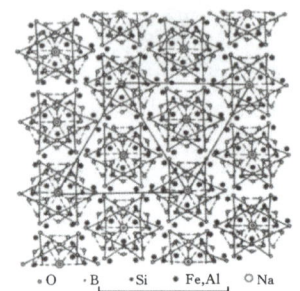

（a）(0001)面的衍射花样　　（b）(0001)面的高分辨电子显微图像　　（c）沿[0001]方向晶体结构投影图

图 3-4-25 镁电气石高分辨电子显微结构图像分析

石、罗斯曼石、钠铝电气石、铬镁电气石、钙镁电气石、钙黑电气石、铁(黑)电气石、布格电气石、波翁德拉石、福伊特石、镁福伊特石。

【产状产地】

电气石成分中富含挥发组分 B 及 H_2O，所以多与气成作用有关，多产于花岗伟晶岩及气成热液矿床中。一般黑色电气石形成温度较高，绿色、粉红色者一般形成温度较低。早期形成的电气石为长柱状，晚期形成的为短柱状。此外，变质矿床中亦有电气石产出。

常见气、液、固包体，不规则管状包体，平行线状包体等。

产地分布很广，主要有巴西、斯里兰卡、阿富汗、巴基斯坦、缅甸、印度、泰国、坦桑尼亚、肯尼亚、安哥拉、马达加斯加、莫桑比克、纳米比亚、意大利、瑞士、澳大利亚、俄罗斯、美国（加利福尼亚、缅因、科罗拉多等）。

我国新疆、内蒙古、甘肃、河南、广东、四川、云南、西藏等地均发现宝石级电气石，其中新疆、云南、内蒙古所产电气石（碧玺）因颜色品种丰富，质地好最为有名。

【主要用途】

电气石在地质学、材料学、物理学、化学、环境科学、晶体学、矿物学、宝石学方面都有重要应用。电气石作为材料可以用于空气净化、水处理、工业等，可以作为重要的珠宝原料。

压电性可用于无线电工业，热释电性可用于红外探测、制冷业。色泽鲜艳、透明者可作宝石原料。

镁电气石

【化学性质】

镁电气石属于电气石族，是一种含 Na、Mg、Al、$[BO_3]_3$、(OH)的岛状基型硅酸盐类矿物，其晶体化学式为 NaMg$_3$Al$_6$[Si$_3$O$_{18}$][BO$_3$]$_3$(OH)$_4$。主要成分为 Na、Mg、Al、Si、B、H、O,类质同象替代成分有 Fe、Mn、Ti、Ca、Cr、V、K、F。

化学成分中氧化物的质量分数为 Na$_2$O 3.23%、MgO 12.61%、Al$_2$O$_3$ 31.91%、SiO$_2$ 37.60%、B$_2$O$_3$ 10.89%、H$_2$O 3.76%。

镁电气石-锂电气石、镁电气石-铁电气石形成类质同象系列。F 可以替代 OH,形成一种镁电气石(F),其化学式为 NaMg$_3$Al$_6$[Si$_3$O$_{18}$](BO$_3$)$_3$(OH)$_3$F。

【结晶形态】

镁电气石属于三方晶系,复三方单锥晶类,对称型为 $3m$。晶体呈三角形或六边形的粒状、柱状体、长柱状,晶柱面上有纵向条纹,横断面呈球面三角形,见图 3-4-26。可见双晶。

(a) 镁电气石(肯尼亚)

(b) 镁电气石(缅甸)

(c) 镁电气石(美国纽约)

图 3-4-26 镁电气石

【物理特征】

镁电气石的颜色呈浅棕色、深棕色、棕黑色、黑色、褐色、绿色、蓝色、黄色。

条痕为浅褐色、无色、白色。透明、半透明至不透明。玻璃光泽、丝状光泽。色散弱,多色性明显:淡黄色,无色、深黄褐色、浅黄绿色。

电气石常具有色带现象,垂直 c 轴由中心往外形成水平色带,或 c 轴两端颜色不同。

无解理,有时有垂直 3 次轴的裂开,断口呈不规则、不平整的贝壳状或半贝壳状。摩氏硬度为 7～7.5。相对密度为 3.03～3.25(测量)、3.12(计算),随着成分中 Fe、Mn 含量的增加,相对密度增大。不仅具有压电性,并且还具有热释电性(因为其有了单向 3 次极轴)。

一轴晶(一)。折射率为 No=1.634～1.661、Ne=1.612～1.632,双折射率为 0.022～0.029。

【晶体结构】

镁电气石属于三方晶系,空间群为 $R\bar{3}m$。晶胞参数:$a=1.596$ nm、$c=0.721$ nm,$Z=3$。X 射线粉晶衍射数据 d(Å)(I/I_{max})为 6.375(19)、3.998(22)、3.475(100)、2.961(60)、2.583(67)、2.392(14)、2.123(14)、2.043(19),见图 3-4-27。

镁电气石晶体结构:由[Si$_6$O$_{18}$]复三元环、[BO$_3$]三角和[MgO$_5$(OH)]的三重八面体,由 3 个[MgO$_5$(OH)]八面体共棱,并共一角顶连接而成。它水平地分布于棱面体的角顶,并为[MgO$_5$(OH)]八面体所连接。[AlO$_5$(OH)]八面体共棱连接成平行于 c 螺旋柱。Na 位于[Si$_6$O$_{18}$]复三元环空隙的上方位置(即位于 O 的上方),配位数为 9(6+3),见图 3-4-28、图 3-4-29。

【产状产地】

镁电气石常与石英、白云母、钾长石、石榴石、萤石、黑云母、绿柱石、钠长石-钙长石系列组合共生在一起。

主要产地有加拿大、墨西哥、挪威、瑞士、捷克、奥地利、希腊、俄罗斯、哈萨克斯坦、肯尼亚、尼泊

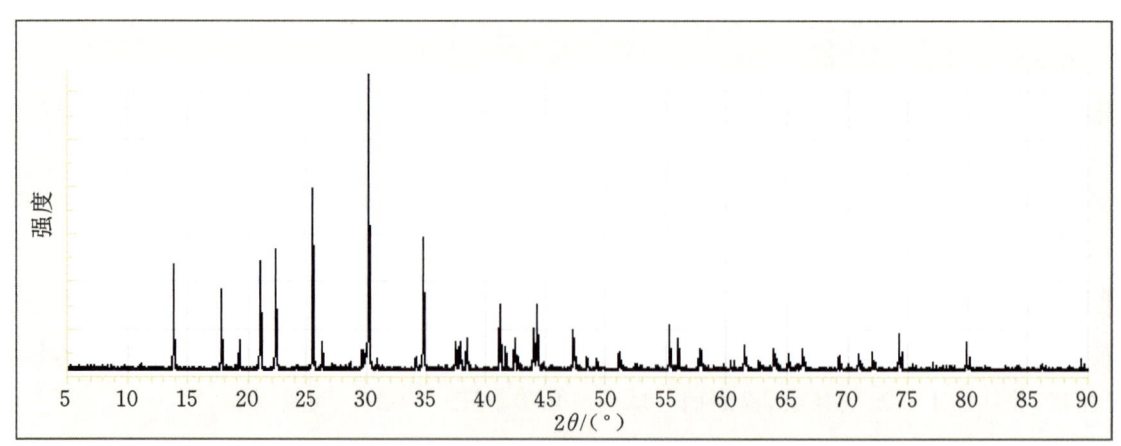

图 3-4-27 镁电气石的 X 射线粉晶衍射图

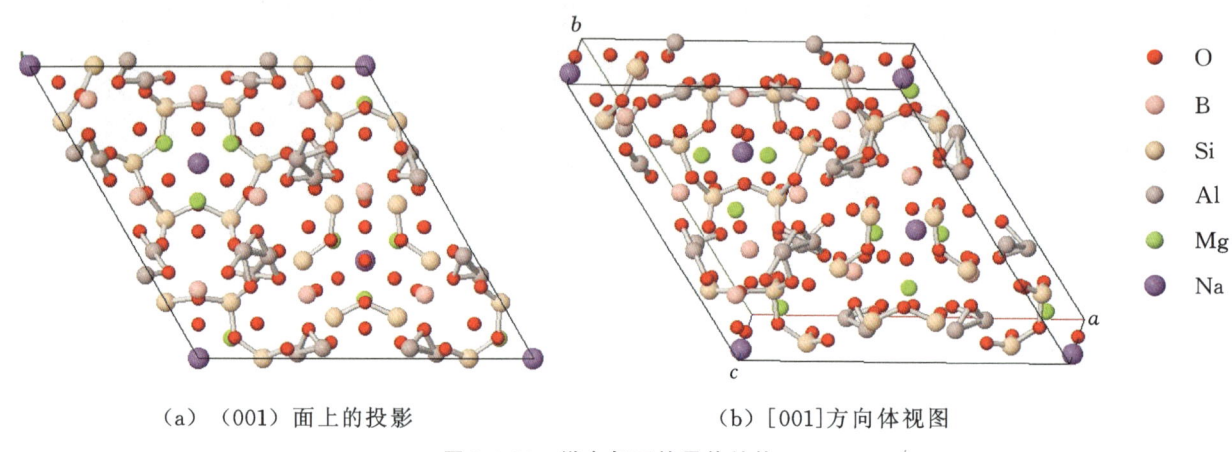

(a) (001) 面上的投影　　　　(b) [001] 方向体视图

图 3-4-28 镁电气石的晶体结构 1

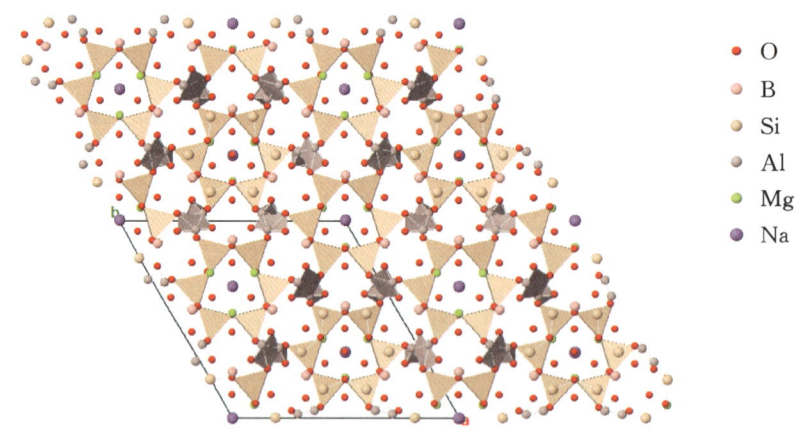

图 3-4-29 镁电气石的晶体结构 2

尔、印度、巴西、澳大利亚、美国(缅因、加利福尼亚、新罕布什尔、纽约、新泽西、北卡罗来纳)。

【主要用途】

镁电气石的压电性可用于无线电工业,热释电性可用于红外探测、制冷业。色泽鲜艳、透明者可作为宝石原料。可用于生态环境、卫生保健、功能材料等多个方面。在地质学、物理学、化学、材料学、环境科学、晶体学、矿物学、宝石学方面都有重要应用。

铁电气石

【化学性质】

铁电气石又称黑电气石,是一种含 Na、Fe、Al、$[BO_3]$、(OH)的$[Si_6O_{18}]$环状基型硅酸盐类矿物,其晶体化学式为 $NaFe_3Al_6[Si_6O_{18}][BO_3]_3(OH)_4$。主要成分为 Na、Fe、Al、Si、B、H、O,类质同象替代成分有 Ca、K、Li、Mg、Mn、Cr、Ti、F 等。

化学成分中氧化物的质量分数为 Na_2O 2.94%、Al_2O_3 32.04%、FeO 13.57%、SiO_2 38.22%、B_2O_3 10.91%、H_2O 2.32%。

类质同象广泛,主要有4个端元成分,即为镁电气石、黑电气石、锂电气石、钠锰电气石。在镁电气石-黑电气石之间,以及黑电气石-锂电气石之间形成两个完全类质同象系列,而在镁电气石和锂电气石之间为不完全的类质同象。Fe^{3+} 或 Cr^{3+} 相互替代,铬电气石中 Cr_2O_3 质量分数可达 10.86%。

【结晶形态】

铁电气石属于三方晶系,复三方单锥晶类,对称型为 $3m$。晶体呈针状、棱柱状、柱状、块状,见图3-4-30。集合体呈棒状、放射状、束针状,亦呈致密块状或隐晶质块状。

(a) 铁(黑)电气石

(b) 黑电气石(纳米比亚)

图 3-4-30 铁电气石

晶体无对称中心,两端晶面不同。柱面上常出现纵纹,为降低表面能横断面呈球面三角形。单形常为{021}、{101}、{120}、{100}、{101}、{021}。依{10$\bar{1}$0}、{40$\bar{4}$1}见双晶,但较少见。

【物理特征】

铁电气石的颜色呈黑色、棕黑色、绿黑色、蓝黑色。条痕为灰白色、浅蓝褐色。透明、半透明、不透明。玻璃光泽、丝绢光泽。色散较弱。多色性明显:浅棕色、浅黄色,浅棕色、深灰色。

铁电气石常具有环状色带现象,垂直 c 轴由中心往外形成水平色带,或 c 轴两端颜色明显不同。一轴晶(-)。折射率为 No=1.660~1.672、Ne=1.633~1.650,双折射率为 0.025。

{1120}、{1011}解理不完全,有时可有垂直3次轴的裂开。性脆。断口呈不规则、不平整的次贝壳状。摩氏硬度为 7~7.5,相对密度为 3.18~3.22(测量)、3.244(计算)。随着成分中 Fe、Mn 含量的增加,相对密度增大。

3次轴为极轴,具有压电性和热释电性。

【晶体结构】

铁电气石属于三方晶系,空间群为 $R\bar{3}m$。晶胞参数:$a=1.600$ nm、$c=0.718$ nm,$Z=3$。X射线粉晶主要衍射数据 $d(Å)(I/I_{max})$ 为 3.990(85)、2.961(85)、2.576(100),见图3-4-31。

晶体结构中,$[SiO_4]$四面体组成复三元环。B配位数为3,组成平面三角形;Mg配位数为6(其中有两个 OH^-),组成八面体,与$[BO_3]$共氧相联结。在$[SiO_4]$四面体的复三元环上方的空隙中有配位

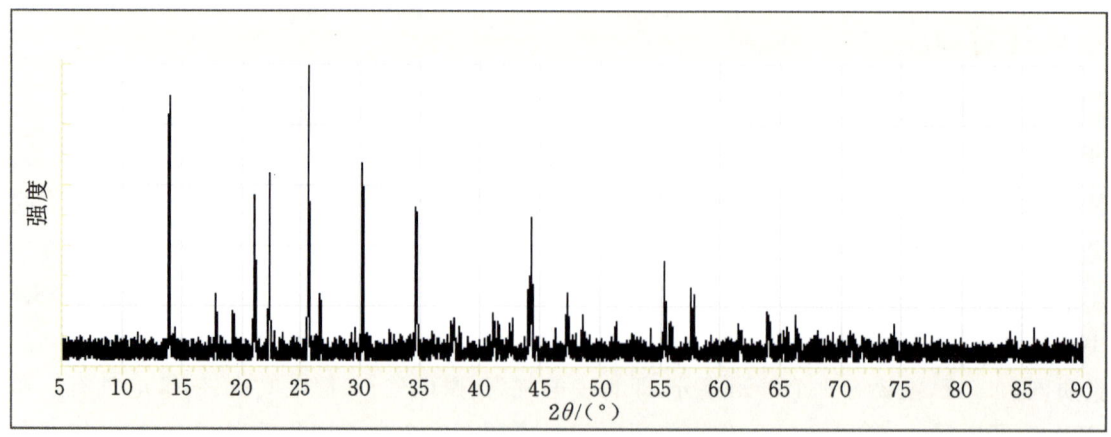

图 3-4-31　铁电气石的 X 射线粉晶衍射图

数为 9 的一价阳离子 Na^+ 分布,之间以 $[AlO_5(OH)]$ 八面体相联结,见图 3-4-32。

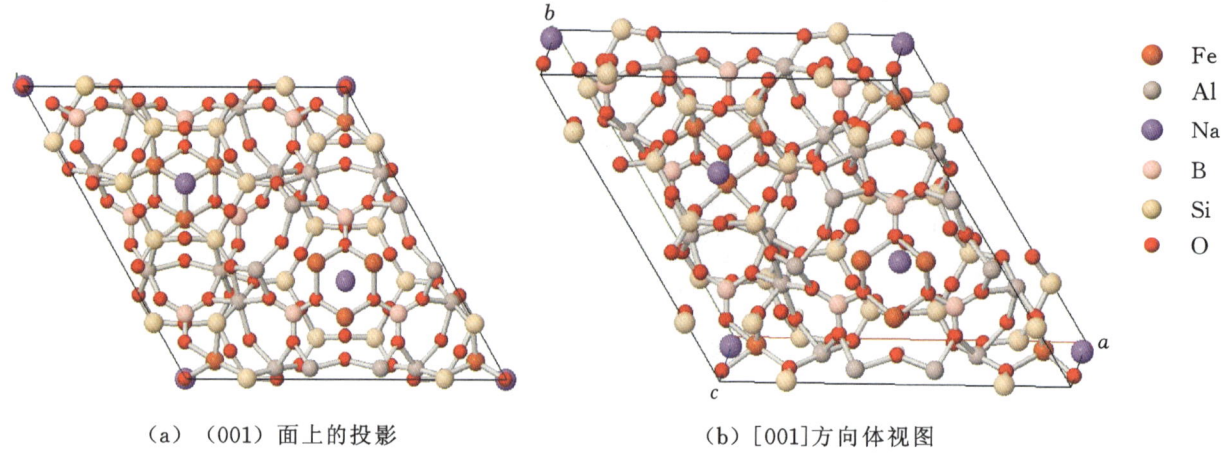

（a）（001）面上的投影　　　　　（b）[001]方向体视图

图 3-4-32　铁电气石的晶体结构

【产状产地】

铁电气石是一种高温热液气成矿物,产于花岗岩、闪长岩、辉长岩、伟晶岩、云英岩、矽卡岩和石英脉中。主要产地有纳米比亚、中国（新疆）等。

【主要用途】

铁电气石的压电性可用于无线电工业,热释电性可用于红外探测、制冷业。色泽鲜艳、透明者可作为宝石原料。可用于生态环境、卫生保健、功能材料等多个方面。在地质学、材料学、物理学、化学、环境科学、晶体学、矿物学、宝石学方面都有重要应用。

锂电气石

【化学性质】

锂电气石是一种含 Na、Li、Al、$[BO_3]$、(OH)、O 的 $[Si_6O_{18}]$ 环状基型硅酸盐类矿物,其晶体化学式为 $NaLiAl_2Al_6[Si_6O_{18}][BO_3]_3O(OH)_3$。主要成分为 Na、Li、Al、Si、B、H、O,类质同象替代成分有 Fe、Mn、Cu、Ti、Ca、F。

化学成分中氧化物的质量分数为 Na_2O 3.38%、Li_2O 4.07%、Al_2O_3 36.95%、SiO_2 40.28%、B_2O_3 11.39%、H_2O 3.93%。

可以形成锂电气石-钙锂电气石矿物系列；镁电气石-锂电气石矿物系列；锂电气石-铁电气石矿物

系列。OH 可以替代氟锂电气石中的 F。还有一种含 F 高的锂电气石,它的主要成分为 Al、Li、Na、Si、O、B、F、H,晶体化学式为 $Na(Li_{1.5}Al_{1.5})Al_6[Si_6O_{18}][BO_3]_3(OH)_3F$。

【结晶形态】

锂电气石属于三方晶系,复三方单锥晶类,对称型为 $3m$。晶体呈粒状、柱状、针状等,见图 3-4-33。依 $\{10\bar{1}1\}$、$\{40\bar{4}1\}$ 生成双晶。

(a) 锂电气石(巴西)　　　　　　(b) 锂电气石(美国加利福尼亚)

图 3-4-33　锂电气石

【物理特征】

锂电气石的颜色呈无色、白色、粉红色、红色、橙黄色、绿色、蓝色等。条痕为白色。透明、半透明至不透明。玻璃光泽、油脂光泽。色散很弱。多色性明显:粉红色、浅绿色、浅到深蓝色、无色,黄色、橄榄绿色略带紫色。

一轴晶(一)。折射率为 $No=1.633\sim1.651$、$Ne=1.615\sim1.630$,双折射率为 $0.018\sim0.021$。

$\{11\bar{2}0\}$、$\{10\bar{1}1\}$ 解理不完全。性脆。断口呈不规则、不均匀的贝壳状、半贝壳状。摩氏硬度为 7.5,相对密度为 $2.90\sim3.10$(测量)、3.07(计算)。

【晶体结构】

锂电气石属于三方晶系,空间群为 $R\bar{3}m$(图 3-4-34)。晶胞参数:$a=1.586$ nm、$c=0.711$ nm,$Z=3$。X 射线粉晶衍射数据 $d(\text{Å})(I/I_{max})$ 为 4.200(57)、3.974(66)、3.447(99)、2.938(100)、2.568(93)、2.032(42)、1.649(29)、1.445(29),见图 3-4-35。

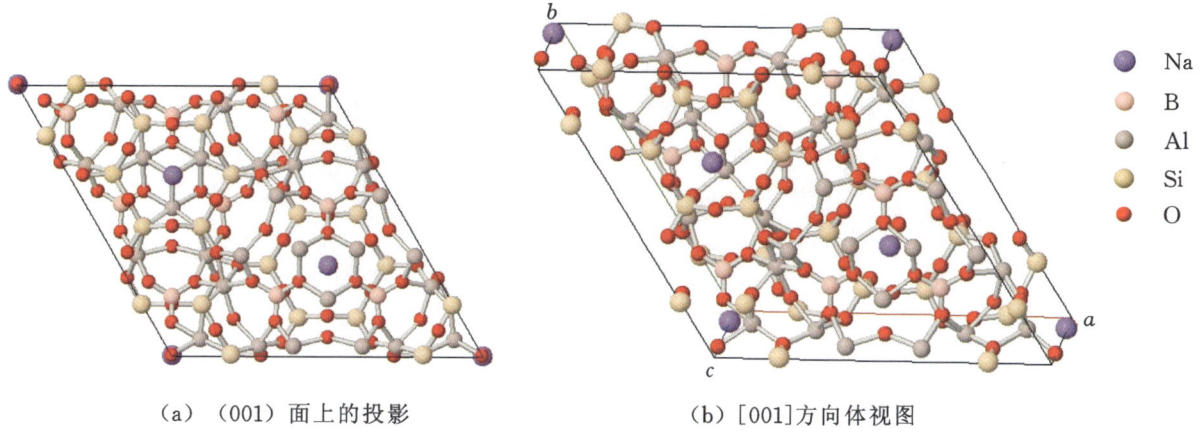

(a) (001)面上的投影　　　　　　(b) [001]方向体视图

图 3-4-34　锂电气石的晶体结构

【产状产地】

锂电气石产于热液交代型的花岗伟晶岩中。与石英、白云母、锂云母、锂辉石、绿柱石、锰铝榴石组合共生。主要产地有巴西、意大利、美国(加利福尼亚)等。

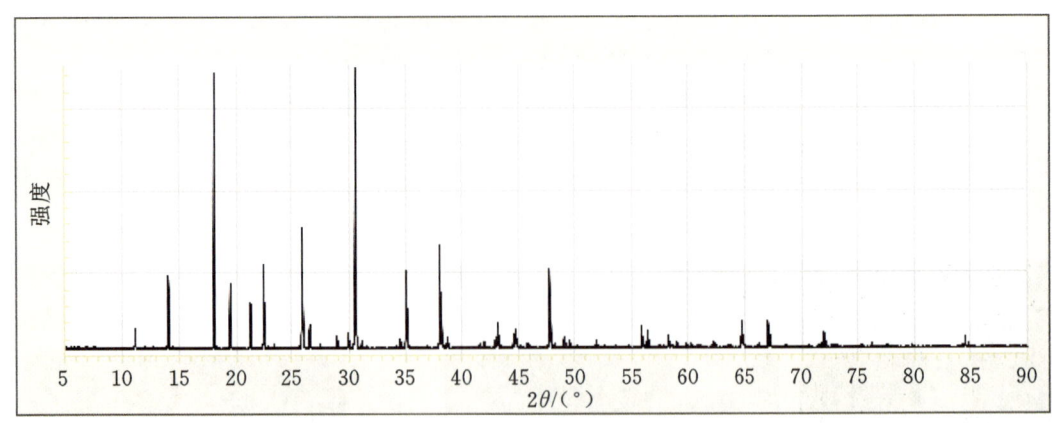

图 3-4-35　锂电气石的 X 射线粉晶衍射图（巴西）

【主要用途】

锂电气石是提取金属元素 Li 的重要矿物原料。在地质学、物理学、化学、材料学、环境科学、晶体学、矿物学、宝石学方面都有重要应用。

钠锰电气石

【化学性质】

钠锰电气石是一种含 Na、[BO_3]、(OH) 的 [Si_3O_{18}] 环状基型硅酸盐类矿物，其晶体化学式为 $(Na,Ca,\square)Mn_3Al_6[Si_3O_{18}][BO_3]_3(O,OH)_4$。主要成分为 Na、Al、Si、B、O、H，类质同象替代成分有 Zn、Li、Fe、Mn、Ti、Mg、Ca、K、F、H_2O。

化学成分中氧化物的质量分数为 Na_2O 3.21%、Al_2O_3 47.61%、SiO_2 37.41%、B_2O_3 10.84%、H_2O 0.93%。

【结晶形态】

钠锰电气石属于三方晶系，复三方单锥晶类，对称型为 $3m$。晶体呈针状、长柱状、柱状、粒状等，见图 3-4-36。单形常为 {021}、{101}、{120}、{100}、{10$\bar{1}$}、{0$\bar{2}$1}。

图 3-4-36　钠锰电气石（意大利）

【物理特征】

钠锰电气石的颜色呈无色、浅粉红色、绿色、浅绿色、蓝色、浅蓝色等，随成分不同而异，含 Fe 会呈蓝色。条痕为无色、白色。透明。玻璃光泽、油脂光泽。色散较弱。多色性明显：亮粉红色，粉红黄色。

一轴晶（－）。折射率为 No=1.654、Ne=1.635，双折射率为 0.019。

无解理。性脆。断口呈不均匀、不平整的贝壳状。摩氏硬度为 7～7.5，相对密度为 3.03～3.25

(测量)、3.13(计算)。

【晶体结构】

钠锰电气石属于三方晶系,空间群为 $R\bar{3}m$。晶胞参数:$a=1.595$ nm、$c=0.713$ nm,$Z=3$。X 射线粉晶主要衍射数据 $d(\text{Å})(I/I_{max})$ 为 3.95(70)、3.43(80)、2.55(100),见图 3-4-37。

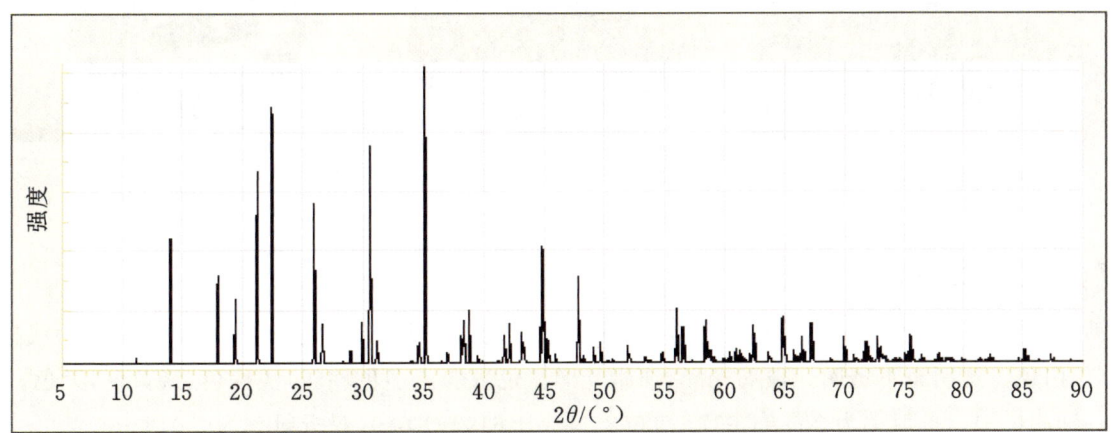

图 3-4-37　钠锰电气石的 X 射线粉晶衍射图

在晶体结构中,$[SiO_4]$ 四面体共角顶组成六元环,所有 $[SiO_4]$ 四面体的尖端均指向 c 轴方向。在 Z 位置的 Al 以 3 个 $[AlO_4(OH)_2]$ 配位八面体形式互相共棱联结。交点处为 (OH),位于六元环的中轴线,这些配位八面体与 $[SiO_4]$ 四面体以角顶相连。六元环之间由 Y 位置的 $[AlO_5(OH)]$ 八面体联结。$[BO_3]$ 配位三角形通过共用角顶的 O 与 $[AlO_4(OH)_2]$ 和 $[AlO_5(OH)]$ 八面体联结。六元环上方的空隙处由大半径的 Na 所占据。

【产状产地】

钠锰电气石产于富含 Al、B 的花岗伟晶岩及高温气成热液型矿床中。常见气、液、固包体,不规则管状包体,平行线状包体等。

产地分布很广,主要有意大利、巴西、斯里兰卡、巴基斯坦、印度、坦桑尼亚、马达加斯加、纳米比亚、瑞士、俄罗斯、美国(加利福尼亚、缅因、科罗拉多等)。

【主要用途】

钠锰电气石在地质学、物理学、化学、材料学、晶体学、矿物学、宝石学方面都有重要意义。

钙镁电气石

【化学性质】

钙镁电气石是一种含 Ca、Mg、Al、$[BO_3]$、(OH) 的 $[Si_6O_{18}]$ 环状基型硅酸盐类矿物,其晶体化学式为 $CaMg_4Al_5[Si_6O_{18}][BO_3]_3(OH)_4$。主要成分为 Ca、Mg、Al、Si、B、O、H,类质同象替代成分有 Na、Fe、F 等。

化学成分中氧化物及元素的质量分数为 Na_2O 0.80%、CaO 4.33%、MgO 9.38%、Al_2O_3 26.27%、FeO 5.55%、SiO_2 38.16%、B_2O_3 10.76%、H_2O 2.79%、F 1.96%。

钙镁电气石(OH)-钙镁电气石(F) 成类质同象矿物系列,其化学式分别为 $CaMg_4Al_5[Si_6O_{18}][BO_3]_3(OH)_3(OH)$、$CaMg_4Al_5[Si_6O_{18}][BO_3]_3(OH)_3(F,OH)$。

【结晶形态】

钙镁电气石属于三方晶系,复三方单锥晶类,对称型为 $3m$。晶体呈柱状、粒状、块状等,见

图 3-4-38。单形常为{021}、{101}、{120}、{100}、{101}、{021}。

（a）钙镁电气石（缅甸）

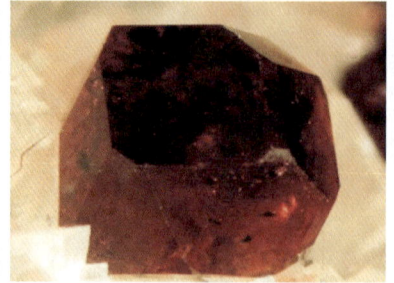
（b）钙镁电气石（巴西）

图 3-4-38 钙镁电气石

【物理特征】

钙镁电气石的颜色呈无色、绿色、黄褐色、棕色、绿黑色、蓝黑色、黑色、棕黑色等。条痕为浅棕色、浅绿色、白色。透明至不透明。玻璃光泽、油脂光泽。色散弱。多色性弱：浅棕色、淡黄色，无色。

一轴晶（—）。折射率为 No=1.637~1.668、Ne=1.619~1.639，双折射率为 0.018~0.029。

无解理。性脆。断口呈不均匀、不平整的贝壳状、次贝壳状。摩氏硬度为 7~7.5，相对密度为 2.97~3.14（测量）、3.08（计算）。

【晶体结构】

钙镁电气石属于三方晶系，空间群为 $R3m$。晶胞参数：$a=1.597$ nm、$c=0.723$ nm，$Z=3$。X 射线粉晶衍射数据 $d(\text{Å})(I/I_{max})$ 为 4.237(49)、3.994(51)、3.497(57)、2.973(88)、2.584(100)、2.047(53)、1.925(37)、1.666(26)，见图 3-4-39。

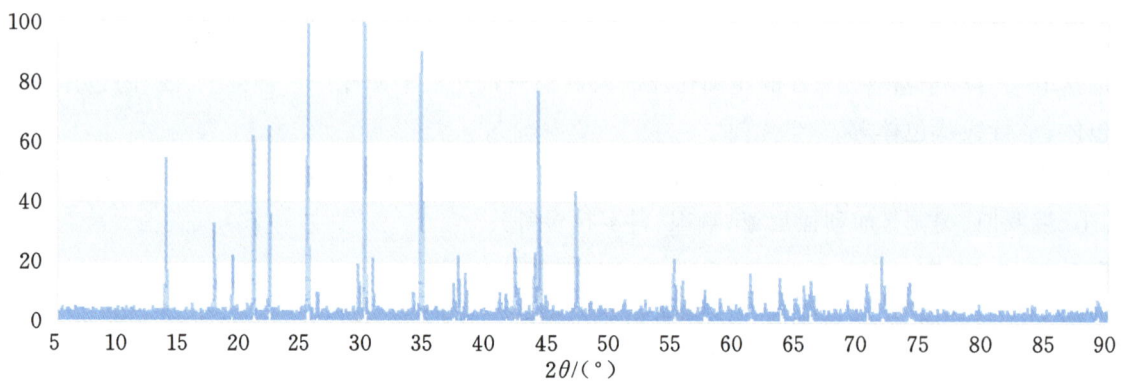

图 3-4-39 钙镁电气石的 X 射线粉晶衍射图

【产状产地】

钙镁电气石产于花岗伟晶岩、矽卡岩中，与气成热液作用相关。主要产地有巴西、缅甸、斯里兰卡、加拿大等。

【主要用途】

钙镁电气石在地质学、物理学、化学、材料学、环境科学、晶体学、矿物学、宝石学方面都有重要意义。

铁钙镁电气石

【化学性质】

铁钙镁电气石是一种含 Ca、Fe、Mg、Al、[BO_3]、F 的 [Si_6O_{18}] 环状基型硅酸盐类矿物，其晶体化学式为 CaFe₃MgAl₅[Si₆O₁₈][BO₃]₃(OH)₄。主要成分为 Ca、Fe、Al、Mg、Si、B、H、O,类质同象替代成分有 Na、K、Mn、Ti、F 等。

化学成分中氧化物的质量分数为 Na₂O 0.74%、CaO 4.01%、MgO 10.38%、TiO₂ 2.29%、Al₂O₃ 17.91%、FeO 16.45%、SiO₂ 34.81%、B₂O₃ 9.97%、H₂O 3.44%。

铁钙镁电气石(OH)-铁钙镁电气石(F)成为类质同象矿物系列,其化学式分别为 CaFe₃MgAl₆[Si₆O₁₈][BO₃]₃O₃(OH)、CaFe₃MgAl₆[Si₆O₁₈][BO₃]₃O₃F。

【结晶形态】

铁钙镁电气石属于三方晶系,复三方单锥晶类,对称型为 $\bar{3}m$。晶体呈细小的粒状、柱状等,见图 3-4-40。

(a) 铁钙镁电气石(加拿大)　　(b) 铁钙镁电气石(马达加斯加)

图 3-4-40　铁钙镁电气石

【物理特征】

铁钙镁电气石的颜色呈棕黑色、深棕色、黑色等。条痕为灰色。透明至不透明。玻璃光泽、土状光泽。色散弱。多色性明显:浅棕色,深棕色。

一轴晶(-)。折射率为 No=1.687、Ne=1.669,双折射率为 0.018。

解理不完全。性脆。断口呈不均匀、不平整的贝壳状。摩氏硬度为 7,相对密度为 3.207(测量)、3.21(计算)。

【晶体结构】

铁钙镁电气石属于三方晶系,空间群为 $R\bar{3}m$(图 3-4-41)。晶胞参数:$a=1.601$ nm、$c=0.724$ nm,$Z=3$。X 射线粉晶衍射数据 $d(\text{Å})(I/I_{max})$ 为 6.430(40)、4.240(60)、4.000(60)、3.500(60)、2.979(80)、2.586(100)、2.051(50)、1.928(40)、1.669(30)、1.649(20)、1.517(30)、1.465(30)、1.439(40)、1.336(30)、1.283(30),见图 3-4-42。

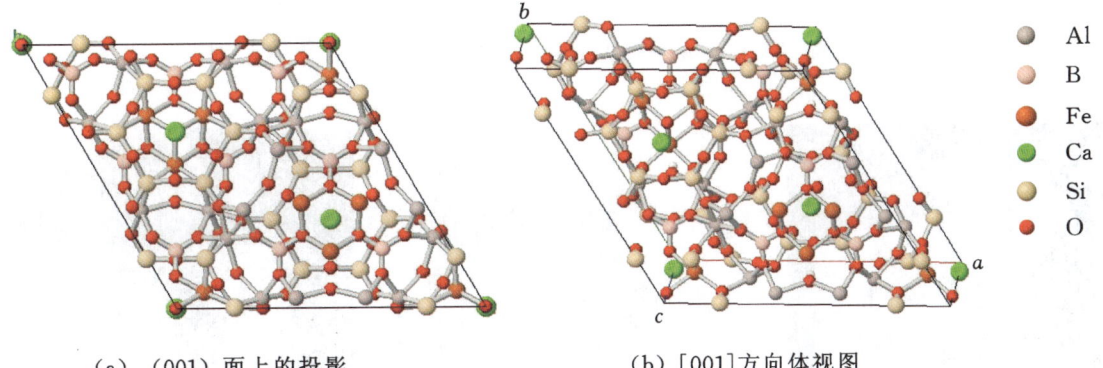

(a) (001)面上的投影　　(b) [001]方向体视图

图 3-4-41　铁钙镁电气石的晶体结构

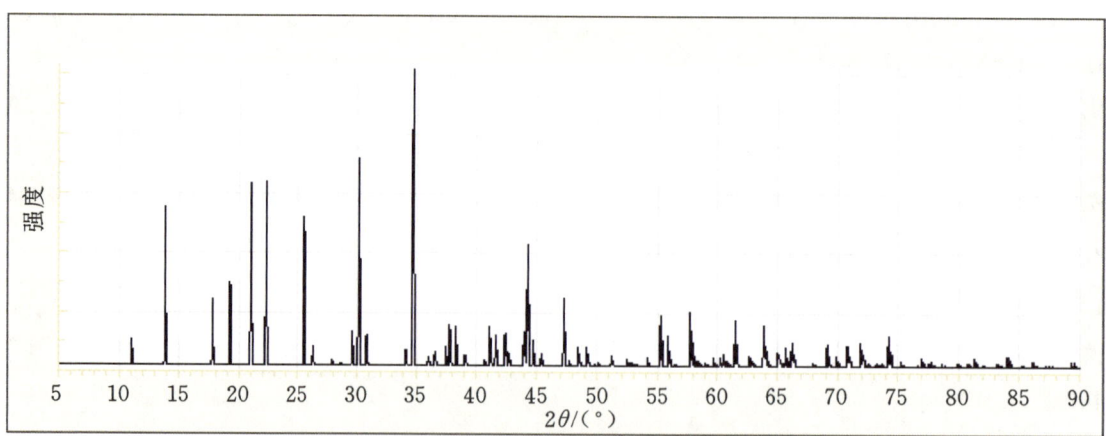

图 3-4-42　铁钙镁电气石的 X 射线粉晶衍射图

与铁钙镁电气石具相同结构的有钙镁电气石-F、钙镁电气石-OH、钙镁电气石系列。

【产状产地】

铁钙镁电气石产于伟晶岩水热蚀变而生成的石英脉中,与氯磷灰石、微斜长石、黄铁矿、石英、黑电气石等组合共生。主要产地有加拿大、新西兰等。

【主要用途】

铁钙镁电气石在地质学、材料学、物理学、化学、环境科学、晶体学、矿物学、宝石学方面都有重要应用。

布格电气石

【化学性质】

布格电气石是一种含 Na、Fe、Al、$[BO_3]$、(F,OH)、O 的 $[Si_6O_{18}]$ 环状基型硅酸盐类矿物,其晶体化学式为 $NaFe_3^{3+}Al_6[Si_6O_{18}][BO_3]_3O_3(F,OH)$。主要成分为 Na、Fe、Al、Si、O、B,类质同象替代成分有 Ca、K、Fe、Mn、Mg、Ti、F、H 等。

化学成分中氧化物及元素的质量分数为 Na_2O 2.94%、Al_2O_3 29.07%、Fe_2O_3 22.56%、SiO_2 34.26%、B_2O_3 9.46%、F 或 OH 1.81%。

布格电气石(OH)-布格电气石(F)成类质同象矿物系列,其化学式分别为 $NaFe_3^{3+}Al_6[Si_6O_{18}][BO_3]_3O_3(OH)$、$NaFe_3^{3+}Al_6[Si_6O_{18}][BO_3]_3O_3F$。

【结晶形态】

布格电气石属于三方晶系,复三方单锥晶类,对称型为 $3m$。晶体呈柱状、粒状、块状等,见图 3-4-43。

图 3-4-43　布格电气石(墨西哥)

【物理特征】

布格电气石的颜色呈青铜色、深棕色、黑色等。条痕为浅黄棕色。透明至不透明。玻璃光泽、半玻璃光泽、丝绢光泽。色散弱。多色性明显。

一轴晶(一)。折射率为 No=1.735、Ne=1.655，双折射率为 0.08。

$\{11\bar{2}0\}$ 解理不完全。性脆。断口呈贝壳状。摩氏硬度为 7，相对密度为 3.31(测量)、3.29(计算)。

【晶体结构】

布格电气石属于三方晶系，空间群为 $R\bar{3}m$（图 3-4-44）。晶胞参数：$a=1.587$ nm、$c=0.720$ nm，$Z=3$。X 射线粉晶衍射数据 $d(Å)(I/I_{max})$ 为 6.330(45)、4.200(40)、3.906(52)、3.47(48)、2.952(64)、2.563(100)、2.032(43)、1.911(30)、1.656(20)、1.586(22)，见 3-4-45。

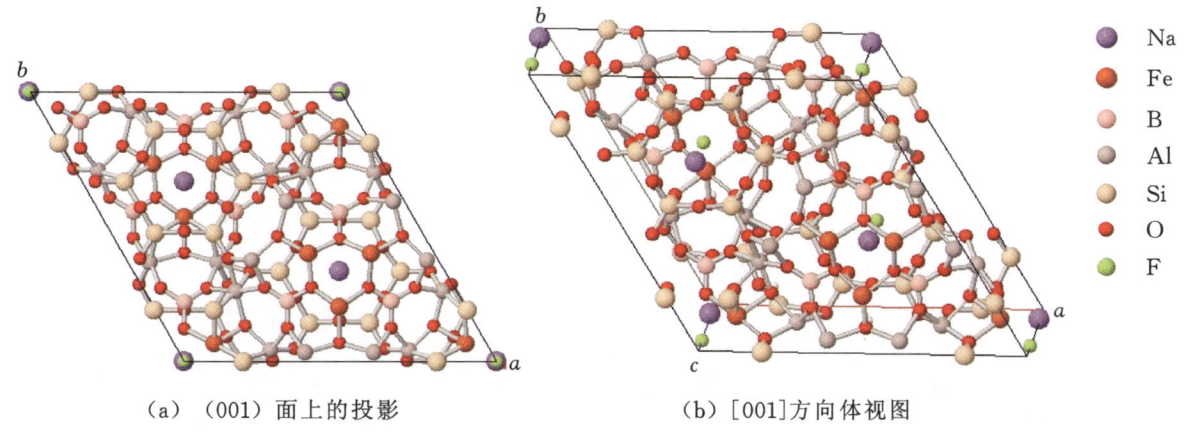

(a) (001)面上的投影　　　　(b) [001]方向体视图

图 3-4-44　氟布格电气石的晶体结构

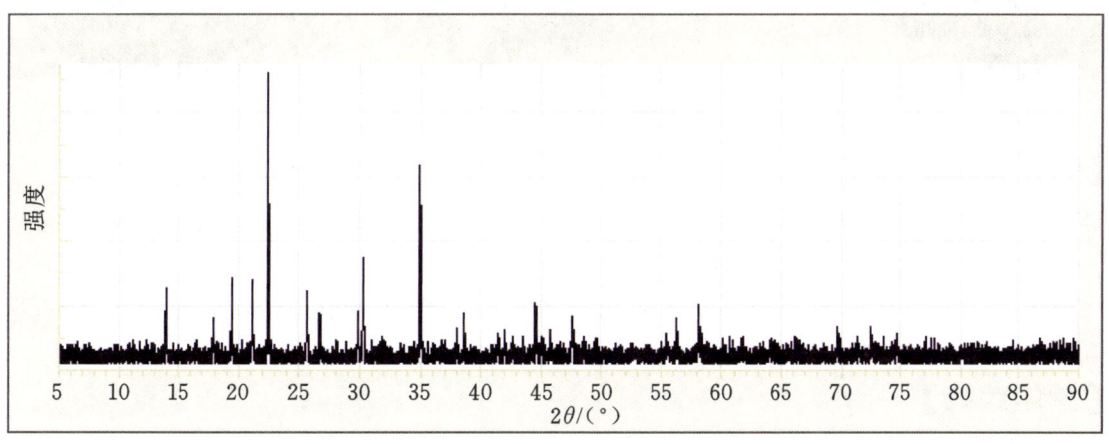

图 3-4-45　布格电气石的 X 射线粉晶衍射图

【产状产地】

布格电气石产于气热溶液流纹岩的洞中，多与黑云母、正长石、钠长石-钙长石系列矿物共生。主要产地有墨西哥、美国(马萨诸塞)。

【主要用途】

布格电气石在地质学、材料学、物理学、化学、环境科学、晶体学、矿物学、宝石学方面都有重要应用。

菱矿钙钠石族

硅钛钠石（kazakovite）	$Na_6Ti[Si_6O_{16}(OH)_2]$
菱硅钙钠石（combeite）	$Na_4Ca_3[Si_6O_{16}(OH)_2]$
水硅钠钡锰石（verplanckite）	$Ba_6Mn_3[Si_6O_{18}](OH)_6 \cdot 9H_2O$
天山石（tienshanite）	$Na_2BaMnB_2Ti[Si_6O_{18}]O_2$

硅钛钠石

【化学性质】

硅钛钠石是一种含 Na、Ti 的 $[Si_6O_{18}]$ 环状基型硅酸盐类矿物，其晶体化学式为 $Na_6Ti[Si_6O_{16}(OH)_2]$。主要成分为 Na、Ti、Si、O、H，类质同象替代成分有 Al、Mn、Fe、Nb、Mg、Ca、K、P、H_2O 等。

化学成分中氧化物的质量分数为 K_2O 0.73%、Na_2O 26.69%、TiO_2 7.42%、MnO 4.39%、Fe_2O_3 2.22%、SiO_2 54.88%、H_2O 3.67%。

【结晶形态】

硅钛钠石属于三方晶系，复三方单锥晶类，对称型为 $3m$。晶体呈粒状、柱状、块状等，见图 3-4-46。主要单形有 $\{11\bar{2}1\}$、$\{11\bar{2}4\}$。可见双晶。

图 3-4-46　硅钛钠石（俄罗斯）

【物理特征】

硅钛钠石的颜色呈浅黄色。条痕为白色。透明。玻璃光泽、油脂光泽。色散弱。多色性不明显。一轴晶（－）。折射率为 N_o＝1.648～1.650、N_e＝1.625～1.638，双折射率为 0.012～0.023。

无解理。性脆。断口呈不均匀、不平整的贝壳状。摩氏硬度为 4，相对密度为 2.84（测量）、2.75（计算）。

【晶体结构】

硅钛钠石属于三方晶系，空间群为 $R3m$（图 3-4-47）。晶胞参数：a＝1.018 nm、c＝1.306 nm，Z＝3。X 射线粉晶主要衍射数据 d(Å)(I/I_{max}) 为 2.60(100)、2.52(80)、1.82(80)。

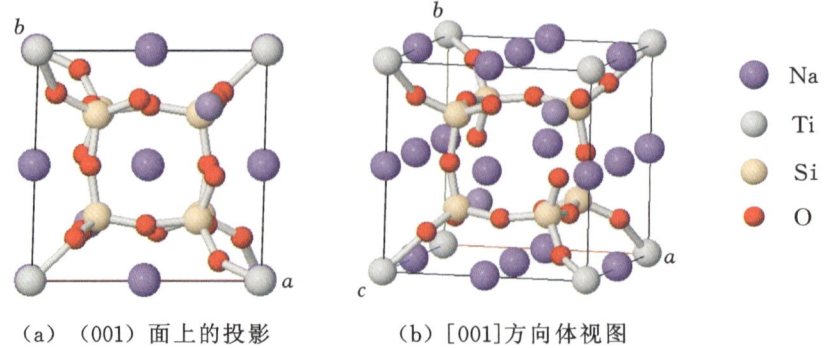

（a）（001）面上的投影　　　（b）[001]方向体视图

图 3-4-47　硅钛钠石的晶体结构

【产状产地】

硅钛钠石产于碱性的正长岩中,与文石、硫铜矿、硅钠锶镧石、磷灰石-(Ce)等组合伴生。主要产地有俄罗斯等。

【主要用途】

硅钛钠石在地质学、物理学、化学、材料学、晶体学、矿物学方面都有重要意义。

菱硅钙钠石

【化学性质】

菱硅钙钠石是一种含 Na、Ca 的[$Si_6O_{16}(OH)_2$]或[Si_6O_{18}]环状基型硅酸盐类矿物,其晶体化学式为 $Na_4Ca_3[Si_6O_{16}(OH)_2]$。主要成分为 Na、Ca、Si、O、H,类质同象替代成分有 Ba、K、Al、Fe、Ti、Zr、Mn、Mg、Zn、S、P、F、Cl。

化学成分中氧化物的质量分数为 Na_2O 17.49%、CaO 31.65%、SiO_2 50.86%。

【结晶形态】

菱硅钙钠石属于三方晶系,复三方单锥晶类,对称型为 $3m$。晶体呈粒状、柱状、块状,见图 3-4-48。

【物理特征】

菱硅钙钠石的颜色呈无色。条痕为白色。透明。玻璃光泽。色散弱。多色性弱。

一轴晶(+)。折射率为 No=1.598、Ne=1.598。

无解理。性脆。断口呈不规则、不均匀状。摩氏硬度为 4,相对密度为 2.84(测量)、2.79(计算)。

图 3-4-48 菱硅钙钠石(坦桑尼亚)

【晶体结构】

菱硅钙钠石属于三方晶系,空间群为 $R3m$(图 3-4-49)。晶胞参数:$a=1.048$ nm、$c=1.319$ nm,$Z=6$。X 射线粉晶主要衍射数据 $d(\text{Å})(I/I_{max})$ 为 3.304(70)、2.657(100)、2.607(80)。

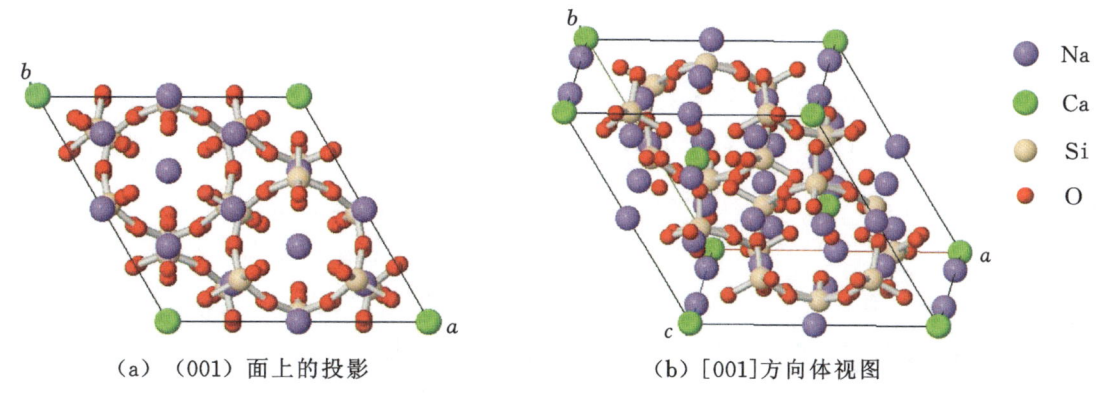

(a) (001)面上的投影　　　(b) [001]方向体视图

图 3-4-49 菱硅钙钠石的晶体结构

【产状产地】

菱硅钙钠石产于霞石正长岩和扎依尔黄长石中,高温条件下形成。主要产地有坦桑尼亚、加拿大(魁北克)等。

【主要用途】

菱硅钙钠石在地质学、材料学、物理学、化学、环境科学、晶体学、矿物学、宝石学方面都有重要应用。

水硅钠钡锰石

【化学性质】

水硅钠钡锰石是一种含 Ba、Mn、(OH)、H_2O 的 $[Si_6O_{18}]$ 环状基型硅酸盐类矿物,其晶体化学式为 $Ba_6Mn_3[Si_6O_{18}](OH)_6·9H_2O$。主要成分为 Ba、Mn、Si、O、H,类质同象替代成分有 Ca、K、Al、Mg、Fe、Ti、Cl、F、OH。

化学成分中氧化物及元素的质量分数为 BaO 52.39%、TiO_2 1.36%、MnO 8.48%、FeO 2.19%、SiO_2 20.53%、H_2O 10.77%、Cl 3.63%、F 0.65%。

【结晶形态】

水硅钠钡锰石属于六方晶系,复六方双锥晶类,对称型为 $6/mmm$。晶体呈柱状、棱柱状、粒状等,见图 3-4-50。

 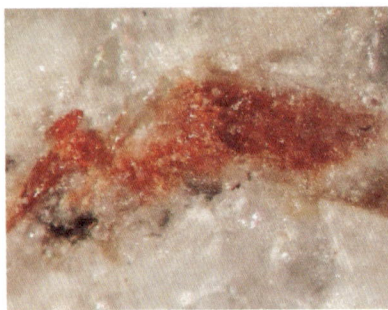 

图 3-4-50　水硅钠钡锰石(美国加利福尼亚)

【物理特征】

水硅钠钡锰石的颜色呈棕黄色、棕橙色等。条痕为浅橙色。透明、半透明。玻璃光泽。色散弱。多色性弱:无色、橙黄色。

一轴晶(-)。折射率为 No=1.683、Ne=1.672,双折射率 0.011。

{1120}解理完全,{0001}解理中等。性脆。断口呈不规则、不平整的贝壳状。摩氏硬度为 2.5~3,相对密度为 3.52(测量)、3.48(计算)。

【晶体结构】

水硅钠钡锰石属于六方晶系,空间群为 $P6/mmm$(图 3-4-51)。晶胞参数:$a=1.640$ nm、$c=0.720$ nm,$Z=6$。X 射线粉晶主要衍射数据 d(Å)(I/I_{max}) 为 3.95(100)、2.97(70)、2.74(70),见图 3-4-52。

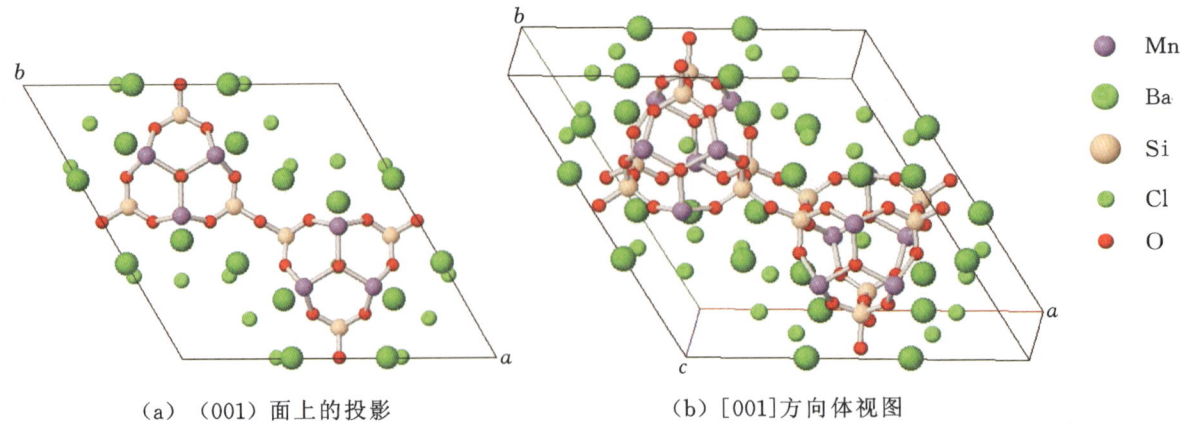

(a) (001)面上的投影　　　(b) [001]方向体视图

图 3-4-51　水硅钠钡锰石的晶体结构

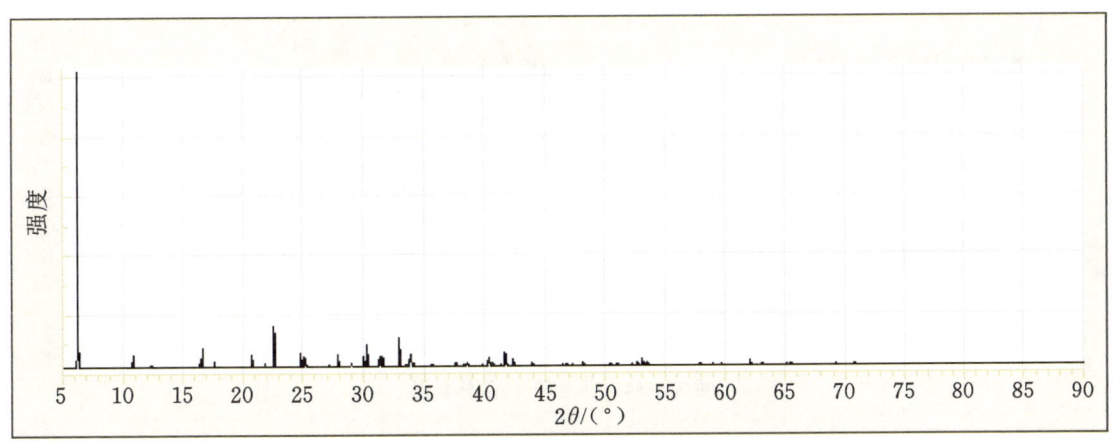

图 3-4-52　水硅钠钡锰石的 X 射线粉晶衍射图

【产状产地】

水硅钠钡锰石产于黑云母石英闪长岩与变质沉积物接触带附近。主要产地为美国(加利福尼亚)等。

【主要用途】

水硅钠钡锰石在地质学、材料学、物理学、化学、环境科学、晶体学、矿物学、宝石学方面都有一定意义。

天山石

【化学性质】

天山石是一种含 Na、K、Ca、Ba、Mn、O 的 $[Si_6O_{18}]$ 环状基型硅酸盐类矿物,晶体化学式为 $Na_2BaMnB_2Ti[Si_6O_{18}]O_2$。主要成分为 Na、Ba、Mn、B、Ti、Si、O,类质同象替代成分有 Fe、Ta、Nb、Mg、Ca、K。

化学成分中氧化物的质量分数为 BaO 19.26%、Na_2O 7.78%、TiO_2 10.03%、MnO 8.91%、SiO_2 45.28%、B_2O 8.74%。

【结晶形态】

天山石属于六方晶系,六方双锥晶类,对称型为 $6/m$。晶体呈粒状、柱状、块状,见图 3-4-53。

【物理特征】

天山石的颜色呈浅果绿色、橄榄绿色等。条痕为无色。透明、半透明。玻璃光泽。色散弱。多色性弱。

一轴晶(−)。折射率为 No=1.666、Ne=1.653,双折射率为 0.013。

{0001}解理不完全。性脆。断口呈不平整、不均匀的贝壳状。摩氏硬度为 6~6.5,相对密度为 3.29(测量)、3.12(计算)。

图 3-4-53　天山石(塔吉克斯坦)

【晶体结构】

天山石属于六方晶系,空间群为 $P6/m$(图 3-4-54)。晶胞参数:$a=1.677$ nm、$c=1.044$ nm,$Z=6$。X 射线粉晶主要衍射数据 d(Å)(I/I_{max})为 4.190(100)、3.474(80)、3.177(90)。

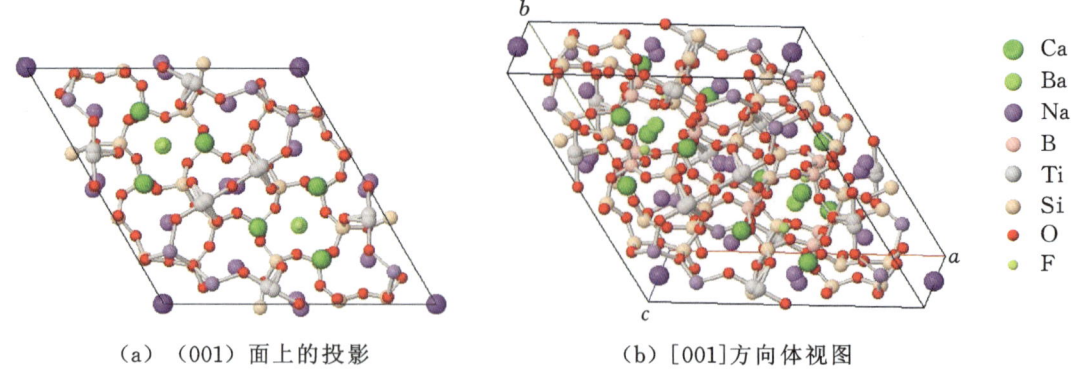

(a) (001) 面上的投影　　　　(b) [001]方向体视图

图 3-4-54　天山石的晶体结构

【产状产地】

天山石产于伟晶岩切穿的碱性正长岩中。主要产地有塔吉克斯坦等。

【主要用途】

天山石在地质学、物理学、化学、晶体学、矿物学方面都有一定意义。

透视石族

透视石（dioptase）　　　　　　　$Cu_6[Si_6O_{18}]·6H_2O$

透视石

【化学性质】

透视石是一种含 Cu、H_2O 的 $[Si_6O_{18}]$ 环状基型硅酸盐类矿物，其晶体化学式为 $Cu_6[Si_6O_{18}]·6H_2O$。主要成分为 Cu、Si、H、O，类质同象替代成分有 Fe、Mg。

化学成分中氧化物的质量分数为 CuO 50.46%、SiO_2 38.11%、H_2O 11.43%。

【结晶形态】

透视石属于三方晶系，菱面体晶类，对称型为 $\bar{3}$。晶体呈柱状、块状，有时呈细小颗粒晶体，见图 3-4-55。常见单形有 $\{11\bar{2}0\}$、$\{02\bar{2}1\}$。可见 $\{10\bar{1}1\}$ 双晶。

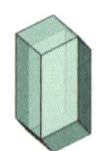

(a) 透视石的晶体形态

(b) 透视石（纳米比亚）　　(c) 透视石（美国亚利桑那）　　(d) 透视石（哈萨克斯坦）

图 3-4-55　透视石的晶形

【物理特征】

透视石的颜色呈深蓝绿色、翡翠绿色、绿松石色。条痕为绿色、浅绿色。透明、半透明。玻璃光泽、半玻璃光泽、金刚光泽。色散弱。多色性弱。

一轴晶(+)。折射率为 No=1.652~1.658,Ne=1.704~1.710,双折射率为 0.052。

$\{10\bar{1}1\}$ 解理完全。性脆。断口呈不平整、不均匀的贝壳状,表面光滑弯曲。摩氏硬度为 5,相对密度为 3.28~3.35(测量)、3.30(计算)。

【晶体结构】

透视石属于三方晶系,空间群为 $R\bar{3}$。晶胞参数:$a=1.457$ nm、$c=0.778$ nm,$Z=3$。X 射线粉晶衍射数据 $d(\text{Å})(I/I_{max})$ 为 7.29(80)、4.90(40)、4.06(40)、2.60(100)、2.44(40)、2.11(50)、1.51(40)、1.42(50),见图 3-4-56。

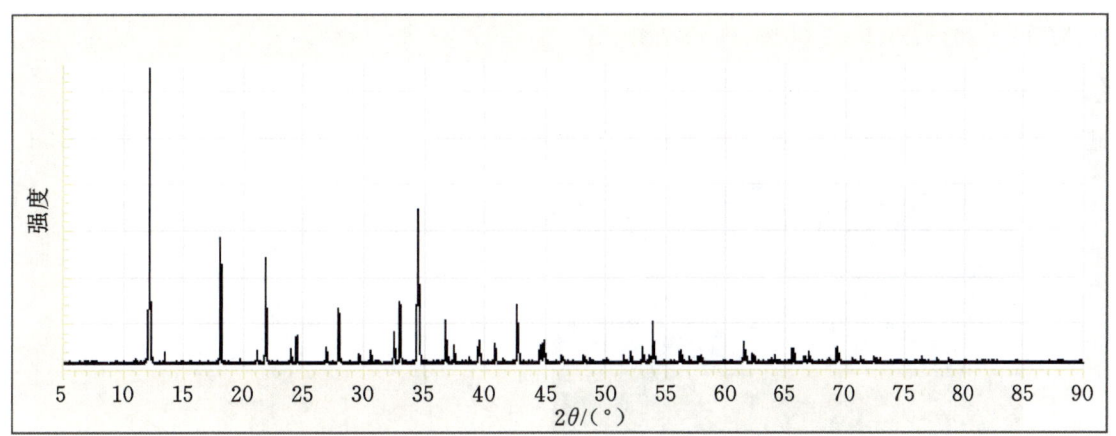

图 3-4-56　透视石的 X 射线粉晶衍射图(哈萨克斯坦)

晶体结构中,$[Si_6O_{18}]$ 六元环平行 $\{0001\}$ 分布,六元环中心呈一菱面体晶胞。六元环之间由三次配位的 Cu 联结,见图 3-4-57。

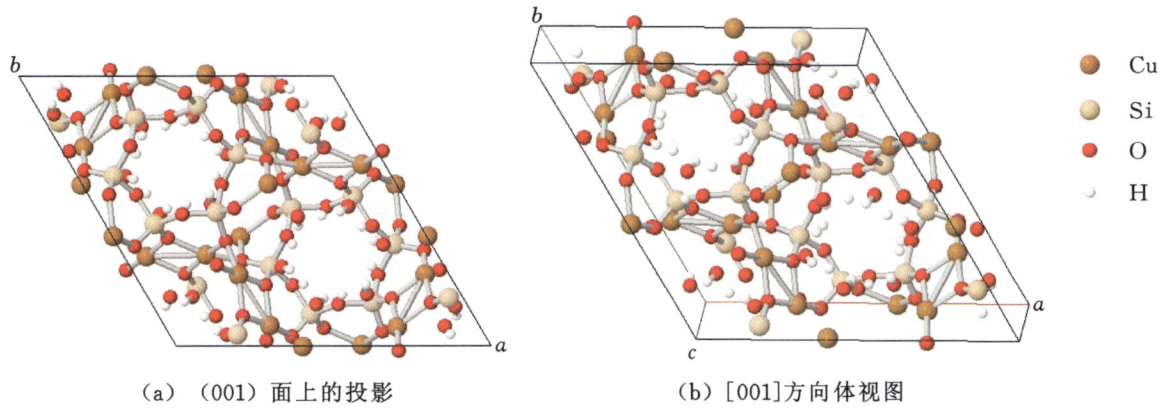

(a) (001)面上的投影　　　　(b) [001]方向体视图

图 3-4-57　透视石的晶体结构

【产状产地】

透视石为铜矿床氧化带中的次生矿物,与孔雀石、方解石等矿物共生。主要产地有纳米比亚、哈萨克斯坦、吉尔吉斯坦、智利、美国(亚利桑那)等。

【主要用途】

透视石在地质学、物理学、化学、晶体学、矿物学方面都有重要意义。它是一种重要的含 Cu 矿物。

硅钛钙钠石族

硅钛钙钠石（koashvite）　　　　　$Na_6(Ca,Mn)(Ti,Fe)[Si_6O_{18}] \cdot H_2O$

硅钛钙钠石

【化学性质】

硅钛钙钠石是一种含 Na、Ca、Ti、H_2O 的 $[Si_6O_{18}]$ 环状基型硅酸盐类矿物，其晶体化学式为 $Na_6(Ca,Mn)(Ti,Fe)[Si_6O_{18}] \cdot H_2O$。主要成分为 Na、Ca、Ti、Si、O、H，类质同象替代成分有 Mn、Fe、Mg、K。

化学成分中氧化物的质量分数为 Na_2O 25.60%、K_2O 0.38%、CaO 6.06%、TiO_2 5.07%、Fe_2O_3 5.42%、MnO 4.20%、SiO_2 51.00%、H_2O 2.27%。

【结晶形态】

硅钛钙钠石属于斜方晶系，斜方双锥晶类，对称型为 mmm。晶体呈粒状、块状，见图3-4-58。

 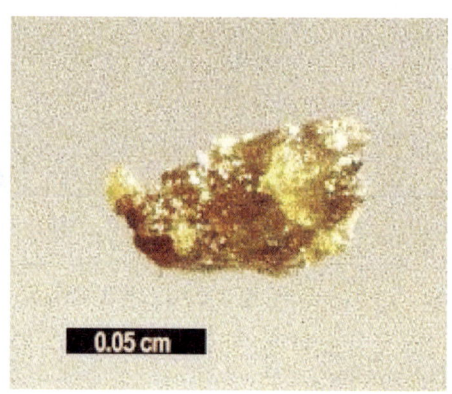

图3-4-58　硅钛钙钠石（俄罗斯）

【物理特征】

硅钛钙钠石的颜色呈棕黄色、浅黄色等。条痕白色。透明。玻璃光泽。色散、多色性弱。

二轴晶(-)。折射率为 Np=1.637，Nm=1.643，Ng=1.648，双折射率为0.011。$2V=82°\sim84°$（测量）、84°（计算）。

无解理。性脆。断口呈不平整、不规则的贝壳状。摩氏硬度为6，相对密度为 $2.98\sim3.02$（测量）、3.07（计算）。

【晶体结构】

硅钛钙钠石属于斜方晶系，空间群为 $Pmnb$。晶胞参数：$a=0.734$ nm、$b=2.090$ nm、$c=1.018$ nm，$Z=4$。X射线粉晶衍射数据 d(Å)(I/I_{max})为 3.66(50)、3.28(50)、2.62(40)、2.58(100)、1.82(70)、1.50(50)、1.48(40)。

【产状产地】

硅钛钙钠石产于碱性伟晶岩中。主要产地有俄罗斯。

【主要用途】

硅钛钙钠石在地质学、物理学、化学、晶体学、矿物学方面都有一定意义。

第五节　具[$Si_{12}O_{30}$]环

大隅石族

中文名	英文名	化学式
大隅石	(osumilite)	$NaMg_2Fe_2^{2+}Al_2[Al_3Si_9O_{30}]$
钠镁大隅石	(eifelite)	$KNa_3Mg_4[Si_{12}O_{30}]$
罗镁大隅石	(roedderite)	$KNa(Mg,Fe)_5[Si_{12}O_{30}]$
陨铁大隅石	(merrihueite)	$(K,Na)_2(Fe,Mg)_5[Si_{12}O_{30}]$
陨钠镁大隅石	(yagiite)	$(Na,K)_3Mg_4(Al,Mg)_6[(Si,Al)_{12}O_{30}]_2$
镁大隅石	(osumilite-Mg)	$(K,Na)(Mg,Fe^{2+})_2(Al,Fe^{3+})_3[(Si,Al)_{12}O_{30}]$
卡大隅石	(chayesite)	$K(Mg,Fe^{2+})_4Fe^{3+}[Si_{12}O_{30}]$
锡锂大隅石	(brannockite)	$KSn_2Li_3[Si_{12}O_{30}]$
钛锂大隅石	(berezanskite)	$KLi_3Ti_2[Si_{12}O_{30}]$
钾钙锌大隅石	(shibkovite)	$K_2Ca_2Zn_3[Si_{12}O_{30}]$
锆锂大隅石	(sogdianite)	$KZr_2Li_3[Si_{12}O_{30}]$
硼碱大隅石	(poudretteite)	$KNa_2B_3[Si_{12}O_{30}]$
硅铁锂钠石	(sugilite)	$KNa_2Li_3(Fe^{3+},Mn^{3+},Al)_2[Si_{12}O_{30}]$
硅锆锰钾石	(darapiosite)	$KNa_2(Li,Zn,Fe)_3(Mn,Zr,Y)_2[Si_{12}O_{30}]$

大 隅 石

【化学性质】

大隅石是一种含 Na、Mg、Fe、Al 的[$Al_3Si_9O_{30}$]环状基型硅酸盐类矿物,其晶体化学式为 $NaMg_2Fe_2^{2+}Al_2[Al_3Si_9O_{30}]$。主要成分为 Na、Mg、Fe、Al、Si、O,类质同象替代成分有 K、Ca、Ba、Mg、Ti、Cr、Mn 等。

大隅石(Fe)化学成分中氧化物的质量分数为 K_2O 3.37%、Na_2O 0.74%、MgO 1.92%、Al_2O_3 25.76%、FeO 10.56%、Fe_2O_3 5.72%、SiO_2 51.93%。

大隅石(Mg)化学成分中氧化物的质量分数为 K_2O 4.14%、Na_2O 0.59%、MgO 7.65%、Al_2O_3 22.95%、FeO 3.95%、TiO_2 0.22%、MnO 0.13%、$Cr_2O_3+SiO_2$ 60.37%,还含微量的 CaO、BaO。

【结晶形态】

大隅石属于六方晶系,斜方双锥晶类,对称型为 $6/mmm$。晶体呈柱状、粒状、块状等,见图 3-5-1。

(a) 大隅石（日本）

(b) 大隅石（美国俄勒冈）

(c) 大隅石（意大利）

图 3-5-1　大隅石

【物理特征】

大隅石的颜色呈蓝色、绿色、棕色、黑色、浅蓝色、深蓝色等。条痕为无色、白色。透明至不透明。玻璃光泽。色散弱。多色性较强:浅蓝色,无色。

一轴晶(+)。折射率为 $No=1.541\sim1.547$、$Ne=1.543\sim1.551$,双折射率为 $0.004\sim0.002$。

无解理。性脆。断口呈不平整、不规则的贝壳状。摩氏硬度为 $5\sim6$,相对密度为 $2.62\sim2.64$(测量)、$2.67\sim2.73$(计算)。

【晶体结构】

大隅石属于六方晶系,空间群为 $P6/mcc$(图 3-5-2)。晶胞参数:$a=1.012\sim1.015$ nm、$c=1.425\sim1.428$ nm,$Z=2$。X 射线粉晶衍射数据 $d(\text{Å})(I/I_{max})$ 为 7.210(37)、5.538(36)、5.064(85)、4.137(45)、3.736(43)、3.234(100)、2.932(42)、2.767(51),见图 3-5-3。

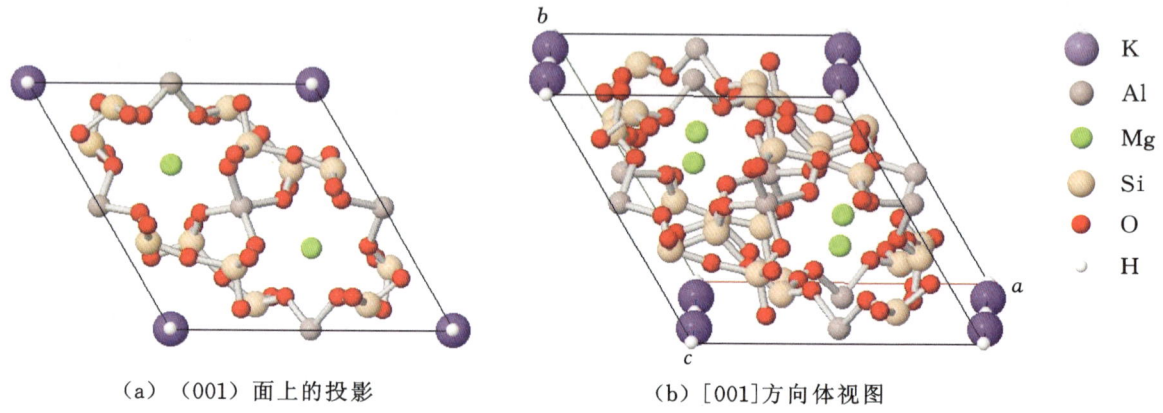

(a) (001)面上的投影　　　　(b) [001]方向体视图

图 3-5-2　大隅石的晶体结构

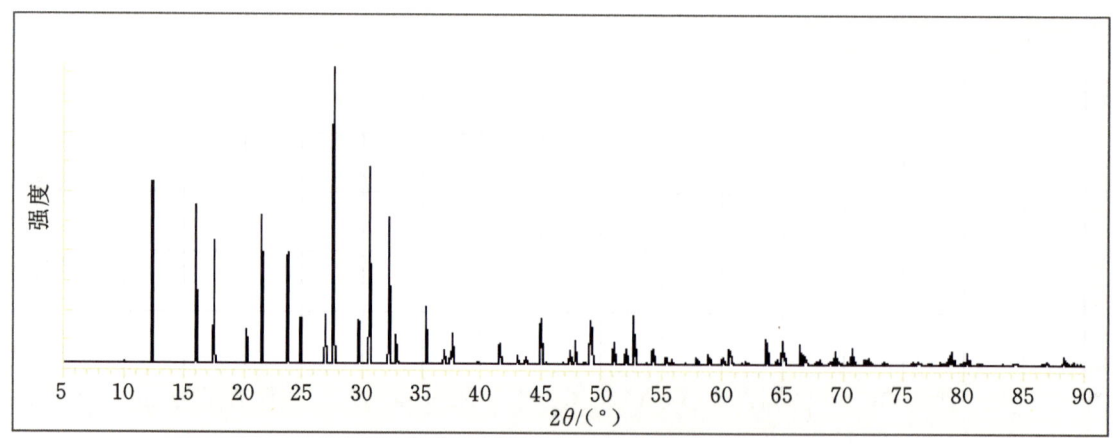

图 3-5-3　大隅石的 X 射线粉晶衍射图

【产状产地】

大隅石产于酸性火山岩中。主要产地有日本、德国、意大利、挪威、美国等。

【主要用途】

大隅石在地质学、材料学、物理学、化学、环境科学、晶体学、矿物学、宝石学方面都有重要意义。

钠镁大隅石

【化学性质】

钠镁大隅石是一种含有 K、Na、Mg 的 $[Si_{12}O_{30}]$ 环状基型硅酸盐类矿物,其晶体化学式为 $KNa_3Mg_4[Si_{12}O_{30}]$。主要成分为 K、Na、Mg、Si、O,类质同象替代成分有 Fe、Mn、Ti、Al、Cr、Cu、Zn 等。

化学成分中氧化物的质量分数为 K_2O 4.61%、Na_2O 9.09%、MgO 15.77%、SiO_2 70.53%。

钠镁大隅石-$KNa_3Mg_4[Si_{12}O_{30}]$可以与罗镁大隅石-$KNa(Mg,Fe)_5[Si_{12}O_{30}]$形成类质同象系列矿物。

【结晶形态】

钠镁大隅石属于六方晶系，复六方双锥晶类，对称型为 $6/mmm$。晶体呈柱状、粒状、块状，见图 3-5-4。

图 3-5-4　钠镁大隅石（德国）

【物理特征】

钠镁大隅石的颜色呈无色、浅绿色、浅绿黄色、浅黄色。条痕为白色。透明。玻璃光泽。色散弱，多色性弱。

一轴晶（+）。折射率为 $No=1.543\sim1.545$、$Ne=1.544\sim1.546$，双折射率为 0.001。

无解理。性脆。断口呈不平整、不均匀的贝壳状。摩氏硬度为 5~6，相对密度为 2.67（测量）、2.68（计算）。

【晶体结构】

钠镁大隅石属于六方晶系，空间群为 $P6/mcc$（图 3-5-5）。晶胞参数：$a=1.013$ nm、$c=1.422$ nm，$Z=2$。X 射线粉晶主要衍射数据 d(Å)(I/I_{max}) 为 3.26(100)、3.75(90)、4.43(60)。

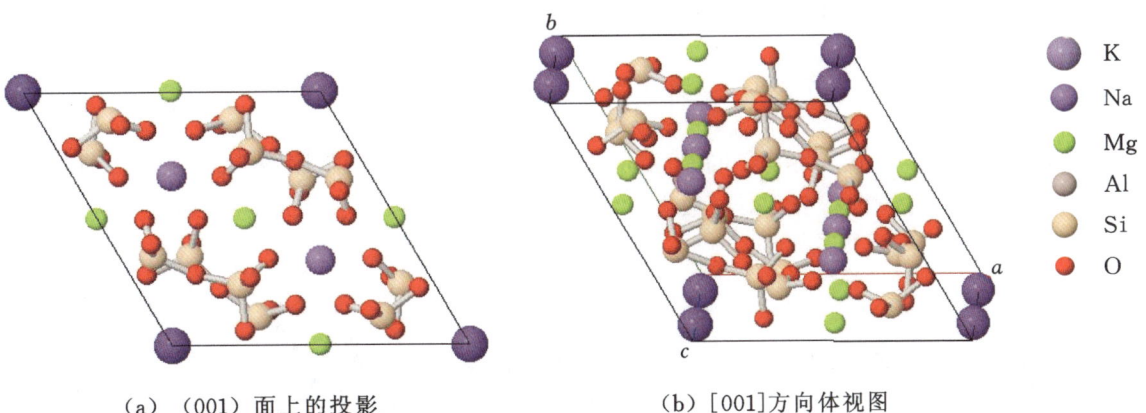

（a）（001）面上的投影　　　（b）[001]方向体视图

图 3-5-5　钠镁大隅石的晶体结构

【产状产地】

钠镁大隅石产于接触变质片麻岩捕虏体的囊泡中。共生伴生的矿物有橄榄石、石英、磷石英、长石等。主要产地有德国、奥地利等。

【主要用途】

钠镁大隅石在地质学、物理学、化学、材料学、环境科学、晶体学、矿物学、宝石学方面都有重要意义。

罗镁大隅石

【化学性质】

罗镁大隅石是一种含 K、Na、Mg 的 $[Si_{12}O_{30}]$ 环状基型硅酸盐类矿物,其晶体化学式为 $KNa(Mg,Fe)_5[Si_{12}O_{30}]$。主要成分为 K、Na、Mg、Si、O,类质同象替代成分有 Mn、Fe、Ti、Al。

化学成分中氧化物的质量分数为 K_2O 2.28%、Na_2O 4.50%、MgO 14.65%、FeO 8.70%、SiO_2 69.87%。

罗镁大隅石-$KNa_3Mg_4[Si_{12}O_{30}]$ 可以与钠镁大隅石-$KNaMg_2Mg_3[Si_{12}O_{30}]$ 形成类质同象系列矿物。

【结晶形态】

罗镁大隅石属于六方晶系,复六方双锥晶类,对称型为 $6/mmm$。晶体呈柱状、厚板状、粒状、块状,见图 3-5-6。

(a) 罗镁大隅石(西班牙)

(b) 罗镁大隅石(德国)

图 3-5-6 罗镁大隅石

【物理特征】

罗镁大隅石的颜色呈无色、黄色、蓝绿色、红棕色。条痕为白色。透明、半透明。玻璃光泽。色散弱,多色性弱。

一轴晶(+),常见光性异常。折射率为 $N_o=1.537\sim1.543$、$N_e=1.536\sim1.547$,双折射率为 0.001。$2V$(很小)$=2°\sim5°$。

解理未见。性脆。断口呈不平整、不规则的贝壳状。摩氏硬度为 $5\sim6$,相对密度为 2.60(测量)、2.63(计算)。

【晶体结构】

罗镁大隅石属于六方晶系,空间群为 $P6_3/mcc$(图 3-5-7)。晶胞参数:$a=1.014$ nm、$c=1.428$ nm,$Z=2$。X 射线粉晶主要衍射数据 $d(\text{Å})(I/I_{max})$ 为 3.570(100)、3.239(77)、2.922(67),见图 3-5-8。

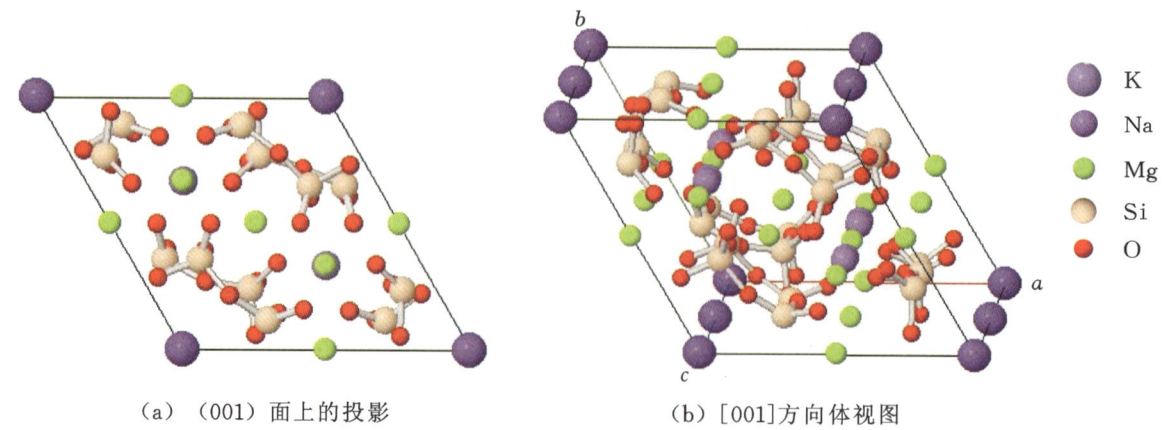

(a) (001) 面上的投影 (b) [001] 方向体视图

图 3-5-7 罗镁大隅石的晶体结构

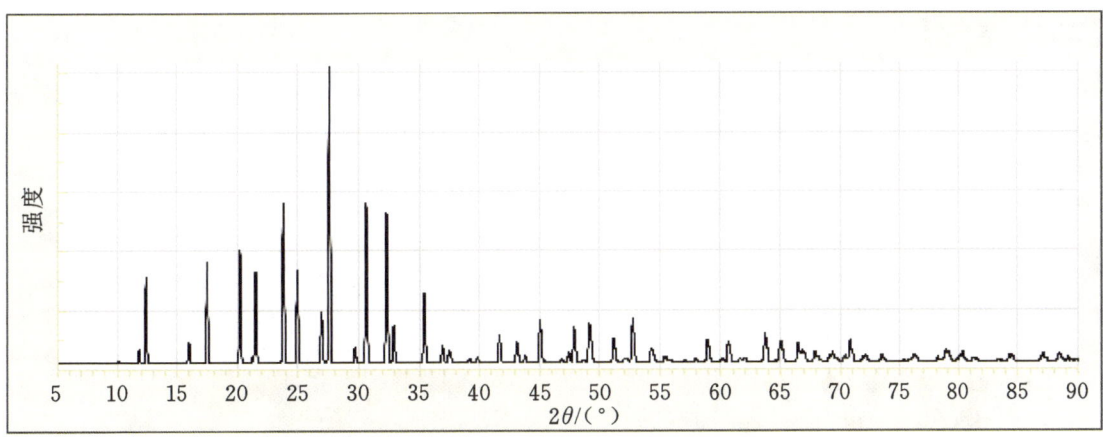

图 3-5-8　罗镁大隅石的 X 射线粉晶衍射图

【产状产地】

罗镁大隅石产于接触变质片麻岩捕虏体中的囊泡中,或白榴石化的铁白云石中,是顽火辉石球粒陨石中的副矿物。共生伴生的矿物有铁白云石、顽火辉石等。主要产地有德国、奥地利、阿塞拜疆等。

【主要用途】

罗镁大隅石在地质学、物理学、化学、材料学、环境科学、晶体学、矿物学、宝石学方面都有重要意义。

陨铁大隅石

【化学性质】

陨铁大隅石是一种含 K、Fe、Mg 的 $[Si_{12}O_{30}]$ 环状基型硅酸盐类矿物,其晶体化学式为 $(K,Na)_2(Fe,Mg)_5[Si_{12}O_{30}]$。主要成分为 K、Fe、Mg、Si、O,类质同象替代成分有 Na、Al、Mn、Ca。

化学成分中氧化物的质量分数为 K_2O 6.27%、Na_2O 1.37%、MgO 4.47%、FeO 23.91%、SiO_2 63.98%。

【结晶形态】

陨铁大隅石属于六方晶系,复六方双锥晶类,对称型为 $6/mmm$。晶体呈短柱状、厚板状、粒状等,见图 3-5-9。

（a）陨铁大隅石（德国）

（b）陨铁大隅石（奥地利）

图 3-5-9　陨铁大隅石

【物理特征】

陨铁大隅石的颜色呈蓝绿色。条痕为白色。透明。玻璃光泽。色散弱,多色性弱。

一轴晶(—)。折射率为 No=1.570、Ne=1.559～1.592,双折射率为 0.011～0.022。

解理不完全。性脆。断口呈不规则、不均匀的贝壳状。摩氏硬度为 5～6,相对密度为 2.87(测量)、2.92(计算)。

【晶体结构】

陨铁大隅石属于六方晶系,空间群为 $P6/mcc$(图 3-5-10)。晶胞参数:$a=1.016$ nm、$c=1.432$ nm,$Z=2$。X 射线粉晶主要衍射数据 $d(\text{Å})(I/I_{max})$ 为 3.73(100)、3.23(90)、2.77(100)。

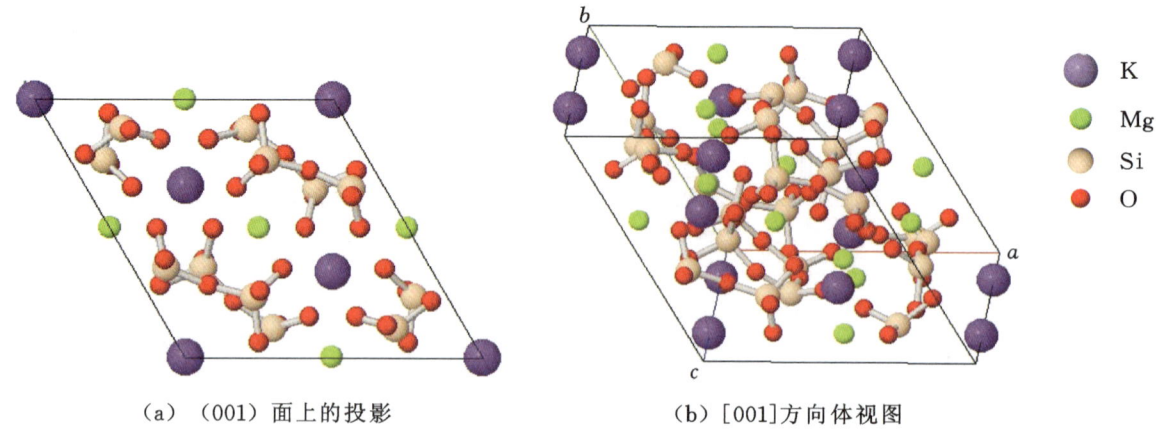

(a) (001) 面上的投影　　(b) [001] 方向体视图

图 3-5-10　陨铁大隅石的晶体结构

【产状产地】

陨铁大隅石作为单斜辉石中的包体产于球粒陨石的球粒中,共生伴生的矿物有顽火辉石等。主要产地有美国(新罕布什尔)等。

【主要用途】

陨铁大隅石在地质学、天文学、物理学、化学、环境科学、晶体学、矿物学方面都有重要意义。

陨钠镁大隅石

【化学性质】

陨钠镁大隅石又称陨碱硅铝镁石,是一种含 Na、Mg、Al 的 $[Si_{12}O_{30}]$ 环状基型硅酸盐类矿物,其晶体化学式为 $(Na,K)_3Mg_4(Al,Mg)_6[(Si,Al)_{12}O_{30}]_2$。主要成分为 Na、Mg、Al、Si、O,类质同象替代成分有 K、Ca、Fe、Mn、Cr、Ti 等。

化学成分中氧化物的质量分数为 K_2O 1.40%、Na_2O 3.70%、CaO 0.10%、MgO 9.50%、Al_2O_3 19.10%、Cr_2O_3 0.10%、FeO 2.20%、TiO_2 0.80%、MnO 0.20%、SiO_2 62.90%。理论值为 K_2O 1.77%、Na_2O 3.50%、MgO 13.15%、Al_2O_3 17.92%、SiO_2 63.66%。

【结晶形态】

陨钠镁大隅石属于六方晶系,复六方双锥晶类,对称型为 $6/mmm$。晶体呈短柱状、厚板状、粒状等。

【物理特征】

陨钠镁大隅石的颜色呈无色、淡蓝色。条痕为白色。透明至半透明。玻璃光泽。色散弱,多色性弱:淡蓝色,无色。

一轴晶(+)。折射率为 No=1.536、Ne=1.544,双折射率为 0.008。

解理。性脆。断口呈不规则、不均匀的贝壳状。摩氏硬度为 5~6,相对密度为 2.70(测量)、2.62(计算)。

【晶体结构】

陨钠镁大隅石属于六方晶系,空间群为 $P6/mcc$。晶胞参数:$a=1.009$ nm、$c=1.429$ nm,$Z=2$。X 射线粉晶衍射数据 $d(\text{Å})(I/I_{max})$ 为 7.120(30)、5.059(65)、3.726(50)、3.228(100)、2.765(50)、2.090(40)、2.003(30)。

【产状产地】

陨钠镁大隅石产在铁陨石的硅酸盐包体中,在富镁环境中结晶,共生伴生的矿物有鳞石英、透辉石、斜长石、镍铁矿、磷酸盐类矿物。主要产地有西班牙、日本。

【主要用途】

陨钠镁大隅石在地质学、天文学、物理学、化学、材料学、环境科学、晶体学、矿物学、宝石学方面都有重要意义。

镁大隅石

【化学性质】

镁大隅石是一种含 Al、K、Mg 的 $[(Si,Al)_{12}O_{30}]$ 环状基型硅酸盐类矿物,其晶体化学式为 $(K,Na)(Mg,Fe^{2+})_2(Al,Fe^{3+})_3[(Si,Al)_{12}O_{30}]$。主要成分为 Al、K、Mg、Si、O,类质同象替代成分有 Na、Fe、Mn 等。

化学成分中氧化物的质量分数为 K_2O 4.14%、Na_2O 0.59%、MgO 7.02%、Al_2O_3 20.68%、FeO 3.95%、MnO 0.13%、Fe_2O_3 5.90%、TiO_2 0.22%、SiO_2 58.37%。

【结晶形态】

镁大隅石属于六方晶系,复六方双锥晶类,对称型为 $6/mmm$。晶体呈短柱状、厚板状、粒状等,见图 3-5-11。

图 3-5-11　镁大隅石(德国)

【物理特征】

镁大隅石的颜色呈棕色、绿色、深蓝色、黑色。条痕为白色。透明、半透明、不透明。玻璃光泽。

一轴晶(+)。折射率为 No=1.541、Ne=1.543,双折射率为 0.002。

解理无。性脆。断口呈不平整、不均匀的贝壳状。摩氏硬度为 5~6,相对密度为 2.62~2.64(测量)、2.67(计算)。

【晶体结构】

镁大隅石属于六方晶系,空间群为 $P6/mcc$。晶胞参数:$a=1.010$ nm、$c=1.430$ nm,$Z=2$。X 射线粉晶主要衍射数据 $d(Å)(I/I_{max})$ 为 7.210(37)、5.538(36)、5.064(85)、4.137(45)、3.736(43)、3.234(100)、2.932(42)、2.767(51),见图 3-5-12。

【产状产地】

镁大隅石产在陨石的硅酸盐包体中,在富镁环境中结晶,共生伴生的矿物有鳞石英、透辉石、斜长石等。主要产地有德国、日本、俄罗斯。

【主要用途】

镁大隅石在地质学、天文学、物理学、化学、材料学、环境科学、晶体学、矿物学、宝石学方面都有重要意义。

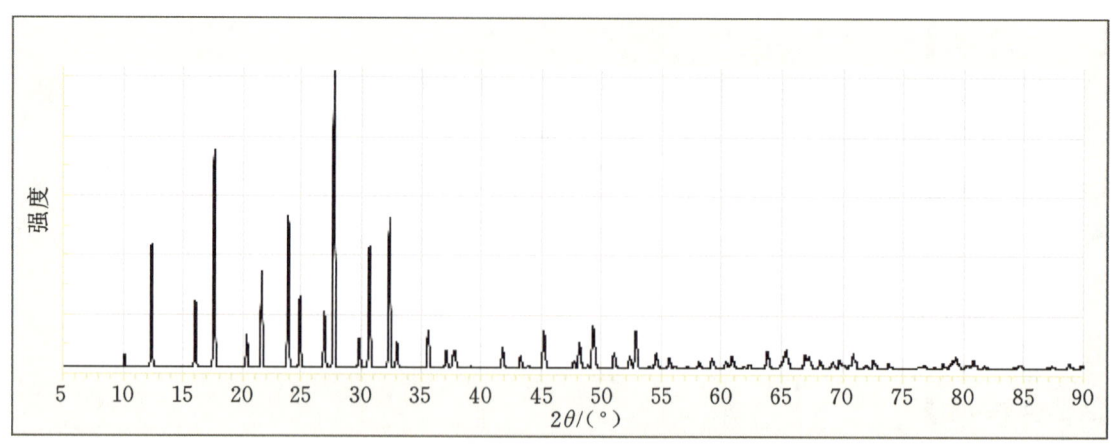

图 3-5-12　镁大隅石的 X 射线粉晶衍射图

卡大隅石

【化学性质】

卡大隅石是一种含 K、Mg、Fe 的 [$Si_{12}O_{30}$] 环状基型硅酸盐类矿物，其晶体化学式为 $K(Mg,Fe^{2+})_4Fe^{3+}[Si_{12}O_{30}]$。主要成分为 K、Mg、Fe、Si、O，类质同象替代成分有 Ti、Al、Mn、Na。

化学成分中氧化物的质量分数为 K_2O 4.53%、MgO 11.62%、FeO 6.90%、Fe_2O_3 7.67%、SiO_2 69.28%。

【结晶形态】

卡大隅石属于六方晶系，复六方双锥晶类，对称型为 $6/mmm$。晶体呈短柱状、厚板状、粒状等，见图 3-5-13。

（a）卡大隅石（西班牙）

（b）卡大隅石（德国）

（c）卡大隅石（奥地利）

图 3-5-13　卡大隅石

【物理特征】

卡大隅石的颜色呈黑色、蓝黑色、红色。条痕为白色。透明。玻璃光泽。色散弱。多色性较强：天蓝色，无色。

一轴晶（＋）。折射率为 No＝1.575、Ne＝1.578，双折射率为 0.003。

解理无。性脆。断口呈不规则、不均匀的贝壳状。摩氏硬度为 5～6，相对密度为 2.66（测量）、2.68（计算）。

【晶体结构】

卡大隅石属于六方晶系，空间群为 $P6/mcc$。晶胞参数：a＝1.015 nm、c＝1.439 nm，Z＝2。X 射线粉晶主要衍射数据 d(Å)(I/I_{max}) 为 5.08(100)、3.75(100)、3.24(100)，见图 3-5-14。

【产状产地】

卡大隅石一种晚期热液结晶的矿物，不均匀分布在煌斑岩基质中。主要产地有西班牙、德国、奥

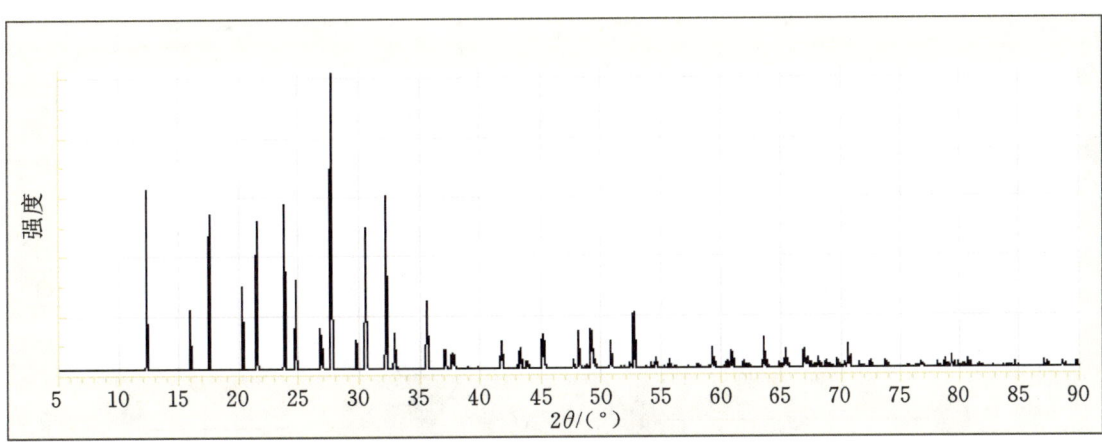

图 3-5-14　卡大隅石的 X 射线粉晶衍射图

地利、约旦(月亮峡谷)。

【主要用途】

卡大隅石在地质学、物理学、化学、环境科学、晶体学、矿物学方面都有重要意义。

锡锂大隅石

【化学性质】

硅锂锡钾石又称硅锂锡钾石,是一种含 K、Sn、Li 的[$Si_{12}O_{30}$]环状基型硅酸盐类矿物,其晶体化学式为 $KSn_2Li_3[Si_{12}O_{30}]$。主要成分为 K、Sn、Li、Si、O,类质同象替代成分有 Na、Ca、Zr、Ti。

化学成分中氧化物的质量分数为 K_2O 4.23%、Li_2O 4.02%、SiO_2 64.70%、SnO_2 27.05%。

【结晶形态】

硅锂锡钾石属于六方晶系,复六方双锥晶类,对称型为 $6/mmm$。晶体呈板状、片状、长叶片状等,见图 3-5-15。存在双晶。

（a）硅锂锡钾石（美国北卡罗莱纳）　　（b）硅锂锡钾石（美国华盛顿）

图 3-5-15　硅锂锡钾石

【物理特征】

硅锂锡钾石的颜色呈无色、淡绿色、淡蓝色等。条痕为白色。透明。玻璃光泽。色散弱。多色性无。

一轴晶(一)。折射率为 $No=1.567$、$Ne=1.566$,双折射率为 0.001。

无解理。性脆。断口呈不规则、不平整的阶梯状。摩氏硬度为 5~6,相对密度为 2.98(测量)、3.08(计算)。

【晶体结构】

硅锂锡钾石属于六方晶系,空间群为 $P6/mcc$(图 3-5-16)。晶胞参数:$a=1.001$ nm、$c=1.424$ nm,$Z=2$。X 射线粉晶主要衍射数据 $d(\text{Å})(I/I_{max})$ 为 8.693(60)、7.141(80)、5.714(70)、4.343(80)、4.109

(100)、2.905(90)、2.681(60)，见图 3-5-17。

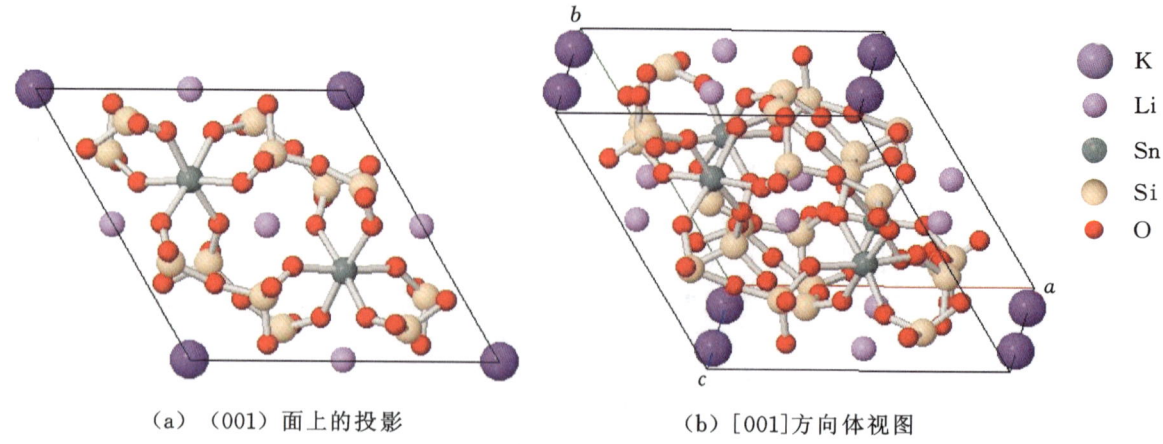

(a) (001)面上的投影　　(b) [001]方向体视图

图 3-5-16　硅锂锡钾石的晶体结构

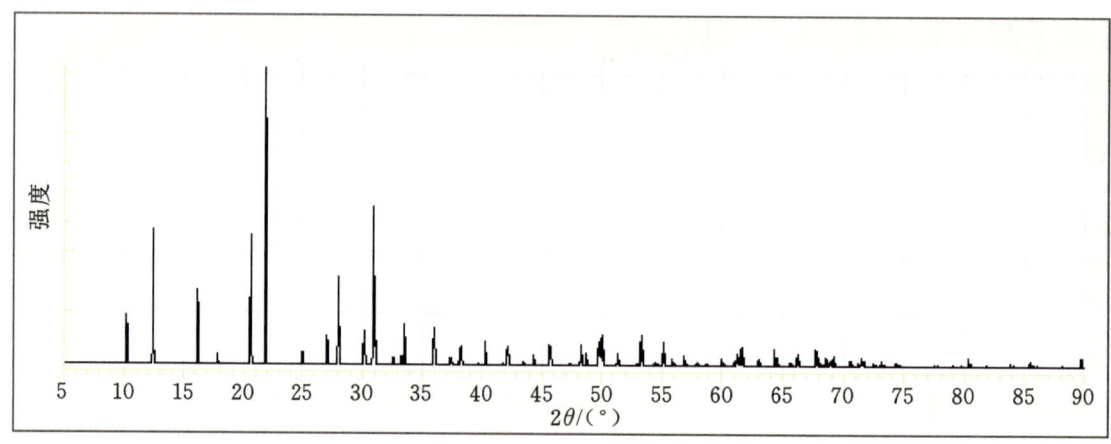

图 3-5-17　硅锂锡钾石的 X 射线粉晶衍射图

【产状产地】

硅锂锡钾石产于富 Sn、Li 的伟晶岩中，与硅铍钙石、黄铁矿、楣石、钠长石、石英等组合共生。主要产地有美国(北卡罗来纳、加利福尼亚、华盛顿)等。

【主要用途】

硅锂锡钾石在地质学、物理学、化学、晶体学、矿物学方面都有重要意义。

钛锂大隅石

【化学性质】

钛锂大隅石是一种含 K、Ti、Li 的 $[Si_{12}O_{30}]$ 环状基型硅酸盐类矿物，其晶体化学式为 $KLi_3Ti_2[Si_{12}O_{30}]$。主要成分为 K、Li、Ti、Si、O，类质同象替代成分有 Na、Fe、Mn、Al 等。

化学成分中氧化物的质量分数为 K_2O 4.84%、Li_2O 4.61%、TiO_2 16.42%、SiO_2 74.13%。

【结晶形态】

钛锂大隅石属于六方晶系，复六方双锥晶类，对称型为 $6/mmm$。晶体呈粒状、片状等，见图 3-5-18。

【物理特征】

钛锂大隅石的颜色呈白色。条痕为白色。透明。玻璃光泽、珍珠光泽。

一轴晶(一)。折射率为 $No=1.635$、$Ne=1.630$，双折射率为 0.005。

图 3-5-18　钛锂大隅石(塔吉克斯坦)

{0001}解理较好。性脆。断口呈不规则、不均匀的珍珠贝壳状。摩氏硬度为 2.5~3,相对密度为 2.66(测量)、2.674(计算)。

【晶体结构】

钛锂大隅石属于六方晶系,空间群为 $P6/mcc$。晶胞参数:$a=0.990$ nm、$c=1.427$ nm,$Z=2$。X 射线粉晶衍射数据 $d(Å)(I/I_{max})$ 为 7.15(40)、4.29(50)、4.07(85)、3.57(80)、3.16(100)、2.90(95)。

【产状产地】

钛锂大隅石产于冰碛层的碱性伟晶岩中,共生伴生的矿物有锡锂大隅石、红钛锰矿、霓石、微斜长石、天山石(Ce)、硼硅钡铅矿、多硅锂云母、菱硼硅铈矿。主要产地有塔吉克斯坦、俄罗斯。

【主要用途】

钛锂大隅石在地质学、物理学、化学、环境科学、晶体学、矿物学方面都有一定的意义。

钾钙锌大隅石

【化学性质】

钾钙锌大隅石是一种含 K、Ca、Zn 的 [$Si_{12}O_{30}$] 环状基型硅酸盐类矿物,其晶体化学式为 $K_2Ca_2Zn_3[Si_{12}O_{30}]$。主要成分为 K、Ca、Zn、Si、O,类质同象替代成分有 Na、Mn、Fe、Al、Ti。

化学成分中氧化物的质量分数为 K_2O 8.78%、Na_2O 0.79%、CaO 6.18%、MnO 2.47%、ZnO 20.69%、SiO_2 61.09%。

【结晶形态】

钾钙锌大隅石属于六方晶系,复六方双锥晶类,对称型为 $6/mmm$。晶体呈粒状、柱状、块状,见图 3-5-19。

图 3-5-19　钾钙锌大隅石(塔吉克斯坦)

【物理特征】

钾钙锌大隅石的颜色呈无色、白色。条痕为白色。透明至半透明。玻璃光泽。色散弱,多色性弱。

一轴晶(+)。折射率为 No=1.561、Ne=1.563,双折射率为 0.002。

解理无。性脆。断口呈不规则、不平整的碎粒状、次贝壳状。摩氏硬度为 5.5~6,相对密度为 2.89(测量)、2.90(计算)。

【晶体结构】

钾钙锌大隅石属于六方晶系,空间群为 $P6/mcc$(图 3-5-20)。晶胞参数:$a=1.051$ nm、$c=1.419$ nm,$Z=2$。X 射线粉晶主要衍射数据 d(Å)(I/I_{max})为 7.110(35)、3.830(100)、3.345(60)、3.304(40)、2.940(50)、2.795(85)、2.627(35),见图 3-5-21。

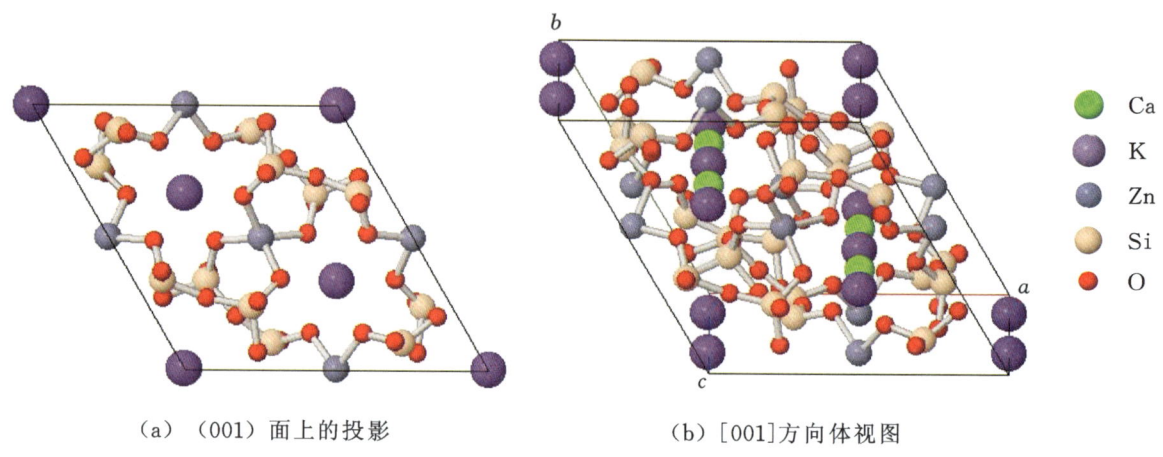

(a) (001)面上的投影　　(b) [001]方向体视图

图 3-5-20　钾钙锌大隅石的晶体结构

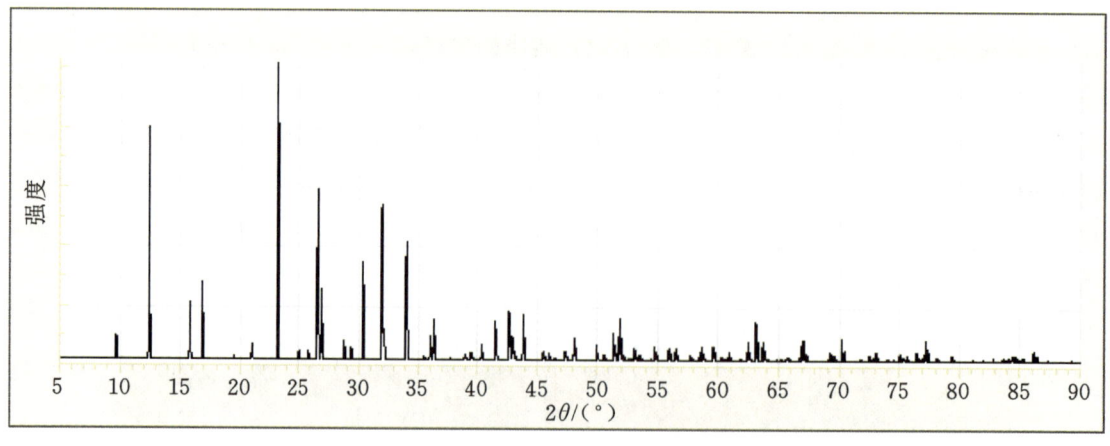

图 3-5-21　钾钙锌大隅石的 X 射线粉晶衍射图

【产状产地】

钾钙锌大隅石发现于碱性花岗伟晶岩的巨砾中。共生伴生的矿物有霞石、微斜长石、正长石、钠长石、霓石、碱性角闪石。主要产地有塔吉克斯坦、俄罗斯。

【主要用途】

钾钙锌大隅石在地质学、物理学、化学、环境科学、晶体学、矿物学方面都有重要的意义。

锆锂大隅石

【化学性质】

碱锂钛锆石又称碱锂钛锆石,是一种含 K、Zr、Li 的[$Si_{12}O_{30}$]环状基型硅酸盐类矿物,其晶体化学式为 $KZr_2Li_3[Si_{12}O_{30}]$。主要成分为 K、Zr、Li、Si、O,类质同象替代成分有 Na、Ba、Fe、Mn、Ti、Mg、Al。

化学成分中氧化物的质量分数为 K_2O 6.79%、Na_2O 1.48%、Li_2O 2.96%、ZrO_2 11.74%、Al_2O_3 1.46%、Fe_2O_3 6.85%、SiO_2 68.72%。

【结晶形态】

碱锂钛锆石属于六方晶系,斜方双锥晶类,对称型为 $6/mmm$。晶体呈柱状、粒状、块状等,见图 3-5-22。

图 3-5-22　碱锂钛锆石(美国华盛顿)

【物理特征】

碱锂钛锆石的颜色呈紫罗兰色、紫色、淡粉红色。条痕为白色、无色。透明。玻璃光泽。色散弱,多色性弱。

一轴晶(-)。折射率为 No=1.608、Ne=1.606,双折射率为 0.002。

{0001}解理完全。性脆。断口呈不均匀、不平整的贝壳状。摩氏硬度为 7,相对密度为 2.90(测量)、2.83(计算)。

【晶体结构】

碱锂钛锆石属于六方晶系,空间群为 $P6/mcc$。晶胞参数:a=1.008 nm、c=1.424 nm,Z=2。X 射线粉晶衍射数据 d(Å)(I/I_{max})为 4.510(60)、4.090(90)、3.200(100)、2.900(100)、1.838(80)、1.517(70)、1.326(80),见图 3-5-23。

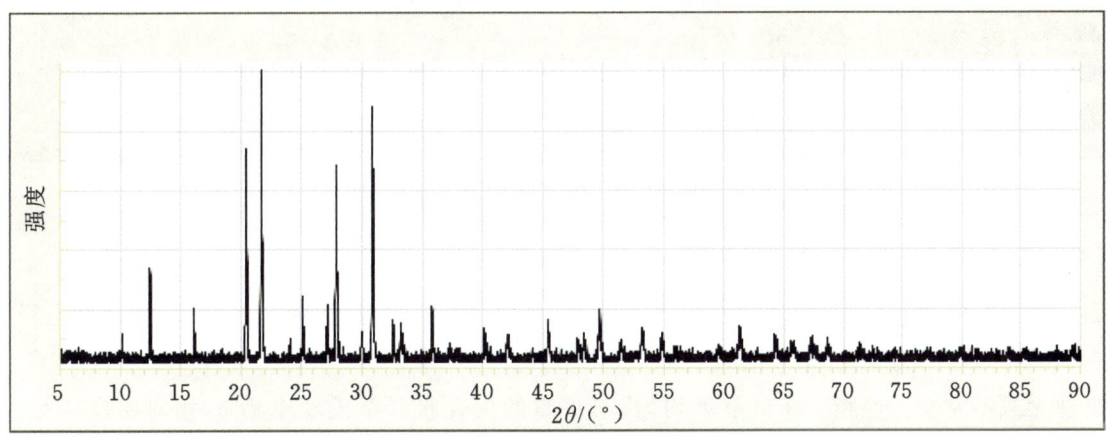

图 3-5-23　碱锂钛锆石的 X 射线粉晶衍射图

在晶体结构中，Zr 和 Li 完全占据八面体和四面体位置，Zr 在四面体位置中占优势，导致了 Na 的缺乏，见图 3-5-24。

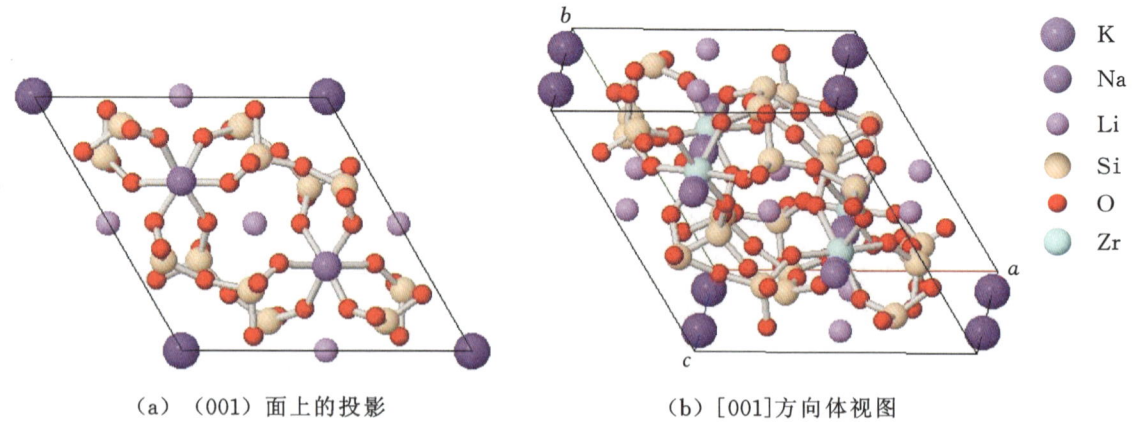

(a) (001) 面上的投影　　　　　(b) [001] 方向体视图

图 3-5-24　碱锂钛锆石的晶体结构

【产状产地】

碱锂钛锆石产于碱性花岗伟晶岩脉中，与天山石、石英、烧绿石、微斜长石、锰星叶石(Cs)、霓石等组合共生。主要产地有塔吉克斯坦、哈萨克斯坦、吉尔吉斯斯坦、美国(华盛顿)等。

【主要用途】

碱锂钛锆石在地质学、材料学、物理学、化学、晶体学、矿物学方面都有重要应用。

硼碱大隅石

【化学性质】

硼碱大隅石又称碱硅硼石，是一种含 K、Na、B 的 $[Si_{12}O_{30}]$ 环状基型硅酸盐类矿物，其晶体化学式为 $KNa_2B_3[Si_{12}O_{30}]$。主要成分为 K、Na、B、Si、O，类质同象替代成分有 Ca、Mg、Al 等。

化学成分中氧化物的质量分数为 Na_2O 6.2%、K_2O 4.9%、SiO_2 77.5%、B_2O_3 11.4%。

【结晶形态】

硼碱大隅石属于六方晶系，斜方双锥晶类，对称型为 $6/mmm$。晶体呈柱状、粒状、块状等，见图 3-5-25。

图 3-5-25　碱硅硼石(缅甸)

【物理特征】

硼碱大隅石的颜色呈无色、浅粉红色。条痕为白色。透明。玻璃光泽。色散弱，多色性也很弱。一轴晶(+)。折射率为 $No=1.516$、$Ne=1.532$。

解理无或不完全。性脆。断口呈不均匀、不平整的贝壳状。摩氏硬度为 5，相对密度为 2.51(测量)、2.53(计算)。

【晶体结构】

硼碱大隅石属于六方晶系，空间群为 $P6/mcc$（图 3-5-26）。晶胞参数：$a=1.024$ nm、$c=1.348$ nm，$Z=2$。X 射线粉晶衍射数据 $d(\text{Å})(I/I_{max})$ 为 6.740(30)、5.130(100)、3.253(100)、2.956(40)、2.815(60)、2.686(50)、1.818(40)，见图 3-5-27。

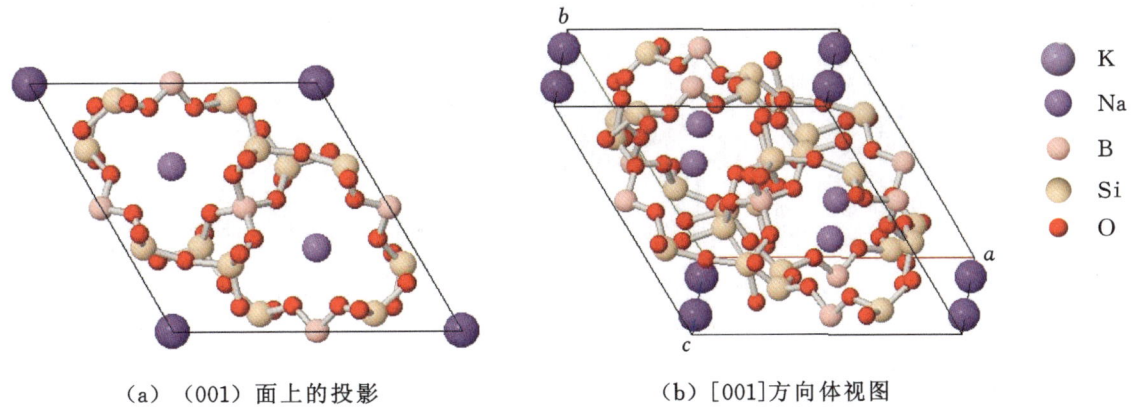

(a) (001) 面上的投影　　　　　　　(b) [001] 方向体视图

图 3-5-26　硼碱大隅石的晶体结构

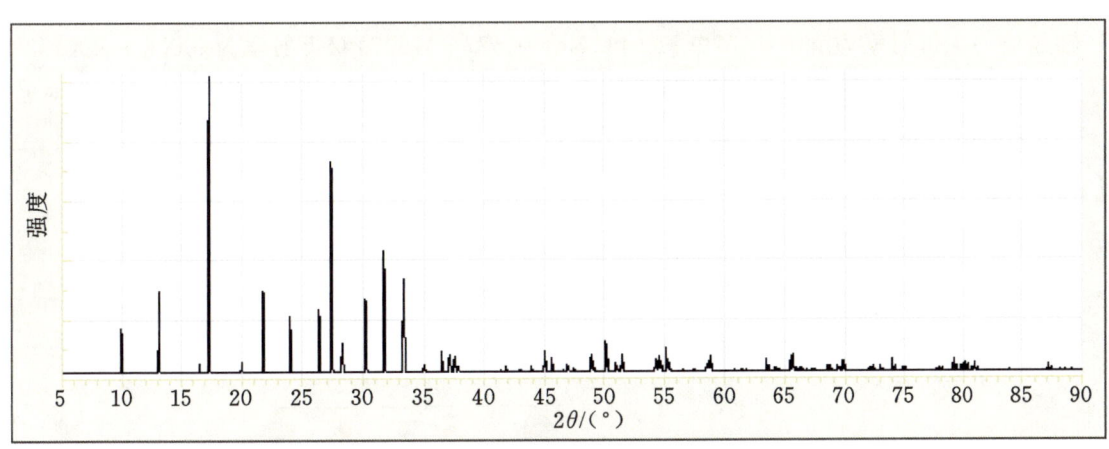

图 3-5-27　硼碱大隅石的 X 射线粉晶衍射图

【产状产地】

硼碱大隅石产于碱性侵入正长岩的大理石捕虏体中，共生伴生的矿物有正长石、霞石、辉石等。主要产地有缅甸、加拿大、美国（华盛顿）等。

【主要用途】

硼碱大隅石在地质学、物理学、化学、材料学、环境科学、晶体学、矿物学、宝石学方面都有重要意义。

硅铁锂钠石

【化学性质】

硅铁锂钠石又称杉石，是一种含 K、Na、Li、Fe、H_2O 的 $[Si_{12}O_{30}]$ 环状基型硅酸盐类矿物，其晶体化学式为 $KNa_2Li_3(Fe^{3+},Mn,Al)_2[Si_{12}O_{30}]$。主要成分为 K、Na、Li、Fe、Si、O，类质同象替代成分有 Mn、Al、Ti、Zr、H_2O 等。

化学成分中氧化物的质量分数为 K_2O 3.66%、Na_2O 2.47%、Li_2O 3.04%、TiO_2 0.46%、Mn_2O_3 4.12%、Al_2O_3 2.89%、Fe_2O_3 12.57%、SiO_2 69.22%、H_2O 1.57%。

【结晶形态】

硅铁锂钠石属于六方晶系，斜方双锥晶类，对称型为 $6/mmm$。晶体呈粒状、柱状、块状等，见图 3-5-28。

（a）硅铁锂钠石（南非） （b）硅铁锂钠石（塔吉克斯坦）

图 3-5-28　硅铁锂钠石

【物理特征】

硅铁锂钠石的颜色呈棕黄色、浅棕黄色、紫色、红紫色、淡粉红色，透射光下无色。条痕为白色。透明到半透明。玻璃光泽。色散弱。多色性弱：粉红色，淡粉红色。

一轴晶（－）。折射率为 No＝1.579～1.611、Ne＝1.577～1.607，双折射率为 0.002～0.004。

｛0001｝解理不完全。性脆。断口呈不规则、不平整的次贝壳状。摩氏硬度为 6～6.5，相对密度为 2.74～2.79（测量）、2.80（计算）。

【晶体结构】

硅铁锂钠石属于六方晶系，空间群为 $P6/mcc$（图 3-5-29）。晶胞参数：$a=1.005$ nm、$c=1.407$ nm，$Z=2$。X 射线粉晶主要衍射数据 d(Å)(I/I_{max}) 为 6.98(13)、4.32(100)、4.06(57)、3.50(25)、3.19(81)、2.88(50)、2.50(18)，见 3-5-30。

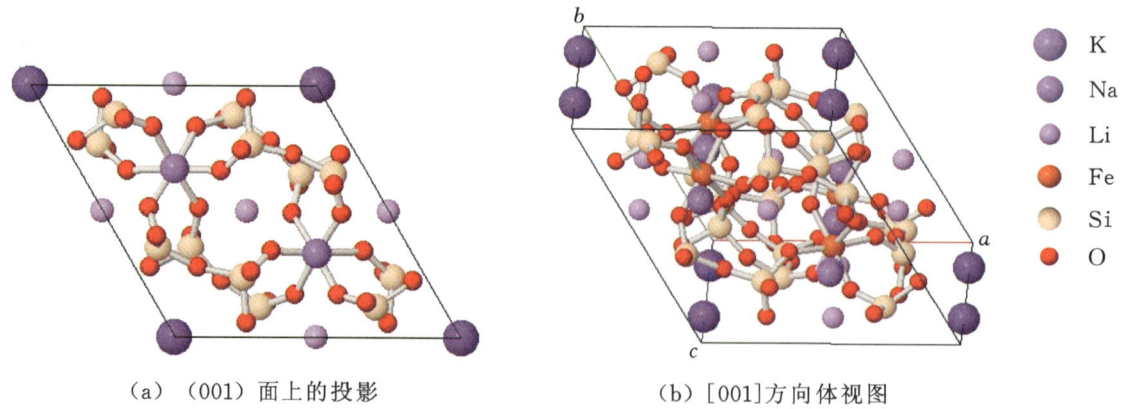

（a）（001）面上的投影　　　（b）[001]方向体视图

图 3-5-29　硅铁锂钠石的晶体结构

【产状产地】

硅铁锂钠石产于层状变质锰矿床及碱性岩浆岩中，共生伴生的矿物常有霓石、正长石、针钠钙石、钠长石等。主要产地有日本、南非、塔吉克斯坦等。

【主要用途】

硅铁锂钠石在地质学、物理学、化学、材料学、环境科学、晶体学、矿物学方面都有重要意义。

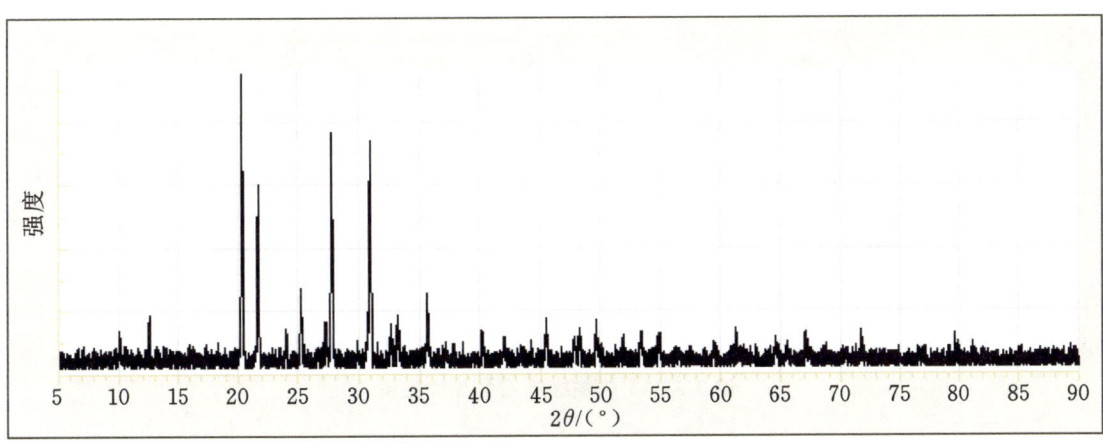

图 3-5-30　硅铁锂钠石 X 射线粉晶衍射图

硅锆锰钾石

【化学性质】

硅锆锰钾石是一种含 K、Na、Li、Mn 的 $[Si_{12}O_{30}]$ 环状基型硅酸盐类矿物,其晶体化学式为 $KNa_2(Li,Zn,Fe)_3(Mn,Zr,Y)_2[Si_{12}O_{30}]$。主要成分为 K、Na、Li、Mn、Si、O,类质同象替代成分有 Ca、REE、Zr、Y、Fe、Zn、Nb 等。

化学成分中氧化物的质量分数为 K_2O 4.17%、Na_2O 5.49%、Li_2O 1.32%、ZrO_2 16.38%、MnO 9.11%、SiO_2 63.53%。

【结晶形态】

硅锆锰钾石属于六方晶系,斜方双锥晶类,对称型为 $6/mmm$。晶体呈粒状、板状、块状等,见图 3-5-31。

【物理特征】

硅锆锰钾石的颜色呈无色、白色、蓝色、棕色、棕白色、淡紫色等。条痕为白色。透明至半透明。玻璃光泽。色散弱。多色性弱。

一轴晶(一)。折射率为 No=1.580、Ne=1.575,双折射率为 0.005。

解理不完全。性脆。断口呈不规则、不均匀的次贝壳状。摩氏硬度为 5,相对密度为 2.92(测量)、2.82(计算)。

图 3-5-31　硅锆锰钾石(塔吉克斯坦)

【晶体结构】

硅锆锰钾石属于六方晶系,空间群为 $P6/mcc$。晶胞参数:$a=1.032$ nm、$c=1.439$ nm,$Z=2$。X 射线粉晶主要衍射数据 $d(\text{Å})(I/I_{max})$ 为 3.26(100)、2.93(65)、2.56(55)。

Li 优先占四面体位置,Na 优先占八面体位置,见图 3-5-32。

【产状产地】

硅锆锰钾石产于碱性伟晶岩中,多与硅锂云母、微斜长石、锐钛矿、霓石等组合共生。主要产地有塔吉克斯坦等。

【主要用途】

硅锆锰钾石在地质学、物理学、化学、晶体学、矿物学方面都有重要意义。

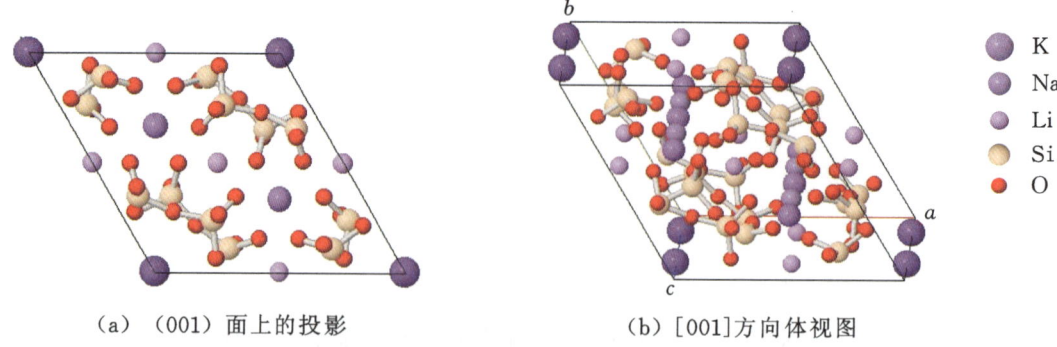

(a) (001)面上的投影　　　　(b) [001]方向体视图

图 3-5-32　硅锆锰钾石的晶体结构

整柱石族

整柱石（milarite）　　　　　　　$KCa_2Be_2Al[Si_{12}O_{30}] \cdot nH_2O$

硅铝钡钙石（armenite）　　　　 $BaCa_2Al_3[Al_3Si_9O_{30}] \cdot 2H_2O$

铅铝硅石（wickenburgite）　　　 $CaPb_3[Al_2Si_{10}O_{24}(OH)_6]$

整柱石

【化学性质】

整柱石又称为铍钙大隅石，是一种含 K、Ca、Be、Al、H_2O 的 $[Si_{12}O_{30}]$ 环状基型硅酸盐类矿物，其晶体化学式为 $KCa_2Be_2Al[Si_{12}O_{30}] \cdot nH_2O$。主要成分为 K、Ca、Be、Al、Si、O、H，类质同象替代成分有 Na。

化学成分中氧化物的质量分数为 K_2O 4.76%、CaO 11.33%、BeO 5.05%、Al_2O_3 5.14%、SiO_2 72.81%、H_2O 0.91%。

【结晶形态】

整柱石属于六方晶系，斜方双锥晶类，对称型为 $6/mmm$。晶体呈粒状、柱状、长柱状、块状等，见图 3-5-33。

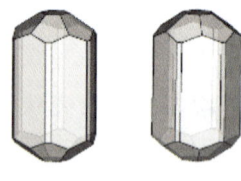

（a）整柱石的晶体形态

（b）整柱石（西班牙）　　　（c）整柱石（墨西哥）　　　（d）整柱石（巴西）

图 3-5-33　整柱石

【物理特征】

整柱石的颜色呈无色、白色、浅绿色、绿白色、黄白色等。条痕为无色、白色。透明至半透明。玻璃光泽。色散弱。多色性无。

一轴晶(-)。折射率为 $No=1.532\sim1.551$、$Ne=1.529\sim1.548$，双折射率为 0.003。

$\{0001\}$、$\{11\bar{2}0\}$ 解理不完全。性脆，易碎。断口呈破碎的贝壳状。摩氏硬度为 $5.5\sim6$，相对密度为 2.52(测量)、2.53(计算)。

【晶体结构】

整柱石属于六方晶系，空间群为 $P6/mcc$。晶胞参数：$a=1.043$ nm、$c=1.385$ nm，$Z=2$。X 射线粉晶主要衍射数据 $d(\text{Å})(I/I_{max})$ 为 4.16(65)、3.31(100)、2.88(90)，见图 3-5-34。

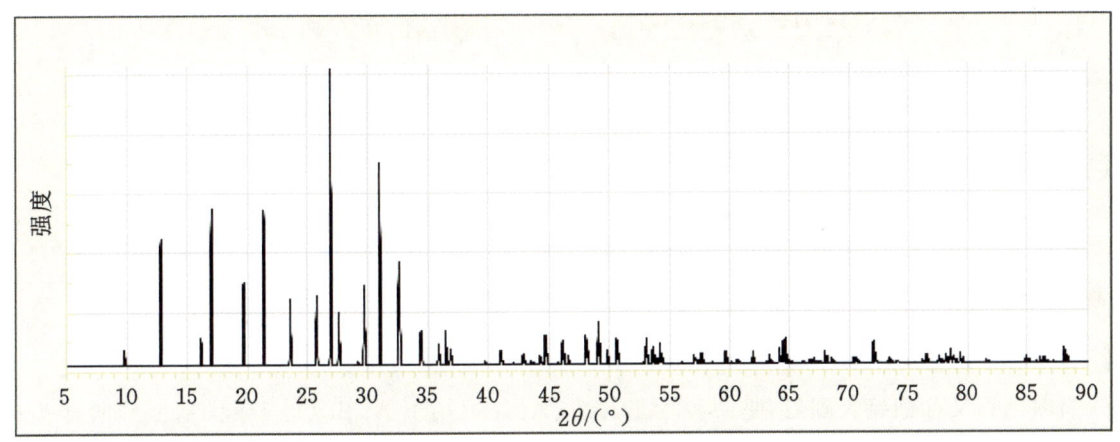

图 3-5-34 整柱石的 X 射线粉晶衍射图

晶体结构中，$[SiO_4]$ 四面体共角顶组成双六元环，并垂直 c 轴成双六元环层，层与层之间分布着 K、Ca 和 (Be,Al) 离子层，并把双层六元环层联结起来。其中 K 呈十二次配位，形成反式六方柱，位于双六元环的中轴线上。Ca 则为六次配位构成 $[CaO_6]$ 八面体，(Be,Al) 为四次配位构成 $[(Be,Al)O_4]$ 四面体。H_2O 分子或空位则分布在 $[CaO_6]$ 八面体之间，见图 3-5-35、图 3-5-36。

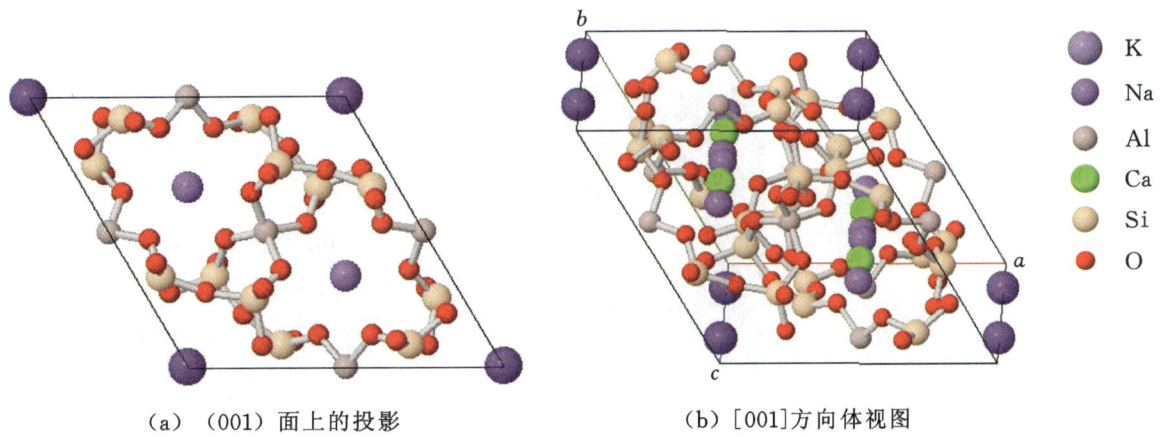

(a) (001)面上的投影　　　　(b) [001]方向体视图

图 3-5-35 整柱石的晶体结构 1

与整柱石晶体结构相同的矿物还有碱硅硼石、钠镁大隅石、罗镁大隅石、陨铁大隅石、陨钠镁大隅石、大隅石、镁大隅石、卡大隅石、钛锂大隅石、锡锂大隅石、钾钙锌大隅石、锆锂大隅石。

【产状产地】

整柱石产于花岗伟晶岩中，与正长石、斜长石和石英、榍石等组合共生。主要产地有巴西、墨西哥、瑞士、意大利、西班牙、纳米比亚等。

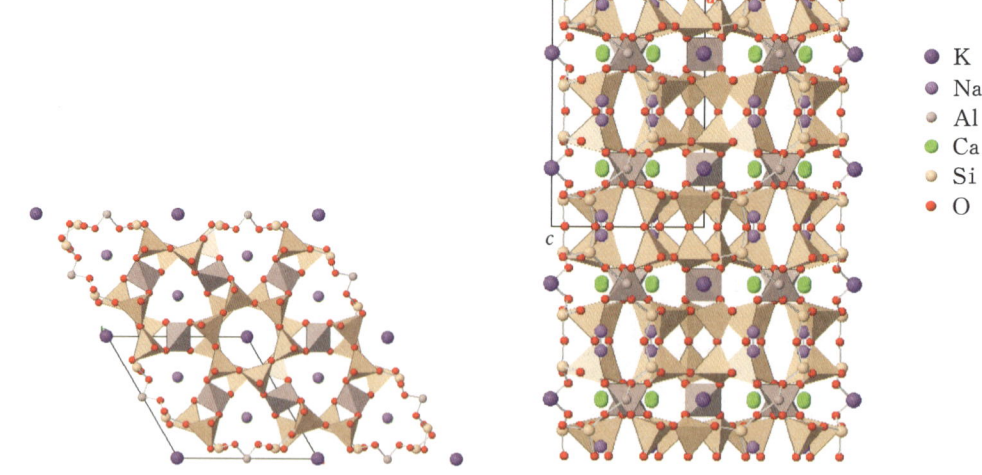

图 3-5-36 整柱石的晶体结构 2

【主要用途】

整柱石在地质学、物理学、化学、材料学、晶体学、矿物学方面都有重要意义。

硅铝钡钙石

【化学性质】

硅铝钡钙石又称钡钙大隅石,是一种含 Ba、Ca、Al、H_2O 的 $[Al_3Si_9O_{30}]$ 环状基型硅酸盐类矿物,其晶体化学式为 $BaCa_2Al_3[Al_3Si_9O_{30}]\cdot 2H_2O$。主要成分为 Ba、Ca、Al、Si、H、O,类质同象替代成分有 Sr、Na、K。

化学成分中氧化物的质量分数为 BaO 13.35%、CaO 9.77%、Al_2O_3 26.64%、SiO_2 47.10%、H_2O 3.14%。

【结晶形态】

硅铝钡钙石属于斜方晶系,斜方双锥晶类,对称型为 mmm。晶体呈柱状、假六方棱柱状、粒状、块状等,见图 3-5-37。

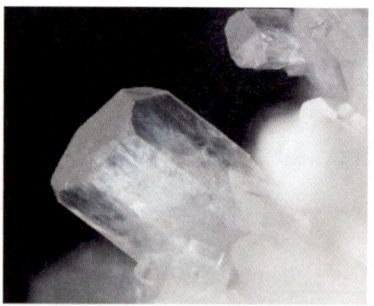

图 3-5-37 硅铝钡钙石(瑞士)

【物理特征】

硅铝钡钙石的颜色呈无色、白色、灰绿色。条痕为白色。透明。玻璃光泽。色散较强,多色性弱。

二轴晶(一)。折射率为 Np=1.550、Nm=1.552、Ng=1.556,双折射率为 0.006。$2V=59°\sim 60°$(测量)、72°(计算)。

{010}解理完全、{110}不完全。性脆。断口呈不规则、不平整的破碎块状。摩氏硬度为 7.5,相对密度为 2.77(测量)、2.75(计算)。

【晶体结构】

硅铝钡钙石属于斜方晶系,空间群为 $Pnna$(图 3-5-38)。晶胞参数:$a=1.387$ nm、$b=1.866$ nm、$c=1.070$ nm,$Z=4$。X 射线粉晶主要衍射数据 $d(\text{Å})(I/I_{max})$ 为 3.86(98)、3.40(100)、2.91(74)。

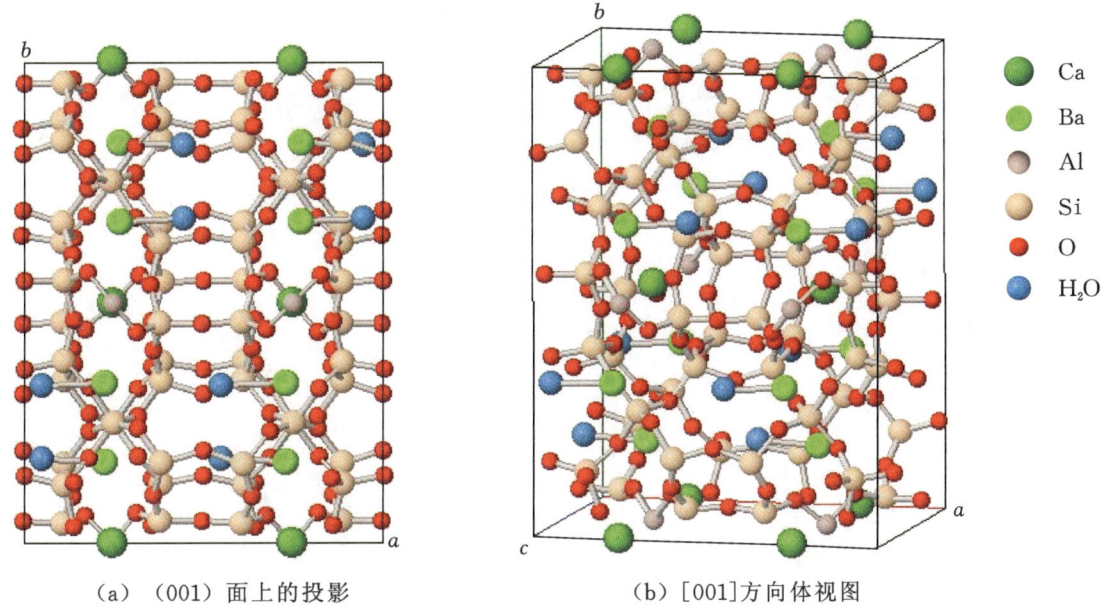

(a)(001)面上的投影　　　(b)[001]方向体视图

图 3-5-38　硅铝钡钙石的晶体结构

【产状产地】

硅铝钡钙石发现于一种富 Ba 热液形成的脉或裂隙中,与石英、磁黄铁矿、方解石、斧石类矿物组合共生。主要产地有瑞士、挪威等。

【主要用途】

硅铝钡钙石在地质学、物理学、化学、材料学、晶体学、矿物学方面都有重要意义。

铅铝硅石

【化学性质】

铅铝硅石是一种含 Ca、Pb、Al、(OH) 的 [$Al_2Si_{10}O_{24}(OH)_6$] 环状基型硅酸盐类矿物,其晶体化学式为 $CaPb_3[Al_2Si_{10}O_{24}(OH)_6]$。主要成分为 Ca、Pb、Al、Si、H、O,类质同象替代成分有 K、Na 等。

化学成分中氧化物的质量分数为 CaO 3.74%、PbO 44.63%、Al_2O_3 6.79%、SiO_2 40.04%、H_2O 4.80%。

【结晶形态】

铅铝硅石属于三方晶系,复三方单锥晶类,对称型为 $3m$。晶体呈板状、片状等,见图 3-5-39。主要单形有 {0001}、{10$\bar{1}$1}。

【物理特征】

铅铝硅石的颜色呈无色、白色、粉红色。条痕为白色。透明。玻璃光泽。色散弱。无多色性。

一轴晶(-)。折射率为 No=1.692、Ne=1.648,双折射率为 0.044。

解理不完全。性脆。断口呈不平整、不规则的贝壳状。摩氏硬度为 5,相对密度为 3.85(测量)、3.84(计算)。

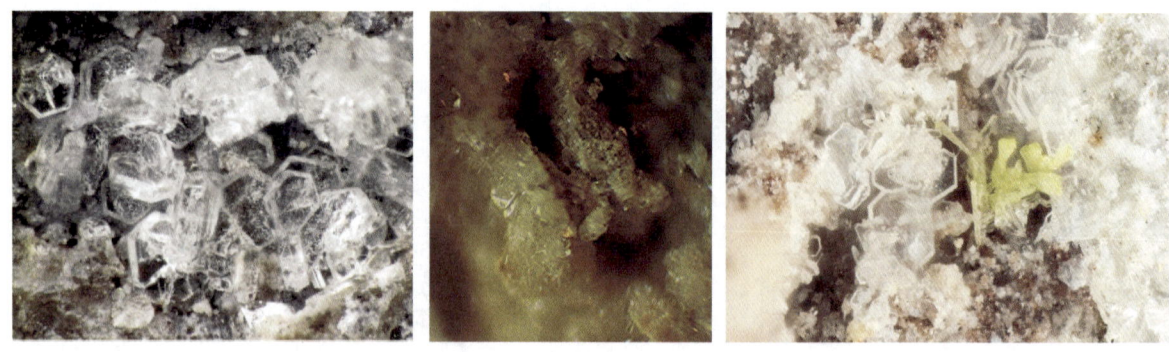

图 3-5-39 铅铝硅石（美国亚利桑那）

【晶体结构】

铅铝硅石属于三方晶系,空间群为 $P31c$（图 3-5-40）。晶胞参数：$a=0.856$ nm、$c=2.019$ nm，$Z=2$。X 射线粉晶主要衍射数据 $d(\text{Å})(I/I_{max})$ 为 10.10(100)、3.93(60)、3.26(80)，见图 3-5-41。

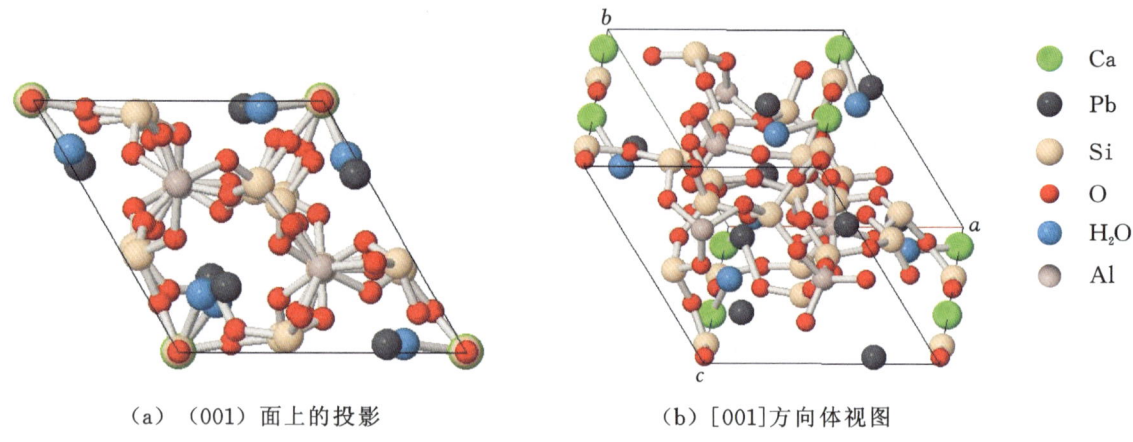

（a）（001）面上的投影　　　　（b）[001]方向体视图

图 3-5-40　铅铝硅石的晶体结构

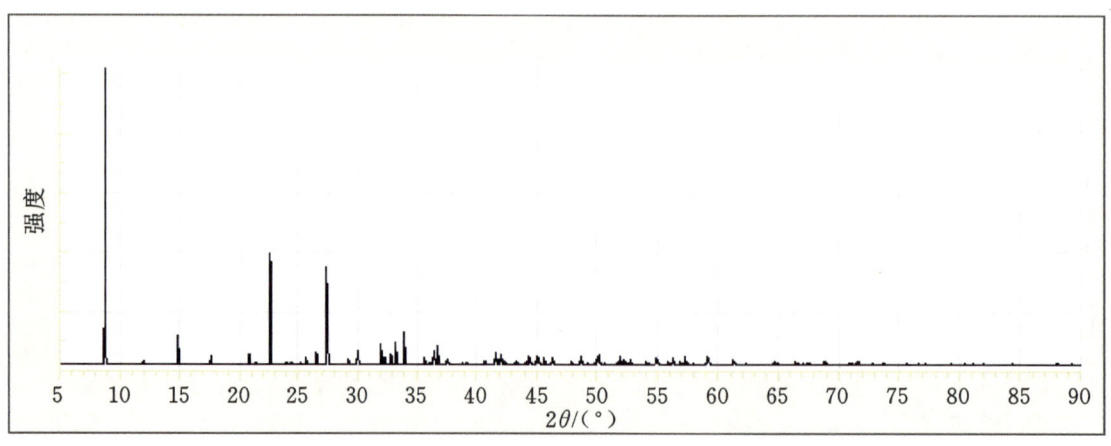

图 3-5-41　铅铝硅石的 X 射线粉晶衍射图

【产状产地】

铅铝硅石主要产于氧化带中，与白铅矿、红铬铅矿和硅锌矿伴生。主要产地有美国（亚利桑那）等。

【主要用途】

铅铝硅石在地质学、材料学、物理学、化学、环境科学、晶体学、矿物学方面都有重要意义。

第四章 链状基型硅酸盐矿物学

第一节 链状硅酸盐

一、无水、无附加阴离子

辉石族

顽火辉石（enstatite）	$(Mg,Fe)_2[Si_2O_6]$
古铜辉石（bronzite）	$(Mg,Fe)_2[Si_2O_6]$
紫苏辉石（hypersthene）	$(Mg,Fe)_2[Si_2O_6]$
斜方铁辉石（orthoferrosilite）	$(Fe,Mg)_2[Si_2O_6]$
单斜紫苏辉石（clinohypersthene）	$(Mg,Fe)_2[Si_2O_6]$
易变辉石（pigeonite）	$(Ca,Mg,Fe)_2[Si_2O_6]$
透辉石（diopside）	$Ca(Mg,Fe)[Si_2O_6]$
钙铁辉石（hedenbergite）	$Ca(Fe,Mg)[Si_2O_6]$
普通辉石（augite）	$(Ca,Fe)(Mg,Fe)[Si_2O_6]$
深绿辉石（fassaite）	$Ca(Mg,Fe)[(Si,Al)_2O_6]$
锰钙辉石（johannsenite）	$CaMn[Si_2O_6]$
绿辉石（omphacite）	$(Ca,Na)(Mg,Al)[Si_2O_6]$
硬玉（jadeite）	$NaAl[Si_2O_6]$
霓石（aegirine）	$NaFe^{3+}[Si_2O_6]$
锂辉石（spodumene）	$LiAl[Si_2O_6]$

辉石（pyroxene，augite）是一种常见的单链结构硅酸盐造岩矿物，广泛存在于岩浆岩和变质岩中，由硅氧分子链组成主要构架，晶体结构为单斜晶系或斜方晶系。一般化学式可表示为 $XY[T_2O_6]$。其中 X 阴离子为 Na^+、Ca^{2+}、Mg^{2+}、Fe^{2+}、Mn^{2+}、Li^+ 等，Y 阳离子为 Mg^{2+}、Fe^{2+}、Mn^{2+}、Al^{3+}、Fe^{3+}、Cr^{3+}、Ti^{4+} 等，T 主要为 Si^{4+}、Al^{3+} 等。由于阳离子种类较多，而且类质同象非常广泛而且复杂，因此辉石族的矿物种属很多。

辉石有斜方晶系、单斜晶系两种：斜方辉石亚族（顽火辉石、古铜辉石、紫苏辉石、斜方铁辉石）和单斜辉石亚族（透辉石、钙铁辉石、普通辉石、霓石、霓辉石、硬玉、锂辉石）。辉石族矿物的晶体结构如图 4-1-1 所示。

在晶体结构中，其基本结构单元都具有 $[SiO_4]$ 单链。链的延长方向为 c 轴，链上每两个 $[SiO_4]$ 四

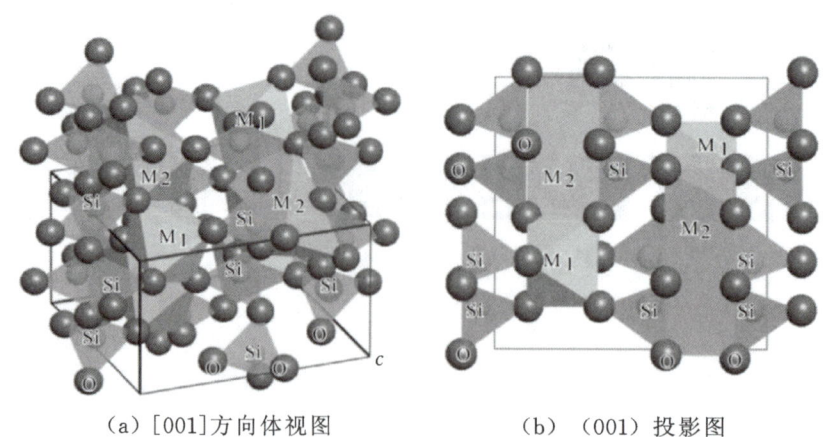

(a) [001]方向体视图　　　　(b) (001)投影图

图 4-1-1　辉石族矿物的晶体结构

面体为一个重复周期,记为[Si_2O_6],长度约 0.52 nm。

在垂直 c 轴的平面上,辉石单链的投影状如梯形。链与链之间有两种不同大小的空隙,小者记为 M_I,为较小的 Y 阳离子占据;大者记为 M_{II},由较大的 X 阳离子充填。M_I 的配位多面体接近正八面体,它们相互共棱,又以角顶与硅氧四面体链的非桥氧角顶相接。M_{II} 的配位多面体的形状很不规则,如果被 Mg^{2+}、Fe^{2+} 等占据,为畸变的八面体配位;如果被 Ca^{2+}、Na^+、Li^+ 等较大离子占据,则作八次配位。两个单链活性氧相对,且夹着一个 M_I 八面体链,三者紧密相连形成更大一级的链,由于形状如大写英文字母"I",故称为"I 束(I-beam)"。故整个结构可以看成是由"I 束"堆积而成。一个"I 束"中的 M_I 八面体可有两种取向,即 M_I 八面体的下方三角形尖端指向 c 轴正方向和负方向,两个 M_I 八面体在(100)面上的方位差恰好是 180°,见图 4-1-1。

辉石矿物的空间群主要包含 $Pbca$、$P2_1/c$ 和 $C2/c$ 等,具有这 3 种空间群的典型矿物为顽火辉石、易变辉石)和透辉石。

顽火辉石

【化学性质】

顽火辉石是一种含 Mg、Fe 的[Si_2O_6]单链状基型硅酸盐类矿物,是斜方辉石亚族中的一个亚种,是一个复杂的铁镁硅酸盐固溶体系列。其晶体化学式为$(Mg,Fe)_2[Si_2O_6]$。主要成分为 Mg、Si、O,类质同象替代成分有 Fe、Ca、Na、K、Ti、Al、Mn、Co、Ni、Cr。

化学成分中氧化物的质量分数为 MgO 40.15%、SiO_2 59.85%。

顽火辉石-斜方铁辉石呈类质同象矿物系列。矿物种类有顽火辉石-古铜辉石-紫苏辉石-铁紫苏辉石-尤莱辉石-斜方铁辉石。

【结晶形态】

顽火辉石属于斜方晶系,斜方双锥晶类,对称型为 mmm。晶体呈柱状、粒状(图 4-1-2),完好的晶体少见。聚合体呈细粒状、块状、纤维状。{100}双晶常见。

【物理特征】

顽火辉石的颜色为无色、白色、灰色、黄绿色、绿白色、棕色、褐色等,随着 Fe 含量的增加,矿物晶体颜色会变深。条痕为灰色至白色。玻璃光泽、珍珠光泽。透明、半透明至不透明。色散较弱。多色性较弱:褐色,绿色。

针状矿物包体定向平行排列产生猫眼效应,具有猫眼效应的顽火辉石一般呈棕褐色调。有时呈现星光效应。熔点高。

二轴晶(+)。折射率为 Np=1.650～1.668、Nm=1.652～1.673、Ng=1.659～1.679,双折射率为 0.009～0.011。2V=54°～90°(测量)、58°～86°(计算)。

(a) 顽火辉石的晶体形态

(b) 顽火辉石（德国）

(c) 顽火辉石（法国）

(d) 顽火辉石（美国俄勒冈）

图 4-1-2　顽火辉石

{110}两组柱面解理完全，交角近于 87°与 93°，有{100}、{001}裂理。性脆。断口呈阶梯状。摩氏硬度为 5～6，相对密度为 3.20～3.90（测量）、3.19（计算）。

【晶体结构】

顽火辉石属于斜方晶系，空间群为 $Pbca$。晶胞参数为 $a=1.823$ nm、$b=0.881$ nm、$c=0.519$ nm，$Z=8$。X 射线粉晶衍射主要数据 $d(\text{Å})(I/I_{\max})$ 为 3.167(100)、2.872(85)、2.494(50)，见图 4-1-3。

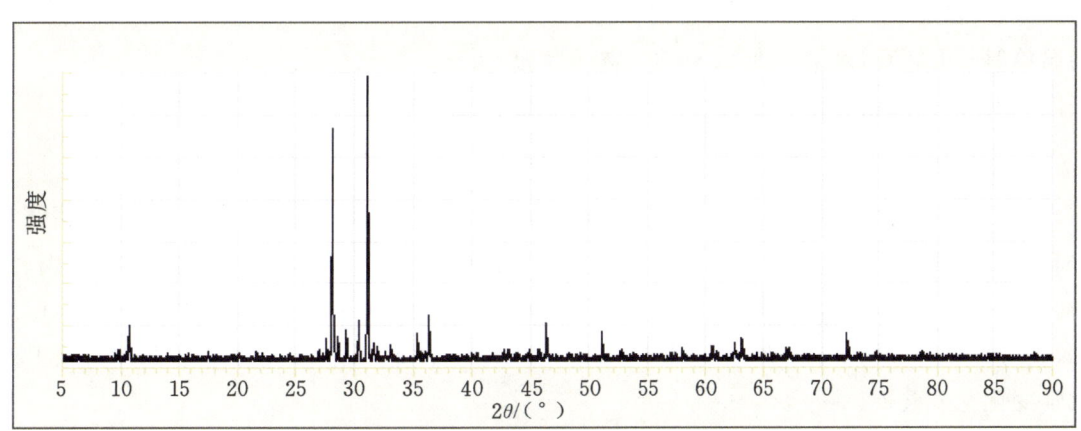

图 4-1-3　顽火辉石的 X 射线粉晶衍射图

顽火辉石的晶体结构中，有两种[Si_2O_6]链，皆沿 c 轴延伸（图 4-1-4、图 4-1-5）。Mg 为六次配位，但占据两者明显不同的结构位置 M_I 和 M_{II}，与 M_I 配位的 O 皆为活性氧，其所构成的[MgO_6]八面体是规则的，而与 M_{II} 配位的只有两个活性氧，其配位八面体是歪曲的，且体积较大。两种八面体共棱，并连接成沿 c 轴延伸的八面体链。

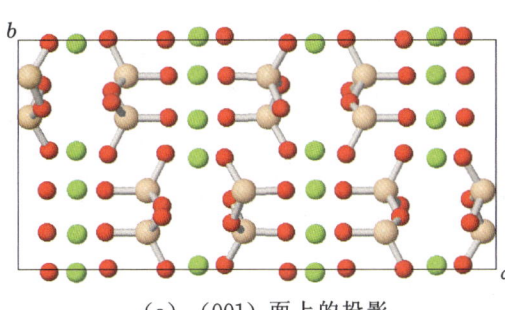

(a)（001）面上的投影　　　　(b)[001]方向体视图

图 4-1-4　顽火辉石的晶体结构 1

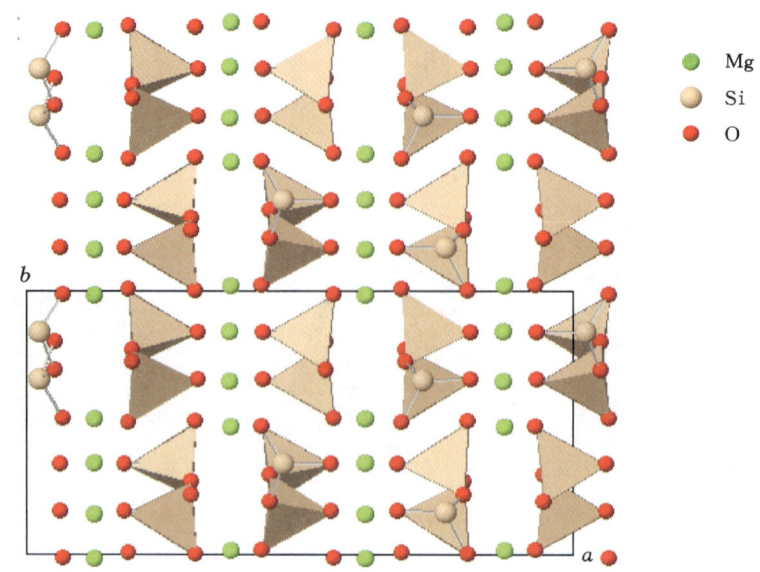

$M_{I(1)}$、$M_{II(2)}$八面体结构位置和配位多面体形态;M_I、M_{II}表示位置,M_1在M_I上的Mg^{2+},M_2在M_{II}上的Mg^{2+}

图 4-1-5　顽火辉石的晶体结构 2

相同晶体结构的矿物有铁辉石和斜方锰顽辉石。

顽火辉石有 4 个同质多象变体。它们是：

原顽火辉石:稳定于 1000～1557 ℃,空间群为 $Pbcn$。

顽火辉石:稳定于 630～1000 ℃,空间群为 $Pbca$。

高温单斜顽火辉石:稳定温度＞980 ℃,空间群为 $C2/c$。

低温单斜顽火辉石:稳定温度＜630 ℃,空间群为 $P2_1/c$。

【产状产地】

顽火辉石是 $Mg_2[Si_2O_6]$-$Fe_2[Si_2O_6]$ 类质同象固溶体系列中镁的端元矿物,这一系列富镁组分是岩浆岩和变质岩中常见的造岩矿物。顽火辉石常出现在辉长岩、闪长岩中,以及玄武岩、安山岩、英安岩等中。顽火辉石是橄榄岩和辉石岩中的一种重要矿物,在橄榄岩包体、金伯利岩和某些玄武岩中普遍存在,是麻粒岩的重要组成矿物。这种矿物的 Ca、Al、Cr 含量的确定,对于了解深部岩浆上升时的物理化学变化至关重要。

顽火辉石是陨石中常见的矿物,在铁陨石和石陨石中都有发现。它是少数几种在太阳系外以晶体形式存在的硅酸盐矿物,特别是在演化的恒星和行星状星云周围,它是小行星的主要组成部分。

顽火辉石的主要产地有德国、法国、挪威、匈牙利、缅甸、印度、坦桑尼亚、南非、澳大利亚、美国等。

【主要用途】

顽火辉石在地质学、矿物学、岩石学、陨石学、物理学、化学、材料学、环境科学、宝石学方面都有重要意义。

古铜辉石

【化学性质】

古铜辉石是一种含 Mg、Fe 的 $[Si_2O_6]$ 单链状基型硅酸盐类矿物,其晶体化学式为 $(Mg,Fe)_2[Si_2O_6]$。主要成分为 Mg、Fe、Si、O,类质同象替代成分有 Ca、Na、Ti、Al、Co、Ni、Cr 等。

古铜辉石含 $Fe_2[Si_2O_6]$ 分子 10%～30%,是顽火辉石(En)-斜方铁辉石(Fs)类质同象矿物系列的中间成员(相当于 En 88%～70%,Fs 12%～30%)。

【结晶形态】

古铜辉石属于斜方晶系,斜方双锥晶类,对称型为 mmm。晶体常呈平行 c 轴延伸的短柱状,集合体呈放射状、块状、粒状(图 4-1-6)。也有晶体呈不规则的粒状,散布于整个岩石里。常与斜方辉石亚族的矿物形成有规则的定向附生体。常见单形有{100}、{210}、{010}、{001}、{110}、{211}等。

(a) 古铜辉石(美国俄勒冈)

(b) 古铜辉石(美国)

(c) 古铜辉石(美国马里兰)

图 4-1-6 古铜辉石

【物理特征】

古铜辉石的基本特性与顽火辉石相同或相似。颜色常呈淡褐色,似青铜色。条痕为白色、淡灰色。半透明到不透明。玻璃光泽、油脂光泽。解理表面显示出金属光泽、青铜光泽,高温下紫苏辉石比古铜辉石更加明显。色散弱。

二轴晶(一)。顽火辉石属正光性,而古铜辉石和紫苏辉石均表现为负光性。折射率与双折射率均稍高于顽火辉石,$Np=1.669\sim1.755$、$Nm=1.674\sim1.763$、$Ng=1.680\sim1.773$。双折射率为 $0.011\sim0.018$。$2V=70°\sim90°$(实测)、$86°$(计算)。折射率和 $2V$ 随含 Fe 量的增加而增加。

{110}两组解理完全,交角近于 $87°$ 与 $93°$。性脆。断口为参差状到平坦状。摩氏硬度为 $5\sim6$,相对密度为 $3.30\sim3.43$,也随 Fe 含量的增高而增大。

【晶体结构】

古铜辉石属于斜方晶系,空间群为 $Pbca$。顽火辉石晶胞参数:$a=1.823$ nm、$b=0.881$ nm、$c=0.519$ nm,$Z=8$;斜方铁辉石晶胞参数:$a=1.843$ nm、$b=0.908$ nm、$c=0.524$ nm,$Z=8$。古铜辉石、紫苏辉石的参数介于上述两种辉石之间,随组分中 Fe 含量的增大而稍有增大。

【产状产地】

古铜辉石属于斜方辉石亚族矿物,是区域变质程度较深的变质岩中常见的矿物,是基性岩浆结晶作用的产物,主要产于辉石岩、辉长岩中。随着 SiO_2 含量的逐渐增高,斜方辉石亚族矿物成分中 Fe 的含量将有所增加,而 Mg 的含量将有所降低。因此在纯橄榄岩或苦橄岩中,以古铜辉石、顽火辉石为主。在辉石岩、辉长岩中,以古铜辉石、紫苏辉石为主。

球粒陨石中最常见的矿物为古铜辉石与橄榄石。在陨石中,古铜辉石常呈条状、球粒状。古铜辉石中常包含有磁铁矿、钛铁矿、板钛矿等金属矿物包体,呈板状、条状、不规则状等。

著名的古铜辉石产地有美国(俄勒冈、北卡罗来纳、马里兰)、捷克、巴西、马达加斯加等。

【主要用途】

古铜辉石在地质学、岩石学、矿物学、物理学、化学、材料学、环境科学、宝石学方面都有重要意义。

紫苏辉石

【化学性质】

紫苏辉石是一种含 Mg、Fe 的 $[Si_2O_6]$ 单链状基型硅酸盐类矿物,其晶体化学式为 $(Mg,Fe)_2[Si_2O_6]$。

主要成分为 Mg、Fe、Si、O，类质同象替代成分有 Al、Ca、Ti、Cr、Ni 等。

化学成分中氧化物的质量分数为 MgO 17.35%、FeO 30.93%、SiO_2 51.72%。

紫苏辉石为顽火辉石和斜方铁辉石两端元组分构成的完全类质同象系列矿物之一，$Fe_2[Si_2O_6]$ 分子含量 10% 以下者为顽火辉石，10%～30% 者为古铜辉石，30%～50% 者为紫苏辉石，50% 以上者为斜方铁辉石。

【结晶形态】

紫苏辉石属于斜方晶系，斜方双锥晶类，对称型为 mmm。晶体呈短柱状、不规则粒状(图 4-1-7)。单晶通常呈平行 c 轴延伸的短柱状，常呈不规则的粒状散布于整个岩石中，常与斜方辉石亚族矿物形成有规则的定向连生体，常见带状离熔构造。常见单形有 {100}、{210}、{010}、{001}、{110}、{211} 等。

（a）紫苏辉石（美国夏威夷）　　（b）紫苏辉石（加拿大）　　（c）紫苏辉石（加拿大）

图 4-1-7　紫苏辉石

【物理特征】

紫苏辉石的颜色呈灰白色、淡绿白色、淡黄白色、绿黑色、褐黑色、灰黑色、棕黄色。条痕为淡灰绿色、白色。玻璃光泽、丝绢光泽。透明至半透明。色散弱。多色性较明显：粉红色、棕粉色、淡黄色、淡红色或无色，粉黄色、绿黄色、黄色、浅绿色或无色。

二轴晶(-)。折射率为 Np=1.669～1.755、Nm=1.674～1.763、Ng=1.680～1.773，双折射率为 0.011～0.018。2V=70°～90°(测量)、86°(计算)。大多数辉石为二轴晶正光性，2V 大于 50°，只有紫苏辉石和霓石为二轴晶负光性，易变辉石 2V 较小，为 0～30°。

{210} 两组解理完全。断口呈不平坦、不均匀的贝壳状。摩氏硬度为 5.5～6，相对密度为 3.2～3.9(测量)、3.69(计算)。

【晶体结构】

紫苏辉石属于斜方晶系，空间群为 $Pbca$。晶胞参数：a=1.824～1.839 nm、b=0.884～0.905 nm、c=0.519～0.523 nm，Z=8。紫苏辉石有两个同质多象变体，为高温单斜紫苏辉石($C2/c$)和低温单斜紫苏辉石($P2_1/c$)。

【产状产地】

紫苏辉石是岩浆作用、变质作用的产物，主要产于角闪岩、橄榄岩、片麻岩、麻粒岩和苏长岩中，有时在安山岩中呈斑晶出现，也是基性岩浆岩和陨石中的组成矿物。

紫苏辉石产地很多，有美国(纽约、夏威夷)、加拿大、俄罗斯、中国等。

【主要用途】

紫苏辉石在地质学、岩石学、矿物学、物理学、化学、材料学、环境科学、晶体学、宝石学方面都有重要意义。

斜方铁辉石

【化学性质】

斜方铁辉石是一种含 Fe、Mg 的[Si_2O_6]单链状基型硅酸盐类矿物,其晶体化学式为$(Fe,Mg)_2[Si_2O_6]$。主要成分为 Fe、Mg、Si、O,类质同象替代成分有 Ca、Na、K、Al、Co、Ni、Mn、Ti、Cr。

化学成分中氧化物的质量分数为 MgO 17.35%、FeO 30.93%、SiO_2 51.72%。

斜方铁辉石是顽火辉石与斜方铁辉石类质同象系列中 Fe 的端元矿物。

图 4-1-8 为基性玄武岩中辉石-斜方铁辉石的关系。

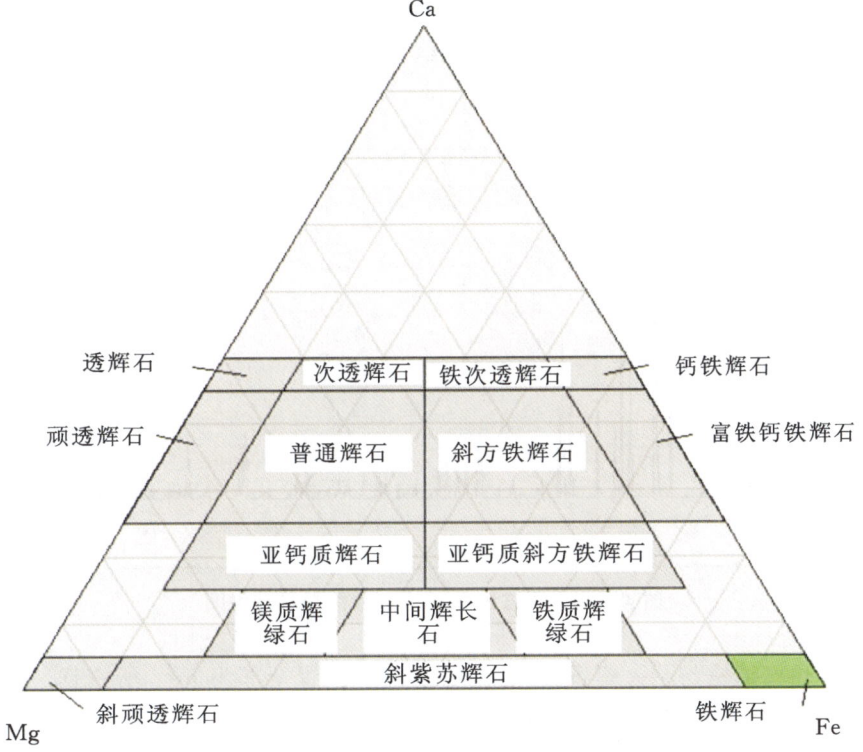

图 4-1-8　基性玄武岩中辉石-斜方铁辉石(据 Poldervaart 等,1951)

【结晶形态】

斜方铁辉石属于斜方晶系,斜方双锥晶类,对称型为 mmm。晶体呈短柱状、不规则粒状,散布于岩石中(图 4-1-9)。常见带状离熔构造。

(a) 斜方铁辉石(德国)　　(b) 斜方铁辉石(美国俄勒冈)

图 4-1-9　斜方铁辉石

【物理特征】

斜方铁辉石的颜色呈无色、绿色、深棕色、暗褐色至黑色。条痕为浅棕灰色。透明、半透明、不透明。玻璃光泽、半玻璃光泽、油脂光泽。色散中等。多色性明显：粉红色、棕色，绿棕色。

二轴晶（+）。折射率：Np=1.710～1.767、Nm=1.723～1.770、Ng=1.726～1.788，双折射率为0.016～0.021。

{210}两组解理完全，{100}、{010}有裂开。性脆。断口呈不规则、不均匀的贝壳状。摩氏硬度为5～6，相对密度为3.88～4.02（测量）、4.00（计算）。

【晶体结构】

斜方铁辉石属于斜方晶系，空间群为 $Pbca$。晶胞参数：$a=1.843$ nm、$b=0.908$ nm、$c=0.524$ nm，$Z=8$。X 射线粉晶衍射数据 d(Å)(I/I_{max})为 6.45(30)、4.61(90)、3.23(70)、3.00(80)、2.91(100)、2.59(40)、2.52(30)、1.78(20)，见图 4-1-10。

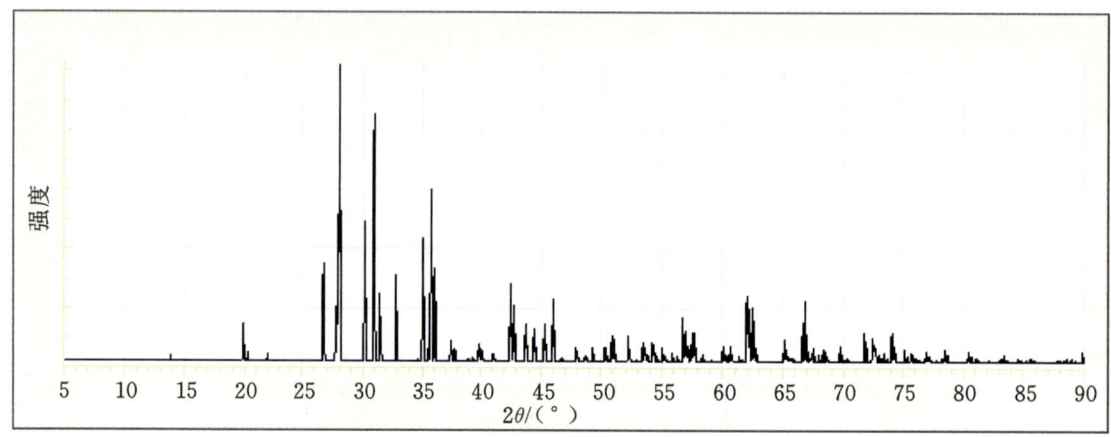

图 4-1-10　斜方铁辉石的 X 射线粉晶衍射图

斜方铁辉石的晶体结构与顽火辉石相似，但 M_I、M_{II} 位置全部为 Fe^{2+} 所占据。同质多象变体有高温单斜铁辉石（$C2/c$）、单斜铁辉石（$P2_1/c$）和铁辉石。

【产状产地】

斜方铁辉石主要产于基性和超基性的岩浆岩中，产于接触变质的富铁岩石（榴辉铁橄岩）中，也产于接触变质的富铁岩石中。共生伴生的矿物有铁橄榄石、钙铁辉石、铁闪石、铁铝榴石等。主要产地有德国、澳大利亚、美国俄勒冈。

【主要用途】

斜方铁辉石在地质学、矿物学、岩石学、物理学、化学、材料学、环境科学、宝石学方面都有重要意义。

单斜紫苏辉石

【化学性质】

单斜紫苏辉石是一种含 Mg、Fe 的 [Si_2O_6] 单链状基型硅酸盐类矿物，其晶体化学式为 $(Mg,Fe)_2[Si_2O_6]$。主要成分为 Mg、Fe、Si、O，类质同象替代成分有 Ca、Mn、Ti、Cr、Ni、Al、Na、K、H_2O 等。

化学成分中氧化物的质量分数为 MgO 15.21%、CaO 0.93%、TiO_2 0.12%、Al_2O_3 2.45%、FeO 31.35%、MnO 0.52%、SiO_2 49.42%，与紫苏辉石相似。

【结晶形态】

单斜紫苏辉石属于单斜晶系,斜方柱晶类,对称型为 $2/m$。这种矿物极少见,晶体主要呈半自形短柱状、他形粒状。

【物理特征】

单斜紫苏辉石的颜色呈灰白色、绿白色、灰黑色。条痕为灰白色。透明至半透明。玻璃光泽。色散弱。多色性较弱:浅绿色,亮黄色。

二轴晶(一)。

$\{100\}$、$\{010\}$解理完全。断口呈不平坦、不均匀的贝壳状。摩氏硬度为6,相对密度为3.69。

【晶体结构】

单斜紫苏辉石属于单斜晶系,是紫苏辉石的同质多象变体,可细分为高温单斜紫苏辉石($C2/c$)和低温单斜紫苏辉石($P2_1/c$),晶胞参数:$a=0.972$ nm、$b=0.906$ nm、$c=0.526$ nm,$\beta=108.6°$。

【产状产地】

单斜紫苏辉石产于基性岩浆岩和陨石中,是变质作用的产物。主要产地有澳大利亚、加拿大、俄罗斯、美国、中国等。

【主要用途】

单斜紫苏辉石在地质学、矿物学、岩石学、物理学、化学、材料学、环境科学、晶体学、宝石学方面都有重要意义。

易变辉石

【化学性质】

易变辉石是一种含 Ca、Mg、Fe 的 $[Si_2O_6]$ 单链状基型硅酸盐类矿物,其晶体化学式为 $(Ca,Mg,Fe)_2[Si_2O_6]$,可表示为 $(Ca_xMg_yFe_z)(Mg_{y1}Fe_{z1})Si_2O_6$,在化学通式里 $0.1 \leq x \leq 0.4$,$x+y+z=1$,$y1+z1=1$。主要成分为 Ca、Mg、Fe、Si、O,类质同象替代成有 Mn、Ti、Al、Na、K、H_2O 等。Ca 离子的占比可从 5% 变化到 25%。

化学成分中氧化物的质量分数为 MgO 24.77%、FeO 17.99%、CaO 2.54%、SiO_2 54.70%。

单斜辉石中包括易变辉石、透辉石、钙铁辉石、普通辉石、霓石、硬玉、锂辉石。易变辉石的 Ca 含量介于普通辉石和斜顽辉石之间,属于贫 Ca 单斜辉石,容易蚀变为绿泥石、蛇纹石等。

图 4-1-11 表示了易变辉石与其他辉石的关系。

【结晶形态】

易变辉石属于单斜晶系,斜方柱晶类。对称型为 $2/m$。晶体主要呈半自形短柱状、他形粒状(图 4-1-12)。在$\{100\}$或$\{001\}$上可见简单双晶。

【物理特征】

易变辉石的颜色呈棕色、绿棕色、浅紫棕色、黑色等。条痕为灰白色。透明至半透明。玻璃光泽、土状光泽。薄片中透射光下呈淡褐色、淡绿色。色散弱至中等。多色性弱到中等:无色、淡粉色、粉红色或浅绿色、棕色,无色、淡粉色、棕粉色或浅绿色、棕色,无色、淡绿色、浅绿色或淡红棕色。

二轴晶(+)。折射率为 Np=1.683~1.722,Nm=1.684~1.722,Ng=1.704~1.752,双折射率为 0.021~0.030。2V=0~32°(测量)、0~26°(计算)。光学显微镜下特征与普通辉石极为相似,但光轴角很小,为 0~30°。

$\{110\}$两组解理完全,其间夹角为 87°或 93°,具$\{100\}$、$\{001\}$和$\{010\}$裂理。性脆。断口呈不平整

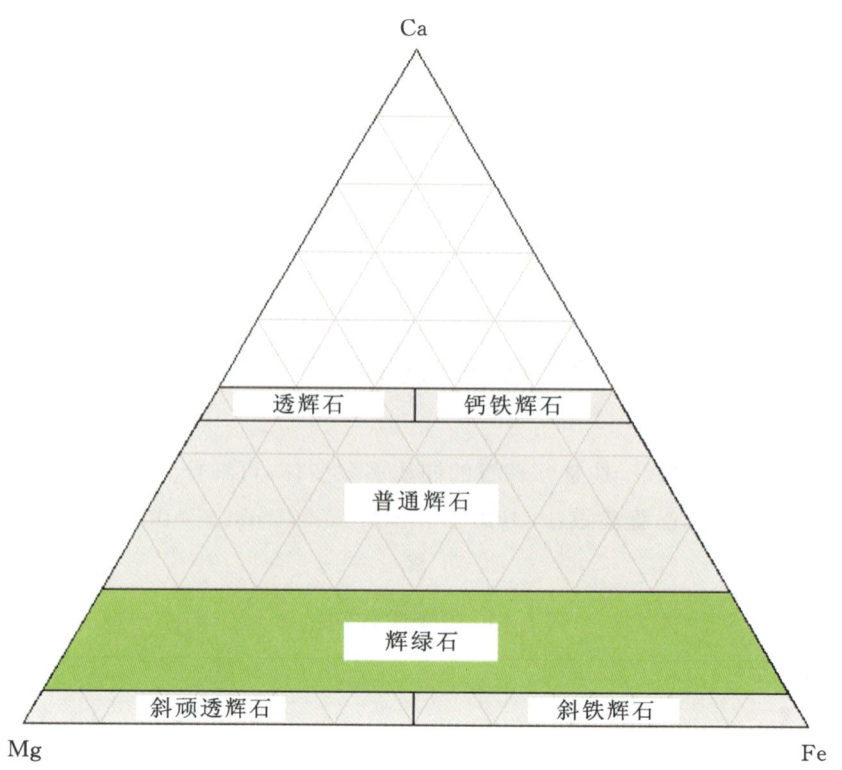

图 4-1-11　易变辉石与其他辉石的关系

（a）易变辉石（瑞典）

（b）易变辉石（美国亚利桑那）

（c）易变辉石（美国明尼苏达）

图 4-1-12　易变辉石

的贝壳状。摩氏硬度为 6,相对密度为 3.30～3.46（测量）、3.38（计算）。

稳定性温度值取决于矿物中的 Fe/Mg 比值,随成分中含镁量的增高,热稳定性提高,Fe/Mg 比值约为 1 时,稳定性温度约为 900 ℃。

【晶体结构】

易变辉石属于单斜晶系,空间群为 $P2_1/c$（图 4-1-13）。晶胞参数：$a=0.971$ nm、$b=0.895$ nm、$c=0.525$ nm,$\beta=108.59°$,$Z=4$。X 射线粉晶主要衍射数据 $d(\text{Å})(I/I_{max})$ 为 3.21(80)、3.02(100)、2.90(100),与普通辉石相似。

易变辉石晶体结构与顽火辉石类似,晶体结构中也存在两种 $[Si_2O_6]$ 链沿 c 轴延伸。Mg 占据 M_I,(Mg,Ca) 占据 M_{II}。同样,M_{II} 位置的配位八面体畸变较大。两种八面体共棱连接成沿 c 轴延伸的八面体链。

与易变辉石具相同晶体结构的矿物有单斜顽火辉石、单斜铁辉石和锰辉石。

【产状产地】

易变辉石是一种高温矿物,主要形成于 900 ℃ 以上,常见于快速冷却的硅质火山岩中。若经缓慢

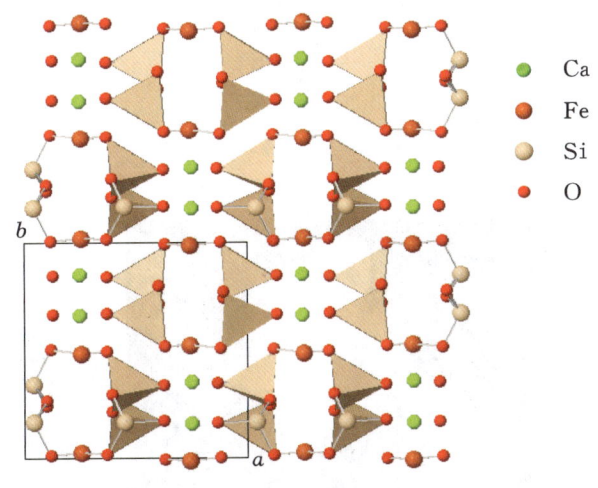

图 4-1-13　易变辉石晶体结构

冷却，易变辉石倾向于转化为辉石和斜方辉石的混合物。它主要局限于火山岩和次火山岩，如玄武岩和辉绿岩。

易变辉石主要产于玄武岩的基质中，也见于绿辉岩、玄武安山岩的基质中，极少数情况下在安山岩中呈斑晶产出，在火星、月亮、陨石中也有发现。因产于岩浆岩基质中，粒度较细小，容易蚀变而得名。

易变辉石在世界各地均有分布，主要产地有瑞典、美国（亚利桑那、弗吉尼亚、明尼苏达等）。

【主要用途】

易变辉石在地质学、岩石学、陨石学、物理学、化学、材料学、环境科学、矿物学、宝石学方面都有重要意义。

透辉石

【化学性质】

透辉石是一种含 Ca、Mg 的 $[Si_2O_6]$ 单链状基型硅酸盐类矿物，是辉石族矿物中常见的一种矿物，其晶体化学式为 $Ca(Mg,Fe)[Si_2O_6]$。主要成分为 Ca、Mg、Si、O，类质同象替代成分有 Fe、V、Cr、Mn、Zn、Al、Ti、Na、K。

化学成分中氧化物的质量分数为 CaO 25.90%、MgO 18.61%、SiO_2 55.49%。

替代成分中，Al_2O_3 含量可高达 8%，Al^{3+} 可替代 Mg^{2+} 和 Fe^{2+}，也可以替代 Si^{4+}。替代 Si^{4+} 超过 7% 时称为铝透辉石；富含 Cr_2O_3 时称为铬透辉石，是金伯利岩的特征矿物之一。

Ni 和 Ti 含量一般小于 1%，但当 Al_2O_3 含量高时，TiO_2 含量可达 2%~3%。这种富铝钛的透辉石中，存在着 $Mg^{2+}Si^{4+}$-$Ti^{4+}Al^{3+}$ 的异价类质同象替代。Fe^{3+} 和 Mn 可少量存在，Na 可少量代替 Ca。

$NaAl[Si_2O_6]$ 或 $NaFe[Si_2O_6]$ 成分在 10%~20% 时，分别称为含硬玉、含霓石的透辉石；在 20%~50% 之间时，称为硬玉-透辉石、霓石-透辉石。

透辉石与铁钙辉石矿物系列中，Mg 与 Fe 成完全类质同象替代，随着 Fe 含量的增加，颜色由浅色至深色，也可形成多相固溶体系列。

【结晶形态】

透辉石属于单斜晶系，斜方柱晶类，对称型为 $2/m$。晶体呈柱状、短柱状，也有颗粒状、块状等（图 4-1-14）。晶体横断面呈正方形或八边形。星光透辉石的晶体包体，内含物为黑色拉长状磁铁矿。单形有 {100}、{010}、{110}、{111}。依 {100}、{010} 成简单双晶、聚片双晶。

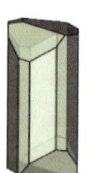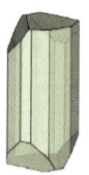

(a) 透辉石的晶体形态

(b) 透辉石(阿富汗)　　(c) 透辉石(意大利)　　(d) 透辉石(美国纽约)

图 4-1-14　透辉石

【物理特征】

透辉石的颜色呈无色、白色、灰色、淡绿色、深绿色、棕褐色、黑色,深紫色、蓝色极少见。颜色随着 Mg 被 Fe^{2+} 代替量的增大,由无色逐渐变为绿色,多色性亦增强。条痕无色至浅绿色。铬透辉石为鲜艳的绿色;星光透辉石为黑色,为四射不对称星光。玻璃光泽、土状光泽。透明至不透明。色散从弱到中等。多色性明显,弱至中等:浅蓝绿色、深蓝绿色,棕绿色、深蓝绿色;铬透辉石多色性明显:黄色,绿色。

具有猫眼效应和星光效应,星光由定向拉长状磁铁矿包体所造成。紫外光下发出蓝色或乳白色和橙黄色荧光,有时发出浅紫色荧光。

二轴晶(+)。折射率为 Np=1.663～1.699、Nm=1.671～1.705、Ng=1.693～1.728,双折射率为 0.029～0.030。2V=58°～63°(测量)、56°～64°(计算)。折射率随 Fe^{2+} 含量的增高而增大,同时 Fe^{3+}、Al 的代替亦使折射率增高,Ng 和密度亦随 Fe^{2+} 含量的增高而增大。

{110}完全解理,两组解理相交呈 87°和 93°。具有{100}和[010]裂开。性脆。断口呈不规则、不均匀的贝壳状。摩氏硬度为 5.5～6.5,相对密度为 3.22～3.38(测量)、3.28(计算)。

透辉石开始变形的温度为 1170 ℃,软化温度为 1280 ℃,熔融温度为 1390 ℃。

【晶体结构】

透辉石属于单斜晶系,空间群为 $C2/c$、$B2/b$。晶胞参数:$a=0.975$ nm、$b=0.889$ nm、$c=0.527$ nm,$\beta=105.89°$,$Z=4$。X 射线粉晶主要衍射数据 $d(\text{Å})(I/I_{max})$ 为 2.991(100)、2.893(30)、2.528(40),见图 4-1-15。

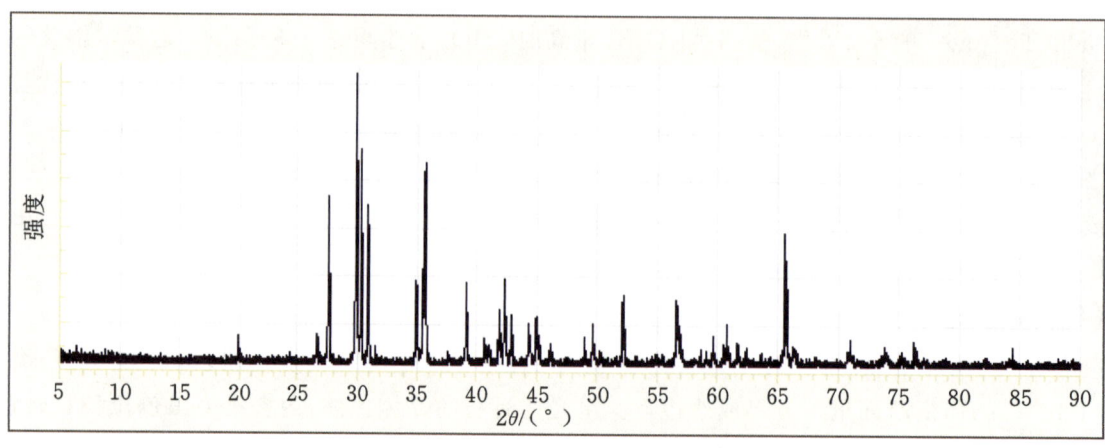

图 4-1-15　透辉石的 X 射线粉晶衍射图

[SiO$_4$]四面体以两角顶相连成单链,平行 c 轴延伸,链间由中小阳离子 M$_Ⅰ$(Mg、Fe,六次配位)和较大阳离子 M$_Ⅱ$(Ca,有时有少量 Na,八次配位)构成的较规则的 M$_Ⅰ$—O 八面体和不规则的 M$_Ⅱ$—O 多面体共棱组成的链联结。在空间上,[SiO$_4$]链和阳离子配位多面体链皆沿 c 轴延伸,在 a 轴方向上作周期堆垛(图 4-1-16)。在富 Al 的辉石中,六次配位的 Al 将使晶格常数 a、b 减小,四次配位的 Al 将使晶格常数 a、b 增大。

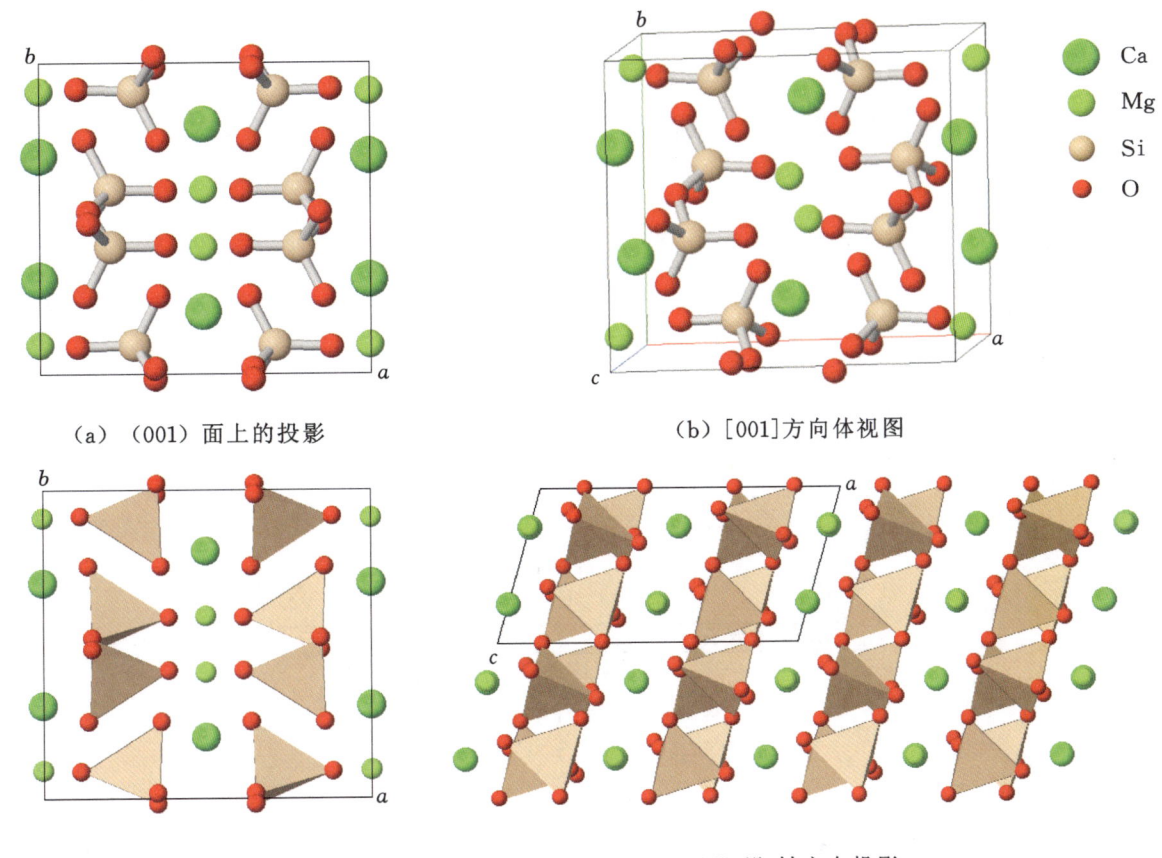

(a)(001)面上的投影　　　　　　　　　(b)[001]方向体视图

(c)沿c轴的投影(M$_Ⅱ$位置的Ca为八次配位)　　(d)沿b轴方向投影

图 4-1-16　透辉石的晶体结构

透辉石属于 $C2/c$ 晶体结构,与具 $Pbca$ 和 $P2_1/c$ 晶体结构的辉石的不同点在于,其结构中只存在一种[Si$_2$O$_6$]链,并且 Mg 占据 M$_Ⅰ$ 位置,为规则的配位八面体,而 Ca 占据 M$_Ⅱ$ 位置,其配位数为 8。

与透辉石具相同晶体结构的矿物有钙铁辉石、普通辉石、钙锰辉石、锌辉石、铁钙辉石、绿辉石、霓辉石、硬玉、霓石、硅锰钠石、钠铬辉石、钪霓辉石、铬钒辉石、锂辉石。

【产状产地】

透辉石是主要的造岩矿物,是地幔中的一种重要矿物,其广泛分布于基性岩、超基性岩、金伯利岩、镁铁质—超镁铁质的岩浆岩中,区域变质作用形成的大理岩中,接触变质作用形成的矽卡岩中。共生伴生的矿物有石榴子石、镁橄榄石、符山石、硅灰石、金云母、方解石等。铬透辉石是金伯利岩中的特征矿物。

透辉石分布很广,主要产地有巴西、意大利、西班牙、缅甸、南非、俄罗斯(西伯利亚)、阿富汗、巴基斯坦、印度、美国(纽约)等。

【主要用途】

透辉石在地质学、物理学、化学、材料学、环境科学、晶体学、矿物学、宝石学方面都有重要意义。可以用于无线电陶瓷、电子陶瓷、陶瓷釉料、工业玻璃中。透辉石是一种重要的宝石原料,特别是具猫眼的透辉石,有的透辉石还会出现两条互相垂直的猫眼及十字星彩。

钙铁辉石

【化学性质】

钙铁辉石是一种含 Ca、Fe 的[Si_2O_6]单链状基型硅酸盐类矿物，是辉石族中的重要成员，其晶体化学式为 $Ca(Fe,Mg)[Si_2O_6]$。主要成分为 Ca、Fe、Si、O，类质同象替代成分有 Mn、Zn、Ti、Al、Mg、Na、K，可形成许多变种，同时其内常有磁铁矿、钛铁矿等混入物。

化学成分中氧化物的质量分数为 CaO 22.60%、FeO 28.96%、SiO_2 48.44%。

钙铁辉石与透辉石成类质同象矿物系列。

辉石族的化学成分可用 $MgSiO_3$-$FeSiO_3$-$CaSiO_3$ 三元组分系统表征（图 4-1-17）。

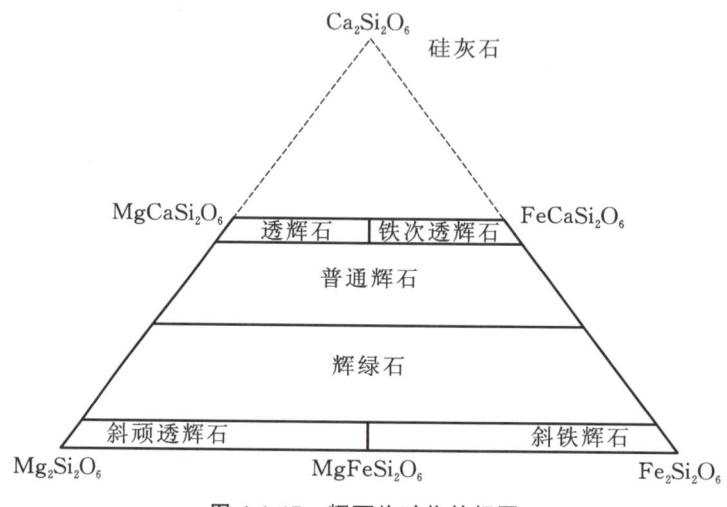

图 4-1-17 辉石族矿物的相图

【结晶形态】

钙铁辉石属于单斜晶系，斜方柱晶类，对称型为 $2/m$。晶体常呈较好的结晶柱状、粒状（图 4-1-18）。集合体为放射状、棒状，晶体的横断面呈正方形、正八边形，常呈他形、半自形粒状、板状斑晶。主要单形有平行双面{100}、{010}，斜方柱{110}、{111}。常依{100}、{010}成简单双晶和聚片双晶。

（a）钙铁辉石（瑞典） （b）钙铁辉石-黑柱石（俄罗斯） （c）钙铁辉石（美国亚利桑那）

图 4-1-18 钙铁辉石

【物理特征】

钙铁辉石颜色呈白色、灰绿色、绿色、褐绿色、暗绿色、绿黑色、黑色。条痕白色、灰色。透明、半透明至不透明。玻璃光泽、珍珠光泽、土状光泽。物性变化与成分具相关关系，如颜色随着 Fe^{2+} 替代 Mg 含量的增大，颜色由无色逐渐变为暗绿色。当成分中含一定量锰时，钙铁辉石呈玫瑰色，此种现象偶见。色散弱至强。多色性明显：淡绿色、蓝绿色，绿色、蓝绿色，绿色、黄绿色。

二轴晶(+)。折射率:Np=1.699～1.739、Nm=1.705～1.745、Ng=1.728～1.757,双折射率为0.018～0.029,2V=58°～63°(测量)、56°～72°(计算)。

{110}两组解理完全,夹角为87°和93°。脆性高,断口呈贝壳状,有{100}、{010}裂开。摩氏硬度为5.5～6.5。相对密度为3.56(测量)、3.65(计算),随Fe^{2+}含量的增加而增大。

【晶体结构】

钙铁辉石属于单斜晶系,空间群为$C2/c$。晶胞参数:$a=0.984$ nm、$b=0.902$ nm、$c=0.525$ nm,$\beta=104.82°$,$Z=4$。晶胞参数的变化与成分中Fe、Mg类质同象替代的多少密切相关。X射线粉晶主要衍射数据$d(Å)(I/I_{max})$为2.97(100)、2.56(30)、2.53(50),见图4-1-19。

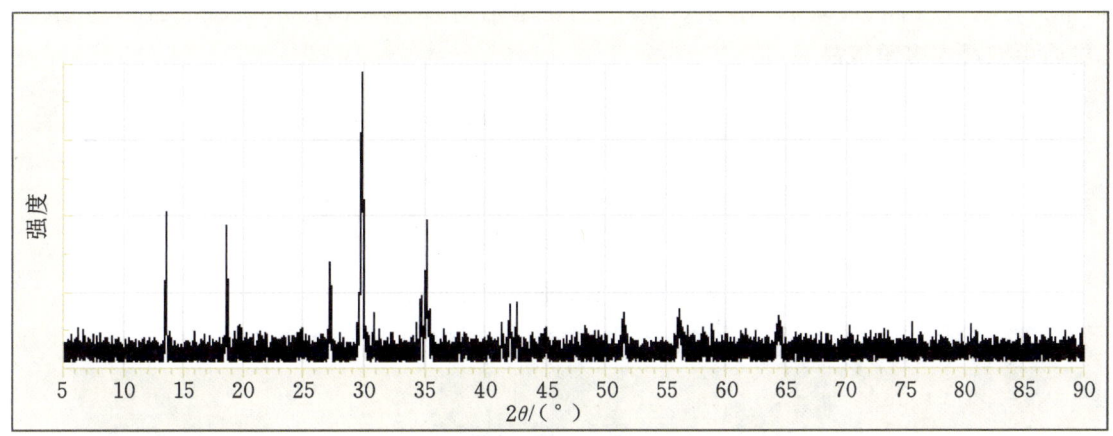

图4-1-19 钙铁辉石的X射线粉晶衍射图

钙铁辉石是单链状硅酸盐,辉石族矿物的晶体结构是同构的,其晶体结构中有由硅氧四面体组成的单链。

【产状产地】

钙铁辉石是一种常见的接触交代矿物,为矽卡岩的主要矿物,经常出现于接触交代铁矿床和硫化物铜矿床中,岩浆岩或矿脉中亦可见。在基性—超基性岩中为主要矿物,在岩浆岩、区域变质钙质和富镁的片岩中普遍存在,陨石中常有发现。与硅灰石、石榴石、阳起石、磁铁矿、方铅矿、方解石共生。

主要产地有瑞典、美国(新泽西、加利福尼亚、亚利桑那等)、澳大利亚、意大利、中国(台湾、金门)等。

【主要用途】

钙铁辉石在地质学、物理学、化学、材料学、环境科学、晶体学、岩石学、矿物学、宝石学方面都有重要意义。翡翠中除含硬玉外,还含有1%～52%的辉石族其他矿物,如透辉石、钙铁辉石、霓辉石等,有时还含少量铬铁尖晶石。

普通辉石

【化学性质】

普通辉石是一种含Ca、Mg的$[Si_2O_6]$单链状基型硅酸盐类矿物,其晶体化学式为$(Ca,Fe)(Mg,Fe)[Si_2O_6]$。主要成分为Ca、Mg、Si、O,类质同象替代成分有Fe、Na、K、Al、Ti、Cr、Ni、Mn等。Al替代Si的含量稍大,多数超过5%,部分Al替代Si可达1/8～1/2。还存在Ti^{4+}和Fe^{3+}替代Si,钛辉石中TiO_2的含量在3%～5%,有时高达8.97%。

化学成分中氧化物的质量分数为Na_2O 1.51%、CaO 22.95%、MgO 15.35%、TiO_2 4.38%、Al_2O_3

9.63%、FeO 6.78%、SiO_2 49.40%。

在普通辉石中，Ca 与 Na，Mg 与 Fe、Al、Ti、Cr、Sc 等可形成类质同象系列，Al 也可以替代少量的 Si。

成分结构的复杂性及地质成因的多样性导致辉石族矿物种类较多，普通辉石是其中分布最广的一种。普通辉石晶体粗大，出现在很多岩石中，甚至在月球上的一些岩石和陨石中，它也是常见的成分。

【结晶形态】

普通辉石属于单斜晶系，斜方柱晶类，对称型为 $2/m$。单晶呈短柱状，横断面呈近等边的八边形，集合体常为粒状、放射状或块状（图 4-1-20）。主要单形有{010}、{110}、{111}、{100}。依{100}、{001}成简单双晶或多重双晶。

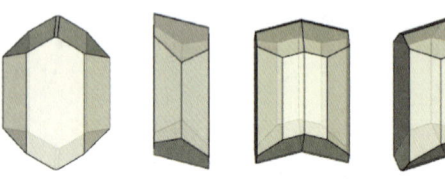

（a）普通辉石的晶体形态和双晶

（b）普通辉石（德国）　　（c）普通辉石（墨西哥）　　（d）普通辉石（法国）

图 4-1-20　普通辉石

【物理特征】

普通辉石的颜色为黑色、棕色、紫色、绿褐色，少数为暗绿色和褐色。条痕呈浅绿色、灰白色。玻璃光泽、油脂光泽。透明至不透明。色散弱至较强。多色性较强：淡绿色、淡棕绿色、淡蓝绿色、蓝绿色或淡紫棕色，浅棕绿色、浅绿褐色、粉红色或黄绿色。

二轴晶（+）。折射率为 Np=1.680～1.735、Nm=1.684～1.741、Ng=1.706～1.774，双折射率为 0.026～0.039。$2V=40°～52°$（测量）、$2V=48°～68°$（计算）。

{110}两组柱面解理完全，相交近直角，为 87°、93°。性脆。断口呈不规则、不均匀的贝壳状。摩氏硬度为 5.5～6，相对密度为 3.20～3.60，平均值为 3.40。

【晶体结构】

普通辉石属于单斜晶系，空间群为 $C2/c$。晶胞参数：$a=0.970～0.980$ nm、$b=0.889～0.903$ nm、$c=0.524～0.527$ nm，$β=105°～107°$，$Z=4$。X 射线粉晶衍射数据 d(Å)(I/I_{max}) 为 3.22(70)、2.99(100)、2.94(60)、2.90(30)、2.56(40)、2.53(30)、2.51(50)、2.13(30)，见图 4-1-21。

普通辉石为单链状结构的硅酸盐矿物，其晶体结构见图 4-1-22。由于 Al 代替 Si 以及六次配位 Al 的存在，明显影响晶胞参数的变化，一般 a、b 随 Al 含量的增高而减小，c、$β$ 随 Al 含量的增高而增大。

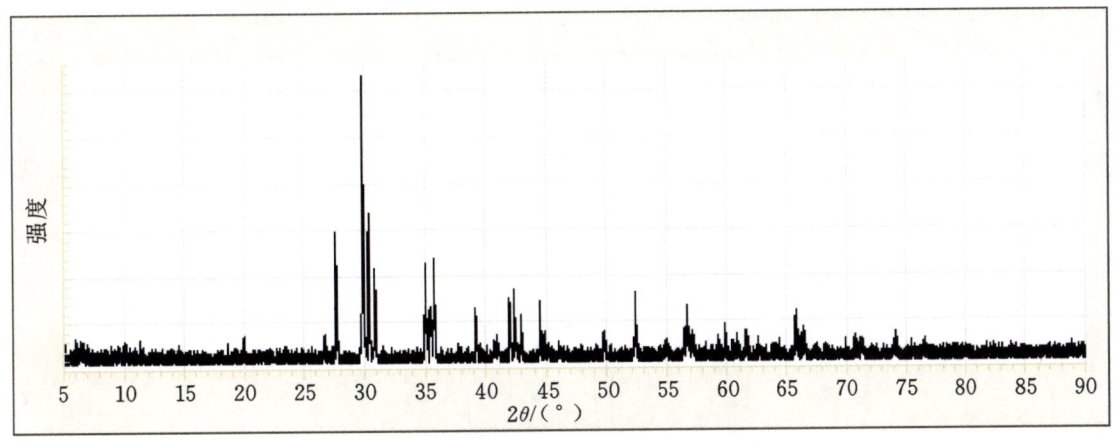

图 4-1-21　普通辉石的 X 射线粉晶衍射图

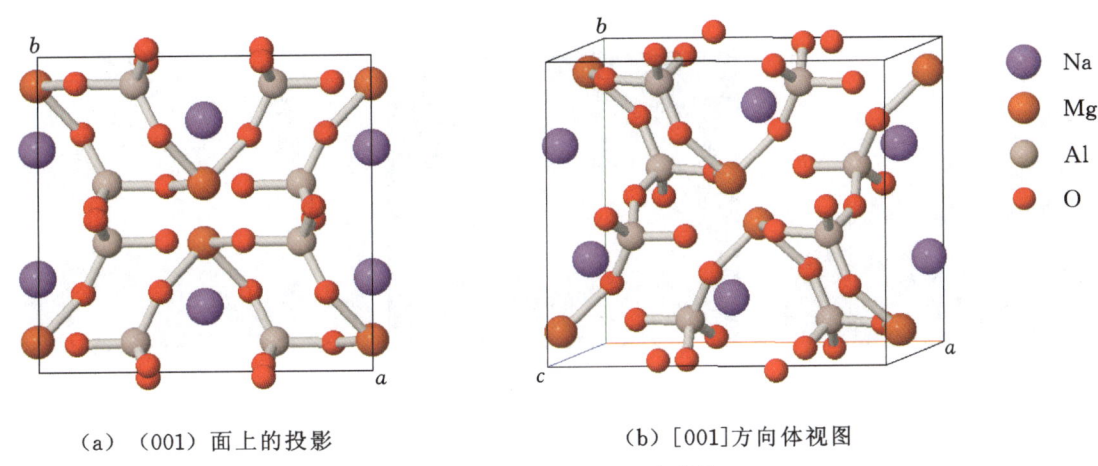

（a）（001）面上的投影　　　　　（b）[001]方向体视图

图 4-1-22　普通辉石的晶体结构

【*产状产地*】

普通辉石常见于各种类型的基性侵入岩、火山岩及凝灰岩中,并且可见到晶形很好的晶体。在变质岩和接触交代岩中亦常见到,在一些中性岩及酸性岩中也时有产出。玄武岩中普通辉石与橄榄石、斜长石共生。普通辉石是岩浆岩中最常见的暗色矿物之一,主要产于镁铁质和超镁铁质岩石中,与橄榄石、基性斜长石等矿物共生,形成辉长岩、辉绿岩和橄榄岩等。普通辉石也产于中高级变质的岩石中,紫苏花岗岩中的单斜辉石大多是普通辉石。

普通辉石常与拉长石、橄榄石、白榴石、角闪石等共生,常被蚀变为角闪石、绿帘石、绿泥石等矿物。

普通辉石在世界各地都有产出,在月岩中较常见,在陨石中很少见。

【*主要用途*】

普通辉石是地质学、矿物学、岩石学、地球化学、天体化学重要的研究对象。在材料学、物理学、化学、环境科学、晶体学、矿物学、宝石学方面都有重要意义。

深绿辉石

【*化学性质*】

深绿辉石是一种含 Ca、Mg、Fe 的 $[Si_2O_6]$ 链状基型硅酸盐类矿物,其晶体化学式为 $Ca(Mg,Fe)[(Si,Al)_2O_6]$。主要成分为 Ca、Mg、Si、Al、O,类质同象替代成分有 Na、Mg、Fe、Al、Ti。

化学成分中氧化物的质量分数为 SiO_2 39.55%、TiO_2 2.30%、Al_2O_3 14.94%、Fe_2O_3 5.62%、FeO 2.01%、MnO 0.21%、MgO 10.14%、CaO 24.33%、Na_2O 0.10%、K_2O 0.03%、H_2O 0.77%。

【结晶形态】

深绿辉石属于单斜晶系，斜方柱晶类，对称型为 $2/m$。晶体呈短柱状、粒状（图 4-1-23）。常见单形有 $\{021\}$、$\{\bar{1}11\}$、$\{22\bar{1}\}$，具有 $\{100\}$ 的简单双晶和聚片双晶。

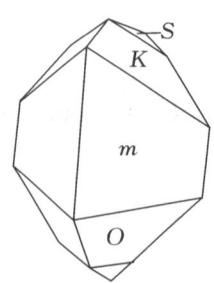

（a）深绿辉石的晶体形态

（b）深绿辉石（意大利）

图 4-1-23 深绿辉石

【物理特征】

深绿辉石的颜色呈浅绿色、暗绿色等。条痕为无色至浅绿色。透明。玻璃光泽。色散中至强。多色性中等：浅绿色，浅黄绿色。

二轴晶（+）。折射率为 $Np=1.676\sim1.725$、$Nm=1.663\sim1.732$、$Ng=1.702\sim1.745$。

$\{110\}$ 两组解理完全，夹角为 87°和 93°。具有 $\{100\}$ 裂开。性脆。断口呈不均匀、不平整的贝壳状。摩氏硬度为 6，相对密度为 2.96~3.34。

【晶体结构】

深绿辉石属于单斜晶系，空间群为 $C2/c$。晶胞参数：$a=0.971$ nm、$b=0.886$ nm、$c=0.526$ nm，$\beta=106°$。晶胞参数受四次配位 Al 的数量影响，还受 M_1 位 Fe^{3+}、Al、Ti 的影响。X 射线粉晶衍射数据 $d(\text{Å})(I/I_{max})$ 为 3.002(100)、2.961(33)、2.561(46)、2.528(42)。

晶体结构同透辉石-钙铁辉石和普通辉石结构相似。

【产状产地】

深绿辉石产于接触交代变质的灰岩或白云岩中，与尖晶石、方解石、石榴石、绿帘石、透闪石、方柱石组合共生。深绿辉石也产于钙质片麻岩中，与韭角闪石、金云母、方柱石、方解石组合共生。主要产地有意大利、斯里兰卡、加拿大等。

【主要用途】

深绿辉石在地质学、物理学、化学、晶体学、矿物学、宝石学方面都有重要意义。

锰钙辉石

【化学性质】

锰钙辉石是一种含 Ca、Mn 的 $[Si_2O_6]$ 单链岛状基型硅酸盐类矿物，其晶体化学式为 $CaMn[Si_2O_6]$。主要成分为 Ca、Mn、Si、O，类质同象替代成分有 Ti、Al、Fe、Mg、Na、K、C、P、H_2O。

化学成分中氧化物的质量分数为 CaO 22.69%、MnO 28.70%、SiO_2 48.61%。

【结晶形态】

锰钙辉石属于单斜晶系，斜方柱晶类，对称型为 $2/m$。晶体呈针状、粒状、柱状、不规则块状（图 4-1-24）。

（a）锰钙辉石（南非）

（b）锰钙辉石（澳大利亚）

（c）锰钙辉石（美国亚利桑那）

图 4-1-24 锰钙辉石

【物理特征】

锰钙辉石的颜色呈无色、灰白色、蓝绿色、棕色、深棕色、褐色、绿色。条痕为灰绿色。透明至不透明。玻璃光泽。色散弱。多色性弱。

二轴晶（+）。折射率为 $N_p=1.703\sim1.716$、$N_m=1.711\sim1.728$、$N_g=1.732\sim1.745$，双折射率为 0.029。$2V=68°\sim70°$（测量）、$64°\sim82°$（计算）。

{110} 两组解理完全，夹角为 87° 和 93°。具有 {100} 裂开。性脆。断口呈不规则、不平整的贝壳状。摩氏硬度为 6，相对密度为 3.56（测量）、3.52（计算）。

【晶体结构】

锰钙辉石属于单斜晶系，空间群为 $C2/c$。晶胞参数：$a=0.987$ nm、$b=0.904$ nm、$c=0.527$ nm，$\beta=105.54°$，$Z=4$。X 射线粉晶衍射数据 d(Å)(I/I_{max}) 为 6.631(25)、3.048(100)、3.025(43)、2.620(30)、2.572(43)、2.550(38)、2.180(21)，见图 4-1-25。

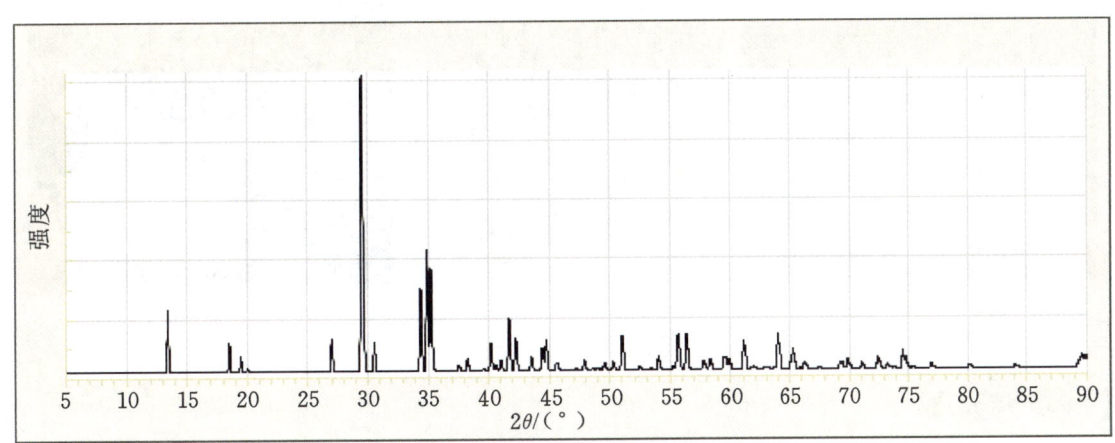

图 4-1-25 锰钙辉石的 X 射线粉晶衍射图

锰钙辉石晶体结构同透辉石-钙铁辉石和普通辉石结构相似(图4-1-26)。

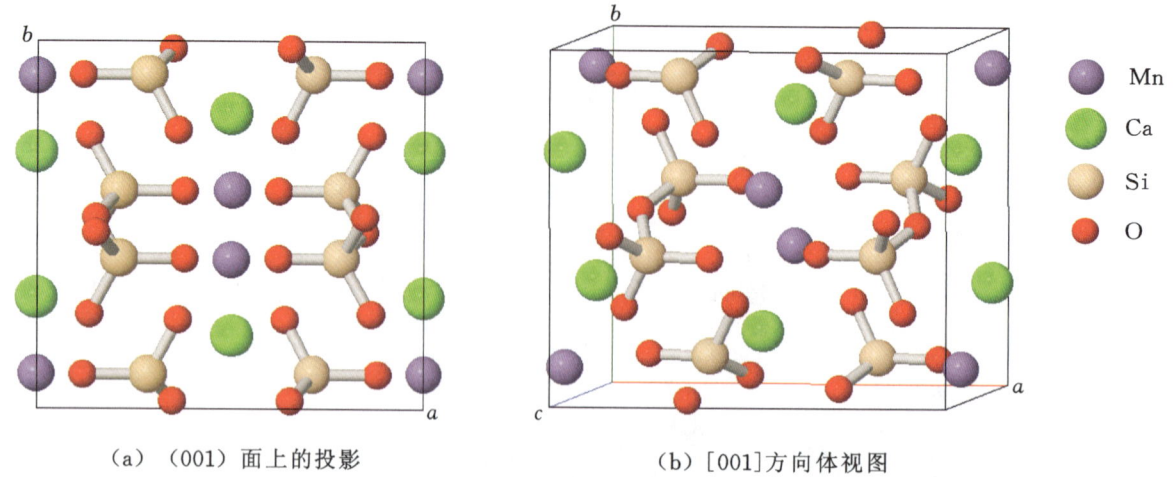

(a) (001)面上的投影　　(b) [001]方向体视图

图 4-1-26　锰钙辉石的晶体结构

【产状产地】

锰钙辉石产于接触交代岩中。主要产地有南非、澳大利亚、意大利、美国(新泽西)。

【主要用途】

锰钙辉石在地质学、物理学、化学、晶体学、矿物学方面都有重要意义。

绿辉石

【化学性质】

绿辉石是一种含 Ca、Na、Mg 的 $[Si_2O_6]$ 单链状基型硅酸盐类矿物，其晶体化学式为 $(Ca,Na)(Mg,Fe)[Si_2O_6]$。主要成分为 Ca、Na、Mg、Fe、Si、O，类质同象替代成分有 Al、Ti、Cr、Mn、K、H_2O。

化学成分中氧化物的质量分数为 Na_2O 4.40%、CaO 15.92%、MgO 11.44%、Al_2O_3 7.99%、FeO 3.40%、SiO_2 56.85%。

【结晶形态】

绿辉石属于单斜晶系，斜方柱晶类，对称型为 $2/m$。晶体呈无定形、粒状、块状等(图4-1-27)。

(a) 绿辉石(法国)　　(b) 绿辉石(美国)　　(c) 绿辉石(意大利)

图 4-1-27　绿辉石

【物理特征】

绿辉石的颜色呈草绿色、深绿色、黑绿色等。条痕为绿白色。半透明。玻璃光泽、丝绢光泽。色散中等。多色性较弱：无色，淡绿色，浅绿蓝色，浅绿色。

二轴晶(+)。折射率为 Np=1.662～1.701，Nm=1.670～1.712，Ng=1.685～1.723，双折射率为 0.022～0.023。2V=58°～83°(测量)、74°～88°(计算)。

{110}两组解理完全，夹角为 87°和 93°。具有{100}裂开。性脆。断口呈不规则、不平整的贝壳状。摩氏硬度为 5～6，相对密度为 3.29～3.39(测量)、3.32(计算)。

【晶体结构】

绿辉石属于单斜晶系，空间群为 $C2/c$(图 4-1-28)。晶胞参数：$a=0.959$ nm、$b=0.878$ nm、$c=0.526$ nm，$\beta=106.85°$，$Z=4$。X 射线粉晶主要衍射数据 d(Å)(I/I_{max})为 2.98(100)、2.13(70)、1.40(80)，见图 4-1-29。

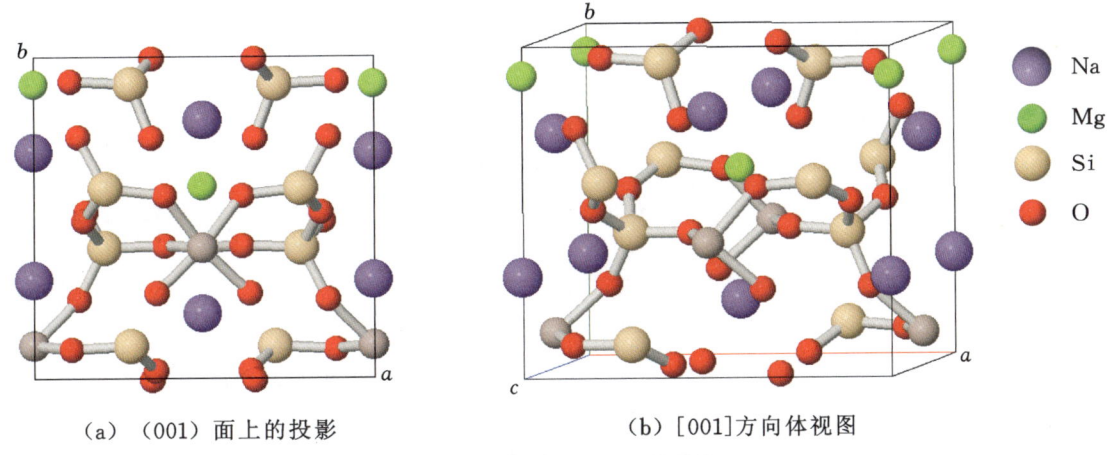

(a) (001) 面上的投影　　　(b) [001]方向体视图

图 4-1-28　绿辉石的晶体结构

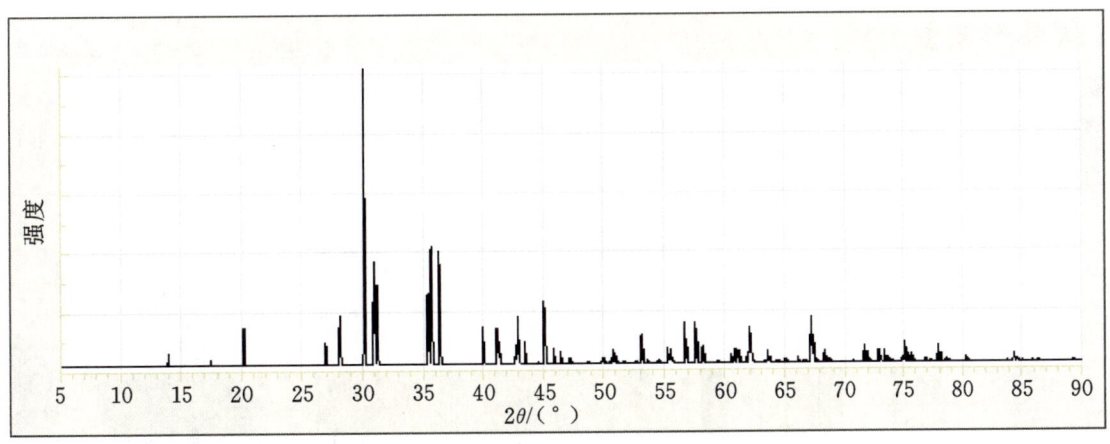

图 4-1-29　绿辉石的 X 射线粉晶衍射图

【产状产地】

绿辉石产于榴辉岩中，常存在于金伯利岩管中，以及一些蛇绿岩和蓝片岩相含海绿石的岩石中。主要产地有美国(加利福尼亚)、德国、奥地利、英国等。

【主要用途】

绿辉石在地质学、材料学、物理学、化学、环境科学、晶体学、矿物学、宝石学方面都有重要应用。

硬 玉

【化学性质】

硬玉是一种含 Na、Al 的[Si_2O_6]单链状基型硅酸盐类矿物，也是翡翠的主要组成部分，其晶体化学式为 NaAl[Si_2O_6]。主要成分为 Al、Na、Si、O，类质同象替代成分有 Ti、Fe、Mn、Mg、Ca、K、H_2O，还含有微量的 Cr、Ni 等。Cr 是使硬玉呈现出翠绿色的主要因素，硬玉含 Cr_2O_3 0.2%～0.5%，高的可达 2%～3.75%。硬玉是辉石族中的钠铝硅酸盐，又称为辉石玉。

化学成分中氧化物的质量分数为 Na_2O 15.11%、Al_2O_3 22.38%、Fe_2O_3 3.89%、SiO_2 58.62%。

硬玉与其他的辉石端元矿物形成固溶体（图 4-1-30），如透辉石（富含 Ca、Mg 的端元）、霓辉石（富含 Na、Fe 端元）和绿辉石（富含 Na、Cr 的端元）。

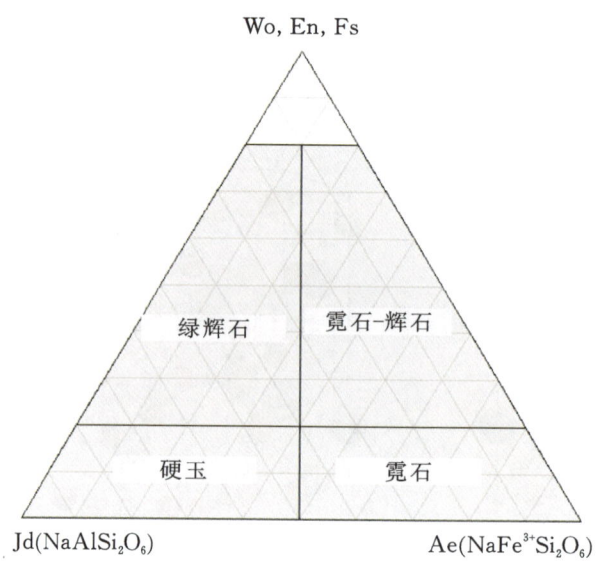

图 4-1-30　硬玉-含 Na 的辉石端元图（Morimoto 等，1988）

【结晶形态】

硬玉属于单斜晶系，斜方柱晶类，对称型为 $2/m$。翡翠由硬玉矿物为主的辉石族矿物组成，是一些细小纤维状矿物紧密交织成致密块状的集合体。硬玉晶体常呈块状、纤维状的粒状、柱状等（图 4-1-31）。硬玉的主要单形有{010}、{110}、{111}、{100}。依{100}、{001}形成简单双晶或多重双晶。

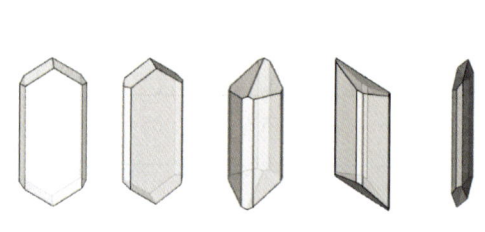  

（a）硬玉的晶体形态　　　（b）硬玉（美国加利福尼亚）　　　（c）硬玉（美国加利福尼亚）

图 4-1-31　硬玉

在显微镜下观察，组成翡翠的硬玉等矿物紧密地交织在一起，形成翡翠的纤维状结构。这种紧密的纤维状结构，使翡翠具有细腻和坚韧的特点。

【物理特征】

硬玉颜色繁多，包括白色、粉红色、红色、苹果绿、翠绿色、蓝绿色、韭葱绿、灰绿色、淡紫色、棕色、蓝色、黄色、橙色和黑色。条痕为白色。由于铬的存在而呈现绿色。玻璃光泽、半玻璃光泽。透明至半透明。色散弱。多色性中至强：无色、绿色，无色、黄绿色。

二轴晶（+）。折射率为 $Np=1.654$～1.673、$Nm=1.659$～1.679、$Ng=1.667$～1.693，双折射率为 0.013～0.020。$2V=70°$～$80°$（测量）、$68°$～$78°$（计算）。

{110}两组柱面解理完全,相交近直角,为87°、93°。性脆。断口呈不均匀的贝壳状,常有裂开。摩氏硬度为6.5~7.0,相对密度为3.25~3.35(测量)、3.39(计算)。

【晶体结构】

硬玉属于单斜晶系,单链状硅酸盐矿物。空间群为$C2/c$(图4-1-32)。晶胞参数:$a=0.943$ nm、$b=0.857$ nm、$c=0.523$ nm,$\beta=107.56°$,$Z=4$。X射线粉晶主要衍射数据d(Å)(I/I_{max})为2.92(80)、2.83(100)、2.42(90),见图4-1-33。

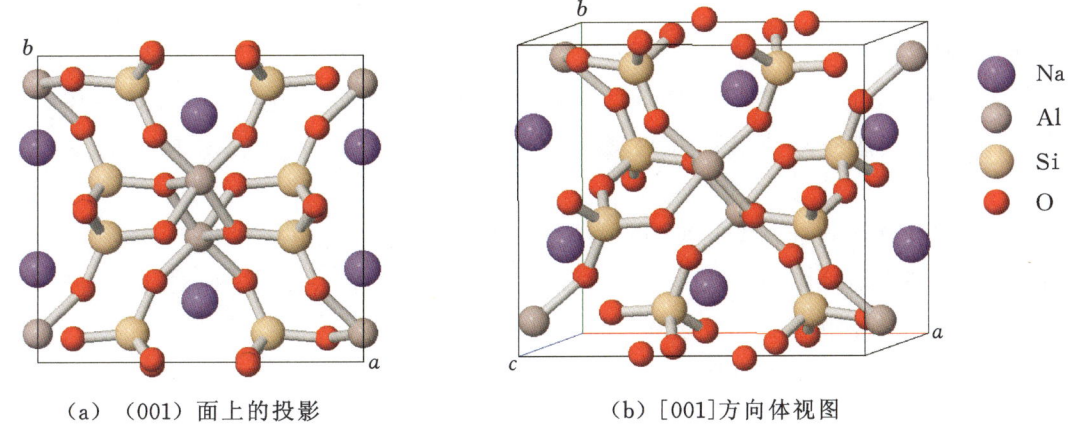

(a) (001)面上的投影　　　　　(b) [001]方向体视图

图4-1-32　硬玉的晶体结构

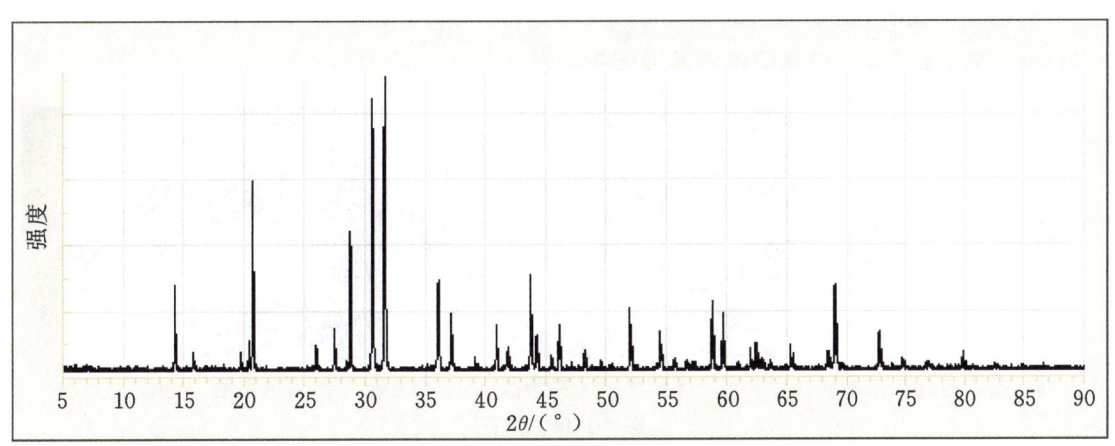

图4-1-33　硬玉的X射线粉晶衍射图

【产状产地】

硬玉矿床分为原生、次生两种。

原生硬玉生成于高镁高钙低铁的地质体中。当地质环境为高压低温(压力5000~7000 kPa,温度在150~300 ℃之间)时,在强还原、缺氧环境中,Fe^{3+}会形成磁铁矿而析出,不会进入硬玉晶格内。钠长石是一种较常见矿物,随着压力的增加,钠长石分解形成硬玉和石英的高压组合。翡翠是在低温、高压条件下经变质作用形成的。

硬玉原生矿床产于蛇纹岩化橄榄岩岩体内,岩体与蓝闪石片岩接触,接触带为一构造破碎带,内见硬玉及橄榄岩的构造角砾及后期铬铁矿细脉穿插。硬玉岩、钠长石岩、角闪石片岩互层产出。经多次强烈的热液活动后,可使硬玉绿色更纯正,形成特级翡翠。

硬玉次生矿床产生在变质岩的风化地带,产状为冲积卵石和巨砾。

与硬玉伴生的矿物有蓝闪石、硬柱石、白云母、文石、蛇纹石和石英。硬玉岩不易风化,从而形成硬玉砾石。

硬玉的主要产地有缅甸、日本、哈萨克斯坦、新西兰、危地马拉、哥斯达黎加、意大利、土耳其、美国、俄罗斯、加拿大等。缅甸以特产优质翡翠著称于世。

【主要用途】

硬玉在地质学、物理学、化学、晶体学、矿物学、宝石学方面有极为重要的应用。翡翠是重要的玉石之一。

霓石

【化学性质】

霓石又名钠辉石，是一种含 Na、Fe 的 $[Si_2O_6]$ 单链状基型硅酸盐类矿物，其晶体化学式为 $NaFe^{3+}[Si_2O_6]$。主要成分为 Na、Fe、Si、O，类质同象替代成分有 Al、Ti、V、Mn、Mg、Ca、Fe^{2+}、K、Zr、Be、Ce。

化学成分中氧化物的质量分数为 Na_2O 13.42%、Fe_2O_3 34.56%、SiO_2 52.02%。

霓石比普通辉石含有较多的 Na_2O 和 Fe_2O_3，可以将它看作是 Na、Fe^{3+} 成对替换透辉石中 Ca、Mg 的产物，可将霓辉石看作霓石和普通辉石的中间产物。

霓石及其相关矿物关系相图见图 4-1-30。

【结晶形态】

霓石属于单斜辉石亚族，单斜晶系，斜方柱晶类，对称型为 $2/m$。晶体常呈针状、柱状（图 4-1-34）。(100)、(010)晶面不发育，横切面有时呈类似角闪石式的六边形。主要单形有 $\{010\}$、$\{110\}$、$\{100\}$、$\{661\}$、$\{111\}$。依 $\{100\}$、$\{001\}$ 呈简单双晶或多重双晶。

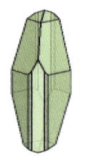

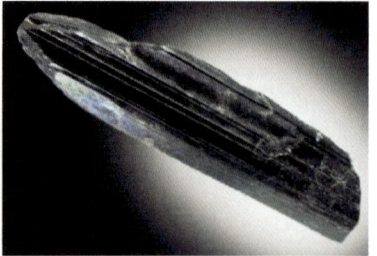

（a）霓石的晶体形态　　（b）霓石（马拉维）　　（c）霓石（加拿大）

图 4-1-34　霓石

【物理特征】

霓石的颜色呈绿色、浅绿色、绿黑色、红棕色、黑色等。条痕为灰黄色。透明至不透明。玻璃光泽至轻度树脂光泽。多色性明显：浅绿色、浅蓝绿色、深绿色、浅蓝绿色、黄绿色、翠绿色，黄绿色、蜂蜜黄色、浅黄色。

二轴晶（-）。折射率为 $Np=1.720\sim1.778$、$Nm=1.740\sim1.819$、$Ng=1.757\sim1.839$。双折射率为 $0.037\sim0.061$。$2V=60°\sim90°$（测量）、$68°\sim84°$（计算）。色散中等至强。多色性明显。

解理不完全。性脆。断口呈不均匀、不平整状。摩氏硬度为 $6.0\sim6.5$，相对密度为 $3.50\sim3.54$（测量）、3.59（计算）。

【晶体结构】

霓石属于单斜晶系，空间群为 $C2/c$（图 4-1-35）。晶胞参数：$a=0.966$ nm、$b=0.880$ nm、$c=0.529$ nm，$\beta=107.42°$，$Z=4$。X 射线粉晶衍射主要数据 $d(\text{Å})(I/I_{max})$ 为 6.369(90)、4.416(80)、2.90(100)，见图 4-1-36。

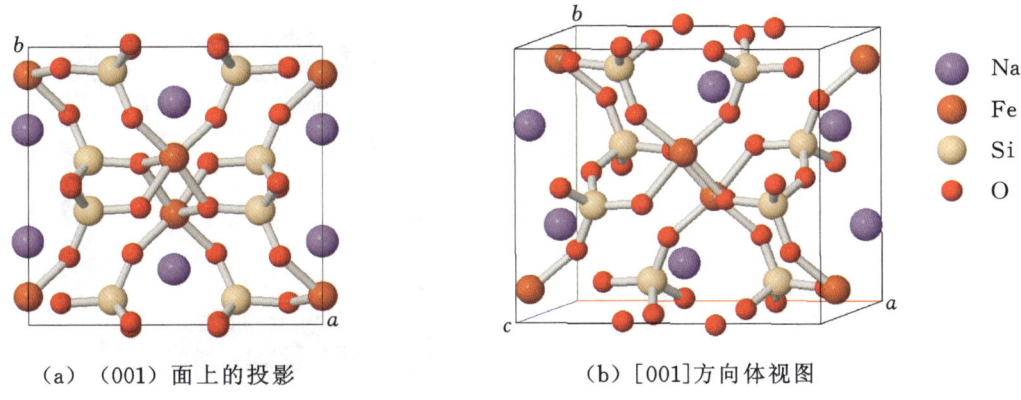

(a) (001)面上的投影　　　　(b) [001]方向体视图

图 4-1-35　霓石的晶体结构

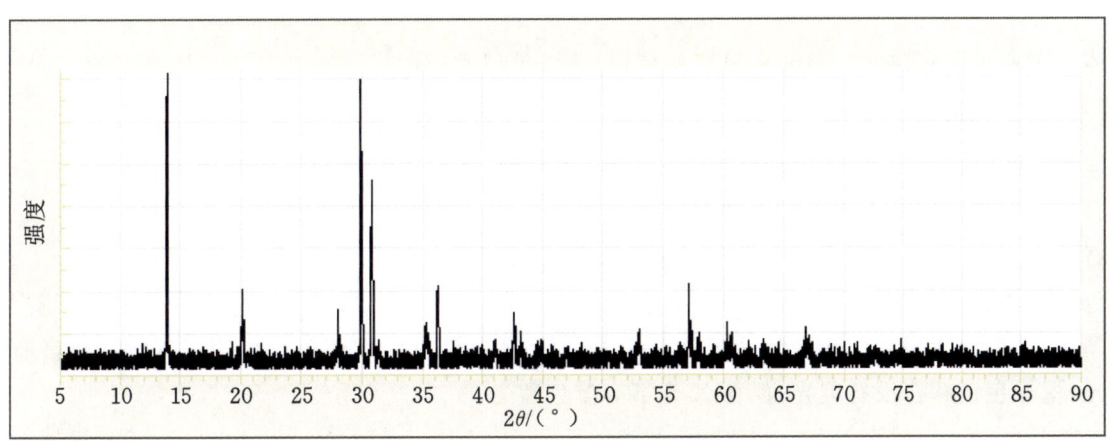

图 4-1-36　霓石的 X 射线粉晶衍射图

【产状产地】

霓石是碱性岩浆岩的主要造岩矿物,主要产于碱性正长岩、碱性粗面岩、霞石正长岩、响岩、钠质流纹岩、碱性花岗岩等中,还见于碱性岩与围岩的接触带中。

霓石常与钾长石、霞石、方铅矿、铁矾石、辉长岩、钠闪石、钙矾石、绢云母和绿泥石共生。主要产地有挪威、丹麦(格陵兰岛)、英国(苏格兰)、俄罗斯、肯尼亚、尼日利亚、加拿大、美国等。

【主要用途】

霓石在地质学、物理学、化学、晶体学、矿物学、宝石学方面都有重要意义。

锂辉石

【化学性质】

锂辉石是一种含 Li、Al 的[Si_2O_6]单链状基型硅酸盐类矿物,其晶体化学式为 LiAl[Si_2O_6]。主要成分为 Li、Al、Si、O,类质同象替代成分有 Na、Mg、K、Ca、Fe^{2+}、Cr^{3+}、Mn^{2+}、Zn、Cs、H_2O、稀土元素等,Li_2O 的理论含量高达 8.03%。

化学成分中氧化物的质量分数为 Li_2O 8.03%、Al_2O_3 27.40%、SiO_2 64.57%。

与锂辉石相关的矿物有紫锂辉石、翠铬锂辉石等。

【结晶形态】

锂辉石属于单斜晶系,单斜辉石亚族,斜方柱晶类,对称型为 $2/m$。晶体呈短柱状、粒状、板状(图 4-1-37),直立晶面有{100}条纹。时而可见有数米的巨大晶体。集合体呈板棒状,也有致密隐晶

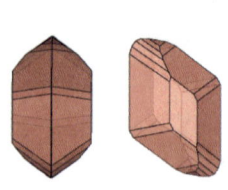

（a）锂辉石的晶体形态　（b）紫锂辉石（阿富汗）　（c）紫锂辉石（美国加利福尼亚）

图 4-1-37　锂辉石、紫锂辉石

的块体。主要单形有$\{100\}$、$\{\overline{1}00\}$、$\{110\}$、$\{011\}$。可见$\{100\}$双晶。

【物理特征】

锂辉石的颜色呈无色、白色、灰白色、粉红色、紫红色、浅绿色、黄绿色、翠绿色、蓝绿色等。条痕为无色、白色。玻璃光泽、土状光泽。透明至半透明。不同的微量成分使锂辉石具不同的颜色，翠绿色锂辉石是由Cr^{3+}和Fe^{2+}所致，而Mn^{2+}则使锂辉石变成紫色。

色散较弱。多色性强，三色性较明显。粉红色晶体：无色—淡绿色—淡紫色—紫色—紫罗兰色。绿色晶体：无色—淡绿色—蓝绿色—绿色。紫外光下，紫色者有桃红色—橙色荧光。黄绿色者有橙黄色荧光，翠绿色锂辉石没有荧光，但在 X 光下有橙色磷光。

二轴晶（+）。折射率为 Np＝1.648～1.661、Nm＝1.655～1.670、Ng＝1.662～1.679，双折射率为 0.014～0.018。$2V＝54°～69°$（测量），88°（计算）。

$\{110\}$两组柱面解理完全或中等，相交近直角，为 87°、93°。解理面微带珍珠状变彩。断口参差状、贝壳状。性脆。摩氏硬度为 6.5～7，相对密度为 3.03～3.22（测量）。

【晶体结构】

锂辉石属于单斜晶系，空间群为 $C2/c$（图 4-1-38）。晶胞参数：$a＝0.946$ nm、$b＝0.839$ nm、$c＝0.522$ nm，$\beta＝110.17°$，$Z＝4$。X 射线粉晶主要衍射数据 d（Å）（I/I_{max}）为 4.205(75)、2.921(100)、2.793(90)，见图 4-1-39。

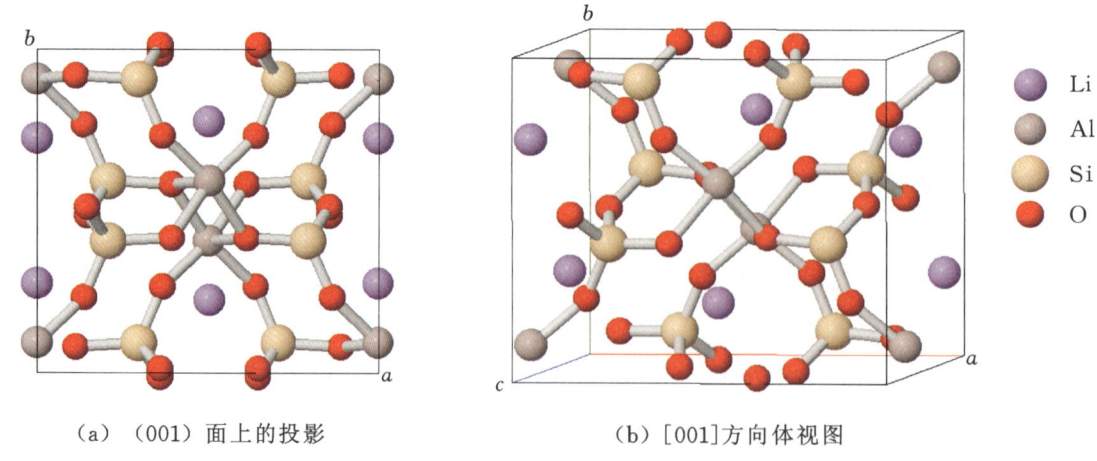

（a）（001）面上的投影　　　　　　（b）[001]方向体视图

图 4-1-38　锂辉石的晶体结构

常见低温型的单斜晶系的 α-锂辉石，高温 900 ℃以上时 α-锂辉石转化为四方晶系的 β-锂辉石。

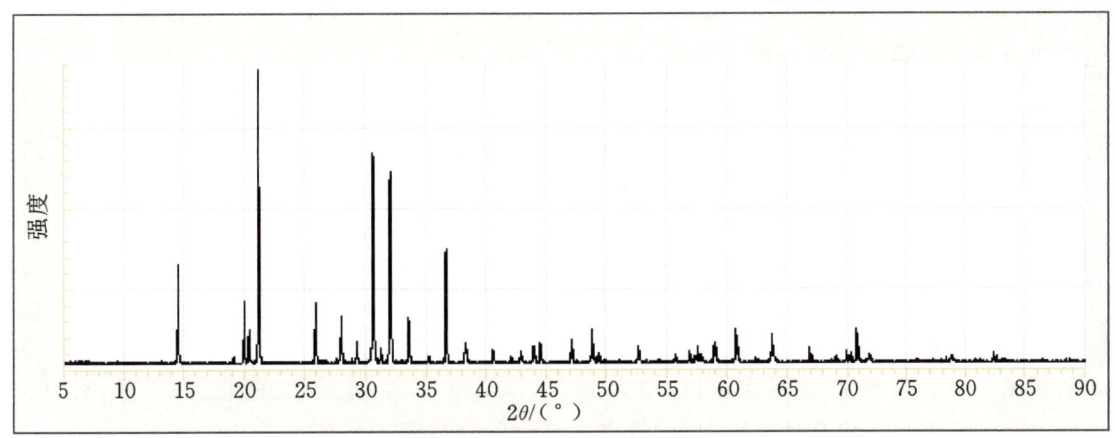

图 4-1-39　锂辉石的 X 射线粉晶衍射图

【产状产地】

锂辉石主要产于富锂的花岗伟晶岩、花岗闪长岩中，是一种伟晶矿物。共生矿物主要有石英、钠长石、微斜长石、电气石、霞石、锂云母和绿柱石等。主要产地有阿富汗、巴基斯坦、澳大利亚、巴西、智利、墨西哥、马达加斯加、瑞典、俄罗斯、加拿大、美国、中国等。

【主要用途】

锂辉石在地质学、材料学、物理学、化学、环境科学、晶体学、矿物学、宝石学方面都有重要应用。

锂辉石为锂铝硅酸盐矿物，是锂的主要来源矿物之一。金属锂作为化学工业原料，广泛应用于电池、化工、冶金、玻璃、陶瓷等方面，在近代科学中更是应用前景广阔。

锂辉石有多种色彩，可以做手链、项链、配饰等，应用广泛。

似辉石族

硅灰石亚族

硅灰石（wollastonite）	$Ca_3[Si_3O_9]$
假硅灰石（pseudowollastonite）	$Ca_3[Si_3O_9]$
钙蔷薇辉石（bustamite）	$Ca_3Mn_3[Si_3O_9]_2$
铁硅灰石（ferrobustamite）	$Ca_3Fe_3^{2+}[Si_3O_9]_2$
蔷薇辉石（rhodonite）	$CaMn_3Mn[Si_5O_{15}]$
锰蔷薇辉石（vittinkiite）	$MnMn_3Mn[Si_5O_{15}]$
硅铁灰石（babingtonite）	$Ca_2Fe^{2+}Fe^{3+}[Si_5O_{14}(OH)]$
硅锰钠锂石（nambulite）	$(Li,Na)Mn_4^{2+}[Si_5O_{14}(OH)]$
三斜锰辉石（pyroxmangite）	$(Mn^{2+},Fe^{2+})[SiO_3]$
三斜铁辉石（pyroxferroite）	$(Fe^{2+},Mn^{2+})[SiO_3]$
铅辉石（alamosite）	$Pb_3[Si_3O_9]$

硅灰石

【化学性质】

硅灰石是一种含 Ca 的 $[Si_3O_9]$ 单链状基型硅酸盐类矿物，其晶体化学式为 $Ca_3[Si_3O_9]$。主要成分为 Ca、Si、O，类质同象替代成分有 Fe、Mn、Mg、Ti、Sr、Al、K、Na 等，自然界中纯硅灰石少见。

化学成分中氧化物的质量分数为 SiO_2 51.75%、CaO 48.25%。

可以形成 $CaSiO_3$-$FeSiO_3$、$MnSiO_3$-$CaSiO_3$ 类质同象系列。由于硅灰石形成时的温度、压力等条件不同，可能出现多种同质多象变体：① 三斜链状结构的低温三斜硅灰石（α-$Ca_3[Si_3O_9]$）；② 单斜链状结构的副硅灰石（α'-$Ca_3[Si_3O_9]$）；③ 三斜三元环状结构的假硅灰石（β-$Ca_3[Si_3O_9]$）。三斜硅灰石在 1125 ℃ 左右时可转化为假硅灰石。

硅灰石不溶于水，溶于盐酸、完全溶于浓盐酸，一般情况下耐酸、耐碱、耐化学腐蚀。

【结晶形态】

硅灰石属于三斜晶系，单面晶类，对称型为 1。晶体常呈片状、薄板状、柱状、纤维状，有时呈细粒致密块状、板柱状、束状。集合体呈放射状、致密块状、纤维状（图 4-1-40）。

硅灰石存在三斜晶系（1A）、单斜晶系（2M）的多型。

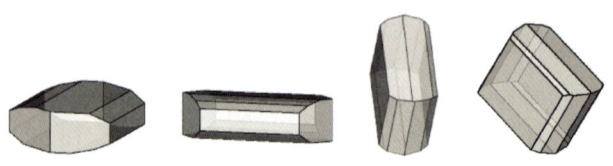

（a）硅灰石的晶体形态

（b）硅灰石（芬兰）

（c）硅灰石（意大利）

（d）硅灰石（德国）

图 4-1-40　硅灰石

【物理特征】

硅灰石的颜色呈白色、灰白色、浅绿色、粉红色、棕色、红色、黄色等。条痕为白色。透明至不透明。玻璃光泽，解理面呈珍珠光泽。色散弱。多色性弱。

以硅灰石-1A 为例：二轴晶（−）。折射率为 Np=1.616～1.640、Nm=1.628～1.650、Ng=1.631～1.653，双折射率为 0.014～0.016，2V=36°～60°（测量）、44°～50°（计算）。

{100}解理完全，{001}和{102}解理中等，两组解理面交角近 90°。性脆。断口呈不规则、不均匀的贝壳状。摩氏硬度为 4.5～5.0，相对密度为 2.86～3.09（测量）、2.90（计算）。熔点为 1540 ℃。

【晶体结构】

硅灰石属于三斜晶系，空间群为 $P\overline{1}$（1A 多型）（图 4-1-41）。晶胞参数：a=0.793 nm、b=0.732 nm、c=0.707 nm，α=90.06°、β=95.22°、γ=103.42°，Z=6。X 射线粉晶衍射图如图 4-1-42 所示。

硅灰石与辉石成分上有些相似，但其结构不同（图 4-1-43）。硅灰石结构中，[SiO_4]共角顶平行 b 轴延伸成链，但这种链的周期是三个[SiO_4]四面体长度（长度约 7.3 nm，等于 b 的长度），可看成由一个[SiO_4]四面体和一个[Si_2O_7]双四面体沿延伸方向交替排列而成，这有别于辉石结构中的[SiO_4]四面体链。Ca 的配位数为 6，构成畸变的[CaO_6]八面体，它们也共棱连接沿 b 轴延伸。硅灰石结构中[SiO_4]四面体与[CaO_6]八面体的配合形式也有别于辉石。

与硅灰石晶体结构相同的矿物有铁硅灰石、锰硅灰石、针钠钙石、针钠锰石。

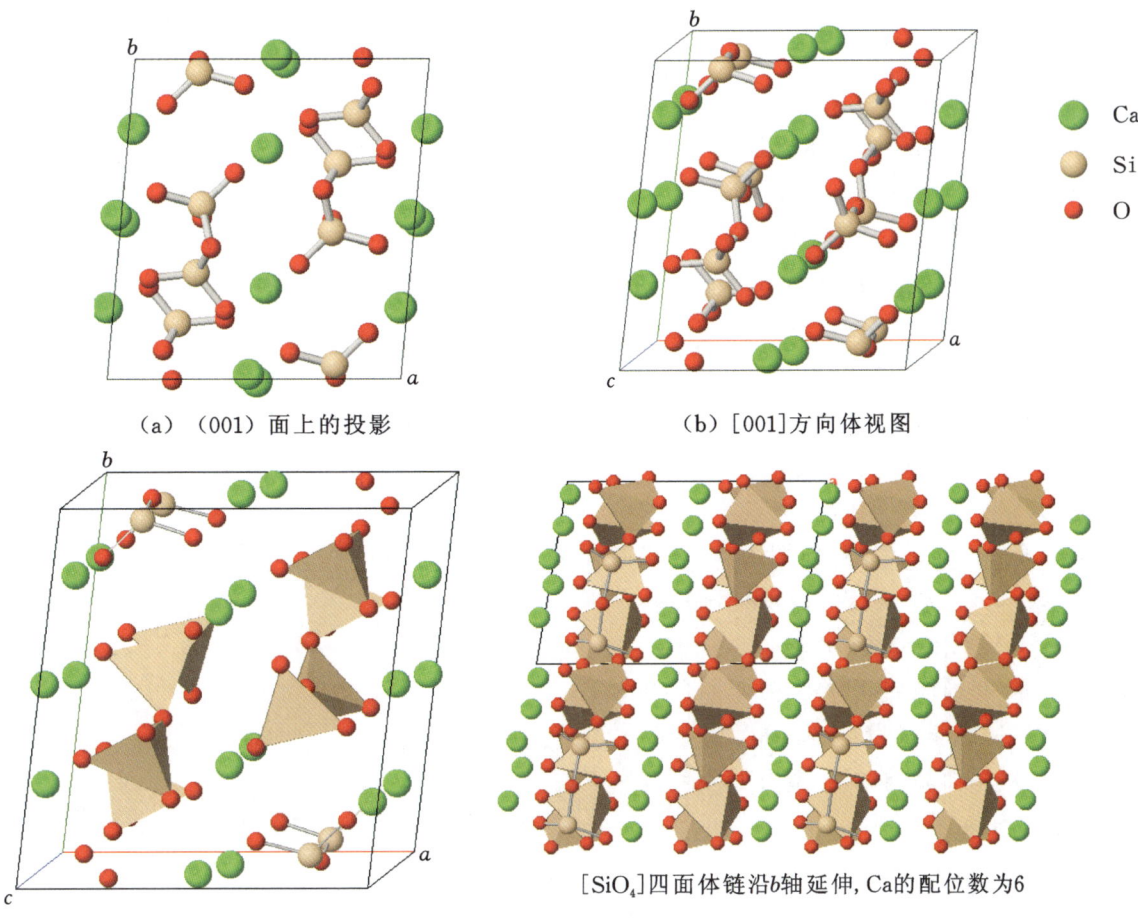

(a) (001) 面上的投影　　(b) [001] 方向体视图

[SiO_4] 四面体链沿b轴延伸, Ca的配位数为6

(c) 硅灰石的晶体结构（配位多面体）

图 4-1-41　硅灰石的晶体结构

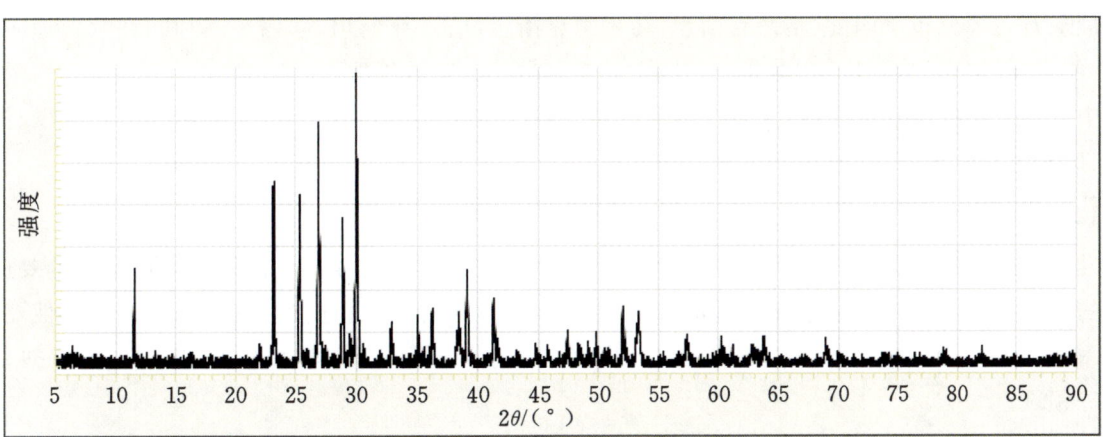

图 4-1-42　硅灰石的 X 射线粉晶衍射图（美国加利福尼亚）

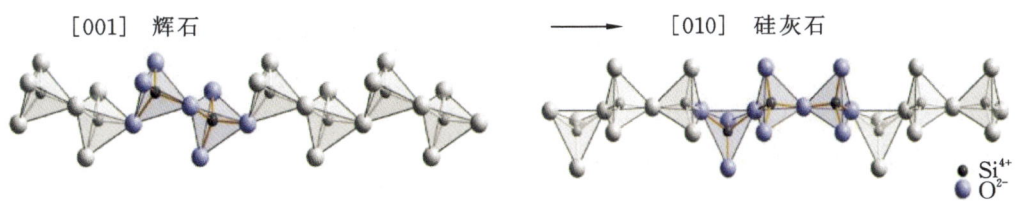

图 4-1-43　辉石（左）与硅灰石（右）的四面体排列链对比

硅灰石多型有硅灰石-1A、硅灰石-2M、硅灰石-3A、硅灰石-4A、硅灰石-5A、硅灰石-7A。它们的基本晶体参数为

硅灰石-1A,化学式为 $CaSiO_3$。

三斜晶系,单面晶类,对称型为 $\bar{1}$,空间群为 $P\bar{1}$。晶胞参数:$a=0.794$ nm、$b=0.732$ nm、$c=0.707$ nm,$\alpha=90.03°$、$\beta=95.37°$、$\gamma=103.43°$,$Z=6$。

硅灰石-2M,化学式为 $CaSiO_3$。

单斜晶系,斜方柱晶类,对称型为 $2/m$,空间群为 $P2_1/a$。晶胞参数:$a=1.541$ nm、$b=0.732$ nm、$c=0.706$ nm,$\beta=95.30°$,$Z=4$。

硅灰石-3A,化学式为 $CaSiO_3$。

三斜晶系,单面晶类,对称型为 $\bar{1}$,空间群为 $P\bar{1}$。晶胞参数:$a=2.320$ nm、$b=0.730$ nm、$c=0.706$ nm,$\alpha=90.00°$、$\beta=95.50°$、$\gamma=94.60°$。

硅灰石-4A,化学式为 $CaSiO_3$。

三斜晶系,单面晶类,对称型为 $\bar{1}$,空间群为 $P\bar{1}$。晶胞参数:$a=3.12$ nm、$b=0.730$ nm、$c=0.706$ nm,$\alpha=90.0°$、$\beta=95.50°$、$\gamma=96.80°$。

硅灰石-5A,化学式为 $CaSiO_3$。

三斜晶系,单面晶类,对称型为 $\bar{1}$,空间群为 $P\bar{1}$。

硅灰石-7A,化学式为 $CaSiO_3$。

三斜晶系,单面晶类,对称型为 $\bar{1}$,空间群为 $P\bar{1}$。

【产状产地】

硅灰石是一种典型的变质矿物,主要产于酸性岩与石灰岩的接触带中,还可见于深变质的钙质结晶片岩、火山喷出物及某些碱性岩中。

硅灰石矿物组合简单,可分为硅灰石-石英、硅灰石-方解、硅灰石-石英-方解石 3 种类型。与石英、石榴石、符山石、云母、透辉石、透闪石、绿帘石、斜长石、辉石和方解石共生、伴生。

硅灰石主要分布于印度、哈萨克斯坦、乌兹别克斯坦、塔吉克斯坦、墨西哥、智利、芬兰、土耳其、意大利、西班牙、捷克、纳米比亚、南非、苏丹、肯尼亚、加拿大、美国等地。

中国硅灰石资源较为丰富,主要产地有吉林、辽宁、内蒙古、黑龙江、青海、湖南、湖北、安徽、浙江、江苏、广东、广西、云南、江西等。

【主要用途】

硅灰石在地质学、物理学、化学、材料学、环境科学、晶体学、矿物学、宝石学方面都有重要应用。特殊的晶体形态与结构决定了硅灰石具有良好的绝缘性,同时具有很高的白度、良好的介电性能和较高的耐热性能,因此被广泛地应用于造纸、陶瓷、化工、水泥、橡胶、塑料、填料、涂料、过滤、隔热、冶金助熔等领域。

假硅灰石

【化学性质】

假硅灰石是一种含 Ca 的 $[Si_3O_9]$ 链状基型硅酸盐类矿物,其晶体化学式为 $Ca_3[Si_3O_9]$。主要成分为 Ca、Si、O,类质同象替代成分有 Fe、Mg、Ti、Al、K、Na 等。

化学成分中氧化物的质量分数为 SiO_2 51.75%、CaO 48.25%。

【结晶形态】

假硅灰石属于单斜晶系,斜方柱晶类,对称型为 $2/m$。晶体呈片状、板状、粒状(图 4-1-44)。

（a）假硅灰石（德国）　　　　　　　（b）假硅灰石（法国）

图 4-1-44　假硅灰石

【物理特征】

假硅灰石的颜色呈无色、白色、灰色。条痕为白色。透明。玻璃光泽。多色性很弱。

【晶体结构】

假硅灰石属于单斜晶系，空间群为 $C2/c$。晶胞参数：$a=0.684$ nm、$b=1.187$ nm、$c=1.963$ nm，$\beta=90.68°$，$Z=8$。X 射线粉晶衍射图如图 4-1-45 所示。

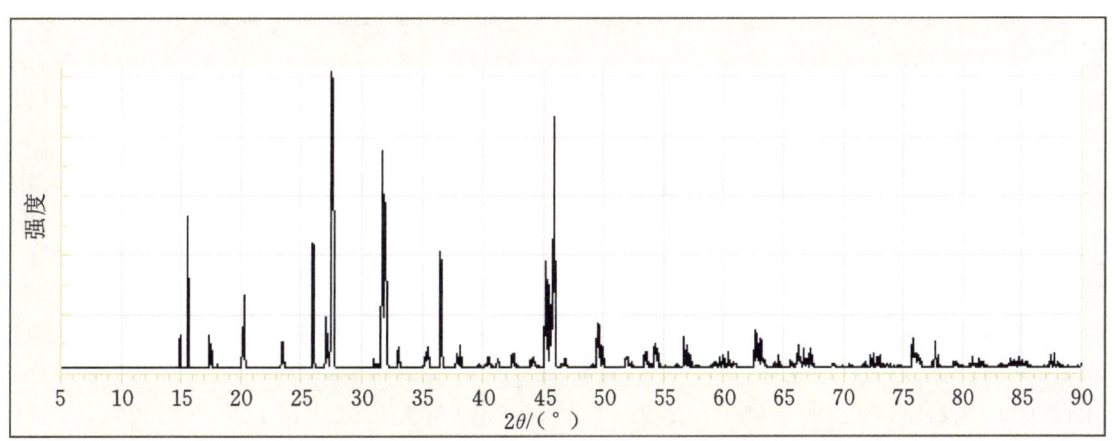

图 4-1-45　假硅灰石的 X 射线粉晶衍射图

假硅灰石是硅灰石的一种多型。副硅灰石-假硅灰石为类同的矿物。

【产状产地】

假硅灰石发现于富钙火山熔岩脉中，是一种罕见的超高温变质岩浆岩组分，其在 1480～1500 ℃ 的环境压力下开始结晶。

假硅灰石形成两种矿物组合系列：硅钙石、硅灰石（1T）、方柱石、钛钙铁榴石、枪晶石、氟磷灰石系列；副硅灰石（2M）、硅灰石（1T）、钛钙铁榴石、枪晶石、氟磷灰石系列。

【主要用途】

假硅灰石在地质学、材料学、物理学、化学、环境科学、晶体学、矿物学、宝石学方面都有重要应用。

钙蔷薇辉石

【化学性质】

钙蔷薇辉石是一种含 Ca、Mn 的 $[Si_3O_9]$ 链状基型硅酸盐类矿物，其晶体化学式为 $Ca_3Mn_3[Si_3O_9]_2$。主要成分为 Ca、Mn、Si、O，类质同象替代成分有 Na、K、Mg、Zn、Fe、Ti、Al 等。

化学成分中氧化物的质量分数为 CaO 11.01%、MnO 41.79%、SiO_2 47.20%。

【结晶形态】

钙蔷薇辉石属于三斜晶系,单面晶类,对称型为 1。晶体呈粒状、短柱状、厚板状、块状等(图 4-1-46)。可见{110}双晶。

(a) 钙蔷薇辉石(澳大利亚)　　(b) 钙蔷薇辉石(美国新泽西)

图 4-1-46　钙蔷薇辉石

【物理特征】

钙蔷薇辉石的颜色呈无色、白色、浅黄色、棕红色、浅粉红色、粉红色,透射光下无色至黄粉色。条痕为白色。透明至半透明。玻璃光泽、半玻璃光泽、腊脂光泽。色散弱。多色性弱:橙色,橙色,玫瑰色。

二轴晶(一)。折射率为 Np=1.640～1.695,Nm=1.651～1.708,Ng=1.653～1.710,双折射率为 0.013～0.015。$2V=34°～60°$。

{100}、{110}解理完全。性脆。断口呈不平整、不均匀的贝壳状。摩氏硬度为 5.5～6.5,相对密度为 3.32～3.43(测量)、3.42(计算)。

【晶体结构】

钙蔷薇辉石属于三斜晶系,空间群为 $P1$。晶胞参数:$a=1.546$ nm、$b=0.718$ nm、$c=1.384$ nm,$α=89.57°$,$β=94.88°$,$γ=102.78°$,$Z=8$。X 射线粉晶主要衍射数据 d(Å)(I/I_{max})为 4.460(30)、3.750(30)、3.447(50)、3.238(50)、3.035(50)、2.922(100)、2.730(50)、2.591(50)、2.422(50)、2.251(50)、2.142(50)、1.826(50)、1.791(80)、1.674(50)、1.569(50),见图 4-1-47。

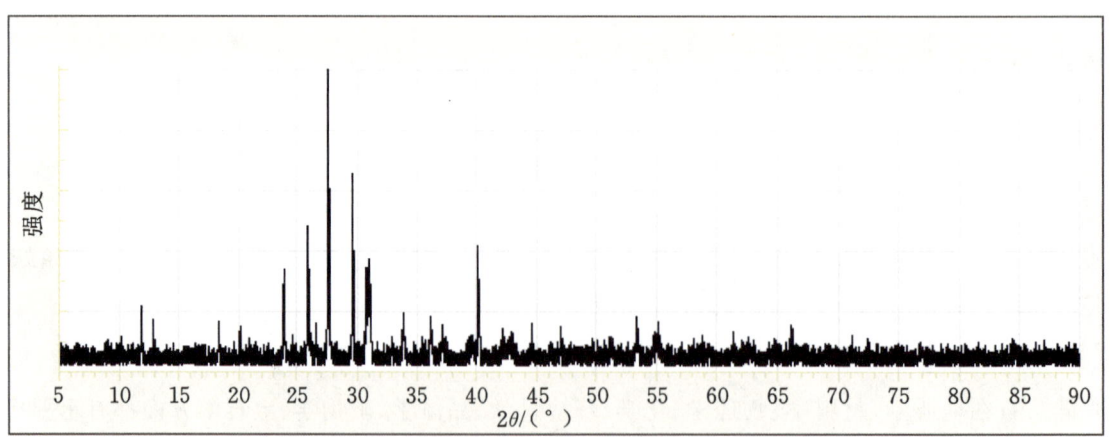

图 4-1-47　钙蔷薇辉石的 X 射线粉晶衍射图(美国新泽西)

钙蔷薇辉石与硅灰石结构相同。

【产状产地】

钙蔷薇辉石伴随一些交代作用产于含锰沉积物变质作用形成的锰矿中。与硅灰石、蔷薇辉石、方解石、重晶石、斧石(Mn)、钙铁榴石组合共生。主要产地有澳大利亚、日本、墨西哥、美国等。

【主要用途】

钙蔷薇辉石在地质学、材料学、物理学、化学、环境科学、晶体学、矿物学、宝石学方面都有重要应用。

铁硅灰石

【化学性质】

铁硅灰石是一种含 Ca、Fe 的 $[Si_3O_9]$ 链状基型硅酸盐类矿物,其晶体化学式为 $Ca_3Fe_3^{2+}[Si_3O_9]_2$。主要成分为 Ca、Fe、Si、O,类质同象替代成分有 Mn、Mg、Ti 等,其中有较多的 Fe 替代了 Mn。

化学成分中氧化物的质量分数为 CaO 39.75%、MnO 1.48%、FeO 8.66%、SiO_2 50.11%。

【结晶形态】

铁硅灰石属于三斜晶系,单面晶类,对称型为 1。晶体呈粒状、短柱状、厚板状、块状等(图 4-1-48)。可见{110}双晶。

(a) 铁硅灰石(格陵兰岛)

(b) 铁硅灰石(日本)

图 4-1-48 铁硅灰石

【物理特征】

铁硅灰石的颜色呈绿色、浅绿色。条痕为白色。透明、半透明。玻璃光泽。色散弱,多色性弱。

二轴晶(−)。折射率为 Np=1.640、Nm=1.647、Ng=1.653,双折射率为 0.013。2V=60°(测量)、60°(计算)。

{100}、{001}解理完全,{102}解理较好。性脆。断口呈不规则、不平整的次贝壳状。摩氏硬度为 6,相对密度为 3.09(测量)、3.10(计算)。

【晶体结构】

铁硅灰石属于三斜晶系,空间群为 $P\bar{1}$(图 4-1-49)。晶胞参数:$a=0.786$ nm、$b=0.725$ nm、$c=1.397$ nm,$\alpha=89.44°$、$\beta=95.28°$、$\gamma=103.29°$,$Z=6$。X 射线粉晶主要衍射数据 d(Å)(I/I_{max})为 3.270(100)、3.049(80)、2.278(65),见图 4-1-50。

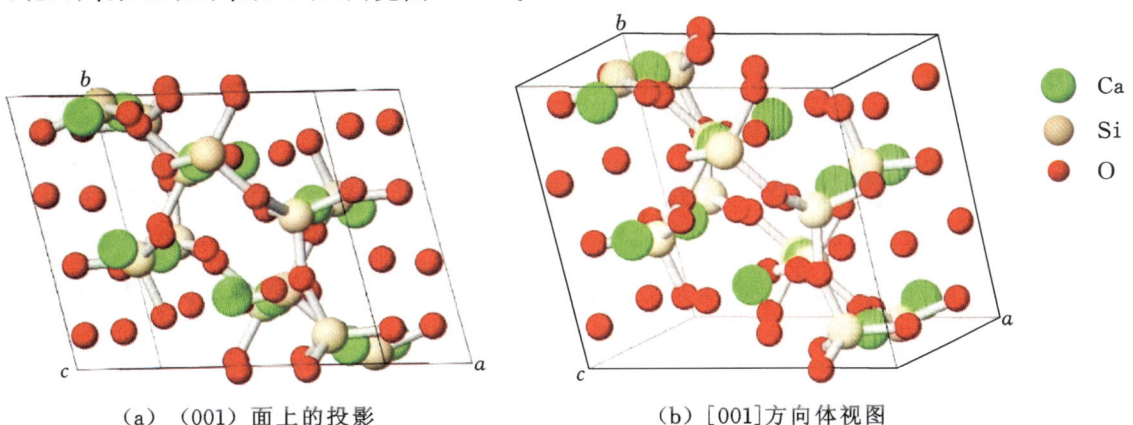

(a) (001)面上的投影　　(b) [001]方向体视图

图 4-1-49 铁硅灰石的晶体结构

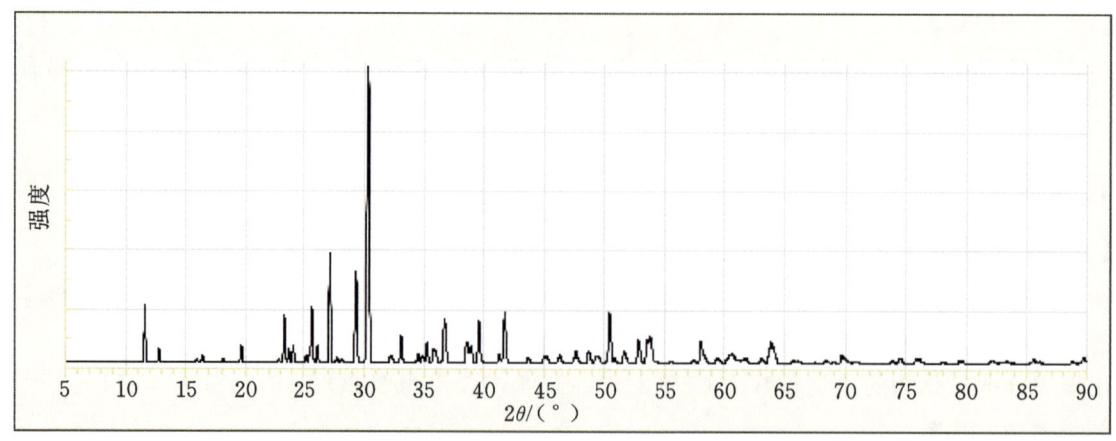

图 4-1-50　铁硅灰石的 X 射线粉晶衍射图

【产状产地】

铁硅灰石产于白云质矽卡岩周围的燧石结核中。与其共生伴生的矿物有灰色铁钼铅矿、白色方解石、金云母和阳起石。主要产地有美国新泽西、德国、丹麦（格陵兰岛）、日本、英国等。

【主要用途】

铁硅灰石在地质学、物理学、化学、材料学、晶体学、矿物学方面都有一些意义。

蔷薇辉石

【化学性质】

蔷薇辉石又名玫瑰石，它不属于辉石族，而是一种似辉石矿物，是一种含 Ca、Mn 的 $[Si_5O_{15}]$ 单链状基型硅酸盐类矿物，其晶体化学式为 $CaMn_3Mn[Si_5O_{15}]$。主要成分为 Ca、Mn、Si、O，类质同象替代成分有 Fe^{2+}、Ca、Zn、Al 等。

化学成分中氧化物的质量分数为 CaO 2.17%、MgO 0.62%、MnO 49.44%、FeO 1.11%、SiO_2 46.66%。可含 $Ca_2[Si_2O_6]$ 组分，但质量分数不超过 20%。

蔷薇辉石氧化则表面变成褐黑色，还原则呈红色或褐色玻璃体。稍溶于盐酸，析出 SiO_2。

铁辉石-蔷薇辉石-锰蔷薇辉石成类质同象替代系列。蔷薇辉石与三斜锰辉石成同质多象。

【结晶形态】

蔷薇辉石属于三斜晶系，平行双面晶类，对称型为 1。晶体少见，呈厚板状、板柱状、粒状等，集合体一般为聚粒状、细粒致密的块状（图 4-1-51）。常见单形有{100}、{010}、{001}、{110}、{221}、{111}、{201}、{1̄1̄1}、{522}。有时依{010}形成聚片双晶。

【物理特征】

蔷薇辉石的颜色呈粉红色、玫瑰红色、棕红色、浅黄色、灰色、无色。粉红色是由 Mn 引起的，蔷薇辉石表面被氧化后常出现锰的氧化物和氢氧化物组成的黑色薄膜，常呈黑色氧化锰斑纹。条痕为灰色、白色。透明、半透明至不透明。玻璃光泽，解理面有时呈珍珠光泽。色散较弱。多色性弱：黄红色，粉红色，淡黄红色。

二轴晶（+）。折射率为 Np=1.711～1.738，Nm=1.714～1.741，Ng=1.724～1.751，双折射率为 0.013。2V=58°～73°（测量）、58°（计算）。

{110}解理完全，{001}解理中等，解理夹角都近于 90°。性脆。断口呈不平坦、不均匀的贝壳状。摩氏硬度为 5.5～6.5，相对密度为 3.57～3.76（测量）、3.73（计算）。

【晶体结构】

蔷薇辉石属于三斜晶系，空间群为 $P\bar{1}$（图 4-1-52）。晶胞参数：$a=0.990$ nm、$b=1.053$ nm、$c=$

(a) 蔷薇辉石的结晶形态

(b) 蔷薇辉石（巴西）　　　　（c）蔷薇辉石（澳大利亚）　　　　（d）蔷薇辉石（秘鲁）

图 4-1-51　蔷薇辉石

1.221 nm，$\alpha=108.74°$、$\beta=103.95°$、$\gamma=82.03°$，$Z=2$。X 射线粉晶衍射数据 $d(\text{Å})(I/I_{\max})$ 为 3.34(25)、3.14(30)、3.10(25)、2.98(65)、2.92(65)、2.77(100)、2.65(18)，见图 4-1-53。

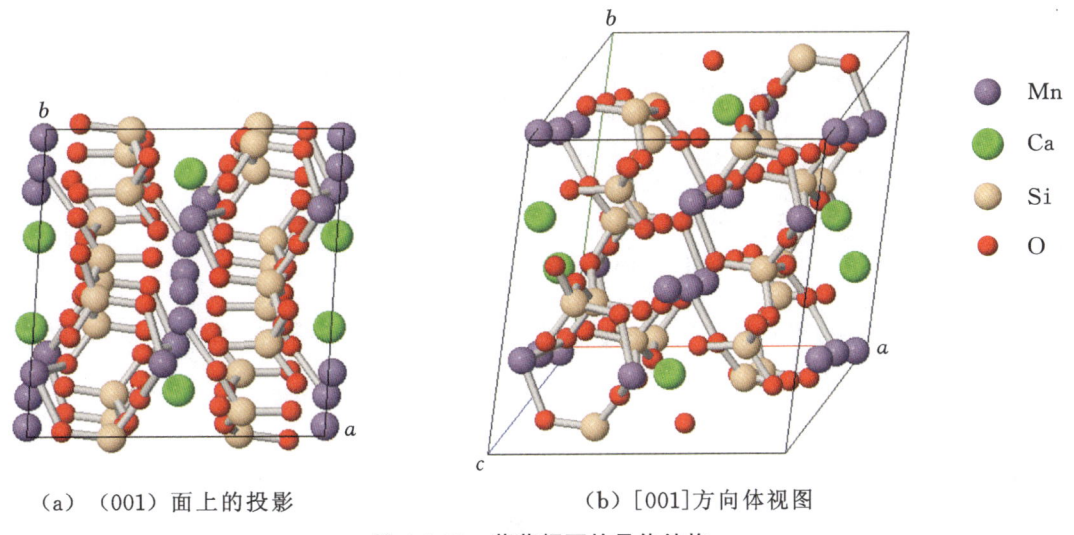

(a)（001）面上的投影　　　　　　　(b)[001]方向体视图

图 4-1-52　蔷薇辉石的晶体结构

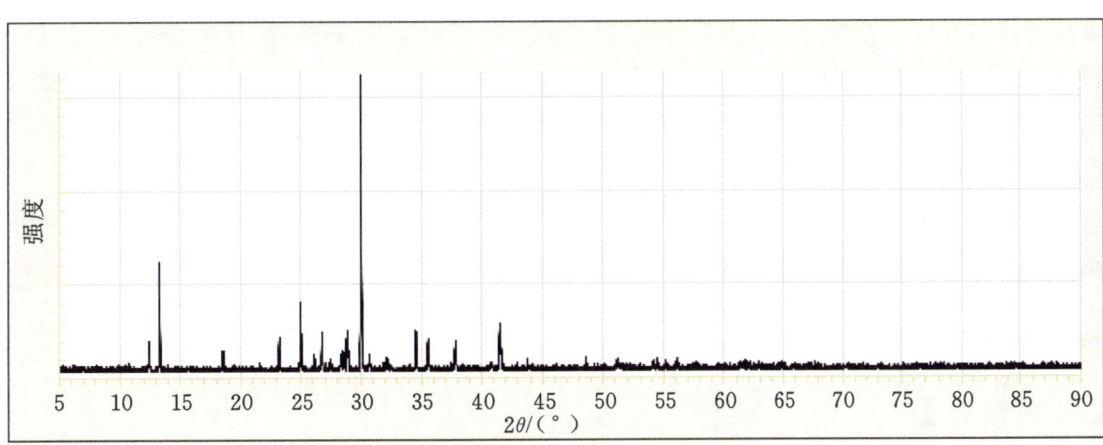

图 4-1-53　蔷薇辉石的 X 射线粉晶衍射图

在蔷薇辉石晶体结构中,具有两个双四面体[Si_2O_7]和一个单四面体[SiO_4]联结、无限重复的链,链中每个硅氧四面体和其他四面体共两个角顶联结,键平行(101)方向延伸,其周期为 5 个[SiO_4]四面体长度,大约 12.5 nm。阳离子 Mn、Ca、Mg、Fe 的平面与氧离子平面交替排列(图 4-1-54)。结构中存在 5 种阳离子的位置,其中 M_I、M_{II}、M_{III} 为六次配位;M_{IV} 也为六次配位,但由于有一个 M—O 链较长,使它接近于五次配位;M_V 为不规则的七次配位。显然,M_V 比其他 4 个位置更有利于大阳离子 Ca 和少数 Mn 的填充;这也能解释为什么在蔷薇辉石中的 Ca 离子和其他阳离子(Mn、Mg、Fe)的比例接近于 1∶4。Fe 离子最容易进入 M_I、M_{II}、M_{III} 这 3 个位置,M_{IV} 次之,M_V 最难。

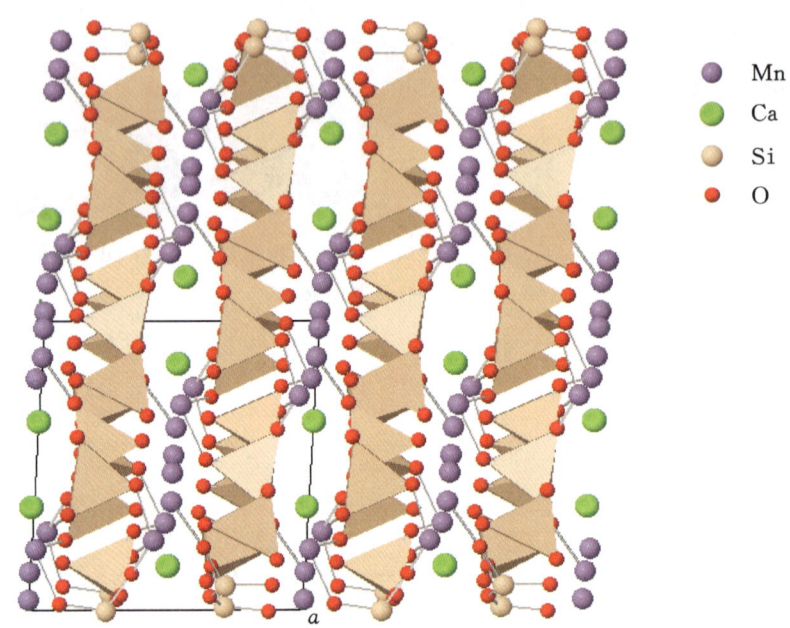

沿 c 轴的投影,[SiO_4]四面体链沿[101]方向延伸,显示了配位多面体形状。

图 4-1-54 蔷薇辉石的晶体结构

与蔷薇辉石具相同晶体结构的矿物有硅铁灰石、硅锰灰石、硅锰钠锂石、钪硅铁灰石、多钠硅锂锰石、硅锰钠钙石、硅锂锰钙石。

【产状产地】

蔷薇辉石形成于热液交代成因的锰矿床中,常与接触交代作用有关。产于黑云母斜长花岗岩与黑云母、石英片岩夹大理岩的接触带内,也产于硅质板岩、绢云母板岩、变质砂岩和部分接触交代的蚀变岩中,还见于伟晶岩和热液矿床中。

蔷薇辉石与石榴石、方解石、透闪石、绿帘石、黝帘石、锰铝榴石、石英、软锰矿、菱锰矿及其他锰矿物、硫化物等共生。主要产地有瑞典、德国、罗马尼亚、巴西、墨西哥、南非、坦桑尼亚、澳大利亚、日本、俄罗斯(乌拉尔)、美国(马萨诸塞)、中国(北京、吉林、四川、新疆)等。

【主要用途】

蔷薇辉石在地质学、物理学、化学、晶体学、矿物学、宝石学方面都有重要意义。蔷薇辉石颜色浓艳,坚固致密,可用作装饰品及雕刻原料。

锰蔷薇辉石

【化学性质】

锰蔷薇辉石是一种含 Mn 的[Si_5O_{15}]链状基型硅酸盐类矿物,其晶体化学式为 $MnMn_3Mn[Si_5O_{15}]$。主要成分为 Mn、Si、O,类质同象替代成分有 Fe、Ca、Mg、Sr、P 等。

化学成分中氧化物的质量分数为 MnO 50.56%、Mn_2O_3 1.24%、CaO 2.30%、MgO 0.02%、SrO 0.04%、Na_2O 0.06%、P_2O_5 0.01%、SiO_2 45.77%。

【结晶形态】

锰蔷薇辉石属于三斜晶系，单面晶类，对称型为 $\bar{1}$。晶体呈粒状、块状（图 4-1-55）。

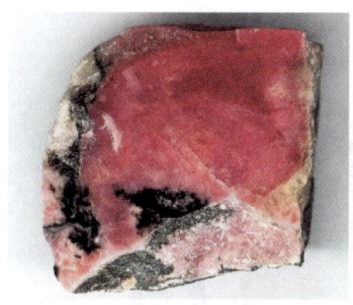
（a）锰蔷薇辉石（俄罗斯）

（b）锰蔷薇辉石（澳大利亚）

（c）锰蔷薇辉石（巴西）

图 4-1-55　锰蔷薇辉石

【物理特征】

锰蔷薇辉石的颜色呈粉红色、红色。条痕为无色、白色。透明。玻璃光泽、珍珠光泽。色散弱，多色性弱。

解理不完全。性脆。断口呈不规则、不平整的贝壳状。摩氏硬度为 5.5～6.5。

【晶体结构】

锰蔷薇辉石属于三斜晶系，空间群为 $P\bar{1}$。晶胞参数：$a=0.670$ nm、$b=0.762$ nm、$c=1.185$ nm，$\alpha=105.66°$，$\beta=92.40°$，$\gamma=94.31°$，$Z=2$。X 射线粉晶衍射数据 d(Å)(I/I_{max}) 为 3.332(42)、3.138(61)、3.077(28)、2.987(29)、2.958(79)、2.935(95)、2.749(100)、2.655(28)。

【产状产地】

锰蔷薇辉石主要产地有芬兰、俄罗斯、澳大利亚、巴西。

【主要用途】

锰蔷薇辉石在地质学、物理学、化学、材料学、晶体学、矿物学、宝石学方面都有重要意义。

硅铁灰石

【化学性质】

硅铁灰石是一种含 Ca、Fe 的 $[Si_5O_{15}]$ 链状基型硅酸盐类矿物，其晶体化学式为 $Ca_2 Fe^{2+} Fe^{3+}[Si_5O_{14}(OH)]$。主要成分为 Ca、Fe、Si、O、H，类质同象替代成分有 Mn、Mg、Na、Ti、Al、H_2O 等。

化学成分中氧化物的质量分数为 CaO 19.57%、MnO 3.09%、FeO 21.94%、SiO_2 53.83%、H_2O 1.57%。

【结晶形态】

硅铁灰石属于三斜晶系，单面晶类，对称型为 1。晶体呈粒状、柱状、厚板状、矛头状、块状等（图 4-1-56）。

【物理特征】

硅铁灰石的颜色呈棕黑色、绿黑色、黑色等。条痕为浅棕色。半透明至不透明。玻璃光泽。色散较强。多色性较强：深绿色，淡紫色，棕色，浅至深棕色。

(a) 硅铁灰石的晶体形态

(b) 硅铁灰石（美国马萨诸塞） （c) 硅铁灰石（中国云南） （d) 硅铁灰石（印度）

图 4-1-56　硅铁灰石

二轴晶（一）。折射率为 Np=1.700、Nm=1.710、Ng=1.725，双折射率为 0.025。$2V=50°$（测量）、76°（计算）。

{100}、{010}解理完全。性脆。断口呈不平整、不均匀的贝壳状。摩氏硬度为 5.5～6，相对密度为 3.34～3.37（测量）、3.26（计算）。

【晶体结构】

硅铁灰石属于三斜晶系，空间群为 $P\bar{1}$（图 4-1-57）。晶胞参数：$a=0.750$ nm、$b=1.218$ nm、$c=0.668$ nm，$\alpha=86.30°$、$\beta=93.59°$、$\gamma=112.19°$，$Z=2$。X 射线粉晶主要衍射数据 d(Å)（I/I_{max}）为 3.12(70)、2.87(80)、2.75(100)，见图 4-1-58。

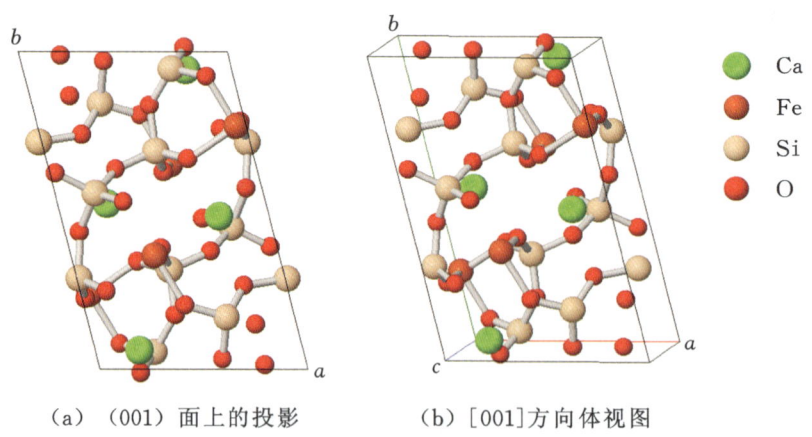

(a) (001)面上的投影　　(b) [001]方向体视图

图 4-1-57　硅铁灰石的晶体结构

【产状产地】

硅铁灰石可以是岩浆结晶作用的产物，也可以是变质作用的产物，产于晚期热液脉中。主要产地有中国（云南）、印度、挪威、美国（马萨诸塞）等。

【主要用途】

硅铁灰石在地质学、材料学、物理学、化学、环境科学、晶体学、矿物学、宝石学方面都有重要应用。

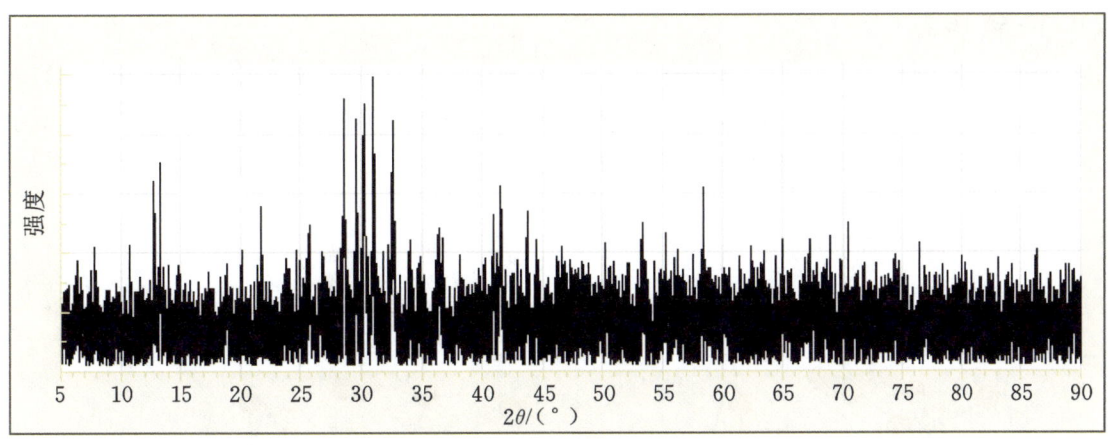

图 4-1-58　硅铁灰石的 X 射线粉晶衍射图

硅锰钠锂石

【化学性质】

硅锰钠锂石是一种含 Li、Mn 的 $[Si_5O_{14}(OH)]$ 链状基型硅酸盐类矿物,其晶体化学式为 $(Li,Na)Mn_4^{2+}[Si_5O_{14}(OH)]$。主要成分为 Li、Mn、Si、H、O,类质同象替代成分有 Al、Ti、Fe、Mg、Na、K、Ca、Sr、Ba、C、P、H_2O。

化学成分中氧化物的质量分数为 Na_2O 1.27%、Li_2O 1.83%、MnO 46.35%、SiO_2 49.08%、H_2O 1.47%。

【结晶形态】

硅锰钠锂石属于三斜晶系,单面晶类,对称型为 1。晶体呈颗粒状、长柱状、纤维状等(图 4-1-59)。

(a) 硅锰钠锂石（俄罗斯）

(b) 硅锰钠锂石（意大利）

(c) 硅锰钠锂石（纳米比亚）

图 4-1-59　硅锰钠锂石

【物理特征】

硅锰钠锂石的颜色呈浅红色、橙色、橙黄色、棕色等。条痕为浅黄色。透明至半透明。半玻璃光泽、金刚光泽。色散较弱,多色性弱。

二轴晶(+)。折射率为 Np=1.707、Nm=1.710、Ng=1.730,双折射率为 0.023。2V=30°(测量)、44°(计算)。

{001}解理完全,{0101}、{100}解理中等。性脆。断口不规则、不均匀的贝壳状、次贝壳状。摩氏硬度为 6.5,相对密度为 3.53(测量)、3.55(计算)。

【晶体结构】

硅锰钠锂石属于三斜晶系,空间群为 $P\bar{1}$(图 4-1-60)。晶胞参数: $a=0.762$ nm、$b=1.176$ nm、$c=0.673$ nm, $\alpha=92.77°$、$\beta=95.08°$、$\gamma=106.87°$, $Z=2$。X 射线粉晶衍射数据 d(Å)(I/I_{max})为 3.17(65)、3.14(45)、3.09(55)、3.07(60)、2.97(80)、2.96(100)、2.92(70),见图 4-1-61。

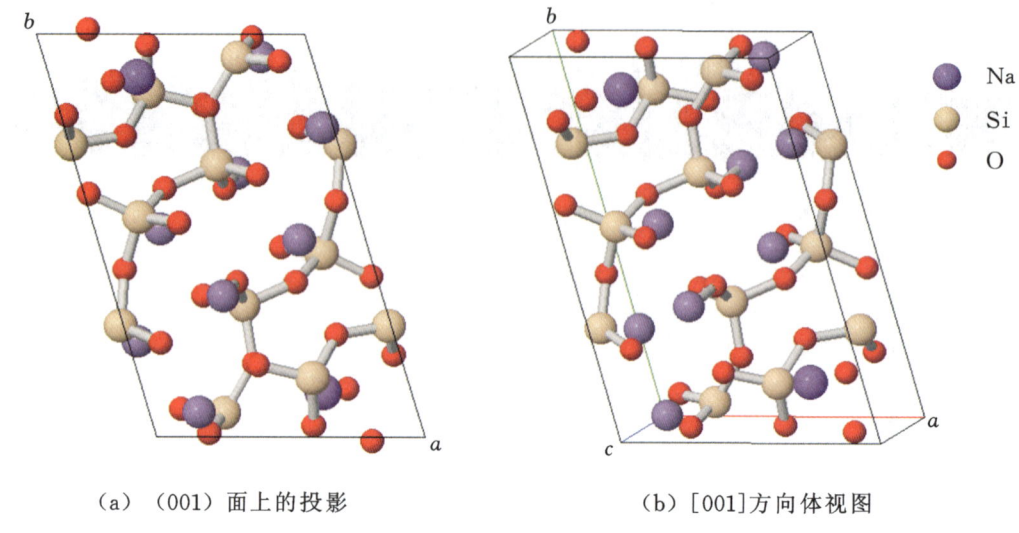

(a)(001)面上的投影　　　　(b)[001]方向体视图

图 4-1-60　硅锰钠锂石的晶体结构

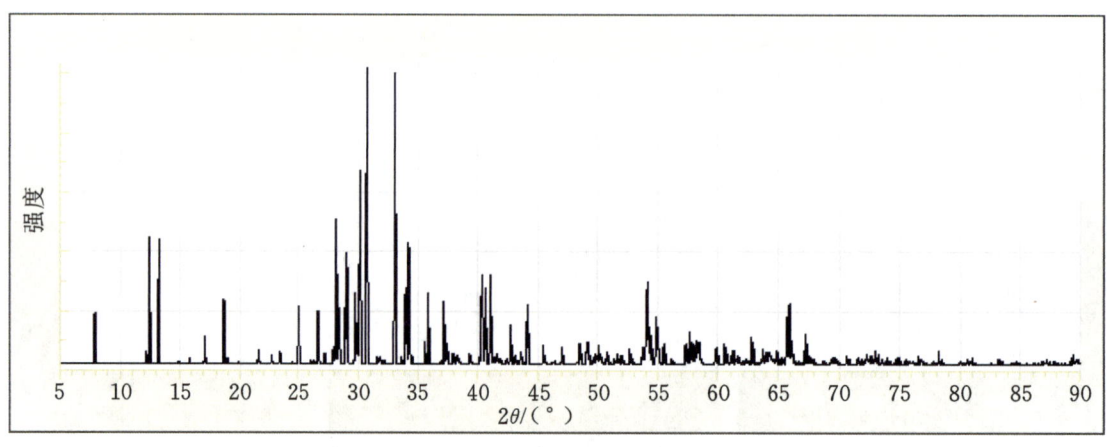

图 4-1-61　硅锰钠锂石的 X 射线粉晶衍射图

与硅锰钠锂石晶体结构相同的矿物有硅锰钠钙石等。

【产状产地】

硅锰钠锂石呈脉状产于锰矿床中,与钠长石、菱锰矿、霓石、钠铁闪石、石英组合共生,主要产地有日本、俄罗斯、意大利、纳米比亚等。

【主要用途】

硅锰钠锂石在地质学、物理学、化学、晶体学、矿物学方面都有一定意义。

三斜锰辉石

【化学性质】

三斜锰辉石是一种含 Mn、Fe 的[SiO_3]链状基型硅酸盐类矿物,其晶体化学式为(Mn^{2+},Fe^{2+})[SiO_3]。主要成分为 Mn、Si、O,类质同象替代成分有 Al、Fe、Mg、Ca、Na、K、H_2O 等。

化学成分中氧化物的质量分数为 MnO 43.25%、FeO 10.96%、SiO_2 45.79%。

【结晶形态】

三斜锰辉石属于三斜晶系,平行双面晶类,对称型为 $\bar{1}$。晶体呈颗粒状、柱状、块状等(图 4-1-62)。依{010}形成双晶、{001}简单双晶少见。

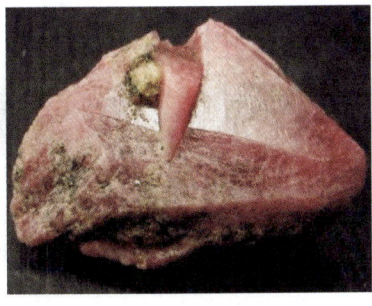

(a) 三斜锰辉石(巴西)　　　　　　　(b) 三斜锰辉石(德国)

图 4-1-62　三斜锰辉石

【物理特征】

三斜锰辉石的颜色呈粉红色、红色、棕色等。条痕为白色、淡粉红色。透明、半透明。玻璃光泽、珍珠光泽。色散中等,多色性弱。

二轴晶(+)。折射率为 Np=1.726~1.748、Nm=1.728~1.750、Ng=1.744~1.764,双折射率为 0.018。$2V=35°\sim46°$(测量)、$40°\sim42°$(计算)。

{110}、{1$\bar{1}$0}解理完全,交角为 92°,{010}、{001}解理较差。性脆。断口呈不均匀、不平整的贝壳状。摩氏硬度为 5.5~6,相对密度为 3.61~3.80(测量)、3.75(计算)。

【晶体结构】

三斜锰辉石属于三斜晶系,空间群为 $P\bar{1}$(图 4-1-63)。晶胞参数:$a=0.969$ nm、$b=1.050$ nm、$c=1.739$ nm,$\alpha=112.17°$、$\beta=102.85°$、$\gamma=82.93°$,$Z=2$。X 射线粉晶衍射数据 d(Å)(I/I_{max})为 4.73(35)、3.47(25)、3.04(25)、2.97(100)、2.68(35)、2.19(45)、1.42(30),见图 4-1-64。

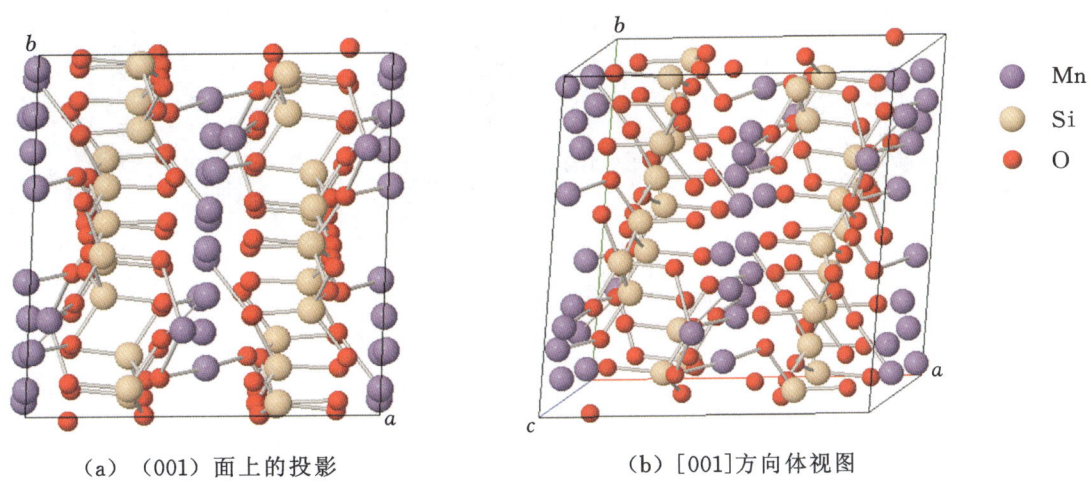

(a) (001)面上的投影　　　　　　　(b) [001]方向体视图

图 4-1-63　三斜锰辉石的晶体结构

【产状产地】

三斜锰辉石产于含锰变质作用和接触交代作用所形成的岩石中,主要产地有巴西、德国、日本、美国等。

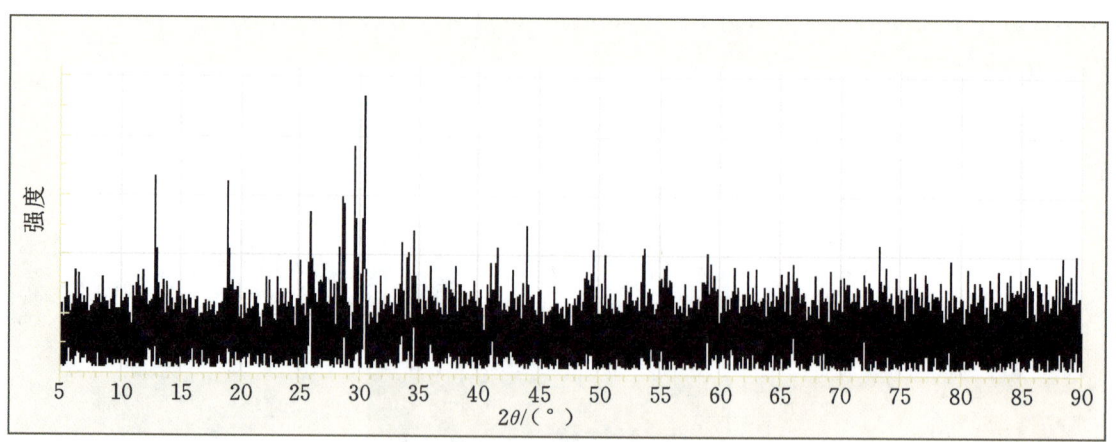

图 4-1-64 三斜锰辉石的 X 射线粉晶衍射图

【主要用途】

三斜锰辉石在地质学、物理学、化学、材料学、晶体学、矿物学、宝石学方面都有重要意义。

三斜铁辉石

【化学性质】

三斜铁辉石是一种含 Fe 的 $[SiO_3]$ 链状基型硅酸盐类矿物,其晶体化学式为:$(Fe^{2+}, Mn^{2+})[SiO_3]$。主要成分为 Fe、Si、O,类质同象替代成分有 Mn、Al、Mg、Ca、Na、K、H_2O 等。

化学成分中氧化物的质量分数为 MnO 7.69%、FeO 46.72%、SiO_2 45.59%。

【结晶形态】

三斜铁辉石属于三斜晶系,平行双面晶类,对称型为 $\bar{1}$。晶体呈颗粒状、柱状、块状等(图 4-1-65)。依{010}形成双晶、{001}简单双晶少见。

图 4-1-65 三斜铁辉石的形态(德国)

【物理特征】

三斜铁辉石的颜色呈无色、淡黄色、橙黄色、黄色、浅棕色。条痕为白色。透明、半透明。玻璃光泽。色散明显,多色性较弱。

二轴晶(+)。折射率为 Np=1.746~1.756、Nm=1.750~1.758、Ng=1.764~1.768,双折射率为 0.012~0.018。2V=30°~40°(测量)、50°~58°(计算)。

{110}解理完全,{010}、{001}解理较差。性脆。断口呈不规则、不均匀的贝壳状。摩氏硬度为 4.5~5.5,相对密度为 3.68~3.76(测量)、2.34(计算)。

【晶体结构】

三斜铁辉石属于三斜晶系,空间群为 $P\bar{1}$(图 4-1-66)。晶胞参数:$a=0.663$ nm、$b=0.756$ nm、$c=1.738$ nm,$\alpha=114.31°$,$\beta=82.75°$,$\gamma=94.58°$,$Z=2$。X 射线粉晶主要衍射数据 $d(\text{Å})(I/I_{max})$ 为 3.090(45)、2.934(100)、2.674(60),见图 4-1-67。

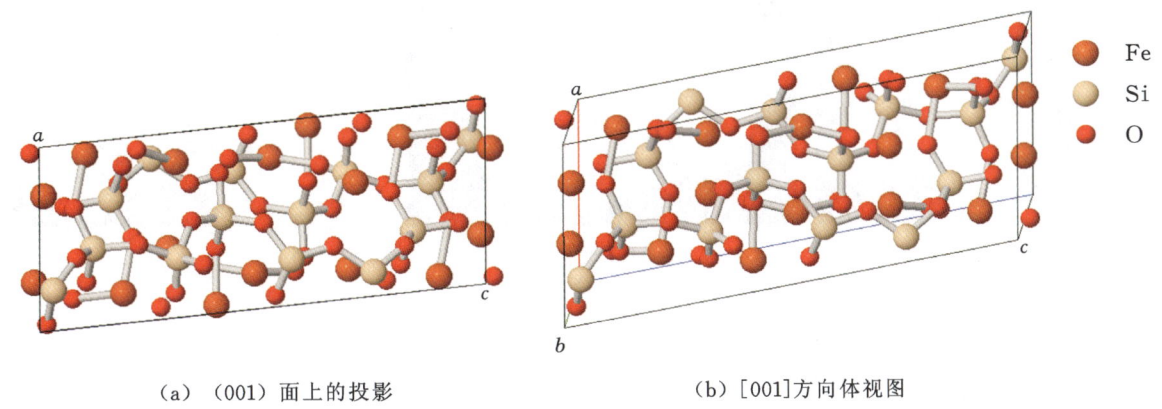

(a) (001)面上的投影　　　　　　　　(b) [001]方向体视图

图 4-1-66　三斜铁辉石的晶体结构

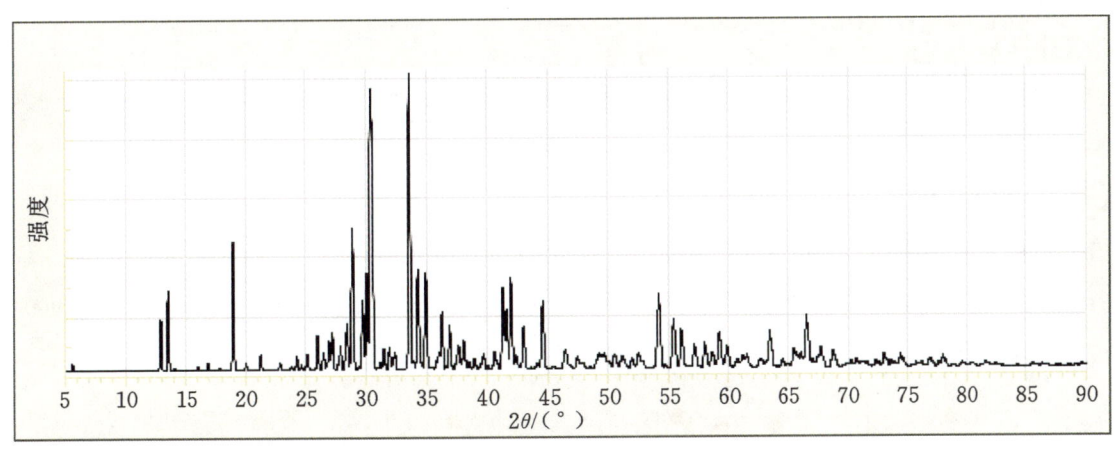

图 4-1-67　三斜铁辉石的 X 射线粉晶衍射图

三斜铁辉石与三斜锰辉石具有相同晶体结构,与斜铁辉石、铁辉石形成类质同象矿物系列。

【产状产地】

三斜铁辉石是辉长岩中的重要组成矿物,主要产地有德国、日本。

【主要用途】

三斜铁辉石在地质学、物理学、化学、材料学、环境科学、晶体学、矿物学、宝石学方面都有重要意义。

铅辉石

【化学性质】

铅辉石是一种含 Pb 的 $[Si_3O_9]$ 链状基型硅酸盐类矿物,其晶体化学式为 $Pb_3[Si_3O_9]$。主要成分为 Pb、Si、O,类质同象替代成分有 Al、Fe、Mn、Ca 等。

化学成分中氧化物的质量分数为 SiO_2 21.21%、PbO 78.79%。

【结晶形态】

铅辉石属于单斜晶系,斜方柱晶类,对称型为 $2/m$。晶体呈长柱状、柱状、粒状、块状(图 4-1-68)。

图 4-1-68　铅辉石(纳米比亚)

【物理特征】

铅辉石的颜色呈无色、白色、奶油色、浅灰色等。条痕为白色。透明、半透明。玻璃光泽、金刚光泽。色散弱,多色性弱。

二轴晶(-)。折射率为 Np=1.947、Nm=1.961、Ng=1.968,双折射率为 0.021。$2V=65°$(测量)、70°(计算)。

{010}解理完全。性脆。断口呈不平整、不均匀的贝壳状。摩氏硬度为 4.5,相对密度为 6.49(测量)、6.37(计算)。

【晶体结构】

铅辉石属于单斜晶系,空间群为 $P2/n$(图 4-1-69)。晶胞参数:$a=1.224$ nm、$b=0.705$ nm、$c=1.123$ nm,$\beta=113.12°$,$Z=12$。X 射线粉晶主要衍射数据 d(Å)(I/I_{max})为 3.56(80)、3.34(100)、2.30(100),见图 4-1-70。

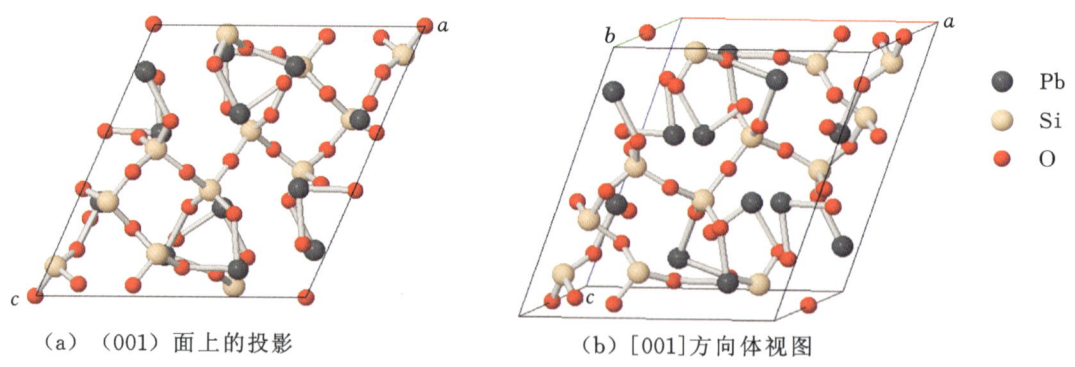

(a) (001)面上的投影　　　　(b) [001]方向体视图

图 4-1-69　铅辉石的晶体结构

【产状产地】

铅辉石是产于含铅金属矿床氧化带中的次生矿物,与钼铅矿、硫碳铅矿、白铅矿等组合共生,主要产地有纳米比亚、墨西哥、美国(马萨诸塞)等。

【主要用途】

铅辉石在地质学、物理学、化学、材料学、晶体学、矿物学方面都有重要意义。

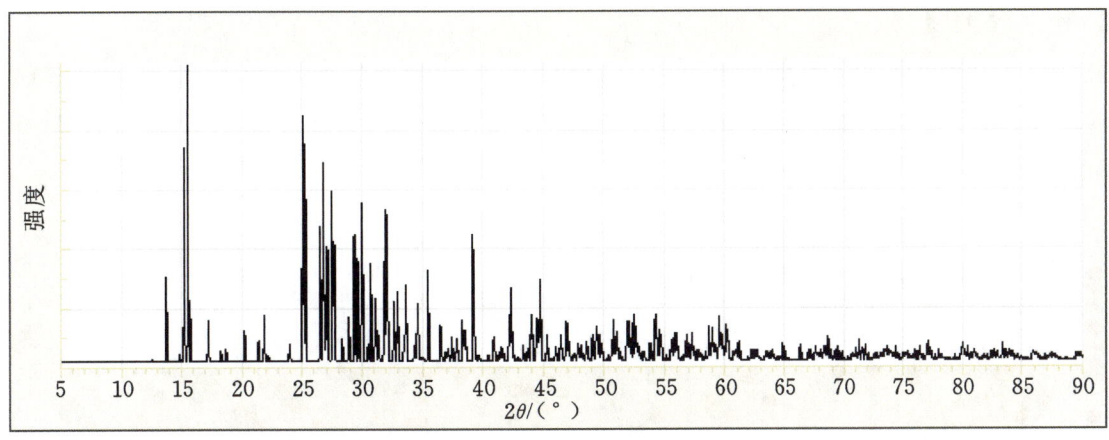

图 4-1-70 铅辉石的 X 射线粉晶衍射图

硅铁钙钡石族

硅铁钙钡石（pellyite） $Ba_2Ca(Fe,Mg)_2[Si_6O_{17}]$

硅铁钙钡石

【化学性质】

硅铁钙钡石是一种含 Ba、Ca、Fe 的 $[Si_6O_{17}]$ 链状基型硅酸盐类矿物，其晶体化学式为 $Ba_2Ca(Fe,Mg)_2[Si_6O_{17}]$。主要成分为 Ba、Ca、Fe、Mg、Si、O，类质同象替代成分有 Al、Mg、Mn、Zn。

化学成分中氧化物的质量分数为 BaO 36.43%、CaO 6.66%、MgO 3.83%、FeO 10.25%、SiO_2 42.83%。

【结晶形态】

硅铁钙钡石属于斜方晶系，斜方双锥晶类，对称型为 mmm。晶体呈粒状、块状等（图 4-1-71）。

（a）硅铁钙钡石（加拿大）　（b）硅铁钙钡石（美国加利福尼亚）

图 4-1-71　硅铁钙钡石

【物理特征】

硅铁钙钡石的颜色呈无色、白色、浅黄色。条痕为白色。透明。玻璃光泽。色散强。多色性弱。

二轴晶（+）。折射率为 $N_p=1.643$、$N_m=1.645$、$N_g=1.649$，双折射率为 0.006。$2V=47°$（测量）、72°（计算）。

解理不完全。性脆。断口呈贝壳状。摩氏硬度为 6，相对密度为 3.51。

【晶体结构】

硅铁钙钡石属于斜方晶系,空间群为 $Cmcm$(图4-1-72)。晶胞参数:$a=1.567$ nm、$b=0.714$ nm、$c=1.419$ nm,$Z=4$。X射线粉晶主要衍射数据 $d(\text{Å})(I/I_{max})$ 为 3.43(100)、3.19(65)、2.31(60),见图4-1-73。

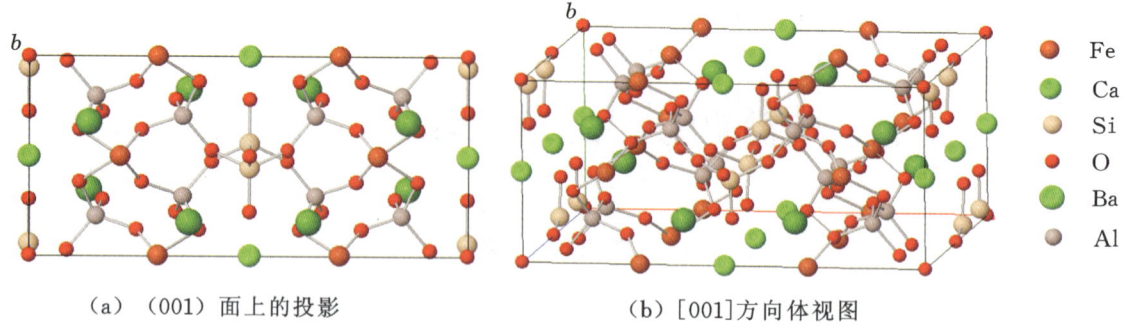

(a) (001)面上的投影　　　(b) [001]方向体视图

图 4-1-72　硅铁钙钡石的晶体结构

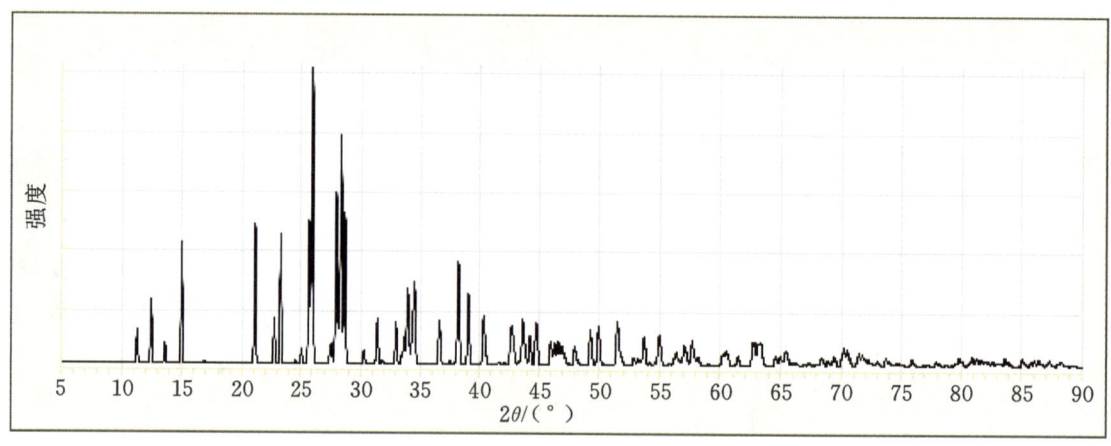

图 4-1-73　硅铁钙钡石的 X 射线粉晶衍射图

【产状产地】

硅铁钙钡石产于岩浆岩与灰岩的接触交代矿床中,主要产地有加拿大、美国(加利福尼亚)。

【主要用途】

硅铁钙钡石在地质学、物理学、化学、晶体学、矿物学、宝石学方面都有重要意义。

二、具附加阴离子或络阳离子

纤锰柱石-纤铁柱石族

纤锰柱石(carpholite)	$Mn^{2+}Al_2[Si_2O_6](OH)_4$
纤铁柱石(ferrocarpholite)	$Fe^{2+}Al_2[Si_2O_6](OH)_4$
纤钒柱石(vanadiocarpholite)	$Mn^{2+}V^{3+}Al[Si_2O_6](OH)_4$
纤钡锂石(balipholite)	$BaMg_2LiAl_3[Si_2O_6]_2(OH)_8$

本族矿物的晶体结构中存在辉石型的硅氧四面体链,每两个链活性氧相对地夹一"之"字形的[AlO_6]八面体链构成一"复合带",并平行于 c 轴延伸,同时在结构中存在着[(Mn,Fe)O_6]八面体和

[AlO₆]八面体(纤锰柱石-纤铁柱石)或[MgO₆]八面体和[(Li,Al)O₆]八面体(纤钡锂石所构成的"双'之'字形带"),亦平行于 c 轴延伸。这两种带以共角顶(OH,F)方式连接成柱状格架。

对于纤锰柱石-纤铁柱石来说,由于结构中处于电价平衡的稳定状态,其柱状格架的空隙是中空的,没有附加任何离子(图 4-1-74)。

而纤钡锂石的结构中由于[MgO₆]八面体和[(Li,Al)]O₆八面体"双'之'字形带"取代了纤锰柱石-纤铁柱石的[(Mn,Fe)O₆]八面体和[AlO₆]八面体"双'之'字形带",使结构中出现了正电荷的不足,因而导致柱状格架电价不平衡的空隙处充填了二价阳离子 Ba^{2+}。

 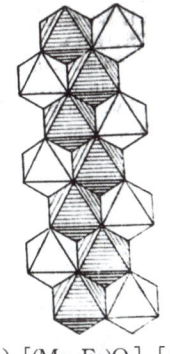

(a) 辉石型硅氧四面体链与[AlO₆]八面体链所构成的"复合带"

(b) [(Mn,Fe)O₆]、[AlO₆]、[MgO₆]、[(Li,Al)O₆]八面体构成的"双'之'字形带"

图 4-1-74 纤锰柱石-纤铁柱石族矿物晶体结构

纤锰柱石

【化学性质】

纤锰柱石是一种含 Mn、Fe、(OH)的[Si₂O₆]单链状基型硅酸盐类矿物,其晶体化学式为 $Mn^{2+}Al_2[Si_2O_6](OH)_4$。主要成分为 Mn、Al、Si、H、O,类质同象替代成分有 Ti、Fe、V、Zn、Mg、Ca、Na、K,其中 Mn 与 Fe 可以相互完全替代。

化学成分中氧化物的质量分数为 MnO 21.56%、Al₂O₃ 30.98%、SiO₂ 36.51%、H₂O 10.95%。

可形成纤锰柱石-纤铁柱石-纤钒柱石类质同象矿物系列。

【结晶形态】

纤锰柱石属于斜方晶系,斜方双锥晶类,对称型为 mmm。晶体呈细粒状、纤维状、块状,集合体呈放射状(图 4-1-75)。

(a) 纤锰柱石(捷克)　　　(b) 纤锰柱石(德国)

图 4-1-75 纤锰柱石

【物理特征】

纤锰柱石的颜色呈草黄色、绿灰色、黄棕色。条痕为白色。透明至半透明。玻璃光泽、丝状光泽。色散较强。多色性弱。

二轴晶(一)。折射率为 Np=1.610、Nm=1.628、Ng=1.630,双折射率为 0.020。2V=58°(测量)、56°(计算)。

{100}、{010}、{110}解理中等。性脆。断口呈不规则、不平整的次贝壳状。摩氏硬度为 5~5.5,相对密度为 2.90(测量)、3.06(计算)。

【晶体结构】

纤锰柱石属于斜方晶系,空间群为 $Ccca$(图 4-1-76)。晶胞参数:$a=1.386$ nm、$b=2.013$ nm、$c=0.512$ nm,$Z=8$。X 射线粉晶主要衍射数据 $d(Å)(I/I_{max})$ 为 5.73(100)、5.08(70)、2.62(50),见图 4-1-77。

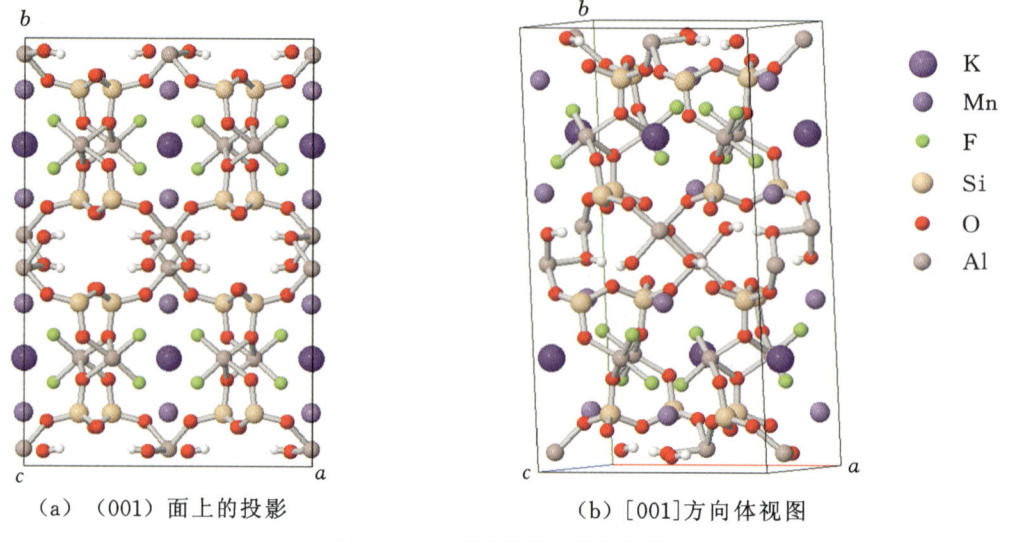

(a) (001) 面上的投影　　　　　(b) [001] 方向体视图

图 4-1-76　纤锰柱石的晶体结构

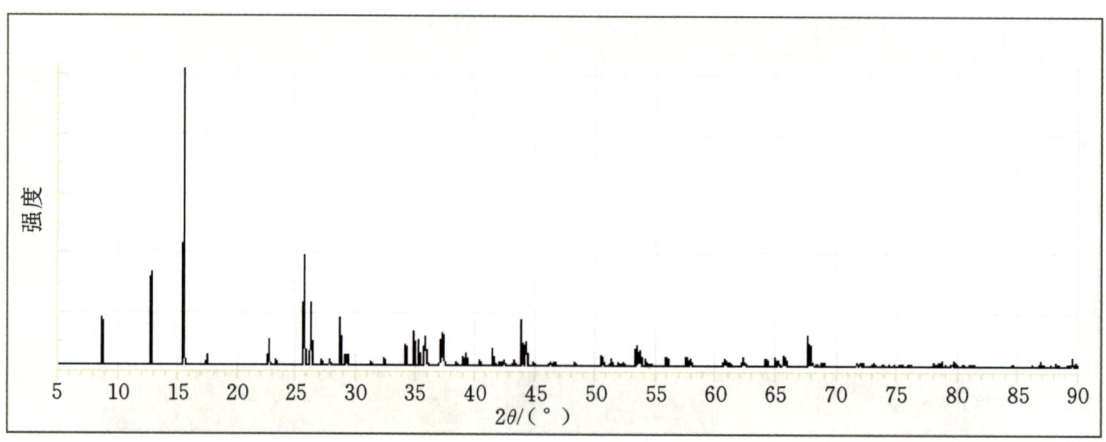

图 4-1-77　纤锰柱石的 X 射线粉晶衍射图

【产状产地】

纤锰柱石产于低温变质千枚岩和石英岩中,与石英、绢云母、黑云母、绿泥石、电气石、金红石、锆石、赤铁矿、白钛石等组合共生,主要产地有捷克、德国等。

【主要用途】

纤锰柱石在地质学、物理学、化学、材料学、晶体学、矿物学方面都有重要意义。

纤铁柱石

【化学性质】

纤铁柱石是一种含 Fe、Mn、(OH)的[Si_2O_6]单链状基型硅酸盐类矿物,其晶体化学式为 $Fe^{2+}Al_2$[Si_2O_6]$(OH)_4$。主要成分为 Fe、Al、Si、O、H,类质同象替代成分有 Mn、V、Ti、Zn、Mg、Ca、Na、K,其中 Fe 与 Mn 可以相互完全替代。

化学成分中氧化物的质量分数为 FeO 17.93%、Fe_2O_3 1.97%、MgO 2.59%、TiO_2 0.25%、MnO 0.22%、Al_2O_3 29.37%、SiO_2 37.57%、H_2O 10.10%。

【结晶形态】

纤铁柱石属于斜方晶系,斜方双锥晶类,对称型为 mmm。晶体呈细粒状、纤维状、块状,或呈放射状集合体(图 4-1-78)。

(a) 纤铁柱石(捷克)

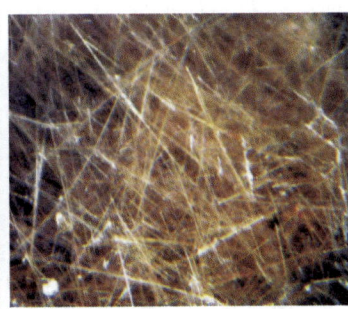
(b) 纤铁柱石(巴西)

图 4-1-78 纤铁柱石

【物理特征】

纤铁柱石的颜色呈黑绿色、绿灰色、棕黄色等。条痕为淡绿色。透明至半透明。丝绢光泽。色散无,多色性弱。

二轴晶(−)。折射率为 $Np=1.617\sim1.628$、$Nm=1.633\sim1.644$、$Ng=1.638\sim1.647$,双折射率为 $0.019\sim0.021$。$2V=49°\sim61°$(测量)、$56°$(计算)。

{010}解理完全、{110}解理中等。性脆。断口呈不规则、不平整的次贝壳状。摩氏硬度为 5.5,相对密度为 3.04(测量)、3.02(计算)。

【晶体结构】

纤铁柱石属于斜方晶系,空间群为 $Ccca$(图 4-1-79)。晶胞参数:$a=1.379$ nm、$b=2.020$ nm、$c=0.511$ nm,$Z=8$。X 射线粉晶主要衍射数据 $d(\text{Å})(I/I_{max})$ 为 5.69(70)、5.04(100)、3.36(30)。

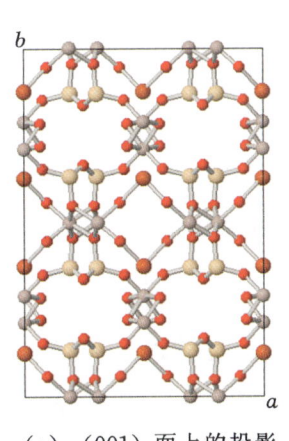
(a) (001)面上的投影

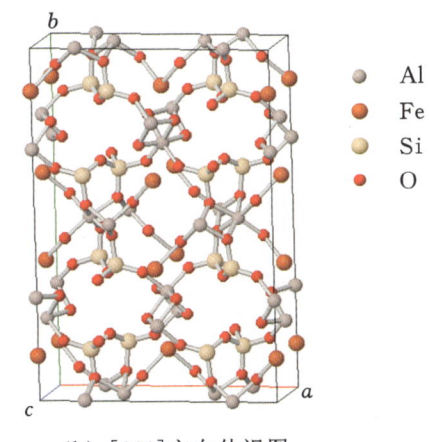
(b) [001]方向体视图

图 4-1-79 纤铁柱石的晶体结构

【产状产地】

纤铁柱石产于变质程度低的蓝片岩相石英脉中,长英质凝灰岩中,与锆石、电气石、绢云母、金红石、石英、赤铁矿、绿泥石、黑云母等组合共生,主要产地有捷克、意大利、巴西、印度尼西亚等。

【主要用途】

纤铁柱石在地质学、材料学、物理学、化学、环境科学、晶体学、矿物学、宝石学方面都有重要应用。

纤钒柱石

【化学性质】

纤钒柱石是一种含 Mn、V、(OH) 的 $[Si_2O_6]$ 单链状基型硅酸盐类矿物，其晶体化学式为 $Mn^{2+}V^{3+}Al[Si_2O_6](OH)_4$。主要成分为 Mn、V、Al、Si、H、O，类质同象替代成分有 Fe、Ti、Zn、Mg、Ca、Na、K，其中 Fe 与 Mn 可以相互完全替代。

化学成分中氧化物的质量分数为 MnO 20.09%、Al_2O_3 14.44%、V_2O_3 21.23%、SiO_2 34.03%、H_2O 10.21%。

【结晶形态】

纤钒柱石属于斜方晶系，斜方双锥晶类，对称型为 mmm。晶体呈纤维状、针状、细杆状等（图 4-1-80）。

图 4-1-80　纤钒柱石（意大利）

【物理特征】

纤钒柱石的颜色呈浅稻草黄色、蜜黄色至棕色。条痕为白色。透明。玻璃光泽、丝绢光泽。色散弱，多色性无。

二轴晶（+）。折射率为 Np=1.684、Nm=1.691、Ng=1.700，双折射率为 0.016。

{010} 解理较好。性脆。断口呈不规则、不均匀的细小微粒状。摩氏硬度为 5.5，相对密度为 3.14（测量）、3.16（计算）。

【晶体结构】

纤钒柱石属于斜方晶系，空间群为 $Ccca$（图 4-1-81）。晶胞参数：a=1.383 nm、b=2.068 nm、c=0.519 nm，Z=8。X 射线粉晶衍射数据 d(Å)(I/I_{max}) 为 5.75(100)、5.15(18)、4.72(14)、3.46(15)、3.08(22)、2.64(26)，见图 4-1-82。

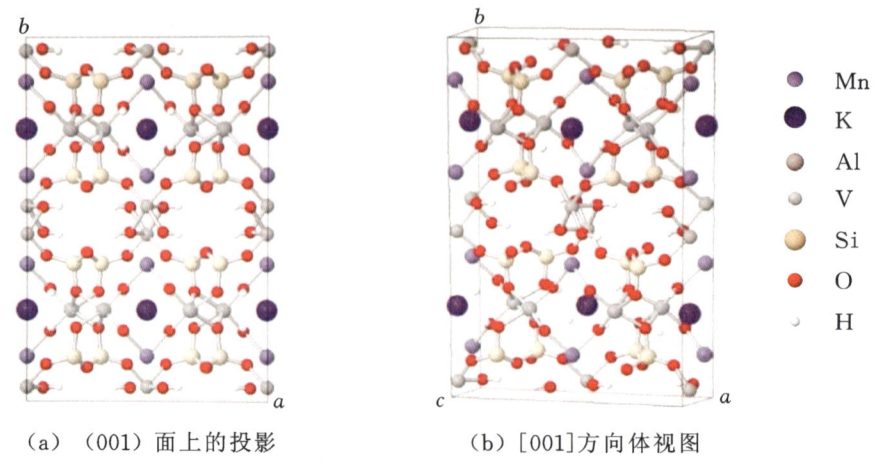

（a）（001）面上的投影　　（b）[001]方向体视图

图 4-1-81　纤钒柱石的晶体结构

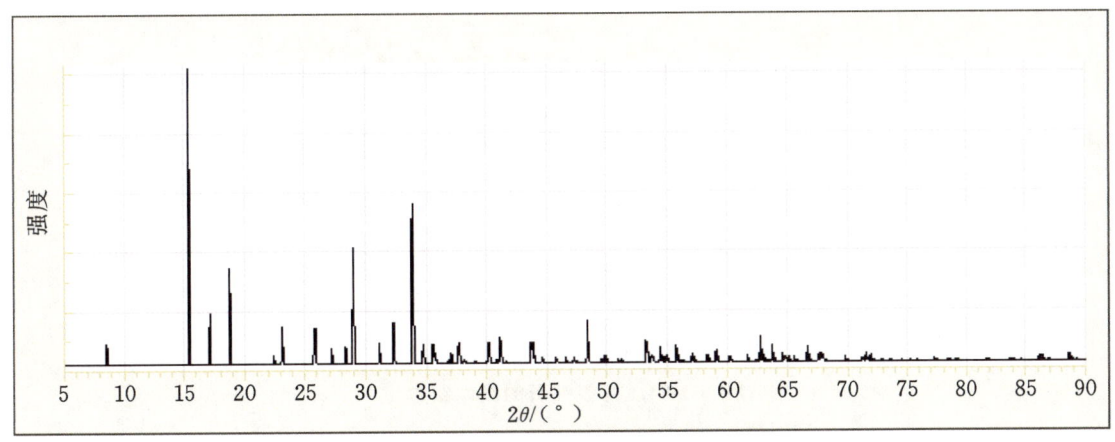

图 4-1-82　纤钒柱石的 X 射线粉晶衍射图

【产状产地】

纤钒柱石发现于富锰硅化木的裂缝中，主要产地有意大利。

【主要用途】

纤钒柱石在地质学、物理学、化学、环境科学、晶体学、矿物学方面都有重要意义。

纤钡锂石

【化学性质】

纤钡锂石是一种含 Ba、Mg、Li、Al、(OH) 的 $[Si_2O_6]$ 链状基型硅酸盐类矿物，其晶体化学式为 $BaMg_2LiAl_3[Si_2O_6]_2(OH)_8$。主要成分为 Ba、Mg、Li、Al、Si、H、O，类质同象替代成分有 Ti、Fe、Mn、Be、Ca、Na、K、P、F。

化学成分中氧化物的质量分数为 BaO 19.07%、Li_2O 1.97%、TiO_2 0.11%、Al_2O_3 23.43%、Fe_2O_3 0.32%、FeO 0.58%、MnO 0.05%、BeO 0.01%、MgO 9.68%、CaO 0.28%、Na_2O 0.26%、K_2O 0.47%、SiO_2 33.44%、H_2O 10.30%、P_2O_5 0.03%。

【结晶形态】

纤钡锂石属于斜方晶系，斜方双锥晶类，对称型为 mmm。晶体呈针状、纤维状（图 4-1-83）。

【物理特征】

纤钡锂石的颜色呈白色、浅黄白色。条痕为白色。透明至半透明。玻璃光泽、丝绢光泽。色散较弱，多色性弱。

二轴晶（−）。折射率为 Np＝1.581、Nm＝1.596、Ng＝1.601，双折射率为 0.020。$2V＝68°\sim72°$（测量）、58°（计算）。

{010} 解理完全，{100}、{110} 解理较差。性脆。断口呈不均匀、不规则状。摩氏硬度为 5～5.5，相对密度为 3.32～3.35（测量）、3.32（计算）。

图 4-1-83　纤钡锂石（中国湖南）

【晶体结构】

纤钡锂石属于斜方晶系，空间群为 $Ccca$（图 4-1-84、图 4-1-85）。晶胞参数：$a＝1.360$ nm、$b＝2.024$ nm、$c＝0.516$ nm，$Z＝4$。X 射线粉晶衍射数据 $d(\text{Å})(I/I_{max})$ 为 10.12(100)、4.05(78)、3.39(91)、2.61(31)、2.39(28)。

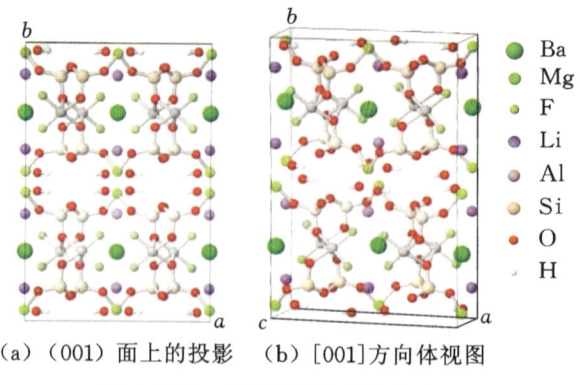

(a)（001）面上的投影　　(b)[001]方向体视图

图 4-1-84　纤钡锂石的晶体结构 1

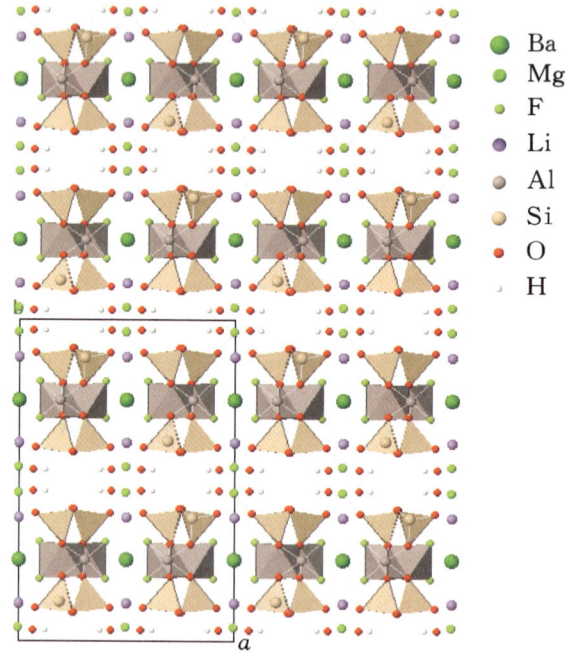

图 4-1-85　纤钡锂石的晶体结构 2

【产状产地】

纤钡锂石生长在晶洞中，共生伴生矿物有铁锂云母等，主要产地有中国湖南等。

【主要用途】

纤钡锂石在地质学、物理学、化学、晶体学、矿物学方面都有重要意义。

斜硅铜矿族

斜硅铜矿（shattuckite）　　　　　　　　　$Cu_2Cu_3[Si_2O_6]_2(OH)_2$

纤硅铜矿（plancheite）　　　　　　　　　$Cu_8[Si_8O_{22}](OH)_4 \cdot H_2O$

斜硅铜矿

【化学性质】

斜硅铜矿是一种含 Cu、(OH)的$[Si_2O_6]$单链状基型硅酸盐类矿物，其晶体化学式为 Cu_2Cu_3 $[Si_2O_6]_2(OH)_2$。主要成分为 Cu、Si、H、O，类质同象替代成分有 Fe、Mn、Mg、Ca、H_2O 等。

化学成分中氧化物的质量分数为 CuO 60.62%、SiO_2 36.63%、H_2O 2.75%。

斜硅铜矿易与纤硅铜矿混淆。

【结晶形态】

斜硅铜矿属于斜方晶系,斜方双锥晶类,对称型为 mmm。晶体呈粒状、颗粒状、纤维状(图 4-1-86)。

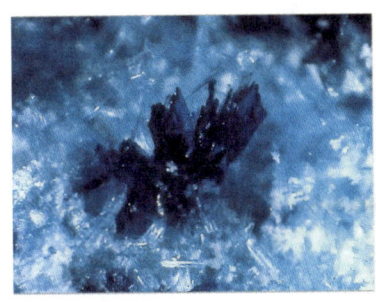

(a) 斜硅铜矿(美国亚利桑那)　　　　　　　　(b) 斜硅铜矿(纳米比亚)

图 4-1-86　斜硅铜矿

【物理特征】

斜硅铜矿的颜色呈浅蓝色、蓝色、深蓝色、绿色等。条痕为浅蓝色。透明至半透明。玻璃光泽、丝绢光泽。色散弱至强。多色性明显:非常淡的蓝色,淡蓝色,深蓝色。

二轴晶(+)。折射率为 $Np=1.753$、$Nm=1.782$、$Ng=1.815$,双折射率为 0.062。$2V=88°$(计算)。

{010}、{100}解理完全。性脆。断口呈不平整、不规则的贝壳状。摩氏硬度为 3.5,相对密度为 4.11(测量)、4.13(计算)。

【晶体结构】

斜硅铜矿属于斜方晶系,空间群为 $Pcab$(图 4-1-87)。晶胞参数:$a=0.988$ nm、$b=1.983$ nm、$c=0.538$ nm,$Z=4$。X 射线粉晶衍射数据 $d(Å)(I/I_{max})$ 为 4.96(90)、4.42(100)、3.50(80)、3.30(80)、2.75(70)、2.40(60)、1.63(70),见图 4-1-88。

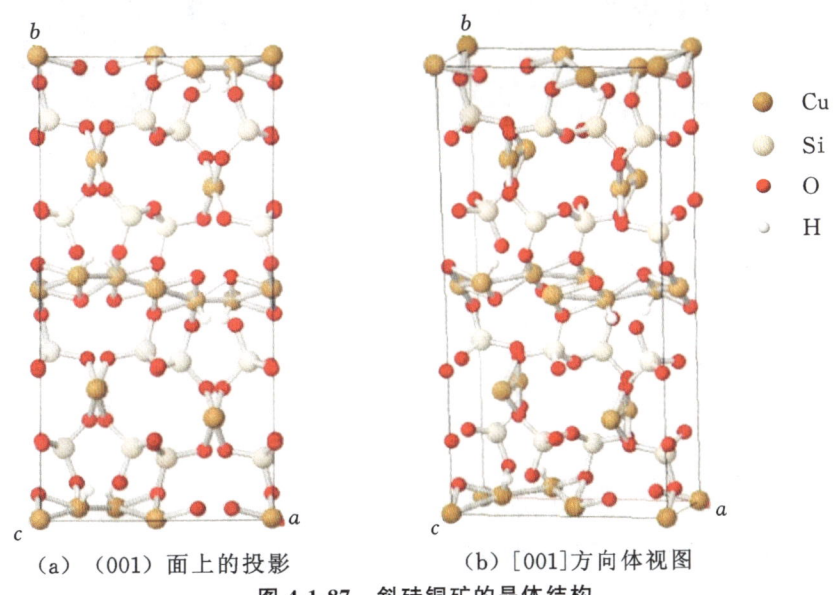

(a) (001)面上的投影　　　　(b) [001]方向体视图

图 4-1-87　斜硅铜矿的晶体结构

【产状产地】

斜硅铜矿为孔雀石的次生矿物,主要产地有美国(亚利桑那)、纳米比亚。

【主要用途】

斜硅铜矿在地质学、材料学、物理学、化学、环境科学、晶体学、矿物学、宝石学方面都有重要应用。

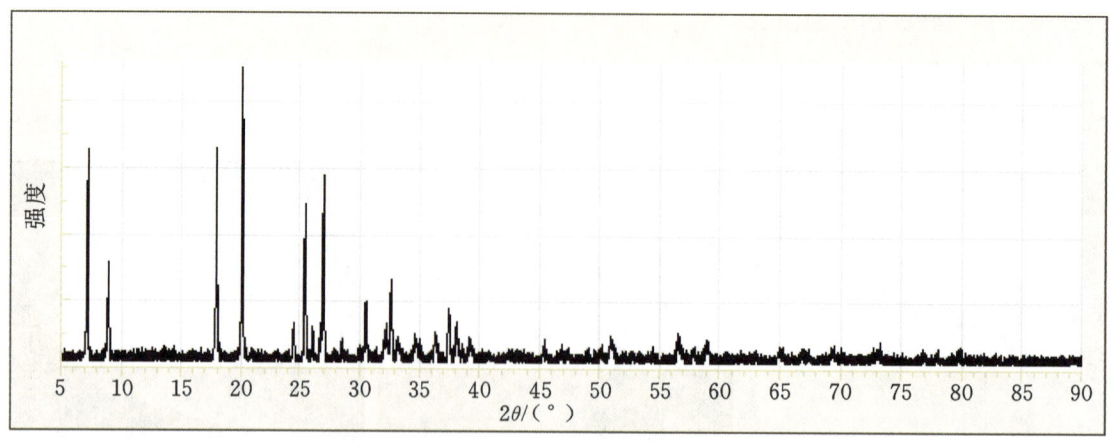

图 4-1-88　斜硅铜矿的 X 射线粉晶衍射图

纤硅铜矿

【化学性质】

纤硅铜矿是一种含 Cu、(OH)、H_2O 的 $[Si_8O_{22}]$ 双链状基型硅酸盐类矿物,其晶体化学式为 $Cu_8[Si_8O_{22}](OH)_4 \cdot H_2O$。主要成分为 Cu、Si、O、H,类质同象替代成分较少。

化学成分中氧化物的质量分数为 CuO 54.34％、SiO_2 41.05％、H_2O 4.61％。

【结晶形态】

纤硅铜矿属于斜方晶系,斜方双锥晶类,对称型为 mmm。晶体呈针状、纤维状(图 4-1-89)。

  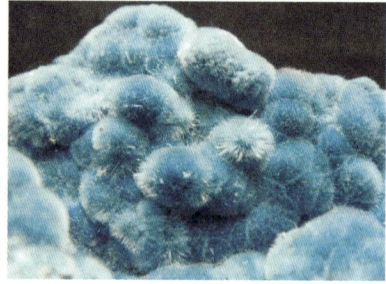

图 4-1-89　纤硅铜矿(刚果)

【物理特征】

纤硅铜矿的颜色呈蓝色、蓝绿色等。条痕为浅蓝色。半透明。金刚光泽、丝绢光泽。色散较强。多色性中等:无色、浅蓝色,无色、浅蓝色,蓝色。

二轴晶(＋)。折射率为 Np＝1.645、Nm＝1.660、Ng＝1.715,双折射率为 0.07。

解理、断口不清。性脆。摩氏硬度为 5.5～6,相对密度为 3.65～3.80(测量)、3.85(计算)。

【晶体结构】

纤硅铜矿属于斜方晶系,空间群为 $Pcnb$(图 4-1-90)。晶胞参数:a＝1.904 nm、b＝2.013 nm、c＝0.527 nm,Z＝4。X 射线粉晶主要衍射数据 d(Å)(I/I_{max})为 10.11(100)、9.56(40)、6.94(70)、4.87(50)、4.06(85)、3.95(40)、3.31(40)。

【产状产地】

纤硅铜矿属于铜矿床氧化带中的次生矿物,主要产地有刚果、美国。

【主要用途】

纤硅铜矿在地质学、材料学、物理学、化学、环境科学、晶体学、矿物学、宝石学方面都有重要应用。

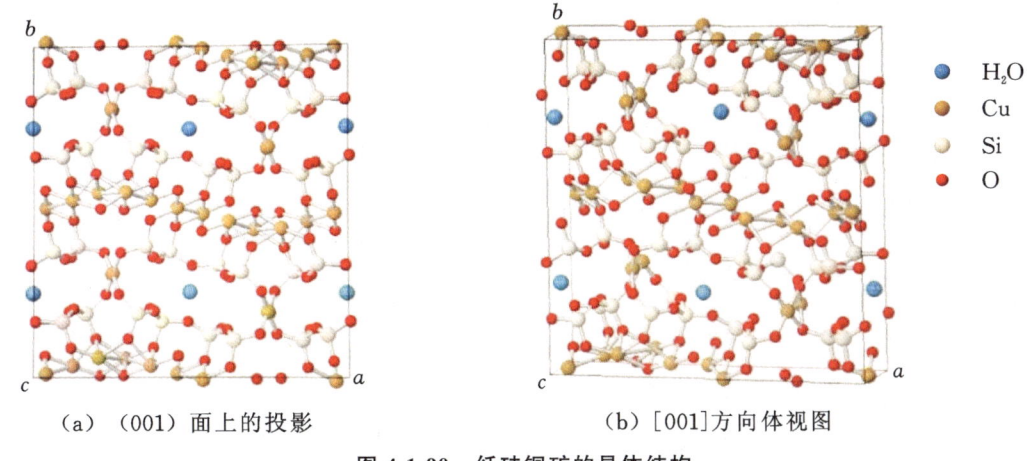

(a)（001）面上的投影   (b)[001]方向体视图

图 4-1-90   纤硅铜矿的晶体结构

硅镁钡石族

硅镁钡石（magbasite） $KBaFe^{3+}Mg_7[Si_8O_{22}](OH)_2F_6$

硅镁钡石

【化学性质】

硅镁钡石是一种含 K、Ba、Fe、Mg、Al、(OH)、F 的双链状基型硅酸盐类矿物，其晶体化学式为 $KBaFe^{3+}Mg_7[Si_8O_{22}](OH)_2F_6$。主要成分为 K、Ba、Fe、Mg、Si、H、F、O，类质同象替代成分有 Ca、Mn、Sc、Al。

化学成分中氧化物及元素的质量分数为 K_2O 4.99％、BaO 14.56％、MgO 17.09％、Sc_2O_3 1.83％、FeO 15.23％、Al_2O_3 4.05％、SiO_2 38.22％、F 4.03％。

【结晶形态】

硅镁钡石属于斜方晶系，斜方双锥晶类，对称型为 mmm。晶体呈针状、纤维状、放射状等。

【物理特征】

硅镁钡石的颜色呈无色，粉紫色。条痕为白色。透明。玻璃光泽。色散弱。多色性弱。

二轴晶（－）。折射率为 Np＝1.597、Nm＝1.609、Ng＝1.615，双折射率为 0.018。$2V=70°$（测量）、70°（计算）。

解理不完全。性脆。断口呈不规则、不平整的贝壳状。摩氏硬度为 5，相对密度为 3.41（测量）、4.15（计算）。

【晶体结构】

硅镁钡石属于斜方晶系，空间群为 $Cmma$（图 4-1-91）。晶胞参数：$a=2.250$ nm、$b=1.895$ nm、$c=0.528$ nm，$Z=4$。X 射线粉晶主要衍射数据 $d(\text{Å})(I/I_{max})$ 为 3.63(100)、3.20(100)、2.59(80)。

硅镁钡石与纤锰柱石具有相同的结构。

【产状产地】

硅镁钡石是一种热液沉淀矿物，主要产地有中国（内蒙古）等。

【主要用途】

硅镁钡石在地质学、物理学、化学、晶体学、矿物学、宝石学方面都有一定意义。

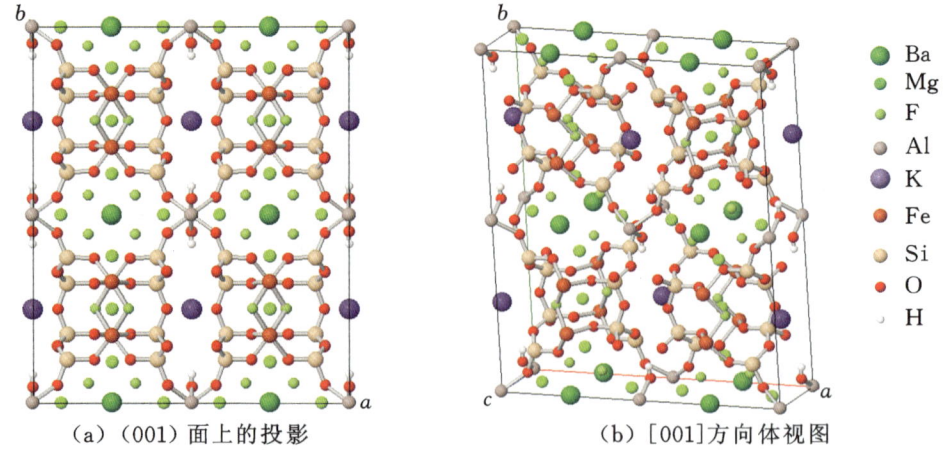

(a)（001）面上的投影　　　　(b)[001]方向体视图

图 4-1-91　硅镁钡石的晶体结构

闪石族

名称	化学式
直闪石（anthophyllite）	$(Mg,Fe)_7[Si_8O_{22}](OH)_2$
镁直闪石（magnesio anthophyllite）	$(Mg,Fe)_7[Si_8O_{22}](OH)_2$
铁直闪石（ferro anthophyllite）	$(Fe,Mg)_7[Si_8O_{22}](OH)_2$
镁铝直闪石（magnesio gedrrite）	$(Mg,Fe)_5Al_2[Si_6Al_2O_{22}](OH)_2$
铁铝直闪石（ferro gedrite）	$(Fe,Mg)_5Al_2[Si_6Al_2O_{22}](OH)_2$
镁锂闪石（magnesioho lmquistite）	$Li_2(Mg,Fe)_2(Al,Fe)_2[Si_2O_{22}](OH,F)_2$
铁锂闪石（ferroho lmquistite）	$Li_2(Fe,Mg)_2(Al,Fe)_2[Si_2O_{22}](OH,F)_2$
镁闪石（magnesio cummingtonite）	$(Mg,Fe)_7[Si_8O_{22}](OH)_2$
铁闪石（grunerite）	$Fe_2^{2+}Fe_5^{2+}[Si_8O_{22}](OH)_2$
镁铁闪石（cummingtonite）	$Mg_2Fe_5[Si_8O_{22}](OH)_2$
透闪石（tremolite）	$Ca_2(Mg,Fe)_5[Si_8O_{22}](OH)_2$
阳起石（actionclite）	$Ca_2(Mg,Fe)_5[Si_8O_{22}](OH)_2$
铁阳起石（ferro-actinolite）	$Ca_2(Fe,Mg)_5[Si_8O_{22}](OH)_2$
普通角闪石（hornblende）	$(Ca,Na)_{2-3}(Mg,Fe^{2+},Fe^{3+},Al)_5[(Al,Si)_8O_{22}](OH)_2$
钙镁闪石（tschermakite）	$Ca_2(Mg,Fe)_3(Al,Fe)_2[(Si_6Al_2)O_{22}](OH)_2$
铁钙镁闪石（ferro-tschermakite）	$Ca_2Fe_3^{2+}(Fe^{3+},Al)_2[(Si_6Al_2)O_{22}](OH)_2$
浅闪石（edenite）	$NaCa_2(Mg,Fe)_5[(Si_7Al)O_{22}](OH)_2$
铁浅闪石（ferro-edenite）	$NaCa_2(Fe,Mg)_5[(Si_7Al)O_{22}](OH)_2$
氟浅闪石（fluoro-edenite）	$NaCa_2Mg_5[(Si_7Al)O_{22}](F,OH)_2$
韭闪石（pargasite）	$NaCa_2(Mg,Fe)_4(Al,Fe)[(Si_6Al_2)O_{22}](OH)_2$
铁韭闪石（ferro-pargasite）	$NaCa_2Fe_4^{2+}Al[(Si_6Al_2)O_{22}](OH)_2$
氟韭闪石（fluoro-pargasite）	$NaCa_2(Mg,Fe)_4(Al,Fe)[(Si_6Al_2)O_{22}](F,OH)_2$
氯铁韭闪石（ferro-chloro-pargasite）	$NaCa_2Fe_4^{2+}Al[(Si_6Al_2)O_{22}]Cl_2$
氟钾韭闪石（fluoro-potassic-pargasite）	$KCa_2Mg_4Al[(Si_6Al_2)O_{22}]F_2$
钾韭闪石（potassic-pargasite）	$KCa_2Mg_4Al[(Si_6Al_2)O_{22}](OH)_2$
氯钾韭闪石（potassic-chloro-pargasite）	$(K,Na)Ca_2(Mg,Fe)_4Al[(Si_6Al_2)O_{22}](Cl,OH)_2$

钾铁韭闪石(potassic-ferro-pargasite)	$KCa_2Fe_4^{2+}Al[(Si_6Al_2)O_{22}](OH)_2$
绿钙闪石(hastingsite)	$NaCa_2(Fe^{2+},Mg)_4(Fe^{3+},Al)[(Si_6Al_2)O_{22}](OH)_2$
钾绿钙闪石(potassic-hastingsite)	$KCa_2Fe_4^{2+}Fe^{3+}[(Si_6Al_2)O_{22}](Cl,F,OH)_2$
镁绿钙闪石(magnesio-hastingsite)	$NaCa_2Mg_4Fe^{3+}[(Si_6Al_2)O_{22}](OH)_2$
氧镁绿钙闪石(oxo-magnesio-hastingsite)	$NaCa_2Mg_3(Fe_{2-x}^{3+},Ti_x)_5[(Si_6Al_2)O_{22}]O_2$
氟钠钙镁闪石(magnesio-fluoro-hastingsite)	$NaCa_2Mg_4Fe^{3+}[(Si_6Al_2)O_{22}]F_2$
钛闪石(kaersutite)	$NaCa_2(Mg,Fe)_4Ti[(Si_6Al_2)O_{22}](O,OH,F)_2$
铁钛闪石(ferrokaesutite)	$NaCa_2(Fe,Mg)_4Ti[(Si_6Al_2)O_{22}](O,OH,F)_2$
高铁钛闪石(ferri-kaersutite)	$NaCa_2Mg_3Fe^{3+}Ti[(Si_6Al_2)O_{22}]O_2$
蓝透闪石(winchite)	$CaNa(Mg,Fe)_4(Al,Fe)[Si_8O_{22}](OH)_2$
铁蓝透闪石(ferro-winchite)	$CaNa(Fe,Mg)_4(Al,Fe)[Si_8O_{22}](OH)_2$
冻蓝闪石(barroisite)	$CaNaMg_3Al_2[(Si_7Al)O_{22}](OH)_2$
氟冻蓝闪石(fluoro-barroisite)	$CaNa(Mg,Fe)_3(Al,Fe)_2[(Si_7Al)O_{22}]F_2$
铁冻蓝闪石(ferro-barroisite)	$CaNa(Fe,Mg)_3(Al,Fe)_2[(Si_7Al)O_{22}](OH)_2$
亚铁冻蓝闪石(ferri-barroisite)	$CaNa(Fe^{2+},Mg)_3Fe_2^{3+}[(Si_7Al)O_{22}](OH)_2$
镁钠钙闪石(richterite)	$NaCaNa(Mg,Fe)_5[Si_8O_{22}](OH)_2$
铁钠钙闪石(ferro-richterite)	$NaCaNa(Fe,Mg)_5[Si_8O_{22}](OH)_2$
氟镁钠钙闪石(fluoro-richterite)	$NaCaNaMg_5[Si_8O_{22}]F_2$
氟镁钾钙闪石(potassic-fluoro-richterite)	$KCaNaMg_5[Si_8O_{22}]F_2$
红闪石(katophorite)	$NaCaNa(Fe,Mg)_4(Fe,Al)[(Si_7Al)O_{22}](OH)_2$
铁红闪石(ferro-katophorite)	$NaCaNa(Fe,Mg)_4Fe[(Si_7Al)O_{22}](OH)_2$
镁红闪石(magnesio katophorite)	$NaCaNa(Mg,Fe)_4(Fe,Al)[(Si_7Al)O_{22}](OH)_2$
氟铁红闪石(ferri-fluoro-katophorite)	$NaCaNa(Mg,Fe)_4(Fe,Al)[(Si_7Al)O_{22}]F_2$
绿闪石(taramite)	$NaCaNa(Fe,Mg)_3(Fe,Al)_2[(Si_6Al_2)O_{22}](OH)_2$
镁绿闪石(magnesio-taramite)	$NaCaNa(Mg,Fe)_3(Fe,Al)_2[(Si_6Al_2)O_{22}](OH)_2$
铁(Fe^{2+})绿闪石(ferro-taramite)	$NaCaNaFe_3^{2+}Al_2[(Si_6Al_2)O_{22}](OH)_2$
高铁(Fe^{3+})绿闪石(ferritaramite)	$NaCaNa(Fe^{2+},Mg)_3Fe_2^{3+}[(Si_6Al_2)O_{22}](OH)_2$
多铁绿闪石($ferro^{2+}-ferri^{3+}$-taramite)	$NaCaNaFe_3^{2+}Fe_2^{3+}[(Si_6Al_2)O_{22}](OH)_2$
氟绿闪石(fluoro-taramite)	$NaCaNaFe_3^{3+}Al_2[(Si_6Al_2)O_{22}](OH)_2$
铝绿闪石(alumino-taramite)	$NaCaNaMg_3Al_2[(Si_6Al_2)O_{22}]F_2$
铝镁绿闪石(alumino-magnesio-taramite)	$NaCaNaMg_3Al_2[(Si_6Al_2)O_{22}](OH)_2$
多铁钾绿闪石(potassic-ferro-ferri-taramite)	$KCaNaFe_3^{2+}Fe_2^{3+}[(Si_6Al_2)O_{22}](OH)_2$
蓝闪石(glaucophane)	$Na_2(Mg,Fe)_3Al_2[Si_8O_{22}](OH)_2$
钠闪石(riebeckte)	$Na_2(Fe,Mg)_3Fe_2^{3+}[Si_8O_{22}](OH)_2$
镁钠闪石(magnesio-riebeckite)	$Na_2(Mg,Fe)_3Fe_2^{3+}[Si_8O_{22}](OH)_2$
氟钠闪石(fluoro-riebeckite)	$Na_2Fe_3^{2+}Fe_2^{3+}(Si_8O_{22})F_2$
氟镁钠闪石(eckermannite)	$NaNa_2(Mg,Fe)_4Al[Si_8O_{22}](F,OH)_2$
氟铁钠闪石(ferro eckermannite)	$NaNa_2(Fe,Mg)_4Al[Si_8O_{22}](F,OH)_2$
氟镁铁钠闪石(magnesio-fluoro-arfvedsonite)	$NaNa_2Mg_4Fe^{3+}[Si_8O_{22}]F_2$
钠铁闪石(arfvedsonite)	$NaNa_2Fe_4^{2+}Fe^{3+}[Si_8O_{22}](OH)_2$

镁钠铁闪石(magnesio arfvedsonite)　　　　　　$NaNa_2Mg_4Fe^{3+}[Si_8O_{22}](OH)_2$

锰钠闪石(kozulite)　　　　　　　　　　　　　　$NaNa_2Mn_4(Fe^{3+},Al)[Si_8O_{22}](OH)_2$

闪石又称角闪石，是一类矿物族的总称，分为斜方角闪石亚族、单斜角闪石亚族和三斜角闪石亚族。单斜角闪石亚族多见，斜方角闪石亚族主要有直闪石和铝直闪石等，三斜角闪石亚族主要有褐斜闪石等，少见。闪石是常见的硅酸盐矿物，它是构成很多岩石的主要矿物或次要矿物，这类矿物称为造岩矿物。

【化学性质】

闪石是一种含$[Si_8O_{22}]$、(OH)、F的双链状基型硅酸盐矿物，其化学通式为$A_{0-1}X_{2-3}Y_5[Z_8O_{22}](OH,F,O)_2$，式中阳离子A主要为$Na^+$、$K^+$、$H_3O^+$，阳离子X主要为$Ca^{2+}$、$Na^+$、$K^+$、$Mg^{2+}$、$Fe^{2+}$、$Mn^{2+}$、$Li^+$等，阳离子Y主要为$Mg^{2+}$、$Fe^{2+}$、$Mn^{2+}$、$Al^{3+}$、$Fe^{3+}$、$Cr^{3+}$、$Ti^{4+}$等，Z主要为$Si^{4+}$，$Al^{3+}$可替代$Si^{4+}$，但$Al^{3+}$含量不超过Z阳离子总数的1/4。

根据成分中阳离子X中Na和Ca的含量，可以将闪石族矿物划分为4个亚族；再根据Si原子数、Mg/(Mg、Fe)值和其他阳离子数，划分为不同的矿物种。

各组阳离子的类质同象替代十分普遍，可形成许多类质同象矿物系列。它们分为很多种，如直闪石、透闪石-阳起石、普通角闪石、蓝闪石、钠闪石、钠铁闪石等。

闪石族矿物大多数为单斜晶系，当阳离子X是半径较小的Li、Mg、Fe时，属斜方晶系，如直闪石。

【结晶形态】

闪石的晶体一般为细长的针状和纤维状(图4-1-92)。

图4-1-92　闪石(角闪石)

【晶体结构】

闪石族矿物晶体结构的基本特征是$[SiO_4]$组成双单链，链上4个$[SiO_4]$四面体为一重复单位，记为$[Si_4O_{11}]$。可以看成是两个辉石单链拼合而成的双链，双链沿c轴方向延伸(图4-1-93)。

链与链之间由A、X、Y金属阳离子连接。双链与双链之间有5种大小不同的空隙，分别以M_I、M_{II}、M_{III}、M_{IV}和A标记。其中M_I、M_{II}空隙最小，M_{III}空隙略大，这三种空隙被Y组阳离子占据，形成配位八面体，它们共棱相连接组成平行c轴延伸的八面体链带。M_{II}配位八面体的角顶全部是O，而M_I和M_{III}配位八面体由4个$[O^{2+}(OH)]$组成。M_{IV}空隙相对较大，由X组阳离子充填。当充填M_{IV}空隙的是Mn^{2+}、Fe^{2+}和Mg^{2+}等小半径离子时，其配位多面体为畸变的八面体，仍为六次配位；若Ca^{2+}和Na^+等大半径离子占据其中，则为八次配位。

A阳离子位于底面相对的双链之间，并且恰好在$[Si_4O_{11}]$双链的"环"中心附近宽大而连续的空隙上，它主要用来平衡电价，视具体矿物种属，可全部被Na^+、K^+、H_3O^+占据，也可全部空着。

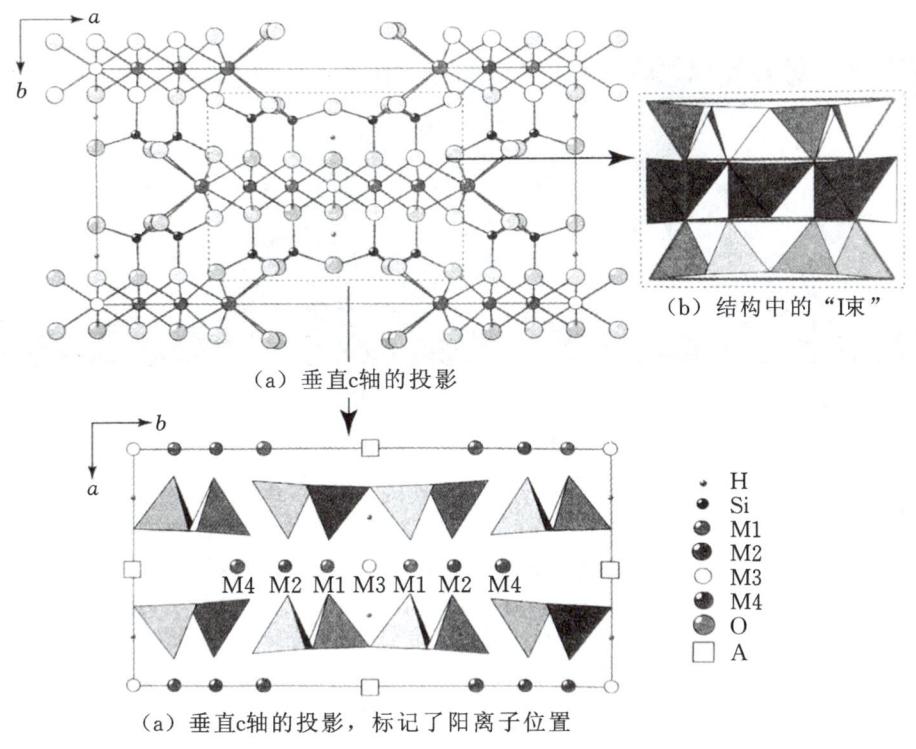

(b) 结构中的"Ⅰ束"

(a) 垂直c轴的投影

(a) 垂直c轴的投影，标记了阳离子位置

图 4-1-93　闪石族矿物的晶体结构

类似于辉石结构，闪石结构中也可划分出"Ⅰ束"，只是闪石中"Ⅰ束"的宽度比辉石中的宽两倍左右。

按对称性闪石族矿物可分为斜方和单斜两个晶系，分别以直闪石和透闪石阐述闪石族矿物的晶体结构特征。

【产状产地】

闪石是岩浆岩和变质岩的主要造岩矿物。富含镁铁的闪石，如直闪石，主要产于区域变质岩中；在片岩中镁铁闪石常与普通角闪石、斜长石共生。富含钙的闪石广泛分布于岩浆岩、接触变质岩、区域变质岩中，如花岗岩与灰岩接触带中的透闪石，中酸性岩浆岩和区域变质岩中的普通角闪石。富含钠的闪石，主要产于富钠质岩石形成的变质岩中；碱性岩浆岩或受钠质交代的岩石中，常见钠铁闪石与霓石共生。

直闪石

【化学性质】

直闪石常称为斜方角闪石，包括镁直闪石与铁直闪石，镁铝直闪石与铁铝直闪石，镁锂闪石与铁锂闪石，镁闪石与铁闪石，单斜镁锂闪石与单斜铁锂闪石。

它是一种含 Mg、Fe、(OH) 的 $[Si_4O_{11}]$ 双链状基型硅酸盐类矿物，其晶体化学式为 $(Mg,Fe)_7[Si_8O_{22}](OH)_2$，也可写作 $(Mg,\square)_2Mg_5[Si_8O_{22}](OH)_2$。主要成分为 Mg、Si、O、H，类质同象替代成分有 Fe、Mn、Ca、Na、Li、Al、Ti。富含 Fe 的直闪石称为铁直闪石，富含 Na 的直闪石称为钠直闪石。

化学成分中氧化物的质量分数为 MgO 36.13%、SiO_2 61.56%、H_2O 2.31%。

【结晶形态】

直闪石属于斜方晶系，斜方双锥晶类，对称型为 mmm。晶体常呈针状、纤维状、石棉状、柱状、放射柱状、薄板状等，常见呈柱状和纤维状集合体(图 4-1-94)。常见单形有{210}、{100}、{001}等。

(a) 直闪石（芬兰）

(b) 直闪石（澳大利亚）

(c) 直闪石（挪威）

图 4-1-94 直闪石

【物理特征】

直闪石的颜色呈白色、灰白色、灰绿色、棕绿色、褐色、暗褐色，颜色随 Fe 含量增加而加深。条痕为灰色、灰白色。玻璃光泽、珍珠光泽。透明至半透明。色散弱。多色性弱：浅绿色、浅棕黄色，棕绿色、浅棕褐色。发红色荧光。

二轴晶(+)。折射率为 $Np=1.598\sim1.674$、$Nm=1.605\sim1.685$、$Ng=1.615\sim1.697$，随 Fe 含量的增加而变大。双折射率为 $0.017\sim0.023$。$2V=57°\sim90°$(测量)、$82°\sim90°$(计算)。

{210}两组解理完全，夹角为 $124°$ 和 $56°$，{010}、{100}有裂开。性脆，纤维状晶具有弹性。断口呈不平整参差贝壳状。摩氏硬度为 $5.5\sim6$。相对密度为 $2.85\sim3.57$(测量)、3.67(测量)，随 Fe 含量的增高而增大。

【晶体结构】

直闪石属于斜方晶系，空间群为 $Pnma$（图 4-1-95）。晶胞参数：$a=1.850$ nm、$b=1.790$ nm、$c=0.528$ nm，$Z=4$。X 射线粉晶主要衍射数据 $d(\text{Å})(I/I_{max})$ 为 $8.26(55)$、$3.24(60)$、$3.05(100)$，见图 4-1-96。

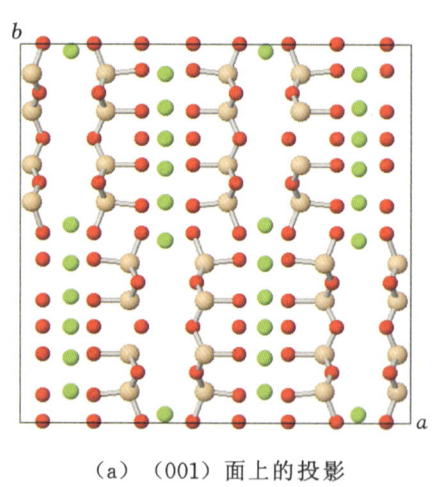

(a) (001) 面上的投影 (b) [001]方向体视图

图 4-1-95 直闪石的晶体结构 1

直闪石结构中，$[Si_4O_{11}]$ 双链平行 c 轴无限延伸，Mg 占据 M_I、M_{II}、M_{III} 和 M_{IV} 位置，M_{IV} 配位多面体畸变较大（图 4-1-97）。

与直闪石具相同晶体结构的矿物有铁直闪石、铝直闪石、铁铝直闪石、锂闪石、原铁直闪石。

【产状产地】

直闪石是一种富镁岩石，是超基性岩浆岩和不纯白云岩、页岩中的变质矿物，是斜方辉石和橄榄

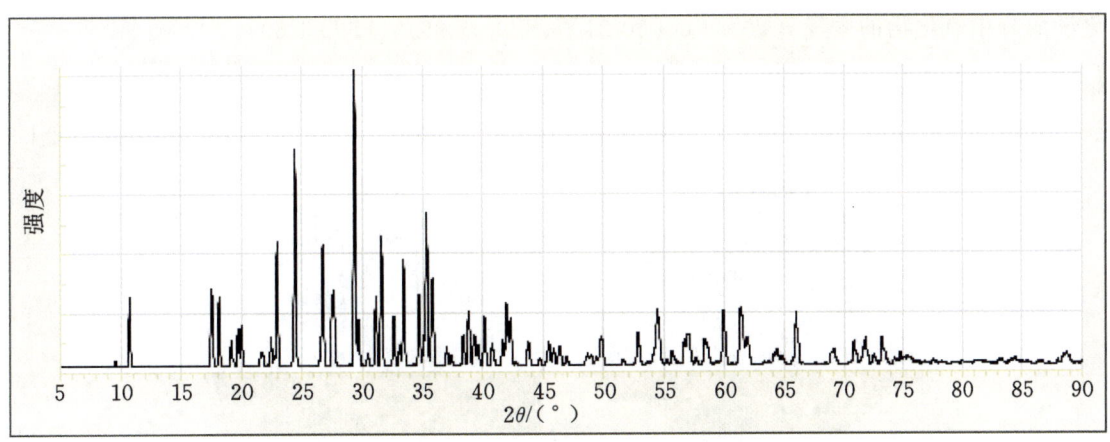

图 4-1-96　直闪石的 X 射线粉晶衍射图

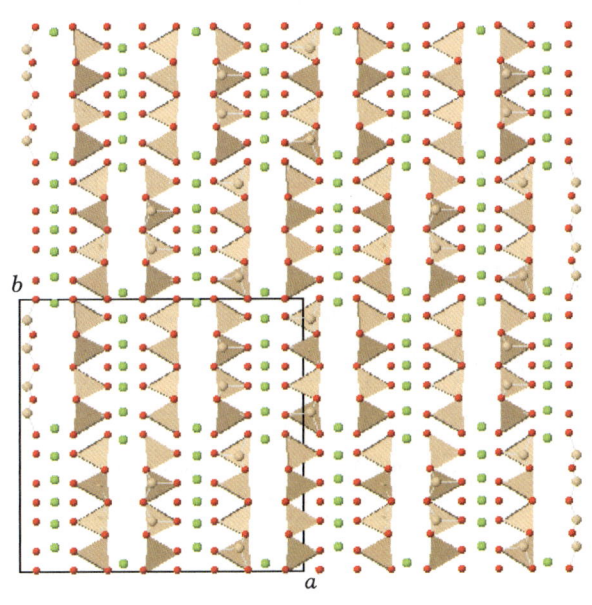

沿 c 轴的投影，位于 M_{IV} 位置的多面体畸变较大。

图 4-1-97　直闪石的晶体结构 2

石的退变质矿物，也是产于超镁铁质岩和蛇纹石经变质作用演化的矿物。超镁铁质岩石在 H_2O 和 CO_2 作用下，形成变质矿物，是结晶片岩和片麻岩的重要矿物成分。

直闪石分布广泛，重要产地有捷克、芬兰、日本、英国（苏格兰）、挪威、俄罗斯、美国（加利福尼亚、北卡罗来纳、爱达荷）。

【主要用途】

直闪石在地质学、材料学、物理学、化学、环境科学、晶体学、矿物学方面都有重要应用。直闪石是一种重要的石棉矿物，可用作防腐、密封、过滤、增强和绝缘。石棉（包括阳起石、直闪石、透闪石石棉及温石棉、青石棉）是一类致癌物质。

铁 闪 石

【化学性质】

铁闪石是一种含 Fe、(OH) 的 $[Si_8O_{22}]$ 双链状基型硅酸盐类矿物，其晶体化学式为 $Fe_2^{2+}Fe_5^{2+}$ $[Si_8O_{22}](OH)_2$。主要成分为 Fe、Si、O、H，类质同象替代成分有 Mn、Ca、Mg、Al、Ti、Na、K。

化学成分中氧化物的质量分数为 FeO 50.21%、SiO$_2$ 47.99%、H$_2$O 1.80%。

【结晶形态】

铁闪石属于单斜晶系,斜方柱晶类,对称型为 $2/m$。晶体呈柱状、纤维状、粒状、块状等(图 4-1-98)。

(a) 铁闪石(美国密歇根)　　(b) 铁闪石(加拿大安大略)

图 4-1-98　铁闪石

【物理特征】

铁闪石的颜色呈灰褐色、棕绿色、深灰色。条痕为无色。透明至不透明。玻璃光泽、丝绢光泽。色散弱。多色性弱:无色、淡黄色、淡黄色、黄灰色、浅绿色、浅黄色、浅绿黄色。

二轴晶(一)。折射率为 Np=1.663~1.686,Nm=1.680~1.709,Ng=1.696~1.729,双折射率为 0.033~0.043。2V=70°~90°(测量)、84°~86°(计算)。

{110}两组解理完全,夹角为 56°、124°。性脆。断口呈不规则、不平整的次贝壳状。摩氏硬度为 5~6,相对密度为 3.4~3.5(测量)、3.66(计算)。

【晶体结构】

铁闪石属于单斜晶系,空间群为 $C2/m$(图 4-1-99)。晶胞参数:a=0.956 nm、b=1.839 nm、c=0.534 nm,β=101.89°,Z=2。X 射线粉晶主要衍射数据 d(Å)(I/I_{max})为 8.33(100)、3.07(80)、2.77(90),见图 4-1-100。

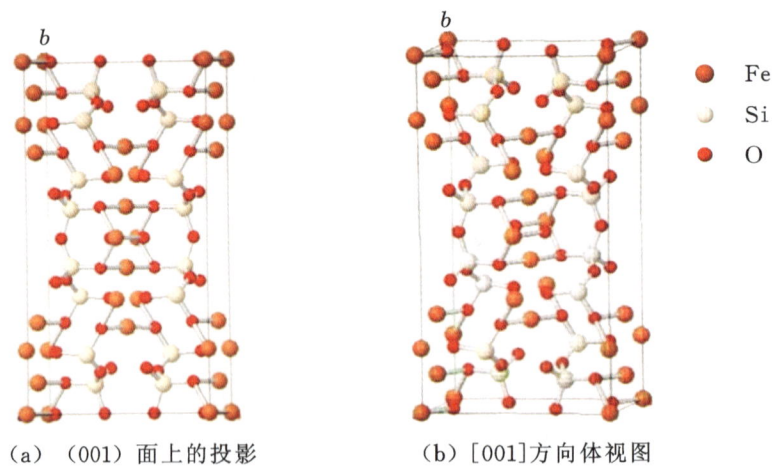

(a) (001)面上的投影　　(b) [001]方向体视图

图 4-1-99　铁闪石的晶体结构

【产状产地】

铁闪石产于富 Fe 变质岩中,主要产地有法国、美国(密歇根)、加拿大(安大略)、澳大利亚等。

【主要用途】

铁闪石在地质学、物理学、化学、晶体学、矿物学方面都有重要意义。

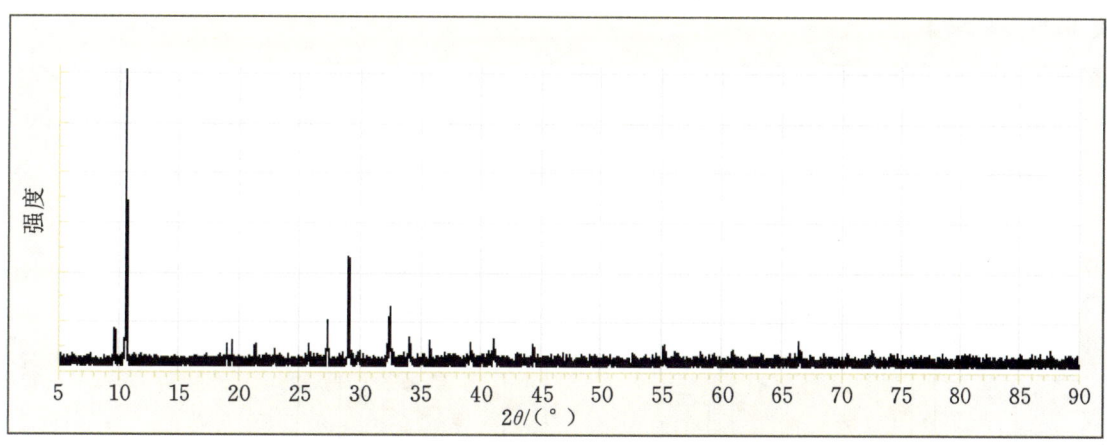

图 4-1-100　铁闪石的 X 射线粉晶衍射图

镁铁闪石

【化学性质】

镁铁闪石是一种含 Mg、Fe、(OH) 的 $[Si_8O_{22}]$ 双链状基型硅酸盐类矿物,其晶体化学式为 $Mg_2Fe_5[Si_8O_{22}](OH)_2$。主要成分为 Mg、Fe、Si、O、H,类质同象替代成分有 Mn、Ca、Al、Ti、Na、K。化学成分中氧化物的质量分数为 MgO 36.13%、SiO_2 61.56%、H_2O 2.31%。

在形成于高级变质带的镁铁闪石系列矿物中,Mn 可代替矿物中 Fe 或 Mg 的位置,形成 $Mn_2Mg_5[Si_8O_{22}](OH)_2$ 和 $Mn_2Fe_5[Si_8O_{22}](OH)_2$ 矿物系列。

【结晶形态】

镁铁闪石属单斜晶系,斜方柱晶类,对称型为 $2/m$。晶体多发育呈针状、纤维状、石棉状(图 4-1-101)。形成简单双晶。

(a) 镁铁闪石 (法国)

(b) 镁铁闪石 (巴西)

图 4-1-101　镁铁闪石

【物理特征】

镁铁闪石的颜色呈无色、白色、灰色、棕色、黑色、黑棕色、黑绿色,薄片中呈无色至浅绿色。条痕为灰白色。玻璃光泽、丝绢光泽。透明、半透明至不透明。多色性明显:无色、淡黄色,淡黄色、浅棕色。

二轴晶(+)。折射率为 Np=1.639~1.671、Nm=1.647~1.689、Ng=1.664~1.708,双折射率为 0.025~0.037。2V=65°~90°(测量)、70°~90°(计算)。

{110}两组解理完全,夹角为 56°、124°。性脆。断口呈不规则、不均匀的贝壳状。摩氏硬度为 5~6,相对密度为 3.10~3.60(测量)、2.86(计算)。

【晶体结构】

镁铁闪石属于单斜晶系,空间群为 $C2/m$(图 4-1-102)。晶胞参数:$a=0.953$ nm、$b=1.823$ nm、$c=0.532$ nm,$\beta=101.97°$,$Z=2$。X 射线粉晶主要衍射数据 d(Å)(I/I_{max})为 8.33(100)、3.06(70)、2.76(70),见图 4-1-103。

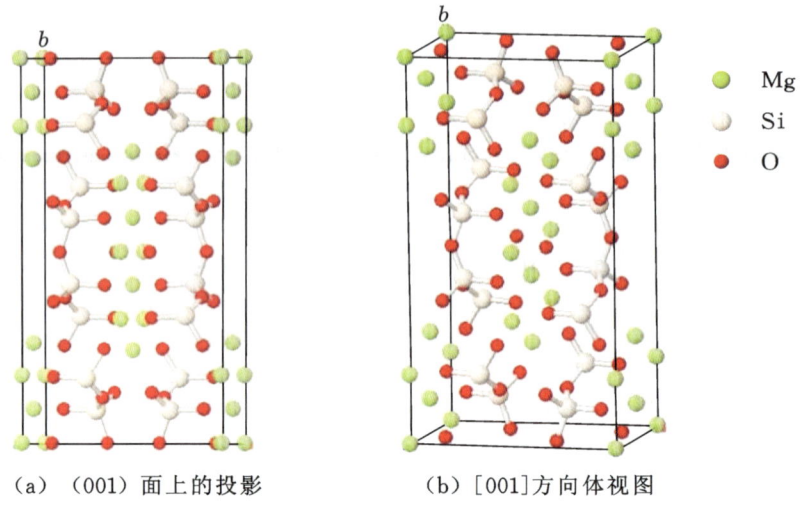

(a) (001)面上的投影　　　　(b) [001]方向体视图

图 4-1-102　镁铁闪石的晶体结构

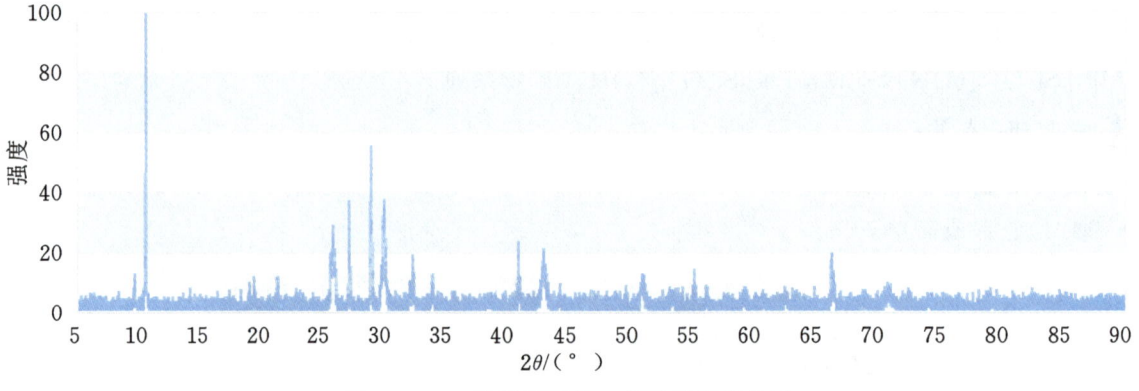

图 4-1-103　镁铁闪石的 X 射线粉晶衍射图

【产状产地】

镁铁闪石是一种高温变质作用产生的角闪石类矿物,常与角闪石、阳起石、绿泥石、滑石、蛇纹石、直闪石、变质辉石组合共生。主要产地有挪威、法国、瑞典、英国(苏格兰)、南非、新西兰、巴西、美国(马萨诸塞、新泽西、威斯康星)等。

【主要用途】

镁铁闪石在地质学、物理学、化学、环境科学、晶体学、矿物学方面都有重要应用。

透闪石

【化学性质】

透闪石(软玉)是一种含 Ca、Mg、Fe、(OH)的[Si_8O_{22}]双链状基型硅酸盐类矿物,其晶体化学式为 $Ca_2(Mg,Fe)_5[Si_8O_{22}](OH)_2$。主要成分为 Ca、Mg、Si、O、H,类质同象替代成分有 Fe、Ti、Mn、Al、Na、K、F、Cl、H_2O。其中 FeO 的含量可达 3%。

化学成分中氧化物的质量分数为 CaO 13.81%、MgO 24.81%、SiO_2 59.17%、H_2O 2.21%。

透闪石与铁阳起石可形成类质同象系列矿物。

透闪石中 2% 以上的 Mg^{2+} 被 Fe^{2+} 置换替代时,形成阳起石。

【结晶形态】

透闪石属单斜晶系,斜方柱晶类,对称型为 $2/m$。晶体常呈纤维状、细长柱状(图 4-1-104)。集合体常呈放射状,呈隐晶质致密块状集合体者称为软玉。常见单形为 $\{110\}$、$\{011\}$、$\{010\}$。

(a) 铬透闪石(坦桑尼亚)　　(b) 铬透闪石(芬兰)

图 4-1-104　透闪石

【物理特征】

透闪石的颜色呈白色、灰色、粉红色、浅绿色、浅黄色、棕色、粉紫色,但随着铁含量的增加,其颜色呈深绿色。条痕为白色。玻璃光泽、丝绢光泽。透明、半透明。

二轴晶(-)。折射率为 Np=1.599~1.612、Nm=1.613~1.626、Ng=1.625~1.637,双折射率为 0.025~0.026。$2V=80°$~$88°$(实测)、$82°$~$84°$(计算)。色散弱。

$\{110\}$ 两组解理中等,夹角为 124°、56°,有时可见 $\{100\}$ 裂开。断口呈贝壳状、参差状。性脆。摩氏硬度为 5~6,相对密度为 3.02~3.44,随 Fe 含量增高而增大。

【晶体结构】

透闪石属于单斜晶系,空间群为 $C2/m$(图 4-1-105)。晶胞参数:$a=0.961$ nm、$b=0.877$ nm、$c=0.518$ nm,$\beta=105.32°$,$Z=4$。X 射线主要粉晶衍射数据 $d(\text{Å})(I/I_{max})$ 为 8.38(100)、3.12(100)、2.71(90),见图 4-1-106。

透闪石结构中,$[Si_8O_{22}]$ 双链平行 c 轴无限延伸,Mg 占据 M_I、M_{II} 和 M_{III} 位置,为六次配位构成 $[MgO_6]$ 畸变的八面体,Ca 占据 M_{IV} 位置,配位数为 8,形成复杂的配位多面体。

与透闪石相同晶体结构的矿物有阳起石、镁角闪石、铁角闪石、镁钙闪石、韭闪石、绿钙闪石、浅闪石、钛闪石、蓝透闪石、冻蓝闪石、钠透闪石、红钠闪石、绿闪石、砂川闪石、蓝闪石、钠闪石、利克石、镁铝钠闪石、亚铁钠闪石、铁锰钠闪石、尼伯石、科恩石、镁铁闪石、铁闪石。

【产状产地】

透闪石是指示变质程度的标志矿物,也是一种重要的造岩矿物,在高温下可转化为透辉石。透闪石是富钙、富镁硅质沉积岩和绿片岩相变质岩经受接触变质作用的产物,主要产于接触变质灰岩、白云岩、蛇纹岩中,或由白云石和石英混合沉积后形成的区域变质岩中。

透闪石的组合共生矿物包括方解石、白云石、钙长石、硅灰石、滑石、透辉石、镁橄榄石、钙钛矿和针铁矿。

透闪石分布很广,主要产地有瑞士、奥地利、意大利、波兰、德国、澳大利亚、坦桑尼亚、新西兰、加拿大、墨西哥、巴西、中美洲、俄罗斯、美国(纽约)、中国(新疆、青海、辽宁、贵州)等。

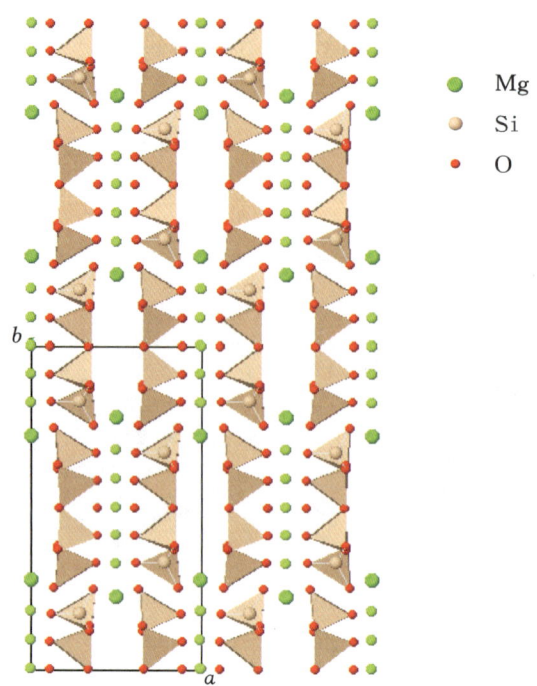

沿 c 轴的投影，Mg 占据 M_I、M_{II}、M_{III} 位置，Ca 占据 M_{IV} 位置。

图 4-1-105　透闪石的晶体结构

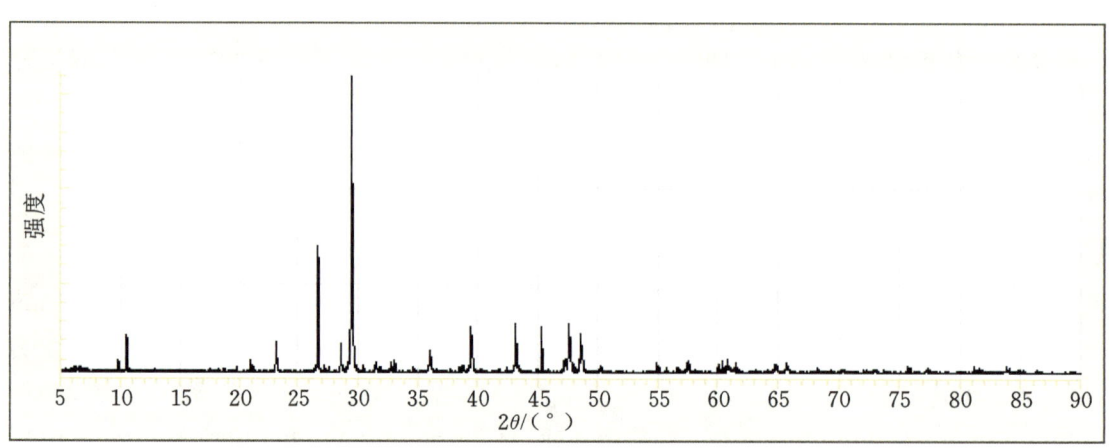

图 4-1-106　透闪石的 X 射线粉晶衍射图

【主要用途】

透闪石在地质学、岩石学、物理学、化学、材料学、环境科学、晶体学、矿物学、宝石学方面都有重要意义，是重要的陶瓷、玻璃原料、填料等。也是重要的宝玉石，如羊脂白玉、青白玉、青玉、黄玉、墨玉、碧玉。透闪石的纤维状石棉是一种致癌物质。

阳起石

【化学性质】

阳起石是一种含 Ca、Mg、Fe、(OH) 的 $[Si_8O_{22}]$ 双链状基型硅酸盐类矿物，其晶体化学式为 $Ca_2(Mg,Fe)_5[Si_8O_{22}](OH)_2$。主要成分为 Ca、Mg、Fe、Si、O、H，类质同象替代成分有 Mn、Al、Na、K、Ti 等。

化学成分中氧化物的质量分数为 Na_2O 0.80%、CaO 12.03%、MgO 16.11%、TiO_2 0.19%、MnO

0.17%、Al_2O_3 2.63%、FeO 10.61%、Fe_2O_3 0.47%、SiO_2 54.86%、H_2O 2.13%。

【结晶形态】

阳起石属于单斜晶系，斜方柱晶类，对称型为 $2/m$。晶体呈块状、柱状、长柱状、片状、扁条状、针状、毛发状(图4-1-107)。集合体常呈细小放射状、棒状、纤维状。有时会呈简单双晶或层状双晶。

（a）阳起石（奥地利）

（b）阳起石（美国华盛顿）

（c）阳起石（意大利）

图 4-1-107　阳起石

【物理特征】

阳起石的颜色呈白色、浅灰白色、青白色、青灰色、淡绿白色、灰绿色、暗绿色、绿黑色、黑色等。条痕为白色。铁含量高的称为铁阳起石，颜色呈深绿色、黑色。

石棉状的阳起石呈白色或灰色。玻璃光泽、弱玻璃光泽、丝绢光泽。透明至半透明。多色性明显：淡黄色、无色、浅棕色、浅绿色，绿黄色、浅黄绿色、浅棕色、蓝绿色，淡绿色、深绿色、浅蓝绿色。

二轴晶(-)。折射率为 Np=1.613~1.628、Nm=1.627~1.644、Ng=1.638~1.655，双折射率为 0.025~0.027。2V=73°~84°(测量)、78°~82°(计算)。色散弱。多色性弱。

{110}两组解理完全，夹角为124°、56°。性脆、富弹性。断口呈不均匀、不平整的细小多碎片状。摩氏硬度为5~6，相对密度为2.98~3.10(测量)、3.11(计算)。

【晶体结构】

阳起石属于单斜晶系，空间群为 $C2/m$。晶胞参数：a=0.991 nm、b=1.817 nm、c=0.528 nm、β=104.98°，Z=2。X 射线粉晶衍射数据 d(Å)(I/I_{max})为 8.470(70)、5.305(10)、4.910(70)、3.401(80)、3.143(70)、2.719(100)、2.543(100)，见图4-1-108。

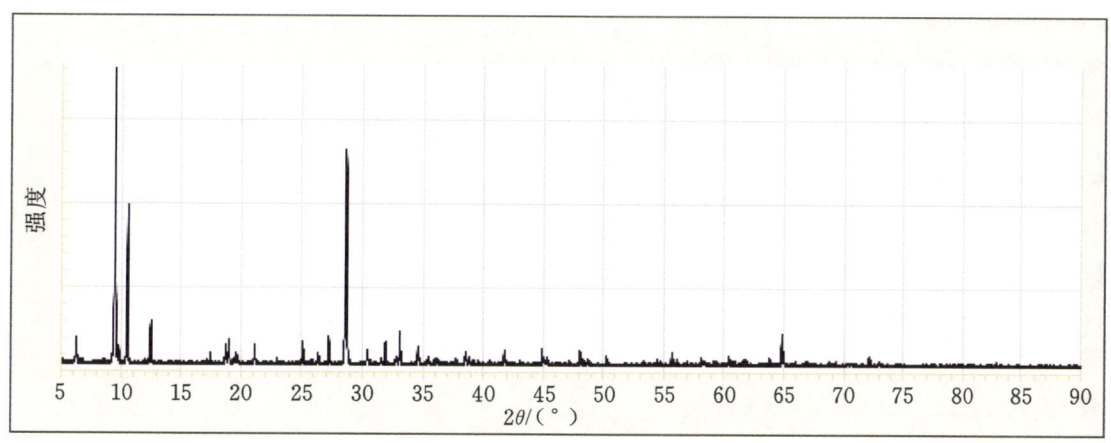

图 4-1-108　阳起石的 X 射线粉晶衍射图

【产状产地】

阳起石常产于片麻岩、千枚岩等变质岩中，它是富镁石灰岩的变质作用产物，在形成阳起石的富镁石灰岩周围常有侵入的岩浆岩。蛇纹石状的阳起石被称为石棉。阳起石可与角闪石、滑石、蛇纹石、方角石、菱铁矿、绿泥石、云母等矿物组合共生。

阳起石的主要产地有葡萄牙、奥地利、意大利、澳大利亚、加拿大、马达加斯加、纳米比亚、坦桑尼亚、美国(华盛顿等)。阳起石在中国的主要产地有四川、湖北、山东、河南、台湾、山西、北京等。

【主要用途】

阳起石在地质学、物理学、化学、环境科学、材料学、晶体学、矿物学方面都有重要意义和用途。石棉(包括阳起石、直闪石、透闪石、铁石棉、温石棉、青石棉等)是非常重要的材料,但也是一类致癌物质。

铁阳起石

【化学性质】

铁阳起石是一种含 Ca、Fe、(OH)的$[Si_8O_{22}]$双链状基型硅酸盐类矿物,其晶体化学式为$Ca_2(Fe, Mg)_5[Si_8O_{22}](OH)_2$。主要成分为 Ca、Mg、Fe、Si、O、H,类质同象替代成分有 Mn、Al、Na、K、Ti 等。

化学成分中氧化物的质量分数为 CaO 11.56%、FeO 37.03%、SiO_2 49.55%、H_2O 1.86%。

图 4-1-109　铁阳起石(巴基斯坦)

【结晶形态】

铁阳起石属于单斜晶系,斜方柱类,对称型为$2/m$。晶体呈柱状、粒状、板状、针状、毛发状(图 4-1-109)。集合体常呈放射状、棒状、纤维状。具有简单双晶或聚片双晶。

【物理特征】

铁阳起石的颜色呈深绿色、黑绿色等。条痕为灰色。透明至半透明。玻璃光泽、土状光泽。色散弱。多色性明显。

二轴晶(一)。折射率为 Np=1.668,Nm=1.685,Ng=1.702,双折射率为 0.034。2V=10°~12°(测量)、88°(计算)。

{110}两组解理完全,夹角为 124°、56°。性脆。断口呈不均匀、不平整的多片状。摩氏硬度为 5~6,相对密度为 2.98~3.10(测量)、3.51(计算)。

【晶体结构】

铁阳起石属于单斜晶系,空间群为$C2/m$。晶胞参数:$a=0.991$ nm、$b=1.817$ nm、$c=0.528$ nm,$β=104.98°$,$Z=2$。X射线粉晶主要衍射数据d(Å)(I/I_{max})为 8.580(100)、3.157(35)、2.728(40)。

【产状产地】

铁阳起石产于富 Fe 变质成因的岩石中,主要产地有巴基斯坦等。

【主要用途】

铁阳起石在地质学、物理学、化学、晶体学、矿物学方面都有重要意义。

普通角闪石

【化学性质】

普通角闪石是一种含 Ca、Na、(OH)的双链状基型硅酸盐类矿物,其晶体化学式为$(Ca,Na)_{2-3}(Mg,Fe^{2+},Fe^{3+},Al)_5[(Al,Si)_8O_{22}](OH)_2$。主要成分为 Ca、Mg、Fe、Si、O、H,类质同象替代成分有 Na、K、Mn、Al、Ti、F 等。

化学成分中氧化物的质量分数为 CaO 13.66%、Al_2O_3 10.86%、MgO 19.63%、Fe_2O_3 2.44%、SiO_2 51.22%、H_2O 2.19%。

普通角闪石一般式为 $(Ca,Na)_{2-3}(Mg,Fe^{2+},Fe^{3+},Al)_5[(Al,Si)_8O_{22}](OH)_2$，富 Mg 普通角闪石化学式为 $(Ca,Na)_{2-3}Mg_3[(Al,Fe)Si_7O_{22}](OH)_2$，富 Fe 普通角闪石化学式为 $(Ca,Na)_{2-3}Fe_3[(Al,Fe)Si_7O_{22}](OH)_2$。

普通角闪石包括镁钙闪石、浅闪石、韭闪石等矿物种。有三组类质同象系列矿物：钙(Ca)角闪石-铁(Fe)角闪石-镁(Mg)角闪石；铝(Al)角闪石-铁(Fe)角闪石-镁(Mg)角闪石；铁(Fe)角闪石-镁(Mg)角闪石。

【结晶形态】

普通角闪石属于单斜角闪石亚族，单斜晶系，斜方柱晶类，对称型为 $2/m$。晶体常呈柱状、长柱状、粒状，横切面为六边形(图 4-1-110)。集合体常呈粒状、纤维状、放射状等。依{100}的接触双晶常见。

(a) 普通角闪石（Mg）（加拿大）　　(b) 普通角闪石（Mg）（意大利）　　(c) 普通角闪石（中国）

图 4-1-110　普通角闪石

【物理特征】

普通角闪石的颜色为棕色、绿色、绿棕色、绿黑色、深绿色、黑色等。条痕为无色、白色、灰绿色、灰棕色。

玻璃光泽、油脂光泽。半透明至不透明。多色性强：浅绿色、黄绿色、绿棕色，深绿色、深黄绿色、棕色，浅色、红棕色、绿黄色。

二轴晶(−)。折射率为 Np=1.687～1.694，Nm=1.700～1.707，Ng=1.701～1.712，双折射率为 0.014～0.018，$2V$ 为 12°～76°(测量)、30°～62°(计算)。

{110}两组解理完全，夹角为 56°、124°。断口呈不均匀、不平整贝壳状。摩氏硬度为 5.5～6.5，相对密度为 3.11～3.40(测量)、3.38(计算)。

【晶体结构】

普通角闪石属于单斜晶系，空间群为 $C2/m$。晶胞参数：a=0.996 nm、b=1.819 nm、c=0.532 nm、β=104.87°，Z=2。X 射线粉晶主要衍射数据 d(Å)(I/I_{max})为 8.520(100)、3.159(90)、2.728(75)。

普通角闪石是一种硅氧四面体连接呈双链状的铝硅酸盐矿物。由于类质同象替换复杂，普通角闪石组成成分变化很大，复杂性主要表现在 Ca/Na、Mg/Fe、Al/Fe^{3+}、Al/Si、OH/F 等值的变化上。

【产状产地】

普通角闪石与岩浆岩成岩作用密切相关，是中—酸性侵入岩(花岗岩、闪长岩)、辉长岩和碱性岩的主要造岩矿物，在基性喷出岩(玄武岩)、安山岩中所见到的是富含 Fe_2O_3 和 TiO_2 的普通角闪石变种。在区域变质作用产物中，它是角闪岩、角闪片岩、角闪片麻岩的主要组成部分。

普通角闪石易蚀变为绿泥石和绿帘石。

普通角闪石产地很多,主要有英国、朝鲜、日本、澳大利亚、新西兰、中国、俄罗斯、美国、加拿大等。

【主要用途】

普通角闪石在地质学、岩石学、物理学、化学、材料学、环境科学、晶体学、矿物学、宝石学方面都有重要应用。

钙镁闪石

【化学性质】

钙镁闪石与铁钙镁闪石是一种含 Ca、Mg、Al、(OH) 的 $[(Si_6Al_2)O_{22}]$ 双链状基型硅酸盐类矿物,其晶体化学式为 $Ca_2(Mg,Fe)_3(Al,Fe)_2[(Si_6Al_2)O_{22}](OH)_2$。主要成分为 Ca、Mg、Al、Si、H、O,类质同象替代成分有 Na、K、Sr、Fe、Ti、Mn、V、Cr、Ni、P、Cl、F、H_2O。

化学成分中氧化物的质量分数为 CaO 12.75%、MgO 4.58%、Al_2O_3 16.48%、FeO 16.33%、SiO_2 47.81%、H_2O 2.05%。

钙镁闪石与铁钙镁闪石可形成类质同象系列矿物,其中(OH)可以被 Cl、F 替代。

【结晶形态】

钙镁闪石与铁钙镁闪石属于单斜晶系,斜方柱晶类,对称型为 $2/m$。晶体呈柱状、粒状、块状等(图 4-1-111)。平行于{100}呈简单双晶或复合双晶。

(a) 钙镁闪石(意大利)　　(b) 钙镁闪石(坦桑尼亚)

图 4-1-111　钙镁闪石

【物理特征】

钙镁闪石的颜色呈绿色、黑绿色、黑色、棕色(稀有)。条痕为绿白色、浅灰绿色。透明、半透明。玻璃光泽。色散较强。多色性中等:浅绿色,浅棕色。

二轴晶(一)。折射率为 Np=1.623~1.660、Nm=1.630~1.680、Ng=1.638~1.688,双折射率为 0.015~0.028。2V=60°~90°(测量)。

{110}两组解理完全,夹角为 56°、124°。性脆。断口呈不规则、不平整的贝壳状。摩氏硬度为 5~6,相对密度为 3.15(测量)、3.25(计算)。

【晶体结构】

钙镁闪石属于单斜晶系,空间群为 $B2/m$(图 4-1-112)。晶胞参数:$a=0.976$ nm、$b=1.799$ nm、$c=0.533$ nm、$\beta=105.10°$、$Z=2$。

【产状产地】

钙镁闪石产于高级变质岩中,如榴辉岩和其他超镁铁质岩、角闪岩或其他中高级变质岩,主要产地有意大利、法国、坦桑尼亚、俄罗斯。

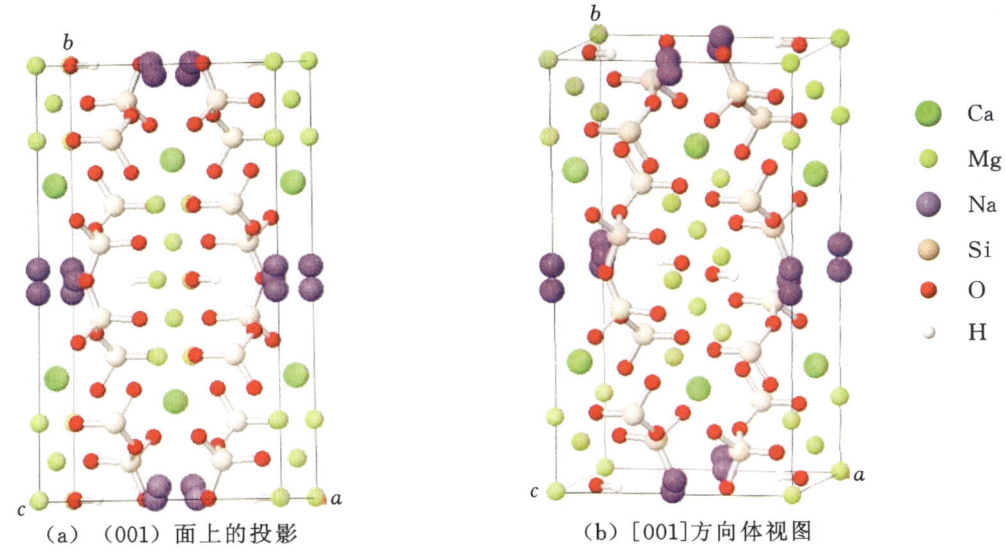

(a)（001）面上的投影　　　(b)[001]方向体视图

图 4-1-112　钙镁闪石的晶体结构

【主要用途】

钙镁闪石在地质学、物理学、化学、晶体学、矿物学方面都有重要意义。

铁钙镁闪石

【化学性质】

铁钙镁闪石是一种含 Ca、Fe、(OH)的[$(Si_6Al_2)O_{22}$]双链状基型硅酸盐类矿物,其晶体化学式为 $Ca_2Fe_3^{2+}(Fe^{3+},Al)_2[(Si_6Al_2)O_{22}](OH)_2$。主要成分为 Ca、$Fe^{2+}$、$Fe^{3+}$、Al、Si、H、O,类质同象替代成分有 Na、K、Ti、Mn、Mg、Fe^{2+}、F、Cl。

不同的结晶学位置会发生类质同象替代,形成一系列新矿物种。在铁钙镁闪石晶体结构中,同时有 Fe^{2+} 和 Fe^{3+},如瑞典发现的新矿种,其晶体化学式应为 $Ca_2(Fe^{2+},Mg)_3(Fe^{3+},Al)_2[(Si_7Al)O_{22}](OH)_2$,化学成分中氧化物的质量分数为 CaO 11.10%、MgO 4.30%、Al_2O_3 5.44%、FeO 15.33%、Fe_2O_3 17.04%、SiO_2 44.87%、H_2O 1.92%。

【结晶形态】

铁钙镁闪石属于单斜晶系,斜方柱晶类,对称型为 $2/m$。晶体呈粒状、柱状、块状等(图 4-1-113)。

(a) 铁钙镁闪石（纳米比亚）　　(b) 铁钙镁闪石（德国）　　(c) 铁钙镁闪石（瑞典）

图 4-1-113　铁钙镁闪石

【物理特征】

铁钙镁闪石的颜色呈中绿色、深绿色、绿黑色、黑色、棕绿色等。条痕为浅灰绿色。透明。玻璃光泽。色散较强。多色性明显。

二轴晶(一)。折射率为 Np=1.720、Nm=1.730、Ng=1.750,双折射率为 0.030。

{110}两组解理完全,夹角为 56°、124°。性脆。断口呈不规则、不平整的贝壳状。摩氏硬度为 5~6。

【晶体结构】

铁钙镁闪石属于单斜晶系,空间群为 $C2/m$。晶胞参数:$a=0.976$ nm、$b=1.802$ nm、$c=0.533$ nm、$\beta=104.83°$,$Z=2$。X 射线粉晶衍射数据 d(Å)(I/I_{max})为 8.359(100)、3.388(27)、3.098(55)、2.708(87)、2.595(41)、2.552(43)、2.330(33)、2.159(27)。

【产状产地】

铁钙镁闪石的主要产地有法国、纳米比亚、德国、瑞典。

【主要用途】

铁钙镁闪石在地质学、物理学、化学、晶体学、矿物学方面都有重要意义。

浅闪石

铁浅闪石

【化学性质】

浅闪石和铁浅闪石是一种含 Na、Ca、Mg、(OH)的[(Si$_7$Al)O$_{22}$]双链状基型硅酸盐类矿物,其晶体化学式为 NaCa$_2$(Mg,Fe)$_5$[(Si$_7$Al)O$_{22}$](OH)$_2$、NaCa(Fe,Mg)$_5$[(Si$_7$Al)O$_{22}$](OH)$_2$。主要成分为 Na、Ca、Mg、Si、Al、H、O,类质同象替代成分有 K、Fe、Ti、Mn、P、F、Cl、H$_2$O。

浅闪石的化学成分中氧化物的质量分数为 Na$_2$O 3.71%、CaO 13.44%、MgO 24.16%、Al$_2$O$_3$ 6.11%、SiO$_2$ 50.42%、H$_2$O 2.16%。铁浅闪石的化学成分中 FeO、Fe$_2$O$_3$ 含量明显增加。

浅闪石与铁浅闪石可形成类质同象系列矿物,其中(OH)可被 F、Cl 类质同象替代。

【结晶形态】

浅闪石和铁浅闪石属于单斜晶系,斜方柱晶类,对称型为 $2/m$。晶体呈柱状、粒状、块状等(图 4-1-114)。

(a) 浅闪石(加拿大)

(b) 浅闪石(新西兰)

(c) 浅闪石(美国新泽西)

图 4-1-114 浅闪石

【物理特征】

浅闪石和铁浅闪石的颜色呈无色、灰色、白色、浅绿色、蓝绿色、深绿色、棕色和浅粉棕色。条痕为白色。透明至半透明。玻璃光泽。发绿色、蓝色荧光。色散弱到中等。多色性较弱:无色、浅灰色、绿黄色或浅绿色,无色、浅棕色、浅绿色、翠绿色或绿色,无色、浅蓝灰色、浅棕绿色、绿蓝色或绿色。

二轴晶(+)。折射率为 Np=1.606~1.649、Nm=1.617~1.660、Ng=1.631~1.672,双折射率为 0.025。2V=52°~83°(测量),84°~90°(计算)。

{110}两组解理完全,夹角为 56°、124°。性脆。断口呈不规则、不平整的贝壳状。摩氏硬度为 5~6,相对密度为 3~3.06(测量)、3.06(计算)。

【晶体结构】

浅闪石和铁浅闪石属于单斜晶系,空间群为 $C2/m$。晶胞参数:$a=0.983$ nm、$b=1.795$ nm、

$c=0.530$ nm, $\beta=105.18°$, $Z=2$。X 射线粉晶主要衍射数据 $d(\text{Å})(I/I_{max})$ 为 8.430(80)、3.267(40)、3.120(100),见图 4-1-115。

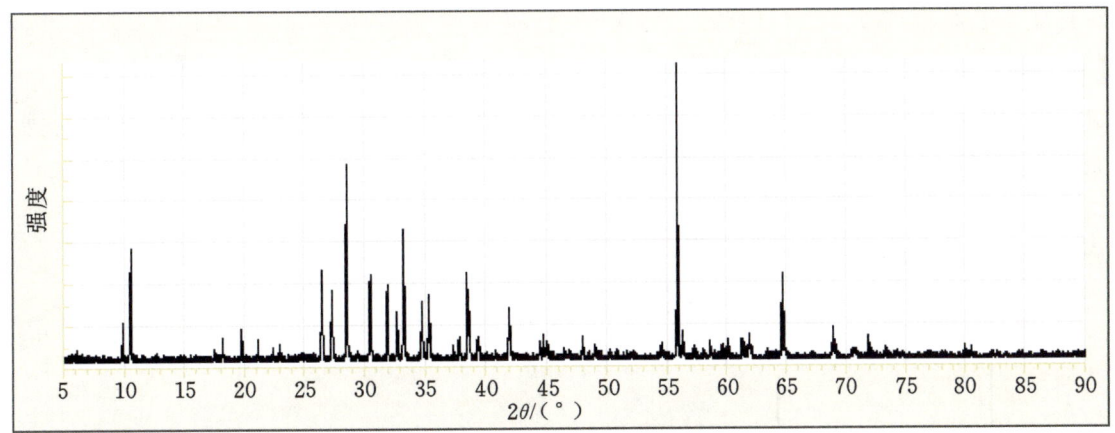

图 4-1-115 浅闪石的 X 射线粉晶衍射图

【产状产地】

浅闪石和铁浅闪石是由蚀变安山岩晚期热液结晶而成的,主要产地有加拿大、斯里兰卡、新西兰、美国(新泽西、纽约)等。

【主要用途】

浅闪石和铁浅闪石在地质学、物理学、化学、材料学、环境科学、晶体学、矿物学、宝石学方面都有重要意义。

氟浅闪石

【化学性质】

氟浅闪石是一种含 Na、Ca、Mg、(F,OH) 的 $[(Si_7Al)O_{22}]$ 双链状基型硅酸盐类矿物,其晶体化学式为 $NaCa_2Mg_5[(Si_7Al)O_{22}](F,OH)_2$。主要成分为 Na、Ca、Mg、Si、Al、H、O、F,类质同象替代成分有 K、Fe、Ti、Mn、H_2O。

化学成分中氧化物及元素的质量分数为 K_2O 1.13%、Na_2O 3.33%、CaO 9.29%、MgO 22.63%、Al_2O_3 3.65%、FeO 1.72%、Fe_2O_3 0.95%、SiO_2 53.12%、H_2O 0.32%、F 3.86%。

【结晶形态】

氟浅闪石属于单斜晶系,斜方柱晶类,对称型为 $2/m$。晶体呈纤维状、针状、棱柱状等(图 4-1-116)。

(a) 氟浅闪石(意大利)   (b) 氟浅闪石(法国)   (c) 氟浅闪石(美国俄勒冈)

图 4-1-116 氟浅闪石

【物理特征】

氟浅闪石的颜色呈深黄色、浅黄色、浅绿色、灰黑色。条痕为灰白色,黄白色。透明至半透明。玻璃光泽。色散弱。多色性无。

二轴晶(-)。折射率为Np=1.606、Nb=1.670、Ng=1.625,双折射率为0.019。2V=78°(计算)。

{110}两组解理完全,夹角为56°、124°。性脆。断口呈不规则、不平整的贝壳状。摩氏硬度为5~6,相对密度为3.08(测量)、3.09(计算)。

【晶体结构】

氟浅闪石属于单斜晶系,空间群为P2/m。晶胞参数:$a=0.985$ nm、$b=1.802$ nm、$c=0.527$ nm、$\beta=104.84°$,$Z=2$。X射线粉晶衍射数据d(Å)(I/I_{max})为8.403(60)、3.271(50)、3.125(100)、2.807(40)、2.703(30)、1.438(20)、3.376(20),见图4-1-117。

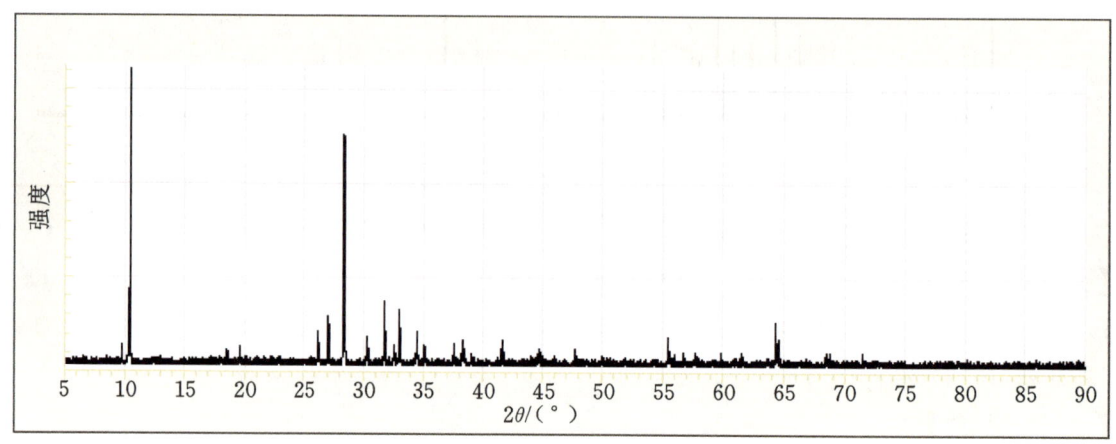

图4-1-117 氟浅闪石的X射线粉晶衍射图

【产状产地】

氟浅闪石产于蚀变熔岩中,也是安山岩晚期热液结晶作用的产物。与氟浅闪石共生伴生的矿物有石英、斜方辉石、钾长石、钛铁矿、赤铁矿、氟磷灰石、单斜辉石、钠长石-钙长石系列,主要产地有意大利、法国、美国(俄勒冈)。

【主要用途】

氟浅闪石在地质学、物理学、化学、材料学、环境科学、晶体学、矿物学、宝石学方面都有重要意义。

韭闪石

【化学性质】

韭闪石是一种含Na、Ca、Mg、(OH)的[$(Si_6Al_2)O_{22}$]双链状基型硅酸盐类矿物,其晶体化学式为$NaCa_2(Mg,Fe)_4(Al,Fe)[(Si_6Al_2)O_{22}](OH)_2$。主要成分为Na、Ca、Mg、Fe、Al、Si、H、O,类质同象替代成分有K、Fe、Ti、Cr、Mn、F、P、H_2O。

化学成分中氧化物的质量分数为Na_2O 3.57%、CaO 12.93%、MgO 13.94%、Al_2O_3 17.64%、FeO 8.28%、SiO_2 41.56%、H_2O 2.08%。

【结晶形态】

韭闪石属于单斜晶系,斜方柱晶类,对称型为$2/m$。晶体呈粒状、柱状、块状等(图4-1-118)。

【物理特征】

韭闪石的颜色呈浅棕色、棕色、绿棕色、灰黑色、深绿色、蓝绿色、黑色。条痕为白色、浅灰绿色、棕绿色。透明至半透明。玻璃光泽。色散弱。多色性较明显:绿黄色,翠绿色,青蓝色。

二轴晶(-)。折射率为Np=1.630、Nm=1.640、Ng=1.650,双折射率为0.020。2V=63°(测量)、88(计算)°。

{110}两组解理完全,夹角为56°、124°。性脆。断口呈不规则、不平整的贝壳状。摩氏硬度为5~

(a) 韭闪石（德国） (b) 韭闪石（越南）

图 4-1-118 韭闪石

6，相对密度为 3.07～3.18（测量）、3.17（计算）。

【晶体结构】

韭闪石属于单斜晶系，空间群为 $C2/m$（图 4-1-119）。晶胞参数：$a=0.987$ nm、$b=1.796$ nm、$c=5.29$ nm，$\beta=105.26°$，$Z=2$。X 射线粉晶主要衍射数据 d（Å）（I/I_{max}）为 8.430(40)、3.269(35)、3.124(100)，见图 4-1-120。

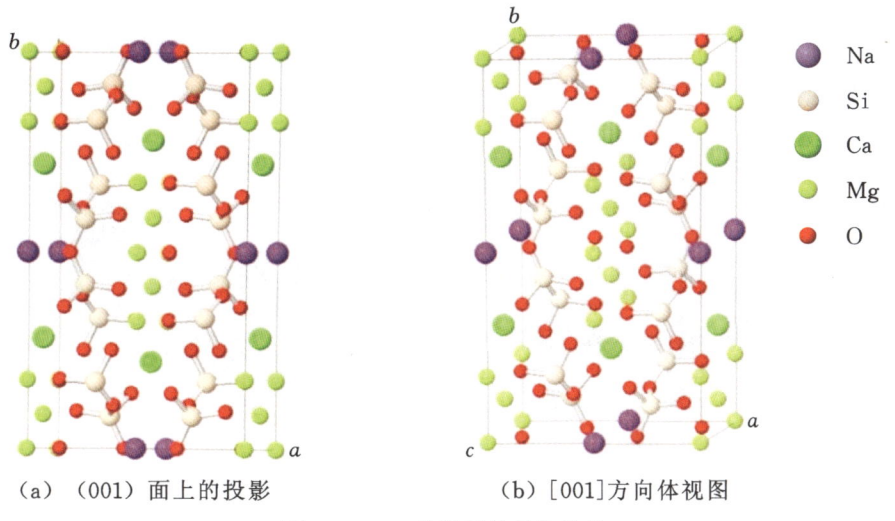

(a) (001) 面上的投影 (b) [001] 方向体视图

图 4-1-119 韭闪石的晶体结构

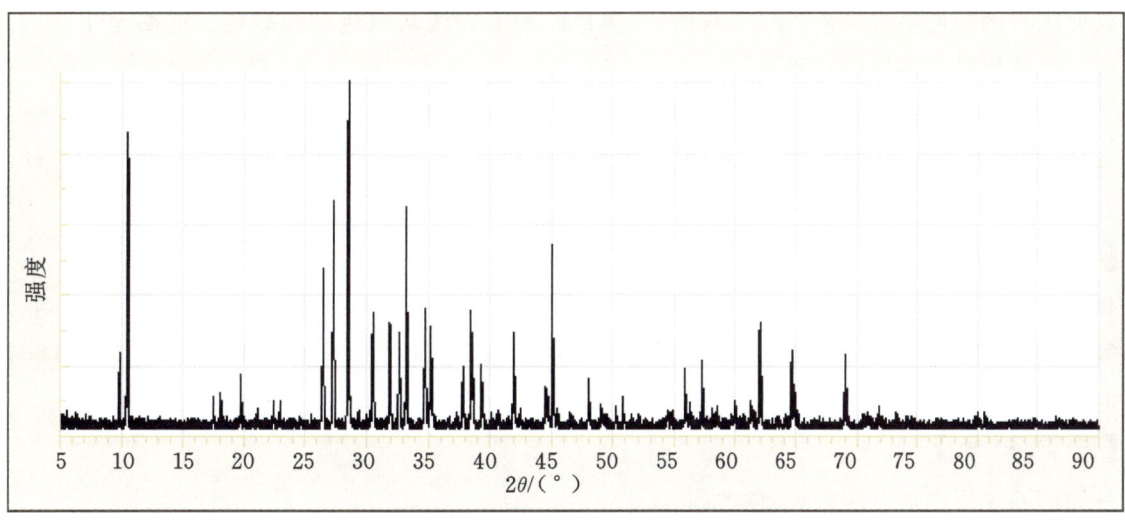

图 4-1-120 韭闪石的 X 射线粉晶衍射图

【产状产地】

韭闪石发现于高压变质带中的石榴石辉石岩中。与韭闪石共生伴生的矿物有石榴石、辉石、斜长石等,主要产地有越南、德国、芬兰。

【主要用途】

韭闪石在地质学、物理学、化学、材料学、环境科学、晶体学、矿物学、宝石学方面都有重要意义。

铁韭闪石

【化学性质】

铁韭闪石是一种含 Na、Ca、Fe、Al、(OH)的[$(Si_6Al_2)O_{22}$]双链状基型硅酸盐类矿物,其晶体化学式为 $NaCa_2Fe_4^{2+}Al[(Si_6Al_2)O_{22}](OH)_2$,是韭闪石中富 Fe 的端元矿物。主要成分为 Na、Ca、Fe、Al、Si、H、O,类质同象替代成分有 K、Mn、Mg。

化学成分中氧化物的质量分数为 Na_2O 3.22%、CaO 11.66%、Al_2O_3 15.91%、FeO 29.87%、SiO_2 37.47%、H_2O 1.87%。

【结晶形态】

铁韭闪石属于单斜晶系,斜方柱晶类,对称型为 $2/m$。晶体呈针状、柱状,集合体呈束状、放射状、扇状等(图 4-1-121)。

图 4-1-121　铁韭闪石(西班牙)

【物理特征】

铁韭闪石的颜色呈蓝绿色、棕色、灰黑色、黑色。条痕为浅灰绿色到棕绿色。透明至半透明。玻璃光泽。色散较强。多色性较明显。

二轴晶(−)。折射率为 $Np=1.700$、$Nm=1.713$、$Ng=1.718$,双折射率为 0.018。

{110}两组解理完全,夹角为 56°、124°。性脆。断口呈不规则、不平整的次贝壳状。摩氏硬度为 5~6,相对密度为 3.44(测量)、3.44(计算)。

【晶体结构】

铁韭闪石属于单斜晶系,空间群为 $C2/m$。晶胞参数:$a=0.995$ nm、$b=1.814$ nm、$c=0.533$ nm、$\beta=105.30°$,$Z=2$。X 射线粉晶主要衍射数据 d(Å)(I/I_{max})为 8.50(100)、3.15(80)、2.72(60),见图 4-1-122。

【产状产地】

铁韭闪石主要产地有西班牙、意大利。

【主要用途】

铁韭闪石在地质学、物理学、化学、晶体学、矿物学方面都有重要意义。

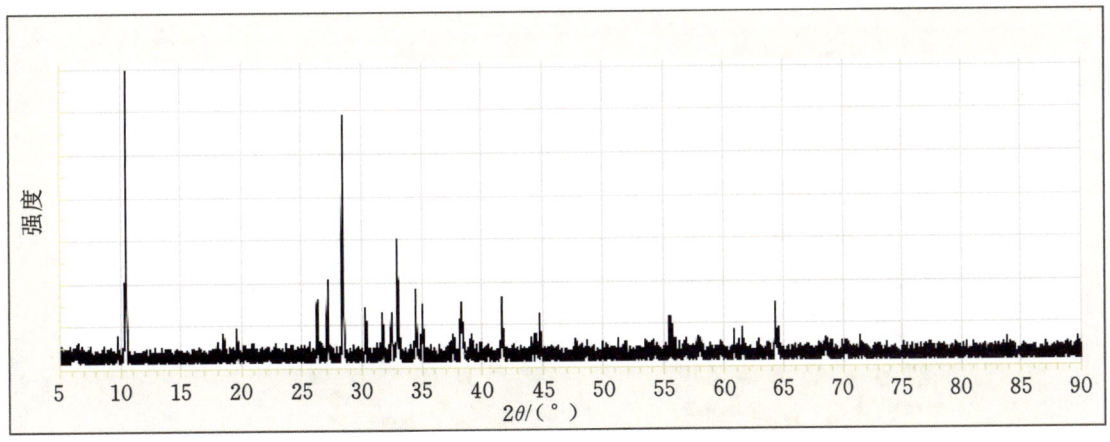

图 4-1-122　铁韭闪石的 X 射线粉晶衍射图

氟韭闪石

【化学性质】

氟韭闪石是一种含 Na、Ca、Mg、Fe、(F,OH) 的 [$(Si_6Al_2)O_{22}$] 双链状基型硅酸盐类矿物,其晶体化学式为 $NaCa_2(Mg,Fe)_4(Al,Fe)[(Si_6Al_2)O_{22}](F,OH)_2$。主要成分为 Na、Ca、Mg、Al、Fe、Si、F、H、O,类质同象替代成分有 K、Fe、V、Ti、Mn、Mg、Cl、H_2O 等。

化学成分中氧化物及元素的质量分数为 K_2O 0.91%、Na_2O 2.86%、CaO 12.37%、MgO 14.58%、TiO_2 0.91%、MnO 0.08%、Al_2O_3 12.24%、V_2O_3 0.17%、FeO 8.46%、Fe_2O_3 0.18%、SiO_2 42.67%、H_2O 0.73%、Cl 0.12%、F 2.72%。

【结晶形态】

氟韭闪石属于斜方晶系,斜方柱晶类,对称型为 $2/m$。晶体呈粒状、柱状、块状等(图 4-1-123)。

(a) 氟韭闪石(美国)

(b) 氟韭闪石(芬兰)

图 4-1-123　氟韭闪石

【物理特征】

氟韭闪石的颜色呈灰黑色、黑色。条痕为白色、灰绿色。透明至半透明。玻璃光泽。色散弱。多色性较明显:无色、浅棕色,浅棕色,棕色。

二轴晶(+)。折射率为 Np=1.634、Nm=1.642、Ng=1.654,双折射率为 0.020。2V=68°(测量)、80°(计算)。

{110} 两组解理完全,夹角为 56°、124°。性脆。断口呈不规则、不平整的贝壳状。摩氏硬度为 6,相对密度为 3.18(测量)、3.20(计算)。

【晶体结构】

氟韭闪石属于斜方晶系,空间群为 $C2/m$(图 4-1-124)。晶胞参数:a=0.988 nm、b=1.804 nm、c=0.531 nm,β=105.13°,Z=2。X 射线粉晶主要衍射数据 d(Å)(I/I_{max})为 8.44(100)、3.38(19)、3.28(41)、3.13(80)、2.81(32)、2.75(17)、2.71(19)、2.39(21)、2.35(41)。

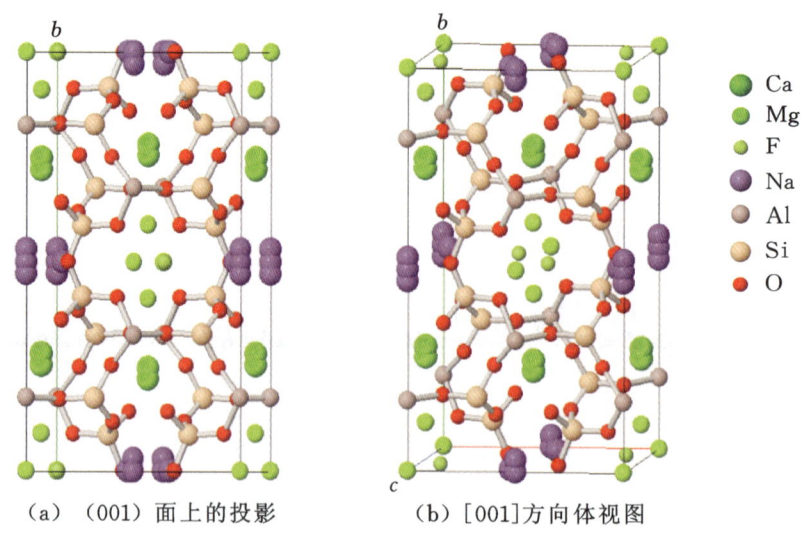

(a) (001)面上的投影　　(b) [001]方向体视图

图 4-1-124　氟韭闪石的晶体结构

【产状产地】

氟韭闪石产于前寒武纪晚期麻粒岩相碳酸盐岩中。与氟韭闪石共生伴生的矿物有闪石类矿物、榍石、金云母、方解石、阳起石等,主要产地有芬兰、美国(纽约、新泽西)。

【主要用途】

氟韭闪石在地质学、物理学、化学、材料学、环境科学、晶体学、矿物学、宝石学方面都有重要意义。

氯铁韭闪石

【化学性质】

氯铁韭闪石是一种含 Na、Ca、Fe、Al、Cl 的$[(Al_2Si_6)O_{22}]$双链状基型硅酸盐类矿物,其晶体化学式为 $NaCa_2Fe_4^{2+}Al[(Si_6Al_2)O_{22}]Cl_2$。主要成分为 Na、Ca、Fe、Al、Si、Cl、O,类质同象替代成分有 K、Mg、Mn、F、OH。

化学成分中氧化物及元素的质量分数为 Na_2O 3.10%、CaO 11.23%、Al_2O_3 15.31%、FeO 27.17%、SiO_2 36.09%、Cl 7.10%。

氯铁韭闪石、韭闪石、铁韭闪石中的(OH)被 Cl 类质同象替代即成为氯铁韭闪石。

【结晶形态】

氯铁韭闪石属于单斜晶系,斜方柱晶类,对称型为 $2/m$。晶体呈针状、长柱状,集合体呈束状、放射状等。

【物理特征】

氯铁韭闪石的颜色呈蓝绿色、棕色、灰黑色、黑色。条痕为浅灰绿色到棕绿色。透明至半透明。玻璃光泽。色散较强。多色性较明显。

二轴晶(一)。{110}两组解理完全,夹角为 56°、124°。性脆。断口呈不均匀、不平整的次贝壳状。摩氏硬度为 5~6。

【晶体结构】

氯铁韭闪石属于单斜晶系,空间群为 $C2/m$。晶胞参数:$a=0.995$ nm、$b=1.814$ nm、$c=0.535$ nm,$\beta=105.05°$,$Z=2$。

【产状产地】

氯铁韭闪石产于蚀变的辉长岩、细小片麻岩体中。与氯铁韭闪石共生伴生的矿物有辉石、基性斜长石等。

【主要用途】

氯铁韭闪石在地质学、物理学、化学、晶体学、矿物学方面都有一定意义。

氟钾韭闪石

【化学性质】

氟钾韭闪石是一种含 K、Ca、Mg、Al、F 的[$(Si_6Al_2)O_{22}$]双链状基型硅酸盐类矿物,其晶体化学式为 $KCa_2Mg_4Al[(Si_6Al_2)O_{22}]F_2$。主要成分为 K、Ca、Mg、Al、Si、O、F,类质同象替代成分有 Na、Ba、Sr、Ti、Fe、Mn。

化学成分中氧化物及元素的质量分数为 K_2O 3.72%、Na_2O 0.99%、CaO 13.18%、MgO 15.95%、FeO 1.96%、MnO 0.05%、Al_2O_3 17.46%、Fe_2O_3 2.51%、TiO_2 0.46%、SiO_2 40.20%、H_2O 0.77%、F 2.75%。

【结晶形态】

氟钾韭闪石属于单斜晶系,斜方柱晶类,对称型为 $2/m$。晶体呈柱状、粒状、块状。

【物理特征】

氟钾韭闪石的颜色呈棕黑色。条痕为浅灰色。透明。玻璃光泽。色散弱。多色性较弱:无色至非常浅的灰色,非常浅的灰色、无色。

二轴晶(+)。折射率为 Np=1.638、Nm=1.641、Ng=1.653。2V=49.60°(测量)、53.40°(计算)。

{110}两组解理完全,夹角为 56°、124°。性脆。断口呈不均匀、不规则的丝状。摩氏硬度为 6.5,相对密度为 3.46(测量)、3.15(计算)。

【晶体结构】

氟钾韭闪石属于单斜晶系,空间群为 $C2/m$。晶胞参数:$a=0.991$ nm、$b=1.797$ nm、$c=0.532$ nm、$β=105.55(2)°$,$Z=2$。X 射线粉晶衍射数据 $d(\text{Å})(I/I_{max})$ 为 8.413(45)、3.374(31)、3.270(55)、3.133(100)、2.934(29)、2.809(47)、2.698(39)。

【产状产地】

氟钾韭闪石产状产地不详。

【主要用途】

氟钾韭闪石在地质学、物理学、化学、材料学、环境科学、晶体学、矿物学、宝石学方面都有重要意义。

钾韭闪石

【化学性质】

钾韭闪石是一种含 K、Ca、Mg、Al、(OH)的[$(Si_6Al_2)O_{22}$]双链状基型硅酸盐类矿物,其晶体化学式为 $KCa_2Mg_4Al[(Si_6Al_2)O_{22}](OH)_2$。主要成分为 K、Ca、Mg、Al、Si、H、O,类质同象替代成分有 Na、Ba、Sr、Fe、F、Cl 等。

【结晶形态】

图 4-1-125　钾韭闪石（芬兰）

钾韭闪石属于单斜晶系，斜方柱晶类，对称型为 $2/m$。晶体呈柱状、粒状、块状等（图 4-1-125）。

【物理特征】

钾韭闪石的颜色呈黑色。条痕为棕绿色。透明。玻璃光泽。色散弱或无。多色性较明显。

二轴晶（−）。折射率：$Np=1.654$、$Nm=1.664$、$Ng=1.670$，双折射率为 0.016。$2V=79°$（测量）、$74°$（计算）。

{110}两组解理完全，夹角为 56°、124°。性脆。断口呈不均匀、不规则的丝状。摩氏硬度为 6～6.5。

【晶体结构】

钾韭闪石属于单斜晶系，空间群为 $C2/m$，与氟韭闪石的晶体结构相同（图 4-1-124）。

【产状产地】

钾韭闪石主要产地有芬兰。

【主要用途】

钾韭闪石在地质学、物理学、化学、晶体学、矿物学、宝石学方面都有一定意义。

氯钾韭闪石

【化学性质】

氯钾韭闪石是一种含 K、Ca、Mg、Al、Cl 的 $[(Si_6Al_2)O_{22}]$ 双链状基型硅酸盐类矿物，其晶体化学式为 $(K,Na)Ca_2(Mg,Fe)_4Al[(Si_6Al_2)O_{22}](Cl,OH)_2$。主要成分为 K、Ca、Mg、Al、Si、O、Cl，类质同象替代成分有 Na、Fe、Mn、Ti、OH。

化学成分中氧化物及元素的质量分数为 K_2O 3.04%、Na_2O 1.33%、CaO 11.45%、MgO 9.10%、Al_2O_3 14.80%、FeO 16.99%、SiO_2 38.23%、H_2O 0.87%、Cl 4.19%。

【结晶形态】

氯钾韭闪石属于单斜晶系，斜方柱晶类，对称型为 $2/m$。晶体呈柱状、粒状、块状等。

【物理特征】

氯钾韭闪石的颜色呈黑色。条痕为橄榄绿。透明。玻璃光泽。色散弱。多色性明显。

二轴晶（−）。折射率为 $Np=1.675$、$Nm=1.687$、$Ng=1.690$，双折射率为 0.015。

{110}两组解理完全，夹角为 56°、124°。性脆。断口呈不均匀、不平整的碎粒状。摩氏硬度为5.5，相对密度为 3.29（测量）、3.35（计算）。

【晶体结构】

氯钾韭闪石属于单斜晶系，空间群为 $C2/m$。晶胞参数：$a=0.984$ nm、$b=1.813$ nm、$c=0.536$ nm，$\beta=105.50°$，$Z=2$。X 射线粉晶衍射数据 $d(\text{Å})(I/I_{max})$ 为 8.400(80)、3.116(30)、2.951(30)、2.714(100)、2.562(70)、1.444(30)。

【产状产地】

氯钾韭闪石产于麻粒岩相变质杂岩体中，属于闪石族矿物。与氯钾韭闪石共生伴生的矿物有角闪石、顽火辉石、基性—超基性斜长石,主要产地有俄罗斯、美国等。

【主要用途】

氯钾韭闪石在地质学、物理学、化学、材料学、环境科学、晶体学、矿物学、宝石学方面都有重要意义。

钾铁韭闪石

【化学性质】

钾铁韭闪石是一种含 K、Ca、Fe、Al、(OH) 的 $[(Si_6Al_2)O_{22}]$ 双链状基型硅酸盐类矿物,其晶体化学式为 $KCa_2Fe_4^{2+}Al[(Si_6Al_2)O_{22}](OH)_2$。主要成分为 K、Ca、Fe、Al、Si、O、H,类质同象替代成分有 Na、Ba、Mn、Cl、F。

化学成分中氧化物的质量分数为 K_2O 4.82%、CaO 11.47%、Al_2O_3 15.64%、FeO 29.37%、SiO_2 36.86%、H_2O 1.84%。

【结晶形态】

钾铁韭闪石属于单斜晶系,斜方柱晶类,对称型为 $2/m$。晶体呈针状、长柱状,粒状,集合体呈束状、放射状、块状等(图 4-1-126)。

图 4-1-126　钾铁韭闪石(日本)

【物理特征】

钾铁韭闪石的颜色呈黑色、黑绿色。条痕为浅绿色、浅蓝绿色。透明至不透明。玻璃光泽。色散弱。多色性明显。

二轴晶(一)。折射率为 Np=1.680、Nm=1.690、Ng=1.698,双折射率为 0.018。$2V=80°\sim90°$(测量)。

{110}两组解理完全,夹角为 56°、124°。性脆。断口呈不均匀、不平整的贝壳状。摩氏硬度为 6,相对密度为 3.51(计算)。

【晶体结构】

钾铁韭闪石属于单斜晶系,空间群为 $C2/m$(图 4-1-127)。晶胞参数:$a=0.995$ nm、$b=1.814$ nm、$c=0.535$ nm,$\beta=105.05°$,$Z=2$。X 射线粉晶衍射数据 $d(\text{Å})(I/I_{max})$ 为 8.48(81)、3.40(51)、3.15(46)、2.72(100)、2.61(59)、2.57(43)、2.36(37)、2.17(39)。

【产状产地】

钾铁韭闪石产于蚀变钙质角岩中。与钾铁韭闪石共生伴生的矿物有钛铁矿、方柱石、钾长石、方

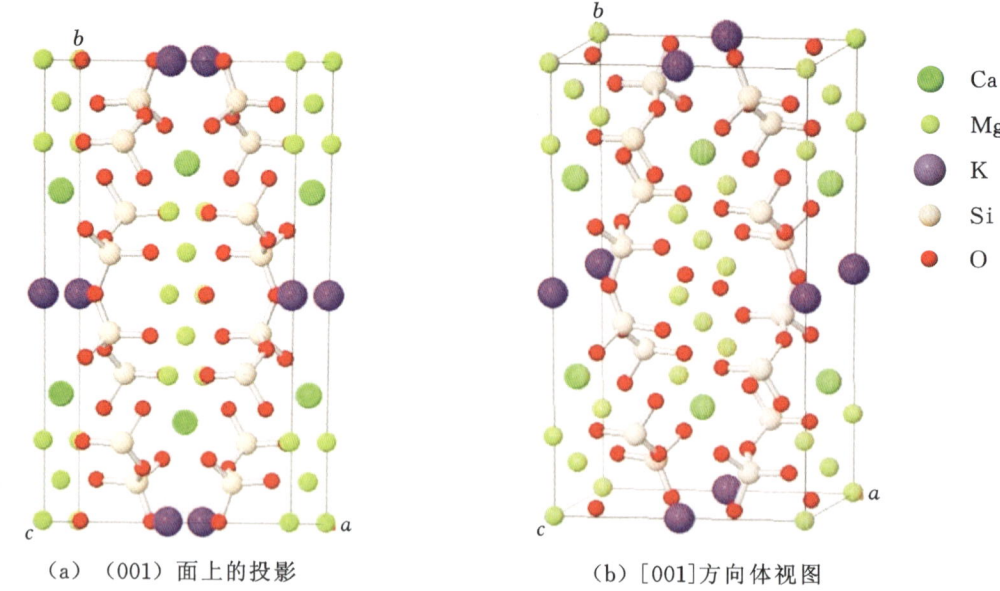

(a) （001）面上的投影　　(b) [001]方向体视图

图 4-1-127　钾铁韭闪石的晶体结构

解石、黑云母、斜长石,主要产地有日本。

【主要用途】

钾铁韭闪石在地质学、物理学、化学、晶体学、矿物学方面都有重要意义。

绿钙闪石

【化学性质】

绿钙闪石是一种含 Na、Ca、Fe、Al、(OH)的$[(Si_6Al_2)O_{22}]$双链状基型硅酸盐类矿物,是一种富铁的韭闪石,其晶体化学式为$NaCa_2(Fe^{2+},Mg)_4(Fe^{3+},Al)[(Si_6Al_2)O_{22}](OH)_2$。主要成分为 Na、Ca、Fe、Al、Si、Al、H、O,类质同象替代成分有 K、Mg、Ti、Cr、Mn、P、F、Cl、H_2O 等。

化学成分中氧化物的质量分数为 Na_2O 3.13％、CaO 11.32％、Al_2O_3 10.29％、FeO 29.00％、Fe_2O_3 8.06％、SiO_2 36.38％、H_2O 1.82％。

绿钙闪石与韭闪石的化学式基本相同,两者的主要区别在于它们的化学分类界限,$Al^{4+} \geqslant Fe^{3+}$、$Mg/Mg+Fe^{2+} \geqslant 0.50$ 时为韭闪石;$Al^{4+} < Fe^{3+}$、$Mg/Mg+Fe^{2+} < 0.5$ 时为绿钙闪石。

韭闪石为绿钙闪石的富 Mg 端元矿物。

【结晶形态】

绿钙闪石属于单斜晶系,斜方柱晶类,对称型为 $2/m$。晶体呈针状、柱状、块状等(图 4-1-128)。

(a) 绿钙闪石（澳大利亚）　　(b) 绿钙闪石（英国）

图 4-1-128　绿钙闪石

【物理特征】

绿钙闪石的颜色呈黑色、深绿色、墨绿色、绿棕色、黄色等。条痕为浅灰绿色。透明至半透明。玻璃光泽。色散中等。多色性较明显：暗黄色、黄色或浅绿色、棕色，肝棕色、深绿色、蓝色或深绿色、棕色，绿黄色、深橄榄绿色或深蓝色。

二轴晶（－）。折射率为 Np＝1.669～1.680、Nm＝1.682～1.695、Ng＝1.684～1.705，双折射率为 0.015～0.025。$2V＝40°～81°$（测量）、$42°～76°$（计算）。

{110}两组解理完全，夹角为 56°、124°。性脆。断口呈不均匀、不平整的贝壳状。摩氏硬度为 5～6，相对密度为 3.17～3.59（测量）、3.58（计算）。

【晶体结构】

绿钙闪石属于单斜晶系，空间群为 $C2/m$（图 4-1-129）。晶胞参数：$a＝0.991$ nm、$b＝1.803$ nm、$c＝0.530$ nm，$β＝103.95°$，$Z＝2$。X 射线粉晶主要衍射数据 $d(\text{Å})(I/I_{max})$ 为 8.43(100)、3.13(70)、2.71(60)，见图 4-1-130。

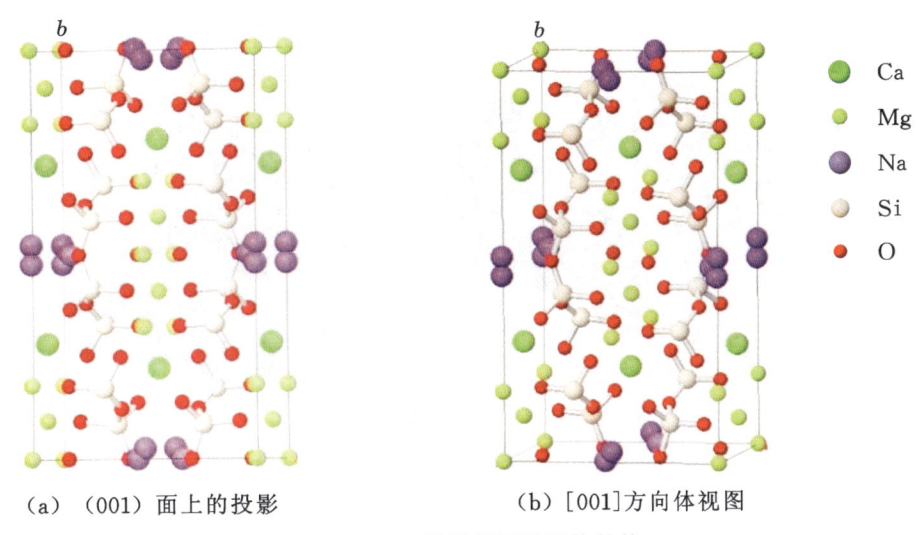

(a) (001)面上的投影　　(b) [001]方向体视图

图 4-1-129　绿钙闪石的晶体结构

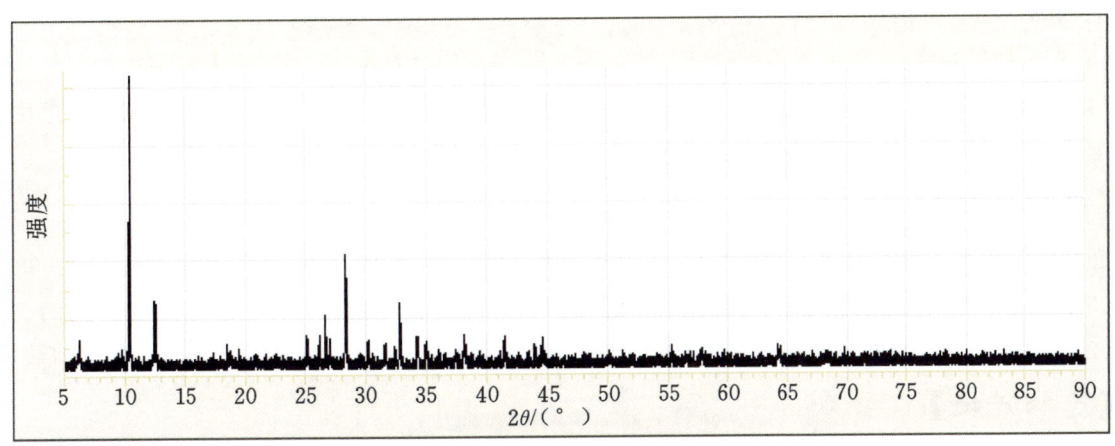

图 4-1-130　绿钙闪石的 X 射线粉晶衍射图

【产状产地】

绿钙闪石产于霞石正长岩、花岗岩、片岩、片麻岩、角闪岩中，偶见于接触变质大理岩和矽卡岩中。主要产地有意大利、加拿大。

【主要用途】

绿钙闪石在地质学、物理学、化学、材料学、环境科学、晶体学、矿物学、宝石学方面都有重要意义。

钾绿钙闪石

【化学性质】

钾绿钙闪石是一种含 K、Ca、Fe、Cl 的 $[(Si_6Al_2)O_{22}]$ 双链状基型硅酸盐类矿物,其晶体化学式为 $KCa_2Fe_4^{2+}Fe^{3+}[(Si_6Al_2)O_{22}](Cl,F,OH)_2$。主要成分为 K、Ca、Fe、Al、Si、F、H、O,类质同象替代成分有 Na、Mn、Mg、Cl。

化学成分中氧化物及元素的质量分数为 K_2O 2.84%、Na_2O 1.25%、CaO 11.27%、MgO 4.05%、Al_2O_3 10.25%、FeO 21.67%、Fe_2O_3 8.03%、SiO_2 35.24%、H_2O 0.54%、Cl 4.86%。

【结晶形态】

钾绿钙闪石属于单斜晶系,斜方柱晶类,对称型为 $2/m$。晶体呈颗粒状、柱状、块状等(图 4-1-131)。

图 4-1-131　钾绿钙闪石(美国纽约)

【物理特征】

钾绿钙闪石的颜色呈绿色、深绿色、棕绿色、黑色。条痕为灰绿色。透明、半透明。玻璃光泽、半玻璃光泽。色散弱。多色性较强:蓝绿色,绿色到棕绿色,蓝色到浅蓝色。

二轴晶(-)。折射率为 Np=1.668、Nm=1.688、Ng=1.698,双折射率为 0.030。$2V=40°\sim 70°$(测量)、70°(计算)。

{110}两组解理完全,夹角为 56°、124°。性脆。断口呈不平整、不规则的贝壳状或次贝壳状。摩氏硬度为 6,相对密度为 3.29(测量)、3.37(计算)。

【晶体结构】

钾绿钙闪石属于单斜晶系,空间群为 $C2/m$。晶胞参数:$a=0.995$ nm、$b=1.818$ nm、$c=0.533$ nm, $\beta=105.14°$,$Z=2$。X 射线粉晶衍射数据 $d(Å)(I/I_{max})$ 为 8.499(100)、3.401(11)、3.299(32)、3.151(76)、2.830(53)、2.722(23)、2.402(17)、1.661(10)。

【产状产地】

钾绿钙闪石产于元古宙变质岩的富磁铁矿矿床中。与钾绿钙闪石共生伴生的矿物有磁黄铁矿、黄铁矿、金云母、磁铁矿、顽火辉石、透辉石、黄铜矿,主要产地有美国(纽约)、中国(内蒙古)、加拿大等。

【主要用途】

钾绿钙闪石在地质学、物理学、化学、材料学、环境科学、晶体学、矿物学、宝石学方面都有重要意义。

镁绿钙闪石

【化学性质】

镁绿钙闪石是一种含 Na、Ca、Mg、Fe、Cl 的 $[(Si_6Al_2)O_{22}]$ 双链状基型硅酸盐类矿物,其晶体化学式为 $NaCa_2Mg_4Fe^{3+}[(Si_6Al_2)O_{22}](OH)_2$。主要成分为 Na、Ca、Mg、Fe、Al、Si、H、O,类质同象替代成分有 K、Ti、Mn、H_2O。

化学成分中氧化物的质量分数为 Na_2O 2.54%、K_2O 1.87%、CaO 12.01%、MgO 13.98%、FeO 5.52%、MnO 0.12%、TiO_2 3.16%、Al_2O_3 11.99%、Fe_2O_3 7.78%、SiO_2 39.40%、H_2O 1.63%。

【结晶形态】

镁绿钙闪石属于单斜晶系,斜方柱晶类,对称型为 $2/m$。晶体呈柱状、纤维状、针状、粒状(图 4-1-132)。

(a) 镁绿钙闪石(美国纽约)

(b) 镁绿钙闪石(意大利)

(c) 镁绿钙闪石(澳大利亚)

图 4-1-132 镁绿钙闪石

【物理特征】

镁绿钙闪石的颜色呈绿色、棕绿色。条痕为浅灰绿色至浅棕绿色。透明。玻璃光泽。色散弱。多色性。

二轴晶(−)。折射率为 $Np=1.653\sim1.670$、$Nm=1.661\sim1.690$、$Ng=1.669\sim1.700$,双折射率为 $0.016\sim0.030$。$2V=80°\sim84°$(测量),$68°\sim88°$(计算)。

{110}两组解理完全,夹角为 56°、124°。性脆。断口呈不平整、不均匀的贝壳状。摩氏硬度为 5~6,相对密度为 3.18~3.22(测量)、3.24(计算)。

【晶体结构】

镁绿钙闪石属于单斜晶系,空间群为 $C2/m$(图 4-1-133)。晶胞参数:$a=0.988$ nm、$b=1.801$ nm、$c=0.532$ nm,$\beta=105.26°$,$Z=2$。X 射线粉晶衍射数据 $d(\text{Å})(I/I_{max})$ 为 8.37(100)、3.26(60)、2.74(40)、2.45(24),见图 4-1-134。

【产状产地】

镁绿钙闪石主要产地有加拿大、美国(纽约)、意大利、澳大利亚、斯洛伐克等。

【主要用途】

镁绿钙闪石在地质学、物理学、化学、环境科学、晶体学、矿物学、宝石学方面都有重要意义。

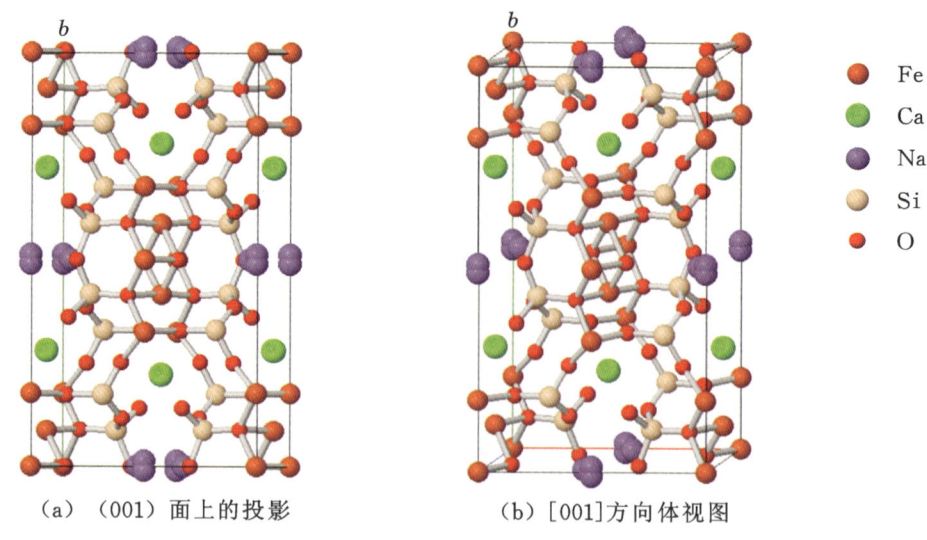

(a) (001)面上的投影　　(b) [001]方向体视图

图 4-1-133　镁绿钙闪石的晶体结构

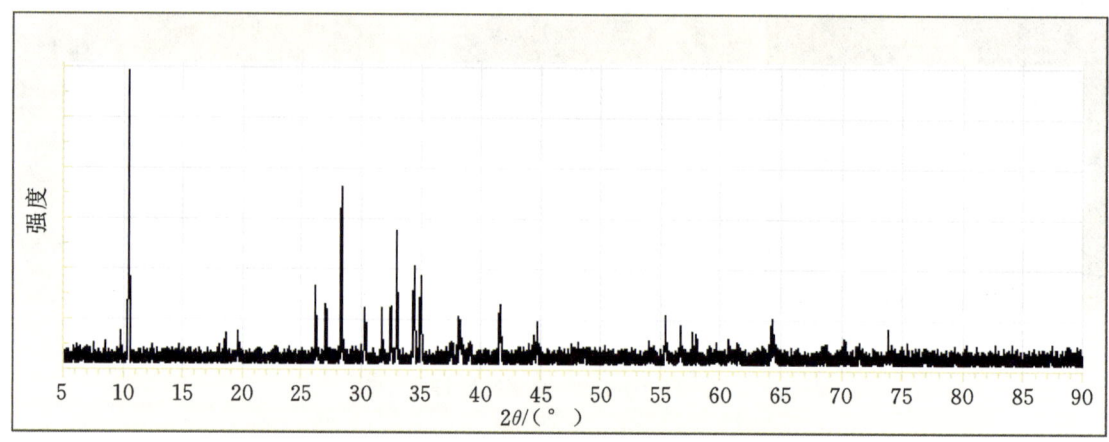

图 4-1-134　镁绿钙闪石的 X 射线粉晶衍射图

氧镁绿钙闪石

【化学性质】

氧镁绿钙闪石是一种含 Na、Ca、Mg、Ti、O 的 $[(Si_6Al_2)O_{22}]$ 双链状基型硅酸盐类矿物,其晶体化学式为 $NaCa_2Mg_3(Fe^{3+}_{2-x},Ti_x)_5[(Si_6Al_2)O_{22}]O_2$。主要成分为 Na、Ca、Mg、Ti、Al、Si、O,类质同象替代成分有 K、Fe、Mn、H_2O。

【结晶形态】

氧镁绿钙闪石属于单位斜晶系,斜方柱晶类,对称型为 $2/m$。晶体呈粒状、柱状、块状等(图 4-1-135)。

【物理特征】

氧镁绿钙闪石的颜色呈棕色。条痕为白色。透明至半透明。玻璃光泽。色散弱。多色性较强:浅棕色,棕色,深棕色。

二轴晶(一)。折射率为 $Np=1.706$、$Nm=1.715$、$Ng=1.720$,双折射率为 0.014。$2V=73°$(计算)。

{110}两组解理完全,夹角为 56°、124°。性脆。断口呈不均匀、但较为光滑的贝壳状。摩氏硬度为 6,相对密度为 3.19(测量)、3.22(计算)。

(a) 氧镁绿钙闪石（德国）   (b) 氧镁绿钙闪石（坦桑尼亚）

图 4-1-135 氧镁绿钙闪石

【晶体结构】

氧镁绿钙闪石属于单斜晶系，空间群为 $B2/m$。晶胞参数：$a=0.988$ nm、$b=1.807$ nm、$c=0.531$ nm，$\beta=105.28°$，$Z=2$。X 射线粉晶衍射数据 $d(\text{Å})(I/I_{max})$ 为 3.383(62)、3.281(30)、2.708(97)、2.596(75)、2.555(100)、2.162(36)、1.585(39)、1.521(48)。

【产状产地】

氧镁绿钙闪石呈斑晶状产于一种凝灰岩中，其共生伴生矿物常有镁绿钙闪石，主要产地有坦桑尼亚、俄罗斯。

【主要用途】

氧镁绿钙闪石在地质学、物理学、化学、环境科学、矿物学方面都有重要意义。

氟钠钙镁闪石

【化学性质】

氟钠钙镁闪石是一种含 Na、Ca、Mg、Fe、F 的 $[(Si_6Al_2)O_{22}]$ 双链状基型硅酸盐类矿物，属角闪石类矿物。其晶体化学式为 $NaCa_2Mg_4Fe^{3+}[(Si_6Al_2)O_{22}]F_2$。主要成分为 Na、Ca、Mg、Fe、Al、Si、F、O，类质同象替代成分有 K、Sr、Mn、Cr、Ti、F、Cl、OH 等。

化学成分中氧化物及元素的质量分数为 Na_2O 1.79%、CaO 13.18%、K_2O 1.20%、MgO 17.75%、TiO_2 1.20%、Al_2O_3 13.18%、Fe_2O_3 6.45%、SiO_2 40.86%、F 4.39%。

【结晶形态】

氟钠钙镁闪石属于单斜晶系，斜方柱晶类，对称型为 $2/m$。晶体呈柱状、棒状、针状、纤维状等（图 4-1-136）。

(a) 氟钠钙镁闪石（德国）   (b) 氟钠钙镁闪石（罗马尼亚）

图 4-1-136 氟钠钙镁闪石

【物理特征】

氟钠钙镁闪石的颜色呈浅棕色、棕色、深棕色。条痕为浅棕色。透明至半透明。玻璃光泽。色散弱。多色性较明显：无色，浅棕色。

二轴晶（−）。折射率为 Np＝1.642、Nm＝1.647、Ng＝1.662。双折射率为 0.020。$2V=61°$（测量），$2V=62°$（计算）。

{110}两组解理完全，夹角为 56°、124°。性脆。断口呈不均匀、不平整的贝壳状。摩氏硬度为 6，相对密度为 3.16（计算）。

【晶体结构】

氟钠钙镁闪石属于单斜晶系，空间群为 $C2/m$。晶胞参数：$a=0.987$ nm、$b=1.801$ nm、$c=0.531$ nm，$\beta=105.37°$，$Z=2$。X 射线粉晶衍射数据 $d(\text{Å})(I/I_{max})$ 为 9.007(27)、8.421(61)、3.377(44)、3.271(61)、3.124(100)、2.932(35)、2.805(28)、2.746(31)、2.700(54)、2.557(31)，见图 4-1-137。

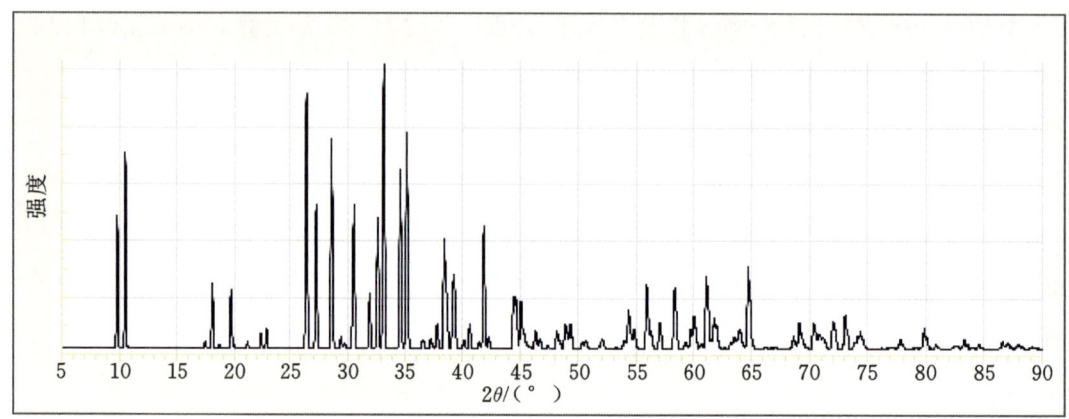

图 4-1-137　氟钠钙镁闪石的 X 射线粉晶衍射图

【产状产地】

氟钠钙镁闪石发现于富含赤铁矿的粗安岩蚀变捕虏体小洞穴中，主要产地有德国、罗马利亚。

【主要用途】

氟钠钙镁闪石在地质学、物理学、化学、材料学、环境科学、晶体学、矿物学、宝石学方面都有重要意义。

钛闪石

【化学性质】

钛闪石是一种含 Na、Ca、Mg、Ti、(O,OH) 的 $[(Si_6Al_2)O_{22}]$ 双链状基型硅酸盐类矿物，其晶体化学式为 $NaCa_2(Mg,Fe)_4Ti[(Si_6Al_2)O_{22}](O,OH,F)_2$。主要成分为 Na、Ca、Mg、Fe、Ti、Si、Al、H、O，类质同象替代成分有 Fe、Mn、K、F、H_2O。

化学成分中氧化物的质量分数为 Na_2O 3.55%、CaO 12.85%、MgO 18.77%、TiO_2 9.78%、Al_2O_3 11.68%、SiO_2 41.31%、H_2O 2.06%。

【结晶形态】

钛闪石属于单斜晶系，斜方柱晶类，对称型为 $2/m$。晶体形态呈柱状、粒状等（图 4-1-138）。

【物理特征】

钛闪石的颜色呈深棕色、黑色。条痕为棕灰色。透明、半透明。玻璃光泽、树脂光泽。色散较强。

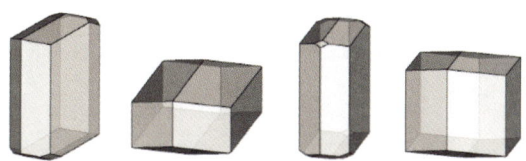

(a) 钛闪石的晶体形态

(b) 钛闪石（格陵兰岛）   (c) 钛闪石（德国）   (d) 钛闪石（捷克）

图 4-1-138 钛闪石

二轴晶（−）。折射率为 Np=1.670～1.689、Nm=1.690～1.741、Ng=1.700～1.772，双折射率为 0.030～0.083。$2V=66°～82°$（测量）、$68°～72°$（计算）。

{110}两组解理完全，夹角为 56°、124°。性脆。断口呈不平整、不规则的贝壳状或次贝壳状。摩氏硬度为 5～6，相对密度为 3.20～3.28（测量）、3.20（计算）。

【晶体结构】

钛闪石属于单斜晶系，空间群为 $C2/m$（图 4-1-139）。晶胞参数：$a=0.981$ nm、$b=1.808$ nm、$c=0.531$ nm，$\beta=105.20°$，$Z=2$。X 射线粉晶主要衍射数据 d(Å)(I/I_{max})为 8.38(65)、3.11(80)、2.69(100)，见图 4-1-140。

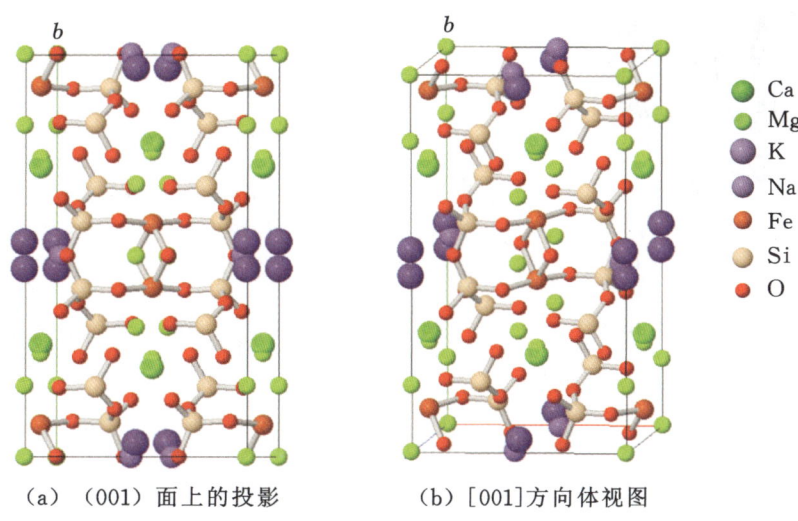

(a) (001) 面上的投影   (b) [001]方向体视图

图 4-1-139 钛闪石的晶体结构

【产状产地】

钛闪石是中性—基性侵入岩和喷出岩中的副矿物。与钛闪石共生伴生的矿物有闪石类矿物（铁钛闪石等）、榍石、金云母、方解石等，主要产地有德国、丹麦、格陵兰岛、捷克等。

【主要用途】

钛闪石在地质学、物理学、化学、材料学、环境科学、晶体学、矿物学、宝石学方面都有重要意义。

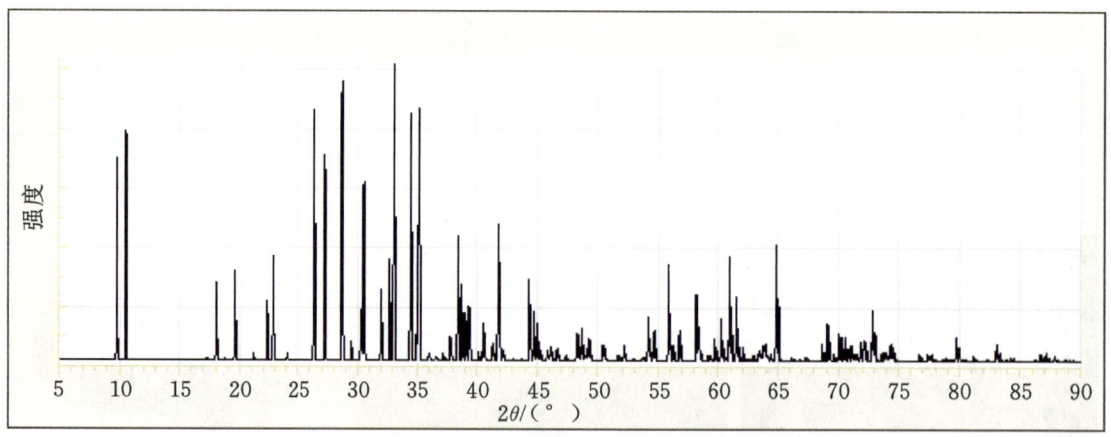

图 4-1-140　钛闪石的 X 射线粉晶衍射图

铁钛闪石

【化学性质】

铁钛闪石是一种含 Na、Ca、Fe、Ti、(O,OH) 的 $[(Si_6Al_2)O_{22}]$ 双链状基型硅酸盐类矿物，其晶体化学式为 $NaCa_2(Fe,Mg)_4Ti[(Si_6Al_2)O_{22}](O,OH,F)_2$。主要成分为 Na、Ca、Fe、Ti、Al、Si、H、O，类质同象替代成分有 K、Sr、Mg、Mn、Cl、F、OH。

化学成分中氧化物的质量分数为 Na_2O 3.10%、CaO 11.23%、TiO_2 7.00%、Al_2O_3 9.21%、Fe_2O_3 31.97%、SiO_2 35.69%、H_2O 1.80%。

图 4-1-141　铁钛闪石（澳大利亚）

【结晶形态】

铁钛闪石属于单斜晶系，斜方柱晶类，对称型为 $2/m$。晶体呈柱状、棒状、粒状等（图 4-1-141）。

【物理特征】

铁钛闪石的颜色呈深棕色、黑色。条痕为浅棕灰色。透明至半透明。玻璃光泽。色散弱。多色性弱。

二轴晶（−）。折射率为 Np = 1.689、Nm = 1.741、Ng = 1.772，双折射率为 0.083。$2V = 66°$（测量）、68°（计算）。

{110} 两组解理完全，夹角为 56°、124°。性脆。断口呈不规则、不平整的贝壳状或次贝壳状。摩氏硬度为 5~6，相对密度为 3.20（测量）。

【晶体结构】

铁钛闪石属于单斜晶系，空间群为 $C2/m$。晶胞参数可参照钛闪石：$a = 0.981$ nm、$b = 1.808$ nm、$c = 0.531$ nm，$\beta = 105.20°$，$Z = 2$。X 射线粉晶主要衍射数据 $d(\text{Å})(I/I_{max})$ 为 8.38(65)、3.11(80)、2.69(100)。

【产状产地】

铁钛闪石是中性—基性侵入岩和喷出岩中的副矿物，是一种富 O 的角闪石。与铁钛闪石共生伴生的矿物有闪石类矿物（钛闪石等）、榍石、金云母、方解石等，主要产地有澳大利亚等。

【主要用途】

铁钛闪石在地质学、物理学、化学、材料学、环境科学、晶体学、矿物学、宝石学方面都有重要意义。

高铁钛闪石

【化学性质】

高铁钛闪石是一种含 Na、Ca、Mg、Fe、Ti、O 的 $[(Si_6Al_2)O_{22}]$ 双链状基型硅酸盐类矿物,其晶体化学式为 $NaCa_2Mg_3Fe^{3+}Ti[(Si_6Al_2)O_{22}]O_2$。主要成分为 Na、Ca、Mg、Fe、Ti、Al、Si、O,类质同象替代成分有 K、Mn、Fe、Ti、Fe、Al、Cr、F、Cl、OH。

化学成分中氧化物及元素的质量分数为 SiO_2 41.69%、TiO_2 5.30%、Al_2O_3 13.65%、Cr_2O_3 0.09%、Fe_2O_3 4.52%、FeO 2.83%、MgO 15.54%、CaO 11.03%、MnO 0.41%、Na_2O 2.88%、K_2O 0.96%、H_2O 0.78%、F 0.24%、Cl 0.08%。

高铁钛闪石和(富)铁钛闪石之间主要是 Fe^{3+}、Fe^{2+} 含量的差异。

【结晶形态】

高铁钛闪石属于单斜晶系,斜方柱晶类,对称型为 $2/m$。晶体呈柱状、棒状、粒状等(图 4-1-142)。

图 4-1-142　高铁钛闪石(德国)

【物理特征】

高铁钛闪石的颜色呈棕色、黑色。条痕为白色。透明至半透明。玻璃光泽。

二轴晶(-)。{110}两组解理完全,夹角为 56°、124°。性脆。断口呈不规则、不平整的贝壳状或次贝壳状。

【晶体结构】

高铁钛闪石属于单斜晶系,空间群为 $C2/m$。晶胞参数:$a=0.984$ nm、$b=1.806$ nm、$c=0.530$ nm,$\beta=105.20°$,$Z=2$。X射线粉晶衍射数据 $d(\text{Å})(I/I_{max})$ 为 8.400(20)、3.379(80)、3.115(60)、2.598(100)。

【产状产地】

高铁钛闪石产于与岩浆岩作用相关的岩石中,与它共生伴生的矿物有尖晶石、镁橄榄石、透辉石等,主要产地有德国、南极洲、肯尼亚等。

【主要用途】

高铁钛闪石在地质学、物理学、化学、材料学、环境科学、晶体学、矿物学方面都有重要意义。

蓝透闪石

【化学性质】

蓝透闪石是一种含 Ca、Na、Mg、(OH)的 $[Si_6Al_2O_{22}]$ 双链状基型硅酸盐类矿物,其晶体化学式为 $CaNa(Mg,Fe)_4(Al,Fe)[Si_8O_{22}](OH)_2$。主要成分为 Ca、Na、Mg、Fe、Al、Si、H、O,类质同象替代成

分有 K、Mn、Ti。

蓝透闪石化学成分中氧化物的质量分数为 K_2O 0.57%、Na_2O 3.52%、CaO 8.61%、MgO 20.78%、MnO 0.69%、Al_2O_3 1.91%、Fe_2O_3 5.30%、SiO_2 56.44%、H_2O 2.18%。

蓝透闪石与铁蓝透闪石可形成类质同象系列矿物。

【结晶形态】

蓝透闪石属于单斜晶系,斜方柱晶类,对称型为 $2/m$。晶体形态呈柱状、粒状、块状等(图 4-1-143)。

图 4-1-143　蓝透闪石(意大利)

【物理特征】

蓝透闪石的颜色呈钴蓝色、紫蓝色、灰色、无色。条痕为浅灰蓝色。透明。玻璃光泽。色散较强。多色性较弱:无色,浅蓝色,蓝紫色。

二轴晶(+、-)。折射率为 Np=1.636、Nm=1.646、Ng=1.658,双折射率为 0.022。$2V=64°$(测量)、70°(计算)。

{110}两组解理完全,夹角为 56°、124°。性脆。断口呈不均匀、不平整的贝壳状。摩氏硬度为 5.5,相对密度为 2.96(测量)、3.02(计算)。

【晶体结构】

蓝透闪石属于单斜晶系,空间群为 $C2/m$(图 4-1-144)。晶胞参数:$a=0.983$ nm、$b=1.806$ nm、$c=0.530$ nm,$\beta=104.40°$,$Z=2$。X 射线粉晶主要衍射数据 d(Å)(I/I_{max})为 8.40(90)、4.48(70)、3.40(70)、3.12(50)、2.98(40)、2.70(100)、2.58(30)、2.53(90),见图 4-1-145。

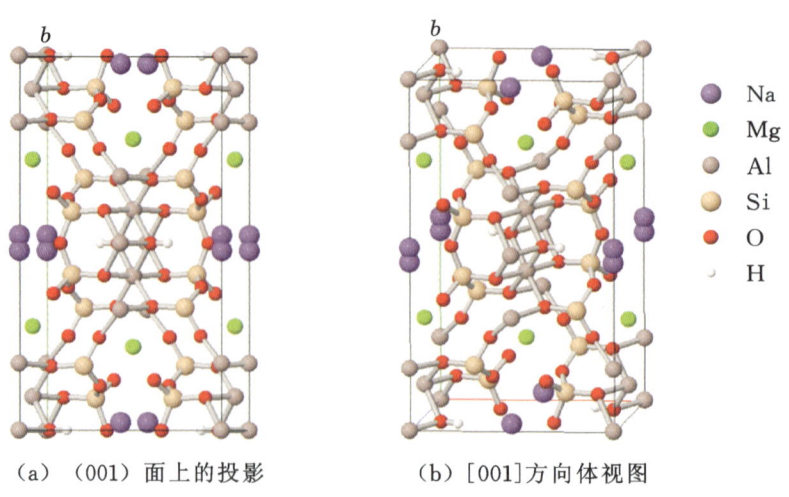

(a) (001)面上的投影　　(b) [001]方向体视图

图 4-1-144　蓝透闪石的晶体结构

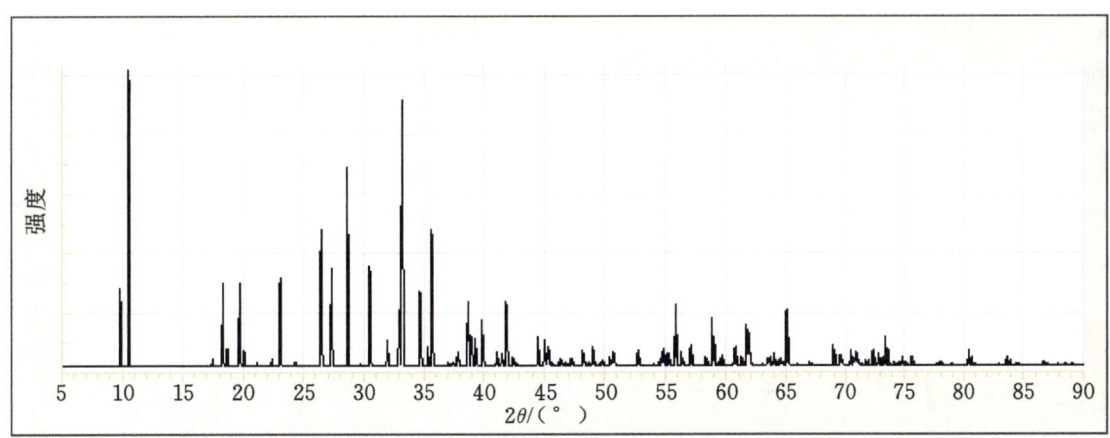

图 4-1-145　蓝透闪石的 X 射线粉晶衍射图

【产状产地】

蓝透闪石产于一种变质的锰矿床中,主要产地有意大利、阿富汗、印度等。

【主要用途】

蓝透闪石在地质学、物理学、化学、材料学、环境科学、晶体学、矿物学方面都有重要意义。

铁蓝透闪石

【化学性质】

铁蓝透闪石是一种含 Ca、Na、Fe、(OH)的[Si_8O_{22}]双链状基型硅酸盐类矿物,其晶体化学式为 $CaNa(Fe,Mg)_4(Al,Fe)[Si_8O_{22}](OH)_2$。主要成分为 Ca、Na、Fe、Al、Si、H、O,类质同象替代成分有 K、Mg、Mn、Ti、F、Cl。

化学成分中氧化物及元素的质量分数为 K_2O 0.50%、Na_2O 5.24%、CaO 5.17%、MgO 13.34%、TiO_2 0.09%、MnO 0.75%、Al_2O_3 1.15%、FeO 7.10%、Fe_2O_3 9.82%、SiO_2 55.48%、H_2O 0.80%、F 0.56%。

【结晶形态】

铁蓝透闪石属于单斜晶系,斜方柱晶类,对称型为 $2/m$。晶体呈针状、棒状、柱状、粒状等(图 4-1-146)。

【物理特征】

铁蓝透闪石的颜色呈紫蓝色、黑色。条痕为灰绿色。透明。玻璃光泽。色散弱。多色性较弱:亮褐色,淡紫色,深蓝色。

二轴晶(−)。折射率为 Np=1.675、Nm=1.672、Ng=1.687,双折射率为 0.012。2V=82°(测量)。

{110}两组解理完全,夹角为 56°、124°。性脆。断口呈不平整、不均匀的贝壳状。摩氏硬度为 5~6,相对密度为 3.09(测量)、3.09(计算)。

图 4-1-146　铁蓝透闪石(马达加斯加)

【晶体结构】

铁蓝透闪石属于单斜晶系,空间群为 $C2/m$。晶胞参数:a=0.981 nm,b=1.801 nm,c=0.530 nm,β=104.10°,Z=2。X 射线粉晶衍射数据 d(Å)(I/I_{max})为 8.420(100)、3.391(10)、3.116(60)、2.711(20)、3.268(13)、2.800(10)。

【产状产地】

铁蓝透闪石产于碱性杂岩中的晚期矿脉中,是一种角闪石族矿物。与铁蓝透闪石共生伴生的矿物有蓝透闪石、方解石、云母等,主要产地有马达加斯加。

【主要用途】

铁蓝透闪石在地质学、物理学、化学、材料学、环境科学、晶体学、矿物学、宝石学方面都有重要意义。

冻蓝闪石

【化学性质】

冻蓝闪石是一种含 Ca、Na、Mg、Al、(OH)的[$(Si_7Al)O_{22}$]双链状基型硅酸盐类矿物,其晶体化学式为 $CaNaMg_3Al_2[(Si_7Al)O_{22}](OH)_2$。主要成分为 Ca、Na、Mg、Al、Si、H、O,类质同象替代成分有 K、Fe、Mn、Cr、Ni、Ti、F、Cl。

化学成分中氧化物的质量分数为 Na_2O 3.74%、CaO 6.77%、MgO 14.60%、Al_2O_3 12.31%、Fe_2O_3 9.64%、SiO_2 50.77%、H_2O 2.17%。

在自然界中可以形成冻蓝闪石与铁冻蓝闪石矿物系列;还可以形成冻蓝闪石与氟冻蓝闪石矿物类质同象系列。

【结晶形态】

冻蓝闪石属于单斜晶系,斜方柱晶类,对称型为 $2/m$。晶体呈针状、柱状、粒状等(图 4-1-147)。

(a) 冻蓝闪石(意大利)　　　(b) 冻蓝闪石(日本)

图 4-1-147　冻蓝闪石

【物理特征】

冻蓝闪石的颜色呈蓝绿色、蓝色、绿色。条痕为白色、淡蓝色。透明至半透明。玻璃光泽。色散弱。多色性弱。

二轴晶(-)。{110}两组解理完全,夹角为 56°、124°。性脆。断口呈不均匀、不规则的贝壳状或次贝壳状。摩氏硬度为 5~6。

【晶体结构】

冻蓝闪石属于单斜晶系,空间群为 $C2/m$(图 4-1-148)。晶胞参数:$a=0.975$ nm、$b=1.792$ nm、$c=0.529$ nm,$\beta=104.49°$。

【产状产地】

冻蓝闪石是一种产于蓝片岩相变质岩中的稀有矿物。冻蓝闪石的共生伴生矿物有绿辉石、海绿石、十字石、阳起石和方解石,主要产地有意大利、威尔士、挪威、美国(阿拉斯加)等。

【主要用途】

冻蓝闪石在地质学、物理学、化学、材料学、环境科学、晶体学、矿物学、宝石学方面都有重要意义。

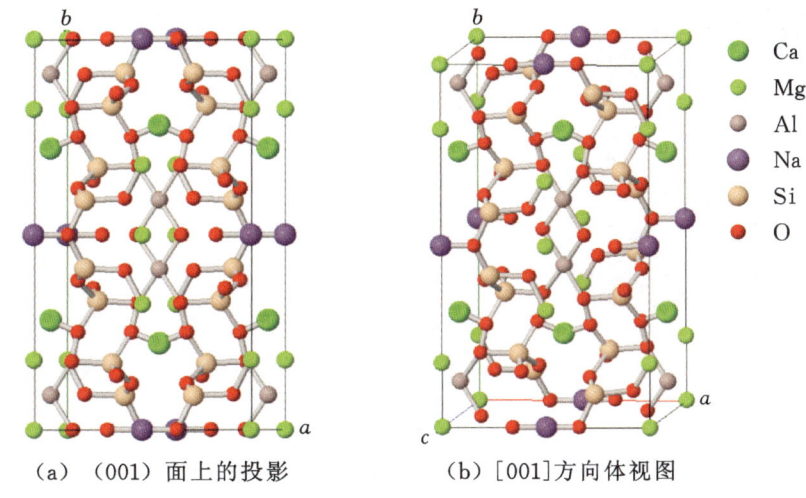

(a) (001)面上的投影　　(b) [001]方向体视图

图 4-1-148　冻蓝闪石的晶体结构

氟冻蓝闪石

氟冻蓝闪石是一种含 Ca、Na、Mg、Al、F 的[$(Si_7Al)O_{22}$]双链状基型硅酸盐类矿物,其晶体化学式为 $CaNa(Mg,Fe)_3(Al,Fe)_2[(Si_7Al)O_{22}]F_2$。主要成分为 Ca、Na、Mg、Al、Si、F、O,类质同象替代成分有 K、Fe、Ti、OH、Cl。

氟冻蓝闪石的颜色呈蓝绿色、蓝色。条痕为白色。透明至半透明。玻璃光泽。色散弱。多色性弱。

二轴晶(一)。{110}两组解理完全,夹角为 56°、124°。性脆。断口呈不均匀、不规则的次贝壳状。摩氏硬度为 5～6。

铁冻蓝闪石

铁冻蓝闪石一种含 Ca、Na、Fe、Al、(OH)的[$(Si_7Al)O_{22}$]双链状基型硅酸盐类矿物,其晶体化学式为 $CaNa(Fe,Mg)_3(Al,Fe)_2[(Si_7Al)O_{22}](OH)_2$。主要成分为 Ca、Na、Fe、Al、Si、H、O,类质同象替代成分有 K、Mg、Fe^{3+}、Mn。

化学成分中氧化物的质量分数为 CaO 6.08%、Na_2O 3.36%、FeO 23.35%、Al_2O_3 11.04%、Fe_2O_3 8.65%、SiO_2 45.57%、H_2O 1.95%。

铁冻蓝闪石属于单斜晶系,斜方柱晶类,对称型为 $2/m$。晶体呈针状、柱状、粒状等。

铁冻蓝闪石颜色呈绿色、深蓝绿色到蓝色。条痕为白色。半透明。玻璃光泽、半玻璃光泽。色散弱。多色性较明显。

二轴晶(一)。{110}两组解理完全,夹角为 56°、124°。性脆。断口呈不均匀、不规则的贝壳状或次贝壳状。摩氏硬度为 5～6。

铁冻蓝闪石属于单斜晶系,空间群为 $C2/m$。

铁冻蓝闪石在地质学、物理学、化学、晶体学、矿物学方面都有一定意义。

亚铁冻蓝闪石

亚铁冻蓝闪石一种含 Ca、Na、Fe、(OH)的[$(Si_7Al)O_{22}$]双链状基型硅酸盐类矿物,其晶体化学式为 $CaNa(Fe^{2+},Mg)_3Fe_2^{3+}[(Si_7Al)O_{22}](OH)_2$。主要成分为 Ca、Na、$Fe^{2+}$、$Fe^{3+}$、Al、Si、H、O,类质同象替代成分有 K、Mg、Mn、Ti 等。

化学成分中氧化物的质量分数为 Na_2O 3.34%、CaO 6.04%、MgO 3.26%、Al_2O_3 5.49%、FeO 17.42%、Fe_2O_3 17.20%、SiO_2 45.30%、H_2O 1.95%。

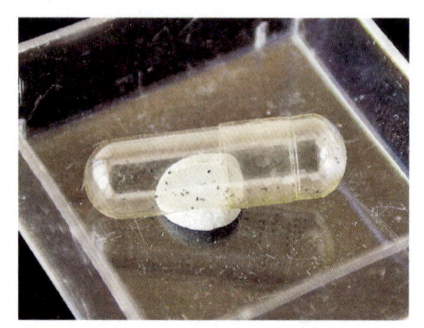

图 4-1-149　亚铁冻蓝闪石（俄罗斯）

亚铁冻蓝闪石属于单斜晶系，斜方柱晶类，对称型为 $2/m$。晶体呈柱状、粒状（图 4-1-149）。

亚铁冻蓝闪石颜色呈无色、白色。条痕为白色。透明至半透明。玻璃光泽。色散弱。多色性弱。

二轴晶（－）。{110}两组解理完全，夹角为 56°、124°。性脆。断口呈不均匀、不规则的贝壳状或次贝壳状。摩氏硬度为 5～6，相对密度为 3.50（测量）。

亚铁冻蓝闪石属于单斜晶系，空间群为 $C2/m$。

亚铁冻蓝闪石产于俄罗斯，在地质学、物理学、化学、晶体学、矿物学方面都有一定意义。

镁钠钙闪石、铁钠钙闪石

【化学性质】

镁钠钙闪石、铁钠钙闪石是一种含 Na、Ca、Mg、(OH)的[Si_8O_{22}]双链状基型硅酸盐类矿物，其晶体化学式为 $NaCaNa(Mg,Fe)_5[Si_8O_{22}](OH)_2$、$NaCaNa(Fe,Mg)_5[Si_8O_{22}](OH)_2$。主要成分为 Na、Ca、Mg、Si、O、H，类质同象替代成分有 K、Sr、Fe、Mn、Al、Cr、Ni、Ti、F、Cl。

镁钠钙闪石化学成分中氧化物的质量分数为 Na_2O 7.03%、CaO 6.36%、MgO 13.73%、FeO 16.30%、SiO_2 54.54%、H_2O 2.04%。

铁钠钙闪石化学成分中氧化物的质量分数为 Na_2O 6.35%、CaO 5.74%、FeO 36.81%、SiO_2 49.25%、H_2O 1.85%。

可以形成镁钠钙闪石与铁钠钙闪石类质同象矿物系列。

【结晶形态】

镁钠钙闪石、铁钠钙闪石属于单斜晶系，斜方柱晶类，对称型为 $2/m$。晶体呈柱状、粒状、块状等（图 4-1-150）。有简单双晶、复合双晶。

（a）镁钠钙闪石（加拿大）　　（b）镁钠钙闪石（瑞典）　　（c）镁钠钙闪石（德国）

图 4-1-150　镁钠钙闪石

【物理特征】

镁钠钙闪石、铁钠钙闪石的颜色呈棕色、灰棕色、黄色、棕黄色、棕红色、灰紫色、浅绿色、深绿色、深绿蓝色、蓝色、灰蓝色。条痕为白色。透明至半透明。玻璃光泽。色散较强。多色性较明显：黄色，橙色，红色。

镁钠钙闪石：二轴晶（－）。折射率为 Np＝1.615、Nm＝1.629、Ng＝1.636，双折射率为 0.021。$2V=68°$（测量）、70°（计算）。

铁钠钙闪石：二轴晶（－）。折射率为 Np＝1.690、Nm＝1.70、Ng＝1.710，双折射率为 0.020。

$2V = 68°\sim 72°$（测量）。

$\{110\}$两组解理完全，夹角为$56°$、$124°$。性脆。断口呈不均匀的、不平整的断裂碎片状。摩氏硬度为$5\sim 6$，相对密度为3.10（测量）、3.13（计算），随Fe含量增加而增大至3.40。

【晶体结构】

镁钠钙闪石属于单斜晶系，空间群为$C2/m$（图4-1-151）。晶胞参数：$a=1.003$ nm、$b=1.842$ nm、$c=0.523$ nm，$\beta=104.97°$，$Z=2$。X射线粉晶主要衍射数据d(Å)(I/I_{max})为$8.560(75)$、$3.301(75)$、$3.186(100)$，见图4-1-152。

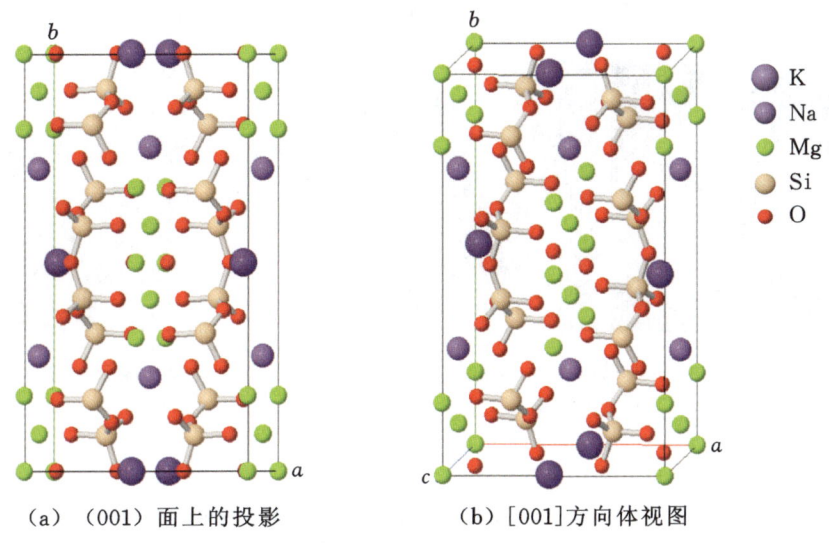

(a) (001)面上的投影　　(b) [001]方向体视图

图4-1-151　镁钠钙闪石的晶体结构

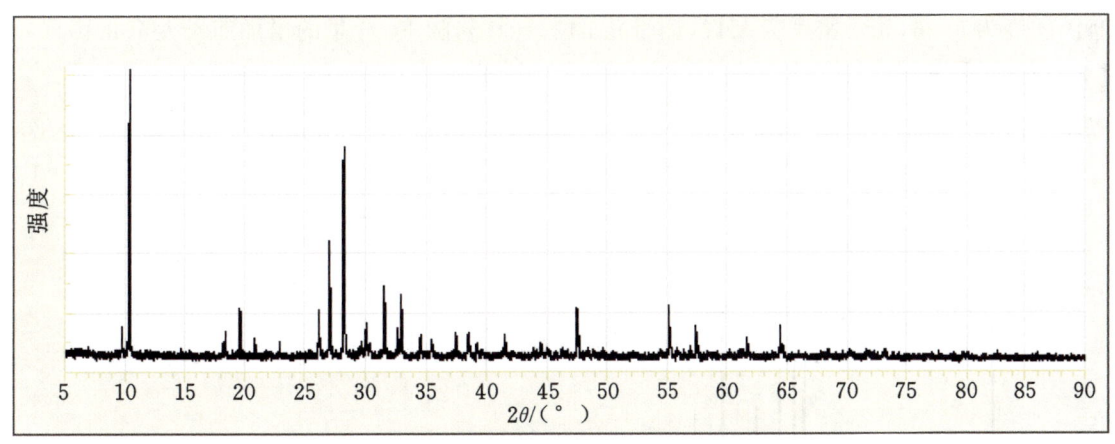

图4-1-152　镁钠钙闪石的X射线粉晶衍射图

铁钠钙闪石晶胞参数：$a=0.998$ nm、$b=1.822$ nm、$c=0.530$ nm，$\beta=103.73°$，$Z=2$。X射线粉晶主要衍射数据d(Å)(I/I_{max})为$8.58(100)$、$3.18(65)$、$2.74(70)$。

【产状产地】

镁钠钙闪石、铁钠钙闪石的共生伴生矿物有镁钠闪石、钙锆钛矿、辉石、方解石，主要产地有加拿大、瑞典、德国、巴西、阿富汗、意大利。

【主要用途】

镁钠钙闪石、铁钠钙闪石在地质学、物理学、化学、材料学、环境科学、晶体学、矿物学、宝石学方面都有重要意义。

氟镁钠钙闪石

【化学性质】

氟镁钠钙闪石一种含 Na、Ca、Mg、F 的 $[Si_8O_{22}]$ 双链状基型硅酸盐类矿物,其晶体化学式为 $NaCaNaMg_5[Si_8O_{22}]F_2$。主要成分为 Na、Ca、Mg、Si、F、O,类质同象替代成分有 K、Sr、Fe、Mn、Al、Ti、Cr、Ni、Cl、OH。

【结晶形态】

氟镁钠钙闪石属于单斜晶系,斜方柱晶类,对称型为 $2/m$。晶体呈柱状、粒状等(图 4-1-153)。

(a) 氟镁钠钙闪石(加拿大)　　　　　　(b) 氟镁钠钙闪石(阿富汗)

图 4-1-153　氟镁钠钙闪石

【物理特征】

氟镁钠钙闪石的颜色呈棕色、棕红色、玫瑰红、黄色、灰褐色,也有淡绿色到深绿色。条痕为白色。透明。玻璃光泽。色散弱,多色性弱。

二轴晶(一)。$\{110\}$两组解理完全,夹角为 56°、124°。性脆。断口呈不均匀、不平整的断裂碎片状。摩氏硬度为 5~6,相对密度为 3.17(测量)、3.13(计算),随 Fe 含量的增加而增大至 3.40。

【晶体结构】

氟镁钠钙闪石属于单斜晶系,空间群为 $C2/m$。晶胞参数:$a=0.989$ nm、$b=1.800$ nm、$c=0.528$ nm,$\beta=104.62°$,$Z=2$。X 射线粉晶主要衍射数据 $d(\text{Å})(I/I_{max})$ 为 3.34(100)、3.13(90)、1.98(90),见图 4-1-154。

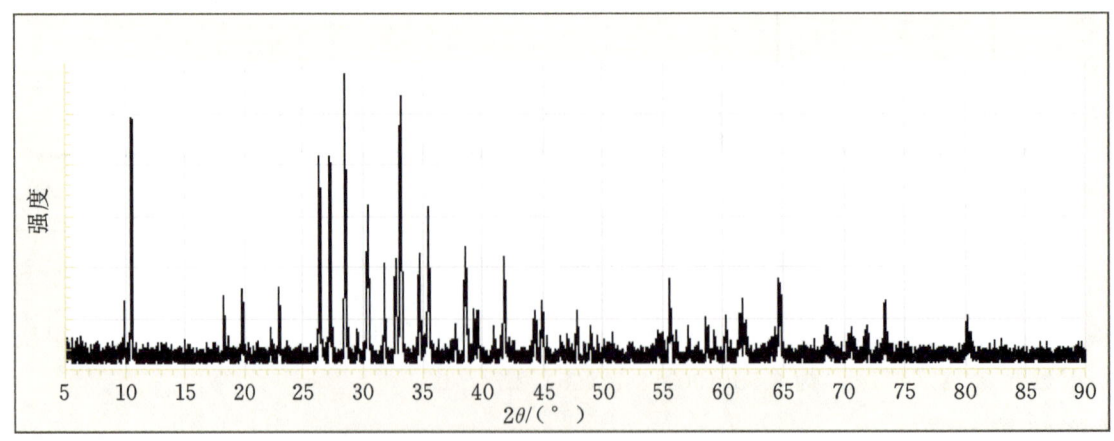

图 4-1-154　氟镁钠钙闪石的 X 射线粉晶衍射图

【产状产地】

氟镁钠钙闪石主要产地有加拿大、阿富汗、俄罗斯。

【主要用途】

氟镁钠钙闪石在地质学、物理学、化学、材料学、环境科学、晶体学、矿物学、石学方面都有重要意义。

氟镁钾钙闪石

【化学性质】

氟镁钾钙闪石是一种含 K、Ca、Mg、F 的 $[Si_8O_{22}]$ 双链状基型硅酸盐类矿物,其晶体化学式为 $KCaNaMg_5[Si_8O_{22}]F_2$。主要成分为 K、Ca、Mg、Si、O、F,类质同象替代成分有 Na、Fe、Mn、Ti、Al、Cl、OH。

化学成分中氧化物及元素的质量分数为 K_2O 4.23%、Na_2O 4.64%、CaO 6.72%、MgO 23.15%、SiO_2 57.61%、F 4.55%。

氟镁钾钙闪石与氟镁钠钙闪石可形成类质同象系列矿物。

【结晶形态】

氟镁钾钙闪石晶体呈粒状、柱状、针状、块状等(图 4-1-155)。

(a) 氟镁钾钙闪石(澳大利亚)　　(b) 氟镁钾钙闪石(意大利)

图 4-1-155　氟镁钾钙闪石

【物理特征】

氟镁钾钙闪石的颜色呈无色、棕色、棕红色、玫瑰红色、黄色、灰棕色,也有浅绿色至深绿色。条痕为白色。透明。玻璃光泽。色散弱,多色性弱。

二轴晶(−)。有解理。性脆。断口呈不规则、不平整的细小碎粒状、次贝壳状。摩氏硬度为 5~6。

【晶体结构】

氟镁钾钙闪石属于单斜晶系,空间群为 $C2/m$。晶胞参数:$a=0.991$ nm、$b=1.808$ nm、$c=0.531$ nm、$\beta=105.08°$,$Z=2$。X 射线粉晶主要衍射数据 d(Å)(I/I_{max}) 为 3.43(80)、3.21(100)、2.13(50)、1.74(90),见图 4-1-156。

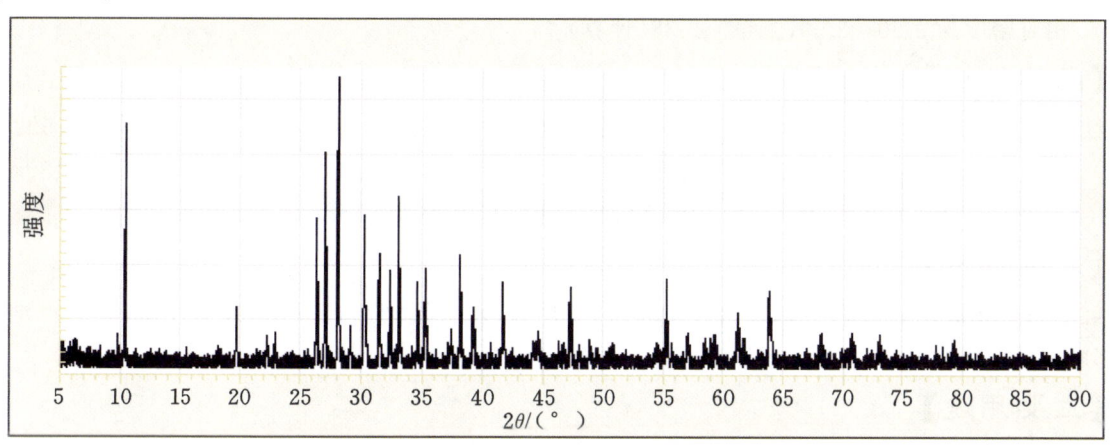

图 4-1-156　氟镁钾钙闪石的 X 射线粉晶衍射图

【产状产地】

氟镁钾钙闪石主要产地有阿富汗、意大利、澳大利亚。

【主要用途】

氟镁钾钙闪石在地质学、物理学、化学、材料学、环境科学、晶体学、矿物学、宝石学方面都有重要意义。

红闪石

【化学性质】

红闪石是一种含 Na、Ca、Fe、(OH) 的 $[(Si_7Al)O_{22}]$ 双链状基型硅酸盐类矿物,其晶体化学式为 $NaCaNa(Fe,Mg)_4(Fe,Al)[(Si_7Al)O_{22}](OH)_2$。主要成分为 Na、Ca、Fe、Al、Si、H、O,类质同象替代成分有 K、Mg、Mn、F、Cl、OH。

红闪石化学成分中氧化物的质量分数为 K_2O 1.50%、Na_2O 3.96%、CaO 7.76%、MgO 6.34%、TiO_2 1.70%、MnO 1.51%、Al_2O_3 3.80%、FeO 24.84%、SiO_2 46.67%、H_2O 1.92%。

红闪石可与铁红闪石、镁红闪石,以及氟铁红闪石形成多个类质同象系列矿物。

【结晶形态】

红闪石属于单斜晶系,斜方柱晶类,对称型为 $2/m$。晶体呈柱状、粒状等(图 4-1-157)。

(a) 红闪石的晶体形态　　(b) 红闪石(日本)　　(c) 红闪石(俄罗斯)　　(d) 红闪石(挪威)

图 4-1-157　红闪石

【物理特征】

红闪石的颜色呈黑色、深绿色、灰绿色、蓝黑色、红黄色、蓝绿色。条痕为灰白色、灰色。透明至半透明。玻璃光泽。色散较强。多色性较明显:淡黄色,蓝绿色,黑色。

二轴晶(-)。折射率为 Np=1.640~1.681、Nm=1.658~1.688、Ng=1.660~1.692,双折射率为 0.011~0.020。2V=0~50°(测量)、36°~72°(计算)。

{110}两组解理完全,夹角为 56°、124°。性脆。断口呈不均匀的、不平整的断裂碎片状。摩氏硬度为 5,相对密度为 3.20~3.50(测量)、3.38(计算)。

【晶体结构】

红闪石属于单斜晶系,空间群为 $C2/m$。晶胞参数:a=1.002 nm、b=1.804 nm、c=0.529 nm,β=104.98°,Z=2。X 射线粉晶主要衍射数据 d(Å)(I/I_{max})为 8.449(69)、3.388(74)、3.139(72)、2.739(47)、2.708(100)、2.591(53)、2.540(65)、2.165(45),见图 4-1-158。

【产状产地】

红闪石产于碱性岩浆岩中,如响岩、粗面岩、蓝片岩、硬玉岩,常与吉村石共生伴生,主要产地有日本、挪威、加拿大。

【主要用途】

红闪石在地质学、物理学、化学、材料学、环境科学、晶体学、矿物学、宝石学方面都有重要意义。

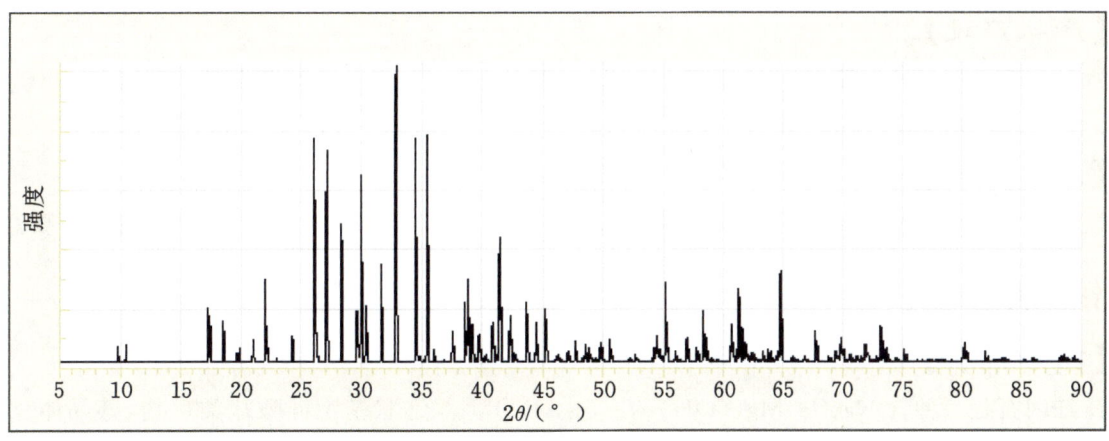

图 4-1-158　红闪石的 X 射线粉晶衍射图

铁红闪石

【化学性质】

铁红闪石又称高铁红闪石,是一种含 Na、Ca、Fe、Mg、(OH)的[$(Si_7Al)O_{22}$]双链状基型硅酸盐类矿物,其晶体化学式为 $NaCaNa(Fe,Mg)_4Fe[(Si_7Al)O_{22}](OH)_2$。主要成分为 Na、Ca、Fe、Al、Si、H、O,类质同象替代成分有 K、Mg、Ti、F、Cl。

化学成分中氧化物的质量分数为 Na_2O 6.57%、CaO 5.94%、MgO 4.27%、Al_2O_3 5.41%、FeO 22.85%、Fe_2O_3 8.46%、SiO_2 44.59%、H_2O 1.91%。Fe 以 Fe^{2+}、Fe^{3+} 两种价态形式出现。

【结晶形态】

铁红闪石属于单斜晶系,斜方柱晶类,对称型为 $2/m$。晶体呈柱状、粒状等(图 4-1-159)。

(a) 铁红闪石（葡萄牙）　　　(b) 铁红闪石（日本）　　　(c) 铁红闪石（俄罗斯）

图 4-1-159　铁红闪石

【物理特征】

铁红闪石的颜色呈黑色、深绿色、蓝黑色、红黄色。条痕为灰白色。透明至半透明。玻璃光泽。色散较强。多色性较明显:浅黄色,蓝绿色,深黑色。

二轴晶(−)。折射率为 Np=1.640~1.681、Nm=1.658~1.688、Ng=1.660~1.692,双折射率为 0.020。$2V=36°~72°$(计算)。

{110}两组解理完全,夹角为 56°、124°。性脆。断口呈不均匀、不平整的断裂碎片状。摩氏硬度为 5~5.5,相对密度为 3.20~3.50(测量)、3.38(计算)。

【晶体结构】

铁红闪石属于单斜晶系,空间群为 $C2/m$。晶胞参数:$a=0.983$ nm,$b=1.803$ nm,$c=0.528$ nm,$\beta=104.63°$。X 射线粉晶主要衍射数据 d(Å)(I/I_{max})为 8.446(100)、3.284(14)、3.135(50)、2.815(26)、2.720(18)。

【产状产地】

铁红闪石产于碱性岩浆岩中,如响岩、粗面岩、硬玉岩等,主要产地有葡萄牙、日本、阿根廷、俄罗斯等。

【主要用途】

铁红闪石在地质学、物理学、化学、材料学、环境科学、晶体学、矿物学、宝石学方面都有重要意义。

镁红闪石

【化学性质】

镁红闪石是一种含 Na、Ca、Mg、(OH)的[$(Si_7Al)O_{22}$]双链状基型硅酸盐类矿物,其晶体化学式为 $NaCaNa(Mg,Fe)_4(Fe,Al)[(Si_7Al)O_{22}](OH)_2$。主要成分为 Na、Ca、Mg、Si、Al、H、O,类质同象替代成分有 K、Fe、Mn、Ti、Cl、F。

化学成分中氧化物的质量分数为 Na_2O 7.56%、CaO 6.84%、MgO 19.66%、Al_2O_3 12.44%、SiO_2 51.30%、H_2O 2.20%。

图 4-1-160 镁红闪石(黑色,加拿大)

【结晶形态】

镁红闪石属于单斜晶系,斜方柱晶类,对称型为 $2/m$。晶体呈针状、长柱状、粒状、块状等(图 4-1-160)。可见双晶。

【物理特征】

镁红闪石的颜色呈黑色、深绿色、红棕色、黄色到红棕色。条痕为灰白色。透明至半透明。玻璃光泽。色散弱。多色性明显:亮黄色,红棕色。

二轴晶(一)。折射率为 Np=1.639~1.681、Nm=1.658~1.688、Ng=1.600~1.690,双折射率为 0.011~0.020。2V=0~50°(测量)。

{110}两组解理完全,夹角为 56°、124°。性脆。断口呈不均匀、不平整的断裂碎片状。摩氏硬度为 5~6,相对密度为 3.2~3.5(测量)、3.18(计算)。

【晶体结构】

镁红闪石属于单斜晶系,空间群为 $C2/m$。晶胞参数:$a=1.002$ nm、$b=1.804$ nm、$c=0.529$ nm,$\beta=104.98°$,$Z=2$。

【产状产地】

镁红闪石发现于碱性岩浆岩中,是形成霓石反应边的矿物,为后期结晶的铁镁矿物。与镁红闪石共生伴生的矿物有霓石、基性斜长石等,主要产地有加拿大。

【主要用途】

镁红闪石在地质学、物理学、化学、晶体学、矿物学方面都有重要意义。

氟铁红闪石

【化学性质】

氟铁红闪石是一种含 Na、Ca、Fe、F 的[$(Si_7Al)O_{22}$]双链状基型硅酸盐类矿物,其晶体化学式为 $NaCaNa(Fe,Mg)_4(Fe,Al)[(Si_7Al)O_{22}]F_2$。主要成分为 Na、Ca、Fe、Al、Si、F、O,类质同象替代成分有 K、Li、Mg、Mn、Ni、Cr、Cl、OH。

化学成分中氧化物及元素的质量分数为 Al_2O_3 6.98%、Fe_2O_3 9.36%、MgO 21.90%、Na_2O 7.27%、SiO_2 50.03%、F 4.46%。

【结晶形态】

氟铁红闪石属于单斜晶系,斜方柱晶类,对称型为 $2/m$。晶体呈柱状、粒状、块状等(图 4-1-161)。

图 4-1-161　氟铁红闪石(加拿大)

【物理特征】

氟铁红闪石的颜色呈黑色、蓝黑色、深绿色、红黄色、绿灰色。条痕为白色、灰白色。透明至半透明。玻璃光泽。色散弱。多色性较明显。

二轴晶(一)。折射率为 $Np=1.640$、$Nm=1.652$、$Ng=1.658$,双折射率为 0.018。$2V=68.9°$(测量)、$70.10°$(测量)。

{110}两组解理完全,夹角为 $56°$、$124°$。性脆。断口呈不均匀的、不平整的断裂碎片状。摩氏硬度为 $5\sim5.5$,相对密度为 3.20(测量)、3.38(计算)。

【晶体结构】

氟铁红闪石属于单斜晶系,空间群为 $C2/m$。晶胞参数:$a=0.989$ nm、$b=1.802$ nm、$c=0.529$ nm,$\beta=104.66°$,$Z=2$。X 射线粉晶主要衍射数据 d(Å)(I/I_{max})为 $8.449(69)$、$3.388(74)$、$3.139(72)$、$2.739(47)$、$2.708(100)$、$2.591(53)$、$2.540(65)$、$2.165(45)$。

【产状产地】

氟铁红闪石产于碱性岩浆岩中,如响岩、粗面岩等。与氟铁红闪石共生伴生的矿物有金云母、角闪石、透长石、榍石、辉石、锆石、氟磷灰石、方解石、钛铁矿等,主要产地有加拿大。

【主要用途】

氟铁红闪石在地质学、物理学、化学、材料学、环境科学、晶体学、矿物学方面都有很重要的意义。

绿闪石

【化学性质】

绿闪石又称绿铁闪石,是一种含 Na、Ca、Fe、Mg、(OH)的[$(Si_6Al_2)O_{22}$]双链状基型硅酸盐类矿物,其晶体化学式为 $NaCaNa(Fe,Mg)_3(Fe,Al)_2[(Si_6Al_2)O_{22}](OH)_2$。主要成分为 Na、Ca、Fe、Mg、Al、Si、H、O,类质同象替代成分有 K、Mn、Cr、Ti、F、Cl。

化学成分中氧化物的质量分数为 Na_2O 6.56%、CaO 5.93%、Al_2O_3 16.19%、FeO 22.81%、Fe_2O_3 8.45%、SiO_2 38.15%、H_2O 1.91%。

绿闪石可以与镁绿闪石、铁绿闪石、铝绿闪石形成多种类质同象系列矿物。

【结晶形态】

绿闪石属于单斜晶系,斜方柱晶类,对称型为 $2/m$。晶体呈柱状、粒状、块状等(图 4-1-162)。

【物理特征】

绿闪石的颜色呈蓝绿色、黑色。条痕为灰绿色。透明至半透明。玻璃光泽。

（a）绿闪石（坦桑尼亚）　　　（b）绿闪石（希腊）

图 4-1-162　绿闪石

二轴晶（－）。折射率为 Np＝1.654、Nm＝1.666、Ng＝1.671，双折射率为 0.017。$2V=74°$（测量）、$65°$（计算）。

｛110｝两组解理完全，夹角为 $56°$、$124°$。性脆。断口呈不均匀、不平整的断裂碎片状。摩氏硬度为 5～6，相对密度为 3.38（测量）、3.21（计算）。

【晶体结构】

绿闪石属于单斜晶系，空间群为 $C2/m$。晶胞参数：$a=0.985$ nm、$b=1.799$ nm、$c=0.533$ nm，$\beta=104.72°$，$Z=2$。X 射线粉晶主要衍射数据 $d(\text{Å})(I/I_{max})$ 为 8.381(92)、3.374(56)、3.104(69)、2.934(41)、2.697(100)、2.580(53)、2.552(60)、2.325(41)，见图 4-1-163。

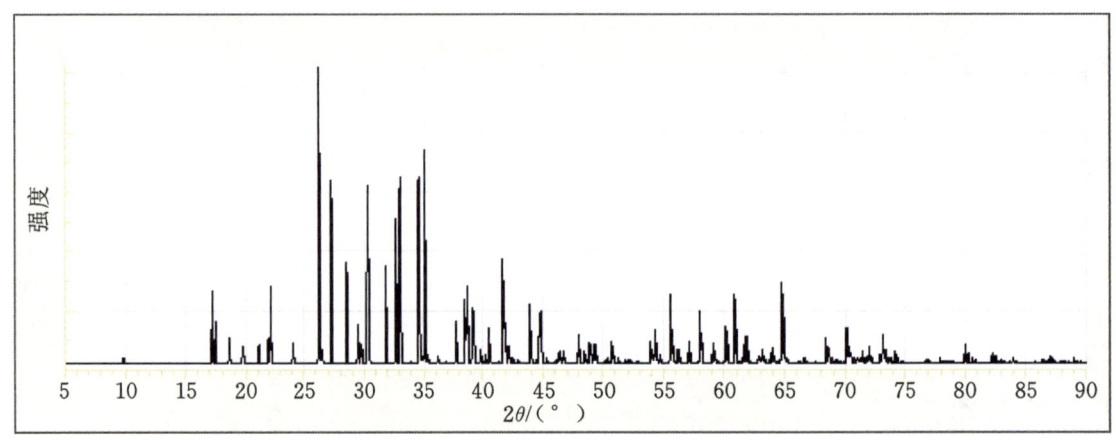

图 4-1-163　绿闪石的 X 射线粉晶衍射图

【产状产地】

绿闪石产于含霞石的岩浆岩中，主要产地有坦桑尼亚、希腊、乌克兰、挪威等。

【主要用途】

绿闪石在地质学、物理学、化学、材料学、环境科学、晶体学、矿物学方面都有重要意义。

镁绿闪石

【化学性质】

镁绿闪石是一种含 Na、Ca、Mg、(OH) 的 $[(Si_6Al_2)O_{22}]$ 双链状基型硅酸盐类矿物，其晶体化学式为 $NaCaNa(Mg,Fe)_3(Fe,Al)_2[(Si_6Al_2)O_{22}](OH)_2$。主要成分为 Na、Ca、Mg、Al、Si、H、O，类质同象替代成分有 K、Fe、Mn、Ni、Ti、F、Cl。

化学成分中氧化物的质量分数为 Na_2O 7.29%、CaO 6.60%、MgO 14.23%、Al_2O_3 17.99%、Fe_2O_3 9.39%、SiO_2 42.40%、H_2O 2.10%。

【结晶形态】

镁绿闪石属于单斜晶系,斜方柱晶类,对称型为 $2/m$。晶体呈柱状、粒状、块状等(图 4-1-164)。

【物理特征】

镁绿闪石颜色呈蓝绿色。条痕为浅绿白色。透明至半透明。玻璃光泽、半玻璃光泽。

二轴晶(一)。折射率为 $Np=1.654$、$Nm=1.666$、$Ng=1.671$,双折射率为 0.017。$2V=74°$(测量)、$65°$(计算)。

$\{110\}$两组解理完全,夹角为 $56°$、$124°$。性脆。断口呈不均匀、不平整的断裂碎片状。摩氏硬度为 5~6,相对密度为 3.38(测量)、3.21(计算)。

图 4-1-164　镁绿闪石(挪威)

【晶体结构】

镁绿闪石属于单斜晶系,空间群为 $C2/m$。晶胞参数:$a=0.977$ nm、$b=1.785$ nm、$c=0.531$ nm,$\beta=104.82°$。

【产状产地】

镁绿闪石产于含霞石的岩浆岩中,铝镁绿闪石产于蓝晶石榴辉岩中(一种退变质榴辉岩、超高压变质岩)。主要产地有挪威、希腊、坦桑尼亚、挪威。

【主要用途】

镁绿闪石在地质学、物理学、化学、材料学、环境科学、晶体学、矿物学、宝石学方面都有重要意义。

铁(Fe^{2+})绿闪石

【化学性质】

铁绿闪石是一种含 Na、Ca、Fe、Al、(OH)的$[(Si_6Al_2)O_{22}]$双链状基型硅酸盐类矿物,其晶体化学式为 $NaCaNaFe_3^{2+}Al_2[(Si_6Al_2)O_{22}](OH)_2$。主要成分为 Na、Ca、Fe、Al、Si、H、O,类质同象替代成分有 K、Mg、Mn、Ni、Ti、F、Cl。

【结晶形态】

铁绿闪石属于单斜晶系,斜方柱晶类,对称型为 $2/m$。晶体呈柱状、粒状、块状等。

【物理特征】

铁绿闪石的颜色呈蓝绿色。条痕为白色。透明。玻璃光泽。

二轴晶(一)。折射率为 $Np=1.663$、$Nm=1.675$、$Ng=1.684$,双折射率为 0.021。$2V=71°$(测量)、$81°$(计算)。

$\{110\}$两组解理完全,夹角为 $56°$、$124°$。性脆。断口呈不均匀、不平整的断裂碎片状。摩氏硬度为 5~6,相对密度为 3.29(计算)。

【晶体结构】

铁绿闪石属于单斜晶系,空间群为 $C2/m$(图 4-1-165)。晶胞参数:$a=0.975$ nm、$b=1.794$ nm、$c=0.532$ nm,$\beta=104.54°$,$Z=2$。X 射线粉晶主要衍射数据 $d(Å)(I/I_{max})$为 8.352(100)、3.386(39)、3.098(68)、2.703(92)、2.586(48)、2.546(56)、2.322(40)、2.156(33)。

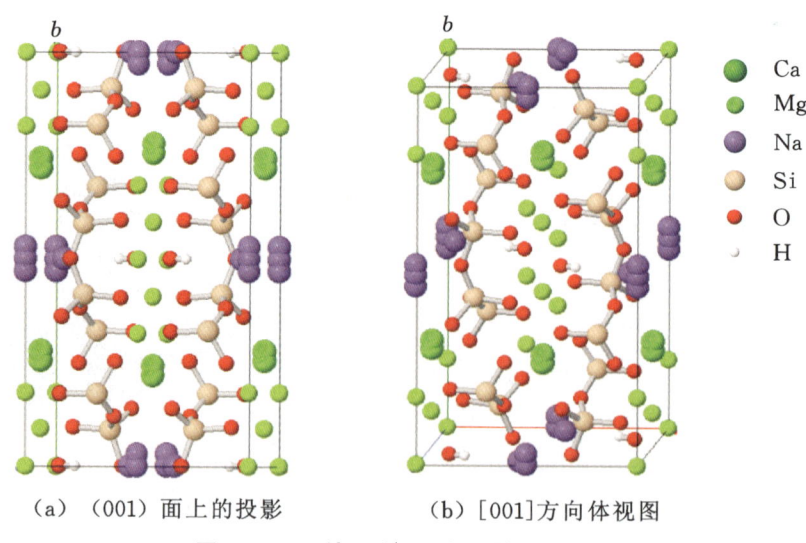

(a) (001)面上的投影　　(b) [001]方向体视图

图 4-1-165　铁(Fe^{2+})绿闪石的晶体结构

【产状产地】

铁绿闪石产于含霞石的岩浆岩中,共生伴生的矿物有多铁绿闪石等,主要产地有乌克兰、挪威等。

【主要用途】

铁绿闪石在地质学、物理学、化学、材料学、环境科学、晶体学、矿物学、宝石学方面都有重要意义。

高铁(Fe^{3+})绿闪石

【化学性质】

高铁绿闪石是一种含 Na、Ca、Fe、Al、(OH)的[(Si_6Al_2)O_{22}]双链状基型硅酸盐类矿物,其晶体化学式为 $NaCaNa(Fe^{2+},Mg)_3Fe_2^{3+}[(Si_6Al_2)O_{22}](OH)_2$。主要成分为 Na、Ca、Fe、Mg、Si、Al、H、O,类质同象替代成分有 K、Mn、Ni、Ti、F、Cl。

化学成分中氧化物的质量分数为 Na_2O 6.58%、CaO 5.95%、MgO 4.28%、Al_2O_3 10.82%、FeO 15.25%、Fe_2O_3 16.95%、SiO_2 38.26%、H_2O 1.91%。

图 4-1-166　高铁绿闪石(瑞典)

【结晶形态】

高铁绿闪石属于单斜晶系,斜方柱晶类,对称型为 $2/m$。晶体呈柱状、粒状、块状等(图 4-1-166)。

【物理特征】

高铁绿闪石颜色呈蓝绿色。条痕为浅绿白色。透明至半透明。玻璃光泽、半玻璃光泽。色散弱。多色性弱。

二轴晶(一)。折射率为 Np=1.654、Nm=1.666、Ng=1.671,双折射率为 0.017。2V=74°(测量)、65°(计算)。

{110}两组解理完全,夹角为 56°、124°。性脆。断口呈不均匀、不平整的断裂碎片状。摩氏硬度为 5~6,相对密度为 3.47(测量)、3.36(计算)。

【晶体结构】

高铁绿闪石属于单斜晶系,空间群为 $C2/m$。晶胞参数:$a=0.992$ nm、$b=1.813$ nm、$c=0.535$ nm,$\beta=104.8°$,$Z=2$。X 射线粉晶衍射数据 d(Å)(I/I_{max})为 8.53(70)、3.29(30)、3.15(100)、2.73(50)、2.61(30)、2.35(30)、2.18(30)、1.45(30)。

【产状产地】

高铁绿闪石产于含霞石的岩浆岩中,共生伴生的矿物有钾铁绿闪石等,主要产地有意大利、巴基斯坦。

【主要用途】

高铁绿闪石在地质学、物理学、化学、材料学、环境科学、晶体学、矿物学、宝石学方面都有重要意义。

多铁绿闪石

【化学性质】

多铁绿闪石是一种含 Na、Ca、Fe、(OH)的[$(Si_6Al_2)O_{22}$]双链状基型硅酸盐类矿物,其晶体化学式为 $NaCaNaFe_3^{2+}Fe_2^{3+}[(Si_6Al_2)O_{22}](OH)_2$。主要成分为 Na、Ca、Fe、Al、Si、H、O,类质同象替代成分有 K、Mg、Mn、Ni、Ti、F、Cl。含有两种价态的 Fe(Fe^{2+}、Fe^{3+})。

化学成分中各元素的质量分数为 Na 4.72%、Ca 4.12%、Al 5.54%、Fe 28.67%、SiO_2 17.31%、H 0.21%、O 39.43%。

多铁绿闪石可以与氟多铁绿闪石形成类质同象矿物系列。

【结晶形态】

多铁绿闪石属于单斜晶系,斜方柱晶类,对称型为 $2/m$。晶体呈柱状、块状等。

【物理特征】

多铁绿闪石的颜色呈灰黑色、绿黑色。条痕为白色。透明。玻璃光泽。

二轴晶(−)。{110}两组解理完全,夹角为 56°、124°。性脆。断口呈不均匀、不平整的断裂碎片状。摩氏硬度为 5~6。

【晶体结构】

多铁绿闪石属于单斜晶系,空间群为 $C2/m$。晶胞参数:$a=0.983$ nm、$b=1.804$ nm、$c=0.533$ nm,$\beta=104.74°$,$Z=2$。X 射线粉晶主要衍射数据 d(Å)(I/I_{max})为 8.53(70)、3.29(20)、3.15(100)、2.73(50)、2.61(30)、2.35(30)、2.18(20)、1.45(30)。

【产状产地】

多铁绿闪石产于超高压环境下退变质作用形成的蓝晶石榴辉岩中。与多铁绿闪石共生伴生的矿物有透辉石、硬玉、铁镁铝榴石、石英、蓝晶石、尖晶石、顽火辉石、橄榄石、金红石、硬柱石等,有的含多铁绿闪石的岩中还可见蓝闪石、普通角闪石、榍石等矿物。多铁绿闪石的主要产地有乌克兰、格棱兰等。

【主要用途】

多铁绿闪石在地质学、物理学、化学、材料学、环境科学、晶体学、矿物学、宝石学方面都有重要意义。

氟绿闪石

【化学性质】

氟绿闪石是一种含 Na、Ca、Mg、Al、F 的[$(Si_6Al_2)O_{22}$]双链状基型硅酸盐类矿物,其晶体化学式为 $NaCaNaMg_3Al_2[(Si_6Al_2)O_{22}]F_2$。主要成分为 Na、Ca、Mg、Al、Si、F、O,类质同象替代成分有 K、Ti、Cl、OH。

【结晶形态】

氟绿闪石属于单斜晶系,斜方柱晶类,对称型为 $2/m$。晶体呈柱状、粒状、块状等。

【物理特征】

氟绿闪石的颜色呈蓝绿色。条痕为白色、灰白色。透明。玻璃光泽。色散明显。多色性较弱。

二轴晶(—)。折射率为 $Np=1.627$、$Nm=1.635$、$Ng=1.641$,双折射率为 0.014。$2V=66°$(测量)、81°(计算)。

{110}两组解理完全,夹角为 56°、124°。性脆。断口呈不均匀、不平整的断裂碎片状。摩氏硬度为 5~6,相对密度为 3.23(测量)、3.26(计算)。

【晶体结构】

氟绿闪石属于单斜晶系,空间群为 $C2/m$。晶胞参数:$a=0.974$ nm、$b=1.791$ nm、$c=0.533$ nm,$\beta=104.672°$,$Z=2$。X 射线粉晶衍射数据 d(Å)(I/I_{max})为 8.340(82)、3.384(47)、3.094(67)、2.700(100)、2.583(54)、2.551(64)、2.321(39)、2.153(35)。

【产状产地】

氟绿闪石产于区域变质作用形成的榴辉岩中。与氟绿闪石共生伴生的矿物有透辉石、硬玉、铁镁铝榴石、石英、蓝晶石、尖晶石、顽火辉石、橄榄石、金红石、硬柱石等,有的含氟绿闪石的岩石中还可见蓝闪石、普通角闪石、榍石等矿物。氟绿闪石的主要产地有中国江苏等。

【主要用途】

氟绿闪石在地质学、物理学、化学、材料学、环境科学、晶体学、矿物学、宝石学方面都有重要意义。

铝绿闪石

【化学性质】

铝绿闪石是一种含 Na、Ca、Fe、(OH)的[$(Si_6Al_2)O_{22}$]双链状基型硅酸盐类矿物,其晶体化学式为 $NaCaNaFe_3^{3+}Al_2[(Si_6Al_2)O_{22}](OH)_2$。主要成分为 Na、Ca、Fe、Al、Si、H、O,类质同象替代成分有 K、Mg、Ti、Zn、Mn、F、OH。

化学成分中氧化物及元素的质量分数为 K_2O 0.05%、Na_2O 5.93%、CaO 6.72%、MgO 7.31%、TiO_2 0.63%、MnO 0.08%、Al_2O_3 16.50%、ZnO 0.09%、FeO 14.96%、Fe_2O_3 3.76%、SiO_2 41.81%、H_2O 1.88%、F 0.28%。

【结晶形态】

铝绿闪石属于单斜晶系,斜方柱晶类,对称型为 $2/m$。晶体呈柱状、长柱状、粒状、块状等。

【物理特征】

铝绿闪石的颜色呈蓝绿色。条痕为白色。透明。玻璃光泽。色散较强。

二轴晶(—)。折射率为 $Np=1.663$、$Nm=1.675$、$Ng=1.684$,双折射率为 0.021。$2V=71°$(测量)、80°(计算)。

{110}解理中等。性脆。断口呈不规则、不平整的贝壳状或次贝壳状。摩氏硬度为 5~6,相对密度为 3.29(计算)。

【晶体结构】

铝绿闪石属于单斜晶系,空间群为 $C2/m$。晶胞参数:$a=0.970$ nm、$b=1.794$ nm、$c=0.532$ nm,$\beta=104.54°$,$Z=2$。X 射线粉晶主要衍射数据 d(Å)(I/I_{max})为 8.352(100)、3.386(39)、3.098(68)、2.703(92)、2.586(48)、2.546(56)、2.322(40)、2.156(33)。

【产状产地】

铝绿闪石产于超高压环境下退变质作用形成的蓝晶石榴辉岩中。与铝绿闪石共生伴生的矿物有透辉石、硬玉、铁镁铝榴石、石英、蓝晶石、尖晶石、顽火辉石、橄榄石、金红石、硬柱石等,有的含铝绿闪石的岩石中还可见蓝闪石、普通角闪石、楣石等矿物。铝绿闪石的主要产地有乌克兰。

【主要用途】

铝绿闪石在地质学、物理学、化学、材料学、环境科学、晶体学、矿物学方面都有重要意义。

铝镁绿闪石

【化学性质】

铝镁绿闪石是一种含 Na、Ca、Mg、Al、(OH) 的 $[(Si_6Al_2)O_{22}]$ 双链状基型硅酸盐类矿物,其晶体化学式为 $NaCaNaMg_3Al_2[(Si_6Al_2)O_{22}](OH)_2$。主要成分为 Na、Ca、Mg、Al、Si、H、O,类质同象替代成分有 K、Ti、Zn、Mn、F、OH。

化学成分中氧化物的质量分数为 Na_2O 6.41%、CaO 7.80%、MgO 11.11%、TiO_2 0.28%、Al_2O_3 18.21%、FeO 9.24%、Fe_2O_3 2.84%、SiO_2 42.04%、H_2O 2.07%。

【结晶形态】

铝镁绿闪石属于单斜晶系,斜方柱晶类,对称型为 $2/m$。晶体呈柱状、粒状、块状等。

【物理特征】

铝镁绿闪石的颜色呈灰绿色。条痕为灰白色。透明。玻璃光泽。色散明显。多色性弱。

二轴晶(-)。折射率为 $Np=1.654$、$Nm=1.666$、$Ng=1.671$,双折射率为 0.017。$2V=74°$(测量)、64°(计算)。

{110}解理中等。性脆。断口呈不规则、不平整的贝壳状或次贝壳状。摩氏硬度为 5~6。

【晶体结构】

铝镁绿闪石属于单斜晶系,空间群为 $C2/m$。晶胞参数:$a=0.979$ nm、$b=1.790$ nm、$c=0.532$ nm,$β=104.9°$。X射线粉晶主要衍射数据 $d(Å)(I/I_{max})$ 为 8.381(92)、3.374(56)、3.104(69)、2.934(41)、2.697(100)、2.580(53)、2.552(60)、2.325(41)。

【产状产地】

铝镁绿闪石产于退变质的超高压蓝晶石榴辉岩中。与铝镁绿闪石共生伴生的矿物有透辉石、硬玉、铁镁铝榴石、石英、蓝晶石、尖晶石、顽火辉石、橄榄石、金红石、硬柱石等,有的含铝镁绿闪石的岩石中还可见蓝闪石、普通角闪石、楣石等矿物。铝镁绿闪石的主要产地有挪威。

【主要用途】

铝镁绿闪石在地质学、物理学、化学、材料学、环境科学、晶体学、矿物学、宝石学方面都有重要意义。

多铁钾绿闪石

【化学性质】

多铁钾绿闪石是一种含 K、Ca、Fe、(OH) 的 $[(Si_6Al_2)O_{22}]$ 双链状基型硅酸盐类矿物,其晶体化学式为 $KCaNaFe_3^{2+}Fe_2^{3+}[(Si_6Al_2)O_{22}](OH)_2$。主要成分为 K、Na、Ca、Fe、Al、Si、O、H,类质同象替代成分有 Mg、Ti、F、Cl。

【结晶形态】

多铁钾绿闪石属于单斜晶系,斜方柱晶类,对称型为 $2/m$。晶体呈柱状、粒状、块状等。

【物理特征】

多铁钾绿闪石的颜色呈深绿色、灰黑色。条痕为白色、灰白色。透明。玻璃光泽。

二轴晶(一)。{110}两组解理完全,夹角为 56°、124°。性脆。断口呈不均匀、不平整的断裂碎片状。摩氏硬度为 5～6,相对密度为 3.28(测量)、3.26(计算)。

【晶体结构】

多铁钾绿闪石属于单斜晶系,空间群为 $C2/m$。晶胞参数:$a=0.984$ nm、$b=1.797$ nm、$c=0.531$ nm,$\beta=104.34°$。X 射线粉晶主要衍射数据 $d(\text{Å})(I/I_{max})$ 为 8.530(70)、3.420(20)、3.290(25)、3.150(100)、2.732(50)、2.605(30)、2.347(30)、2.176(25)、2.033(25)、1.663(25)、1.447(30)。

【产状产地】

多铁钾绿闪石产于霞石正长岩脉中。常见的与多铁钾绿闪石共生伴生的矿物有磁铁矿、钛铁矿、磷灰石、锆石、榍石、钾长石、钠长石、霓石、辉石、黑云母。多铁钾绿闪石的主要产地有坦桑尼亚、乌克兰。

【主要用途】

多铁钾绿闪石在地质学、物理学、化学、材料学、环境科学、晶体学、矿物学、宝石学方面都有重要意义。

蓝闪石

【化学性质】

蓝闪石是一种含 Na、Mg、Al、(OH)的[Si_8O_{22}]双链状基型硅酸盐类矿物,其晶体化学式为 $Na_2(Mg,Fe)_3Al_2[Si_8O_{22}](OH)_2$。主要成分为 Na、Mg、Al、Si、O、H,类质同象替代成分有 Li、Fe、Ti、Cr、Mn、Ca、K、F、Cl。

化学成分中氧化物的质量分数为 Na_2O 7.91%、MgO 15.43%、Al_2O_3 13.01%、SiO_2 61.35%、H_2O 2.30%。

蓝闪石、铁蓝闪石形成类质同象系列矿物,锂蓝闪石仅生成在富 Li 的岩石中。

【结晶形态】

蓝闪石属于单斜晶系,斜方柱晶类,对称型为 $2/m$。晶体呈柱状、颗粒状、针状、纤维状,也常见集合体呈细粒块状、纤维石棉状(图 4-1-167)。

(a) 蓝闪石(意大利)

(b) 蓝闪石(美国加利福尼亚)

(c) 蓝闪石(希腊)

图 4-1-167 蓝闪石

【物理特征】

蓝闪石的颜色以蓝色系为主,灰色、淡蓝色、天蓝色、紫蓝色、深蓝色、蔚蓝色、蓝黑色,含 Fe 愈多,颜色愈暗。条痕为白色至灰蓝色。半透明。玻璃光泽、丝状光泽。色散强。多色性明显:淡黄紫色、黄绿色、无色,淡紫色、红紫色、棕绿色、蓝绿色,浅蓝色、深蓝色、绿蓝色。

二轴晶(一)。折射率为 Np=1.606～1.637、Nm=1.615～1.650、Ng=1.627～1.655,双折射率为 0.021。2V 为 10°～80°(测量)、62°～84°(计算)。

{110}两组解理完全,夹角为 56°和 124°,{101}解理较好。性脆。断口贝壳状至不平坦状。摩氏硬度为 5～6,相对密度为 3～3.20,随 Fe 含量增加密度也会增大。

【晶体结构】

蓝闪石属于单斜晶系,空间群为 $C2/m$(图 4-1-168)。晶胞参数:$a=0.956$ nm、$b=1.776$ nm、$c=0.530$ nm,$\beta=103.60°$,$Z=2$。X 射线粉晶主要衍射数据 d(Å)(I/I_{max})为 3.120(90)、2.714(100)、2.502(80),见图 4-1-169。

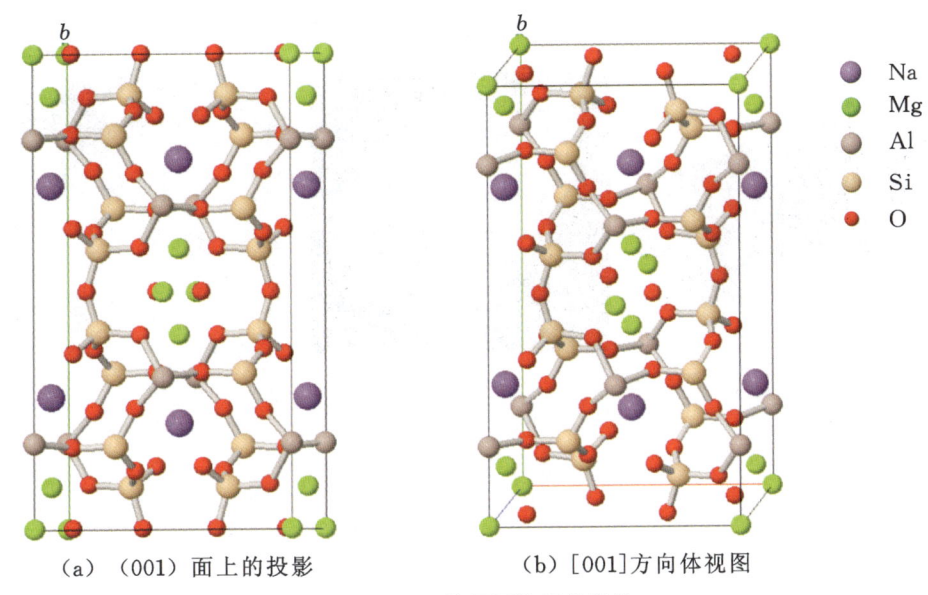

(a) (001)面上的投影　　　　(b) [001]方向体视图

图 4-1-168　蓝闪石的晶体结构

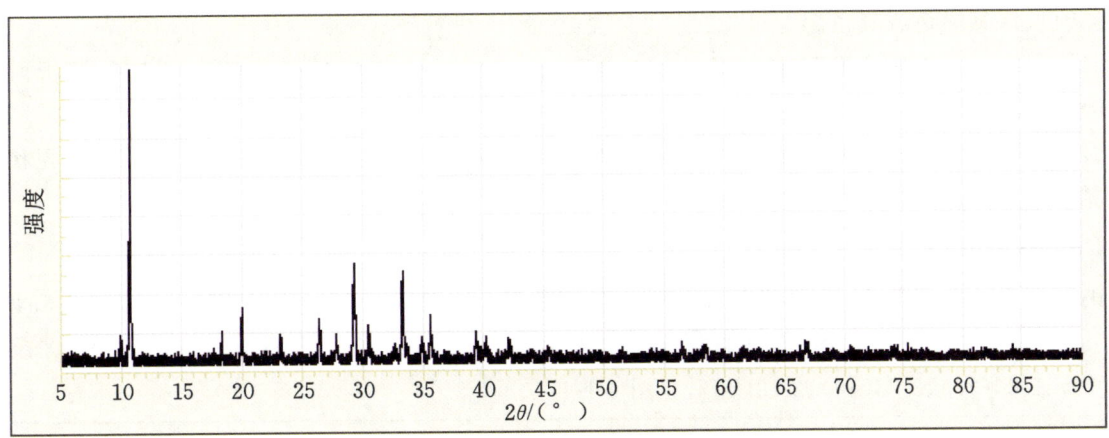

图 4-1-169　蓝闪石的 X 射线粉晶衍射图

【产状产地】

蓝闪石常产于低温高压变质带中(在一种致密的粗粒蓝闪石片岩中)。这种粗粒蓝闪石片岩含有黑色角闪石变斑晶。蓝闪石常与石榴石、绿帘石、石英、白云母、绿泥石、榍石及黑硬绿泥石共生,风化作用下可形成绿泥石、菱铁矿和褐铁矿等。

蓝闪石的主要产地有希腊、中国、美国、俄罗斯、加拿大等。

【主要用途】

蓝闪石在地质学、物理学、化学、环境科学、材料学、晶体学、矿物学、宝石学方面都有重要意义。蓝闪石是低温高压变质带矿物,有重要的矿物学意义。蓝闪石可作工业用石棉。

钠闪石

【化学性质】

钠闪石是一种含 Na、Fe、Mg、(OH)的[Si_8O_{22}]双链状基型硅酸盐类矿物,其晶体化学式为 $Na_2(Fe,Mg)_3Fe^{3+}[Si_8O_{22}](OH)_2$。主要成分为 Na、Fe、Si、H、O,类质同象替代成分有 K、Mg、Mn、Al、Ti、F、Cl。化学成分中氧化物的质量分数为 Na_2O 6.62%、FeO 23.03%、Fe_2O_3 17.06%、SiO_2 51.37%、H_2O 1.92%。钠闪石与镁钠闪石可形成类质同象系列矿物。

【结晶形态】

钠闪石属于单斜晶系,斜方柱晶类,对称型为 $2/m$。晶体呈纤维状、纤状、柱状、粒状、块状(图 4-1-170)。

(a) 钠闪石(马拉维)　　(b) 钠闪石(美国科罗拉多)　　(c) 钠闪石(美国华盛顿)

图 4-1-170　钠闪石

【物理特征】

钠闪石的颜色呈浅蓝色、蓝黑色、灰蓝色、黑色、深绿色、棕色、灰色。条痕为浅灰色、蓝灰色、浅绿棕色。透明、半透明、不透明。玻璃光泽、半玻璃光泽、丝状光泽。无荧光。色散较强。多色性较为明显:绿蓝色、深蓝色、烟绿色、黄色或靛蓝色,灰蓝色、浅黄绿色、绿色、黄色或深紫蓝色,黄褐色、深蓝色、紫蓝色、深烟绿色或黑色。

二轴晶(−)。折射率为 Np=1.680~1.698、Nm=1.683~1.700、Ng=1.685~1.706,双折射率为 0.005~0.008。$2V=68°~85°$(测量)、$62°~78°$(计算)。

{110}两组解理完全,夹角为 56°和 124°。性脆。断口呈不均匀、不规则的贝壳状或次贝壳状。摩氏硬度为 5~5.5,相对密度为 3.40(测量)、3.40(计算)。

【晶体结构】

钠闪石属于单斜晶系,空间群为 $C2/m$。晶胞参数:$a=0.977$ nm、$b=1.805$ nm、$c=0.534$ nm、$\beta=103.59°$,$Z=2$。X 射线粉晶衍射数据 d(Å)(I/I_{max})为 8.40(100)、4.51(20)、3.42(10)、3.27(10)、3.12(60)、2.80(20)、2.73(40)、2.18(20),见图 4-1-171。

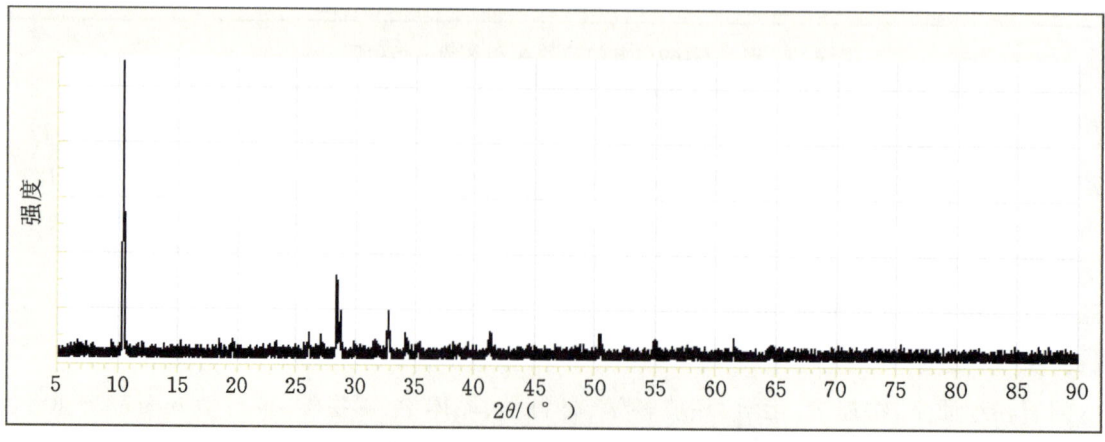

图 4-1-171　钠闪石的 X 射线粉晶衍射图

【产状产地】

钠闪石产于岩浆岩、变质岩中,主要产地有马拉维、也门、美国(科罗拉多、华盛顿)。

【主要用途】

钠闪石在地质学、物理学、化学、材料学、环境科学、晶体学、矿物学、宝石学方面都有重要意义。

镁钠闪石

【化学性质】

镁钠闪石是一种含 Na、Mg、Fe、(OH)的[Si_8O_{22}]双链状基型硅酸盐类矿物,其晶体化学式为 $Na_2(Mg,Fe)_3Fe_2^{3+}[Si_8O_{22}](OH)_2$。主要成分为 Na、Mg、Fe、Si、H、O,类质同象替代成分有 K、Ca、Mn、Al、Ti、F、Cl、H_2O。

化学成分中氧化物的质量分数为 K_2O 0.16%、Na_2O 5.52%、CaO 2.75%、MgO 8.87%、TiO_2 0.27%、Mn_2O_3 0.45%、Al_2O_3 1.51%、FeO 12.06%、Fe_2O_3 11.57%、SiO_2 54.78%、H_2O 2.06%。

在镁钠闪石中,若(OH)的位置由 F 替代可形成氟钠闪石。

【结晶形态】

镁钠闪石属于单斜晶系,斜方柱晶类,对称型为 $2/m$。晶体呈纤维状、针状、柱状等(图 4-1-172)。

(a) 镁纳闪石(乌克兰)　　(b) 镁纳闪石(玻利维亚)　　(c) 镁钠闪石(奥地利)

图 4-1-172　镁钠闪石

【物理特征】

镁钠闪石的颜色呈浅蓝色、深蓝色、黑色、蓝黑色。条痕为浅灰色、浅灰蓝色。透明至不透明。玻璃光泽、丝绢光泽。色散弱。多色性弱。

二轴晶(-)。折射率为 Np=1.668、Nm=1.672、Ng=1.680,双折射率为 0.012。$2V=75°\sim85°$(测量)、72°(计算)。

{110}两组解理完全,夹角为 56°和 124°。性脆。断口呈不均匀、不规则的贝壳状或次贝壳状。摩氏硬度为 5~5.5,相对密度为 3.19(测量)、3.26(计算)。

【晶体结构】

镁钠闪石属于单斜晶系,空间群为 $C2/m$(图 4-1-173)。晶胞参数:$a=0.980$ nm、$b=1.799$ nm、$c=0.524$ nm,$\beta=104.98°$,$Z=2$。X 射线粉晶主要衍射数据 d(Å)(I/I_{max})为 8.45(100)、3.12(90)、2.89(60),见图 4-1-174。

【产状产地】

镁钠闪石产于富含 Na 的岩浆岩和变质岩中。与镁钠闪石共生伴生的矿物有方解石、磷灰石、长石、石英、云母等,主要产地有玻利维亚、乌克兰、奥地利、美国(新泽西)等。

【主要用途】

镁钠闪石在地质学、物理学、化学、材料学、环境科学、晶体学、矿物学方面都有重要意义。

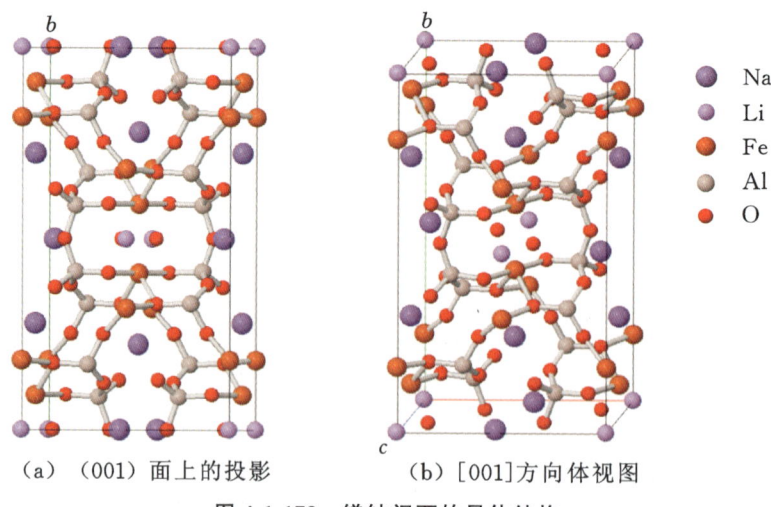

(a) (001)面上的投影　　(b) [001]方向体视图

图 4-1-173　镁钠闪石的晶体结构

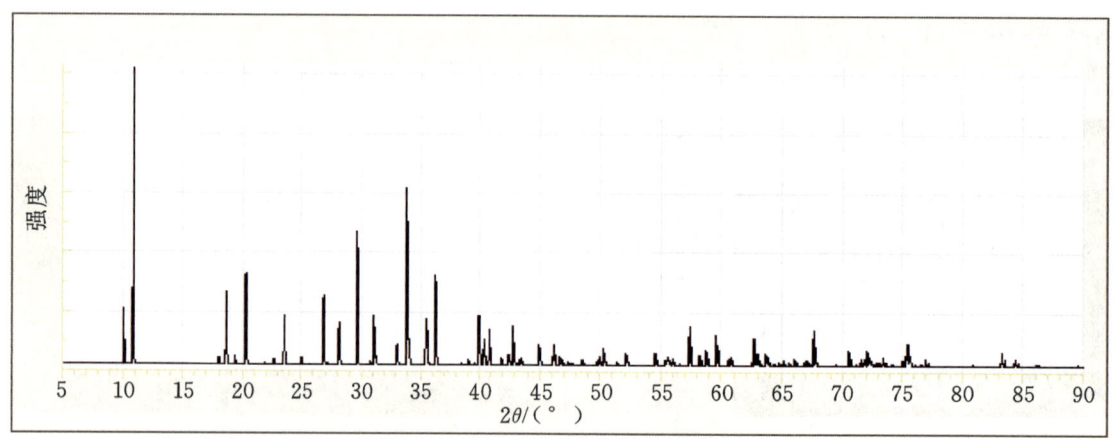

图 4-1-174　镁钠闪石的 X 射线粉晶衍射图

氟钠闪石

【化学性质】

氟钠闪石是一种含 Na、Fe、F 的 $[Si_8O_{22}]$ 双链状基型硅酸盐类矿物,其晶体化学式为 $Na_2Fe_3^{2+}Fe_2^{3+}[Si_8O_{22}]F_2$。主要成分为 Na、Fe、Si、O、F,类质同象替代成分有 K、Ca、Mg、Mn、Cl。

【结晶形态】

氟钠闪石属于单斜晶系,斜方柱晶类,对称型为 $2/m$。

【物理特征】

氟钠闪石的颜色呈白色、浅灰色、浅蓝色。条痕为白色、浅灰色。透明。玻璃光泽。色散弱。多色性弱。

二轴晶(一)。{110}两组解理完全,夹角为56°和124°。性脆。断口呈不均匀、不规则的贝壳状或次贝壳状。摩氏硬度为5～5.5,相对密度为3.19(测量)、3.26(计算)。

【晶体结构】

氟钠闪石属于单斜晶系,空间群为 $C2/m$(图 4-1-173)。

【产状产地】

氟钠闪石的主要产地有美国科罗拉多。

【主要用途】

氟钠闪石在地质学、物理学、化学、晶体学、矿物学方面都有一定意义。

氟镁钠闪石

【化学性质】

氟镁钠闪石是一种含 Na、Mg、Fe、Al、F 的 $[Si_8O_{22}]$ 双链状基型硅酸盐类矿物,其晶体化学式为 $NaNa_2(Mg,Fe)_4Al[Si_8O_{22}](F,OH)_2$。主要成分为 Na、Mg、Fe、Al、Si、F、H、O,类质同象替代成分有 K、Ca、Mn、Ti、Cl、OH。

化学成分中氧化物的质量分数为 Na_2O 11.57%、MgO 20.06%、Al_2O_3 6.34%、SiO_2 59.79%、H_2O 2.24%。

氟镁钠闪石与氟铁钠闪石形成类质同象系列矿物。

【结晶形态】

氟镁钠闪石属于单斜晶系,斜方柱晶类,对称型为 $2/m$。晶体呈粒状、柱状等(图 4-1-175)。

（a）氟镁钠闪石（瑞典）　　（b）氟镁钠闪石（俄罗斯）　　（c）氟镁钠闪石（缅甸）

图 4-1-175　氟镁钠闪石

【物理特征】

氟镁钠闪石的颜色呈黑色、黑绿色、深绿色。条痕为绿白色。透明。玻璃光泽。色散中等。多色性明显。

二轴晶(-)。折射率为 $Np=1.605$、$Nm=1.630$、$Ng=1.634$,双折射率为 0.029。$2V=80°$(测量)、40°~62°(计算)。

{110}两组解理完全,夹角为 56°和 124°。性脆。断口呈不均匀、不规则的贝壳状或次贝壳状。摩氏硬度为 5~6,相对密度为 3.00~3.17(测量)、3.02(计算)。

【晶体结构】

氟镁钠闪石属于单斜晶系,空间群为 $C2/m$(图 4-1-176)。晶胞参数:$a=0.981$ nm、$b=1.785$ nm、$c=0.529$ nm,$\beta=103.66°$,$Z=2$。X 射线粉晶衍射数据 d(Å)(I/I_{max})为 8.407(42)、4.460(30)、3.395(59)、3.257(34)、3.128(56)、2.966(33)、2.702(100)、2.574(36)、2.525(56)、2.161(33),见图 4-1-177。

【产状产地】

氟镁钠闪石产于富含 Na 的岩浆岩和变质岩中。与氟镁铁闪石共生伴生的矿物有方解石、磷灰石、长石、石英、云母等,主要产地有瑞典、俄罗斯、缅甸等。

【主要用途】

氟镁钠闪石在地质学、物理学、化学、材料学、环境科学、晶体学、矿物学、宝石学方面都有重要意义。

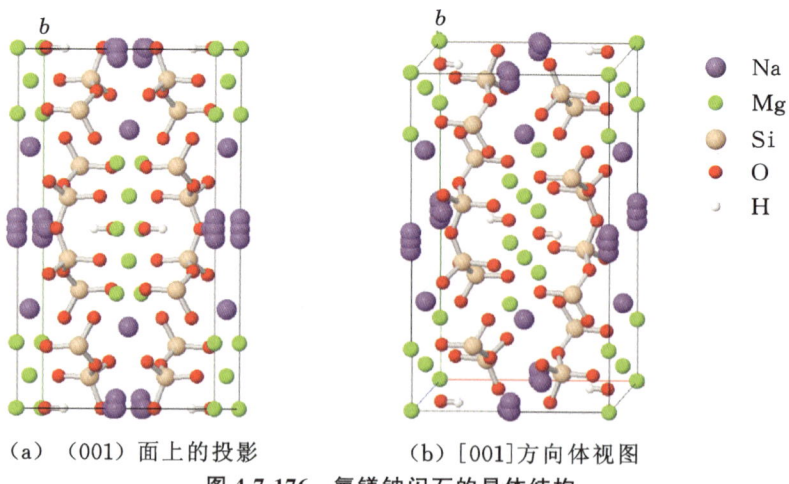

(a) (001)面上的投影　　(b) [001]方向体视图

图 4-7-176　氟镁钠闪石的晶体结构

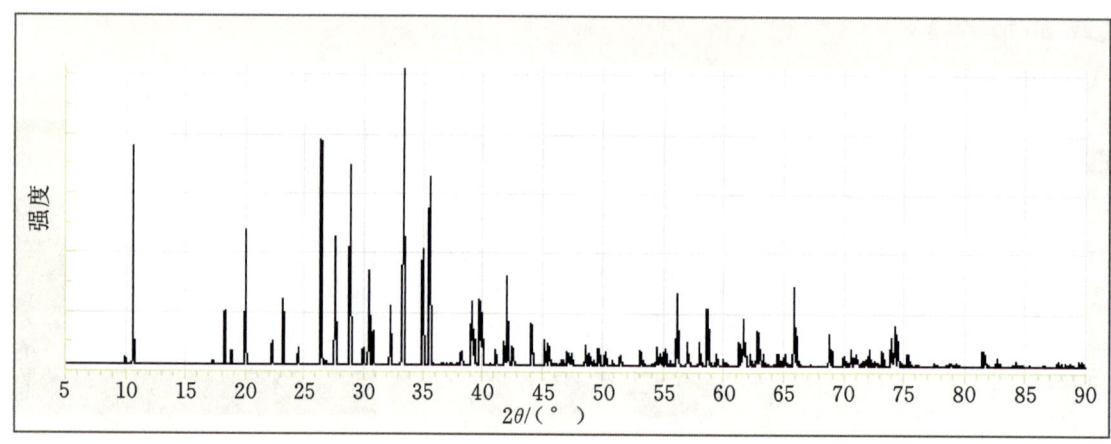

图 4-1-177　氟镁钠闪石的 X 射线粉晶衍射图

氟铁钠闪石

【化学性质】

氟铁钠闪石是一种含 Na、Fe、Mg、Al、(F,OH) 的 $[Si_8O_{22}]$ 双链状基型硅酸盐类矿物,其晶体化学式为 $NaNa_2(Fe,Mg)_4Al[Si_8O_{22}](F,OH)_2$。主要成分为 Na、Fe、Mg、Al、Si、F、O 类质同象替代成分有 K、Ca、Mn、Al、Ti、Cl、OH。

化学成分中氧化物的质量分数为 Na_2O 10.00%、Al_2O_3 5.48%、FeO 30.90%、SiO_2 51.68%、H_2O 1.94%。

图 4-1-178　氟铁钠闪石(蒙古)

【结晶形态】

氟铁钠闪石属于单斜晶系,斜方柱晶类,对称型为 $2/m$。晶体呈粒状、柱状、块状等(图 4-1-178)。

【物理特征】

氟铁钠闪石的颜色呈绿色、深绿色、黑绿色、黑色。条痕为灰色、灰白色。透明至半透明。玻璃光泽、半玻璃光泽。色散弱。多色性较明显。

二轴晶(一)。{110}两组解理完全,夹角为56°和124°。性脆。断口呈不均匀、不规则的贝壳状或次贝壳状。摩氏硬度为5~6。

【晶体结构】

氟铁钠闪石属于单斜晶系,空间群为 $C2/m$。

【产状产地】

氟铁钠闪石产于铁闪锌矿床中,与其共生伴生的矿物有长石等,主要产地有蒙古。

【主要用途】

氟铁钠闪石在地质学、物理学、化学、材料学、环境科学、晶体学、矿物学、宝石学方面都有重要意义。

氟镁铁钠闪石

【化学性质】

氟镁铁钠闪石是一种含 Na、Mg、Fe、F 的 $[Si_8O_{22}]$ 双链状基型硅酸盐类矿物,其晶体化学式为 $NaNa_2Mg_4Fe^{3+}[Si_8O_{22}]F_2$。主要成分为 Na、Mg、Fe、Si、F、O,类质同象替代成分有 K、Mn、Al、Ti、Cl、OH。

化学成分中氧化物及元素的质量分数为 K_2O 1.71%、Na_2O 7.48%、CaO 2.71%、MgO 19.95%、Al_2O_3 1.23%、FeO 0.87%、Fe_2O_3 5.78%、SiO_2 56.65%、H_2O 0.87%、F 2.75%。

【结晶形态】

氟镁铁钠闪石属于单斜晶系,斜方柱晶类,对称型为 $2/m$。晶体呈柱状、棒状、粒状、块状等(图 4-1-179)。

【物理特征】

氟镁铁钠闪石的颜色呈深绿色、墨绿色、深灰色、灰黑色。条痕为白色、浅灰色。透明。玻璃光泽。色散弱。多色性明显。

二轴晶(+)。折射率为 Np=1.618、Nm=1.629、Ng=1.632,双折射率为 0.014。$2V=50°\sim70°$(测量)、54°(计算)。

{110}两组解理完全,夹角为 56°、124°。性脆。断口呈不均匀、不平整的贝壳状。摩氏硬度为 5.5,相对密度为 3.09(测量)、3.04(计算)。

图 4-1-179 氟镁铁钠闪石

【晶体结构】

氟镁铁钠闪石属于单斜晶系,空间群为 $C2/m$。晶胞参数:$a=0.984$ nm、$b=1.805$ nm、$c=0.530$ nm,$\beta=104.13°$,$Z=2$。X 射线粉晶衍射数据 $d(Å)(I/I_{max})$ 为 8.420(34)、3.392(11)、3.264(23)、3.129(100)、2.895(10)、2.804(28)、2.716(10)、2.708(17)、1.654(10)。

【产状产地】

氟镁铁钠闪石产于碱性岩体的接触带中,与其共生伴生的矿物有钠长石、微斜长石、角闪石类、云母等,主要产地有俄罗斯等。

【主要用途】

氟镁铁钠闪石在地质学、物理学、化学、材料学、环境科学、晶体学、矿物学、宝石学方面都有重要意义。

钠铁闪石

【化学性质】

钠铁闪石(亚铁钠闪石)是一种含 Na、Fe、(OH)的 $[Si_4O_{11}]$ 双链状基型硅酸盐类矿物,其晶体化学式为 $NaNa_2Fe_4^{2+}Fe^{3+}[Si_8O_{22}](OH)_2$。主要成分为 Na、Fe、Si、O、H,类质同象替代成分有 Ti、Mn、Ca、Al、K、F。

化学成分中氧化物的质量分数为 Na_2O 9.70％、FeO 29.97％、Fe_2O_3 8.33％、SiO_2 50.12％、H_2O 1.88％。

钠铁闪石与镁钠铁闪石可形成类质同象系列矿物。

【结晶形态】

钠铁闪石属于单斜晶系,斜方柱晶类,对称型为 $2/m$。晶体呈柱状、板状、粒状,集合体呈纤维状、放射状、星球辐射状(图 4-1-180)。简单双晶平行于{100}。

(a) 钠铁闪石(马拉维)

(b) 钠铁闪石(格陵兰岛)

(c) 钠铁闪石(加拿大)

图 4-1-180　钠铁闪石

【物理特征】

钠铁闪石的颜色呈深蓝色、灰绿色、蓝灰色、黑色等。条痕为蓝灰色、灰绿色。透明、半透明、不透明。玻璃光泽。色散强。多色性强:黄色、深蓝绿色、深蓝绿色,绿色、浅棕色、深蓝绿色,蓝灰色、黑色、棕绿色。无荧光。

二轴晶(一)。折射率为 Np＝1.652～1.699、Nm＝1.660～1.705、Ng＝1.666～1.708,双折射率为 0.009～0.014。$2V$＝30°～70°(测量),70°～80°(计算)。

{110}两组解理完全,夹角为 56°,124°。断口呈不均匀、不平整的贝壳状。性脆。摩氏硬度为 5～6,相对密度为 3.30～3.50(测量)、3.33(计算)。

【晶体结构】

钠铁闪石属于单斜晶系,空间群为 $C2/m$(图 4-1-181)。晶胞参数:a＝0.989 nm、b＝1.804 nm、c＝0.532 nm,β＝103.73°,Z＝2。X 射线粉晶主要衍射数据 d(Å)(I/I_{max})为 8.510(70)、3.161(100)、2.732(80),见图 4-1-182。

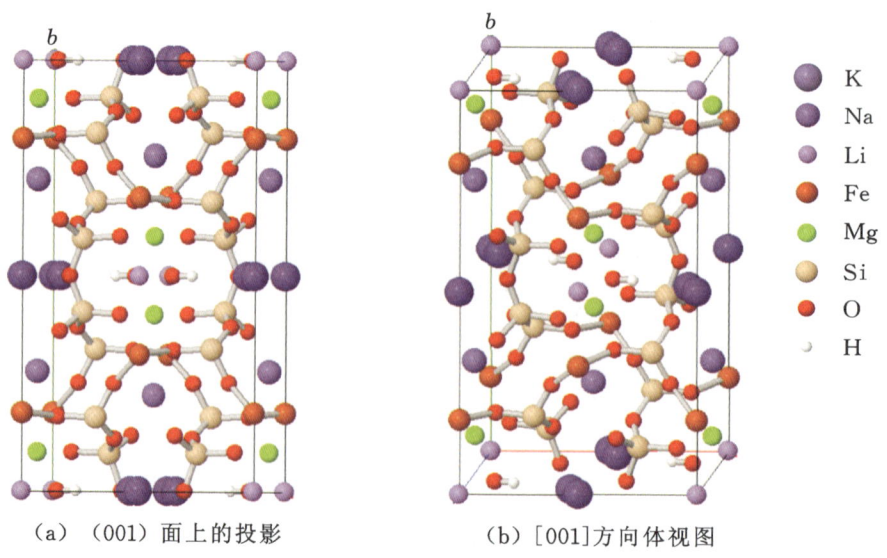

(a) (001)面上的投影　　　　(b) [001]方向体视图

图 4-1-181　钠铁闪石的晶体结构

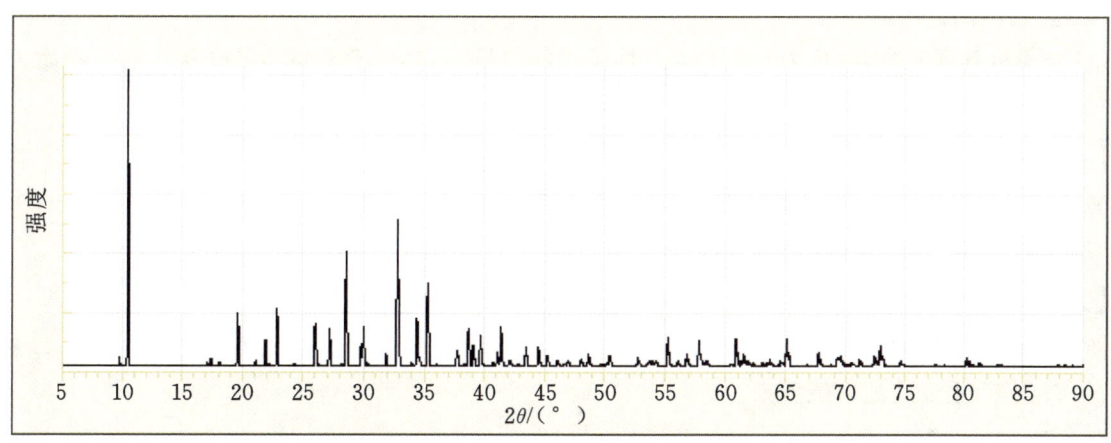

图 4-1-182　钠铁闪石的 X 射线粉晶衍射图

【产状产地】

钠铁闪石主要产于碱性花岗岩、正长岩和霞石正长岩中；矿物组合包括霞石、钠长石、霓辉石、锂辉石、石英等；主要产地有加拿大（魁北克）、格陵兰岛、马拉维、俄罗斯（科拉半岛）等。

【主要用途】

钠铁闪石在地质学、物理学、化学、环境科学、材料学、晶体学、矿物学、宝石学方面都有重要意义。

镁钠铁闪石

【化学性质】

镁钠铁闪石是一种含 Na、Mg、Fe、(OH) 的 $[Si_8O_{22}]$ 双链状基型硅酸盐类矿物，其晶体化学式为 $NaNa_2Mg_4Fe^{3+}[Si_8O_{22}](OH)_2$。主要成分为 Na、Mg、Fe、Si、H、O，类质同象替代成分有 K、Ca、Mn、Ti、Al、F。

化学成分中氧化物的质量分数为 Na_2O 11.16%、MgO 19.36%、Fe_2O_3 9.59%、SiO_2 57.73%、H_2O 2.16%。

【结晶形态】

镁钠铁闪石属于单斜晶系，斜方柱晶类，对称型为 $2/m$。晶体呈短柱状、板状、粒状、柱状等（图 4-1-183）。

图 4-1-183　镁钠铁闪石（俄罗斯）

【物理特征】

镁钠铁闪石的颜色呈黑色、灰黑色、绿黑色、深棕色、灰色。条痕为淡绿色、白色。半透明。玻璃光泽。色散弱。多色性弱。

二轴晶（－）。折射率为 $Np=1.660$、$Nm=1.662$、$Ng=1.664$，双折射率为 0.004。$2V=33°\sim40°$

(测量)、88°(计算)。

〈110〉两组解理完全,夹角为56°、124°。性脆。断口呈不均匀、不平整的贝壳状。摩氏硬度为5～6,相对密度为3.17(测量)、3.08(计算)。

【晶体结构】

镁钠铁闪石属于单斜晶系,空间群为$C2/m$。晶胞参数:$a=0.980$ nm、$b=1.793$ nm、$c=0.529$ nm,$\beta=104.99°$,$Z=2$。X射线粉晶主要衍射数据$d(\text{Å})(I/I_{max})$为8.20(75)、3.12(100)、2.80(40)。

【产状产地】

镁钠铁闪石产于碱性花岗岩、正长岩和霞石正长岩中,共生伴生的矿物有霞石、钠长石、霓辉石、锂辉石、石英等,主要产地有俄罗斯。

【主要用途】

镁钠铁闪石在地质学、物理学、化学、材料学、环境科学、晶体学、矿物学、宝石学方面都有重要意义。

锰钠闪石

【化学性质】

锰钠闪石是一种含Na、Mn、Fe、(OH)的$[Si_8O_{22}]$双链状基型硅酸盐类矿物,其晶体化学式为:$NaNa_2Mn_4(Fe^{3+},Al)[Si_8O_{22}](OH)_2$。主要成分为Na、Mn、Fe、Si、H、O,类质同象替代成分有K、Ca、Al、Mn、Ti、F、Cl。

化学成分中氧化物的质量分数为Na_2O 9.81%、MnO 29.93%、Al_2O_3 1.34%、Fe_2O_3 6.32%、SiO_2 50.70%、H_2O 1.90%。

图4-1-184 锰钠闪石(日本)

【结晶形态】

锰钠闪石属于单斜晶系,斜方柱晶类,对称型为$2/m$。晶体呈柱状、粒状、块状(图4-1-184)。

【物理特征】

锰钠闪石的颜色呈暗黑色、棕黑色、红黑色、黑色。条痕为浅紫棕色、灰色。透明、半透明。玻璃光泽、半玻璃光泽。色散弱。多色性较明显。

二轴晶(一)。折射率为$Np=1.685$、$Nm=1.717$、$Ng=1.720$,双折射率为0.035。$2V=34°～36°$(测量)、32°(计算)。

〈110〉两组解理完全,夹角为56°、124°。性脆。断口呈不均匀、不平整的贝壳状。摩氏硬度为5,相对密度为3.30(测量)、3.42(计算)。

【晶体结构】

锰钠闪石属于单斜晶系,空间群为$C2/m$。晶胞参数:$a=0.991$ nm、$b=1.811$ nm、$c=0.530$ nm,$\beta=104.60°$,$Z=2$。X射线粉晶主要衍射数据$d(\text{Å})(I/I_{max})$为8.512(100)、3.153(67)、2.827(31)。

【产状产地】

锰钠闪石产于侵入花岗闪长岩的石英脉中。与锰钠闪石共生伴生的矿物有石英、斜长石、正长石、云母,主要产地有日本、印度等。

【主要用途】

锰钠闪石在地质学、物理学、化学、材料学、环境科学、晶体学、矿物学、宝石学方面都有重要意义。

迪尔石族

迪尔石（deerite）	$(Mn, Fe^{2+})_6(Fe^{3+}, Al)_3[Si_6O_{20}](OH)_5$
硅铁锰钠石（howieite）	$Na(Fe^{2+}, Mn^{2+})_{10}(Fe, Al)_2Si_{12}O_{31}(OH)_{13}$

迪 尔 石

【化学性质】

迪尔石是一种含 Mn、Fe、(OH) 的 $[Si_6O_{20}]$ 链状基型硅酸盐类矿物，其晶体化学式为 $(Mn, Fe^{2+})_6(Fe^{3+}, Al)_3[Si_6O_{20}](OH)_5$。主要成分为 Fe、Mn、Si、O、H，类质同象替代成分有 Al、Mg。

化学成分中氧化物的质量分数为 MnO 13.48%、Al_2O_3 3.63%、FeO 27.30%、Fe_2O_3 17.06%、SiO_2 34.25%、H_2O 4.28%。

【结晶形态】

迪尔石属于单斜晶系，斜方柱晶类，对称型为 $2/m$。晶体呈针状、细长柱状、粒状等（图 4-1-185）。有双晶存在，双晶轴为 [110]。

图 4-1-185　迪尔石（美国加利福尼亚）

【物理特征】

迪尔石的颜色呈灰黑色、黑色。条痕为灰黑色。半透明。金刚光泽、次金刚光泽。色散较强。多色性弱：棕色，深棕色，深棕色。

二轴晶(?)。折射率为：Np=1.840、Nm=1.852、Ng=1.870，双折射率为 0.030。

{110} 解理完全。性脆。断口呈不规则、不平整的贝壳状。摩氏硬度为 6，相对密度为 3.84（测量）、3.76（计算）。

【晶体结构】

迪尔石属于单斜晶系，空间群为 $P2_1/a$（图 4-1-186）。晶胞参数：a=1.079 nm、b=1.888 nm、c=0.956 nm，β=107.45°，Z=4。X 射线粉晶主要衍射数据 d(Å)(I/I_{max}) 为 9.03(100)、3.01(70)、2.64(55)，见图 4-1-187。

【产状产地】

在高压和低温条件下，迪尔石产于变质的铁铜硫化矿床、变质的页岩相中，形成于变质矿床中。迪尔石的主要产地有美国加利福尼亚等。

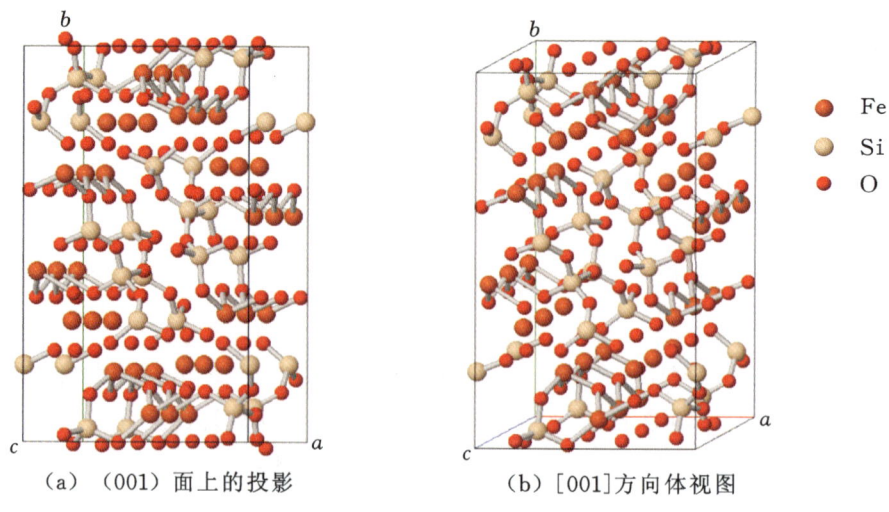

(a) (001) 面上的投影　　　　(b) [001]方向体视图

图 4-1-186　迪尔石的晶体结构

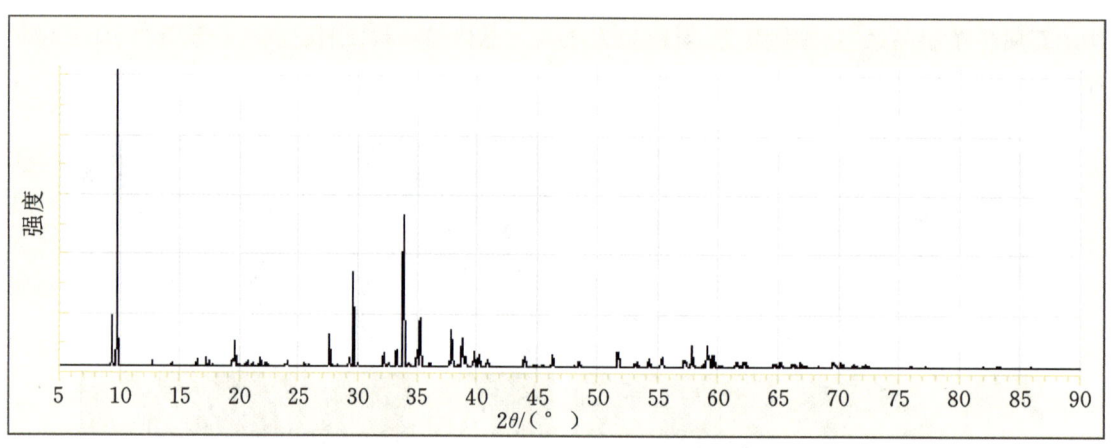

图 4-1-187　迪尔石的 X 射线粉晶衍射图

【主要用途】

迪尔石在地质学、物理学、化学、材料学、晶体学、矿物学方面都很有意义。

硅铁锰钠石

【化学性质】

硅铁锰钠石是一种含 Na、Fe、Al、(OH) 的 $[Si_6O_{17}]$ 链状基型硅酸盐类矿物，其晶体化学式为 $Na(Fe^{2+},Mn^{2+})_{10}(Fe,Al)_2Si_{12}O_{31}(OH)_{13}$。主要成分为 Na、Fe、Al、Si、O、H，类质同象替代成分有 Ca、Mn、Ti 等。

化学成分中氧化物的质量分数为 Na_2O 1.22%、MnO 8.36%、MgO 0.79%、FeO 20.07%、Fe_2O_3 6.02%、Al_2O_3 1.20%、SiO_2 57.66%、H_2O 4.68%。

【结晶形态】

硅铁锰钠石属于三斜晶系，单面晶类，对称型为 1。晶体呈薄片状、薄板状，集合体呈片状（图 4-1-188）。

【物理特征】

硅铁锰钠石的颜色呈深绿色、黑色。条痕为灰黑色。透明至半透明。油脂光泽。色散弱。多色

图 4-1-188　硅铁锰钠石（美国加利福尼亚）

性较弱：金黄色，深紫绿色，绿色。

二轴晶（—）。折射率为 Np=1.701、Nm=1.720、Ng=1.734，双折射率为 0.033。$2V=65°$（测量）、80°（计算）。

{010}解理完全、{100}解理中等。性脆。断口呈不平整、不规则的贝壳状。摩氏硬度为 5~6，相对密度为 3.38（测量）、4.94（计算）。

【晶体结构】

硅铁锰钠石属于三斜晶系，空间群为 $P\bar{1}$（图 4-1-189）。晶胞参数：$a=1.017$ nm、$b=0.977$ nm、$c=0.959$ nm，$\alpha=91.22°$、$\beta=70.76°$、$\gamma=108.09°$，$Z=1$。X 射线粉晶主要衍射数据 d(Å)(I/I_{max})为 9.18(100)、7.91(80)、3.25(65)，见图 4-1-190。

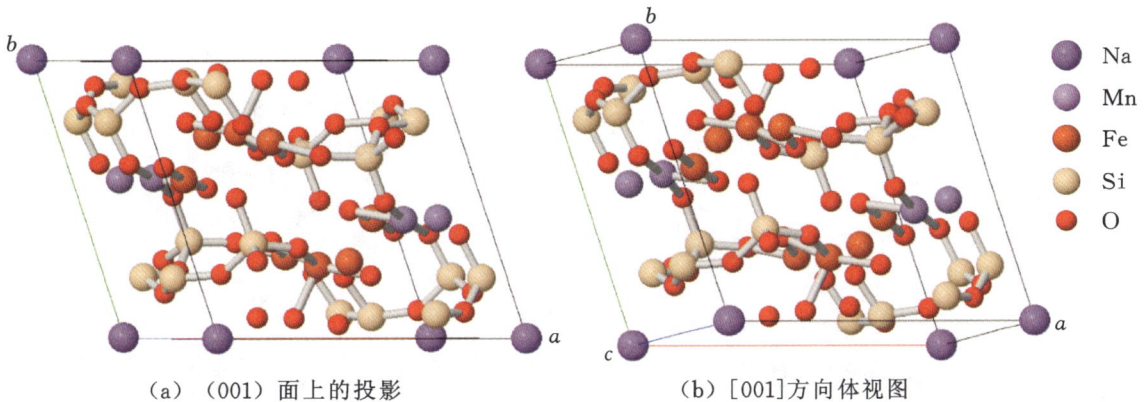

(a) （001）面上的投影　　　(b) [001]方向体视图

图 4-1-189　硅铁锰钠石的晶体结构

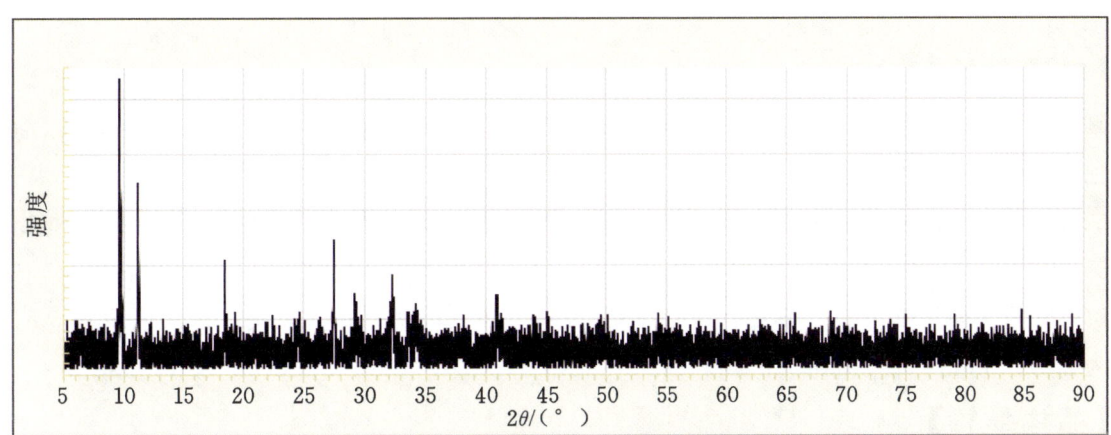

图 4-1-190　硅铁锰钠石的 X 射线粉晶衍射图

【产状产地】

硅铁锰钠石产于高压、低温的变质岩中,主要产地有美国加利福尼亚等。

【主要用途】

硅铁锰钠石在地质学、物理学、化学、晶体学、矿物学方面都有重要意义。

硼硅钡铅矿族

硼硅钡铅矿(hyalotekite) $(Ba,Pb,Ca,K)_6(B,Si,Al)_2(Si,Be)_{10}O_{28}(F,Cl)$

长硼硅钡钇石(kapitsaite-Y) $(Ba,Pb,K,Na)_4(Ca,Y,REE)_2[Si_8B_2(B,Si)_2O_{28}]F$

硼硅钡铅矿

【化学性质】

硼硅钡铅矿是一种含 Ba、Ca、Pb、[BO_3]、(OH)、F 的复杂链状基型硅酸盐类矿物,其晶体化学式为 $(Ba,Pb,Ca,K)_6(B,Si,Al)_2(Si,Be)_{10}O_{28}(F,Cl)$。主要成分为 Ba、Ca、Pb、Si、B、H、O,类质同象替代成分有 K、Na、Rb、Sr、Y、Mg、Mn、Fe、Be、Al、Cu、Cl、F。

化学成分中氧化物及元素的质量分数为 K_2O 0.89%、BaO 20.20%、Na_2O 0.17%、CaO 7.87%、MgO 0.09%、MnO 0.29%、BeO 0.76%、Al_2O_3 0.18%、Fe_2O_3 0.07%、CuO 0.09%、SiO_2 39.73%、B_2O_3 3.62%、PbO 25.27%、Cl 0.06%、F 0.71%。

【结晶形态】

硼硅钡铅矿属于三斜晶系,单面晶类,对称型为1。晶体呈粗粒状、块状等(图 4-1-191)。

(a)硼硅钡铅矿(瑞典)   (b)硼硅钡铅矿(塔吉克斯坦)

图 4-1-191 硼硅钡铅矿

【物理特征】

硼硅钡铅矿的颜色呈白色、灰白色。条痕为白色。透明至半透明。玻璃光泽、金刚光泽、油脂光泽。色散较强。多色性较弱。

二轴晶(+)。折射率为 Np=1.963、Nm=1.963、Ng=1.966,双折射率为 0.003。2V=57°~60.5°(测量)、55.4°~62.5°(计算)。

解理两个方向清晰、良好,第三个方向模糊。性脆。断口不均匀、不规则。摩氏硬度为 5.5,相对密度为 3.81~3.82(测量)、3.83(计算)。

【晶体结构】

硼硅钡铅矿属于三斜晶系,空间群 P1(图 4-1-192)。晶胞参数:a=1.131 nm、b=1.096 nm、c=

1.032 nm,$\alpha=90.43°$,$\beta=90.02°$,$\gamma=90.16°$,$Z=2$。X 射线粉晶主要衍射数据 d(Å)(I/I_{max})为 7.70(60)、5.17(25)、4.32(50)、3.81(70)、3.75(50)、3.53(80)、3.45(100)、3.12(40)、2.94(80)、2.88(25)、2.62(50)、2.58(50)、2.30(65)、2.14(65)、2.03(30)、1.84(30)。

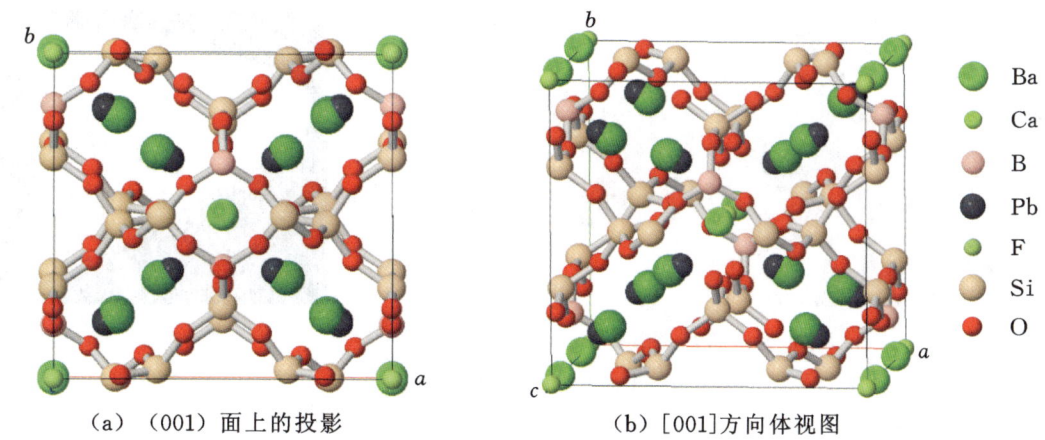

(a) (001)面上的投影　　　　　(b) [001]方向体视图

图 4-1-192　硼硅钡铅矿的晶体结构

【产状产地】

硼硅钡铅矿产于高温变质的矽卡岩中，常与重晶石组合共生，主要产地有瑞典、塔吉克斯坦等。

【主要用途】

硼硅钡铅矿在地质学、物理学、化学、晶体学、矿物学方面都有重要意义。

长硼硅钡钇石

长硼硅钡钇石发现于碱性伟晶岩巨砾中，是一种新发现的矿物，它与硼硅钡铅矿晶体结构相似，晶体化学式为$(Ba,Pb,K,Na)_4(Ca,Y,REE)_2[Si_8B_2(B,Si)_2O_{28}]F$。

化学成分中氧化物及元素的质量分数为 K_2O 1.00%、BaO 37.80%、Na_2O 0.22%、CaO 2.76%、REE_2O_3 2.37%、Y_2O_3 7.95%、SiO_2 34.84%、B_2O_3 8.58%、PbO 3.14%、F 1.34%。

相对密度为 3.79(计算)。

晶胞参数：$a=1.118$ nm、$b=1.085$ nm、$c=1.025$ nm，$\alpha=90.64°$、$\beta=90.05°$、$\gamma=89.97°$，$Z=2$。X 射线粉晶衍射数据 d(Å)(I/I_{max})为 7.80(70)、3.77(100)、3.24(75)、3.73(70)、2.93(80)、2.90(90)。

硬硅钙石族

硬硅钙石(xonotlite)	$Ca_6[Si_6O_{17}](OH)_2$
傅硅钙石(foshagite)	$Ca_8[Si_6O_{17}](OH)_6$
针硅钙石(hillebrandite)	$Ca_{12}[Si_6O_{17}](OH)_{14}$

硬硅钙石

【化学性质】

硬硅钙石是一种含 Ca、(OH)的$[Si_6O_{17}]$链状基型硅酸盐类矿物，晶体化学式为$Ca_6[Si_6O_{17}](OH)_2$。主要成分为 Ca、Si、O、H，类质同象替代成分有 Fe、Mn、H_2O。

化学成分中氧化物的质量分数为 CaO 47.06%、SiO_2 50.42%、H_2O 2.52%。

【结晶形态】

硬硅钙石属于单斜晶系,斜方柱晶类,对称型为 $2/m$。晶体呈块状、纤维状等,集合体呈放射状、团球状(图 4-1-193)。

(a)硬硅钙石(南非)　　　　　　　　(b)硬硅钙石(意大利)

图 4-1-193　硬硅钙石

【物理特征】

硬硅钙石的颜色呈无色、白色、浅灰色、粉红色等。条痕为白色。透明至半透明。玻璃光泽、丝绢光泽、珍珠光泽。色散较小。多色性弱。

二轴晶(+)。折射率为 Np=1.583、Nm=1.585、Ng=1.595,双折射率为 0.012。$2V=0°\sim5°$(测量)、50°(计算)。

{100}解理完全、{001}解理中等。性脆。断口呈丝状、纤维状。摩氏硬度为 6.5,相对密度为 2.70(测量)、2.71(计算)。

【晶体结构】

硬硅钙石属于单斜晶系,空间群为 $P2/a$(图 4-1-194)。晶胞参数:$a=1.703$ nm、$b=0.368$ nm、$c=0.700$ nm,$\beta=90.34°$,$Z=2$。X 射线粉晶衍射数据 d(Å)(I/I_{max}) 为 3.085(100)、2.828(50)、2.697(40),见图 4-1-195。

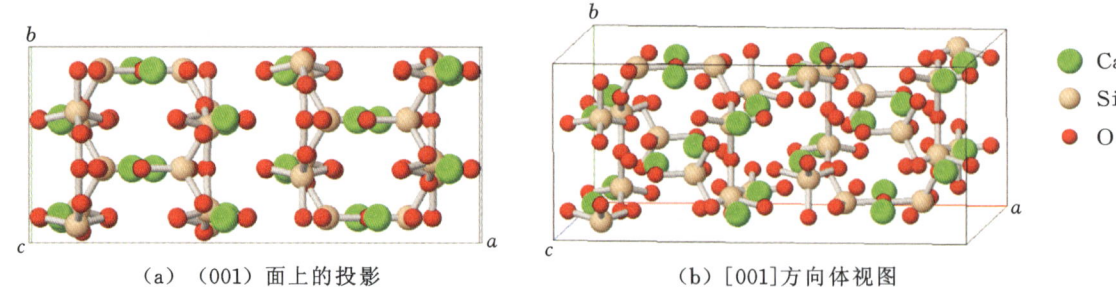

(a)(001)面上的投影　　　　　　　(b)[001]方向体视图

图 4-1-194　硬硅钙石的晶体结构 1

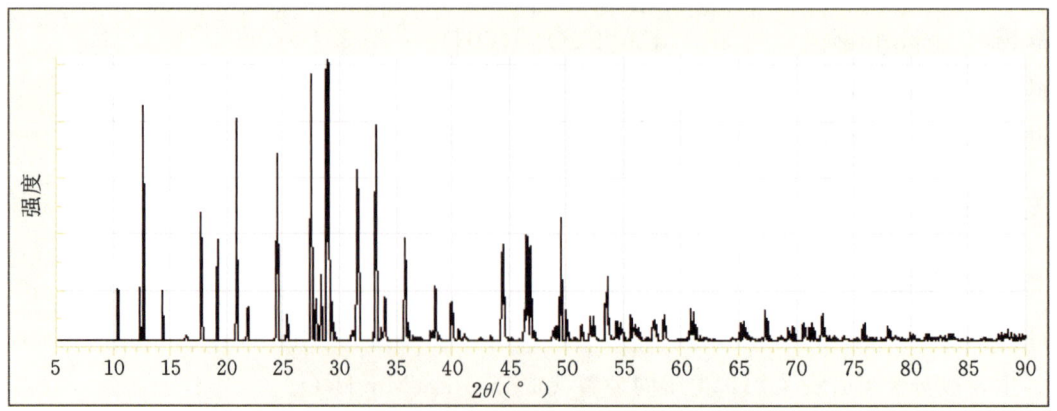

图 4-1-195　硬硅钙石的 X 射线粉晶衍射图

硬硅钙石的晶体结构以[Si_6O_{17}]双链为基础,这种双链可视为由两个硅灰石链组成,双链平行于 b 轴无限延伸。Ca 有两种配位形式:配位数为 6 者,组成[CaO_6]八面体,这些八面体共棱并连接成链沿 b 轴无限延伸;配位数为 5 者,构成类似四方锥状的多面体,也沿 b 轴延伸。Ca 配位多面体链体相连成平行(001)的层,层间为[Si_6O_{17}]双链所连接(图 4-1-196)。

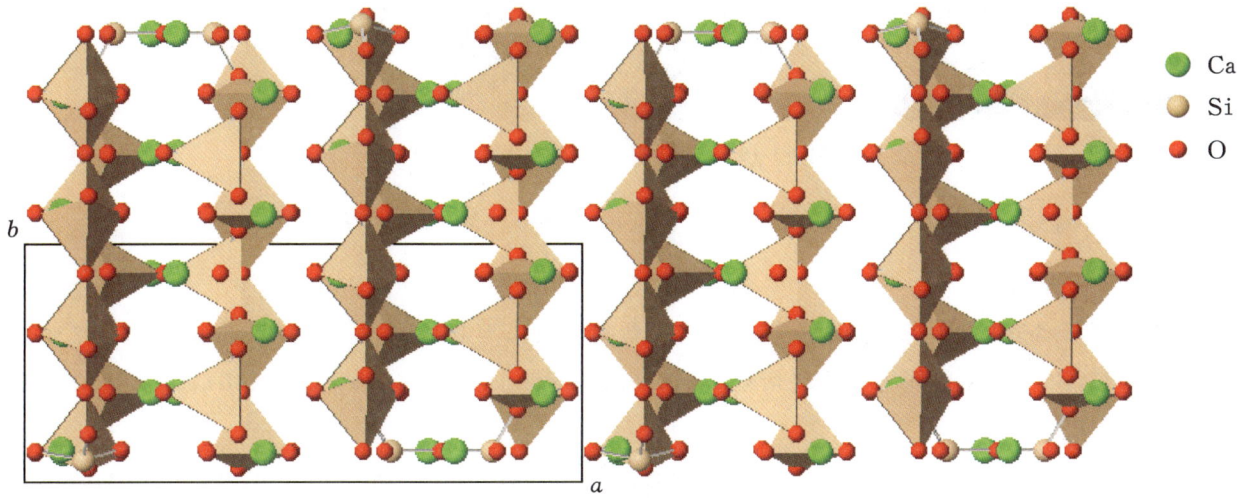

图 4-1-196　硬硅钙石的晶体结构 2

存在几种多型,它们的晶胞参数如下。

空间群为 $P2/a$,晶胞参数:$a=1.703$ nm、$b=0.736$ nm、$c=0.701$ nm,$\beta=90.36°$。

空间群为 $A2/a$,晶胞参数:$a=1.703$ nm、$b=0.736$ nm、$c=1.402$ nm,$\beta=90.36°$。

空间群为 $P\bar{1}$,晶胞参数:$a=0.871$ nm、$b=0.736$ nm、$c=0.701$ nm,$\alpha=89.99°$、$\beta=90.36°$、$\gamma=102.18°$。

【产状产地】

硬硅钙石产于与蛇纹石相关接触带的细脉中,主要产地有南非、意大利、墨西哥、美国等。

【主要用途】

硬硅钙石在地质学、物理学、化学、材料学、环境科学、晶体学、矿物学方面都有重要意义。

傅硅钙石

【化学性质】

傅硅钙石是一种含 Ca、(OH)的[Si_3O_9]链状基型硅酸盐类矿物,其晶体化学式为 $Ca_6[Si_6O_{17}](OH)_6$。主要成分为 Ca、Si、O、H,类质同象替代成分有 Al、Fe、Mg。

化学成分中氧化物的质量分数为 CaO 53.08%、SiO_2 42.66%、H_2O 4.26%。

傅硅钙石(单斜晶系)的同质多象三斜晶系变体是三斜傅硅钙石,其化学式为 $Ca_4[Si_3O_9](OH)_2$。

【结晶形态】

傅硅钙石属于单斜晶系,斜方柱晶类,对称型为 $2/m$。晶体呈粒状、短柱状(图 4-1-197)。

【物理特征】

傅硅钙石的颜色呈雪白色、白色。条痕为白色。透明。丝绢光泽。色散较强。多色性弱。

二轴晶(+)。折射率为 Np=1.594、Nm=1.594、Ng=1.598,双折射率为 0.004。

{001}解理完全。性脆。断口呈不平整、不均匀的贝壳状。摩氏硬度为 5,相对密度为 2.36(测

图 4-1-197　傅硅钙石（美国加利福尼亚）

量）、2.74（计算）。

【晶体结构】

傅硅钙石属于单斜晶系，空间群为 $P2_1/m$。晶胞参数：$a=1.032$ nm、$b=0.736$ nm、$c=1.407$ nm，$\beta=106.04°$，$Z=2$。X射线粉晶主要衍射数据 $d(\text{Å})(I/I_{\max})$ 为 4.96(25)、3.36(25)、2.95(100)，见图 4-1-198。

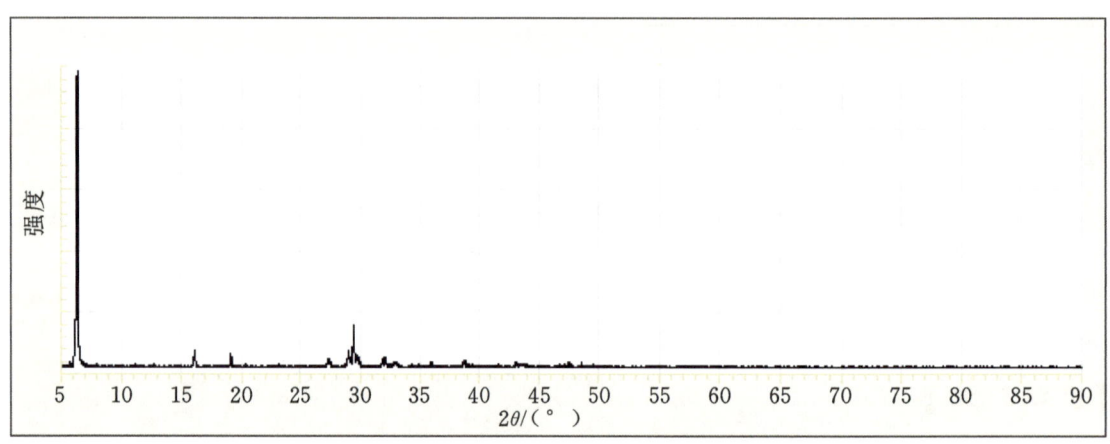

图 4-1-198　傅硅钙石的 X 射线粉晶衍射图

【产状产地】

傅硅钙石产于经变质的灰岩中，主要产地有美国（加利福尼亚）。

【主要用途】

傅硅钙石在地质学、物理学、化学、晶体学、矿物学方面都有重要意义。

针硅钙石

【化学性质】

针硅钙石是一种含 Ca、(OH) 的 $[Si_6O_{17}]$ 链状基型硅酸盐类矿物，其晶体化学式为 $Ca_{12}[Si_6O_{17}](OH)_{14}$。主要成分为 Ca、Si、O、H，类质同象替代成分有 Ti、Al、Fe、Mn、Mg、Na、K。

化学成分中氧化物的质量分数为 CaO 58.95%、SiO_2 31.58%、H_2O 9.47%。

【结晶形态】

针硅钙石属于斜方晶系，斜方双锥晶类，对称型为 mmm。晶体呈纤维状、柱状（图 4-1-199）。

【物理特征】

针硅钙石的颜色呈无色、白色、浅绿白色等。条痕为白色。透明至半透明。玻璃光泽、半玻璃光

(a) 针硅钙石（美国加利福尼亚）　　（b) 针硅钙石（日本）

图 4-1-199　针硅钙石

泽。色散较强。多色性无。

二轴晶（一）。折射率为 Np＝1.598～1.607、Nm＝1.603～1.610、Ng＝1.603～1.614，双折射率为 0.005～0.007。$2V$＝51°～60°（测量）、64°（计算）。

{010}解理完全。性脆。断口呈不平整、不均匀的贝壳状。摩氏硬度为 5～5.5，相对密度为 2.66～2.69（测量）、2.69（计算）。

【晶体结构】

针硅钙石属于斜方晶系，空间群为 $Cmcm$（图 4-1-200）。晶胞参数：a＝0.363 nm、b＝1.631 nm、c＝1.182 nm，Z＝12。X 射线粉晶主要衍射数据 d(Å)(I/I_{max}) 为 4.81(30)、3.36(20)、3.03(30)、2.93(100)、2.84(20)、2.79(30)、2.25(20)、1.82(40)，见图 4-1-201。

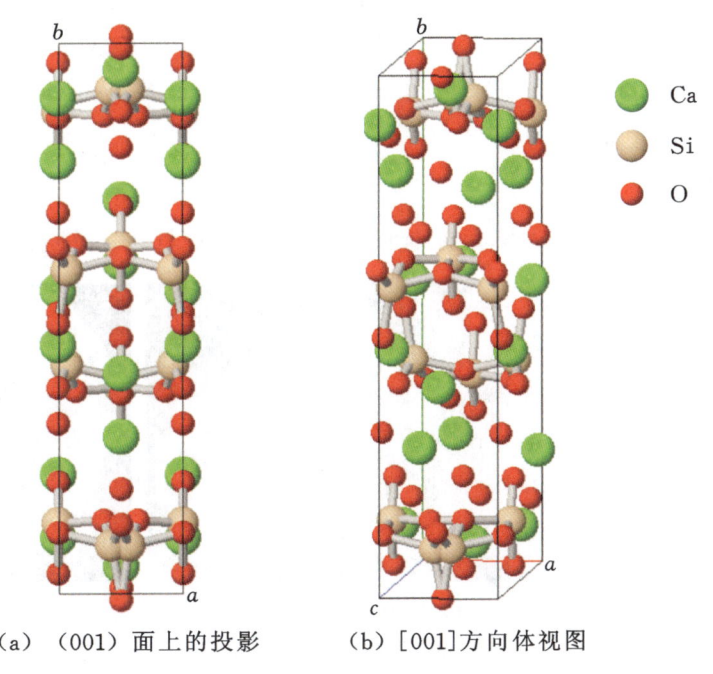

(a) (001)面上的投影　　(b) [001]方向体视图

图 4-1-200　针硅钙石的晶体结构

【产状产地】

针硅钙石产于闪长岩与灰岩接触的矽卡岩带中，与硅灰石、灰硅钙石组合共生，主要产地有美国（加利福尼亚）、墨西哥、日本等。

【主要用途】

针硅钙石在地质学、材料学、物理学、化学、环境科学、晶体学、矿物学、宝石学方面都有重要应用。

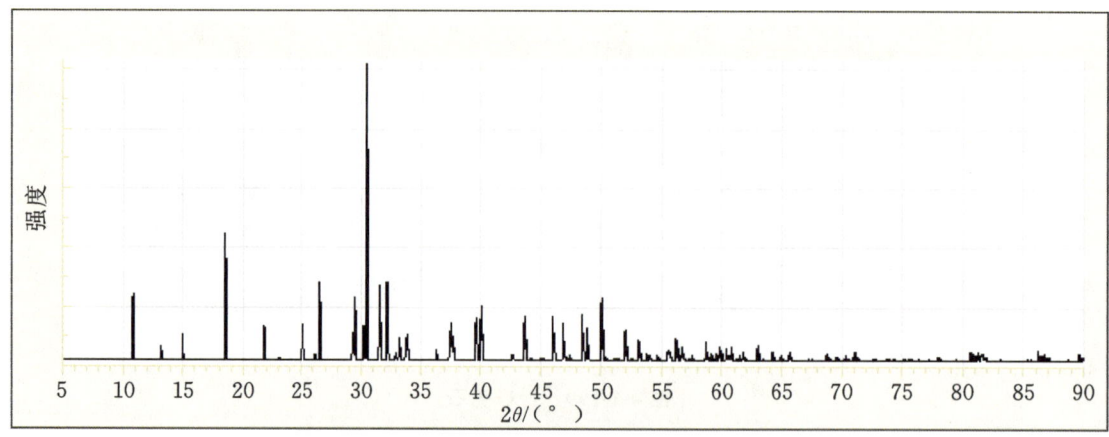

图 4-1-201 针硅钙石的 X 射线粉晶衍射图

针钠钙石-针钠锰石族

| 针钠钙石（pectolite） | Na(Ca,Mn)$_2$[Si$_3$O$_8$(OH)] |
| 针钠锰石（serandite） | Na(Mn,Ca)$_2$[Si$_3$O$_8$(OH)] |

针钠钙石

【化学性质】

针钠钙石是一种含 Na、Ca 的[Si$_3$O$_9$]链状基型硅酸盐类矿物，其晶体化学式为 Na(Ca,Mn)$_2$[Si$_3$O$_8$(OH)]。主要成分为 Na、Ca、Si、O、H，类质同象替代成分有 K、Mn、Fe、Mg、Li、Sr、Al、H$_2$O。

化学成分中氧化物的质量分数为 Na$_2$O 9.00%、CaO 32.20%、SiO$_2$ 54.51%、Mn$_2$O$_3$ 0.19%、MnO 1.00%、SrO 0.20%、Li$_2$O 0.20%、H$_2$O 2.70%。

【结晶形态】

针钠钙石属于三斜晶系，单面晶类，对称型为 1。晶体呈柱状、针状、纤维状、放射状等（图 4-1-202）。

（a）针钠钙石（加拿大） （b）针钠钙石（美国阿肯色） （c）针钠钙石（美国新泽西）

图 4-1-202 针钠钙石

【物理特征】

针钠钙石的颜色呈无色、白色、灰色、淡粉红色、浅绿色、淡蓝色。条痕为白色。透明、半透明至不透明。半玻璃光泽、丝绢光泽。色散很弱至强。多色性无。

二轴晶(+)。折射率为 Np=1.594~1.610，Nm=1.603~1.614，Ng=1.631~1.642，双折射率为 0.032~0.037。2V=50°~63°（测量），42°~60°（计算）。

{001}、{100}解理完全。性脆。断口呈碎裂、裂片、细长条状。摩氏硬度为 4.5~5，相对密度为 2.84~2.90（测量）、2.87（计算）。

【晶体结构】

针钠钙石属于三斜晶系,空间群为 $P\bar{1}$(图 4-1-203)。晶胞参数:$a=0.799$ nm、$b=0.704$ nm、$c=0.702$ nm,$\alpha=90.05°$、$\beta=95°$、$\gamma=102.47°$,$Z=2$。X 射线粉晶主要衍射数据 $d(Å)(I/I_{max})$ 为 3.082(40)、3.061(20)、2.901(100),见图 4-1-204。

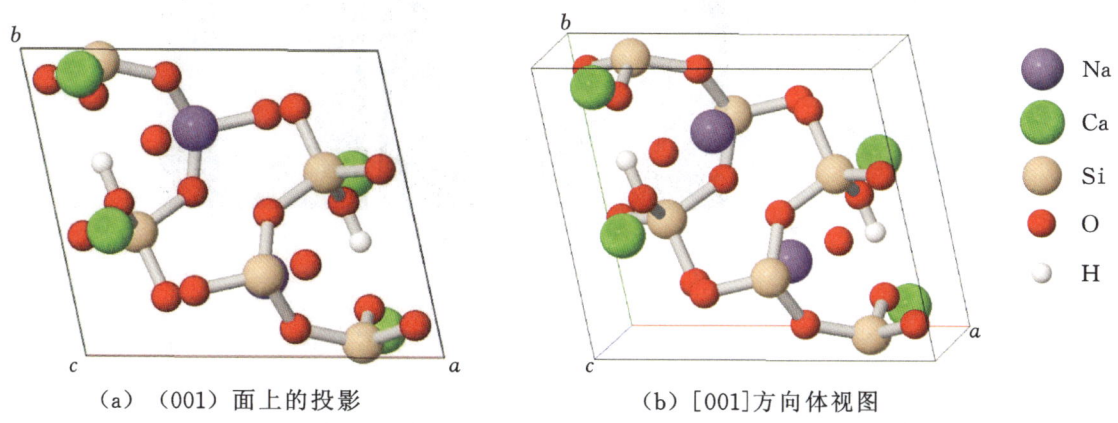

(a) (001)面上的投影　　　　(b) [001]方向体视图

图 4-1-203　针钠钙石的晶体结构

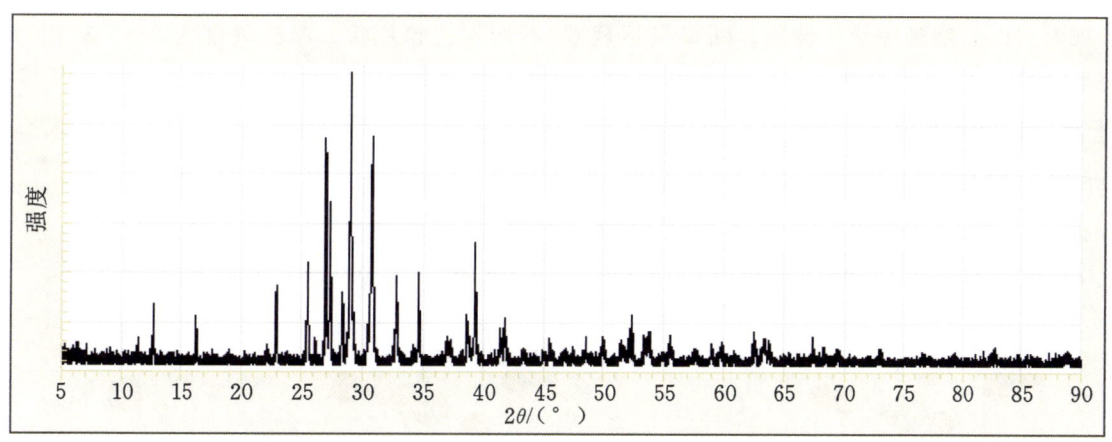

图 4-1-204　针钠钙石的 X 射线粉晶衍射图

存在的多型有针钠钙石,属于三斜晶系,空间群为 $P\bar{1}$,晶胞参数:$a=0.798$ nm、$b=0.702$ nm、$c=0.702$ nm,$\alpha=90.54°$、$\beta=95.14°$、$\gamma=102.55°$。

【产状产地】

针钠钙石是一种热液矿物,产于霞石正长岩、玄武岩和辉绿岩洞穴、蛇纹岩和橄榄岩中。

针钠钙石的主要产地有加拿大、美国(阿肯色、新泽西等)、意大利等。

【主要用途】

针钠钙石在地质学、材料学、物理学、化学、环境科学、晶体学、矿物学、宝石学方面都有重要意义。

针钠锰石

【化学性质】

针钠锰石是一种含 Na、Mn 的 $[Si_3O_9]$ 链状基型硅酸盐类矿物,其晶体化学式为 $Na(Mn,Ca)_2[Si_3O_8(OH)]$。主要成分为 Na、Mn、Si、O、H,类质同象替代成分有 Ca、Al、Fe、Mg、K、H_2O。

化学成分中氧化物的质量分数为 Na_2O 8.74%、CaO 7.91%、MnO 30.00%、SiO_2 50.81%、H_2O 2.54%。

【结晶形态】

针钠锰石属于三斜晶系,单面晶类,对称型为1。晶体呈柱状、粒状(图4-1-205)。常见{110}接触双晶。

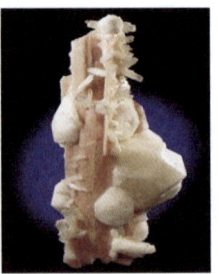

图 4-1-205　针钠锰石(加拿大)

【物理特征】

针钠锰石的颜色呈无色、浅棕色、棕色、浅粉红色、玫瑰红色、橙红色。条痕为白色。透明至半透明。玻璃光泽、半玻璃光泽、丝绢光泽。色散中等。多色性弱。

二轴晶(+)。折射率为 $Np=1.668$、$Nm=1.671$、$Ng=1.703$,双折射率为 0.035。$2V=39°$(测量)、$39°$(计算)。

{100}、{001}解理完全。性脆。断口呈不规则、不均匀的碎片状。摩氏硬度为 5～5.5,相对密度为 3.34(测量)、3.42(计算)。

【晶体结构】

针钠锰石属于三斜晶系,空间群为 $P1$(图 4-1-206)。晶胞参数:$a=0.764$ nm、$b=0.690$ nm、$c=0.675$ nm,$\alpha=90.53°$、$\beta=94.12°$、$\gamma=102.75°$,$Z=2$。X 射线粉晶衍射数据 $d(\text{Å})(I/I_{max})$ 为 7.510(25)、3.158(90)、2.983(100)、2.838(65)、2.602(35)、2.495(45)、2.192(60),见图 4-1-207。

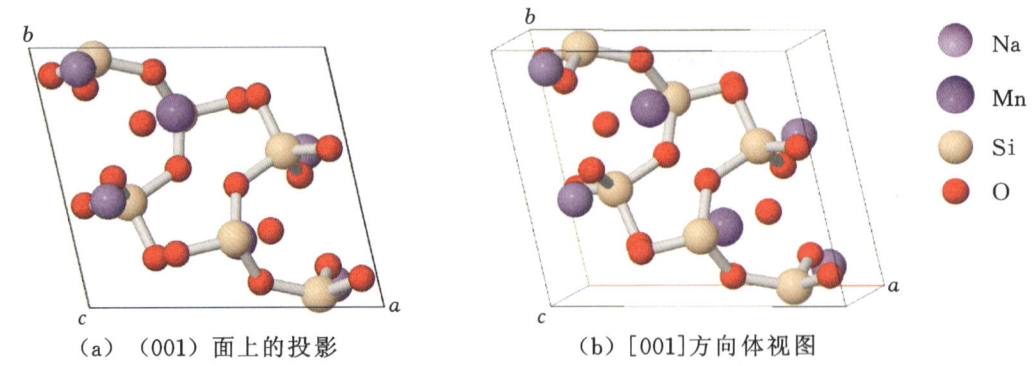

(a) (001)面上的投影　　　　(b) [001]方向体视图

图 4-1-206　针钠锰石的晶体结构

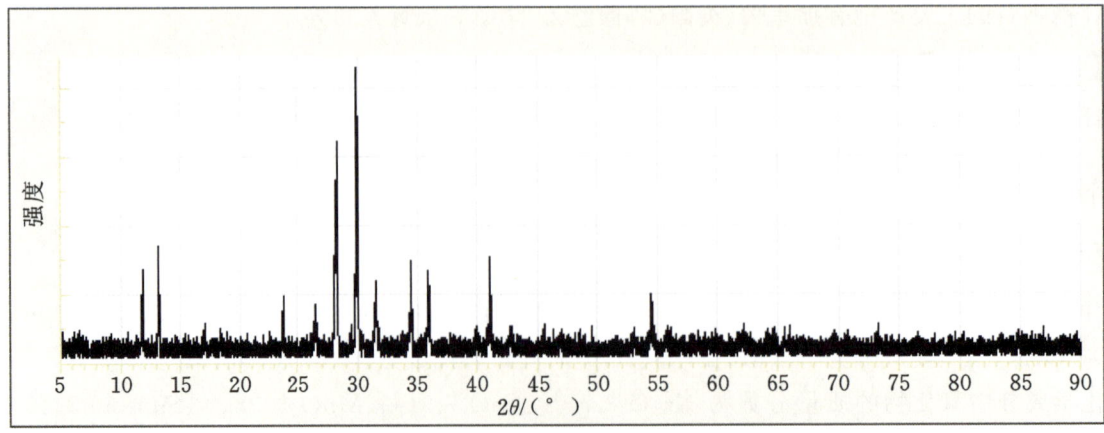

图 4-1-207　针钠锰石的 X 射线粉晶衍射图

【产状产地】

针钠锰石产于碱性岩石和正长伟晶岩中,与方钠石、钠长石、霞石、白铍石、萤石、星叶石、硫锑铅矿、沸石组合共生,主要产地有加拿大。

【主要用途】

针钠锰石在地质学、材料学、物理学、化学、环境科学、晶体学、矿物学、宝石学方面都有重要应用。

三、含水

硅钙锡矿族

硅钙锡矿(stokesite)　　　　　　　　$CaSn[Si_3O_9]·2H_2O$

硅钙锡矿

【化学性质】

硅钙锡矿是一种含 Ca、Sn、H_2O 的$[Si_3O_9]$链状基型硅酸盐类矿物,其晶体化学式为 $CaSn[Si_3O_9]·2H_2O$。主要成分为 Ca、Sn、Si、O、H,类质同象替代成分有 Na、K、Fe、Ti。

化学成分中氧化物的质量分数为 CaO 13.47%、SiO_2 45.61%、SnO 32.84%、H_2O 8.08%。

【结晶形态】

硅钙锡矿属于斜方晶系,斜方双锥晶类,对称型为 *mmm*。晶体呈粒状、柱状、块状等(图 4-1-208)。

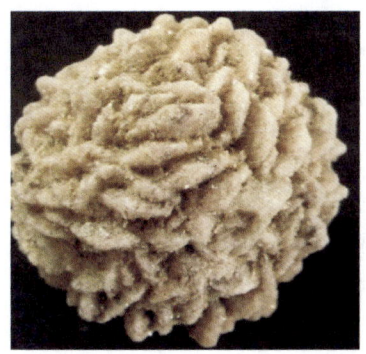

图 4-1-208　硅钙锡矿(巴西)

【物理特征】

硅钙锡矿的颜色呈无色、白色、浅蓝色。条痕为白色。透明、半透明。玻璃光泽、珍珠光泽。色散中等。多色性弱。

二轴晶(+)。折射率为 Np=1.609、Nm=1.613、Ng=1.619,双折射率为 0.010。$2V=69°$(测量)、$66°\sim70°$(计算)。

{101}解理完全,{100}中等。性脆。断口呈不规则、不平整的贝壳状。摩氏硬度为 6,相对密度为 3.20(测量)、3.21(计算)。

【晶体结构】

硅钙锡矿属于斜方晶系,空间群为 *Pnna*。晶胞参数:$a=1.447$ nm、$b=1.163$ nm、$c=0.524$ nm、

$Z=4$。X 射线粉晶衍射数据 $d(\text{Å})(I/I_{max})$ 为 7.25(80)、5.82(60)、4.54(60)、3.99(100)、3.55(60)、2.89(100)、1.56(70),见图 4-1-209。

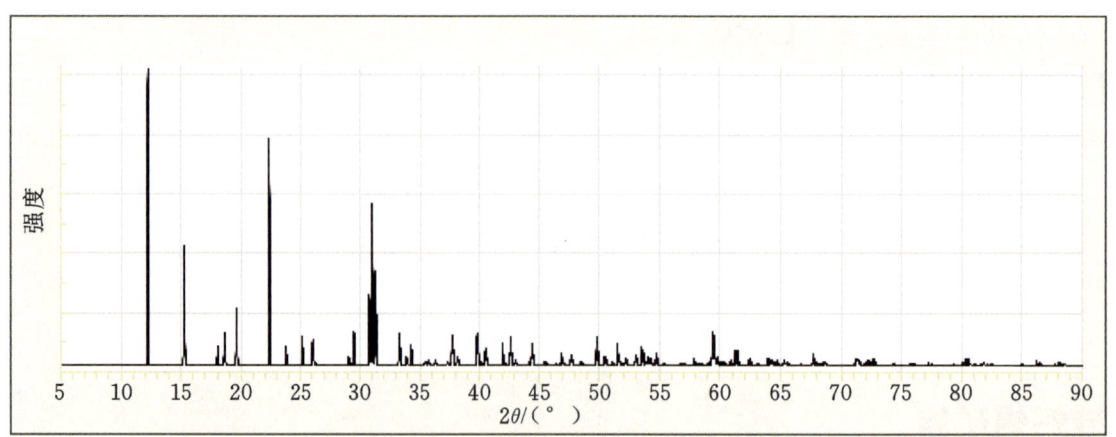

图 4-1-209　硅钙锡矿的 X 射线粉晶衍射图

【产状产地】

硅钙锡矿发现于石英钠长石伟晶岩的微细岩洞中,与斧石类矿物共生,主要产地有捷克、英国、巴西等。

【主要用途】

硅钙锡矿在地质学、材料学、物理学、化学、环境科学、晶体学、矿物学、宝石学方面都有重要应用。

红硅钙锰矿族

红硅钙锰矿(inesite)　　　　　　$Ca_2Mn_7[Si_{10}O_{28}(OH)_2] \cdot 5H_2O$

红硅钙锰矿

【化学性质】

红硅钙锰矿是一种含 Ca、Mn、(OH)、H_2O 的 $[Si_{10}O_{30}]$ 链状基型硅酸盐类矿物,其晶体化学式为 $Ca_2Mn_7[Si_{10}O_{28}(OH)_2] \cdot 5H_2O$。主要成分为 Ca、Mn、Si、O、H,类质同象替代成分有 Fe、Mg、K、Al 等。

化学成分中氧化物的质量分数为 CaO 8.51%、MnO 37.69%、SiO_2 45.60%、H_2O 8.20%。

【结晶形态】

红硅钙锰矿属于三斜晶系,单面晶类,对称型为 1。晶体呈纤维状、长板状、块状、球状、放射状、粒状等(图 4-1-210)。

【物理特征】

红硅钙锰矿的颜色呈玫瑰红色、粉红色、棕色、橙红色等。条痕为白色。透明。玻璃光泽、丝绢光泽。色散较弱。多色性弱。

二轴晶(—)。折射率为 Np=1.609、Nm=1.636、Ng=1.644,双折射率为 0.035。$2V=60°$(测量)、56°(计算)。

{010}解理完全、{100}解理中等。性脆。断口呈不平整、不均匀的贝壳状。摩氏硬度为 5.5～6,相对密度为 3.03～3.04(测量)、3.03(计算)。

  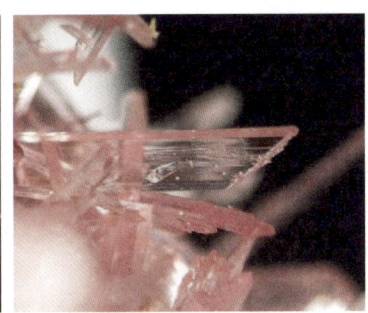

（a）红硅钙锰矿（美国加利福尼亚）　　　　　　　（b）红硅钙锰矿（中国湖北）

图 4-1-210　红硅钙锰矿

【晶体结构】

红硅钙锰矿属于三斜晶系，空间群为 $P1$（图 4-1-211）。晶胞参数：$a=0.886$ nm、$b=0.924$ nm、$c=1.195$ nm，$\alpha=91.80°$、$\beta=132.58°$、$\gamma=94.37°$，$Z=1$。X 射线粉晶主要衍射数据 $d(\text{Å})(I/I_{max})$ 为 9.16(100)、2.92(80)、2.84(80)，见图 4-1-212。

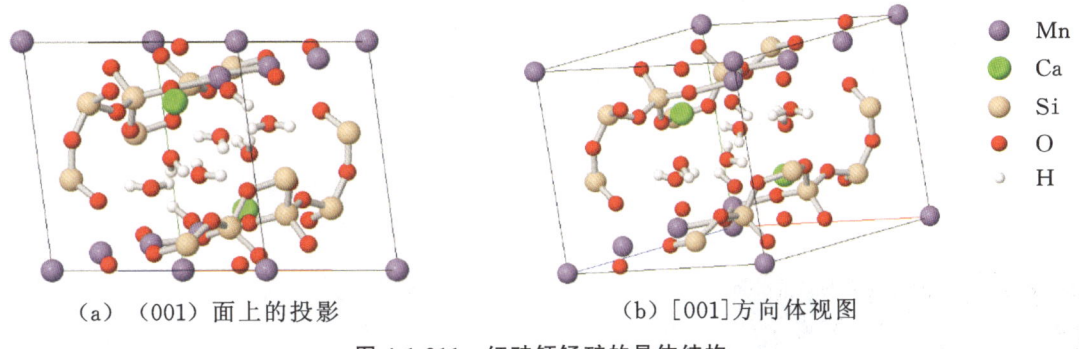

（a）（001）面上的投影　　　　　　　（b）[001]方向体视图

图 4-1-211　红硅钙锰矿的晶体结构

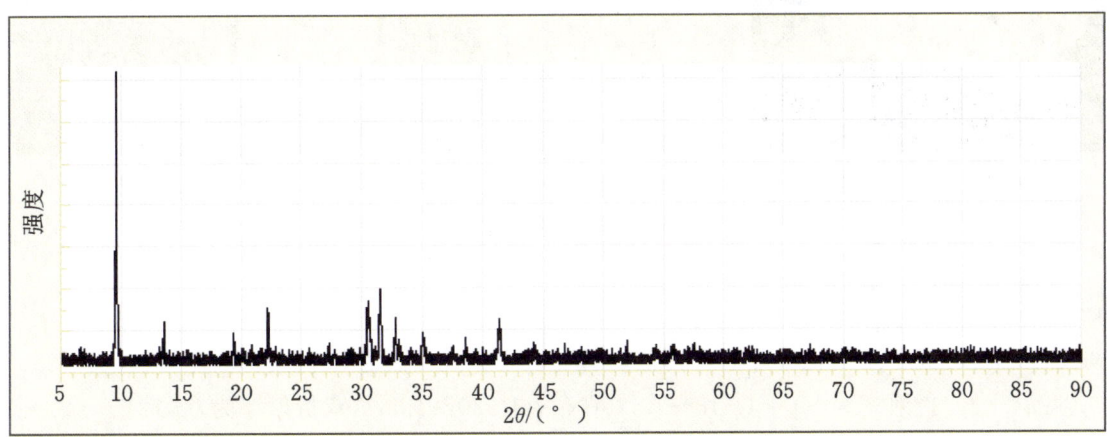

图 4-1-212　红硅钙锰矿的 X 射线粉晶衍射图

【产状产地】

红硅钙锰矿产于含 Mn 较高经水热蚀变的岩石中，主要产地有美国（加利福尼亚）、中国（湖北）、德国等。

【主要用途】

红硅钙锰矿在地质学、物理学、化学、晶体学、矿物学、宝石学方面都有重要意义。

水硬硅钙石族

水硬硅钙石(hydroxonotlite) $Ca_5[Si_6O_{17}] \cdot 5H_2O$

易变硅钙石(tacharanite) $Ca_{12}Al_2[Si_6O_{17}] \cdot 18H_2O$

碳硅钙石(scawtite) $Ca_8[Si_3O_9]_2[CO_3]_2 \cdot 2H_2O$

羟硅钠钙石(jennite) $Na_2Ca_8[Si_3O_9][Si_2O_7](OH)_6 \cdot 8H_2O$

水硬硅钙石

参见硬硅钙石(P457)。

易变硅钙石

【化学性质】

易变硅钙石是一种含 Ca、Al、H₂O 的 $[Si_6O_{17}]$ 链状基型硅酸盐类矿物,其晶体化学式为 $Ca_{12}Al_2[Si_6O_{17}] \cdot 18H_2O$。主要成分为 Ca、Al、Si、H、O,类质同象替代成分有 Fe、Mg、Na、K。

化学成分中氧化物的质量分数为 CaO 30.86%、Al_2O_3 4.68%、SiO_2 49.60%、H_2O 14.86%。

【结晶形态】

易变硅钙石属于单斜晶系,未确定晶类、对称型。晶体呈隐晶质,晶体细小。集合体呈小球状(图 4-1-213)。

(a) 易变硅钙石(法国)   (b) 易变硅钙石(美国俄勒冈)   (c) 易变硅钙石(德国)

图 4-1-213 易变硅钙石

【物理特征】

易变硅钙石的颜色呈白色。条痕为白色。透明。土状光泽。色散较强。多色性弱。

二轴晶(+)。折射率为 $Np=1.518\sim1.525$、$Ng=1.530\sim1.537$,双折射率为 0.012。

解理。性脆。断口呈贝壳状。摩氏硬度为 5,相对密度为 2.21~2.36(测量)、2.28(计算)。

【晶体结构】

易变硅钙石属于单斜晶系,空间群未确定。晶胞参数:$a=1.707$ nm、$b=0.365$ nm、$c=2.790$ nm、$\beta=114.10°$,$Z=1$。X 射线粉晶主要衍射数据 d(Å)(I/I_{max}) 为 12.70(100)、3.05(80)、2.89(70)。

【产状产地】

易变硅钙石产于基性岩浆岩与白云岩的囊泡或裂缝中,主要产地有法国、德国、美国(俄勒冈)。

【主要用途】

易变硅钙石在地质学、物理学、化学、环境科学、晶体学、矿物学方面都有意义。

碳硅钙石

【化学性质】

碳硅钙石是一种含 Ca、[CO$_3$]、H$_2$O 的[Si$_3$O$_9$]链状基型硅酸盐类矿物,其晶体化学式为 Ca$_8$[Si$_3$O$_9$]$_2$[CO$_3$]$_2$·2H$_2$O。主要成分为 Ca、Si、O、C、H,类质同象替代成分有 Ti、Al、Fe、Mn、Mg 等。化学成分中氧化物的质量分数为 CaO 47.12%、SiO$_2$ 43.27%、H$_2$O 4.33%、CO$_2$ 5.28%。

【结晶形态】

碳硅钙石属于单斜晶系,斜方柱晶类,对称型为 $2/m$。晶体呈平板状、板状等(图 4-1-214)。

(a)碳硅钙石(美国亚利桑那)

(b)碳硅钙石(德国)

(c)碳硅钙石(美国加利福尼亚)

图 4-1-214 碳硅钙石

【物理特征】

碳硅钙石的颜色呈无色、白色。条痕为白色。透明。玻璃光泽。色散弱。多色性弱。

二轴晶(+)。折射率为 Np=1.597~1.603、Nm=1.606~1.609、Ng=1.618~1.621,双折射率为 0.018~0.021。2V=74°~78°(测量),72°~84°(计算)。

{010}解理中等、{100}较差。性脆。断口呈不规则、不平整状。摩氏硬度为 4~5,相对密度为 2.71(测量)、2.74(计算)。

【晶体结构】

碳硅钙石属于单斜晶系,空间群为 $C2/m$。晶胞参数:a=1.012 nm、b=1.518 nm、c=0.662 nm,β=100.55°,Z=2。X 射线粉晶主要衍射数据 d(Å)(I/I_{max})为 3.204(55)、3.020(100)、2.991(80),见图 4-1-215。

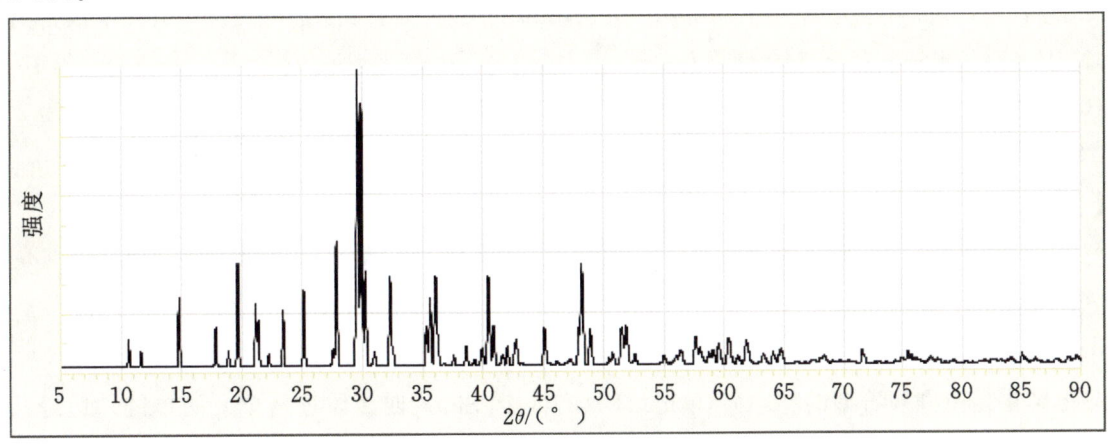

图 4-1-215 碳硅钙石的 X 射线粉晶衍射图

【产状产地】

碳硅钙石产于辉绿岩侵入石灰岩、白云岩接触带形成的混杂岩中,主要产地有英国、德国、美国(亚利桑那)等。

【主要用途】

碳硅钙石在地质学、物理学、化学、晶体学、矿物学方面都有重要意义。

羟硅钠钙石

【化学性质】

羟硅钠钙石是一种含 Na、Ca、(OH)、H_2O 的 $[Si_3O_9]$ 岛状基型硅酸盐类矿物,其晶体化学式为 $Na_2Ca_8[Si_3O_9]_2(OH)_6 \cdot 8H_2O$。主要成分为 Na、Ca、Si、O、H,类质同象替代成分有 Ti、Al、Fe、Mn、Mg、K、P 等。

化学成分中氧化物的质量分数为 CaO 47.46%、SiO_2 33.90%、H_2O 18.64%。

【结晶形态】

羟硅钠钙石属于三斜晶系,单面晶类,对称型为 1。晶体呈薄片状、平板状,集合体呈片状(图 4-1-216)。

(a) 羟硅钠钙石(美国加利福尼亚)　　(b) 羟硅钠钙石(意大利)　　(c) 羟硅钠钙石(德国)

图 4-1-216　羟硅钠钙石

【物理特征】

羟硅钠钙石的颜色呈无色、白色。条痕为白色。透明、半透明。玻璃光泽。色散较强。多色性弱。

二轴晶(一)。折射率为 Np=1.548~1.552、Nm=1.562~1.564、Ng=1.570~1.571,双折射率为 0.022。2V=74°(测量)、72°~74°(计算)。

{001}解理完全。性脆。断口为不规则、不平整的破碎片状。摩氏硬度为 3.5,相对密度为 2.32~2.33(测量)、2.34(计算)。

【晶体结构】

羟硅钠钙石属于三斜晶系,空间群为 $P1$(图 4-1-217)。晶胞参数:a=1.056 nm、b=0.725 nm、c=1.081 nm,α=99.70°、β=97.67°、γ=110.07°,Z=1。X 射线粉晶主要衍射数据 d(Å)(I/I_{max})为 10.50(100)、3.04(60)、2.92(80)。

晶体结构是由硅灰石型的 $[Si_3O_9]$ 单链(即具有 3 个 $[SiO_4]$ 四面体重复单元的单链)、边缘共享带 $[CaO_6]$ 八面体和在反转中心上附加的 $[CaO_6]$ 八面体组成。

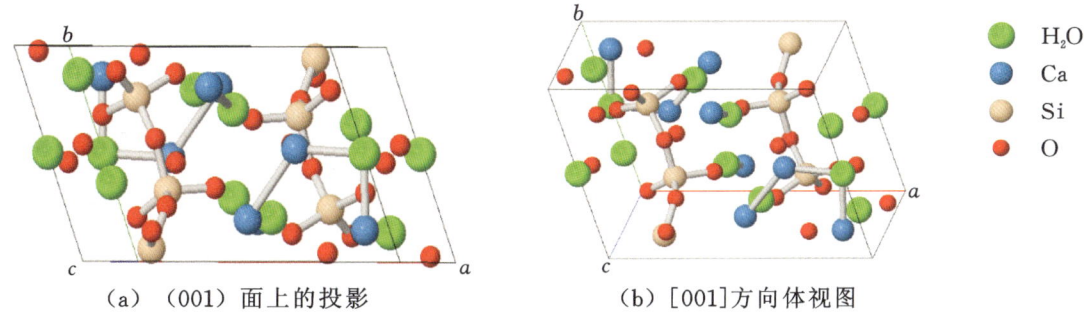

(a) （001）面上的投影　　　　(b) [001]方向体视图

图 4-1-217　羟硅钠钙石的晶体结构

【产状产地】

羟硅钠钙石产于岩浆岩与石灰岩接触变质的晚期，主要产地有美国（加利福尼亚）、意大利、德国等。

【主要用途】

羟硅钠钙石在地质学、材料学、物理学、化学、环境科学、晶体学、矿物学、宝石学方面都有重要应用。

硅铁钠石族

硅铁钠石（tuhualite）　　　　$NaFe^{2+}Fe^{3+}[Si_6O_{15}] \cdot H_2O$

硅铁钠石

【化学性质】

硅铁钠石是一种含 Na、Fe、H_2O 的 $[Si_6O_{15}]$ 链状基型硅酸盐类矿物，其晶体化学式为 $NaFe^{2+}Fe^{3+}[Si_6O_{15}] \cdot H_2O$。主要成分为 Na、Fe、Si、O、H，类质同象替代成分有 Mn、Mg、K、Ca、Zr、Ti、Al、F、Cl。

化学成分中氧化物的质量分数为 K_2O 1.72%、Na_2O 4.54%、FeO 13.15%、Fe_2O_3 14.61%、SiO_2 65.98%。

【结晶形态】

硅铁钠石属于斜方晶系，斜方双锥晶类，对称型为 mmm。晶体呈短柱状、柱状、粒状（图 4-1-218）。

图 4-1-218　硅铁钠石（新西兰）

【物理特征】

硅铁钠石的颜色呈蓝紫色、深蓝色、黑色。条痕为灰红色。透明。玻璃光泽、半玻璃光泽。多色性较明显：无色、淡紫色，紫色，深紫蓝色。

二轴晶(+)。折射率为 Np=1.608、Nm=1.612、Ng=1.621，双折射率为 0.013。2V=61°～70°（测量）、68°（计算）。

{100}、{010}、{001}解理较好。脆性大。断口呈玻璃碎块状。摩氏硬度为 3～4，相对密度为 2.89（测量）、2.90（计算）。

【晶体结构】

硅铁钠石属于斜方晶系，空间群为 $Cmca$（图 4-1-219）。晶胞参数：$a=1.431$ nm、$b=1.728$ nm、$c=1.011$ nm，$Z=1$。X 射线粉晶主要衍射数据 $d(\text{Å})(I/I_{max})$ 为 8.62(70)、7.16(100)、5.52(70)、4.85(70)、4.35(70)、3.18(80)、2.77(90)。

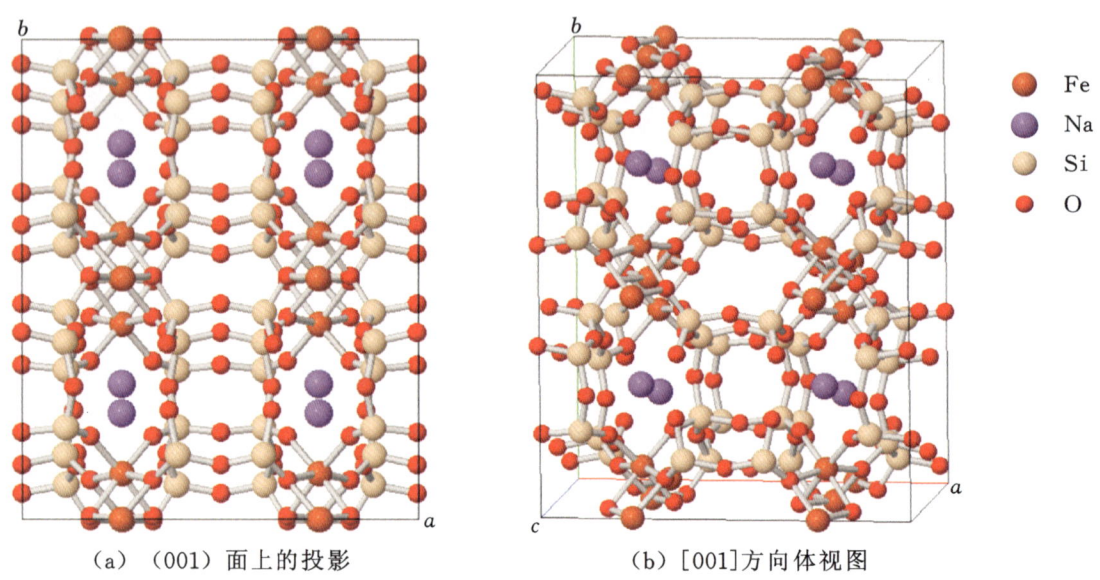

(a) (001)面上的投影　　(b) [001]方向体视图

图 4-1-219　硅铁钠石的晶体结构

【产状产地】

硅铁钠石产于火山岩中，与长石、黑云母、霓石等矿物组合共生，主要产地有新西兰、意大利等。

【主要用途】

硅铁钠石在地质学、物理学、化学、材料学、晶体学、矿物学方面都有一定意义。

硅铁钠钾石族

硅铁钠钾石(fenaksite)	$(K,Na)_4Fe_2[Si_2O_5]_4(OH,F)$
硅铜钠钾石(litidionite)	$(K,Na)Cu[Si_2O_5]_2(OH,F)$
硅钙钠钾石(canasite)	$(Na,K)_6Ca_5[Si_2O_5]_3(OH,F)_4$
氟硅钙钠石(agrellite)	$(Na,Ca)_3[Si_2O_5]F$

硅铁钠钾石

【化学性质】

硅铁钠钾石是一种含 K、Na、Fe、(OH)的[Si_2O_5]链状基型硅酸盐类矿物，其晶体化学式为 $(K,Na)_4Fe_2[Si_2O_5]_4(OH,F)$。主要成分为 K、Na、Fe、Si、O、H，类质同象替代成分有 Ca、Mn、Ti、Al、Mg、F。

化学成分中氧化物及元素的质量分数为 K_2O 10.51%、Na_2O 5.76%、CaO 4.87%、MnO 2.35%、FeO 11.58%、Fe_2O_3 3.96%、SiO_2 59.61%、H_2O 0.89%、F 0.47%。

硅铁钠钾石与硅铜钠钾石形成类质同象系列矿物。

【结晶形态】

硅铁钠钾石属于三斜晶系，单面晶类，对称型为1。晶体呈粒状、块状（图4-1-220）。

图 4-1-220　硅铁钠钾石（俄罗斯）

【物理特征】

硅铁钠钾石的颜色呈棕色、浅粉色。条痕为白色。透明、半透明。玻璃光泽、珍珠光泽。色散弱。多色性弱。

二轴晶（+）。折射率为 Np=1.541、Nm=1.560、Ng=1.567，双折射率为0.026。2V=84°（测量）、60°（计算）。

{100}、{010}解理完全。性脆。断口呈不平整、不规则的贝壳状。摩氏硬度为 5～5.5，相对密度为 2.75（测量）、2.88（计算）。

【晶体结构】

硅铁钠钾石属于三斜晶系，空间群为 $P1$（图4-1-221）。晶胞参数：a=0.698 nm、b=0.824 nm、c=0.998 nm，α=114.20°、β=80.22°、γ=115.60°，Z=1。X射线粉晶衍射数据 d(Å)(I/I_{max}) 为 3.55(70)、3.03(100)、2.46(70)，见图4-1-222。

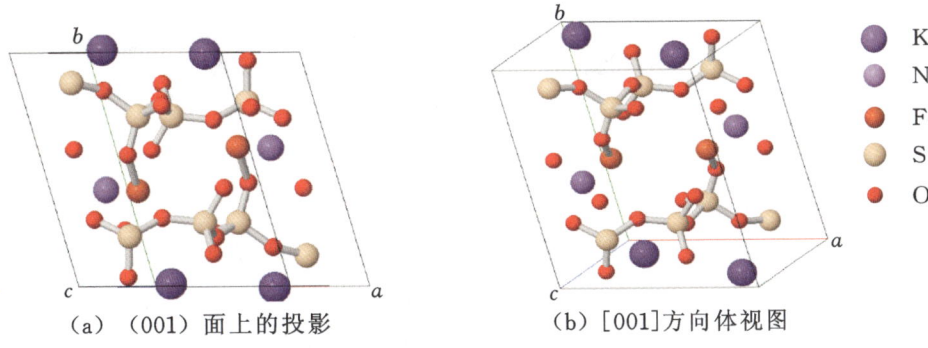

(a) (001) 面上的投影　　(b) [001]方向体视图

图 4-1-221　硅铁钠钾石的晶体结构

【产状产地】

硅铁钠钾石产于碱性岩浆岩的侵入体及相关伟晶岩中，主要产地有俄罗斯等。

【主要用途】

硅铁钠钾石在地质学、物理学、化学、晶体学、矿物学方面都有一定意义。

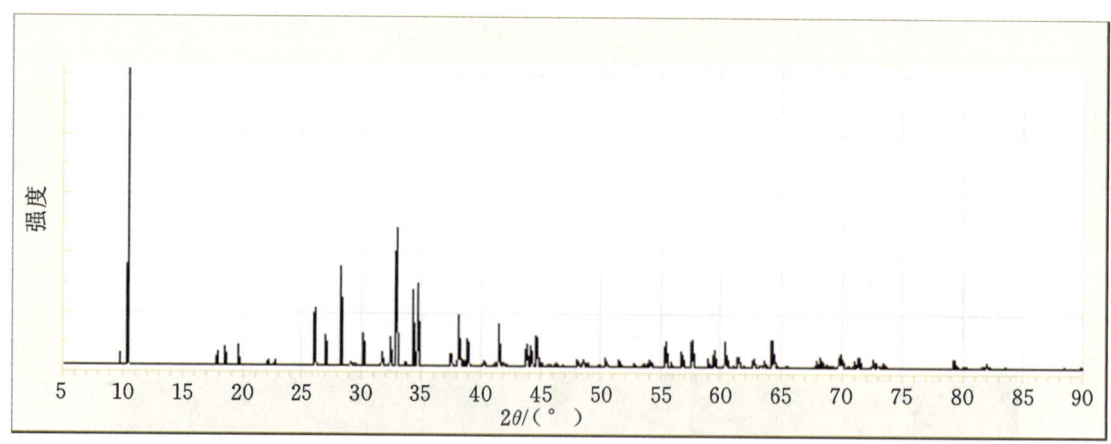

图 4-1-222　硅铁钠钾石的 X 射线粉晶衍射图

硅铜钠钾石

【化学性质】

硅铜钠钾石是一种含 K、Na、Cu 的[Si_2O_5]链状基型硅酸盐类矿物,其晶体化学式为(K,Na)Cu[Si_2O_5](OH,F)。主要成分为 K、Na、Cu、Si、O,类质同象替代成分有 Fe、Pb、Ca、F、OH。

化学成分中氧化物的质量分数为 K_2O 11.83%、Na_2O 7.79%、Cu_2O 19.99%、SiO_2 60.39%。

硅铁钠钾石是一种与硅铜钠钾石结构相同,成分上富含 Fe 的矿物。

【结晶形态】

硅铜钠钾石属于三斜晶系,单面晶类,对称型为 1。晶体呈粒状、球状等(图 4-1-223)。

图 4-1-223　硅铜钠钾石(意大利)

【物理特征】

硅铜钠钾石的颜色呈白色、浅蓝色。条痕为浅蓝白色。透明。玻璃光泽。色散弱。多色性明显。二轴晶(−)。折射率为 Np=1.548、Nm=1.574。2V=56°(测量)。

解理不完全。性脆。断口呈不均匀、不平整的贝壳状。摩氏硬度为 5~6,相对密度为 2.75(测量)、2.79(计算)。

【晶体结构】

硅铜钠钾石属于三斜晶系,空间群为 $P1$(图 4-1-224)。晶胞参数:a=0.980 nm、b=0.801 nm、c=0.697 nm,$α$=114.12°,$β$=99.52°,$γ$=105.59°,Z=2。X 射线粉晶主要衍射数据 d(Å)(I/I_{max})为 3.37(100)、3.22(75)、2.41(85),见图 4-1-225。

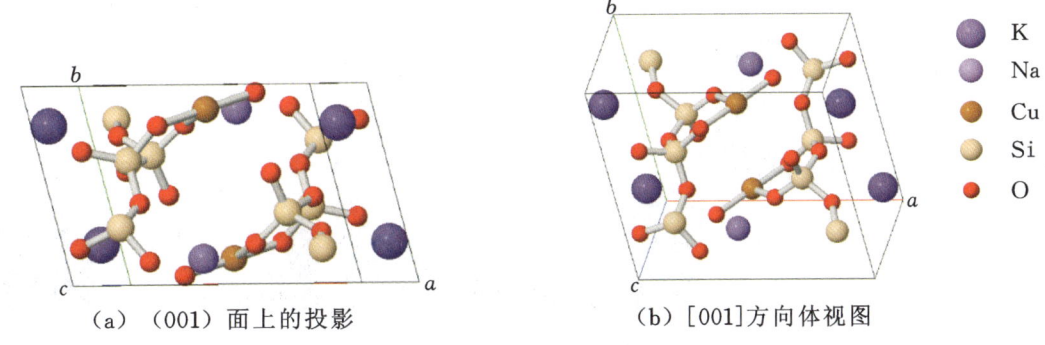

(a)（001）面上的投影　　　　(b)[001]方向体视图

图 4-1-224　硅铜钠钾石的晶体结构

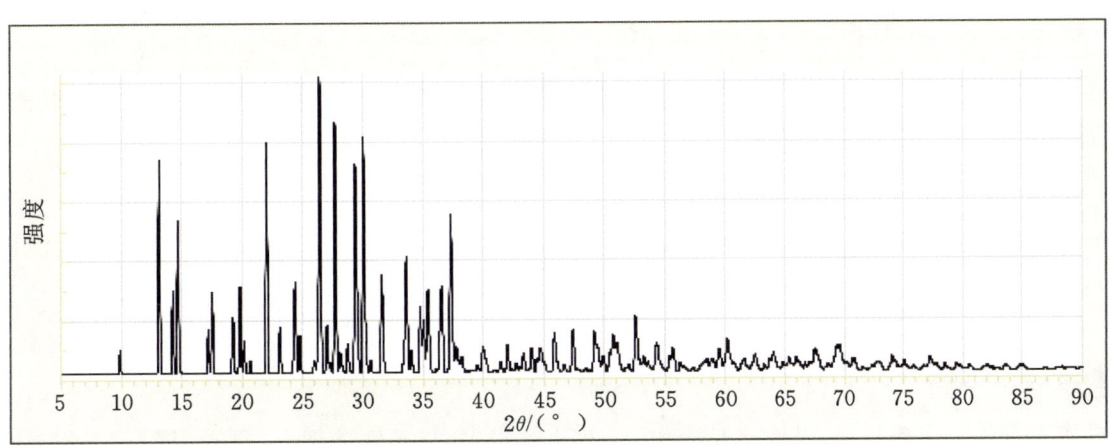

图 4-1-225　硅铜钠钾石的 X 射线粉晶衍射图

【产状产地】

硅铜钠钾石产于一些富 Cu 矿床的次生带中，主要产地有意大利等。

【主要用途】

硅铜钠钾石在地质学、物理学、化学、晶体学、矿物学方面都有重要意义。

硅钙钠钾石

【化学性质】

硅钙钠钾石是一种含 Na、K、Ca、(OH)的[Si_2O_5]链状基型硅酸盐类矿物，其晶体化学式为(Na,K)$_6$Ca$_5$[Si_2O_5]$_3$(OH,F)$_4$。主要成分为 Na、K、Ca、Si、O、H、F，类质同象替代成分有 Ti、Al、Fe、Mn、Mg、P、C、Cl。

化学成分中氧化物及元素的质量分数为 K_2O 7.49%、Na_2O 9.86%、CaO 21.66%、SiO_2 57.33%、H_2O 2.15%、F 1.51%。

【结晶形态】

硅钙钠钾石属于单斜晶系，反映双面晶类，对称型为 m。晶体呈粒状、柱状、块状（图 4-1-226）。有复合双晶。

【物理特征】

硅钙钠钾石的颜色呈棕黄色、绿黄色、浅绿色。条痕为白色。透明至半透明。玻璃光泽。色散中等。多色性强：琥珀黄色，紫色，淡紫色。

图 4-1-226 硅钙钠钾石(俄罗斯)

二轴晶(＋)。折射率为 Np＝1.534、Nm＝1.538、Ng＝1.543，双折射率为 0.011。$2V=58°$(测量)、63°(计算)。

一组解理极完全，另一组完全。性脆。断口呈裂片状。摩氏硬度为 5，相对密度为 2.58(测量)、2.65(计算)。

【晶体结构】

硅钙钠钾石属于单斜晶系，空间群为 Cm。晶胞参数：$a=1.884$ nm、$b=0.724$ nm、$c=1.264$ nm，$\beta=111.76°$，$Z=2$。X 射线粉晶衍射数据 $d(Å)(I/I_{max})$ 为 4.81(60)、4.69(70)、4.20(50)、3.08(100)、2.91(80)、2.36(60)、1.64(80)。

【产状产地】

硅钙钠钾石产于碱性岩、碱性伟晶岩中，以及流纹岩中，与硅铁钠钾石、榍石、辉石、正长石、蓝闪石、微斜长石、霞石、霓石、绿泥石、辉钼矿、闪锌矿(Ce)组合共生，主要产地有俄罗斯等。

【主要用途】

硅钙钠钾石在地质学、物理学、化学、晶体学、矿物学方面都有重要意义。

氟硅钙钠石

【化学性质】

氟硅钙钠石是一种含 Na、Ca、F 的 $[Si_2O_5]$ 链状基型硅酸盐类矿物，其晶体化学式为 $(Na,Ca)_3[Si_2O_5]F$。主要成分为 Na、Ca、Si、O、F，类质同象替代成分有 K、Mg、Fe 等。

化学成分中氧化物及元素的质量分数为 Na_2O 7.86％、CaO 26.39％、SiO_2 60.93％、F 4.82％。

【结晶形态】

氟硅钙钠石属于三斜晶系，单面晶类，对称型为 1。晶体呈片状、板状、板条状等(图 4-1-227)。

(a) 淡褐色氟硅钙钠石与红色异性石（加拿大）　　(b) 氟硅钙钠石及粉红色荧光

图 4-1-227 氟硅钙钠石

【物理特征】

氟硅钙钠石的颜色呈白色、灰白色、绿白色等。条痕为白色。透明、半透明。玻璃光泽、丝绢光泽。粉红色荧光。色散较强。多色性无。

二轴晶（一）。折射率为 Np=1.567、Nm=1.579、Ng=1.581，双折射率为 0.014。

{110}解理完全，{010}解理较差。性脆。断口呈不平整、不均匀状。摩氏硬度为 5.5，相对密度为 2.88～2.9（测量）、2.86（计算）。

【晶体结构】

氟硅钙钠石属于三斜晶系，空间群为 $P1$（图 4-1-228）。晶胞参数：$a=0.776$ nm、$b=1.895$ nm、$c=0.699$ nm，$\alpha=89.88°$，$\beta=116.65°$，$\gamma=94.32°$，$Z=4$。X 射线粉晶主要衍射数据 d(Å)(I/I_{max}) 为 9.440(80)、3.842(100)、3.203(84)，见图 4-1-229。

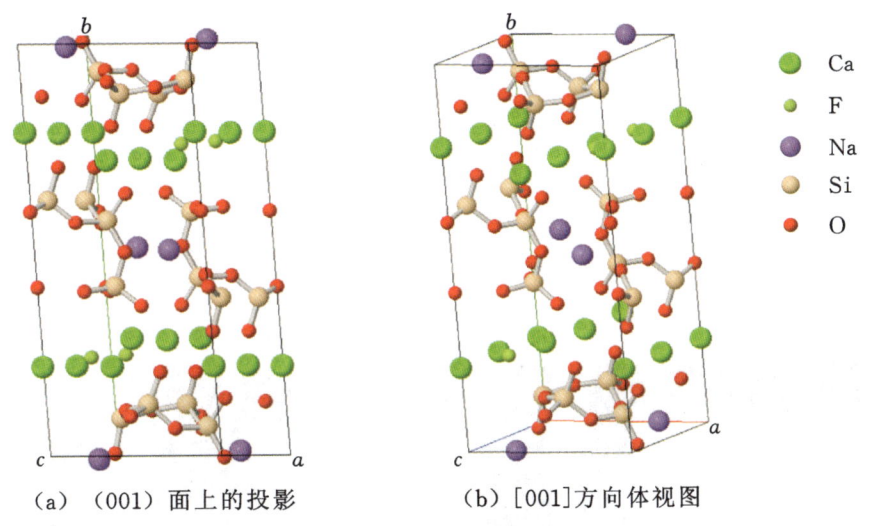

(a) (001) 面上的投影　　(b) [001] 方向体视图

图 4-1-228　氟硅钙钠石的晶体结构

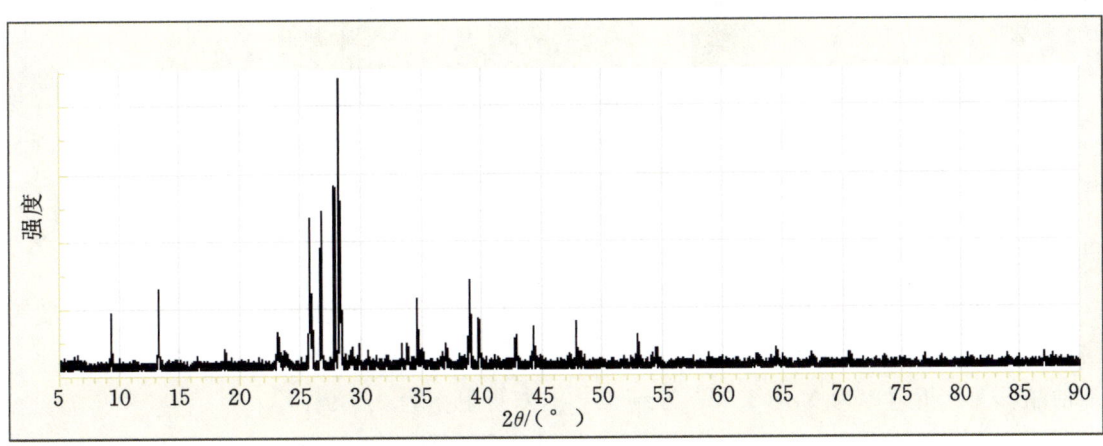

图 4-1-229　氟硅钙钠石的 X 射线粉晶衍射图

【产状产地】

氟硅钙钠石产于区域变质的碱性岩浆岩杂岩中，与锆石、金云母、闪锌矿(Ce)、片榍石、石榴子石、方铅矿、萤石、单斜辉石、方解石、黑云母等组合共生，主要产地有加拿大。

【主要用途】

氟硅钙钠石在地质学、物理学、化学、材料学、晶体学、矿物学方面都有重要意义。

硅灰石膏族

硅灰石膏(thaumasite) $Ca_3[Si(OH)_6][SO_4][CO_3]·12H_2O$
氟硅钙石(bultfonteinite) $Ca_2[SiO_3(OH)]F·H_2O$
羟硅钙矿/羟硅钙锰矿(poldervaartite) $(Ca,Mn^{2+})_2[SiO_3(OH)](OH)$

硅灰石膏

【化学性质】

硅灰石膏是一种含 Ca、$[SO_4]$、$[CO_3]$、H_2O 的 $[Si(OH)_6]$ 链状基型硅酸盐类矿物,其晶体化学式为 $Ca_3[Si(OH)_6][SO_4][CO_3]·12H_2O$。主要成分为 Ca、Si、S、C、O、H,类质同象替代成分有 Al、Fe、Mg。

硅灰石膏与钙矾石之间存在不连续的类质同象系列。

化学成分中氧化物的质量分数为 CaO 27.02%、SiO_2 9.65%、H_2O 43.40%、CO_2 7.07%、SO_3 12.86%。

【结晶形态】

硅灰石膏属于六方晶系,六方双锥晶类,对称型为 $6/m$。晶体呈六方状、块状、针状、纤维状,集合体呈放射状、块状(图 4-1-230)。

(a) 硅灰石膏(德国)   (b) 硅灰石膏(南非)

图 4-1-230 硅灰石膏

【物理特征】

硅灰石膏的颜色呈无色、白色。条痕为白色。透明、半透明。玻璃光泽、丝状光泽。色散弱。多色性弱。

一轴晶(-)。折射率为 No=1.507、Ne=1.468,双折射率为 0.039。

解理不完全。性脆。断口呈不均匀、不平整的贝壳状。摩氏硬度为 3.5,相对密度为 1.88~1.90(测量)、1.89(计算)。

【晶体结构】

硅灰石膏属于六方晶系,空间群为 $P6_3/m$(图 4-1-231)。晶胞参数:$a=1.103$ nm、$c=1.040$ nm,$Z=2$。X 射线粉晶主要衍射数据 $d(Å)(I/I_{max})$ 为 9.56(100)、5.51(40)、3.41(20),见图 4-1-232。

【产状产地】

硅灰石膏主要产地有南非、德国、瑞典、美国等,与硅灰石膏共生伴生的矿物有灰硅钙石、钙矾石、葡萄石等。

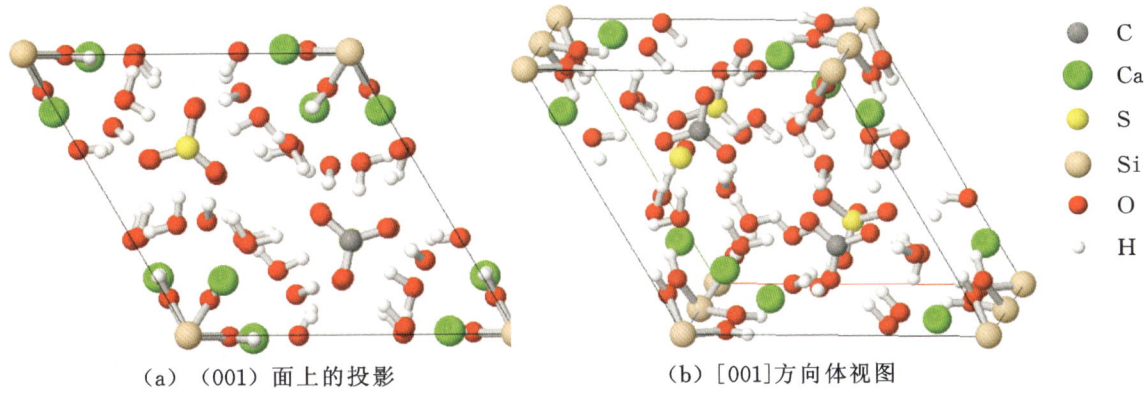

(a)（001）面上的投影　　　　　(b)[001]方向体视图

图 4-1-231　硅灰石膏的晶体结构

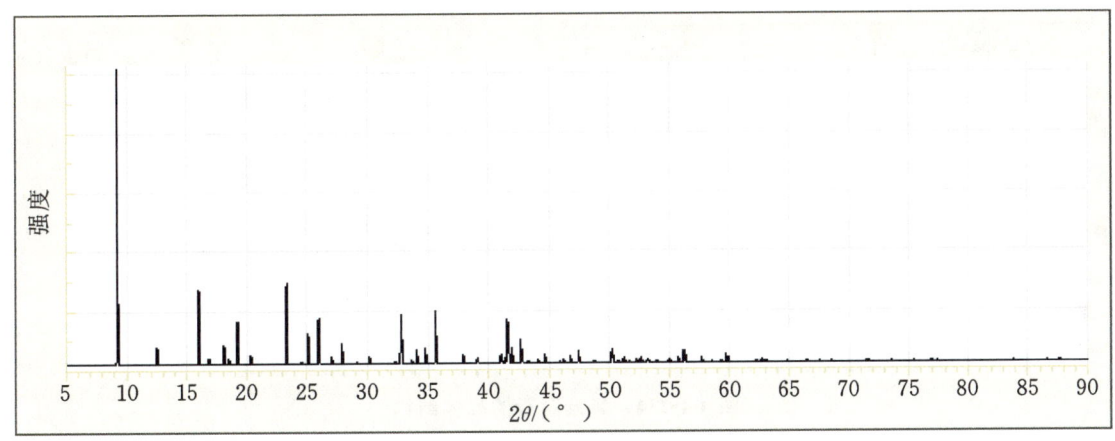

图 4-1-232　硅灰石膏的 X 射线粉晶衍射图

【主要用途】

硅灰石膏在地质学、材料学、物理学、化学、环境科学、晶体学、矿物学、宝石学方面都有重要应用。

氟硅钙石

【化学性质】

氟硅钙石是一种含 Ca、H_2O、F 的[SiO_3]链状基型硅酸盐类矿物，其晶体化学式为 Ca_2[SiO_3(OH)]F·H_2O。主要成分为 Ca、Si、F、H、O，类质同象替代成分有 B、Al、Na、P 等。

化学成分中氧化物及元素的质量分数为 CaO 51.53%、SiO_2 26.58%、H_2O 12.85%、F 9.04%。

【结晶形态】

氟硅钙石属于三斜晶系，单面晶类，对称型为 1。晶体呈纤维状、针状、粒状，集合体呈球状、放射状等（图 4-1-233）。

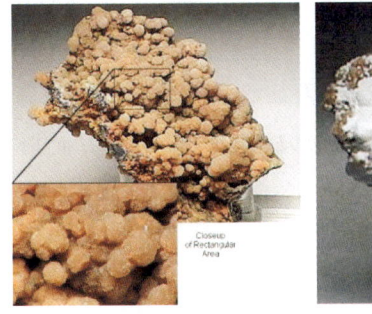

图 4-1-233　氟硅钙石（白色，南非）

【物理特征】

氟硅钙石的颜色呈无色、粉红色。条痕为白色。透明。玻璃光泽。色散弱。多色性弱。二轴晶(+)。折射率为 Np=1.587、Nm=1.590、Ng=1.597，双折射率为 0.010。

{010}、{100}解理完全。性脆。断口呈不规则、不平整状。摩氏硬度为 4.5，相对密度为 2.73(测量)、2.65(计算)。

【晶体结构】

氟硅钙石属于三斜晶系，空间群为 $P\bar{1}$(图 4-1-234)。晶胞参数：$a=1.092$ nm、$b=0.814$ nm、$c=0.564$ nm，$\alpha=94.20°$、$\beta=91.20°$、$\gamma=90.04°$，$Z=4$。X 射线粉晶主要衍射数据 $d(\text{Å})(I/I_{max})$ 为 8.12(60)、2.92(60)、1.93(100)，见图 4-1-235。

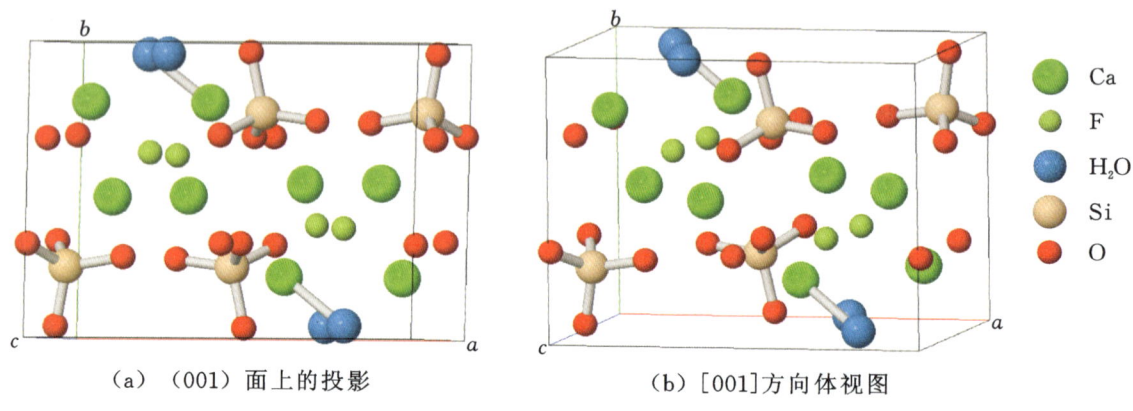

(a) (001)面上的投影　　(b) [001]方向体视图

图 4-1-234　氟硅钙石的晶体结构

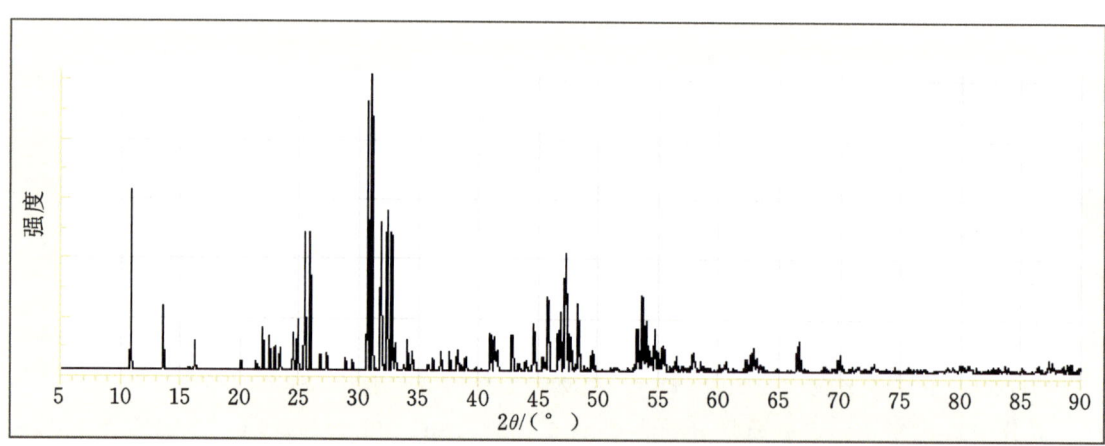

图 4-1-235　氟硅钙石的 X 射线粉晶衍射图

【产状产地】

氟硅钙石产于大型的金伯利岩管中。氟硅钙石与方解石、鱼眼石、钠沸石羟硅钙矿共生伴生，主要产地有南非等。

【主要用途】

氟硅钙石在地质学、物理学、化学、环境科学、晶体学、矿物学、宝石学方面都有重要应用。

羟硅钙矿/羟硅钙锰矿

【化学性质】

羟硅钙矿是一种含 Ca、Mn、(OH)的[SiO_3]链状基型硅酸盐类矿物，其晶体化学式为 Ca(Ca,

Mn^{2+})[SiO_3(OH)](OH)。主要成分为 Ca、Mn、Si、O、H，类质同象替代成分有 Na、K、Mg、Fe、H_2O。化学成分中氧化物的质量分数为 CaO 42.55%、MnO 17.94%、SiO_2 30.39%、H_2O 9.12%。

【结晶形态】

羟硅钙矿属于斜方晶系，斜方双锥晶类，对称型为 mmm。晶体呈粒状、针状、纤维状，集合体呈放射状、球状等（图 4-1-236）。

图 4-1-236　羟硅钙矿（南非）

【物理特征】

羟硅钙矿的颜色呈无色、乳白色、浅粉红色。条痕为白色。透明至半透明。玻璃光泽、半玻璃光泽。色散弱。多色性明显：无色，浅灰色，蓝灰色。

二轴晶（+）。折射率为 Np=1.634、Nm=1.64、Ng=1.656，双折射率为 0.022。2V=63°～65°（测量）、64°（计算）。

无解理。脆性大。断口呈不平整的贝壳状。摩氏硬度为 5，相对密度为 2.91（测量）、2.90（计算）。

【晶体结构】

羟硅钙矿属于斜方晶系，空间群为 $Pbca$（图 4-1-237）。晶胞参数：a=0.943 nm、b=0.916 nm、c=1.058 nm，Z=8。X 射线粉晶衍射数据 d(Å)(I/I_{max})为 4.180(45)、3.270(26)、3.231(100)、2.846(42)、2.789(35)、2.391(42)、2.042(28)，见图 4-1-238。

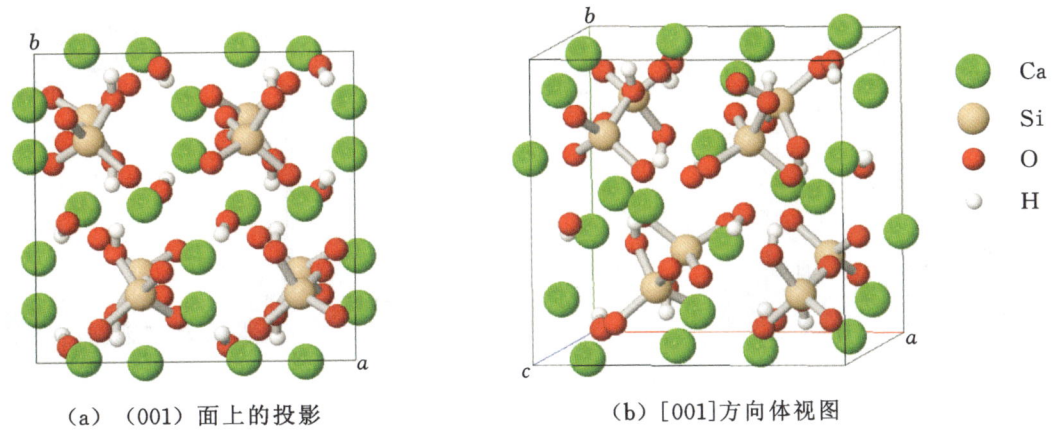

(a) (001)面上的投影　　(b) [001]方向体视图

图 4-1-237　羟硅钙矿的晶体结构

【产状产地】

羟硅钙矿产于层状大型锰矿床中，主要产地有南非等。

【主要用途】

羟硅钙矿在地质学、物理学、化学、晶体学、矿物学方面都有一定意义。

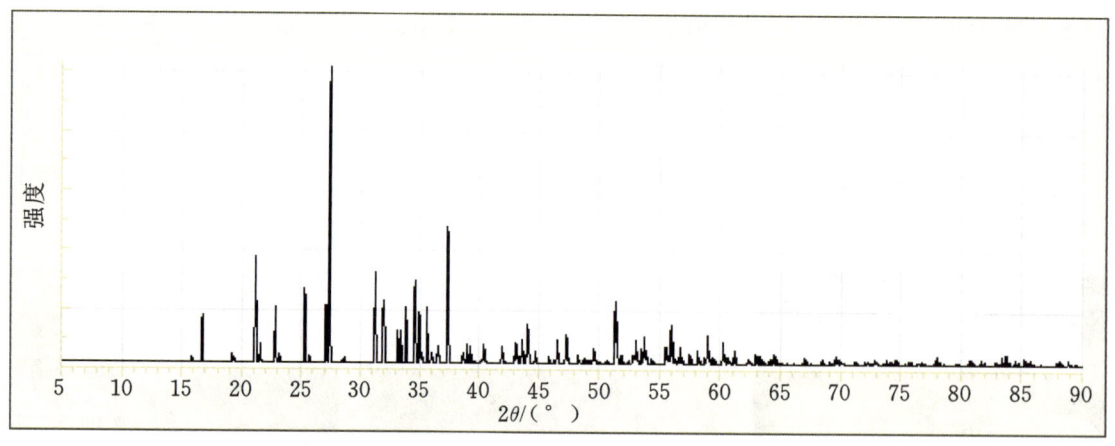

图 4-1-238　羟硅钙矿的 X 射线粉晶衍射图

水硅钡石族

水硅钡石（krauskopfite）	$Ba[Si_2O_5] \cdot 3H_2O$
水硅钠石（kanemite）	$NaH[Si_2O_5] \cdot 3H_2O$
马水硅钠石（makatite）	$Na[Si_2O_4(OH)] \cdot 4H_2O$

水硅钡石

【化学性质】

水硅钡石是一种含 Ba、(OH)、H_2O 的 $[Si_2O_5]$ 链状基型硅酸盐类矿物，其晶体化学式为 $Ba[Si_2O_5] \cdot 3H_2O$。主要成分为 Ba、Si、O、H，类质同象替代成分有 Ti、Al、Fe、Mn、Mg、Ca、Sr、K。

化学成分中氧化物的质量分数为 BaO 46.81%、SiO_2 36.69%、H_2O 16.50%。

【结晶形态】

水硅钡石属于单斜晶系，斜方柱晶类，对称型为 $2/m$。晶体呈柱状、细小粒状、块状等（图 4-1-239）。

图 4-1-239　水硅钡石（美国加利福尼亚）

【物理特征】

水硅钡石的颜色呈无色、白色等。条痕为无色、白色。透明。玻璃光泽至半玻璃光泽、珍珠光泽。色散较弱。多色性弱。

二轴晶（−）。折射率为 Np＝1.574、Nm＝1.587、Ng＝1.599，双折射率为 0.025。$2V=88°$（测量）、86°（计算）。

{010}、{001}解理完全。性脆。断口呈不均匀、不平整的贝壳状。摩氏硬度为 4，相对密度为 3.14（测量）、3.10（计算）。

【晶体结构】

水硅钡石属于单斜晶系,空间群为 $P2_1/a$(图 4-1-240)。晶胞参数:$a=0.846$ nm、$b=1.062$ nm、$c=0.784$ nm,$\beta=94.53°$,$Z=4$。X 射线粉晶主要衍射数据 $d(Å)(I/I_{max})$ 为 6.36(45)、5.34(45)、3.84(100),见图 4-1-241。

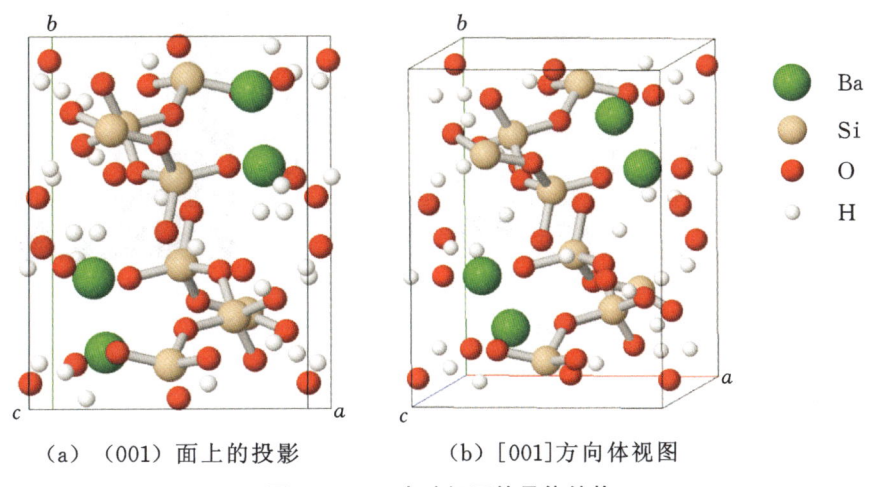

图 4-1-240　水硅钡石的晶体结构

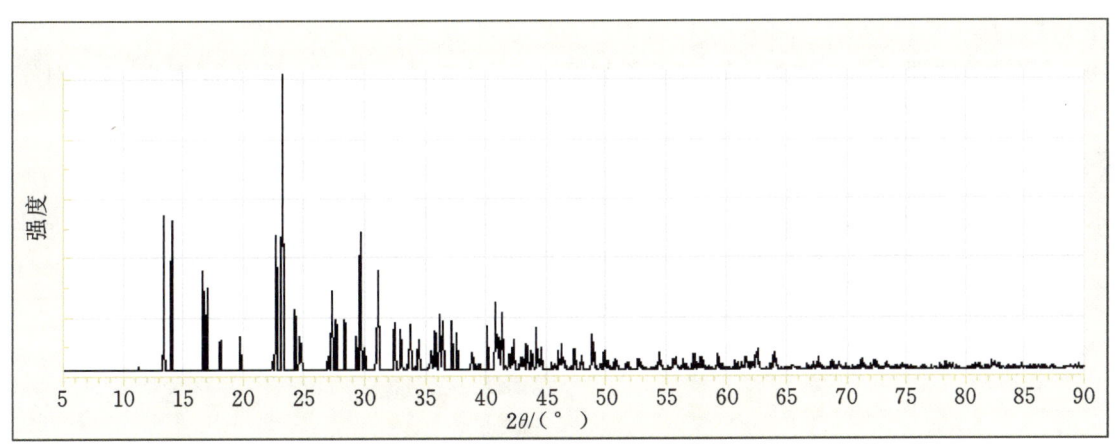

图 4-1-241　水硅钡石的 X 射线粉晶衍射图

【产状产地】

水硅钡石产于变质片麻岩的石英脉中,主要产地有美国加利福尼亚。

【主要用途】

水硅钡石在地质学、材料学、物理学、化学、环境科学、晶体学、矿物学、宝石学方面都有重要应用。

水 硅 钠 石

【化学性质】

水硅钠石是一种含 Na、H、H_2O 的[Si_2O_5]链状基型硅酸盐类矿物,其晶体化学式为 NaH[Si_2O_5]·$3H_2O$。主要成分为 Na、Si、H、O,类质同象替代成分有 Al、Ca、K 等。化学成分中氧化物的质量分数为 Na_2O 14.47%、SiO_2 56.10%、H_2O 29.43%。

【结晶形态】

水硅钠石属于斜方晶系,斜方双锥晶类,对称型为 mmm。晶体呈粒状、柱状、针状,集合体呈放射状、球状、块状等(图 4-1-242)。

(a) 水硅钠石(俄罗斯)

(b) 水硅钠石(纳米比亚)

图 4-1-242 水硅钠石

【物理特征】

水硅钠石的颜色呈无色、白色,由于内含物而呈浅褐色。条痕为白色。透明、半透明。半玻璃光泽、油脂光泽。色散弱。多色性无。

二轴晶(-)。折射率为 Np=1.451、Nm=1.470、Ng=1.478,双折射率为 0.027。2V=46°(测量)、64°(计算)。

{010}、{100}解理完全。性脆。断口呈不规则、不平整的次贝壳状。摩氏硬度为 4,相对密度为 1.93(测量)、1.93(计算)。

【晶体结构】

水硅钠石属于斜方晶系,空间群为 $Pnma$(图 4-1-243)。晶胞参数:$a=0.728$ nm、$b=2.051$ nm、$c=0.495$ nm,$Z=4$。X 射线粉晶主要衍射数据 d(Å)(I/I_{max})为 10.33(100)、4.01(100)、3.44(90)、3.16(70)、3.09(70)、2.48(80)、2.39(60)、2.00(50)。

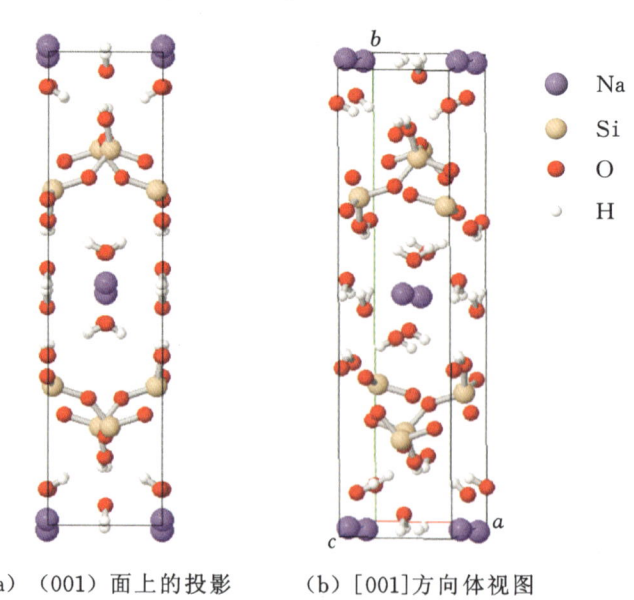

(a)(001)面上的投影　(b)[001]方向体视图

图 4-1-243 水硅钠石的晶体结构

【产状产地】

水硅钠石是一种大陆相蒸发岩矿床,主要产地有乍得、俄罗斯、纳米比亚。

【主要用途】

水硅钠石在地质学、物理学、化学、晶体学、矿物学方面都有重要应用。

马水硅钠石

【化学性质】

马水硅钠石是一种含 Na、H_2O 的 $[Si_2O_5]$ 链状基型硅酸盐类矿物,其晶体化学式为 $Na[Si_2O_4(OH)] \cdot 4H_2O$。主要成分为 Na、Si、O、H,类质同象替代成分有 Ti、Al、Fe、Mg、Ca、K。

化学成分中氧化物的质量分数为 Na_2O 15.80%、SiO_2 61.25%、H_2O 22.95%。

【结晶形态】

马水硅钠石属于单斜晶系,斜方柱晶类,对称型为 $2/m$。晶体呈针状、纤维状,集合体呈放射状、簇状(图 4-1-244)。

图 4-1-244　马水硅钠石(纳米比亚)

【物理特征】

马水硅钠石的颜色呈无色、白色。条痕为白色。透明。玻璃光泽、土状光泽。色散弱或无。多色性弱。

二轴晶(+)。折射率为 Np=1.472～1.475、Nm=1.480、Ng=1.487～1.49,双折射率为 0.015。$2V=70°$(测量)。

{010}解理清楚。性脆。断口呈不平整贝壳状。摩氏硬度为 4,相对密度为 1.97(测量)、2.05(计算)。

【晶体结构】

马水硅钠石属于单斜晶系,空间群为 $P2_1/c$。晶胞参数:$a=0.739$ nm、$b=1.809$ nm、$c=0.952$ nm,$\beta=90.64°$,$Z=4$。X 射线粉晶主要衍射数据 $d(\text{Å})(I/I_{max})$ 为 9.04(55)、8.42(30)、5.09(100)、3.41(40)、3.13(35)、3.00(60)、2.88(40)。

【产状产地】

马水硅钠石属于蒸发岩矿物,来自大陆相蒸发岩矿床,是水硅钠石覆盖碱浓缩蒸发之后形成的假象,主要产地有纳米比亚、肯尼亚等。

【主要用途】

马水硅钠石在地质学、材料学、物理学、化学、环境科学、晶体学、矿物学、宝石学方面都有重要应用。

第二节 硼硅酸盐

菱硼硅铈矿族

菱硼硅铈矿（Stillwellite-Ce）	(Ce,La,Ca)[BSiO$_5$]
硼硅钡钇矿（Cappelenite-Y）	BaY$_4$Ce$_2$[SiB$_2$O$_8$]$_3$F$_2$
塔吉克矿（Tadzhikite-Ce）	Ca$_4$(Ce,Y)$_2$(Ti,Al,Fe^{3+},□)$_2$[Si$_4$B$_4$O$_{22}$](OH)$_2$

菱硼硅铈矿

【化学性质】

菱硼硅铈矿是一种含 Ce 的[BSiO$_5$]双链状基型硅酸盐类矿物，其晶体化学式为(Ce,La,Ca)[BSiO$_5$]。主要成分为 Ce、B、Si、O，类质同象替代成分有多种稀土元素——La、Nb、Ca 等。

化学成分中氧化物的质量分数为 CaO 0.46%、La$_2$O$_3$ 19.88%、Ce$_2$O$_3$ 34.22%、SiO$_2$ 24.44%、B$_2$O$_3$ 14.16%、Nd$_2$O$_3$ 6.84%。

【结晶形态】

菱硼硅铈矿属于六方晶系，三方双锥晶类，对称型为 $\bar{6}$。晶体呈菱面体状、块状、颗粒状（图 4-2-1）。

（a）菱硼硅铈矿（澳大利亚）　　（b）菱硼硅铈矿（加拿大）　　（c）菱硼硅铈矿（塔吉克斯坦）

图 4-2-1　菱硼硅铈矿

【物理特征】

菱硼硅铈矿的颜色呈红棕色、浅紫灰色、浅粉红色、棕黄色、橙色、白色。条痕为白色。透明至半透明。玻璃光泽、树脂光泽。色散弱。多色性弱。

一轴晶（+）。折射率为 No=1.765～1.784，Ne=1.780～1.787，双折射率为 0.003～0.015。

解理不完全。性脆。断口呈不平整、不均匀的贝壳状。摩氏硬度为 6.50（测量），相对密度为 4.57～4.60（计算）、4.51（计算）。

【晶体结构】

菱硼硅铈矿属于六方晶系，空间群为 $P3_1$（图 4-2-2）。晶胞参数：a=0.689 nm、c=0.670 nm，Z=3。X 射线粉晶主要衍射数据 d(Å)(I/I_{max})为 4.480(90)、3.445(90)、2.943(100)，见图 4-2-3。

【产状产地】

菱硼硅铈矿产于碱性正长岩中，由变质的钙质矿物和碱性伟晶岩的交代置换作用形成，主要产地

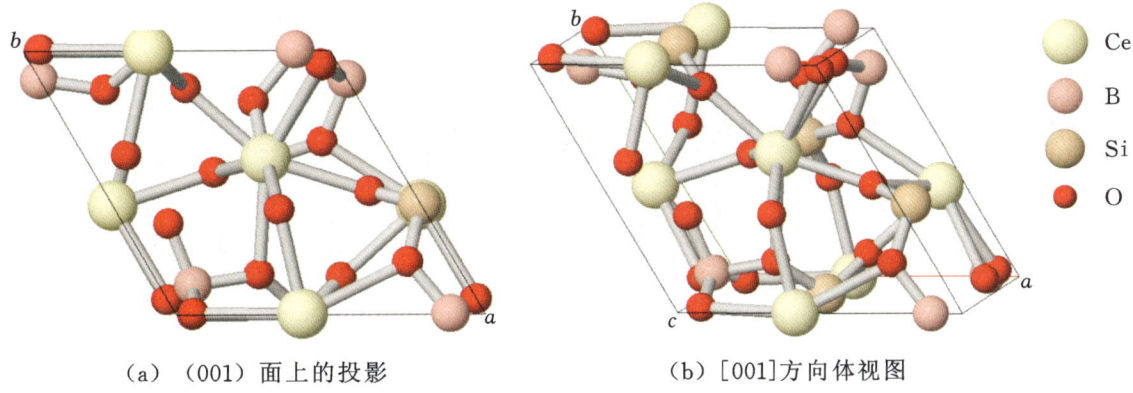

(a) (001) 面上的投影　　(b) [001] 方向体视图

图 4-2-2　菱硼硅铈矿的晶体结构

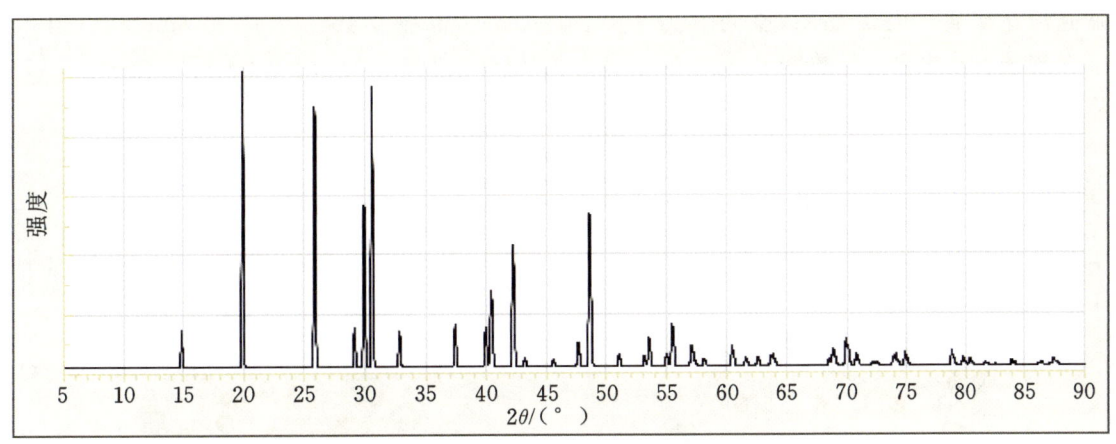

图 4-2-3　菱硼硅铈矿的 X 射线粉晶衍射图

有澳大利亚、加拿大、塔吉克斯坦等。

【主要用途】

菱硼硅铈矿是一种含有重要稀土元素的矿物,在地质学、材料学、物理学、化学、环境科学、晶体学、矿物学方面都有重要意义。

硼硅钡钇矿

【化学性质】

硼硅钡钇矿是一种含 Ba、Y、Ce、F 的 $[SiB_2O_8]$ 链状基型硅酸盐类矿物,其晶体化学式为 $BaY_4Ce_2[SiB_2O_8]_3F_2$。主要成分为 Ba、Y、Ce、Si、B、F、O,类质同象替代成分有 Ca、Sr、稀土元素等。

化学成分中氧化物及元素的质量分数为 BaO 11.41%、Ce_2O_3 24.42%、Y_2O_3 33.60%、SiO_2 12.21%、B_2O_3 15.54%、F 2.82%。

【结晶形态】

硼硅钡钇矿属于三方晶系,三方单锥晶类,对称型为 3。晶体呈粒状、块状(图 4-2-4)。

【物理特征】

硼硅钡钇矿的颜色呈绿棕色。条痕为白色。半透明至不透明。玻璃光泽、油脂光泽。色散弱。多色性弱。

一轴晶(+/-)。折射率为 Nm=1.76,双折射率未定。

解理不完全。性脆。断口呈不平整的贝壳状。摩氏硬度为 6~6.5,相对密度为 4.41(测量)、4.43(计算)。

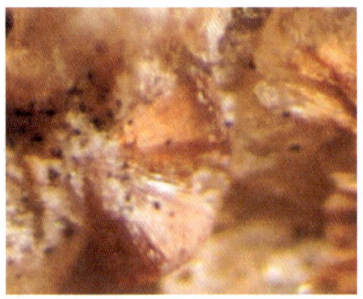

（a）硼硅钡钇矿（挪威）　　　　　　　　（b）硼硅钡钇矿（加拿大）

图 4-2-4　硼硅钡钇矿的形态

【晶体结构】

硼硅钡钇矿属于三方晶系，空间群为 $P3$（图 4-2-5）。晶胞参数：$a=1.067$ nm、$c=0.468$ nm，$Z=1$。X 射线粉晶主要衍射数据 d(Å)(I/I_{max}) 为 4.70(80)、3.48(90)、2.80(100)、1.94(90)、1.77(70)、1.71(70)、1.66(80)。

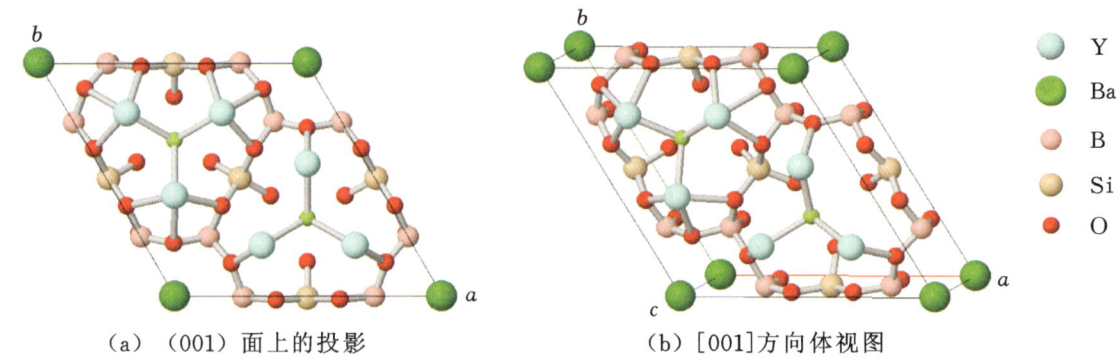

（a）（001）面上的投影　　　　　　　　（b）[001]方向体视图

图 4-2-5　硼硅钡钇矿的晶体结构

【产状产地】

硼硅钡钇矿产于穿切霞石伟晶岩的细脉中，主要产地有挪威、加拿大等。

【主要用途】

硼硅钡钇矿是一种含有重要稀土元素的矿物，在地质学、材料学、物理学、化学、环境科学、晶体学、矿物学方面都有重要意义。

塔 吉 克 矿

【化学性质】

塔吉克矿是一种含 Ca、Ce、Ti 的 [$Si_4B_4O_{22}$] 双链状基型硅酸盐类矿物，其晶体化学式为 $Ca_4(Ce,Y)_2(Ti,Al,Fe^{3+},□)_2[Si_4B_4O_{22}](OH)_2$。主要成分为 Ca、Ce、Ti、Y、Si、B、O，类质同象替代成分有 Al、Fe^{3+}。

化学成分中氧化物的质量分数为 CaO 22.46%、Ce_2O_3 24.96%、Y_2O_3 5.65%、TiO_2 4.80%、Al_2O_3 1.53%、Fe_2O_3 0.80%、SiO_2 24.06%、B_2O_3 13.94%、H_2O 1.80%。

【结晶形态】

塔吉克矿属于单斜晶系，斜方柱晶类，对称型为 $2/m$。晶体呈粒状、柱状、块状，集合体呈块状、放射状等（图 4-2-6）。

【物理特征】

塔吉克矿的颜色呈灰褐色、红棕色等。条痕为白色。透明。玻璃光泽。色散中至强。多色性弱。

图 4-2-6 塔吉克矿(塔吉克斯坦)

二轴晶(+/−)。折射率为 Np=1.750～1.761、Ng=1.763～1.772,双折射率为 0.011～0.013。$2V=80°～92°$(测量)。

{010}解理完全。性脆。断口呈不规则、不平整的贝壳状。摩氏硬度为 6,相对密度为 3.73～3.86(测量)、3.85(计算)。

【晶体结构】

塔吉克矿属于单斜晶系,空间群为 $P2/a$(图 4-2-7)。晶胞参数:$a=1.793$ nm、$b=0.471$ nm、$c=1.039$ nm,$\beta=100.75°$,$Z=2$。X 射线粉晶主要衍射数据 d(Å)(I/I_{max})为 4.97(30)、2.65(100)、1.91(55),见图 4-2-8。

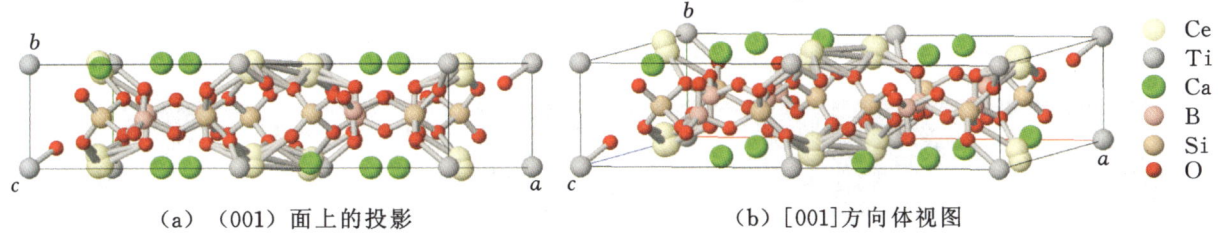

(a) (001)面上的投影　　(b) [001]方向体视图

图 4-2-7　塔吉克矿的晶体结构

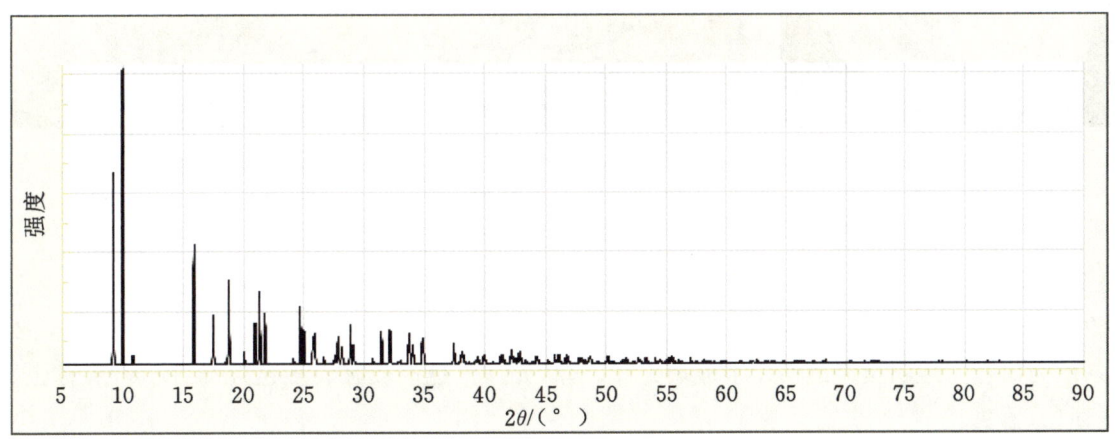

图 4-2-8　塔吉克矿的 X 射线粉晶衍射图

【产状产地】

塔吉克矿产于伟晶岩脉中,主要产地有塔吉克斯坦。

【主要用途】

塔吉克矿是一种含有重要稀土元素的矿物,在地质学、材料学、物理学、化学、晶体学、矿物学方面都有重要意义。

第三节 链状铝硅酸盐

矽线石族

矽线石（sillimanite）　　　　　　Al[AlSiO$_5$]
莫来石（mullite）　　　　　　　　Al[Al$_x$Si$_{2-x}$O$_{5.5-0.5x}$]

矽线石

【化学性质】

矽线石是一种含 Al 的[AlSiO$_5$]双链状基型硅酸盐类矿物，其晶体化学式为 Al[AlSiO$_5$]。主要成分为 Al、Si、O，化学成分比较稳定，有少量 Fe 以类质同象替代形式替代 Al，也可含微量 Ti、Ca、Fe、Mg 等。

化学成分中氧化物的质量分数为 SiO$_2$37.08%、Al$_2$O$_3$62.92%。

【结晶形态】

矽线石属于斜方晶系，斜方双锥晶类，对称型为 mmm。晶体呈针状、纤维状、细长棱柱状、柱状、粒状、块状，集合体呈纤维状、放射状（图 4-3-1）。单形有{120}、{210}、{110}、{100}、{001}。

（a）矽线石（美国康涅狄格）　　　　　　　　（b）矽线石（意大利）

图 4-3-1　矽线石

【物理特征】

矽线石颜色呈无色、白色、灰色、黄色、蓝色、棕色、棕绿色、灰绿色，由于内含物变化而产生多种颜色。条痕为白色。透明至半透明。半玻璃光泽、丝状光泽。色散较强。多色性弱：淡黄色，棕色、浅绿色，深棕色、蓝色。

二轴晶（+）。折射率为 Np=1.653～1.661、Nm=1.654～1.670、Ng=1.669～1.684，双折射率为 0.016～0.023。2V=20°～30°（测量）、30°～80°（计算）。

{010}解理完全，板面解理平行于结构中的双链。性脆，坚硬。断口呈碎裂片状、不规则的贝壳状。摩氏硬度为 6.5～7.5，相对密度为 3.23～3.27（测量）、3.25（计算）。

【晶体结构】

矽线石属于斜方晶系，空间群为 $Pbnm$（图 4-3-2）。晶胞参数：a=0.748 nm、b=0.767 nm、c=0.577 nm，Z=4。X 射线粉晶衍射数据 d(Å)(I/I_{max}) 为 3.84(10)、3.42(100)、3.37(40)、2.68(20)、2.54(20)、2.42(20)、2.20(30)、1.52(10)，见图 4-3-3。

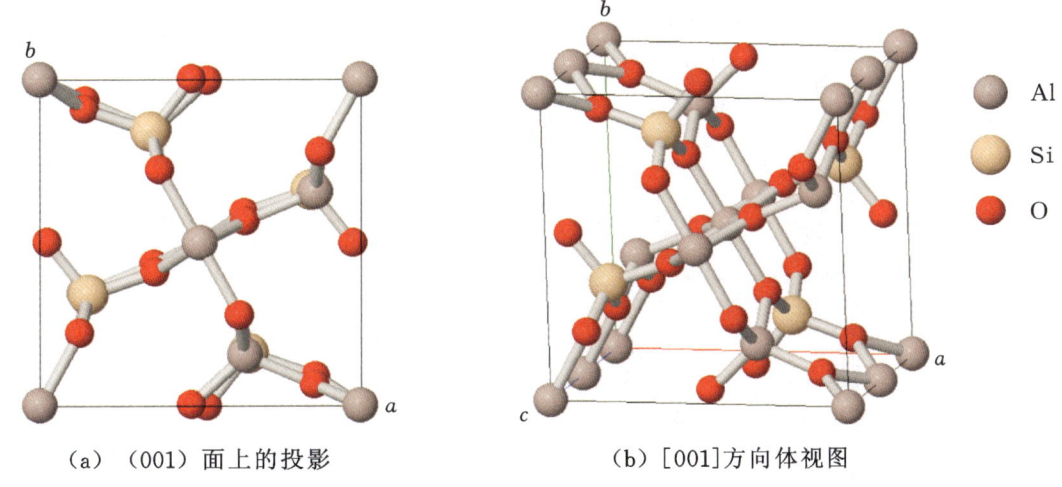

(a) (001)面上的投影　　　　　(b) [001]方向体视图

图 4-3-2　矽线石的晶体结构 1

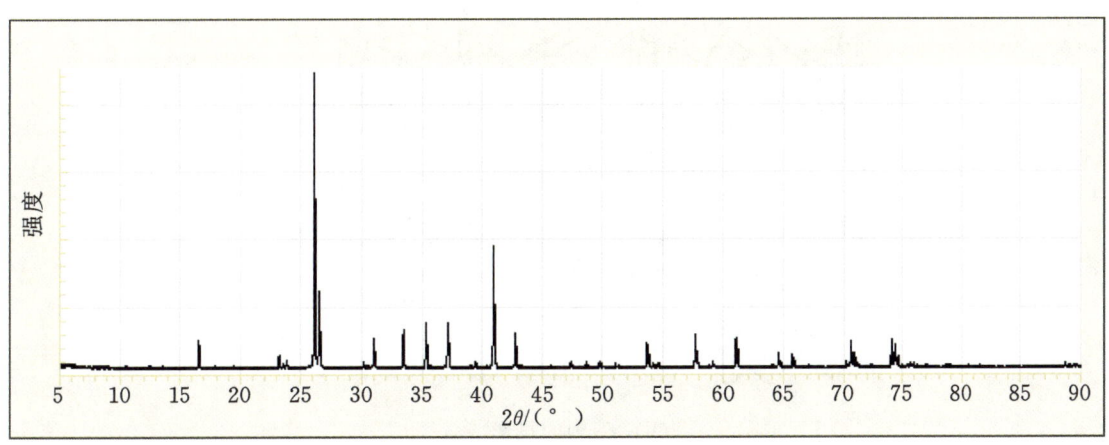

图 4-3-3　矽线石的 X 射线粉晶衍射图

晶体结构中,由[SiO_4]和[AlO_4]两种四面体沿 c 轴交替排列,组成[$AlSiO_5$]双链,[SiO_4]和[AlO_4]两种四面体沿 Z 轴交替排列,组成铝硅酸盐[$AlSiO_5$]双链。双链间由[AlO_6]八面体联结,[AlO_6]八面体共棱联结成链,位于单位晶胞(001)投影面的 4 个角顶和中心,1/2 的 Al 为四次配位。晶体结构特征决定了矽线石具有//c 轴延长的针状、纤维状晶体形态以及解理方向(图 4-3-4)。矽线石的晶体化学式也可写为 $Al^{[6]}Al^{[4]}[SiO_4]O$,其中[6][4]为配位数。

矽线石与红柱石、蓝晶石为同质多象变体(图 4-3-5)。

【产状产地】

矽线石是典型的高温变质矿物,分布很广泛,由富铝的泥质岩石经高级区域变质作用而成,常产于分布结晶片岩、片麻岩、角岩的地区,也常见于花岗岩与富含铝质岩石的接触带中。在黑云母矽线石角岩、矽线石董青石片麻岩中,矽线石由黑云母分解或早期形成的红柱石转变而成。矽线石常与红柱石、蓝晶石、刚玉、董青石、钾长石、黑云母、石英等共生。

在风化过程中,矽线石非常稳定,所以常见于冲击砂矿、残积层和坡积层中。

矽线石的主要产地有意大利、捷克、奥地利、巴西、斯里兰卡、印度、美国(新罕布什尔、康涅狄格)、中国等。

【主要用途】

矽线石在地质学、物理学、化学、材料学、环境科学、晶体学、矿物学、宝石学方面都有重要应用。

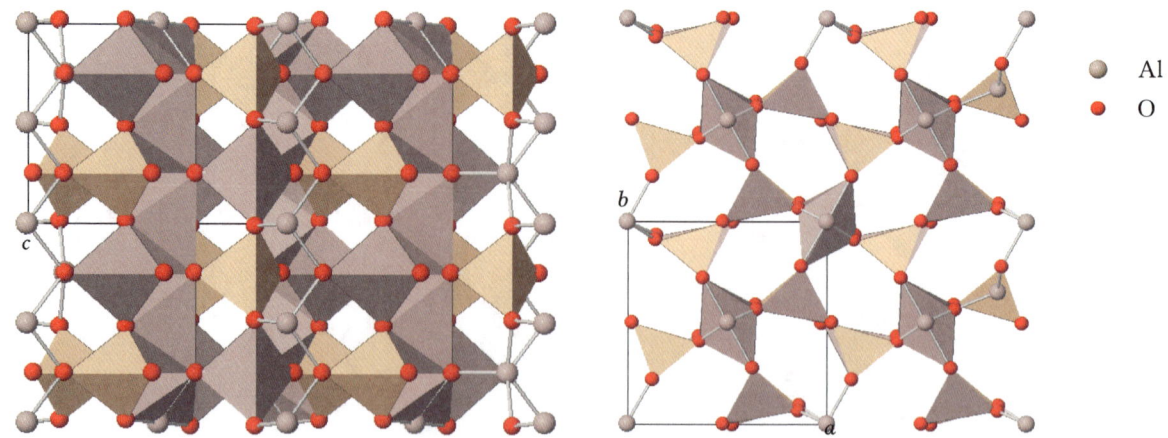

（a）沿b轴的投影，交替排列的[SiO_4]和[AlO_4]四面体链，以及[AlO_6]八面体链沿c轴延伸

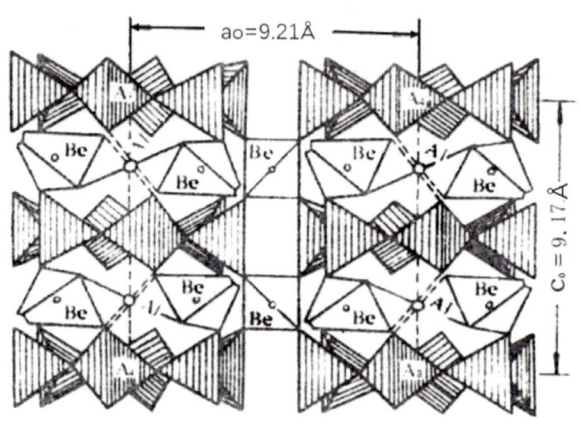

（b）沿c轴的投影

图 4-3-4　矽线石的晶体结构 2

矽线石为重要的变质矿物，产于高温接触变质带中的铝质岩中，是一种高温、变压力的指示矿物。矽线石加热到 1545 ℃时变为莫来石，具有高温热稳定性、抗折性及抗渣性，可应用于高级耐火、耐酸材料、陶瓷材料等。

矽线石色泽艳丽者可作为宝石原料，常见猫眼效应（图 4-3-6），其内可见金红石、尖晶石、黑云母等包体。

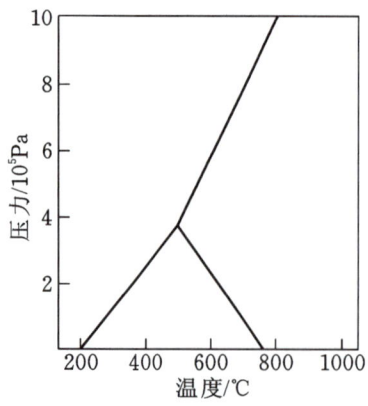

图 4-3-5　红柱石、蓝晶石与矽线石为三种多像（型）

图 4-3-6　矽线石（缅甸）

莫来石

【化学性质】

莫来石是一种含 Al 的 $[Al_xSi_{2-x}O_{5.5-0.5x}]$ 链状基型硅酸盐类矿物,其晶体化学式为 $Al[Al_xSi_{2-x}O_{5.5-0.5x}]$。主要成分为 Al、Si、O,类质同象替代成分有 Na、K、Ti、Fe。

化学成分中氧化物的质量分数为 Al_2O_3 71.79%、SiO_2 28.21%。

【结晶形态】

莫来石属于斜方晶系,斜方双锥晶类,对称型为 mmm。晶体呈粒状、柱状、块状等(图 4-3-7)。

(a) 莫来石(西班牙)

(b) 莫来石(德国)

图 4-3-7 莫来石

【物理特征】

莫来石的颜色呈无色、白色、灰色、紫罗兰色、黄色、浅粉红色。条痕为白色。透明至半透明。玻璃光泽。色散弱。多色性弱:无色,无色,玫瑰红。

二轴晶(+)。折射率为 Np=1.642~1.653、Nm=1.644~1.655、Ng=1.654~1.679,双折射率为 0.012~0.026。2V=20°~50°(测量)、34°~50°(计算)。

{010}解理完全。性脆。断口呈不规则、不平整的贝壳状。摩氏硬度为 6~7,相对密度为 3.11~3.26(测量)、3.17(计算)。

【晶体结构】

莫来石属于斜方晶系,空间群为 $Pbam$(图 4-3-8)。晶胞参数:$a=0.752$ nm、$b=0.768$ nm、$c=0.290$ nm,$Z=1$。X 射线粉晶主要衍射数据 d(Å)(I/I_{max})为 5.390(50)、3.428(95)、3.390(100)、2.694(40)、2.542(50)、2.206(60)、1.524(35),见图 4-3-9。

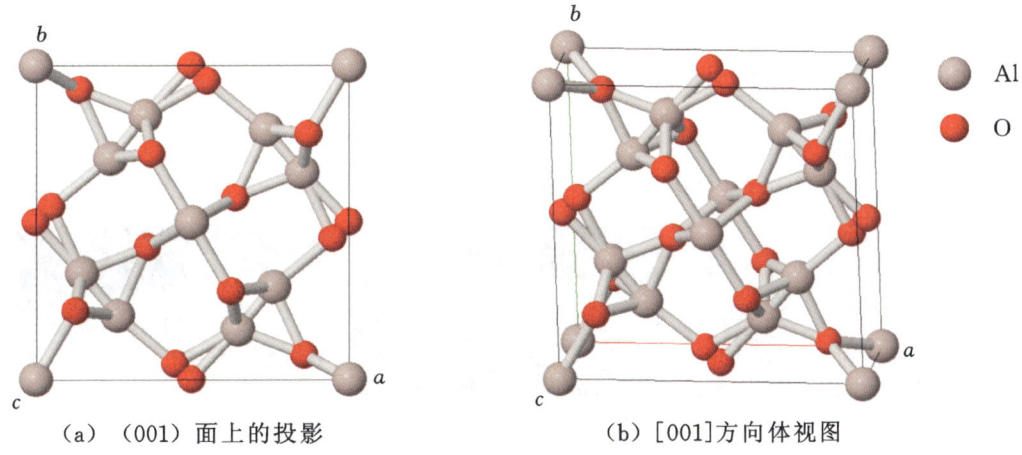

(a) (001)面上的投影   (b) [001]方向体视图

图 4-3-8 莫来石的晶体结构

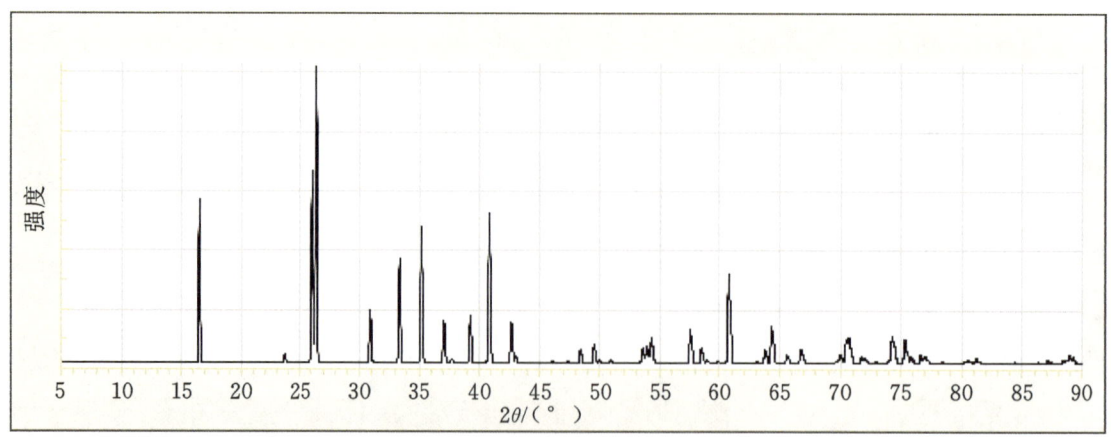

图 4-3-9　莫来石的 X 射线粉晶衍射图

【产状产地】

莫来石由黏土矿物重熔蚀变形成,主要产地有德国、西班牙、澳大利亚等。

【主要用途】

莫来石在地质学、物理学、化学、材料学、晶体学、矿物学等方面都有重要的意义。高岭石经偏高岭石化后可形成一种合成莫来石,这种人工合成的莫来石是一种制备高性能陶瓷的原料。

第四节　链状铍硅酸盐

铅铍闪石族

铅铍闪石(joesmithite)　　　　　　$PbCa_2(Mg,Fe^{2+},Fe^{3+})_5[Be_2Si_6O_{22}](OH)_2$

铅铍闪石

【化学性质】

铅铍闪石属于闪石类矿物,钙铅角闪石亚族,是一种含 Pb、Ca、Mg、Fe、(OH)的$[Be_2Si_6O_{22}]$双链状基型硅酸盐类矿物,其晶体化学式为 $PbCa_2(Mg,Fe^{2+},Fe^{3+})_5[Be_2Si_6O_{22}](OH)_2$。主要成分为 Pb、Ca、Be、Mg、Fe、Si、O、H,类质同象替代成分有 Al、Mn、Ba、Na、F、Cl、H_2O。

化学成分中氧化物及元素的质量分数为 CaO 10.21%、MgO 9.66%、MnO 3.75%、BeO 4.31%、FeO 2.75%、Fe_2O_3 12.24%、SiO_2 34.55%、Pb_2O 20.62%、H_2O 1.55%、F 0.36%。

【结晶形态】

铅铍闪石属于单斜晶系,斜方柱晶类,对称型为 $2/m$。晶体呈柱状、棱柱状等(图 4-4-1)。

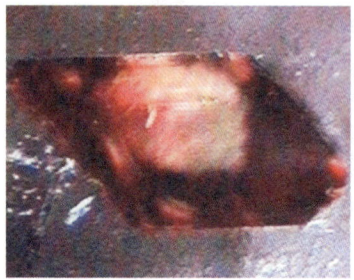

图 4-4-1　铅铍闪石(瑞典)

【物理特征】

铅铍闪石的颜色呈黑色。条痕为浅棕色。透明至半透明。玻璃光泽、半金刚光泽。色散弱。多色性弱:浅橄榄色,橄榄棕色,橄榄色。

二轴晶(+)。折射率为 Np=1.747、Nm=1.765、Ng=1.780,双折射率为 0.033。$2V=60°\sim 70°$(测量)、84°(计算)。

{110}解理完全。性脆。断口呈不规则、不均匀状。摩氏硬度为 5.5,相对密度为 3.83(测量)、3.90(计算)。

【晶体结构】

铅铍闪石属于单斜晶系,空间群为 $P2/a$(图 4-4-2)。晶胞参数:$a=0.988$ nm、$b=1.787$ nm、$c=0.522$ nm,$\beta=105.67°$,$Z=2$。X 射线粉晶衍射数据 d(Å)(I/I_{max})为 5.390(50)、3.428(95)、3.390(100)、2.694(40)、2.542(50)、2.206(60)、1.524(35),见图 4-4-3。

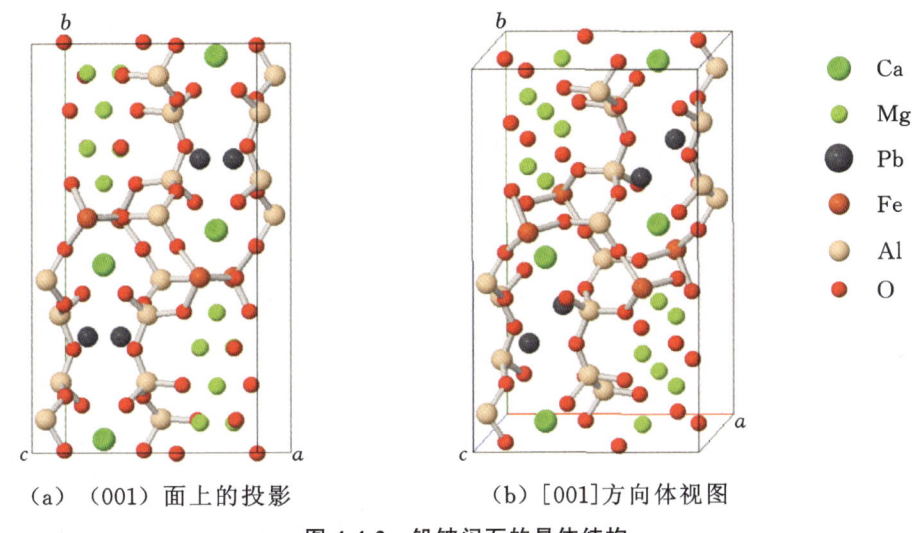

(a)(001)面上的投影　　　(b)[001]方向体视图

图 4-4-2　铅铍闪石的晶体结构

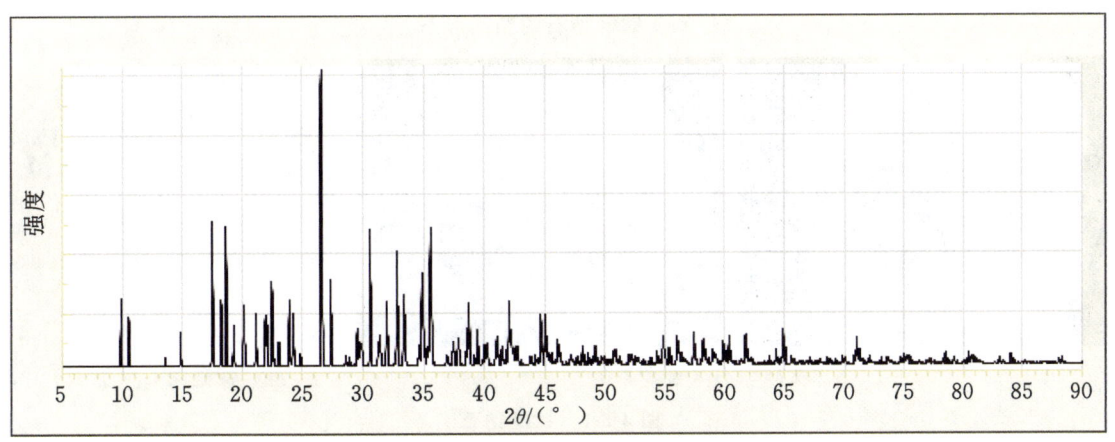

图 4-4-3　铅铍闪石的 X 射线粉晶衍射图

【产状产地】

铅铍闪石产于一种变质锰矿床中,主要产地有瑞典、美国(芝加哥、伊利诺)等。

【主要用途】

铅铍闪石在地质学、物理学、化学、材料学、环境科学、晶体学、矿物学方面都有重要意义。

第五节 钛硅酸盐

钛硅钠石族

钛硅钠石（lorenzenite，ramsayite）	$Na_2Ti_2[Si_2O_6]_3O_2$
白钛硅钠石（vinogradovite）	$(Na,K)_2Ti_2[(Si,Al)_2O_6]_4O_2 \cdot 3H_2O$
钛硅铁钠石（aenigmatite）	$(Na,Ca)_4(Fe^{2+},Ti,Mg)_{12}[Si_2O_6]_6O_2$
钛硅镁钙石（rhonite）	$Ca_2(Mg,Fe^{2+},Ti)_6(Si,Al)_6O_{20}$

钛硅钠石

【化学性质】

钛硅钠石是一种含 Na、Ti、O 的 $[Si_2O_6]$ 链状基型硅酸盐类矿物，其晶体化学式为 $Na_2Ti_2[Si_2O_6][Si_2O_5]O_2$。主要成分为 Na、Ti、Si、O，类质同象替代成分有 Zr、Al、Y、REE、La、Ce、Fe、Nb、Mn、Ca、Sr、F、H_2O。

化学成分中氧化物的质量分数为 Na_2O 18.13%、TiO_2 46.73%、SiO_2 35.14%。

【结晶形态】

钛硅钠石属于斜方晶系，斜方双锥晶类，对称型为 mmm。晶体呈粒状、柱状、块状、针状、纤维状等（图 4-5-1）。

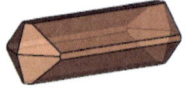

（a）钛硅钠石的结晶形态

（b）钛硅钠石（俄罗斯）

（c）钛硅钠石（挪威）

图 4-5-1　钛硅钠石

【物理特征】

钛硅钠石的颜色呈无色、白色、棕色、绿色、淡紫色、浅蓝色、黑褐色。条痕为白色、浅棕黄色。透明、半透明至不透明。玻璃光泽、金刚光泽、土状光泽。色散较弱。多色性弱：浅红黄色、黄褐色、浅棕色，淡红黄色、浅黄褐色、淡棕色，浅黄色、棕色、深棕色。

二轴晶（一）。折射率为 Np=1.910～1.950、Nm=2.010～2.040、Ng=2.030～2.060，双折射率为 0.120。$2V$=38°～41°（测量）、34°（计算）。

{010}解理完全。性脆。断口呈不平整、不均匀的贝壳状、碎块状。摩氏硬度为6,相对密度为3.42～3.45(测量)、3.44(计算)。

【晶体结构】

钛硅钠石属于斜方晶系,空间群为 $Pbcn$(图 4-5-2)。晶胞参数:$a=0.871$ nm、$b=0.523$ nm、$c=1.450$ nm,$Z=4$。X 射线粉晶主要衍射数据 $d(\text{Å})(I/I_{max})$ 为 5.570(35)、3.345(90)、2.749(100),见图 4-5-3。

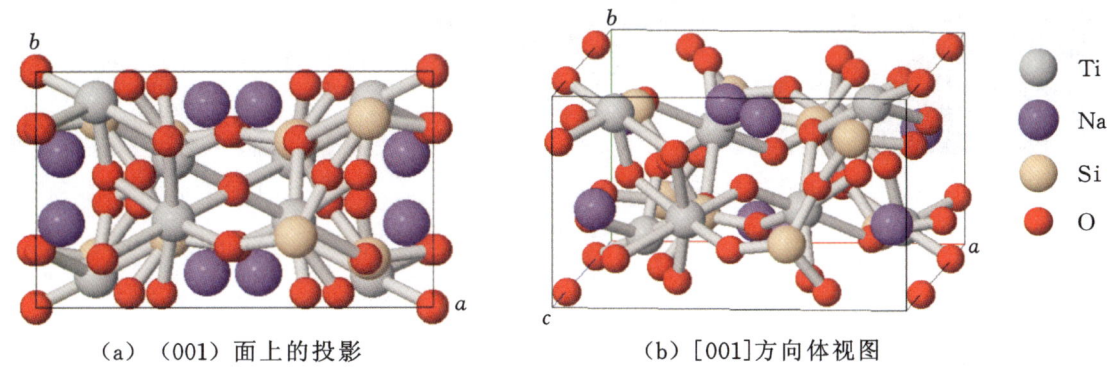

(a) (001)面上的投影　　　(b) [001]方向体视图

图 4-5-2　钛硅钠石的晶体结构

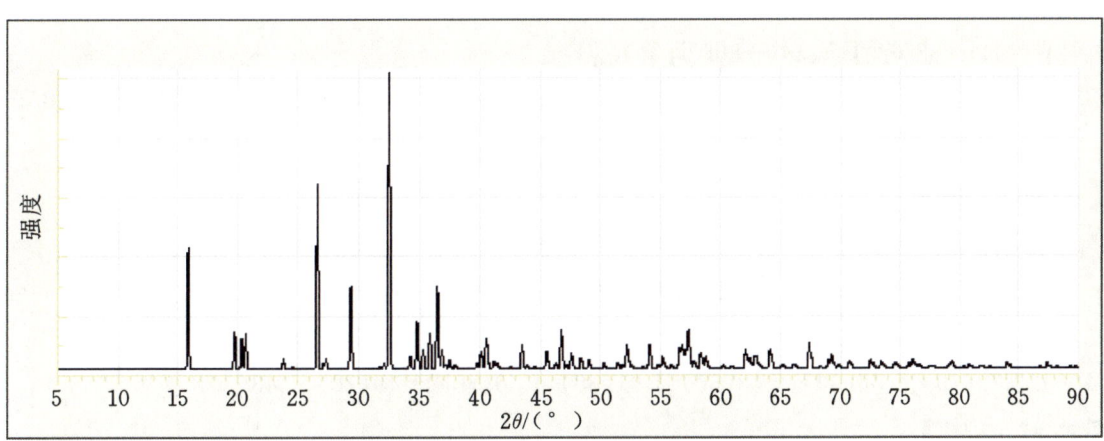

图 4-5-3　钛硅钠石的 X 射线粉晶衍射图

【产状产地】

钛硅钠石产于霞石正长岩中,主要产地有加拿大、俄罗斯、挪威、格陵兰岛等。

【主要用途】

钛硅钠石在地质学、物理学、化学、材料学、晶体学、物学方面都有重要意义。

白钛硅钠石

【化学性质】

白钛硅钠石是一种含 Na、Ti、H_2O、O 的[(Si,Al)$_2O_6$]链状基型硅酸盐类矿物,其晶体化学式为 $(Na,K)_2Ti_2[(Si,Al)_2O_6]_4O_2 \cdot 3H_2O$。主要成分为 Na、Ti、Si、O、H,类质同象替代成分有 Ca、K、Mg、Al、Fe、Nb 等。

化学成分中氧化物的质量分数为 K_2O 1.45%、BaO 1.57%、Na_2O 13.33%、TiO_2 30.91%、Nb_2O_5 1.36%、Al_2O_3 7.31%、Fe_2O_3 1.63%、SiO_2 40.60%、H_2O 1.84%。

【结晶形态】

白钛硅钠石属于单斜晶系,斜方柱晶类,对称型为 $2/m$。晶体呈薄片状、棱柱状,集合体呈球状、纤维状、细棱柱状(图 4-5-4)。主要单形有{010}、{110}、{410}、{101}、{$\bar{1}$01}。见依{010}双晶。

 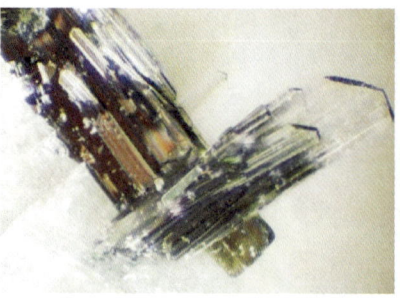 

(a) 白钛硅钠石(加拿大)　　(b) 钛硅钠石(俄罗斯)

图 4-5-4　白钛硅钠石

【物理特征】

白钛硅钠石的颜色呈无色、白色、粉红色、粉棕色。条痕为白色。透明。玻璃光泽。色散较强。多色性弱:无色,褐色,褐色。

二轴晶(-)。折射率为 Np=1.691~1.745、Nm=1.769~1.773、Ng=1.773~1.818,双折射率为 0.082。2V=41°~82°(测量)、24°~80°(计算)。

{010}解理完全。性脆。断口呈不平整、不规则的贝壳状。摩氏硬度为4,相对密度为 2.85~2.97(测量)、2.88(计算)。

【晶体结构】

白钛硅钠石属于单斜晶系,空间群为 $A2/a$、$B2/b$。晶胞参数:$a=0.521$ nm、$b=0.866$ nm、$c=2.450$ nm,$\beta=100.13°$,$Z=2$。晶胞参数范围:$a=2.438\sim 2.501$ nm,$b=0.866\sim 0.872$ nm、$c=0.521\sim 0.523$ nm,$\beta=99.50\sim 104.43°$。X射线粉晶主要衍射数据 d(Å)(I/I_{max})为 3.21(100)、3.07(100)、2.72(70)、2.56(60)、2.48(60)、1.61(80)、1.56(70)、1.49(70)、1.43(70)。

【产状产地】

白钛硅钠石是一种热液矿物,生成于含 Ti 碱性伟晶岩的晚期阶段,与其共生伴生的矿物有钠沸石、钛硅钠石等,主要产地有加拿大、俄罗斯等。

【主要用途】

白钛硅钠石在地质学、材料学、物理学、化学、环境科学、晶体学、矿物学方面都有重要意义。

钛硅铁钠石

【化学性质】

钛硅铁钠石是一种含 Na、Fe、Ti、O 的[Si_2O_6]链状基型硅酸盐类矿物,其晶体化学式为$(Na,Ca)_4(Fe^{2+},Ti,Mg)_{12}[Si_2O_6]_6O_2$。主要成分为 Na、Fe、Ti、Si、O,类质同象替代成分有 Ca、K、Mg、Al、Mn、Zn、Zr、Cl。

化学成分中氧化物的质量分数为 Na_2O 6.73%、CaO 1.08%、MgO 1.08%、ZrO_2 0.08%、TiO_2 9.77%、MnO 1.65%、Al_2O_3 1.90%、ZnO 0.05%、FeO 35.76%、Fe_2O_3 3.07%、SiO_2 38.83%。

【结晶形态】

钛硅铁钠石属于三斜晶系,单面晶类,对称型为1。晶体呈片状、板状、块状等(图 4-5-5)。有双晶。

第四章 链状基型硅酸盐矿物学

(a) 钛硅铁钠石（俄罗斯）　　　　　　　(b) 钛硅铁钠石（格陵兰岛）

图 4-5-5　钛硅铁钠石

【物理特征】

钛硅铁钠石的颜色呈深黑色、红棕色到黑色。条痕为红棕色。透明至不透明。油脂光泽、半金刚光泽。色散弱。多色性明显：浅棕色，棕色，深棕色。

二轴晶（＋）。折射率为 Np＝1.780～1.800、Nm＝1.800～1.820、Ng＝1.870～1.900，双折射率为 0.09～0.10。$2V$＝27°～55°（测量）、56°～60°（计算）。

{010}、{100}解理完全。性脆。断口呈不规则、不均匀的贝壳状。摩氏硬度为 5.5～6，相对密度为 3.74～3.85（测量）、3.62（计算）。

【晶体结构】

钛硅铁钠石属于三斜晶系，空间群为 $P\bar{1}$（图 4-5-6）。晶胞参数：a＝1.042 nm、b＝1.084 nm、c＝0.894 nm，α＝105.18°，β＝96.57°，γ＝125.38°，Z＝1。X 射线粉晶主要衍射数据 $d(\text{Å})(I/I_{max})$ 为 8.11(100)、3.14(100)、2.71(80)，见图 4-5-7。

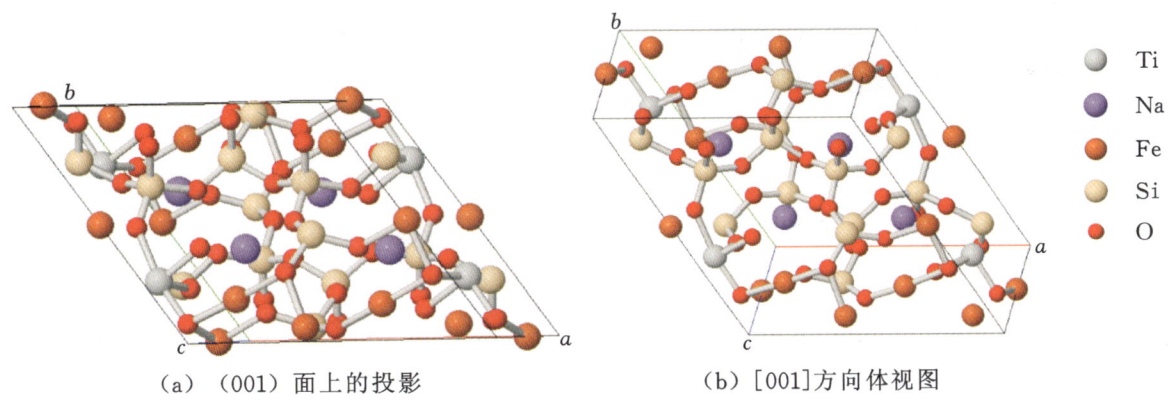

(a) (001) 面上的投影　　　　　　　(b) [001]方向体视图

图 4-5-6　钛硅铁钠石的晶体结构

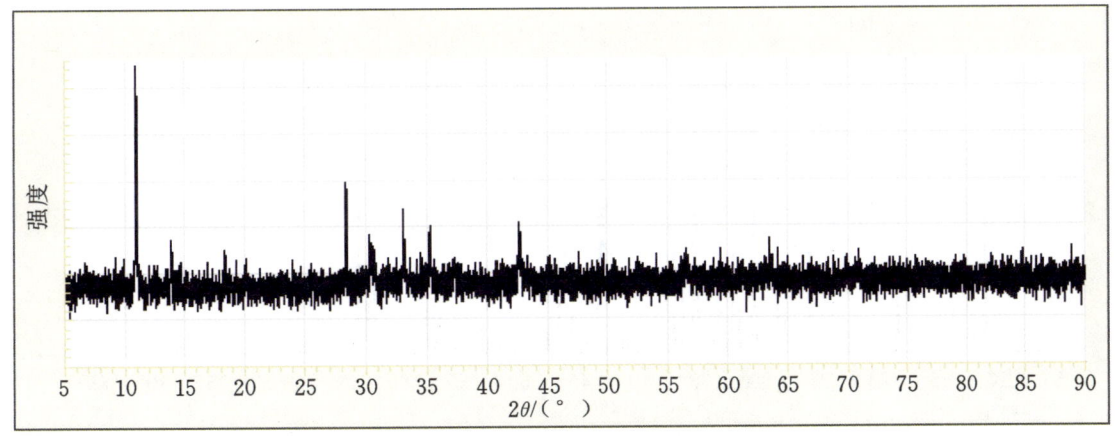

图 4-5-7　钛硅铁钠石的 X 射线粉晶衍射图

【产状产地】

钛硅铁钠石产于富钠碱性火山岩、伟晶岩、贫硅岩浆岩中,主要产地有俄罗斯、丹麦(格陵兰岛)。

【主要用途】

钛硅铁钠石在地质学、物理学、化学、材料学、环境科学、晶体学、矿物学方面都有重要意义。

钛硅镁钙石

【化学性质】

钛硅镁钙石是一种含 Ca、Mg、Fe、Ti、O 的[$AlSiO_6$]链状基型硅酸盐类矿物,其晶体化学式为 $Ca_2(Mg,Fe^{2+},Fe^{3+},Ti)_6(Si,Al)_6O_{20}$。主要成分为 Ca、Mg、Fe、Ti、Al、Si、O,类质同象替代成分有 Na、K、Al、Mn、Zn、Zr、F、Cl。

化学成分中氧化物的质量分数为 K_2O 0.58%、Na_2O 0.76%、CaO 12.39%、MgO 12.37%、TiO_2 9.81%、Al_2O_3 16.90%、FeO 11.47%、Fe_2O_3 11.76%、SiO_2 23.96%。

【结晶形态】

钛硅镁钙石属于三斜晶系,单面晶类,对称型为 1。晶体呈板状、柱状、粒状、块状等(图 4-5-8)。

图 4-5-8 钛硅镁钙石(德国)

【物理特征】

钛硅镁钙石的颜色呈棕色、红黑色、黑色。条痕为棕红色。透明至不透明。玻璃光泽、半金属光泽。色散明显。多色性明显:深绿色、棕色、红棕色,深红棕色、深绿色、棕色、暗红棕色、黑色。

二轴晶(+)。折射率为 Np=1.795~1.810、Nm=1.806~1.825、Ng=1.830~1.845,双折射率为 0.035。$2V=50°$~$90°$(测量)、$70°$~$84°$(计算)。

{010}、{001}解理完全。性脆。断口呈不规则、不平整的贝壳状。摩氏硬度为 5~6,相对密度为 3.40~3.76(测量)、3.44(计算)。

【晶体结构】

钛硅镁钙石属于三斜晶系,空间群为 $P1$。晶胞参数:$a=1.048$ nm、$b=1.092$ nm、$c=0.917$ nm,$α=101.43°$、$β=96.95°$、$γ=129.68°$,$Z=2$。X 射线粉晶衍射数据 $d(Å)(I/I_{max})$ 为 2.947(100)、2.783(30)、2.691(65)、2.550(70)、2.092(56)、1.991(25)、1.498(38),见图 4-5-9。

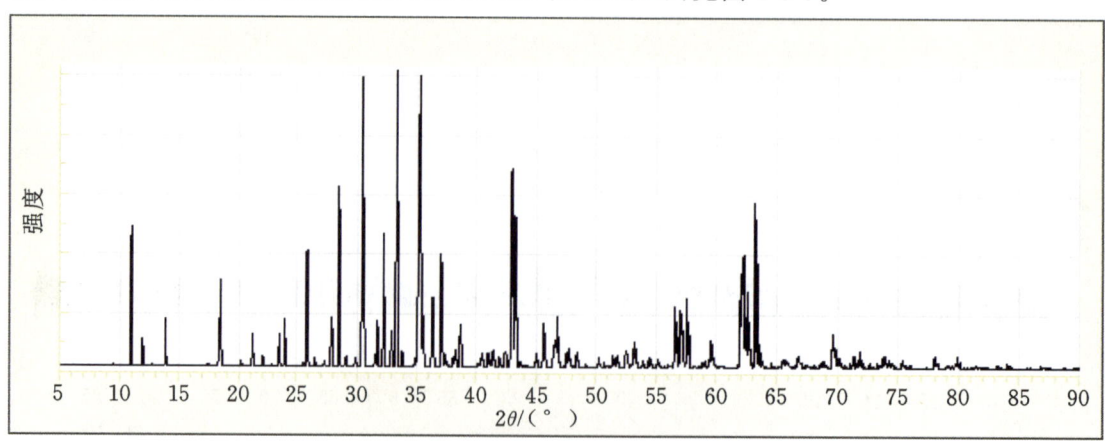

图 4-5-9 钛硅镁钙石的 X 射线粉晶衍射图

【产状产地】

钛硅镁钙石作为主要矿物或角闪石的蚀变矿物产于硅质不饱和、碱性的镁铁质岩浆岩中,主要产地有德国。

【主要用途】

钛硅镁钙石在地质学、物理学、化学、材料学、环境科学、晶体学、矿物学方面都有重要意义。

水硅钠锰石族

水硅钠锰石(raite)	$Na_4Mn_4^{2+}Si_8(O,OH)_{24} \cdot 9H_2O$
硅钛铌钠石(zorite)	$Na_6(Ti,Nb)_5[Si_{12}O_{34}](O,OH)_5 \cdot 11H_2O$
钠钛硅石(ilmajokite)	$(Na,Ba,Ce)_2TiSi_3O_5(OH)_{10} \cdot nH_2O$

水硅钠锰石

【化学性质】

水硅钠锰石是一种含 Na、Mn、(OH)、H_2O 的 $[Si_8O_{20}]$ 链状基型硅酸盐类矿物,其晶体化学式为 $Na_4Mn_4^{2+}Si_8(O,OH)_{24} \cdot 9H_2O$。主要成分为 Na、Mn、Si、H、O,类质同象替代成分有 Ca、K、Fe、Mg、Al、Ti、Zr、RE、Nb、Ta、C。

化学成分中氧化物的质量分数为 Na_2O 11.24%、K_2O 0.17%、CaO 1.24%、MgO 0.16%、MnO 15.00%、TiO_2 3.11%、ZrO_2 0.16%、Al_2O_3 0.12%、RE_2O_3 0.16%、Fe_2O_3 1.86%、$(Nb,Ta)_2O_5$ 0.44%、FeO 0.37%、SiO_2 44.67%、CO_2 0.40%、H_2O^+ 8.01%、H_2O^- 11.36%。理想值为 Na_2O 11.78%、MnO 26.96%、SiO_2 45.67%、H_2O 17.12%。

【结晶形态】

水硅钠锰石属于斜方晶系,斜方四面体晶类,对称型为 222。晶体呈纤维状、针状、粒状、块状(图 4-5-10)。

(a) 水硅钠锰石(加拿大)

(b) 水硅钠锰石(俄罗斯)

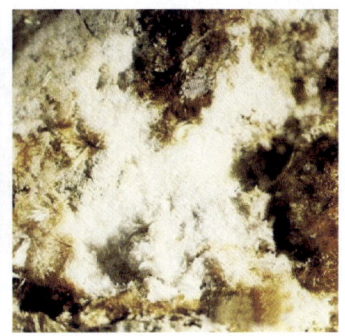

图 4-5-10 水硅钠锰石

【物理特征】

水硅钠锰石的颜色呈浅棕色、棕色、红棕色、棕褐色、金黄色、紫红色、玫瑰色、青铜色。条痕为浅黄色。透明、半透明。玻璃光泽、丝绢光泽。色散弱。多色性较明显:无色,淡黄色,金棕色。

二轴晶(+/−)。折射率为 Np=1.540、Nm=1.542、Ng=1.550,双折射率为 0.010。2V=53°(测量)、54°(计算)。

{100}、{010}、{001}解理完全。性脆。断口呈不规则、不平整的贝壳状。摩氏硬度为3,相对密度为2.32～2.39(测量)、2.38(计算)。

【晶体结构】

水硅钠锰石属于斜方晶系,空间群为C222。晶胞参数：$a=3.06$ nm、$b=0.531$ nm、$c=1.820$ nm、$Z=4$。X射线粉晶主要衍射数据$d(Å)(I/I_{max})$为11.40(100)、2.94(100)、2.64(100)。

【产状产地】

水硅钠锰石分布于碱性伟晶岩中含较多霞石的裂隙壁上(微斜长石的空洞中),伴生有少量的钠沸石和其他沸石,主要产地有俄罗斯、加拿大。

【主要用途】

水硅钠锰石在地质学、物理学、化学、材料学、环境科学、晶体学、矿物学、宝石学方面都有重要意义。

硅钛铌钠石

【化学性质】

硅钛铌钠石又称佐硅钛钠石,是一种含Na、Ti、Nb、OH和H_2O的$[Si_6O_{17}]$链状基型硅酸盐类矿物,其晶体化学式为$Na_6(Ti,Nb)_5[Si_{12}O_{34}](O,OH)_5 \cdot 11H_2O$。主要成分为Na、Ti、Nb、Si、H、O,类质同象替代成分有Ca、K、Mn、Mg、Fe、Zr、Nb、Ta、F、C、P。

化学成分中氧化物及元素的质量分数为Na_2O 15.09%、K_2O 0.69%、TiO_2 15.21%、ZrO_2 0.23%、Nb_2O_5 5.95%、Al_2O_3 4.92%、Fe_2O_3 0.53%、MgO 0.10%、CaO 0.58%、SiO_2 41.70%、H_2O^+ 11.31%、H_2O^- 3.17%、CO_2 0.18%、P_2O_5 0.05%、F 0.29%。

【结晶形态】

硅钛铌钠石属于斜方晶系,斜方双锥晶类,对称型为mmm。晶体呈纤维状、针状、柱状、板状等(图4-5-11)。

图4-5-11 硅钛铌钠石(俄罗斯)

【物理特征】

硅钛铌钠石的颜色呈无色、白色、玫瑰红色、粉红色。条痕为白色。透明。玻璃光泽。色散较强。多色性较弱:玫瑰色,无色,天蓝色。

二轴晶,其他数据不清。

{010}、{001}解理完全,{110}中等。性脆。断口呈不均匀、不平整的贝壳状。摩氏硬度为3～4,相对密度为2.36～2.40(测量)、2.33(计算)。

【晶体结构】

硅钛铌钠石属于斜方晶系,空间群为 $Cmmm$(图 4-5-12)。晶胞参数:$a=2.391$ nm、$b=0.723$ nm、$c=1.424$ nm,$Z=6$。X 射线粉晶主要衍射数据 $d(\text{Å})(I/I_{max})$ 为 11.60(80)、6.90(100)、3.38(80)、3.07(80)、2.98(80)、1.74(80),见图 4-5-13。

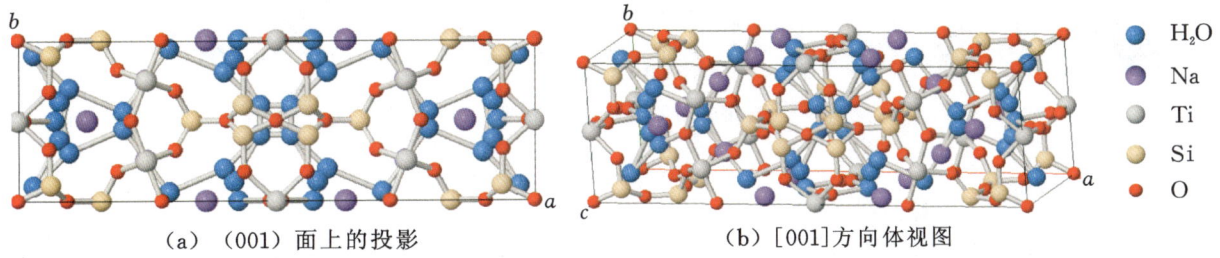

(a)(001)面上的投影　　　　(b)[001]方向体视图

图 4-5-12　硅钛铌钠石的晶体结构

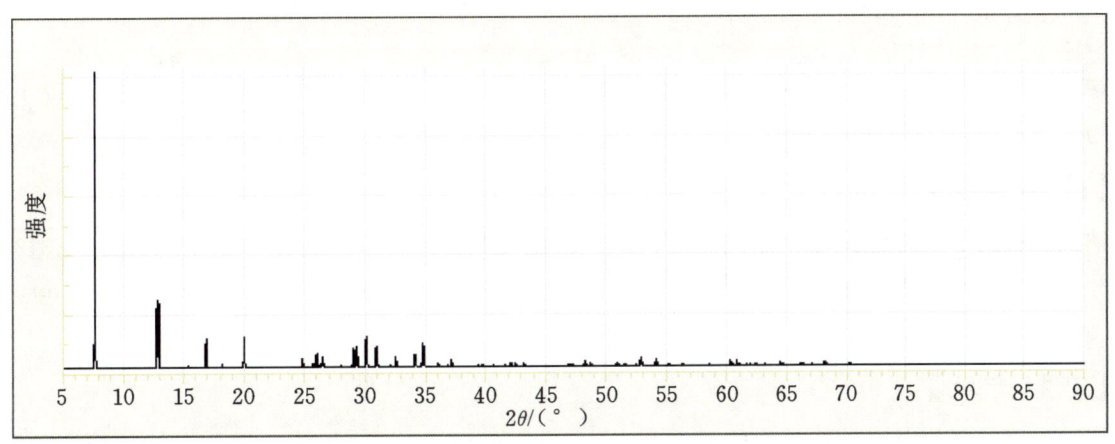

图 4-5-13　硅钛铌钠石的 X 射线粉晶衍射图

【产状产地】

硅钛铌钠石产于碱性伟晶岩的裂缝和空洞中,与其共生伴生的矿物有水硅钠锰石、钠沸石等,主要产地有俄罗斯。

【主要用途】

硅钛铌钠石在地质学、物理学、化学、材料学、环境科学、晶体学、矿物学、宝石学方面都有重要意义。

钠钛硅石

【化学性质】

钠钛硅石是一种含 Na、Ba、REE、Ti、H_2O 的具有复杂链状的基型硅酸盐类矿物,其晶体化学式为 $(Na,Ba,Ce)_2TiSi_3O_5(OH)_{10} \cdot nH_2O$。主要成分为 Ba、K、Na、Ce、Ti、Si、H、O,类质同象替代成分有 Ca、Sr、K、Al、Zr、REE、Fe、Nb、Ta、C。

化学成分中氧化物的质量分数为 BaO 5.64%、Na_2O 8.54%、La_2O_3 2.99%、Ce_2O_3 3.24%、TiO_2 14.68%、SiO_2 34.95%、H_2O 29.80%。

【结晶形态】

钠钛硅石属于单斜晶系,斜方柱晶类,对称型为 $2/m$。晶体呈柱状、粒状、块状等(图 4-5-14)。

图 4-5-14　钠钛硅石（俄罗斯）

【物理特征】

钠钛硅石的颜色呈亮黄色、浅黄色。条痕为白色。透明至半透明。玻璃光泽。色散较强。多色性弱。

二轴晶（+）。折射率为 Np=1.573、Nm=1.576、Ng=1.579，双折射率为 0.006。$2V=88°$（计算）。

解理较好。性脆。断口呈不规则、不平整的贝壳状。摩氏硬度为 1，相对密度为 2.20（测量）、2.19（计算）。

【晶体结构】

钠钛硅石属于单斜晶系，空间群为 $C2/c$、Cc。晶胞参数：$a=3.591$ nm、$b=2.778$ nm、$c=3.313$ nm，$\beta=96.49°$。X 射线粉晶衍射数据 d(Å)(I/I_{max}) 为 11.50(100)、10.90(70)、10.20(90)、4.30(100)、3.70(70)、3.10(90)、2.44(100)。

【产状产地】

钠钛硅石产于层状碱性伟晶岩的晶洞壁上，在空气中迅速分解，与其共生伴生的矿物有钠沸石、石盐、闪锌矿，主要产地有俄罗斯。

【主要用途】

钠钛硅石在地质学、物理学、化学、材料学、晶体学、矿物学方面都有重要意义。

第五章 层状基型硅酸盐矿物学

层状硅酸盐矿的基本晶体结构单元有(SiO_4)四面体层(T)与八面体层(MgO_6、AlO_6、FeO_6等)(O)。

四面体片顶氧的一个六方网格范围内有3个共棱相连的八面体与之对应[图5-1(a)]。借助活性顶氧相联系的四面体片和八面体片,3个八面体的公共角顶,恰好是六方网格中心的附加阴离子(OH)[图5-1(b)]。

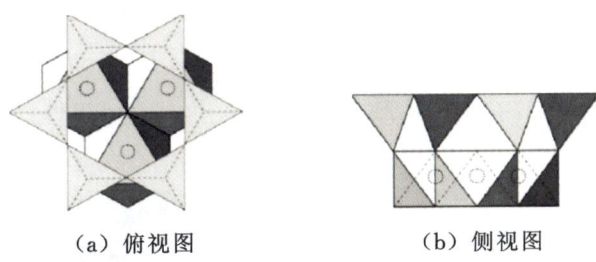

(a) 俯视图　　(b) 侧视图

虚圆为八面体中心阳离子位置。

图 5-1　层状基型硅酸盐的基本结构特征——四面体片和八面体片的置配

为了保持电价平衡,若二价阳离子进入八面体中心,需要3个八面体中心被占据,这样的结构层称为三八面体层;若三价阳离子充填这些位置,则只需两个八面体中心被占据,这样的结构层称为二八面体层。

高岭石晶体结构中T:O=1:1、无膨胀,云母晶体结构中T:O=2:1、无膨胀,蛭石晶体结构中T:O=2:1、中度膨胀,蒙脱石晶体结构中T:O=2:1、高度膨胀,绿泥石晶体结构中T:O=2:1、无膨胀,见图5-2。

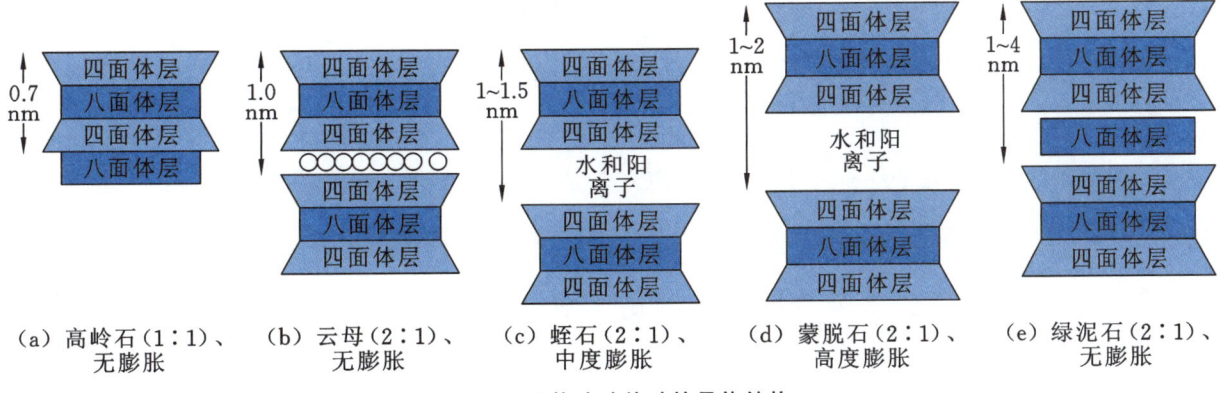

(a) 高岭石(1:1)、无膨胀　(b) 云母(2:1)、无膨胀　(c) 蛭石(2:1)、中度膨胀　(d) 蒙脱石(2:1)、高度膨胀　(e) 绿泥石(2:1)、无膨胀

图 5-2　层状硅酸盐矿的晶体结构

第一节 单一硅酸盐

硅铁钡矿族

硅钡铁矿（taramellite）	BaFe[Si$_4$O$_{10}$]
硅钙铜矿（cuprorivaite）	CaCu[Si$_4$O$_{10}$]
硅钡铜矿（effenbergerite）	BaCu[Si$_4$O$_{10}$]
硅锶铜矿（wesselsite）	SrCu[Si$_4$O$_{10}$]

硅钡铁矿

【化学性质】

硅钡铁矿是一种含 Ba、Fe 的[Si$_4$O$_{10}$]层状基型硅酸盐类矿物，其晶体化学式为 BaFe[Si$_4$O$_{10}$]。主要成分为 Ba、Fe、Si、O，类质同象替代成分有 Na、K、Ca、Sr、Cu、Al、Mn 等。

化学成分中氧化物的质量分数为 BaO 32.94%、FeO 15.43%、SiO$_2$ 51.63%。

【结晶形态】

硅钡铁矿属于四方晶系，复四方双锥晶类，对称型为 $4/mmm$。晶体呈柱状、粒状、块状（图 5-1-1）。

图 5-1-1　硅钡铁矿（意大利）

【物理特征】

硅钡铁矿的颜色呈红色。条痕为白色、淡红色。透明至半透明。玻璃光泽。色散弱。多色性明显：无色，红色。无荧光。

一轴晶（－）。折射率为 No=1.621、Ne=1.619，双折射率为 0.002。

{001}、{100}解理完全，{110}解理较差。性脆。断口呈不平整、不规则的贝壳状。摩氏硬度为 4，相对密度为 3.33（测量）、3.40（计算）。

【晶体结构】

硅钡铁矿属于四方晶系，空间群为 $P4/ncc$（图 5-1-2）。晶胞参数：$a=0.751$ nm、$c=1.608$ nm，$Z=4$。X 射线粉晶主要衍射数据 d(Å)(I/I_{max})为 4.41(70)、3.39(100)、3.22(70)，见图 5-1-3。

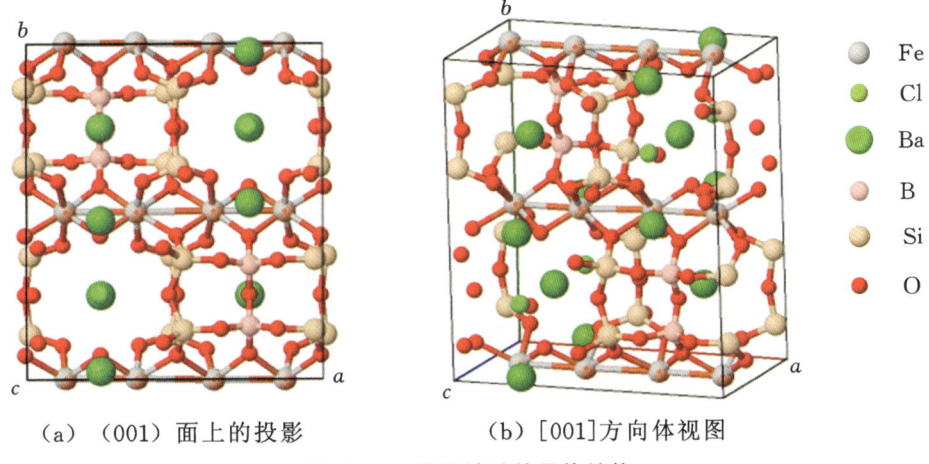

(a) (001)面上的投影 (b) [001]方向体视图

图 5-1-2　硅钡铁矿的晶体结构

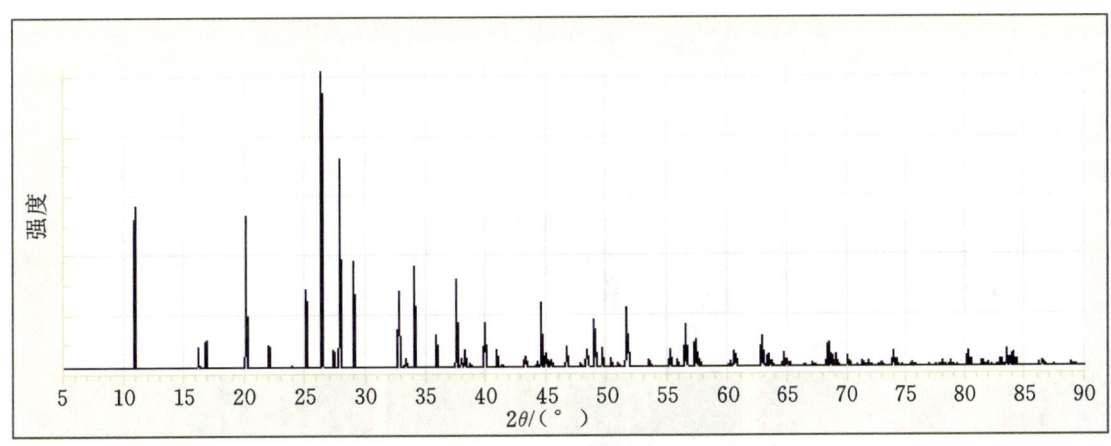

图 5-1-3　硅钡铁矿的 X 射线粉晶衍射图

硅钡铁矿具有一种双层结构，[SiO_4]四面体共角顶组成四方环，四方环与不在同一高度的其他四方环相连，组成一种二维延伸的两层[SiO_4]四面体层，层平行于(001)平面。每个[SiO_4]四面体有 3 个角顶共用，余一个活性氧。Fe 原子位于 4 个相邻的活性氧之间，呈平行四边形状的四次配位，平行于(001)。Ba 的配位数为八，联结起所有双四面体层，见图 5-1-4。

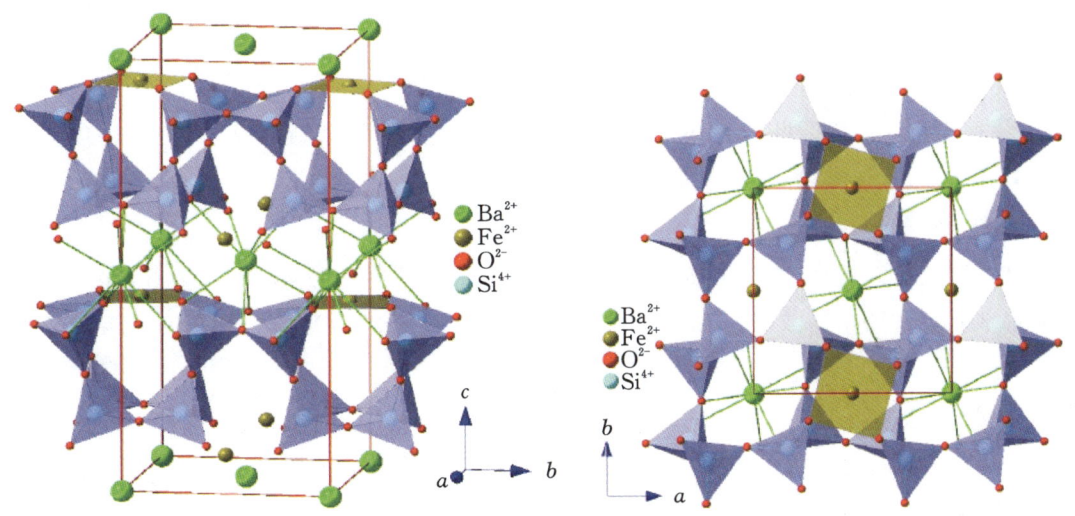

双[SiO_4]四面体层由八次配位的 Ba 离子连接起来，Fe 呈四边形配位；结构中双[SiO_4]四面体层沿 c 轴的投影，可见 Ba 和 Fe 的配位情况。

图 5-1-4　硅钡铁矿的晶体结构 2

与硅钡铁矿晶体结构相似的矿物还有硅钙铜矿、硅钡铜矿、硅锶铜矿等,以及它们之间的过渡系列矿物。

【产状产地】

硅钡铁矿发现于冰川冰碛、干燥三角洲中,可能来自接触变质带。与硅钡铁矿共生伴生的矿物有硅铁钡矿、水硅钙铜矿、硅钡石、钠长石、黑云母、铁铝榴石等。硅钡铁矿的主要产地有美国阿拉斯加、墨西哥、加拿大等。

【主要用途】

硅钡铁矿在地质学、物理学、化学、晶体学、矿物学、宝石学等方面都有重要意义。

硅钙铜矿

【化学性质】

硅钙铜矿是一种含 Ca、Cu 的 $[Si_4O_{10}]$ 层状基型硅酸盐类矿物,其晶体化学式为 $CaCu[Si_4O_{10}]$。主要成分为 Ca、Cu、Si、O,类质同象替代成分有 Na、K、Ba、Sr、Al、Fe、Mn。

化学成分中氧化物的质量分数为 CaO 14.92%、CuO 21.16%、SiO_2 63.92%。

【结晶形态】

硅钙铜矿属于四方晶系,复四方双锥晶类,对称型为 $4/mmm$。晶体呈柱状、粒状、块状(图 5-1-5)。

(a) 硅钙铜矿(德国)   (b) 硅钙铜矿(美国)

图 5-1-5 硅钙铜矿

【物理特征】

硅钙铜矿的颜色呈蓝色、淡蓝色。条痕为浅蓝色。透明至半透明。玻璃光泽。色散弱。多色性弱:蓝色,无色。

一轴晶(-)。折射率为 No=1.633、Ne=1.590,双折射率为 0.043。

{001}解理完全。性脆。断口呈不平整、不规则的贝壳状。摩氏硬度为 5,相对密度为 3.08(测量)、3.10(计算)。

【晶体结构】

硅钙铜矿属于四方晶系,空间群为 $P4/ncc$(图 5-1-6)。晶胞参数:$a=0.730$ nm、$c=1.512$ nm、$Z=4$。X 射线粉晶主要衍射数据 $d(Å)(I/I_{max})$ 为 3.78(0.9)、3.29(100)、3.00(0.9)。结构与硅钡铁矿相同。

【产状产地】

硅钙铜矿产于与石英紧密混合的火山岩体中,与其共生伴生的矿物有石英,主要产地有意大利、德国、美国(俄勒冈)。

【主要用途】

硅钙铜矿在地质学、物理学、化学、环境科学、晶体学、矿物学、宝石学等方面都有重要意义。

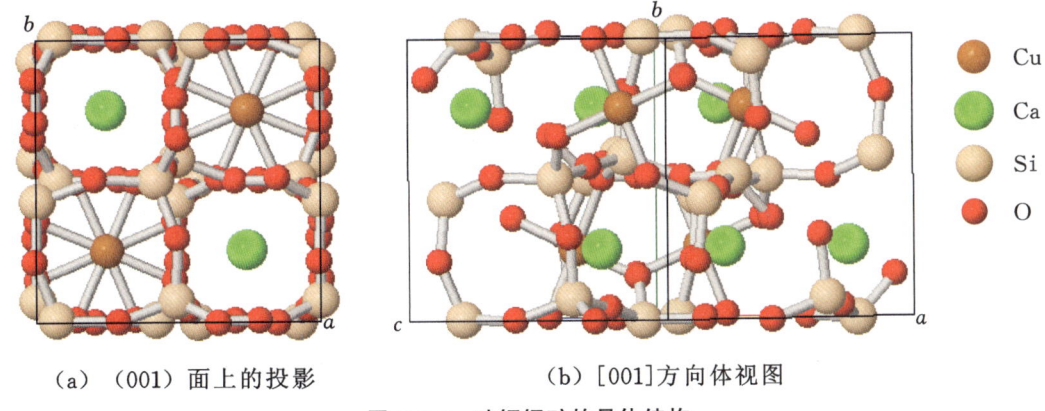

(a) (001)面上的投影　　　　(b) [001]方向体视图

图 5-1-6　硅钙铜矿的晶体结构

硅钡铜矿

【化学性质】

硅钡铜矿是一种含 Ba、Cu 的 $[Si_4O_{10}]$ 层状基型硅酸盐类矿物,其晶体化学式为 $BaCu[Si_4O_{10}]$。主要成分为 Ba、Cu、Si、O,类质同象替代成分有 Ca、Na、K、Fe、Sr、Al、Mn 等。

化学成分中氧化物的质量分数为 BaO 32.40%、CuO 16.81%、SiO_2 50.79%。

【结晶形态】

硅钡铜矿属于四方晶系,复四方双锥晶类,对称型为 $4/mmm$。晶体呈柱状、粒状、块状(图 5-1-7)。主要单形有{100}、{110}、{001}、{102}。

图 5-1-7　硅钡铜矿(南非)

【物理特征】

硅钡铜矿的颜色呈蓝色、浅蓝色、近无色。条痕为浅蓝色。透明至半透明。玻璃光泽、丝绢光泽。色散弱。多色性较明显:深蓝色,淡蓝色。无荧光。

一轴晶(−)。折射率为 No=1.633、Ne=1.593,双折射率为 0.040。

{001}解理完全,{110}解理较差。性脆。断口呈不平整、不规则的贝壳状或次贝壳状。摩氏硬度为 4~5,相对密度为 3.51~3.57(测量)、3.52(计算)。

【晶体结构】

硅钡铜矿属于四方晶系,空间群为 $P4/ncc$。晶胞参数:a=0.744 nm、c=1.613 nm,Z=4。X 射线粉晶主要衍射数据 d(Å)(I/I_{max})为 8.062(100)、3.200(44)、2.394(41),见图 5-1-8。硅钡铜矿的晶体结构与硅钡铁矿相同。

【产状产地】

硅钡铜矿产于变质的锰矿区。与硅钡铜矿共生伴生的矿物有钠锂大隅石、褐锰矿、黑锰矿等,主要产地有南非。

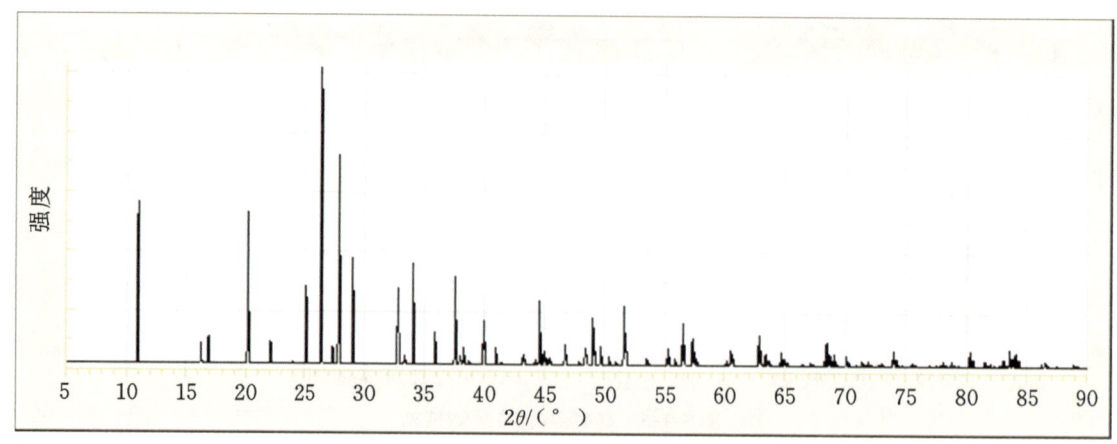

图 5-1-8　硅钡铜矿的 X 射线粉晶衍射图

【主要用途】

硅钡铜矿在地质学、物理学、化学、材料学、环境科学、晶体学、矿物学、宝石学等方面都有一定意义。

硅锶铜矿

【化学性质】

硅锶铜矿是一种含 Sr、Cu 的 $[Si_4O_{10}]$ 层状基型硅酸盐类矿物,其晶体化学式为 $SrCu[Si_4O_{10}]$。主要成分为 Sr、Cu、Si、O,类质同象替代成分有 Ca、Ba、Na、K、Fe、Al、Mn。

化学成分中氧化物的质量分数为 SrO 24.47%、CuO 18.78%、SiO_2 56.75%。

【结晶形态】

硅锶铜矿属于四方晶系,复四方双锥晶类,对称型为 $4/mmm$。晶体呈柱状、粒状、块状等(图 5-1-9)。主要单形有{100}、{110}、{001}、{102}。

图 5-1-9　硅锶铜矿(南非)

【物理特征】

硅锶铜矿的颜色呈蓝色、浅蓝色、近无色。条痕为浅蓝色、白色。透明至半透明。玻璃光泽。色散弱。多色性较明显:深蓝色,淡蓝色。无荧光。

一轴晶(一)。折射率为 No=1.630、Ne=1.590,双折射率为 0.040。

{001}解理完全。性脆。断口呈不平整、不均匀的贝壳状或次贝壳状。摩氏硬度为 4~5,相对密度为 3.20(测量)、3.33(计算)。

【晶体结构】

硅锶铜矿属于四方晶系,空间群为 $P4/ncc$ (图 5-1-10)。晶胞参数:$a=0.738$ nm、$c=1.566$ nm,$Z=4$。X 射线粉晶主要衍射数据 d(Å)(I/I_{max})为 3.33(100)、3.12(55)、3.03(50),见图 5-1-11。

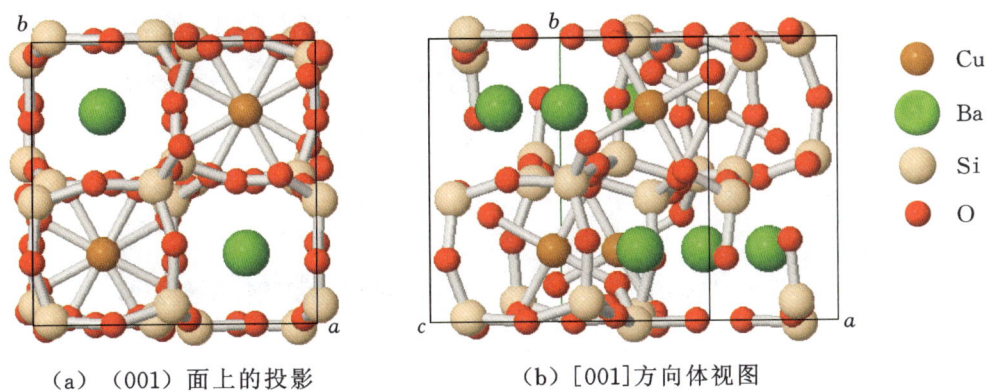

(a) (001)面上的投影　　　　(b) [001]方向体视图

图 5-1-10　硅锶铜矿的晶体结构

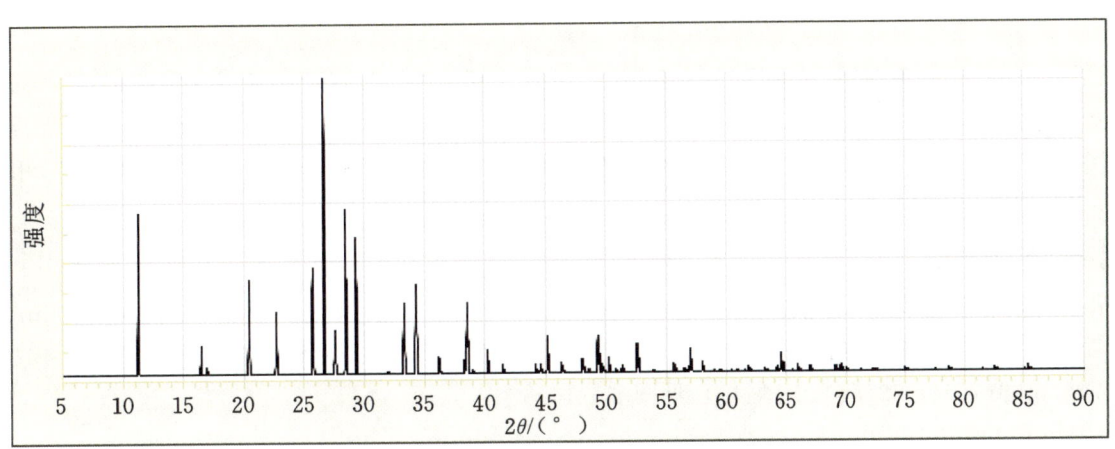

图 5-1-11　硅锶铜矿的 X 射线粉晶衍射图

【产状产地】

硅锶铜矿产于变质的锰矿区。与硅锶铜矿共生伴生的矿物有钠锂大隅石、褐锰矿、黑锰矿等,主要产地有南非。

【主要用途】

硅锶铜矿在地质学、物理学、化学、材料学、晶体学、矿物学等方面都有一定意义。

硅钡石族

硅钡石(sanbornite)　　　　　　　$Ba_2[Si_4O_{10}]$

硅钡石

【化学性质】

硅钡石是一种含 Ba 的 $[Si_4O_{10}]$ 层状基型硅酸盐类矿物,其晶体化学式为 $Ba_2[Si_4O_{10}]$。主要成分为 Ba、Si、O,类质同象替代成分有 Ca、Sr、Na、K、Cu、Fe、Al、Mg、Mn、H_2O 等。

化学成分中氧化物的质量分数为 SiO_2 44.16%、Al_2O_3 0.41%、Fe_2O_3 0.14%、MgO 0.28%、CaO 0.20%、SrO 0.08%、BaO 54.04%、H_2O 0.69%。

【结晶形态】

硅钡石属于斜方晶系,斜方双锥晶类,对称型为 mmm。晶体呈片状、薄板状、板状、块状等(图 5-1-12)。常依{100}成双晶。

图 5-1-12　硅钡石（墨西哥）

【物理特征】

硅钡石的颜色呈无色、白色。条痕为白色。透明至半透明。玻璃光泽、丝状光泽。色散弱。多色性弱。

二轴晶（−）。折射率为 Np＝1.597、Nm＝1.616、Ng＝1.624，双折射率为 0.027。$2V=66°$（测量）、64°（计算）。

{001}、{100}、{010}解理较完全。性脆。断口呈不规则、不均匀的贝壳状。摩氏硬度为 5，相对密度为 3.70～3.74（测量）、3.77（计算）。

【晶体结构】

硅钡石属于斜方晶系，空间群为 $Pmcn$（图 5-1-13）。晶胞参数：$a=0.463$ nm、$b=0.769$ nm、$c=1.352$ nm，$Z=4$。X 射线粉晶衍射数据 d(Å)(I/I_{max}) 为 6.79(30)、5.08(30)、3.97(100)、3.42(50)、3.34(70)、3.09(75)、2.72(55)、2.13(40)，见图 5-1-14。

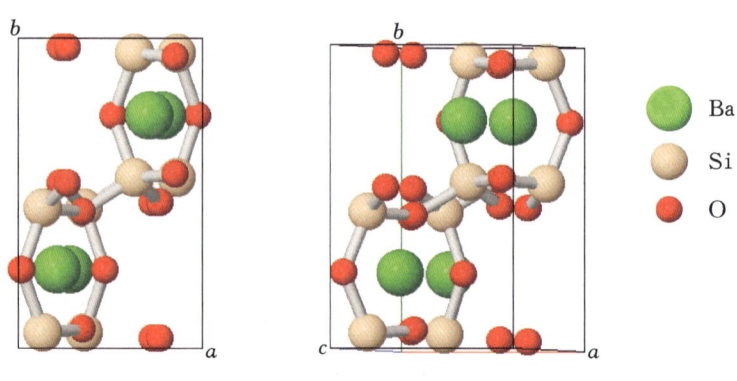

(a)　(001)面上的投影　　(b)　[001]方向体视图

图 5-1-13　硅钡石的晶体结构 1

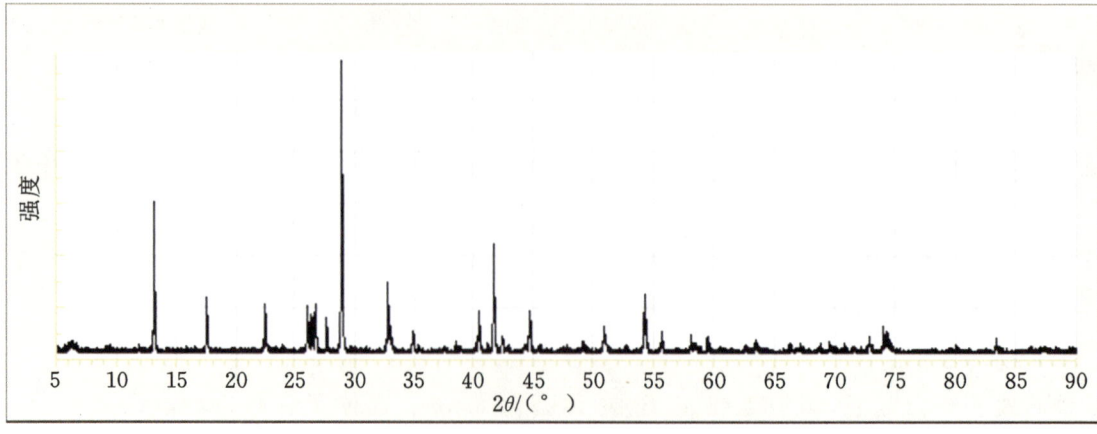

图 5-1-14　硅钡石的 X 射线粉晶衍射图

图 5-1-13、图 5-1-15 为硅钡石不同方位的晶体结构模型，晶体结构中[SiO₄]四面体以角顶相连形成平行于(001)的六元环状层。多余的活性氧分别伸向层的两侧。相邻层相对移动约一个[SiO₄]四面体的棱长，Ba 原子位于其间，并处在两个不同的高度上。

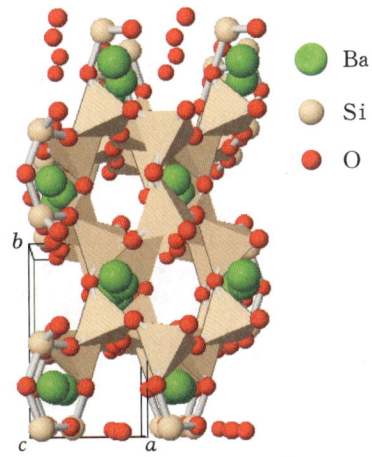

图 5-1-15　硅钡石的晶体结构 2

【产状产地】

硅钡石是一种 β-Ba₂[Si₄O₁₀]高温相，为大型花岗岩侵入体边缘或附近钡硅酸盐组合的主要成分。与硅钡石共生伴生的矿物有硅铁钡矿、石英、毒重石等，主要产地有美国（加利福尼亚）、墨西哥等。

【主要用途】

硅钡石在地质学、物理学、化学、材料学、环境科学、晶体学、矿物学等方面都有一定意义。

硅钠石族

| 硅钠石（natrosilite） | Na₄[Si₄O₁₀] |
| 硅钠铝石（natrolite） | Na₂Al[(Al,Si)₄O₁₀]·2H₂O |

硅 钠 石

【化学性质】

硅钠石是一种含 Na 的[Si₄O₁₀]层状基型硅酸盐类矿物，其晶体化学式为 Na₄[Si₄O₁₀]。主要成分为 Na、Si、O，类质同象替代成分有 Ca、K、H₂O 等。

化学成分中氧化物的质量分数为 SiO₂ 65.97%、Na₂O 33.96%、K₂O 0.01%、H₂O 0.06%。

【结晶形态】

硅钠石属于单斜晶系，斜方柱晶类，对称型为 $2/m$。晶体呈假六方厚板状、柱状、粒状、块状（图 5-1-16）。见{100}双晶。

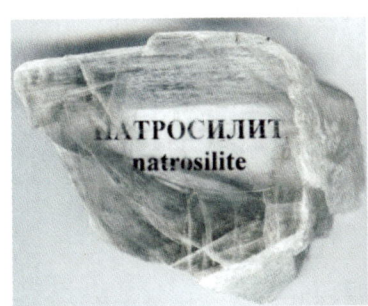

(a) 硅钠石（俄罗斯）　　　　　　　　(b) 硅钠石（加拿大）

图 5-1-16　硅钠石

【物理特征】

硅钠石的颜色呈无色、白色。条痕为白色。透明。玻璃光泽、丝绢光泽。

二轴晶（-）。折射率为 Np=1.507，Nm=1.517，Ng=1.521，双折射率为 0.014。2V=49°～64°（测量）、64°（计算）。

{100}解理完全、{001}解理较好、{011}较差。性脆。断口呈不规则、不平整的贝壳状或次贝壳状。摩氏硬度为 5，相对密度为 2.48（测量）、2.51（计算）。

【晶体结构】

硅钠石属于单斜晶系,空间群为 $P2_1/a$(图 5-1-17)。晶胞参数:$a=1.232$ nm、$b=0.484$ nm、$c=0.813$ nm,$\beta=104.24°$,$Z=4$。X 射线粉晶衍射数据 d(Å)(I/I_{max})为 6.06(100)、4.17(60)、3.97(80)、3.64(70)、2.98(90)、2.44(80),见图 5-1-18。

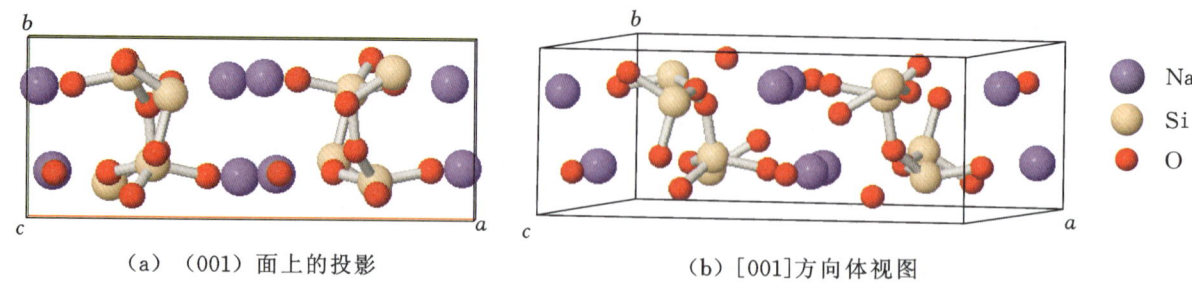

(a) (001)面上的投影　　　　　(b) [001]方向体视图

图 5-1-17　硅钠石的晶体结构

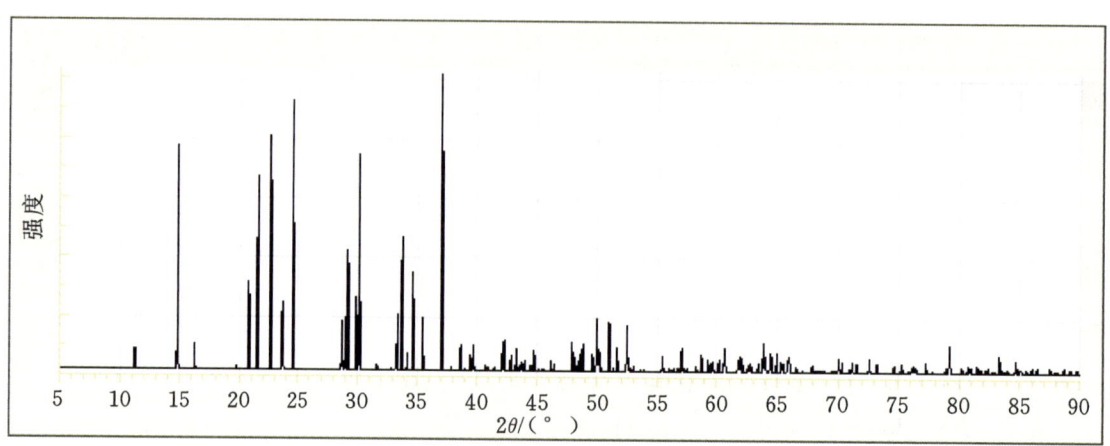

图 5-1-18　硅钠石的 X 射线粉晶衍射图

【产状产地】

硅钠石产于伟晶岩中的碱性霞石正长岩岩体中,与其共生伴生的矿物有霞石、微斜长石、方沸石、钠沸石、磷硅钛钠石、紫脆云母、磷硅钛铌钠石等,主要产地有俄罗斯、加拿大。

【主要用途】

硅钠石在地质学、物理学、化学、环境科学、晶体学、矿物学等方面都有一定意义。

硅钠铝石

【化学性质】

硅钠铝石又称纳沸石,是一种含 Na、Al、H_2O 的[$(Al,Si)_4O_{10}$]层状基型硅酸盐类矿物,其晶体化学式为 $Na_2Al[(Al,Si)_4O_{10}]\cdot 2H_2O$。主要成分为 Na、Al、Si、H、O,类质同象替代成分有 K、Ca。

化学成分中氧化物的质量分数为 Na_2O 16.30%、Al_2O_3 26.82%、SiO_2 47.41%、H_2O 9.47%。

【结晶形态】

硅钠铝石属于斜方晶系,斜方单锥晶类,对称型为 $mm2$。晶体呈针状、长柱状、棒状、柱状,集合体呈放射状、扇状(图 5-1-19)。{110}、{011}、{031}可见双晶。

【物理特征】

硅钠铝石的颜色呈无色、白色、粉红色、黄白色、红白色、黄色、棕色、绿色、蓝色。条痕为白色。透

（a）硅钠铝石的晶体形态　　　　（b）硅钠铝石（澳大利亚）　　　　（c）硅钠铝石（美国新泽西）

图 5-1-19　硅钠铝石

明至半透明。玻璃光泽、丝状光泽。色散弱，多色性无。荧光：短波紫外光下呈亮橙色、淡绿色，长波紫外光下呈亮橙色、绿白色。

二轴晶（＋）。折射率为 Np＝1.473～1.483、Nm＝1.476～1.486、Ng＝1.485～1.496，双折射率为 0.012～0.013。$2V=58°\sim64°$（测量）、$48°\sim62°$（计算）。

{110}解理完全、{010}解理中等。性脆。断口呈不均匀、不平整的贝壳状。摩氏硬度为 5～5.5，相对密度为 2.20～2.26（测量）、2.25（计算）。

【晶体结构】

硅钠铝石属于斜方晶系，空间群为 $Fdd2$（图 5-1-20）。晶胞参数：$a=1.829$ nm、$b=1.864$ nm、$c=0.659$ nm，$Z=8$。X 射线粉晶主要衍射数据 $d(\text{Å})(I/I_{max})$ 为 5.89(85)、2.87(80)、2.85(100)，见图 5-1-21。

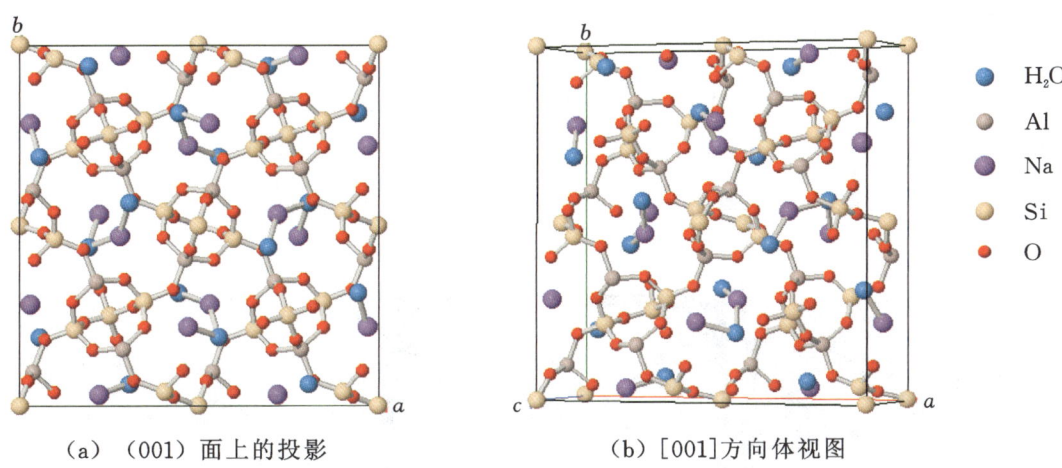

（a）（001）面上的投影　　　　（b）[001]方向体视图

图 5-1-20　硅钠铝石的晶体结构

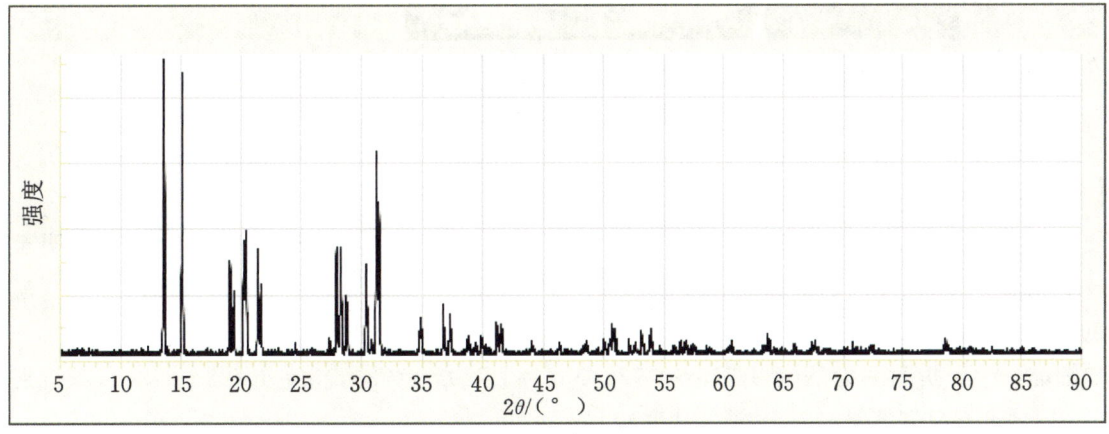

图 5-1-21　硅钠铝石的 X 射线粉晶衍射图

【产状产地】

硅钠铝石产于杏仁状玄武岩和其他相关岩石的洞穴中,主要产地有澳大利亚、德国、美国(新泽西)。

【主要用途】

硅钠铝石在地质学、物理学、化学、晶体学、矿物学、宝石学等方面都有重要意义。

硬绿泥石族

硬绿泥石(chloritoid) $(Fe,Mg,Mn)_2Al_2[(Al_2Si_2)O_{10}](OH)_4$

三斜硬绿泥石(triclinochloritoid) $(Fe,Mg,Mn)_2Al_2[(Al_2Si_2)O_{10}](OH)_4$

硬绿泥石

【化学性质】

硬绿泥石是一种含 Fe、(OH)的 $[(Al_2Si_2)O_{10}]$ 层状基型硅酸盐类矿物,其晶体化学式为 $(Fe,Mg,Mn)_2Al_2[(Al_2Si_2)O_{10}](OH)_4$。主要成分为 Fe、Al、Si、H、O,类质同象替代成分有 Ca、Mg、Mn、Ti。

含 Fe 较高的富铁硬绿泥石,其化学式为 $(Fe,Mg)_2Al_2[(Al_2Si_2)O_{10}](OH)_4$。化学成分中氧化物的质量分数为 FeO 27.06%、Fe_2O_3 1.23%、MnO 0.16%、MgO 0.51%、TiO_2 0.20%、Al_2O_3 40.12%、CaO 0.04%、SiO_2 23.63%、F 0.01%、H_2O 7.04%。

含 Mg 较高的富镁硬绿泥石,其化学式为 $(Mg,Fe)_2Al_2[(Al_2Si_2)O_{10}](OH)_4$。化学成分中氧化物的质量分数为 MgO 4.99%、FeO 17.79%、MnO 2.93%、Al_2O_3 42.07%、SiO_2 24.79%、H_2O 7.43%。

含 Mg 更高一些可形成端元矿物——镁硬绿泥石,其化学式为 $Mg_2Al_2[(Al_2Si_2)O_{10}](OH)_4$。化学成分中氧化物的质量分数为 MgO 18.29%、Al_2O_3 46.27%、SiO_2 27.27%、H_2O 8.17%。

【结晶形态】

硬绿泥石属于单斜晶系,斜方柱晶类,对称型为 $2/m$(三斜硬绿泥石属于三斜晶系,单面晶类,对称型为 1)。晶体呈板状、片状、柱状、粒状等(图 5-1-22)。依{001}见双晶。

(a)硬绿泥石(中国台湾)   (b)硬绿泥石(美国亚利桑那)   (c)硬绿泥石(德国)

图 5-1-22 硬绿泥石

【物理特征】

硬绿泥石的颜色呈绿灰色、深灰色、深绿色、绿黑色、灰黑色。条痕为无色、灰白色。透明至半透明。玻璃光泽、珍珠光泽。色散较强。多色性较明显:绿灰色、橄榄绿、无色或绿蓝色,蓝灰色、靛蓝或蓝绿色。无荧光。

二轴晶(+)。折射率为 Np=1.713~1.730,Nm=1.719~1.734,Ng=1.723~1.740,双折射率为 0.010。$2V=36°~89°$(测量)、$78°~80°$(计算)。

{001}解理完全、{110}解理较好。性脆。断口呈不规则的破碎小片状。摩氏硬度为 6.5,相对密度为 3.40～3.80(测量)、3.47(计算)。

【晶体结构】

硬绿泥石属于单斜晶系,空间群为 $C2/c$(图 5-1-23)。晶胞参数:$a=0.950$ nm、$b=0.550$ nm、$c=1.822$ nm,$\beta=101.90°$,$Z=4$。镁硬绿泥石的晶胞参数有一定变化:$a=0.946$ nm、$b=0.547$ nm、$c=1.818$ nm,$\beta=101.40°$,$Z=4$。X 射线粉晶主要衍射数据 d(Å)(I/I_{max})为 4.498(100)、4.449(100)、2.963(90)、2.639(50)、2.367(70)、2.306(70)、1.581(80),见图 5-1-24。

三斜硬绿泥石是硬绿泥石的一种多型,化学式为$(Fe,Mg,Mn)_2Al_2[Al_2(SiO_4)_2O_2](OH)_4$。三斜晶系,空间群为 $P1$。晶胞参数:$a=0.946$ nm、$b=0.550$ nm、$c=0.915$ nm,$\alpha=97.05°$、$\beta=101.56°$、$\gamma=90.10°$,$Z=4$。

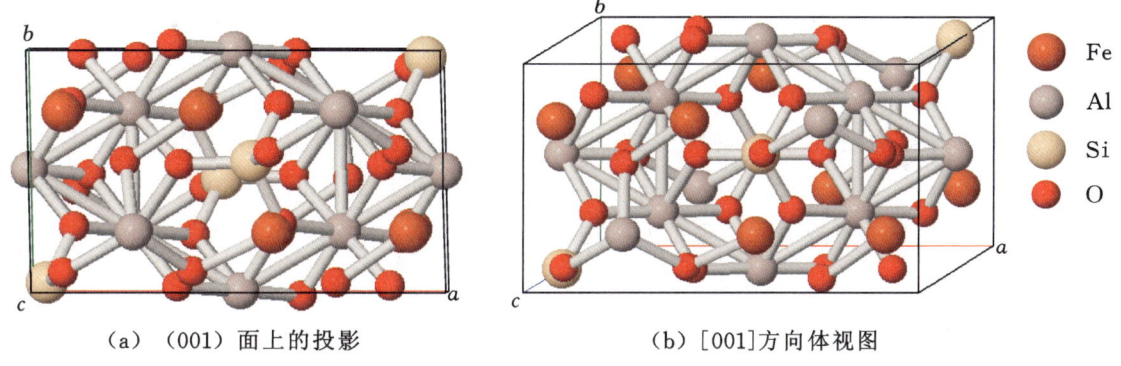

(a) (001)面上的投影　　(b) [001]方向体视图

图 5-1-23　硬绿泥石晶体结构

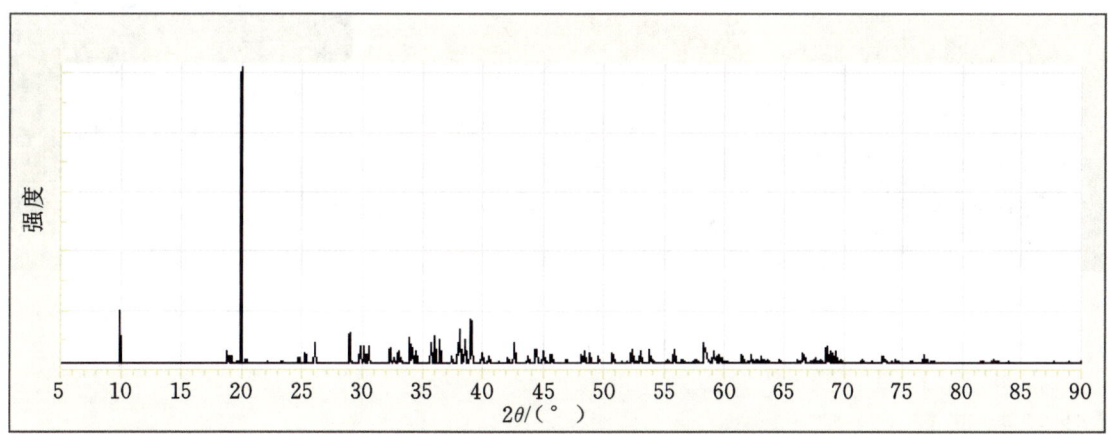

图 5-1-24　硬绿泥石的 X 射线粉晶衍射图

硬绿泥石晶体结构类似于水镁石层和刚玉层平行于(001)相间排列,它们之间通过成层排列的孤立[SiO_4]四面体连接起来。[SiO_4]四面体层与刚玉层联结力较强。而[SiO_4]四面体层与水镁石层(OH 部分替代 O)之间联结力较弱,加热后 OH 层被 O 层替换出现空缺,层中 Fe^{2+} 转变成 Fe^{3+}。

【产状产地】

硬绿泥石产于变质千枚岩、蓝晶石片岩和大理岩中,在接近高温和高压的变质条件下稳定。与硬绿泥石共生伴生的矿物有黑云母、白云母、石榴子石、十字石、绿泥石、蓝晶石、石英、方解石、金红石。硬绿泥石的主要产地有德国、瑞士、英国、比利时、奥地利、澳大利亚、加拿大、美国(亚利桑那、新泽西、马萨诸塞)、俄罗斯、中国(台湾)、阿富汗等。

【主要用途】

硬绿泥石在地质学、物理学、化学、晶体学、矿物学等方面都有重要意义。

热臭石族

铁热臭石(pyrosmalite-(Fe))　　　　　　　$(Fe^{2+}, Mn)_8[Si_6O_{15}](OH, Cl)_{10}$

锰热臭石(pyrosmalite-(Mn))　　　　　　$(Mn, Fe^{2+})_8[Si_6O_{15}](OH, Cl)_{10}$

菱钾铁石(zussmanite)　　　　　　　　　$K(FeMn^{2+}Mg^{2+})_{13}[(Si, Al)_9O_{21}(OH)_7]_2$

菱钾镁石(coombsite)　　　　　　　　　$K(MgMn^{2+}Fe^{2+})_{13}[(Si, Al)_9O_{21}(OH)_7]_2$

铁热臭石

【化学性质】

铁热臭石是一种含 Fe、(OH)的$[Si_{12}O_{30}]$层状基型硅酸盐类矿物，其晶体化学式为$(Fe^{2+}, Mn)_8$ $[Si_6O_{15}](OH, Cl)_{10}$。主要成分为 Fe、Si、H、O，类质同象替代成分有 Mn、Mg、Al、Cl、F。

化学成分中氧化物及元素的质量分数为 Fe_2O_3 4.37%、FeO 23.80%、MnO 24.99%、MgO 1.08%、Al_2O_3 0.16%、CaO 0.03%、SrO 0.01%、K_2O 0.01%、SiO_2 34.71%、H_2O 7.94%、Cl 2.90%。

铁热臭石与锰热臭石形成类质同象系列矿物。

【结晶形态】

铁热臭石属于三方晶系，复三方偏三角面体晶类，对称型为 $\bar{3}m$。晶体呈短柱状、厚板状、粒状、块状(图 5-1-25)。

（a）铁热臭石（瑞士）

（b）铁热臭石（美国新泽西）

（c）铁热臭石（瑞典）

图 5-1-25　铁热臭石

【物理特征】

铁热臭石的颜色呈黑绿色、浅褐色、灰色。条痕为浅绿色。透明至半透明。玻璃光泽、珍珠光泽。色散弱。多色性较弱。

一轴晶(−)。折射率为 No=1.680、Ne=1.640，双折射率为 0.04。

{0001}解理完全。性脆。断口呈不平整、不规则的贝壳状或次贝壳状。摩氏硬度为 4~4.5，相对密度为 3.06~3.19(测量)、3.21(计算)。

【晶体结构】

铁热臭石属于三方晶系，空间群为 $P\bar{3}m1$(图 5-1-26)。晶胞参数：$a=1.332$ nm、$c=0.708$ nm，$Z=2$。X 射线粉晶主要衍射数据 $d(\text{Å})(I/I_{max})$ 为 7.130(80)、3.564(60)、2.675(100)，见图 5-1-27。

铁热臭石晶体结构中$[SiO_4]$四面体层包括有六元环、四元环、十二元环(图 5-1-28)。四面体层平行于{0001}，层内$[SiO_4]$的活性氧有规律地交替指向层的两侧。Mn 位于层间将它们联结起来。铁热臭石还有 2H、3R 多型。

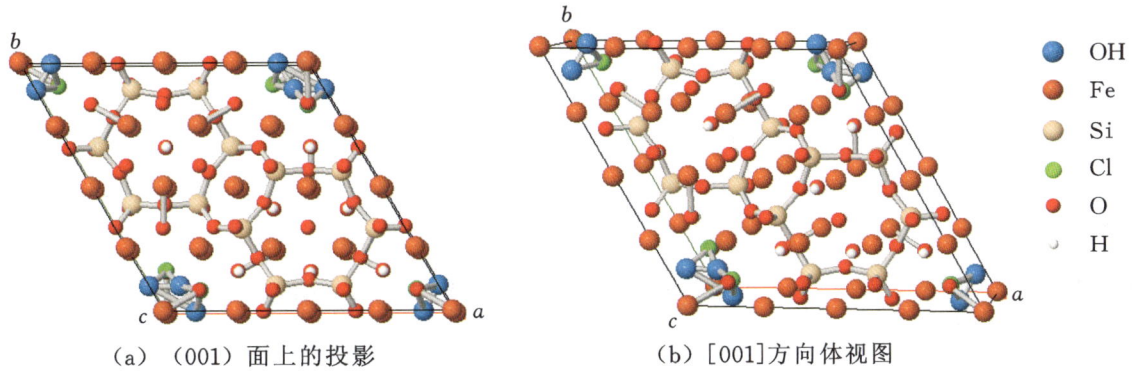

(a) (001)面上的投影　　(b) [001]方向体视图

图 5-1-26　铁热臭石的晶体结构

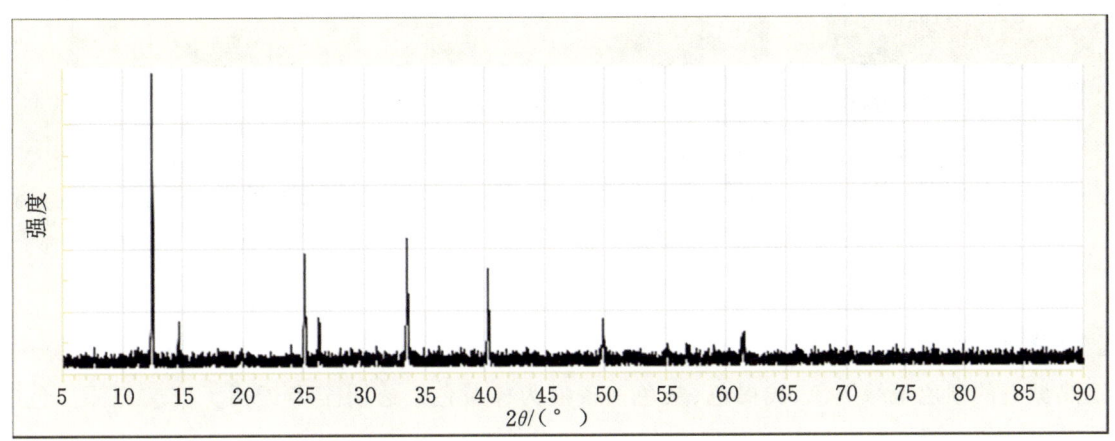

图 5-1-27　铁热臭石的 X 射线粉晶衍射图

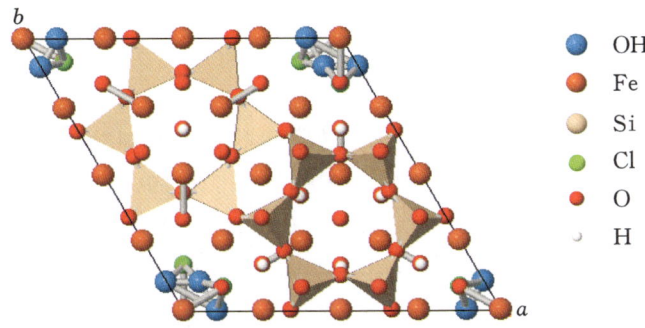

图 5-1-28　铁热臭石的[SiO_4]四面体层

【产状产地】

铁热臭石产于一种变质铅锌矿床中。与铁热臭石共生伴生的矿物有方铅矿、闪锌矿、方解石、鱼眼石、辉石、磁铁矿、云母，主要产地有瑞典、瑞士、澳大利亚、美国（新泽西）。

【主要用途】

铁热臭石在地质学、物理学、化学、材料学、晶体学、矿物学等方面都有重要意义。

锰热臭石

【化学性质】

锰热臭石是一种含 Mn、(OH)的[$Si_{12}O_{30}$]和层状基型硅酸盐类矿物，其晶体化学式为(Mn，

$Fe^{2+})_8[Si_6O_{15}](OH,Cl)_{10}$。主要成分为 Mn、Si、H、O,类质同象替代成分有 Fe、Zn、Al、Cu、Mg、Ca、Sr、Na、As、Cl。

化学成分中氧化物及元素的质量分数为 MnO 26.89%、FeO 24.24%、Fe_2O_3 0.46%、Al_2O_3 0.19%、CuO 0.01%、SiO_2 35.98%、MgO 0.58%、CaO 0.03%、SrO 0.02%、Na_2O 0.01%、H_2O 7.32%、Cl 4.27%。理想的成分为 MnO 36.02%、FeO 12.07%、SiO_2 33.64%、H_2O 5.04%、Cl 13.23%。

【结晶形态】

锰热臭石属于三方晶系,复三方偏三角面体晶类,对称型为 $\bar{3}m$。晶体呈柱状、厚板状,也有呈粒状、块状(图 5-1-29)。

(a) 锰热臭石(澳大利亚)　　　　　(b) 锰热臭石(美国新泽西)

图 5-1-29　锰热臭石

【物理特征】

锰热臭石的颜色呈绿黑色、浅褐色、灰色。条痕为棕黄色。透明至半透明。玻璃光泽。色散弱。多色性较弱:无色,淡绿色。

一轴晶(一)。折射率为 $N_o=1.680$、$N_e=1.640$,双折射率为 0.04。

{0001}解理完全。性脆。断口呈不平整、不规则的贝壳状或次贝壳状。摩氏硬度为 4.5,相对密度为 3.06~3.19(测量)、3.20(计算)。

【晶体结构】

锰热臭石属于三方晶系,空间群为 $P\bar{3}m1$。晶胞参数:$a=1.342$ nm、$c=0.716$ nm,$Z=2$。X 射线粉晶衍射数据 d(Å)(I/I_{max})为 7.160(100)、3.583(80)、3.419(40)、2.683(90)、2.251(70)、1.672(50)、1.523(50),见图 5-1-30。

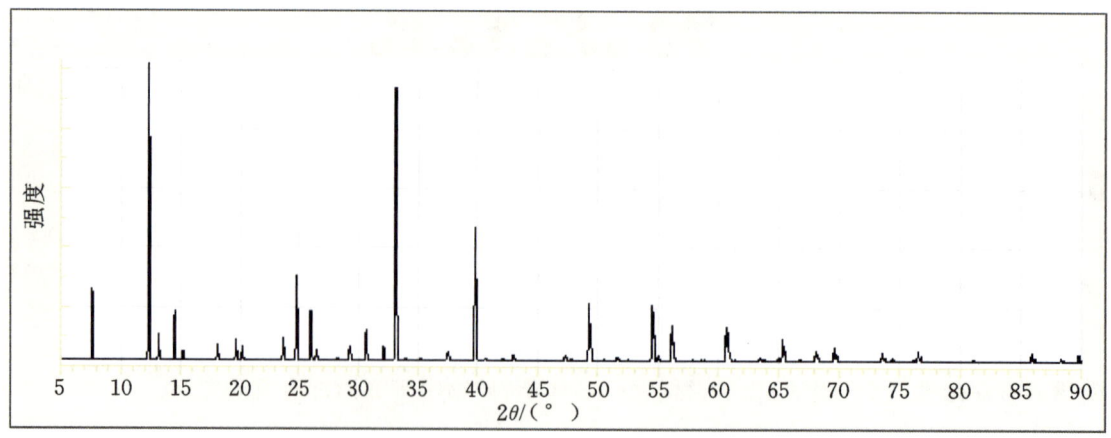

图 5-1-30　锰热臭石的 X 射线粉晶衍射图

【产状产地】

锰热臭石产于一种变质的铁和锰矿床中。与锰热臭石共生伴生的矿物有方铅矿、闪锌矿、方解石、云母,其主要产地有美国(新泽西)、澳大利亚。

【主要用途】

锰热臭石在地质学、物理学、化学、环境科学、晶体学、矿物学等方面都有一定意义。

菱钾铁石

【化学性质】

菱钾铁石是一种含 K、Fe、Mg、Mn、(OH)的[$(Si,Al)_9O_{21}(OH)_7$]层状基型硅酸盐类矿物,其晶体化学式为 $K(MgMn^{2+}Fe^{2+})_{13}[(Si,Al)_9O_{21}(OH)_7]_2$。主要成分为 K、Fe、Mg、Mn、Si、H、O,类质同象替代成分有 Al、Na、Ti。

化学成分中氧化物的质量分数为 K_2O 2.19%、MgO 1.88%、MnO 3.30%、Al_2O_3 2.37%、FeO 36.81%、SiO_2 47.58%、H_2O 5.87%。

【结晶形态】

菱钾铁石属于三方晶系,菱面体晶类,对称型为 3、$\bar{3}$。晶体呈板状、柱状、粒状、块状等(图 5-1-31)。

图 5-1-31　菱钾铁石(美国加利福尼亚)

【物理特征】

菱钾铁石的颜色呈浅绿色、绿色。条痕为白色。透明。玻璃光泽、亚玻璃光泽、油脂光泽。色散弱。多色性较弱:浅绿色,无色。

一轴晶(一)。折射率为 No=1.643、Ne=1.623,双折射率为 0.020。

{0001}解理完全,似云母。性柔。断口呈破碎的贝壳状或次贝壳状。摩氏硬度未确定,相对密度为 3.15(测量)、3.14(计算)。

【晶体结构】

菱钾铁石属于三方晶系,空间群为 $R3$、$R\bar{3}$(图 5-1-32)。晶胞参数:$a=1.166$ nm、$c=2.869$ nm,$Z=3$。X 射线粉晶主要衍射数据 $d(\text{Å})(I/I_{max})$ 为 9.60(100)、4.78(100)、3.78(50)、3.69(50)、3.19(80)、2.74(50)、2.20(10)、1.91(50),见图 5-1-33。

菱钾铁石的晶体结构中,两两成对的[SiO_4]硅氧四面体组成的六元环(活性氧指向外侧)被[SiO_4]硅氧四面体三元环连接成层,层与层之间为 K、Fe 原子所连接。

【产状产地】

菱钾铁石产于蓝晶片岩相的变质相中。与菱钾铁石共生伴生的矿物有石英、霓石、绿泥石、文石、菱铁矿、羟硅铁钠石、铁铝土矿、锰铝榴石、黑硬绿泥石、石墨、铁钠闪石,其主要产地有美国(加利福尼亚)。

【主要用途】

菱钾铁石在地质学、物理学、化学、材料学、环境科学、晶体学、矿物学等方面都有一定意义。

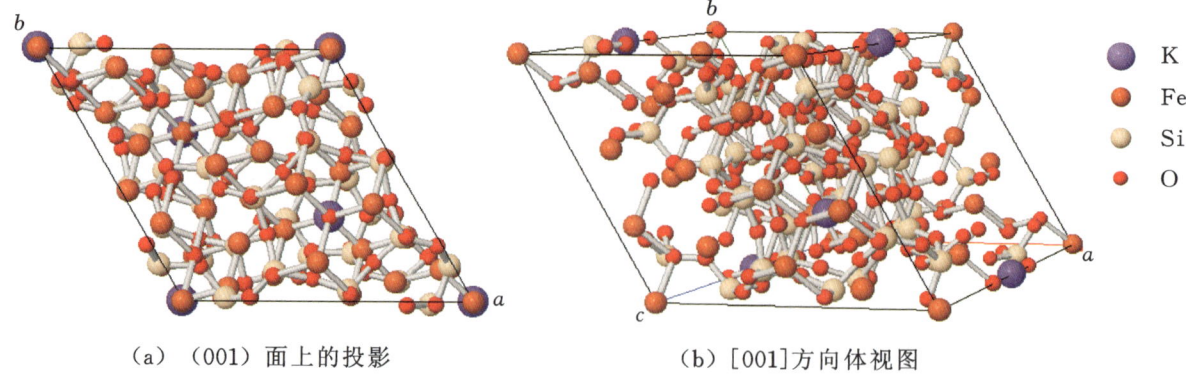

(a)（001）面上的投影 （b)[001]方向体视图

图 5-1-32　菱钾铁石的晶体结构

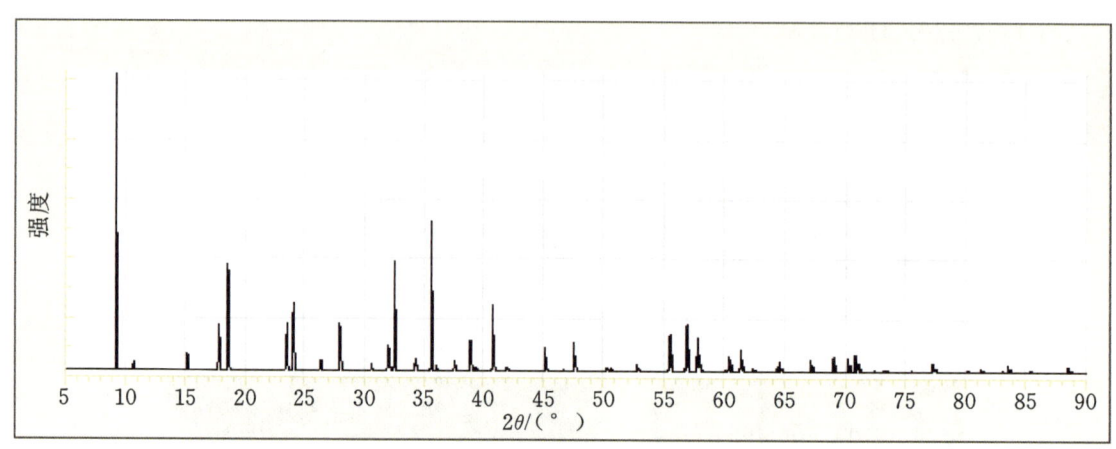

图 5-1-34　菱钾铁石的 X 射线粉晶衍射图

菱钾镁石

【化学性质】

菱钾镁石是一种含 K、Mg、Fe、Mn、(OH)的[(Si,Al)$_9$O$_{21}$(OH)$_7$]层状基型硅酸盐类矿物，其晶体化学式为 K(MgFe^{2+}Mn^{2+})$_{13}$[(Si,Al)$_9$O$_{21}$(OH)$_7$]$_2$。主要成分为 K、Mg、Fe、Mn、Si、Al、H、O，类质同象替代成分有 Ti、Ca、Na。

化学成分中氧化物的质量分数为 K$_2$O 2.21%、MgO 2.46%、MnO 26.01%、Al$_2$O$_3$ 10.78%、FeO 13.17%、SiO$_2$ 39.44%、H$_2$O 5.93%。

【结晶形态】

菱钾镁石属于三方晶系，菱面体晶类，对称型为 3、$\bar{3}$。晶体呈粒状、柱状、块状、集合体呈纤维、层状（图 5-1-34）。

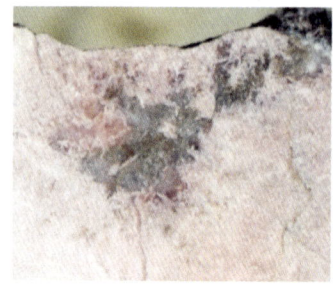

图 5-1-34　菱钾镁石（新西兰）

【物理特征】

菱钾镁石的颜色呈棕色、浅棕黄色。条痕为浅棕黄色。透明。玻璃光泽。色散弱,多色性弱。一轴晶(-)。折射率为 No=1.619、Ne=1.600,双折射率为 0.019。

解理不完全。性脆。断口呈不均匀、不规则的贝壳状。摩氏硬度很小,相对密度为 3.00(测量)、3.00(计算)。

【晶体结构】

菱钾镁石属于三方晶系,空间群为 $R3$、$R\bar{3}$。晶胞参数:$a=1.183$ nm、$c=2.915$ nm,$Z=3$。X 射线粉晶主要衍射数据 $d(Å)(I/I_{max})$ 为 9.680(100)、4.835(30)、3.241(25)、2.793(70)、2.556(90)、2.241(50)。

【产状产地】

菱钾镁石产于片岩相中。与菱钾镁石共生伴生的矿物有蔷薇辉石、石英、红硅锰矿、肾硅锰矿,主要产地有新西兰。

【主要用途】

菱钾镁石在地质学、物理学、化学、材料学、环境科学、晶体学、矿物学、宝石学等方面都有一定意义。

叶羟硅钙石族

叶羟硅钙石(zeophyllite)	$Ca_{13}[Si_{10}O_{28}](OH)_2F_8 \cdot 6H_2O$
蜡硅锰矿(bementite)	$Mn_5[Si_4O_{10}](OH)_6$

叶羟硅钙石

【化学性质】

叶羟硅钙石是一种含 Ca、F、H_2O 的 $[Si_{10}O_{28}](OH)_2$ 层状基型硅酸盐类矿物,其晶体化学式为 $Ca_{13}[Si_{10}O_{28}](OH)_2F_8 \cdot 6H_2O$。主要成分为 Ca、Si、H、F、O,类质同象替代成分有 Na、K、Mg、Al、Fe。

化学成分中氧化物及元素的质量分数为 Na_2O 0.56%、CaO 40.30%、Al_2O_3 1.81%、SiO_2 31.45%、H_2O 19.06%、F 6.82%。

【结晶形态】

叶羟硅钙石属于三方晶系,三方单锥晶类,对称型为3。晶体呈片状、针状、放射状,聚合体呈球状(图 5-1-35)。

(a)叶羟硅钙石(德国)

(b)叶羟硅钙石(瑞典)

图 5-1-35 叶羟硅钙石

【物理特征】

叶羟硅钙石的颜色呈无色、白色。条痕为白色。透明至不透明。玻璃光泽、丝绢光泽。色散弱。多色性弱。

一轴晶（一）。折射率为 No＝1.565～1.577、Ne＝1.560～1.569，双折射率为 0.005～0.008。

{0001}解理完全。性脆。断口呈不规则、不均匀的贝壳状。摩氏硬度为 3，相对密度为 2.747～2.764（测量）、2.68（计算）。

【晶体结构】

叶羟硅钙石属于三方晶系，空间群为 $R3$（图 5-1-36）。晶胞参数：$a=0.937$ nm、$c=3.652$ nm，$Z=9$。X 射线粉晶主要衍射数据 d(Å)(I/I_{max}) 为 12.00(100)、6.09(60)、3.03(80)，见图 5-1-37。

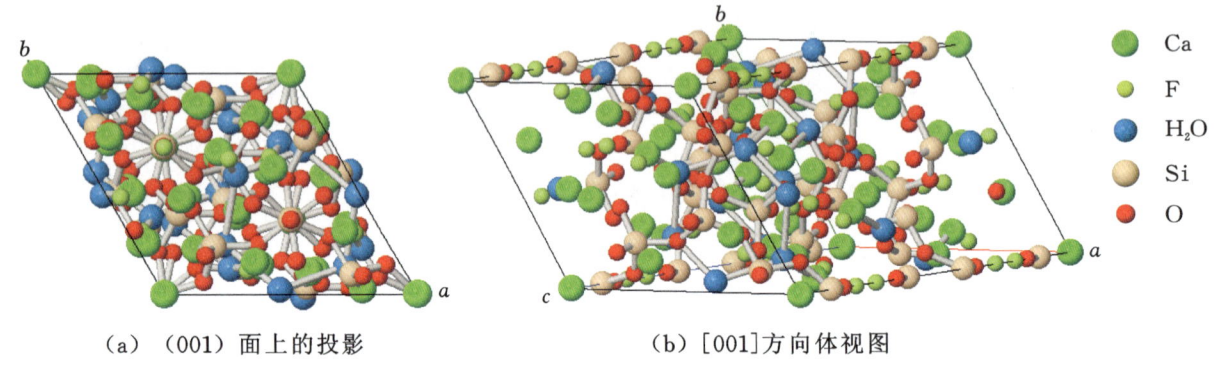

(a) (001) 面上的投影　　　　(b) [001] 方向体视图

图 5-1-36　叶羟硅钙石的晶体结构

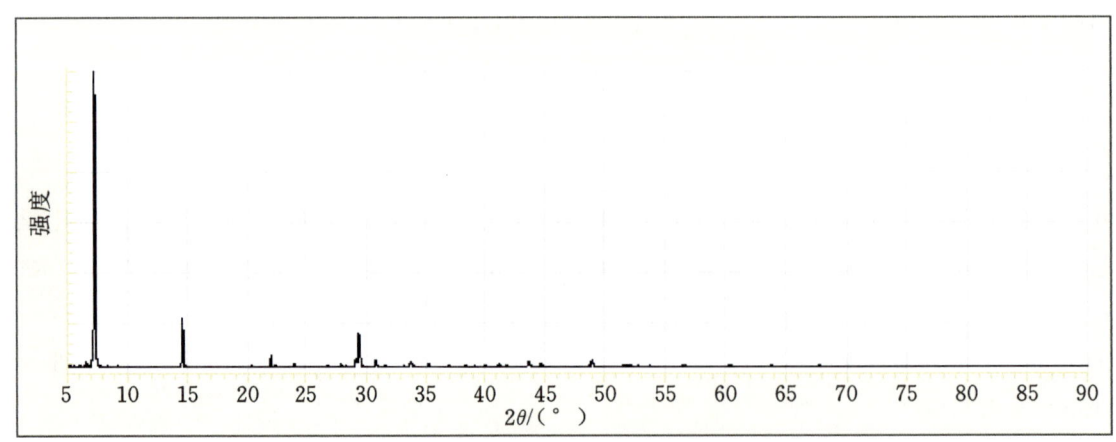

图 5-1-37　叶羟硅钙石的 X 射线粉晶衍射图

【产状产地】

叶羟硅钙石为玄武岩热液蚀变的次生矿物。与叶羟硅钙石共生伴生的矿物有方解石、石英，主要产地有德国、瑞典、捷克等。

【主要用途】

叶羟硅钙石在地质学、物理学、化学、材料学、环境科学、晶体学、矿物学、宝石学等方面都有一定意义。

蜡硅锰矿

【化学性质】

蜡硅锰矿是一种含 Mn、(OH) 的 $[Si_4O_{10}](OH)_6$ 层状基型硅酸盐类矿物，其晶体化学式为 Mn_5

[Si$_4$O$_{10}$](OH)$_6$。主要成分为 Mn、Si、H、O,类质同象替代成分有 Fe、Mg、Zn、Al、Ca 等。

化学成分中氧化物的质量分数为 MnO 39.22%、FeO 4.94%、ZnO 2.43%、MgO 6.15%、CaO 0.62%、Al$_2$O$_3$ 0.96%、Fe$_2$O$_3$ 0.71%、SiO$_2$ 36.36%、H$_2$O$^+$ 8.01%、H$_2$O$^-$ 0.60%。

【结晶形态】

蜡硅锰矿属于单斜晶系,斜方柱晶类,对称型为 $2/m$。晶体呈柱状、针状、粒状等,集合体呈云母片状、板状、块状(图 5-1-38)。

(a) 蜡硅锰矿(美国华盛顿)

(b) 蜡硅锰矿(南非)

(c) 蜡硅锰矿(意大利)

图 5-1-38 蜡硅锰矿

【物理特征】

蜡硅锰矿的颜色呈棕色、深棕色、灰黄色、棕黄色、黄褐色、粉红色。条痕为白色、黄白色。透明、半透明。玻璃光泽、半玻璃光泽、树脂光泽、油腻光泽。色散弱。多色性弱:无色,淡黄色。无荧光。

二轴晶(—)。折射率为 Np=1.602~1.624、Nm=1.632~1.650、Ng=1.632~1.650,双折射率为 0.026~0.030。

{001}、{100}、{010}解理完全。性脆。断口呈贝壳状。摩氏硬度为 4.5~6,相对密度为 2.98~3.02(测量)、3.07~3.10(计算)。

【晶体结构】

蜡硅锰矿属于单斜晶系,空间群为 $P2_1/c$(图 5-1-39)。晶胞参数:$a=1.484$ nm、$b=1.758$ nm、$c=1.470$ nm、$\beta=95.54°$。X 射线粉晶主要衍射数据 d(Å)(I/I_{max})为 7.25(90)、3.66(100)、3.58(90)、3.43(90)、3.30(6)、3.09(5)、2.45(14)。

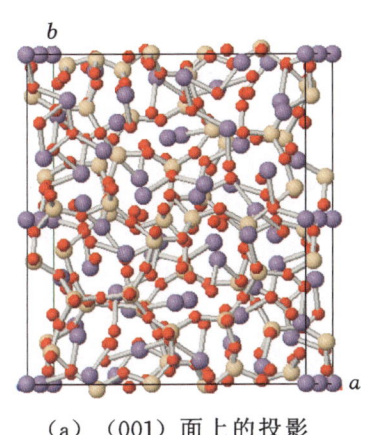
(a) (001)面上的投影

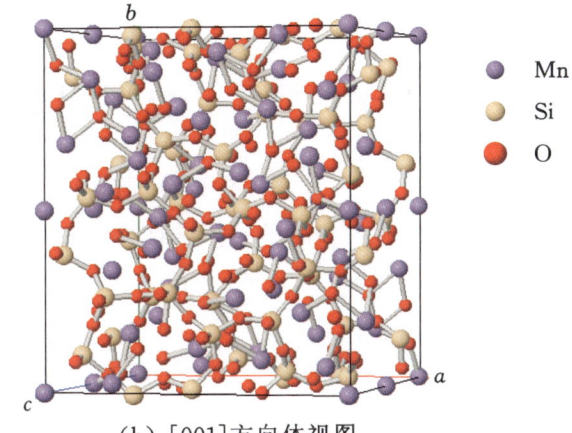
(b) [001]方向体视图

图 5-1-39 蜡硅锰矿的晶体结构

【产状产地】

蜡硅锰矿产于变质的锌矿床中。与蜡硅锰矿共生伴生的矿物有闪锌矿、磁铁矿等,主要产地有意大利、南非、美国(华盛顿、新泽西)。

【主要用途】

蜡硅锰矿在地质学、物理学、化学、材料学、环境科学、晶体学、矿物学、宝石学等方面都有重要意义。

镁珍珠云母族

镁珍珠云母(calciotalc) $Ca\{Mg_2[Si_4O_{10}](OH)_2\}$
带云母(tainiolite) $K\{LiMg_2[Si_4O_{10}]F_2\}$

镁珍珠云母

【化学性质】

镁珍珠云母是一种含 Ca、Mg、(OH) 的 $[Si_4O_{10}]$ 层状基型硅酸盐类矿物,其晶体化学式为 $Ca\{Mg_2[Si_4O_{10}](OH)_2\}$。主要成分为 Ca、Mg、Si、H、O,类质同象替代成分有 Na、K、Fe、Mn。

【结晶形态】

镁珍珠云母属于斜方晶系,对称型未确定。晶体呈粒状、块状。

【物理特征】

镁珍珠云母的颜色呈无色、白色。条痕为白色。透明。玻璃光泽、油脂光泽。色散弱。多色性弱。

二轴晶(-)。折射率为 $N_p=1.565$、$N_g=1.583$。$2V$ 很小。

{0001}解理完全。性脆。断口呈贝壳状、珍珠状。摩氏硬度为 2.5~3,相对密度为 3.00(测量)。

【晶体结构】

镁珍珠云母属于斜方晶系,空间群未确定。晶胞参数:$a=0.518$ nm、$b=0.925$ nm、$c=0.308$ nm,$Z=2$。X 射线粉晶主要衍射数据 d(Å)(I/I_{max}) 为 9.250(90)、3.079(90)、1.518(60)。

镁珍珠云母可能为白云母型层状结构,但其层间离子团的负电荷并不是由 Al 替代 Si 所产生的,而是由八面体中 Mg 替代 Al 所产生的。双层之间以 Ca 将双层连接起来。

【产状产地】

镁珍珠云母产于金云母矿床的透辉石角闪石岩层中,呈阳起石假象,为热液早期的交代产物,后又被滑石交代。与镁珍珠云母共生伴生的矿物有金云母、角闪石、辉石、阳起石等,主要产地有俄罗斯。

【主要用途】

镁珍珠云母在地质学、物理学、化学、材料学、环境科学、晶体学、矿物学、宝石学等方面都有重要意义。

带云母

【化学性质】

带云母是一种含 K、Li、Mg、F 的 $[Si_4O_{10}]$ 层状基型硅酸盐类矿物,其晶体化学式为 $K\{LiMg_2[Si_4O_{10}]F_2\}$。主要成分为 K、Li、Mg、Si、F、O,类质同象替代成分有 Na、Al、Fe、H_2O。

化学成分中氧化物及元素的质量分数为 K_2O 11.63%、Li_2O 4.69%、MgO 20.85%、SiO_2 61.35%、F 9.38%。

【结晶形态】

带云母属于单斜晶系,斜方柱晶类,对称型为 $2/m$。晶体呈片状、粒状、假六方片状等,呈典型的同心带(图 5-1-40)。

(a) 带云母(美国阿肯色)　　(b) 带云母(俄罗斯)　　(c) 带云母(加拿大)

图 5-1-40　带云母

【物理特征】

带云母的颜色呈无色、白色、棕色、绿棕色、褐色、绿褐色。条痕为白色、无色。透明至半透明。玻璃光泽、丝绢光泽。色散弱。多色性弱:无色,无色,淡黄色。无荧光。

二轴晶(一)。折射率为 $Np=1.522\sim1.540$、$Nm=1.553\sim1.570$、$Ng=1.553\sim1.570$,双折射率为 $0.030\sim0.031$。$2V=2°\sim5°$(测量)。

{001}解理完全。具弹性、柔韧性。断口呈云母碎片状。摩氏硬度为 $2.5\sim3.0$,相对密度为 $2.83\sim2.90$(测量)、2.84(计算)。

【晶体结构】

带云母属于单斜晶系,空间群为 $C2/m$(图 5-1-41)。晶胞参数: $a=0.523$ nm、$b=0.907$ nm、$c=1.014$ nm,$\beta=99.86°$,$Z=2$。X 射线粉晶衍射数据 d(Å)(I/I_{max})为 9.95(90)、4.98(40)、4.51(30)、4.48(30)、3.33(100)、3.11(30)、2.40(40),见图 5-1-42。

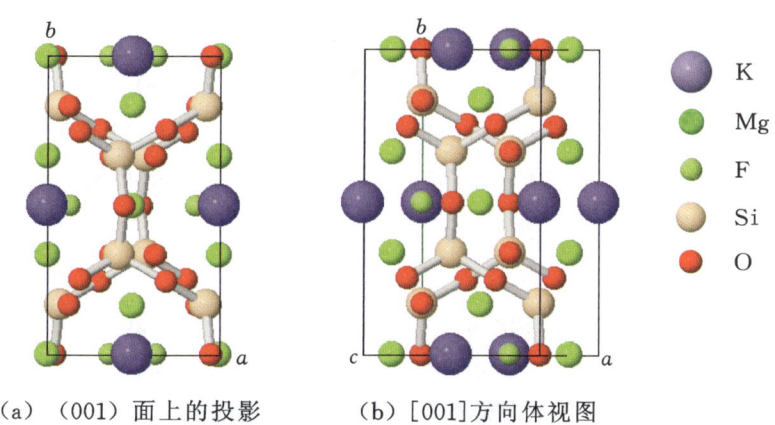

(a) (001)面上的投影　　(b) [001]方向体视图

图 5-1-41　带云母的晶体结构

带云母是一种云母类矿物,它的多型有 1M、2M1、3A。

【产状产地】

带云母产于霞石正长伟晶岩中,共生伴生的矿物有石英、地开石、钠长石、磷灰石、柱星叶石、钠沸石、针钠钙石、霓石、钡闪叶石、锰铁辉石、锂云母,主要产地有美国(阿肯色)、俄罗斯、加拿大、丹麦(格陵兰岛)。

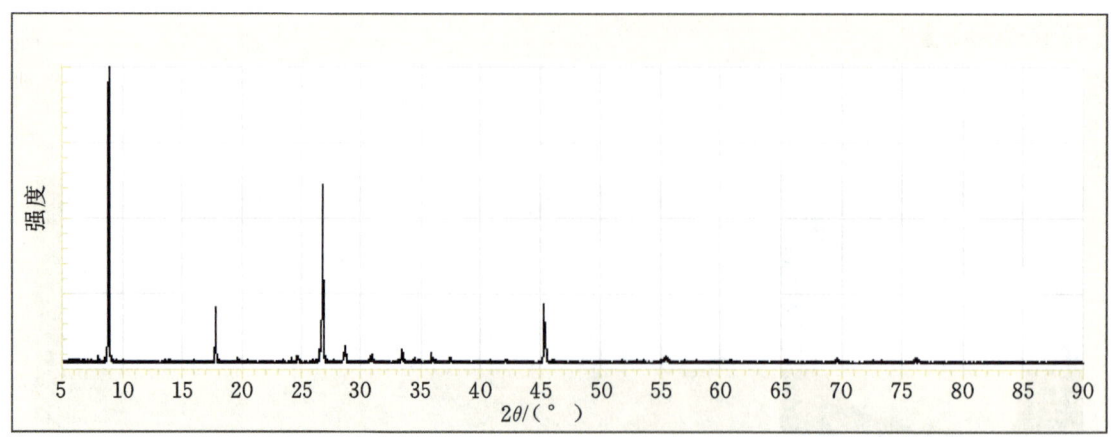

图 5-1-42 带云母的 X 射线粉晶衍射图

【主要用途】

带云母在地质学、物理学、化学、材料学、晶体学、矿物学等方面都有重要意义。

高岭石-蛇纹石族

高岭石亚族

高岭石（kaolinite）	$Al_4[Si_4O_{10}](OH)_8$
地开石（dickite）	$Al_4[Si_4O_{10}](OH)_8$
珍珠石（nacrite）	$Al_4[Si_4O_{10}](OH)_8$

高岭石

【化学性质】

高岭石是一种含 Al、(OH)的$[Si_4O_{10}]$层状基型硅酸盐类矿物，其晶体化学式为$Al_4[Si_4O_{10}](OH)_8$。主要成分为 Al、Si、H、O，类质同象替代成分有 Fe、Mg、Na、K、Ti、Ca、H_2O。

化学成分中氧化物的质量分数为 Al_2O_3 39.50%、SiO_2 46.55%、H_2O 13.95%。

多水高岭石（埃洛石）化学式为 $Al_4[Si_4O_{10}](OH)_8 \cdot 4H_2O$。主要成分为 Al、H、O、Si，类质同象替代成分有 Fe、Mg、Na、K、Ti、Ca、H_2O。

【结晶形态】

高岭石属三斜晶系，单面晶类，对称型为 1。高岭石以微晶或隐晶状态存在，成致密块状或土状集合体（图 5-1-43）。

  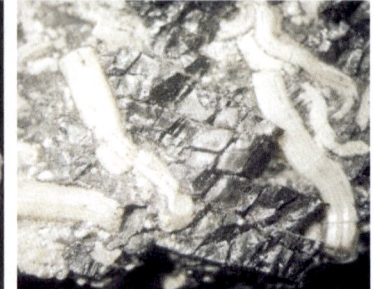

（a）高岭石（加拿大）　　　（b）高岭石（美国佐治亚）　　　（c）高岭石（美国怀俄明）

图 5-1-43　高岭石

高岭石在偏光显微镜下呈无色,细鳞片状。电子显微镜下高岭石呈自形六方板状、半自形或他形片状晶体,鳞片大小一般为 0.2~5 μm,厚度为 0.05~2 μm。有序度高的 2M1 高岭石鳞片可达 0.1~0.5 mm,有序度最高的 2M2 高岭石鳞片厚度可达 5 mm。

【物理特征】

高岭石的颜色一般呈白色、棕白色、灰白色、黄白色、灰绿色,也常染各种颜色,如褐色、棕褐色,有时是红色、蓝色等。条痕为白色、苍白色。透明、半透明。蜡状光泽、珍珠光泽、土状光泽。色散无。多色性弱:无色、淡黄色,浅黄色、深褐色。

二轴晶(一)。折射率为 Np=1.553~1.563、Nm=1.559~1.569、Ng=1.560~1.570。双折射率为 0.007。$2V = 24°\sim50°$(测量)、44°(计算)。

{001}解理完全。具有可塑性,柔性但无弹性。断口呈不规则、不均匀的贝壳状、云母状。摩氏硬度为 1.5~2.0,相对密度为 2.60~2.63(测量)、2.62(计算)。

【晶体结构】

高岭石属于三斜晶系,空间群为 $P1$(图 5-1-44)。晶胞参数:$a=0.513$ nm、$b=0.889$ nm、$c=0.725$ nm,$\alpha=90°$、$\beta=104.5°$、$\gamma=89.8°$,$Z=2$。X 射线粉晶衍射数据 d(Å)(I/I_{max})为 7.17(100)、4.37(60)、4.19(45)、3.58(80)、1.62(70)、1.59(60),见图 5-1-45。

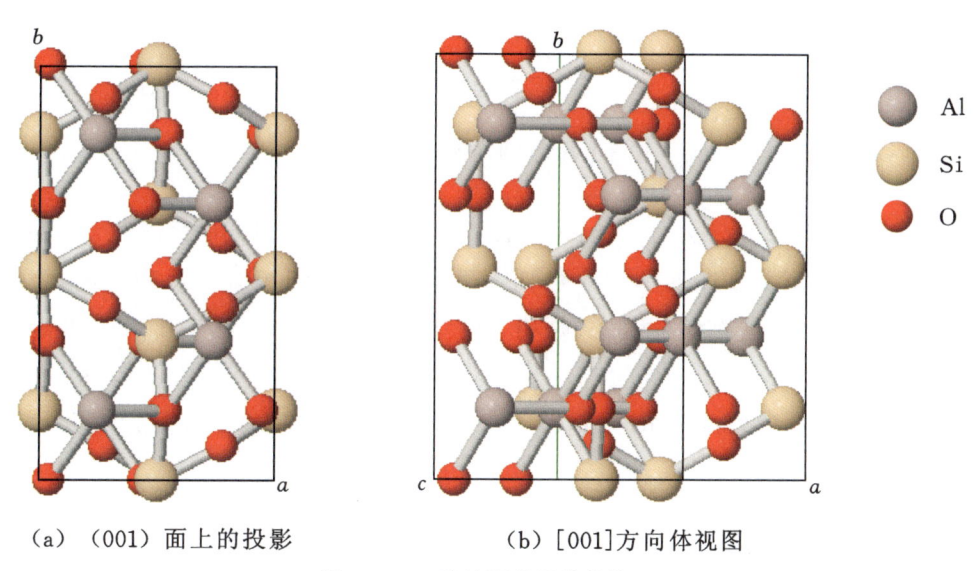

(a) (001)面上的投影 (b) [001]方向体视图

图 5-1-44　高岭石的晶体结构 1

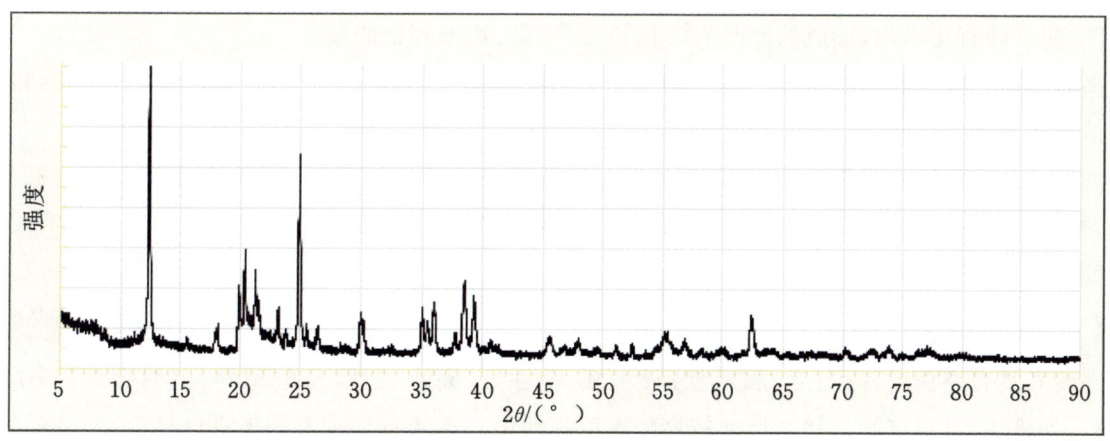

图 5-1-45　高岭石的 X 射线粉晶衍射图

高岭石的晶体结构中，单元结构中一层硅氧（SiO_4）四面体，经桥氧原子与一层铝氧（AlO_6）八面体相连。晶体结构属于 TO 型，即结构单元层是由硅氧四面体层与"氢氧铝石"八面体层连结形成的，并沿 c 轴堆垛而成。结构单元层之间没有阳离子或水分子存在，强氢键（O—OH＝0.289 nm）加强了结构层之间的连结（图 5-1-46）。

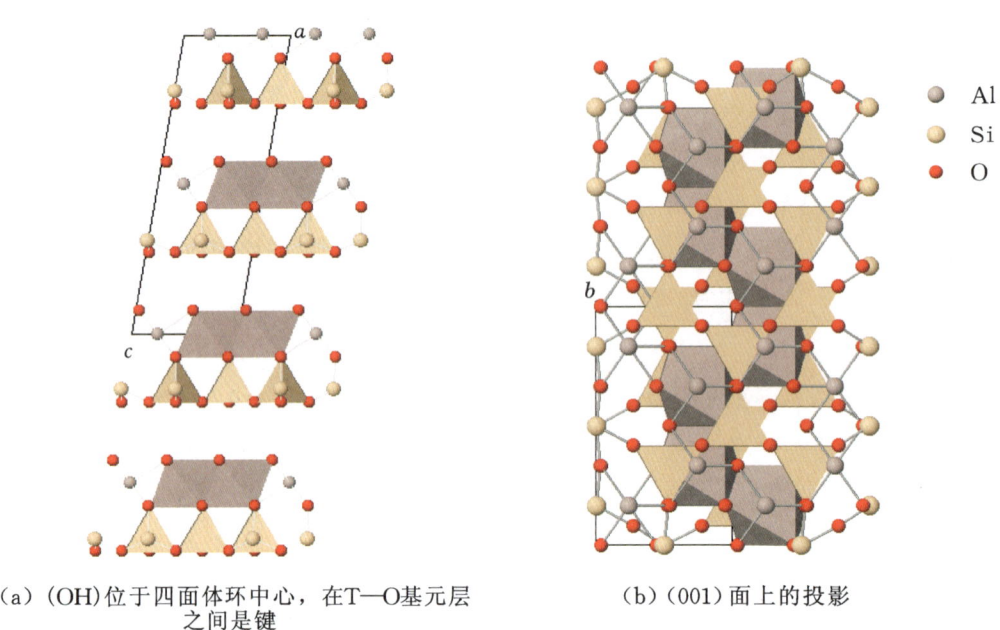

(a)（OH）位于四面体环中心，在 T—O 基元层之间是键　　（b）（001）面上的投影

图 5-1-46　高岭石的晶体结构 2

"氢氧铝石"层的变形，以及大小（$a=0.506$ nm，$b=0.862$ nm）与硅氧四面体层的大小（$a=0.514$ nm，$b=0.893$ nm）不完全相同。在四面体层中的四面体，经过轻度的相对转动和翘曲，才能与变形的"氢氧铝石"层相适应。结构层的堆积方式是相邻的结构层沿 a 轴相互错开 $a/3$，并存在不同角度的旋转。

高岭石存在着不同的多型，常见的多型是 1Tc，其次有地开石和珍珠石，而 1M 多型少见。通常所说的高岭石是指 1Tc 高岭石。

【产状产地】

高岭石主要是长石和其他硅酸盐矿物蚀变的产物，是组成高岭土的主要矿物，常见于岩浆岩和变质岩的风化壳中。在低温热液作用下，当含 CO_2 的酸性水溶液作用于不含碱的铝硅酸盐和硅酸盐时，可引起高岭石化作用，形成的高岭石常依长石、云母、黄玉等呈假象。

高岭石黏土包括有高岭石、地开石、珍珠石、埃洛石等，还有蒙脱石、伊利石、叶腊石、石英和长石等其他伴生矿物。

高岭石是最常见的矿物之一，主要产地有马来西亚、巴基斯坦、越南、巴西、保加利亚、法国、英国、伊朗、德国、印度、澳大利亚、韩国、捷克、西班牙、南非、加拿大、美国（怀俄明、佐治亚），以及中国的江西、江苏、河北、湖南等。

【主要用途】

高岭石具有高白度、高亮度、质地软、吸水好、塑性好、高黏结性、抗酸碱性、电绝缘性、离子吸附强、离子交换性，以及良好的烧结性和较高耐火度等性能。高岭石是重要的无机材料。

高岭石在地质学、物理学、化学、材料学、环境科学、晶体学、矿物学、宝石学等方面都有重要意义。

地开石

【化学性质】

地开石是一种含 Al、(OH) 的 [Si_4O_{10}] 层状基型硅酸盐类矿物,其晶体化学式为 $Al_4[Si_4O_{10}](OH)_8$。主要成分为 Al、Si、H、O,类质同象替代成分有 Fe、Mg、Na、K、Ti、Ca、H_2O。

化学成分中氧化物的质量分数为 Al_2O_3 39.50%、SiO_2 46.55%、H_2O 13.95%。

【结晶形态】

地开石属于单斜晶系,反映双面晶类,对称型为 m。假六方晶体,薄板状、片状,集合体呈致密块状。电子显微镜下地开石晶体呈细小的假六方形片状,微细小晶体呈六边形鳞片状(0.1~0.5 mm)(图 5-1-47)。

(a) 地开石(法国)

(b) 地开石(法国)

(c) 地开石工艺品

图 5-1-47 地开石的形态

【物理特征】

地开石的颜色呈无色、白色、灰色、黄褐色、蓝色等,是一种暗淡的黏土状矿物,集合体呈黄绿色、褐色、鲜红色等。由于所含杂质不同可有各种颜色,含有机质时可为黑色。条痕为白色。半透明至不透明。丝绢光泽、油脂光泽,薄片呈珍珠光泽。

二轴晶(+)。折射率为 Np=1.561~1.564、Nm=1.562~1.566、Ng=1.566~1.570,双折射率为 0.005~0.006。2V=50°~80°(测量),72°~80°(计算)。

{001}解理极完全。有滑感,可塑性好,具柔性但无弹性。摩氏硬度为 2.0~2.5,介于滑石和石膏之间。相对密度为 2.60(测量)、2.62(计算)。

差热曲线约 630 ℃有吸热谷,比高岭石脱水温度略高。

【晶体结构】

地开石属于单斜晶系,空间群为 Cc、Bb(图 5-1-48)。晶胞参数:a=0.515 nm、b=0.894 nm、c=1.474 nm,β=103.54°,Z=4。地开石-2M1 的 X 射线粉晶衍射数据 d(Å)(I/I_{max})为 7.15(100)、4.12(70)、3.80(60)、3.58(100)、2.51(50)、2.33(90)、1.98(50)、1.49(50),见图 5-1-49。

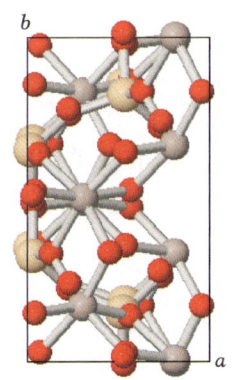
(a) (001)面上的投影

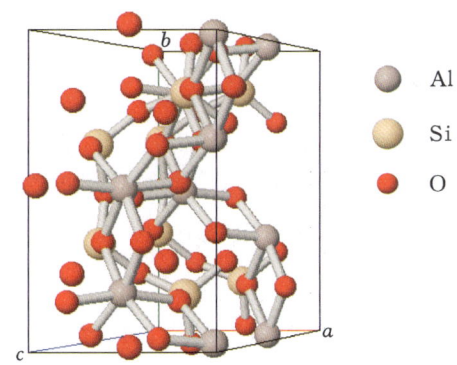
(b) [001]方向体视图

图 5-1-48 地开石的晶体结构

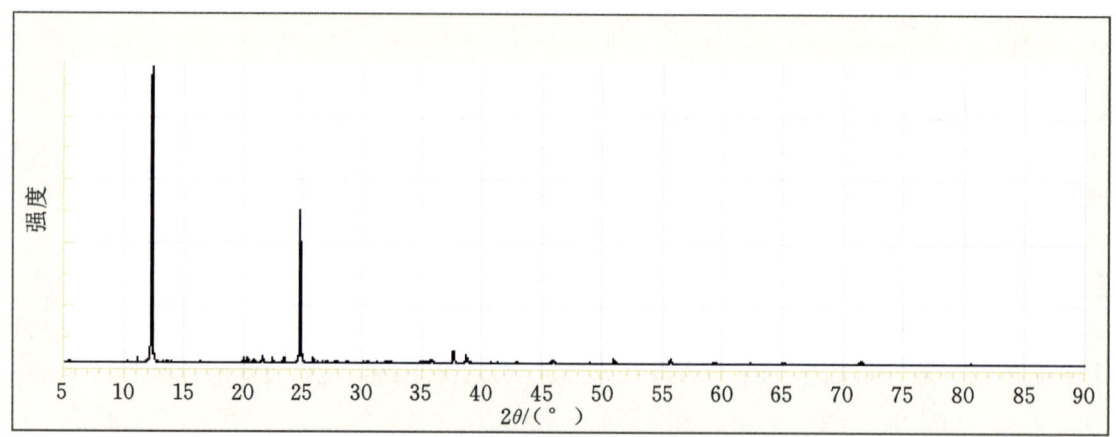

图 5-1-49　地开石的 X 射线粉晶衍射图

地开石与高岭石、珍珠石的成分相同,但晶体的结构有所不同,是高岭石的同质异像,即为[SiO$_4$]四面体构成的六方网层,与氢氧铝石[Al(O,OH)$_6$]或氢氧镁石[Mg(O,OH)$_6$]的八面体层,按 1∶1 结合而成的层状结构。地开石属于高岭石与蛇纹石类的层状硅酸盐矿物。

硅氧四面体[SiO$_4$]构成六方网格层与八面体[Al—O$_4$(OH)$_2$]构成层并叠加,共同形成了地开石中的高岭石层。地开石由一个、两个和 6 个高岭石层的规则序列组成。a 轴和 c 轴都位于对称的滑动平面上。

地开石的结构由共享角共享四面体层组成,该共享角共享四面体层由氧和羟基平面填充,以及一片共享边缘的八面体,每 3 个位置留空。地开石高岭石层中有六层。在中心的氧层中有一个氧原子。

对于理想的高岭石层,[SiO$_4$]层和 Al—O$_4$(OH)$_2$ 层的原子都处于合适的位置。由阳离子层和阴离子层组成,它们叠加平行 ab 轴形成面。

地开石的多型有埃洛石-7Å、高岭石、珍珠石三种。

【产状产地】

地开石是岩浆热液蚀变矿物,火山喷发出大量熔浆和碎屑物,构成巨厚的流纹岩和凝灰岩,又经后期热液蚀变形成地开石。

地开石的主要产地有德国、法国、英国、意大利、比利时、牙买加、墨西哥、美国、加拿大等,中国的福建、浙江、内蒙古等。

【主要用途】

地开石在地质学、物理学、化学、材料学、环境科学、晶体学、矿物学、宝石学等方面都有重要意义,其主要用于陶瓷、造纸、涂料、焙烧、无碱玻璃、合成分子筛、工艺雕刻。

地开石是鸡血石、寿山石、青田石、巴林石、田黄等珍贵宝石的主要矿物成分,多为隐晶质的致密块状。

珍 珠 石

【化学性质】

珍珠石又称珍珠陶土,是一种含 Al、(OH)的[Si$_4$O$_{10}$]层状基型硅酸盐类矿物,其晶体化学式为 Al$_4$[Si$_4$O$_{10}$](OH)$_8$。主要成分为 Al、Si、H、O,类质同象替代成分有 Fe、Mg、Na、K、Ti、Ca、H$_2$O。

化学成分中氧化物的质量分数为 Al$_2$O$_3$ 39.50%、SiO$_2$ 46.55%、H$_2$O 13.95%。

【结晶形态】

珍珠石属于单斜晶系,反映双面晶类,对称型为 m。晶体呈碎片状、薄板状,集合体常呈"珍珠"鲕粒,外形卵状及变形状,颗粒大小 0.5~5 mm(图 5-1-50)。鲕粒可分为单鲕、复鲕二种,由泥质、高岭石组成,并有铁质填充。

(a) 珍珠石（加拿大）　　　　(b) 珍珠石（德国）　　　　(c) 珍珠石（意大利）

图 5-1-50　珍珠石

【物理特征】

珍珠石的颜色主要呈白色、灰色、浅黄灰色、浅紫色、浅褐色、黑色等。条痕为无色、白色。透明。玻璃光泽、珍珠光泽。色散较明显。

二轴晶(−)。折射率为 Np＝1.557、Nm＝1.562、Ng＝1.563，双折射率为 0.006。$2V=40°$（测量）、$48°$（计算）。

{001}解理极完全。断口呈小碎片状。摩氏硬度为 2～2.5。相对密度为 2.60（测量）、2.60（计算）。

【晶体结构】

珍珠石属单斜晶系，空间群为 Cc、Bb（图 5-1-51）。晶胞参数：$a=0.514$ nm、$b=0.894$ nm、$c=1.444$ nm，$\beta=113.70°$，$Z=4$。X 射线粉晶衍射数据 $d(\text{Å})(I/I_{max})$ 为 7.18(100)、4.41(30)、4.36(80)、4.13(70)、3.59(80)、2.43(60)、2.40(40)、1.49(40)，见图 5-1-52。

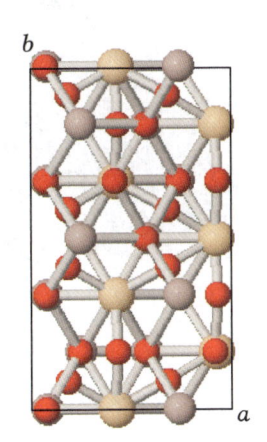 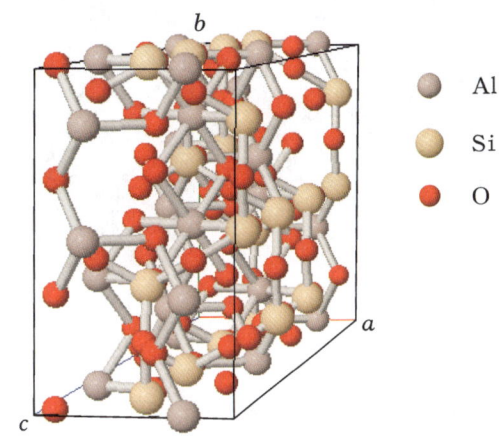

(a) (001)面上的投影　　　　(b) [001]方向体视图

图 5-1-51　珍珠石的晶体结构

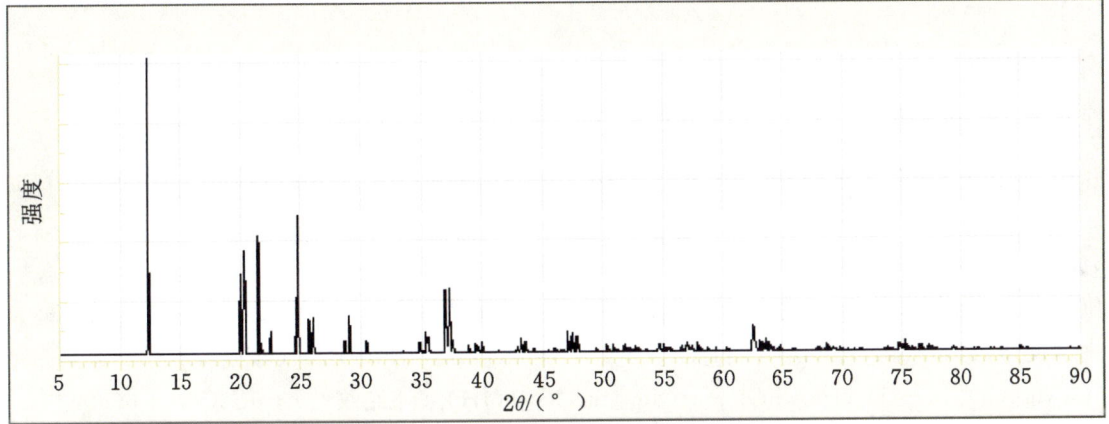

图 5-1-52　珍珠石的 X 射线粉晶衍射图

与珍珠石有关的多型有地开石、埃洛石-7Å、高岭石三种。

【产状产地】

珍珠石属于高岭石族中的一种黏土矿物,热液成因,属滨海沉积物。晶体形态呈大小不等、规则不一的颗粒状,绿珠呈表面分布,因似珍珠而得名。主要产地有德国、意大利、加拿大。

【主要用途】

珍珠石在地质学、物理学、化学、材料学、环境科学、晶体学、矿物学、宝石学等方面都有重要意义。

蛇纹石亚族

叶蛇纹石（antigorite）	$Mg_6[Si_4O_{10}](OH)_8$
利蛇纹石（lizardite）	$Mg_6[Si_4O_{10}](OH)_8$
纤蛇纹石（chrysotile）	$Mg_6[Si_4O_{10}](OH)_8$
铁蛇纹石（greenalite）	$(Fe^{2+}, Fe^{3+})_{4\sim 6}[Si_4O_{10}](OH)_8$
镍利蛇纹石（nepouite）	$Ni_6[Si_4O_{10}](OH)_8$
肾硅锰矿（caryopilite）	$Mn_6[Si_4O_{10}](OH)_8$

蛇纹石是一种含水的富镁硅酸盐矿物的总称(图 5-1-53),这类矿物有三种基本结构,可划分为 3 个矿物种,即具板状结构的利蛇纹石、具卷曲管状结构的纤蛇纹石和具波状褶皱结构的叶蛇纹石。蛇纹石类矿物都具有与高岭石相似的 TO 型层状结构,不同的是结构单元八面体片中空隙由 Mg 完全充填,形成"氢氧镁石"层,属三八面体结构。

（a）蛇纹石（美国）　　（b）蛇纹石（美国马里兰）　　（c）叶蛇纹石（产地未知）

图 5-1-53　蛇纹石

结构中八面体片厚度为 0.945 nm,四面体片厚度为 0.915 nm。为了调整这种结构尺寸上的差异:①在八面体片中以较小半径的 Al^{3+}、Fe^{3+} 代替较大半径的 Mg^{2+},在四面体片中以较大半径的 Al^{3+}、Fe^{3+} 代替较小半径的 Si^{4+}。②八面体或四面体变形。③以四面体片为内壁,八面体片为外壁的结构单元层卷曲。

叶蛇纹石

【化学性质】

叶蛇纹石是一种含 Mg、(OH)的 $[Si_4O_{10}]$ 层状基型硅酸盐类矿物,其晶体化学式为 $Mg_6[Si_4O_{10}](OH)_8$。主要成分为 Mg、Si、H、O,类质同象替代成分有 Fe、Mn、Cr、Ni、Al 等。可以形成一些变种矿物,形成高岭石-蛇纹石系列矿物。

化学成分中氧化物的质量分数为 MgO 30.15%、FeO 17.92%、SiO_2 39.95%、H_2O 11.98%。

化学反应成因:$3Mg_2[SiO_4]+4H_2O+SiO_2 \longrightarrow Mg_6[Si_4O_{10}](OH)_8$(叶蛇纹石)、

$6CaMg[CO_3]_2+4H_2O+4SiO_2 \longrightarrow Mg_6[Si_4O_{10}](OH)_8$(叶蛇纹石)$+6CaCO_3+6CO_2$。

叶蛇纹石在 550~750 ℃时会脱水,其纤维不溶于水,但在稀酸中溶解。

【结晶形态】

叶蛇纹石属单斜晶系,反映双面晶类,对称型为 m。晶体呈细小叶片状、鳞片状、纤维状、板条状、粒状,形成致密状集合体(图 5-1-54)。蛇纹石颗粒十分细小,仅在高倍电子显微镜下才可见到叶片状、鳞片状、纤维状、细粒状的形态。所以,其集合体质地细腻,手感滑腻。

(a) 叶蛇纹石(美国)　　　　(b) 叶蛇纹石(巴西)　　　　(c) 叶蛇纹石(希腊)

图 5-1-54　叶蛇纹石

【物理特征】

叶蛇纹石的颜色呈白色、无色、淡黄色、黄褐色、红褐色、绿色、蓝色、棕色、黑色,并含有淡色、深色的斑点。一般呈绿色者,含铁量愈高颜色愈深。条痕为淡绿色、白色。透明、半透明至不透明。油脂光泽、蜡状光泽、丝绢光泽。多色性较弱:浅绿黄色,浅绿色,浅绿色。

叶蛇纹石常有黑色矿物包体,白色条纹,呈叶片状、纤维状交织结构。蛇纹石因其花纹似蛇皮而得名,最常见的颜色为绿色和褐色。纤维蛇纹石是由蛇纹石胶体生成的,其纤维常与裂隙垂直。

二轴晶(-)。折射率为 $Np=1.555\sim1.567$、$Nm=1.560\sim1.573$、$Ng=1.562\sim1.574$。双折射率为 $0.005\sim0.006$。$2V=20°\sim50°$(测量)。色散较弱。

{001}解理极完全,{010}解理不完全。断口呈纤维状。摩氏硬度为 $3.5\sim4$,相对密度为 $2.50\sim2.60$(测量)、2.73(计算)。

【晶体结构】

叶蛇纹石属于单斜晶系,空间群为 Cm、Bm(图 5-1-55)。晶胞参数为 $a=4.353$ nm、$b=0.926$ nm、$c=0.726$ nm,$\beta=91.63°$,$Z=16$。叶蛇纹石的 X 射线粉晶衍射数据 $d(Å)(I/I_{max})$ 为 7.10(100)、4.40(40)、3.88(30)、3.55(70)、2.50(50)、2.33(80)、1.62(30),见图 5-1-56。

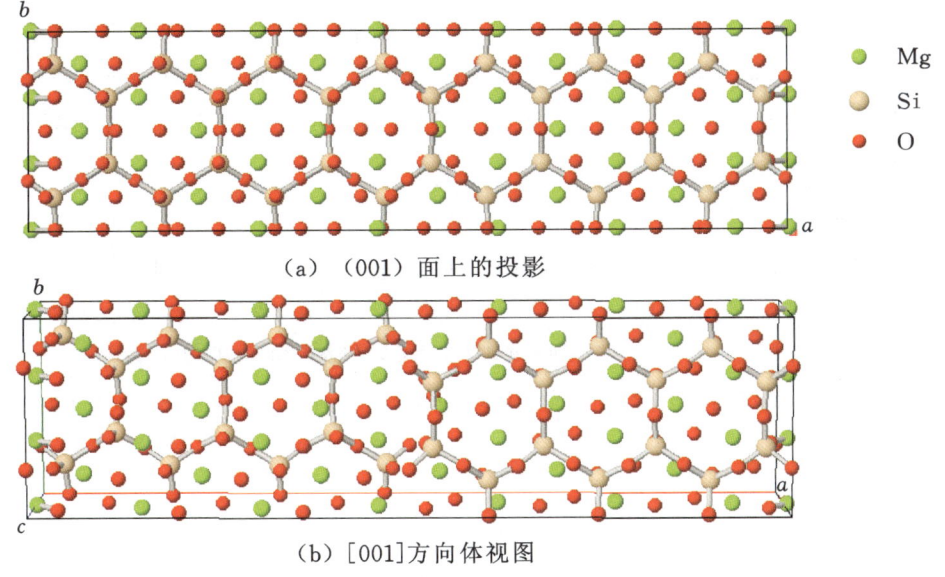

(a) (001)面上的投影

(b) [001]方向体视图

图 5-1-55　叶蛇纹石的晶体结构 1

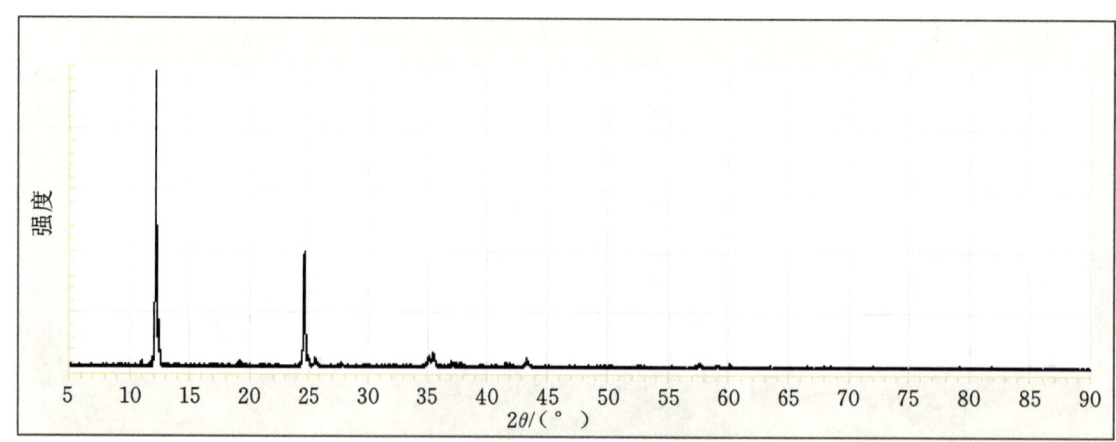

图 5-1-56　叶蛇纹石的 X 射线粉晶衍射图

叶蛇纹石具有波形弯曲结构(图 5-1-57)。交替反向波状弯曲结构更易在卷曲半径上卷曲,从而更好地抵消四面体片与八面体片的不协调,这也是叶蛇纹石稳定性高于利蛇纹石和纤蛇纹石的最重要原因。

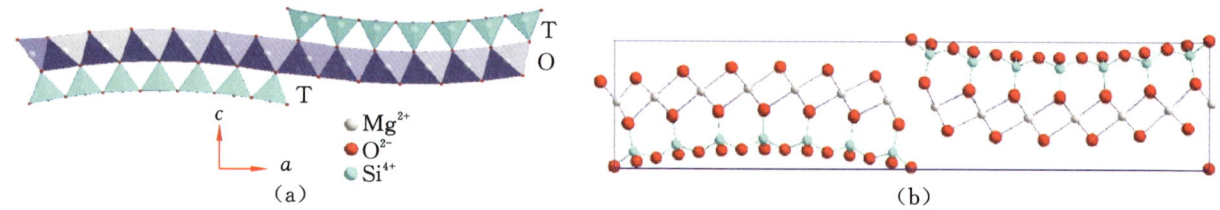

具有类似层状的结构,反向波状褶皱排列的结构层。

图 5-1-57　叶蛇纹石的晶体结构 2

反向的单元层相互连接在一起,导致了一定的化学成分变化,使 SiO_2 含量相对增高而 MgO 和 H_2O 含量相对减少。波状起伏的周期不同,已知超级周期的 a 值有 3.37 nm、3.55 nm、3.83 nm、4.11 nm、4.31 nm、9.06 nm、10.9 nm 等。叶蛇纹石的结构形式随超级周期的变化而不同。例如超周期 a 为 4.33 nm 的叶蛇纹石化学式为 $Mg_{5.65}[Si_4O_{10}](OH)_{7.29}$。

【产状产地】

叶蛇纹石的形成与基性、超基性岩体及镁质碳酸盐经后期中低温热液交代蚀变作用相关,叶蛇纹石也产于矽卡岩化白云岩的接触带上。常见的伴生矿物有方解石、滑石、磁铁矿等。

世界上出产叶蛇纹石的国家及地区很多,主要有新西兰、澳大利亚、朝鲜、意大利、瑞士、希腊、法国、墨西哥、巴西、加拿大、美国(宾夕法尼亚)等。中国的产地有辽宁、江苏、青海、新疆、甘肃、台湾、广东、云南、四川等。

【主要用途】

叶蛇纹石具有较好的耐热、抗腐蚀、耐磨、隔热、隔音等特性,因而有广阔的应用前景。叶蛇纹石可用来制造化肥、耐火材料、化工原料、炼钢熔剂、建筑板材,或用于提取氧化镁、制取多孔氧化硅、净化高氟水等,还可提炼金属镁、钴、镍等。同时可用作宝玉石原料、制作猫眼宝石。

叶蛇纹石在地质学、物理学、化学、材料学、环境科学、矿物学、宝石学等方面都有重要意义。

利蛇纹石

【化学性质】

利蛇纹石是一种含 Mg、(OH)的 $[Si_4O_{10}]$ 层状基型硅酸盐类矿物,其晶体化学式为 $Mg_6[Si_4O_{10}]$

(OH)$_8$。主要成分为 Mg、Si、H、O,类质同象替代成分有 Fe、Mn、Cr、Ni、Al 等。

化学成分中氧化物的质量分数为 MgO 40.69%、FeO 1.81%、SiO$_2$ 41.81%、Al$_2$O$_3$ 2.79%、H$_2$O 12.90%。

类似于叶蛇纹石-纤蛇纹石矿物系列,也可以形成利蛇纹石-镍利蛇纹石系列。纤蛇纹石与利蛇纹石是低温蛇纹石矿物,叶蛇纹石是高温(>250 ℃)蛇纹石类矿物。

【结晶形态】

利蛇纹石属于三斜晶系,单面晶类,对称型为 1。晶体呈细小鳞片状、粒状、柱状、块状,集合体通常是均匀的致密块状(图 5-1-58)。蛇纹石颗粒十分细小,仅在高倍显微镜下才可见到纤维状、细粒状形态。其集合体细腻,手感滑腻。

(a) 利蛇纹石(意大利)

(b) 利蛇纹石(挪威)

图 5-1-58 利蛇纹石

【物理特征】

利蛇纹石的颜色呈白色、灰白色、绿色、黄绿色、深绿色、黑绿色、蓝色、浅黄色及其他多种杂色,常以微带黄色调的淡绿色为主。光学显微镜下薄片中为无色至淡绿色。条痕为灰白色。透明、半透明。玻璃光泽、蜡状光泽。色散弱到明显。多色性弱。

一轴晶(-)或二轴晶(-)。折射率为 Np=1.538～1.554、Nm=1.546～1.560、Ng=1.546～1.560,双折射率为 0.012。2V=37°～61°(测量)。

{001}解理完全。性脆、柔韧、弹性,晶体和鳞片容易弯曲。断口呈丝状、纤维状。摩氏硬度为 3～3.5(随透闪石含量的增加,硬度可以达到 6),相对密度为 2.55～2.57(测量)、2.55(计算),变化范围较大。

【晶体结构】

利蛇纹石属于三斜晶系,空间群为 $P1$(图 5-1-59)。晶胞参数为 a=0.531 nm、b=0.920 nm、c=4.271 nm,Z=12。X 射线粉晶主要衍射数据 d(Å)(I/I_{max})为 7.12(100)、3.56(80)、2.38(90),见图 5-1-60。

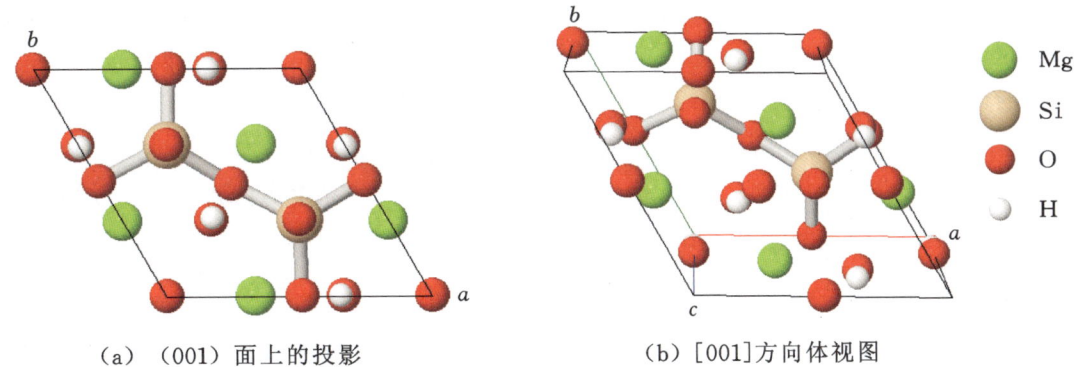

(a)(001)面上的投影

(b)[001]方向体视图

图 5-1-59 利蛇纹石的晶体结构 1

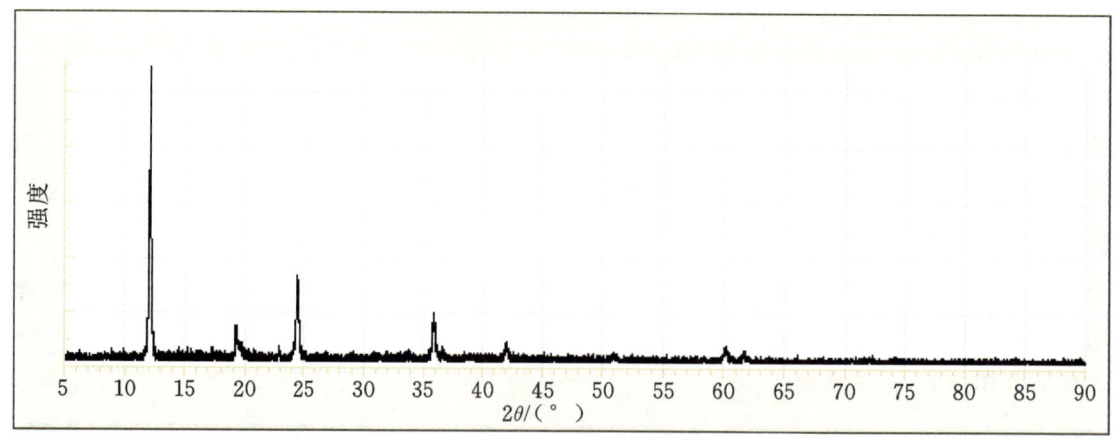

图 5-1-60 利蛇纹石的 X 射线粉晶衍射图

利蛇纹石属于单层结构(图 5-1-61),层间移动可以有以下三种方式:①相邻层沿 b 轴移动 1/3。②相邻层可成 60°倍数旋转。③存在弯曲的层面形成波状层的结构。也可三种形式同时出现。

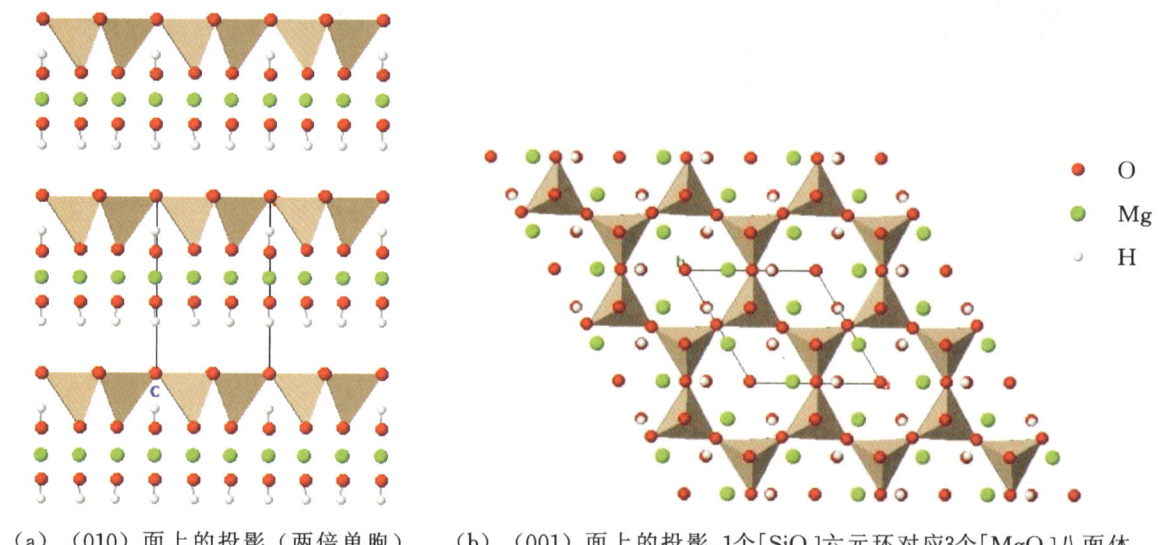

(a) (010) 面上的投影(两倍单胞)　　(b) (001) 面上的投影,1个[SiO₄]六元环对应3个[MgO₆]八面体

图 5-1-61 利蛇纹石的晶体结构 2

协调四面体片与八面体片的方法是调整内部原子的位置,八面体片横向收缩,厚度由 0.211 nm(水镁石)变为 0.220 nm(利蛇纹石)。片的收缩使八面体中心阳离子 Mg 构成的平面变形,使 Mg^{2+} 离子在 c 轴方向处于两种高度,彼此相差 0.04 nm。与此相应,联结四面体片和八面体片的 OH—O 平面也产生变形,使 OH、O 也沿 c 轴相对发生位移,脱离同一水平,彼此相差 0.03 nm 的距离。四面体片横向拉伸,厚度从理想的 0.22 nm 减至 0.215 nm,底面氧也不再处于同一平面上,沿 c 轴相互产生 0.04 nm 的差距。

利蛇纹石三方、六方的多型:①利蛇纹石-1T:三方晶系,对称型为 $3m$,空间群为 $P31m$。晶胞参数为 $a=0.533$ nm、$c=0.726$ nm,$Z=2$。②利蛇纹石-$2H_1$:六方晶系,对称型为 $6mm$,空间群为 $P6_3cm$。晶胞参数为 $a=0.532$ nm、$c=1.454$ nm,$Z=4$。X 射线粉晶主要衍射数据 d(Å)(I/I_{max})为 7.40(100)、4.60(80)、3.67(80)、2.51(100)、2.16(80)、1.54(80)、1.51(80)。

【产状产地】

利蛇纹石产于富铁的矽卡岩矿床中,赋存于白云岩与燧石条带接触带中或白云岩内,是偏酸性热水溶液交代白云岩及燧石条带白云岩而形成的。

与利蛇纹石共生伴生的矿物有纤蛇纹石、水镁石、白云石、菱镁矿、透闪石、滑石、绿泥石、磁铁矿等，这些伴生矿物的含量变化很大，并对蛇纹石玉的质量有明显的影响。

利蛇纹石的主要产地有意大利、挪威、中国（辽宁）、缅甸、阿富汗、朝鲜、美国（明尼苏达）、新西兰、墨西哥等。

【主要用途】

利蛇纹石在地质学、物理学、化学、材料学、环境科学、矿物学、宝石学等方面都有重要意义。

纤蛇纹石

【化学性质】

纤蛇纹石又称温石棉，是一种含 Mg、(OH) 的 $[Si_4O_{10}]$ 层状基型硅酸盐类矿物，其晶体化学式为 $Mg_6[Si_4O_{10}](OH)_8$。主要成分为 Mg、Si、H、O，类质同象替代成分有 Fe、Mn、Cr、Ni、Al 等。

化学成分中氧化物的质量分数为 MgO 43.63%、SiO_2 43.37%、H_2O 13.00%。

纤蛇纹石的多型有斜纤蛇纹石、正纤蛇纹石和副纤蛇纹石。

【结晶形态】

纤蛇纹石属于单斜晶系，斜方柱晶类，对称型为 $2/m$。晶体呈针状、纤维状、束状。延长方向平行 a 轴，个别平行 b 轴。集合体呈纤维状、放射状等（图 5-1-62）。在高分辨率电子显微镜下纤蛇纹石纤维单体呈空心的管状和棒状。

(a) 纤蛇纹石（美国亚利桑那）

(b) 纤蛇纹石（中国辽宁）

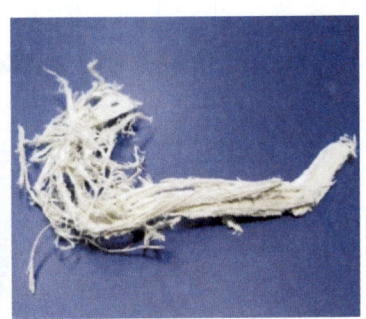
(c) 纤蛇纹石（加拿大）

图 5-1-62　纤蛇纹石的形态

【物理特征】

纤蛇纹石的颜色呈深绿色、黑绿色、绿色、黄绿色、灰黄色及杂色，常以微带黄色调的淡绿色为主，也有的为白色、浅红色、褐色。条痕为白色。透明、半透明。丝绢光泽。色散弱。多色性较弱：稻草黄色、无色，绿色、黄绿色、黄色。

二轴晶（—）。折射率为 Np=1.545～1.569、Nm=1.546～1.569、Ng=1.553～1.571，双折射率为 0.008。$2V=20°～60°$（测量）。

{110} 解理不完全。断口呈纤维状、丝带状。摩氏硬度为 2～2.5，相对密度为 2.53～2.55（测量）、2.63（计算）。类质同象替代决定其实际密度值的大小，Fe、Ti、Mn、Ni 等元素取代 Mg 时，密度偏大，Al、Ti 取代 Si 时，密度偏小，与纤维管心有无充填物也有关系。

纤蛇纹石在 550～750 ℃时脱水。

【晶体结构】

纤蛇纹石属于单斜晶系，空间群为 $C2/m$（图 5-1-63）。晶胞参数：$a=0.531$ nm、$b=0.912$ nm、$c=1.464$ nm，$\beta=93.17°$，$Z=4$。X 射线粉晶主要衍射数据 d(Å)(I/I_{max}) 为 7.10(90)、4.60(20)、4.40(20)、4.07(10)、3.55(60)、2.65(30)、2.39(100)、2.00(30)，见图 5-1-64。

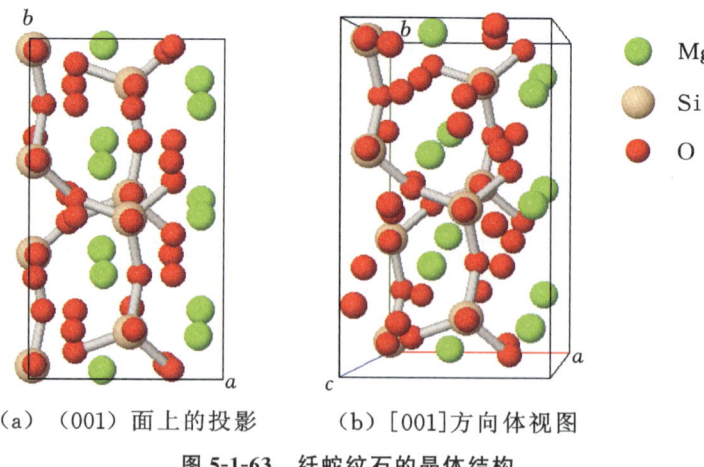

（a）（001）面上的投影　　（b）[001]方向体视图

图 5-1-63　纤蛇纹石的晶体结构

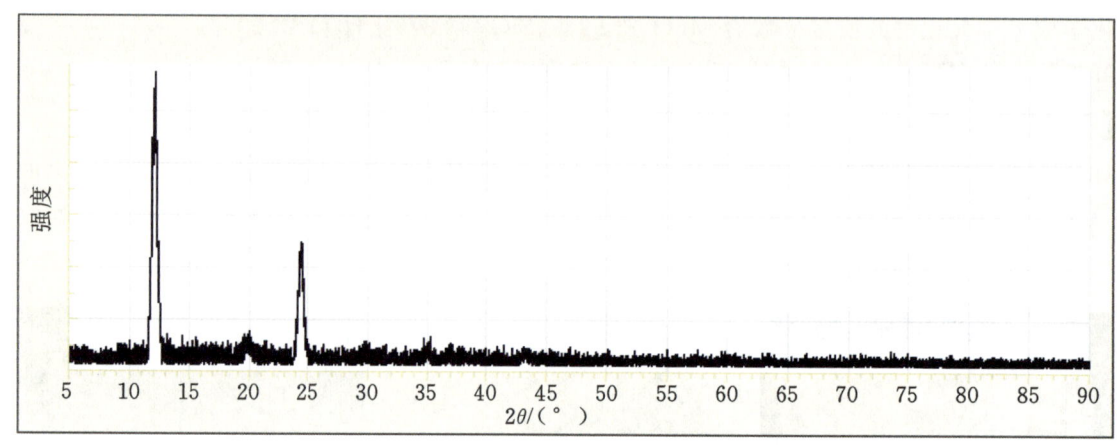

图 5-1-64　纤蛇纹石的 X 射线粉晶衍射图

纤蛇纹石不具有叶蛇纹石相反方向排列特征，所以常形成卷曲的管状（图 5-1-65）。

纤蛇纹石的晶体具有管状结构，常会有卷曲状，像纤维一样（图 5-1-66）。克服四面体片与八面体片不协调的方法是以四面体片在内八面体片在外产生卷曲。斜纤蛇纹石和正纤蛇纹石平行 a 轴卷曲，副纤蛇纹石则平行 b 轴卷曲。纤蛇纹石可以形成能分离为细软纤维的蛇纹石石棉。

纤蛇纹石有三种多型：

①斜纤蛇纹石属单斜晶系，空间群为 Cm、$C2$ 或 $C2/m$。晶胞参数：$a=0.530$ nm、$b=0.925$ nm、$c=0.746$ nm，$\beta=91°24'$，$Z=1$。超晶胞：$a=4.352(8\times 0.544)$ nm、$b=0.926$ nm、$c=0.728$ nm，$\beta=91°24'$，$Z=8$。

斜叶蛇纹石的晶体结构与纤蛇纹石基本相似，主要是波状的层状结构（极少呈卷筒状结构），但具

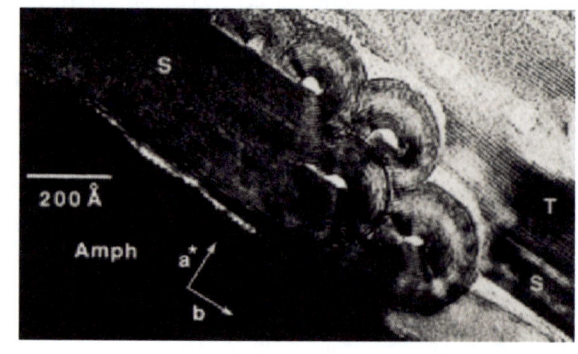

图 5-1-65　纤蛇纹石形成卷曲的管状

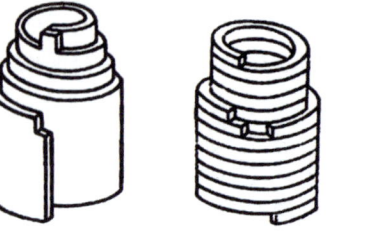

图 5-1-66　纤蛇纹石的卷曲结构

有较大的多种 a 值。已知叶蛇纹石的 a 值有 3.37 nm、3.55 nm、3.83 nm、4.11 nm、4.31 nm、9.06 nm、10.90 nm 等，多数在 4 nm 左右。这是由叶蛇纹石的波状层在 a 方向上重复周期数不同所造成的，或是与沿 a 轴方向八面体空隙中阳离子和 OH^- 的缺席有关。

② 六方（正）纤蛇纹石（六层叶蛇纹石）属六方晶系，$P6_3cm$。晶胞参数：$a = 0.532$ nm，$b = 0.922$ nm，$c = 4.356(0.726 \times 6)$ nm。

③ 三方（副）纤蛇纹石（九层叶蛇纹石）属三方晶系，$P31$、$P3_112$。晶胞参数：$a = 0.530$ nm、$c = 6.534(0.726 \times 9)$ nm。

【产状产地】

纤蛇纹石（温石棉）是最常见的石棉，常与叶蛇纹石共同成为富含镁铁质矿物的交代蚀变产物。在蛇纹岩、白云岩、白云质灰岩裂隙中可见细长纤维状石棉产出（又称温石棉），它是最重要的石棉之一，占世界石棉产量的 90%。与纤蛇纹石共生伴生的矿物有磁铁矿、方解石、白云石、菱镁矿、滑石、绿泥石、水镁石、铬尖晶石等。

纤蛇纹石主要产地有加拿大、智利、澳大利亚、美国、俄罗斯、中国等。

【主要用途】

纤蛇纹石呈纤维状，具有较好的柔性、抗张性、劈分性、耐热性和绝缘性，但耐酸性和防腐性能都比角闪石石棉差。蛇纹石石棉可织成耐火织物。纤蛇纹石的石棉材料具有一些优异物理性质，这种材料是较为均匀的纤维，适用于建筑材料中，但是当它分散到空气中被人体吸入时会带来严重的健康风险。

纤蛇纹石在地质学、物理学、化学、材料学、环境科学、晶体学、矿物学、宝石学等方面都有重要意义。

★ 石棉

石棉种类很多，通常所说的石棉是指纤蛇纹石石棉（温石棉）和闪石石棉。共计有 6 种石棉，它们是蛇纹石石棉、角闪石石棉、阳起石石棉、直闪石石棉、铁闪石石棉、透闪石石棉（表 5-1-1）。

表 5-1-1　蛇纹石、角闪石石棉的种类

序号	名称	晶体化学式
1	蛇纹石石棉	$Mg_3[Si_2O_5](OH)_4$
2	铁闪石石棉	$(Mg,Fe)_7[Si_8O_{22}](OH)_2$
3	蓝闪石石棉	$Na_2(Fe_3^{2+}Fe_2^{3+})[Si_8O_{22}](OH)_2$
4	直闪石石棉	$(Mg,Fe)_7[SiO_8O_{22}](OH)_2$
5	阳起石石棉	$Ca_2(Mg_{5.0\sim4.5}Fe_{0.0\sim0.5}^{2+})[Si_8O_{22}](OH)_2$
6	透闪石石棉	$Ca_2(Mg,Fe)_5[Si_8O_{22}](OH)_2$

石棉有白色、蓝色、绿色、黄色等，具有丝绢光泽。

石棉由纤维束组成，而纤维束又由很长很细的能相互分离的纤维组成。石棉是天然的纤维状的硅酸盐类矿物质的总称，具有高抗张强度、高挠性、耐化学、热侵蚀、电绝缘以及可纺性。

世界石棉主要分布在俄罗斯、中国、加拿大、哈萨克斯坦、巴西、南非和津巴布韦。

1. 蛇纹石石棉与角闪石石棉

蛇纹石石棉（温石棉），晶体化学式为 $Mg_3[Si_2O_5](OH)_4$，其化学成分中氧化物的质量分数为 MgO 43.0%、SiO_2 44.1%、H_2O 12.9%。摩氏硬度为 2.0~2.5，相对密度为 2.49~2.53。具有丝绢光泽和好的可纺性。世界所产石棉主要是纤蛇纹石石棉，约占世界石棉产量的 95%。它是层状硅酸盐蛇纹石亚族中的一种柔软的纤维状硅酸盐矿物，它与闪石族中的石棉矿物是不同的。

有纤维结构的蛇纹石和角闪石才称为石棉。

2. 蛇纹石石棉

蛇纹石石棉是 Mg 的含水硅酸盐类矿物,多属于单斜晶系,层状硅酸盐结构。颜色为深绿色、浅绿色、浅黄色、土黄色、灰白色、白色等。透明、半透明。呈纤维状,丝状光泽。蛇纹石石棉纤维的劈分性、柔韧性、强度、耐热性和绝缘性都比较好。

蛇纹石石棉的耐碱性能较好,不受碱类的腐蚀,但耐酸性较差,很弱的有机酸就能将石棉中的氧化镁析出,使石棉纤维的强度下降。

3. 角闪石石棉

角闪石石棉是 Na、Mg、Ca、Fe 的含水硅酸盐类矿物,多属于单斜晶系,是链状基型结构的硅酸盐。包括蓝闪石石棉、铁闪石石棉、直闪石石棉、透闪石石棉和阳起石石棉。

角闪石类石棉品种由 Na、Ca、Mg 和 Fe 含量多少的不同区分。颜色一般较深,相对密度较大,具有较高的耐酸性、耐碱性和化学稳定性,耐腐性也较好。尤其是蓝闪石石棉的过滤性能较好,具有防化学毒物和净化被放射性物质污染的空气等重要特性。

4. 主要用途

蛇纹石石棉分布广,占石棉总产量的 95%,形成于侵入体与白云岩或白云质灰岩的接触带和超基性岩经变质作用形成的蛇纹岩的网状裂隙中。

闪石石棉多在动力变质条件下,由热液提供钠、镁质交代含铁硅质岩而成。

石棉可用作石棉保温隔热制品、石棉橡胶制品、石棉制动制品、石棉电工材料。石棉本身并无毒害,它的危害来自粉尘,当粉尘被吸入人体内,就会沉积在肺部,造成肺部疾病。石棉已被国际癌症研究中心定为致癌物,许多国家选择了禁止使用这种危险性物质。

铁蛇纹石

【化学性质】

铁蛇纹石是一种含 Fe、(OH) 的 $[Si_4O_{10}]$ 层状基型硅酸盐类矿物,其晶体化学式为为 $(Fe^{2+},Fe^{3+})_{4\sim6}[Si_4O_{10}](OH)_8$。主要成分为 Fe^{2+}、Fe^{3+}、H、Si、O,类质同象替代成分有 Al、Ni、Mn、Mg。

化学成分中氧化物的质量分数为 FeO 46.64%、Fe_2O_3 11.27%、SiO_2 35.31%、H_2O 6.78%。

【结晶形态】

铁蛇纹石属于单斜晶系。晶体呈葡萄状、鲕状、粒状等(图 5-1-67)。

(a)铁蛇纹石(俄罗斯)

(b)铁蛇纹石(西班牙)

(c)铁蛇纹石(美国)

图 5-1-67 铁蛇纹石

【物理特征】

铁蛇纹石的颜色呈深橄榄绿色、深绿色、蓝绿色、浅黄绿色、黑色。条痕为灰绿色。透明至不透明。半玻璃光泽、土状光泽。色散弱。多色性弱:淡黄色,绿色,绿色。

二轴晶(+)。折射率为 Np=1.650~1.675、Nm=1.674、Ng=1.674,双折射率为 0.024。2V 很小。

解理不完全。柔韧、弹性。断口呈不规则、不平整的次贝壳状。摩氏硬度为 2.5,相对密度为 2.85~3.15(测量)、3.08(计算)。

【晶体结构】

铁蛇纹石属于单斜晶系,空间群未确定(图 5-1-68)。晶胞参数:$a=0.554$ nm、$b=0.955$ nm、$c=0.744$ nm,$\beta=104.2°$,$Z=2$。X射线粉晶衍射数据 d(Å)(I/I_{max})为 7.120(80)、3.559(80)、2.849(20)、2.571(100)、2.184(40)、1.593(60)、1.553(40)。

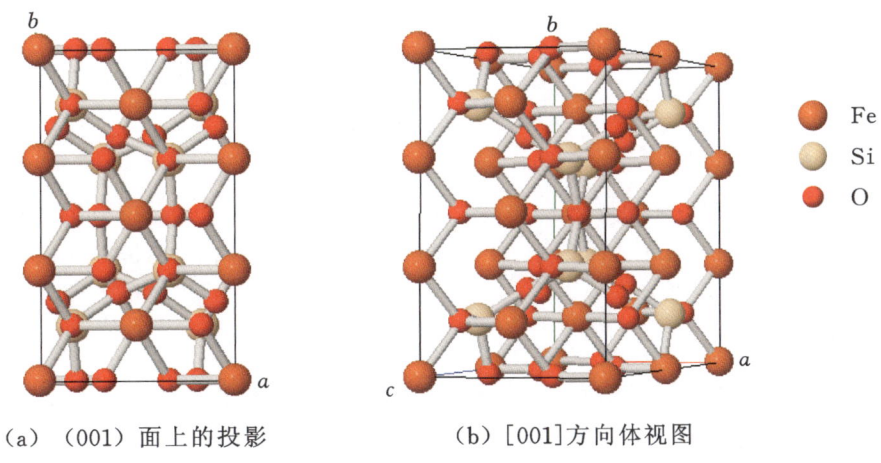

(a) (001)面上的投影　　(b) [001]方向体视图

图 5-1-68　铁蛇纹石的晶体结构

铁蛇纹石有许多种多型:铁蛇纹石-1Å、铁蛇纹石-2Å、铁蛇纹石-3Å、铁蛇纹石-1M、铁蛇纹石-2M1、铁蛇纹石-3R。

【产状产地】

铁蛇纹石产于含铁黄土矿床中,主要产地有西班牙、俄罗斯、美国(明尼苏达)。

【主要用途】

铁蛇纹石在地质学、物理学、化学、材料学、环境科学、晶体学、矿物学、宝石学等方面都有重要意义。

镍利蛇纹石

【化学性质】

镍利蛇纹石是一种含 Ni、(OH)的[Si_4O_{10}]层状基型硅酸盐类矿物,其晶体化学式为 $Ni_6[Si_4O_{10}](OH)_8$。主要成分为 Ni、Si、H、O,类质同象替代成分有 Al、Fe、Mn、Mg 等。

化学成分中氧化物的质量分数为 NiO 58.92%、SiO_2 31.60%、H_2O 9.48%。

利蛇纹石-镍利蛇纹石可形成类质同象系列矿物。

【结晶形态】

镍利蛇纹石属于斜方晶系,斜方单锥晶类,对称型为 $mm2$。晶体呈板状、平板状、片状,呈假六边形(图 5-1-69)。

(a) 镍利蛇纹石(德国)　　(b) 镍利蛇纹石(法国)　　(c) 镍利蛇纹石(西班牙)

图 5-1-69　镍利蛇纹石

【物理特征】

镍利蛇纹石的颜色呈深绿色、绿色、浅绿色。条痕为绿白色。透明至半透明。玻璃光泽、珍珠光泽。色散中等至弱。多色性弱：深绿色，深绿色，黄绿色。

二轴晶（−）。折射率为 Np＝1.600～1.630、Nm＝1.600～1.630、Ng＝1.635～1.650，双折射率为 0.035。$2V=0\sim 10°$（测量）。

{001}、{010}解理完全。柔韧。断口呈不规则的次贝壳状。摩氏硬度为 2～2.5，相对密度为 3.24（测量）、3.26（计算）。

【晶体结构】

镍利蛇纹石属于斜方晶系，空间群为 $Ccm2_1$。晶胞参数：$a=0.531$ nm、$b=0.920$ nm、$c=0.727$ nm，$Z=2$。X 射线粉晶衍射数据 $d(\text{Å})(I/I_{max})$ 为 7.31(100)、4.55(50)、3.63(90)、2.89(60)、2.50(70)、2.32(40)、1.53(60)。

【产状产地】

镍利蛇纹石产于含镍的红土矿床中。与镍利蛇纹石共生伴生的矿物有白云石、菱镁矿、绿泥石等，主要产地有法国、德国。

【主要用途】

镍利蛇纹石在地质学、物理学、化学、材料学、环境科学、晶体学、矿物学、宝石学等方面都有重要意义。

肾硅锰矿

【化学性质】

肾硅锰矿是一种含 Mn、(OH) 的 $[Si_4O_{10}]$ 层状基型硅酸盐类矿物，其晶体化学式为 $Mn_6[Si_4O_{10}](OH)_8$。主要成分为 Mn、Si、H、O，类质同象替代成分有 Mg、Fe、Zn、Ca、Al、As、F、Cl。

化学成分中氧化物及元素的质量分数为 MgO 5.39%、MnO 37.96%、ZnO 6.53%、FeO 3.84%、SiO_2 8.94%、As_2O_3 5.29%、H_2O 8.68%、Cl 3.79%。

【结晶形态】

肾硅锰矿属于单斜晶系，斜方柱晶类，对称型为 $C2/m$（或 Cm）。晶体呈短柱状、平板状、片状、假六边形，集合体呈球状、葡萄状、肾状等（图 5-1-70）。

（a）肾硅锰矿(瑞典)

（b）肾硅锰矿（意大利）

图 5-1-70　肾硅锰矿

【物理特征】

肾硅锰矿的颜色呈白色、棕色、红棕色、黄色、棕褐色。条痕为浅棕色。透明至半透明。玻璃光泽。色散弱。多色性弱。

二轴晶(一)。折射率为 Np=1.606~1.620、Nm=1.632~1.650、Ng=1.632~1.650，双折射率为 0.026~0.030。2V 近于 0°。

{001}解理完全。性脆。断口呈不规则、不均匀的碎片状。摩氏硬度为 3~3.5，相对密度为 2.87（测量）、3.06（计算）。

【晶体结构】

肾硅锰矿属于单斜晶系，空间群未知。晶胞参数：$a=0.567$ nm、$b=0.981$ nm、$c=0.753$ nm，$\beta=104.52°$，$Z=2$。X 射线粉晶衍射数据 $d(\text{Å})(I/I_{max})$ 为 7.24(90)、3.64(80)、2.78(70)、2.49(100)、2.08(50)、1.95(30)、1.62(20)。

【产状产地】

肾硅锰矿是含锰硅酸盐的蚀变产物，共生伴生的矿物有菱铁矿、红砷锰矿、方解石、砷锰钙石，主要产地有瑞典、意大利。

【主要用途】

肾硅锰矿在地质学、物理学、化学、材料学、环境科学、晶体学、矿物学、宝石学等方面都有重要意义。

滑石-叶蜡石族

滑石（talc）	$Mg_3[Si_4O_{10}](OH)_2$
铁滑石（minnesotaite）	$Fe_3^{2+}[Si_4O_{10}](OH)_2$
镍滑石（willemseite）	$Ni_3[Si_4O_{10}](OH)_2$
叶蜡石（pyrophyllite）	$Al_2[Si_4O_{10}](OH)_2$

滑石

【化学性质】

滑石是一种含 Mg、(OH)的$[Si_4O_{10}]$层状基型硅酸盐类矿物，其晶体化学式为 $Mg_3[Si_4O_{10}](OH)_2$。主要成分为 Mg、Si、H、O，类质同象替代成分有 Ni、Fe、Al、Ca、Na、F、H_2O。不溶于水，但微溶于稀盐酸。

化学成分中氧化物的质量分数为 MgO 31.88%、SiO_2 63.37%、H_2O 4.75%。

形成滑石的化学作用过程有以下几种：

$Mg_3Si_2O_5(OH)_4+3CO_2$（二氧化碳）$\longrightarrow Mg_3Si_4O_{10}(OH)_2$（滑石）$+3MgCO_3$（菱镁矿）$+3H_2O$（水）。

$CaMg[CO_3]_2$（白云石）$+4SiO_2$（石英）$+H_2O$（水）$\longrightarrow Mg_3Si_4O_{10}(OH)_2$（滑石）$+3CaCO_3$（方解石）$+3CO_2$（二氧化碳）。

绿泥石+石英——蓝晶石+滑石+水。

【结晶形态】

滑石属于三斜晶系，单面晶类，对称型为 1。晶体常呈叶状、片状、板状、纤维状、块状，罕见为塔柱状等，集合体呈块状、叶片状、纤维状或放射状（图 5-1-71）。质地非常软，并且具有滑腻的手感。

还有一类滑石属于单斜晶系，斜方柱晶类，对称型为 $2/m$。

【物理特征】

滑石的颜色为无色、白色、灰白色、黄白色、淡绿色、棕白色、棕色、深绿色等，因含有其他杂质而带各种颜色。条痕为白色、珍珠黑色。透明、半透明。玻璃光泽、蜡状光泽、珍珠光泽。在偏光显微镜下薄片中无色透明。色散弱。多色性弱：无色，淡绿色。发荧光：橙黄色，黄色。

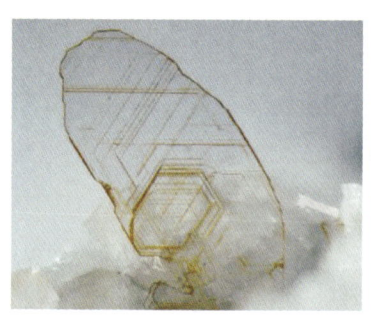

(a) 滑石（法国）　　　　　　　　　　　　(b) 滑石（美国）

图 5-1-71　滑石

二轴晶(－)。折射率为 Np＝1.538～1.550、Nm＝1.589～1.594、Ng＝1.589～1.600，双折射率为 0.050。$2V=0°\sim30°$(测量)、$2V=0°\sim38°$(计算)。

{001}解理极完全，薄片具有柔韧但不具弹性、挠性，摸起来滑腻或油腻。断口呈纤维状、云母式。摩氏硬度为 1，相对密度为 2.58～2.83(测量)、2.78(计算)。

绝热、绝缘性强。

【晶体结构】

滑石多属于三斜晶系，空间群为 $P\bar{1}$(图 5-1-72)。晶胞参数：$a=0.529$ nm、$b=0.917$ nm、$c=0.946$ nm，$\alpha=90.46°$、$\beta=98.68°$、$\gamma=90.09°$、$Z=2$。X 射线粉晶衍射数据 $d(\text{Å})(I/I_{max})$ 为 9.31(100)、4.67(20)、4.55(60)、3.12(90)、2.59(20)、2.48(30)、2.23(10)、1.52(30)，见图 5-1-73。

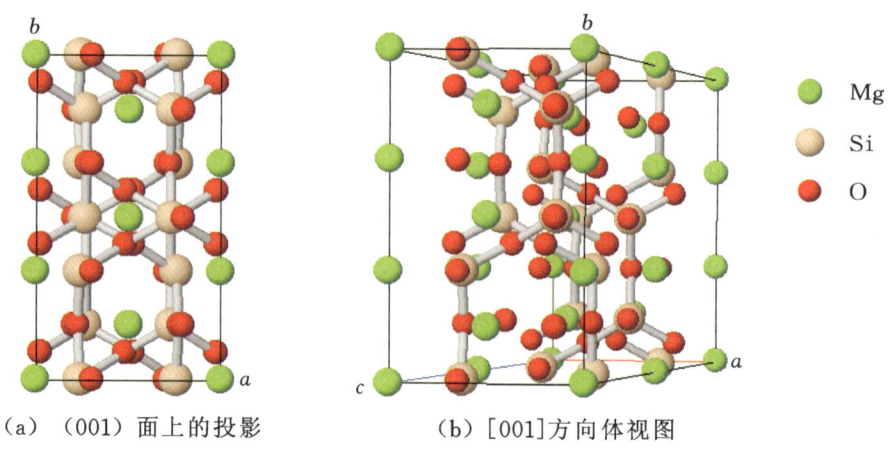

(a) (001) 面上的投影　　　　　(b) [001]方向体视图

图 5-1-72　滑石的晶体结构 1

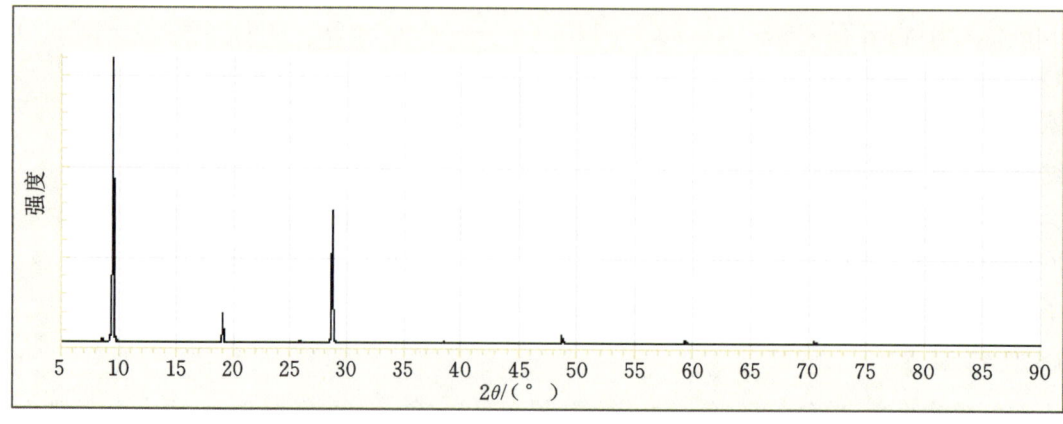

图 5-1-73　滑石的 X 射线粉晶衍射图(三斜晶系)

有的滑石属于单斜晶系，斜方柱晶类，对称型为 $2/m$，空间群为 $C2/c$。晶胞参数：$a=0.529$ nm、$b=0.916$ nm、$c=1.895$ nm、$\beta=99.3°$，$Z=4$。X射线粉晶主要衍射数据 $d(Å)(I/I_{max})$ 为 9.35(100)、4.59(45)、1.53(55)。

滑石是一种三八面体层状硅酸盐矿物，其结构类似于叶蜡石，但在复合层的八面体部位含有镁（图 5-1-74）。

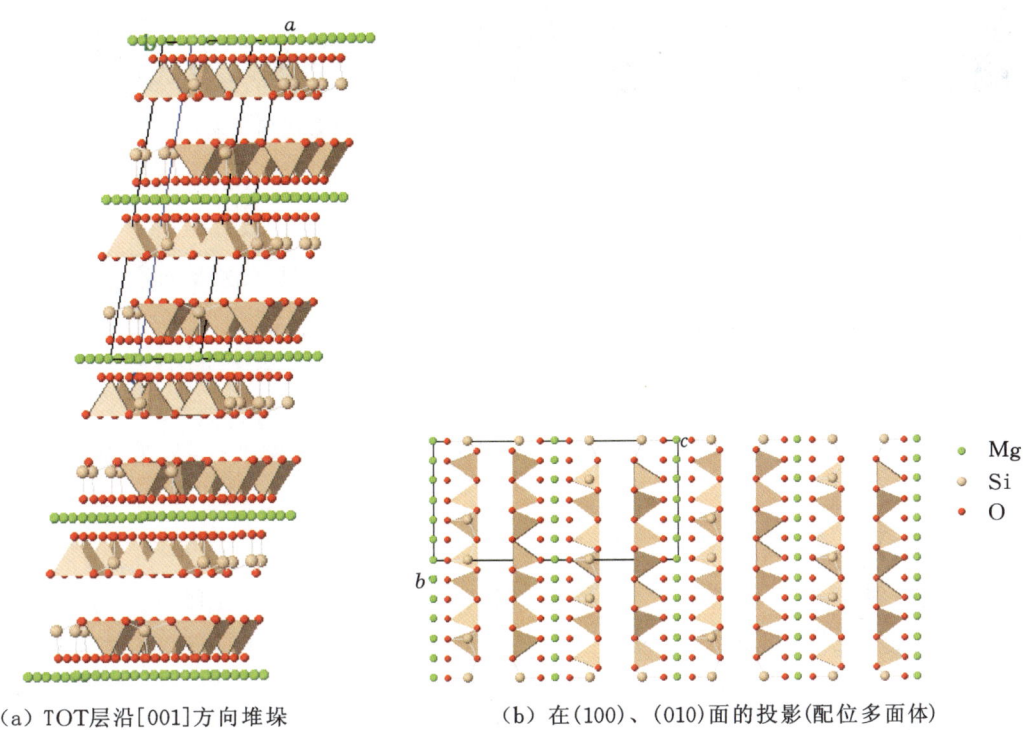

(a) TOT层沿[001]方向堆垛　　　(b) 在(100)、(010)面的投影(配位多面体)

绿色为[SiO$_4$]四面体层(T)，红色为[MgO$_6$]三八面体层(O)，T—O基元层之间是范德华键。

图 5-1-74　滑石的晶体结构 2

【产状产地】

滑石是热液蚀变矿物，是变质带中常见的一种变质矿物。富镁矿物经热液蚀变作用可变为滑石，常呈橄榄石、顽火辉石、角闪石、透闪石等矿物假象。滑石的共生伴生矿物主要有蛇纹石、辉石、角闪石、橄榄石等镁质矿物，主要产地有法国、意大利、芬兰、奥地利、俄罗斯、巴西、美国、加拿大、印度、阿富汗。中国的主要产地有辽宁等。

【主要用途】

滑石的用途很多，包括润滑剂、耐火材料、造纸、塑料、涂料、橡胶、食品、电缆、制药、化妆材料、陶瓷釉料、雕刻用料等。由于滑石耐热、耐电、耐酸，常被用于实验室台面和电气开关板的表面。

滑石在地质学、物理学、化学、材料学、环境科学、晶体学、矿物学、宝石学等方面都有重要意义。

铁滑石

【化学性质】

铁滑石是一种含 Fe、(OH) 的 [Si$_4$O$_{10}$] 层状基型硅酸盐类矿物，其晶体化学式为 $Fe_3^{2+}[Si_4O_{10}](OH)_2$。主要成分为 Fe、Si、H、O，类质同象替代成分有 Ti、Al、Mn、Ca、Na、K、H$_2$O。

化学成分中氧化物的质量分数为 MgO 4.40%、FeO 39.21%、SiO$_2$ 52.46%、H$_2$O 3.93%。

【结晶形态】

铁滑石属于三斜晶系，单面晶类，对称型为 1。晶体呈粒状、块状等（图 5-1-75）。

(a) 铁滑石（美国明尼苏达）   (b) 铁滑石（加拿大）

图 5-1-75 铁滑石

【物理特征】

铁滑石的颜色呈浅绿色、灰绿色、橄榄绿色。条痕为白色。透明。玻璃光泽、珍珠光泽、油脂光泽。色散弱。多色性较弱：无色或淡黄色，无色或淡绿色，无色或淡绿色。

二轴晶（－）。折射率为 $Np=1.578 \sim 1.583$、$Nm=1.578 \sim 1.622$、$Ng=1.615 \sim 1.623$，双折射率为 $0.037 \sim 0.040$。$2V=4°$（测量），$0° \sim 16°$（计算）。

{001}解理完全。性脆。断口呈不规则的小碎片状。摩氏硬度为 $1.5 \sim 2$，相对密度为 3.01（测量）、2.97（计算）。

【晶体结构】

铁滑石属于三斜晶系，空间群为 $P\bar{1}$。晶胞参数：$a=0.562$ nm、$b=0.942$ nm、$c=0.962$ nm，$\alpha=85.21°$，$\beta=95.64°$，$\gamma=90.00°$，$Z=4$。X 射线粉晶主要衍射数据 d(Å)(I/I_{max}) 为 9.54(100)、4.78(20)、3.18(50)、2.76(30)、2.66(40)、2.53(50)、2.21(20)。

【产状产地】

铁滑石产于低变质区域的带状含铁地层。铁滑石与石英（燧石）、菱铁矿、磁铁矿、黑硬绿泥石和铁蛇纹石共生。铁滑石的主要产地有美国（明尼苏达）、加拿大。

【主要用途】

铁滑石在地质学、物理学、化学、材料学、环境科学、晶体学、矿物学等方面都有一些重要意义。

镍滑石

【化学性质】

镍滑石是一种含 Ni、(OH) 的 $[Si_4O_{10}]$ 层状基型硅酸盐类矿物，其晶体化学式为 $Ni_3[Si_4O_{10}](OH)_2$。主要成分为 Ni、Si、H、O，类质同象替代成分有 Al、Mg、Fe、Co、Ca、H_2O。

化学成分中氧化物的质量分数为 MgO 6.62%、SiO_2 52.63%、NiO 36.80%、H_2O 3.95%。

【结晶形态】

镍滑石属于单斜晶系，斜方柱晶类，对称型为 $2/m$。晶体呈粒状、块状（图 5-1-76）。

图 5-1-76 镍滑石（南非）

【物理特征】

镍滑石的颜色呈淡绿色。条痕为绿白色。透明。玻璃光泽、油脂光泽。色散弱。多色性弱。

二轴晶（－）。折射率为 $Np=1.600$、$Nm=1.652$、$Ng=1.655$，双折射率为 0.055。$2V=27°$（测量）、$26°$（计算）。

$\{001\}$ 解理完全。性脆。断口呈不规则、不平整的细碎粒状。摩氏硬度为 2，相对密度为 3.31（测量）、3.33（计算）。

【晶体结构】

镍滑石属于单斜晶系，空间群为 $C2/c$。晶胞参数：$a=0.532$ nm、$b=0.915$ nm、$c=1.899$ nm，$\beta=99.96°$，$Z=4$。X 射线粉晶主要衍射数据 $d(\text{Å})(I/I_{max})$ 为 $9.40(100)$、$3.12(28)$、$2.50(23)$。

【产状产地】

镍滑石在石英岩和镁铁岩石间接触带的富镍岩石中成细板状，与镍磁铁矿、富镍绿泥石、针镍矿共生。若大量聚集时，与其他镍矿物可共同构成镍矿石。主要产地有南非。

【主要用途】

镍滑石在地质学、物理学、化学、材料学、环境科学、晶体学、矿物学等方面都有一定的意义。

叶蜡石

【化学性质】

叶蜡石是一种含 Al、(OH) 的 $[Si_4O_{10}]$ 层状基型硅酸盐类矿物，其晶体化学式为 $Al_2[Si_4O_{10}](OH)_2$。主要成分为 Al、Si、H、O，类质同象替代成分有 Fe、Mg。

化学成分中氧化物的质量分数为 Al_2O_3 28.30%、SiO_2 66.70%、H_2O 5.00%。

叶蜡石具有两种不同的变种，分别属于三斜晶系和单斜晶系。

【结晶形态】

叶蜡石属于三斜晶系，单面晶类，对称型为 1；还有一种属于单斜晶系，斜方柱晶类，对称型为 $2/m$。常呈针状、放射状、致密块状集合体，常径向排列成扇形或球形的集合体（图 5-1-77）。

（a）叶蜡石（俄罗斯）　　　　　　（b）叶蜡石（美国）

图 5-1-77　叶蜡石

【物理特征】

叶蜡石的颜色呈白色、灰白色、灰色、黄色、浅黄色、棕黄色、棕绿色、浅蓝色、浅绿色、灰绿色等。条痕为白色。透明、半透明、不透明。玻璃光泽、油脂光泽、珍珠光泽。色散无。多色性无。荧光呈黄色。

二轴晶（－）。折射率为 $Np=1.534\sim1.556$、$Nm=1.586\sim1.589$、$Ng=1.596\sim1.601$，双折射率为 $0.045\sim0.062$。$2V=53°\sim62°$（测量）、$46°\sim60°$（计算）。

$\{001\}$ 解理完全。薄片能弯曲但无弹性，与滑石非常相似。摩氏硬度为 $1.5\sim2$，相对密度为

2.65～2.90(测量)、2.81(计算)。

【晶体结构】

叶蜡石属于三斜晶系,空间群为 $C1$(图 5-1-78)。晶胞参数:$a=0.516$ nm、$b=0.897$ nm、$c=0.935$ nm,$\alpha=91.35°$、$\beta=100.37°$、$\gamma=89.75°$,$Z=2$。X 射线粉晶主要衍射数据 $d(Å)(I/I_{max})$ 为 9.20(90)、4.42(100)、3.07(85),见图 5-1-79。

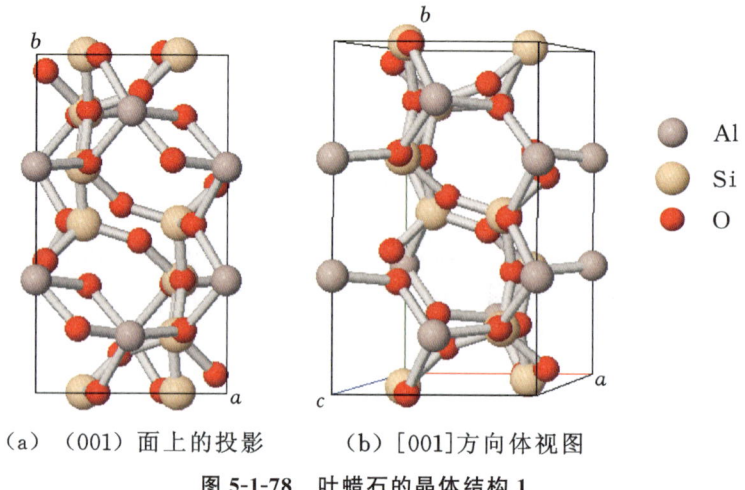

(a) (001)面上的投影　　(b) [001]方向体视图

图 5-1-78　叶蜡石的晶体结构 1

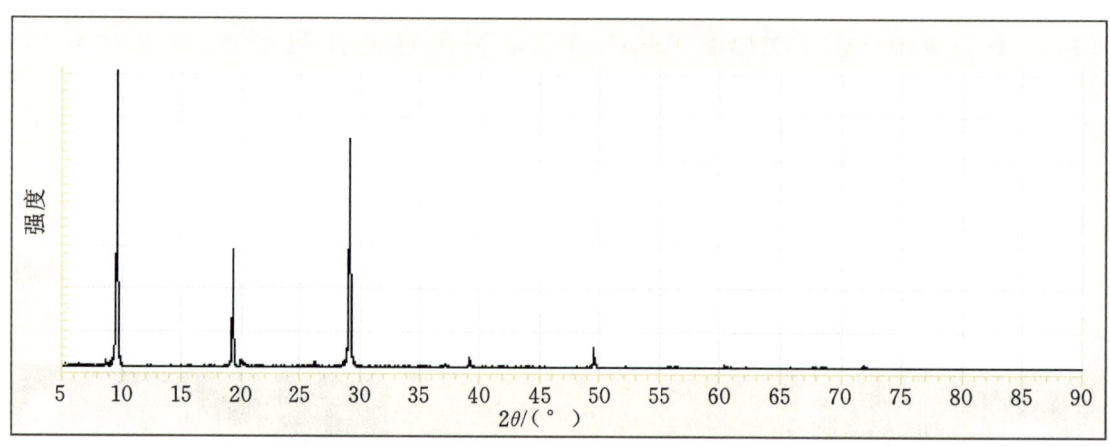

图 5-1-79　叶蜡石的 X 射线粉晶衍射图

叶蜡石多型有两种:叶蜡石-1A、叶蜡石-2M(图 5-1-80)。

叶蜡石-1A:三斜晶系,对称型为 1,空间群为 $P1$。晶胞参数:$a=0.516$ nm、$b=0.897$ nm、$c=0.935$ nm,$\alpha=91.35°$、$\beta=100.37°$、$\gamma=89.75°$,$Z=2$。

叶蜡石-2M:单斜晶系,对称型为 $2/m$,空间群为 $C2/m$。晶胞参数:$a=0.498$ nm、$b=0.882$ nm、$c=1.848$ nm,$\beta=95.83°$。

【产状产地】

叶蜡石产于热液矿床的千枚岩和片岩中,常与蓝晶石共生伴生,是蓝晶石的蚀变产物。叶蜡石主要由酸性火山凝灰岩经热液蚀变而成,在一些富铝的变质岩中也有产出。按成因可分为热液型和变质型两大类,主要形成于晚侏罗世至白垩纪。

按成分可分为纯叶蜡石型、高铝叶蜡石型、高硅叶蜡石型、高铁叶蜡石型和高硫叶蜡石型。

按标型矿物划分分类:出现刚玉、硬水铝石、伊利石、绢云母、地开石、红柱石或蓝线石等铝质矿物的可定为高铝叶蜡石型;出现石英,可定为高硅叶蜡石型;出现黄铁矿等矿物,可定为高铁叶蜡石型。

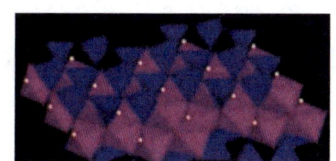 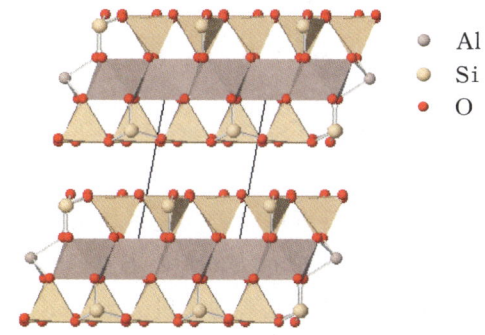

(a) TOT层沿[001]方向堆垛(配位多面体)　　(b) (010)面上的投影

蓝色[SiO$_4$]四面体层(T)、紫红色[AlO$_6$]二八面体层(O)、黄色(OH)T—O 基元层之间是弱的范德华键。

图 5-1-80　叶蜡石晶体结构 2

叶蜡石的主要产地有瑞士、瑞典、比利时、巴西、俄罗斯(乌拉尔)、加拿大、美国(加利福尼亚、亚利桑那、北卡罗莱纳、乔治亚)、日本等。中国的主要产地有浙江、福建、陕西等。

【主要用途】

叶蜡石工业用途广泛,如耐火材料、陶瓷、电瓷、坩埚、玻璃纤维、橡胶、造纸、颜料、制药、制糖、化妆品和塑料制品的辅助材料。

质地优良的叶蜡石可作工艺品原料,如青田石和福建寿山石、浙江的昌化石、内蒙古的巴林石等。印石中素来以"红、黄、青"三色奉为国之瑰宝,作为宝玉石类名称广为人知。

"红"的是产于浙江昌化的鸡血石,它是由地球内部上来的硫化汞矿液,填充并冷凝在叶蜡石的裂隙中形成的,称为鸡血石。

"黄"的是田黄石,产于福建寿山,它略透明,以内具萝卜丝纹,呈橘黄、桂花黄及金黄色者为上品。田黄是一种珍珠石。"青"的是青田石,产于浙江,其珍稀品呈半透明状,温润细腻,莹洁如玉,青翠可爱。照之灿若灯辉,数量稀少,比玉珍贵。

叶蜡石在地质学、物理学、化学、材料学、环境科学、晶体学、矿物学、宝石学等方面都有重要意义。

鱼眼石族

鱼眼石(apophyllite)	KCa$_4$[Si$_4$O$_{10}$]$_2$(F,OH)·8H$_2$O
鱼眼石-(K,F)(apophyllite-(K,F))	(K,Na)Ca$_4$[Si$_4$O$_{10}$]$_2$(F,OH)·8H$_2$O
鱼眼石-(K,H)(apophyllite-(K,H))	(K,Na)Ca$_4$[Si$_4$O$_{10}$]$_2$(OH,F)·8H$_2$O
钠鱼眼石-(Na,F)(apophyllite-(Na,F))	NaCa$_4$[Si$_4$O$_{10}$]$_2$F·8H$_2$O
氟鱼眼石-(K)(fluor-apophyllite-(K))	KCa$_4$[Si$_4$O$_{10}$]$_2$(F,OH)·8H$_2$O
氟鱼眼石-(Cs)(fluor-apophyllite-(Cs))	CsCa$_4$[Si$_4$O$_{10}$]$_2$F·8H$_2$O
氟鱼眼石-(NH$_4$)(fluor-apophyllite-(NH$_4$))	NH$_4$Ca$_4$[Si$_4$O$_{10}$]$_2$F·8H$_2$O
碱硅钙钇石(ashcroftine)	K$_5$Na$_5$(Y,Ce,Ca)$_{12}$[Si$_4$O$_{10}$]$_7$(CO$_3$)$_8$(OH)$_2$·8H$_2$O

鱼眼石

【化学性质】

鱼眼石是一种含 K、Ca、(F,OH)、H$_2$O 的[Si$_4$O$_{10}$]层状基型硅酸盐类矿物,其晶体化学式为 KCa$_4$[Si$_4$O$_{10}$]$_2$(F,OH)·8H$_2$O。主要成分为 K、Ca、Si、H、F、O,类质同象替代成分有 Na、Mg、Fe、OH 等。

氟鱼眼石-(K)的化学式为 $KCa_4[Si_4O_{10}]_2F·8H_2O$，其中部分 K 可被 Na 替代，Si 可被 Al 替代，F 可被 OH 替代。结构式中 H_2O 为沸石水，加热后放出水（加热到 240～260 ℃，约放出 $1/2H_2O$），冷却可重新吸水。有时含少量的稀土元素，已知 Ce 族稀土含量大于 Y 族稀土，为富含 Ce 族稀土。羟鱼眼石晶体化学式为 $KCa_4[Si_4O_{10}]_2(OH)·8H_2O$。

鱼眼石是 K、Ca 的层状基型硅酸盐矿物，F、OH 之间呈完全类质同象替代，有氟鱼眼石-(K)和羟鱼眼石两个亚种。鱼眼石可以看成是氟鱼眼石-(K)和羟鱼眼石作为端元组份的二元完全类质同象系列。当 F 含量大于 OH 时称为氟鱼眼石-(K)，而当 OH 含量大于 F 时，则称为羟鱼眼石。

化学成分中氧化物及元素的质量分数为 K_2O 5.19%、CaO 23.85%、SiO_2 52.98%、H_2O 15.89%、F 2.09%。

【结晶形态】

鱼眼石属于四方晶系，复四方双锥晶类，对称型 $4/mmm$（图 5-1-81）。晶体呈柱状、板状、假立方晶体，少数呈双锥状或板状，形成立方体和八面体的聚形，经常呈晶簇状或板状、粒状集合体。主要单形有 {100}、{210}、{111} 等，有时依 (111) 形成双晶。氟鱼眼石-(Na)为斜方晶系。

    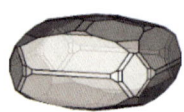

（a）鱼眼石的晶体形态

（b）鱼眼石（美国新泽西）

图 5-1-81　鱼眼石

【物理特征】

鱼眼石的颜色呈无色、白色、浅蓝色、淡黄色、棕色、紫色、绿色等，褐色较少，有时被染成浅玫瑰红色。条痕为白色。玻璃光泽、珍珠光泽。透明至半透明。透射光下无色。多色性为深浅不同色调的颜色。

一轴晶（＋）。折射率为 $No=1.534～1.535$，$Ne=1.535～1.537$，双折射率为 0.002。

常具有异常光性，呈均质，或一轴晶（－），或二轴晶，并具有交叉色散的光轴面。二轴晶可能是由于侧压或温度变化所造成的。

强烈的双折射色散生成异常干涉色和干涉图。不同波长决定了双折射的变化，大约加热到 275 ℃时，异常干涉色消失，这可能与联系着两分子的氢键的破裂有关。

{001} 解理完全，{110} 解理不完全。摩氏硬度为 4.5～5，相对密度为 2.33～2.37（测量）。

【晶体结构】

鱼眼石属于四方晶系，空间群为 $P4/mnc$（图 5-1-82）。晶胞参数：$a=0.902$ nm，$c=1.584$ nm，$Z=2$。X 射线粉晶衍射数据 d(Å)(I/I_{max}) 为 7.77(50)、3.96(80)、3.92(40)、2.97(90)、2.50(100)，见图 5-1-83。

鱼眼石的晶体结构具有特殊的 $[SiO_4]$ 四面体层状结构（图 5-1-84），$[SiO_4]$ 四面体以角顶相连组

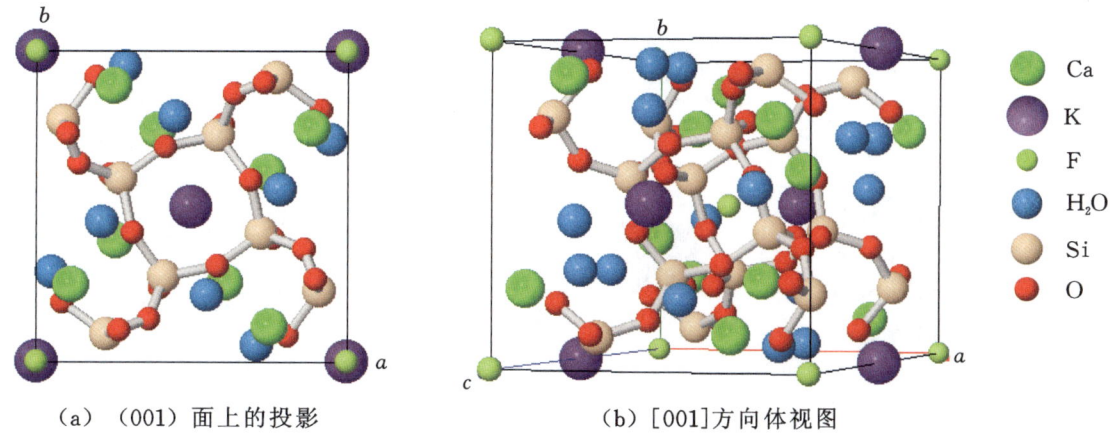

(a)（001）面上的投影　　　　　（b）[001]方向体视图

图 5-1-82　鱼眼石的晶体结构 1

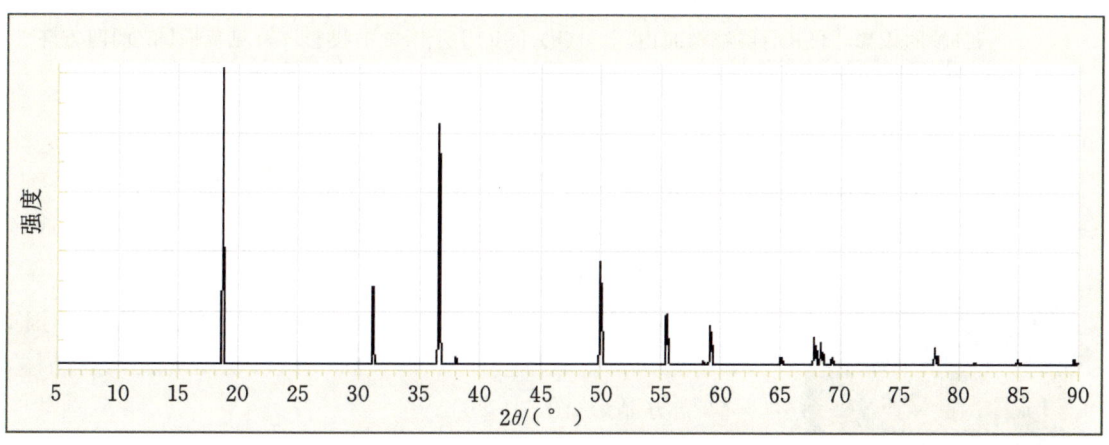

图 5-1-83　鱼眼石的 X 射线粉晶衍射图

成四方环,四方环又以共角顶连接成层平行(001)。同一四方环的活性氧指向一个方向,邻接四方环的活性氧指向相反,层间 K、Ca 和水分子连接。其中 K 和 Ca 在同一水平,平行(001)且位于四面体层之间,K 还在四方环的中轴线上。Ca 的配位数为七,由 O 和(OH)包围,而 K 被八个 H_2O 围绕,形成短四方柱状配位多面体。

鱼眼石晶体结构中,H_2O 分子并非是中性的,而呈 OH^- 状态,并将多余的 H^+ 配置于 OH^- 与 O(活性氧)之间,形成 OH—H—O 的形式。

【产状产地】

鱼眼石作为热液矿物出现于基性喷出岩(玄武岩、暗玢岩等)的杏仁体里,亦见于 Ag、Pb 矿床的矿脉中。鱼眼石在晶体结构上与沸石相似,并与沸石一起生长在玄武岩、花岗岩、片麻岩中。

鱼眼石的主要产地为英国、德国、挪威、苏格兰、爱尔兰、澳大利亚、日本、印度、巴西、意大利、加拿大、中国、美国(新泽西、弗吉尼亚)等。

【主要用途】

鱼眼石在地质学、物理学、化学、材料学、环境科学、晶体学、矿物学、宝石学等方面都有重要意义。

鱼眼石-(K,F)

【化学性质】

鱼眼石-(K,F)是一种含 K、Ca、(F,OH)、H_2O 的[Si_4O_{10}]层状基型硅酸盐类矿物,其晶体化学式为(K,Na)Ca_4[Si_4O_{10}]$_2$(F,OH)·$8H_2O$。主要成分为 K、Ca、Si、O、F、H、O,类质同象替代成分有 Na、Mg、Mn、Fe、OH。

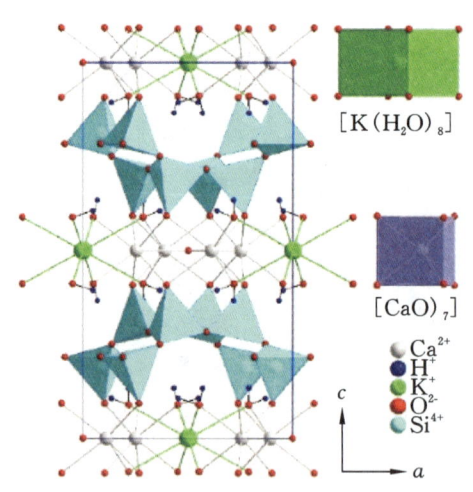
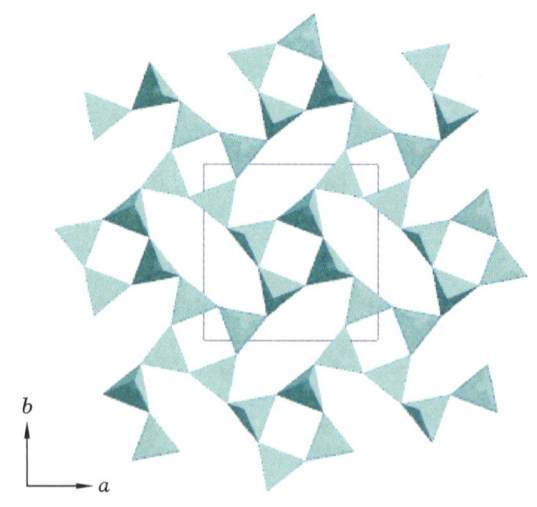

(a) 沿b轴的投影，[SiO₄]层结构间由 K、Ca、H₂O分子连接　　(b) [SiO₄]层沿c轴的投影，可见反向[SiO₄]四方环共角顶连接

图 5-1-84　羟鱼眼石晶体结构 2

图 5-1-85　鱼眼石-(K,F)(白色)、辉沸石(印度)

化学成分中氧化物及元素的质量分数为 K_2O 5.26%、Na_2O 0.61%、CaO 29.50%、SiO_2 62.26%、H_2O 0.12%、F 2.25%。

【结晶形态】

鱼眼石-(K,F)属于四方晶系，四方双锥晶类，对称型为 $4/mmm$。晶体呈柱状、厚板状、块状，也出现较大的晶体，呈假立方晶形(图 5-1-85)。

【物理特征】

鱼眼石-(K,F)的颜色呈白色、粉色、绿色、黄色、紫色。条痕为白色。透明至半透明。玻璃光泽、珍珠光泽。色散弱。多色性弱。

一轴晶(+)。折射率为 No=1.53~1.536、Ne=1.532~1.538，双折射率为 0.002。{001}解理完全。性脆，断口呈不均匀、不规则的细小碎片状。摩氏硬度为 4~5。相对密度为 2.3~2.4(测量)、1.99(计算)。

【晶体结构】

鱼眼石-(K,F)属于四方晶系，空间群为 $P4/mnc$。晶胞参数为 a=0.896 nm、c=1.580 nm，Z=2。X射线粉晶衍射数据 d(Å)(I/I_{max}) 为 7.81(100)、4.51(45)、3.90(50)、3.57(60)、3.17(40)、2.95(50)、2.49(90)。

【产状产地】

鱼眼石-(K,F)是玄武岩中的一种次生矿物，是产于一些矿床中的晚期矿物。与鱼眼石-(K,F)共生伴生的矿物有长石，主要产地有印度。

【主要用途】

鱼眼石-(K,F)在地质学、物理学、化学、材料学、环境科学、晶体学、矿物学、宝石学等方面都有重要意义。

鱼眼石-(K,H)

【化学性质】

鱼眼石-(K,H)是一种含 K、Ca、(OH,F)、H_2O 的[Si_4O_{10}]层状基型硅酸盐类矿物，其晶体化学式为$(K,Na)Ca_4[Si_4O_{10}]_2(OH,F)·8H_2O$。主要成分为K、Ca、Si、H、F、O,类质同象替代成分有Na、Mg、Fe、Mn、OH。

化学成分中氧化物及元素的质量分数为K_2O 5.27%、Na_2O 0.61%、CaO 29.53%、SiO_2 63.32%、H_2O 0.32%、F 0.95%。

【结晶形态】

鱼眼石-(K,H)属于四方晶系,复四方双锥晶类,对称型为$4/mmm$。晶体呈粒状、短柱状、块状,可形成大块的晶体,呈假立方体状的晶体(图5-1-86)。

(a) 鱼眼石-(K,H)(印度)　　　　(b) 鱼眼石-(K,H)(南非)

图5-1-86　鱼眼石-(K,H)

【物理特征】

鱼眼石-(K,H)的颜色呈白色、粉色、绿色、黄色、紫色。条痕为白色。透明。玻璃光泽、珍珠光泽。色散弱。多色性弱。无荧光。

一轴晶(+)。折射率为No=1.542、Ne=1.543,双折射率为0.001。

{001}解理完全。性脆。断口呈不均匀、不平整的贝壳状。摩氏硬度为4~5,相对密度为2.30~2.40(测量)、1.98(计算)。

【晶体结构】

鱼眼石-(K,H)属于四方晶系,空间群为$P4/mnc$。晶胞参数:a=0.898 nm、c=1.583 nm,Z=2。X射线粉晶主要衍射数据d(Å)(I/I_{max})为3.965(100)、2.990(67)、1.588(26)。

【产状产地】

鱼眼石-(K,H)是产于火山岩中的一种次生矿物,是一种晚期热液型矿物,主要产地有印度、南非。

【主要用途】

鱼眼石-(K,H)在地质学、物理学、化学、材料学、环境科学、晶体学、矿物学、宝石学等方面都有重要意义。

钠鱼眼石-(Na,F)

【化学性质】

钠鱼眼石-(Na,F)又称鱼眼石-(Na),是一种含Na、Ca、F、H_2O的$[Si_4O_{10}]$层状基型硅酸盐类矿物,其晶体化学式为$NaCa_4[Si_4O_{10}]_2F·8H_2O$。主要成分为Na、Ca、Si、F、H、O,类质同象替代成分有K、Mg、OH。

化学成分中氧化物及元素的质量分数为Na_2O 3.48%、CaO 24.28%、SiO_2 53.94%、H_2O 16.17%、F 2.13%。

【结晶形态】

钠鱼眼石-(Na,F)属于斜方晶系,斜方双锥晶类,对称型为 mmm。晶体呈粒状、柱状、块状、假立方体等(图5-1-87)。

（a）钠鱼眼石-(Na,F)（意大利）　　（b）钠鱼眼石-(Na,F)（北爱尔兰）　　（c）钠鱼眼石-(Na,F)（美国俄勒冈）

图5-1-87　钠鱼眼石

【物理特征】

钠鱼眼石-(Na,F)的颜色呈无色、黄褐色、棕黄色。条痕为白色。透明至半透明。玻璃光泽、珍珠光泽。色散较强,多色性弱,无荧光。

二轴晶(+)。折射率为 $Np=1.536$、$Nm=1.538$、$Ng=1.544$,双折射率为 0.008。$2V=32°$(测量)、$62°$(计算)。

{001}解理完全。性脆。断口呈不平整、不均匀的贝壳状。摩氏硬度为4~5,相对密度为2.30~2.40(测量)、2.38(计算)。

【晶体结构】

钠鱼眼石-(Na,F)属于斜方晶系,空间群为 $Pnnm$(图5-1-88)。晶胞参数:$a=0.887$ nm、$b=0.888$ nm、$c=1.579$ nm,$Z=2$。X射线粉晶主要衍射数据 $d(Å)(I/I_{max})$ 为 7.83(20)、3.96(100)、2.98(63)。

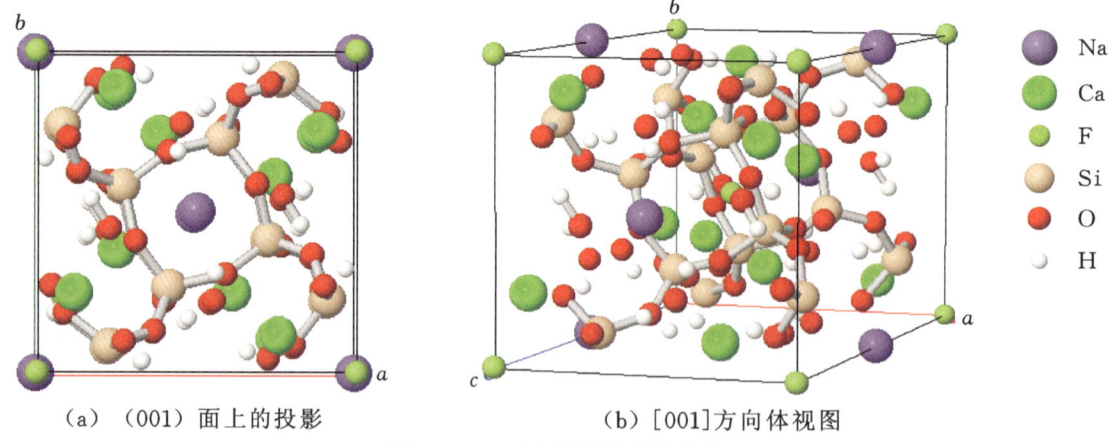

（a）（001）面上的投影　　（b）[001]方向体视图

图5-1-88　钠鱼眼石的晶体结构

【产状产地】

钠鱼眼石-(Na,F)是产于玄武岩中的一种次生矿物,与一些矿床中的晚期矿物共生伴生,主要产地有意大利、日本、北爱尔兰、美国等。

【主要用途】

钠鱼眼石-(Na,F)在地质学、物理学、化学、材料学、环境科学、晶体学、矿物学、宝石学等方面都有重要意义。

氟鱼眼石-(K)

【化学性质】

氟鱼眼石-K 是一种含 K、Ca、F、H_2O 的 $[Si_4O_{10}]$ 层状基型硅酸盐类矿物,其晶体化学式为 $KCa_4[Si_4O_{10}]_2(F,OH)·8H_2O$。主要成分为 K、Ca、Si、F、H、O,类质同象替代成分有 Al、Na、OH。

发现有氟鱼眼石-(K)-羟鱼眼石矿物系列。

【结晶形态】

氟鱼眼石-(K)属于四方晶系,复四方双锥晶类,对称型为 $4/mmm$。晶体呈柱状、粒状、块状(图 5-1-89)。依{111}出现双晶。

图 5-1-89 氟鱼眼石-(K)(美国新泽西)

【物理特征】

氟鱼眼石-(K)的颜色呈无色、白色、淡绿色、海蓝绿色、粉红色、浅黄色。条痕为白色。透明至半透明。玻璃光泽、珍珠光泽。色散弱。多色性弱。

一轴晶(+)。折射率为 No=1.530~1.536、Ne=1.532~1.538,双折射率为 0.002。

{001}、{110}解理完全。性脆。断口呈不规则、不平整的贝壳状。摩氏硬度为 4.5~5,相对密度为 2.33~2.37(测量)、2.37(计算)。

【晶体结构】

氟鱼眼石-(K)属于四方晶系,空间群为 $P4/mnc$。晶胞参数:$a=0.896$ nm、$c=1.580$ nm,$Z=2$。

【产状产地】

氟鱼眼石-(K)是产于玄武岩中的一种次生矿物,是产于一些矿床中的晚期矿物,共生伴生的矿物有方解石、霓石、石英等,主要产地有美国(新泽西)。

【主要用途】

氟鱼眼石-(K)在地质学、物理学、化学、材料学、环境科学、晶体学、矿物学、宝石学等方面都有重要意义。

氟鱼眼石-(Cs)

【化学性质】

氟鱼眼石-(Cs)是一种含 Cs、Ca、F、H_2O 的 $[Si_4O_{10}]$ 层状基型硅酸盐类矿物,其晶体化学式为 $CsCa_4[Si_4O_{10}]_2F·8H_2O$。主要成分为 Cs、Ca、Si、F、H、O,类质同象替代成分有 K、Na、Mg、Al、OH。

化学成分中氧化物及元素的质量分数为 CaO 22.69%、Cs_2O 10.84%、K_2O 1.13%、Na_2O 0.04%、SiO_2 48.78%、Al_2O_3 0.05%、H_2O 14.61%、F 1.86%。

【结晶形态】

氟鱼眼石-(Cs)属于四方晶系,复四方双锥晶类,对称型为 $4/mmm$。晶体呈柱状、粒状、块状等。

【物理特征】

氟鱼眼石-(Cs)的颜色呈无色。条痕为白色。透明。玻璃光泽。色散无。多色性无。

一轴晶(+)。折射率为 $No=1.540$、$Ne=1.544$,双折射率为 0.004。

{001}、{110}解理完全。性脆。断口呈不规则、不平整的阶梯状。摩氏硬度为 4.5～5,相对密度为2.54(测量)、2.513(计算)。

【晶体结构】

氟鱼眼石-(Cs)属于四方晶系,空间群为 $P4/mnc$。晶胞参数:$a=0.906$ nm、$c=1.574$ nm,$Z=2$。X射线粉晶衍射数据 $d(Å)(I/I_{max})$ 为 7.870(100)、3.935(100)、3.602(55)、2.974(84)、2.515(73)、2.486(71)、2.119(42)、2.030(45)。

氟鱼眼石-(Cs)与氟鱼眼石-(K)具有相同的晶体结构。

【产状产地】

氟鱼眼石-(Cs)产于含 Cs 较高的玄武岩中,是一些矿床中的晚期次生矿物,共生伴生的矿物有霓石、石英、氟鱼眼石-(K)、针钠钙石、硅硼钠石、烧绿石、柱星叶石,主要产地有塔吉克斯坦、俄罗斯。

【主要用途】

氟鱼眼石-(Cs)在地质学、物理学、化学、材料学、环境科学、晶体学、矿物学、宝石学等方面都有重要意义。

氟鱼眼石-(NH_4)

【化学性质】

氟鱼眼石-(NH_4)是一种含 NH_4、Ca、F、H_2O 的[Si_4O_{10}]层状基型硅酸盐类矿物,其晶体化学式为 $NH_4Ca_4[Si_4O_{10}]_2F·8H_2O$。主要成分为 N、Ca、Si、F、H、O,类质同象替代成分有 K、Na、Mg、Al、OH。

【结晶形态】

氟鱼眼石-(NH_4)属于四方晶系,复四方双锥晶类,对称型为 $4/mmm$。晶体呈柱状、粒状、块状等。

【物理特征】

氟鱼眼石-(NH_4)的颜色呈无色、白色。条痕为白色。透明。玻璃光泽。

一轴晶(+)。

{001}、{110}解理完全。性脆。断口呈不规则、不平整的阶梯状。

【晶体结构】

氟鱼眼石-(NH_4)属于四方晶系,空间群为 $P4/mnc$。晶胞参数:$a=0.899$ nm、$c=1.579$ nm,$Z=2$。X射线粉晶衍射数据 $d(Å)(I/I_{max})$ 为 7.897(31)、7.812(13)、4.547(14)、3.946(100)、2.985(39)、2.484(11)、2.010(10)、1.579(12)。

NH_4 替代氟鱼眼石-(K)中的 K 形成氟鱼眼石-(NH_4)。

【产状产地】

氟鱼眼石-(NH_4)很少见,主要产地有斯洛伐克。

【主要用途】

氟鱼眼石-(NH_4)在地质学、物理学、化学、晶体学、矿物学等方面都有一定的意义。

碱硅钙钇石

【化学性质】

碱硅钙钇石是一种含 K、Na、Y、Ce、[CO_3]、H_2O、OH 复杂的[Si_4O_{10}]层状基型硅酸盐类矿物,其晶体化学式为 $K_5Na_5(Y,Ce,Ca)_{12}[Si_4O_{10}]_7(CO_3)_8(OH)_2 \cdot 8H_2O$。主要成分为 K、Na、Y、Si、O、C、H,类质同象替代成分有 Ca、Ce、Y。

碱硅钙钇石-(Y)化学成分中氧化物的质量分数为 K_2O 6.18%、Na_2O 4.07%、CaO 2.95%、Y_2O_3 29.63%、SiO_2 44.15%、H_2O 3.78%、CO_2 9.24%。

碱硅钙钇石-Ce 化学成分中氧化物的质量分数为 K_2O 5.53%、Na_2O 3.64%、CaO 3.95%、Ce_2O_3 35.27%、SiO_2 39.53%、H_2O 3.81%、CO_2 8.27%。

碱硅钙钇石-(Y)与碱硅钙钇石-(Ce)成类质同象系列。

【结晶形态】

碱硅钙钇石属于四方晶系,复四方双锥晶类,对称型为 $4/mmm$。晶体呈纤维状、棱柱状、针状、长柱状,集合体呈束状、放射状(图 5-1-90)。

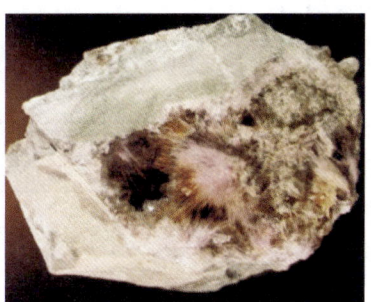

图 5-1-90　碱硅钙钇石(加拿大)

【物理特征】

碱硅钙钇石的颜色呈浅紫色、粉红色、粉棕色、深紫色。条痕为白色。透明至半透明。玻璃光泽、半玻璃光泽、丝状光泽。色散弱。多色性无。

一轴晶(+)。折射率为 No=1.536～1.537、Ne=1.545～1.549,双折射率为 0.009～0.012。

{100}解理完全、{001}解理中等。性脆。断口呈不规则、不平整的细小碎片状。摩氏硬度为 5,相对密度为 2.61(测量)、2.60(计算)。

【晶体结构】

碱硅钙钇石属于四方晶系,空间群为 $I4/mmm$(图 5-1-91)。晶胞参数:a = 2.411 nm、c = 1.747 nm,Z=4。X 射线粉晶衍射数据 d(Å)(I/I_{max})为 17.00(100)、12.00(90)、7.62(60)、7.10(20)、6.01(30)、5.38(30)、3.11(50)、2.69(50),见图 5-1-92。

【产状产地】

碱硅钙钇石产于霞石正长岩中。碱硅钙钇石有碱硅钙钇石-(Y),化学分子式 $K_5Na_5(Y,Ca)_{12}[Si_4O_{10}]_7(CO_3)_8(OH)_2 \cdot 8H_2O$;碱硅钙钇石-(Ce)化学式为 $K_5Na_5(Ce,Ca)_{12}[Si_4O_{10}]_7(CO_3)_8(OH)_2 \cdot 8H_2O$。碱硅钙钇石共生伴生的矿物有霞石、钾长石等,主要产地有加拿大、格陵兰岛。

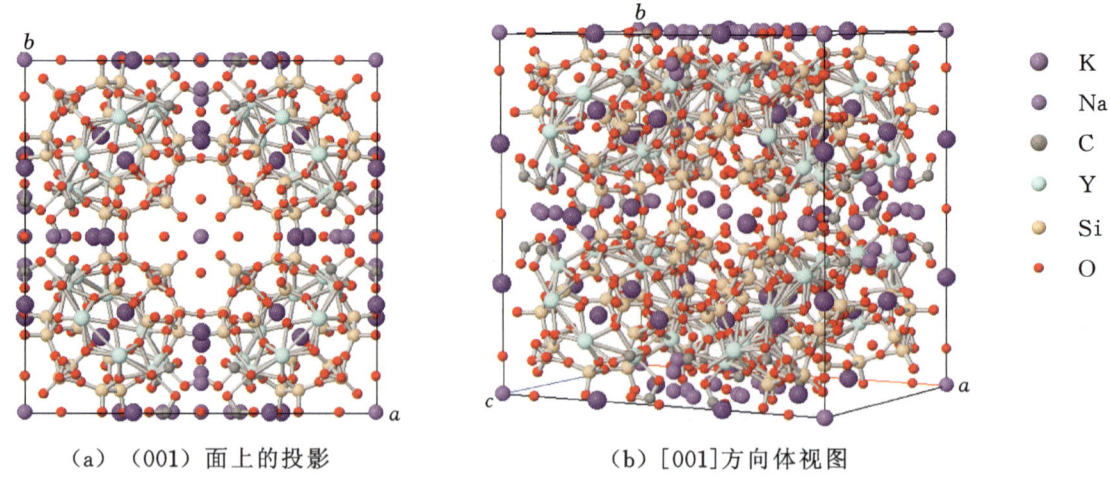

(a) （001）面上的投影　　　　　　　(b) [001]方向体视图

图 5-1-91　碱硅钙钇石的晶体结构

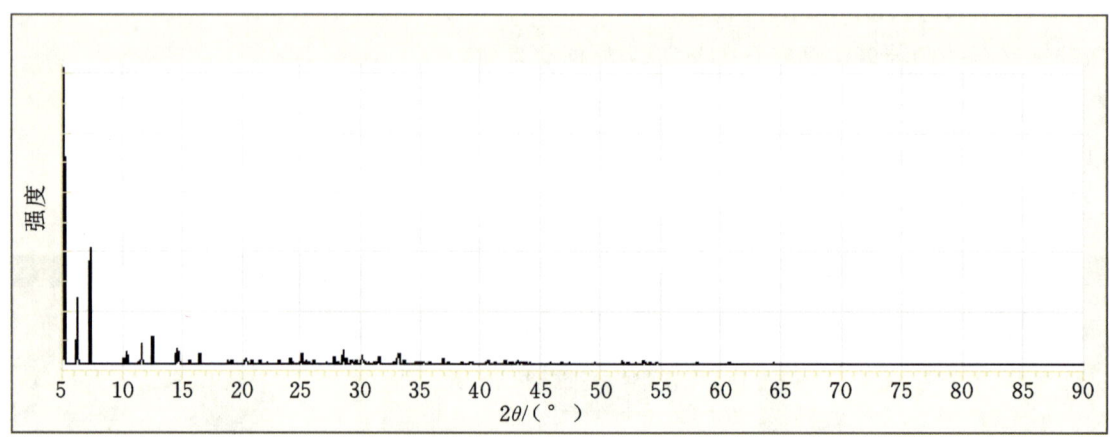

图 5-1-92　碱硅钙钇石的 X 射线粉晶衍射图

【主要用途】

碱硅钙钇石在地质学、物理学、化学、材料学、环境科学、晶体学、矿物学等方面都有重要意义。它还是提取稀土金属材料的重要矿物原料。

莫水硅钙钡石族

莫水硅钙钡石（macdonaldite）	$BaCa_4[(Si_4O_9)_4(OH)_2] \cdot 10H_2O$
片硅碱钙石（delhayelite）	$(Na,K)_{10}Ca_5Al_6[Si_4O_{10}]_8(Cl_2,F_2,SO_4)_3 \cdot 18H_2O$
纤硅碱钙石（rhodesite）	$KHCa_2[Si_8O_{19}] \cdot 5H_2O$
水针硅钙石（moutainite）	$K_2Na_4Ca_3[Si_8O_{19}]_2 \cdot 10H_2O$
碱硅钙石（carletonite）	$KNa_4Ca_4[Si_8O_{18}](CO_3)_4(OH,F) \cdot H_2O$

莫水硅钙钡石

【化学性质】

莫水硅钙钡石是一种含 Ba、Ca、(OH)、H_2O 的复杂的 $[(Si_4O_9)_4(OH)_2]$ 层状基型硅酸盐类矿物，其晶体化学式为 $BaCa_4[(Si_4O_9)_4(OH)_2] \cdot 10H_2O$。主要成分为 Ba、Ca、Si、H、O，类质同象替代成分有 Sr、Mg、Ti、Al、Fe、Mn。

化学成分中氧化物的质量分数为 BaO 9.97%、CaO 14.59%、SiO$_2$ 62.55%、H$_2$O 12.89%。

【结晶形态】

莫水硅钙钡石属于斜方晶系，斜方双锥晶类，对称型为 mmm。晶体呈针状、似针状、粒状等（图 5-1-93）。

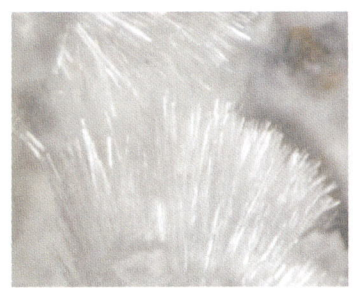

图 5-1-93　莫水硅钙钡石（美国加利福尼亚）

【物理特征】

莫水硅钙钡石的颜色呈无色、白色。条痕为白色。透明至半透明。玻璃光泽、丝绢光泽。色散弱。多色性弱。

二轴晶（+/−）。折射率为 Np=1.518、Nm=1.524、Ng=1.530，双折射率为 0.012。2V=90°（测量）、88°（计算）。

{010}、{001} 解理完全、{100} 解理不完全。性脆。断口呈不平整、不规则的次贝壳状。摩氏硬度为 3.5~4，相对密度为 2.27（测量）、2.27（计算）。

【晶体结构】

莫水硅钙钡石属于斜方晶系，空间群为 $Bmmb$（图 5-1-94）。晶胞参数：a=1.406 nm、b=2.352 nm、c=1.308 nm，Z=4。X射线粉晶衍射数据 d(Å)(I/I_{max}) 为 8.90(40)、6.50(100)、6.30(50)、4.36(80)、3.36(50)、3.02(45)、2.74(45)。

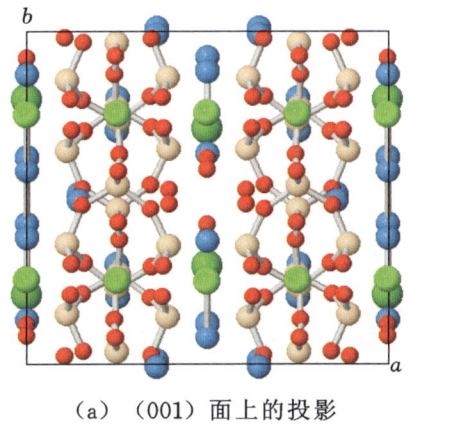
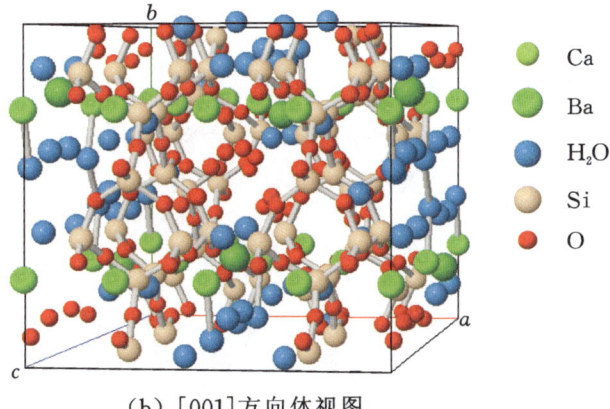

(a)（001）面上的投影　　　　(b)[001]方向体视图

图 5-1-94　莫水硅钙钡石的晶体结构

【产状产地】

莫水硅钙钡石产于花岗闪长岩接触带的变质岩中。与莫水硅钙钡石共生伴生的矿物有石英、硅钡石、正长石、白云母等，主要产地有美国（加利福尼亚、夏威夷）等。

【主要用途】

莫水硅钙钡石在地质学、物理学、化学、材料学、环境科学、晶体学、矿物学等方面都有一定意义。

片硅碱钙石

【化学性质】

片硅碱钙石是一种含 Na、K、Ca、Al、[SO$_4$]、H$_2$O、Cl、F 的复杂的[Si$_4$O$_{10}$]层状基型硅酸盐类矿物,其晶体化学式为(Na,K)$_{10}$Ca$_5$Al$_6$[Si$_4$O$_{10}$]$_8$(Cl$_2$,F$_2$,SO$_4$)$_3$·18H$_2$O。主要成分为 Na、K、Ca、Al、Si、O、Cl、F、S、H,类质同象替代成分有 Ti、Fe、Mn、Mg 等。

化学成分中氧化物及元素的质量分数为 K$_2$O 3.64%、Na$_2$O 7.19%、CaO 8.68%、Al$_2$O$_3$ 9.47%、SiO$_2$ 58.41%、H$_2$O 10.04%、SO$_3$ 1.49%、Cl 0.77%、F 0.41%。

【结晶形态】

片硅碱钙石属于斜方晶系,斜方双锥晶类,对称型为 mmm。晶体呈片状、板状、粒状等(图 5-1-95)。

图 5-1-95　片硅碱钙石(俄罗斯)

【物理特征】

片硅碱钙石的颜色呈无色、银灰色、绿灰色、浅灰绿色。条痕为白色。透明。玻璃光泽、丝状光泽。色散弱。多色性无。

二轴晶(一)。折射率为 Np=1.530～1.532、Nm=1.532、Ng=1.533,双折射率为 0.000～0.003。$2V$=83°(测量)、83°(计算)。

{010}解理中等。性脆。断口呈细小云母鳞片状。摩氏硬度为 4～5,相对密度为 2.60(测量)、2.37(计算)。

【晶体结构】

片硅碱钙石属于斜方晶系,空间群为 $Pnmm$(图 5-1-96)。晶胞参数:a=1.306 nm、b=2.465 nm、c=0.704 nm,Z=1。X 射线粉晶主要衍射数据 d(Å)(I/I_{max})为 12.30(35)、6.16(25)、3.08(100),见图 5-1-97。

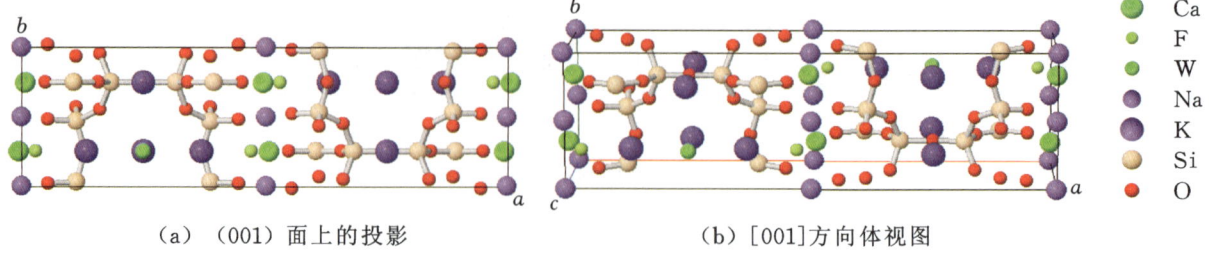

(a) (001)面上的投影　　　　　　(b) [001]方向体视图

图 5-1-96　片硅碱钙石的晶体结构

【产状产地】

片硅碱钙石产于一种含镁橄榄石霞石熔岩中,热液作用下片硅碱钙石会转变成水片硅碱钙石。与片硅碱钙石共生伴生的矿物有霞石、钙铁橄榄石、钾霞石,主要产地有俄罗斯、中非、刚果。

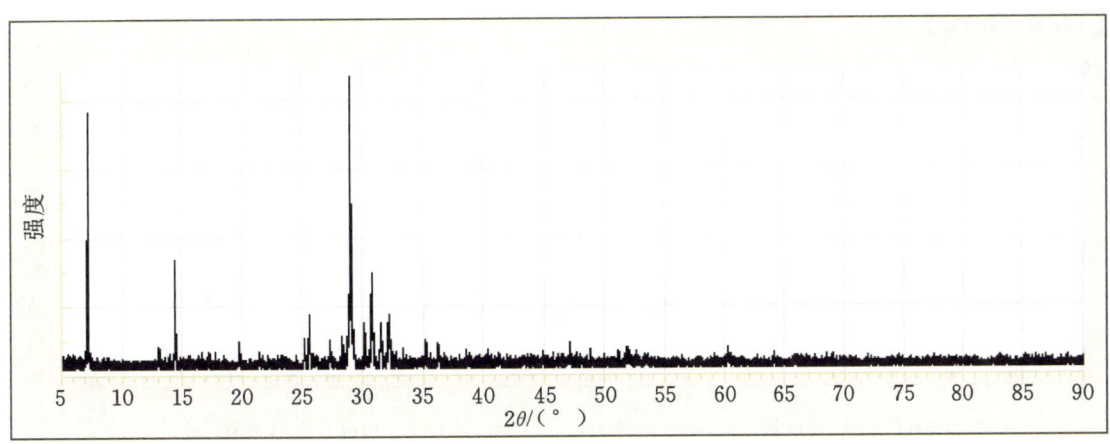

图 5-1-97　片硅碱钙石的 X 射线粉晶衍射图

【主要用途】

片硅碱钙石在地质学、物理学、化学、材料学、环境科学、晶体学、矿物学、宝石学等方面都有重要意义。

纤硅碱钙石

【化学性质】

纤硅碱钙石是一种含 K、Ca、H_2O 的复杂的 $[Si_8O_{19}]$ 层状基型硅酸盐类矿物,其晶体化学式为 $KHCa_2[Si_8O_{19}] \cdot 5H_2O$。主要成分为 K、Ca、Si、H、O,类质同象替代成分有 Al、Fe、Mg、Na。

化学成分中氧化物的质量分数为 K_2O 5.28%、Na_2O 4.93%、CaO 14.90%、SiO_2 61.83%、Al_2O_3 0.29%、FeO 0.25%、MgO 0.08%、H_2O 12.44%。

【结晶形态】

纤硅碱钙石属于斜方晶系,斜方双锥晶类,对称型为 mmm。晶体呈纤维状、针状、丝状、粒状、块状。集合体呈玫瑰花结状,不规则壳状(图 5-1-98)。

图 5-1-98　纤硅碱钙石(澳大利亚)

【物理特征】

纤硅碱钙石的颜色呈白色。条痕为白色。透明至半透明。玻璃光泽、丝绢光泽。色散较强。多色性弱。

二轴晶(+)。折射率为 Np=1.501~1.504、Nm=1.506~1.508、Ng=1.513~1.518,双折射率为 0.012~0.014。$2V=68.1°$。

{100}解理完全。性脆。断口不规则、不均匀的次贝壳状。摩氏硬度为 3~4,相对密度为 2.27~2.36(测量)、2.26(计算)。

【晶体结构】

纤硅碱钙石属于斜方晶系,空间群为 $Pmam$(图 5-1-99)。晶胞参数：$a=2.342\sim2.379$ nm、$b=0.655\sim0.659$ nm、$c=0.701\sim0.706$ nm，$Z=2$。X 射线粉晶主要衍射数据 d(Å)(I/I_{max})为 6.548(100)、6.302(32)、5.901(35)、5.032(28)、4.386(47)、2.864(25)、2.762(23)。

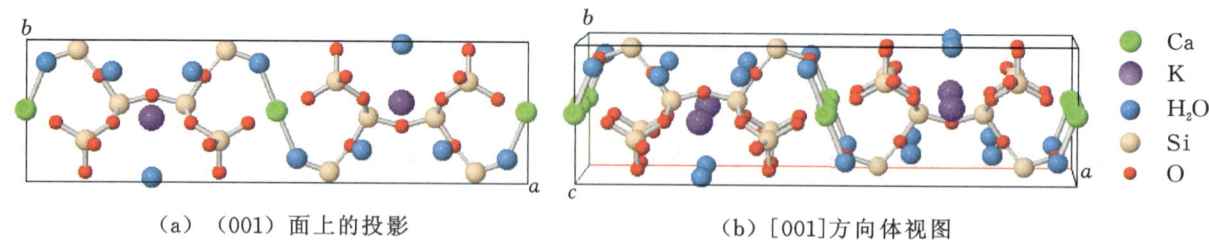

(a) (001) 面上的投影　　　　　　(b) [001]方向体视图

图 5-1-99　纤硅碱钙石的晶体结构

【产状产地】

纤硅碱钙石产于金伯利岩蚀变硅质熔岩中,共生伴生的矿物有方解石、萤石,主要产地有澳大利亚、美国(加利福尼亚)、德国、意大利、南非、津巴布韦、赞比亚。

【主要用途】

纤硅碱钙石在地质学、物理学、化学、材料学、环境科学、晶体学、矿物学、宝石学等方面都有重要意义。

水针硅钙石

【化学性质】

水针硅钙石是一种含 K、Na、Ca、(OH)、H_2O 的复杂的[Si_8O_{19}(OH)]层状基型硅酸盐类矿物,其晶体化学式为 $K_2Na_4Ca_3[Si_8O_{19}]_2·10H_2O$。主要成分为 K、Na、Ca、Si、H、O,类质同象替代成分有 Al、Fe、Mg、C。

化学成分中氧化物的质量分数为 K_2O 5.76%、Na_2O 7.58%、CaO 13.71%、SiO_2 60.78%、H_2O 12.17%。

【结晶形态】

水针硅钙石属于单斜晶系,斜方柱晶类,对称型为 $2/m$。晶体呈板条状、条状、板状、玫瑰花瓣状(图 5-1-100)。

图 5-1-100　水针硅钙石(俄罗斯)

【物理特征】

水针硅钙石的颜色呈白色。条痕为白色。透明至半透明。玻璃光泽、丝绢光泽。色散较明显。多色性弱。

二轴晶(+)。折射率为 Np=1.500～1.504、Nm=1.505～1.510、Ng=1.513～1.519,双折射率为 0.013～0.015。$2V=78°～80°$(计算)。

{001}解理中等。性脆。摩氏硬度为 3,相对密度为 2.36(测量)、2.47(计算)。

【晶体结构】

水针硅钙石属于单斜晶系,空间群为 $P2_1/a$、$P2_1/n$(图 5-1-101)。晶胞参数:$a=1.351$ nm、$b=0.655$ nm、$c=1.351$ nm,$\beta=104°$,$Z=4$。X 射线粉晶衍射数据 d(Å)(I/I_{max})为 13.10(70)、6.60(80)、4.67(70)、4.18(50)、2.94(100)、2.80(60)、1.97(60)。

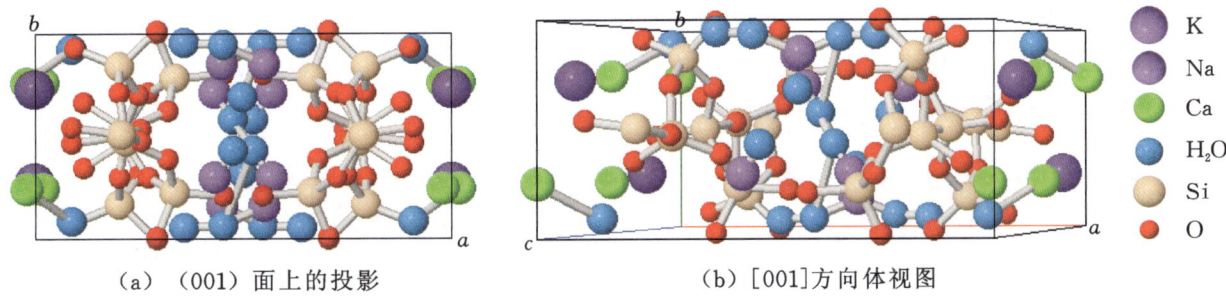

(a) (001)面上的投影　　(b) [001]方向体视图

图 5-1-101　水针硅钙石的晶体结构

【产状产地】

水针硅钙石产于金伯利岩和分异碱性地块中,与千枚岩和辉橄岩密切相关。与水针硅钙石共生伴生的矿物有纤硅碱钙石、辉石、橄榄石等,主要产地有俄罗斯、南非、美国(华盛顿)。

【主要用途】

水针硅钙石在地质学、物理学、化学、材料学、环境科学、晶体学、矿物学、宝石学等方面都有重要意义。

碱硅钙石

【化学性质】

碱硅钙石是一种含 Ca、K、Na、(CO_3)、(OH,F)、H_2O 的[Si_8O_{18}]层状基型硅酸盐类矿物,其晶体化学式为 $KNa_4Ca_4[Si_8O_{18}](CO_3)_4(OH,F)·H_2O$。主要成分为 Ca、K、Na、Si、F、C、H、O,类质同象替代成分有 Ti、Al、Mg。

化学成分中氧化物及元素的质量分数为 K_2O 3.44%、Na_2O 10.55%、CaO 20.58%、SiO_2 46.78%、H_2O 2.28%、CO_2 15.63%、F 0.74%。

【结晶形态】

碱硅钙石属于四方晶系,复四方双锥晶类,对称型为 $4/mmm$。晶体呈柱状、粒状(图 5-1-102)。

图 5-1-102　碱硅钙石(加拿大)

【物理特征】

碱硅钙石的颜色呈无色、浅蓝色、深蓝色、粉红色。条痕为白色。透明至半透明。玻璃光泽、珍珠光泽。色散弱。多色性弱：淡蓝色，浅粉棕色。

一轴晶（－）。折射率为 No＝1.521、Ne＝1.517，双折射率为 0.004。

{001}解理完全、{110}解理中等。性脆。断口呈不均匀、不规则的贝壳状。摩氏硬度为 4～4.5，相对密度为 2.45（测量）、2.35（计算）。

【晶体结构】

碱硅钙石属于四方晶系，空间群为 $P4/mbm$（图 5-1-103）。晶胞参数：$a=1.318$ nm、$c=1.670$ nm，$Z=4$。X 射线粉晶衍射数据 $d(\text{Å})(I/I_{max})$ 为 16.705(40)、8.353(100)、4.816(40)、4.171(100)、4.053(50)、2.903(90)、2.384(60)，见图 5-1-104。

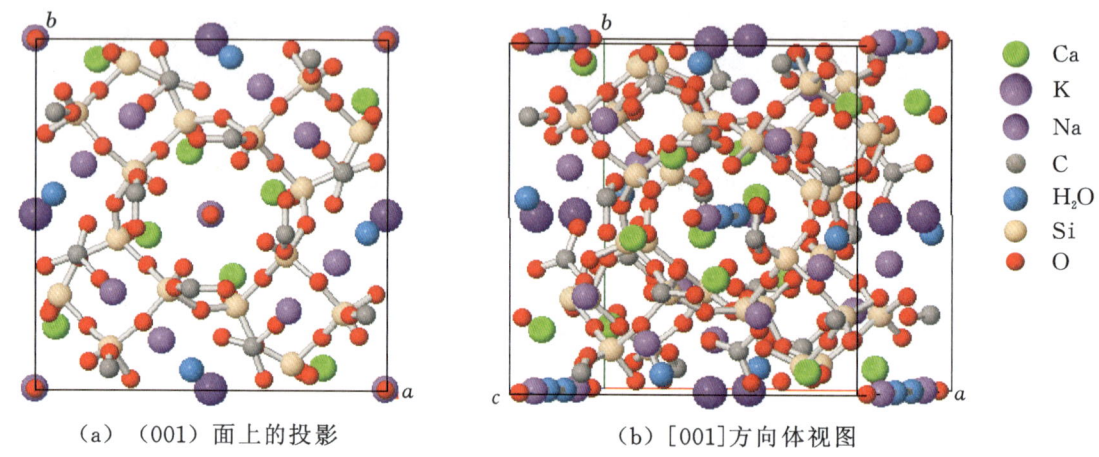

(a) (001)面上的投影 (b) [001]方向体视图

图 5-1-103　碱硅钙石的晶体结构

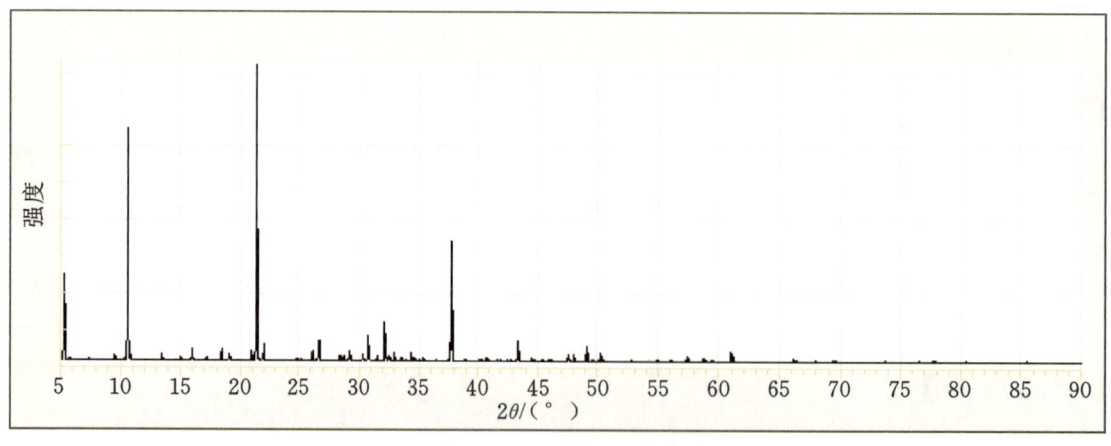

图 5-1-104　碱硅钙石的 X 射线粉晶衍射图

【产状产地】

碱硅钙石产于霞石正长岩、大理岩捕虏体中的碱性杂岩中，发现于页岩和石灰岩（角岩和硅质大理岩）热变质围岩的岩芯中，与碱硅钙石共生伴生的矿物有萤石、针钠钙石、钠长石、钠钙闪石、方解石、鱼眼石等，主要产地有加拿大。

【主要用途】

碱硅钙石在地质学、物理学、化学、材料学、环境科学、晶体学、矿物学、宝石学等方面都有重要意义。

水硅钙石族

特水硅钙石（truscottite）	$Ca_2Mn[Si_6O_{15}] \cdot 2H_2O$
吉水硅钙石（gyrolite）	$Ca_4[Si_6O_{15}](OH)_2 \cdot 4H_2O$
涅水硅钙石（nekoite）	$Ca_3[Si_6O_{15}] \cdot 6H_2O$
水硅钙石（okenite）	$Ca_3[Si_6O_{15}] \cdot 6H_2O$
水硅钙钾石（reyerite）	$KCa_{14}[Si_6O_{15}]_4(OH)_5 \cdot 5H_2O$
硅铈钠石（sazhinite）	$Na_3Ce[Si_6O_{15}] \cdot 6H_2O$
硅铈钠石-La（sazhinite-La）	$Na_3La[Si_6O_{15}] \cdot 2H_2O$

特水硅钙石

【化学性质】

特水硅钙石是一种含 Ca、Mn、H_2O 的 $[Si_6O_{15}]$ 层状基型硅酸盐类矿物，其晶体化学式为 $Ca_2Mn[Si_6O_{15}] \cdot 2H_2O$。主要成分为 Ca、Mn、Si、H、O，类质同象替代成分有 Ti、Al、Fe、Mg、Na、K、C、S。

化学成分中氧化物（MnO 的含量低）的质量分数为 CaO 25.57%、Na_2O 1.03%、K_2O 1.37%、Al_2O_3 1.03%、Fe_2O_3 0.03%、MnO 0.18%、MgO 0.27%、SiO_2 58.95%、H_2O 5.68%、CO_3 2.32%、SO_3 2.57%（印度尼西亚）。

【结晶形态】

特水硅钙石属于三方晶系，三方单锥晶类，对称型为 3。晶体呈片状、板状。集合体由许多单独的晶体或团簇组成，呈云母片板状、柔性板状、球形状（图 5-1-105）。

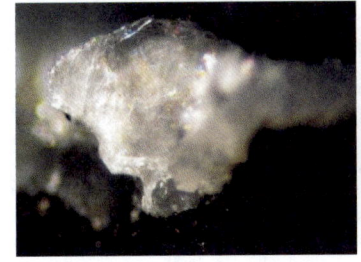

图 5-1-105　特水硅钙石（法国）

【物理特征】

特水硅钙石的颜色呈无色、白色。条痕为白色。透明至半透明。玻璃光泽、珍珠光泽。色散弱。多色性无。

一轴晶（-）。折射率为 No=1.549～1.552、Ne=1.522～1.530，双折射率为 0.027。

｛0001｝解理完全。性脆。断口呈细小云母碎片状。摩氏硬度为 3.5，相对密度为 2.47～2.48（测量）、2.47（计算）。

【晶体结构】

特水硅钙石属于三方晶系，空间群为 $P\bar{3}$ 或 $P3$。晶胞参数：$a=0.973$ nm、$c=1.884$ nm，$Z=1$。X 射线粉晶衍射数据 d(Å)(I/I_{max}) 为 18.80(60)、4.21(70)、3.50(45)、3.14(100)、2.84(80)、2.64(55)、1.84(70)。

【产状产地】

特水硅钙石是一种热液作用形成的矿物，共生伴生的矿物有石英、冰长石、菱锰矿，主要产地有法国、印度尼西亚(苏门答腊岛)、日本、以色列、美国(怀俄明)。

【主要用途】

特水硅钙石在地质学、物理学、化学、晶体学、矿物学等方面都有一定意义。

吉水硅钙石

【化学性质】

吉水硅钙石是一种含 Ca、Na、(OH)、H_2O 的 $[Si_6O_{15}]$ 复杂层状基型硅酸盐类矿物,其晶体化学式为 $Ca_4[Si_6O_{15}](OH)_2 \cdot 4H_2O$。主要成分为 Ca、Si、H、O,类质同象替代成分有 Fe、Mg。

化学成分中氧化物的质量分数为 Na_2O 0.86%、CaO 25.02%、Al_2O_3 1.42%、SiO_2 38.54%、H_2O 34.16%。

【结晶形态】

吉水硅钙石属于三斜晶系,单面晶类,对称型为 1。晶体呈致密块状、片状、薄层状、平板状(图 5-1-106)。

(a)吉水硅钙石(美国俄勒冈)　　(b)吉水硅钙石(法罗群岛)　　(c)吉水硅钙石(印度)

图 5-1-106　吉水硅钙石

【物理特征】

吉水硅钙石的颜色呈无色、白色、黄色、棕色、浅绿色。条痕为白色。透明至半透明。玻璃光泽。色散弱。多色性无。

二轴晶(一)。折射率为 $N_p=1.535$、$N_m=1.548$、$N_g=1.549$,双折射率为 0.014。

解理不完全。性脆。断口呈不均匀、不规则的断裂碎片状。摩氏硬度为 2.5,相对密度为 2.45~2.51(测量)、2.74(计算)。

【晶体结构】

吉水硅钙石属于三斜晶系,空间群为 $P1$(图 5-1-107)。容易错定为三方或六方晶系。晶胞参数:$a=0.983$ nm、$b=0.981$ nm、$c=2.249$ nm、$\alpha=96.35(2)°$、$\beta=92.24(3)°$、$\gamma=120.35(2)°$,$Z=1$。X 射线粉晶主要衍射数据 $d(\text{Å})(I/I_{max})$ 为 22.00(100)、11.00(80)、3.12(100),见图 5-1-108。

【产状产地】

吉水硅钙石是一种玄武岩热液蚀变的次生矿物,也产于伟晶岩脉侵入石灰岩中,主要产地有美国(俄勒冈)、法罗群岛、印度、苏格兰等。

【主要用途】

吉水硅钙石在地质学、物理学、化学、晶体学、矿物学等方面都有一定意义。

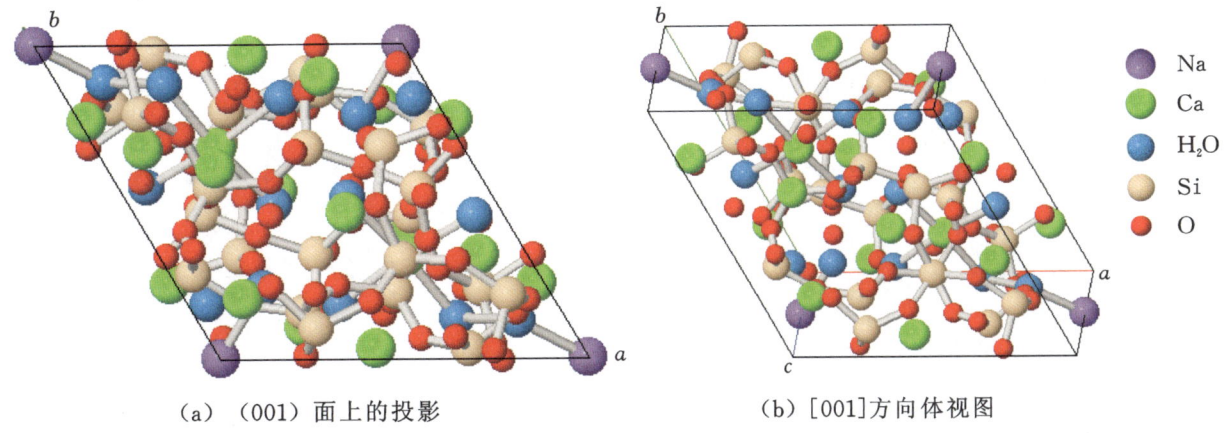

(a)（001）面上的投影　　　　　　　　（b）[001]方向体视图

图 5-1-107　吉水硅钙石的晶体结构

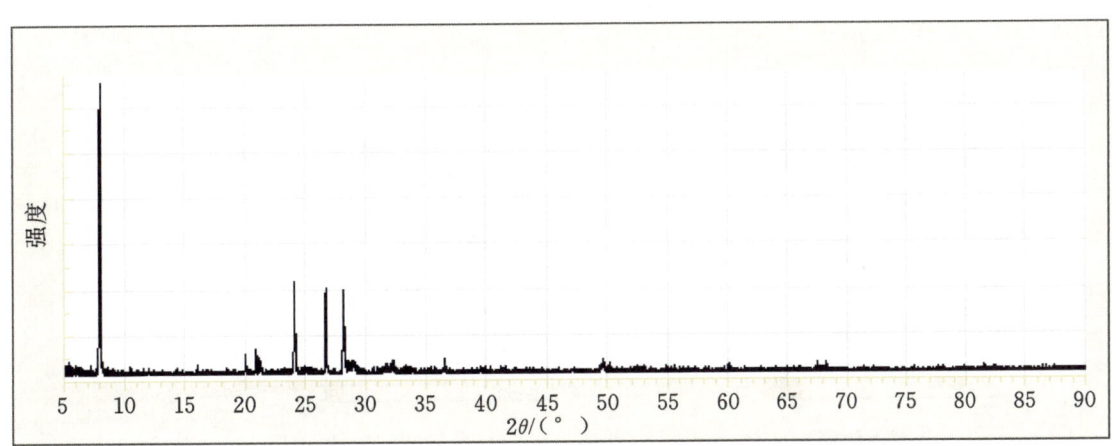

图 5-1-108　吉水硅钙石的 X 射线粉晶衍射图

涅水硅钙石

【化学性质】

涅水硅钙石是一种含 Ca、H$_2$O 的[Si$_6$O$_{15}$]层状基型硅酸盐类矿物,其晶体化学式为 Ca$_3$[Si$_6$O$_{15}$]·6H$_2$O。主要成分为 Ca、Si、H、O,类质同象替代成分有 Na、K、Al、Mg、Fe。

化学成分中氧化物的质量分数为 CaO 25.69%、SiO$_2$ 55.05%、H$_2$O 19.26%。

【结晶形态】

涅水硅钙石属于三斜晶系,单面晶类,对称型为 1。晶体呈纤维状、针状。集合体呈放射状（图 5-1-109）。{010}面上可双晶。

（a）涅水硅钙石（美国亚利桑那）　　　　　（b）涅水硅钙石（美国加利福尼亚）

图 5-1-109　涅水硅钙石

【物理特征】

涅水硅钙石的颜色呈白色、珍珠白色。条痕为白色。透明、半透明。玻璃光泽、珍珠光泽。色散弱。多色性无。

二轴晶（+）。折射率为完全解理 Np=1.514、Nm=1.535、Ng=1.712，双折射率为 0.016。2V=70°（测量）。

{100}解理。性脆。断口呈清晰，片状颗粒。摩氏硬度为 4～5，相对密度为 2.21～2.24（测量）、2.21（计算）。

【晶体结构】

涅水硅钙石属于三斜晶系，空间群为 $P\bar{1}$（图 5-1-110）。晶胞参数：$a=0.759$ nm、$b=0.979$ nm、$c=0.734$ nm，$\alpha=111.77°$，$\beta=103.50°$，$\gamma=86.53°$，$Z=1$。X 射线粉晶主要衍射数据 $d(\text{Å})(I/I_{max})$ 为 9.10(100)、6.64(65)、3.32(90)，见图 5-1-111。

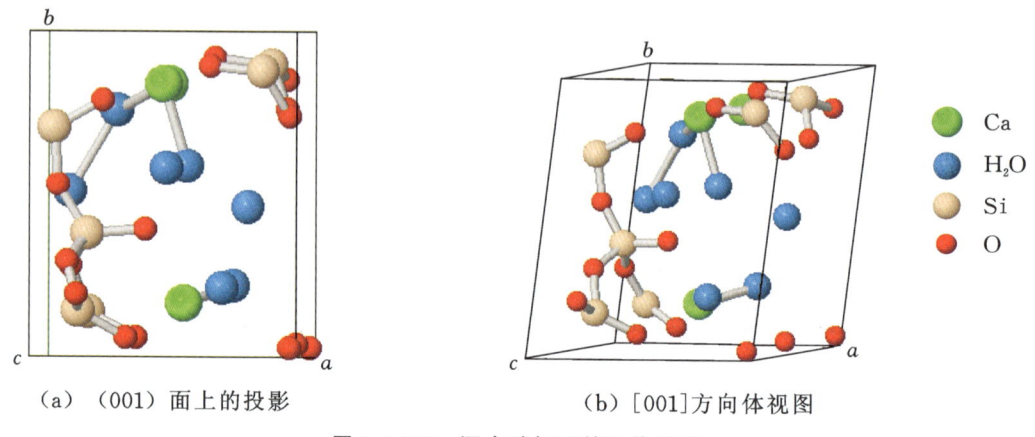

(a) (001)面上的投影　　　(b) [001]方向体视图

图 5-1-110　涅水硅钙石的晶体结构

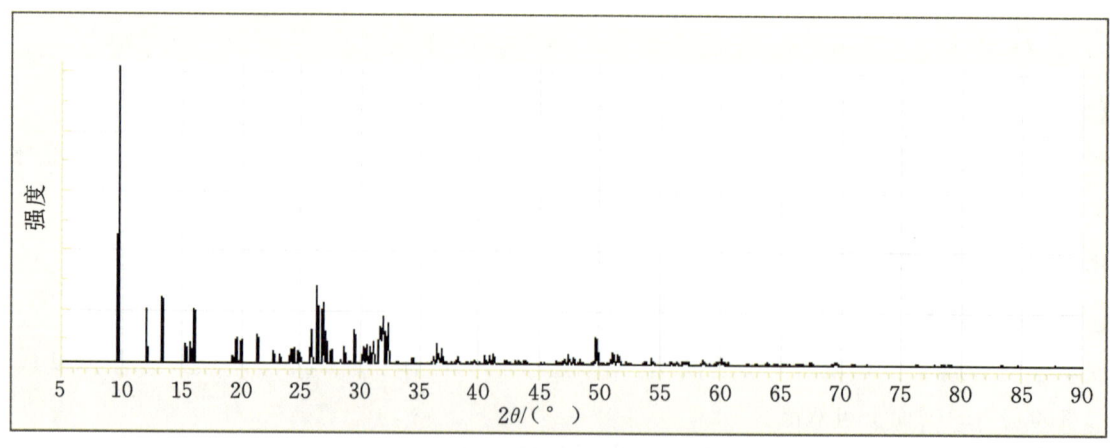

图 5-1-111　涅水硅钙石的 X 射线粉晶衍射图

【产状产地】

涅水硅钙石产于经接触变质作用的石灰岩中，共生伴生的矿物有鱼眼石，主要产地有美国（加利福尼亚）。

【主要用途】

涅水硅钙石在地质学、物理学、化学、材料学、环境科学、晶体学、矿物学、宝石学等方面都有重要意义。

水硅钙石

【化学性质】

水硅钙石又名纤水硅钙石,是一种含 Ca、H_2O 的[Si_6O_{15}]层状基型硅酸盐类矿物,其晶体化学式为 $Ca_3[Si_6O_{15}] \cdot 6H_2O$。主要成分为 Ca、Si、H、O,类质同象替代成分有 Al、Fe、Sr、Na、K。

化学成分中氧化物的质量分数为 CaO 28.52%、SiO_2 55.00%、H_2O 16.48%。

【结晶形态】

水硅钙石属于三斜晶系,单面晶类,对称型为 1。晶体呈针状、纤维状、片状。集合体呈放射状、球状(图 5-1-112)。见双晶呈片状。

图 5-1-112 水硅钙石(印度)

【物理特征】

水硅钙石的颜色呈白色、无色、黄白色、淡蓝色。条痕为白色。透明至半透明,晶体大多透明。玻璃光泽、珍珠光泽。色散无。多色性无。

二轴晶(-)。折射率为 Np=1.512~1.532、Nm=1.514~1.535、Ng=1.515~1.542,双折射率为 0.003~0.010。2V=60°(测量)、68°~70°(计算)。

{001}解理完全。性脆,具弹性。断口呈参差不平整的贝壳状。摩氏硬度为 4.5~5。相对密度为 2.28~2.33(测量)、2.33(计算)。

【晶体结构】

水硅钙石属于三斜晶系,空间群为 $P1$(图 5-1-113)。晶胞参数:$a=0.969$ nm、$b=0.729$ nm、$c=2.201$ nm,$\alpha=92.66°$、$\beta=100.09°$、$\gamma=111.03°$,$Z=2$。X 射线粉晶主要衍射数据 d(Å)(I/I_{max})为 21.00(100)、8.80(80)、3.56(80),见图 5-1-114。

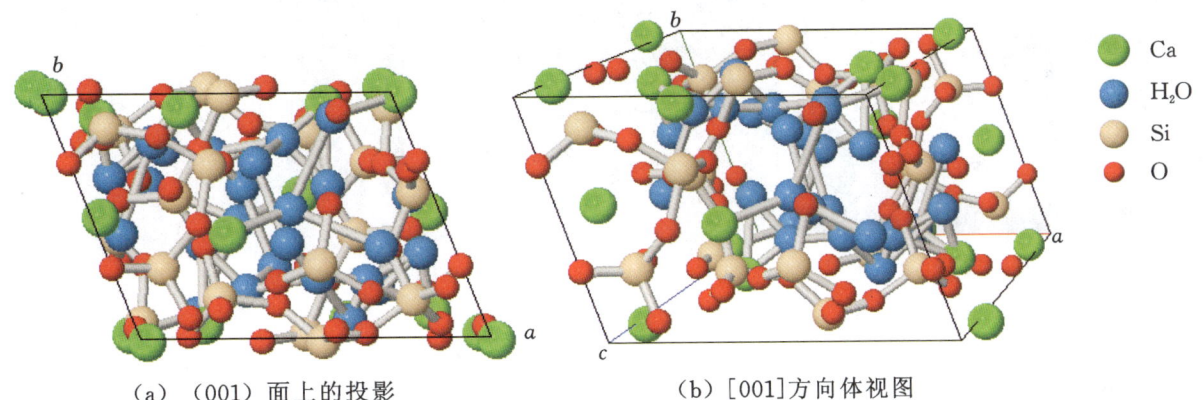

(a) (001)面上的投影 (b) [001]方向体视图

图 5-1-113 水硅钙石的晶体结构(原子排布位置)

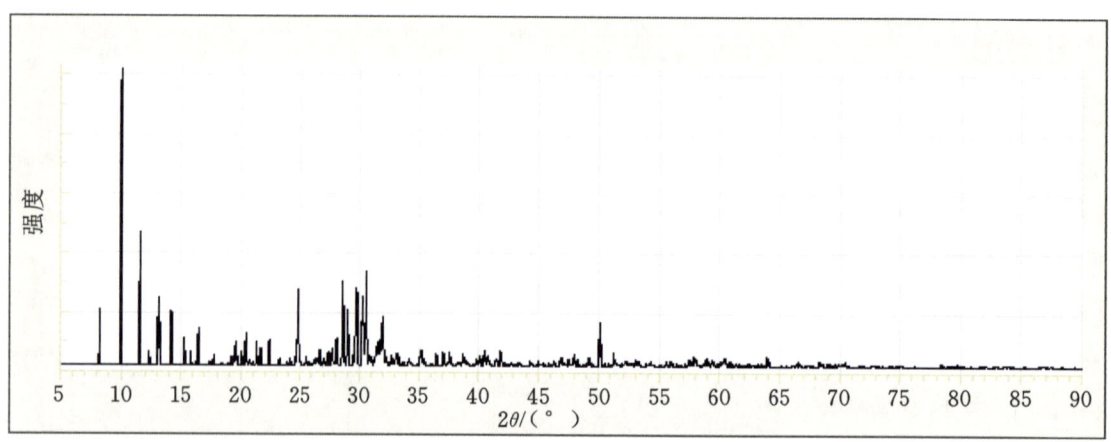

图 5-1-114 水硅钙石的 X 射线粉晶衍射图

【产状产地】

水硅钙石产于玄武岩或其他喷出岩内的杏仁体中,是玄武岩蚀变产生的次生矿物,共生伴生的矿物有白钙沸石、鱼眼石、方解石、葡萄石、柱沸石、钙沸石、浊沸石和其他沸石,主要产地有印度、智利、德国、阿塞拜疆、新西兰、格陵兰岛、智利、丹麦、爱尔兰等。

【主要用途】

水硅钙石在地质学、物理学、化学、晶体学、矿物学等方面都有一定意义。

水硅钙钾石

【化学性质】

水硅钙钾石是一种含 K、Na、Ca、H$_2$O 的[Si$_6$O$_{15}$]层状基型硅酸盐类矿物,其晶体化学式为 KCa$_{14}$[Si$_6$O$_{15}$]$_4$(OH)$_5$·5H$_2$O。主要成分为 K、Na、Ca、Si、H、O,类质同象替代成分有 Na、Al。

化学成分中氧化物的质量分数为 K$_2$O 1.87%、Na$_2$O 3.70%、CaO 31.24%、Al$_2$O$_3$ 3.42%、SiO$_2$ 52.60%、H$_2$O 7.17%。

【结晶形态】

水硅钙钾石属于三方晶系,单面晶类,对称型为 3。晶体呈白云母式板状、片状、块状(图 5-1-115)。聚合体呈球形等。

　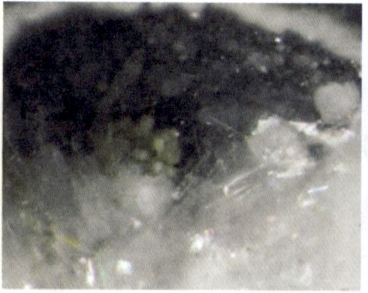　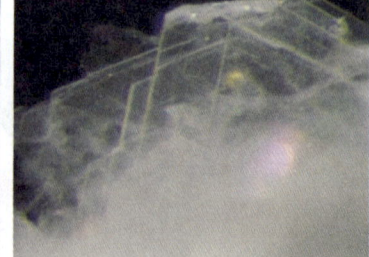

(a) 水硅钙钾石(苏格兰)　　　　　　(b) 水硅钙钾石(法国)

图 5-1-115 水硅钙钾石

【物理特征】

水硅钙钾石的颜色呈无色、白色、浅绿色。条痕为白色。透明、半透明。玻璃光泽、丝绢光泽。色散弱。多色性弱。

一轴晶(一)。折射率为 No＝1.556～1.563、Ne＝1.558～1.563，双折射率为 0.002。

{0001}解理完全。柔性。断口呈不规则、不均匀的次贝壳状。摩氏硬度为 3～4，相对密度为 2.54～2.58(测量)、2.65(计算)。

【晶体结构】

水硅钙钾石属于三方晶系，空间群为 $P3$（图 5-1-116）。晶胞参数：$a＝0.976$ nm、$c＝1.906$ nm，$Z＝1$。X 射线粉晶衍射数据 d(Å)(I/I_{max}) 为 3.170(100)、2.855(80)、2.659(80)，见图 5-1-117。

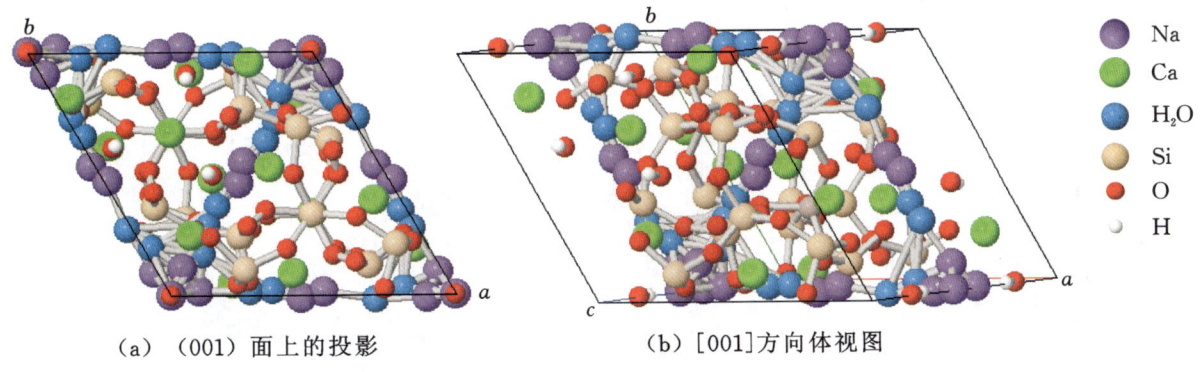

(a) (001)面上的投影　　(b) [001]方向体视图

图 5-1-116　水硅钙钾石的晶体结构

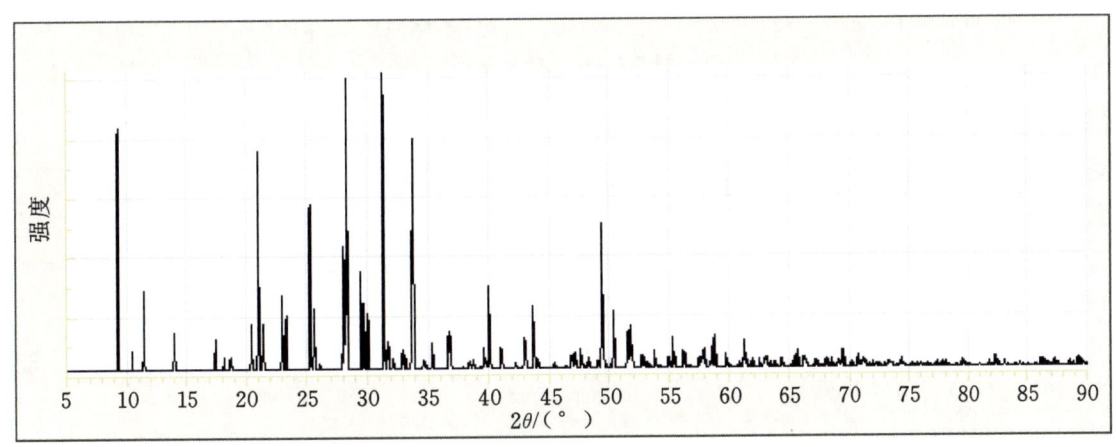

图 5-1-117　水硅钙钾石的 X 射线粉晶衍射图

美国弗吉尼亚的水硅钙钾石晶体化学式为 $(Na_{0.3}K_{0.7})_{3.8}Ca_{13.9}(Si_{0.9}Al_{0.1})_{24}O_{60}(OH)_{5.2}·5H_2O$。晶胞参数：$a＝0.976$ nm、$c＝1.907$ nm。

格陵兰岛的水硅钙钾石晶体化学式为 $(Na_{0.7}K_{0.3})_{3.8}Ca_{13.6}(Si_{0.9}Al_{0.1})_{24}O_{60}(OH)_{4.6}·5H_2O$。晶胞参数：$a＝0.977$ nm、$c＝1.907$ nm。

水硅钙钾石与吉水硅钙石晶体结构相似。

【产状产地】

水硅钙钾石产于玄武岩和基性凝灰岩的洞穴中，主要产地有法国、奥地利、苏格兰、格陵兰岛等。

【主要用途】

水硅钙钾石在地质学、物理学、化学、材料学、环境科学、晶体学、矿物学、宝石学等方面都有重要意义。

硅铈钠石

【化学性质】

硅铈钠石是一种含 Na、Ce、(OH)、H_2O 的 $[Si_6O_{15}]$ 层状基型硅酸盐类矿物,其晶体化学式为 $Na_3Ce[Si_6O_{15}] \cdot 6H_2O$。主要成分为 Na、Ce、Si、H、O,类质同象替代成分有 K、Sr、Li、Ca、La、Pr、Nd、Y、Th、B、F。硅铈钠石中 La 可以替代 Ce。

化学成分中氧化物的质量分数为 Na_2O 9.54%、Ce_2O_3 25.26%、SiO_2 55.49%、H_2O 9.71%。

【结晶形态】

硅铈钠石属于斜方晶系,斜方单锥晶类,对称型为 $mm2$。晶体呈薄片状、板状(似云母状)、棱柱状(似电气石状),不规则的颗粒、细粒致密块状(图 5-1-118)。

（a）硅铈钠石（俄罗斯）　　　　　（b）硅铈钠石（纳米比亚）

图 5-1-118　硅铈钠石

【物理特征】

硅铈钠石的颜色呈浅灰色、白色、珍珠白色。条痕为白色。透明、半透明。玻璃光泽、珍珠光泽。色散弱。多色性弱。

二轴晶(+)。折射率为 Np=1.525、Nm=1.528、Ng=1.544,双折射率为 0.019。$2V=47°$(测量)、48°(计算)。

{100}、{010}、{001}解理完全。性脆。断口不规则、不平整的次贝壳状。摩氏硬度为 2～3,相对密度为 2.61(测量)、2.51(计算)。

【晶体结构】

硅铈钠石-Ce 属于斜方晶系,空间群为 $Pmm2$(图 5-1-119)。晶胞参数:$a=0.750$ nm、$b=1.562$ nm、$c=0.735$ nm,$Z=2$。X 射线粉晶主要衍射数据 $d(Å)(I/I_{max})$ 为 5.23(55)、3.37(75)、3.23(100)。

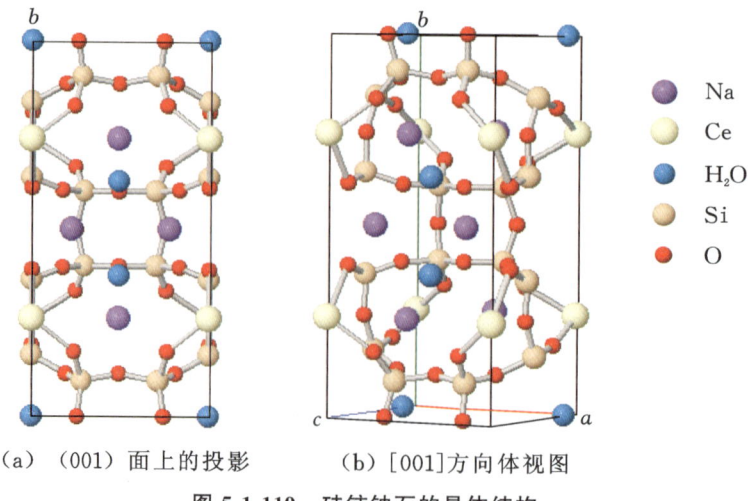

（a）(001)面上的投影　　（b）[001]方向体视图

图 5-1-119　硅铈钠石的晶体结构

【产状产地】

硅铈钠石产于方钠石的空洞中,共生伴生的矿物有钠沸石、方钠石、柱星叶石、菱黑稀土矿,主要产地有俄罗斯、纳米比亚。

【主要用途】

硅铈钠石在地质学、物理学、化学、材料学、环境科学、晶体学、矿物学、宝石学等方面都有重要意义,是提取 Ce 的矿物原料。

硅铈钠石-La

【化学性质】

硅铈钠石-La 是一种含 Na、La、H_2O 的 $[Si_6O_{15}]$ 层状基型硅酸盐类矿物,其晶体化学式为 $Na_3La[Si_6O_{15}] \cdot 2H_2O$。主要成分为 Na、La、Si、H、O,类质同象替代成分有 K、Sr、Li、Ca、Ce、Pr、Nd、Y、Th、Zr、U、B、S、F。

化学成分中氧化物及元素的质量分数为 K_2O 0.14%、Na_2O 13.62%、SrO 0.16%、Li_2O 0.02%、CaO 0.69%、La_2O_3 10.23%、Ce_2O_3 8.80%、Pr_2O_3 0.51%、Y_2O_3 0.17%、ThO_2 3.64%、ZrO_2 0.19%、UO_2 0.41%、SiO_2 53.67%、B_2O_3 0.05%、Nd_2O_3 1.03%、H_2O 5.52%、SO_3 0.74%、F 0.41%。

【结晶形态】

硅铈钠石-La 属于斜方晶系,斜方单锥晶类,对称型为 $mm2$。晶体呈粒状、片状、板状等(图 5-1-120)。

图 5-1-120　硅铈钠石-La(纳米比亚)

【物理特征】

硅铈钠石-La 的颜色呈乳白色、无色。条痕为白色。透明至半透明。玻璃光泽、珍珠光泽。色散弱,多色性弱。

二轴晶(+)。折射率为 Np=1.522~1.526、Nm=1.526~1.530、Ng=1.542~1.546,双折射率为 0.020。$2V$=46°(测量)、54°(计算)。

{010}、{001}解理完全。性脆。易碎。摩氏硬度为 3,相对密度为 2.60(测量)、2.63(计算)。

【晶体结构】

硅铈钠石-La 属于斜方晶系,空间群为 $Pmm2$(图 5-1-121)。晶胞参数:a = 0.742 nm、b = 1.552 nm、c = 0.716 nm,Z=2。X 射线粉晶衍射数据 d(Å)(I/I_{max})为 7.42(59)、6.50(48)、5.36(60)、5.26(68)、3.41(100)、3.35(45)、3.25(83)、3.23(45)。

【产状产地】

硅铈钠石-La 产于响岩囊泡中,从晚期热液中结晶出,共生伴生的矿物有硅铈钠石矿物系列、方铅矿、萤石、闪锌矿、石英、钠沸石、方沸石、羟磷灰石、方钠石、鱼眼石、微斜长石等,主要产地有纳米比

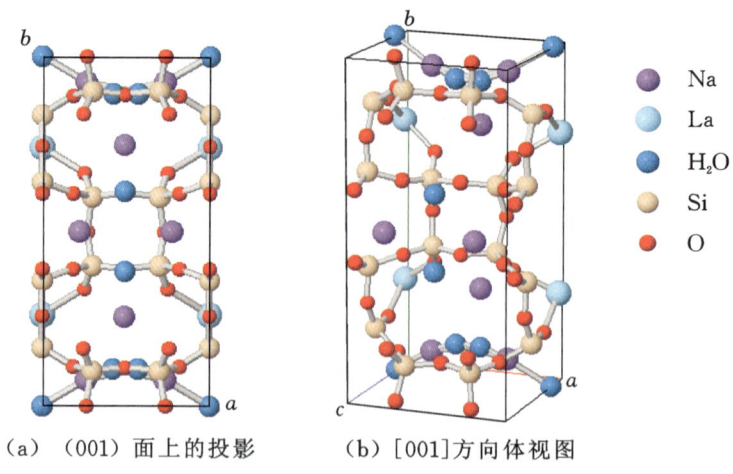

(a)（001）面上的投影　　(b)[001]方向体视图

图 5-1-121　硅铈钠石-La 的晶体结构

亚、加拿大等。

【主要用途】

硅铈钠石-La 在地质学、物理学、化学、材料学、环境科学、晶体学、矿物学等方面都有重要意义，是提取 La、Ce、Pr、Y、Th 多种稀土金属元素的矿物原料。

雪硅钙石族

纤硅钙石（riversideite）	$Ca_{10}[Si_6O_{16}]_2(OH)_4 \cdot nH_2O$
雪硅钙石（tobermorite）	$Ca_{10}[Si_6O_{16}]_2(OH)_4 \cdot nH_2O$
泉石华（plombierite）	$Ca_{10}[Si_6O_{16}]_2(OH)_4 \cdot nH_2O$

纤硅钙石

【化学性质】

纤硅钙石是一种含 Ca、(OH)、H_2O 的[Si_6O_{16}]层状基型硅酸盐类矿物，其晶体化学式为 $Ca_{10}[Si_6O_{16}]_2(OH)_4 \cdot nH_2O$。主要成分为 Ca、Si、H、O，类质同象替代成分有 Ti、Al、Fe、Mg。

化学成分中氧化物的质量分数为 CaO 40.34%、SiO_2 51.88%、H_2O 7.78%。

【结晶形态】

纤硅钙石属于斜方晶系，斜方四面体晶类，对称型为 222。晶体呈纤维状、针状、粒状、块状（图 5-1-122）。

图 5-1-122　纤硅钙石（美国加利福尼亚）

【物理特征】

纤硅钙石的颜色呈米白色。条痕为白色。透明、半透明、不透明。玻璃光泽、丝绢光泽。色散弱。多色性弱。

二轴晶(+)。折射率为 Np=1.600、Nm=1.601、Ng=1.605,双折射率为 0.005。2V=很小。

{001}、{100}解理完全。性脆。断口呈不平整、不规则的贝壳状。摩氏硬度为3,相对密度为2.64(测量)、2.60~2.70(计算)。

【晶体结构】

纤硅钙石属于斜方晶系,空间群为 $B22_12$。晶胞参数:$a=0.557$ nm、$b=0.364$ nm、$c=1.879$ nm,$Z=1$。X射线粉晶主要衍射数据 $d(\text{Å})(I/I_{max})$ 为 3.150(19)、3.014(100)、2.784(18)。

纤硅钙石的结构包含复合层,由无限片$[CaO_7]$多面体组成,其两侧连接着单链$[SiO_4]$四面体,沿 b 轴延长。层沿着 c 轴堆积,由 Ca 离子和水分子连接在一起,并占据层间的空隙。

【产状产地】

纤硅钙石产于经变质作用的灰岩中,共生伴生的矿物有符山石、钙铝榴石。主要产地有美国(加利福尼亚、华盛顿)、以色列、爱尔兰。

【主要用途】

纤硅钙石在地质学、物理学、化学、材料学、环境科学、晶体学、矿物学、宝石学等方面都有重要意义。

雪硅钙石

【化学性质】

雪硅钙石又称托勃莫来石,是一种含 Ca、(OH)、H_2O 的$[Si_6O_{16}]$层状基型硅酸盐类矿物,其晶体化学式为 $Ca_{10}[Si_6O_{16}]_2(OH)_4 \cdot nH_2O$。主要成分为 Ca、Si、H、O,类质同象替代成分有 Al、Fe、Mg、Na、K、H_2O。

化学成分中氧化物的质量分数为 CaO 34.33%、Al_2O_3 3.63%、SiO_2 49.15%、H_2O 12.89%。

【结晶形态】

雪硅钙石属于斜方晶系,斜方四面体晶类,对称型为 222。晶体呈纤维状、粒状。集合体呈放射状(图5-1-123)。

(a) 雪硅钙石(美国加利福尼亚)

(b) 雪硅钙石(西班牙)

(c) 雪硅钙石(德国)

图 5-1-123 雪硅钙石

【物理特征】

雪硅钙石的颜色呈无色、白色、浅粉白色、红白色。条痕为白色。透明。玻璃光泽、丝状光泽。色散弱。多色性无。

二轴晶(+)。折射率为 Np＝1.570、Nm＝1.571、Ng＝1.575，双折射率为 0.005。

{001}解理完全、{100}解理中等。性脆。断口呈不平整、不均匀的贝壳状。摩氏硬度为 2.5，相对密度为 2.42～2.44(测量)、2.49(计算)。

【晶体结构】

雪硅钙石属于斜方晶系，空间群为 $C222_1$（图 5-1-124）。晶胞参数：$a=1.117$ nm、$b=0.738$ nm、$c=2.294$ nm，$Z=4$。X 射线粉晶衍射数据 $d(\text{Å})(I/I_{max})$ 为 14.00(100)、5.50(25)、3.08(65)、3.00(45)、2.81(30)、2.80(13)、1.84(35)，见图 5-1-125。

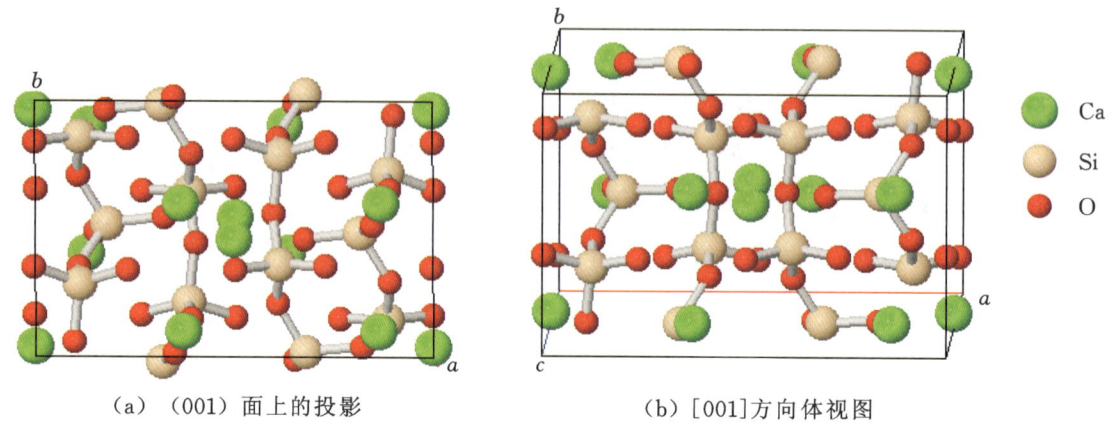

图 5-1-124　雪硅钙石的晶体结构

(a) (001)面上的投影　　(b) [001]方向体视图

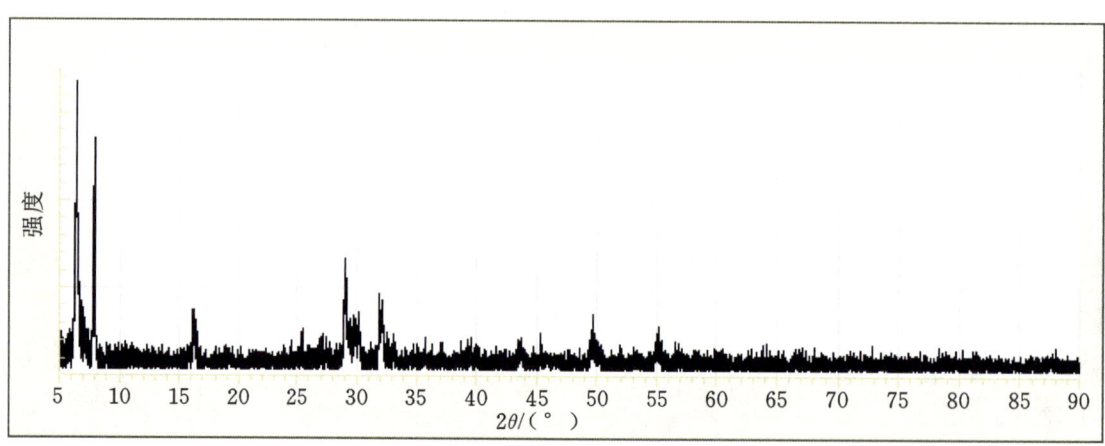

图 5-1-125　雪硅钙石的 X 射线粉晶衍射图

【产状产地】

雪硅钙石是一种碳酸钙岩的热液蚀变产物，由接触变质和交代作用形成，充填在玄武质岩石的囊泡和空洞中，共生伴生的矿物有泉石华、淡蓝色的方解石等，主要产地有美国(加利福尼亚)、德国、苏格兰、西班牙。

【主要用途】

雪硅钙石在地质学、物理学、化学、材料学、环境科学、晶体学、矿物学、宝石学等方面都有重要意义。

泉石华

【化学性质】

泉石华是一种含 Ca、(OH)、H_2O 的 $[Si_6O_{16}]$ 层状基型硅酸盐类矿物，其晶体化学式为

$Ca_{10}[Si_6O_{16}]_2(OH)_4 \cdot nH_2O$。主要成分为 Ca、Si、H、O，类质同象替代成分有 Al、Fe、Mg、Na、K、H_2O。

化学成分中氧化物的质量分数为 CaO 36.56%、SiO_2 47.00%、H_2O 16.44%。

【结晶形态】

泉石华属于单斜（斜方）晶系，轴双面晶类，对称型为 2。晶体呈无定形、块状、针状。集合体呈放射状、绒球状（图 5-1-126）。

  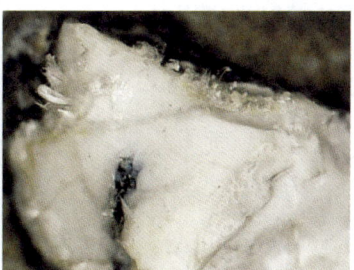

（a）泉石华（美国加利福尼亚）　　（b）泉石华（日本）　　（c）泉石华（德国）

图 5-1-126　泉石华

【物理特征】

泉石华的颜色呈白色、粉红色到红棕色。条痕为白色。透明。玻璃光泽、丝状光泽。色散弱。多色性弱。磷光荧光：黄色、乳白色，黄色、乳白色。

二轴晶（+/−）。折射率为 Np 未测、Nm＝1.550、Ng 未测。

解理不完全。性脆。断口呈不均匀、不规则的细小碎块状。摩氏硬度为 1，相对密度为 2.018（测量）、2.018（计算）。

【晶体结构】

泉石华属于单斜晶系，空间群为 $P2$。晶胞参数：$a=0.674$ nm、$b=0.743$ nm、$c=2.799$ nm、$\gamma=123.25°$。X 射线粉晶主要衍射数据 $d(\text{Å})(I/I_{max})$ 为 3.09(100)、2.81(100)、1.83(100)，见图 5-1-127。

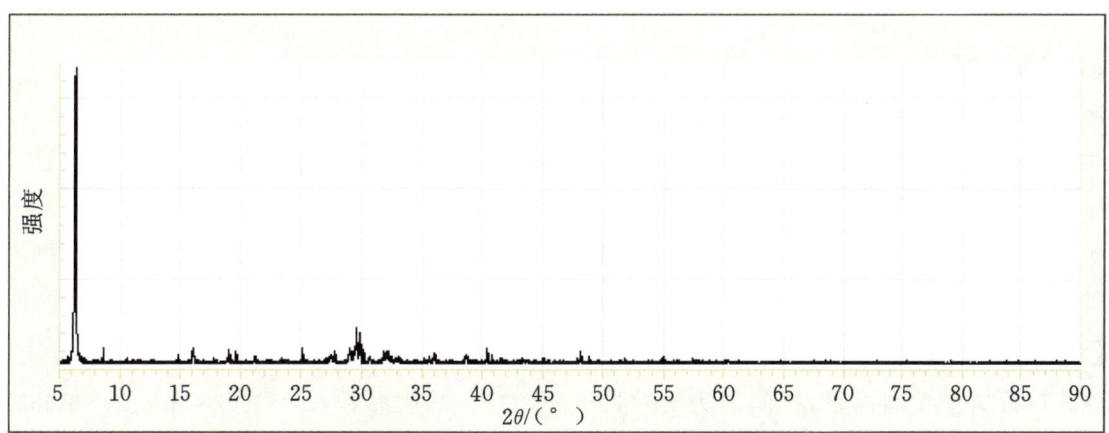

图 5-1-127　泉石华的 X 射线粉晶衍射图

泉石华类矿物的多型有以下两种。

泉石华-2M。单斜晶系，对称型为 $B2$。晶胞参数：$a=0.674$ nm、$b=0.743$ nm、$c=2.799$ nm，$\gamma=123.25°$。

泉石华-4O，斜方晶系，晶胞参数：$a=1.120$ nm、$b=0.730$ nm、$c=5.60$ nm。

【产状产地】

泉石华产于碱性的火山岩中，共生伴生的矿物有雪硅钙石，主要产地有日本、德国、法国、美国（加利福尼亚)。

【主要用途】

泉石华在地质学、物理学、化学、材料学、环境科学、晶体学、矿物学等方面都有重要意义。

柱硅钙石族

柱硅钙石(afwillite)　　　　　　　$Ca_2Ca[SiO_3(OH)]_2 \cdot 2H_2O$

柱硅钙石

【化学性质】

柱硅钙石是一种含 Ca、(OH)、H_2O 的[$SiO_3(OH)$]层状基型硅酸盐类矿物,其晶体化学式为 $Ca_2Ca[SiO_3(OH)]_2 \cdot 2H_2O$。主要成分为 Ca、Si、H、O,类质同象替代成分有 Al、Fe、Mg、F。

化学成分中氧化物的质量分数为 CaO 49.13%、SiO_2 35.09%、H_2O 15.78%。

【结晶形态】

柱硅钙石属于单斜晶系,反映双面晶类,对称型为 m。晶体呈粒状、柱状、块状(图 5-1-128)。

(a) 柱硅钙石(南非)

(b) 柱硅钙石(德国)

(c) 柱硅钙石(意大利)

图 5-1-128　柱硅钙石

【物理特征】

柱硅钙石的颜色呈白色。条痕为白色。透明至半透明。玻璃光泽。色散弱。多色性弱。

二轴晶(+)。折射率为 Np=1.617、Nm=1.620、Ng=1.634,双折射率为 0.0167。$2V=50°\sim56°$(测量)。

{001}解理完全、{101}、{100}解理中等。性脆。断口呈不规则、不平整的贝壳。摩氏硬度为 3～4,相对密度为 2.63(测量)、2.64(计算)。

【晶体结构】

柱硅钙石属于单斜晶系,空间群为 Bb(图 5-1-129)。晶胞参数:$a=1.628$ nm、$b=0.563$ nm、$c=1.324$ nm,$\beta=134.90°$,$Z=4$。X 射线粉晶主要衍射数据 $d(\text{Å})(I/I_{max})$ 为 6.61(90)、3.18(90)、2.83(100),见图 5-1-130。

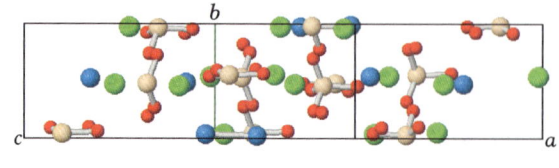
(a) (001)面上的投影

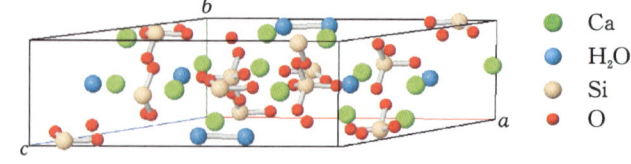
(b) [001]方向体视图

图 5-1-129　柱硅钙石的晶体结构

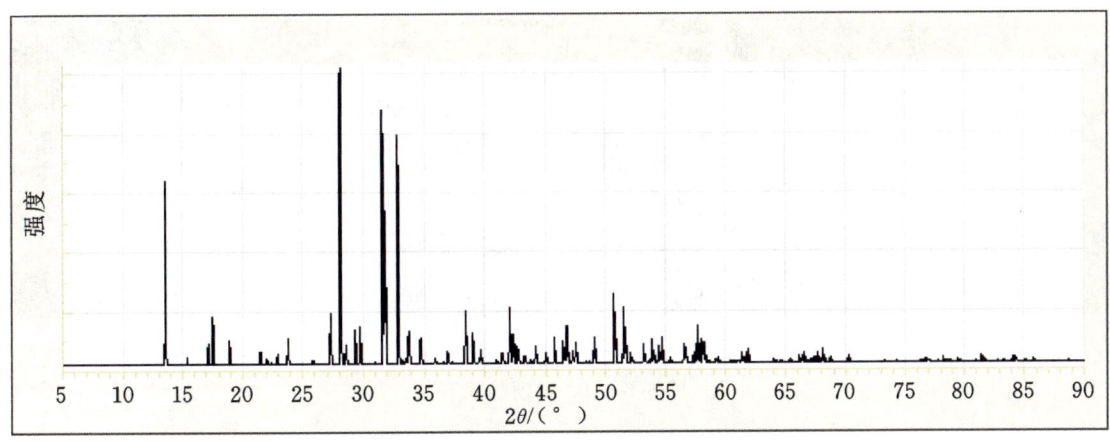

图 5-1-130 柱硅钙石的 X 射线粉晶衍射图

【产状产地】

柱硅钙石是产于石灰岩接触热变质作用的产物,共生伴生的矿物有方解石、石榴石等,主要产地有德国、意大利、南非。

【主要用途】

柱硅钙石在地质学、物理学、化学、材料学、环境科学、晶体学、矿物学、宝石学等方面都有重要意义。

黑硬绿泥石族

黑硬绿泥石(stilpnomelane)	$K_{2x}\{Fe^{2+}_{2-x}Al[Si_4O_{10}](OH)_3\} \cdot 2H_2O$
红硅锰矿(parsettensite)	$K_{2x}\{Mn_{2-x}Al[Si_4O_{10}](OH)_3\} \cdot 2H_2O$
鳞绿脱石(stilpnochlorane)	$(Mg,Ca)_x\{Fe^{2+}_{2-x}Al[Si_4O_{10}]O(OH)\} \cdot 4H_2O$
锰叶泥石(ekmanite)	$Mg_x\{(Fe^{2+}_2,Mn)_{3-x}[Si_4O_{10}](OH)_2\} \cdot 2H_2O$

黑硬绿泥石

【化学性质】

黑硬绿泥石是一种含 K、Fe、Al、(OH)、H_2O 的 $[Si_4O_{10}]$ 层状基型硅酸盐类矿物,其晶体化学式为 $K_{2x}\{Fe^{2+}_{2-x}Al[Si_4O_{10}](OH)_3\} \cdot 2H_2O$。主要成分为 K、Fe、Al、Si、H、O,类质同象替代成分有 Ti、Mn、Ca、Mg、Na、K、H_2O。

化学成分中氧化物的质量分数为 Al_2O_3 7.26%、Fe_2O_3 20.82%、FeO 14.04%、MnO 0.05%、MgO 2.77%、CaO 0.53%、Na_2O 0.03%、K_2O 2.06%、SiO_2 44.68%、H_2O^+ 6.41%、H_2O^- 1.35%。

【结晶形态】

黑硬绿泥石属于三斜晶系,单面晶类,对称型为 1。晶体呈纤维状、叶片状、平板云母状(图 5-1-131)。

【物理特征】

黑硬绿泥石的颜色呈黑色、绿黑色、绿色、黄青铜色、绿青铜色、金棕色、深棕色。条痕为白色、灰白色。半透明至不透明。珍珠光泽、半玻璃光泽、半金属光泽。色散弱。无荧光。多色性明显:淡黄色、金黄色、浅棕色、无色,深棕色、近黑色、栗色、深黄褐色、浅绿色、黄色,深棕色、近黑色、栗色、深黄褐色、或浅绿色黄色。

二轴晶(一)。折射率为 Np=1.543～1.634、Nm=1.576～1.745、Ng=1.576～1.745,双折射率为

(a) 黑硬绿泥石（中国台湾）　　（b) 黑硬绿泥石（瑞士）　　（c) 黑硬绿泥石（澳大利亚）

图 5-1-131　黑硬绿泥石

0.033～0.111。$2V=0°\sim40°$（测量）、$0°$（计算）。

{001}解理完全、{010}解理中等。性脆。断口呈不平整的、不规则的贝壳状。摩氏硬度为 3～4，相对密度为 2.59～2.96（测量）、2.68（计算）。

【晶体结构】

黑硬绿泥石属于三斜晶系，空间群为 $P1$（图 5-1-132）。晶胞参数：$a=2.186\sim2.205$ nm、$b=2.186\sim2.205$ nm、$c=1.762\sim1.774$ nm，$\alpha=124.67°$、$\beta=96.07°$、$\gamma=119.96°$，$Z=6$。X 射线粉晶衍射数据 $d(\text{Å})(I/I_{max})$ 为 12.30(100)、6.26(50)、4.16(100)、3.12(60)、2.69(70)、2.55(100)、1.57(60)，见图 5-1-133。

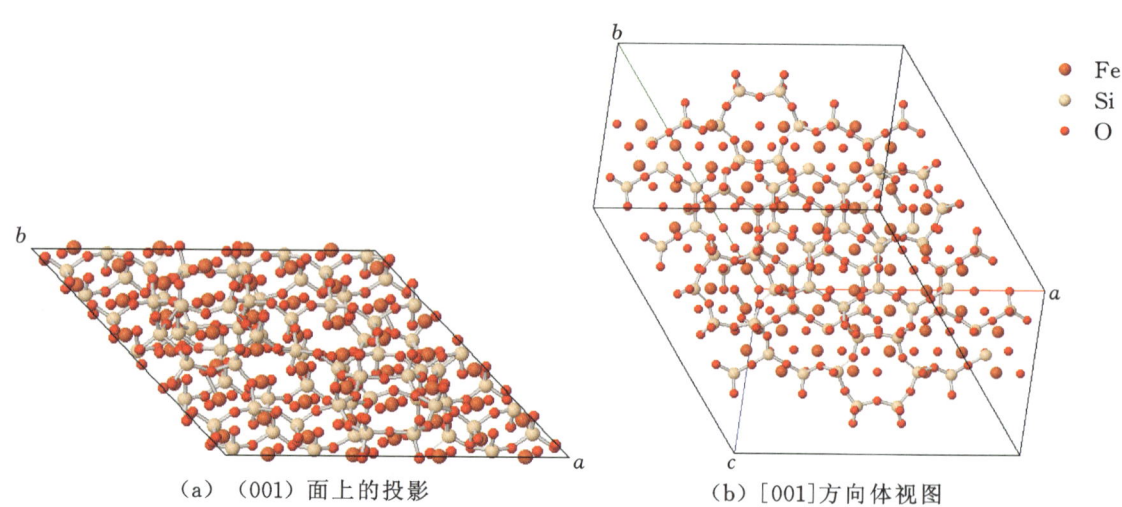

(a) (001)面上的投影　　　　　　　　(b) [001]方向体视图

图 5-1-132　黑硬绿泥石的晶体结构

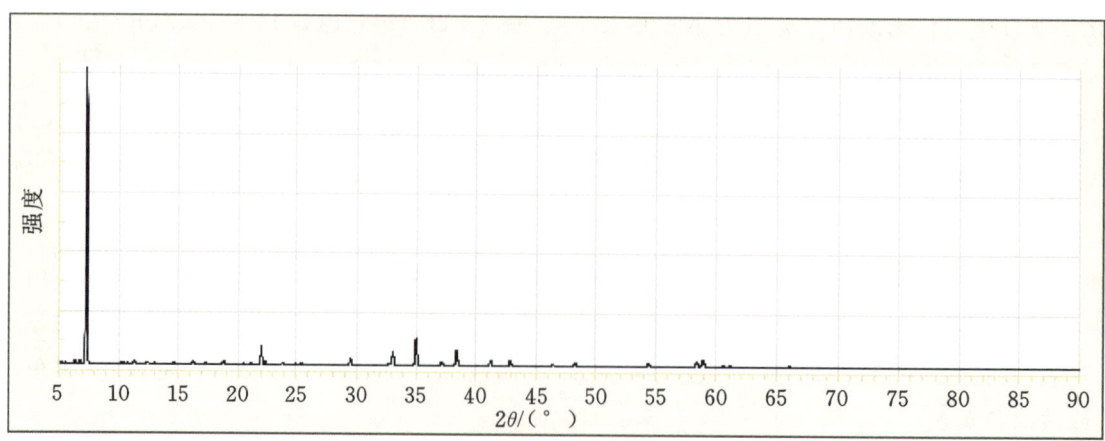

图 5-1-133　黑硬绿泥石的 X 射线粉晶衍射图

【产状产地】

黑硬绿泥石常产于与铁矿床有关的矿石、富铁质的带状构造、变质片岩,以及变质块状硫化物矿床中。与黑硬绿泥石共生伴生的矿物有石英、菱铁矿、磷灰石、赤铁矿、明钠闪石、绿帘石、褐帘石、磁铁矿、绿泥石、磁黄铁矿、黄铜矿、蓝闪石、锰石榴石、钠长石、阳起石。主要产地有美国(宾夕法尼亚、密歇根)、波兰、捷克、奥地利、英格兰、中国(台湾)、加拿大、澳大利亚、新西兰等。

【主要用途】

黑硬绿泥石在地质学、物理学、化学、材料学、环境科学、晶体学、矿物学、宝石学等方面都有重要意义。

红硅锰矿

【化学性质】

红硅锰矿是一种含 K、Mn、Al、(OH)、H_2O 的 $[Si_4O_{10}]$ 层状基型硅酸盐类矿物,其晶体化学式为 $K_{2x}\{Mn_{2-x}Al[Si_4O_{10}](OH)_3\} \cdot 2H_2O$。主要成分为 K、Mn、Al、Si、H、O,类质同象替代成分有 Ca、Mg、Na、Ti、Fe、V、Ba、Cl、B、C、P、H_2O。

化学成分中氧化物的质量分数为 K_2O 0.82%、Na_2O 0.81%、CaO 5.85%、MgO 2.45%、MnO 31.82%、Al_2O_3 4.43%、SiO_2 41.77%、H_2O 12.05%。

【结晶形态】

红硅锰矿属于单斜晶系,斜方柱晶类,对称型为 $2/m$。晶体呈板状、片状、粒状等(图 5-1-134)。

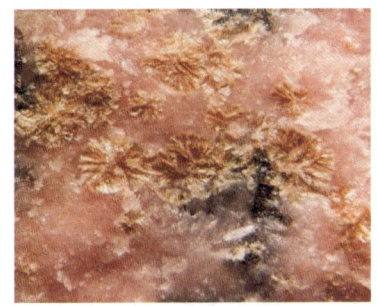
(a) 红硅锰矿(瑞士)

(b) 红硅锰矿(美国北卡罗来纳)

图 5-1-134 红硅锰矿

【物理特征】

红硅锰矿的颜色呈黄褐色、蜜黄色、浅棕色、铜红色。条痕为棕黄色。透明至半透明。玻璃光泽、金属光泽、半金属光泽。色散无。多色性弱:浅黄色,绿色。

二轴晶(+/-)。折射率为 Np=1.546、Nm=1.576、Ng=1.576,双折射率为 0.030。2V=0°~8°。{001}解理完全。柔性。断口呈细小的碎片状。摩氏硬度为 1.5~4,变化大,这与 Mn 的含量增高有关。相对密度为 2.59(测量)、2.54(计算)。

【晶体结构】

红硅锰矿属于单斜晶系,空间群为 $C2/m$、$B2/m$(图 5-1-135)。晶胞参数:a=3.910 nm、b=2.284 nm、c=1.795 nm,β=135.60°,Z=12。呈假菱面体、假六方体。X 射线粉晶衍射数据 d(Å)(I/I_{max})为 12.10(100)、4.50(40)、4.20(60)、3.84(50)、3.70(50)、3.14(50)、2.79(80)、2.65(100)、2.42(50)、2.36(40)、2.18(40)、1.63(80)、1.62(60)、1.58(50)。

与红硅锰矿的晶体结构相似的矿物有鳞绿脱石等。

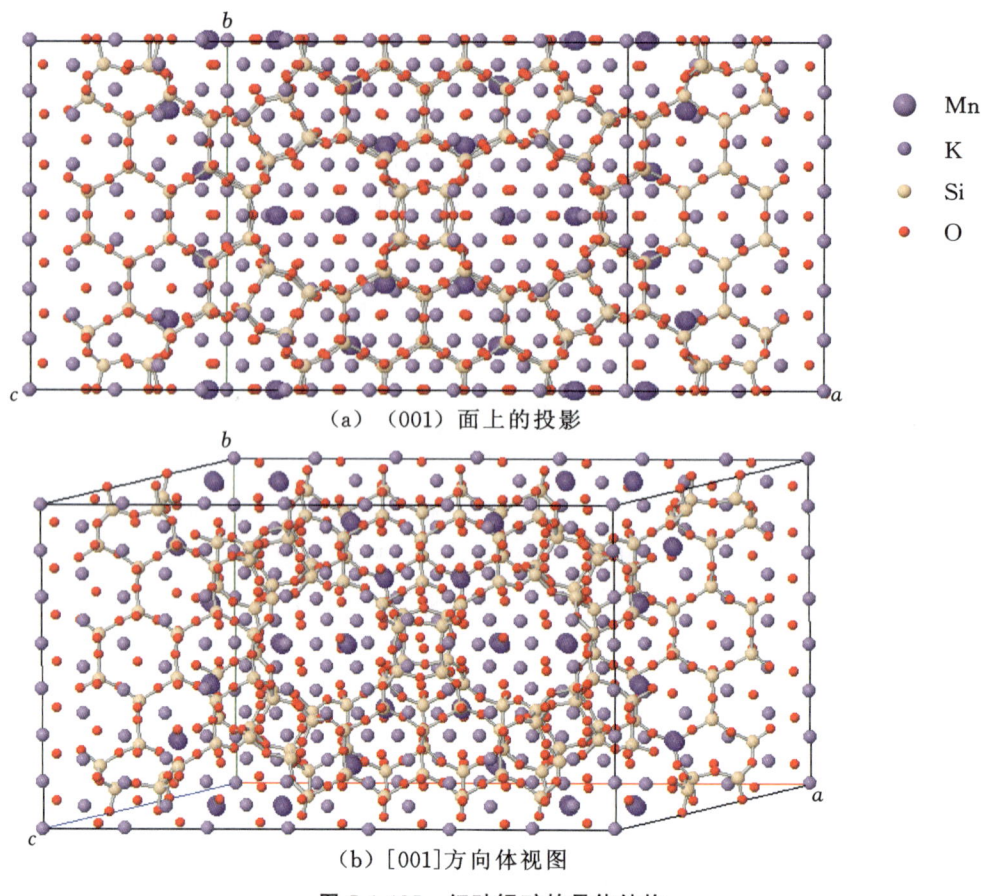

(a) （001）面上的投影

(b) [001]方向体视图

图 5-1-135　红硅锰矿的晶体结构

【产状产地】

红硅锰矿产于富锰的矿床中，共生伴生的矿物有黄铁矿、磷灰石等，主要产地有瑞士、美国（北卡罗来纳）。

【主要用途】

红硅锰矿在地质学、物理学、化学、环境科学、晶体学、矿物学等方面都有一定意义。

图 5-1-136　鳞绿脱石（捷克）

鳞绿脱石

鳞绿脱石是一种含 Mg、Fe、Al、(OH)、H_2O 的 $[Si_4O_{10}]$ 层状基型硅酸盐类矿物，其晶体化学式为 $(Mg,Ca)_x\{Fe^{2+}_{2-x}Al[Si_4O_{10}]O(OH)\} \cdot 4H_2O$。主要成分为 Ca、Fe、Al、Si、H、O，类质同象替代成分有 Mn、Ti、Mg、Na（图 5-1-136）。

锰叶泥石

锰叶泥石是一种含 Mg、Fe、Mn、(OH)、H_2O 的 $[Si_4O_{10}]$ 层状基型硅酸盐类矿物，其晶体化学式为 $Mg_x\{(Fe^{2+}_2,Mn)_{3-x}[Si_4O_{10}](OH)_2\} \cdot 2H_2O$。主要成分为 Fe、Mn、Si、H、O，类质同象替代成分有 Na、K、Ca、Al（图 5-1-137）。

化学成分中氧化物的质量分数为 MgO 3.66%、MnO 4.84%、Al_2O_3 12.48%、FeO 17.33%、Fe_2O_3 5.44%、SiO_2 43.97%、H_2O 12.28%。

图 5-1-137　锰叶泥石（瑞典）

埃洛石（多水高岭石）族

多水高岭石（halloysite）　　　　$Al_4[Si_4O_{10}](OH)_8 \cdot 4H_2O$

埃洛石

【化学性质】

埃洛石也称为多水高岭石，是一种含 Al、(OH)、H_2O 的 $[Si_4O_{10}]$ 层状基型硅酸盐类矿物，其晶体化学式为 $Al_4[Si_4O_{10}](OH)_8 \cdot 4H_2O$。主要成分为 Al、Si、H、O，类质同象替代成分有 Fe、Cr、Ni、Mg、Cu、Na、K、Ti、Ca、H_2O。

化学成分中氧化物的质量分数为 SiO_2 43.40%、TiO_2 0.01%、Al_2O_3 37.46%、FeO 0.03%、CaO 0.32%、Na_2O 0.14%、K_2O 0.48%、H_2O^+ 14.58%、H_2O^- 3.58%。

埃洛石的变种有铁埃洛石、铜埃洛石、铬埃洛石及镍埃洛石。

【结晶形态】

埃洛石属于单斜晶系，反映双面晶类，对称型为 m。埃洛石常呈致密块状、土状（图 5-1-138），在电子显微镜下由无数纳米的管状或纤维状晶体组成。

（a）埃洛石（德国）　　　　（b）埃洛石（俄罗斯）　　　　（c）埃洛石（希腊）

图 5-1-138　埃洛石

【物理特征】

埃洛石的颜色呈白色、灰白色、黄棕色、浅绿色、浅蓝色、土黄色、粉红色。因常含 FeO、Fe_2O_3、Cr_2O_3、NiO 等杂质，呈多种杂色。条痕为浅灰色、白色。半透明至不透明。蜡状光泽、油脂光泽、土状光泽。

二轴晶（＋/－）。折射率为 Np=1.553～1.565，Nm=1.559～1.569，Ng=1.560～1.570，双折射率为 0.005～0.007。

{001}解理极完全。性脆。断口呈不平整、不规则的次贝壳状。摩氏硬度为1～2,相对密度为2.55～2.65(测量)、2.57(计算),失水后可增高到2.60左右。

亲水,与水混合可塑性强。

【晶体结构】

埃洛石属于单斜晶系,空间群为 Cc、Bb。晶胞参数:$a=0.514$ nm、$b=0.890$ nm、$c=0.721$ nm,$\beta=99.7°$,$Z=1$。

埃洛石-7A 和埃洛石-10A 两种多型是最常见的,它们为纳米级的管状(图 5-1-139),其 X 射线粉晶衍射数据如下。

图 5-1-139　埃洛石电子显微像(维基百科)

埃洛石-7A d(Å)(I/I_{max})为 7.50(90)、4.42(100)、3.63(90)、2.56(80)、1.68(80)、1.48(90)、1.28(70)、1.23(70)。埃洛石-10A d(Å)(I/I_{max})为 10.10(90)、4.42(100)、3.34(90)、2.56(80)、1.68(80)、1.48(90)、1.28(70)、1.23(70)。

埃洛石的晶体结构与高岭石相似,属 1∶1 型结构单元层的二八面体型晶体结构,在结构单元层中存在有结晶水或结构水,故也称其为多水高岭石。

埃洛石与高岭石化学成分十分类似,但在晶体结构上有明显区别,一种是管状构造,另一种是片状构造。

埃洛石纳米管的壁厚尺寸为外径 50～60 nm、内径 12～15 nm、长度 0.5～10 μm。各层间隔 1 nm,而当脱水时(变埃洛石),间隔 0.7 nm。埃洛石-7A 和埃洛石-10A 两种多型是最常见的,它们为纳米级的管状。

埃洛石晶体结构单元层之间的 H_2O 可变化,受层间 H_2O 影响,晶胞参数会变化,$d_{(001)}=0.72$～0.76 nm。差热曲线上约 120 ℃时有一个显著的"V"形吸热谷,600 ℃时的吸热谷不对称,比高岭石低。在 50～90 ℃失去大部分层间水,成为变埃洛石,与高岭石构成同质多象。

高岭土类矿物是由高岭石、地开石、珍珠石、埃洛石等高岭石簇矿物组成,主要矿物成分是高岭石,因此,埃洛石与地开石、高岭石、珍珠石的成分与结构相似。

【产状产地】

埃洛石是一种重要的铝硅酸盐黏土矿物,是铝硅酸盐长石类矿物热液蚀变或表面风化的产物,在 110 ℃以上脱水形成。主要分布在风化淋积剖面的下部,呈各种颜色,主要为白色、浅蓝色,似层状矿体底部常为黑色或黑白相间。

埃洛石主要产于火山质的土壤中,也可由热带土壤或冰川前风化物质的原生矿物形成。岩浆岩、玻璃质玄武岩易受风化蚀变作用形成埃洛石。在中酸性岩石风化壳的强氧化带或邻近富铝硅酸盐岩石的灰岩溶蚀凹面上可见。

埃洛石的共生矿物有高岭石、地开石、蒙脱石、伊利石、石膏、方解石、水铝石、石英等,以及其他黏土矿物。

主要产地有德国、奥地利、俄罗斯、希腊、比利时、美国（犹他、科罗拉多、德克萨斯、蒙大拿、印第安纳）。中国的产地有湖南、四川、江西、贵州、广东等。

【主要用途】

埃洛石是一种对阳离子和阴离子都很有效的吸附剂，可用作石油裂化催化剂，是纳米复合材料重要改性的材料，纳米管可以催化剂载体形式嵌入金属纳米颗粒，是优质陶瓷的原料，可作合成分子筛的载体，也是塑料、橡胶和油漆中的重要填料等。

埃洛石在地质学、物理学、化学、材料学、环境科学、晶体学、矿物学、宝石学等方面都有重要意义。

瑙云母族

瑙云母（naujakasite）	$Na_6Fe^{2+}Al_4[Si_4O_{10}]_2O_6 \cdot H_2O$
辉叶石（ganophyllite）	$(K,Na)Mn_4Al[(Al,Si)_6O_{15}](OH)_5 \cdot 2H_2O$
斑硅锰石（bannisterite）	$(Ca,Mg)_{0.5}Mn_4Al[Si_6O_{15}]O(OH)_4 \cdot 2H_2O$

瑙云母

【化学性质】

瑙云母是一种含 Na、Fe、Al、O、H_2O 的 $[Si_4O_{10}]$ 层状基型硅酸盐类矿物，其晶体化学式为 $Na_6Fe^{2+}Al_4[Si_4O_{10}]_2O_6 \cdot H_2O$。主要成分为 Na、Fe、Al、Si、H、O，类质同象替代成分有 Mg、Mn、Ca、K、Ti、P、H_2O。

化学成分中氧化物的质量分数为 Na_2O 19.74%、MnO 1.88%、Al_2O_3 21.64%、FeO 5.72%、SiO_2 51.02%。

【结晶形态】

瑙云母属于单斜晶系，斜方柱晶类，对称型为 $2/m$。晶体呈棱柱状、棱形板状、片状、粒状、块状等（图 5-1-140）。主要单形有{111}、{1̄11}、{001}。

图 5-1-140　瑙云母（格陵兰岛）

【物理特征】

瑙云母的颜色呈灰色、珍珠白色、银白色，透射光下无色。条痕为灰白色。透明、半透明。珍珠光泽。色散弱。多色性弱。

二轴晶(-)。折射率为 Np=1.537、Nm=1.550、Ng=1.556，双折射率为 0.019。$2V=52°\sim71°$（测量）、66°（计算）。

{001}解理完全、{401}、{010}解理中等。性脆，易碎。断口呈玻璃质。摩氏硬度为 2～3，相对密度为 2.62（测量）、2.71（计算）。

【晶体结构】

瑙云母属于单斜晶系，空间群为 $C2/m$（图 5-1-141）。晶胞参数：$a=1.504$ nm、$b=0.799$ nm、$c=1.049$ nm，$\beta=113.70°$，$Z=2$。X 射线粉晶主要衍射数据 $d(\text{Å})(I/I_{max})$ 为 3.99(100)、3.56(70)、2.26(70)。

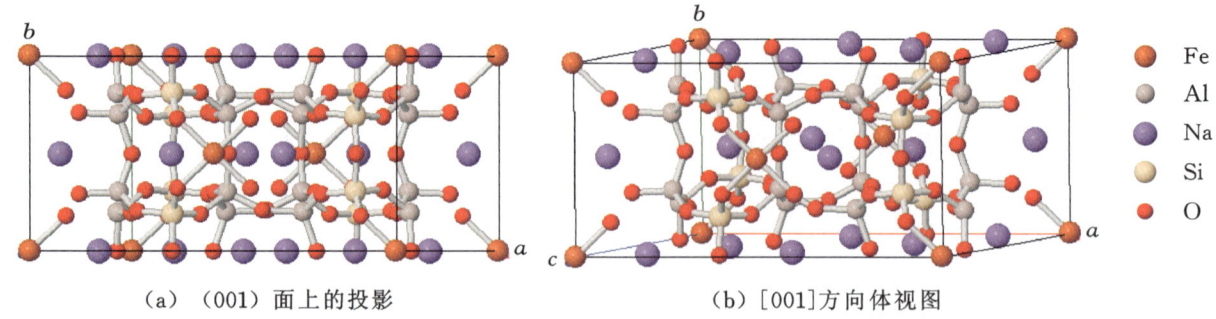

(a) (001)面上的投影　　　(b) [001]方向体视图

图 5-1-141　瑙云母的晶体结构

【产状产地】

瑙云母产于碱性侵入岩中，与石榴石变质岩有关，共生伴生的矿物有钠铝榴石、菱黑稀土矿、方钠石、方沸石，主要产地有丹麦、格陵兰岛、美国（华盛顿）。

【主要用途】

瑙云母在地质学、物理学、化学、材料学、晶体学、矿物学等方面都有一定意义。

辉叶石

【化学性质】

辉叶石是一种含 K、Mn、Al、(OH)、H_2O 的 $[Si_6O_{15}]$ 层状基型硅酸盐类矿物，其晶体化学式为 $(K,Na)Mn_4Al[(Al,Si)_6O_{15}](OH)_5 \cdot 2H_2O$。主要成分为 K、Na、Mn、Al、Si、H、O，类质同象替代成分有 Ca、Ba、Fe、Zn、Pb。

化学成分中氧化物的质量分数为 K_2O 4.67%、Na_2O 1.02%、MgO 3.99%、MnO 29.22%、Al_2O_3 11.11%、SiO_2 35.71%、H_2O 14.28%。

【结晶形态】

辉叶石属于单斜晶系，斜方柱晶类，对称型为 $2/m$。晶体呈片状、叶片状、板状、二维扁平状（图 5-1-142）。

图 5-1-142　辉叶石（意大利）

【物理特征】

辉叶石的颜色呈浅棕色、棕黄色、肉桂色。条痕为浅棕黄色。透明至半透明。玻璃光泽。色散弱。多色性较弱：浅黄棕色，深黄棕色，深黄棕色。

二轴晶（一）。折射率为 Np＝1.537、Nm＝1.611、Ng＝1.613，双折射率为 0.076。

解理不完全。性脆，易碎。断口呈玻璃质。摩氏硬度为 4～4.5，相对密度为 2.84（测量）。

【晶体结构】

辉叶石属于单斜晶系，空间群为 $A2/a$（图 5-1-143）。晶胞参数：$a=1.660$ nm、$b=2.713$ nm、$c=5.018$ nm，$\beta=93.96°$，$Z=10$。X 射线粉晶主要衍射数据 d(Å)(I/I_{max}) 为 12.50(100)、3.14(25)、2.70(14)。

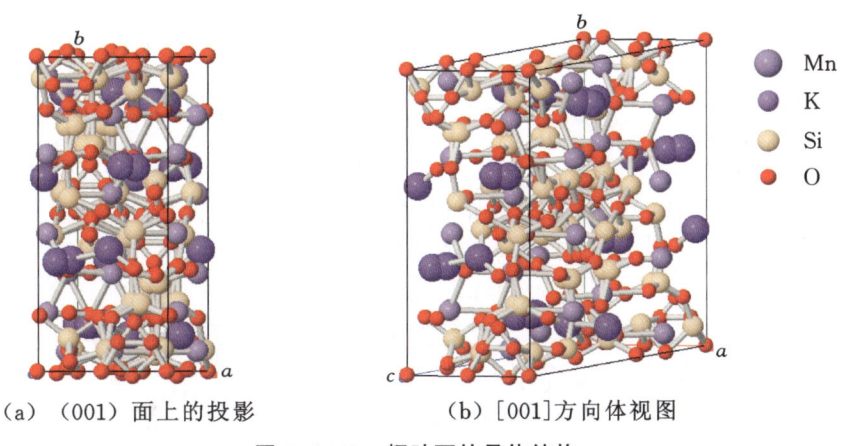

(a) (001) 面上的投影　　(b) [001] 方向体视图

图 5-1-143　辉叶石的晶体结构

【产状产地】

辉叶石产于变质锰矿床中，共生伴生的矿物有云母、石英，主要产地有意大利、瑞典。

【主要用途】

辉叶石在地质学、物理学、化学、晶体学、矿物学等方面都有一定意义。

斑硅锰石

【化学性质】

斑硅锰石是一种含 K、Ca、Mn、Al、O、(OH)、H_2O 的 [Si_6O_{15}] 层状基型硅酸盐类矿物，其晶体化学式为 $(Ca,Mg)_{0.5}Mn_4Al[Si_6O_{15}]O(OH)_4 \cdot 2H_2O$。主要成分为 K、Ca、Mn、Al、Si、H、O。类质同象替代成分有 Zn、Fe、Mg、Na。

化学成分中氧化物的质量分数为 K_2O 1.01%、Na_2O 0.17%、CaO 1.35%、MgO 3.17%、MnO 23.17%、Al_2O_3 4.10%、ZnO 4.58%、FeO 5.58%、Fe_2O_3 1.28%、SiO_2 45.85%、H_2O 9.74%。

【结晶形态】

斑硅锰石属于单斜晶系，斜方柱晶类，对称型为 $2/m$。晶体呈扁平片状、板状、似云母状、棱柱状（图 5-1-144）。

(a) 斑硅锰石（罗马利亚）　　(b) 斑硅锰石（澳大利亚）　　(c) 斑硅锰石（美国新泽西）

图 5-1-144　斑硅锰石

【物理特征】

斑硅锰石的颜色呈深红色、深棕色、黑色。条痕为乳白色。透明至半透明。半玻璃光泽、树脂光泽、油脂光泽。色散弱。多色性较明显：无色、淡黄色。

二轴晶（+/−）。折射率为 Np=1.544～1.574、Nm=1.586～1.611、Ng=1.589～1.612，双折射率为 0.038～0.045。$2V=18°～28°$（测量），较小。

{001}解理完全，云母状。性脆。断口呈贝壳状、次贝壳状。摩氏硬度为 4，相对密度为 2.83～2.84（测量）、2.84（计算）。

【晶体结构】

斑硅锰石属于单斜晶系，空间群为 $A2/a$（图 5-1-145）。晶胞参数：$a=2.227$ nm、$b=1.637$ nm、$c=2.467$ nm、$\beta=94.29°$，$Z=4$。X 射线粉晶衍射数据 $d(\text{Å})(I/I_{max})$ 为 12.33(100)、4.09(16)、3.44(20)、3.08(12)、2.64(16)、2.61(12)，见图 5-1-146。

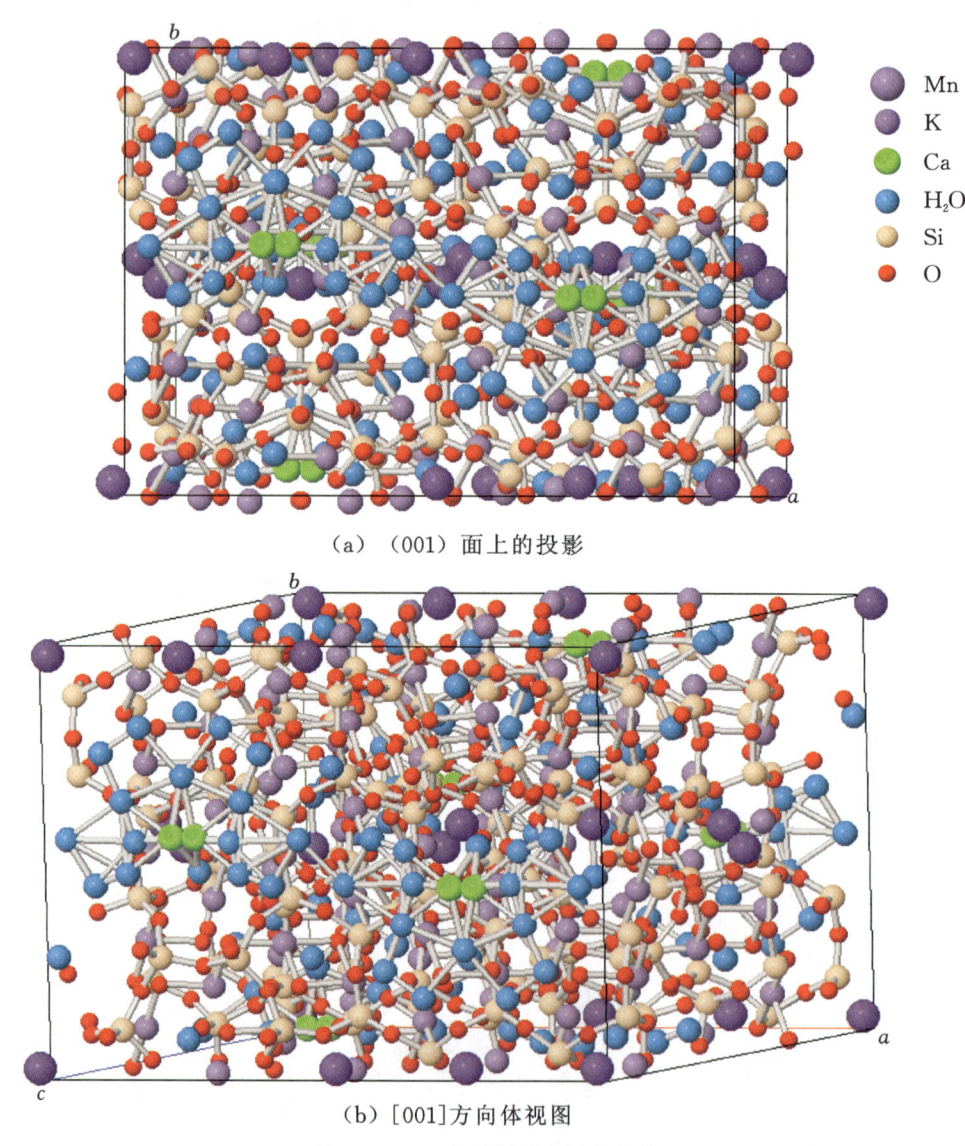

（a）（001）面上的投影

（b）[001]方向体视图

图 5-1-145　斑硅锰石的晶体结构

【产状产地】

斑硅锰石产于变质锰锌硫化矿床中，共生伴生的矿物有闪锌矿、石英、方解石、角闪石、蔷薇辉石等，主要产地有罗马利亚、澳大利亚、美国（新泽西）。

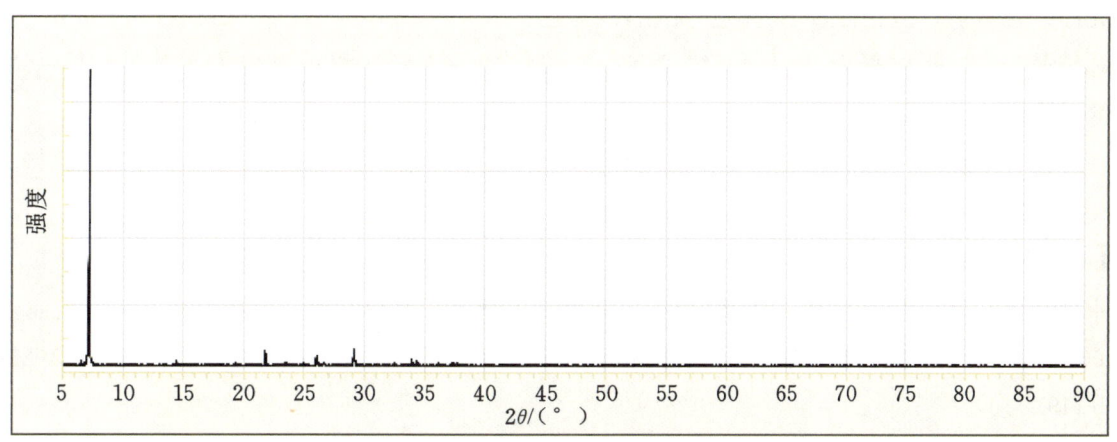

图 5-1-146　斑硅锰石的 X 射线粉晶衍射图

【主要用途】

斑硅锰石在地质学、物理学、化学、环境科学、晶体学、矿物学等方面都有一定意义。

水硅钒钙石族

水硅钒钙石(cavansite)　　　　　　　　$Ca(VO)[Si_4O_{10}]·4H_2O$

五角水硅钒钙石(pentagonite)　　　　　$Ca(VO)[Si_4O_{10}]·4H_2O$

铅矾石(plumbophyllite)　　　　　　　　$Pb_2[Si_4O_{10}]·4H_2O$

水硅钒钙石

【化学性质】

水硅钒钙石是一种含 Ca、V、H_2O 的$[Si_4O_{10}]$层状基型硅酸盐类矿物，其晶体化学式为$Ca(VO)[Si_4O_{10}]·4H_2O$。主要成分为 Ca、V、Si、H、O，类质同象替代成分有 Na、K、Ti、Fe、Mn。

化学成分中氧化物质量分数为 CaO 10.65%、V_2O_5 20.15%、SiO_2 53.24%、H_2O 15.96%。

【结晶形态】

水硅钒钙石属于斜方晶系，斜方双锥晶类，对称型为 mmm。晶体呈柱状、棒状、粒状。集合体呈簇状、放射状(图 5-1-147)。主要单形有{101}、{110}。

图 5-1-147　水硅钒钙石(印度)

【物理特征】

水硅钒钙石的颜色呈蓝绿色、深蓝色、蓝绿色到蓝色。条痕为浅蓝白色。半透明。玻璃光泽、半玻璃光泽。色散弱。多色性较弱：无色，无色，浅蓝色。

二轴晶（+）。折射率为 Np=1.542、Nm=1.544、Ng=1.551，双折射率为 0.009。$2V=52°$（测量）、58°（计算）。

{010}解理较好。性脆。断口呈不规则细小碎粒状。摩氏硬度为 3~4，相对密度为 2.21~2.31（测量）、2.33（计算）。

【晶体结构】

水硅钒钙石属于斜方晶系，空间群为 $Pcmn$（图 5-1-148）。晶胞参数：$a=0.979$ nm、$b=1.364$ nm、$c=0.963$ nm，$Z=4$。X 射线粉晶主要衍射数据 d(Å)(I/I_{max})为 7.964(100)、6.854(50)、6.132(25)，见图 5-1-149。

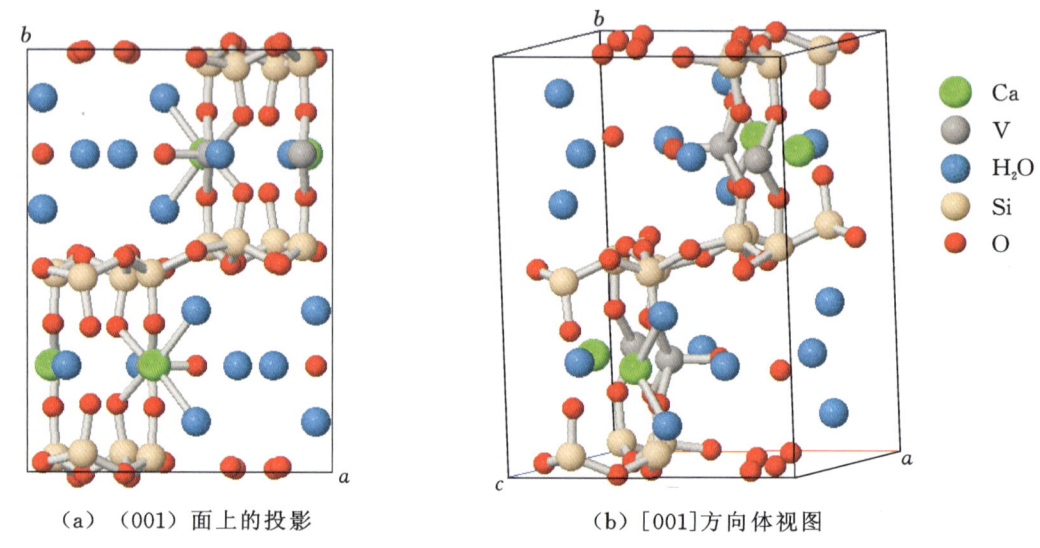

(a)（001）面上的投影　　　(b)[001]方向体视图

图 5-1-148　水硅钒钙石的晶体结构

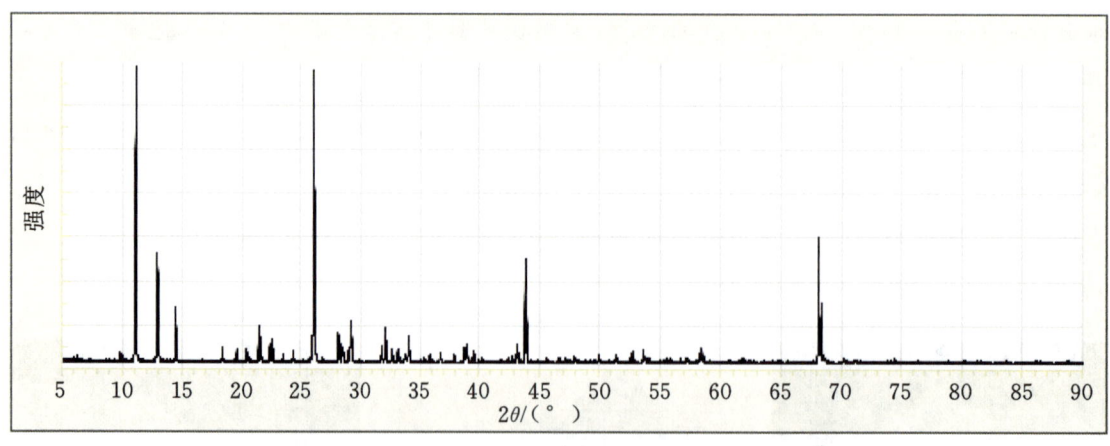

图 5-1-149　水硅钒钙石的 X 射线粉晶衍射图

【产状产地】

水硅钒钙石发现于俄勒冈州褐色凝灰岩内的孔穴和细脉中，与方解石、片沸石、鱼眼石共生，也见于哥伦比亚玄武岩和角砾岩的杏仁体和方解石脉中。主要产地有印度、美国（俄勒冈）。

【主要用途】

水硅钒钙石在地质学、物理学、化学、材料学、环境科学、晶体学、矿物学、宝石学等方面都有重要意义。

五角水硅钒钙石

【化学性质】

五角水硅钒钙石是一种含 Ca、V、H_2O 的 $[Si_4O_{10}]$ 层状基型硅酸盐类矿物，其晶体化学式为 $Ca(VO)[Si_4O_{10}] \cdot 4H_2O$。主要成分为 Ca、V、Si、H、O，类质同象替代成分有 Na、K、Ti、Fe、Mn。

五角水硅钒钙石与水硅钒钙石为同质多象变体。

化学成分中氧化物的质量分数为 CaO 10.65%、V_2O_5 20.15%、SiO_2 53.24%、H_2O 15.96%。

【结晶形态】

五角水硅钒钙石属于斜方晶系，斜方单位锥晶类，对称型为 $mm2$。晶体呈针状、长柱状等。集合体呈晶簇状、放射状、球状（图 5-1-150）。常见 {110} 假五次对称性的多重双晶。

图 5-1-150　五角水硅钒钙石（印度）

【物理特征】

五角水硅钒钙石的颜色呈亮蓝色、蓝绿色、绿色。条痕为蓝白色、浅蓝色。透明、半透明。玻璃光泽。色散较强。多色性较明显：无色，蓝色，无色。

二轴晶（−）。折射率为 Np=1.533、Nm=1.544、Ng=1.547，双折射率为 0.014。$2V=50°$（测量）、54°（计算）。

{010} 解理完全。性脆。易碎，常表现出玻璃和非金属矿物特性。摩氏硬度为 3～4，相对密度为 2.33（测量）、2.34（计算）。

【晶体结构】

五角水硅钒钙石属于斜方晶系，空间群为 $Ccm2_1$（图 5-1-151）。晶胞参数：$a=1.039$ nm、$b=1.405$ nm、$c=0.898$ nm，$Z=4$。X 射线粉晶主要衍射数据 d(Å)(I/I_{max}) 为 6.071(100)、3.920(100)、3.755(100)，见图 5-1-152。

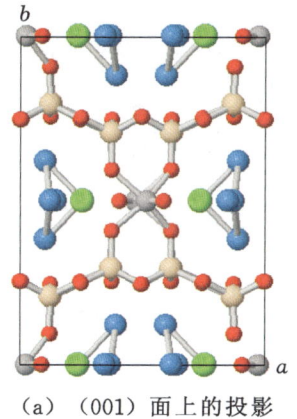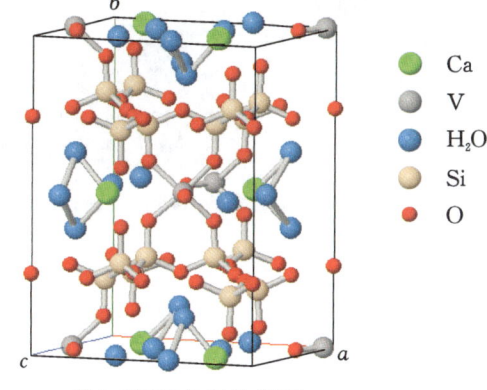

（a）（001）面上的投影　　（b）[001] 方向体视图

图 5-1-151　五角水硅钒钙石的晶体结构

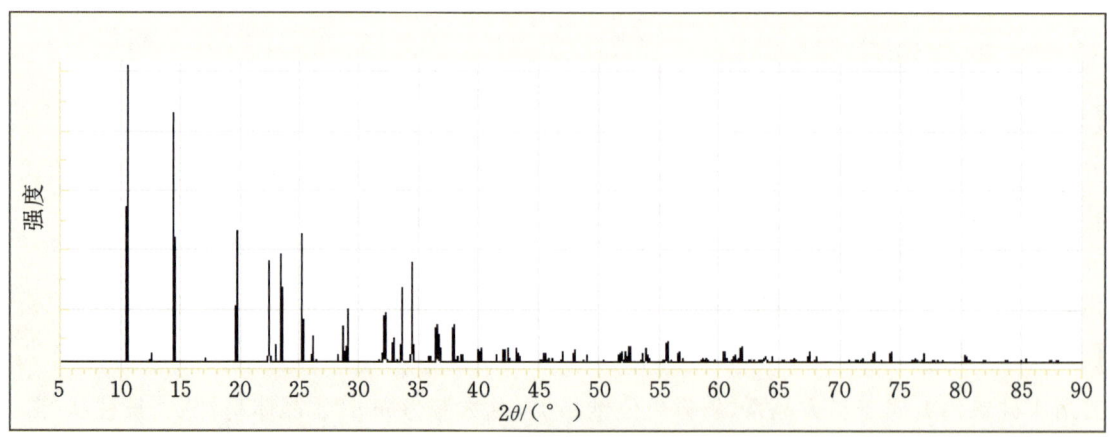

图 5-1-152　五角水硅钒钙石的 X 射线粉晶衍射图

五角水硅钒钙石晶体结构与铅矾石相似。

【产状产地】

五角水硅钒钙石是产于玄武岩和凝灰岩中的蚀变矿物,常在洞穴中,共生伴生的矿物有沸石类矿物的片沸石、辉沸石、方沸石和鱼眼石、方解石,主要产地有印度、美国(俄勒冈)。

【主要用途】

五角水硅钒钙石在地质学、物理学、化学、材料学、环境科学、晶体学、矿物学、宝石学等方面都有重要意义。

铅 矾 石

【化学性质】

铅矾石是一种含 Pb、H_2O 的[Si_4O_{10}]层状基型硅酸盐类矿物,其晶体化学式为 $Pb_2[Si_4O_{10}] \cdot 4H_2O$。主要成分为 Pb、Si、H、O,类质同象替代成分有 Fe、Mn、Zn、Ti 等。

化学成分中氧化物的质量分数为 SiO_2 34.10%、H_2O 2.56%、PbO 63.34%。

【结晶形态】

铅矾石属于斜方晶系,斜方双锥晶类,对称型为 mmm。晶体呈柱状、薄片状、板状。集合体呈致密块状,放射状(图 5-1-153)。

图 5-1-153　铅矾石(美国加利福尼亚)

【物理特征】

铅矾石的颜色呈淡蓝色、浅蓝色、蓝绿色。条痕为白色。透明。玻璃光泽、珍珠光泽。色散较强。多色性无。

二轴晶(+)。折射率为 Np=1.674、Nm=1.684、Ng=1.708,双折射率为 0.034。$2V=66°$(测量)、66.5°(计算)。

{100}解理完全。性脆。断口呈不平整、不规则的次贝壳状。摩氏硬度为5,相对密度为3.96(测量)、3.94(计算)。

【晶体结构】

铅矾石属于斜方晶系,空间群为 $Pbcn$(图 5-1-154)。晶胞参数:$a=1.321$ nm、$b=0.978$ nm、$c=0.865$ nm。X 射线粉晶衍射数据 d(Å)(I/I_{max})为 7.883(97)、6.625(35)、4.897(38)、3.623(100)、3.166(45)、2.938(57)、2.555(51)、2.243(50),见图 5-1-155。

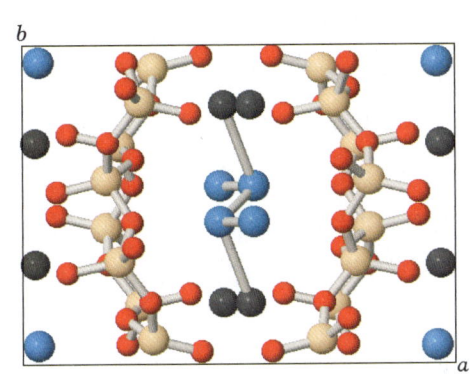
(a) (001) 面上的投影

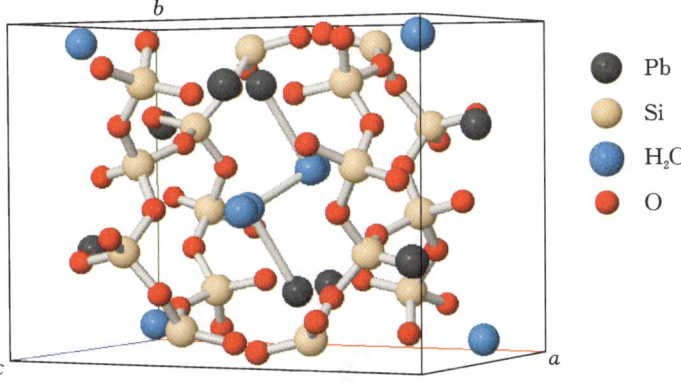
(b) [001]方向体视图

图 5-1-154 铅矾石的晶体结构

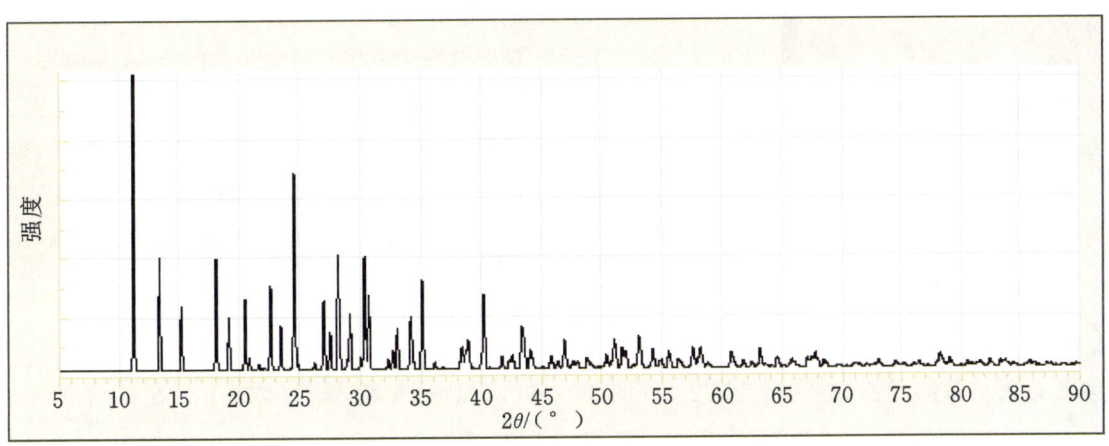

图 5-1-155 铅矾石的 X 射线粉晶衍射图

水铅硅石与五角水硅钒钙石的晶体结构相似。

【产状产地】

铅矾石是一种产于表生富铅氧化带中的含 Pb 矿物,共生伴生的矿物有钼铅矿、海泡石、石英、蛋白石、砷铅矿、石膏、针铁矿、萤石、孔雀石、白铅矿等,主要产地有美国(加利福尼亚)。

【主要用途】

铅矾石在地质学、物理学、化学、材料学、环境科学、晶体学、矿物学等方面有一定意义。

坡缕石-凹凸棒石族

坡缕石(palygorskite)	$Mg_5[Si_4O_{10}]_2(OH)_2 \cdot 4H_2O$
钠铁坡缕石(tuperssuatsiaite)	$Na_2(Fe^{3+},Mn^{2+})_3[Si_4O_{10}]_2(OH)_2 \cdot 4H_2O$
钙铁坡缕石(windhoekite)	$Ca_2Fe^{3+}_{2.67}[Si_4O_{10}]_2(OH)_4 \cdot 10H_2O$

锰坡缕石（yofortierite）　　　　　　　$Mn_5[Si_4O_{10}]_2(OH)_2 \cdot 4\text{—}5H_2O$
海泡石（sepiolite）　　　　　　　　　$Mg_8[Si_6O_{15}]_2(OH)_4 \cdot 8H_2O$
镍海泡石（falcondoite）　　　　　　　$(Ni,Mg)_4[Si_6O_{15}](OH)_2 \cdot 6H_2O$
丝硅镁石（loughlinite）　　　　　　　$Na_4Mg_6[Si_6O_{15}]_2(OH)_4 \cdot 8H_2O$

坡缕石

【化学性质】

坡缕石又称凹凸棒石，是一种含 Mg、(OH)、H_2O 的 $[Si_4O_{10}]$ 层状基型硅酸盐类矿物，其晶体化学式为 $Mg_5[Si_4O_{10}]_2(OH)_2 \cdot 4H_2O$。主要成分为 Mg、Si、H、O，类质同象替代成分有 Al、Fe、K。

化学成分中氧化物的质量分数为 MgO 14.70%、Al_2O_3 6.27%、SiO_2 59.32%、H_2O 19.71%。

【结晶形态】

坡缕石属于单斜晶系，斜方柱晶类，对称型为 $2/m$。晶体呈毛发状、针状、纤维状、粒状，集合体常呈土状、球状、棉丝状、致密块状（图 5-1-156）。电子显微镜下呈纤维状、针状、长柱状。

图 5-1-156　坡缕石（英国）

【物理特征】

坡缕石的颜色呈白色、浅灰色、棕白色、黄色、灰绿色。条痕为白色、灰白色。透明、半透明。蜡质光泽、土质光泽。色散弱。多色性较弱：浅黄色，浅黄绿色，浅黄绿色。

二轴晶（−）。折射率为 $N_p=1.522\sim1.528$、$N_m=1.530\sim1.546$、$N_g=1.533\sim1.548$，双折射率为 $0.011\sim0.020$。$2V=30°\sim61°$。

平行{110}纤维轴方向解理完全。坚韧。断口呈不平整、不均匀的断裂口。摩氏硬度为 $2\sim2.5$，当加热到 $700\sim800$ ℃时，摩氏硬度可能提高到 5。相对密度为 $2.00\sim2.60$（测量）、2.35（计算）。

加热过程中放热效应在 $900\sim1000$ ℃之间，$90\sim150$ ℃失去吸附水和沸石水，$240\sim300$ ℃失去结晶水，$450\sim520$ ℃失去晶格水。

【晶体结构】

坡缕石属于单斜晶系，空间群为 $C2/m$（图 5-1-157）。晶胞参数：$a=1.278$ nm、$b=1.786$ nm、$c=0.524$ nm，$\beta=95.78°$，$Z=4$。X 射线粉晶主要衍射数据 d(Å)(I/I_{max})为 10.440(100)、6.360(13)、4.466(20)、4.262(22)、3.679(15)、3.096(16)、2.539(20)。

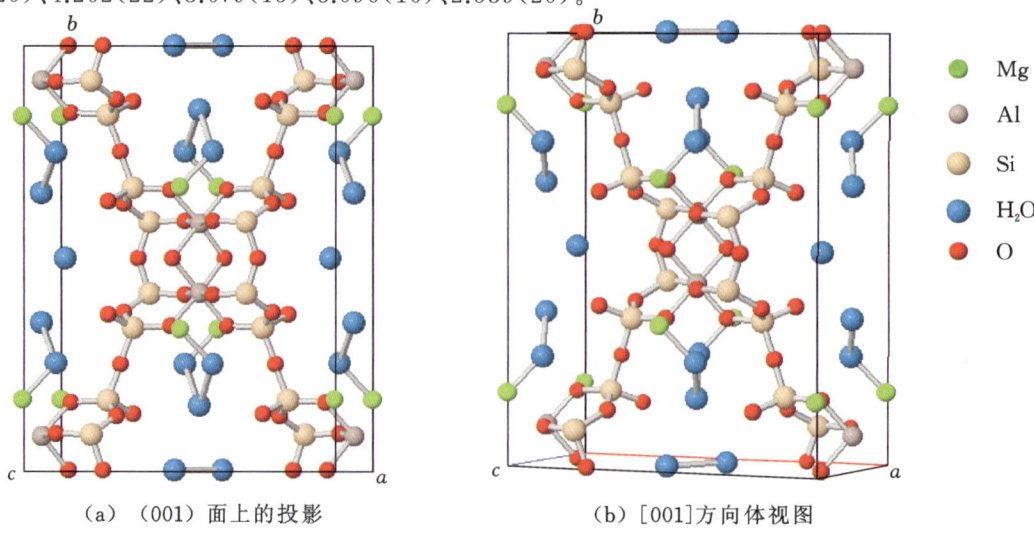

(a)　(001)面上的投影　　　　(b)　[001]方向体视图

图 5-1-157　坡缕石的晶体结构 1

在晶体化学式 $Mg_5[Si_4O_{10}]_2(OH)_2 \cdot 4H_2O$ 中,常有 Al、Fe 混入,Al_2O_3 替代部分 MgO(图 5-1-158)。三价离子主要为 Al^{3+},其次为 Fe^{3+},可替代八面体中的 Mg,也可以少量替代四面体中的 Si。当层电荷不平衡时,Ca^{2+} 离子可进入通道以平衡电荷。

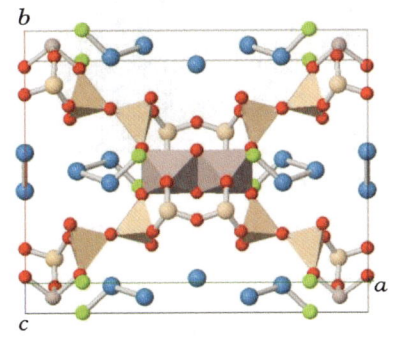
（a）沿 c 轴的投影,并沿 c 轴存在贯通的宽大通道

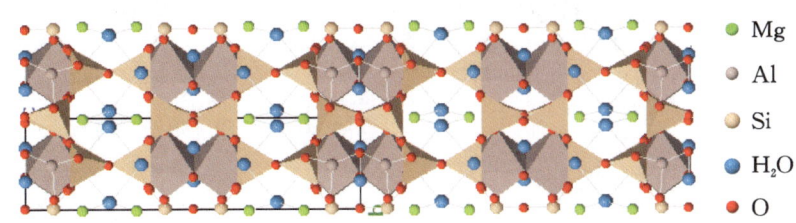
（b）沿 a 轴的投影 $[SiO_4]$ 四面体和 $[Mg(O,OH)_6]$ 八面体各自成层平行于（001）

图 5-1-158　坡缕石的晶体结构 2

晶体结构的四面体片中活性氧的指向沿 b 轴周期性的反转。在任二层四面体片之间,活性氧与活性氧相对,惰性氧与惰性氧相对。在活性氧相对的位置上,活性氧及 OH^- 层呈紧密堆积,阳离子(如 Mg,Al)充填八面体空隙构成沿 c 轴一维无限延伸的八面体片,这样形成的 TOT "I"字形带的带宽相当于辉石链的两倍($b=0.90$ nm×2)。在惰性氧相对的位置上,形成宽大的通道。

通道横断面积为 0.37 nm×0.64 nm,其中有水分子充填。在坡缕石中水有三种存在形式,一是结构水(羟基),二是带状结构边缘与八面体阳离子配位的配位水(结晶水),三是通道中以氢键连结的沸石水。

【产状产地】

坡缕石、凹凸棒石、海泡石是一类具链层基型结构的硅酸盐矿物。它们可分为淋滤—热液型和沉积型两种成因,与沉积、风化、火山活动、热液蚀变有关,主要产地有美国(弗吉尼亚、华盛顿)、加拿大、墨西哥、哥伦比亚、俄罗斯(乌拉尔)。

【主要用途】

坡缕石类矿物具有很大的比表面积和吸附能力,以及很好的流变性和催化性能,还具有理想的胶体性能和耐热性能。在化工、农药、国防、医药、建材、轻纺等行业广泛应用,近年来在环保、汽车、绝缘、陶瓷工业的应用也有进展。常用于钻井泥浆、吸附剂、脱色剂、净化剂、过滤剂、催化剂、稠化剂、稳定剂,还用于填料和调节剂、干燥剂、玻璃珐琅、建筑隔音、隔热材料等。

坡缕石在地质学、物理学、化学、材料科学、环境科学、矿物学、宝石学等方面都有重要意义。

钠铁坡缕石

【化学性质】

钠铁坡缕石是一种含 Na、Fe、Mn、(OH)、H_2O 的 $[Si_4O_{10}]$ 层状基型硅酸盐类矿物,其晶体化学式为 $Na_2(Fe^{3+},Mn^{2+})_3[Si_4O_{10}]_2(OH)_2 \cdot 4H_2O$。主要成分为 Na、Fe、Mn、Si、H、O,类质同象替代成分有 K、Mg、Ca、Mg、Zn、Al、Ti、F、Cl 等。

化学成分中氧化物的质量分数为 Na_2O 3.23%、K_2O 0.78%、Fe_2O_3 20.63%、MnO 5.31%、ZnO 0.81%、MgO 1.04%、SiO_2 56.38%、Al_2O_3 0.47%、H_2O 11.35%。

【结晶形态】

钠铁坡缕石属于单斜晶系,斜方柱晶类,对称型为 $2/m$。晶体呈针状、叶片、薄板条状,集合体呈放射状、绒球状(图 5-1-159)。

(a) 钠铁坡缕石（格陵兰岛）

(b) 钠铁坡缕石（纳米比亚）

图 5-1-159　钠铁坡缕石

【物理特征】

钠铁坡缕石的颜色呈白色、灰绿色、金黄色、橙黄色、红棕色。条痕为棕黄色。透明。丝绢光泽、土质光泽。色散无。多色性较弱：无色，浅红棕色，浅黄褐色、暗红棕色。

二轴晶（＋）。折射率为 Np＝1.539、Nm＝1.560、Ng＝1.595，双折射率为 0.056。2V＝77°（测量）、78°（计算）。

{100}解理完全。性脆。断口呈不均匀、不平整的贝壳状碎片。摩氏硬度为 2～2.5，相对密度为 2.465（测量）、2.12（计算）。

【晶体结构】

钠铁坡缕石属于单斜晶系，空间群为 $C2/m$（图 5-1-160）。晶胞参数：$a=1.372$ nm、$b=1.800$ nm、$c=0.482$ nm，$\beta=104.28°$，$Z=2$。X 射线粉晶衍射数据 d(Å)(I/I_{max}) 为 10.820(100)、4.140(20)、3.395(30)、2.638(40)、2.544(30)、2.510(30)、2.235(30)，见图 5-1-161。

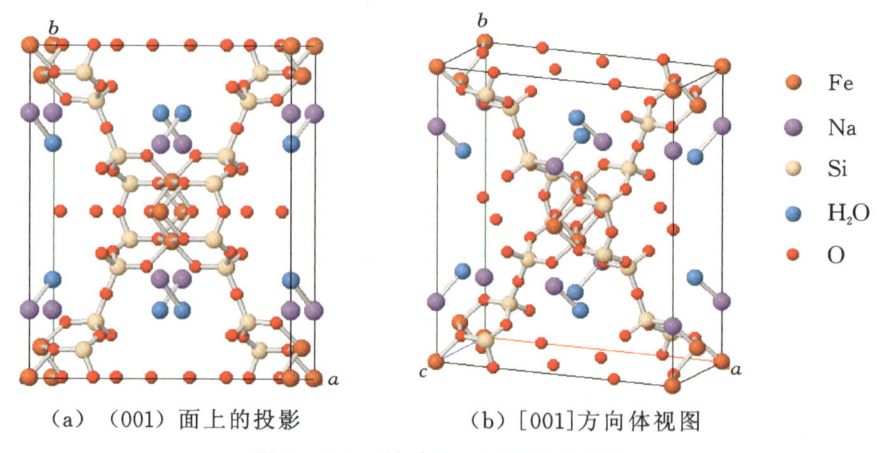

(a) (001)面上的投影　　　(b) [001]方向体视图

图 5-1-160　钠铁坡缕石的晶体结构

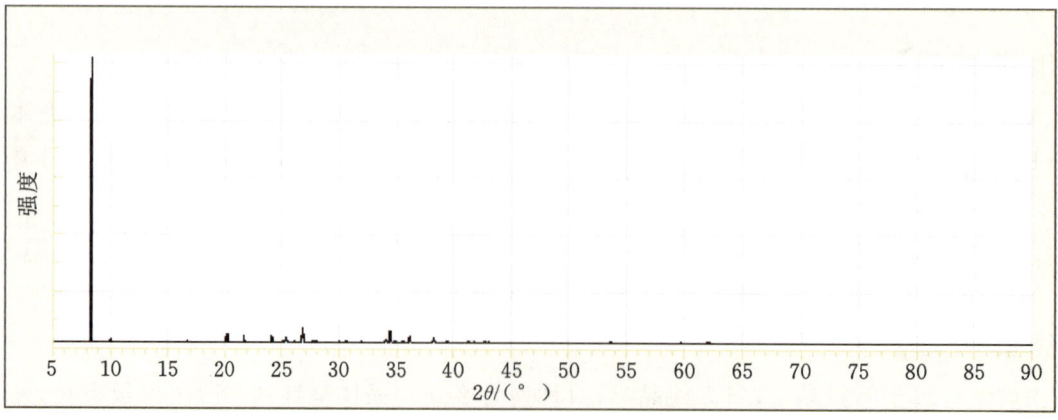

图 5-1-161　钠铁坡缕石的 X 射线粉晶衍射图

【产状产地】

钠铁坡缕石是一种晚期低温热液矿物,产于切割霞石正长岩和方钠石—霞石正长岩、伟晶岩的矿脉中(一种碱性岩浆岩杂岩),共生伴生的矿物有冰长石、钠长石、霓石、钠沸石,主要产地有纳米比亚、格陵兰岛、俄罗斯、印度、美国(新墨西哥、佐治亚)等。

【主要用途】

钠铁坡缕石在地质学、物理学、化学、环境科学、材料科学、晶体学、矿物学等方面都有一定意义。

钙铁坡缕石

【化学性质】

钙铁坡缕石是一种含 Ca、Fe、(OH)、H_2O 的[Si_4O_{10}]层状基型硅酸盐类矿物,其晶体化学式为 $Ca_2Fe^{3+}_{2.67}[Si_4O_{10}]_2(OH)_4 \cdot 10H_2O$。主要成分为 Ca、Fe、Si、H、O,类质同象替代成分有 Na、K、Mn、Al、Cl、F。

【结晶形态】

钙铁坡缕石属于单斜晶系,斜方柱晶类,对称型为 $2/m$。晶体呈针状、长柱状,集合体呈放射状、束状、簇状等(图 5-1-162)。

图 5-1-162　钙铁坡缕石(纳米比亚)

【物理特征】

钙铁坡缕石的颜色呈棕色至黄褐色。条痕为米黄色。透明。玻璃光泽、丝绢光泽。色散无。多色性较强:棕色,深棕色。

二轴晶(一)。折射率为 Np=1.610、Nm=1.662、Ng=1.671,双折射率为 0.061。2V=50°(测量)、44°(计算)。

{100}解理完全。坚韧。断口呈不平整、不规则的次贝壳状。摩氏硬度为 2,相对密度为 2.62(测量)、2.63(计算)。

【晶体结构】

钙铁坡缕石属于单斜晶系,空间群为 $B2/m$(图 5-1-163)。晶胞参数:a=1.432 nm、b=1.783 nm、c=0.524 nm,β=103.5(2)°,Z=2。X 射线粉晶衍射数据 d(Å)(I/I_{max})为 11.040(100)、4.432(10)、4.134(6)、3.749(4)、3.486(11)、2.636(8)、2.550(4)、2.507(6)。

【产状产地】

钙铁坡缕石属于坡缕石族,是产于微小孔洞内的热液矿物,共生伴生的矿物有坡缕石、微斜长石、萤石(K)、霓石等,主要产地有纳米比亚、俄罗斯。

【主要用途】

钙铁坡缕石在地质学、物理学、化学、材料学、环境科学、晶体学、矿物学、宝石学等方面都有重要意义。

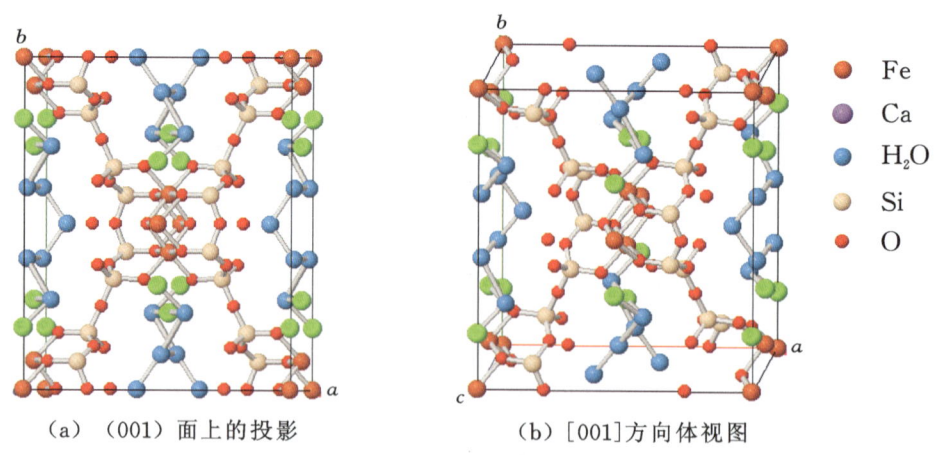

(a) (001) 面上的投影　　　　(b) [001] 方向体视图

图 5-1-163　钙铁坡缕石的晶体结构

锰坡缕石

【化学性质】

锰坡缕石是一种含 Mn、(OH)、H_2O 的 $[Si_4O_{10}]$ 层状基型硅酸盐类矿物，其晶体化学式为 $Mn_5[Si_4O_{10}]_2(OH)_2 \cdot 4-5H_2O$。主要成分为 Mn、Si、H、O，类质同象替代成分有 Ca、K、Mg、Fe、Ti、Cr、Zn、Al。

化学成分中氧化物的质量分数为 CaO 0.90%、MgO 2.35%、MnO 28.41%、Al_2O_3 1.37%、ZnO 1.10%、SiO_2 48.44%、TiO_2 0.09%、Cr_2O_3 0.07%、K_2O 0.05%、H_2O 17.22%。

【结晶形态】

锰坡缕石属于单斜晶系，斜方柱晶类，对称型为 $2/m$。晶体呈针状、长柱状，集合体呈放射状（图 5-1-164）。

(a) 锰坡缕石（加拿大）　　　　(b) 锰坡缕石（美国新墨西哥）

图 5-1-164　锰坡缕石

【物理特征】

锰坡缕石的颜色呈紫棕色、浅紫色、粉红色、橙棕色、深棕色、青铜色。条痕为淡粉红色。透明至不透明。玻璃光泽、丝绢光泽。色散弱，多色性弱。

二轴晶（+/−）。折射率为 Np=1.530、Nm=1.544、Ng=1.559，双折射率为 0.029。

解理不完全。弹性。断口呈不规则、不均匀的细小碎粒状。摩氏硬度为 2.5，相对密度为 2.18（测量）、2.82（计算）。

【晶体结构】

锰坡缕石属于单斜晶系，空间群为 $C2/m$（图 5-1-165）。晶胞参数：$a=1.417$ nm、$b=1.786$ nm、$c=0.529$ nm，$\beta=105.88°$，$Z=4$。

X射线粉晶衍射数据$d(\text{Å})(I/I_{max})$为10.50(100)、4.41(18)、3.680(15)、3.302(90)、2.621(30)、2.526(15)、2.510(20)。

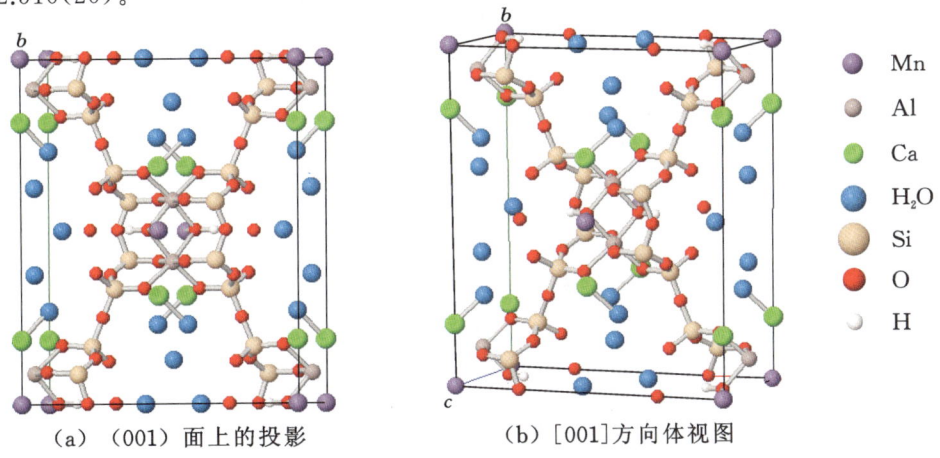

(a) (001)面上的投影　　(b) [001]方向体视图

图5-1-165　锰坡缕石的晶体结构

【产状产地】

锰坡缕石属于坡缕石族矿物，是一种霞石正长岩伟晶岩脉的晚期热液矿物，共生伴生的矿物有针钠石、多硅锂云母、异性石、微斜长石、方沸石、钠长石、霓石，主要产地有加拿大、美国(新墨西哥)、法国、俄罗斯。

【主要用途】

锰坡缕石在地质学、物理学、化学、材料学、环境科学、晶体学、矿物学、宝石学等方面都有重要意义。

海 泡 石

【化学性质】

海泡石是一种含Mg、(OH)、H_2O的$[Si_6O_{15}]$层状基型硅酸盐类矿物，其晶体化学式为$Mg_8[Si_6O_{15}]_2(OH)_4 \cdot 8H_2O$。主要成分为Mg、Si、H、O，类质同象替代成分有Al、Ca、Fe、Ni，其中SiO_2含量一般在54%～60%之间，MgO含量多在21%～25%之间。

化学成分中氧化物的质量分数为MgO 26.26%、SiO_2 56.13%、H_2O 17.61%。

海泡石成分与坡缕石很相似，不同之处在于海泡石MgO含量较高，而Al_2O_3含量较低。海泡石晶体结构中，八面体中的Mg可被Al^{3+}、Fe^{3+}、Ni^{2+}、Ca^{2+}、Na^+等替代，四面体中Al^{3+}、Fe^{3+}可以替代Si。海泡石可分为α-海泡石和β-海泡石两种。

【结晶形态】

海泡石属于斜方晶系(也有单斜晶系)，斜方双锥晶类，对称型为mmm。晶体呈土状、纤维状、似黏土状。集合体呈块状、皮壳状、结核状(图5-1-166)。

(a) 海泡石(美国新墨西哥)　　(b) 海泡石(挪威)　　(c) 海泡石(加拿大)

图5-1-166　海泡石

【物理特征】

海泡石的颜色呈白色、灰白色、深灰色、浅黄色、黄褐色、褐红色、玫瑰红色、浅蓝绿色、黑绿色等。条痕为白色。半透明、不透明。丝绢光泽、珍珠光泽、土状光泽。色散弱。多色性弱。无荧光。

二轴晶（－）。折射率为 Np=1.498～1.522，Nm=1.507～1.553，Ng=1.527～1.579，双折射率为 0.029～0.057。$2V=20°～70°$（测量）、$18°$（计算）。

解理不完全。性脆。断口呈不规则、不平整的贝壳状或次贝壳状。摩氏硬度为 2～3，相对密度为 2～2.5（测量）、2.14（计算）。

【晶体结构】

海泡石属于斜方晶系，空间群为 $Pncn$（图 5-1-167）。晶胞参数：$a=1.338$ nm、$b=2.703$ nm、$c=0.501$ nm，$Z=4$。X 射线粉晶衍射数据 $d(Å)(I/I_{max})$ 为 12.80(100)、4.53(35)、4.29(35)、3.77(20)、3.35(30)、2.58(45)、2.26(16)，见图 5-1-168。

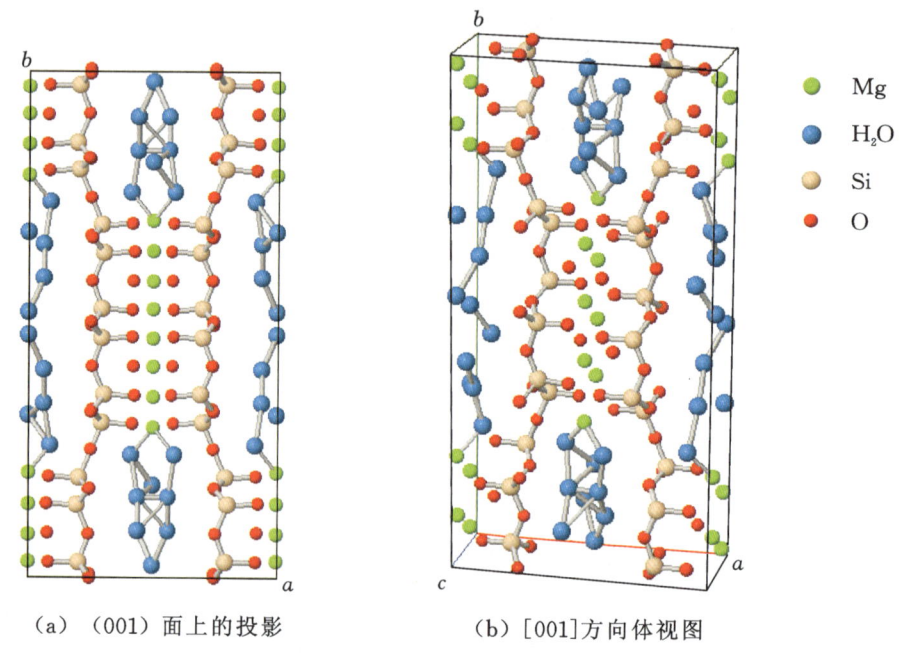

(a)（001）面上的投影　　(b)[001]方向体视图

图 5-1-167　海泡石的晶体结构 1

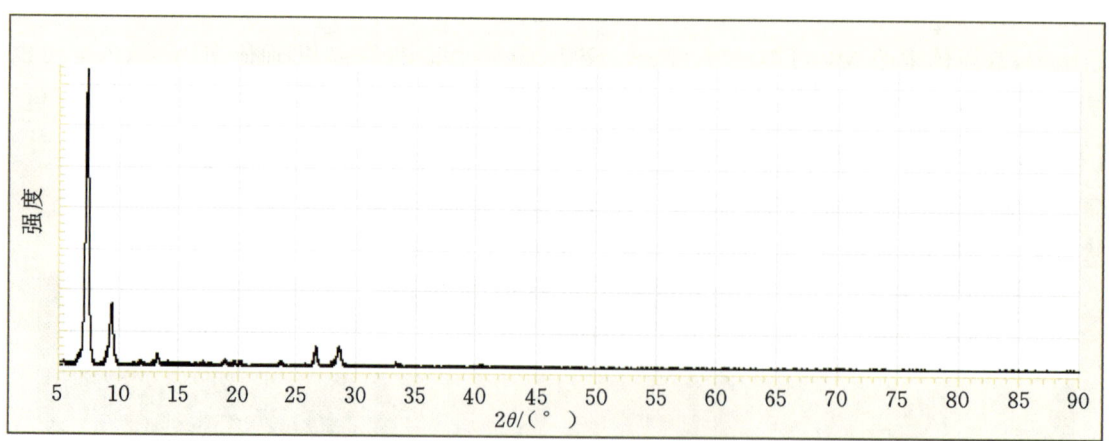

图 5-1-168　海泡石的 X 射线粉晶衍射图

海泡石的成分和结构都与坡缕石相似，是一种具层链状结构的含水富镁硅酸盐黏土矿物（图 5-1-169）。不同之处在于：在成分上，海泡石的 Mg 和 H_2O 含量比坡缕石高。在结构上，海泡石的

TOT"I"束宽度为辉石链的三倍($b=0.9$ nm×3),通道的横截面(0.37 nm×1.06 nm)比坡缕石的横截面积大。

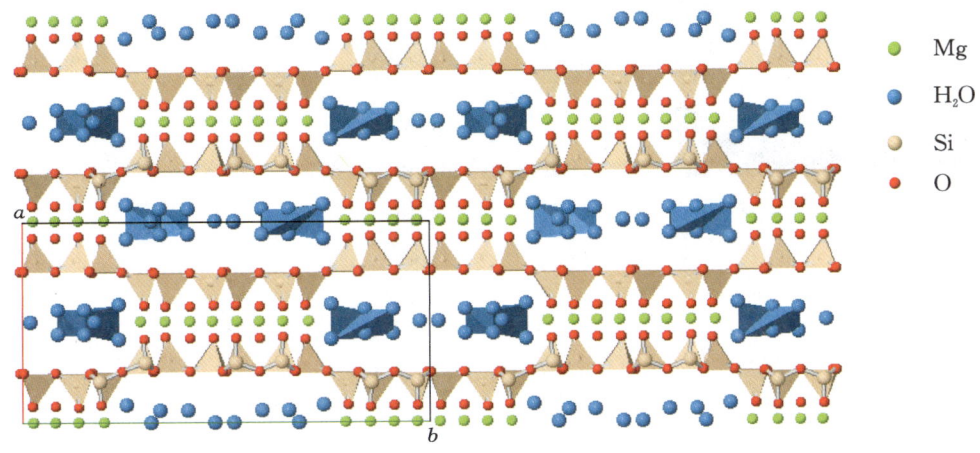

沿 a 轴的投影,沿 c 轴的通道横截面约 0.37 nm×1.06 nm。
图 5-1-169　海泡石的晶体结构 2

与海泡石晶体结构相似的有铁海泡石、镍海泡石等。

【产状产地】

海泡石是一种具层链状结构的含水富镁硅酸盐黏土矿物,有内生及外生两种。通常以表生矿物产于蛇纹岩的风化壳中,而沉积作用形成的海泡石见于碳酸盐岩石中,也出现于热液矿脉中。海泡石可由沉积作用形成,也可由蛇纹石蚀变而来,一般的海泡石中都会含有少量的石棉成分。海泡石共生伴生的矿物常有凹凸棒石、蒙脱石、滑石、蛇纹石等。

海泡石在自然界中分布并不广,主要产地有德国、法国、意大利、希腊、西班牙、摩洛哥、土耳其、加拿大、美国(新墨西哥)、中国(江西、湖南)等。

【主要用途】

海泡石遇到水时会吸收很多水从而变得柔软起来,而一旦干燥就又变硬了。具有滑感、涩感,黏舌,收缩率低、可塑性好、比表面大、吸附性强。具有脱色、隔热、绝缘、抗腐蚀、抗辐射及热稳定等性能。在 350 ℃的高温下,结构不发生变化,耐高温性能达 1500~1700 ℃。海泡石与坡缕石有大体相同的应用领域。已知海泡石的用途达百余种,是当前用途最广的矿物原料之一。

海泡石在地质学、物理学、化学、材料学、环境科学、晶体学、矿物学、宝石学等方面都有重要意义。

镍海泡石

【化学性质】

镍海泡石是一种含 Ni、Mg、(OH)、H_2O 的 $[Si_6O_{15}]$ 层状基型硅酸盐类矿物,其晶体化学式为 $(Ni,Mg)_4[Si_6O_{15}](OH)_2 \cdot 6H_2O$。主要成分为 Ni、Mg、Si、H、O,类质同象替代成分有 Fe、Cr、Al。

化学成分中氧化物的质量分数为 NiO 29.84%、MgO 5.37%、SiO_2 48.00%、H_2O 16.79%。

【结晶形态】

镍海泡石属于斜方晶系,斜方双锥晶类,对称型为 mmm。晶体呈粒状、纤维状,呈细小显微晶体(图 5-1-170)。

【物理特征】

镍海泡石的颜色呈白色、浅灰色、浅黄色、绿色、黄绿色、白绿色。条痕为白色。半透明至不透明。亚玻璃光泽、丝绢光泽、树脂光泽、土状光泽。色散较强。多色性无。无荧光。

（a）镍海泡石（美国俄勒冈）　　　　　　　（b）镍海泡石（多米尼加）

图 5-1-170　镍海泡石

二轴晶（一）。折射率为 Np＝1.498～1.522、Nm＝1.507～1.553、Ng＝1.527～1.579，双折射率为 0.029～0.057。$2V=20°\sim70°$（测量）、$18°$（计算）。

解理不完全。性脆。断口呈不规则、不均匀的土块状。摩氏硬度为 2～3，相对密度为 2.0～2.2（测量）、2.25（计算）。

【晶体结构】

镍海泡石属于斜方晶系，空间群为 $Pncn$。晶胞参数：$a=1.350$ nm、$b=2.690$ nm、$c=0.524$ nm，$Z=4$。X 射线粉晶衍射数据 d(Å)(I/I_{max}) 为 12.20(100)、3.33(30)、3.19(20)、2.62(30)、2.53(30)、2.44(30)、2.39(20)、2.26(20)。与海泡石具有相同晶体结构。

【产状产地】

镍海泡石产于富 Ni 的红土（镍矾土）矿床，穿切红土的石榴石矿脉中，主要产地有多米尼加、美国（俄勒冈）、加拿大、意大利。

【主要用途】

镍海泡石在地质学、物理学、化学、环境科学、晶体学、矿物学等方面都有一定意义。

丝硅镁石

【化学性质】

丝硅镁石是一种含 Na、Mg、(OH)、H_2O 的 $[Si_6O_{15}]$ 层状基型硅酸盐类矿物，其晶体化学式为 $Na_4Mg_6[Si_6O_{15}]_2(OH)_4 \cdot 8H_2O$。主要成分为 Na、Mg、Si、H、O，类质同象替代成分有 Ti、Al、Fe。

化学成分中氧化物的质量分数为 Na_2O 9.01%、MgO 17.59%、SiO_2 52.44%、H_2O 20.96%。

【结晶形态】

丝硅镁石属于斜方晶系，对称型未测。晶体呈纤维状、丝状等（图 5-1-171）。

图 5-1-171　丝硅镁石（美国怀俄明）

【物理特征】

丝硅镁石的颜色呈白色、珍珠白色。条痕为白色。透明。丝绢光泽、珍珠光泽、土状光泽。色散弱。多色性弱。

二轴晶（+）。折射率为 Np=1.500、Nm=1.505、Ng=1.525，双折射率为 0.025。$2V=60°$（测量）、54°（计算）。

性脆。断口呈不规则的细小丝状。摩氏硬度为 1，相对密度为 2.165（测量）。

【晶体结构】

丝硅镁石属于斜方晶系，空间群未测。晶胞参数：$a=1.466$ nm、$b=2.671$ nm、$c=0.526$ nm。X 射线粉晶主要衍射数据 $d(Å)(I/I_{max})$ 为 12.80(100)、7.60(30)、4.80(50)、4.45(100)、3.79(100)、3.65(100)、2.90(70)。

【产状产地】

丝硅镁石产于白云质油页岩中，共生伴生的矿物有白云石，主要产地有美国（怀俄明）。

【主要用途】

丝硅镁石在地质学、物理学、化学、环境科学、晶体学、矿物学等方面都有一定意义。

第二节　硼硅酸盐

硅硼钙石族

硅硼钙钇矿（calcybeborosilite）	$CaY[BeBSi_2O_8(OH)_2]$
硅硼钙铁矿（homilite）	$Ca_2Fe[(B_2Si_2)O_{10}]$
硅硼钙石（datolite）	$Ca_2[(B_2Si_2)O_8(OH)_2]$

硅硼钙钇矿

【化学性质】

硅硼钙钇矿是一种含 Ca、Y、REE、(OH)、O 的 $[(B,Be,Si)_4O_{10}]$ 层状基型硅酸盐类矿物，其晶体化学式为 $CaY[BeBSi_2O_8(OH)_2]$。主要成分为 Ca、Y、B、Be、Si、H、O，类质同象替代成分有 REE、Fe、B、Be、Al、F。

化学成分中氧化物及元素的质量分数为 CaO 12.83%、REE_2O_3(La、Ce、Pr、Nd、Sm) 38.44%、BeO 3.43%、FeO 4.93%、SiO_2 27.49%、B_2O_3 9.56%、H_2O 2.89%、F 0.43%。

【结晶形态】

硅硼钙钇矿属于单斜晶系，斜方柱晶类，对称型为 $2/m$。晶体呈粒状、柱状、块状（图 5-2-1）。

图 5-2-1　硅硼钙钇矿（塔吉克斯坦）

【物理特征】

硅硼钙钇矿的颜色呈褐色、褐红色。条痕为白色、浅褐色。透明、半透明。玻璃光泽、丝绢光泽。色散弱。多色性弱。

二轴晶(+/-)。

解理不完全。性脆。断口不规则、不平整的贝壳状。摩氏硬度未知,密度未测定(测量)、4.07(计算)。

【晶体结构】

硅硼钙钇矿属于单斜晶系,空间群为 $P2_1/a$。晶胞参数:$a=0.985$ nm、$b=0.760$ nm、$c=0.477$ nm、$β=90.11°$,$Z=2$。X 射线粉晶衍射数据 d(Å)(I/I_{max})为 3.42(45)、3.12(100)、2.97(70)、2.84(100)、2.54(70)。

【产状产地】

硅硼钙钇矿产于碱性花岗侵入岩中,其硼含量高。与硅硼钙钇矿-(Y)共生伴生的矿物有 Bafertisite,主要产地有塔吉克斯坦。

【主要用途】

硅硼钙钇矿在地质学、物理学、化学、材料学、晶体学、矿物学等方面都有一定意义。可用来作为提取稀土元素的矿物原料。

硅硼钙铁矿

【化学性质】

硅硼钙铁矿是一种含 Ca、Fe 的[$B_2Si_2O_{10}$]层状基型硅酸盐类矿物,其晶体化学式为 $Ca_2Fe[B_2Si_2O_{10}]$。主要成分为 Ca、Fe、B、Si、O,类质同象替代成分有 Mg、Mn、Na、Al 等。

化学成分中氧化物的质量分数为 CaO 30.65%、MgO 2.75%、FeO 14.73%、SiO_2 32.84%、B_2O_3 19.03%。

【结晶形态】

硅硼钙铁矿属于单斜晶系,斜方柱晶类,对称型为 $2/m$。晶体呈粒状、柱状、块状(图 5-2-2)。主要多型有{001}、{010}、{100}、{110}、{120}、{211}、{111}。有双晶。

(a) 硅硼钙铁矿(意大利)　　(b) 硅硼钙铁矿(挪威)

图 5-2-2　硅硼钙铁矿

【物理特征】

硅硼钙铁矿的颜色呈黑褐色、棕黑色、褐色、绿黑色、深绿色。条痕为灰色。透明、半透明、不透明。玻璃光泽、丝绢光泽、油脂光泽。色散无,多色性弱。

二轴晶(+)。折射率为 Np=1.715、Nm=1.725、Ng=1.738,双折射率为 0.023。2V=80°(测

量)、84°(计算)。

无解理。性脆。断口呈不平整、不均匀的次贝壳状。摩氏硬度为 5~5.5,相对密度为 3.34(测量)、3.50(计算)。

【晶体结构】

硅硼钙铁矿属于单斜晶系,空间群为 $P2_1/a$(图 5-2-3)。晶胞参数:$a=0.978$ nm、$b=7.61$ nm、$c=0.48$ nm,$\beta=90.56°$,$Z=2$。X 射线粉晶主要衍射数据 $d(\text{Å})(I/I_{max})$ 为 3.10(100)、2.83(90)、2.52(100)。

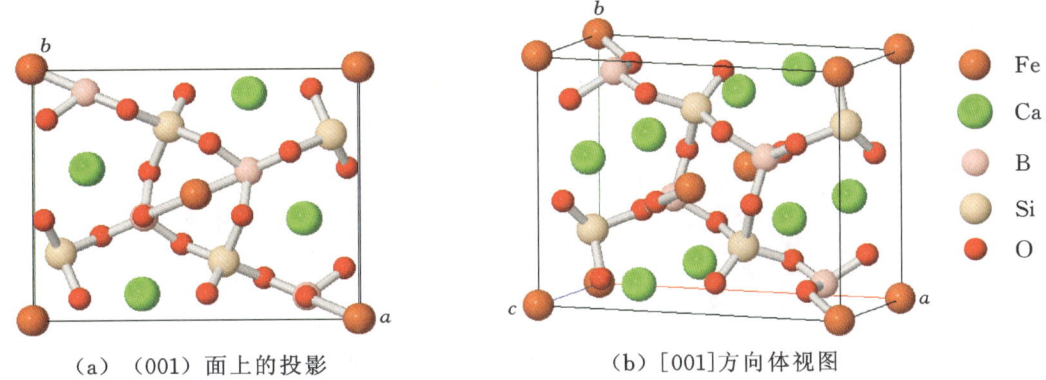

(a)(001)面上的投影　　(b)[001]方向体视图

图 5-2-3　硅硼钙铁矿的晶体结构

【产状产地】

硅硼钙铁矿产于霞石正长岩伟晶岩中,共生伴生的矿物有长石、霞石等,主要产地有挪威、意大利、冰岛。

【主要用途】

硅硼钙铁矿在地质学、物理学、化学、材料学、环境科学、晶体学、矿物学等方面都有一定意义。

硅硼钙石

【化学性质】

硅硼钙石是一种含 Ca 的 $[B_2Si_2O_8(OH)_2]$ 层状基型硅酸盐类矿物,其晶体化学式为 $Ca_2[B_2Si_2O_8(OH)_2]$。主要成分为 Ca、B、Si、H、O,类质同象替代成分有 Mn、Mg、Al、Fe 等。

化学成分中氧化物的质量分数为 CaO 35.05%、SiO_2 37.56%、B_2O_3 21.76%、H_2O 5.63%。

【结晶形态】

硅硼钙石属于单斜晶系,斜方柱晶类,对称型为 $2/m$。晶体呈柱状、棱柱状、粒状、块状等(图 5-2-4)。主要单形有{110}、{112}、{100}、{111}。

(a)硅硼钙石(俄罗斯)　　(b)硅硼钙石(美国新泽西)　　(c)硅硼钙石(意大利)

图 5-2-4　硅硼钙石

【物理特征】

硅硼钙石的颜色呈无色、白色、灰色、浅绿色、黄色、棕色、红色、粉红色。条痕为白色。透明至半透明。玻璃光泽、树脂光泽。色散无。多色性无。

二轴晶(一)。折射率为 Np=1.626、Nm=1.653~1.654、Ng=1.670,双折射率为 0.044。2V=72°~74°(测量)、74°(计算)。

无解理。性脆。断口呈贝壳状。摩氏硬度为 5~5.5,相对密度为 2.96~3.00(测量)、2.98(计算)。

【晶体结构】

硅硼钙石属于单斜晶系,空间群为 $P2_1/c$(图 5-2-5)。晶胞参数:$a=0.962$ nm、$b=0.760$ nm、$c=0.484$ nm,$\beta=90.15°$,$Z=4$。X 射线粉晶主要衍射数据 d(Å)(I/I_{max})为 3.114(100)、2.855(65)、2.189(60),见图 5-2-6。

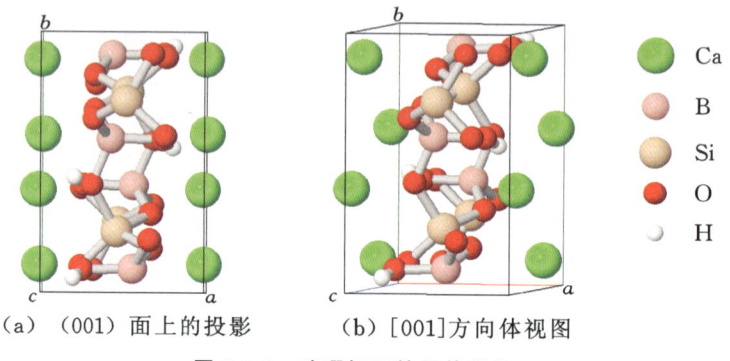

(a) (001)面上的投影　　(b) [001]方向体视图

图 5-2-5　硅硼钙石的晶体结构

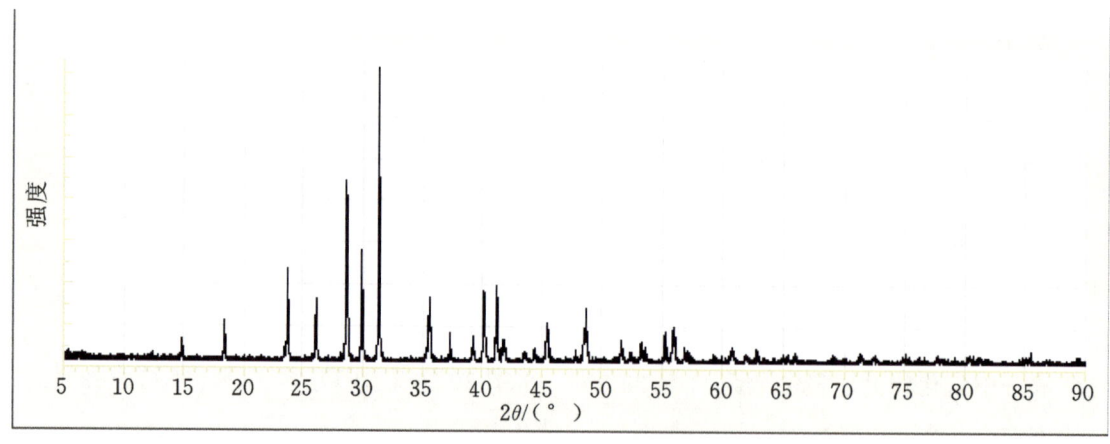

图 5-2-6　硅硼钙石的 X 射线粉晶衍射图

硅硼钙石的晶体结构由四元环和八元环组成,交替排列[HBO_4]和[SiO_4]四面体,归类为层状硼硅酸盐。

【产状产地】

硅硼钙石产于基性侵入岩脉及伟晶岩中,共生伴生的矿物有方解石、沸石、辉石、斧石、石榴石、葡萄石等,主要产地有中国、俄罗斯、美国(新泽西)、意大利、挪威。

【主要用途】

硅硼钙石在地质学、物理学、化学、材料学、环境科学、晶体学、矿物学、宝石学等方面都有重要意义。

水硅硼钠石族

水硅硼钠石（searlesite）　　　　Na[BSi$_2$O$_5$(OH)$_2$]

水硅硼钠石

【化学性质】

水硅硼钠石是一种含 Na 的 [BSi$_2$O$_5$(OH)$_2$] 复杂层状基型硅酸盐类矿物，其晶体化学式为 Na[BSi$_2$O$_5$(OH)$_2$]。主要成分为 Na、B、Si、H、O，类质同象成分有 Al、Fe、Mg、H$_2$O。

化学成分中氧化物的质量分数为 Na$_2$O 15.19%、SiO$_2$ 58.91%、B$_2$O$_3$ 17.06%、H$_2$O 8.84%。

【结晶形态】

水硅硼钠石属于单斜晶系，轴双面晶类，对称型为 2。晶体呈棱柱状、柱状、纤维状（图 5-2-7）。集合体呈纤维放射状、圆球形。

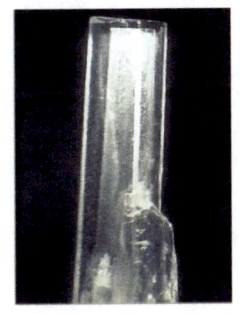
（a）水硅硼钠石（美国新墨西哥）

（b）水硅硼钠石（美国加利福尼亚）

（c）水硅硼钠石（加拿大）

图 5-2-7　水硅硼钠石

【物理特征】

水硅硼钠石的颜色呈白色、浅棕色。条痕为白色。透明、半透明。玻璃光泽、珍珠光泽。色散无。多色性弱。荧光呈蓝绿色，橙色。

二轴晶（−）。折射率为 Np=1.516、Nm=1.531、Ng=1.535，双折射率为 0.019。$2V=55°$（测量）。

{100} 解理完全、{010}、{001} 解理中等。性脆。断口呈不规则、不平整的细小碎片状。摩氏硬度为 3.5，相对密度为 2.44～2.46（测量）、2.46（计算）。

【晶体结构】

水硅硼钠石属于单斜晶系，空间群为 $P2_1$（图 5-2-8）。晶胞参数：$a=0.798$ nm、$b=0.707$ nm、$c=0.491$ nm，$\beta=93.95°$，$Z=2$。X 射线粉晶衍射数据 d(Å)(I/I_{max}) 为 8.01(100)、4.31(30)、4.06(50)、3.54(30)、3.48(40)、3.24(40)、3.21(30)，见图 5-2-9。

水硅硼钠石为层状基型硅酸盐晶体结构，由扭曲的辉石状链组成，通过 [H$_2$BO$_4$] 四面体连接，将其归类为层状硼硅酸盐。硅酸盐链包含两个晶体结构上不同的结晶学位置，阴离子的分子式为 (H$_2$BSi$_2$O$_7$)$_n$，重复单元为 [H$_2$BSi$_2$O$_7$]，也可以写成 [BSiO$_5$(OH)$_2$]。

【产状产地】

水硅硼钠石产于陆相碱性蒸发岩矿床、碱性伟晶岩中，主要产地有美国（新墨西哥、加利福尼亚）、加拿大。

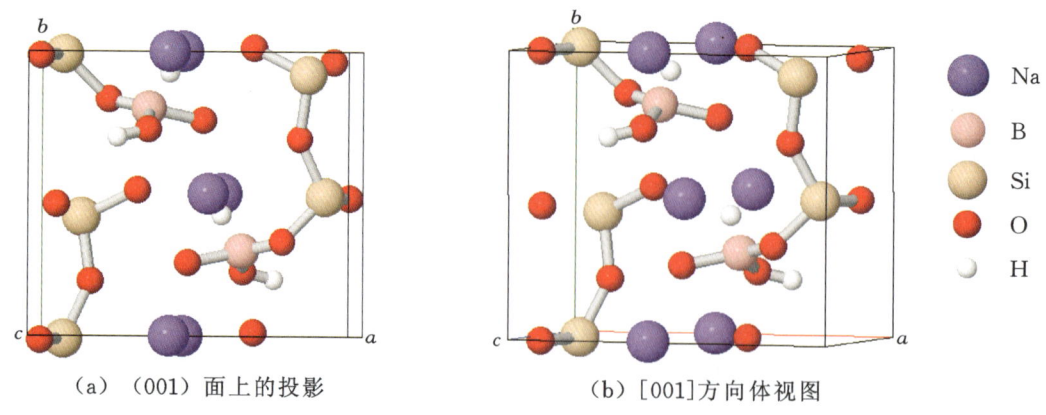

(a)（001）面上的投影　　　　(b)[001]方向体视图

图 5-2-8　水硅硼钠石的晶体结构

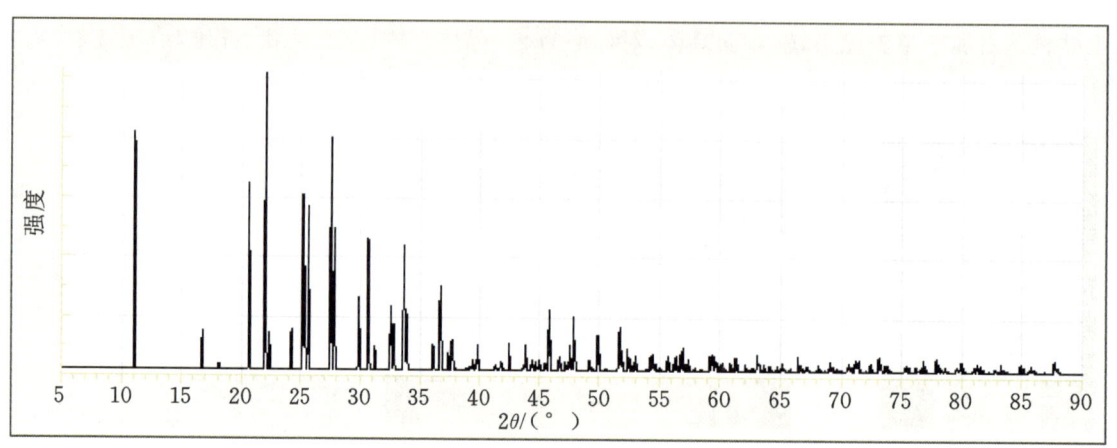

图 5-2-9　水硅硼钠石的 X 射线粉晶衍射图

【主要用途】

水硅硼钠石在地质学、物理学、化学、材料学、环境科学、晶体学、矿物学、宝石学等方面都有重要意义。

锂硼绿泥石族

锂硼绿泥石（manandonite）　　　　$Li_2Al_4[(AlBSi_2)O_{10}](OH)_8$

锂硼绿泥石

【化学性质】

锂硼绿泥石是一种含 Li、Al、(OH) 的 $[(AlBSi_2)O_{10}]$ 层状基型硅酸盐类矿物，其晶体化学式为 $Li_2Al_4[(AlBSi_2)O_{10}](OH)_8$。主要成分为 Li、Al、B、Si、H、O，类质同象替代成分有 Mn、Mg、Ca、Na、K、H_2O。

化学成分中氧化物的质量分数为 Li_2O 5.84%、Al_2O_3 49.80%、SiO_2 23.48%、B_2O_3 6.80%、H_2O 14.08%。

【结晶形态】

锂硼绿泥石属于三斜（或斜方）晶系，单面晶类（或斜方双锥），对称型为 1（或 mmm）。晶体呈层状、叶片状、板状、细粒状、块状、假六边形状（图 5-2-10）。

图 5-2-10 锂硼绿泥石（马达加斯加）

【物理特征】

锂硼绿泥石的颜色呈无色、珍珠白色、暗黄色。条痕为白色。透明至半透明。玻璃光泽、珍珠光泽。色散弱。多色性弱。

二轴晶（+）。折射率为 $Np=1.600$、$Nm=1.600$、$Ng=1.610$，双折射率为 0.010。$2V=14°\sim30°$（测量）。

{001}解理完全。柔性、性脆。断裂呈弯曲云母小碎片状。摩氏硬度为 2.5～3.5，相对密度为 2.79（测量）、2.76～2.89（计算）。

【晶体结构】

锂硼绿泥石属于三斜（或斜方）晶系，空间群为 $C1$（图 5-2-11）。晶胞参数：$a=0.509$ nm、$b=0.882$ nm、$c=1.385$ nm，$\alpha=90.02°(90°)$、$\beta=90.09°(90°)$、$\gamma=90.04°(90°)$，$Z=2$。X 射线粉晶主要衍射数据 $d(\text{Å})(I/I_{max})$ 为 6.920(100)、3.447(80)、2.376(35)。

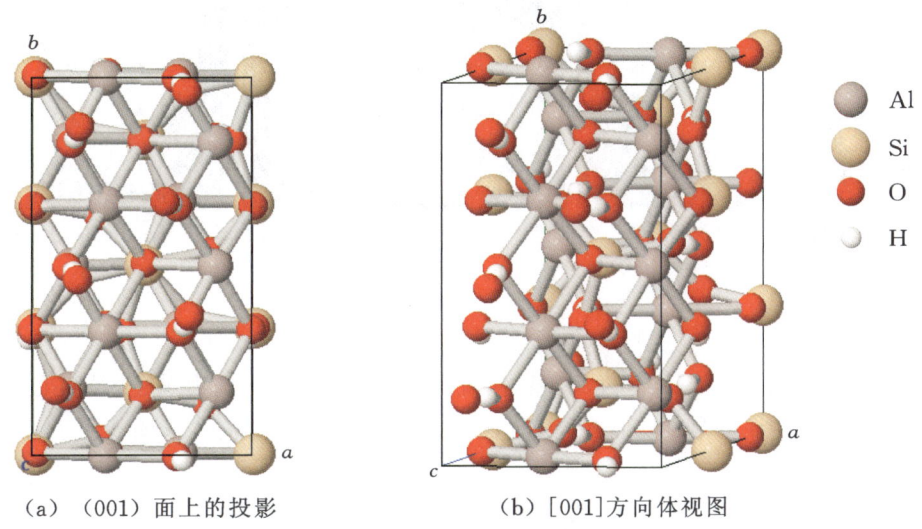

(a) (001) 面上的投影　　(b) [001] 方向体视图

图 5-2-11 锂硼绿泥石的晶体结构

【产状产地】

锂硼绿泥石产于伟晶岩中，共生伴生的矿物有红电气石、锂云母和石英，主要产地有马达加斯加。

【主要用途】

锂硼绿泥石在地质学、物理学、化学、材料学、环境科学、晶体学、矿物学、宝石学等方面都有重要意义，是提取重要金属 Li 的矿物原料。

第三节 铝硅酸盐、铁硅酸盐、镁硅酸盐、锌硅酸盐

葡萄石族

葡萄石(prehnite)　　　　　$Ca_2Al[AlSi_3O_{10}](OH)_2$

葡萄石

【化学性质】

葡萄石是一种含 Ca、Al、(OH)的$[AlSi_3O_{10}]$层(架)状基型硅酸盐类矿物，其晶体化学式为 $Ca_2Al[AlSi_3O_{10}](OH)_2$。主要成分为 Ca、Al、Si、H、O，类质同象替代成分有 Ti、Fe、Mg、Mn、Na、K、H_2O 等。

化学成分中氧化物的质量分数为 CaO 28.37%、Al_2O_3 25.79%、SiO_2 43.06%、H_2O 2.28%。

【结晶形态】

葡萄石属于斜方晶系，斜方单锥晶类，对称型为 $mm2$。晶体呈板状、片状、粒状，集合体常呈葡萄状、球状、钟乳状、肾状、纤维状、放射状、粒状、块状等(图 5-3-1)。双晶呈聚片状。常见单形有{011}、{110}、{100}、{001}。

(a) 葡萄石(摩洛哥)　　　(b) 葡萄石(法国)　　　(c) 葡萄石(美国)

图 5-3-1　葡萄石

【物理特征】

葡萄石的颜色呈无色、白色、灰色、浅黄色、肉红色、黄绿色、深绿色、褐黄色，金黄色最为珍贵。条痕为无色、白色。透明至半透明。玻璃光泽、珍珠光泽。色散弱。多色性较弱。可发蓝白色、浅桃红色、黄色荧光。

二轴晶(+)。折射率为 Np=1.611～1.632、Nm=1.615～1.642、Ng=1.632～1.665，双折射率为 0.021～0.033。$2V$=64°～70°(测量)、58°～68°(计算)。

{001}解理完全、{110}解理中等。性脆。断口呈参差状、不规则的贝壳状。摩氏硬度为 6～6.5，相对密度为 2.80～2.95(测量)、2.90(计算)。

罕见猫眼效应。

【晶体结构】

葡萄石属于斜方晶系，空间群为 $P2cm$、$P2cn$(图 5-3-2)。晶胞参数：a=0.465 nm、b=0.549 nm、c=1.852 nm，Z=2。X 射线粉晶衍射数据 d(Å)(I/I_{max})为 3.48(90)、3.28(60)、3.08(100)、2.55(100)、2.37(40)、2.31(40)、1.77(70)，见图 5-3-3。

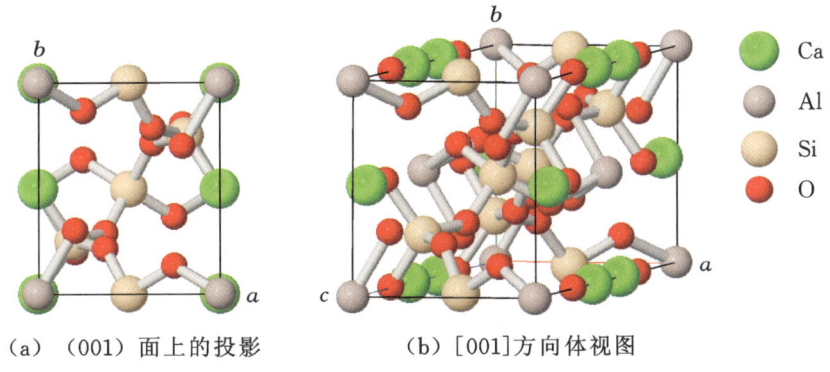

(a)（001）面上的投影　　(b)[001]方向体视图

图 5-3-2　葡萄石的晶体结构 1

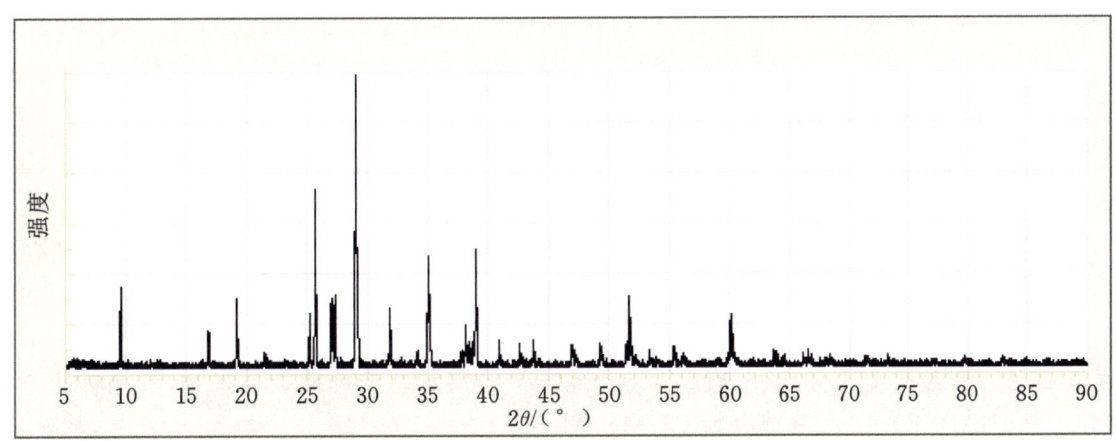

图 5-3-3　葡萄石的 X 射线粉晶衍射图

葡萄石是一种过渡性层架状结构硅酸盐矿物（图 5-3-4）。

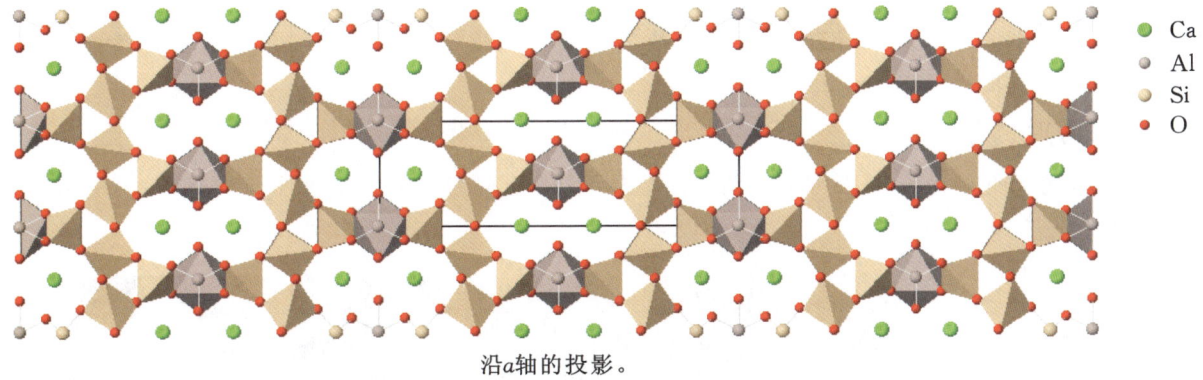

沿 a 轴的投影。

图 5-3-4　葡萄石的晶体结构 2

【产状产地】

葡萄石是由辉长岩、辉绿岩等基性岩浆岩，经热液蚀变后所形成的一种次生硅酸盐矿物。主要产在玄武岩和其他基性喷出岩的气孔和裂隙中，常出现在岩浆岩的空洞中，在钟乳石上也可见。常与沸石类矿物、硅硼钙石、方解石、鱼眼石、辉沸石、浊沸石、片沸石、针钠钙石等矿物共生。部分岩浆岩在发生变化时，其中包含的钠钙斜长石也可转变形成葡萄石。

葡萄石的主要产地有苏格兰、法国、葡萄牙、德国、奥地利、瑞士、意大利、俄罗斯、巴基斯坦、印度、日本、马里、南非、纳米比亚、澳大利亚、加拿大、美国（新泽西、加利福尼亚等）、中国（四川）等。

【主要用途】

葡萄石在地质学、物理学、化学、材料学、晶体学、矿物学、宝石学等方面都有重要意义。葡萄石是层(架)状过渡性硅酸盐矿物晶体结构与晶体化学研究的重要对象。

葡萄石可作宝石,偶见猫眼效应。

黄长石族

黄长石(melilite)　　　　　　　$Ca_2(MgAl)[(SiAl)SiO_7]$
镁黄长石(akermanite)　　　　　$Ca_2Mg[Si_2O_7]$
铝黄长石(gehlenite)　　　　　　$Ca_2Al[AlSiO_7]$
锌黄长石(hardystonite)　　　　　$Ca_2Zn[Si_2O_7]$

黄 长 石

【化学性质】

黄长石的化学通式可写成 $Ca_2M[XSiO_7]$,具有 $[Si_2O_7]^{6-}$,含有 Al 或 B 的硅酸盐矿物,式中 M 表示中、小型的二价或三价阳离子(主要是 Mg 和 Al,很少是 Fe、B、Zn、Be、Si 等),X 是 Si、Al(很少是 Be 或 B)。一般来说,当 M 为三价阳离子时,Al 或 B 可取代一个 Si 原子,但也可通过 Ca^{2+} 与 Na^+ 的耦合置换,及 M^{3+} 与 M^{2+} 的耦合置换来平衡电荷。

黄长石是一种含 Ca、Mg 的 $[(SiAl)_2O_7]$($[Si_2O_7]^{6-}$)层状基型硅酸盐类矿物,其晶体化学式为 $Ca_2(MgAl)[(SiAl)SiO_7]$。主要成分为 Ca、Mg、Al、Si、O。

Mg—Al 间为完全类质同象替代,同时伴有 Si—Al 间的替代。故形成以钙铝黄长石和钙镁黄长石为端员的类质同象系列。Ca 可部分地被 Na 代替。此外还可含 Mn、Fe、Zn 等元素,因此黄长石的变种很多,除钙铝—钙镁系列外,还有钠黄长石、铁黄长石等,铁黄长石常可见于铸石中,用人工的方法也可以制造出来,如在高炉中也可以出现它们的结晶。

黄长石的化学成分中氧化物的质量分数为 CaO 31.35%、Na_2O 5.78%、MgO 4.51%、Al_2O_3 20.90%、FeO 2.68%、SiO_2 34.78%。

【结晶形态】

黄长石属于四方晶系,复四方偏三角四面体晶类,对称型为 $\bar{4}2m$。晶体呈片层状、柱状、短柱状、粒状、块状(图 5-3-5)。

(a) 黄长石的结晶形态

(b) 黄长石（意大利）

(c) 黄长石（德国）

图 5-3-5　黄长石

【物理特征】

黄长石的颜色呈白色、黄白色、棕色、灰色、灰绿色。条痕为白色。透明、半透明。玻璃光泽、油脂光泽。色散弱。多色性较弱:无色、浅黄色,无色、暗黄色。无荧光。

一轴晶(+)。折射率为 No=1.632~1.669、Ne=1.626~1.658,双折射率为 0.006~0.011。

{001}、{100}解理中等。性脆。断口呈不均匀、不规则的贝壳状。摩氏硬度为 5~6,相对密度为 2.90~3.00(测量)、2.94(计算)。

【晶体结构】

黄长石属于四方晶系,空间群为 $P\bar{4}2_1m$(图 5-3-6)。晶胞参数:$a=0.779$ nm、$c=0.502$ nm,$Z=2$。X 射线粉晶主要衍射数据 $d(\text{Å})(I/I_{max})$ 为 3.09(24)、2.87(100)、1.76(30),见图 5-3-7。

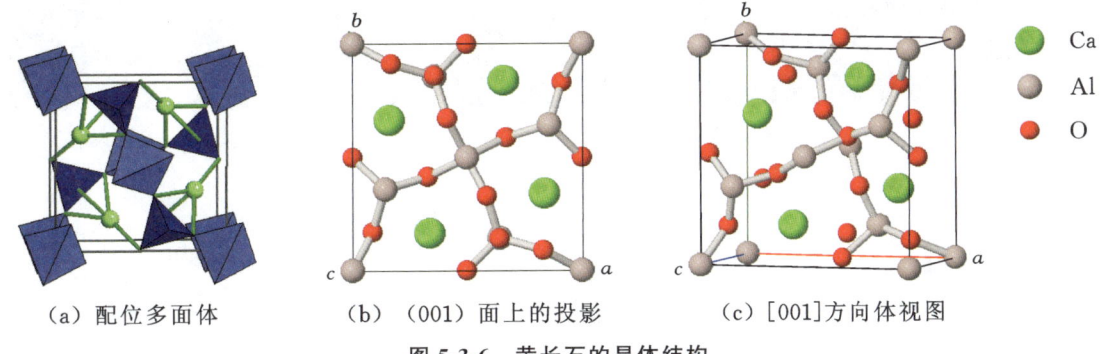

(a) 配位多面体　　(b) (001)面上的投影　　(c) [001]方向体视图

图 5-3-6　黄长石的晶体结构

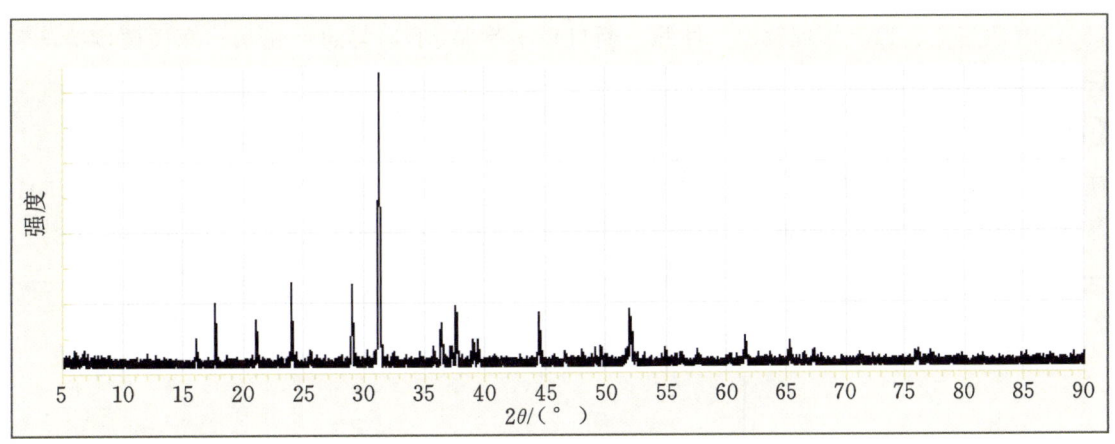

图 5-3-7　黄长石的 X 射线粉晶衍射图

【产状产地】

黄长石是贫 Si、富 Ca 的碱基性岩浆岩与硅质灰岩、白云岩接触变质作用的产物,共生伴生的矿物有钙镁橄榄石、白云石,主要产地有德国、罗马利亚、意大利、瑞典、印度、日本和美国(新泽西)。

【主要用途】

黄长石在地质学、物理学、化学、晶体学、矿物学、宝石学等方面都有一定意义。

镁黄长石

【化学性质】

镁黄长石是一种含 Ca、Mg 的[Si_2O_7]层状基型硅酸盐类矿物,其晶体化学式可写为 $Ca_2Mg[Si_2O_7]$。主要成分为 Ca、Mg、Si、O,类质同象替代成分有 Al、Fe、Mn、Zn、Na、K 等。

化学成分中氧化物的质量分数为 CaO 41.14%、MgO 14.78%、SiO_2 44.08%。

镁黄长石与铁黄长石可形成类质同象系列矿物。镁黄长石与铝黄长石也可形成类质同象系列矿物。

【结晶形态】

镁黄长石属于四方晶系,复四方偏三角四面体晶类,对称型为 $\bar{4}2m$。晶体呈粒状、板状、片状(图 5-3-8)。见双晶。

(a) 镁黄长石(德国)　　　　　　　　　　(b) 镁黄长石(意大利)

图 5-3-8　镁黄长石

【物理特征】

镁黄长石的颜色呈无色、黄灰色、绿色、棕色。条痕为白色。透明、半透明。玻璃光泽、树脂光泽。色散弱。多色性较弱:无色,黄色。

一轴晶(＋)。折射率为 No＝1.632、Ne＝1.640,双折射率为 0.008。

{001}解理完全、{110}解理较差。性脆。断口呈不平整、不均匀的贝壳状。摩氏硬度为 5～6,相对密度为 2.94(测量)。

【晶体结构】

镁黄长石属于四方晶系,空间群为 $P\bar{4}2_1m$(图 5-3-6)。晶胞参数:$a＝0.783$ nm、$c＝0.501$ nm,$Z＝2$。X 射线粉晶主要衍射数据 $d(\text{Å})(I/I_{max})$ 为 3.09(30)、2.87(100)、1.76(30),见图 5-3-9。

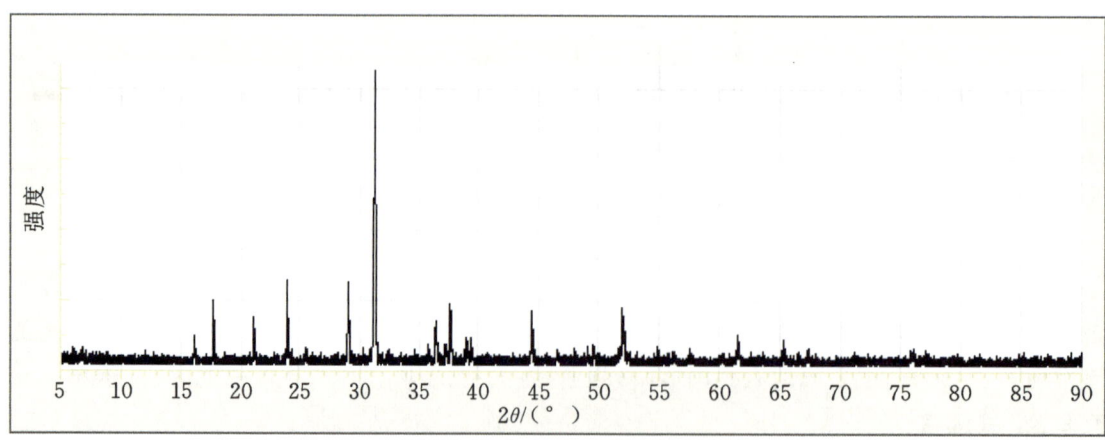

图 5-3-9　镁黄长石的 X 射线粉晶衍射图

【产状产地】

镁黄长石产于岩浆岩与硅质灰岩和白云岩的接触变质带中,也形成于富含 Ca 的碱性岩浆岩中,共生伴生的矿物有方解石、白云石,主要产地有瑞典。

【主要用途】

镁黄长石在地质学、物理学、化学、晶体学、矿物学、宝石学等方面都有一定意义。

铝黄长石

【化学性质】

铝黄长石是一种含 Ca、Al 的 $[AlSiO_7]$ 层状基型硅酸盐类矿物，其晶体化学式为 $Ca_2Al[AlSiO_7]$。主要成分为 Ca、Al、Si、O，类质同象替代成分有 Fe、Ti、Mg、Mn、Na、K 等。

化学成分中氧化物的质量分数为 CaO 40.90%、Al_2O_3 37.18%、SiO_2 21.92%。

与铝黄长石成分上类似的矿物有长羟铝黄长石和羟铝黄长石。

【结晶形态】

铝黄长石属于四方晶系，复四方偏三角四面体晶类，对称型为 $\bar{4}2m$。晶体呈粒状、板状、块状（图 5-3-10）。可见双晶。

(a) 铝黄长石（意大利）

(b) 铝黄长石（德国）

图 5-3-10　铝黄长石的形态

【物理特征】

铝黄长石的颜色呈无色、灰色、棕色、黄绿色。条痕为白色、灰白色。透明至半透明。玻璃光泽、油脂光泽。色散弱。多色性较弱。

一轴晶（−）。折射率为 No=1.670、Ne=1.660，双折射率为 0.010。

{001}解理完全。性脆。断口呈不均匀、不平坦的贝壳状。摩氏硬度为 5～6，相对密度为 2.90～3.07（测量）、3.04（计算）。

【晶体结构】

铝黄长石属于四方晶系，空间群为 $P\bar{4}2_1m$（图 5-3-6）。晶胞参数：$a=0.774$ nm，$c=0.505$ nm，$Z=2$。X 射线粉晶衍射数据 d(Å)(I/I_{max}) 为 3.066(43)、2.848(100)、2.738(32)、2.437(38)、1.921(64)、1.818(75)、1.768(36)，见图 5-3-11。

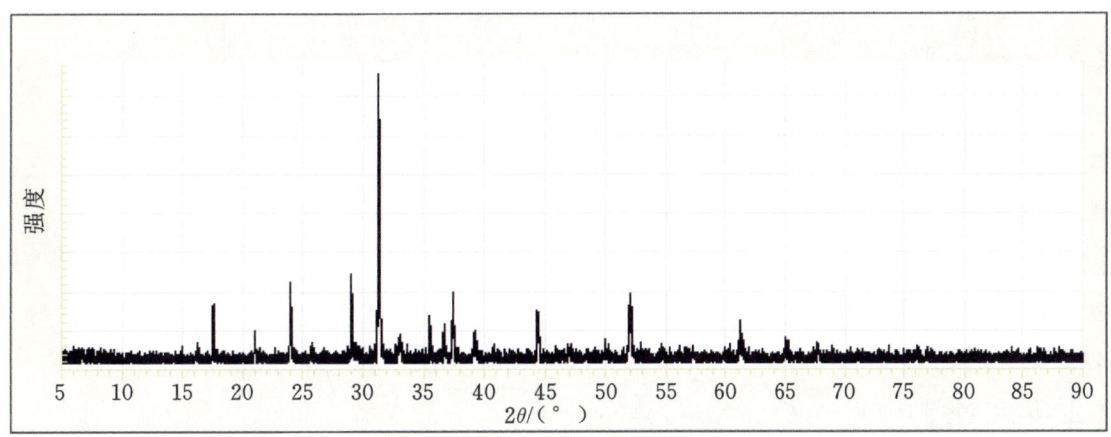

图 5-3-11　铝黄长石 X 射线粉晶衍射图

【产状产地】

铝黄长石是产于闪长岩侵入体与石灰岩接触变质带的热液作用下的变质矿物,共生伴生的矿物有方解石、白云石、方沸石、钙长石等,主要产地有意大利、德国、罗马利亚、美国(加利福尼亚)。

【主要用途】

铝黄长石在地质学、物理学、化学、晶体学、矿物学、宝石学等方面都有一定意义。

锌黄长石

【化学性质】

锌黄长石是一种含 Ca、Zn 的 $[Si_2O_7]$ 层状基型硅酸盐类矿物,其晶体化学式为 $Ca_2Zn[Si_2O_7]$。主要成分为 Ca、Zn、Si、O,类质同象替代成分有 Al、Fe、Mn、Pb、Mg、Na 等。

化学成分中氧化物的质量分数为 CaO 35.75%、ZnO 25.94%、SiO_2 38.31%。

【结晶形态】

锌黄长石属于四方晶系,复四方偏三角四面体晶类,对称型为 $\bar{4}2m$。晶体呈粒状、板状、块状(图 5-3-12)。

图 5-3-12　锌黄长石(美国新泽西)

【物理特征】

锌黄长石的颜色呈白色、浅灰白色、浅棕白色、浅粉红色。条痕为白色。半透明至不透明。玻璃光泽、金刚光泽、树脂光泽、无光泽。色散弱。多色性弱。短紫外线下呈深紫色,长紫外线下呈强烈的紫蓝色。

一轴晶(一)。折射率为 $N_o=1.672$、$N_e=1.661$,双折射率为 0.009。

{100}解理完全、{110}解理差。性脆。断口呈不平整、不均匀的贝壳状。摩氏硬度为 3~4,相对密度为 3.40(测量)、3.40(计算)。

【晶体结构】

锌黄长石属于四方晶系,空间群为 $P\bar{4}2_1m$(图 5-3-6)。晶胞参数:$a=0.783$ nm、$c=0.501$ nm,$Z=2$。X 射线粉晶衍射数据 $d(\text{Å})(I/I_{max})$ 为 5.016(15)、3.716(38)、3.086(63)、2.871(100)、2.767(13)、2.475(36)、2.423(13)、2.039(14)、1.776(12)、1.762(38)、1.750(19),见图 5-3-13。

【产状产地】

锌黄长石产于层状锌、锰变质的锌矿床中,共生伴生的矿物有镁橄榄石、铁闪石、方解石等,主要产地有美国(新泽西)。

【主要用途】

锌黄长石在地质学,物理学,化学,材料学,环境科学,晶体学,矿物学,宝石学方面都有重要意义。

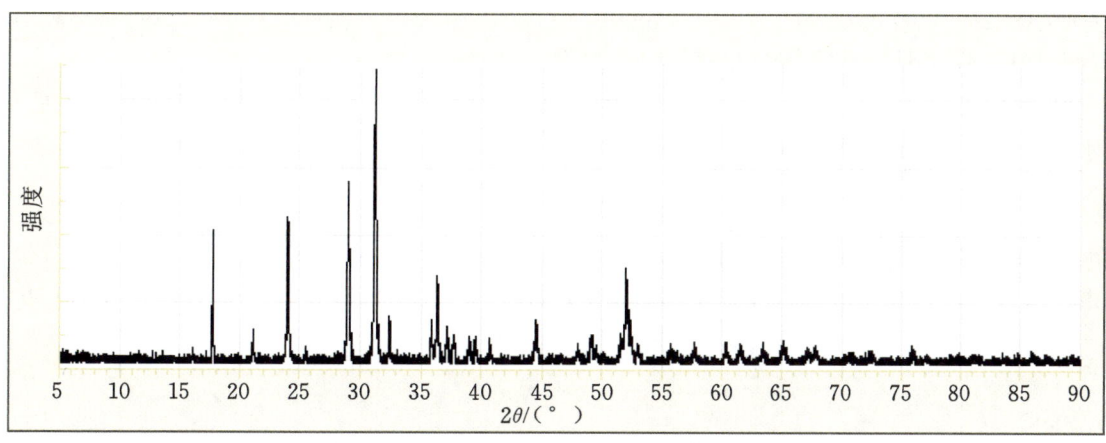

图 5-3-13 锌黄长石的 X 射线粉晶衍射图

硅钠锶镧石族

硅钠锶镧石(nordite-Ce)	$Na_2Na(Sr,Ca)(Ce,La)(Mg,Zn)[Si_6O_{17}]$
铁钠锶镧石(ferro nordite-La)	$Na_3SrLaFe[Si_6O_{17}]$
锰铈钠锶镧石(manganonordite-Ce)	$Na_3SrCeMn[Si_6O_{17}]$

硅钠锶镧石

【化学性质】

硅钠锶镧石是一种含 Na、Sr、Ce、Mg 的 $[Si_6O_{17}]$ 层状基型硅酸盐类矿物,其晶体化学式为 $Na_2Na(Sr,Ca)(Ce,La)(Mg,Zn)[Si_6O_{17}]$。主要成分为 Na、Sr、La(Ce)、Zn、Si、O,类质同象替代成分有 Ca、Ce(La)、Mg、Mn。

化学成分中氧化物的质量分数为 Na_2O 11.36%、SrO 6.78%、CaO 3.67%、La_2O_3 6.40%、Ce_2O_3 12.89%、MgO 1.58%、MnO 3.71%、ZnO 4.26%、FeO 0.94%、Fe_2O_3 2.09%、SiO_2 46.32%。

【结晶形态】

硅钠锶镧石属于斜方晶系,斜方双锥晶类,对称型为 mmm。晶体呈纤维状、片状、层状、柱状、粒状、块状。集合体呈晶簇状、纤维针状、薄层片状(图 5-3-14)。

图 5-3-14 硅钠锶镧石(俄罗斯)

【物理特征】

硅钠锶镧石的颜色呈浅棕色、深棕色、黑棕色。条痕为浅棕色。透明。玻璃光泽、油脂光泽。色散较强。多色性较弱。

二轴晶(一)。折射率为 Np=1.619~1.620、Nm=1.630~1.640、Ng=1.642~1.644,双折射率为 0.023~0.024。2V=31°~32°(测量)、46°~90°(计算)。

{100}解理完全、{010}解理中等。性脆。断口呈不均匀的细小碎片状、贝壳状。摩氏硬度为5~6,相对密度为3.43~3.48(测量)、3.39(计算)。

【晶体结构】

硅钠锶镧石属于斜方晶系,空间群为 $Pcca$(图 5-3-15)。晶胞参数:$a=1.447$ nm、$b=0.520$ nm、$c=1.988$ nm,$Z=4$。X 射线粉晶主要衍射数据 $d(Å)(I/I_{max})$ 为 2.95(100)、2.86(100)、1.76(80)。

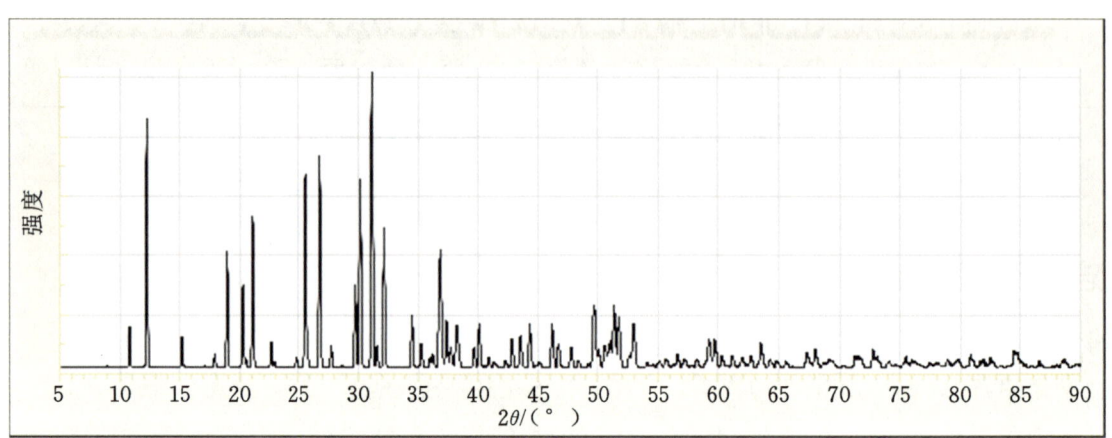

图 5-3-15　硅钠锶镧石的 X 射线粉晶衍射图

【产状产地】

硅钠锶镧石产于碱性方钠石正长伟晶岩中,共生伴生的矿物有长石、方钠石、褐铁矿-(Ce)、钠沸石、霓石,主要产地有俄罗斯。

【主要用途】

锌铈钠锶镧石在地质学、物理学、化学、材料学、环境科学、晶体学、矿物学、宝石学等方面都有重要意义。可以用来提取一些重要的稀土金属矿物。

铁钠锶镧石

【化学性质】

铁钠锶镧石是一种含 Na、Sr、La、Fe 的 $[Si_6O_{17}]$ 层状基型硅酸盐类矿物,其晶体化学式为 $Na_3SrLaFe[Si_6O_{17}]$。主要成分为 Na、Sr、La、Fe、Si、O,类质同象替代成分有 Ce、Ca、Ba、K、Mn、Mg。

化学成分中氧化物的质量分数为 BaO 0.38%、Na_2O 11.34%、SrO 12.81%、CaO 0.56%、La_2O_3 11.39%、Ce_2O_3 8.20%、Pr_2O_3 1.03%、MgO 0.30%、MnO 2.48%、Al_2O_3 0.13%、ZnO 2.34%、FeO 3.77%、Nd_2O_3 0.84%、SiO_2 44.43%。

【结晶形态】

铁镧锶钠石属于斜方晶系,斜方双锥晶类,对称型为 mmm。晶体呈放射状、板状、粒状、块状等(图 5-3-16)。

【物理特征】

铁镧锶钠石的颜色呈无色、浅棕色。条痕为白色。透明至半透明。玻璃光泽、油脂光泽。色散弱,多色性较弱。

二轴晶(一)。折射率为 Np=1.624、Nm=1.637、Ng=1.644,双折射率为 0.020。2V=60°(测量)、72°(计算)。

图 5-3-16　铁镧锶钠石(俄罗斯)

{100}解理较好。性脆。断口呈不规则、不平整的贝壳状。摩氏硬度为 5,相对密度为 3.54(测量)、3.57(计算)。

【晶体结构】

铁镧钠锶镧石属于斜方晶系,空间群为 $Pcca$。晶胞参数:$a=1.444$ nm、$b=0.519$ nm、$c=1.986$ nm,$Z=4$。X 射线粉晶衍射数据 $d(\text{Å})(I/I_{max})$ 为 7.200(40)、4.210(100)、3.323(82)、2.964(88)、2.873(99)、2.595(58)、2.442(44)。

【产状产地】

铁镧钠锶镧石产于超酸性伟晶岩中,共生伴生的矿物有铁铈锶钠石、霓石、闪锌矿、水硅铌钠石、菱黑稀土矿、针钠锰石等,主要产地有俄罗斯。

【主要用途】

铁镧钠锶镧石在地质学、物理学、化学、环境科学、晶体学、矿物学等方面都有一定意义。可以用来提取稀土金属矿物。

锰铈钠锶镧石

【化学性质】

锰铈钠锶镧石是一种含 Na、Sr、Ce、Mn 的 $[Si_6O_{17}]$ 层状基型硅酸盐类矿物,其晶体化学式为 $Na_3SrCeMn[Si_6O_{17}]$。主要成分为 Na、Sr、Ce、Mn、Si、O,类质同象替代成分有 La、Ca、K、Fe、Zn、Mg、Al 等。

化学成分中氧化物的质量分数为 Na_2O 11.74%、SiO_2 45.50%、SrO 13.08%、Ce_2O_3 20.72%、MnO 8.96%。

【结晶形态】

锰铈钠锶镧石属于斜方晶系,斜方双锥晶类,对称型为 mmm。晶体呈粒状、柱状、块状,集合体呈扁平薄板状、似玫瑰花瓣、放射状(图 5-3-17)。

图 5-3-17　锰铈钠锶镧石(俄罗斯)

【物理特征】

锰铈钠锶镧石的颜色呈无色、灰粉色、浅棕色、棕色、棕黄色、黑色。条痕为白色。透明。玻璃光泽。色散弱。多色性较弱。

二轴晶（+）。折射率为 $Np=1.623$、$Nm=1.636$、$Ng=1.642$，双折射率为 0.019。$2V=60°$（测量）、$66°$（计算）。

{100}解理完全。性脆。断口呈不均匀、细小碎片状。摩氏硬度为 $5\sim5.5$，相对密度为 $3.43\sim3.56$（测量）、$3.26°$（计算）。

【晶体结构】

锰铈锶钠石属于斜方晶系，空间群为 $Pcca$。晶胞参数：$a=1.486$ nm、$b=2.054$ nm、$c=0.529$ nm，$Z=4$。X 射线粉晶主要衍射数据 d(Å)(I/I_{max}) 为 4.215(100)、3.326(0.67)、2.965(0.83)。

【产状产地】

锰铈钠锶镧石产于含 Mn、Ce 较高伟晶岩的辉石带中，共生伴生的矿物有方钠石、霞石、正长石、辉石和一些含 Mn 高的矿物，主要产地有俄罗斯。

【主要用途】

锰铈钠锶镧石在地质学、物理学、化学、材料学、环境科学、晶体学、矿物学等方面都有重要意义，可以用来提取稀土金属矿物。

铈硅石族

铈硅石（cerite-Ce）　　　　　　　$(Ce,La,Ca)_9Fe^{3+}(SiO_4)_6[SiO_3(OH)](OH)_3$

镧硅石（cerite-La）　　　　　　　$(La,Ce,Ca)_9Fe^{3+}(SiO_4)_6[SiO_3(OH)](OH)_3$

铈硅石

【化学性质】

铈硅石是一种含 Ce、Fe、(OH) 的复杂 $(SiO_4)_3(SiO_3OH)_4$ 层状基型硅酸盐类矿物，其晶体化学式为 $(Ce,La,Ca)_9Fe^{3+}(SiO_4)_6[SiO_3(OH)](OH)_3$。主要成分为 Ce、Fe、Si、H、O，类质同象替代成分有 La、Ca、Mg、Al、Mn。

化学成分中氧化物的质量分数为 Ce_2O_3 73.36%、Fe_2O_3 3.97%、SiO_2 20.89%、H_2O 1.78%。

【结晶形态】

铈硅石属于三方晶系，复三方偏三角面体晶类，对称型为 $\bar{3}m$。晶体呈薄片状、粒状、块状（图 5-3-18）。

(a) 铈硅石（瑞典）

(b) 铈硅石（加拿大）

图 5-3-18　铈硅石

【物理特征】

铈硅石的颜色呈浅棕色、棕色、浅桃红色、灰色。条痕为浅灰色。半透明至不透明。玻璃光泽、金刚光泽。色散无,多色性无。

一轴晶(+)。折射率为 $N_o=1.806\sim1.810$、$N_e=1.810\sim1.820$,双折射率为 $0.004\sim0.010$。

无解理。性脆。断口呈不均匀、不规则的贝壳状。摩氏硬度为 $5\sim5.5$,相对密度为 4.70(测量)、4.75(计算)。

【晶体结构】

铈硅石属于三方晶系,空间群为 $R3c$(图 5-3-19)。晶胞参数:$a=1.078$ nm、$c=3.806$ nm,$Z=6$。X 射线粉晶主要衍射数据 $d(\text{Å})(I/I_{max})$ 为 3.53(26)、3.47(42)、3.31(38)、3.10(25)、2.96(100)、2.83(37)、2.79(24)、2.69(34)、1.95(50)、1.95(34),见图 5-3-20。

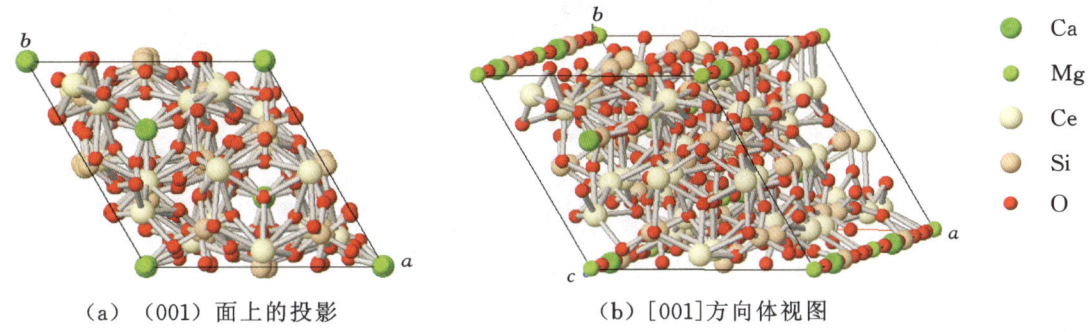

(a) (001)面上的投影　　(b) [001]方向体视图

图 5-3-19　铈硅石的晶体结构

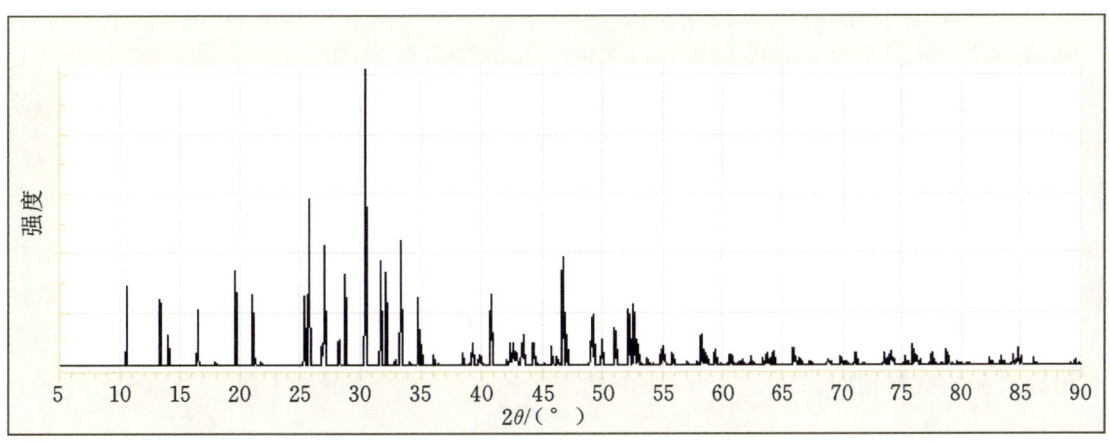

图 5-3-20　铈硅石的 X 射线粉晶衍射图

【产状产地】

铈硅石产于稀土矿中石英—重晶石—碳酸盐脉中。与铈硅石共生伴生的矿物有钒铅矿、菱锶矿、闪锌矿、钠沸石、微斜长石、钛铁矿、方铅矿、氟磷灰石、钡沸石、钙菱沸、石膏、重晶石、锐钛矿、霓石,主要产地有俄罗斯、美国、加拿大等。

【主要用途】

铈硅石在地质学、物理学、化学、材料学、环境科学、晶体学、矿物学、宝石学等方面都有重要意义。

镧硅石

【化学性质】

镧硅石是一种含 La、Fe、(OH)的复杂 $(SiO_4)_3(SiO_3OH)_4$ 层状基型硅酸盐类矿物,其晶体化学式为$(La,Ce,Ca)_9Fe^{3+}(SiO_4)_6[SiO_3(OH)](OH)_3$。主要成分为 La、Fe、Si、H、O,类质同象替代成分有 Ce、Ca、Mg、Mn、Al、Pr、Pr、Nd、Sm、Gd、Sr、P。

化学成分中氧化物的质量分数为 La_2O_3 38.01%、Ce_2O_3 24.00%、CaO 5.19%、SrO 1.99%、Pr_2O_3 0.63%、Sm_2O_3 0.10%、Nd_2O_3 1.47%、Gd_2O_3 0.20%、MgO 0.51%、FeO 1.26%、SiO_2 20.93%、P_2O_5 2.49%、H_2O 3.22%。

【结晶形态】

镧硅石属于三方晶系,复三方偏三角面体晶类,对称型为 $\bar{3}m$。晶体呈柱状、板状、粒状、块状(图 5-3-21)。

图 5-3-21　镧硅石(俄罗斯)

【物理特征】

镧硅石的颜色呈浅黄色、粉棕色。条痕为白色。透明。玻璃光泽。色散弱,多色性无。

一轴晶(+)。折射率为 No=1.810、Ne=1.820,双折射率为 0.010。

无解理。性脆。断口呈不均匀、不平整的碎贝壳状。摩氏硬度为 5~5.5,相对密度为 4.70(测量)、4.74(计算)。

【晶体结构】

镧硅石属于三方晶系,空间群为 $R3c$。晶胞参数:$a=1.075$ nm、$c=3.832$ nm,$Z=6$。X 射线粉晶衍射数据 $d(\text{Å})(I/I_{max})$ 为 3.530(26)、3.470(40)、3.310(38)、3.100(25)、2.958(100)、2.833(37)、2.790(24)、2.689(34)、1.949(34)。

与铈硅石晶体结构相同。

【产状产地】

镧硅石来自霓石-钠长石矿脉中的流霞正长石碎片在低温下的相变,主要产地有俄罗斯、瑞典。

【主要用途】

镧硅石在地质学、物理学、化学、材料学、环境科学、晶体学、矿物学、宝石学等方面都有重要意义。

黄绿脆云母族

黄绿脆云母(clintonite, xanthophyllite)	$Ca\{Mg_2Al[Al_3SiO_{10}](OH)_2\}$
铝锂钙云母(bityite)	$Ca\{LiAl_2[(AlBeSi_2)O_{10}](OH)_2\}$
珍珠云母(margarite)	$Ca\{Al_2[Al_2Si_2O_{10}](OH)_2\}$
钡钒云母(chernykhite)	$(Ba,Na)\{(V^{3+},Al)_2[Si_2Al_2O_{10}](OH)_2\}$
钡镁云母(kinoshitalite)	$(Ba,K)\{(Mg,Mn,Al)_3[Si_2Al_2O_{10}](OH)_2\}$
钡铁云母(anandite)	$Ba\{Fe_3[AlFeSi_2O_{10}](OH)_2\}$

黄绿脆云母

【化学性质】

黄绿脆云母是一种含 Ca、Mg、Al、(OH) 的 $[Al_3SiO_{10}]$ 层状基型硅酸盐类矿物,其晶体化学式为 $Ca\{Mg_2Al[Al_3SiO_{10}](OH)_2\}$。主要成分为 Ca、Mg、Al、Si、H、O,类质同象替代成分有 Na、K、Ti、Fe、F。

化学成分中氧化物的质量分数为 CaO 13.49%、MgO 21.32%、Al_2O_3 41.69%、SiO_2 19.17%、H_2O 4.33%。

【结晶形态】

黄绿脆云母属于单斜晶系,斜方柱晶类,对称型为 $2/m$。晶体呈块状、层状、叶片状、细粒状(图 5-3-22)。集合体呈放射状。

(a)黄绿脆云母(意大利)　　(b)黄绿脆云母(美国加利福尼亚)

图 5-3-22　黄绿脆云母

【物理特征】

黄绿脆云母的颜色呈无色、白色、黄绿色、深绿色、金黄色、红色、棕色、红棕色。条痕为无色至白色,浅棕色。透明至半透明。半玻璃光泽、珍珠光泽、树脂光泽、半亚金属光泽。色散无。多色性弱:无色,浅橙色,红棕色。无荧光。

二轴晶(-)。折射率为 Np=1.643~1.648、Nm=1.655~1.662、Ng=1.655~1.663,双折射率为 0.012~0.015。2V=2°~40°(测量)、0°~28°(计算)。

{001}解理完全。性脆。断口呈不均匀、不平整的小碎片状。摩氏硬度为 3.5,相对密度为 3.00~3.10(测量)、3.12(计算)。

【晶体结构】

黄绿脆云母属于单斜晶系,空间群为 $C2/m$。晶胞参数:$a=0.524$ nm、$b=0.898$ nm、$c=0.979$ nm,$\beta=100.17°$,$Z=2$。X 射线粉晶衍射数据 $d(Å)(I/I_{max})$ 为 9.68(50)、3.21(70)、2.56(100)、2.45(50)、2.11(70)、1.51(60)、1.49(50),见图 5-3-23。

具有相类似晶体结构的矿物有黄绿脆云母、珍珠云母、钡钒云母、钡镁云母、钡铁云母。

【产状产地】

黄绿脆云母产于接触变质带附近的蛇纹石化石灰岩和硅质矽卡岩中,共生伴生的矿物有蛇纹石、方解石,主要产地有意大利、美国(加利福尼亚)。

【主要用途】

黄绿脆云母在地质学、物理学、化学、材料学、环境科学、晶体学、矿物学、宝石学等方面都有重要意义。

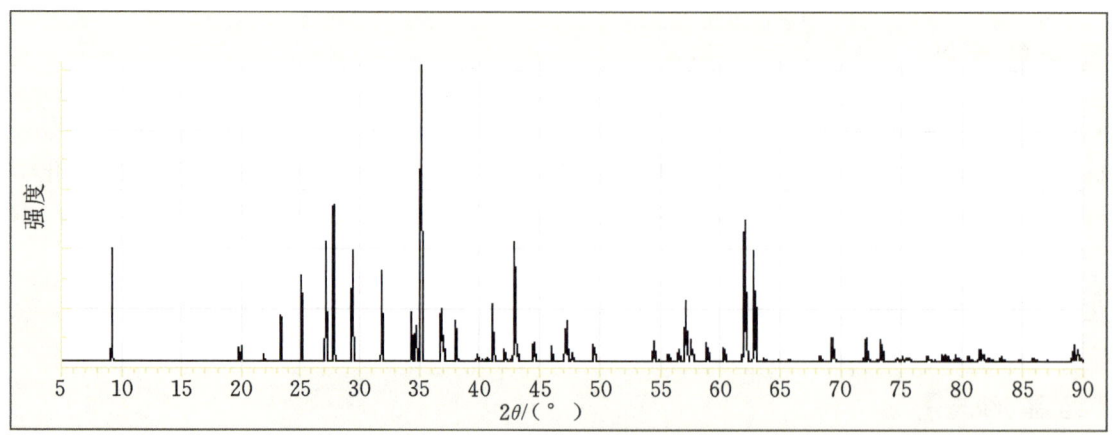

图 5-3-23　黄绿脆云母的 X 射线粉晶衍射图

铝锂钙云母

【化学性质】

铝锂钙云母是一种含 Ca、Li、Al、(OH)的(AlBeSi$_2$)O$_{10}$层状基型硅酸盐类矿物,其晶体化学式为 Ca{LiAl$_2$[(AlBeSi$_2$)O$_{10}$](OH)$_2$}。主要成分为 Ca、Li、Al、Be、Si、H、O,类质同象替代成分有 Na、K、Fe、Mg。

化学成分中氧化物的质量分数为 Li$_2$O 3.86%、CaO 14.48%、BeO 6.46%、Al$_2$O$_3$ 39.51、SiO$_2$ 31.04%、H$_2$O 4.65%。

【结晶形态】

铝锂钙云母属于单斜晶系,斜方柱晶类,对称型为 $2/m$。晶体呈片状、粒状、短柱状、板状、块状(图 5-3-24)。集合体常呈球状、壳状。假六方片状。

图 5-3-24　铝锂钙云母(马达加斯加)

【物理特征】

铝锂钙云母的颜色呈无色、白色、珍珠白色、棕白色、微黄白色、褐色。条痕为白色。透明至半透明。玻璃光泽、珍珠光泽。色散较强。多色性弱。

二轴晶(一)。折射率为 Np=1.651、Nm=1.659、Ng=1.661,双折射率为 0.010。2V=35°~52°(测量)、52°(测量)。

{001}解理完全。性脆。断口呈不平整、不规则的贝壳状或次贝壳状。摩氏硬度为 5.5,相对密度为3.05(测量)、3.18(计算)。

【晶体结构】

铝锂钙云母属于单斜晶系,空间群为 $C2/c$(图 5-3-25)。晶胞参数:$a=0.495$ nm、$b=0.869$ nm、

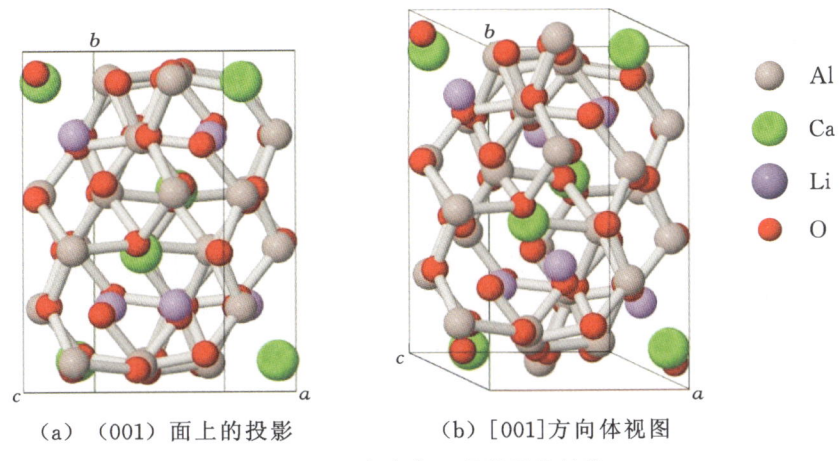

(a) (001) 面上的投影　　　(b) [001] 方向体视图

图 5-3-25　铝锂钙云母的晶体结构

$c=1.881$ nm，$\beta=90.08°$，$Z=4$。X 射线粉晶衍射数据 $d(\text{Å})(I/I_{max})$ 为 2.480(100)、2.043(90)、1.450(100)。

【产状产地】

铝锂钙云母是产于花岗岩伟晶岩中的晚期矿物,是一种富含 Li 和 Be 的云母类层状硅酸盐矿物。与其共生伴生的矿物有电气石、石英、锂云母、白云母,主要产地有美国(新墨西哥)、马达加斯加、意大利。

【主要用途】

铝锂钙云母在地质学、物理学、化学、材料学、环境科学、晶体学、矿物学、宝石学等方面都有重要意义。

珍珠云母

【化学性质】

珍珠云母是一种含 Ca、Al、(OH) 的 $[Al_2Si_2O_{10}]$ 层状基型硅酸盐类矿物,其晶体化学式为 $Ca\{Al_2[Al_2Si_2O_{10}](OH)_2\}$。主要成分为 Ca、Al、Si、H、O,类质同象替代成分有 Na、Mg、Cr、Li、Mn、Fe、K、Ba、Sr、Be、H_2O。

化学成分中氧化物的质量分数为 CaO 14.08%、Al_2O_3 51.21%、SiO_2 30.18%、H_2O 4.53%。

【结晶形态】

珍珠云母属于单斜晶系,斜方柱晶类,对称型为 $2/m$。晶体呈叶片状、鳞片状、薄板状、块状(图 5-3-26)。见双晶。

(a) 珍珠云母(美国康涅狄格)　　　(b) 珍珠云母(美国马萨诸塞)

图 5-3-26　珍珠云母

【物理特征】

珍珠云母的颜色呈白色、浅灰色、粉灰色、黄灰色、浅红粉色、黄色、绿色,薄片中无色。条痕为白色。透明至半透明。玻璃光泽、珍珠光泽。色散较弱。多色性无色。荧光:天蓝色,强天蓝色。

二轴晶(一)。折射率为Np=1.630～1.638、Nm=1.642～1.648、Ng=1.644～1.650,双折射率为0.014。2V=40°～67°(测量)、42°～46°(计算)。

{001}解理完全。柔性碎片。断口呈不均匀、不平整的小碎片状。摩氏硬度为4,相对密度为2.99～3.08(测量)、3.08(计算)。

【晶体结构】

珍珠云母属于单斜晶系,空间群为$C2/c$(图5-3-27)。晶胞参数:$a=0.512$ nm、$b=0.887$ nm、$c=1.916$ nm,$\beta=95.51°$,$Z=4$。X射线粉晶衍射数据d(Å)(I/I_{max})为3.180(100)、3.123(14)、2.517(25)、2.508(18)、1.908(35)、1.903(18)、1.466(16),见图5-3-28。

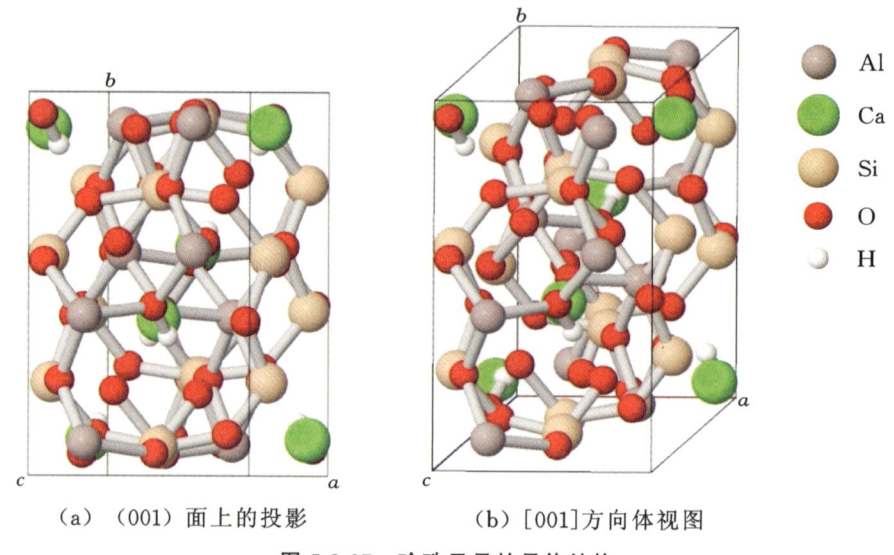

(a)(001)面上的投影　　(b)[001]方向体视图

图 5-3-27　珍珠云母的晶体结构

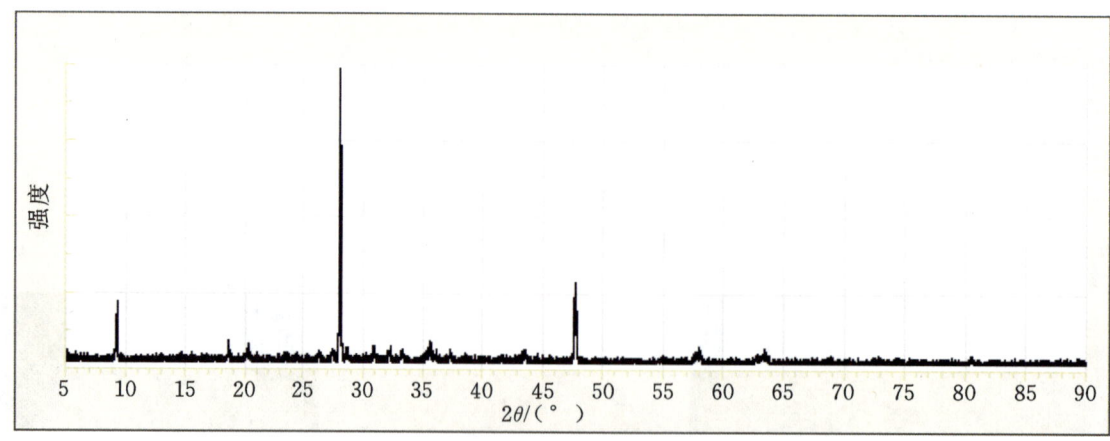

图 5-3-28　珍珠云母的X射线粉晶衍射图

【产状产地】

珍珠云母是一种高温热液蚀变矿物,共生伴生的矿物有刚玉,主要产地有美国(康涅狄格、马萨诸塞等)、奥地利、日本。

【主要用途】

珍珠云母在地质学、物理学、化学、环境科学、晶体学、矿物学、宝石学等方面都有重要意义。

钡钒云母

【化学性质】

钡钒云母是一种含 Ba、V、(OH) 的 [(Si,Al)$_4$O$_{10}$] 层状基型硅酸盐类矿物,其晶体化学式为 (Ba,Na){(V^{3+},Al)$_2$[Si$_2$Al$_2$O$_{10}$](OH)$_2$}。主要成分为 Ba、V、Si、Al、H、O,类质同象替代成分有 K、Fe、Mg、Na。

化学成分中氧化物的质量分数为 BaO 9.84%、Na$_2$O 1.42%、Al$_2$O$_3$ 27.45%、V$_2$O$_3$ 20.24%、V$_2$O$_5$ 6.25%、SiO$_2$ 31.67%、H$_2$O 4.13%。

【结晶形态】

钡钒云母属于单斜晶系,斜方柱晶类,对称型为 $2/m$。晶体呈片状、薄板状、细小叶片状(图 5-3-29)。

图 5-3-29　钡钒云母(哈萨克斯坦)

【物理特征】

钡钒云母的颜色呈深绿色、黑绿色、橄榄绿色。条痕为浅绿白色。透明至半透明。玻璃光泽、珍珠光泽。色散弱。多色性弱。

二轴晶(一)。折射率为 Np=1.640~1.643、Nm=1.686~1.691、Ng=1.702~1.704,双折射率为 0.061~0.062。2V=11°~12°(测量)、52°~58°(计算)。

{001}解理完全。性脆。断口呈细小不规则的碎片状。摩氏硬度为 3~4,相对密度为 3.14~3.16(测量)、3.14(计算)。

【晶体结构】

钡钒云母属于单斜晶系,空间群为 C/2c。晶胞参数:a=0.529 nm、b=0.918 nm、c=2.002 nm、β=95.68°,Z=4。X 射线粉晶衍射数据 d(Å)(I/I_{max})为 3.330(100)、3.010(50)、2.887(40)、2.607(70)、1.996(60)、1.660(60)、1.530(50)。

【产状产地】

钡钒云母产于穿切碳酸盐岩的细小细脉中,形成于富钒页岩中,共生伴生的矿物有方解石、石英、长石,主要产地有哈萨克斯坦。

【主要用途】

钡钒云母在地质学、物理学、化学、晶体学、矿物学等方面都有一定意义。

钡镁云母

【化学性质】

钡镁云母是一种含 Ba、Mg、(OH) 的 [Si$_2$Al$_2$O$_{10}$] 层状基型硅酸盐类矿物,其晶体化学式为(Ba,

K)$\{$(Mg,Mn,Al)$_3$[Si$_2$Al$_2$O$_{10}$](OH)$_2\}$。主要成分为 Ba、Mg、Al、Si、H、O，类质同象替代成分有 K、Na、Ca、Mn、Fe、Ti、F、H$_2$O。

化学成分中氧化物的质量分数为 K$_2$O 3.88%、BaO 18.94%、Na$_2$O 0.64%、MgO 18.75%、MnO 7.30%、Al$_2$O$_3$ 22.04%、SiO$_2$ 24.74%、H$_2$O 3.71%。

【结晶形态】

钡镁云母属于单斜晶系，斜方柱晶类，对称型为 $2/m$。晶体呈鳞片状、粒状、柱状、块状等（图 5-3-30）。

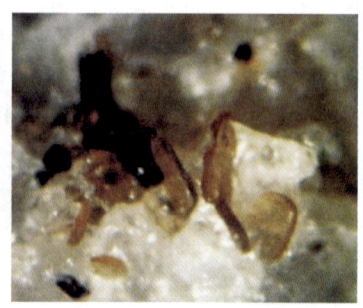

（a）钡镁云母（日本） （b）钡镁云母（瑞典）

图 5-3-30 钡镁云母

【物理特征】

钡镁云母的颜色呈黄棕色、棕色、黄色、无色。条痕为黄白色。透明、半透明。玻璃光泽。色散明显。多色性较弱：浅黄色，浅棕黄色，浅棕黄色。

二轴晶（一）。折射率为 Np=1.619、Nm=1.628～1.633、Ng=1.635，双折射率为 0.016。$2V=23°$（测量）、40°～82°（计算）。

{001}解理完全。柔性碎片。断口呈不平整的次贝壳状。摩氏硬度为 2.5～3，相对密度为 3.30（测量）、3.33（计算）。

【晶体结构】

钡镁云母属于单斜晶系，空间群为 $C2/m$（图 5-3-31）。晶胞参数：$a=0.535$ nm、$b=0.925$ nm、$c=1.025$ nm，$\beta=99.99°$，$Z=2$。X 射线粉晶主要衍射数据 d(Å)(I/I_{max})为 3.37(100)、2.52(55)、2.02(55)，见图 5-3-32。

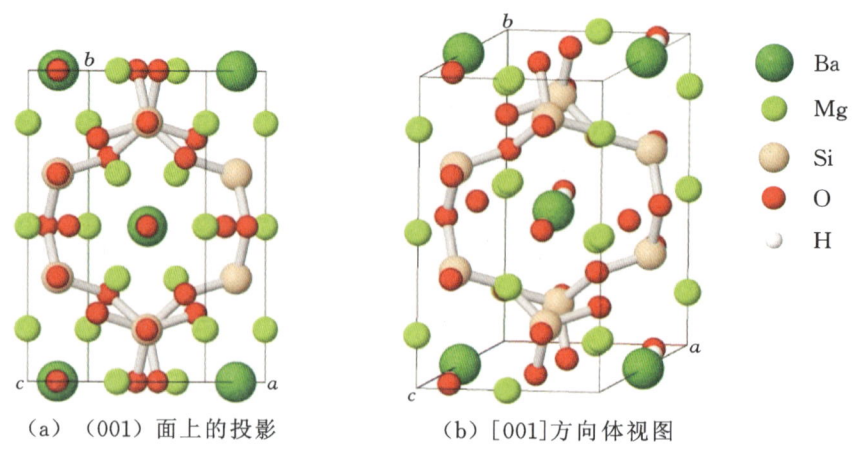

（a）（001）面上的投影 （b）[001]方向体视图

图 5-3-31 钡镁云母的晶体结构

【产状产地】

钡镁云母产于变质成因的片麻状岩石中，共生伴生的矿物有磁铁矿、黄铜矿、重晶石、黄铁矿，主

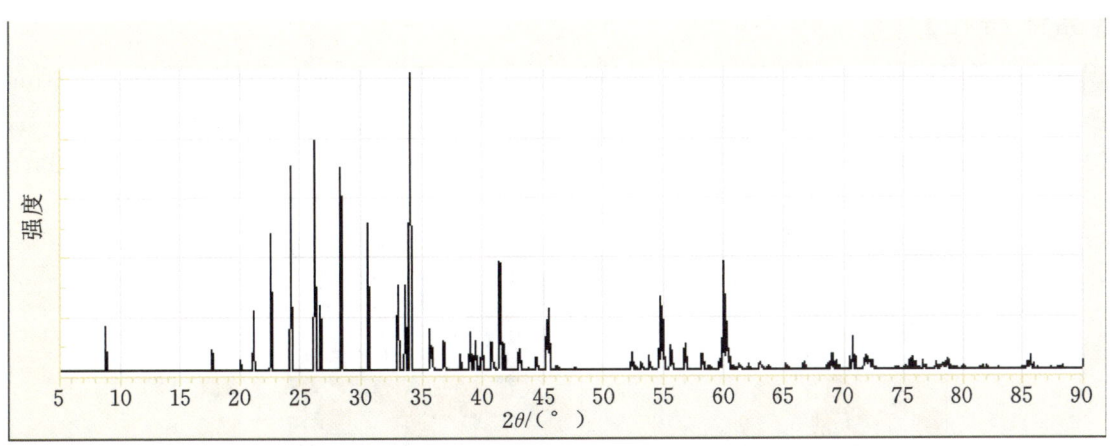

图 5-3-32　钡镁云母的 X 射线粉晶衍射图

要产地有日本、瑞典。

【主要用途】

钡镁云母在地质学、物理学、化学、环境科学、晶体学、矿物学等方面都有一定意义。

钡铁云母

【化学性质】

钡铁云母是一种含 Ba、Fe、(OH) 的 [AlFeSi$_2$O$_{10}$] 层状基型硅酸盐类矿物,其晶体化学式为 Ba{Fe$_3$[AlFeSi$_2$O$_{10}$](OH)$_2$}。主要成分为 Ba、Fe、Al、Si、H、O,类质同象替代成分有 Ca、K、Na、Mg、S。

化学成分中氧化物及元素的质量分数为 K$_2$O 1.99%、BaO 19.39%、MgO 5.10%、Al$_2$O$_3$ 6.07%、FeO 27.25%、Fe$_2$O$_3$ 5.04%、SiO$_2$ 32.39%、H$_2$O 0.76%、S^{2-} 8.11%。

【结晶形态】

钡铁云母属于单斜晶系,斜方柱晶类,对称型为 $2/m$。晶体呈鳞片状、云母片状、粒状、柱状、块状等(图 5-3-33)。

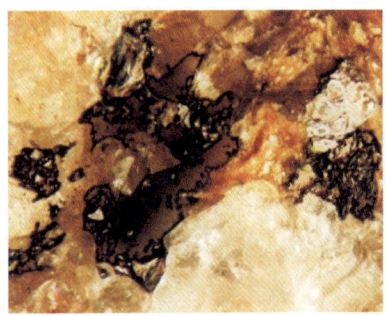

图 5-3-33　钡铁云母(美国加利福尼亚)

【物理特征】

钡铁云母的颜色呈黑色。条痕为灰白色。半透明至不透明。半玻璃光泽、油脂光泽。色散明显。多色性较弱:绿色,绿色,棕色。无荧光。

二轴晶(+)。折射率为 Np=1.855、Nm=1.861、Ng=1.880,双折射率为 0.025。2V=0°。

{001}解理完全。柔性碎片。断口呈不规则、不均匀的细小碎片。摩氏硬度为 3~4,相对密度为 3.91~3.94(测量)、3.91(计算)。

【晶体结构】

钡铁云母属于单斜晶系,空间群为 $C2/m$(图 5-3-34)。晶胞参数:$a=0.541$ nm、$b=0.943$ nm、$c=1.995$ nm,$\beta=94.87°$,$Z=4$。X 射线粉晶衍射数据 $d(Å)(I/I_{max})$为 9.92(60)、5.00(85)、3.70(20)、3.43(40)、3.32(100)、3.17(25)、2.93(25)、2.72(50)、2.68(45)、2.52(16)、2.49(80)、2.24(20)、1.99(35)。

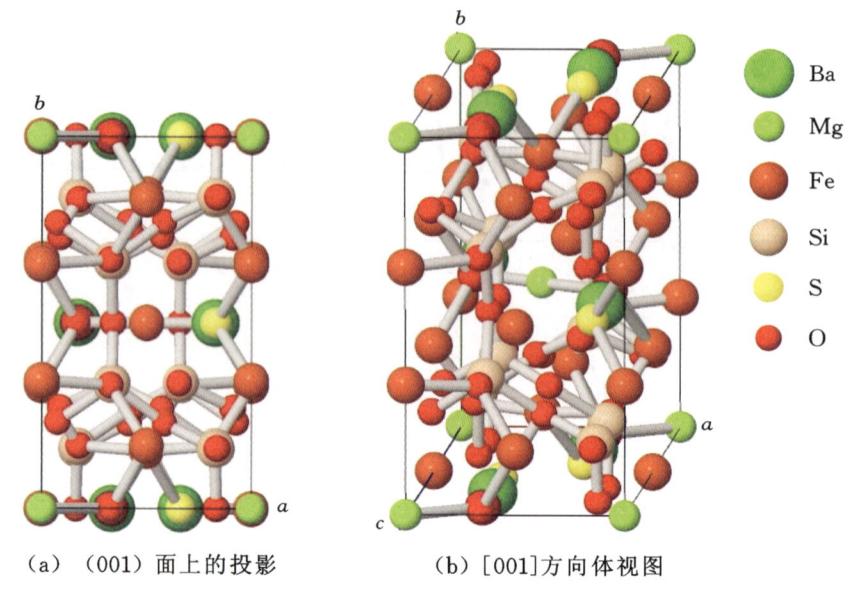

(a)(001)面上的投影　　(b)[001]方向体视图

图 5-3-34　钡铁云母的晶体结构

钡铁云母有以下两种单型。

钡铁云母-2M 属于单斜晶系,反映双面晶类,对称型为 m。晶胞参数:$a=0.544$ nm、$b=0.947$ nm、$c=2.004$ nm,$\beta=95.04°$。

钡铁云母-2O 属于斜方晶系,斜方双锥晶类,对称型为 mmm。晶胞参数:$a=0.5468$ nm、$b=0.949$ nm、$c=1.996$ nm,$Z=4$。

【产状产地】

钡铁云母产于沉积岩变质形成的带状片麻岩的磁铁矿矿床中,形成单矿物细脉和透镜体。与其共生伴生的矿物有磁黄铁矿、磁铁矿、黄铜矿、重晶石、黄铁矿、硅铁钡矿,主要产地有美国(加利福尼亚)、斯里兰卡。

【主要用途】

钡铁云母在地质学、物理学、化学、材料学、环境科学、晶体学、矿物学、宝石学等方面都有重要意义。

云母族

云 母

【化学性质】

云母是一种含 K、Na、Ca,少量 Ba、Rb、Cs,以及(OH)、F 的[Z_8O_{20}]层状基型硅酸盐类矿物。晶体化学通式简化可写成 $X_2\{Y_{4-6}[Z_8O_{20}](OH,F)_4\}$,其中 X 为 K、Na、Ca,少量 Ba、Rb、Cs 等,Y 为 Al、Mg、Fe、Mn,少量 Cr、Ti、Li 等,Z 为 Si、Al,少量 Fe^{3+}、Ti 等,晶体化学式可以写成(K,Na,Ca,Ba)$_2$\{(Al,Mg)$_{4-6}$[(Si,Al)$_8O_{20}$](O,OH,F)$_4$\}。

云母族矿物指白云母、普通云母(黑云母、金云母、锂云母、铁锂云母等)、脆云母(绿脆云母等)。

【结晶形态】

云母族矿物属于单斜晶系,斜方柱晶类,对称型为 $2/m$。矿物为层状硅酸盐,晶体为假六方晶形,形状为片状、板状、短柱状。云母中双晶常见,多依云母律生成接触双晶或穿插三连晶(图 5-3-35)。

白云母(巴西)

黑云母(意大利)

锂云母(美国)

图 5-3-35　云母

【物理特征】

云母族类矿物的颜色根据晶体化学式中其成分变化,会有不相同的深浅和色调。云母类矿物常为紫色、玫瑰色、银色、灰色。白云母呈无色、透明,黑云母呈深绿色、棕色、黑色,金云母呈黄褐色、绿白色。条痕为白色、无色。玻璃光泽、丝状光泽。

{001}解理极完全,薄片状。富弹性。摩氏硬度为锂云母 2.5～4,黑云母 2.5～3,金云母 2.5～3,白云母 2～2.5,相对密度为 2.8～3.1。熔点为 700～1000 ℃。

【晶体结构】

云母族矿物属单斜晶系,空间群为 $C2/m$。在晶体结构上,云母可以分为二八面体(Y=4)和三八面体(Y=6)。如果 X 是 K 或 Na,则云母是普通云母,而如果 X 是 Ca、Ba,则云母为脆云母。

【产状产地】

云母广泛分布于岩浆岩、变质岩和沉积岩中,大型云母晶体则产出于花岗伟晶岩中。中国是云母最大的生产国,其次是美国、韩国、加拿大,另外俄罗斯、芬兰、英格兰、法国、印度也出产云母。加拿大安大略省发现最大的金云母单晶尺寸为 10 m×4.3 m×4.3 m,重约 330 t。在俄罗斯也发现了类似大小的晶体,印度拥有世界上最大的云母矿床。

【主要用途】

黑云母、白云母是重要的造岩矿物,分布很广。云母片材料具有很好的电学性能、热学性能、光学性能、机械性能、化学惰性、弹性柔性等,可用于电器、建材、涂料、塑料、橡胶、陶器等方面。锂云母、铁锂云母是重要的锂资源矿产。

云母在地质学、物理学、化学、材料学、环境科学、晶体学、矿物学、宝石学等方面都有重要意义。

白云母亚族

钠云母(paragonite)	$Na\{Al_2[AlSi_3O_{10}](OH)_2\}$
白云母(muscovite)	$K\{Al_2[AlSi_3O_{10}](OH)_2\}$
钒云母(roscoelite)	$K\{V_2[AlSi_3O_{10}](OH)_2\}$
海绿石(glauconite)	$K_{1-x}\{(Al,Fe)_2[Al_{1-x}Si_{3+x}O_{10}](OH)_2\}$

钠云母

【化学性质】

钠云母是一种含 Na、Al、(OH)的[$AlSi_3O_{10}$]层状基型硅酸盐类矿物,其晶体化学式为 $Na\{Al_2$

[AlSi$_3$O$_{10}$](OH)$_2$}。主要成分为 Na、Al、Si、H、O,类质同象替代成分有 K、Ca、Fe、Mg、F。

化学成分中氧化物的质量分数为 Na$_2$O 8.11%、Al$_2$O$_3$ 40.02%、SiO$_2$ 47.16%、H$_2$O 4.71%。

【结晶形态】

钠云母属于单斜晶系,斜方柱晶类,对称型为 $2/m$。晶体呈鳞片状、纤维状、细粒、块状(图 5-3-36)。

(a) 钠云母 (俄罗斯)　　(b) 钠云母 (德国)　　(c) 钠云母 (日本)

图 5-3-36　钠云母

【物理特征】

钠云母的颜色呈无色、白色、浅黄色。条痕为白色。透明至半透明。珍珠光泽、玻璃光泽。色散较强。多色性弱。

二轴晶(一)。折射率为 Np=1.564~1.580、Nm=1.594~1.609、Ng=1.600~1.609,双折射率为 0.029~0.036。$2V$=0°~40°(测量)、0°~46°(计算)。

{001}解理完全。富弹性。断口呈不规则的细小碎片状。摩氏硬度为 2.5,相对密度为 2.78(测量)、2.89(计算)。

【晶体结构】

钠云母属于单斜晶系,空间群为 $C2/c$(图 5-3-37)。晶胞参数:a=5.13 nm、b=8.89 nm、c=19.32 nm,β=95°,Z=4。X 射线粉晶主要衍射数据 d(Å)(I/I_{max})为 4.390(90)、3.203(80)、2.522(100),见图 5-3-38。

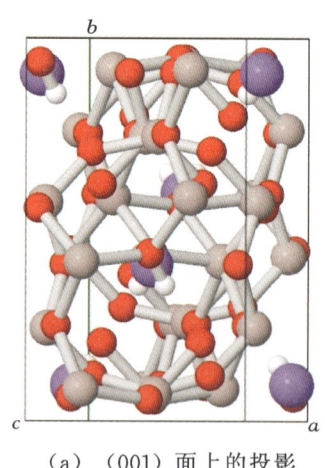 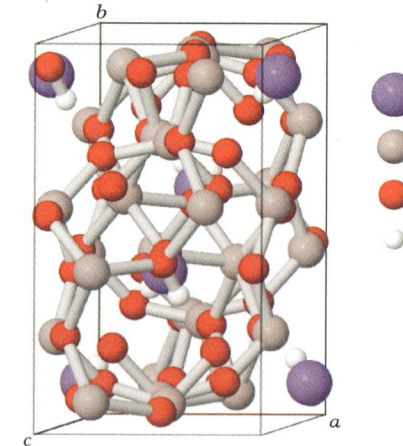

(a)（001)面上的投影　　(b) [001]方向体视图

图 5-3-37　钠云母的晶体结构

钠云母有几种多型:钠云母-1M、钠云母-1Md、钠云母-2M1、钠云母-3T。

钠云母-2M1,单斜晶系,斜方柱晶类,对称型为 $2/m$,空间群为 $C2/c$。晶胞参数:a=0.513 nm、b=0.890 nm、c=1.929 nm,β=94.35°

钠云母-3T,三方晶系,三方偏方面体晶类,对称型为 32,空间群为 $P3_112$。晶胞参数:a=0.513 nm, c=2.872 nm。

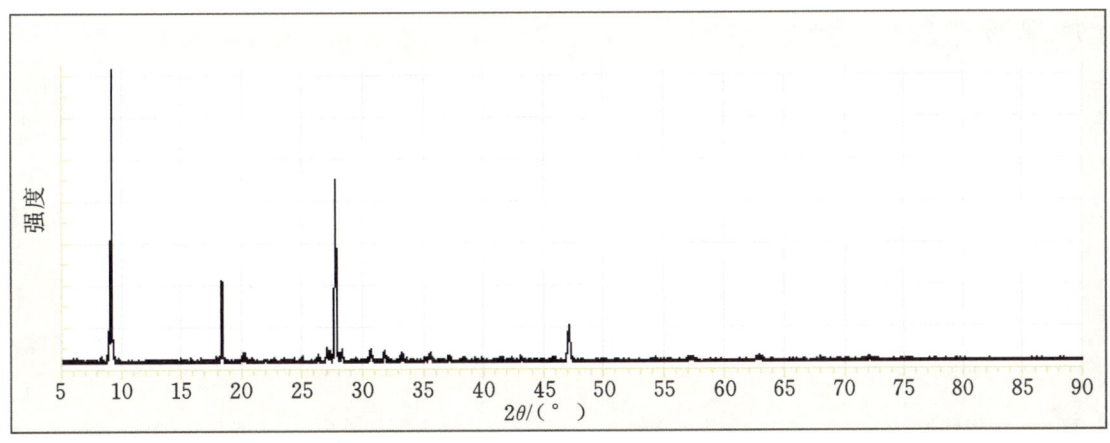

图 5-3-38　钠云母的 X 射线粉晶衍射图

【产状产地】

钠云母是产于低级至中级的变质片岩和千枚岩、白云母-黑云母片麻岩、石英脉中的变质矿物,共生伴生的矿物有白云母、黑云母、蓝闪石、石英,主要产地有瑞士、俄罗斯、德国、日本。

【主要用途】

钠云母在地质学、物理学、化学、环境科学、晶体学、矿物学等方面都有一定意义。

白云母

【化学性质】

白云母是一种含 K、Al、(OH) 的[(AlSi$_3$)O$_{10}$]层状基型硅酸盐类矿物,其晶体化学式为 K{Al$_2$[AlSi$_3$O$_{10}$](OH)$_2$}。主要成分为 K、Al、Si、H、O,成分中的 Al 可少量被 Fe、Mg、Na、Ca、Li、Cs、Rb 替代,甚至被 Mn、Ti、Cr、V 替代,有时 F 可替代 OH 等。

化学成分中氧化物及元素的质量分数为 SiO$_2$ 45.21%、Al$_2$O$_3$ 38.36%、K$_2$O 11.81%、H$_2$O 3.67%、F 0.95%。

【结晶形态】

白云母属于单斜晶系,斜方柱晶类,对称型为 $2/m$。晶体呈假六方晶形、片状、板状、短柱状。主要单形有{221}、{111}、{010}、{001}。双晶常见,多依云母律生成接触双晶或穿插三连晶(图 5-3-39)。

(a) 白云母的晶体形态

(b) 白云母(阿富汗)

(c) 白云母(奥地利)

(d) 云母(巴西)

图 5-3-39　白云母

【物理特征】

白云母的颜色多变,从无色到浅彩色,呈白色、灰色、银白色、浅棕色、浅黄色、淡褐色、绿白色、粉红色等。颜色变化是由类质同象替代元素引起的。条痕为白色。透明至半透明。玻璃光泽、丝绢光泽,解理面呈珍珠光泽。色散弱,多色性弱:苍白蓝色,无色,浅绿色,浅黄绿色。无荧光。

二轴晶(一)。折射率为 Np=1.552~1.576、Nm=1.582~1.615、Ng=1.587~1.618,双折射率为 0.035~0.042。$2V=30°\sim47°$(测量)、$38°\sim42°$(计算)。

{001}解理极完全,有的具(110)和(010)裂理。薄片具有很好的弹性和柔性。断口呈不均匀、不规则的小碎片状。摩氏硬度在{001}片面上为2~2.5,在垂直方向上为4。相对密度为2.77~2.88(测量)、2.83(计算)。

【晶体结构】

白云母属于单斜晶系,空间群为 $C2/m$(图5-3-40),由于具有多型,晶胞参数会发生变化,如白云母-2M1,晶胞参数:$a=0.519$ nm、$b=0.904$ nm、$c=2.008$ nm、$\beta=95.50$,$Z=4$。X射线粉晶衍射数据 d(Å)(I/I_{max})为 10.01(100)、5.02(60)、4.48(60)、4.46(70)、3.35(100)、3.21(50)、2.59(50)、2.56(90),见图5-3-41。

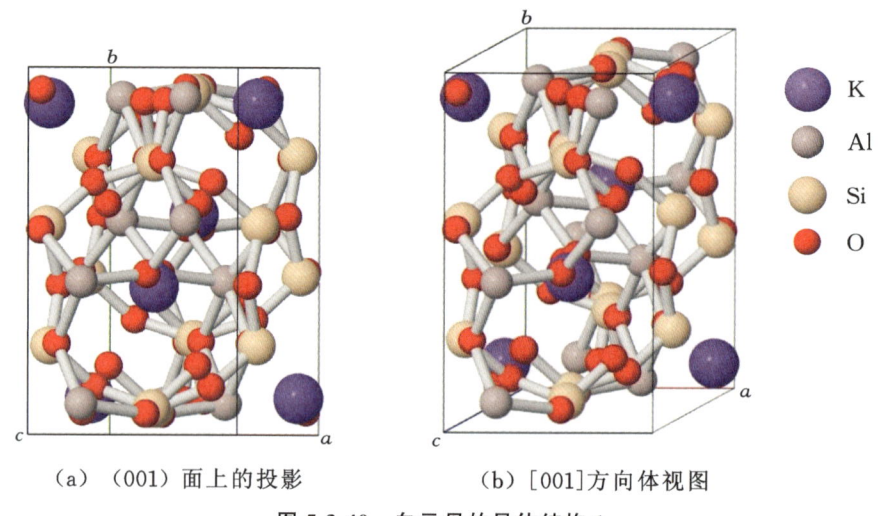

(a) (001)面上的投影　　(b) [001]方向体视图

图5-3-40　白云母的晶体结构1

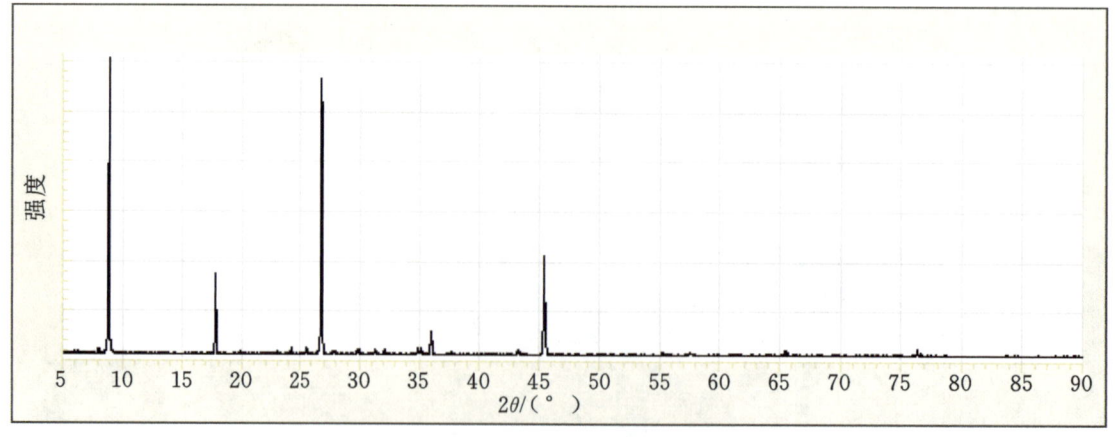

图5-3-41　白云母的X射线粉晶衍射图

配位多面体:T四面体层[(Si,Al)O$_4$],O八面体[AlO$_6$]层,K阳离子层(位于T—O—T之间,较vdw键要强),结构中的四面体与八面体连接成层。

在晶体结构上,白云母为二八面体,已知有多种多型,最常见的是2M1型(图5-3-42,表5-3-1)。

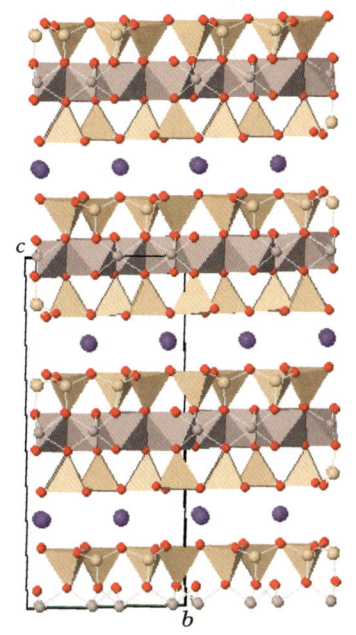 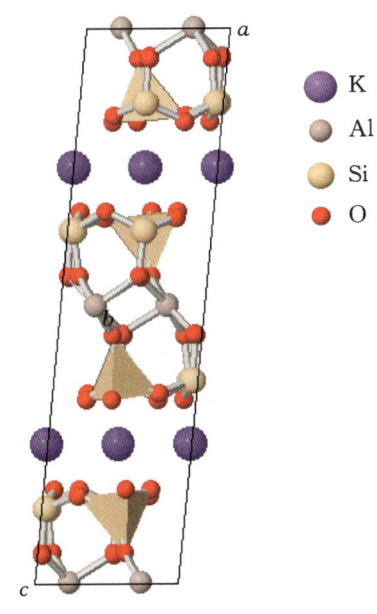

(a) 沿a轴的投影，TOT结构层沿c轴堆垛，层间是12次配位的K离子　　（b）沿a轴的投影

图 5-3-42　白云母-2M1 的晶体结构 2

表 5-3-1　白云母多型的晶体结构、晶胞参数表

白云母-1M	白云母-2M1	白云母-3T
单斜晶系,轴双面晶类	单斜晶系,斜方柱晶类	三方晶系,三方偏方面体晶类
2	$2/m$	32
$C2$	$C2/c$	$P3_112$
$a=0.519$ nm、$b=0.895$ nm、$c=1.012$ nm，$\beta=101.8°$	$a=0.519$ nm、$b=0.904$ nm、$c=2.008$ nm，$\beta=95.5°$	$a=0.520$ nm、$c=1.600$ nm

【产状产地】

白云母是云母族矿物中最常见的一种造岩矿物，以结晶片状的形式成为许多种类型岩石的重要组成部分。

一般它产于变质岩中，但也产于花岗岩中。泥质岩石在低级区域变质过程中可以形成绢云母，变质程度稍高时，成为白云母。酸性岩浆结晶晚期以及伟晶作用阶段，均有大量白云母生成。由高温至中低温的蚀变作用过程中，也能生成白云母。所谓云英岩化是高温蚀变作用之一，能形成大量白云母。中低温蚀变作用绢云母化能形成大量绢云母。白云母风化破碎成极细的鳞片，既可以成为碎屑沉积物中的碎屑，也可以是泥质岩的矿物成分之一。

白云母矿床是经过变质作用、花岗岩化作用和伟晶化作用多阶段而产生的。长英质混合岩→混合花岗岩→伟晶岩脉是连续渐变的过程，在这一过程中，SiO_2、CaO、Na_2O 含量递减，而 Al_2O_3、K_2O 及 H_2O 逐步富集。

白云母的主要产地有印度、俄罗斯、美国、巴西等。中国主要产出在内蒙古、西藏、福建、广西、广东、山东、河南、山西、江苏、湖北等地。

【主要用途】

白云母是重要的造岩矿物，良好的电绝缘体、热绝缘体，有玻璃光泽，具有弹性和韧性，物理化学性能稳定。白云母具抗酸、抗碱性、抗压和剥分性,可用作电气设备和电工器材的绝缘材料,电气设备和电工器材。白云母是日用化工原料、云母陶瓷原料、油漆添料、塑料和橡胶添料、建筑材料、焊条药皮的保护层、钻井泥浆填加剂。

白云母在地质学、物理学、化学、材料学、环境科学、晶体学、矿物学、宝石学等方面都有重要意义。

钒云母

【化学性质】

钒云母是一种含 K、V、(OH) 的 [$AlSi_3O_{10}$] 层状基型硅酸盐类矿物,其晶体化学式为 $K\{V_2[AlSi_3O_{10}](OH)_2\}$。主要成分为 K、V、Al、Si、H、O,类质同象替代成分有 Ca、Na、Mg、Fe、H_2O。

化学成分中氧化物的质量分数为 Al_2O_3 12.60%、V_2O_5 19.96%、FeO 3.30%、MgO 2.43%、Na_2O 0.33%、K_2O 8.03%、SiO_2 48.22%、H_2O 5.13%。

【结晶形态】

钒云母属于单斜晶系,斜方柱晶类,对称型为 $2/m$。晶体呈鳞片状、片状、板状、块状等(图 5-3-43)。

(a)钒云母(俄罗斯)

(a)钒云母(意大利)

图 5-3-43 钒云母

【物理特征】

钒云母的颜色呈棕色、绿棕色、黄绿色、深棕色、深绿色、黑色。条痕为绿白色。透明至半透明。半玻璃光泽、珍珠光泽。色散弱。多色性弱:绿色、棕色,橄榄绿色,橄榄绿色。

二轴晶(一)。折射率为 Np=1.590~1.610、Nm=1.630~1.685、Ng=1.640~1.704,双折射率为 0.050~0.094。2V=24.5°~39.5°。

{001}解理完全。柔性。断口呈不均匀、不规则的小碎片状。摩氏硬度为 2.5,相对密度为 2.92~2.94(测量)、2.89(计算)。

【晶体结构】

钒云母属于单斜晶系,空间群为 $C2/m$。晶胞参数:a=0.526 nm、b=0.909 nm、c=1.025 nm,β=101.0°,Z=2。X 射线粉晶衍射数据 d(Å)(I/I_{max})为 10.00(100)、4.54(80)、3.66(50)、3.35(80)、3.11(50)、2.60(80)、1.52(60)。

与白云母的晶体结构相同。钒云母的多型有钒云母-1M、钒云母-2M1。

【产状产地】

钒云母产于一种低温浅成金-银-碲矿床和沉积铀钒矿石中,共生伴生的矿物有锌铬尖晶石等,主要产地有俄罗斯、意大利、美国(科罗拉多、加利福尼亚)。

【主要用途】

钒云母在地质学、物理学、化学、材料学、环境科学、晶体学、矿物学等方面都有一定的意义。

海绿石

【化学性质】

海绿石是一种含 K、Fe、Al、(OH) 的 [(Si, Al)$_4$O$_{10}$] 层状基型硅酸盐类矿物,其晶体化学式为 K$_{1-x}${(Al,Fe)$_2$[Al$_{1-x}$Si$_{3+x}$O$_{10}$](OH)$_2$}。主要成分为 K、Fe、Al、Si、H、O,类质同象替代成分有 Na、Ca、Mg、Ti、P。

化学成分与云母相似,与云母比较,海绿石的 Al/Si 值较小,K 的数量少,Na 替代量可达 0.5%。经处理的海绿石能吸附水中的 Mg、Ca 离子,释放出 Na 离子。

化学成分中氧化物的质量分数为 K$_2$O 6.62%、Na$_2$O 0.36%、MgO 3.78%、Al$_2$O$_3$ 3.58%、FeO 3.37%、Fe$_2$O$_3$ 24.31%、SiO$_2$ 53.76%、H$_2$O 4.22%。

【结晶形态】

海绿石属于单斜晶系,斜方柱晶类,对称型为 $2/m$。晶体呈叶片状、滚圆粒状、不规则蠕虫状、板状等。细小假六方外形极为少见,常呈数毫米圆粒状体,细小颗粒状。分散在海绿砂岩中,有时呈针状、放射状(图 5-3-44)。

(a) 海绿石(德国)

(b) 海绿石(意大利)

图 5-3-44 海绿石

【物理特征】

海绿石的颜色呈暗绿色、绿黑色、黄绿色、灰绿色,很少无色。条痕为浅绿色。半透明至不透明。土状光泽。多色性明显:柠檬黄、淡黄绿色、亮绿色,绿色、深绿色、黄绿色、蓝绿色、橄榄绿色,绿色、深绿色、黄绿色、蓝绿色、橄榄绿色。无荧光。

二轴晶(-)。折射率为:Np=1.590~1.612、Nm=1.609~1.643、Ng=1.610~1.644,双折射率为 0.020~0.032。2V=0°~20°(测量)、20°~24°(计算)。

{001}解理完全。弹性、柔性。断口呈不均匀、不规则的小云母碎片状。摩氏硬度为 2~3,相对密度为 2.40~2.95(测量)、2.90(计算)。

【晶体结构】

海绿石属于单斜晶系,空间群为 $C2/m$(图 5-3-45)。晶胞参数:$a=0.523$ nm、$b=0.907$ nm、$c=1.016$ nm,$\beta=100.50°$,$Z=2$。X 射线粉晶衍射数据 d(Å)(I/I_{max})为 10.10(100)、4.53(80)、3.63(40)、3.33(60)、3.09(40)、2.59(100)、2.40(60)、1.51(60)。

海绿石晶体结构与云母相似,在八面体层中可能含有二价阳离子。海绿石有两种多型:海绿石-1M 和海绿石-3T 多型。

【产状产地】

海绿石产于海相还原条件下,经成岩作用由碎屑黑云母砂岩蚀变而形成,是一种海相矿物,与

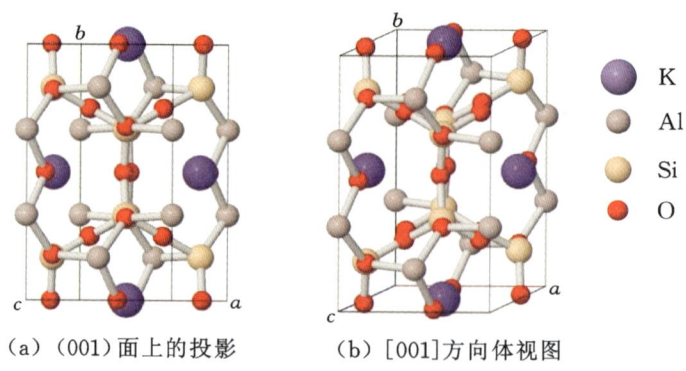

(a) (001)面上的投影　　(b) [001]方向体视图

图 5-3-45　海绿石的晶体结构

海洋生物之生物化学作用有关。它共生伴生的矿物有钾长石、石英、白云母和少量的黑云母、针铁矿、钛和锰氧化物等,主要产地有德国、意大利、乌克兰、英国、中国、加拿大、巴西、美国(新泽西、俄亥俄)等。

【主要用途】

海绿石一般产于海相地层中,现代也产于海洋底部,是海相指示矿物。海绿石种类可用作地层对比,用来解释沉积环境,还可用来作绝对年龄测定。海绿石可用来提取钾(K)、用作软化水、玻璃染料,以及用来清除一些放射性同位素等。

海绿石在地质学、物理学、化学、环境科学、晶体学、矿物学等方面都有重要意义。在处理水质时,可用来清除水中可溶性的铁盐和锰盐。

金云母-黑云母亚族

中文名	化学式
金云母(phlogopite)	$K\{(MgFe)_3[AlSi_3O_{10}](OH)_2\}$
斜铁金云母(tetraferri phlogopite)	$K\{Mg_3[(FeSi_3)O_{10}](OH,F)_2\}$
黑云母(biotite)	$K\{(FeMg)_3[AlSi_3O_{10}](OH)_2\}$
铁云母(annite)	$K\{Fe_3[(AlSi_3)O_{10}](OH,F)_2\}$
锌云母(hendricksite)	$K\{Zn_3[AlSi_3O_{10}](OH)_2\}$
铁锂云母(zinnwaldite)	$K\{(Li,Fe^{2+},Al)_3[(Si,Al)_4O_{10}](F,OH)_2\}$
锰锂云母(masutomilite)	$K\{LiMnAl[AlSi_3O_{10}](F,OH)_2\}$
锂云母(lepidolite)	$K\{(Li,Al,Rb)_{2.5-3}[(Si_{3.5-3}Al_{0.5-1})O_{10}](OH,F)_2\}$
多硅锂云母(polylithionite)	$K\{Li_2Al[Si_4O_{10}](F,OH)_2\}$
锂白云母(trilithionite)	$K\{(Li_{1.5}Al_{1.5})[AlSi_3O_{10}](F,OH)_2\}$
针叶云母(siderophyllite)	$K\{Fe_2^{2+}Al[(Al_2Si_2)O_{10}](OH)_2\}$

金云母

【化学性质】

金云母是一种含 K、Mg、(F,OH) 的 $[(AlSi_3)O_{10}]$ 层状基型硅酸盐类矿物,其晶体化学式为 $K\{(MgFe)_3[AlSi_3O_{10}](OH)_2\}$。主要成分为 K、Mg、Fe、Al、Si、H、O,类质同象替代广泛,替代 K 的有 Na、Ca、Ba,替代 Mg 的有 Li、Rb、Fe、Mn、Ti、Cr、F、OH、H_2O。变种有锰云母、钛云母、铬金云母、氟金云母等。由于 Fe 替代 Mg 的量增加,金云母逐渐转变成为黑云母。

金云母可在浓硫酸中分解,同时产生一种乳状的溶液,白云母则不能。

化学成分中氧化物及元素的质量分数为 K_2O 11.23%、MgO 28.84%、Al_2O_3 12.16%、SiO_2 42.18%、H_2O 2.15%、F 3.44 %。

金云母中的[(Si₃Al)O₁₀]层中有较多 Fe 替代 Al 时,可形成斜铁金云母,其化学式为 K{Mg₃[(FeSi₃)O₁₀](OH,F)₂}。

斜铁金云母,属于单斜晶系,斜方柱晶类,对称型为:$2/m$。产于俄罗斯一铁床中。与斜铁金云母伴生共生的矿物有黄铁矿、方解石、磷灰石、黄铜矿、磁铁矿等。其化学成分中氧化物的质量分数为 K_2O 10.56%、MgO 27.10%、Fe_2O_3 17.90%、SiO_2 40.40%、H_2O 4.04%。

【结晶形态】

金云母属于单斜晶系,斜方柱晶类,对称型为 $2/m$(图 5-3-46)。晶体为假六方晶形,形态为鳞片状、层状、薄板状、短柱状。主要单形有{112}、{221}、{010}、{001}。

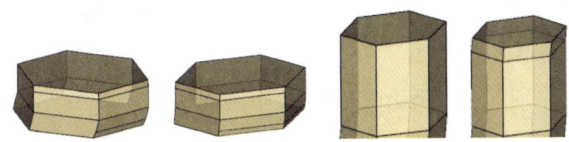

(a) 金云母的晶体形态

(b) 金云母(德国)

(c) 金云母(缅甸)

(d) 金云母(意大利)

图 5-3-46 金云母

【物理特征】

金云母的颜色常呈金黄色、黄褐色、棕色、红棕色、红褐色、浅绿色、灰色、灰绿色、黑色等。金云母有深色金云母(各种色调的棕色或绿色等)和浅色金云母(各种色调的浅黄色)之分。

条痕为白色。透明至半透明。玻璃光泽、丝绢光泽、金属光泽和半金属光泽,解理面为珍珠光泽。色散弱。多色性明显:无色、浅黄色、棕橙色、红棕色、绿色、黄色,棕黄色、浅黄色、红橙色。发荧光:稻草黄色到柠檬黄色,弱蓝白色到蓝灰色。

二轴晶(-)。折射率为 Np=1.530~1.573、Nm=1.557~1.617、Ng=1.558~1.618,双折射率为 0.028~0.045。$2V$=0°~12°(测量)、16°~20°(计算)。

{001}解理极完全。脆性到柔性,弹性好。摩氏硬度为 2~3,相对密度为 2.78~2.85(测量)、2.79~2.83(计算)。

【晶体结构】

金云母-1M 属于单斜晶系,斜方柱晶类。空间群为 $C2/m$(图 5-3-47)。晶胞参数:a=0.531 nm、b=0.919 nm、c=1.016 nm,β=100.08°,Z=2。X 射线粉晶主要衍射数据 d(Å)(I/I_{max})为 9.940(100)、3.390(20)、3.348(100)、2.614(30)、2.513(16)、2.429(16)、2.011(30),见图 5-3-48。

金云母-2M1 属于单斜晶系,斜方柱晶类。空间群为 $C2/c$。晶胞参数:a=0.533 nm、b=0.922 nm、c=2.020 nm,β=95.12°。

金云母-3T 属于三方晶系,三方偏方面体晶类。空间群为 $P3_121$。晶胞参数:a=0.532 nm、c=3.019 nm。

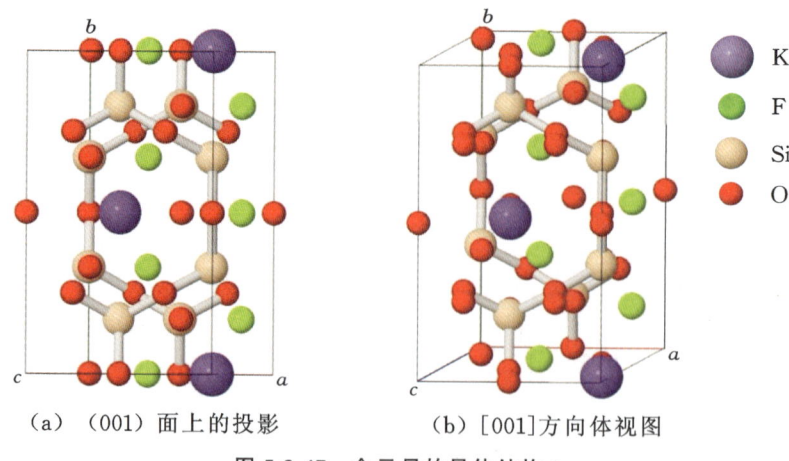

(a) (001) 面上的投影　　　　(b) [001] 方向体视图

图 5-3-47　金云母的晶体结构 1

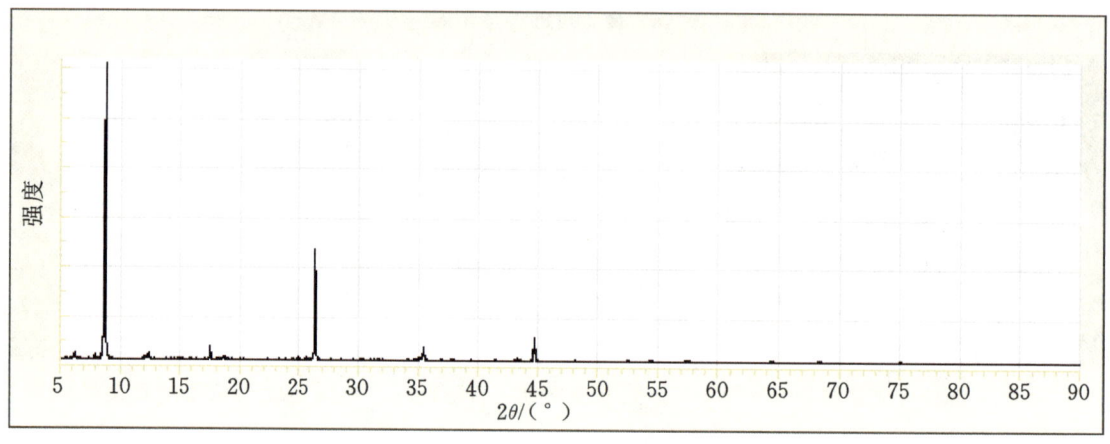

图 5-3-48　金云母的 X 射线粉晶衍射图

金云母-1M 的晶体结构（配位多面体）见图 5-3-49，表 5-3-2。

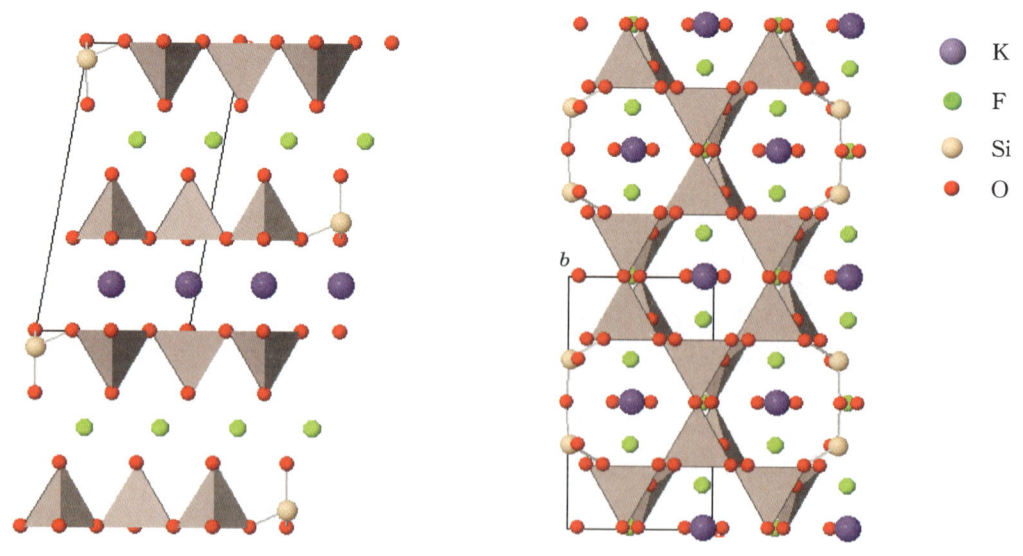

(a) 沿 a 轴的投影　　　　(b) 结构中 [(Si, Al)O₄] 四面体和 [MgO₆] 八面体连接成层

注：由 TOT 层沿 c 轴方向堆垛组成，层与层之间由 K 离子联系，(OH) 位于六方网格中间。二价 Mg 占据八面体位置，属于三八面体型结构。由于 TOT 层堆垛顺序不同，也有多型。

图 5-3-49　金云母-1M 的晶体结构 2

表 5-3-2　金云母多型的晶体结构、晶胞参数表

金云母-1M	金云母-2M1	金云母-3T
单斜晶系,斜方柱晶类	单斜晶系,斜方柱晶类	三方晶系,三方偏方面体晶类
$2/m$	$2/m$	32
$C2/m$	$C2/c$	$P3_121$
$a=0.531$ nm、$b=0.919$ nm、$c=1.016$ nm,$\beta=100.08°$	$a=0.533$ nm、$b=0.922$ nm、$c=2.020$ nm,$\beta=95.12°$	$a=0.5.324$ nm、$c=3.019$ nm
2	—	—

【产状产地】

金云母产于富镁的岩石(如白云岩)或富镁石灰岩与岩浆岩的接触变质带中,和透辉石、镁橄榄石等共生,岩石经区域变质亦可形成金云母。在超基性岩,特别是金伯利岩、煌斑岩中常含大量金云母,也存在于白云质大理岩的接触变质带中。金云母在高温变质条件下,还能转化为长石、辉石和石榴石。

金云母的变种有锰云母、钛云母、铬金云母、氟金云母等。金云母有人造金云母(合成金云母)和天然金云母,天然金云母有深色金云母和浅色金云母。风化作用中金云母和白云母相似,脱去部分K^+后可以形成蛭石。

金云母的主要产地有德国、挪威、意大利、瑞士、俄罗斯、新西兰、缅甸、加拿大、美国(纽约)等。中国云母矿产分布不均匀,主要分布新疆、四川、内蒙古、四川、河北、山西、辽宁、吉林、黑龙江、山东、河南、云南、西藏、青海及陕西等地。

【主要用途】

金云母具有极高的电绝缘、抗酸碱腐蚀、弹性韧性、耐热隔音、热膨胀系数小等性能。广泛应用于建材、消防、电焊、塑料、绝缘、造纸、橡胶、珠光颜料等化学工业。超细云母粉作塑料、涂料、油漆、橡胶等功能性填料,可提高其机械强度,增强韧性、附着力抗老化及耐腐蚀型等。

金云母在地质学、物理学、化学、材料学、晶体学、矿物学、宝石学等方面都有重要意义。

黑云母

【化学性质】

黑云母是一种含 K、Fe、(F,OH)的[$AlSi_3O_{10}$]层状基型硅酸盐类矿物,其晶体化学式为 K{(Mg,Fe)[$AlSi_3O_{10}$](F,OH)$_2$}。主要成分为 K、Fe、Mg、Al、Si、H、F、O,类质同象替代成分有 Ti、Mn、Na、H_2O。

不同岩石中产出的黑云母,其化学组成成分差距很大。

黑云母类质同象替代广泛,一般酸性和中性岩浆岩中的黑云母,FeO 含量高、MgO 含量低。基性岩和超基性岩中的黑云母,MgO 含量高、FeO 含量低。在碱性伟晶岩中的黑云母,MgO 含量低、Fe_2O_3 含量相对要高一些。黑云母的晶体形态与金云母类同。

黑云母溶于酸性和碱性的水溶液中,在低 pH 值下溶解速率最高。黑云母溶解是各向异性的,晶体边缘表面(hk0)的反应比基底表面(001)快 45～132 倍。

化学成分中氧化物及元素的质量分数为 K_2O 10.86%、MgO 23.24%、Al_2O_3 11.76%、FeO 7.82%、SiO_2 41.58%、H_2O 3.64%、F 1.10%。

黑云母与金云母呈类质同象矿物系列。

【结晶形态】

黑云母属于单斜晶系,斜方柱晶类,对称型为 $2/m$。晶体为假六方晶形,形状为片状、板状、柱状

（图 5-3-50）。主要单形有$\{112\}$、$\{221\}$、$\{010\}$、$\{001\}$。黑云母中双晶也常见，多依云母律生成接触双晶或穿插三连晶。

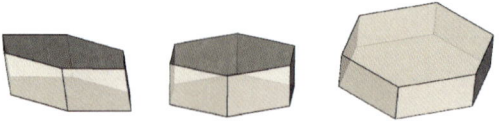

(a) 黑云母的结晶形态

(b) 黑云母（意大利）　　　　　　　　　　(c) 黑云母（德国）

图 5-3-50　黑云母

【物理特征】

黑云母的颜色呈黑色、深褐色、绿褐色、棕色、暗棕色、黄色，有时带浅红色、浅绿色或其他色调。含 Ti 高的呈浅红褐色，富含高价 Fe^{3+} 则呈绿色。条痕为无色、灰色。透明、半透明至不透明。玻璃光泽、珍珠光泽，黑色则呈半金属光泽，解理面呈珍珠光泽。无荧光。色散较弱。多色性强：黄色、浅黄色、浅棕色、浅绿棕色，红棕色、棕色、绿棕色、蓝绿色或不透明。在正交偏光镜下，可见黑云母鸟眼状消光现象。

二轴晶（－）。折射率为 Np＝1.565～1.625、Nm＝1.605～1.675、Ng＝1.605～1.675，双折射率为 0.040～0.050。$2V=0°\sim 25°$（测量）。

$\{001\}$解理极完全。脆性到柔性，弹性好。断口呈细小碎片状。摩氏硬度为 2.5～3.0，相对密度为 2.80～3.40（测量）、2.89（计算）。

【晶体结构】

黑云母属于单斜晶系，空间群为 $C2/m$（图 5-3-51）。晶胞参数：$a=0.547$ nm、$b=0.928$ nm、$c=1.026$ nm，$\beta=99.73(2)°$，$Z=2$。X 射线粉晶主要衍射数据 d(Å)(I/I_{max})为 9.940(100)、3.390(20)、3.348(100)、2.614(30)、2.011(30)。

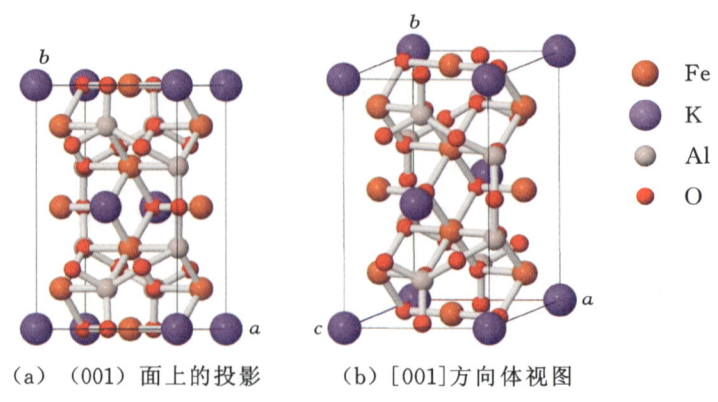

(a) (001) 面上的投影　　　　(b) [001]方向体视图

图 5-3-51　黑云母的的晶体结构

在晶体结构上，黑云母为三八面体结构，有几种多型体（1M、2M1、3T）。

【产状产地】

黑云母广泛分布于酸性花岗岩及其变质岩中,受热水溶液的作用可以蚀变为绿泥石、白云母和绢云母等其他矿物。深成岩和浅成岩中,特别是酸性或偏碱性的岩石中,大都含有黑云母。

黑云母的主要产地有意大利、挪威、德国、俄罗斯、加拿大、美国、中国。中国黑云母矿产分布不均匀,但绝大部分集中在新疆、四川和内蒙古,少量分布于河北、山西、辽宁、吉林、黑龙江、山东、河南、云南、西藏、青海及陕西等地。

【主要用途】

黑云母可用于钾-氩或氩-氩测定岩石的年龄。

黑云母广泛地应用于建材、消防、灭火剂、电焊条、塑料、造纸、沥青纸、橡胶、珠光颜料等化工工业。超细云母粉作塑料、涂料、油漆、橡胶等功能性填料,可提高其机械强度、增强韧性、附着力抗老化及耐腐蚀型等。

黑云母因为铁含量高,绝缘性能差,远不如白云母。黑云母细片常用作建筑材料填充物。

花岗岩中黑云母的镁含量往往比流纹岩中黑云母的 Mg 含量低。

黑云母在地质学、物理学、化学、材料学、环境科学、晶体学、矿物学、宝石学等方面都有重要意义。

铁 云 母

【化学性质】

铁云母是一种含 K、Fe、(OH,F) 的 $[(AlSi_3)O_{10}]$ 层状基型硅酸盐类矿物,其晶体化学式为 $K\{Fe_3[(AlSi_3)O_{10}](OH,F)_2\}$。主要成分为 K、Fe、Al、Si、H、F、O,类质同象替代成分有 Mn、Mg、Ca、Na、K、Ti、F、Cl。属于黑云母与金云母的矿物系列。

化学成分中氧化物及元素的质量分数为 K_2O 9.18%、Al_2O_3 9.94%、FeO 42.03%、SiO_2 34.37%、H_2O 2.63%、F 1.85%。

【结晶形态】

铁云母属于单斜晶系,斜方柱晶类,对称型为 $2/m$。晶体呈片状、板状、短柱状、云粒状、块状(图5-3-52)。主要多型有 {112}、{221}、{010}、{001} 等。见双晶。

（a）铁云母（加拿大）　　　　　　（b）铁云母（挪威）

图 5-3-52　铁云母

【物理特征】

铁云母的颜色呈红棕色、棕色、黑色。条痕为棕白色。透明至不透明。玻璃光泽、半金属光泽。色散弱。多色性较弱:棕色,深棕色,深棕色。

二轴晶(一)。折射率为 $Np=1.625\sim1.631$、$Nm=1.690$、$Ng=1.691\sim1.697$,双折射率为 0.066。$2V=0°\sim25°$(测量)、$12°\sim36°$(计算)。

{001} 解理完全。脆性到柔性,弹性好。断口呈细小碎片状。摩氏硬度为 2.5～3,相对密度为 3.30(测量)、3.36(计算)。

【晶体结构】

铁云母属于单斜晶系,空间群为 $C2/m$。晶胞参数:$a=0.539$ nm、$b=0.933$ nm、$c=1.029$ nm,$\beta=100°$,$Z=2$。X射线粉晶衍射数据 d(Å)(I/I_{max}) 为 10.26(100)、3.38(80)、2.65(70)、2.47(40)、2.20(20)、1.69(20)、1.56(40),见图 5-3-53。

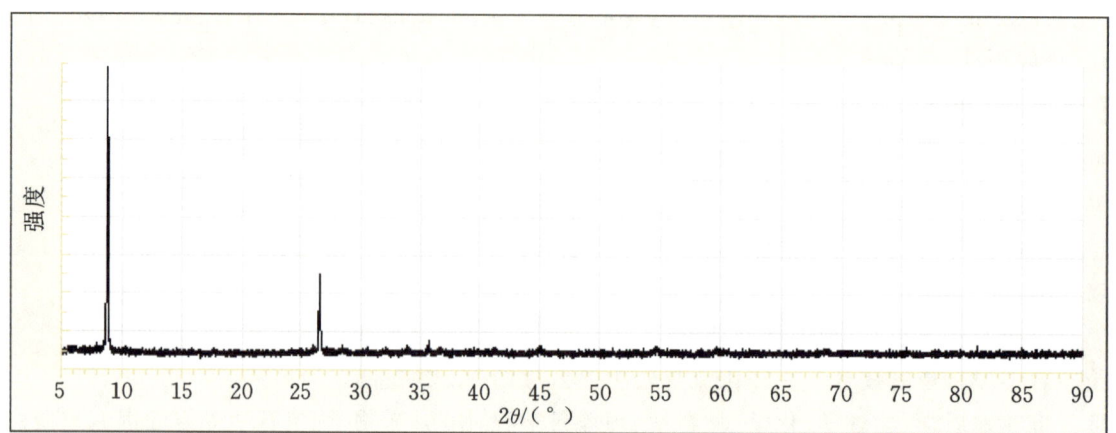

图 5-3-53 铁云母的 X 射线粉晶衍射图

【产状产地】

铁云母产于富 Fe、贫 Mg 的岩浆岩和变质岩中,共生伴生的矿物有金云母、绢云母、萤石等,主要产地有加拿大、挪威、美国(马萨诸塞)。

【主要用途】

铁云母在地质学、物理学、化学、晶体学、矿物学、宝石学等方面都有一定意义。

锌云母

【化学性质】

锌云母是一种含 K、Zn、(OH) 的 [$AlSi_3O_{10}$] 层状基型硅酸盐类矿物,其晶体化学式为 $K\{Zn_3[AlSi_3O_{10}](OH)_2\}$。主要成分为 K、Zn、Al、Si、H、O,类质同象替代成分有 Na、Ca、Ba、Li、Fe、Mg、Mn、F、Ti。

化学成分中氧化物的质量分数为 K_2O 8.59%、MgO 4.09%、MnO 12.94%、Al_2O_3 13.44%、ZnO 23.10%、SiO_2 34.59%、H_2O 3.65%。

【结晶形态】

锌云母属于单斜晶系,斜方柱晶类,对称型为 $2/m$。晶体呈片状、薄板状、板状、短柱状等(图 5-3-54)。

图 5-3-54 锌云母(美国新泽西)

【物理特征】

锌云母的颜色呈棕褐色、铜棕色、青铜色、暗红棕色、红黑色。条痕为浅棕红色。透明、半透明。玻璃光泽、油脂光泽。色散弱。多色性较弱：淡黄色，浅栗色，浅栗色。

二轴晶(一)。折射率为 Np=1.598～1.624、Nm=1.658～1.686、Ng=1.66～1.697，双折射率为 0.062～0.073。$2V=2°～8°$(测量)、$20°～44°$(计算)。

{001}解理完全。薄片具有柔性、弹性。断口呈不规则、不平整的细小碎片状。摩氏硬度为 2.5～3，相对密度为 2.86～3.43(测量)、3.20(计算)。

【晶体结构】

锌云母属于单斜晶系，空间群为 $C2/m$（图 5-3-55）。晶胞参数：$a=0.534$ nm、$b=0.925～0.932$ nm、$c=1.024～1.030$ nm、$\beta=99°～100.07°$，$Z=2$。X 射线粉晶主要衍射数据 $d(Å)(I/I_{max})$ 为 10.200(100)、5.094(36)、3.398(60)。

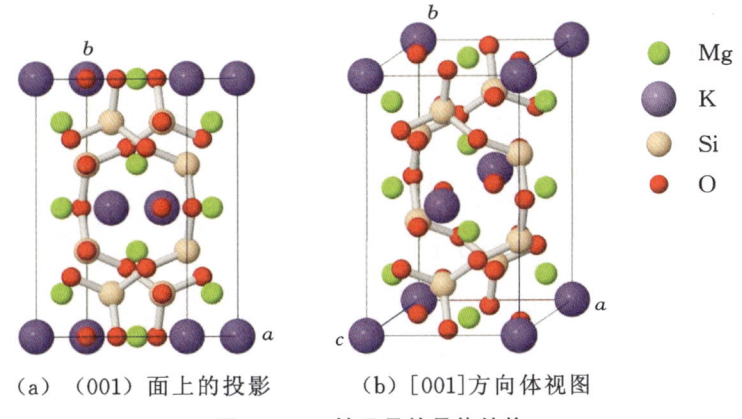

(a) (001)面上的投影　　(b) [001]方向体视图

图 5-3-55　锌云母的晶体结构

锌云母的多型有锌云母-1M、锌云母-2M_1、锌云母-3A。

【产状产地】

锌云母产于变质锌矿床的透镜体或片状矽卡岩体中，共生伴生的矿物有硅锌矿、红柱石、铅黝帘石、方解石、钙铁榴石、沸石类矿物等，主要产地有美国(新泽西)。

【主要用途】

锌云母在地质学、物理学、化学、晶体学、矿物学等方面都有一定意义。

铁锂云母

【化学性质】

铁锂云母是一种含 K、Li、Fe、Al、(F,OH)的[(Si,Al)$_4$O$_{10}$]层状基型硅酸盐类矿物，其晶体化学式为 K{(Li,Fe^{2+},Al)$_3$[(Si,Al)$_4$O$_{10}$](F,OH)$_2$}。氧化锂(Li$_2$O)的含量可达 1.1%～5%。主要成分为 K、Li、Fe、Al、Si、H、F、O，类质同象替代成分有：Ti、Mn、Mg、Ca、Na、H$_2$O。

铁锂云母是针叶云母与多硅锂云母类质同象矿物系列中的重要成员。

化学成分中氧化物及元素的质量分数为 K$_2$O 10.37%、Li$_2$O 3.72%、Na$_2$O 0.54%、Al$_2$O$_3$ 21.78%、Fe$_2$O$_3$ 1.19%、FeO 10.22%、MnO 0.37%、SiO$_2$ 42.42%、H$_2$O 1.85%、F 7.54%。

【结晶形态】

铁锂云母属于单斜晶系，斜方柱晶类，对称型为 $2/m$。晶体呈片状、鳞片状、板状，假六边形。常见片状结晶集合成玫瑰花瓣状、扇形状(图 5-3-56)。双晶平面{001}，双晶轴[310]。

(a) 铁锂云母（德国、捷克） (b) 铁锂云母（美国科罗拉多） (c) 铁锂云母（美国新墨西哥）

图 5-3-56 铁锂云母

【物理特征】

铁锂云母的颜色呈银白色、灰色、浅棕色、黄白色、绿白色、淡紫色、深绿色、褐绿色等。条痕为白色。透明至半透明。珍珠光泽、玻璃光泽。

色散无。多色性较弱：浅黄色、浅棕色、浅绿色，红棕色、绿棕色、深棕色。无荧光。

二轴晶（−）。折射率为 Np=1.535～1.558、Nm=1.570～1.589、Ng=1.572～1.590，双折射率为 0.04～0.05。$2V=0°～40°$（测量）。

{001}解理极完全。薄片具有柔性、弹性。断口呈不规则、不平整的细小碎片状。摩氏硬度为 3.5～4，相对密度为 2.90～3.10（测量）、3.05（计算）。

【晶体结构】

铁锂云母属于单斜晶系，空间群为 $C2/m$。晶胞参数：$a=0.530$ nm、$b=0.914$ nm、$c=1.010$ nm、$\beta=100.83°$，$Z=2$。X 射线粉晶衍射数据 $d(Å)(I/I_{max})$ 为 9.82(82)、3.34(36)、3.29(100)、3.09(38)、2.89(32)、2.59(30)、1.98(54)，见图 5-3-57。

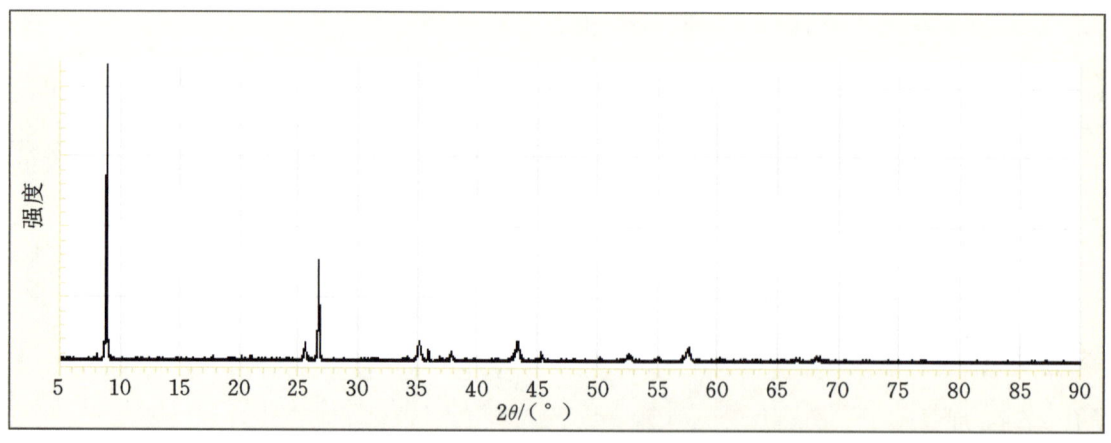

图 5-3-57 铁锂云母的 X 射线粉晶衍射图

多型有铁锂云母-1M、铁锂云母-2M 和铁锂云母-3T。有多型的晶胞参数：$a=0.527$ nm、$b=0.919$ nm、$c=2.002$ nm，$\beta=101°$，$Z=4$。

【产状产地】

铁锂云母主要产于伟晶岩热液脉中，亦见于云英岩中，共生伴生的矿物有石英、萤石、黄玉、绿柱石、电气石、锂辉石、锡石、黑钨矿等，主要产地有德国、捷克、美国（新墨西哥）等。

【主要用途】

铁锂云母在地质学、物理学、化学、材料学、晶体学、矿物学等方面都有重要意义。铁锂云母是提取 Li 的重要矿物原料。

锰锂云母

【化学性质】

锰锂云母是一种含 K、Li、Mn、Al、F、(OH)的[(AlSi$_3$)O$_{10}$]层状基型硅酸盐类矿物,其晶体化学式为 K{LiMnAl[AlSi$_3$O$_{10}$](F,OH)$_2$}。主要成分为 K、Li、Mn、Al、Si、F、H、O,类质同象替代成分有 Rb、Na、Fe、Ti、H$_2$O。

化学成分中氧化物及元素的质量分数为 K$_2$O 11.71%、Li$_2$O 7.43%、MnO 8.82%、Al$_2$O$_3$ 19.01%、SiO$_2$ 44.82%、H$_2$O 1.12%、F 7.09%。

【结晶形态】

锰锂云母属于单斜晶系,斜方柱晶类,对称型为 $2/m$。晶体形态呈片状、薄板状、厚板状、短柱状等(图 5-3-58)。

(a) 锰锂云母(美国爱达荷)　　(b) 锰锂云母(俄罗斯)　　(c) 锰锂云母(日本)

图 5-3-58　锰锂云母的形态

【物理特征】

锰锂云母的颜色呈紫色、粉红色。条痕为白色。透明至半透明。玻璃光泽、珍珠光泽。色散弱。多色性弱:浅紫色,无色。

二轴晶(-)。折射率为 Np=1.534、Nm=1.569、Ng=1.570,双折射率为 0.036。2V=29°~31°(测量)、18°(计算)。

{001}解理完全。薄片具有柔性、弹性。断口呈不规则、不平整的细小碎片状。摩氏硬度为 2.5,相对密度为 2.94(测量)、2.96(计算)。

【晶体结构】

锰锂云母属于单斜晶系,空间群为 $C2/m$(图 5-3-59)。晶胞参数:a=0.526 nm、b=0.910 nm、c=1.009 nm,β=100.83°,Z=2。X 射线粉晶衍射数据 d(Å)(I/I_{max})为 10.10(72)、3.64(43)、3.32(100)、3.09(58)、2.90(35)、2.89(17)、1.99(46)、1.65(23),见图 5-3-60。

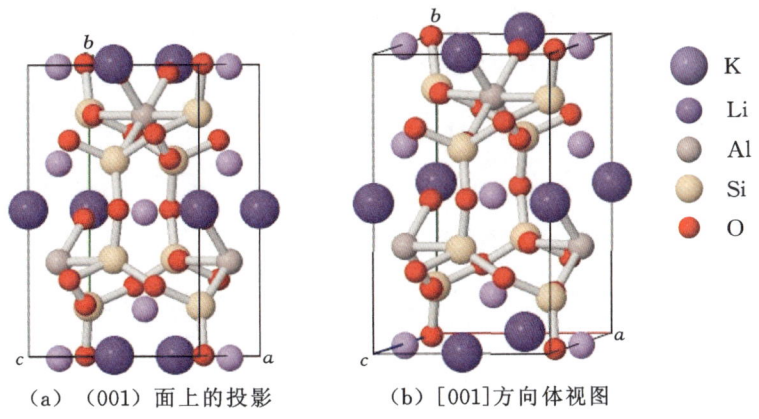

(a)(001)面上的投影　　(b)[001]方向体视图

图 5-3-59　锰锂云母晶体结构

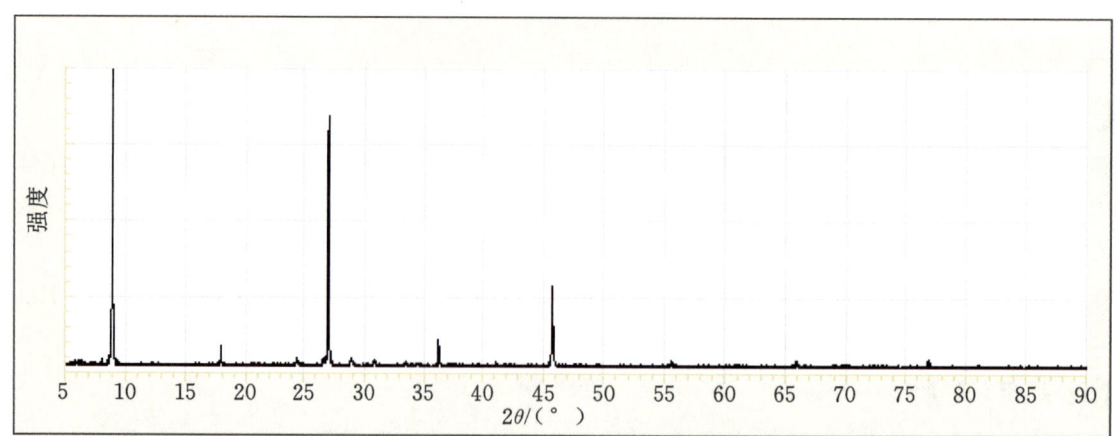

图 5-3-60　锰锂云母的 X 射线粉晶衍射图

【产状产地】

锰锂云母产于一种富 Mn、Li 的花岗伟晶岩中,共生伴生的矿物有长石、石英、黑云母等,主要产地有美国(爱达荷)、俄罗斯、日本。

【主要用途】

锰锂云母在地质学、物理学、化学、材料学、环境科学、晶体学、矿物学、宝石学等方面都有重要意义,是提取 Li 的重要矿物原料。

锂云母

【化学性质】

锂云母也称为鳞云母,是一种含 K、Li、(OH) 的 $[(Si_{3.5-3}Al_{0.5-1})O_{10}]$ 层状基型硅酸盐类矿物,其晶体化学式为 $K\{(Li,Al,Rb)_{2.5-3}[(Si_{3.5-3}Al_{0.5-1})O_{10}](OH,F)_2\}$。主要成分为 K、Li、Si、H、O,类质同象替代成分有 Al、Rb、Cs、F。其中 Li_2O 的含量可达 $1.23\%\sim5.90\%$,常含有 Rb、Cs 等。

化学成分中氧化物及元素的质量分数为 K_2O 12.13%、Li_2O 7.70%、Al_2O_3 13.13%、SiO_2 59.83%、H_2O 2.32%、F 4.89%。

锂云母是 Al—Li 和 Fe—Li 两个类质同象系列中富含 Li 的端元成员,其中 Al—Li 系列为不完全类质同象,而 Fe—Li 系列则为完全类质同象。含 Li 的云母,均含一定数量的 F^-,含 Li 越高,F 的含量也越高。

锂云母是多硅锂云母—锂白云母类质同象系列矿物中重要的一员,其晶体化学式可表示为 $K\{Li_2Al[Si_4O_{10}](F,OH)_2\}$—$K\{(Li_{1.5}Al_{1.5})[AlSi_3O_{10}](F,OH)_2\}$。

【结晶形态】

锂云母属于单斜晶系,斜方柱晶类,对称型为 $2/m$。晶体呈细鳞片状、小薄片状、短柱体、大板状等,见鳞状、块状集合体(图 5-3-61)。主要单形有{112}、{221}、{010}、{001}。具有双晶,双晶面为{001},双晶轴为[310]。

【物理特征】

锂云母的颜色呈白色、浅紫色、紫红色、粉红色、浅玫瑰红色、黄色、黄绿色。条痕为白色。透明至半透明。亚玻璃光泽、油脂光泽、珍珠光泽。多色性弱:无色,粉色,浅紫色,粉色,浅紫色。

二轴晶(−)。折射率为 $Np=1.525\sim1.548$、$Nm=1.551\sim1.580$、$Ng=1.554\sim1.586$,双折射率为 $0.029\sim0.038$。$2V=25°\sim58°$(测量)、$36°\sim46°$(计算)。

{001}云母式极完全解理。富有弹性。断口呈不均匀、不平整的碎片状。摩氏硬度为 2.5～3.5,

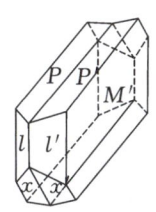 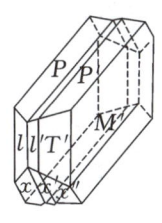   

（a）锂云母的双晶形态　　　　　（b）锂云母（美国）　　　　　（c）锂云母（巴西）

图 5-3-61　锂云母

相对密度为 2.80～2.90（测量）、2.83（计算）。

【晶体结构】

锂云母属于单斜晶系，空间群为 $C2/m$。晶胞参数：$a=0.521$ nm、$b=0.897$ nm、$c=1.015$ nm，$\beta=100.77°$，$Z=2$。X 射线粉晶衍射数据 $d(\text{Å})(I/I_{max})$ 为 10.00(60)、5.00(50)、4.50(50)、3.62(50)、3.48(50)、2.58(100)、1.99(80)。

【产状产地】

锂云母属于含 K 和 Li 的层状基型云母类矿物，产于花岗伟晶岩中。共生伴生的矿物有石英、长石、电气石、锡石、黄玉、绿柱石、萤石、黑钨矿、锂辉石、锂云母等。主要产地有巴西、马达加斯加、捷克、俄罗斯、加拿大、美国。中国锂资源丰富，其中江西宜春储藏着世界最大的锂云母矿，氧化锂的可开采量占全国的 1/3。

【主要用途】

锂云母在地质学、物理学、化学、材料学、环境科学、晶体学、矿物学、宝石学等方面都有重要意义。

锂云母是最常见的含锂矿物，是重要的锂资源，是提取稀有金属锂、制取锂氧化物的主要原料之一。

锂云母中常含有 Rb 和 Cs，也是提取这些稀有金属的重要原料。

多硅锂云母

【化学性质】

多硅锂云母是一种含 K、Li、Al、F、(OH) 的 $[Si_4O_{10}]$ 层状基型硅酸盐类矿物，其晶体化学式为 $K\{Li_2Al[Si_4O_{10}](F,OH)_2\}$。主要成分为 K、Li、Al、Si、F、H、O，类质同象替代成分有 Na、Ca、Fe、Mn、Mg。

化学成分中氧化物及元素的质量分数为 K_2O 11.13%、Li_2O 6.23%、Na_2O 2.06%、CaO 0.73%、Al_2O_3 13.11%、Fe_2O_3 0.18%、MnO 0.12%、MgO 0.24%、SiO_2 57.77%、H_2O^+ 1.71%、H_2O^- 0.33%、F 6.39%。

多硅锂云母有两组矿物系列，它们是多硅锂云母-锂白云母系列和多硅锂云母-针叶云母系列。

【结晶形态】

多硅锂云母-2M2 属于单斜晶系，斜方柱晶类，对称型为 $2/m$。晶体呈假六边形、鳞片状、板状、短柱状等（图 5-3-62）。

【物理特征】

多硅锂云母的颜色为无色、白色、珍珠白色、棕褐色、黄棕色、淡黄色、蓝色、紫色、绿色。条痕为白色。玻璃光泽、珍珠光泽。透明至半透明。色散弱。多色性也较弱。荧光为柠檬黄色。

二轴晶（一）。折射率为 Np=1.530、Nm=1.551～1.556、Ng=1.555～1.559，双折射率为 0.025～

(a) 多硅锂云母（丹麦）

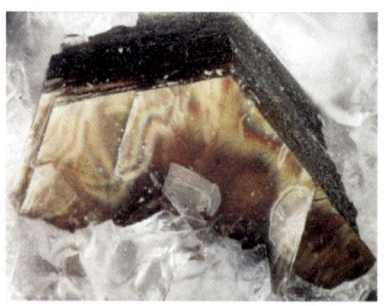
(b) 多硅锂云母（美国新墨西哥）

图 5-3-62　多硅锂云母

0.029。$2V=0°\sim3°$（测量）。

{001}解理完全。富有弹性。断口呈不均匀、不平整的碎片状。摩氏硬度为 $2\sim3$，相对密度为 $2.58\sim2.82$（测量）、2.84（计算）。

【晶体结构】

多硅锂云母-2M2 空间群为 $C2/c$（图 5-3-63）。晶胞参数：$a=0.526$ nm、$b=0.909$ nm、$c=1.010$ nm，$\beta=100.72°$，$Z=2$。X 射线粉晶主要衍射数据 $d(\text{Å})(I/I_{max})$ 为 4.89(80)、3.27(100)、2.56(100)、1.97(100)、1.63(90)、1.49(100)、1.29(90)，见图 5-3-64。

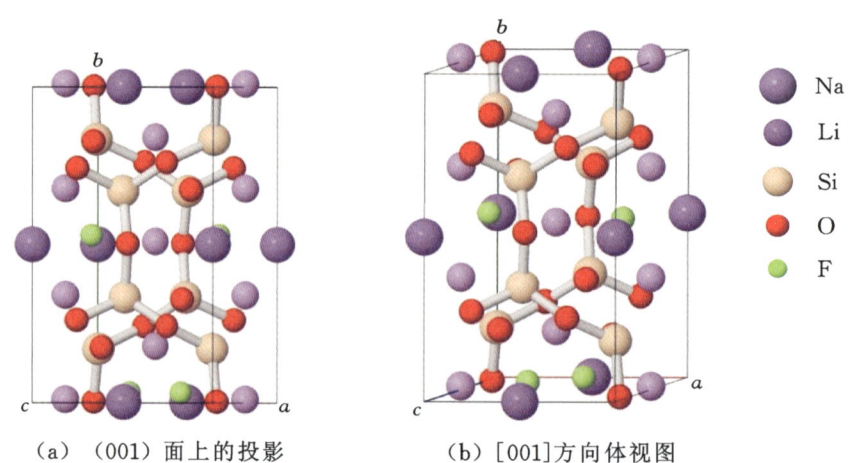

(a) (001) 面上的投影　　(b) [001]方向体视图

图 5-3-63　多硅锂云母的晶体结构

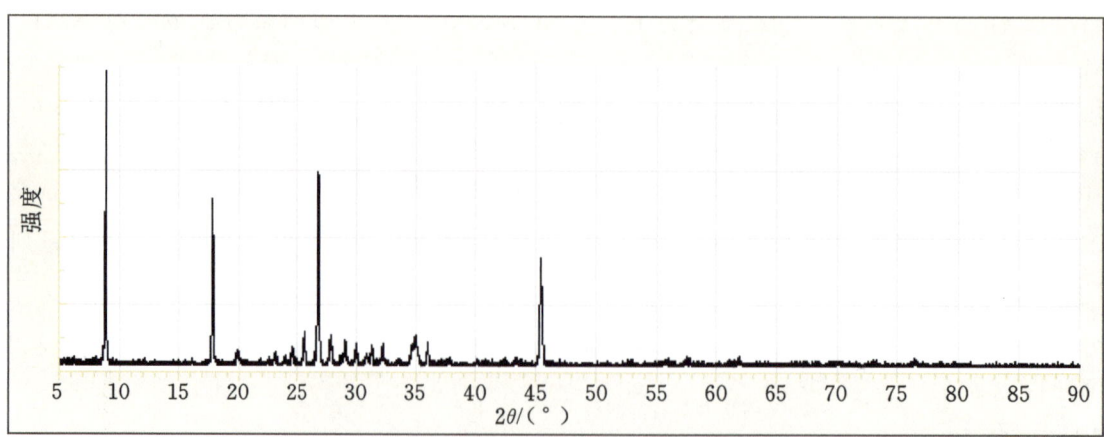

图 5-3-64　多硅锂云母的 X 射线粉晶衍射图

多硅锂云母有多种多型，它们主要是多硅锂云母-1M、多硅锂云母-2M2、多硅锂云母-3T 多型（表 5-3-3）。

表 5-3-3　多硅锂云母多型的晶体结构、晶胞参数表

多硅锂云母-1M	多硅铁锂云母-2M2
单斜晶系，轴双面晶类	单斜晶系，斜方柱晶类
2	$2/m$
$C2$	$C2/c$
$a=0.525$ nm、$b=0.907$ nm、$c=1.009$ nm，$\beta=100.694°$	$a=0.526$ nm、$b=0.909$ nm、$c=1.010$ nm，$\beta=100.72°$

【产状产地】

多硅锂云母产于碱性正长伟晶岩中，共生伴生的矿物有长石、石英、方解石等，主要产地有加拿大、丹麦、塔吉克斯坦、俄罗斯、美国（新墨西哥）。

【主要用途】

多硅锂云母在地质学、物理学、化学、材料学、环境科学、晶体学、矿物学、宝石学等方面都有重要意义。多硅锂云母是常见的含锂矿物，是重要的锂资源，是提取稀有金属锂的矿物原料，常含有 Rb 和 Cs，也是提取稀有金属的重要矿物原料。

锂白云母

【化学性质】

锂白云母是一种含 K、Li、Al、F、(OH) 的 $[AlSi_3O_{10}]$ 层状基型硅酸盐类矿物，其晶体化学式为 $K\{(Li_{1.5}Al_{1.5})[AlSi_3O_{10}](F,OH)_2\}$。主要成分为 K、Li、Al、Si、F、H、O，类质同象替代成分有 Na、Ca、Fe。

化学成分中氧化物及元素的质量分数为 K_2O 11.80%、Li_2O 5.61%、Al_2O_3 29.93%、SiO_2 43.14%、F 9.52%。

【结晶形态】

锂白云母-2M2 属于单斜晶系，斜方柱晶类，对称型为 $2/m$。晶体呈板状、片状、粒状、块状（图 5-3-65）。

（a）锂白云母（美国）

（b）锂白云母（捷克）

（c）锂云母（中国江西）

图 5-3-65　锂白云母

【物理特征】

锂白云母的颜色呈白色、棕色、粉红紫色、绿色等。条痕为白色。透明至半透明。丝绢光泽、玻璃光泽。色散弱。多色性弱。

{001}极完全解理。薄片具有弹性。断口呈不规则、不平整的贝壳状。摩氏硬度为 3~4，相对密度为 2.9~3.2（测量）、2.81（计算）。

【晶体结构】

锂白云母-2M2 属于单斜晶系,空间群为 $C2/c$(图 5-3-66)。晶胞参数:$a=0.906$ nm、$b=0.522$ nm、$c=2.028$ nm,$\beta=99.64°$,$Z=4$。X 射线粉晶衍射图如图 5-3-67 所示。

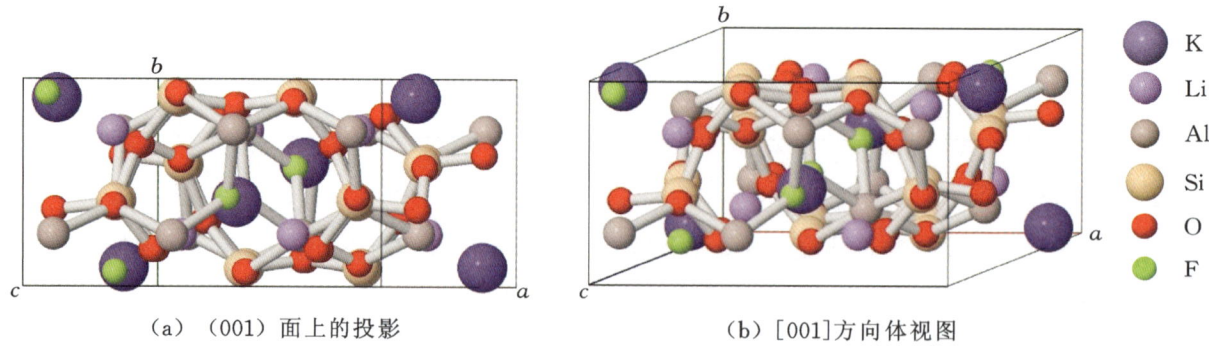

(a) (001) 面上的投影　　　　　　　(b) [001] 方向体视图

图 5-3-66　锂白云母-2M2 的晶体结构

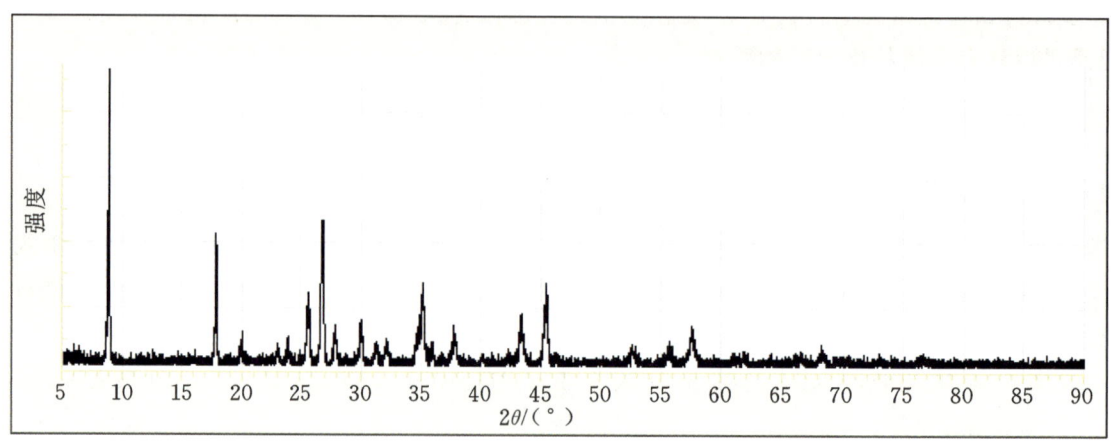

图 5-3-67　锂白云母-2M2 的 X 射线粉晶衍射图

【产状产地】

锂白云母产于富 Li 花岗伟晶岩中,共生伴生的矿物有石英、长石、电气石、黄玉、萤石、锂辉石、锂云母等,主要产地有美国(科罗拉多、新墨西哥)、德国、捷克、加拿大、莫桑比克等。

【主要用途】

锂白云母在地质学、物理学、化学、材料学、环境科学、晶体学、矿物学、宝石学等方面都有重要意义。锂白云母是常见的含锂矿物,是提取稀有重要金属锂的矿物原料。

针叶云母

【化学性质】

针叶云母是一种含 K、Fe、Al、(OH)的[$(Al_2Si_2)O_{10}$]层状基型硅酸盐类矿物,其晶体化学式为 K$\{Fe_2^{2+}Al[(Al_2Si_2)O_{10}](OH)_2\}$。主要成分为 K、Fe、Al、Si、H、O,类质同象替代成分有 Na、Ca、Li、Rb、Cs、Mg、Mn、Ti、F、Cl、H_2O 等。

化学成分中氧化物及元素的质量分数为 K_2O 9.71%、Al_2O_3 29.54%、FeO 29.63%、SiO_2 24.31%、H_2O 0.93%、F 5.88%。

【结晶形态】

针叶云母属于单斜晶系,斜方柱晶类,对称型为 $2/m$。晶体呈叶片状、板状、粒状、块状等(图 5-3-68)。

图 5-3-68　针叶云母（葡萄牙）

【物理特征】

针叶云母的颜色呈深绿色、深棕色、棕色、黑色等。条痕为灰绿色。透明、半透明。玻璃光泽、土状光泽。色散弱。多色性较弱：棕色，深棕色，深棕色。

二轴晶（一）。折射率为 Np=1.582、Nm=1.62、Ng=1.625，双折射率为 0.043。$2V=4°$。色散中等。{001}解理完全。富有柔性、弹性。断口呈不规则、不平整的贝壳状。摩氏硬度为 2.5，相对密度为 3.19（计算）。

【晶体结构】

针叶云母属于单斜晶系，空间群为 $C2/m$。晶胞参数：$a=0.537$ nm、$b=0.930$ nm、$c=1.027$ nm，$\beta=100.06°$，$Z=2$。X 射线粉晶主要衍射数据 $d(\text{Å})(I/I_{max})$ 为 10.200(100)、3.367(100)、2.644(80)。

【产状产地】

针叶云母产于伟晶岩中，共生伴生的矿物有长石、石英，主要产地有葡萄牙、美国（科罗拉多）。

【主要用途】

针叶云母在地质学、物理学、化学、材料学、环境科学、晶体学、矿物学、宝石学等方面都有重要意义。

镁铝蛇纹石-绿锥石族

镁铝蛇纹石（amesite）	$Mg_4Al_2[Al_2Si_2O_{10}](OH)_8$
锰铝蛇纹石（kellyite）	$MgMn_3Al_2[Al_2Si_2O_{10}](OH)_8$
镍铝蛇纹石（brindleyite）	$(Ni,Mg)_4Al_2[(Si,Al)_4O_{10}](OH)_8$
绿锥石（cronstedtite）	$Fe_4Fe_2^{3+}[Fe_2Si_2O_{10}](OH)_8$
铁铝蛇纹石（berthierine）	$MgFe_4Fe^{3+}[AlSi_3O_{10}](OH)_8$
顿绿泥石（donbassite）	$NaAl_4[AlSi_3O_{10}](OH)_8$

镁铝蛇纹石

【化学性质】

镁铝蛇纹石是一种含 Mg、Al、(OH) 的 $[Al_2Si_2O_{10}]$ 层状基型硅酸盐类矿物，其晶体化学式为 $Mg_4Al_2[Al_2Si_2O_{10}](OH)_8$。主要成分为 Mg、Al、Si、H、O，类质同象替代成分有 Fe、Mn。

化学成分中氧化物的质量分数为 MgO 28.92%、Al_2O_3 36.59%、SiO_2 21.56%、H_2O 12.93%。

【结晶形态】

镁铝蛇纹石属于三斜晶系，单面晶类，对称型为 1。晶体呈假六边形的叶片状、片状、柔性板状（图 5-3-69）。

图 5-3-69 镁铝蛇纹石(俄罗斯)

【物理特征】

镁铝蛇纹石的颜色呈无色、白色、浅蓝绿色、粉红色到淡紫色。条痕为淡绿白色。透明至半透明。珍珠光泽、树脂光泽、蜡质光泽、半金属光泽。

二轴晶(+)。折射率为 Np=1.597、Nm=1.597~1.599、Ng=1.612~1.615,双折射率为 0.015~0.018。$2V=18°$(测量)。

{001}解理完全。薄片具有柔性、弹性。断口呈不规则、不平整的细小碎片状。摩氏硬度为 2.5~3,相对密度为 2.77~2.78(测量)、2.70(计算)。

【晶体结构】

镁铝蛇纹石属于三斜晶系,空间群为 $C\bar{1}$(图 5-3-70)。晶胞参数:$a=0.531$ nm、$b=0.921$ nm、$c=1.440$ nm,$\alpha=102.11°$、$\beta=90.20°$、$\gamma=90.10°$,$Z=4$。镁铝蛇纹石-2H2 的 X 射线粉晶衍射数据 $d(\text{Å})(I/I_{max})$ 为 7.060(100)、3.510(100)、2.600(40)、2.476(80)、1.925(70)、1.528(60)、1.462(35),见图 5-3-71。

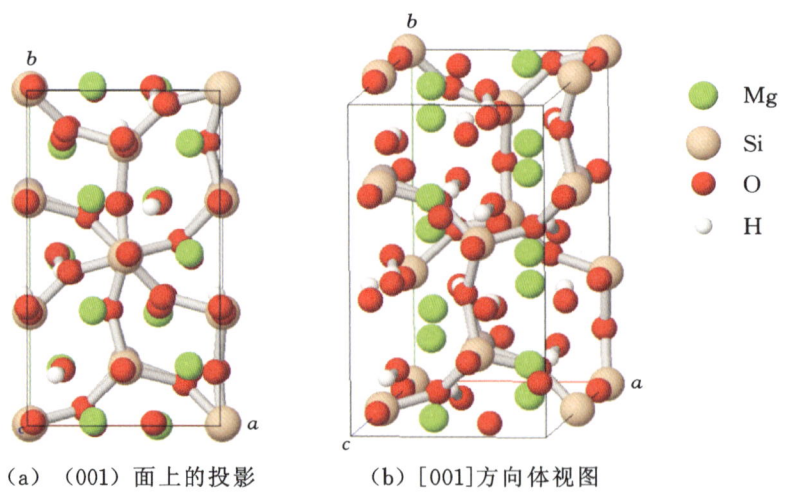

(a) (001) 面上的投影　　(b) [001]方向体视图

图 5-3-70 镁铝蛇纹石晶体结构

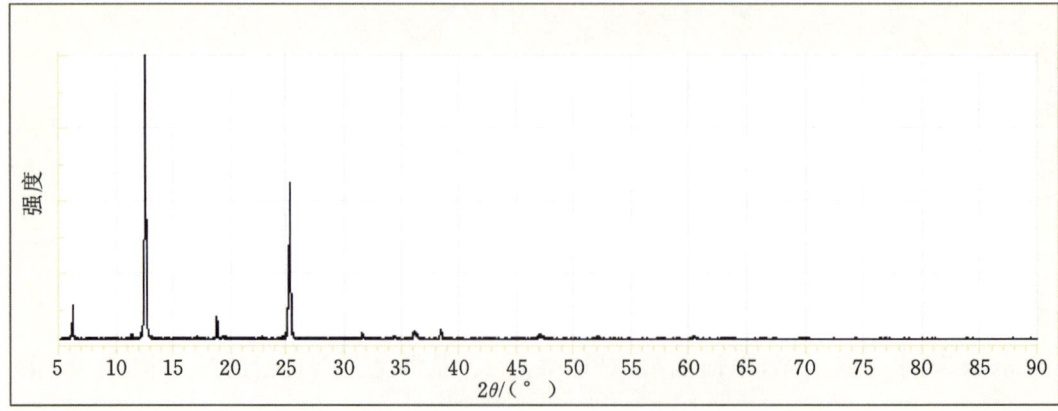

图 5-3-71 镁铝蛇纹石的 X 射线粉晶衍射图

镁铝蛇纹石多型有镁铝蛇纹石-2H1、镁铝蛇纹石-2H2、镁铝蛇纹石-6R(表 5-3-4)。

表 5-3-4 镁铝蛇纹石的多型

多型名称	镁铝蛇纹石-2H1	镁铝蛇纹石-2H2	镁铝蛇纹石-6R
化学式	$Mg_4Al_2[Al_2Si_2O_{10}](OH)_8$	$Mg_4Al_2[Al_2Si_2O_{10}](OH)_8$	$Mg_4Al_2[Al_2Si_2O_{10}](OH)_8$
晶体结构	三斜晶系,单面晶类, 对称型为1,空间群 $P1$	三斜晶系,单面晶类, 对称型为1,空间群 $P1$	六方晶系,六方单锥晶类, 对称型为6,空间群 $P6_3$
晶胞参数	$a=0.530$ nm、$b=0.918$ nm、$c=1.405$ nm, $\alpha=90.06°$、$\beta=90.30°$、$\gamma=90.00°$	$a=0.531$ nm、$b=0.920$ nm、$c=1.407$ nm, $\alpha=90.09°$、$\beta=90.25°$、$\gamma=89.96°$	$a=0.531$ nm、$c=1.404$ nm

【产状产地】

镁铝蛇纹石是一种富 Al、Mg 的岩浆岩低级变质矿物,共生伴生的矿物有金红石、磁铁矿、一水硬铝石、斜绿泥石,主要产地有俄罗斯、美国(马萨诸塞)。

【主要用途】

镁铝蛇纹石在地质学、物理学、化学、环境科学、晶体学、矿物学等方面都有重要意义。

锰铝蛇纹石

【化学性质】

锰铝蛇纹石是一种含 Mg、Mn、Al、(OH)的[$Al_2Si_2O_{10}$]层状基型硅酸盐类矿物,其晶体化学式为 $MgMn_3Al_2[Al_2Si_2O_{10}](OH)_8$。主要成分为 Mg、Mn、Al、Si、H、O,类质同象替代成分有 Fe、Ti、H_2O。

化学成分中氧化物的质量分数为 MnO 32.86%、Al_2O_3 15.74%、MgO 12.44%、SiO_2 27.83%、H_2O 11.13%。

【结晶形态】

锰铝蛇纹石属于六方晶系,六方单锥晶类,对称型为6。晶体呈六边形的叶片状、片状、板状、条板状(图 5-3-72)。

图 5-3-72 锰铝蛇纹石

【物理特征】

锰铝蛇纹石的颜色呈浅黄色、金黄色、柠檬黄色。条痕为黄白色。透明。玻璃光泽、树脂光泽。色散弱。多色性较弱:淡黄色、红棕色,无色、绿黄色。

一轴晶(一)。折射率为 No=1.646、Ne=1.639,双折射率为 0.007。

{0001}解理完全。薄片具有柔性、弹性。断口呈不规则、不平整的细小碎片状。摩氏硬度为 2.5,相对密度为 3.07(测量)、3.09(计算)。

【晶体结构】

锰铝蛇纹石属于六方晶系,空间群为 $P6_3$。晶胞参数:$a=0.547$ nm、$c=1.404$ nm,$Z=2$。X 射线粉晶主要衍射数据 $d(\text{Å})(I/I_{max})$ 为 7.000(85)、3.502(85)、2.535(100)。

【产状产地】

锰铝蛇纹石是一种变质作用形成的含 Mn 硅酸盐矿物,主要产地有(美国密歇根、北卡罗来纳)。

【主要用途】

锰铝蛇纹石在地质学、物理学、化学、材料学、环境科学、晶体学、矿物学、宝石学等方面都有重要意义。

镍铝蛇纹石

【化学性质】

镍铝蛇纹石是一种含 Ni、Mg、Al、(OH) 的 $[(Si,Al)_4O_{10}]$ 层状基型硅酸盐类矿物,其晶体化学式为 $(Ni,Mg)_4Al_2[(Si,Al)_4O_{10}](OH)_8$。主要成分为 Ni、Al、Si、H、O,类质同象替代成分有 Fe、Mg、Ca、La、Cr、Ti 等。

化学成分中氧化物的质量分数为 NiO 30.18%、Cr_2O_3 0.17%、FeO 1.15%、MgO 3.18%、CaO 0.07%、TiO_2 0.99%、Al_2O_3 24.09%、La_2O_3 0.35%、SiO_2 27.45%、H_2O 12.37%。

【结晶形态】

镍铝蛇纹石属于单斜晶系,轴双面晶类,对称型为 2。晶体呈粒状、柱状、板状、块状等(图 5-3-73)。

(a) 镍铝蛇纹石(美国新墨西哥)   (b) 镍铝蛇纹石(纳米比亚)

图 5-3-73 镍铝蛇纹石

【物理特征】

镍铝蛇纹石的颜色呈黑色、黄绿色。条痕为浅绿色。透明、半透明。玻璃光泽、珍珠光泽。色散弱。多色性弱。

二轴晶(+/-)。折射率为 Np=1.617、Nm=1.635、Ng=1.644。

无解理。性脆。断口呈不规则、不平整的贝壳状、次贝壳状。摩氏硬度为 2.5~3,相对密度为 3.17(测量)、3.16(计算)。

【晶体结构】

镍铝蛇纹石-1M 属于单斜晶系,空间群为 C2。晶胞参数:$a=0.529$ nm、$b=0.913$ nm、$c=0.731$ nm、$\beta=104.15°$,$Z=2$。X 射线粉晶衍射数据 $d(\text{Å})(I/I_{max})$ 为 7.07(100)、4.54(10)、3.54(80)、2.62(18)、2.47(18)、2.37(18)、1.52(17)。

镍铝蛇纹石还有多型——镍铝蛇纹石-3A,六方晶系,晶胞参数:$a=0.528$ nm、$c=0.709$ nm、$Z=2$。

【产状产地】

镍铝蛇纹石产于喀斯特地貌较为发育的铝土矿床底部,为切割高岭石黏土的细脉。与镍铝蛇纹石共生伴生矿物的有高岭石、方解石、绿泥石,主要产地有美国(新墨西哥)、纳米比亚、希腊。

【主要用途】

镍铝蛇纹石在地质学、物理学、化学、材料学、环境科学、晶体学、矿物学、宝石学等方面都有重要意义。

绿锥石

【化学性质】

绿锥石是一种含 Fe、(OH) 的 $[Fe_2Si_2O_{10}]$ 层状基型硅酸盐类矿物,其晶体化学式为 $Fe_4Fe_2^{3+}[Fe_2Si_2O_{10}](OH)_8$。主要成分为 Fe、Si、H、O,类质同象替代成分有 Ca、Mn、Mg、Al、F、H_2O。

化学成分中氧化物的质量分数为 FeO 35.97%、Fe_2O_3 39.97%、SiO_2 15.04%、H_2O 9.02%。

【结晶形态】

绿锥石属于六方晶系,复三方单锥晶类,对称型为 $3m$。晶体呈锥状、板状、粒状,集合体呈球状、块状(图 5-3-74)。

(a)绿锥石(墨西哥)

(b)绿锥石(西班牙)

图 5-3-74　绿锥石

【物理特征】

绿锥石的颜色呈棕黑色、绿黑色、深棕色、黑色。条痕为黑色、橄榄绿色。透明、半透明。玻璃光泽、油脂光泽、半金属光泽。色散弱。多色性较明显。

二轴晶(-)。折射率为 Np=1.720、Nm=1.800、Ng=1.800,双折射率为 0.080。2V 角很小,近于 0°。

{001}解理完全。具有弹性。断口呈不平整、不均匀的次贝壳状。摩氏硬度为 3.5,相对密度为 3.34~3.35(测量)、3.59(计算)。

【晶体结构】

绿锥石属于三方晶系,空间群为 $P3_1m$(图 5-3-75)。晶胞参数:$a=0.549$ nm、$c=0.710$ nm,$Z=1$。X 射线粉晶主要衍射数据 $d(\text{Å})(I/I_{max})$ 为 7.09(100)、3.55(85)、2.72(50)、2.56(100)、2.44(40)、2.31(16)、1.68(16)、1.59(40),见图 5-3-76。

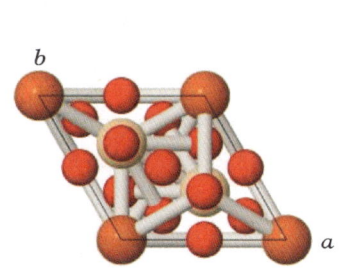
(a)(001)面上的投影

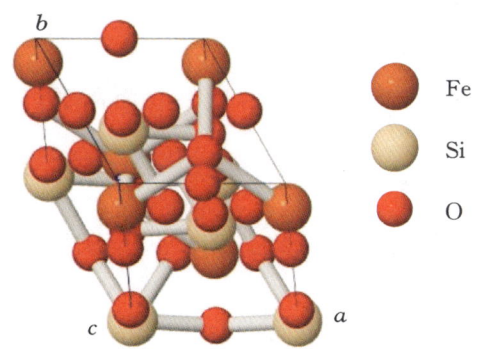
(b)[001]方向体视图

图 5-3-75　绿锥石的晶体结构

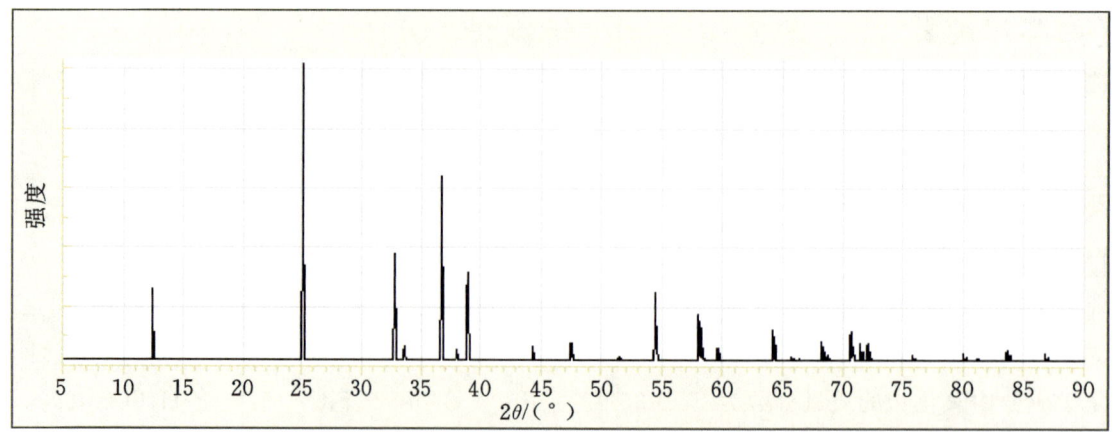

图 5-3-76　绿锥石的 X 射线粉晶衍射图

绿锥石的多型有绿锥石-1M、绿锥石-1T、绿锥石-2H2、绿锥石-3T(表 5-3-5)。

表 5-3-5　绿锥石的多型

多型名称	绿锥石-1M	绿锥石-2H2	绿锥石-3R
空间群	Cm	$P6_3$	$P3_1m$
对称型	单斜晶系，m	六方晶系，6	三方晶系，$3m$
晶胞参数	$a=0.550$ nm、$b=0.953$ nm、$c=0.733$ nm，$\beta=104.49°$	$a=0.550$ nm、$c=1.416$ nm	$a=0.550$ nm、$c=2.129$ nm

【产状产地】

绿锥石是一种矿脉中的低温热液矿物，共生伴生的矿物有菱铁矿、黄铁矿、闪锌矿和石英，主要产地有墨西哥、西班牙、捷克。

【主要用途】

绿锥石在地质学、物理学、化学、材料学、环境科学、晶体学、矿物学、宝石学等方面都有重要意义。

铁铝蛇纹石

【化学性质】

铁铝蛇纹石是一种含 Mg、Fe、(OH)的[$AlSi_3O_{10}$]层状基型硅酸盐类矿物，其晶体化学式为 $MgFe_4Fe^{3+}[AlSi_3O_{10}](OH)_8$。主要成分为 Mg、Fe、Al、Si、H、O，类质同象替代成分有 Mn、Ca。

化学成分中氧化物的质量分数为 MgO 2.72%、Al_2O_3 30.73%、FeO 33.41%、Fe_2O_3 4.72%、SiO_2 22.33%、H_2O 6.09%。

【结晶形态】

铁铝蛇纹石属于单斜晶系，反映双面晶类，对称型为 m。晶体呈粒状、柱状、板状、块状等(图 5-3-77)。

【物理特征】

铁铝蛇纹石的颜色呈棕绿色、深绿色、黄绿色。条痕为绿白色。透明。珍珠光泽、玻璃光泽。色散较强，多色性弱。

二轴晶(+/−)。折射率为 Np=1.620、Nm=1.627、Ng=1.650，双折射率为 0.030。

解理不完全。具有弹性。断口呈不平整、不均匀的次贝壳状。摩氏硬度为 2.5，相对密度为 3.03(测量)、2.93(计算)。

（a）铁铝蛇纹石（加拿大）　　　　　　（b）铁铝蛇纹石（意大利）

图 5-3-77　铁铝蛇纹石

【晶体结构】

铁铝蛇纹石属于单斜晶系，空间群为 Cm。晶胞参数：$a=0.530$ nm、$b=0.920$ nm、$c=0.710$ nm，$\beta=104.50°$，$Z=2$。X 射线粉晶衍射数据 $d(\text{Å})(I/I_{\max})$ 为 7.120(100)、3.546(100)、2.520(100)、2.147(70)、1.775(60)、1.560(70)、1.478(60)。

已发现的多型有铁铝蛇纹石-1M 和铁铝蛇纹石-1H。

【产状产地】

铁铝蛇纹石见于海洋沉积物、红土和土壤中，主要产地有加拿大、意大利、法国。

【主要用途】

铁铝蛇纹石在地质学、物理学、化学、环境科学、晶体学、矿物学等方面都有一定意义。

顿绿泥石

【化学性质】

顿绿泥石是一种含 Na、Al、(OH) 的 $[AlSi_3O_{10}]$ 层状基型硅酸盐类矿物，其晶体化学式为 $NaAl_4[AlSi_3O_{10}](OH)_8$。主要成分为 Na、Al、Si、H、O，类质同象替代成分有 K、Ca、Li、Mg、Mn、Fe。

化学成分中氧化物的质量分数为 Al_2O_3 51.87%、SiO_2 34.39%、H_2O 13.74%。

【结晶形态】

顿绿泥石属于单斜晶系，斜方柱（轴双面）晶类，对称型为 $2/m$（或 2）。晶体呈粒状、土状（图 5-3-78）。

（a）顿绿泥石（美国宾夕法尼亚）　　　　　　（a）顿绿泥石（乌克兰）

图 5-3-78　顿绿泥石

【物理特征】

顿绿泥石的颜色呈白色、绿白色、黄白色。条痕为白色。透明。珍珠光泽、玻璃光泽。色散弱。多色性弱。

二轴晶(+)。折射率为 Np＝1.560～1.578、Nm＝1.566～1.582、Ng＝1.572～1.596，双折射率为 0.012～0.018。$2V=48°～55°$(测量)、$58°～88°$(计算)。

{001}解理完全。具有弹性。断口呈不平整、不均匀的碎片，次贝壳状。摩氏硬度为 2～2.5，相对密度为 2.63～2.64(测量)、2.67(计算)。

【晶体结构】

顿绿泥石属于单斜晶系，空间群为 $C2/m$。晶胞参数：$a=0.516$ nm、$b=0.894$ nm、$c=1.415$ nm，$β=93.83°$，$Z=2$。X 射线粉晶衍射数据 $d(Å)(I/I_{max})$ 为 14.10(60)、7.06(70)、4.71(100)、4.48(50)、3.98(90)、3.53(60)、2.52(50)、2.33(100)。

【产状产地】

顿绿泥石是红柱石和锂辉石的热液蚀变产物，呈脉状，主要产地有乌克兰、俄罗斯、西班牙、美国（宾夕法尼亚）等。

【主要用途】

顿绿泥石在地质学、物理学、化学、环境科学、晶体学、矿物学等方面都有一定意义。

绿泥石族

锂绿泥石亚族

锂绿泥石(cokeite) $LiAl_4[(AlSi_3)O_{10}](OH)_8$

铝绿泥石(sudoite) $Mg_2Al_3[(AlSi_3)O_{10}](OH)_8$

锂绿泥石

【化学性质】

锂绿泥石是一种含 Li、Al、(OH)的[$(AlSi_3)O_{10}$]层状基型硅酸盐类矿物，其晶体化学式为 $LiAl_4[(AlSi_3)O_{10}](OH)_8$。主要成分为 Li、Al、Si、H、O，类质同象替代成分有 Ca、Na、K、Fe、Mn、Mg。

化学成分中氧化物的质量分数为 Li_2O 2.86%、Al_2O_3 48.82%、SiO_2 34.52%、H_2O 13.80%。

【结晶形态】

锂绿泥石属于单斜晶系，斜方柱晶类，对称型为 $2/m$。晶体呈假六边形、片状、短柱状、粒状。集合体呈扇区状、块状（图 5-3-79）。

（a）锂绿泥石（美国缅因）   （b）锂绿泥石（美国康涅狄格）

图 5-3-79 锂绿泥石

【物理特征】

锂绿泥石的颜色呈白色、绿色、棕色、黄白色、粉红白色。条痕为白色。透明至半透明。玻璃光泽、油脂光泽、珍珠光泽。色散弱。多色性较弱：浅绿色、粉红色，浅绿色、粉红色，无色、淡黄色。无荧光。

二轴晶(+)。折射率为 Np=1.572～1.576、Nm=1.579～1.584、Ng=1.589～1.600，双折射率为 0.017～0.024。2V=35°～60°(测量)。

{001}解理完全。具有弹性、柔性。断口呈不平整、不均匀的次贝壳状。摩氏硬度为 2.5～3.5，相对密度为 2.58～2.69(测量)、2.67(计算)。

【晶体结构】

锂绿泥石属于单斜晶系，空间群为 $P2_1/a$ (图 5-3-80)。晶胞参数：a=0.547 nm、b=0.893 nm、c=2.870 nm，β=98.75°，Z=4。X 射线粉晶衍射数据 d(Å)(I/I_{max})为 14.10(40)、7.05(30)、4.71(100)、4.45(30)、3.53(60)、2.51(40)、2.32(60)、1.96(35)，见图 5-3-81。

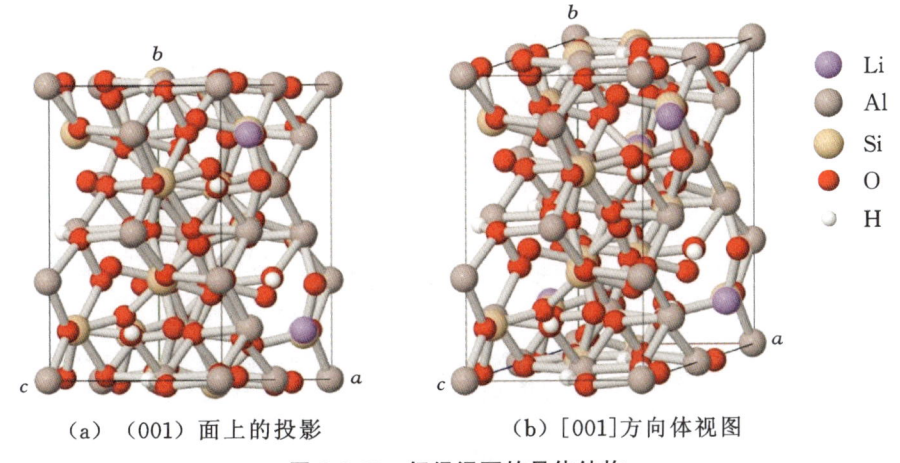

(a) (001)面上的投影　　(b) [001]方向体视图

图 5-3-80　锂绿泥石的晶体结构

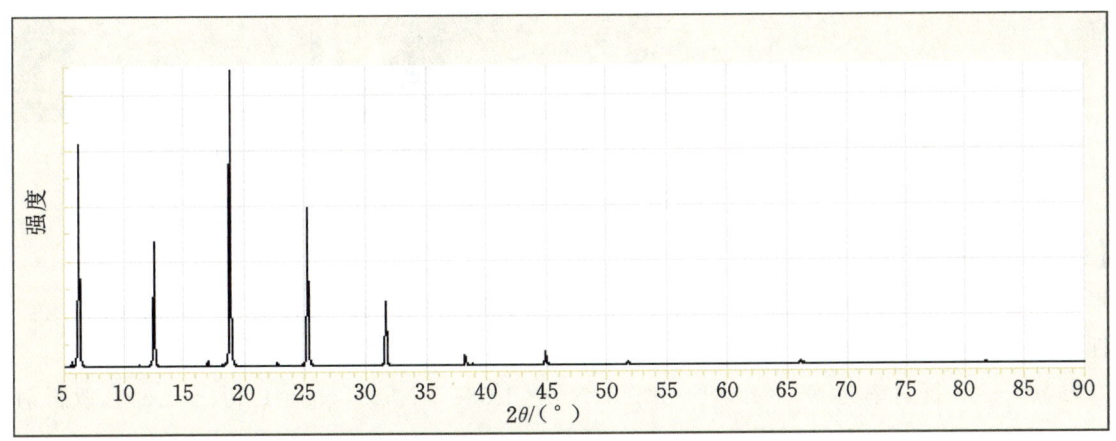

图 5-3-81　锂绿泥石的 X 射线粉晶衍射图

锂绿泥石的多型有锂绿泥石-1A 和锂绿泥石-2M，与绿泥石类矿物晶体结构相同(表 5-3-6)。

表 5-3-6　锂绿泥石的多型

多型名称	锂绿泥石-1A	锂绿泥石-2M
空间群	P2$_1$/a	C2/m
对称型	三斜晶系	单斜晶系，斜方柱晶类，对称型为 2/m
晶胞参数	a=0.514 nm、b=0.890 nm、c=1.415 nm，α=90.5°、β=96.2°、γ=90.0°	a=0.539 nm、b=0.933 nm、c=1.410 nm，β=97.30°

【产状产地】

锂绿泥石产于伟晶岩中,是中晚期热液蚀变矿物,为锂电气石和锂云母的蚀变产物。与锂绿泥石共生伴生的矿物有锂电气石、锂云母,主要产地有美国(缅因、康涅狄格)等。

【主要用途】

锂绿泥石在地质学、物理学、化学、材料学、环境科学、晶体学、矿物学等方面都有重要意义,是提取金属 Li 的矿物原料。

铝绿泥石

【化学性质】

铝绿泥石又称须藤石,是一种含 Mg、Al、(OH)的[(AlSi$_3$)O$_{10}$]层状基型硅酸盐类矿物,其晶体化学式为 Mg$_2$Al$_3$[(AlSi$_3$)O$_{10}$](OH)$_8$。主要成分为 Mg、Al、Si、H、O,类质同象替代成分有 Fe、Ti、Mn、Ca、K、H$_2$O。

化学成分中氧化物的质量分数为 MgO 14.01%、Al$_2$O$_3$ 36.36%、FeO 1.31%、Fe$_2$O$_3$ 2.33%、SiO$_2$ 32.97%、H$_2$O 13.02%。

【结晶形态】

铝绿泥石属于单斜晶系,斜方柱晶类,对称型为 $2/m$。晶体呈粒状、厚板状、柱状、块状(图 5-3-82)。

(a) 铝绿泥石(比利时)　　(b) 铝绿泥石(意大利)　　(c) 铝绿泥石(日本)

图 5-3-82　铝绿泥石

【物理特征】

铝绿泥石的颜色呈白色至浅绿色。条痕为白色。透明、半透明。珍珠光泽、土状光泽。色散无。多色性弱。

二轴晶(-)。折射率为 Np=1.581~1.583、Nm=1.584~1.589、Ng=1.591~1.601,双折射率为 0.010~0.018。$2V$=64°~70°(测量)、68°~72°(计算)。

{100}解理完全。具有弹性、柔性。断口呈不平整、不均匀的次贝壳状。摩氏硬度为 2.5~3.5,相对密度为 2.63~2.68(测量)、2.70(计算)。

【晶体结构】

铝绿泥石属于单斜晶系,空间群为 $P2/m$(图 5-3-83)。晶胞参数:a=0.524 nm、b=0.907 nm、c=1.429 nm,β=97.02°,Z=2。X 射线粉晶衍射数据 d(Å)(I/I_{max})为 14.20(80)、4.74(80)、4.52(85)、3.55(65)、2.50(100)、2.41(50)、1.51(60)。

【产状产地】

铝绿泥石在热液成因作用下,产于一种砂岩成因的赤铁矿矿床中,是一种低级变质矿物。与铝绿泥石共生伴生的矿物有赤铁矿、绿泥石等,主要产地有比利时、德国、日本、意大利。

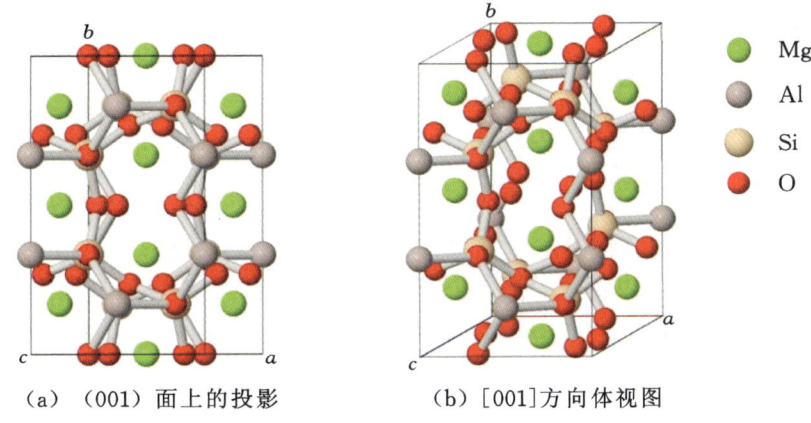

(a) (001)面上的投影　　　(b) [001]方向体视图

图 5-3-83　铝绿泥石的晶体结构

【主要用途】

铝绿泥石在地质学、物理学、化学、材料学、环境科学、晶体学、矿物学等方面都有一定意义。

绿泥石亚族

绿泥石(chlorite)	$(Mg,Fe,Al)_3\{(Mg,Fe,Al)_3[(SiAl)_4O_{10}](OH)_8\}$
斜绿泥石(clinochlore)	$(Mg_5Al)\{[(AlSi_3)O_{10}](OH)_8\}$
鲕绿泥石(chamosite)	$(Fe_5Al)\{[(AlSi_3)O_{10}](OH)_8\}$
铁绿泥石(ripidolite)	$(Fe,Mg,Al)_6\{[(AlSi)_4O_{10}](OH)_8\}$
锌绿泥石(baileychlore)	$(Zn,Fe,Al,Mg)_6\{[(AlSi)_4O_{10}](O,OH)_8\}$
铬绿泥石(kämmererite)	$(Mg,Cr)_6\{(AlSi_3)O_{10}](OH)_8\}$
锰绿泥石(pennantite)	$(Mn,Al)_6\{[(SiAl)_4O_{10}](OH)_8\}$
富锰绿泥石(gonyerite)	$(Mn,Mg)_5Fe^{3+}\{[(Si,Al,Fe)_4O_{10}](OH)_8\}$
镍绿泥石(nimite)	$(Ni,Mg)_5Al\{[(AlSi_3)_4O_{10}](OH)_8\}$

绿泥石

【化学性质】

绿泥石可看成是矿物族的名称,为一类层状结构硅酸盐矿物。绿泥石属于单斜晶系、三斜晶系或斜方晶系,其化学通式可写成 $Y_x[Z_4O_{10}](OH)_8$[化学组成可表示为 $Y_3[Z_4O_{10}](OH)_2 \cdot Y_3(OH)_6$]。其中 Y 主要为 Mg^{2+}、Al^{3+}、Fe^{2+}、Fe^{3+},在镍绿泥石、锰绿泥石、锂硼绿泥石等中也可有少量的 Mn^{2+}、Cr^{3+}、Li^+等,还可以是 Ni^+、V^{4+}、Cu^{2+};Z 主要是 Si^{4+}和 Al^{3+},偶尔可以是 Fe^{3+};x 在 5 和 6 之间。

通常的绿泥石主要指 Mg 和 Fe 的矿物种,即斜绿泥石、鲕绿泥石等。还可按 $Fe^{2+}:R^{2+}$(二价阳离子)比值和 Si 原子数的不同再分出叶绿泥石、鳞绿泥石等亚种。

绿泥石是一类层硅酸盐矿物,根据化学性质,晶体结构中 Mg、Fe、Ni、Mn、Zn、Li 可形成类质同象替代系列。

绿泥石亚族的矿物化学成分中氧化物的质量分数很复杂,后面将在每种矿物中一一阐述。

【结晶形态】

绿泥石是一类层状基型结构硅酸盐矿物,主要有单斜晶系,斜方柱晶类,对称型主要为 $2/m$。晶体呈假六方片状、板状、粒状、块状等。绿泥石常包裹在一些岩石中,容易发育形成各种形态,集合体呈鳞片状、土状、块状(图5-3-84)。

绿泥石的多型种类与其成分变化和形成物理化学条件有关,可形成单斜晶系、三斜晶系或斜方晶系。

【物理特征】

绿泥石族矿物有多种。绿泥石呈浅绿色至深绿色,随含铁量的多少呈深浅不同的绿色。少数是黄色、红色、白色。含有铬离子的绿泥石称为铬绿泥石,颜色发紫。绿泥石条痕为淡绿色、灰色、无色。玻璃光泽至无光泽,解理面可呈珍珠光泽,土状光泽。

二轴晶(+/−)。折射率为1.570~1.670。

图5-3-84 绿泥石(美国缅因)

{001}解理完全。断口呈薄片状,具挠性,细润且光滑,薄片具柔性而无弹性。摩氏硬度为2~2.5,相对密度为2.6~3.3(测量)。

【晶体结构】

绿泥石有两种多型,为三斜晶系和单斜晶系,空间群分别为$C\bar{1}$和$C2/c$(图5-3-85)。三斜晶系,晶胞参数:$a=0.950$ nm、$b=0.548$ nm、$c=0.916$ nm,$\alpha=90°11'$,$\beta=90°11'$,$\gamma=90°11'$,$Z=2$。单斜晶系,晶胞参数:$a=0.952$ nm、$b=0.547$ nm、$c=1.819$ nm,$\alpha=90°$,$Z=2$。

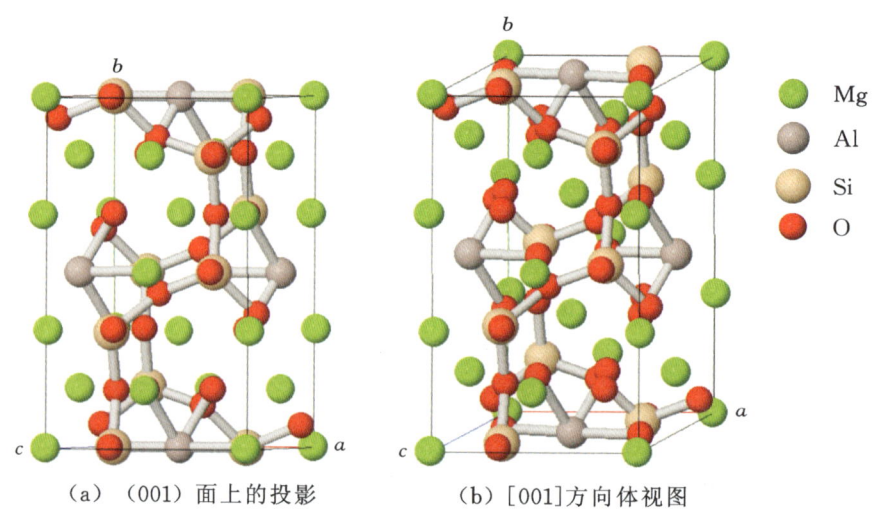

(a) (001)面上的投影　　(b) [001]方向体视图

图5-3-85 绿泥石的晶体结构

由于类质同象发育,成分间置换比例变化较大,因此矿物种属也较多。绿泥石的晶体结构可以看成滑石型结构单元层(TOT)与水镁石层(O)相间排列构成,可用TOTO表示。此外,由于结构层之间的化学键力较弱,故绿泥石的多型也很常见。从对称性上,多为单斜晶系和三斜晶系,也有斜方晶系。

下面以斜绿泥石为例来说明绿泥石的结构特点。

化学式为$(Mg,Fe,Al)_3[AlSi_3O_{10}](OH)_2\cdot(Mg,Fe,Al)_3(OH)_6$。单斜晶系,空间群$C2/m$;$a=0.535$ nm、$b=0.927$ nm、$c=1.427$ nm,$\beta=96.35°$,$Z=2$。

绿泥石具有2:1的四面体-八面体-四面体三层结构,即(T—O—T—···),称为滑石层。与其他2:1层状硅酸盐黏土矿物不同,绿泥石的层间空间(每个2:1三层之间由阳离子填充的空间)由水镁石单元结构层$(Mg^{2+},Fe^{3+})(OH)_6$构成。

绿泥石的结构可表述如下:

氢氧镁石层:—T—O—T—,水镁石:—T—O—T—···,结构单元称为2:1:1矿物。

【产状产地】

绿泥石分布广泛,其形成与低温热液作用、浅层变质作用和沉积作用有关。形成于区域变质作用形成的岩石中,如片岩和千枚岩,还形成于伟晶岩中,它是一些变质岩的造岩矿物。富镁的绿泥石(一般的绿泥石)一般产于低级区域变质岩中及受低温作用的各种岩体及蚀变围岩中。在岩浆岩中,绿泥石多是辉石、角闪石、黑云母等蚀变的产物。富铁绿泥石主要产于沉积铁矿中。

绿泥石的共生和伴生矿物主要有辉石、角闪石、黑云母、白云母、斜绿泥石、钠长石、石榴石、绿帘石、绢云母、石英、十字石、滑石、蓝晶石和硫化物矿物等,主要产地分布很广,有俄罗斯、波兰、加拿大、美国(纽约)、奥地利、中国。

【主要用途】

绿泥石在地质学、物理学、化学、材料学、环境科学、晶体学、矿物学、宝石学等方面都有重要意义。

绿泥石的质地细润且光滑,颜色呈油绿色,可分为型石、画面石、葡萄石、梅花石、绿釉石(类彩陶石)等几种。含有铬离子的绿泥石称为铬绿泥石,颜色发紫,可用作工艺品和装饰物。还有一些有名的绿冻石、仁布玉、海底玉等。海相沉积形成的鲕绿泥石,达到工业利用指标的,可作铁矿石开采。

斜 绿 泥 石

【化学性质】

斜绿泥石是一种含 Mg、Al、(OH) 的 $[(AlSi_3)O_{10}]$ 层状基型硅酸盐类矿物,其晶体化学式为 $(Mg_5Al)\{[(AlSi_3)O_{10}](OH)_8\}$。主要成分为 Mg、Al、Si、H、O,类质同象替代成分有 Fe、Mn、Zn、Ca、Cr。随 Fe 含量的增加转变成鲕绿泥石。

化学成分中氧化物的质量分数为 MgO 25.39%、FeO 15.09%、Al_2O_3 17.13%、SiO_2 30.28%、H_2O 12.11%。

【结晶形态】

斜绿泥石属于单斜晶系,斜方柱晶类,对称型为 $2/m$(图 5-3-86)。晶体呈假六边形的粒状、短柱状、柱状、块状。

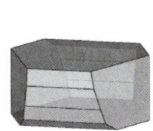

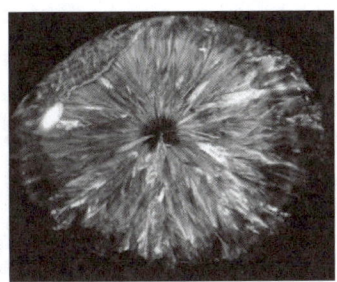

(a)斜绿泥石的晶体形态　(b)斜绿泥石(美国纽约)　(c)斜绿泥石(绿黑)钙钛矿(黄)(俄罗斯)　(d)斜绿泥石(紫)(土耳其)

图 5-3-86　斜绿泥石

【物理特征】

斜绿泥石的颜色呈白色、粉红色、黄绿色、橄榄绿色、墨绿色、蓝绿色。条痕为绿白色到白色。透明至半透明。土质光泽、油腻光泽、珍珠光泽。色散弱。多色性较弱:浅黄绿色至淡蓝绿色,浅绿黄色到浅蓝绿色,浅绿黄色到浅蓝绿色。淡绿色、无色,淡绿色、无色。无荧光。

二轴晶(+)。折射率为 Np=1.571~1.588、Nm=1.571~1.589、Ng=1.576~1.599,双折射率为 0.005~0.011。2V=0°~40°(测量)、0°~36°(计算)。

{001}解理完全。薄片具柔性、无弹性。断口呈不均匀、不平坦的次贝壳状。摩氏硬度为 2~2.5,相对密度为 2.55~2.75(测量)、2.63(计算)。

【晶体结构】

斜绿泥石属于单斜晶系,空间群为 $C2/m$(图 5-3-87)。晶胞参数:$a=0.530$ nm、$b=0.930$ nm、

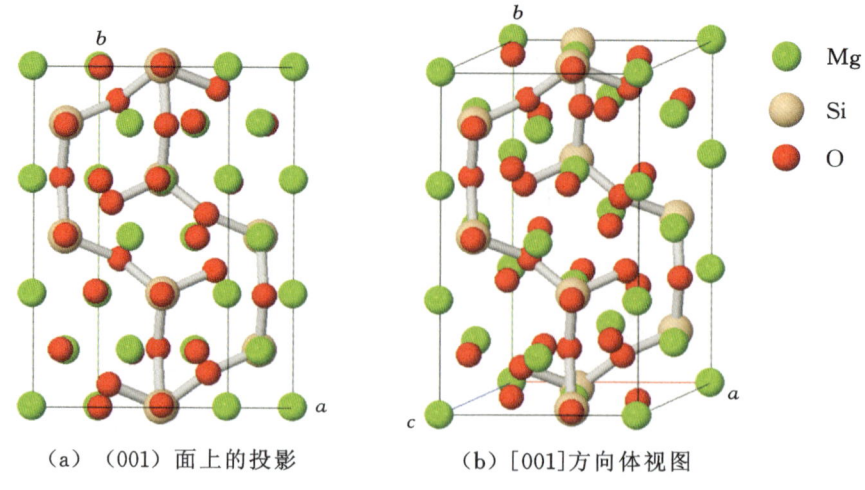

(a) (001) 面上的投影　　(b) [001] 方向体视图

图 5-3-87　斜绿泥石的晶体结构 1

$c=1.430$ nm，$\beta=97°$，$Z=2$。X 射线粉晶主要衍射数据 $d(Å)(I/I_{max})$ 为 7.16(100)、4.77(70)、3.58(60)。

斜绿泥石的晶体结构可以看成滑石型结构单元层（TOT）与水镁石层（O）沿 c 轴相间排列构成（图 5-3-88），用 TOTO 表示。此实例中，水镁石层是由 $[AlO_6]$ 八面体和 $[(Mg,Fe,Al)O_6]$ 八面体彼此共棱连接构成，两类八面体有序分布；而 TOT 结构层中的八面体层也是由有序的 $[(Mg,Fe,Al)O_6]$ 和 $[(Mg,Fe,Al,Fe^{3+})O_6]$ 构成，由于含有少量三价的 Al 和 Fe，所以这里的 TOT 结构并非完全的三八面体。四面体层共角顶构成六方网格状，同一结构层中的两个四面体层沿 a 轴方向错开 1/3 距离。

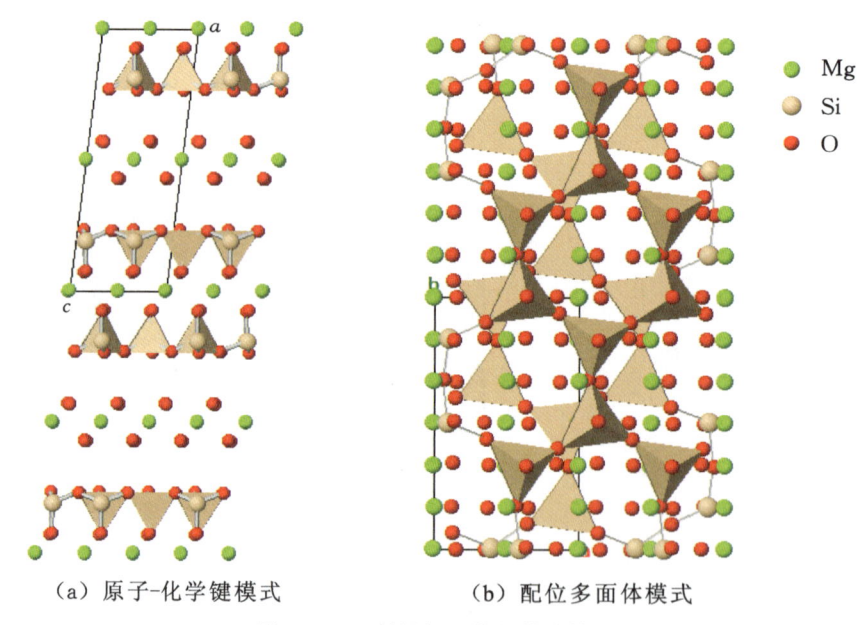

(a) 原子-化学键模式　　(b) 配位多面体模式

图 5-3-88　斜绿泥石的晶体结构 2

与斜绿泥石有相同晶体结构的矿物有锰绿泥石、鲕绿泥石、镍绿泥石、富锰绿泥石。

【产状产地】

斜绿泥石产于绿泥石片岩、滑石片岩、变质灰岩及蛇纹岩中，为黑云母、辉石、角闪石、石榴石等铁镁硅酸盐矿物的蚀变产物。与斜绿泥石共生伴生的矿物有金云母、滑石、叶蛇纹石、钠长石等，主要产地有土耳其、美国（纽约）、俄罗斯。

【主要用途】

斜绿泥石在地质学、物理学、化学、材料学、环境科学、晶体学、矿物学、宝石学等方面都有重要意义。

鲕绿泥石

【化学性质】

鲕绿泥石是一种含 Fe、Mg、Al、(OH)的[(AlSi$_3$)O$_{10}$]层状基型硅酸盐类矿物,其晶体化学式为 (Fe$_5$Al){[(AlSi$_3$)O$_{10}$](OH)$_8$}。主要成分为 Fe、Al、Si、H、O,类质同象替代成分有 Mn、Ca、Na、K、Ti、H$_2$O 等。化学成分中氧化物的质量分数不清。

鲕绿泥石与斜绿泥石可以形成类质同象矿物系列。

【结晶形态】

鲕绿泥石属于单斜晶系,斜方柱晶类,对称型为 $2/m$。晶体呈粒状、柱状,集合体常呈鲕状或致密土状,也呈球状、块状(图 5-3-89)。

(a) 鲕绿泥石(波兰)

(b) 鲕绿泥石(美国华盛顿)

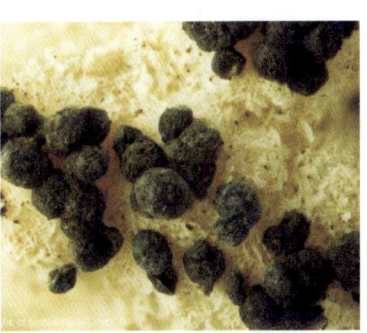
(c) 鲕绿泥石(挪威)

图 5-3-89 鲕绿泥石

【物理特征】

鲕绿泥石的颜色呈灰色、绿色、灰绿色、棕色、墨绿色、黑色等。条痕为灰绿色。透明至半透明。玻璃光泽、土质光泽。色散弱。

二轴晶(−)。折射率为 Np=1.600、Nm=1.600、Ng=1.670,双折射率为 0.070。2V=0°~15°(测量)。

{001}解理完全。具柔性、无弹性。断口呈不均匀、不平坦的次贝壳状。摩氏硬度为 3,相对密度为 3.0~3.40(测量)、3.13(计算)。

【晶体结构】

鲕绿泥石属于单斜晶系,空间群为 $C2/m$(图 5-3-90)。晶胞参数:a=0.568 nm、b=0.899 nm、c=2.875 nm、β=100.32°,Z=4。X 射线粉晶衍射数据 d(Å)(I/I_{max})为 14.10(70)、7.05(100)、3.52(100)、2.60(90)、2.55(70)、2.39(80)、1.55(90),见图 5-3-91。

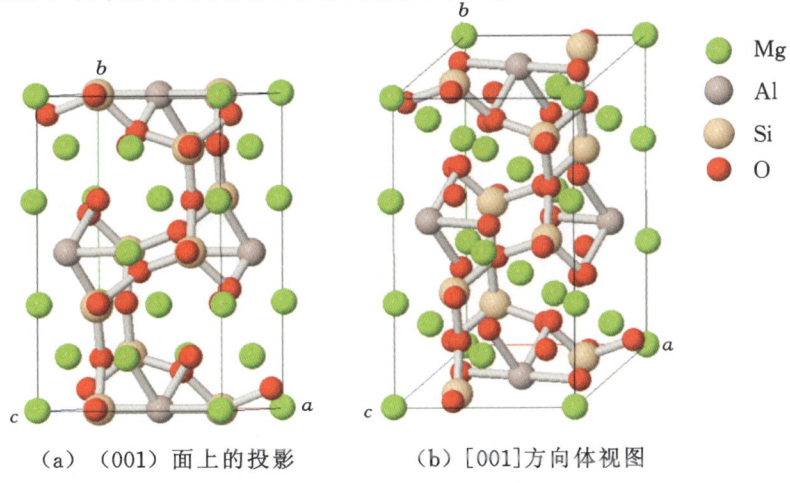

(a) (001)面上的投影　　(b) [001]方向体视图

图 5-3-90 鲕绿泥石的晶体结构

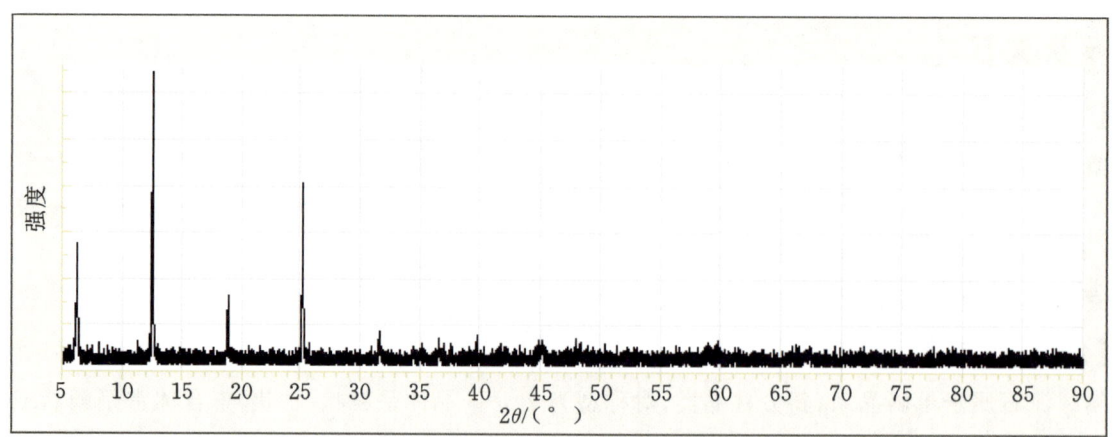

图 5-3-91　鲕绿泥石的 X 射线粉晶衍射图

鲕绿泥石还有一种多型属斜方晶系,晶体化学式为$(Fe^{2+},Mg,Fe^{3+})_5Al(AlSi_3O_{10})(OH,O)_8$。

【产状产地】

鲕绿泥石常见于低级变质带、绿片岩相及低温热液蚀变中(绿泥石化),在某些中、高温变质或蚀变岩中也可出现。在岩浆岩中的绿泥石多为富铁镁矿物(角闪石、辉石、黑云母等)的次生矿物,在沉积岩、黏土中都含有一定的绿泥石。绿泥石主要产地有挪威、德国、波兰、瑞士、美国(华盛顿、马萨诸塞)。

【主要用途】

鲕绿泥石是一种含铁绿泥石,是地球化学相中的一个标志矿物。母岩遭受风化后,铁一般可以$Fe(OH)_3$的胶体溶液或真溶液状态被搬运沉淀。高价铁还原成为低价铁,形成了鲕绿泥石,有时可作为砂岩的胶结物。

鲕绿泥石产于沉积铁矿中,常与菱铁矿、黄铁矿、方解石、胶磷矿及黏土矿物伴生共生。它多见于海相沉积中,但陆相沉积中也有。

鲕绿泥石在地质学、物理学、化学、材料学、环境科学、晶体学、矿物学等方面都有重要意义,可作为铁矿石开采。

铁绿泥石

【化学性质】

铁绿泥石是一种含 Fe、Mg、Al、(OH)的$[(Si_3Al)O_{10}]$层状基型硅酸盐类矿物,其晶体化学式为$(Fe,Mg,Al)_6\{[(AlSi)_4O_{10}](OH)_8\}$。主要成分为 Fe、Mg、Al、Si、H、O,类质同象替代成分有 Mn、Ca、Na、K、Ti、H_2O 等。

铁绿泥石是鲕绿泥石与斜绿泥石类质同象矿物系列中重要的一员。

【结晶形态】

铁绿泥石属于三斜(单斜)晶系,斜方柱晶类,对称型为 $2/m$。晶体呈假六边形的粒状、厚板状、片状等(图 5-3-92)。

【物理特征】

与鲕绿泥石物理及化学特征相似。铁绿泥石颜色呈灰绿色、深棕色、墨绿色、黑色等。条痕为灰绿色。透明至半透明。玻璃光泽、土质光泽。色散弱。

二轴晶(一)。折射率为 Np=1.60、Nm=1.60、Ng=1.67,双折射率为 0.07。2V=0°～15°(测量)。{001}解理完全。具柔性、无弹性。断口呈不均匀、不平坦的次贝壳状。摩氏硬度为 3,相对密度

(a) 铁绿泥石（奥地利）　　　　　　　　(b) 铁绿泥石（意大利）

图 5-3-92　铁绿泥石

为3.0~3.40（测量）、3.13（计算）。

【晶体结构】

铁绿泥石属于单斜（三斜）晶系，空间群为 $C2/m(P1)$。晶胞参数：$a=0.568$ nm、$b=0.899$ nm、$c=2.875$ nm，$\beta=100.32°$，$Z=4$。X射线粉晶衍射数据 $d(\text{Å})(I/I_{max})$ 为 14.10(70)、7.05(100)、3.52(100)、2.60(90)、2.55(70)、2.39(80)、1.55(90)。

【产状产地】

铁绿泥石是一种含铁高的绿泥石，常见于低级变质带、绿片岩相及低温热液蚀变中（绿泥石化），在高温变质或蚀变岩中也可出现。在岩浆岩中绿泥石多为富铁镁矿物（角闪石、辉石、黑云母等）的次生矿物。铁绿泥石常与菱铁矿、黄铁矿、方解石、胶磷矿及黏土矿物伴生共生，主要产地有俄罗斯、奥地利、意大利。

【主要用途】

在地质学、物理学、化学、材料学、环境科学、晶体学、矿物学等方面都有重要意义。可作为铁矿石开采。

锌绿泥石

【化学性质】

锌绿泥石是一种含 Zn、Fe、Al、(OH) 的 [(Si,Al)$_4$O$_{10}$] 层状基型硅酸盐类矿物，其晶体化学式为 (Zn,Fe,Al,Mg)$_6${[(AlSi)$_4$O$_{10}$](O,OH)$_8$}。主要成分为 Zn、Fe、Al、Si、H、O，类质同象替代成分有 Ca、Mg、Mn、Al。

化学成分中氧化物的质量分数为 ZnO 28.68%、Al$_2$O$_3$ 14.37%、Fe$_2$O$_3$ 22.38%、SiO$_2$ 24.41%、H$_2$O 10.16%。

【结晶形态】

锌绿泥石属于三斜晶系，单面晶类，对称形为1。晶体呈粒状、贝壳状。集合体呈不同彩色带状分布、绒球状分布（图 5-3-93）。

【物理特征】

锌绿泥石的颜色呈浅蓝色、绿色、黄绿色、深绿色，不同颜色分为色带。条痕为浅绿色。透明。半玻璃光泽、珍珠光泽、树脂光泽、蜡质光泽。色散弱。多色性较弱：绿色，黄绿色，黄绿色。

二轴晶（+/−）。折射率为 Np=1.582、Nm=1.593、Ng=1.614。双折射率为 0.032。

{001}解理完全。具柔性、无弹性。断口呈不均匀、不平坦的次贝壳状。摩氏硬度为 2.5~3，相对密度为 3.18（测量）、3.20（计算）。

【晶体结构】

锌绿泥石三斜晶系，空间群为 $C1$、$C\bar{1}$。晶胞参数：$a=0.535$ nm、$b=0.926$ nm、$c=1.440$ nm，

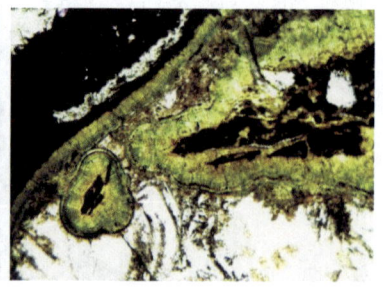

（a）锌绿泥石（澳大利亚）　　　　　　（b）锌绿泥石（希腊）

图 5-3-93　锌绿泥石

$\beta=97.12°$，$Z=2$。X 射线粉晶衍射数据 $d(\text{Å})(I/I_{max})$ 为 14.300(90)、7.150(100)、4.600(30)、3.573(40)、2.660(50)、2.450(35)、1.542(60)、1.508(25)、1.335(20)、1.295(20)。

【产状产地】

锌绿泥石产于富 Zn 的胶体溶液或在真溶液状态被搬运沉淀而形成。与锌绿泥石共生伴生的矿物有斜长石、蛇纹石、黝帘石、橄榄石等，主要产地有澳大利亚、希腊、奥地利、法国等。

【主要用途】

锌绿泥石在地质学、物理学、化学、材料学、晶体学、矿物学等方面都有一定意义。

铬绿泥石

【化学性质】

铬绿泥石是一种含 Mg、Cr、(OH) 的 $[(AlSi_3)O_{10}]$ 层状基型硅酸盐类矿物，其晶体化学式为 $(Mg,Cr)_6\{[(AlSi_3)O_{10}](OH)_8\}$。主要成分为 Mg、Cr、Al、Si、H、O，类质同象替代成分有 Mn、Fe。铬绿泥石是含 Cr 的斜绿泥石。

【结晶形态】

铬绿泥石属于单斜晶系，斜方柱晶类，对称型为 $2/m$。晶体呈假六边形，常呈片状、板状、短柱状、粒状、块状等（图 5-3-94）。

图 5-3-94　铬绿泥石（德国）

【物理特征】

铬绿泥石的颜色呈紫色、玫瑰红色、浅粉红色，紫色是 Cr 造成的。条痕为淡粉红色。透明至半透明。玻璃光泽、油脂光泽。多色性较强：紫罗兰色、淡红色。

二轴晶（＋/－）。折射率为 Np＝1.597、Nm＝1.598、Ng＝1.599～1.600，双折射率为 0.003。

{001}底面解理完全，云母片状。具柔性、无弹性。断口呈不均匀、不平坦的次贝壳状。摩氏硬度为 2～2.5，相对密度为 2.60～2.64（测量）。

【晶体结构】

铬绿泥石属于单斜晶系,空间群不清楚。晶胞参数未测定。

【产状产地】

铬绿泥石产于铬铁矿矿床中,也常在超基性岩的裂缝中出现。与铬绿泥石共生伴生的矿物有铬铁矿与斜绿泥石、钙铬榴石,主要产地有土耳其、德国、俄罗斯、印度、美国(加利福尼亚、得克萨斯),含铬绿泥石中宝石级透明晶体产地是土耳其。

【主要用途】

铬绿泥石在地质学、物理学、化学、材料学、晶体学、矿物学等方面都有一定意义。

锰绿泥石

【化学性质】

锰绿泥石是一种含 Mn、Al、(OH)的$[(Si,Al)_4O_{10}]$层状基型硅酸盐类矿物,其晶体化学式为$(Mn,Al)_6\{[(SiAl)_4O_{10}](OH)_8\}$或写成$Mn_3(Mn,Mg)_2(Al,Fe^{3+})\{[(AlSi_3)O_{10}](OH)_8\}$。主要成分为 Mn、Al、Si、H、O,类质同象替代成分有 Fe、Mg、Zn、Ba、H_2O。

化学成分中氧化物的质量分数为 MnO 38.93%、Al_2O_3 18.60%、Fe_2O_3 4.43%、ZnO 0.97%、MgO 1.48%、BaO 1.33%、SiO_2 24.85%、H_2O 9.41%。理想成分为 MnO 50.03%、Al_2O_3 14.38%、SiO_2 25.42%、H_2O 10.17%。

锰绿泥石为斜绿泥石与鲕绿泥石类质同象矿物系列的成员。与锰绿泥石矿物结构相类似的矿物有锰镁绿泥石、镁绿泥石等。

【结晶形态】

锰绿泥石属于单斜(三斜)晶系,斜方柱(单面)晶类,对称型为 $2/m(\bar{1},1)$。晶体呈叶片状、片状、薄板状、细小碎片状,集合体呈玫瑰花瓣状(图 5-3-95)。

(a)锰绿泥石(意大利)   (b)锰绿泥石(美国)

图 5-3-95 锰绿泥石

【物理特征】

锰绿泥石的颜色呈橙红色、红棕色、棕色、深红色、深绿色、黑色,透射光下为橙色、粉红色、红橙色。条痕为棕黄色。透明至半透明。蜡质光泽、油脂光泽、珍珠光泽。色散弱。多色性较明显:粉橙色、橙色、红棕色,黄橙色、深棕色,黄橙色、深棕色。

二轴晶(一)。折射率为 Np=1.646、Nm=1.661、Ng=1.661,双折射率为 0.015。2V 角很小,近于 0°。

{001}解理完全,云母片状。具柔性、无弹性。断口呈不均匀、不平坦的云母片状。摩氏硬度为 2~2.5,相对密度为 2.89~3.07(测量)、3.18(计算)。

【晶体结构】

单斜晶系的锰绿泥石空间群为 $C2/m$。晶胞参数：$a=0.545$ nm、$b=0.945$ nm、$c=1.440$ nm，$\beta=97.20°$，$Z=2$。X 射线粉晶主要衍射数据 $d(\text{Å})(I/I_{max})$ 为 7.10(100)、3.57(0.8)、2.43(80)。

三斜晶系的锰绿泥石空间群为 $P\bar{1}$、$P1$。晶胞参数：$a=0.545$ nm、$b=0.950$ nm、$c=1.440$ nm，$\alpha=90°$、$\beta=97.30°$、$\gamma=90°$，$Z=2$。X 射线粉晶衍射数据 $d(\text{Å})(I/I_{max})$ 为 14.30(40)、7.10(100)、4.75(30)、3.57(80)、2.70(40)、2.43(80)、2.03(40)、1.68(30)、1.57(30)、1.54(20)。

【产状产地】

锰绿泥石是一种热液蚀变矿物，在锰矿床的热液蚀变过程中形成。与锰绿泥石共生伴生的矿物有钠长石、方沸石、云母、石榴石、重晶石、辉叶石、蛇纹石、葡萄石、方解石、黝帘石、红锰铁矿、橄榄石、辉石，主要产地有意大利、瑞典、哈萨克斯坦、美国（新泽西）等。

【主要用途】

锰绿泥石在地质学、物理学、化学、环境科学、晶体学、矿物学等方面都有一定意义。

富锰绿泥石

【化学性质】

富锰绿泥石是一种含 Mn、Mg、Fe、(OH)的[$(Si,Al,Fe)_4O_{10}$]层状基型硅酸盐类矿物，其晶体化学式为 $(Mn,Mg)_5Fe^{3+}\{[(Si,Al,Fe)_4O_{10}](OH)_8\}$。主要成分为 Mn、Mg、Fe、Al、Si、H、O，类质同象替代成分有 Ca、Pb、Zn、F、Cl。

化学成分中氧化物的质量分数为 MgO 11.55%、MnO 33.83%、ZnO 0.42%、PbO 0.56%、CaO 0.07%、Al_2O_3 0.58%、Fe_2O_3 9.42%、SiO_2 33.14%、H_2O 10.33%。

【结晶形态】

富锰绿泥石属于斜方晶系，对称型未确定。晶体呈针状、片状，集合体呈放射状、板条状、球状（图 5-3-96）。

图 5-3-96　富锰绿泥石（瑞典）

【物理特征】

富锰绿泥石的颜色呈深棕色、棕黑色、亮绿色，带红色条纹。在透射光中，从浅褐色到深褐色。条痕为棕白色。透明至半透明。珍珠光泽。色散较强。多色性较弱：深棕色，浅棕色，浅棕色。

二轴晶（-）。折射率为 $N_p=1.646$、$N_m=1.664$、$N_g=1.664$，双折射率为 0.018。2V 角很小。

{001}解理完全。片状，但缺乏弹性。断口呈不规则、不平整的碎片状。摩氏硬度为 2.5，相对密度为 3.01（测量）、3.03（计算）。

【晶体结构】

富锰绿泥石属于斜方晶系，空间群未确定。晶胞参数：$a=0.547$ nm、$b=0.946$ nm、$c=2.880$ nm。$Z=4$。X 射线粉晶衍射数据 $d(\text{Å})(I/I_{max})$ 为 14.60(30)、7.23(100)、4.79(50)、3.61(80)、2.70(30)、1.63(30)、1.57(50)。

【产状产地】

富锰绿泥石产于一种富锰矽卡岩的细脉中。与富锰绿泥石共生伴生的矿物有肾硅锰矿、蜡硅锰矿、重晶石、石榴石,主要产地有瑞典、南非。

【主要用途】

富锰绿泥石在地质学、物理学、化学、材料学、晶体学、矿物学、宝石学等方面都有一定意义。

镍绿泥石

【化学性质】

镍绿泥石是一种含 Ni、Mg、Al、(OH) 的 [(AlSi$_3$)O$_{10}$] 层状基型硅酸盐类矿物,其晶体化学式为 (Ni,Mg)$_5$Al{[(AlSi$_3$)O$_{10}$](OH)$_8$}。主要成分为 Ni、Mg、Al、Si、H、O,类质同象替代成分有 Ca、Mn、Fe、Cr、Co、H$_2$O。

化学成分中氧化物的质量分数为 MgO 10.27%、Al$_2$O$_3$ 15.29%、FeO 3.23%、Fe$_2$O$_3$ 4.66%、SiO$_2$ 27.03%、NiO 29.12%、H$_2$O 10.40%。

【结晶形态】

镍绿泥石属于单斜晶系,斜方柱晶类,对称型为 $2/m$。晶体呈颗粒状、土状、块状(图 5-3-97)。

(a) 镍绿泥石(巴西)　　　　(b) 镍绿泥石(波兰)

图 5-3-97　镍绿泥石的形态

【物理特征】

镍绿泥石的颜色呈绿色、深绿色、黄绿色。条痕为白色。透明至半透明。珍珠光泽。色散弱。多色性弱:黄绿色,苹果绿色,苹果绿色。

二轴晶(-)。折射率为 Np=1.637、Nm=1.647、Ng=1.647,双折射率为 0.010。$2V=15°$(测量)。

{001}解理完全。具柔性、无弹性。断口呈不规则、不平整的土质状。摩氏硬度为 3,相对密度为 3.19~3.23(测量)、3.18(计算)。

【晶体结构】

镍绿泥石属于单斜晶系,空间群为 $C2/m$。晶胞参数:$a=0.532$ nm、$b=0.921$ nm、$c=1.430$ nm、$\beta=97.10°$,$Z=2$。X 射线粉晶主要衍射数据 $d(\text{Å})(I/I_{max})$ 为 14.2(25)、7.10(100)、3.55(45)。

【产状产地】

镍绿泥石产于含镍蛇纹岩的小板状体中,沿着石英岩和超镁铁质侵入岩的交界处分布,主要产地有巴西、波兰、南非。

【主要用途】

镍绿泥石在地质学、物理学、化学、材料学、环境科学、晶体学、矿物学、宝石学等方面都有重要意义,可以作为镍矿床开发使用。

硫硅石族

硫硅石(latiumite)　　　　　　　K(Ca,Na)$_3$[(Si,Al)$_5$O$_{11}$](SO$_4$,CO$_3$)

硫硅石

【化学性质】

硫硅石是一种含 K、Ca、Al、[SO$_4$]、(CO$_3$)的[(Si,Al)$_5$O$_{11}$]层状基型硅酸盐类矿物，其晶体化学式为 K(Ca,Na)$_3$[(Si,Al)$_5$O$_{11}$](SO$_4$,CO$_3$)。主要成分为 K、Ca、Al、Si、C、S、O，类质同象替代成分有Mn、Na、Cl、H$_2$O。

化学成分中氧化物的质量分数为 K$_2$O 7.12、Na$_2$O 1.10%、CaO 29.44%、MgO 0.71%、Al$_2$O$_3$ 24.95%、FeO 0.58%、Fe$_2$O$_3$ 0.50%、SiO$_2$ 28.33%、CO$_2$ 1.57%、SO$_3$ 5.70%。

【结晶形态】

硫硅石属于单斜晶系，轴双面晶类，对称型为 2。晶体呈柱状、棒状、厚板状（图 5-3-98）。

图 5-3-98　硫硅石（意大利）

【物理特征】

硫硅石的颜色呈白色。条痕为白色。透明至半透明。玻璃光泽。色散明显。多色性弱。

二轴晶(+/−)。折射率为 Np=1.600～1.603、Nm=1.606～1.609、Ng=1.614～1.615，双折射率为 0.012～0.014。2V=83°～90°（测量）、84°～88°（计算）。

{100}解理完全。柔性。断口呈不规则、不平整的小碎片状。摩氏硬度为 5.5～6，相对密度为 2.93（测量）、2.93（计算）。

【晶体结构】

硫硅石属于单斜晶系，空间群为 P2$_1$（图 5-3-99）。晶胞参数：a=1.206 nm、b=0.508 nm、c=1.081 nm，β=106°，Z=1。X 射线粉晶主要衍射数据 d(Å)(I/I_{max})为 3.06(90)、2.96(90)、2.86(100)。

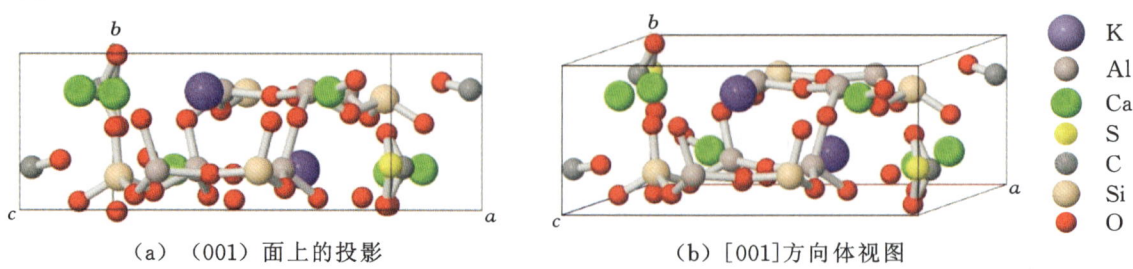

图 5-3-99　硫硅石的晶体结构

【产状产地】

硫硅石产于火山喷发的变质石灰岩块中,主要产地有意大利。

【主要用途】

硫硅石在地质学、物理学、化学、晶体学、矿物学等方面都有一定意义。

水钙铝黄长石族

羟钙铝黄长石(bicchulite) $Ca_2[Al_2SiO_7] \cdot H_2O$

水钙铝黄长石(straetlingite) $Ca_2[Al_2SiO_7] \cdot 8H_2O$

羟钙铝黄长石

【化学性质】

羟钙铝黄长石是一种含 Al、Ca、H_2O 的 $[Al_2SiO_7]$ 似层状基型硅酸盐类矿物,其晶体化学式为 $Ca_2[Al_2SiO_7] \cdot H_2O$。主要成分为 Al、Ca、Si、H、O,类质同象替代成分有 Ti、Fe、Mn、Mg、Na、K、P。

化学成分中氧化物的质量分数为 CaO 38.38%、Al_2O_3 34.89%、SiO_2 20.56%、H_2O 6.17%。

【结晶形态】

羟钙铝黄长石属于等轴晶系,六四面体晶类,对称型为 $\bar{4}3m$。晶体呈细小颗粒,集合体呈块状(图 5-3-100)。

图 5-3-100 羟钙铝黄长石(日本)

【物理特征】

羟钙铝黄长石的颜色呈无色、白色、灰色。条痕为白色。透明。玻璃光泽。

等轴晶。折射率为 N=1.625。

无解理。柔性。断口呈不均匀、不平整的次贝壳状。摩氏硬度为 4.5,相对密度为 2.75(测量)、2.81(计算)。

【晶体结构】

羟钙铝黄长石属于等轴晶系,空间群为 $I\bar{4}3m$(图 5-3-101)。晶胞参数:$a=0.883$ nm,$Z=4$。X 射线粉晶主要衍射数据 $d(\text{Å})(I/I_{max})$ 为 3.600(90)、3.040(40)、2.960(40)、2.786(100)、2.753(95)、2.597(50)、2.460(40)、2.354(45)、2.205(20)、2.079(40)、1.625(30)、1.559(50)、1.514(25)。

【产状产地】

羟钙铝黄长石产于岩浆岩与石灰岩接触变质的矽卡岩中,共生伴生的矿物有方解石、白云石,主要产地有日本。

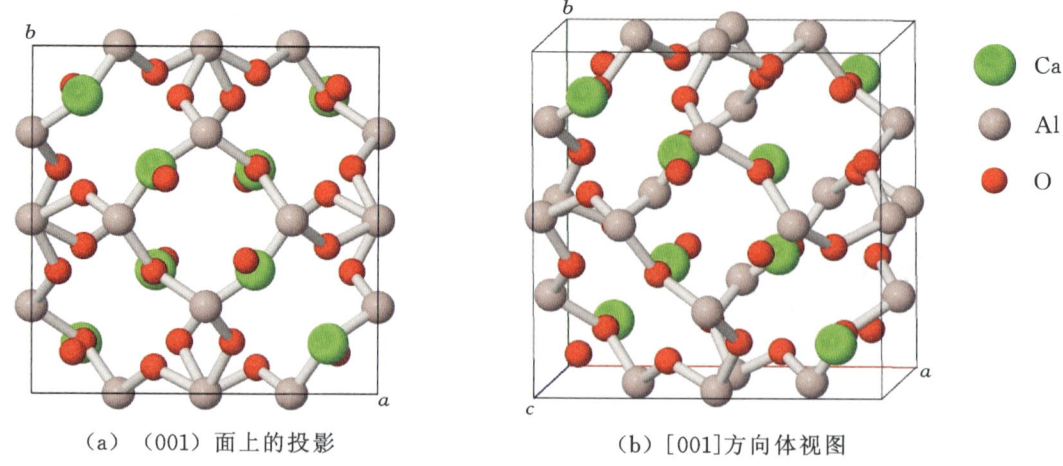

(a) (001) 面上的投影　　　　　　(b) [001] 方向体视图

图 5-3-101　羟水钙铝黄长石的晶体结构

【主要用途】

羟钙铝黄长石在地质学、物理学、化学、材料学、环境科学、晶体学、矿物学、宝石学等方面都有重要意义。

水钙铝黄长石

【化学性质】

水钙铝黄长石是一种含 Ca、Al、H_2O 的 $[Al_2SiO_7]$ 似层状基型硅酸盐类矿物,其晶体化学式为 $Ca_2[Al_2SiO_7] \cdot 8H_2O$。主要成分为 Ca、Al、Si、H、O,类质同象替代成分有 Na、K。

化学成分中氧化物的质量分数为 CaO 27.40%、Al_2O_3 24.91%、SiO_2 14.68%、H_2O 33.01%。

【结晶形态】

水钙铝黄长石属于三方晶系,复三方单锥晶类,对称型为 $3m$。晶体呈板状、薄板状、片状(图 5-3-102)。

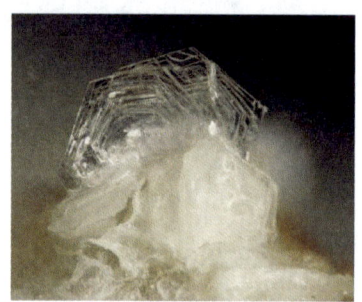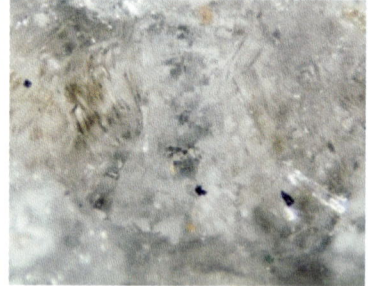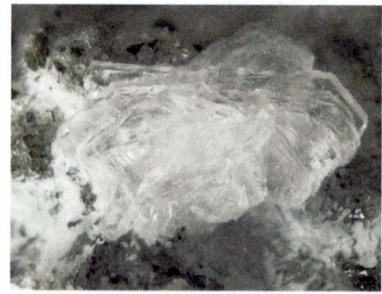

图 5-3-102　水钙铝黄长石(德国)

【物理特征】

水钙铝黄长石的颜色呈无色、白色、浅绿色。条痕为白色。透明。玻璃光泽。色散无。多色性弱。

一轴晶(一)。折射率为 N=1.534。

{0001}解理完全。柔性。断口呈不规则的细小碎片状。摩氏硬度为 1,相对密度为 1.90(测量)、1.88(计算)。

【晶体结构】

水钙铝黄长石属于三方晶系,空间群为 $R3m$。晶胞参数:$a=0.575$ nm、$c=3.782$ nm,$Z=3$。

X射线粉晶主要衍射数据 $d(\text{Å})(I/I_{max})$ 为 12.69(100)、4.20(100)、2.87(70)。

【产状产地】

水钙铝黄长石产于玄武岩的变质石灰岩体捕房体中,也发现于变质黏土捕房体中,共生伴生的矿物有方解石等,主要产地有德国、意大利。

【主要用途】

水钙铝黄长石在地质学、物理学、化学、材料学、环境科学、晶体学、矿物学、宝石学等方面都有重要意义。

水云母族

水钠云母(brammallite)	$Na_{1-x}(H_2O)_x\{Al_2[(AlSi_3)O_{10}](OH)_{2-x}(H_2O)_x\}$
水白云母(hydromuscovite)	$K_{1-x}(H_2O)_x\{Al_2[(AlSi_3)O_{10}](OH)_{2-x}(H_2O)_x\}$
水黑云母(hydrobiotite)	$K_{1-x}(H_2O)_x\{(Mg,Fe^{3+})_3[(AlSi_3)O_{10}](OH)_{2-x}(H_2O)_x\}$

水钠云母

【化学性质】

水钠云母又称钠伊利石,是一种含 Na、Al、(OH)、H_2O 的 $[AlSi_3O_{10}]$ 层状基型硅酸盐类矿物,其晶体化学式为 $Na_{1-x}(H_2O)_x\{Al_2[(AlSi_3)O_{10}](OH)_{2-x}(H_2O)_x\}$。主要成分为 Na、Al、Si、H、O,类质同象替代成分有 Ca、K、Mg、Fe。

化学成分中氧化物的质量分数为 Na_2O 5.22%、MgO 6.17%、Al_2O_3 26.02%、FeO 1.83%、SiO_2 49.29%、H_2O 11.47%。

【结晶形态】

水钠云母属于单斜晶系,斜方柱晶类,对称型为 $2/m$。晶体常呈极细小的鳞片状,不规则的薄片状,有时也呈不完整的六边形和板条状,常呈土状集合体(图 5-3-103)。

(a) 水钠云母(美国加利福尼亚)　　(b) 水钠云母(美国科罗拉多)

图 5-3-103　水钠云母

【物理特征】

水钠云母的颜色呈白色、灰色、灰白色、灰绿色等。条痕为白色。透明、半透明。土状光泽、半玻璃光泽,色散无。

二轴晶(-)。折射率为 Np=1.535~1.570、Nm=1.555~1.600、Ng=1.565~1.605,双折射率为 0.030~0.035。2V=5°~25°(测量)、42°~68°(计算)。

{001}解理完全。柔性。断口呈土状、暗淡黏土状裂开,结晶能力差,呈不平整、不均匀的细小碎片状。摩氏硬度为 2.5～3，相对密度为 2.83～2.88（测量）、2.98（计算）。

【晶体结构】

水钠云母属于单斜晶系，空间群为 $C2/c$。晶胞参数：$a=0.512$ nm、$b=0.891$ nm、$c=1.926$ nm，$\beta=95.83°$，$Z=4$。X 射线粉晶衍射数据 d(Å)(I/I_{max}) 为 9.77(100)、4.78(80)、4.41(90)、3.17(100)、2.54(90)、2.41(60)、2.11(60)、1.49(100)。二八面体型。

在晶体结构上，水钠云母与白云母、绢云母十分相似，Si、Mg、Fe、H_2O 含量略多一些，硅氧四面体层钾略少一些。

【产状产地】

水钠云母发育在风化壳、土壤及现代沉积物中，共生伴生的矿物有高岭石、蒙脱石、水白云母、绿泥石、叶蜡石等，主要产地有英国、美国（加利福尼亚、科罗拉多等）等。

【主要用途】

水钠云母在地质学、物理学、化学、材料学、环境科学、晶体学、矿物学等方面都有重要意义。

水白云母

【化学性质】

水白云母是一种含 K、Al、(OH)、H_2O 的 [$(AlSi_3)O_{10}$] 层状基型硅酸盐类矿物，其晶体化学式为 $K_{1-x}(H_2O)_x\{Al_2[(AlSi_3)O_{10}](OH)_{2-x}(H_2O)_x\}$，简化写成 $K\{Al_2[(AlSi_3)O_{10}](OH)_2\}$。主要成分为 K、Al、Si、H、O，类质同象替代成分有 Na、Ca、Fe、Mg、H_2O。

化学成分中氧化物的质量分数为 K_2O 7.26%、MgO 3.11%、Al_2O_3 17.02%、FeO 1.85%、SiO_2 58.73%、H_2O 12.03%。

【结晶形态】

水白云母属于单斜晶系，斜方柱晶类，对称型为 $2/m$。晶体呈鳞片状、片状，集合体呈葡萄状、乳壳状、块状（图 5-3-104）。

（a）水白云母（德国）

（b）水白云母（英国）

图 5-3-104　水白云母

【物理特征】

水白云母的颜色呈白色、黄绿色。条痕为白色。透明。玻璃光泽、油脂光泽。色散弱。多色性无。

二轴晶（−）。折射率为 Np=1.552、Nm=1.581、Ng=1.586。2V=10°～15°。

{001} 解理完全。柔性，有滑感。断口呈不规则、不平整的贝壳状。摩氏硬度为 2～3，相对密度为 2.5～2.8（测量）。

【晶体结构】

水白云母属于单斜晶系,空间群未定。晶胞参数:$a=0.520$ nm、$b=0.900$ nm、$c=1.000$ nm、$\beta=96°$,$Z=2$。X射线粉晶衍射数据$d(\text{Å})(I/I_{max})$为9.70(90)、4.44(90)、3.32(100)、3.20(90)、2.57(100)。结构与白云母相似,属二八面体型。

白云母、水白云母、绢云母是一类非常相似矿物,但也有一些细小差异。水白云母与伊利石有一定的差异,一些水白云母是混合层状硅酸盐。

【产状产地】

水白云母是白云母风化的产物,常见于中、酸性岩浆岩中,也见于片岩、片麻岩中。与水白云母共生伴生的矿物有石英、长石,主要产地有德国、英国。

【主要用途】

水白云母在地质学、物理学、化学、环境科学、晶体学、矿物学等方面都有一定意义。

水黑云母

【化学性质】

水黑云母是一种含K、Mg、Fe、(OH)、H_2O的$[AlSi_3O_{10}]$层状基型硅酸盐类矿物,其晶体化学式为$K_{1-x}(H_2O)_x\{(Mg,Fe^{3+})_3[(AlSi_3)O_{10}](OH)_{2-x}(H_2O)_x\}$。主要成分为K、Mg、Fe、Al、Si、O、H,类质同象替代成分有Ca、Sr、Ba、Na、Rb、Mn、Ti、Cr、F、P等。

化学成分中氧化物及元素的质量分数为K_2O 3.04%、CaO 1.21%、MgO 19.95%、Al_2O_3 13.17%、Fe_2O_3 10.31%、SiO_2 36.38%、H_2O 15.12%、F 0.82%。

化学式也可表示为$K\{(Mg,Fe)_3[(Al,Fe)Si_3O_{10}](OH,F)_2\} \cdot \{(Mg,Fe^{2+},Al)_3[(Si,Al)_4O_{10}](OH)_2\} \cdot 4H_2O$。

【结晶形态】

水黑云母属于单斜晶系,斜方柱晶类,对称型为$2/m$。晶体呈片状、板状、厚板状(图5-3-105)。

(a)水黑云母(意大利)

(b)水黑云母(墨西哥)

(c)水黑云母(俄罗斯)

图5-3-105 水黑云母

【物理特征】

水黑云母的颜色呈金黄色、黑色。条痕为白色。透明。半金属光泽。色散弱。多色性明显:浅棕色,棕色,棕色。

二轴晶(一)。折射率为Np=1.560~1.562、Nm=1.560~1.562、Ng=1.565~1.567,双折射率未知。$2V=10°$(测量)。

{001}解理完全。柔性。断口呈不规则、不平整的小碎片状。摩氏硬度为2.5~3,相对密度为2.49~2.646(测量)、2.69(计算)。

【晶体结构】

水黑云母属于单斜晶系,空间群为 $C2/m$。晶胞参数:$a=0.520$ nm、$b=0.900$ nm、$c=10.20$ nm,$\beta=96°$,$Z=4$。属于三八面体型。X 射线粉晶衍射数据 $d(Å)(I/I_{max})$ 为 23.60(20)、12.26(100)、4.88(15)、3.50(50)、3.05(20)、2.73(10)、2.04(15)。

水黑云母的晶体结构可以表示为黑云母和蛭石 1∶1 的规则混层排列。

【产状产地】

水黑云母发现于多种多样的沉积环境中,为热液蚀变的产物,主要产地有意大利、墨西哥、俄罗斯。

【主要用途】

水黑云母在地质学、物理学、化学、环境科学、晶体学、矿物学等方面都有一定意义。

伊利石亚族

伊利石(Illite)　　　　　　　　$KAl_2[(Si,Al)_4O_{10}]·(OH)_2·nH_2O$

伊 利 石

【化学性质】

伊利石是一种含 K、Al、(OH)、H_2O 的$[(Si,Al)_4O_{10}]$层状基型硅酸盐类矿物,其晶体化学式为 $KAl_2[(Si,Al)_4O_{10}]·(OH)_2·nH_2O$。主要成分为 K、Al、Si、H、O,类质同象替代成分有 Mg、Fe、H_2O。伊利石是一种含水黏土矿物,具有富 K、高 Al、低 Fe 的特征,随着温度的升高,会转变为白云母。

【结晶形态】

伊利石属于单斜晶系,斜方柱晶类,对称型为 $2/m$。晶体常呈极细小的鳞片状,透射电子显微镜下呈非常细小、不规则的薄片状,有时也呈不完整的六边形和板条状,常呈土状集合体(图 5-3-106)。

(a) 伊利石(美国)

(b) 伊利石(土耳其)

图 5-3-106　伊利石

【物理特征】

伊利石的颜色呈白色、灰白色至银白色,但常因杂质而染成黄色、绿灰色、褐色等。条痕为白色、灰白色。透明至半透明。土状光泽、油脂光泽。色散无。多色性无。

二轴晶(一)。折射率为 Np=1.535～1.570、Nm=1.555～1.600、Ng=1.565～1.605。双折射率为 0.030～0.035。$2V=5°～25°$(测量)、$42°～68°$(计算)。

{001}底面解理完全。柔性,细腻,有滑感。断口呈不规则、不平整的贝壳状。摩氏硬度为 1～2,相对密度为 2.79～2.80(测量)、2.61(计算)。

【晶体结构】

伊利石属单斜晶系,空间群为 $C2/m$（图 5-3-107）。晶胞参数：$a=0.518$ nm、$b=0.898$ nm、$c=1.032$ nm，$\beta=101.83°$，$Z=2$。X射线粉晶主要衍射数据 $d(\text{Å})(I/I_{max})$ 为 4.43(100)、3.66(40)、2.56(85)。

伊利石晶体结构：与白云母基本相同,也属于2:1型结构。硅氧四面体(T)—铝氧八面体(O)—硅氧四面体(T)层的2:1夹层。在T—O—T结构层之间被低水合钾离子所占据,这种大阳离子钾将结构层连接在一起。

伊利石晶体有1M、2M、1Md和3T等多型变体。与白云母不同的是,层间 K^+ 的数量比白云母少,而且有水分子存在。因此伊利石也称为水白云母。

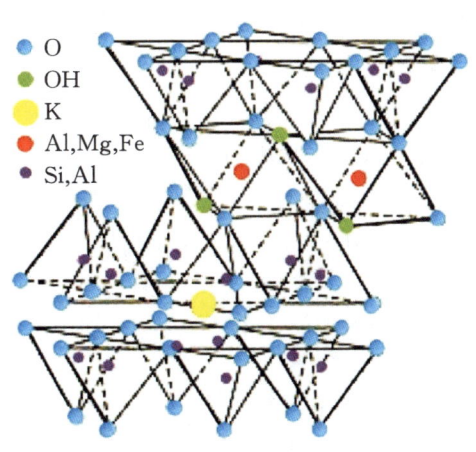

图 5-3-107　伊利石的晶体结构

【产状产地】

伊利石是一种常见的黏土矿物,常由白云母、钾长石风化而成,并产于泥质岩中或由其他矿物蚀变形成。它常是形成其他黏土矿物的中间过渡性矿物。在煤系地层中伊利石黏土岩常在煤层夹矸石中呈透镜状或似层状产出。

伊利石是介于云母和高岭石及蒙脱石间的中间矿物,成因有：①由长石和云母风化分解而成。②蒙脱石受钾的交代。③热液蚀变。④胶体沉积的再结晶。

与伊利石共生伴生的矿物有高岭石、蒙脱石、水白云母、绿泥石、叶蜡石等。

伊利石黏土分布广泛,但纯的伊利石黏土不多,往往与其他黏土矿物混杂在一起。成分较纯时,可以形成伊利石黏土矿。

伊利石的主要产地有美国、巴西、塞尔维亚、俄罗斯、加拿大等。伊利石在中国的主要产地有吉林、四川、湖北、河北等地。

【主要用途】

伊利石及其黏土可用于高压电瓷、日用瓷器、造纸橡胶、油漆填料、制取钾肥等；生态环境保护和修复,能吸附多种有害重金属、有害气体等；矿物研究,宝玉石加工雕刻。

伊利石在地质学、物理学、化学、材料学、环境科学、晶体学、矿物学、宝石学等方面都有重要意义。

蒙脱石-蛭石族

蒙脱石亚族

蒙脱石(montmorillonite)	$Na_x(H_2O)_4\{(Al_{2-x}Mg_{0.33})[Si_4O_{10}](OH)_2\}$
贝得石(beidellite)	$Na_x(H_2O)_4\{Al_2[Al_xSi_{4-x}O_{10}](OH)_2\}$
囊脱石(nontronite)	$Na_x(H_2O)_4\{Fe_2^{3+}[Al_xSi_{4-x}O_{10}](OH)_2\}$
铬蒙脱石(volchonskoite)	$(Mg,Ca)_{1-x}(H_2O)_4\{Cr_2^{3+}[Al_xSi_{4-x}O_{10}](OH)_2\}$
锂蒙脱石(swinefordite)	$(Li,Na)_{1-x}(H_2O)_4\{\{Al,Li\}_{2+x}[(AlSi_3)O_{10}](OH,F)_2\}$
镁蒙脱石(sobotkite)	$(Mg,Ca)_{1-x}(H_2O)_4\{AlMg_{1.5}[AlSi_3O_{10}](OH)_2\}$
累托石(rectorite)	$K_x(H_2O)_4\{Al_2[Al_xSi_{4-x}O_{10}](OH)_2\}$

蒙脱石

【化学性质】

蒙脱石又称为微晶高岭石或胶岭石,是一种含 Na、Al、(OH)、H_2O 的 $[(Si,Al)_4O_{10}]$ 层状基型硅酸盐类矿物。

晶体化学通式为 $E_x\{(Al_{2-x},Mg_x)_2(H_2O)_4[(Si,Al)_4O_{10}](OH)_2\}$,式中 E 为层间可交换阳离子,主要为 Na、Ca,其次为 K、Li 等。主要成分为 Al、Ca、Mg、Na、Si、H、O,类质同象替代成分 K、Li、Fe、Mn、Zn、Mg、Cr 等。

化学成分中氧化物的质量分数为 Na_2O 1.13%、CaO 1.02%、Al_2O_3 18.57%、SiO_2 43.21%、H_2O 36.07%。

【结晶形态】

蒙脱石属于单斜晶系,斜方柱晶类,对称型为 $2/m$,是一种具含水层状结构的硅酸盐矿物,属于蒙皂石族矿物,是重要的黏土矿物。晶体颗粒极细(约 0.2~1 μm),常呈块状或土状集合体产出(图 5-3-108)。在电子显微镜下可见到细小鳞片状晶体。

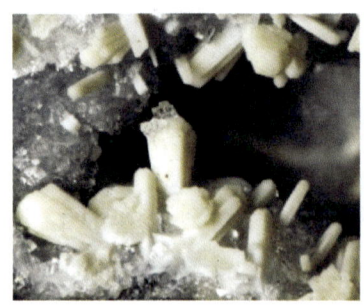

(a) 蒙脱石(德国)　　　(b) 蒙脱石(澳大利亚)　　　(c) 蒙脱石(美国纽约)

图 5-3-108　蒙脱石

【物理特征】

蒙脱石的颜色呈白色、灰白色、粉红色、红色、黄色、棕黄色、黄绿色、浅蓝色、淡绿色,粉红色到红色是由于高 Fe 值。条痕为白色。透明、半透明至不透明。光泽暗淡。色散无,多色性较弱:无色至浅棕色、黄绿色,深棕色、黄绿色、橄榄绿色、浅黄色,棕色、橄榄绿色、浅黄色。荧光无。

二轴晶(-)。折射率为 Np=1.485~1.535、Nm=1.504~1.550、Ng=1.505~1.550,双折射率为 0.015~0.020。2V=5°~30°(测量)、0°~24°(计算)。摩氏硬度为 2~2.5,相对密度为 2.00~2.70(测量)、2.01(计算)。

{001}解理极完全,呈鳞片状。细小颗粒成块而柔软。有滑感,加水膨胀,体积能增加几倍,并变成糊状物。断口呈不均匀、不规则的细小碎片状。

当温度在 100~200 ℃ 之间时蒙脱石中的水分子会逐渐"跑掉",失水后的蒙脱石还可以重新吸收水分子或其他极性分子。当它们吸收水分后还可以膨胀并超过原体积的几倍,变成糊状物。蒙脱石具有很强的吸附力及阳离子交换性能。

热分析:在 80~250 ℃ 之间出现第一个吸热谷,脱去层间水和吸附水。一般钠蒙脱石脱水温度较低,且为单吸热谷,钙蒙脱石脱水温度较高,并出现复合谷。第二个吸热谷出现在 600~700 ℃ 之间,脱去结构水。第三个吸热谷在 800~935 ℃ 之间,晶格完全被破坏。紧接着有一放热峰,有新相尖晶石和石英生成。

【晶体结构】

八面体配位中 Al 可以被 Mg 替代,也可以被 Fe^{3+}、Fe^{2+}、Zn^{2+}、Ni^{2+}、Li^{1+}、Cr^{3+} 等替代。二价阳离子 Mg^{2+}、Fe^{2+} 等替代 Al^{3+} 是层电荷产生的主要原因。四面体配位中,Si 可被 Al、Fe^{3+} 替代,替代量一般不超过 15%。蒙脱石中的水含量因环境湿度而变化,成分写为 $(Na,Ca)_{0.33}(H_2O)_x(Al,Mg)_2[Si_4O_{10}](OH)_2$。

蒙脱石属于单斜晶系,空间群为 $C2/m$(图 5-3-109)。晶胞参数:$a=0.517$ nm、$b=0.894$ nm、$c=0.995$ nm,$\beta=99.90°$,$Z=1$。

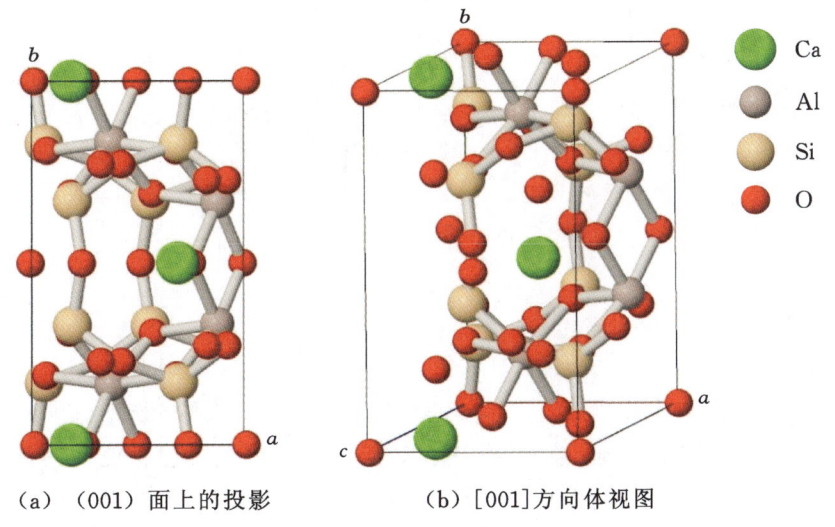

(a)(001)面上的投影　　(b)[001]方向体视图

图 5-3-109　蒙脱石的晶体结构 1

晶胞参数因层间水会发生变化,如钙蒙脱石层间为一个、两个、三个、四个水分子层时其 c 值分别为 0.960 nm、1.250 nm、1.550 nm、1.850 nm、2.050 nm;β 近于 90°。TOT 型,二八面体型结构。X 射线粉晶衍射数据 $d(\text{Å})(I/I_{max})$ 为 15.00(100)、5.01(60)、4.50(80)、3.77(20)、3.02(60)、1.70(30)、1.50(50)、1.49(50),见图 5-3-110。

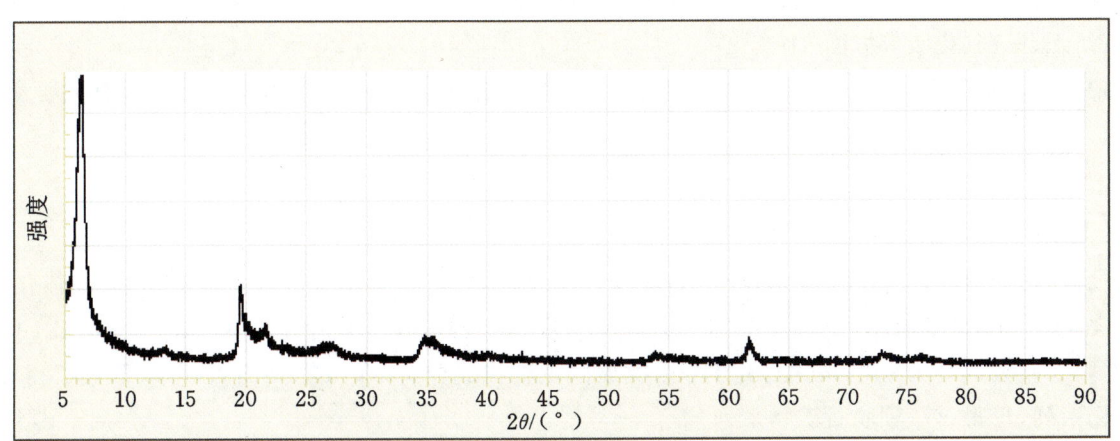

图 5-3-110　蒙脱石的 X 射线粉晶衍射图

蒙脱石晶体化学通式中 x 为 E 作为一价阳离子时单位化学式的层电荷数,一般在 0.2~0.6 之间。根据层间主要阳离子的种类,分为钠蒙脱石、钙蒙脱石等成分变种。在晶体化学式中,H_2O(结晶水或层间水等)一般都写在式子的最后面,但在蒙脱石中,H_2O 写在前面,表示 H_2O 与可交换阳离子一起充填在层间域里。E 与 H_2O 以微弱的氢键相联形成水化状态,若 E 为一价离子,离子势小,形成一层连续的水分子层;若 E 为二价阳离子,形成二层连续水分子。这表明水分子进入层间与层格架(单元层)没有直接关系。水的含量与环境的湿度和温度有关,可多达四层(图 5-3-111)。

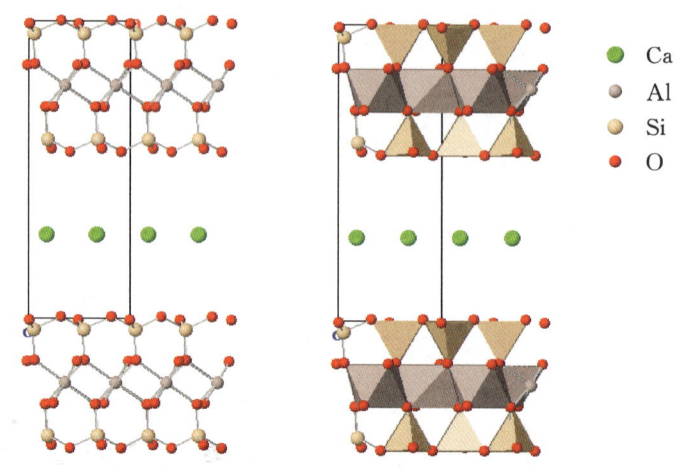

图 5-3-111　蒙脱石的晶体结构 2

【产状产地】

蒙脱石主要由基性岩浆岩在碱性环境中风化而成,也是中生代火山岩系中火山灰及凝灰岩的风化分解产物,是构成膨润土的主要成分。

蒙脱石的主要产地有法国、德国、俄罗斯、澳大利亚、美国(缅因、纽约、亚利桑那)、中国等。膨润土在我国产地很多,如辽宁、黑龙江、吉林、河北、河南、浙江等地都有产出,具工业价值的蒙脱石矿床多产于中生代火山岩系中。

【主要用途】

钠蒙脱石吸水性很强,吸水后其体积膨胀而增大几倍至十几倍,具很强的吸附力和阳离子交换性。由于钠蒙脱石的许多性能优于钙蒙脱石,因而常利用蒙脱石的阳离子交换性能,进行改型处理,将钙蒙脱石改造成钠蒙脱石。

蒙脱石广泛用于离子交换、高温润脂、吸附净化、冶金、铸造、钻井、陶瓷、炼油、橡胶、塑料、造纸、油漆、纺织、医药、化妆等方面。

蒙脱石在地质学、物理学、化学、材料学、环境科学、晶体学、矿物学、宝石学等方面都有重要意义。

贝得石

【化学性质】

贝得石是一种含 Ca、Na、Al、(OH)、H_2O 的 $[Al_xSi_{4-x}O_{10}]$ 层状基型硅酸盐类矿物,其晶体化学式为 $(Na,Ca)_x(H_2O)_4\{Al_2[Al_xSi_{4-x}O_{10}](OH)_2\}$,或可写为 $(Na,Ca)_{0.3}(H_2O)_x\{Al_2[(Si_{3.5}Al_{0.5})O_{10}](OH)_2\}$。主要成分为 Ca、Na、Al、Si、H、O,类质同象替代成分有 K、Mg、Fe、Ti。可以形成贝得石-皂石矿物系列,贝得石—蒙脱石矿物系列。

化学成分中氧化物的质量分数为 Na_2O 3.98%、Al_2O_3 32.74%、SiO_2 54.02%、H_2O 9.26%。

【结晶形态】

贝得石属于单斜晶系,斜方柱晶类,对称型为 $2/m$。晶体呈土状、类似黏土质(图 5-3-112)。

【物理特征】

贝得石的颜色呈白色、灰色、红白色、棕白色、淡黄色。条痕为白色、灰白色。透明至半透明。土状光泽、苍白光泽。色散无,多色性无。

图 5-3-112　贝得石（美国亚利桑那）

二轴晶（－）。折射率为 Np＝1.494～1.503、Nm＝1.525～1.532、Ng＝1.526～1.533，双折射率为 0.030～0.032。$2V=9°～16°$（测量）、$20°$（计算）。

{001}解理完全。由于颗粒细小集合体成块而柔软。断口呈不均匀、不规则的细小碎片状。摩氏硬度为 1～2，相对密度为 2.0～2.3（测量）、1.90（计算）。

【晶体结构】

贝得石属于单斜晶系，空间群为 $C2/m$。晶胞参数：$a=0.514$ nm、$b=0.893$ nm、$c=1.500$ nm，$\beta=99.54°$，$Z=2$。X 射线粉晶主要衍射数据 d(Å)(I/I_{max}) 为 4.52(100)、2.61(100)、2.55(100)，见图 5-3-113。

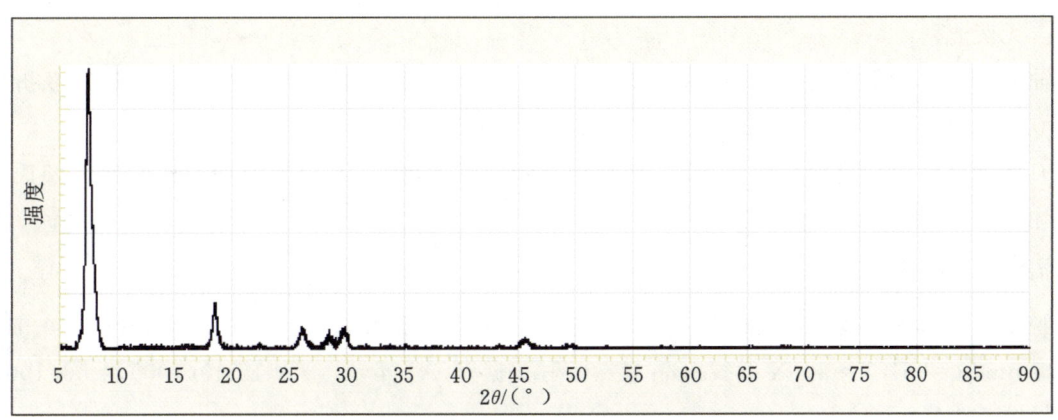

图 5-3-113　贝得石的 X 射线粉晶衍射图

贝得石属于 2∶1 型的层状硅酸盐矿物，属于黏土矿物中的蒙皂石族，为二八面体型，在自然界中其储量远远小于同族的蒙脱石。

【产状产地】

贝得石产状与蒙脱石相同，主要产地有美国（亚利桑那、科罗拉多）、西印度群岛。

【主要用途】

贝得石在地质学、物理学、化学、晶体学、矿物学等方面都有一定意义。

囊脱石

【化学性质】

囊脱石又称绿高岭石、绿脱石，是一种含 Na、Fe、(OH)、H_2O 的[(Si,Al)$_4$O$_{10}$]层状基型硅酸盐类矿物，其晶体化学式为 Na$_{0.3}$(H$_2$O)$_4${Fe$_2^{3+}$[(Si,Al)$_4$O$_{10}$](OH)$_2$}。主要成分为 Na、Fe、Al、Si、H、O，类质同象替代成分有 K、Ca、Ni、Mg、Ti。

化学成分中氧化物的质量分数为 Na_2O 1.87％、Al_2O_3 10.28％、Fe_2O_3 32.20％、SiO_2 37.49％、H_2O 18.16％。

【结晶形态】

囊脱石属于单斜晶系,斜方柱晶类,对称型为 $2/m$。晶体呈片状、针状、粒状。集合体常呈隐晶质土状、放射球状和致密块状(图 5-3-114)。

(a)囊脱石(德国)

(b)囊脱石(澳大利亚)

图 5-3-114　囊脱石

【物理特征】

囊脱石的颜色呈绿色、橄榄绿色、黄绿色、黄色、橙色、棕色。条痕为白色。半透明至不透明。土状光泽、蜡状光泽、珍珠光泽。色散强。多色性较明显:黄绿色、黄绿色,橄榄绿色、棕绿色,橄榄绿色、棕绿色。无荧光。

二轴晶(-)。折射率为 Np=1.530~1.580、Nm=1.555~1.612、Ng=1.560~1.615,双折射率为 0.030~0.035。$2V=5°\sim66°$(测量),$32°\sim46°$(计算)。

{001}解理极完全,呈鳞片状。柔软,具滑感。断口呈不均匀、不规则的细小碎片状。摩氏硬度为 2~2.5,相对密度为 2.30(测量)、2.28(计算)。

【晶体结构】

囊脱石属于单斜晶系,空间群为 $C2/m$(图 5-3-115)。晶胞参数:$a=0.523$ nm、$b=0.911$ nm、$c=1.525$ nm,$\beta=96°$,$Z=2$。X 射线粉晶主要衍射数据 $d(\text{Å})(I/I_{\max})$ 为 15.40(100)、4.56(100)、1.52(100),见图 5-3-116。

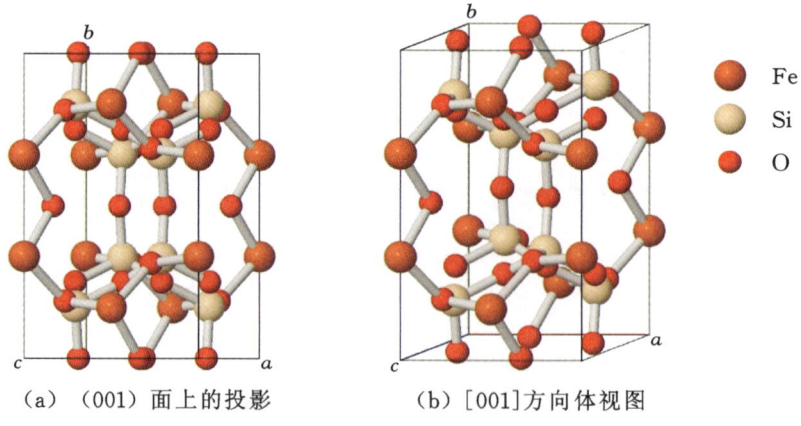

(a)(001)面上的投影　　(b)[001]方向体视图

图 5-3-115　囊脱石的晶体结构

【产状产地】

囊脱石主要产于超基性岩中,为铁镁矿物风化分解后形成的次生矿物,主要产地有德国、法国、澳大利亚、捷克。

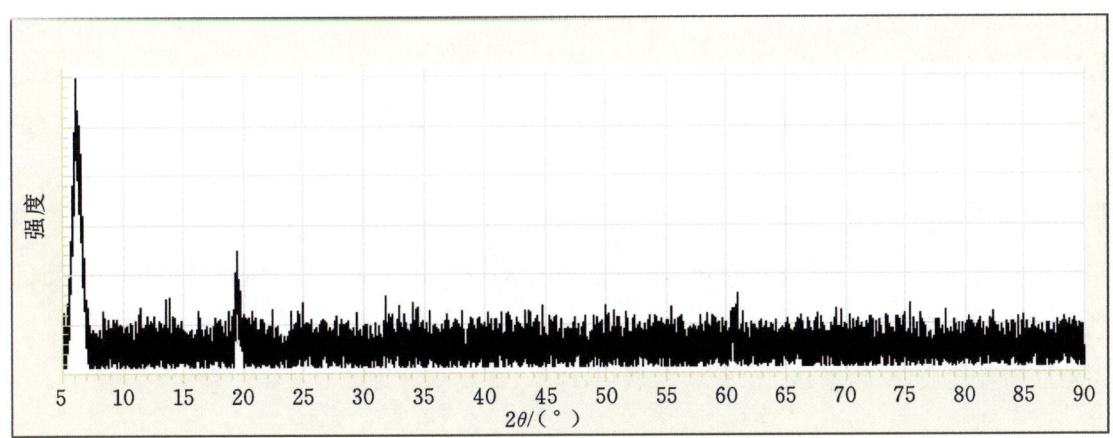

图 5-3-116　囊脱石的 X 射线粉晶衍射图

【主要用途】

囊脱石在地质学、物理学、化学、材料学、环境科学、晶体学、矿物学等方面都有重要意义。含镍的囊脱石可作为镍矿石利用。

铬蒙脱石

【化学性质】

铬蒙脱石是一种含 Ca、Cr、Al、(OH) 的 $[Al_xSi_{4-x}O_{10}]$ 层状基型硅酸盐类矿物,其晶体化学式为 $(Mg,Ca)_{1-x}(H_2O)_4\{Cr_2^{3+}[Al_xSi_{4-x}O_{10}](OH)_2\}$。主要成分为 Ca、Cr、Si、Al、O、H,类质同象替代成分有 Na、K、Ti、Mn、Mg、Fe、C、P。

化学成分中氧化物的质量分数为 CaO 1.18%、MgO 7.63%、Al_2O_3 5.36%、Cr_2O_3 19.16%、Fe_2O_3 5.04%、SiO_2 44.21%、H_2O 17.42%。

【结晶形态】

铬蒙脱石属于单斜晶系,斜方柱晶类,对称型为 $2/m$。晶体呈显微粒状、块状(图 5-3-117)。

(a) 铬蒙脱石(俄罗斯)

(b) 铬蒙脱石(意大利)

图 5-3-117　铬蒙脱石

【物理特征】

铬蒙脱石的颜色呈蓝绿色、深绿色、草绿色、亮绿色、黄色。条痕为蓝绿色。半透明。树脂光泽、土状光泽。色散较强。多色性较明显。

二轴晶(−)。折射率为 Np=1.551~1.56、Nm=1.564、Ng=1.569,双折射率为 0.009~0.018。2V 角很小,62°~84°(测量)。

{001}解理完全。性脆。断口呈不规则、不均匀的贝壳状碎片。摩氏硬度为 1.0~2.0,相对密度为 2.11～2.36（测量）、2.38（计算）。

【晶体结构】

铬蒙脱石属于单斜晶系，空间群为 $C2/m$。晶胞参数：$a=0.516$ nm，$b=0.894$ nm，$c=1.440$ nm，$\beta=90°$，$Z=2$。

【产状产地】

铬蒙脱石是一种砂岩、砾岩和红层中的表生矿物，常沿空隙填充，主要产地有俄罗斯、意大利等。

【主要用途】

铬蒙脱石在地质学、物理学、化学、材料学、晶体学、矿物学等方面都有一定意义。

锂蒙脱石

【化学性质】

锂蒙脱石是一种含 Li、Al、(OH)、H_2O 的 $[(Si,Al)Si_3O_{10}]$ 层状基型硅酸盐类矿物，其晶体化学式为 $(Li,Na)_{1-x}(H_2O)_4\{\{Al,Li\}_{2+x}[(AlSi_3)O_{10}](OH,F)_2\}$。主要成分为 Li、Al、Si、H、F、O，类质同象替代成分有 Fe、Mg、Na、Ca、F。

化学成分中氧化物的质量分数为 Na_2O 0.78%、Li_2O 3.76%、CaO 7.89%、MgO 5.07%、Al_2O_3 19.25%、SiO_2 49.38%、H_2O 12.47%。

【结晶形态】

锂蒙脱石属于单斜晶系，斜方柱晶类，对称型为 $2/m$。晶体呈细小碎片状、粒状（图 5-3-118）。

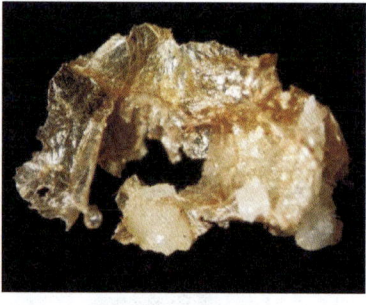

（a）锂蒙脱石（美国北卡罗来纳） （b）锂蒙脱石（美国加利福尼亚）

图 5-3-118 锂蒙脱石

【物理特征】

锂蒙脱石的颜色呈白色、灰绿色、黄绿色、深橄榄绿色。条痕为白色。透明至不透明。土状光泽。色散较强。多色性弱：无色，无色，浅黄褐色。

二轴晶（-）。折射率为 Np=1.492、Nm=1.524、Ng=1.526，双折射率为 0.034。$2V=29°\sim45°$（测量）、26°（计算）。

{001}解理完全。性脆。断口呈不规则、不均匀的细小碎片状。摩氏硬度为 1，相对密度为 2.3～2.8（测量）、2.17（计算）。

【晶体结构】

锂蒙脱石属于单斜晶系，空间群为 $C2/m$。晶胞参数：$a=0.520$ nm、$b=0.900$ nm、$c=1.300$ nm，$\beta=90°$，$Z=2$。X 射线粉晶主要衍射数据 $d(\text{Å})(I/I_{max})$ 为 12.96(100)、4.53(90)、1.51(90)。

【产状产地】

锂蒙脱石是一种含 Li 较高的蒙脱石，主要产地有美国（北卡罗来纳）。

【主要用途】

锂蒙脱石在地质学、物理学、化学、材料学、环境科学、晶体学、矿物学等方面都有重要意义。

镁蒙脱石

【化学性质】

镁蒙脱石是一种含 Ca、K、Mg、(OH)、H_2O 的 $[(Si_3Al)O_{10}]$ 层状基型硅酸盐类矿物,其晶体化学式为 $(Mg, Ca)_{1-x}(H_2O)_4\{AlMg_{1.5}[AlSi_3O_{10}](OH)_2\}$,或写为 $(K, Ca_{0.5})_{0.33}(H_2O)_x\{(Mg, Al)_3[Si_3Al)O_{10}](OH)_2\}$。主要成分为 Ca、K、Al、Mg、Si、H、O,类质同象替代成分有 Fe、Ti、Mn。

化学成分中氧化物的质量分数为 K_2O 1.07%、CaO 3.81%、MgO 19.17%、Al_2O_3 20.85%、SiO_2 40.82%、H_2O 14.28%。

【结晶形态】

镁蒙脱石属于单斜晶系,未知晶类,对称型未测定。晶体呈细小粒状(图 5-3-119)。

(a) 镁蒙脱石(智利)

(b) 镁蒙脱石(美国得克萨斯)

图 5-3-119 镁蒙脱石

【物理特征】

镁蒙脱石的颜色呈浅绿色、浅粉红色。条痕为白色。透明。土状光泽。色散明显。

二轴晶(+/−)。折射率为 Np=1.513、Nm=1.525、Ng=1.536,双折射率为 0.023。

{001}解理完全。柔性。断口呈不规则、不均匀的细小颗粒状。摩氏硬度为 3,相对密度为 2.31(测量)。

【晶体结构】

镁蒙脱石属于单斜晶系,空间群未知。晶胞参数未知。X 射线粉晶衍射数据 $d(\text{Å})(I/I_{max})$ 为 14.50(70)、4.48(90)、2.61(60)、2.51(60)、2.41(50)、2.35(50)、1.53(60)。

【产状产地】

镁蒙脱石产于超基性岩石风化的铁矾土矿床中,发现于陨石坑中,主要产地有智利、美国(得克萨斯)—陨石坑中。

【主要用途】

镁蒙脱石在地质学、物理学、化学、材料学、环境科学、晶体学、矿物学等方面都有重要意义。

累托石

【化学性质】

累托石是一种含 K、Al、(OH)、H_2O 的 $[(Al_xSi_{4-x})O_{10}]$ 层状基型硅酸盐类矿物,其晶体化学式为

$K_x(H_2O)_4\{Al_2[Al_xSi_{4-x}O_{10}](OH)_2\}$。主要成分为 K、Al、Si、H、O，类质同象替代成分有 Ca、Fe。

化学成分中氧化物的质量分数为 K_2O 0.60％、Na_2O 2.37％、CaO 2.44％、Al_2O_3 39.01％、SiO_2 45.97％、H_2O 9.61％。

当 Na 的含量高时，会形成钠累托石，这种矿物晶体化学式可以表示为 $(K,Na,Ca,H_3O)_{1-x}(H_2O)_x\{Al_2[(AlSi_3)O_{10}](OH)_2\}$。

【结晶形态】

累托石属于单斜晶系，斜方柱晶类，对称型为 $2/m$。晶体呈黏土状、粉末块状（图 5-3-120）。

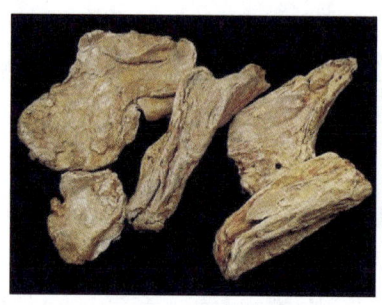

（a）累托石（美国阿肯色）　　（b）累托石（南非）

图 5-3-120　累托石

【物理特征】

累托石的颜色呈白色、黄白色、浅棕色。条痕为白色。透明至半透明。珍珠光泽、淡土状光泽、蜡状光泽。色散弱，多色性弱。

二轴晶（－）。折射率为 Np＝1.519、Nm＝1.550、Ng＝1.559，双折射率为 0.040。$2V=5°\sim20°$（测量）、54°（计算）。

{001}解理完全。柔性。断口呈不均匀、不平整的次贝壳状。摩氏硬度为 1，相对密度为 2.41（测量）、2.34（计算）。

【晶体结构】

累托石属于单斜晶系，空间群未测定。晶胞参数：$a=0.513$ nm、$b=0.888$ nm、$c=2.385$ nm，$\beta=96.30°$，$Z=2$。X 射线粉晶衍射数据 $d(\text{Å})(I/I_{max})$ 为 26.40(30)、12.20(40)、4.99(30)、4.45(100)、3.15(30)、2.55(70)、2.44(10)。

累托石是晶体结构特殊的铝硅酸盐矿物，由类云母单元层和类蒙脱石单元层在特殊自然条件下有规则地交替堆积而成，但又不是二者的简单组合，尤其是其条带状的微观结构颇为罕见，是二八面体云母和二八面体蒙皂石组成的 1∶1 规则间层矿物。

【产状产地】

累托石由钾质长石、白云母蚀变而成，共生伴生的矿物有白云母、长石等，主要产地分布在亚洲、欧洲和北美洲。累托石与其他黏土矿伴生形成工业矿床的很少。

【主要用途】

累托石的耐火度高达 1650 ℃，具吸附性和阳离子交换性、高分散性和高塑性，层间孔径和电荷密度可调控。累托石是容易分离成纳米级微片的天然矿物材料之一，间层结构可分离成类云母和类蒙脱石的纳米微粒，产生纳米材料的新特性，有望在纳米材料领域凸现特性。

累托石在地质学、物理学、化学、材料学、环境科学、晶体学、矿物学、宝石学等方面都有重要意义。

蛭石亚族

蛭石(vermiculite)	$Mg_x(H_2O)_4\{Mg_{3-x}[AlSi_3O_{10}](OH)_2\}$
皂石(saponite)	$Na_x(H_2O)_4\{Mg_3[Al_xSi_{4-x}O_{10}](OH)_2\}$
铁皂石(ferrosaponite)	$Ca_{0.3}(H_2O)_4\{(Mg,Fe^{2+},Fe^{3+})_3[Al_xSi_{4-x}O_{10}](OH)_2\}$
滑皂石(aliettite)	$Na_x(H_2O)_4\{Mg_3[Al_xSi_{4-x}O_{10}](OH)_2\}\{Mg_3[Si_4O_{10}](OH)_2\}$
斯皂石(stevensite)	$Ca_x(H_2O)_4\{Mg_{3-x}[Si_4O_{10}](OH)_2\}$
锂皂石(hectorite)	$(Ca_{0.5}Na)_x(H_2O)_4\{Mg_{3-x}Li_x[Si_4O_{10}](OH,F)_2\}$
锌皂石(sauconite)	$(Ca_{0.5},Na)_x(H_2O)_4\{Zn_3[Al_xSi_{4-x}O_{10}](OH)_2\}$
无铝锌皂石(zincsilite)	$(H_2O)_4\{Zn_3[Si_4O_{10}](OH)_2\}$

蛭石

【化学性质】

蛭石是一种含 Mg、Al、(OH)、H_2O 的 $[(Si,Al)_4O_{10}]$ 层状基型硅酸盐类矿物，其晶体化学式为 $Mg_x(H_2O)_4\{Mg_{3-x}[AlSi_3O_{10}](OH)_2\}$。主要成分为 Mg、Al、Si、H、O，类质同象替代成分有 Ca、Fe、Na、K。

化学成分中氧化物的质量分数为 MgO 14.39%、Al_2O_3 43.48%、FeO 12.82%、SiO_2 11.34%、H_2O 17.97%。

【结晶形态】

蛭石属于单斜晶系，斜方柱晶类，对称型为 $2/m$。晶体呈鳞片状、层状、板状、粒状、蠕虫状（似云母），高温作用下受热失水膨胀时呈挠曲状，似水蛭（图 5-3-121）。常依黑（金）云母呈假象。

（a）蛭石（美国宾夕法尼亚）

（b）蛭石（瑞典）

图 5-3-121　蛭石

【物理特征】

蛭石的颜色呈无色、灰白色、淡黄色、褐色、黄褐色、金黄色、暗绿色、浅棕色，有时带绿色等。加热后变成灰色。条痕为绿白色。透明。土状光泽、油脂光泽、珠珍光泽。色散弱。多色性弱：无色、淡绿色，浅棕色，棕绿色，浅棕色，棕绿色。

二轴晶（−）。折射率为 Np=1.525～1.561，Nm=1.545～1.581，Ng=1.545～1.581，双折射率为 0.020。2V 很小。

{001}解理完全。柔韧性好、弱弹性，薄片有挠性。断口呈不规则、不平整的碎片状。摩氏硬度为 1.5～2.0，相对密度为 2.3～2.7（测量）、2.32（计算）。

蛭石受热失水膨胀时呈挠曲状，形态酷似水蛭。灼烧时被突然加热至 200～300 ℃之间时会沿其晶体的 c 轴产生似蠕虫状强烈膨胀。

【晶体结构】

蛭石属于单斜晶系,空间群为 $C2/m$、$C2/c$。晶胞参数:$a=0.535$ nm、$b=0.928$ nm、$c=n\times1.45$ nm,$\beta=97.10°$,$Z=2$。X 射线粉晶衍射数据 d(Å)(I/I_{max}) 为 14.150(100)、4.570(60)、2.615(50)、2.570(50)、2.525(45)、1.528(70),见图 5-3-122。

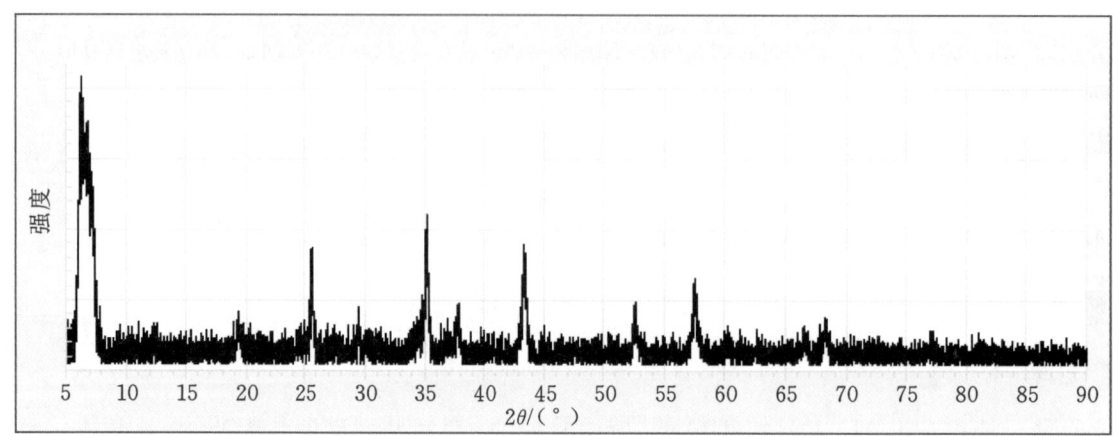

图 5-3-122　蛭石的 X 射线粉晶衍射图

蛭石是一种与蒙脱石性质相似的黏土矿物,它与云母有相似层状结构。蛭石晶体结构是 2∶1(TOT)的层状硅酸盐矿物,两个(T)四面体层,中间有一个(M)八面体层,层之间由范德华键结合在一起。四面体片中由 Al 代替 Si 而产生层电荷,导致层间充填可交换性阳离子和水分子。水分子以氢键与结构层表面的桥氧相联,在水分子层内彼此又以弱的氢键相互连结。部分水分子围绕层间阳离子形成配位八面体,形成水合络离子$[Mg(H_2O)_6]_2$,在结构中占有固定的位置,部分水分子呈游离状态。

这种结构特点使蛭石具有很强的阳离子交换能力。在正常温度和湿度下,Mg 饱和蛭石的 c 为 1.436 nm,层间具双水分子层,但水分子层不完整。水饱和后 c 增大至 1.481 nm,此时层间填充的是完整的水分子层。

通过缓慢加热使蛭石部分脱水后,其 c 由 1.436 nm 变为 1.382 nm。继续脱水,双层水分子将减为单层水分子,c 变为 1.159 nm。再继续脱水,将变为完全脱水结构($c=0.902$ nm)与含单层水分子结构($c=1.159$ nm)相间排列的结构,其 c 为 2.06 nm。完全脱水后则变为类似于滑石的结构,c 为 0.902 nm。

【产状产地】

蛭石是由黑(金)云母经热液蚀变作用或风化而成的,结构中的 K 离子被 Mg 离子和 Fe 离子取代而形成蛭石。蛭石主要是长英质岩、镁铁质岩、超镁铁质岩(如辉石岩、橄榄岩)接触变质带的黑(金)云母经热液蚀变作用或风化作用的产物。与蛭石共生和伴生的矿物有黑云母、金云母、绿泥石、角闪石、蛇纹石、滑石、刚玉、磷灰石等。

蛭石的主要产地有澳大利亚、俄罗斯、瑞典、南非、津巴布韦、巴西、美国(宾夕法尼亚)、瑞典等,中国的主要产地有新疆、山西、内蒙、河北、辽宁、山西、陕西等。

【主要用途】

蛭石是一种天然、无机、无毒的矿物,在高温作用下会膨胀。蛭石可用于工业、农业、建材、环境等许多方面。将蛭石加热到 300 ℃时,沿其晶体的 c 轴产生蠕虫似的膨胀达 20 倍并发生弯曲,具有很强的保温隔热性能。蛭石有离子交换的能力,是好的吸附剂,它对土壤的营养有极大的改良作用。蛭石可用作建筑材料、防火绝缘材料、机械润滑剂等。

蛭石在地质学、物理学、化学、材料学、环境科学、晶体学、矿物学、宝石学等方面都有重要意义。

皂石

【化学性质】

皂石是一种含 Ca、Mg、(OH)、H_2O 的 $[Al_xSi_{4-x}O_{10}]$ 层状基型硅酸盐类矿物,其晶体化学式为 $Na_x(H_2O)_4\{Mg_3[Al_xSi_{4-x}O_{10}](OH)_2\}$。主要成分为 Ca、Na、Mg、Al、Si、H、O,类质同象替代成分有 K、Fe、Mn、Ti、Ni。可形成贝得石—皂石类质同象矿物系列。

化学成分中氧化物的质量分数为 Na_2O 0.65%、CaO 1.17%、MgO 18.89%、Al_2O_3 11.77%、FeO 11.22%、SiO_2 37.54%、H_2O 18.76%。

【结晶形态】

皂石属于单斜晶系,斜方柱晶类,对称型为 $2/m$。晶体呈粒状、粉末状、珠球状。集合体呈放射状、葡萄球状(图 5-3-123)。

(a) 皂石(俄罗斯)

(b) 皂石(美国亚利桑那)

(c) 皂石(加拿大)

图 5-3-123　皂石

【物理特征】

皂石的颜色呈白色、黄白色、黄色、灰绿色、绿白色、红白色、蓝色、蓝白色。条痕为白色。半透明、不透明。土质光泽、油脂光泽。色散无。多色性弱。无荧光。

二轴晶(−)。折射率为 Np=1.479~1.490、Nm=1.510~1.525、Ng=1.511~1.527,双折射率为 0.032~0.037。2V=0°~10°(测量)、20°~26°(计算)。

{001}解理完全。土状光泽。断口呈不规则、不平整的碎片状、碎粒状。摩氏硬度为 1.5~2,相对密度为 2.30(测量)、2.67(计算)。

【晶体结构】

皂石属于单斜晶系,空间群为 $C2/m$。晶胞参数:$a=0.530$ nm、$b=0.914$ nm、$c=1.690$ nm、$\beta=97°$,$Z=2$。X 射线粉晶主要衍射数据 d(Å)(I/I_{max}) 为 15.40(100)、7.90(50)、4.60(40)、3.13(50)、2.65(50)、2.56(50)、1.54(65)、1.34(30)。

皂石是一种 2∶1(TOT)型三八面体结构的层状硅酸盐矿物。它的结构单元层由两层 Si—O 四面体片夹一层 Mg—O(OH)八面体片构成。它的四面体片中存在 $Al^{3+}\rightarrow Si^{4+}$ 的置换,导致皂石片层带有多余的负电荷。因此,其层间往往存在一定量的可交换阳离子(如 Na^+、Ca^{2+} 等)以平衡皂石结构层所带的负电荷。

四面体的顶端氧指向结构层中央与八面体共用,由此将三片联结在一起。皂石八面体中心元素主要是镁,部分含有铁。

在合成皂石的过程中,加入的其他二价金属元素也会进入八面体骨架结构中,因而形成不同类型的皂石,如锌皂石、钴皂石、镍皂石等。

层状硅酸盐单元晶层内由于同晶置换作用而产生的负电荷,被称为层电荷。比如,硅氧四面体中部分 Si 常被 Al 置换,破坏了电荷平衡,产生电负性。层电荷由层间阳离子补偿从而达到电荷平衡。

自然界中三八面体的镁皂石非常稀少，杂质含量高。但是可以通过人工合成方法得到纯度高、化学性能稳定以及不同结构的皂石。

【产状产地】

皂石产于玄武岩的杏仁状空洞中，共生伴生的矿物有方解石、石英，主要产地有俄罗斯、美国（亚利桑那、密歇根）、加拿大等。

【主要用途】

皂石除了具有粒径小、比表面积大、层间离子可交换等黏土矿物所共有的特性外，还具有高表面酸性、高热稳定性和强胶体性能，在化工、纺织、环境、医药等行业应用非常广泛。

与丰富的膨润土资源相比，我国能被开发利用的皂石矿物资源非常少，且天然产出的皂石杂质含量较高，难以提纯，在一定程度上影响了它在工业中的应用。

皂石在地质学、物理学、化学、材料学、环境科学、晶体学、矿物学等方面都有一定意义。

铁皂石

【化学性质】

铁皂石是一种含 Ca、Fe、(OH)、H_2O 的 $[Al_xSi_{4-x}O_{10}]$ 层状基型硅酸盐类矿物，其晶体化学式为 $Ca_{0.3}(H_2O)_4\{(Mg,Fe^{2+},Fe^{3+})_3[Al_xSi_{4-x}O_{10}](OH)_2\}$。主要成分为 Ca、Fe、Si、Al、H、O，类质同象替代成分有 Na、K、Mg 等。

化学成分中氧化物的质量分数为 K_2O 0.09%、Na_2O 0.24%、CaO 3.30%、MgO 6.51%、Al_2O_3 9.78%、FeO 21.02%、Fe_2O_3 8.64%、SiO_2 32.75%、H_2O 17.67%。

【结晶形态】

铁皂石属于单斜晶系，斜方柱晶类，对称型为 C。晶体呈柱状、放射状，集合体呈球状（图 5-3-124）。

（a）铁皂石（美国）

（b）铁皂石（意大利）

图 5-3-124　铁皂石

【物理特征】

铁皂石的颜色呈深绿色、棕绿色、褐色。条痕为绿色。透明。玻璃光泽。多色性较弱。

二轴晶（一）。折射率为 Np=1.448、Nm=1.641、Ng=1.642，双折射率为 0.194。$2V=5°$（测量）、$6°\sim7.5°$（计算）。

{001}解理完全。性脆。断口呈不均匀、不平整的次贝壳状。摩氏硬度为 2，相对密度为 2.49（测量）、2.44（计算）。

【晶体结构】

铁皂石属于单斜晶系，空间群未知。晶胞参数：$a=0.537$ nm，$b=0.934$ nm，$c=1.465$ nm，$\beta=94.90°$，$Z=2$。X 射线粉晶衍射数据 d(Å)(I/I_{max})为 7.37(90)、4.72(90)、3.80(80)、3.03(100)、2.56(90)、2.43(90)、1.55(90)。

【产状产地】

铁皂石属于蒙脱石类的热液矿物,共生伴生的矿物有石英、发光沸石、钙辉沸石、玉髓、方解石,主要产地有俄罗斯、意大利。

【主要用途】

铁皂石在地质学、物理学、化学、材料学、环境科学、晶体学、矿物学等方面都有重要意义。

滑皂石

【化学性质】

滑皂石是一种含 Ca、Na、Mg、Al、(OH)、H_2O 的 $[Al_xSi_{4-x}O_{10}]$、$[Si_4O_{10}]$ 层状基型硅酸盐类矿物,其晶体化学式为 $Na_x(H_2O)_4\{Mg_3[Al_xSi_{4-x}O_{10}](OH)_2\}\{Mg_3[Si_4O_{10}](OH)_2\}$。主要成分为 Ca、Na、Mg、Al、Si、H、O,类质同象替代成分有 K、Fe、Mn 等。

化学成分中氧化物的质量分数为 Na_2O 0.75%、CaO 0.68%、MgO 17.14%、Al_2O_3 24.77%、FeO 6.11%、SiO_2 39.61%、H_2O 10.94%。

【结晶形态】

滑皂石属于单斜晶系,单斜晶类,对称型未定。晶体呈片状、薄板状、粒状等(图5-3-125)。

(a) 滑皂石(乌兹别克斯坦)

(b) 滑皂石(俄罗斯)

图 5-3-125 滑皂石

【物理特征】

滑皂石的颜色呈无色、白色、绿色、浅绿色、淡黄色。条痕为白色。透明、半透明。土状光泽。色散弱,多色性弱。

二轴晶(—)。折射率为 Np=1.556、Nm=1.567、Ng=1.571,双折射率为0.011。

解理不完全。柔韧性好,弱弹性。断口呈不规则、不平整的细小碎片状。摩氏硬度为1~2,相对密度为2.04(计算)。

【晶体结构】

滑皂石属于单斜晶系,空间群未定。晶胞参数:$a=0.522$ nm、$b=2.460$ nm,$Z=1$。X射线粉晶衍射数据 $d(\text{Å})(I/I_{max})$ 为 24.00(20)、12.00(100)、4.54(60)、3.50(60)、2.62(90)、1.73(40)、1.52(90)、1.31(70)。

【产状产地】

滑皂石产于低温环境湖泊沉积物中,也见于较富镁的变质岩中,主要产地有乌兹别克斯坦、意大利等。

【主要用途】

滑皂石在地质学、物理学、化学、材料学、晶体学、矿物学等方面都有一定意义。

斯皂石

【化学性质】

斯皂石是一种含 Ca、Mg、(OH)、H_2O 的 $[Si_4O_{10}]$ 层状基型硅酸盐类矿物,其晶体化学式为 $Ca_x(H_2O)_4\{Mg_{3-x}[Si_4O_{10}](OH)_2\}$。主要成分为 Ca、Mg、Si、H、O,类质同象替代成分有 Na、K、Fe、Mn、Ti、Al、H_2O。

化学成分中氧化物的质量分数为 Na_2O 2.17%、CaO 1.79%、MgO 23.95%、FeO 3.05%、SiO_2 49.92%、H_2O 19.12%。

【结晶形态】

斯皂石属于单斜晶系,未定晶类,对称型未定。晶体呈纤维、针状,集合体呈放射状、扇状等(图 5-3-126)。

图 5-3-126　斯皂石(美国新泽西)

【物理特征】

斯皂石的颜色呈白色、浅黄色、浅棕色、粉红色。条痕为白色。透明。蜡质光泽、丝绢光泽。色散弱。多色性无。无荧光。

二轴晶(+),光性异常均质化。折射率为 Np=1.500~1.560、Nm=1.500~1.560、Ng=1.510~1.570,双折射率为 0.010。

{001}解理完全。柔韧性好,弱弹性。断口呈不规则、不平整的细小碎片。摩氏硬度为 2.5,相对密度为 2.15~2.57(测量)、2.13(计算)。

【晶体结构】

斯皂石属于单斜晶系,空间群未定。晶胞参数:a=0.526 nm、b=0.911 nm、c=1.530 nm,β>90°,Z=2。X 射线粉晶主要衍射数据 d(Å)(I/I_{max})为 15.50(100)、5.00(10)、4.53(35)、3.10(10)、2.54(10)、2.27(10)、1.87(10)、1.52(15)。

【产状产地】

斯皂石是针钠钙石或纯橄榄岩的水热蚀变产物,主要产地有美国(新泽西)。

【主要用途】

斯皂石在地质学、物理学、化学、环境科学、晶体学、矿物学等方面都有一定意义。

锂皂石

【化学性质】

锂皂石是一种含 Ca、Mg、Li、(OH)、H_2O 的 $[Si_4O_{10}]$ 层状基型硅酸盐类矿物,其晶体化学式为 $(Ca_{0.5}Na)_x(H_2O)_4\{Mg_{3-x}Li_x[Si_4O_{10}](OH,F)_2\}$。主要成分为 Ca、Na、Mg、Li、Si、H、O,类质同象替代成分有 K、Al、Fe、Ti、F、Cl。

化学成分中氧化物的质量分数为 Na_2O 3.23%、Li_2O 1.17%、MgO 28.18%、SiO_2 62.72%、H_2O 4.70%。

【结晶形态】

锂皂石属于单斜晶系，斜方柱晶类，对称型为 $2/m$。晶体呈细小颗粒，集合体呈块状、土块状（图 5-3-127）。

（a）锂皂石（美国亚利桑那）

（b）锂皂石（美国加利福尼亚）

图 5-3-127　锂皂石

【物理特征】

锂皂石的颜色呈白色、奶白色、淡黄色。条痕为白色。透明至不透明。玻璃光泽。色散无。多色性无。荧光呈弱天蓝色，明亮的天蓝色。

二轴晶（－）。折射率为 Np＝1.490、Nm＝1.500、Ng＝1.520，双折射率为 0.030。2V 很小。

{001}解理完全。性脆。断口呈不均匀、不平整的次贝壳状。摩氏硬度为 1～2，相对密度为 2.00～3.00（测量）、2.51（计算）。

【晶体结构】

锂皂石属于单斜晶系，空间群为 $C2/m$（图 5-3-128）。晶胞参数：a＝0.525 nm、b＝0.918 nm、c＝1.600 nm，$β$＝99.00°，Z＝3。X 射线粉晶主要衍射数据 d(Å)(I/I_{max}) 为 15.80(80)、4.58(100)、1.53(100)，见图 5-3-129。

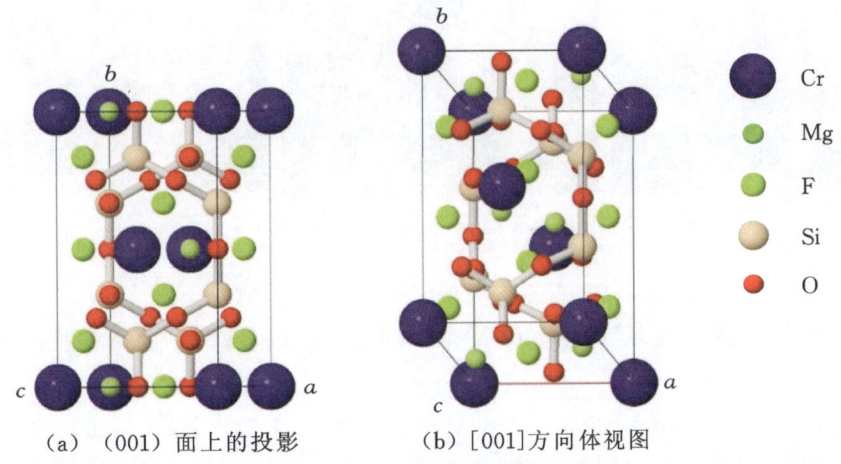

（a）(001)面上的投影　　　（b）[001]方向体视图

图 5-3-128　锂皂石的晶体结构

【产状产地】

锂皂石是来自蚀变火山凝灰岩的黏土矿物，二氧化硅含量高，与温泉活动有关，属于蒙皂石族矿物，主要产地有美国（亚利桑那、加利福尼亚）等。

【主要用途】

锂皂石在地质学、物理学、化学、材料学、环境科学、晶体学、矿物学、宝石学等方面都有一定意义。

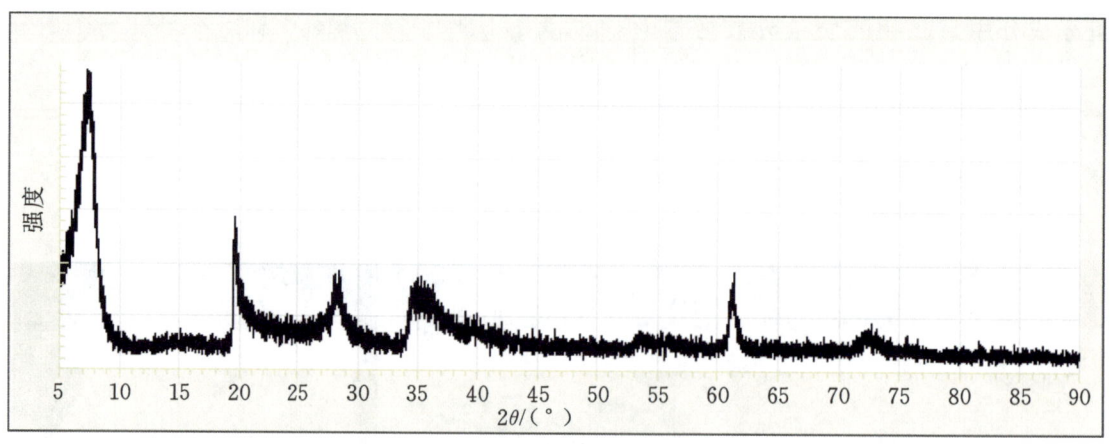

图 5-3-129　锂皂石的 X 射线粉晶衍射图

锌皂石

【化学性质】

锌皂石又称锌蒙脱石，是一种含 Na、Ca、Zn、(OH)、H_2O 的 $[Al_xSi_{4-x}O_{10}]$ 层状基型硅酸盐类矿物，其晶体化学式为 $(Ca_{0.5},Na)_x(H_2O)_4\{Zn_3[Al_xSi_{4-x}O_{10}](OH)_2\}$。主要成分为 Na、Ca、Zn、Al、Si、H、O，类质同象替代成分有 K、Mg、Mn、Fe、Cu、Ti。

化学成分中氧化物的质量分数为 Na_2O 1.60%、Al_2O_3 8.78%、ZnO 42.07%、SiO_2 32.03%、H_2O 15.52%。

【结晶形态】

锌皂石属于单斜晶系，斜方柱晶类，对称型为 $2/m$。晶体呈土状、块状。集合体呈块状、葡萄状（图 5-3-130）。

图 5-3-130　锌皂石（西班牙）

【物理特征】

锌皂石的颜色呈白色、淡黄、蓝白色、红棕色。条痕为白色。透明。土状光泽。色散较强。多色性弱。

二轴晶（-）。折射率为 Np=1.550~1.580、Nm=1.590~1.620、Ng=1.590~1.620，双折射率为 0.040。2V=0°~20°（测量）、很小（计算）。

{001}解理完全。性脆。断口呈不规则、不均匀的次贝壳状。摩氏硬度为 1~2，相对密度为 2.45（测量）、2.46（计算）。

【晶体结构】

锌皂石属于单斜晶系，空间群为 $C2/m$。晶胞参数：$a=0.520$ nm，$b=0.910$ nm，$c=1.540$ nm，$\beta=95°$，$Z=2$。X 射线粉晶衍射数据 $d(\text{Å})(I/I_{max})$ 为 15.40(100)、7.77(90)、5.58(50)、4.60(90)、2.67(100)、1.54(100)、1.33(75)。

【产状产地】

锌皂石产于氧化锌和铜矿床中的孔洞和接缝中,共生伴生的矿物有含锌氧化物、含锌硅酸盐矿物,主要产地有西班牙、俄罗斯、美国(亚利桑那、密歇根、宾夕法尼亚)。

【主要用途】

锌皂石在地质学、物理学、化学、环境科学、晶体学、矿物学等方面都有重要意义。

无铝锌皂石

【化学性质】

无铝锌皂石是一种无 Al 含 Zn、(OH)、H_2O 的 $[Si_4O_{10}]$ 层状基型硅酸类矿物,其晶体化学式为 $(H_2O)_4\{Zn_3[Si_4O_{10}](OH)_2\}$。主要成分为 Zn、Si、H、O,类质同象替代成分有 Al、Fe、Ca、Mg、Mn、Cu。

化学成分中氧化物的质量分数为 ZnO 42.49%、SiO_2 41.83%、H_2O 15.68%。

【结晶形态】

无铝锌皂石属于单斜晶系,斜方柱晶类,对称型为 $2/m$。晶体呈土质状、土块状、块状等(图 5-3-131)。

图 5-3-131 无铝锌皂石(日本)

【物理特征】

无铝锌皂石的颜色呈白色、蓝白色、绿白色。条痕为白色。透明至不透明。玻璃光泽、珍珠光泽。色散弱。多色性弱。荧光呈蓝色。

二轴晶(-)。折射率为 Np=1.514,Nm=1.559,Ng=1.562,双折射率为 0.048。$2V=0°\sim22°$(测量)、28°(计算)。

{001}解理完全。性脆。断口呈不平整、不均匀的贝壳状。摩氏硬度为 1.5~2,相对密度为 2.61~2.71(测量)、2.67(计算)。

【晶体结构】

无铝锌皂石属于单斜晶系,空间群为 $C2/m$。晶胞参数:$a=0.510$ nm、$b=0.917$ nm、$c=1.530$ nm,$\beta=90°$,$Z=2$。X 射线粉晶主要衍射数据 d(Å)(I/I_{max})为 15.30(100)、4.09(70)、1.53(60)。

【产状产地】

无铝锌皂石产于矽卡岩中,常呈透辉石的假晶体,与锌皂石形成系列矿物,共生伴生的矿物有方铅矿、闪锌矿、黄铜矿等,主要产地有美国、日本、哈萨克斯坦等。

【主要用途】

无铝锌皂石在地质学、物理学、化学、材料学、环境科学、晶体学、矿物学等方面都有一定意义。

第四节 铍硅酸盐

硅铍钇矿族

硅铍钇矿（gadolinite-Y）	$FeY_2[Be_2Si_2O_{10}]$
硅铍钕矿（gadolinite-Nd）	$Fe^{2+}Nd_2[Be_2Si_2O_{10}]$
钙硅铍钇矿（calciogadolinite）	$CaYFe^{3+}[Be_2Si_2O_{10}]$

硅铍钇矿

【化学性质】

硅铍钇矿是一种含 Fe、Y 的 $[Be_2Si_2O_{10}]$ 层状基型硅酸盐类矿物，其晶体化学式为 $FeY_2[Be_2Si_2O_{10}]$。主要成分为 Fe、Y、Be、Si、O，类质同象替代成分有 Ce、REE、Mn、Nb、Ti 等。

化学成分中氧化物的质量分数为 Y_2O_3 48.27%、BeO 10.69%、FeO 15.36%、SiO_2 25.68%。

【结晶形态】

硅铍钇矿属于单斜晶系，斜方柱晶类，对称型为 $2/m$。晶体呈短柱状、柱状、粒状、块状等（图 5-4-1）。

图 5-4-1　硅铍钇矿（挪威）

【物理特征】

硅铍钇矿的颜色呈棕色、绿色、浅绿色、黑色。条痕为灰绿色。半透明至不透明。玻璃光泽、油脂光泽。色散弱。多色性弱。无荧光。具强放射性。

二轴晶（+）。折射率为 Np=1.770、Nm=1.790、Ng=1.820，双折射率为 0.050。

解理未见。性脆。断口呈不规则、不平整的贝壳状。摩氏硬度为 6.5～7，相对密度为 4～4.5（测量）、4.47（计算）。

【晶体结构】

硅铍钇矿属于单斜晶系，空间群为 $P2_1/a$（图 5-4-2）。晶胞参数：$a=0.989$ nm、$b=0.755$ nm、$c=0.466$ nm，$\beta=90.61°$，$Z=2$。X 射线粉晶主要衍射数据 $d(\text{Å})(I/I_{max})$ 为 3.13(100)、2.83(100)、2.56(90)。

【产状产地】

硅铍钇矿产于富含碱土元素的伟晶岩脉中，共生伴生的矿物有萤石-Ce、氟碳铈矿、透闪石、磷灰石、独居石、磷钇矿，主要产地有挪威、瑞典、巴西等。

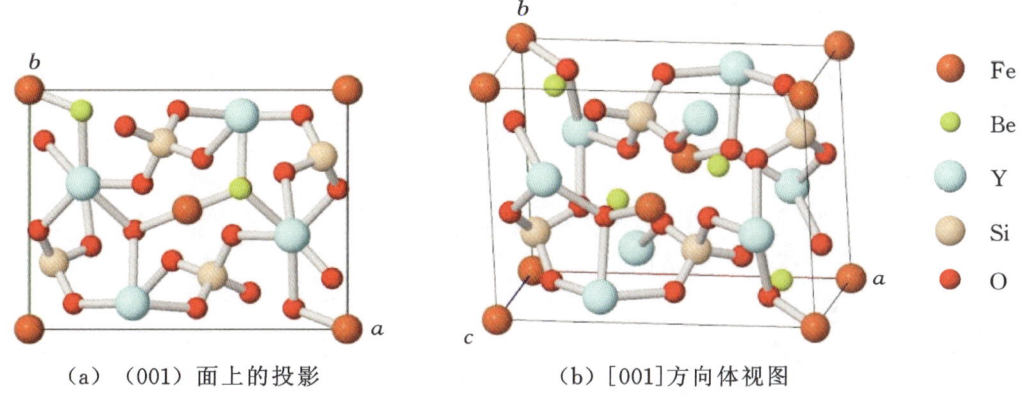

(a)（001）面上的投影　　　　（b）[001]方向体视图

图 5-4-2　硅铍钇矿的晶体结构

【主要用途】

硅铍钇矿在地质学、物理学、化学、材料学、环境科学、晶体学、矿物学、宝石学等方面都有重要意义。硅铍钇矿作为重要的金属钇的矿物原料，可提取钇、铌等。

硅铍铌矿

【化学性质】

硅铍铌矿是一种含 Fe、Nd 的[$Be_2Si_2O_{10}$]层状基型硅酸盐类矿物，其晶体化学式为 $Fe^{2+}Nd_2[Be_2Si_2O_{10}]$，可写成 $(Nd,Ce,Y,Sm,Gd,Pr,La)_2Fe[(Be,B)_2Si_2O_{10}](OH)_n$。主要成分为 Fe、Nd、Be、Si、O，类质同象替代成分有 REE、Ce、Y、La、Mg、Ca、Mn、B、H_2O。

化学成分中氧化物的质量分数为 Nd_2O_3 19.27%、Y_2O_3 5.49%、La_2O_3 2.78%、Ce_2O_3 14.04%、Pr_2O_3 3.28%、Sm_2O_3 5.30%、Eu_2O_3 0.24%、Gd_2O_3 4.10%、Tb_2O_3 0.36%、Dy_2O_3 1.32%、Ho_2O_3 0.18%、Er_2O_3 0.38%、MgO 0.51%、CaO 0.14%、MnO 0.10%、FeO 10.62%、B_2O_3 0.10%、BeO 8.99%、SiO_2 22.25%、H_2O 0.55%。

【结晶形态】

硅铍铌矿属于单斜晶系，斜方柱晶类，对称型为 $2/m$。晶体形态呈柱状、扁柱状，集合体呈粒状、致密状（图 5-4-3）。

【物理特征】

硅铍铌矿的颜色呈绿色、橄榄绿色。条痕为绿白色。透明、半透明。玻璃光泽、金刚光泽、半金刚光泽。色散弱，多色性弱。具强放射性。

二轴晶（－）。折射率为 Np=1.780、Nm=1.800、Ng=1.810，双折射率为 0.030。$2V=62°$（测量）。

解理未见。性脆。断口呈不规则、不平整的贝壳状。摩氏硬度为 6.5～7，相对密度为 4.00～4.65（测量）、4.86（计算）。

图 5-4-3　硅铍铌矿（瑞典）

【晶体结构】

硅铍铌矿属于单斜晶系，空间群为 $P2_1/c$。晶胞参数：a=0.482 nm、b=0.770 nm、c=1.014 nm，$\beta=90.23°$，Z=2。X 射线粉晶衍射数据 d(Å)(I/I_{max}) 为 4.830(72)、3.600(37)、3.190(52)、3.179(32)、3.097(35)、3.014(35)、2.888(100)、2.607(49)、2.412(24)。

【产状产地】

硅铍铌矿产于富含碱土元素的伟晶岩脉中,共生伴生的矿物有萤石-Ce、氟碳铈矿、透闪石-Ce、羟氟硅镧铝镁钙石-Ce、磷灰石、独居石、磷钇矿,主要产地有瑞典、捷克。

【主要用途】

硅铍铌矿在地质学、物理学、化学、材料学、环境科学、晶体学、矿物学、宝石学等方面都有重要意义,是提取铌、钇、铈重要金属的矿物原料。

钙硅铍钇矿

【化学性质】

钙硅铍钇矿是一种含 Ca、Fe、Y 的 $[Be_2Si_2O_{10}]$ 层状基型硅酸盐类矿物,其晶体化学式为 $CaYFe^{3+}[Be_2Si_2O_{10}]$。主要成分为 Ca、Fe、Y、Be、Si、O,类质同象替代成分有 Ce、REE、Mg、Mn、B、H_2O。

化学成分中氧化物的质量分数为 CaO 11.83%、REE_2O_3 35.43%、BeO 10.55%、Fe_2O_3 16.84%、SiO_2 25.35%。

【结晶形态】

钙硅铍钇矿属于单斜晶系,斜方柱晶类,对称型为 $2/m$。晶体呈柱状、短柱状、粒状、块状等(图 5-4-4)。

(a)钙硅铍钇矿(蒙古)

(b)钙硅铍钇矿(意大利)

(c)钙硅铍钇矿(挪威)

图 5-4-4 钙硅铍钇矿

【物理特征】

钙硅铍钇矿的颜色呈深绿色、黑绿色、绿色。条痕为白色。透明至半透明。玻璃光泽、半玻璃光泽。色散弱。多色性较弱。

二轴晶(-)。折射率参考硅铍钇矿。

解理不完全。性脆。断口呈不规则、不平整的贝壳状。摩氏硬度为 4.86(计算)。

【晶体结构】

钙硅铍钇矿属于单斜晶系,空间群为 $P2_1/a$(图 5-4-5)。晶胞参数:$a=0.999$ nm、$b=0.757$ nm、$c=0.470$ nm,$\beta=90.43(5)°$,$Z=2$。

【产状产地】

钙硅铍钇矿通常是一种含钙的硅铍钇矿,主要产地有蒙古、意大利、挪威等。

【主要用途】

钙硅铍钇矿在地质学、物理学、化学、材料学、晶体学、矿物学等方面都有一定意义,是提取重要稀土金属的矿物原料。

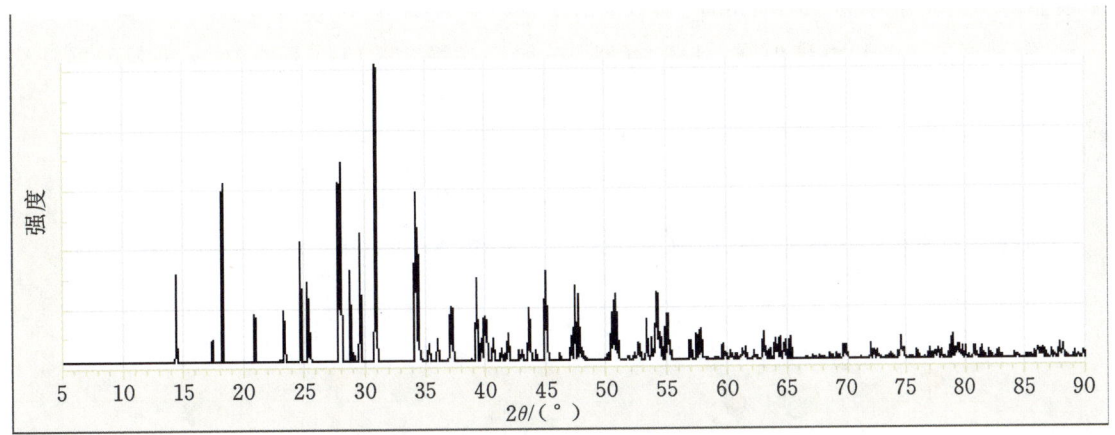

图 5-4-5　硅铍钇矿的 X 射线粉晶衍射图

顾家石族

顾家石（gugiaite）	$Ca_2[BeSi_2O_6]O$
铍黄长石（aminoffite）	$Ca_3[Be_2Si_3O_{10}](OH)_2$
硅铍稀土石（semenovite）	$(Na,Ca,Ce,La)_3[Be_2Si_3O_{10}](OH,F)_2 \cdot nH_2O$
蜜黄长石（meliphanite）	$Na(Ca,Ce,La)[BeSi_2O_6]F$
白铍石（leucophanite）	$NaCa[(BeSi_2)O_6]F$

顾家石

【化学性质】

顾家石是一种含有 Ca 的 $[BeSi_2O_7]$ 层状基型硅酸盐类矿物，其晶体化学式为 $Ca_2[BeSi_2O_6]O$。主要成分为 Ca、Be、Si、O，类质同象替代成分有 Ti、Zr、Hf、Al、Fe、Mn、Mg、Na、K、F、Cl、P、H_2O。

化学成分中氧化物及元素的质量分数为 CaO 40.27%、Na_2O 0.72%、K_2O 0.20%、Al_2O_3 2.17%、Fe_2O_3 0.11%、SiO_2 44.90%、MnO 0.07%、MgO 0.38%、BeO 9.49%、H_2O 1.26%、F 0.25%、Cl 0.18%。

【结晶形态】

顾家石属于四方晶系，复四方偏三角四面体晶类，对称型为 $\bar{4}2m$。晶体呈粒状、短柱状、块状（图 5-4-6）。主要单形有 {001}、{011}、{111}、{110}。

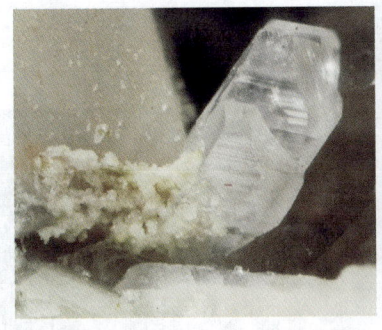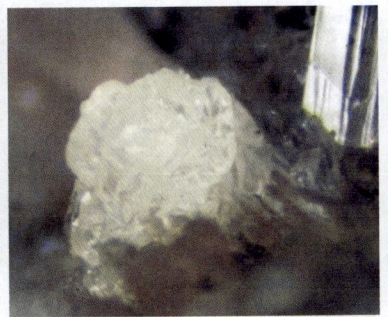

图 5-4-6　顾家石（意大利）

【物理特征】

顾家石的颜色呈无色、白色、灰白色、淡黄色。条痕为白色。透明。玻璃光泽。色散无。多色性无。

一轴晶（＋）。折射率为 No＝1.664、Ne＝1.672，双折射率为 0.008。

{010}解理完全、{001}解理中等、{110}解理不完全。性脆。断口呈不均匀、不平整的贝壳状。摩氏硬度为 5，相对密度为 3.03（测量）、3.03 计算）。

【晶体结构】

顾家石属于四方晶系，空间群为 $P42_1m$（图 5-4-7）。晶胞参数：$a=0.743$ nm、$c=0.502$ nm，$Z=2$。X 射线粉晶主要衍射数据 d(Å)(I/I_{max}) 为 2.765(100)、1.709(70)、1.485(70)。

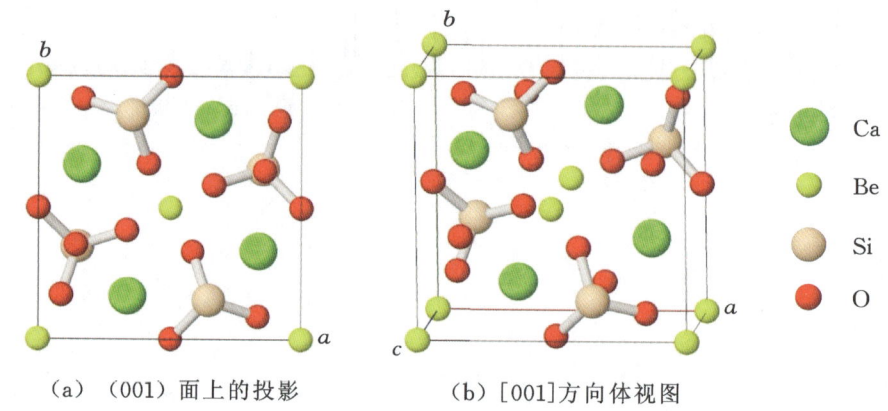

图 5-4-7 顾家石晶体结构

【产状产地】

顾家石发现于碱性正长岩—矽卡岩带及洞穴中，共生伴生的矿物有碱长石、黑榴石、钛铁矿、磷灰石、符山石，主要产地有意大利、中国（江苏）。

【主要用途】

顾家石在地质学、物理学、化学、晶体学、矿物学等方面都有一定意义。

铍黄长石

【化学性质】

铍黄长石是一种含 Ca、(OH) 的 [$Be_2Si_3O_{10}$] 层状基型硅酸盐类矿物，其晶体化学式为 $Ca_3[Be_2Si_3O_{10}](OH)_2$。主要成分为 Ca、Be、Si、H、O，类质同象替代成分有 Al、Fe、Mn。

化学成分中氧化物的质量分数为 CaO 40.27%、BeO 6.20%、Al_2O_3 4.41%、Fe_2O_3 0.31%、MnO 0.19%、SiO_2 42.17%、H_2O 6.45%。

【结晶形态】

铍黄长石属于四方晶系，复四方双锥晶类，对称型为 $4/mmm$。晶体呈四方双锥状、四方柱状、四方粒状、块状（图 5-4-8）。

图 5-4-8 铍黄长石（瑞典）

【物理特征】

铍黄长石的颜色呈无色、白色、浅黄色。条痕为白色。透明。玻璃光泽。无色散,无多色性。一轴晶(一)。折射率为 No=1.647、Ne=1.637,双折射率为 0.010。

{001}解理不完全。性脆。断口呈细小碎片状或不平整、不均匀的贝壳状。摩氏硬度为 5.5~6,相对密度为 2.94(测量)、2.86(计算)。

【晶体结构】

铍黄长石属于四方晶系,空间群为 $I4/mmm$(图 5-4-9)。晶胞参数:$a=0.987$ nm、$c=0.993$ nm,$Z=4$。X 射线粉晶主要衍射数据 $d(Å)(I/I_{max})$ 为 4.02(80)、2.84(90)、2.61(100),见图 5-4-10。

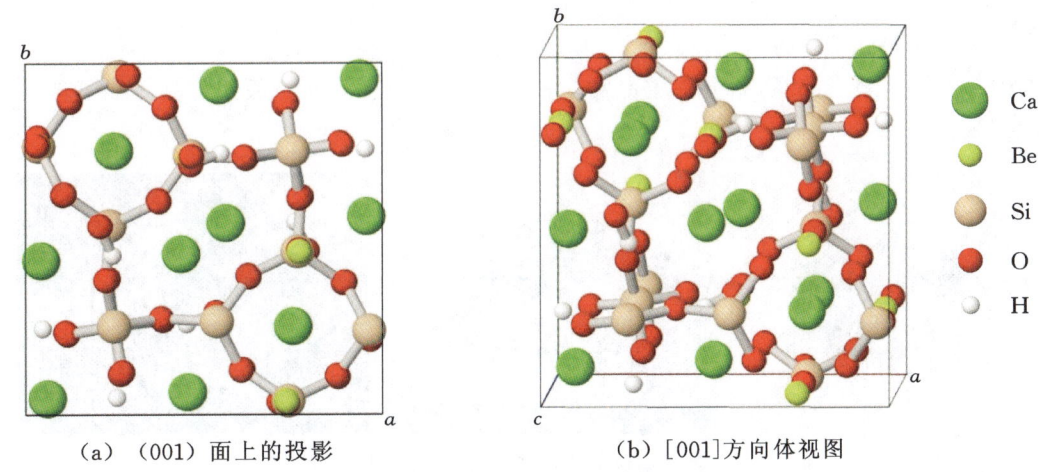

(a)(001)面上的投影　　(b)[001]方向体视图

图 5-4-9　铍黄长石的晶体结构

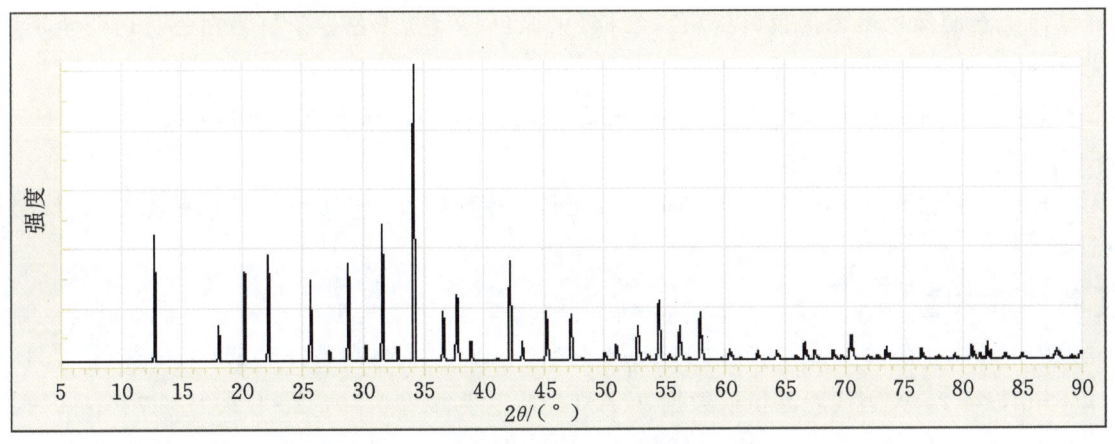

图 5-4-10　铍黄长石的 X 射线粉晶衍射图

【产状产地】

铍黄长石产于霞石正长岩和角闪花岗岩接触交代大理岩的萤石矿脉中,在磁铁矿矿脉和洞穴中可形成良好的晶体。与铍黄长石共生伴生的矿物有萤石、长石、云母、石英、重晶石、磁铁矿、针铁矿等,主要产地有瑞典、俄罗斯。

【主要用途】

铍黄长石在地质学、物理学、化学、晶体学、矿物学等方面都有一定意义,是提取重要稀土金属的矿物原料。

硅铍稀土石

【化学性质】

硅铍稀土石是一种含 Na、Ca、Ce、(OH)、H_2O 的 $[Be_2Si_3O_{10}]$ 层状基型硅酸盐类矿物,其晶体化学式为 $(Na,Ca,Ce,La)_3[Be_2Si_3O_{10}](OH,F)_2·nH_2O$。主要成分为 Na、Ca、Ce、Be、Si、H、F、O,类质同象替代成分有 K、La、Y、REE、Mn、Fe、Zn、Al、F 等。

化学成分中氧化物及元素的质量分数为 K_2O 0.10%、Na_2O 11.14%、CaO 6.10%、La_2O_3 6.95%、Ce_2O_3 6.48%、REE_2O_3(La,Ce,Pr,Nd,Sm) 3.94%、Y_2O_3 1.93%、MnO 1.82%、BeO 8.32%、Al_2O_3 0.71%、ZnO 0.52%、FeO 0.80%、Fe_2O_3 2.43%、SiO_2 41.77%、H_2O 1.94%、PbO 0.48%、F 4.57%。

【结晶形态】

硅铍稀土石属于斜方晶系,斜方双锥晶类,对称型为 mmm。晶体呈假四方晶体显示四方形状,常见双晶(图 5-4-11)。

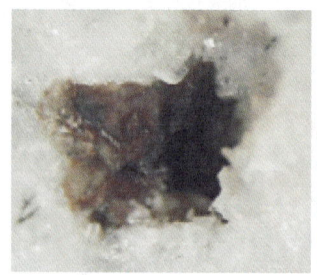

图 5-4-11　硅铍稀土石(格陵兰岛)

【物理特征】

硅铍稀土石的颜色呈棕褐色、橙棕色、红棕色、棕色、灰色、无色。条痕为白色。透明至半透明。玻璃光泽、蜡质光泽。色散弱。多色性弱。

二轴晶(-)。折射率为 Np=1.595、Nm=1.614、Ng=1.614,双折射率为 0.019。2V=0°～55°(测量)、0°(计算)。

无解理。性脆。断口呈不均匀、不平坦的贝壳状。摩氏硬度为 3.5～4,相对密度为 3.14(测量)、3.26(计算)。

【晶体结构】

硅铍稀土石属于斜方晶系,空间群为 $Pmnn$(图 5-4-12)。晶胞参数:a=1.388 nm、b=1.384 nm、c=0.994 nm,Z=2。X 射线粉晶衍射数据 d(Å)(I/I_{max})为 3.28(100)、2.84(100)、2.73(100)。

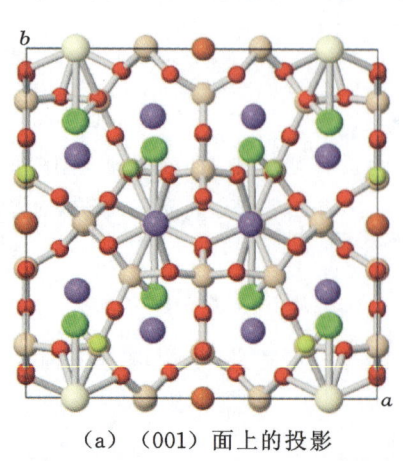
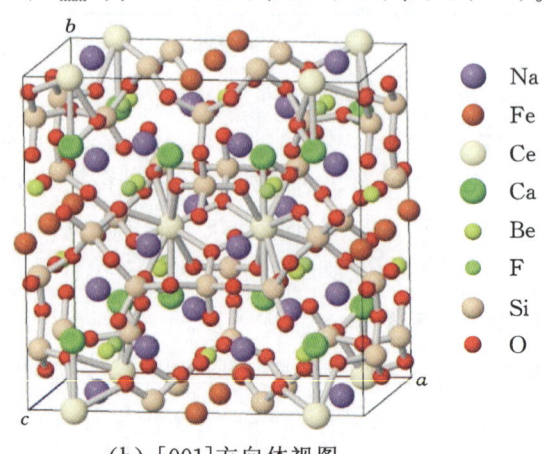

(a) (001)面上的投影　　　　(b) [001]方向体视图

图 5-4-12　硅铍稀土石的晶体结构

【产状产地】

硅铍稀土石发现于一种碱性侵入岩的晶洞中,共生伴生的矿物有双晶石、板晶石、钠长石、锂云母等,主要产地有格陵兰岛、俄罗斯。

【主要用途】

硅铍稀土石在地质学、物理学、化学、材料学、环境科学、晶体学、矿物学等方面都有一定意义,是提取重要稀土金属的矿物原料。

蜜黄长石

【化学性质】

蜜黄长石是一种含 Na、Ca、Ce、(OH)、H_2O 的[$Be_2Si_3O_{10}$]层状基型硅酸盐类矿物,其晶体化学式为 Na(Ca,Ce,La)[$BeSi_2O_6$]F。主要成分为 Na、Ca、Ce、Be、Si、H、O。类质同象替代成分有 K、Mg、Mn、Al、Y、REE、F。

化学成分中氧化物及元素的质量分数为 SiO_2 43.60%、Al_2O_3 4.61%、MgO 0.16%、BeO 9.80%、Na_2O 7.98%、K_2O 0.23%、CaO 27.89%、F 5.73%。

【结晶形态】

蜜黄长石属于四方晶系,四方单锥晶类,对称型为 4。晶体呈细长棱柱状、棱柱状、粒状、块状(图 5-4-13)。

(a) 蜜黄长石(挪威)　　(b) 蜜黄长石(俄罗斯)

图 5-4-13　蜜黄长石

【物理特征】

蜜黄长石的颜色呈无色、黄色,风化后变为红色。条痕为白色。透明至半透明。玻璃光泽。色散弱。多色性弱:蜜黄色,棕黄色,浅绿黄色。

一轴晶(-)。折射率为 No=1.611~1.664、Ne=1.592~1.672,双折射率为 0.019。

{010}解理完全,{001}解理中等。性脆。断口呈不规则、不均匀的贝壳状断裂碎片。摩氏硬度为 5~5.5,相对密度为 3.01~3.03(测量)、2.93(计算)。

【晶体结构】

蜜黄长石属于四方晶系,空间群为 $I4$(图 5-4-14)。晶胞参数:a=1.052 nm、c=0.989 nm,Z=8。X 射线粉晶主要数据 d(Å)(I/I_{max})为 3.601(37)、2.970(39)、2.759(100)。

晶体结构与黄长石相似,但 Be 占据黄长石 X 中 Si 的一半位置,而 Si 则占据 Mg 的位置。蜜黄长石中没有 Si_2O_7,而是形成平行于 a、b 轴的[SiO_4]链。

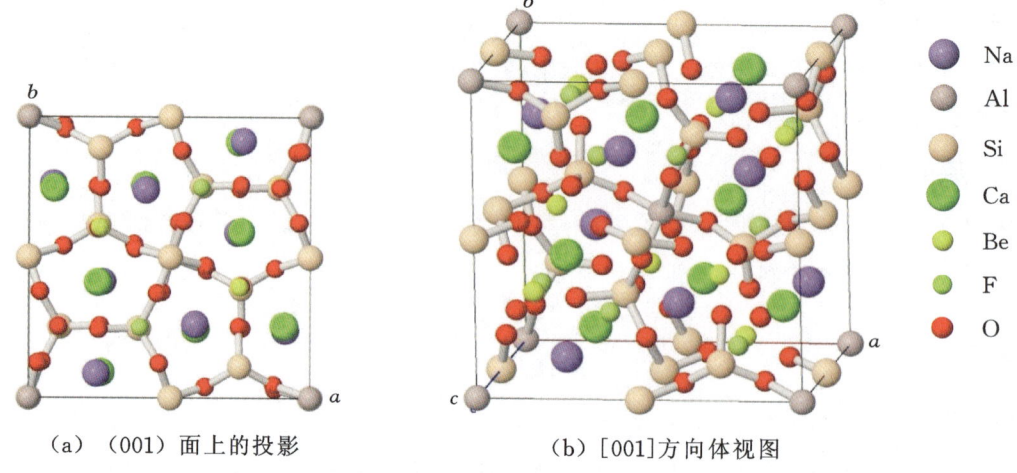

(a)（001）面上的投影　　　（b）[001]方向体视图

图 5-4-14　蜜黄长石的晶体结构

【产状产地】

蜜黄长石产于霞石正长伟晶岩中，共生伴生的矿物有霞石、正长石，主要产地有挪威、俄罗斯。

【主要用途】

蜜黄长石在地质学、物理学、化学、晶体学、矿物学等方面都有一定意义，是提取重要稀土金属的矿物原料。

白铍石

【化学性质】

白铍石是一种含 Na、Ca、F 的 $[(BeSi_2)O_6F]$ 层状基型硅酸盐类矿物，其晶体化学式为 $NaCa[(BeSi_2)O_6]F$。主要成分为 Na、Ca、Be、Si、O、F，类质同象替代成分有 Al、Fe、Mg、K、H_2O。

化学成分中氧化物及元素的质量分数为 Na_2O 19.70%、CaO 9.84%、BeO 10.60%、SiO_2 49.47%、H_2O 8.02%、F 2.37%。

【结晶形态】

白铍石属于斜方晶系，斜方四面体晶类，对称型为 222。晶体呈假四方晶体、粒状、短柱状、块状（图 5-4-15）。主要单形有 {100}、{010}、{001}、{110}、{201}、{111}、{1$\bar{1}$1}。

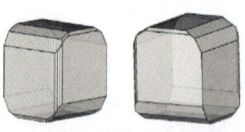

（a）白铍石的晶体形态

（b）白铍石（挪威）　　　　　　　　（c）白铍石（加拿大）

图 5-4-15　白铍石

【物理特征】

白铍石的颜色呈无色、白色、淡黄色、黄绿色、绿白色。条痕为白色。透明至半透明。玻璃光泽、油脂光泽。色散无。多色性无。荧光呈粉红色。

二轴晶(-)。折射率为 Np=1.571、Nm=1.595、Ng=1.598,双折射率为 0.027。2V=39°~40°。

{001}解理完全,{100}、{010}完全中等。性脆。断口呈不规则、不均匀的贝壳状断裂碎片。摩氏硬度为 4,相对密度为 2.96(测量)、2.86(计算)。

【晶体结构】

白铍石属于斜方晶系,空间群为 $P2_12_12_1$(图 5-4-16)。晶胞参数:$a=0.740$ nm、$b=0.741$ nm、$c=0.998$ nm,$Z=4$。X 射线粉晶主要衍射数据 $d(Å)(I/I_{max})$ 为 3.60(50)、2.97(50)、2.75(100),见图 5-4-17。

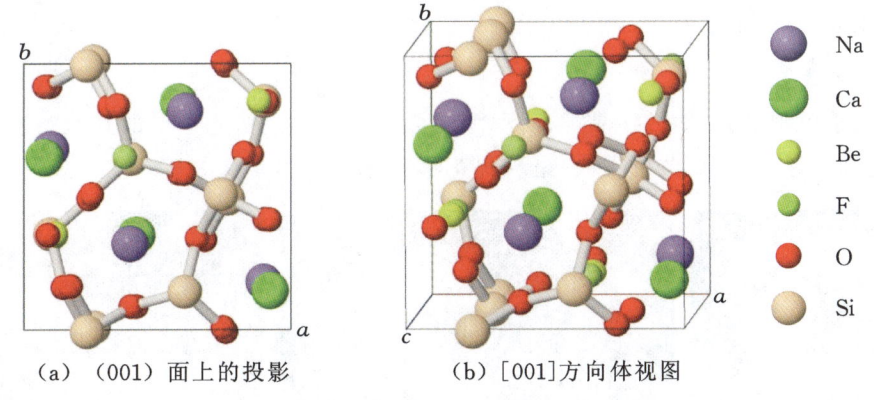

图 5-4-16 白铍石的晶体结构

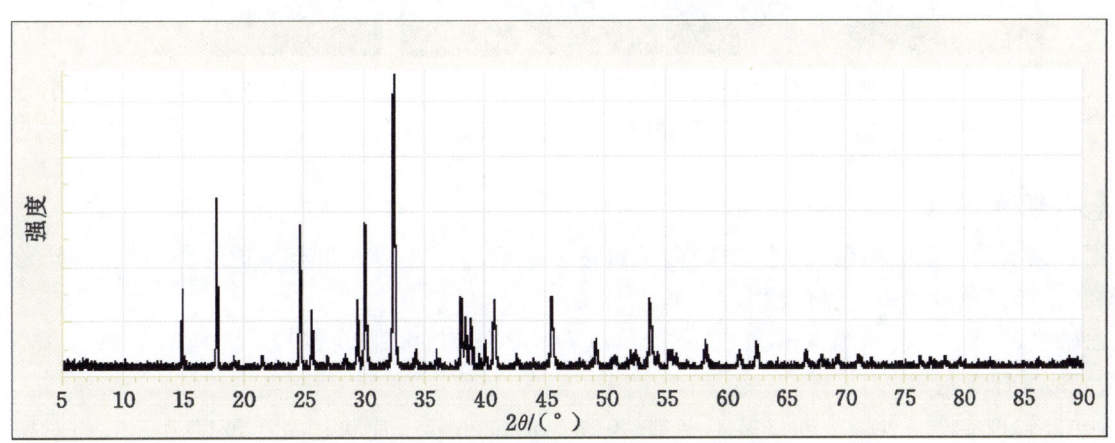

图 5-4-17 白铍石的 X 射线粉晶衍射图

【产状产地】

白铍石产于霞石正长伟晶岩中,共生伴生的矿物有烧绿石、霞石、钠长石、霓石、正长石等,主要产地有挪威、加拿大等。

【主要用途】

白铍石在地质学、物理学、化学、材料学、晶体学、矿物学、宝石学等方面都有一定意义,是重要金属铍的矿物原料。

锂白榍石族

锂白榍石(bityite) $Ca\{LiAl_2[BeAlSi_2O_{10}](OH)_2\}$

锂白榍石

【化学性质】

锂白榍石是一种含 Ca、Li、(OH) 的 $[(BeAlSi_2)O_{10}]$ 层状基型硅酸盐类矿物,其晶体化学式为 $Ca\{LiAl_2[BeAlSi_2O_{10}](OH)_2\}$。主要成分为 Ca、Li、Al、Be、Si、H、O,类质同象替代成分有 Fe、Mg、Na、K。

化学成分中氧化物的质量分数为 Li_2O 3.86%、CaO 14.48%、BeO 6.46%、Al_2O_3 39.51%、SiO_2 31.04%、H_2O 4.65%。

【结晶形态】

锂白榍石属于单斜晶系,斜方柱晶类,对称型为 $2/m$。晶体呈假六边形的片状、棱柱状,形成桶形晶体;集合体呈细鳞片状白色、黄色团块,呈玫瑰花薄片状(图 5-4-18)。

(a) 锂白榍石(白)(马达加斯加)   (b) 锂白榍石(白)(意大利)

图 5-4-18   锂白榍石

【物理特征】

锂白榍石的颜色呈无色、白色、浅褐色及黄色。条痕为白色。透明至半透明。玻璃光泽、珍珠光泽、油脂光泽。色散较强。多色性无。

二轴晶(一)。折射率为 Np=1.651、Nm=1.659、Ng=1.661,双折射率为 0.010。2V=35°~52°(测量)、52°(计算)。

{001}解理完全。性脆。断口呈不平整、不均匀的细小云母片状。摩氏硬度为 5.5,相对密度为 3.05(测量)、3.18(计算)。

【晶体结构】

锂白榍石属于单斜晶系,空间群为 $C2/c$(图 5-4-19)。晶胞参数:$a=0.495$ nm、$b=0.869$ nm、$c=1.881$ nm,$\beta=90.08°$,$Z=4$。X 射线粉晶主要衍射数据 $d(\text{Å})(I/I_{max})$ 为 2.48(100)、2.04(90)、1.45(100)。

【产状产地】

锂白榍石产于富含锂、铍的伟晶岩脉中,共生伴生的矿物有含锂的白云母、钠长石等。主要产地有美国(新墨西哥)、意大利、马达加斯加。

【主要用途】

锂白榍石在地质学、物理学、化学、材料学、晶体学、矿物学、宝石学等方面都有重要意义,可以作

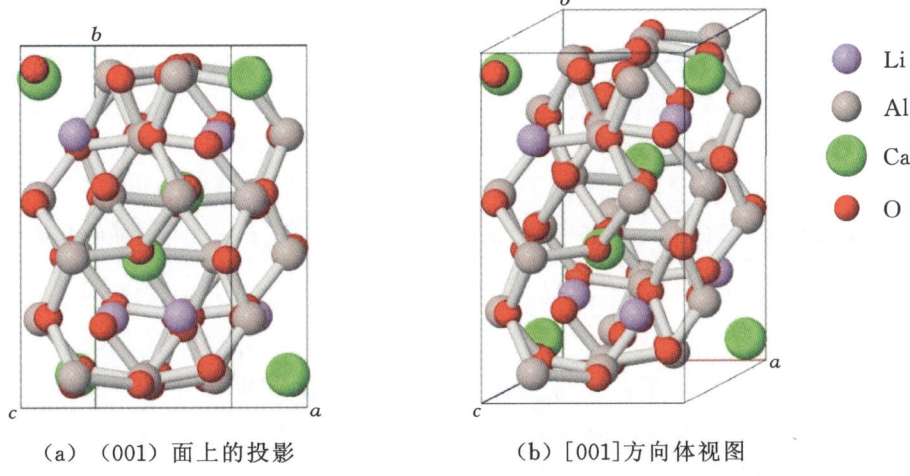

(a) (001)面上的投影　　　(b) [001]方向体视图

图 5-4-19　锂白榍石的晶体结构

为提取锂、铍重要金属的矿物原料。

板晶石族

| 板晶石（epididymite） | $Na_2[Be_2Si_6O_{15}] \cdot H_2O$ |
| 双晶石（eudidymite） | $Na_2Be_2[Si_6O_{15}] \cdot H_2O$ |

板晶石

【化学性质】

板晶石是一种含 Na、Be、(OH) 的 $[Be_2(Si_6O_{15})]$ 层状基型硅酸盐类矿物，其晶体化学式为 $Na_2[Be_2Si_6O_{15}] \cdot H_2O$。主要成分为 Na、Be、Si、H、O，类质同象替代成分有 Al、Fe、Mg、Ca、K。

化学成分中氧化物的质量分数为 Na_2O 12.64%、BeO 10.20%、SiO_2 73.49%、H_2O 3.67%。

【结晶形态】

板晶石属于斜方晶系，斜方双锥晶类，对称型为 mmm。晶体呈板状、柱状、棒状，集合有时会呈三角形架状（图 5-4-20）。可见双晶。

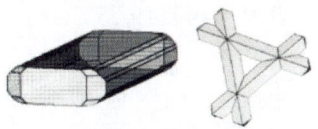

(a) 板晶石的结晶形态

(b) 板晶石（加拿大）

图 5-4-20　板晶石

【物理特征】

板晶石的颜色呈无色、白色、灰色、黄色、蓝灰色、紫色。条痕为白色。透明至半透明。玻璃光泽、珍珠光泽。色散弱。

二轴晶(+)。折射率为 Np=1.544、Nm=1.544、Ng=1.546,双折射率为 0.002。$2V=22°$(测量)、很小或为 $0°$。

{001}、{100}解理完全。性脆。断口呈不规则、不均匀的贝壳状。摩氏硬度为 5.5,相对密度为 2.55(测量)、2.60(计算)。

【晶体结构】

板晶石属于斜方晶系,空间群为 $Pnma$(图 5-4-21)。晶胞参数:$a=1.273$ nm、$b=1.363$ nm、$c=0.734$ nm,$Z=4$。X 射线粉晶主要衍射数据 d(Å)(I/I_{max})为 3.40(100)、3.09(100)、2.99(100),见图 5-4-22。

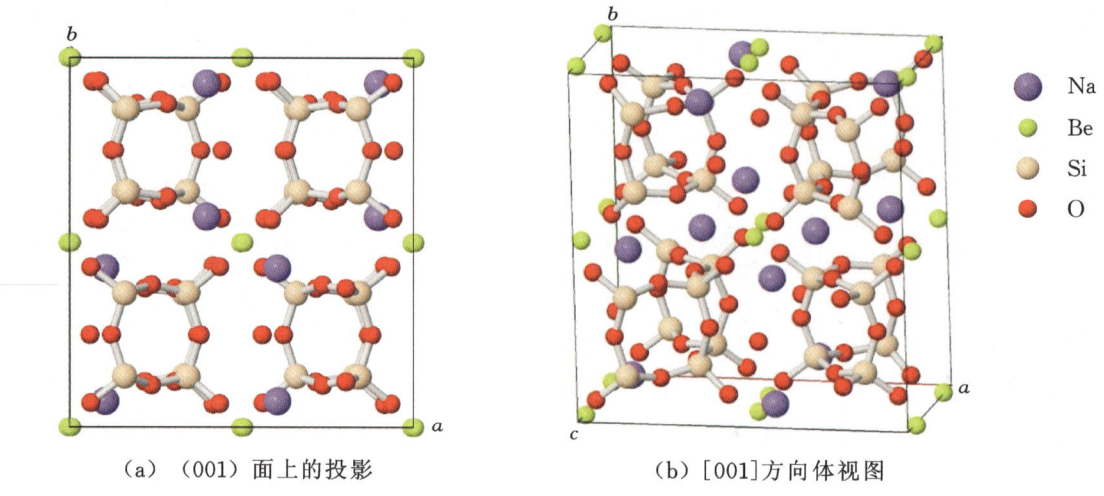

(a) (001)面上的投影　　(b) [001]方向体视图

图 5-4-21　板晶石的晶体结构 1

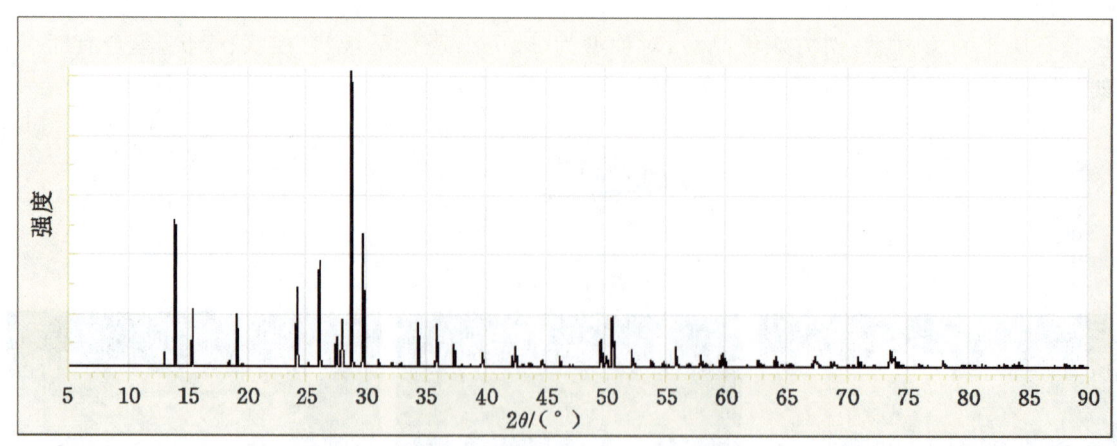

图 5-4-22　板晶石的 X 射线粉晶衍射图

板晶石晶体结构的特点是[SiO_4]四面体共角顶连接形成双链[Si_6O_{15}]沿 c 轴延伸,它们又与四次配位的[BeO_4]四面体连接形成平行(010)的层,[BeO_4]四面体两两共棱相连。Na 离子位于层间结构空位处,其周围围绕有 6 个 O 和 1 个 H_2O(图 5-4-23)。

板晶石与双晶石呈同质二像,后者对称性为 $C2/c$,其结构参数:$a=1.262$ nm、$b=0.737$ nm、$c=1.399$ nm,$\beta=103.72°$。

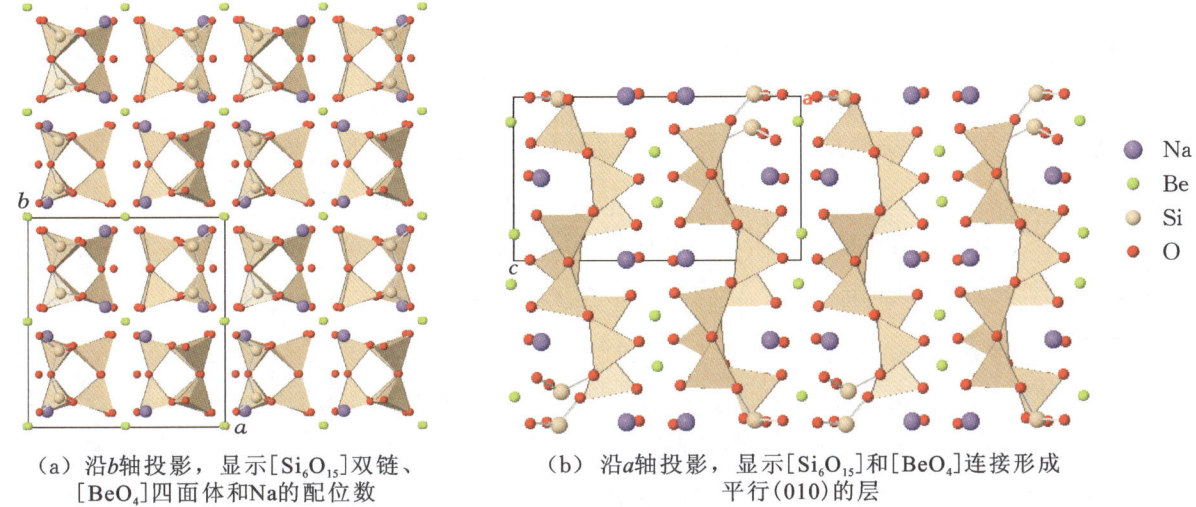

(a) 沿b轴投影，显示[Si$_6$O$_{15}$]双链、[BeO$_4$]四面体和Na的配位数

(b) 沿a轴投影，显示[Si$_6$O$_{15}$]和[BeO$_4$]连接形成平行(010)的层

图 5-4-23 板晶石的晶体结构 2

【产状产地】

板晶石是产于碱性霞石正长伟晶岩的晚期矿物，共生伴生的矿物有霞石、钾长石、钠沸石、方沸石、黑云母、辉钼矿、萤石、鱼眼石等，主要产地有加拿大、格陵兰岛等。

【主要用途】

板晶石在地质学、物理学、化学、材料学、环境科学、晶体学、矿物学、宝石学等方面都有重要意义。

双晶石

【化学性质】

双晶石是一种含 Na、Be、(OH)的[Si$_6$O$_{15}$]架状基型硅酸盐类矿物，其晶体化学式为 Na$_2$Be$_2$[Si$_6$O$_{15}$]·H$_2$O。主要成分为 Na、Be、Si、H、O，类质同象替代成分有 Al、Fe、Mg、Ca、K。

双晶石与板晶石有相似的化学成分，其氧化物的质量分数为 Na$_2$O 12.24%、BeO 10.42%、SiO$_2$ 73.55%、H$_2$O 3.79%。

【结晶形态】

双晶石属于单斜晶系，斜方柱晶类，对称型为 $2/m$。晶体呈粒状、板状、块状(图 5-4-24)。常见双晶。

(a) 双晶石（挪威）

(b) 双晶石（加拿大）

(c) 双晶石（马拉维）

图 5-4-24 双晶石

【物理特征】

双晶石的颜色呈无色、白色、灰色、蓝色、紫色、黄色等。条痕为白色。透明、半透明。玻璃光泽、珍珠光泽。色散明显,多色性无。

二轴晶(+)。折射率为 Np=1.545、Nm=1.546、Ng=1.551,双折射率为 0.006。2V=30°(测量)、50°(计算)。

{001}、{551}解理较好。脆性。断口呈不规则、不均匀的贝壳状。摩氏硬度为 6,相对密度为 2.55(测量)、2.56(计算)。

【晶体结构】

双晶石属于单斜晶系,空间群为 $C2/c$(图 5-4-25)。晶胞参数:$a=1.264$ nm、$b=0.738$ nm、$c=1.402$ nm,$\beta=103.70°$,$Z=8$。X 射线粉晶主要衍射数据 d(Å)(I/I_{max})为 6.350(60)、3.687(50)、3.398(80)、3.163(100)、3.074(80)、2.999(60),见图 5-4-26。

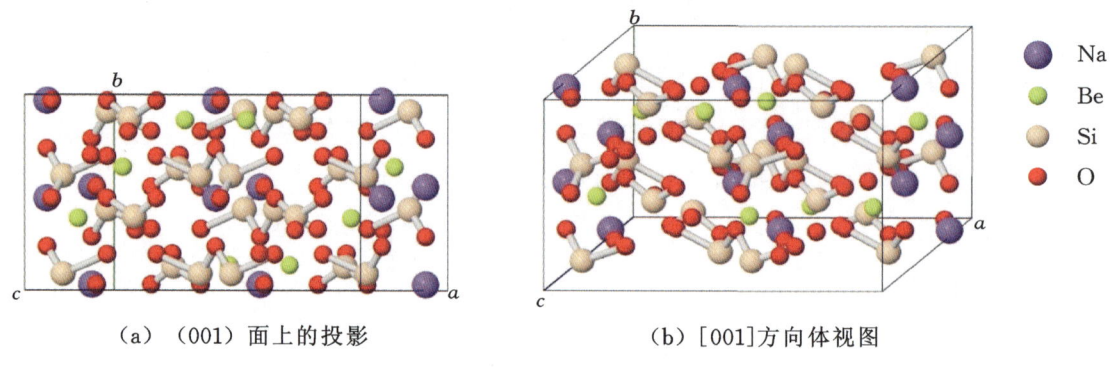

(a) (001)面上的投影　　(b) [001]方向体视图

图 5-4-25　双晶石的晶体结构

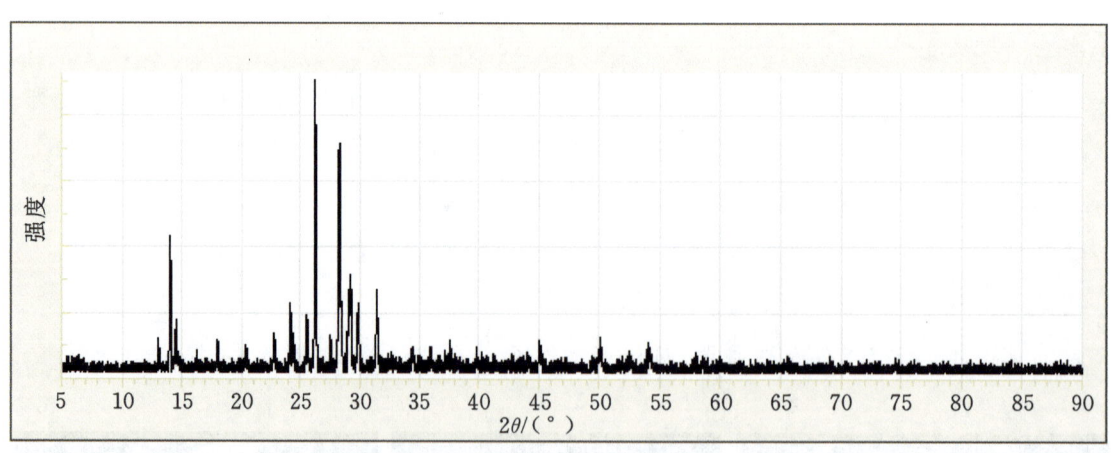

图 5-4-26　双晶石的 X 射线粉晶衍射图

【产状产地】

双晶石是碱性霞石正长伟晶岩的晚期矿物,共生伴生的矿物有板晶石、霞石、钠沸石、方沸石、辉钼矿、钾长石、萤石、黑云母、鱼眼石、萤石等,主要产地有挪威、加拿大、马拉维、格陵兰岛等。

【主要用途】

双晶石在地质学、物理学、化学、材料学、晶体学、矿物学、宝石学等方面都有一定意义。

第五节 钛硅酸盐、锆硅酸盐

硅钛钡石族

硅钛钡石（fresnoite）	$Ba_2[Ti(Si_2O_7)O]$
硅钒锶矿（haradaite）	$Sr_2[V_2(Si_4O_{12})O_2]$

硅钛钡石

【化学性质】

硅钛钡石是一种含 Ba、Ti、O 的 $[Ti(Si_2O_7)O]$ 层状基型硅酸盐类矿物，其晶体化学式为 $Ba_2[Ti(Si_2O_7)O]$。主要成分为 Ba、Ti、Si、O，类质同象替代成分有 Al、Fe、Mn、Mg、Ca、Sr、K。

化学成分中氧化物的质量分数为 BaO 60.52%、TiO_2 15.76%、SiO_2 23.72%。

【结晶形态】

硅钛钡石属于四方晶系，复四方单锥晶类，对称型为 $4mm$。晶体呈粒状、短柱状、块状等（图 5-5-1）。

（a）硅钛钡石（德国）

（b）硅钛钡石（美国）

图 5-5-1　硅钛钡石

【物理特征】

硅钛钡石的颜色呈黄绿色、柠檬色，显示出异常的蓝色干涉色。条痕为白色。透明。玻璃光泽。色散弱。多色性比较弱：从黄色变为无色。

一轴晶（－）。折射率为 No＝1.775、Ne＝1.765，双折射率为 0.01。

{001}解理中等。性脆。断口呈不平整、不均匀的贝壳状。摩氏硬度为 3～4，相对密度为 4.43（测量）、4.45（计算）。

【晶体结构】

硅钛钡石属于四方晶系，空间群为 $P4bm$（图 5-5-2）。晶胞参数：$a=0.853$ nm、$c=0.521$ nm，$Z=2$。X 射线粉晶衍射数据 $d(Å)(I/I_{max})$ 为 3.816(20)、3.301(45)、3.077(100)、2.697(25)、2.607(20)、2.151(20)、1.874(20)，见图 5-5-3。

晶体结构与黄长石相似，由 $[Si_2O_7]$ 双四面体与 Ti 四方单锥组成的层，Ti 四方单锥的锥顶为朝一个方向的一个活性氧，Ba 配位数为 10（图 5-5-4）。

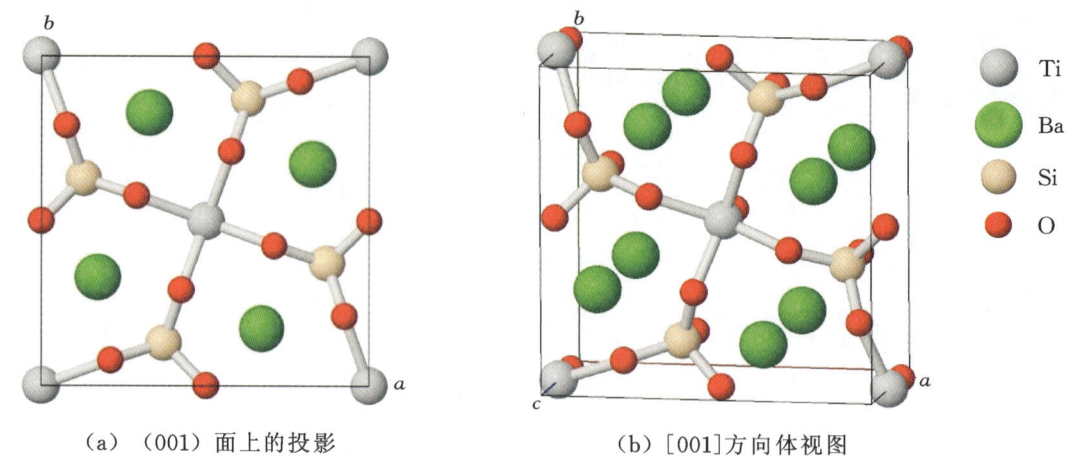

(a) (001) 面上的投影　　(b) [001] 方向体视图

图 5-5-2　硅钛钡石的晶体结构 1

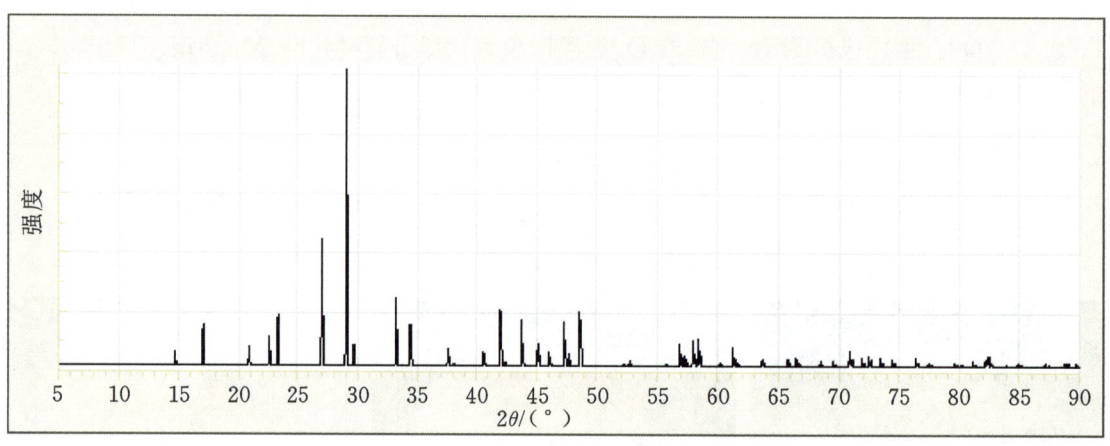

图 5-5-3　硅钛钡石的 X 射线粉晶衍射图

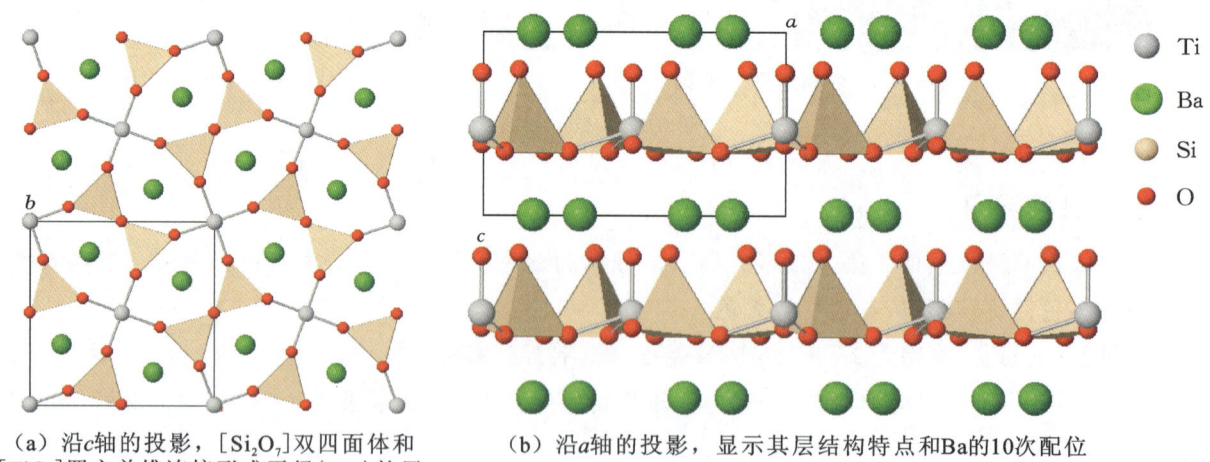

(a) 沿 c 轴的投影，$[Si_2O_7]$ 双四面体和 $[TiO_5]$ 四方单锥连接形成平行 (001) 的层　　(b) 沿 a 轴的投影，显示其层结构特点和 Ba 的 10 次配位

图 5-5-4　硅钛钡石的晶体结构 2

【产状产地】

硅钛钡石发现于花岗闪长岩接触带附近的片麻岩和石英岩中，共生伴生的矿物有石英、硅钡石、钡长石、纤硅钡铁矿、透辉石、磁黄铁矿、硅钠钡钛石、硅酸钡钛矿、钠沸石、包头矿、硅铁钡矿、硅铁钙钡石、重晶石，主要产地有德国、美国（加利福尼亚）。

【主要用途】

硅钛钡石在地质学、物理学、化学、材料学、环境科学、晶体学、矿物学、宝石学等方面都有重要意义。

硅钒锶矿

【化学性质】

硅钒锶矿是一种含 Sr、V、O 的 $[V_2(Si_4O_{12})O_2]$ 层状基型硅酸盐类矿物,其晶体化学式为 $Sr_2[V_2(Si_4O_{12})O_2]$。主要成分为 Sr、V、Si、O,类质同象替代成分有 Ba、Ca、Na、K、Al、Ti、Fe、Mn、Cu、Pb。

化学成分中氧化物的质量分数为 BaO 5.02%、SrO 27.15%、CaO 1.38%、Al_2O_3 0.42%、V_2O_5 28.68%、SiO_2 37.35%。

【结晶形态】

硅钒锶矿属于斜方晶系,斜方单锥晶类,对称型为 $mm2$。晶体呈针状、细长棒状、薄板状(图 5-5-5)。集合体呈晶簇分布。

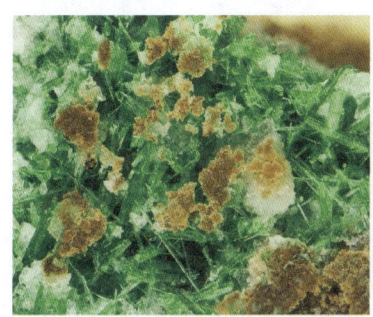

图 5-5-5　硅钒锶矿(意大利)

【物理特征】

硅钒锶矿的颜色呈绿色、浅绿色、浅蓝色、亮草绿色。条痕为浅绿色。透明至半透明。玻璃光泽。色散较弱。多色性较明显:无色、浅绿色,无色、浅黄绿色,蓝绿色、蓝绿色。

二轴晶(-)。折射率为 Np=1.713、Nm=1.721、Ng=1.734,双折射率为 0.021。$2V=90°$(测量)、78°(计算)。

{010}解理完全,{100}、{001}较差。性脆。断口呈不规则、不均匀的碎粒状。摩氏硬度为 4.5,相对密度为 3.80(测量)、3.83(计算)。

【晶体结构】

硅钒锶矿属于斜方晶系,空间群为 $Ama2$(图 5-5-6)。晶胞参数:$a=0.706$ nm、$b=1.464$ nm、$c=0.533$ nm,$Z=1$。X 射线粉晶主要衍射数据 $d(\text{Å})(I/I_{max})$ 为 3.65(40)、3.20(100)、2.88(90)。

【产状产地】

硅钒锶矿产于变质锰矿中,呈细脉切割粗粒红柱石,共生伴生的矿物有黑云母、金云母,主要产地有意大利、日本。

【主要用途】

矿物在地质学、物理学、化学、材料学、晶体学、矿物学等方面都有重要意义,是一种提取锶的矿物原料。

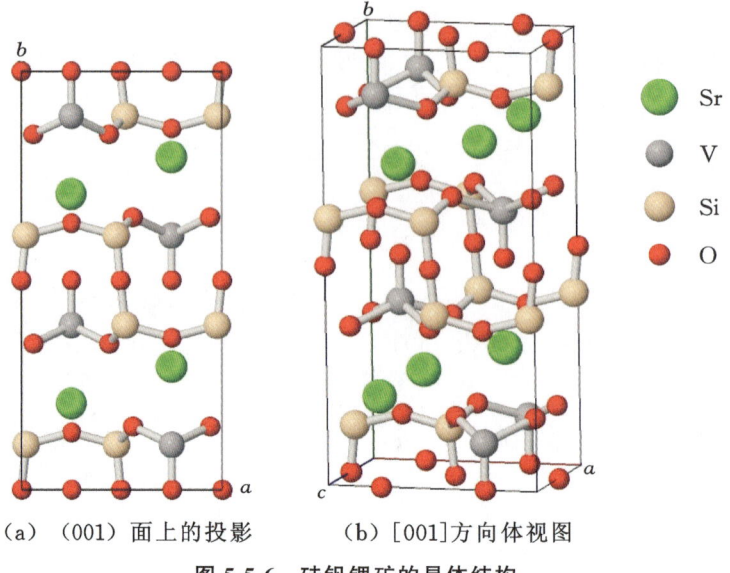

(a)（001）面上的投影　　（b)[001]方向体视图

图 5-5-6　硅钒锶矿的晶体结构

钡铁钛石族

钡铁钛石（bafertisite）　　　　　　　$Ba_2\{Fe_4[Ti_2(Si_2O_7)_2]O_2(OH)_2F_2\}$

钡铁钛石

【化学性质】

钡铁钛石是一种含 Ba、Fe、Ti、O、(OH)、F 的 $[Ti_2(Si_2O_7)_2]$ 层状基型硅酸盐类矿物，其晶体化学式为 $Ba_2\{Fe_4[Ti_2(Si_2O_7)_2]O_2(OH)_2F_2\}$。主要成分为 Ba、Fe、Ti、Si、H、F、O，类质同象替代成分有 K、Na、Ca、Mn、Mg、Al、Nb、Cl。

化学成分中氧化物的质量分数为 BaO 30.84%、TiO_2 16.07%、MnO 7.13%、FeO 21.68%、SiO_2 23.37%、H_2O 0.91%。

【结晶形态】

钡铁钛石属于三斜（单斜）晶系，单面晶类、平行双面晶类，对称型为 1 或 m。晶体呈粒状、片状、板条状（图 5-5-7）。

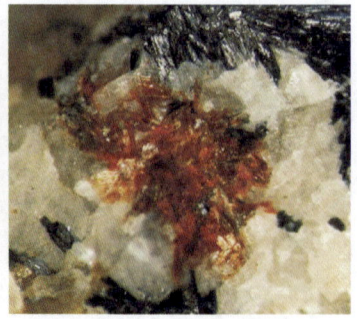

(a) 钡铁钛石（哈萨克斯坦）　　(b) 钡铁钛石（中国内蒙古）　　(c) 铁钛石（美国卡罗莱纳）

图 5-5-7　钡铁钛石

【物理特征】

钡铁钛石的颜色呈橙色、浅棕色、淡黄红色、红色。条痕为白色。透明。玻璃光泽。色散弱。多色性明显:黄色、红色、棕红色,黄色、黄色、淡黄色、黄绿色。

二轴晶(一)。折射率为 $Np=1.786\sim1.808$、$Nm=1.813\sim1.835$、$Ng=1.852\sim1.862$,双折射率为 $0.054\sim0.066$。$2V=54°\sim86°$(测量)、$82°\sim88°$(计算)。

{001}解理完全、{010}较差。性脆、易碎。断口呈不均匀、不规则的次贝壳状。摩氏硬度为5,相对密度为 $3.96\sim4.25$(测量)、4.21(计算)。

【晶体结构】

钡铁钛石属于三斜(单斜)晶系,空间群为 $C1$ 或 Cm(图5-5-8)。晶胞参数:$\alpha=90.30°$、$\beta=112.27°$、$\gamma=90.00°$,$Z=8$。X射线粉晶主要衍射数据 d(Å)(I/I_{max})为 2.65(100)、2.11(40)、1.72(40)。

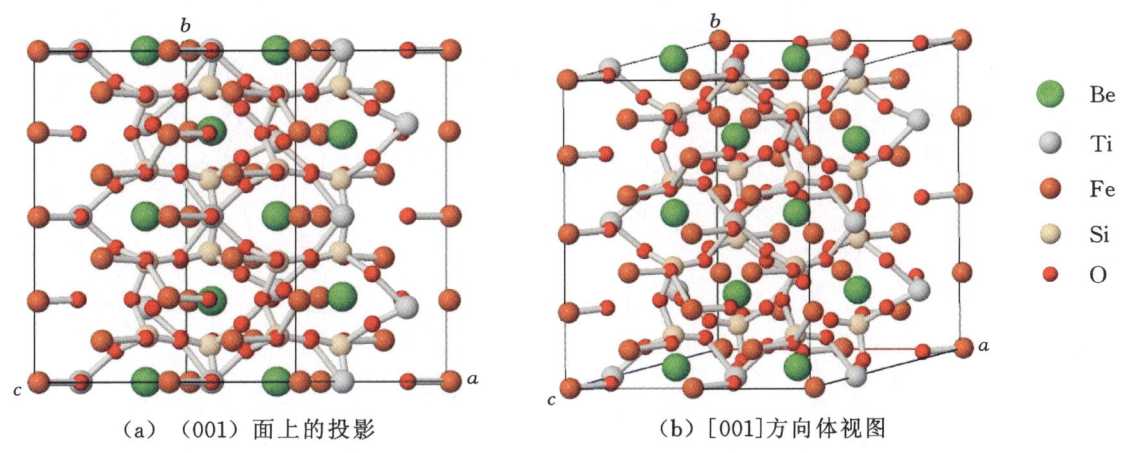

(a) (001)面上的投影　　　　　(b) [001]方向体视图

图5-5-8　钡铁钛石的晶体结构

【产状产地】

钡铁钛石产于碱性岩浆岩中,共生伴生的矿物有萤石、钠长石、霓石,主要产地有哈萨克斯坦、美国(卡罗莱纳)、中国(内蒙古)。

【主要用途】

钡铁钛石在地质学、物理学、化学、材料学、环境科学、晶体学、矿物学等方面都有一定意义。

闪叶石族

闪叶石(lamprophyllite)　　　　　$Sr\{Na_3Ti[Ti_2(Si_2O_7)_2](O,OH,F)_4\}$

钡闪叶石(barytolamprophyllite)　　$Ba_2\{Na_3Ti[Ti_2(Si_2O_7)_2](O,OH,F)_4\}$

闪叶石

【化学性质】

闪叶石是一种含 Sr、Na、Ti、O、F 的 $[Ti_2(SiO_7)_2]$ 层状基型硅酸盐类矿物,其晶体化学式为 $Sr\{Na_3Ti[Ti_2(Si_2O_7)_2](O,OH,F)_4\}$。主要成分为 Sr、Na、Ti、Si、F、H、O,类质同象替代成分有 Ca、K、Ba、Fe、Mg、Mn、Al、Nb、Ta、H_2O。

化学成分中氧化物及元素的质量分数为 BaO 14.81%、Na_2O 5.95%、SrO 21.25%、TiO_2 26.88%、SiO_2 26.96%、H_2O 2.02%、F 2.13%。

【结晶形态】

闪叶石属于单斜晶系,斜方柱晶类,对称型为 $2/m$。晶体呈斜方柱状、柱状、棒状、针状、粒状。集合体呈星状、球状、放射状(图 5-5-9)。

图 5-5-9　闪叶石(俄罗斯)

【物理特征】

闪叶石的颜色呈黄色、棕色。条痕为棕白色。透明。玻璃光泽、珍珠光泽。色散强。多色性弱。

二轴晶(+)。折射率为 $Np=1.746$、$Nm=1.754$、$Ng=1.779$,双折射率为 0.033。$2V=21°\sim43°$(测量)、60°(计算)。

{100}解理完全。性脆。断口呈不平整、不均匀的贝壳状。摩氏硬度为 2.5,相对密度为 3.44(测量)、3.96(计算)。

【晶体结构】

闪叶石属于单斜晶系,空间群为 $C2/m$(图 5-5-10)。晶胞参数:$a=1.936$ nm、$b=0.709$ nm、$c=0.538$ nm,$\beta=96.50°$,$Z=2$。X 射线粉晶主要衍射数据 $d(\text{Å})(I/I_{max})$ 为 3.43(55)、2.77(100)、2.13(45),见图 5-5-11。

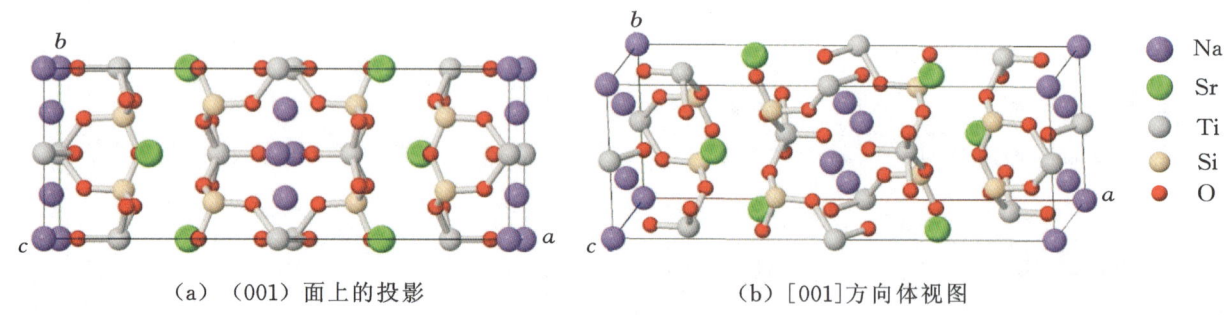

(a)　(001)面上的投影　　　　　　　(b)　[001]方向体视图

图 5-5-10　闪叶石的晶体结构 1

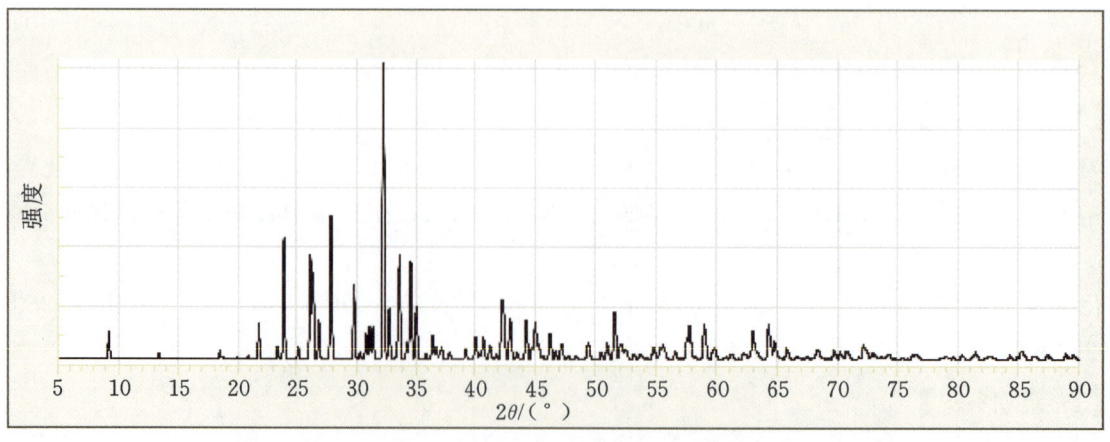

图 5-5-11　闪叶石的 X 射线粉晶衍射图

晶体结构与钡铁钛石类似，闪叶石结构层由两层[Si_2O_7]双四面体和[TiO_5]单锥所组成的结构单层（图5-5-12），其中夹一层[TiO_6]八面体层。结构层之间为Sr(Ba)所连接。结构层平行于(100)。

闪叶石有两种多型：闪叶石-2M、闪叶石-2O。

【产状产地】

闪叶石是一种碱性岩中的硅酸盐矿物，主要产于碱性花岗岩、伟晶岩及正长岩中，主要产地有俄罗斯。

【主要用途】

闪叶石在地质学、物理学、化学、材料学、环境科学、晶体学、矿物学、宝石学等方面都有重要意义。

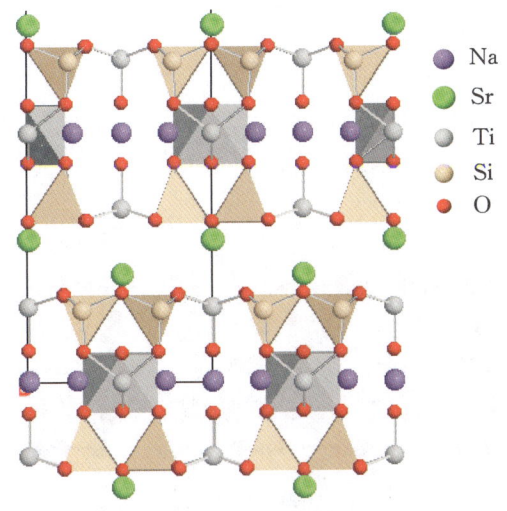

图5-5-12 闪叶石的晶体结构2

钡闪叶石

【化学性质】

钡闪叶石是一种含Ba、Na、Ti、O、F的[$Ti_3Si_2O_7$]层状基型硅酸盐类矿物，其晶体化学式为$Ba_2\{Na_3Ti[Ti_2(Si_2O_7)_2](O,OH,F)_4\}$。主要成分为Ba、Na、Ti、Si、F、O，类质同象替代成分有K、Sr、Ca、Fe、Mn、Mg、Al、Nb、H、Cl、P。

化学成分中氧化物及元素的质量分数为K_2O 3.56％、BaO 16.71％、Na_2O 8.02％、SrO 4.24％、CaO 0.90％、MgO 0.25％、TiO_2 28.79％、MnO 2.46％、Nb_2O_5 0.16％、Al_2O_3 0.19％、Fe 2.45％、SiO_2 29.77％、H_2O 0.78％、F 1.72％。

【结晶形态】

钡闪叶石属于单斜晶系，斜方柱晶类，对称型为$2/m$。晶体呈长薄片状、板状（图5-5-13）。

(a) 钡闪叶石（俄罗斯） (b) 钡闪叶石（美国） (c) 钡闪叶石（德国）

图5-5-13 钡闪叶石（俄罗斯）

【物理特征】

钡闪叶石的颜色呈金棕色、深棕色、深褐色。条痕为浅棕色。透明。玻璃光泽。色散弱。多色性较明显：浅黄色，棕黄色，褐色。

二轴晶(+)。折射率为Np＝1.742～1.743、Nm＝1.754、Ng＝1.776～1.778，双折射率为0.034～0.035。$2V＝29°～30°$（测量）、70°～74°（计算）。

{100}解理完全、{011}较好。性脆，易碎。断口呈不平整、不均匀的贝壳状。摩氏硬度为2～3，相对密度为3.62～3.66（测量）、3.82（计算）。

【晶体结构】

钡闪叶石属于单斜晶系,空间群为 $C2/m$(图 5-5-14)。晶胞参数:$a=1.987$ nm、$b=0.709$ nm、$c=0.539$ nm,$\beta=96.56°$,$Z=2$。X 射线粉晶主要衍射数据 $d(\text{Å})(I/I_{max})$ 为 3.447(70)、3.294(50)、2.801(100)、2.153(90)、1.790(70)、1.601(80)、1.482(90),见图 5-5-15。

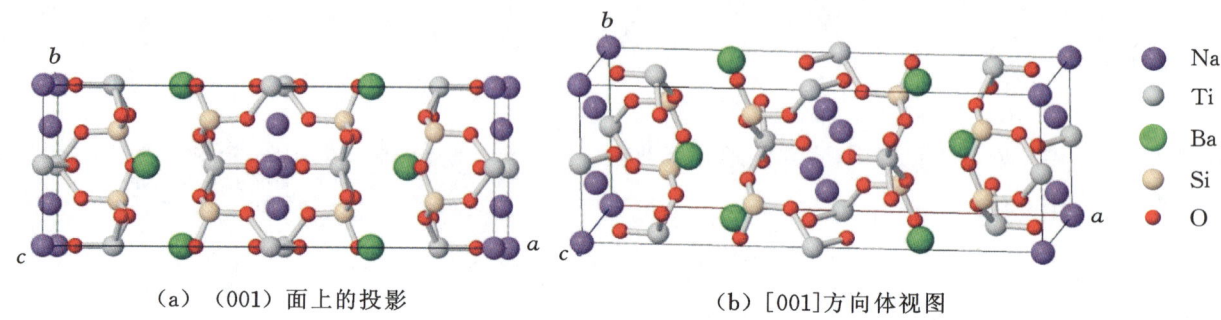

(a) (001)面上的投影　　　　　　　　(b) [001]方向体视图

图 5-5-14　钡闪叶石的晶体结构

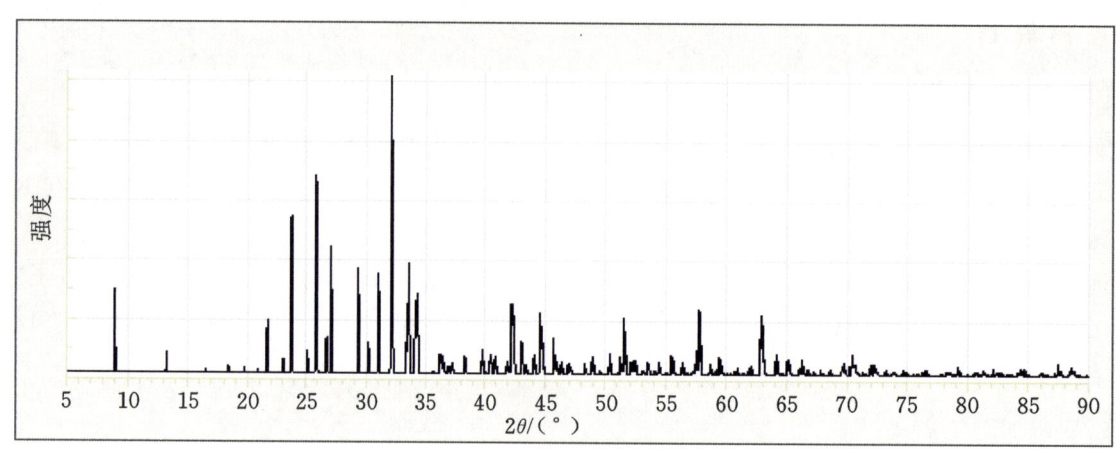

图 5-5-15　钡闪叶石的 X 射线粉晶衍射图

【产状产地】

钡闪叶石产于一类碱性岩石中,共生伴生的矿物有霓石、霞石、钾长石、钙矾石、磷灰石、角闪石,主要产地有俄罗斯、德国等。

【主要用途】

钡闪叶石在地质学、物理学、化学、材料学、环境科学、晶体学、矿物学等方面都有一定意义。

星叶石族

单斜镁星叶石(magnesioastrophyllite)	$(K,Na)_3\{Fe_5Mg_2[Ti_2(Si_4O_{12})_2]\}O_2(OH)_4F$
星叶石(astrophyllite)	$(K,Na)_3\{(Fe,Mn)_7[Ti_2(Si_4O_{12})_2]\}O_2(OH)_4F$
锰星叶石(kupletskite)	$(K,Na)_3\{(Mn,Fe)_7[Ti_2(Si_4O_{12})_2]\}O_2(OH)_4F$
铯锰星叶石(cesiumkupletskite)	$(Cs,K,Na)_3\{Mn_7[Ti_2(Si_4O_{10})_2]\}(O,OH,F)_7$
铌星叶石(niobophyllite)	$(K,Na)_3\{(Fe,Mn)_7[(Nb,Ti)_2(Si_4O_{12})_2]\}O_2(OH)_4F$
锆星叶石(zircophyllite)	$(K,Na)_3\{(Mn,Fe)_7[Zr_2(Si_4O_{10})_2]\}O_2(OH)_4F$

单斜镁星叶石

【化学性质】

单斜镁星叶石是一种含 K、Fe、Mg、(OH)、F 的[$Ti_2(Si_4O_{12})_2$]层状基型硅酸盐类矿物,其晶体化学式为$(K,Na)_3\{Fe_5Mg_2[Ti_2(Si_4O_{12})_2]\}O_2(OH)_4F$。主要成分为 K、Na、Fe、Mg、Ti、Si、O、H、F，类质同象替代成分有 Ca、Ba、Al、Mn、Nb。

化学成分中氧化物及元素的质量分数为 K_2O 7.39%、Na_2O 4.86%、MgO 6.32%、TiO_2 10.01%、Mn_2O_3 3.10%、FeO 16.90%、Fe_2O_3 9.39%、SiO_2 37.70%、H_2O 2.83%、F 1.49%。

【结晶形态】

单斜镁星叶石属于单斜晶系，斜方柱晶类，对称型为 $2/m$。晶体呈粒状、针状（图 5-5-16）。

图 5-5-16　单斜镁星叶石（俄罗斯）

【物理特征】

单斜镁星叶石的颜色呈白色、棕黄色、绿色、稻草黄色、橙色。条痕为白色。透明至不透明。玻璃光泽。色散弱。多色性较明显：亮黄色，浅黄灰色，灰色。

二轴晶（一）。折射率为 Np=1.658、Nm=1.687、Ng=1.710，双折射率为 0.052。$2V=81°\sim83°$（测量）、82°（计算）。

{100}、{010}解理完全。性脆。断口呈不平整、不规则的次贝壳状。摩氏硬度为 3，相对密度为 3.32（测量）、3.16（计算）。

【晶体结构】

单斜镁星叶石属于单斜晶系，空间群为 $A2/m$（图 5-5-17）。晶胞参数：$a=1.038$ nm、$b=2.319$ nm、$c=0.534$ nm，$\beta=99.63°$，$Z=2$。X 射线粉晶主要衍射数据 $d(Å)(I/I_{max})$ 为 10.10(80)、3.38(100)、2.55(90)，见图 5-5-18。

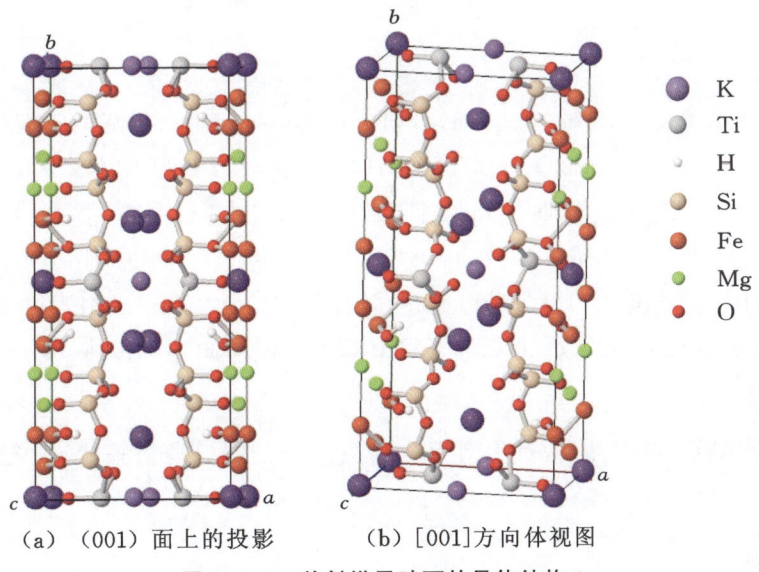

(a) (001)面上的投影　　(b) [001]方向体视图

图 5-5-17　单斜镁星叶石的晶体结构 1

晶体结构中，Ti 的配位数为 5，Na 有两种结晶学位置，一种是呈八次配位位于结构层间，另一种是六次配位位于阳离子八面体层中，使单斜镁星叶石成为大阳离子层状硅酸盐（图 5-5-19）。

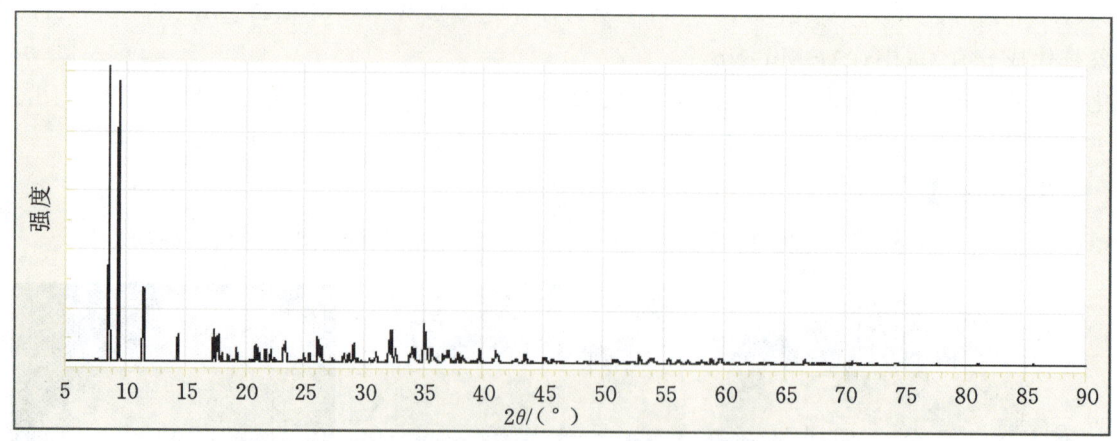

图 5-5-18　单斜镁星叶石的 X 射线粉晶衍射图

图 5-5-19　单斜镁星叶石的晶体结构 2

【产状产地】

单斜镁星叶石主要产地有俄罗斯。

【主要用途】

单斜镁星叶石在地质学、物理学、化学、晶体学、矿物学等方面都有一定意义。

星叶石

【化学性质】

星叶石是一种含 K、Na、Fe、Mn、O、(OH)、F 的 $[Ti_2(Si_4O_{12})_2]$ 层状基型硅酸盐类矿物,其晶体化学式为 $(K,Na)_3\{(Fe,Mn)_7[Ti_2(Si_4O_{12})_2]\}O_2(OH)_4F$。主要成分为 K、Na、Fe、Mn、Ti、Si、O、H、F,类质同象替代成分有 Rb、Cs、Ca、Sr、Mg、Zn、Al、Ce、Sn、Zr、Nb、Ta。

化学成分中氧化物及元素的质量分数为 Na_2O 2.68%、K_2O 5.53%、Rb_2O 1.05%、Cs_2O 1.35%、CaO 1.00%、SrO 0.10%、MgO 1.11%、MnO 13.99%、FeO 18.45%、ZnO 0.49%、Al_2O_3 1.01%、Ce_2O_3 0.31%、TiO_2 9.20%、SnO_3 0.23%、ZrO_2 1.69%、Nb_2O_5 2.81%、SiO_2 34.98%、H_2O 2.64%、F 1.38%。

【结晶形态】

星叶石属于三斜晶系,单面晶类,对称型为 1。晶体呈叶片状、薄板条状;集合体呈球状、放射状,以细小晶簇的形式出现(图 5-5-20)。

【物理特征】

星叶石的颜色呈棕色、棕红色、暗褐色、青铜色、黄色、金黄色。条痕为黄褐色、金黄色。透明至不透明。金刚光泽、珍珠光泽、油脂光泽。无色散。多色性较明显:深红色、橙色,橙黄色,柠檬黄。无荧光。

（a）星叶石（俄罗斯） （b）星叶石（葡萄牙）

图 5-5-20 星叶石

二轴晶（+）。折射率为 Np=1.680、Nm=1.700、Ng=1.730，双折射率为 0.050。$2V=70°\sim90°$（测量）、80°（计算）。

{001}解理完全、{100}不完全。性脆、易碎。断口呈不均匀、不规则的碎片状。摩氏硬度为 3～3.5，相对密度为 3.2～3.4（测量）、3.25（计算）。

【晶体结构】

星叶石属于三斜晶系，空间群为 $P\bar{1}$（图 5-5-21）。晶胞参数：$a=0.539$ nm、$b=1.190$ nm、$c=1.173$ nm，$\alpha=113.16°$、$\beta=94.50°$、$\gamma=103.11°$，$Z=1$。X 射线粉晶主要衍射数据 $d(\text{Å})(I/I_{max})$ 为 10.60(100)、3.51(80)、2.77(60)，见图 5-5-22。

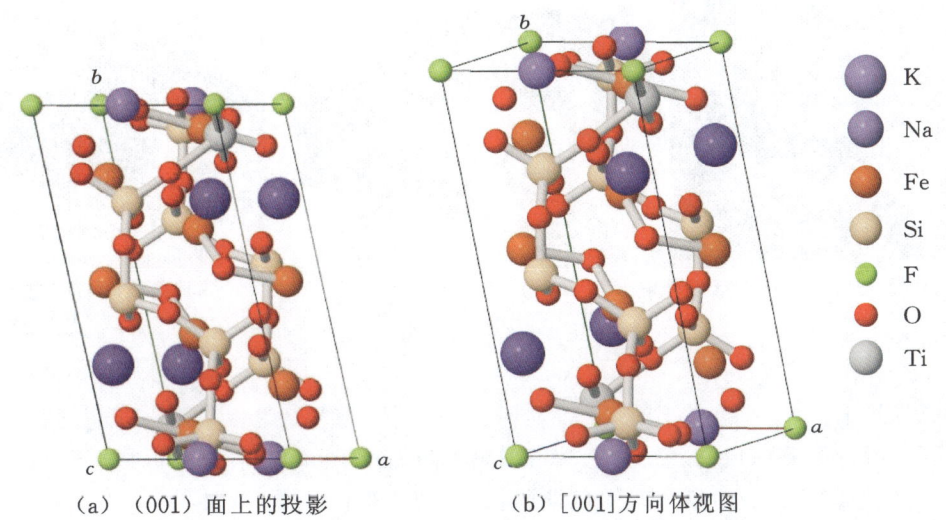

（a）（001）面上的投影　（b）[001]方向体视图

图 5-5-21 星叶石的晶体结构

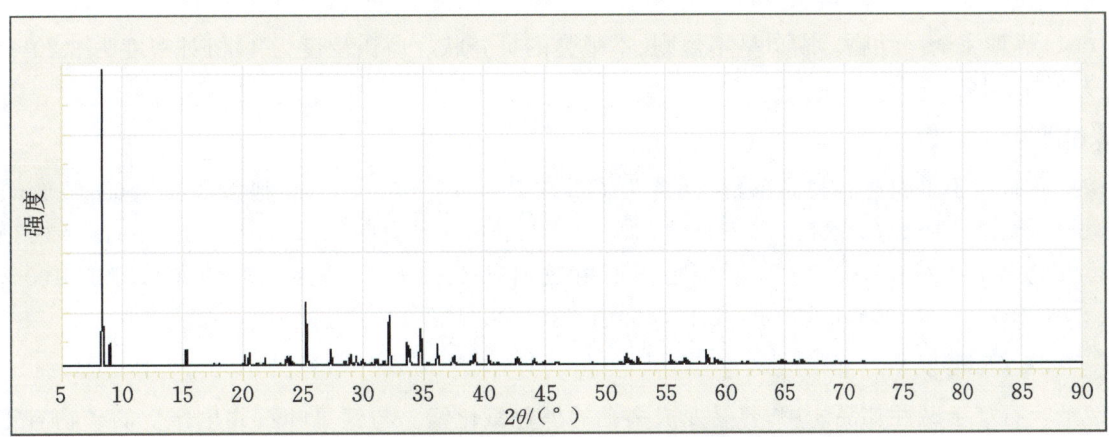

图 5-5-22 星叶石的 X 射线粉晶衍射图

【产状产地】

星叶石产于含锆石的正长岩中,共生伴生的矿物有长石、方解石、云母等,主要产地有俄罗斯、葡萄牙、挪威。

【主要用途】

星叶石在地质学、物理学、化学、晶体学、矿物学、宝石学等方面都有重要意义。

锰星叶石

【化学性质】

锰星叶石是一种含 K、Na、Mn、Fe、O、(OH)、F 的[$Ti_2(Si_4O_{12})_2$]层状基型硅酸盐类矿物,其晶体化学式为$(K,Na)_3\{(Mn,Fe)_7[Ti_2(Si_4O_{12})_2]\}O_2(OH)_4F$。主要成分为 K、Na、Mn、Fe、Ti、Si、O、H、F,类质同象替代成分有 Cs、Sr、Ca、Mg、Zr、Al、H_2O。

化学成分中氧化物及元素的质量分数为 K_2O 7.92%、Na_2O 1.74%、TiO_2 8.07%、MnO 27.85%、Nb_2O_5 4.97%、FeO 9.40%、SiO_2 35.94%、H_2O 2.69%、F 1.42%。

锰星叶石-铯锰星叶石可形成系列矿物。另发现有铌锰星叶石。

【结晶形态】

锰星叶石属于三斜(单斜)晶系,斜方柱(单面)晶类,对称型为 $2/m$ 或 $\bar{1}$。晶体呈针状、薄板状。集合体呈星状、放射状、块状、玫瑰花状(图 5-5-23)。

(a) 锰星叶石(加拿大)　　　　　　　(b) 锰星叶石(俄罗斯)

图 5-5-23　锰星叶石

【物理特征】

锰星叶石的颜色呈黄棕色、棕色、黄色、黑色、黑棕色、古铜色。条痕为浅棕色、灰白色。透明至不透明。玻璃光泽、金刚光泽。色散弱。多色性弱:棕色到橙黄色。

二轴晶(—)。折射率为 Np=1.656、Nm=1.699、Ng=1.731,双折射率为 0.075。$2V=79°$(测量)、78°(计算)。

{001}解理完全。性脆。断口呈不规则、不平整的贝壳状。摩氏硬度为 4,相对密度为 3.20~3.23(测量)、3.36(计算)。

【晶体结构】

锰星叶石属于单斜(三斜)晶系,空间群为 $C2/c(P\bar{1})$(图 5-5-24)。晶胞参数:$a=0.540$ nm、$b=2.323$ nm、$c=2.118$ nm,$\beta=95.25°$,$Z=4$ 或($a=0.541$ nm、$b=1.193$ nm、$c=1.174$ nm,$\alpha=113.02°$、$\beta=94.78°$、$\gamma=103.27°$,$Z=1$)。X 射线粉晶衍射数据 $d(\text{Å})(I/I_{max})$ 为 3.51(100)、3.25(10)、3.00(10)、2.76(10)、2.64(100)、2.57(50)、2.10(40)、1.73(40),见图 5-5-25。

【产状产地】

锰星叶石产于碱性伟晶岩中,容易变成多孔的黑色氧化锰。与锰星叶石共生伴生的矿物有霓石、微斜长石、石英、烧绿石、菱硼硅铈矿、钍石等,主要产地有美国(阿肯色)、加拿大、俄罗斯。

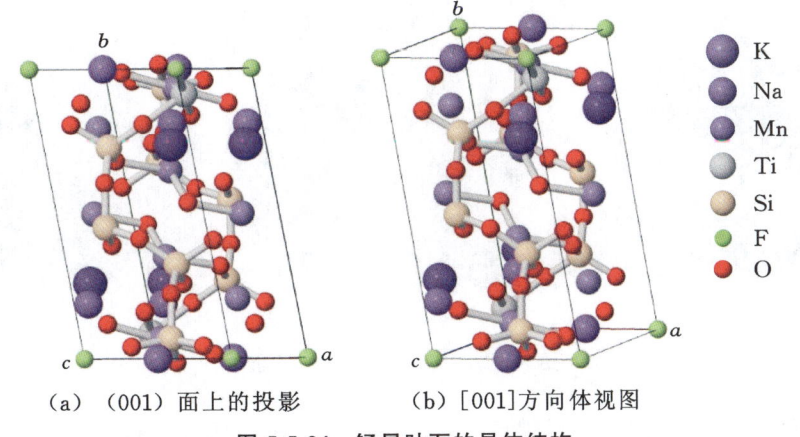

(a)（001）面上的投影　　(b)[001]方向体视图

图 5-5-24　锰星叶石的晶体结构

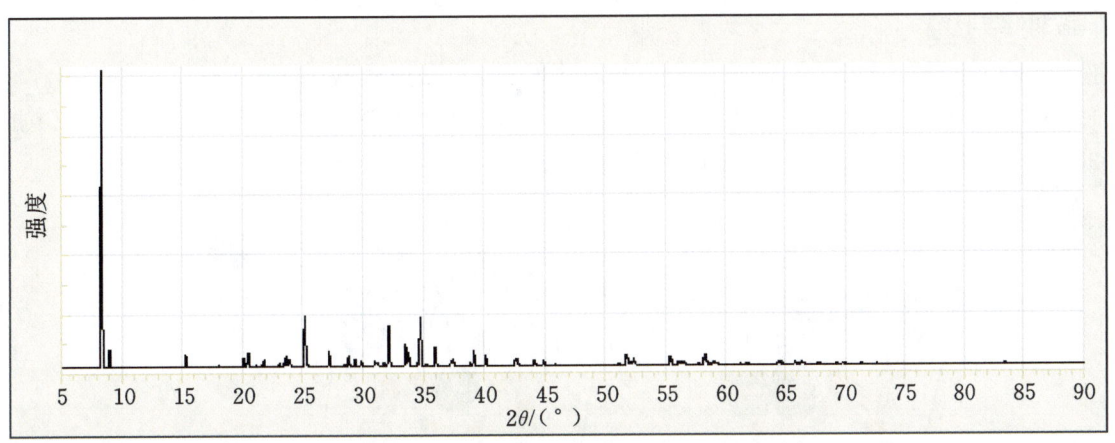

图 5-5-25　锰星叶石的 X 射线粉晶衍射图

【主要用途】

锰星叶石在地质学、物理学、化学、材料学、晶体学、矿物学等方面都有一定意义。

铯锰星叶石

【化学性质】

铯锰星叶石是一种含 Cs、Na、Mn、O、(OH)、F 的[$Ti_2(Si_4O_{10})_2$]层状基型硅酸盐类矿物，其晶体化学式为$(Cs,K,Na)_3\{Mn_7[Ti_2(Si_4O_{10})_2]\}(O,OH,F)_7$。主要成分为 Cs、Na、Mn、Ti、Si、H、F、O，类质同象替代成分有 K、Fe、Li、Nb 等。

化学成分中氧化物及元素的质量分数为 Cs_2O 14.52%、K_2O 1.62%、Na_2O 2.13%、Li_2O 0.41%、TiO_2 7.68%、MnO 21.87%、Nb_2O_5 4.56%、FeO 9.87%、Fe_2O_3 0.55%、SiO_2 33.02%、H_2O 2.47%、F 1.30%。

锰星叶石可与铯锰星叶石形成类质同象系列。

【结晶形态】

铯锰星叶石属于三斜晶系，单面晶类，对称型为 1。晶体呈柱状、粒状、块状（图 5-5-26）。

【物理特征】

铯锰星叶石的颜色呈深橄榄绿色、棕色、黑色。条痕为浅棕白色。透明至不透明。玻璃光泽、金刚光泽。色散弱。多色性弱：浅棕色，橙黄色。

二轴晶（+）。折射率为 $Np=1.711$、$Nm=1.726$、$Ng=1.758$。$2V=75°$（测量）。

(a) 铯锰星叶石（俄罗斯）

(b) 铯锰星叶石（塔吉克斯坦）

图 5-5-26　铯锰星叶石的形态

{001}解理较好。性脆。断口呈不规则、不平整的贝壳状。摩氏硬度为 4，相对密度为 3.68（测量）、3.68（计算）。

【晶体结构】

铯锰星叶石属于三斜晶系，空间群为 $P\bar{1}$（图 5-5-27）。晶胞参数：$a=0.541$ nm、$b=1.174$ nm、$c=2.116$ nm，$\alpha=89°$，$\beta=90°$，$\gamma=102.38°$，$Z=1$。X 射线粉晶衍射数据 d(Å)(I/I_{max})为 10.40(100)、4.09(30)、3.54(80)、2.79(80)、2.66(80)、2.58(60)、1.77(40)。

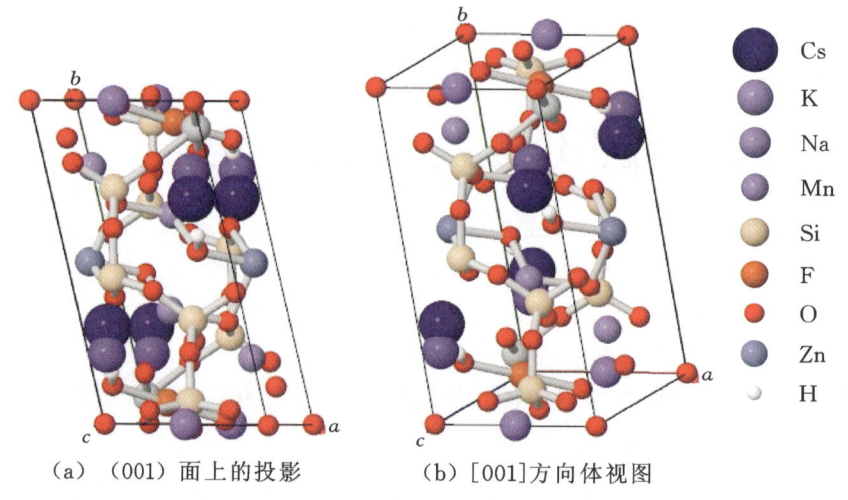

图 5-5-27　铯锰星叶石的晶体结构

【产状产地】

铯锰星叶石产于伟晶岩体中，共生伴生的矿物有霓石、含 Cs 微斜长石、天山石、石英等，主要产地有塔吉克斯坦。

【主要用途】

铯锰星叶石在地质学、物理学、化学、材料学、环境科学、晶体学、矿物学、宝石学等方面都有一定意义。

铌星叶石

【化学性质】

铌星叶石是一种含 K、Na、Fe、Nb、O、(OH)、F 的[(Nb,Ti)$_2$(Si$_4$O$_{12}$)$_2$]层状基型硅酸盐类矿物，其晶体化学式为(K,Na)$_3${(Fe,Mn)$_7$[(Nb,Ti)$_2$(Si$_4$O$_{12}$)$_2$]}O$_2$(OH)$_4$F。主要成分为 K、Na、Fe、Nb、Si、O、H、F，类质同象替代成分有 Ca、Sr、Cs、Mn、Ti、Al、Ta、Mg、H$_2$O。

化学成分中氧化物及元素的质量分数为 K$_2$O 6.76%、Na$_2$O 2.22%、TiO$_2$ 1.15%、MnO 8.90%、

Nb_2O_5 17.16%、FeO 27.05%、SiO_2 33.16%、H_2O 2.58%、F 1.02%。

【结晶形态】

铌星叶石属于三斜晶系,单面或平行双面晶类,对称型为 1 或 $\bar{1}$。晶体呈片状、柱状、粒状、块状,集合体呈片状、扁平薄片状(图 5-5-28)。

(a) 铌星叶石(加拿大)　　　　　　　　(b) 铌星叶石(马拉维)

图 5-5-28　铌星叶石

【物理特征】

铌星叶石的颜色呈棕色、浅棕色。条痕为灰白色。透明至不透明。玻璃光泽、金刚光泽。色散中等。多色性弱。

二轴晶(一)。折射率为 Np=1.724、Nm=1.760、Ng=1.772,双折射率为 0.048。2V=60°(测量)、58°(计算)。

{001}解理完全。性脆。断口呈不规则、不平整的贝壳状。摩氏硬度为 3~4,相对密度为 3.42(测量)、3.47(计算)。

【晶体结构】

铌星叶石属于三斜晶系,空间群为 $P\bar{1}$、$P1$(图 5-5-29)。晶胞参数:a=0.539 nm、b=1.188 nm、c=1.166 nm,α=113.10°、β=94.50°、γ=103.10°,Z=1。X 射线粉晶主要衍射数据 d(Å)(I/I_{max})为 10.520(90)、3.506(100)、2.778(80),见图 5-5-30。

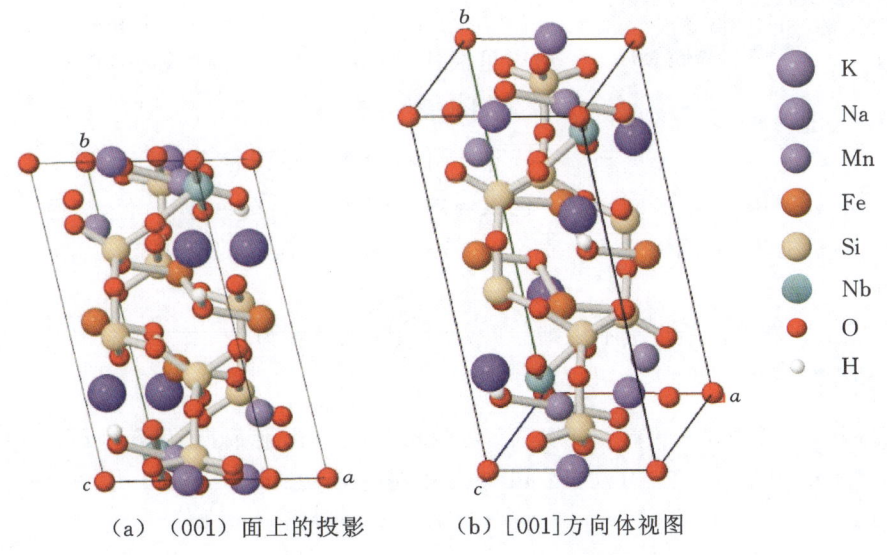

(a)(001)面上的投影　　　(b)[001]方向体视图

图 5-5-29　铌星叶石的晶体结构

【产状产地】

铌星叶石产于含钠长石、角闪石的片麻岩中,共生伴生的矿物有钠长石、角闪石、石英、云母,主要产地有加拿大、马拉维。

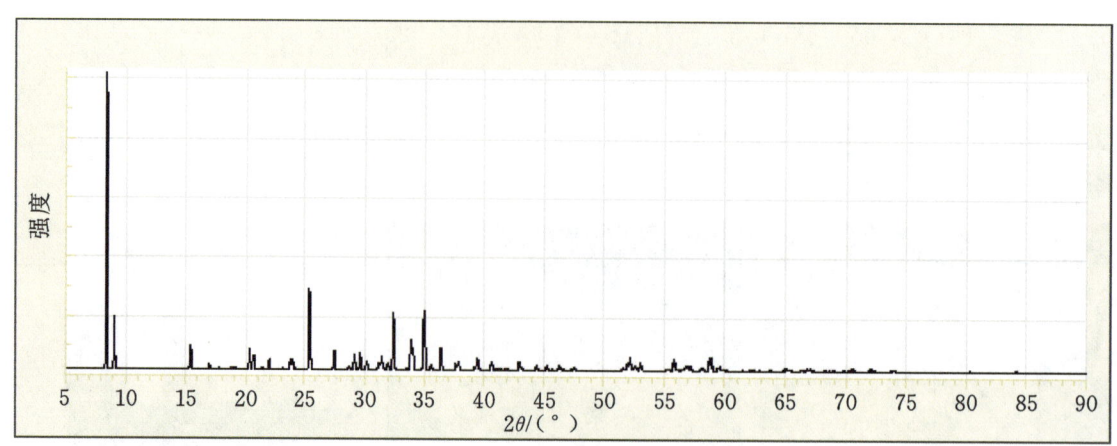

图 5-5-30　铌星叶石的 X 射线粉晶衍射图

【主要用途】

铌星叶石在地质学、物理学、化学、材料学、晶体学、矿物学等方面都有一定意义,可以作为提取铌的矿物原料。

锆星叶石

【化学性质】

锆星叶石是一种含 K、Na、Mn、Zr、O、(OH)、F 的 $[Zr_2(Si_4O_{10})_2]$ 层状基型硅酸盐类矿物,其晶体化学式为 $(K,Na)_3\{(Mn,Fe)_7[Zr_2(Si_4O_{10})_2]\}O_2(OH)_4F$。主要成分为 K、Mn、Fe、Zr、Si、O、H、F,类质同象替代成分有 Na、Ca、Nb、Hf、Ti、H_2O。

图 5-5-31　锆星叶石(加拿大)

化学成分中氧化物及元素的质量分数为 K_2O 5.63%、Na_2O 1.52%、CaO 0.79%、ZrO_2 13.85%、TiO_2 2.24%、MnO 18.94%、Nb_2O_5 2.80%、FeO 17.79%、SiO_2 32.08%、H_2O 3.16%、F 1.20%。

【结晶形态】

锆星叶石属于三斜晶系,单面晶类,对称型为 $\bar{1}$。晶体形态呈板状、厚板状、块状、粒状等(图 5-5-31)。

【物理特征】

锆星叶石的颜色呈深棕色、黑色、黑褐色。条痕为浅褐色。透明至不透明。玻璃光泽、金刚光泽。色散弱。多色性弱:暗黄色,暗黄色,棕色。

二轴晶(一)。折射率为 Np=1.708、Nm=1.738、Ng=1.747,双折射率为 0.039。2V=62°(测量)、56°(计算)。

{001}解理完全。性脆。断口呈不规则的贝壳状。摩氏硬度为 4~4.5,相对密度为 3.34(测量)。

【晶体结构】

锆星叶石属于三斜晶系,空间群为 $P\bar{1}$。X 射线粉晶主要衍射数据 $d(\text{Å})(I/I_{max})$ 为 9.80(40)、3.75(30)、3.50(100)、3.26(30)、2.80(70)、2.66(50)、2.10(50)。

【产状产地】

锆星叶石产于碱性伟晶岩的钠沸石带中,共生伴生的矿物有钠长石、钠沸石,主要产地有加拿大、俄罗斯。

【主要用途】

锆星叶石在地质学、物理学、化学、材料学、晶体学、矿物学等方面都有一定意义。

硅钛钠钡石族

硅钛钠钡石（innelite）　　　　$Ba_4\{Na_2CaTi[Ti_2(Si_2O_7)_2]\}O_4[SO_4]_2$

硅钛锰钡石（yoshimuraite）　　$Ba_4\{Mn_4[Ti_2(Si_2O_7)_2(OH)]\}O_3[PO_4][SO_4]$

硅钛钠钡石

【化学性质】

硅钛钠钡石是一种含 Ba、Na、Ca、Ti、O 的 $[Ti_2(Si_2O_7)_2]$ 层状基型硅酸盐类矿物，其晶体化学式为 $Ba_4\{Na_2CaTi[Ti_2(Si_2O_7)_2]\}O_4[SO_4]_2$。主要成分为 Ba、Na、Ca、Ti、Si、O、S，类质同象替代成分有 K、Mg、Al、Fe、Mn、F。

化学成分中氧化物及元素的质量分数为 Al_2O_3 0.23%、Fe_2O_3 0.66%、FeO 0.57%、MnO 1.04%、MgO 0.83%、CaO 0.72%、BaO 43.59%、Na_2O 5.63%、K_2O 0.72%、SiO_2 18.78%、TiO_2 18.50%、SO_3 7.19%、H_2O 0.97%、F 0.57%。

【结晶形态】

硅钛钠钡石属于三斜晶系，单面晶类，对称型为 1。晶体呈粒状、片状、块状（图 5-5-32）。有双晶。

图 5-5-32　硅钛钠钡石（俄罗斯）

【物理特征】

硅钛钠钡石的颜色呈棕色、黄色、浅黄色。条痕为淡黄色。透明至半透明。玻璃光泽、油脂光泽。色散较强，多色性较弱：淡黄色，淡黄色，浅棕黄色。

二轴晶（+）。折射率为 Np=1.726、Nm=1.737、Ng=1.766，双折射率为 0.040。$2V=82°$（测量）、66°（计算）。

{010}、{110}解理完全、{001}中等。性脆、易碎。断口呈不规则、不均匀的贝壳状。摩氏硬度为 4.5～5，相对密度为 3.96（测量）、3.82（计算）。

具压电性、电磁性。

【晶体结构】

硅钛钠钡石属于三斜晶系，空间群为 $P1$。晶胞参数：a=0.538 nm、b=0.714 nm、c=1.476 nm，$α$=99°、$β$=95°、$γ$=90°，Z=1。X 射线粉晶衍射数据 d(Å)(I/I_{max}) 为 6.31(50)、3.92(100)、3.04(60)、2.95(60)、1.96(60)、1.85(60)、1.74(60)。

【产状产地】

硅钛钠钡石发现于霞石—微斜长石的碱性伟晶岩中，共生伴生的矿物有霞石、钠长石、钠沸石、微斜长石，主要产地有俄罗斯。

【主要用途】

硅钛钠钡石在地质学、物理学、化学、材料学、晶体学、矿物学等方面都有一定意义。

硅钛锰钡石

【化学性质】

硅钛锰钡石又称吉村石,是一种含 Ba、Mn、Ti、(OH)、O 和阴离子团[PO_4][SO_4]的[Ti_2(Si_2O_7)_2]层状基型硅酸盐类矿物,其晶体化学式为 $Ba_4\{Mn_4[Ti_2(Si_2O_7)_2(OH)]\}O_3[PO_4][SO_4]$。主要成分为 Ba、Mn、Ti、Si、O、P,类质同象替代成分有 Na、K、Mg、Ca、Sr、Al、Fe、Zn、S、Cl、H_2O。

化学成分中氧化物的质量分数为 BaO 39.15%、SrO 2.94%、TiO_2 9.06%、MnO 14.70%、FeO 4.08%、Fe_2O_3 2.27%、P_2O_5 6.04%、H_2O 1.28%、SiO_2 17.04%、SO_3 3.44%。

【结晶形态】

硅钛锰钡石属于三斜晶系,单面晶类,对称型为 1。晶体呈粒状、块状(图 5-5-33)。依{010}成双晶。

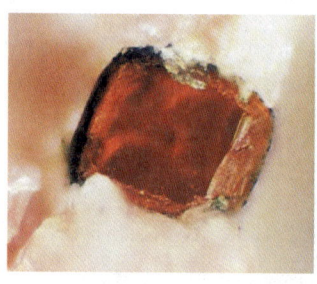

图 5-5-33 硅钛锰钡石(日本)

【物理特征】

硅钛锰钡石的颜色呈橙色、红色、深棕色,在透射光下呈棕色、橙棕色到黄色。条痕为白色。透明至半透明。玻璃光泽、油脂光泽。色散强。多色性较弱:亮黄色,橙棕色,棕色。

二轴晶(+)。折射率为 Np=1.763、Nm=1.777、Ng=1.785,双折射率为 0.022。2V=85°~90°(测量)、72°(计算)。

{010}解理完全、{101}解理不完全。性脆。断口呈不规则、不平整的贝壳状。摩氏硬度为 4.5,相对密度为 4.13~4.20(测量)、4.21(计算)。

【晶体结构】

硅钛锰钡石属于三斜晶系,空间群为 $P1$(图 5-5-34)。晶胞参数:a=0.701 nm、b=1.478 nm、c=0.540 nm,α=93.63°、β=89.86°、γ=95.57°,Z=2。X 射线粉晶主要衍射数据 d(Å)(I/I_{max})为 4.90(60)、4.11(40)、3.40(100)、3.24(60)、3.13(40)、2.94(100)、2.78(60),见图 5-5-35。

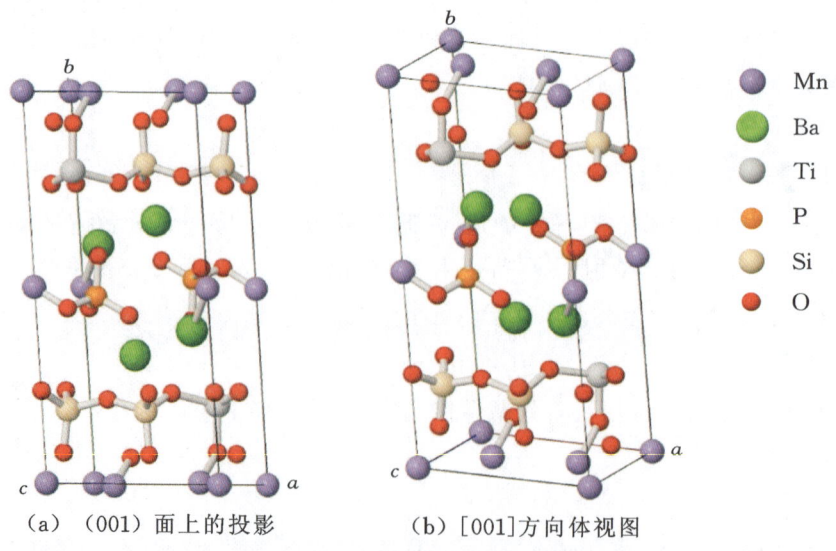

(a)(001)面上的投影　　(b)[001]方向体视图

图 5-5-34 硅钛锰钡石的晶体结构

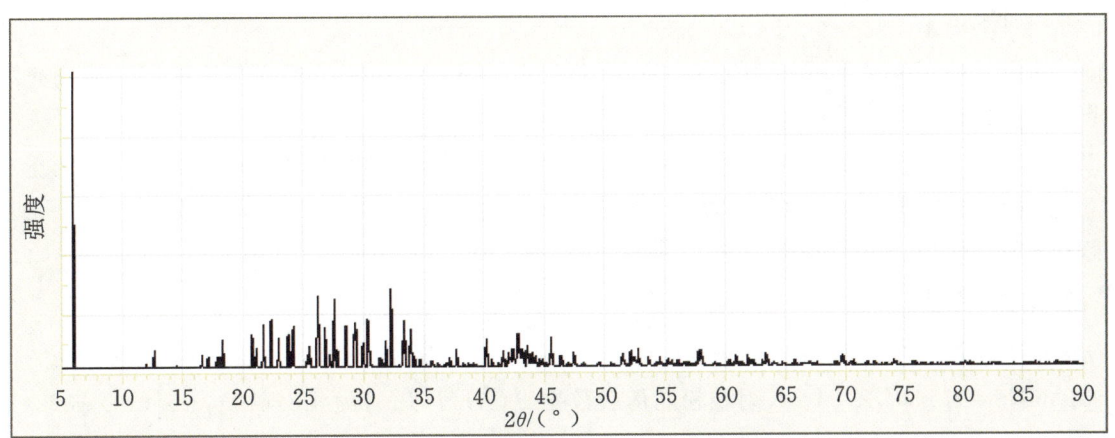

图 5-5-35　硅钛锰钡石的 X 射线粉晶衍射图

【产状产地】

硅钛锰钡石产于穿切层状锰矿床的碱性伟晶岩中,共生伴生的矿物有红柱石、钾长石、角闪石、霓辉石、闪锌矿、石英,主要产地有日本、美国(华盛顿、马萨诸塞)。

【主要用途】

硅钛锰钡石在地质学、物理学、化学、晶体学、矿物学等方面都有一定意义。

硅钛锂钙石族

硅钛锂钙石(baratovite)　　　　$KLi_3Ca_7[(Ti,Zr)_2(Si_4O_{12})_3]F_2$

硅钛锂钙石

【化学性质】

硅钛锂钙石是一种含 K、Li、Ca、F 的$[(Ti,Zr)_2(Si_4O_{12})_3]$复杂层状基型硅酸盐类矿物,其晶体化学式为 $KLi_3Ca_7[(Ti,Zr)_2(Si_4O_{12})_3]F_2$。主要成分为 K、Li、Ca、Ti、Zr、Si、F、O,类质同象替代成分有 Nb、Mn、Fe、Na。

化学成分中氧化物及元素的质量分数为 K_2O 3.34%、Li_2O 3.18%、CaO 26.73%、ZrO_2 4.37%、TiO_2 8.50%、SiO_2 51.18%、F 2.70%。

【结晶形态】

硅钛锂钙石属于单斜晶系,斜方柱晶类,对称型为 $2/m$。晶体呈片状、粒状、短柱状等(图 5-5-36)。

图 5-5-36　硅钛锂钙石(塔吉克斯坦)

【物理特征】

硅钛锂钙石的颜色呈无色、珍珠白色、彩色、粉红色。条痕为白色。透明至半透明。玻璃光泽、珍珠光泽。色散较强。多色性较弱。

二轴晶(+)。折射率为 $Np=1.672$、$Nm=1.672$、$Ng=1.673$,双折射率为 0.001。$2V=60°$(测量)。

{001}解理完全,珍珠状。性脆。断口呈不规则、不均匀的贝壳状。摩氏硬度为 5~6(3~3.5),相对密度为 2.92(测量)、2.91(计算)。

【晶体结构】

硅钛锂钙石属于单斜晶系,空间群为 $C2/c$(图 5-5-37)。晶胞参数:$a=1.694$ nm、$b=0.974$ nm、$c=2.091$ nm,$\beta=112.50°$,$Z=4$。X 射线粉晶衍射数据 d(Å)(I/I_{max})为 4.81(10)、3.54(10)、3.22(100)、3.02(10)、2.41(20)、1.92(20)、1.60(10)、1.49(10)。

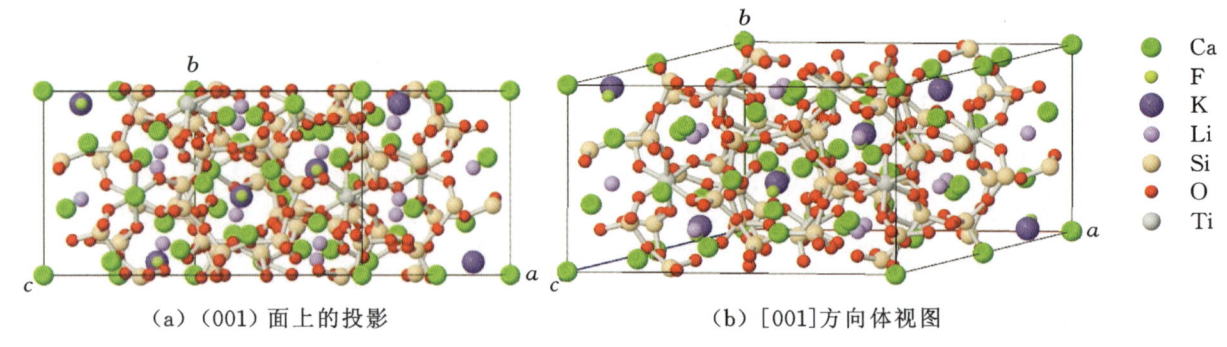

(a) (001)面上的投影　　(b) [001]方向体视图

图 5-5-37　硅钛锂钙石的晶体结构

【产状产地】

硅钛锂钙石产于片麻岩的细脉中,在正长岩中以副矿物出现,为类质同象系列矿物中富 F 的端元矿物。与硅钛锂钙石共生伴生的矿物有石英、钠长石、霓石等,主要产地有塔吉克斯坦。

【主要用途】

硅钛锂钙石在地质学、物理学、化学、材料学、晶体学、矿物学等方面都有一定意义,是提取重要金属锂的矿物原料。

水硅钛钠石族

水硅钛钠石(murmanite)	$Na_2\{MnTi[Ti_2[Ti_2(Si_2O_7)_2]O_4(OH)_2\} \cdot 2H_2O$
水硅铌钠石(epistolite)	$Na\{TiNb[(Si_2O_7)O(OH)_2]\} \cdot nH_2O$
磷硅钛钠石(lomonosovite)	$Na_6\{Na_2MnTi[Ti_2(Si_2O_7)_2](OH)_4\}(PO_4)_2$
磷硅铌钠石(vuonnemite)	$Na_6\{Na_4Ti[Nb_2(Si_2O_7)]O_3\}(PO_4)_2$
磷硅铌钠钡石(bornemanite)	$Na_6\{Ba[Na_4Ti(NbTi)(Si_2O_7)_2O_3]\}(PO_4)_2(OH,F)$

水硅钛钠石

【化学性质】

水硅钛钠石是一种含 Na、Ti、O、(OH)、H_2O 的 $[Ti_2(Si_2O_7)_2]$ 层状基型硅酸盐类矿物,其晶体化学式为 $Na_2\{MnTi[Ti_2[Ti_2(Si_2O_7)_2]O_4(OH)_2\} \cdot 2H_2O$。主要成分为 Na、Ti、Si、H、O,类质同象替代成分有 Ca、K、Mn、Mg、Fe、Zr、Nb、Ta、P、F。

化学成分中氧化物的质量分数为 Na_2O 12.38%、TiO_2 38.30%、Nb_2O_5 7.08%、SiO_2 32.64%、H_2O 9.60%。

【结晶形态】

水硅钛钠石属于三斜晶系,单面晶类,对称型为1。晶体呈薄片状、板状(图5-5-38)。

【物理特征】

水硅钛钠石的颜色呈淡紫色、粉红色、亮粉红色、银白色、黄色、棕色、棕黑色等。条痕为粉红色、浅棕色。透明、半透明、不透明。油脂光泽、珍珠光泽。色散弱。多色性弱:浅玫瑰色、玫瑰色,浅棕色、浅黄褐色,深棕色、紫棕色。

图 5-5-38 水硅钛钠石(俄罗斯)

二轴晶(—)。折射率为 Np=1.682~1.735、Nm=1.765~1.770、Ng=1.807~1.839,双折射率为0.125。$2V=57°~64°$(测量)、$66°~74°$(计算)。

{001}解理完全。性脆。断口呈不均匀、不平整的碎片状。摩氏硬度为2.5~3,相对密度为2.76~2.84(测量)、3.00(计算)。

【晶体结构】

水硅钛钠石属于三斜晶系,空间群为 $P1$(图5-5-39)。晶胞参数:$a=0.533$ nm、$b=0.701$ nm、$c=1.219$ nm,$\alpha=93.57°$,$\beta=108.13°$,$\gamma=90.27°$,$Z=2$。X射线粉晶衍射数据 d(Å)(I/I_{max})为11.56(90)、5.81(90)、4.22(100)、3.76(60)、2.87(100)、2.64(40)、2.49(40),见图5-5-40。

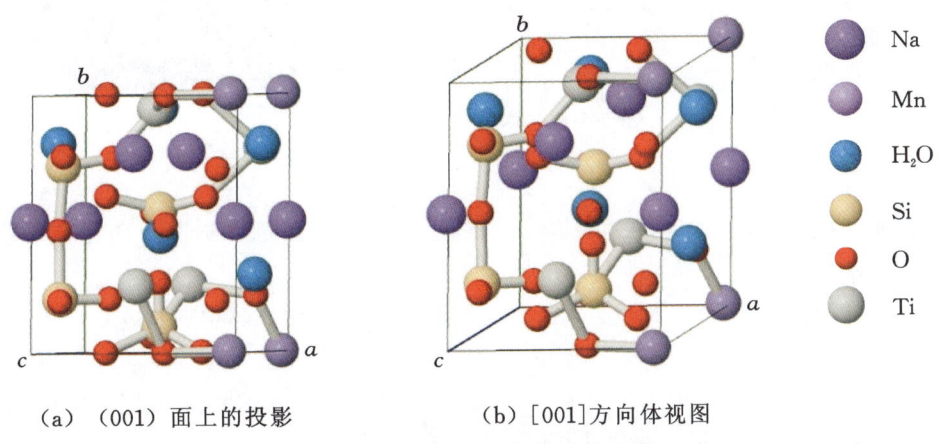

(a) (001)面上的投影   (b) [001]方向体视图

图 5-5-39 水硅钛钠石的晶体结构

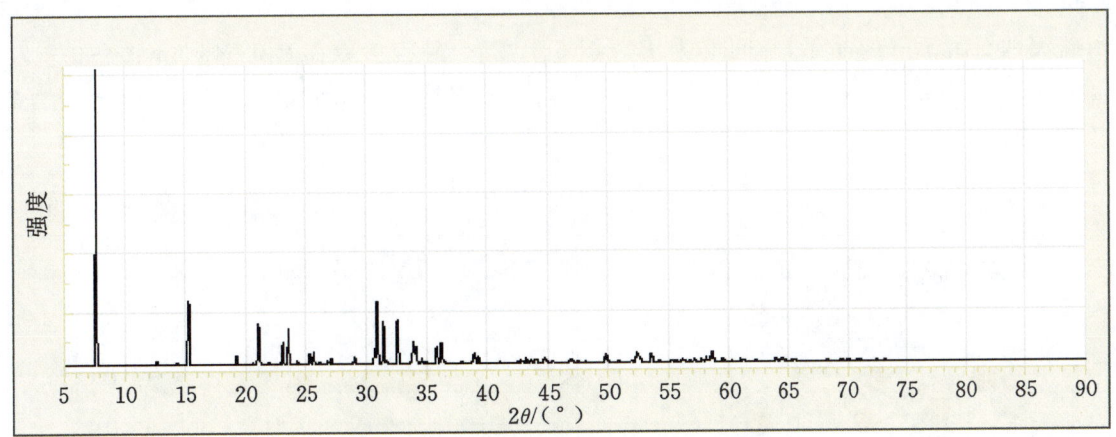

图 5-5-40 水硅钛钠石的 X 射线粉晶衍射图

【产状产地】

水硅钛钠石是磷硅钛钠石的蚀变矿物,是一种变质火山基质岩石中条状、板条状的晶体颗粒。与水硅钛钠石共生伴生的矿物有磷硅钛钠石等,主要产地有俄罗斯、格陵兰岛。

【主要用途】

水硅钛钠石在地质学、物理学、化学、晶体学、矿物学等方面都有一定意义。

水硅铌钠石

【化学性质】

水硅铌钠石是一种含 Na、Ti、Nb、(OH)、H_2O 的 $[(Si_2O_7)O(OH)_2]$ 层状基型硅酸盐类矿物,其晶体化学式为 $Na\{TiNb[(Si_2O_7)O(OH)_2]\} \cdot nH_2O$。主要成分为 Na、Nb、Ti、Si、H、O,类质同象替代成分有 Al、Ta、Fe、Mn、Mg、Ca、K、F、P。

化学成分中氧化物及元素的质量分数为 Na_2O 15.79%、CaO 2.00%、TiO_2 0.42%、MnO 0.37%、Nb_2O_5 33.66%、Fe_2O_3 0.42%、SiO_2 34.73%、H_2O 11.21%、F 1.40%。

【结晶形态】

水硅铌钠石属于三斜晶系,单面晶类,对称型为1。晶体呈叶片状、薄板状、板状等(图 5-5-41)。

图 5-5-41　水硅铌钠石(加拿大)

【物理特征】

水硅铌钠石的颜色呈白色、银白色、黄灰色、粉红色、浅棕色、褐色。条痕为白色。透明至不透明。丝绢光泽、珍珠光泽。色散强。多色性弱。

二轴晶(-)。折射率为 Np=1.610、Nm=1.650、Ng=1.682,双折射率为 0.072。2V=60°(测量)、80°(计算)。

{001}解理完全、{110}解理中等。性脆。断口呈不规则、不平整的贝壳状。摩氏硬度为 2.5~3.0,相对密度为 2.65~2.89(测量)、2.76(计算)。

【晶体结构】

水硅铌钠石属于三斜晶系,空间群为 $P\overline{1}$(图 5-5-42)。晶胞参数:$a=0.546$ nm、$b=0.717$ nm、$c=1.204$ nm,$\alpha=103.63°$、$\beta=96.01°$、$\gamma=89.98°$,Z=1。X 射线粉晶衍射数据 $d(\text{Å})(I/I_{max})$ 为 12.00(80)、5.90(70)、4.32(100)、2.99(90)、2.87(90)、2.16(60)、1.79(70),见图 5-5-43。

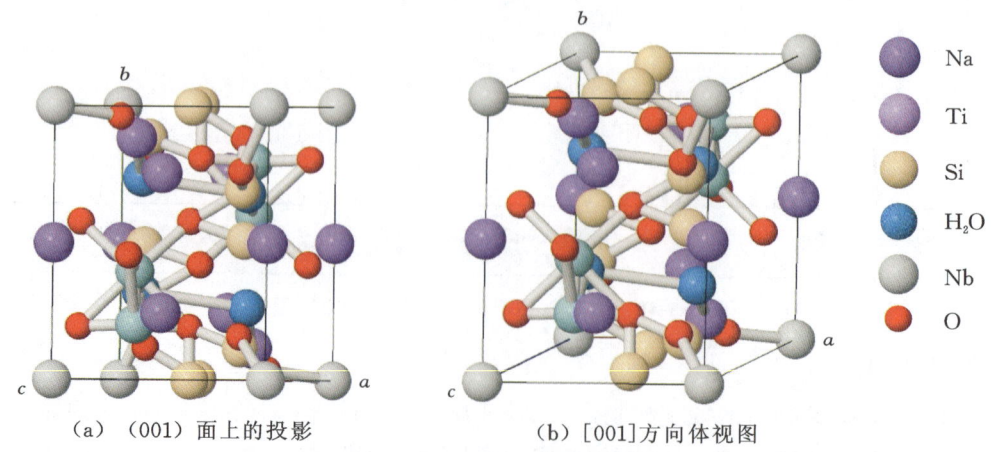

图 5-5-42　水硅铌钠石的晶体结构

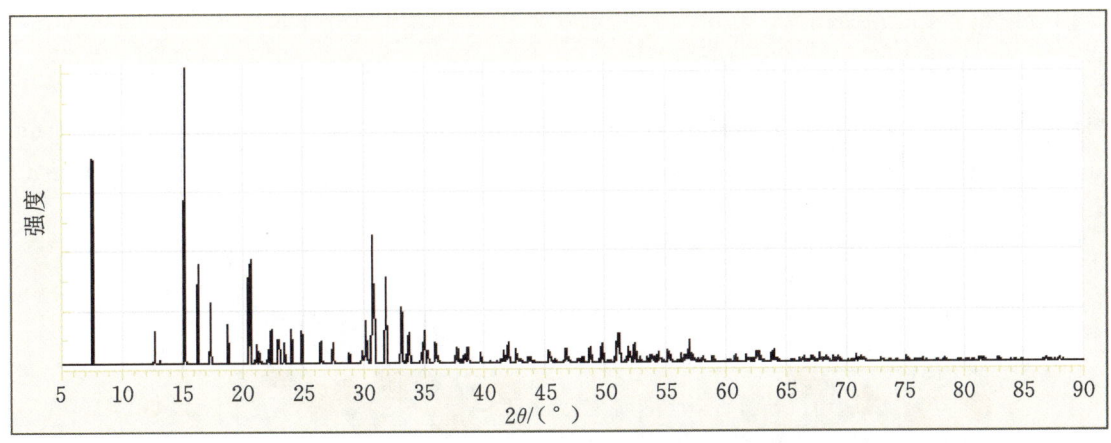

图 5-5-43　水硅铌钠石的 X 射线粉晶衍射图

【产状产地】

水硅铌钠石产于正长伟晶岩中,共生伴生的矿物有正长石、微斜长石、辉石等,主要产地有格陵兰岛、加拿大等。

【主要用途】

水硅铌钠石在地质学、物理学、化学、材料学、环境科学、晶体学、矿物学、宝石学等方面都有重要意义。

磷硅钛钠石

【化学性质】

磷硅钛钠石是一种含 Na、Mn、Ti、(OH)、(PO_4) 的 [$Ti_2(Si_2O_7)_2$] 层状基型硅酸盐类矿物,其晶体化学式为 $Na_6\{Na_2MnTi[Ti_2(Si_2O_7)_2](OH)_4\}(PO_4)_2$,或写为 $Na_2Ti_2(Si_2O_7)O_2·Na_3(PO_4)$。主要成分为 Na、Mn、Ti、Si、H、P、O,类质同象替代成分有 Ca、Zr、Nb、Ta、Fe、Mg、Cl、H_2O。

化学成分中氧化物的质量分数为 Na_2O 30.63%、TiO_2 31.58%、SiO_2 23.76%、P_2O_5 14.03%。

【结晶形态】

磷硅钛钠石属于三斜晶系,单面晶类,对称型为 1。晶体呈粒状、板状、块状(图 5-5-44)。可见双晶。

(a) 磷硅钛钠石(格陵兰岛)

(b) 磷硅钛钠石(俄罗斯)

图 5-5-44　磷硅钛钠石

【物理特征】

磷硅钛钠石的颜色呈深棕色、粉红紫色、黑色。条痕为浅棕色、浅玫瑰色。半透明至不透明。玻璃光泽、金刚光泽、油脂光泽。

色散较弱。多色性较弱:无色、几乎无色,深棕色、淡紫色,浅黄褐色、黄褐色。

二轴晶(一)。折射率为 $Np=1.670$、$Nm=1.750$、$Ng=1.778$,双折射率为 0.108。$2V=56°$(测量)、58°(计算)。

{100}解理完全。性脆。断口呈不均匀、不规则的断裂碎片状。摩氏硬度为 3~4,相对密度为

3.12～3.15(测量)、3.04(计算)。

【晶体结构】

磷硅钛钠石属于三斜晶系,空间群为 $P1$(图 5-5-45)。晶胞参数:$a=0.549$ nm、$b=0.711$ nm、$c=1.450$ nm,$\alpha=101°$、$\beta=96°$、$\gamma=90°$,$Z=2$。X 射线粉晶衍射数据 $d(\text{Å})(I/I_{max})$ 为 2.830(100)、1.840(80)、1.778(90)。

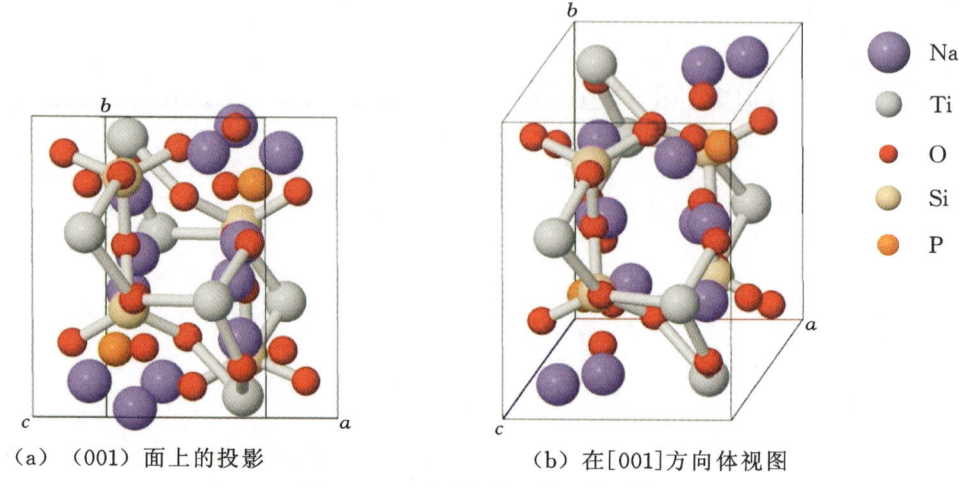

(a) (001)面上的投影　　(b) 在[001]方向体视图

图 5-5-45　磷硅钛钠石的晶体结构

已发现富铌的磷硅钛钠石的晶胞参数:$a=0.541$ nm、$b=0.711$ nm、$c=1.448$ nm,$\alpha=99.78°$、$\beta=96.59°$、$\gamma=90.26°$、$Z=1$。

【产状产地】

磷硅钛钠石主要产地有格陵兰岛、俄罗斯。

【主要用途】

磷硅钛钠石在地质学、物理学、化学、材料学、环境科学、晶体学、矿物学等方面都有一定意义。

磷硅铌钠石

【化学性质】

磷硅铌钠石是一种含 Na、Nb、Ti、O、(PO_4) 的 $[Nb_2(Si_2O_7)]$ 层状基型硅酸盐类矿物,其晶体化学式为 $Na_6\{Na_4Ti[Nb_2(Si_2O_7)]O_3\}(PO_4)_2$。主要成分为 Na、Nb、Ti、Si、P、O,类质同象替代成分有 Ca、K、Mg、Fe、Mn、F、H、Ta。

化学成分中氧化物及元素的质量分数为 Na_2O 31.02%、TiO_2 7.27%、Nb_2O_5 24.19%、SiO_2 21.14%、P_2O_5 12.92%、F 3.46%。

【结晶形态】

磷硅铌钠石属于三斜晶系,单面晶类,对称型为 1。晶体呈片状、叶片状、薄板状、块状(图 5-5-46)。集合体呈叶片状、细板条状。

【物理特征】

磷硅铌钠石的颜色呈浅黄色、柠檬黄色、绿黄色、浅粉红色。条痕为白色。透明、半透明。玻璃光泽、油脂光泽。色散弱。多色性无色。荧光呈绿黄色、淡绿色、黄色。

二轴晶(+)。折射率为 Np=1.636～1.639,Nm=1.651～1.656,Ng=1.680～1.683,双折射率为 0.044。

{001}解理完全,其他解理不完全。性脆。断口呈不规则、不均匀的细小碎片状。摩氏硬度为 2～3,相对密度为 3.13(测量)、3.22(计算)。

(a)磷硅铌钠石(格陵兰岛)　　(b)磷硅铌钠石(加拿大)　　(c)磷硅铌钠石(俄罗斯)

图 5-5-46　磷硅铌钠石

【晶体结构】

磷硅铌钠石属于三斜晶系,空间群为 $P1$(图 5-5-47)。晶胞参数:$a=0.550$ nm、$b=0.716$ nm、$c=1.445$ nm,$\alpha=92.63°$,$\beta=95.33°$,$\gamma=90.60°$,$Z=1$。X 射线粉晶主要衍射数据 d(Å)(I/I_{max})为 4.251(100)、2.873(100)、2.768(100),见图 5-5-48。

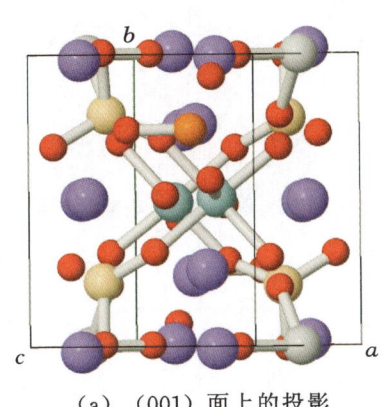 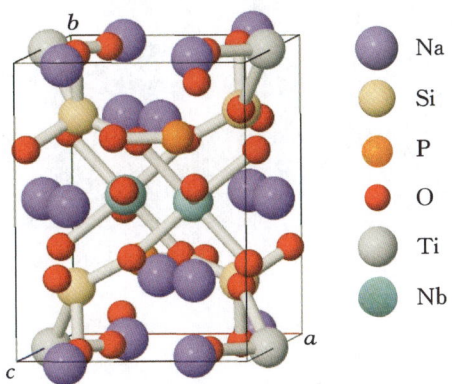

(a)(001)面上的投影　　(b)[001]方向体视图

图 5-5-47　磷硅铌钠石的晶体结构

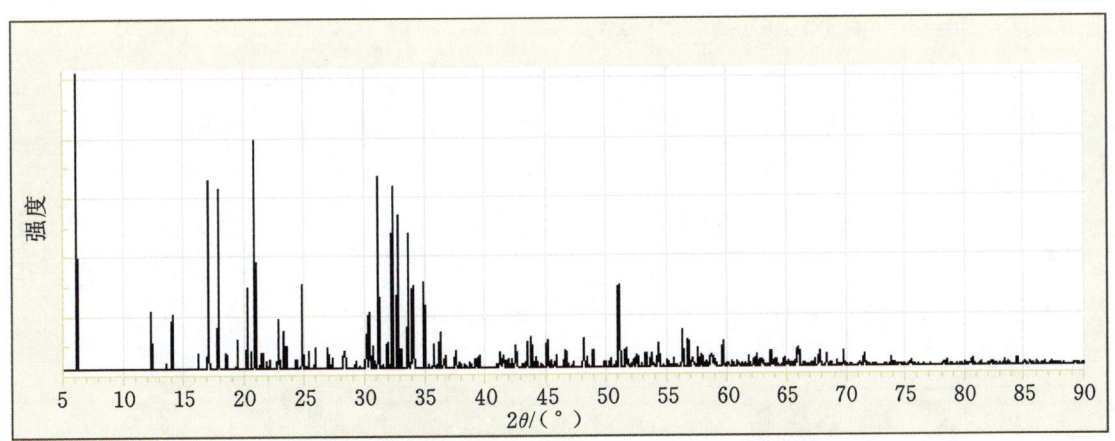

图 5-5-48　磷硅铌钠石的 X 射线粉晶衍射图

【产状产地】

磷硅铌钠石产于钠长石化碱性岩浆岩石中,共生伴生的矿物有钠长石、磷灰石、云母等,主要产地有格陵兰岛、俄罗斯、加拿大等。

【主要用途】

磷硅铌钠石在地质学、物理学、化学、材料学、环境科学、晶体学、矿物学、宝石学等方面都有重要意义。

磷硅铌钠钡石

【化学性质】

磷硅铌钠钡石是一种含 Ba、Na、Ti、Nb、(OH)、F 的相似层状基型硅酸盐类矿物,其晶体化学式为 $Na_6\{Ba[Na_4Ti(NbTi)(Si_2O_7)_2O_3]\}(PO_4)_2(OH,F)$。主要成分为 Ba、Na、Ti、Nb、Si、H、O、P、F,类质同象替代成分有 Ca、Sr、Li、K、Rb、Al、Fe、Mn、Mg、Zr。

化学成分中氧化物及元素的质量分数为 K_2O 0.52%、BaO 11.81%、Na_2O 18.41%、TiO_2 20.49%、MnO 2.34%、Nb_2O_5 10.24%、SiO_2 26.44%、P_2O_5 7.81%、H_2O 0.69%、F 1.25%。

【结晶形态】

磷硅铌钠钡石属于三斜晶系,单面晶类,对称型为 m。晶体呈片状、薄板状,集合体由许多单独的晶体或簇组成(图 5-5-49)。

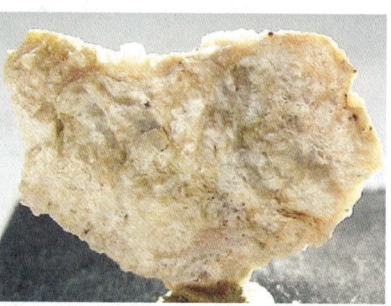

图 5-5-49　磷硅铌钠钡石(俄罗斯)

【物理特征】

磷硅铌钠钡石的颜色呈浅黄色。条痕为白色。透明、半透明。珍珠光泽。色散强。多色性弱:无色,无色,浅黄褐色。

二轴晶(+)。折射率为 Np=1.682~1.683、Nm=1.687~1.695、Ng=1.718~1.720,双折射率为 0.036~0.037。$2V$=66°(测量)、46°~72°(计算)。

{001}解理完全。性脆。断口呈不平整、不规则的贝壳状。摩氏硬度为 3.5~4.0,相对密度为 3.47~3.50(测量)、3.49(计算)。

【晶体结构】

磷硅铌钠钡石属于三斜(假斜方)晶系,空间群为 $P1(Ibam)$(图 5-5-50)。晶胞参数:a=0.546 nm、b=0.714 nm、c=2.453 nm、α=96.79°、β=96.93°、γ=90.33°、Z=2。X 射线粉晶主要衍射数据 d(Å)(I/I_{max})为 24.10(100)、8.04(100)、3.44(100)、3.02(100)、2.68(80)、1.78(70)、1.61(80)。

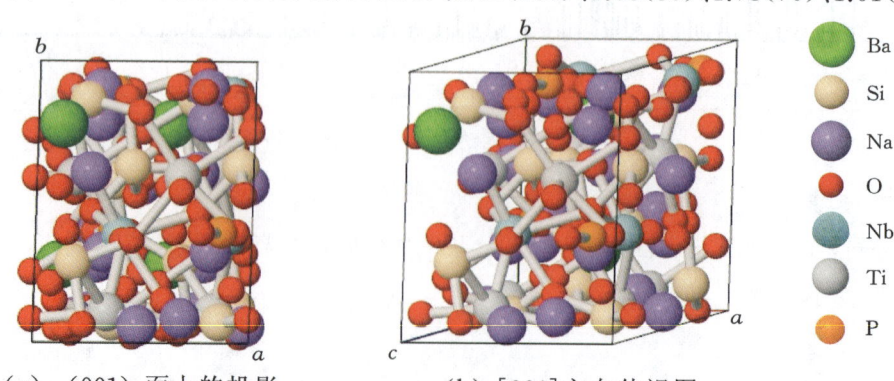

(a) (001) 面上的投影　　(b) [001]方向体视图

图 5-5-50　磷硅铌钠钡石的晶体结构

【产状产地】

磷硅铌钠钡石产于碱性伟晶岩的钠沸石带中,为岩浆岩晚期热液矿物。与磷硅铌钠钡石共生伴生的矿物有钠沸石、长石等,主要产地有俄罗斯。

【主要用途】

磷硅铌钠钡石在地质学、物理学、化学、材料学、晶体学、矿物学等方面都有一定意义。

硅钛铌铈矿族

硅钛铌铈矿(tundrite) $Na_2\{Ce_2Ti(SiO_4)O_2\}(CO_3)_2$

硅钛铌铈矿-Nd (tundrite-Nd) $Na_2\{(Nd,Ce,La)_2(Ti,Nb)(SiO_4)O_2\}(CO_3)_2$

硅钛铌铈矿

【化学性质】

硅钛铌铈矿是一种含 Na、Ce、Ti、O、(CO_3)的层状基型硅酸盐类矿物,其晶体化学式为 $Na_2\{Ce_2Ti(SiO_4)O_2\}(CO_3)_2$。主要成分为 Na、Ce、Ti、Si、C、O,类质同象替代成分有 La、Nd、Pr、Sm、Ti、Nb。

化学成分中氧化物的质量分数为 Na_2O 9.61%、CaO 0.36%、La_2O_3 16.45%、Ce_2O_3 27.49%、Pr_2O_3 2.17%、Sm_2O_3 0.40%、TiO_2 11.37%、Nb_2O_5 2.36%、SiO_2 8.99%、H_2O 0.37%、CO_2 14.16%、Nd_2O_3 6.27%。

【结晶形态】

硅钛铌铈矿属于三斜晶系,单面晶类,对称型为1。晶体呈针状、叶片状(图 5-5-51)。

(a) 硅钛铌铈矿(加拿大)   (b) 硅钛铌铈矿(俄罗斯)

图 5-5-51   硅钛铌铈矿

【物理特征】

硅钛铌铈矿的颜色呈黄色、棕黄色、绿黄色。条痕为白色。透明。玻璃光泽、油脂光泽。色散中弱。多色性弱:浅黄色,淡黄色,黄绿色。无荧光。

二轴晶(+)。折射率为 Np=1.743,Nm=1.800、Ng=1.880,双折射率为 0.137。

{010}解理完全。性脆。断口呈不均匀、不规则的细小碎裂片状。摩氏硬度为3,相对密度为 4.08(测量)、4.22(计算)。

【晶体结构】

硅钛铌铈矿属于三斜晶系,空间群为 $P1$(图 5-5-52)。晶胞参数:$a = 0.757$ nm、$b = 1.395$ nm、

$c=0.502$ nm, $\alpha=100.19°$, $\beta=70.88°$, $\gamma=101.26°$, $Z=2$。X射线粉晶主要衍射数据 $d(\text{Å})(I/I_{max})$ 为 3.06(80)、2.78(100)、2.72(100)。

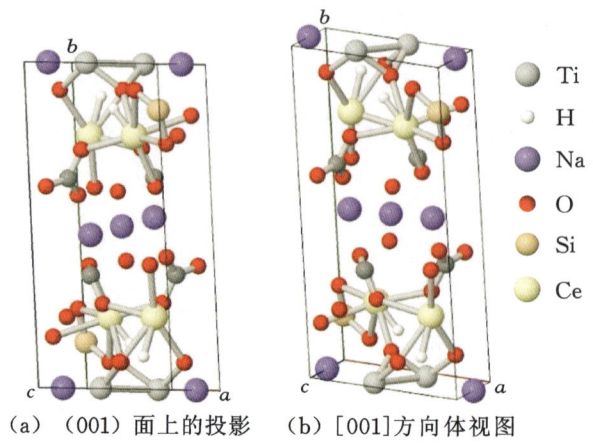

(a) (001)面上的投影　　(b) [001]方向体视图

图 5-5-52　硅钛铌铈矿的晶体结构

【产状产地】

硅钛铌铈矿产于霞石正长伟晶岩中,共生伴生的矿物有霞石、正长石、透辉石等,主要产地有加拿大、俄罗斯。

【主要用途】

硅钛铌铈矿在地质学、物理学、化学、材料学、晶体学、矿物学等方面都有重要意义,可以作为提取稀土金属材料的矿物原料。

硅钛铌铈矿-Nd

【化学性质】

硅钛铌铈矿-Nd 是一种含 Na、Nd、La、O、(CO_3)的层状基型硅酸盐类矿物,其晶体化学式为 $Na_2\{(Nd,Ce,La)_2(Ti,Nb)(SiO_4)O_2\}(CO_3)_2$。主要成分为 Na、Nd、Ti、Nb、Si、C、H、O,类质同象替代成分有 Ca、La、Ce、Ti。

化学成分中氧化物的质量分数为 Na_2O 7.50%、Nb_2O_5 5.36%、La_2O_3 13.14%、TiO_2 9.33%、Nd_2O_3 40.70%、SiO_2 9.69%、H_2O 3.63%、CO_2 10.65%。

【结晶形态】

硅钛铌铈矿-Nd 属于三斜晶系,平行双面晶类,对称型为 $\bar{1}$。

【物理特征】

硅钛铌铈矿-Nd 的颜色呈黄色、黄绿色、褐色到黄绿色。条痕为白色。半透明。玻璃光泽。

二轴晶(+)。折射率为 Np=1.731、Nm>1.800、Ng 未知。

解理完全。性脆。断口呈不规则、不平整的次贝壳状。摩氏硬度为 3,相对密度为 3.70(测量)、4.02(计算)。

【晶体结构】

硅钛铌铈矿-Nd 属于三斜晶系,空间群为 $P1$。晶胞参数:$a=0.751$ nm、$b=1.384$ nm、$c=0.504$ nm, $\alpha=98°$、$\beta=70.67°$、$\gamma=99°$,$Z=1$。

【产状产地】

硅钛铌铈矿-Nd 产于霞石正长伟晶岩的岩脉中,共生伴生的矿物有霞石、正长石、微斜长石,主要产地有格陵兰岛。

【主要用途】

硅钛铌铈矿-Nd 在地质学、物理学、化学、材料学、晶体学、矿物学等方面都有重要意义，可以作为提取稀土金属材料的矿物原料。

彭硅钛钠石族

彭硅钛钠石（penkvilksite）　　　　　$Na_4(Ti,Zr)_2[Si_8O_{22}]\cdot 4H_2O$

硅钛铈钠石（laplandite）　　　　　　$Na_4Ce[TiSi_7O_{18}](PO_4)\cdot 5H_2O$

彭硅钛钠石

【化学性质】

彭硅钛钠石是一种含 Na、Ti、H₂O 的 $[Si_8O_{22}]$ 基型硅酸盐类矿物，其晶体化学式为 $Na_4(Ti,Zr)_2[Si_8O_{22}]\cdot 4H_2O$。主要成分为 Na、Ti、Si、H、O，类质同象替代成分有 K、Ca、Sr、Mn、Zr、Nb、Ta、Al、Fe、P、F。

化学成分中氧化物及元素的质量分数为 Na_2O 13.13%、K_2O 0.09%、ZrO_2 2.17%、TiO_2 14.86%、Al_2O_3 0.76%、Fe_2O_3 0.19%、Nb_2O_5 1.08%、Ta_2O_5 0.06%、MnO 0.01%、CaO 1.60%、SrO 0.01%、SiO_2 55.78%、H_2O 10.27%、P_2O_5 0.02%、F 0.07%。理论成分为 Na_2O 14.45%、ZrO_2 7.18%、TiO_2 13.96%、SiO_2 56.01%、H_2O 8.40%。

【结晶形态】

彭硅钛钠石属于单斜（或斜方）晶系，斜方柱（斜方双锥）晶类，对称型为 $2/m(mmm)$。晶体呈板状、片状、粒状，集合体呈球状、块状（图 5-5-53）。

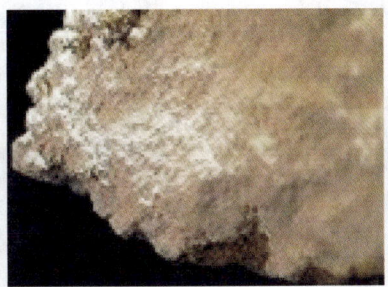

（a）彭硅钛钠石（俄罗斯）　　　　　　（b）彭硅钛钠石（加拿大）

图 5-5-53　彭硅钛钠石的形态

【物理特征】

彭硅钛钠石的颜色呈无色、白色、浅灰色、褐色、绿色。条痕为白色。透明至半透明。珍珠光泽、丝绢光泽、土状光泽。色散弱，多色性弱。

二轴晶（+）。折射率为 Np=1.640、Nm=1.646、Ng=1.675，双折射率为 0.035。2V=50°（测量）、50（计算）°。

一组完全解理。性脆。断口呈细碎粒状。摩氏硬度为 5，相对密度为 2.63（测量）、2.68（计算）。

【晶体结构】

彭硅钛钠石属于单斜晶系，空间群为 $P2_1/c$（图 5-5-54）。晶胞参数：$a=0.896$ nm、$b=0.873$ nm、

$c=0.739$ nm,$\beta=112.74°$,$Z=1$。X 射线粉晶衍射数据 d(Å)(I/I_{max})为 8.20(100)、3.37(90)、3.32(70)、3.10(70)、3.07(70)、2.84(80)、1.71(70)。

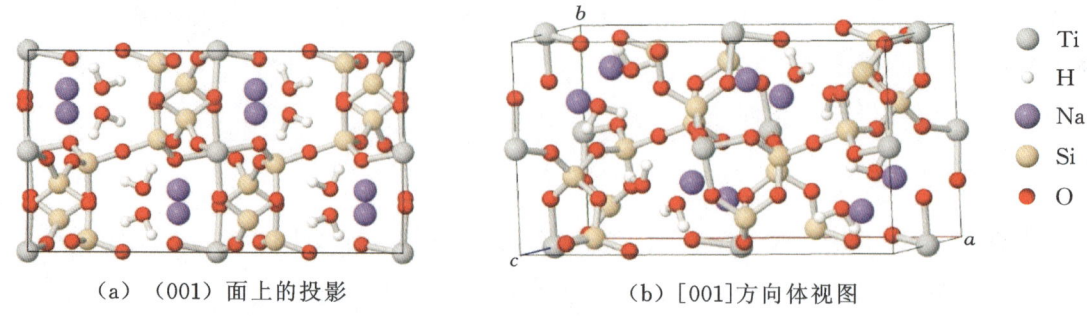

(a) (001)面上的投影　　(b) [001]方向体视图

图 5-5-54　彭硅钛钠石的晶体结构

彭硅钛钠石具有新型的硅酸盐结构,其特征是交替出现顺时针和逆时针生长的角顶共用的氧硅四面体螺旋,其周期性对应于六个四面体单元(图 5-5-55)。

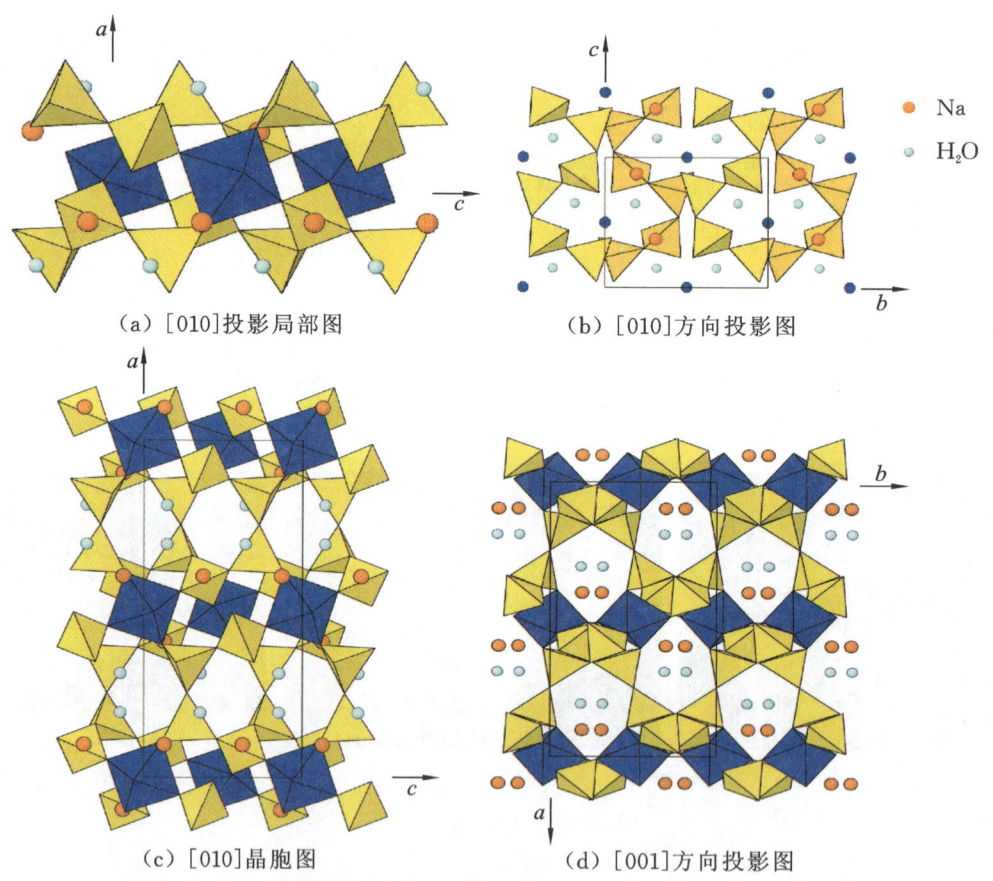

(a) [010]投影局部图　　(b) [010]方向投影图

(c) [010]晶胞图　　(d) [001]方向投影图

图 5-5-55　彭硅钛钠石的晶体结构中不同方位配位多面体排列

彭硅钛钠石多型有彭硅钛钠石-2O、彭硅钛钠石-1M。

彭硅钛钠石-2O,空间群为 $Pnca$。晶胞参数:$a=1.637$ nm、$b=0.875$ nm、$c=0.740$ nm。

彭硅钛钠石-1M,空间群为 $P2_1/c$。晶胞参数:$a=0.896$ nm、$b=0.873$ nm、$c=0.739$ nm,$\beta=112.74°$。

【产状产地】

彭硅钛钠石为大的柱状团,主要产地有俄罗斯、加拿大。

【主要用途】

彭硅钛钠石在地质学、物理学、化学、材料学、环境科学、晶体学、矿物学等方面都有一定意义。

硅钛铈钠石

【化学性质】

硅钛铈钠石是一种含 Ce、Na、(PO_4)、H_2O 的 [$TiSi_7O_{18}$] 基型硅酸盐类矿物,其晶体化学式为 $Na_4Ce[TiSi_7O_{18}](PO_4)\cdot 5H_2O$。主要成分为 Ce、Na、Si、Ti、P、H、O,类质同象替代成分有 K、Ca、RE、Th、Al、Fe、Nb、Mn、Mg。

化学成分中氧化物的质量分数为 Na_2O 9.81%、K_2O 1.88%、CaO 0.56%、REE_2O_3 16.79%、TiO_2 4.08%、ThO_2 1.32%、Al_2O_3 0.94%、Fe_2O_3 0.64%、Nb_2O_5 1.88%、MnO 0.20%、MgO 1.02%、SiO_2 41.92%、H_2O 9.33%、P_2O_5 9.63%。

【结晶形态】

硅钛铈钠石属于斜方晶系,斜方双锥晶类,对称型为 mmm。晶体呈针状、棱柱状,集合体由许多单独的晶体或簇组成,呈放射状(图 5-5-56)。

图 5-5-56　硅钛铈钠石(俄罗斯)

【物理特征】

硅钛铈钠石的颜色呈灰白色、黄灰色、浅灰色、淡蓝色。条痕为白色。透明至半透明。玻璃光泽、油脂光泽。色散较强。多色性弱。

二轴晶(一)。折射率为 Np=1.568、Nm=1.584、Ng=1.585,双折射率为 0.017。$2V=28°$(测量)、26°(计算)。

解理不完全。性脆。断口呈不规则、不平整的细小碎片状。摩氏硬度为 2~3,相对密度为 2.83(测量)、2.71(计算)。

【晶体结构】

硅钛铈钠石属于斜方晶系,空间群为 $Pmmm$。晶胞参数:$a=0.727$ nm、$b=1.438$ nm、$c=2.225$ nm,$Z=4$。X 射线粉晶衍射数据 d(Å)(I/I_{max})为 7.27(100)、6.47(70)、3.76(100)、3.36(80)、3.35(100)、3.03(100)、2.80(80)。

【产状产地】

硅钛铈钠石产于碱性伟晶岩的钠沸石带中,共生伴生的矿物有正长石、钠沸石、闪锌矿、白钨矿、水碱、佐硅钛钠石、闪锌矿、针钠锰石、稀土矿物、硅钠锶铈石、淡钡钛锶石、伊硅钠钛石、锶铈磷灰石等,主要产地有俄罗斯。

【主要用途】

硅钛铈钠石在地质学、物理学、化学、材料学、晶体学、矿物学等方面都有重要意义,是提取稀土元素的矿物原料。

第六节 铀硅酸盐

硅镁铀矿族

硅镁铀矿（sklodowskite）	$Mg[(UO_2)_2(SiO_3OH)_2] \cdot 6H_2O$
α-硅钙铀矿（α-uranophane）	$Ca[(UO_2)_2(SiO_3OH)_2] \cdot 5H_2O$
β-硅钙铀矿（β-uranophane）	$Ca[(UO_2)_2(SiO_3OH)_2] \cdot 5H_2O$
硅铜铀矿（cuprosklodowskite）	$Cu[(UO_2)(SiO_2OH)]_2 \cdot 6H_2O$

硅镁铀矿

【化学性质】

硅镁铀矿是一种含 Mg、U、H_2O 的 $[(UO_2)(SiO_3OH)]$ 基型硅酸盐类矿物，其晶体化学式为 $Mg[(UO_2)_2(SiO_3OH)_2] \cdot 6H_2O$。主要成分为 Mg、U、Si、H、O，类质同象替代成分有 Te、Ni、Na、K、Fe、Mn 等。

化学成分中氧化物的质量分数为 MgO 4.69%、UO_2 65.92、SiO_2 14.70%、H_2O 14.69%。

【结晶形态】

硅镁铀矿属于单斜晶系，斜方柱晶类，对称型为 $2/m$。晶体呈针状、棱柱状、细长棱柱状；聚合体呈放射状（图 5-6-1）。可见到{001}、{100}的双晶。

（a）硅镁铀矿（刚果）　　（b）硅镁铀矿（希腊）　　（c）硅镁铀矿（德国）

图 5-6-1　硅镁铀矿

【物理特征】

硅镁铀矿的颜色呈黄绿色、浅黄色。条痕为黄白色。透明、半透明。玻璃光泽、金刚光泽、丝状光泽。色散强。多色性较弱：无色，淡黄色，黄色。

二轴晶（＋）。折射率为 Np=1.613～1.615、Nm=1.635～1.642、Ng=1.656～1.657，双折射率为 0.043。{100}解理完全。性脆。断口呈不规则、不均匀的细小碎片状。摩氏硬度为 2～3，相对密度为 3.54（测量）、3.51（计算）。

具有放射性。

【晶体结构】

硅镁铀矿属于单斜晶系，空间群为 $C2/m$（图 5-6-2）。晶胞参数：$a=1.738$ nm、$b=0.705$ nm、$c=0.661$ nm，$\beta=105.88°$，$Z=2$。X 射线粉晶主要衍射数据 d（Å）（I/I_{max}）为 8.42(100)、4.19(80)、3.27(70)，见图 5-6-3。

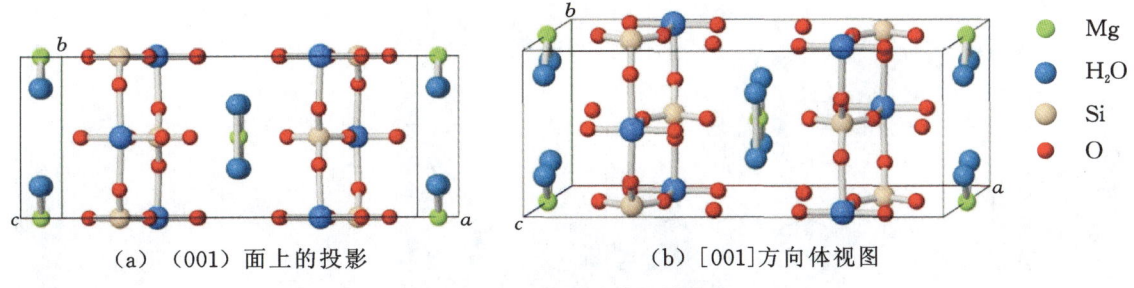

(a) （001）面上的投影　　　　(b) [001]方向体视图

图 5-6-2　硅镁铀矿的晶体结构

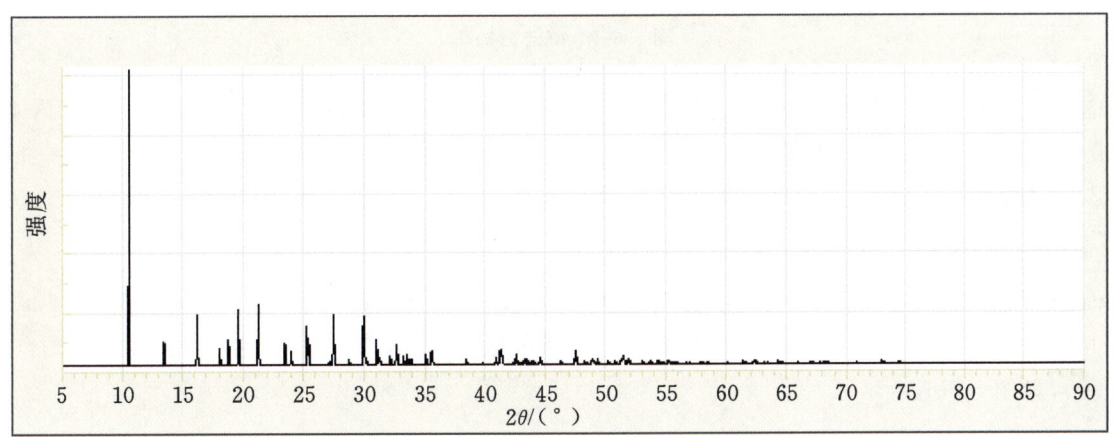

图 5-6-3　硅镁铀矿的 X 射线粉晶衍射图

【产状产地】

硅镁铀矿产于铀矿石的氧化带中，常与蚀变晶质铀矿和其他次生铀矿物有关，共生伴生的矿物有晶质铀矿等，主要产地有刚果、希腊、德国等。

【主要用途】

硅镁铀矿在地质学、物理学、化学、材料学、环境科学、晶体学、矿物学、宝石学等方面都有重要意义。

α-硅钙铀矿

【化学性质】

α-硅钙铀矿是一种含 Ca、U、H$_2$O 的[(UO$_2$)(SiO$_3$OH)]基型硅酸盐类矿物，其晶体化学式为 Ca[(UO$_2$)$_2$(SiO$_3$OH)$_2$]·5H$_2$O。主要成分为 Ca、U、Si、H、O，类质同象替代成分有 Na、Mg、Mn、Fe 等。

化学成分中氧化物的质量分数为 CaO 9.56%、UO$_2$ 46.52%、SiO$_2$ 25.49%、H$_2$O 18.43%。

【结晶形态】

α-硅钙铀矿属于单斜晶系，轴双面晶类，对称型为 2。晶体呈粒状、短柱状、纤维状、块状、暗淡土状、类似黏土质，集合体呈放射状（图 5-6-4）。

【物理特征】

α-硅钙铀矿的颜色呈黄色、黄棕色、黄绿色、黄橙色、浅黄色、柠檬黄色、蜜黄色、麦秆黄色。条痕为黄白色。透明至半透明。玻璃光泽、油脂光泽、丝绢光泽、土状光泽。色散较强。多色性弱：无色，浅黄色，淡黄色。荧光呈现弱黄绿色。

二轴晶(−)。折射率为 Np=1.643、Nm=1.666、Ng=1.669，双折射率为 0.026。2V=32°～45°

(a) α-硅钙铀矿（法国）　　(b) α-硅钙铀矿（加拿大）　　(c) α-硅钙铀矿（巴西）

图 5-6-4　α-硅钙铀矿

（测量）、38°（计算）。{100}解理完全。性脆。断口呈不均匀、不平坦细小碎片状。摩氏硬度为 2.0～3.0，相对密度为 3.80～3.91（测量）、3.78（计算）。

具有放射性。

【晶体结构】

α-硅钙铀矿属于单斜晶系，空间群为 $P2_1$（图 5-6-5）。晶胞参数：$a=1.591$ nm、$b=0.700$ nm、$c=0.666$ nm，$\beta=97.27°$，$Z=2$。X 射线粉晶主要衍射数据 $d(\text{Å})(I/I_{max})$ 为 7.88(100)、3.94(90)、2.99(80)，见图 5-6-6。

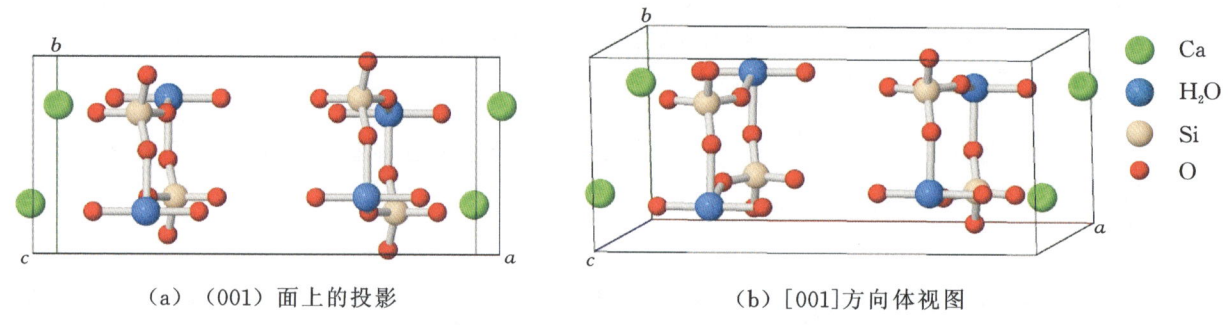

(a)（001）面上的投影　　　　　　　(b) [001]方向体视图

图 5-6-5　α-硅钙铀矿的晶体结构

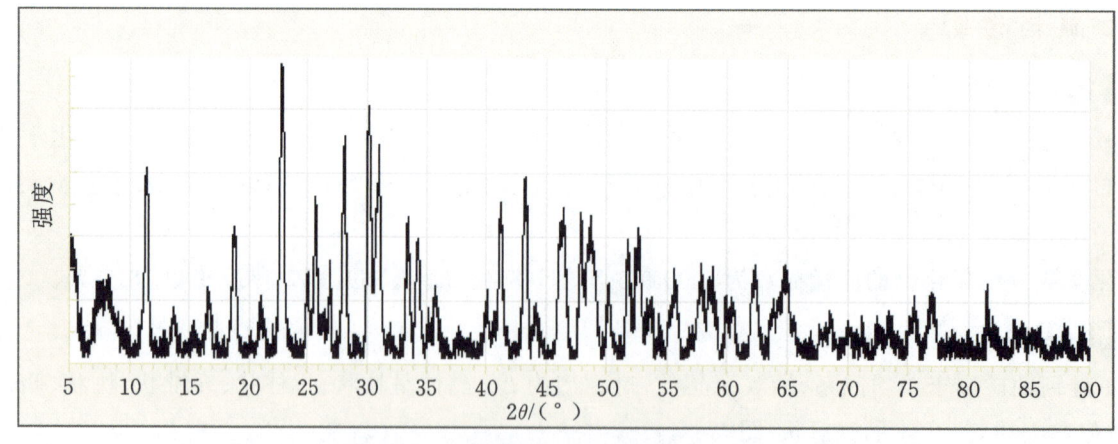

图 5-6-6　α-硅钙铀矿的 X 射线粉晶衍射图

【产状产地】

α-硅钙铀矿是富铀质矿物的蚀变产物，为次生矿物，共生伴生的矿物有晶质铀矿，主要产地有巴西、加拿大、法国、波兰。

【主要用途】

α-硅钙铀矿在地质学、物理学、化学、材料学、环境科学、晶体学、矿物学、宝石学等方面都有重要意义。

β-硅钙铀矿

【化学性质】

β-硅钙铀矿是一种含 Ca、U、H_2O 的 $[(UO_2)SiO_3(OH)]$ 基型硅酸盐类矿物,其晶体化学式为 $Ca[(UO_2)_2(SiO_3OH)_2]\cdot 5H_2O$。主要成分为 Ca、U、Si、H、O,类质同象替代成分有 Fe、Mn、Na、Ca。

化学成分中氧化物的质量分数为 CaO 9.23%、UO_2 68.86%、SiO_2 17.32%、H_2O 4.59%。

【结晶形态】

β-硅钙铀矿属于单斜晶系,斜方柱晶类,对称型为 $2/m$。晶体呈针状、纤维状、板条、块状、细粒状(图 5-6-7)。

(a) β-硅钙铀矿(纳米比亚)　　(b) β-硅钙铀矿(意大利)　　(c) β-硅钙铀矿(巴西)

图 5-6-7　β-硅钙铀矿

【物理特征】

β-硅钙铀矿的颜色呈黄绿色、绿色、黄色、棕黄色。条痕为淡黄色。透明至半透明。玻璃光泽、丝状光泽。色散明显。多色性明显:无色,深黄色,深黄色。荧光为弱绿色。

二轴晶(−)。折射率为 Np=1.660～1.678、Nm=1.682～1.723、Ng=1.689～1.730,双折射率为 0.029～0.052。$2V=0\sim71°$(测量)、$42°\sim58°$(计算)。

{010}解理完全、{100}解理较差。性脆。断口呈不均匀、不平坦碎片状。摩氏硬度为 2.5～3.0,相对密度为 3.90(测量)、3.64(计算)。

具有放射性。

【晶体结构】

β-硅钙铀矿属于单斜晶系,空间群为 $P2_1/a$。晶胞参数:$a=1.397$ nm、$b=1.544$ nm、$c=0.663$ nm、$\beta=91.38°$,$Z=2$。X 射线粉晶主要衍射数据 $d(Å)(I/I_{max})$ 为 7.83(100)、3.90(90)、3.51(60),见图 5-6-8。

【产状产地】

β-硅钙铀矿是在氧化矿石和伟晶岩中发现的晶质铀矿的氧化产物,共生伴生的矿物有长石、晶质铀矿,主要产地有捷克。

【主要用途】

β-硅钙铀矿在地质学、物理学、化学、材料学、环境科学、晶体学、矿物学等方面都有一定意义。

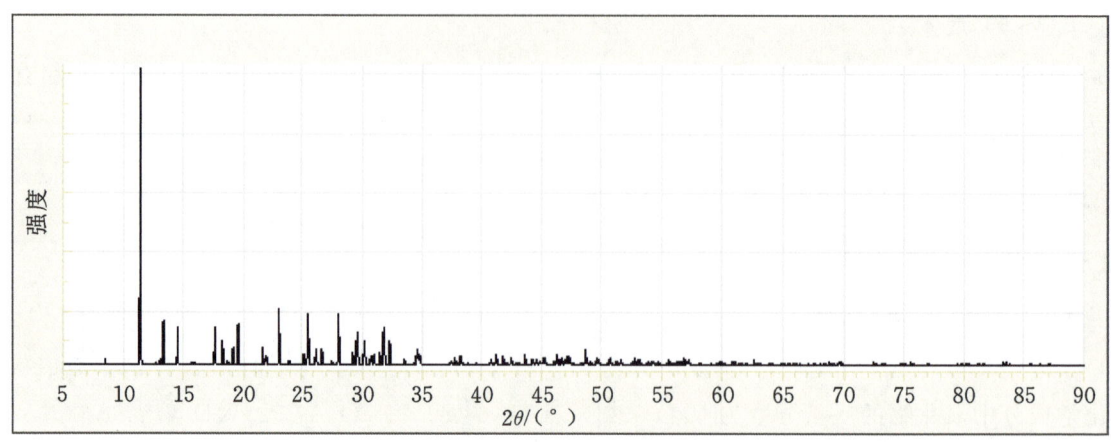

图 5-6-8　β-硅钙铀矿的 X 射线粉晶衍射图

硅铜铀矿

【化学性质】

硅铜铀矿是一种含 Cu、U、(OH)、H_2O 的[$(UO_2)(SiO_2OH)$]层状基型硅酸盐类矿物,其晶体化学式为 $Cu[(UO_2)(SiO_2OH)]_2·6H_2O$。主要成分为 Cu、U、Si、O、H,类质同象替代成分有 Fe、Mg 等。

化学成分中氧化物的质量分数为 UO_2 64.68%、CuO 10.93%、SiO_2 13.94%、H_2O 10.45%。

【结晶形态】

硅铜铀矿属于三斜晶系,单面晶类,对称型为 1。晶体呈针状、长柱状,集合体呈束状、放射状(图 5-6-9)。

图 5-6-9　硅铜铀矿(刚果)

【物理特征】

硅铜铀矿的颜色呈草绿色、绿黄色、浅绿色等。条痕为浅绿色。透明、半透明。玻璃光泽、丝绢光泽、土状光泽。色散弱。多色性较弱:近无色,黄绿色,黄绿色。

二轴晶(−)。折射率为 Np=1.654～1.655、Nm=1.664～1.667、Ng=1.664～1.667,双折射率为 0.010～0.012。$2V=0°～5°$(测量)、$0°$(计算)。

{100}解理完全。性脆。断口呈不均匀、不平坦的断裂块状。摩氏硬度为 4,相对密度为 3.85(测量)、3.83(计算)。

【晶体结构】

硅铜铀矿属于三斜晶系,空间群为 $P1$(图 5-6-10)。晶胞参数:$a=0.705$ nm、$b=0.927$ nm、$c=0.666$ nm,$α=109.23°$、$β=89.84°$、$γ=110.01°$,$Z=1$。X 射线粉晶主要衍射数据 d(Å)(I/I_{max})为 8.16(100)、6.06(70)、4.82(90),见图 5-6-11。

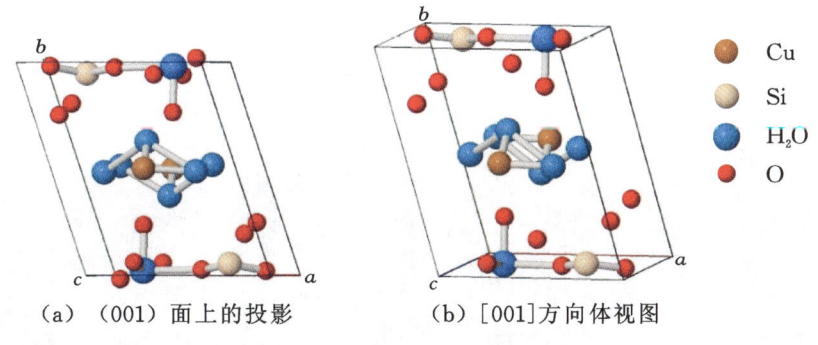

(a) （001）面上的投影　　　(b) [001]方向体视图

图 5-6-10　硅铜铀矿的晶体结构

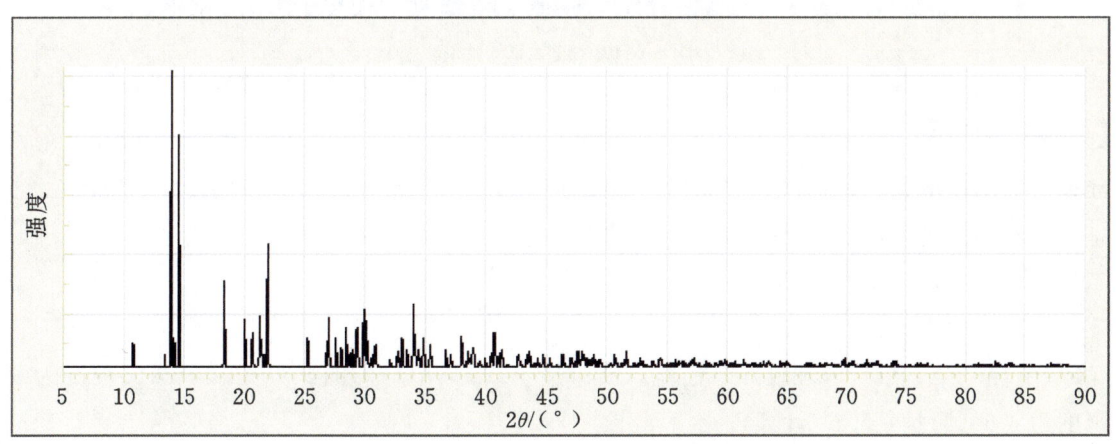

图 5-6-11　硅铜铀矿的 X 射线粉晶衍射图

【产状产地】

硅铜铀矿是一种次生矿物，由早期原生铀矿物在原地热液作用下蚀变形成，共生伴生的矿物有晶质铀矿，主要产地有刚果。

【主要用途】

硅铜铀矿在地质学、物理学、化学、材料学、环境科学、晶体学、矿物学、宝石学等方面都有重要意义。

硅铅铀矿族

硅铀矿（soddyite）　　　　　　　　$(UO_2)\{(UO_2)[SiO_4]\} \cdot 2H_2O$

硅铅铀矿（kasolite）　　　　　　　$Pb\{(UO_2)[SiO_4]\} \cdot H_2O$

黄硅钾铀矿（boltwoodite）　　　　$(K,Na)\{(UO_2)(SiO_3OH)\} \cdot 1.5H_2O$

黄硅钠铀矿（natroboltwoodite）　　$Na\{(UO_2)(SiO_3OH)\} \cdot H_2O$

硅 铀 矿

【化学性质】

硅铀矿是一种含 U、H_2O 的 $(UO_2)[SiO_4]$ 基型硅酸盐类矿物，其晶体化学式为 $(UO_2)\{(UO_2)[SiO_4]\} \cdot 2H_2O$。主要成分为 U、Si、H、O，类质同象替代成分有 Ca、Na、Mn、Fe、Ti。

化学成分中氧化物的质量分数为 UO_2 84.83%、SiO_2 9.80%、H_2O 5.39%。

【结晶形态】

硅铀矿属于斜方晶系,斜方双锥晶类,对称型为 mmm。晶体呈棱柱状、细长棱柱状、短柱状、粒状(图 5-6-12)。

图 5-6-12　硅铀矿(刚果)

【物理特征】

硅铀矿的颜色呈黄色、淡黄色、黄绿色。条痕为黄色。透明至半透明。玻璃光泽、油脂光泽、土状光泽。色散较弱。多色性较弱:无色,淡黄色,浅黄绿色。荧光呈弱橙黄色。

二轴晶(−)。折射率为 Np=1.650～1.654、Nm=1.685、Ng=1.699～1.715,双折射率为 0.049～0.061。

{001}解理完全、{111}解理较好。性脆。断口呈不规则、不均匀的次贝壳状。摩氏硬度为 3～4,相对密度为 4.63(测量)、5.09(计算)。

【晶体结构】

硅铀矿属于斜方晶系,空间群为 $Fddd$(图 5-6-13)。晶胞参数:$a=0.832$ nm、$b=1.121$ nm、$c=1.871$ nm,$Z=8$。X 射线粉晶主要衍射数据 d(Å)(I/I_{max})为 6.28(90)、4.57(100)、3.36(90),见图 5-6-14。

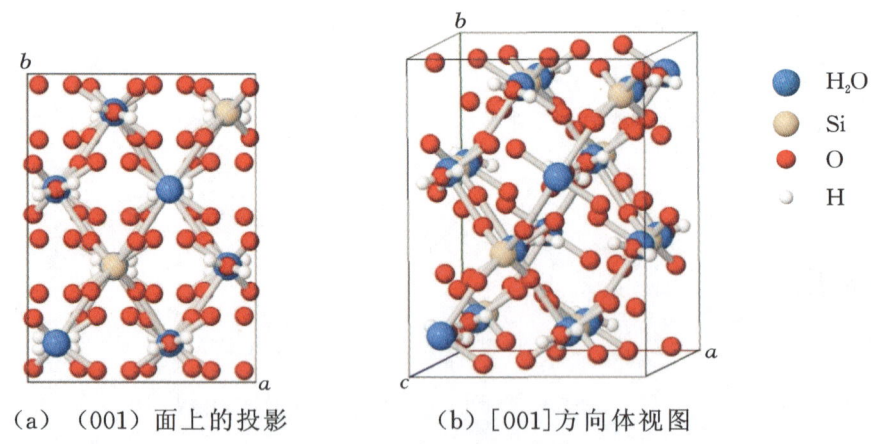

(a)(001)面上的投影　　(b)[001]方向体视图

图 5-6-13　硅铀矿的晶体结构

【产状产地】

硅铀矿是一种富铅的铀矿,产于热液及沉积铀矿床氧化带中,伴生矿主要有硅钙铀矿、板铅铀矿、铜铀云母、钙铀云母,主要产地有刚果。

【主要用途】

硅铀矿在地质学、物理学、化学、材料学、环境科学、晶体学、矿物学、宝石学等方面都有重要意义。

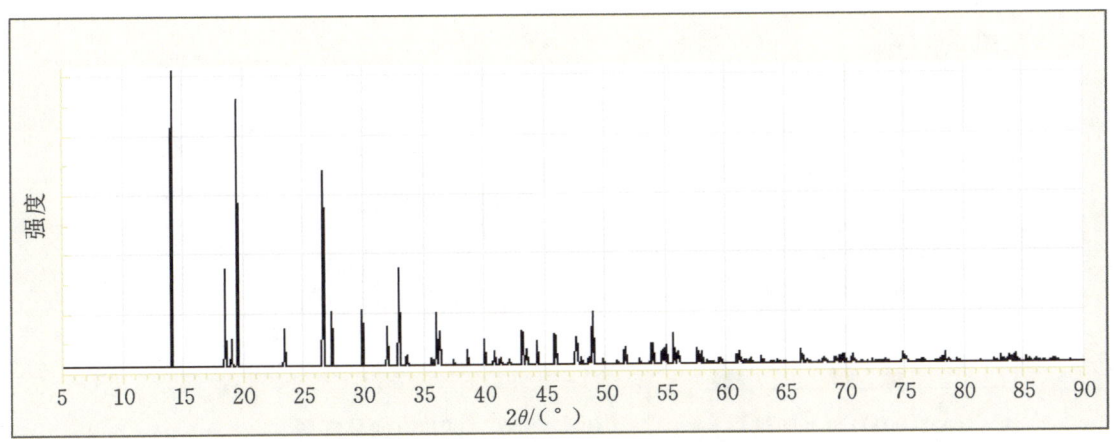

图 5-6-14　硅铀矿的 X 射线粉晶衍射图

硅铅铀矿

【化学性质】

硅铅铀矿是一种含 Pb、U、H_2O 的 ${(UO_2)[SiO_4]}$ 基型硅酸盐类矿物，其晶体化学式为 $Pb\{(UO_2)[SiO_4]\} \cdot H_2O$。主要成分为 Pb、U、Si、H、O，类质同象替代成分有 As、P、Ba、Fe、Mg、Ca。化学成分中氧化物的质量分数为 UO_2 45.98%、SiO_2 12.23%、H_2O 3.07%、PbO 38.72%。

【结晶形态】

硅铅铀矿属于单斜晶系，斜方柱晶类，对称型为 $2/m$。晶体呈纤维状、放射针状、长棱柱状、板条状，集合体呈束状、球状、放射状（图 5-6-15）。

图 5-6-15　硅铅铀矿（刚果）

【物理特征】

硅铅铀矿的颜色呈赭黄色、棕黄色、黄褐色、柠檬黄色、黄色、绿色、灰绿色、红橙色。条痕为浅黄棕色。透明至半透明、不透明。玻璃光泽、金刚光泽、油脂光泽、树脂光泽。色散强。多色性弱：淡黄色，淡黄色，无色，浅灰色。

二轴晶（+）。折射率为 Np=1.890、Nm=1.910、Ng=1.950，双折射率为 0.06。$2V=43°$（测量）、72°（计算）。

{001}解理完全，{100}、{010}解理中等。性脆。断口呈不规则、不平坦的贝壳状。摩氏硬度为 4～5，相对密度为 5.83～6.50（测量）、6.26（计算）。

具有强的放射性。

【晶体结构】

硅铅铀矿属于单斜晶系，空间群为 $P2_1/a$（图 5-6-16）。晶胞参数：$a=1.324$ nm、$b=0.694$ nm、

$c=0.670$ nm, $\beta=104.33°$, $Z=4$。X 射线粉晶主要衍射数据 d(Å)(I/I_{max})为 4.21(60)、3.06(80)、2.92(100)，见图 5-6-17。

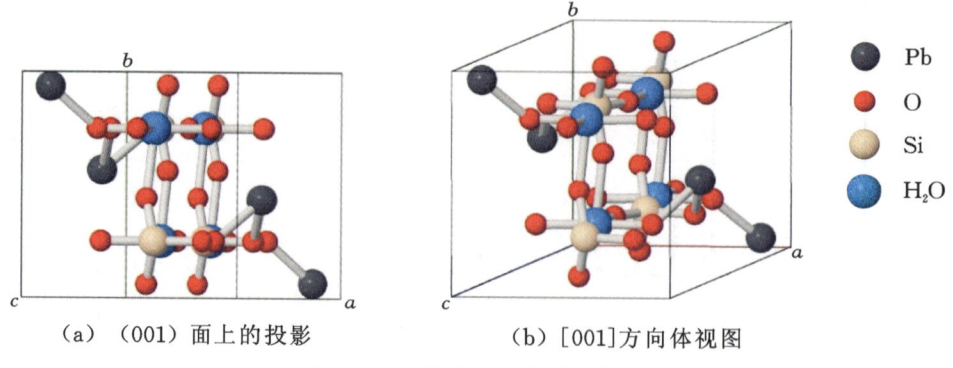

(a) (001)面上的投影　　(b) [001]方向体视图

图 5-6-16　硅铅铀矿的晶体结构

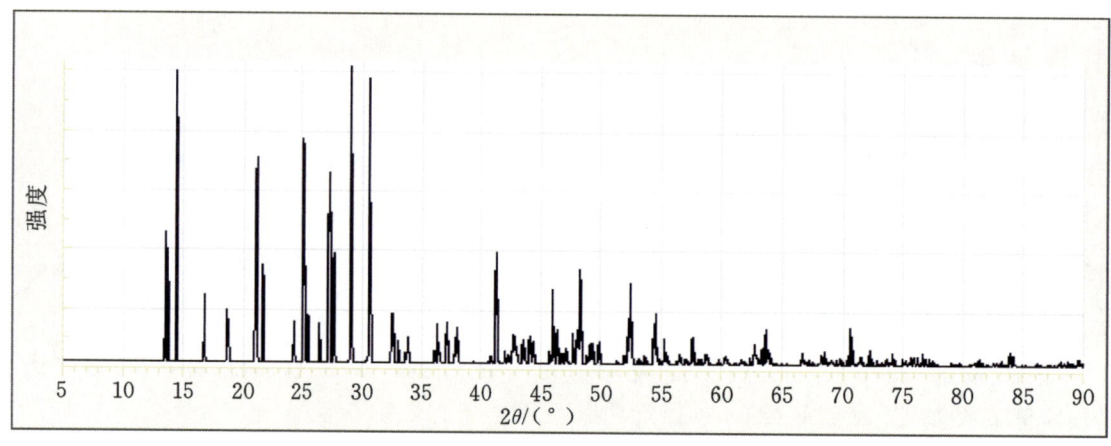

图 5-6-17　硅铅铀矿的 X 射线粉晶衍射图

【产状产地】

硅铅铀矿产在晶质铀矿的氧化带上，共生伴生的矿物有晶质铀矿，主要产地有刚果。

【主要用途】

硅铅铀矿在地质学、物理学、化学、材料学、环境科学、晶体学、矿物学等方面都有重要意义，是提取铀的重要矿物原料。

黄硅钾铀矿

【化学性质】

黄硅钾铀矿是一种含 K、U、H_2O 的[(UO_2)(SiO_3OH)]基型硅酸盐类矿物，其晶体化学式为 (K,Na){(UO_2)(SiO_3OH)}·$1.5H_2O$。主要成分为 K、U、Si、H、O，类质同象替代成分有 Fe、Ca、Na。

化学成分中氧化物的质量分数为 K_2O 10.97%、UO_2 64.91%、SiO_2 15.73%、H_2O 8.39%。

【结晶形态】

黄硅钾铀矿属于单斜晶系，轴双面晶类，对称型为 2。晶体呈针状、纤维状、长柱状、粒状，集合体呈放射状、纤维状、球状等（图 5-6-18）。

【物理特征】

黄硅钾铀矿的颜色呈黄色、亮黄色等。条痕为白色。透明。半玻璃光泽、丝绢光泽、珍珠光泽。色散弱。多色性较弱：无色，黄色，黄色。荧光呈暗绿色。

（a）黄硅钾铀矿（纳米比亚）　　　（b）黄硅钾铀矿（美国犹他）

图 5-6-18　黄硅钾铀矿

二轴晶（一）。折射率为 Np＝1.668～1.670、Nm＝1.695～1.696、Ng＝1.698～1.703，双折射率为 0.007～0.008。

{010}解理完全，{001}解理中等。性脆。断口呈不均匀、不平整的贝壳状。摩氏硬度为 3.5～4，相对密度为 4.70（测量）、4.46（计算）。

具有放射性。

【晶体结构】

黄硅钾铀矿属于单斜晶系，空间群为 $P2_1$（图 5-6-19）。晶胞参数：$a＝0.707$ nm、$b＝0.706$ nm、$c＝0.664$ nm，$\beta＝105.45°$，$Z＝2$。X 射线粉晶衍射数据 d（Å）（I/I_{max}）为 6.81(100)、6.40(50)、3.54(70)、3.40(90)、2.95(80)、2.91(70)、1.90(60)、1.76(60)，见图 5-6-20。

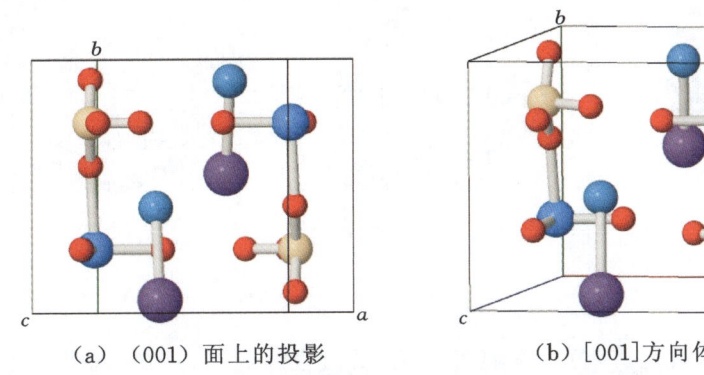

（a）(001)面上的投影　　　（b）[001]方向体视图

图 5-6-19　黄硅钾铀矿的晶体结构

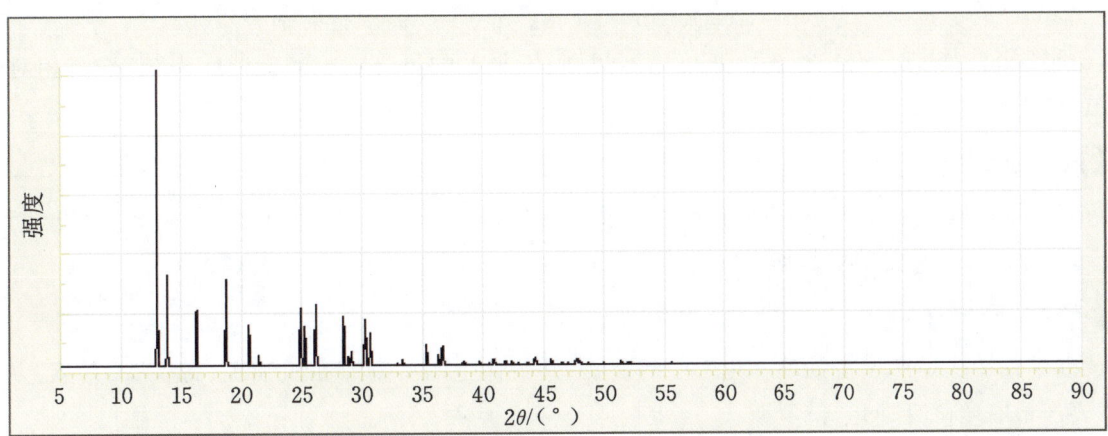

图 5-6-20　黄硅钾铀矿的 X 射线粉晶衍射图

黄硅钾铀矿与硅钙铀矿晶体结构相同。

【产状产地】

黄硅钾铀矿是在水热作用下，由原生晶质铀矿蚀变而成的，填充于原生晶质铀矿的裂缝中，共生伴生的矿物有晶质铀矿，主要产地有纳米比亚、美国（犹他、康涅狄格）。

【主要用途】

黄硅钾铀矿在地质学、物理学、化学、材料学、环境科学、晶体学、矿物学等方面都有重要意义，是提取放射性铀的矿物原料。

黄硅钠铀矿

【化学性质】

黄硅钠铀矿是一种含 U、Na、H$_2$O 的[(UO$_2$)(SiO$_3$OH)]基型硅酸盐类矿物，其晶体化学式为 Na{(UO$_2$)(SiO$_3$OH)}·H$_2$O。主要成分为 U、Na、Si、H、O，类质同象替代成分有 Ca、K。

化学成分中氧化物的质量分数为 K$_2$O 1.69%、Na$_2$O 3.34%、UO$_2$ 78.57%、SiO$_2$ 9.93%、H$_2$O 6.47%。

【结晶形态】

黄硅钠铀矿属于斜方晶系，斜方四面体晶类，对称型为 222。晶体呈粒状、粉末状、结壳状和片状，集合体呈放射状、纤维束状、块状（图 5-6-21）。

图 5-6-21　黄硅钠铀矿（俄罗斯）

【物理特征】

黄硅钠铀矿的颜色呈黄色、浅黄色、白色。条痕为白色、浅黄色。透明。土状光泽。色散微弱到明显。多色性较弱：无色，淡黄色，淡黄色。

二轴晶（－）。折射率为 Np=1.692、Nm=1.663、Ng=1.659，双折射率为 0.033。

{010}、{001}解理完全。性脆。断口呈不规则、不平整的贝壳状。摩氏硬度为 3.5～4，相对密度为 4.10（测量）、4.40（计算）。

【晶体结构】

黄硅钠铀矿属于斜方晶系，空间群为 $P2_12_12_1$。晶胞参数：a=2.740 nm、b=0.702 nm、c=0.665 nm，Z=4。X 射线粉晶主要衍射数据 d(Å)(I/I_{max})为 6.71(100)、4.70(80)、2.92(100)。

【产状产地】

黄硅钠铀矿产是产于富铀的氧化带中的矿物，共生伴生的矿物有晶质铀矿、高岭石、石英、方解石等，主要产地有哈萨克斯坦、俄罗斯。

【主要用途】

黄硅钠铀矿在地质学、物理学、化学、材料学、环境科学、晶体学、矿物学等方面都有重要意义，是提取放射性铀的矿物原料。

水硅钾铀矿族

水硅钙铀矿（haiweeite）　　　　　　Ca{(UO$_2$)$_2$Si$_5$O$_{12}$(OH)$_2$}·3H$_2$O

水硅钾铀矿（weeksite）　　　　　　K$_2${(UO$_2$)$_2$[Si$_5$O$_{13}$]}·4H$_2$O

水硅钙铀矿

【化学性质】

水硅钙铀矿是一种含 Ca、U、H$_2$O 的 [(UO$_2$)$_2$Si$_5$O$_{12}$(OH)$_2$] 基型硅酸盐类矿物，其晶体化学式为：Ca[(UO$_2$)$_2$Si$_5$O$_{12}$(OH)$_2$]·3H$_2$O。主要成分为 Ca、U、Si、H、O，类质同象替代成分有 K、Na、Mg、Mn、Al。

化学成分中氧化物的质量分数为 CaO 5.60%、UO$_2$ 54.97%、SiO$_2$ 32.23%、H$_2$O 7.20%。

【结晶形态】

水硅钙铀矿属于斜方晶系，斜方双锥晶类，对称型为 mmm。晶体呈针状、长柱状等，集合体呈放射状、束状、晶簇状（图 5-6-22）。

（a）水硅钙铀矿（奥地利）

（b）水硅钙铀矿（巴西）

图 5-6-22　水硅钙铀矿

【物理特征】

水硅钙铀矿的颜色呈黄绿色、浅黄色。条痕为白色。透明、半透明。玻璃光泽、珍珠光泽。色散较强。多色性较弱：无色，浅黄色。微弱的暗绿色荧光。

二轴晶(−)。折射率为 Np=1.560～1.571，Nm=1.575～1.580，Ng=1.578～1.582，双折射率为 0.011～0.018。2V=15°(测量)、46°～50°(计算)。

{100}解理完全。性脆。断口呈不均匀、不平整的次贝壳状。摩氏硬度为 3.5，相对密度为 3.35(测量)、3.08(计算)。

【晶体结构】

水硅钙铀矿属于斜方晶系，空间群为 $Pbcn$。晶胞参数：a=0.713 nm、b=1.794 nm、c=1.834 nm，Z=4 或 a=1.830 nm、b=1.423 nm、c=1.792 nm，Z=8。X 射线粉晶主要衍射数据 d(Å)(I/I_{max}) 为 9.14(100)、7.05(40)、4.56(60)、4.42(60)、3.54(40)、3.19(50)、3.11(50)，见图 5-6-23。

【产状产地】

水硅钙铀矿是晶质铀矿的次生氧化产物，共生伴生的矿物有晶质铀矿等，主要产地有纳米比亚、美国(亚利桑那、加利福尼亚)、巴西等。

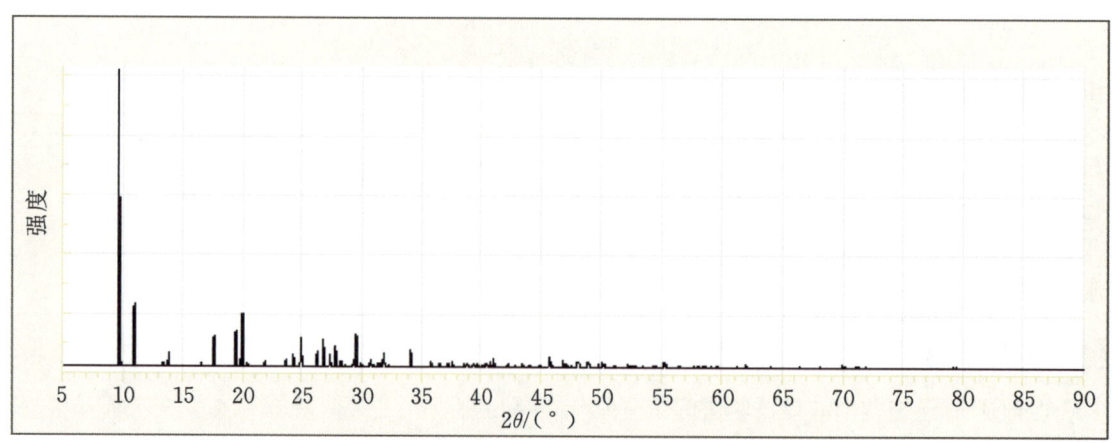

图 5-6-23　水硅钙铀矿的 X 射线粉晶衍射图

【主要用途】

水硅钙铀矿在地质学、物理学、化学、材料学、环境科学、晶体学、矿物学等方面都有重要意义，可以作为提取放射性铀的矿物原料。

水硅钾铀矿

【化学性质】

水硅钾铀矿是一种含 K、U、H_2O 的 $(UO_2)_2[Si_6O_{15}]$ 基型硅酸盐类矿物，其晶体化学式为 $K_2\{(UO_2)_2[Si_5O_{13}]\}\cdot 4H_2O$。主要成分为 K、U、Si、H、O，类质同象替代成分有 Ca、Ba、Na、Al、Fe 等。

化学成分中氧化物的质量分数为 K_2O 5.04%、BaO 4.47%、CaO 0.55%、UO_2 55.11%、SiO_2 32.38%、H_2O 2.45%。

【结晶形态】

水硅钾铀矿属于斜方晶系，斜方双锥晶类，对称型为 mmm。晶体呈针状、叶片状、板条状、长柱状，集合体呈放射状、晶簇状（图 5-6-24）。

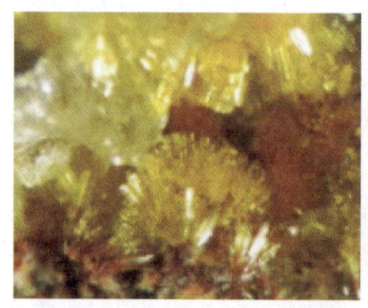
（a）水硅钾铀矿（纳米比亚）

（b）水硅钾铀矿（美国亚利桑那）

图 5-6-24　水硅钾铀矿

【物理特征】

水硅钾铀矿的颜色呈亮黄色、黄色。条痕为苍白色。透明至半透明。玻璃光泽、丝绢光泽。色散较弱。多色性较弱：无色，浅黄绿色，黄绿色。具放射性。

二轴晶（－）。折射率为 Np=1.596、Nm=1.603、Ng=1.606，双折射率为 0.010。2V=60°（测量）、66°（计算）。

{110} 解理完全。性脆。断口呈不均匀、不平整的细小碎片状。摩氏硬度为 1～2，相对密度为 4.10（测量）、3.76（计算）。

【晶体结构】

水硅钾铀矿属于斜方晶系,空间群为 $Cmmb$(图 5-6-25)。晶胞参数:$a=1.421$ nm、$b=1.448$ nm、$c=3.587$ nm,$Z=16$。X 射线粉晶主要衍射数据 $d(\text{Å})(I/I_{max})$ 为 8.98(80)、7.11(100)、5.57(90),见图 5-6-26。

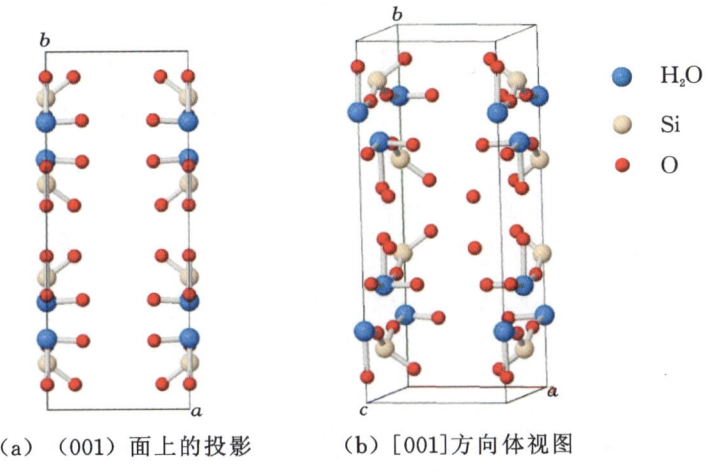

(a) (001) 面上的投影　　(b) [001] 方向体视图

图 5-6-25　水硅钾铀矿的晶体结构

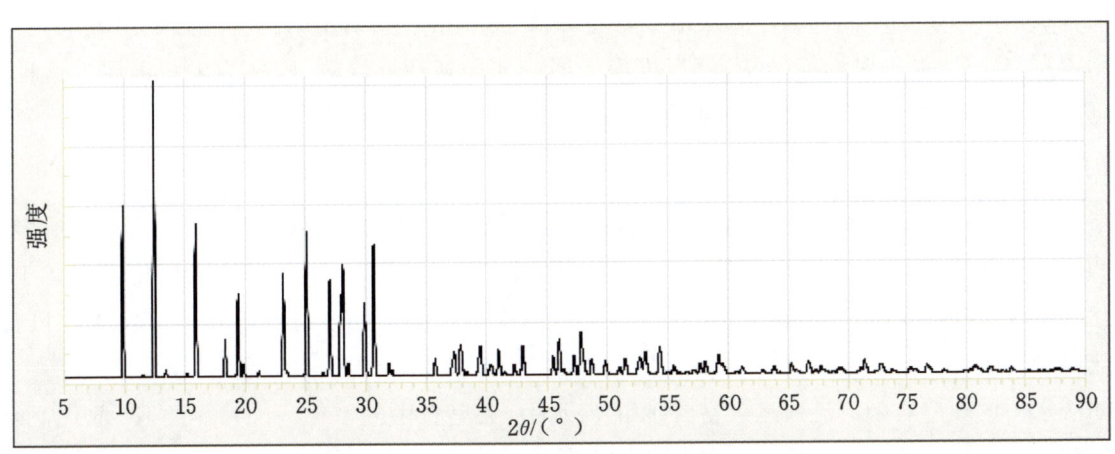

图 5-6-26　水硅钾铀矿的 X 射线粉晶衍射图

【产状产地】

水硅钾铀矿产于流纹岩及砂岩和石灰岩中的细脉中,共生伴生的矿物有石英、长石等,主要产地有纳米比亚、美国(亚利桑那、犹他)。

【主要用途】

水硅钾铀矿在地质学、物理学、化学、材料学、环境科学、晶体学、矿物学等方面都有重要意义,可以作为提取放射性铀的矿物原料。

间层矿物(混层矿物)

累托石(rectorite)	$(K,Na,Ca)_x\{Al_2[Al_xSi_{4-x}O_{10}](OH)_2\} \cdot 4H_2O$
水黑云母(hydrobiotite)	$K(Mg,Fe^{2+})_6[(Si,Al)_8O_{20}](OH)_4 \cdot nH_2O$
滑间皂石(aliettite)	$Mg_6Ca_{0.2}[(Si,Al)_8O_{20}](OH)_4 \cdot 4H_2O$
绿泥间蛭石(corrensite)	$(Ca,Na,K)(Mg,Fe,Al)_9[(Si,Al)_8O_{20}](OH)_{10} \cdot n(H_2O)$

绿泥间蒙石(tosudite)	$Na_{0.5}(Al,Mg)_6((Si,Al)_8O_{18})(OH)_{12} \cdot 5H_2O$
绿泥间滑石(kulkeite)	$Na_{0.35}Mg_8Al[(Si,Al)_8O_{20}](OH)_{10}$
云间蒙石(tarasovite)	$NaKAl_{11}Si_{13}O_{40}(OH)_9 \cdot 3H_2O$
绿泥间蜡石(lunijianlaite)	$Li_{0.7}Al_{6.2}[(AlSi_7)O_{20}](OH,O)_{10}$

【间层矿物定义】

1934年，美国的 J.W.格鲁纳提出"间层矿物"，也称混层矿物，是指由两种或两种以上的不同矿物种结构单元层平行底面，按不同比例和不同的重复方式，沿 c 轴堆垛而成的一类矿物。

层状基型硅酸盐矿物的底面结构常常是相同或相似的，很容易沿底面(001)形成连生。层状硅酸盐均具有二维($a+b$ 方向)的结构单元层，即硅氧四面体(T)—八面体(O)—硅氧四面体(T)组成的平面层。这种晶体结构的相似性使不同层状矿物平行(001)面沿 c 轴方向成纳米连生。在层状基型硅酸盐中，间层矿物的晶体结构是一种重要的晶体结构形式。

间层矿物绝大多数由两个组分组成，三个组分的极少。由于含量<5%的组分很难测定，因此，实际存在的混层矿物可能更为复杂。

在两种组分组成的混层矿物中，按其比例和重复堆垛方式可分为规则混层、不规则混层、随机的和分带的(带状混层)三种基本类型。

两种或两种以上的不同结构单元层沿 c 轴堆垛具一定规律，归纳出结构单元层的重复周期，则称为规则混层(实际上是一种周期结构)。当堆垛无序或非周期性堆垛时，则称为无规混层。这种无规混层远比规则混层矿物更为常见，是一种纳米尺度的非周期结构现象。

【间层矿物成因】

层状基型结构硅酸盐矿物的晶体结构十分相似，当外界物理化学条件变化，如水介质性质、气候、温度和压力等发生变化时，它们以离子交换或脱水作用的形式发生变化，并转变成能稳定存在于新的物理化学条件下的新矿物。混层矿物是这个转化过程中的中间产物。这种过程可以发生在风化、成岩和热液蚀变中。

如淡水中的蒙皂石随河流搬运入富含 K 的海水中，蒙皂石中的 Ca^{2+} 和 H_2O 被 K^+ 取代，形成伊利石—蒙皂石混层矿物。当蒙皂石进入富含 Mg^{2+} 的海水中，$Mg(OH)_2$ 取代 Ca^{2+} 则形成绿泥石—蒙皂石混层矿物。

又比如在成岩过程中，随着温度和压力的增高，蒙皂石失去层间水转变成伊利石—蒙皂石混层矿物。可以利用混层矿物成分的变化来推断当时地质环境的变化。在石油地质学中混层矿物在成岩阶段的变化及其脱水作用，不同成岩阶段的混层矿物代表有机质不同的成熟期。

据此，可以判断有机质的成熟度。而混层矿物的脱水与石油的形成和运移有密切的关系。当有机质向石油转化时，混层矿物的数次脱水不仅加强了烃类的裂解，成为石油形成的催化剂，而且在脱水过程中，由于矿物体积收缩，岩石孔隙度增大，为烃类运移提供了通道。通过混层矿物的研究可直接指导油气调查勘探。混层黏土矿物在石油化学工业中，常作为催化剂使用。

【规则混层与不规则混层】

由不同矿物晶层结构单元规则地相间堆垛排列而成：①A、B 两种晶层具有相同的比例，且相间堆垛排列。如 A：B=1：1，其堆垛排列方式为 ABAB……、AABBAABB……，AAABBBAAABBB……；②A、B 两种晶层各占不同的比例。如 A：B=1：2，其堆垛排列方式为 ABBABB……；A：B=2：3，其堆垛排列方式为 AABBBAABBB……；③不同晶层间的堆垛排列无一定规律，具有分凝作用的混层，实质上已是 A、B 两相，只是未能达到从宏观上将两相分开而已(图5-6-27)。

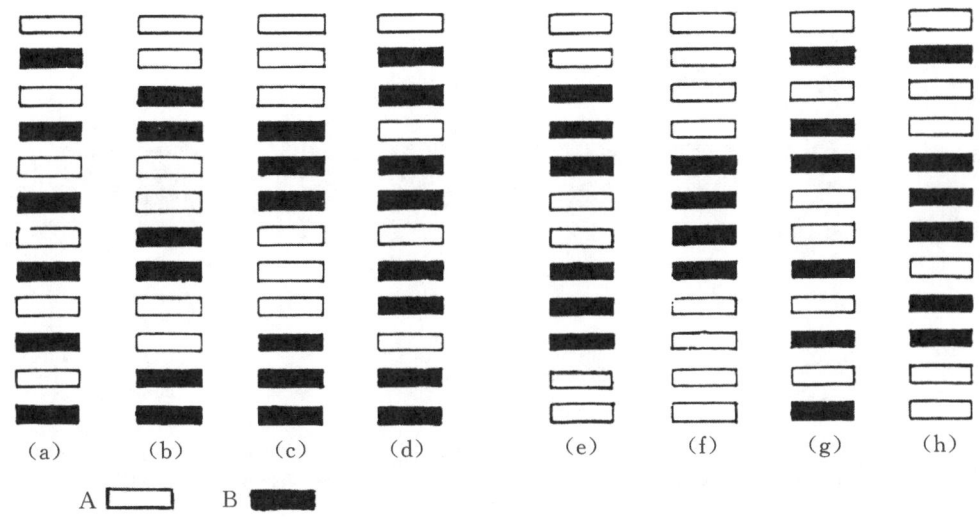

(a)~(e)为规则混层结构；(f)为具有分凝作用的混层结构；(g)、(h)为不规则混层结构。

图 5-6-27　规则混层八种结构模式

【规则混层矿物种】

目前已发现的混层矿物越来越多，其堆积顺序也越来越复杂。有必要从周期排列、有规自相似、准周期和无规自相似性准周期排列加以研究。规则混层矿物是独立的矿物种，目前已发现并命名了 8 种规则混层矿物。它们是：①累托石，即二八面体云母与二八面体蒙脱石的 1∶1 规则混层；②水黑云母，即黑云母和蛭石的 1∶1 规则混层；③滑间皂石，即滑石和三八面体皂石的 1∶1 规则混层；④绿泥间蛭石，即三八面体绿泥石和三八面体蒙脱石或三八面体蛭石的 1∶1 规则混层；⑤绿泥间蒙石，即二八面体绿泥石与三八面体蒙脱石的 1∶1 规则混层；⑥绿泥间滑石，即三八面体绿泥石与滑石的 1∶1 规则混层；⑦云间蒙石，即二八面体云母与二八面体蒙皂石的 3∶1 规则混层；⑧绿泥间蜡石，即二八面体和三八面体过渡型的锂绿泥石晶层与二八面体的叶蜡石晶层以 1∶1 规则交替堆垛而成，底面间距为 23.397Å。

第六章 架状基型硅酸盐矿物学

架状基型硅酸盐矿物主要包括长石类、似长石类、沸石族类等，其晶体结构中的硅氧骨干是由呈三维无限伸展的架状络阴离子所构成。

长石是长石族矿物的总称，是地壳中最常见的矿物之一。它是一类常见的含钙、钠和钾的铝硅酸盐类造岩矿物。在地壳中比例高达60%，在岩浆岩、变质岩、沉积岩中都可出现。长石几乎是所有岩浆岩的主要矿物成分，对于岩石的分类具有重要意义。长石类包括钾钠长石亚族（透长石、正长石、微斜长石等）、斜长石亚族（钠长石、更长石、中长石、拉长石、培长石、钙长石等）等。

似长石类包括霞石族（霞石）、白榴石族（白榴石）、方钠石族（方钠石）、日光榴石族（日光榴石、香花石）、方柱石族（方柱石）。它们都是含碱性的铝硅酸盐矿物。

沸石类包括沸石、丝光沸石、斜发沸石、片沸石、方沸石、菱沸石、钙十字沸石等。这是一类具有特殊结构和性能的一组架状硅酸盐。它具有由铝、硅、氧等原子所组成的坚固格架，如果将沸石中每个四面体的中心互相连接起来，便构成各种简单的环、双环或更为复杂的结构单位，它们可再组成一定形状的多面体空间，即所谓的"笼"。相邻的笼通过次级结构彼此连接，可形成彼此不相通的一级通道（如方沸石）、平行 b 轴和 c 轴的两个方向互相连通的二维通道（如丝光沸石）和三个方向互相连通的三维通道（如菱沸石）等各种不同形式的通道；在加热或干燥气候中，水分子又可沿孔道离开晶格，并不破坏晶格。沸石作为分子筛和离子交换材料得到广泛应用。

第一节 单一硅酸盐

硅铋石族

硅铋石（eulytite）　　　　　　　$Bi_4[SiO_4]_3$

硅铋石

【化学性质】

硅铋石是一种含 Bi、$[SiO_4]$ 的架状基型硅酸盐类矿物，其晶体化学式为 $Bi_4[SiO_4]_3$。主要成分为 Bi、Si、O，类质同象替代成分较少。

化学成分中氧化物的质量分数为 SiO_2 16.21%、Bi_2O_3 83.79%。

【结晶形态】

硅铋石属于等轴晶系，六四面体晶类，对称型为 $\bar{4}3m$。晶体形态呈细小粒状、四面体状，形成良好的细小晶体(图 6-1-1)。聚集体呈圆形、球形。{001}可见穿透双晶。

图 6-1-1　硅铋石(德国)

【物理特征】

硅铋石的颜色呈无色、灰色、黄色、橙棕色、深棕色、红棕色、亮灰绿色。条痕为白色。透明至半透明。金刚光泽、半金刚光泽、玻璃光泽。

等轴晶系(均质体),光性异常时呈一轴(一)或二轴(一)。折射率 $N=2.05$。

{110}解理不清楚。性脆。断口呈不规则、不均匀的半金属状。摩氏硬度为 4.5,相对密度为 6.10~6.60(测量)、6.76(计算)。

【晶体结构】

硅铋石属于等轴晶系,空间群为 $I\bar{4}3d$。晶胞参数:$a=1.027$ nm,$Z=4$。X 射线粉晶衍射数据 $d(\text{Å})(I/I_{max})$ 为 4.20(100)、3.26(90)、2.75(80)、2.57(10)、2.10(40)、2.02(40)、1.76(10)、1.67(30) (图 6-1-2)。晶体结构见图 6-1-3。

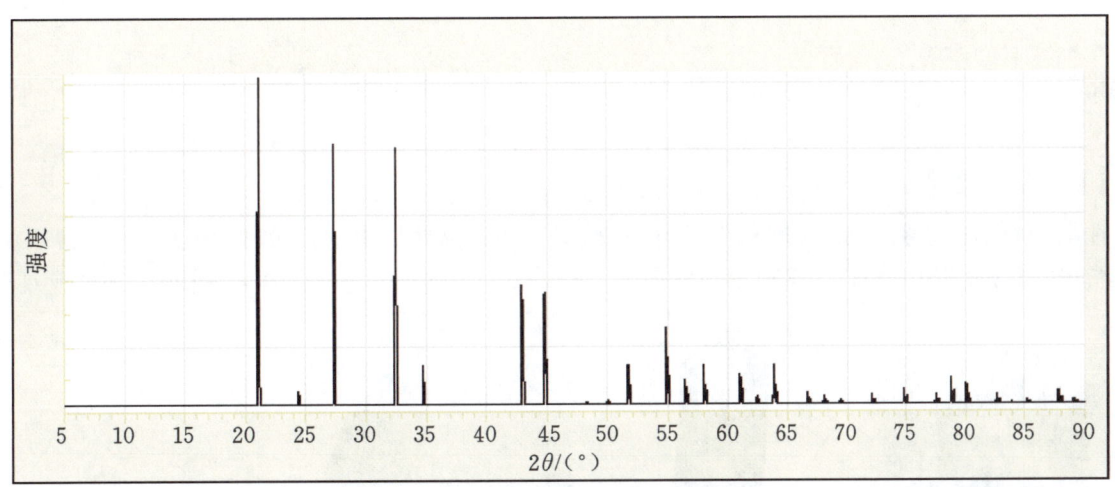

图 6-1-2　硅铋石的 X 射线粉晶衍射图

【产状产地】

硅铋石为含铋矿物石英脉中的晚期结晶物质,共生伴生的矿物有自然铋、石英等,主要产地有德国等。

【主要用途】

硅铋石在地质学、物理学、化学、材料学、晶体学、矿物学方面都有重要意义。

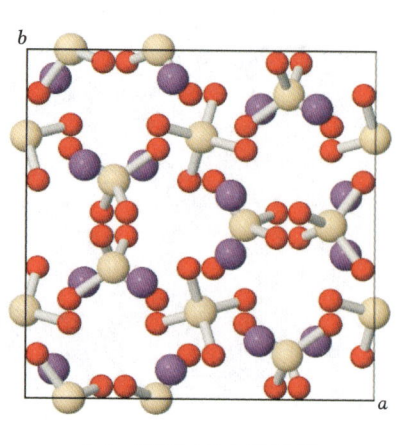
(a)（001）面上的投影

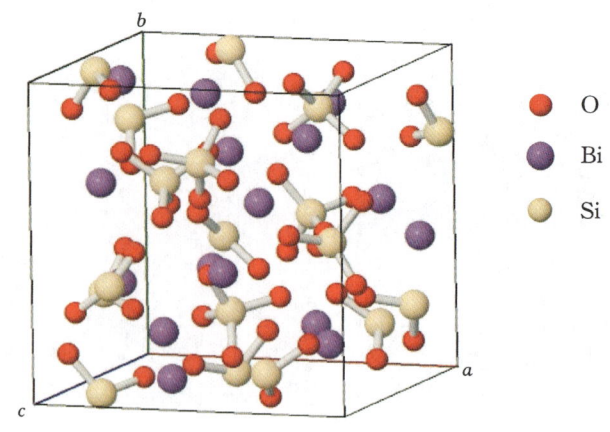
(b)[001]方向体视图

图 6-1-3　硅铋石的晶体结构

柱星叶石族

| 柱星叶石（neptunite） | $KNa_2Li(Fe,Mn)_2Ti_2[Si_4O_{11}]_2O_2$ |
| 锰柱星叶石（mangan-neptunite） | $KNa_2Li(Mn,Fe)_2Ti_2[Si_4O_{11}]_2O_2$ |

柱星叶石

【化学性质】

柱星叶石是一种含 K、Na、Li、Fe、Mn、Ti 及 O 的 $[Si_4O_{11}]$ 架状基型硅酸盐类矿物，其晶体化学式为 $KNa_2Li(Fe,Mn)_2Ti_2[Si_4O_{11}]_2O_2$。主要成分为 K、Na、Li、Fe、Ti、Si、O，类质同象替代成分有 Mn、Ca。

化学成分中氧化物的质量分数为 K_2O 5.19%、Na_2O 6.83%、Li_2O 1.65%、TiO_2 17.60%、MnO 3.91%、FeO 11.87%、SiO_2 52.95%。

【结晶形态】

柱星叶石属于单斜晶系，反映双面晶类，对称型为 m。晶体形态呈粒状、柱状、棱柱状、薄板状、块状，聚合体呈簇状（图 6-1-4）。主要单形有（001）、（100）、（010）、（111）、（110）。在 {301} 上呈现双晶。

（a）柱星叶石（纳米比亚）

（b）柱星叶石（美国加利福尼亚）

（c）柱星叶石（美国加利福尼亚）

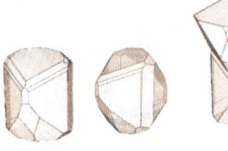
（d）柱星叶石的晶体形态

图 6-1-4　柱星叶石

【物理特征】

柱星叶石的颜色呈黑色、深红色等。条痕为浅褐色。半透明至不透明。玻璃光泽。色散较强。多色性：淡黄色，黄橙色，红橙色到红棕色。无荧光。

二轴晶(+)。折射率为 Np=1.690~1.691、Nm=1.693~1.700、Ng=1.719~1.736,双折射率为 0.029~0.045。$2V=36°~49°$(测量)、$36°~56°$(计算)。

{110}解理完全。性脆。断口呈不规律、不平整的贝壳状。摩氏硬度为5~6,相对密度为3.19~3.23(测量)、3.24(计算)。

【晶体结构】

柱星叶石属于单斜晶系,空间群为 Cc。晶胞参数:$a=1.643$ nm、$b=1.248$ nm、$c=0.998$ nm,$β=115.56°$,$Z=4$。X射线粉晶主要衍射数据 d(Å)(I/I_{max})为 9.600(60)、3.517(45)、3.186(100) 图 6-1-5。晶体结构见图 6-1-6。

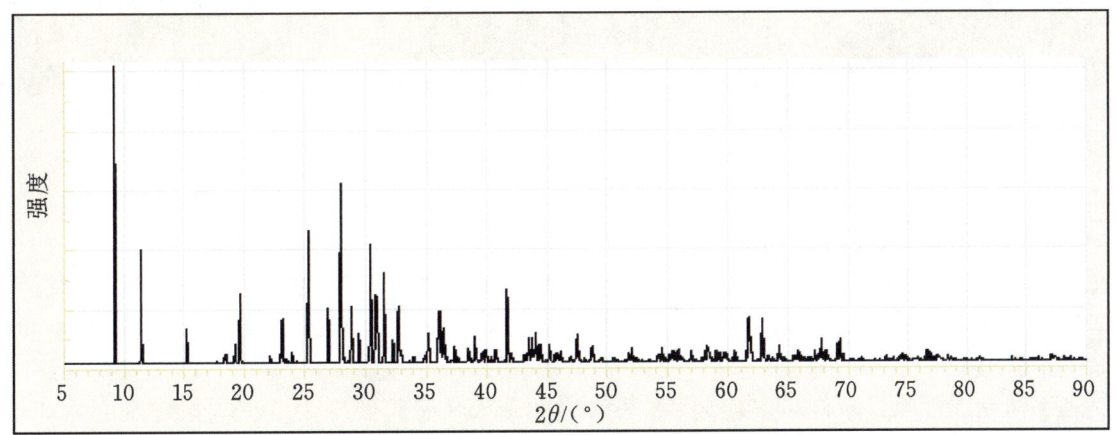

图 6-1-5 柱星叶石的 X 射线粉晶衍射图

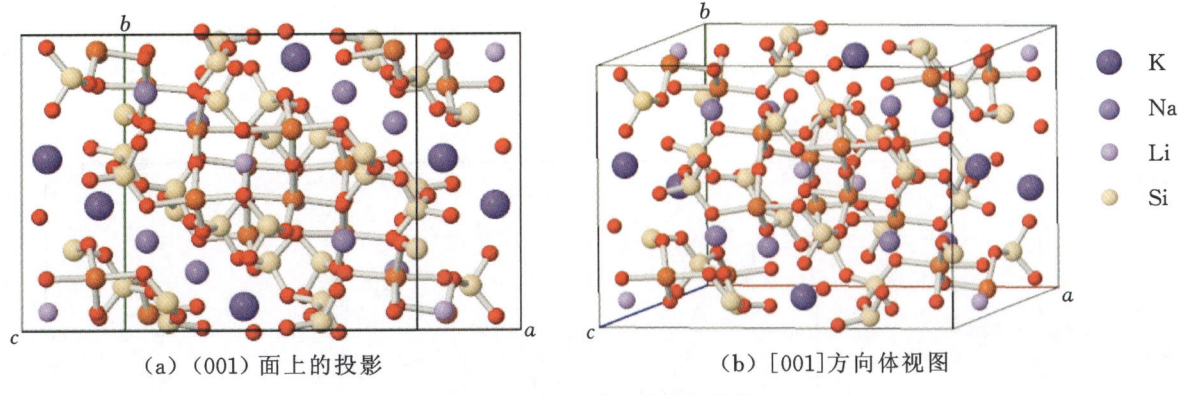

(a) (001)面上的投影   (b) [001]方向体视图

图 6-1-6 柱星叶石的晶体结构

【产状产地】

柱星叶石产于一种伟晶岩中,共生伴生的矿物有正长石等,主要产地有英国(格陵兰岛)、纳米比亚、美国(加利福尼亚)等。

【主要用途】

柱星叶石在地质学、物理学、化学、材料学、晶体学、矿物学方面都有一定意义。

锰柱星叶石

【化学性质】

锰柱星叶石是一种含 K、Na、Li、Mn、Ti 及 O 的[Si_4O_{11}]架状基型硅酸盐类矿物,其晶体化学式为 $KNa_2Li(Mn,Fe)_2Ti_2[Si_4O_{11}]_2O_2$。主要成分为 K、Na、Li、Mn、Ti、Si、O,类质同象替代成分有 Fe、Ca 等。

化学成分中氧化物的质量分数为 K_2O 5.19%、Na_2O 6.84%、Li_2O 1.65%、TiO_2 17.62%、MnO 11.73%、FeO 3.96%、SiO_2 53.01%。

【结晶形态】

锰柱星叶石属于单斜晶系，斜方柱晶类，对称型为 $2/m$。晶体形态呈片状集合体（图 6-1-7）。

（a）锰柱星叶石（加拿大）

（b）锰柱星叶石（加拿大）

（c）锰柱星叶石（美国宾夕法尼亚）

图 6-1-7　锰柱星叶石

【物理特征】

锰柱星叶石的颜色呈红色。条痕为白色。半透明。玻璃光泽。色散较强。多色性不明显。

二轴晶（+）。折射率为 Np=1.697、Nm=1.700、Ng=1.725，双折射率为 0.028。$2V=36°$（测量）、40°（计算）。

解理不清楚。性脆。断口呈不均匀、不平整的贝壳状。摩氏硬度为 5～6，相对密度为 3.23（测量）、3.26（计算）。

【晶体结构】

锰柱星叶石属于单斜晶系，空间群为 $C2/m$。晶胞参数：$a=1.638$ nm、$b=1.248$ nm、$c=1.001$ nm，$\beta=115.40°$。X 射线粉晶主要衍射数据 $d(\text{Å})(I/I_{max})$ 为 2.485（100）、1.506（100）、1.483（90）图 6-1-8。晶体结构见图 6-1-9。

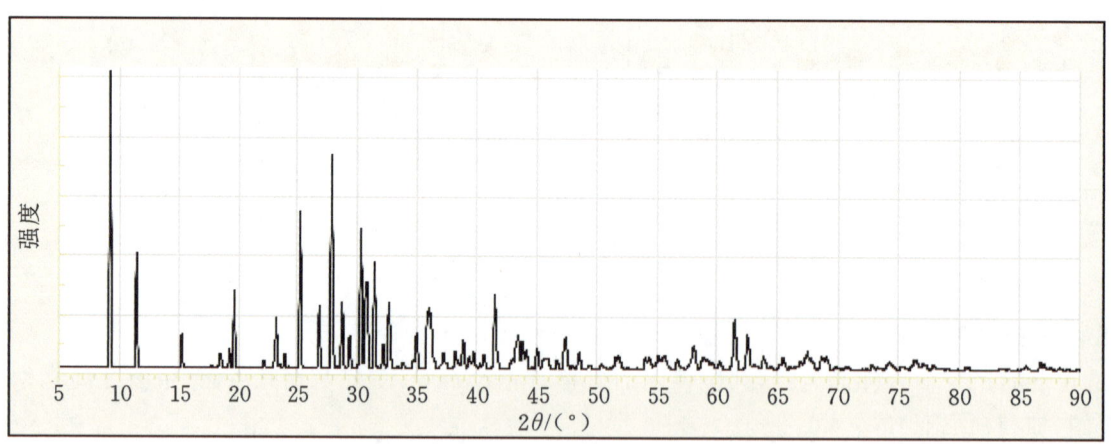

图 6-1-8　锰柱星叶石的 X 射线粉晶衍射图

【产状产地】

锰柱星叶石产于正长岩和正长岩伟晶岩中，共生伴生的矿物有正长石等，主要产地有美国、俄罗斯、加拿大等。

【主要用途】

锰柱星叶石在地质学、物理学、化学、晶体学、矿物学方面都有一定意义。

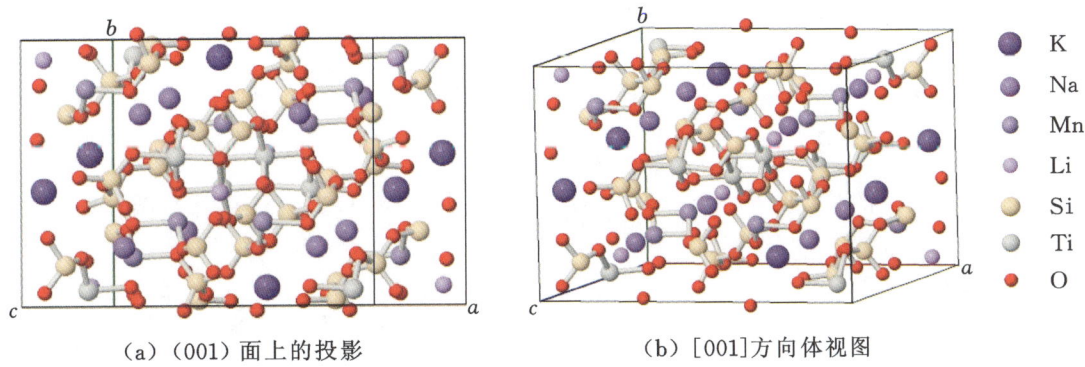

(a)（001）面上的投影　　　　　(b)[001]方向体视图

图 6-1-9　锰柱星叶石的晶体结构

第二节　硼硅酸盐

赛黄晶族

赛黄晶（danburite）　　　　　　　　　$CaB_2[SiO_4]_2$

赛黄晶

【化学性质】

赛黄晶是一种含 Ca、B 的[SiO_4]架状基型硅酸盐类矿物，其晶体化学式为 $CaB_2[SiO_4]_2$。主要成分为 Ca、B、Si、O，类质同象替代成分有 Fe、Mn、Al、Mg、Sr、Na 等。

化学成分中氧化物的质量分数为 CaO 22.81%、SiO_2 48.87%、B_2O_3 28.32%。

【结晶形态】

赛黄晶属于斜方晶系，斜方双锥晶类，对称型为 mmm。晶体形态呈柱状、细长棱柱状、粒状等（图 6-2-1）。

    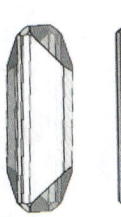 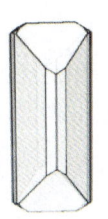

(a)赛黄晶（墨西哥）　(b)赛黄晶（缅甸）　(c)赛黄晶（意大利）　(d)赛黄晶（斯洛伐克）　(e)赛黄晶的结晶形态

图 6-2-1　塞黄晶

【物理特征】

赛黄晶的颜色呈无色、灰色、棕白色、淡黄色、黄褐色。条痕为白色。透明至半透明。玻璃光泽、油脂光泽。色散较强。多色性弱。荧光呈紫蓝色，蓝色到蓝绿色。

二轴晶（＋/－）。折射率为 Np＝1.627～1.633、Nm＝1.630～1.636、Ng＝1.633～1.639，双折射率为 0.006。$2V$＝88°～90°（测量）、88°（计算）。

{001}解理较差。性脆。断口呈不平整、不均匀的次贝壳状。摩氏硬度为7~7.5,相对密度为2.93~3.02(测量)、2.99(计算)。

【晶体结构】

赛黄晶属于斜方晶系,空间群为 $Pnam$。晶胞参数:$a=0.805$ nm、$b=0.876$ nm、$c=0.773$ nm,$Z=4$。X射线粉晶主要衍射数据 $d(\text{Å})(I/I_{max})$ 为3.564(100)、2.961(70)、2.654(75)(图6-2-2)。晶体结构见图6-2-3、图6-2-4。

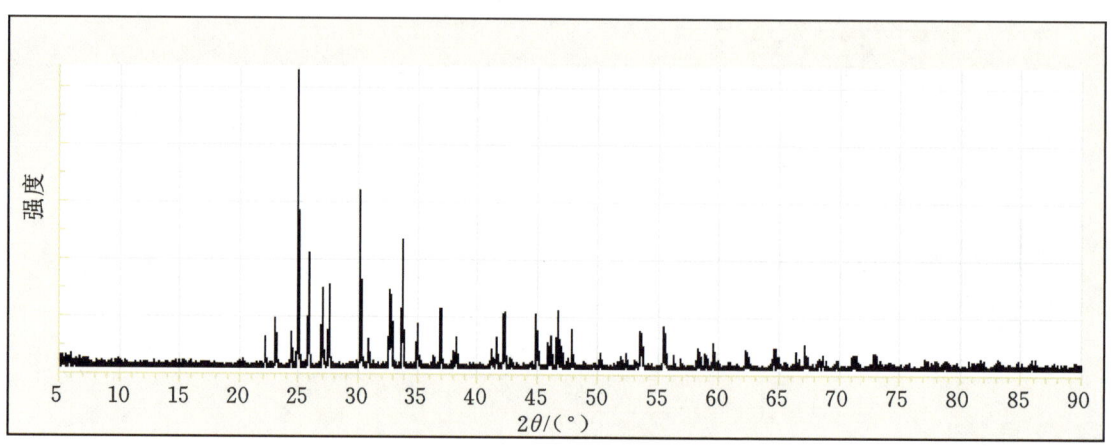

图 6-2-2 赛黄晶的 X 射线粉晶主要衍射图

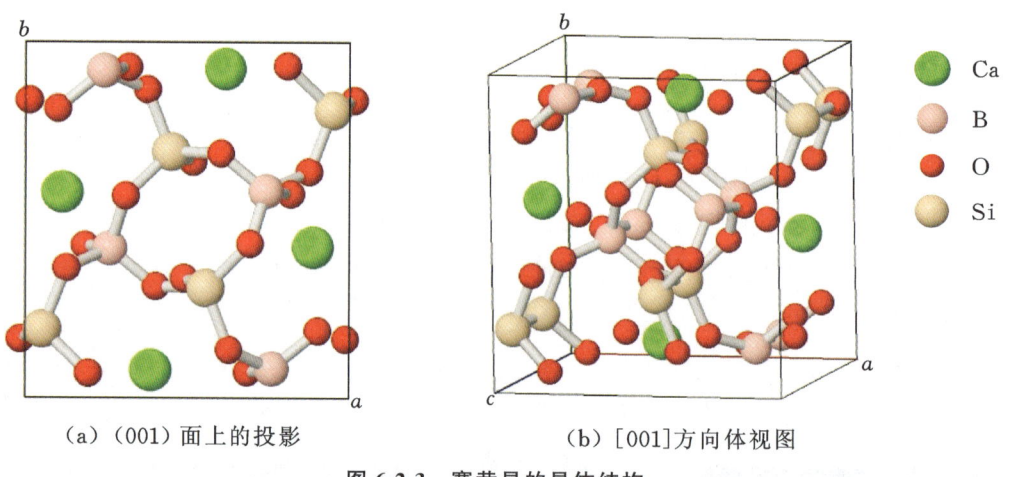

(a) (001)面上的投影　　(b) [001]方向体视图

图 6-2-3 赛黄晶的晶体结构

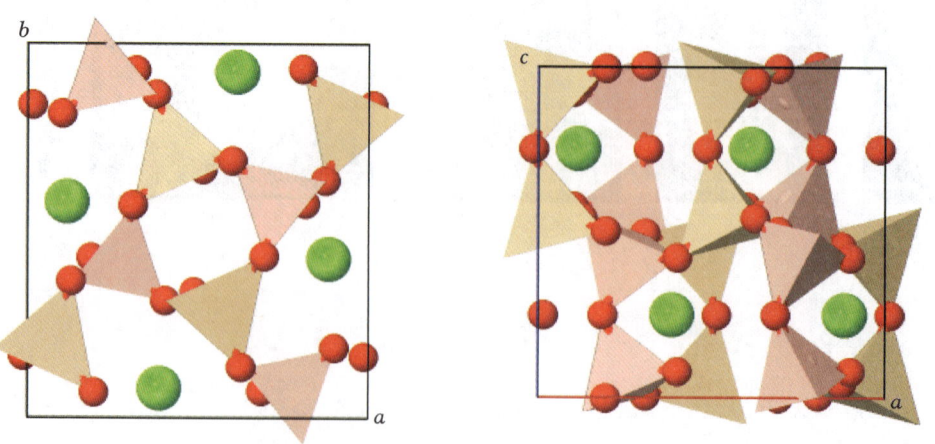

(a) 沿c轴的投影　　(b) 沿b轴的投影,Ca呈七次配位

图 6-2-4 赛黄晶的晶体结构(配位多面体)

【产状产地】

赛黄晶产于接触变质岩中,主要产地有墨西哥、缅甸、意大利、日本、斯洛伐克、美国(康涅狄格)等。

【主要用途】

赛黄晶在地质学、物理学、化学、晶体学、矿物学、宝石学方面都有一定意义。

硅硼钠石族

硅硼钠石(reedmergnerite)　　　　　　　　　$Na[BSi_3O_8]$

硅硼钠石

【化学性质】

硅硼钠石是一种含 Na 的$[BSi_3O_8]$架状基型硅酸盐类矿物,其晶体化学式为 $Na[BSi_3O_8]$。主要成分为 Na、B、Si、O,类质同象替代成分有 Ti、Al、Fe、Mg、Ca、Ba、K、F、H_2O、P。

化学成分中氧化物的质量分数为 Na_2O 12.59%、SiO_2 73.26%、B_2O_3 14.15%。

【结晶形态】

硅硼钠石属于三斜晶系,单面晶类,对称型为 1。晶体形态呈粒状、块状等(图 6-2-5)。

图 6-2-5　桃红色硅硼钠石(塔吉克斯坦)

【物理特征】

硅硼钠石的颜色呈无色、米黄色、橙黄色、橙红色。条痕为白色。透明、半透明。玻璃光泽。色散无。多色性无。

二轴晶(-)。折射率为 Np=1.554、Nm=1.565、Ng=1.573,双折射率为 0.019。2V=80°(测量)、80°(计算)。

{001}解理较好。性脆。断口呈不均匀、不平整的贝壳状。摩氏硬度为 6~6.5,相对密度为 2.776(测量)、2.78(计算)。

【晶体结构】

硅硼钠石属于三斜晶系,空间群为 $C\bar{1}$。晶胞参数:$a=0.783$ nm、$b=1.236$ nm、$c=0.680$ nm,$\alpha=93.31°$、$\beta=116.35°$、$\gamma=92.06°$,$Z=4$。X 射线粉晶主要衍射数据 $d(\text{Å})(I/I_{max})$ 为 3.561(90)、3.076(90)、3.037(100)(图 6-2-6)。晶体结构见图 6-2-7。

【产状产地】

硅硼钠石是一种产于黑色油页岩和棕色白云质岩石中的自生矿物,共生伴生的矿物有石英、电气石等,主要产地有塔吉克斯坦、美国(犹他)等。

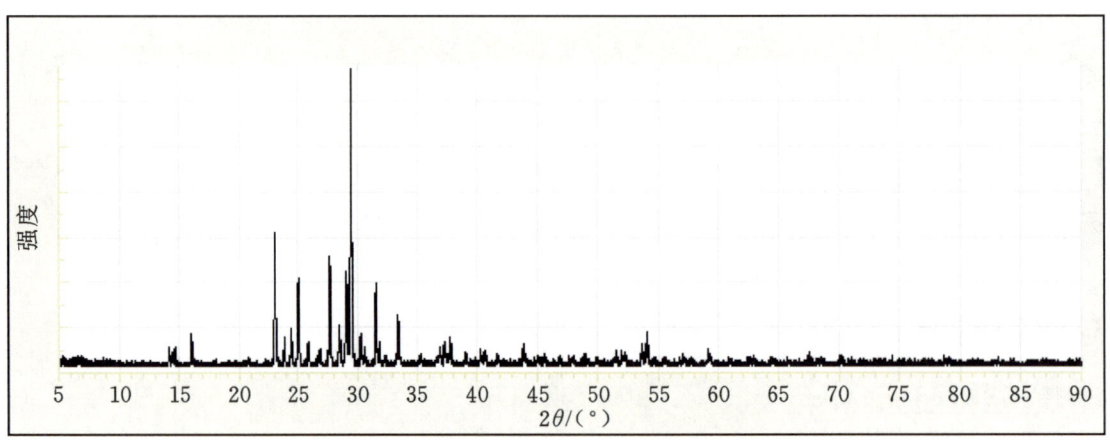

图 6-2-6 硅硼钠石的 X 射线粉晶衍射图

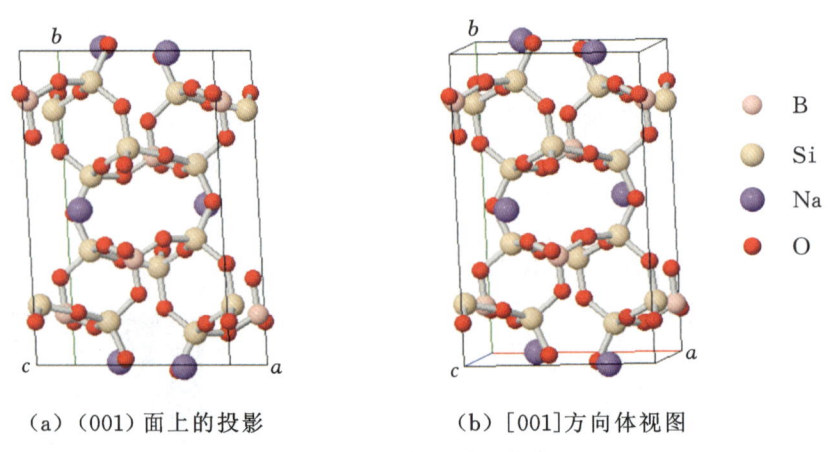

(a)（001）面上的投影　　(b)[001]方向体视图

图 6-2-7 硅硼钠石的晶体结构

【主要用途】

硅硼钠石在地质学、物理学、化学、材料学、环境科学、晶体学、矿物学、宝石学方面都有重要意义。

第三节　铝硅酸盐

长石族

长石族矿物是一种含有钙、钠、钾的架状基型铝硅酸盐矿物，它有很多矿物种，如正长石、透长石、微斜长石、钡长石、钡冰长石、钠长石、更长石、中长石、拉长石、倍(培)长石、钙长石等。

长石是一族矿物的名称，有 3 个亚族(图 6-3-1)：钾钠长石亚族(又称正长石亚族)，斜长石亚族和钡长石亚族。按组分也可分为 4 种亚族：钾长石 $K[AlSi_3O_8]$、钠长石 $Na[AlSi_3O_8]$，钙长石 $Ca[Al_2Si_2O_8]$ 和钡长石 $Ba[Al_2Si_2O_8]$。

长石族矿物是地壳中最常见的矿物，在月球上和陨石中也常见到它们。在地下 15 km 深度的范围内，长石族矿物占地壳总重量竟达到 60%。长石族矿物是岩浆岩的主要成分，在变质岩和沉积岩中也很常见。

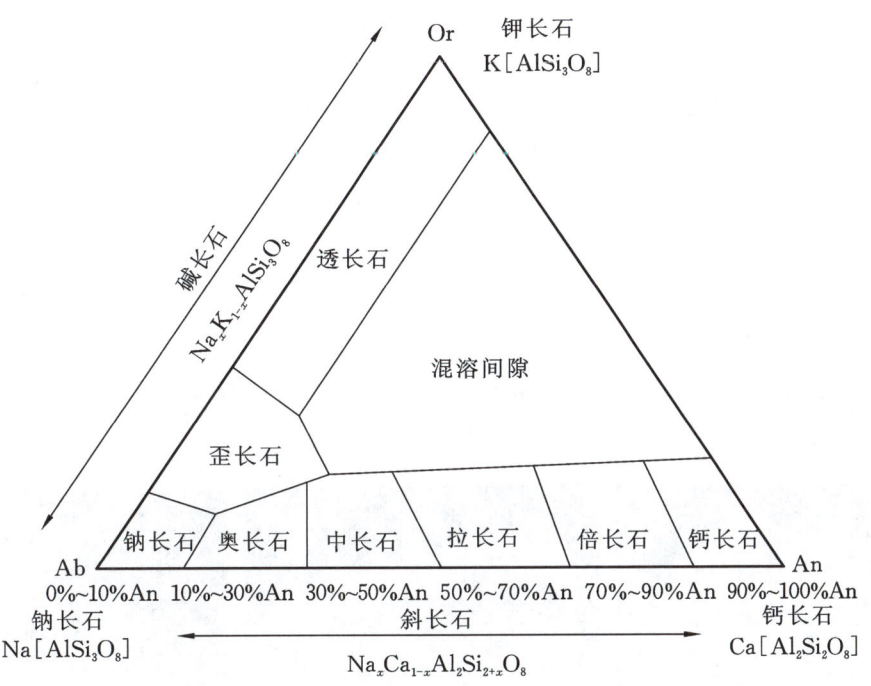

图 6-3-1　长石族矿物的三角相图

透长石(sanidine)	$K[AlSi_3O_8]$
正长石(orthoclase)	$K[AlSi_3O_8]$
歪长石(anorthoclase)	$(Na,K)[AlSi_3O_8]$
微斜长石(microcline)	$K[AlSi_3O_8]$
水铵长石(buddingtonite)	$NH_4[AlSi_3O_8] \cdot nH_2O$
斜长石(plagioclase)	$Na[AlSi_3O_8]—Ca[Al_2SI_2O_8]$
钠长石(albite)	$Na_{0.95}Ca_{0.05}[Al_{1.05}Si_{2.95}O_8]$
更长石(oligoclase)	$Na_{0.8}Ca_{0.2}[Al_{1.2}Si_{2.8}O_8]$
中长石(andesine)	$Na_{0.6}Ca_{0.4}[Al_{1.4}Si_{1.6}O_8]$
拉长石(labradorite)	$Ca_{0.6}Na_{0.4}[Al_{1.6}Si_{1.4}O_8]$
培长石(bytownite)	$Ca_{0.8}Na_{0.2}[Al_{1.8}Si_{2.2}O_8]$
钙长石(anorthite)	$Ca_{0.95}Na_{0.05}[Al_{1.95}Si_{2.0}5O_8]$
钡长石(celsian)	$Ba[Al_2Si_2O_8]$
锶长石(slawsonite)	$Sr[Al_2Si_2O_8]$
钡冰长石(hyalophane)	$K_{0.75}Ba_{0.25}[Al_{1.75}Si_{2.25}O_8]$
副钡长石(paracelsian)	$Ba[Al_2Si_2O_8]$
六方钡长石(hexacelsian)	$Ba[Al_2Si_2O_8]$
钡钠长石(banalsite)	$BaNa_2[Al_2Si_2O_8]_2$
锶钠长石(stronalsite)	$SrNa_2[Al_2Si_2O_8]_2$

透长石

【化学性质】

透长石为钾长石的高温相,是一种含 K 的 $[AlSi_3O_8]$ 架状基型硅酸盐类矿物,其晶体化学式为 $K[AlSi_3O_8]$。主要成分为 K、Al、Si、O,类质同象替代成分有 Fe、Ca、Na、H_2O。化学成分中氧化物的质量分数为：K_2O 12.88%、Na_2O 2.82%、Al_2O_3 18.59%、SiO_2 65.71%。

透长石属长石族矿物中正长石的一个亚种，它是正长石的同质多象变体。

它以钾长石分子为主要组成，但也含有较多的钠长石分子（可达 50%），偶尔也含钡长石分子（5% 以下）。

透长石属于 $K[AlSi_3O_8]$（Or）-$Na[AlSi_3O_8]$（Ab）类质同象系列。在常温下为不完全类质同象系列，随温度的升高混溶度增大，大约 700 ℃ 以上形成完全类质同象系列。

这一类 K、Na 长石系列的矿物有透长石、正长石、微斜长石、歪长石和钠长石，前三种矿物是 $K[AlSi_3O_8]$ 的同质多象变体，称为钾长石。

【结晶形态】

透长石属于单斜晶系，斜方柱晶类，对称型为 $2/m$。晶体形态呈厚板状、柱状、粒状、块状（图 6-3-2）。主要单形有 {110}、{101}、{001}、{010}。

（a）透长石（法国）　　　（b）透长石（意大利）　　　（c）透长石（德国）

图 6-3-2　透长石

存在多种双晶形式（图 6-3-3），类型有：卡斯巴律接触双晶、卡斯巴律穿插双晶、巴维诺律双晶、曼尼巴律双晶、钠长石律双晶、肖钠长石律双晶。钾长石发育卡斯巴律双晶和格子状双晶，斜长石发育聚片双晶。

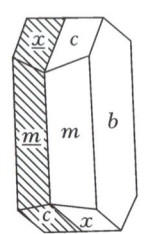 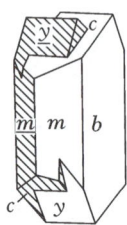 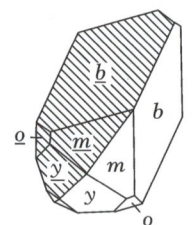 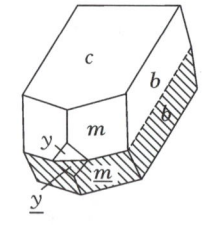

（a）卡斯巴律接触双晶　　（b）卡斯巴律穿插双晶　　（c）巴维诺左律双晶　　（d）曼尼巴律双晶

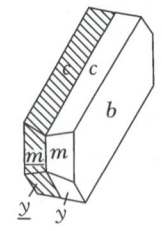 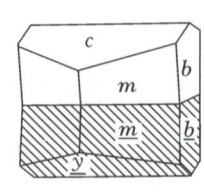

（e）钠长石律双晶　　（f）肖钠长石律双晶

图 6-3-3　常见的长石双晶（带斜线的晶面为双晶另一单体）

【物理特征】

透长石的颜色呈无色、白色、灰色、黄白色、微红白色等，有时呈绿色、蓝绿色、褐色、灰黑色等，与含的微量成分及包体有关。条痕为白色。透明至半透明。玻璃光泽、珍珠光泽。色散较弱。多色性无色。

二轴晶(−)。折射率为 Np=1.518～1.525、Nm=1.523～1.530、Ng=1.525～1.531，双折射率为 0.007。2V−60°(测量)、48°～64°(计算)。

{001}、{010}解理完全,夹角近于 90°。性脆。断口呈不均匀、不平整的贝壳状。摩氏硬度为 6,相对密度为 2.56～2.62(测量)、2.56(计算),并会随成分、品种不同而变化。

【晶体结构】

透长石属于单斜晶系,空间群为 $C2/m$。晶胞参数:$a=0.856$ nm、$b=1.299$ nm、$c=0.719$ nm,$\beta=116.02°$,$Z=4$。X 射线粉晶主要衍射数据 $d(\text{Å})(I/I_{max})$ 为 3.27(75)、3.26(100)、3.22(90)(图 6-3-4)。晶体结构见图 6-3-5。

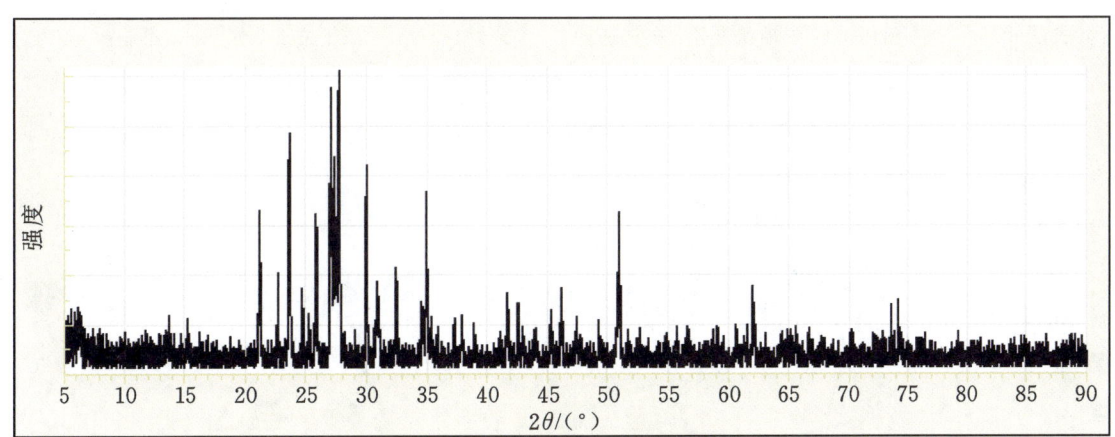

图 6-3-4　透长石的 X 射线粉晶衍射图

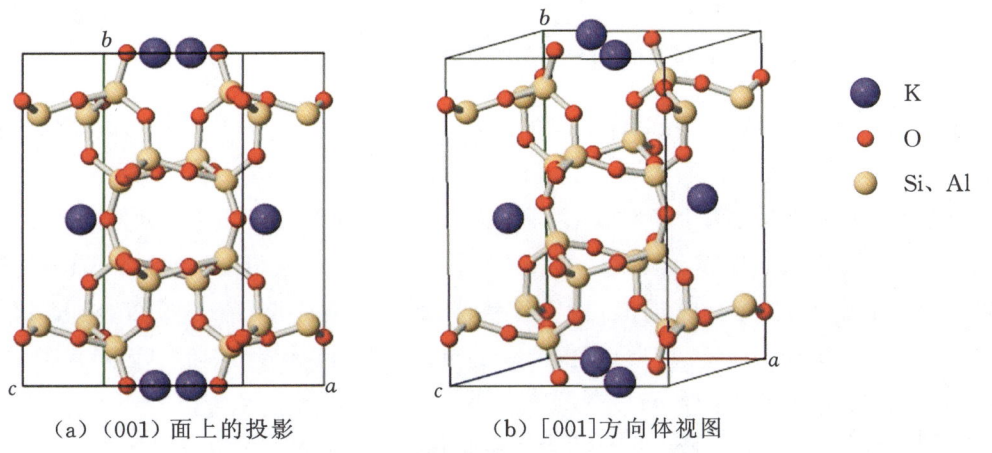

（a）(001)面上的投影　　（b）[001]方向体视图

图 6-3-5　透长石的晶体结构(原子排布位置)

透长石是高温和速冷下形成的矿物,而正长石、微斜长石是一种低温稳定的矿物。

在晶体结构中可含有较多的钠,在较低温度时形成平衡的两种多型。透长石与高温钠长石构成一系列固体,中间成分称为歪长石。

经透长石(极高温形态)、正长石,直到钾微斜长石,晶体结构中的 Si、Al 排列从完全无序到完全有序分布。透长石是快速冷却的(结构只在 700 ℃以上稳定),Al 和 Si 在晶体格架中呈无序分布(图 6-3-6)。透长石和钠长石可相互替换,形成各种中间矿物,如歪长石。

碱性长石中 Al 与 Si 的原子数之比为 3∶1(图 6-3-7),结构中每 4 个 Si(Al)氧四面体中有 3 个为 Si 所占据,还有 1 个为 Al 所占据。

微斜长石属三斜晶系,在其结构中有 4 种不同的硅 Si(Al)氧四面体位置,分别记为 T_{1o}、T_{1m}、T_{2o} 和 T_{2m}。微斜长石中的 Al 的占位率(在某一位置中出现的几率)可用 $T_{1o}>T_{1m}>T_{2o}=T_{2m}$ 表示。如

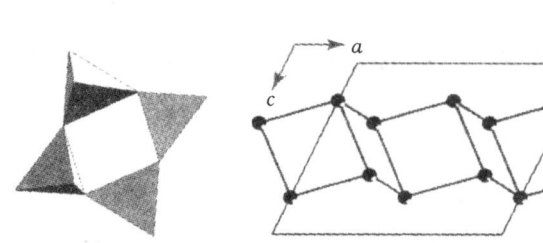
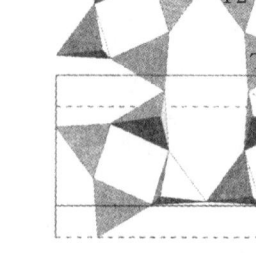

(a) [TO₄]四面体组成四元环　　(b) (010)面投影,[TO₄]组成四元环构成曲轴状链沿a方向延伸　　(c) ($\bar{2}$01)面投影,[TO₄]组成四元环以角顶连接构成层,分为T_1、T_2,阳离子位于八元环内。晶胞内mm为对称面

Al 和 Si 占位完全无序,位于[(Al,Si)O₄]四面体位置,K 呈九次配位。

图 6-3-6　透长石的晶体结构(配位多面体)

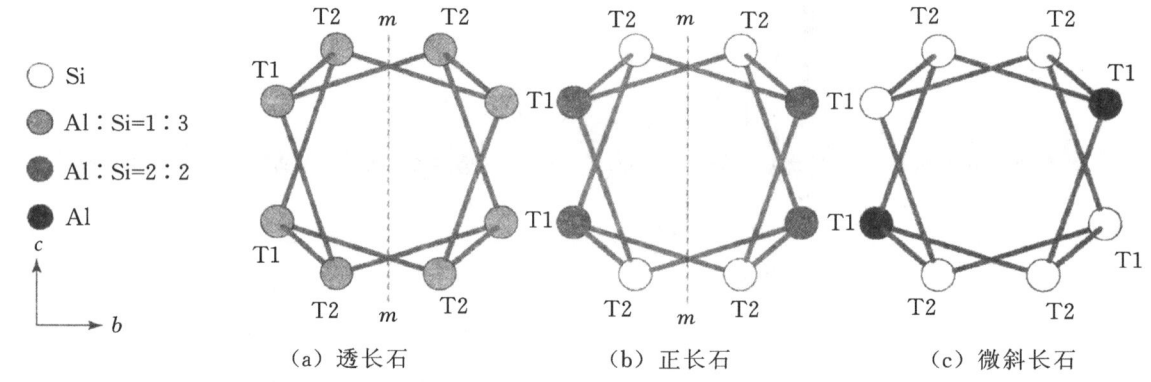

(a) 透长石　　(b) 正长石　　(c) 微斜长石

图 6-3-7　长石结构中 Al 在不同四面体位置上的分布(mm 为对称面)

果 Al 只占据 T_{1o} 位置,而在其余位置上都不出现,即 $T_{1o}=1$,$T_{1m}=T_{2o}=T_{2m}=0$,此种微斜长石称为最大微斜长石。

$T_{1o} \neq 1$ 的其他微斜长石称为中微斜长石。对透长石和正长石而言,Al 在两种 T_1 位置上的占位率相等,在两种 T_2 位置上也相等,因而 T_1 和 T_2 位置都不再有 o 位和 m 位之分,晶体呈单斜对称。按 Al 在两个 T_1 位置的占位率 $2T_1$ 的值,将单斜钾长石分为:高透长石 $0.5 \leqslant 2T_1 \leqslant 0.667$、低透长石 $0.667 < 2T_1 < 0.74$、正长石 $0.74 \leqslant 2T_1 \leqslant 1$。占位率不同,反映了长石结构中的 Al/Si 有序度不同;对微斜长石而言,还反映了结构偏离单斜对称程度的大小。

后者也可用三斜度来表征。将正长石和最大微斜长石的三斜度分别定义为 0 和 1。占位率、有序度及三斜度可以 X 射线衍射或红外吸收光谱、光学参数等进行测量。

钠长石的结构态可与钾长石对应。钠长石有两种变体,分别称为"低钠长石"和"高钠长石";后者也被称为"analbite"。虽然这两种变体都是三斜晶系,但它们的晶胞体积不同,"高"形式的晶胞体积稍大。"高"型可以通过加热到 750 ℃以上从"低"型产生状态。进一步加热到 1050 ℃以上时,晶体对称性从三斜晶系变为单斜晶系;这种变体也被称为"monalbite"。在自然界,还未发现介于高钠长石和低钠长石两种结构态之间的钠长石变体。

透长石是一种高温、铝硅完全无序分布的钾长石形式,其他以 K 为主的长石是微斜长石(完全有序)和正长石(部分有序)。

【产状产地】

透长石主要产于快速冷却的酸性和碱性喷出岩、长英质火山岩中,如粗面岩、响岩、黑曜岩、流纹岩、石英二长安山岩、中酸性凝灰岩,多呈斑晶产出,是在高温下结晶、在骤冷情况下保存的变种物。

透长石在岩浆中结晶,并随岩浆喷发至地表或侵入于近地表的地壳浅处,经历了快速冷却过程,常含有较多的钠长石分子(Ab)。正长石和微斜长石往往含少量的钠长石分子(Ab),并有少量 Fe^{3+} 类质同象替代 Al^{3+}。歪长石是 Ab 和 Or 组分的固溶体混晶,可含少量 An 组分,其量随歪长石中 Ab 组分的增高而增加。钠长石则是 $Na[AlSi_3O_8]$ 的端员矿物。

由于离溶作用,高温时由 Ab 和 Or 两种组分组成的均匀碱性长石混晶,在温度下降至一定程度时,分离为两种晶体,并互相定向交生,形成条纹长石或反条纹长石。条纹长石基体为钾长石,条纹为钠长石;反条纹长石则相反。其中条纹凭肉眼可以分辨的,称为显纹长石;要借助显微镜才能见到条纹的称为微纹长石;只能用 X 射线衍射方法才能分辨的则为隐纹长石。

透长石主要产地有德国、法国、意大利、斯里兰卡、缅甸、印度、澳大利亚、马达加斯加、坦桑尼亚、肯尼亚、墨西哥、巴西、美国等。

【主要用途】

透长石在地质学、物理学、化学、材料学、环境科学、晶体学、矿物学、宝石学方面都有重要意义。

天河石是含 Rb 和 Cs 的微斜长石变种,呈鲜绿色,亮蓝绿色;冰长石是结晶温度较低、纯净透明的正长石或微斜长石;月光石是在特定切面上呈柔和蓝色、白色闪光的隐纹长石。它们都是珍贵宝石材料。一些含有鳞片状金属矿物的透长石是宝石日光石的主要来源。

重要的光学效应如下。

① 月光效应。月光石的颜色有无色、白色、粉红色、橙黄色、黄色、绿色、褐色及灰色,红色的色调由针铁矿包体所造成。月光效应是由正长石与其所包含的钠长石的交互薄层对光干涉的差异所造成的。钠长石晶体非常小、互层很薄时产生蓝色,钠长石晶体粗大、呈板状则显白色闪光。

② 猫眼效应。长石中含有大量而平行排列的针管状包体时,可出现猫眼效应。

③ 格子状或斑纹状颜色。天河石,指含有微量元素 Rb、Sr 的绿色或蓝绿色的微斜长石两种,是以钾长石为主的钾长石和钠长石的固溶体,当温度降低时,钠长石从钾长石中出溶,所以在低温中稳定。

④ 砂金效应(日光效应)。日光石是一种含赤铁矿或针铁矿包体的长石,包体反射出相互平行的光线,显示出一种金黄色到褐色色调的闪光,称为砂金效应。

⑤ 晕彩效应。具晕彩效应的拉长石由两种长石相的超显微连生体所构成,一部分是纯钠长石,另一部分为富钙的斜长石。从特定方向观察可见带有蓝色、绿色、紫色、黄色等色彩。产于芬兰的拉长石具有晕彩效应。

正长石

【化学性质】

正长石是一种含 K 的 $[AlSi_3O_8]$ 架状基型硅酸盐类矿物,其晶体化学式为 $K[AlSi_3O_8]$。主要成分为 K、Al、Si、O,类质同象替代成分有 Na、Fe、Ba、Ca、Rb、Cs,常含有钠长石 $Na[AlSi_3O_8]$,有时达 30%。

化学成分中氧化物的质量分数为 K_2O 16.92%、Al_2O_3 18.32%、SiO_2 64.76%。

正长石中 K 端元为 $K[AlSi_3O_8]$,斜长石中 Na 端元为 $Na[AlSi_3O_8]$,它们之间常会形成固溶体系列,还可以形成钡长石-正长石系列。

正长石亚族矿物主要有透长石、微斜长石、冰长石、天河石、歪长石及一种含包体的日光石。$K[AlSi_3O_8]$ 的低温相为微斜长石。

【结晶形态】

正长石属于单斜晶系,斜方柱晶类,对称型为 $2/m$。晶体形态呈长板状、厚板状、短柱状,集合体呈粒状、块状(图 6-3-8、图 6-3-9)。主要单形有 $\{110\}$、$\{101\}$、$\{001\}$、$\{010\}$。双晶常见类型有卡斯巴接触双晶、卡斯巴穿插双晶、巴维诺双晶、曼尼巴双晶。

（a）正长石（意大利）

（b）正长石（葡萄牙）

（c）正长石（美国科罗拉多）

图 6-3-8　正长石

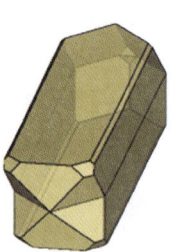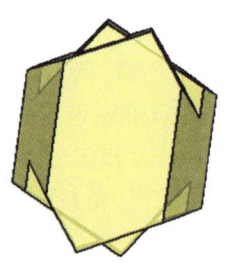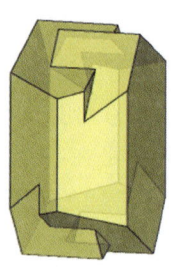

图 6-3-9　正长石的结晶形态和双晶

【物理特征】

正长石的颜色呈无色、白色、灰白色、粉红色、浅黄白色、浅黄红色、绿色、黄绿色、黄褐色等。条痕为白色。透明至半透明。玻璃光泽、半玻璃光泽、珍珠光泽、油脂光泽。多色性弱，色散较弱。

二轴晶（−）。折射率为 Np=1.518～1.520、Nm=1.522～1.524、Ng=1.522～1.525，双折射率为 0.004～0.006。2V=35°～75°（测量）、52°～70°（计算），2V=70°，大于透长石。

{001}、{010}解理完全，相互垂直。性脆。断口呈不平整、不均匀的贝壳状。摩氏硬度为 6～6.5，相对密度为 2.55～2.63（测量）、2.56（计算）。

【晶体结构】

正长石属于单斜晶系，空间群为 $C2/m$。晶胞参数：$a=0.856$ nm、$b=1.296$ nm、$c=0.730$ nm，$\beta=116.07°$，$Z=4$。X 射线粉晶主要衍射数据 $d(\text{Å})(I/I_{max})$ 为 4.22(70)、3.77(80)、3.47(45)、3.31(100)、3.29(60)、3.24(65)、2.99(50)（图 6-3-10）。晶体结构见图 6-3-11、图 6-3-12。相关多型有微斜长石、透长石等。

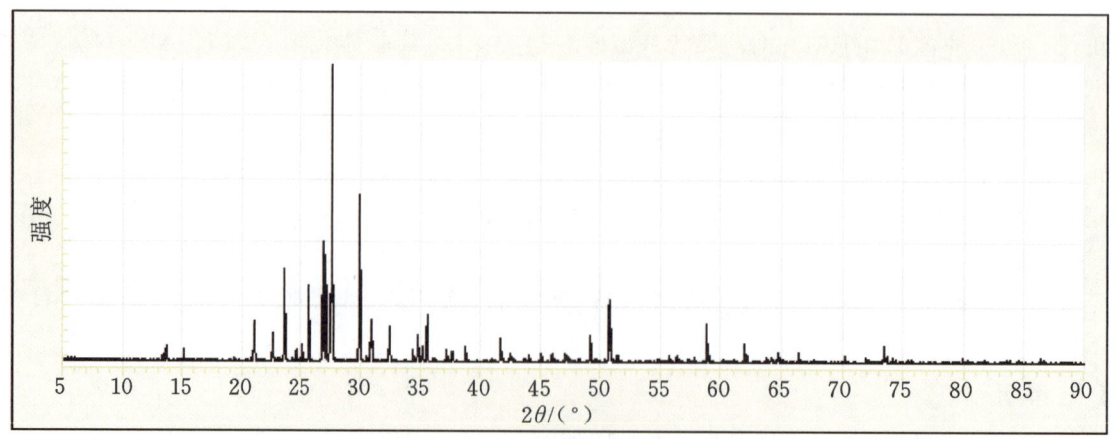

图 6-3-10　正长石的 X 射线粉晶衍射图

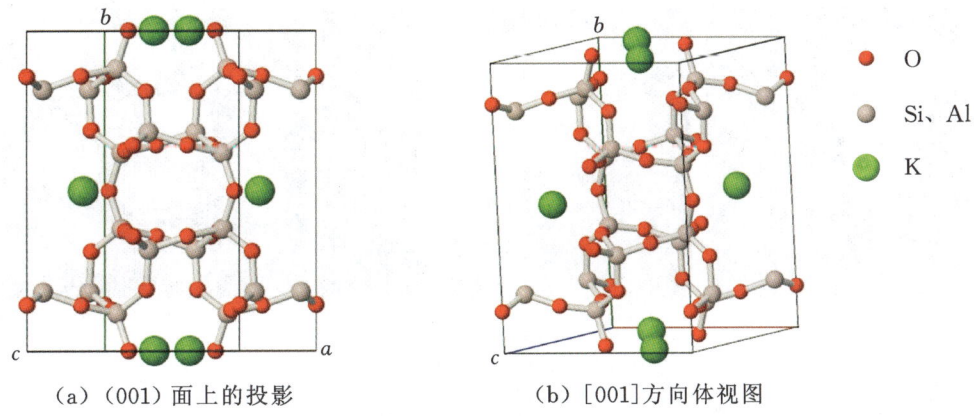

(a)（001）面上的投影　　　　(b)［001］方向体视图

图 6-3-11　正长石的晶体结构的晶体结构

【产状产地】

正长石广泛分布于中性、酸性和碱性岩浆岩、火山碎屑岩中，也分布于钾长片麻岩和花岗混合岩以及长石砂岩和硬砂岩中，还常在伟晶岩中形成巨大的晶体和块体。在地球内部缓慢冷却条件下，富含钠的钠长石片层通过出溶形成，使剩余的正长石富含钾，形成两种长石共生。正长石风化后变为绢云母、高岭石等黏土矿物。

正长石主要产地有俄罗斯、斯里兰卡、马达加斯加、格陵兰岛、挪威、西班牙、葡萄牙、美国（科罗拉多）。

俄罗斯乌拉尔产的最大的正长石单晶体（10 m×10 m×0.4 m）重约 100 t。宝石品种有马达加斯加的黄色正长石，斯里兰卡的猫眼正长石，格陵兰岛的浅褐色透明正长石，挪威的深橙红色日光石。

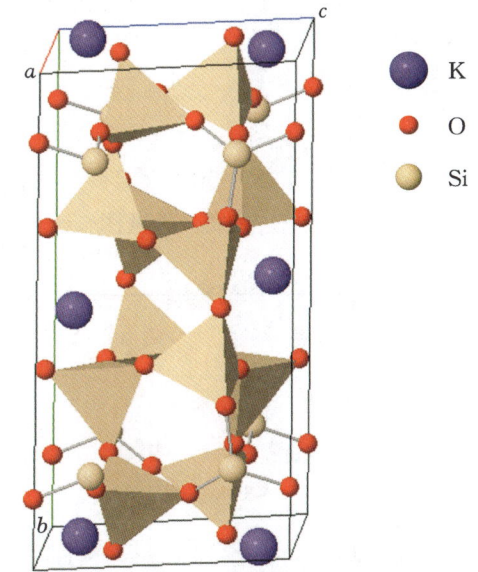

图 6-3-12　正长石的晶体结构（配位多面体）

【主要用途】

正长石在地质学、物理学、化学、材料学、环境科学、晶体学、矿物学、宝石学方面都有重要意义。是重要的造岩矿物，也是重要的矿物收藏品。正长石是陶瓷、玻璃的重要原料，也可用于制造钾肥。

歪长石

【化学性质】

歪长石是一种含 Na、K 的［$AlSi_3O_8$］架状基型硅酸盐类矿物，其晶体化学式为（Na,K）［$AlSi_3O_8$］。主要成分为 Na、K、Al、Si、O，类质同象替代成分有 Fe、Ca。

化学成分中氧化物的质量分数为 K_2O 4.42%、Na_2O 8.73%、Al_2O_3 19.15%、SiO_2 67.70%。

【结晶形态】

歪长石属于三斜晶系，单面晶类，对称型为 1。晶体形态呈粒状、短柱状等（图 6-3-13）。

【物理性质】

歪长石的颜色呈无色、灰色、灰粉色、绿色、黄色。条痕为白色。透明。玻璃光泽。色散弱。多色性弱。

二轴晶（−）。折射率为 Np＝1.519～1.529、Nm＝1.524～1.534、Ng＝1.527～1.536，双折射率为

(a) 歪长石（墨西哥）

(b) 歪长石（葡萄牙）

(c) 歪长石（澳大利亚）

图 6-3-13　歪长石

0.007～0.008。$2V=34°\sim60°$（测量）、$64°\sim74°$（计算）。

{001}、{010}解理完全。性脆。断口呈不平整、不规则的贝壳状。摩氏硬度为 6～6.5，相对密度为 2.57～2.60（测量）、2.64（计算）。

【晶体结构】

歪长石属于三斜晶系，空间群为 $C\overline{1}$。晶胞参数：$a=0.828$ nm、$b=1.297$ nm、$c=0.715$ nm、$\alpha=91.05°$、$\beta=116.26°$、$\gamma=90.15°$、$Z=4$。X 射线粉晶主要衍射数据 d(Å)(I/I_{max}) 为 4.106(16)、3.243(90)、3.211(100)。晶体结构见图 6-3-14。

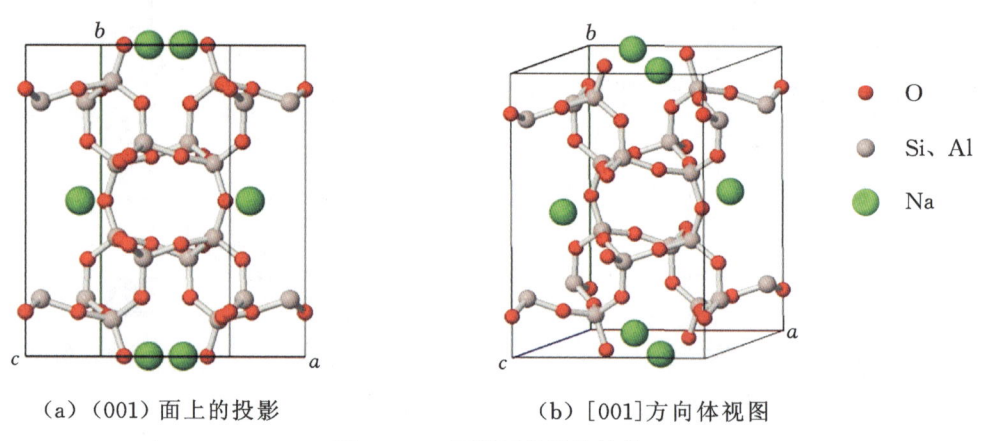

(a) (001)面上的投影　　　　(b) [001]方向体视图

图 6-3-14　歪长石的晶体结构

【产状产地】

歪长石指在高温钠长石-透长石系列中铝硅酸钾含量小于 40% 的中间成员，歪长石常呈晶体状，产在富钠的火山岩或安山熔岩中，也可产于高温钠质火山岩和浅成岩石中，主要产地有墨西哥、葡萄牙、意大利、澳大利亚。

【主要用途】

歪长石在地质学、物理学、化学、晶体学、矿物学方面都有一定意义。

微斜长石

【化学性质】

微斜长石是一种含 K 的[AlSi$_3$O$_8$]架状基型硅酸盐类矿物，其晶体化学式为 K[AlSi$_3$O$_8$]。主要成分为 K、Al、Si、O，类质同象替代成分有 Ca、Na、Li、Cs、Rb、Fe、H$_2$O、Pb。经常含有较多的 Na，由于含 Rb 和 Cs 可形成一种亮绿色、亮蓝绿的微斜长石变种（天河石）。

化学成分中氧化物的质量分数为 K$_2$O 16.92%、Al$_2$O$_3$ 18.32%、SiO$_2$ 64.76%。

【结晶形态】

微斜长石属于三斜晶系,单面晶类,对称型为 1。晶体常呈自形或半自形晶,板状、柱状、粒状、块状等(图 6-3-15)。常见双晶有卡斯巴双晶、巴韦诺双晶、曼巴赫双晶等。离溶的钠长石晶片,可显示为钠长石双晶和斜长石双晶,是一种特别的具有细片格子状、有绿色和白色闪光的双晶(图 6-3-16)。

(a)微斜长石(阿根廷)

(b)微斜长石(西班牙)

(c)微斜长石(美国科罗拉多)
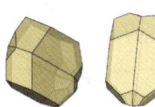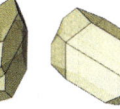
(d)微斜长石的晶体形态及双晶

图 6-3-15　微斜长石

【物理特征】

微斜长石的颜色一般与正长石相同,常呈白色、灰色、绿色、蓝绿色、灰黄色、黄色、褐色、棕褐色、粉红色等。条痕为白色。玻璃光泽。透明至半透明。含 Rb 和 Cs 的变种(天河石)呈色调不均的绿色、蓝色、蓝绿色。玻璃光泽,解理面微具珍珠光泽。色散较弱。多色性无。荧光为桃红色。

图 6-3-16　微斜长石格子双晶

二轴晶(一)。折射率为 Np=1.514~1.529、Nm=1.518~1.533、Ng=1.521~1.539,双折射率为 0.007~0.010。$2V$=66°~103°(测量)、80°(计算)。

{001}、{010}解理完全,交角接近 90°41′,近直角。性脆。断口为不规则、不均匀的贝壳状。摩氏硬度为 6~6.5,相对密度为 2.54~2.57(测量)、2.56(计算)。

【晶体结构】

微斜长石属三斜晶系,空间群为 $C\overline{1}$。晶胞参数:a=0.858 nm、b=1.297 nm、c=0.722 nm、α=90.65°、β=115.93°、γ=87.78°,Z=4。X 射线粉晶主要衍射数据 d(Å)(I/I_{max})为 4.225(58)、3.292(100)、3.241(96)(图 6-3-17)。晶体结构见图 6-3-18。相关多型有正长石、透长石等。

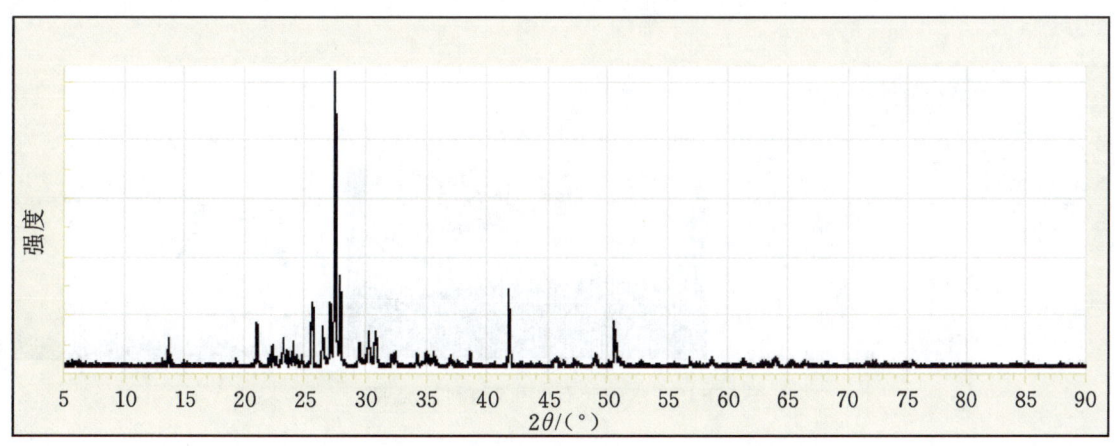

图 6-3-17　微斜长石的 X 射线粉晶衍射图

【产状产地】

微斜长石为常见的矿物,分布较广,产于酸性和中性的花岗岩、花岗闪长岩、正长岩中,也产于热

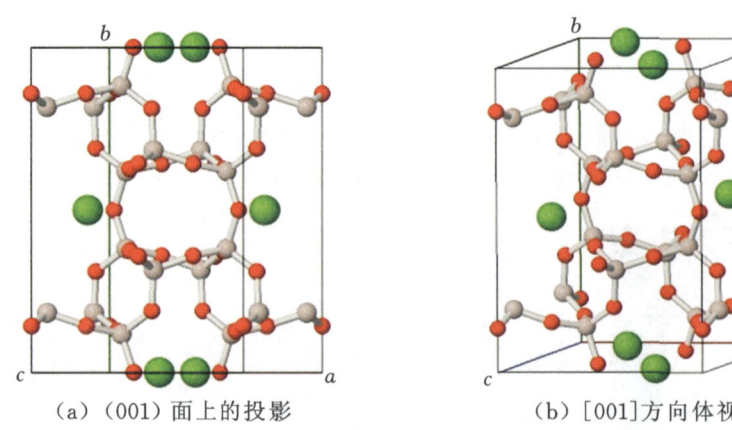

(a)（001）面上的投影　　　(b)[001]方向体视图

图 6-3-18　微斜长石的晶体结构

液变质岩中,还是伟晶岩脉的主要成分。其中天河石为常见的矿物,产在火山岩中。共生矿物有石英、钠长石、云母、霞石等。

微斜长石主要产地有挪威、西班牙、马拉维、莫桑比克、秘鲁、阿根廷、巴西、加拿大、美国（科罗拉多）等。中国主要产地有四川、新疆、甘肃、内蒙古、云南、江苏等。

【主要用途】

微斜长石可用作玻璃混料、陶瓷配料。天河石可用来提取铷和铯。天河石可作为珍贵宝石加工成戒面、用来雕刻,也可用作装饰石料。微斜长石在地质学、物理学、化学、材料学、环境科学、晶体学、矿物学、宝石学方面都有重要意义。

水铵长石

【化学性质】

水铵长石是一种含 NH_4 及 H_2O 的[$AlSi_3O_8$]架状基型硅酸盐类矿物,它的晶体化学式为 $NH_4[AlSi_3O_8]\cdot nH_2O$。主要成分为 NH_4、Al、Si、O、H_2O,类质同象替代成分有 Mg、Ca、Ba、Na、K。

化学成分中氧化物的质量分数为 Al_2O_3 19.15％、SiO_2 67.69％、H_2O 3.38％、$(NH_4)_2O$ 9.78％。

【结晶形态】

水铵长石属于单斜晶系,轴双面或斜方柱类,对称型为 2 或 $2/m$。晶体形态呈细小粒状、粉末状（图 6-3-19）。

图 6-3-19　水铵长石（美国加利福尼亚）

【物理特征】

水铵长石的颜色呈无色、白色、灰白色。条痕为白色。透明至半透明。半玻璃光泽、土状光泽。色散弱。多色性无。

二轴晶（＋）。折射率为 $Np=1.530$、$Nm=1.531$、$Ng=1.534$,双折射率为 0.004。$2V=60°$（测

量)、60°(计算)。

{001}、{010}解理完全。性脆。断口呈不均匀、不平整的小碎粒、次贝壳状。摩氏硬度为 5.5,相对密度为 2.32(测量)、2.38(计算)。

【晶体结构】

水铵长石属于单斜晶系,空间群为 $P2_1$、$P2_1/m$。晶胞参数:$a=0.857$ nm、$b=1.303$ nm、$c=0.718$ nm,$\beta=112.73°$,$Z=4$。X 射线粉晶主要衍射数据 d(Å)(I/I_{max}) 为 6.52(100)、5.91(40)、4.33(70)、3.81(100)、3.38(70)、3.26(60)、3.23(70)、3.01(40)(图 6-3-20)。晶体结构见图 6-3-21。

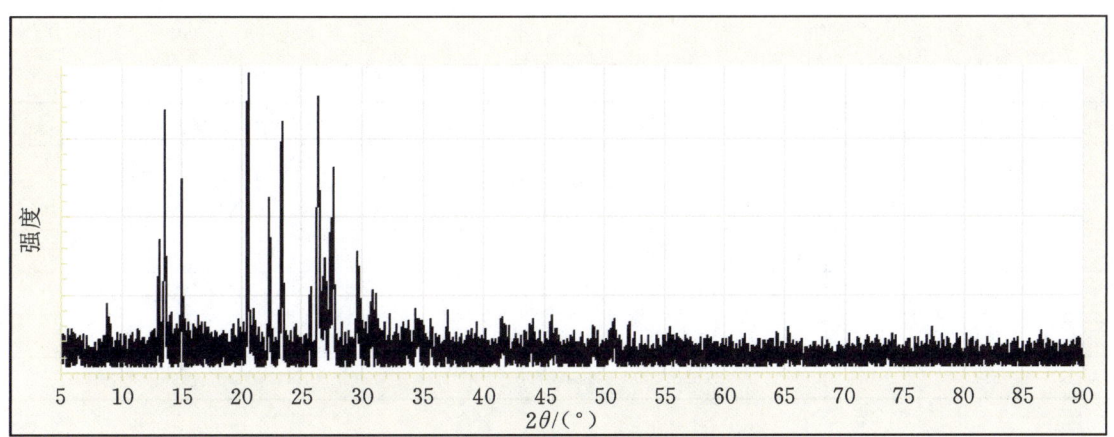

图 6-3-20　水铵长石的 X 射线粉晶衍射图

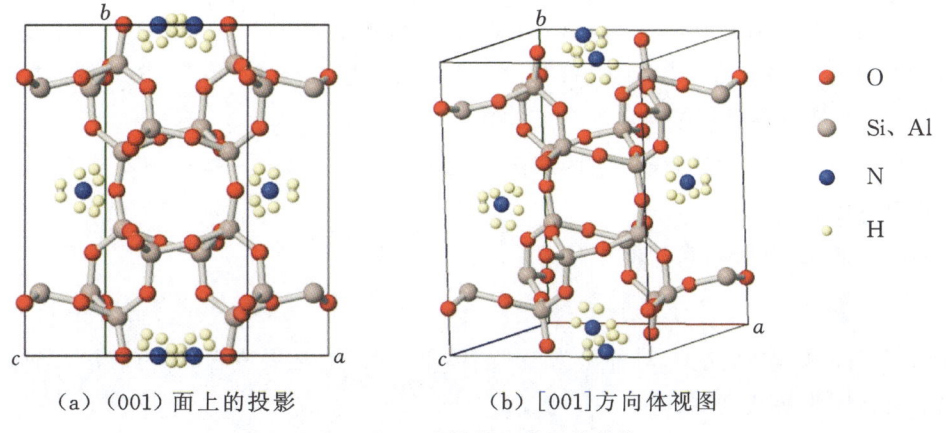

(a) (001) 面上的投影　　(b) [001] 方向体视图

图 6-3-21　水铵长石的晶体结构

【产状产地】

斜长石在铵水作用下会形成一种水铵长石,主要产地有美国的新泽西、加利福尼亚。

【主要用途】

水铵长石在地质学、物理学、化学、材料学、环境科学、晶体学、矿物学、宝石学方面都有重要意义。

斜长石

【化学性质】

长石族矿物中,斜长石(图 6-3-22)亚族属于钠长石 $Na[AlSi_3O_8]$-钙长石 $Ca[Al_2Si_2O_8]$(Ab-An)的完全类质同象系列矿物的统称,它是最重要的造岩矿物之一。

根据端元组分含量,一般将斜长石划分为六个种属,包括钠长石、更长石、中长石、拉长石、培长石和钙长石(表 6-3-1)。最常见的斜长石是更长石,最少见的是培长石。

(a) 钠长石（意大利）　　(b) 更长石（墨西哥）　　(c) 拉长石（加拿大）　　(d) 钙长石（德国）

图 6-3-22　斜长石

表 6-3-1　斜长石的类质同象系列矿物成分

名称	成分组成	化学式
钙长石	An100Ab0—An90Ab10	$Ca_{0.95}Na_{0.05}[Al_{1.95}Si_{2.05}O_8]$
培长石	An90Ab10—An70Ab30	$Ca_{0.8}Na_{0.2}[Al_{1.8}Si_{2.2}O_8]$
拉长石	An70Ab30—An50Ab50	$Ca_{0.6}Na_{0.4}[Al_{1.6}Si_{2.4}O_8]$
中长石	An50Ab50—An30Ab70	$Na_{0.6}Ca_{0.4}[Al_{1.4}Si_{2.6}O_8]$
更长石	An30Ab70—An10Ab90	$Na_{0.8}Ca_{0.2}[Al_{1.2}Si_{2.8}O_8]$
钠长石	An10Ab90—AnAb100	$Na_{0.95}Ca_{0.05}[Al_{1.05}Si_{2.95}O_8]$

岩石学中将钠长石、更长石称为酸性斜长石，中长石称为中性斜长石，而将拉长石、培长石、钙长石称为基性斜长石。

斜长石中，常有 Or 存在。一般来说，含 An 越多的斜长石，含 Or 分子越少，常不超过 5%，但含 An 少者则含 Or 稍多。斜长石中含有少量的 Ti^{4+}、Fe^{3+}、Fe^{2+}、Mn^{2+}、Mg^{2+}、Sr^{2+} 等。Ti^{4+} 及 Fe^{3+} 置换结构中的 Al^{3+}，而其他离子置换结构中的 Ca^{2+}。

两端元矿物结构差异大，它们在一些区间是不混溶的，在常温下一些区间不能相互混溶，形成两相长石的显微连生体。

钠长石不溶于盐酸，钙长石在盐酸中分解。

【结晶形态】

斜长石属三斜晶系，单面晶类，对称型为1。晶体平行{010}延展成板状，有时沿 a 轴延伸，但很少沿 c 轴延伸。集合体为块状、粒状等。

斜长石的双晶形式多种多样，最常见的是钠长石律和肖钠长石律。不出现钠长石律聚片双晶的斜长石是极其罕见的。聚片双晶中，每个单体都很薄（微米级），在{001}解理面、晶面上常见密集的聚片双晶纹。斜长石中还常出现卡斯巴律双晶、钠长石律-卡斯巴律复合双晶，巴维诺律和曼尼巴律双晶比较少见。

【物理特征】

斜长石的颜色呈白色、灰白色、灰色、蓝白色、红白色、绿白色，常有杂质成分引起其他色调变化。条痕为白色。玻璃光泽。透明、半透明。

钠长石为二轴晶（+），钙长石为二轴晶（−）。

斜长石的成分通常以钙长石（An%）或钠长石（Ab%）的百分数表示。

在偏光显微镜下，可以测定斜长石的折射率或消光角的大小。

{001}、{010}解理完全，交角近 90°。性脆。摩氏硬度为 6～6.5，相对密度为 2.62（Ab）～2.76（An）。斜长石的许多物理性质，如相对密度、折射率、消光角等都是随着成分的规律变化而变化，如含 Ab 高者相对密度小，含 An 越多，则相对密度越大。

【晶体结构】

斜长石属三斜晶系,空间群为 $C\bar{1}$。斜长石系列是架状基型晶体结构的硅酸盐,是一种连续的类质同象系列矿物。该矿物系列从钠长石端元到钙长石端元,含有 $Na[(AlSi_3)O_8]$ 到 $Ca[(Al_2Si_2)O_8]$ 的组分,其中 Na 原子和 Ca 原子之间可以在矿物晶体结构中相互替代。

【产状产地】

斜长石是地球地壳中一类常见和重要的造岩矿物,广泛地分布于酸性、中性、基性岩,变质岩以及伟晶岩,以及多种沉积碎屑岩中。斜长石也是月球、火星等其他星球上岩石的主要组成部分。因此,岩石学中鉴定岩浆岩的组成成分、地质成因和演化过程等也是重要的研究内容。

斜长石常与石英、正长石、黑云母、白云母、角闪石、辉石、橄榄石、绿帘石、电气石、绿柱石、磷灰石等多种矿物,形成不同的共生组合。

【主要用途】

斜长石系列矿物是矿物学、岩石学、地质学研究重要对象。斜长石也是陶瓷、玻璃的主要原材料。色泽美丽的斜长石可作为宝石材料(如日光石、月光石等)。

钠长石

【化学性质】

钠长石是一种含 Na、Ca,以及 $[Al_{1.05}Si_{2.95}O_8]$ 的架状基型硅酸盐类矿物,其晶体化学式为 $Na_{0.95}Ca_{0.05}[Al_{1.05}Si_{2.95}O_8]$,主要成分为 Na、Ca、Al、Si、O,类质同象替代成分有 Ba、K、Mg 等。钠长石是钠长石-钙长石类质同象系列矿物中钠长石端元矿物,钠长石分子(Ab)占 90%~100%、钙长石分子(An)占 0~10%。钠长石是斜长石亚族矿物中的一种,是常见的斜长石矿物,为重要的造岩矿物。

化学成分中氧化物的质量分数为 Na_2O 11.19%、CaO 1.07%、Al_2O_3 20.35%、SiO_2 67.39%。

【结晶形态】

钠长石属于三斜晶系,单面晶类,对称型为 1。晶体形态呈粒状、短柱状、块状、厚板状(图 6-3-23),主要单形有{001}、{100}、{101}、{010}。双晶现象较普遍,在{001}或{010}上常见接触双晶、复合双晶,聚片双晶。

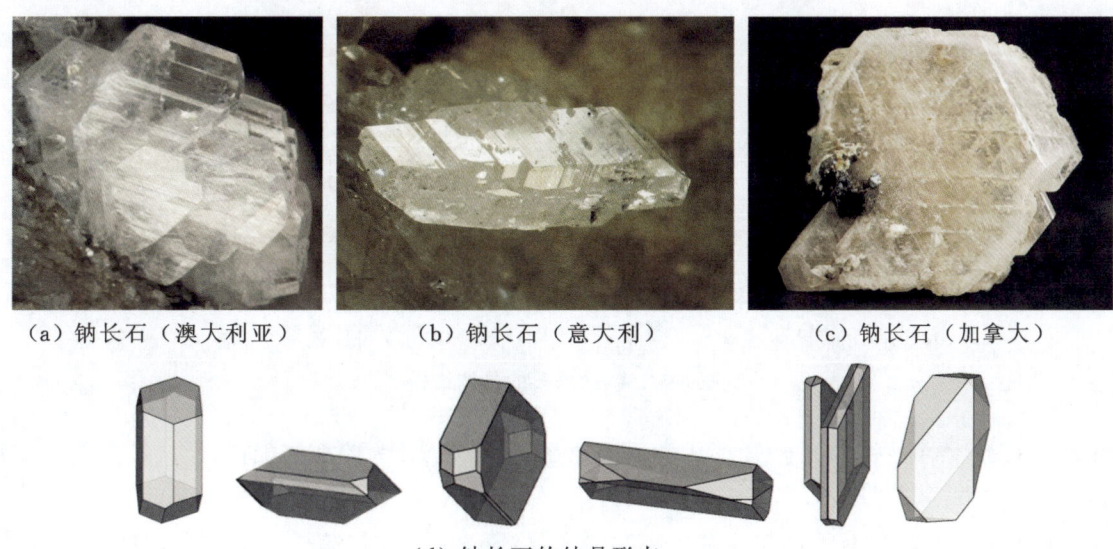

(a) 钠长石(澳大利亚)　　(b) 钠长石(意大利)　　(c) 钠长石(加拿大)

(d) 钠长石的结晶形态

图 6-3-23　钠长石

【物理特征】

钠长石的颜色呈无色、白色、灰色、灰白色、绿灰色、绿色、蓝绿色、蓝色、红色、黄色、黑色等。条痕为白色。透明至半透明。玻璃光泽，解理面呈现珍珠光泽。色散弱，多色性无。发荧光呈红蓝色、白色。

二轴晶(+)。折射率为 Np=1.528～1.533、Nm=1.532～1.537、Ng=1.538～1.542，双折射率为 0.009～0.010。$2V=45°$(测量)、76°～82°(计算)，$2V=85°～90°$(低温)、52°～54°(高温)。

{001}、{010}解理完全，交角 90°。性脆。断口呈不平整、不平坦的次贝壳状。摩氏硬度为 6～6.5，相对密度为 2.60～2.65(测量)、2.62(计算)。

熔点为 1100～1120 ℃，其熔点随化学成分不同而有所变化。

【晶体结构】

钠长石属于三斜晶系，空间群为 $C\bar{1}$。晶胞参数：$a=0.814$ nm、$b=1.279$ nm、$c=0.716$ nm，$\alpha=94.27°$、$\beta=116.58°$、$\gamma=87.67°$，$Z=4$。X 射线粉晶主要衍射数据 $d(\text{Å})(I/I_{max})$ 为 3.752(30)、3.211(30)、3.176(100)(图 6-3-24)。晶体结构见图 6-3-25。

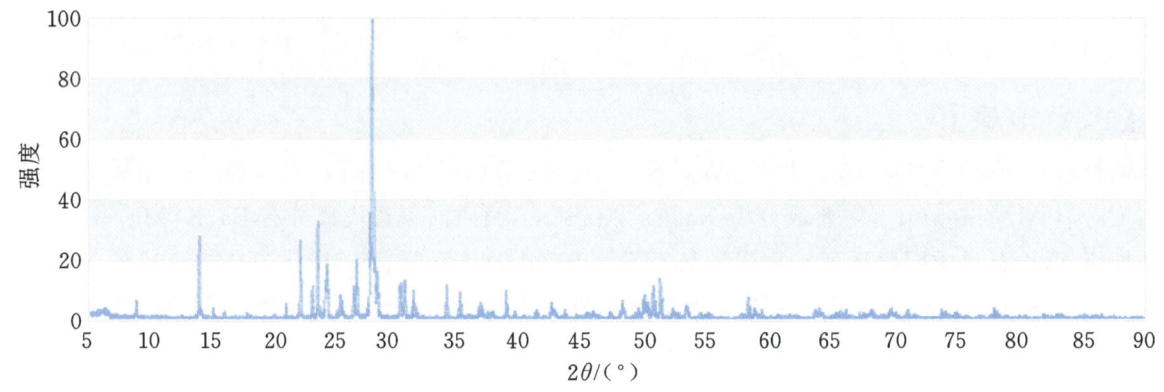

图 6-3-24 钠长石的 X 射线粉晶衍射图

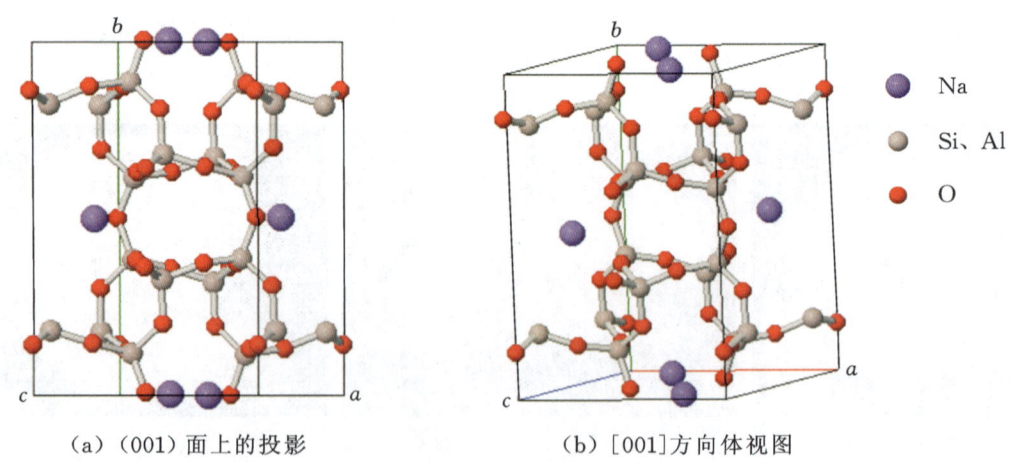

(a) (001)面上的投影　　　(b) [001]方向体视图

图 6-3-25 钠长石的晶体结构

在钠长石晶体结构中，Na 与 Ca 形成类质同象系列，Si 和 Al 为四面体配位，形成较大的空隙被阳离子 Na^+、Ca^{2+} 占据，少量被阳离子 K^+、Ba^{2+} 占据。

低温钠长石和高温钙长石的晶体结构会发生变化，Si 和 Al 在这结构中都占据四面体位置，在低温时 Si 和 Al 的分布是高度有序的，高温(约 1100 ℃)时 Si、Al 的分布无序。

钠长石晶体结构中的[SiO_4]、[AlO_4]四面体，每一四面体都与另一四面体共用一个 O 原子，形成一种三维的骨架。大半径的碱金属或碱土金属阳离子位于骨架内大的空隙中,配位数为9(在三斜晶系长石中)。

【产状产地】

钠长石产于酸性的岩浆岩和伟晶岩中,亦见于低级变质岩中,并作为自生钠长石见于一些沉积岩中,共生伴生的矿物有石英、白云母、黑云母等。

钠长石产地分布较广,主要有巴西、加拿大、德国、瑞典、意大利、澳大利亚、俄罗斯、巴基斯坦、美国(马萨诸塞)、中国等。

【主要用途】

钠长石在地质学、物理学、化学、材料学、环境科学、晶体学、矿物学、宝石学方面都有重要意义,可用于化工、陶瓷、玻璃、磨料等,钠长石还是生产化肥的优质原料。

更长石

【化学性质】

更长石是一种含 Na、Ca,以及 $[Al_{1.2}Si_{2.8}O_8]$ 的架状基型硅酸盐类矿物,晶体化学式为 $Na_{0.8}Ca_{0.2}[Al_{1.2}Si_{2.8}O_8]$。主要成分为 Na、Ca、Al、Si、O,类质同象替代成分有 Ba、K、Mg 等。更长石在钠长石(Ab)与钙长石(An)类质同象系列矿物中,Ab 占 70%~90%,An 占 10%~30%,也可含有少量的钾长石分子(Or)。

化学成分中氧化物的质量分数为 Na_2O 9.34%、CaO 4.23%、Al_2O_3 23.05%、SiO_2 63.38%。

【结晶形态】

更长石属于三斜晶系,单面晶类,对称型为1。晶体形态呈粒状、短柱状、块状、厚板状(图 6-3-26)。主要单形有{001}、{100}、{101}、{010}。双晶现象十分普遍,双晶律多达 20 多种,常见的有钠长石律、曼尼巴律、巴维诺律、卡斯巴律、肖钠长石律的双晶。

(a) 更长石(比利时)　　(b) 更长石(美国纽约)　　(c) 更长石(美国缅因)

图 6-3-26　更长石

【物理特征】

更长石的颜色呈无色、灰色、灰白色、白色、淡黄色、黄色、粉红色、绿色、褐色、黑色等,还有些更长石具有变彩或晕彩。条痕为白色。透明至半透明。玻璃光泽、半玻璃光泽。色散弱,多色性无。荧光呈黄色。

二轴晶(+)。折射率为 N_p=1.533~1.543、N_m=1.537~1.548、N_g=1.542~1.552,双折射率为 0.009。2V=82°(测量)、82°~86°(计算)。

{001}、{010}解理完全,交角近 90°。性脆。断口呈不平整、不平坦的次贝壳状、阶梯状。摩氏硬度为 6~6.5,相对密度为 2.63~2.66(测量)、2.65(计算),随成分中 An 含量增多而增大,随 Or 的增多而减少。

【晶体结构】

更长石属于三斜晶系,空间群为 $C1$。晶胞参数:$a=0.815$ nm、$b=1.278$ nm、$c=0.850$ nm,$\alpha=94.02°$、$\beta=116.33°$、$\gamma=88.67°$,$Z=4$。X 射线粉晶主要衍射数据 d(Å)(I/I_{max})为 4.02(80)、3.74(80)、3.20(100)。

晶体结构中有[SiO_4]、[AlO_4]四面体,每一四面体都与另一四面体共用一个 O 原子,形成一种三维的骨架。大半径的碱金属或碱土金属阳离子位于骨架内大的空隙中,配位数为 9(在三斜晶系长石中)。

【产状产地】

更长石分布很广,为酸性岩浆岩、伟晶岩和变质岩中的主要造岩矿物之一,常见于花岗岩、正长岩、闪长岩和片麻岩,与正长石、石英、黑云母、白云母、绿帘石、方解石等矿物共生。主要产地有挪威、瑞典、墨西哥、美国(纽约、缅因)、俄罗斯、中国等。

【主要用途】

更长石在地质学、物理学、化学、材料学、环境科学、晶体学、矿物学、宝石学方面都有重要意义。可以作为玻璃、陶瓷的工业原料。少数更长石由于含鳞片状镜铁矿呈肉红色,细微包体而显现金黄色闪光(图 6-3-27)(日光石)。

图 6-3-27　更长石(日光石)

中长石

【化学性质】

中长石是一种含 Na、Ca 及[$Al_{1.4}Si_{2.6}O_8$]的架状基型硅酸盐类矿物,为重要的造岩矿物,其晶体化学式为 $Na_{0.6}Ca_{0.4}$[$Al_{1.4}Si_{2.6}O_8$]。主要成分为 Na、Ca、Al、Si、O,类质同象替代成分有 K、Mg 等,含有少量的 Ti、Fe^{3+}、Fe^{2+}、Mn、Mg、Sr 等。Ti^{4+} 及 Fe^{3+} 置换结构中的 Al^{3+},而其他离子置换结构中的 Ca^{2+}。中长石是钠长石与钙长石类质同象系列矿物中的一种。

中长石在钠长石与钙长石的类质同象系列中,Ab 占 50%～70%,An 占 30%～50%,并可含有少量的钾长石。中长石属于中性斜长石。

化学成分中氧化物的质量分数为 Na_2O 6.92%、CaO 8.35%、Al_2O_3 26.57%、SiO_2 58.16%。

【结晶形态】

中长石属于三斜晶系,单面晶类,对称型为 1。晶体形态呈短柱状、针状、粒状、厚板状、块状(图 6-3-28),并沿一结晶轴方向延伸。主要单形有{001}、{100}、{101}、{010}。

双晶现象十分普遍,每个单体都很薄,一般以微米计,可以在晶面或解理面上常见聚片双晶纹。常见有钠长石律、曼尼巴律、巴维诺律、卡斯巴律、肖钠长石律的双晶。

【物理特征】

中长石的颜色呈无色、白色、灰色、绿色、黄色、黄绿色、肉红色,如此多的其他色调是由杂质引起的。条痕为白色。透明至半透明。玻璃光泽、半玻璃光泽、珍珠光泽。无色散,无多色性。

二轴晶(+/-)。折射率为 Np=1.543～1.554、Nm=1.547～1.559、Ng=1.552～1.562,双折射率

（a）中长石（美国缅因）　　（b）中长石（美国缅因）　　（c）中长石（哥伦比亚）

图 6-3-28　中长石

为 0.008～0.009。$2V=76°～83°$（测量）、$78°～84°$（计算）。

{001}、{010}解理完全，交角近 90°。性脆。断口呈不平整、不平坦的次贝壳状、阶梯状。摩氏硬度为 6～6.5，相对密度为 2.66～2.68（测量）、3.11（计算）。含 Ab 高者相对密度小，含 An 越多，则相对密度越大。

【晶体结构】

中长石属于三斜晶系，空间群为 $C\overline{1}$。晶胞参数：$a=0.816$ nm、$b=1.290$ nm、$c=0.916$ nm，$\alpha=93.92°$、$\beta=116.33°$、$\gamma=89.17°$，$Z=4$。X 射线粉晶主要衍射数据 d(Å)(I/I_{max})为 4.04(80)、3.21(100)、3.18(90)。

中长石的晶体结构中[SiO_4]、[AlO_4]四面体，每一四面体都与另一四面体共用一个 O 原子，形成一种三维的骨架。大半径的碱金属或碱土金属阳离子位于骨架内大的空隙中，配位数为 9（在三斜晶系长石中）。

【产状产地】

中长石广泛存在于中性的岩浆岩和变质岩中，共生伴生的矿物有石英、钾长石、白云母、黑云母、角闪石和磁铁矿等，主要产地有哥伦比亚、波兰、日本、美国（缅因）、俄罗斯、中国等。

【主要用途】

中长石是重要的造岩矿物，在地质学、物理学、化学、材料学、环境科学、晶体学、矿物学、宝石学方面都有重要意义。

拉长石

【化学性质】

拉长石是一种含 Na、Ca 及[$Al_{1.6}Si_{2.4}O_8$]的架状基型硅酸盐类矿物，它的晶体化学式为 $Ca_{0.6}Na_{0.4}[(Al_{1.6}Si_{2.4})O_8]$。主要成分为 Na、Ca、Al、Si、O，类质同象替代成分有少量的 Ti^{4+}、Fe^{3+}、Fe^{2+}、Mn、K、Mg、Sr 等。Ti^{4+} 及 Fe^{3+} 置换结构中的 Al^{3+}，而其他离子置换结构中的 Ca^{2+}。

拉长石是钠长石与钙长石形成类质同象系列矿物中一种 Ca 含量较多，而 Na 含量相对较少的矿物，由 30%～50% 的钠长石与 50%～70% 的钙长石分子组成。此外还可有少量的钾长石分子，以及微量钡（BaO 含量小于 0.2%）、锶（SrO 含量小于 0.2%）、铁（$FeO+Fe_2O_3$）及其他杂质成分混入。

拉长石是斜长石固溶体矿物系列中较多钙分子的成员，是斜长石类质同象系列中的一种，与培长石、钙长石同属基性斜长石。

化学成分中氧化物的质量分数为 Na_2O 4.56%、CaO 12.38%、Al_2O_3 30.01%、SiO_2 53.05%。

【结晶形态】

拉长石属三斜晶系，单面晶类，对称型为 1。晶体形态呈短柱状、厚板状、粒状、块状（图 6-3-29）。

主要单形有{001}、{100}、{101}、{010}。双晶现象十分普遍,每个单体都很薄,可以在晶面或解理面上看到聚片双晶纹。常见的有钠长石律、曼尼巴律、巴维诺律、卡斯巴律、肖钠长石律的双晶。

（a）拉长石（芬兰）　　　　（b）拉长石（马达加斯加）　　　（c）拉长石（马达加斯加）

图 6-3-29　拉长石

拉长石有聚片双晶,具有固溶体分离形成的钠长石微细的交互层,以及平行{010}晶面的微细孔隙,因此其透明或半透明矿物常具有一些特殊的光学效应。

【物理特征】

拉长石的颜色呈无色、白色、灰色、灰白色、灰黑色、蓝色、淡绿色、金黄色、褐色、黑色,宝石级的拉长石具有红色、蓝色、绿色的晕彩。条痕为白色。透明至半透明。玻璃光泽、珍珠光泽。色散较弱,多色性无,无荧光。

二轴晶（+）。折射率为 $Np=1.554\sim1.563$、$Nm=1.559\sim1.568$、$Ng=1.562\sim1.573$,双折射率为 $0.008\sim0.010$。$2V=85°$（测量）、$78°\sim86°$（计算）。

{001}、{010}解理完全,交角近 90°。性脆。断口呈不规则、不平坦的次贝壳状、阶梯状。摩氏硬度为 $6\sim6.5$,相对密度为 $2.68\sim2.71$（测量）、2.84（计算）。

【晶体结构】

拉长石属于三斜晶系,空间群为 $C\overline{1}$。晶胞参数：$a=0.816$ nm、$b=1.284$ nm、$c=1.016$ nm、$\alpha=93.5°$、$\beta=116.25°$、$\gamma=89.13°$,$Z=6$。X 射线粉晶主要衍射数据 d(Å)(I/I_{max})为 3.76(70)、3.21(70)、3.18(100)（图 6-3-30）。

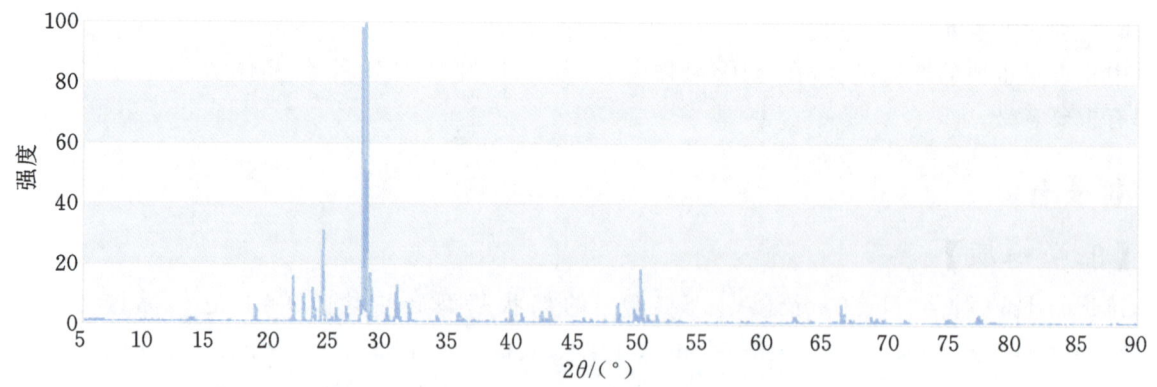

图 6-3-30　拉长石的 X 射线粉晶衍射图

拉长石晶体结构中的[SiO_4]、[AlO_4]四面体,每一四面体都与另一四面体共用一个 O 原子,形成一种三维的骨架。大半径的碱金属或碱土金属阳离子位于骨架内大的空隙中,配位数为 9（在三斜晶系长石中）。

【产状产地】

拉长石产于基性岩浆岩和变质岩中,共生伴生的矿物有角闪石、普通辉石、黑云母等,主要产地有芬兰、马达加斯加、加拿大。

拉长石是一种重要的造岩矿物,广泛出现于各种中、基性和超基性岩中。具变彩的拉长石,以蓝色、黄绿色和红色为佳品。有的具有晕彩,称为晕彩拉长石。主要矿物组合为拉长石、辉石、角闪石、橄榄石以及磁铁矿等。

拉长石,宝石级晕彩拉长石的重要产地有加拿大、马达加斯加、乌克兰、芬兰、挪威、美国(俄勒冈、德克萨斯)、中国(湖北神农架、内蒙古等)等。

【主要用途】

拉长石是一种重要的造岩矿物,是矿物学、岩石学、地质学重要研究对象。拉长石比较常见,可用作装饰材料,其中有些有晕彩的拉长石还被当作宝石,在地质学、物理学、化学、材料学、环境科学、晶体学、矿物学、宝石学方面都有重要意义。

培长石

【化学性质】

培长石是一种含 Ca、Na 及 $[Al_{1.8}Si_{2.2}O_8]$ 的架状基型硅酸盐类矿物,与拉长石、钙长石同属基性斜长石。其晶体化学式为 $Ca_{0.8}Na_{0.2}[Al_{1.8}Si_{2.2}O_8]$。主要成分为 Ca、Na、Al、Si、O,类质同象替代成分有 Na、K、Mg、Ti、Mn、Fe、Sr 等。Ti^{4+} 及 Fe^{3+} 置换结构中的 Al^{3+},而其他离子置换结构中的 Ca^{2+}。培长石是钠长石与钙长石形成类质同象系列矿物中一种 Ca 含量很高,而 Na 含量相对很低的矿物。

在培长石中 Ab 10%～30%,An 70%～90%。

化学成分中氧化物的质量分数为 Na_2O 2.25%、CaO 16.31%、Al_2O_3 33.37%、SiO_2 48.07%。

【结晶形态】

培长石属于三斜晶系,单面晶类,对称型为 1。晶体形态呈粒状、短柱状、块状、厚板状,在岩石中多为柱状、板状、细粒状颗粒(图 6-3-31)。主要单形有 {001}、{100}、{101}、{010}。双晶现象十分普遍,常见的有钠长石律、曼尼巴律、巴维诺律、卡斯巴律、肖钠长石律的双晶。

图 6-3-31　培长石(墨西哥)

【物理特征】

培长石的颜色呈无色、灰白色、白色、绿白色、浅蓝色、浅绿色、浅棕色。条痕为白色。透明、半透明。玻璃光泽、珍珠光泽。色散较强,多色性弱。

二轴晶(+/−)。折射率为 Np=1.563～1.572、Nm=1.568～1.578、Ng=1.573～1.583,双折射率为 0.010～0.011。2V=86°(测量)、80°～88°(计算)。

{001}、{010}解理完全。性脆。断口呈不规则、不平坦的次贝壳状、阶梯状。摩氏硬度为 6～6.5,相对密度为 2.70～2.72(测量)、2.74(计算)。

【晶体结构】

培长石属于三斜晶系,空间群为 C1。晶胞参数:$a=0.817$ nm,$b=1.285$ nm,$c=1.316$ nm,$\alpha=93.50°$、$\beta=116.02°$、$\gamma=90.83°$,$Z=6$。X 射线粉晶主要衍射数据 d(Å)(I/I_{max})为 4.03(80)、3.75(80)、3.20(100)。

培长石的晶体结构中[SiO₄]、[AlO₄]四面体,每一四面体都与另一四面体共用一个 O 原子,形成一种三维的骨架。大半径的碱金属或碱土金属阳离子位于骨架内大的空隙中,配位数为 9(在三斜晶系长石中)。

【产状产地】

培长石产于基性岩浆岩和变质岩中,是一种产于镁铁质岩浆岩中的造岩矿物,如辉长岩和斜长岩。在镁铁质火山岩中也以斑晶的形式出现。共生伴生矿物有角闪石、普通辉石和橄榄石等。主要产地有德国、英国、挪威、加拿大、墨西哥、美国(明尼苏达、俄勒冈、亚利桑那、新墨西哥、宾夕法尼亚)、南非、澳大利亚、中国等。

【主要用途】

培长石是一种重要的造岩矿物,是矿物学、岩石学、地质学重要研究对象。培长石比较常见,有些培长石还被当作宝石。在地质学、物理学、化学、材料学、环境科学、晶体学、矿物学、宝石学方面都有重要意义。

钙长石

【化学性质】

钙长石是一种含 Ca、Na 及 $[Al_{1.95}Si_{2.05}O_8]$ 的架状基型硅酸盐类矿物,其晶体化学式为 $Ca_{0.95}Na_{0.05}[Al_{1.95}Si_{2.05}O_8]$。主要成分为 Ca、Na、Al、Si、O,类质同象替代成分有 K、Mg、Ti、Fe 等。钙长石是钠长石与钙长石形成类质同象系列矿物中一种富 Ca 的端元,是含 Ca 非常多,而 Na 很少的矿物。

在钠长石和钙长石组成的连续的类质同象固溶体系列中,含量(Ab)0%～10%、(An)90%～100%的矿物称钙长石。钙长石与拉长石、培长石同属基性斜长石。

化学成分中氧化物的质量分数为 Na_2O 0.56%、CaO 19.20%、Al_2O_3 35.84%、SiO_2 44.40%。

【结晶形态】

钙长石属于三斜晶系,单面晶类,对称型为 1。晶体形态呈粒状、短柱状、块状、厚板状(图 6-3-32)。主要单形有{001}、{100}、{101}、{010}。双晶现象十分普遍,常见的有钠长石律、曼尼巴律、巴维诺律、卡斯巴律、肖钠长石律的双晶。

(a) 钙长石(意大利)

(b) 钙长石(日本)

(c) 钙长石(意大利)

(d) 钙长石的结晶形态

图 6-3-32 钙长石

【物理特征】

钙长石的颜色呈无色、白色、灰色、红色、红灰色、褐色、深褐色。条痕为白色。透明至半透明。玻璃光泽。色散弱,多色性无,无荧光。

二轴晶(-)。折射率为 Np=1.573～1.577、Nm=1.580～1.585、Ng=1.585～1.590,双折射率为 0.012～0.013。2V=78°～83°(测量)、78°(计算)。

{001}、{010}解理完全,交角近 90°。性脆。断口呈不规则、不平坦的次贝壳状、阶梯状。摩氏硬度为 6～6.5,相对密度为 2.74～2.76(测量)、2.76(计算)。熔点为 1553 ℃。

【晶体结构】

钙长石属于三斜晶系，空间群为 $P\bar{1}$ 或 $I\bar{1}$。晶胞参数：$a=0.818$ nm、$b=1.288$ nm、$c=1.418$ nm，$\alpha=93.21°$、$\beta=115.84°$、$\gamma=91.20°$，$Z=8$。X 射线粉晶主要衍射数据 $d(\text{Å})(I/I_{max})$ 为 4.04(60)、3.20(100)、3.18(75)（图 6-3-33）。晶体结构见图 6-3-34。

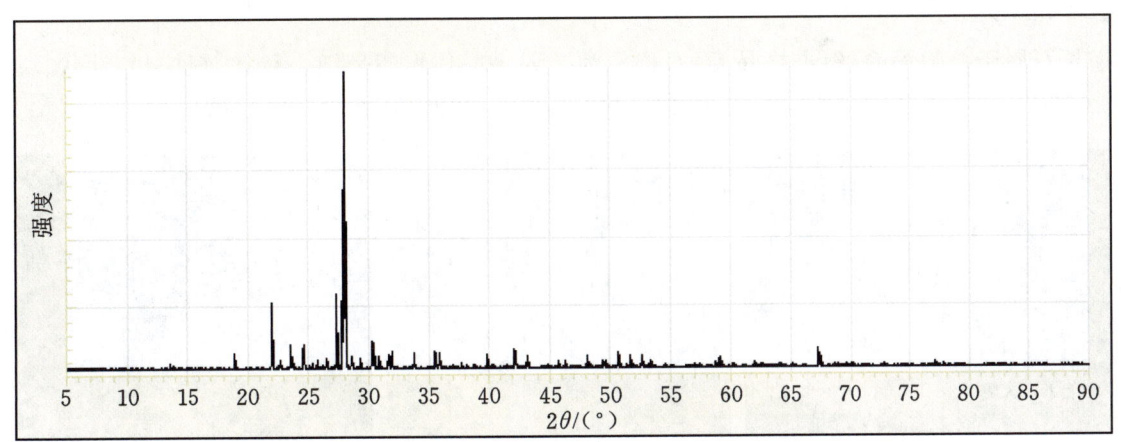

图 6-3-33　钙长石的 X 射线粉晶衍射图

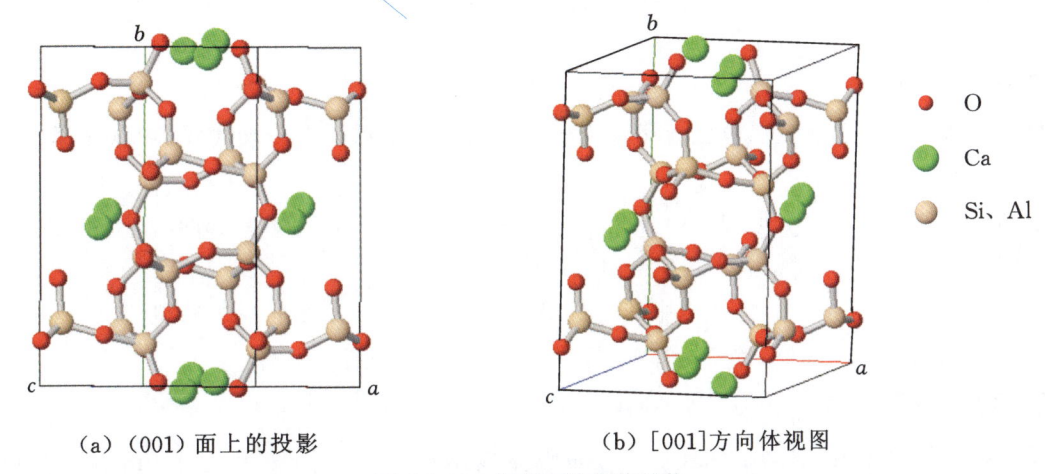

（a）（001）面上的投影　　　（b）[001]方向体视图

图 6-3-34　钙长石的晶体结构

【产状产地】

钙长石是地壳中的重要矿物，发现于镁铁质岩浆岩中，在地球上很罕见，但在月球上却很丰富。主要产于基性岩中，如辉绿岩、辉长岩、霞石正长岩、霞石正长斑岩、正长岩、石英正长岩，以及伟晶岩、花岗岩、白岗岩、细晶岩、热液蚀变岩，以及沉积变质的片麻岩或混合岩化片麻岩。共生伴生矿物有普通辉石、角闪石等。

钙长石主要产地有意大利、瑞典、奥地利、德国、马达加斯加、日本、印度、美国（新泽西）等，中国主要分布在辽宁、山东、山西、陕西、甘肃、新疆等地。

【主要用途】

钙长岩是岩石中重要的矿物成分，这类矿物被称为造岩矿物，在地质学、物理学、化学、材料学、晶体学、矿物学、宝石学方面都有重要意义。常用于玻璃熔剂、陶瓷配料、搪瓷原料。

钡长石

【化学性质】

钡长石是罕见的长石类矿物，是一种钡铝硅酸盐。一种含 Ba 及 $[Al_2Si_2O_8]$ 的架状基型硅酸盐类矿物,其晶体化学式为 Ba[Al$_2$Si$_2$O$_8$]。主要成分为 Ba、Al、Si、O,类质同象替代成分有 Ca、Sr、Na、K、Fe、Mg、F。

化学成分中氧化物的质量分数为 BaO 40.84%、Al$_2$O$_3$ 27.15%、SiO$_2$ 32.01%。

可以形成钡长石-钡冰长石类质同象系列,钡长石-正长石类质同象系列。

【结晶形态】

钡长石属于单斜晶系,斜方柱晶类,对称型为 $2/m$。晶体形态呈细小粒状、短柱状、针状、块状等(图 6-3-35)。已发现多种双晶与正长石相似,常见曼巴赫、巴韦诺、卡尔斯巴双晶。

(a) 钡长石(墨西哥)   (b) 钡长石(英国威尔士)   (c) 钡长石(英国威尔士)

图 6-3-35 钡长石

【物理特征】

钡长石的颜色呈无色、白色、黄色。条痕为白色。透明至半透明。玻璃光泽、珍珠光泽。色散无,多色性弱,无荧光。

二轴晶(+)。折射率为 Np=1.580～1.584、Nm=1.585～1.587、Ng=1.594～1.596,双折射率为 0.012～0.014。$2V$=86°～90°(测量)、62°～74°(计算)。

{001}、{010}解理完全,{110}解理中等。性脆。断口呈不均匀、不平整的断裂碎片。摩氏硬度为 6～6.5,相对密度为 3.10～3.39(测量)、3.26(计算)。

【晶体结构】

钡长石属于单斜晶系,空间群为 $I2_1/c$。晶胞参数:a=0.863 nm、b=1.306 nm、c=1.443 nm、$β$=114.96°,Z=8。X 射线粉晶主要衍射数据 d(Å)(I/I_{max})为 3.47(100)、3.35(100)、3.02(95)(图 6-3-36)。晶体结构见图 6-3-37。

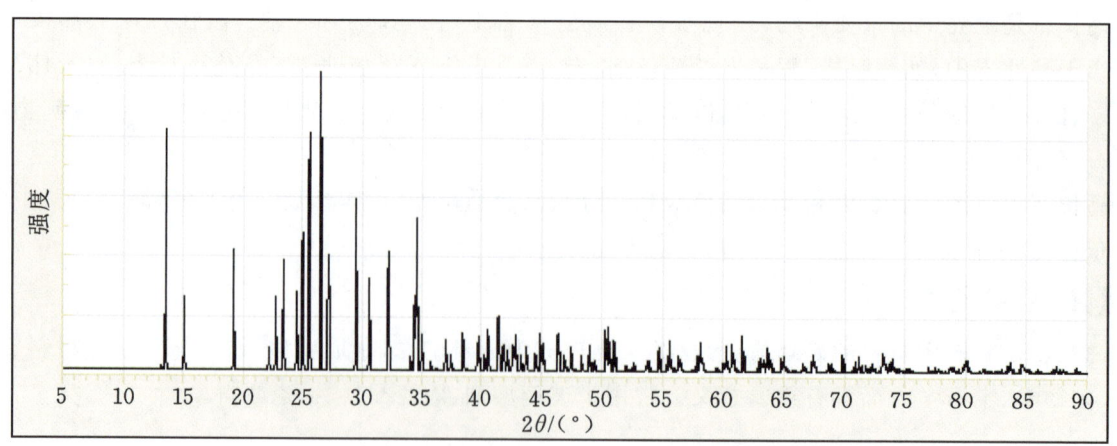

图 6-3-36 钡长石的 X 射线粉晶衍射图

钡长石晶体结构复杂,包含了天然矿物结构和人工合成结构,还没有完全被了解。一般认为,具有单斜晶体结构的钡长石在 1590 ℃以下是稳定相,而有六方晶体结构的钡长石在 1590 ℃以下是亚

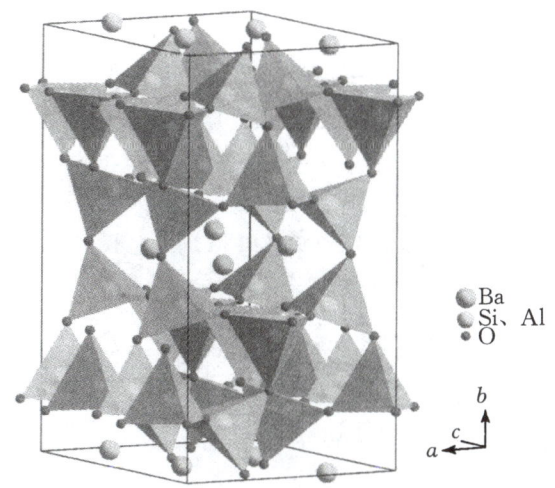

图 6-3-37　钡长石的晶体结构

稳相,在约 300 ℃时还经历了六方→正交晶型的可逆相变。在催化剂(人工合成)的作用下,六方相钡长石可向单斜相转变。

【产状产地】

钡长石产于富含 Ba 的接触变质岩中,共生伴生的矿物有绿磷钡石、硅钡石、石英,主要产地有墨西哥、英国(威尔士)、瑞典、西班牙、加拿大、美国(加利福尼亚、新泽西)等。

【主要用途】

钡长石在地质学、物理学、化学、材料学、环境科学、晶体学、矿物学、宝石学方面都有重要意义。以单斜钡长石为基材的陶瓷应用前景广阔。钡长石在自然界分布极少,工业上若用量大,就需要进行人工合成。

锶长石

【化学性质】

锶长石是一种含 Sr 及[$Al_2Si_2O_8$]的架状基型硅酸盐类矿物,其晶体化学式为 Sr[$Al_2Si_2O_8$]。主要成分为 Sr、Al、Si、O,类质同象替代成分有 Ca、Mg、K、Na、Ti、Fe、H_2O 等。

化学成分中氧化物的质量分数为 SrO 27.77%、CaO 1.81%、Al_2O_3 29.67%、SiO_2 40.75%。

【结晶形态】

锶长石属于单斜晶系,斜方柱晶类,对称型为 $2/m$。晶体形态呈叶片状、薄片状、板状,聚合体晶簇状、放射状(图 6-3-38)。

图 6-3-38　锶长石(日本)

【物理特征】

锶长石的颜色呈无色、中灰色。条痕为白色。透明至半透明。玻璃光泽、珍珠光泽。色散中等，多色性弱。

二轴晶(-)。折射率为 Np=1.570~1.573、Nm=1.581~1.582、Ng=1.585~1.586，双折射率为 0.013~0.015。$2V=55°$~$82°$(测量)、$60°$~$66°$(计算)。

{001}解理完全、{010}解理中等。性脆。断口呈不均匀、不平整的贝壳状。摩氏硬度为 5.5~6.5，相对密度为 3.05~3.50(测量)、2.97(计算)。

【晶体结构】

锶长石属于单斜晶系，空间群为 $P2_1/a$。晶胞参数：$a=0.889$ nm、$b=0.934$ nm、$c=0.833$ nm，$β=90.33°$，$Z=4$。X射线粉晶主要衍射数据 $d(Å)(I/I_{max})$ 为 3.708(100)、3.498(64)、2.917(70)(图6-3-39)。

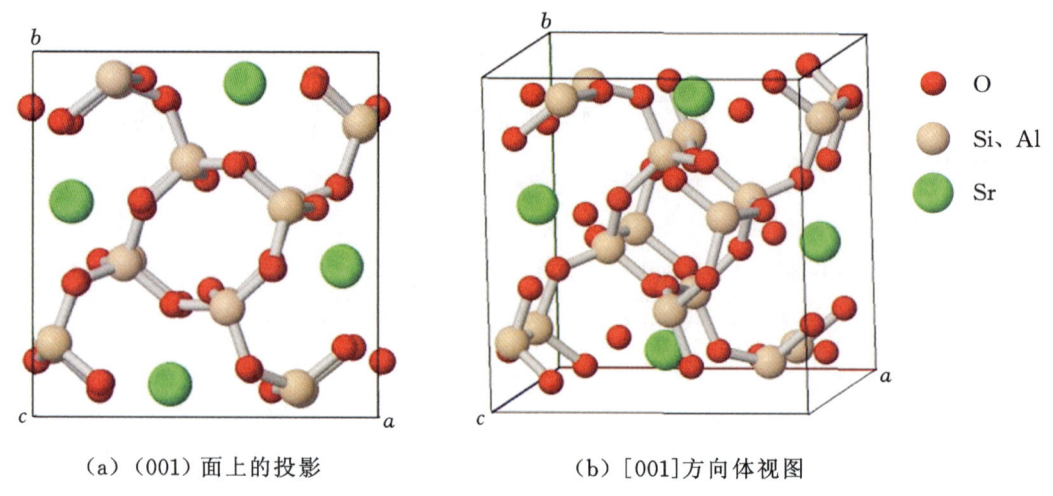

(a) (001)面上的投影　　　　(b) [001]方向体视图

图 6-3-39　锶长石的晶体结构

【产状产地】

锶长石发现于变质捕虏体的细脉中，共生伴生的矿物有赛黄晶，副钡长石，磷钙铍石，磷锶铍石。主要产地有日本、美国(俄勒冈、密歇根)。

【主要用途】

锶长石在地质学、物理学、化学、材料学、环境科学、晶体学、矿物学、宝石学方面都有重要意义。

钡冰长石

【化学性质】

钡冰长石是一种含 K、Ba 及 [$Al_{1.75}Si_{2.25}O_8$] 的架状基型硅酸盐类矿物，其晶体化学式为 $K_{0.75}Ba_{0.25}[Al_{1.75}Si_{2.25}O_8]$。主要成分为 K、Ba、Al、Si、O，类质同象替代成分有 Ti、Na、Fe、Mg、Ca、H_2O。可形成钡长石-钡冰长石类质同象系列和钡冰长石-正长石类质同象系列。

化学成分中氧化物的质量分数为 K_2O 11.69%、BaO 12.69%、Al_2O_3 29.86%、SiO_2 45.76%。

【结晶形态】

钡冰长石属于单斜晶系，斜方柱晶类，对称型为 $2/m$。晶体的形态呈粒状、短柱状、块状等(图6-3-40)。

【物理特征】

钡冰长石的颜色呈无色、白色、黄色、红色等。条痕为白色。透明至半透明。玻璃光泽。色散弱，多色性无，无荧光。

(a) 钡冰长石（美国新泽西）

(b) 钡冰长石（美国新泽西）

(c) 钡冰长石（波黑）

图 6-3-40 钡冰长石

二轴晶（−）。折射率为 Np=1.542、Nm=1.545、Ng=1.547，双折射率为 0.005。

{001}、{010}解理完全。性脆。断口呈不平整、不均匀的次贝壳状。摩氏硬度为 6～6.5，相对密度为 2.81（测量）、2.83（计算）。

【晶体结构】

钡冰长石属于单斜晶系，空间群为 $C2/m$。晶胞参数：$a=0.852$ nm，$b=1.295$ nm，$c=0.714$ nm，$\beta=116°$，$Z=4$。X 射线粉晶主要衍射数据 $d(Å)(I/I_{max})$ 为 3.31(90)、3.24(100)、3.00(70)。晶体结构见图 6-3-41。

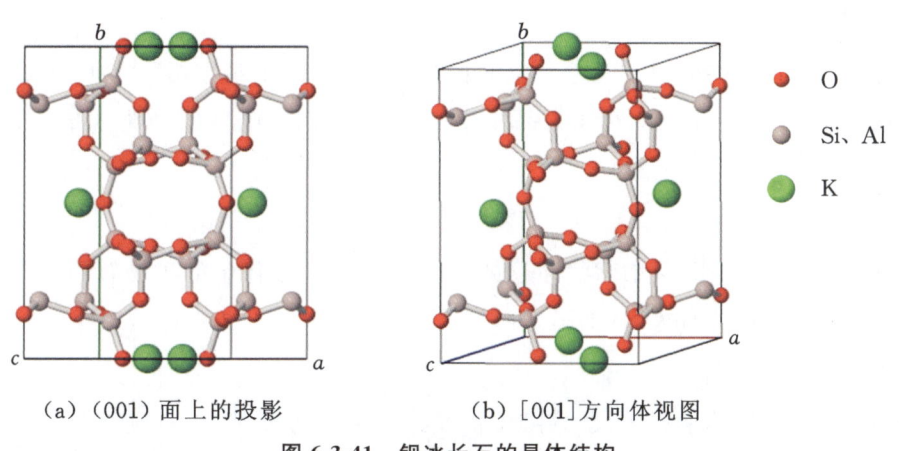

(a) (001)面上的投影　　　(b) [001]方向体视图

图 6-3-41 钡冰长石的晶体结构

【产状产地】

钡冰长石产于富 Ba 的岩浆岩和接触变质岩中，与喷出热液作用、低级变质作用有关，主要产地有塞尔维亚、波黑、瑞士等。

【主要用途】

钡冰长石在地质学、物理学、化学、材料学、晶体学、矿物学方面都有一定意义。

副钡长石

【化学性质】

副钡长石是一种含 Ba 及 [$Al_2Si_2O_8$] 的架状基型硅酸盐类矿物，晶体化学式为 $Ba[Al_2Si_2O_8]$。主要成分为 Ba、Al、Si、O，类质同象替代成分有 Fe、Mg、Ca、Na、K、H_2O。

化学成分中氧化物的质量分数为 BaO 40.83%、Al_2O_3 27.16%、SiO_2 32.01%。

【结晶形态】

副钡长石属于单斜晶系，斜方柱晶类，对称型为 $2/m$。晶体形态呈柱状、粒状、块状（图 6-3-42）。

图 6-3-42　副钡长石(英国威尔士)

【物理特征】

副钡长石的颜色呈无色、白色、浅黄色等。条痕为白色。透明至半透明。玻璃光泽。色散较弱，无多色性，无荧光。

二轴晶(一)。折射率为 Np＝1.570、Nm＝1.582、Ng＝1.587，双折射率为 0.017。

{110}解理中等。性脆。断口呈不平整、不均匀的次贝壳状。摩氏硬度为 6，相对密度为 3.31～3.32(测量)、3.34(计算)。

【晶体结构】

副钡长石属于单斜晶系(假斜方晶系)，空间群为 $P2_1/c$。晶胞参数：a＝0.907 nm、b＝0.958 nm、c＝0.857 nm，β＝90.01°，Z＝4。X 射线粉晶主要衍射数据 d(Å)(I/I_{max}) 为 4.00(100)、3.80(70)、2.99(50)。

【产状产地】

副钡长石产于变质锰矿床，呈细脉状穿过页岩和砂岩中，共生伴生的矿物有赛黄晶、锶钡长石、磷钙铍石、磷锶铍石。主要产地有英国(威尔士)、意大利。

【主要用途】

副钡长石在地质学、物理学、化学、材料学、晶体学、矿物学方面都有一定意义。

六方钡长石

【化学性质】

六方钡长石是一种含 Ba 及 $[Al_2Si_2O_8]$ 的架状基型硅酸盐类矿物，其晶体化学式为 $Ba[Al_2Si_2O_8]$。主要成分为 Ba、Al、Si、O。

【结晶形态】

六方钡长石属于六方晶系，复六方双锥晶类，对称型为 $6/mmm$。晶体形态呈柱状。

【物理特征】

六方钡长石的颜色呈无色。条痕为白色。透明。玻璃光泽。色散弱，多色性弱。

一轴晶(＋/－)。折射率为 No＝1.515、Ne＝1.521，双折射率为 0.306。{0001}解理完全。性脆。断口呈不规则、不平整的次贝壳状。相对密度为 3.31(计算)。

【晶体结构】

六方钡长石属于六方晶系，空间群为 $P6_3/mcm$。晶胞参数：a＝0.529 nm、c＝1.556 nm，Z＝2。X 射线粉晶衍射数据 d(Å)(I/I_{max}) 为 7.779(28)、3.949(100)、2.965(75)、2.646(44)、2.198(30)、1.852(20)、1.691(17)、1.582(22)。晶体结构见图 6-3-43。

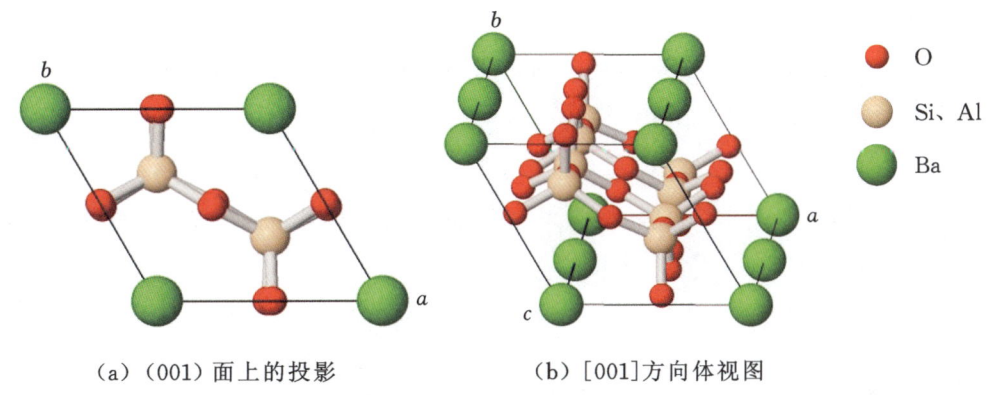

(a)（001）面上的投影　　　（b）[001]方向体视图

图 6-3-43　六方钡长石的晶体结构

【主要用途】

六方钡长石在地质学、物理学、化学、晶体学、矿物学方面都有一定意义。

钡钠长石

【化学性质】

钡钠长石是一种含 Ba、Na 及 $[Al_2Si_2O_8]$ 的架状基型硅酸盐类矿物，其晶体化学式为 $BaNa_2[Al_2Si_2O_8]_2$。主要成分为 Ba、Na、Al、Si、O，类质同象替代成分有 Mn、Mg、Sr、Ca、K 等。

钡钠长石与锶钠长石可形成类质同象系列。

化学成分中氧化物的质量分数为 BaO 23.25%、Na_2O 9.40%、Al_2O_3 30.92%、SiO_2 36.44%。

【结晶形态】

钡钠长石属于斜方晶系，斜方单锥晶类，对称型为 $mm2$。晶体形态呈块状、粒状（图 6-3-44）。

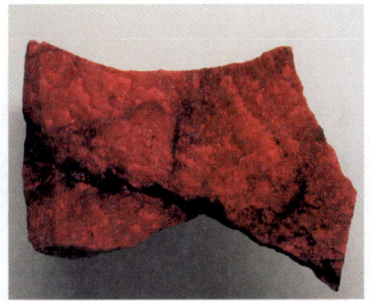

图 6-3-44　钡钠长石（英国威尔士）

【物理特征】

钡钠长石的颜色呈白色，条痕为白色。透明至半透明。玻璃光泽、珍珠光泽。色散弱，无多色性。

二轴晶（＋）。折射率为 Np＝1.570、Nm＝1.571、Ng＝1.578，双折射率为 0.008。$2V＝41°$（测量）、52°（计算）。

{110}、{001} 解理完全。性脆。断口呈不平整、不均匀的贝壳状。摩氏硬度为 6，相对密度为 3.07（测量）、3.05（计算）。

【晶体结构】

钡钠长石属于斜方晶系，空间群为 $Iba2$。晶胞参数：$a＝0.854$ nm、$b＝1.001$ nm、$c＝1.679$ nm，$Z＝4$。X 射线粉晶主要衍射数据 $d(\text{Å})(I/I_{max})$ 为 3.19(100)、3.50(100)、2.07(100)。

【产状产地】

钡钠长石产于碱性岩浆岩中,发现于锰矿的矿脉中。共生伴生的矿物有锰橄榄石、重晶石、粒硅锰矿等,主要产地有英国(威尔士)、美国(华盛顿)。

【主要用途】

钡钠长石在地质学、物理学、化学、材料学、环境科学、晶体学、矿物学、宝石学方面都有重要意义。

锶钠长石

【化学性质】

锶钠长石是一种含 Sr、Na 及 $[Al_2Si_2O_8]$ 的架状基型硅酸盐类矿物,它的晶体化学式为 $SrNa_2[Al_2Si_2O_8]_2$。主要成分为 Sr、Na、Al、Si、O,类质同象替代成分有 Ba、Ca、Mg、K 等。

化学成分中氧化物的质量分数为 Na_2O 10.16%、SrO 16.99%、Al_2O_3 33.44%、SiO_2 39.41%。

锶钠长石与钡钠长石形成类质同象系列。

【结晶形态】

锶钠长石属于斜方晶系,斜方单锥晶类,对称型为 $mm2$。晶体形态常呈粒状、块状(图 6-3-45)。

图 6-3-45 锶钠长石(日本)

【物理特征】

锶钠长石的颜色呈白色。条痕为白色。透明。玻璃光泽、珍珠光泽。色散比较强,无多色性。

二轴晶(+)。折射率为 Np=1.563、Nm=1.564、Ng=1.574,双折射率为 0.011。$2V=32°$(测量)、36°(计算)。

解理不清楚。性脆。断口呈不平整、不均匀的贝壳状。摩氏硬度为 6.5,相对密度为 2.95(测量)、2.92(计算)。

【晶体结构】

锶钠长石属于斜方晶系,空间群为 $Iba2$。晶胞参数:$a=0.841$ nm、$b=0.987$ nm、$c=1.671$ nm,$Z=4$。X射线粉晶主要衍射数据 d(Å)(I/I_{max})为 3.504(80)、3.206(100)、3.184(72)。晶体结构见图 6-3-46。

【产状产地】

锶钠长石发现于一种碱性的凝灰岩捕房体中,共生伴生的矿物有硬玉等,主要产地有日本等。

【主要用途】

锶钠长石在地质学、物理学、化学、材料学、环境科学、晶体学、矿物学、宝石学方面都有重要意义。

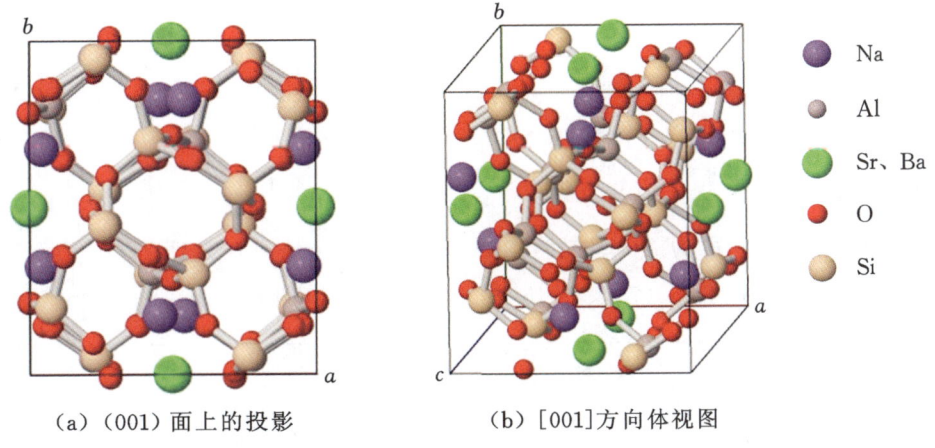

(a)（001）面上的投影　　　　(b)［001］方向体视图

图 6-3-46　锶钠长石与钡钠长石的晶体结构

霞石族

霞石（nepheline）　　　　　　$KNa_3[AlSiO_4]_4$
六方钾霞石（kalsilite）　　　　　$K[AlSiO_4]$
亚稳钾霞石（trikalsilite）　　　　$K_2Na[AlSiO_4]_3$
钾霞石（kaliophilite）　　　　　　$K[AlSiO_4]$

霞石

【化学性质】

霞石是一种含 K、Na 及[$AlSiO_4$]的架状基型硅酸盐类矿物，是一种硅不饱和的铝硅酸盐，是重要的似长石矿物。其晶体化学式为 $KNa_3[AlSiO_4]_4$。主要成分为 K、Na、Al、Si、O，类质同象替代成分有 Mg、Ca、H_2O。

化学成分中氧化物的质量分数为 K_2O 8.06%、Na_2O 15.91%、Al_2O_3 34.90%、SiO_2 41.13%。

【结晶形态】

霞石属六方晶系，六方单锥晶类，对称型为 6。晶体形态呈六方短柱状、厚板状，聚合体呈粒状、致密块状（图 6-3-47）。有多种形式的双晶。主要单形有{010}、{001}。

(a) 霞石（墨西哥）　　(b) 霞石（德国）　　(c) 霞石（意大利）　　(d) 霞石的结晶形态

图 6-3-47　霞石

【物理特征】

霞石颜色呈无色、白色、灰色、浅黄色、浅绿色、浅红色、浅褐色、蓝灰色、棕色、棕灰色等。条痕为无色或白色。半透明至不透明。玻璃光泽、油脂光泽。多色性无色、灰色，荧光无。

一轴晶(一)。折射率为 No＝1.530～1.546、Ne＝1.526～1.542，双折射率为 0.003～0.004。$2V$ 很小。

有{0001}、{10$\bar{1}$0} 不完全解理。性脆。断口呈不平整、不均匀的次贝壳状。摩氏硬度为 5.5～6，相对密度为 2.55～2.66(测量)、2.64(计算)。

【晶体结构】

霞石属于六方晶系，空间群为 $P6_3$。晶胞参数：a＝1.001 nm、c＝0.841 nm，Z＝8。X 射线粉晶主要衍射数据 d(Å)(I/I_{max})为 4.250(75)、4.015(70)、3.069(100)(图 6-3-48)。晶体结构见图 6-3-49。

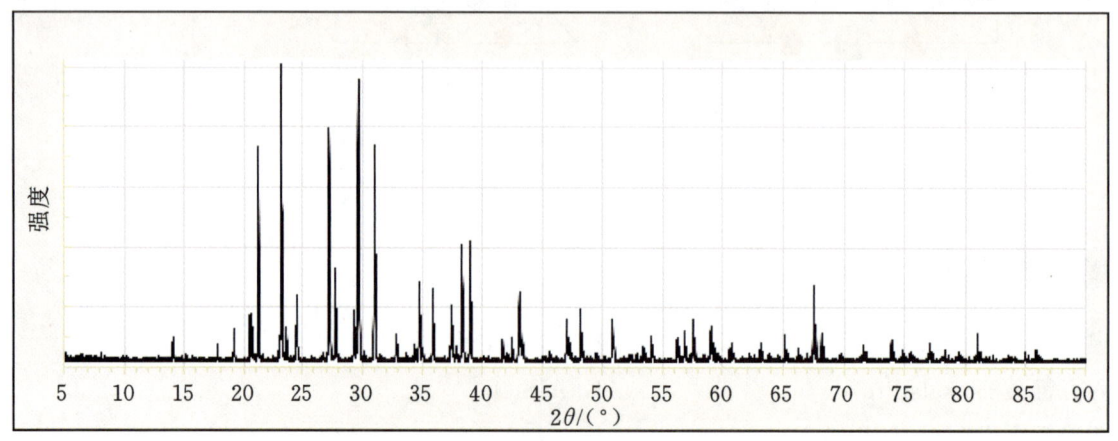

图 6-3-48　霞石的 X 射线粉晶衍射图

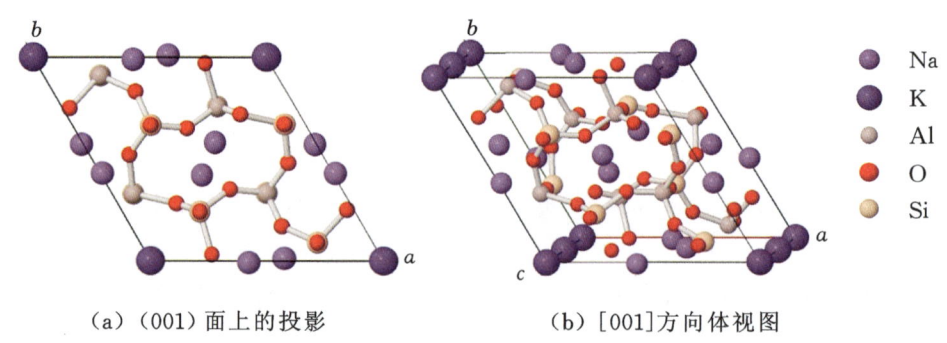

(a) (001)面上的投影　　　　(b) [001]方向体视图

图 6-3-49　霞石的晶体结构

霞石的晶体结构中(图 6-3-50)，[SiO$_4$]和[AlO$_4$]四面体共角顶连接形成六元环平行(0001)，且两种四面体相间有序分布，六元环被其他四面体共角顶连接构成具有大空隙的三维架结构。平行(0001)面上有两类空隙：一类是六元环状，被 K$^+$、Na$^+$ 占据；另一类是 1/2 四面体宽度的空隙，被 Na$^+$ 占据。霞石的结构类似于 β-鳞石英，可视为半数的 Si 被 Al 有序替代，使碱金属出现用以平衡电荷。置换的结果，必然会导致结构的变形，从而在结构中出现两种不同形态的六联环。

【产状产地】

霞石主要产于富钠贫硅的碱性岩(侵入岩、火山岩)，如碱性岩霞石正长岩、云霞正长岩、流霞正长岩、钠霞正长岩等。在同一岩石中，霞石和石英不能同时出现。

在自然界中，霞石是一种特别容易蚀变的矿物，可蚀度为沸石、方钠石、高岭石、白云母。与霞石形成共生组合的矿物有正长石、透长石、歪长石、钾微斜长石、钠长石、辉石、角闪石、黑云母、白榴石、石榴石、霓辉石、霓石、钠铁闪石、富铁钠闪石等。

霞石主要产地有意大利、德国、挪威、瑞典、罗马尼亚、摩洛哥、俄罗斯(科拉半岛等)、肯尼亚、墨西哥、美国(新墨西哥)等。

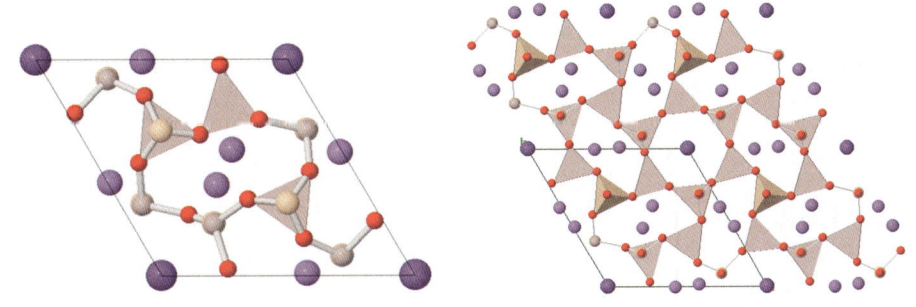

图 6-3-50　霞石的晶体结构（配位多面体）

【主要用途】

霞石在地质学、物理学、化学、材料学、晶体学、矿物学、宝石学方面都有重要意义。主要用于玻璃和陶瓷工业，也可作为提炼铝的原料。霞石在耐磨砖及抛光砖坯体中有着独特作用。与霞石有关的矿产资源有铌、钽、稀土、锆和铀等。

六方钾霞石

【化学性质】

六方钾霞石是一种含 K 及 [$AlSiO_4$] 的架状基型硅酸盐类矿物，其晶体化学式为 K[$AlSiO_4$]。主要成分为 K、Al、Si、O，类质同象替代成分有 Ca、Na、Fe、Mg。

化学成分中氧化物的质量分数为 K_2O 29.78%、Al_2O_3 32.23%、SiO_2 37.99%。

【结晶形态】

六方钾霞石属于六方晶系，六方偏方面体晶类，对称型为 622。晶体形态呈柱状、针状、板状等（图 6-3-51）。

（a）六方钾霞石（德国）

（b）六方钾霞石（意大利）

（c）六方钾霞石（俄罗斯）

图 6-3-51　六方钾霞石

【物理特征】

六方钾霞石的颜色呈无色、灰色、灰白色。条痕为白色。透明至半透明。玻璃光泽、丝绢光泽。色散弱。多色性无。

一轴晶（－）。折射率为 No=1.535～1.554、Ne=1.530～1.539，双折射率为 0.006。

{$10\bar{1}0$}、{0001} 解理中等。性脆。断口呈不平整、不均匀的贝壳状。摩氏硬度为 6，相对密度为 2.59～2.62（测量）、2.62（计算）。

【晶体结构】

六方钾霞石属于六方晶系，空间群为 $P6_322$。晶胞参数：a=0.516 nm，c=0.869 nm，Z=2。X 射

线粉晶衍射数据 $d(\text{Å})(I/I_{max})$ 为 4.351(12)、3.973(45)、3.118(100)、2.579(50)、2.472(15)、2.432(10)、2.175(17)（图 6-3-52）。晶体结构见图 6-3-53。

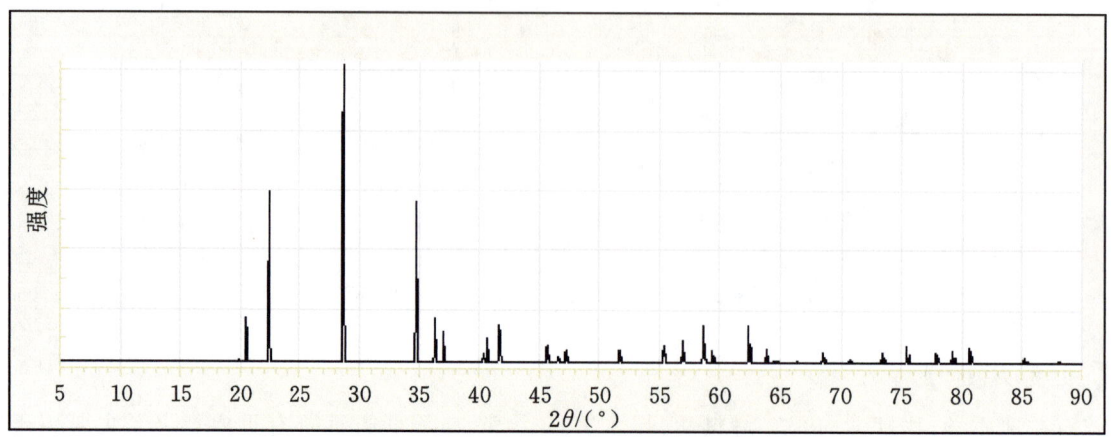

图 6-3-52 六方钾霞石的 X 射线粉晶衍射图

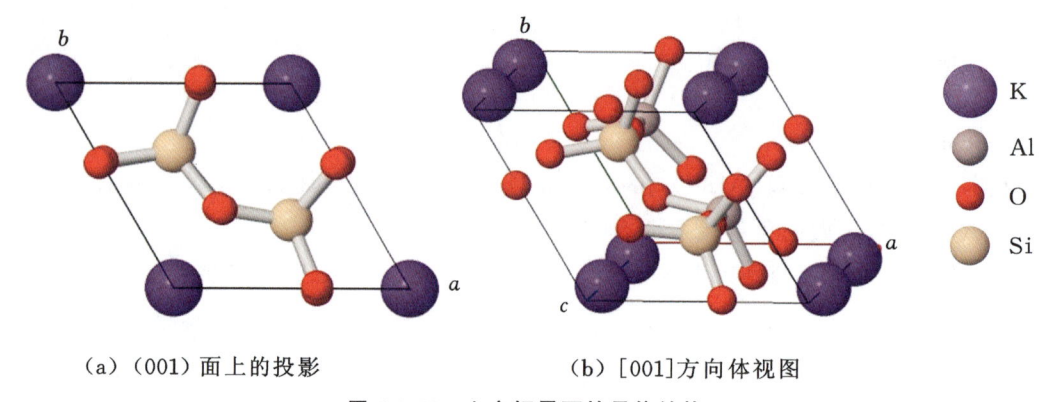

(a) (001) 面上的投影　　　(b) [001] 方向体视图

图 6-3-53 六方钾霞石的晶体结构

【产状产地】

六方钾霞石在一种碱性霞石正长岩杂岩中被发现，是一种二氧化硅不饱和的熔岩与含霞石的岩浆岩中的嵌入颗粒，很罕见，产于富含钾但缺乏硅的岩浆岩中，主要产地有乌干达等。

【主要用途】

六方钾霞石在地质学、物理学、化学、材料学、环境科学、晶体学、矿物学、宝石学方面都有重要意义。

亚稳钾霞石

【化学性质】

亚稳钾霞石是一种含 K、Na 及 [$AlSiO_4$] 的架状基型硅酸盐类矿物，其晶体化学式为 $K_2Na[AlSiO_4]_3$。主要成分为 K、Na、Al、Si、O，类质同象替代成分有 Ca、Mg、Fe。

化学成分中氧化物的质量分数为 K_2O 22.92%、Na_2O 5.03%、Al_2O_3 33.08%、SiO_2 38.97%。

【结晶形态】

亚稳钾霞石属于六方晶系，六方单锥晶类，对称型为 6。

【物理特征】

亚稳钾霞石的颜色呈无色。条痕为白色，透明至半透明，玻璃光泽。一轴晶。

解理不完全、或无。性脆。断口呈不平整、不均匀的次贝壳状。摩氏硬度为 6，相对密度为 2.63（测量）、2.64（计算）。

【晶体结构】

亚稳钾霞石属于六方晶系，空间群为 $P6_3$。晶胞参数：$a=1.535$ nm、$c=0.854$ nm，$Z=18$。X 射线粉晶衍射数据 $d(Å)(I/I_{max})$ 为 4.269(35)、3.932(30)、3.384(25)、3.076(100)、3.050(95)、2.558(45)、2.410(35)。晶体结构见图 6-3-54。

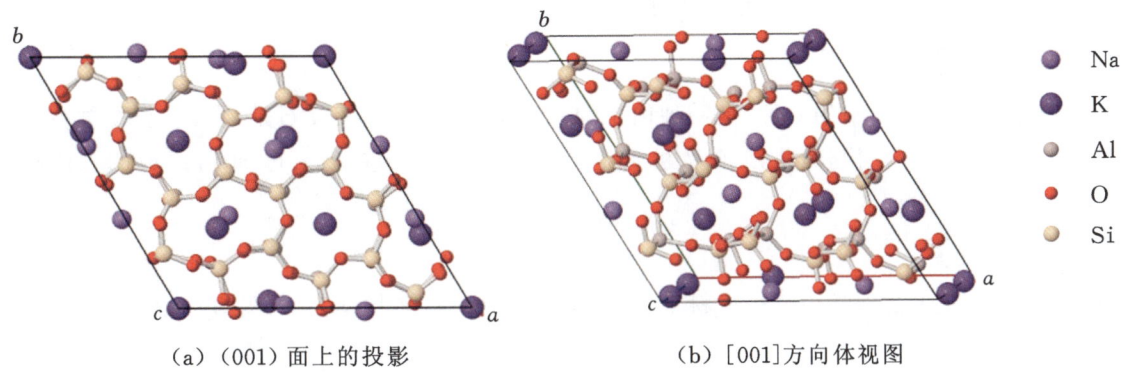

(a) (001) 面上的投影　　　　　(b) [001] 方向体视图

图 6-3-54　亚稳钾霞石的晶体结构

【产状产地】

亚稳钾霞石产于一种熔岩中，主要产地有刚果（金）。

【主要用途】

亚稳钾霞石在地质学、物理学、化学、晶体学、矿物学方面都有一定意义。

钾霞石

【化学性质】

钾霞石是一种含 K 及 $[AlSiO_4]$ 的架状基型硅酸盐类矿物，是霞石矿物中的一种。其晶体化学式为 $K[AlSiO_4]$。主要成分为 K、Al、Si、O，类质同象替代成分有 Fe、Na、Ca。

化学成分中氧化物的质量分数为 K_2O 29.78%、Al_2O_3 32.23%、SiO_2 37.99%。

【结晶形态】

钾霞石属于六方晶系，对称型为 622。晶体形态呈长柱状、柱状、针状等（图 6-3-55）。

图 6-3-55　钾霞石（意大利）

【物理特征】

钾霞石的颜色呈无色，因含有杂质而呈灰白色、浅黄色、浅红色、浅褐色等。条痕为无色、白色。透明。玻璃光泽、丝绢光泽。色散弱，多色性弱。

一轴晶（一）。折射率为 No＝1.532、Ne＝1.527，双折射率为 0.005。

{0001}解理较好。性脆。断口呈不均匀、不平整的贝壳状。摩氏硬度为 5.5～6，相对密度为 2.49～2.67（测量）、2.65（计算）。

【晶体结构】

钾霞石属于六方晶系，空间群为 $P6_322$，晶胞参数：$a=2.693$ nm、$c=0.852$ nm，$Z=54$。X 射线粉晶衍射数据 $d(\text{Å})(I/I_{max})$ 为 3.090(100)、2.593(30)、2.131(25)。

钾霞石的晶体结构是鳞石英的拓扑变体。

【产状产地】

钙霞石也是霞石矿物中的一种，是一种稀少的矿物，颜色多变。钾霞石是霞石和长石蚀变后可生成的矿物，变质岩和石灰岩与岩浆接触后也可生成这种矿物，产于在黑云母-辉石组成的火山喷出物块中，主要产地有意大利。

【主要用途】

钾霞石在地质学、物理学、化学、材料学、环境科学、晶体学、矿物学、宝石学方面都有重要意义。

白榴石族

白榴石（leucite）	$K[AlSi_2O_6]$
铯榴石（pollucite）	$(Cs,Na)_2[AlSi_2O_6]_2 \cdot H_2O$
铯硼榴石（kirchhoffite）	$Cs[BSi_2O_6] \cdot nH_2O$
透锂石（bikitaite）	$Li[AlSi_2O_6] \cdot nH_2O$

白榴石

【化学性质】

白榴石是一种含 K 及 $[AlSi_2O_6]$ 的架状基型硅酸盐类矿物，与长石的化学成分相似，是一种典型的似长石。其晶体化学式为 $K[AlSi_2O_6]$。主要成分为 K、Al、Si、O，类质同象替代成分有 Ca、Ba、Na、Rb、Cs、Ti、Mg、Fe、H_2O。

化学成分中氧化物的质量分数为 SiO_2 55.06％、Al_2O_3 23.36％、K_2O 21.58％。

【结晶形态】

常温下，白榴石为假等轴的四方晶系，四方双锥晶类，对称型为 $4/m$。在结晶后常与残余的岩浆发生反应而转变为霞石和钾长石，但仍保留白榴石的外形，称为假白榴石。常呈粒状集合体。聚片双晶的结合面为(110)，晶面上有时可见双晶条纹，常出现骸晶。

当加热至高于 605 ℃ 时，转变为等轴晶系的 β-白榴石，结晶成四角三八面体{211}，偶尔还可与立方体或菱形十二面体相聚而成聚形。聚片双晶的接合面为{110}，晶面上有时可见双晶条纹。晶体常呈粒状集合体（图 6-3-56）。

（a）白榴石（德国）　　（b）白榴石（德国）　　（c）白榴石（德国）　　（d）白榴石的结晶形态

图 6-3-56　白榴石

【物理特征】

白榴石颜色呈无色、白色、浅黄色、浅灰色、淡红色等。条痕为无色、白色。透明至半透明。暗淡的玻璃光泽，断口油脂光泽。色散弱，多色性弱，无荧光。

一轴晶（+），可有二轴晶光性异常。折射率为 No=1.508、Ne=1.509，双折射率很低，为 0.001，近于均质体。

{110}解理不完全。性脆。断口呈不平整、不均匀的贝壳状。摩氏硬度为 5.5～6，相对密度为 2.45～2.50（测量）、2.46（计算）。

【晶体结构】

白榴石属于四方晶系，常呈假等轴晶系，空间群为 $I4_1/a$。晶胞参数：$a=1.307$ nm、$c=1.376$ nm，$Z=16$。在 605 ℃以上转变为等轴晶系变体（β-白榴石），$a=1.343$ nm。X 射线粉晶主要衍射数据 $d(\text{Å})(I/I_{max})$ 为 5.390(80)、3.438(85)、3.266(100)（图 6-3-57）。

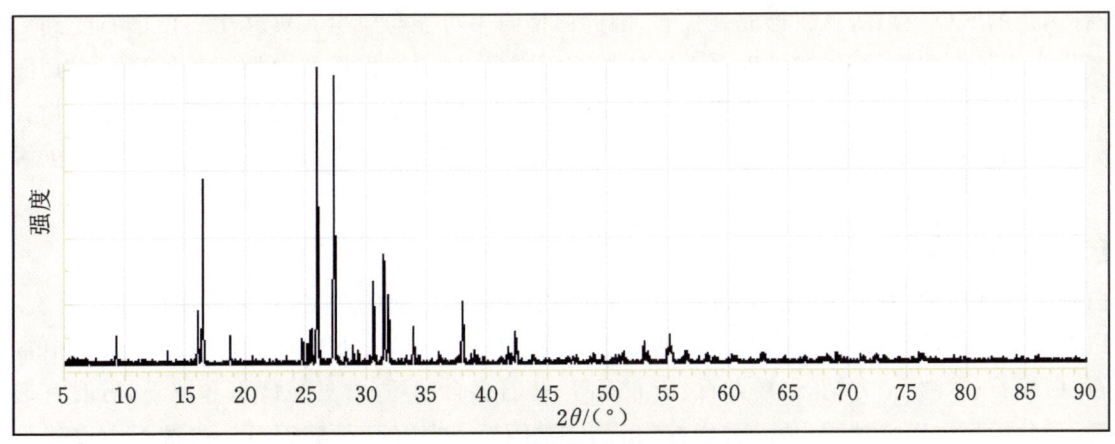

图 6-3-57　白榴石的 X 射线粉晶衍射图

在晶体结构（图 6-3-58、图 6-3-59）中，含有由硅氧四面体与铝氧四面体形成的四元环、六元环、八元环以及十二元环等，它们彼此共角顶相连，四元环平行{100}分布，六元环平行{111}分布，八元环平行于{110}。大阳离子 K^+ 充填在靠近六元环的结构空隙中，与 12 个 O 配位。

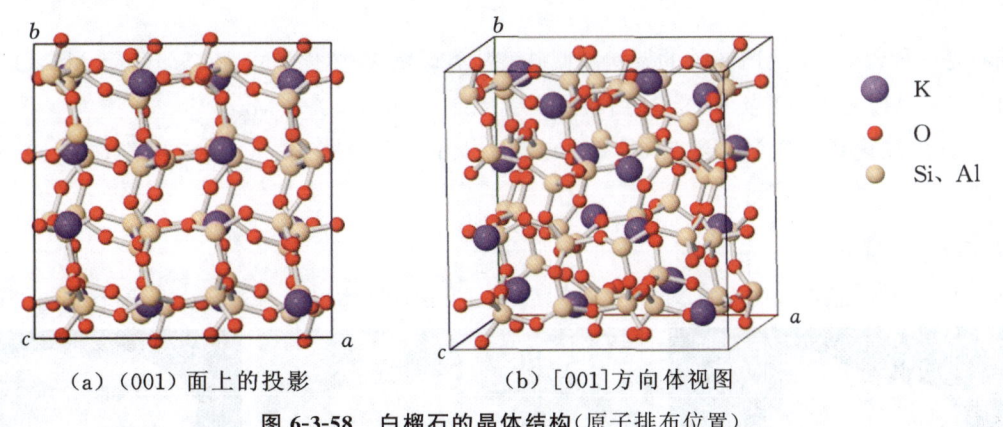

(a)（001）面上的投影　　(b) [001]方向体视图

图 6-3-58　白榴石的晶体结构（原子排布位置）

当温度在 625 ℃以上时白榴石转变为等轴晶系变体 β-白榴石，冷却到 600 ℃后，转变为在室温下稳定的四方晶体结构。这种转变是可逆的。白榴石晶体仍保持着高温等轴变体的外形（四角三八面体、立方体、菱形十二面体的聚形）。

【产状产地】

白榴石产于富钾贫硅的喷出岩及浅成岩、酸性火山岩中，如白榴石响岩、白榴石玄武岩、白榴粗面

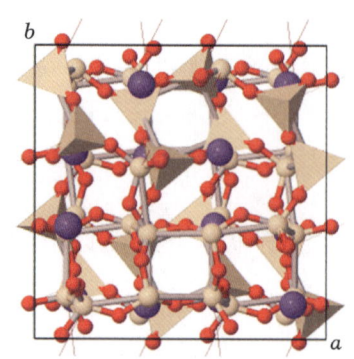
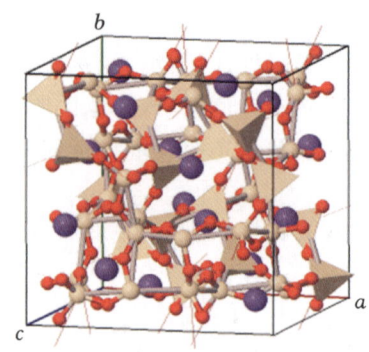

图 6-3-59　白榴石的晶体结构（配位多面体）

岩等岩石中，是这些岩石的主要造岩矿物，常以斑晶形式出现。白榴石是典型的硅氧不饱和高温矿物，若有多余的 SiO_2 存在，就将形成钾长石，因此白榴石不可能与原生石英共生。白榴石受到后期作用易变化为正长石和绢云母，亦可为霞石和钠长石所交代，但它们仍保留白榴石的外形，称为"假白榴石"或"变白榴石"。白榴石受含钠溶液作用时变为方沸石，表生条件下变为高岭石等黏土矿物。在变为方沸石或高岭石的过程中，白榴石成分中的钾转入土壤溶液，所以含白榴石岩石所形成的土壤常较肥沃。主要产地有意大利、德国、美国（白榴石山）、中国（江苏、山西、辽宁、西藏）。

【主要用途】

白榴石在地质学、物理学、化学、材料学、环境科学、晶体学、矿物学、宝石学方面都有重要意义。

白榴石共生伴生矿物有碱性长石，以透长石为主，次为歪长石、正长石、钠长石；似长石中常见的有霞石、白榴石、方沸石、方钠石、黝方石、蓝方石等；辉石多含钠质，常见霓辉石和霓石，有时有透辉石和钛辉石；角闪石也以富钠质为特征，如棕闪石、红钠闪石、钠铁闪石、钠闪石。白榴石常以斑晶形式出现，副矿物有磁铁矿、磷灰石、锆石、榍石、黑榴石等。

在风化后，白榴石所含的钾会释放出来，因此土壤就会有丰富的钾肥。它也可作为提取钾矿物的原料。

铯榴石

【化学性质】

铯榴石是一种含 Cs 及 $[AlSi_2O_6]$ 的架状基型硅酸盐类矿物，晶体化学式为 $(Cs,Na)_2[AlSi_2O_6]_2 \cdot H_2O$。主要成分为 Cs、Al、Si、H、O，类质同象替代成分有 Rb、Na、K、Ca、Fe、Mg。

化学成分中氧化物的质量分数为 Cs_2O 29.59%、Rb_2O 1.31%、Na_2O 2.17%、Al_2O_3 16.10%、SiO_2 44.51%、H_2O 6.32%。

【结晶形态】

铯榴石属于等轴晶系，六八面体晶类，对称型为 $m3m$。晶体形态呈粒状、块状（图 6-3-60）。

（a）铯榴石（巴基斯坦）　　（b）铯榴石（意大利）　　（c）铯榴石（美国缅因）

图 6-3-60　铯榴石（巴基斯坦）

【物理特征】

铯榴石的颜色呈无色、白色、灰色、浅粉色、蓝色、浅蓝色、浅紫色。条痕为白色。透明、半透明。玻璃光泽、半玻璃光泽、树脂光泽、蜡质光泽、土状光泽。多色性无。荧光呈乳白色、蓝绿色,弱橙色。

等轴晶系,均质体。折射率为 $N=1.508\sim1.528$。

解理无。性脆。断口呈不均匀、不平整的碎片状、次贝壳状。摩氏硬度为 6.5,相对密度为 2.90(测量)、2.96(计算)。

【晶体结构】

铯榴石属于等轴晶系,空间群为 $Ia3d$。晶胞参数:$a=1.368$ nm,$Z=16$。X 射线粉晶衍射数据 d(Å)(I/I_{max})为 3.65(30)、3.42(100)、2.91(45)、2.42(20)、2.22(20)、1.86(20)、1.74(20)、1.71(10)(图 6-3-61)。晶体结构见图 6-3-62。与方沸石晶体结构相同。

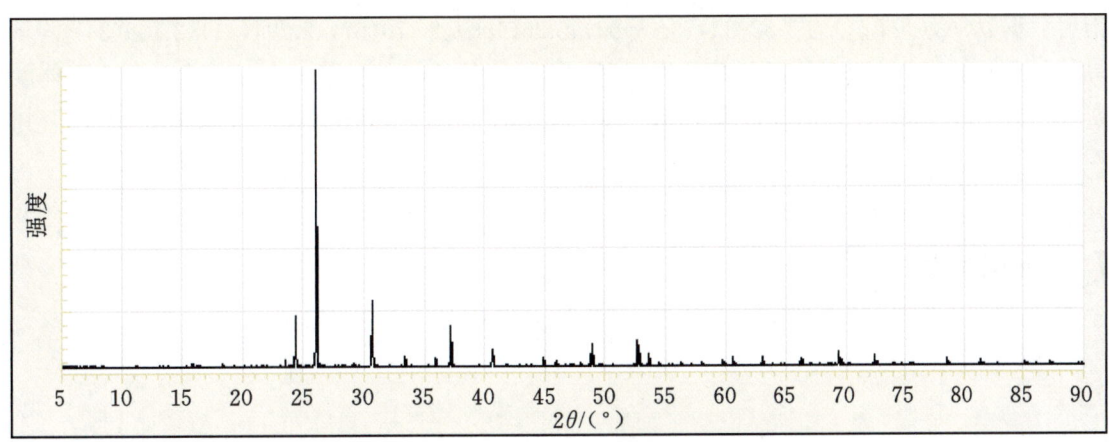

图 6-3-61 铯榴石的 X 射线粉晶衍射图

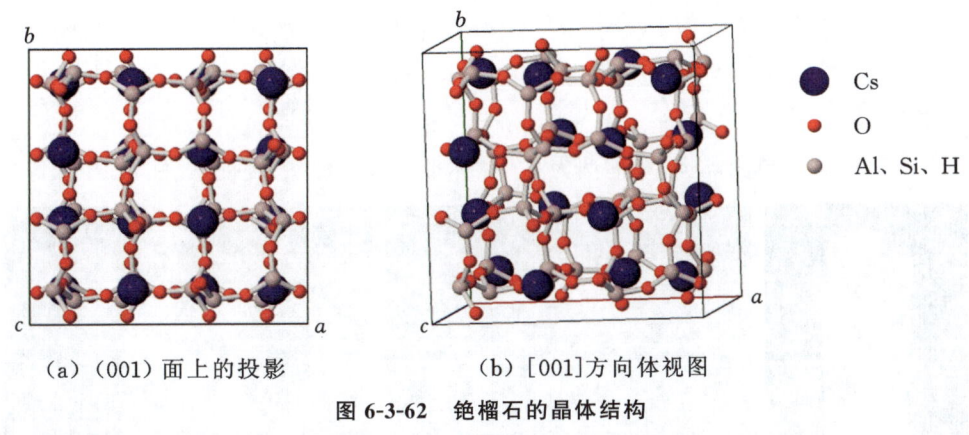

(a)(001)面上的投影　　　(b)[001]方向体视图

图 6-3-62 铯榴石的晶体结构

【产状产地】

铯榴石产于富锂的花岗伟晶岩中。主要产地有意大利、巴基斯坦。

【主要用途】

铯榴石在地质学、物理学、化学、材料学、环境科学、晶体学、矿物学、宝石学方面都有重要意义。

铯硼榴石

【化学性质】

铯硼榴石是一种含 Cs 及 H_2O 的 $[BSi_2O_6]$ 架状基型硅酸盐类矿物,其晶体化学式为 $Cs[BSi_2O_6]\cdot nH_2O$。主要成分为 Cs、B、Si、H、O,类质同象替代成分有 Rb、Na、K、Al 等。

化学成分中氧化物的质量分数为 SiO$_2$ 40.37%、B$_2$O$_3$ 11.27%、K$_2$O 0.11%、Cs$_2$O 48.16%、Rb$_2$O 0.09%。

【结晶形态】

铯硼榴石属于四方晶系,复四方双锥晶类,对称型为 $4/mmm$。晶体形态呈细小粒状、块状等。

【物理特征】

铯硼榴石的颜色呈无色。条痕为白色。透明。玻璃光泽。无荧光。

一轴晶(+)。折射率为 No=1.592、Ne=1.600,双折射率为 0.008。解理完全。性脆。断口呈不平整、不均匀的次贝壳状。摩氏硬度为 6~6.5,相对密度为 3.62(测量)、3.64(计算)。

【晶体结构】

铯硼榴石属于四方晶系,空间群为 $I4_1/acd$。晶胞参数:a=1.302 nm、c=1.290 nm,Z=16。X 射线粉晶衍射数据 d(Å)(I/I_{max})为 5.32(32)、3.48(82)、3.26(100)、2.770(67)、2.294(41)、2.109(34)。

晶体结构中,有两种四面体配位的位置:1 个为 Si 占据(Si—O=1.610Å),另 1 个四面体配位为 B 占据(B—O=1.465Å)。铯的配位数为 12(Cs—O=3.301Å)。两种四面体形成 1 个[BSi$_2$O$_6$]框架。

【产状产地】

铯硼榴石主要产地有塔吉克斯坦。

【主要用途】

铯硼榴石在地质学、物理学、化学、体学、矿物学方面都有一定意义。

透锂石

【化学性质】

透锂石是一种含 Li 及 H$_2$O 和[AlSi$_2$O$_6$]的架状基型硅酸盐类矿物,其晶体化学式为 Li[AlSi$_2$O$_6$]·nH$_2$O。主要成分为 Li、Al、Si、H、O,类质同象替代成分有 Na、K、Cs、Rb、Ca、Mg、Fe。

化学成分中氧化物的质量分数为 Li$_2$O 7.31%、Al$_2$O$_3$ 24.98%、SiO$_2$ 58.88%、H$_2$O 8.83%。

【结晶形态】

透锂石属于三斜晶系,单面晶类,对称型为 1。晶体形态呈长柱状、棱柱状、柱状、粒状等(图 6-3-63)。

图 6-3-63 透锂石(美国北卡罗来纳)

【物理特征】

透锂石的颜色呈无色、白色。条痕为白色。透明、半透明。玻璃光泽、半玻璃光泽。色散弱。多色性无。荧光呈油黄色。

二轴晶(-)。折射率为 Np=1.510、Nm=1.521、Ng=1.523,双折射率为 0.013。$2V$=45°(测量)。

{100}、{001}解理完全。性脆。断口呈不均匀、不平整的贝壳状。摩氏硬度为 6,相对密度为 2.28~2.34(测量)、2.30(计算)。

【晶体结构】

透锂石属于三斜晶系,空间群为 $P1$。晶胞参数:$a=0.861$ nm、$b=0.496$ nm、$c=0.760$ nm,$\alpha=89.89°$,$\beta=114.42°$,$\gamma=89.96°$,$Z=1$。X 射线粉晶主要衍射数据 $d(\text{Å})(I/I_{max})$ 为 4.20(90)、3.46(100)、3.37(100)。晶体结构见图 6-3-64。

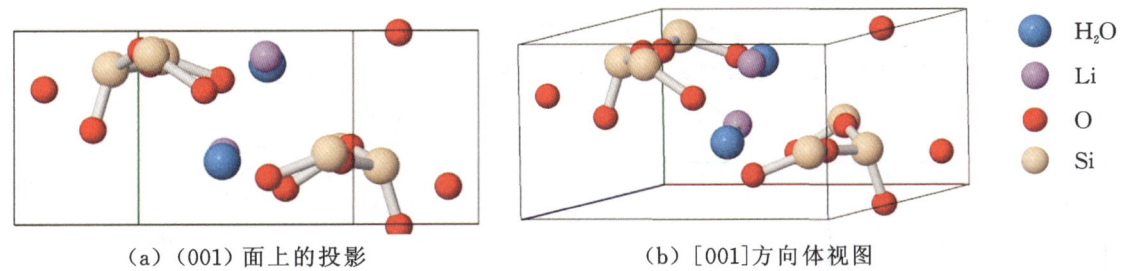

(a) (001) 面上的投影　　　　　　(b) [001] 方向体视图

图 6-3-64　透锂石的晶体结构

【产状产地】

透锂石产于富含锂的伟晶岩的裂缝中,作为晚期形成的矿物出现,主要产地有津巴布韦。

【主要用途】

透锂石在地质学、物理学、化学、材料学、环境科学、晶体学、矿物学、宝石学方面都有重要意义。

透锂长石族

透锂长石(petalite)　　　　　　　　　　$Li[AlSi_4O_{10}]$

透锂长石

【化学性质】

透锂长石是一种含 Li 及 $[AlSi_4O_{10}]$ 的架状基型硅酸盐类矿物,其晶体化学式为 $Li[AlSi_4O_{10}]$。主要成分为 Li、Al、Si、O,类质同象替代成分有 Mg、Fe、Na、Ca、K、H_2O。

化学成分中氧化物的质量分数为 Li_2O 4.57%、Al_2O_3 16.54%、SiO_2 78.89%。

【结晶形态】

透锂长石属于单斜晶系,斜方柱晶类,对称型为 $2/m$。晶体形态呈扁平状、长板状、块状、粒状(图 6-3-65)。

(a) 透锂长石(缅甸)　　　(b) 透锂长石(意大利)　　　(c) 透锂长石(瑞典)

图 6-3-65　透锂长石

【物理特征】

透锂长石的颜色呈无色、白色、灰色、黄色、黄灰色。条痕为无色。透明、半透明。玻璃光泽、珍珠光泽。色散弱,多色性弱。无荧光。

二轴晶(+)。折射率为 Np=1.504、Nm=1.510、Ng=1.516,双折射率为 0.012。

{001}解理完全。性脆。断口呈不均匀、不平整的贝壳状。摩氏硬度为 6～6.5,相对密度为 2.41～2.42(测量)、2.40(计算)。

【晶体结构】

透锂长石属于单斜晶系,空间群为 $P2/a$。晶胞参数:$a=1.175$ nm、$b=0.514$ nm、$c=0.763$ nm,$\beta=113.04°$,$Z=2$。X 射线粉晶衍射数据 $d(\text{Å})(I/I_{max})$ 为 3.731(1)、3.672(0.34)、3.649(0.24)、3.510(0.16)、2.570(0.06)、2.071(0.05)、1.934(0.07)(图 6-3-66)。晶体结构见图 6-3-67。

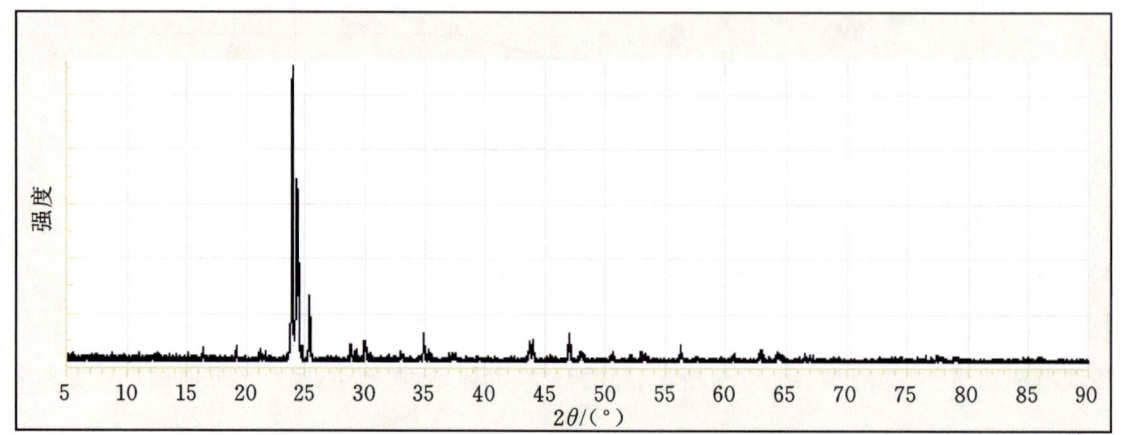

图 6-3-66 透锂长石的 X 射线粉晶衍射图

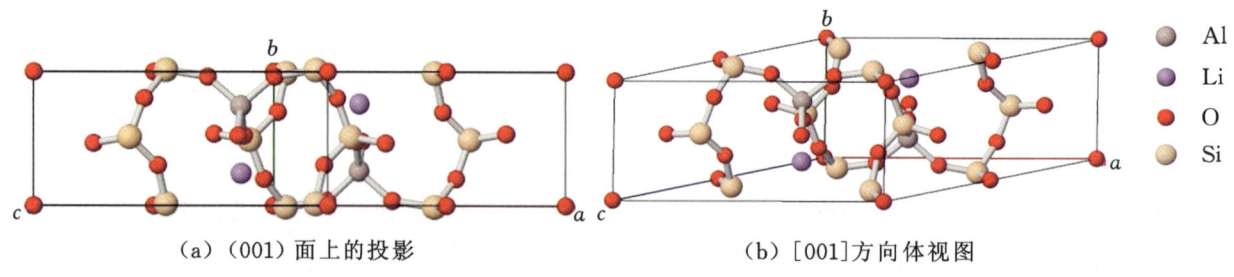

(a)(001)面上的投影　　　　(b)[001]方向体视图

图 6-3-67 透锂长石的晶体结构

【产状产地】

透锂长石产于花岗伟晶岩中,是含锂的矿物。共生伴生矿物有磷锶铍石,主要产地有瑞典、缅甸、阿根廷、瑞典等。

【主要用途】

透锂长石在地质学、物理学、化学、材料学、环境科学、晶体学、矿物学、宝石学方面都有重要意义。

方柱石族

方柱石(scapolite)　　　　　　　　$(Na,Ca)_4[(Al,Si)Si_2O_8)]_3(Cl,F,OH,CO_3,SO_4)$
肉色柱石(sarcolite)　　　　　　　　$Na_4Ca_{12}Al_8Si_{12}O_{46}(CO_3,Cl)[SiO_4,PO_4](OH,H_2O)_4$

方柱石

【化学性质】

方柱石在化学成分上与斜长石相似。只是方柱石有附加阴离子,如为 Cl^-、$[SO_4]^{2-}$、$[CO_3]^{2-}$、

F⁻等；与此相适应，阳离子 Na⁺ 和 Ca²⁺ 的数目增加，使电价得到平衡。化学式为$(Na,Ca)_4[(Al,Si)Si_2O_8)]_3(Cl,F,OH,CO_3,SO_4)$，主要成分为 Na、Ca、Al、Si、O、Cl、C，类质同象替代成分有 K、Fe、Mn、Ti、Mg、F、OH、SO₄ 等。

化学成分中元素（氧化物）的质量分数为 Na₂O 7.07%、CaO 12.79%、Al₂O₃ 28.15%、SiO₂ 47.95%、Cl 4.04%。

方柱石是由钠柱石与钙柱石形成的类质同象系列，是一个不完全的类质同象系列。

按端员组分钙柱石（Me）和钠柱石（Ma）的分子百分含量可划分为钠柱石（Ma 80%～100%，Me 0%～20%）、针柱石（Ma 50%～80%，Me 20%～50%）、中柱石（Ma 20%～50%，Me 50%～80%）和钙柱石（Ma 0%～20%，Me 80%～100%）4 个矿物种。自然界中尚未发现纯的端元矿物，占 80% 以上的都少见。富钠端元中 Cl 含量较高，富钙端元中 CO₃、SO₄ 含量较高。

【结晶形态】

方柱石属四方晶系，四方双锥晶类，对称型为 $4/m$。晶体形态常见呈柱状、块状、双锥状，晶体颗粒较大（图 6-3-68）。集合体呈粒状、不规则柱状、致密块状。常见单形有 {100}、{110}、{111}、{131}、{331}。

(a) 方柱石（坦桑尼亚）

(b) 方柱石（坦桑尼亚）

(c) 方柱石（澳大利亚）

(d) 方柱石的结晶形态

图 6-3-68　方柱石

【物理特征】

方柱石的颜色呈无色、灰色、灰黄色、灰绿色、浅黄绿色等，偶见玫瑰紫色、淡紫色、粉紫色、海蓝色等。条痕为无色、白色。透明、半透明。玻璃光泽、半玻璃光泽。色散弱，多色性呈粉红色、紫红色、紫色、蓝色、蓝紫色、红色、多种黄色。具荧光、磷光等特性。少数有猫眼效应。

一轴晶（一）。折射率为 No=1.534～1.607、Ne=1.522～1.571，双折射率为 0.012～0.036。随着成分中 Ca 的含量增多，折射率、双折射率也增大。

{100}解理中等，{110}解理较差。性脆。断口呈不均匀、不平整的贝壳状。摩氏硬度为 5～6，相对密度为 2.60～2.74（测量），随 Ca 的含量增加相对密度增大。

【晶体结构】

方柱石属于四方晶系，空间群为 $I4/m$。晶胞参数：$a=1.201$～1.229 nm、$c=0.754$～0.776 nm，$Z=2$。X 射线粉晶衍射数据 d(Å)(I/I_{max}) 为 6.04(20)、3.82(60)、3.46(100)、3.07(70)、3.03(60)、2.70(30)、2.69(30)、1.91(30)。

方柱石晶体结构（图 6-3-69）中，沿 c 轴的投影，其中由 $[(Si,Al)O_4]$ 四面体组成四元环、六元环和八元环，大阳离子（Na^+、Ca^{2+}）和附加阴离子（Cl^-、SO_4^{2-}）位于空隙处。

【产状产地】

方柱石产于富钙的变质岩中，几乎所有的变质相带里都有方柱石产出，尤其在大理岩、片麻岩、麻粒岩、绿片岩中。方柱石更常见于酸性和碱性岩浆岩与石灰岩或白云岩的接触交代矿床中，在火山岩的气孔中也可见到方柱石呈无色晶簇状生长。

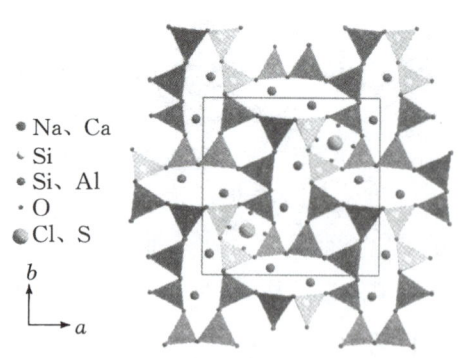
(a) 沿c轴的投影,其中由[(Si, Al)O$_4$]四面体组成四元、六元环和八元环

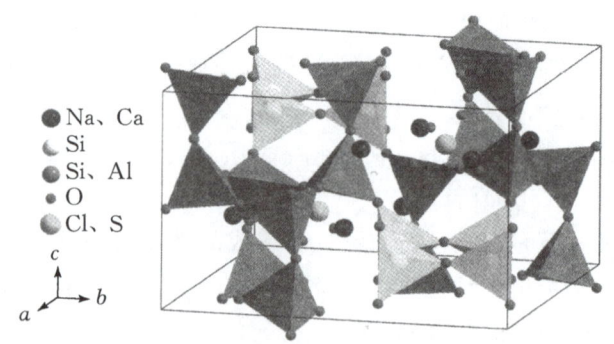
(b) 大阳离子(Na, Ca)和附加阴离子(Cl, SO$_4$)位于结构空隙处

图 6-3-69　方柱石的晶体结构（配位多面体）

方柱石交代斜长岩的现象十分普遍,易遭受风化和热液蚀变,伴生矿物有方解石、斜长石、石英、石榴石、硅灰石、黑云母、绿帘石、磷灰石、电气石、透辉石、紫苏辉石、角闪石、磁铁矿、金红石等。

方柱石主要产地有巴基斯坦、缅甸、坦桑尼亚、澳大利亚、马达加斯加、意大利、德国、挪威、加拿大等。

【主要用途】

方柱石在地质学、物理学、化学、材料学、环境科学、晶体学、矿物学、宝石学方面都有重要意义。

肉色柱石

【化学性质】

肉色柱石是一种含 Ca、Na、Cl、F、[CO$_3$]、[SiO$_4$]、[PO$_4$]、(OH) 和 H$_2$O 的复杂架状基型硅酸盐类矿物,其晶体化学式为 Na$_4$Ca$_{12}$Al$_8$Si$_{12}$O$_{46}$(CO$_3$, Cl)[SiO$_4$, PO$_4$](OH, H$_2$O)$_4$。主要成分为 Al、Ca、Na、Si、O、C、Cl、H、P,类质同象替代成分有 Fe、Mn、Mg、Sr、K、Ti、S。

化学成分中元素(氧化物)的质量分数为 Na$_2$O 3.29％、CaO 34.84％、Al$_2$O$_3$ 21.63％、SiO$_2$ 38.23％、F 2.01％。

【结晶形态】

肉色柱石属于四方晶系,四方双锥晶类,对称型为 $4/m$。晶体形态呈粒状、短柱状、块状,呈假立方体状(图 6-3-70)。

(a) 肉色柱石（意大利）

(b) 肉色柱石（意大利）

(c) 肉色柱石（意大利）

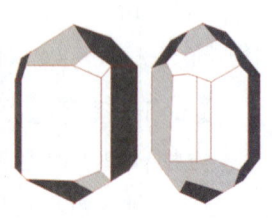
(d) 肉色柱石的结晶形态

图 6-3-70　肉色柱石

【物理特征】

肉色柱石的颜色呈无色、肉红色、粉红色、红色、红白色等。条痕为白色。透明。玻璃光泽。色散弱。多色性弱。

一轴晶(＋)。折射率为 No＝1.604、Ne＝1.615,双折射率为 0.011。解理中等,解理面{100}。性脆。断口呈不均匀、不平整的次贝壳状。摩氏硬度为 6,相对密度为 2.5～2.8(测量)、2.66(计算)。

【晶体结构】

肉色柱石属于四方晶系,空间群为 $I4/m$。晶胞参数:$a=1.234$ nm、$c=1.546$ nm,$Z=4$。X 射线粉晶主要衍射数据 $d(\text{Å})(I/I_{max})$ 为 3.34(80)、2.85(70)、2.75(100)(图 6-3-71)。晶体结构见图 6-3-72。

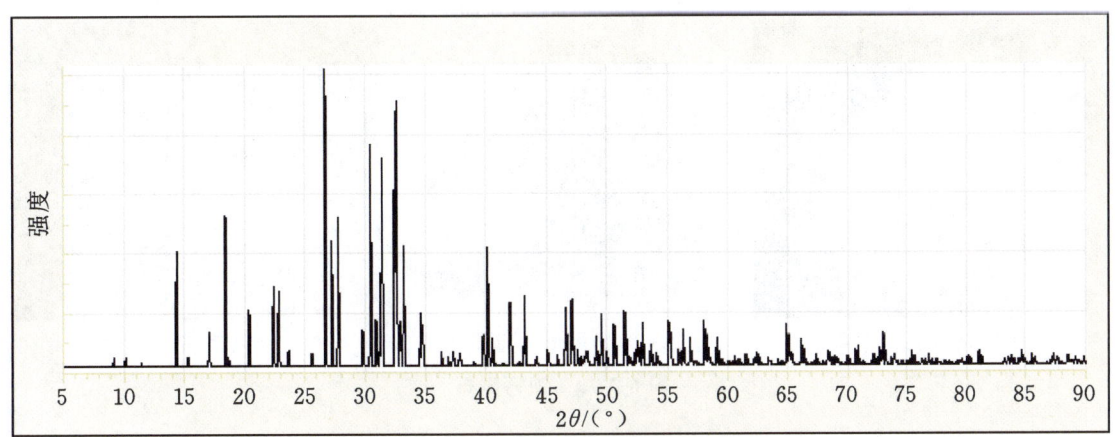

图 6-3-71 肉色柱石的 X 射线粉晶衍射图

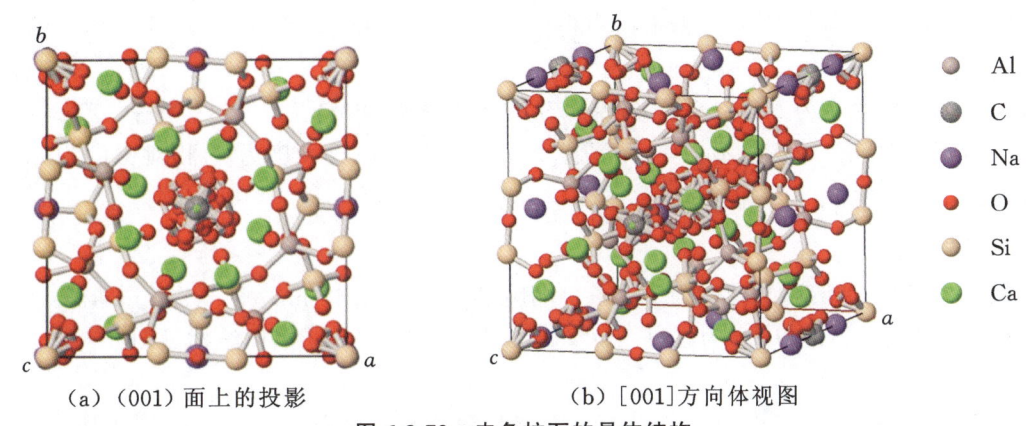

(a)(001)面上的投影　　　(b)[001]方向体视图

图 6-3-72 肉色柱石的晶体结构

【产状产地】

肉色柱石产于火山喷出物与石灰岩接触变质带中。主要产地有意大利。

【主要用途】

肉色柱石在地质学、物理学、化学、晶体学、矿物学方面都有一定意义。

钙霞石族

钡钙霞石(wenkite)　　　　　　$Ba_4Ca_6[(Si,Al)_{20}O_{39}(OH)_2][SO_4]_3 \cdot 0.5H_2O$

钙霞石(cancrinite)　　　　　　$Na_6Ca_2[AlSiO_4]_6[CO_3,SO_4](OH)_2$

钾钙霞石(davyne)　　　　　　$K_2Na_4Ca_2[Al_2Si_2O_8]_3[SO_4]Cl_2$

阿富汗钾钙霞石(afghanite)　　$(Na,K)_{22}Ca_{10}[Si_2Al_2O_8]_{12}[SO_4,CO_3]_6Cl_6$

钡钙霞石

【化学性质】

钡钙霞石是一种含 Ba、Ca、$[SO_4]$、(OH)和 H_2O 的 $[(Si,Al)_{20}O_{39}(OH)_2]$ 架状基型硅酸盐类矿物,其晶体化学式为 $Ba_4Ca_6[(Si,Al)_{20}O_{39}(OH)_2][SO_4]_3 \cdot 0.5H_2O$。主要成分为 Ba、Ca、Si、Al、H、S、O,类质同象替代成分有 Ti、Fe、Mn、Sr、Na、K、F、Cl 等。

化学成分中元素(氧化物)的质量分数为 BaO 24.48%、Na_2O 0.67%、CaO 13.31%、Al_2O_3

22.66％、SiO_2 24.33％、H_2O 2.95％、SO_3 10.02％、Cl 0.76％、F 0.82％。

【结晶形态】

钡钙霞石属于六方晶系,复三方双锥晶类,对称型为$6m2$。晶体形态呈柱状、粒状、块状等(图6-3-73)。

(a) 钡钙霞石 (瑞典)　　　(b) 钡钙霞石 (瑞典)　　　(c) 钡钙霞石 (意大利)

图 6-3-73　钡钙霞石

【物理特征】

钡钙霞石的颜色呈白色、灰色。条痕为白色。透明至半透明。玻璃光泽、珍珠光泽。色散弱。多色性弱。

一轴晶(−)。折射率为$No=1.596$、$Ne=1.589$,双折射率为0.007。

解理不清楚。性脆。断口呈不均匀、不平整的次贝壳状。摩氏硬度为6,相对密度为3.19～3.24(测量)、3.27(计算)。

【晶体结构】

钡钙霞石属于六方晶系,空间群为$P\bar{6}2m$。晶胞参数:$a=1.351$ nm、$c=0.746$ nm,$Z=1$。X射线粉晶主要衍射数据d(Å)(I/I_{max})为3.46(100)、3.38(80)、2.69(90)。晶体结构见图6-3-74。

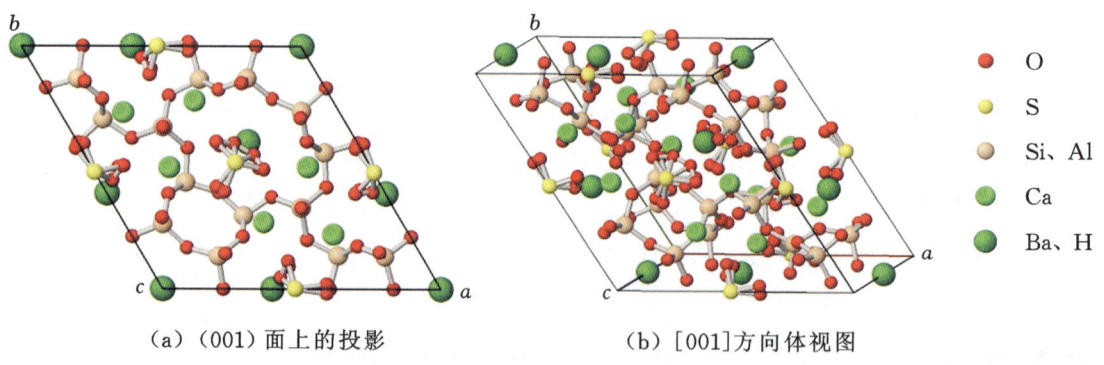

(a) (001)面上的投影　　　(b) [001]方向体视图

图 6-3-74　钡钙霞石的晶体结构

【产状产地】

钡钙霞石是石灰岩强烈变质的一种产物,共生伴生的矿物有重晶石、其他钙硅酸盐矿物。主要产地有意大利、瑞典。

【主要用途】

钡钙霞石在地质学、物理学、化学、材料学、环境科学、晶体学、矿物学、宝石学方面都有重要意义。

钙霞石

【化学性质】

钙霞石是一种含Na、Ca、[CO_3]、[SO_4]和H_2O的[$Al_2Si_2O_8$]架状基型硅酸盐类矿物,其晶体化

学式为 $Na_6Ca_2[AlSiO_4]_6[CO_3,SO_4](OH)_2$,主要成分为 Na、Ca、Al、Si、O、C、S、H,类质同象替代成分有 Ti、Fe、Mg、K、Cl。

化学成分中氧化物的质量分数为 Na_2O 17.67%、CaO 10.66%、Al_2O_3 29.06%、SiO_2 34.25%、CO_2 8.36%。

【结晶形态】

钙霞石属于六方晶系,六方单锥晶类,对称型为 6。晶体形态呈棱柱状、柱状、粒状、块状等(图 6-3-75)。

(a) 钙霞石(意大利)　　　　(b) 钙霞石(意大利)　　　　(c) 钙霞石(俄罗斯)

图 6-3-75　钙霞石

【物理特征】

钙霞石的颜色呈无色、白色、灰绿色、蓝色、黄色、橙色、红色。条痕为白色。透明、半透明。玻璃光泽、油脂光泽、珍珠光泽。色散弱,多色性弱。无荧光。

一轴晶(+/−)。折射率为 $No=1.495\sim1.503$、$Ne=1.507\sim1.528$,双折射率为 $0.012\sim0.025$。

$\{10\bar{1}0\}$ 解理完全,$\{0001\}$ 解理较差。性脆。断口呈不平整、不均匀的贝壳状。摩氏硬度为 $5\sim6$,相对密度为 $2.42\sim2.51$(测量)、2.49(计算)。

【晶体结构】

钙霞石属于六方晶系,空间群为 $P6_3$。晶胞参数:$a=1.270$ nm、$c=0.515$ nm,$Z=1$。X 射线粉晶主要衍射数据 d(Å)(I/I_{max})为 4.61(67)、3.61(40)、3.19(100)(图 6-3-76)。晶体结构见图 6-3-77。

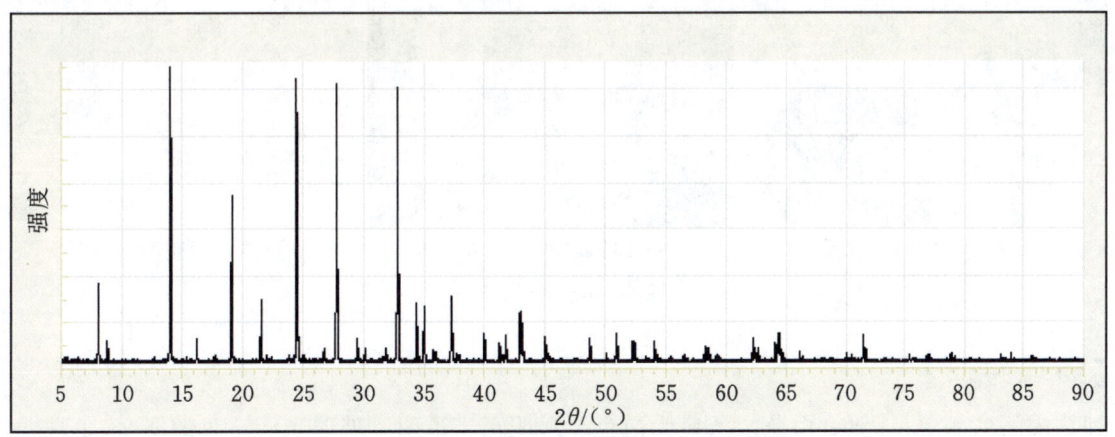

图 6-3-76　钙霞石的 X 射线粉晶衍射图

在晶体结构中,由 12 个 $[SiO_4]$ 四面体组成环状封闭的大通道笼。

【产状产地】

钙霞石是一种岩浆岩中霞石蚀变的矿物,主要产地有意大利、俄罗斯。

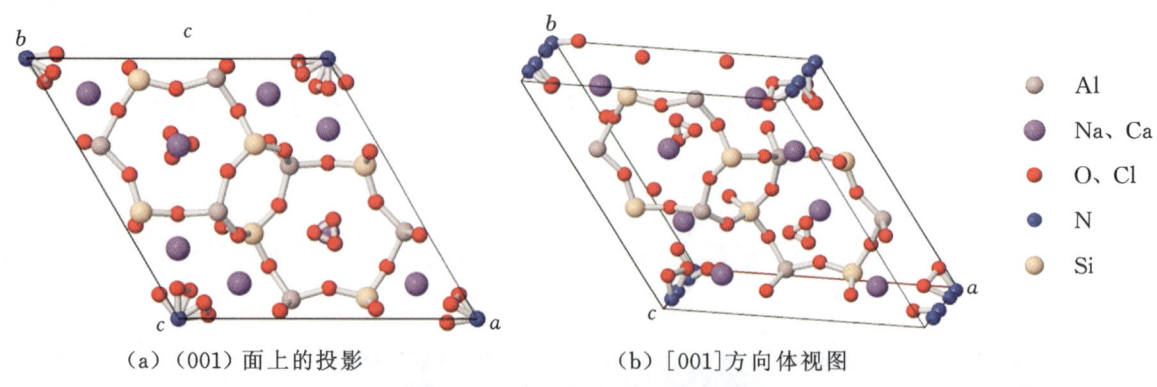

(a)（001）面上的投影　　　　(b)[001]方向体视图

图 6-3-77　钙霞石的晶体结构

【主要用途】

钙霞石在地质学、物理学、化学、晶体学、矿物学方面都有一定意义。

钾钙霞石

【化学性质】

钾钙霞石是一种含 K、Na、Ca、[SO_4]、Cl 的[$Al_2Si_2O_8$]架状基型硅酸盐类矿物，其晶体化学式为 $K_2Na_4Ca_2[Al_2Si_2O_8]_3[SO_4]Cl_2$。主要成分为 K、Na、Ca、Al、Si、S、Cl、O，类质同象替代成分有 Fe、Ti、F、C。

化学成分中氧化物的质量分数为 K_2O 6.78%、Na_2O 10.12%、CaO 12.57%、Al_2O_3 28.26%、SiO_2 31.14%、Cl 6.70%、SO_3 4.43%。

【结晶形态】

钾钙霞石属于六方晶系，六方双锥晶类，对称型为 $6/m$。晶体形态呈柱状、棱柱状、粒状、块状（图 6-3-78）。

(a) 钾钙霞石（意大利）　　　(b) 钾钙霞石（意大利）　　　(c) 钾钙霞石（德国）

图 6-3-78　钾钙霞石

【物理特征】

钾钙霞石的颜色呈无色、白色。条痕为白色。透明至半透明。玻璃光泽。色散弱，多色性弱。

一轴晶(+)，有时为负光性。折射率为 No=1.515～1.519、Ne=1.519～1.522，双折射率为 0.001～0.005。

{1010}解理完全、{0001}解理较差。性脆。断口呈不均匀、不平整的贝壳状。摩氏硬度为 5.5～6，相对密度为 2.42～2.53（测量）、2.50（计算）。

【晶体结构】

钾钙霞石属于六方晶系,空间群为 $P6_3/m$。晶胞参数:$a=1.271$ nm、$c=0.537$ nm,$Z=1$。X 射线粉晶衍射数据 $d(\text{Å})(I/I_{\max})$ 为 4.800(100)、3.670(100)、3.280(100)、2.670(60)、2.121(60)、2.756(50)、2.652(50)(图 6-3-79)。

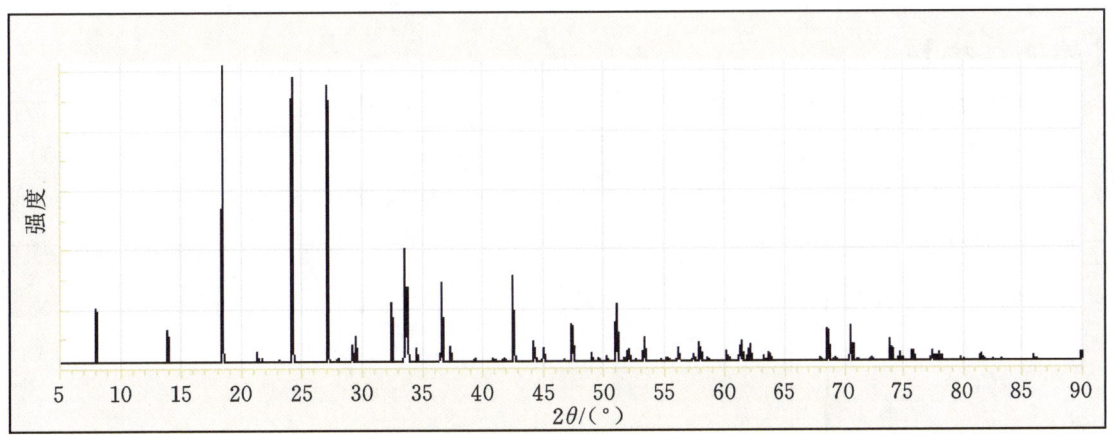

图 6-3-79　钾钙霞石的 X 射线粉晶衍射图

【产状产地】

钾钙霞石在富含白榴石的火山熔岩中产出。共生伴生的矿物有霞石、白榴石等,主要产地有意大利、俄罗斯、德国。

【主要用途】

钾钙霞石在地质学、物理学、化学、晶体学、矿物学方面都有一定意义。

阿富汗钾钙霞石

【化学性质】

阿富汗钾钙霞石是一种含 Na、K、Ca、$[SO_4]$、$[CO_3]$、Cl 的 $[(Si_2Al_2)O_8]$ 架状基型硅酸盐类矿物,其晶体化学式为 $(Na,K)_{22}Ca_{10}[Si_2Al_2O_8]_{12}[SO_4,CO_3]_6Cl_6$。主要成分为 Na、K、Ca、Si、Al、S、C、Cl、O,类质同象替代成分有 Mg、Fe、F、OH。

化学成分中元素(氧化物)的质量分数为 K_2O 2.75%、Na_2O 12.39%、CaO 16.35%、Al_2O_3 25.06%、SiO_2 29.28%、H_2O 0.75%、CO_2 0.37%、SO_3 8.47%、Cl 4.58%。

【结晶形态】

阿富汗钾钙霞石属于六方晶系,复六方双锥晶类,对称型为 $6/mmm$。晶体形态呈短柱状,常呈块状体产出(图 6-3-80)。

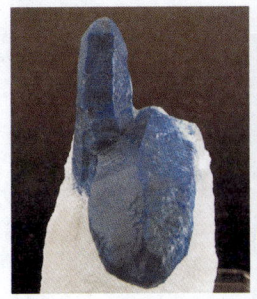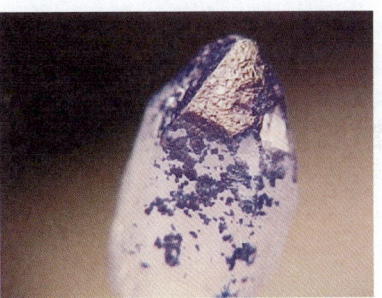

图 6-3-80　钾钙霞石(阿富汗)

【物理特征】

阿富汗钾钙霞石的颜色呈无色、白色、浅蓝色、蓝色、深蓝色。条痕为白色。透明。玻璃光泽。一轴晶（＋）。折射率为 No＝1.523，Ne＝1.529，双折射率为 0.006。

$\{10\bar{1}0\}$ 解理完全。性脆。断口呈不均匀、不平整的贝壳状。摩氏硬度为 5.5～6，相对密度为 2.55～2.65（测量）、2.65（计算）。

【晶体结构】

阿富汗钾钙霞石属于六方晶系，空间群为 $P6_3/mmc$、$P6_3mc$、或 $P\bar{6}2c$。晶胞参数：$a=1.277$ nm，$c=2.144$ nm，$Z=4$。X 射线粉晶衍射数据 $d(Å)(I/I_{max})$ 为 4.820(80)、3.997(60)、3.688(100)、3.298(100)、2.685(60)、2.139(60)、1.792(60)（图 6-3-81）。晶体结构见图 6-3-82。

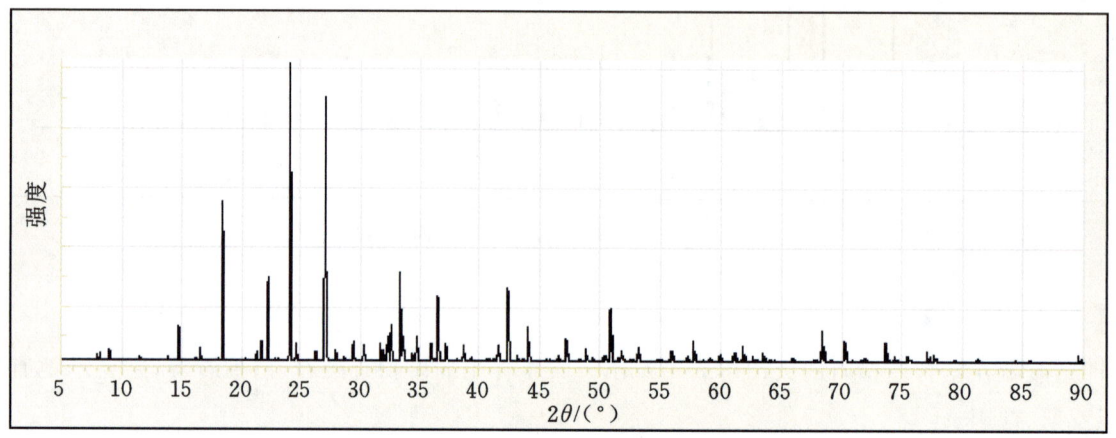

图 6-3-81　阿富汗钾钙霞石的 X 射线粉晶衍射图

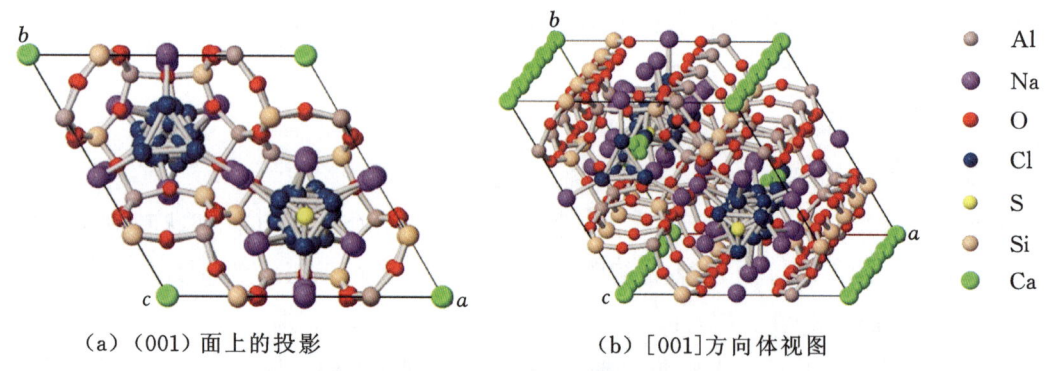

（a）（001）面上的投影　　　　（b）[001]方向体视图

图 6-3-82　阿富汗钾钙霞石的晶体结构

【产状产地】

阿富汗钾钙霞石常与方钠石类矿物的蚀变有关。主要产地为阿富汗。

【主要用途】

阿富汗钾钙霞石在地质学、物理学、化学、晶体学、矿物学方面都有一定意义。

方钠石族

方钠石(sodalite)　　　　　　　　　　　$Na_8[Al_2Si_2O_8]_3Cl_2$

黝方石(nosean)　　　　　　　　　　　$Na_8[Al_2Si_2O_8]_3[SO_4]·H_2O$

蓝方石(hauyne)　　　　　　　　　　　$Na_6Ca_2[Al_2Si_2O_8]_3[SO_4]_2$

青金石(lazurite)　　　　　　　　　　　$(Na,Ca)_{7\sim8}[Al_2Si_2(O,S)_8]_3[SO_4,Cl_2,(OH)_2]$

水方钠石(hydrosodalite)　　　　　　　　$Na_6[Al_2Si_2O_8]_3 \cdot 8H_2O$

方钠石

【化学性质】

方钠石是似长石类矿物中的一种，是含 Na、Cl 的[$Al_2Si_2O_8$]架状基型硅酸盐类矿物，其晶体化学式为 $Na_8[Al_2Si_2O_8]_3Cl_2$。主要成分为 Na、Al、Si、O、Cl，类质同象替代成分有 Fe、Mn、K、Ca、Br、S、H_2O。由于方钠石中 Cl 常被 OH 代替，形成羟基方钠石，化学式转变为 $Na_8(Al_6Si_6O_{24})(OH)_2 \cdot 2H_2O$。由于成分的替代，还会形成羟方钠石、黝方石、蓝方石、紫方钠石等。

它是含氯的钠铝硅酸盐，溶于盐酸和硝酸。

化学成分中氧化物的质量分数为 Na_2O 25.58％、Al_2O_3 30.56％、SiO_2 36.54％、Cl 7.32％。

【结晶形态】

方钠石属于等轴晶系(均质体)，六四面体晶类，对称型为 $\bar{4}3m$。晶体形态呈粒状、块状(图 6-3-83)，晶体单形有菱形十二面体{110}、八面体{111}、立方体{100}，但相当罕见。集合体常呈块状、圆粒状、粒状、结核状等。

（a）方钠石（阿富汗）　　　（b）方钠石（阿富汗）　　　（c）方钠石（加拿大）

图 6-3-83　方钠石

【物理特征】

方钠石的颜色呈无色、白色、灰色、天蓝色、深蓝色、粉红色、浅黄色、绿色、粉红色、紫色等。条痕为白色。方钠石族包括羟方钠石、黝方石、蓝方石等，不同种类的方钠石颜色也有所不同。颜色与青金石较为接近。

透明至半透明。玻璃光泽、油脂光泽。色散弱，多色性无。荧光、磷光呈现白色、黄色、橙色、红色，紫方钠石在紫外光照射下，大部分会发出橙色荧光。

等轴晶(均质体)。折射率为 N=1.483～1.487。

{110}解理中等。性脆。断口呈不均匀、不平整的次贝壳状。摩氏硬度为 5.5～6，相对密度为 2.27～2.33(测量)、2.31(计算)。

【晶体结构】

方钠石属于等轴晶系，空间群为 $P\bar{4}3n$。晶胞参数：$a=0.888$ nm，$Z=1$。X 射线粉晶主要衍射数据 d(Å)(I/I_{max})为 6.30(80)、3.63(100)、2.10(80)(图 6-3-84)。晶体结构见图 6-3-85。

方钠石是一种架状基型晶体结构硅酸盐矿物，它与 X 型沸石、A 型沸石一样都由同样的 β 特征笼构成，β 特征笼通过双六元环连接形成 X 型沸石，通过双四元环连接形成 A 型沸石，通过共面联接可形成方钠石(图 6-3-86)。

【产状产地】

方钠石在自然界较为罕见，主要产于富 Na 贫 Si 的碱性岩中，如霞石正长岩、粗面岩和响岩等岩

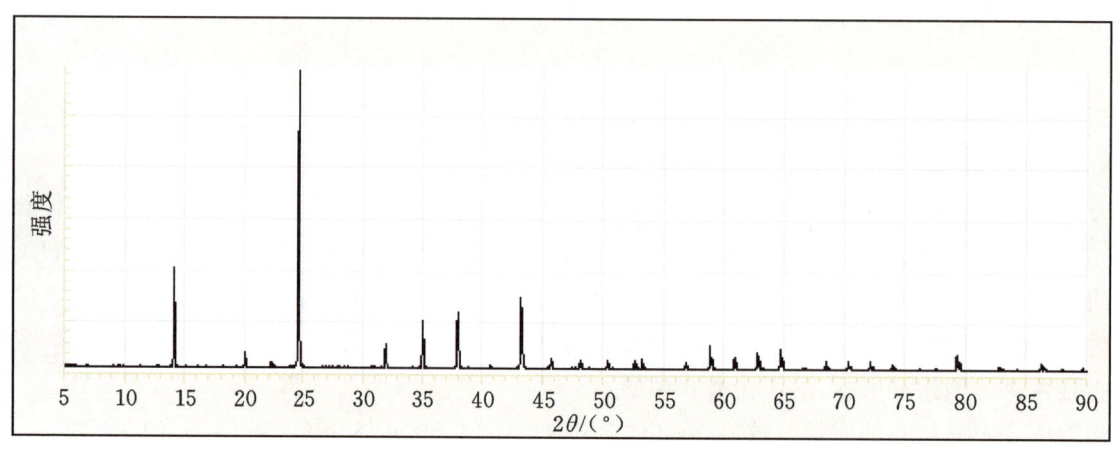

图 6-3-84 方钠石的 X 射线粉晶衍射图

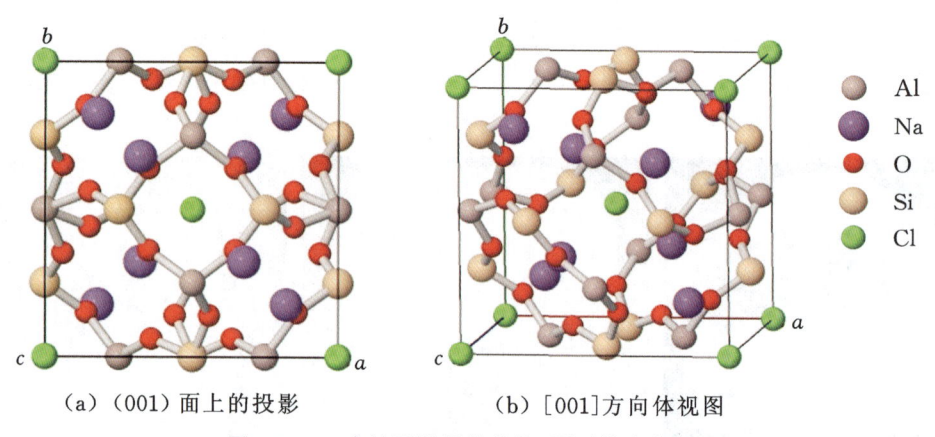

(a)（001）面上的投影　　　(b)［001］方向体视图

图 6-3-85 方钠石的晶体结构（原子排布位置）

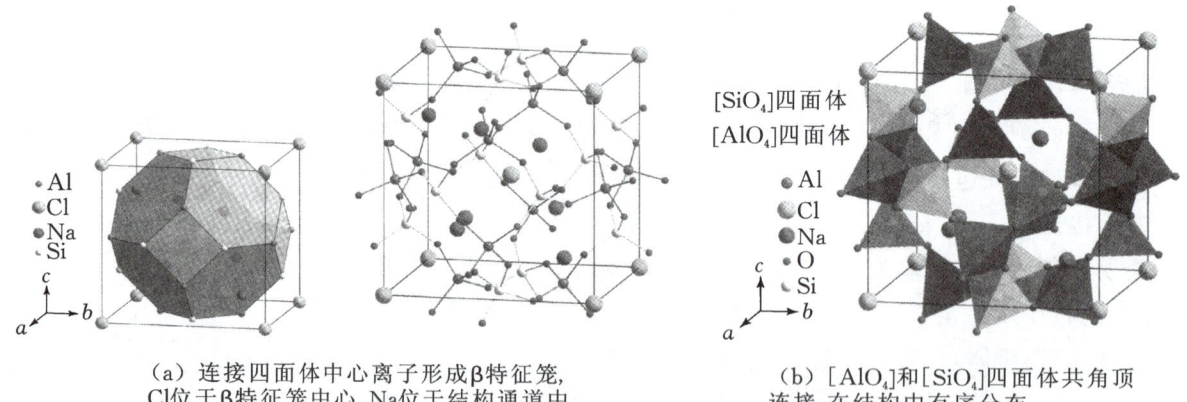

(a) 连接四面体中心离子形成β特征笼，　　(b) ［AlO₄］和［SiO₄］四面体共角顶
Cl位于β特征笼中心，Na位于结构通道中　　连接，在结构中有序分布

图 6-3-86 方钠石的晶体结构（配位多面体）

浆岩或接触变质的硅卡岩中，常与霞石、白榴石、霓辉石、钠长石、微斜长石、萤石、方解石、白云石、重晶石、锆石等矿物共生。

方钠石与青金石极为相似，但是方钠石很少含有青金石中的特征性黄铁矿包体。青金石为多种矿物组合，矿物内有黄铁矿颗粒和方解石，并呈星点状或团块状分布。

方钠石主要产地有缅甸、阿富汗、格陵兰岛、意大利、挪威、法国、罗马尼亚、德国、俄罗斯、南非、纳米比亚、玻利维亚、巴西、美国（科罗拉多、蒙大拿）、加拿大（安大略）等。

【主要用途】

方钠石在地质学、物理学、化学、晶体学、矿物学、宝石学方面都有一定意义。

黝方石

【化学性质】

黝方石是一种含 Na、[SO_4]和 H_2O 的[$Al_2Si_2O_8$]架状基型硅酸盐类矿物,它的晶体化学式为 $Na_8[Al_2Si_2O_8]_3[SO_4]\cdot H_2O$。主要成分为 Na、Al、Si、S、H、O,类质同象替代成分有 Ca、K、C、Cl。理想的黝方石没有 Ca,S 也都被氧化成硫酸盐。

化学成分中氧化物的质量分数为 Na_2O 24.49%、Al_2O_3 30.21%、SiO_2 35.61%、H_2O 1.78%、SO_3 7.91%。

【结晶形态】

黝方石属于等轴晶系,六四面体晶类,对称型为 $\bar{4}3m$。晶体罕见,形态呈柱状、粒状、块状,显现出透明的柱状晶体(图 6-3-87)。依{111}存在双晶。

(a) 黝方石(阿富汗)

(b) 黝方石(德国)

(c) 黝方石(德国)

图 6-3-87 黝方石

【物理特征】

黝方石的颜色呈无色、白色、灰色、灰棕色、蓝色、绿色、棕色、黑色。条痕为青白色。透明至半透明。玻璃光泽、油脂光泽。色散弱,多色性无。无荧光。

等轴晶(均质体)。折射率为 N=1.461~1.495,双折射率为无或很小。

{110}解理较完全。性脆。断口呈不均匀、不平整的次贝壳状。摩氏硬度为 5.5~6,相对密度为 2.30~2.40(测量)、2.21(计算)。

【晶体结构】

黝方石属于等轴晶系,空间群为 $P\bar{4}3m$。晶胞参数:$a=0.907$ nm,$Z=1$。X 射线粉晶主要衍射数据 $d(Å)(I/I_{max})$ 为 6.45(70)、3.71(100)、2.63(75)(图 6-3-88)。

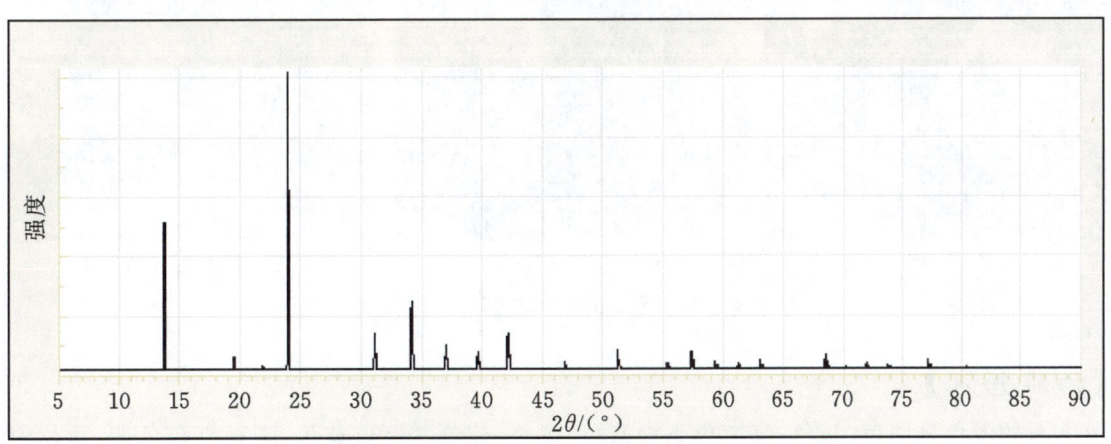

图 6-3-88 黝方石的 X 射线粉晶衍射图

黝方石的晶体结构(图 6-3-89)中,笼含有阴离子团[SO_4]$^{2-}$ 和 H_2O。

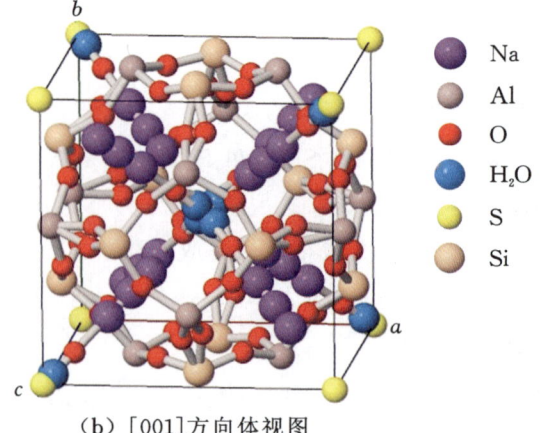

(a)（001）面上的投影　　(b)[001]方向体视图

图 6-3-89　黝方石的晶体结构

【产状产地】

黝方石产于碱性较高的岩浆岩,晶体常嵌入火山岩间,主要产地有德国、阿富汗。

【主要用途】

黝方石在地质学、物理学、化学、晶体学、矿物学方面都有一定意义。

蓝方石

【化学性质】

蓝方石是一种含 Na、Ca、$[SO_4]$ 的 $[Al_2Si_2O_8]$ 架状基型硅酸盐类矿物,它的晶体化学式为 $Na_6Ca_2[Al_2Si_2O_8]_3[SO_4]_2$。主要成分为 Na、Ca、Al、Si、S、O,类质同象替代成分有 K、Cl。蓝方石是一种含硫酸根的钠钙铝硅酸盐,常含微量的钾。

化学成分中氧化物的质量分数为 SiO_2 33.70%、Al_2O 28.27%、FeO 0.69%、MgO 0.48%、CaO 9.51%、Na_2O 10.39%、K_2O 5.44%、Cl 0.76%、H_2O 0.34%、CO_2 0.40%、SO_3 10.02%。

【结晶形态】

蓝方石属于等轴晶系,六四面体晶类,对称型为 $\bar{4}3m$。晶体形态呈菱形十二面体或八面体,常呈圆粒状、粒状集合体。晶体结晶形状良好(图 6-3-90)。{111}双晶常见。

(a) 蓝方石（意大利）　　(b) 蓝方石（德国）　　(c) 蓝方石（德国）

图 6-3-90　蓝方石

【物理特征】

蓝方石的颜色呈白色、灰色、亮蓝色到绿蓝色、黑色、棕色、绿色、黄色,多种红色色调,薄片中呈无色或淡蓝色。条痕为浅蓝白色。透明、半透明至不透明。玻璃光泽到油脂光泽。色散弱。多色性无。无荧光。

等轴晶系,均质体。折射率为 $N=1.495\sim1.505$,双折射率为很小。

{110}解理中等。性脆。断口呈不规则、不均匀的贝壳状。摩氏硬度为5.5～6,相对密度为2.44～2.50(测量)、2.43(计算)。

【晶体结构】

蓝方石属于等轴晶系,空间群为$P\bar{4}3n$。晶胞参数:$a=0.908\sim0.913$ nm,$Z=1$。X射线粉晶衍射数据$d(\text{Å})(I/I_{\max})$为6.470(16)、3.720(100)、2.873(14)、2.623(25)、2.428(8)、2.141(14)、1.781(10)(图6-3-91)。

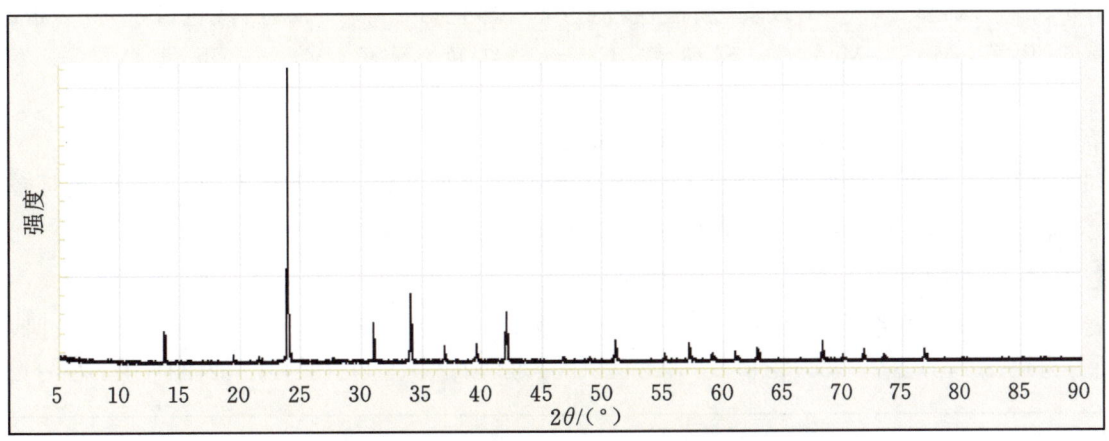

图6-3-91　蓝方石的X射线粉晶衍射图

【产状产地】

蓝方石产于经变质的硅质含量低的碱性岩浆岩中,主要的伴生矿物有白榴石、石榴石、黄长石、霞石、辉石等。主要产地有意大利、阿富汗、德国。

【主要用途】

蓝方石在地质学、物理学、化学、材料学、环境科学、晶体学、矿物学、宝石学方面都有重要意义。

青金石

【化学性质】

青金石是一种含Na、Ca、[SO_4]、(OH)的[(Al_2Si_2)O_8]架状基型硅酸盐类矿物,其晶体化学式为$(Na,Ca)_{7\sim8}[Al_2Si_2(O,S)_8]_3[SO_4,Cl_2,(OH)_2]$。主要成分为Na、Ca、Al、Si、O、Cl、S、H,类质同象替代成分有K、Se、Fe、Mg、H_2O。遇到盐酸时会缓慢溶解,并释放出H_2S。

化学成分中元素(氧化物)的质量分数为Na_2O 18.66%、CaO 1.25%、Al_2O_3 30.69%、SiO_2 36.17%、S 6.43%、SO_2 6.80%。

【结晶形态】

青金石属等轴晶系,六四面体晶类,对称型为$\bar{4}3m$。晶体形态呈菱形十二面体、立方体的粒状、块状,集合体呈致密块状、粒状结构(图6-3-92)。

(a) 青金石(阿富汗)　　(b) 青金石(澳大利亚)　　(c) 青金石(摩洛哥)

图6-3-92　青金石

【物理特征】

青金石的颜色呈深蓝色、紫蓝色、天蓝色、绿色、蓝绿色等,还有细小白色方解石、黄色黄铁矿斑点,深蓝色是由于晶体中存在 S_3 自由基阴离子。条痕为浅蓝色。半透明、不透明。玻璃光泽、蜡状光泽。荧光呈橙色、白色,滤色镜下呈淡红色。

青金石的颜色多种多样,由矿物内色素离子在光的作用下,电子跃迁产生的,如:Cu^{2+}——蓝色、绿色,Ni^{2+}——绿色,Co^{2+}——玫瑰色、蓝色,Fe^{3+}——黑色,Fe^{3+}——褐色、红色,Fe^{2+}——暗绿色,Mn^{4+}——黑色,Mn^{2+}、Mn^{3+}——玫瑰色,Cr^{3+}——红色、绿色,V^{5+}——黄色,V^{2+}——绿色,Ti^{4+}——褐红色、褐色。

等轴晶系,均质体。折射率为 N=1.502~1.522。

{110}解理不完全。性脆。断口呈不规则、不均匀的次贝壳状。摩氏硬度为 5~5.5,相对密度为 2.38~2.45(测量),2.40(计算),含黄铁矿的青金石相对密度为 2.70~2.90。

【晶体结构】

青金石属于等轴晶系,空间群为 $P\bar{4}3n$。晶胞参数:$a=0.909$ nm,$Z=1$。X 射线粉晶衍射数据 $d(\text{Å})$(I/I_{max})为 6.430(40)、3.71(100)、2.872(45)、2.622(80)、2.272(25)、2.141(35)、1.782(30)(图 6-3-93)。

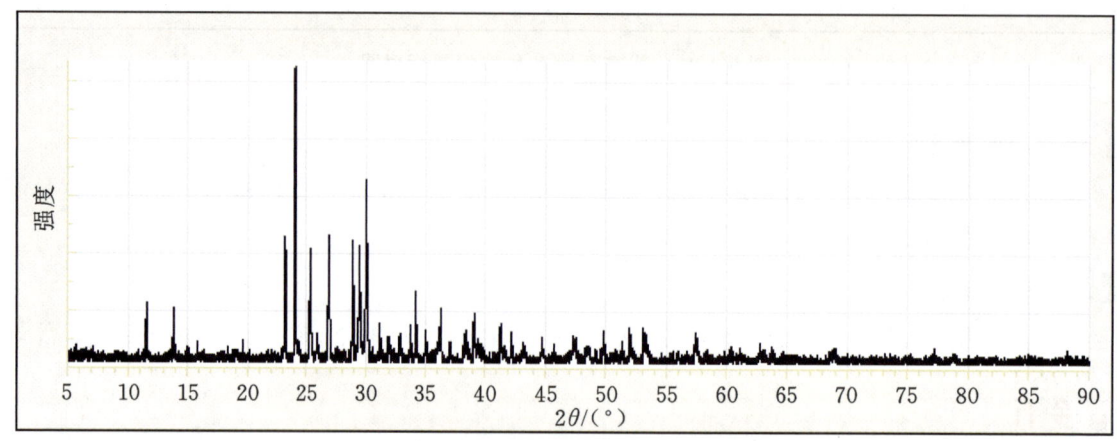

图 6-3-93 青金石的 X 射线粉晶衍射图

青金石属方钠石族矿物,是一种似长石架状基型晶体结构的硅酸盐。

【产状产地】

青金石产于碱性火山岩、伟晶岩与白云岩接触带中,是接触交代矽卡岩型的产物,出现在结晶大理石中。青金石呈均匀的深蓝色至天蓝色,极细粒的隐晶结构中夹杂微量的方解石(白色)、黄铁矿。还有一些青金石中含有辉石、透辉石、顽火辉石、云母、辉石、角闪石等。

青金石主要产地有阿富汗、缅甸、巴基斯坦、摩洛哥、澳大利亚、俄罗斯(贝加尔)、意大利、德国、加拿大、美国(蒙大拿、科罗拉多)等地。

【主要用途】

青金石在地质学、物理学、化学、晶体学、矿物学、宝石学方面都有重要意义,可作为贵重的玉雕和首饰的原料,它们多数来源于阿富汗等地。青金石也是天然蓝色颜料的重要原料。

水方钠石

【化学性质】

水方钠石是一种含 Na 及 H_2O 的[$Al_2Si_2O_8$]架状基型硅酸盐类矿物,它的晶体化学式为 $Na_6[Al_2Si_2O_8]_3 \cdot 8H_2O$。主要成分为 Na、Al、Si、O、H,类质同象替代成分有 K、Se、Fe、Mg、H_2O。

水方钠石-水方钾石成类质同象系列。

【结晶形态】

水方钠石属于等轴晶系，六四面体晶类，对称型为 $\bar{4}3m$。晶体形态呈细小粒状、板片状（图 6-3-94）。

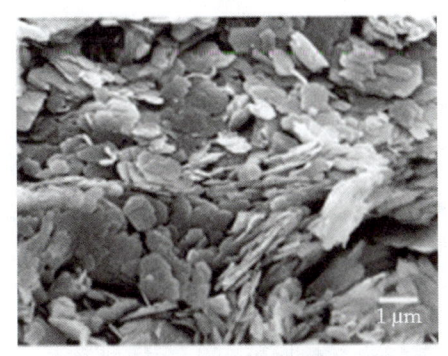

图 6-3-94　水方钠石

【物理特征】

水方钠石的颜色呈无色、白色。条痕为白色。透明。玻璃光泽、土状光泽。色散无，多色性无。

等轴晶系，均质体。性脆。断口呈不规则、不平整的次贝壳状。

【晶体结构】

水方钠石属于等轴晶系，空间群为 $P\bar{4}3n$。晶胞参数：$a=0.890$ nm，$Z=1$。常会出现光性异常，变异为三斜晶系，晶胞参数：$a=0.920$ nm、$b=0.910$ nm、$c=0.921$ nm，$\alpha=89.69°$、$\beta=90.43°$、$\gamma=89.79°$。

水方钠石是方钠石中 Cl 被 OH 代替形成水方钠石，它们结构是相同的。

钾离子与（SiO_4）形成六元环，骨架中氧原子强烈相互作用，引起骨架的各向异性畸变。在扭曲的框架中，钾离子唯一可能的分布是有序的，以防止相邻离子之间的排斥，确保阳离子电荷平衡均匀分布（Al∶K＝1∶1）。6 个 Al 原子中的每一个都有 3 个距离为 0.035～0.039 nm 的钾离子，而 6 个钾离子中的每一个都有 3 个距离为 0.035～0.039 nm 的 Al 原子。K 离子的配位数为 8～10，包括水分子在内的平均 K－O 距离为 0.292 1～0.304 3 nm。

水方钠石的晶体结构见图 6-3-95。

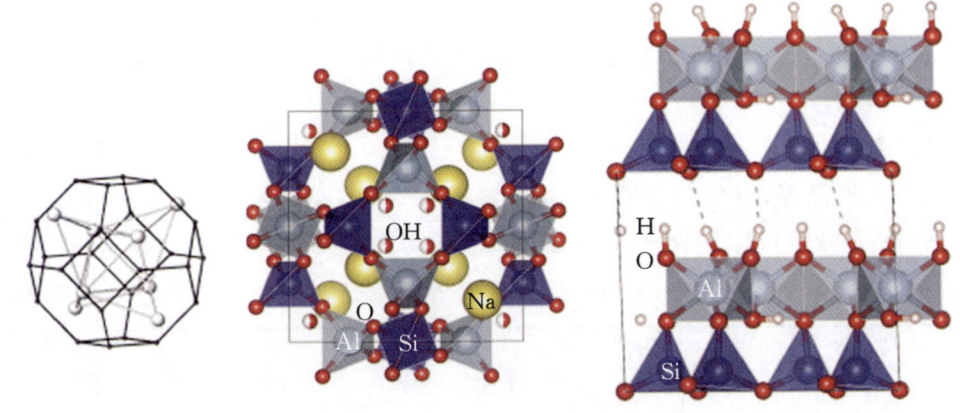

图 6-3-95　水方钠石的晶体结构

【主要用途】

水方钠石在地质学、物理学、化学、晶体学、矿物学方面都有一定意义。

紫脆石族

紫脆石（ussingite）	$Na_2[Al_2Si_2O_8]\cdot H_2O$
铝硅钡石（cymrite）	$Ba[Al_2Si_2O_8]\cdot H_2O$
锡铝硅钙石（eakerite）	$Ca_2Sn[(AlSi)_3O_9(OH)]_2\cdot 2H_2O$

紫脆石

【化学性质】

紫脆石是一种含 Na 及 H_2O 的 [$Al_2Si_2O_8$] 架状基型硅酸盐类矿物，它的晶体化学式为

$Na_2[Al_2Si_2O_8] \cdot H_2O$。主要成分为 Na、Al、Si、O、H,类质同象替代成分有 K、Ca、Cl、S、H_2O。

化学成分中氧化物的质量分数为 Na_2O 20.51%、Al_2O_3 16.87%、SiO_2 59.64%、H_2O 2.98%。

【结晶形态】

紫脆石属于三斜晶系,单面晶类,对称型为 $P1$。晶体形态呈粒状、块状、厚板状等(图 6-3-96)。主要单形有{100}、{010}、{001}。可有双晶。

(a) 紫脆石(俄罗斯)

(b) 紫脆石(加拿大)

(c) 紫脆石(加拿大)

图 6-3-96 紫脆石

【物理特征】

紫脆石的颜色呈白色、浅紫红色、红紫色、深紫红色、粉红色。条痕为白色。透明、半透明。玻璃光泽、半玻璃光泽。色散弱,多色性无。与方钠石的区别在于无荧光。

二轴晶(+)。折射率为 Np=1.504、Nm=1.509、Ng=1.545,双折射率为 0.041。$2V = 32° \sim 39°$(测量)、42°(计算)。

{001}、{110}解理完全。性脆。断口呈不平整、不规则的贝壳状。摩氏硬度为 6~7,相对密度为 2.48(测量)、2.51(计算)。

【晶体结构】

紫脆石属于三斜晶系,空间群为 $P1$。晶胞参数:$a = 0.726$ nm、$b = 0.769$ nm、$c = 0.868$ nm,$\alpha = 90.75°$、$\beta = 99.75°$、$\gamma = 122.57°$,$Z = 2$。X 射线粉晶衍射数据 d(Å)(I/I_{max})为 6.88(70)、6.35(90)、4.92(70)、4.18(70)、3.84(70)、3.47(70)、2.95(100)、2.69(100)(图 6-3-97)。晶体结构见图 6-3-98。

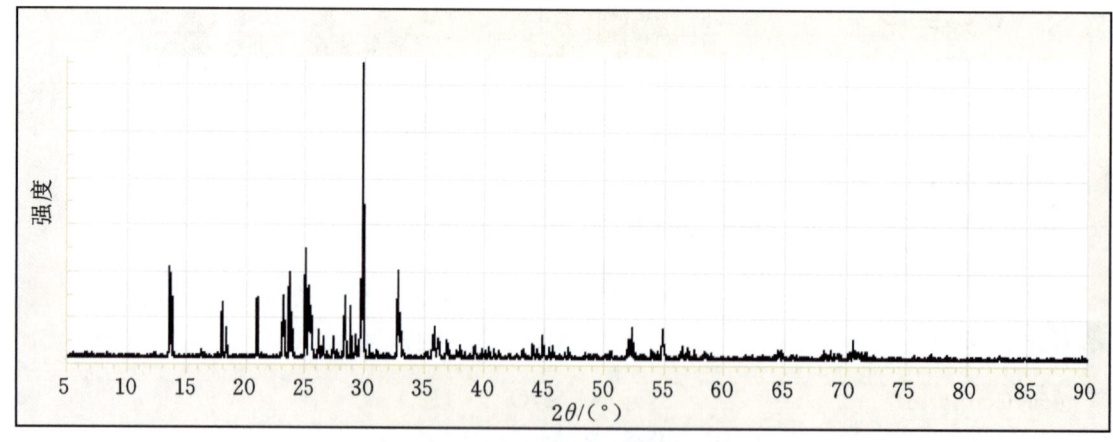

图 6-3-97 紫脆石的 X 射线粉晶衍射图

【产状产地】

紫脆石产于正长伟晶岩中,与方钠石、斜锰针钠钙石、斯坦硅石、钠沸石等组合共生,属于方钠石蚀变产物。主要产地有丹麦、俄罗斯、加拿大、格陵兰岛。

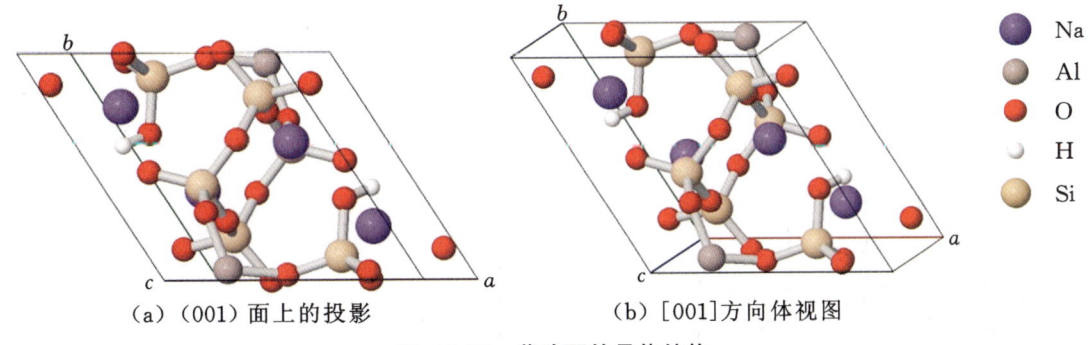

(a)（001）面上的投影　　　　　(b)[001]方向体视图

图 6-3-98　紫脆石的晶体结构

【主要用途】

紫脆石在地质学、物理学、化学、晶体学、矿物学方面都有一定意义。

铝硅钡石

【化学性质】

铝硅钡石是一种含 Ba 及 H_2O 的 $[Al_2Si_2O_8]$ 架状基型硅酸盐类矿物，其晶体化学式为 $Ba[Al_2Si_2O_8] \cdot H_2O$。主要成分为 Ba、Al、Si、O、H，类质同象替代成分有 Ca、Na、Fe、Mn、K。

化学成分中氧化物的质量分数为 BaO 38.97%、Al_2O_3 25.91%、SiO_2 30.54%、H_2O 4.58%。

【结晶形态】

铝硅钡石属于单斜晶系，轴双面晶类，对称型为 2。晶体形态呈碎片状、粒状、块状等（图 6-3-99）。

(a) 铝硅钡石（英国威尔士）　　(b) 铝硅钡石（英国威尔士）　　(c) 铝硅钡石（北马其顿）

图 6-3-99　铝硅钡石

【物理特征】

铝硅钡石的颜色呈无色、白色、棕色、绿色、深绿色。条痕为白色。透明至半透明。玻璃光泽、油脂光泽。色散明显，多色性无，无荧光。

二轴晶（一）。折射率为 Np=1.611、Nm=1.619、Ng=1.621，双折射率为 0.010。$2V=35°$（测量）、40°（计算）。

{001}解理完全、{101}较差。性脆。断口呈不均匀、细小的碎片状。摩氏硬度为 2～3，相对密度为 3.41（测量）、3.49（计算）。

【晶体结构】

铝硅钡石属于单斜晶系，空间群为 $P2_1$。晶胞参数：$a=0.533$ nm、$b=3.660$ nm、$c=0.767$ nm，$\beta=90°$，$Z=8$。X 射线粉晶主要衍射数据 d(Å)(I/I_{max}) 为 3.96(90)、2.96(100)、2.67(70)（图 6-3-100）。晶体结构见图 6-3-101。

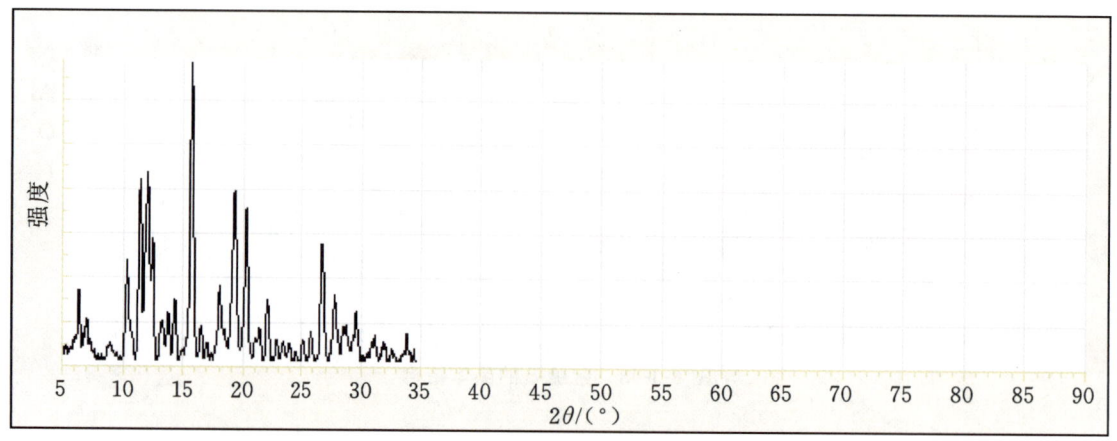

图 6-3-100　铝硅钡石的 X 射线粉晶衍射图

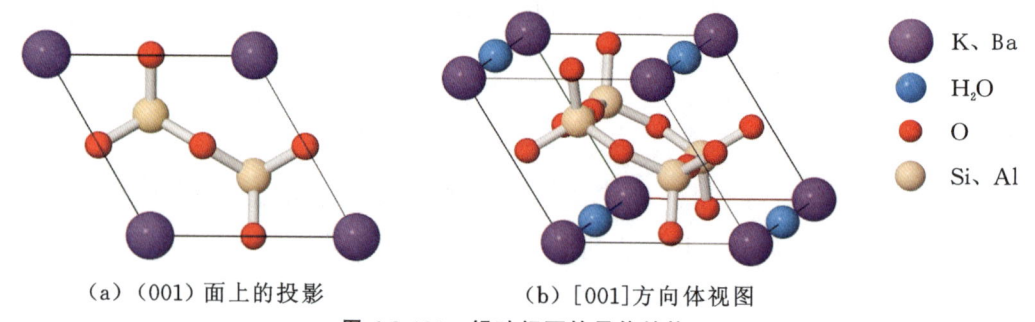

（a）（001）面上的投影　　（b）[001]方向体视图

图 6-3-101　铝硅钡石的晶体结构

【产状产地】

铝硅钡石产于经历低、中级变质作用的层状锰矿床中，共生伴生的矿物有氯碳硅钡石。主要产地有英国（威尔士）、北马其顿、美国（加利福尼亚）。

【主要用途】

铝硅钡石在地质学、物理学、化学、材料学、环境科学、晶体学、矿物学、宝石学方面都有重要意义。

锡铝硅钙石

【化学性质】

锡铝硅钙石是一种含 Ca、Sn、(OH) 和 H_2O 的 $[Al_2Si_6O_{18}(OH)_2]$ 架状基型硅酸盐类矿物，其晶体化学式为 $Ca_2Sn[(AlSi)_3O_9(OH)]_2 \cdot 2H_2O$。主要成分为 Ca、Sn、Al、Si、O、H，类质同象替代成分有 Na、K、Fe、Mg、Mn 等。

化学成分中氧化物的质量分数为 CaO 14.39%、Al_2O_3 13.08%、SiO_2 46.26%、SnO_2 19.34%、H_2O 6.93%。

【结晶形态】

锡铝硅钙石属于单斜晶系，斜方柱晶类，对称型为 $2/m$。晶体形态呈柱状、棒状等（图 6-3-102）。常见单形有 {111}、{210}、{410}、{201}、{$\bar{2}$01}、{001}、{100} 等。

【物理特征】

锡铝硅钙石的颜色呈无色、白色。条痕为白色。透明。玻璃光泽。色散很弱，多色性弱。

二轴晶（+）。折射率为 $N_p = 1.584$、$N_m = 1.586$、$N_g = 1.600$，双折射率为 0.016。$2V = 35°$（测量）、42°（计算）。

未见解理。性脆。断口呈不均匀、不规则的贝壳状。摩氏硬度为 5.5，相对密度为 2.93（测量）、2.89（计算）。

图 6-3-102　锡铝硅钙石（美国北卡罗莱纳）

【晶体结构】

锡铝硅钙石属于单斜晶系，空间群为 $P2_1/a$。晶胞参数：$a=1.589$ nm、$b=0.772$ nm、$c=0.744$ nm，$\beta=101.32°$，$Z=2$。X 射线粉晶主要衍射数据 $d(\text{Å})(I/I_{max})$ 为 7.310(80)、5.257(90)、4.812(100)（图 6-3-103）。晶体结构见图 6-3-104。

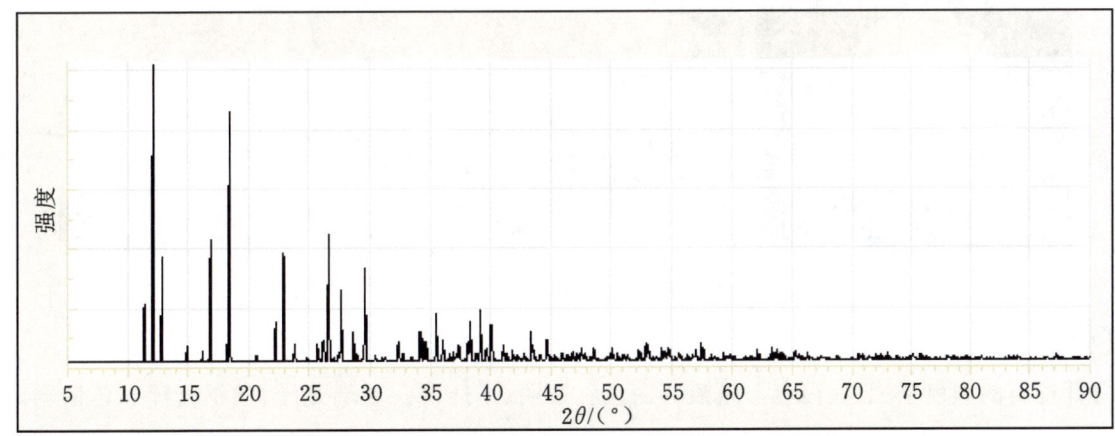

图 6-3-103　锡铝硅钙石和 X 射线粉晶衍射图

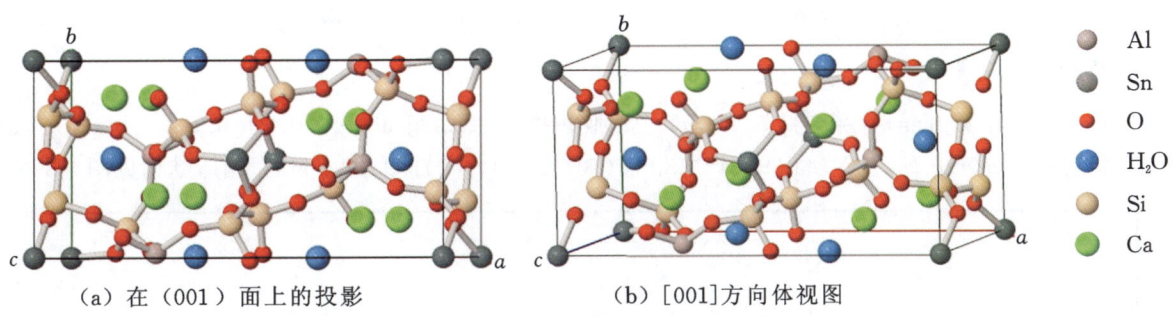

(a)　在（001）面上的投影　　　　(b)　[001]方向体视图

图 6-3-104　锡铝硅钙石的晶体结构

【产状产地】

锡铝硅钙石主要产地有美国（北卡罗莱纳）。

【主要用途】

锡铝硅钙石在地质学、物理学、化学、晶体学、矿物学方面都有一定意义。

白针柱石族

白针柱石（leifite）　　　　　　　　$Na_7[Be_2Al_3Si_{15}O_{39}]F_2$

钾针柱石（eirikite）　　　　　　　　$KNa_6[Be_2Al_3Si_{15}O_{39}]F_2$

白针柱石

【化学性质】

白针柱石是一种含 Na、F 的 $[Be_2Al_3Si_{15}O_{39}]$ 架状基型硅酸盐类矿物,它的晶体化学式为 $Na_7[Be_2Al_3Si_{15}O_{39}]F_2$。主要成分为 Na、Be、Al、Si、O、F,类质同象替代成分有 Fe、Mn、Zn、Mg、K、Ti、H、H_2O。

化学成分中元素(氧化物)的质量分数为 Na_2O 14.57%、BeO 4.11%、Al_2O_3 25.43%、SiO_2 49.64%、F 6.25%。

【结晶形态】

白针柱石属于三方晶系,复三方偏三角面体晶类,对称型为 $\bar{3}m$。晶体形态呈柱状、假六方柱状(图 6-3-105)。

图 6-3-105　白针柱石(加拿大)

【物理特征】

白针柱石的颜色呈无色、白色。条痕为白色。透明、半透明。玻璃光泽、丝绢光泽。色散弱,多色性弱。

一轴晶(+)。折射率为 No=1.512、Ne=1.522,双折射率为 0.011。$\{10\bar{1}0\}$ 解理较清楚。性脆。断口呈不均匀、不平整的次贝壳状。摩氏硬度为 6,相对密度为 2.57(测量)、2.59(计算)。

【晶体结构】

白针柱石属于三方晶系,空间群为 $P\bar{3}m1$。晶胞参数:a=1.436 nm、c=0.486 nm,Z=1。X 射线粉晶主要衍射数据 d(Å)(I/I_{max}) 为 4.698(40)、3.375(70)、3.151(100)(图 6-3-106)。晶体结构见图 6-3-107。

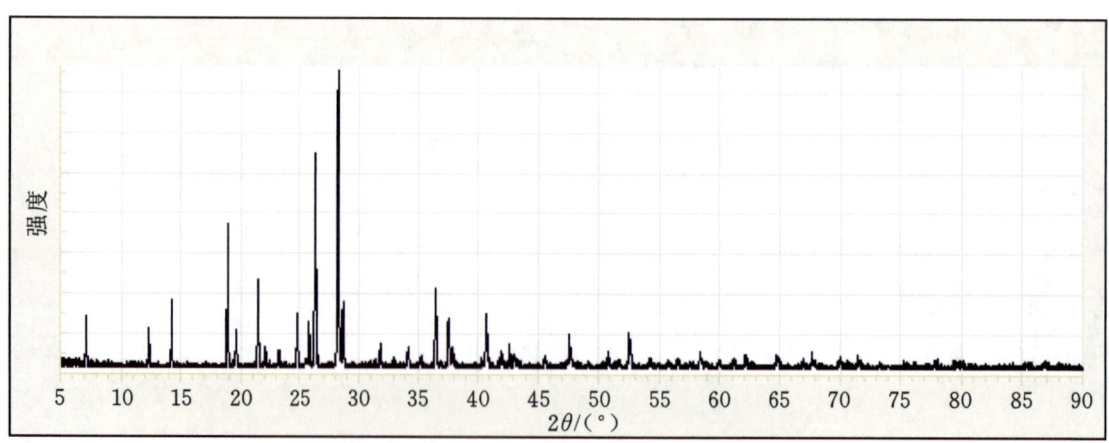

图 6-3-106　白针柱石的 X 射线粉晶衍射图

【产状产地】

白针柱石形成于碱性伟晶岩矿脉的空洞中,共生伴生的矿物有微斜长石、方解石、铁锂云母和锥辉石,主要产地有加拿大、俄罗斯、格陵兰岛。

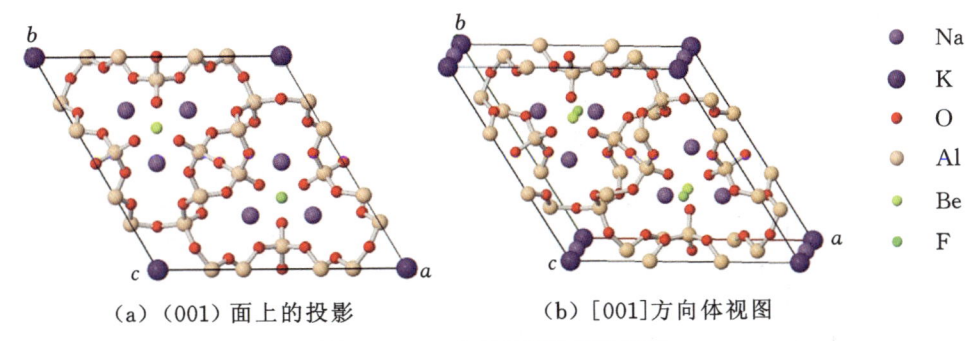

(a) (001)面上的投影　　　(b) [001]方向体视图

图 6-3-107　白针柱石的晶体结构

【主要用途】

白针柱石在地质学、物理学、化学、材料学、环境科学、晶体学、矿物学、宝石学方面都有重要意义。

钾针柱石

【化学性质】

钾针柱石是一种含 K、Na、F 的[$Be_2Al_3Si_{15}O_{39}$]架状基型硅酸盐类矿物,其晶体化学式为 $KNa_6[Be_2Al_3Si_{15}O_{39}]F_2$。主要成分为 K、Na、Be、Al、Si、O、F,类质同象替代成分有 Ca、Fe、Mn、Zn、Mg、Ti、Cl、H_2O。

化学成分中元素(氧化物)的质量分数为 K_2O 3.46%、Na_2O 13.68%、BeO 3.68%、Al_2O_3 11.25%、SiO_2 65.13%、F 2.80%。

【结晶形态】

钾针柱石属于三方晶系,复三方偏三角面体晶类,对称型为 $\bar{3}m$。晶体形态呈柱状、假六方柱状(图 6-3-108)。

(a) 钾针柱石(挪威)　　(b) 钾针柱石(挪威)　　(c) 钾针柱石(加拿大)

图 6-3-108　钾针柱石

【物理特征】

钾针柱石的颜色呈无色、白色。条痕为白色。透明玻璃光泽、丝绢光泽。色散弱。多色性无。

一轴晶(+)。折射率为 No=1.517、Ne=1.521,双折射率为 0.004。

{$10\bar{1}0$}解理较好。性脆。断口呈不规则、不平整的贝壳状。摩氏硬度为 6,相对密度为 2.59(测量)、2.58(计算)。

【晶体结构】

钾针柱石属于三方晶系,空间群为 $P\bar{3}m1$。晶胞参数:a=1.439 nm、c=0.487 nm,Z=1。X 射线粉晶衍射数据 d(Å)(I/I_{max})为 4.710(29)、4.150(21)、3.386(70)、3.161(100)、3.115(17)、2.466(31)、2.398(19)、2.217(20)(图 6-3-109)。晶体结构见图 6-3-110。

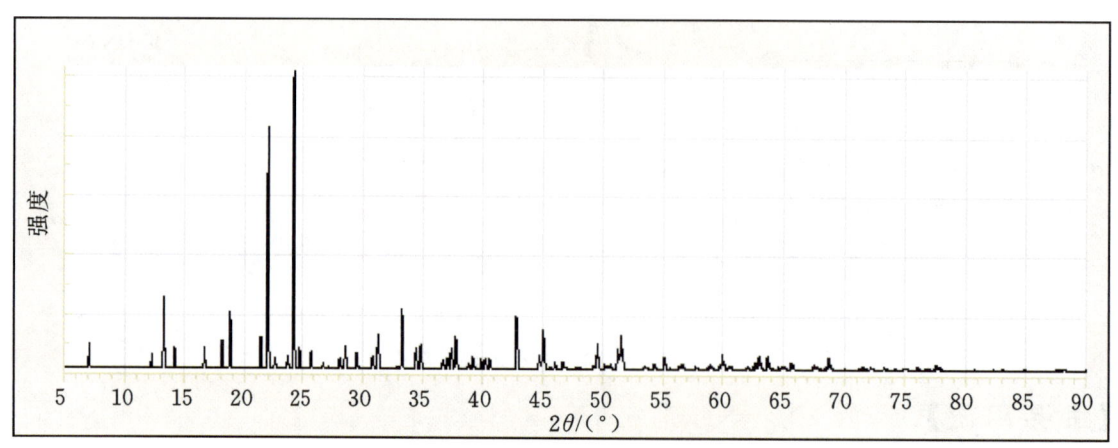

图 6-3-109 钾针柱石的 X 射线粉晶衍射图

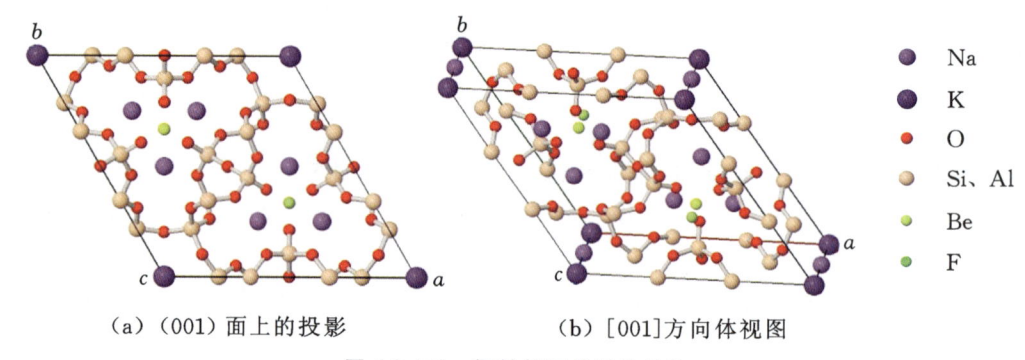

(a) (001)面上的投影　　(b) [001]方向体视图

图 6-3-110 钾针柱石的晶体结构

【产状产地】

钾针柱石形成于富钾的伟晶岩矿脉的空洞中,共生伴生的矿物有锆石、烧绿石、锂辉石、微斜长石、石膏、钠长石、霓石等。主要产地有挪威、加拿大、俄罗斯。

【主要用途】

钾针柱石在地质学、物理学、化学、晶体学、矿物学方面都有一定意义。

方沸石族

斜钙沸石(wairakite)	$Ca[AlSi_2O_6]_2 \cdot 2H_2O$
方沸石(analcime)	$Na_2[AlSi_2O_6]_2 \cdot 2H_2O$
铯沸石(pollucite)	$(Cs,Na)_2[AlSi_2O_6] \cdot nH_2O$

斜钙沸石

【化学性质】

斜钙沸石是一种含 Ca、H_2O 的 $[AlSi_2O_6]$ 架状基型硅酸盐类矿物,它的晶体化学式为 $Ca[AlSi_2O_6]_2 \cdot 2H_2O$。主要成分为 Ca、Al、Si、H、O,类质同象替代成分有 Fe、Mg、Sr、Na、K、Cs。

化学成分中氧化物的质量分数为 CaO 12.91%、Al_2O_3 23.47%、SiO_2 55.33%、H_2O 8.29%。

斜钙沸石与方沸石形成连续的类质同象系列。

【结晶形态】

斜钙沸石属于单斜晶系,斜方柱晶类,对称型为 $2/m$。晶体形态常呈粒状、短柱状、块状等

(图 6-3-111)。

(a)斜钙沸石（日本）

(b)斜钙沸石（日本）

(c)斜钙沸石（新西兰）

图 6-3-111 斜钙沸石

【物理特征】

斜钙沸石的颜色呈无色、白色。条痕为白色。透明至半透明。玻璃光泽、土状光泽。色散很弱，多色性无。

二轴晶(+/-)。折射率为 $Np=1.498$、$Nm=1.499$、$Ng=1.502$，双折射率为 0.004。$2V=70°\sim 105°$（测量）。

{100}解理较好。性脆。断口呈不均匀、不规则的贝壳状。摩氏硬度为 5.5～6，相对密度为 2.26（测量）、2.28（计算）。

【晶体结构】

斜钙沸石属于单斜晶系，空间群为 $I2/a$。晶胞参数：$a=1.369$ nm、$b=1.364$ nm、$c=1.356$ nm，$\beta=90.51°$，$Z=8$。X 射线粉晶主要衍射数据 $d(\text{Å})(I/I_{max})$ 为 5.57(90)、3.41(100)、2.90(80)（图 6-3-112）。晶体结构见图 6-3-113。

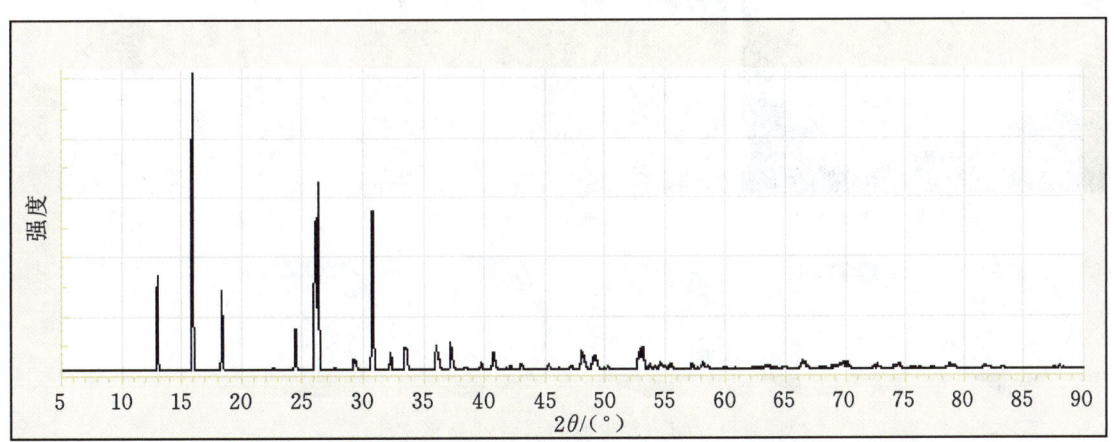

图 6-3-112 斜钙沸石的 X 射线粉晶衍射图

【产状产地】

斜钙沸石主要产地有新西兰、日本等。

【主要用途】

斜钙沸石在地质学、物理学、化学、材料学、环境科学、晶体学、矿物学方面都有一定意义。

方沸石

【化学性质】

方沸石是常见的似长石矿物，是一种含 Na 及水分子 H_2O 的 $[AlSi_2O_6]$ 架状基型硅酸盐类矿物，

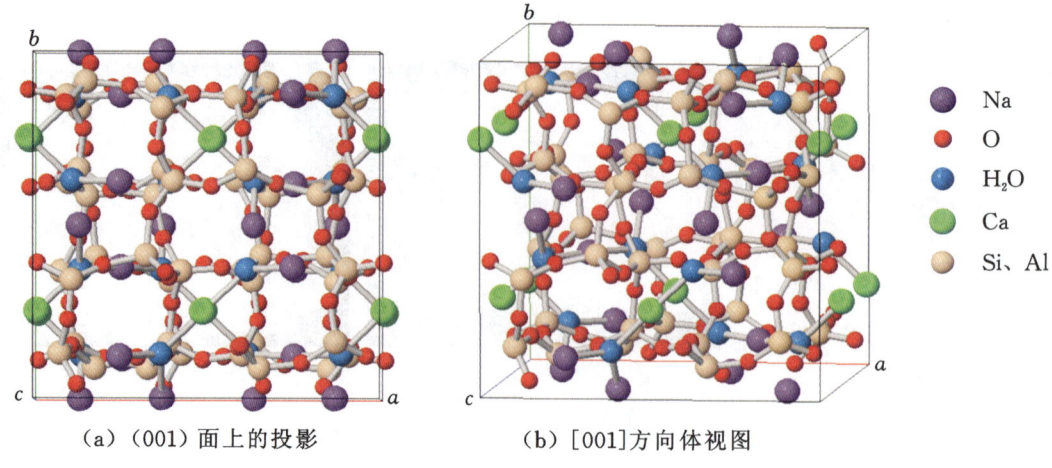

(a)（001）面上的投影　　(b)[001]方向体视图

图 6-3-113　斜钙沸石的晶体结构

其晶体化学式为 $Na_2[AlSi_2O_6]_2·2H_2O$。主要成分为 Na、Al、Si、H、O，类质同象替代成分有 K、Ca、Mg 等。

化学成分中氧化物的质量分数为 Na_2O 14.09%、Al_2O_3 23.20%、SiO_2 54.54%、H_2O 8.17%。

【结晶形态】

方沸石属于等轴晶系，六八面体晶类，对称型为 $m3m$。晶体常以四角三八面体和立方体形式出现（图 6-3-114），多为良好自形晶体，集合体呈块状、粒状等。偶有双晶发现。

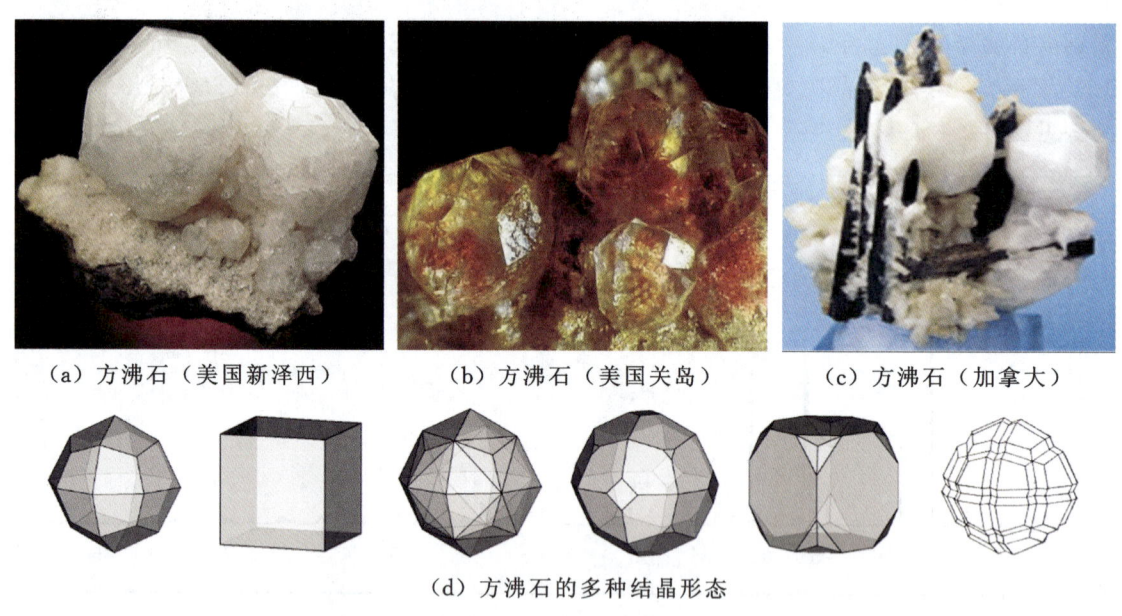

(a) 方沸石（美国新泽西）　　(b) 方沸石（美国关岛）　　(c) 方沸石（加拿大）

(d) 方沸石的多种结晶形态

图 6-3-114　方沸石

【物理特征】

方沸石颜色呈无色、白色、灰色、粉红色、黄色、绿色。条痕呈白色。透明至不透明。玻璃光泽。薄片无色。色散弱，多色性无。

等轴晶系（均质体），各向同性。折射率为 $N=1.479\sim1.493$。常出现光性异常。

{001}、{010}、{100}都有不完全的解理。性脆。断口呈不均匀、不平整的次贝壳状。摩氏硬度为 5～5.5，相对密度为 2.24～2.29（测量）、2.271（计算）。

弱压电性，摩擦、加热时有弱静电。

【晶体结构】

方沸石属于等轴晶系，空间群为 $Ia3d$。晶胞参数：$a=1.371$ nm，$Z=8$。X 射线粉晶衍射数据 $d(Å)(I/I_{max})$ 为 5.610(80)、3.430(100)、2.925(80)、2.693(50)、2.505(50)、1.903(50)、1.743(60)（图 6-3-115）。晶体结构见图 6-3-116。

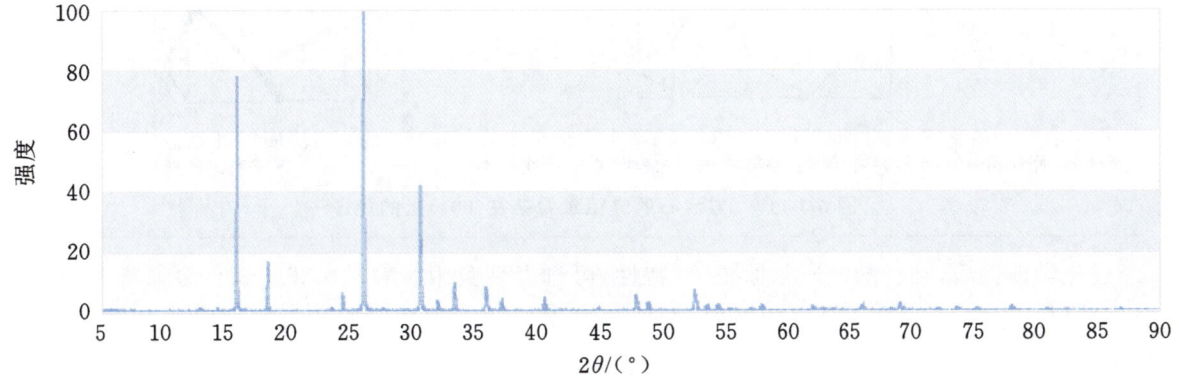

图 6-3-115　方沸石的 X 射线粉晶衍射图

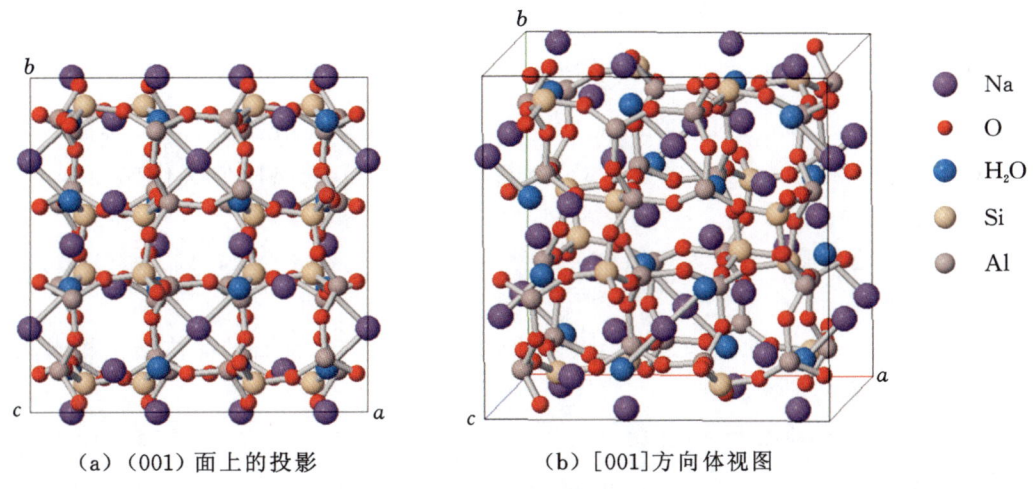

（a）（001）面上的投影　　　　（b）[001]方向体视图

图 6-3-116　方沸石的晶体结构

光性异常时为一轴晶（一）：No=1.479~1.493，Ne=1.48~1.494，双折射率=0.001，2V=0~85°。

晶体结构中的一组（16 个）较大的孔洞为 H_2O 分子占据，另一组较小的孔洞，24 个中的 2/3（16 个）为 Na^+ 占据。H_2O 分子容易活动和被替换而硅铝骨架变化不大，Na^+ 可被其他阳离子交换，仅伴随晶胞大小的微小变化。

硅铝氧骨架中，有垂直三次轴的 $[(Si,Al)O_4]$ 四面体组成的六元环，和垂直四次轴的四元环（图 6-3-117）。前者比较规则，形成主要孔道，平行三次轴，但彼此并不相交。

【产状产地】

方沸石产于玄武岩、辉绿岩、花岗岩、片麻岩，以及洞穴、碱性湖底沉积中。主要共生伴生矿物有菱沸石、杆沸石、辉沸石、葡萄石等。主要产地有英国（苏格兰、北爱尔兰）、格陵兰岛、挪威、意大利、澳大利亚、冰岛、纳米比亚、加拿大（魁北克）、美国（加利福尼亚、密歇根、新泽西、科罗拉多）、中国（内蒙古、西藏、新疆）等。

【主要用途】

方沸石用途广泛，如制成分子筛、橡塑助剂，用于金属提取、土壤改良、杀菌、氧化等，可用于农业、环保、建材等各个部门。

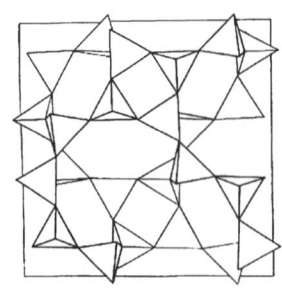
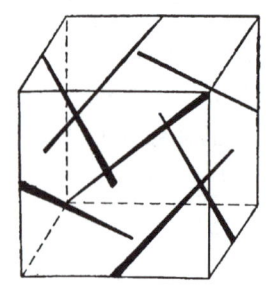

（a）晶胞下半部，四元环不在同一面，两个四面体顶点向上，两个向下。不规则八元环的孔径比六元环小

（b）方沸石的孔道分布

图 6-3-117　方沸石的硅铝氧骨架在（001）上的投影

经过化学改性后，独特的"分子、原子筛"特性，可选择性吸附直径<0.26 nm 重金属离子，如 Cu、Pb、Zn、Ag、Fe 等离子，适合于金属的提取、熔炼及废水净化。改性后方沸石的纯度及孔径有明显改善，吸附力和离子交换力都有所提高。方沸石在地质学、物理学、化学、材料学、环境科学、晶体学、矿物学、宝石学方面都有重要意义。

铯沸石

【化学性质】

铯沸石是一种含 Cs、Na 及 H_2O 的 $[(AlSi_2)O_6]$ 架状基型硅酸盐类矿物，其晶体化学式为 $(Cs,Na)_2[AlSi_2O_6]_2 \cdot nH_2O$。主要成分为 Cs、Na、Al、Si、H、O，类质同象替代成分有 K、Rb、Ca、Mg、Sr、Fe 等。

化学成分中氧化物的质量分数为 Cs_2O 29.83%、Rb_2O 1.31%、Na_2O 2.17%、Al_2O_3 16.10%、SiO_2 44.27%、H_2O 6.32%。

铯沸石含 Cs_2O 23.5%～36.5%，是含铯最多的矿物之一。与方沸石的晶体结构相同，可形成铯沸石-方沸石类质同象系列矿物。

铯沸石易溶于氢氟酸，难溶于热盐酸。

【结晶形态】

铯沸石属等轴晶系，六八面体晶类，对称型为 $m3m$。晶体形态呈立方体与四角三八面体的聚形，常呈致密块状集合体（图 6-3-118）。单形主要为立方体、六八面体。

（a）铯沸石（阿根廷）　　（b）铯沸石（巴基斯坦）　　（c）铯沸石（阿富汗）　　（d）铯沸石的结晶形态

图 6-3-118　铯沸石

【物理特征】

铯沸石的颜色呈无色、白色、浅灰色、粉红色、浅蓝色、浅紫色等。条痕呈白色。透明至半透明。玻璃光泽、丝绢光泽、油脂光泽。色散弱，多色性无。荧光呈蓝绿色，浅橙色。

等轴晶系，均质体，各向同性，有时极弱各向异性。折射率为 1.508～1.528。

解理无。性脆。断口呈不均匀、不规则的半贝壳状。摩氏硬度为 6.5,相对密度为 2.90(测量)、2.96(计算)。

【晶体结构】

铯沸石属于等轴晶系,空间群为 $Ia3d$。晶胞参数：$a=1.368$ nm,$Z=16$。X 射线粉晶衍射数据 $d(Å)(I/I_{max})$ 为 3.65(30)、3.42(100)、2.91(45)、2.42(20)、2.22(20)、1.86(20)、1.74(20)、1.71(10)(图 6-3-119)。晶体结构见图 6-3-120。

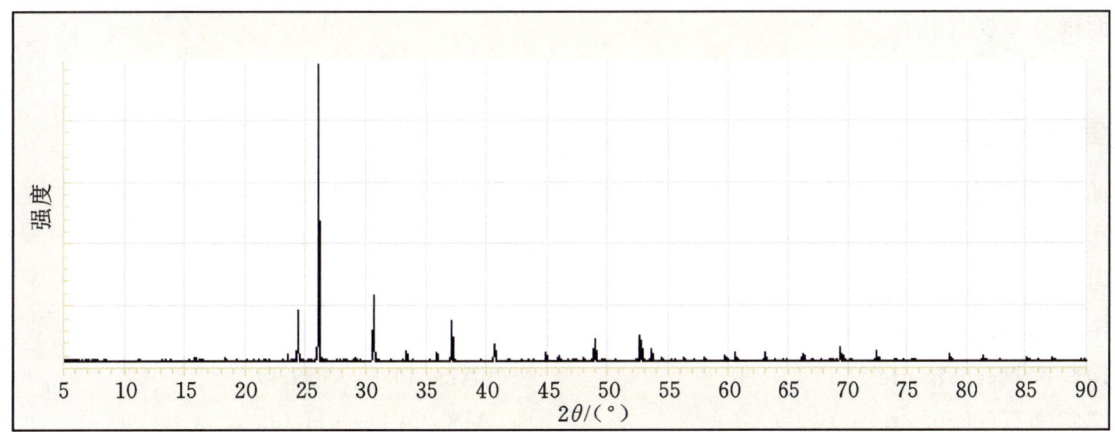

图 6-3-119 铯沸石的 X 射线粉晶衍射图

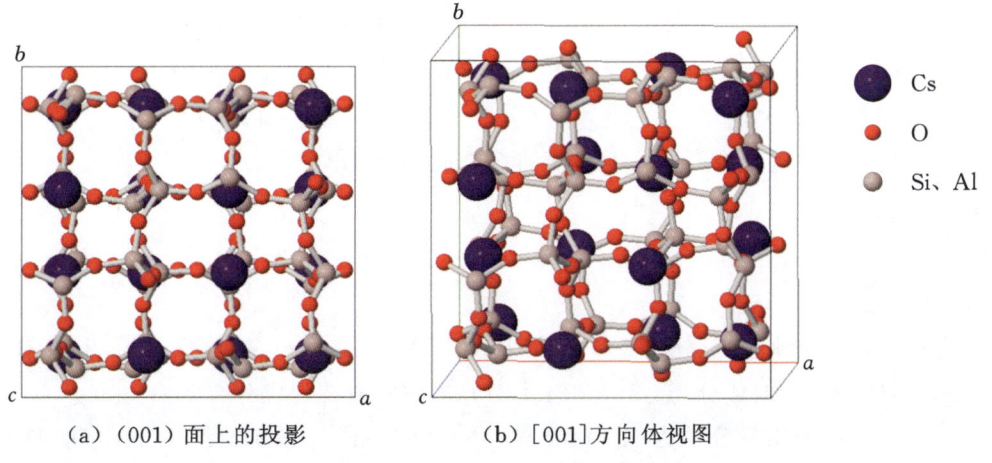

（a）(001)面上的投影　　（b）[001]方向体视图

图 6-3-120 铯沸石的晶体结构(原子排布位置)

铯沸石与方沸石晶体具有相同结构(图 6-3-121),铯沸石与方沸石能成为类质同象系列。铯沸石与铯硼榴石有关。

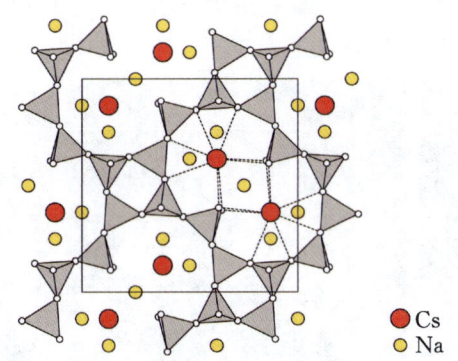

Cs、Na 位于水分子方沸石中水分子 H_2O 的位置。

图 6-3-121 铯沸石的晶体结构

【产状产地】

铯沸石主要产于富 Li 的花岗岩、花岗伟晶岩中，共生伴生的矿物有石英、锂辉石、锂透长石、锂云母、锂电气石、锡石、磷灰石、白云母、钠长石、微斜长石等，主要产地有阿根廷、巴基斯坦、阿富汗、意大利、加拿大等。

【主要用途】

铯沸石是重要的 Cs 和 Rb 的矿石资源，在地质学、物理学、化学、材料学、环境科学、晶体学、矿物学方面都有重要意义。

菱沸石族

插晶菱沸石-Ca（levyne-Ca）	$Ca[AlSi_2O_6]_2 \cdot 6H_2O$
插晶菱沸石-Na（levyne-Na）	$Na_2[AlSi_2O_6]_2 \cdot 6H_2O$
斜沸石（chabazite）	$(Ca,Na_2,K_2)[AlSi_2O_6]_2 \cdot 6H_2O$
钙斜沸石（chabazite-Ca）	$Ca[AlSi_2O_6]_2 \cdot 6H_2O$
镁斜沸石（chabazite-Mg）	$Mg[AlSi_2O_6]_2 \cdot 6H_2O$
锶斜沸石（chabazite-Sr）	$Sr[AlSi_2O_6]_2 \cdot 6H_2O$
钠斜沸石（chabazite-Na）	$Na_2[AlSi_2O_6]_2 \cdot 6H_2O$
钾斜沸石（chabazite-K）	$K_2[AlSi_2O_6]_2 \cdot 6H_2O$
钠菱沸石（gmelinite-Na）	$Na_4[AlSi_2O_6]_4 \cdot 11H_2O$
钙菱沸石（gmelinite-Ca）	$Ca_2[AlSi_2O_6]_2 \cdot 11H_2O$
钾菱沸石（gmelinite-K）	$K_4[AlSi_2O_6]_4 \cdot 11H_2O$

插晶菱沸石包括有插晶菱沸石-Ca、插晶菱沸石-Na、插晶菱沸石-K。

插晶菱沸石-Ca

【化学性质】

插晶菱沸石-Ca 是一种含 Ca 及 H_2O 的 $[AlSi_2O_6]$ 架状基型硅酸盐类矿物，其晶体化学式为 $Ca[AlSi_2O_6]_2 \cdot 6H_2O$。主要成分为 Ca、Al、Si、H、O，类质同象替代成分有 Na、K、Mg。

化学成分中氧化物的质量分数为 K_2O 0.21%、Na_2O 1.34%、CaO 11.12%、Al_2O_3 21.92%、SiO_2 46.76%、H_2O 18.65%。

菱沸石-插晶菱沸石-Ca 可形成类质同象系列矿物。

【结晶形态】

插晶菱沸石-Ca 属于三方晶系，复三方偏三角面体晶类，对称型为 $\bar{3}m$。晶体形态呈叶片状、片状、纤维状态、薄板状，聚合常呈放射状（图 6-3-122）。

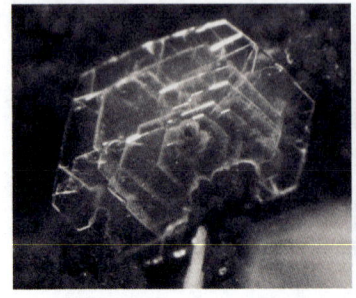

（a）插晶菱沸石-Ca（美国）　　（b）插晶菱沸石-Ca（美国）　　（c）插晶菱沸石-Ca（德国）

图 6-3-122　插晶菱沸石-Ca

【物理特征】

插晶菱沸石-Ca 的颜色呈白色、灰白色、灰色、红白色、黄白色。条痕为白色。透明至半透明。玻璃光泽。色散弱,多色性无。

一轴晶(−),光性异常时为二轴晶(−)。折射率为 $No=1.489\sim1.510$、$Ne=1.487\sim1.502$,双折射率为 $0.002\sim0.008$。

$\{10\bar{1}1\}$ 解理较好。性脆。断口呈不平整、不均匀的贝壳状。摩氏硬度为 $4\sim4.5$,相对密度为 $2.09\sim2.16$(测量)、2.17(计算)。

【晶体结构】

插晶菱沸石-Ca 属于三方晶系,空间群为 $R\bar{3}m$。晶胞参数:$a=1.334$ nm、$c=2.301$ nm,$Z=9$。X 射线粉晶主要衍射数据 $d(\text{Å})(I/I_{max})$ 为 8.150(20)、6.690(24)、4.084(100)、3.854(18)、3.156(17)、3.338(16)、2.805(60)(图 6-3-123)。

图 6-3-123 插晶菱沸石-Ca 的 X 射线粉晶主要衍射图

架状基型的拓扑结构由 AABCCABBC 序列中的 6 个环堆叠而成(图 6-3-124),这个长序列的重复距离约为 2.290 nm。在相似的 6 元环对之间是两个左旋笼,包含骨架间充填的阳离子和 H_2O。

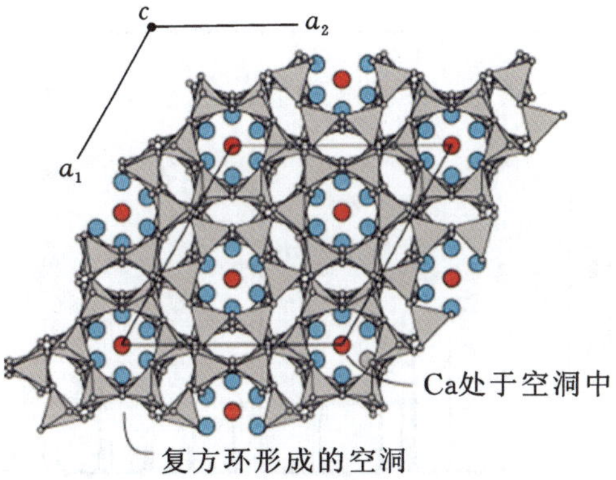

【产状产地】

插晶菱沸石-Ca 产于玄武岩蚀变过程形成的空洞中。共生伴生矿物包括毛沸石、菱沸石、长石、钠沸石、方沸石等矿物。主要产地有日本、冰岛、澳大利亚、英国(苏格兰)、美国(俄勒冈、华盛顿、科罗拉多)。

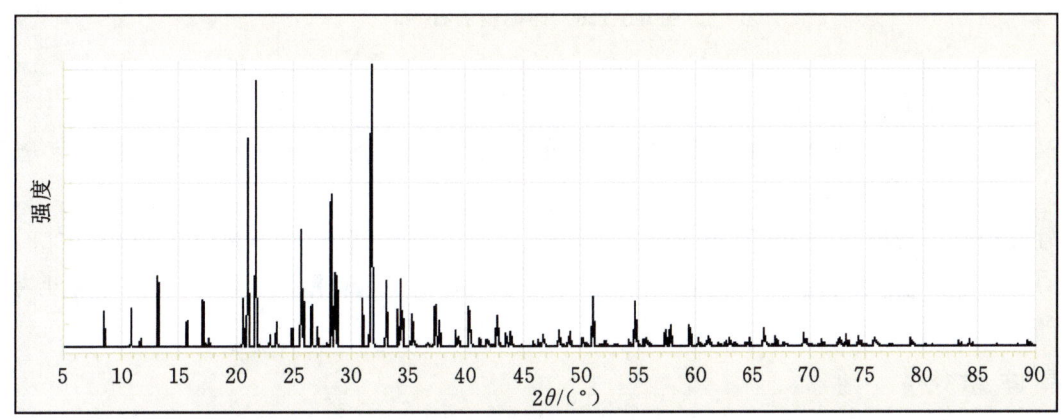

图 6-3-124 插晶菱沸石-Ca 的晶体结构

【主要用途】

插晶菱沸石-Ca 在地质学、物理学、化学、材料学、环境科学、晶体学、矿物学方面都有一定意义。

插晶菱沸石-Na

【化学性质】

插晶菱沸石-Na 是一种含 Na 及 H_2O 的 $[AlSi_2O_6]$ 架状基型硅酸盐类矿物,其晶体化学式为 $Na_2[AlSi_2O_6]_2 \cdot 6H_2O$。主要成分为 Na、Al、Si、H、O,类质同象替代成分有 Ca、K 等。

化学成分中氧化物的质量分数为 K_2O 1.16%、Na_2O 7.72%、CaO 3.24%、MgO 0.21%、Al_2O_3 20.95%、SiO_2 45.67%、H_2O 21.05%。

【结晶形态】

插晶菱沸石-Na 属于三方晶系,复三方偏三角面体晶类,对称型为 $\bar{3}m$。晶体形态呈纤维状、短柱状、棒状、米粒状等(图 6-3-125)。

(a) 插晶菱沸石-Na(美国俄勒冈)

(b) 插晶菱沸石-Na(爱尔兰)

(c) 插晶菱沸石-Na(澳大利亚)

图 6-3-125　插晶菱沸石-Na

【物理特征】

插晶菱沸石-Na 的颜色呈白色、灰白色、红白色、黄白色、灰色。条痕为白色。透明至半透明。玻璃光泽。色散弱,多色性无。

一轴晶(−)。折射率为 No=1.489~1.510、Ne=1.487~1.502,双折射率为 0.002~0.008。

$\{10\bar{1}1\}$ 解理较好。性脆。断口呈不平整、不规则的贝壳状。摩氏硬度为 4~4.5,相对密度为 2.09~2.16(测量)、2.18(计算)。

【晶体结构】

插晶菱沸石-Na 属于三方晶系,空间群为 $R\bar{3}m$。晶胞参数:a=1.338 nm、c=2.268 nm,γ=120°,Z=9。X 射线粉晶主要衍射数据 d(Å)(I/I_{max})为 8.19(65)、4.10(100)、2.82(80)(图 6-3-126)。

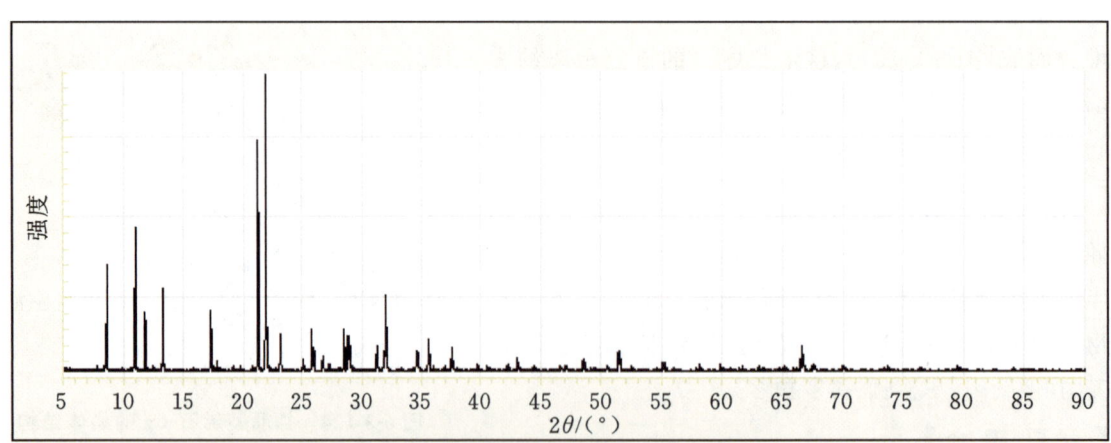

图 6-3-126　插晶菱沸石-Na 的 X 射线粉晶衍射图

插晶菱沸石-Na 与插晶菱沸石-Ca 晶体结构相同。

【产状产地】

插晶菱沸石-Na 产于玄武岩蚀变过程形成的空洞中,共生伴生的矿物包括毛沸石、菱沸石、长石、钠沸石、方沸石等其他矿物,主要产地有日本、澳大利亚、英国、美国(俄勒冈、华盛顿、科罗拉多)。

【主要用途】

插晶菱沸石-Na 在地质学、物理学、化学、材料学、环境科学、晶体学、矿物学方面都有重要意义。

斜沸石

【化学性质】

斜沸石是一种含 Ca、K、Na、Mg 及 H_2O 的 $[AlSi_2O_6]$ 架状基型硅酸盐类矿物,其晶体化学式为 $(Ca,Na_2,K_2)[AlSi_2O_6]_2 \cdot 6H_2O$。主要化学成分为 Ca、K、Na、Mg、Al、Si、H、O,类质同象替代成分有 Sr 等。

斜沸石系列有钙斜沸石、镁斜沸石、锶斜沸石、钠斜沸石、钾斜沸石等矿物。

【结晶形态】

斜沸石属三方晶系,复三方单锥晶类,对称型为 $\bar{3}m$。晶体形态以 $\{10\bar{1}1\}$ 等多种菱面体聚合为特征,集合体呈粒状、块状(图 6-3-127)。常见接触双晶和穿透双晶。

（a）钙斜沸石（德国）　　（b）片沸石上的粉红斜沸石　　（c）斜沸石（中国山东）

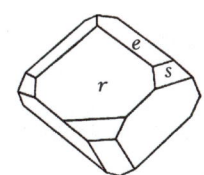
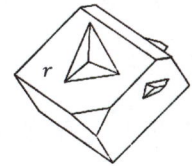

（d）片沸石上的结晶形态及双晶

图 6-3-127　斜沸石

【物理特征】

斜沸石的颜色呈无色、白色、浅黄色、浅粉红色、浅红色、橙色、棕色、浅绿色。条痕为无色、白色。透明到半透明。玻璃光泽。色散弱,多色性无。

一轴晶(+)。折射率为 No=1.465,Ne=1.469,双折射率为 0.004。

$\{10\bar{1}1\}$ 解理完全。性脆。断口呈不规则、不平整的参差状次贝壳状。摩氏硬度为 4~5。相对密度为 2.05~2.2(测量)、2.04(计算)。

加热到 400 ℃ 时几乎所有的水都被释放排出。

【晶体结构】

斜沸石属于三方晶系,空间群为 $R\bar{3}m$。晶胞参数:$a=0.934$ nm,$\alpha=94.89°$。X 射线粉晶衍射数据 $d(Å)(I/I_{max})$ 为 9.306(60)、5.537(37)、4.958(25)、4.315(100)、2.924(78)、2.869(41)。

在斜沸石的晶体结构(图 6-3-128)中,由 $[(Al,Si)O_4]$ 四面体连接成的六方双环平行于 (0001),双环中心占据菱面体晶胞角顶,从而联接成一个笼子状的晶胞。每个笼子的壁上出现 6 个四元环、2 个六元环和 6 个八元环,其中八元环与相邻的笼子相连接,形成交叉的通道。通道中存在 Ca、Na 离子和沸石水分子。斜沸石也可出现三斜晶系的变体($P1$),其笼子形状基本相同。

【产状产地】

斜沸石形成于玄武岩、安山岩,以及其他喷出岩裂隙和孔洞中,还产于某些片岩和温泉周围热水

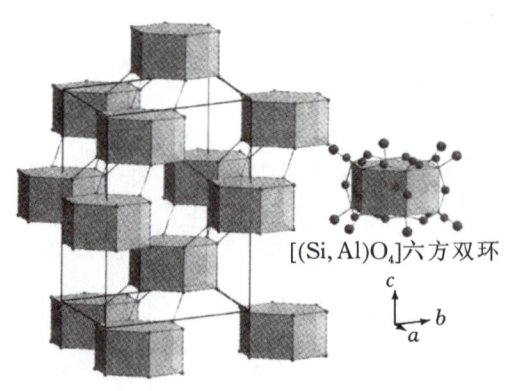
(a) [(Si, Al)O₄]四面体六方双环为骨架构成笼，笼与笼之间形成交叉贯通的通道

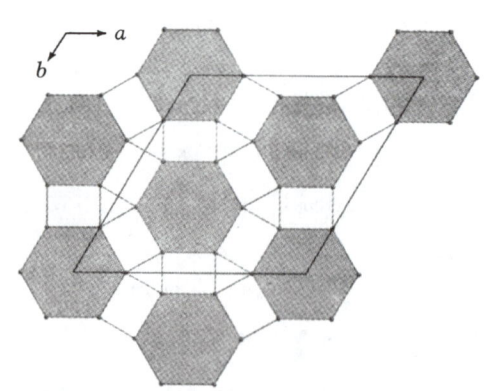
(b) 沿c轴的投影

图 6-3-128　斜沸石的晶体结构

沉积和矿物皮壳中。与其他沸石，如辉沸石、交沸石、钙十字沸石、片沸石和钙沸石伴生，也与石英和方解石共生伴生。主要产地有哈萨克斯坦、俄罗斯、印度、冰岛、英国（北爱尔兰）、意大利、德国、丹麦、美国（俄勒冈、亚利桑那、新泽西）。

【主要用途】

斜沸石在地质学、物理学、化学、材料学、环境科学、晶体学、矿物学方面都有重要意义。它具有阳离子交换的性能，所以可用来软化硬水。

钙斜沸石

【化学性质】

钙斜沸石是一种含 Ca 及 H_2O 的 $[AlSi_2O_6]$ 架状基型硅酸盐类矿物，其晶体化学式为 $Ca[AlSi_2O_6]_2 \cdot 6H_2O$，主要成分为 Ca、Al、Si、H、O，类质同象替代成分有 K、Na、Mg 等。

化学成分中氧化物的质量分数为 K_2O 0.91％、Na_2O 0.09％、SrO 0.30％、CaO 10.04％、MgO 0.08％、Al_2O_3 19.33％、H_2O 22.82％、SiO_2 46.43％。

【结晶形态】

钙斜沸石属三方晶系，复三方偏三角面体，对称型为 $\bar{3}m$。晶体形态常呈假立方体、菱面体、粒状、块状等（图 6-3-129）。偶见接触双晶和穿透双晶。

(a) 钙斜沸石（德国）

(b) 钙斜沸石（加拿大）

(c) 钙斜沸石（捷克）

图 6-3-129　钙斜沸石

【物理特征】

钙斜沸石的颜色呈无色、白色、黄色、粉红色、红色、绿色等。条痕呈白色。玻璃光泽。透明至半透明。色散无，多色性弱。

一轴晶(+/−),有时出现二轴晶(+/−)光性异常。异常折射率为 Np=1.478~1.487、Nm=1.480~1.490、Ng=1.480~1.493,双折射率为 0.002~0.006。$2V=0$~$32°$(测量)。

$\{10\bar{1}1\}$菱面体解理完全。性脆。断口呈不规则、不均匀的碎片。摩氏硬度为 4~5,相对密度为 2.05~2.15(测量)、2.04(计算)。

【晶体结构】

钙斜沸石属三方晶系,空间群为 $R\bar{3}m$,晶胞参数:$a=0.942$ nm,$\alpha=94.20(1)°$,$Z=2$。X 射线粉晶衍射数据 $d(\text{Å})(I/I_{max})$ 为 9.35(50)、5.02(30)、4.32(75)、3.87(30)、3.59(25)、2.93(100)、2.89(30)(图 6-3-130)。晶体结构见图 6-3-131。另有报导,三斜晶系,空间群为 $P1$,晶胞参数:$a=0.945$ nm、$b=0.944$ nm、$c=0.940$ nm,$\alpha=91.18°$、$\beta=94.08°$、$\gamma=94.07°$,$Z=1$。

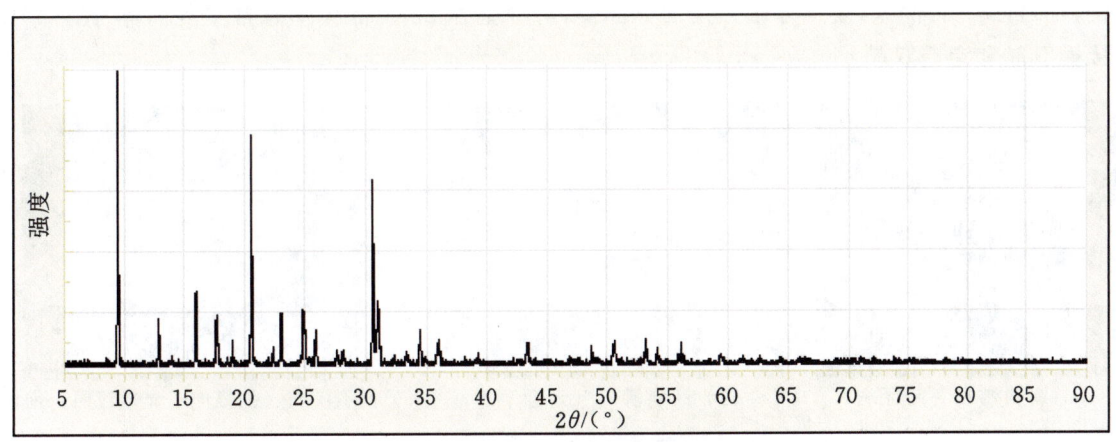

图 6-3-130 钙斜沸石的 X 射线粉晶衍射图

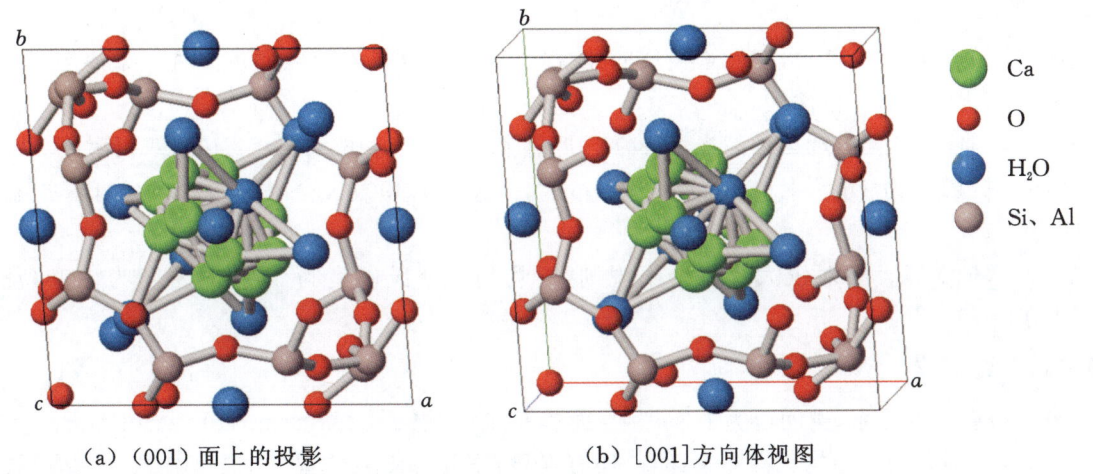

(a)(001)面上的投影　　(b)[001]方向体视图

图 6-3-131 钙斜沸石的晶体结构

斜沸石系列为同构矿物,包括钙斜沸石、钠斜沸石、钾斜沸石、镁斜沸石、锶斜沸石等。

【产状产地】

钙斜沸石形成于玄武岩熔岩裂隙和杏仁状洞穴中,与菱镁矿密切相关。还产于某些片岩,以及温泉周围热水沉积和矿物皮壳中。与其他沸石伴生,也与石英和方解石共生。

钙斜沸石主要产地有意大利、德国、冰岛、美国(亚利桑那、新泽西)等。

【主要用途】

钙斜沸石在地质学、物理学、化学、材料学、环境科学、晶体学、矿物学方面都有重要意义。具有阳离子交换的性能,可作为分子筛,用来软化硬水。

镁斜沸石

【化学性质】

镁斜沸石是菱沸石-插晶菱沸石亚族的一员,是一种含 Mg 及 H_2O 的 $[Al_2Si_4O_{12}]$ 架状基型硅酸盐类矿物,其晶体化学式为 $Mg[AlSi_2O_6]_2 \cdot 6H_2O$,主要成分有 Mg、Al、Si、H、O,类质同象替代成分有 K、Na、Ca、Sr、Ba、Fe 等。

化学成分中氧化物的质量分数为 MgO 2.85%、CaO 2.82%、SrO 0.30%、BaO 0.02%、K_2O 2.54%、Na_2O 0.27%、SiO_2 56.07%、Al_2O_3 16.94%、Fe_2O_3 0.02%、H_2O 18.17%。

【结晶形态】

镁斜沸石属三方晶系,复三方偏三角面体晶类,对称型为 $\bar{3}m$。晶体形态常呈菱面体(图 6-3-132)。偶见接触双晶和穿透双晶。

(a) 镁斜沸石(匈牙利)　　(b) 镁斜沸石(匈牙利)　　(c) 镁斜沸石(扫描电子显微镜照,匈牙利)

图 6-3-132　镁斜沸石

【物理特征】

镁斜沸石的颜色呈无色,由于元素类质同象替代、其他成分混入导致颜色多种。条痕为白色。透明,玻璃光泽。色散无,多色性无。

一轴晶(+),有时会出现二轴晶光性异常。折射率为 No=1.465、Ne=1.469,双折射率为 0.004。光性异常时,折射率为 Np=1.478~1.485、Nm=1.480~1.490、Ng=1.480~1.490,双折射率为 0.002~0.005。

$\{10\bar{1}1\}$ 解理中等。脆性较大。断口不规则、不均匀。摩氏硬度为 4,相对密度为 1.98(测量)、1.965(计算)。

【晶体结构】

镁斜沸石属三方晶系,空间群为 $R\bar{3}m$。菱面体晶胞参数:$a=1.378$ nm,$c=1.509$ nm,$\alpha=120°$,$Z=2$(图 6-3-133)。晶体结构见图 6-3-134。还有报导:镁菱沸石六方晶系,晶胞参数:$a=1.381$ nm、$c=1.505$ nm,$\gamma=120°$。X 射线粉晶衍射数据 d(Å)(I/I_{max})为 9.306(60)、5.537(37)、4.958(25)、4.315(100)、2.924(78)、2.869(41)。

镁斜沸石属斜沸石系列矿物,同构矿物有钙斜沸石、钠斜沸石、钾斜沸石、镁斜沸石、锶斜沸石等。

【产状产地】

镁斜沸石形成于火山熔岩裂隙和某些石灰岩中,它与菱镁矿密切相关。它还产于某些片岩,以及温泉周围热水沉积和矿物皮壳中,可与其他沸石伴生,也与石英和方解石共生,主要产地有匈牙利、意大利等。

【主要用途】

镁斜沸石在地质学、物理学、化学、材料学、环境科学、晶体学、矿物学方面都有重要意义。具有阳离子交换的性能,可作为分子筛,用来软化硬水。

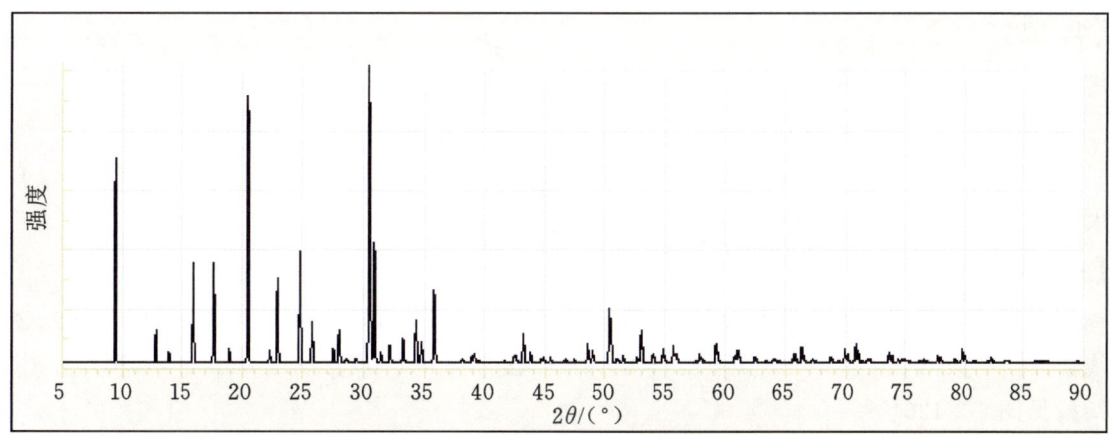

图 6-3-133 镁斜沸石的 X 射线粉晶衍射图

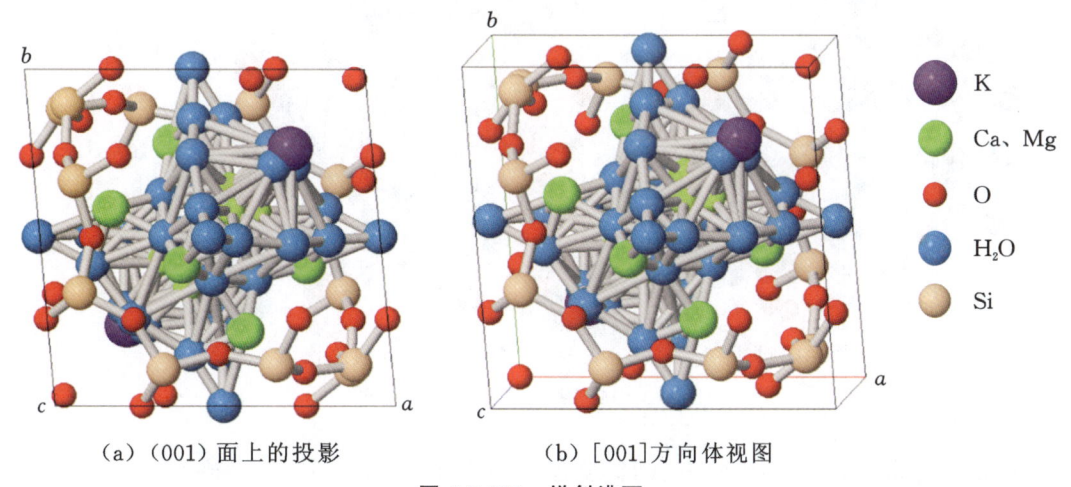

（a）（001）面上的投影　　　（b）[001]方向体视图

图 6-3-134 镁斜沸石

锶斜沸石

【化学性质】

锶斜沸石是含 Sr 及 H_2O 的[$AlSi_2O_6$]架状基型硅酸盐类矿物，晶体化学式为 $Sr[Al_2Si_4O_{12}] \cdot 6H_2O$。主要成分为 Sr、Al、Si、H、O，类质同象替代成分有 Ca、K、Na、Mg、Fe。

化学成分中氧化物的质量分数为 K_2O 2.64%、Na_2O 1.16%、SrO 9.69%、CaO 5.56%、Al_2O_3 21.94%、SiO_2 40.47%、H_2O 18.54%。

【结晶形态】

锶斜沸石属于三方晶系，复三方偏三角面体晶类，对称型为 $\bar{3}m$。晶体形态呈细小粒状、碎块状。聚集体由许多单独的晶体或晶簇组成（图 6-3-135）。

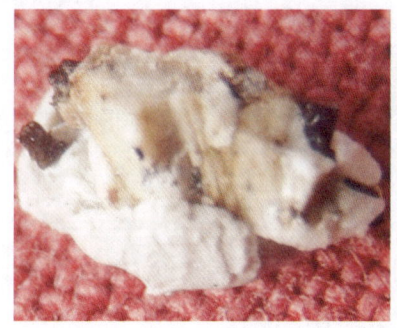 

图 6-3-135 锶斜沸石（俄罗斯）

【物理特征】

锶斜沸石的颜色呈无色、黄白色。条痕为白色。透明。玻璃光泽。色散弱,多色性无。

一轴晶(+)。折射率为 No=1.503、Ne=1.507,双折射率为 0.004。

{101}解理不清楚。性脆。断口呈非常脆的断裂,能产生不规则的碎片。摩氏硬度为 4~4.5,相对密度为 2.16(测量)、2.17(计算)。

【晶体结构】

锶斜沸石三方晶系,空间群为 $R\bar{3}m$。晶胞参数:$a=1.372$ nm、$c=1.509$ nm,$\gamma=120°$,$Z=6$。X 射线粉晶衍射数据 $d(\text{Å})(I/I_{max})$ 为 9.38(80)、5.55(60)、4.34(70)、2.92(100)、2.50(50)、1.70(70)。晶体结构见图 6-3-136。

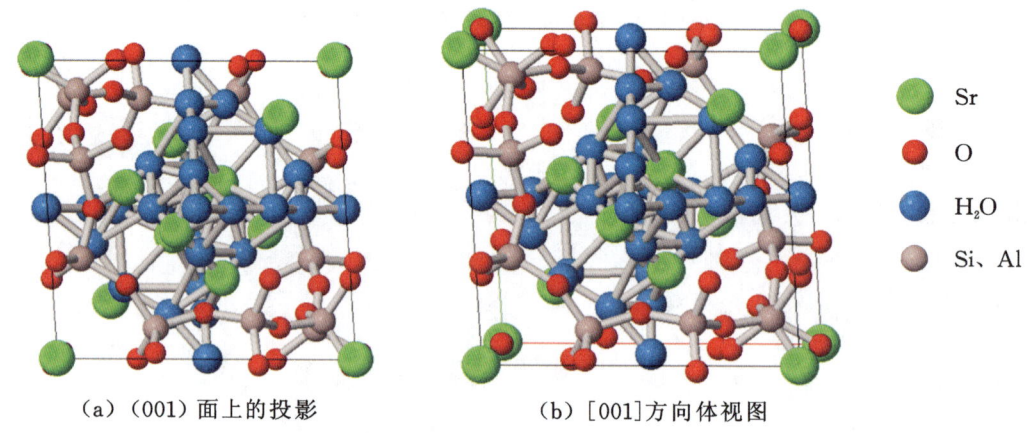

(a) (001)面上的投影　　(b) [001]方向体视图

图 6-3-136　锶斜沸石的晶体结构

斜沸石系列为同构矿物:钙斜沸石、钠斜沸石、钾斜沸石、镁斜沸石、锶斜沸石等。

【产状产地】

锶斜沸石产于霓辉伟晶岩的孔洞有关,共生伴生的矿物有方沸石、菱沸石,主要产地有俄罗斯等。

【主要用途】

锶斜沸石在地质学、物理学、化学、材料学、环境科学、晶体学、矿物学、宝石学方面都有重要意义。

钠斜沸石

【化学性质】

钠斜沸石属于沸石族的菱沸石-插晶菱沸石亚族的一员,晶体化学式为 $Na_2[AlSi_2O_6]_2·6H_2O$,主要成分有 Al、H、Na、O、Si,类质同象替代成分有 Ca、K、Sr、Mg、Fe 等。

化学成分中氧化物的质量分数为 K_2O 4.73%、Na_2O 9.21%、SrO 0.50%、CaO 1.09%、MgO 0.08%、Al_2O_3 22.07%、FeO 0.07%、SiO_2 42.50%、H_2O 19.75%。

【结晶形态】

钠斜沸石属三方晶系,复三方偏三角面体晶类,对称型为 $\bar{3}m$。晶体形态常呈菱面体、假立方体(图 6-3-137)。偶见接触双晶和穿透双晶。

【物理特征】

钠斜沸石的颜色呈无色、白色,含有其他成分时会出现黄色、粉红色、微红白色。条痕为白色。透明至半透明。玻璃光泽。多色性无,色散无。

一轴晶(+)折射率为 No=1.503、Ne=1.507。常出现光性异常,二轴晶(+/-),折射率为

（a）钠斜沸石（美国加利福尼亚）

（b）钠斜沸石（美国加利福尼亚）

（c）钠斜沸石（澳大利亚）

图 6-3-137 钠斜沸石

Np=1.478～1.485、Nm=1.479～1.488、Ng=1.480～1.490，双折射率为 0.002～0.005。$2V=0$～$32°$（测量）、0～36°（计算）。

$\{10\bar{1}1\}$菱面体解理不完全。性脆。断口呈不均匀、不平整的碎裂状。摩氏硬度为 4，相对密度为 2.05～2.15（测量）、2.12（计算）。

【晶体结构】

钠斜沸石属三方晶系，空间群为 $R\bar{3}m$。晶胞参数：$a=1.386$ nm、$c=1.516$ nm，$\gamma=120°$，$Z=6$。六方定向：$a=1.378$ nm、$c=1.497$ nm，$Z=3$。X 射线粉晶主要衍射数据 $d(\text{Å})(I/I_{max})$ 为 9.46(100)、5.56(100)、5.03(100)（图 6-3-138）。晶体结构见图 6-3-139。光性异常时晶胞参数为 $a=0.943$ nm、$b=0.942$ nm、$c=0.942$ nm，$\alpha=94.27°$、$\beta=94.27°$、$\gamma=94.27°$，$Z=2$。

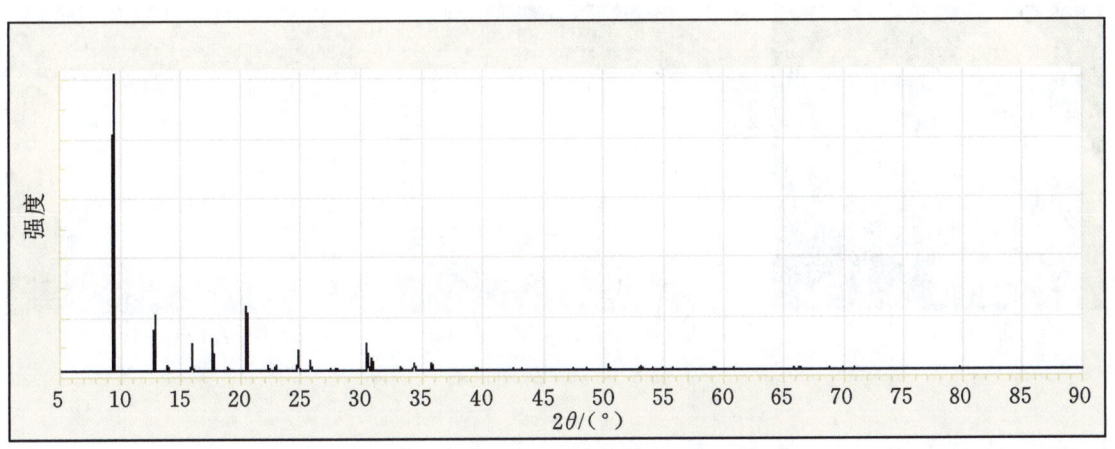

图 6-3-138 钠斜沸石的 X 射线粉晶衍射图

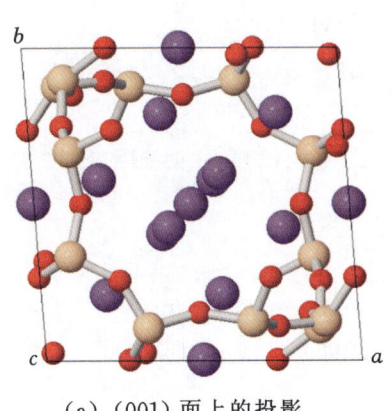
（a）(001)面上的投影

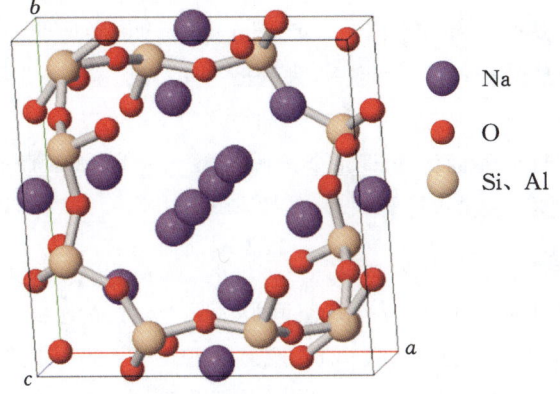
（b）[001]方向体视图

图 6-3-139 钠斜沸石的晶体结构

斜沸石系列为同构矿物,包括钙斜沸石、钠斜沸石、钾斜沸石、镁斜沸石、锶斜沸石等。

【产状产地】

钠斜沸石形成于玄武岩裂隙和杏仁状洞穴中,还产于一些片岩里,以及温泉周围热水沉积和矿物皮壳中。与其他沸石伴生,也与石英和方解石共生。主要产地有意大利、美国(加利福尼亚)、澳大利亚等。

【主要用途】

钠斜沸石在地质学、物理学、化学、材料学、环境科学、晶体学、矿物学方面都有重要意义。具有阳离子交换的性能,可作为分子筛,用来软化硬水。

钾斜沸石

【化学性质】

钾斜沸石属于沸石族的菱沸石-插晶菱沸石亚族的一员,晶体化学式为 $K_2[AlSi_2O_6]_2 \cdot 6H_2O$,主要成分有 K、Al、Si、H、O。类质同象替代成分有 Na、Ca、Sr、Mg。

化学成分中氧化物的质量分数为 K_2O 5.60%、Na_2O 0.61%、CaO 3.33%、MgO 0.16%、Al_2O_3 20.20%、SiO_2 48.68%、H_2O 21.42%。

【结晶形态】

钾斜沸石属三方晶系,复三方偏三角面体晶类,对称型为 $\bar{3}m$。在一个空洞中生长的晶体,会产生许多晶体表面,假立方晶体轮廓形态,常呈菱面体(图 6-3-140)。偶见接触双晶和穿透双晶。

(a) 钾斜沸石(美国)　　　(b) 钾斜沸石(意大利)　　　(c) 钾斜沸石(毛里求斯)

图 6-3-140　钾斜沸石

【物理特征】

钾斜沸石的颜色呈无色、白色、黄色、粉红色、微红白色,由于其元素类质同象替代和其他成分混入颜色多种。条痕为白色。玻璃光泽,透明、半透明。色散无,多色性无。

一轴晶(+)。折射率为 N_o = 1.465、N_e = 1.469,双折射率为 0.004。光性异常时,二轴晶(+/−)。

$\{10\bar{1}1\}$ 菱面体解理完全。脆性较大。断口不规则、不均匀。摩氏硬度为 4,相对密度为 2.05~2.15(测量)、2.04(计算)。

【晶体结构】

钾斜沸石属三方晶系,空间群为 $R\bar{3}m$。晶胞参数:a = 1.385 nm、c = 1.517 nm,γ = 120°,Z = 6。X 粉晶衍射线数据 d(Å)(I/I_{max})为 9.306(60)、5.537(37)、4.958(25)、4.315(100)、2.924(78)、2.869(41)(图 6-3-141)。晶体结构见图 6-3-142。

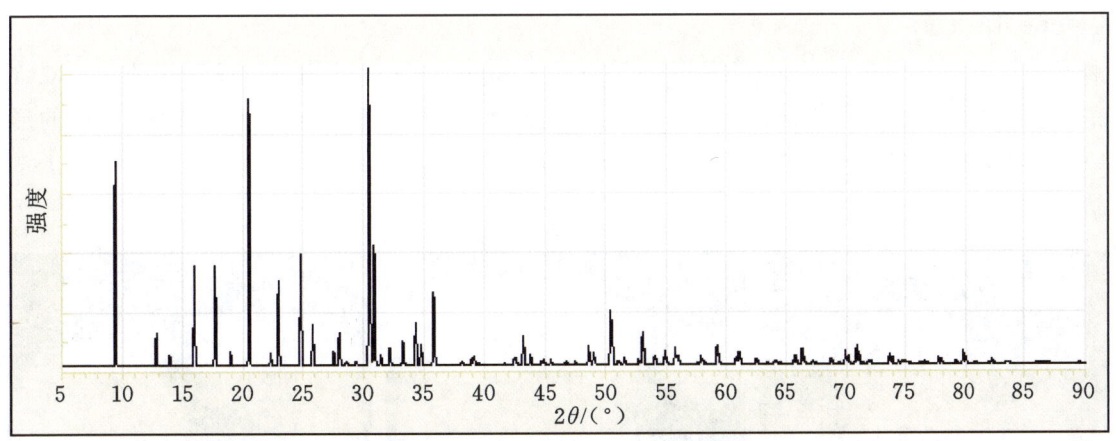

图 6-3-141　钾斜沸石的 X 粉晶衍射线图

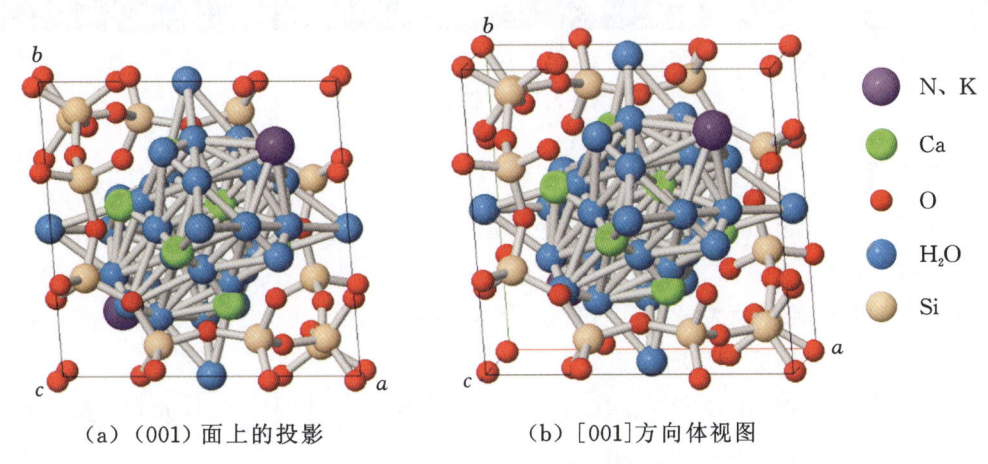

(a)（001）面上的投影　　　(b)[001]方向体视图

图 6-3-142　钾斜沸石的晶体结构

【产状产地】

钾斜沸石形成于火山熔岩玄武岩及相关岩石的杏仁状洞穴、裂隙和某些石灰岩中，还产于某些片岩，以及温泉周围热水沉积和矿物皮壳中。与其他沸石伴生，也与石英和方解石共生。主要产地有意大利、匈牙利、捷克、俄罗斯北部、美国（马萨诸塞）等。

【主要用途】

钾斜沸石在地质学、物理学、化学、材料学、环境科学、晶体学、矿物学方面都有重要意义。矿物具有阳离子交换的性能，可作为分子筛，用来软化硬水。

钠菱沸石

【化学性质】

钠菱沸石是含有沸石水的碱土金属的铝硅酸盐，它是一种含 Na 及 H_2O 的 $[AlSi_2O_6]$ 架状基型硅酸盐类矿物，其化学式可写为 $Na_4[AlSi_2O_6]_4 \cdot 11H_2O$，主要成分有 Al、Na、Si、H、O，类质同象替代成分有 K、Ca 等。

化学成分中氧化物的质量分数为 K_2O 0.38%、Na_2O 11.79%、CaO 0.08%、Al_2O_3 18.88%、SiO_2 49.52%、H_2O 19.35%。

插晶菱沸石和钠菱沸石有相似的化学成分，常同菱沸石类矿物共生，但比菱沸石少见。钠菱沸石是较稀有的沸石之一，但属于钠菱沸石、钙菱沸石、钾菱沸石系列中最常见的一种。溶于稀盐酸。

【结晶形态】

钠菱沸石属六方晶系,六方双锥晶类,对称型为 $6/mmm$。天然矿物可形成良好的六方双锥形扁平的晶体,呈六短柱状、六方双锥状(图 6-3-143),也可以是{0001}板状或扁形菱面体,晶体的形态与(0001)面平行。以{10$\bar{1}$0}六方柱状、{10$\bar{1}$1}六方双状和{0001}平行双面单形为主。{10$\bar{1}$1}上常见穿插双晶。

(a)钠菱沸石(澳大利亚)

(b)钠菱沸石(澳大利亚)

(c)钠菱沸石(意大利)

图 6-3-143　钠菱沸石

【物理特征】

钠菱沸石的颜色呈无色、白色、灰色、红白色、粉红色、淡黄色、橙色、绿白色等。条痕为白色。玻璃光泽、土状。透明、半透明。

一轴晶(-),可能出现二轴晶异常。折射率为 No=1.476~1.494、Ne=1.474~1.480,双折射率为 0.002~0.014。折射率稍低于菱沸石。

{10$\bar{1}$0}解理完全,{0001}解理中等。性脆。断口呈不规则、不均匀状的贝壳状。摩氏硬度为 4.5,相对密度为 2.03~2.17(测量)、2.098(计算)。

与所有的沸石一样,加热到 400 ℃时几乎所有的水都释放排出。

【晶体结构】

钠菱沸石属六方晶系,空间群为 $P6_3/mmc$。晶胞参数:$a=1.375$ nm、$c=1.007$ nm,$\gamma=120°$,$Z=1$。X 射线粉晶主要衍射数据 d(Å)(I/I_{max})为 12.90(90)、4.10(100)、2.96(80)(图 6-3-144)。

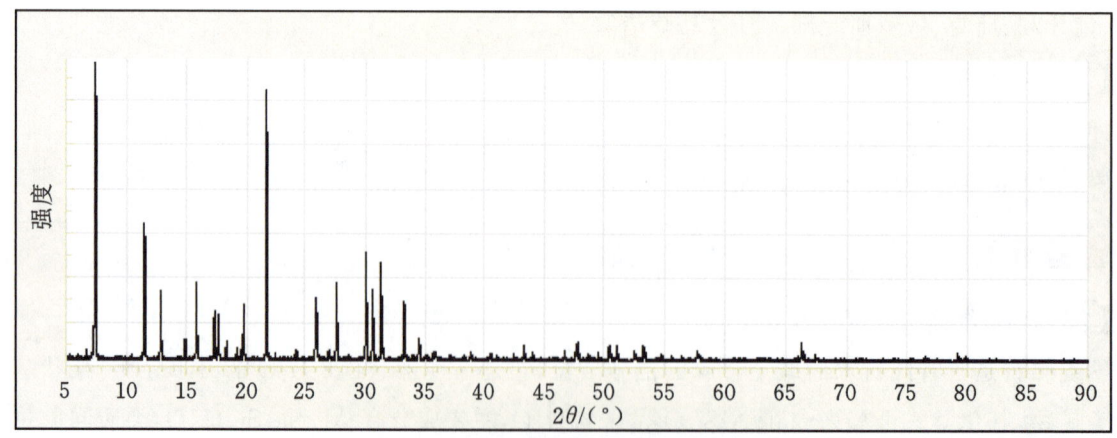

图 6-3-144　钠菱沸石的 X 射线粉晶衍射图

在钠菱沸石的晶体结构(图 6-3-145)中,笼子状的铝硅酸盐骨架(图 6-3-146)里,平行 c 轴有 12 元环大孔道。硅氧四面体连接成平行的双六元环,晶体结构的格架中 Al—Si 无序。存在的空腔高达 0.4 nm,沿 c 轴方向有直径为 0.64 nm 的宽畅通道。

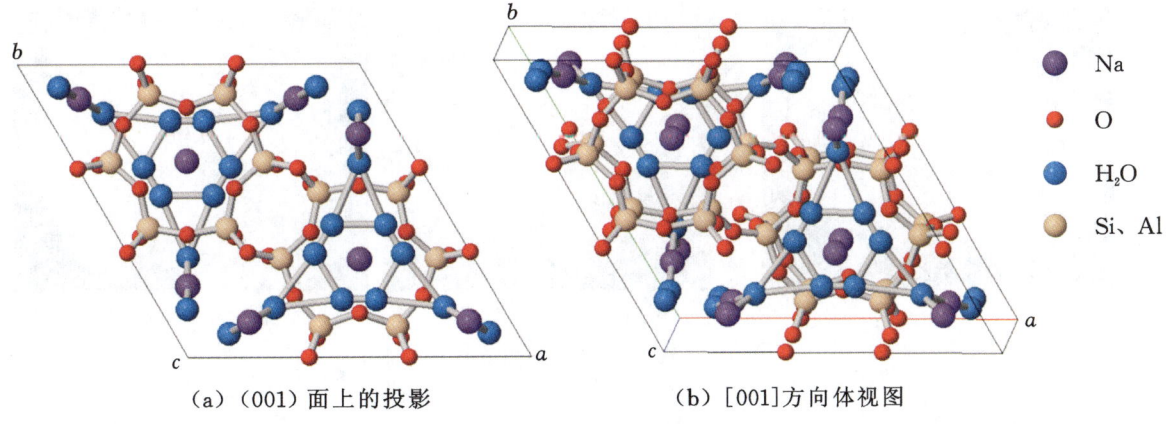

(a)（001）面上的投影　　　　（b）[001]方向体视图

图 6-3-145　钠菱沸石的晶体结构

【产状产地】

钠菱沸石出现在富含钠碱性伟晶岩中，是在霞石正长岩侵入低温作用下形成的蚀变矿物，出现在缺少 Si 的火山岩、海相玄武岩和角砾岩中。伴生矿物包括方解石，以及方沸石等钠质沸石。主要产地有德国、意大利、澳大利亚、加拿大、匈牙利、捷克、日本、俄罗斯、英国、爱尔兰、美国等。

【主要用途】

钠菱沸石在地质学、物理学、化学、材料学、环境科学、晶体学、矿物学方面都有重要意义。具有阳离子交换的性能，作为分子筛，它可用来软化硬水，治理生态环境。

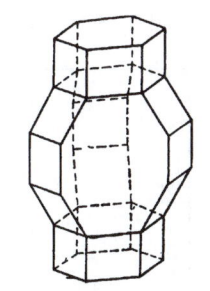

图 6-3-146　钠菱沸石的铝硅酸盐骨架

钙菱沸石

【化学性质】

钙菱沸石是含有沸石水的碱土金属的铝硅酸盐，是一种含 Ca 及水分子 H_2O 的[$AlSi_2O_6$]架状基型硅酸盐类矿物，其晶体化学式为 $Ca_2[AlSi_2O_6]_4 \cdot 11H_2O$。主要成分为 Ca、Al、Si、H、O，类质同象替代成分有 Na、K、Mg、Sr。

化学成分中氧化物的质量分数为 K_2O 0.25%、Na_2O 1.16%、SrO 6.71%、CaO 5.54%、Al_2O_3 19.13%、SiO_2 47.13%、H_2O 20.08%。

与所有的沸石一样，加热到 400 ℃时几乎所有的水都被释放排出。溶于稀盐酸。

【结晶形态】

钙菱沸石属六方晶系，六方双锥晶类，对称型为 $6/mmm$。晶体形态呈六方板状、短棱柱、六方双锥状等（图 6-3-147）。以 $\{10\bar{1}0\}$、$\{10\bar{1}1\}$ 和 $\{0001\}$ 单形为主，也可以是 $\{0001\}$ 板状或扁形菱面体，晶体形态与(0001)面平行。$\{10\bar{1}1\}$ 上常见的相互穿双晶。

【物理特征】

钙菱沸石的颜色呈无色、白色、红白色、粉红色、黄色、绿白色等。条痕为白色。玻璃光泽、土状光泽。透明、半透明。

一轴晶（+/−）。折射率为 $No=1.476\sim1.494$、$Ne=1.474\sim1.481$，双折射率为 $0.002\sim0.013$。

$\{10\bar{1}0\}$ 解理完全、$\{0001\}$ 解理中等。性脆。断口呈不规则、不均匀状。摩氏硬度为 4.5，相对密度为 $2.04\sim2.17$（测量）、2.11（计算）。

(a) 钙菱沸石（意大利）

(b) 钙菱沸石（捷克）

(c) 钠菱沸石（英国北爱尔兰）

图 6-3-147 钙菱沸石

【晶体结构】

钙菱沸石属六方晶系，空间群为 $P6_3/mmc$。晶胞参数：$a=1.379$ nm、$c=0.996$ nm，$\gamma=120°$，$Z=4$。X 射线粉晶主要衍射数据 $d(\text{Å})(I/I_{\max})$ 为 12.09(90)、4.10(100)、2.96(80)（图 6-3-148）。晶体结构见图 6-3-149。

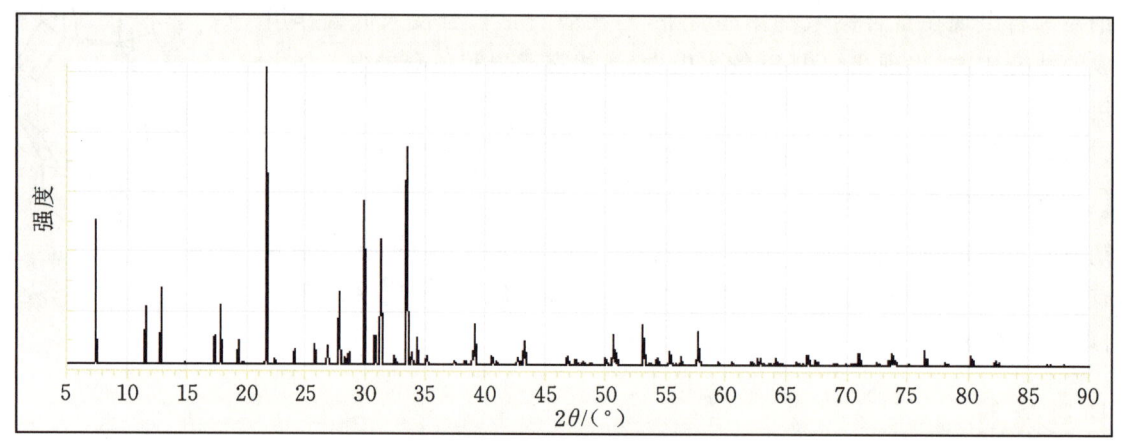

图 6-3-148 钙菱沸石的 X 射线粉晶衍射图

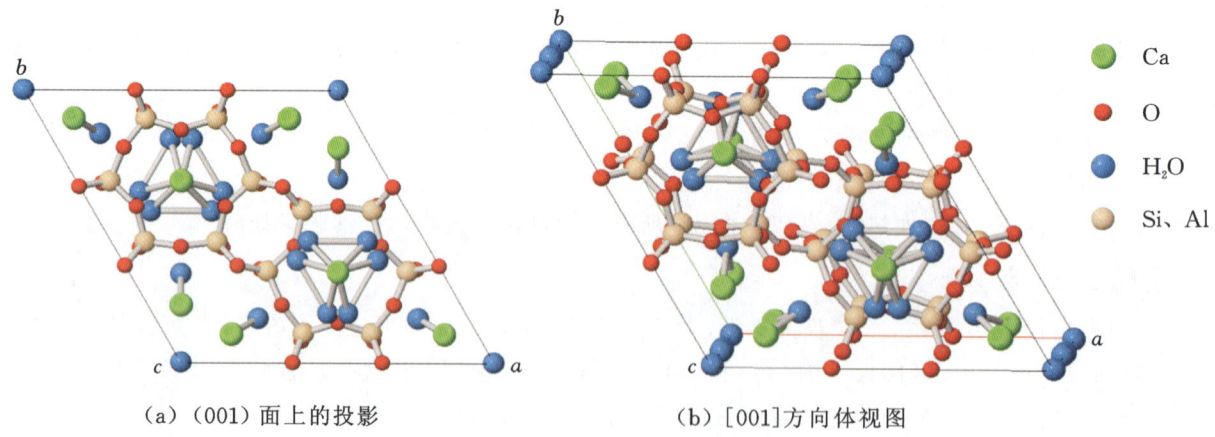

(a) (001)面上的投影　　　　(b) [001]方向体视图

图 6-3-149 钙菱沸石的晶体结构

【产状产地】

钙菱沸石出现在富含钠碱性伟晶岩中，是在霞石正长岩侵入低温作用下形成的蚀变矿物，还可出现在 Si 贫瘠的玄武岩的蚀变产物中。共生伴生矿物包括石英、文石、方解石，以及方沸石等钙质沸石。主要产地有意大利、捷克、英国（北爱尔兰）、哈萨克斯坦。

【主要用途】

钙菱沸石具有阳离子交换的性能,可用作分子筛,用来软化硬水,治理生态环境,还可用于矿物研究与晶体收藏。在地质学、物理学、化学、材料学、环境科学、晶体学、矿物学、宝石学方面都有重要意义。

钾菱沸石

【化学性质】

钾菱沸石是含有沸石水的碱土金属的铝硅酸盐,是一种含 K 及 H_2O 的 $[Al_4Si_8O_{24}]$ 架状基型硅酸盐类矿物,其晶体化学式为 $K_4[AlSi_2O_6]_4 \cdot 11H_2O$。主要成分为 K、Al、Si、H、O,类质同象替代成分有 Ca、Na、Mg 等。

化学成分中氧化物的质量分数为 K_2O 7.53%、Na_2O 2.64%、CaO 1.57%、Al_2O_3 18.53%、SiO_2 50.54%、H_2O 19.19%。

【结晶形态】

钾菱沸石属六方晶系,六方双锥晶类,对称型为 $6/mmm$。晶体形态呈六方板状、粒状、短棱柱、六方双锥状等。聚合体成簇、放射状(图 6-3-150)。以 $\{10\bar{1}0\}$、$\{10\bar{1}1\}$ 和 $\{0001\}$ 单形为主,也可以是 $\{0001\}$ 板状或扁形菱面体,晶体形态与 (0001) 面平行。$\{10\bar{1}1\}$ 上常见穿插双晶。

(a) 钾菱沸石(意大利)   (b) 钾菱沸石(意大利)   (c) 钾菱沸石(俄罗斯)

图 6-3-150 钾菱沸石

【物理特征】

钾菱沸石的颜色呈无色、白色、红白色、粉红色、棕白色、黄色、绿白色等。条痕为白色。玻璃光泽。透明、半透明。

一轴晶(+)。折射率为 No=1.472、Ne=1.477,双折射率为 0.005。

$\{10\bar{1}0\}$ 解理完全、$\{0001\}$ 解理较差。性脆。断口呈不规则、不均匀的贝壳状。摩氏硬度为 4~4.5,相对密度为 2.04~2.17(测量)、2.05(计算)。

与所有的沸石一样,加热到 400 ℃时几乎所有的水都释放排出。

【晶体结构】

钾菱沸石属六方晶系,空间群为 $P6_3/mmc$。晶胞参数:$a=1.362$ nm、$c=1.025$ nm,$Z=4$。X射线粉晶衍射数据 d(Å)(I/I_{max})为 11.900(80)、5.160(70)、4.110(100)、3.270(70)、2.971(80)、2.852(80)、2.719(100)、2.085(50)、1.817(80)。晶体结构见图 6-3-151。

【产状产地】

钾菱沸石出现在富含钾钠碱性伟晶岩中,是在碱性岩侵入低温作用下形成的蚀变矿物,可出现在 Si 贫瘠的火山岩、海相玄武岩和角砾岩中。伴生矿物包括石英、文石、方解石,以及钾钠质沸石。主要产地有德国、意大利、俄罗斯、美国等。

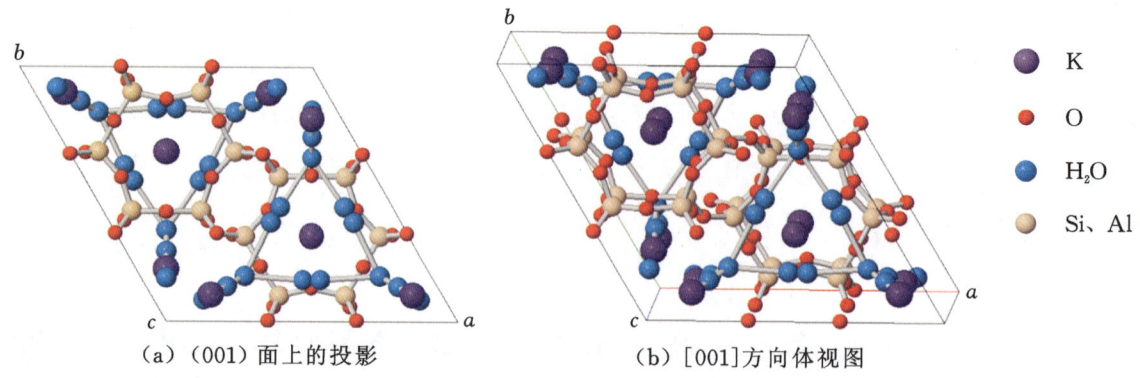

(a)（001）面上的投影　　　　　(b)［001］方向体视图

图 6-3-151　钾菱沸石的晶体结构

【主要用途】

钾菱沸石在地质学、物理学、化学、材料学、环境科学、晶体学、矿物学、宝石学方面都有重要意义。具有阳离子交换的性能，可用作分子筛，用来软化硬水，治理生态环境。

钙十字沸石族

十字沸石（phillipsite）	$(K_2,Na_2,Ca)[Al_3Si_5O_{16}]_2 \cdot 12H_2O$
钙十字沸石（phillipsite-Ca）	$Ca_3[Al_3Si_5O_{16}]_2 \cdot 12H_2O$
钠十字沸石（phillipsite-Na）	$Na_6[Al_3Si_5O_{16}]_2 \cdot 12H_2O$
钾十字沸石（phillipsite-K）	$K_6[Al_3Si_5O_{16}]_2 \cdot 12H_2O$
交沸石（harmotome）	$Ba_2[AlSi_3O_8]_4 \cdot 12H_2O$

十字沸石

【化学性质】

十字沸石属沸石族矿物系列中的一员，是一种含 K、Na、Ca，以及 H_2O 的 $[Al_3Si_5O_{16}]$ 架状基型硅酸盐类矿物，其晶体化学式为 $(K_2,Na_2,Ca)[Al_3Si_5O_{16}]_2 \cdot 6H_2O$。主要成分为 K、Na、Ca、Al、Si、H、O，类质同象替代成分有 Ba、Sr、Mg。

该类质同象系列矿物成员中有钠十字沸石、钾十字沸石、钙十字沸石等。

【结晶形态】

十字沸石属单斜晶系，斜方柱晶类，对称型为 $2/m$。晶体形态常成复杂的假斜方十字形穿插双晶，集合体呈放射状、球粒状（图 6-3-152、图 6-3-153）。

图 6-3-152　十字沸石

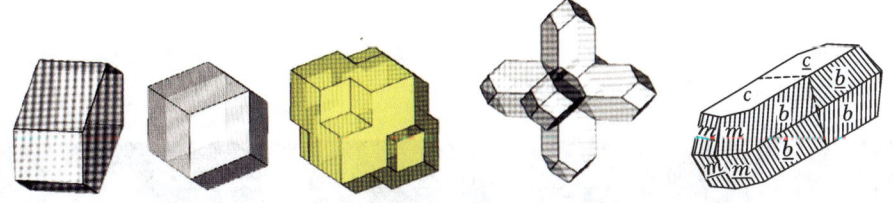

图 6-3-153　十字沸石的结晶形态和双晶与连晶

【物理特征】

十字沸石颜色呈无色、白色、灰色、肉红色、黄色、灰色等。条痕为无色、白色。玻璃光泽。透明。

二轴晶(+/−)。折射率为 Np=1.483~1.505、Nm=1.484~1.511、Ng=1.486~1.514。双折射率为 0.003~0.009。$2V=60°\sim 90°$(测量)。

{001}、{010}中等解理。易碎。摩氏硬度为 4~4.5,相对密度为 2.2(测量)。

【晶体结构】

十字沸石属单斜晶系,空间群为 $P2_1/m$。晶胞参数:$a=0.9869\sim 0.990$ nm、$b=1.41\sim 1.43$ nm、$c=0.866\sim 1.442$ nm,$\beta=124.20°$。假斜方单胞,$a=0.993\sim 1.000$ nm、$b=1.414\sim 1.429$ nm、$c=1.416\sim 1.434$ nm,$\beta=90°$。

钙十字沸石,Ca 为最富的格架外阳离子。单斜晶系,晶胞参数:$a=0.990$ nm、$b=1.424$ nm、$c=0.867$ nm,$\beta=124.51°$,$Z=2$。

钠十字沸石,Na 为最富的格架外阳离子。单斜晶系,晶胞参数:$a=0.987$ nm、$b=1.430$ nm、$c=0.867$ nm,$\beta=124.20°$,$Z=2$。

钾十字沸石,K 为最富的格架外阳离子。单斜晶系,晶胞参数:$a=0.987\sim 1.001$ nm、$b=1.412\sim 1.433$ nm、$c=1.420\sim 1.442$ nm,$\beta=90°$,$Z=2$。

十字沸石晶体结构中可分出两套阳离子位置:一套在钾十字沸石中 K 完全占有 Ca 位置,在交沸石中完全由 Ba 占据,周围由 8 个 O 原子和 4 个 H_2O 分子环绕;另一套则部分由 Ca(K)和 Na 在变形的八面体中心位置,由 2 个 O 原子和 4 个 H_2O 分子环绕。晶体结构中 Si 与 Al 呈无序分布状态。

【产状产地】

十字沸石是一种次生矿物,常见于深海沉积的红色、深褐色的黏土中,产于岩石的缝隙中或熔岩的空洞里,还产于玄武岩和响岩的气孔中,也见于盐湖沉积凝灰岩中。常与其他沸石矿物共生。主要产地有意大利、法国、澳大利亚、美国(夏威夷)等。

【主要用途】

十字沸石在地质学、物理学、化学、材料学、环境科学、晶体学、矿物学方面都有重要意义。具有阳离子交换的性能,可作为分子筛,用来软化硬水。

钙十字沸石

【化学性质】

钙十字沸石是一种含 Ca 及 H_2O 的 $[Al_3Si_5O_{16}]$ 架状基型硅酸盐类矿物,其晶体化学式为 $Ca_3[Al_3Si_5O_{16}]\cdot 12H_2O$。主要成分为 Ca、Al、Si、H、O,类质同象替代成分有 K、Na、Ba、Sr、Mg。

沸石族矿物中,此种钙十字沸石系列的以 Ca 为主要成分。此类矿物有钙十字沸石与钾十字沸石的系列矿物。

化学成分中氧化物的质量分数为 K_2O 4.29%、Na_2O 1.88%、CaO 8.52%、Al_2O_3 21.44%、SiO_2 47.45%、H_2O 16.42%。

【结晶形态】

钙十字沸石属单斜晶系,斜方柱晶类,对称型为 $2/m$。晶体形态常为棱柱形、呈假斜方十字形,集合体呈放射状、球粒状。可形成穿插双晶(图6-3-154)。

（a）钙十字沸石（奥地利）　　（b）钙十字沸石（美国）　　（c）钙十字沸石（意大利）

图 6-3-154　钙十字沸石

【物理特征】

钙十字沸石的颜色呈无色、白色、红白色、浅黄色、粉红色等。条痕为无色、白色。玻璃光泽。透明至不透明。色散弱,多色性弱。

二轴晶(+/-)。折射率为 Np=1.483~1.505、Nm=1.484~1.511、Ng=1.486~1.514,双折射率为 0.003~0.009。$2V=60°$~$90°$(测量)、$70°$~$72°$(计算)。

{001}、{010}解理中等。易碎。断口呈不规则、不均匀的贝壳状。摩氏硬度为 4~5,相对密度为 2.20(测量)、2.20(计算)。

【晶体结构】

钙十字沸石属单斜晶系,空间群为 $P2_1/m$。晶胞参数:$a=0.990$ nm、$b=1.424$ nm、$c=0.867$ nm,$\beta=124.51°$,$Z=2$。X 射线粉晶衍射数据 d(Å)(I/I_{max})为 7.64(100)、6.91(100)、4.25(4.07)、3.18(100)、2.67(60)(图6-3-155)。

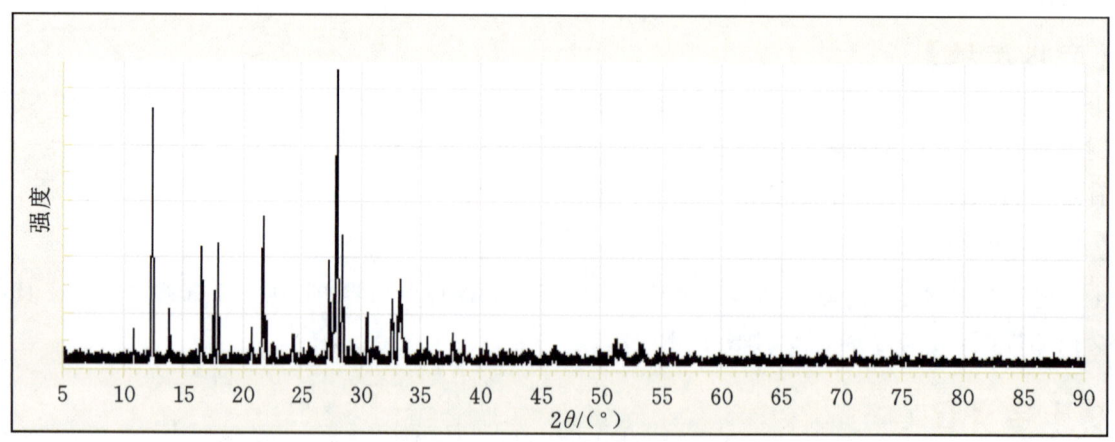

图 6-7-155　钙十字沸石的 X 射线粉晶衍射图

钙十字沸石的晶体结构(图6-3-156、图6-3-157)的硅铝氧骨架中,存在[(Al,Si)O_4]四面体四元环和八元环,平行[100]的一组通关孔径为 0.42~0.44 nm,另一组平行[010]的通道孔径 0.28~0.489 nm。在其交叉处出现较大空洞,在各种空洞中存在着可被交换的阳离子和可移动的 H_2O 分子。在富硅的成员中,阳离子相对减少,使由八元环组成的通道畅通不被阻塞,而可以吸收较小分子(如 NH_3、CO_2),因此显示分子筛性质。

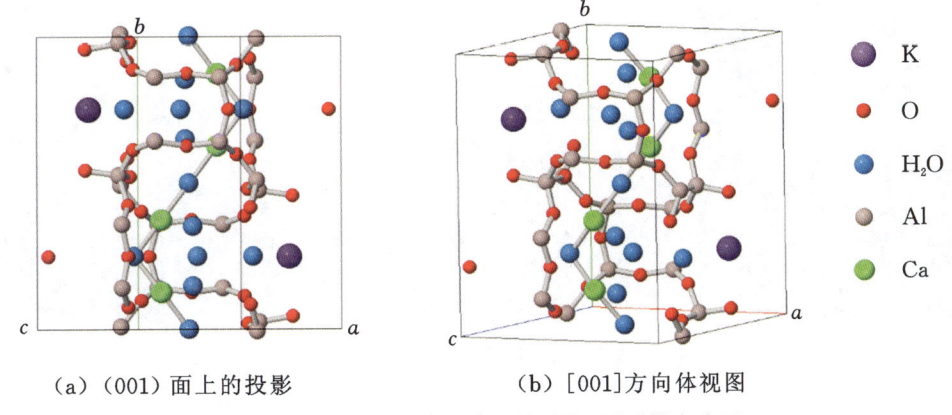

(a) (001)面上的投影　　(b) [001]方向体视图

图 6-3-156　钙十字沸石的晶体结构（原子排布位置）

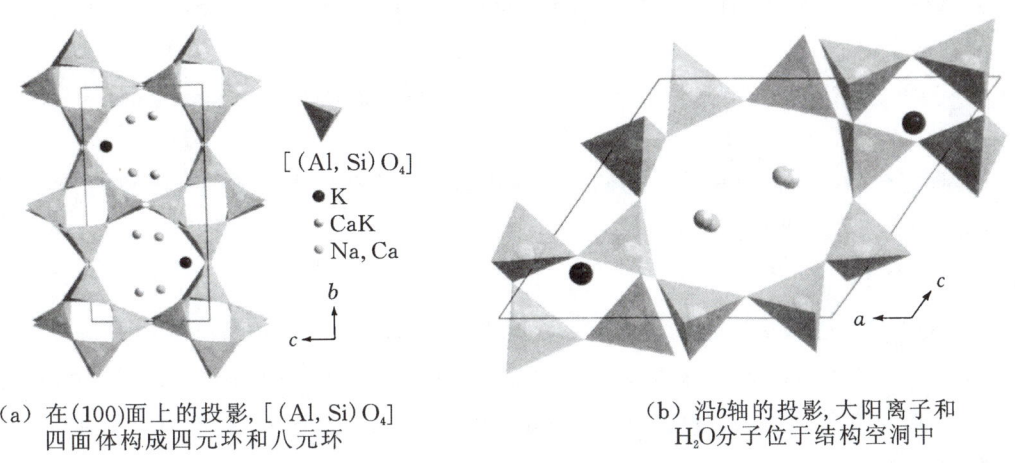

(a) 在(100)面上的投影，[(Al,Si)O$_4$] 四面体构成四元环和八元环　　(b) 沿b轴的投影，大阳离子和 H$_2$O分子位于结构空洞中

图 6-3-157　钙十字沸石的晶体结构

【产状产地】

钙十字沸石是一种次生矿物，形成的条件比较广泛，产于玄武岩和响岩的气孔中，火山熔岩的空洞里，也见于盐湖沉积凝灰岩中，还产于岩石的缝隙中。常与其他沸石矿物共生，与交沸石形成类质同象系列。主要产地有意大利、奥地利、英国、捷克、美国(夏威夷)等。

【主要用途】

钙十字沸石具有阳离子交换的性能，可作为分子筛，用来软化硬水。在地质学、物理学、化学、材料学、环境科学、晶体学、矿物学、宝石学方面都有重要意义。

钠十字沸石

【化学性质】

钠十字沸石是一种含 Na 及 H$_2$O 的[Al$_6$Si$_{10}$O$_{32}$]架状基型硅酸盐类矿物，其晶体化学式为 Na$_6$[Al$_3$Si$_5$O$_{16}$]$_2$·12H$_2$O。主要成分为 Na、Al、Si、H、O，类质同象替代成分有 K、Ca、Ba、Sr 等。

化学成分中氧化物的质量分数为 K$_2$O 3.64%、Na$_2$O 7.82%、CaO 3.83%、Al$_2$O$_3$ 21.97%、SiO$_2$ 46.11%、H$_2$O 16.63%。

沸石族矿物中，此种十字沸石系列的以 Na 为主要成分。钾十字沸石与钠十字沸石为系列矿物。

【结晶形态】

钠十字沸石属单斜晶系，斜方柱晶类，对称型为 $2/m$。晶体形态常成假斜方十字形、柱状、壳状等。集合体呈放射状、球粒状(图 6-3-158)。可见穿插双晶。

图 6-3-158　钠十字沸石（意大利）

【物理特征】

钠十字沸石的颜色呈无色、白色、灰色、微红白色、浅黄色、粉红色等。条痕呈无色、白色。玻璃光泽。透明至不透明。

二轴晶（＋/－）。折射率为 Np＝1.483～1.505、Nm＝1.484～1.511、Ng＝1.486～1.514。双折射率为 0.003～0.009。$2V=60°\sim 90°$（测量）、$70°\sim 72°$（计算）。

{001}解理完全、{010}解理中等。易碎。不规则、不均匀的次贝壳状。摩氏硬度为 4～5，相对密度为 2.20（测量）、2.17（计算）。

【晶体结构】

钠十字沸石属单斜晶系，空间群为 $P2_1/m$。晶胞参数：$a=0.987$ nm、$b=1.430$ nm、$c=0.867$ nm，$\beta=124.20°$，$Z=2$。X 射线粉晶主要衍射数据 d（Å）（I/I_{max}）为 7.18(100)、7.16(100)、3.21(100)（图 6-3-159）。假斜方单胞，$a=0.993\sim 1.000$ nm、$b=1.414\sim 1.429$ nm、$c=1.416\sim 1.434$ nm，$\beta=90°$。晶体结构见图 6-3-160。

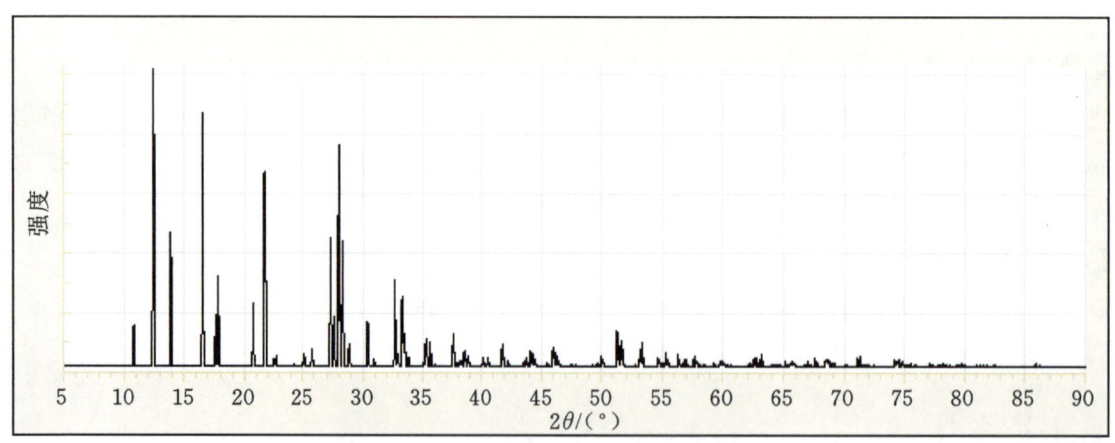

图 6-3-159　钠十字沸石的 X 射线粉晶衍射图

【产状产地】

钠十字沸石是一种次生矿物，形成的条件比较广泛，产于岩石的缝隙中或熔岩的空洞里，玄武岩和响岩的气孔中，它也见于盐湖沉积凝灰岩中。常与其他沸石矿物共生。主要产地有意大利、美国（夏威夷）等。

【主要用途】

钠十字沸石在地质学、物理学、化学、材料学、环境科学、晶体学、矿物学、宝石学方面都有重要意义。具有阳离子交换的性能，可作为分子筛，用来软化硬水。

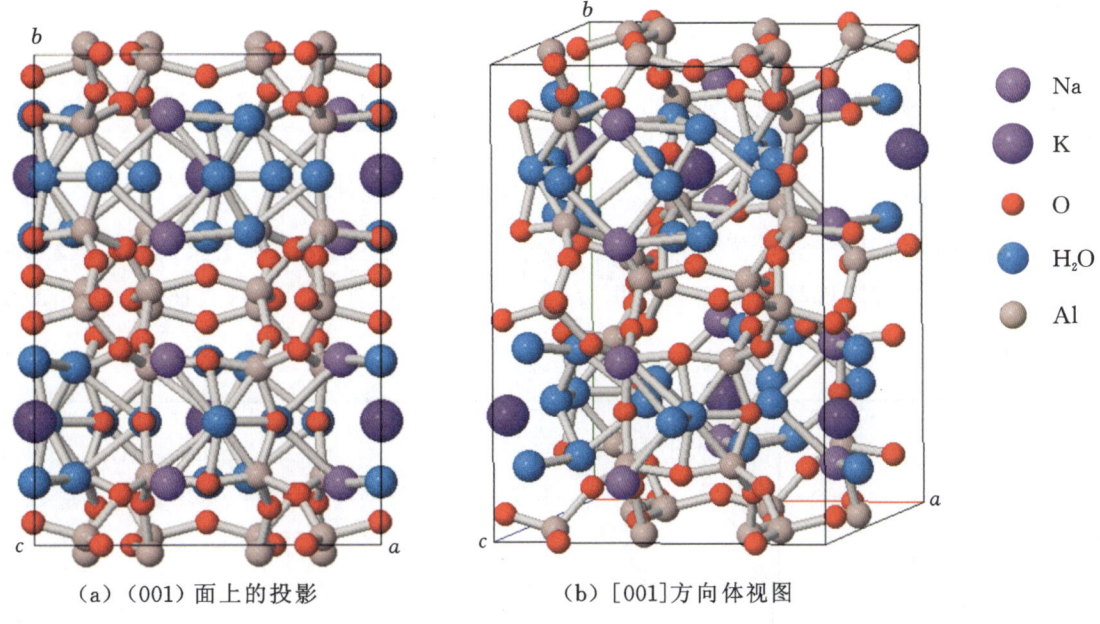

(a)（001）面上的投影　　　　　(b)[001]方向体视图

图 6-3-160　钠十字沸石的晶体结构

钾十字沸石

【化学性质】

钾十字沸石是一种含 K 及 H$_2$O 的[Al$_3$Si$_5$O$_{16}$]架状基型硅酸盐类矿物，晶体化学式为 K$_6$[Al$_3$Si$_5$O$_{16}$]$_2$·12H$_2$O，成分变化可写为(K,Na,Ca$_{0.5}$,Ba$_{0.5}$)$_{4\sim7}$[Al$_{4\sim7}$Si$_{12\sim9}$O$_{32}$]·12H$_2$O。主要成分为 K、Al、Si、H、O，类质同象替代成分有 Na、Ca、Ba、Sr、Mg、Fe。

化学成分中氧化物的质量分数为 K$_2$O 5.70%、Na$_2$O 3.28%、CaO 5.82%、Al$_2$O$_3$ 21.59%、SiO$_2$ 47.26%、H$_2$O 16.35%。

在沸石族矿物中，此种钾十字沸石系列的以 K 为主要成分。可以形成钙十字沸石与钾十字沸石系列矿物，钾十字沸石与钠十字沸石系列矿物。

【结晶形态】

钾十字沸石属单斜晶系，斜方柱晶类，对称型为 $2/m$。晶体形态常呈柱状、假斜方十字形，集合体呈放射状、球粒状。可见穿插双晶（图 6-3-161）。

(a) 钾十字沸石（意大利）　　(b) 钾十字沸石（意大利）　　(c) 钾十字沸石（德国）

图 6-3-161　钾十字沸石

【物理特征】

钾十字沸石的颜色呈白色、无色、红白色、浅黄色、粉红色等。条痕为无色、白色。玻璃光泽。透明。

二轴晶（＋/－）。折射率为 Np＝1.483～1.505、Nm＝1.484～1.511、Ng＝1.486～1.514，双折射率为 0.003～0.009。2V＝60°～90°（测量）、70°～72°（计算）。

{001}、{010}解理较好。易碎。断口呈不规则、不均匀的贝壳状。摩氏硬度为 4～5，相对密度为 2.20（测量）、2.21（计算）。

【晶体结构】

钾十字沸石属单斜晶系，空间群为 $P2_1/m$。晶胞参数：a＝0.989 nm、b＝1.440 nm、c＝0.869 nm，β＝124.27°，Z＝2。X 射线粉晶主要衍射数据 d(Å)(I/I_{max})为 7.18(100)、7.16(100)、3.21(100)（图 6-3-162）。晶体结构见图 6-3-163。

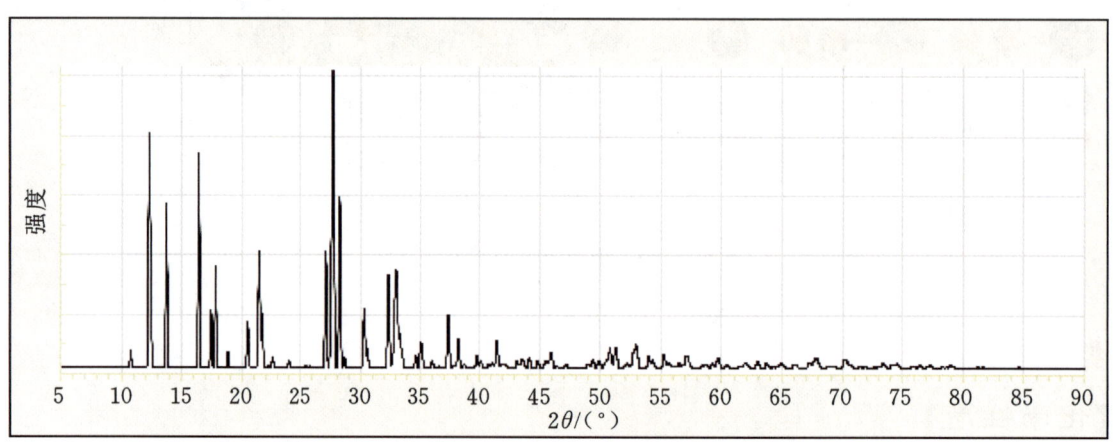

图 6-3-162　钾十字沸石的 X 射线粉晶衍射图

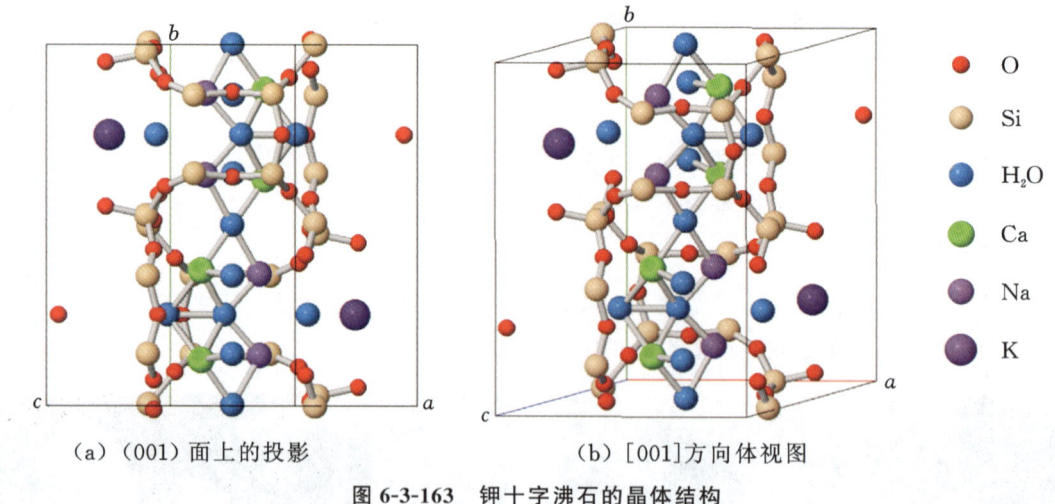

(a) (001)面上的投影　　　(b) [001]方向体视图

图 6-3-163　钾十字沸石的晶体结构

【产状产地】

钾十字沸石是一种次生矿物，形成的条件比较宽松，产于岩石的缝隙中或熔岩的空洞里，玄武岩和响岩的气孔中，它也见于盐湖沉积凝灰岩中。常与其他沸石矿物共生。主要产地有意大利、英国、美国（夏威夷）等。

【主要用途】

钾十字沸石在地质学、物理学、化学、材料学、环境科学、晶体学、矿物学、宝石学方面都有重要意义。具有阳离子交换的性能，可作为分子筛，用来软化硬水。

交沸石

【化学性质】

交沸石是一种含 Ba 及 H_2O 的 $[AlSi_3O_8]$ 架状基型硅酸盐类矿物,它的晶体化学式为 $Ba_2[AlSi_3O_8]_4 \cdot 12H_2O$。主要成分为 Ba、Si、Al、H、O,类质同象替代成分有 Ca、K、Na、Sr。由于类质同象替代,化学式可写成 $(Ba_{0.5}, Ca_{0.5}, K, Na)_5[Al_5Si_{11}O_{32}] \cdot 12H_2O$。

化学成分中氧化物的质量分数为 K_2O 0.67%、BaO 17.40%、Na_2O 0.88%、Al_2O_3 14.46%、SiO_2 51.25%、H_2O 15.34%。

交沸石属沸石族矿物,可与钙十字沸石形成系列矿物。

【结晶形态】

交沸石属单斜晶系,斜方柱晶类,对称型为 $2/m$。晶体形态呈扁平拉长柱状,集合体常呈放射状、杏仁状。依{001}、{021}、{110}形成复合双晶,经常呈十字形贯穿双晶,具有假立方的外形(图 6-3-164)。

(a) 交沸石(英国苏格兰)

(b) 交沸石(德国)

(c) 交沸石(意大利)

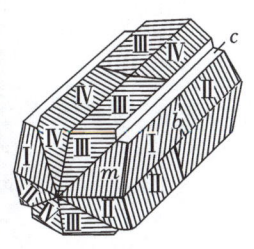
(d) 交沸石的四连双晶

图 6-3-164 交沸石

【物理特征】

交沸石的颜色呈无色、白色、灰白色、粉红色、淡黄色、淡褐色、棕色等。条痕为白色。透明至半透明。玻璃光泽、珍珠光泽。色散弱,多色形弱,无荧光。

二轴晶(+)。折射率为 Np=1.503~1.508、Nm=1.505~1.509、Ng=1.508~1.514,双折射率为 0.005~0.006。2V=43°(测量)、80°(计算)。

{010}解理完全,{001}解理中等。性脆。断口呈不规则、不平整的次贝壳状。摩氏硬度为 4~5,相对密度为 2.44~2.50(测量)、2.45(计算)。

【晶体结构】

交沸石属单斜晶系,空间群为 $P2_1/m$。晶胞参数:$a=0.986$ nm、$b=1.414$ nm、$c=0.870$ nm,$\beta=124.72°$,$Z=2$。X 射线粉晶衍射数据 $d(\text{Å})(I/I_{max})$ 为 8.11(100)、7.16(100)、6.25(100)、4.07(100)、3.18(100)、2.70(100)、2.67(100)(图 6-3-165)。交沸石的晶体结构(图 6-3-166)与钙十字沸石相似。

【产状产地】

交沸石主要产于玄武岩、粗面岩、响岩等火山岩的气孔中,也见于热液铅锌矿脉中,还产于未变质的沉积岩层中,尤其是火山碎屑的沉积岩层中,在土壤中也有产出,也可以作为硅酸盐次生矿物产出。常与方解石和其他沸石伴生。主要产地有意大利、德国、英国等。

【主要用途】

交沸石也称为钡沸石,有广泛应用:应用于分子筛,分离混合气体和液体,吸收 H_2、N_2、CO_2 和 NH_3;利用离子交换,软化硬水、海水淡化、提取海水中的 K,处理废水(放射性、重金属、氨态氮、磷酸根等),固定回收 Cs、Sr;用于土壤改良;用于水泥建材;用于沸石改型,制成 Ca 型、K 型、Na 型等,应用于不同的工业。在地质学、物理学、化学、材料学、环境科学、晶体学、矿物学、宝石学方面都有重要意义。

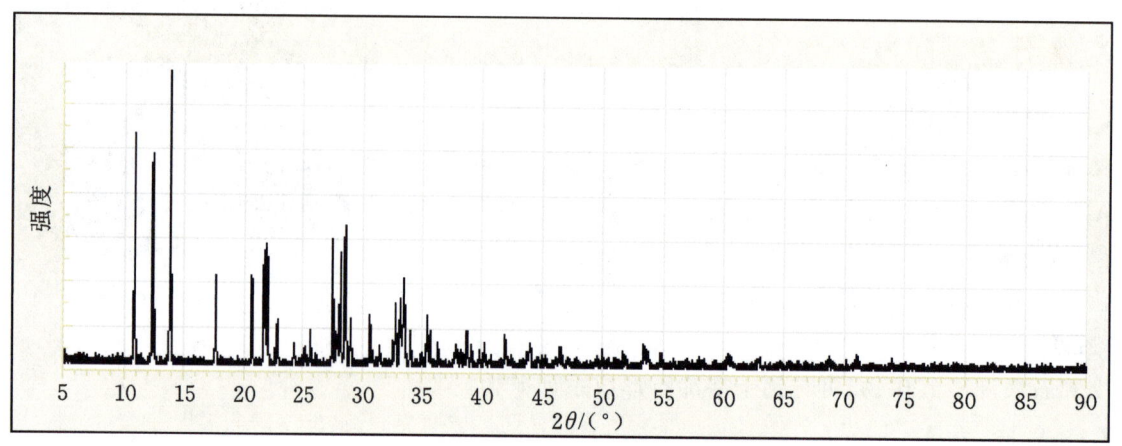

图 6-3-165　交沸石的 X 射线粉晶衍射图

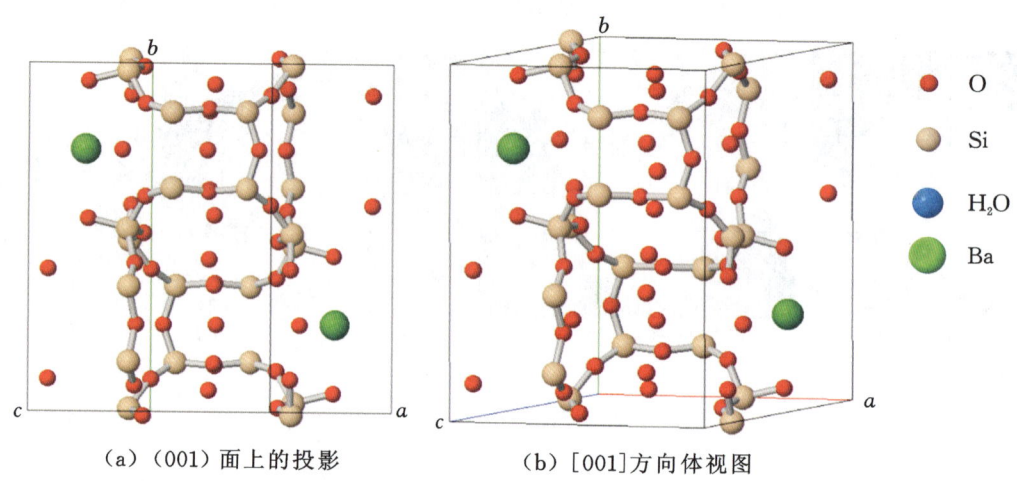

(a) (001)面上的投影　　　(b) [001]方向体视图

图 6-3-166　交沸石的晶体结构

八面沸石族

八面沸石(faujasite)	$Na_2Ca[AlSi_2O_6]_4 \cdot 16H_2O$
钙八面沸石(faujasite-Ca)	$Ca_2[AlSi_2O_6]_4 \cdot 16H_2O$
镁八面沸石(faujasite-Mg)	$Mg_2[AlSi_2O_6]_4 \cdot 16H_2O$
钠八面沸石(faujasite-Na)	$Na_4[AlSi_2O_6]_4 \cdot 16H_2O$
方碱沸石(paulingite)	$K_2Ca[AlSi_3O_8]_4 \cdot 14H_2O_4$

八面沸石

【化学性质】

八面沸石是一种含 Na、Ca 及 H_2O 的[$AlSi_2O_6$]架状基型硅酸盐类矿物,其晶体化学式为 $Na_2Ca[AlSi_2O_6]_4 \cdot 16H_2O$,或写成为 $M_{3.5}[Al_7Si_{17}O_{48}] \cdot 32H_2O$,其中 M＝Ca、$Na_2$、$K_2$、Mg、Sr。主要成分为 Na、Ca、Al、Si、H、O,类质同象替代成分有 K、Ba、Sr、Mg 等。

化学成分中氧化物的质量分数为 CaO 4.79%、Na_2O 5.09%、Al_2O_3 16.81%、SiO_2 46.29%、H_2O 27.02%。

由于 Na、Mg 和 Ca 含量的变化形成有钠八面沸石、镁八面沸石和钙八面沸石等。

【结晶形态】

八面沸石属于等轴晶系,六八面体晶类,对称型为 $m3m$。晶体形态呈八面体状、板状、片状,集合体呈放射状、毛发状。依{111}形成接触和穿透双晶(图 6-3-167)。

图 6-3-167　八面沸石(德国)

【物理特征】

八面沸石的颜色呈无色、白色、灰白色、淡黄色。条痕为白色。透明、半透明。玻璃光泽到金刚光泽。色散无,多色性无。

等轴晶系,均质体。折射率为 1.466～1.480。

{111}解理完全。性脆。断口呈不规则、不平整的贝壳状。摩氏硬度为 4.5～5,相对密度为 1.91(测量)、1.92～1.93(计算)。

八面沸石在 793 ℃会发生分解。

【晶体结构】

八面沸石属于等轴晶系,空间群为 $Fd3m$。晶胞参数:a = 2.471～2.478 nm,Z = 16。X 射线粉晶衍射数据主要衍射数据 d(Å)(I/I_{max})为 15.02(100)、5.68(80)、4.35(80)、3.75(90)、3.28(80)、2.86(80)(图 6-3-168)。晶体结构见图 6-3-169。

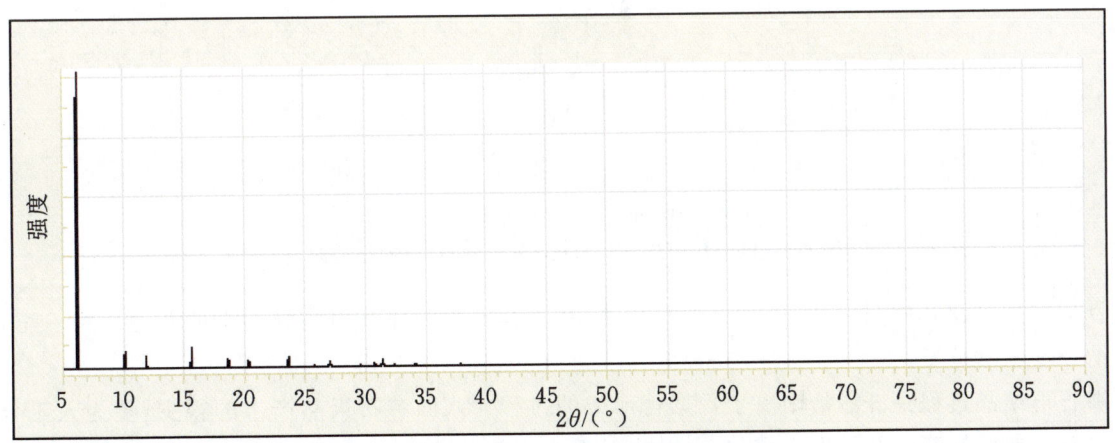

图 6-3-168　八面沸石的 X 射线粉晶衍射图

钙八面沸石的晶体结构(图 6-3-170、图 6-3-171),是沸石结构中最开阔的一种。[(Si,Al)O$_4$]组成 6 个四元环和 8 个六元环的立方八面体笼,它们以相间的六元环通过一个六方柱与另一立方八面体笼相连接,从而由立方八面体和六方柱又围成一个大的方沸石笼。这种方沸石笼为二十六面体,具有 48 个角顶,包括 18 个四元环、4 个六元环和 4 个十二元环。Ca 是最主要的骨架外阳离子;在镁八面沸石的晶体结构中,Mg 是最主要的骨架外阳离子;在钠八面沸石的晶体结构中,Na 是最主要的骨架外阳离子,有时为 K 与 Sr。

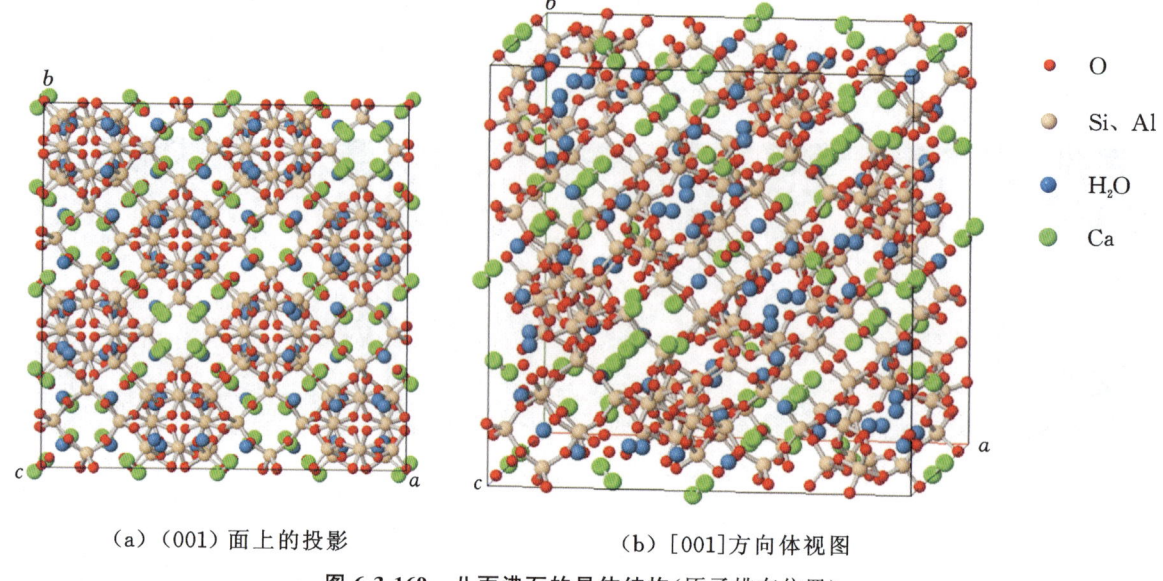

(a)（001）面上的投影　　　　　(b) [001]方向体视图

图 6-3-169　八面沸石的晶体结构（原子排布位置）

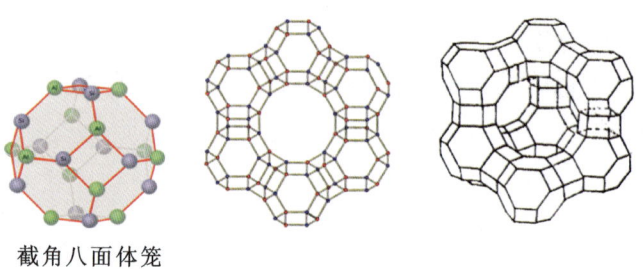

截角八面体笼

图 6-3-170　八面沸石晶体结构模型

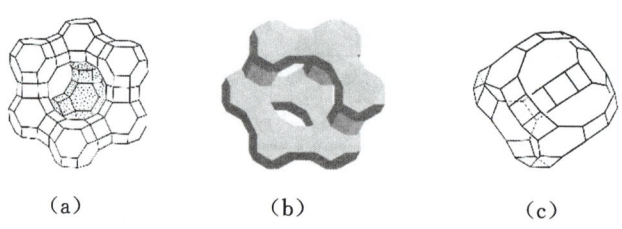

(a)　　　　　(b)　　　　　(c)

各种多面体系由连接(Si,Al)原子后获得。

图 6-3-171　八面沸石(a)、(b)与方沸石(c)的结构对比

骨架结构异常开放，具有完整的方钠石孔笼，并具有十二元环开口的异常大的孔道。每一个单胞可容纳 260 个水分子。

沸石再结晶过程是硅酸盐阳离子骨架再形成的过程。八面沸石天然产出的很少，多为人工合成。八面沸石是斜发沸石的结构发生变化，由单斜晶系变为等轴晶系，晶胞参数及硅铝比均经过较大的变化而形成的。斜发沸石在 NaOH 和 NaCl 的水溶液中，固相晶态的斜发沸石软化，受到介质中 OH^- 的催化而发生解聚，生成沸石结构单元，晶核进一步有序化，生成八面沸石晶体。

【产状产地】

八面沸石是一种蚀变矿物，产于玄武岩、响岩和凝灰岩内的空洞中，未变质的沉积岩层中，尤其是火山碎屑的沉积岩层中。在土壤中也有产出，此外也可以作为某些硅酸盐的次生矿物产出。它常与其他沸石、橄榄石、普通辉石和霞石共生和伴生。主要产地有德国、意大利、美国、俄罗斯、中国等。

【主要用途】

八面沸石在地质学、物理学、化学、材料学、环境科学、晶体学、矿物学方面都有一定意义。八面沸石有较为稳定晶体结构特点,是一种很好的天然分子筛材料。在分子筛的晶体结构中,笼的形式有各种各样,如 α 笼、β 笼、γ 笼、八面沸石笼等。

分子筛具有离子交换、催化性和吸附性能力,这种能力随分子筛的稳定性以及硅氧骨架中硅铝比的增大而增大,还受骨架空腔外阳离子类型和数量的影响。

利用沸石的分子筛性可分离混合气体、液体,清除废气,净化空气等,还可以用于土壤的改良;可用于水泥、建材工业上,制成坚固轻巧的制品;还可以用离子交换法对沸石进行改型,使之改型为 Ca 型、K 型、Na 型等,以满足不同的工业应用。

通过沸石提供的 2 个 Na^+ 来交换 Ca^{2+},使得原来含 Ca 较高的硬水软化,也可以淡化海水或从海水中提取 K。可用于废水处理,除去废水中的放射性元素、重金属离子和氨态氮(NH_3-N)及磷酸根等有害离子。通过熔化沸石可将 Cs、Sr 长久固定在沸石晶格里,以防止污染扩散,甚至可以回收利用。

钙八面沸石

【化学性质】

钙八面沸石是含 Ca 及 H_2O 的 $[AlSi_2O_6]$ 架状基型硅酸盐类矿物,晶体化学式为 $Ca_2[AlSi_2O_6]_4 \cdot 16H_2O$。主要成分为 Ca、Al、Si、H、O,类质同象替代成分有 Na、Mg、Ba、Sr。

化学成分中氧化物的质量分数为 Na_2O 1.53%、CaO 5.54%、MgO 0.66%、Al_2O_3 17.16%、SiO_2 48.01%、H_2O 27.10%。

【结晶形态】

钙八面沸石属等轴晶系,六八面体晶类,对称型为 $m3m$。晶体形态呈八面体状、粒状、厚板状(图 6-3-172)。依{111}形成接触和穿透双晶。

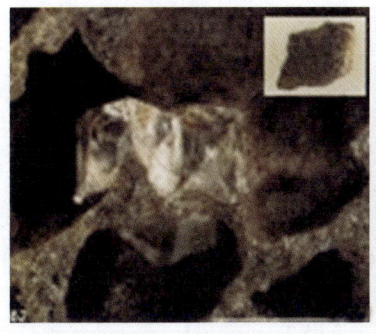

(a) 钙八面沸石(美国加利福尼亚) (b) 钙八面沸石(美国加利福尼亚) (c) 钙八面沸石(德国)

图 6-3-172 钙八面沸石

【物理特征】

钙八面沸石的颜色呈无色、白色、浅棕色。条痕为白色。透明至半透明。玻璃光泽。色散无,多色性无。

等轴晶(均质体)。折射率为 1.47～1.48。

{111}解理完全。性脆。断口呈不均匀、细小破碎片状。摩氏硬度为 5,相对密度为 1.923～1.94 (测量)、1.88(计算)。

【晶体结构】

钙八面沸石属于等轴晶系,空间群为 $Fd3m$。晶胞参数:$a=2.470$ nm,$Z=8$。X 射线粉晶主要

衍射数据 d(Å)(I/I_{max}) 为 14.30(100)、5.66(100)、3.76(100)(图 6-3-173)。晶体结构见图 6-3-174。

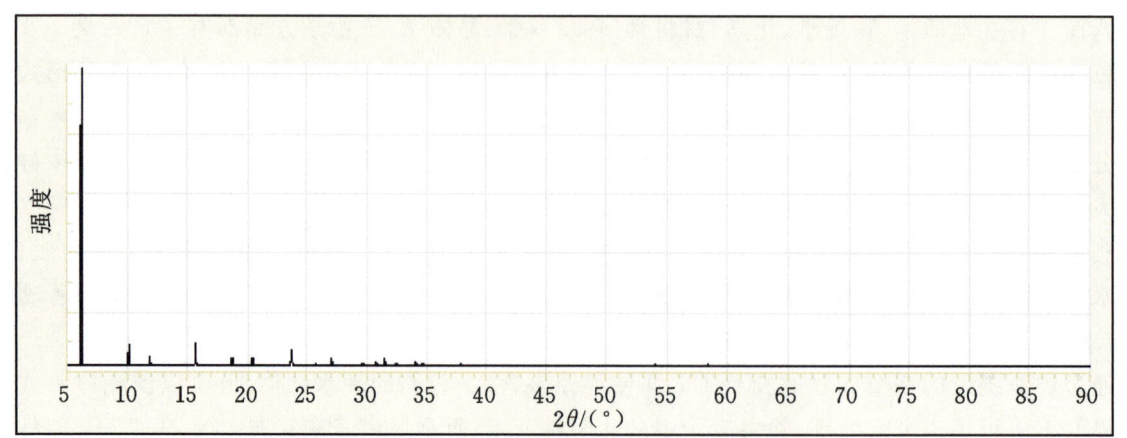

图 6-3-173　钙八面沸石的 X 射线粉晶衍射图

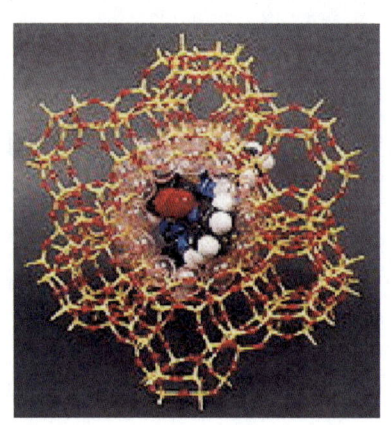

图 6-3-174　钙八面沸石的笼为截角八面体

钙八面沸石是斜发沸石在矿物结构发生变化时,由单斜晶系变为立方晶系,晶格参数及硅铝比均经过较大的变化而形成的。

【产状产地】

钙八面沸石通常产于玄武质火山岩中,也与普通辉石一起产于橄榄岩中。这种矿物在自然界稀有,但却分布于世界各地,也与其他沸石一样可由氧化铝和二氧化硅合成,实现工业化。

【主要用途】

钙八面沸石在地质学、物理学、化学、材料学、环境科学、晶体学、矿物学方面都有重要意义。

镁八面沸石

【化学性质】

镁八面沸石是一种含 Mg、Na 及 H_2O 的[$AlSi_2O_6$]架状基型硅酸盐类矿物,它的晶体化学式为 $Mg_2[AlSi_2O_6]_4 \cdot 16H_2O$ 或 $(Mg,Na_2,Ca)_{3.5}[Al_7Si_{17}O_{48}] \cdot 32H_2O$。主要成分为 Mg、Na、Al、Si、H、O,类质同象替代成分有 K、Ca、Ba、Sr 等。

化学成分中氧化物的质量分数为 Na_2O 1.55％、CaO 0.93％、MgO 4.24％、Al_2O_3 16.99％、SiO_2 48.84％、H_2O 27.45％。

【结晶形态】

镁八面沸石属于等轴晶系,六八面体晶类,对称型为 $m3m$。晶体形态呈八面体状、粒状、块状等(图 6-3-175)。

【物理特征】

镁八面沸石的颜色呈无色、白色、浅棕色。条痕为白色。玻璃光泽到金刚光泽。透明至半透明。色散无,多色性无。

等轴晶系,均质体。折射率为 1.47～1.48。

{111}解理完全。性脆。断口呈不均匀、细小破碎片状。摩氏硬度为 4.5～5,相对密度为 1.923～1.940(测量)、1.85(计算)。

图 6-3-175　镁八面沸石（德国）

【晶体结构】

镁八面沸石属等轴晶系，空间群为 $Fd3m$。晶胞参数：$a=2.464\sim2.465$ nm，$Z=8$。

镁八面沸石晶体结构中硅氧骨架呈六方柱状，相互垂直排列连接形成方钠石笼。硅氧骨架孔为 12 元环状，直径(0.74 nm)较大。空腔直径为 1.2 nm，周围有 10 个方钠石笼。

根据硅酸盐骨架中的硅、铝的比值，可以合成出 X 型和 Y 型沸石。在 X 型沸石分子筛中硅、铝的比值在 1~1.5 之间，而 Y 型沸石分子筛中，硅、铝的比值在为 1.5~3。Y 型沸石的空隙率为 48%，硅、铝比为 2.43。

【产状产地】

镁八面沸石是一种蚀变矿物，产于在玄武岩、响岩和凝灰岩内的空洞中，未变质的沉积岩层中，尤其是火山碎屑的沉积岩层中。在土壤中也有产出，此外也可以作为某些硅酸盐次生矿物产出。它常与其他沸石、橄榄石、普通辉石和霞石共生和伴生。

镁八面沸石主要产地有德国、意大利、美国、俄罗斯、中国等。

【主要用途】

镁八面沸石有较为稳定晶体结构特点，是一种很好的天然分子筛材料。在分子筛的晶体结构中，笼的形式有各种各样，如 α 笼、β 笼、γ 笼、八面沸石笼等。

镁八面沸石在地质学、物理学、化学、材料学、环境科学、晶体学、矿物学方面都有重要意义。

钠八面沸石

【化学性质】

钠八面沸石是一种含 Na 及 H_2O 的 $[AlSi_2O_6]$ 架状基型硅酸盐类矿物，其晶体化学式为 $Na_4[AlSi_2O_6]_4 \cdot 16H_2O$。主要成分为 Na、Al、Si、H、O，类质同象替代成分有 Ca、Mg、Ba、Sr。

化学成分中氧化物的质量分数为 Na_2O 3.08%、CaO 2.79%、MgO 0.67%、Al_2O_3 17.01%、SiO_2 49.12%、H_2O 27.33%。

【结晶形态】

钠八面沸石属于等轴晶系，六八面体晶类，对称型为 $m3m$。晶体形态呈八面体状、粒状、块状等（图 6-3-176）。

【物理特征】

钠八面沸石的颜色呈无色、白色、浅棕色。条痕为白色。透明至半透明。玻璃光泽、半玻璃光泽。色散无，多色性无。

(a) 钠八面沸石（德国）　　　　(b) 钠八面沸石（捷克）

图 6-3-176　钠八面沸石

等轴晶系（均质体）。折射率为 1.47～1.48。

{111}解理较好。性脆。断口呈不均匀、细小破碎片状。摩氏硬度为 5，相对密度为 1.923～1.940（测量）、1.86（计算）。

【晶体结构】

钠八面沸石属于等轴晶系，空间群为 $Fd3m$。晶胞参数：$a=2.470$ nm，$Z=8$。X 射线粉晶主要衍射数据 $d(\text{Å})(I/I_{max})$ 为 14.30(100)、5.66(100)、3.76(100)。晶体结构见图 6-3-177。

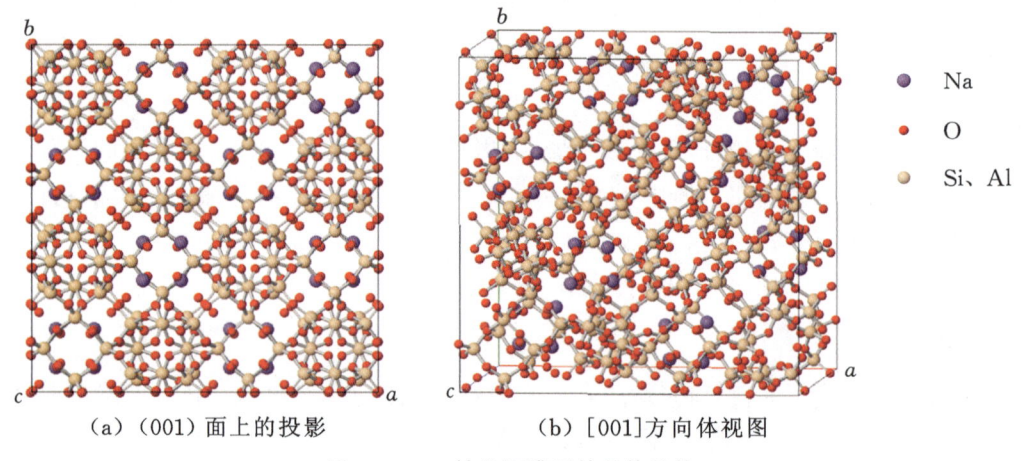

(a) (001)面上的投影　　　　(b) [001]方向体视图

图 6-3-177　钠八面沸石的晶体结构

【产状产地】

钠八面沸石是一种蚀变矿物，产于玄武岩、响岩和凝灰岩内的空洞中，火山碎屑的沉积岩层中。在土壤中也有产出，此外也可以作为某些硅酸盐的次生矿物产出。常与其他沸石、橄榄石、普通辉石和霞石共生和伴生。主要产地有德国、捷克、美国、俄罗斯等。

【主要用途】

钠八面沸石是一种很好的天然分子筛材料，在分子筛的晶体结构中，笼的形式各种各样，如 α 笼、β 笼、γ 笼、八面沸石笼等。

钠八面沸石在地质学、物理学、化学、材料学、环境科学、晶体学、矿物学方面都有重要意义。

方碱沸石族

方碱沸石（paulingite）　　　　　　$(Ca, K, Na, Ba, \square)_{10}(Si, Al)_{42}O_{84} \cdot 34H_2O$

【化学性质】

方碱沸石属沸石类矿物,是一种含 Ca、Na、K 及 H_2O 的 $[(Si,Al)_{21}O_{42}]$ 架状基型硅酸盐类矿物,主要成分为 Ca、Na、K、Al、Si、H、O,类质同象替代成分有 Na、Ba、Sr 等。是一种罕见的分子筛矿物,Si/Al 值为 3.0,BaO 含量为 4.1% 和 18.5%。

方碱沸石系列矿物有方碱沸石-Ca、方碱沸石-K、方碱沸石-Na 等。

【结晶形态】

方碱沸石属于等轴晶系,六八面体晶类,对称型为 $m3m$。晶体形态晶面光滑,呈菱形十二面体、立方体、八面体的晶体形态(图 6-3-178),常见双晶。

   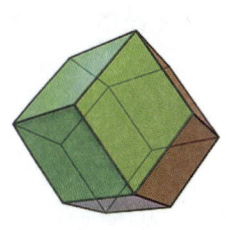

(a) 方碱沸石-Ca(美国俄勒冈)   (b) 方碱沸石-Ca(捷克)   (c) 方碱沸石-K(美国华盛顿)   (d) 方碱沸石结晶

图 6-3-178 方碱沸石

【物理特征】

方碱沸石的颜色呈无色、淡黄色、橙色、红色等。条痕呈无色、白色。透明。玻璃光泽至金刚光泽。色散弱,多色性无。

等轴晶系,各向同性的均质体,有时会产生双折射现象。折射率为 1.472～1.484。

解理不完全。断口呈不规则、不均匀的贝壳状。摩氏硬度为 5,相对密度为 2.085～2.240(测量)、2.10(计算)。

【晶体结构】

方碱沸石属等轴晶系,空间群为 $Im3m$。晶胞参数:$a=3.510$ nm,$Z=16$。X 射线粉晶衍射数据 $d(Å)(I/I_{max})$ 为 8.290(100)、6.880(100)、4.780(90)、3.346(80)、3.261(90)、3.087(90)。晶体结构见图 6-3-179。

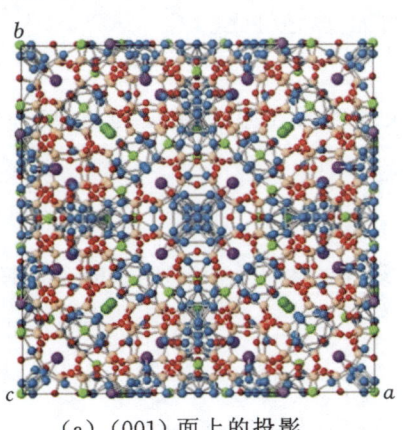 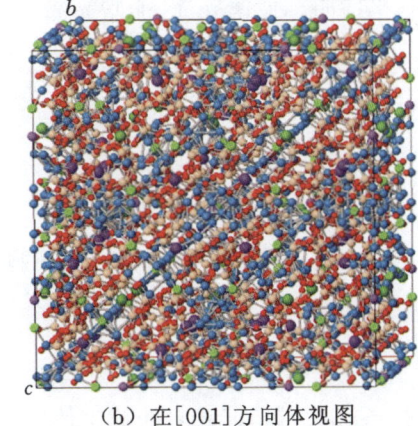

(a) (001)面上的投影   (b) 在[001]方向体视图

- Na
- K
- O
- H_2O
- Ca
- Ba

图 6-3-179 方碱沸石的晶体结构

在架状硅酸盐的晶体结构中,方碱沸石包含有二十六体笼(立方体、十八面体和菱形十二面体)(四元环 12 个、六元环 8 个、八元环 6 个)、八角柱笼(四元环 8 个、八元环 2 个)、二十四面体笼(四元环

12个、八元环6个)和十四面笼。

在架状硅酸盐的晶体结构中,方碱沸石中的Ca位于相邻Ba的八元环之间,以及笼型K的八元环的中心。

【产状产地】

方碱沸石产于基性玄武岩囊泡中,是沸石类矿物的一种,与斜发沸石、钙十字沸石、方解石和黄铁矿伴生。主要产地有德国、捷克、爱尔兰、加拿大、美国(华盛顿)等。

【主要用途】

方碱沸石具有吸附性、阳离子交换性、脱水再水化和催化性等特殊性能,被用于核工业、建筑工业、农业工业、医疗工业、石化工业、航天工业和国内产品工业。在地质学、物理学、化学、材料学、环境科学、晶体学、矿物学方面都有重要意义。

方碱沸石-Na

【化学性质】

方碱沸石-Na是一种含Na及H_2O的$[Al_2Si_7O_{18}]$架状基型硅酸盐类矿物,其晶体化学式为$(Na_2,K_2,Ca,Ba)_5[Al_2Si_7O_{18}]_5 \cdot 45H_2O$。主要成分为Na、Si、Al、H、O,类质同象替代成分有K、Ca、Ba、Sr等。

图 6-3-180　方碱沸石-Na(美国俄勒冈)

化学成分中氧化物的质量分数为K_2O 1.96%、Na_2O 2.47%、CaO 4.03%、BaO 0.41%、Al_2O_3 13.57%、SiO_2 55.98%、H_2O 21.58%。

【结晶形态】

方碱沸石-Na属于等轴晶系,六八面体晶类,对称型为$m3m$。晶体形态晶面光滑,呈菱形十二面体、立方体、八面体的晶体形态(图6-3-180)。常见双晶现象。

【物理特征】

方碱沸石-Na的颜色呈无色、浅黄色、橙色、红色。条痕为白色。透明、半透明。玻璃光泽、油脂光泽。色散无,多色性无。

等轴晶(均质体)。折射率为1.472～1.484。

无解理。性脆。断口呈不平整、不均匀的贝壳状。摩氏硬度为5,相对密度为2.085～2.240(测量)、2.31(计算)。

【晶体结构】

方碱沸石-Na属于等轴晶系,空间群为$Im3m$。晶胞参数:$a=3.508$ nm,$Z=16$。X射线粉晶衍射图见图6-3-181。

【产状产地】

方碱沸石-Na产于拉斑玄武岩和玄武岩的捕虏体中,主要产地有美国(俄勒冈)。

【主要用途】

方碱沸石-Na具有吸附性、阳离子交换性、脱水再水化和催化性等特殊性能。在地质学、物理学、化学、材料学、环境科学、晶体学、矿物学方面都有重要意义。

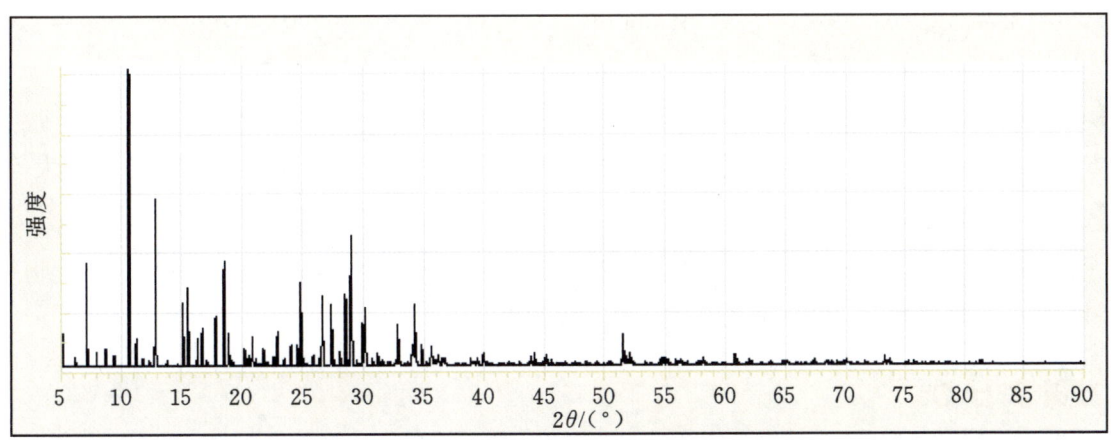

图 6-3-181 方碱沸石-Na 的 X 射线粉晶衍射图

方碱沸石-K

【化学性质】

方碱沸石-K 是一种含 K、Ca 及 H_2O 的 $[Al_2Si_7O_{18}]$ 架状基型硅酸盐类矿物,其晶体化学式为 $(K_2,Ca,Na_2,Ba)_5[Al_2Si_7O_{18}]_5 \cdot 45H_2O$。主要成分为 K、Ca、Al、Si、H、O,类质同象替代成分有 Na、Ba 等。

化学成分中氧化物的质量分数为 K_2O 5.81%、BaO 0.77%、Na_2O 0.85%、CaO 2.93%、Al_2O_3 13.90%、SiO_2 53.73%、H_2O 22.01%。

【结晶形态】

方碱沸石-K 属于等轴晶系,六八面体晶类,对称型为 $m3m$。晶体形态呈立方体、八面体的晶体形态(图 6-3-182)。具有双晶。

 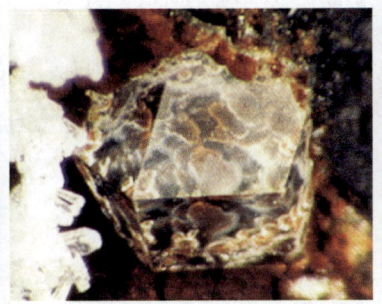 

（a）方碱沸石-K（美国华盛顿）　　（b）方碱沸石-K（美国华盛顿）　　（c）方碱沸石-K（加拿大）

图 6-3-182　方碱沸石-K

【物理特征】

方碱沸石-K 的颜色呈无色、浅黄色、橙色、红色。条痕为无色、白色。透明。玻璃光泽、油脂光泽、半金刚光泽。色散无,多色性无。

等轴晶(均质体)。折射率为 1.472～1.484。

解理无。性脆。断口呈不均匀、不规则的次贝壳状。摩氏硬度为 5,相对密度为 2.085(测量)、2.10(计算)。

【晶体结构】

方碱沸石-K 属于等轴晶系,空间群为 $Im3m$。晶胞参数:$a=3.505\sim3.511$ nm,$Z=32$。X 射线粉

晶主要衍射数据 $d(\text{Å})(I/I_{\max})$ 为 8.29(100)、6.88(100)、4.78(90)、3.582(80)、3.346(80)、3.261(90)、3.078(90)。

【产状产地】

方碱沸石-K 产于拉斑玄武岩和玄武岩中的砂岩捕虏体,主要产地有美国(华盛顿)、加拿大等。

【主要用途】

方碱沸石-K 具有吸附性、阳离子交换性、脱水再水化和催化性等特殊性能。在地质学、物理学、化学、材料学、环境科学、晶体学、矿物学方面都有重要意义。

方碱沸石-Ca

【化学性质】

方碱沸石-Ca 是一种含 Ca 及 H_2O 的 $[(Si,Al)_{42}O_{84}]$ 架状基型硅酸盐类矿物,其晶体化学式为 $(Ca,K_2,Na_2,Ba,\square)_5[(Si,Al)_{42}O_{84}] \cdot 34H_2O$。主要成分为 Ca、Si、Al、H、O,类质同象替代成分有 K、Na、Ba。

化学成分中氧化物的质量分数为 K_2O 3.69%、BaO 0.45%、Na_2O 0.78%、CaO 6.08%、Al_2O_3 16.12%、SiO_2 54.92%、H_2O 17.96%。

【结晶形态】

方碱沸石-Ca 属于等轴晶系,六八面体晶类,对称型为 $m3m$。晶体形态呈立方体、八面体的晶体形态(图 6-3-183)。具有双晶。

(a) 方碱沸石-Ca(捷克)　　(b) 方碱沸石-Ca(捷克)　　(c) 方碱沸石-Ca(美国俄勒冈)

图 6-3-183　方碱沸石-Ca

【物理特征】

方碱沸石-Ca 的颜色呈无色,黄色,亮橙色。条痕为白色。透明。玻璃光泽、油脂光泽、半金刚光泽。色散无,多色性无。

等轴晶系(均质体)。折射率为 1.473~1.484。

解理无。性脆。断口呈不均匀、不规则的贝壳状。摩氏硬度为 5,相对密度为 2.085(测量)、2.10(计算)等。

【晶体结构】

方碱沸石-Ca 属于等轴晶系,空间群为 $Im3m$。晶胞参数: $a=3.505$~3.511 nm, $Z=32$。X 射线主要粉晶衍射数据 $d(\text{Å})(I/I_{\max})$ 为 8.290(100)、6.880(100)、4.780(90)、3.582(80)、3.346(80)、3.261(90)、3.078(90)(图 6-3-184)。

【产状产地】

方碱沸石-Ca 产于拉斑玄武岩和玄武岩中的砂岩捕虏体,主要产地有捷克、美国(俄勒冈)。

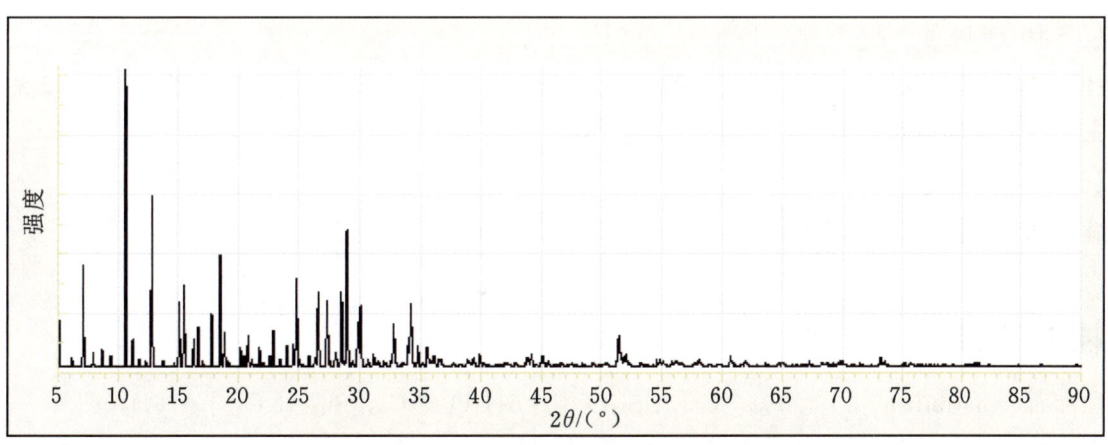

图 6-3-184 方碱沸石-Ca 的 X 射线粉晶衍射图

【主要用途】

方碱沸石-Ca 具有吸附性、阳离子交换性、脱水再水化和催化性等特殊性能。在地质学、物理学、化学、材料学、环境科学、晶体学、矿物学方面都有重要意义。

硅铝钙石族

硅铝钙石(svetlozarite) $(Ca,K_2,Na_2)Al_2[(Al,Si)_3O_7]_4 \cdot 6H_2O$

硅铝钙石

【化学性质】

硅铝钙石是一种含 Ca、Al 及 H_2O 的$[(Al,Si)_3O_7]$架状基型硅酸盐类矿物,它的晶体化学式为 $(Ca,K_2,Na_2)Al_2[(Al,Si)_3O_7]_4 \cdot 6H_2O$。主要成分为 Ca、Al、Si、H、O,类质同象替代成分有 Ba、Sr、K、Na、Mg、Mn、Ti、Fe。

化学成分中氧化物的质量分数为 Na_2O 0.85%、K_2O 3.00%、MgO 0.30%、CaO 4.40%、Al_2O_3 10.26%、Fe_2O_3 0.67%、SiO_2 69.58%、H_2O 10.94%。

不溶于盐酸、硝酸、硫酸,溶于氢氟酸。

【结晶形态】

硅铝钙石属于斜方晶系,斜方柱晶类,对称型为 $2/m$。晶体形态呈粒状、块状。聚合体呈球状。

【物理特征】

硅铝钙石的颜色呈无色、白色。条痕为无色、白色。透明。玻璃光泽、珍珠光泽。色散弱,多色性弱。

二轴晶(+)。折射率为 Np=1.481、Nm=1.482、Ng=1.483,双折射率为 0.002。$2V=23°$(测量)。

解理完全。性脆。断口呈不规则、不平整的次贝壳状。摩氏硬度为 4,相对密度为 2.166~2.167(测量)、2.174(计算)。

【晶体结构】

硅铝钙石属于斜方晶系,空间群未知。晶胞参数:$a=1.948$ nm、$b=2.096$ nm、$c=0.755$ nm。$Z=4$。X 射线粉晶衍射数据 d(Å)(I/I_{max})为 9.740(23)、9.240(25)、8.830(50)、4.870(100)、3.777(24)、3.440(39)、2.96(25)。

【产状产地】

硅铝钙石产于角砾状安山岩内的玉髓细脉中,共生伴生矿物有镁碱沸石、斜发沸石和丝光沸石等。主要产地有保加利亚。

【主要用途】

硅铝钙石在地质学、物理学、化学、晶体学、矿物学方面都有一定意义。

柱沸石族

柱沸石(epistlbite)	$Ca[AlSi_3O_8]_2 \cdot 5H_2O$ 或 $Ca_3[Si_{18}Al_6O_{48}] \cdot 16H_2O$
锶沸石(brewsterite-Sr)	$(Sr,Ba,Ca)[AlSi_3O_8]_2 \cdot 5H_2O$
钡沸石(brewsterite-Ba)	$(Ba,Sr,Ca)[AlSi_3O_8]_2 \cdot 5H_2O$

柱沸石

【化学性质】

柱沸石是一种含 Ca 及 H_2O 的$[AlSi_3O_8]$架状基型硅酸盐类矿物,晶体化学式为$Ca[AlSi_3O_8]_2 \cdot 5H_2O$ 或写成 $Ca_3[Si_{18}Al_6O_{48}] \cdot 16H_2O$。主要成分为 Ca、Al、Si、H、O,类质同象替代成分有 Na、K、Ba、Sr、Fe、Mg 等,是一种含水的 Na 和 Ca 的铝硅酸盐矿物,其中 Na 代替 Ca 的量可以达 20%。

化学成分中氧化物的质量分数为 CaO 9.21%、Al_2O_3 16.75%、SiO_2 59.23%、H_2O 14.81%。

【结晶形态】

柱沸石属于单斜晶系,斜方柱晶类,对称型为 $2/m$。晶体形态呈粒状、棱柱状,聚集体呈圆球状、放射状(图 6-3-185)。常依{100}、{110}成贯穿、交叉状双晶。

   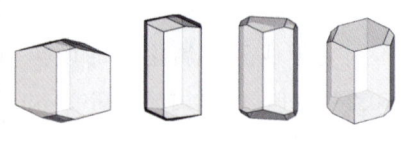

(a) 柱沸石(冰岛)　　(b) 柱沸石(美国夏威夷)　　(c) 柱沸石(美国夏威夷)　　(d) 柱沸石的结晶形态

图 6-3-185　柱沸石

【物理特征】

柱沸石的颜色呈无色、白色、黄白色、粉红色、橘红色、棕白色等。条痕为白色。透明至半透明。玻璃光泽。色散较强,无多色性。无荧光。

二轴晶(-)。折射率为 Np=1.502、Nm=1.510、Ng=1.512,双折射率为 0.010。$2V=44°$(测量)、52°(计算)。

{010}解理较好。性脆。断口呈不均匀、不平坦的断裂小碎片。摩氏硬度为 4~4.5,相对密度为 2.22~2.28(测量)、2.266(计算)。

【晶体结构】

柱沸石属于单斜晶系,空间群为 $C2/m$。晶胞参数:$a=0.910$ nm、$b=1.776$ nm、$c=1.023$ nm,$\beta=124.61°$,$Z=3$。X 射线粉晶主要衍射数据 d(Å)(I/I_{max})为 8.89(90)、3.45(100)、3.21(90)(图 6-3-186)。晶体结构见图 6-3-187。

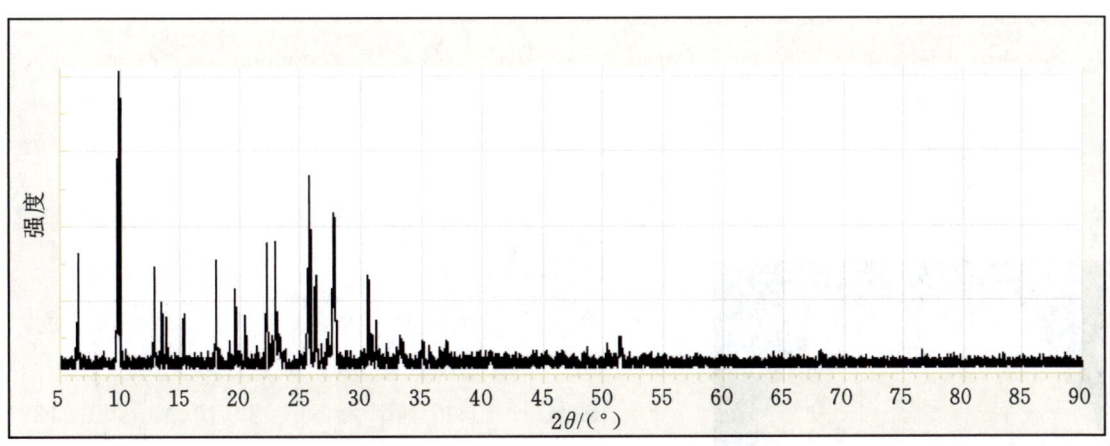

图 6-3-186　柱沸石的 X 射线粉晶衍射图

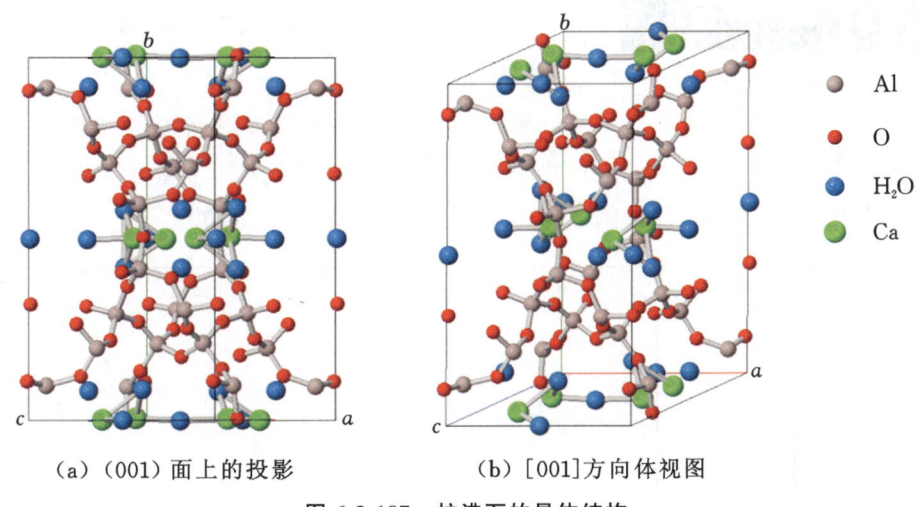

(a) (001) 面上的投影　　　(b) [001] 方向体视图

图 6-3-187　柱沸石的晶体结构

在柱沸石的晶体结构中,硅铝氧骨架在(010)面内有更强的键。平行于 a 轴有十元环孔道(孔径 0.32～0.53 nm),平行 c 轴有八元环孔道(孔径 0.37～0.44 nm)。

【产状产地】

柱沸石产于火成玄武岩的裂隙或气孔中,属于次生充填矿物,也形成于轻度变质岩石中,为低压高温变质的标志矿物。与其他沸石类矿物共生,如丝光沸石、片沸石、辉沸石、钙沸石、浊沸石、菱沸石等。主要产地有冰岛、美国(夏威夷)、印度等。

【主要用途】

柱沸石是多孔材料,由含一价与二价金属阳离子的铝硅酸盐所组成,在晶体架状结构中有相当多的孔洞和通道,对于金属阳离子有选择性的吸附效应,可以进行离子交换作用,具有分子筛特性,可以将不同种类的气体分离,例如氩气、氮气、氨气等,具有重要的应用价值。常用于废水处理与气体的吸附,土壤的改良剂与饲料的添加剂,也应用于太阳能的储存。

柱沸石在地质学、物理学、化学、材料学、环境科学、晶体学、矿物学、宝石学方面都有重要意义。

锶沸石

【化学性质】

锶沸石是含 Sr 及 H_2O 的 $[AlSi_3O_8]$ 架状基型硅酸盐类矿物,其晶体化学式为 $(Sr,Ba,Ca)[AlSi_3O_8]_2 \cdot 5H_2O$。

主要成分为 Sr、Al、Si、H、O，类质同象替代成分有 Ba、Ca 等。

化学成分中氧化物的质量分数为 K_2O 0.07%、BaO 5.53%、SrO 11.09%、Al_2O_3 15.79%、SiO_2 53.98%、H_2O 13.54%。

【结晶形态】

锶沸石属于单斜晶系，斜方柱晶类，对称型为 $2/m$。晶体形态呈粒状、柱状、块状等（图 6-3-188）。

图 6-3-188 锶沸石（加拿大）

【物理特征】

锶沸石的颜色呈白色、灰色、黄白色。条痕为白色。透明至半透明。玻璃光泽。色散弱，多色性弱。

二轴晶（＋）。折射率为 $N_p=1.510$、$N_m=1.512$、$N_g=1.523$，双折射率为 0.013。

{010} 解理较好。性脆。断口呈不平整、不均匀的次贝壳状。摩氏硬度为 5，相对密度为 2.45（测量）、2.39（计算）。

【晶体结构】

锶沸石属于单斜晶系，空间群为 $P2_1/m$。晶胞参数：$a=0.679$ nm、$b=1.757$ nm、$c=0.776$ nm、$\beta=94.54°$，$Z=1$。X 射线粉晶主要衍射数据 d(Å)(I/I_{max}) 为 4.660(100)、2.922(80)、3.268(40)（图 6-3-189）。晶体结构见图 6-3-190。

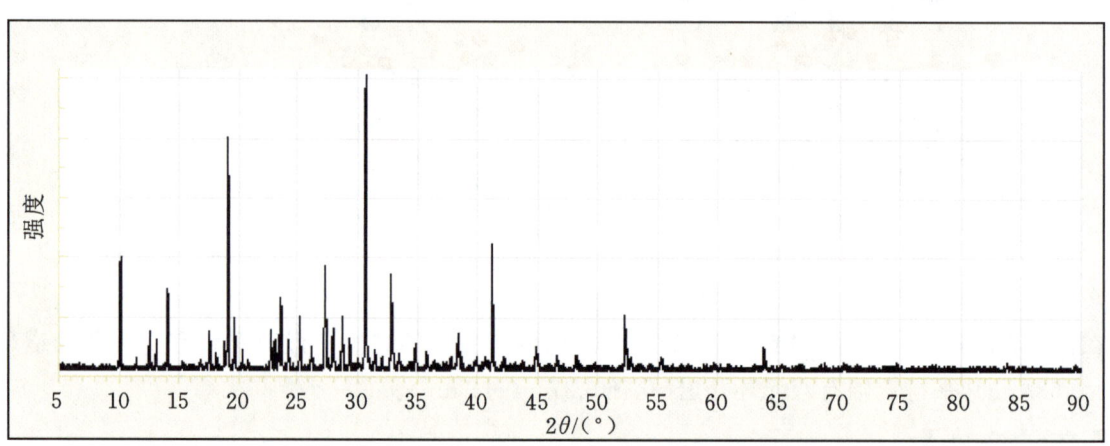

图 6-3-189 锶沸石的 X 射线粉晶衍射图

【产状产地】

锶沸石是一种热液矿物，产于火山岩的洞穴和矿脉中，主要产地有加拿大等。

【主要用途】

锶沸石在地质学、物理学、化学、材料学、环境科学、晶体学、矿物学方面都具有一定的意义。

钡沸石

【化学性质】

钡沸石是一种含 Ba 及 H_2O 的 $[AlSi_3O_8]$ 架状基型硅酸盐类矿物，其晶体化学式为 $(Ba,Sr,Ca)[AlSi_3O_8]_2 \cdot 5H_2O$。主要成分为 Al、Si、H、O，类质同象替代成分有 Sr、Ca。

化学成分中氧化物的质量分数为 BaO 16.58%、SrO 3.74%、Al_2O_3 14.70%、SiO_2 51.99%、H_2O 12.99%。

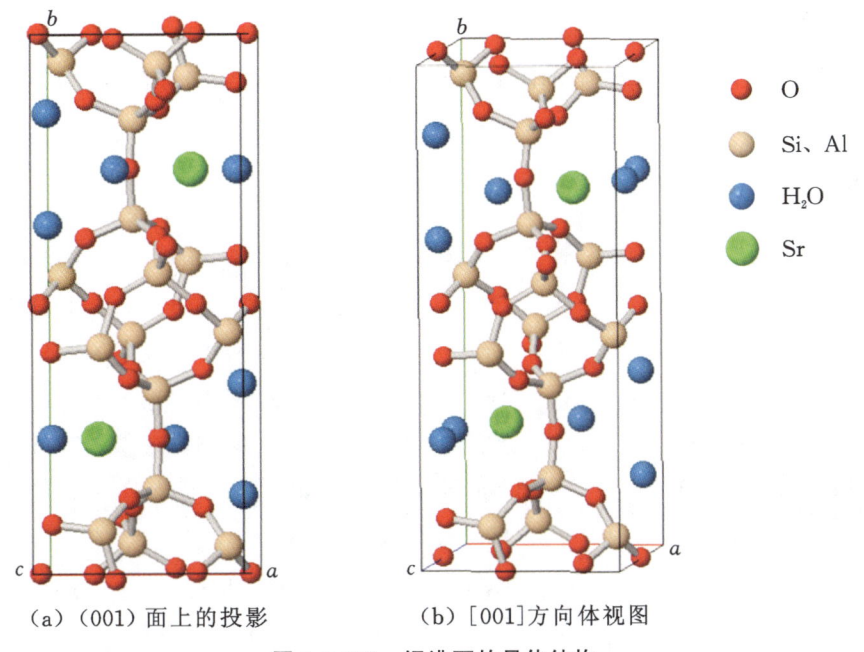

(a) (001)面上的投影　　(b) [001]方向体视图

图 6-3-190　锶沸石的晶体结构

【结晶形态】

钡沸石属于单斜晶系，斜方柱晶类，对称型为 $2/m$。晶体形态呈粒状、板状、柱状，沿棱柱面显现条纹等（图 6-3-191）。

(a) 钡沸石（法国）　　(b) 钡沸石（法国）　　(c) 钡沸石（美国纽约）

图 6-3-191　钡沸石

【物理特征】

钡沸石的颜色呈无色、灰白色、淡粉红色。条痕为白色。透明，玻璃光泽。色散弱，多色性弱。

二轴晶（＋）。折射率为 $Np=1.510\sim1.514$、$Nm=1.512\sim1.516$、$Ng=1.523\sim1.528$，双折射率为 $0.013\sim0.014$。$2V=44°\sim45°$（测量）、$46°\sim48°$（计算）。

{010}解理较好。性脆。断口呈不均匀、不规则的次贝壳状。摩氏硬度为 5，相对密度为 2.45（测量）、2.50（计算）。

【晶体结构】

钡沸石属于单斜晶系，空间群为 $P2_1/m$、$P2_1$。晶胞参数：$a=0.678$ nm、$b=1.760$ nm、$c=0.773$ nm，$\beta=94.47°$，$Z=2$。

钡沸石晶体结构的硅铝氧架中存在四、五、六、八元环。锶沸石、钡沸石的晶体结构相同。

【产状产地】

钡沸石是一种变质含钡的硅酸盐中的次生矿物。主要产地有英国（苏格兰）。

【主要用途】

钡沸石在地质学、物理学、化学、材料学、晶体学、矿物学方面都有重要的意义。

片沸石族

片沸石（heulandite）	$(Ca,Ba,Sr)_4(Na,K)[Al_3Si_9O_{24}]_3 \cdot nH_2O, n=22\sim26$
钙片沸石（heulandite-Ca）	$(Ca,Ba,Sr)_4(Na,K)[Al_3Si_9O_{24}]_3 \cdot 26H_2O$
锶片沸石（heulandite-Sr）	$(Sr,Ba,Ca)_4(Na,K)[Al_3Si_9O_{24}]_3 \cdot 24H_2O$
钡片沸石（heulandite-Ba）	$(Ba,Sr,Ca)_4(Na,K)[Al_3Si_9O_{24}]_3 \cdot 22H_2O$
钾片沸石（heulandite-K）	$(K,Na)(Ca,Ba,Sr)_4[Al_3Si_9O_{24}]_3 \cdot 26H_2O$
钠片沸石（heulandite-Na）	$(Na,K)(Ca,Ba,Sr)_4[Al_3Si_9O_{24}]_3 \cdot 22H_2O$
黄束沸石（beaumontite）	$(Ca,K_2)[Al_2Si_7O_{18}] \cdot 6H_2O$
辉沸石（stilbite）	$M_{6\sim7}[Al_2Si_7O_{18}] \cdot nH_2O, M=Ca、Na、K, n=28\sim32$
钙辉沸石（stilbite-Ca）	$NaCa_4[Al_3Si_9O_{24}]_3 \cdot nH_2O, n=28\sim32$
钠辉沸石（stilbite-Na）	$(Na,Ca,K)_{6\sim7}[Al_3Si_9O_{24}]_3 \cdot nH_2O, n=28\sim32$
红辉沸石（stellerite）	$Ca_4[Al_2Si_7O_{18}]_4 \cdot 28H_2O$ 或 $Ca[Al_2Si_7O_{18}] \cdot 7H_2O$
板沸石（barrerite）	$(Na,K,Ca_{0.5})_2[Al_2Si_7O_{18}]_4 \cdot 7H_2O$

片沸石

【化学性质】

片沸石是架状基型硅酸盐晶体结构中沸石族矿物中的一个系列，是一种含水的 Ca 和 Al 的硅酸盐，其晶体化学式为 $(Ca,Ba,Sr)_4(Na,K)[Al_3Si_9O_{24}]_3 \cdot nH_2O, n=22\sim26$，Ca、Ba、Sr 之间，Na、K 之间呈类质同象替代。

片沸石系列矿物中有钙片沸石、钠片沸石、钾片沸石、锶片沸石、钡片沸石，它们具有同一构形，片沸石与辉沸石很相似。

【结晶形态】

片沸石属单斜晶系，斜方柱晶类，对称型为 $2/m$。晶体形态多为鳞片状、板状、短柱状、棱柱状（图 6-3-192），具有假斜方的对称性。

（a）钠片沸石（美国科罗拉多）　　（b）钾片沸石（意大利）　　（c）钡片沸石（挪威）

图 6-3-192　片沸石

【物理特征】

片沸石的颜色呈无色、白色、灰色、灰白色、黄红色、红色、绿色、橙色、棕色等。条痕呈白色。透明到半透明。玻璃光泽、油脂光泽，在解理面上具珍珠光泽。

平行{010}解理完全。性脆。断口呈不平整、不平坦状。摩氏硬度为3.5～4,相对密度为2.18～2.20。

加热熔化膨胀可变为蛭石的形状,再加温至熔化之后可发泡变成白色玻璃状。易溶于盐酸,加热可释放出水分子。

【晶体结构】

片沸石属单斜晶系,有多种空间群。晶胞参数:$a=1.773$ nm、$b=1.782$ nm、$c=0.743$ nm,$\beta=116°20'$。

片沸石和斜发沸石是具有相同结构(图6-3-193)的两种沸石矿物,区别在于按Si/Al值,即片沸石的Si/Al值为2.70～3.35(比值小于4),斜发沸石的Si/Al值为4.25～5.25(比值高于4)。同时也与碱土金属和碱金属的相对数量有关,K的多少对于斜发沸石和片沸石的热稳定性也具有很大的影响。片沸石中的Ca原子多于K+Na原子,而在斜发沸石中恰好相反。

(a) 其中的4-4-1-1笼,由2个四面体四元环和2个单四面体构成

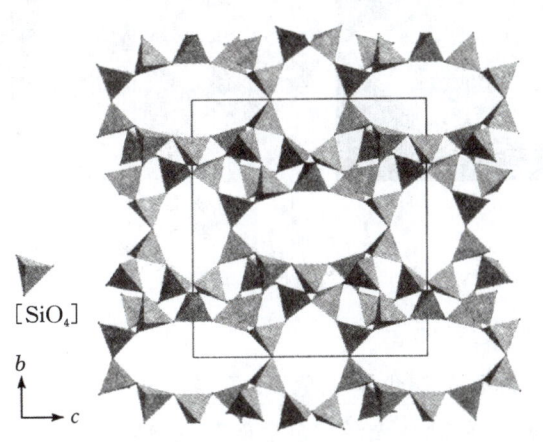
(b) 在(001)面上的投影,具有孔道的四面体八元环和十元环平行(001)

图 6-3-193　片沸石的晶体结构

【产状产地】

片沸石常形成于中性岩浆岩中,斜发沸石常形成于酸性岩浆岩中或者含有硅质来源的海洋沉积物中。片沸石常与其他沸石一起产在花岗岩、伟晶岩和玄武岩的空洞里,多产于火山岩的气孔中,主要形成于低温的环境,20～100 ℃左右,次生矿物。

片沸石主要产地有意大利、挪威、奥地利、印度、美国(科罗拉多、新泽西)、加拿大、中国(台湾)等。

【主要用途】

片沸石矿物具良好的Na和K的交换特性,可以使硬水软化,淡化海水或从海水中提取K^+,除去废水中的重金属离子、放射性元素、磷酸根等有害离子。分离混合气体、液体,清除废气,改良土壤。对沸石进行改型,成为Ca型、K型、Na型等,满足各种工业应用。熔化沸石可将Cs、Sr固定在沸石晶格里,防止污染回收使用。

片沸石是结晶学及矿物学研究重要对象,精品晶体可被收藏。

钙片沸石

【化学性质】

钙片沸石是一种含Ca、Na及H_2O的$[Al_3Si_9O_{24}]$架状基型硅酸盐类矿物,它的晶体化学式为

$(Ca,Ba,Sr)_4(Na,K)[Al_3Si_9O_{24}]_3 \cdot 26H_2O$。主要成分为 Ca、Na、Al、Si、H、O，类质同象替代成分有 K、Ba、Sr、Mg 等。

化学成分中氧化物的质量分数为 K_2O 0.72%、BaO 0.33%、Na_2O 1.38%、SrO 0.18%、CaO 7.09%、MgO 0.01%、Al_2O_3 16.91%、SiO_2 56.79%、H_2O 16.59%。

片沸石矿物类质同象系列包括：除了钙片沸石外，还有钡片沸石、锶片沸石、钠片沸石、钾片沸石系列，以及钙斜发沸石与钙片沸石系列。含 BaO、K_2O 的变种称为黄束沸石。

【结晶形态】

钙片沸石属于单斜晶系，斜方柱（轴双面、反映双面）晶类。空间群为 $C2/m$、Cm、$C2$。晶体形态呈扁平状、板状、弯曲板状，集合体呈束状、块状（图 6-3-194）。依{100}生成接触双晶。

（a）钙片沸石（印度）

（b）钙片沸石（印度）

（c）钙片沸石（意大利）

（d）钙片沸石的结晶形态

图 6-3-194　钙片沸石

【物理特征】

钙片沸石的颜色呈无色、白色、红白色、灰白色、棕白色、黄色、绿色。条痕为白色。透明至半透明。玻璃光泽、珍珠光泽。色散弱，多色性弱。

二轴晶（+）。折射率为 Np=1.491～1.505、Nm=1.493～1.503、Ng=1.500～1.512，双折射率为 0.009。2V=10°～48°（测量）、0～76°（计算）。

{010}解理较好。性脆。断口呈不规则、不均匀的次贝壳状。摩氏硬度为 3.5～4，相对密度为 2.10～2.20（测量）、2.17（计算）。

【晶体结构】

钙片沸石属于单斜晶系，空间群为 $C2/m$、Cm。晶胞参数：a=1.773 nm、b=1.784 nm、c=0.746 nm，β=116.46°，Z=2。X 射线粉晶衍射数据 d(Å)(I/I_{max})为 8.845(80)、5.140(70)、4.670(60)、3.917(100)、3.425(50)、2.959(90)、1.966(40)（图 6-3-195），与斜发沸石相似。晶体结构见图 6-3-196。

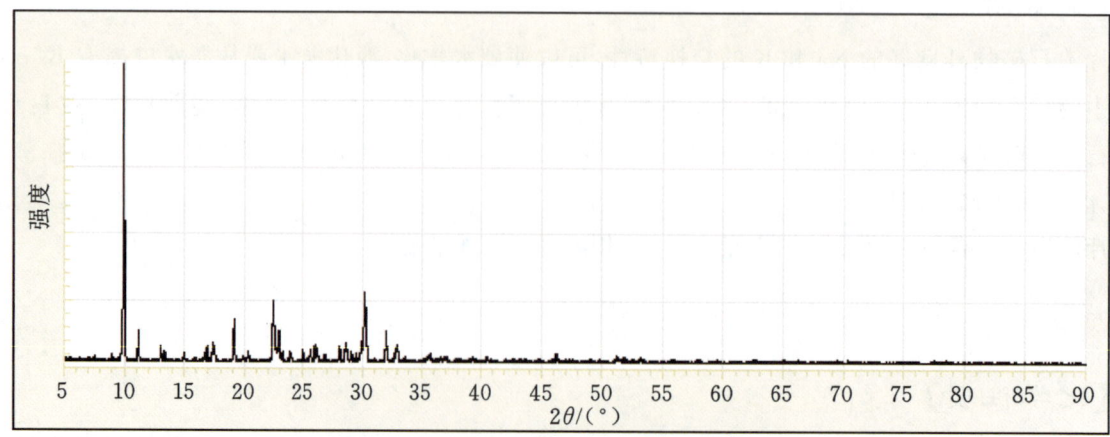

图 6-3-195　钙片沸石的 X 射线粉晶衍射图

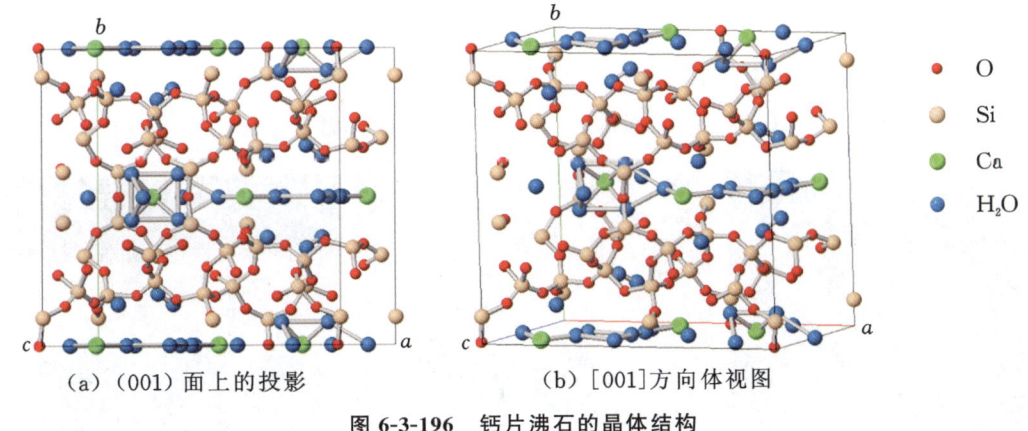

(a) (001)面上的投影　　(b) [001]方向体视图

图 6-3-196　钙片沸石的晶体结构

晶体结构开阔(图 6-3-197)，具有 8 元环和 10 元环，它们为 4、5、6 元环联结，有较大的 10 元环和 8 元环孔道平行[001]和[100]。Ca 离子位于孔道交叉处，为 1 个 O 和 5 个 H_2O 所围绕。

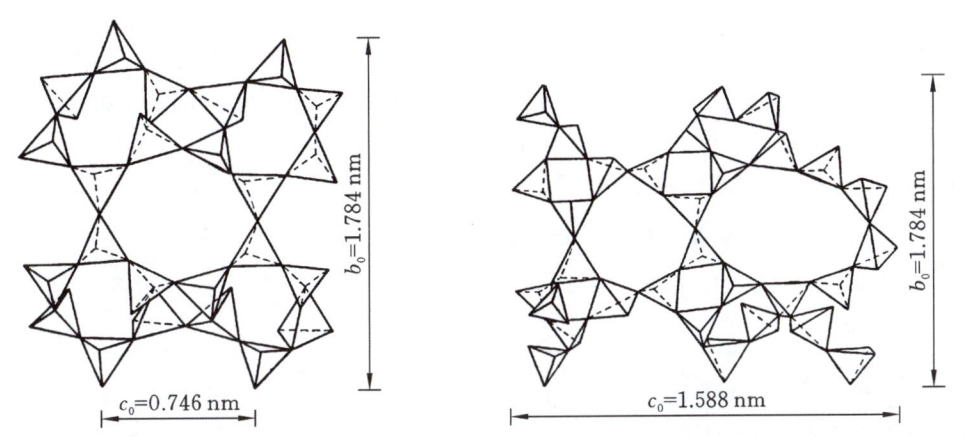

(a) 单斜晶胞[100]面，表示8、6、4元环　　(b) 近于假斜方晶胞[100]面，表示4、5、8、10元环

图 6-3-197　钙片沸石的硅铝氧骨架

【产状产地】

钙片沸石产于玄武岩、安山岩和辉绿岩等的空洞中，也产于含有硅质来源的海洋沉积物中。常与其他沸石一起产在花岗岩、伟晶岩和玄武岩的空洞里。多产于火山岩的气孔中，属于低温环境下形成的次生矿物。共生伴生矿物有方解石、菱沸石、石榴石、斧石等。主要产地有冰岛、日本、印度、奥地利、意大利、英国(苏格兰)、中国(浙江)等。

【主要用途】

钙片沸石具良好的离子的交换特性，能淡化海水，除去废水中的重金属离子，分离混合气体、液体，改良土壤。在地质学、物理学、化学、材料学、环境科学、晶体学、矿物学方面都有重要意义。

锶片沸石

【化学性质】

锶片沸石是一种含 Sr 及 H_2O 的 $[Al_3Si_9O_{24}]$ 架状基型硅酸盐类矿物，其晶体化学式为 $(Sr,Ba,Ca)_4(Na,K)[Al_3Si_9O_{24}]_3 \cdot 24H_2O$。主要成分为 Sr、Na、Al、Si、H、O，类质同象替代成分有 K、Ca、Ba、Mg。

化学成分中氧化物的质量分数为 K_2O 0.36%、SrO 7.55%、BaO 0.75%、Na_2O 0.43%、CaO 3.43%、MgO 0.03%、Al_2O_3 16.26%、SiO_2 56.18%、H_2O 15.01%。

【结晶形态】

锶片沸石属于单斜晶系,斜方柱(轴双面、反映双面)晶类。对称型为 $2/m$(Cm、$C2$)。晶体形态呈扁平状、板状、柱状、粒状、块状(图 6-3-198)。依{100}可形成接触双晶。

(a)锶片沸石(意大利)   (b)锶片沸石(英国苏格兰)   (c)锶片沸石(英国苏格兰)

图 6-3-198 锶片沸石

【物理特征】

锶片沸石的颜色呈无色、白色、灰白色、红白色、黄色、棕白色、棕色、绿色。条痕为白色。透明至半透明。玻璃光泽、珍珠光泽。色散弱,多色性弱。

二轴晶(+)。折射率为 Np=1.476~1.506、Nm=1.479~1.510、Ng=1.479~1.517,双折射率为 0.003~0.011。2V=10°~48°(测量)、0~76°(计算)。

{010}解理较好。性脆。断口呈不规则、不均匀的细小碎片状。摩氏硬度为 3~3.5,相对密度为 2.20(测量)、2.24(计算)。

【晶体结构】

锶片沸石属于单斜晶系,空间群为 $C2/m$(Cm、$C2$)。晶胞参数:$a=0.746$ nm、$b=1.784$ nm、$c=1.588$ nm,$\beta=91.43°$,$Z=2$。X射线粉晶主要衍射数据 d(Å)(I/I_{max})为 8.845(80)、3.917(100)、2.959(90)。晶体结构见图 6-3-199。

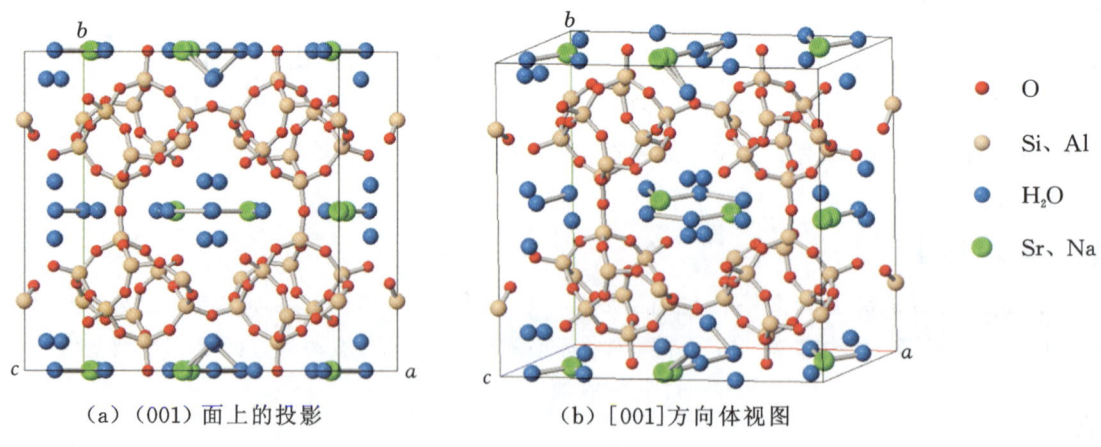

(a)(001)面上的投影   (b)[001]方向体视图

图 6-3-199 锶片沸石的晶体结构

【产状产地】

锶片沸石是发现于多种地质环境中的一种低温沸石,常形成于中性岩浆岩中,在含有硅质来源的海洋沉积物中,锶片沸石常与其他沸石一起产在花岗岩、伟晶岩和玄武岩的空洞里。多产于火山岩的气孔中,主要形成于低温的环境次生矿物。共生伴生矿物有方解石、其他沸石等。主要产地有意大利、加拿大、英国(苏格兰)等。

【主要用途】

锶片沸石是一种少见矿物,具良好的离子的交换特性,能除去废水中的重金属离子,分离混合气体、液体,改良土壤。锶片沸石在地质学、物理学、化学、材料学、环境科学、晶体学、矿物学方面都有重要意义。

钡片沸石

【化学性质】

钡片沸石是一种含 Ba 及 H_2O 的 $[Al_3Si_9O_{24}]$ 架状基型硅酸盐类矿物,其晶体化学式为 $(Ba,Sr,Ca)_4(Na,K)[Al_3Si_9O_{24}]_3 \cdot 22H_2O$。主要成分为 Ba、Na、Al、Si、H、O,类质同象替代成分有 K、Ca、Ba、Sr、Mg、Fe 等。

化学成分中氧化物的质量分数为 K_2O 0.58%、BaO 12.77%、Na_2O 0.34%、SrO 1.05%、CaO 2.64%、Al_2O_3 15.27%、SiO_2 54.25%、H_2O 13.10%。

【结晶形态】

钡片沸石属于单斜晶系,斜方柱(轴双面、反映双面)晶类。对称型为 $2/m(Cm、C2)$。晶体形态呈扁平状、板状、柱状、粒状、块状等(图 6-3-200)。依{100}可形成接触双晶。

图 6-3-200　钡片沸石(挪威)

【物理特征】

钡片沸石的颜色呈无色、白色、淡黄白色、淡黄色。条痕为白色。透明至半透明。玻璃光泽、珍珠光泽。色散弱,多色性无。

二轴晶(+)。折射率为 $Np=1.506$、$Nm=1.507$、$Ng=1.515$,双折射率为 0.009。$2V=38°$(测量)、34°(计算)。

{010}解理较好。性脆。断口呈不规则、不均匀的半弯曲的次贝壳状。摩氏硬度为 3.5,相对密度为 2.35(测量)、2.36(计算)。

【晶体结构】

钡片沸石属于单斜晶系,空间群为 $C2/m(Cm、C2)$。晶胞参数:$a=1.774$ nm、$b=1.786$ nm、$c=0.742$ nm,$\beta=116.55°$,$Z=2$。X 射线粉晶衍射数据 $d(Å)(I/I_{max})$ 为 7.940(66)、5.120(59)、4.650(66)、3.978(97)、3.181(56)、2.973(100)、2.807(65)。晶体结构见图 6-3-201。

【产状产地】

钡片沸石常形成于中性岩浆岩中,含有硅质来源的海洋沉积物中,钡片沸石常与其他沸石一起产在花岗岩、伟晶岩和玄武岩的空洞里。多产于火山岩的气孔中,属于低温环境下形成的次生矿物。共生伴生矿物有方解石、菱沸石、石榴石、斧石等。主要产地有挪威、英国、德国等。

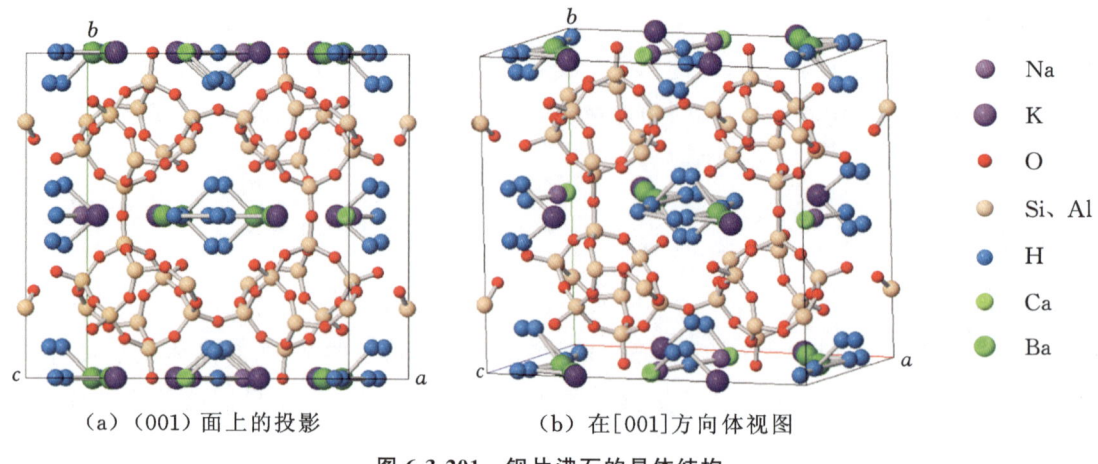

(a)（001）面上的投影　　　　(b) 在[001]方向体视图

图 6-3-201　钡片沸石的晶体结构

【主要用途】

钡片沸石是一种少见矿物,具良好的离子的交换特性,除去废水中的重金属离子,分离混合气体、液体、改良土壤。钡片沸石在地质学、物理学、化学、材料学、环境科学、晶体学、矿物学、宝石学方面都有重要意义。

钾片沸石

【化学性质】

钾片沸石是一种含 K、Ca 及 H_2O 的 $[Al_3Si_9O_{24}]$ 架状基型硅酸盐类矿物,其晶体化学式为 $(K,Na)(Ca,Ba,Sr)_4[Al_3Si_9O_{24}]_3 \cdot 26H_2O$。主要成分为 K、Ca、Al、Si、H、O,类质同象替代成分有 Ba、Sr、Na、Fe、Mg 等。成分在 Ca、Ba、Sr 之间,Na、K 之间成类质同象替代。

化学成分中氧化物的质量分数为 K_2O 3.87%、BaO 0.63%、Na_2O 1.03%、SrO 2.00%、CaO 3.17%、Al_2O_3 15.96%、MgO 0.89%、Fe_2O_3 1.54%、SiO_2 54.86%、H_2O 16.05%。

【结晶形态】

钾片沸石属于单斜晶系,斜方柱(轴双面、反映双面)晶类。对称型为 $2/m(Cm、C2)$。晶体形态呈片状、板状、粒状、柱状、块状等(图 6-3-202)。具有假斜方的对称。

(a) 钾片沸石（意大利）　(b) 钾片沸石（意大利）　(c) 钾片沸石（挪威）　(d) 钾片沸石的结晶形态

图 6-3-202　钾片沸石

【物理特征】

钾片沸石的颜色呈无色、白色、灰白色、红白色、棕白色、黄色、绿色。条痕为白色。透明至半透明。玻璃光泽、珍珠光泽。色散无,多色性弱。

二轴晶(+)。折射率为 $Np=1.476\sim1.506$、$Nm=1.479\sim1.510$、$Ng=1.479\sim1.517$,双折射率为 $0.003\sim0.011$。$2V=10°\sim48°$(测量)、$0\sim76°$(计算)。

{010}解理较好。性脆。断口呈不规则、不均匀的次贝壳状。摩氏硬度为 3～3.5，相对密度为 2.20（测量）、2.27（计算）。

【晶体结构】

钾片沸石属于单斜晶系，空间群为 $C2/m$（Cm、$C2$）。晶胞参数：$a=1.749$ nm、$b=1.781$ nm、$c=0.759$ nm，$\beta=116.07°$，$Z=1$。X 射线粉晶主要衍射数据 d(Å)(I/I_{max}) 为 7.95(70)、3.40(100)、2.97(70)。晶体结构见图 6-3-203。

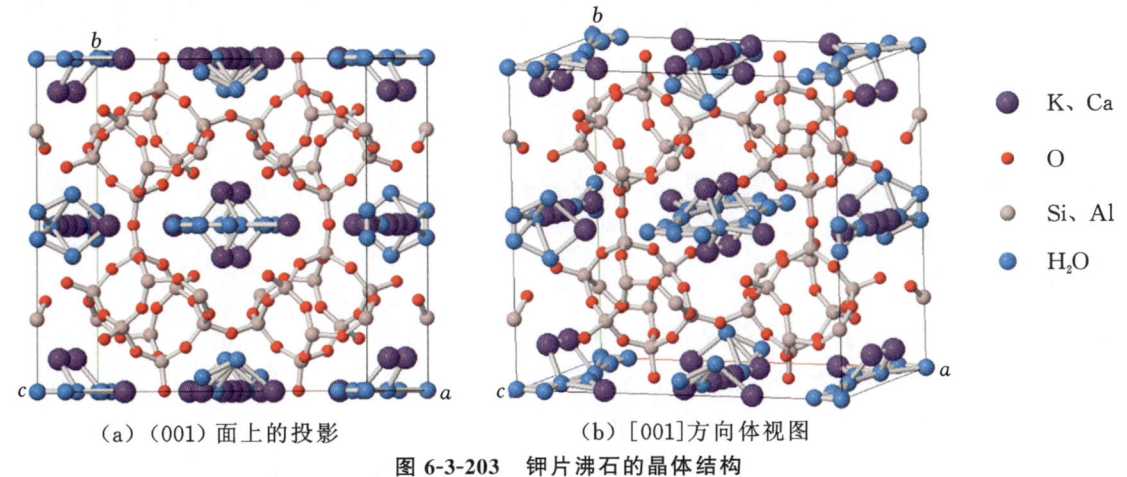

(a)（001）面上的投影　　　(b)[001]方向体视图

图 6-3-203　钾片沸石的晶体结构

【产状产地】

钾片沸石常形成于中性岩浆岩中，含有硅质来源的海洋沉积物中，钾片沸石常与其他沸石一起产在花岗岩、伟晶岩和玄武岩的空洞里。多产于火山岩的气孔中，属于低温环境下形成的次生矿物。共生伴生矿物有方解石、菱沸石、石榴石、斧石等。主要产地有意大利、德国、英国、挪威、冰岛、法罗群岛、印度、加拿大、美国等。

【主要用途】

钾片沸石具良好的 Na^- 和 K^- 的交换特性，能软化硬水，淡化海水，除去废水中的重金属离子，分离混合气体、液体，改良土壤。钾片沸石在地质学、物理学、化学、材料学、环境科学、晶体学、矿物学方面都有重要意义。

钠片沸石

【化学性质】

钠片沸石是一种含 Na、Ca 及 H_2O 的[$Al_3Si_9O_{24}$]架状基型硅酸盐类矿物，它的晶体化学式为 $(Na,K)(Ca,Ba,Sr)_4[Al_3Si_9O_{24}]_3 \cdot 22H_2O$。主要成分为 Na、Ca、Al、Si、H、O，类质同象替代成分有 Ba、Sr、Mg、K、Fe 等。Ca、Ba、Sr 之间，Na、K 之间成类质同象替代。

化学成分中氧化物的质量分数为 K_2O 0.95％、Na_2O 4.53％、CaO 3.64％、Al_2O_3 14.78％、SiO_2 61.73％、H_2O 14.37％。

【结晶形态】

钠片沸石属于单斜晶系，斜方柱（轴双面、反映双面）晶类。对称型为 $2/m$（Cm、$C2$）。晶体形态呈片状、板状、柱状、粒状、块状（图 6-3-204）。具有假斜方的对称。

【物理特征】

钠片沸石的颜色呈无色、白色、红白色、灰白色、棕白色、棕色、黄色、绿色。条痕为白色。透明至半透明。玻璃光泽、珍珠光泽。色散弱，多色性弱。

(a) 钠片沸石（意大利）

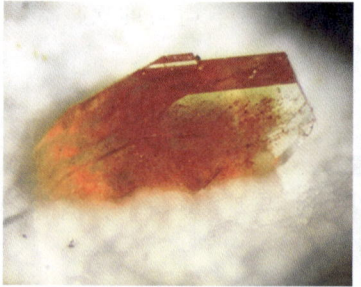
(b) 钠片沸石（美国科拉多）

(c) 钠片沸石（美国爱达荷）

图 6-3-204　钠片沸石

二轴晶(＋)。折射率、双折射率等参数同钾片沸石。

{010}解理较好。性脆。断口常呈玻璃和非金属矿物碎片状。摩氏硬度为 3～3.5，相对密度为 2.20（测量）、2.12（计算）。

【晶体结构】

钠片沸石属于单斜晶系，空间群为 $C2/m(Cm、C2)$。晶胞参数：$a=1.588$ nm、$b=1.784$ nm、$c=0.746$ nm，$\beta=91.43°$，$Z=2$。X 射线粉晶主要衍射数据 $d(\text{Å})(I/I_{max})$ 为 8.992(100)、3.913(90)、2.987(80)（图 6-3-205）。晶体结构见图 6-3-206。

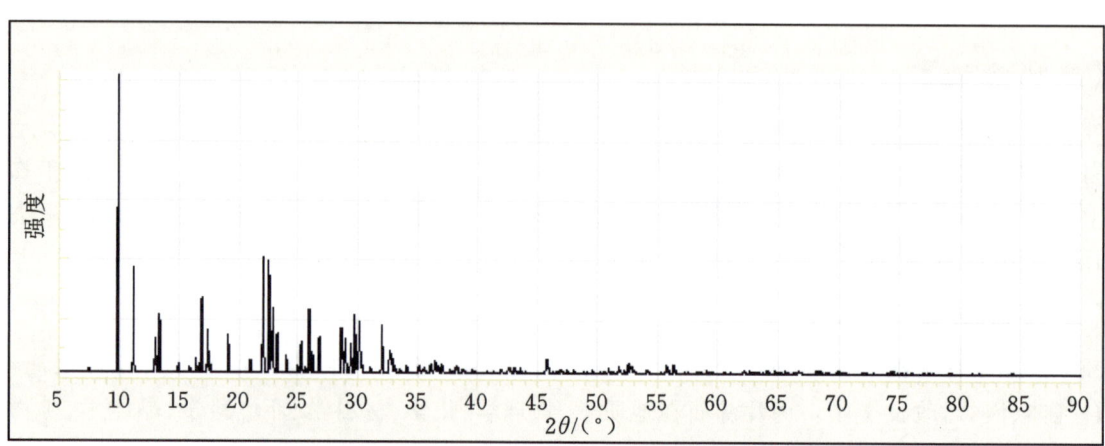

图 6-3-205　钠片沸石的 X 射线粉晶衍射图

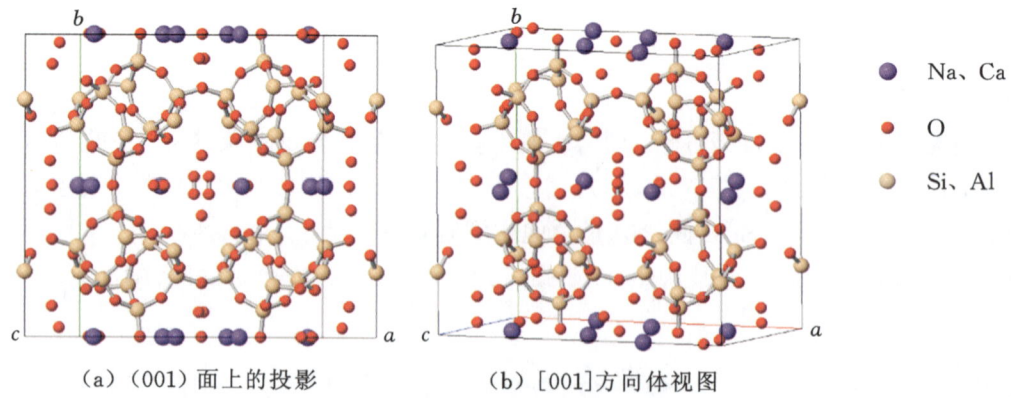

(a) (001)面上的投影　　　(b) [001]方向体视图

图 6-3-206　钠片沸石的晶体结构

【产状产地】

钠片沸石常形成于中性岩浆岩中，含有硅质来源的海洋沉积物中，常与其他沸石一起产在花岗岩、伟晶岩和玄武岩的空洞里。多产于火山岩的气孔中，属于低温环境下形成的次生矿物。共生伴生矿物有方解石、菱沸石、石榴石、斧石等。主要产地有意大利、美国（科拉多、爱达荷）、奥地利。

【主要用途】

钠片沸石具良好的 Na^+ 和 K^+ 的交换特性，能使硬水软化，淡化海水，除去废水中的重金属离子，分离混合气体、液体，改良土壤。钠片沸石在地质学、物理学、化学、材料学、环境科学、晶体学、矿物学方面都有一定意义。

黄束沸石

【化学性质】

黄束沸石是一种含 Ca、K 及 H_2O 的 $[Al_2Si_7O_{18}]$ 架状基型硅酸盐类矿物，其晶体化学式为 $(Ca,K_2)[Al_2Si_7O_{18}]·6H_2O$，富 BaO、$K_2O$，主要成分为 Ca、K、Al、Si、H、O，类质同象替代成分有 Na、Ba、Sr、Fe、Mg。

化学成分中氧化物的质量分数为 SiO_2 56.73%、Al_2O_3 16.96%、Fe_2O_3 2.05%、CaO 4.48%、BaO 0.61%、Na_2O 0.16%、K_2O 3.28%、H_2O 15.73%。

【结晶形态】

黄束沸石属于单斜晶系，单斜晶类，对称型为 $2/m$。晶体形态呈粒状、柱状、块状（图 6-3-207）。

图 6-3-207 黄束沸石（美国马里兰）

【物理特征】

黄束沸石的颜色呈金黄色、黄棕色等。条痕为白色。透明半透明。玻璃光泽、半玻璃光泽、珍珠光泽。色散弱，多色性弱。

二轴晶（+）。折射率为 Np=1.493、Nm=1.498、Ng=1.505。2V=50°（测量）。

{001}解理较好。性脆。断口呈不规则、不均匀的贝壳状。摩氏硬度 3.5～4，相对密度 2.20（测量）。

【晶体结构】

黄束沸石属于单斜晶系，其他参数参考片沸石。

【产状产地】

黄束沸石产于花岗岩、片麻岩的裂隙中，共生伴生矿物有菱铁矿、黄铁矿。主要产地有美国（马里兰）、法国。

【主要用途】

黄束沸石在地质学、矿物学方面都有一定意义。

辉沸石

【化学性质】

辉沸石是一种含 Ca、Na、K 及水分子 H_2O 的 $[(Al_{8\sim9}Si_{27\sim28})O_{72}]$ 架状基型硅酸盐类矿物，其晶体

化学式为 $M_{6\sim7}[(Al_2Si_7)O_{18}]\cdot nH_2O$(M=Ca,Na,K,$n$=28~32)。主要成分为 Ca、Al、Si、H、O,类质同象替代成分有 Ba、Mg、Fe 等。

化学成分中氧化物的质量分数为 SiO_2 55.21%、Al_2O_3 16.56%、MgO 0.25%、CaO 8.10%、Na_2O 1.16%、K_2O 0.45%、H_2O 18.27%。

辉沸石类质同象系列矿物有钙辉沸石、钠辉沸石、红辉沸石、板沸石等矿物。辉沸石和红辉沸石为斜方晶系,其他多为单斜晶系,但差异很小,需要用化学方法确认物种。溶于稀盐酸。

【结晶形态】

辉沸石属于单斜晶系,斜方柱晶类,对称型为 $2/m$,有时也呈斜方晶系。晶体形态呈板状、板柱状、板块状,集合体呈束状、蝴蝶结状、纤维状、放射状、球状,外型独特,单独的晶体很少(图 6-3-208)。常见沿{001}双晶成十字形贯穿双晶。

(a)辉沸石(冰岛)

(b)辉沸石(美国新泽西)

(c)辉沸石(澳大利亚)

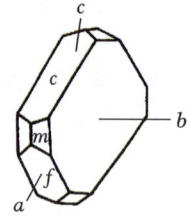
(d)板状晶体

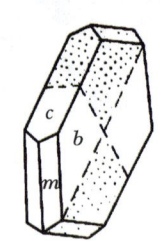
(e)穿插双晶

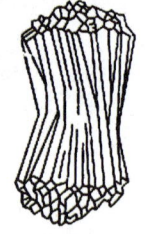
(f)束状集合体

图 6-3-208 辉沸石

【物理特征】

辉沸石与片沸石相似,颜色呈白色、微黄色,较少呈褐红色。条痕为白色。透明至半透明。玻璃光泽、珍珠光泽。色散弱,多色性弱。

二轴晶(-)。折射率为 Np=1.479~1.492、Nm=1.485~1.500、Ng=1.489~1.505,双折射率为 0.01。$2V$=30°~49°(测量)。

{010}解理完全。性脆。断口呈不规则、不平整的贝壳状。摩氏硬度为 3.5~4,相对密度为 2.12~2.22(测量)、2.16(计算)。

【晶体结构】

辉沸石属于单斜晶系,空间群为 $C2/m$。晶胞参数:a=1.363 nm、b=1.817 nm、c=1.131 nm,β=129.10°,Z=4。X射线粉晶衍射数据 d(Å)(I/I_{max})为 8.610(100)、4.360(60)、4.025(100)、3.045(40)、2.993(80)、2.716(30)。晶体结构见图 6-3-209。

在辉沸石的晶体结构中,以[(Al,Si)O_4]四面体的六元环为主,孔道平行于[100]和[001]。[AlO_4]、[SiO_4]四面体组成环状单元,环状单元沿着一个方向排列,具有典型的沸石的开放通道,由十元环和八元环组成。十元环孔道平行于单斜晶系的[100]方向,孔径约为 0.47 nm × 0.50 nm,属于直孔道;八元环孔道平行于[101]方向,孔径约为 0.27 nm × 0.56 nm,为曲折型通道。

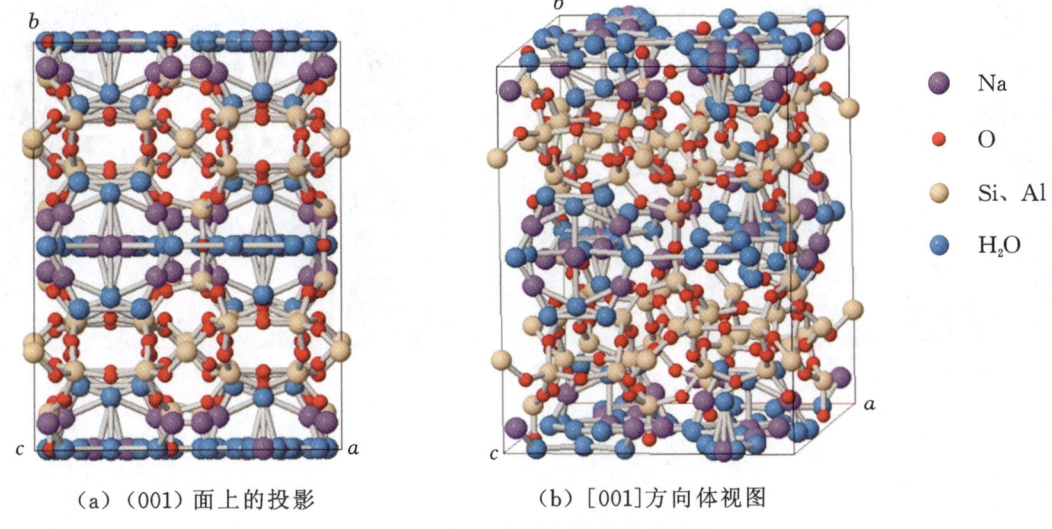

(a) (001)面上的投影　　(b) [001]方向体视图

图 6-3-209　辉沸石的晶体结构

辉沸石在交换阳离子方面具有广泛的变化：Si 和 Al 离子占据相同的位置，可以相互替代。但 Si 和 Al 具有不同的电荷（Si^{4+} 和 Al^{3+}），占据 Na/Ca 位置的离子必须作出调整以保持电荷平衡。

【产状产地】

辉沸石是一种低温二次热液矿物，主要形成于玄武岩、安山岩、流纹岩、热液矿脉的杏仁状空洞中，还形成于温泉沉积物中，极少数产于变质岩、浅成岩或深成岩中。在空洞中，辉沸石与方解石、石英、片沸石、浊沸石共生，在方解石和石英上有白色辉沸石形成的蝴蝶结。与方解石、石英、葡萄石、片沸石以及其他沸石类矿物共生或伴生。

辉沸石主要产地有冰岛、印度、挪威、澳大利亚、英国（苏格兰）、加拿大、美国（新泽西、北卡罗来纳、加利福尼亚）等。冰岛产出钙辉沸石，意大利产出钠辉沸石。

【主要用途】

辉沸石的孔隙与孔道能使大分子留置于晶体结构中，使小分子顺利通过，是一种多孔过滤材料，能够在石油精炼过程中分离出碳氢化合物；可以吸收钙分子与镁分子将硬水软化，也能应用于溢油危机的处理，具有吸收或抑制工业制造所产生的臭氧分子等用途；具有保氮、减少磷固定作用。在碳氢化合物当中，其吸收能力可达到其质量的 90%。

在地质学、物理学、化学、材料学、环境科学、晶体学、矿物学方面都有重要意义。

钙辉沸石

【化学性质】

钙辉沸石是一种含 Na、Ca 及 H_2O 的 $[Al_3Si_9O_{24}]$ 架状基型硅酸盐类矿物，其晶体化学式为 $NaCa_4[Al_3Si_9O_{24}]_3 \cdot nH_2O$，$n=28\sim32$。主要成分为 Na、Ca、Al、Si、H、O，类质同象替代成分有 K、Ba、Sr、Mg、Fe。类质同象系列矿物有钙辉沸石、钠辉沸石等。

化学成分中氧化物的质量分数为 Na_2O 1.08%、CaO 7.79%、Al_2O_3 14.19%、SiO_2 58.16%、H_2O 18.78%。

【结晶形态】

钙辉沸石属于单斜晶系，斜方柱晶类，对称型为 $2/m$，也有时呈斜方晶系。晶体形态呈板状、片状、纤维状等，聚集体呈束状、球状、蝴蝶结状、纤维状、放射状（图 6-3-210），外形非常特别，单独的晶体很少。常见沿{001}双晶成十字形贯穿双晶。

(a) 钙辉沸石（美国新泽西）

(b) 钙辉沸石（波兰）

(c) 钙辉沸石（印度）

图 6-3-210　钙辉沸石

【物理特征】

钙辉沸石的颜色呈无色、白色、粉红色、浅黄色、浅至深棕色、橙色、奶油色。条痕为白色。透明至半透明。玻璃光泽、珍珠光泽。色散弱，多色性弱。

二轴晶(－)。折射率为 Np＝1.484～1.500、Nm＝1.492～1.507、Ng＝1.494～1.513，双折射率为 0.010～0.013。$2V=30°～49°$(测量)、$76°～78°$(计算)。

{010}解理较好，{001}解理不完全。性脆。断口呈不均匀、不规则的细小贝壳状碎片。摩氏硬度为 3.5～4.0，相对密度为 2.19(测量)、2.23(计算)。

【晶体结构】

钙辉沸石属于单斜晶系，空间群为 $C2/m$。晶胞参数：$a=1.362$ nm、$b=1.825$ nm、$c=1.779$ nm，$\beta=90.07°$，$Z=4$。X 射线粉晶衍射数据 d(Å)(I/I_{max})为 9.04(100)、4.07(95)、3.04(70)(图 6-3-211)。晶体结构见图 6-3-212。

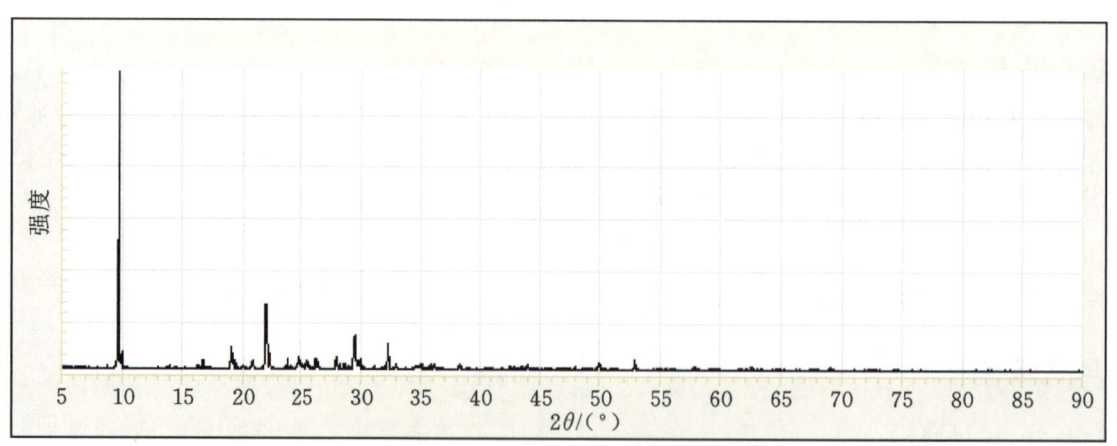

图 6-3-211　钙辉沸石的 X 射线粉晶衍射图

辉沸石、红辉沸石和板沸石等矿物系列，由两组相连的通道组成。一个通道十元环(孔径 0.49 nm× 0.61 nm)平行于 a 轴延伸；另一个通道八元环(孔径 0.27 nm×0.56 nm)位于单斜框架的[101]或正交结构的[001]上。这两个通道都在(010)面上，形成了一个结构性的弱点，导致(010)完全解理和扁平习性。

这类沸石有两种：一种是单斜晶系，空间群为 $F2/m$，$\beta=127°$；另一种是假正交晶系，空间群为 $Fmmm$，β 接近 91°。单斜晶系和斜方晶系共存。

【产状产地】

钙辉沸石是一种低温二次热液矿物，主要形成于玄武岩、安山岩、流纹岩、热液矿脉的杏仁状空洞

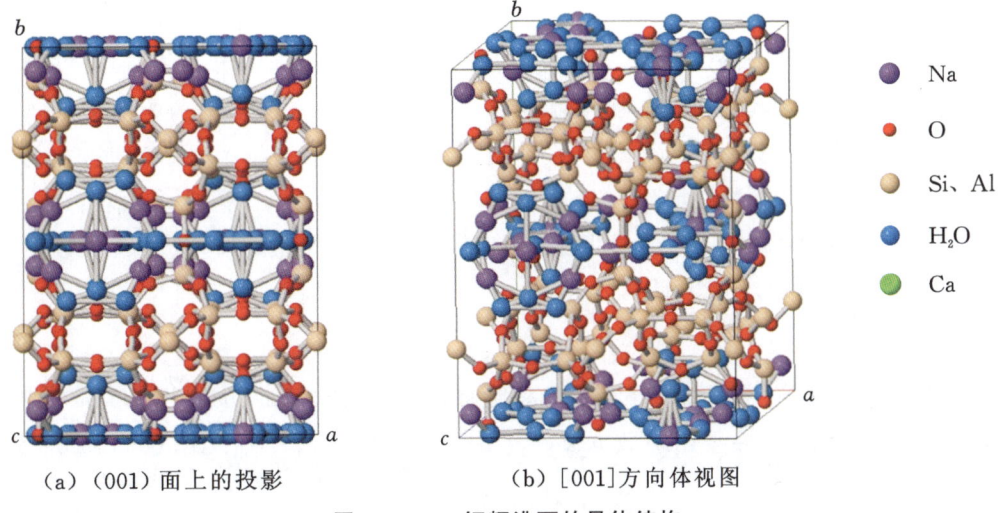

(a)（001）面上的投影　　　　(b)［001］方向体视图

图 6-3-212　钙辉沸石的晶体结构

中,形成于温泉沉积物中,极少数产于变质岩、浅成岩或深成岩中。共生伴生矿物有方解石、石英、葡萄石、羟基磷灰石、鱼眼石、片沸石、钙杆沸石。主要产地有冰岛、波兰、澳大利亚、印度、美国(新泽西、加利福尼亚)等。

【主要用途】

钙辉沸石是一种多孔过滤材料,能够精炼石油分离出碳氢化合物,吸收 Ca^{2+}、Mg^{2+} 将硬水软化,应用于溢油危机的处理,还可将臭气分子吸收或抑制,有保氮、减少磷固定作用。在地质学、物理学、化学、材料学、环境科学、晶体学、矿物学方面都有重要意义。

钠辉沸石

【化学性质】

钠辉沸石是一种含 Na、Ca 及 H_2O 的 $[Al_3Si_9O_{24}]$ 架状基型硅酸盐类矿物,其晶体化学式为 $(Na,Ca,K)_{6\sim7}[Al_3Si_9O_{24}]_3 \cdot nH_2O$,其中 $n=28\sim32$。主要成分为 Na、Ca、Al、Si、H、O,类质同象替代成分有 K、Ba、Sr、Mg、Fe 等。

化学成分中氧化物的质量分数为 Na_2O 3.22%、CaO 5.83%、Al_2O_3 14.14%、SiO_2 58.07%、H_2O 18.74%。

【结晶形态】

钠辉沸石属于单斜晶系,斜方柱晶类,对称型为 $2/m$,也有时呈斜方晶系。晶体形态(图 6-3-213)呈片状、板状、纤维状等,集合体则呈束状、蝴蝶结状、纤维状、放射状、球状,外型非常特别,单独的晶体很少。常见沿{001}双晶成十字形贯穿双晶。

(a)钠辉沸石(意大利)　　(b)钠辉沸石(意大利)　　(c)钠辉沸石(澳大利亚)

图 6-3-213　钠辉沸石

【物理特征】

钠辉沸石的颜色呈无色、白色、奶油色、红色、黄色、浅黄色、浅至深棕色。条痕为白色。透明至半透明。玻璃光泽、珍珠光泽。色散弱,多色性弱。

二轴晶(−)。折射率为 $Np=1.479\sim1.492$、$Nm=1.485\sim1.500$、$Ng=1.489\sim1.505$,双折射率为 $0.010\sim0.013$。$2V=22°\sim79°$(测量)、$76°\sim78°$(计算)。

{010}解理较好,而{001}解理不完全。性脆。断口呈不均匀、不平整的贝壳状。摩氏硬度为 $3.5\sim4$,相对密度为 $2.10\sim2.20$(测量)、2.20(计算)。

【晶体结构】

钠辉沸石属于单斜晶系,空间群为 $C2/m$。晶胞参数:$a=1.363$ nm、$b=1.817$ nm、$c=1.131$ nm、$\beta=90.07°$,$Z=1$。X射线粉晶主要衍射数据 $d(\text{Å})(I/I_{max})$ 为 9.04(100)、4.07(95)、3.04(70)。晶体结构见图 6-3-214。

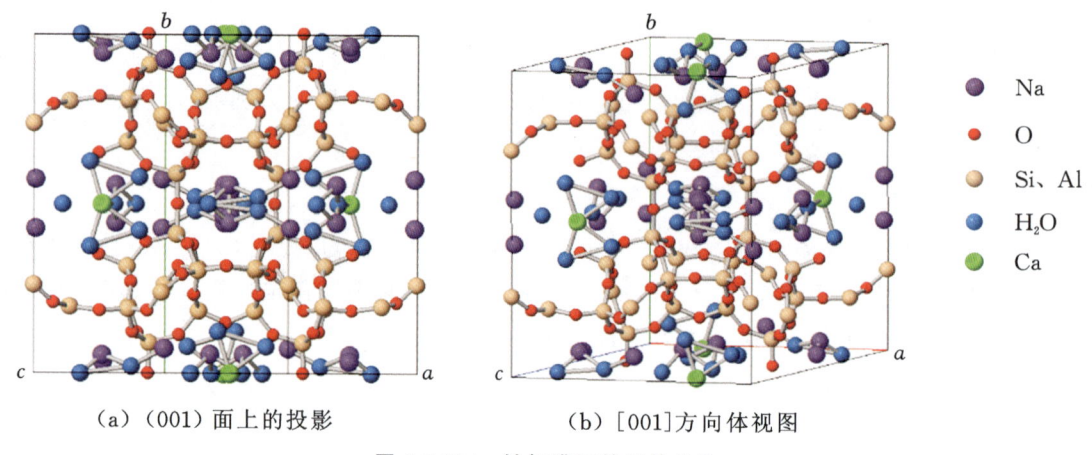

(a)(001)面上的投影   (b)[001]方向体视图

图 6-3-214 钠辉沸石的晶体结构

【产状产地】

钠辉沸石是一种低温二次热液矿物,主要形成于玄武岩、安山岩、流纹岩、热液矿脉的杏仁状空洞中,也形成于温泉沉积物中,极少数产于变质岩、浅成岩或深成岩中。在空洞中,钠辉沸石与方解石、石英、葡萄石以及其他沸石类矿物共生或伴生。主要产地有意大利、澳大利亚、印度等。

【主要用途】

钠辉沸石也是一种多孔过滤材料,能够精炼石油分离出碳氢化合物,吸收 Ca、Mg 离子将硬水软化,还应用于溢油危机的处理,将臭气分子吸收或抑制,有保氮、减少磷固定作用。在地质学、物理学、化学、材料学、环境科学、晶体学、矿物学方面都有重要意义。

红辉沸石

【化学性质】

红辉沸石是一种含 Ca 及 H_2O 的 $[Al_2Si_7O_{18}]$ 架状基型硅酸盐类矿物,其晶体化学式为 $Ca_4[Al_2Si_7O_{18}]_4 \cdot 28H_2O$,可简化为 $Ca[Al_2Si_7O_{18}] \cdot 7H_2O$。主要成分为 Ca、Si、Al、H、O,类质同象替代成分有 Fe、Mn、Mg、Sr、Ba、Na、K。

化学成分中氧化物的质量分数为 CaO 7.96%、Al_2O_3 14.47%、SiO_2 59.68%、H_2O 17.89%。

红辉沸石是沸石亚族中的一种沸石矿物。

【结晶形态】

富含 Ca 的红辉沸石属于斜方晶系,斜方双锥晶类,对称型为 mmm。晶体形态(图 6-3-215)呈柱状、粒状,集合体常呈扇形、蝶形、束状和球形。常见单形有{100}、{010}、{001}和{111}。

(a)红辉沸石(澳大利亚)

(b)红辉沸石(澳大利亚)

(c)红辉沸石(美国新泽西)

图 6-3-215　红辉沸石

【物理特征】

红辉沸石的颜色呈无色、白色、粉红色、红色、橙色、橙红色、棕色。条痕为白色。透明至半透明。玻璃光泽、珍珠光泽。色散无,多色性弱。无荧光。

二轴晶(—)。折射率为 Np=1.485、Nm=1.486～1.496、Ng=1.498,双折射率为 0.013。$2V=47°$(测量),39°(计算)。

{010}解理较好、{100}、{001}解理中等。性脆。断口呈不均匀、不平整的贝壳状。摩氏硬度为 4.5,相对密度为 2.12～2.13(测量)、2.14(计算)。

【晶体结构】

红辉沸石属于斜方晶系,空间群为 $Fmmm$;晶胞参数为:$a=1.360$ nm、$b=1.822$ nm、$c=1.768$ nm。$Z=8$。X 射线粉晶衍射数据 d(Å)(I/I_{max})为 9.030(100)、4.655(15)、4.057(45)、3.397(7)、3.028(25)、3.003(10)、2.771(8)(图 6-3-216)。晶体结构见图 6-3-217。

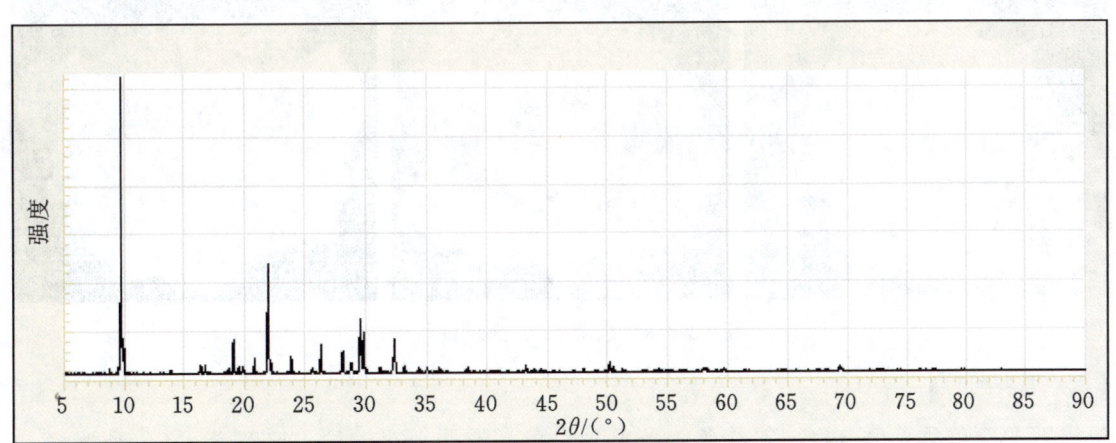

图 6-3-216　红辉沸石的 X 射线粉晶衍射图

【产状产地】

红辉沸石发现于辉绿岩中,共生伴生的矿物有橄榄石、氧化铁矿和锰矿石。主要产地有俄罗斯、澳大利亚、印度、美国(新泽西)。

【主要用途】

红辉沸石在地质学、物理学、化学、材料学、环境科学、晶体学、矿物学方面都有重要意义。

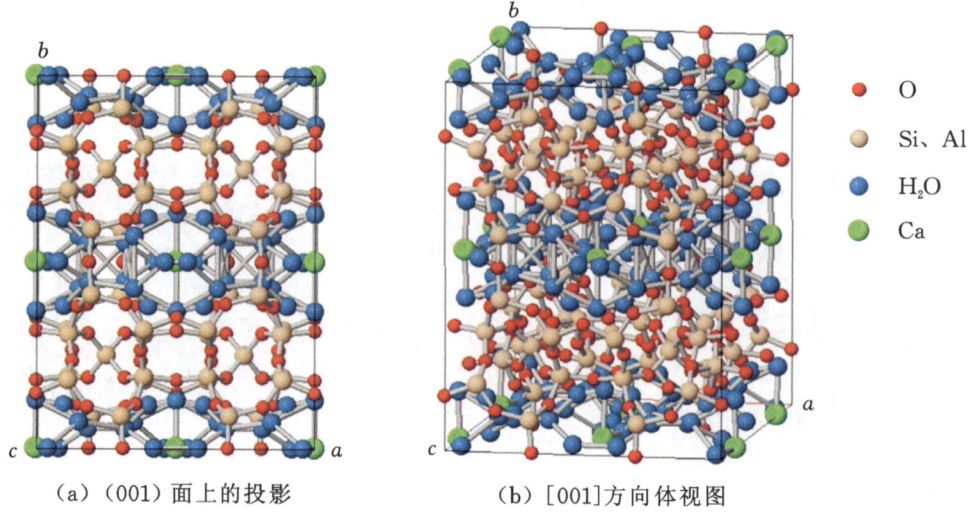

(a) (001)面上的投影　　　(b) [001]方向体视图

图 6-3-217　红辉沸石的晶体结构

板沸石

【化学性质】

板沸石是一种含 Na、K、Ca 及 H_2O 的 $[Al_2Si_7O_{18}]$ 架状基型硅酸盐类矿物，它的晶体化学式为 $(Na,K,Ca_{0.5})_2[Al_2Si_7O_{18}]_4 \cdot 7H_2O$。主要成分为 Na、K、Ca、Al、Si、H、O，类质同象替代成分有 Ba、Sr、Mg、Fe、Mn。

化学成分中氧化物的质量分数为 K_2O 1.95%、Na_2O 6.35%、CaO 1.76%、MgO 0.26%、Al_2O_3 17.58%、FeO 0.03%、SiO_2 54.74%、H_2O 17.33%。

【结晶形态】

板沸石属于斜方晶系，斜方双锥晶类，对称型为 mmm。晶体形态（图 6-3-218）呈板状、板柱状、块状、粒状等。以 {010} 片状晶体为主，其次有 {100}、{001}、{111} 单形晶面。

图 6-3-218　板沸石（美国阿拉斯加）

【物理特征】

板沸石的颜色呈无色、白色、粉红色。条痕为白色。透明至半透明。玻璃光泽、珍珠光泽。色散无，多色性弱。

二轴晶（−）。折射率为 Np=1.479、Nm=1.485、Ng=1.489，双折射率为 0.01。2V=78°（测量）、78°（计算）。

{010} 解理较好。性脆。断口呈不规则、不平整的次贝壳状。摩氏硬度为 3~4，相对密度为 2.30（测量）、2.13（计算）。

【晶体结构】

板沸石属于斜方晶系，空间群为 $Amma$。晶胞参数：$a=1.364$ nm、$b=1.820$ nm、$c=1.784$ nm，

$Z=2$。X 射线粉晶衍射数据 $d(\text{Å})(I/I_{max})$ 为 9.100(100)、4.659(20)、4.054(100)、3.028(80)、3.004(25)、2.773(20)、1.819(17)(图 6-3-219)。

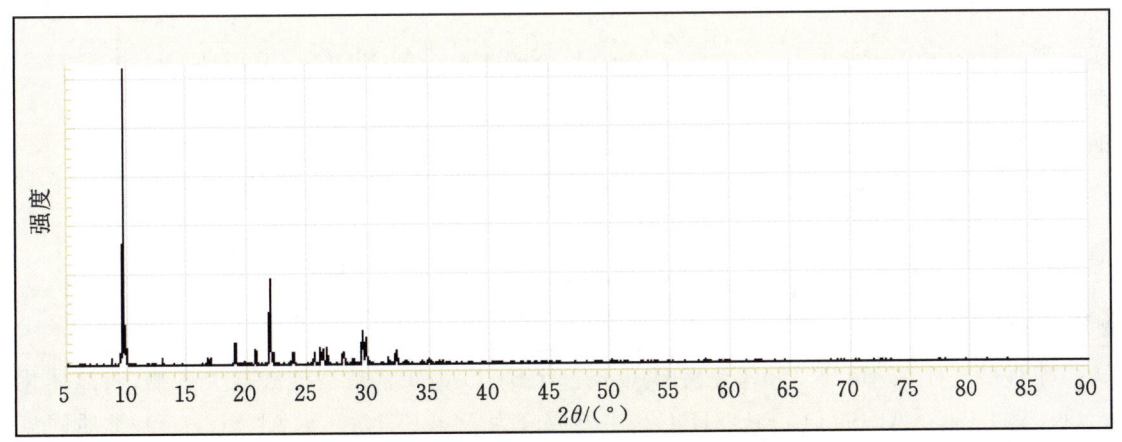

图 6-3-219　板沸石的 X 射线粉晶衍射图

在板沸石的晶体结构(图 6-3-220、图 6-3-221)中 Na 和其他少量阳离子分布在 5 个不同的地方：C1、C1p、C2、C2p 和 C3，最多可容纳 16 种阳离子。其框架拓扑结构与辉沸石是相同的，Si、Al 为无序排列，阳离子有 5 个不同的四面体位置。其中两个与辉沸石和红辉沸石(C1,C1p)中的钙占位相似，钠的占用率最高，分别为 0.72 和 0.61。另外两个位点与辉沸石(C2,C2p)中的钠位点有些相似，但占据率较低，分别为 0.14 和 0.25。第五个位点(C3)被板沸石占据，占用率为 0.25。

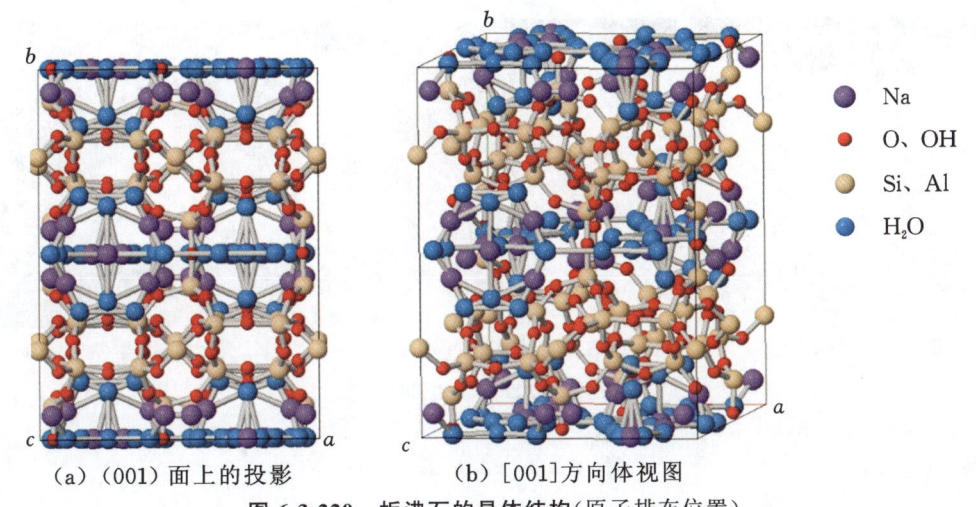

(a) (001)面上的投影　　(b) [001]方向体视图

图 6-3-220　板沸石的晶体结构(原子排布位置)

图 6-3-221 显示出通道分布，其中 14 个通道由 H_2O 占据，占位率从 0.2 到 0.91 不等。因此，板沸石中的阳离子和 H_2O 分布相当复杂，可能因样品而异。脱水后，板沸石转变为其他相，骨架发生重大变化。

【产状产地】

板沸石发现于深风化的安山岩和流纹岩的熔岩中的裂缝壁上。共生伴生矿物有石英、长石等。主要产地有美国、意大利等。

【主要用途】

板沸石在地质学、物理学、化学、材料学、环境科学、晶体学、矿物学方面都有重要意义。具有沸石分子筛的基本功能。

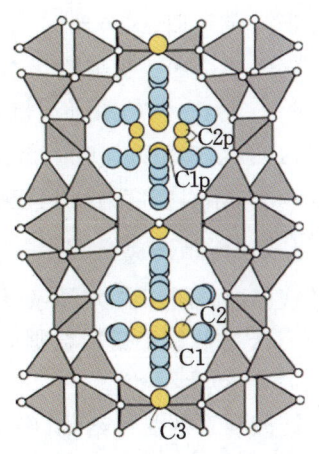

图 6-3-221　板沸石的晶体结构

镁碱沸石族

镁碱沸石（ferrierite-Mg）	$Mg_2(K,Na)_2Ca_{0.5}[Al_7Si_{29}O_{72}] \cdot 18H_2O$
钾碱沸石（ferrierite-K）	$(K,Na)_5[Al_5Si_{31}O_{72}] \cdot 18H_2O$
钠碱沸石（ferrierite-Na）	$(Na,K)_5[Al_5Si_{31}O_{72}] \cdot 18H_2O$
铵碱沸石（ferrierite-NH$_4$）	$(NH_4,Mg_{0.5})_5[Al_5Si_{31}O_{72}] \cdot 22H_2O$

镁碱沸石

【化学性质】

镁碱沸石是一种含 Mg、K、Na、Ca 及 H_2O 的 $[Al_7Si_{29}O_{72}]$ 架状基型硅酸盐类矿物，其晶体化学式为 $Mg_2(K,Na)_2Ca_{0.5}[Al_7Si_{29}O_{72}] \cdot 18H_2O$。主要成分为 Mg、K、Na、Ca、Al、Si、H、O，类质同象替代成分有 Sr、Ba。

化学成分中氧化物的质量分数为 K_2O 2.15%、BaO 0.12%、Na_2O 0.66%、SrO 0.59%、CaO 0.69%、MgO 3.12%、Al_2O_3 13.56%、SiO_2 66.79%、H_2O 12.32%。

【结晶形态】

镁碱沸石属于斜方晶系，斜方双锥晶类，对称型为 mmm。晶体形态（图 6-3-222）呈柱状、片板状、细小粒状，聚合体呈球状、块状。

 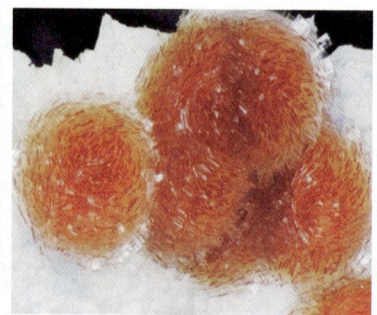 

（a）镁碱沸石（加拿大）　　（b）镁碱沸石（加拿大）　　（c）镁碱沸石（奥地利）

图 6-3-222　镁碱沸石

【物理特征】

镁碱沸石的颜色呈无色、白色、粉红色、橙色、红色。条痕为白色。透明至半透明。玻璃光泽、丝绢光泽。色散弱，多色性弱。

二轴晶（+）。折射率为 $Np=1.473 \sim 1.489$、$Nm=1.474 \sim 1.489$、$Ng=1.477 \sim 1.492$，双折射率为 $0.003 \sim 0.004$。$2V=50°$（测量）。

{100} 解理较好、{001} 解理中等。性脆。断口呈不均匀、不平坦的表面细小方式碎裂。摩氏硬度为 $3 \sim 3.5$，相对密度为 2.14（测量）、2.11（计算）。

【晶体结构】

镁碱沸石属于斜方晶系，空间群为 $Pnnm$。晶胞参数：$a=1.921$ nm、$b=1.415$ nm、$c=0.750$ nm。$Z=1$。X 射线粉晶衍射数据 d(Å)(I/I_{max}) 为 9.61(100)、3.99(90)、3.69(50)、3.54(80)、2.97(30)（图 6-3-223）。

镁碱沸石的晶体结构（图 6-3-224）中，硅铝氧骨架具有五、六、八、十元环，由十元环组成的开阔的孔道平行于 c 轴，孔径 $0.43 \sim 0.55$ nm。其中为 Na^+ 和水分子 H_2O 所占据，由六元环组成的孔洞，包含着由 6 个 H_2O 围绕着的 Mg^{2+}，结构中最弱的键平行于 b 轴。

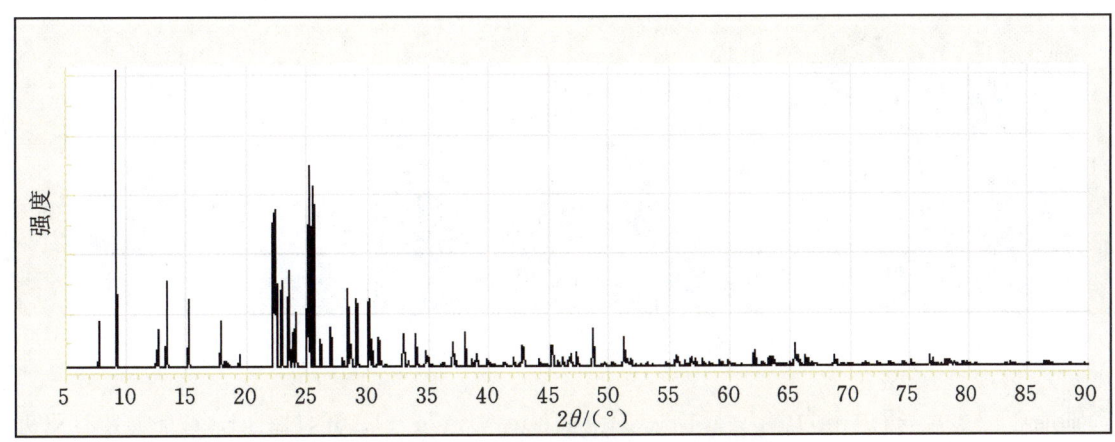

图 6-3-223 镁碱沸石的 X 射线粉晶衍射图

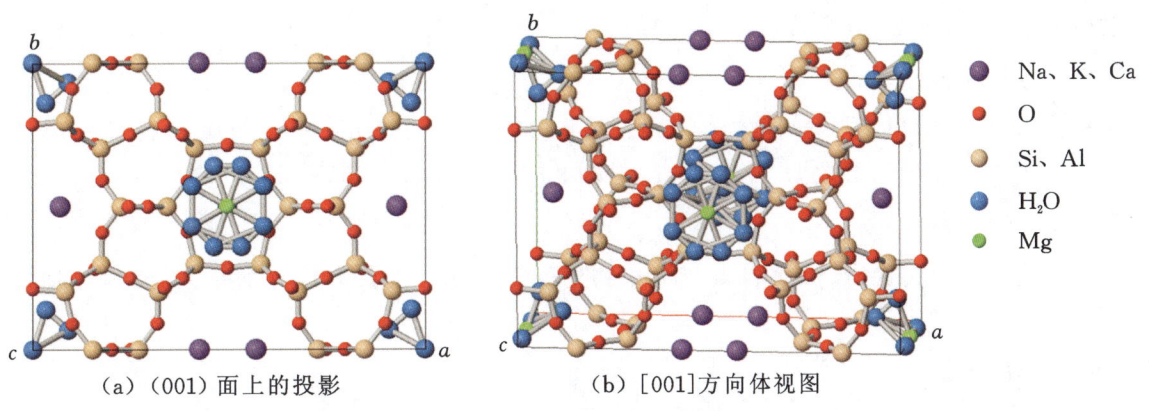

（a）（001）面上的投影　　（b）[001]方向体视图

图 6-3-224 镁碱沸石的晶体结构

【产状产地】

镁碱沸石产于玄武岩、流纹岩的凝灰沉积物的蚀变产物。主要产地有加拿大、奥地利。

【主要用途】

镁碱沸石在地质学、物理学、化学、材料学、环境科学、晶体学、矿物学、宝石学方面都有重要意义。

钾碱沸石

【化学性质】

钾碱沸石是一种含 K、Na 及 H_2O 的 $[Al_5Si_{31}O_{72}]$ 架状基型硅酸盐类矿物，其晶体化学式为 $(K,Na)_5[Al_5Si_{31}O_{72}] \cdot 18H_2O$。主要成分为 K、Na、Al、Si、H、O，类质同象替代成分有 Ca、Ba、Sr、Mg、Fe 等。

化学成分中氧化物的质量分数为 K_2O 3.70%、Na_2O 1.35%、CaO 0.31%、MgO 1.14%、Al_2O_3 9.76%、SiO_2 71.33%、H_2O 12.41%。

【结晶形态】

钾碱沸石属于斜方晶系，斜方双锥晶类，对称型为 *mmm*。晶体形态（图 6-3-225）呈柱状、片板状、细小粒状，聚合体呈球状、放射状、块状。

【物理特征】

钾碱沸石的颜色呈无色、白色、粉红色、橙色、红色。条痕为白色。透明至半透明。玻璃光泽、丝绢光泽。色散弱，多色性弱。

图 6-3-225　钾碱沸石（美国加利福尼亚）

二轴晶（＋／－）。折射率为 Np＝1.473～1.489、Nm＝1.474～1.489、Ng＝1.477～1.492，双折射率为 0.003～0.004。

{100}解理较好、{001}解理中等。性脆。断口呈不平整、不均匀的次贝壳状。摩氏硬度为 3～3.5，相对密度为 2.06～2.23（测量）、2.16（计算）。

【晶体结构】

钾碱沸石属于斜方晶系，空间群为 $Pnnm$。晶胞参数：$a＝1.897$ nm、$b＝1.414$ nm、$c＝0.748$ nm，$Z＝1$。X 射线粉晶主要衍射数据 $d(Å)(I/I_{max})$ 为 9.510(50)、3.781(65)、3.537(100)。

【产状产地】

钾碱沸石是一种玄武岩、流纹岩凝灰沉积物的蚀变产物。主要产地有加拿大、美国（加利福尼亚）。

【主要用途】

钾碱沸石在地质学、物理学、化学、材料学、环境科学、矿物学方面都有重要意义。

钠碱沸石

【化学性质】

钠碱沸石是一种含 Na、K 及 H_2O 的 $[Al_5Si_{31}O_{36}]$ 架状基型硅酸盐类矿物，其晶体化学式为 $(Na,K)_5[Al_5Si_{31}O_{72}]·18H_2O$。主要成分为 Na、K、Si、Al、H、O，类质同象替代成分有 Mg、Ca、Sr、Ba。

化学成分中氧化物的质量分数为 K_2O 1.75%、BaO 0.12%、Na_2O 3.64%、SrO 0.11%、CaO 0.11%、MgO 0.59%、Al_2O_3 9.78%、SiO_2 71.46%、H_2O 12.44%。

【结晶形态】

钠碱沸石属于单斜晶系，斜方柱晶类，对称型为 $2/m$。晶体形态（图 6-3-226）呈针状、纤针状，聚合体放射状、放射球状。

图 6-3-226　钠碱沸石（美国华盛顿）

【物理特征】

钠碱沸石的颜色呈无色、白色、粉红色、淡橙色、红色等。条痕为白色。透明至半透明。玻璃光泽、丝绢光泽。色散弱。多色性。

二轴晶(+/-)。折射率为 Np=1.473～1.489、Nm=1.474～1.489、Ng=1.477～1.492,双折射率为 0.003～0.004。2V=50°(测量)。

{100}解理较好,{001}解理中等。性脆。断口呈不规则、不平整的贝壳状。摩氏硬度为 3～3.5,相对密度为 2.06～2.23(测量)、2.13(计算)。

【晶体结构】

钠碱沸石属于单斜晶系,空间群为 $P2_1/n$。晶胞参数:$a=1.889$ nm、$b=1.418$ nm、$c=0.747$ nm,$\beta=90(1)°$(大约),$Z=1$。X 射线粉晶主要衍射数据 d(Å)(I/I_{max}) 为 9.510(50)、3.781(65)、3.537(100)。晶体结构见图 6-3-227。

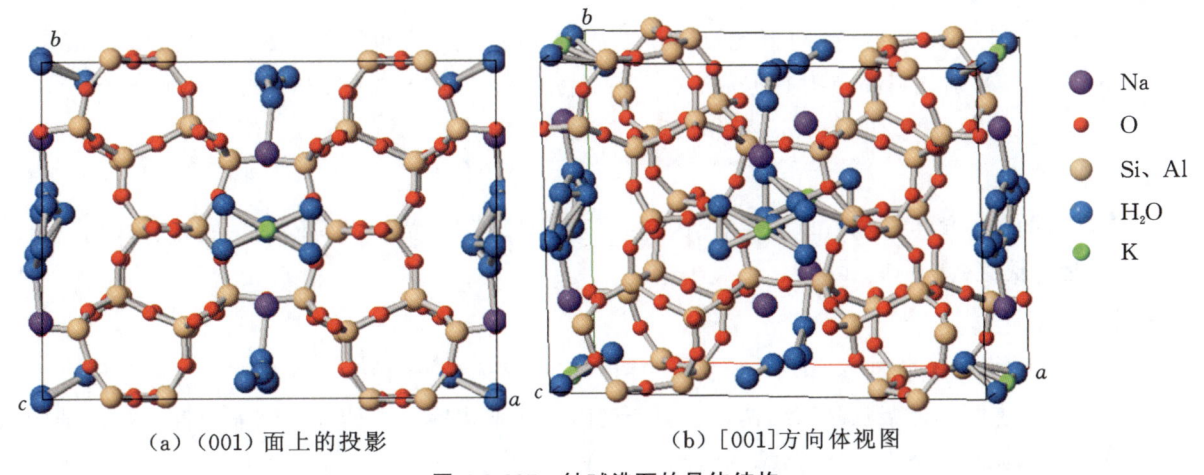

(a) (001) 面上的投影　　　　(b) [001]方向体视图

图 6-3-227　钠碱沸石的晶体结构

【产状产地】

钠碱沸石是玄武岩的蚀变产物,流纹质凝灰岩和变质岩中的矿物。主要产地有加拿大、美国(华盛顿)。

【主要用途】

钠碱沸石在地质学、物理学、化学、材料学、环境科学、晶体学、矿物学方面都有一定意义。

铵碱沸石

【化学性质】

铵碱沸石是一种含 NH_4、Mg 及 H_2O 的 $[Al_5Si_{31}O_{72}]$ 架状基型硅酸盐类矿物,其晶体化学式为 $(NH_4,Mg_{0.5})_5[Al_5Si_{31}O_{72}] \cdot 22H_2O$。主要成分为 NH_4、Mg、Al、Si、H、O,类质同象替代成分有 K、Na、Ca、Sr、Fe 等。

与铵碱沸石相似的矿物有钠碱沸石、钾碱沸石、镁碱沸石等。

【结晶形态】

铵碱沸石属于斜方晶系,斜方双锥晶类,对称型为 mmm。晶体形态(图 6-3-228)呈针状、纤针状,集合体呈放射状、扇子状、球状。

【物理特征】

铵碱沸石的颜色呈白色。条痕为白色。透明。玻璃光泽、丝绢光泽。色散弱,多色性无。

图 6-3-228　铵碱沸石（捷克）

二轴晶(＋)。折射率为 Np＝1.518(2)、Nm＝1.520(2)、Ng＝1.522(2)，双折射率为 0.004。

无解理。性脆。断口呈不均匀、不规则的细小碎粒状。摩氏硬度为 3，相对密度为 2.154(计算)。

【晶体结构】

铵碱沸石属于斜方晶系，空间群为 $Immm$。晶胞参数：$a＝1.910$ nm、$b＝1.415(1)$ nm、$c＝0.749$ nm，$Z＝1$。X 射线粉晶衍射数据 $d(\text{Å})(I/I_{max})$ 为 9.52(97)、6.95(28)、6.60(19)、3.988(61)、3.784(19)、3.547(73)、3.482(100)、3.143(37)。

【产状产地】

铵碱沸石的共生伴生矿物有草酸钙石、闪锌矿、菱铁矿、石英、黄铁矿、蛋白石、石膏、方解石、重晶石，主要产地有捷克、俄罗斯。

【主要用途】

铵碱沸石在地质学、物理学、化学、材料学、环境科学、晶体学、矿物学方面都有一定意义。

一向伸长的沸石具链架状晶体结构，它们具有针状、纤维状等一向伸长的结晶习性。晶体结构以钠沸石、钡沸石、杆沸石最为特征，其结构特点为：2 个角顶向上的[SiO_4]与 2 个角顶向下的[SiO_4]，以角顶相连组成垂直 c 轴的四方环，环间由另一个[SiO_4]以角顶相连组成平行 c 轴的链。

链中重复单位长(包含 5 个四面体)约为 0.66 nm，所以沸石 c_0 均为其倍数。链内的强度为链间的两倍。属于环的 4 个活性氧 O_1 和 O_2 用来与相邻的链相联结。在 c 轴方向上它们分别在 3/8 和 5/8 高度。每一重复单位中的 5 个四面体里，有 2 个为 Al 所占据，另 3 个为 Si 所占据，其阴离子根的通式为[$Al_2Si_3O_{10}$]。每条链沿 c 轴的投影见图 6-3-229。每一个四面体组将 Si 连接起来用方块表示。以 O_1 和 O_2 的高度标志其沿 c 轴方向上的高度，即 3/8 和 5/8 高度分别用 3 和 5 表示，0 用四面体中心的 Si 来确定。在钡沸石、杆沸石和钠沸石结构中[$(Si、Al)O_4$]四面体链的排列方式见图 6-3-229、图 6-3-230。

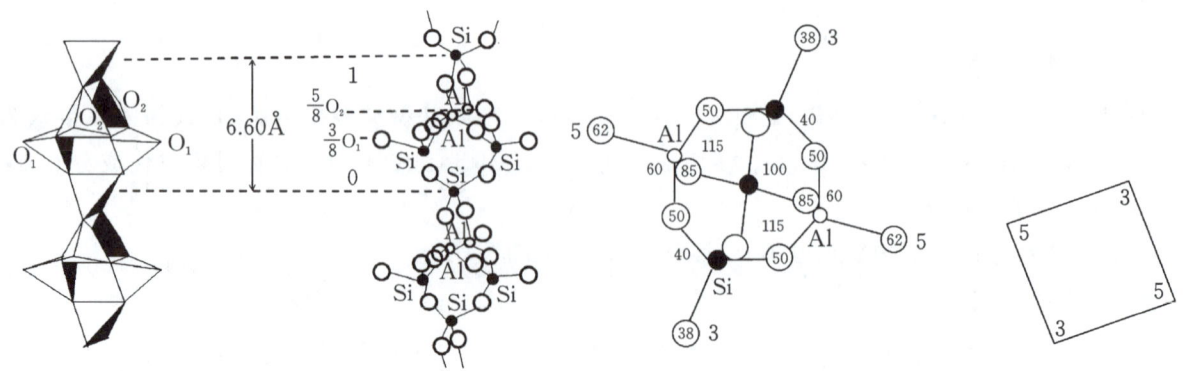

(a) 平行链的方向　　　　(b) 垂直链的方向　　　　(c) 链的轮廓，数字3和5表示相邻链联接的O的高度

图 6-3-229　钠沸石晶体结构中[(Si, Al)O_4]四面体链

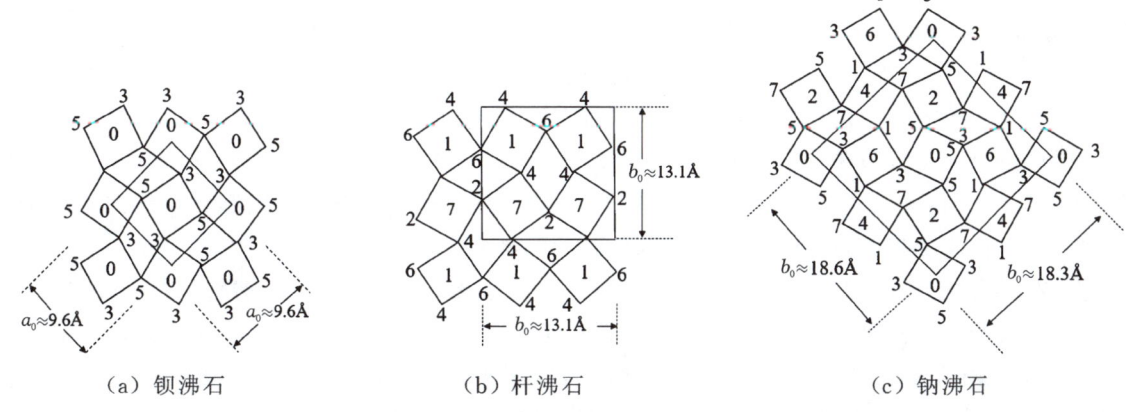

图 6-3-230 钡沸石、杆沸石和钠沸石中[(Si,Al)O₄]四面体的排列

在钡沸石中,相邻的链间存在着两个相垂直的对称面。假四方 $P\bar{4}2_1m$(单斜或斜方)晶胞,$a=0.960$ nm,$c=0.654$ nm。每个晶胞中包含两条链。

在杆沸石的晶体结构中,相邻的链间有平行(010)的对称面和[010]二次对称轴。斜方晶胞($Pmma$),$a=1.31$ nm,接近于钡沸石的 a 的 $\sqrt{2}$ 倍,每个晶胞包含 4 条链。

在钠沸石的晶体结构中,相邻的链仅近似地为二次轴所联系。其体心晶胞具有与杆沸石相似的大小($a\approx b\approx 1.31$ nm)。而其面心晶胞(斜方 $Fdd2$)的 a、b 二轴长度比钡沸石约大两倍。$a=1.830$ nm、$b=1.863$ nm,$c=0.660$ nm,$Z=8$。

中沸石和钙沸石具有与钠沸石相似的晶体结构,纤沸石具有与杆沸石相似的晶胞参数。

在上述三种联接方式中,链与链间组成了八元环的椭圆形孔道(图 6-3-231),自由孔径只有 0.21 nm,而垂直于 c 轴的八元环孔道的最小自由孔径为 0.26 nm,它们的脱水和离子交换性能主要与后一类孔道有关。

同结构沸石变种的区别主要在于 Si、Al 的分布。沸石晶格中 Si、Al 的分布是有序的。由于结构中不允许 Al—O—Al 键的存在,所以 Si/Al 值是有限的。Si、Al 的完全有序性最初是由对水钙沸石和钠沸石的 X 射线分析中得到的。在水钙沸石中,[AlO₄]四面体与[SiO₄]四面体交替排列(Si/Al=1)并且没有 Al—O—Al 键。钠沸石结构中 Si、Al 的有序分布可见图 6-3-232。在钠沸石中 T_{III} 由 Al 占据着。在杆沸石中,T_{II} 和 T_{VI} 由 Al 占据着,T_{IV} 由 Al 或 Si 占据。四面体位置也可由其他原子(如 Be、B、Ge、P 和 Fe)占据,但这方面的资料很少。

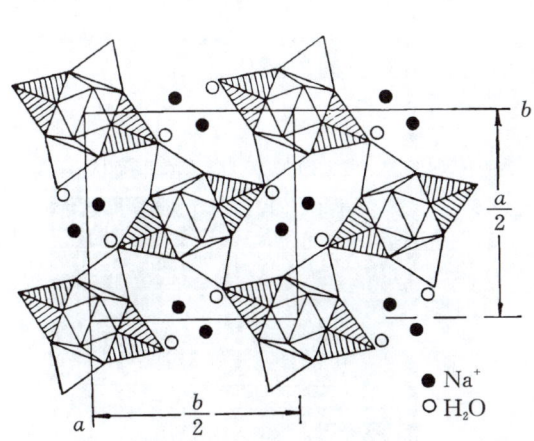

图 6-3-231 钠沸石在(001)面投影
(表示 Na⁺ 和 H₂O 的位置,带阴影的是[AlO₄])

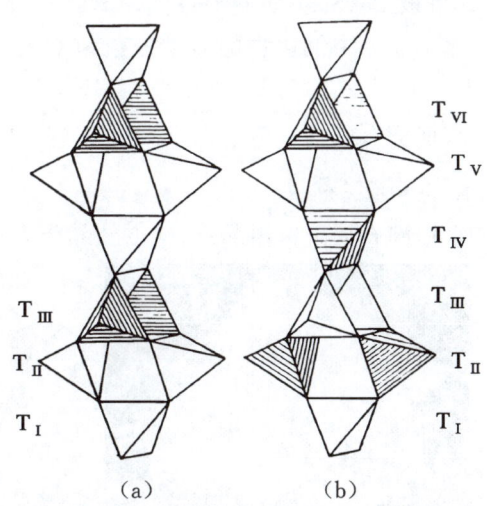

图 6-3-232 钠沸石(a)和杆沸石(b)中[SiO₄]四面体和[AlO₄]四面体(带阴影的)占据的位置

在钡沸石中，Ba 为八次配位（6O+2H$_2$O）；在钠沸石中，为六次配位（4O+2H$_2$O）；在杆沸石晶体结构中，6 个阳离子中有 4 个为七次配位（4O+3H$_2$O），另 2 个为八次配位（6O+2H$_2$O）。

一向延伸的沸石中宽大的孔道致使其具可逆性失水和阳离子交换的能力。伴随着阳离子的代替和失水，晶胞大小会发生变化。这表明其硅铝氧骨架不是绝对刚性的，可以借转动四面体链以适应大的或小的阳离子。例如，钠沸石晶胞从 Li 代替时为 1.799 nm×1.859 nm×0.648 nm 到 Ag 代替时为 1.863 nm×1.896 nm×0.661 nm 的变化；杆沸石脱水后，晶胞也随之缩小。钠沸石族矿物对不同大小阳离子的适应性，致使其作为离子筛不如具刚性骨架的沸石（如菱沸石）有效。

有些沸石高温时产生晶体结构的转变。在 400～600 ℃，钠沸石脱水转变为准钠沸石（单斜）；270～300 ℃杆沸石转变为准杆沸石；240～255 ℃钙沸石转变为准钙沸石；钡沸石和中沸石无同质多象变体。

一向延伸沸石可根据其纤维状习性与其他沸石相区别，与非沸石类的纤维状矿物的区别是它们的折射率和易熔性。

钙沸石与其他纤维沸石的区别是当沿（100）成双晶时，可清楚地显示出在（010）面上约 18°的消光角。而其余则接近（或）全消光。钙沸石、纤沸石、钡沸石经常是负延性，钠沸石是正延性，中沸石的延性可正可负。钠沸石、中沸石、杆沸石为正光性，钙沸石、纤沸石和钡沸石为负光性。折射率以钠沸石最小，钡沸石最大。中沸石具最大的 2V 和最小的双折射率，并经常成双晶。

水钙沸石族

水钙沸石（gismondite-Ca）	Ca$_2$[Al$_4$Si$_4$O$_{16}$]·9H$_2$O
杆沸石（thomsonite）	NaCa$_2$[Al$_5$Si$_5$O$_{20}$]·7H$_2$O
锶杆沸石（thomsonite-Sr）	Na(Sr,Ca)$_2$[Al$_5$Si$_5$O$_{20}$]·7H$_2$O
纤沸石（gonnardite）	Na$_2$Ca[Al$_4$Si$_6$O$_{20}$]·7H$_2$O
十字沸石（garronite）	Na$_2$Ca$_5$[Al$_3$Si$_5$O$_{16}$]$_4$·27H$_2$O

水钙沸石

【化学性质】

水钙沸石是一种含 Ca 及 H$_2$O 的[Al$_4$Si$_4$O$_{16}$]架状基型硅酸盐类矿物，它的晶体化学式为 Ca$_2$[Al$_4$Si$_4$O$_{16}$]·9H$_2$O。主要成分为 Ca、Al、Si、H、O，类质同象替代成分有 Na、K、Ba、Sr、Fe 等。其中 Ca 可被 Ba、Sr 类质同象替代。

化学成分中氧化物的质量分数为 CaO 13.96%、Al$_2$O$_3$ 28.26%、SiO$_2$ 33.89%、BaO 0.27%、K$_2$O 2.86%、H$_2$O 20.76%。

水钡沸石（Ba,Ca）$_2$[Al$_4$Si$_4$O$_{16}$]·(4～6)H$_2$O、水钙沸石可发生类质同象替代。

【结晶形态】

水钙沸石属于单斜晶系，斜方柱晶类，对称型为 2/m。晶体（图 6-3-233）呈粒状、等轴粒状。

图 6-3-233　水钙沸石（意大利）

【物理特征】

水钙沸石的颜色呈无色、灰色、白色、蓝白色、浅粉红色。条痕为白色。透明至半透明。玻璃光泽。色散较明显,多色性无。

二轴晶(-)。折射率为 $Np=1.536$、$Nm=1.539$、$Ng=1.542$,双折射率为 0.006。$2V=84°$(测量)、88°(计算)。

{101}解理中等。性脆。断口呈不平整、不均匀的贝壳状。摩氏硬度为 4~5,相对密度为 2.20~2.26(测量)、2.28(计算)。

【晶体结构】

水钙沸石属于单斜晶系,空间群为 $P2_1/c$。晶胞参数:$a=1.024$ nm、$b=1.061$ nm、$c=0.984$ nm,$\beta=92.52°$,$Z=2$。X 射线粉晶主要衍射数据 d(Å)(I/I_{max})为 7.26(55)、4.93(60)、4.25(70)、3.19(70)、3.13(60)、2.74(55)、2.71(100)(图 6-3-234)。晶体结构见图 6-3-235。

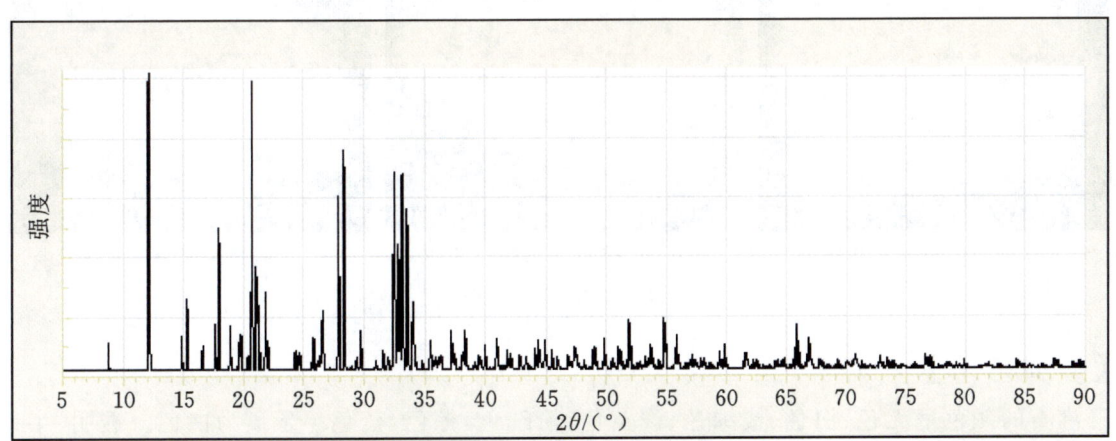

图 6-3-234 水钙沸石的 X 射线粉晶衍射图

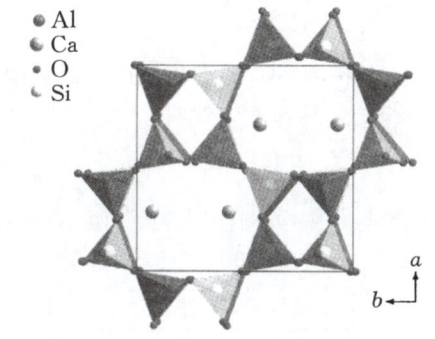 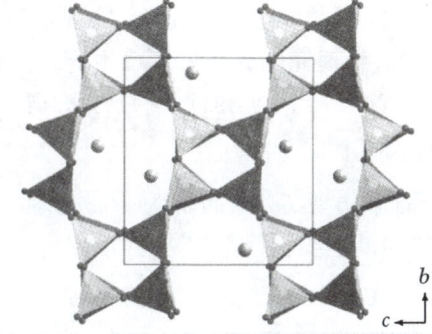

(a)(001)面上的投影,八元环通道平行[001]　　(b)在(100)面上的投影,八元环通道平行于[100]

图 6-3-235 水钙沸石的晶体结构

【产状产地】

水钙沸石是斜长石蚀变后生成的一种矿物,产于白榴碱玄岩中。共生伴生矿物有辉沸石、水铝英石、蛇纹石、辉石、杆沸石及十字沸石等。主要产地有意大利、美国(夏威夷)。

【主要用途】

水钙沸石在地质学、物理学、化学、材料学、环境科学、晶体学、矿物学方面都有重要意义。

杆沸石

【化学性质】

杆沸石(又称钙杆沸石)是一种含 Na、Ca 及 H_2O 的[$Al_5Si_5O_{20}$]架状基型硅酸盐类矿物,其晶体化学式为 NaCa$_2$[Al$_5$Si$_5$O$_{20}$]·7H$_2$O。主要成分为 Na、Ca、Al、Si、H、O，类质同象替代成分有 K、Sr、Ba 等。

化学成分中氧化物的质量分数为 Al$_2$O$_3$ 31.37%、SiO$_2$ 36.58%、FeO 0.07%、CaO 12.60%、MgO 0.02%、SrO 1.86%、BaO 0.03%、Na$_2$O 3.90%、K$_2$O 0.05%、H$_2$O 13.52%。

杆沸石是沸石族矿物中比较少见的一种，杆沸石的类质同象系列矿物有钙杆沸石，锶杆沸石和钡杆沸石等。

【结晶形态】

杆沸石属于斜方晶系，斜方双锥晶类，对称型为 mmm。晶体（图 6-3-236）多呈叶片状、长柱状、板柱状，集合体呈放射针状、绒球状、纤维状、球状。依{110}成双晶，可生成 4 连双晶。

（a）杆沸石（美国新泽西）

（b）杆沸石（美国新泽西）

（c）杆沸石（意大利）

图 6-3-236　杆沸石

【物理特征】

杆沸石的颜色呈无色、白色、浅绿色、浅黄色、粉红色、棕色、蓝色。条痕为白色。透明、半透明。玻璃光泽、珍珠光泽。色散弱至强，多色性无，无荧光。

二轴晶（＋）。折射率为 Np＝1.511～1.530、Nm＝1.513～1.532、Ng＝1.516～1.545，双折射率为 0.005～0.015。$2V$＝44°～75°（测量）、44°～80°（计算）。

{010}、{100}解理完全、{101}解理中等。性脆。断口呈不规则、不均匀的次贝壳状。摩氏硬度为 5～5.5，相对密度为 2.23～2.29（测量）、2.366（计算）。

【晶体结构】

杆沸石属于斜方晶系，空间群为 $Pncn$。晶胞参数：a＝1.310 nm、b＝1.306 nm、c＝1.325 nm，Z＝4。X 射线粉晶主要衍射数据 d(Å)(I/I_{max}) 为 4.625(100)、2.944(100)、2.857(100)（图 6-3-237）。晶体结构见图 6-3-238。

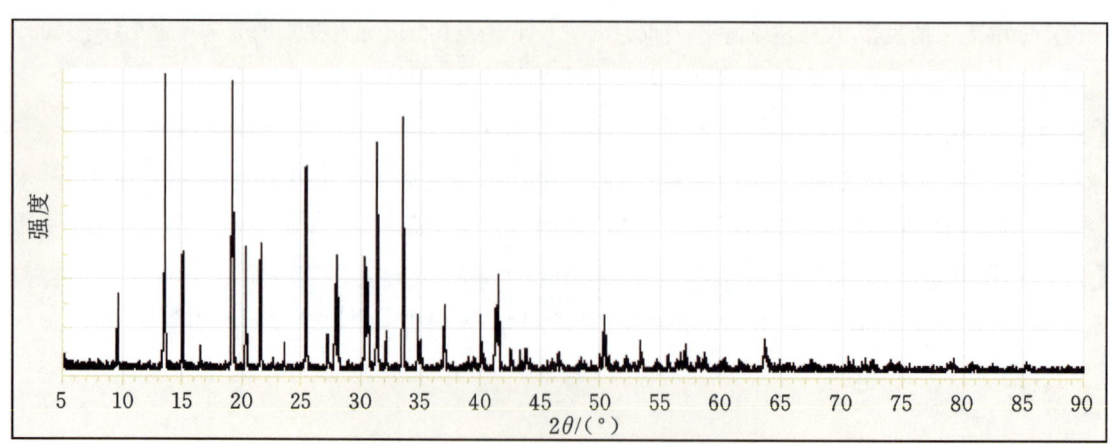

图 6-3-237　杆沸石的 X 射线粉晶衍射图

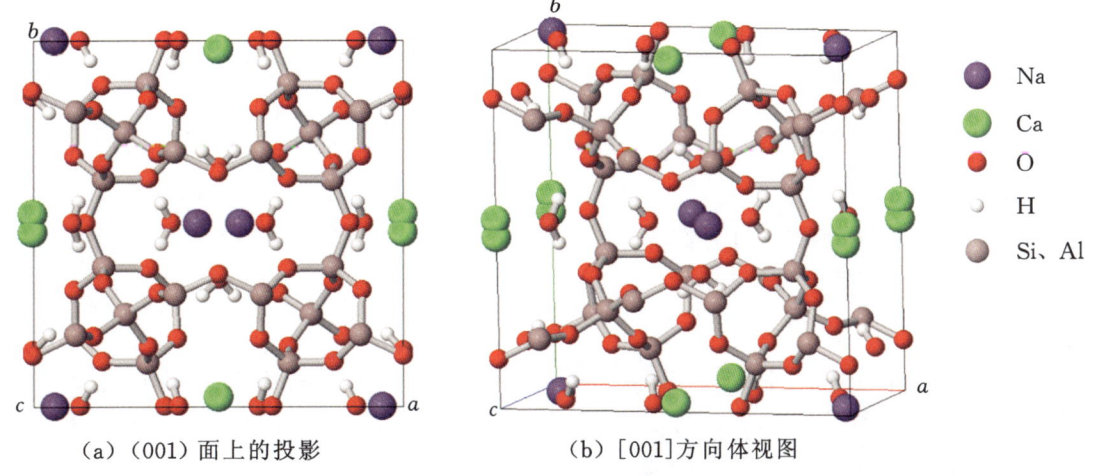

(a) (001)面上的投影 (b) [001]方向体视图

图 6-3-238 杆沸石的晶体结构

【产状产地】

杆沸石是沸石中比较少见的一种,在低 Si 的岩浆岩与低 Na 的水体条件下形成,分布范围相当有限。杆沸石及其他沸石常生在玄武岩的杏仁状空腔中,有时也存在花岗伟晶岩中。杆沸石及其他沸石共生和伴生。主要产地有意大利、英国(苏格兰)、法罗群岛、加拿大、印度、俄罗斯、美国(阿肯色、科罗拉多、新泽西、俄勒冈)等。

【主要用途】

杆沸石具有离子交换性、筛分性、吸附性和催化性。利用沸石可去除水中有害物质,改善水质,控制水环境,常用以净化或分离混合成分物质,如气体的分离、石油的净化等。在地质学、物理学、化学、材料学、环境科学、晶体学、矿物学方面都有重要意义。

锶杆沸石

【化学性质】

锶杆沸石是一种含 Na、Sr 及 H_2O 的 $[Al_5Si_5O_{20}]$ 架状基型硅酸盐类矿物,它的晶体化学式为 $Na(Sr,Ca)_2[Al_5Si_5O_{20}] \cdot 7H_2O$。主要成分为 Na、Sr、Al、Si、H、O,类质同象替代成分有 Ca、Ba、K、Fe 等。

化学成分中氧化物的质量分数为 Na_2O 3.47%、SrO 16.25%、CaO 3.77%、Al_2O_3 28.55%、SiO_2 33.64%、H_2O 14.32%。

锶杆沸石属于杆沸石,密切相关的矿物有钙杆沸石、钡杆沸石等。

【结晶形态】

锶杆沸石属于斜方晶系,斜方双锥晶类,对称型为 mmm。晶体(图 6-3-239)呈针状、纤维状、长柱状,聚合体呈放射状、球状、簇状等。常见的单形有(101)、(011)、(010)、(111)、(100)、(110)、(001)。

(a) 锶杆沸石(俄罗斯)　　(b) 锶杆沸石(俄罗斯)　　(c) 锶杆沸石(西班牙)

图 6-3-239 锶杆沸石

【物理特征】

锶杆沸石的颜色呈无色、白色。条痕为白色。透明至半透明。玻璃光泽、珍珠光泽。色散弱,多色性弱。

二轴晶(+)。折射率为 Np=1.528、Nm=1.532、Ng=1.540,双折射率为 0.012。$2V=62°$(测量)、72°(计算)。

{010}解理完全、{100}解理较好。性脆。断口呈不平整、不均匀的次贝壳状。摩氏硬度为5,相对密度为 2.47(测量)、2.62(计算)。

【晶体结构】

锶杆沸石属于斜方晶系,空间群为 $Pcnn$。晶胞参数:$a=1.305$ nm、$b=1.312$ nm、$c=1.324$ nm,$Z=4$。X 射线粉晶衍射数据 d(Å)(I/I_{max})为 6.63(70)、4.66(80)、3.49(90)、3.19(80)、2.96(100)、2.86(100)、2.69(100)。晶体结构见图 6-3-240。

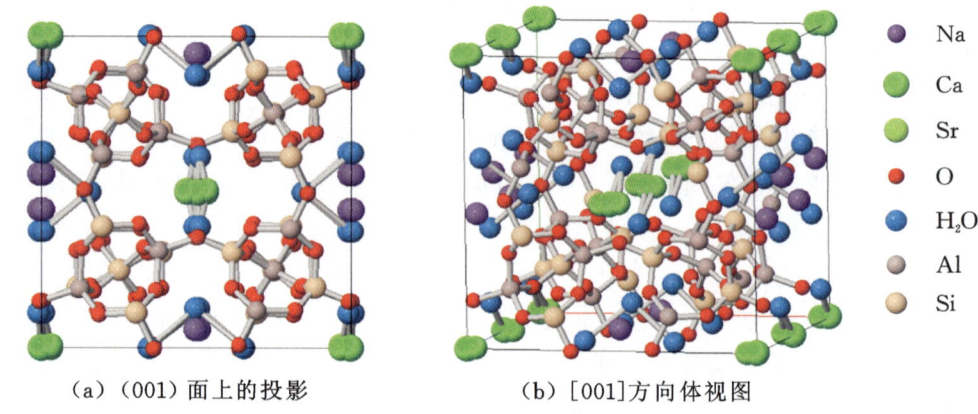

(a) (001)面上的投影　　(b) [001]方向体视图

图 6-3-240　锶杆沸石的晶体结构

【产状产地】

锶杆沸石属于杆沸石系列矿物,产于一种含钠质较高的伟晶岩脉中。共生伴生矿物有其他沸石。主要产地有俄罗斯、西班牙等。

【主要用途】

锶杆沸石在地质学、物理学、化学、材料学、环境科学、晶体学、矿物学方面都有重要意义。

纤沸石

【化学性质】

纤沸石是一种含 Na、Ca 及 H_2O 的[$Al_4Si_6O_{20}$]架状基型硅酸盐类矿物,其晶体化学式为 $Na_2Ca[Al_4Si_6O_{20}]·7H_2O$。主要成分为 Na、Ca、Al、Si、H、O,类质同象替代成分有 K、Ba、Sr、Fe、Mg 等。

有一种富含 Na 的纤沸石称为钠纤沸石。

化学成分中氧化物的质量分数为 Na_2O 7.67%、CaO 6.94%、Al_2O_3 25.22%、SiO_2 44.57%、H_2O 15.60%。

【结晶形态】

纤沸石属于四方晶系,复四方偏三角四面体晶类,对称型为 $\bar{4}2m$。晶体(图 6-3-241)呈纤维状、针状,聚合体呈球状。

【物理特征】

纤沸石的颜色呈白色、黄色、粉红色。条痕为白色。透明至半透明。玻璃光泽、丝绢光泽。色散较强,多色性无。无荧光。

(a) 纤沸石（美国新墨西哥）　　(b) 纤沸石（德国）　　(c) 纤沸石（德国）

图 6-3-241　纤沸石

一轴晶(＋)。折射率为 Np＝1.514、Nm＝1.515、Ng＝1.520，双折射率为 0.006。$2V＝52°$（测量）、$50°$（计算）。

解理不清楚。性脆。断口呈不规则、不均匀的次贝壳状。摩氏硬度为 4～5，相对密度为 2.25～2.36（测量）、2.33（计算）。

【晶体结构】

纤沸石属于四方晶系，空间群为 $I\bar{4}2d$。晶胞参数：$a＝1.321$ nm、$c＝0.662$ nm，$Z＝2$。X 射线粉晶主要衍射数据 d(Å)(I/I_{max}) 为 5.93(80)、4.44(60)、2.92(100)（图 6-3-242）。晶体结构见图 6-3-243。

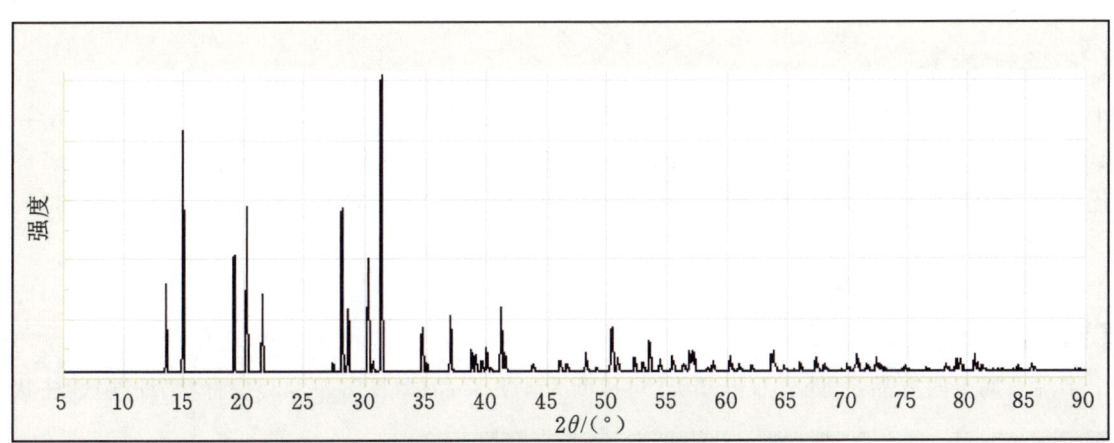

图 6-3-242　纤沸石的 X 射线粉晶衍射图

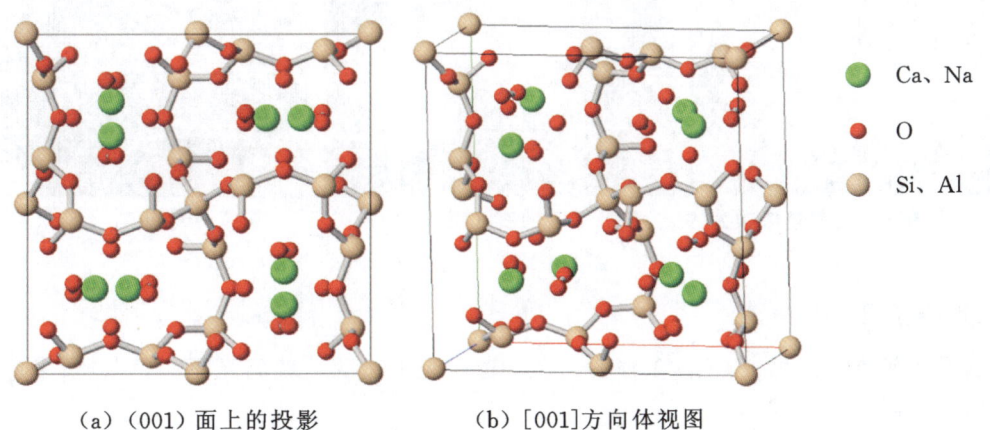

(a) (001)面上的投影　　(b) [001]方向体视图

图 6-3-243　纤沸石的晶体结构（原子排布位置）

纤沸石的晶体结构（图 6-3-244）中框架和通道占用情况是多种多样的，红色为 Ca^{2+}、Na^+，其中也有空位。纤沸石与钠沸石的结构相同，其中 Si、Al 的占位是无序的。

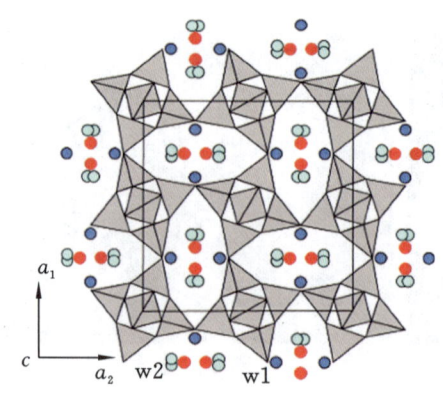

图 6-3-244 纤沸石的晶体结构（配位多面体）

[红色—Ca^{2+}、Na^+，深蓝色（w1）—H_2O，浅蓝色（w2）—H_2O]

【产状产地】

纤沸石是产于火山玄武岩空洞中的次生矿物。共生伴生矿物有白榴石等。主要产地有法国、德国、挪威、加拿大、美国（新墨西哥）等。

【主要用途】

纤沸石在地质学、物理学、化学、材料学、环境科学、矿物学方面都有重要的意义。

十字沸石

【化学性质】

十字沸石是一种含 Na、Ca 及 H_2O 的[$Al_3Si_5O_{16}$]架状基型硅酸盐类矿物，其晶体化学式为 $Na_2Ca_5[Al_3Si_5O_{16}]_4 \cdot 27H_2O$。主要成分为 Na、Ca、Al、Si、H、O，类质同象替代成分有 K、Ba、Sr、Mg、Fe 等。

化学成分中氧化物的质量分数为 Na_2O 2.35%、CaO 10.61%、Al_2O_3 23.15%、SiO_2 45.48%、H_2O 18.41%。

十字沸石中包括钙十字沸石、钠十字沸石。

【结晶形态】

十字沸石属于四方晶系，四方双锥晶类，对称型为 $4/m$。晶体（图 6-3-245）呈针状、纤维状、柱状等。

（a）十字沸石（美国华盛顿）

（b）十字沸石（意大利）

（c）十字沸石（爱尔兰）

图 6-3-245 十字沸石

【物理特征】

十字沸石的颜色呈无色、白色。条痕为白色。透明至半透明。玻璃光泽。色散弱，多色性弱。聚合体呈放射状、杏仁状。

一轴晶（－）。折射率为 No＝1.512～1.515、Ne＝1.502～1.512，双折射率为 0.010～0.013。

两组完全解理。性脆。断口呈不均匀、不平坦的次贝壳状。摩氏硬度为 4.5～5，相对密度为 2.13～2.17（测量）、2.201（计算）。

【晶体结构】

十字沸石属于四方晶系,空间群为 $I4_1/a$。晶胞参数:$a=0.987$ nm、$c=1.029$ nm,$Z=0.5$。X 射线粉晶主要衍射数据 $d(\text{Å})(I/I_{max})$ 为 4.12(100)、3.14(100)、2.66(100)。晶体结构见图 6-3-246。

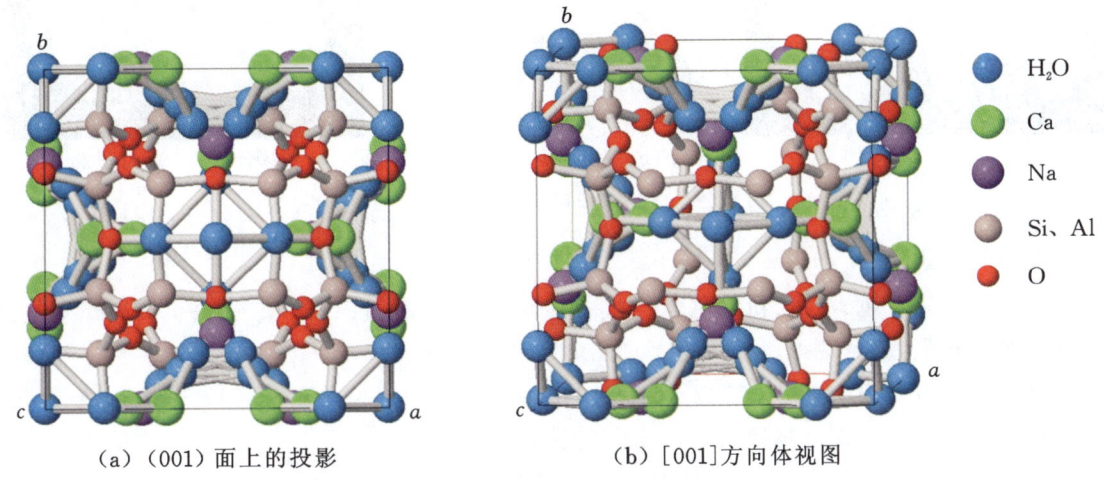

(a) (001) 面上的投影　　　　(b) [001] 方向体视图

图 6-3-246　十字沸石的晶体结构

【产状产地】

十字沸石产于玄武岩的杏仁孔中。共生伴生矿物有菱沸石、杆沸石、钠沸石、钙十字沸石、片沸石、中沸石等。主要产地有美国(华盛顿)、意大利、爱尔兰、冰岛、加拿大等。

【主要用途】

十字沸石在地质学、物理学、化学、材料学、环境科学、晶体学、矿物学方面都有重要意义。

钠沸石族

钙沸石(scolecite)	$Ca[Al_2Si_3O_{10}] \cdot 3H_2O$
钡沸石(edingtonite)	$Ba[Al_2Si_3O_{10}] \cdot 4H_2O$
中沸石(mesolite)	$Na_2Ca_2[Al_2Si_3O_{10}]_3 \cdot 8H_2O$
钠沸石(natrolite)	$Na_2[Al_2Si_3O_{10}] \cdot 2H_2O$
四方钠沸石(tetranatrolite)	$Na_2[Al_2Si_3O_{10}] \cdot 4H_2O$
水硅铝钙石(roggianite)	$Ca_2Be(OH)_2[Al_2Si_4O_{13}] \cdot 2.5H_2O$

钙 沸 石

【化学性质】

钙沸石是一种含 Ca 及 H_2O 的 $[Al_2Si_3O_{10}]$ 架状基型硅酸盐类矿物,其晶体化学式为 $Ca[Al_2Si_3O_{10}] \cdot 3H_2O$。主要成分为 Ca、Al、Si、H、O,类质同象替代成分有 Ba、Sr、K、Na、Mg、Fe 等。

化学成分中氧化物的质量分数为 CaO 14.29%、Al_2O_3 25.99%、SiO_2 45.94%、H_2O 13.78%。

在成分与结构方面与钙沸石相似的矿物有中沸石、钠沸石。可溶解于酸。

【结晶形态】

钙沸石属于单斜晶系,反映双面晶类,对称型为 m。与钠沸石和中沸石相似,晶体(图 6-3-247)呈针状、长柱状、棒状、纤维状,聚合体呈放射状、球状、块状。常见单形有 {110}、{111}、{010} 单形发育。常见依 {100},偶见 {001} 和 {110} 双晶。

(a) 钙沸石（印度）　　　（b) 钙沸石（印度）　　　（c) 钙沸石（澳大利亚）

图 6-3-247　钙沸石

【物理特征】

钙沸石的颜色呈无色、白色、粉红色、红色、绿色、褐色。条痕为白色。透明至半透明。玻璃光泽、丝绢光泽。色散较强，多色性无。无荧光。具热电性和压电性。

二轴晶（－）。折射率为 Np＝1.507～1.513、Nm＝1.516～1.520、Ng＝1.517～1.521，双折射率为 0.008～0.010。$2V=36°\sim56°$（测量）、$36°\sim40°$（计算）。

{110}解理中等。性脆。断口呈不均匀、不平整的贝壳状。摩氏硬度为 5～5.5，相对密度为 2.25～2.29（测量）、2.275（计算）。

【晶体结构】

钙沸石属于单斜晶系，空间群为 Cc。晶胞参数：$a=0.652$ nm、$b=1.895$ nm、$c=0.976$ nm，$\beta=108.98°$，$Z=4$。X 射线粉晶主要衍射数据 $d(Å)(I/I_{max})$ 为 6.59(90)、5.85(100)、2.88(100)（图 6-3-248）。晶体结构见图 6-3-249。

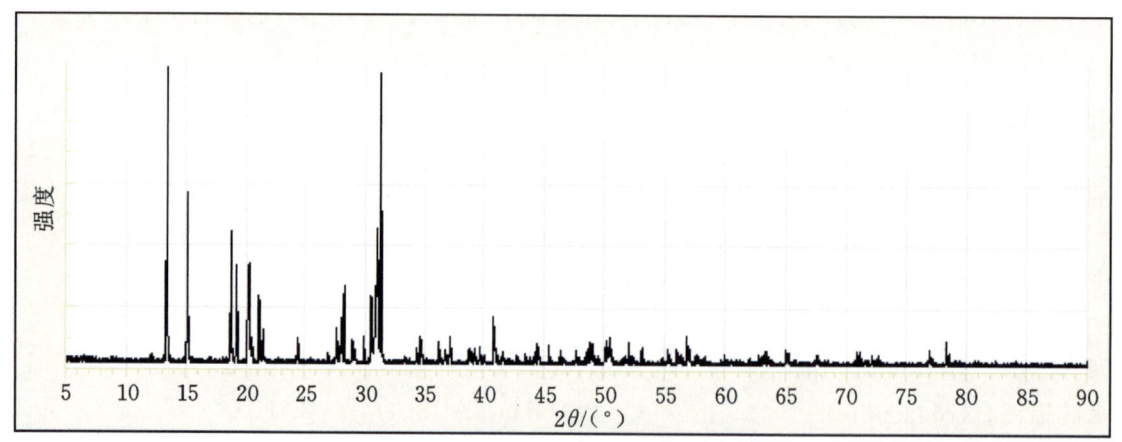

图 6-3-248　钙沸石的 X 射线粉晶主要衍射图

钙沸石为架状基型结构铝硅酸盐矿物，与钠沸石和中沸石相同。钙沸石具有围绕轴旋转 24°的长链。有 1 个 Ca^{2+} 和 3 个 H_2O 位于平行于 c 轴的架状硅酸盐通道中。没有 Al 离子占据 Si 离子位置的迹象。钙沸石与钠沸石有相同的成分和结构，但不会形成连续类质同象系列。

【产状产地】

钙沸石是一种玄武岩及类似火山岩的低温热液蚀变矿物，也会出现在片麻岩和角闪岩中，以及正长岩和辉长岩岩浆的岩脉中，还见于接触变质带中。共生伴生矿物有方解石、石英、葡萄石、鱼眼石、硅灰石、交沸石、方沸石、杆沸石、片沸石等。主要产地有印度、澳大利亚、日本、中国（台湾）、巴西、智利、墨西哥、加拿大、埃塞俄比亚、南非、冰岛、意大利、奥地利、德国、英国（苏格兰）、美国（加利福尼亚）等。

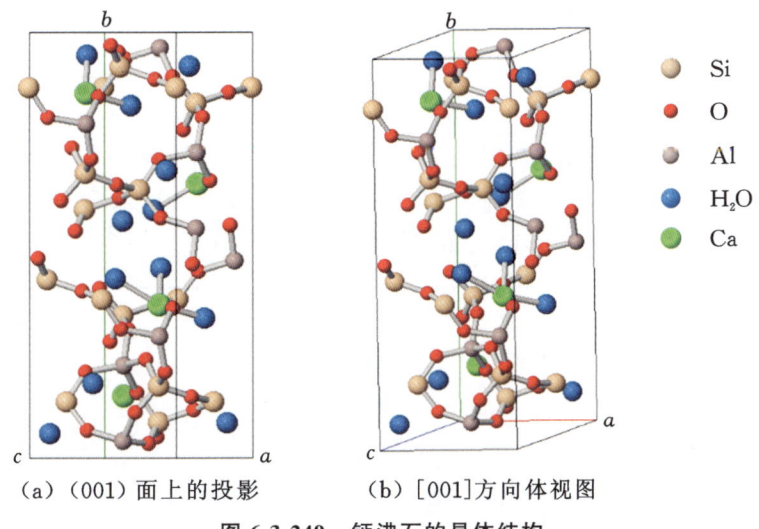

(a) (001)面上的投影　　(b) [001]方向体视图

图 6-3-249　钙沸石的晶体结构

【主要用途】

钙沸石具很好的离子交换特性，能使硬水软化，淡化海水，除去废水中的重金属离子，分离混合气体、液体，改良土壤。钙沸石在地质学、物理学、化学、材料学、环境科学、晶体学、矿物学方面都有重要意义。

钡沸石

【化学性质】

钡沸石是一种含 Ba 及 H_2O 的 $[(Al_2Si_3)O_{10}]$ 架状基型硅酸盐类矿物，它的晶体化学式为 $Ba[Al_2Si_3O_{10}] \cdot 4H_2O$。主要成分为 Ba、Al、Si、H、O，类质同象替代成分有 Ca、Sr、K、Na、Mg、Fe 等。

化学成分中氧化物的质量分数为 BaO 30.21%、Al_2O_3 20.08%、SiO_2 35.51%、H_2O 14.20%。

【结晶形态】

钡沸石属于斜方晶系，斜方四面体晶类，对称型为 222。晶体（图 6-3-250）呈柱状、棒状、块状。

(a) 钡沸石（英国苏格兰）

(b) 钡沸石（加拿大）

(c) 钡沸石（瑞典）

图 6-3-250　钡沸石

【物理特征】

钡沸石的颜色呈无色、灰色、白色、棕灰色、粉红色。条痕为白色。透明至半透明。玻璃光泽、半玻璃光泽。色散中等，多色性无。

二轴晶（－）。折射率为 Np＝1.538、Nm＝1.549、Ng＝1.554，双折射率为 0.016。2V＝50°（测量）、66°（计算）。

{110}解理较好。性脆。断口呈不均匀、不平坦的方式裂开。摩氏硬度为4～5,相对密度为2.694～2.710(测量)、2.80(计算)。

【晶体结构】

钡沸石属于斜方晶系,空间群为$P2_12_12_1$。晶胞参数:$a=0.955$ nm、$b=0.967$ nm、$c=0.652$ nm。$Z=2$。X射线粉晶衍射数据$d(Å)(I/I_{max})$为6.510(80)、5.380(60)、4.790(50)、4.690(50)、3.576(100)、2.741(75)、2.589(45)(图6-3-251)。晶体结构见图6-3-252。

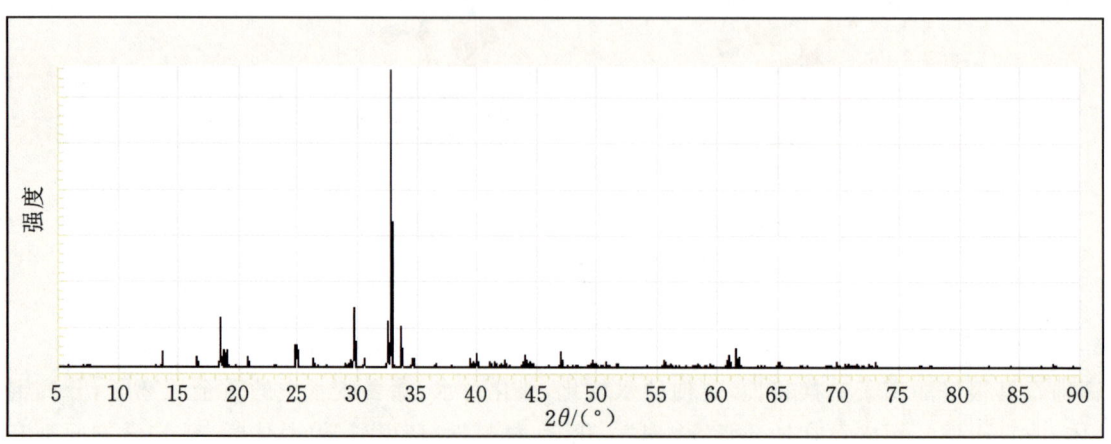

图6-3-251 钡沸石的X射线粉晶衍射图

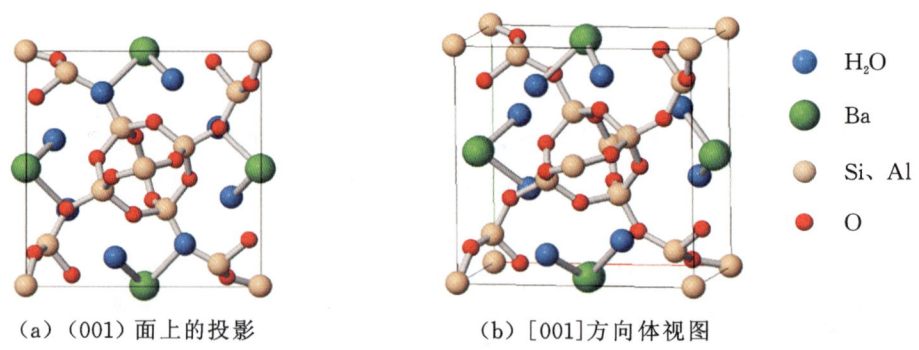

(a) (001)面上的投影　　　(b) [001]方向体视图

图6-3-252 钡沸石的晶体结构

少数为四方晶系(空间群$P\bar{4}2_1m$),被称为"四方钡沸石"。斜方钡沸石晶体结构中,Si、Al为有序排列,而在四方钡沸石中Si、Al排列是无序的。

【产状产地】

钡沸石发现于火成玄武岩类中。共生伴生矿物有方沸石、交沸石、方解石、葡萄石等。主要产地有英国(苏格兰)、加拿大、瑞典等。

【主要用途】

钡沸石在地质学、物理学、化学、材料学、环境科学、晶体学、矿物学方面都有重要意义。

中沸石

【化学性质】

中沸石是一种含Na、Ca及H_2O的$[Al_2Si_3O_{10}]$架状基型硅酸盐类矿物,其晶体化学式为$Na_2Ca_2[Al_2Si_3O_{10}]_3·8H_2O$。主要成分为Na、Ca、Al、Si、H、O,类质同象替代成分有K、Ba、Sr、Mg、Fe。

化学成分中氧化物的质量分数为Na_2O 5.32%、CaO 9.63%、Al_2O_3 26.26%、SiO_2 46.42%、H_2O 12.37%。

【结晶形态】

中沸石属于斜方(单斜)晶系,斜方单锥(轴双面)晶类,对称型为 $mm2(2)$。晶体形态(图 6-3-253)呈毛发状、纤维状、针状、长柱状,聚合体呈放射状、束状、球状、致密块状、钟乳石状等。依{010}、{100}成双晶。

(a) 中沸石(美国新泽西)

(b) 中沸石(美国华盛顿)

(c) 中沸石(美国俄勒冈)

图 6-3-253 中沸石

【物理特征】

中沸石的颜色呈无色、白色、灰白色、淡黄色、黄褐色、淡红色等。条痕为白色。透明、半透明、不透明。玻璃光泽、丝绢光泽。色散较强,多色性弱。有热电效应、压电效应。

二轴晶(+)。折射率为 Np=1.505、Nm=1.505、Ng=1.506,双折射率为 0.001。2V=80°。

{110}解理较好。性脆。断口呈不均匀、不规则的细小碎粒状。摩氏硬度为 5~5.5,相对密度为 2.20~2.26(测量)、2.27(计算)。

【晶体结构】

中沸石属于单斜(斜方)晶系,空间群为 $C2(Fdd2)$。晶胞参数:$a=5.670$ nm、$b=0.655$ nm、$c=1.848$ nm,$\beta=90°$,$Z=8$(斜方晶系的晶胞参数:$a=1.840$ nm、$b=5.666$ nm、$c=0.654$ nm,$Z=8$)。X 射线粉晶衍射数据 $d(\text{Å})(I/I_{max})$ 为 6.58(80)、5.89(80)、4.71(60)、4.38(70)、3.18(60)、2.88(100)(图 6-3-254)。晶体结构见图 6-3-255。

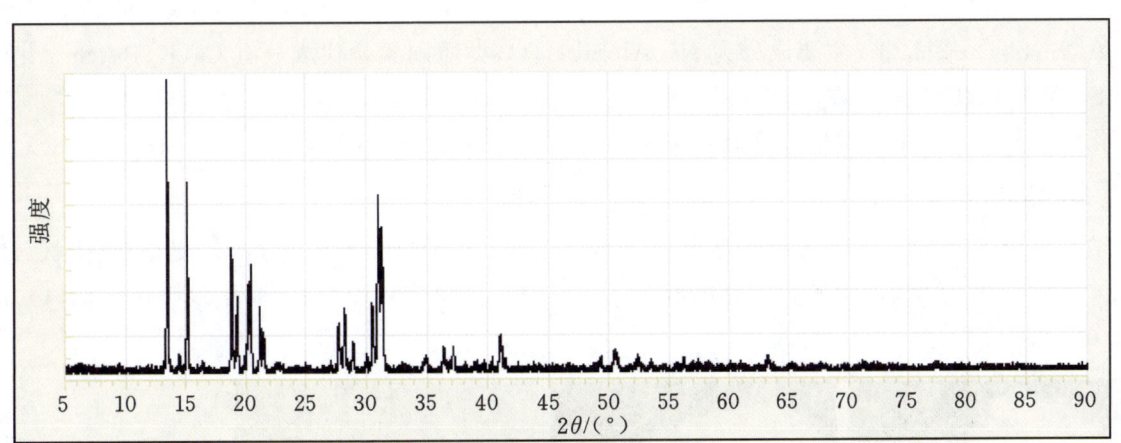

图 6-3-254 中沸石的 X 射线粉晶衍射图

【产状产地】

中沸石产于玄武岩和安山岩等喷出岩的气孔杏仁体及水热矿脉中,以孔隙填充物的形式出现。共生伴生矿物有方沸石、辉沸石、菱沸石及方解石。主要产地有印度(孟买)、美国(新泽西、华盛顿、俄勒冈、怀俄明)等。

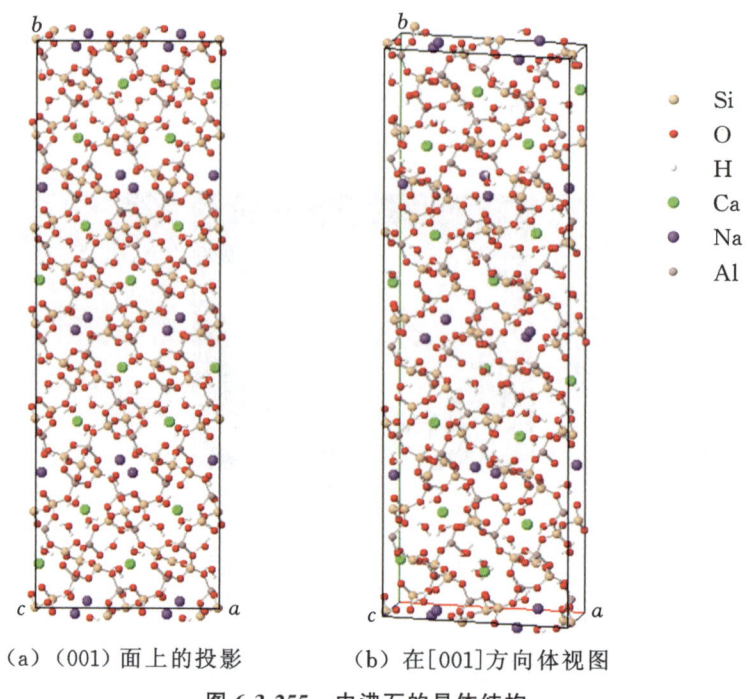

(a) (001)面上的投影　　(b) 在[001]方向体视图

图 6-3-255　中沸石的晶体结构

【主要用途】

中沸石与其他沸石一样,具有离子交换性、筛分性、吸附性和催化性,利用中沸石可去除水中的有害物质,改善水质,控制水质环境。常用以净化或分离混合成分物质,如气体的分离、石油的净化等。在地质学、物理学、化学、材料学、环境科学、晶体学、矿物学方面都有重要意义。

钠沸石

【化学性质】

钠沸石是一种含 Na 及 H_2O 的 $[Al_2Si_3O_{10}]$ 架状基型硅酸盐类矿物,其晶体化学式为 $Na_2[Al_2Si_3O_{10}] \cdot 2H_2O$。主要成分为 Na、Al、Si、H、O,类质同象替代成分有 Ca、K、Ba、Sr。化学组成中 Si/Al 值的变化不大,在 1.44～1.58 间。

化学成分中氧化物的质量分数为 Na_2O 16.30%、Al_2O_3 26.81%、SiO_2 47.41%、H_2O 9.48%。

【结晶形态】

钠沸石属于斜方晶系,斜方单锥晶类,对称型为 $mm2$。晶体形态(图 6-3-256)呈柱状、棒状、针状,聚合体呈放射状、球状、扇状等。主要单形有{010}、{110}、{100}、{111}。双晶依{110}、{011}方向,少见{031}。

(a) 钠沸石(澳大利亚)

(b) 钠沸石(澳大利亚)

(c) 钠沸石(美国新泽西)

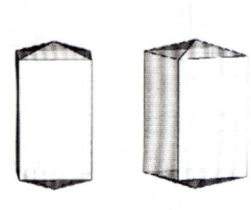
(d) 钠沸石的结晶形态

图 6-3-256　钠沸石

【物理特征】

钠沸石的颜色呈无色、白色、红色、黄白色、红白色、棕色、绿色、蓝色。条痕为白色。透明至半透明。玻璃光泽、珍珠光泽、丝绢光泽。色散弱,多色性弱。荧光呈亮橙色、浅绿色,亮橙色、绿白色。

二轴晶(+)。折射率为 Np=1.473~1.483、Nm=1.476~1.486、Ng=1.485~1.496,双折射率为 0.012~0.013。$2V=58°~64.3°$(测量)、$48°~62°$(计算)。

{110}解理较好、{010}解理中等。性脆。断口呈不均匀、不平整的次贝壳状。摩氏硬度为 5~5.5,相对密度为 2.20~2.26(测量)、2.25(计算)。

【晶体结构】

钠沸石属于斜方晶系,空间群为 $Fdd2$。晶胞参数:$a=1.827$ nm、$b=1.859$ nm、$c=0.656$ nm,$Z=8$。X 射线粉晶衍射数据 $d(Å)(I/I_{max})$ 为 6.58(100)、5.89(80)、4.42(60)、4.14(50)、3.19(90)、2.86(100)。晶体结构见图 6-3-257、图 6-3-258。

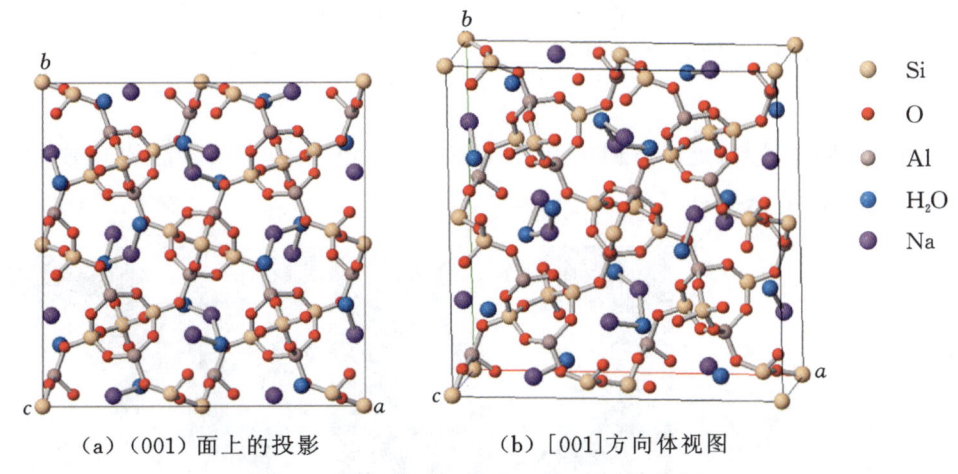

(a)(001)面上的投影　　(b)[001]方向体视图

图 6-3-257　钠沸石的晶体结构(原子排布位置)

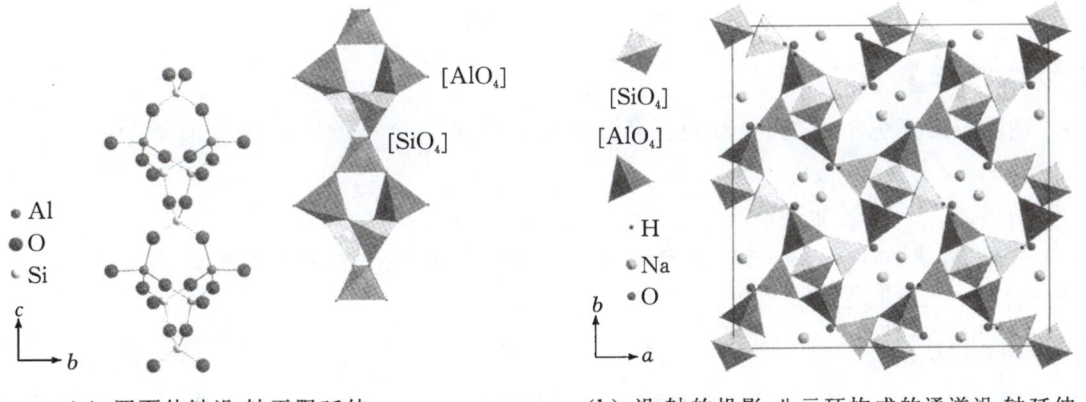

(a)四面体链沿c轴无限延伸　　(b)沿c轴的投影,八元环构成的通道沿c轴延伸

图 6-3-258　钠沸石的晶体结构

钠沸石是由(Si,Al)O_4 形成的网状结构,与钙沸石结构(单斜晶系)类似,但属斜方晶系,也是一种纤维状沸石。沸石硅氧骨架结构中含有 4、5、6、8、10 或 12 个四面体构成环,形成一定大小的孔洞及通道,使得加热脱水处理过的沸石能选择性地吸附大小适当的分子,因此沸石又被称为"分子筛"。

【产状产地】

钠沸石产于杏仁状基性玄武岩和其他相关岩石的空洞里或裂缝中,在霞石正长岩中也很常见。

共生伴生矿物有绿泥石、方解石、石英、葡萄石、自然铜、孔雀石、赤铜矿、铜蓝、绿纤石、绿帘石、各种沸石矿物。主要产地有爱尔兰、德国、法国、捷克、意大利、挪威、俄罗斯、加拿大、澳大利亚、摩纳哥、葡萄牙、印度、美国(新泽西)、中国(安徽、江苏)等。

【主要用途】

钠沸石晶体结构中有许多空隙和孔道,具有丰富的分子筛功能,用于离子交换、吸水脱水、化学催化、氧化还原、水质软化、废气处理、空气净化、土壤改良等。

钠沸石在地质学、物理学、化学、材料学、环境科学、晶体学、矿物学方面都有重要意义。

四方钠沸石

【化学性质】

四方钠沸石是一种含 Na 及 H_2O 的 $[Al_2Si_3O_{10}]$ 架状基型硅酸盐类矿物,其晶体化学式为 $Na_2[Al_2Si_3O_{10}] \cdot 4H_2O$。主要成分为 Na、Al、Si、H、O,类质同象替代成分有 K、Ca、Ba、Sr 等。

化学成分中氧化物的质量分数为 Na_2O 16.30%、Al_2O_3 26.81%、SiO_2 47.41%、H_2O 9.48%。

【结晶形态】

四方钠沸石属于四方晶系,复四方偏三角四面体晶类,对称型为 $\bar{4}2m$。晶体形态(图 6-3-259)呈粒状、块状,集合体呈球状、块状。

  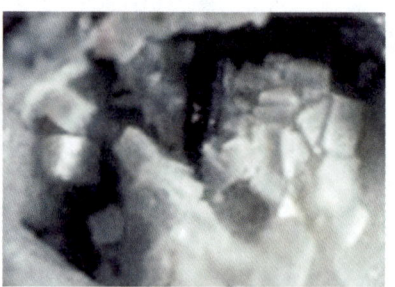

(a) 四方钠沸石(加拿大)　　(b) 四方钠沸石(意大利)　　(c) 四方钠沸石(美国新墨西哥)

图 6-3-259　四方钠沸石

【物理特征】

四方钠沸石的颜色呈白色、粉红色。条痕为白色。透明至不透明。玻璃光泽、土质光泽。色散弱,多色性无。荧光呈粉白色。

一轴晶(+)。折射率为 No=1.481、Ne=1.496,双折射率为 0.015。

无解理、不清楚。性脆。断口呈不均匀、不光滑的次贝壳状。摩氏硬度为 5,相对密度为 2.28(测量)、2.25(计算)。

【晶体结构】

四方钠沸石属于四方晶系,空间群为 $I\bar{4}2d$。晶胞参数:$a=1.302$ nm、$c=0.662$ nm,$Z=4$。X 射线粉晶主要衍射数据 d(Å)(I/I_{max})为 6.549(50)、4.387(50)、2.867(100)。晶体结构与纤沸石的相似性仍有争议。

【产状产地】

四方钠沸石类似于钠沸石,产于杏仁状基性玄武岩和其他相关岩石的空洞里或裂缝中,在霞石正长岩中也很常见。共生伴生矿物有方解石、石英、葡萄石、绿纤石、绿帘石。主要产地有加拿大、意大利、美国(新墨西哥)。

【主要用途】

四方钠沸石在地质学、物理学、化学、晶体学、矿物学方面都有一定意义。

水硅铝钙石

【化学性质】

水硅铝钙石是一种含 Ca、Be 及水分子 H_2O 的 $[Al_2Si_4O_{13}]$ 架状基型硅酸盐类矿物,其晶体化学式为 $Ca_2Be(OH)_2[Al_2Si_4O_{13}]\cdot 2.5H_2O$。主要成分为 Ca、Be、Al、Si、H、O,类质同象替代成分有 Na、K、Sr、Ba 等。

化学成分中氧化物的质量分数为 CaO 20.74%、BeO 4.63%、Al_2O_3 18.85%、SiO_2 44.45%、H_2O 11.33%。

【结晶形态】

水硅铝钙石属于四方晶系,复四方双锥晶类,对称型为 $4/mmm$。晶体形态(图 6-3-260)沿 c 轴方向呈针状、纤维状、丝绢状,集合体呈绒毛状、棉花团状。

图 6-3-260　水硅铝钙石(意大利)

【物理特征】

水硅铝钙石的颜色呈无色、白色、黄白色、黄色。条痕为白色。透明。玻璃光泽。色散弱,多色性无。

一轴晶(+)。折射率为 No=1.527、Ne=1.535,双折射率为 0.008。

{110}解理较好。脆性非常大。断口呈不均匀、不规则的细小碎粒状。摩氏硬度为 4,相对密度为 2.02(测量)、2.33(计算)。

【晶体结构】

水硅铝钙石属于四方晶系,空间群为 $I4/mcm$。晶胞参数:$a=1.833$ nm、$c=0.916$ nm,$Z=8$。X 射线粉晶主要衍射数据 d(Å)(I/I_{max})为 12.990(100)、9.230(49)、6.150(42)、3.605(41)、3.411(68)、3.198(34)、3.154(43)。晶体结构见图 6-3-261。

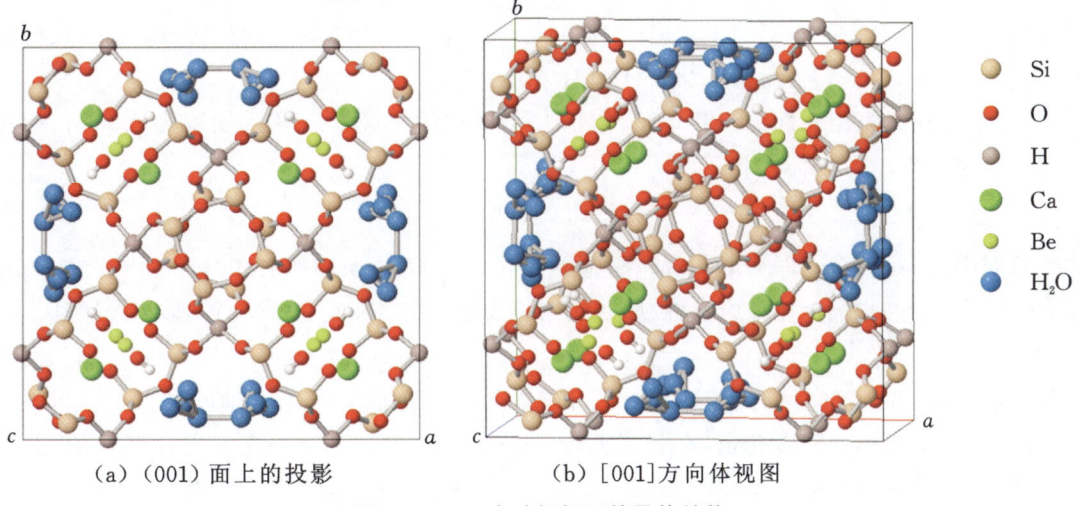

(a) (001)面上的投影　　　　(b) [001]方向体视图

图 6-3-261　水硅铝钙石的晶体结构

【产状产地】

水硅铝钙石产于切穿片麻岩的钠长石脉中的裂隙表面，主要产地有意大利。

【主要用途】

水硅铝钙石在地质学、物理学、化学、材料学、环境科学、晶体学、矿物学方面都有重要意义。

浊沸石族

浊沸石(laumontite) $Ca[AlSi_2O_6]_2 \cdot 4H_2O$

条沸石(yugawaralite) $Ca[AlSi_3O_8]_2 \cdot 4H_2O$

浊沸石

【化学性质】

浊沸石是一种含 Ca 及 H_2O 的 $[AlSi_2O_6]$ 架状基型硅酸盐类矿物，其晶体化学式为 $Ca[AlSi_2O_6]_2 \cdot 4H_2O$。主要成分为 Ca、Al、Si、H、O，类质同象替代成分有 Ba、Sr、K、Na、Fe 等。

化学成分中氧化物的质量分数为 CaO 11.92%、Al_2O_3 21.67%、SiO_2 51.09%、H_2O 15.32%。

【结晶形态】

浊沸石属单斜晶系，斜方柱晶类，对称型为 $2/m$。晶体形态（图 6-3-262）呈叶片状、薄板条状、棱柱状，集合体呈放射状、纤维状、块状。依{100}见双晶。

（a）浊沸石（印度）

（b）浊沸石（西班牙）

（c）浊沸石（奥地利）

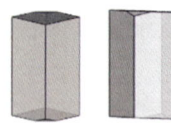
（d）浊沸石的结晶形态

图 6-3-262   浊沸石

【物理特征】

浊沸石呈无色、白色、灰色、珍珠白，杂质成分使其呈橙色、褐色、黄色、粉红色、棕色等。条痕为白色。玻璃光泽、珍珠光泽。透明、半透明至不透明。色散弱，多色性无。

二轴晶(−)。折射率为 Np=1.502～1.514，Nm=1.512～1.522，Ng=1.514～1.525，双折射率为 0.007～0.012。2V=26°～47°(测量)、34°～44°(计算)。

{010}、{110}解理完全。性脆。断口呈不规则、不平整的贝壳状。摩氏硬度为 3.5～4，相对密度为 2.23～2.41(测量)、2.25(计算)。

【晶体结构】

浊沸石属单斜晶系，空间群为 $C2/m$。晶胞参数：a=1.475 nm、b=1.307 nm、c=0.756 nm，β=112.04°，Z=4。X 射线粉晶主要衍射数据 $d(Å)(I/I_{max})$ 为 9.49(100)、4.16(60)、6.86(35)（图 6-3-263）。晶体结构见图 6-3-264。

在晶体结构（图 6-3-265）中，四元环和六元环组成骨架连接成平行于 c 轴的带。在平行于 c 轴方向上，形成相当于十元环的较大孔道，孔径椭圆形，为 0.4～0.56 nm。Ca 是三方柱形式的六次配位，为 4 个 O 和 2 个 H_2O 所围绕。

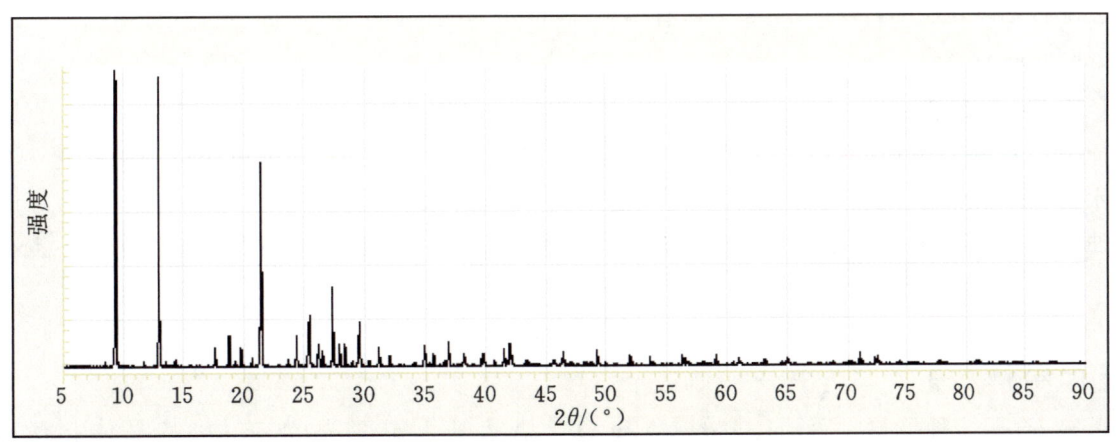

图 6-3-263　浊沸石的 X 射线粉晶衍射图

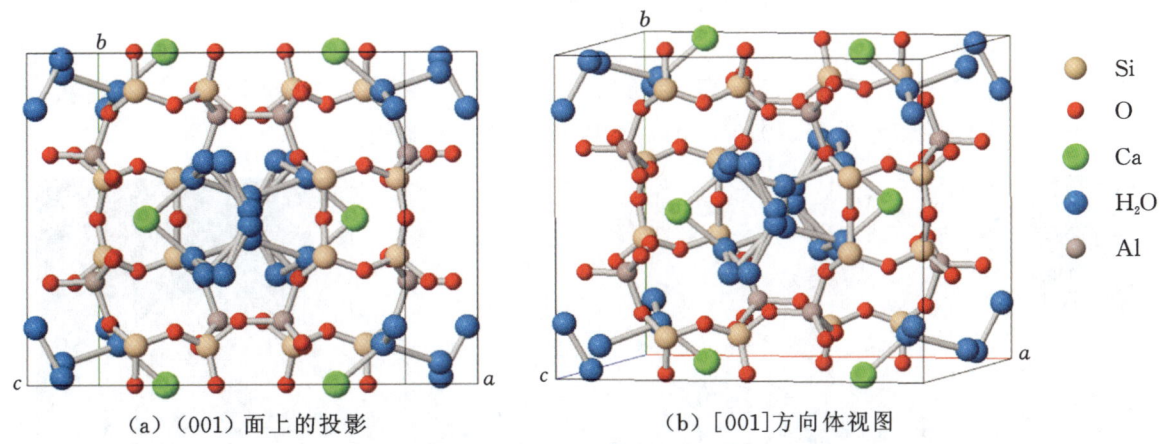

(a) (001) 面上的投影　　　　　(b) [001] 方向体视图

图 6-3-264　浊沸石的晶体结构

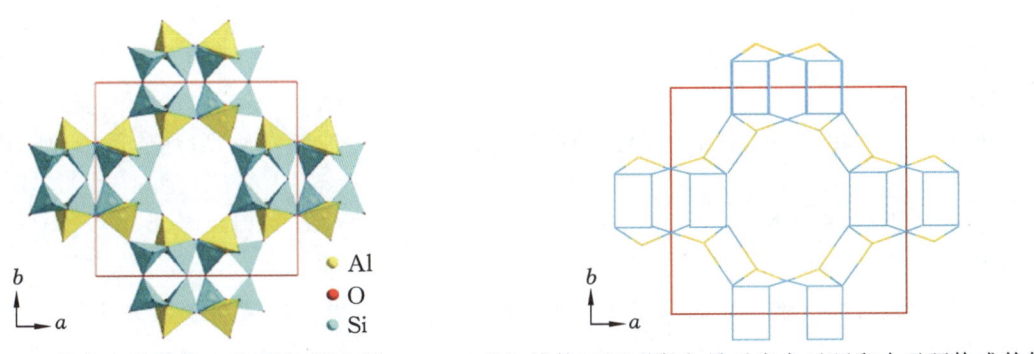

(a) 具有大孔道的十元环平行于 c 轴　　　(b) 连接 Si 和 Al 原子，显示出六元环和十元环构成的笼

图 6-3-265　浊沸石晶体结构沿 c 轴的投影

【产状产地】

浊沸石产于玄武岩、安山岩、变质岩和花岗岩及钙质岩石的热液矿床中，由次生矿化作用形成，主要见于火山岩、火山碎屑岩和硬砂岩内。浊沸石的出现也标志着变质作用开始。典型变质矿物组合如下：①浊沸石+绿泥石+石英；②浊沸石+葡萄石+绿泥石+石英；③葡萄石+方解石+绿泥石+石英。

片沸石转变为浊沸石和石英的变质反应的温度为 230 ℃ 左右。浊沸石相形成时的压力为 0.2～0.3 GPa，相当于 5～9 km 的深度。浊沸石完全分解转变为绿纤石的变质反应温度（浊沸石与葡萄石-绿纤石相的界线）为 360～370 ℃。

浊沸石常与其他沸石伴生,主要产地有印度、西班牙、奥地利、法国、冰岛、英国(苏格兰)、美国(新泽西、加利福尼亚)等。

【主要用途】

浊沸石的晶体结构中有许多空隙和孔道,具有丰富的分子筛的功能。浊沸石可用于离子交换、吸水脱水、化学催化、氧化还原、水质软化、废气处理、空气净化、土壤改良等。

浊沸石在地质学、物理学、化学、材料学、环境科学、晶体学、矿物学、宝石学方面都有重要意义。

条沸石

【化学性质】

条沸石是一种含 Ca 及 H_2O 的 $[AlSi_3O_8]$ 架状基型硅酸盐类矿物,其晶体化学式为 $Ca[AlSi_3O_8]_2 \cdot 4H_2O$。主要成分为 Ca、Al、Si、H、O,类质同象替代成分有 Fe、Mg、Na、K。

化学成分中氧化物的质量分数为 CaO 9.49%、Al_2O_3 17.26%、SiO_2 61.05%、H_2O 12.20%。

【结晶形态】

条沸石属于单斜晶系,反映双面晶类,对称型为 m。晶体(图 6-3-266)呈{010}片状、薄板状、板状、厚板状等。常见单形有{100}、{010}、{001}、{110}、{120}、{011}。

(a) 条沸石(法国)　　(b) 条沸石(美国华盛顿)　　(c) 条沸石(冰岛)

图 6-3-266　条沸石

【物理特征】

条沸石的颜色呈无色、白色、桃红色等。条痕为白色。透明。玻璃光泽、珍珠光泽。色散弱,多色性无。

二轴晶(+)。折射率为 Np=1.495、Nm=1.497、Ng=1.504,双折射率为 0.009。2V=78°(测量)、58°(计算)。

{010}解理中等、较差。性脆。断口呈不规则、不均匀的次贝壳状。摩氏硬度为 4.5,相对密度为 2.23(测量)、2.22(计算)。

【晶体结构】

条沸石属于单斜晶系,空间群为 Pc。晶胞参数:$a=0.672$ nm、$b=1.398$ nm、$c=1.005$ nm,$\beta=111.52°$,$Z=2$。X射线粉晶衍射数据 $d(Å)(I/I_{max})$ 为 7.010(31)、5.810(52)、4.672(70)、4.652(67)、4.295(26)、3.237(29)、3.057(100)(图 6-3-267)。晶体结构见图 6-3-268。

晶体结构中存在着四元、五元、八元环,与片沸石相似。

【产状产地】

条沸石在经温泉水蚀变的安山凝灰岩中呈细脉状或晶洞中产出。共生伴生矿物有石英、菱沸石、浊沸石等,主要产地有法国、冰岛、日本、美国(华盛顿)。

【主要用途】

条沸石在地质学、物理学、化学、材料学、环境科学、晶体学、矿物学方面都有重要意义。

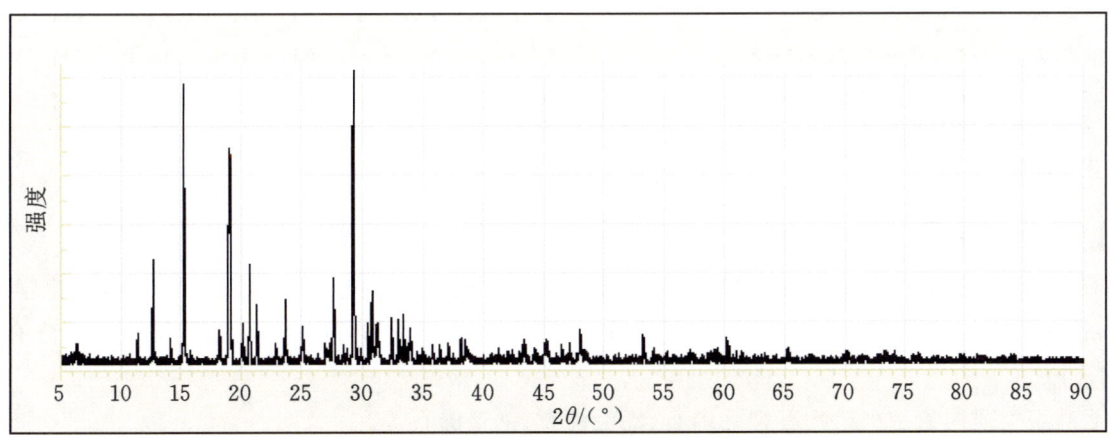

图 6-3-267　条沸石的 X 射线粉晶衍射图

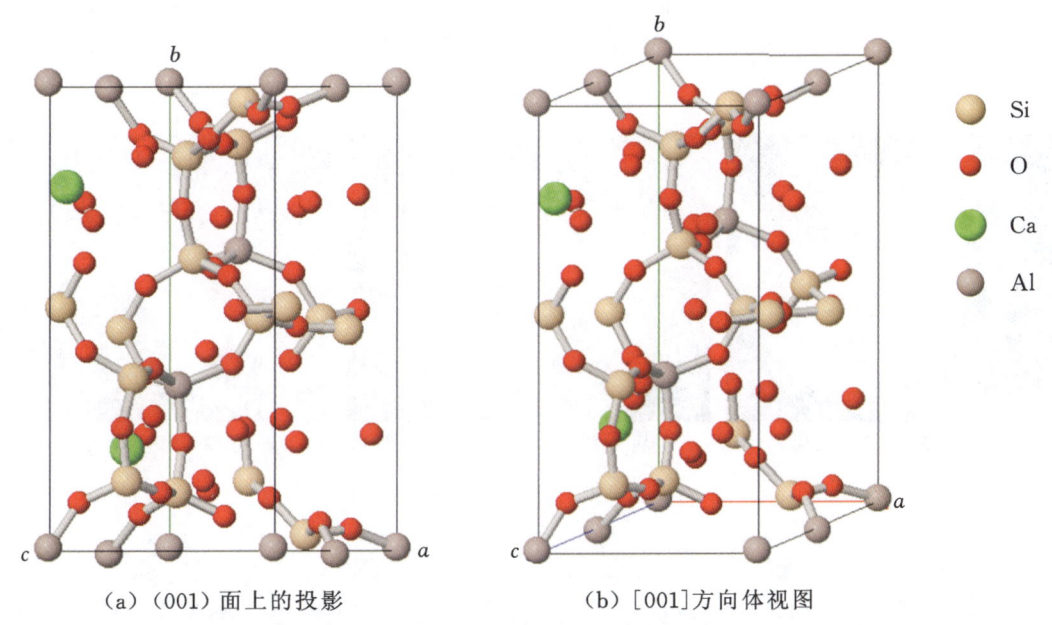

(a)（001）面上的投影　　　　　(b)［001］方向体视图

图 6-3-268　条沸石的晶体结构

毛沸石族

毛沸石(erionite)	$(K_2Na_2Ca)_2[Al_2Si_7O_{18}]_2 \cdot 15H_2O$
钙毛沸石(erionite-Ca)	$(Ca,Na_2,K_2)_2[Al_2Si_7O_{18}]_2 \cdot 15H_2O$
钠毛沸石(erionite-Na)	$(Na_2,K_2,Ca)_2[Al_2Si_7O_{18}]_2 \cdot 15H_2O$
钾毛沸石(erionite-K)	$(K_2,Ca,Na_2)_2[Al_2Si_7O_{18}]_2 \cdot 15H_2O$
菱钾沸石(offretite)	$KCaMg[Al_5Si_{13}O_{36}] \cdot 15H_2O$
针沸石(又称镁针沸石,mazzite)	$K_2CaMg_2[(Al,Si)_9O_{18}]_2 \cdot 28H_2O$
钠针沸石(mazzite-Na)	$Na_8[Al_4Si_{14}O_{36}]_2 \cdot 30H_2O$
丝光沸石(mordenite)	$(Na_2,Ca,K_2)_4[Al_2Si_{10}O_{24}]_4 \cdot 28H_2O$
环晶沸石(dachiardite)	$(Na_2,Ca,K_2)_2[AlSi_5O_{12}]_4 \cdot nH_2O, n=13\sim25$
钙环晶沸石(dachiardite-Ca)	$(Ca,Na_2,K_2)_5[Al_5Si_{19}O_{48}]_2 \cdot 25H_2O$
钠环晶沸石(dachiardite-Na)	$(Na_2,Ca,K_2)_5[Al_5Si_{19}O_{48}]_2 \cdot 25H_2O$
钾环晶沸石(dachiardite-K)	$(K_2,Ca,Na_2)_2[AlSi_5O_{12}]_4 \cdot 13H_2O$

斜发沸石(clinoptilolite-Ca)	$(Ca,Na,K)_{2\sim3}[Al_3(Al,Si)_2Si_{13}O_{36}]\cdot12H_2O$
钠斜发沸石(clinoptilolite-Na)	$(Na,K,Ca)_{2\sim3}[Al_3(Al,Si)_2Si_{13}O_{36}]\cdot12H_2O$
钾斜发沸石(clinoptilolite-K)	$(K,Na,Ca)_{2\sim3}[Al_3(Al,Si)_2Si_{13}O_{36}]\cdot12H_2O$

毛沸石

【化学性质】

毛沸石是一种含 K、Na、Ca 及 H_2O 的 $[Al_2Si_7O_{18}]$ 架状基型硅酸盐类矿物，其晶体化学式为 $(K_2Na_2Ca)_2[Al_2Si_7O_{18}]_2\cdot15H_2O$。主要成分为 K、Na、Ca、Al、Si、H、O，类质同象替代成分有 Ba、Sr、Mg、Fe。

毛沸石类质同象系列矿物有钾毛沸石、钙毛沸石、钠毛沸石等。

【结晶形态】

毛沸石属于六方晶系，复六方双锥晶类，对称型为 $6/mmm$，是一种罕见的天然纤维状 Na、K、Ca 的铝硅酸盐矿物。晶体形态(图 6-3-269)呈毛发状、针状、纤维状、长柱状等，聚合体呈纤维状、放射状、扇状等。

（a）钙毛沸石（意大利）　　（b）钾毛沸石（美国亚利桑那）　　（c）钾毛沸石（美国亚利桑那）

图 6-3-269　毛沸石

【物理特征】

毛沸石的颜色呈无色、白色、灰白色，由于其他杂色混入呈多种颜色。条痕为白色。透明至半透明。玻璃光泽、丝绢光泽。色散弱，多色性无。

一轴晶(+)。折射率为 No=1.468～1.472、Ne=1.473～1.476，双折射率为 0.003。

{010}解理清楚。性脆。断口呈不平整、不均匀的细小碎粒状。摩氏硬度为 3.5～4，相对密度为 2.02～2.13(测量)。

具有良好的热稳定性和吸收水力，无磁性、无放射性。

【晶体结构】

毛沸石属于六方晶系，空间群为 $P6_3/mmc$。晶胞参数：$a=1.326$ nm、$c=1.512$ nm，$Z=2$。X 射线粉晶衍射数据 $d(Å)(I/I_{max})$ 为 11.57(100)、6.63(80)、4.34(70)、3.80(90)、2.84(100)、2.50(70)、1.65(70)。

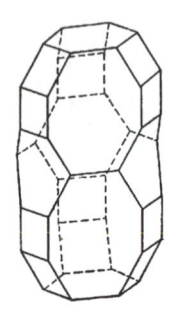

图 6-3-270　毛沸石六方柱状孔穴

毛沸石的晶体结构(图 6-3-270)与菱沸石相近，$[(Si,Al)O_4]$ 四面体围成六方柱状孔穴，柱的方向与六次轴(或三次轴)平行。与菱沸石不同的是，毛沸石相邻笼子之间不是双六方环而是单一的六方环。$[(Si,Al)O_4]$ 四面体链沿 c 轴延伸。

【产状产地】

毛沸石是一种较为罕见的纤维状含 Na、K、Ca 的铝硅酸盐矿物，产于流纹凝灰岩中，玄武岩空洞中。共生伴生矿物有方碱沸石、片沸石、黄铁矿、蛋白石等。主要产地有土耳其、意大利、澳大利亚、美国(亚利桑那、内华达、俄勒冈、犹他)等。

【主要用途】

毛沸石可吸收水分子(矿物质量的20%),高强度选择性地吸收气体、进行离子交换和催化性能。在地质学、物理学、化学、材料学、环境科学、晶体学、矿物学方面都有重要意义。毛沸石是一种致癌物质。

钙毛沸石

【化学性质】

钙毛沸石是一种含 Ca 及 H_2O 的 $[Al_2Si_7O_{18}]$ 架状基型硅酸盐类矿物,其晶体化学式为 $(Ca,Na_2,K_2)_2[Al_2Si_7O_{18}]_2 \cdot 15H_2O$ 或 $Ca_5[Al_5Si_{13}O_{36}]_2 \cdot 30H_2O$。主要成分为 Ca、Al、Si、H、O,类质同象替代成分有 Na、K、Ba、Sr、Mg、Fe。

化学成分中氧化物的质量分数为 K_2O 2.50%、Na_2O 1.01%、CaO 4.42%、MgO 1.19%、Al_2O_3 15.50%、SiO_2 55.94%、H_2O 19.44%。

【结晶形态】

钙毛沸石属于六方晶系,复六方双锥晶类,对称型为 $6/mmm$。晶体形态(图6-3-271)呈棒状、柱状、针状等,聚合体呈放射状、扇状等。

图 6-3-271　钙毛沸石(意大利)

【物理特征】

钙毛沸石的颜色呈白色、灰绿色、灰白色、灰色、橙色等,由于其他杂色混入呈多种颜色。条痕为白色。透明至半透明。玻璃光泽、丝状光泽。色散弱,多色性弱。

一轴晶(+)。折射率为 No=1.471、Ne=1.474,双折射率为 0.003。

{010}解理完全。性脆。断口呈不均匀、不平整的细小碎片状。摩氏硬度为 3.5~4,相对密度为 2.02~2.13(测量)、2.08(计算)。

具有良好的热稳定性和吸水性,无磁性、无放射性。

【晶体结构】

钙毛沸石属于六方晶系,空间群为 $P6_3/mmc$。晶胞参数:$a=1.333$ nm、$c=1.509$ nm,$Z=1$。X射线粉晶主要衍射数据 $d(Å)(I/I_{max})$ 为 11.41(100)、6.61(73)、4.32(67)(图6-3-272)。晶体结构见图6-3-273。

晶胞参数与菱沸石相近,也同样具有笼子状的孔穴。其 $[(Si,Al)O_4]$ 四面体围成六方柱状孔穴,柱的方向与六次轴(或三次轴)平行。与菱沸石不同的是,相邻笼子之间不是双六方环而是单一的六方环。$[(Si,Al)O_4]$ 四面体链沿 c 轴延伸。

【产状产地】

钙毛沸石是一种较为罕见纤维状含 Ca 的铝硅酸盐矿物,发现于流纹凝灰岩中及蚀变火山玄武岩和沉积岩中。共生伴生矿物有方碱沸石、片沸石、黄铁矿等。主要产地有意大利、日本(新潟)、美国

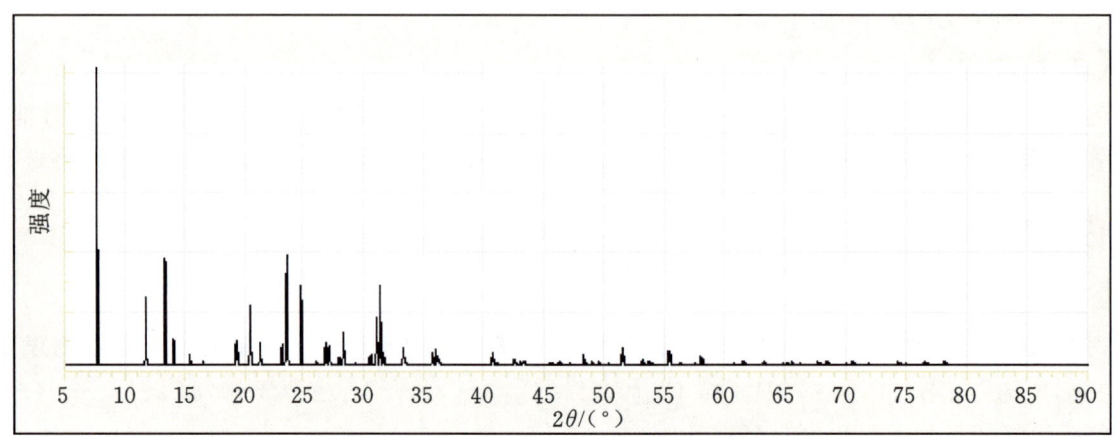

图 6-3-272　钙毛沸石的 X 射线粉晶衍射图

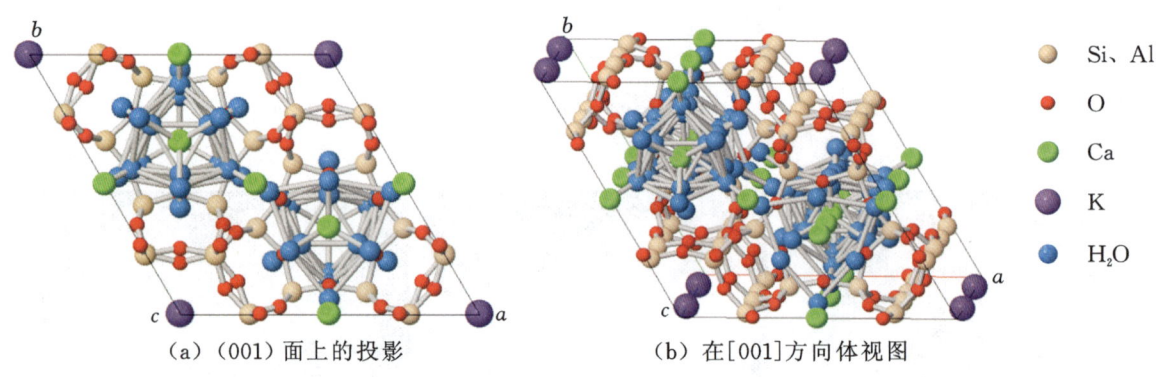

(a)（001）面上的投影　　(b) 在[001]方向体视图

图 6-3-273　钙毛沸石的晶体结构

（加利福尼亚、俄勒冈）等。

【主要用途】

钙毛沸石可大量吸收水分子,高强度选择性吸收气体、进行离子交换和催化性能。钙毛沸石在地质学,物理学,化学,材料学,环境科学,晶体学,矿物学,宝石学方面都有重要意义。钙毛沸石是一种致癌物质。

钠毛沸石

【化学性质】

钠毛沸石是一种含 Na 及 H_2O 的[$Al_2Si_7O_{18}$]架状基型硅酸盐类矿物,其晶体化学式为 $(Na_2,K_2,Ca)_2[Al_2Si_7O_{18}]_2 \cdot 15H_2O$。主要成分为 Na、Al、Si、H、O,类质同象替代成分有 K、Ca、Ba、Sr 等。

化学成分中氧化物的质量分数为 K_2O 3.35%、Na_2O 6.16%、CaO 0.22%、MgO 0.27%、Al_2O_3 13.73%、FeO 0.05%、SiO_2 60.45%、H_2O 15.77%。

【结晶形态】

钠毛沸石属于六方晶系,复六方双锥晶类,对称型为 $6/mmm$。是一种罕见的天然纤维状以 Na 为特征,含 K、Ca 的铝硅酸盐矿物。晶体(图 6-3-274)呈毛发状、针状、纤维状,集合体呈放射状、扇状等。

【物理特征】

钠毛沸石的颜色呈无色、白色、灰白色、绿色、橙色,由于其他杂色混入呈多种颜色。条痕为白色。透明至半透明。玻璃光泽、丝绢光泽。色散无,多色性弱。

（a）钠毛沸石（俄罗斯）　　（b）钠毛沸石（澳大利亚）　　（c）钠毛沸石（意大利）

图 6-3-274　钠毛沸石

一轴晶（+）。折射率为 No=1.471、Ne=1.474，双折射率为 0.003。

{010}解理中等。性脆。断口呈不平整、不规则的碎裂。摩氏硬度为 3.5～4，相对密度为 2.02～2.13（测量）、2.05（计算）。

具有良好的热稳定性和吸水性，无磁性、无放射性。

【晶体结构】

钠毛沸石属于六方晶系，空间群为 $P6_3/mmc$。晶胞参数：$a=1.321$ nm，$c=1.505$ nm，$Z=1$。X 射线粉晶主要衍射数据 d(Å)(I/I_{max})为 9.87(100)、6.57(80)、4.32(50)（图 6-3-275）。晶体结构见图 6-3-276。

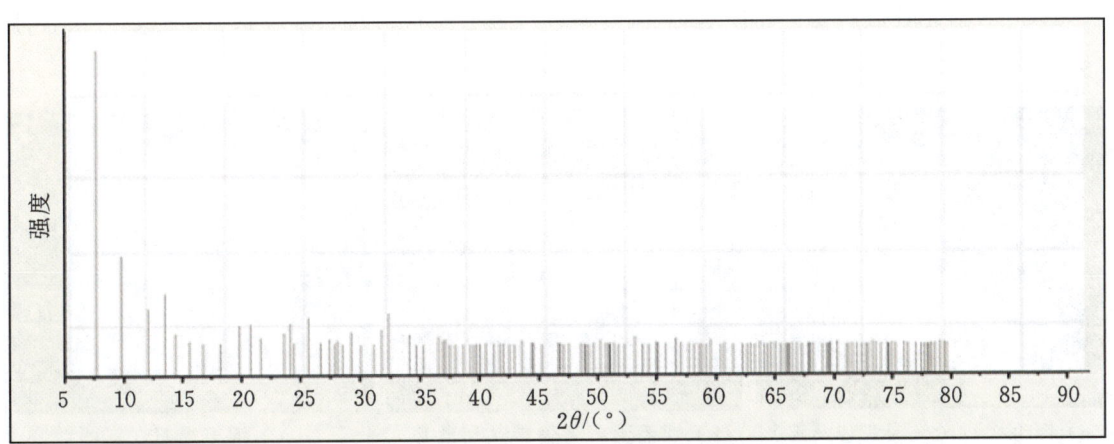

图 6-3-275　钠毛沸石的 X 射线粉晶衍射图

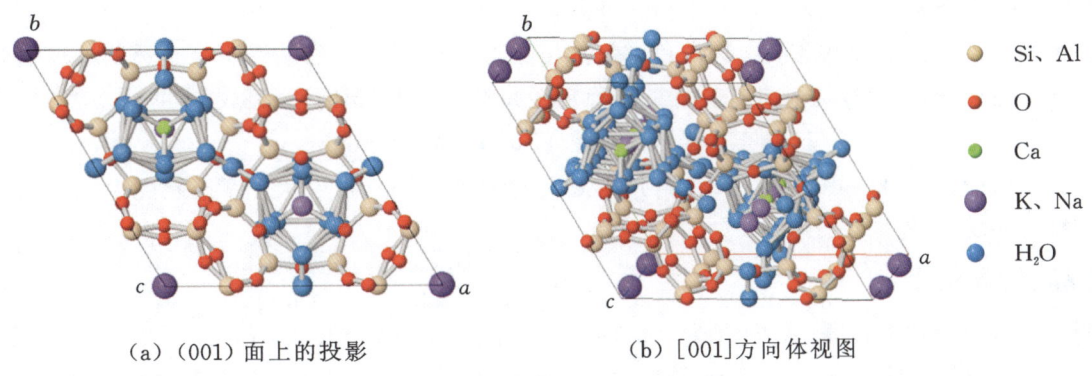

（a）(001)面上的投影　　　　　　（b）[001]方向体视图

图 6-3-276　钠毛沸石的晶体结构

在晶体结构中，[(Si,Al)O$_4$]四面体连接成架状基型硅酸盐晶体结构，形成六方笼状结构，类似于菱沸石。钠毛沸石与钙毛沸石、钾毛沸石的晶体结构相同。

【产状产地】

钠毛沸石产于火山岩和沉积岩中,常见于蚀变的硅质凝灰岩,尤其是在盐湖沉积中。共生伴生矿物有方碱沸石、片沸石等。主要产地有俄罗斯、澳大利亚、意大利、美国(加利福尼亚、俄勒冈)等。

【主要用途】

钠毛沸石可吸收水分子(矿物质量的20%),高强度选择性地吸收气体、进行离子交换和有催化性能。钠毛沸石也是一种致癌物质。

钠毛沸石在地质学、物理学、化学、材料学、环境科学、晶体学、矿物学方面都有重要意义。

钾毛沸石

【化学性质】

钾毛沸石是一种含K及H_2O的$[Al_2Si_7O_{18}]$架状基型硅酸盐类矿物,其晶体化学式为$(K_2,Ca,Na_2)_2[Al_2Si_7O_{18}]_2 \cdot 15H_2O$或$K_5[Al_5Si_{13}O_{36}] \cdot 15H_2O$。主要成分为K、Al、Si、H、O,类质同象替代成分有Ca、Na、Ba、Sr、Mg、Fe。

化学成分中氧化物的质量分数为K_2O 5.28%、BaO 0.10%、Na_2O 2.42%、CaO 1.88%、MgO 0.09%、Al_2O_3 13.87%、SiO_2 56.88%、H_2O 19.48%。

【结晶形态】

钾毛沸石属于六方晶系,复六方双锥晶类,对称型为$6/mmm$。一种罕见的天然纤维状以K为特征,含Na、Ca的铝硅酸盐矿物。晶体形态(图6-3-277)呈毛发状、针状、纤维状、长柱状等,集合体呈放射状、扇状等。

  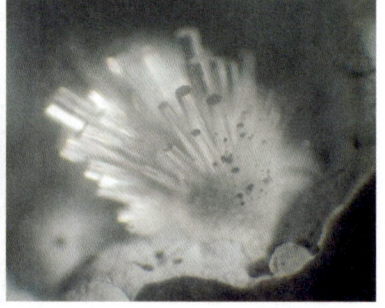

(a) 钾毛沸石(美国亚利桑那)　　(b) 钾毛沸石(美国亚利桑那)　　(c) 钾毛沸石(新西兰)

图6-3-277　钾毛沸石

【物理特征】

钾毛沸石的颜色呈无色、白色、灰白色、绿色、橙色等。条痕为白色。透明至半透明。玻璃光泽、丝绢光泽。色散弱,多色性无。具有良好的热稳定性和吸收水力,无磁性、无放射性。

一轴晶(+)。折射率为No=1.471、Ne=1.474,双折射率为0.003。

{010}解理清楚。性脆。断口呈不均匀、不规则的细小碎片或碎粒状。摩氏硬度为3.5~4,相对密度为2.02~2.13(测量)、2.16(计算)。

【晶体结构】

钾毛沸石属于六方晶系,空间群为$P6_3/mmc$。晶胞参数:$a=1.325$ nm、$c=1.511$ nm,$Z=1$。X射线粉晶主要衍射数据d(Å)(I/I_{max})为9.27(90)、6.81(50)、4.18(48)(图6-3-278)。晶体结构见图6-3-279。

在晶体结构中,$[(Si,Al)O_4]$四面体连接成架状基型硅酸盐晶体结构,形成六方笼状结构,类似于菱沸石。钾毛沸石与钙毛沸石、钠毛沸石的晶体结构相同。

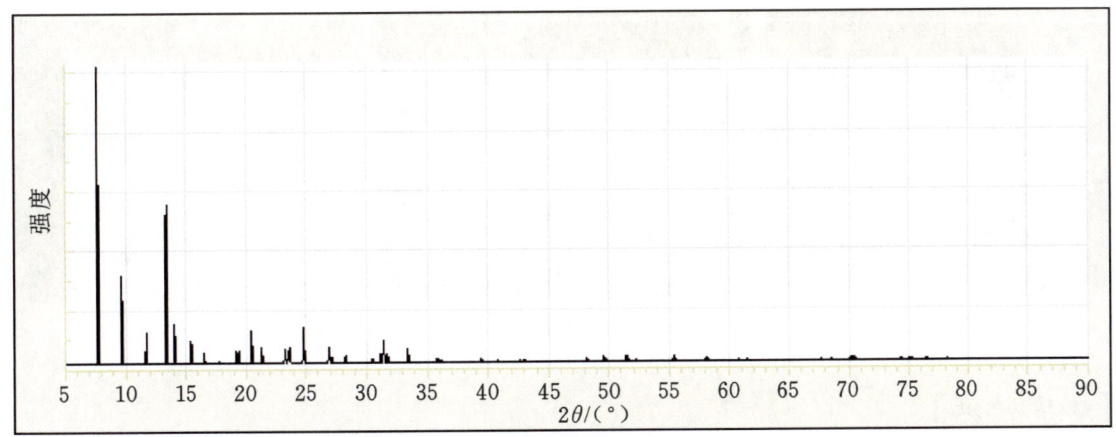

图 6-3-278　钾毛沸石的 X 射线粉晶衍射图

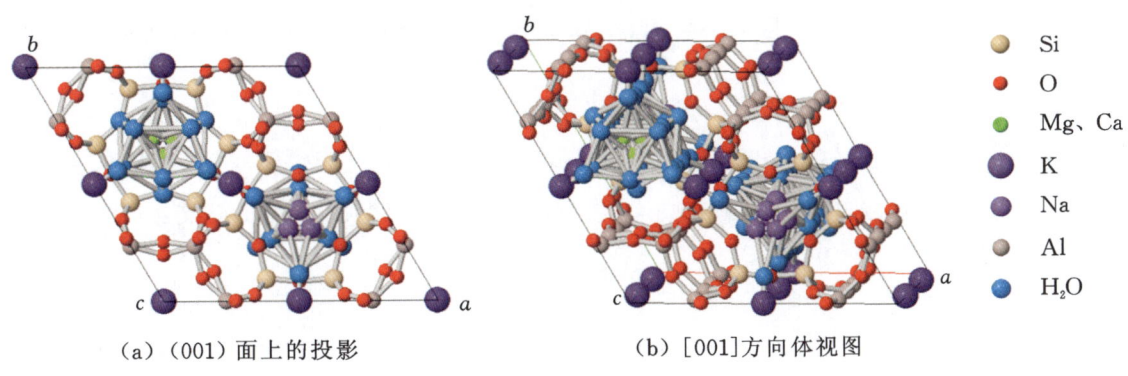

（a）（001）面上的投影　　　　（b）[001]方向体视图

图 6-3-279　钾毛沸石的晶体结构

【产状产地】

钾毛沸石产于火山岩和沉积岩中，也常见于蚀变硅质凝灰岩，尤其是在盐湖沉积中。共生伴生矿物有方碱沸石、片沸石等。主要产地有土耳其、美国（亚利桑那、俄勒冈）、新西兰、加拿大等。

【主要用途】

钾毛沸石可吸收水分子（矿物质量的 20%），高强度选择性地吸收气体、进行离子交换和具有催化性能。钾毛沸石也是一种致癌物质。

钾毛沸石在地质学、物理学、化学、材料学、环境科学、晶体学、矿物学方面都有重要意义。

菱钾沸石

【化学性质】

菱钾沸石是一种含 K、Ca、Mg 及 H_2O 的 $[(Si_{13}Al_5)O_{36}]$ 架状基型硅酸盐类矿物，其晶体化学式为 $KCaMg[Al_5Si_{13}O_{36}]\cdot 15H_2O$。主要成分为 K、Ca、Mg、Al、Si、H、O，类质同象替代成分有 Na、Ba、Sr、Fe。

化学成分中氧化物的质量分数为 K_2O 3.76%、CaO 4.24%、MgO 1.94%、Al_2O_3 18.24%、SiO_2 52.98%、H_2O 18.84%。

【结晶形态】

菱钾沸石属于六方晶系，复三方双锥晶类，对称型为 $6m2$。晶体（图 6-3-280）呈横截面为六边形的柱形、棱柱形、细长棱柱形，放射状等。

图 6-3-280　菱钾沸石（德国）

【物理特征】

菱钾沸石的颜色呈无色、白色。条痕为白色。透明至半透明。玻璃光泽。色散弱，多色性无。一轴晶（－）。折射率为 No＝1.489～1.495、Ne＝1.486～1.492，双折射率为 0.003。

{0001}解理中等。性脆。断口呈不均匀、不规则的碎片。摩氏硬度为 4～4.5，相对密度为 2.13（测量）、2.07（计算）。

【晶体结构】

菱钾沸石属于六方晶系，空间群为 $P\bar{6}m2$。晶胞参数：a＝1.329 nm、c＝0.758 nm，Z＝1。X 射线粉晶主要衍射数据 $d(\text{Å})(I/I_{max})$ 为 11.500(100)、5.760(35)、4.352(60)、3.837(48)、3.322(22)、2.880(65)（图 6-3-281）。晶体结构见图 6-3-282。

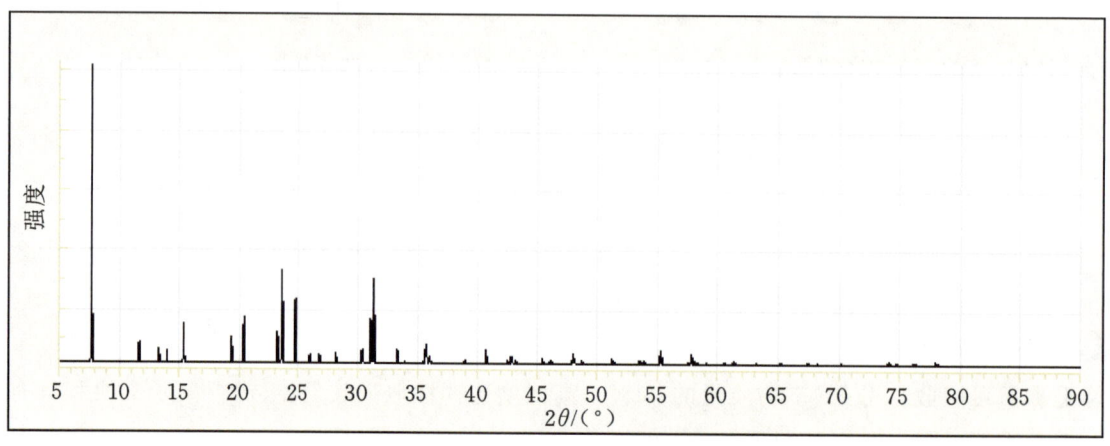

图 6-3-281　菱钾沸石的 X 射线粉晶衍射图

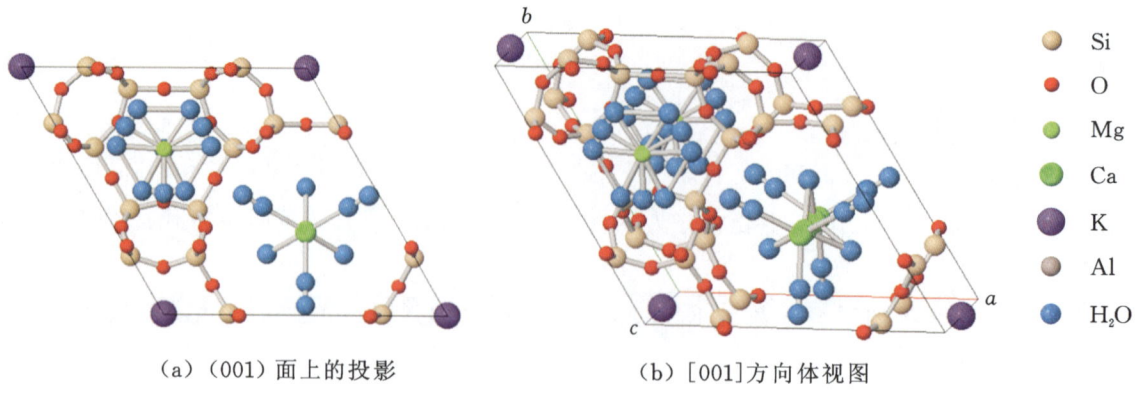

(a)（001）面上的投影　　　　(b)[001]方向体视图

图 6-3-282　菱钾沸石的晶体结构

晶体结构（图 6-3-283）中有 A、B 两种洞穴，分别由 K、Mg 占据，并交互排列围成一个十二元的大孔道，其中被 Ca、H_2O 占有。

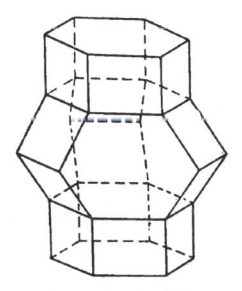
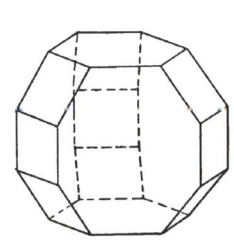
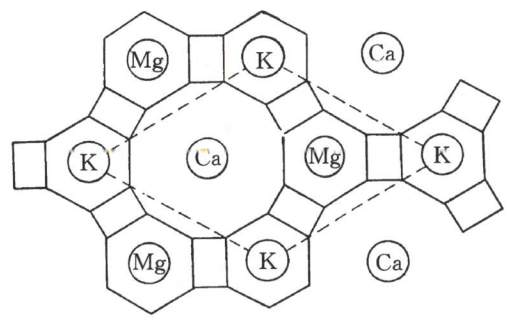

(a) 分别表示两种洞穴　　　(b) 分别表示两种洞穴　　　(c) 孔穴连接方式（沿c轴投影）

图 6-3-283　菱钾沸石的晶体结构

【产状产地】

菱钾沸石玄武岩经钾蚀变而成，主要产地有德国、法国等。

【主要用途】

菱钾沸石在地质学、物理学、化学、材料学、环境科学、晶体学、矿物学方面都有重要意义。

针沸石

【化学性质】

针沸石是一种含 K、Ca、Mg 及 H_2O 的 $[(Al,Si)_9O_{18}]$ 架状基型硅酸盐类矿物，其晶体化学式为 $K_2CaMg_2[(Al,Si)_9O_{18}]_2·28H_2O$。主要成分为 K、Ca、Mg、Al、Si、H、O，类质同象替代成分有 Na、Ba、Sr、Fe、Mn 等。

化学成分中氧化物的质量分数为 K_2O 3.19%、CaO 2.80%、MgO 2.87%、Al_2O_3 17.79%、SiO_2 56.70%、H_2O 16.65%。

针沸石类矿物有镁针沸石、钠针沸石。

【结晶形态】

针沸石属于六方晶系，复六方双锥晶类，对称型为 $6/mmm$。晶体（图 6-3-284）呈针状、棱柱状、细长棱柱。聚合体呈粒状、放射状等。

图 6-3-284　针沸石（法国）

【物理特征】

针沸石的颜色呈无色、白色。条痕为白色。透明至半透明。玻璃光泽、珍珠光泽。色散弱，多色性弱。

一轴晶（一）。折射率为 No=1.506、Ne=1.499，双折射率为 0.007。

{010}解理。性脆。断口呈不规则、不均匀的细小碎粒状。摩氏硬度为 4～5，相对密度为 2.11（测量）、2.08（计算）。

【晶体结构】

针沸石属于六方晶系,空间群为 $P6_3/mmc$。晶胞参数:$a=1.839$ nm、$c=0.765$ nm,$Z=1$。X 射线粉晶衍射数据 d(Å)(I/I_{max})为 9.200(60)、3.824(94)、3.531(90)、3.185(100)、2.941(100)。晶体结构见图 6-3-285。

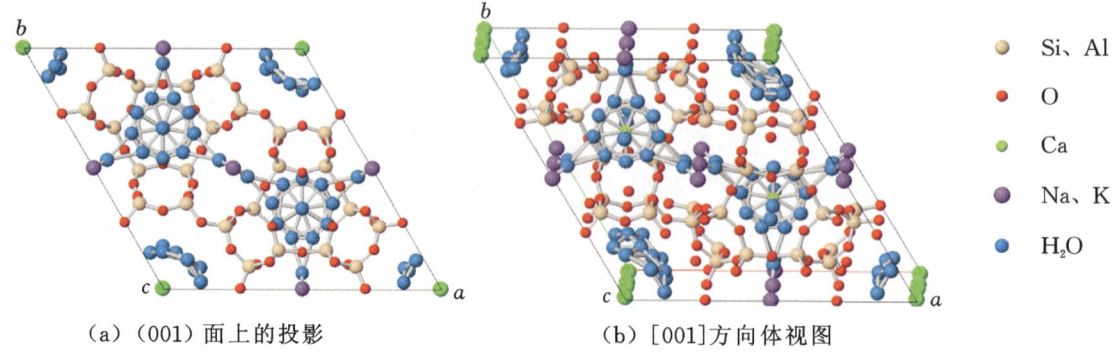

(a)(001)面上的投影   (b)[001]方向体视图

图 6-3-285　针沸石的晶体结构

【产状产地】

针沸石产于玄武岩的洞穴中。随着钠针沸石的发现,针沸石更名为镁针沸石。共生伴生矿物有橄榄石、钙十字沸石、硅钾铝石、菱沸石、方解石、菱铁矿等。主要产地有法国。

【主要用途】

针沸石在地质学、物理学、化学、材料学、环境科学、晶体学、矿物学方面都有重要意义。

钠针沸石

【化学性质】

钠针沸石是一种含 Na 及 H_2O 的[$Al_4Si_{14}O_{36}$]架状基型硅酸盐类矿物,其晶体化学式为 Na_8[$Al_4Si_{14}O_{36}$]$_2$·30H_2O。主要成分为 Na、Al、Si、H、O,类质同象替代成分有 K、Mg、Ca、Ba、Fe 等。

化学成分中氧化物的质量分数为 Na_2O 8.07%、K_2O 0.03%、BaO 0.16%、CaO 0.17%、MgO 0.22%、Al_2O_3 14.35%、FeO 0.60%、SiO_2 57.64%、H_2O 18.76%。

【结晶形态】

钠针沸石属于六方晶系,复六方双锥晶类,对称型为 $6/mmm$。晶体(图 6-3-286)呈针状、丝维状、细长棱柱。聚合体呈针状、长丝状、放射状等。

(a)钠针沸石(加拿大)　　(b)钠针沸石(加拿大)　　(c)钠针沸石(美国加利福尼亚)

图 6-3-286　钠针沸石

【物理特征】

钠针沸石的颜色呈无色、白色。条痕为白色。透明至不透明。玻璃光泽。色散弱,多色性无。

一轴晶(＋)。折射率为 No＝1.471、Ne＝1.472,双折射率为 0.001。

解理不清楚。性脆。断口呈不规则、不平整的碎粒状。摩氏硬度未测定,相对密度为 2.16(测量)、2.18(计算)。

【晶体结构】

钠针沸石属于六方晶系,空间群为 $P6_3/mmc$。晶胞参数:$a＝1.823$ nm、$c＝0.764$ nm,$Z＝1$。X 射线粉晶衍射数据 d(Å)(I/I_{max})为 9.08(100)、6.86(70)、5.95(70)、4.681(40)、3.787(80)、3.511(40)、3.150(70)。晶体结构见图 6-3-287。

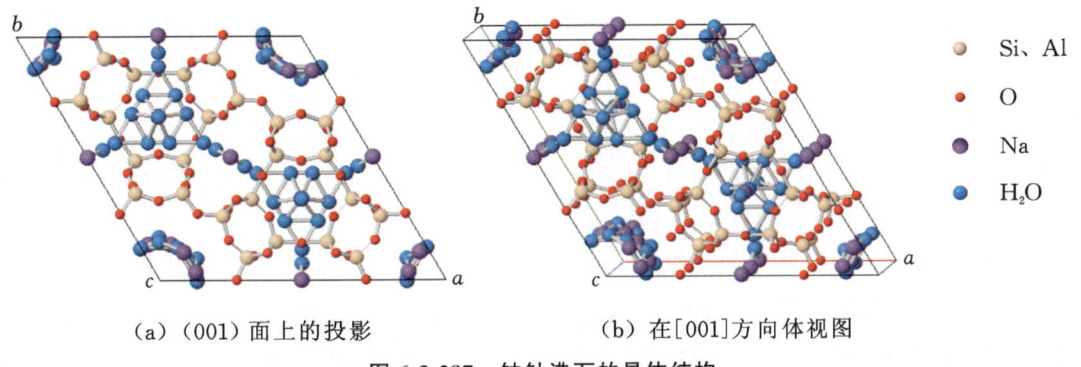

(a) (001)面上的投影　　　(b) 在[001]方向体视图

图 6-3-287　钠针沸石的晶体结构

在钠针沸石的晶体结构中,框架由平行于 c 轴的柱状笼组成,形成两种通道:一个横截面为椭圆形的 8 元环,另一个横截面为圆形的 12 元环。在结构框架外,Na^+ 位于 3 个不同的位置。Na_I 位于相邻的钠菱沸石笼之间的 6 环中心,由 6 个骨架 O 原子和 2 个 H_2O 分子配位。Na_{II} 位于 8 元环通道的中心线上,由 4 个骨架 O 原子和 2 个 H_2O 分子配位。Na_{III} 占据沿着 12 元环通道壁的位置,并与 2 个骨架 O 原子和 4 个 H_2O 分子配位。

【产状产地】

钠针沸石是产于玄武岩空穴中的沸石矿物。共生伴生矿物有钙十字沸石、硅钾铝石、菱沸石、方解石、菱铁矿。主要产地有意大利、加拿大、美国(加利福尼亚)。

【主要用途】

钠针沸石在地质学、物理学、化学、材料学、环境科学、晶体学、矿物学方面都有重要意义。

丝光沸石

【化学性质】

丝光沸石是一种含 Na、Ca 及 H_2O 的 $[Al_2Si_{10}O_{24}]$ 架状基型硅酸盐类矿物,其晶体化学式为 $(Na_2,Ca,K_2)_4[Al_2Si_{10}O_{24}]_4·28H_2O$。主要成分为 Na、Ca、Al、Si、H、O,类质同象替代成分有 K、Ba、Sr、Mg、Fe 等。具有很高的 Si/Al 值,Si/Al 值为 4.17～5,较其他沸石更能抵抗酸的侵蚀。

化学成分中氧化物的质量分数为 K_2O 0.54%、Na_2O 3.90%、CaO 3.21%、Al_2O_3 12.83%、SiO_2 67.36%、H_2O 12.16%。

丝光沸石类质同象系列矿物有钡丝光沸石。

【结晶形态】

丝光沸石属于斜方晶系,斜方单锥晶类,对称型为 $mm2$。晶体(图 6-3-288)平行 c 轴呈丝状、针状、细棒状,聚合体呈放射状、束状、纤维状、棉絮状、肾状等。

【物理特征】

丝光沸石的颜色呈无色、白色、浅黄色、浅绿色、玫瑰色、粉红色。条痕为白色。透明至半透明。

(a) 丝光沸石（印度）　　(b) 丝光沸石（冰岛）　　(c) 丝光沸石（美国华盛顿）

图 6-3-288　丝光沸石

玻璃光泽、丝绢光泽。色散无，多色性无，荧光无。

二轴晶（＋／－）。折射率为 Np＝1.472～1.483、Nm＝1.475～1.485、Ng＝1.477～1.487，双折射率为 0.004～0.005。$2V=76°～90°$（测量）、$78°～88°$（计算）。

{100}解理完全，{010}解理中等。性脆。断口呈不均匀、不平坦的碎粒。摩氏硬度为 3～4，相对密度为 2.12～2.15（测量）、2.125（计算）。

【晶体结构】

丝光沸石属于斜方晶系，空间群为 $Cmc2_1$。晶胞参数：$a=1.811$ nm、$b=2.051$ nm、$c=0.752$ nm，$Z=4$。X 射线粉晶主要衍射数据 $d(Å)(I/I_{max})$ 为 9.06(100)、4.00(70)、3.48(45)（图 6-3-289）。晶体结构见图 6-3-290。

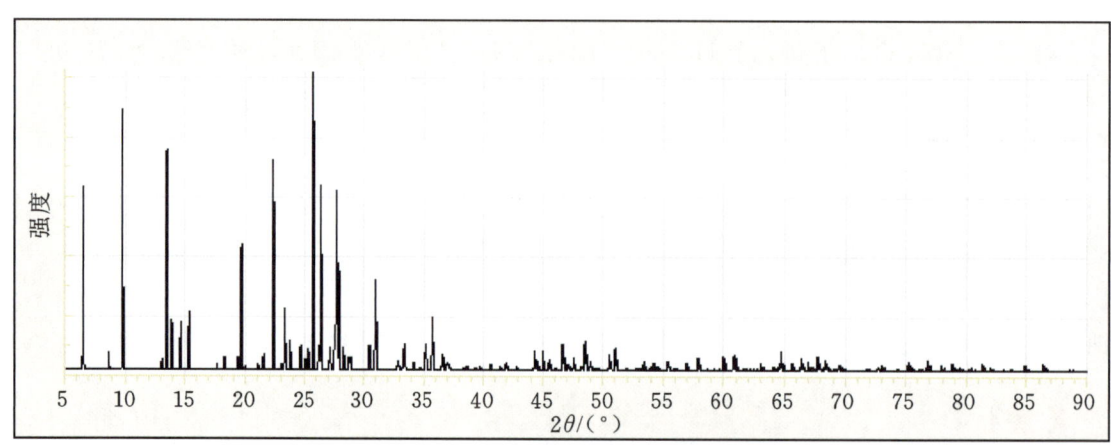

图 6-3-289　丝光沸石的 X 射线粉晶衍射图

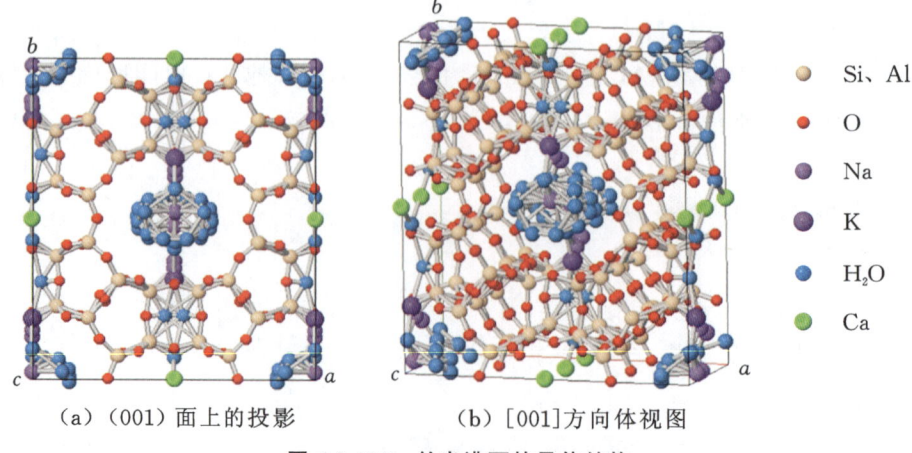

(a) (001)面上的投影　　(b) [001]方向体视图

图 6-3-290　丝光沸石的晶体结构

晶体结构(图 6-3-291)中存在着[(Si,Al)O₄]四面体五元环所组成的链,平行 c 轴延伸。从硅铝氧骨架连结方式(沿 c 轴和 b 轴的投影)可以看出四、五、八、十二元环相互间的关系。其中直径最大的就是由十二元环组成的直筒形孔道,截面呈椭圆形,直径最大为 0.7 nm,最小为 0.58 nm,主孔道平行于 c 轴。其次为平行于 b 轴,由八元环组成的孔道相连通。但由于八元环排列不是很规则,孔径较小,约为 0.28 nm,一般分子不易进出,所以丝光沸石吸附分子主要是在主孔道出入,和八面沸石的笼子形孔穴不同。由于双晶等原因,主孔道容易堵塞。晶体结构的缺陷,使其通道的有效直径降低至约 0.4 nm。

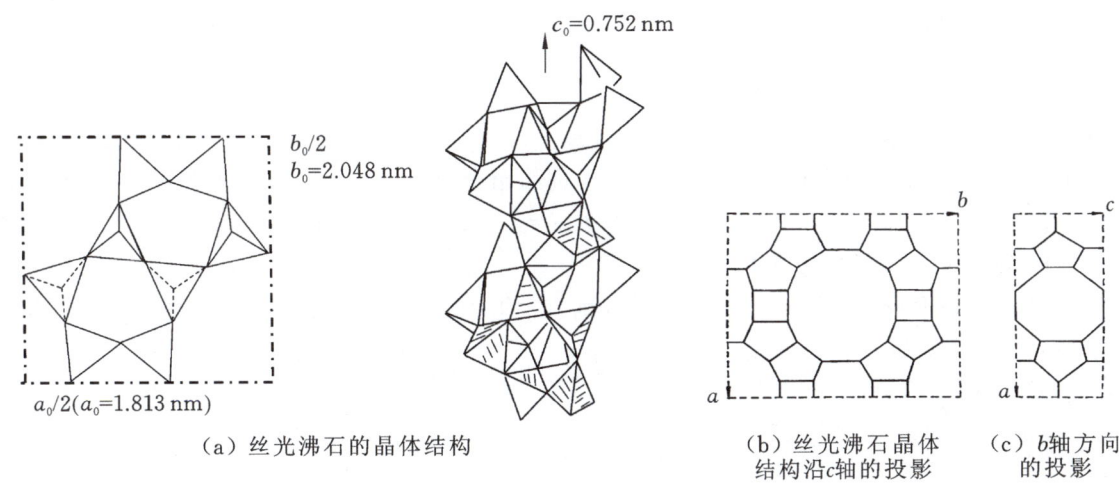

(a) 丝光沸石的晶体结构　　(b) 丝光沸石晶体结构沿 c 轴的投影　　(c) b 轴方向的投影

图 6-3-291　丝光沸石的晶体结构

每一个晶胞中的 8 个 Na^+,有 4 个位于主孔道周围的八元环孔道中,另外 4 个位置不确定。

【产状产地】

丝光沸石常见于流纹岩、安山岩和玄武岩等火山岩中,中酸性火山岩的裂隙和气孔中,火山玻璃的水化产物中,各种岩浆岩的矿脉和杏仁体中,沉积物的自发生成矿物中。共生伴生矿物有方解石、高岭石、海绿石、方沸石、辉沸石、片沸石、斜发沸石等。主要产地有印度、日本、冰岛、奥地利、意大利、加拿大、美国(华盛顿、俄勒冈、加利福尼亚、亚利桑那)、中国(河北、辽宁)等。

【主要用途】

丝光沸石的晶体结构中有许多空隙和孔道,具有丰富的分子筛的功能,广泛用于离子交换、吸水脱水、化学化工、氧化还原、水质软化、空气净化、石油加工、土壤改良、建筑材料等方面,是重要的分子筛材料之一。在地质学、物理学、化学、材料学、环境科学、晶体学、矿物学方面都有重要意义。

环晶沸石

【化学性质】

环晶沸石是一种含 Na、Ca、K 及 H_2O 的[$AlSi_5O_{12}$]架状基型硅酸盐类矿物,其晶体化学式为 $(Na_2,Ca,K_2)_2[AlSi_5O_{12}]_4 \cdot nH_2O$,$n=13\sim25$。主要成分为 Na、Ca、K、Al、Si、H、O,类质同象替代成分有 Mg、Fe。

化学成分中氧化物的质量分数为 K_2O 1.85%、BaO 0.07%、Na_2O 4.44%、CaO 1.64%、MgO 0.09%、Al_2O_3 13.20%、Fe_2O_3 0.49%、SiO_2 65.14%、H_2O 13.08%。

环晶沸石类似矿物有钙环晶沸石、钾环晶沸石、环晶沸石。

【结晶形态】

环晶沸石属于单斜晶系,斜方柱晶类,对称型为 $2/m$。晶体(图 6-3-292)呈针状、棒状、柱状,集合呈放射状、扇状、块状等。在{110}罕见环状双晶。

(a) 环晶沸石（奥地利）　　（b) 环晶沸石（德国）　　（c) 环晶沸石（意大利）

图 6-3-292　环晶沸石

【物理特征】

环晶沸石的颜色呈无色、白色。条痕为白色。透明至半透明。玻璃光泽。色散较强，多色性弱。

二轴晶（＋）。折射率为 $Np=1.488\sim1.494$、$Nm=1.490\sim1.496$、$Ng=1.494\sim1.499$，双折射率为 0.006。$2V=58°\sim73°$（测量）、$72°\sim80°$（计算）。

{001}、{100}解理较好。性脆。断口呈不规则、不均匀的次贝壳状。摩氏硬度为 $4\sim4.5$，相对密度为 $2.165\sim2.206$（测量）、$2.138\sim2.141$（计算）。

【晶体结构】

环晶沸石属于单斜晶系，空间群为 $C2/m$。晶胞参数：$a=1.803$ nm、$b=0.752$ nm、$c=1.020$ nm，$\beta=104.46°$，$Z=1$。

环晶沸石铝硅氧骨架[$(Al,Si)O_4$]连接成六元环（图 6-3-293），结构层平行于（010）面，其中两个薄层平行于 a 轴连接。平行于 b 轴形成了十元环（孔穴直径 0.53 nm×0.34 nm）微椭圆形的通道，通过平行于 c 轴的八元环（孔穴直径 0.37 nm×0.48 nm）通道连接。

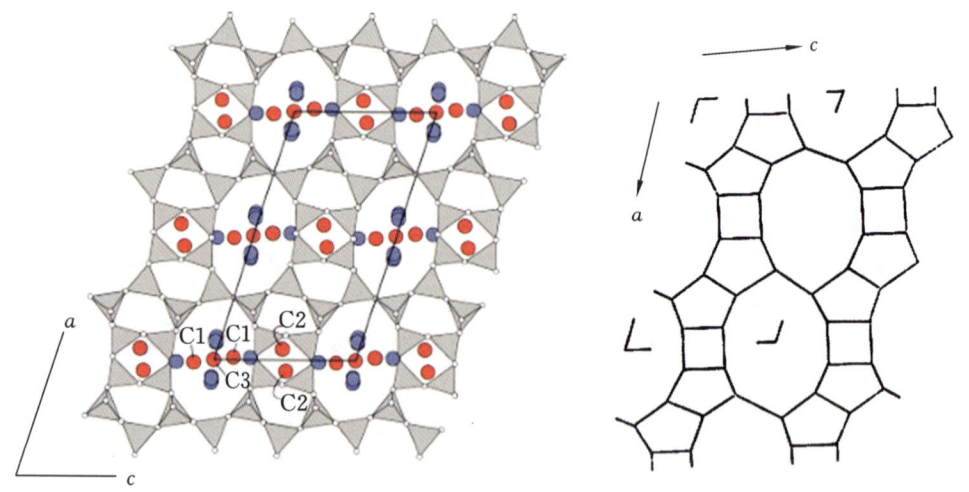

图 6-3-293　环晶沸石的晶体结构（沿十元环主要通道的投影）

阳离子（红色）和 H_2O 分子（蓝色）位于通道中。阳离子位点 C_1 和 C_3 与 H_2O 分子一起位于 b 和 c 通道的交叉处。

在环晶沸石中 C_1 有大约 35% 的占位率，而 C_3 却没有被发现，C_2 占位（K）位于（001）八元环中的 c 通道中，占用率约为 15%。

【产状产地】

环晶沸石产于火山玄武岩中，一些伟晶岩中。共生伴生矿物有方解石、富硅的沸石。主要产地有意大利、奥地利、德国、日本等。

【主要用途】

环晶沸石在地质学、物理学、化学、材料学、环境科学、晶体学、矿物学、宝石学方面都有重要意义。

钙环晶沸石

【化学性质】

钙环晶沸石是一种含 Ca、Na、K 及 H_2O 的 $[Al_5Si_{19}O_{48}]$ 架状基型硅酸盐类矿物,其晶体化学式为 $(Ca,Na_2,K_2)_5[Al_5Si_{19}O_{48}]_2 \cdot 25H_2O$。主要成分为 Ca、Na、K、Al、Si、H、O,类质同象替代成分有 Cs、Ba、Sr、Mg、Fe。

化学成分中氧化物的质量分数为 Cs_2O 0.86%、K_2O 2.42%、BaO 0.09%、Na_2O 0.73%、SrO 0.69%、CaO 4.82%、Al_2O_3 13.82%、Fe_2O_3 0.09%、SiO_2 63.76%、H_2O 12.62%。

【结晶形态】

钙环晶沸石属于单斜晶系,斜方柱晶类,对称型为 $2/m$。晶体形态(图 6-3-294)呈片状、叶片状、长柱状、板块状,聚合体呈块状。常见单形有 $\{001\}$、$\{100\}$、$\{\bar{2}01\}$、$\{110\}$。常见双晶。

图 6-3-294　钙环晶沸石(意大利)

【物理特征】

钙环晶沸石的颜色呈无色、白色、乳白色、粉红色、橘红色、黄色、橙色,薄片无色等。条痕为白色。透明至半透明。玻璃光泽、丝绢光泽。色散中等,多色性弱。

二轴晶(+)。折射率为 Np=1.488~1.494、Nm=1.490~1.496、Ng=1.494~1.499,双折射率为 0.005~0.006。$2V=58°\sim73°$(测量)、$72°\sim80°$(计算)。

$\{100\}$、$\{001\}$ 解理较好。性脆。断口呈不均匀、不平整的贝壳状。摩氏硬度为 4~4.5,相对密度为 2.14~2.21(测量)、2.18(计算)。

【晶体结构】

钙环晶沸石属于单斜晶系,空间群为 $C2/m$。晶胞参数:$a=1.864$ nm、$b=0.750$ nm、$c=1.027$ nm、$\beta=107.75°$,$Z=1$。X 射线粉晶衍射数据 $d(\text{Å})(I/I_{max})$ 为 8.900(50)、6.910(50)、4.970(50)、4.880(50)、3.542(100)、3.204(100)、1.873(75)(图 6-3-295)。晶体结构见图 6-3-296。

【产状产地】

钙环晶沸石产于水热液环境中,常出现在花岗岩伟晶岩和富硅玄武岩晚期孔洞中。共生伴生矿物除钾环晶沸石外,还有钠丝光沸石等。主要产地有美国(俄勒冈)、意大利。

【主要用途】

钙环晶沸石在地质学、物理学、化学、材料学、环境科学、晶体学、矿物学、宝石学方面都有重要意义。

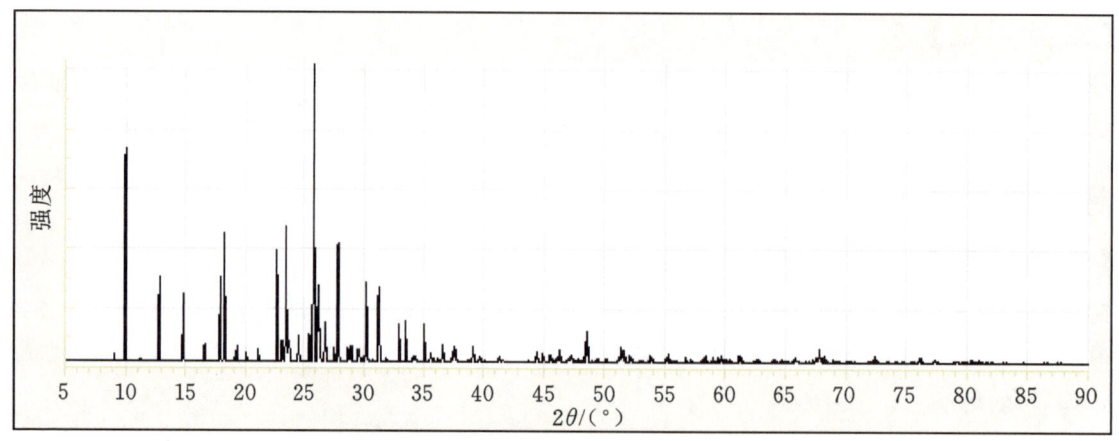

图 6-3-295 钙环晶沸石的 X 射线粉晶衍射图

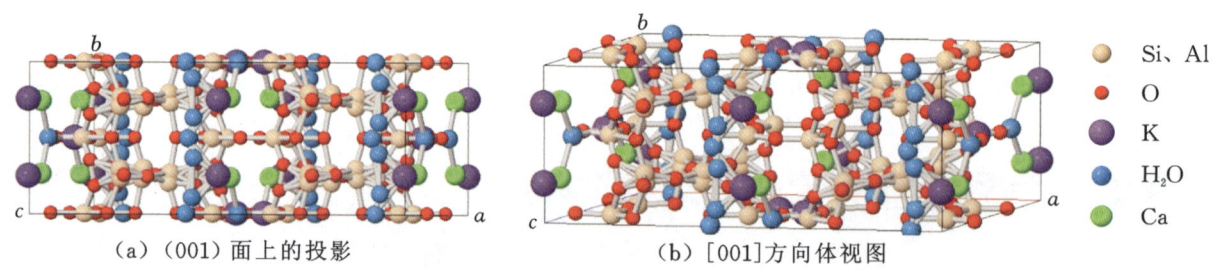

(a) (001) 面上的投影　　(b) [001] 方向体视图

图 6-3-296 钙环晶沸石的晶体结构

钠环晶沸石

【化学性质】

钠环晶沸石是一种含 Na 及 H_2O 的 $[Al_5Si_{19}O_{48}]$ 架状基型硅酸盐类矿物,其晶体化学式为 $(Na_2,Ca,K_2)_5[Al_5Si_{19}O_{48}]_2 \cdot 25H_2O$。主要成分为 Na、K、Ca、Al、Si、H、O,类质同象替代成分有 K、Na、Ca、Ba、Sr、Mg、Fe。

化学成分中氧化物的质量分数为 K_2O 1.85%、BaO 0.08%、Na_2O 4.44%、CaO 1.64%、MgO 0.09%、Al_2O_3 13.70%、Fe_2O_3 0.49%、SiO_2 64.33%、H_2O 13.38%。

【结晶形态】

钠环晶沸石属于单斜晶系,斜方柱晶类,对称型为 $2/m$。晶体形态(图 6-3-297)呈棒状、柱状、长柱状,聚合体呈放射状、束状、针纤维状。主要单形有 {001}、{100}、{$\bar{2}$01}、{110}。

(a) 钠环晶沸石(奥地利)

(b) 钠环晶沸石(德国)

(c) 钠环晶沸石(加拿大)

图 6-3-297 钠环晶沸石

【物理特征】

钠环晶沸石的颜色呈无色、白色、黄色、粉红色、红色、橙色,薄片中呈无色。条痕为白色。透明至半透明。玻璃光泽、油脂光泽。色散较强,多色性无。

二轴晶(+)。折射率为 Np=1.477、Nm=1.478、Ng=1.481,双折射率为 0.005～0.006。2V=65°(测量)。

{100}解理较好。性脆。断口呈不均匀、不平整的次贝壳状。摩氏硬度为 4～4.5,相对密度为 2.18(测量)、2.17(计算)。

【晶体结构】

钠环晶沸石属于单斜晶系,空间群为 $C2/m$。晶胞参数:$a=1.867$ nm、$b=0.751$ nm、$c=1.023$ nm、$\beta=107.79°$,$Z=1$。X 射线粉晶衍射数据 d(Å)(I/I_{max})为 3.45(100)、8.88(80)、6.92(80)、3.75(70)、4.86(60)、3.2(60)。

【产状产地】

钠环晶沸石是产于钙碱性火山岩和深成岩的次生热液蚀变矿物。共生伴生矿物有其他沸石等。主要产地有意大利、奥地利、德国、加拿大。

【主要用途】

钠环晶沸石在地质学、物理学、化学、材料学、环境科学、矿物学方面都有重要意义。

钾环晶沸石

【化学性质】

钾环晶沸石是一种含 K 及 H_2O 的[$AlSi_5O_{12}$]架状基型硅酸盐类矿物,其晶体化学式为 $(K_2,Ca,Na_2)_2[AlSi_5O_{12}]_4·13H_2O$,也可写成 $(K_2Ca)[AlSi_5O_{12}]_4·13H_2O$。主要成分为 K、Al、Si、H、O,类质同象替代成分有 Ca、Na、Ba、Sr、Mg、Fe 等。

化学成分中氧化物的质量分数为 K_2O 4.51%、CaO 3.27%、BaO 0.41%、Al_2O_3 10.66%、SiO_2 67.95%、H_2O 13.20%。

【结晶形态】

钾环晶沸石属于单斜晶系,斜方柱晶类,对称型为 $2/m$。晶体(图 6-3-298)呈柱状、长柱状,聚合呈扇状、放射状等。

【物理特征】

钾环晶沸石的颜色呈雪白色。条痕为白色。透明。玻璃光泽。色散弱,多色性无。

二轴晶(+)。折射率为 Np=1.477、Nm=1.478、Ng=1.481,双折射率为 0.004。2V=65°(测量)。

{100}解理较好。性脆。断口呈不均匀、不平整台阶式。摩氏硬度为 4,相对密度为 2.18(测量)、2.169(计算)。

【晶体结构】

钾环晶沸石属于单斜晶系,空间群为 $C2/m$。晶胞参数:$a=1.867$ nm,$b=0.751$ nm,$c=1.023$ nm,$\beta=107.79(3)$,$Z=1$。X 射线粉晶衍射数据 d(Å)(I/I_{max})为 9.760(24)、8.850(58)、4.985(13)、4.870(59)、3.807(16)、3.768(20)、3.457(100)、2.966(17)。

图 6-3-298　钾环晶沸石(保加利亚)

【产状产地】

钾环晶沸石产于钙碱性火山岩中,为次生热液蚀变矿物。共生伴生矿物有蒙脱石、蛇纹石、丝光沸石、钠镁碱沸石、镁碱沸石、钾镁碱沸石、钠环晶沸石、斜发沸石、钙斜发沸石、方解石和重晶石。主要产地有保加利亚。

【主要用途】

钾环晶沸石在地质学、物理学、化学、材料学、环境科学、晶体学、矿物学方面都有重要意义。

斜发沸石

【化学性质】

斜发沸石，又称钙斜发沸石，是含 Ca、Na、K 及 H_2O 的 $[Al_3(Al,Si)_2Si_{13}O_{36}]$ 架状基型硅酸盐类矿物，晶体化学式为 $(Ca,Na,K)_{2\sim3}[Al_3(Al,Si)_2Si_{13}O_{36}] \cdot 12H_2O$，通式为 $M_{3\sim6}[(Al_3Si_{15})O_{36}]_2 \cdot 12H_2O$，其中 M＝Ca、Na、K。主要成分为 Ca、Na、K、Al、Si、H、O，类质同象替代成分有 Ba、Sr、Mg 等。

化学成分中氧化物的质量分数为：K_2O 1.83%、Na_2O 1.99%、CaO 3.89%、MgO 0.25%、Al_2O_3 12.49%、SiO_2 63.98%、H_2O 15.57%。

斜发沸石与片沸石之间可形成类质同象系列：钙斜发沸石与钙片沸石系列，钾斜发沸石与钾片沸石系列，钠斜发沸石与钠片沸石系列。在斜发沸石中阳离子含量变化很大，Ca、Na 和 K 成分是主要的，其次有 Sr、Ba 等。斜发沸石的类质同象系列矿物有钾斜发沸石、钠斜发沸石、钙斜发沸石。

【结晶形态】

斜发沸石属于单斜晶系，斜方柱晶类，对称型为 $2/m$。晶体形态（图 6-3-299）细小，呈毛发状、片状、柱状、板状、粒状等，聚合体呈放射状、棉絮状、毛发状。常见单形有 $\{010\}$、$\{001\}$、$\{101\}$、$\{20\bar{1}\}$ 等。

（a）钙斜发沸石（新西兰）　　（b）钙斜发沸石（美国新泽西）　　（c）钙斜发沸石（加拿大）

图 6-3-299　钙斜发沸石

【物理特征】

斜发沸石的颜色呈无色至白色，由于含杂质而呈褐红色等。薄片中呈无色。条痕为白色。透明至半透明。玻璃光泽。色散较强，多色性无。

二轴晶（＋／－）。折射率为 Np＝1.476～1.491、Nm＝1.479～1.493、Ng＝1.479～1.497，双折射率为 0.003～0.006。2V＝31°～48°（测量）、0～72°（计算）。

$\{010\}$ 解理较好。性脆。断口呈不均匀、不规则的贝壳状。摩氏硬度为 3.5～4，相对密度为 2.10～2.20（测量）、2.17（计算）。

【晶体结构】

斜发沸石属于单斜晶系，空间群为 $C2/m$。晶胞参数：a＝1.763 nm、b＝1.794 nm、c＝0.740 nm，β＝116.39°，Z＝2。X 射线粉晶衍射数据 $d(\text{Å})(I/I_{max})$ 为 8.920(100)、3.964(55)、3.897(57)、3.419(16)、3.119(15)、2.974(80)、2.728(33)（图 6-3-300）。晶体结构见图 6-3-301。

斜发沸石是一种沸石族矿物，由 $[(Si,Al)O_4]$ 的四面体以架状基型排列组成，结构中有较多纳米微孔道。斜发沸石加热脱水后无变形，结构比较稳定。

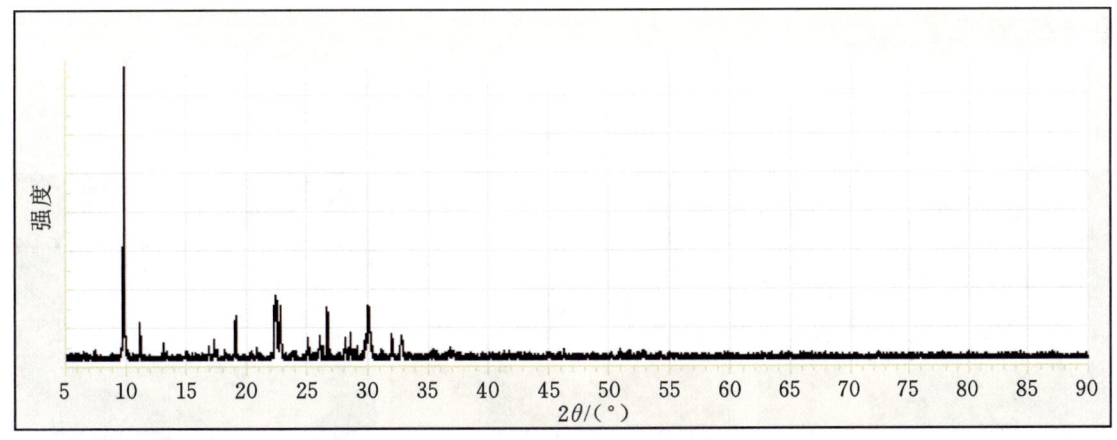

图 6-3-300 钙斜发沸石的 X 射线粉晶衍射图

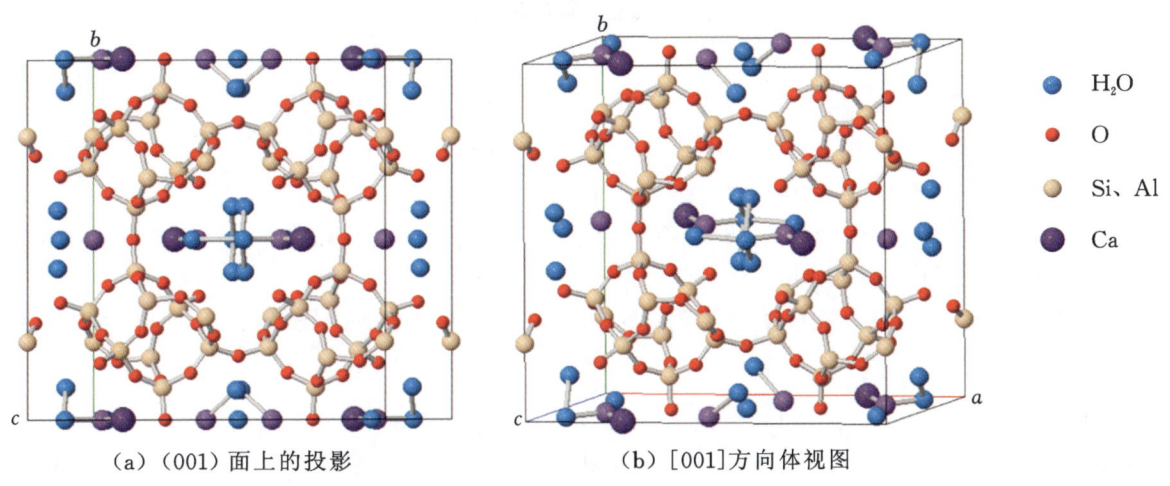

(a) (001)面上的投影   (b) [001]方向体视图

图 6-3-301 钙斜发沸石的晶体结构

【产状产地】

斜发沸石产于流纹岩、安山岩和玄武岩的凝灰岩中,存在于其洞穴中,也可以是火山碎屑、火山熔岩的蚀变产物。共生伴生矿物有其他沸石、石英、方解石等。主要产地有新西兰、加拿大、印度、日本、美国(加利福尼亚、俄勒冈、新泽西)、中国(浙江、福建)等。

【主要用途】

斜发沸石具有架状硅酸盐晶体结构,有合适孔道,脱水后具有分子筛的功能,有选择性吸附、离子交换功能。用于生态环境保护、污水处理、水质保护、金属污染治理、有机污染治理、核废处理。可以再生利用、循环利用,是一种廉价资源。斜发沸石与铵(NH_4^+)具有强离子交换性。在地质学、物理学、化学、材料学、环境科学、晶体学、矿物学方面都有重要意义。斜发沸石是一种致癌物质。

钠斜发沸石

【化学性质】

钠斜发沸石是一种含 Na 及 H_2O 的 $[Al_3(Al,Si)_2Si_{13}O_{36}]$ 架状基型硅酸盐类矿物,其晶体化学式为 $(Na,K,Ca)_{2\sim3}[Al_3(Al,Si)_2Si_{13}O_{36}]\cdot 12H_2O$。主要成分为 Na、Al、Si、H、O,类质同象替代成分有 K、Ca、Ba、Sr、Mg、Fe、Mn 等。

化学成分中氧化物的质量分数为 K_2O 2.28%、BaO 0.51%、Na_2O 4.33%、CaO 1.27%、MnO 0.03%、Al_2O_3 12.57%、FeO 0.08%、Fe_2O_3 0.47%、SiO_2 64.87%、H_2O 13.59%。

钠斜发沸石与钠片沸石之间可形成类质同象系列矿物。

【结晶形态】

钠斜发沸石属于单斜晶系,斜方柱晶类,对称型为 $2/m$。晶体以细小晶体形式出现(图 6-3-302),多呈片状、板状,聚合体常呈放射状、毛发状、块状等。

 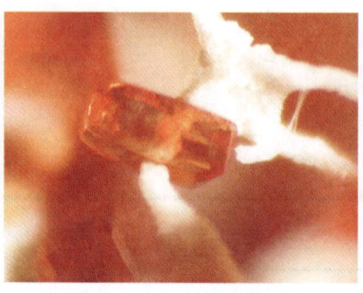 

(a) 钠斜发沸石 (美国俄勒冈)　　(b) 钠斜发沸石 (美国俄勒冈)　　(c) 钠斜发沸石 (西班牙)

图 6-3-302　钠斜发沸石

【物理特征】

钠斜发沸石的颜色呈无色、白色、淡红色、黄色、绿色、棕色等。条痕为白色。透明至半透明。玻璃光泽、丝绢光泽。色散较强,多色性弱。

二轴晶(+)。折射率为 $Np=1.476\sim1.491$、$Nm=1.479\sim1.493$、$Ng=1.479\sim1.497$,双折射率为 $0.003\sim0.006$。$2V=31°\sim48°$(测量)、$0\sim72°$(计算)。

{010}解理较好。性脆。断口呈不均匀、不平坦的次贝壳状。摩氏硬度为 $3.5\sim4$,相对密度为 $2.10\sim2.20$(测量)、2.14(计算)。

【晶体结构】

钠斜发沸石属于单斜晶系,空间群为 $C2/m$。晶胞参数:$a=1.763$ nm、$b=1.796$ nm、$c=0.740$ nm,$\beta=116.29°$,$Z=2$。X 射线粉晶主要衍射数据 $d(\text{Å})(I/I_{max})$ 为 8.99(85)、3.97(100)、3.91(70)(图 6-3-303)。晶体结构见图 6-3-304。

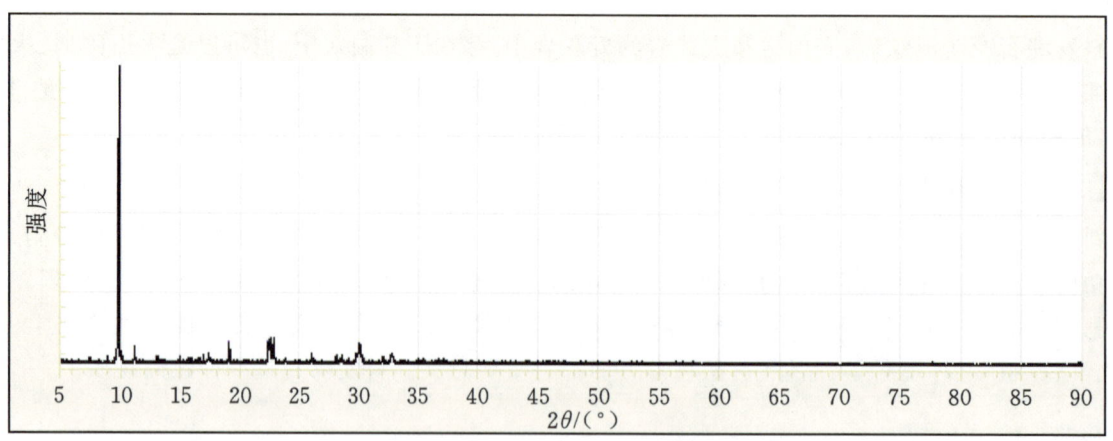

图 6-3-303　钠斜发沸石的 X 射线粉晶衍射图

钠斜发沸石由[(Si,Al)O₄]的四面体以架状基型排列组成,结构中有较多纳米微孔道。加热脱水后无变形,结构比较稳定。

【产状产地】

钠斜发沸石产于流纹岩、安山岩和玄武岩的凝灰岩中,存在于其洞穴中。共生伴生矿物有其他沸石、石英、方解石等。主要产地有意大利、西班牙、奥地利、捷克、美国(俄勒冈、加利福尼亚、科罗拉多)、俄罗斯、中国等。

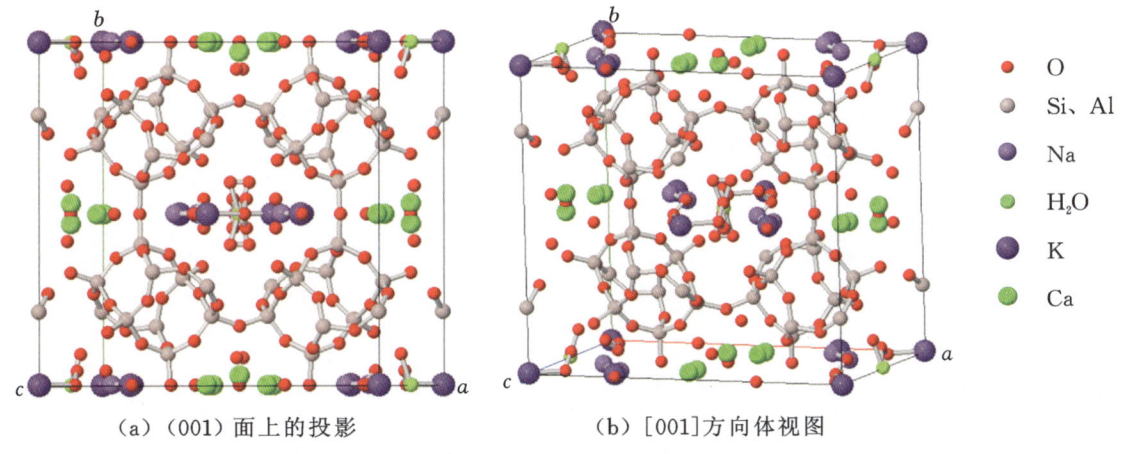

(a)（001）面上的投影　　　　　(b)[001]方向体视图

图 6-3-304　钠斜发沸石的晶体结构

【主要用途】

钠斜发沸石具有架状硅酸盐晶体结构，有合适孔道，脱水后具有分子筛的功能，具有选择性吸附、离子交换的功能。用于生态环境保护、污水处理、水质保护、金属污染治理、有机污染治理、核废处理。可以再生利用、循环利用，是一种廉价资源。钠斜发沸石与铵（NH_4^+）具有强离子交换性。在地质学、物理学、化学、材料学、环境科学、晶体学、矿物学方面都有重要意义。

钠斜发沸石是一种致癌物质。

钾斜发沸石

【化学性质】

钾斜发沸石是一种含 K 及 H_2O 的 [$Al_3(Al,Si)_2Si_{13}O_{36}$] 架状基型硅酸盐类矿物，其晶体化学式为 $(K,Na,Ca)_{2\sim3}[Al_3(Al,Si)_2Si_{13}O_{36}] \cdot 12H_2O$。主要成分为 K、Al、Si、H、O，类质同象替代成分有 Na、Ca、Ba、Sr、Mg、Fe 等。

化学成分中氧化物的质量分数为 K_2O 7.85%、Na_2O 0.93%、SrO 1.35%、CaO 0.08%、MgO 0.27%、MnO 0.03%、Al_2O_3 11.74%、FeO 0.08%、SiO_2 62.39%、H_2O 15.28%。

钾斜发沸石与钾片沸石之间可形成类质同象系列矿物。

【结晶形态】

钾斜发沸石属于单斜晶系，斜方柱晶类，对称型为 $2/m$。晶体形态（图 6-3-305）呈片状、板状、短柱状，聚合体呈放射状、毛发状、球状、块状。

(a) 钾斜发沸石（俄罗斯）　　(b) 钾斜发沸石（捷克）　　(c) 钾斜发沸石（捷克）

图 6-3-305　钾斜发沸石

【物理特征】

钾斜发沸石的颜色呈无色、白色、灰白色、褐红色、红色等，由于含杂质而呈多种颜色等。条痕为白色。透明。玻璃光泽。色散明显，多色性弱。荧光呈浅绿色。

二轴晶(+/−)。折射率为 Np=1.476～1.491、Nm=1.479～1.493、Ng=1.479～1.497，双折射率为 0.003～0.006。$2V=31°～48°$(测量)、$0～72°$(计算)。

{010}解理较好。性脆。断口呈不规则、不均匀的次贝壳状。摩氏硬度为 3.5～4，相对密度为 2.10～2.20(测量)、2.24(计算)。

【晶体结构】

钾斜发沸石属于单斜晶系，空间群为 $C2/m$。晶胞参数：$a=1.769$ nm、$b=1.790$ nm、$c=0.741$ nm，$β=116.50°$，$Z=2$。X 射线粉晶衍射数据 d(Å)(I/I_{max}) 为 8.920(100)、3.897(57)、2.974(80)(图 6-3-306)。晶体结构见图 6-3-307。

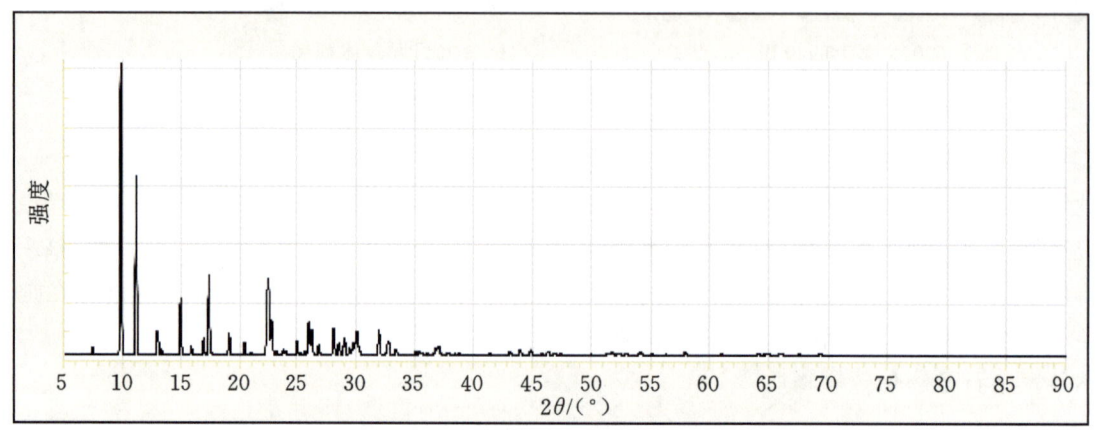

图 6-3-306 钾斜发沸石的 X 射线粉晶衍射图

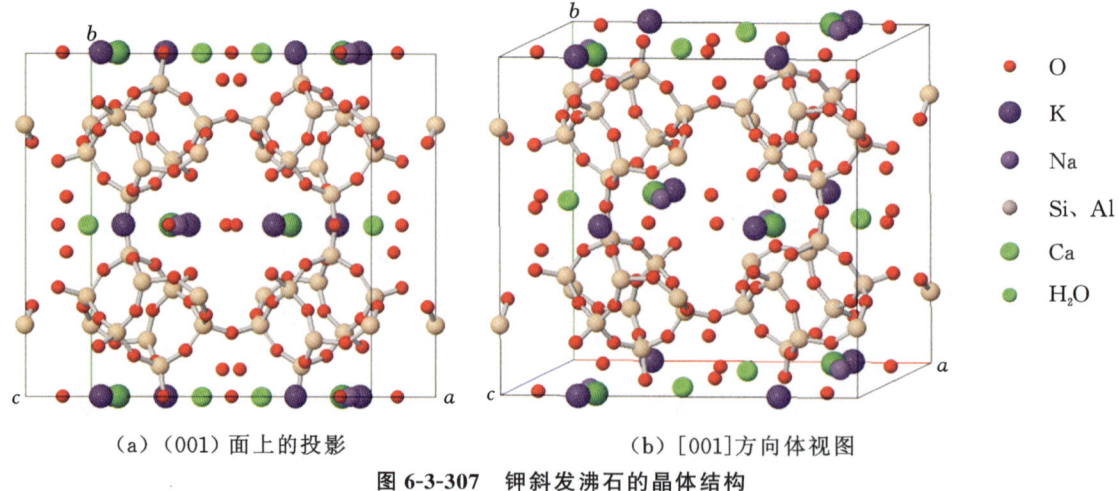

(a) (001)面上的投影　　(b) [001]方向体视图

图 6-3-307 钾斜发沸石的晶体结构

钾斜发沸石由[(Si,Al)O$_4$]的四面体以架状基型排列组成，结构中有较多纳米微孔道。斜发沸石加热脱水后无变形，结构比较稳定。

【产状产地】

钾斜发沸石产于流纹岩、安山岩和玄武岩的凝灰岩中，存在于其洞穴中。共生伴生矿物有其他沸石、石英、方解石等。主要产地有俄罗斯、捷克、美国(怀俄明)。

【主要用途】

钾斜发沸石具有架状硅酸盐晶体结构，有合适孔道，脱水后具有分子筛的功能，具有选择性吸附、离子交换功能。用于生态环境保护、污水处理、水质保护、金属污染治理、有机污染治理、核废处理。可以再生利用、循环利用，是一种廉价资源。斜发沸石与铵(NH_4^+)具有强离子交换性。在地质学、物理学、化学、材料学、环境科学、晶体学、矿物学方面都有重要意义。钾斜发沸石是一种致癌物质。

第四节　铍硅酸盐、锌硅酸盐

硅铍钠锰石族

硅铍钠锰石（trimerite）	$CaMn_2[BeSiO_4]_3$
硅钙铅锌矿（esperite）	$PbCa_2[ZnSiO_4]_3$
硅铅锌矿（larsenite）	$Pb[ZnSiO_4]$
锂铍石（liberite）	$Li_2[BeSiO_4]$

硅铍钠锰石

【化学性质】

硅铍钠锰石是含 Ca、Mn 及 $[BeSiO_4]$ 的架状基型硅酸盐类矿物，晶体化学式为 $CaMn_2[BeSiO_4]_3$。主要成分为 Ca、Mn、Be、Si、O，类质同象替代成分有 Fe、Mg。

化学成分中氧化物的质量分数为 CaO 12.37%、MnO 31.30%、BeO 16.56%、SiO_2 39.77%。

【结晶形态】

硅铍钠锰石属于单斜晶系，斜方柱晶类，对称型为 $2/m$。晶体形态（图 6-4-1）呈粒状、柱状、假六方片状，具有结合面为 (110) 和 (1̄10) 的三重双晶。

图 6-4-1　硅铍钠锰石（瑞典）

【物理特征】

硅铍钠锰石的颜色为无色、橙红色、黄红色、粉红色。条痕为白色。透明至半透明。玻璃光泽。色散弱，多色性弱。

二轴晶（−）。折射率为 Np=1.715、Nm=1.720、Ng=1.725，双折射率为 0.010。2V=83°（测量）、88°（计算）。

{001} 解理完全。性脆。断口呈不平整、不均匀的细小贝壳状碎片。摩氏硬度为 6～7，相对密度为 3.474（测量）、3.47（计算）。

【晶体结构】

硅铍钠锰石属于单斜晶系，空间群为 $P2_1/c$。晶胞参数：$a=0.809$ nm，$b=0.761$ nm，$c=1.406$ nm，$\beta=90.15°$，$Z=4$。X 射线粉晶主要衍射数据 $d(Å)(I/I_{max})$ 为 3.560(40)、2.764(100)、2.332(30)、2.229(35)、2.053(25)、1.784(25)、1.420(30)。晶体结构见图 6-4-2。

【产状产地】

硅铍钠锰石是一种稀有矿物，形成于接触变质和交代作用的晚期热液活动中，主要产地有瑞典等。

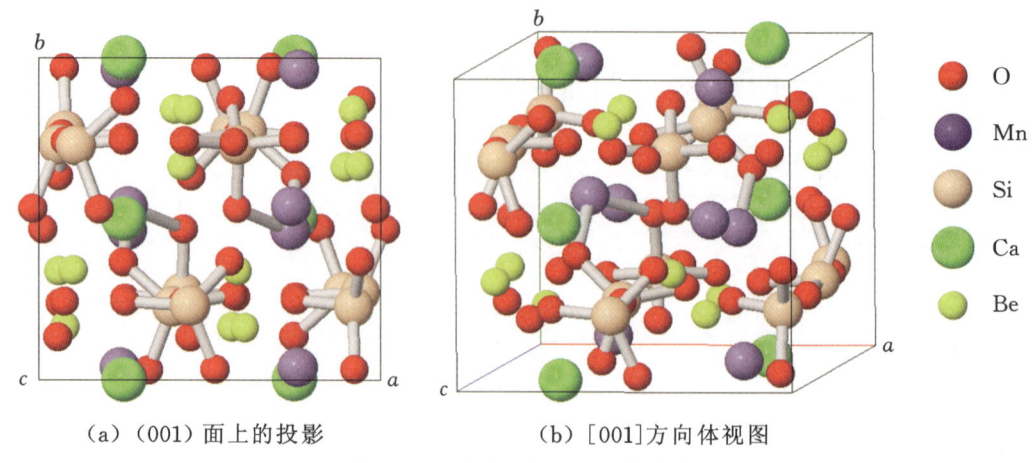

(a)（001）面上的投影　　(b)［001］方向体视图

图 6-4-2　硅铍钠锰石的晶体结构

【主要用途】

硅铍钠锰石在地质学、物理学、化学、材料学、环境科学、晶体学、矿物学、宝石学方面都有重要意义。

硅钙铅锌矿

【化学性质】

硅钙铅锌矿是一种含 Ca、Pb 及［$ZnSiO_4$］的架状基型硅酸盐类矿物，其晶体化学式为 $PbCa_2[ZnSiO_4]_3$。主要成分为 Ca、Pb、Zn、Si、O，类质同象替代成分有 Fe、Mn、Mg。

化学成分中氧化物的质量分数为 CaO 17.57%、ZnO 34.01%、SiO_2 25.11%、PbO 23.31%。

【结晶形态】

硅钙铅锌矿属于单斜晶系，斜方柱晶类，对称型为 $2/m$。晶体形态呈片状、粒状、柱状、块状等（图 6-4-3）。

(a) 硅钙铅锌矿（荧光，美国新泽西）　(b) 硅钙铅锌矿（荧光，美国新泽西）　(c) 硅钙铅锌矿（美国新泽西）

图 6-4-3　硅钙铅锌矿

【物理特征】

硅钙铅锌矿的颜色呈白色、灰白色、浅褐色。条痕为白色。半透明至不透明。半玻璃光泽、油脂光泽。色散较强，多色性无。荧光呈明亮的柠檬黄色。

二轴晶（−）。折射率为 Np=1.762、Nm=1.770、Ng=1.774，双折射率为 0.012。$2V=5°\sim40°$（测量）。

{010}、{100}解理完全。性脆。断口呈不均匀、不平整的贝壳状。摩氏硬度为 5，相对密度为 4.28～4.42（测量）、4.25（计算）。

【晶体结构】

硅钙铅锌矿属于单斜晶系,空间群为 $P2_1/b$。晶胞参数:$a=1.763$ nm、$b=0.827$ nm、$c=3.052$ nm,$\beta=90.11°$,$Z=12$。X 射线粉晶衍射数据 $d(\text{Å})(I/I_{max})$ 为 7.620(45)、3.363(25)、3.220(18)、3.017(100)、2.958(20)、2.884(35)、2.534(75)、2.367(40)、1.944(45)(图 6-4-4)。晶体结构见图 6-4-5,与绿柱石的结构相似。

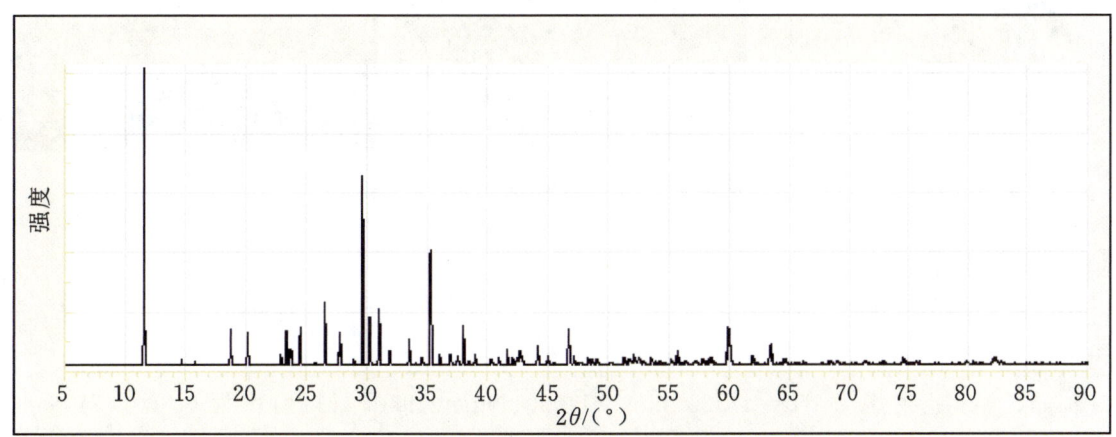

图 6-4-4 硅钙铅锌矿的 X 射线粉晶衍射图

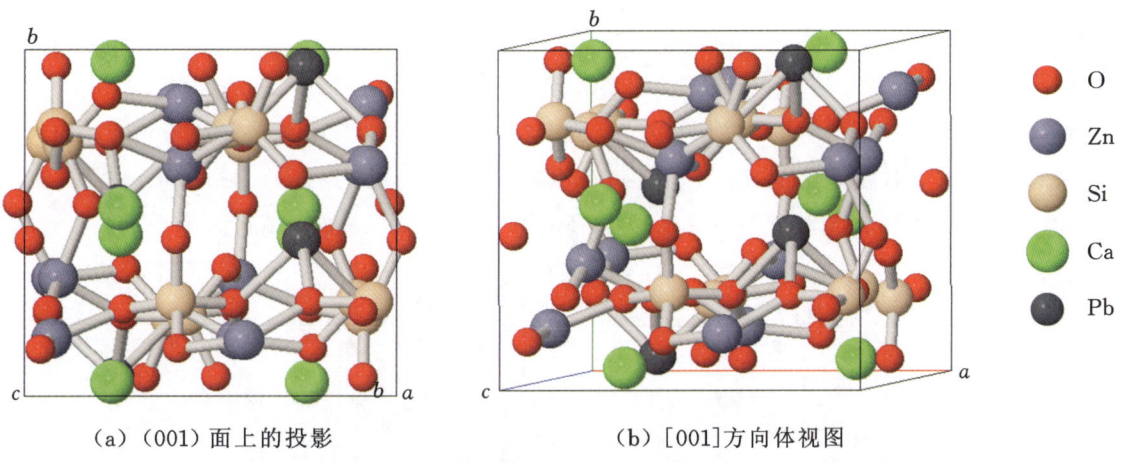

(a) (001)面上的投影　　　(b) [001]方向体视图

图 6-4-5 硅钙铅锌矿的晶体结构

【产状产地】

硅钙铅锌矿产于与铅、锌有关的变质锌矿床中。共生伴生矿物有锌黄长石、锌铁含量较高的尖晶石等。主要产地有美国(新泽西)。

【主要用途】

硅钙铅锌矿在地质学、物理学、化学、材料学、环境科学、晶体学、矿物学、宝石学方面都有重要意义。

硅铅锌矿

【化学性质】

硅铅锌矿是一种含 Pb 及 $[ZnSiO_4]$ 的架状基型硅酸盐类矿物,其晶体化学式为 $Pb[ZnSiO_4]$。主要成分为 Pb、Zn、Si、O,类质同象替代成分有 Mn、Fe、Mg、Ca、H_2O。

化学成分中氧化物的质量分数为 ZnO 22.32%、PbO 61.21%、SiO_2 16.47%。

【结晶形态】

硅铅锌矿属于斜方晶系,斜方单锥晶类,对称型为 $mm2$。晶体形态呈针状、叶片状(图 6-4-6)。

图 6-4-6　硅铅锌矿(美国新泽西)

【物理特征】

硅铅锌矿的颜色呈无色、白色。条痕为白色。透明。半金刚光泽、玻璃光泽、半玻璃光泽、丝绢光泽。色散明显,多色性很弱。

二轴晶(—)。折射率为 Np=1.920、Nm=1.950、Ng=1.960,双折射率为 0.040。$2V$=80°(测量)、58°(计算)。

{010}解理中等。性脆。断口呈不均匀、不平整的碎片状。摩氏硬度为 3,相对密度为 5.90(测量)、6.12(计算)。

【晶体结构】

硅铅锌矿属于斜方晶系,空间群为 $Pna2_1$。晶胞参数:a=0.824 nm、b=1.896 nm、c=0.506 nm,Z=8。X 射线粉晶衍射数据 d(Å)(I/I_{max})为 4.88(80)、4.19(60)、4.11(50)、4.03(50)、3.78(30) 3.19(100)、3.04(80)、2.85(90)、2.79(30)、2.72(30)、2.53(25)、1.93(25)。晶体结构见图 6-4-7。

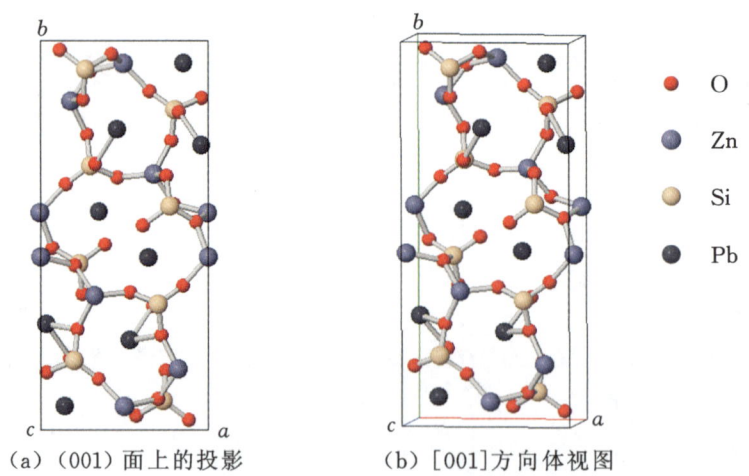

(a) (001)面上的投影　　(b) [001]方向体视图

图 6-4-7　硅铅锌矿的晶体结构

【产状产地】

硅铅锌矿产于变质的铅锌矿床中。共生伴生矿物有正长石、斜长石、闪锌矿等。主要产地有美国(新泽西)。

【主要用途】

硅铅锌矿在地质学、物理学、化学、材料学、环境科学、晶体学、矿物学、宝石学方面都有重要意义。

锂铍石

【化学性质】

锂铍石是一种含 Li 及 [BeSiO$_4$] 的架状基型硅酸盐类矿物,其晶体化学式为 Li$_2$[BeSiO$_4$]。主要成分为 Li、Be、Si、O,类质同象替代成分有 Al、Fe、Mg、Ca、Na、K、H$_2$O。

化学成分中氧化物的质量分数为 Li$_2$O 25.99%、BeO 21.75%、SiO$_2$ 52.26%。

【结晶形态】

锂铍石属于单斜晶系,反映双面晶类,对称型为 m。晶体形态呈细小粒状、块状,聚合体由许多单独的晶体或簇组成(图 6-4-8)。

图 6-4-8　锂铍石(中国湖南)

【物理特征】

锂铍石的颜色呈棕色、浅黄色。条痕为灰白色。透明至半透明。玻璃光泽、油脂光泽。色散较强。多色性弱。

二轴晶(-)。折射率为 Np=1.622、Nm=1.633、Ng=1.638,双折射率为 0.016。$2V = 66°$(测量)、66.3°(计算)。

{010}解理完全、{100}与{001}解理较明显。性脆。断口呈细小破碎状。摩氏硬度为 7,相对密度为 2.689(测量)、2.68(计算)。

【晶体结构】

锂铍石属于单斜晶系,空间群为 Pn。晶胞参数:$a=0.613$ nm、$b=0.495$ nm、$c=0.468$ nm,$\beta=90.50°$,$Z=2$。X 射线粉晶衍射数据 d(Å)(I/I_{max}) 为 3.840(100)、3.720(100)、3.410(40)、2.596(80)、2.471(60)、2.349(80)、2.273(60)。晶体结构见图 6-4-9。

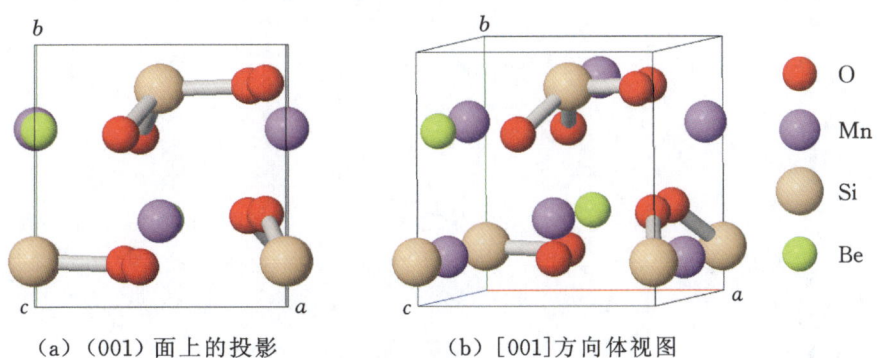

(a)(001)面上的投影　　(b)[001]方向体视图

图 6-4-9　锂铍石的晶体结构

【产状产地】

锂铍石产于穿切锂云母-萤石-磁铁矿的矿脉中。共生伴生矿物有锂云母、萤石、磁铁矿。主要产地有中国(湖南)等。

【主要用途】

锂铍石在地质学、物理学、化学、材料学、环境科学、晶体学、矿物学方面都有重要意义,是提取锂的矿物原料。

硅钡铍矿族

硅钡铍矿（barylite） $Ba[Be_2Si_2O_7]$

硅钡铍矿

【化学性质】

硅钡铍矿是一种含 Ba 及 $[Be_2Si_2O_7]$ 的架状基型硅酸盐类矿物,其晶体化学式为 $Ba[Be_2Si_2O_7]$。主要成分为 Ba、Be、Si、O,类质同象替代成分有 Al、Fe、Zn、Pb、Mg、Ca。

化学成分中氧化物的质量分数为 BaO 47.39%、BeO 15.46%、SiO_2 37.15%。

【结晶形态】

硅钡铍矿属于斜方晶系,斜方单锥晶类,对称型为 $mm2$。晶体形态呈长方柱状、柱状、粒状、块状（图 6-4-10）。

（a）硅钡铍矿（美国科罗拉多）

（b）硅钡铍矿（美国科罗拉多）

（c）硅钡铍矿（美国新泽西）

图 6-4-10　硅钡铍矿

【物理特征】

硅钡铍矿的颜色呈无色、白色、蓝色。条痕为白色。透明。玻璃光泽。色散弱至中等,多色性弱。二轴晶(−)。折射率为 Np=1.690、Nm=1.690～1.700、Ng=1.700,双折射率为 0.010。$2V=40°$（测量）。

{001}、{100}解理完全。性脆。断口呈不规则、不平整的贝壳状。摩氏硬度为 6～7,相对密度为 4.02～4.07（测量）、4.02（计算）。

【晶体结构】

硅钡铍矿属于斜方晶系,空间群为 $Pn2_1a$。晶胞参数:$a=0.982$ nm、$b=1.165$ nm、$c=0.467$ nm,$Z=4$。X 射线粉晶主要衍射数据 $d(\text{Å})(I/I_{max})$ 为 3.38(100)、3.02(80)、2.92(100)（图 6-4-11）。晶体结构见图 6-4-12。

【产状产地】

硅钡铍矿产于碱性伟晶岩及其微孔洞中,也见于霞石正长岩和其他碱性侵入体中,主要产地有俄罗斯、瑞典、美国科罗拉多、马拉维。

【主要用途】

硅钡铍矿在地质学、物理学、化学、材料学、环境科学、晶体学、矿物学、宝石学方面都有重要意义。

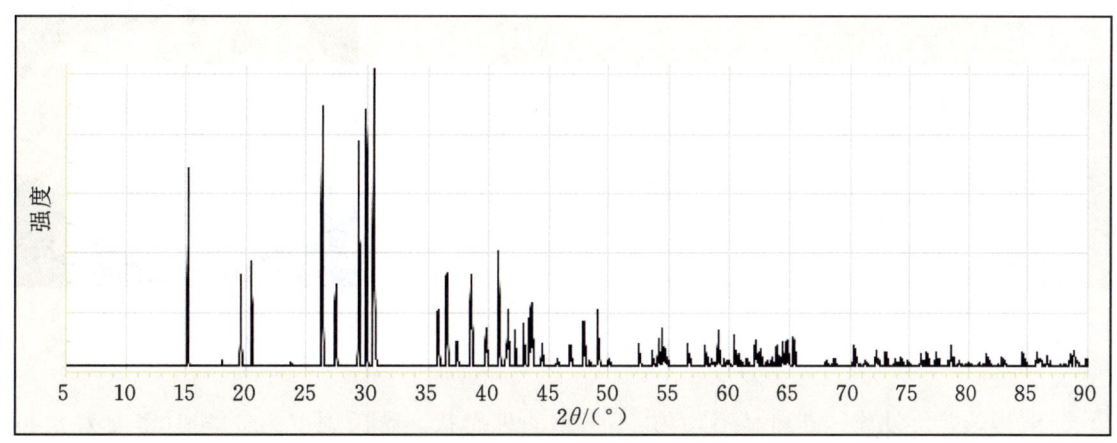

图 6-4-11　硅钡铍矿的 X 射线粉晶衍射图

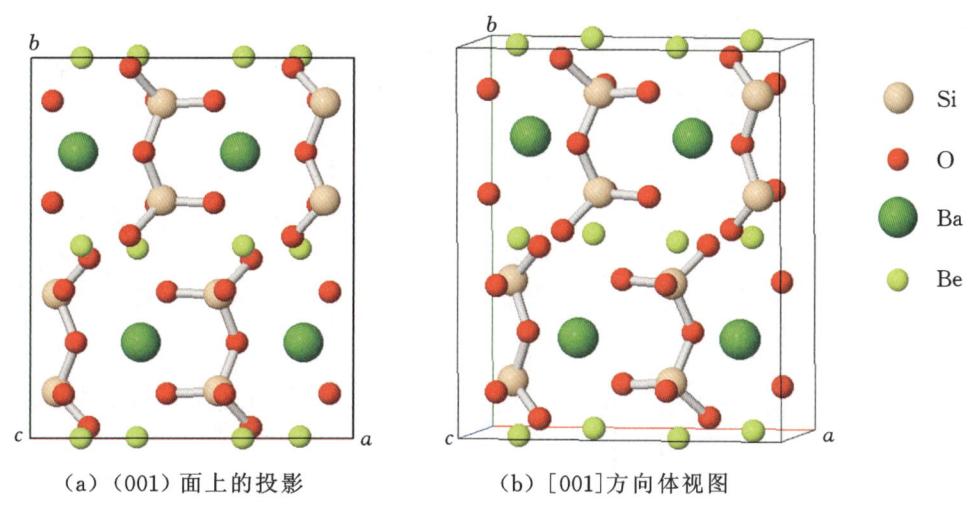

（a）（001）面上的投影　　　（b）[001]方向体视图

图 6-4-12　硅钡铍矿的晶体结构

硅铍钠石族

硅铍钠石（chkalovite）　　　　　　　　$Na_2[BeSi_2O_6]$

硅铍钠石

【化学性质】

硅铍钠石是一种含 Na 及[$BeSi_2O_6$]的架状基型硅酸盐类矿物，其晶体化学式为 $Na_2[BeSi_2O_6]$。主要成分为 Be、Na、Si、O，类质同象替代成分有 Fe、Ca、K、S。

化学成分中氧化物的质量分数为 Na_2O 29.92%、BeO 12.07%、SiO_2 58.01%。

【结晶形态】

硅铍钠石属于斜方晶系，斜方单锥晶类，对称型为 $mm2$。晶体形态呈粒状、块状（图 6-4-13）。

【物理特征】

硅铍钠石的颜色呈无色、白色。条痕为白色。透明至半透明。玻璃光泽、油脂光泽。色散无，多色性无。

二轴晶（+）。折射率为 Np = 1.544、Nm = 1.546、Ng = 1.549，双折射率为 0.005。$2V = 78°$（测量）、80°（计算）。

(a) 硅铍钠石（俄罗斯）　　(b) 硅铍钠石（俄罗斯）　　(c) 硅铍钠石（加拿大）

图 6-4-13　硅铍钠石

{100}解理较差。性脆。断口呈不均匀、不平整的贝壳状。摩氏硬度为 6，相对密度为 2.662（测量）、2.70（计算）。

【晶体结构】

硅铍钠石属于斜方晶系，空间群为 $Fdd2$。晶胞参数：$a=2.113$ nm、$b=0.688$ nm、$c=2.119$ nm，$Z=24$。X 射线粉晶主要衍射数据 $d(\text{Å})(I/I_{max})$ 为 4.02(100)、2.76(90)、2.48(100)（图 6-4-14）。晶体结构见图 6-4-15。

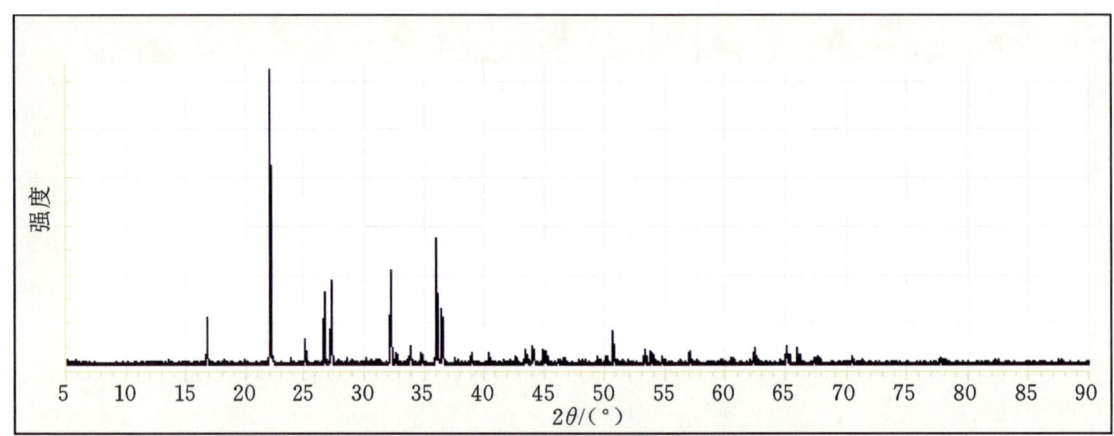

图 6-4-14　硅铍钠石的 X 射线粉晶衍射图

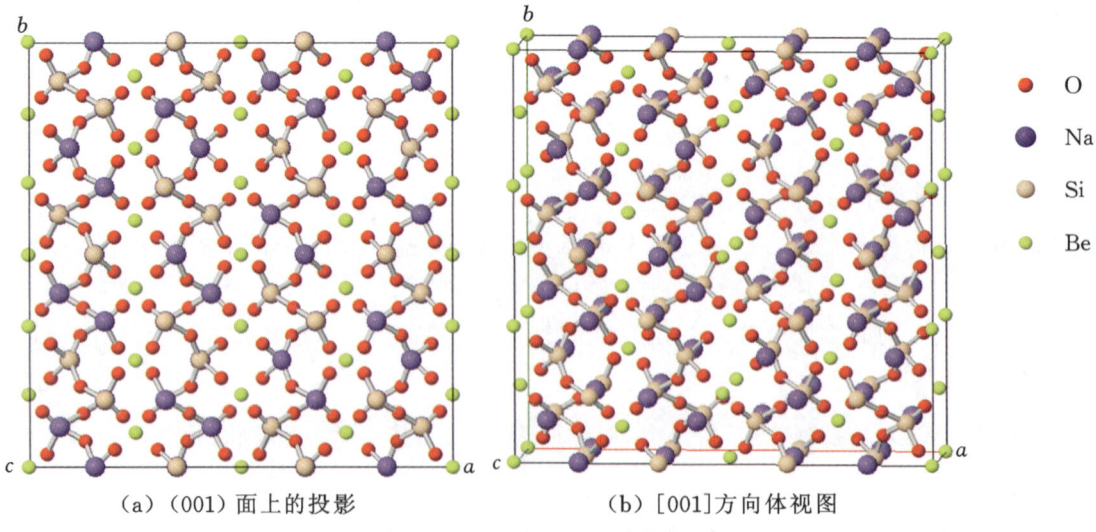

(a) (001)面上的投影　　　　　　(b) [001]方向体视图

图 6-4-15　硅铍钠石的晶体结构

【产状产地】

硅铍钠石产于碱性地块的伟晶岩矿脉中，主要产地有格陵兰岛、俄罗斯、加拿大。

【主要用途】

硅铍钠石在地质学、物理学、化学、材料学、环境科学、晶体学、矿物学、宝石学方面都有重要意义。

日光榴石族

锌日光榴石（genthelvite）	$Zn_4[BeSiO_4]_3S$
铍榴石（danalite）	$Fe_4[BeSiO_4]_3S$
日光榴石（helvine）	$Mn_4[BeSiO_4]_3S$

锌日光榴石

【化学性质】

锌日光榴石是一种含 Zn 及 S 的 $[BeSiO_4]$ 的架状基型硅酸盐类矿物，其晶体化学式为 $Zn_4[BeSiO_4]_3S$。主要成分为 Zn、Be、Si、O、S，类质同象替代的主要成分有 Al、Fe、Mn、Cu 等。

化学成分中元素（氧化物）的质量分数为 S 5.37%、BeO 12.57%、ZnO 51.86%、SiO_2 30.20%。

可形成类质同象矿物的系列有锌日光榴石-铍榴石、锌日光榴石-日光榴石、日光榴石-铍榴石系列。

【结晶形态】

锌日光榴石属于等轴晶系，六四面体晶类，对称型为 $\bar{4}3m$。晶体形态呈粒状、块状（图 6-4-16）。

（a）锌日光榴石（阿根廷）　　（b）锌日光榴石（阿根廷）　　（c）锌日光榴石（加拿大）

图 6-4-16　锌日光榴石

【物理特征】

锌日光榴石的颜色呈无色、白色、黄色、蓝绿色、绿色、粉色至红色，风化后变暗为棕色和黑色。条痕为白色。透明、半透明，玻璃光泽。色散弱，多色性无。可以发出磷光、荧光，短波紫外线下绿色，长波紫外线下绿色。

等轴均质体。折射率为 1.738~1.752。{111}解理不清楚。性脆。断口呈不均匀的贝壳状。摩氏硬度为 6~6.5，相对密度为 3.44~3.70（测量）、3.70（计算）。

【晶体结构】

锌日光榴石属于等轴晶系，空间群为 $P\bar{4}3n$。晶胞参数：$a=0.812$ nm，$Z=2$。X 射线粉晶衍射数据 $d(\text{Å})(I/I_{max})$ 为 3.320(100)、2.567(65)、2.168(70)、1.916(80)、1.657(65)、1.483(50)、1.435(50)（图 6-4-17）。晶体结构见图 6-4-18。

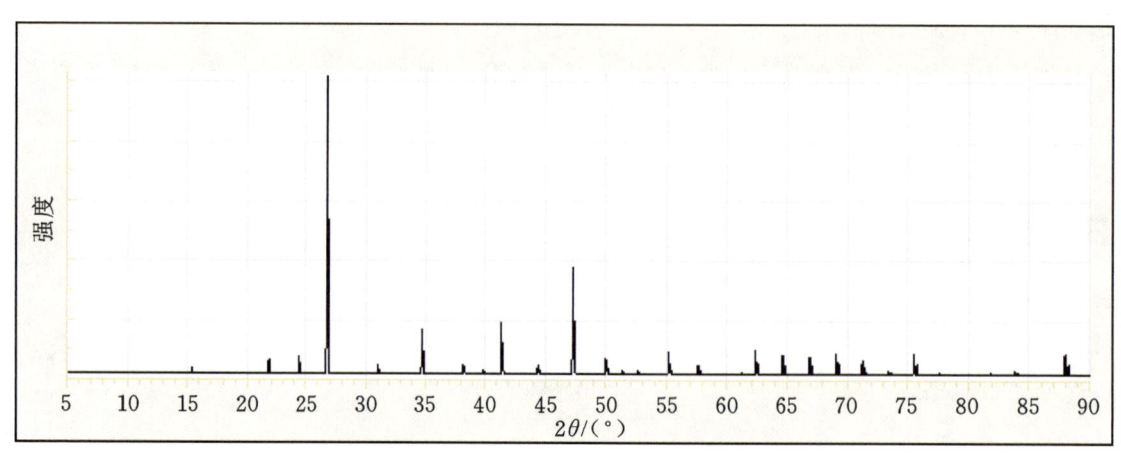

图 6-4-17 锌日光榴石的 X 射线粉晶衍射图

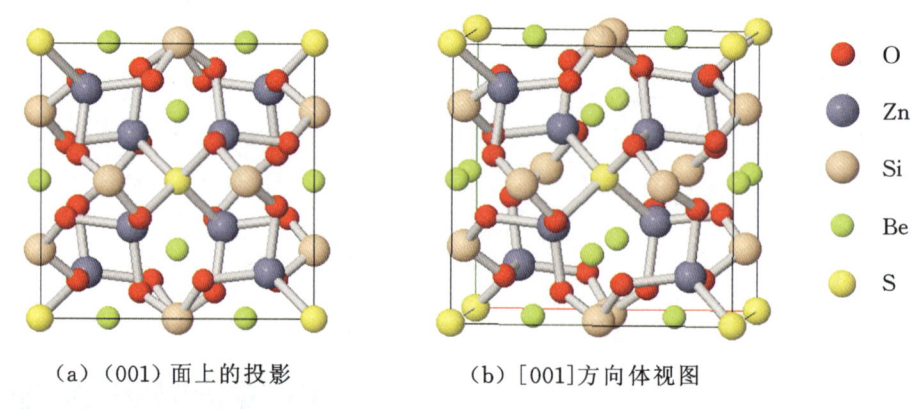

(a)（001）面上的投影　　(b)[001]方向体视图

图 6-4-18　锌日光榴石的晶体结构

【产状产地】

锌日光榴石主要产地有美国科罗拉多、加拿大等。

【主要用途】

锌日光榴石在地质学、物理学、化学、材料学、环境科学、晶体学、矿物学、宝石学方面都有重要意义。

铍榴石

【化学性质】

铍榴石是一种含 Fe 及 S 的[$BeSiO_4$]架状基型硅酸盐类矿物，其晶体化学式为 $Fe_4[BeSiO_4]_3S$。主要成分为 Fe、Be、Si、O、S，类质同象替代成分有 Mg、Mn、Zn、Ca。

化学成分中元素（氧化物）的质量分数为 BeO 13.43%、FeO 50.57%、SiO_2 30.26%、S 5.74%。

形成类质同象矿物系列的有铍榴石-锌日光榴石、铍榴石-日光榴石、锌日光榴石-日光榴石系列。

【结晶形态】

铍榴石属于等轴晶系，六四面体晶类，对称型为 $\bar{4}3m$。晶体形态呈粒状、四面体形、块状、粒状（图 6-4-19）。

【物理特征】

铍榴石的颜色呈棕黑色、棕色、灰黄色、粉红色、红棕色。条痕为灰白色。透明至半透明。玻璃光泽、油脂光泽。色散无，多色性无。

（a）铍榴石（美国新罕布什尔）

（b）铍榴石（美国新墨西哥）

（c）铍榴石（瑞典）

图 6-4-19　铍榴石

等轴晶系、均质体。折射率 1.747～1.771。

{111}解理中等至不完全。性脆。断口呈不均匀、不平整的次贝壳状。摩氏硬度为 5.5～6，相对密度为 3.28～3.46（测量）、3.36（计算）。

【晶体结构】

铍榴石属于等轴晶系，空间群为 $P\bar{4}3n$。晶胞参数：$a=0.817$ nm，$Z=2$。X 射线粉晶主要衍射数据 $d(\text{Å})(I/I_{max})$ 为 3.350(100)、2.193(50)、1.932(70)。晶体结构见图 6-4-20。

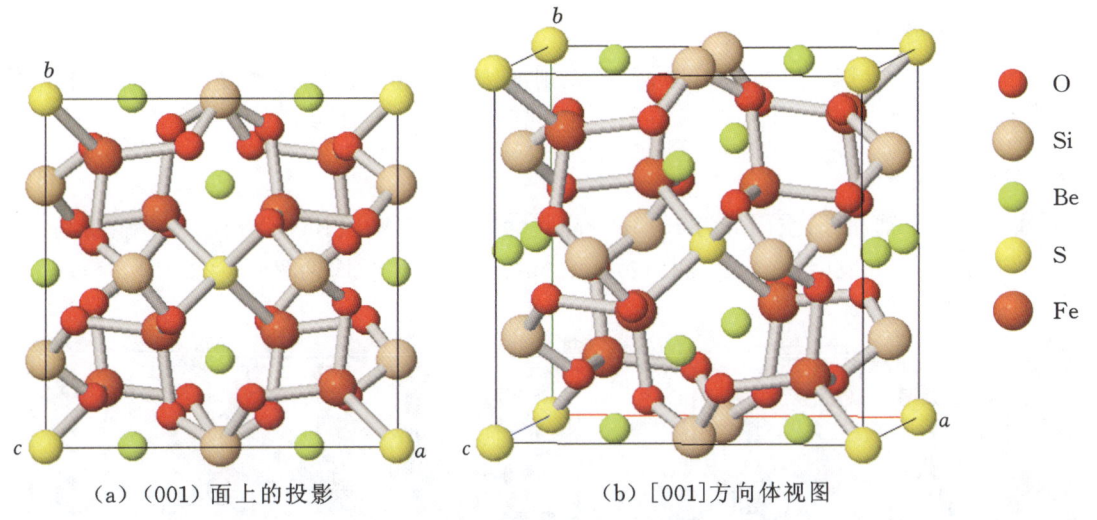

（a）（001）面上的投影　　　　　（b）[001]方向体视图

图 6-4-20　铍榴石的晶体结构

【产状产地】

铍榴石产于一种变质铁矿床中，主要产地有美国（新罕布什尔、新墨西哥）、瑞典。

【主要用途】

铍榴石在地质学、物理学、化学、材料学、环境科学、晶体学、矿物学、宝石学方面都有重要意义。

日光榴石

【化学性质】

日光榴石是一种含 Mn 及 S 的[BeSiO$_4$]架状基型硅酸盐类矿物，其晶体化学式为 Mn$_4$[BeSiO$_4$]$_3$S。主要成分为 Mn、Be、Si、O、S，类质同象替代成分有 Fe、Zn、Mg、Ca。

化学成分中理想的元素（氧化物）的质量分数为 MnO 50.23%、BeO 13.52%、SiO$_2$ 30.47%、S 5.78%。

【结晶形态】

日光榴石属于等轴晶系,六四面体晶类,对称型为 $\bar{4}3m$。晶体形态(图 6-4-21)呈粒状、四面体形、块状。

(a) 日光榴石(中国福建)

(b) 日光榴石(中国福建)

(c) 日光榴石(巴西)

图 6-4-21 日光榴石

【物理特征】

日光榴石的颜色呈棕色、棕黄色、灰色、黄色、黄绿色。条痕为灰白色。透明至不透明。玻璃光泽、油脂光泽。色散弱,多色性无。荧光呈现深红色。

等轴晶系。折射率为 1.728~1.747。

{111}解理中等。性脆。断口呈不均匀、不规则的细小碎片状。摩氏硬度为 6~6.5,相对密度为 3.16~3.36(测量)、3.23(计算)。

【晶体结构】

日光榴石属于等轴晶系,空间群为 $P\bar{4}3n$。晶胞参数:$a=0.829$ nm,$Z=2$。X 射线粉晶主要衍射数据 d(Å)(I/I_{max}) 为 3.386(100)、2.623(12)、1.955(34)。晶体结构见图 6-4-22。

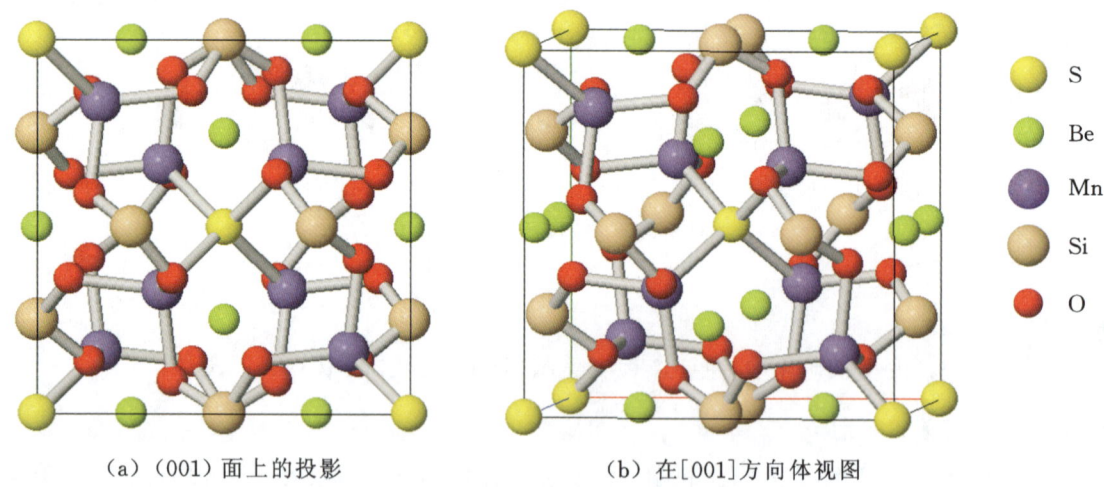

(a) (001)面上的投影　　　　　(b) 在[001]方向体视图

图 6-4-22 日光榴石的晶体结构

【产状产地】

日光榴石发现于矽卡岩、伟晶岩和热液蚀变岩石中,共生伴生矿物有石榴石、正长石、斜长石、云母等,主要产地有罗马尼亚、巴西。

【主要用途】

日光榴石在地质学、物理学、化学、材料学、环境科学、晶体学、矿物学方面都有重要意义。

香花石族

香花石(hsianghualite)　　　　　　　　　　$Ca_3Li_2[BeSiO_4]_3F_2$

香花石

【化学性质】

香花石是一种含 Ca、Li、F 的[$BeSiO_4$]架状基型硅酸盐类矿物,其晶体化学式为 $Ca_3Li_2[BeSiO_4]_3F_2$。主要成分为 Ca、Li、Be、Si、O、F,类质同象替代成分有 Na、K、Al、Fe、Mg。

化学成分中元素(氧化物)的质量分数为 Li_2O 6.29%、CaO 32.39%、BeO 15.78%、SiO_2 37.55%、F 7.99%。

【结晶形态】

香花石属于等轴晶系,五角三八面体晶类,对称型为432。晶体形态(图 6-4-23、图 6-4-24)呈粒状、细小粒状、块状。

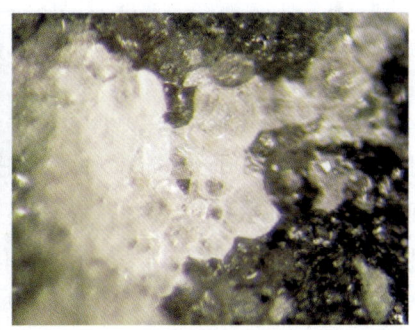

图 6-4-23　香花石(中国湖南)

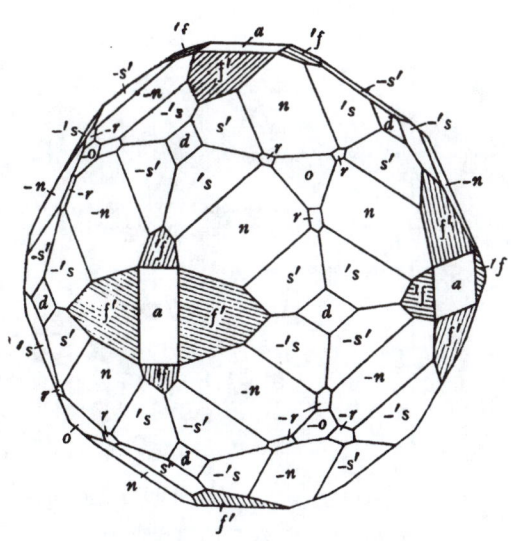

图 6-4-24　香花石理想的晶体形态

【物理特征】

香花石的颜色呈白色、无色。条痕为白色、无色。透明至半透明。玻璃光泽。色散无,多色性无。等轴晶系。折射率为 1.613。

解理无。性脆。断口呈不均匀、不平整的贝壳状。摩氏硬度为 6.5，相对密度为 2.97～3.00（测量）、2.94（计算）。

【晶体结构】

香花石属于等轴晶系，空间群为 $I4_132$。晶胞参数：$a=1.2897$ nm，$Z=8$。X 射线粉晶主要衍射数据 $d(\text{Å})(I/I_{max})$ 为 2.746(100)、2.209(100)、2.090(90)、1.753(70)（图 6-4-25）。

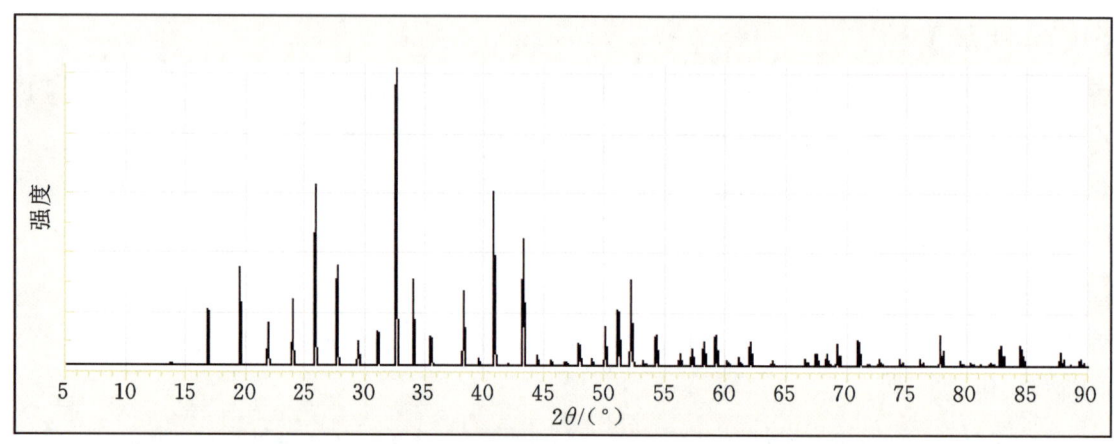

图 6-4-25　香花石的 X 射线粉晶衍射图

在香花石的晶体结构（图 6-4-26、图 6-4-27）中，[SiO_4] 四面体和 [BeO_4] 四面体共角顶呈三维空间骨架，每 2 个 [SiO_4] 四面体和 2 个 [BeO_4] 四面体交替以角顶连接组成四元四面体环；每 3 个 [SiO_4] 四面体和 3 个 [BeO_4] 四面体交替连接组成六元四面体环。四元四面体环垂直于立方晶胞的二次螺旋轴，居于单位立方体面上；六元四面体环垂直于立方晶胞的三次轴，环绕单位立方体诸角顶。六元四面体环形成的中心空洞，延长方向平行于三次轴，为 F 原子所充填。紧靠 F 原子一侧的四面体空隙中充填着 Li 原子，其配位数为 4(3O+1F)。四元四面体环中心空洞为 Ca 原子所充填，其配位数为 8(6O+2F)。

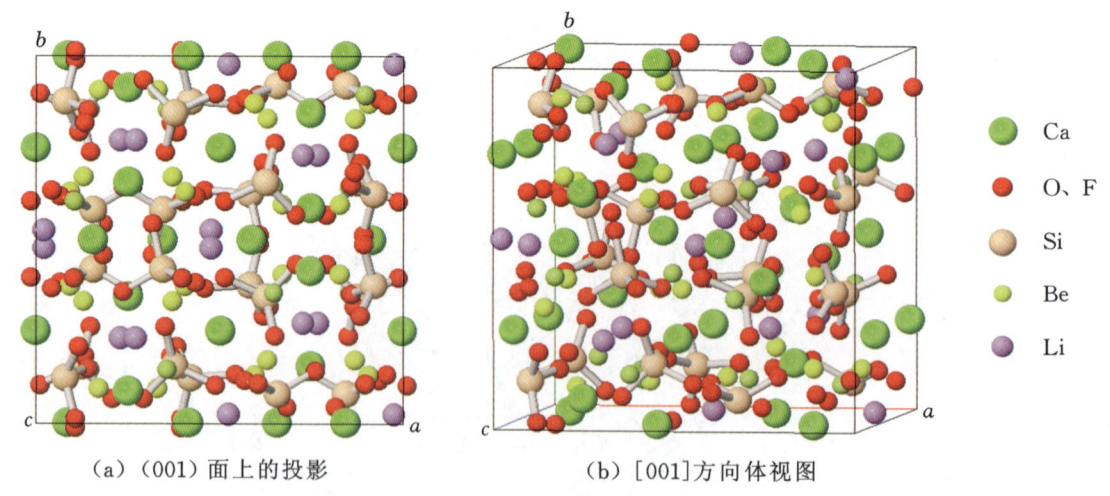

(a) (001) 面上的投影　　　(b) [001] 方向体视图

图 6-4-26　香花石的晶体结构

【产状产地】

香花石是中国地质学家发现的第一种新矿物，以香花岭命名。香花石产于湖南泥盆系石灰岩与花岗岩接触带的含 Be 绿色和白色条纹岩中，也产于白色条纹岩中的黑鳞云母脉内，共生伴生矿物有锂铍石、塔菲石、尼日利亚石、α-锂霞石、金绿宝石和萤石等。

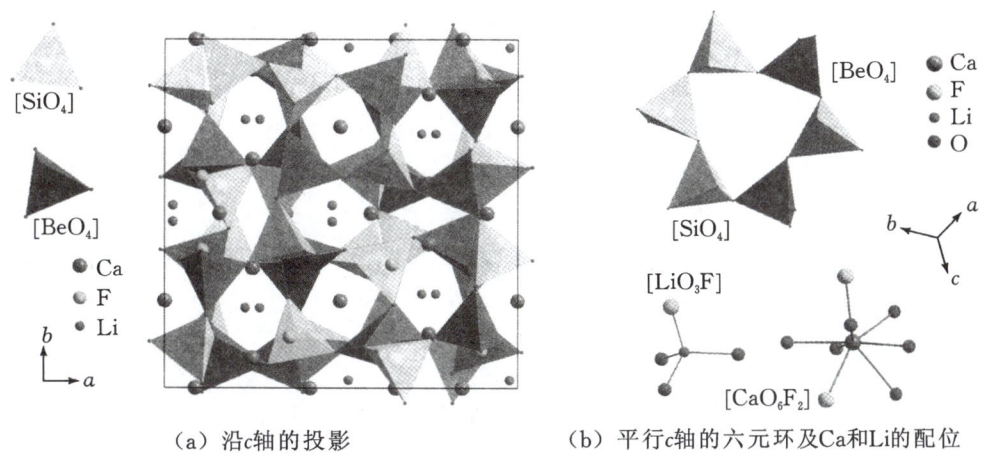

(a) 沿c轴的投影　　　　　　　　(b) 平行c轴的六元环及Ca和Li的配位

图 6-4-27　香花石的晶体结构（配位多面体）

【主要用途】

香花石在地质学、物理学、化学、材料学、晶体学、矿物学、宝石学方面都有重要意义。

硬羟钙铍石族

硬羟钙铍石（bavenite）　　　　　　　　$Ca_4[Be_2Al_2Si_9O_{26}](OH)_2$

硬羟钙铍石

【化学性质】

硬羟钙铍石是一种含 Ca 及（OH）的 $[Be_2Al_2Si_9O_{26}]$ 架状基型硅酸盐类矿物，其晶体化学式为 $Ca_4[Be_2Al_2Si_9O_{26}](OH)_2$ 或写成 $Ca_4[Be_{2+x}Al_{2-x}Si_9O_{26-x}](OH)_{2+x}$（$x=0\sim1$）。主要成分为 Ca、Be、Al、Si、H、O，类质同象替代成分有 Na、Mg。

化学成分中氧化物的质量分数为 CaO 24.35%、BeO 7.79%、Al_2O_3 6.57%、SiO_2 59.36%、H_2O 1.93%。

硬羟钙铍石与勃姆石为类质同象系列矿物。

【结晶形态】

硬羟钙铍石属于斜方晶系，斜方单锥晶类，对称型为 $mm2$。晶体形态（图 6-4-28）呈针状、长柱状、叶片状，聚合体呈放射状、簇状等。

(a) 硬羟钙铍石（意大利）

(b) 硬羟钙铍石（意大利）
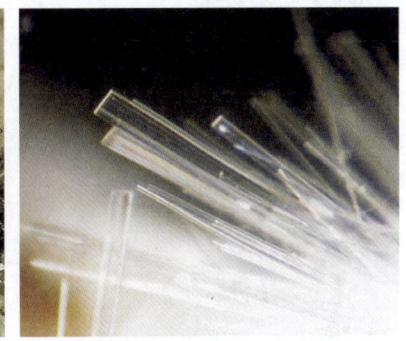
(c) 硬羟钙铍石（美国北卡罗来纳）

图 6-4-28　硬羟钙铍石

【物理特征】

硬羟钙铍石的颜色呈白色、绿色、粉红色、棕色。条痕为白色。透明至半透明。玻璃光泽、珍珠光泽。色散中等,多色性无。

二轴晶(+)。折射率为 $Np=1.578\sim1.586$、$Nm=1.579\sim1.586$、$Ng=1.583\sim1.593$,双折射率为 $0.005\sim0.007$。$2V=22°\sim60°$(测量)、$0\sim54°$(计算)。

{001}解理完全、{100}中等。性脆。断口呈不平整、不规则细小碎粒状。摩氏硬度为5.5,相对密度为2.70(测量)、2.75(计算)。

【晶体结构】

硬羟钙铍石属于斜方晶系,空间群为 $Am2a$。晶胞参数:$a=1.939$ nm、$b=2.319$ nm、$c=0.501$ nm。$Z=4$。X射线粉晶衍射数据 $d(\text{Å})(I/I_{max})$ 为4.19(50)、3.74(100)、3.35(90)、3.24(80)、3.13(70)、3.05(70)、2.56(60)。晶体结构见图6-4-29。

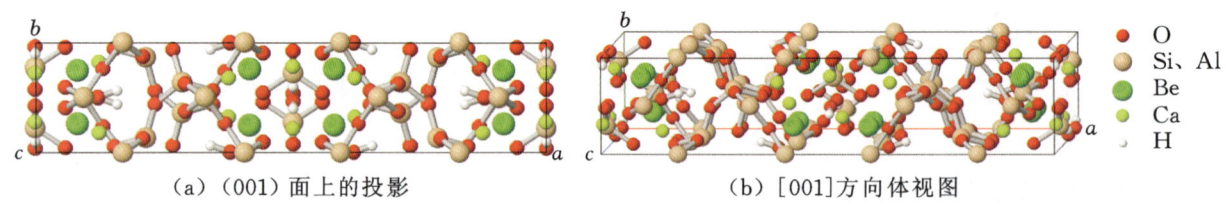

(a) (001)面上的投影　　　　(b) [001]方向体视图

图 6-4-29　硬羟钙铍石的晶体结构

【产状产地】

硬羟钙铍石产于花岗伟晶岩中,由含铍的矿物蚀变形成,共生伴生矿物有日光榴石、硅铍石、铍珍珠云母,主要产地有意大利、美国(北卡罗来纳)等。

【主要用途】

硬羟钙铍石在地质学、物理学、化学、材料学、环境科学、晶体学、矿物学、宝石学方面都有重要意义。

铍方钠石族

铍方钠石(tugtupite)　　　　　　　$Na_4[BeAlSi_4O_{12}]Cl$

铍方钠石

【化学性质】

铍方钠石是一种含 Na 及 Cl 的 $[BeAlSi_4O_{12}]$ 架状基型硅酸盐类矿物,其晶体化学式为 $Na_4[BeAlSi_4O_{12}]Cl$。主要成分为 Na、Be、Al、Si、O、Cl,类质同象替代成分有 Fe、Ga、Mg、Ca、K、H_2O、S 等。

化学成分中元素(氧化物)的质量分数为 Na_2O 26.50%、BeO 5.35%、Al_2O_3 10.90%、SiO_2 49.67%、Cl 7.58%。

【结晶形态】

铍方钠石属于四方晶系,四方单锥晶类,对称型为4。晶体形态(图6-4-30)呈短四方棱柱状、粒状、块状等。双晶可呈假立方连晶。

（a）铍方钠石（加拿大）　　　（b）铍方钠石（格陵兰岛）　　　（c）铍方钠石（俄罗斯）

图 6-4-30　铍方钠石

【物理特征】

铍方钠石的颜色呈无色、白色、粉红色、深红色、蓝白色、绿白色。条痕为白色。透明至半透明。玻璃光泽、油脂光泽、蜡质光泽、土质光泽。色散弱，多色性弱。荧光呈淡紫色到淡红橙色。

一轴晶（+），有时光性异常，出现双晶轴。折射率为 No=1.496、Ne=1.502，双折射率为 0.006。

{101}解理较好，{110}解理中等。性脆。断口呈不平整、不规则的次贝壳状。摩氏硬度为 4，相对密度为 2.33（测量）、2.34（计算）。

【晶体结构】

铍方钠石属于四方晶系，空间群为 $I4$。晶胞参数：$a=0.864$ nm、$c=0.887$ nm，$Z=2$。X 射线粉晶衍射数据 d(Å)(I/I_{max})为 6.19(40)、3.59(40)、3.54(100)、2.52(20)（图 6-4-31）。晶体结构见图 6-4-32。

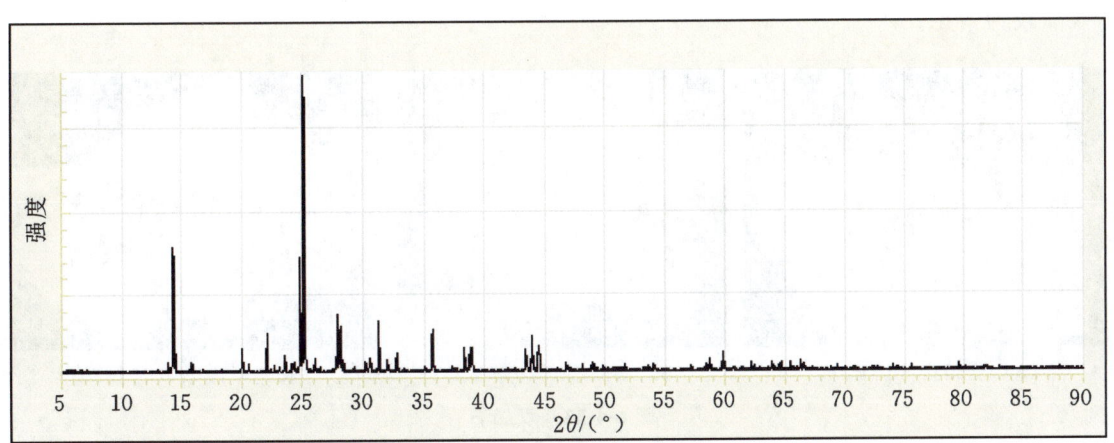

图 6-4-31　铍方钠石的 X 射线粉晶衍射图

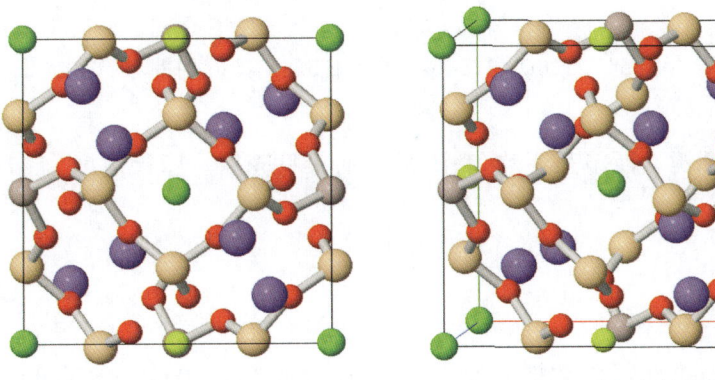

（a）(001)面上的投影　　　（b）[001]方向体视图

图 6-4-32　铍方钠石的晶体结构

【产状产地】

铍方钠石产于富碱、贫硅的岩浆岩中,共生伴生矿物有碱性长石等,主要产地有加拿大、格陵兰岛、俄罗斯等。

【主要用途】

铍方钠石在地质学、物理学、化学、材料学、环境科学、晶体学、矿物学、宝石学方面都有重要意义。

双晶石族

双晶石(eudidymite)　　　　　Na$_2$[Be$_2$Si$_6$O$_{15}$]·H$_2$O

双晶石

【化学性质】

双晶石是一种含 Na 及 H$_2$O 的[Be$_2$Si$_6$O$_{15}$]架状基型硅酸盐类矿物,是板晶石的同质多象变体,其晶体化学式为 Na$_2$[Be$_2$Si$_6$O$_{15}$]·H$_2$O。主要成分为 Na、Be、Si、H、O,类质同象替代成分有 Al、Fe、Ca、Mg。

化学成分中氧化物的质量分数为 Na$_2$O 12.24%、BeO 10.42%、SiO$_2$ 73.55%、H$_2$O 3.79%。

【结晶形态】

双晶石属于单斜晶系,斜方柱晶类,对称型为 $2/m$。晶体形态(图 6-4-33)呈板状、薄板状。{001}面上,双晶较为常见。

(a) 双晶石(挪威)

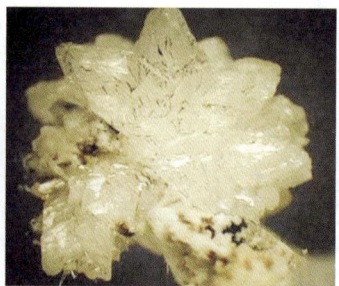
(b) 双晶石(加拿大)

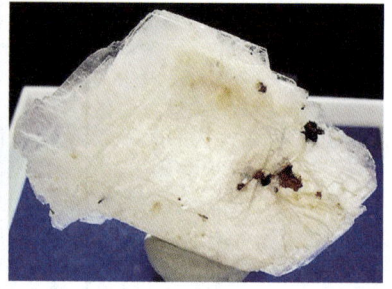
(c) 双晶石(马拉维)

图 6-4-33　双晶石

双晶石的颜色呈无色、灰色、蓝色、紫色、黄色。条痕为白色。透明至半透明。玻璃光泽、珍珠光泽。色散较弱,多色性无。

二轴晶(+)。折射率为 Np=1.545、Nm=1.546、Ng=1.551,双折射率为 0.006。$2V=30°$(测量)、50°(计算)。

{001}、{551}解理较好。性脆。断口呈不均匀、不平整的次贝壳状。摩氏硬度为 6,相对密度为 2.55(测量)、2.56(计算)。

【晶体结构】

双晶石属于单斜晶系,空间群为 $C2/c$。晶胞参数:$a=1.262$ nm、$b=0.738$ nm、$c=1.399$ nm、$\beta=103.76°$,$Z=4$。X 射线粉晶主要衍射数据 $d(\text{Å})(I/I_{max})$ 为 6.350(60)、3.687(50)、3.398(80)、3.163(100)、3.074(80)、2.999(60)、2.848(60)(图 6-4-34)。晶体结构见图 6-4-35。

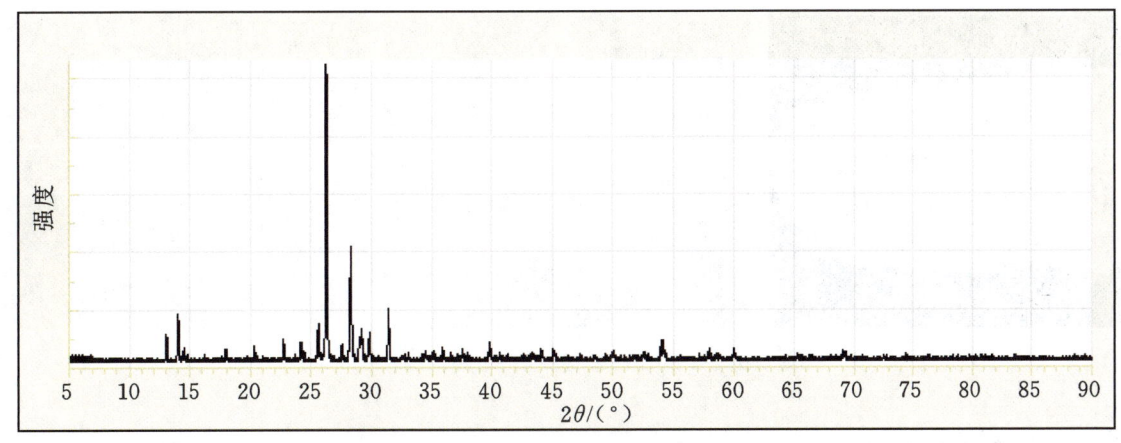

图 6-4-34 双晶石的 X 射线粉晶衍射图

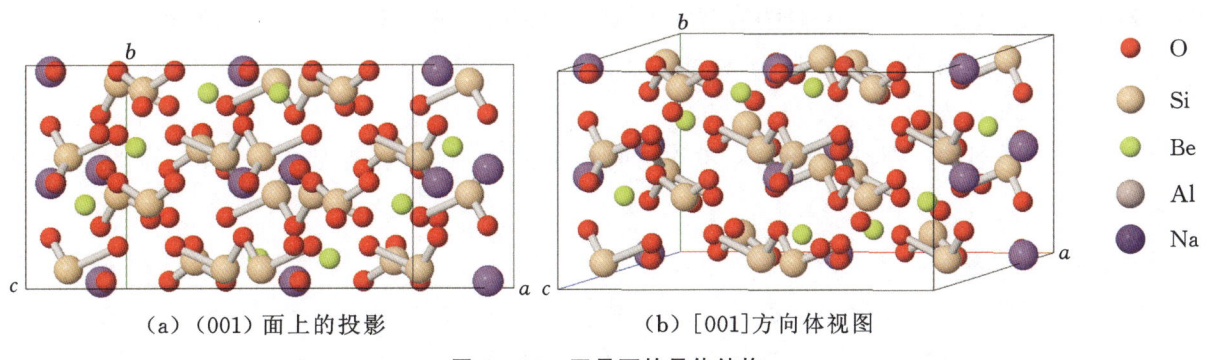

（a）（001）面上的投影　　（b）[001]方向体视图

图 6-4-35 双晶石的晶体结构

【产状产地】

双晶石为碱性霞石正长岩伟晶岩中的晚期矿物，共生伴生矿物有霞石、钠沸石、辉钼矿、钾长石、萤石、黑云母、鱼眼石、方沸石。主要产地有挪威、加拿大、马拉维、格陵兰岛。

【主要用途】

双晶石在地质学、物理学、化学、材料学、环境科学、晶体学、矿物学、宝石学方面都有重要意义。

硅铍锡钠石族

硅铍锡钠石（sorensenite）　　　　　　　　　$Na_4Sn[Be_2Si_6O_{18}] \cdot 2H_2O$

硅铍锡钠石

【化学性质】

硅铍锡钠石是一种含 Na、Sn 及 H_2O 的 $[Be_2Si_6O_{18}]$ 架状基型硅酸盐类矿物，其晶体化学式为 $Na_4Sn[Be_2Si_6O_{18}] \cdot 2H_2O$。主要成分为 Na、Sn、Be、Si、H、O，类质同象替代成分有 K、Ca、Fe、Nb。

化学成分中氧化物的质量分数为 Na_2O 17.19%、BeO 6.94%、SiO_2 49.97%、SnO_2 20.90%、H_2O 5.00%。

【结晶形态】

硅铍锡钠石属于单斜晶系，斜方柱晶类，对称型为 $2/m$。晶体（图 6-4-36）呈粒状、柱状、块状等。

图 6-4-36　硅铍锡钠石（格陵兰岛）

【物理特征】

硅铍锡钠石的颜色呈无色、粉红色、乳白色等，透射光下无色。条痕为白色。透明、半透明。玻璃光泽、丝绢光泽。色散很弱。多色性为异常的黄棕色、异常的蓝色。荧光为蓝白色、蓝色。

二轴晶（一）。折射率为 Np＝1.576～1.579、Nm＝1.581～1.585、Ng＝1.584～1.586，双折射率为 0.007～0.008。2V＜76°。

解理不清楚。性脆。断口呈不规则、不均匀的小碎块石。摩氏硬度为 5.5，相对密度为 2.90（测量）、2.92（计算）。

【晶体结构】

硅铍锡钠石属于单斜晶系，空间群为 $C2/c$。晶胞参数：$a=2.070$ nm、$b=0.744$ nm、$c=1.204$ nm，$\beta=117.28°$，$Z=4$。X 射线粉晶衍射数据 d（Å）（I/I_{max}）为 6.31(60)、3.41(85)、3.06(75)、2.96(85)、2.92(100)、2.84(50)、2.68(50)（图 6-4-37）。

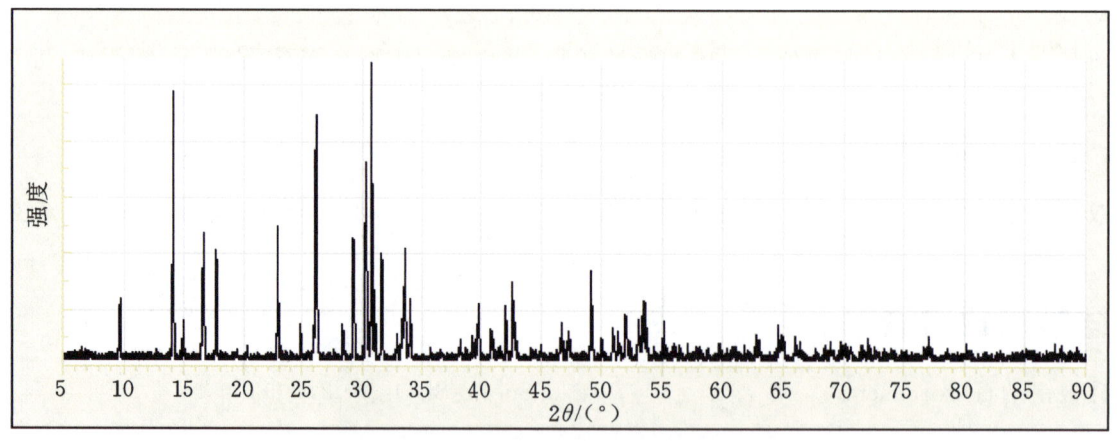

图 6-4-37　硅铍锡钠石的 X 射线粉晶衍射图

【产状产地】

硅铍锡钠石产于霞石正长岩在水热作用下形成的细小微孔洞中。共生伴生矿物有霞石、正长石、斜长石、绿柱石、磷灰石、方沸石等。主要产地有格陵兰岛。

【主要用途】

硅铍锡钠石在地质学、物理学、化学、材料学、环境科学、晶体学、矿物学、宝石学方面都有重要意义。

铍硅钠石族

铍硅钠石(lovdarite)　　　　　　　　$K_2Na_6[Be_2Si_7O_{18}]_2 \cdot 9H_2O$

铍硅钠石

【化学性质】

铍硅钠石是一种含 K、Na 及 H_2O 的 $[Be_2Si_7O_{18}]$ 架状基型硅酸盐类矿物,其晶体化学式为 $K_2Na_6[Be_2Si_7O_{18}]_2 \cdot 9H_2O$。主要成分为 K、Na、Be、Si、H、O,类质同象替代成分有 Ti、Al、Fe、Mn、Mg、Ca、Ba、F、P。

化学成分中氧化物的质量分数为 K_2O 6.36%、BaO 0.21%、Na_2O 15.19%、CaO 0.50%、MgO 0.05%、TiO_2 0.11%、BeO 7.01%、Al_2O_3 1.81%、Fe_2O_3 0.11%、SiO_2 57.06%、P_2O_5 0.10%、H_2O 11.49%。

【结晶形态】

铍硅钠石属于斜方晶系,斜方单锥晶类,对称型为 $mm2$。晶体形态(图 6-4-38)呈粒状、叶片状,聚合体呈放射状、块状。

图 6-4-38　铍硅钠石(俄罗斯)

【物理特征】

铍硅钠石的颜色呈无色、白色、黄色、黄白色。条痕为白色。透明至半透明。玻璃光泽。色散较强,多色性弱。有时发亮绿色荧光。

二轴晶(+)。折射率为 Np=1.513、Nm=1.516、Ng=1.518,双折射率为 0.005。$2V=90°$(测量)、78°(计算)。

{100}、{010}、{001}解理中等。性脆。断口呈不均匀、不平整的贝壳状。摩氏硬度为 5~6,相对密度为 2.33(测量)、2.48(计算)。

【晶体结构】

铍硅钠石属于斜方晶系,空间群为 $Pma2$。晶胞参数:$a=3.958$ nm、$b=0.693$ nm、$c=0.715$ nm。$Z=2$。X 射线粉晶主要衍射数据 $d(\text{Å})(I/I_{max})$ 为 4.960(90)、3.288(100)、3.136(100)。晶体结构见图 6-4-39。

【产状产地】

铍硅钠石是产于碱性伟晶岩的晚期热液矿物。共生伴生矿物有紫脆石、钠沸石、方钠石、斜锰叶钠钙石、柱星叶石。主要产地有俄罗斯、格陵兰岛。

【主要用途】

铍硅钠石在地质学、物理学、化学、材料学、环境科学、晶体学、矿物学、宝石学方面都有重要意义。

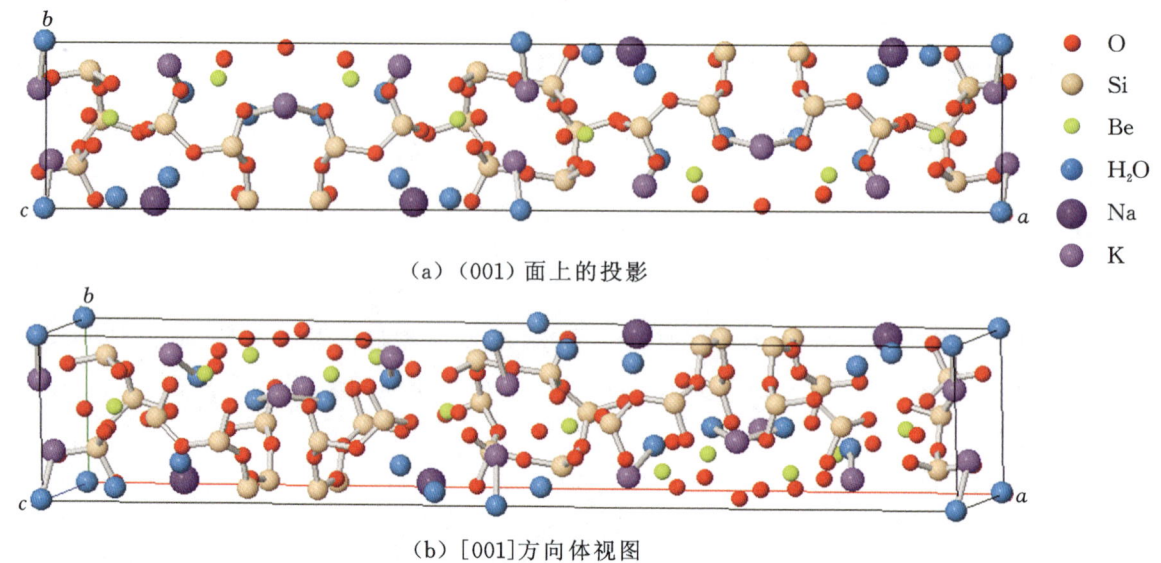

(a) (001)面上的投影

(b) [001]方向体视图

图 6-4-39　铍硅钠石的晶体结构

第五节　钛硅酸盐、锆硅酸盐

蓝锥矿族

蓝锥矿(benitoite)	$Ba[Ti(Si_3O_9)]$
硅锡钡石(pabstite)	$Ba[Sn(Si_3O_9)]$
硅锆钡石(bazirite)	$Ba[Zr(Si_3O_9)]$
钾钙板锆石(wadeite)	$K_2[Zr(Si_3O_9)]$

蓝锥矿

【化学性质】

蓝锥矿是一种含 Ba 及 $[Ti(Si_3O_9)]$ 的架状基型硅酸盐类矿物,其晶体化学式为 $Ba[Ti(Si_3O_9)]$。主要成分为 Ba、Ti、Si、O,类质同象替代成分有 Na、Ca。

化学成分中氧化物的质量分数为 BaO 37.08%、TiO_2 19.32%、SiO_2 43.60%。

【结晶形态】

蓝锥矿属于六方晶系,复三方双锥晶类,对称型为 $\bar{6}m2$。晶体形态(图 6-5-1、图 6-5-2)呈三方粒状、三方板状。常见单形有{001}、{121}、{111}、{110}。

【物理特征】

蓝锥矿的颜色呈蓝色、紫色、粉红色、白色、无色。条痕为白色。透明至半透明。玻璃光泽。色散弱。多色性较弱:无色,紫色,靛蓝色、绿蓝色。

一轴晶(+)。折射率为 No=1.757、Ne=1.804,双折射率为 0.047。

解理不清楚。性脆。断口呈不平整、不均匀的贝壳状。摩氏硬度为 6~6.5,相对密度为 3.65(测量)、3.68(计算)。

图 6-5-1　蓝锥矿(美国加利福尼亚)

图 6-5-2　蓝锥矿的晶体形态

【晶体结构】

蓝锥矿属于六方晶系,空间群为 $P6c2$。晶胞参数:$a=0.664$ nm、$c=0.976$ nm,$Z=2$。X 射线粉晶主要衍射数据 $d(\text{Å})(I/I_{\max})$ 为 3.72(100)、2.74(75)、3.32(40)(图 6-5-3)。晶体结构见图 6-5-4、图 6-5-5。

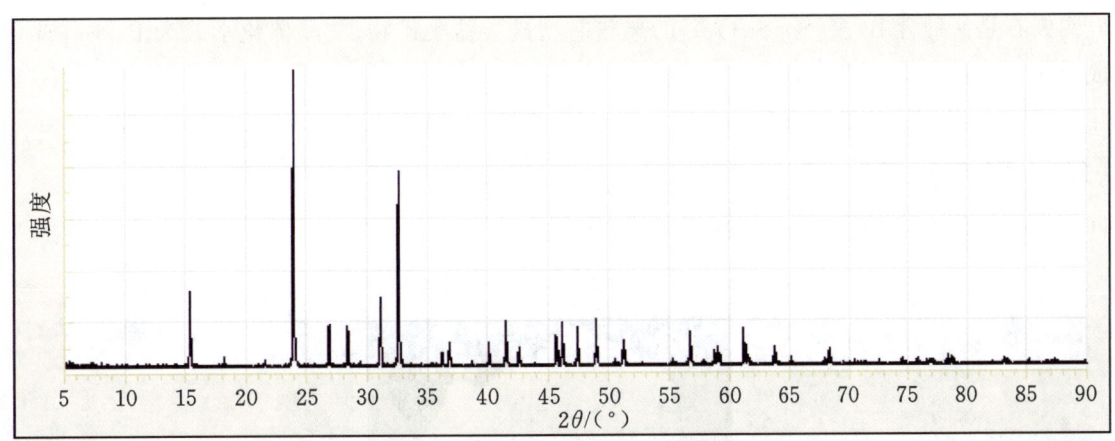

图 6-5-3　蓝锥矿的 X 射线粉晶衍射图

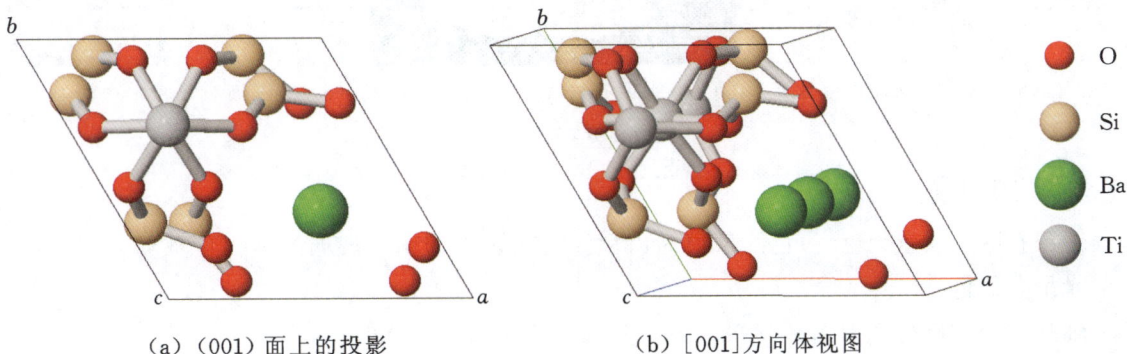

(a)　(001)面上的投影　　　　(b)　[001]方向体视图

图 6-5-4　蓝锥矿的晶体结构(原子排布位置)

【产状产地】

蓝锥矿主要产于蛇纹岩中,与柱晶石、钠沸石等伴生,主要产地有美国(加利福尼亚)。

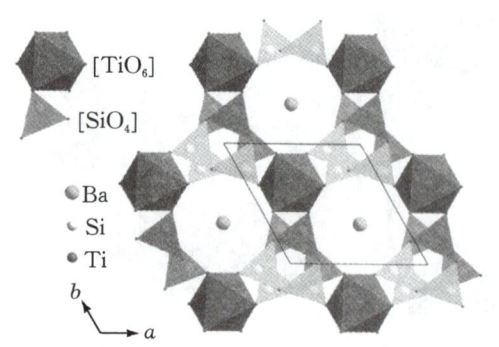
(a) 沿c轴的投影，Ba原子位于[Si₃O₉]三元环和[TiO₆]八面体所围成的大空隙中

(b) 垂直b轴的投影，[Si₃O₉]三元环和[TiO₆]八面体位于c轴不同的高度

图 6-5-5　蓝锥矿的晶体结构（配位多面体）

【主要用途】

蓝锥矿在地质学、物理学、化学、晶体学、矿物学、宝石学方面都有重要意义。宝石级蓝锥矿晶体仅产于美国加利福尼亚，十分稀少。

硅锡钡石

【化学性质】

硅锡钡石是一种含 Ba 及 [$Sn(Si_3O_9)$] 的架状基型硅酸盐类矿物，其晶体化学式为 $Ba[Sn(Si_3O_9)]$。主要成分为 Ba、Sn、Si、O，类质同象替代成分有 Ca、Sr、Ti。

化学成分中氧化物的质量分数为 BaO 32.86%、TiO_2 4.28%、SiO_2 38.63%、SnO_2 24.23%。

【结晶形态】

硅锡钡石属于六方晶系，复三方双锥晶类，对称型为 $\bar{6}m2$。晶体形态（图 6-5-6）呈粒状、板状、块状等。

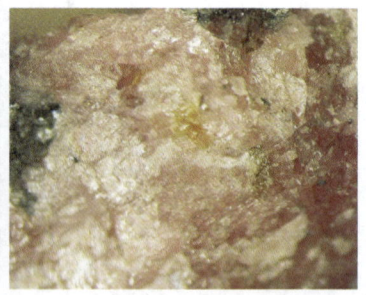

(a) 硅锡钡石（美国加利福尼亚）　(b) 硅锡钡石（美国加利福尼亚）　(c) 硅锡钡石（吉尔吉斯斯坦）

图 6-5-6　硅锡钡石

【物理特征】

硅锡钡石的颜色呈无色、白色。条痕为白色。透明至半透明。玻璃光泽。色散弱。多色性呈无色。荧光呈亮蓝色。

一轴晶（−）。折射率为 $N_o=1.685$、$N_e=1.674$，双折射率为 0.011。

解理。性脆。断口呈不均匀、不平整的次贝壳状。摩氏硬度为 6，相对密度为 4.03（测量）、4.05（计算）。

【晶体结构】

硅锡钡石属于六方晶系，空间群为 $P\bar{6}c2$。晶胞参数：$a=0.671$ nm、$c=0.983$ nm，$Z=2$。X 射线

粉晶主要衍射数据 $d(Å)(I/I_{max})$ 为 3.77(100)、3.37(50)、2.78(90)(图 6-5-7)。晶体结构见图 6-5-8。

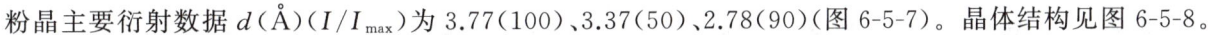

图 6-5-7　硅锡钡石的 X 射线粉晶衍射图

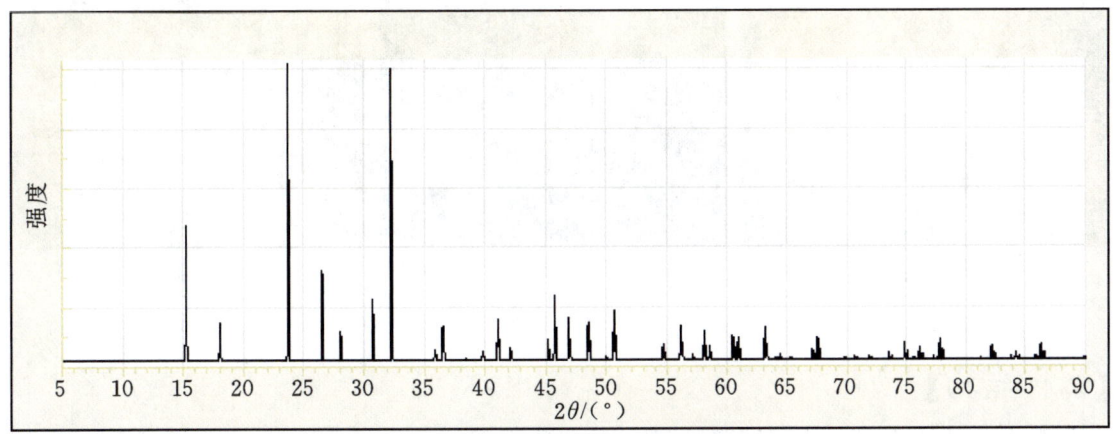

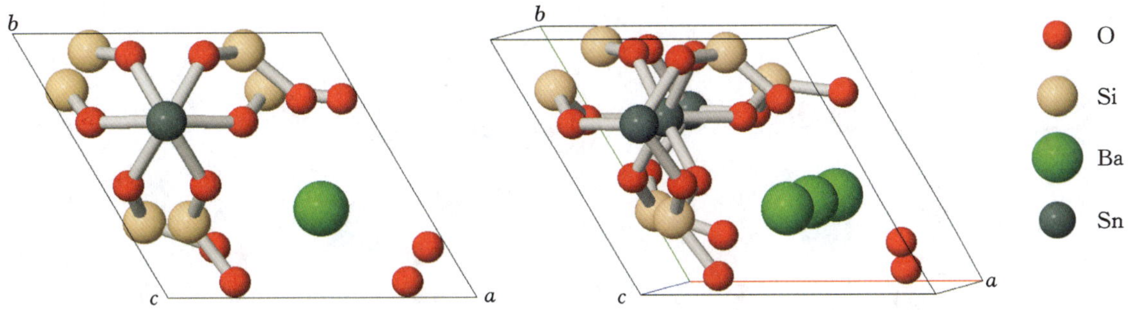

(a) (001)面上的投影　　　　(b) [001]方向体视图

图 6-5-8　硅锡钡石的晶体结构

【产状产地】

硅锡钡石产于一种含锡的硫化物重结晶硅质石灰岩中,主要产地有美国(加利福尼亚)、吉尔吉斯斯坦。

【主要用途】

硅锡钡石在地质学、物理学、化学、晶体学、矿物学方面都有重要意义。

硅锆钡石

【化学性质】

硅锆钡石是一种含 Ba 及 $[Zr(Si_3O_9)]$ 的架状基型硅酸盐类矿物,其晶体化学式为 $Ba[Zr(Si_3O_9)]$。主要成分为 Ba、Zr、Si、O,类质同象替代成分有 Ca、Sn。

化学成分中氧化物的质量分数为 BaO 33.57%、ZrO_2 26.98%、SiO_2 39.45%。

【结晶形态】

硅锆钡石属于六方晶系,复三方双锥晶类,对称型为 $\bar{6}m2$。晶体形态(图 6-5-9)呈粒状、板状、块状等。

【物理特征】

硅锆钡石的颜色呈无色、白色。条痕为白色。透明。玻璃光泽。色散弱,多色性弱。

一轴晶(+)。折射率为 No=1.675~1.681、Ne=1.685~1.691,双折射率为 0.010。

{0001}解理中等。性脆。断口呈不均匀、不规则的贝壳状。摩氏硬度为 6~6.5,相对密度为 3.82(测量)、3.82(计算)。

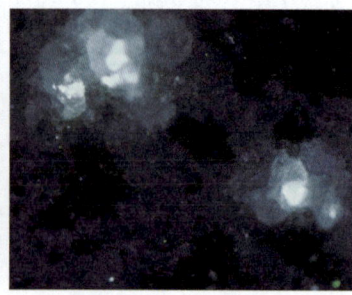

(a) 硅锆钡石（美国加利福尼亚）　　(b) 硅锆钡石（亮蓝色荧光）　　(c) 硅锆钡石（蒙古）

图 6-5-9　硅锆钡石

【晶体结构】

硅锆钡石属于六方晶系，空间群为 $P6m2$。晶胞参数：$a=0.677$ nm，$c=1.002$ nm，$Z=2$。X 射线粉晶主要衍射数据 $d(\text{Å})(I/I_{\max})$ 为 5.85(35)、3.80(100)、2.80(100)。晶体结构见图 6-5-10。

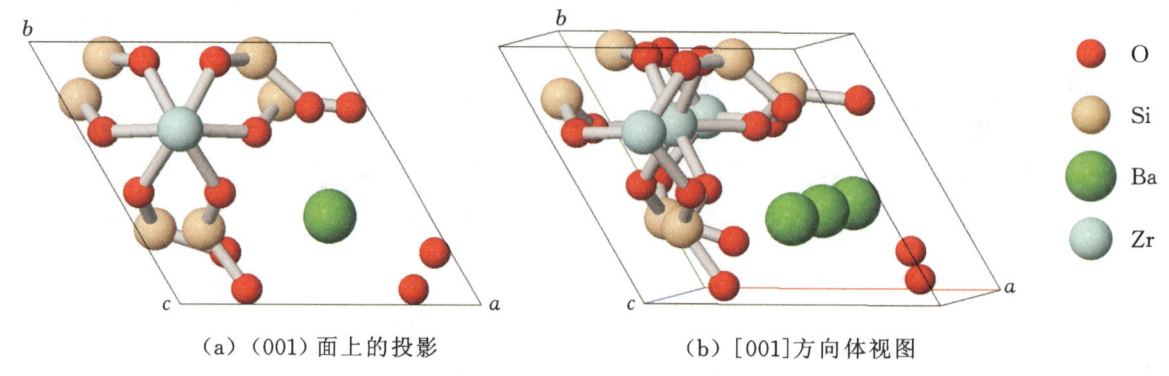

(a) (001) 面上的投影　　　　　　　(b) [001] 方向体视图

图 6-5-10　硅锆钡石的晶体结构

【产状产地】

硅锆钡石是一种花岗岩晚期热液矿物。共生伴生矿物有正长石、斜长石、石英、云母等。主要产地有英国（苏格兰）、蒙古、美国（加利福尼亚）。

【主要用途】

硅锆钡石在地质学、物理学、化学、晶体学、矿物学方面都有重要意义。

钾钙板锆石

【化学性质】

钾钙板锆石是一种含 K 及 $[Zr(Si_3O_9)]$ 的架状基型硅酸盐类矿物，其晶体化学式为 $K_2[Zr(Si_3O_9)]$。主要成分为 K、Zr、Si、O，类质同象替代成分有 Na、Ca、Fe、Ti、Al、P、H_2O 等。

化学成分中氧化物的质量分数为 K_2O 20.15%、Na_2O 1.50%、CaO 3.10%、ZrO_2 26.66%、TiO_2 0.24%、Al_2O_3 1.92%、Fe_2O_3 0.25%、SiO_2 42.80%、H_2O 0.93%、P_2O_5 2.45%。

【结晶形态】

钾钙板锆石属于六方晶系，六方双锥晶类，对称型为 $6/m$。晶体形态（图 6-5-11）呈六边形结晶形状，棱柱状、细长棱柱状。

【物理特征】

钾钙板锆石的颜色呈无色、粉红色、紫罗兰色、淡紫色。条痕为白色。透明。金刚光泽。色散弱，多色性弱。

图 6-5-11 钾钙板锆石(俄罗斯)

一轴晶(+)。折射率为 No=1.624～1.627、Ne=1.655～1.673,双折射率为 0.029～0.031。

解理无。性脆。断口呈不均匀、不规则的细小贝壳状碎片。摩氏硬度为 6～6.5,相对密度为 3.10～3.13(测量)、3.16(计算)。

【晶体结构】

钾钙板锆石属于六方晶系,空间群为 $P6_3/m$。晶胞参数:$a=0.689$ nm、$c=1.017$ nm,$Z=2$。X 射线粉晶主要衍射数据 $d(\text{Å})(I/I_{max})$ 为 5.97(60)、5.11(30)、3.85(80)、2.85(100)、1.85(60)、1.69(60)、1.63(40)(图 6-5-12)。晶体结构见图 6-5-13。

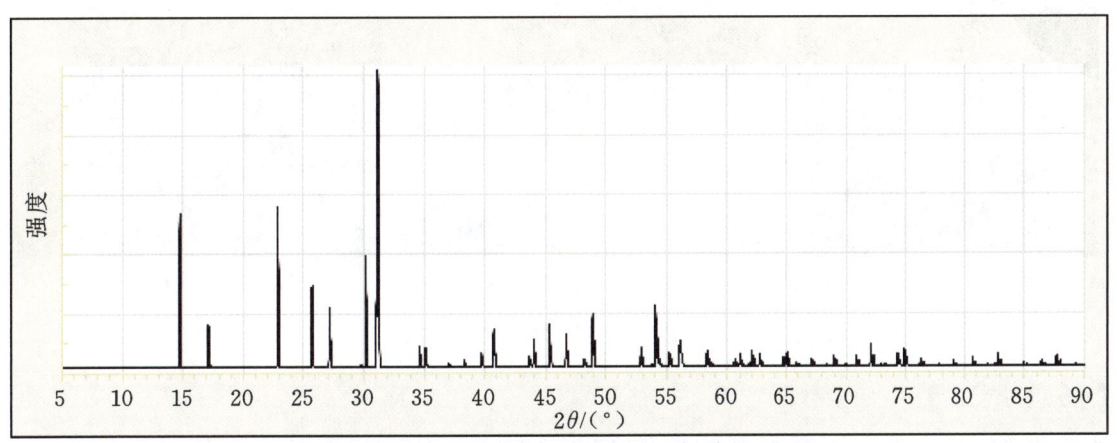

图 6-5-12 钾钙板锆石的 X 射线粉晶衍射图

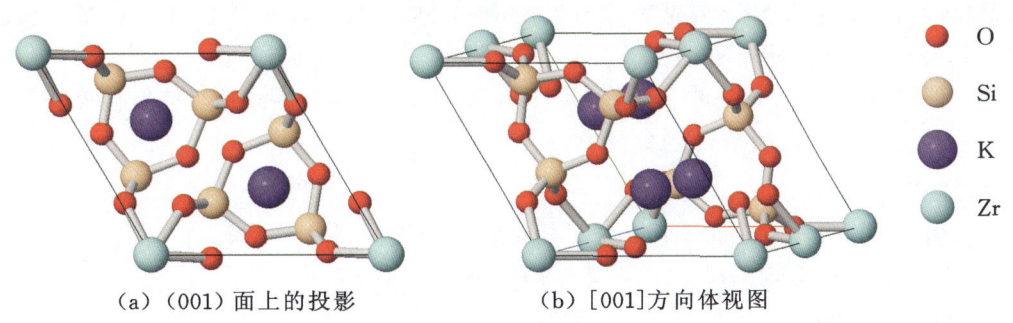

(a) (001)面上的投影　　(b) [001]方向体视图

图 6-5-13 钾钙板锆石的晶体结构

【产状产地】

钾钙板锆石产于霞石正长伟晶岩中,共生伴生矿物有白榴石、霞石、正长石等,主要产地有俄罗斯等。

【主要用途】

钾钙板锆石在地质学、物理学、化学、晶体学、矿物学方面都有重要意义。

淡钡钛石族

淡钡钛石(leucosphenite)　　　　　　$Na_4Ba[Ti_2(BSi_5O_{14})_2]O_2$

淡钡钛石

【化学性质】

淡钡钛石是一种含 Na、Ba、Ti 及 O 的[BSi_5O_{14}]架状基型硅酸盐类矿物,其晶体化学式为 $Na_4Ba[Ti_2(BSi_5O_{14})_2]O_2$。主要成分为 Na、Ba、Ti、Si、B、O,类质同象替代成分有 K、Sr、Ca、Mg、Nb、Fe。

化学成分中氧化物的质量分数为 BaO 13.84%、Na_2O 11.19%、TiO_2 14.43%、SiO_2 54.25%、B_2O_3 6.29%。

【结晶形态】

淡钡钛石属于单斜晶系,斜方柱晶类,对称型为 $2/m$。晶体形态(图 6-5-14)呈粒状、柱状、假六边形板状。

(a) 淡钡钛石(加拿大魁北克)　(b) 淡钡钛石(加拿大魁北克)　　(c) 淡钡钛石(格陵兰岛)

图 6-5-14　淡钡钛石

【物理特征】

淡钡钛石的颜色呈无色、白色、浅灰色、淡黄色、棕色、蓝色、深绿色、黑色。条痕为白色。透明至半透明。玻璃光泽、珍珠光泽。色散弱,多色性无。荧光呈黄白色。

二轴晶(+)。折射率为 Np=1.643~1.649、Nm=1.657~1.664、Ng=1.681~1.691,双折射率为 0.038~0.042。$2V=77°$(测量)、76°(计算)。

{010}解理较好,{001}解理较差。性脆。断口呈不平整、不均匀的碎片贝壳状。摩氏硬度为 6~6.5,相对密度为 3.04~3.09(测量)、3.10(计算)。

【晶体结构】

淡钡钛石属于单斜晶系,空间群为 $C2/m$。晶胞参数:$a=0.981$ nm、$b=1.685$ nm、$c=0.721$ nm,$\beta=93.35°$,$Z=2$。X 射线粉晶衍射数据 $d(Å)(I/I_{max})$ 为 8.45(90)、4.22(100)、3.37(70)、3.31(50)、2.89(60)、2.81(40)、2.73(40)。

【产状产地】

淡钡钛石发现于古近纪和新近纪地层中,主要产地有美国(犹他)。

【主要用途】

淡钡钛石在地质学、物理学、化学、材料学、环境科学、晶体学、矿物学、宝石学方面都有重要意义。

硅锆钠石族

硅锆钠石(vlasovite)　　　　　　　　$Na_2[Zr(Si_4O_{11})]$
硅钠锆石(keldyshite)　　　　　　　　$Na_2[Zr(Si_2O_7)] \cdot nH_2O$

硅锆钠石

【化学性质】

硅锆钠石是一种含 Na、Zr 及 $[Zr(Si_4O_{11})]$ 的架状基型硅酸盐类矿物,其晶体化学式为 $Na_2[Zr(Si_4O_{11})]$。主要成分为 Na、Zr、Si、O,类质同象替代成分有 Ca、K 等。

化学成分中氧化物的质量分数为 Na_2O 14.56%、ZrO_2 28.96%、SiO_2 56.48%。

【结晶形态】

硅锆钠石属于单斜晶系,斜方柱晶类,对称型为 $2/m$。晶体形态(图 6-5-15)呈粒状、板状、块状。

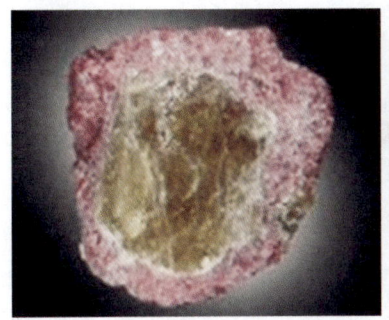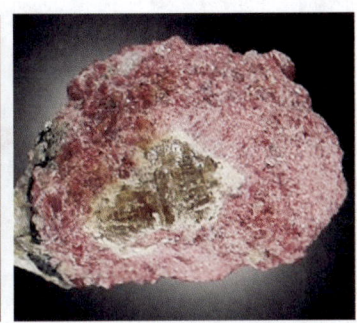

(a) 硅锆钠石(淡黄)、异性石(粉红)(加拿大)　　(b) 硅锆钠石(淡黄)、异性石(粉红)(加拿大)　　(c) 硅锆钠石(葡萄牙)

图 6-5-15　硅锆钠石

【物理特征】

硅锆钠石的颜色呈无色、白色。条痕为白色。透明至半透明。玻璃光泽、油脂光泽、珍珠光泽。色散弱,多色性弱。荧光呈棕黄色。

二轴晶(一)。折射率为 Np=1.607,Nm=1.623,Ng=1.628,双折射率为 0.021。$2V=40°\sim56°$。

{010}解理中等。性脆。断口呈不均匀、不规则的贝壳状。摩氏硬度为 6,相对密度为 2.97(测量)、3.07(计算)。

【晶体结构】

硅锆钠石属于单斜晶系,空间群为 $C2/c$。晶胞参数:$a=1.098$ nm、$b=1.000$ nm、$c=0.852$ nm,$\beta=100.40°$,$Z=4$。X 射线粉晶主要衍射数据 $d(\text{Å})(I/I_{max})$ 为 5.02(72)、3.26(100)、2.97(94)(图 6-5-16)。晶体结构见图 6-5-17。

【产状产地】

硅锆钠石产于霞石正长岩、正长伟晶岩以及碱性地块接触带的晚期,主要产地有加拿大、葡萄牙、俄罗斯。

【主要用途】

硅锆钠石在地质学、物理学、化学、晶体学、矿物学方面都有重要意义。

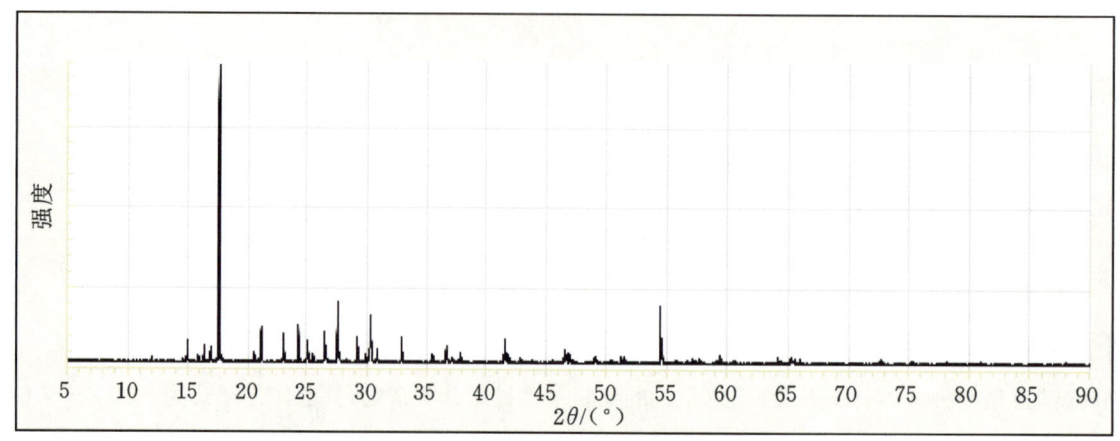

图 6-5-16　硅锆钠石的 X 射线粉晶衍射图

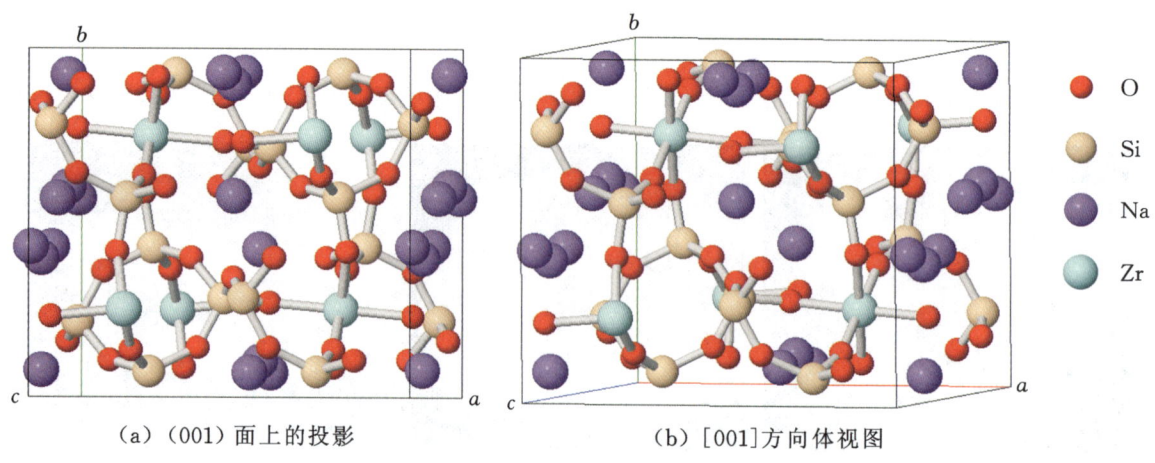

(a)（001）面上的投影　　　(b)[001]方向体视图

图 6-5-17　硅锆钠石的晶体结构

硅钠锆石

【化学性质】

硅钠锆石是一种含 Na 及[Zr(Si$_2$O$_7$)]的架状基型硅酸盐类矿物，晶体化学式为 Na$_2$[Zr(Si$_2$O$_7$)]·nH$_2$O。主要成分为 Na、Zr、Si、O、H，类质同象替代成分有 K、Ca、Ti、Fe。

化学成分中氧化物的质量分数为 Na$_2$O 14.07%、ZrO$_2$ 37.29%、SiO$_2$ 36.37%、H$_2$O 12.27%。

【结晶形态】

硅钠锆石属于三斜晶系，单面晶类，对称型为 1。晶体形态（图 6-5-18）呈粒状、柱状、块状等。

(a) 硅钠锆石（挪威）　　　(b) 硅钠锆石（挪威）　　　(c) 硅钠锆石（俄罗斯）

图 6-5-18　硅钠锆石

【物理特征】

硅钠锆石的颜色呈白色。条痕为白色。透明至半透明。玻璃光泽、油脂光泽。色散较强。多色性弱。

二轴晶(—)。折射率为 $Np=1.670$、$Nm=1.710$、$Ng=1.720$,双折射率为 0.040。$2V=78°$(测量)。

解理不完全。性极脆。断口呈不规则、不平整的次贝壳状。摩氏硬度为 $3.5\sim4.5$,相对密度为 $3.22\sim3.30$(测量)、3.26(计算)。

【晶体结构】

硅钠锆石属于三斜晶系,空间群为 $P\overline{1}$。晶胞参数:$a=0.901$ nm、$b=0.534$ nm、$c=0.696$ nm,$\alpha=92.10°$,$\beta=116.10°$,$\gamma=88.10°$,$Z=2$。X 射线粉晶主要衍射数据 $d(\text{Å})(I/I_{max})$ 为 $4.18(80)$、$3.99(100)$、$2.97(52)$。晶体结构见图 6-5-19。

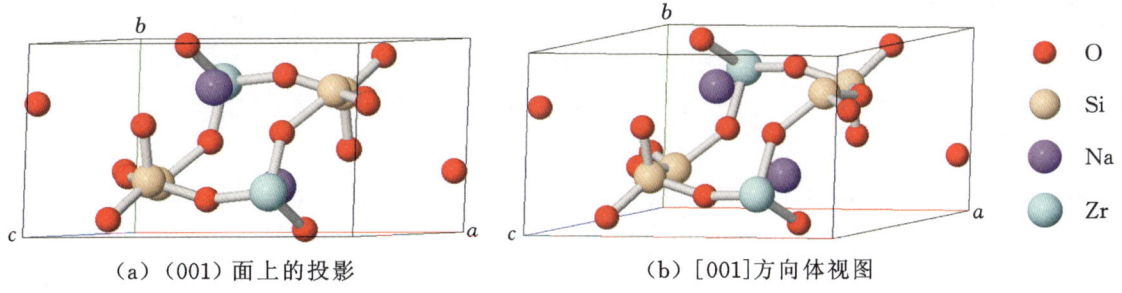

(a) (001)面上的投影　　(b) [001]方向体视图

图 6-5-19　硅钠锆石的晶体结构

【产状产地】

硅钠锆石是产于蚀变碱性地块中的一种原生矿物,由钠长石化的微斜长石、霞石、方钠石、霓石和碱性角闪石组成,主要产地有挪威、俄罗斯。

【主要用途】

硅钠锆石在地质学、物理学、化学、材料学、环境科学、晶体学、矿物学、宝石学方面都有重要意义。

硅锆钾石族

硅锆钾石(dalyite)　　　　　　$K_2[Zr(Si_6O_{15})]$

硅锆钾石

【化学性质】

硅锆钾石是一种含 K 及 $[Zr(Si_6O_{15})]$ 的架状基型硅酸盐类矿物,其晶体化学式为 $K_2[Zr(Si_6O_{15})]$。主要成分为 K、Zr、Si、O,类质同象替代成分有 Na、Ca、Ba、Mg、Ti、Mn、Al、Fe、P 等。

化学成分中氧化物的质量分数为 K_2O 15.66%、Na_2O 0.05%、MgO 0.14%、ZrO_2 19.40%、TiO_2 1.26%、Al_2O_3 0.09%、Fe_2O_3 0.28%、SiO_2 63.12%。

【结晶形态】

硅锆钾石属于三斜晶系,单面晶类,对称型为 1。晶体(图 6-5-20)呈粒状、板状、块状。

【物理特征】

硅锆钾石的颜色呈无色、棕色。条痕为白色。透明至半透明。玻璃光泽。

二轴晶(—)。折射率为 $Np=1.575$、$Nm=1.590$、$Ng=1.601$,双折射率为 0.026。$2V=72°$(测量)、$80°$(计算)。

图 6-5-20 硅锆钾石(挪威)

{101}、{010}解理较好，{100}解理中等。性脆。断口呈不均匀、不规则的次贝壳状。摩氏硬度为 7.5，相对密度为 2.84(测量)、2.74(计算)。

【晶体结构】

硅锆钾石属于三斜晶系，空间群为 $P1$。晶胞参数：$a=0.737$ nm、$b=0.773$ nm、$c=0.691$ nm，$\alpha=92.10°$、$\beta=116.10°$、$\gamma=88.10°$，$Z=1$。X 射线粉晶主要衍射数据 $d(\text{Å})(I/I_{\max})$ 为 4.2(100)、3.58(100)、3.08(100)(图 6-5-21)。晶体结构见图 6-5-22。

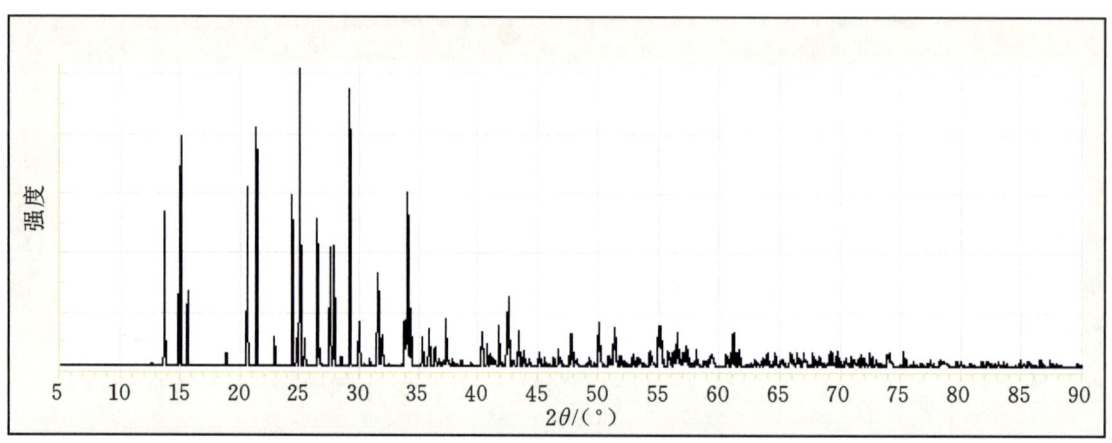

图 6-5-21 硅锆钾石的 X 射线粉晶衍射图

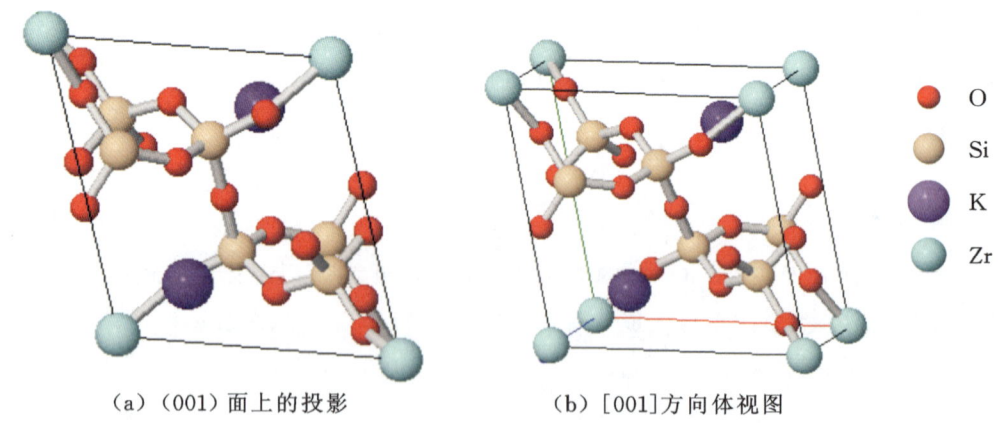

(a) (001)面上的投影　　　(b) [001]方向体视图

图 6-5-22 硅锆钾石的晶体结构

【产状产地】

硅锆钾石产于碱性花岗岩、正长岩中以及粗面质凝灰岩、玄武质凝灰岩中，共生伴生矿物有硅钛锰钠石、碱性正长石、斜长石等，主要产地有挪威、西班牙等。

【主要用途】

硅锆钾石在地质学、物理学、化学、材料学、环境科学、晶体学、矿物学、宝石学方面都有重要意义。

第六节 具附加阴离子和络阴离子

包头矿族

包头矿（baotite）　　　　　　　　$Ba_4[(Ti,Nb,Fe)_8(Si_4O_{12})O_{16}]Cl$
羟硅钡石（muirite）　　　　　　　　$Ba_{10}Ca_2Mn[Ti(Si_5O_{15})_2(OH)_4](OH)_3Cl_2F$

包头矿

【化学性质】

包头矿是一种含 Ba、Cl 的 $[Ti_8(Si_4O_{12})O_{16}]$ 架状基型硅酸盐类矿物，其晶体化学式为 $Ba_4[(Ti,Nb,Fe)_8(Si_4O_{12})O_{16}]Cl$。主要成分为 Ba、Ti、Si、O、Cl，类质同象替代成分有 Ca、Na、K、Mg、Nb、Fe、Cr、W、Al。

化学成分中氧化物的质量分数为 BaO 38.75%、TiO_2 29.27%、Nb_2O_5 11.76%、FeO 2.72%、SiO_2 15.48%、Cl 2.02%。

【结晶形态】

包头矿属于四方晶系，四方双锥晶类，对称型为 $4/m$。晶体形态（图 6-6-1）呈四方柱状、柱状、块状、粒状。

（a）包头矿（巴基斯坦）

（b）包头矿（中国内蒙古）

（c）包头矿（中国内蒙古）

图 6-6-1　包头矿

【物理特征】

包头矿的颜色呈浅棕色、黑色。条痕为白色。透明至半透明。玻璃光泽。色散弱。多色性较弱：无色、深棕绿色，无色、浅黄绿色。

一轴晶（＋）。折射率为 No＝1.940、Ne＝2.160，双折射率为 0.220。

{110}解理较好。性脆。断口呈不规则、不平整的粗糙、锯齿状。摩氏硬度为 6，相对密度为 4.42～4.72（测量）、4.37（计算）。

【晶体结构】

包头矿属于四方晶系，空间群为 $I4_1/a$。晶胞参数：a＝2.002 nm，c＝0.600 nm，Z＝16。X 射线粉晶衍射数据 d(Å)(I/I_{max})为 3.52(90)、3.14(100)、2.23(90)、1.76(95)、1.42(25)、1.35(90)、1.34(100)（图 6-6-2）。

在包头矿的晶体结构（图 6-6-3）中，发现了由[SiO_4]四面体组成的四元环[Si_4O_{12}]的硅酸盐骨架。

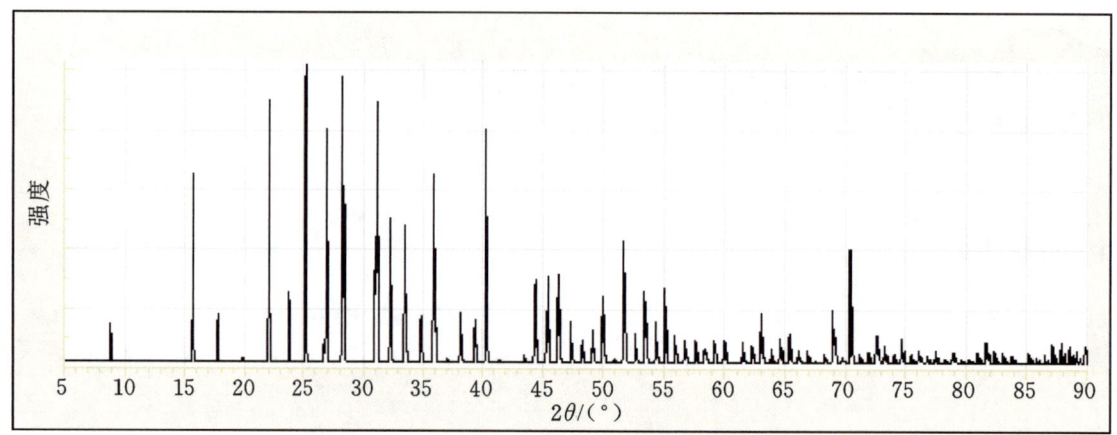

图 6-6-2 包头矿的 X 射线粉晶衍射图

它与[TiO$_6$]八面体所构成的四方环柱[Ti$_4$O$_{12}$]$_{12}^{8n-}$以角顶相连。柱平行于 c 轴。环平面平行于(001)。在环间有附加阴离子 Cl$^-$。Ba 充填于环与柱之间。

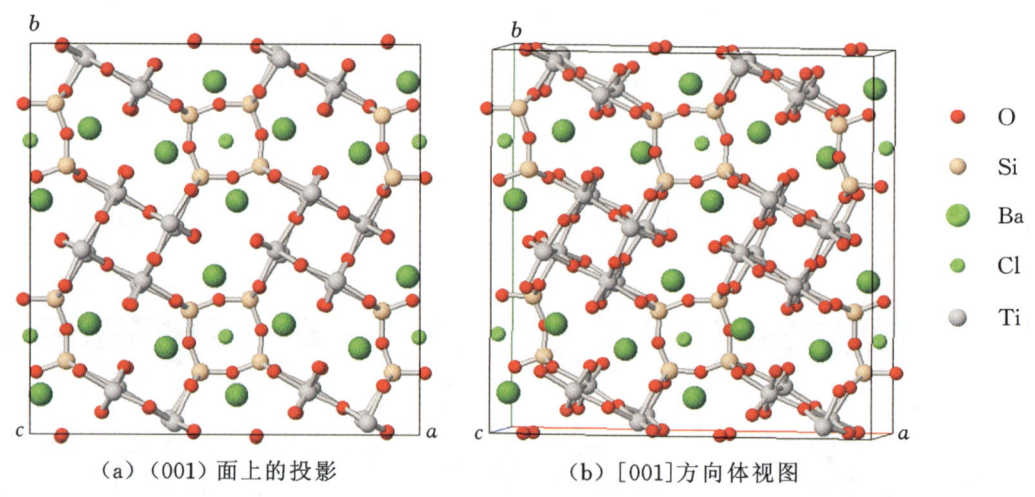

(a) (001)面上的投影　　(b) [001]方向体视图

图 6-6-3 包头矿的晶体结构

【产状产地】

包头矿产于穿切碱性花岗岩和正长岩的石英脉中,共生伴生矿物有石英、正长石、斜长石。主要产地有巴基斯坦、中国(内蒙古)等。

【主要用途】

包头矿在地质学、物理学、化学、材料学、环境科学、晶体学、矿物学、宝石学方面都有重要意义。

羟硅钡石

【化学性质】

羟硅钡石是一种含 Ba、Ca、Mn 及(OH)、Cl、F 的[Ti(Si$_5$O$_{15}$)$_2$(OH)$_4$]架状基型硅酸盐类矿物,其晶体化学式为 Ba$_{10}$Ca$_2$Mn[Ti(Si$_5$O$_{15}$)$_2$(OH)$_4$](OH)$_3$Cl$_2$F。主要成分为 Ba、Ca、Mn、Ti、Si、O、H,类质同象替代成分有 Sr、Fe、Cl、F。

化学成分中氧化物的质量分数为 BaO 60.70%、CaO 4.44%、TiO$_2$ 3.16%、MnO 2.81%、SiO$_2$ 22.89%、H$_2$O 2.50%、Cl 2.81%、F 0.69%。

【结晶形态】

羟硅钡石属于四方晶系,复四方双锥晶类,对称型为 $4/mmm$。晶体形态(图 6-6-4)呈柱状、粒状、块状等。

（a）羟硅钡石（加拿大）　　（b）羟硅钡石（美国加利福尼亚）　　（b）羟硅钡石（美国加利福尼亚）

图 6-6-4　羟硅钡石

【物理特征】

羟硅钡石的颜色呈橙色、棕色。条痕为淡橙色。透明至半透明。玻璃光泽。色散弱。多色性较弱:无色,橙色。

一轴晶(+)。折射率为 $N_o=1.697$、$N_e=1.704$,双折射率为 0.007。

{001}、{100}解理中等。性脆。断口呈不规则、不平整的贝壳状。摩氏硬度为 2.5,相对密度为 3.86(测量)、3.80(计算)。

【晶体结构】

羟硅钡石属于四方晶系,空间群为 $P4/mmm$。晶胞参数:$a=1.400$ nm、$c=0.563$ nm,$Z=1$。X 射线粉晶主要衍射数据 $d(\text{Å})(I/I_{max})$ 为 4.42(75)、3.73(60)、2.91(100)(图 6-6-5)。

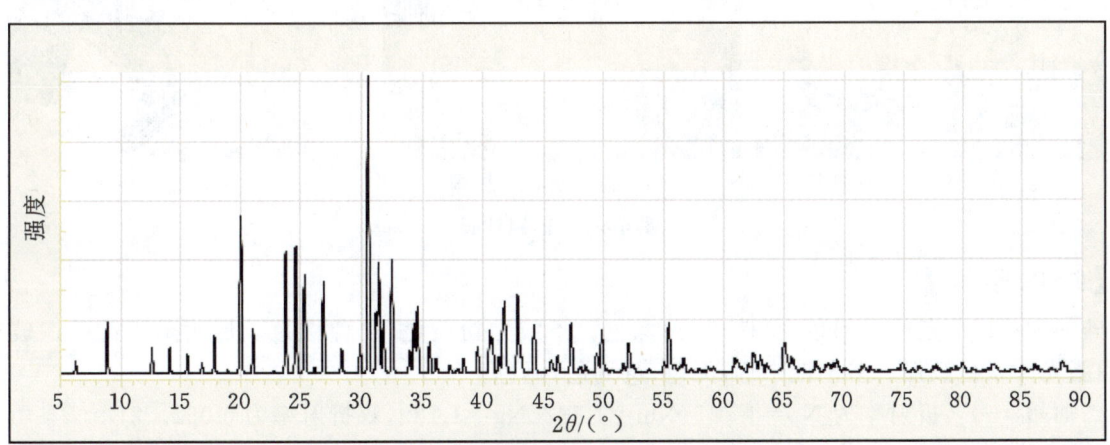

图 6-6-5　羟硅钡石的 X 射线粉晶衍射图

【产状产地】

羟硅钡石主要产地为美国(加利福尼亚)。

【主要用途】

羟硅钡石在地质学、物理学、化学、材料学、环境科学、晶体学、矿物学、宝石学方面都有重要意义。

硅钡钛石族

硅钡钛石（batisite）	$(Na,K)_2Ba[Ti_2(Si_4O_{12})O_2]$
硅铌钡钠石（shcherbakovite）	$K_2Na_2[Ti_2(Si_4O_{12})O_2]$
硅钛钙钾石（tinaksite）	$K_2NaCa_2[(TiSi_7)O_{19}](OH)$
硅钾钙石（tokkoite）	$K_2Ca_4[Si_7O_{18}(OH)](F,OH)$

硅钡钛石

【化学性质】

硅钡钛石是一种含 Ba、Na 及 $[Ti_2(Si_4O_{12})O_2]$ 的架状基型硅酸盐类矿物，其晶体化学式为 $(Na,K)_2Ba[Ti_2(Si_4O_{12})O_2]$。主要成分为 Ba、Na、Ti、Si、O，类质同象替代成分有 K、Ca、Sr、Mg、Nb、Mn、Zr、Al、Fe、H。

化学成分中氧化物的质量分数为 Na_2O 8.40%、K_2O 2.60%、BaO 22.00%、CaO 0.27%、SrO 0.03%、Nb_2O_5 0.36%、TiO_2 22.00%、MnO 0.09%、ZrO_2 1.90%、SiO_2 39.00%、Al_2O_3 0.95%、Fe_2O_3 1.80%、H_2O 0.60%。

【结晶形态】

硅钡钛石属于斜方晶系，斜方双锥（单锥）晶类，对称型为 mmm（$mm2$）。晶体形态（图 6-6-6）呈柱状、长板状、粒状、块状。

（a）硅钡钛石（俄罗斯）　　（b）硅钡钛石（德国）　　（c）硅钡钛石（德国）

图 6-6-6　硅钡钛石

【物理特征】

硅钡钛石的颜色呈棕粉色、黄棕色、深棕色。条痕为粉白色、玫瑰棕色。透明至不透明。玻璃光泽、油脂光泽。色散强。多色性中等：无色，黄褐色，褐色。

二轴晶（+）。折射率为 Np=1.727、Nm=1.732、Ng=1.789，双折射率为 0.062。2V=7°～40°（测量），34°（计算）。

{100}、{010}、{001}解理较差。性脆。断口呈不均匀、不平整的贝壳状。摩氏硬度为 5.5～6，相对密度为 3.43（测量）、3.49（计算）。

【晶体结构】

硅钡钛石属于斜方晶系，空间群为 $Imma$ 或 $Ima2$。晶胞参数：a=0.809 nm、b=1.048 nm、c=1.391 nm，Z=4。X 射线粉晶衍射数据 d(Å)(I/I_{max}) 为 3.39(50)、3.20(30)、2.91(100)、2.62(30)、2.16(50)、2.09(40)、1.68(50)。晶体结构见图 6-6-7、图 6-6-8。

【产状产地】

硅钡钛石产于碱性伟晶岩中，共生伴生矿物有霞石、微斜长石、磷灰石、正长石、钠钙闪石，主要产地有俄罗斯、德国。

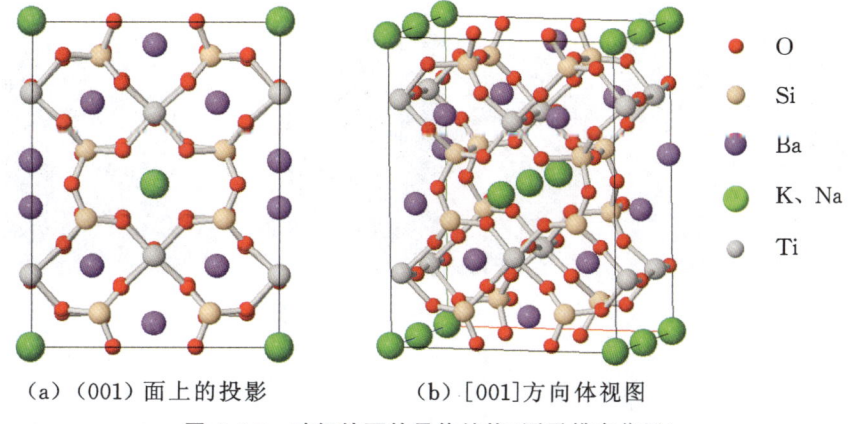

(a) (001)面上的投影　　(b) [001]方向体视图

图 6-6-7　硅钡钛石的晶体结构（原子排布位置）

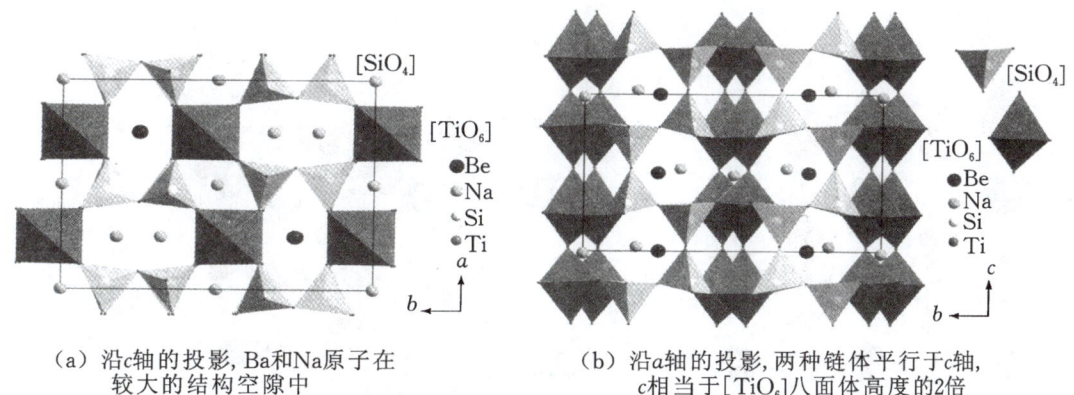

(a) 沿c轴的投影，Ba和Na原子在　　(b) 沿a轴的投影，两种链体平行于c轴，
　　较大的结构空隙中　　　　　　　　　c相当于[TiO$_6$]八面体高度的2倍

图 6-6-8　硅钡钛石的晶体结构（配位多面体）

【主要用途】

硅钡钛石在地质学、物理学、化学、材料学、环境科学、晶体学、矿物学、宝石学方面都有重要意义。

硅铌钡钠石

【化学性质】

硅铌钡钠石是一种含 K、Na 及[Ti$_2$(Si$_4$O$_{12}$)O$_2$]的架状基型硅酸盐类矿物，其晶体化学式为 K$_2$Na$_2$[Ti$_2$(Si$_4$O$_{12}$)O$_2$]。主要成分为 K、Na、Ti、Si、O，类质同象替代成分有 Ba、Ca、Mg、Al、Nb、Ta、Zr、Fe、Mn、Cl、H$_2$O。

化学成分中氧化物的质量分数为 K$_2$O 13.76%、BaO 6.21%、Na$_2$O 5.84%、TiO$_2$ 19.68%、Nb$_2$O$_5$ 10.99%、SiO$_2$ 42.79%、H$_2$O 0.73%。

【结晶形态】

硅铌钡钠石属于斜方晶系，斜方双锥晶类，对称型为 mmm。晶体形态(图 6-6-9)呈长柱状、板状。

【物理特征】

硅铌钡钠石的颜色呈深棕色、红棕色。条痕为玫瑰红棕色。透明至不透明。玻璃光泽、油脂光泽。色散弱。多色性较弱：无色、淡黄色，黄色、金黄色、棕黄色。

二轴晶(一)。折射率为 Np=1.707、Nm=1.745、Ng=1.776，双折射率为 0.069。2V=82°(测量)、82°(计算)。

解理不完全。性脆。断口断裂形成不均匀的碎片。摩氏硬度为 6.5，相对密度为 2.97(测量)、3.19(计算)。

图 6-6-9　硅铌钡钠石（俄罗斯）

【晶体结构】

硅铌钡钠石属于斜方晶系，空间群为 $Imma$。晶胞参数：$a=1.055$ nm、$b=1.392$ nm、$c=0.810$ nm，$Z=4$。X 射线粉晶主要衍射数据 d(Å)(I/I_{max}) 为 2.90(100)、2.64(70)、1.69(70)。晶体结构见图 6-6-10。

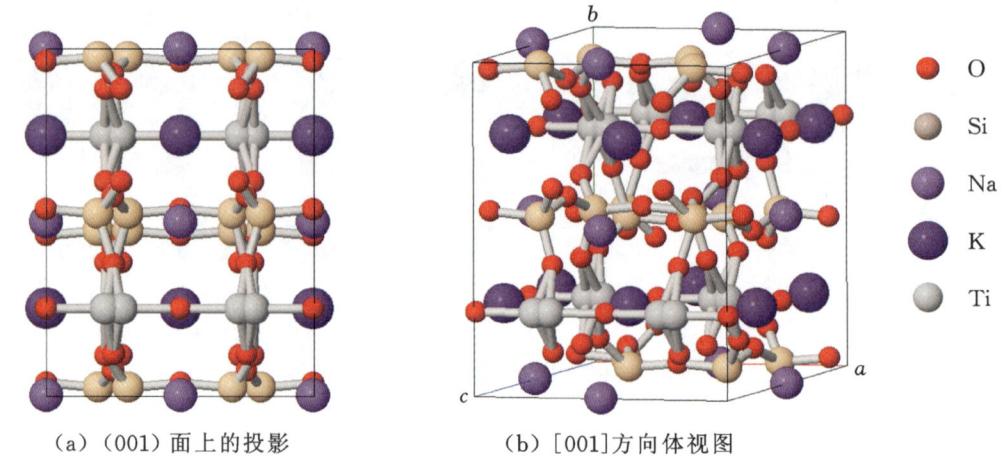

（a）(001) 面上的投影　　　（b）[001] 方向体视图

图 6-6-10　硅铌钡钠石的晶体结构

【产状产地】

硅铌钡钠石是一种富钾的硅钡钛石，产于晚期热液浸蚀钠沸石矿脉中，共生伴生矿物有钠沸石、钠长石、钾长石、钛铁矿、星叶石等，主要产地有俄罗斯等。

【主要用途】

硅铌钡钠石在地质学、物理学、化学、晶体学、矿物学方面都有重要意义。

硅钛钙钾石

【化学性质】

硅钛钙钾石是一种含 K、Na、Ca 及（OH）的[(TiSi$_7$)O$_{19}$]架状基型硅酸盐类矿物，其晶体化学式为 $K_2NaCa_2[(TiSi_7)O_{19}](OH)$。主要成分为 K、Na、Ca、Ti、Si、H、O，类质同象替代成分有 Mn、Al、Fe、Mg、H$_2$O。

化学成分中氧化物的质量分数为 K_2O 12.53%、Na_2O 4.12%、CaO 13.38%、TiO_2 9.03%、MnO 2.36%、FeO 1.43%、SiO_2 55.95%、H_2O 1.20%。

【结晶形态】

硅钛钙钾石属于三斜晶系，单面晶类，对称型为 1。晶体（图 6-6-11）呈棱柱状、叶片状，聚合体呈放射状。

图 6-6-11　硅钛钙钾石（俄罗斯）

【物理特征】

硅钛钙钾石的颜色呈粉红色、紫红色、淡黄色、浅棕色、黄棕色。条痕为白色、灰白色。透明至半透明。玻璃光泽。色散弱。多色性弱：无色，浅橙黄色。

二轴晶（+）。折射率为 Np=1.593、Nm=1.621、Ng=1.666，双折射率为 0.073。2V=7°～40°。

{010}解理完全、{110}解理中等。性脆。断口呈不均匀、不平整的贝壳状。摩氏硬度为 6，相对密度为 2.82（测量）。

【晶体结构】

硅钛钙钾石属于三斜晶系，空间群为 $P1$。晶胞参数：$a=1.035$ nm、$b=1.217$ nm、$c=0.705$ nm，$\alpha=90.91°$、$\beta=99.31°$、$\gamma=92.76°$，$Z=2$。X 射线粉晶主要衍射数据 $d(\text{Å})(I/I_{max})$ 为 3.30(100)、3.25(80)、2.33(56)（图 6-6-12）。晶体结构见图 6-6-13。

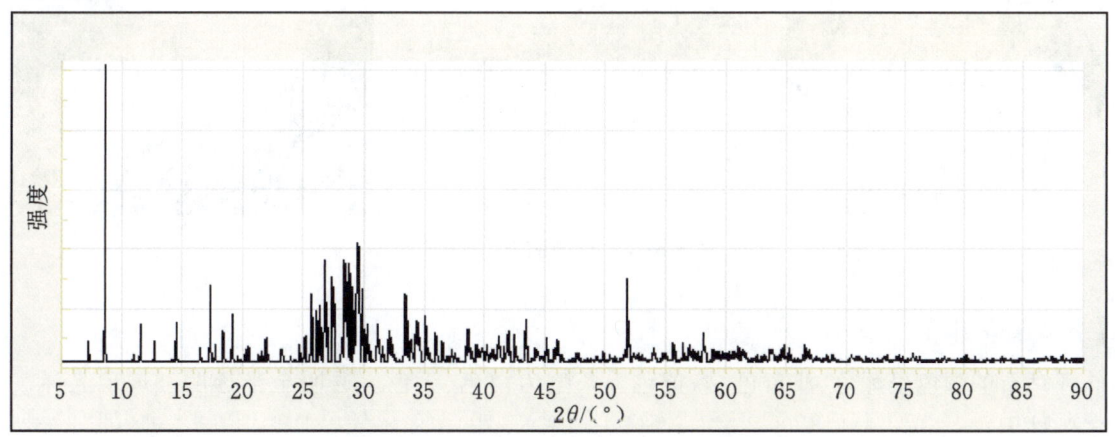

图 6-6-12　硅钛钙钾石的 X 射线粉晶衍射图

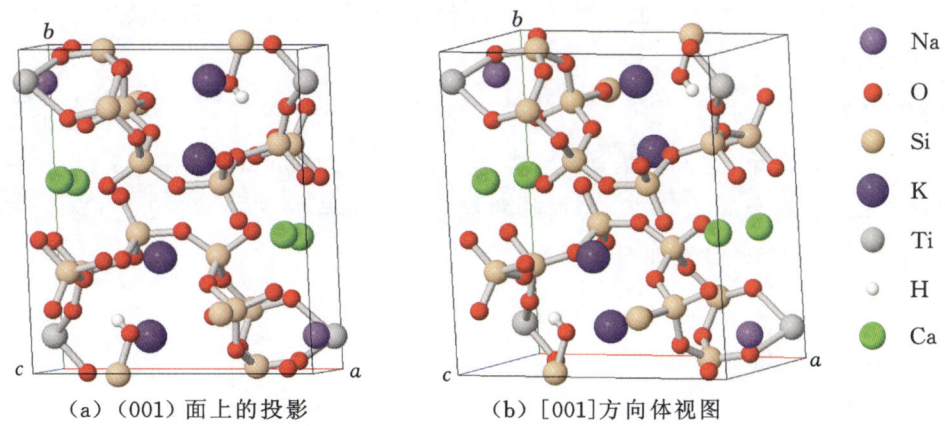

（a）(001)面上的投影　　　（b）[001]方向体视图

图 6-6-13　硅钛钙钾石的晶体结构

【产状产地】

硅钛钙钾石产于与岩浆岩或石灰岩接触交代的矽卡岩带中,共生伴生矿物有钾长石、斜长石、普通辉石、钛铁矿、霓石等,主要产地有俄罗斯。

【主要用途】

硅钛钙钾石在地质学、物理学、化学、材料学、环境科学、晶体学、矿物学、宝石学方面都有重要意义。

硅钾钙石

【化学性质】

硅钾钙石是一种含 K、Ca 及 F、(OH) 的 $[Si_7O_{18}(OH)]$ 架状基型硅酸盐类矿物,其晶体化学式为 $K_2Ca_4[Si_7O_{18}(OH)](F,OH)$。主要成分为 K、Ca、Si、H、F、O,类质同象替代成分有 Na、Mg、Ti、Fe、Mn、H_2O。

化学成分中氧化物的质量分数为 K_2O 12.42%、CaO 29.57%、SiO_2 54.65%、H_2O 1.48%、F 1.88%。

【结晶形态】

硅钾钙石属于三斜晶系,单面晶类,对称型为 1。晶体形态(图 6-6-14)呈柱状、叶片状、碎片状等,集合体呈簇状、放射状。

图 6-6-14　硅钾钙石(俄罗斯)

【物理特征】

硅钾钙石的颜色呈无色、浅黄色、棕黄色。条痕为白色、无色。透明至半透明。玻璃光泽。色散弱。多色性无。

二轴晶(+)。折射率为 $N_p=1.570$、$N_m=1.574$、$N_g=1.577$,双折射率为 0.007。$2V=38°$(测量)。

{010}、{110} 解理完全。性脆。断口呈不规则、不均匀的次贝壳状。摩氏硬度为 4~5,相对密度为 2.76(测量)、2.76(计算)。

【晶体结构】

硅钾钙石属于三斜晶系,空间群为 $P1$。晶胞参数:$a=1.044$ nm、$b=1.251$ nm、$c=0.711$ nm,$\alpha=89.92°$、$\beta=99.75°$、$\gamma=92.89°$,$Z=2$。X 射线粉晶主要衍射数据 d(Å)(I/I_{max}) 为 12.5(100)、10.3(45)、5.2(42)。晶体结构与硅钛钙钾石相同。

【产状产地】

硅钾钙石主要产地有俄罗斯。

【主要用途】

硅钾钙石在地质学、物理学、化学、晶体学、矿物学方面都有重要意义。

硅钠钡钛石族

硅钠钡钛铈石（joaquinite-Ce）	$NaBa_2Ce_2FeTi_2[Si_4O_{12}]_2O_2(OH,F)·H_2O$
斜方硅钠钡钛铈石（orthojoaquinite-Ce）	$NaBa_2Ce_2FeTi_2[Si_4O_{12}]_2O_2(OH,F)·H_2O$
斜方硅钠钡钛镧石（orthojoaquinite-La）	$NaBa_2La_2FeTi_2[Si_4O_{12}]_2O_2(OH,F)·H_2O$
硅钠钡钛锶石（strontiojoaquinite）	$Na_2Ba_2Sr_2Ti_2[Si_4O_{12}]_2O_2(O,OH)_2·H_2O$
斜方硅钠钡钛锶石（strontio-orthojoaquinite）	$Na_2Ba_2Sr_2Ti_2[Si_4O_{12}]_2O_2(O,OH)_2·H_2O$
硅钛铁钡石（traskite）	$Ba_{21}CaFe_4Ti_{12}[(Si_6O_{18})_2(Si_2O_7)_6](O,OH)_{30}Cl_6·14H_2O$

硅钠钡钛铈石

【化学性质】

硅钠钡钛铈石是一种含 Na、Ba、Ce、Fe、(OH)、O 和 H_2O 的 $Ti_2[Si_4O_{12}]_2$ 架状基型硅酸盐类矿物，其晶体化学式为 $NaBa_2Ce_2FeTi_2[Si_4O_{12}]_2O_2(OH,F)·H_2O$。主要成分为 Na、Ba、Ce、Fe、Ti、Si、H、O，类质同象替代成分有 K、Ca、Ce、Nb 等。

化学成分中单质及氧化物的质量分数为 BaO 21.61%、Na_2O 2.18%、FeO 5.06%、TiO_2 5.63%、Ce_2O_3 20.85%、Nb_2O_5 9.36%、SiO_2 33.05%、H_2O 1.59%、F 0.67%。

硅钠钡钛铈石中 La 类质同象替代 Ce 较多时，形成硅钠钡钛镧石。

【结晶形态】

硅钠钡钛铈石属于单斜晶系，轴双面晶类，对称型为 2。晶体形态（图 6-6-15）呈短柱状、粒状、块状等。

图 6-6-15　硅钠钡钛铈石（美国加利福尼亚）

【物理特征】

硅钠钡钛铈石的颜色呈棕色、橙色、蜜黄色。条痕为白色。透明至半透明。玻璃光泽。色散明显。多色性弱：亮黄色，无色。无荧光。

二轴晶（+）。折射率为 Np=1.748～1.754、Nm=1.760～1.767、Ng=1.762～1.823，双折射率为 0.014～0.069。2V=30°～55°。

解理较发育，{001}。性脆。断口呈不规则、不平整的贝壳状。摩氏硬度为 5～5.5，相对密度为 3.62～3.98（测量）、4.15（计算）。

【晶体结构】

硅钠钡钛铈石属于单斜晶系，空间群为 C2。晶胞参数：$a=1.052$ nm、$b=0.969$ nm、$c=1.183$ nm，$β=109.67°$，$Z=2$。X 射线粉晶主要衍射数据 $d(Å)(I/I_{max})$ 为 5.58(70)、2.95(18)、2.80(100)。晶体结构见图 6-6-16。

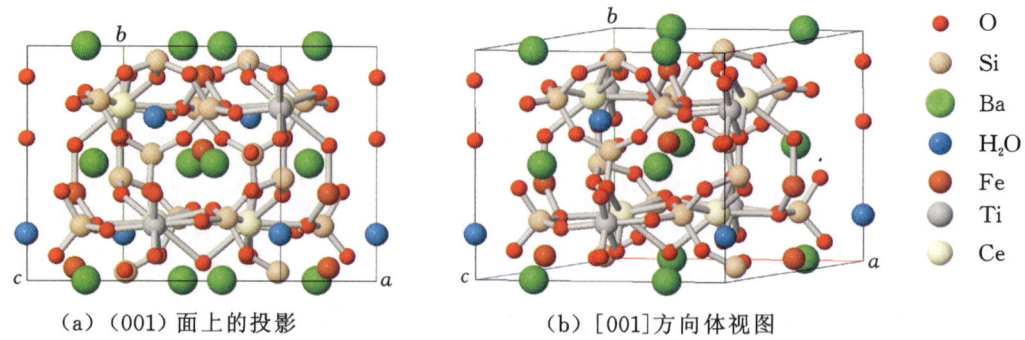

(a) (001)面上的投影　　　　(b) [001]方向体视图

图 6-6-16　硅钠钡钛铈石

【产状产地】

硅钠钡钛铈石的主要产地为美国(加利福尼亚)。

【主要用途】

硅钠钡钛铈石在地质学、物理学、化学、材料学、晶体学、矿物学方面都有重要意义。

斜方硅钠钡钛铈石

【化学性质】

斜方硅钠钡钛铈石是一种含 Na、Ba、Ce、Fe、O、F 和 H_2O 的 $Ti_2[Si_4O_{12}]_2$ 架状基型硅酸盐类矿物,其晶体化学式为 $NaBa_2Ce_2FeTi_2[Si_4O_{12}]_2O_2(OH,F)\cdot H_2O$。主要成分为 Na、Ba、Ce、Fe、Ti、Si、O、H,类质同象替代成分有 K、La、Mn、Fe、Nb、F 等。

图 6-6-17　斜方硅钠钡钛铈石
(美国加利福尼亚)

化学成分中氧化物的质量分数为 BaO 22.09%、Na_2O 2.23%、Ce_2O_3 23.06%、TiO_2 11.51%、FeO 5.18%、SiO_2 34.63%、H_2O 1.30%。

斜方硅钠钡钛铈石中 La 类质同象替代 Ce 较多时,形成斜方硅钠钡钛镧石。

【结晶形态】

斜方硅钠钡钛铈石属于斜方晶系,斜方双锥或斜方单锥晶类,对称型为 mmm 或 $mm2$。晶体形态(见图 6-6-17)呈细小粒状,见双晶。

【物理特征】

斜方硅钠钡钛铈石的颜色呈黄色、浅棕色。条痕为淡黄色。透明。玻璃光泽。色散较弱。多色性较弱:无色,浅黄色。

二轴晶(+)。折射率为 Np=1.748~1.754、Nm=1.760~1.767、Ng=1.762~1.823,双折射率为 0.014~0.069。$2V=40°$(测量)、44°~54°(计算)。

{001}解理完全。性脆。断口呈不规则、不平整的次贝壳状。摩氏硬度为 5~5.5,相对密度为 3.98(测量)、3.95(计算)。

【晶体结构】

斜方硅钠钡钛铈石属于斜方晶系,空间群为 $Ccmm$ 或 $Ccm2_1$。晶胞参数:$a=1.048$ nm、$b=0.966$ nm、$c=2.226$ nm,$Z=4$。X 射线粉晶衍射数据 d(Å)(I/I_{max})为 4.43(90)、3.29(60)、3.05(40)、2.98(40)、2.94(100)、2.89(80)、2.61(60)、1.87(50)。

【产状产地】

斜方硅钠钡钛铈石产于霞石-方钠石正长岩伟晶岩中,共生伴生矿物有硅钠钡钛铈石、钠沸石、蓝锥矿等,主要产地有美国(加利福尼亚)。

【主要用途】

斜方硅钠钡钛铈石在地质学、物理学、化学、晶体学、矿物学方面都有重要意义。

斜方硅钠钡钛镧石

【化学性质】

斜方硅钠钡钛镧石是一种含 Na、Ba、La、Fe、O 和 H_2O 的 $Ti_2[Si_4O_{12}]_2$ 架状基型硅酸盐类矿物,其晶体化学式为 $NaBa_2La_2FeTi_2[Si_4O_{12}]_2O_2(OH,F)·H_2O$。主要成分为 Na、Ba、La、Fe、Ti、Si、H、O,类质同象替代成分有 K、Ce、Mn、Nb、Nd、Pr、F。

化学成分中元素(氧化物)的质量分数为 Na_2O 2.38%、K_2O 0.33%、BaO 21.45%、La_2O_3 10.14%、Ce_2O_3 9.19%、Pr_2O_3 1.15%、TiO_2 8.94%、MnO 0.50%、FeO 5.03%、Fe_2O_3 0.56%、Nb_2O_5 2.79%、Nd_2O_3 2.35%、SiO_2 33.41%、H_2O 1.51%、F 0.27%。

【结晶形态】

斜方硅钠钡钛镧石属于斜方晶系,斜方双锥晶类,对称型为 mmm。晶体形态(图 6-6-18)呈粒状等。

图 6-6-18　斜方硅钠钡钛镧石(格陵兰岛)

【物理特征】

斜方硅钠钡钛镧石的颜色呈褐色。条痕为浅褐色。透明。丝绢光泽。色散中等到较强。多色性弱。

二轴晶(+)。折射率为 Np=1.754、Nm=1.760、Ng=1.797,双折射率为 0.043。

{001}解理完全。性脆。断口呈不规则、不均匀的小碎粒状。摩氏硬度为 5,相对密度为 4.10(测量)、4.14(计算)。

【晶体结构】

斜方硅钠钡钛镧石属于斜方晶系,空间群为 $Ccmm$。晶胞参数:a=1.054 nm、b=0.968 nm、c=2.235 nm,Z=4。X 射线粉晶衍射数据 $d(Å)(I/I_{max})$ 为 5.58(67)、3.00(8)、2.95(17)、2.91(11)、2.80(100)、2.23(8)、1.60(13)。

【产状产地】

斜方硅钠钡钛镧石发现于霞石-方钠石正长岩伟晶岩中,硅钠钡钛石族。共生伴生矿物有霞石、方钠石、正长石等。主要产地有格陵兰岛、美国(加利福尼亚)等。

【主要用途】

斜方硅钠钡钛镧石在地质学、物理学、化学、晶体学、矿物学方面都有重要意义。

硅钠钡钛锶石

【化学性质】

硅钠钡钛锶石是一种含 Na、Ba、Sr、O、(OH) 的 $Ti_2[Si_4O_{12}]_2$ 架状基型硅酸盐类矿物，其晶体化学式为 $Na_2Ba_2Sr_2Ti_2[Si_4O_{12}]_2O_2(O,OH)_2 \cdot H_2O$。主要成分为 Na、Ba、Sr、Ti、Si、H、O，类质同象替代成分有 Li、Fe。

化学成分中氧化物的质量分数为 BaO 23.88%、Na_2O 2.41%、SrO 16.14%、TiO_2 12.44%、FeO 5.59%、SiO_2 39.54%。

【结晶形态】

硅钠钡钛锶石属于单斜晶系，轴双面晶类，对称型为 2。晶体形态（图 6-6-19）呈柱状、粒状、块状等。

图 6-6-19　硅钠钡钛锶石（美国加利福尼亚）

【物理特征】

硅钠钡钛锶石的颜色呈绿色、黄绿色、黄棕色。条痕为白色。透明、半透明。玻璃光泽。色散较强。多色性弱。

二轴晶（+）。折射率为 Np=1.710、Nm=1.718、Ng=1.780，双折射率为 0.070。2V=35°～45°（测量）、42°（计算）。

{001}解理完全。性脆。断口呈不规则、不均匀的贝壳状。摩氏硬度为 5.5，相对密度为 3.68（测量）、3.71（计算）。

【晶体结构】

硅钠钡钛锶石属于单斜晶系，空间群为 $C2$。晶胞参数：$a=1.052$ nm、$b=0.976$ nm、$c=1.187$ nm，$\beta=109.28°$，$Z=2$。X 射线粉晶主要衍射数据 d(Å)(I/I_{max}) 为 3.001(48)、2.967(72)、2.801(100)。有 1M、2O、4O 等多型。

【产状产地】

硅钠钡钛锶石产于变质和交代的玄武岩透镜体（蛇纹岩）中，切割变质杂砂岩的矿脉中，共生伴生矿物有斜长石、石英等，主要产地有美国（加利福尼亚）、日本。

【主要用途】

硅钠钡钛锶石在地质学、物理学、化学、材料学、环境科学、晶体学、矿物学、宝石学方面都有重要意义。

斜方硅钠钡钛锶石

【化学性质】

斜方硅钠钡钛锶石是一种含 Na、Sr、Ba、O 和 H_2O 的 $Ti_2[Si_4O_{12}]_2$ 架状基型硅酸盐类矿物，其晶体化学式为 $Na_2Ba_2Sr_2Ti_2[Si_4O_{12}]_2O_2(O,OH)_2 \cdot H_2O$。主要成分为 Na、Sr、Ba、Ti、Si、H、O，类质同象替代成分有 Fe、K、Mn。

化学成分中氧化物的质量分数为 BaO 23.88%、Na_2O 2.41%、SrO 16.14%、TiO_2 12.44%、FeO 5.59%、SiO_2 37.44%、H_2O 2.10%。

【结晶形态】

斜方硅钠钡钛锶石属于斜方晶系，斜方双锥晶类，对称型为 mmm。晶体形态（图 6-6-20）呈粒状、柱状、棒状、块状等。

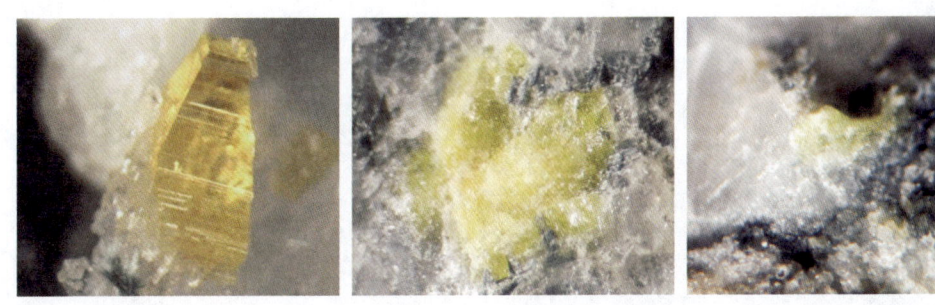

图 6-6-20 斜方硅钠钡钛锶石（日本）

【物理特征】

斜方硅钠钡钛锶石的颜色呈绿色、黄绿色。条痕为白色。透明。玻璃光泽。色散较强。多色性很弱。

二轴晶（+）。折射率为 Np=1.710、Nm=1.718、Ng=1.780，双折射率为 0.070。$2V=35°\sim45°$（测量）、42°（计算）。

{001}解理较好。性脆。断口呈不均匀、不平整的贝壳状。摩氏硬度为 5.5，相对密度为 3.62（测量）、3.70（计算）。

【晶体结构】

斜方硅钠钡钛锶石属于斜方晶系，空间群为 $Pbcm$ 或 $Pbc2$。晶胞参数：$a=1.052$ nm、$b=0.978$ nm、$c=2.239$ nm，$Z=4$。X 射线粉晶主要衍射数据 $d(\text{Å})(I/I_{max})$ 为 3.001(48)、2.967(72)、2.801(100)。晶体结构见图 6-6-21。斜方硅钠钡钛锶石是硅钠钡钛锶石的一种多型。

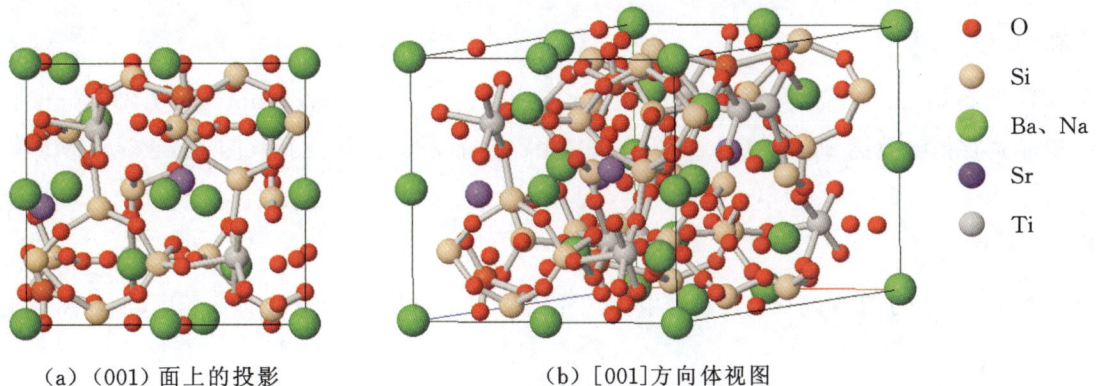

(a)（001）面上的投影　　(b)[001]方向体视图

图 6-6-21 斜方硅钠钡钛锶石的晶体结构图

【产状产地】

斜方硅钠钡钛锶石主要产地为日本。

【主要用途】

斜方硅钠钡钛锶石在地质学、物理学、化学、晶体学、矿物学方面都有一定意义。

硅钛铁钡石

【化学性质】

硅钛铁钡石是一种含 Ba、Ca、Fe、Cl、O 和 H_2O 的 $Ti_{12}[(Si_6O_{18})_2(Si_2O_7)_6]$ 架状基型硅酸盐类矿物,其晶体化学式为 $Ba_{21}CaFe_4Ti_{12}[(Si_6O_{18})_2(Si_2O_7)_6](O,OH)_{30}Cl_6 \cdot 14H_2O$。主要成分为 Ba、Ca、Fe、Ti、Si、H、Cl、O,类质同象替代成分有 Sr、K、Mg、Mn、Al、Cl、F、OH。

化学成分中元素(氧化物)的质量分数为 BaO 51.06%、SrO 0.41%、CaO 0.88%、MgO 0.32%、TiO_2 5.63%、MnO 1.39%、Al_2O_3 0.40%、FeO 4.22%、SiO_2 26.77%、H_2O 5.08%、Cl 3.47%、F 0.37%。

【结晶形态】

硅钛铁钡石属于六方晶系,复三方双锥晶类,对称型为 $\bar{6}m2$。晶体形态(图 6-6-22)呈粒状、块状等。

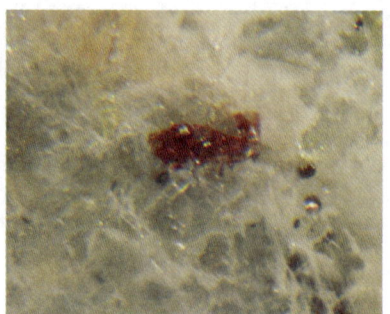

图 6-6-22　硅钛铁钡石(美国加利福尼亚)

【物理特征】

硅钛铁钡石的颜色呈棕红色至无色。条痕为浅红棕色。透明至半透明。玻璃光泽、半玻璃光泽。色散弱。多色性呈棕红色,无色、淡黄色。

一轴晶(-)。折射率为 No=1.714、Ne=1.702,双折射率为 0.012。

解理无。性脆。断口呈不均匀、不平整的贝壳状。摩氏硬度为 5,相对密度为 3.71(测量)、3.68(计算)。

【晶体结构】

硅钛铁钡石属于六方晶系,空间群为 $P\bar{6}m2$。晶胞参数:a = 1.789 nm、c = 1.233 nm,Z = 3。X 射线粉晶主要衍射数据 d(Å)(I/I_{max})为 15.40(50)、3.51(40)、2.96(100)(图 6-6-23)。晶体结构见图 6-6-24。

【产状产地】

硅钛铁钡石发现于花岗闪长岩接触带中,共生伴生矿物有硅钡石,主要产地为美国(加利福尼亚)。

【主要用途】

硅钛铁钡石在地质学、物理学、化学、材料学、晶体学、矿物学方面都有重要意义。

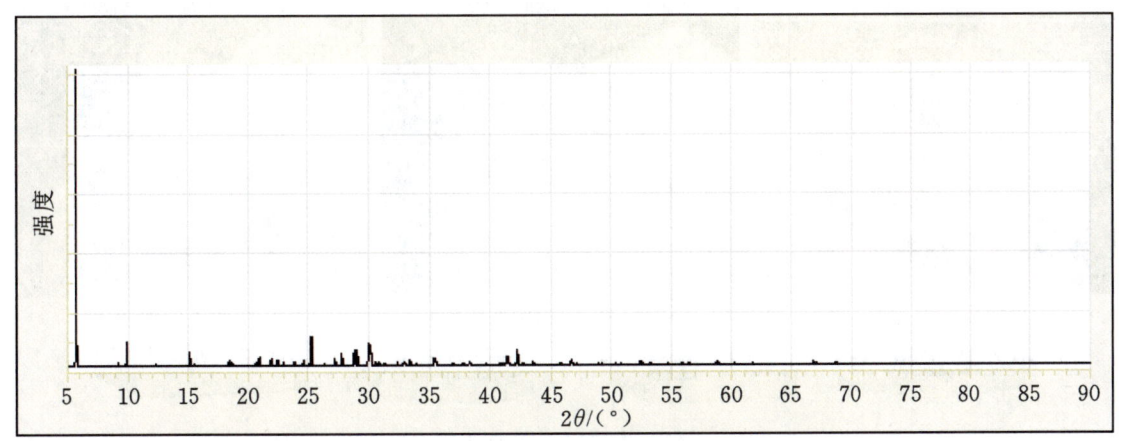

图 6-6-23　硅钛铁钡石的 X 射线粉晶衍射图

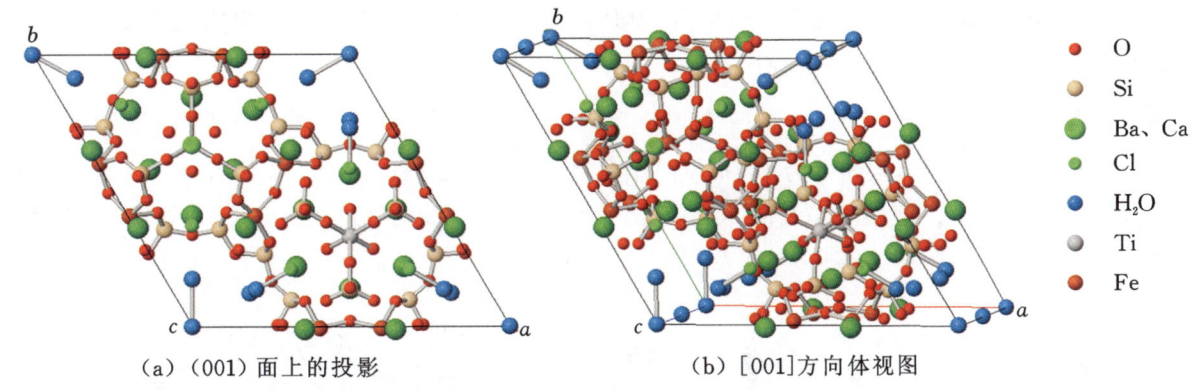

（a）（001）面上的投影　　　　（b）[001]方向体视图

图 6-6-24　硅钛铁钡石的晶体结构

短柱石族

短柱石（narsarsukite）　　　　　　　　$Na_2[Ti(Si_4O_{10})](O,OH,F)$

短柱石

【化学性质】

短柱石是一种含 Na、O 的 $[Ti(Si_4O_{10})]$ 架状基型硅酸盐类矿物，其晶体化学式为 $Na_2[Ti(Si_4O_{10})](O,OH,F)$。主要成分为 Na、Ti、Si、O，类质同象替代成分有 K、Ca、Fe、Mn、Al、F、OH。

化学成分中元素（氧化物）的质量分数为 Na_2O 16.01%、TiO_2 15.47%、Fe_2O_3 5.16%、SiO_2 58.45%、F 4.91%。

【结晶形态】

短柱石属于四方晶系，四方双锥晶类，对称型为 $4/m$。晶体形态（图 6-6-25）呈短柱状、扁平板状。

【物理特征】

短柱石的颜色呈无色、灰白色、黄色、黄白色、蜜黄色、黄绿色、褐色、棕色、棕灰色、绿色。条痕为白色。透明至半透明、不透明。玻璃光泽。色散弱。多色性强。

一轴晶（＋）。折射率为 $No=1.609$、$Ne=1.630$，双折射率为 0.021。

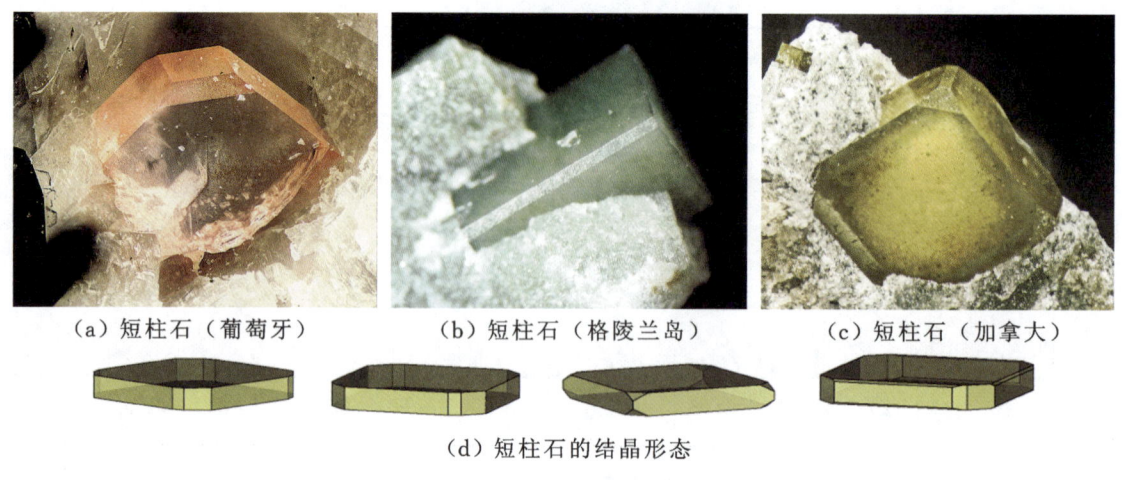

(a) 短柱石（葡萄牙）　　(b) 短柱石（格陵兰岛）　　(c) 短柱石（加拿大）

(d) 短柱石的结晶形态

图 6-6-25　短柱石

{110}、{010}解理不清楚。性脆。断口呈不均匀的碎片。摩氏硬度为7,相对密度为2.64～2.71（测量）、2.82（计算）。

【晶体结构】

短柱石属于四方晶系,空间群为$I4/m$。晶胞参数:$a=1.072$ nm、$c=0.795$ nm,$Z=4$。X射线粉晶衍射数据$d(\text{Å})(I/I_{max})$为5.365(100)、3.976(50)、3.394(80)、3.260(80)、2.579(60)、2.524(60)。晶体结构见图6-6-26。

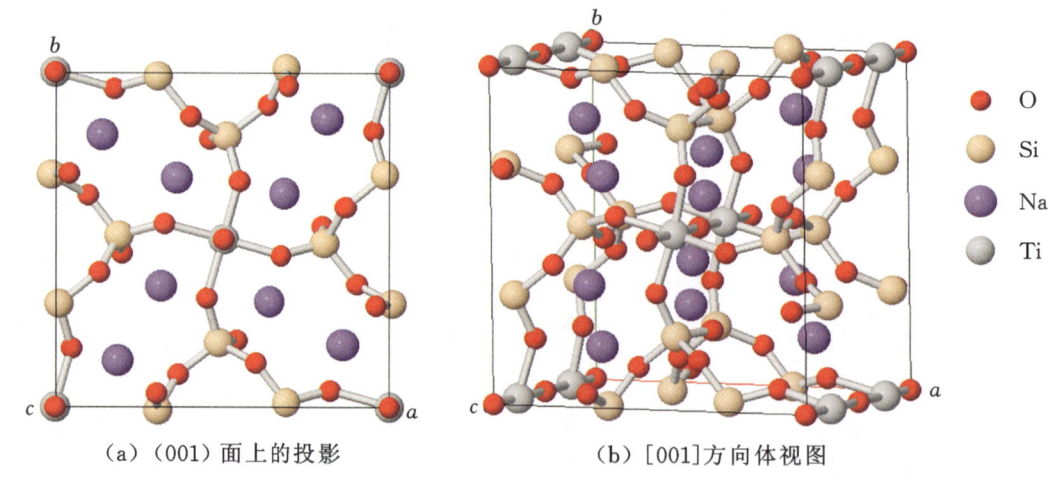

(a) (001)面上的投影　　(b) [001]方向体视图

图 6-6-26　短柱石的晶体结构

短柱石的晶体结构是[SiO_4]以角顶相连组成平行c轴的四方形链（类似于方柱石），链间以平行c轴的[TiO_6]单链共角顶相连接。Na位于结构空隙中,配位数为8。

【产状产地】

短柱石产于霞石正长伟晶岩的脉中,共生伴生矿物有霞石、正长石,主要产地有葡萄牙、格陵兰岛、加拿大。

【主要用途】

短柱石在地质学、物理学、化学、材料学、环境科学、晶体学、矿物学、宝石学方面都有重要意义。

基性异性石族

基性异性石(lovozerite)　　　　　　　　$Na_2Ca[ZrSi_6O_{14}(OH)_4] \cdot H_2O$

基性异性石

【化学性质】

基性异性石是一种含 Na、Ca、(OH)和 H_2O 的$[ZrSi_6O_{14}(OH)_4]$架状基型硅酸盐类矿物,其晶体化学式为 $Na_2Ca[ZrSi_6O_{14}(OH)_4]\cdot H_2O$。主要成分为 Na、Ca、Zr、Si、H、O,类质同象替代成分有 K、Sr、Al、Fe、Th、Mn、Mg、H_2O。

化学成分中氧化物的质量分数为 Na_2O 9.89%、CaO 8.94%、ZrO_2 14.73%、TiO_2 3.19%、SiO_2 57.50%、H_2O 5.75%。

【结晶形态】

基性异性石属于三方晶系,复三方单锥晶类,对称型为 $3m$。晶体形态(图 6-6-27)呈粒状、棱形块状,也有微小粒状等。

图 6-6-27　基性异性石(加拿大)

【物理特征】

基性异性石的颜色呈深棕色、红棕色、黑色。条痕为白色、无色。透明至不透明。玻璃光泽、树脂光泽。色散弱,多色性弱。

一轴晶(-)。折射率为 No=1.561、Ne=1.549,双折射率为 0.012。

解理不清楚。性脆。断口呈不均匀、不平整的贝壳状。摩氏硬度为 5,相对密度为 2.30～2.70(测量)、2.67(计算)。

【晶体结构】

基性异性石属于三方(假单斜)晶系,空间群为 $R3m$。晶胞参数:$a=1.017$ nm、$c=1.305$ nm,$Z=3$。X 射线粉晶主要衍射数据 $d(\text{Å})(I/I_{max})$ 为 5.22(20)、4.36(50)、3.90(100)、3.60(20)、3.46(20)(图 6-6-28)。晶体结构见图 6-6-29。

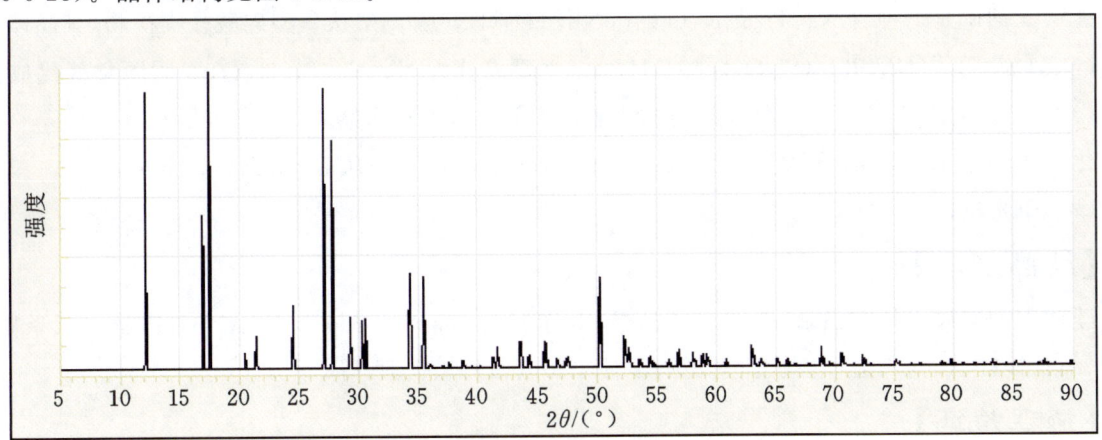

图 6-6-28　基性异性石的 X 射线粉晶衍射图

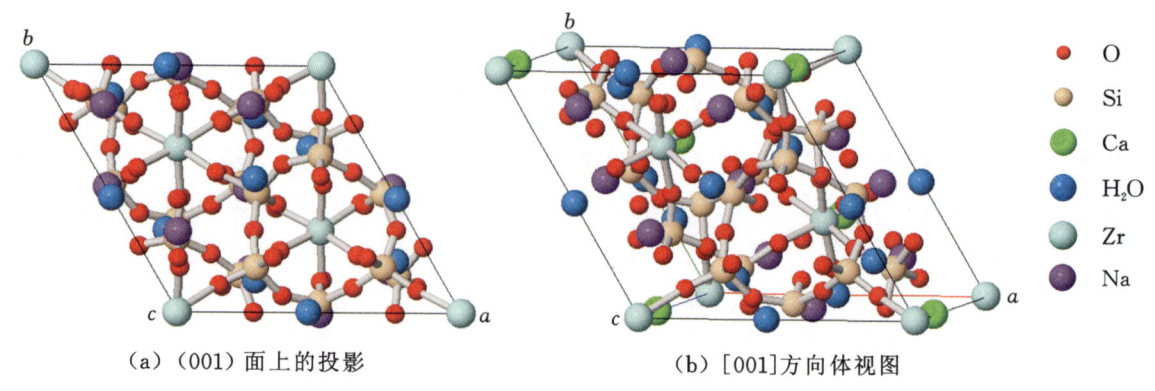

(a) (001) 面上的投影　　　　　(b) [001] 方向体视图

图 6-6-29　基性异性石的晶体结构

在基性异性石结构中，[SiO_4]、[ZrO_4]构成架状结构。[SiO_4]四面体连接成不规则六方环，有 4 个自由角顶为 OH 所占据。Na 的配位数为 8 和 6。

【产状产地】

基性异性石常产于方钠石的包体中，共生伴生矿物有方钠石等，主要产地有加拿大、俄罗斯等。

【主要用途】

基性异性石在地质学、物理学、化学、材料学、环境科学、晶体学、矿物学、宝石学方面都有重要意义。

第七节　含水

硅钛铌钠矿族

硅钛铌钠矿（nenadkevichite）　　(Na,Ca,K)$_4$[(Nb,Ti)$_2$(Si$_2$O$_7$)$_2$]·8H$_2$O

硅铈铌钡矿（ilimaussite）　　Ba$_{10}$(Na,K)$_{7\sim8}$Ce$_5$[(Nb,Ti)$_3$(Si$_3$O$_9$)$_2$]$_2$[Si$_3$O$_6$(O,OH)$_8$]$_3$O$_6$

硅钛铌钠矿

【化学性质】

硅钛铌钠矿是一种含 Na、Ti 及 H$_2$O 的[(Nb,Ti)$_2$(Si$_2$O$_7$)$_2$]架状基型硅酸盐类矿物，其晶体化学式为(Na,Ca,K)$_4$[(Nb,Ti)$_2$(Si$_2$O$_7$)$_2$]·8H$_2$O。主要成分为 Na、Nb、Si、H、O，类质同象替代成分有 K、Ca、Ba、Ti、REE、Fe、Mn、Al 等。Ti 与 Nb 之间呈完全的类质同象。

化学成分中氧化物的质量分数为 K$_2$O 0.92%、Na$_2$O 9.05%、CaO 0.55%、TiO$_2$ 7.78%、Nb$_2$O$_5$ 30.19%、SiO$_2$ 39.00%、H$_2$O 12.51%。

【结晶形态】

硅钛铌钠矿属于斜方晶系，斜方双锥晶类，对称型为 mmm。晶体形态（图 6-7-1）呈薄板条状、叶片状、细长棱柱状、伪六边形板状。主要单形有{010}、{110}、{001}等。

【物理特征】

硅钛铌钠矿的颜色呈玫瑰色、浅粉红色、黄色、浅黄色、棕色，内含物导致颜色呈深棕色。条痕为

图 6-7-1　硅钛铌钠矿(加拿大)

白色、浅粉红色。透明、半透明、不透明。玻璃光泽、土质光泽。色散强。多色性较弱：无色，淡黄色，白玫瑰色。

二轴晶(+)。折射率为 Np=1.633～1.659、Nm=1.642～1.686、Ng=1.738～1.785，双折射率为 0.105～0.126。$2V$=31°～45°(测量)、36°～58°(计算)。

{001}解理中等。性脆。断口呈不均匀的细小碎片。摩氏硬度为 5，相对密度为 2.78～2.89(测量)、2.70(计算)。

【晶体结构】

硅钛铌钠矿属于斜方晶系，空间群为 $Pbam$。晶胞参数：a=0.741 nm、b=1.420 nm、c=0.715 nm。Z=4。X 射线粉晶衍射数据 d(Å)(I/I_{max})为 3.200(100)、3.100(100)、2.580(70)、2.490(80)、1.705(70)、1.427(100)、1.289(90)(图 6-7-2)。晶体结构见图 6-7-3。

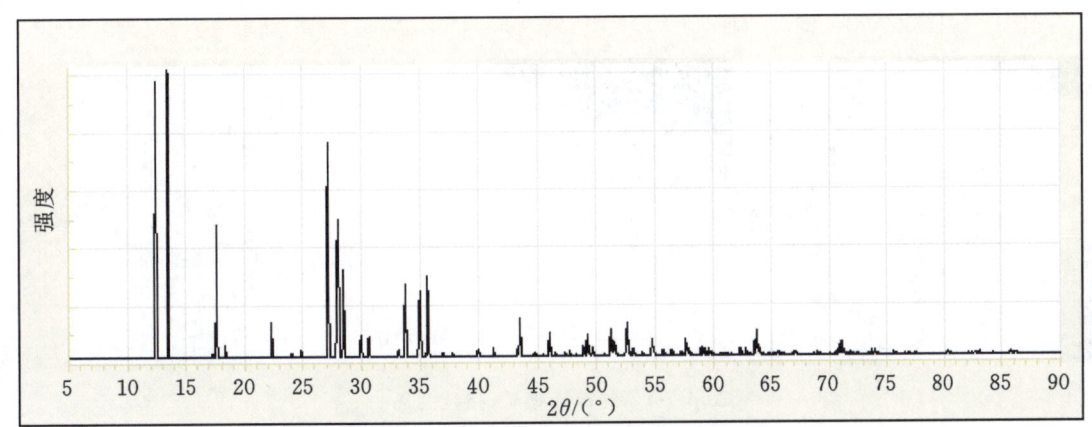

图 6-7-2　硅钛铌钠矿的 X 射线粉晶衍射图

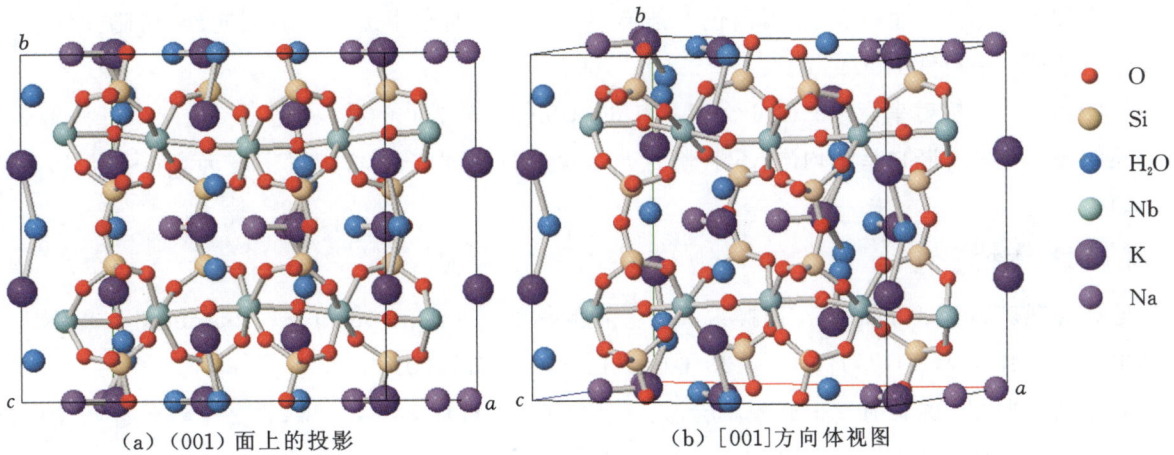

(a) (001)面上的投影　　　　(b) [001]方向体视图

图 6-7-3　硅钛铌钠矿的晶体结构

【产状产地】

硅钛铌钠矿产于碱性地块中的霞石正长岩和富含 Na、Al 的伟晶岩中,共生伴生矿物有霞石、微斜长石、正长石,主要产地有加拿大、俄罗斯。

【主要用途】

硅钛铌钠矿在地质学、物理学、化学、材料学、环境科学、晶体学、矿物学方面都有重要意义。

硅铈铌钡矿

【化学性质】

硅铈铌钡矿是一种含 Ba、Na、Ce、O 及 $[(Nb,Ti)_3(Si_6O_{18})]$、$[Si_3O_6(O,OH)_8]$ 的架状基型硅酸盐类矿物,晶体化学式为 $Ba_{10}(Na,K)_{7\sim8}Ce_5[(Nb,Ti)_3(Si_3O_9)_2][Si_3O_6(O,OH)_8]_3O_6$。主要成分为 Ba、Na、Ce、Ti、Nb、Si、H、O,类质同象替代成分有 K、Sr、Li、Nd、Pr、Th、Fe、Mn、Nb、Al、F。Ti 与 Nb 之间呈完全的类质同象。

化学成分中元素(氧化物)的质量分数为 K_2O 3.92%、BaO 24.62%、Na_2O 5.11%、SrO 0.07%、La_2O_3 3.10%、Ce_2O_3 7.87%、Pr_2O_3 2.52%、ThO_2 1.18%、TiO_2 3.51%、MnO_2 0.33%、Nb_2O_5 10.58%、Al_2O_3 0.38%、Fe_2O_3 1.95%、SiO_2 28.81%、Nd_2O_3 1.23%、H_2O 4.30%、F 0.52%。

【结晶形态】

硅铈铌钡矿属于三方晶系,三方偏方面体晶类,对称型为 32。晶体形态(图 6-7-4)呈棒状、粒状、块状等。存在复合双晶。

图 6-7-4　硅铈铌钡矿(格陵兰岛)

【物理特征】

硅铈铌钡矿的颜色呈棕黄色、黄白色。条痕为白色。透明至半透明。玻璃光泽、树脂光泽、土质光泽。色散弱。多色性弱。

一轴晶(+)。折射率为 No=1.689、Ne=1.695,双折射率为 0.006。

无解理。性脆。断口呈不均匀、不平整的贝壳状。摩氏硬度为 4,相对密度为 3.60(测量)、3.70(计算)。

【晶体结构】

硅铈铌钡矿属于三方晶系,空间群为 $R32$。晶胞参数:$a=1.077$ nm、$c=6.105$ nm,$Z=3$。X 射线粉晶主要衍射数据 $d(Å)(I/I_{max})$ 为 3.25(60)、3.12(50)、2.67(100)。

晶体结构中,沿(001)有 3 个硅酸片层,夹层有 CeO_6 三棱柱+Na(A 层,含 2 个等价硅酸盐层,包含非互连的六元环)、NbO_6 八面体+Ba+K(O 层中,八面体与硅氧四面体共角顶)。CeO_6 三棱柱(A 层)层序为 AOAO,与 Ce 存在有一定关系。

【产状产地】

硅铈铌钡矿产于花岗伟晶岩中,呈热液脉脉状。是有着独特的 Ba、Na、Ce、Ti、Nb 元素组成的硅酸盐类矿物,是少数含 Ce 和 Nb 的矿物。共生伴生矿物有方沸石、方钠石、硅铍钠石、正长石等。主要产地有格陵兰岛。

【主要用途】

硅铈铌钡矿在地质学、物理学、化学、材料学、环境科学、晶体学、矿物学、宝石学方面都有重要意义。

钠锆石-钙锆石族

钠锆石（catapleiite）	$(Na, Ca, \square)[Zr(Si_3O_9)] \cdot 2H_2O$
钙锆石（calciuml catapleiite）	$(Ca, Na, \square)[Zr(Si_3O_9)] \cdot 2H_2O$
三水钠锆石（hilairite）	$Na_2[Zr(Si_3O_9)] \cdot 3H_2O$

钠锆石

【化学性质】

钠锆石又称单斜钠锆石,是一种含 Na 及 H_2O 的$[Zr(Si_3O_9)]$架状基型硅酸盐类矿物,其晶体化学式为$(Na, Ca, \square)[Zr(Si_3O_9)] \cdot 2H_2O$。主要成分为 Na、Zr、Si、H、O,类质同象替代成分有 K、Ca、Fe、Mg 等。

化学成分中氧化物的质量分数为 Na_2O 13.40%、CaO 0.40%、ZrO_2 32.70%、SiO_2 44.50%、H_2O 9.00%。

【结晶形态】

钠锆石属于单斜晶系,斜方柱晶类,对称型为 $2/m$。晶体形态(图 6-7-5)呈假六边的板状、叶片状。可见交角为 30°、60°、90°的双晶。

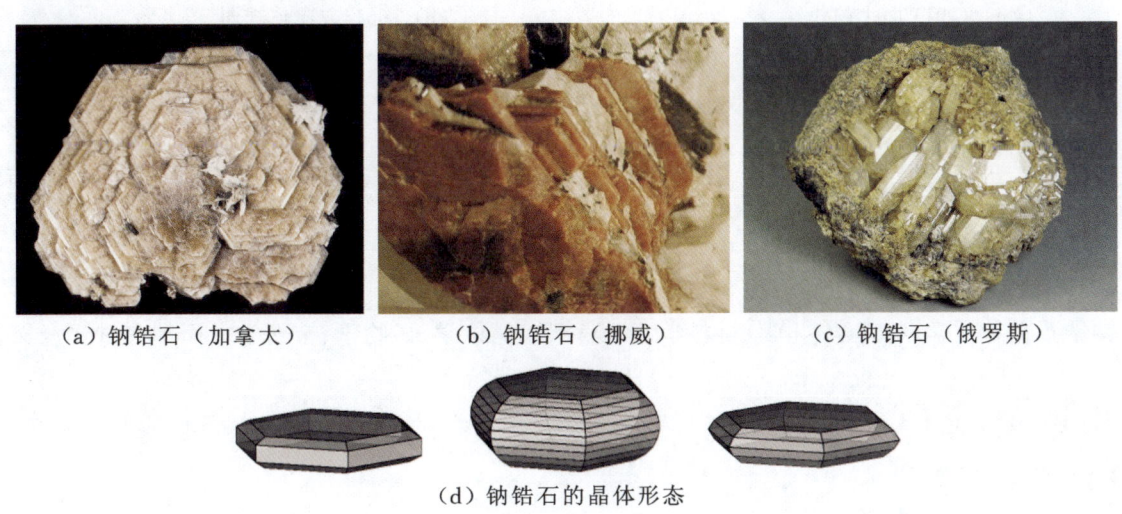

（a）钠锆石（加拿大）　（b）钠锆石（挪威）　（c）钠锆石（俄罗斯）

（d）钠锆石的晶体形态

图 6-7-5　钠锆石

【物理特征】

钠锆石的颜色呈无色、浅灰色、蓝色、棕色、深棕色、红棕色、肉红色、橙色、浅蓝色、黄棕色、浅黄色。

条痕为白色至浅黄色。透明至半透明。玻璃光泽、土质光泽。色散中等。多色性弱。荧光为绿色。

二轴晶(+)。折射率为 Np=1.591、Nm=1.592、Ng=1.627，双折射率为 0.036。$2V=40°$(测量)。

{100}解理完全。性脆。断口呈不均匀、不平整的贝壳状。摩氏硬度为 5.5～6，相对密度为 2.75(测量)、2.86(计算)。

【晶体结构】

钠锆石属于单斜晶系，空间群为 $I2/c$。晶胞参数：$a=1.280$ nm、$b=0.742$ nm、$c=2.016$ nm，$β=90.41°$，$Z=8$。X 射线粉晶主要衍射数据 $d(Å)(I/I_{max})$ 为 3.94(100)、3.05(100)、2.96(100)(图 6-7-6)。晶体结构见图 6-7-7。

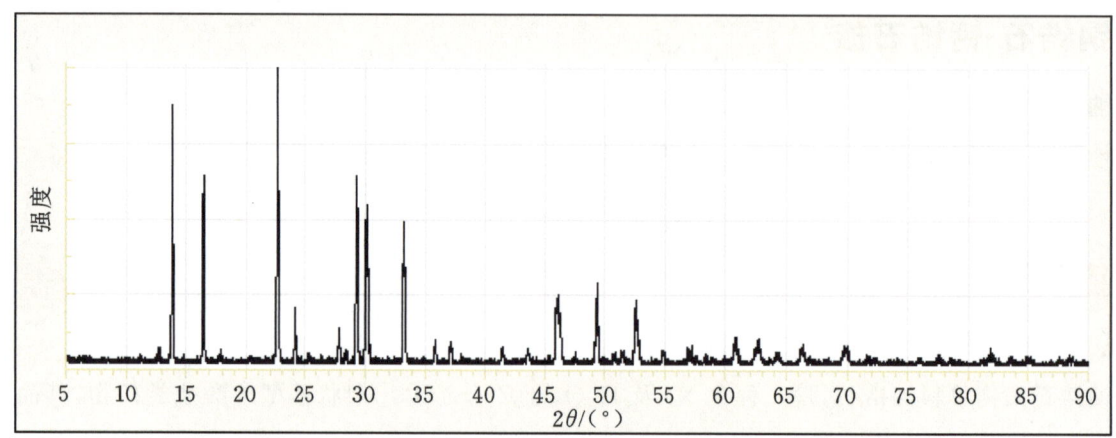

图 6-7-6　钠锆石的 X 射线粉晶衍射图

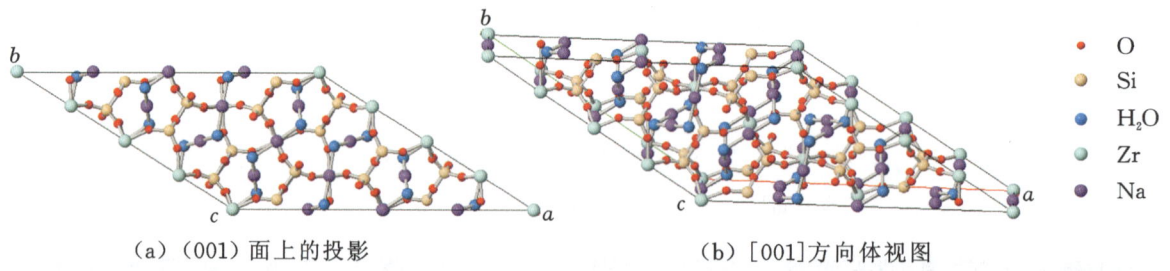

(a) (001)面上的投影　　　　　　(b) [001]方向体视图

图 6-7-7　钠锆石的晶体结构

【产状产地】

钠锆石产于正长岩、霞石正长岩，共生伴生矿物有锆石、钠长石、霞石、正长石、霓石等。主要产地有加拿大、挪威、俄罗斯。

【主要用途】

钠锆石在地质学、物理学、化学、材料学、环境科学、晶体学、矿物学、宝石学方面都有重要意义。

钙锆石

【化学性质】

钙锆石是含 Ca 及 H_2O 的$[Zr(Si_3O_9)]$架状基型硅酸盐类矿物，晶体化学式为$(Ca,Na,□)[Zr(Si_3O_9)]·2H_2O$。主要成分为 Ca、Zr、Si、H、O，类质同象替代成分有 Na、K、Al、Fe。

化学成分中氧化物的质量分数为 CaO 13.82%、Na_2O 0.32%、K_2O 0.10%、ZrO_2 31.00%、TiO_2 0.06%、Al_2O_3 0.60%、RE_2O_3 0.28%、Fe_2O_3 0.36%、SiO_2 44.49%、H_2O 8.97%。

在钠锆石中,由于 Ca 替代 Na 的含量增加,矿物可以转变成钙锆石。

钙锆石与钠锆石可以形成类质同象系列矿物。它们有时会被误认为属于六方晶系(假六方)。

【结晶形态】

钙锆石属于斜方晶系,斜方双锥晶类,对称型为 mmm。晶体(图 6-7-8、图 6-7-9)呈柱状、粒状、板状、片状等。

 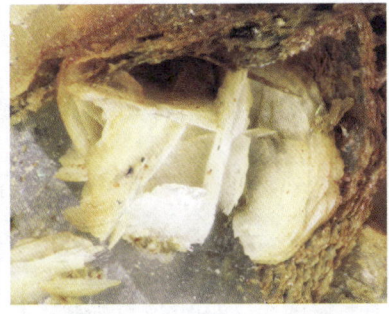 

图 6-7-8　钙锆石(美国华盛顿)

(a) 钙锆石与钠锆石(俄罗斯)　　(b) 钙锆石与钠锆石(俄罗斯)　　(c) 钙锆石与钠锆石(加拿大)

图 6-7-9　钙锆石与钠锆石

【物理特征】

钙锆石的颜色呈浅黄色、红棕色、奶油色。条痕为白色。透明至不透明。玻璃光泽、土质光泽。色散弱。多色性弱。

二轴晶(+)。折射率为 Np=1.596、Nm=1.603、Ng=1.639,双折射率为 0.036。2V=4°~7°。

解理较好。性脆。断口呈不规则、不平整的贝壳状。摩氏硬度为 4.5~5,相对密度为 2.77(测量)、2.75(计算)。

【晶体结构】

钙锆石属斜方晶系,空间群为 $Pbnn$。晶胞参数:$a=0.738$ nm、$b=1.278$ nm、$c=1.010$ nm,$Z=4$。X 射线粉晶衍射数据 $d(\text{Å})(I/I_{max})$ 为 6.450(70)、3.960(80)、3.060(80)、2.960(100)、1.975(80)、1.835(80)、1.740(70)。

【产状产地】

钙锆石产于正长岩、霞石正长岩中,共生伴生矿物有锆石、钠长石、霞石、正长石、霓石等,主要产地有俄罗斯、美国(华盛顿)等。

【主要用途】

钙锆石在地质学、物理学、化学、材料学、环境科学、晶体学、矿物学、宝石学方面都有重要意义。

三水钠锆石

【化学性质】

三水钠锆石是一种含 Na 及 H_2O 的 $[Zr(Si_3O_9)]$ 架状基型硅酸盐类矿物,其晶体化学式为 $Na_2[Zr(Si_3O_9)] \cdot 3H_2O$。主要成分为 Na、Zr、Si、H、O,类质同象替代成分有 Ti、Al、Fe、Mn、Mg、Ca、K。

化学成分中氧化物的质量分数为 Na_2O 14.77%、ZrO_2 29.37%、SiO_2 42.98%、H_2O 12.88%。

【结晶形态】

三水钠锆石属于三方晶系,复三方单锥晶类,对称型为 $3m$。晶体形态(图 6-7-10)呈粒状、短柱状、块状。常见复合双晶。单形常有{110}、{011}。

图 6-7-10　三水钠锆石(加拿大)

【物理特征】

三水钠锆石的颜色呈无色、白色、浅棕色、深棕色、黄色、肉粉色、玫瑰红色。条痕为白色。透明、半透明、不透明。玻璃光泽。色散弱,多色性弱。

一轴晶(一)。折射率为 No=1.609、Ne=1.596,双折射率为 0.013。

解理无。性脆。断口呈不均匀、不平整的贝壳状。摩氏硬度为 4.5,相对密度为 2.74(测量)、2.73(计算)。

【晶体结构】

三水钠锆石属于三方晶系,空间群为 $R3m$。晶胞参数:$a=1.056$ nm、$c=1.590$ nm,$Z=6$。X 射线粉晶主要衍射数据 $d(\text{Å})(I/I_{max})$ 为 6.00(60)、5.28(100)、3.17(50)(图 6-7-11)。晶体结构见图 6-7-12。

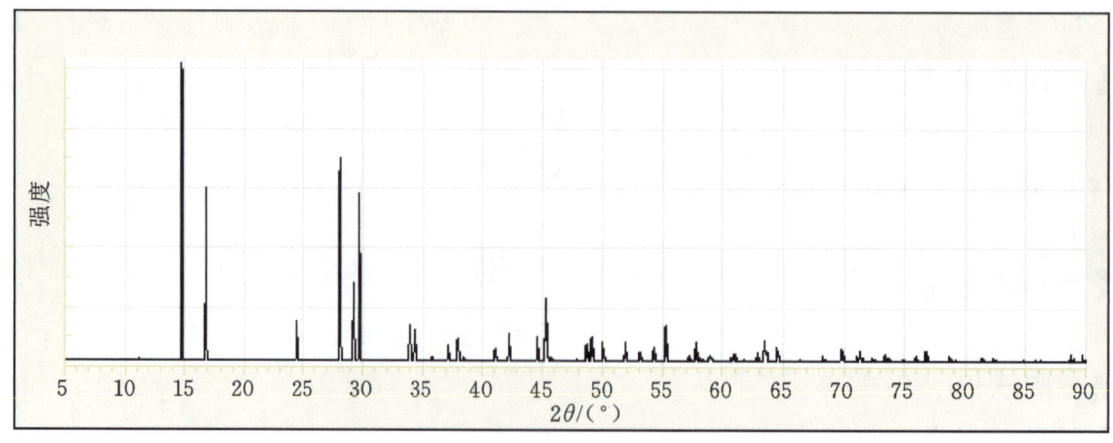

图 6-7-11　三水钠锆石的 X 射线粉晶衍射图

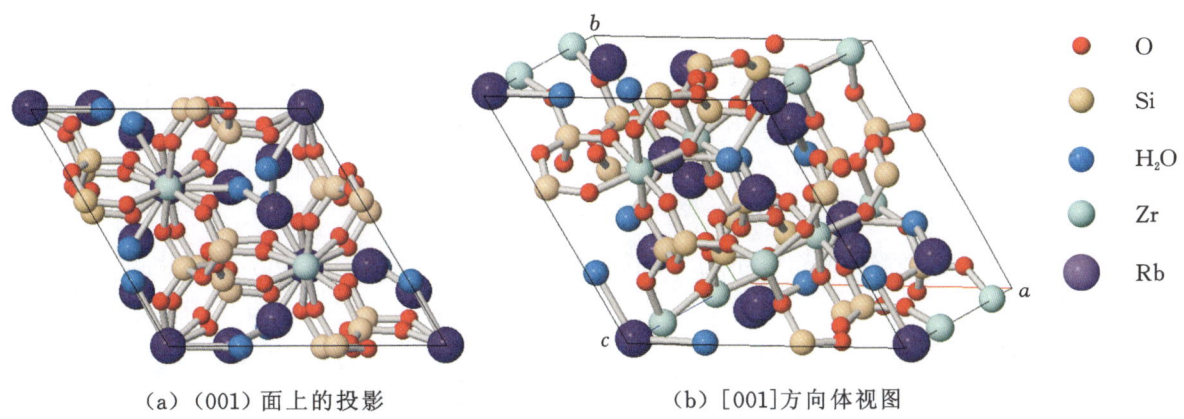

(a)（001）面上的投影　　　　　　（b）[001]方向体视图

图 6-7-12　三水钠锆石的晶体结构

【产状产地】

三水钠锆石产于碱性辉长岩与正长岩杂岩体中，也产于霞石正长岩中的微孔洞和蚀变伟晶岩脉中，共生伴生矿物有辉石、正长石、霞石，主要产地有加拿大、挪威。

【主要用途】

三水钠锆石在地质学、物理学、化学、晶体学、矿物学方面都有重要意义。

斜方钠锆石族

斜方钠锆石（gaidonnayite）　　　　　　　$Na_2[Zr(Si_3O_9)] \cdot 2H_2O$

斜方钠锆石

【化学性质】

斜方钠锆石是一种含 Na 及 H_2O 的 $[Zr(Si_3O_9)]$ 架状基型硅酸盐类矿物，其晶体化学式为 $Na_2[Zr(Si_3O_9)] \cdot 2H_2O$。主要成分为 Na、Zr、Si、H、O，类质同象替代成分有 K、Ca、Ti、Fe、Zn、Nb 等。

化学成分中氧化物的质量分数为 Na_2O 11.50%、K_2O 4.56%、ZrO_2 27.82%、FeO 0.06%、ZnO 0.10%、TiO_2 1.36%、Nb_2O_3 0.68%、SiO_2 45.12%、H_2O 8.80%。

【结晶形态】

斜方钠锆石属于斜方晶系，斜方双锥晶类，对称型为 mmm。晶体形态（图 6-7-13）呈粒状、短柱状、块状等。见双晶。单形有 {010}、{120}、{011}、{100}、{001}。

(a) 斜方钠锆石（加拿大）　　(b) 斜方钠锆石（葡萄牙）　　(c) 斜方钠锆石（巴西）

图 6-7-13　斜方钠锆石

【物理特征】

斜方钠锆石的颜色呈无色、白色、浅黄色、棕褐色、淡紫色。条痕为白色。透明、半透明。玻璃光泽。色散强。多色性弱或无。荧光呈亮绿色。

二轴晶（+）。折射率为 Np=1.570～1.575、Nm=1.590～1.593、Ng=1.596～1.605，双折射率为0.026～0.030。2V=53°～59°（测量）、55°～62°（计算）。

解理无或不清楚。性脆。断口呈不均匀、不平整的贝壳状。摩氏硬度为 5，相对密度为 2.67（测量）、2.70（计算）。

【晶体结构】

斜方钠锆石属于斜方晶系，空间群为 $P2_1nb$。晶胞参数：a=1.174 nm、b=1.282 nm、c=0.669 nm，Z=4。X 射线粉晶衍射数据 d(Å)(I/I_{max})为 5.930(80)、5.840(80)、5.630(50)、3.120(100)、3.094(80)、2.931(40)、1.637(40)（图 6-7-14）。晶体结构见图 6-7-15。

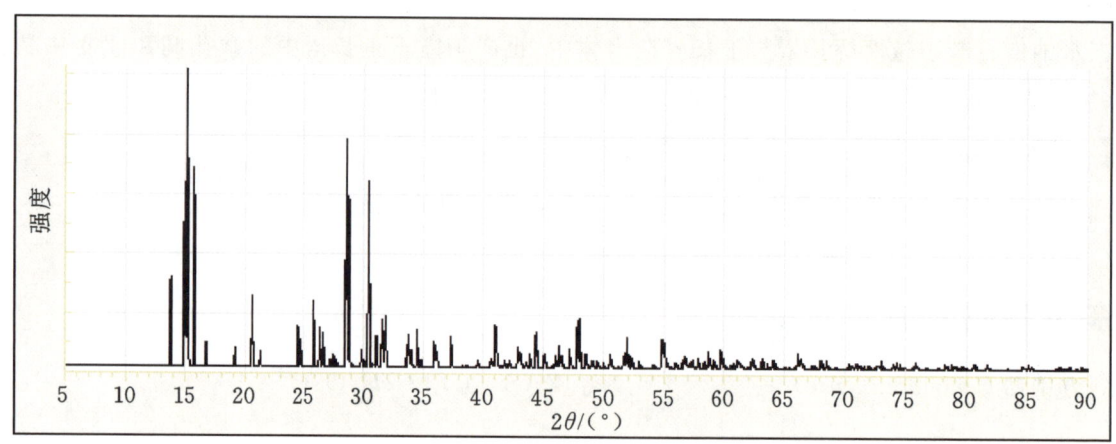

图 6-7-14　斜方钠锆石的 X 射线粉晶衍射图

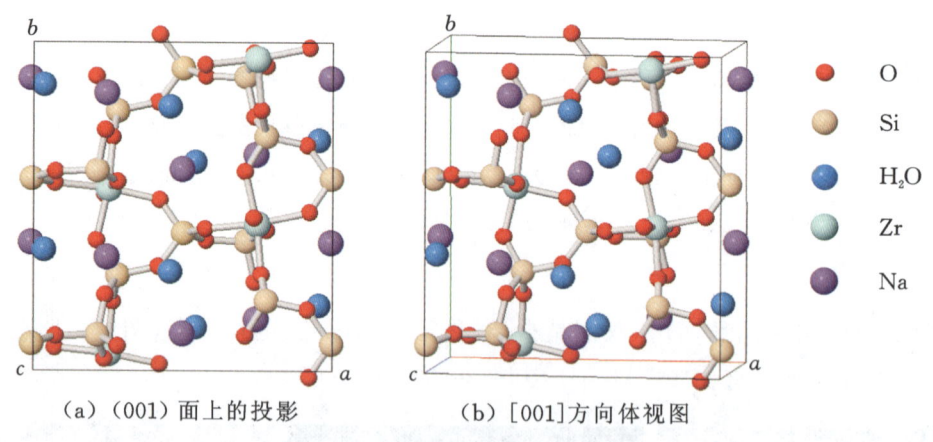

(a) (001) 面上的投影　　(b) [001] 方向体视图

图 6-7-15　斜方钠锆石的晶体结构

【产状产地】

斜方钠锆石产于霞石正长岩中的蚀变伟晶岩和微蚀变洞穴岩中，共生伴生矿物有霞石、正长石等，主要产地有加拿大、葡萄牙、巴西。

【主要用途】

斜方钠锆石在地质学、物理学、化学、材料学、环境科学、晶体学、矿物学、宝石学方面都有重要意义。

斜钠锆石族

斜钠锆石（elpidite）	$Na_2[Zr(Si_6O_{15})] \cdot 3H_2O$
水钠锆石（lemoynite）	$Na_2Ca[Zr(Si_4O_{10})]_2O_2 \cdot 5H_2O$
水硅钙锆石（armstrongite）	$Ca[Zr(Si_6O_{15})] \cdot 3H_2O$

斜钠锆石

【化学性质】

斜钠锆石是一种含 Na 及 H_2O 的 $[Zr(Si_6O_{15})]$ 架状基型硅酸盐类矿物，其晶体化学式为 $Na_2[Zr(Si_6O_{15})] \cdot 3H_2O$。主要成分为 Na、Zr、Si、H、O，类质同象替代成分有 K、Ca、Fe、Mn、Al、Ti、Nb、Cl。

化学成分中氧化物的质量分数为 Na_2O 10.33%、ZrO_2 20.55%、SiO_2 60.11%、H_2O 9.01%。

【结晶形态】

斜钠锆石属于斜方晶系，斜方单锥晶类，对称型为 $mm2$。晶体形态（图 6-7-16）呈针状、棒状、柱状，集合体呈簇状（图 6-7-17）。主要单形有 {010}、{110}、{011}。

图 6-7-16　斜钠锆石（加拿大）

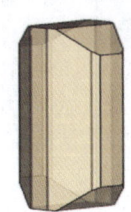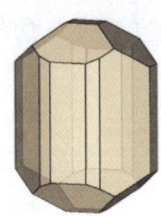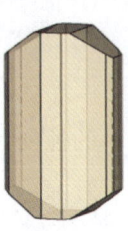

图 6-7-17　斜钠锆石的晶体形态

【物理特征】

斜钠锆石的颜色呈无色、白色、灰色、棕色、黄棕色、浅红色。条痕为白色。透明、半透明、不透明。玻璃光泽、蜡质光泽、丝绢光泽、土质光泽。色散中等。多色性弱。荧光呈黄绿色。

二轴晶（+）。折射率为 Np=1.560、Nm=1.565、Ng=1.574，双折射率为 0.014。2V=76°～89°。

解理 {110} 较好。性脆。断口呈不规则、不平整的贝壳状、小碎片状。摩氏硬度为 5，相对密度为 2.52（测量）、2.59（计算）。

【晶体结构】

斜钠锆石属于斜方晶系，空间群为 $Pb2_1m$。晶胞参数：$a=0.729$ nm、$b=1.430$ nm、$c=0.703$ nm，

$Z=2$。X 射线粉晶主要衍射数据 $d(\text{Å})(I/I_{\max})$ 为 7.08(100)、5.11(80)、3.24(100)(图 6-7-18)。晶体结构见图 6-7-19。

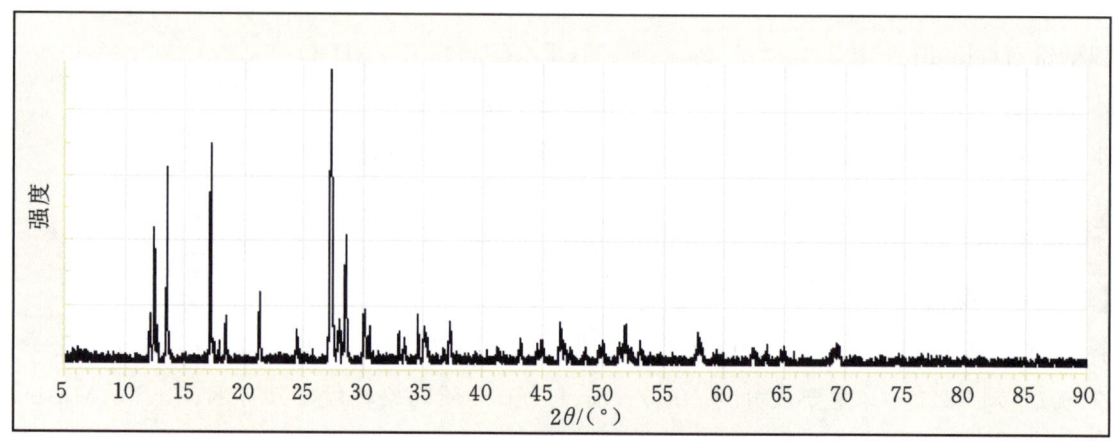

图 6-7-18 斜钠锆石的 X 射线粉晶衍射图

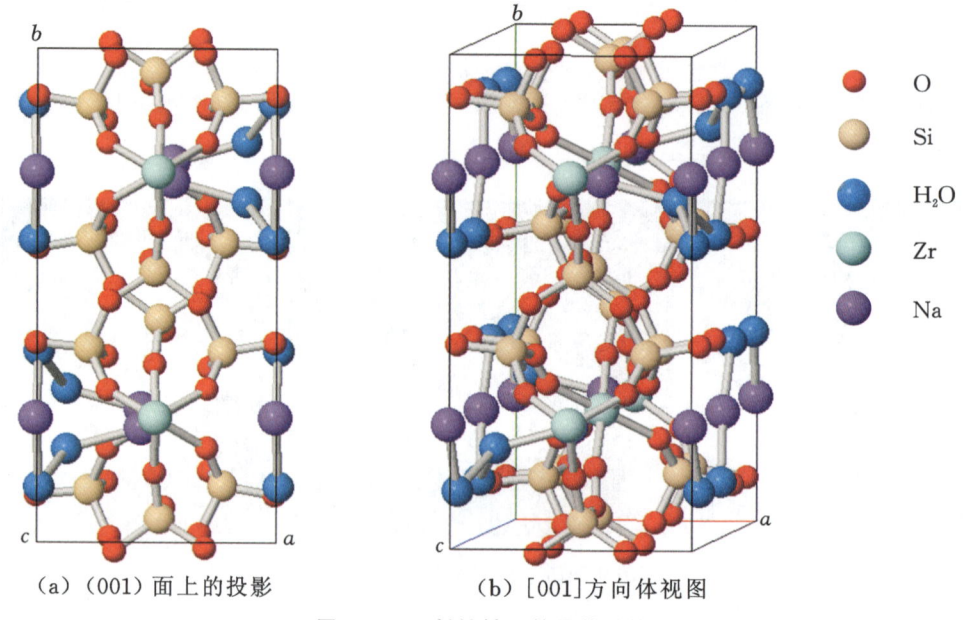

(a) (001)面上的投影　　(b) [001]方向体视图

图 6-7-19 斜钠锆石的晶体结构

【产状产地】

斜钠锆石产于霞石正长岩中的蚀变伟晶岩中，共生伴生矿物有霞石、正长石等，主要产地有格陵兰岛、挪威、丹麦。

【主要用途】

斜钠锆石在地质学、物理学、化学、材料学、环境科学、晶体学、矿物学、宝石学方面都有重要意义。

水钠锆石

【化学性质】

水钠锆石是一种含 Na、Ca 及 H_2O 的 $[Zr(Si_4O_{10})O]$ 架状基型硅酸盐类矿物，其晶体化学式为 $Na_2Ca[ZrSi_5O_{13}]_2 \cdot 5H_2O$。主要成分为 Na、Ca、Zr、Si、H、O，类质同象替代成分有 K、Sr、Fe、Ti、Al、Nb、Mn、Zn。

化学成分中氧化物的质量分数为 K_2O 3.94%、Na_2O 3.17%、CaO 4.69%、ZrO_2 20.63%、Nb_2O_5 1.24%、FeO 0.67%、SiO_2 56.11%、H_2O 9.55%。

【结晶形态】

水钠锆石属于单斜晶系,斜方柱晶类,对称型为 $2/m$。晶体形态(图 6-7-20)呈细长棱柱状、薄板条状、长柱状,集合体呈放射状、晶簇状。单形常有{100}、{001}。

图 6-7-20 水钠锆石(加拿大)

【物理特征】

水钠锆石的颜色呈白色、淡黄色、浅蓝色。条痕为白色。透明至不透明。玻璃光泽。色散弱,多色性弱。

二轴晶(+)。折射率为 Np=1.540、Nm=1.553、Ng=1.570,双折射率为 0.030。$2V=80°$(测量)、84°(计算)。

{001}、{010}解理完全,{001}解理中等。性脆。断口呈不规则细小贝壳状、碎片状。摩氏硬度为 4,相对密度为 2.29(测量)、2.40(计算)。

【晶体结构】

水钠锆石属于单斜晶系,空间群为 $C2/m$。晶胞参数:$a=1.035$ nm、$b=1.595$ nm、$c=1.860$ nm,$\beta=104.59°$,$Z=4$。X 射线粉晶主要衍射数据 d(Å)(I/I_{max})为 8.010(100)、3.562(49)、2.807(48)(图 6-7-21)。晶体结构见图 6-7-22。

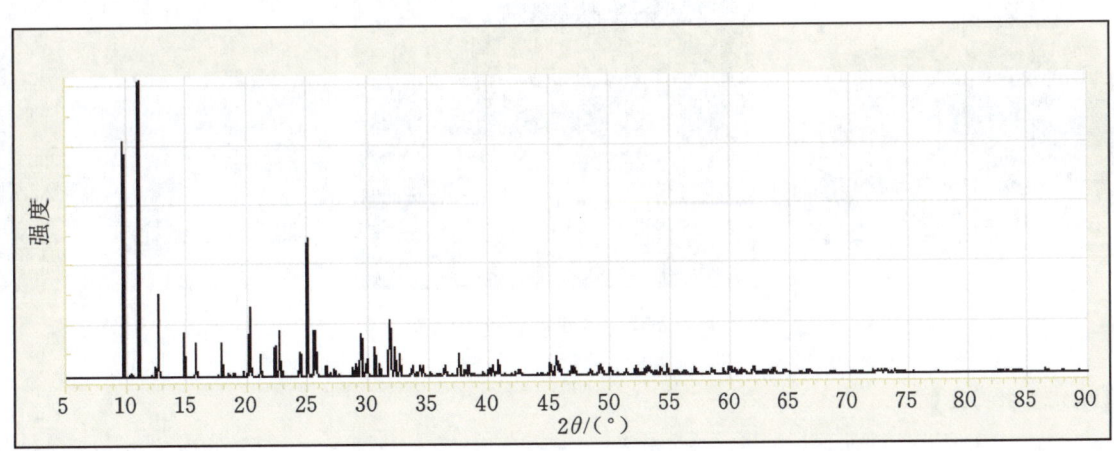

图 6-7-21 水钠锆石的 X 射线粉晶衍射图

【产状产地】

水钠锆石产于碱性辉长岩-正长岩杂岩体的伟晶岩中,共生伴生矿物有辉石、斜长石、正长石等,主要产地有加拿大。

【主要用途】

水钠锆石在地质学、物理学、化学、晶体学、矿物学、宝石学方面都有重要意义。

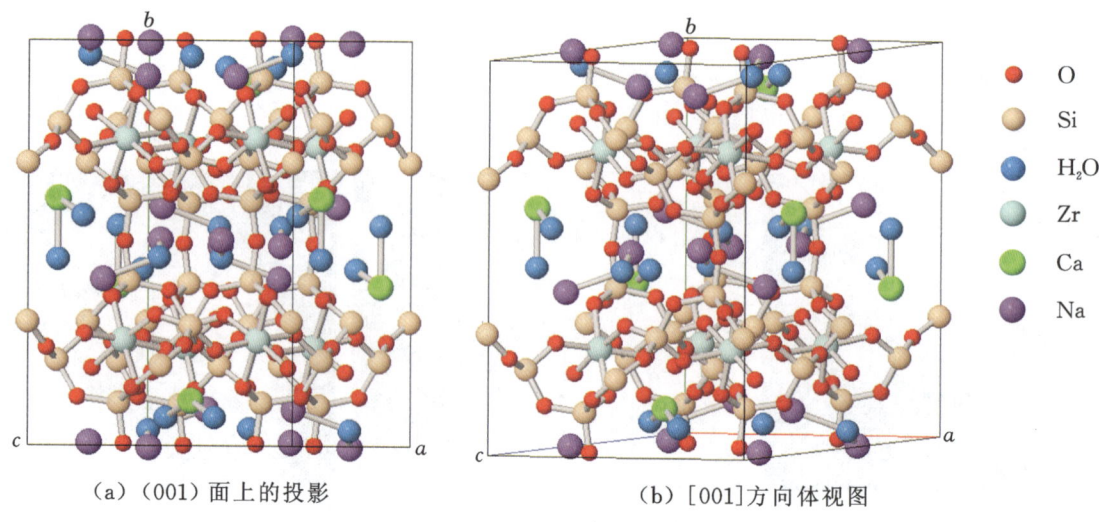

(a) (001)面上的投影　　　　(b) [001]方向体视图

图 6-7-22　水钠锆石的晶体结构

水硅钙锆石

【化学性质】

水硅钙锆石是一种含 Ca 及 H_2O 的[$Zr(Si_6O_{15})$]架状基型硅酸盐类矿物,其晶体化学式为 $Ca[Zr(Si_6O_{15})] \cdot 3H_2O$。主要成分为 Ca、Zr、Si、H、O,类质同象替代成分有 Na、K、Al、Fe、Mg、Ti、Y、REE。

化学成分中氧化物的质量分数为 CaO 9.44%、ZrO_2 20.75%、SiO_2 60.71%、H_2O 9.10%。

【结晶形态】

水硅钙锆石属于单斜晶系,轴双面晶类,对称型为 2。晶体形态(图 6-7-23)呈叶片状、薄板条状、粒状、块状。集合体由许多晶体成簇状。叶片状集合体、球状、圆球体。见复合双晶。

图 6-7-23　水硅钙锆石(蒙古)

【物理特征】

水硅钙锆石的颜色呈浅棕色、红棕色、黑色。条痕为棕白色。透明。玻璃光泽。色散较强,多色性无。

二轴晶(一)。折射率为 Np=1.563、Nm=1.569、Ng=1.573,双折射率为 0.010。

{001}解理完全、{100}解理中等。性脆。断口呈不规则不均匀的贝壳状。摩氏硬度为 4.5,相对密度为 2.56~2.59(测量)、2.71(计算)。

【晶体结构】

水硅钙锆石属于单斜晶系,空间群为 C2。晶胞参数:$a=1.411$ nm、$b=1.416$ nm、$c=0.781$ nm,

$\beta=109.55°$，$Z=4$。X 射线粉晶主要衍射数据 $d(\text{Å})(I/I_{max})$ 为 6.60(90)、4.26(100)、3.05(100)。晶体结构见图 6-7-24。

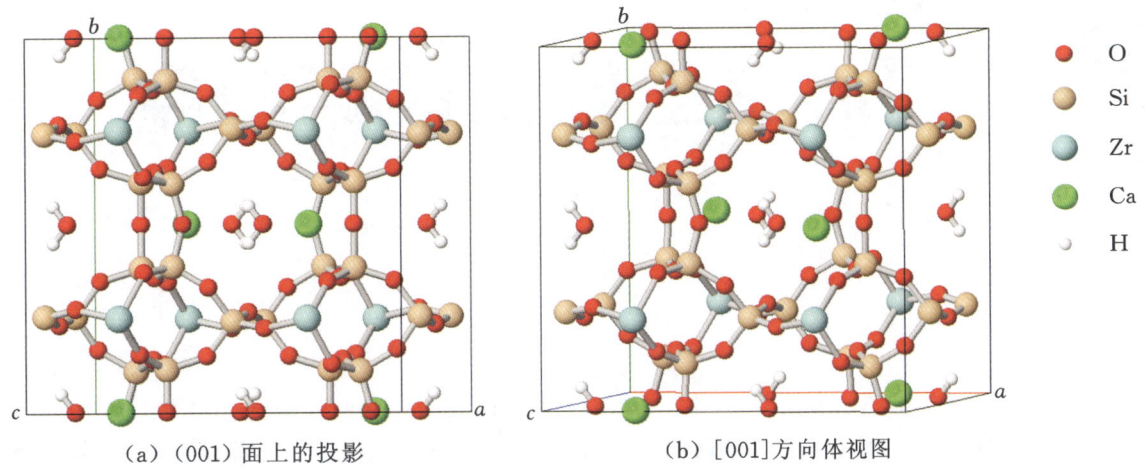

(a)（001）面上的投影　　　　(b)[001]方向体视图

图 6-7-24　水硅钙锆石的晶体结构

【产状产地】

水硅钙锆石是一种与碱性花岗岩有关的矿物，共生伴生矿物有正长石等，主要产地有蒙古。

【主要用途】

水硅钙锆石在地质学、物理学、化学、晶体学、矿物学方面都有重要意义。

第七章
过渡基型硅酸盐矿物学

具有岛状、岛链状、链状、链层状、层状、层架状、架状过渡性或交互性结构的硅酸盐矿物,在国内外时有发现,这些矿物虽然大部分具有周期平移结构,然而有许多结构现象不能用简单的周期平移来解释。硅酸盐矿物中有相当一部分并不具有平移周期结构,而是具有规则或无规则准周期、非周期结构特点。随着新的实验方法的引进以及矿物学研究的不断深入,硅酸盐矿物中的非周期结构(包含准周期结构)引起了人们的极大关注,各种不同类型的结构缺陷也相继被发现。其成因机理及在地质实践中的应用研究也随之展开。

第一节 硅酸盐矿物中过渡性晶体结构

固体物质按结构特点可分为有序结构和无序结构。有序结构又分为周期结构和无公度结构,无公度结构又进一步分为:周期调幅结构、准周期调幅结构(统计意义上的无规自相似性)及准周期结构(数学上严格的有规自相似性)。具有准周期的准晶结构与具有平移周期的晶体结构既有明显的不同,又有着密切的关系。所以,可以认为自然界中的一些矿物及它们具有的结构是某一物理化学条件下非周期、准周期与平移周期竞争的结果。

矿物结构可以分为:具有平移周期的晶体结构,具有数学上严格的有规自相似性的准周期及统计学意义上的无规自相似性准周期的准晶体结构,还有一些随机性的非周期性结构及胶态物质、玻璃物质的结构。

具有平移周期的晶体是大量存在的,从理论和结构分析上都有成熟的模式。而以往凡与此矛盾的矿物都采取不予研究的态度。如利用 X 射线衍射对矿物结构分析时的重要条件之一,就是矿物应尽可能地接近理想的周期结构。

透射电子显微镜,特别是高分辨透射电子显微镜的应用在矿物结构研究方面取得了重要成果,不仅拓宽了调制结构矿物晶体研究的范围,而且打破了准周期、非周期矿物结构研究的禁区。

在一些研究中,可以把矿物晶体看成具有理想平移周期的点阵加以研究。但在另一些研究中则着重研究矿物晶体缺陷,矿物的调制结构,矿物的准周期、非周期结构等。实际晶体是由一种或数种具有相同或极为相似晶胞结构和晶胞成分的空间格子堆积而成的。每一种晶胞常可以分为几种相对独立的结构单位,这些结构单位的连接规律也常有不同变化。参加堆积的晶胞结构和晶胞成分的变化,它们堆积方式的变化,以及堆积过程中的物理化学环境的变化等都使得自然界中的晶体世界千姿百态。因为这些变化是不可避免的,所以矿物晶体结构中的有规自相似准周期和无规自相似准周期、非周期等复杂结构现象的发生、形成也同样是不可避免的。

国内外已有人将自然界矿物种类最多、晶体结构复杂、分布范围最广、与地质领域各学科关系最密切的硅酸盐矿物作为精细结构研究的对象。许多利用高分辨透射电子显微镜的深入研究表明:岛状、岛链状、链状、链层状、层状、层架状之间过渡性、交互性的有规自相似准周期或无规自相似准周期及随机非周期硅酸盐矿物结构是客观存在的。这些研究内容十分丰富，研究结果具有重要的价值，只是人们没有从有规或无规准周期、非周期角度分析这些结果。所以矿物中准周期、非周期结构研究不仅开拓了矿物学结构理论、对称理论研究的新领域，而且对促进地质学各个领域的发展也是很有必要的。

第二节 黑云辉闪石

黑云辉闪石最早是对云母、辉石和闪石集合体的称谓。当 1975 年 Veblen 等在超镁铁岩蚀变带中发现了新矿物镁川石和闪川石后，则赋予了该名以新的含义。现在将辉石、闪石和云母（滑石）均称为典型的黑云辉闪石；而宽在 3 链以上的则称为宽链辉闪石。黑云辉闪石中的周期、准周期、非周期结构主要表现为平行(010)方向链宽的变化及排列上。

作为造岩矿物的辉石、闪石和云母，其化学成分有很大差异，但结构中存在着相似的单元层。理想情况下单链通过(010)镜面反映可出现双链，而双链在二维方向的连续排列则产生平面网。对于每一种矿物族来说，其结构可以由一种基本结构出发，通过硅氧四面体、八面体的适当调整而获得所有结构模型；或通过两种结构的剪裁与拼接形成一种全新的结构。由此不难想象，在单链向双链、双链向层状结构的演化过程中一定存在着那样一些中间结构状态，其成分及结构均与两端元相有关。新的辉闪石正是基于此。与此同时准周期、非周期结构也有出现，只是目前尚未分析这些客观现象。

自然界矿物的深化是一个由渐变向突变过渡的过程，在每一特定阶段（对应于特定的地质环境及条件）会产生相应的矿物组合。从这种意义上来说，链状、层状结构矿物间的"渗透"是一种普遍现象，渗透结构会产生一些新的对称规律。

一、黑云辉闪石矿物间的结构关系

最早被测定的辉石结构为透辉石结构，从此确定了所有辉石的结构特征。透辉石的晶胞参数为 $a=0.9$ nm，$b=0.9$ nm，$c=0.52$ nm，空间群为 $C2/c$，如果在透辉石单位晶胞的规模上进行一次 b 滑移操作，即使(100)方向的八面体链叠置顺序由(＋＋＋)或(－－－)变为(＋＋－－)，则 a 轴增加一倍，相应地，结构由单斜晶系变成了斜方晶系，空间群变为 $Pbca$，这便是斜方辉石的结构。如果垂直于透辉石的 b 轴进行一次镜面反映，则 b 轴变为 1.8 nm 左右，形成了透闪石的结构。同理，在斜方辉石结构垂直于 b 轴方向引入镜面，也可导出斜方闪石结构；如果使硅氧四面体链在二维空间相间排列，并将活性氧相对即形成硅氧四面体(T)—八面体(O)—硅氧四面体(T)结构。

辉闪石的拓扑结构如图 7-2-1("工"字梁结构)所示，从图中可以看出辉闪石不同矿物间晶胞参数及结构的差异。所有辉闪石的 c 轴都平行于[SiO_4]四面体链的延伸方向，其长度由链的周期而定，约为 0.525 nm。a 轴平行于堆垛方向，斜方辉闪石(＋－＋－)a 轴长度约为 1.8 nm，单斜辉闪石(＋＋＋)约为 0.9 nm。而 b 轴长度则依赖于链宽的变化，约为 0.9 nm 的整数倍，单链辉石为 0.9 nm，双链闪石为 1.8 nm，3 链辉闪石(镁川石)为 2.7 nm，3 链、双链交替排列结的辉闪石(闪川石)为 4.5 nm。空间群也反映堆垛顺序和链宽，辉石和 3 链辉闪石为奇数链，二者有平行于(010)的 c 滑移面，而闪石和具有偶数链宽的辉闪石则有平行于(010)的镜面；闪川石具有双链和 3 链，因而结构中存在 c 滑移面和镜面。因此，辉闪石结构的相似性是产生结构非周期的最重要原因。

用"模块"概念描述宽链辉闪石的结构，可使描述简单化。如辉石的结构记为 P(pyroxene)，云母的结构记为 M(mica)，则辉石结构可以表示为 PPPPPP，云母的结构可以表示为 MMMMMM，而闪石的结构可以表示为 MPMPMP。如果 n 个 M 和 n 个 P 以 MMPMMP 排列，形成的便是一种 3 链硅酸

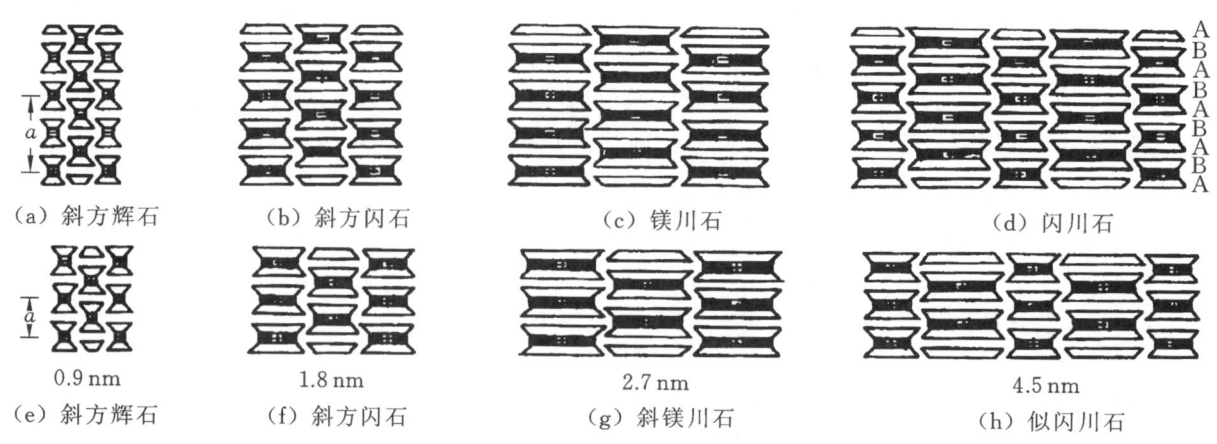

图 7-2-1　几种辉闪石的"工"字梁结构（据 Veblen 等,1981）

盐。事实上,M 和 P 的排列不受人为因素的限制,可以周期排列、周期调幅排列、准周期调幅排列、准周期排列或无序排列,其中周期、无序排列是自然界最常见到的,其他过渡性结构常常被忽视。用准晶结构的准周期理论深入研究过渡性结构对矿物学理论的发展有深远意义。

目前,在辉闪石中已发现了很多有序的结构类型,其链宽可以从 2、3、4、5、6 直到 60,其排列方式为(2233)、(233)、(232233)、(222333)、(2332323)、(2333)、(433323)、(2234)和(433323433232423)等,如图 7-2-2 所示。

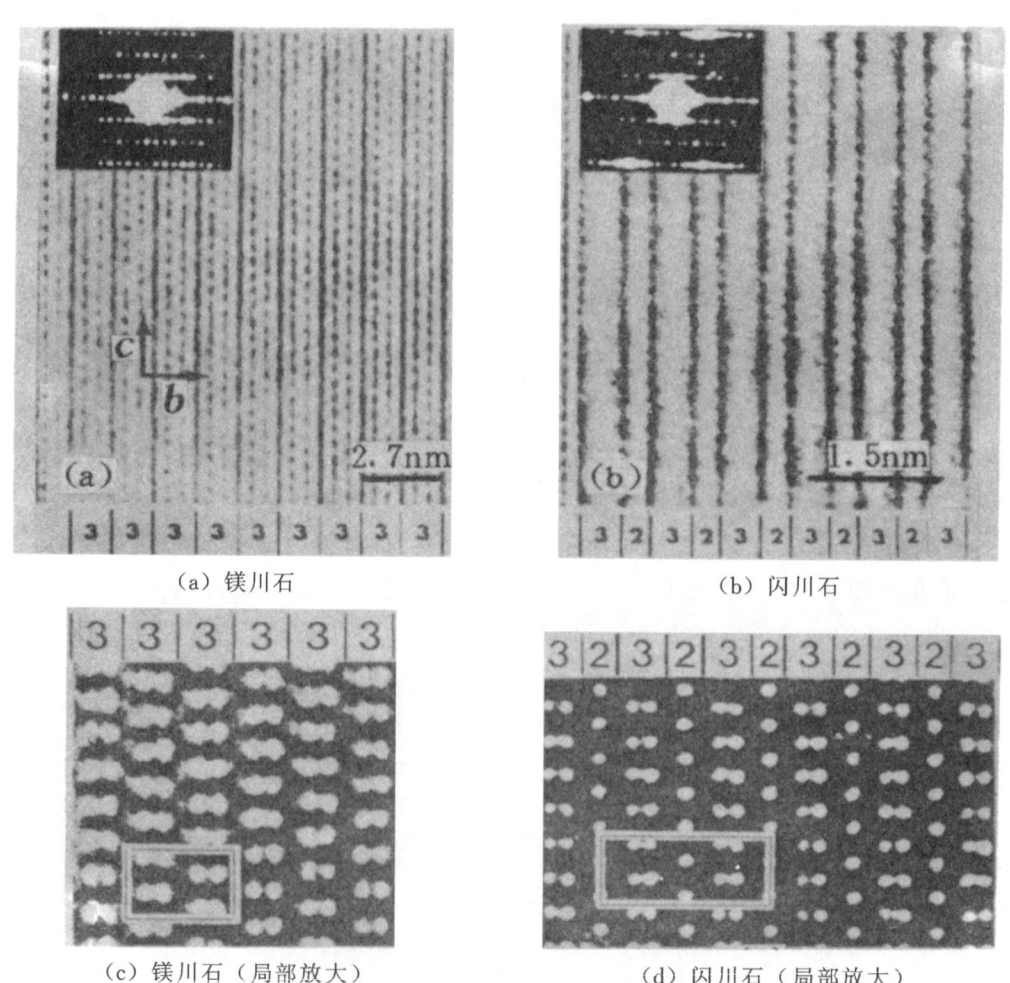

图 7-2-2　两种有序辉闪石的高分辨图像（据 Veblen 等,1981）

注:(c)为(a)局部放大图,(d)为(b)局部放大图。

二、非周期结构

辉闪石中的非周期结构的观察与研究,是以发现新的宽链辉闪石作为起点的。在这二十多年的时间里,这方面的成果不断涌出,不但使人们更进一步认识了辉闪石非周期结构这一普遍存在的结构,而且为岩石乃至地质体的成因、演化提供了丰富的资料。

1) 辉石族矿物中的非周期结构

辉石的单链结构是闪石和云母结构的基础,因此,在由单链向双链、3链及层状(或有限层状)演化的过程中,形成了一系列结构"混合体",其演化途径如图7-2-3所示。辉石可以演化成闪石,也可以一步蚀变成滑石,如图7-2-4所示,辉石蚀变后可以形成3链硅酸盐,且表现为非周期性排列。

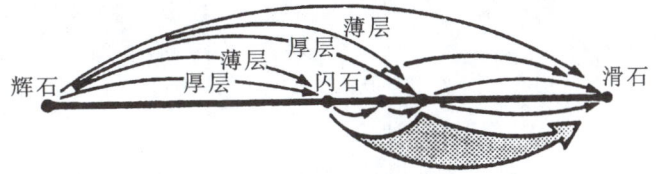

图 7-2-3　链状、层状结构演化关系图(据 Veblen 等,1983)

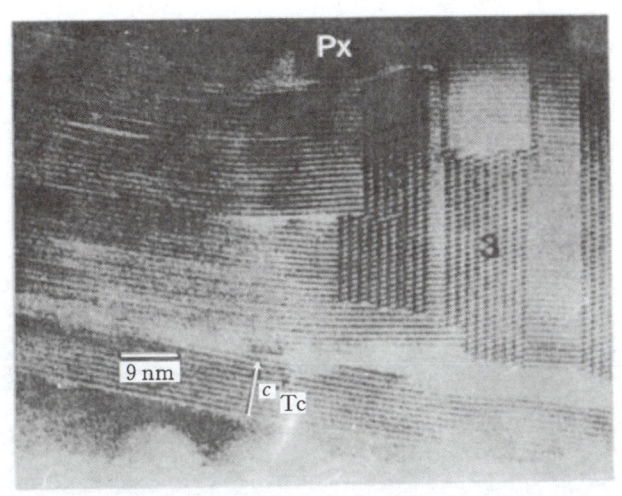

Px.辉石;Tc.滑石。

图 7-2-4　辉石部分蚀变成滑石后形成的非周期层状结构(据 Veblen 等,1981)

除了图7-2-4所示的非周期结构外,在辉石中常见的结构交生体还有蛇纹石和绿泥石。图 7-2-5 说明了斜方辉石中绿泥石、滑石、蛇纹石及辉石中角闪石与绿泥石形成的非周期结构。

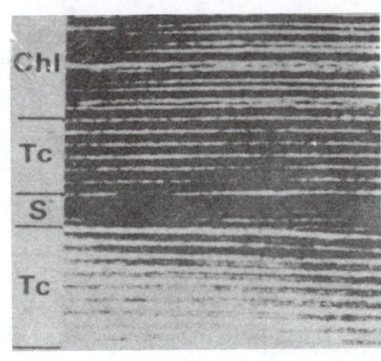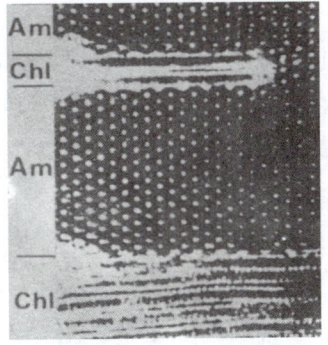

Chl.绿泥石;S.蛇纹石;Am.角闪石;Tc.滑石。

图 7-2-5　辉石、闪石非周期层状结构(据 Veblen 等,1981)

图 7-2-6 是辉石结构演化的典型实例。在图的左边,很细的闪石和 3 链辉闪石的页片与辉石交生;而在图的右边,可见到大面积的具有周期和非周期排列的斜镁川石,以及链宽为 4、5 和 8 的宽链硅酸盐。同时,在 A、B、C 区域,可以看到很清楚的、具有不同链宽的(010)页片的尖灭。

图 7-2-6　辉石中的非周期层状结构(据 Nakajima 等,1981)

2) 闪石中的非周期结构特征

早在 1973 年,Chisholm 就在石棉中发现了链宽缺陷。在进行 X 射线单晶照相过程中,他又发现 a 轴和 b 轴方向均有拉长和衍射点,这说明在闪石中,垂直 b 轴方向有辉石单元或多链层的插入。在高分辨透射电子显微镜上获取了这类矿物的结构像,从而佐证了 X 射线分析结果。图 7-2-7 展示了美弗蒙特直闪石在 b 轴方向的非周期结构中,有 3 链、4 链及 6 链结构。在直闪石中也发现了链宽为 3、4、5、6 硅酸盐链,最宽的链可达到 30 nm 左右。

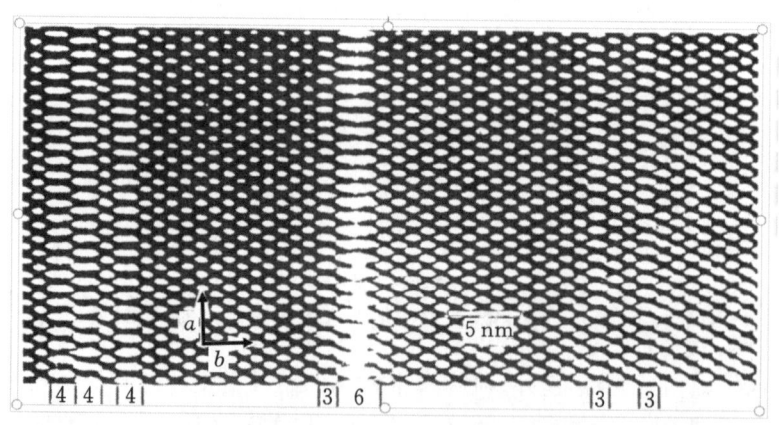

图 7-2-7　直闪石中的宽链辉闪石的非周期排列(据 Veblen,1983)

自发现镁川石和闪川石以来,先后有不少学者在软玉、阳起石和闪石集合体中发现了很多宽链辉闪石结构片,证实了作为链状、层状过渡结构的宽链在直闪石中普遍存在,并探讨了相对应的演化机理。

3) 宽链辉闪石中的非周期结构

与辉石和闪石相同,宽链辉闪石镁川石和闪川石及其单斜变体的结构也在完全有序与无序间变化。一些镁川石中包含有双链和宽于 3 链的硅酸盐链并有非常明显的硅酸盐链的尖灭。图 7-2-8 左侧具 11 链宽的硅酸盐链尖灭后,取而代之的为一个 4 链、一个 3 链和两个双链,右侧的 6 链与 3 链同时尖灭而形成了一个 3 链和 3 个双链。图 7-2-8 表示在镁川石的基体中,小范围内还有其他链的存在,而图 7-2-9 则表示在闪川石中,某一范围内的双链和 3 链排列不是标准的 232323……排列方式,双链与 3 链仍为 1∶1,因此化学成分与闪川石相同。

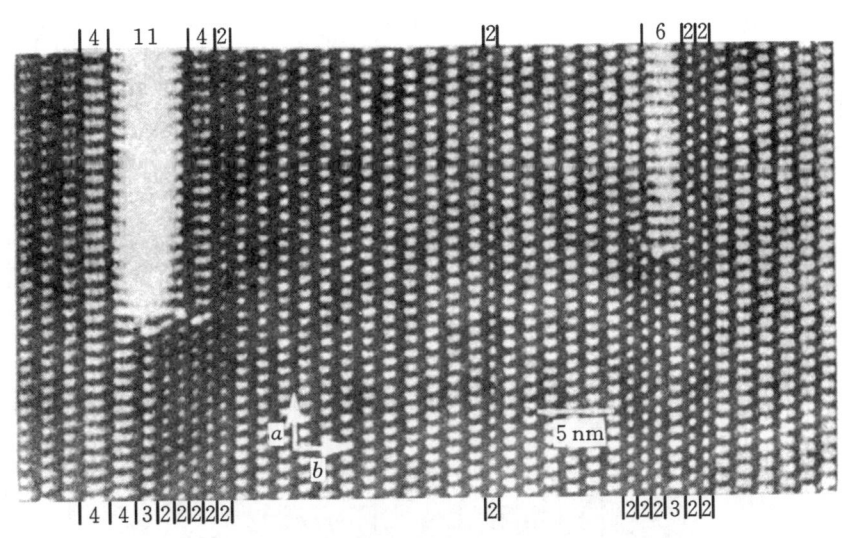

图 7-2-8　镁川石中的链宽非周期图像（据 Veblen 等，1981）

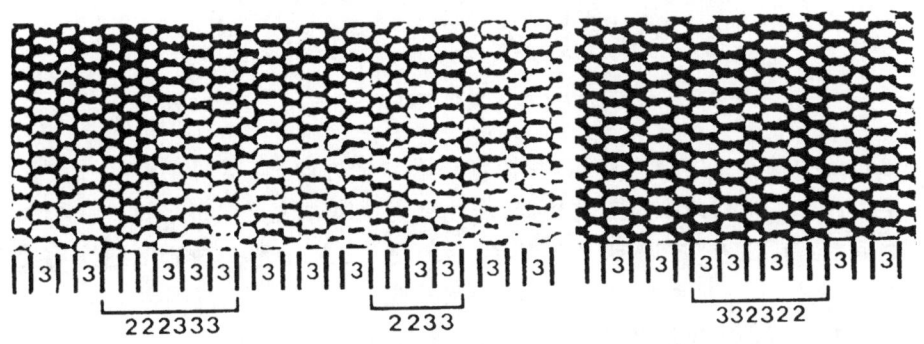

图 7-2-9　闪川石的链宽非周期图像（据 Veblen 等，1981）

一方面，镁川石、闪川石及其单斜变体的晶体可达几十微米，因此可以用单晶 X 射线照相法及衍射仪法获取晶体的结构数据，这种样品很少见，最常见的镁川石和闪川石是以很细的页片分布于辉石、闪石等矿物中的。另一方面，大部分晶体中均有非周期排列的链，而且大部分样品中链的排列非常杂乱，因此很难给这些晶体以准确的名称，当然，化学成分也是非化学计量的。如图 7-2-10 所示，双链、3 链、4 链和 7 链同时产出。

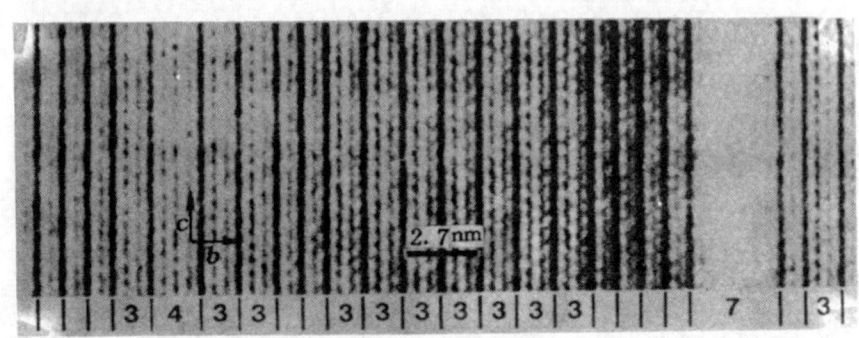

图 7-2-10　宽链辉闪石中的非周期图像（据 Veblen 等，1981）

4）辉闪石中的尖灭缺陷

在造岩矿物中，常见的尖灭缺陷有两种：一种是硅酸盐链尖灭，另一种是拉链式尖灭。

所谓链尖灭是指一个或很多个硅酸盐链完全消失或变成其他宽度硅酸盐链的缺陷。在矿物变形过程中伴随着位错，这种位错则使硅酸盐链在颗粒边界尖灭，这时几乎所有的硅酸盐链均沿缺陷被切断。一般认为,这种尖灭可能是在晶体的自然变形中形成的。宽链辉闪石的一个或几个页片中,也存在协同尖灭的缺陷,其特点为:在叶片总宽度不变的条件下,链之间相互转换。在图 7-2-11 箭头所示的区域内,可以看到双链与 3 链的协同尖灭。

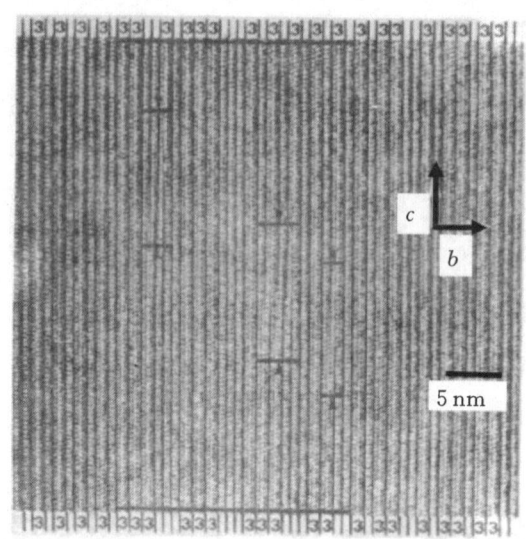

图 7-2-11　辉闪石中链的协同尖灭缺陷(据 Veblen 等,1981)

拉链式尖灭也是一种常见的结构缺陷,其特点是沿 c 轴方向,具不同宽度的硅酸盐链尖灭,它不切断任何其他链。由于其形状与拉链非常相似,因此称为拉链式尖灭。很多拉链式尖灭是连贯的,即这种缺陷没有引起"拉链"以外结构的破坏或畸变。图 7-2-12 表示了一种简单的连贯尖灭缺陷,尖灭的链宽为 6、7、8;图 7-2-13 则表示了一种协同的尖灭缺陷,虽然在一定范围内尖灭的链宽度不同,但在此范围以外的硅酸盐链仍未发生畸变。

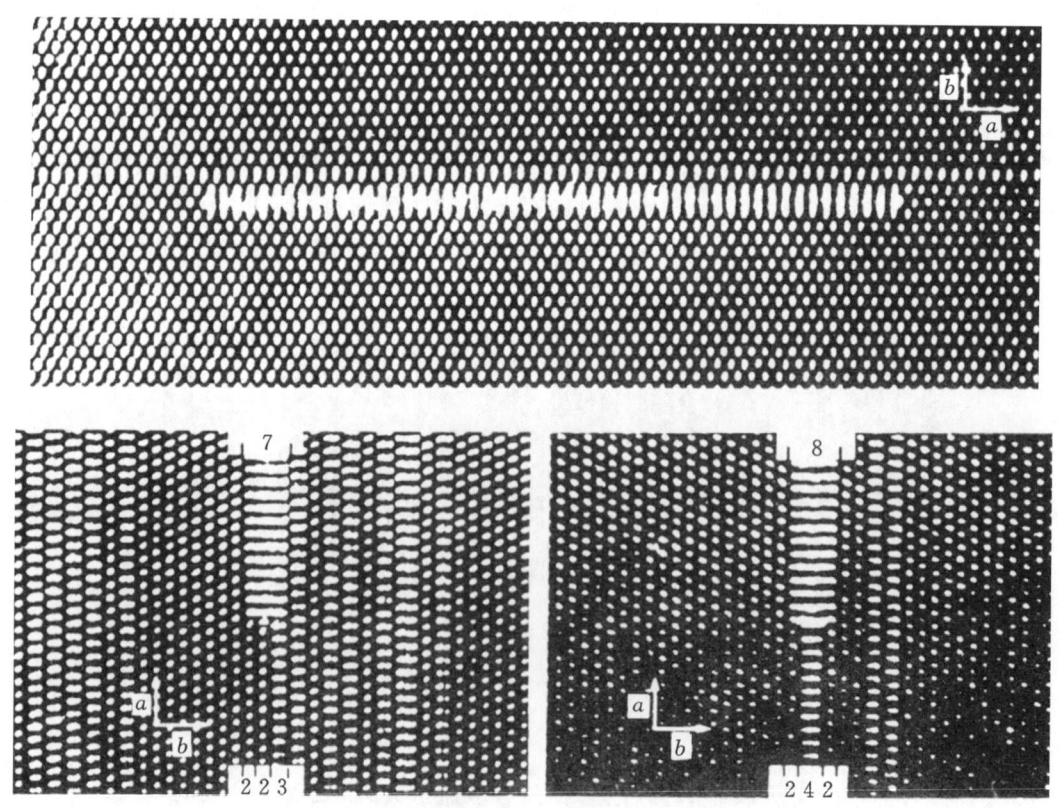

图 7-2-12　简单的连贯拉链式尖灭缺陷(据 Veblen 等,1981)

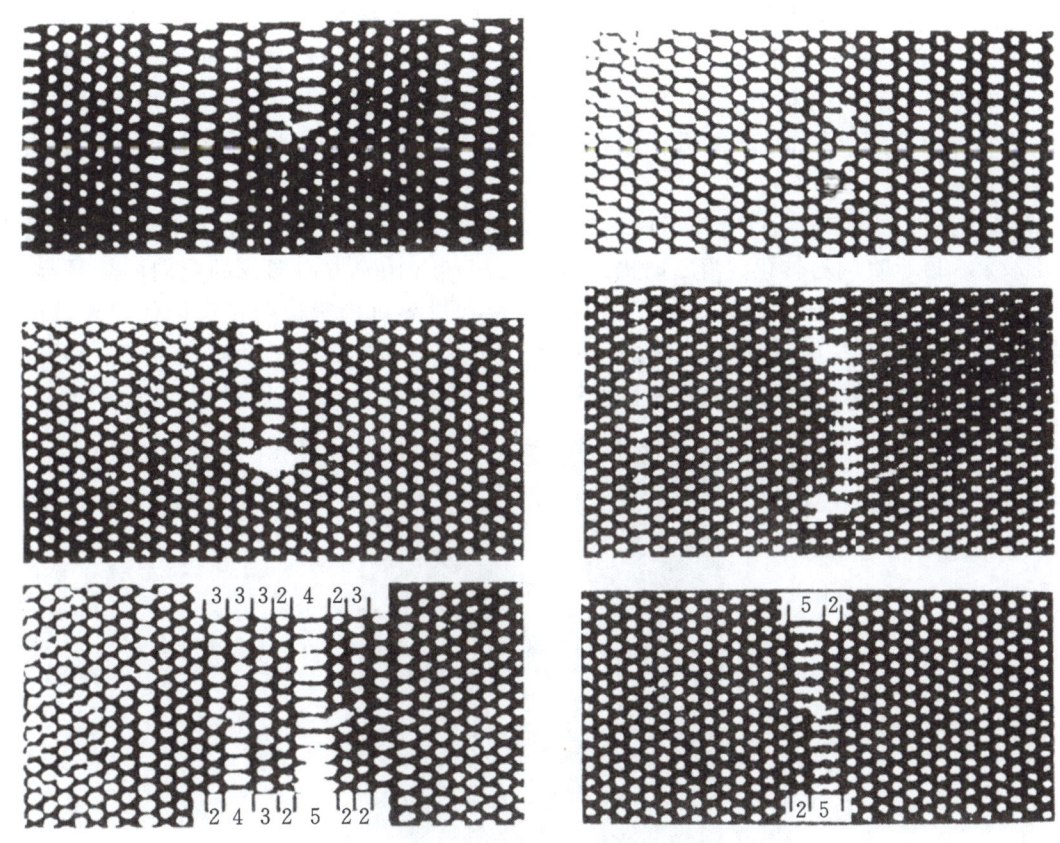

图 7-2-13　协同的连贯拉链式尖灭缺陷（据 Veblen 等，1981）

非连贯拉链式尖灭缺陷与连贯拉链式尖灭缺陷的最大区别是：随着某一宽度硅酸盐链的尖灭，周围的链也发生畸变，如图 7-2-14 所示，当一种 3 链尖灭时，周围的链则相应发生位移，以充填由于 3 链变为双链所形成的空隙[图 7-2-14(a)]；有时链的尖灭也可引起硅酸盐链的弯曲[图 7-2-14(b)]。如果在结构的某一区域，有几个拉链式链尖灭，平面位错则是联系它们的桥梁。

(a)　　　　　　　　　　　　　(b)

图 7-2-14　两种非连贯拉链式尖灭缺陷示意图（据 Veblen 等，1981）

三、非周期结构的形成机理

非周期结构的形成机理讨论是以实际样品观察与室内实验结果为依据的，且带有一定的推测成分。实际上,黑云辉石非周期结构的形成就是多体反应的直接结果。从广义上来说,形成机理可以概括为两类:①整体反应机理,链宽的转化沿宽广的反应前沿进行,该机理可以粗略地看成与金属学所公认的群体转化机理类似;②页片和边界机理,在两相界面间,由于细小页片的生长或页片边界的移动而形成非周期结构,此类机理则在很多方向与一些硅酸盐矿物中出溶页片的成核和生长机理相同。

整体反应机理主要针对辉石、直闪石间的反应边结构及两者向层状硅酸盐过渡时产生的非周期结构。图7-2-15展示直闪石转化为滑石时沿(010)、(210)和(100)方向形成的定向的页片界面,可以看到,直闪石沿某一结晶方向整体转化成了滑石。页片和边界机理则说明在周期性黑云辉闪石结构中,不同宽度的硅酸盐链是如何成核、生长的;同时也可以解释拉链式尖灭缺陷的生长过程。总之,寄生于主晶中的各种尖灭缺陷均可以用此种机理解释。

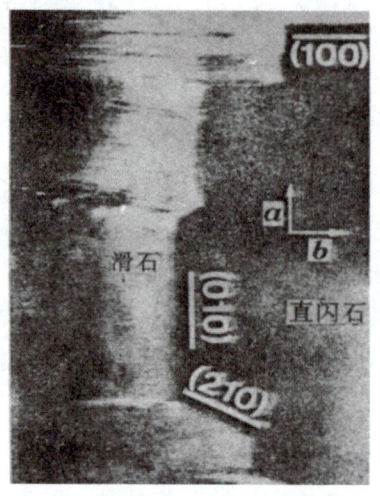

图 7-2-15　直闪石转化为滑石时沿(010)、(210)和(100)方向形成的定向的页片界面
(据 Veblen,1981)

在黑云辉石类矿物中,已大量发现单链、双链、3链以及多链的过渡关系或交互生关系,以往均以非周期、尖灭缺陷等理由加以解释,为进一步深入解释这些现象,很有必要将准周期理论用于解释这类矿物的形成机理。

第三节　矿物中的调幅结构

一、调幅结构的概念

调幅结构(modulated structure)是天然矿物结构中一种常见的现象。其特征表现在 X 射线衍射图中非布拉格衍射的出现,我们将这些衍射点称为卫星点。卫星点的存在说明在倒易空间中,矿物的单位晶胞增大整数倍(周期超结构)或非整数倍(非周期、准周期结构),从而可以确定基本结构的周期性、准周期或非周期性畸变特征。

调幅结构指的是在基本晶格上叠加有较大周期性的结构或成分变化波。后者对前者不仅有调幅,而且有其他调制作用。根据调幅波和亚晶胞周期的关系,可以将调幅结构分为相称和不相称调幅结构。如果是相称调幅结构,则说明调幅周期是亚晶胞周期的整数倍,如果每一个原子位移和每一个原子质点的占位限定在这种长程有序结构的单位晶胞内,那么这种调幅结构将难以与超结构相区分,实际上就是超结构。随着温度、压力的改变,原来相称的调幅结构可以变成不相称,当然,调幅周期也随成分、温度或其他参数作连续变化。如果是不相称调幅结构,则说明叠加在亚结构上的周期与亚结构周期没有任何特殊关系,其调幅函数是无理数,不能用简单的超结构来描述,应该用调幅结构,有时用准周期调幅结构或准周期结构描述更为合适一些。

按照调幅函数的特征,也可以将调幅结构的周期性畸变分为两类(图 7-3-1):位移型调幅和成分密度调幅。在位移型调幅结构中,调幅函数可以引起原子位置在横向或纵向上的周期位移。在成分密度调幅结构中,等效原子位置的散射密度是周期性变化的或不同质点的占位率是周期性、准周期性、非周期性变化的。天然矿物是一综合体,既可有相称或不相称的位移型调幅、成分密度调幅,也可在一个样品中,存在位移型和成分密度型调幅,且在不同部位具有不同的相称程度。

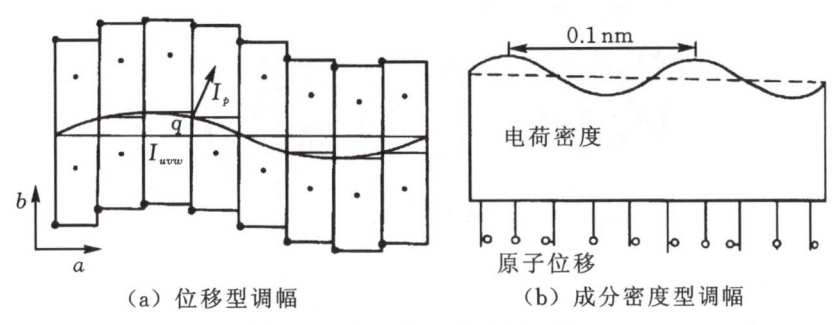

(a) 位移型调幅　　　　(b) 成分密度型调幅

图 7-3-1　调幅结构的形成示意图

调幅结构的重要性表现在:它是一种结构转化为另一种结构,或在均一相还未变成几个相的过程中形成的中间阶段产物。调幅结构提供了晶体转化机理的重要信息,同时,也提供了产生非化学计量相所需的微小化学变化的途径。在很多矿物中发现了调幅结构的信息,例如在一些长石、辉石、蛇纹石及硫化物、氧化物和碳酸盐等中均发现了调幅结构的信息。

二、与结构畸变有关的调幅结构

叶蛇纹石的波状结构是调幅结构的具体表现,这是由于八面体氢氧层与四面体硅氧层间结构的不相称(差异)引起的(图 7-3-2)。这些正弦波状的畸变区域的宽度常大于 4 nm。在高分辨透射电子显微镜下,可以很容易观察到这种结构。图 7-3-3 显示了叶蛇纹石的规则调幅结构,其调幅波长为 4.5～5 nm,调幅方向是垂直于 c 轴的黑带。

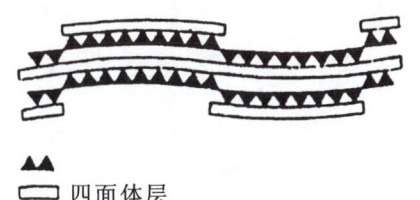

▲▲ 四面体层

图 7-3-2　叶蛇纹石的结构畸变(据 Kunze,1961)

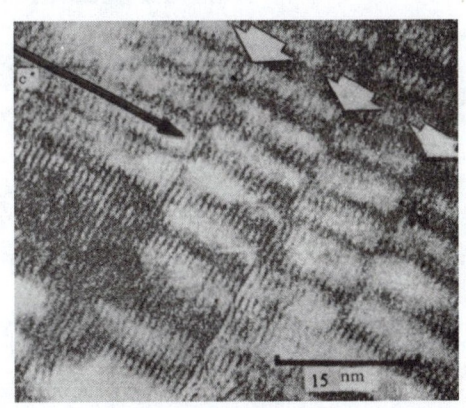

图 7-3-3　叶蛇纹石的调幅结构图像(据 Spinnler 等,1985)

三、与成分变化有关的调幅结构

辉石中具有两种调幅结构:①细的花呢结构,是由近于(100)和(001)的调幅构成;②粗大的调幅结构,由近于(001)定向的调幅构成,见图 7-3-4。在格呢中,近于(001)的调幅一般较粗(波长较长),

具有较强的衍射衬度(振幅较大),其波长范围在 10~20 nm 之间。(001)调幅总的振幅(成分差异)一般较小,因此电子衍射仅显示了沿 a 轴和 b 轴的条纹。(100)调幅通常较小,因此当(001)调幅粗化超过 20~30 nm 时,它则完全消失。两种调幅生长行为间的差异可以用它们塑性应变能的差异来解释,具低能量方向的调幅将会生长、粗化,而具高能量方向的调幅则会衰退。

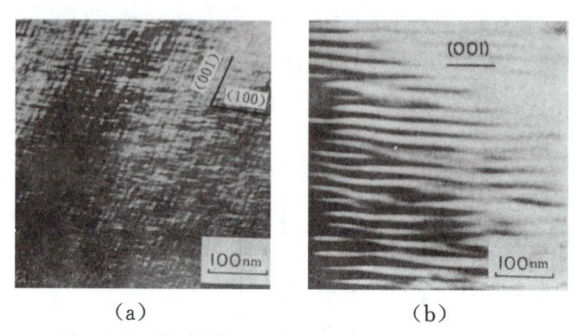

图 7-3-4　单斜辉石的两种调幅结构(据 Mccallister 等,1979)

斜长石矿物中的调幅结构现象也很常见。如成分为 An_{82} 的钙长石具有一种格状的调幅,调幅方向平行(010)和($\bar{1}$01),如图 7-3-5(a)所示。一般来说,斜长石中出溶条纹的平均"波长"随着钠长石含量的增多而略微增加,其对应关系大致为 An_{85}——12.5 nm、An_{85}——20 nm、An_{81}——40 nm、An_{79}——60 nm、$An_{74~76}$——85 nm,同时在几乎纯净的钠长石($Ab_{94}An_3Or_3$)中也可见到单方向的调幅,如图 7-3-5(b)所示。这些均是成分变化所产生的调幅结构。

在矿物晶体结构研究中,很有必要将周期调幅结构、准周期调幅结构、非周期调幅结构等区别开来,这一研究不仅对矿物学,而且对岩石学、矿床学、地球化学等都具有重要的理论意义和实际意义。

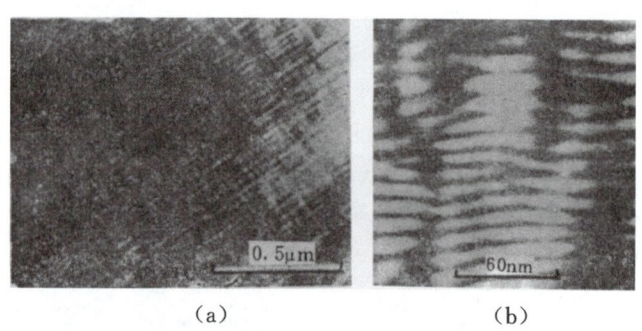

图 7-3-5　斜长石的调幅结构暗场像

第四节　反相晶畴结构

一、辉石中的反相晶畴结构

1) 易变辉石

用 X 射线研究不同产状的易变辉石时就可以发现,火山岩易变辉石 $h+k$ 为奇数的衍射点比 $h+k$ 为偶数的衍射点宽,在急速冷却环境下生成的样品更是如此。衍射点的变化是由样品中存在的反相晶畴结构引起的。

为了弄清易变辉石反相晶畴的生成机理,需先了解其结构的特征。在易变辉石单位晶胞中沿 c 轴方向有 4 条硅氧四面体链,每 2 条是等价的(A 链和 B 链),二者仅在连接方向上有所不同。八面体位置以大半径的 Ca 充填 M_2 位,因而在 Ca 附近类似于透辉石结构;在 M_1 位的 Fe(或 Mg)附近则近似于斜铁辉石结构。易变辉石的结构则可以认为是它们在空间上的平均。

根据以上结构特征,可以定量地说明 $h+k$ 为奇数衍射的加宽原因,这是易变辉石沿 c 轴方向存在柱状晶畴结构,相邻晶畴以 $(a+b)/2$ 位移而呈反相位关系。当为 C 格子时,所有硅氧四面体等同而不会出现 $h+k$ 为奇数的衍射,如果 A 链(以"U"表示)和 B 链(以"V"表示)交互排列则形成 P 格子,从而使 $h+k$ 为偶数,奇数的衍射点出现(图 7-4-1)。图 7-4-2 是成分为 $W_{0\sim4}En_{46\sim48}Fs_{48\sim50}$ 的易变辉石反相晶畴的透射电子显微镜暗场像。

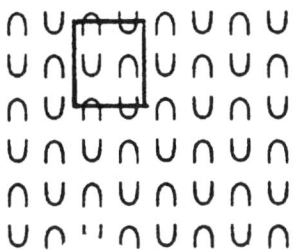
(a) 高温状态下的C格子

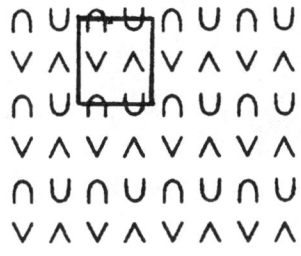
(b) 低温状态下的P格子

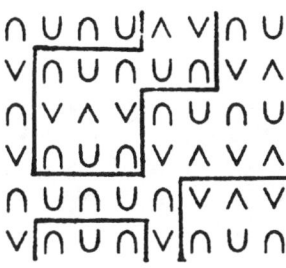
(c) 含反相晶畴的P格子

图 7-4-1　易变辉石反相晶畴生成示意图(直线表示反相晶畴边界)

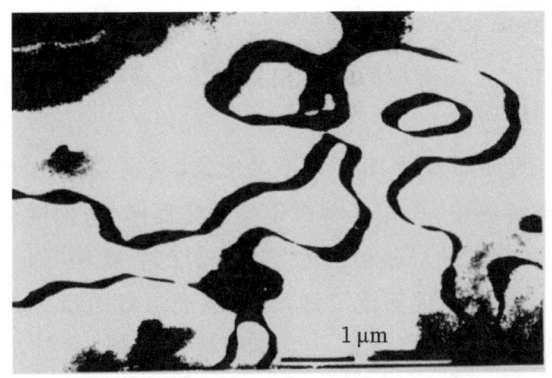

图 7-4-2　易变辉石反相晶畴的高分辨暗场像(据 Prewitt,1980)

根据衍射点的加宽程度可以计算晶畴的平均大小,而晶畴大小又可以作为冷却速率的粗力量标志。一般来说,快速冷却形成的反相晶畴较缓慢冷却形成的小。而有人做过实验,在急速冷却和缓慢冷却下,均可形成大的反相晶畴,而在中等冷却速率条件下形成的晶畴则相对较小。因此,易变辉石反相晶畴的大小和形态与成分和冷却史之间存在着很复杂的函数关系。这也提醒人们,在使用反相晶畴与冷却速率关系时必须依据可靠的实验数据,且必须与实际的地质环境相结合。

易变辉石反相晶畴的形成与高温下的 $C2/c$ 空间群向低温相的 $P2_1/c$ 空间群转变有关。随着温度的下降形成了具有原始格子的晶核,并逐渐扩大成晶畴。当晶核间的边界部位结构连续时,则变成一个晶畴;而当晶畴间具 $(a+b)/2$ 的位相差时,边界部位则停止生长,使反相晶畴得以保存。相同链排列形成的局部结构部位,即反相晶畴边界,有利于 Ca 的充填,因而也固定了晶畴边界。

研究证明,火山岩中易变辉石反相晶畴的形成经历了以下过程:先晶出 C 格子晶体;随着温度的下降,$C2/c$ 空间群相不稳定而形成 $P2_1/c$ 空间群晶核;$P2_1/c$ 空间群相的粗化使部分 Ca 向未能相变部分迁移、聚集;Ca 在界面上富集形成透辉石结构,作为反相边界保留下来。

2) 绿辉石

绿辉石是成分介于透辉石和硬玉之间的单链状结构硅酸盐,在很多绿辉石中也可见到反相晶畴结构(图 7-4-3)。

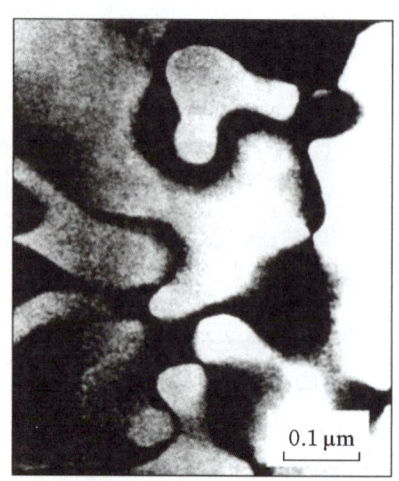

图 7-4-3 绿辉石反相晶畴的高分辨暗场像（据 Champness,1973）

一般认为,成分为 $Na_{0.5}Ca_{0.5}Al_{0.5}(Mg,Fe)_{0.5}Si_2O_6$（即硬玉 50%,透辉石 50%)的绿辉石可以在高温下形成 $C2/c$ 空间群结构,低温下形成 $P2/n$ 空间群结构,两者间的主要区别是八面体阳离子的有序度。因而在高温下 Ca、Na 在 M_2 位无序排列,Mg、Al 在 M_1 位无序排列;而在低温下,Ca、Na 则在两种不同的 M_2 位有序,Mg、Al 在两种 M_1 位有序。

与 $P2_1/c$ 空间群辉石类似,$P2/n$ 空间群绿辉石反相晶畴的位移矢量也为 $(a+b)/2$,但绿辉石 C 格子向 P 格子转变的有序反应非常缓慢。

易变辉石和绿辉石中反相晶畴的性质及冷却行为不尽一致,这主要是由于在生成反相晶畴的反应机理不同所致。在 $P2_1/c$ 空间群辉石中,反相晶畴由位移变化而产生;而绿辉石晶畴则是通过阳离子扩散的有序反应产生。由于缺乏由 Ca 的分凝形成的反相边界的针状物,因此易变辉石晶畴边界可以很快移动,因为这种移动仅需原子位移的镜面调节即可实现;而绿辉石反相边界的移动则需在较低温下八面体阳离子的扩散实现,所以晶畴的粗化是一个很缓慢的过程,这就是为什么仅能在变质岩的绿辉石中见到反相晶畴。绿辉石晶畴的粗化除与易变辉石相同、其晶畴是均匀增大外,还有非均匀生长的情况,表现为单个晶畴生长,小的晶畴消失。从形态上来说,绿辉石晶畴边界较为平滑,这可能与绿辉石中晶畴生长机理或反相边界有关的界面能有关。

二、斜长石中的反相晶畴结构

斜长石中的反相晶畴结构较辉石更为常见,也更为复杂。现已证明斜长石中存在着两种反相晶畴结构:① 与 b 反射（$h+k$ 为奇数,l 为奇数的反射）的弥散有关的 b 反相晶畴;② 与 c 反射（$h+k$ 为偶数,l 为奇数)和 d 反射（$h+k$ 为奇数,l 为偶数)有关的 c 反相晶畴。b 反相晶畴的位错矢量为 $[110]/2$,它是由于从 Y 高温型(CT 格子)向中温型(IT 格子)转变时产生的。c 反相晶畴的位移矢量为 $[111]/2$,是在 IT 向 CT 转变时产生的。这种转变与四面体阳离子的有序无关,只取决于阳离子的位错。

在矿物形成过程中,随着地质条件的改变,一系列结构上具有相似性的矿物之间则发生相变,形成具有一定尺寸的晶畴结构,相邻晶畴间相差半个结构周期且连续。因而,在透射电子显微镜下呈现明暗分布的结构相,这就是反相晶畴结构。

反相晶畴结构在硅酸盐矿物,特别是在长石和辉石中非常普遍。现已证明,易变辉石、绿辉石和斜长石中存在着大小不同的反相晶畴结构。

单纯用周期结构理论来解释反向晶畴结构是不够的,用准周期结构理论来解释这类现象中一些重要疑难问题具有重要的现实意义。

第五节 层状硅酸盐矿物中的间层矿物

1934年，美国格鲁纳提出的"间层矿物"，也称混层矿物（mixed layer mineral），是指由两种或两种以上的不同矿物种结构单元层平行底面，按不同比例和不同的重复方式，沿 c 轴堆垛而成的一类矿物。

层状基型硅酸盐矿物的底面结构常常是相同或相似的，很容易沿底面(001)形成连生。层状硅酸盐均具有二维（$a+b$ 方向）的结构单元层，即由硅氧四面体(T)—八面体(O)—硅氧四面体(T)组成的平面层。这种晶体结构的相似性使不同层状矿物平行(001)面沿 c 轴方向形成纳米连生。在层状基型硅酸盐中，间层矿物的晶体结构是一种重要的晶体结构形式。

根据结构单元层重复周期的不同，间层矿物按其结构可分成：规则混层、不规则混层，以及具有分凝作用混层（带状混层）。

两种或两种以上的不同结构单元层沿 c 轴的堆垛具一定规律，可归纳出结构单元层的重复周期，则称为规则混层（实际上是一种周期结构）。当堆垛无序或非周期性堆垛时，则称为无规则混层。这种无规则混层远比规则混层矿物更为常见，是一种纳米尺度的非周期结构现象。

一、规则混层与不规则混层

层状结构硅酸盐是地表广泛分布的矿物，其准周期结构、非周期结构主要表现在常说的混层（间层）矿物中。其特征是：两种或两种以上的不同结构单元层沿 c 轴排列，若排列具一定规律，可以归纳出单元层的重复周期，这类结构则称为规则混层（实际上是一种周期结构）；当结构单元排列无序或非周期性排列时，这类结构则称为无规则混层。在矿物中无规则混层（一维准周期结构、非周期结构）远比规则混层常见。

根据单元层重复周期的不同，可将由不同矿物晶层结构单元规则地相间堆垛排列而成的混层矿物分为三类。

（1）A、B两种晶层具有相同的比例，且相间堆垛排列。如 A∶B=1∶1，其堆垛排列方式为 ABAB⋯、AABBAABB⋯、AAABBBAAABBB⋯。

（2）A、B两种晶层各占不同的比例。如 A∶B=1∶2，其堆垛排列方式为 ABBABB⋯；A∶B=2∶3，其堆垛排列方式为 AABBBAABBB⋯。

（3）不同晶层间的堆垛排列无一定规律：具有分凝作用的混层，实质上已是 A、B 两相，只是未能从宏观上将两相分开，如图7-5-1所示。这是准周期结构理论应研究的重要问题。

目前已发现的混层矿物数量越来越多，其堆积顺序也越来越复杂。有必要从周期排列、有规自相似准周期和无规自相似准周期角度加以研究。

二、规则混层矿物种

规则混层矿物是独立的矿物种，目前已发现并命名了8种规则混层矿物。

累托石（rectorite）：二八面体云母与二八面体蒙脱石的1∶1规则混层；水黑云母（hydrobiotite）：黑云母和蛭石的1∶1规则混层；滑间皂石（aliettite）：滑石和三八面体皂石的1∶1规则混层；绿泥间蛭石（corrensite）：三八面体绿泥石和三八面体蒙脱石或三八面体蛭石的1∶1规则混层；绿泥间蒙石（tosudite）：二八面体绿泥石与三八面体蒙脱石的1∶1规则混层；绿泥间滑石（kulkeite）：三八面体绿

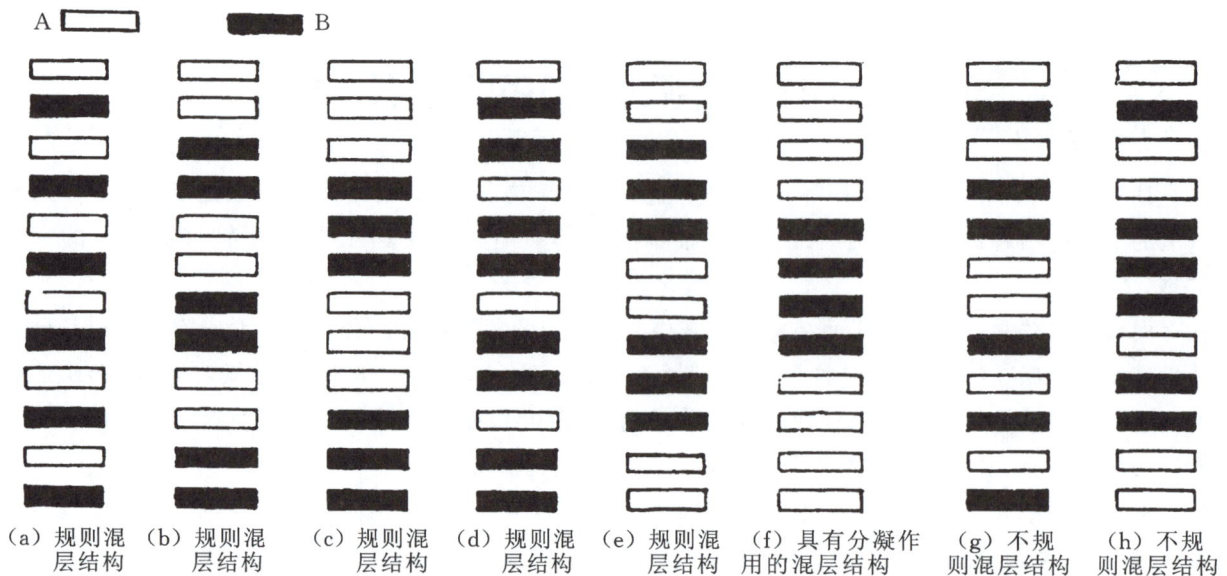

(a) 规则混层结构　(b) 规则混层结构　(c) 规则混层结构　(d) 规则混层结构　(e) 规则混层结构　(f) 具有分凝作用的混层结构　(g) 不规则混层结构　(h) 不规则混层结构

图 7-5-1　两种结构单元混层的八种结构模式

泥石与滑石的 1∶1 规则混层；云间蒙石（tarasovite）：二八面体云母与二八面体蒙皂石的 3∶1 规则混层；绿泥间蜡石（lunijianlaite）：二八面体和三八面体过渡型的锂绿泥石晶层与二八面体的叶蜡石晶层以 1∶1 规则交替堆垛而成。

滑间皂石

【化学性质】

滑间皂石是一种含 Ca、Mg、(OH) 和 H_2O 的 $[(Si,Al)_8O_{20}]$ 混层状基型硅酸盐类矿物，其晶体化学式为 $Ca_{0.2}Mg_6[(Si,Al)_8O_{20}](OH)_4·4H_2O$。主要成分为 Ca、Mg、Si、Al、H、O，类质同象替代成分有 K、Na、Ba、Sr、Mn、Fe、Ti。

化学成分中氧化物的质量分数为 Na_2O 1.18%、CaO 1.10%、MgO 22.16%、MnO 0.03%、Al_2O_3 24.77%、Fe_2O_3 3.48%、SiO_2 36.50%、H_2O 10.18%。

【结晶形态】

滑间皂石属于单斜晶系，斜方柱晶类，对称型为 $2/m$。晶体形态（图 7-5-2）呈微小板状、叶片状、针状，电子显微镜下可观察到细小晶体。

(a) 滑间皂石（乌兹别克斯坦）

(b) 滑间皂石（俄罗斯）

图 7-5-2　滑间皂石

【物理特征】

滑间皂石的颜色呈白色、绿色、深绿色、浅黄色等。条痕为白色。半透明。土质光泽。色散弱，多色性弱。

二轴晶。折射率为 Np=1.556、Nm=1.567、Ng=1.574，双折射率为 0.018。

解理不清楚。柔软。断口呈不规则、不均匀的细小粉末状。摩氏硬度为 1～2，相对密度为 2.04（计算）。

【晶体结构】

滑间皂石属于单斜晶系，空间群未知。晶胞参数：$a=0.522$ nm、$b=0.920$ nm、$c=12.46$ nm、$\beta=90°$，$Z=1$。X 射线粉晶衍射数据 $d(\text{Å})(I/I_{max})$ 为 24.00(20)、4.54(60)、3.50(60)、2.62(90)、1.725(40)、1.520(90)、1.314(70)。

滑间皂石是一种复杂的混层状硅酸盐矿物，滑间皂石是滑石和三八面体皂石 1∶1 的规则混层。

【产状产地】

滑间皂石产于古代低温环境湖泊沉积物中，也见于富镁变质岩、蛇绿岩及其残留土壤、蚀变白云岩中。伴生矿物包括滑石、绿泥石、蛇纹石和方解石等。主要产地有意大利、刚果、俄罗斯（科拉半岛）、乌兹别克斯坦、美国（内华达）等。

【主要用途】

滑间皂石在地质学、物理学、化学、材料学、环境科学、晶体学、矿物学方面都有重要意义。

绿泥间蛭石

【化学性质】

绿泥间蛭石是一种含 Ca、Mg、(OH) 和 H_2O 的 $[(Si,Al)_8O_{20}]$ 混层状基型硅酸盐类矿物，其晶体化学式为 $(Ca,Na,K)(Mg,Fe,Al)_9[(Si,Al)_8O_{20}](OH)_{10} \cdot nH_2O$。主要成分为 Ca、Mg、Al、Si、H、O，类质同象替代成分有 K、Na、Ti、Fe、Mn 等。

化学成分中氧化物的质量分数为 K_2O 0.77%、Na_2O 0.51%、CaO 2.74%、MgO 16.03%、Al_2O_3 12.46%、FeO 17.56%、SiO_2 29.38%、H_2O 20.55%。

【结晶形态】

绿泥间蛭石属于单斜晶系，斜方柱晶类，对称型为 $2/m$。晶体（图 7-5-3）在显微镜下呈细小晶体颗粒、鳞片状、晶簇状等。

（a）绿泥间蛭石（美国威斯康星）

（b）绿泥间蛭石（加拿大蒙大拿）

（c）绿泥间蛭石（美国宾夕法尼亚）

图 7-5-3　绿泥间蛭石

【物理特征】

绿泥间蛭石呈白色、灰色、粉红色、棕色、黄绿色。条痕为白色。透明。半玻璃光泽。色散弱。多色性较弱：淡黄色，棕绿色。

二轴晶（−）。折射率为 Np=1.560～1.585、Nm=1.566～1.601、Ng=1.582～1.612，双折射率为 0.022～0.027。2V=0～10°（测量）、0°（计算）。

{001}解理完全。柔性。断口呈不均匀、不规则的土质状。摩氏硬度为 1~2，相对密度为 2.80（计算）。

【晶体结构】

绿泥间蛭石属于单斜晶系，空间群未测定。晶胞参数：$a=0.534$ nm、$b=0.926$ nm、$c=2.950$ nm，$\beta=91°$，$Z=2$。X 射线粉晶衍射数据 $d(\text{Å})(I/I_{max})$ 为 29.00(30)、14.00(100)、7.83(30)、7.08(60)、4.72(30)、4.62(30)、3.53(60)、2.57(30)。

绿泥间蛭石属斜方晶系，是一种复杂的混层状硅酸盐矿物。绿泥间蛭石是三八面体绿泥石和三八面体蒙脱石或三八面体蛭石为 1∶1 规则混层。

【产状产地】

绿泥间蛭石是产于沉积物、热液蚀变物质和岩浆岩中，在富 Mg 和富 Fe 的条件下，由蒙脱石转化而来。主要产地有美国、德国、瑞典等。

【主要用途】

绿泥间蛭石在地质学、物理学、化学、环境科学、晶体学、矿物学方面都有重要意义。

绿泥间蒙石

【化学性质】

绿泥间蒙石是一种含 Na、Al、Mg、(OH) 和 H_2O 的 $[(Si,Al)_8O_{18}(OH)_4]$ 混层状基型硅酸盐类矿物，其晶体化学式为 $Na_{0.5}(Al,Mg)_6[(Si,Al)_8O_{18}(OH)_4](OH)_8 \cdot 5H_2O$。主要成分为 Na、Al、Mg、Si、H、O，类质同象替代成分有 Fe、Ca、Li。

化学成分中氧化物的质量分数为 Na_2O 1.59%、MgO 8.28%、Al_2O_3 26.59%、SiO_2 43.19%、H_2O 20.35%。

【结晶形态】

绿泥间蒙石属于单斜晶系，轴双面晶类，对称型为 2。晶体（图 7-5-4）呈云片状、叶片状、片状。电子显微镜下可观察到细小晶体。

(a) 绿泥间蒙石（乌克兰）

(b) 绿泥间蒙石（俄罗斯）

图 7-5-4　绿泥间蒙石

【物理特征】

绿泥间蒙石的颜色呈白色、天蓝色、蓝白色、浅绿色、深蓝色、浅黄色、黄色。条痕为白色。半透明。蜡质光泽、土质光泽。色散无。多色性弱。

二轴晶（−）。折射率为 Np=1.542~1.564、Nm=1.570、Ng=1.548~1.574，双折射率为 0.006~0.010。2V=59°（测量）。

{001}解理完全。柔性较强。断口呈不均匀、不平整的薄片状。摩氏硬度为1~2,相对密度为2.83(测量)、2.44(计算)。

【晶体结构】

绿泥间蒙石属单斜晶系,空间群为 $B2$。晶胞参数:$a=0.517$ nm、$b=0.897$ nm、$c=2.420$ nm、$\beta=94°$,$Z=2$。X射线粉晶主要衍射数据 $d(\text{Å})(I/I_{max})$ 为 4.53(100)、15(70)、4.97(45)。

绿泥间蒙石是一种二八面体绿泥石与三八面体蒙脱石为1∶1的规则混层。

【产状产地】

绿泥间蒙石是一种凝灰岩火山物质蚀变而来。主要产地有俄罗斯、乌克兰、日本等。

【主要用途】

绿泥间蒙石在地质学、物理学、化学、环境科学、晶体学、矿物学方面都有重要意义。

绿泥间滑石

【化学性质】

绿泥间滑石是一种含 Na、Mg、Al、(OH)的[(Si,Al)$_8$O$_{20}$]层状基型硅酸盐类矿物,其晶体化学式为 Na$_{0.3}$Mg$_8$Al[(Si,Al)$_8$O$_{20}$](OH)$_{10}$。主要成分为 Na、Mg、Al、Si、H、O,类质同象替代成分有 Ca、K、H$_2$O。

化学成分中氧化物的质量分数为 Na$_2$O 1.15%、MgO 34.20%、Al$_2$O$_3$ 12.98%、SiO$_2$ 42.48%、H$_2$O 9.19%。

【结晶形态】

绿泥间滑石属于单斜晶系。晶体形态(图7-5-5)呈粒状、板状、片状。

图 7-5-5　绿泥间滑石(俄罗斯)

【物理特征】

绿泥间滑石呈无色、白色。条痕为白色。透明。玻璃光泽、珍珠光泽。色散弱。多色性无。

二轴晶(-)。折射率为 Np=1.552、Nm=1.560、Ng=1.561,双折射率为0.009。$2V=24°$(测量)、26°(计算)。色散弱。

{001}解理完全。性脆。断口呈不均匀、不平整的细薄膜状。摩氏硬度为2。相对密度为2.70(计算)。

【晶体结构】

绿泥间滑石属于单斜晶系,空间群未测定。晶胞参数:$a=0.532$ nm、$b=0.920$ nm、$c=2.388$ nm、$\beta=97.10°$,$Z=2$。X射线粉晶主要衍射数据 $d(\text{Å})(I/I_{max})$ 为 11.9(80)、7.90(100)、3.38(80)。

绿泥间滑石是三八面体绿泥石与滑石为1∶1的规则混层。

【产状产地】

绿泥间滑石产于变质的蒸发岩中。主要产地有德国、阿尔及利亚。

【主要用途】

绿泥间滑石在地质学、物理学、化学、环境科学、晶体学、矿物学方面都有一定意义。

云间蒙石

【化学性质】

云间蒙石是一种含 Na、K、(OH)和 H_2O 的[(Si,Al)$_8$O$_{20}$]混层状基型硅酸盐类矿物,其晶体化学式为(Na,K,H_3O,Ca)$_2$Al$_4$[(OH)$_2$(Si,Al)$_4$O$_{10}$]$_2$·H_2O。主要成分为 Ca、Na、K、Mg、Al、Si、H、O,类质同象替代成分有 Ba、Fe、Mn、Ti。

云间蒙石的晶体结构中由 3 个云母分子(K,Na){(Fe,Mg)$_3$[(Si,Al)$_4$O$_{10}$](F,OH)$_2$}·nH_2O 和 1 个皂石分子 Ca$_{0.25}${(Mg,Fe)$_3$[(Si,Al)$_4$O$_{10}$](OH)$_2$}·nH_2O 组成。

【结晶形态】

云间蒙石属于单斜晶系,斜方柱晶类,对称型为 $2/m$。晶体形态呈叶片状、片状、板状等。

【物理特征】

云间蒙石的颜色呈白色、灰白色。条痕为白色。透明—半透明。玻璃光泽。色散弱。多色性弱。二轴晶(一)。

{001}解理完全。具柔软性。断口呈不均匀、不规则的细小叶片状。摩氏硬度为 1~2。

【晶体结构】

云间蒙石属于单斜晶系,空间群未测定。晶胞参数未测定。X 射线粉晶衍射数据 $d(\text{Å})(I/I_{max})$ 为 43.75(100)、21.80(70)、14.60(23)、10.55(93)、4.87(31)、3.19(41)。

云母层和蒙皂石之间的规则排布,称为 MMMS(即 3 个云母层和 1 个二八面体蒙脱石层,是一种二八面体云母与二八面体蒙皂石为 3∶1 的规则混层)。

【产状产地】

云间蒙石主要产地有乌克兰等。

【主要用途】

云间蒙石在地质学、物理学、化学、材料学、晶体学、矿物学方面都有一定意义。

绿泥间蜡石

【化学性质】

绿泥间蜡石是一种含 Li、Al 及(OH)的[Si$_7$AlO$_{20}$]混层状基型硅酸盐类矿物,其晶体化学式为 LiAl$_6$[Si$_7$AlO$_{20}$](OH)$_{10}$。主要成分为 Li、Al、Si、H、O,类质同象替代成分有 Fe、Na、K、H_2O。

化学成分中氧化物的质量分数为 Li_2O 1.69%、Al_2O_3 40.44%、SiO_2 47.66%、H_2O 10.21%。

【结晶形态】

绿泥间蜡石属于单斜晶系,斜方柱晶类,对称型未定。晶体形态呈薄层状、叶片状。

【物理特征】

绿泥间蜡石呈白色、无色。条痕为白色。透明。玻璃光泽、丝绢光泽、珍珠光泽。色散很弱,多色性弱。

二轴晶(一)。折射率为 Np=1.576、Nm=1.583、Ng=1.588,双折射率为 0.011。2V=61°(测量)、72°(计算)。

{001}解理完全。柔性。断口呈不均匀、不平整的鳞片状。摩氏硬度为 2。相对密度为 2.75(测量)、2.74(计算)。

【晶体结构】

绿泥间蜡石属于单斜晶系,空间群未测定。晶胞参数:$a=0.509$ nm、$b=0.897$ nm、$c=2.340$ nm,$\beta=90°$,$Z=2$。X射线粉晶衍射数据 $d(\text{Å})(I/I_{max})$ 为 14.267(22)、7.802(22)、4.704(100)、3.343(47)、3.539(45)、2.919(40)、2.832(22)。

绿泥间蜡石是二八面体和三八面体过渡型的锂绿泥石晶层与二八面体的叶蜡石晶层以 1∶1 规则交替堆垛而成的规则间层矿物。

【产状产地】

绿泥间蜡石属火山热液成因,产于热液蚀变流纹岩中,常作为包体存在于其他矿物中。主要产地有中国(浙江)等。

【主要用途】

矿物在地质学、物理学、化学、环境科学、晶体学、矿物学方面都有一定意义。

主要参考文献

陈纲,廖理几,1992.晶体物理学基础[M].北京:科学出版社.
陈敬中,陈瀛,2010.现代晶体化学[M].北京:科学出版社.
陈敬中,陈瀛,2013.准晶对称与准晶结构[M].北京:科学出版社.
陈敬中,刘剑洪,孙学良,等,2010.纳米材料科学导论[M].2版.北京:高等教育出版社.
陈敬中,刘剑洪,2006.纳米材料科学导论[M].北京:高等教育出版社.
陈敬中,张汉凯,1998.硅酸盐矿物中准周期非周期结构初步研究[M].武汉:中国地质大学出版社.
陈敬中,2001.现代晶体化学[M].北京:高等教育出版社.
陈敬中,2001.现代晶体化学:理论与方法[M].北京:高等教育出版社.
陈敬中,1996.准晶结构及对称新理论[M].武汉:华中理工大学出版社.
陈武,季寿元,1985.矿物学导论[M].北京:地质出版社.
陈小明,蔡继文,2007.单晶结构分析原理与实践[M].北京:科学出版社.
丁子上,1980.硅酸盐物理化学[M].北京:中国建筑工业出版社.
董治长,1980.硅酸盐岩相学[M].北京:中国建筑工业出版社.
方奇,于文涛,2002.晶体学原理[M].北京:国防工业出版社.
冯端,师昌绪,2001.材料科学导论[M].北京:化学工业出版社.
郭可信,叶恒强,吴玉琨,1983.电子衍射图在晶体学中的应用[M].北京:科学出版社.
韩炜,李珍,许涛,等,2011.矿物纳米结构及其高分子基复合材料[M].北京:水利水电出版社.
何明跃,2007.新英汉矿物种名称[M].北京:地质出版社.
杰罗德,1998.固体结构[M].王佩璇等,译.北京:科学出版社.
卡伦,1988.坡缕石-海泡石的产状、成因和应用[M].北京:地质出版社.
李胜荣,2008.结晶学与矿物学[M].北京:地质出版社.
李英堂,田淑艳,王美凤,1995.应用矿物学[M].北京:科学出版社.
利鲍,1989.硅酸盐结构化学[M].席耀忠,译.北京:中国建筑工业出版社.
梁敬魁,2003.粉末衍射法测定结构[M].北京:科学出版社.
龙光芝,2006.准晶体学点群的对称性及其母子群关系链[D].武汉:中国地质大学(武汉).
卢寿慈,2002.粉体加工技术[M].北京:中国轻工业出版社.
鲁安怀,2000.矿物学研究从资源属性到环境属性的发展[J].高校地质学报(2):245-251.
陆佩文,1996.无机材料科学基础[M].武汉:武汉理工大学出版社.
罗谷风,1993.基础结晶学与矿物学[M].南京:南京大学出版社.
罗谷风,1985.结晶学导论[M].北京:地质出版社.
马鸿文,2018.工业矿物与岩石[M].4版.北京:化学工业出版社.
马哲生,施倪承,1995.X射线晶体学[M].武汉:中国地质大学出版社.
马中骐,2001.物理学中的群论[M].北京:科学出版社.
宁桂玲,仲剑初,2007.高等无机化学合成[M].上海:华东理工大学出版社.
潘兆橹,彭志忠,1957.结晶学教程[M].北京:地质出版社.
潘兆橹,万朴,1993.应用矿物学[M].武汉:武汉工业大学出版社.
潘兆橹,1994.结晶学及矿物学(上、下册)[M].3版.北京:地质出版社.
潘兆橹,1993.结晶学及矿物学[M].北京:地质出版社.
彭志忠,1992.彭志忠论文选集[M].武汉:中国地质大学出版社.

钱逸泰，2005. 结晶化学导论[M]. 3版. 合肥：中国科学技术大学出版社.
秦善，曹正民，1998. 间层矿物研究新进展[M]. 北京：原子能出版社.
秦善，王长秋，2006. 矿物学基础[M]. 北京：北京大学出版社.
秦善，2011. 结构矿物学[M]. 北京：北京大学出版社.
秦善，2004. 晶体学基础[M]. 北京：北京大学出版社.
秦善，1997. 异类结构基元层间层矿物研究[D]. 北京：北京大学.
任磊夫，2001. 粘土矿物与粘土岩[M]. 北京：地质出版社.
荣葵一，宋秀敏，1996. 非金属矿物与岩石材料工艺学[M]. 武汉：武汉工业大学出版社.
唐有祺，1957. 结晶化学[M]. 北京：高等教育出版社.
田键，2010. 硅酸盐晶体化学[M]. 武汉：武汉大学出版社.
王璞，潘兆橹，翁玲宝，1982. 系统矿物学（上）[M]. 北京：地质出版社.
王璞，潘兆橹，翁玲宝，1984. 系统矿物学（中）[M]. 北京：地质出版社.
王璞，潘兆橹，翁玲宝，1987. 系统矿物学（下）[M]. 北京：地质出版社.
王仁卉，郭可信，1990. 晶体学中的对称群[M]. 北京：科学出版社.
王世敏，许祖敏、傅晶，2002. 纳米材料制备[M]. 北京：化学工业出版社.
威维尔，普拉德，1983. 粘土矿物化学[M]. 北京：地质出版社.
闻辂，1988. 矿物红外光谱学[M]. 北京：科学出版社.
肖定全，王民，1989. 晶体物理学[M]. 成都：四川大学出版社.
新矿物及矿物委员会，1984. 英汉矿物种名称[M]. 北京：科学出版社.
徐国财，张立德，2002. 纳米复合材料[M]. 北京：化学工业出版社.
杨雅秀，张乃娴，1994. 中国粘土矿物[M]. 北京：地质出版社.
叶大年，1988. 结构光性矿物学[M]. 北京：地质出版社.
俞文海，1991. 晶体结构的对称群[M]. 合肥：中国科学技术大学出版社.
张金中，王中林，刘俊，等，2005. 自组装纳米结构[M]. 北京：化学工业出版社.
张立德，牟季美，2001. 纳米材料和纳米结构[M]. 北京：科学出版社.
张立德，牟季美，1994. 纳米材料学[M]. 沈阳：辽宁科技出版社.
张天胜，2001. 表面活性剂应用技术[M]. 北京：化学工业出版社.
赵珊茸，边秋娟，凌其聪，2004. 结晶学及矿物学[M]. 北京：高等教育出版社.
郑昌琼，冉均国，2003. 新型固体无机材料[M]. 北京：科学出版社.
郑辙，1992. 结构矿物学导论[M]. 北京：北京大学出版社.
郑自立，宋绵新，易发成，1997. 中国坡缕石[M]. 北京：地质出版社.
仲维卓，1994. 人工晶体[M]. 北京：科学出版社.
周公度，段连运，2008. 结构化学基础[M]. 4版. 北京：北京大学出版社.
周公度，郭可信，1999. 晶体和准晶体的衍射[M]. 北京：北京大学出版社.
周公度，1992. 晶体结构的周期性和对称性[M]. 北京：高等教育出版社.
朱静，叶恒强，王仁卉，1987. 高空间分辨率分析电子显微学[M]. 北京：科学出版社.
朱龙观，2007. 高等配位化学[M]. 上海：华东理工大学出版社.
佐尔泰，斯托特，1992. 矿物学原理[M]. 施倪承，马喆生，等，译. 北京：地质出版社.
EVANS H T, ALLMANN R, 1968. The crystal structure and crystal chemistry of valleriite[J]. Zeitschrift fur Kristallographie-Cystalline Materials, 127(1/2/3/4):73-93.
HAHN T, 2002. International tables for crystallography, Volume A, Space-Group symmetry[M]. 5th Ed. Oxford: Alden Press.
HEJNY C, FALCONI S, LUNDEGAARD L F, et al, 2006. Phase transions in tellurium at high pressure and temperature[J]. Physical Review B, 74:174119-174126.
KLEIN C, 2002. The 22nd edition of the manual of mineral science (after James D. Dana)[M]. New

York: John Wiley and Sons.

KOSTOV I, 1968. Mineralogy[M]. Edinburgh London: Oliver & Boyd.

MAKOVICKY E, HYDE B G, 1992. Incommensurate, two-layer structures with complex crystal: minerals and related synthetics[J]. Materials Science Forum, 100-101:1-100.

MAKOVICKY E, HYDE B G, 1981. Non-commensurate(misfit) layer structures[J]. Structure and Bondimg, 46:101-170.

MCCALLISTER R H, 1981. Subcalcic diopsides from kimberlites: chemistry, exsolution microstructures, and thermal history[J]. Contributions to Mineralogy and Petrology, 78:118-125.

NAKAJIMA Y, RIBBE P H, 1981. Texture and structure interpretation of the pyroxene to other biopyriboles[J]. Contributions to Mineralogy and Petrology, 78 (3): 230-239.

NESSE W D, 2000. Introduction to mineralogy[M]. New York: Oxford University Press.

POST J E, APPLMAN D, 1984. Crystal structure refinement of lithophorite [J]. Amercan Mineralogist, 79:370-374.

POVARENNYKH A S, 1972. Crystal Chemical Classification of Mineral[M]. New York: Springer New York.

SALZMANN C G, RADAELLI P G, MAYER E, et al, 2009. Ice XV: a new thermodynamically stable phase of ice[J]. Physical Review Letter, 103(10): 105701.

SPINNLER G E, 1985. HRTEM study of antigorite, pyroxene-serpentine reactions, and chlorite [D]. Arizona: Arizona State University.

STRUNZ H, NICKEL E H, 2001. Strunz mineralogical tables[M]. 9th Ed. Stuttgart: Schweizerbarche Science Publishers.

SWAMY V, SAXENA S K, SUNDMAN B, 1994. A thermodynamic assessment of silica phase diagram[J]. Journal of Geophysical Resecarch, 99(B6):11787-11794.

VEBLEN D R, BUSECK P R, 1981. Hydrous pyriboles and sheet silicates in pyroxenes and uralites: intergrowth microstructure and reaction mechanisms[J]. American Mineralogist, 66 (11/12): 1107-1134.

VEBLEN D R, 1981. Non-classical pyriboles and polysomatic reaction in biopyriboles[J]. Review in Mineralogy and Geochemistry, 9A(1): 189-236.

WOOSTER W A, 1931. On the relation between double refraction and crystal structure[J]. Zeitschrift für Kristallographie-Crystalline, 80(1/2/3/4/5/6):495-503.